Mineralogie

Martin Okrusch
Siegfried Matthes

Mineralogie

Eine Einführung in die spezielle Mineralogie,
Petrologie und Lagerstättenkunde

9. Auflage

Springer Spektrum

Professor Dr. Martin Okrusch
Lehrstuhl für Geodynamik
und Geomaterialforschung
Institut für Geographie
und Geologie
Universität Würzburg
Am Hubland
97074 Würzburg

Professor Dr. Siegfried Matthes †

ISBN 978-3-642-34659-0
DOI 10.1007/978-3-642-34660-6

ISBN 978-3-642-34660-6 (eBook)

Die Deutsche Nationalbibliothek verzeichnet diese Publikation in der Deutschen Nationalbibliografie; detaillierte bibliografische Daten sind im Internet über http://dnb.d-nb.de abrufbar.

Springer Spektrum
© Springer-Verlag Berlin Heidelberg 1983, 1987, 1990, 1993, 1996, 2001, 2005, 2009, 2014
Das Werk einschließlich aller seiner Teile ist urheberrechtlich geschützt. Jede Verwertung, die nicht ausdrücklich vom Urheberrechtsgesetz zugelassen ist, bedarf der vorherigen Zustimmung des Verlags. Das gilt insbesondere für Vervielfältigungen, Bearbeitungen, Übersetzungen, Mikroverfilmungen und die Einspeicherung und Verarbeitung in elektronischen Systemen.

Die Wiedergabe von Gebrauchsnamen, Handelsnamen, Warenbezeichnungen usw. in diesem Werk berechtigt auch ohne besondere Kennzeichnung nicht zu der Annahme, dass solche Namen im Sinne der Warenzeichen- und Markenschutz-Gesetzgebung als frei zu betrachten wären und daher von jedermann benutzt werden dürften.

Planung und Lektorat: Merlet Behncke-Braunbeck, Martina Mechler
Einbandentwurf: deblik, Berlin
Einbandabbildung: Dr. Olaf Medenbach, Bochum
Satz: Armin Stasch, Bayreuth

Gedruckt auf säurefreiem und chlorfrei gebleichtem Papier

Springer Spektrum ist eine Marke von Springer DE. Springer DE ist Teil der Fachverlagsgruppe Springer Science+Business Media
www.springer-spektrum.de

Für Irene

Vorwort zur 9. Auflage

Vor genau 30 Jahren, im Sommer 1983, übergab Siegfried Matthes sein Mineralogie-Lehrbuch erstmals der Öffentlichkeit. Dank einer gelungenen Konzeption erwarb sich das Werk rasch viele Freunde, so dass bis zum Jahr 2001 bereits sechs Auflagen erscheinen konnten. Die letzte von ihnen stammt noch fast ganz aus der Feder von Siegfried Matthes, der jedoch ihr Erscheinen nicht mehr erleben durfte, da er am 2. Mai 1999 im 86. Lebensjahr verstarb. Für mich war es Freude und Verpflichtung zugleich, dieses erfolgreiche Lehrbuch weiter zu betreuen und an den aktuellen Wissensstand anzupassen. Mit den 2005 und 2009 erschienenen Neuauflagen erhielt das Werk ein neues, ansprechenderes Erscheinungsbild; es wurde z. T. neu gegliedert, inhaltlich erweitert und reichhaltiger illustriert. Neu hinzu kamen u. a. eine Einführung in die Geochemie, eine umfassendere Darstellung der Kristallographie auf elementarer Grundlage, sowie Kapitel über unser Planetensystem und seine Entstehung.

Auch für die 9. Auflage habe ich mich wieder um die Aktualisierung des Inhalts bemüht, wobei mir besonders Übersichtsartikel in den Zeitschriften *Elements*, *Chemie der Erde* und *Mineralium Deposita* sowie kritische Hinweise von Fachkollegen eine große Hilfe waren. Das einleitende Kapitel *Einführung und Grundbegriffe* wurde als neuer Teil I in die drei Kapitel *Kristalle*, *Minerale* und *Gesteine* aufgeteilt; die neuen Kapitel 2 und 3 sind textlich erweitert und gewinnen durch neue Abbildungen an Informationsgehalt. Neu hinzu gekommen sind ein Abschnitt zum Thema Edelsteine; dem Würzburger Paläontologen Gerd Geyer verdanke ich eine wesentliche Verbesserung des Textes zur Biomineralisation. Im Kapitel Silikate kam ein neuer Abschnitt über den Cancrinit hinzu und Reiner Klemd (Erlangen) erweiterte das Kapitel über Flüssigkeits-Einschlüsse um einen aktuellen Text zur ortsauflösenden Analytik. Ein besonderes Anliegen war es mir, im petrologisch-lagerstättenkundlichen Teil die weltwirtschaftlich wichtigen Erzlagerstätten, insbesondere die sog. Giant Deposits, noch stärker zu berücksichtigen. Die Textaussagen im Kapitel über Sedimente und Sedimentgesteine wurden durch zusätzliche Abbildungen unterstützt und der Text über die Migmatite im Metamorphose-Kapitel modernisiert. Neu geschrieben wurden weite Passagen in den Kapiteln über den Mond, die Meteorite und unser Planetensystem.

Im Hinblick auf die thematische Breite dieses Lehrbuches war es schon für die 7. und 8. Auflage angesagt, kompetente Kollegen um kritische Durchsicht einzelner Kapitel, z. T. auch um Textbeiträge zu bitten. Für diese wertvolle Hilfe bin ich Eckard Amelingmeier (Würzburg), Hans Ulrich Bambnauer (Münster/Ostbevern), Gerd Geyer (Würzburg), Herbert Kroll (Münster), Joachim Lorenz (Karlstein am Main), Karl Mannheim (Würzburg), Uli Schüssler (Würzburg), Hans Adolf Seck (Köln), Ekkehart Tillmanns (Wien) und Thomas Will (Würzburg) zu großem Dank verpflichtet.

Für konstruktive Kritik, wichtige Hinweise und Anregungen sowie für die Überlassung von Bildmaterial für diese Auflage gilt mein herzlicher Dank Addi Bischoff (Münster), Joachim Bohm (Berlin), Thomas Cramer (Bogota), Jun Gao (Beijing), Reto Gieré (Freiburg im Breisgau), Heribert Graetsch (Bochum), Klaus Heide (Jena), Jorijntje Henderiks (Uppsala), Wolfgang und Gertrude Hermann (Würzburg), Reiner Klemd (Erlangen), Joachim Lorenz (Karlstein am Main), Neil McKernow (Albany, West-Australien), Uwe Ring (Stockholm), Ekkehart Tillmanns (Wien), Manfred Wildner

(Wien), Klaus Wittel (Frankfurt am Main) und Armin Zeh (Frankfurt am Main) sowie meinen Würzburger Kolleginnen und Kollegen Eckard Amelingmeier, Hartwig Frimmel, Gerd Geyer, Dorothée Kleinschrot, Nikola Koglin, Karl Mannheim, Ulrich Schüssler, Volker von Seckendorff und Tobias Sprafke. Die anregenden Diskussionen mit meinem Amtsnachfolger Hartwig Frimmel sind für mich immer wieder Grund zur Freude.

Besonderer Dank gebührt wiederum Klaus-Peter Kelber, der exzellente Farbfotos von Mineralen und Gesteinen für die neue Auflage beisteuerte. Winfried Weber danke ich sehr für seine sorgfältigen Zeichenarbeiten. Wie gewohnt, gestaltete sich die Zusammenarbeit mit dem Springer-Verlag sehr konstruktiv und vertrauensvoll. Hierfür herzlichen Dank an Merlett Behncke-Braunbeck, Martina Mechler, Dr. Chris Bendall und Dr. Wolfgang Witschel. Ich freue mich sehr, dass Armin Stasch (Bayreuth) wieder das Layout des Buches übernehmen konnte. Sein Einfühlungsvermögen und seine Kompetenz sind für mich immer eine Quelle der Beruhigung.

Ich hoffe, dass diese Einführung dazu beiträgt, die komplexen Prozesse, durch die sich Minerale, Gesteine und Erzlagerstätten in der Natur bilden, besser zu verstehen. In den letzten Jahren haben wir gelernt, dass die ersten Minerale schon in einer sehr fernen Vergangenheit im Universum kristallisierten, lange bevor unser Planetensystem entstand. Andererseits wird uns immer mehr bewusst, dass eine ausreichende Versorgung mit mineralischen Rohstoffen, ohne die unsere menschliche Zivilisation nicht existieren kann, keine Selbstverständlichkeit ist, sondern erhebliche Anstrengungen erfordert. Möge die 9. Auflage dieses Lehrbuches wieder neue Freunde unter Studierenden und Hochschullehrern der Geowissenschaften, aber auch unter interessierten Mineraliensammlern finden!

Auch diese Neuauflage des Mineralogie-Lehrbuches widme ich meiner Frau als Dank für ihre unverzichtbare Hilfe beim Korrekturlesen und ihr liebevolles Verständnis für die verstärkte zeitliche Belastung im letzten Jahr. Wie oft musste sie bei der Gartenarbeit auf meine Mitwirkung verzichten!

Martin Okrusch   Würzburg, im Juni 2013

Vorwort zur 1. Auflage

Das vorliegende Buch ist eine Einführung in die Mineralogie, Petrologie und Lagerstättenkunde auf genetischer Grundlage. Es widmet sich dem *speziellen* Teil des Faches, wobei Grundkenntnisse aus dem allgemeinen Teil – der allgemeinen Mineralogie und der Kristallographie – vorausgesetzt werden. Darüber hinaus sind neben geologischen Kenntnissen Grundlagen der allgemeinen, anorganischen und physikalischen Chemie an vielen Stellen sehr nützlich.

Im einleitenden Teil werden wichtige Begriffe erläutert und definiert. Im Teil I folgte eine Auswahl der häufigsten Minerale in übersichtlicher Form und in Anlehnung an die Systematik von H. Strunz. Teil II ist der Petrologie und Lagerstättenkunde gewidmet. Er gliedert sich: *A* in die magmatische Abfolge mit Systematik und Genese der magmatischen Gesteine einschließlich der Mineral- und Lagerstättenbildung, die mit magmatischen Vorgängen im Zusammenhang steht, *B* in die sedimentäre Abfolge mit den Verwitterungsprodukten, Sedimenten und Sedimentgesteinen einschließlich der Mineral- und Lagerstättenbildung, *C* die Gesteinsmetamorphose einschließlich der Ultrametamorphose und der Metasomatose. Ein abschließender Teil III widmet sich dem Stoffbestand von Erde und Mond und in einem kurzen Abschnitt auch den Meteoriten. Den einschlägigen experimentellen Zustandsdiagrammen – Ein-, Zwei- und Drei-Komponentensystemen – wird der ihnen ihrer Bedeutung nach zukommende Raum gewährt. An allen möglichen Stellen finden sich Hinweise auf die technisch-wirtschaftliche Bedeutung der Minerale, Gesteine und Lagerstätten als Rohstoffe.

Das Buch ist aus Vorlesungen und Übungen hervorgegangen, die der Verfasser im Laufe der Zeit seit 1950 an den Universitäten Frankfurt (M) und Würzburg durchgeführt hat. So ist der Inhalt des Buches in erster Linie den Bedürfnissen des Unterrichts an Universitäten und Hochschulen angepasst. Getroffene Auswahl und Umfang des Stoffes dieses speziellen Teiles des Faches entsprechen nach Ansicht des Verfassers weitgehend dem Lehrauftrag für das Grundstudium in Mineralogie. Für Studierende der Geologie und andere Studierende, die Mineralogie als Neben- bzw. Beifach wählen, dürfte das Buch auch bei den Anforderungen im Hauptstudium (Aufbaustudium) hilfreich sein. In allen Fällen kann es in Verbindung und zur Ergänzung von Vorlesungen und Übungen genutzt werden. Für das Weiterstudium und als Quellennachweis ist am Schluss des Buches ein Verzeichnis wichtiger Lehrbücher und Monographien aufgenommen worden. Das Buch richtet sich auch an diejenigen, die dem Fach Interesse entgegenbringen, um sich Grundkenntnisse zu erwerben oder es beruflich als Informationsquelle zu nützen. Verlag und Verfasser möchten glauben, dass das vorliegende Buch innerhalb des deutschsprachigen Schrifttums eine derzeit spürbare Lücke schließen hilft.

Die Kristallbilder sind dem Atlas der Kristallformen von V. Goldschmidt, die Kristallstrukturen großenteils dem Strukturbericht entnommen und umgezeichnet worden. Die meisten Diagramme und Strichzeichnungen stammen aus dem zitierten Schrifttum, teilweise vereinfacht, andere ergänzt. Die Zahl der Autotypien wurde mit Rücksicht auf die Preisgestaltung des Buches niedrig gehalten.

Bei der Fertigung des Buches erfuhr ich aus dem hiesigen Institut mannigfaltige Hilfe. Herr Prof. Martin Okrusch übernahm die kritische Durchsicht des Manuskriptes. Seine Ratschläge wurden als substantielle Verbesserungen dankbar anerkannt. Darüber hinaus gewährte er mir freundliche Hilfe beim Lesen der Korrektur. Herr Klaus Mezger vom hiesigen Institut unterstützte mich bei der Fertigung des Registers. Herr Klaus-Peter Kelber hat sich mit der sorgfältigen Ausführung der Zeichnungen und allen Mineralfotos große Verdienste um das Buch erworben. Die Originalaufnahmen zu den Abbildungen 145 und 146 stellte Herr Prof. K. R. Mehnert, Berlin, freundlicherweise zum Abdruck zur Verfügung. Die Fotos der Abb. 92 und 93 stammen vom Verfasser. Meine Tochter Heike hatte die lästige Aufgabe der Reinschrift des Manuskriptes übernommen. Allen sei für die gewährte Hilfe herzlich gedankt!

Schließlich habe ich dem Verlag für die jederzeit vertrauensvolle Zusammenarbeit, die Ausstattung des Buches und dessen erschwinglichen Preis zu danken, Herrn Dr. Konrad F. Springer für sein stets förderndes Interesse und Herrn Dr. Dieter Hohm für Mühewaltung und Umsicht während dieser Zusammenarbeit.

Würzburg, im Sommer 1983   Siegfried Matthes

Inhaltsverzeichnis

Teil I
Einführung und Grundbegriffe 1

1 Kristalle 3
1.1 Kristallmorphologie 4
1.2 Kristallstruktur 8
    1.2.1 Bravais-Gitter 8
    1.2.2 Raumgruppen 10
    1.2.3 Kristallstrukturbestimmung mit Röntgenstrahlen 10
1.3 Kristallchemie 12
    1.3.1 Grundprinzipien 12
    1.3.2 Arten der chemischen Bindung 12
    1.3.3 Einige wichtige Begriffe der Kristallchemie 14
1.4 Kristallphysik 16
    1.4.1 Härte und Kohäsion 16
    1.4.2 Wärmeleitfähigkeit 16
    1.4.3 Elektrische Eigenschaften 17
    1.4.4 Magnetische Eigenschaften 18
1.5 Kristalloptik 19
    1.5.1 Grundlagen 20
    1.5.2 Grundzüge der Durchlicht-Mikroskopie 21
    1.5.3 Grundzüge der Auflichtmikroskopie 27
    Literatur 29

2 Minerale 31
2.1 Der Mineralbegriff 32
2.2 Mineralbestimmung und Mineralsystematik 33
2.3 Vorkommen und Ausbildung der Minerale 35
2.4 Gesteinsbildende und wirtschaftlich wichtige Minerale 36
    2.4.1 Gesteinsbildende Minerale 36
    2.4.2 Nutzbare Minerale 39
    2.4.3 Edelsteine 39
2.5 Biomineralisation und medizinische Mineralogie 42
    2.5.1 Mineralbildung im Organismus 43
    2.5.2 Medizinische Mineralogie 48
2.6 Mineralogische Wissenschaften
    und ihre Anwendungsgebiete in Technik, Industrie und Bergbau 52
    Literatur 53

3 Gesteine 55
3.1 Mineralinhalt 56
3.2 Beziehungen zwischen chemischer Zusammensetzung und Mineralinhalt:
    Heteromorphie von Gesteinen 56

3.3	Gefüge	56
	3.3.1 Struktur	56
	3.3.2 Textur	57
3.4	Geologischer Verband	60
3.5	Abgrenzung der gesteinsbildenden Prozesse	61
3.6	Mineral- und Erzlagerstätten	63
	Literatur	66

Teil II
Spezielle Mineralogie ... 67

4 Elemente ... 69
4.1	Metalle	70
4.2	Metalloide (Halbmetalle)	75
4.3	Nichtmetalle	75
	Literatur	81

5 Sulfide, Arsenide und komplexe Sulfide (Sulfosalze) ... 83
5.1	Metall-Sulfide mit $M:S > 1:1$ (meist $2:1$)	84
5.2	Metall-Sulfide und -Arsenide mit $M:S \approx 1:1$	85
5.3	Metall-Sulfide, -Sulfarsenide und -Arsenide mit $M:S \leq 1:2$	90
5.4	Arsen-Sulfide	94
5.5	Komplexe Metall-Sulfide (Sulfosalze)	95
	Literatur	97

6 Halogenide ... 99
	Literatur	102

7 Oxide und Hydroxide ... 103
7.1	M_2O-Verbindungen	104
7.2	M_3O_4-Verbindungen	104
7.3	M_2O_3-Verbindungen	106
7.4	MO_2-Verbindungen	110
7.5	Hydroxide	113
	Literatur	115

8 Karbonate, Nitrate und Borate ... 117
8.1	Calcit-Gruppe, $\bar{3}2/m$	118
8.2	Aragonit-Gruppe, $2/m2/m2/m$	121
8.3	Dolomit-Gruppe	123
8.4	Azurit-Malachit-Gruppe	124
8.5	Nitrate	125
8.6	Borate	125
	Literatur	127

9 Sulfate, Chromate, Molybdate, Wolframate ... 129
9.1	Sulfate	130
9.2	Chromate	134
9.3	Molybdate und Wolframate	135
	Literatur	136

10 Phosphate, Arsenate, Vanadate ... 137
	Literatur	141

11	**Silikate**	143
11.1	Inselsilikate (Nesosilikate)	145
11.2	Gruppensilikate (Sorosilikate)	153
11.3	Ringsilikate (Cyclosilicate)	156
11.4	Ketten- und Doppelkettensilikate (Inosilikate)	160
	11.4.1 Pyroxen-Familie	161
	11.4.2 Pyroxenoide	165
	11.4.3 Amphibol-Familie	166
11.5	Schichtsilikate (Phyllosilikate)	169
	11.5.1 Pyrophyllit-Talk-Gruppe	171
	11.5.2 Glimmer-Gruppe	172
	11.5.3 Hydroglimmer-Gruppe	174
	11.5.4 Sprödglimmer-Gruppe	174
	11.5.5 Chlorit-Gruppe	174
	11.5.6 Serpentin-Gruppe, $Mg_6[(OH)_8/Si_4O_{10}]$	175
	11.5.7 Tonmineral-Gruppe	176
	11.5.8 Apophyllit-Gruppe	178
11.6	Gerüstsilikate (Tektosilikate)	179
	11.6.1 SiO_2-Minerale	179
	11.6.2 Feldspat-Familie	189
	11.6.3 Feldspatoide (Foide, Feldspatvertreter)	198
	11.6.4 Cancrinit-Gruppe	200
	11.6.5 Skapolith-Gruppe	200
	11.6.6 Zeolith-Familie	201
	Literatur	204

12	**Flüssigkeits-Einschlüsse in Mineralen**	207
	Literatur	212

Teil III
Petrologie und Lagerstättenkunde 213

13	**Magmatische Gesteine (Magmatite)**	215
13.1	Einteilung und Klassifikation der magmatischen Gesteine	216
	13.1.1 Zuordnung nach der geologischen Stellung und dem Gefüge	216
	13.1.2 Klassifikation nach dem Mineralbestand	217
	13.1.3 Chemismus und CIPW-Norm	220
13.2	Petrographie der Magmatite	223
	13.2.1 Subalkaline Magmatite	224
	13.2.2 Alkali-Magmatite	234
	13.2.3 Karbonatite, Kimberlite und Lamproite	237
	Literatur	239

14	**Vulkanismus**	241
14.1	Effusive Förderung: Lavaströme	243
14.2	Extrusive Förderung	246
14.3	Explosive Förderung	246
14.4	Gemischte Förderung: Stratovulkane	252
14.5	Vulkanische Dampftätigkeit	252
	Literatur	255

15	**Plutonismus**	257
15.1	Die Tiefenfortsetzung von Vulkanen	258

15.2	Formen plutonischer und subvulkanischer Intrusivkörper	259
15.3	Innerer Aufbau und Platznahme von Plutonen	260
	15.3.1 Interngefüge von Plutonen	260
	15.3.2 Mechanismen der Platznahme	261
	15.3.3 Layered Intrusions	262
	Literatur	263

16 Magma und Lava ... 265
- 16.1 Chemische Zusammensetzung und Struktur magmatischer Schmelzen ... 266
- 16.2 Vulkanische Gase ... 266
- 16.3 Magmatische Temperaturen ... 267
  - 16.3.1 Direkte Messungen ... 267
  - 16.3.2 Schmelzversuche an natürlichen Gesteinen ... 267
- 16.4 Viskosität von Magmen und Laven ... 268
- 16.5 Löslichkeit von leichtflüchtigen Komponenten im Magma ... 269
- Literatur ... 271

17 Bildung und Weiterentwicklung von Magmen ... 273
- 17.1 Magmatische Serien ... 274
- 17.2 Bildung von Stamm-Magmen ... 275
  - 17.2.1 Basaltische Stamm-Magmen ... 275
  - 17.2.2 Granitische Magmen ... 275
- 17.3 Magmenmischung ... 276
- 17.4 Magmatische Differentiation ... 276
  - 17.4.1 Kristallisations-Differentiation ... 276
  - 17.4.2 Entmischung im schmelzflüssigen Zustand (liquide Entmischung) ... 279
- 17.5 Assimilation ... 279
- Literatur ... 280

18 Experimentelle Modellsysteme ... 281
- 18.1 Die Gibbs'sche Phasenregel ... 282
- 18.2 Experimente in Zweistoff- und Dreistoffsystemen ... 283
  - 18.2.1 Experimente zur Kristallisationsabfolge basaltischer Magmen ... 283
  - 18.2.2 Experimente zur Bildung SiO_2-übersättigter und SiO_2-untersättigter Magmen ... 289
  - 18.2.3 Experimente zum Verhalten von Mafiten in basaltischen Magmen ... 295
- 18.3 Das Reaktionsprinzip von Bowen ... 299
- 18.4 Das Basalt-Tetraeder von Yoder und Tilley (1962) ... 302
- 18.5 Gleichgewichts-Schmelzen und fraktioniertes Schmelzen ... 303
- Literatur ... 304

19 Die Herkunft des Basalts ... 305
- 19.1 Basalte und Plattentektonik ... 306
- 19.2 Bildung von Basalt-Magmen durch partielles Schmelzen von Mantelperidotit ... 307
  - 19.2.1 Das Pyrolit-Modell ... 307
  - 19.2.2 Partielles Schmelzen von H_2O-freiem Pyrolit ... 307
  - 19.2.3 Partielles Schmelzen von H_2O-haltigem Pyrolit ... 308
- Literatur ... 310

20 Die Herkunft des Granits ... 311
- 20.1 Genetische Einteilung der Granite auf geochemischer Basis ... 312
- 20.2 Experimente zur Granitgenese ... 313
  - 20.2.1 Einführung ... 313

20.2.2 Kristallisationsverlauf granitischer Magmen:
Experimente im H_2O-gesättigten Modellsystem Qz–Ab–Or–H_2O 314
20.2.3 Experimentelle Anatexis: Experimente unter H_2O-gesättigten und
H_2O-untersättigten Bedingungen im Modellsystem Qz–Ab–Or–H_2O . 316
20.2.4 Das Modellsystem Qz–Ab–An–Or–H_2O 319
20.2.5 Das Modellsystem Qz–Ab–An–H_2O 320
20.2.6 Das natürliche Granitsystem 320
Literatur 321

21 Orthomagmatische Erzlagerstätten 323
21.1 Einführung 324
21.2 Lagerstättenbildung durch fraktionierte Kristallisation 324
    21.2.1 Chromit- und Chromit-PGE-Lagerstätten 326
    21.2.2 Fe-Ti-Oxid-Lagerstätten 327
21.3 Lagerstättenbildung durch liquide Entmischung
von Sulfid- und Oxidschmelzen 328
    21.3.1 Nickelmagnetkies-Kupferkies-PGE-Lagerstätten
in Noriten und Pyroxeniten 328
    21.3.2 Nickelmagnetkies-Kupferkies-Lagerstätten in Komatiiten 331
    21.3.3 Magnetit-Apatit-Lagerstätten 331
21.4 Erz- und Mineral-Lagerstätten in Karbonatit-Alkali-Magmatit-Komplexen .. 331
Literatur 332

22 Pegmatite 335
22.1 Theoretische Überlegungen 336
22.2 Geologisches Auftreten und Petrographie von Pegmatiten 337
22.3 Pegmatite als Rohstoffträger 339
22.4 Geochemische Klassifikation der Granit-Pegmatite 340
Literatur 340

23 Hydrothermale Erz- und Minerallagerstätten 343
23.1 Grundlagen 344
23.2 Hydrothermale Imprägnationslagerstätten 347
    23.2.1 Zinnerz-Lagerstätten 347
    23.2.2 Wolfram-Lagerstätten 348
    23.2.3 Molybdän-Lagerstätten 348
    23.2.4 Porphyrische Kupfererz-Lagerstätten (Porphyry Copper Ores) 349
    23.2.5 Imprägnationen mit ged. Kupfer (Typus Oberer See) 350
23.3 Hydrothermale Verdrängungslagerstätten 351
    23.3.1 Skarnerz-Lagerstätten 351
    23.3.2 Mesothermale Kupfer-Arsen-Verdrängungs-Lagerstätten 352
    23.3.3 Hydrothermale Blei-Silber-Zink-Verdrängungslagerstätten 352
    23.3.4 Hydrothermale Gold-Pyrit-Verdrängungslagerstätten
vom Carlin-Typ 352
    23.3.5 Metasomatische Siderit-Lagerstätten 353
    23.3.6 Metasomatische Magnesit-Lagerstätten 353
23.4 Hydrothermale Erz- und Mineralgänge 353
    23.4.1 Orogene Gold-Quarz-Gänge 354
    23.4.2 Epithermale Gold- und Gold-Silber-Lagerstätten (subvulkanisch) ... 355
    23.4.3 Mesothermale Kupfererzgänge 356
    23.4.4 Blei-Silber-Zink-Erzgänge 356
    23.4.5 Zinn-Silber-Bismut-Erzgänge des bolivianischen Zinngürtels 357
    23.4.6 Bismut-Kobalt-Nickel-Silber-Uran-Erzgänge 358
    23.4.7 Telethermale Antimon-Quarz-Gänge 359
    23.4.8 Hydrothermale Siderit- und Hämatit-Erzgänge 359

23.4.9 Nichtmetallische hydrothermale Ganglagerstätten 360
23.4.10 Quarzgänge und hydrothermale Verkieselungen 360
23.4.11 Alpine Klüfte 360
23.5 Vulkanogen-sedimentäre Erzlagerstätten 360
    23.5.1 Erzbildung durch rezente Hydrothermal-Aktivität in der Tiefsee:
           Black Smoker 360
    23.5.2 Vulkanogen-massive Sulfiderz-Lagerstätten (VMS-Lagerstätten) .. 363
    23.5.3 Vulkanogen-sedimentäre Quecksilbererz-Lagerstätten 364
    23.5.4 Vulkanogene Oxiderz-Lagerstätten 365
23.6 Schichtgebundene Hydrothermal-Lagerstätten 365
    23.6.1 Sedimentär-exhalative Blei-Zink-Erzlagerstätten
           (Sedex-Lagerstätten) 365
    23.6.2 Karbonat-gebundene Erz- und Mineral-Lagerstätten 366
23.7 Diskordanz-gebundene Uranerz-Lagerstätten 367
Literatur 368

24 Verwitterung und mineralbildende Vorgänge im Boden 371
24.1 Mechanische Verwitterung 372
24.2 Chemische Verwitterung 372
    24.2.1 Leicht lösliche Minerale 373
    24.2.2 Verwitterung der Silikate 373
24.3 Subaerische Verwitterung und Klimazonen 375
24.4 Zur Abgrenzung des Begriffs Boden 375
24.5 Verwitterungsbildungen von Silikatgesteinen und ihre Lagerstätten 376
    24.5.1 Residualtone und Kaolin 376
    24.5.2 Bentonit 376
    24.5.3 Bauxit 376
    24.5.4 Fe-, Mn- und Co-reiche Laterite 377
    24.5.5 Ni- und Co-reiche Laterite 378
    24.5.6 Weitere Residual-Lagerstätten 378
24.6 Verwitterung sulfidischer Erzkörper 378
    24.6.1 Oxidationszone 378
    24.6.2 Zementationszone 380
    24.6.3 Stabilitätsbeziehungen wichtiger Kupferminerale
           bei der Verwitterung 380
Literatur 381

25 Sedimente und Sedimentgesteine 383
25.1 Grundlagen 384
    25.1.1 Einteilung der Sedimente und Sedimentgesteine 384
    25.1.2 Gefüge der Sedimente und Sedimentgesteine 384
25.2 Klastische Sedimente und Sedimentgesteine 385
    25.2.1 Transport und Ablagerung des klastischen Materials 385
    25.2.2 Chemische Veränderungen während des Transports 385
    25.2.3 Korngrößenverteilung bei klastischen Sedimenten
           und ihre Darstellung 386
    25.2.4 Diagenese der klastischen Sedimentgesteine 386
    25.2.5 Einteilung der Psephite und Psammite 388
    25.2.6 Schwerminerale in Psammiten 390
    25.2.7 Fluviatile und marine Seifen 390
    25.2.8 Metallkonzentrationen in ariden Schuttwannen
           (Lagerstätten vom Red-Bed-Typ) 394
    25.2.9 Einteilung der Pelite 394
    25.2.10 Diagenese von Peliten 396

		25.2.11 Buntmetall-Lagerstätten in Schwarzschiefern	397
		25.2.12 Übergang von der Diagenese zur niedriggradigen Metamorphose	398
	25.3	Chemische und biochemische Karbonatsedimente und -sedimentgesteine	399
		25.3.1 Einteilung der Karbonatgesteine	399
		25.3.2 Löslichkeit und Ausscheidungsbedingungen des $CaCO_3$	399
		25.3.3 Anorganische und biochemische Karbonat-Bildung im Meerwasser	401
		25.3.4 Bildung festländischer (terrestrischer) Karbonatsedimente	403
		25.3.5 Diagenese von Kalkstein	403
	25.4	Eisen- und Mangan-reiche Sedimente und Sedimentgesteine	404
		25.4.1 Ausfällung des Eisens und die Stabilitätsbedingungen der Fe-Minerale	404
		25.4.2 Sedimentäre Eisenerze	406
		25.4.3 Sedimentäre Manganerze	408
		25.4.4 Metallkonzentrationen am Ozeanboden	408
	25.5	Kieselige Sedimente und Sedimentgesteine	409
	25.6	Sedimentäre Phosphatgesteine	410
	25.7	Evaporite (Salzgesteine)	410
		25.7.1 Kontinentale (terrestrische) Evaporite	410
		25.7.2 Marine Evaporite	411
		Literatur	414
26	**Metamorphe Gesteine**		**417**
26.1	Grundlagen		418
	26.1.1	Metamorphe Prozesse	418
	26.1.2	Ausgangsmaterial metamorpher Gesteine	419
	26.1.3	Abgrenzung der Gesteinsmetamorphose	420
	26.1.4	Auslösende Faktoren der Gesteinsmetamorphose	421
26.2	Die Gesteinsmetamorphose als geologischer Prozess		423
	26.2.1	Kontaktmetamorphose	424
	26.2.2	Kataklastische Metamorphose und Mylonitisierung	428
	26.2.3	Schockwellen- oder Impakt-Metamorphose	429
	26.2.4	Hydrothermale Metamorphose	432
	26.2.5	Regionalmetamorphose in Orogenzonen	432
	26.2.6	Regionale Versenkungsmetamorphose	437
	26.2.7	Regionale Ozeanboden-Metamorphose	437
26.3	Nomenklatur der regional- und kontaktmetamorphen Gesteine		438
	26.3.1	Regionalmetamorphe Gesteine	438
	26.3.2	Kontaktmetamorphe Gesteine	444
26.4	Das Gefüge der metamorphen Gesteine		445
	26.4.1	Gefügerelikte	445
	26.4.2	Das kristalloblastische Gefüge	446
	26.4.3	Gefügeregelung bei metamorphen Gesteinen (Deformationsgefüge)	447
26.5	Bildung von Migmatiten durch partielle Anatexis		453
	26.5.1	Der Migmatitbegriff	453
	26.5.2	Experimentelle Grundlagen für die anatektische Bildung von Migmatiten	454
	26.5.3	Stoffliche Bilanz bei der Entstehung von Migmatiten	455
	26.5.4	Die globale geodynamische Bedeutung der partiellen Anatexis	455
26.6	Metasomatose		456
	26.6.1	Kontaktmetasomatose	457
	26.6.2	Autometasomatose	459
	26.6.3	Spilite als Produkte einer Natrium-Metasomatose	460
	Literatur		460

27	**Phasengleichgewichte und Mineralreaktionen in metamorphen Gesteinen**	463
27.1	Gleichgewichtsbeziehungen in metamorphen Gesteinen	464
	27.1.1 Feststellung des thermodynamischen Gleichgewichts	464
	27.1.2 Die Gibbs'sche Phasenregel	464
	27.1.3 Die freie Enthalpie: Stabile und metastabile Niveaus	466
27.2	Metamorphe Mineralreaktionen	468
	27.2.1 Polymorphe Umwandlungen und Reaktionen ohne Freisetzung einer fluiden Phase	468
	27.2.2 Entwässerungs-Reaktionen	471
	27.2.3 Dekarbonatisierungs-Reaktionen	476
	27.2.4 Reaktionen, an denen H_2O und CO_2 beteiligt sind	477
	27.2.5 Oxidations-Reduktions-Reaktionen	479
	27.2.6 Petrogenetische Netze	481
27.3	Geothermometrie und Geobarometrie	482
27.4	Druck-Temperatur-Entwicklung metamorpher Komplexe	484
	27.4.1 Druck-Temperatur-Pfade	484
	27.4.2 Druck-Temperatur-Zeit-Pfade	486
	Literatur	487
28	**Metamorphe Mineralfazies**	489
28.1	Graphische Darstellung metamorpher Mineralparagenesen	490
	28.1.1 ACF- und A'KF-Diagramme	490
	28.1.2 AFM-Projektion	492
28.2	Das Faziesprinzip	495
	28.2.1 Begründung des Faziesprinzips	495
	28.2.2 Metamorphe Faziesserien	497
28.3	Übersicht über die metamorphen Fazies	498
	28.3.1 Zeolith- und Prehnit-Pumpellyit-Fazies	498
	28.3.2 Grünschieferfazies	498
	28.3.3 Epidot-Amphibolit-Fazies	499
	28.3.4 Amphibolitfazies	499
	28.3.5 Granulitfazies	502
	28.3.6 Hornfelsfazies	504
	28.3.7 Sanidinitfazies	505
	28.3.8 Blauschieferfazies	505
	28.3.9 Eklogitfazies	507
	Literatur	510

Teil IV
Stoffbestand und Bau von Erde und Mond – unser Planetensystem ... 513

29	**Aufbau des Erdinnern**	515
29.1	Seismischer Befund zum Aufbau des Erdinnern	516
	29.1.1 Physikalische Grundlagen	516
	29.1.2 Ausbreitung von Erdbebenwellen im Erdinnern	517
	29.1.3 Geschwindigkeitsverteilung der Erdbebenwellen im Erdinnern	518
29.2	Erdkruste	518
	29.2.1 Ozeanische Erdkruste	519
	29.2.2 Kontinentale Erdkruste	520
	29.2.3 Die Erdkruste in jungen Orogengürteln	522

29.3 Erdmantel 522
    29.3.1 Der oberste, lithosphärische Erdmantel und die Natur der Moho 522
    29.3.2 Die Asthenosphäre als Förderband der Lithosphärenplatten 527
    29.3.3 Übergangszone 530
    29.3.4 Unterer Erdmantel 532
29.4 Erdkern 533
    29.4.1 Geophysikalischer Befund 533
    29.4.2 Chemische Zusammensetzung des Erdkerns 534
    Literatur 535

30 Aufbau und Stoffbestand des Mondes 537
30.1 Die Kruste des Mondes 538
    30.1.1 Hochlandregionen 538
    30.1.2 Regionen der Maria 540
    30.1.3 Minerale der Mondgesteine 540
    30.1.4 Der Regolith 541
    30.1.5 Reste von Wasser im Regolith 541
30.2 Innerer Aufbau des Mondes 542
    30.2.1 Die Mondkruste 542
    30.2.2 Der Mondmantel 542
    30.2.3 Der Mondkern 543
30.3 Geologische Geschichte des Mondes 544
    Literatur 545

31 Meteorite 547
31.1 Fallphänomene 548
31.2 Häufigkeit von Meteoriten 550
31.3 Haupttypen der Meteorite 552
    31.3.1 Undiffenzierte Steinmeteorite: Chondrite 553
    31.3.2 Differenzierte Steinmeteorite: Achondrite 557
    31.3.3 Stein-Eisen-Meteorite (differenziert) 559
    31.3.4 Eisenmeteorite (differenziert) 561
31.4 Tektite 563
    Literatur 564

32 Unser Planetensystem 567
32.1 Die erdähnlichen Planeten 568
    32.1.1 Merkur 568
    32.1.2 Venus 570
    32.1.3 Mars 573
32.2 Die Asteroiden 579
32.3 Die Riesenplaneten und ihre Satelliten 581
    32.3.1 Astronomische Erforschung 581
    32.3.2 Atmosphäre und innerer Bau der Riesenplaneten 582
    32.3.3 Die Jupiter-Monde 584
    32.3.4 Die Eismonde von Saturn, Uranus und Neptun 587
    32.3.5 Die Ringsysteme der Riesenplaneten 590
32.4 Die Trans-Neptun-Objekte (TNO) im Kuiper-Gürtel 591
32.5 Der Zwergplanet Pluto und sein Mond Charon: ein Doppelplanet 591
    Literatur 592

33	**Einführung in die Geochemie**	595
33.1	Geochemische Gliederung der Elemente	596
33.2	Chemische Zusammensetzung der Gesamterde	598
33.3	Chemische Zusammensetzung der Erdkruste	600
	33.3.1 Berechnungen des Krustenmittels: Clarke-Werte	600
	33.3.2 Seltene Elemente und Konzentrations-Clarkes	602
33.4	Spurenelement-Geochemie magmatischer Prozesse	603
	33.4.1 Grundlagen	603
	33.4.2 Spurenelement-Fraktionierungen bei der Bildung und Differentiation von Magmen	605
	33.4.3 Spurenelemente als Indikatoren für die geotektonische Position von magmatischen Prozessen	609
33.5	Isotopen-Geochemie	610
	33.5.1 Einführung	610
	33.5.2 Stabile Isotope	611
	33.5.3 Einsatz radiogener Isotope in der Geochronologie	615
33.6	Entstehung der chemischen Elemente	624
	Literatur	626
34	**Die Entstehung unseres Sonnensystems**	629
34.1	Frühe Theorien und erste Belege	630
34.2	Sternentstehung	630
34.3	Zusammensetzung des Solarnebels	631
34.4	Entstehung der Planeten	633
	Literatur	638
A	**Anhang**	639
A.1	Übersicht wichtiger Ionenradien und der Ionenkoordination gegenüber O^{2-}	639
A.2	Berechnung von Mineralformeln	639
A.3	Lernschema der subalkalinen Magmatite und der Alkali-Magmatite	642
	Literatur	643
	Abdruckgenehmigungen	644
I	**Index**	645
	Sachindex	645
	Geographischer Index	713

Teil I

Einführung und Grundbegriffe

Mineralogie

Mineralogie bedeutet wörtlich Lehre vom Mineral.

Der Begriff Mineral ist erst im ausgehenden Mittelalter geprägt worden. Er geht auf das mittellateinische *mina* = Schacht (*minare* = Bergbau treiben) zurück. Im Altertum, z. B. bei den Griechen und Römern, hat man nur von Steinen gesprochen. Es sind besonders die durch Glanz, Farbe und Härte ausgezeichneten Schmucksteine, denen man schon in vorgriechischer Zeit bei allen Kulturvölkern besondere Beachtung schenkte. Das *Steinbuch des Aristoteles* bringt bereits eine Fülle von Beobachtungen und Tatsachen.

Minerale sind chemisch einheitliche, natürliche Bestandteile der Erde und anderer Himmelskörper (Mond, Meteoriten, erdähnliche Planeten unseres und anderer Sonnensysteme). Von wenigen Ausnahmen abgesehen, sind Minerale anorganisch, fest und kristallisiert (Abb. 1.1). Nach dieser sehr allgemein gehaltene Mineraldefinition, die in Kap. 2 schrittweise erläutert wird, sind Minerale – von wenigen Ausnahmen abgesehen – zugleich *Kristalle* (Kap. 1) und bilden häufig Bestandteile von Gesteinen (Kap. 3).

Das Mineral, Plural: die Minerale oder gleichfalls gebräuchlich die Mineralien (verwendet in Begriffen wie Mineraliensammlung oder Mineralienbörse etc.).

1 Kristalle

1.1 Kristallmorphologie

1.2 Kristallstruktur

1.3 Kristallchemie

1.4 Kristallphysik

1.5 Kristalloptik

Kristalle (grch. κρύσταλλοσ = Eis, übertragen auf den Bergkristall; Abb. 1.1) sind feste, homogene, anisotrope Körper mit dreidimensional periodischer Anordnung ihrer chemischen Bausteine (Atome, Ionen, Moleküle).

Der Kristallbegriff greift weit über die Mineralwelt hinaus; er umfasst ebenso alle kristallinen Substanzen, die im Labor und in technischen Betrieben künstlich gezüchtet oder durch Massenkristallisation hergestellt werden.

In einer *Kristallstruktur* sind die Atome, Ionen oder Molekülgruppen periodisch zu *Raumgittern* angeordnet, d. h. in bestimmten Richtungen treten sie immer wieder in gleichen Abständen auf (Translationsabstände der Gitterpunkte; Abb. 1.2). Jeder Kristall, d. h. auch jedes kristallisierte Mineral zeichnet sich durch einen ihm eigenen, geometrisch definierten Feinbau aus.

Als Ergebnis dieses Gitterbaus sind Kristalle *homogen*, d. h. sie sind physikalisch und chemisch einheitlich aufgebaut. Der Begriff der Homogenität lässt sich noch schärfer fassen, wenn man die *vektoriellen*, d. h. die richtungsabhängigen physikalischen Eigenschaften wie Härte, Kohäsion, Wärmeleitfähigkeit, elektrische Leitfähigkeit, Lichtbrechung und Doppelbrechung betrachtet. Ein Körper ist homogen, wenn er in parallelen Richtungen gleiches Verhalten zeigt. Aus der Feinstruktur von Kristallen ergibt sich weiter ihre *Anisotropie*, die bedeutet, dass die vektoriellen physikalischen Eigenschaften in unterschiedlichen Richtungen verschieden sind. Demgegenüber treten in isotropen Medien wie z. B. Glas in unterschiedlichen Richtungen gleiche vektorielle Eigenschaften auf (Abb. 1.3). Beispiele hierfür werden im Abschn. 1.4 Kristallphysik besprochen.

Es sei in diesem Zusammenhang daran erinnert, dass nicht nur Minerale, sondern fast alle anorganischen und sehr viele organische Festköper sich im kristallisierten Zustand befinden. Als technische Produkte bestimmen Kristalle unser tägliches Leben vom Zucker bis zum Aspirin, vom Schwingquarz in unseren Uhren bis zum Mikrochip im Computer, vom Laserkristall bis zum Katalysator in unseren Fahrzeugen.

Abb. 1.1.
Kristallgruppe von Quarz, Varietät Bergkristall, Arkansas/USA. Etwa ⅔ der natürlichen Größe.
(Foto: K.-P. Kelber)

1.1 Kristallmorphologie

Bei freiem, nicht behindertem Wachstum werden Kristalle von ebenen Flächen begrenzt (Abb. 1.1), deren Richtungen im mathematischen Zusammenhang zum Raumgitter stehen. Die Bildung von Kristallflächen ist Ausdruck der Anisotropie der Wachstumsgeschwindigkeit: Rasches Wachstum in einer bestimmten Richtung führt dazu, dass zunächst angelegte Flächen zu Kanten oder Ecken entarten; langsames Wachstum führt dagegen zur Ausbildung größerer Kristallflächen (Abb. 1.4). Die Flächenkombinationen eines Kristallpolyeders (*Kristalltracht*) und die Größenverhältnisse der einzelnen Flächen (*Habitus*) sind von den jeweiligen Wachstumsbedingungen abhängig, insbesondere von Druck, Temperatur und chemischer Zusammensetzung der Schmelze oder Lösung, in denen der betreffende Kristall wächst. Kristalle gleicher Tracht können ganz unterschiedlichen Habitus aufweisen, z. B. planar, isometrisch, säulig, nadelig. Wegen gegenseitiger Behinderung in ihrem Wachstum können die meisten Kristalle ihre Kristallgestalt nicht oder nicht voll entwickeln. Das ist insbesondere beim Kristallisieren von Mineralen in der Natur der Fall: Minerale in Gesteinen besitzen nur selten gut ausgebildete Flächen (Abb. 3.1, S. 57).

Es gilt das *Gesetz der Winkelkonstanz*, das in seinen Grundzügen bereits im Jahr 1669 von dem dänischen Arzt und Naturwissenschaftler Niels Stensen (latinisiert Nicolaus Steno, 1638–1686) am Quarz entdeckt wurde, allerdings in der Folgezeit in Vergessenheit geriet:

> Alle zu einer Kristallart gehörenden, chemisch gleich zusammengesetzten Einzelkristalle schließen zwischen analogen Flächen stets gleiche Winkel ein.

Dieses Gesetz gilt uneingeschränkt, und zwar auch für Kristalle, die stark verzerrt gewachsen sind (Abb. 1.5). Kristalle zeigen in ihrer äußeren (Ideal-)Gestalt und in der Verteilung ihrer vektoriellen physikalischen Eigenschaften Symmetrie-Eigenschaften, welche die symmetrische Anordnung der Bausteine (Atome, Ionen, Moleküle) in der Kristallstruktur widerspiegeln.

> Symmetrie ist die gesetzmäßige Wiederholung eines Motivs (Borchardt-Ott 2002), z. B. eines Gitterpunktes oder einer Kristallfläche.

In der Kristallmorphologie lassen sich folgende *Symmetrie-Operationen* unterscheiden, wobei die dazugehörigen *Symmetrie-Elemente* durch einfache Symbole gekennzeichnet werden (Abb. 1.6):

- *Drehung* um eine einzählige, zweizählige, dreizählige, vierzählige und sechszählige Drehachse (1, 2, 3, 4, 6);

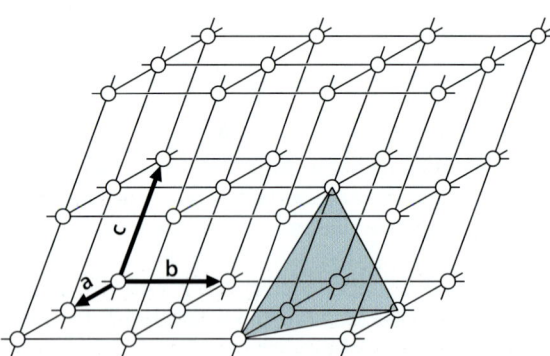

Abb. 1.2. Dreidimensionales Gitter (Raumgitter) mit trikliner Symmetrie. Die Translationsvektoren a, b, c sind verschieden lang und stehen nicht senkrecht aufeinander. Weitere Translationsvektoren sind z. B. die Flächendiagonalen in den Ebenen ab, bc, ac oder die Raumdiagonalen in abc. Die Einheitsfläche ist blau dargestellt. (Mod. nach Kleber et al. 2010)

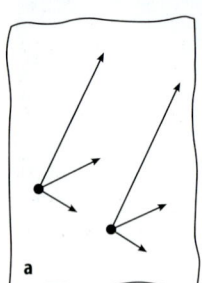 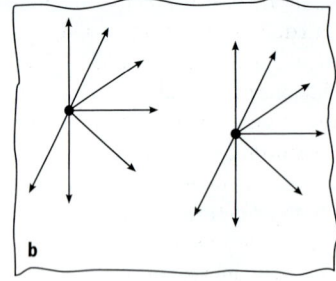

Abb. 1.3. a Schema eines homogenen, anisotropen Körpers: gleiches Verhalten in parallelen Richtungen, unterschiedliches Verhalten in verschiedenen Richtungen. **b** Schema eines homogenen, isotropen Körpers: gleiches Verhalten in allen Richtungen

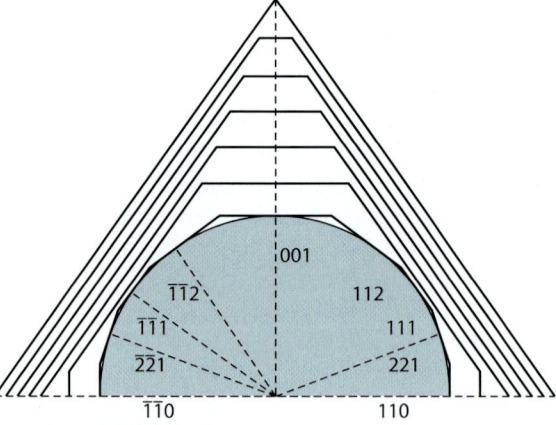

Abb. 1.4. Relative Wachstumsgeschwindigkeiten unterschiedlicher Kristallflächen beim Kalialaun KAl(SO$_4$)$_2$ · 12H$_2$O, ausgehend von einer geschliffenen Kugel. Die Flächen der Formen {110}, {221} und {112} wachsen rasch und verschwinden daher bald. Demgegenüber wachsen die Würfelflächen {100} und die Oktaederflächen {111} langsamer. Zum Schluss bleiben nur noch die am langsamsten wachsenden Oktaederflächen übrig. (Nach Spangenberg 1935 aus Kleber et al. 2010)

Abb. 1.5.
Kristallverzerrungen beim Quarz.
a–d Kopfbilder, **e–f** Parallelprojektionen. (Aus Ramdohr u. Strunz 1978)

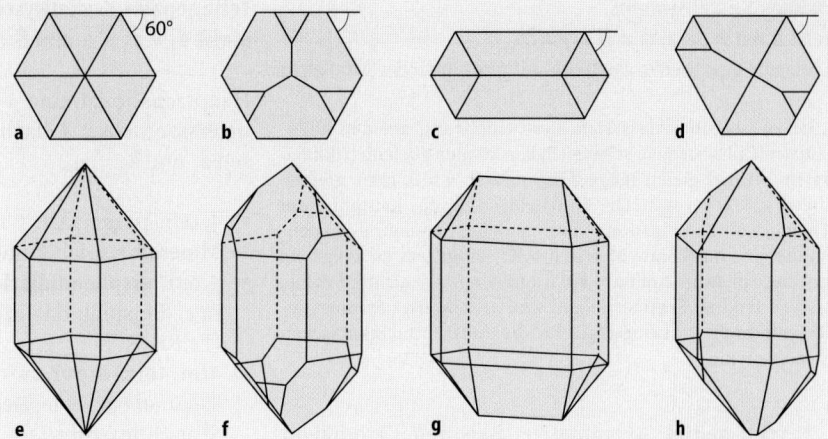

- *Spiegelung* an einer Spiegelebene (m);
- *Inversion*, d. h. Spiegelung an einem Inversionszentrum ($\bar{1}$);
- *Drehinversion*, d. h. Koppelung von Drehung und Inversion, an einer zweizähligen, dreizähligen, vierzähligen und sechszähligen Drehinversionsachse ($\bar{2}$ = m, $\bar{3}$, $\bar{4}$, $\bar{6}$), d. h. beide Symmetrie-Operationen laufen als *ein* Vorgang hintereinander ab.

Aus der Kombination dieser Symmetrie-Elemente ergeben sich *32 Kristallklassen*, die 1830 von Johann Friedrich Christian Hessel (1796–1872) abgeleitet wurden. Im kristallinen Feinbau kommt als weitere Symmetrie-Operation noch die *Translation* der einzelnen Gitterpunkte hinzu. Durch Koppelung der Translation mit Drehungen und Spiegelungen entstehen *Gleitspiegelebenen* und *Schraubenachsen* als neue Symmetrie-Elemente. Ihre Kombination führt zu *230 Raumgruppen*, die im Jahr 1891 von Arthur Moritz Schoenflies (1853–1928) und Jewgraf Stepanowitsch Fjodorow (1853–1919) unabhängig voneinander berechnet wurden. Für die mathematische Beschreibung von Kristallstrukturen, insbesondere der Position von Gitterpunkten, Punktreihen und Netzebenen sowie der Lage der Flächen im Kristallpolyeder bezieht man sich auf unterschiedliche Koordinatensysteme, die der Symmetrie der Kristalle angepasst sind. Daraus ergeben sich *7 Kristallsysteme*, die durch die Längenverhältnisse ihrer Hauptachsen a, b, c und die Winkel zwischen diesen Achsen α (zwischen b und c), β (zwischen a und c), γ (zwischen a und b) gekennzeichnet sind. Beim trigonalen, tetragonalen und hexagonalen Kristallsystem sind die Achsen a und b gleich lang; man bezeichnet sie daher als a_1, a_2, a_3. Eine analoge Bezeichnung gilt im kubischen System, in dem alle Achsen gleich lang sind.

Die Bezeichnung der 32 Kristallklassen folgt dem einfachen, international verbindlichen System von Hermann-Mauguin (Hermann 1935; Hahn 2002), das auf einer Kombination der Symbole für die Symmetrie-

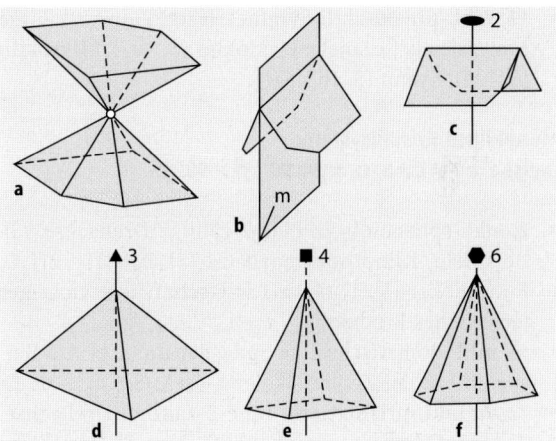

Abb. 1.6. Einfache Kristallformen, die durch Symmetrie-Operationen entstehen. **a** Inversionszentrum $\bar{1}$: Pinakoid (Fläche und parallele Gegenfläche); **b** Spiegelebene: Doma (grch. δώμα = Dach); **c–f** 2-, 3-, 4- und 6-zählige Drehachsen: **c** Sphenoid (grch. Keil), **d** trigonale Pyramide, **e** tetragonale Pyramide, **f** hexagonale Pyramide

Elemente beruht. Wenn aus der Kombination von zwei Symmetrie-Elementen ein drittes resultiert, kann dieses weggelassen werden; daraus ergibt sich ein vereinfachtes Symbol. Das Hermann-Mauguin-System soll hier kurz erläutert und durch Mineralbeispiele dokumentiert werden. Außerdem werden noch die traditionellen Namen nach Paul von Groth (1843–1927) angegeben, die sich aus der jeweils bestimmenden allgemeinen Kristallform in allgemeinen, nicht speziellen Lagen ableiten. Eine *Kristallform* ist eine Menge äquivalenter Flächen, die durch eine oder mehrere Symmetrie-Operationen ineinander überführt werden. Kristallklassen mit wichtigen Mineralbeispielen sind durch einen Stern (*) gekennzeichnet. Für Minerale, die sonst im Text nicht erscheinen, wird die chemische Formel angegeben. Ein tieferes Eindringen in die Materie erfordert das Studium einschlägiger Lehrbücher der Kristallographie (Borchardt-Ott 2008; Kleber et al. 2010).

Triklines Kristallsystem:
meist a ≠ b ≠ c ≠ a, $\alpha \neq \beta \neq \gamma \neq \alpha$
(= bedeutet gleichwertig, ≠ ungleichwertig bezüglich der Symmetrie)

Es ist zu beachten, dass sich diese Notierung auf den allgemeinsten Fall bezieht; in seltenen Fällen können auch im triklinen System einmal gleich lange Achsen, z. B. $a = b$, oder gleiche Winkel, z. B. $\alpha = \gamma$ auftreten. Entscheidend für das Kristallsystem ist nämlich die Kombination von vorhandenen Symmetrie-Elementen, die eine bestimmte Metrik des Kristallgitters erzwingt. So weist der Spielwürfel mit $a = b = c$ und $\alpha = \beta = \gamma$ nicht kubische, sondern trikline Symmetrie auf, weil er keinerlei Symmetrie-Elemente besitzt. Analoges gilt für die anderen nichtkubischen Kristallsysteme.

- **1, trkl.-pedial**: Asymmetrie. Beispiele: Aramayoit $Ag(Sb,Bi)S_2$, Lasurit-4A (S. 200)
- ***$\overline{1}$, trkl.-pinakoidal**: Symmetriezentrum. Wichtige Minerale als Beispiele: Plagioklas (S. 197), Mikroklin (S. 195), Kyanit (S. 16, 151f).

Monoklines Kristallsystem:
meist a ≠ b ≠ c ≠ a, $\alpha = \gamma = 90°$, $\beta > 90°$

- **2, mkl.-sphenoidisch**: Eine 2-zählige Drehachse // b. Beispiele: Klinotobermorit $Ca_5[Si_3O_8OH]_2 \cdot 2H_2O$, Rohrzucker $C_{12}H_{22}O_{11}$ als wirtschaftlich wichtiges technisches Produkt.
- **m, mkl.-domatisch**: Eine Spiegelebene ⊥ b. Als Beispiel diene der Zeolith Skolezit $Ca[Al_2Si_3O_{10}] \cdot 3H_2O$.
- ***2/m, mkl.-prismatisch**: Eine 2-zählige Drehachse, ⊥ darauf eine Spiegelebene. Zahlreiche wichtige Mineralbeispiele wie Sanidin und Orthoklas (S. 197), Klinopyroxene (S. 161), Klinoamphibole (S. 166), Glimmer (S. 172ff), Titanit (S. 153f), Gips (S. 131).

(Ortho-)rhombisches Kristallsystem:
meist a ≠ b ≠ c ≠ a, $\alpha = \beta = \gamma = 90°$

- **mm2, rh.-pyramidal**: Eine 2-zählige Drehachse // c mit zwei Spiegelebenen, die ⊥ aufeinander stehen und sich in der 2-zähligen Drehachse schneiden. Beispiele: Hemimorphit (Kieselzinkerz) $Zn_4[(OH)_2/Si_2O_7] \cdot H_2O$, Bournonit $PbCu[SbS_3]$, Enargit (S. 89).
- **222, rh.-disphenoidisch**: Drei 2-zählige Drehachsen parallel a, b und c, die ⊥ aufeinander stehen. Beispiel: Epsomit $Mg[SO_4] \cdot 7H_2O$
- ***2/m2/m2/m (mmm), rh.-dipyramidal**: Drei ⊥ aufeinander stehende Spiegelebenen; als Schnittlinien dieser Ebenen ergeben sich drei 2-zählige Drehachsen parallel a, b und c. Zahlreiche Mineralbeispiele wie Topas (S. 151), Andalusit (S. 150), Sillimanit (S. 150), Olivin (S. 146), Orthopyroxene (S. 162f), Orthoamphibole (S. 166), Anhydrit (S. 131), Baryt (S. 130), Aragonit (S. 121).

Tetragonales Kristallsystem:
meist $a_1 = a_2 \neq c$, $\alpha = \beta = \gamma = 90°$

Hauptachse c ist eine 4-zählige Drehachse oder Drehinversionsachse; ⊥ dazu stehen die beiden Nebenachsen a_1 und a_2.

- **4, tetr.-pyramidal**: 4-zählige Drehachse in c. Einziges Mineralbeispiel: Pinnoit $Mg[B_2O(OH)_6]$.
- **$\overline{4}$, tetr.-disphenoidisch**: 4-zählige Drehinversionsachse in c. Beispiel: das Meteoriten-Mineral Schreibersit $(Fe,Ni)_3P$.
- **4/m, tetr.-dipyramidal**: 4-zählige Drehachse in c, ⊥ darauf eine Spiegelebene. Beispiele: Scheelit (S. 135), Skapolith-Gruppe (S. 200), Tief-Leucit (S. 199).
- **4mm, ditetr.-pyramidal**: Die 4-zählige Drehachse in c wird kombiniert mit zwei Spiegelebenen ⊥ a_1 und a_2; daraus resultieren weitere Spiegelebenen ⊥ zu den Winkelhalbierenden zwischen a_1 und a_2. Beispiel: Diaboleit $Pb_2Cu(OH)_4Cl_2$.
- ***$\overline{4}$2m, tetr.-skalenoedrisch**: Die 4-zählige Drehinversionsachse c ist Schnittlinie zweier ⊥ aufeinander stehender Spiegelebenen; deren Winkelhalbierende die beiden 2-zähligen Nebenachsen a_1 und a_2 bilden. Wichtige Beispiele: Chalkopyrit (Kupferkies, S. 88), Stannin (Zinnkies) Cu_2FeSnS_4, Melilith (S. 153f).
- **422, tetr.-trapezoedrisch**: ⊥ zur 4-zähligen Drehachse c stehen 2 + 2 2-zählige Nebenachsen // a_1 und a_2 bzw. // zu deren Winkelhalbierenden. Beispiel: Tief-Cristobalit (S. 189).
- ***4/m2/m2/m (4/mmm), ditetr.-dipyramidal**: ⊥ zur 4-zähligen Drehachse c steht eine Spiegelebene; in der 4-zähligen Achse schneiden sich 2 + 2 Spiegelebenen, die ⊥ a_1 und a_2 bzw. ⊥ zu deren Winkelhalbierenden stehen; daraus resultieren 2 + 2 2-zählige Drehachsen // a_1 und a_2 bzw. // zu deren Winkelhalbierenden. Mehrere Mineralbeispiele wie Kassiterit (Zinnstein, S. 111), Rutil (S. 110), Anatas (S. 110), Stishovit (S. 187), Zirkon (S. 146f), Vesuvian (S. 156).

Trigonales Kristallsystem:
meist $a_1 = a_2 = a_3 \neq c$, $\alpha = \beta = 90°$, $\gamma = 120°$

Hauptachse c ist eine 3-zählige Drehachse oder Drehinversionsachse; ⊥ dazu stehen drei Nebenachsen a_1, a_2 und a_3. Es besteht eine enge Verwandtschaft zum hexagonalen System.

- **3, trig.-pyramidal**: 3-zählige Drehachse c. Beispiel: Carlinit Tl_2S.
- ***$\overline{3}$, (trig.-)rhomboedrisch**: 3-zählige Drehinversionsachse c. Mehrere wichtige Mineralbeispiele wie Ilmenit (S. 109), Dolomit (S. 124f), Phenakit $Be_2[SiO_4]$, Dioptas (S. 158).

- *3m, trig.-pyramidal: In der 3-zähligen Drehachse c schneiden sich drei Spiegelebenen, die $\perp$ a_1, a_2, a_3 stehen. Beispiele: Turmalin (S. 158f), Millerit NiS, Proustit und Pyrargyrit (S. 95).
- *$\bar{3}$2/m ($\bar{3}$m), ditrig.-skalenoedrisch: In der 3-zähligen Drehinversionsachse c schneiden sich drei Spiegelebenen, die $\perp$ a_1, a_2, a_3 stehen; daraus resultieren die drei 2-zähligen Drehachsen // a_1, a_2, a_3. Zahlreiche Mineralbeispiele wie Calcit (Kalkspat, S. 118f), Korund (S. 107), Hämatit (S. 108), Brucit Mg(OH)$_2$, ged. Bismut (gediegenes = elementares Bismut), ged. Antimon und ged. Arsen (S. 75).
- *32, trig.-trapezoedrisch: $\perp$ auf der 3-zähligen Drehachse c stehen drei 2-zählige Drehachsen a_1, a_2, a_3. Wichtigstes Mineralbeispiel ist der Tiefquarz (S. 182ff); weiter sind zu nennen Cinnabarit (Zinnober, S. 90), ged. Selen Se und ged. Tellur Te.

Hexagonales Kristallsystem:
meist $a_1 = a_2 = a_3 \neq c$, $\alpha = \beta = 90°$, $\gamma = 120°$

Hauptachse c ist eine 6-zählige Drehachse oder Drehinversionsachse; senkrecht dazu stehen drei Nebenachsen a_1, a_2 und a_3. Es besteht eine enge Verwandtschaft zum trigonalen System.

- *6, hex.-pyramidal: 6-zählige Drehachse c. Beispiel: Nephelin (S. 198), Cancrinit (S. 200)
- $\bar{6}$ (= 3/m), trig.-dipyramidal: 6-zählige Drehinversionsachse c (identisch mit 3-zähliger Drehachse c und $\perp$ darauf stehender Spiegelebene). Beispiel: Laurelit Pb$_7$F$_{12}$Cl$_2$.
- *6/m, hex.-dipyramidal: $\perp$ zur 6-zähligen Drehachse steht eine Spiegelebene. Wichtigstes Beispiel: Apatit (S. 138f), ferner Pyromorphit und Vanadinit (S. 140f).
- 6mm, dihex.-pyramidal: In der 6-zähligen Drehachse c schneiden sich 3 + 3 Spiegelebenen, die $\perp$ a_1, a_2, a_3 bzw. $\perp$ zu deren Winkelhalbierenden stehen. Beispiele: Wurtzit (S. 88), Greenockit CdS, Zinkit ZnO.
- $\bar{6}$m2, ditrig.-dipyramidal: Drei vertikale Spiegelebenen, die $\perp$ a_1, a_2, a_3 liegen, schneiden sich in der 6-zähligen Drehinversionsachse c; daraus ergeben sich drei 2-zählige Drehachsen, die in den Spiegelebenen liegen und die Winkelhalbierenden zwischen a_1, a_2, a_3 bilden. Beispiele: Bastnäsit (Ce,La,Y)[F / CO$_3$], Benitoid BaTi[Si$_3$O$_9$].
- *622, hex.-trapezoedrisch: $\perp$ zur 6-zähligen Drehachse c stehen 3 + 3 2-zählige Drehachsen // a_1, a_2, a_3 bzw. // zu deren Winkelhalbierenden. Beispiele: Hochquarz (S. 182, 187f), Kaliophilit K[AlSiO$_4$].
- *6/m2/m2/m (6/mmm), dihex.-dipyramidal: $\perp$ zur 6-zähligen Drehachse c steht eine Spiegelebene; in der 6-zähligen Achse schneiden sich 3 + 3 Spiegelebenen, die $\perp$ a_1, a_2, a_3 bzw. $\perp$ zu deren Winkelhalbierenden stehen; daraus resultieren 3 + 3 2-zählige Drehachsen // a_1, a_2, a_3 bzw. // zu deren Winkelhalbierenden. Mehrere wichtige Mineralbeispiele wie Beryll (S. 156f), Molybdänit-2H, Graphit-2H (S. 75).

Kubisches Kristallsystem:
$a_1 = a_2 = a_3$, $\alpha_1 = \alpha_2 = \alpha_3 = 90°$

Gemeinsames Kennzeichen aller fünf kubischen Kristallklassen sind 3-zählige Drehachsen oder Drehinversionsachsen, die // der Raumdiagonale des Würfels (RD) liegen und im Hermann-Mauguin-Symbol an zweiter Stelle genannt werden. An erster Stelle stehen die 4- oder 2-zähligen Drehachsen oder Drehinversionsachsen, die // a_1, a_2, a_3 liegen sowie die $\perp$ darauf stehenden Spiegelebenen (m). An dritter Stelle werden die zweizähligen Drehachsen // zur Flächendiagonale des Würfels (FD) und die $\perp$ darauf stehenden Spiegelebenen genannt.

- 23, kub.-tetraedrisch-pentagondodekaedrisch (nicht zu verwechseln mit der trigonalen Kristallklasse 32!): Drei 2-zählige Drehachsen // a_1, a_2, a_3, vier 3-zählige Drehachsen // RD. Beispiel: Ullmanit NiSbS, Gersdorffit NiAsS, Langbeinit K$_2$Mg$_2$[SO$_4$]$_3$.
- *2/m$\bar{3}$ (m$\bar{3}$), kub.-disdokaedrisch: Drei Spiegelebenen $\perp$ a_1, a_2, a_3, vier 3-zählige Drehinversionsachsen // RD; daraus resultieren drei 2-zählige Drehachsen // a_1, a_2, a_3. Beispiele: Wichtige Erzminerale wie Pyrit (S. 91), Skutterudit (S. 94), Sperrylith PtAs$_2$.
- *$\bar{4}$3m, kub.-hexakistetraedrisch: Drei 4-zählige Drehinversionsachsen // a_1, a_2, a_3, vier 3-zählige Drehachsen // RD, sechs Spiegelebenen $\perp$ FD. Zahlreiche Beispiele wie Sphalerit (Zinkblende, S. 86), Tetraedrit und Tennantit (S. 96f), β-Boracit β-Mg$_3$[Cl / B$_7$O$_{13}$], Sodalith (S. 199).
- 432, kub.-pentagonikositetraedrisch: Drei 4-zählige Drehachsen // a_1, a_2, a_3, vier 3-zählige Drehachsen // RD, sechs 2-zählige Drehachsen // FD. Petzit Ag$_3$AuTe$_2$.
- *4/m$\bar{3}$2/m (m3m), kub. hexakisoktaedrisch: Drei Spiegelebenen $\perp$ a_1, a_2, a_3, vier 3-zählige Drehinversionsachsen // RD, 6 Spiegelebenen $\perp$ FD; daraus resultieren drei 4-zählige Drehachsen // a_1, a_2, a_3 und sechs 2-zählige Drehachsen // FD. Zahlreiche wichtige Mineralbeispiele: ged. Kupfer, Silber, Gold und Platinmetalle (S. 74f), Diamant (S. 76), Halit (Steinsalz, S. 100), Fluorit (Flussspat, S. 101f), Periklas MgO, Uraninit (S. 112f), Spinell (S. 104ff), Magnetit (S. 105f), Chromit (S. 106), Argentit (Silberglanz, S. 84f), Galenit (Bleiglanz, S. 85f), Granat-Gruppe (S. 148).

Die Bezeichnung der Kristallflächen im Kristallpolyeder und der entsprechenden Netzebenen in der Kristallstruktur erfolgt über die *Miller'schen Indizes*. Auf Grund der Kristallstrukturbestimmung mittels Röntgenbeugung wird eine Einheitsfläche gewählt, die auf dem Achsenkreuz des jeweiligen Kristallsystems Achsenabschnitte erzeugt (Abb. 1.2). Setzt man den Achsenabschnitt auf der b-Achse = 1, so ergibt sich ein Achsenverhältnis, das für jede Kristallart charakteristisch ist, z. B. beim orthorhombischen Topas $a:b:c = 0{,}528:1:0{,}955$. Diesem entspricht das Verhältnis der Gitterkonstanten der entsprechenden Kristallstruktur, die durch Röntgenbeugung ermittelt werden (vgl. Abschn. 1.2 Kristallstruktur), z. B. für die Topasstruktur $a_o = 4{,}65$ Å, $b_o = 8{,}80$ Å, $c_o = 8{,}40$ Å (1 Å = 10^{-8} cm); $a_o : b_o : c_o = 4{,}65 : 8{,}80 : 8{,}40 = 0{,}528 : 1 : 0{,}955$. Für die Miller'schen Indizes wählt man nun die reziproken Achsenabschnitte der einzelnen Flächen und macht diese ganzzahlig und teilerfremd, wobei die Einheitsfläche mit (111) indiziert wird (Abb. 1.7). Eine Fläche, die nur die a-Achse schneidet, also parallel zu b und c läuft bzw. diese im Unendlichen schneidet, hätte die Achsenabschnitte 1∞∞, reziprok gerechnet (100). Analog dazu haben Flächen, die nur die b- oder die c-Achse schneiden, die Indizes (010) bzw. (001) (Abb. 1.7). Flächen parallel c, die a und b im gleichen Achsenabschnitt schneiden (immer bezogen auf das jeweilige Achsenverhältnis, das durch die Einheitsfläche definiert ist!) haben den Index (110); Flächen, die a im einfachen, b im doppelten Achsenabschnitt schneiden, hätten die Achsenabschnitte 12∞, was – reziprok genommen und ganzzahlig gemacht – den Index (210) ergibt. Negative Achsenabschnitte werden durch einen Strich (–) über der entsprechenden Ziffer gekennzeichnet. Zur allgemeinen Kennzeichnung der Flächenlagen verwendet man die Indizes (hkl), (hk0), (h0l) und (0kl) (Abb. 1.7). Für das trigonale und hexagonale System gelten die viergliedrigen Bravais-Indizes (hkil), wobei $i = -(h + k)$ ist, z. B. (10$\bar{1}$0) für eine Prismenfläche beim Quarz. Bezieht sich die Indizierung nicht nur auf eine einzelne Fläche, sondern auf die gesamte *Form*, d. h. auf die Gemeinschaft äquivalenter Flächen, die durch eine oder mehrere Symmetrie-Operationen ineinander überführt werden, so setzt man die Miller- oder Bravais-Indizes in geschweifte Klammern, also z. B. {10$\bar{1}$0} für das hexagonale Prisma beim Quarz.

Als *Zone* bezeichnet man eine Schar von Kristallflächen $(h_1k_1l_1)$, $(h_2k_2l_2)$, $(h_3k_3l_3)$, die sich in parallelen Kanten schneiden; Flächen, die einer Zone angehören, sind tautozonal. Das Zonensymbol [uvw] wird in eckige Klammern gesetzt. Für die Indizierung von Zonen gilt die Zonengleichung $hu + kv + lw = 0$, aus der sich z. B. ableiten lässt, dass die tetragonalen Prismenflächen (100), (010), ($\bar{1}$00) und (0$\bar{1}$0) alle zur Zone [001] gehören, die // der c-Achse verläuft. Demgegenüber gehören zwar die Flächen (100) und ($\bar{1}$00) zur Zone [010], die parallel zur b-Achse verläuft, nicht aber (010) und (0$\bar{1}$0).

Für ein vertieftes Verständnis dieser kristallographischen Indizierungen sind das Durcharbeiten von geeigneten Kristallographie-Lehrbüchern (z. B. Bochardt-Ott 2008; Kleber et al. 2010) und die Teilnahme an kristallographischen Anfängerübungen unbedingt erforderlich.

1.2
Kristallstruktur

1.2.1
Bravais-Gitter

Wir hatten bereits darauf hingewiesen, dass zwischen äußerer Kristallgestalt und innerer Kristallstruktur eine grundsätzliche Korrespondenz besteht. Der wesentliche Unterschied liegt darin, dass in der Kristallstruktur die Translation als wichtige Deckoperation dazukommt. Diese tritt wegen der geringen Größe der Translationsbeträge im Ångström-Bereich (1 Å = 10^{-8} cm) kristallmorpho-

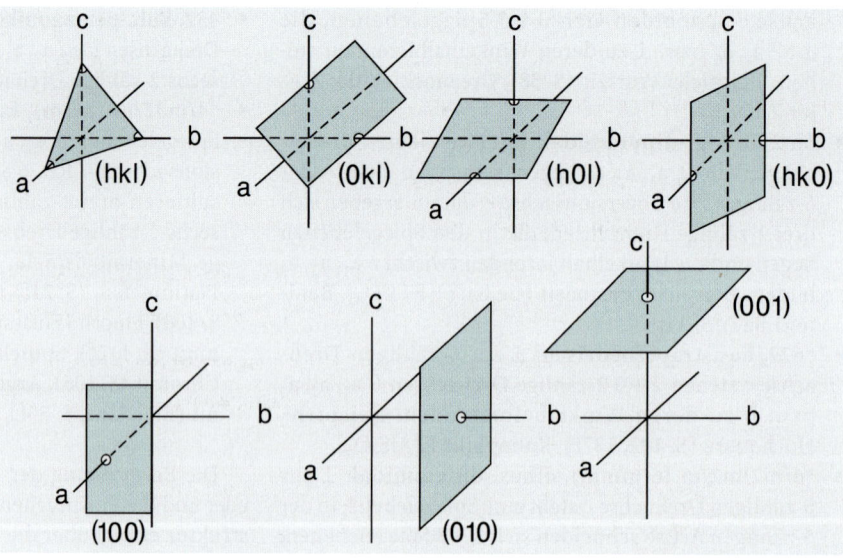

Abb. 1.7.
Die Miller'schen Indizes für wichtige Flächenlagen in einem rhombischen Achsenkreuz. Unter den allgemeinen Flächenlagen (hkl) wird eine als Einheitsfläche (111) gewählt

logisch nicht in Erscheinung. Wie 1842 Moritz Ludwig Frankenheim (1801–1869) und 1850 Auguste Bravais (1811–1863) zeigen konnten, gibt es insgesamt 14 Translationsgruppen, die man als *Bravais-Gitter* bezeichnet. Diese können einfach (primitiv *P*), innenzentriert (*I*), basisflächenzentriert (*C*), allseits flächenzentriert (*F*) und rhomboedrisch (*R*) sein. Sie gehören zu sechs *Kristallfamilien*, die den morphologisch definierten Kristallsystemen entsprechen. (Bei letzteren wird lediglich die hexagonale Kristallfamilie noch einmal in das trigonale und das hexagonale Kristallsystem unterteilt.):

- *triklin* („dreifach geneigt") oder *anorthisch*, abgekürzt *a*
- *monoklin* („einfach geneigt"), abgekürzt *m*
- *rhombisch* oder *orthorhombisch*, abgekürzt *o*
- *tetragonal*, abgekürzt *t*
- *hexagonal*, abgekürzt *h*
- *kubisch*, abgekürzt *c*

Jedes Bravais-Gitter hat im jeweiligen Kristallsystem die höchstmögliche Symmetrie. Damit ergeben sich die in Tabelle 1.1 genannten Bezeichnungen (Tabelle 1.1, Abb. 1.8).

Abb. 1.8.
Die 14 Translationsgruppen der Kristalle (Bravais-Gitter) und ihre Symmetrien. (Mod. nach Ramdohr u. Strunz 1978)

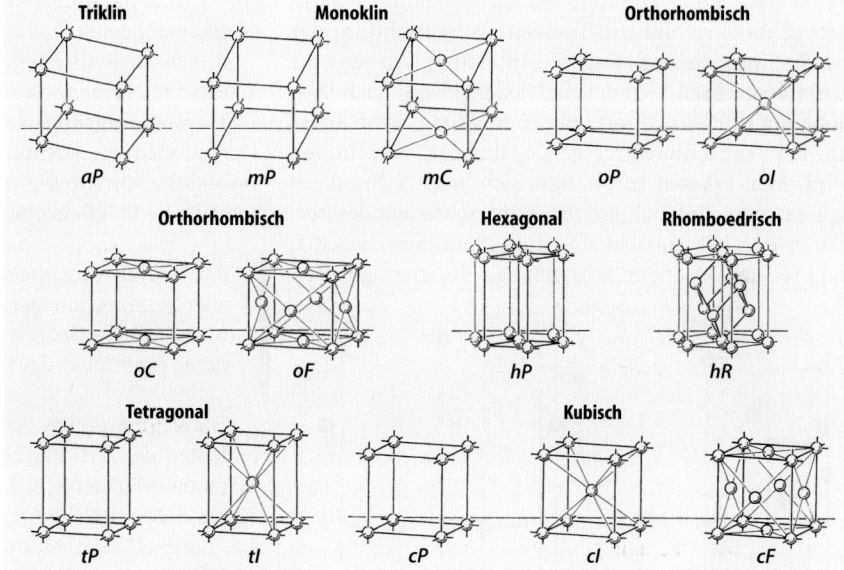

Tabelle 1.1. Elementarzellen der 14 Bravais-Gitter. (Nach Kleber et al. 2010, mod. nach Tillmanns, pers. Mitt.)

aP	triklin primitives Gitter	a, b, c und α, β, γ beliebig meist $a \neq b \neq c \neq a$ und $\alpha \neq \beta \neq \gamma \neq \alpha$
mP	monoklin primitives Gitter	a, b, c beliebig; $\alpha = \gamma = 90°$; β beliebig
mC	monoklin basisflächenzentriertes Gitter	meist $a \neq b \neq c \neq a$ und $\beta \neq 90°$
oP	rhombisch primitives Gitter	a, b, c beliebig; $\alpha = \beta = \gamma = 90°$
oI	rhombisch innenzentriertes Gitter	meist $a \neq b \neq c \neq a$
oC	rhombisch basisflächenzentriertes Gitter	
oF	rhombisch flächenzentriertes Gitter	
tP	tetragonal primitives Gitter	$a = b$; c beliebig; $\alpha = \beta = \gamma = 90°$
tI	tetragonal innenzentriertes Gitter	meist $c \neq a, b$; $(a \equiv a_1; b \equiv a_2)$
hP	hexagonal primitives Gitter	$a = b$; c beliebig; $\alpha = \beta = 90°$; $\gamma = 120°$
hR	hexagonal rhomboedrisches Gitter	meist $c \neq a, b$; $(a \equiv a_1; b \equiv a_2)$
cP	kubisch primitives Gitter	$a = b = c$; $\alpha = \beta = \gamma = 90°$
cI	kubisch innenzentriertes Gitter	$(a \equiv a_1; b \equiv a_2; c \equiv a_3)$
cF	kubisch flächenzentriertes Gitter	

1.2.2
Raumgruppen

Durch die Kombination von zwei-, drei-, vier- und sechszähligen Drehachsen 2, 3, 4 und 6 mit Translationen in Richtung des Translationsvektors τ, und zwar um unterschiedliche Beträge, entstehen die zwei-, drei-, vier- und sechszähligen *Schraubenachsen* $2_1, 3_1, 3_2, 4_1, 4_2, 4_3, 6_1, 6_2, 6_3, 6_4, 6_5$. Als Beispiel ist in Abb. 1.9a eine sechszählige Schraubenachse 6_1 dargestellt, durch die die Gitterpunkte 1, 2, 3, ... nach Art einer Wendeltreppe angeordnet sind. Der Translationsbetrag, um den ein Gitterpunkt nach einer Drehung von 60° verschoben wird, beträgt $\tau/6$; erfolgt die Translation in Richtung der c-Achse wäre dieser Betrag $\frac{1}{6}c_0$. Abbildung 1.9b zeigt die Schraubenachsen 3_1 und 3_2, bei denen jeweils nach Drehung um 120° ein Gitterpunkt in Richtung der c-Achse um die Translationsbeträge $\frac{1}{3}c_0$ und $\frac{2}{3}c_0$ verschoben wird. Man erkennt sofort, dass sich beide Schraubenachsen spiegelbildlich (*enantiomorph*) zueinander verhalten: durch 3_1 entsteht eine linksgewundene, durch 3_2 eine rechtsgewundene Schraubung. Ein wichtiges Beispiel für einen enantiomorphen Kristall ist der Quarz, wobei die Bezeichnung Links- und Rechtsquarz aus der Kristallmorphologie abgeleitet wurde (vgl. Abb. 11.44b,c, S. 181), zu einer Zeit, als noch keine Kristallstrukturbestimmungen möglich waren. Merke: Linksquarz hat die Schraubenachse 3_2, Rechtsquarz die Schraubenachse 3_1!

Kombiniert man eine Spiegelebene mit der Translation um eine halbe Gitterkonstante $a_0/2$, $b_0/2$ oder $c_0/2$ in Richtung der a-, b- oder c-Achse so erhält man die *Gleitspiegelebenen* a, b oder c (Abb. 1.10). Das Symbol n bezeichnet eine Gleitspiegelebene mit Gleitkomponenten in diagonaler Lage, d. h. $(a_0 + b_0)/2$, $(a_0 + c_0)2$ oder $(b_0 + c_0)/2$; mit d bezeichnete Gleitspiegelebenen haben Gleitkomponenten $(a_0+b_0)/4$, $(a_0+c_0)/4$ oder $(b_0+c_0)/4$.

Auf mathematischem Wege konnten Fjodorow und Schoenflies zeigen, dass man durch Kombination der 14 Translationsgruppen mit allen denkbaren Symmetrie-Operationen wie Drehung, Spiegelung, Inversion, Drehinversion, Schraubung und Gleitspiegelung 230 unterschiedliche Möglichkeiten erhält, die 230 *Raumgruppen*.

> Als Raumgruppe bezeichnet man die Gesamtheit aller Symmetrie-Operationen in einer Kristallstruktur oder eine Gruppe von Symmetrie-Operationen unter Einschluss der Gitter-Translation.

Die Raumgruppen-Symbole nach Hermann-Mauguin enthalten den Typ des Bravais-Gitters P, I, C, R und die Symmetrie-Elemente, z. B. P$\bar{1}$ in der Kristallklasse $\bar{1}$, P2/m, P2_1/m, C2/m, P2/c, P2_1/c, C2/c in der Kristallklasse 2/m etc. Beispiele sind P$3_1$2 und P$3_2$2 beim Tiefquarz, P$6_2$22 und P$6_4$22 beim Hochquarz (Abb. 11.42, S. 180), C2/m beim Sanidin und P$\bar{1}$ bei den Plagioklasen (Abb. 11.52, S. 191).

1.2.3
Kristallstrukturbestimmung mit Röntgenstrahlen

Wie aus Abb. 1.2 ersichtlich ist, ordnen sich die Atome, Ionen oder Molekülgruppen in einer Kristallstruktur zu *Netzebenen* an, die sich in bestimmten Abständen periodisch wiederholen. Die Translationsbeträge längs der kristallographischen Achsen **a**, **b** und **c** bezeichnet man als Gitterkonstanten a_0, b_0, c_0; sie bilden miteinander die Winkel α, β, γ. Die Netzebenenabstände und Gitterkonstanten der meisten anorganischen Kristalle liegen im Bereich von einigen Ångström bis einigen Zehner Ångström (1 Å = 10^{-8} cm). In der Annahme, dass die Wellenlänge der Röntgenstrahlen in der gleichen Größenordnung liegt, führte der deutsche Physiker Max von Laue (1879–1960) zur ihrer quantitativen Bestimmung gemeinsam mit Walter Friedrich und Paul Knipping im Jahr 1912 Beugungsexperimente mit Röntgenstrahlen durch. Dabei wurden Kristalle als Beugungsgitter benutzt, ähnlich wie man optische Gitter zur Bestimmung der Wellenlänge des sichtbaren Lichtes verwendet (Friedrich et al. 1912).

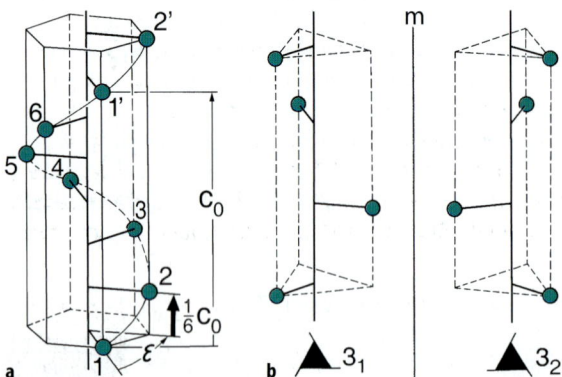

Abb. 1.9. Wirkungsweisen von Schraubenachsen. **a** 6-zählige Schraubenachse 6_1 mit dem Drehwinkel ε = 60° und einer Translation in Richtung der c-Achse mit c / 6. **b** Dreizählige Schraubenachsen mit dem Drehwinkel ε = 120° und einer Translation in Richtung der c-Achse um $\frac{1}{3}$c (3_1) = Linksschraubung bzw. $\frac{2}{3}$c (3_2) = Rechtsschraubung. Beide Schraubenachsen verhalten sich spielbildlich (enatiomorph) zur Spiegelebene m. (Nach Borchardt-Ott 2008)

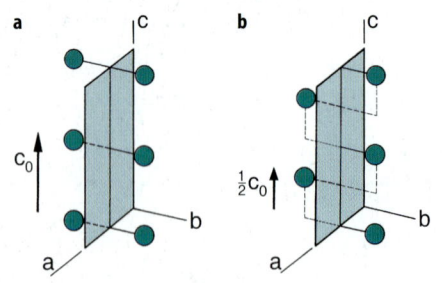

Abb. 1.10. Wirkungsweise **a** einer Spiegelebene m = (010) und **b** einer Gleitspiegelebene c = (010) mit der Gleitkomponente c_0 / 2. (Nach Borchardt-Ott 2008)

Durchstrahlt man einen Kristall mit einem Röntgenstrahl, so wird dieser Primärstrahl an den Netzebenen des Kristalls in verschiedene Richtungen abgebeugt und es kommt zu Interferenzerscheinungen. Die abgebeugten Wellen können auf einer Fotoplatte aufgefangen werden und erzeugen dort einen Schwärzungsfleck, den *Interferenzfleck*. Das dabei entstehende *Laue-Diagramm* lässt die Symmetrie des Kristalls erkennen unter der Voraussetzung, dass der Kristall orientiert, d. h. beispielsweise parallel zu einer Drehachse durchstrahlt wurde (Abb. 1.11). Damit war die Grundlage dafür gelegt, dass man mittels *Röntgenbeugung*

- die Symmetrie,
- die Raumgruppe,
- und die Feinstruktur

von Kristallen bestimmen kann. Die Beziehung zwischen der *Wellenlänge der Röntgenstrahlung* λ, dem *Netzebenenabstand* d und dem *Beugungswinkel (Glanzwinkel)* θ wurde von dem englischen Physiker William H. Bragg (1862–1942) und seinem Sohn William L. Bragg (1890–1971) in einer einfachen Gleichung formuliert, der *Bragg'schen Gleichung*:

$$n\lambda = 2d\sin\theta \qquad [1.1]$$

wobei n eine ganze Zahl, die *Ordnung der Interferenz* ist. Diese wichtige Grundgleichung sagt aus, dass nur dann Beugung an einer bestimmt Netzebenenschar (hkl) im Kristall auftritt, wenn bei festgelegter Wellenlänge auch ein bestimmter Glanzwinkel vorliegt. Röntgenstrahl-Interferenzen sind also zu erwarten, wenn

- bei festgehaltenem Glanzwinkel θ die Wellenlänge λ variabel ist: „weißes Röntgenlicht": *Laue-Methode* (Abb. 1.11),
- bei festgehaltener Wellenlänge λ (monochromatisches Röntgenlicht) der Glanzwinkel θ variabel ist.

Für die Variation von θ gibt es prinzipiell zwei Möglichkeiten:

- Der Kristall wird während der Röntgenaufnahme gedreht: *Drehkristall- bzw. Präzessions-Verfahren* (Abb. 1.12).
- Es wird eine große Menge kleiner Kristalle in beliebiger Orientierung durchstrahlt: *Pulver- oder Debye-Scherrer-Verfahren* (Abb. 1.13a).

Bei beiden Fällen können die Röntgenstrahl-Interferenzen auf einem Film registriert werden, auf dem sie Interferenzflecken oder -linien bilden. Die Röntgenstrahl-Interferenzen lassen sich aber auch mittels eines Geiger-Müller-Zählrohrs registrieren; sie erscheinen dann in einem sog. Diffraktogramm als Intensitäts-Maxima (Peaks, Abb. 1.13b).

Die unterschiedlichen *Röntgenbeugungsverfahren* finden bei der Strukturanalyse von Mineralen und anderen kristallinen Substanzen Anwendung. Dabei kann man u. a. durch mathematische Fourier- oder durch direkte Methoden die periodische Verteilung der *Elektronendichte* bestimmen und so die Punktlagen der einzelnen Atome, Ionen oder Molekülgruppen ermitteln (Abb. 1.14a,b).

Für die mineralogische und materialkundliche Praxis sind *Röntgen-Pulververfahren*, insbesondere die *Röntgen-Pulverdiffraktometrie* von größter Bedeutung. Sie dienen zur raschen und einfachen Identifikation von Mineralen und anderen kristallinen Substanzen sowie zur Bestimmung ihrer Gitterkonstanten, wobei auch sehr feinkörnige Proben analysiert werden können. Mit Pulvermethoden lassen sich darüber hinaus Mineralgemenge, Gesteine und technische Produkte auf ihre Bestandteile untersuchen.

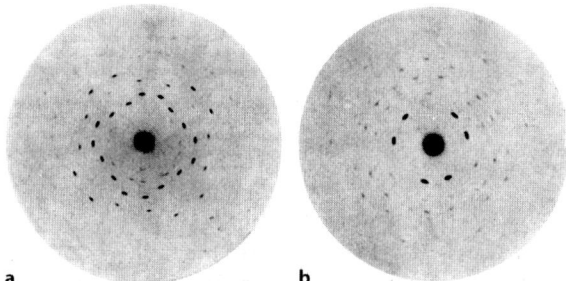

a   b

Abb. 1.11. Die erste Laue-Aufnahme, die 1912 Friedrich, Knipping u. Laue an Zinkblende (Sphalerit) durchführten. Blickrichtung **a** entlang der 4-zähligen, **b** entlang der 3-zähligen Achse des kubischen Kristalls (Kristallklasse 4/m$\bar{3}$2/m). Die Anordnung der Interferenzflecken lässt die jeweilige Symmetrie deutlich erkennen. (Nach Friedrich et al. 1912)

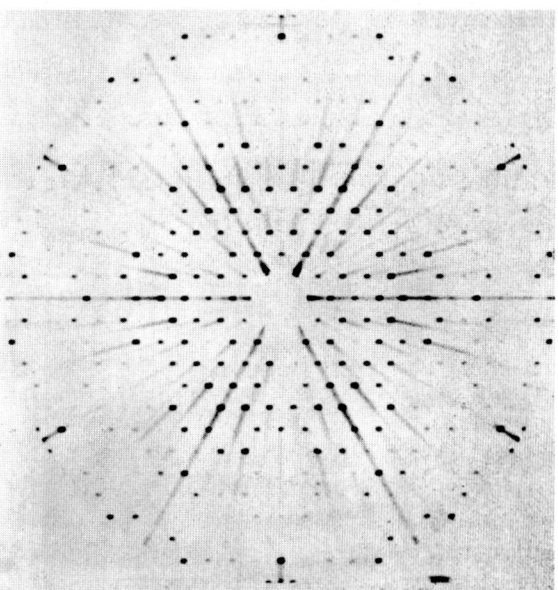

Abb. 1.12. Einkristall-Aufnahme (Präzessions-Methode) von Beryll. Blickrichtung entlang der 6-zähligen Achse des hexagonalen Kristalls (Kristallklasse 6/m2/m2/m). (Aus Buerger 1977)

Abb. 1.13.
a Röntgen-Pulveraufnahme von Halit (Steinsalz, NaCl). **b** Röntgen-Pulverdiffraktogramm von Quarz

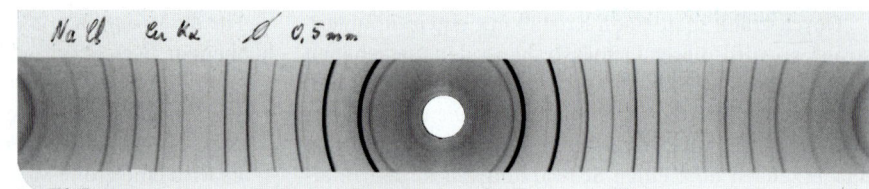

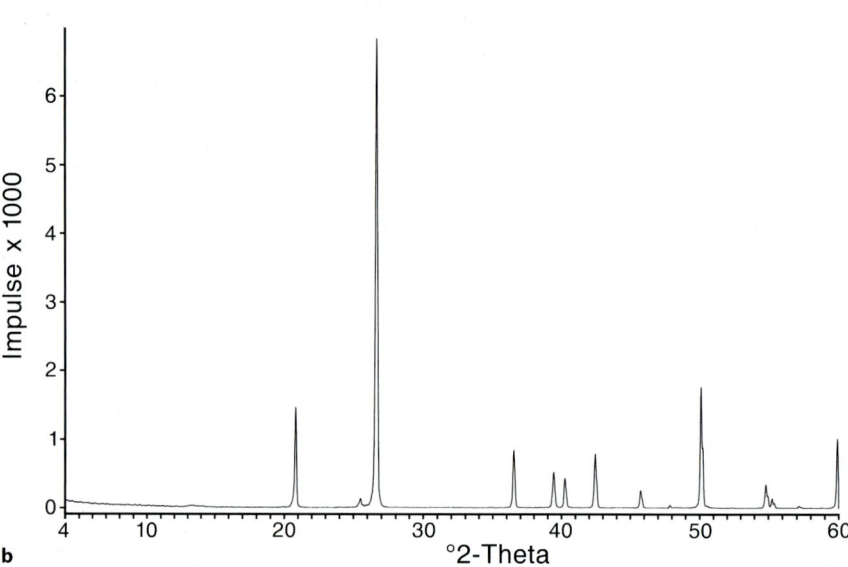

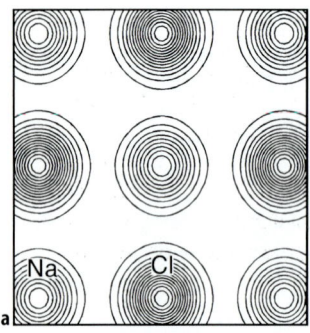

Abb. 1.14. Elektronendichte-Verteilungen in den Kristallstrukturen von **a** Halit NaCl, Projektion auf die Ebene (100), **b** Diamant C, Projektion auf die Ebene ($\bar{1}$10). In der Halit-Struktur überlappen sich die Elektronenhüllen der Na$^+$ und Cl$^-$-Ionen nicht: Ionenbindung. Demgegenüber zeigen die C-Atome in der Diamant-Struktur eine starke Überlappung ihrer Elektronenhüllen: Atombindung. (Armin Kirfel, Bonn, unpubl.)

1.3 Kristallchemie

1.3.1 Grundprinzipien

In den Kristallstrukturen stehen die einzelnen Bausteine, nämlich Atome, Ionen und Molekülgruppen miteinander in gegenseitiger Wechselwirkung. Die Art der Wechselwirkungskräfte und ihre Stärke hängen wesentlich mit dem chemischen Bindungscharakter zusammen und bestimmen die physikalischen Eigenschaften von Kristallen. In erster Näherung kann man Atome und Ionen als starre Kugeln ansehen, die sich in der Kristallstruktur zu Kugelpackungen zusammenlagern. Dabei gelten nach Victor Moritz Goldschmidt (1888–1947) und Fritz Laves (1906–1978) drei *Ordnungsprinzipien* (Borchardt-Ott 2008):

> In Kristallstrukturen streben die Bausteine eine Ordnung an, die
>
> - die dichteste Raumerfüllung ermöglicht (*Prinzip der dichten Packungen*),
> - die höchstmögliche Symmetrie besitzt (*Symmetrieprinzip*) und
> - die höchstmögliche Koordination aufweist, in der also möglichst viele Bausteine miteinander in Wechselwirkung treten können (*Wechselwirkungsprinzip*).

1.3.2 Arten der chemischen Bindung

Die *chemische Bindung* beruht wesentlich auf den Wechselwirkungen zwischen den Elektronen in den Außenschalen der Atome. Bekanntlich unterscheiden wir vier *Hauptbindungsarten*, die aber häufig in unterschiedlichen Kombinationen auftreten, also *Mischbindungen* bilden.

Ionenbindung (heteropolare Bindung)

Ionenkristalle bestehen aus positiv geladenen Kationen und negativ geladenen Anionen, die sich gegenseitig elektrostatisch anziehen und in der Regel unterschiedliche Größe besitzen. Kationen und Anionen streben danach, durch Abgabe bzw. Aufnahme von Valenzelektronen eine Elektronen-Konfiguration anzunehmen, die dem Edelgas-Typus entspricht. Die Stärke der Anziehung, die Bindungsstärke K, ist nach dem Coulomb'schen Gesetz

$$K = \frac{e_1 e_2}{d^2} \qquad [1.2]$$

proportional der Ionenladung e und umgekehrt proportional ihrem Abstand. In idealen Ionenkristallen, wie z. B. im *Halit* (Steinsalz) NaCl, sind die Kationen, hier Na$^+$, und die Anionen, hier Cl$^-$, weitgehend als starre Kugeln ausgebildet, deren Elektronenhüllen sich nicht überlappen. Dieser Tatbestand lässt sich aus der *Elektronendichte-Verteilung* ableiten (Abb. 1.14a). Aus den Abständen ihrer Mittelpunkte kann man für die Anionen und Kationen jeweils Ionenradien berechnen (s. Anhang, Abb. A1, S. 639). Die Ionen streben eine dichte Packung an, wobei je nach Ionengröße unterschiedliche Koordinationen auftreten. So ist z. B. in der Halit-Struktur jedes Na$^+$ von 6 Cl$^-$ umgeben und umgekehrt, also [6]-koordiniert (vgl. Abb. 6.2, S. 100).

Atombindung (homöopolare Bindung, kovalente Bindung)

Kristallarten, die nicht aus unterschiedlichen Bausteinen zusammengesetzt sind, können logischerweise keine Ionengitter bilden. Sie bestehen vielmehr aus gleichartigen, elektrisch neutralen Bausteinen, den Atomen. Allerdings spielen bei ihrer Bindung ebenfalls elektrische Kräfte, nämlich Wechselwirkungen zwischen positiv geladenen Atomkernen und negativ geladenen Elektronenhüllen, eine entscheidenden Rolle. Die Bindung erfolgt über gepaarte Valenzelektronen mit gemeinsamer Bahn, wobei die Bahnebene etwa senkrecht zur Verbindungslinie der Atomkerne liegt. Als Beispiel diene die *Diamant-Struktur* (Abb. 4.11, S. 77). Die äußerste Schale des Kohlenstoff-Atoms ist mit 2s^{2}2p^2-Elektronen besetzt. Im angeregten Zustand befindet sich jedoch je ein Elektron im 2s-Orbital und in den 2p$_x$-, 2p$_y$-, 2p$_z$-Orbitalen. Daraus entstehen vier neue *sp^3-Hybrid-Orbitale*, die nach den Ecken eines Tetraeders hin ausgerichtet sind (Abb. 1.15). Jedes C-Atom kann also maximal vier C-Atome an sich binden, was zu einer Struktur mit Tetraeder- oder [4]-Koordination führt. Auch bei der Atombindung wird Edelgas-Konfiguration angestrebt; jedoch führt die Paarung der Valenzelektronen dazu, dass sich die Außenhüllen der Atome überlappen (Abb. 1.16), wie man an der *Elektronendichte-Verteilung* erkennt (Abb. 1.14b). Das Modell der starren, sich berührenden Kugeln ist daher nicht mehr anwendbar, und man sollte eher mit einem Kalotten-Modell arbeiten. Die Atombindung beim Diamanten ist außerordentlich stark, was seine extrem große Härte erklärt (Tabelle 1.2, S. 16).

Die weitaus überwiegende Zahl der Minerale stellt chemische Verbindungen dar, die aus mehreren Atomarten bestehen. Dementsprechend treten rein homöopolare Bindungen nur selten auf, sondern es dominieren *Mischbindungen* mit einem mehr oder weniger großen heteropolaren Anteil (Abb. 1.16). Bei den auch in dünnen Schnitten undurchsichtigen (opaken) Erzmineralen ist meist auch ein metallischer Bindungsanteil vorhanden.

Metallbindung

Im Gegensatz zur Ionen- und zur Atombindung sind bei den Metallen die äußeren Valenzelektronen nicht lokalisiert, sondern bilden – anschaulich gesprochen – eine negativ geladene *Elektronenwolke*, die sich mit einer gewissen Aufenthalts-Wahrscheinlichkeit zwischen den positiv geladenen Atomrümpfen (das sind keine Ionen!) bewegt und diese voneinander abschirmt. In den Metallstrukturen streben die kugelförmig gedachten Atomrümpfe *dichteste Kugelpackungen* mit jeweils 12 nächsten Nachbarn an, d. h. sie sind [12]-koordiniert. Dabei lassen

Abb. 1.15. Die vier sp^3-Orbitale in der Diamant-Struktur lassen tetraedrische Anordnung erkennen. (Nach Borchardt-Ott 2002)

Abb. 1.16. Übergang zwischen Ionenbindung und Atombindung nach Fajans. (Nach Kleber et al. 2010)

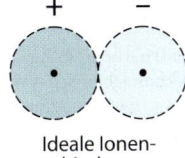
Ideale Ionenbindung

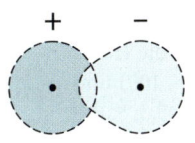
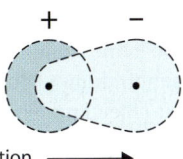
Steigende Deformation und Überlappung →

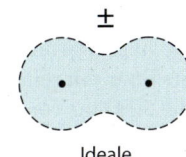
Ideale Atombindung

sich zwei unterschiedliche Arten von *Stapelfolgen* der atomaren Schichten unterscheiden, nämlich 123123 … bei der kubisch dichtesten Kugelpackung und 121212 … bei der hexagonal dichtesten Kugelpackung (Abb. 4.1a,b, S. 70). Die physikalischen Eigenschaften der meisten Metalle, Metall-Legierungen, Metall-Sulfide und Metall-Oxide sind durch den dominierenden oder zumindest beachtlichen Anteil an metallischer Bindung bedingt, so insbesondere das opake Verhalten im Durchlicht und das starke Reflexionsvermögen im Auflicht.

Van-der Waals-Bindung

Die Van-der-Waals-Bindungskräfte sind im Vergleich mit den bisher behandelten Bindungsarten nur relativ schwach. Sie beruhen auf *Restvalenzen*, die entstehen, wenn in einer an sich elektrostatisch neutralen Gruppe von Atomen, Ionen oder Molekülen die Ladungsverteilung ungleichmäßig ist, so dass der Schwerpunkt der positiven und der negativen Ladungen nicht zusammenfällt. Zwischen solchen *Dipolen* ist eine elektrostatische Anziehung möglich, jedoch nimmt Wechselwirkungsenergie mit der 6. Potenz des Abstandes ab, d. h. die Bindungsstärke K ist $\sim 1/d^6$. Ein wichtiges Beispiel für die Van-der-Waals-Bindung ist die Graphit-Struktur. Wie Abb. 4.11c (S. 77) erkennen lässt, baut sich diese aus Schichten von kovalent gebundenen C-Atomen auf, die jeweils in planarer Anordnung von drei C umgeben, also [3]-koordiniert sind, während sich das 4. C-Atom in weitem Abstand in der darüber- bzw. darunter liegenden Schicht befindet. Daher bestehen zwischen den einzelnen Schichten nur schwache Van-der-Waals-Kräfte, was die blättchenförmige Spaltbarkeit und die extrem geringe Härte des Graphits erklärt. Van-der-Waals-Bindungen spielen auch in vielen Schichtsilikaten eine Rolle, so besonders im Pyrophyllit und im Talk (Abschn. 11.5.1, S. 171f, Tabelle 1.2).

1.3.3
Einige wichtige Begriffe der Kristallchemie

Isotypie (grch. ἴσος = gleich, τύπος = Wesen, Charakter)

Kristallarten, die in der gleichen Kristallstruktur kristallisieren, gehören einem Strukturtyp an. Man nennt sie auch isotyp (Borchardt-Ott 2008).

In der Regel besitzen isotype Kristalle die gleiche Raumgruppe, eine analoge chemische Formel sowie die gleiche Form und Anordnung der Koordinationspolyeder. Demgegenüber spielen die Größe der Bausteine und die Bindungsverhältnisse keine Rolle. So sind die Halit-Struktur mit reiner Ionenbindung (Abb. 6.2, S. 100) und die Struktur von Galenit (Bleiglanz PbS; Abb. 5.3, S. 86) mit vorherrschender Metallbindung isotyp.

Mischkristallbildung

Die Verwandtschaft von isotypen Strukturen wird größer, wenn sich die Bausteine gegenseitig ersetzen können (*Diadochie*). In solchen Fällen kommt es zur Bildung von Mischkristallen, die bei vielen Mineralen eine wichtige Rolle spielt.

> Kristalle, in denen eine oder mehrere Punktlagen jeweils von zwei oder mehreren Bausteinen statistisch besetzt sind, nennt man Mischkristalle (Borchardt-Ott 2008).

Eine lückenlose Mischkristallreihe tritt z. B. zwischen den Metallen *Silber* und *Gold* auf. Diese bilden miteinander die Legierung (Ag,Au), die sich schon durch mechanisches Verpressen von reinen Ag- und Au-Kristallen bei erhöhten, aber weit unter den jeweiligen Schmelzpunkten liegenden Temperaturen erzeugen lässt. Dabei entsteht durch Diffusion über Zwischenzustände ein Endzustand mit statistischer Ag-Au-Verteilung (Abb. 1.17). Auch viele gesteinsbildende Minerale sind Mischkristalle, z. B. der *Olivin* $(Mg,Fe)_2[SiO_4]$ mit den reinen Endgliedern Forsterit $Mg_2[SiO_4]$ und Fayalit $Fe_2[SiO_4]$. Voraussetzung für einen diadochen Ersatz von Atomen oder Ionen ist ungefähr gleiche Größe. Demgegenüber lassen sich Unterschiede in der chemischen Wertigkeit durch *gekoppelte Substitution* ausgleichen (*gekoppelter Valenzausgleich*). Ein wichtiges Mineralbeispiel hierfür sind die *Plagioklase* (Abschn. 11.6.2, S. 189) mit den Endgliedern Albit $Na[AlSi_3O_8]$ und Anorthit $Ca[Al_2Si_2O_8]$, bei denen der Ladungsausgleich durch die gekoppelte Substitution $Na^+Si^{4+} \leftrightarrow Ca^{2+}Al^{3+}$ erfolgt. In manchen Fällen ist eine Mischkristallbildung nur bei erhöhten Temperaturen möglich, während bei Temperatur-Erniedrigung eine

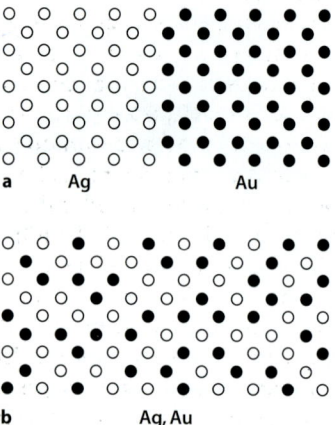

Abb. 1.17. a Struktur eines Ag- und eines Au-Kristalls, Projektion auf (001); **b** durch mechanisches Aneinanderpressen kommt es zur Diffusion der Ag- und Au-Atome und es entsteht ein (Ag,Au)-Mischkristall. (Nach Borchardt-Ott 2008)

Entmischung erfolgt. Das ist z. B. bei den Alkalifeldspäten (Abschn. 11.6.2, S. 189f) der Fall, die oberhalb von ca. 500 °C eine lückenlose Mischkristallreihe bilden, aber unterhalb dieser Temperatur zu fast reinem Mikroklin K[AlSi$_3$O$_8$] und fast reinem Albit Na[AlSi$_3$O$_8$] entmischen. Im Gegensatz zu den ähnlich großen Kationen Na$^+$ und Ca^{2+} hat das K$^+$ einen deutlich größeren Ionenradius und kann daher zusammen mit Na$^+$ nur bei hohen Temperaturen von einer gemeinsamen Struktur toleriert werden.

Polymorphie (grch. πόλυ = viel, μορφή = Gestalt)

> Polymorphie ist die Eigenschaft vieler chemischer Substanzen, in Abhängigkeit von den thermodynamischen Zustandsbedingungen in mehr als einer Kristallstruktur zu kristallisieren.

Beispiele für *polymorphe* Minerale sind rhombischer und monokliner Schwefel S, Graphit und Diamant C, Calcit und Aragonit Ca[CO$_3$], die SiO$_2$-Polymorphen Tiefquarz, Hochquarz, Tridymit, Cristobalit, Coesit und Stishovit. Die polymorphen Umwandlungen können in unterschiedlicher Weise erfolgen (z. B. Borchardt-Ott 2008):

- Bei Transformationen in *erster Koordination* verändert sich die Koordinationszahl der atomaren Bausteine (Koordinationswechsel). So steigt bei der Umwandlung von Calcit Ca$^{[6]}$[CO$_3$] in Aragonit Ca$^{[9]}$[CO$_3$] die Koordinationszahl des Calciums, wobei die Bindungen zwischen Ca^{2+} und [CO$_3$]$^{2-}$ aufgebrochen und wieder neu geknüpft werden müssen. In ähnlicher Weise steigt die Koordination des Siliciums bei der Umwandlung von Coesit in Stishovit von [4] auf [6]. Wie die Druck-Temperatur-Diagramme Abb. 8.8 (S. 122) und Abb. 11.43 (S. 180) zeigen, gilt in beiden Fällen die Regel, dass die Koordinationszahl mit steigendem Druck zunimmt, mit steigender Temperatur dagegen abnimmt.
- Bei Transformationen in *zweiter Koordination* verändert sich die Koordinationszahl der atomaren Bausteine nicht. Die Anordnung der nächsten Nachbarn bleibt erhalten, während sich die Anordnung der übernächsten Nachbarn verändert. Dabei können die Umwandlungen (a) *displaziv* oder (b) *rekonstruktiv* sein. Ein gutes Beispiel dafür sind die Transformationen der SiO$_2$-Polymorphen Tiefquarz, Hochquarz und Tridymit (Abb. 1.18). Bei der displaziven Tiefquarz-Hochquarz-Umwandlung, die bei 573 °C (bei einem Druck von 1 bar) reversibel erfolgt, werden die [SiO$_4$]-Tetraeder lediglich verkippt. Demgegenüber erfordert die Hochquarz-Tridymit-Umwandlung bei 870 °C (1 bar) ein Aufbrechen der Bindungen zwischen den [SiO$_4$]-Tetraedern und einen Neuaufbau der Struktur in Form von Sechserringen (vgl. auch Abschn. 11.6.1, S. 179ff). Zwei weitere wichtige Möglichkeiten für polymorphe Umwandlungen in zweiter Koordination sind (c) Transformationen durch *Ordnungs-Unordnungs-Vorgänge*, die z. B. bei den Feldspäten eine wichtige Rolle spielen (vgl. Abschn. 11.6.2, S. 189ff), und (d) Transformationen durch Änderung des Bindungscharakters, wie das bei der Umwandlung Graphit ↔ Diamant der Fall ist. Bei der Schichtstruktur des Graphits kennen wir darüber hinaus noch Unterschiede nach der Stapelfolge: Der hexagonale Graphit-*2H* weist eine Zweier-, der trigonale Graphit-*3R* eine Dreierperiode auf. Diesen speziellen Fall der Polymorphie, der auch bei den Schichtsilikaten (Abschn. 11.5, S. 169ff) eine wichtige Rolle spielt, bezeichnet man als *Polytypie*.

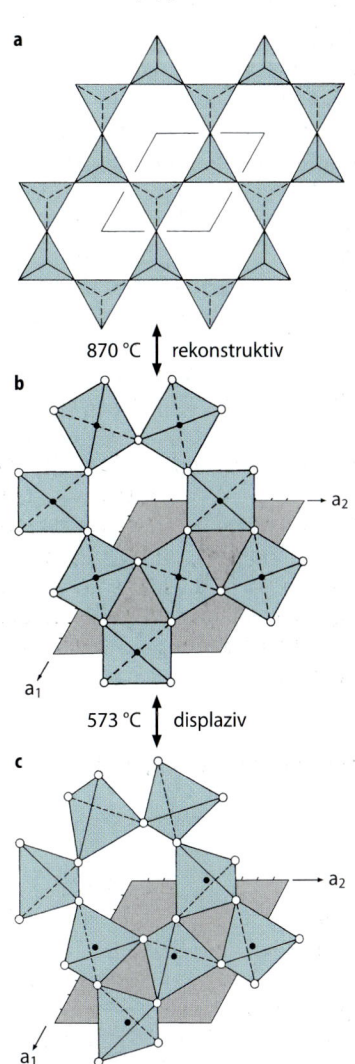

Abb. 1.18. Transformation in zweiter Koordination bei Si$^{[4]}$O$_2$-Strukturen, projiziert auf (0001). **a** Tridymit (Raumgruppe P6$_3$/mmc). **b** Hochquarz (P6$_2$22), **c** Tiefquarz (P3$_2$2). Displazive Umwandlung Tiefquarz ↔ Hochquarz, rekonstruktive Umwandlung Hochquarz ↔ Tridymit (s. Text). • Si, ○ Sauerstoff. (Aus Borchardt-Ott 2008)

1.4 Kristallphysik

1.4.1 Härte und Kohäsion

Viele Minerale weisen eine deutliche *Anisotropie der Härte* auf und zeigen als Ausdruck einer anisotropen Verteilung der Kohäsions-Eigenschaften eine ausgeprägte *Spaltbarkeit*. So besitzt z. B. das Mineral Fluorit (Flussspat) CaF_2 auf der Würfelfläche {100} eine größere Härte als auf der Oktaederfläche {111}; beim Halit (Steinsalz) NaCl ist das nicht der Fall. Halit spaltet parallel zu den Würfelflächen, Fluorit parallel zu den Oktaederflächen (Abb. 1.19). Eine extrem große Anisotropie der Härte weist der Kyanit $Al_2[O/SiO_4]$ (auch Disthen: grch. δις = doppelt, σθένος = Festigkeit) auf, der in Längsrichtung die Mohs-Härte 4–4½, senkrecht dazu dagegen 6–7 hat (Abb. 1.20).

Als Härte bezeichnet man den Widerstand, den ein Festkörper mechanischen Eingriffen entgegensetzt. Die Härteskala von Friedrich Mohs (1773–1839) beruht auf der Ritzhärte von 10 Standardmineralen, wobei das jeweils höher stehende vom darunter stehenden geritzt wird (Tabelle 1.2). Materialien bis Härte 2 werden vom Fingernagel, bis 5 vom Messer, bis 6 von einer Feile oder einer Stahlnadel geritzt; Materialien ab Härte 6 ritzen Fensterglas. Die Mohs-Skala ist also eine Relativskala. Quantitativ kann man die Härte dagegen mit einem Mikrohärteprüfer bestimmen, bei dem an der Frontlinse eines Mikroskop-Objektivs eine kleine Diamant-Pyramide montiert ist. Die damit bestimmte Eindrucks- oder *Mikrohärte* entspricht dem Druck, der auf die Mineraloberfläche ausgeübt wurde, um einen definierten Eindruck zu erzeugen; sie nimmt bei den Standardmineralen der Mohs'schen Härteskala nichtlinear und in ungleichen Sprüngen zu (Tabelle 1.2).

Tabelle 1.2. Mikrohärte der Standardminerale der Mohs'schen Härteskala. (Nach Broz et al. 2006)

Mohs-Härte	Mineral	Mikrohärte (in kbar[a])
1	Talk	1,4 ±0,3
2	Gips	6,1 ±1,5
3	Calcit	14,9 ±1,1
4	Fluorit	20,0 ±1,0
5	Apatit	54,3 ±3,3
6	Orthoklas	68,7 ±6,6
7	Quarz	122 ±6
8	Topas	176 ±10
9	Korund	196 ±5
10	Diamant	1 150

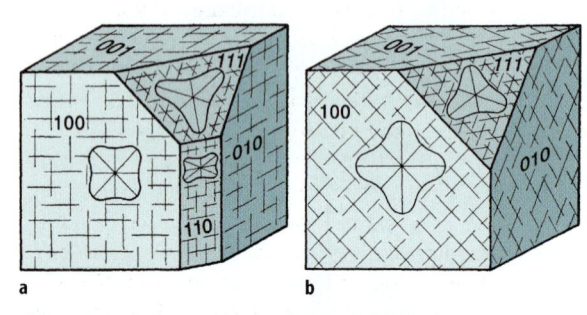

[a] 1 kbar = 0,1 GPa.

Abb. 1.19. Zwei als Würfel kristallisierte Minerale mit unterschiedlicher Spaltbarkeit und Verteilung der Härte, dargestellt durch Härtekurven. **a** Halit NaCl, Spaltbarkeit nach dem Würfel {100}; **b** Fluorit CaF_2, Spaltbarkeit nach dem Oktaeder {111}. (Aus Kleber et al. 2010)

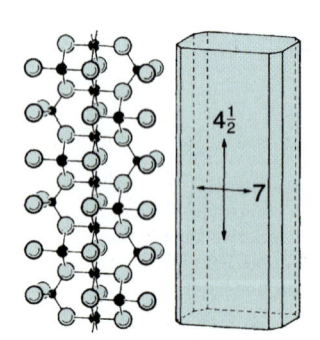

Abb. 1.20. Starke Anisotropie der Härte beim Kyanit (Disthen) $Al_2[O/SiO_4]$, bedingt durch die Kristallstruktur. In Längsrichtung (// c-Achse) wird Kyanit von einer Stahlnadel (Härte 6) geritzt, in Querrichtung dagegen nicht. (Nach Ramdohr u. Strunz 1978)

1.4.2 Wärmeleitfähigkeit

Auch die Wärmeleitfähigkeit von Kristallen verhält sich in den meisten Fällen anisotrop, wie das klassische Experiment von Hureau de Sénarmont (1808–1862) beispielhaft zeigt (Abb. 1.21). Man überzieht eine Kristallfläche mit einer Wachsschicht und drückt auf diese nach dem Erkalten eine heiße Nagelspitze, die als punktförmige Wärmequelle wirkt. Das Wachs beginnt von innen nach außen fortschreitend zu schmelzen und beim Entfernen des heißen Nagels entsteht ein Schmelzwulst, der die Lage der Schmelzisotherme im Augenblick des Unterbrechens der Wärmezufuhr bezeichnet. Bei anisotropen Kristallen ist das eine Ellipse, deren längste Achse bei Gips 16° gegen die c-Achse geneigt ist; in dieser Richtung ist die Wärmeleitfähigkeit um 20 % größer als senkrecht dazu.

Die Wärmeleitzahl λ ist eine Materialkonstante, die folgendermaßen definiert wird: Durch einen Stab der Länge l mit dem Querschnitt A, zwischen dessen Enden eine Temperatur-Differenz ΔT besteht, fließt in der Zeit t eine Wärmemenge Q. Diese ist proportional A, ΔT und t, aber umgekehrt proportional l. Es gilt also

$$Q = \lambda A \frac{\Delta T}{l} t \qquad [1.3]$$

wobei λ der Proportionalitätsfaktor ist. Bei Kristallen mit vorherrschender Atom- oder Ionenbindung ist die Wär-

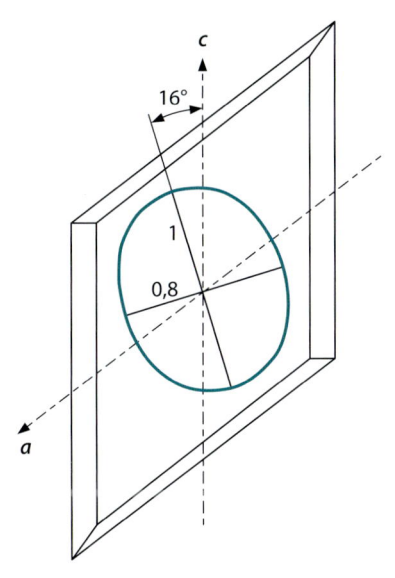

Abb. 1.21. Gipskristall mit Wachs-Schmelzwulst auf der Fläche (010). Die Ellipse stellt eine Isotherme dar und kennzeichnet die Anisotropie der Wärmeleitfähigkeit. (Nach Kleber et al. 2010)

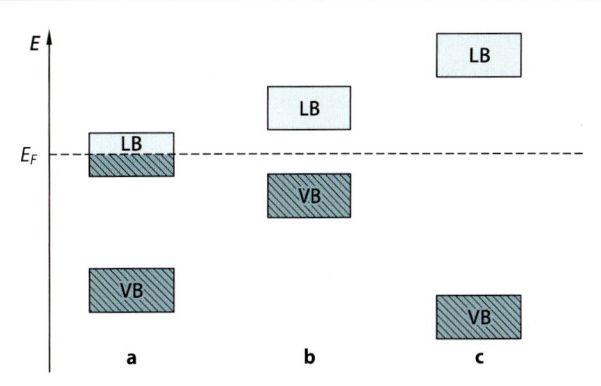

Abb. 1.22. Das Bändermodell zur Erklärung von **a** metallischen Leitern, **b** Halbleitern und **c** Isolatoren. E Energie der Elektronenzustände in Elektronenvolt (eV); VB Valenzband; LB Leitungsband, E_F Fermi-Kante. (Nach Kleber et al. 2010)

meleitfähigkeit meist gering, während sie bei Metallen oder Metall-Legierungen deutlich höher liegt. So ist λ für Quarz bei 0 °C $\perp$ der c-Achse 7,25 und // der c-Achse 13,2, für Silber dagegen 419 W m^{-1} K^{-1}.

1.4.3
Elektrische Eigenschaften

Elektrische Leitfähigkeit. Die *elektrische Leitfähigkeit* von Kristallen variiert in enorm weiten Grenzen. So beträgt sie beim Silber, einem guten metallischen Leiter 6 · 10^{17} Ω^{-1} m^{-1}, beim Quarz, einem Isolator, dagegen $\perp c$ lediglich 3 · 10^{-5} Ω^{-1} m^{-1}, was einem Unterschied von 22 Größenordnungen entspricht! Wie bei allen elektrischen Leitern unterscheidet man auch bei Kristallen zwei Arten von Stromtransport:

1. Die *Ionenleitung* erfolgt durch Diffusion von Ionen durch die Kristallstruktur; sie spielt vor allem in Ionenkristallen bei erhöhten Temperaturen eine Rolle.
2. Die *Elektronenleitung* findet insbesondere bei Metallen und Metall-Legierungen mit überwiegend metallischer Bindung statt. Die komplexen Wechselwirkungsbeziehungen zwischen den Atomkernen und den Elektronen lassen sich nur durch quantenmechanische Betrachtungen näherungsweise beschreiben, können aber in grober Vereinfachung durch das *Bändermodell* erklärt werden (z. B. Kleber et al. 2010). Danach kann jeder Energiezustand von jeweils zwei Elektronen besetzt werden, wobei die einzelnen Niveaus (am absoluten Nullpunkt) bis zu einer bestimmten Grenze, der *Fermi-Kante*, aufgefüllt sind. Die Fermi-Kante ist bei erhöhten Temperaturen durch thermische Anregung etwas verwaschen, aber immer noch deutlich. Das höchste voll aufgefüllte Band ist das *Valenzband*, das nächst höhere das *Leitungsband*. Nun können wir folgende Möglichkeiten unterscheiden (Abb. 1.22):

– Bei *metallischen Leitern* verläuft die Fermi-Kante genau durch das Leitungsband; dieses ist also teilweise aufgefüllt, teilweise leer. Aus einem angelegten elektrischen Feld können die Elektronen des Leitungsbandes Energie aufnehmen, werden beschleunigt und können die eng benachbarten, nächst höheren Energieniveaus auffüllen. Die gerichtete Komponente der Elektronenbewegung, die daraus resultiert, erzeugt den elektrischen Strom.
– Bei *Isolatoren* ist das Valenzband vollkommen gefüllt, das Leitungsband dagegen leer. Zwischen beiden befindet sich eine breite „verbotene Zone" von mehreren Elektronenvolt. Da sämtliche erreichbaren Energieniveaus schon besetzt sind, ist es den Elektronen nicht möglich, aus dem angelegten elektrischen Feld Bewegungsenergie aufzunehmen: eine elektrische Leitung findet nicht statt. Allerdings ist als Folge von Störstellen eine geringe Ionenleitung möglich. Bei erhöhter Temperatur, insbesondere in der Nähe des Schmelzpunktes, nimmt die Leitfähigkeit von Isolatoren zu.
– Bei *Halbleitern* ist die verbotene Zone zwischen Valenzband und Leitungsband relativ schmal; sie variiert zwischen 0,1 und 3 eV. Unterschiedliche Mechanismen, so z. B. thermische Anregung, können bewirken, dass Elektronen in das Leitungsband gehoben werden und so eine gewisse elektrische Leitfähigkeit, die *n-Leitung*, bewirken. Darüber hinaus erzeugen die „Löcher", die durch den Verlust von Elektronen im Valenzband zurückbleiben, einen zusätzlichen Leitungseffekt, die *p-Leitung*. Die zahlreichen Möglichkeiten, mit denen man die elektronischen Eigenschaften von Halbleitern steuern kann, führen zu ihrer vielfältigen technischen Nutzung in

praktisch allen Bereichen der elektronischen Hardware. Dabei arbeitet man zum einen mit hochreinen Halbleiter-Substanzen, zum anderen aber mit Halbleitern, die gezielt mit *Fremdatomen dotiert* wurden. So kann die geringe Eigenleitfähigkeit von reinem Silicium und reinem Germanium durch den Einbau der fünfwertigen Elemente P oder As in die Si- bzw. Ge-Struktur erheblich gesteigert werden, wozu schon eine geringe Dotierung ausreicht. Atomare Zentren, die durch den Einbau von Fremdatomen entstehen, werden als *Donatoren* bezeichnet, wenn sie Elektronen an das Leitungsband abgeben, als *Akzeptoren* wenn sie Elektronen aus dem Valenzband aufnehmen und dadurch bewegliche Löcher erzeugen.

Piezoelektrizität (grch. πιέζειν = drücken, spannen). Durch den piezoelektrischen Effekt wird bei gerichteter mechanischer Beanspruchung wie Druck oder Zug eine ungleichen Verteilung der elektrischen Ladungen erzeugt, wobei sich mikroskopische Dipole innerhalb der Elementarzellen bilden und dadurch eine elektrische Spannung entsteht. Dieser Vorgang ist umkehrbar: Beim Anlegen eines elektrischen Wechselfeldes kommt es zur pulsierenden Kompression und Dilatation, so dass mechanische Schwingungen entstehen. Piezoeffekte können nur dann auftreten, wenn die Druck- bzw. Zugrichtung parallel zu einer *polaren Achse* erfolgt, wenn also Richtung und Gegenrichtung strukturell und physikalisch ungleichwertig sind. Das ist bei den zweizähligen Achsen a_1, a_2 und a_3 des Quarzes (Kristallklasse 32) der Fall (Abb. 1.23), weswegen reine, unverzwillingte Quarzkristalle vielfältige Anwendung als Schwing- und Steuerquarze finden (Abschn. 11.6.1, S. 179). Diese werden heute meist großtechnisch gezüchtet, da bei den natürlichen Bergkristallen die zweizähligen Achsen ihren polaren Charakter meist durch Verzwilligung eingebüßt haben. Piezoeffekte zeigen auch die Minerale Turmalin (Kristallklasse 3m; Abschn. 11.3, S. 156) und Sphalerit ZnS (Kristallklasse $\bar{4}$3m) sowie die Kristalle der D- und L-Weinsäure $C_4H_6O_6$ (Kristallklasse 2).

Pyroelektrizität. Beim pyroelektrischen Effekt führt eine thermische Behandlung zu einer elektrischen Aufladung an den polaren Enden eines Kristalls. So werden beim Erhitzen von Turmalin der Bereich der positiven c-Achse positiv, der Bereich der negativen c-Achse negativ aufgeladen; bei der Abkühlung kehrt sich die Aufladung um. Dieser Effekt resultiert aus der Tatsache, dass Turmalin ein permanentes elektrisches Dipolmoment besitzt, dessen Stärke von der Temperatur abhängt. Es stellt einen Vektor dar, dessen Lage sich bei Einwirkung von Symmetrie-Operationen nicht verändern darf. Daher sind nur diejenigen Kristallarten pyroelektrisch, die lediglich eine Drehachse oder eine Spiegelebene parallel zu einer Drehachse aufweisen; das gilt für die Kristallklassen 2, 3, 4, 6, mm2, 3m, 4mm und 6mm.

1.4.4
Magnetische Eigenschaften

Ein Elektron in einem Atom oder Ion verfügt über ein *magnetisches Moment*, das aus seinem Spin und/oder seiner Kreisbewegung resultiert. Bei den sog. Übergangselementen Eisen und Titan, die in Mineralen häufig auftreten, spielt der Spin die Hauptrolle. Die magnetischen Momente von zwei Elektronen mit antiparallelem Spin heben sich gegenseitig auf. Daher haben Atome und Ionen mit gepaarten Elektronen – über alle Elektronen summiert – kein magnetisches Moment; sie werden als *diamagnetisch* bezeichnet, ebenso die Kristalle, die aus solchen atomaren Bausteinen aufgebaut sind. Demgegenüber besitzen Atome und Ionen mit einem oder mehreren ungepaarten Elektronen im Mittel ein magnetisches Moment; sie sind *paramagnetisch*. Das magnetische Moment eines ungepaarten Elektrons ist ein *Bohr'sches Magneton* $\mu_B = 0{,}9274 \cdot 10^{-20}$ emu (Elektromagnetische Einheiten). Die meisten paramagnetischen Substanzen besitzen nur ein ungepaartes Elektron und haben dementsprechend nur das magnetische Moment von 1 μ_B. Jedoch neigen gerade die Übergangsmetalle mit den Ordnungszahlen 21–30 dazu, die fünf Plätze des 3d-Niveaus jeweils nur mit einem einzigen Elektron aufzufüllen und erst dann, wenn alle diese Plätze einfach besetzt sind, ein zweites Elektron einzubauen (Tabelle 1.3). Die einfache Besetzung der fünf 3d-Plätze wird als Hoch-Spin-, die möglichst weitgehende doppelte Besetzung als Tief-Spin-Bedingung bezeichnet. Dementsprechend haben Mn^{2+}

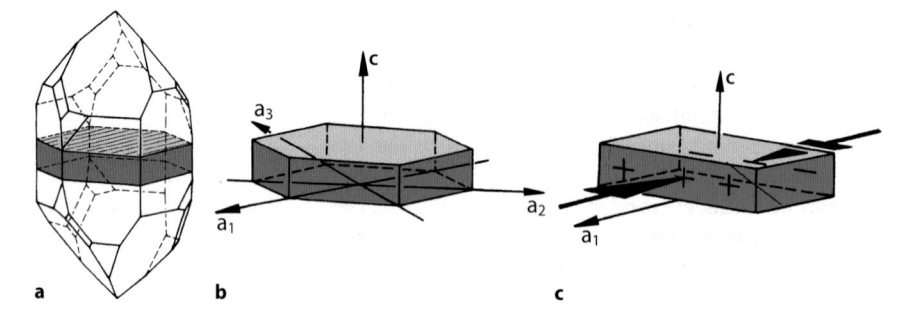

Abb. 1.23.
Piezoelektrischer Effekt beim Quarz. **a** Schnittlage der Quarzplatte im Quarzkristall; **b** Quarzplatte mit den polaren Achsen a_1, a_2 und a_3; **c** Piezoeffekt, erzeugt durch Druck in Richtung einer polaren Achse, hier a_1. (Nach Borchardt-Ott 2008)

Tabelle 1.3.
Elektronen-Konfigurationen für Eisen und Titan

Schale	K	L		M			N	Magnetisches Moment
Orbital	1s	2s	2p	3s	3p	3d	4s	
Fe^0	↑↓	↑↓	↑↓↑↓↑↓	↑↓	↑↓↑↓↑↓	↑↓↑↑↑↑	↑↓	$4\mu_B$
Fe^{2+}	↑↓	↑↓	↑↓↑↓↑↓	↑↓	↑↓↑↓↑↓	↑↓↑↑↑↑		$4\mu_B$
Fe^{3+}	↑↓	↑↓	↑↓↑↓↑↓	↑↓	↑↓↑↓↑↓	↑↑↑↑↑		$5\mu_B$
Ti^0	↑↓	↑↓	↑↓↑↓↑↓	↑↓	↑↓↑↓↑↓	↑↑	↑↓	$2\mu_B$
Ti^{3+}	↑↓	↑↓	↑↓↑↓↑↓	↑↓	↑↓↑↓↑↓	↑		$1\mu_B$
Ti^{4+}	↑↓	↑↓	↑↓↑↓↑↓	↑↓	↑↓↑↓↑↓			0

↑↓ Gepaarte Elektronen mit antiparallelem Spin, ↑ ungepaartes Elektron.

und Fe^{3+} je fünf ungepaarte 3d-Elektronen mit parallelem Spin: $5\mu_B$. Fe^0 und Fe^{2+} haben je sechs 3d-Elektronen, davon zwei gepaarte mit antiparallelem Spin und vier ungepaarte mit parallelem Spin: $4\mu_B$; darüber hinaus verfügt Fe^0 noch über zwei gepaarte 4s-Elektronen mit antiparallelem Spin. Ti^{3+} hat ein 3d-Elektron und dementsprechend $1\mu_B$, während Ti^{4+} keine 3d-Elektronen und somit kein magnetisches Moment besitzt (Tabelle 1.3).

Für das magnetische Verhalten von Kristallen ist die Verteilung von paramagnetischen Atomen oder Ionen in der Kristallstruktur von ausschlaggebender Bedeutung.

- In *paramagnetischen* Kristallen sind die paramagnetischen Atome mit ihren Spins und damit mit ihren magnetischen Momenten statistisch verteilt und heben sich gegenseitig auf. Somit resultiert im Mittel kein magnetisches Moment.
- Als *ferromagnetisch* bezeichnet man demgegenüber Kristallarten wie α-Eisen oder Magnetit $Fe^{2+}Fe_2^{3+}O_4$, bei denen zwischen benachbarten Fe-Atomen eine Austauschbeziehung besteht in der Weise, dass die magnetischen Momente in jeder Kristalldomäne parallel angeordnet sind. Daraus resultiert ein hohes magnetisches Moment und damit eine große magnetische Massensuszeptibilität.
- Es gibt aber auch Kristallarten, die aus zwei ferromagnetischen Teilstrukturen bestehen, in denen die ungepaarten Elektronen jeweils antiparallele Spinrichtung aufweisen. Bei *antiferromagnetischen* Kristallen heben sich die magnetischen Momente dieser Teilstrukturen genau auf, so dass im Mittel kein magnetisches Moment resultiert.
- Demgegenüber heben sich bei *ferrimagnetischen* Kristallen die magnetischen Momente in den Teilstrukturen nicht genau auf, weil ihre antiparallelen Momente nicht genau gleich groß sind, ihre Spinrichtung nicht exakt antiparallel ist oder weil Strukturdefekte oder Verunreinigungen in der Struktur auftreten. Über die gesamte Struktur gemittelt ergibt sich somit ein magnetisches Moment.

Ferro- und ferrimagnetische Kristalle besitzen eine charakteristische Temperatur, bei der sie paramagnetisch werden. Oberhalb dieses *Curie-Punktes*, der z. B. für Magnetit bei 578 °C liegt, werden die thermischen Schwingungen in der Kristallstruktur so groß, dass die Parallelität der atomaren Magnete verloren geht. Ebenso gehen antiferromagnetische Strukturen beim *Néel-Punkt* in den paramagnetischen Zustand über. So ist Ilmenit $Fe^{2+}Ti^{4+}O_3$ bei Zimmertemperatur paramagnetisch, wird aber bei tieferer Temperatur antiferromagnetisch. Für geomagnetische Messungen und ihre Interpretation ist der Curie-Punkt von großer praktischer Bedeutung (vgl. Abschn. 7.2, S. 104; Harrison u. Feinberg 2009).

1.5
Kristalloptik

Die optischen Eigenschaften im polarisierten Licht sind von größter Bedeutung für die Bestimmung von Mineralen in Gesteinen und Erzlagerstätten, aber auch von kristallinen Phasen in technischen Produkten. Die Kristalloptik ist daher ein äußerst wichtiger Zweig der Kristallphysik und rechtfertigt so ein eigenes Unterkapitel. Kristalle, die in Dünnschliffen von ca. 25 µm (= 0,025 mm) Dicke durchsichtig oder durchscheinend sind, werden im *Durchlicht* untersucht, opake Kristalle dagegen in polierten An- oder Dünnschliffen im reflektierten *Auflicht*. Durch mikroskopische Untersuchungen können die Ausscheidungsfolge von Mineralen sowie ihre Gleichgewichts- und Reaktionsgefüge beurteilt werden; solche Beobachtungen liefern wesentliche Anhaltspunkte für die Rekonstruktion gesteins- und lagerstättenbildender Prozesse.

In diesem Lehrbuch können lediglich die Grundzüge der Polarisations-Mikroskopie behandelt werden. Für das eingehende Studium der kristalloptischen Methoden verweisen wir auf die einschlägigen Lehrbücher und Nachschlagewerke. Eine knappe Einführung in die Methoden der Durchlicht-Mikroskopie geben Müller u. Raith (1976); für eine vertiefte Behandlung verweisen wir auf Wahlstrom (1979) und Nesse (2004); die Bücher von Tröger et al. (1967, 1982) sowie Pichler u. Schmitt-Riegraf (1993) sind für die praktische Mikroskopie von Gesteinen zu empfehlen. Die methodischen Grundlagen der Auflichtmikroskopie werden in dem klassischen Werk von Schneiderhöhn (1952) behandelt; neuere Darstellungen stammen z. B. von Craig u. Vaughan (1981) und Mücke (1989). Für das praktische auflichtmikroskopische Arbeiten ist das Standardwerk des „Erzvaters" Paul Ramdohr (1975) unerlässlich; hilfreich sind die Bildkartei der Erzmikroskopie von Maucher u. Rehwald (1961–1973) sowie die Bestimmungstabellen von Schneiderhöhn (1952) und Schouten (1962).

1.5.1
Grundlagen

Die Natur des Lichts und seine Wechselwirkung mit Materie können bekanntlich durch zwei unterschiedliche physikalische Theorien beschrieben werden, die sich gegenseitig ergänzen:

- Die *Lichtquanten-* oder *Korpuskular-Theorie* erklärt die Wechselwirkung von Licht und Materie im Bereich von Atomen und Molekülen in einer Kristallstruktur quantenphysikalisch. Danach besteht Licht aus Photonen, d. h. Korpuskeln der Masse 0, die sich wie Geschosse von einem Materiepunkt zum andern bewegen.
- Die *Wellentheorie* betrachtet Licht als Strahlungs-Energie, die in Form von elektromagnetischen Wellen von einem Materiepunkt zum anderen wandern. Die optischen Erscheinungen, die man beim Mikroskopieren im Dünnschliff oder Anschliff beobachtet, lassen sich mit der Wellentheorie beschreiben, wobei man je nach Fragestellung zwei verschiedene Modelle anwendet:
  - Das *Strahlenmodell* beschreibt mit geometrischen Methoden die Ausbreitung der Lichtstrahlen im Raum, ihre Brechung und Reflexion sowie den Strahlengang in optischen Systemen, z. B. im Mikroskop (Strahlenoptik).
  - Das *Wellenmodell* fasst das Licht als Transversalwelle auf, die beim Durchgang durch Kristalle gebeugt und polarisiert wird, wobei es zu Interferenzerscheinungen kommt (Wellenoptik).

Das sichtbare Licht stellt nur einen begrenzten Ausschnitt aus einem kontinuierlichen Spektrum elektromagnetischer Strahlung dar. Es umfasst einen Wellenlängenbereich von 400–800 nm (1 nm = 10^{-7} cm), in dem die von Joseph von Fraunhofer (1787–1826) im Sonnenspektrum gefundenen Spektrallinien enthalten sind. Nach dem Wellenmodell besteht weißes Licht aus einem Bündel von unendlich vielen Wellen unterschiedlicher Wellenlänge λ, die mit unterschiedlicher Amplitude A schwingen. Die

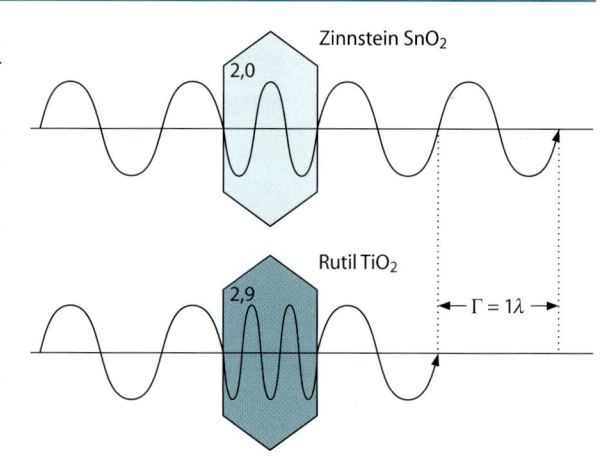

Abb. 1.24. Abhängigkeit der Wellenlänge in zwei Mineralen unterschiedlicher Brechungsindizes 2,0 und 2,9 und Wellen-Fortpflanzungsgeschwindigkeiten von 150 000 bzw. 103 500 km s^{-1}. (Nach Müller u. Raith 1976)

Lichtintensität (= Helligkeit) ist proportional zu A^2. Zwischen der Frequenz f, d. h. der Zahl der Wellenzyklen pro Sekunde (in Hz), der Lichtgeschwindigkeit v und der Wellenlänge λ besteht der folgende einfache Zusammenhang:

$$f = \frac{v}{\lambda} \qquad [1.4]$$

Abgesehen von einigen Ausnahmen bleibt die Frequenz einer Lichtwelle konstant, unabhängig davon, welches Medium sie durchdringt. Da sich beim Eintritt von einem Medium in ein anderes die Lichtgeschwindigkeit v ändert, muss sich auch die Wellenlänge ändern: in optisch dichteren Medien, z. B. in Kristallen oder in Glas, ist v und damit auch λ geringer als in einem optisch dünneren Medium, z. B. in Luft (Abb. 1.24). Für den Durchgang von Lichtwellen durch Materie sind folgende Begriffe wichtig (Abb. 1.25a):

- Die *Wellenfront* ist die Fläche, die ähnliche Punkte benachbarter Wellen verbindet.
- Die *Wellennormale* ist die Fortpflanzungsrichtung der Welle; sie steht senkrecht auf der Wellenfront.
- Der *Lichtstrahl* ist die Richtung, in der sich die Lichtenergie fortpflanzt.

In optisch *isotropen* Medien wie in Glas oder in kubischen Kristallen ist die Lichtgeschwindigkeit in allen Richtungen gleich, so dass Lichtstrahl und Wellennormale parallel verlaufen (Abb. 1.25b). Demgegenüber ist in optisch *anisotropen* Medien, d. h. in allen nichtkubischen Kristallen die Lichtgeschwindigkeit in unterschiedlichen Richtungen verschieden, so dass Lichtstrahl und Wellennormale gewöhnlich nicht parallel zueinander verlaufen (Abb. 1.25c).

Der *Brechungsindex* ist definiert durch den Quotienten aus der Lichtgeschwindigkeit im Vakuum $v_v = 3{,}0 \cdot 10^{10}$ cm s^{-1} = 300 000 km s^{-1} und in einem Material v_n:

$$n = \frac{v_v}{v_n} \qquad [1.5]$$

Ein hoher Brechungsindex entspricht also immer einer geringeren Lichtgeschwindigkeit und umgekehrt. Da v_v die maximal mögliche Lichtgeschwindigkeit darstellt, muss n stets >1 sein. Beispiele für Brechungsindizes von kubischen, d. h. *optisch isotropen* Kristallen sind in Tabelle 1.4 aufgeführt.

Man erkennt, dass der Brechungsindex von Diamant sehr stark mit der Wellenlänge variiert: Diamant hat eine große *Dispersion* der Lichtbrechung.

Im Durchlicht werden die relativen Unterschiede in der Lichtbrechung zweier Minerale oder zwischen einem Mineral und einem Einbettungsmittel (z. B. Kanadabalsam) erkennbar, wenn man die Beleuchtungsapertur durch Einengen der Aperturblende erniedrigt. Dadurch werden Risse, Unebenheiten und feinste Rauhigkeiten an der Ober- und Unterseite des Minerals deutlicher; man beobachtet ein verstärktes Chagrin (frz. genarbtes Leder) und positive oder negative Reliefunterschiede. Sehr hilfreich ist die Becke'schen Lichtlinie, eine **h**elle Linie, die beim **H**eben des Mikroskoptubus (oder Senken des Tisches) in das **h**öherbrechende Medium hineinwandert (Drei-H-Regel). Die quantitative Bestimmung der Brechungsindizes erfolgt im Körnerpräparat unter Verwendung von Einbettungsflüssigkeiten unterschiedlicher Lichtbrechung (Immersions-Methode), z. B. auch durch Variation der Temperatur und/oder der verwendeten Wellenlänge von monochromatischem Licht (λ-, T- oder λ-T-Methode). In früheren Zeiten wurden Mischkristallzusammensetzungen gesteinsbildender Minerale häufig durch Lichtbrechungs-Bestimmungen ermittelt. Diese indirekte und letztlich recht aufwendige Methode hat jedoch stark an Bedeutung eingebüßt, seitdem die direkte Mineralanalytik mit ortsauflösenden Methoden, insbesondere mit der Elektronenstrahl-Mikrosonde routinemäßig möglich ist.

Die allermeisten Minerale sind nicht kubisch und verhalten sich dementsprechend *optisch anisotrop*. Sie besitzen unterschiedliche Brechungsindizes mit einem

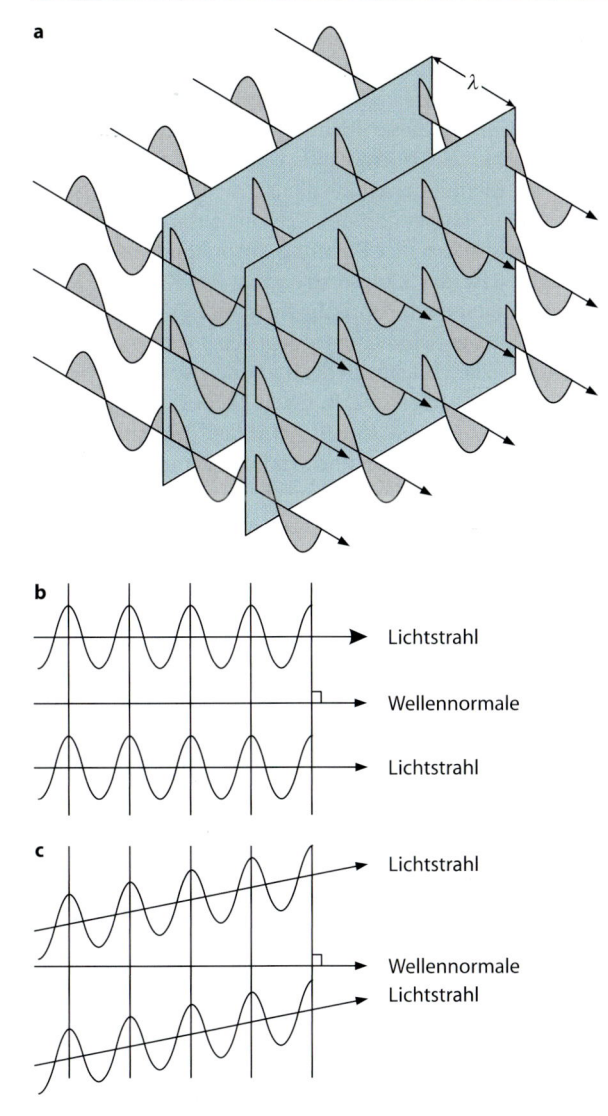

Abb. 1.25. a Wellenfronten sind Ebenen, die äquivalente Punkte benachbarter Wellen verbinden; ihr Abstand entspricht einer Wellenlänge. **b** In optisch isotropen Medien liegen Wellennormale und Lichtstrahl beide senkrecht auf der Wellenfront. **c** In optisch anisotropen Medien ist das nicht mehr der Fall: Wellennormale und Lichtstrahl laufen nicht mehr parallel zueinander. (Nach Nesse 2004)

1.5.2
Grundzüge der Durchlicht-Mikroskopie

Lichtbrechung und Doppelbrechung

Beim Eintritt von einem optisch dünneren in ein optisch dichteres Medium wird ein Lichtstrahl zum Einfallslot hin gebrochen und umgekehrt. Diese Tatsache ist bedingt durch die Veränderung, die die Wellenlänge des Lichts und damit die Lichtgeschwindigkeit beim Eintritt in ein anderes Medium erleidet (Abb. 1.24). Es gilt das bekannte Brechungsgesetz von Willebrord Snellius (1580–1626).

Tabelle 1.4. Brechungsindizes kubischer, optisch isotroper Kristalle

Kristall	Formel	n
Fluorit (Flussspat)	CaF_2	1,434
Halit (Steinsalz)	NaCl	1,544
Spinell	$MgAl_2O_4$	1,714
Almandin-Granat	$Fe_3^{2+}Al_2[SiO_4]_3$	1,830
Andradit-Granat	$Ca_3Fe_2^{3+}[SiO_4]_3$	1,887
Diamant	C	
für rotes Licht (λ_C = 656,3 nm)		2,410
für violettes Licht (λ_F = 396,8 nm)		2,454

Maximalwert n_γ und einem Minimalwert n_α, die senkrecht aufeinander stehen. Die Differenz

$$\Delta n = n_\gamma - n_\alpha \qquad [1.6]$$

bezeichnet man als *Hauptdoppelbrechung*, deren maximaler Betrag nur in Schnittlagen // der Ebene $n_\gamma - n_\alpha$ erkennbar ist. In beliebigen Schnittlagen liegen die Brechungsindizes zwischen diesen beiden Extremwerten: $n_\gamma \geq n_\gamma' \geq n_\alpha' \geq n_\alpha$, so dass die Werte für die Doppelbrechung $\Delta n = n_\gamma' - n_\alpha'$ dementsprechend geringer sind. Trägt man alle möglichen Brechungsindizes eines Kristalls im Raum auf, so erhält man ein Ellipsoid mit der längsten Achse $Z = n_\gamma$ und der kürzesten Achse $X = n_\alpha$, die *optische Indikatrix*. Dabei sind grundsätzlich zwei verschiedene Möglichkeiten zu unterscheiden:

1. Bei *optisch einachsigen Kristallen* mit trigonaler, tetragonaler und hexagonaler Symmetrie stellt die Indikatrix ein *Rotationsellipsoid* dar, bei dem entweder $Z (= n_\gamma)$ oder $X (= n_\alpha)$ die Rotationsachse bilden können. Im ersten Fall hat die Indikatrix eine gestreckte, im zweiten eine abgeplattete Form (Abb. 1.26a,b).

Blickt man in Richtung der Rotationsachse, so beobachtet man naturgemäß einen Kreisschnitt, bei dem alle Brechungsindizes, nämlich entweder n_α oder n_γ, gleich groß sind. In dieser Richtung verhält sich der Kristall also scheinbar isotrop: man bezeichnet die Rotationsachse, die mit der trigonalen, tetragonalen oder hexagonalen Hauptachse des Kristalls zusammenfällt, als *optische Achse*. Ihre Richtung entspricht nicht notwendigerweise der Längserstreckung des Kristalls. Kristalle, in denen die optische Achse mit $Z (= n_\gamma)$ zusammenfällt bezeichnet man als optisch positiv, z. B. Quarz (Abb. 1.26a), solche mit der optischen Achse // $X (= n_\alpha)$ dagegen als negativ, z. B. Calcit (Abb. 1.26b).

2. Bei *optisch zweiachsigen Kristallen* mit orthorhombischer, monokliner und trikliner Symmetrie ist die optische Indikatrix ein dreiachsiges Ellipsoid mit den Hauptachsen Z, Y, X und n_γ als größtem, n_α als kleinstem Brechungsindex sowie einem Brechungsindex n_β,

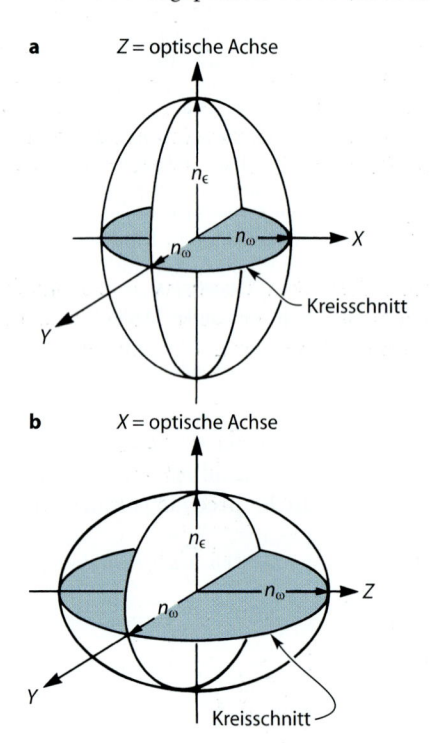

Abb. 1.26. Die Indikatrix für optisch einachsige (trigonale, tetragonale und hexagonale) Kristalle hat die Form eines Rotationsellipsoids; sie ist **a** gestreckt im optisch einachsig positiven Fall (optische Achse Z // $n_\gamma = n_\varepsilon$) und **b** abgeplattet im optisch einachsig negativen Fall (optische Achse X // $n_\alpha = n_\varepsilon$). Blickt man in Richtung der optischen Achse, verhält sich der Kristall scheinbar optisch isotrop, da in dieser Blickrichtung alle Brechungsindizes gleich sind, entsprechend dem Kreisradius n_ω entweder $= n_\alpha$ oder $= n_\gamma$. (Vereinfacht nach Nesse 2004)

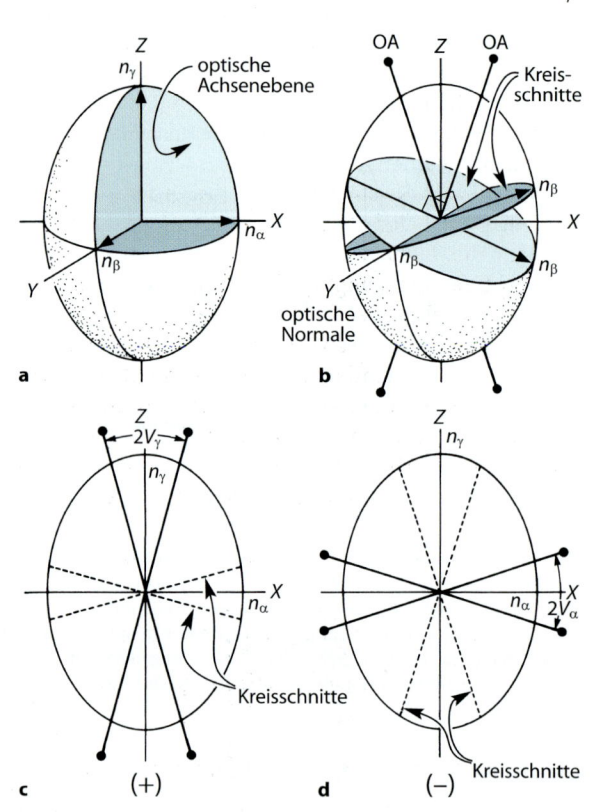

Abb. 1.27. Die Indikatrix für optisch zweiachsige (orthorhombische, monokline und trikline) Kristalle hat die Form eines dreiachsigen Ellipsoids. **a** Die drei Hauptbrechungsindizes n_α // X, n_β // Y und n_γ // Z; die optische Achsenebene steht senkrecht n_β. **b** In einem dreiachsigen Ellipsoid gibt es zwei Kreisschnitte, die sich in n_β schneiden; senkrecht auf den Kreisschnitten stehen die optischen Achsen, die Blickrichtungen der scheinbaren optischen Isotropie. **c** Optische Achsenebene für die zweiachsig positive Indikatrix: optischer Achsenwinkel $2V_\gamma$, d. h. $Z (= n_\gamma)$ liegt in der spitzen Winkelhalbierenden. **d** Optische Achsenebene für die zweiachsig negative Indikatrix: optischer Achsenwinkel $2V_\alpha$, d. h. $X (= n_\alpha)$ liegt in der spitzen Winkelhalbierenden. (Vereinfacht nach Nesse 2004)

der ⊥ auf der Ebene $n_\alpha - n_\gamma$ steht: $n_\gamma \geq n'_\gamma \geq n_\beta \geq n'_\alpha \geq n_\alpha$ (Abb. 1.27a). Dreiachsige Ellipsoide besitzen zwei Kreisschnitte, die sich in der Y-Achse ($= n_\beta$) schneiden. Senkrecht auf diesen Kreisschnitten stehen die beiden optischen Achsen, die in einer Ebene ⊥ Y ($= n_\beta$) liegen, der *optischen Achsenebene*. Blickt man in Richtung der optischen Achsen, so erscheint der Kristall optisch isotrop, da im Kreisschnitt naturgemäß immer nur der Brechungsindex n_β vorhanden ist (Abb. 1.27b). Zusammen mit den Hauptbrechungsindizes n_α, n_β und n_γ sowie der Hauptdoppelbrechung $n_\gamma - n_\alpha$ stellt der Winkel der optischen Achsen $2V$ eine wichtige Materialgröße für die Mineralbestimmung dar. Sie liefert Hinweise auf die chemische Zusammensetzung und/oder den Strukturzustand von Mischkristallen, z. B. bei den Feldspäten (Abschn. 11.6.2, S. 189ff). Kristalle, bei denen n_γ die spitze Bisektrix (Winkelhalbierende) des optischen Achsenwinkels bildet, sind optisch positiv ($2V_\gamma$), solche mit n_α als spitzer Bisektrix optisch negativ ($2V_\alpha$; Abb. 1.27c,d).

In orthorhombischen Kristallen liegen die Hauptachsen der Indikatrix Z ($= n_\gamma$), Y ($= n_\beta$) und X ($= n_\alpha$) // den kristallographischen Achsen c oder b oder a (Abb. 1.28a). Bei monoklinen Kristallen ist die Indikatrix gegen das Kristallgebäude einfach, in triklinen Kristallen doppelt geneigt (Abb. 1.28b,c).

Beim Lichtdurchgang durch einen optisch anisotropen, also doppelbrechenden Kristall beobachtet man eine Aufspaltung des Lichtes in zwei Transversalwellen unterschiedlicher Fortpflanzungsgeschwindigkeit. Diese Tatsache lässt sich anhand eines klar durchsichtigen, hochdoppelbrechenden Calcit-Kristalls eindrucksvoll demonstrieren (Abb. 1.29). Solche Kristalle wurden früher in Island gewonnen und wurden daher als *Isländer Doppelspat* bezeichnet. Die schnellere Welle entspricht dem kleineren Brechungsindex n'_α, die langsamere dem größeren Brechungsindex n'_γ. In optisch einachsigen (trigonalen, tetragonalen, hexagonalen) Kristallen unterscheidet man eine *ordentliche Welle* n_ω, die dem Snellius'schen Brechungsgesetz gehorcht, und eine *außerordentliche Welle* n_ε, bei der das nicht der Fall ist.

- n_ε entspricht der optischen Achse und ist im optisch positiven Fall $= n_\gamma$, im optisch negativen $= n_\alpha$;
- n_ω entspricht dem Kreisradius und ist im optisch positiven Fall $= n_\alpha$, im optisch negativen $= n_\gamma$.

Bei optisch zweiachsigen (orthorhombischen, monoklinen, triklinen) Kristallen gehorcht keine der beiden Wellen dem Brechungsgesetz.

Interferenzfarben

Bei den natürlichen Lichtwellen, die sich in Luft ausbreiten, sind die Schwingungsvektoren statistisch um die Achse der Fortpflanzungsrichtung verteilt. Im Gegensatz dazu wird das Licht beim Eintritt in den Kristall *linear polarisiert*, d. h. die beiden Wellen, die sich mit unterschiedlicher Geschwindigkeit durch den Kristall bewegen, schwingen in zwei senkrecht aufeinander stehenden Ebenen. Daraus resultiert eine Laufzeit-Differenz, der *Gangunterschied* Γ (gemessen in nm), der proportional zur *Doppelbrechung* Δn und zur *Dicke* des Kristalls d ist:

$$\Gamma = d\Delta n \quad\quad [1.7]$$

Hält man die Dicke eines Dünnschliffs möglichst konstant, d. h. nahe bei 25 µm, so lässt sich aus dem Gangunterschied die Doppelbrechung berechnen.

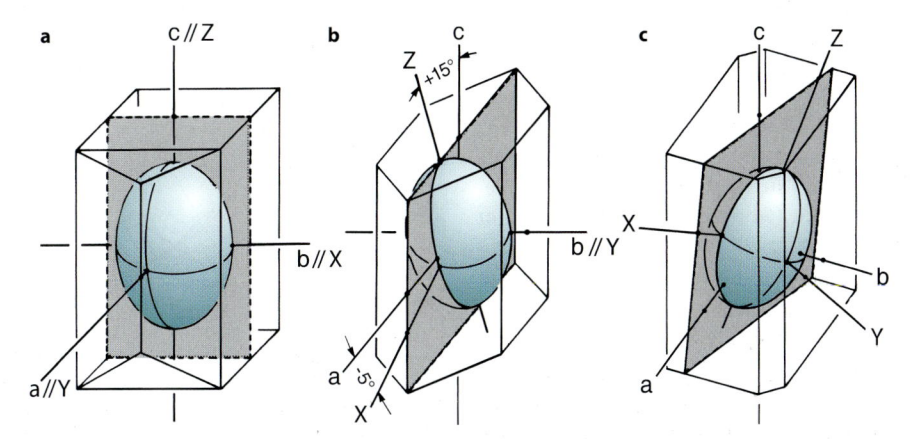

Abb. 1.28. Beziehungen zwischen Kristallbau und optischer Indikatrix. **a** Orthorhombische Kristalle: Die Achsen der optischen Indikatrix X, Y und Z fallen mit den Kristallachsen a, b und c zusammen; im vorliegenden Beispiel ist a // Y, b // X und c // Z. In Schnitten nach ab und ac herrscht gerade, in Schnitten nach ab gerade oder symmetrische Auslöschung. **b** Monokline Kristalle: Die optische Indikatrix ist einfach geneigt, b fällt mit einer der Indikatrix-Achsen zusammen, in diesem Fall mit Y ($= n_\beta$); die Auslöschungsschiefe sind: c / Z = +15°, a / X = –5°. **c** Trikline Kristalle: Die optische Indikatrix ist zweifach geneigt, a, b und c fallen nicht mit X, Y oder Z zusammen. Die optische Achsenebene XZ ist grau angelegt. (Nach Nesse 2004)

Abb. 1.29.
Calcit, Mexiko. Der Spaltkörper nach {10$\bar{1}$1} besitzt als „Doppelspat" optische Qualität; seine hohe Doppelbrechung (Δ = 0,1719) ist durch die Verdoppelung der Schrift schon mit bloßem Auge erkennbar. Mineralogisches Museum der Universität Würzburg. (Foto: K.-P. Kelber)

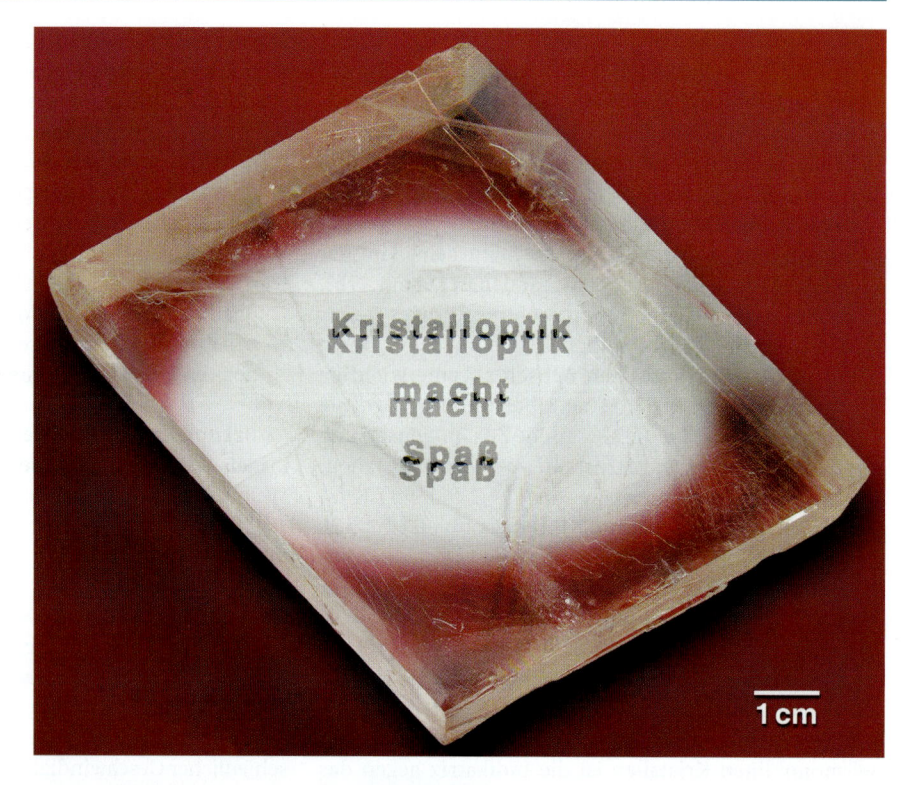

Beim Polarisations-Mikroskop arbeitet man von vornherein mit linear polarisiertem Licht, das durch ein Polarisationsfilter unterhalb des Mikroskoptisches, den *Polarisator* erzeugt wird. Früher benutzte man dazu ein *Nicol'sches Prisma* (William Nicol, 1768–1851), einen besonders präparierten, klar durchsichtigen Calcit-Kristall (Abb. 1.29), der nur den linear polarisierten ordentlichen Strahl durchlässt, während der außerordentliche abgelenkt und absorbiert wird. Zusätzlich kann am oberen Ende des Strahlenganges ein weiterer Polarisationsfilter, der *Analysator*, eingeschaltet werden, dessen Schwingungsrichtung senkrecht zu der des Polarisators ist. Bei eingeschaltetem Analysator spricht man von *gekreuzten Nicols* (abgekürzt +Nic). Tritt linear polarisiertes Licht in den Kristall ein, wird dieses in zwei senkrecht zueinander schwingende, linear polarisierte Wellen aufgespalten, die sich mit unterschiedlicher Geschwindigkeit bewegen (Abb. 1.30) und miteinander interferieren.

Wir betrachten zunächst die Interferenzerscheinungen, die bei *monochromatischem Licht*, d. h. bei Licht einer bestimmten Wellenlänge λ auftreten. Beträgt der Gangunterschied zwischen den beiden Wellen $\Gamma = i\lambda$, wobei i eine ganze Zahl ist, so schwingen beide Wellen in entgegengesetzte Richtungen, sind also außer Phase. Wenn sie den Analysator erreichen, ergibt sich durch Vektoraddition eine resultierende Welle S, die senkrecht zur Schwingungsrichtung des Analysators verläuft, und daher ausgelöscht wird (Abb. 1.30a). Beträgt dagegen der Gangunterschied $\Gamma = (i + \frac{1}{2})\lambda$, so

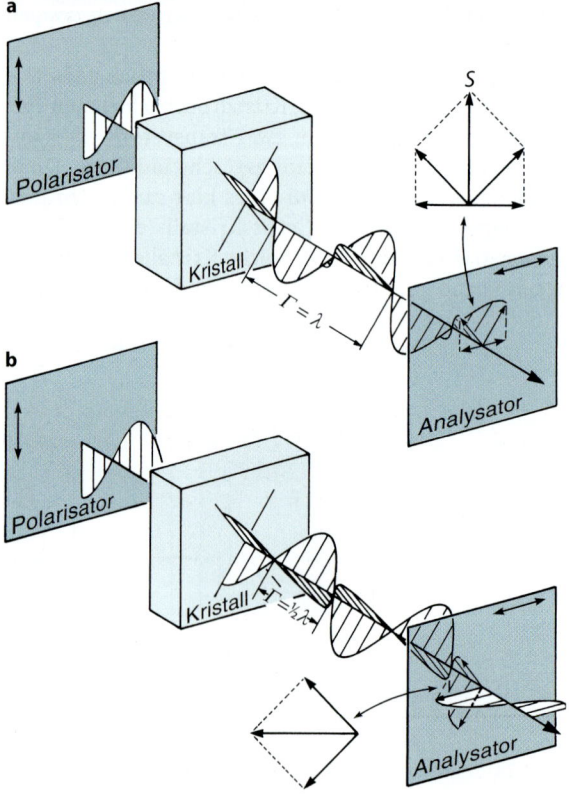

Abb. 1.30. Interferenzerscheinungen an einer doppelbrechenden Kristallplatte. **a** Der Gangunterschied ist gleich einer Wellenlänge: $\Gamma = \lambda$. **b** Der Gangunterschied ist eine halbe Wellenlänge: $\Gamma = \frac{1}{2}\lambda$. Erläuterung im Text. (Nach Nesse 2004)

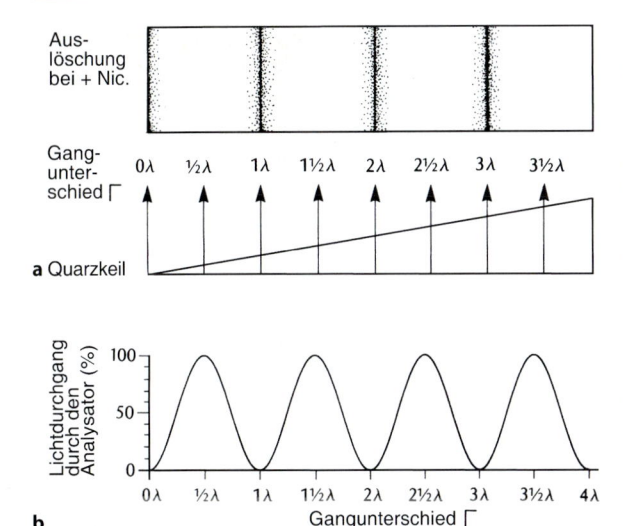

Abb. 1.31. Interferenzmuster eines Quarzkeils mit monochromatischem Licht. **a** Wenn der Gangunterschied ein ganzzahliges Vielfaches der Wellenlänge Γ = iλ ist, interferieren die schnelle und die langsame Welle im Analysator destruktiv, so dass es zur Auslöschung kommt. Ist dagegen Γ = (i + ½)λ, so interferieren beide Wellen konstruktiv, so dass das Licht den Analysator mit maximaler Intensität verlässt. **b** Lichtdurchgang durch den Analysator (in %) in Abhängigkeit vom Gangunterschied. (Nach Nesse 2004)

schwingen die beiden Wellen in der gleichen Richtung, also in Phase, und die resultierende Welle S liegt in der Schwingungsrichtung des Analysators, so dass sie verstärkt den Analysator durchläuft (Abb. 1.30b). Die Verhältnisse werden in Abb. 1.31 verdeutlicht, die einen keilförmig geschliffenen Quarzkristall zeigt. Da die Doppelbrechung dieses Kristalls konstant ist, hängt der Gangunterschied Γ nur von der jeweiligen Dicke des Quarzkeils ab. Man erkennt, dass beim ganzzahligen Vielfachen der Wellenlänge $i\lambda$ jeweils Minima im Lichtdurchgang auftreten und somit Auslöschung erfolgt, während es bei Gangunterschieden von $(i + ½)\lambda$ zum maximalen Lichtdurchgang kommt.

Verwendet man statt monochromatischem *weißes Licht*, das aus unendlich vielen Wellenlängen zusammengesetzt ist, so spalten sich diese ebenfalls in senkrecht zueinander stehende Wellen auf, die miteinander interferieren. Für eine bestimmte Schliffdicke wird die Doppelbrechung und damit der Gangunterschied für alle Wellenlängen ungefähr gleich sein. Da aber die Wellenlängen unterschiedlich sind, werden einige den Analysator in Phase, andere außer Phase erreichen und dementsprechend entweder ausgelöscht oder durchgelassen werden. Die Kombination der verschiedenen Wellenlängen, die den Analysator durchlaufen, ergibt die *Interferenzfarben*, die bei gleicher Schliffdicke d die Doppelbrechung Δn eines Minerals widerspiegeln. Optisch isotrope Minerale erscheinen bei +Nic schwarz, da Δn und damit auch Γ = 0 ist. Mit zunehmendem Gangunterschied verändern sich die Interferenzfarben von dunkelgrau über hellgrau, weiß, gelb zu rot 1. Ordnung. Mit steigenden Ordnungen von Γ wiederholt sich die Farbabfolge blau → grün → gelb → rot mehrfach, wobei die Farben immer blasser werden. Bei einer Schliffdicke von 0,025 μm zeigt Quarz mit Δn_{max} = 0,009 das Grau 1. Ordnung, Forsterit Mg$_2$[SiO$_4$] dagegen das Grün 2. Ordnung entsprechend Δn_{max} = 0,033. *Anomale Interferenzfarben* treten auf, wenn die Doppelbrechung für die einzelnen Wellenlängen des weißen Lichtes sehr unterschiedlich ist: *Dispersion der Doppelbrechung*. Bei Mineralen mit insgesamt geringer Doppelbrechung, z. B. bei vielen Chloriten (Abschn. 11.5.5, S. 174f), beobachtet man *unternormale*, bei Mineralen mit hoher Doppelbrechung, z. B. beim Epidot (Abschn. 11.2, S. 154f), *übernormale* Interferenzfarben.

Auslöschungsschiefe

Zusätzlich zum Gangunterschied Γ und der Wellenlänge λ hängt die Lichtmenge T, die den Analysator verlässt, noch vom Winkel τ ab, den die optische Indikatrix mit der Schwingungsrichtung des Polarisators bildet:

$$T = \left[-\sin^2 180° \frac{\Gamma}{\lambda} \sin 2\tau \sin 2(\tau - 90°) 100 \right] \quad [1.8]$$

Man kann leicht erkennen, dass maximaler Lichtdurchgang erfolgt, wenn τ = 45°, 135°, 225°, 315° ist, während bei τ = 90°, 180°, 270°, 360° der Lichtdurchgang T = 0 ist. Dreht man also den Kristall um 360°, so beobachtet man viermal vollständige Auslöschung und – in Diagonalstellung – viermal maximale Helligkeit. Wie wir aus Abb. 1.28 entnehmen können, ist bei monoklinen und triklinen Kristallen die optische Indikatrix zum Kristallgebäude einfach bzw. doppelt geneigt. Dementsprechend tritt Auslöschung ein, wenn der Kristall mit der Schwingungsrichtung des Polarisators einen entsprechenden Neigungswinkel bildet. So betragen z. B. beim monoklinen Kristall in Abb. 1.28b in der Schnittlage // der Fläche (010) die Auslöschungsschiefen Z / c = +15° und X / a = –5°. Demgegenüber herrscht in einem Schnitt // (100) stets gerade Auslöschung, ebenso wie das bei rhombischen (Abb. 1.28a) und selbstverständlich auch bei optisch einachsigen Kristallen der Fall ist. Bezüglich der Flächen {110} herrscht symmetrische Auslöschung, da z. B. beim monoklinen Kristall in Abb. 1.28b die Ebene XZ den Spaltwinkel halbiert. Das ist beispielsweise bei Pyroxenen und Amphibolen der Fall, bei denen {110} und {1$\bar{1}$0} wichtige Spaltrisse darstellen (Abb. 11.27, 11.28, S. 160). Die Auslöschungsschiefe lässt sich allerdings nur dann messen, wenn die kristallmorphologischen Richtungen durch Kristallflächen, Spaltrisse oder Zwillingsgrenzen eindeutig definiert sind.

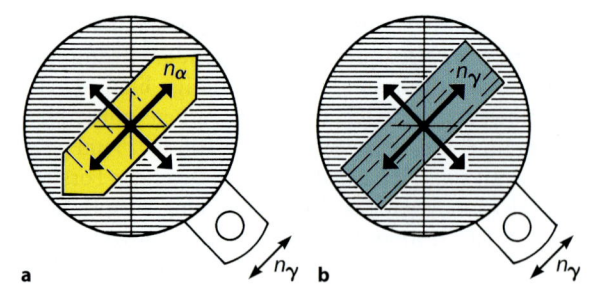

Abb. 1.32. Bestimmung des Charakters der Hauptzone mithilfe des Gipsplättchens Rot I. **a** Subtraktion: n_α liegt // der längsten Achse des Kristalls: negative Hauptzone. **b** Addition: n_γ liegt // der längsten Achse des Kristalls: positive Hauptzone. (Nach Müller u. Raith 1976)

Hilfsplättchen

Um festzustellen, in welcher Richtung eines Kristalls der größere oder der kleinere Brechungsindex, d. h. n_γ' oder n_α' liegt, verwendet man z. B. ein Hilfsplättchen aus Quarz oder Gips, kurz *Gipsplättchen* genannt. Dieses weist genau den Gangunterschied von 551 nm, entsprechend dem Rot 1. Ordnung auf und wird in Diagonalstellung zwischen dem Dünnschliff und dem Analysator in den Strahlengang eingeschoben. Fällt n_γ des Gipsplättchens mit n_γ' des Minerals zusammen, so addieren sich die Gangunterschiede, fällt es dagegen mit n_α' des Minerals zusammen, so subtrahieren sie sich (Abb. 1.32). So verändert sich das Grau 1. Ordnung bei Quarz mit $\Delta n_{max} = 0{,}009$ bei Additionsstellung in das Blau 2. Ordnung, bei Subtraktionsstellung dagegen in das Gelb 1. Ordnung. Mithilfe des Gipsplättchens lässt sich auch feststellen, ob n_γ oder n_α // der längsten Achse von stängeligen Kristallen orientiert sind. Man spricht dann von positiver bzw. negativer Hauptzone oder Elongation (Abb. 1.32). Zu beachten ist, dass diese nicht notwendiger Weise mit dem positiven oder negativen optischen Charakter identisch ist.

Konoskopische Achsenbilder

Bisher haben wir das Verhalten von doppelbrechenden Kristallen im *orthoskopischen Strahlengang* kennen gelernt. Um festzustellen, ob ein Mineral optisch einachsig oder zweiachsig ist, muss man dagegen den *konoskopischen Strahlengang* verwenden. Bei diesem erzeugt man einen Strahlenkegel großer Öffnung, der einen Punkt des Kristalls in möglichst vielen Richtungen durchsetzt. Dafür verwendet man ein Objektiv starker Vergrößerung (45fach oder 50fach) und damit großer Apertur, eine Kondensorlinse zur entsprechenden Erhöhung der Beleuchtungsapertur und die Amici-Betrand'sche Hilfslinse oberhalb des Analysators. Zum näheren Verständnis der konoskopischen Methode muss auf die Lehrbücher der Kristalloptik verwiesen werden.

Für die konoskopische Untersuchung eines *optisch einachsigen Minerals* sucht man ein Korn aus, das möglichst genau senkrecht zur optischen Achse geschnitten ist, das also im orthoskopischen Strahlengang bei +Nic möglichst dunkel erscheint. Dann erkennt man als typisches Interferenzbild ein schwarzes Kreuz, die *Isogyren*, die den vier Auslöschungsrichtungen entsprechen (Abb. 1.33a). In den vier Sektoren zwischen den Balken dieses Kreuzes, also in Diagonalstellung, sieht man farbige Kreissegmente, mit nach außen hin zunehmenden Interferenzfarben (Abb. 1.33a). Die Zahl der Farbringe, der *Isochromaten*, hängt vom Gangunterschied, d. h. von der Dicke des Kristalls und von seiner Doppelbrechung ab: In normaler Dünnschliffdicke von 25 µm sind das beim Quarz ($\Delta n_{max} = 0{,}009$) nur wenige Ringe, beim Calcit ($\Delta n_{max} = 0{,}172$) dagegen sehr viele. Die Bestimmung des optischen Charakters ist mit einem Gipsplättchen möglich: optisch positive Kristalle zeigen im rechten oberen Quadranten steigende, optisch negative Kristalle dagegen fallende Interferenzfarben (Abb. 1.33c). In Schnitten schräg zur optischen Achse steht das Achsenkreuz nicht genau in der Mitte des Gesichtsfeldes; es wandert beim Drehen des Mikroskoptisches auf einer Kreisbahn, deren Durchmesser um so größer ist, je stärker die optische Achse geneigt ist. Bei besonders schiefer Schnittlage erkennt man lediglich den horizontalen und den vertikalen Balken des Kreuzes, die parallel zu den Schwingungsrichtungen von Polarisator und Analysator durch das Gesichtsfeld wandern.

Bei *optisch zweiachsigen Mineralen* sucht man eine Schnittlage möglichst nahe der spitzen Bisektrix des Achsenwinkels, erkennbar an relativ geringen Interferenzfarben. Die *Isogyren*, die den Auslöschungsrichtungen entsprechen, bilden in Diagonalstellung (Abb. 1.33b links) Hyperbeln, in deren Scheitelpunkten die optischen Achsen ausstechen; beim Drehen verändern sich die Hyperbeln, bis in Normalstellung ein Kreuz erscheint, das aber nicht mit dem Kreuz für optisch einachsige Kristalle zu verwechseln ist (Abb. 1.33b rechts). Der jeweilige Verlauf der *Isochromaten* ist aus Abb. 1.33b zu entnehmen. In Schnitten genau ⊥ zur optischen Achse, die man bei orthoskopischer Betrachtung an vollständiger Auslöschung bei +Nic erkennt, verläuft der Scheitelpunkt einer der beiden Hyperbeln genau durch das Fadenkreuz des Okulars, während die zweite Hyperbel nicht sichtbar ist (Abb. 1.33e). Aus Abb. 1.33d und e kann man entnehmen, wie man mittels des Gipsplättchens den optischen Charakter von zweiachsigen Kristallen ermittelt.

Eigenfarbe

Beim Durchgang des Lichtes durch einen Kristall vermindert sich in der Regel die Amplitude der Lichtwelle: es kommt zur *Absorption*. Diese erfolgt für die unter-

Abb. 1.33.
Konoskopische Interferenzbilder **a** für optisch einachsige, **b** für optisch zweiachsige Kristalle (*links* in Diagonalstellung, *rechts* in Normalstellung). **c, d, e** Bestimmung des optischen Charakters mithilfe des Gipsplättchens Rot I (*links*: optisch positiv, *rechts*: optisch negativ): **c** optisch einachsiger Kristall, ⊥ zur optischen Achse geschnitten; **d** optisch zweiachsig, ⊥ zu einer spitzen Bisektrix geschnitten; **e** optisch zweiachsig, ⊥ zur optischen Achse geschnitten. (Vereinfacht nach Müller u. Raith 1976)

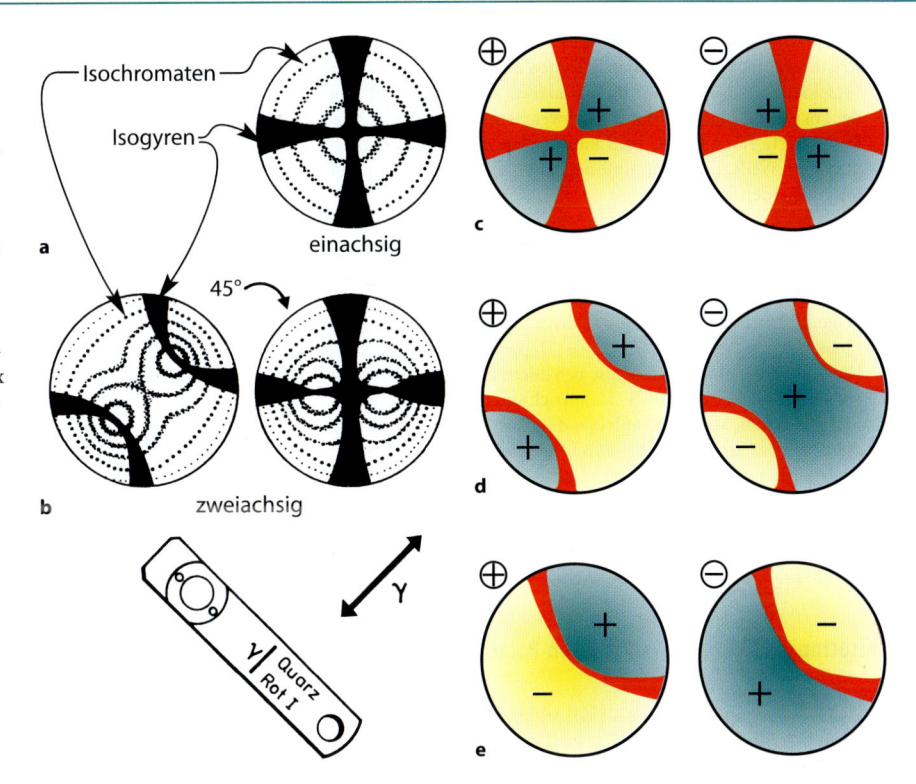

schiedlichen Wellenlängen des sichtbaren Lichts *selektiv*, d. h. in der Weise, dass eine oder mehrere Wellenlängen vollständig absorbiert, andere dagegen durchgelassen werden. Dadurch entsteht die Eigenfarbe, die ein wichtiges Erkennungsmerkmal für Minerale darstellt.

Die Stärke der Absorption hängt von der Dicke des Kristalls und von seiner chemischen Zusammensetzung ab, wobei Atome wie Fe, Mn, Ti, Cr, V eine wichtige Rolle spielen. Fe-freie Minerale, darunter auch die Feldspäte und Quarz, sind in Dünnschliffdicke farblos, während Fe-reichere, wie z. B. Amphibole, Biotit, Chlorit, Turmalin und Epidot, mehr oder weniger intensiv gefärbt sind. Bei optisch isotropen Mineralen ist die Eigenfarbe in jeder Schnittlage gleich. Dagegen verändert sie sich bei den optisch anisotropen Mineralen in Abhängigkeit von der Orientierung, da sich auch die Absorption von Licht unterschiedlicher Wellenlänge anisotrop verhält. Die größten Unterschiede in der Eigenfarbe und/oder in der Farbintensität sind in Richtung der Indikatrix-Achsen *X*, *Y* und *Z* erkennbar. Dementsprechend verhalten sich optisch einachsige Minerale häufig *dichroitisch*, optisch zweiachsige *pleochroitisch* (grch. πλέον = mehr, χρώμα = Farbe). Im Folgenden geben wir zwei Beispiele für mögliche Absorptions-Schemata:

- Turmalin (Varietät Schörl): *X* (blaugrau) ≪ *Z* (olivbraun)
- Hornblende: *X* (hell gelbgrün) < *Y* (gelbgrün) ≈ *Z* (olivgrün)

1.5.3
Grundzüge der Auflichtmikroskopie

Bei stark absorbierenden, metallisch oder halbmetallisch glänzenden Kristallen, die schon in Schichtdicken von 0,01 oder 0,001 mm völlig undurchsichtig (*opak*) sind, können die bekannten Gesetze der Durchlicht-Mikroskopie auch nicht annäherungsweise angewandt werden. Neben den Brechungsindizes spielt hier der *Absorptions-Koeffizient* eine erhebliche, z. T. sogar die beherrschende Rolle. In durchsichtigen Kristallen pflanzen sich die Lichtwellen *homogen* fort, so dass die Amplituden längs der Wellenfront gleich sind (Abb. 1.25). Demgegenüber verhält sich die Fortpflanzung des Lichtes in stark absorbierenden (opaken) Kristallen *inhomogen*: Schon nach kurzer Weglänge wird soviel Licht absorbiert, dass die Flächen gleicher Amplitude nicht mehr mit der Wellenfront zusammenfallen. In opaken Kristallen lassen sich die äußerst komplexen optischen Verhältnisse nicht mehr mit einer einfachen Indikatrix beschreiben, sondern man muss mit einer *komplexen Indikatrix* arbeiten. Diese besteht aus zwei Schalen, die *n*-Schale für die Brechungsindizes, die *k*-Schale für den Absorptions-Koeffizienten, die sich bei optisch zweiachsigen Kristallen durchdringen.

- Bei *optisch isotropen* (kubischen) Kristallen bilden diese Schalen zwei konzentrische Kugeln, wobei bei schiefem Lichteinfall der Brechungsindex nicht konstant ist, sondern vom Einfallswinkel abhängt.

- Bei *optisch einachsigen* (trigonalen, tetragonalen, hexagonalen) Kristallen gibt es zwei Rotationsflächen mit gemeinsamer, aber verschieden langer Achse, die nur mäßig, aber erkennbar von der Form des Rotationsellipsoids abweichen; es gibt jeweils zwei Hauptwerte für n und k; man kann ordentliche und außerordentliche Welle, positiven und negativen optischen Charakter unterscheiden.
- Bei *optisch zweiachsigen* (orthorhombischen, monoklinen, triklinen) Kristallen lassen sich drei Hauptbrechungsindizes und drei Haupt-Absorptions-Koeffizienten voneinander unterscheiden, wobei die Hauptrichtungen für die n- und k-Schale im Allgemeinen nicht mehr zusammenfallen. Deshalb kann man auch nicht mehr von einem Charakter der Doppelbrechung sprechen. Die Form der n- und k-Schale, die sich durchdringen, weicht stark von der Ellipsoidform ab; die Hauptrichtungen jeder Schale stehen nicht mehr senkrecht aufeinander. Nur in den Richtungen, die den optischen Achsen bei durchsichtigen Kristallen entsprechen würden, pflanzen sich zwei linear polarisierte Wellen gleicher Geschwindigkeit, aber unterschiedlicher Absorption fort. Anstelle der optischen Achsen gibt es zwei *Windungsachsen*, längs denen sich nur eine zirkular polarisierte Welle fortpflanzt. In allen anderen Richtungen ist das Licht elliptisch polarisiert.

Anisotropie-Effekte bei gekreuzten Polarisatoren

Entsprechend der komplizierten optischen Verhältnisse werden im Auflicht bei +Nic keine Interferenzfarben, sondern Mischfarben erzeugt, die keine Auskunft über die Stärke der Doppelbrechung geben. Man kann nicht voraussagen, wo lebhafte oder nur graue oder weiße Farbtöne auftreten, und man kann keine Hilfsplättchen anwenden, um den optischen Charakter zu bestimmen.

Reflexionsvermögen und Eigenfarbe

Das Reflexionsvermögen für auffallendes Licht ist das Verhältnis des reflektierten Anteils J_R zur gesamten einfallenden Lichtintensität und wird in % angegeben:

$$R = \frac{J_R}{J_E} 100 \qquad [1.9]$$

Das Reflexionsvermögen ist vom Brechungsindex n und dem Absorptions-Koeffizienten k abhängig. Für optisch isotrope Kristalle gilt

$$R = \frac{(n-1)^2 + k^2}{(n+1)^2 + k^2} \qquad [1.10]$$

Da das Reflexionsvermögen sehr stark von der Güte der Anschliff-Politur abhängt, ist seine quantitative Bestimmung mittels einer Fotozelle keine triviale Angelegenheit. Sie erfordert die Messung von Vergleichsstandards, die unter den gleichen Bedingungen wie die Probe geschliffen und poliert wurden.

Bei optisch anisotropen Kristallen, die jeweils zwei Extremwerte für n und k haben, gibt es zwei Extremwerte des Reflexionsvermögens:

$$R_1 = \frac{(n_1 - 1)^2 + k_1^2}{(n_1 + 1)^2 + k_1^2} \qquad [1.11a]$$

$$R_2 = \frac{(n_2 - 1)^2 + k_2^2}{(n_2 + 1)^2 + k_2^2} \qquad [1.11b]$$

Die Differenz $R_1 - R_2$ ist der *Reflexionspleochroismus*, auch *Bireflexion* genannt; er ist besonders stark bei Opakmineralen mit Schichtstruktur wie beim Graphit C und Molybdänit MoS_2. Da die Stärke des Reflexionspleochroismus nicht nur durch die Richtungsabhängigkeit der Absorption, sondern auch stark von der Höhe der Doppelbrechung bestimmt wird, zeigen ganz durchsichtige, aber hochdoppelbrechende Karbonate wie Calcit $Ca[CO_3]$ im Auflicht einen sehr starken Reflexionspleochroismus.

Insgesamt sind die *Farben*, die man in opaken Mineralen im Auflicht beobachtet, sehr viel zarter als bei gefärbten Mineralen im Durchlicht und die Farbunterschiede sind geringer. Darüber hinaus wechselt der Farb- und Reflexionseindruck sehr stark mit der unmittelbaren Umgebung. So wirkt Chalkopyrit $CuFeS_2$ gegen Sphalerit ZnS rein hellgelb, gegen ged. Gold jedoch trüb, matt und schmutzig olivgrün. Das hellste Mineral bestimmt den Helligkeits-Eindruck! Die Erzmikroskopie erfordert daher sehr viel Übung; das gilt besonders für die Bestimmung von Opakmineralen die isoliert in Silikat- oder Karbonatgesteinen liegen.

Verwendet man bei der Auflichtmikroskopie ein *Immersions-Objektiv*, fügt man also zwischen dem Erzanschliff und der Frontlinse des Objektivs anstelle von Luft ($n = 1$) einen Tropfen *Immersions-Öl*, z. B. mit dem Brechungsindex 1,515 ein, so verändern sich die Gleichungen [1.11a,b] folgendermaßen:

$$R_1 = \frac{(n_1 - 1{,}515)^2 + k_1^2}{(n_1 + 1{,}515)^2 + k_1^2} \qquad [1.12a]$$

$$R_2 = \frac{(n_2 - 1{,}515)^2 + k_2^2}{(n_2 + 1{,}515)^2 + k_2^2} \qquad [1.12b]$$

Wie man anhand dieser Gleichungen leicht zeigen kann, führt die Verwendung von Ölimmersion zu einer starken Abnahme des Reflexionsvermögens. Dadurch vertiefen sich die Farben, die Farbunterschiede werden deutlicher und der Reflexionspleochroismus verstärkt sich. Bei sehr starker Dispersion des Reflexionsvermögens kann sich sogar die Farbe ändern, wenn man Immersions-Flüssigkeiten unterschiedlicher Lichtbrechung verwendet. So ist Covellin (Kupferindig) CuS in Luft tiefblau, in Wasser violettblau, in Zedernholzöl rotviolett, in Mono-Bromnaphtalin scharlachrot und in Jodmethylen orangerot gefärbt.

Innenreflexe

Ein wichtiges diagnostisches Merkmal für viele opake Minerale sind die *Innenreflexe*, die durch interne Reflexion des Lichtes an Einschlüssen, Korngrenzen, Bruchflächen oder Spaltrissen entstehen. Das gilt besonders für Minerale mit mäßigem bis schwachem Reflexionsvermögen, wie z. B. Sphalerit (Zinkblende) ZnS. Die Farbe der Innenreflexe entspricht der *Strichfarbe*, die beim Reiben des Minerals auf einer Porzellanplatte erzeugt wird. In den meisten Fällen werden Innenreflexe erst sichtbar, wenn die Intensität des reflektierten Lichtes durch Kreuzung der Polarisatoren erniedrigt wird und/oder bei Verwendung von Ölimmersion.

Schleifhärte

Ähnlich wie Lichtbrechungs-Unterschiede im Durchlicht erzeugen Unterschiede in der Schleifhärte im Auflicht ein Relief, das sich auch in sehr guten Erzanschliffen nicht immer ganz vermeiden lässt und sogar ein wichtiges diagnostisches Hilfsmittel darstellt. In Analogie zur Becke'schen Lichtlinie beobachtete Schneiderhöhn (1922, 1952) eine helle Linie, die beim Heben des Tubus (bzw. beim Senken des Tisches) vom härteren ins weichere Mineral wandert. Prinzipiell kommt für die Diagnose von Erzmineralen auch die quantitative Bestimmung der Mikrohärte in Frage (s. S. 16f), doch wird heute allgemein die direkte chemische Analyse mit der Elektronenstrahl-Mikrosonde bevorzugt.

Weiterführende Literatur

Lehrbücher

Borchardt-Ott W (2008) Kristallographie, 7. Aufl. Springer-Verlag, Berlin Heidelberg New York
Buerger MJ (1977) Kristallographie. de Gruyter, Berlin New York
Craig JR, Vaughan (1981) Ore microscopy and ore petrography. Wiley & Sons, New York
Kleber W, Bautsch H-J, Bohm J, Klimm D (2010) Einführung in die Kristallographie, 19. Aufl. Oldenbourg, München
Klein C (1989) Minerals and rocks. Exercises in crystallography, mineralogy and hand specimen petrology. Wiley & Sons, New York
Klein C, Hurlbut Jr. CS (1985) Manual of mineralogy (after James D. Dana), 20th edn. Wiley & Sons, New York
Mücke A (1989) Anleitung zur Erzmikroskopie. Enke, Stuttgart
Müller G, Raith M (1976) Methoden der Dünnschliffmikroskopie, 2. Aufl. Clausthaler Tektonische Hefte 14, Ellen Pilger, Clausthal-Zellerfeld
Nesse ND (2004) Introduction to optical mineralogy, 3rd edn. Oxford University Press, New York Oxford
Pichler H, Schmitt-Riegraf C (1993) Gesteinsbildende Minerale im Dünnschliff, 2. Aufl. Enke, Stuttgart
Putnis A (1992) Introduction to mineral sciences. Cambridge University Press, Cambridge, UK
Ramdohr P (1975) Die Erzmineralien und ihre Verwachsungen, 4. Aufl. Akademie-Verlag, Berlin
Ramdohr P (1976) The ore minerals and their intergrowths. Pergamon, Oxford
Ramdohr P, Strunz H (1978) Klockmanns Lehrbuch der Mineralogie, 16. Aufl. Enke, Stuttgart
Schneiderhöhn H (1952) Erzmikroskopisches Praktikum. Schweizerbart, Stuttgart
Tröger WE, Bambauer HU, Braitsch O, Taborszky F, Trochim HD (1967) Optische Bestimmung der gesteinsbildenden Minerale. Teil 2, Textband. Schweizerbart, Stuttgart
Wahlstrom EE (1979) Optical Crystallography, 5th edn. Wiley & Sons, New York

Übersichtsartikel

Harrison RJ, Feinberg, JM (2009) Mineral magnetism: Providing new insights into geoscience processes. Elements 5:209–215

Nachschlagewerke

Hahn T (ed) International tables for crystallography. Vol A, Space-group symmetry, 5th edn. Kluwer Academic Publisher, Dordrecht
Maucher A, Rehwald G (1961–1973) Bildkartei der Erzmikroskopie. Umschau, Frankfurt/Main
Schouten C (1962) Determination tables for ore microscopy. Elsevier, Amsterdam
Strunz H (1982) Mineralogische Tabellen, 8. Aufl. Akademische Verlagsgesellschaft Geest & Portig, Leipzig
Strunz H, Nickel EH (2001) Strunz mineralogical tables, 9th edn. Schweizerbart, Stuttgart
Tröger WE, Bambauer HU, Taborszky F, Trochim HD (1982) Optische Bestimmung der gesteinsbildenden Minerale. Teil 1, Bestimmungstabellen, 5. Aufl. Schweizerbart, Stuttgart

Zitierte Literatur

Broz ME, Cook RF, Whitney DL (2006) Microhardness, toughness, and modulus of Mohs' scale minerals. Am Mineral 91: 135–142
Friedrich W, Knipping P, Laue M (1912) Interferenz-Erscheinungen bei Röntgenstrahlen. Sitzungsber Kgl Bayer Akad Wiss 1912:303–322
Hermann C (Hrsg) (1935) Internationale Tabellen zur Bestimmung von Kristallstrukturen, Bd. 1. Borntraeger, Berlin
Schneiderhöhn H (1922) Anleitung zur mikroskopischen Bestimmung von Erzen und Aufbereitungsprodukten besonders im auffallenden Licht. Ges Deutscher Metallhütten- und Bergleute, Berlin

Minerale

2.1
Der Mineralbegriff

2.2
Mineralbestimmung
und Mineralsystematik

2.3
Vorkommen
und Ausbildung
der Minerale

2.4
Gesteinsbildende
und wirtschaftlich
wichtige Minerale

2.5
Biomineralisation
und medizinische
Mineralogie

2.6
Mineralogische
Wissenschaften und
ihre Anwendungsgebiete
in Technik, Industrie
und Bergbau

2.1 Der Mineralbegriff

> Minerale sind chemisch einheitliche, natürliche Bestandteile der Erde und anderer Himmelskörper (Mond, Meteoriten, erdähnliche Planeten unseres und anderer Sonnensysteme). Von wenigen Ausnahmen abgesehen, sind Minerale anorganisch, fest und kristallisiert (Abb. 1.1, 2.1).

Diese sehr allgemein gehaltene Mineraldefinition wird im Folgenden schrittweise erläutert.

Minerale sind natürliche Produkte

Das bedeutet, sie sind durch natürliche Vorgänge und ohne Einflussnahme des Menschen entstanden. Ein künstlich im Laboratorium hergestellter Quarz z. B. wird als *synthetischer Quarz* vom natürlichen Mineral unterschieden. Der synthetische Quarz ist zwar physikalisch und chemisch mit dem natürlichen Quarz identisch, jedoch als Kunstprodukt im Sinn der obigen Definition kein Mineral. Man spricht allerdings von *Mineralsynthese* und meint die künstliche Herstellung eines Minerals mit allen ihm zukommenden Eigenschaften. Es ist auch üblich, z. B. einen künstlich hergestellten Smaragd von Edelsteinqualität als *synthetischen Edelstein* zu bezeichnen.

In ihrer weit überwiegenden Mehrzahl sind Minerale durch *anorganische Vorgänge* gebildet worden. Darüber hinaus gibt es aber auch wichtige biogene Prozesse, durch die Minerale in oder unter Mitwirkung von Organismen entstehen können (vgl. Abschn. 2.5). So bauen Calcit, Aragonit und Opal Skelette oder Schalen von Mikroorganismen und Invertebraten (Wirbellosen) auf; Apatit ist ein wesentlicher Bestandteil von Knochen und Zähnen der Wirbeltiere (z. B. Pasteris et al. 2008); elementarer Schwefel, Pyrit und andere Sulfidminerale können durch Reduktion unter dem Einfluss von Bakterien entstehen (z. B. Templeton 2011; Konhauser et al. 2011).

Minerale bilden die *Gemengteile von Gesteinen* und bauen als solche wesentliche Teile der Erde, des Mondes und der erdähnlichen Planeten auf. Derzeit zugänglich sind uns die kontinentale Erdkruste, Serien von Bohrkernen der ozeanischen Erdkruste und untergeordnet Fragmente des oberen, selten auch des unteren Erdmantels. Wir müssen aber annehmen, dass der gesamte Erdmantel, der bis zu einer Tiefe von 2 900 km reicht, sowie der innere Erdkern (unterhalb einer Tiefe von etwa 5 100 km) aus Mineralen bestehen, über die allerdings nur theoretische oder hypothetische Vorstellungen existieren. Analoge Überlegungen gelten für den Mond, die erdähnlichen Planeten Merkur, Venus, Mars und dessen Satelliten sowie für die Asteroiden, kleine planetenähnliche Körper, welche die Sonne zwischen der Mars- und Jupiterbahn umkreisen. Proben der Mondkruste wurden durch die Apollo-Missionen der NASA der wissenschaftlichen Untersuchung zugänglich gemacht. Meteorite sind Bruchstücke aus dem Asteroiden-Gürtel, seltener von der Oberfläche des Mars und des Erdmondes, die gelegentlich auf die Erde fallen (Kap. 31, S. 547 ff). Auch die erdähnlichen Planeten anderer Sonnensysteme dürften zumindest teilweise aus Mineralen aufgebaut sein. Schließlich bestehen die interstellaren, circumstellaren und präsolaren Staubteilchen aus Mineralen (Tabelle 34.1, Abb. 34.2).

Minerale sind physikalisch und chemisch homogen

Als *homogener Körper* lässt sich jedes Mineral auf mechanischem Weg in (theoretisch) beliebig viele Teile zerlegen, die alle die gleichen physikalischen und chemischen Eigenschaften aufweisen. Man bezeichnet allgemein Materie als physikalisch und chemisch homogen, wenn beim Fortschreiten in einer Richtung immer wieder dieselben physikalischen und chemischen Eigenschaften angetroffen werden und wenn sich diese gleichen Eigenschaften auch mindestens in parallelen Richtungen wiederholen (Abb. 1.3). Alles andere wäre heterogen.

Die *chemische Homogenität* besteht darin, dass jedes Mineral eine ganz bestimmte oder in festgelegten Grenzen variierende stoffliche Zusammensetzung aufweist. Diese lässt sich mit einer individuellen chemischen Formel ausdrücken.

Die weitaus überwiegende Zahl der Minerale sind *anorganische Verbindungen* (Tabelle 2.1). Nur sehr wenige Minerale stellen organische Verbindungen dar, wie beispielsweise das Calciumoxalat Whewellit $CaC_2O_4 \cdot H_2O$, das Benzensalz Mellit $Al_2C_6(COO)_6 \cdot 16H_2O$ oder der Kohlenwasserstoff Fichtelit $C_{19}H_{34}$. Untergeordnet treten auch chemische Elemente auf. Öfter sind es einfache chemische Verbindungen mit ganz bestimmter Zusammensetzung, wie z. B. Quarz SiO_2. Zahlreiche Minerale sind dagegen *Mischkristalle*, in denen ein einfacher oder gekoppelter Ersatz von Kationen oder Anionen stattfindet, z. B. $Mg^{2+} \leftrightarrow Fe^{2+}$ beim Olivin mit den Endgliedern Forsterit $Mg_2[SiO_4]$ und Fayalit $Fe_2[SiO_4]$ oder $Na^+Si^{4+} \leftrightarrow Ca^{2+}Al^{3+}$ beim Plagioklas mit den Endgliedern Albit $Na[AlSi_3O_8]$ und Anorthit $Ca[Al_2Si_2O_8]$. Bei Mischkristallen können Veränderungen der Druck-Temperatur-Bedingungen während des Wachstums zu chemischem Zonarbau führen oder es kommt bei der Abkühlung zu nachträglicher *Entmischung* einer chemischen Verbindung aus einem ursprünglich homogenen Wirtkristall. Der Mineralbegriff schließt solche Inhomogenitäten mit ein.

Eine Aussage darüber, ob die Forderung der Homogenität einer Mineralprobe erfüllt ist, stößt beim Mineralbestimmen nach äußeren Kennzeichen immer wieder auf Schwierigkeiten, weil eine solche Entscheidung wesentlich von der Bezugsskala abhängt. So kann eine Probe mit bloßem Auge betrachtet durchaus homogen erscheinen, während sie sich unter dem Polarisations-Mikroskop bei stärkerer Vergrößerung als uneinheitlich erweist. In Wirklichkeit liegt ein mikroskopisch feines Verwachsungsaggregat aus zahlreichen Mineralkörnern oder Mineralfasern vor. In vielen Fällen erweisen sich auch mikroskopisch homogene Minerale unter dem Elektronenmikroskop oder durch Röntgenbeugungsanalyse als heterogen.

Minerale sind in aller Regel Festkörper und meist kristallisiert

Das einzige Mineral, das sich bei gewöhnlicher Temperatur im flüssigen Zustand befindet, ist das gediegene Quecksilber (elementares Hg), das bei Atmosphärendruck einen Schmelzpunkt von −38,89 °C aufweist (Wasser zählt nicht zu den Mineralen, wohl aber natürliches Eis). Minerale sind meist *kristallisierte Festkörper* (*Einkristalle*), deren Bausteine (Atome, Ionen, Ionenkomplexe), ungeachtet zahlreicher Baufehler und Unregelmäßigkeiten, dreidimensional periodisch angeordnet sind (vgl. Kap. 1). Demgegenüber befinden sich nur wenige Minerale im *amorphen*, d. h. *nichtkristallisierten* Zustand. Ihr Feinbau ist dann geometrisch ungeordnet. Zu ihnen gehören als bekanntester Vertreter der Opal $SiO_2 \cdot nH_2O$, und zwar in den Formen Opal-AN (Hyalit, Glasopal) und Opal-AG (Edelopal; Abschn. 11.6.1, Abb. 11.49, S. 188f). Opal entwickelt wie andere ursprünglich amorph gebildete Minerale im freien Raum unter dem Einfluss der Oberflächenspannung traubig-nierige Formen und niemals Kristallformen, d. h. durch ebene Flächen begrenzte Polyeder. Das seltene natürliche Kieselglas SiO_2 (Lechatelierit) kommt in der Natur als Bindemittel zusammengeschmolzener Sandkörper vor und verdankt seine Entstehung meist Blitzschlägen, wurde aber auch in mehreren Meteoriten-Kratern, den Einschlagstellen von großen Meteoriten auf der Erdoberfläche, vorgefunden. Die vulkanischen Gläser (Obsidian) zählen wegen ihrer häufig heterogenen Zusammensetzung und ihres variablen Chemismus nicht zu den Mineralen, sondern werden den vulkanischen Gesteinen zugeordnet.

In den amerikanischen Lehrbüchern wird der Begriff *mineral* häufig auf kristallisierte Minerale beschränkt, während die nichtkristallisierten Minerale wie Opal oder ged. Quecksilber als *mineraloids* (Mineraloide) bezeichnet werden. Diese Abgrenzung ist im deutschen Sprachraum nicht eingeführt.

Bernstein, ein fossiles Harz von Nadel- und Laubbäumen besonders aus der Tertiär-Zeit, ist ein amorphes Gemenge aus oxidierten Harzsäuren und Harzalkoholen mit der durchschnittlichen Zusammensetzung 78 Gew.-% C, 9,9 % H, 11.7 % O, 0,42 % S. Der Begriff Bernstein entspricht demnach nicht der Mineraldefinition.

Nichts mit Mineralen zu tun haben Begriffe wie Mineralwasser, Mineralöl, Mineralsalze in den Nahrungsmitteln etc. Bei diesen Bezeichnungen geht es lediglich um eine Herausstellung von Naturprodukten. Gelegentlich wird der Mineralbegriff aus völliger Unkenntnis fälschlich für chemische Elemente bzw. Ionen eingesetzt wie z. B. in dem Artikel „Superstar der Küche, die Tomate" Reader's Digest, 1991, Nr. 5: „Sie ... enthält die Vitamine A, B, C und E sowie Mineralien (darunter Eisen, Kalzium und Kalium)."

2.2
Mineralbestimmung und Mineralsystematik

Bestimmung von Mineralen

Die Bestimmung von Mineralen nach *äußeren Kennzeichen* unter Verwendung *einfacher Hilfsmittel* ist keine triviale Angelegenheit; sie erfordert vielmehr Beobachtungsgabe, ein gutes visuelles Gedächtnis, Übung und Erfahrung (vgl. Vinx 2008). Unerlässlich ist eine Lupe mit hinreichender Vergrößerung (10fach) und nicht zu kleinem Gesichtsfeld. Sehr hilfreich, insbesondere für die exakte Ansprache sehr kleiner Minerale (sog. Micromounts) ist die Verwendung eines guten Binokularmikroskops mit ausreichend großem Arbeitsabstand. Äußere Kennzeichen und physikalische Eigenschaften sind: Morphologische Ausbildung (Einkristall – Kristallaggregat – Gestein), Kristallform (Tracht – Habitus), Zwillingsbildung, Flächenstreifung, Spaltbarkeit, Bruch, mechanisches Verhalten (Elastizität, Sprödigkeit, Dehnbarkeit), Ritzhärte, Dichte, Farbe (Farbwandlung), Glanz, Lichtdurchlässigkeit, Strich auf rauher Porzellanplatte, Fluoreszenz, magnetisches Verhalten, Radioaktivität. Hierzu leisten Bestimmungstafeln Hilfe (z. B. Hochleitner et al. 1996).

Für eine *exakte Mineralbestimmung* sind dagegen aufwendigere Verfahren mit teuren Geräten notwendig, die dem Mineraliensammler nicht ohne weiteres zur Verfügung stehen. Hierzu gehört in erster Linie Röntgen-Pulver- und Röntgen-Einkristalldiffraktometer (Abschn. 1.2.3). Mit diesen Verfahren der Röntgenbeugung können Minerale sicher angesprochen und ihre Gitterkonstanten bestimmt oder auch bisher unbekannte Minerale erkannt, ihre Gitterkonstanten und ihre Kristallstruktur ermittelt werden. Besonders für die sichere Ansprache gesteinsbildender Minerale (s. u.) sind leistungsfähige Polarisations-Mikroskope für Durchlicht und Auflicht (Abschn. 1.5.2, 1.5.3) unverzichtbar, möglichst in Kombination mit einer Digital-Kamera. Für die Untersuchung des submikroskopischen Baus von Mineralen, z. B. für die Analyse von submikroskopischen Entmischungen, verwendet man Raster- und/oder Transmissions-Elektronenmikroskope. Die chemische Zusammensetzung von Mineralen wird heute routinemäßig mit der Elektronenstrahl-Mikrosonde ermittelt, die eine ortsauflösende Punktanalyse im Bereich von 1–2 µm gestattet. Dabei werden die Minerale in einem anpolierten Gesteinsdünnschliff oder einem Erzanschliff mit einem feingebündelten Elektronenstrahl beschossen und dadurch aus der Probe charakteristische Röntgenstrahlung unterschiedlicher Wellenlänge emittiert, die mit einem Analysator-Kristall registriert werden kann (Umkehrung der Bragg'schen Gleichung [1.1]). Die jeweils ermittelte Wellenlänge ist für die Gehalte der chemischen Komponenten charakteristisch, die das Mineral aufbauen, z. B. Mg, Fe und Si beim Olivin $(Mg,Fe)_2[SiO_4]$;

die jeweilige Zählrate, die mit einem Geiger-Müller-Zählrohr gemessen und mit einem geeigneten Standard verglichen wird, ist proportional dem jeweiligen Gehalt der betreffenden Komponente. Durch solche Analysen, die an einer größeren Zahl von Messpunkten durchgeführt werden, lässt sich die durchschnittliche chemische Zusammensetzung des Minerals und seine chemische Variationsbreite bestimmen; man erhält so auch Hinweise auf einen möglichen Zonarbau und erkennt Entmischungen oder winzige Mineraleinschlüsse.

Mineralarten und Mineralvarietäten

Zu einer *Mineralart* gehören alle Mineralindividuen mit übereinstimmender chemischer Zusammensetzung und Kristallstruktur. Dabei können sich die chemischen und physikalischen Eigenschaften von Individuum zu Individuum innerhalb gewisser Grenzen unterscheiden, wodurch *Mineralvarietäten* entstehen.

Es gibt rund 4 600 definierte Mineralarten (Tabelle 2.1), von denen jedoch nur ein geringer Anteil gesteinsbildend auftritt (Tabelle 2.2) und/oder wirtschaftlich bedeutsam ist. Die meisten Mineralarten sind nicht sehr häufig oder ausgesprochen selten. Jährlich werden etwa 100 Minerale neu entdeckt, die allerdings meist extrem selten und oft nur in winzigen Exemplaren vorkommen. Geringe Unterschiede im Chemismus einschließlich des Spurenchemismus und bei den physikalischen Eigenschaften einschließlich Kristalltracht und Kristallhabitus führen bei einer gegebenen Mineralart in den meisten Fällen zur Unterscheidung von *Mineralvarietäten*. Bei der Mineralart Quarz unterscheidet man z. B. eine größere Anzahl von Varietäten wie: Bergkristall (Abb. 1.1), Rauchquarz (Abb. 2.1, 2.2), Citrin, Amethyst (Abb. 11.46, S. 184), Rosenquarz.

Systematik der Minerale auf kristallchemischer Grundlage

Für eine sinnvolle systematische Gliederung der Minerale ist die Kenntnis ihrer chemischen Zusammensetzung und ihrer Kristallstruktur erforderlich. Auf dieser Kombination von chemischen und kristallstrukturellen Parametern beruht die *Mineralklassifikation*, die Hugo Strunz seit 1941 in seinen Mineralogischen Tabellen vorlegte (8. Aufl. Strunz 1982; 9. engl. Aufl. Strunz u. Nickel 2001). Auf der Grundlage ihrer vorherrschenden Anionen oder Anionenkomplexe werden die Minerale 10 verschiedenen Klassen (engl. classes) zugeordnet, die in Tabelle 2.1 aufgeführt sind. (Bei der Klasse 1, den Elementen, fehlen natürlich die Anionen.) Die Klassen werden weiter in Abteilungen (engl. divisions), *Unterabteilungen* (engl. subdivisions), *Gruppen* (engl. groups) und – wenn nötig – in

Abb. 2.1. Kristalldruse aus Fluorit (grün), Quarz (Varietät Bergkristall), Pyrit (glänzende Würfelchen) und Wolframit (schwarz) Kara Oba, Kasachstan. Bildbreite 10 cm. Mineralogisches Museum der Universität Würzburg, Schenkung Albert Schröder. (Foto: K.-P. Kelber)

Abb. 2.2. Kristalldruse aus Quarz (Varietät Rauchquarz) und Kalifeldspat (Orthoklas), Idaho, USA. Bildbreite 10 cm. Mineralogisches Museum der Universität Würzburg, Schenkung Albert Schröder. (Foto: K.-P. Kelber)

Tabelle 2.1.
Chemische Einteilung der Minerale (Vereinfacht nach Strunz 1982)

Klasse	Abteilung		Beispiele
1. Elemente	Gediegene Metalle		Kupfer Cu, Silber Ag, Gold Au, Platinmetalle, Quecksilber Hg
	Metalloide (Halbmetalle)		Arsen As, Antimon Sb, Bismut (Wismut) Bi
	Nichtmetalle		Graphit und Diamant C, Schwefel S, Selen Se, Tellur Te
2. Sulfide			Galenit (Bleiglanz) PbS, Sphalerit (Zinkblende) ZnS, Argentit (Hoch-Silberglanz) Ag_2S
Selenide			Naumannit α-Ag_2Se
Telluride			Hessit α-Ag_2Te
Arsenide			Löllingit $FeAs_2$, Sperrylith $PtAs_2$
Antimonide			Aurostibit $AuSb_2$
Bismutide			Froodit $PbBi_2$
3. Halogenide			Halit (Steinsalz) NaCl, Fluorit (Flussspat) CaF_2
4. Oxide			Korund Al_2O_3, Quarz SiO_2, Hämatit (Eisenglanz) Fe_2O_3
Hydroxide			Gibbsit γ-$Al(OH)_3$, Goethit α-FeOOH
5. Karbonate			Calcit (Kalkspat) $Ca[CO_3]$
Nitrate			Nitratin (Natronsalpeter) $Na[NO_3]$
6. Borate			Sinhalit $MgAl[BO_4]$
7. Sulfate			Baryt (Schwerspat) $Ba[SO_4]$, Gips $Ca[SO_4] \cdot 2H_2O$
Chromate			Krokoit $Pb[CrO_4]$
Molybdate			Wulfenit $Pb[MoO_4]$
Wolframate			Scheelit $Ca[WO_4]$
8. Phosphate			Apatit $Ca_5[(F,Cl,OH)/(PO_4)_3]$
Arsenate			Mimetit $Pb_5[Cl/(AsO_4)_3]$
Vanadate			Vanadinit $Pb_5[Cl/(VO_4)_3]$
9. Silikate	Inselsilikate		Olivin $(Mg,Fe)_2[SiO_4]$
	Gruppensilikate		Thortveitit $Sc_2[Si_2O_7]$
	Ringsilikate	Dreierringe	Benitoid $BaTi[Si_3O_9]$
		Viererringe	Papagoit $Ca_2Cu_2Al_2[(OH)_6/Si_4O_{12}]$
		Sechserringe	Beryll $Al_2Be_3[Si_6O_{18}]$
	Kettensilikate	Einfachketten	insbesondere Pyroxene wie Diopsid $CaMg[Si_2O_6]$
		Doppelketten	Amphibole wie Tremolit $Ca_2Mg_5[(OH)_2/Si_8O_{22}]$
	Schichtsilikate		Glimmer wie Muscovit $KAl_2[(OH,F)_2/AlSi_3O_{10}]$
	Gerüstsilikate		Feldspäte wie Kalifeldspat $K[AlSi_3O_8]$
10. Organische Minerale			Whewellit $CaC_2O_4 \cdot H_2O$

Familien untergliedert; für die Klassen 1. Elemente und 9. Silikate sind in Tabelle 2.1 auch die Abteilungen, bei den Silikaten auch Beispiele für Unterabteilungen angeführt.

2.3
Vorkommen und Ausbildung der Minerale

Zur Beschreibung und Identifizierung eines Minerals gehören nicht nur seine kristallographischen, physikalischen und chemischen Eigenschaften, sondern auch Kenntnisse über sein Auftreten und sein Vorkommen in der Natur. Für Rückschlüsse auf seine Entstehungsbedingungen ist dieser Befund unerlässlich.

> Minerale finden sich entweder auf Wänden von Klüften, Spalten oder Hohlräumen aufgewachsen oder sind als Bestandteile von Gesteinen eingewachsen bzw. miteinander verwachsen.

Die frei *aufgewachsenen* Minerale konnten die ihnen eigene Kristallform entwickeln (Abb. 1.1, 2.1, 2.2). Sie verdanken es dem günstigen Umstand, dass sie in einen freien

Raum (Hohlraum, Kluft oder Spalte) ungehindert hineinwachsen konnten. Ihnen fehlen allerdings ebene Begrenzungen an ihrer Anwachsstelle, es sei denn, dass sie schwebend im Hohlraum oder in einem lockeren Medium kristallisiert sind.

Unter *Kristalldruse* versteht man eine Vereinigung zahlreicher Kristalle, die auf einer gemeinsamen Unterlage aufsitzen bzw. aufgewachsen sind (Abb. 1.1, 2.1, 2.2). Bei sehr vielen kleineren Kriställchen spricht man auch von einem *Kristallrasen*. *Mandeln* sind Mineralmassen, die rundliche Hohlräume im Gestein vollständig ausfüllen (Abb. 11.47, S. 186). Demgegenüber sind *Geoden* nur teilweise mit Mineralsubstanz gefüllt und enthalten nicht selten im Innern eine Kristalldruse, so die bekannten Achatgeoden eine Amethystdruse (Abb. 11.46, S. 184). Die „Kristallkeller" aus den Schweizer Alpen sind ausgeweitete Zerrklüfte mit bis zu metergroßen Individuen von Bergkristall oder Rauchquarz. Auch Gipshöhlen enthalten mitunter große und schön ausgebildete Kristalle von Gips (Abb. 9.6, S. 133).

Gesteinsbildende Minerale (Abb. 2.1–2.10) haben sich bei ihrem Wachstum, wenn sie gleichzeitig kristallisiert sind, gegenseitig behindert. Sie weisen deshalb meist eine zufällige, kornartige Begrenzung auf. Eine solche Mineralausbildung im Gestein wird als *xenomorph* (grch. ξένος = fremd, μορφή = Gestalt) bezeichnet. In anderen Fällen sind gesteinsbildende Minerale dennoch von ebenen Flächen begrenzt. Ihre Form wird dann als *idiomorph* (grch. ἴδιος = eigen) bezeichnet. Idiomorph ausgebildete Minerale treten besonders als sog. *Einsprenglinge* in vulkanischen Gesteinen (Abb. 2.5, 2.6) oder als sog. *Porphyroblasten* in metamorphen Gesteinen (Abb. 2.9, 2.10) auf. Im ersten Fall handelt es sich um Frühausscheidungen aus einer Schmelze, im zweiten Fall um Minerale mit überdurchschnittlichem Größenwachstum. *Mikrokristalline* Minerale lassen sich lediglich unter dem Mikroskop, *kryptokristalline* unter dem Elektronenmikroskop oder durch Röntgenbeugung identifizieren.

Als *Mineralaggregate* bezeichnet man beliebige, auch räumlich eng begrenzte natürliche Assoziationen der gleichen oder unterschiedlicher Mineralarten. Schön kristallisierte Mineralaggregate bzw. Kristalldrusen von kommerziellem oder Liebhaber-Wert werden Mineralstufen genannt (Abb. 1.1, 2.1, 2.2).

2.4
Gesteinsbildende und wirtschaftlich wichtige Minerale

2.4.1
Gesteinsbildende Minerale

Von den etwa 4 600 bekannten Mineralarten treten nur etwa 250 gesteinsbildend auf, unter denen nur ganz wenige einen wesentlichen Teil der Erdkruste aufbauen. Wie eine grobe Abschätzung (Tabelle 2.2) zeigt, besteht die Erdkruste zu etwa 95 Volumen-% aus Silikatmineralen, wobei im Durchschnitt Plagioklas (Abb. 2.3, 2.4), Kalifeldspat (Abb. 2.2, 2.3, 2.5, 11.57, S. 196) und Quarz (Abb. 2.1, 2.2, 2.3) zusammen nahezu 65 Vol.-% einnehmen, während die dunklen Minerale, vor allem Pyroxene (Abb. 2.6, 11.32, S. 163), Amphibole (Abb. 11.35, S. 168), Glimmer, insbe-

Abb. 2.3.
Hypidiomorph-körniges Gefüge eines Granits, typisch für Tiefengesteine (Plutonite). Die Minerale haben sich bei ihrem Wachstum gegenseitig behindert: Plagioklas (weiß), Kalifeldspat, teilweise idiomorph ausgebildet (rosa), Quarz, meist xenomorph (grau), Biotit (schwarz). Reichenbach (Dzierżoniów), Niederschlesien, Polen. Mineralogisches Museum der Universität Würzburg. (Foto: K.-P. Kelber)

sondere Biotit (Abb. 2.3, 2.7), Olivin (Abb. 2.8) sowie Tonminerale und Chlorit (Abb. 2.9) zusammen nur knapp 30 Vol.-%, die übrigen gesteinsbildenden Silikatminerale ca. 4,5 Vol.-% ausmachen. Nichtsilikatische Minerale, insbesondere Karbonate, hauptsächlich Calcit (Abb. 8.3, 8.4, S. 119) und Dolomit, Oxide, besonders Magnetit (Abb. 2.9), Ilmenit und Hämatit (Abb. 7.7, S. 108) und Phosphate wie Apatit (Abb. 10.2, S. 139) erreichen zusammen nur etwa 4 Vol.-%.

Tabelle 2.2. Häufigkeit von Mineralen in der Erdkruste in Vol.-%. (Nach Ronov u. Yaroshevsky 1969)

Mineral	Vol.-%
Plagioklase	39
Alkalifeldspäte	12
Quarz	12
Pyroxene	11
Amphibole	5
Glimmer	5
Olivin	3
Tonminerale (+ Chlorit)	4,6
Calcit (+ Aragonit)	1,5
Dolomit	0,5
Magnetit (+ Titanomagnetit)	1,5
Andere (Granat, Kyanit, Andalusit, Sillimanit, Apatit etc.)	4,9

Abb. 2.5. Einsprengling von Alkalifeldspat (Sanidin) im Trachyt vom Drachenfels, Siebengebirge. Mineralogisches Museum der Universität Würzburg. (Foto: K.-P. Kelber)

Abb. 2.4.
Plagioklas (Labradorit) mit polysynthetischen Zwillingslamellen, Madagaskar. Das spektakuläre Farbenspiel des Labradorisierens ist durch Beugung an submikroskopischen Entmischungslamellen bedingt, den sog. Böggild-Verwachsungen. Mineralogisches Museum der Universität Würzburg. (Foto: K.-P. Kelber)

Abb. 2.6. Pyroxen (basaltischer Augit), großer Einsprengling im Basalt; daneben eine zweite, wesentlich kleinere Einsprenglings-Generation. Böhmisches Mittelgebirge, Tschechien. Bildbreite 3 cm. Mineralogisches Museum der Universität Würzburg. (Foto: K.-P. Kelber)

Abb. 2.8. Olivinknolle als Einschluss im Basalt, Bauersberg, Rhön. Mineralogisches Museum der Universität Würzburg. (Foto: K.-P. Kelber)

Abb. 2.7.
Biotit im Nephelinsyenit-Pegmatit, Saga-Steinbruch, Tvedalen bei Larvik, Norwegen. Mineralogisches Museum der Universität Würzburg. (Foto: K.-P. Kelber)

Abb. 2.9. Porphyroblasten von Magnetit (Oktaeder) in Grünschiefer (Chloritschiefer), Erbendorf, Oberpfalz. Mineralogisches Museum der Universität Würzburg. (Foto: K.-P. Kelber)

Abb. 2.10. Glimmerschiefer mit Porphyroblasten von Staurolith (braun) und Granat (rot) mit deutlich erkennbarer Flächenkombination Rhombendodekaeder {110} und Ikositetraeder {211}. Jakutien, Ostsibirien. Mineralogisches Museum der Universität Würzburg. (Foto: K.-P. Kelber)

2.4.2
Nutzbare Minerale

Die meisten wirtschaftlich wichtigen Minerale sind nur ganz untergeordnet am Aufbau der Erdkruste beteiligt. Um sie mit vertretbarem Aufwand gewinnen zu können, müssen sie durch spezielle geologische Prozesse zu nutzbaren *Erz-* oder *Minerallagerstätten* angereichert werden, und zwar teilweise um mehrere Größenordnungen (Tabelle 33.5, S. 602). Wie in Abschn. 3.6 (S. 63) näher ausgeführt wird, sind in Erzlagerstätten *Erzminerale* konzentriert, aus denen nutzbare Metalle gewonnen werden können. Die meisten Erzminerale sind *Metall-Sulfide* oder *-Oxide*, seltener *Karbonate*, *Chromate*, *Molybdate*, *Wolframate*, *Arsenate* oder *Vanadate*; daneben kommen *Edelmetalle* auch in gediegener (elementarer) Form vor. Andere Minerale, die *Nichterze*, z. B. *Halogenide*, *Karbonate*, *Nitrate*, *Borate*, *Sulfate*, *Phosphate* und *Silikate*, dienen nicht der Metallgewinnung, können aber zu unterschiedlichen technischen Zwecken abgebaut werden. Man setzt sie z. B. im Baugewerbe, in der chemischen, metallurgischen und keramischen Industrie, bei der Herstellung von Werkstoffen oder als Düngemittel ein. Eine besondere Rolle unter den nutzbaren Mineralen spielen die Edelsteine, denen wir einen eigenen Abschnitt widmen.

2.4.3
Edelsteine

Unter den mineralischen Rohstoffen, die uns die Erde liefert, nehmen Edelsteine zwar in der geförderten Menge einen geringen Rang ein; in der Wertschöpfung stehen sie jedoch an vorderer Stelle. Jährlich werden Schmuckwaren aus Gold und anderen Edelmetallen mit oder ohne gefasste Edelsteine im Wert von etwa 150 Mrd. US$ auf den Markt gebracht (Fritsch u. Rondeau 2009). Dienen diese Preziosen in unserer modernen Gesellschaft ausschließlich der privaten Schmuckfreude, insbesondere auch dem Repräsentationsbedürfnis der Reichen und Superreichen, waren Edelsteine in früherer Zeit auch ein Mittel zur Darstellung von weltlicher und klerikaler Macht. Erinnert sei an die Kroninsignien wie den Kronschatz des Deutschen Kaiserreiches in der Wiener Hofburg, den britischen Kronschatz im Londoner Tower, die Krone Ludwigs XV. im Pariser Louvre, die russische Reichskrone im Moskauer Kreml oder die Pahlevi-Krone im Teheraner Kronschatz.

Von wenigen Ausnahmen abgesehen – insbesondere dem Bernstein – sind fast alle Edelsteine Minerale. Von den uns bekannten Mineralarten wurden weniger als 200 als Edelsteine verwendet. Der Gesamtwert ihrer jährlichen

Förderung liegt in der Größenordnung von 20–25 Mrd. US$ (Fritsch u. Rondeau 2009). Mit einem Anteil von ca. 85 % steht *Diamant* mit weitem Abstand an der Spitze (Abschn. 4.3, S. 75ff): es folgen *Korund* Al_2O_3 (Abschn. 7.4, S. 110f) mit den beiden Varietäten *Rubin* und *Saphir*, das Ringsilikat *Beryll* $Be_3Al_2[Si_6O_{18}]$ (Abschn. 11.3, S. 156f) mit den Varietäten *Smaragd* und *Aquamarin*, das komplexe Ringsilikat *Turmalin* (Abschn. 11.3, S. 156ff), das Inselsilikat *Topas* $Al_2[F_2 / SiO_4]$ (Abschn. 11.1, S. 145f) und die Quarzvarietät *Amethyst* (Abschn. 11.6.1, S. 179f).

> Wodurch wird ein Mineral zum Edelstein? Zum einen sind es besondere *physikalische Eigenschaften*, die ein Mineral – meist in geschliffener Form – als Schmuckstein besonders attraktiv machen, zum anderen ist es die *Seltenheit* der Edelstein-Minerale, die ihre Nachfrage und damit auch ihren Preis bestimmen. Das anwendungsorientierte Fachgebiet der *Edelsteinkunde* (*Gemmologie*) beschäftigt sich mit der Bestimmung von Edelsteinen mit mineralogischen Methoden, der Unterscheidung von natürlichen und synthetischen Edelsteinen, der Erkennung von künstlich – durch Erhitzen, Bestrahlen oder Färben – veränderten Edelsteinen und von Fälschungen, aber auch mit der Erforschung von geologischen Prozessen, durch die Edelstein-Minerale in der Natur entstehen, sowie mit der Auffindung und Ausbeutung neuer *Edelstein-Lagerstätten*.

Physikalische Eigenschaften der Edelstein-Minerale

- An erster Stelle steht die **Farbe** der Edelstein-Minerale, wie z. B. das herrliche Grün des Smaragds, das sog. Taubenblutrot des Rubins, oder die absolute *Farblosigkeit*, durch die sich Diamanten hoher Qualität auszeichnen. Für die Färbung der oxidischen und silikatischen Edelsteine sind geringe Beimengungen von Metallionen aus der Gruppe der *Übergangselemente* verantwortlich, insbesondere von Titan, Vanadium, Chrom, Mangan, Eisen und Kupfer. Spurenelement-Gehalte von V^{3+}, Cr^{3+}, Mn^{3+} und Cu^{2+}, die in der Größenordnung von 0,1 Gew.-% bzw. wenigen ppm (part per million) liegen, können starke Farbeffekte erzeugen, die durch elektronische Übergänge in den d-Orbitalen bedingt sind (z. B. Rossman 2009). Gemäß der Kristallfeld-Theorie spalten diese Orbitale in ionaren Verbindungen in unterschiedliche Energieniveaus auf, und durch Absorption einer Wellenlänge des sichtbaren Lichts, die dieser Kristallfeldaufspaltung entspricht, können Elektronenübergänge angeregt werden. Darüber hinaus können durch Metall-Metall-Ladungsübergänge (Intervalence Charge Transfers, IVCT) auch Elektronenwechsel-Vorgänge zwischen strukturell benachbarten und ungleich geladenen Kationen, z. B. Fe^{2+} und Fe^{3+} oder Fe^{2+} und Ti^{4+} zu starken Farbeffekten führen. Eine Reihe von Edelstein-Mineralen zeigt eine ausgeprägte *Anisotropie der Farbe*; sie sind *dichroitisch*, z. B. der optisch einachsige Turmalin, oder *pleochroitisch*, z. B. der optisch zweiachsige Cordierit (Abschn. 11.3, S. 156f). Bei dem ebenfalls pleochroitischen *Alexandrit*, einer Cr-haltigen Varietät des *Chrysoberyll* $BeAl_2O_4$ (Abschn. 7.2, S. 104) ist die Erscheinung des *Changierens* besonders ausgeprägt. Sie ist durch die Existenz von zwei Banden im optischen Absorptions-Spektrum bedingt: Gelb und Blau werden absorbiert, Grün und Rot durchgelassen. Dementsprechend erscheint Alexandrit bei Tageslicht grün, bei Kunstlicht rot.

- Eine hohe **Lichtbrechung** verleiht Edelstein-Mineralen in geschliffener Form einen schönen *Glanz*. Mit einer Lichtbrechung von 2,419 (für gelbes Licht) steht hier Diamant an erster Stelle, während Korund deutlich geringere Brechungsindizes (n_ε 1,759–1,763, n_ω 1,767–1,772) aufweist. Der Wert der Beryll-Varietäten Smaragd und Aquamarin, deren Brechungsindizes noch geringer sind (n_ε 1,565–1,590, n_ω 1,569–1,598), ist weniger in ihrem Glanz, als vielmehr in ihren Farben begründet.

- Die **Dispersion der Lichtbrechung**, d. h. die Abhängigkeit der Brechungsindizes von der Wellenlänge, führt dazu, dass an den Facetten eines geschliffenen Edelsteins die unterschiedlichen Wellenlängen des einfallenden weißen Lichtes in unterschiedlichen Winkeln gebrochen, reflektiert oder totalreflektiert werden. Dadurch entsteht ein attraktives Farbenspiel, das *Feuer*. Besonders ausgeprägt ist die Dispersion beim *Diamant*, bei dem die Lichtbrechung für violettes Licht (λ_F = 396,8 nm) bei n_F = 2,465, für rotes Licht (λ_C = 656,3 nm) dagegen nur bei n_C = 2,410 liegt. Die optischen Effekte, die durch die Dispersion der Lichtbrechung bedingt sind, können durch eine geeignete Schliffform, insbesondere durch den um 1910 entwickelten *Brillantschliff* (Abb. 4.13, S. 78) optimiert werden.

- **Besondere Lichteffekte** entstehen durch – in anderen Fällen unerwünschte – Fremdeinschlüsse in Edelstein-Mineralen sowie durch Realbau-Phänomene der Kristalle wie Spaltrisse, Zwillings- oder Entmischungs-Lamellen. Als *Asterismus*, der bereits von Plinius d. Ä. (~23–79 n. Chr.) beschrieben wurde, bezeichnet man einen sternförmigen Lichtschein, der durch orientierte Einwachsungen von *Rutil*-Nädelchen erzeugt wird. Er tritt hauptsächlich bei den Korund-Varietäten *Sternrubin* und *Sternsaphir*, aber auch beim *Rosenquarz*, seltener bei *Granat* und *Zirkon* auf. Das *Chatoyieren* (franz. chat = Katze, oeil = Auge), auch Katzenaugen-Effekt genannt, ist ein wogender Schimmer, der durch orientiert eingelagerte Hohlkanäle, wie beim *Chrysoberyll-Katzenauge* $BeAl_2O_4$, (Abschn. 7.2, S. 104) bedingt ist, ferner beim *Beryll-*, *Turmalin-* und *Quarz-Katzenauge*; das blau schimmernde *Falkenauge* und das durch Oxidation von Fe^{2+} zu Fe^{3+} bronzegelb schimmernde *Tigerauge* entstehen durch Verkieselung von Krokydolith-Asbest (Abschn. 11.6.1, S. 179). Hauptsächlich durch *Interferenzeffekte* im submikroskopischen Bereich sind das *Opalisieren* und *Irisieren* beim *Edelopal* (S. 188), das *Adularisieren* beim *Adular* (Abschn. 11.6.2, S. 189) und das *Labradorisieren* beim *Labradorit* (S. 198) bedingt. Alle diese Lichteffekte kommen am besten in rundlich geschliffenen Steinen, den *Cabochons*, zum Ausdruck.

- Die **mechanischen Eigenschaften** der *Härte* (Tabelle 1.2, S. 16) und der *Zähigkeit* machen ein Edelstein-Mineral widerstandsfähig gegen Abrieb und Bruch. Besonders große Härten besitzen Diamant mit der Mohs-Härte 10, Korund (9), Topas (8) und Beryll (7½–8). Diese Minerale sind daher beständig gegen Korrosion durch Quarzstaub in der Luft, da Quarz nur die Mohs-Härte 7 hat. Demgegenüber ist das ansonsten sehr attraktive Edelstein-Mineral Opal $SiO_2 \cdot nH_2O$ mit der Härte 5½–6½ deutlich weicher als Quarz und deswegen z. B. nicht als Ringstein geeignet.

Die Seltenheit von Edelstein-Mineralen

Im Gegensatz zu den objektivierbaren physikalischen Eigenschaften, ist die Forderung der Seltenheit, die ein Mineral zum Edelstein macht, weniger gut fassbar. Es gibt Minerale von Edelsteinqualität, die zu selten und auch in Fachkreisen zu wenig bekannt sind, um auf dem Markt einen hohen Preis zu erzielen, z. B. der Taaffeit $Mg_3BeAl_8O_{16}$. Andererseits können gezielte Marketing-Kampagnen das Interesse an einem sehr seltenen Mineral und damit seinen Marktwert stark steigern, was z. B. beim Benitoit $BaTi[Si_3O_9]$ und beim roten Beryll der Fall war (Fritsch u. Rondeau 2009). Die natürliche Entstehung von seltenen (Edelstein-)Mineralen ist an besondere geochemische Voraussetzungen gebunden, wie z. B. beim Smaragd (Abschn. 11.3, S. 156f), oder an extreme physikalisch-chemische Bedingungen geknüpft, wie beim Diamant (Abschn. 4.3, S. 75ff).

Schließlich ist ein Mineral als Edelstein nur dann schleifwürdig und damit in vollem Maße wirtschaftlich nutzbar, wenn es in entsprechender *Größe* und *Reinheit* vorliegt, also weitgehend frei von unerwünschten Einschlüssen und Rissen ist. Voraussetzung für die „*Lupenreinheit*" eines Minerals sind ungewöhnlich günstige Kristallisationsbedingungen, die in der Natur nur selten gegeben sind, bei der industriellen Herstellung synthetischer Edelsteine aber gezielt realisiert werden können. Schon deswegen sind natürlich vorkommende Edelsteine wesentlich seltener als künstlich erzeugte: Obwohl diese in ihrer chemischen Zusammensetzung und ihren physikalischen Eigenschaften identisch mit natürlichen Steinen sind, erzielen sie auf dem Markt doch wesentlich geringere Preise, wie das am Beispiel synthetischer Rubine deutlich wird (Abschn. 7.3, S. 106). Das gilt auch, wenn der natürliche Stein weniger lupenrein ist als ein synthetischer. Im Gegenteil: Mineraleinschlüsse belegen die natürliche Bildung eines Edelsteins und geben Hinweise auf seine Herkunft (*Provenienz*). Allerdings versuchen manche Hersteller aus verständlichen, wenn auch keineswegs akzeptablen Gründen, ihre Syntheseprodukte den natürlich gebildeten Edelstein-Mineralen immer mehr anzupassen, indem sie z. B. beim Wachstum der synthetischen Kristalle natürliche Minerale einschließen lassen. Daher lassen sich natürliche und synthetische Edelsteine oft nicht mehr mit den gängigen Routineuntersuchungen unterscheiden, sondern der Nachweis einer Synthese ist häufig nur mit aufwendigen Analysenmethoden möglich. Die Frage, warum die meisten Käufer – wenn sie die finanziellen Mittel dazu haben – lieber einen natürlichen Edelstein erwerben als einen synthetischen Stein gleicher oder sogar „besserer" Qualität (der nach den gesetzlichen Vorgaben vom Verkäufer als solcher gekennzeichnet werden muss!), lässt sich wohl nur psychologisch beantworten: der menschliche Geist strebt eben eher nach dem seltenen Naturprodukt als nach industriell gefertigter Massenware.

Methoden der industriellen Edelstein-Synthese

Bei der *Edelstein-Synthese*, die sich teilweise an geologischen Prozessen in der Natur orientiert, werden die gleichen Methoden wie bei der industriellen Züchtung von Einkristallen für technische Zwecke, z. B. für die Herstellung von Laser- oder Halbleiter-Kristallen angewandt. Am wichtigsten sind folgende Züchtungs-Methoden (z. B. Wilke u. Bohm 1988; Kane 2009; Kleber et al. 2010):

- **Kristallzüchtung aus der Schmelze.** Diese schon seit Ende des 19. Jh. entwickelten Methoden sind verfahrenstechnisch sehr ausgereift und liefern Produkte von besonders hoher Qualität. Die erste Züchtung von *Rubin*-Kristallen erfolgte 1885 in Genf durch langsame Kristallisation einer Schmelze in einem *offenen Tiegel*, ein Verfahren, das z. B. durch Bridgman (1923) für technische Zwecke optimiert wurde.

  Viel weiter verbreitet ist das *Schmelztropf-Verfahren* des französischen Chemiker Auguste Verneuil (1856–1913), mit dem seit 1905 Einkristalle von *Rubin*, seit 1910 von *Saphir* und *Spinell*, seit 1947/1948 von *Sternrubin*, *Sternsaphir* sowie von *Rutil* gezüchtet wurden. Dabei wird die pulverförmige Ausgangssubstanz, z. B. Al_2O_3, einer heißen Knallgasflamme oder – neuerdings – einer Plasma-Fackel zugeführt und bei Temperaturen bis 2 200 °C geschmolzen. Die Schmelze tropft auf einen wachsenden Kristallkeim und kristallisiert dort an, wodurch birnenförmige Einkristalle von 6–8 cm Länge entstehen. Durchgreifende technische Verbesserungen des Verneuil-Verfahrens ermöglichten in neuerer Zeit die Züchtung von Laserstäben aus Rubin. Durch geeignete Zusätze von Spurenelementen können beliebige Farben erzeugt werden.

Für die Züchtung von Einkristallen unterschiedlichster Zusammensetzung für technische Zwecke, z. B. des Yttrium-Aluminium-Granats (YAG-Laser) und von Halbleiter-Kristallen aus Germanium oder Silicium, hat sich das *Kristallzieh-Verfahren*, das der polnische Chemiker Jan Czochralski seit 1916/1918 an der TU Berlin-Charlottenburg entwickelte, besonders bewährt. Dabei wird ein stäbchenförmiger Keimkristall langsam aus einer Schmelze, deren Temperatur nur wenig über dem Schmelzpunkt liegt, herausgezogen. Entscheidend für den Erfolg dieses Verfahrens ist, dass Ziehgeschwindigkeit und Wachstumsgeschwindigkeit genau übereinstimmen. Von gemmologischem Interesse ist lediglich die Züchtung von synthetischem *Alexandrit*, die seit 1976 mit dem Czochralski-Verfahren erfolgte.

Für die Synthese von chatoyierendem Alexandrit wurde das tiegelfreie *Zonenschmelz-Verfahren* angewendet, das aber hauptsächlich der Züchtung von hochreinen Halbleitern, insbesondere von Silicium-Einkristallen dient. Dabei wird ein kristalliner Stab langsam durch eine Hochfrequenz-Heizspule hindurchgezogen oder umgekehrt wird die umgebende Spule an dem Stab entlang geführt. In der dabei entstehenden schmalen Schmelzzone, die allmählich durch den Kristallstab hindurch wandert, sammeln sich die Verunreinigungen, die in der Ausgangssubstanz vorhanden waren. Nach mehrfacher Wiederholung dieses Vorganges wird in der Endphase darauf geachtet, dass der gesamte Stab aus dem gewünschten Einkristall besteht.

- **Kristallzüchtung aus Lösungen und Schmelzlösungen.** Kristallzüchtungen aus *wässerigen Lösungen* und bei Atmosphärendruck wurden seit den 1930er Jahren zu einem hohen technischen Stand entwickelt und spielen für industrielle Anwendungen eine bedeutende Rolle, werden aber nur selten für die Edelstein-Synthese angewandt; zu den wenigen Beispielen gehören Opal und Malachit $Cu_2[OH]_2/CO_3]$.

Wesentlich häufiger züchtet man Edelstein-Minerale bei hohen Temperaturen unter Einsatz von geschmolzenen wasserfreien Salzen, z. B. einer Mischung aus Bleioxid und Boroxid, die als Flussmittel dienen. Mit dieser *Flux-Fusion-Methode* wurde bereits 1887 Rubin synthetisiert; es folgten Smaragd (1935), Alexandrit, oranger und blauer Saphir sowie Spinell.

Sehr wichtig ist die *Hydrothermal-Synthese* von Mineralen, bei der in einem Hochdruck-Autoklaven unter erhöhten Drücken (meist ca. 1–2 kbar) und Temperaturen (meist 300–500 °C) Kristalle aus einer heißen wässerigen Lösung gezüchtet werden. Mit diesem Verfahren stellte man seit 1950 unverzwillingte Quarzkristalle her, die in der Technik als Schwing- und Steuerquarze unverzichtbar sind (Abschn. 11.6.1, S. 179). Später wurden auch Smaragd, Aquamarin und andere Farbvarietäten von Beryll, Rubin und Saphir sowie die Quarzvarietäten Citrin, Amethyst und Rosenquarz hydrothermal gezüchtet.

Unter wesentlich höhere Drücken (meist 50–60 kbar) und Temperaturen (um 1 400 °C) erfolgt die *Diamant-Synthese*, die 1955 fast gleichzeitig in Schweden und in den USA gelang. Hierfür werden Apparaturen mit konischen Hochdruck-Stempeln eingesetzt, z. B. die berühmte Belt-Apparatur. Als Reaktionsmedium dient eine Metallschmelze (Nickel und/oder Eisen, auch Kobalt), in welcher der Kohlenstoff gelöst wird (Abschn. 4.3, S. 75f). Mit diesem Verfahren werden in erster Linie winzige *Industrie-Diamanten* von ca. 150 μm Größe hergestellt. Erst 1970 gelang in den USA die Synthese größerer, facettiert Steine und 1985 kamen in Japan gelbe Industrie-Diamanten von 2 Karat auf den Markt. Seit 2008 ist die Synthese von farblosen, gelben, braunen, blauen, grünen roten, rosa- und purpurfarbenen Diamanten möglich, die auch von gemmologischem Interesse sind (Kane 2009).

- Die **Kristallzüchtung aus der Gasphase** geschieht entweder durch *Sublimation* gasförmiger Substanzen in geschlossenen und offenen Systemen, z. B. bei der Synthese von *Moissanit* SiC, oder aber durch chemische (Transport-)Reaktionen im gasförmigen Zustand, durch die z. B. *Diamant* hergestellt wurde. Allerdings können durch diese Prozesse meist nur sehr kleine Kristalle erzeugt werden, wie sie beim orientierten Aufwachsen dünner Schichten auf einem kristallinen Substrat (*Epitaxie*) entstehen, die in der Mikroelektronik bzw. Halbleitertechnik verbreitete Anwendung finden.

2.5
Biomineralisation und medizinische Mineralogie
(unter Mitwirkung von Gerd Geyer und Joachim A. Lorenz)

Minerale entstehen nicht nur durch anorganische gesteinsbildende Prozesse, mit denen sich weite Teilen dieses Lehrbuches beschäftigen, sondern sie können sich auch im belebten Organismus durch biologische Vorgänge bilden. Diese Vorgänge, die man als *Biomineralisation* bezeichnet (Dove et al. 2003; Skinner 2005; Dove 2010), sollen im Folgenden kurz dargestellt werden. Mineralisiertes Gewebe spielt in Form von Stützgeweben, Exoskeletten und Endoskeletten eine entscheidende Rolle bei der Entwicklung von tierischen und pflanzlichen Organismen. Darüber hinaus dienen primär oder sekundär, z. B. bei der Diagenese (Abschn. 25.2.10, S. 396f, 25.3.5, S. 403) kristallisierte Minerale als *Versteinerungsmittel*. Die durch Biomineralisation fossilisierten Tiere und Pflanzen stellen unverzichtbare Dokumente für die Rekonstruktion der biologischen Evolution und der Geschichte unserer Erde dar. Aus den Fossilresten kann man auf das relative Alter von Sedimentgesteinen, auf ihre Bildungsbedingungen und deren zeitliche und räumliche Veränderungen schließen. Darüber hinaus können Isotopen-Analysen an Fossilien dazu beitragen, das *Klima* zum Zeitpunkt der biogenen Mineralbildung sowie Veränderungen der Klimabedingungen über längere oder kürzere Zeiträume, ja sogar im jahreszeitlichen Wechsel zu rekonstruieren. Diese Forschungsergebnisse liefern wichtige Erkenntnisse für die aktuelle Diskussion um den Klimawandel.

Die Mechanismen von Biomineralisations-Vorgängen im menschlichen und tierischen Körper, ihre Störungen und ihre pathologischen Entartungen sowie die Reaktion des Organismus auf mineralische Stäube und Gifte sind Gegenstand der *medizinischen Mineralogie*, einer interdisziplinären Forschungsrichtung im Grenzgebiet zwischen Mineralogie, Biochemie und Medizin (Sahai u. Schonen 2006, Sahai 2007). Darüber hinaus können wir aus den natürlichen Vorgängen der Biomineralisation viel über das Verhalten von anorganischen Materialien bei der Regeneration des menschlichen Knochengerüstes (Jones et al. 2007) und die knöcherne Integration von Endoprothesen und Implantaten im menschlichen Körper lernen.

2.5.1
Mineralbildung im Organismus

Mineralbildung durch Mikroorganismen

Zu den frühesten bekannten Zeugen biologischer Aktivität zählen die *Stromatolithen* (grch. στρῶμα = Decke, λίθος = Stein), biogene Sedimentgesteine mit charakteristischem Lagenbau (Lamination, s. Abb. 25.19, S. 402), deren älteste Vertreter bei Pilbara in Westaustralien auf ca. 3,43 Milliarden Jahre (3,43 Ga) datiert werden konnten (Allwood et al. 2007; Noffke in Vorb.). Stromatolithen sind kalkig gebundene Biomatten, die im Wesentlichen durch prokaryote Cyanobakterien (Blaualgen) gebildet werden, den vermutlich ältesten Lebewesen, die oxygene Photosynthese betreiben konnten. Sie reicherten die frühe Erdatmosphäre mit Sauerstoff an und bildeten dadurch die Grundlage für die spätere Entwicklung der Sauerstoff-atmenden Organismen. Für die Bildung der Stromatolithen ist sowohl das Verkleben und Stabilisieren von Sedimentoberflächen durch organische Substanz entscheidend, als auch das Fangen und Überwuchern von Sedimentpartikeln und das Abscheiden von Karbonatmineralen. Die entstehenden lederartigen Biomatten überziehen die Sedimentoberfläche und stabilisieren diese gegen Erosion, wodurch während der Blütezeit der Stromatolithe im Präkambrium die marine Sedimentologie in wesentlichen Aspekten anders verlief als im Phanerozoikum und in den heutigen Meeren. Die Ausfällung von Calcit wird durch die photosynthetische Aktivität der Cyanobakterien begünstigt, indem dem Meerwasser CO_2 entzogen und somit der pH-Wert erhöht wird. Die Wuchsform der Stromatolithen hängt vor allem von der Sedimentanlieferung sowie von der Wassertiefe und der Wasserbewegung ab. Die Wechsellagerung innerhalb von Stromatolithen wird durch die unterschiedliche Tages- und Nachtaktivität der Organismen erklärt. Gelegentlich sind die Mikroorganismen noch erkennbar, da sie sekundär durch feinkörnige Quarzsubstanz silifiziert und dadurch in verwitterungsresistente Fossilien umgewandelt wurden. Diese nur langsam wachsenden Gebilde konnten über sehr lange Zeiten der geologischen Vergangenheit Riffe bilden, da sie keine Fressfeinde hatten.

Der durch die oxygene Photosynthese gebildete Sauerstoff wurde zunächst für die Oxidation von Fe^{2+} zu Fe^{3+} und von Sulfiden zu Sulfaten verwendet. Erst nachdem der Sauerstoff durch diese Prozesse verbraucht war, nahm O_2 in der Erdatmosphäre dramatisch zu. Dieses *Große Oxidations-Ereignis* (Great Oxidation Event, GOE) begann vor ca. 2,45 Ga und setzte sich wahrscheinlich bis ca. 2,0 Ga fort (Sverjensky u. Lee 2010). Als Folge dieser „*Sauerstoffkatastrophe*" verringerten sich die Artenvielfalt und die Verbreitung der Stromatolithen; seit ca. 450 Ma werden sie immer seltener, da sie durch die mehrzelligen *Eukaryoten* in großem Umfang abgeweidet werden. Rezent können solche Biotope nur dort bestehen, wo infolge einer zu hohen Salinität keine Fressfeinde, z. B. Schnecken, leben können, denen diese Biofilme zur Nahrung dienen. Diese feindlichen Bedingungen sind heute nur an wenigen Stellen gegeben, z. B. im Hamelin Pool der Shark Bay in Westaustralien (Abb. 2.11) oder im Mono Lake, Kalifornien (McNamara 2004; Reitner 1997).

Abb. 2.11.
Rezente Stromatolithen, Hamelin Pool, Shark Bay, Westaustralien. Die Algenmatten entstanden im Gezeitenbereich mit begrenzter Wasserzirkulation unter hochsalinaren Bedingungen.
(Foto: Neil McKerrow, Albany, Westaustralien)

Wichtige Bildner von Biomineralen sind einzellige oder mehrzellige eukaryotische Kalkalgen, die in der Lage sind, aktiv Kalk abzuscheiden. Dabei kann das Calciumkarbonat auf verschiedene Art und Weise an und in der Zellwand sowie innerhalb der Zelle abgeschieden werden. Bei den Rotalgen (*Rhodophyceen*) handelt es sich um einzellige oder mehrzellige eukaryotische Algen die vor allem verzweigte bäumchenartige Strukturen bilden, aber auch Kalkkrusten erzeugen können (z. B. *Lithothamnium*) und maßgeblich zum Aufbau von Korallenriffen beitragen. Zu den kalkabscheidenden Grünalgen (*Chlorophyceen*) gehören die Gruppen der *Dasycladaceen* (Wirtelalgen) und *Codiaceen* (Filzalgen). Besonders die letzteren gehören heutzutage zu den mengenmäßig größten Produzenten von Karbonatpartikeln in karibischen und pazifischen Riffen und Lagunen. Eine Gruppe der einzelligen Kalkalgen, die *Coccolithophoriden* (Abb. 2.12), sind ebenfalls bedeutende Bildner von Biomineralen. Sie verfügen über ein Außenskelett aus Mg-haltigem Calcit, das meist aus rundlichen Kalkplättchen (Coccolithen) besteht; diese bedecken als Coccolithenschlamm mit ca. 130 Mio. km^2 fast ein Drittel des Meeresbodens. Als Kreidekalke sind sie an den Küsten von Nord- und Ostsee, z. B. in Süd-England und auf Rügen aus der Kreide-Zeit überliefert.

Die Kalkabscheidung ist an organische Matrizen (i. d. R. an Polysacharide) gebunden. Die Calcificationszentren können verschieden beschaffen sein, was offenbar die chemische Zusammensetzung der Kalkabscheidungen steuert: Bei den Oogonien der Armleuchteralgen (*Charophyceen*) wird innerhalb der Zellwand Calcit abgeschieden, bei *Corallinaceen* (Rotalgen) intrazellulär Mg-Calcit, bei den *Udoteaceen* (Grünalgen) extrazellulär Calcit und bei den *Dasycladaceen* (Grünalgen) innerhalb einer extrazellulären Schleimscheide Calcit (wie bei den Cyanobakterien). Die meisten marinen Grünalgen scheiden Aragonit aus.

In nahezu allen Gewässern der Erde kommen einzellige *Kieselalgen* (*Diatomeen*) vor, die am Beginn der Nahrungskette stehen. Sie bilden 10–100 μm große Skelette, die aus Opal SiO$_2 \cdot n$H$_2$O aufgebaut sind. Nach dem Absterben der Algen werden die filigranen, porigen Teilchen im Sediment abgelagert. Sedimentgesteine, die ausschließlich aus Kieselalgen bestehen, werden als *Diatomite* bezeichnet (Abschn. 25.5, S. 409f). Die Armleuchteralgen (*Charophyceae*), die einzige rezente Gruppe der bis ins Devon zurück reichenden Ordnung *Charales*, bilden sogar *Baryt* Ba[SO$_4$] in Form kleiner Körnchen (Abschn. 9.1, S. 130), welche die Richtung des Wachstums beeinflussen.

Foraminiferen (Kammerlinge), die rezent wichtigste Gruppe von marinen Einzellern, bilden meist Gehäuse aus Calcit. Die planktisch lebenden rezenten Foraminiferen gehören zur Gruppe der *Globigerinen*, weshalb Foraminiferen-Ablagerungen als Globigerinenschlamm bezeichnet werden. Die fossilen Großforaminiferen, wie die *Fusulinen* im Karbon und Perm oder die *Nummuliten* und *Alveolinen* aus dem Tertiär bildeten bis 30 mm große massive Gehäuse aus Calcit, die gesteinsbildend werden konnten. Die altägyptischen Pyramiden von Gizeh bei Kairo wurden aus solchen Nummulitenkalken erbaut.

Als bedeutende Gruppe der Mikroorganismen sind die *Radiolarien* anzusehen. Diese nur 0,03 bis einige mm großen, in den Weltmeeren weit verbreiteten Einzeller bauen ein Skelett auf, das meist aus Opal besteht. Nach dem Absterben der Radiolarien werden die Opalskelette auf dem Meeresboden sedimentiert und bedecken als *Radiolarienschlamm* einige Millionen km^2 der tropischen Meere. Infolge von plattentektonischen Prozessen finden wir diese Sedimente auch außerhalb der Tropen als braune bis schwarze, sehr verwitterungsbeständige *Radiolarite* wieder. Eine kuriose Ausnahme bildet eine Gruppe von Radiolarien, die *Acantharier*, deren Skelette aus Coelestin SrSO$_4$ bestehen (Abschn. 9.1, S. 130).

Einen interessanten Fall der Mineralbildung im Organismus stellen manche *Bakterien* dar, die in der Lage sind, kleine Magnetit-Kristalle in einem Magnetosom zu synthetisieren (Abschn. 7.2, S. 104f). Sie können sich damit am Erdmagnetfeld orientieren und zielgerichtete Ortsveränderungen erreichen. Diese Eigenschaft teilen sie mit Insekten, Vögeln, Fischen und Säugetieren (Bleil u. von Dobeneck 2006; Harrison u. Feinberg 2009; Póstal u. Dunin-Borkowsky 2009).

Abb. 2.12. Coccolithophoride als Beispiel für Biomineralisation bei einzelligen Algen im Nannoplankton. Einzelne Zelle von *Gephyrocapsa oceanica*, die von ca. 12 einzelnen Calcitplättchen (den so genannten Coccolithen) bedeckt wird. Aus einer Planktonprobe der Kimberley-Region (Australien), von CSIRO Tasmania zur Verfügung gestellt. (Aufnahme mit dem Raster-Elektronenmikroskop REM und Bestimmung Jorijntje Henderiks, Uppsala Universität)

Mineralbildung im pflanzlichen Organismus

Als Stabilisierungsbestandteil in höher organisierten pflanzlichen Geweben ist Opal weit verbreitet (Abschn. 11.6.1, S. 179f). In Gräsern und in Schachtelhalmen führt der Gehalt an Opal u. a. dazu, dass Gebisse von Fressfeinden stark abgenützt werden. Bei der Brennnessel sind die Spitzen der mit Ca-Mineralen verstärkten Brennhaare aus Opal aufgebaut, so dass diese bei Berührung scharfkantig brechen und eine Wunde erzeugen können. In diese ergießt sich der unter Druck stehende Zellsaft aus Natriumformiat, Histamin und Acetylcholin und erzeugt das bekannte Brennen (Wimmenauer 1992).

Als Einschlüsse in lebenden *Pflanzenzellen* sind Kristalle von schwerlöslichem Calcium-Oxalat-Monohydrat und -Dihydrat $Ca[C_2O_4] \cdot H_2O$ bzw. $Ca[C_2O_4] \cdot 2H_2O$ weit verbreitet. Sie bilden idiomorphe Solitärkristalle, Nadeln, morgensternförmige Kristallgruppen oder lockere Anhäufungen von 1–3 µm großen Kriställchen, sog. Kristallsand (von Denffer et al. 2002). Im Rhabarber (*Rheum rhabarbarum*) sind die Kristalle so groß, dass man diese zwischen den Zähnen spüren kann.

Ein wichtiges Beispiel für sekundäre *Permineralisation* ist die Entstehung von Kieselhölzern durch Einkieselung. Dabei werden die Holzzellen mit amorpher Kieselsäure gefüllt, die über Zwischenstufen in feinkristallinen Quarz (Chalcedon) umgewandelt wird (Abschn. 11.6.1, S. 179f).

Mineralbildung im tierischen Organismus

Seit der „kambrischen Explosion" vor etwa 545 Millionen Jahren entwickelten sich *wirbellose Tiere* (*Invertebraten*) mit Exoskeletten (Schalen) aus den $CaCO_3$-Polymorphen Aragonit, Calcit und Vaterit (Abschn. 8.1, S. 118ff), aus Opal $SiO_2 \cdot nH_2O$ (Abschn. 11.6.1, S. 188f) oder Apatit (Kap. 10, S. 138f). Unabhängig von ihrer chemischen Zusammensetzung haben skelettbildende Biominerale eines gemeinsam: ihre enge Vergesellschaftung mit Proteinen, Polysacchariden und anderen organischen Makromolekülen (Dove 2010). Daher erfolgt das Kristallwachstum im tierischen Organismus in Zeiträumen von Tagen bis Monaten, also viel rascher, als das in der unbelebten Natur meist der Fall ist.

Schwämme (Porifera) haben in der Regel kein fest verbundenes Skelett sondern stützende Nadeln und Skelettelemente (Spiculae), die im Gewebe eingelagert sind. Diese mineralischen Partikel bestehen bei den Kiesel- oder Glasschwämmen aus Opal, bei den Kalkschwämmen aus Calcit.

Korallen (*Anthozoa*) leben in Symbiose mit Zooxanthellen, die sich in der Epidermis der Polypen befinden. Durch die Photosynthese versorgen diese Zooxanthellen den Korallen-Polypen mit Sauerstoff und fördern die Kalkabscheidung, da sie CO_2 verbrauchen. Chitinfäden, die von Ektodermzellen abgeschieden werden, bilden Kristallisationskeime für die im Ektoderm befindlichen übersättigten Karbonatlösungen. Eine Vielzahl von Korallen scheiden aus dem oberflächennahen Meerwasser ebenfalls Mg-haltigen Calcit aus und bilden daraus Korallenriffe, die in den tropischen Meeren die nährstoffarmen Küstenregionen säumen. Wie neuere Untersuchungen zeigen, gibt es auch in den immer dunklen Tiefen der Meere Lebewesen, die Kalk abscheiden. Diese akkumulieren sich zu Karbonathügeln (engl. carbonate mounds), die von den Kontinentalschultern der Weltmeere bekannt und weit verbreitet sind (Dullo u. Henriet 2007).

Die weltweit verbreiteten *Muscheln* und *Schnecken* sowie die seit dem Ende der Kreide-Zeit ausgestorbenen *Ammoniten* sind (bzw. waren) in der Lage, Gehäuse aus Karbonat zu erzeugen. Dabei gelingt es Muscheln, z. B. der auch bei uns heimischen Fluss-Perlmuschel, eine Schale aus Calcit zu bilden, während das Perlmutt aus Aragonit aufgebaut ist. Der attraktive Schillereffekt wird durch eine besondere Orientierung der plättchenförmigen Kristalle erzeugt, ein eindrucksvolles Beispiel zielgerichteter, natürlicher (biogener) Mineralsynthese. Die in diesen Tieren gebildeten Perlen bestehen ebenfalls aus Aragonit.

Einige Tiergruppen wie die *Seeigel* (*Echinoidea*), *Seelilien* (*Crinoidea*) und die *Seegurken* (*Holothuroidea*) können das Wachstum von Calcit so steuern, dass dabei Einkristalle gebildet werden. Diese wären jedoch wegen ihrer guten Spaltbarkeit für den Aufbau von Zähnen ungeeignet, so dass diese im gleichen Tier aus feinkristallinem Calcit gebildet werden.

Dass diese Fähigkeit mehrfach erfunden worden ist, belegen die in der Perm-Zeit, vor ca. 270 Ma, ausgestorbenen *Trilobiten*. Diese Tiergruppe hatte „gelernt", Calcit-Einkristalle so orientiert wachsen zu lassen, dass ihre starke Doppelbrechung ein gutes Sehen nicht verhinderte (Wimmenauer 1992). Trilobiten besitzen Sammelaugen ähnlich den Facettenaugen der heutigen Gliederfüßer, wie Insekten oder Spinnen.

Jedes der Einzelaugen (Ommatidien), welche die Facettenaugen zusammensetzen, besitzt eine als Linse wirkende Deckschicht aus Calcit. Beim Typ des schizochroalen Auges hat jedes Ommatidium eine eigene Linse aus Calcit. Diese Linsen sind aus einem schüsselförmigen unteren und einem optisch unterschiedlichen oberen Teil zusammengesetzt, die nahezu perfekt den aplanaren Linsen zur Reduktion der Aberration entsprechen, wie sie 1637 von René Descartes (1596–1650) oder 1690 von Christiaan Huygens (1629–1695) konstruiert wurden.

Ebenfalls aus Calcit bestehen die Eierschalen der *Vögel* und *Reptilien*, darunter auch die der Dinosaurier. Diese Wunderwerke der Biomineralisation sind zwar von sprichwörtlicher Dünnheit, aber trotzdem fest, glatt, dicht und dabei noch gasdurchlässig.

Zu den frühesten Resten von mehrzelligen Tieren zu Beginn des Kambrium gehören kleine Röhren und Sklerite, die aus dem Phosphatmineral Apatit aufgebaut werden. Die meisten der zähnchenartigen Partikel besaßen eine Funktion zum Festhalten oder Zerkleinern in den Organismen, wie z. B. bei frühen *Pfeilwürmern* (*Chaetognathen*). Viele der aus Apatit bestehenden Hartteile können nicht sicher einem Vertreter der gut bekannten Tiergruppen zugeordnet werden oder repräsentieren Tiergruppen, die bereits im Altpaläozoikum wieder ausgestorben sind, wie die *Tommotiiden* oder die *Palaeoscoleciden*.

Die bekannteste der Tiergruppen mit Hartteilen aus Apatit sind die *Conodontophoriden* (Conodonten-Tiere), die zu den Chorda-Tieren gestellt werden. Die größtenteils aus Weichteilen bestehenden Tiere besaßen meist 0,2 bis 0,5 mm, selten bis etwa 2 mm große Hartteile aus Apatit, die einen komplexen Gebiss-artigen Greifapparat im Schlund bildeten. Diese *Conodonten* waren im Weltmeer vom Kambrium bis zur Trias weit verbreitet und bilden in manchen Gesteinen, vor allem im Devon und Karbon, die besten Leitfossilien.

Im nahezu Sauerstoff-freien (anaeroben) Milieu können Schalen, Endoskelette und sogar Weichteile von Tieren durch *Pyrit* und *Markasit* FeS_2 vollständig verdrängt werden und so z. T. im kleinsten Detail erhalten bleiben (Abschn. 5.3, S. 90ff). Beispiele für diese sekundäre Permineralisation sind Ammoniten und Fische im Posidonienschiefer des Lias (Untere Jura-Zeit, ca. 175 Ma).

Bio-Apatit in Knochen und Zähnen

Etwa seit dem Ende des Silurs, vor ca. 430 Ma, kam es zur verstärkten Entwicklung der *Wirbeltiere*, deren Körper durch ein Endoskelett aus Gräten oder Knochen aus *Bio-Apatit* (Kap. 10, S. 137f) mechanisch widerstandsfähiger und beweglicher wurde und bei denen Zähne die Nahrungsaufnahme erleichterten. Die Mineralsubstanz in den Knochen sowie im *Dentin* und *Zement der Zähne* besteht aus 20–50 nm langen und 12–20 nm (1 nm = 10^{-7} cm) dicken Kriställchen von *Bio-Apatit*, die parallel zur Längsachse eines faserförmigen Proteins, des Kollagens wachsen. Wie Abb. 2.13 zeigt, beträgt der Anteil der Mineralsubstanz ca. 70 Gew.-% bzw. 50 Vol.-% (z. B. Pasteris et al. 2008). Demgegenüber sind die Apatit-Kriställchen im *Zahnschmelz* etwa 10-mal so lang und so dick und ihr Anteil liegt bei ca. 96 Gew.-% bzw. 90 Vol.-%. Bio-Apatit unterscheidet sich durch seinen hohen Anteil an $[CO_3OH]^{3-}$, durch seine Kristallform (Abb. 2.14g), durch seine stark fehlgeordnete Feinstruktur und durch seine physikalischen Eigenschaften deutlich von geologisch gebildetem Hydroxyl- oder Fluorapatit (vgl. Kap. 10, S. 137f). Das Mineralwachstum im extrazellulären Kollagen der Knochen wird durch Zellen kontrolliert, die man als *Osteoblasten* (grch. οστέον = Knochen, βλάστη = Spross) bezeichnet. Wenn diese von Mineralsubstanz umschlossen werden, entsteht ein anderer Typ von Zellen, die *Osteocyten*, die untereinander durch lange Kanäle kommunizieren können. Abbildung 2.14 gibt einen Überblick über den Aufbau von Knochengewebe vom Makro- bis hinunter in den Nanobereich.

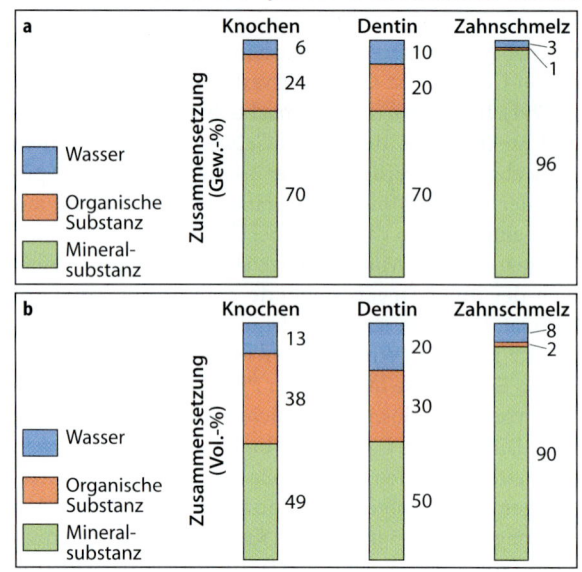

Abb. 2.13. Die Hauptkomponenten im Apatit-mineralisierten Gewebe des menschlichen Körpers (**a** in Gew.-%, **b** in Vol.-%). Im Knochen, Dentin und besonders im Zahnschmelz dominiert der Gewichtsanteil der Mineralsubstanz, während das organische Kollagen und das Wasser zurücktreten. Demgegenüber nimmt Kollagen im Knochen und im Dentin ein deutlich höheres Volumen ein, erreicht je doch nicht den Volumenanteil der Mineralsubstanz. (Nach Pasteris et al. 2008)

a Längsschnitt durch einen typischen *Oberschenkelknochen* (Femur). Erkennbar ist die *schwammartige Knochensubstanz* (*Substantia spongiosa*) im Gelenkkopf, die aus einem Gerüst aus Knochenbälkchen aufgebaut ist und zum röhrenförmigen Schaft in die *kompakte Knochensubstanz* (*Substantia corticalis*) übergeht.

b Vergrößerter Querschnitt durch eine Scheibe von reifer Spongiosa. Diese besteht überwiegend aus zylindrischen *Osteonen* (rundliche bis ovale Querschnitte), die aus Mineralsubstanz (Bio-Apatit) aufgebaut sind und die funktionelle Grundeinheit des Knochens bilden. Daneben sind organische *Kollagen*-Fasern am Knochenaufbau beteiligt. Rechts: Das Mikrofoto eines Dünnschliffs vom Kieferknochen eines Bisons lässt zahlreiche Osteonen erkennen.

c Der vergrößerte Querschnitt zeigt den *Feinbau eines Osteons*. Dieses ist aus konzentrischen Kreisen aufgebaut, die das schrittweise Wachstum neuer Knochensubstanz durch *Osteoblaste* dokumentieren; die schwarzen elliptischen Flecken sind *Lacunae*, d. h. Hohlräume, in denen die *Osteocyten* liegen. In der Mitte des Osteons befindet sich ein Hohlkanal, z. B. ein Blutgefäß; durch die radialen Kanäle werden Nährstoffe und wahrscheinlich auch biochemische Signale an die spezialisierten Knochenzellen geleitet. Rechts: Das Mikrofoto eines Dünnschliffs vom Kieferknochen eines Bisons zeigt den Querschnitt durch ein Osteon.

d *Kollagen-Fasern*, bestehend aus hunderten von gebündelten *Fibrillen*, bilden das strukturelle Gerüst des Knochens. In gleichen Abständen treten dunkle spiralförmige Bänder auf, die periodische Lücken („Löcher" in **f**) an den Enden der Kollagen-Fibrillen repräsentieren.

e Die kleinste Einheit der organischen Komponente des Knochens ist das *Kollagen-Molekül* mit der Feinstruktur einer *Tripelhelix* (oben rechts); jeweils fünf Kollagen-Moleküle sind in paralleler Anordnung miteinander verbunden und bilden eine Mikrofibrille (**f**).

f Vergrößerte Darstellung einer *Kollagen-Mikrofibrille*; die Nanokristalle von Bio-Apatit (nicht maßstäblich dargestellt) befinden

Abb. 2.14.
Innerer Aufbau eines typischen Röhrenknochens von Makro- bis Nanodimensionen. Erläuterungen im Text. (Aus Pasteris et al. 2008)

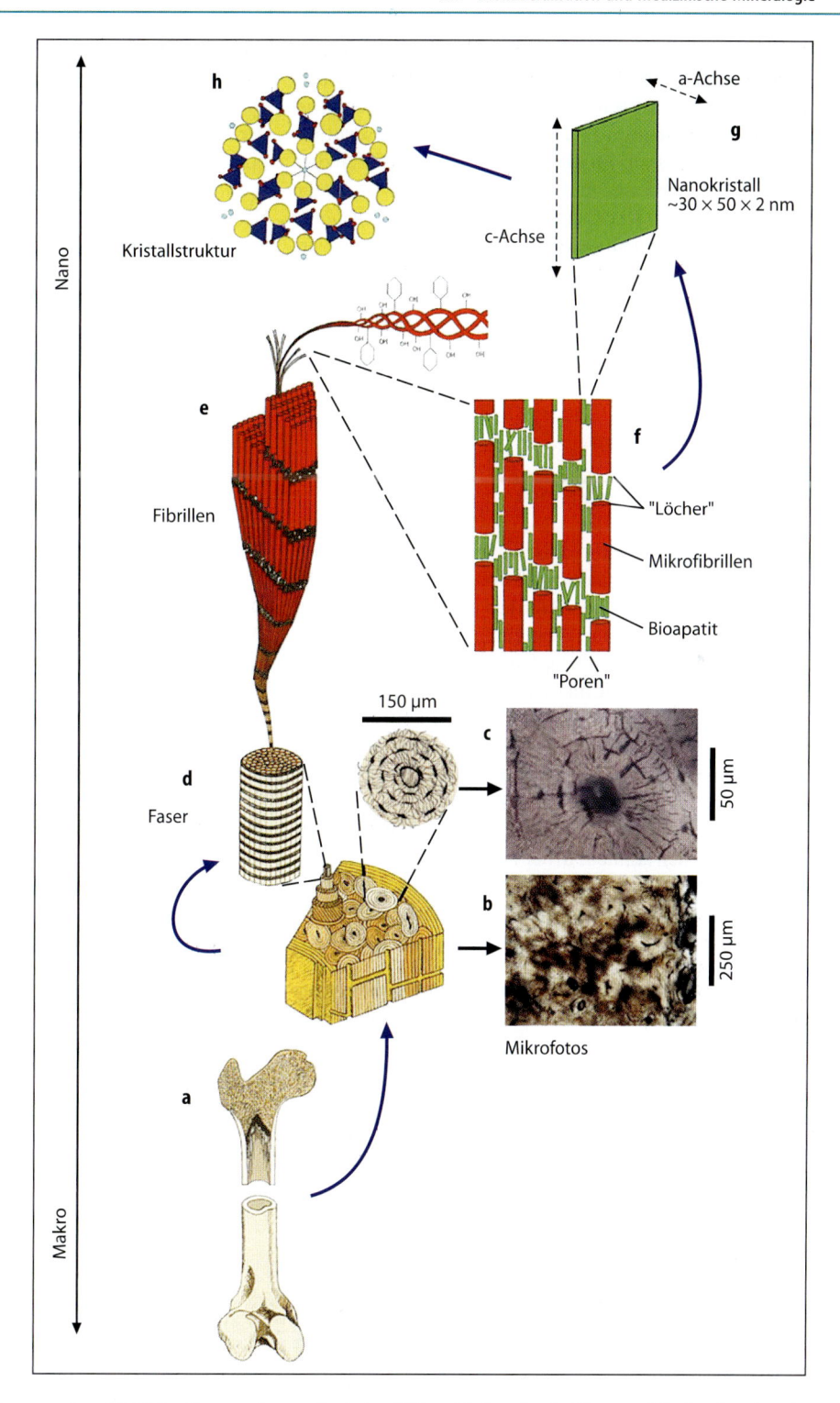

sich in zwei Arten von Hohlräumen unterschiedlicher Form und Größe, nämlich (1) in Löchern (oder Lücken) an den gegenüber liegenden Enden der Fasern und (2) in Poren (oder Kanälen) zwischen den Längsseiten benachbarter Mikrofibrillen. Jede Mikrofibrille ist ca. 300 nm lang und ca. 4 nm dick.

g Die *Nanokristalle* von *Bio-Apatit* bilden Plättchen, die lediglich eine Dicke von 2–3 Einheitszellen aufweisen. Im Gegensatz dazu tritt geologisch gebildeter Hydroxyl- oder Fluorapatit in den Gesteinen in Form gedrungener oder langgestreckter Prismen oder Nadeln auf.

h *Kristallstruktur von Apatit*, projiziert entlang der c-Achse. (Anstelle der komplizierten Struktur von Bio-Apatit ist die einfachere Fluorapatit-Struktur dargestellt.) Dunkelblaue Dreiecke mit roten Kugeln: PO_4-Tetraeder, große gelbe Kugeln: Ca-Atome, kleine hellblaue Kugeln: (OH,F)-Gruppen in Hohlkanälen.

Infolge der Wechselwirkung mit organischer Zellsubstanz ist Bio-Apatit einem ständigen Umbauprozess, d. h. der Auflösung und Wiederausfällung unterworfen. Die Knochenzellen steuern Bildung, Umsatz oder Resorption von Knochensubstanz im Körper und regulieren damit den Calcium-, Magnesium- und Phosphathaushalt. Ist dieser gestört, kann es zu Knochenerkrankungen wie *Osteoporose* kommen. Das Dentin kann durch die Einwirkung von chemischen Substanzen aus der Nahrung und von Bakterien angelöst werden, was z. B. zur Karies-Erkrankung führt. Andererseits lässt sich der Zahnschmelz auch durch Einsatz geeigneter Wirkstoffe remineralisieren (Boskey 2007).

2.5.2
Medizinische Mineralogie

Pathologische Biomineralisation

Zu den häufigsten pathologische Mineralbildungen im menschlichen und tierischen Körper gehören die *Nierensteine*, von denen 15 % der Männer und 6 % der Frauen betroffen sind (Wesson u. Ward 2007). Es handelt sich um komplex zusammengesetzte, feinkörnige Kristallaggregate (2.15, *links*, a–f), die im Urin wachsen. Sie sitzen meist in den Nierenkanälchen, also dort, wo der Urin die Niere verlässt, verstopfen aber auch oft den Harnleiter (Abb. 2.15, *rechts*). Die Größe der Einzelkristalle liegt im Mikrometer- bis Submikrometer-Bereich, während die Nierensteine insgesamt gelegentlich Durchmesser von mehreren Zentimetern erreichen können. In der Regel herrscht das monokline *Calcium-Oxalat-Monohydrat* (COM) $CaC_2O_4 \cdot H_2O$ (Kristallklasse 2/m), mineralogisch als *Whewellit* bezeichnet, als primärer Bestandteil vor; er bildet charakteristische monokline Prismen mit rautenförmigen Flächen (Abb. 2.16, oben links). Demgegenüber zeigt *Calcium-Oxalat-Dihydrat* (COD) oder *Weddelit* $CaC_2O_4 \cdot 2H_2O$ mit der Kristallklasse 4/m tetragonale Bipyramiden (Abb. 2.16, oben rechts). Außerdem können in Nierensteinen *Calcium-Oxalat-Trihydrat* (COT) $CaC_2O_4 \cdot 3H_2O$, *Hydroxylapatit* $Ca_5[(OH)/(PO_4)_3]$, *Brushit* $Ca[H/PO_4] \cdot H_2O$ und verschiedene Formen von *Harnsäure*-Kristallen $C_5H_4N_4O_3$ auftreten. Durch bakterielle Infektionen kann es zur Bildung von *Struvit* $(NH_4)Mg[PO_4] \cdot 6H_2O$ kommen. Wie Untersuchungen von Wesson u. Ward (2007) zeigen, dürfte das Wachstum von Nierensteinen auf dem Epithel der Nierenkanälchen durch die Adhäsion von organischen Makromolekülen auf den Kristallflächen von COM entscheidend begünstigt werden. Andererseits werden die Bildung stabiler Kristallaggregate und damit das Wachstum von Nierensteinen durch Anwesenheit von COD behindert.

Pathologische Mineralstäube

Das Phänomen der „Staublunge" als Ausdruck für die Toxizität von Mineralstäuben war schon im Altertum bekannt. So beschreibt der griechische Arzt Hippokrates (ca. 460–375 v. Chr.), dass Bergleute in Erzgruben Schwierigkeiten beim Atmen haben, und der römische Schriftsteller Plinius d. Ä. (23–79 n. Chr.) erwähnt Methoden, mit denen sich Bergleute vor dem Einatmen von Stäuben schützen können. Der deutsche Bergbauexperte Georg Agricola (1494–1555) beschäftigt sich in seinem Standardwerk „De Re Metallica" eingehend mit der Gefährlichkeit von Stäuben, die durch den Bergbau freigesetzt werden. Er beschreibt, wie diese in die Luftröhren und Lungen eindringen, das Atmen erschweren und durch ihre korro-

Abb. 2.15.
Links: Nierenstein-Typen: **a** Querschnitt durch einen COM-Stein mit Wachstumszonen; **b** COM-Steine mit Morgenstern-ähnlicher Ausbildung; **c** komplexer Nierenstein aus COM, der Bio-Apatit umwächst; **d** rasterelektronenmikroskopische Aufnahme eines COM-Steins: gestapelte COM-Kristalle sind an den {100}-Flächen verwachsen; **e** Brushit; **f** Struvit. Mit freundlicher Genehmigung von Louis C. Herring & Co. (www.herringlab.com). *Rechts:* Schematischer Schnitt durch eine Niere mit den bevorzugten Bildungsorten von Nierensteinen in den kleinen und großen Nierenkanälchen sowie im Harnleiter. (Aus Wesson u. Ward 2007)

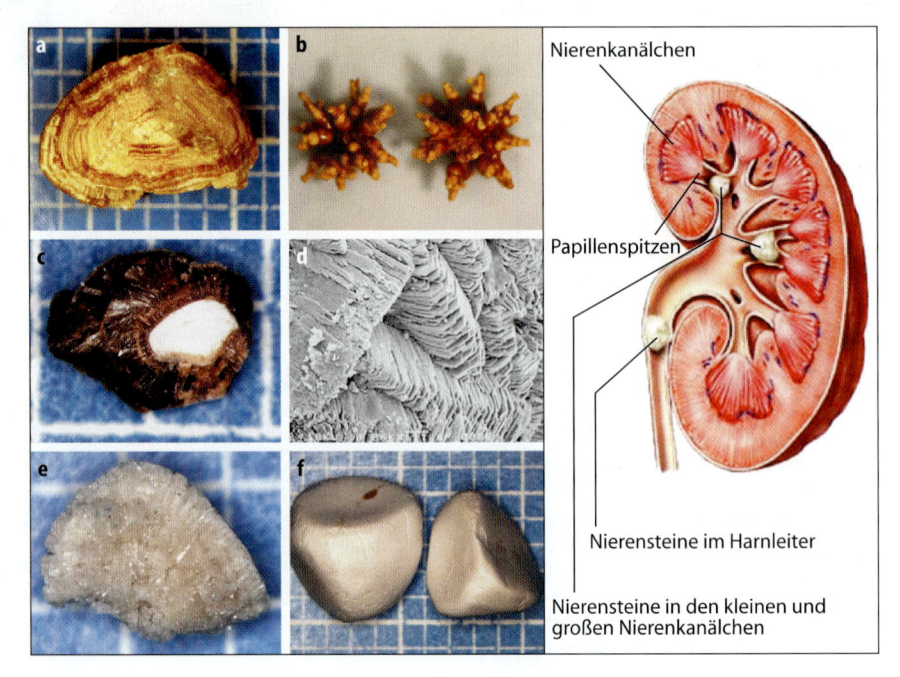

Abb. 2.16.
Mikrofotos (*oben*) und Strukturmodelle (*unten*) von COM- und COD-Kristallen. *Weiße Kugeln:* Wasserstoff; *graue Kugeln:* Kohlenstoff; *rote Kugeln:* Sauerstoff; *grüne Kugeln:* Calcium. (Nach Wesson u. Ward 2007)

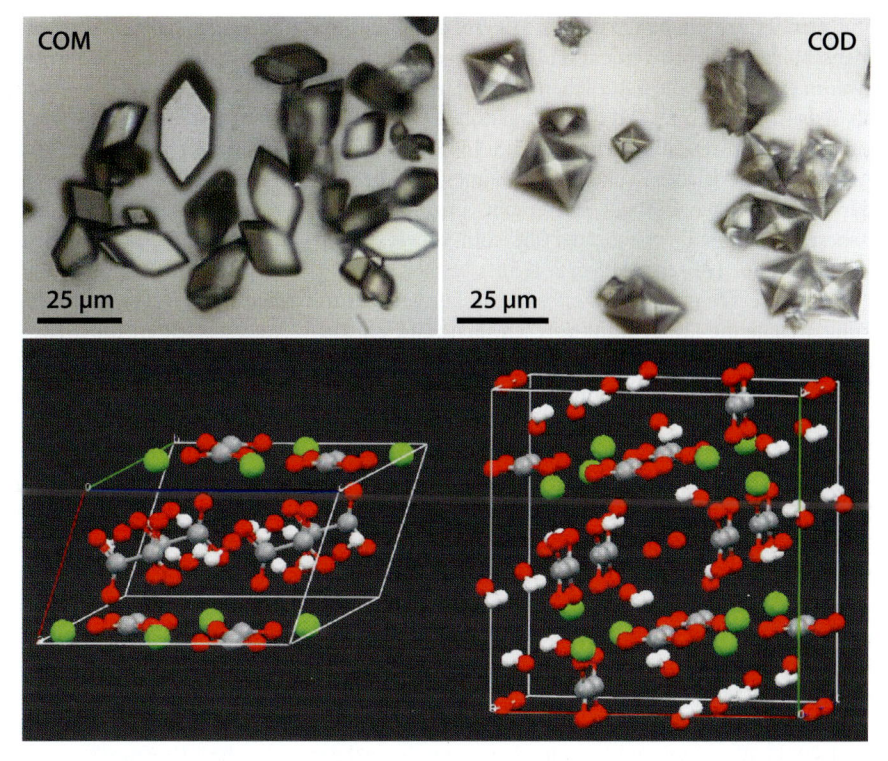

siven Eigenschaften die Lungen buchstäblich „auffressen". Nach seiner Schilderung waren im Bergbaugebiet der Karpaten Frauen mit bis zu sieben Männern verheiratet, da diese nacheinander an Staublunge verstarben.

Pathologische Mineralstäube sind in ihrer Zusammensetzung sehr vielfältig; doch spielen SiO_2-Minerale und Mineralfasern die weitaus wichtigste Rolle. Entscheidend für die Toxizität der Mineralstäube sind die mikromorphologischen Eigenschaften der einzelnen Staubpartikel und die Reaktivität ihrer Oberflächen. Diese wird erhöht durch scharfe Kristallkanten und Bruchflächen, durch Oberflächendefekte, schlecht koordinierte Ionen und freie Radikale (Fubini u. Fenoglio 2007). Wichtig ist auch die *Biodurabilität* der unterschiedlichen Staubpartikel: Einige Mineralstäube lösen sich relativ schnell im Körper auf, z. B. Gipsstaub; andere bleiben wesentlich länger stabil und sind deswegen erheblich gesundheitsschädlicher, z. B. Quarzstaub. So werden Steinmetze bei der Bearbeitung von quarzhaltigen Gesteinen ohne Atemschutz lungenkrank, was als *Steinhauerkrankheit* beschrieben wurde. Darüber hinaus kann eine hohe, langjährige Belastung durch Quarzstaub zu einer verstärkten abrasiven Wirkung bei den Zähnen führen und als Berufskrankheit anerkannt werden.

Das Krankheitsbild der *Silikose* ist seit langem bekannt. Es wird besonders durch Quarz, fallweise auch durch die Hochtemperatur-Modifikationen Tridymit und Cristobalit ausgelöst (Abschn. 11.6.1, S. 179), während die Hochdruck-Modifikationen Coesit und Stishovit oder amorphes SiO_2 kaum eine gesundheitsschädigende Rolle spielen. Seit den 1950er Jahren wurden die Silikose und andere Quarzstaub-bedingte Erkrankungen wie Lungenkrebs eingehend erforscht, doch sind bis jetzt die Mechanismen, die zur toxischen Reaktion der SiO_2-Partikel mit dem Lungengewebe führen, noch immer nicht eindeutig geklärt (Fubini u. Fenoglio 2007). Für die Silikose-Erkrankung ist nur der lungengängige Anteil des Quarzstaubes verantwortlich, der im Lungengewebe deponiert werden kann. Er ist mit dem bloßen Auge nicht mehr sichtbar, da sein aerodynamischer Durchmesser bei <10 µm mit einem Schwerpunkt bei ca. 2,5 µm liegt.

Bei der heute aktuellen Feinstaub-Problematik, einem wichtigen Gegenstand der europäischen Politik, wird vorausgesetzt, dass Feinstaub (engl. particulate matter PM) per definitionem schädlich ist, d. h. ohne Rücksicht auf seine Natur bzw. seine Herkunft, was sicher nicht richtig ist. Für die Feinstaub-Richtlinie, die seit 2005 auch in deutschen Städten und Gemeinden gilt, wurde als Grenzwert ein Tagesmittelwert von 50 µg PM_{10} (d. h. für eine Partikelfraktion mit einem aerodynamischen Durchmesser um 10 µm) eingeführt, der maximal an 35 Tagen im Jahr überschritten werden darf (z. B. Gieré u. Querol 2010). Wie Untersuchungen mittels elektronenmikroskopischer und mineralogischer Verfahren zeigen, ist Feinstaub jedoch sehr unterschiedlich zusammengesetzt. So besteht z. B. im Rhein-Main-Gebiet der urbane Staub dieser Größenklasse nur zu etwa 10 % aus Rußpartikeln, aber es dominieren mineralische und biologische Partikel natürlichen Ursprungs, wie zum Beispiel Altsalz aus der Nordsee, das bei Nord- und Nordwest-Wetterlagen bis zu 50 % ausmachen kann. Diese Staubanteile lassen sich nicht verändern, schon gar nicht durch Einschränkungen des Verkehrs, so dass die bisherigen Maßnahmen als „blinder Aktionismus" zu bezeichnen sind (Weinbruch et al. 2006). Vermeidbar wären dagegen andere menschliche Aktivitäten, wie z. B. dass Abbrennen von Silvesterfeuerwerken mit ihren toxischen Stäuben durch die farbgebenden Salze, deren Emission zur ersten jährlichen Überschreitung des Grenzwertes führen.

Unter den zahlreichen Arten von *Mineralfasern*, die vom Menschen eingeatmet werden, sind nur einige toxisch, und zwar in erster Linie die natürlichen Mineralfasern die man als *Asbeste* bezeichnet. Von diesen gehören die meisten zur Amphibol-Familie (Abschn. 11.4.3, S. 166), darunter der Amosit (Grunerit), der Krokydolith (Magnesio-Riebeckit), der Anthophyllit-Asbest sowie Tremolit- und Aktinolith-Asbest. Demgegenüber gehört der Chrysotil-Asbest zur Serpentin-Gruppe (Abschn. 11.5.6, S. 175).

Asbeste erzeugen die *Asbestose*, eine Lungenerkrankung, welche die Lungenfunktion schwächt und oft tödlich verläuft; als Spätfolgen kann es zum Lungenkrebs kommen. Nach heutiger Kenntnis spielt die Faserform für die toxische Wirkung von Asbesten eine wichtige Rolle; besonders gefährlich sind die so genannten WHO-Fasern mit einem Durchmesser von <3 µm, einer Länge von >5 µm und einem Verhältnis Länge / Durchmesser von >3 : 1 (Albracht u. Schwerdtfeger 1991). Demgegenüber werden kürzere Fasern durch eine bestimmte Zellart, die Alveolar-Makrophagen (AM) häufiger in der Lunge eingekapselt und vom Körper ausgeschieden. Wichtige Faktoren für die Toxizität der Astbestfasern sind auch ihre chemische Zusammensetzung, ihr Reaktionsvermögen und ihre Biodurabilität (Fubini u. Fenoglio 2007; Nolan et al. 2001). Wegen seines hohen Risikopotentials wird der technische Einsatz von Asbest in vielen westlichen Ländern stark eingeschränkt; insbesondere in der Europäischen Union ist er ganz verboten. Andererseits wird in vielen Entwicklungsländern Asbest immer noch produziert und technisch genutzt, von einigen Ländern, z. B. Kanada, Indien und Russland, auch exportiert.

Weitere faserförmige Minerale mit gesundheitsschädlichen Eigenschaften sind das Kettensilikat Balangeroit, der Zeolith Erionit sowie die Schichtsilikate Halloysit (S. 177), Palygorskit und Sepiolith. Gesetzliche Regelungen für die Verwendung dieser Minerale stehen bislang noch aus (Hawthorne et al. 2007). Auch künstliche Mineralfasern (KMF), wie z. B. Wollastonit-Fasern (S. 165), die im Feuerfestbereich eingesetzt werden, haben sich als gesundheitsschädlich erwiesen. Bei ihrer Produktion wird heute darauf geachtet, dass kritische Längen-/Durchmesser-Verhältnisse vermieden werden oder die Fasern in einer Trägersubstanz gebunden sind. Weiter steuert man die chemische Zusammensetzung so, dass die Beständigkeit im menschlichen Gewebe gering ist. Bei natürlichen und künstlichen Mineralfasern soll der Kanzerogenitäts-Index $Ki \geq 40$ liegen, was man am RAL-Gütezeichen erkennen kann.

Toxische Elemente in Mineralen

Zahlreiche Minerale enthalten als Haupt- oder Nebenkomponenten Schwermetalle, die *toxische Wirkungen* auf den menschlichen und tierischen Organismen ausüben. Hierzu gehören insbesondere *Arsen*, z. B. im Arsenopyrit FeAsS oder im Tennantit $Cu_{12}[S / As_4S_{12}]$, *Blei* im Galenit (Bleiglanz) PbS, *Quecksilber* im Cinnabarit (Zinnober) HgS und *Cadmium*, das häufig als Nebenelement im Sphalerit (Zinkblende) ZnS eingebaut ist. Gebunden als Sulfide sind diese Metalle im Organismus kaum löslich und somit ungiftig. Daher konnten trotz der Giftigkeit von Quecksilber und Blei im alten Ägypten Zinnober und Bleiglanz zur Herstellung von Schminken benutzt werden. Die Verwendung von Zinnober als roter Farbstoff war bis ins 19. Jh. üblich, so dass man diesen in alten Briefmarkenstempeln zerstörungsfrei, z. B. mittels Röntgenbeugung, nachweisen und damit die Echtheit dieser Briefmarken belegen kann. Erst die Zerstörung der Sulfidminerale durch natürliche Verwitterungsprozesse oder technische Verhüttungsverfahren führt zur Freisetzung der Schwermetalle. Deren Transport erfolgt dann meist mit dem Abgasstrom in die Luft, so dass diese Stoffe eingeatmet werden und sich in dieser Form als besonders toxisch erweisen (Merian 1991). Wirklich giftige Minerale sind selten, so insbesondere ged. Quecksilber Hg, Arsenolith und Claudetit (As_2O_3) sowie Witherit $BaCO_3$; andere sind nur als gesundheitsschädlich einzustufen wie z. B. Chalkanthit $Cu[SO_4] \cdot 5H_2O$.

Lagerstätten, in denen Erzminerale von toxischen Schwermetallen angereichert sind, und ihre weitere Umgebung stellen geochemische Anomalien dar, in denen die Gehalte an toxischen Komponenten die heute zulässigen Grenzwerte weit überschreiten und oft auch ins Grundwasser gelangen. Abgänge von Grubenwässern, geothermischen Kraftwerken und Halden des Bergbaus können ein Gefahrenpotential für die Bevölkerung darstellen, dem man – wenn nötig – durch geeignete Maßnahmen begegnen muss (z. B. Büchel u. Merten 2009; Hudson-Edwards et al. 2005, 2011). Ein berühmtes Negativbeispiel aus der Vergangenheit ist der „Giftbach" von Reichenstein (Złoty Stok) in Schlesien, durch den für viele Jahrzehnte die Abwässer einer Gold-Arsen-Lagerstätte abflossen. Der Rio Tinto in Spanien erhielt seinen Namen wegen der farbigen Metalloxide, die aus den Abwässern der in seinem Einzugsgebiet liegenden, größten Kupfererzlagerstätte Europas stammen (vgl. Abschn. 23.5.2, S. 363). Selbstverständlich sollten beim Abbau und bei der Verhüttung von Erzen mit toxischen Komponenten besondere Sicherheitsmaßnahmen beachtet werden, was jedoch gerade in Entwicklungs- und Schwellenländern oft nicht der Fall ist. So werden As-reiche australische Erze in Tsumeb (Namibia) verhüttet, weil hier die Grenzwerte zur Luftreinhaltung über dem australischen Niveau liegen.

Minerale als natürliche Strahlenquelle

Einige Minerale sind starke *radioaktive Strahler*. Hierzu gehören in erster Linie Uraninit (Uranpecherz, Pechblende) UO_2 bis U_3O_8, und andere Uran-Minerale sowie Thorianit ThO_2, die ionisierende Strahlen emittieren. Als Reinelemente geben sie nur α-Strahlen ab und sind daher infolge der sehr langen Halbwertszeit nur schwache Strahler; jedoch erzeugen die kurzlebigen Tochterisotope der Zerfallsreihen α- und β-Strahlen. Insbesondere das kurzlebige Radium-Isotop ^{226}Ra ist als starker α- und γ-Strahler für die Strahlenbelastung durch Uranerze und deren Abfälle verantwortlich. Für den Abbau und die Verhüttung insbesondere von reichen Uran- und Thorium-Erzen sind daher erhöhte Sicherheitsvorkehrungen notwendig. Die Sanierung von stillgelegten Uran-Bergwerken, ihrer Abraumhalden und ihrer gesammelten Aufbereitungsabgänge (engl. tailings) erfordern eine hohen finanziellen Aufwand, wie er derzeit in den Bergbaugebieten von Aue-Niederschlema (Erzgebirge) und Ronneburg (Thüringen) geleistet wird. Die hohen Strahlungsdosen beruhen hier auf dem Umstand, dass in der damaligen DDR zwar das Uran gewonnen und in die UdSSR exportiert wurde, nicht aber das Radium. Es gelangte vielmehr auf die Abraumhalden und bereitet dort Probleme, weil es u. a. die harte γ-Strahlung emittiert und darüber hinaus das radiaktives Zerfallsprodukt mehrerer Radium-Isotope, das Edelgas Radon (besonders ^{222}Rn) in die Luft abgibt. Die *Heilquellen* in Bad Kreuznach, Bad Schlema, Bad Brambach und St. Joachimsthal (Jachymov, Böhmen) enthalten hauptsächlich Radon, aber nur Spuren von Radium selbst. Man bezeichnet sie daher korrekt als Radonbäder.

Die toxische Wirkung von Radium wurde erstmals durch den New Yorker Zahnarzt Theodor Blum erkannt. Er beschrieb den sog. *Radium-Kiefer* bei Patientinnen, die als Ziffernblatt-Malerinnen mit Ra-haltiger Leuchtfarbe in Kontakt kamen, da sie ständig den Pinsel mit der Zungenspitze befeuchteten.

Manche Gesteine, die U- und Th-haltige Minerale, wenn auch nur in geringer Menge führen, geben kontinuierlich eine natürliche Strahlungsdosis ab, welche die zulässigen Grenzwerte deutlich überschreitet. Hinzu kommen Belastungen aus der Inhalation des frei werdendem Radon (^{222}Rn); wenn dieses während der Inhalation zerfällt, verbleiben die nicht gasförmigen Tochterprodukte in der Lunge und führen hier zu gesundheitlichen Schäden. So beruht die sog. *Schneeberger Krankheit* auf der Inhalation von Radon in Verbindung mit Quarz-Feinstaub, wobei sich die schädigenden Wirkungen potenzieren. Erhöhte Radon-Konzentrationen finden sich z. B. in Kellerräumen und in Erdgeschossen von Häusern, die aus Granit gebaut sind (z. B. im Fichtelgebirge).

„Heilsteine"?

Im Zuge der modernen Esoterik-Welle wurden vorwissenschaftliche Anschauungen aus der Antike und dem Mittelalter wieder belebt, nach denen Minerale Heilwirkung auf den menschlichen Organismus ausüben sollen. Als prominentes Beispiel für diese Vorstellungen seien die medizinischen Schriften der Benedikterinnen-Äbtissin Hildegard von Bingen (1098–1179) erwähnt. In der immer mehr anschwellenden Literatur zur „Steinheilkunde" werden detaillierte Empfehlungen zum Einsatz von Mineralen, seltener auch von Gesteinen für die Heilung ganz spezifischer Krankheiten oder zur Steigerung des körperlichen und seelischen Wohlbefindens gegeben. Einige dieser Publikation versuchen durchaus, dem interessierten Leser die Grundzüge der Mineralogie und Petrologie nahe zu bringen. Die angebliche Heilwirkung von Mineralen wird auf vielfältige Ursachen wie Kristallstruktur, chemische Zusammensetzung, Farbe, ja sogar auf die geologischen Bildungsbedingungen oder die Form des künstlichen Schliffes zurück geführt; jedoch bleiben die Autoren eine rationale Begründung für die angebliche Wirkungsweise schuldig. Stattdessen werden Querverbindungen zur Astrologie, zur chinesischen Medizin, zur indischen Chakren-Lehre und zu einer Art Halbwissen-Physik gezogen.

Wie wir gesehen haben, können bestimmte Minerale durchaus auf den menschlichen oder tierischen Organismus einwirken, und zwar häufig mit negativer, teilweise aber auch mit positiver Wirkung. Das ist aber nur möglich, wenn die Minerale in feiner Verteilung oder in Lösung vom Körper aufgenommen werden und mit dem körpereigenen Gewebe reagieren können, oder wenn Minerale und Gesteine eine hohe Dosis an natürlicher radioaktiver Strahlung abgeben, wie das z. B. bei Uran-haltigen Graniten der Fall ist. Diese Voraussetzungen sind jedoch bei den als „Heilsteine" empfohlenen Mineralen nicht erfüllt. Ihre angebliche Heilwirkung entbehrt daher jeder naturwissenschaftlichen Grundlage und könnte bestenfalls auf Autosuggestion (Placebo-Effekt) beruhen. Ein schöner Rauchquarzkristall gibt im Kontakt mit dem menschlichen Köper keine Substanzen ab und erleidet keinerlei Veränderung; die Strahlung, die er angeblich aussendet, ist physikalisch nicht nachweisbar.

Eine solche „Strahlung" müsste ähnliche Eigenschaften wie die physikalisch nachweisbaren Strahlenarten haben; so müsste auch für sie ein Abstandsgesetz gelten. Darüber hinaus sollte die Heilwirkung dieser „Strahlen" von der Größe der emittierenden Steine abhängig sein, weil große Stücke stärker strahlen müssten als kleine. Schließlich sollte es Interferenzen mit anderen Mineralen geben, was zu chaotischen Verhältnissen in der freien Natur oder in Mineraliensammlungen führen würde. Dies hätte auch zur Folge, dass in Minerallagerstätten sehr hohe „Strahlungsdosen" nachweisbar sein sollten – wenn es nicht auch eine Eigenabsorption gibt. Auch ein „energetisches Aufladen" von „verbrauchten" Steinen in der Sonne – wie bei dem Phänomen der Phosphoreszenz – kann nicht erklären, was das Mineral einst im Erdinnern ohne Sonneneinstrahlung an „Strahlung" aufgenommen haben soll, die das Sonnenlicht wieder einbringen kann.

Ins Reich der Phantasie gehören Aussagen wie „Als Stein mit großer innerer Spannung wirkt Rauchquarz geradezu spannungslösend. Er ist der klassische Anti-Streß-Stein, der bei Streßsymptomen hilft und die innere Neigung zu Streß vermindert. Rauchquarz erhöht die Belastbarkeit und hilft Widerstände zu überwinden. Auch körperlich baut Rauchquarz Spannungen ab. Er lindert dadurch Schmerzen und löst Krämpfe. Besonders hilfreich ist er bei Rückenbeschwerden. Weiterhin macht Rauchquarz unempfindlicher gegen Strahleneinflüsse und lindert Strahlenschäden. Er stärkt die Nerven." (M. Gienger 1997: Lexikon der Heilsteine).

Sind die oben beschriebenen Wirkungen bestenfalls Folge einer Mischung aus Placebo-Effekt und Freude an schönen Steinen zu werten, so kann die neue Praxis, Mineralpulver aus Korund, Diamant oder Quarz für das Einlegen ins Wasser oder gar für eine orale Aufnahme anzubieten, teilweise zu gefährlichen Folgen führen, wie ein Schadensersatz-Prozess aus jüngster Zeit belegt. Wenn jemand z. B. Malachit-Pulver in größerer Menge zu sich nimmt, überschwemmt er den Körper mit dem Schwermetall Kupfer, das in der Form des Kupferkarbonats im Magen sicher nicht stabil ist und durch die Magensäure zumindest teilweise aufgelöst wird. Pulver aus Quarz (hier wertsteigernd als Bergkristall, Rosenquarz oder Amethyst bezeichnet) werden im Internet, auf Mineralienbörsen und in Heilsteinläden offen angeboten, u. a. um diese in Öle und Salben einzuarbeiten. Diese Pulver sind eindeutig als gesundheitsschädlich zu bezeichnen.

Zusammenfassend muss man feststellen, dass der Handel mit angeblichen „Heilsteinen" in jeder Form reine Geschäftemacherei ist und als Scharlatanerie schärfstens abgelehnt werden muss.

2.6 Mineralogische Wissenschaften und ihre Anwendungsgebiete in Technik, Industrie und Bergbau

Mineralogie umfasst als Überbegriff die folgenden mineralogischen Wissenschaften: Allgemeine Mineralogie (Kristallographie), spezielle Mineralogie, Petrologie (Gesteinskunde), Geochemie, Lagerstättenkunde, angewandte (technische) Mineralogie, Biomineralogie und medizinische Mineralogie, Archäometrie. *Mineralogie ist die materialbezogene Geowissenschaft*; sie steht in engem Zusammenhang mit den anderen Geowissenschaften, insbesondere mit der Geologie und der Geophysik. Sie ist zugleich auch Teil der *Materialwissenschaften* und weist daher enge Beziehungen zur Physik, zur physikalischen Chemie, zur anorganischen und organischen Chemie, darüber hinaus auch zur Biologie und Biochemie auf. Mathematische Grundlagen sind unverzichtbar.

Kristallographie. Die Kristallographie (Kristallkunde) widmet sich den Gesetzmäßigkeiten des kristallisierten Zustandes der festen Materie, d. h. von Mineralen *und* von kristallisierten Kunstprodukten. Untersuchungsgegenstände sind anorganische und organische Stoffe, Einkristalle und Kristallaggregate. Diese Wissenschaft untersucht Eigenschaften, Vorgänge und Veränderungen an Kristallen und feinkristallinen Kristallaggregaten. Dabei spielen die *Kristallstrukturbestimmung* und ihre Methoden eine wichtige Rolle.

Aufgabe der *Kristallchemie* ist speziell die Aufklärung der Zusammenhänge zwischen der Anordnung der Bausteine (Atome, Ionen, Moleküle) in den Kristallen und ihrer chemischen Zusammensetzung. Auch die Auswirkungen von Kristallstruktur und chemischer Bindung in (Mineral-)Kristallen auf deren Eigenschaften gehört in dieses Gebiet. Selbstverständlich beschäftigen sich auch anorganische und organische Chemiker mit kristallchemischen Fragestellungen (Strukturchemie).

Aufgabe der *Kristallphysik* ist speziell die Aufklärung der Zusammenhänge zwischen den physikalischen Eigenschaften der Kristalle (mechanische, magnetische, elektrische, optische Eigenschaften etc.) und ihrer Kristallstrukturen. Enge Beziehungen bestehen naturgemäß zur Festkörperphysik.

Petrologie. Die Petrologie (Gesteinskunde) widmet sich dem Vorkommen, dem Mineralbestand, dem Gefüge, dem Chemismus und der Genese der Gesteine; sie hat naturgemäß eine besonders enge Beziehung zur Geologie. Die Petrologie geht heute weit über die reine Beschreibung von Gesteinen (*Petrographie*) hinaus und versucht, *gesteinsbildende Prozesse* zu rekonstruieren und zu modellieren. Eine wichtige Rolle spielen dabei die *experimentelle Petrologie* und die physikalisch-chemisch orientierte *theoretische Petrologie*. Mit ihrer Hoch- und Höchstdruckforschung besitzt die experimentelle Petrologie Beziehungen zur Festkörperphysik und zur Werkstoffkunde. Die Gesteinskunde hat auch eine angewandte Richtung, die *technische Gesteinskunde*. Das dem Gestein analoge technische Produkt wird in der Industrie meistens als Stein bezeichnet.

Geochemie. Die Geochemie (Chemie der Erde) erforscht die Gesetz- und Regelmäßigkeiten in der Verteilung der chemischen Elemente und Isotope in den Mineralen und Gesteinen, darüber hinaus auch in Naturprodukten organischer Abkunft (*organische Geochemie*). Ein wichtiges Forschungsgebiet ist die *Isotopengeochemie*. Dazu gehört auch die *radiometrische (isotopische) Altersbestimmung*, mit der das Bildungsalter von Mineralen und Gesteinen der Erde und des Mondes, von Meteoriten sowie von interstellaren, circumstellaren, präsolaren und interplanetaren Staubteilchen ermittelt wird (Kosmochemie). *Anwendungsgebiete der Geochemie* sind geochemische Prospektion (die Suche nach Lagerstätten mit Hilfe geochemischer Methoden) und, auf dem Gebiet des Umweltschutzes, die Feststellung von Spuren anorganischer Schadstoffe wie Arsen, Blei, Cadmium, Quecksilber u. a. im Boden, in Deponien und in Gewässern.

Lagerstättenkunde. Die Lagerstättenkunde widmet sich der regionalen Verbreitung, dem stofflichen Inhalt sowie der Auffindung (Prospektion), Erschließung (Exploration) und Bewertung von natürlichen Rohstoffen (Erze, Steine und Erden, Industrieminerale, Energierohstoffe). Sie versucht, lagerstättenbildende Prozesse zu rekonstruieren und zu modellieren. Die *angewandte Lagerstättenkunde* befasst sich praxisorientiert mit Lagerstätten und darüber hinaus mit den technischen und wirtschaftlichen Bedingungen ihrer bergmännischen Gewinnung, ihrer Aufbereitung und Weiterverarbeitung aus geowissenschaftlicher Sicht (z. B. Schächter 2008). Die mineralischen Rohstoffe bilden einen Schwerpunkt in fast jeder industriellen Wirtschaft. Grundlagenfächer der Lagerstättenkunde sind neben Mineralogie, Petrologie und Geochemie insbesondere Geologie und Geophysik.

Technische Mineralogie. Nicht nur in der Lagerstättenkunde besitzt die Mineralogie technisch wichtige Anwendungsgebiete. Solche finden sich neben dem Bergbau, dem Hüttenwesen, den Industrien der Steine und Erden insbesondere in der keramischen Industrie, der Industrie feuerfester Erzeugnisse, der Zementindustrie, der Baustoffindustrie, der optischen Industrie, der Glasindustrie, der Schleifmittel- und Hartstoffindustrie, der Hightech-Keramik und der industriellen Kristallzüchtung, um nur die wichtigsten technischen Einsatzmöglichkeiten zu nennen. Ein Spezialgebiet der angewandten Mineralogie ist die *Edelsteinkunde* (*Gemmologie*, vgl. Abschn. 2.4.3, S. 39).

Archäometrie. Die Archäometrie untersucht archäologische Funde mit naturwissenschaftlichen Methoden. So werden Objekte aus Naturstein, Metall, Glas und Keramik mit mineralogischen und geochemischen Analysenmethoden charakterisiert mit dem Ziel, das Herkunftsgebiet der Rohstoffe einzugrenzen und Vorstellungen über (prä)historische technologische Verfahren zu gewinnen. Diese Arbeiten finden zunehmend das Interesse in der klassischen Archäologie, der Vor- und Frühgeschichte sowie der Archäologie des Mittelalters.

Weiterführende Literatur

Lehrbücher

Bank H (1973) Aus der Welt der Edelsteine, 2. Aufl. Pinguin, Innsbruck, Umschau, Frankfurt am Main
Deer WA, Howie RA, Zussman J (2011) Introduction to the rock-forming minerals. 3rd edn. Geol Soc, London
Henn U (2013) Praktische Edelsteinkunde, 3. Aufl. Deutsche Gemmologische Gesellschaft, Idar-Oberstein
Higgins MD (2006) Quantitative textural measurements in igneous and metamorphic petrology. Cambridge University Press, Cambridge, UK
Kleber W, Bautsch H-J, Bohm J, Klimm D (2010) Einführung in die Kristallographie, 19. Aufl. Oldenbourg, München
Klein C (1989) Minerals and rocks. Exercises in crystallography, mineralogy and hand specimen petrology. Wiley & Sons, New York
Klein C, Hurlbut Jr. CS (1985) Manual of mineralogy (after James D. Dana), 20th edn. Wiley & Sons, New York
Markl G (2011) Minerale und Gesteine. Mineralogie, Petrographie, Geochemie, 2. Aufl. Spektrum, Heidelberg
Noffke N (2014) Introductory geobiology. Springer-Verlag, Berlin Heidelberg (in press)
O'Donoghue M (ed) (2006) Gems – their sources, description and identification, 6th edn. Elsevier, Amsterdam
Pichler H, Schmitt-Riegraf C (1993) Gesteinsbildende Minerale im Dünnschliff, 2. Aufl. Enke, Stuttgart
Putnis A (1992) Introduction to mineral sciences. Cambridge University Press, Cambridge, UK
Ramdohr P (1975) Die Erzmineralien und ihre Verwachsungen, 4. Aufl. Akademie-Verlag, Berlin
Ramdohr P (1976) The ore minerals and their intergrowths. Pergamon, Oxford
Ramdohr P, Strunz H (1978) Klockmanns Lehrbuch der Mineralogie, 16. Aufl. Enke, Stuttgart
Rösler HJ (1991) Lehrbuch der Mineralogie, 5. Aufl. Enke, Stuttgart
Schröcke H, Weiner KL (1981) Mineralogie. Ein Lehrbuch auf systematischer Grundlage. de Gruyter, Berlin New York
Selenius O (ed) (2005) Essentials of medical geology – impacts of the natural environment on public health. Elsevier, Amsterdam Oxford
Tröger WE, Bambauer HU, Braitsch O, Taborszky F, Trochim HD (1967) Optische Bestimmung der gesteinsbildenden Minerale. Teil 2, Textband. Schweizerbart, Stuttgart
Vinx R (2008) Gesteinsbestimmung im Gelände, 2. Aufl., Spektrum-Springer-Verlag, Berlin Heidelberg
Wehrmeister U (2005) Edelsteine erkennen – Eigenschaften und Behandlungen. Rühle-Diebener, Stuttgart
Wenk HR, Bulakh A (2004) Minerals. Their constitution and origin. Cambridge University Press, Cambridge, UK
Wilke K-Th, Bohm J (1988) Kristallzüchtung, 2. Aufl. Deutscher Verlag der Wissenschaften, Berlin und Harri Deutsch, Köln
Zoltai T, Stout JH (1985) Mineralogy – concepts and principles. Burgess, Minneapolis, Minnesota

Übersichtsartikel und Sammelbände

Banfield JF, Cervini-Silva J, Nealson KM (2005) Molecular geomicrobiology. Rev Mineral Geochem 59
Boskey AL (2007) Mineralization of bones and teeth. Elements 3: 385–391
Büchel G, Merten D (eds) (2009) Geo-bio-interactions at heavy-metal-contaminated sites. Chem Erde – Geochemistry 69, Suppl 2:1–169
Dove PM (2010) The rise of skeletal biominerals. Elements 6:37–42
Dove PM, de Yorero JJ, Weiner S (eds) (2003) Biomineralization. Rev Mineral Geochem 54
Fritsch E, Rondeau B (2009) Gemology: The developing science of gems. Elements 5:147–152
Fubini B, Fenoglio I (2007) Toxic potentials of mineral dusts. Elements 3:407–414
Gieré R, Querol X (2010) Solid particulate matter in the atmosphere. Elements 6:215–222
Harrison RJ, Feinberg, JM (2009) Mineral magnetism: Providing new insights into geoscience processes. Elements 5:209–215
Hudson-Edwards KA, Jamieson HE, Savage K, Taylor KG (eds) (2009) Minerals in contaminated environments: Characterization, stability, impact. Canad Mineral 47:489–492
Hudson-Edwards KA, Jamieson HE, Lottermoser BG (2011) Mine wastes. Elements 7:375–380
Jones JR, Gentleman E, Polak J (2007) Bioactive glass scaffolds for bone regeneration. Elements 3:393–399
Kane RE (2009) Seeking low-cost perfection: Synthetic gems. Elements 5:169–174
Konhauser KO, Kappler A, Roden EE (2011) Iron in microbial metabolisms. Elements 7:89–93
Pasteris JD, Wopenka B, Valsami-Jones (2008) Bone and tooth mineralization: Why apatite? Elements 4:97–104
Pósfay M, Dunin-Borkowsky RE (2009) Magnetic nanocrystals in organisms. Elements 5:235–240
Rossman GR (2009) The geochemistry of gems and its relevance to gemology: Different traces, different prices. Elements 5:159–162

Sahai N (2007) Medical mineralogy and geochemistry: An interfacial science. Elements 3:381–384

Sahai N, Schoonen MAA (eds) (2006) Medical mineralogy and geochemistry. Rev Mineral Geochem 64

Schächter N (2008) Versorgung mit mineralischen Rohstoffen – eine Bestandsaufnahme. GMIT Geowissenschaftl Mitt 32:6–13

Skinner HCW, Jahren AH (2005) Biomineralization. In: Schlesinger WH (ed) Biogeochemistry, treatise in geochemistry, vol 8. Elsevier, Amsterdam, pp 117–184

Sverjensky DA, Lee N (2010) The great oxidation event and mineral diversification. Elements 6:31–36

Templeton AS (2011) Geomicrobiology of iron in extreme environments. Elements 7:95–100

van Hullebusch E, Rassano S (eds) (2010) Mineralogy, enviroment and health. Eur J Mineral 22:627–691

Wesson JA, Ward MD (2007) Pathological biomineralization of kidney stones. Elements 3:415–421

Nachschlagewerke

Bernard JH, Hyršl J (2004) Minerals and their localities. Granit, Prag

Hochleitner R, von Philipsborn H, Weiner KL, Rapp K (1996) Minerale Bestimmen nach äußeren Kennzeichen, 3. Aufl. Schweizerbart, Stuttgart

Strunz H (1982) Mineralogische Tabellen, 8. Aufl. Akademische Verlagsgesellschaft Geest & Portig, Leipzig

Strunz H, Nickel EH (2001) Strunz mineralogical tables, 9th edn. Schweizerbart, Stuttgart

Tröger WE, Bambauer HU, Taborszky F, Trochim HD (1982) Optische Bestimmung der gesteinsbildenden Minerale. Teil 1, Bestimmungstabellen, 5. Aufl. Schweizerbart, Stuttgart

Zitierte Literatur

Allwood A, Walter MR, Burch IW, Kamber BS (2007) 3,43 billion-year-old stromatolite reef from the Pilbara Craton of Western Australia: Ecosystem-scale insight to early life on Earth. Precambrian Res 158:1089–227

Albracht G, Schwerdtfeger OA (Hrsg) (1991) Herausforderung Asbest. Universum, Wiesbaden

Bleil U, von Dobeneck T (2006) Das Magnetfeld der Erde. In: Wefer G (Hrsg) Expedition Erde – Wissenswertes und Spannendes aus den Geowissenschaften, 2. Aufl. Geo Union, Alfred Wegener Stiftung, S 78–87

Dullo W-Chr, Henriet JP (eds) (2007) Special issue: Carbonate mounds on the NW European margin: A window into Earth history. Internat J Earth Sci 96:1–213

Hawthorne FC, Oberti R, Della Ventura G, Mottana A (2007) Amphiboles: Crystal chemistry, occurrence, and health issues. Rev Mineral Geochem 67, 545 p

McNamara K (2004) Stromatolites. Western Australian Museum, Perth, Australia, 29 p

Merian E (ed) (1991) Metals and their compounds in the environment occurence, analysis and biological relevance. VCH, Weinheim

Nolan RP, Langer AM, Ross M, Wicks FJ, Martin RF (eds) (2001) Health effects of chrysotile asbestos: contribution of science to risk-management decisions. Canad Mineral Spec Publ 5, 304 p

Reitner J (1997) Stromatolithe und andere Mikrobialithe. In: Steininger FF, Maronde D (Hrsg) Städte unter Wasser – 2 Milliarden Jahre. Kleine Senckenberg-Reihe 24, Senckenberg, Frankfurt am Main, 186 S

Ronov AB, Yaroshevsky AA (1969) Chemical composition of the Earth's crust. In: Hart PJ (ed) The Earth's crust and upper mantle. American Geophysical Union, Washington DC, pp 37–62

von Denffer D, Ehrendorfer F, Mägdefrau K, Ziegler H (2002) Strasburger Lehrbuch der Botanik für Hochschulen, 35. Aufl. Elsevier/Spektrum, Heidelberg Amsterdam

Weinbruch S, Ebert M, Vester B (2006) Feinstaubexposition in urbanen Ballungsräumen: Ergebnisse der Elektronenmikroskopie. GMIT Geowissenschaftliche Mitteilungen 24, Juni 2006, S 8–14

Wesson JA, Ward MD (2007) Pathological biomineralization of kidney stones. Elements 3:415–421

Wimmenauer W (1992) Zwischen Feuer und Wasser. Gestalten und Prozesse im Mineralreich. Urachhaus Johannes Mayer, Stuttgart

Gesteine

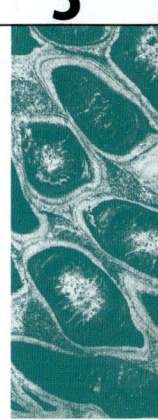

**3.1
Mineralinhalt**

**3.2
Beziehungen
zwischen chemischer
Zusammensetzung
und Mineralinhalt:
Heteromorphie
von Gesteinen**

**3.3
Gefüge**

**3.4
Geologischer Verband**

**3.5
Abgrenzung der
gesteinsbildenden
Prozesse**

**3.6
Mineral- und
Erzlagerstätten**

Gesteine (Abb. 2.2) sind Mineralaggregate, die räumlich ausgedehnte, selbständige geologische Körper bilden und wesentliche Teile der Erde, des Mondes und der erdähnlichen Planeten aufbauen. Der Gesteinsbegriff umfasst darüber hinaus die relativ seltenen natürlichen Gläser.

Im Unterschied zum Mineral sind Gesteine *physikalisch und chemisch heterogene* Naturkörper. Die Erfahrung zeigt, dass die verschiedenen Minerale nicht in allen denkbaren Kombinationen und Mengenverhältnissen gesteinsbildend auftreten. Auswahlprinzipien sind wirksam, und einige Mineralkombinationen sind vorherrschend. Gesteine treten in selbständigen, zusammenhängenden, geologisch kartier- und profilierbaren Körpern auf. Wir wissen heute, dass die Erde bis in eine Tiefe von 2 900 km aus Gesteinen besteht. Gesteine der Erdkruste sind uns durch geologische Aufschlüsse übertage und untertage (Bergwerke, Tunnel) sowie durch Tiefbohrungen bekannt; Gesteine des oberen Erdmantels werden durch tektonische Prozesse oder durch tiefreichende Vulkane an die Erdoberfläche gefördert. Während der Apollo-Missionen konnten Gesteinsproben von der Kruste des Mondes gesammelt und zur Erde gebracht werden. Darüber hinaus kennt man Gesteinsfragmente aus dem Asteroiden-Gürtel, vom Mars und selten auch vom Mond, die als Meteorite bezeichnet werden. Es ist mit Sicherheit anzunehmen, dass große Anteile der erdähnlichen Planeten unseres und anderer Sonnensysteme aus Gesteinen aufgebaut sind.

Gesteine werden charakterisiert durch ihre mineralogische und chemische Zusammensetzung, ihr Gefüge und ihren geologischen Verband. Aus diesen Eigenschaften lassen sich Rückschlüsse auf die Bildungsbedingungen eines Gesteins ziehen.

3.1
Mineralinhalt

In überwiegender Mehrzahl bestehen Gesteine aus anorganischen, festen, kristallisierten Mineralen einer oder mehrerer Arten. Die meisten Gesteine sind *polymineralisch*, wie z. B. Granit, der sich aus Quarz, Kalifeldspat, Plagioklas und Biotit zusammensetzt (Abb. 2.3). Demgegenüber sind *monomineralische* Gesteine wie Quarzit, der (fast) ausschließlich aus Quarz, oder Marmor, der im Wesentlichen aus Calcit besteht, viel seltener. Auch Gletschereis, das z. Zt. schätzungsweise 10 % der Erdoberfläche mit einem Gesamtvolumen von ca. 32 Mio km^3 einnimmt, ist ein monomineralisches Gestein. Man unterscheidet *Hauptgemengteile* und *Nebengemengteile* (*Akzessorien*). Letztere treten nur in untergeordneter Menge auf und sind für die Gesteinsklassifikation unwesentlich. Sie können aber für die Bildungsbedingungen eines metamorphen Gesteins oder für die Herkunft eines Sedimentgesteins (Schwerminerale) sehr charakteristisch sein oder wichtige Altersinformationen liefern (z. B. Zirkon). Neben Mineralen können natürliche Gläser, organische Festsubstanzen, Flüssigkeiten (Erdöl, Wasser) und Gase (Erdgas, Luft) am Aufbau von Gesteinen beteiligt sein. Von den ca. 4 600 gut definierten Mineralarten sind nur etwa 250 gesteinsbildend, davon über 90 % Silicium-Verbindungen, d. h. Silikate und Quarz. Die häufigsten Minerale der Erdkruste sind in Tabelle 2.2 zusammengestellt; die Fotos in den Abb. 2.1–2.10 vermitteln Eindrücke von ihrem äußeren Erscheinungsbild.

3.2
Beziehungen zwischen chemischer Zusammensetzung und Mineralinhalt: Heteromorphie von Gesteinen

Gesteine gleicher chemischer Zusammensetzung können völlig verschiedene Mineralbestände haben. Diese wichtige Tatsache lässt sich durch unterschiedliche Bildungsbedingungen von Gesteinen bei geologischen Prozessen erklären; sie wird uns daher immer wieder beschäftigen. Zunächst seien einige Beispiele für die *Heteromorphie von Gesteinen* genannt:

Sedimentgestein	↔	Metamorphes Gestein
Ton (bestehend aus Tonmineralen und Quarz)	↔	*Staurolith-Glimmerschiefer* (bestehend aus Muscovit, Biotit, Staurolith, Granat, Quarz)
Vulkanisches Gestein	↔	Metamorphes Gestein
Basalt (bestehend aus Plagioklas, Klinopyroxen und Olivin)	↔	*Amphibolit* (bestehend aus Plagioklas und Amphibol)
Plutonisches Gestein	↔	Sedimentgestein
Granodiorit (bestehend aus Plagioklas, Kalifeldspat, Quarz und Biotit)	↔	*Grauwacke* (bestehend aus Quarz, Feldspäten, Tonmineralen und Gesteinsbruchstücken)

Die Art der in einem Gestein auftretenden Minerale hängt also einerseits von der chemischen Pauschalzusammensetzung des Gesteins, andererseits jedoch von Druck, Temperatur und anderen äußeren Zustandsbedingungen ab, die bei der Gesteinsbildung herrschten. Diese Beziehungen lassen sich durch Methoden der *Thermodynamik*, einer wichtigen Arbeitsrichtung der Physikalischen Chemie, modellieren.

3.3
Gefüge

Das Gefüge (engl. fabric) von Gesteinen umfasst folgende, nicht scharf gegeneinander abzugrenzende Begriffe: *Struktur, Textur, Absonderung*.

3.3.1
Struktur

> Unter Struktur (engl. *texture* oder *microstructure*) versteht man die Art des Aufbaus aus den Einzelkomponenten, wie sie sich im Handstück oder unter dem Mikroskop beobachten lässt. Die Strukturbeziehungen in einem Gestein hängen wesentlich von der Art ab, in der sich die Temperatur, der Druck und andere Zustandsvariable sowie die chemische Zusammensetzung eines Gesteins im zeitlichen Verlauf der Gesteinsbildung verändern. Diese Beziehungen lassen sich mit den Methoden der *Reaktionskinetik*, einer wichtigen Arbeitsrichtung der Physikalischen Chemie, modellieren.

Die Struktur eines Gesteins wird durch folgende Eigenschaften beschrieben:

Grad der Kristallinität

- *holokristallin* = vollständig kristallisiert, z. B. Granit,
- *hypokristallin* = teils aus kristallisierten Mineralen, teils aus Gesteinsglas bestehend, z. B. Rhyolith (Abb. 3.1),
- *hyalin* = glasig = ganz oder im Wesentlichen aus Gesteinsglas bestehend, z. B. Obsidian, das allerdings weitgehend sekundär entglast sein kann unter Bildung von Skelett-Kristallen (Mikrolithen), z. B. beim Pechstein.

Korngestalt

Nach der vollständigen, weniger vollständigen und fehlenden Ausbildung von Kristallflächen unterscheidet man *idiomorphe* → *panidiomorphe* → *hypidiomorphe* → *xenomorphe* Minerale.

Korngröße

Für magmatische und metamorphe Gesteine hat sich eine einfache Korngrößeneinteilung bewährt, die sich gut im Gelände anwenden lässt:

Abb. 3.1.
Vulkanisches Gestein: Lagiger Rhyolith mit Fließfalten. Das Gestein zeigt Einsprenglinge von Alkalifeldspat in einer glasigen Grundmasse. Glen-Coe-Ringkomplex, Schottland. Mineralogisches Museum der Universität Würzburg. (Foto: K.-P. Kelber)

- *grobkörnig*   > 5   mm mittlerer Korndurchmesser,
- *mittelkörnig* 5 – 1   mm,
- *feinkörnig*   1 – 0,1 mm,
- *dicht*   < 0,1 mm (d. h. auch mit der Lupe nicht mehr auflösbar).

Korngrößeneinteilung bei Sedimentgesteinen: siehe Abb. 25.1 (S. 384).

Korngrößenverteilung

Man unterscheidet *gleichkörnige* Gesteine, wie z. B. viele Granite (Abb. 2.3), von *ungleichkörnigen*. So enthalten vulkanische Gesteine mit *porphyrischem* Gefüge mm- bis cm-große *Einsprenglinge* von Quarz, Feldspäten (Pyroxen oder Olivin in einer feinkörnigen bis dichten oder sogar glasigen *Grundmasse* (*Matrix*; Abb. 2.5, 2.6, 3.2; Abb. 13.7a,b, 13.8a,b, 13.10a,b S. 231ff). In metamorphen Gesteinen können grobkörnige *Porphyroblasten*, z. B. von Granat oder Staurolith in einem mittel- bis feinkörnigen *Grundgewebe* aus Biotit, Muscovit, Quarz und Plagioklas wachsen (Abb. 2.9; Abb. 11.15, S. 152).

Kornbindung

Im Gegensatz zum allgemeinen Sprachgebrauch unterscheidet man in den Geowissenschaften *Lockergesteine* und *Festgesteine*, z. B.

- Sand ↔ Sandstein,
- Schotter ↔ Konglomerat,
- vulkanische Asche ↔ vulkanischer Tuff.

Abb. 3.2. Vulkanisches Gestein: Limburgit mit Einsprenglingen von Augit in einer glasigen Grundmasse sowie zahlreichen Blasenhohlräumen, die teilweise mit Calcit-Drusen gefüllt sind. Limberg bei Sasbach, Kaiserstuhl. Mineralogisches Museum der Universität Würzburg. (Foto: K.-P. Kelber)

3.3.2
Textur

> Die Textur von Gesteinen (engl. structure) beinhaltet die Anordnung gleichwertiger Gefügeelemente, wie Mineralgruppen, Blasenreihen, Lagen von Gesteinsfragmenten oder Fossilien, im Raum. Texturelle Merkmale werden im Aufschluss oder in hinreichend großen Gesteinsproben beurteilt, beziehen sich also im Allgemeinen auf größere Dimensionen als strukturelle.

Die Gesteinstextur wird unter folgenden Gesichtspunkten beschrieben:

Abb. 3.3.
Vulkanisches Gestein: Melaphyr-Mandelstein, Basalt mit zahlreichen Blasenhohlräumen, die mit intensiv grün gefärbtem, Fe^{2+}-Fe^{3+}-reichem Chlorit (Chamosit) ausgekleidet sind. Idar-Oberstein an der Nahe. Mineralogisches Museum der Universität Würzburg. (Foto: K.-P. Kelber)

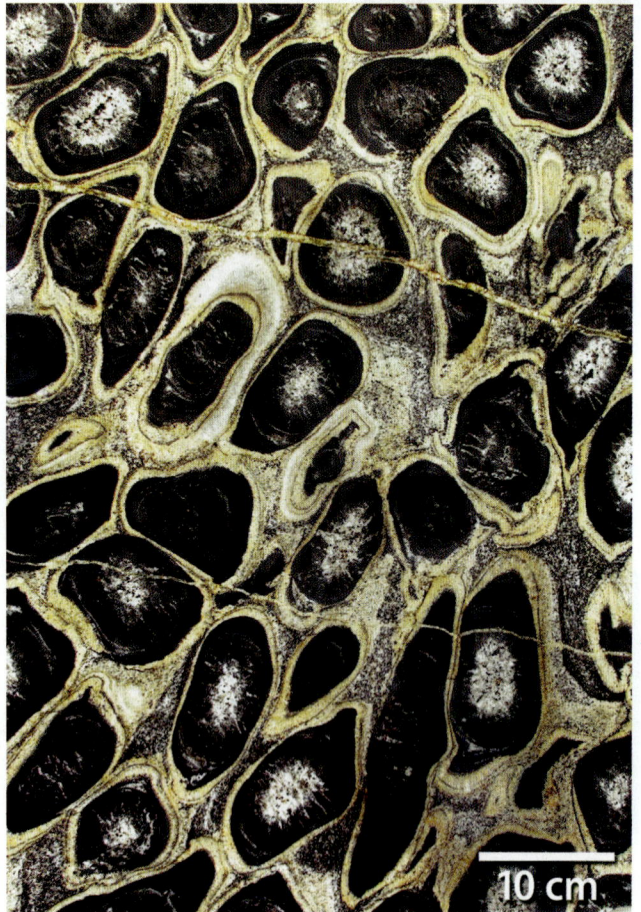

Art der Raumerfüllung im Gestein (Porosität)

- *kompakt*: Tiefengesteine, z. B. Granit (Abb. 2.3), Gabbro; metamorphe Gesteine, z. B. Gneis, Amphibolit;
- *blasig*: viele vulkanische Gesteine, wobei die Blasen oft mit Mineraldrusen oder Mandeln gefüllt sind (Abb. 3.2, 3.3), z. B. Melaphyr-Mandelstein (Abb. 3.3);
- *zellig* oder gar *schwammig*: poröse Basaltlaven;
- *schaumig*: Bims.

Räumliche Verteilung der Gefügeelemente (Verteilungsgefüge)

Viele Gesteine sind *statistisch* gesehen (nicht physikalisch!) *homogen*, d. h. in großen Bereichen eines Gesteinskörpers, z. B. eines Granitplutons treten pro Volumeneinheit immer die gleichen Minerale in etwa gleichen Mengenverhältnissen auf (Abb. 2.3). Demgegenüber gibt es auch ausgesprochen *heterogene* Gesteinskörper, z. B. mit *sphäro-*

◄ **Abb. 3.4.** Orbiculit. Tampere (Finnland). Das Tiefengestein besteht aus zonar gebauten, kugel- bis linsenförmigen Sphäroiden, deren Korngröße und Mineralbestand zonenweise stark wechseln. Die hellen, mittelkörnigen Kernbereiche bestehen überwiegend aus Plagioklas, untergeordnet aus Quarz, Biotit und Hornblende, die dunklen, feinkörnigen Hauptzonen aus Plagioklas, Biotit und Magnetit und die hellen, mittel- bis feinkörnigen Randzonen aus Quarz, Kalifeldspat, Plagioklas und wenig Biotit. Die helle, mittelkörnige Matrix zwischen den Sphäroiden ist aus Quarz, Kalifeldspat, Plagioklas, Biotit und Hornblende in wechselnden Mengenverhältnissen zusammengesetzt. Mineralogisches Museum der Universität Würzburg. (Foto: K.-P. Kelber)

Abb. 3.5.
Sandstein der Hardegsen-Formation, Mittlerer Buntsandstein, mit ausgeprägter Schrägschichtung. Das Gefüge spiegelt die Ablagerung der Sande in einem verzweigten Fluss-System mit stark wechselnden Strömungsrichtungen wider. Mauer der Schlossruine Wertheim am Main.
(Foto: K.-P. Kelber, 2012)

litischem Gefüge = *Kugelgefüge* beim Orbiculit (Abb. 3.4), *Lagengefüge* bei vielen Sedimentgesteinen (Abb. 3.5) und Metamorphiten (Abb. 3.6), *Schlierengefüge* bei Migmatiten (Abb. 26.27, 26.28, S. 452), *Schollengefüge*, z. B. bei Fremdgesteins-Einschlüssen (Xenolithen) im Granit.

Räumliche Orientierung der Gefügeelemente (Orientierungsgefüge)

Viele Gesteine weisen ein *richtungsloses* („isotropes") Gefüge auf, wie z. B. viele Tiefengesteine (Abb. 2.3). Andere Gesteine zeigen eine mehr oder weniger ausgeprägte *Gefügeregelung*:

- *Fließgefüge* (*Fluidaltextur*) bei vielen Vulkaniten (Abb. 3.1; Abb. 13.9, S. 233),
- *Anlagerungsgefüge*, d. h. *Schichtung* in Sedimentgesteinen (Parallelschichtung, Schrägschichtung, Abb. 3.5) oder in schichtigen Intrusionen (Layered Intrusions),
- *tektonische Gefüge* wie *Schieferung* und Faltung in metamorphen Gesteinen (Abb. 3.6; 26.9, S. 432, Abb. 26.19, S. 448).

In der Metallurgie wird der Textur-Begriff in einem engeren Sinn gefasst; danach besitzen metallische Werkstücke, die eine Gefügeregelung aufweisen, eine Textur. Dieser wesentlich enger gefasste Textur-Begriff wird z. T. auch in der Geologie verwendet.

Die Gesteinstextur bedingt die *Absonderung* übergeordneter Gesteinsbereiche, die im Aufschluss sofort ins Auge fällt, wie *Bankung*, die die Schichtung der

Abb. 3.6. Gebändertes Hämatiterz mit eingefalteten Lagen von Calcit-Marmor, Mo i Rana, Nordland, Norwegen. Mineralogisches Museum der Universität Würzburg. (Foto: K.-P. Kelber)

Sedimentgesteine nachzeichnet, oder *Klüftung*, die z. B. zur quaderförmigen Absonderung und zur Verwitterung in sog. Wollsack-Formen beim Granit (Abb. 24.1, S. 372), oder zur säulenförmigen Absonderung beim Basalt führt (Abb. 14.5, S. 244); Pillow-Laven zeigen rundliche Absonderungsformen (Abb. 14.7, S. 244).

3.4 Geologischer Verband

Entscheidend für das Verständnis gesteinsbildender Prozesse sind die geologischen Verbandsverhältnisse (*Lagerungsform*) der Gesteine, wie sie durch sorgfältiges Studium im Aufschluss rekonstruiert werden können. Grundsätzlich unterscheiden wir

- *konkordanten Verband* (lat. concordantia = Einmütigkeit), z. B. in einer kontinuierlich, d. h. ohne Unterbrechungen sedimentierten Folge von Sandsteinen und Tonsteinen, und
- *diskordanten Verband* (lat. discordantia = Widerspruch), bei dem zwei Gesteinsserien abweichende Lagerung aufweisen. Diese dokumentiert, dass zwischen der Bildung der beiden Gesteinsserien mindestens ein geologisches Ereignis stattfand. Dafür gibt es mehrere Möglichkeiten: Wenn das ältere Schichtpaket von dem darüber liegenden jüngeren lediglich durch eine unregelmäßig gewellte Erosionsfläche getrennt ist, spricht man von *Erosionsdiskordanz* (engl. disconformity). Ist dagegen das ältere Schichtpaket durch ein tektonisches Ereignis verkippt worden und unterliegt danach der

Abb. 3.7.
Winkeldiskordanz am Siccar Point, Berwickshire, Schottland. Steilgestellte, ca. 430 Millionen Jahre (430 Ma) alte Grauwacken und Tonsteine des Silurs werden von flach lagernden, ca. 370 Ma alten Sandsteinen des Devons (Upper Old Red) überdeckt. Diese weisen infolge tektonischer Verkippung eine schwache Neigung auf. Der schottische Privatgelehrte James Hutton (1726–1797) erkannte, dass die Ablagerung der silurischen Schichten, ihre Steilstellung, Heraushebung und Erosion sowie die erneute Meeresbedeckung und die Ablagerung der devonischen Schichten einen sehr langen Zeitraum erfordert. Er führte damit den Zeitbegriff in die Geologie ein: „What can we require, nothing but time." (Foto: Martin Okrusch)

Abb. 3.8.
Der Fischfluss-Canyon im Süden Namibias erschließt die Diskordanz zwischen steilstehenden Gneisen des ca. 1 200 Ma alten Namaqua-Komplexes und den flachlagernden, ca. 600–580 Ma alten Sandsteinen und Kalksteinen der unteren Nama-Gruppe. (Foto: Joachim A. Lorenz)

Abb. 3.9.
Drei unterschiedliche Generationen von magmatischen Gängen unterschiedlicher Zusammensetzung in einem Migmatit.
1. Dunkle Basaltgänge (Dolerit), 2. weiße Pegmatitgänge, 3. rosa Aplitgänge (vgl. Kap. 13). Der Migmatit entstand durch teilweise Aufschmelzung während der Kollision von West- und Ost-Gondwana bei der panafrikanischen Orogenese. Juttulhogget, Dronning Maud Land, Ostantarktika. Der rote Pfeil weist auf den kartierenden Geologen hin, der als Maßstab dient!
(Foto: Hartwig Frimmel)

Abtragung, ehe das jüngere Schichtpaket auf der Erosionsfläche abgelagert wird, entsteht eine *Winkeldiskordanz* (engl. angular unconformity). Ein klassisches Beispiel ist der Aufschluss Siccar Point in Schottland, wo steilgestellte Grauwacken und Tonsteine des Silurs von flach lagernden Sandsteinen des Devons (Upper Old Red) überdeckt werden (Abb. 3.7). Auch der Kontakt zwischen kristallinem Grundgebirge, bestehend aus verfalteten und metamorphen Gesteinsserien mit eingeschalteten Tiefengesteinen einerseits und überlagerndem unmetamorphem Deckgebirge andererseits, ist eine typische Diskordanz (Abb. 3.8). Wenn magmatische Schmelzen in Form von Gängen oder Tiefengesteins-Körpern ihr Nebengestein durchsetzen, entstehen ebenfalls diskordante Kontaktverhältnisse (Abb. 3.9; Abb. 15.7, S. 262).

Ausführlichere Darstellungen sind Lehrbüchern der allgemeinen Geologie zu entnehmen (z. B. Press u. Siever 2003).

> Man sollte sich daran gewöhnen, bei der Geländearbeit Gesteinsverbände und Gesteine systematisch in folgender Reihenfolge anzusprechen: Verbandsverhältnisse → Absonderung → texturelle Merkmale → strukturelle Merkmale → Mineralbestand (soweit im Handstück erkennbar).

3.5 Abgrenzung der gesteinsbildenden Prozesse

Nach unserem heutigen Kenntnisstand, der sich im Laufe von 250 Jahren geowissenschaftlicher Forschung entwickelt hat, kommen für die Gesteinsbildung folgende magmatische, metamorphe und sedimentäre Prozesse in Frage (Abb. 3.10).

Magmatische Prozesse (Magmatismus) (Kap. 13–19)

Solche Prozesse beinhalten die Erstarrung von Magmen, d. h. von Silikatschmelzen, seltener auch von Sulfid-, Oxid- oder Karbonatschmelzen, die von sehr hohen Temperaturen abgekühlt werden, wobei es zur Kristallisation von Mineralen kommt. Bei rascher Abschreckung von Magmen können diese teilweise oder vollständig zu Gesteinsgläsern erstarren. Durch diese Vorgänge entstehen *magmatische Gesteine* (*Magmatite*). Erfolgt die Förderung und Erstarrung der Magmen durch *vulkanische Prozesse* (*Vulkanismus*) an der Erdoberfläche unter Atmosphärendruck oder am Ozeanboden (submarin), so entstehen *vulkanische Gesteine* (*Vulkanite*). Erstarren die Magmen dagegen im Erdinnern unter der Auflast mächtiger Gesteinsmassen, d. h. bei erhöhten Drücken (*Plutonismus*), bilden sich *plutonische Gesteine* (*Plutonite*, *Tiefengesteine*). Magmatische Gesteine mit relativ geringen SiO_2-Gehalten von 45–52 Gew.-% werden als *basisch*, solche mit 52–65 Gew.-% SiO_2 als *intermediär* und solche mit >65 Gew.-% SiO_2 als *sauer* bezeichnet. Basische Magmatite (z. B. Basalte oder Gabbros) sind relativ reich an dunklen (mafischen) Gemengteilen wie Amphibole, Pyroxene und/oder Olivin, saure Magmatite (z. B. Granite oder Rhyolithe) enthalten dagegen vorwiegend helle (felsische) Gemengteile wie Quarz und/oder Feldspäte.

Die Erdkruste besteht zu über 60 Vol.-% aus magmatischen Gesteinen (Tabelle III.1, S. 213). Unter den Vulkaniten sind *Basalte* die weitaus wichtigsten, während *Andesite*, *Dacite*, *Trachyte*, *Rhyolithe*, *Phonolithe* u. a. mengenmäßig zurücktreten; ausgesprochen selten bilden sich durch Kristallisation von Karbonat-Magmen die *Karbonatite*. Bei den *Plutoniten* dominieren ganz klar *Granite* und *Granodiorite*; andere Tiefengesteine wie *Gabbros*, *Diorite*,

Abb. 3.10.
Der Kreislauf der Gesteine. Erläuterung im Text. (Modifiziert nach Press u. Siever 2003)

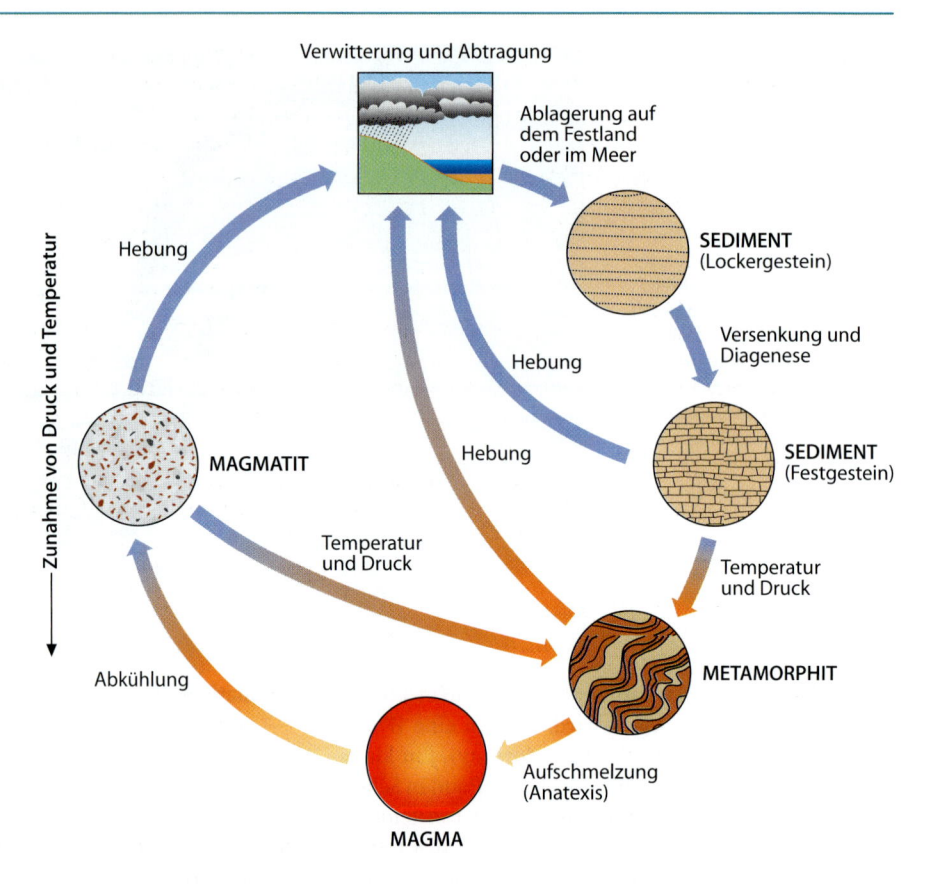

Syenite oder *Anorthosite* sind dagegen viel seltener. Abgesehen von einer dünnen Sedimenthaut ist praktisch die gesamte *ozeanische Erdkruste* aus Basalten aufgebaut, während die *kontinentale Erdkruste* überwiegend aus Graniten und Granodioriten sowie aus *Gneisen* granitischer oder granodioritischer Zusammensetzung (s. u.) besteht.

Sedimentäre Prozesse (Kap. 24 und 25)

Der sedimentäre Kreislauf umfasst

- die Verwitterung existierender Gesteine,
- die Abtragung und
- den *Transport* der Verwitterungsprodukte in fester oder gelöster Form,
- die *Ablagerung* des suspendierten Materials aus der Luft, aus Wasser oder Eis,
- die *Ausfällung* der gelösten Ionen oder die *Ausflockung* gelöster Kolloide in Form von Mineralneubildungen oder
- die Kristallisation des gelösten Materials in Form von Organismen-Hartteilen durch *biogene Prozesse*.

Es entstehen *Sedimente* und *Sedimentgesteine*. Letztere gehen durch sekundäre Verfestigung (*Diagenese*) aus lockeren Sedimenten hervor, wobei durch die Auflast der darüber abgelagerten jüngeren Sedimentmassen erhöhte Belastungsdrücke und Temperaturen erzeugt werden.

Zwischen Diagenese und Gesteinsmetamorphose (s. u.) bestehen gleitende Übergänge. Beispiele für verbreitete, oft wirtschaftlich wichtige Sedimentgesteine sind *Tonsteine*, *Sandsteine*, *Konglomerate*, *Kalksteine* und *Dolomite*, *Gips*- und *Anhydrit*-Gesteine, sowie *Steinsalz* und *Kalisalze*. Sedimente und Sedimentgesteine bilden nur eine relativ dünne Haut über den Basalten der ozeanischen Erdkruste oder dem *kristallinen Grundgebirge* aus Magmatiten und Metamorphiten, das die kontinentale Erdkruste aufbaut. Oft fehlen sedimentäre Gesteine ganz; ihr Anteil am Bau der Erdkruste beträgt daher weniger als 10 Vol.-% (Tabelle III.1, S. 213).

Metamorphe Prozesse (Gesteinsmetamorphose) (Kap. 26–28)

Bei diesen Prozessen kommt es zur Rekristallisation und Reaktion von Mineralen in festen Gesteinen bei hohen bis sehr hohen Temperaturen und meist bei erhöhten bis sehr hohen Drücken, zunächst ohne Anwesenheit einer Schmelze. Dabei bilden sich aus älteren magmatischen oder Sedimentgesteinen *metamorphe Gesteine* (*Metamorphite*). So entstehen – in Abhängigkeit von der Zusammensetzung und den Druck-Temperatur-Bedingungen der Metamorphose – aus Graniten, Granodioriten oder Rhyolithen *Orthogneise* oder *helle Granulite*, aus Gabbros und Basalten *Grünschiefer*, *Blauschiefer*, *Amphibolite*, *dunkle Granulite* oder *Eklogite*, aus Tonsteinen und Grauwacken

Phyllite, Glimmerschiefer, Paragneise oder *helle Granulite*, aus Kalksteinen und Dolomiten Marmore, aus Quarzsandsteinen *Quarzite*. Werden bei der Gesteinsmetamorphose Temperaturen erreicht, die eine *Teilschmelzung* ermöglichen, so bilden sich *Migmatite* (s. u.). Metamorphite sind zu etwa einem Viertel am Bau der Erdkruste beteiligt (Tabelle III.1, S. 213).

Neben den magmatischen, sedimentären und metamorphen Gesteinen gibt es zwei weitere wichtige Gesteinsgruppen, die durch die Kombination zweier Arten von gesteinsbildenden Prozessen entstanden sind und dementsprechend deren charakteristische Gefügemerkmale in sich vereinigen:

Vulkanische Lockerprodukte (Pyroklastite). Vulkanische Aschen und Tuffe bestehen aus Glas- und/oder aus Mineral- oder Gesteinsfragmenten, die durch explosive vulkanische Prozesse gefördert und aus der Luft oder im Wasser sedimentiert werden. Dadurch zeigen sie – ähnlich wie Sedimente – häufig Schichtung, sind aber Vulkanite.

Migmatite entstehen bei der hochgradigen Gesteinsmetamorphose durch teilweise Aufschmelzung (partielle Anatexis). In solchen Gesteinsverbänden treten daher geschmolzene und feste Anteile nebeneinander auf, also magmatische neben metamorphen.

3.6
Mineral- und Erzlagerstätten

> Als *Minerallagerstätte* bezeichnet man eine natürliche, räumlich begrenzte Konzentration von Mineralen in und auf der Erdkruste. *Erzlagerstätten* sind die natürlichen Fundorte von Erzen in und auf der Erdkruste einschließlich des Ozeanbodens.

> *Erze* sind Mineralaggregate oder Gesteine aus Erzmineralen, in denen Metalle oder Metallverbindungen oder auch Kernbrennstoffe (mit Uran oder Thorium) konzentriert sind. Die metallhaltigen Minerale nennt man *Erzminerale*. Verwertbare oder nicht verwertbare Begleitminerale, die keine metallischen Elemente enthalten, werden als *Nichterze*, mit einem traditionellen Bergmannsausdruck auch als Gangarten bezeichnet.

Zum System der Versorgung mit mineralischen Rohstoffen gehören vier Elemente (Wellmer 2012):

- eine bauwürdige Lagerstätte,
- die Investition in einen *Bergbaubetrieb*, in dem die Rohstoffe gewonnen werden,
- ein effektives *Transportsystem*, um die benötigten Rohstoffe zum Verbraucher zu bringen,
- der *Markt*, d. h. eine genügende Zahl von interessierten Verbrauchern, die bereit sind, für die Rohstoffe zu zahlen.

Nach groben Abschätzungen der Bundesanstalt für Geowissenschaften und Rohstoffe wurden im Jahr 2009 weltweit folgende Mengen an mineralischen Rohstoffen verbraucht (Wellmer 2012): Die Basis der Rohstoff-Pyramide bilden mit ca. 10 Milliarden t die *Massenrohstoffe* Sand, Kies, Splitt, Kalkstein und Naturwerkstein, die hauptsächlich für Bauzwecke genutzt werden, sowie die Energierohstoffe Steinkohle (6 Mrd. t), Erdöl (3,8 Mrd. t), Erdgas (3 Mrd. m^3) und Braunkohle (1 Mrd. t). Mit Abstand folgt der wichtigste *Metallrohstoff*, das Eisenerz (2,2 Mrd. t) sowie die *Nichtmetallrohstoffe* Steinsalz, Kalisalz und Phosphat. An der Spitze der Rohstoff-Pyramide liegen die Metallerze, von denen lediglich neun mit jährlichen Fördermengen von >1 Mrd. t beteiligt sind: außer dem Eisen sind die wichtigsten *Gebrauchsmetalle* Aluminium, Kupfer, Mangan, Zink, Chrom, Blei, Titan und (seit 1999) Nickel.

Bauwürdigkeit von Lagerstätten

Bei genügender Konzentration von Mineralen oder Erzen entstehen *nutzbare (bauwürdige) Lagerstätten*, vorausgesetzt die Rohstoffe lassen sich technisch und wirtschaftlich gewinnen. Für die Bauwürdigkeit einer Lagerstätte ist in erster Linie eine gewisse *Mindestkonzentration* der zu gewinnenden Minerale oder Wertmetalle, d. h. ihre Anreicherung über den Durchschnittgehalt in der Erdkruste ausschlaggebend (Tabelle 33.5, S. 602). So beträgt das Krustenmittel beim Eisen 5,00 Gew.-% Fe, während die Bauwürdigkeitsgrenze für eine Eisenerz-Lagerstätte bei ca. 30 Gew.-% Fe liegt, was einem Anreicherungsfaktor von ×6 entspricht. Für Mangan liegen diese Werte bei 0,10 und 35 Gew.-% Mn, d. h. der Anreicherungsfaktor beträgt hier schon ×350. Gold hat ein Krustenmittel von lediglich 0,0015 g/t Au (= Gramm Gold pro Tonne Gestein), aber Goldlagerstätten können schon ab Mindestkonzentrationen von 1 bis 5 g/t bauwürdig sein, entsprechend Anreicherungsfaktoren von ×700 bis ×3 300. Entscheidend für die Bauwürdigkeit einer Erzlagerstätte ist weiterhin eine Mindestmenge an gewinnbarem Erz sowie gute Möglichkeiten für seine Aufbereitung, durch die das Erz vom „tauben" Nebengestein getrennt werden kann.

Außer diesen, durch geologische Prozesse bedingten Faktoren sind noch eine Reihe wirtschaftlicher, verkehrsgeographischer und politischer Randbedingungen zu berücksichtigen, nicht zuletzt der alles entscheidende Weltmarktpreis. Seine Schwankungen lösen einen wichtigen Regelungsmechanismus aus: Steigender Weltmarktpreis eines Wertmetalls führt zur Intensivierung der Lagerstättenprospektion und -exploration sowie zur Entwicklung verbesserter Methoden bei der Aufbereitung und Verhüttung von Erzen; ein Überangebot auf dem Markt hat einen sinkenden Weltmarktpreis und schlussendlich die Schließung von Minenbetrieben zur Folge (Wellmer u. Dalheimer 2012; vgl. Abschn. 33.3.2, S. 602f). Auch bei anderen mineralischen Rohstoffen, wie nutzbaren Gesteinen, Salzen und den fossilen Brennstoffen Stein- und Braunkohle, Erdöl und Erdgas spricht man von Lagerstätten. Für ihre Gewinnbarkeit gelten analoge Voraussetzungen.

Einteilung der Erze nach ihrer technischen Nutzung

Nach technisch-wirtschaftlichen Gesichtspunkten lassen sich Erze in folgende Gruppen einteilen:

- *Erze der Eisenmetalle*: Eisen Fe und die sog. Stahlveredler Mangan Mn, Nickel Ni, Kobalt Co, Chrom Cr, Vanadium V, Titan Ti, Molybdän Mo, Rhenium Re, Wolfram W, Niob Nb, Tantal Ta, Zirkonium Zr, Hafnium Hf, Tellur Te.
- *Erze der Nichteisenmetalle* (sog. Buntmetalle, engl. base metals): Kupfer (lat. cuprum) Cu, Blei (lat. plumbum) Pb, Zink Zn, Cadmium Cd, Zinn (lat. stannum) Sn, Quecksilber (neulat. hydrargyrum) Hg, Arsen As, Antimon (lat. stibium) Sb, Bismut (Wismut) Bi, Gallium Ga, Indium In, Tellur Tl, Silicium Si, Germanium Ge.
- *Erze der Leichtmetalle*: Aluminium Al, Magnesium Mg, Beryllium Be.
- *Erze der Edelmetalle*: Gold (lat. aurum) Au, Silber (lat. argentum) Ag, sowie der *Platingruppen-Elemente* (PGE) Platin Pt und die Platinmetalle Ruthenium Ru, Rhodium Rh, Palladium Pd, Osmium Os, Iridium Ir.
- *Erze der Lanthaniden* (*Seltenerd-Elemente*): z. B. Lanthan La, Cer Ce, Neodym Nd und Samarium Sm.
- *Erze der Actiniden* (Kernbrennstoffe): insbesondere von Uran U und Thorium Th sowie von Radium Ra.

Genetische Einteilung der Mineral- und Erzlagerstätten

Die Entstehung von Mineral- und Erzlagerstätten stellt einen Sonderfall der Gesteinsbildung dar, bei dem Schwermetalle oder andere geochemisch seltene chemische Elemente über den geochemischen Durchschnitt der Erdkruste angereichert werden. Es kommt zur Kristallisation von Erz- und Industriemineralen, die bauwürdige oder sogar weltwirtschaftlich bedeutsame Erz- und Minerallagerstätten bilden können. Sehr häufig ist ihre Entstehung direkt oder indirekt mit *magmatischen Prozessen* verknüpft, wobei die Zusammenhänge sehr komplex sein können und nicht immer klar durchschaubar sind. Das gilt insbesondere für die Frage, ob eine Lagerstätte gleichzeitig mit ihrem Nebengestein, also *syngenetisch*, oder später als das Nebengestein, also *epigenetisch* gebildet wurde. Eine befriedigende Lagerstättensystematik auf genetischer Grundlage steht daher bis heute noch aus.

Die Klassifikationen von Paul Niggli (1929) und Hans Schneiderhöhn (zuletzt 1962) mit ihrer scharfen Trennung von magmatischer Frühkristallisation, Hauptkristallisation und Restkristallisation können heute nicht mehr aufrecht erhalten werden. Die Systematik von Waldemar Lindgren (zuletzt 1933) wurde zwar von Guilbert u. Park (1986) erweitert und modernisiert, wird aber von diesen Autoren selbst noch nicht als endgültig angesehen. Zunehmendes Interesse finden die Beziehungen zwischen Lagerstättenbildung und Plattentektonik (z. B. Sawkins 1990; Evans 1993).

Im Rahmen dieses Lehrbuchs genügt folgende Grobgliederung:

- *Orthomagmatische Erzlagerstätten* bilden sich direkt bei der Abkühlung und Kristallisation von Magmen, also relativ früh in der magmatischen Entwicklung und syngenetisch mit ihr. Wie in Kap. 21 ausführlich dargelegt wird, können sich dabei aus *Silikat-Magmen* unterschiedlicher Zusammensetzung, *sulfidische* oder *oxidische Erzschmelzen* entmischen (*liquide Entmischung*). Aus *Sulfid-Magmen* kristallisieren Nickelmagnetkies (Ni-haltiger Pyrrhotin), Kupferkies (Chalkopyrit), Pyrit und PGE-Minerale, aus Phosphor-reichen *Oxid-Magmen* Magnetit und Apatit. Weiterhin können sich aus basischen Silikat-Magmen auch direkt Kristallisate mit einem hohen Anteil an *Schwermetalloxiden* wie Chromit, Ilmenit, Titanomagnetit oder auch von Platinmetallen ausscheiden. Häufig sind diese Erzanreicherungen an schichtige Intrusionen (Layered Intrusions, Abschn. 15.3.3, S. 262) gebunden. Aus *Karbonat-Magmen* kristallisieren Minerale der *Seltenerd-Elemente* (SEE), die zu Lagerstätten von zunehmender weltwirtschaftlicher Bedeutung angereichert sein können.
- *Pegmatite* (vgl. Kap. 22). Bei der Kristallisation von Silikat-Magmen reichern sich im Lauf der Entwicklung H_2O und andere leichtflüchtige Komponenten wie Fluor (als HF) oder Bor (als H_3BO_3) sowie seltene Elemente, z. B. Lithium Li oder Beryllium Be an. Aus diesen wässerigen Restschmelzen kristallisieren in einem weiten Temperaturbereich von ca. 700 bis ca. 450 °C, also *spätmagmatisch*, extrem grobkörnige Gesteine, aus denen für technische Zwecke Feldspäte und Glimmer, Edelsteine, Phosphate, Minerale der seltenen Metalle Li, Be, Nb, Ta, Zr, Ti, Sn und der Seltenerd-Elemente (SEE) sowie der Kernbrennstoffe U und Th gewonnen werden können.
- *Hydrothermale Erz- und Minerallagerstätten* (Kap. 23) entstehen durch Mineralabscheidung aus vulkanischen Dämpfen oder heißen wässerigen Lösungen (*Hydrothermen*), in denen Schwermetalle oder seltene chemische Elemente transportiert werden. Oft stellen die Hydrothermen juvenile, eindeutig *spätmagmatische* Restlösungen dar; in anderen Fällen ist jedoch kein unmittelbarer Zusammenhang mit magmatischen Prozessen nachweisbar, sondern die hydrothermalen Lösungen wurden bei metamorphen Reaktionen freigesetzt oder stammen als Oberflächen-, Grund-, See- oder Meerwassser aus dem atmosphäri-

schen Kreislauf. Die vulkanischen Dämpfe und hydrothermalen Lösungen durchdringen und infiltrieren ihr Nebengestein, wobei es zur Ausfällung von Erzmineralen und/oder nutzbaren Nichterzen kommt. Wir unterscheiden:

- *Hydrothermale Imprägnationen*, bei denen das Nebengestein mit neu gebildeten Erzmineralen wie Zinnstein (Kassiterit), Wolframit, Molybdänglanz (Molybdänit) sowie der Cu-Sulfide Chalkopyrit und Enargit imprägniert wird (Abschn. 23.2).
- *Hydrothermale Verdrängungen* entstehen durch Reaktion der erzbringenden Dämpfe und Lösungen mit dem Nebengestein, dessen ursprünglicher Mineralbestand ganz oder teilweise durch eine Vielzahl neugebildeter oxidischer und sulfidischer Erzminerale von Fe, Sn, Mo, W, Cu, Pb, Zn, Co, As, Bi, Ag und Au ersetzt wird. Darüber hinaus entstehen durch die Verdrängung von Kalkstein oder Marmor nutzbare Lagerstätten von Eisenspat (*Siderit*) oder von Magnesit. Diese Vorgänge bezeichnet man als *Metasomatose* (Abschn. 23.3, 26.6).
- *Hydrothermale Erz-* und *Mineralgänge* können sich bilden, wenn die Hydrothermen das Nebengestein auf Kluftsystemen und tektonischen Störungszonen durchströmen und es dabei zur Mineralabscheidung kommt (Abschn. 23.4). Die Erzgänge enthalten eine Fülle von – meist sulfidischen – Erzmineralen der Metalle Au, Ag, Cu, Pb, Zn, Sn, As, Sb, Bi, Co, Ni und U aber auch ged. Gold. Weiterhin treten hydrothermale Eiserzgänge mit Siderit oder Hämatit auf. Das unmittelbare Nebengestein der Erzgänge ist häufig mit Erz imprägniert oder wird durch dieses verdrängt. Eine große wirtschaftliche Rolle spielen auch die *nichtmetallischen Ganglagerstätten* von Flussspat (Fluorit), Schwerspat (Baryt) und Quarz.
- Von steigender Bedeutung sind die *vulkanogen-sedimentären Erzlagerstätten*, bei deren Bildung vulkanische und sedimentäre Prozesse miteinander verknüpft sind. Solche Erzlagerstätten entstehen heute noch als *Black Smoker* an den *mittelozeanischen Rücken*, wo es zur Anreicherung von Cu-Fe- und von Zn-Fe-Sulfiden kommt. Ähnlicher Entstehung sind die vulkanogen-sedimentären Lagerstätten mit massiven Sulfiderzen und unterschiedlichen Anteilen von Eisenerzen (Magnetit, Hämatit) oder von Quecksilbererz (Abschn. 23.5).
- Bei der Bildung der sedimentär-exhalativen Blei-Zink-Lagerstätten (Sedex), der Blei-Zink-Verdrängungslagerstätten vom Mississippi-Valley-Typ (MVT), der Karbonat-gebundenen Fluorit-Lagerstätten und der Diskordanz-gebundenen Uranerz-Lagerstätten sind ebenfalls Hydrothermen stark beteiligt, die allerdings relativ niedrig temperiert waren (Abschn. 23.6, 23.7).

- *Sedimentäre Erz- und Minerallagerstätten.* Auch im sedimentären Kreislauf kommt es häufig zur Bildung von syngenetischen oder epigenetischen Lagerstätten. Wir unterscheiden:
  - *Verwitterungs-Lagerstätten* (Abschn. 24.5). Schon bei der *chemischen Verwitterung* von Silikatgesteinen unter tropisch-wechselfeuchten Klimabedingungen kann es zu erheblichen Metallanreicherungen kommen, wobei sich das Aluminiumerz *Bauxit* oder Fe-Mn-Co- oder Ni-Co-reiche *Laterite* bilden. In den oberflächennahen *Verwitterungszonen sulfidischer Erzkörper* werden die primären Gehalte an Bunt- und Edelmetallen sekundär stark angereichert.
  - *Seifen-Lagerstätten* (Abschn. 25.2.7). Bei der Verwitterung und bei Transportvorgängen in Flüssen oder am Meeresstrand werden Minerale, die sich gegenüber der mechanischen und chemischen Verwitterung stabil verhalten und eine vergleichsweise hohe Dichte aufweisen, zu *Seifen* angereichert, die oft von weltwirtschaftlicher Bedeutung sind. Zu den wichtigsten Seifenmineralen gehören *Edelmetalle* wie ged. Gold oder Platinmetalle, Edelsteine wie Rubin oder Diamant sowie andere Schwerminerale wie Kassiterit (Zinnstein), Magnetit, Ilmenit und die Nb-Ta-Minerale Columbit und Tantalit.
  - *Metallkonzentrationen in ariden Schuttwannen* (Red Beds, Abschn. 25.2.8). Hierbei stammen die gelösten Schwermetallgehalte Cu, Ag und U vermutlich aus verwitterten und ausgelaugten älteren Erzlagerstätten oder Gesteinen in der Umgebung. Die Ausfällung der Minerale erfolgte unter ariden Klimabedingungen.
  - *Buntmetall-Lagerstätten in Schwarzschiefern* (Abschn. 23.2.11) entstehen durch Fällung der Erzminerale, hauptsächlich Sulfide von Cu, Cu-Fe, Zn und Pb, durch bakterielle Reduktion in Sauerstoffarmen Meeren. Ein Beispiel von weltwirtschaftlicher Bedeutung ist der *Kupferschiefer* des Zechsteins, der im Zeitraum von 1200–1990 im Raum Mansfeld (Sachsen-Anhalt) gewonnen wurde. Er bildet heute im südlichen Polen die größte europäische Cu-Provinz.
  - *Sedimentäre Eisenerze* (Abschn. 25.4.2, 25.4.3) stellen die größten Eisenreserven der Erde dar. Sie wurde als *Gebänderte Eisenformation* (Banded Iron Formation, BIF) überwiegend in proterozoischer Zeit gebildet. Weniger bedeutsam sind die altpaläozischen Eisenerze vom *Clinton-Typ*, und die jurassischen Eisenerze vom *Minette-Typ*.
  - *Sedimentäre Manganerze* (Abschn. 25.4.3) sind häufig mit BIF assoziiert; daneben gibt es aber auch deutlich jüngere Vorkommen. Eine mögliche Metallreserve der Zukunft sind die *Manganknollen* am Ozeanboden (Abschn. 23.4.4).

- Zu den wirtschaftlich wichtigen *Minerallagerstätten* des *sedimentären* Kreislaufs gehören als Verwitterungsbildungen Tone, Kaolin und Bentonit sowie kieselige Sedimente wie die *Diatomeen-Erde* (*Kieselgur*), *sedimentäre Phosphatgesteine* (*Phosphorit* und *Guano*) und schließlich die *marinen Evaporite* mit Lagerstätten von *Steinsalz* (Halit), *Kalisalzen* (insbesondere Sylvin und Carnallit), *Gips* und *Anhydrit*.
- *Metamorphe Erz- und Minerallagerstätten.* Prinzipiell kann jede der hier aufgeführten Lagerstättentypen auch in metamorph überprägter Form vorkommen, wobei eine Um- und Neukristallisation des ursprünglichen Mineralbestandes oder sogar eine sekundäre Anreicherung der Metallgehalte stattfinden kann. Weltwirtschaftlich bedeutende Beispiele für diesen epigenetischen Prozess der Lagerstättenbildung sind die fossilen Goldseifen am Witwatersrand in Südafrika (S. 392ff) oder die Blei-Zink-Lagerstätte Broken Hill in Australien (S. 366), die ursprünglich auf eine Sedex-Lagerstätte zurückgeht. Daneben gibt es aber auch Fälle, bei denen es während der Gesteinsmetamorphose primär, also syngenetisch zur Metallanreicherung kommt. Hierzu gehören in erster Linie die *Skarnerz-Lagerstätten*, die sich im Kontaktbereich zwischen magmatischen Intrusionen und ihrem karbonatischen Nebengestein bilden (Abschn. 23.3.1, 26.6.1). Dabei finden nicht nur eine Temperatur-Erhöhung und damit eine kontaktmetamorphe Überprägung der Karbonatgesteine statt. Vielmehr werden gleichzeitig, also syngenetisch auch erzbringende Hydrothermen zugeführt, aus denen sich Magnetit, Hämatit, das W-Erz Scheelit, die Sn-Erze Kassiterit und Stannin sowie Fe-, Cu-, Zn-, Pb-, Co-, Mo-, Bi-, As-Sulfide ausscheiden, die den ursprünglichen Mineralbestand der Karbonate verdrängen (Metasomatose).

Weiterführende Literatur

Lehrbücher

Arndt N, Ganino C (2012) Metals and society – an introduction to economic geology. Springer-Verlag, Berlin Heidelberg New York

Best MG (2003) Igneous and metamorphic petrology, 2nd edn. Blackwell, Oxford

Craig JR, Vaughan (1981) Ore microscopy and ore petrography. Wiley & Sons, New York

Evans AM (1993) Ore geology and industrial minerals, 3rd edn. Blackwell Science, Oxford

Guilbert JM, Park CF (1986) The geology of ore deposits, 4th edn. Freeman, New York

Higgins MD (2006) Quantitative textural measurements in igneous and metamorphic petrology. Cambridge University Press, Cambridge, UK

Klein C (1989) Minerals and rocks. Exercises in crystallography, mineralogy and hand specimen petrology. Wiley & Sons, New York

Markl G (2011) Minerale und Gesteine. Mineralogie, Petrographie, Geochemie, 2. Aufl. Spektrum, Heidelberg

Passchier CW, Trouw RAJ (2005) Microtectonics, 2nd edn. Springer-Verlag, Berlin Heidelberg New York

Pichler H, Schmitt-Riegraf C (1993) Gesteinsbildende Minerale im Dünnschliff, 2. Aufl. Enke, Stuttgart

Pohl WL (2005) Mineralische und Energie-Rohstoffe. Eine Einführung zur Entstehung und nachhaltigen Nutzung von Lagerstätten, 5. Aufl. Schweizerbart, Stuttgart

Pohl WL (2011) Economic geology – principles and practice. Wiley-Blackwell, Chichester Oxford, UK

Press F, Siever R (2003) Allgemeine Geologie – Eine Einführung in das System Erde, 3. Aufl. Spektrum, Heidelberg Berlin Oxford

Ramdohr P (1975) Die Erzmineralien und ihre Verwachsungen, 4. Aufl. Akademie-Verlag, Berlin.

Ramdohr P (1976) The ore minerals and their intergrowths. Pergamon, Oxford

Ramdohr P, Strunz H (1978) Klockmanns Lehrbuch der Mineralogie, 16. Aufl. Enke, Stuttgart

Sawkins FJ (1990) Metal deposits and plate tectonics, 2nd edn. Springer-Verlag, Berlin Heidelberg

Schneiderhöhn H (1962) Erzlagerstätten, Kurzvorlesungen zur Einführung und Wiederholung, 4. Aufl. Gustav Fischer, Stuttgart

Tröger WE, Bambauer HU, Braitsch O, Taborszky F, Trochim HD (1967) Optische Bestimmung der gesteinsbildenden Minerale. Teil 2, Textband. Schweizerbart, Stuttgart

Vinx R (2008) Gesteinsbestimmung im Gelände, 2. Aufl., Spektrum-Springer-Verlag, Berlin Heidelberg

Wimmenauer W (1985) Petrographie der magmatischen und metamorphen Gesteine. Enke, Stuttgart

Zoltai T, Stout JH (1985) Mineralogy – Concepts and principles. Burgess, Minneapolis, Minnesota

Übersichtsartikel

Schächter N (2008) Versorgung mit mineralischen Rohstoffen – eine Bestandsaufnahme. GMIT Geowissenschaftl Mitt 32:6–13

Wellmer F-W (2012) Rohstoffe, die Basis unseres Wohlstandes. GMIT, Geowissenschaftliche Mitteilungen 47:6–21

Wellmer F-W, Dalheimer M (2012) The feedback control cycle as regulator of past and future mineral supply. Mineral Dep 47: 713–729

Nachschlagewerke

Maucher A, Rehwald G (1961–1973) Bildkartei der Erzmikroskopie. Umschau, Frankfurt/Main

Tröger WE, Bambauer HU, Taborszky F, Trochim HD (1982) Optische Bestimmung der gesteinsbildenden Minerale. Teil 1, Bestimmungstabellen, 5. Aufl. Schweizerbart, Stuttgart

Zitierte Literatur

Lindgren W (1933) Mineral deposits, 2nd edn. McGraw-Hill, New York

Niggli P (1929) Ore deposits of magmatic origin. Thomas Murby, London

Teil II

Spezielle Mineralogie
Eine Auswahl wichtiger Minerale

Zur Systematik der Minerale

Die Klassifikation der Minerale erfolgt in Anlehnung an die international bewährten *Mineralogischen Tabellen* von Strunz (1982) bzw. Strunz u. Nickel (2001) (Tabelle 2.1, S. 35). Sie beruht auf einer Kombination von chemischen und kristallchemischen Gesichtspunkten. Die Einteilung richtet sich nach den Anionen oder Anionengruppen (Anionenkomplexen), die viel besser geeignet sind, Gemeinsames herauszustellen, als die Kationen.

Bei den Silikaten bilden die kristallstrukturellen Eigenschaften ein ausgezeichnetes Gerüst für die Gliederung. In den chemischen Formeln von komplex zusammengesetzten Mineralen wie Phosphaten oder Silikaten werden die Anionengruppen in eckige Klammern gesetzt und Anionen erster und zweiter Art durch einen Schrägstrich (/) getrennt. Bei Mischkristallen werden Anionen und Kationen, die sich in der Kristallstruktur gegenseitig ersetzen können (Diadochie), durch Kommata getrennt und in runde Klammern gesetzt.

Beispiele:
$Ca_5[(F,Cl,OH)/(PO_4)_3]$ (Apatit) oder
$(Mg,Fe)_7[(OH)_2/Si_8O_{22}]$ (Anthophyllit).

Bei der Auflistung der physikalischen Eigenschaften der Minerale wird die Härte grundsätzlich nach der nichtlinearen relativen Härteskala von Mohs, die Dichte in Gramm pro Kubikzentimeter ($g\,cm^{-3}$) angegeben. Mengenangaben erfolgen in Gewichtsprozent (%, Gew.-%), Volumenprozent (Vol.-%) oder Molekularprozent (Mol.-%). Die Nummerierung für chemische Mineralreaktionen (in runden Klammern) und für physikalische Formeln [in eckigen Klammern] erfolgt kapitelweise.

Elemente

4.1 Metalle

4.2 Metalloide (Halbmetalle)

4.3 Nichtmetalle

Im elementaren Zustand treten in der Natur etwa 20 chemische Elemente auf. Darunter befinden sich gediegene (ged.) Metalle, Metalloide (Halbmetalle) und Nichtmetalle. Die Metalle sind meistens legiert: Sie neigen zur Mischkristallbildung, z. B. (Au, Ag). Die wichtigsten Vertreter sind in Tabelle 4.1 zusammengestellt.

Tabelle 4.1. In der Natur elementar auftretende chemische Elemente

Metalle	
Kupfer-Gruppe	
ged. Kupfer	Cu
ged. Silber	Ag
ged. Gold	Au
Quecksilber-Gruppe	
ged. Quecksilber	Hg
Amalgam	(Hg,Ag)
Eisen-Gruppe	
ged. Eisen	α-Fe
Kamacit	α-(Fe,Ni) (Ni-ärmer)
Taenit	γ-(Fe,Ni) (Ni-reicher)
Platin-Gruppe	
ged. Platin	Pt
und Pt-Legierungen	z. B. (Pt, Ir)
Metalloide (Halbmetalle)	
Arsen-Gruppe	
ged. Arsen	As
ged. Antimon	Sb
ged. Bismut (Wismut)	Bi
Nichtmetalle	
Graphit	C
Diamant	C
Schwefel	S

4.1 Metalle

In den Kristallstrukturen der metallischen Elemente ist eine möglichst hohe Raumerfüllung und hohe Symmetrie angestrebt. Besonders bei Kupfer, Silber, Gold und den meisten Platinmetallen, die jeweils flächenzentrierte kubische Gitter bilden, ist mit ihrer kubisch dichten Kugelpackung // {111} eine hohe Packungsdichte gewährleistet (Abb. 4.1). Innerhalb der Eisen-Gruppe mit ihrem teilweise innenzentrierten kubischen Gittertyp (α-Fe, Kamacit) ist die Packungsdichte etwas geringer. Die physikalischen Eigenschaften, wie hohe Dichte, große thermische und elektrische Leitfähigkeit, Metallglanz, optisches Verhalten und mechanische Eigenschaften sind durch die Packungsdichte und die metallischen Bindungskräfte in den Metallstrukturen begründet. So verhalten sich Metalle opak, d. h. sie sind auch in einem Dünnschliff von nur 20–30 µm Dicke nicht durchsichtig. Die vorzügliche Deformierbarkeit der Metalle Au, Ag, Cu und Pt beruht auf der ausgeprägten Translation ihrer Strukturen nach den Ebenen // {111}, die am dichtesten mit Atomen besetzt sind.

In den Anordnungen der dichten Kugelpackungen (Abb. 4.1) sind die Atomkugeln (rein geometrisch gesehen) so dicht zusammengepackt, wie es überhaupt möglich ist. Bei ihnen ist jedes Atom von 12 gleichartigen Nachbarn im gleichen Abstand umgeben, d. h. seine Koordinationszahl ist [12]. Man unterscheidet die kubisch dichte Kugelpackung (kubisch flächenzentriertes Gitter) mit einer Schichtenfolge 123123 … (rein schematisch) von der hexagonal dichten Kugelpackung. Bei ihr ist die Schichtenfolge 1212 …, wobei jede 3. Schicht mit der 1. eine identische Lage aufweist. Die echten Metalle kristallisieren mit wenigen Ausnahmen in diesen Strukturen.

Kupfer, Cu

Ausbildung und Kristallformen. Kristallklasse $4/m\bar{3}2/m$; ged. Kupfer (engl. native copper) tritt wie ged. Au und ged. Ag in dendritischen oder moosförmigen Aggregaten, häufig auch in plattigen bis massigen Formen auf. An den skelettartigen Aggregaten erkennbare Kristallformen sind meistens stark verzerrt (Abb. 4.2). Häufig sind Würfel, Rhombendodekaeder, Oktaeder oder deren Kombinationen entwickelt. Solche Wachstumsformen sind bei ged. Cu meist viel weniger zierlich ausgebildet als bei den beiden Edelmetallen, und die Kristalle sind größer als bei ged. Au.

Physikalische Eigenschaften.

Spaltbarkeit	fehlt
Bruch	hakig, dehnbar
Härte	2½–3
Dichte	8,3–8,9
Schmelzpunkt	1 083 °C
Farbe, Glanz	kupferroter Metallglanz, matte Anlauffarbe durch dünne Oxidschicht, Reflexionsvermögen ca. 73 % des eingestrahlten Lichtes
Strich	kupferrot, metallglänzend

Struktur. Kubisch-flächenzentriert (Abb. 1.8, S. 9). Wegen seines wesentlich kleineren Atomradius von 1.28 Å bildet Cu keine Mischkristallreihen mit Ag und Au.

Chemismus. Ged. Cu kommt bis auf Spurengehalte relativ rein in der Natur vor.

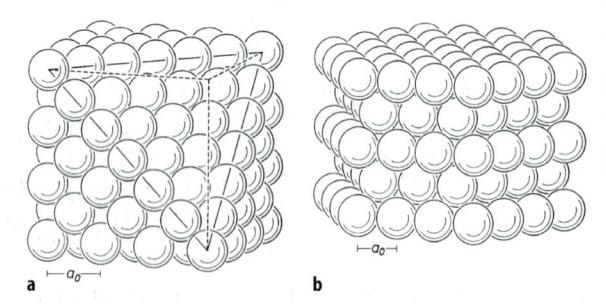

Abb. 4.1. a Kubisch dichteste Kugelpackung. **b** Hexagonal dichteste Kugelpackung. (Nach Ramdohr u. Strunz 1978)

Abb. 4.2. Ged. Kupfer mit dentritischem Wachstum, aber erkennbaren Kristallflächen, hauptsächlich Rhombendodekaeder {110}. Keweenaw-Halbinsel, Michigan, USA. Etwa natürliche Größe. Mineralogisches Museum der Universität Würzburg. (Foto: K.-P. Kelber)

Vorkommen. Ged. Cu tritt relativ verbreitet, jedoch meistens nur in kleinen Mengen auf, so innerhalb der Verwitterungszone von Kupferlagerstätten. Die hydrothermale Verdrängungslagerstätte auf der Keweenaw-Halbinsel im Oberen See (Michigan, USA) lieferte stattliche Stufen von ged. Cu, die bis >20 t Gewicht erreichten und früher mit Hammer und Meißel zerkleinert wurden; sie befinden sich in vielen Mineraliensammlungen (Abb. 4.2).

Wirtschaftliche Bedeutung. Als Kupfererz ist ged. Cu von geringerer wirtschaftlicher Bedeutung, Haupterzminerale sind Kupfersulfide.

Silber, Ag

Ausbildung und Kristallformen. Kristallklasse $4/m\overline{3}2/m$, ged. Silber (engl. native silver) kommt meistens in draht-, haar- oder moosförmigen bis dendritischen Aggregaten vor. Bekannt sind die prächtigen „Silberlocken" (Abb. 4.3), die nach einer Oktaederkante [110], der dichtest besetzten Gittergeraden, ihr bevorzugtes Wachstum entwickelt haben. Wohlausgebildete kubische Kriställchen sind relativ selten. Gelegentliche Zwillinge sind nach ihrer Zwillingsebene (111) plattenförmig verzerrt.

Physikalische Eigenschaften.

Spaltbarkeit	fehlt
Bruch	hakig, plastisch verformbar
Härte	2½–3
Dichte	9,6–12, rein 10,5
Schmelzpunkt	960 °C
Farbe, Glanz	silberweißer Metallglanz nur auf frischer Bruchfläche, meistens gelblich bis bräunlich angelaufen durch Überzug von Silbersulfid; Reflexionsvermögen von reinem Ag ca. 95 % des eingestrahlten Lichtes
Strich	silberweiß bis gelblich, metallglänzend

Struktur. Kubisch-flächenzentriert (Abb. 1.8).

Chemismus. Ged. Ag ist häufig mit Au, gelegentlich mit Hg, Cu und Bi legiert.

Vorkommen. In der sekundär entstandenen sog. Zementationszone sehr vieler Ag-führender Lagerstätten kann es lokal zu großen Anreicherungen von ged. Ag kommen.

Bedeutung. Im Gegensatz zu ged. Au spielt ged. Ag als Erzmineral in den Silberlagerstätten nur lokal eine Rolle.

Die wichtigsten Ag-Erzminerale sind einfache oder komplexe Sulfide, wie Argentit (Silberglanz) Ag_2S oder Freibergit (ein Ag-haltiges Fahlerz) $(Ag,Cu)_{10}(Fe,Zn)_2[(Sb,As)_4S_{13}]$, die als sog. Silberträger häufig Einschlüsse im Galenit (Bleiglanz) PbS bilden. Galenit ist das wichtigste Silbererz! Auch Ag-Selenide und -Telluride können für die Ag-Gewinnung Bedeutung haben.

Gold, Au

Ausbildung und Kristallform. Kristallklasse $4/m\overline{3}2/m$. Ged. Gold (engl. native gold) bildet in der Natur undeutlich entwickelte Kriställchen mit unebener, gekrümmter Oberfläche, meistens Oktaeder {111}, seltener Würfel {100} oder Rhombendodekaeder {110}, daneben verschiedene Kombinationen dieser und anderer kubischer Formen. Meistens sind die Goldkriställchen stark verzerrt. Sie gruppieren sich zu bizarren, blech- bis drahtförmigen, meist dendritischen (skelettförmigen) Aggregaten, wobei die einzelnen Kriställchen meist nach (111) miteinander verzwillingt sind (Abb. 4.4, 4.5). Verbreiteter ist ged. Au in winzigen, mikros-

Abb. 4.3. Ged. Silber mit typisch lockenförmigem Wachstum, Kongsberg, Norwegen. Etwa natürliche Größe. Mineralogisches Museum der Universität Würzburg. (Foto: K.-P. Kelber)

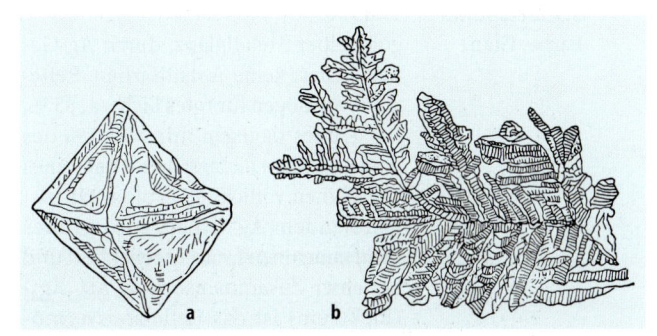

Abb. 4.4. Ged. Gold. **a** Oktaeder mit typisch gekrümmter Oberfläche, **b** mit dendritischem (skelettförmigem) Wachstum. (Aus Klein u. Hurlbut 1985)

Abb. 4.5. Kristallgruppe von ged. Gold in der man teilweise Oktaeder erkennt. Eagle's Nest, Kalifornien. Bildbreite: 11 mm. Mineralogisches Museum der Universität Würzburg. (Foto: K.-P. Kelber)

kopisch sichtbaren oder submikroskopischen Einschlüssen in sulfidischen Erzmineralen wie Pyrit (FeS_2) oder Arsenopyrit (FeAsS).

Physikalische Eigenschaften.

Spaltbarkeit	fehlt
Bruch	hakig, plastisch verformbar
Härte	2½–3
Dichte	reines Au 19,3, also wesentlich höher als bei ged. Ag und ged. Cu, mit zunehmendem Ag-Gehalt auf ca. 16 abnehmend
Schmelzpunkt	1 063 °C
Farbe, Glanz	goldgelber Metallglanz, durch Ag-Gehalt heller: keine Anlauffarben. Reflexionsvermögen für rotes Licht ca. 85 %, für grünes dagegen nur ca. 50 % des eingestrahlten Lichtes; daher hat reines Gold einen rötlichen Farbton. Mit zunehmendem Ag-Gehalt wird grünes Licht zunehmend stärker reflektiert und bei einer Zusammensetzung $Au_{55}Ag_{45}$ (Elektrum) ist das Reflexionsvermögen für grünes, oranges und rotes Licht gleich, so dass diese Legierung rein silberweiß gefärbt ist
Strich	goldgelb, metallglänzend. Gold unterscheidet sich von gelb aussehenden Sulfiden wie Pyrit oder Kupferkies (Chalcopyrit) $CuFeS_2$ durch seinen goldfarbenen Strich auf rauher Porzellanplatte

Struktur. Kubisch-flächenzentriert (Abb. 1.8). Wegen der etwa gleichen Größe (1,44 Å) der Atomradien besteht eine lückenlose Mischkristallreihe zwischen Au und Ag.

Chemismus. Das natürliche Gold enthält meist 2–20 Gew.-% Silber. Legierungen mit 30 % Ag und mehr werden als *Elektrum* bezeichnet. Geringe Beimengungen von Hg, Cu und Fe kommen neben Spurengehalten weiterer Metalle, so auch von Platinmetallen (insbesondere Pd), häufig vor.

Vorkommen. Im Unterschied zum primär gebildeten sog. *Berggold* kommt ged. Au auf sekundärer Lagerstätte in Form von Blättchen und Körnern oder sogar Klumpen (*Nuggets*) in Geröllablagerungen von Bächen oder Flüssen vor (Goldseifen), wo es als sog. *Seifengold* bzw. *Waschgold* aufgrund seiner hohen Dichte sowie seiner Beständigkeit gegen mechanische und chemische Verwitterung angereichert wird. Wie Hough et al. (2009, Fig. 6) demonstrieren, bestehen Nuggets aus polykristallinen Au-Aggregaten. Die größten von ihnen wurden im Victoria-Goldfeld (Westaustralien) gefunden und erhielten die Namen „Welcome" (69 kg) und „Welcome Stranger" (72 kg).

Bedeutung. Ged. Au ist als sog. *Freigold* das wichtigste Goldmineral und wichtigster Gemengteil von Golderzen. Chemische Verbindungen mit Au sind als Minerale sehr viel weniger verbreitet. Die wichtigste Au-Lagerstätte der Erde mit den weltweit größten Au-Vorräten ist die fossile Goldseife des Witwatersrand, Südafrika (Abschn. 25.2.7, S. 390ff).

Gewinnung und Verwendung. Die Gewinnung des Goldes aus Erzen kann durch Behandlung mit Hg (Amalgamierung) oder über Auslaugung auf Grund seiner Löslichkeit in KCN- oder NaCN-Laugen (Cyanidverfahren) erfolgen (Umweltprobleme). Schon geringe Gehalte von wenigen Gramm pro Tonne (g/t) können Goldlagerstätten bauwürdig machen.

Gold ist wichtigstes Währungsmetall, heute seltener auch Münzmetall (insgesamt 19 % der Gesamtmenge); am weitaus wichtigsten ist nach wie vor die Verarbeitung zu Schmuck (67 %). Gold wird ferner verwendet in der Computer- bzw. Nanotechnologie (Cobley u. Xia 2009), für Geräte der Chemie, als Zahngold und für Katalysatoren (insgesamt 13 %). Die 10 wichtigsten Förderländer waren 2007 (nach U.S. Geol. Survey): VR China (275 t), Südafrika (252 t), Australien (246 t), USA (238 t), Peru (170 t), Russland (157 t), Indonesien (118 t), Kanada (101 t), Usbekistan (85 t), Ghana (67 t).

Quecksilber, Hg

Ged. Quecksilber ist das einzige bei gewöhnlicher Temperatur flüssige Metall. Bei –38,9 °C geht es unter Atmosphärendruck (= 1 bar = 1 000 hPa) in den kristallisierten Zustand über. Es ist silberweiß, stark metallglänzend. Mit $D = 13{,}6$ hat es eine sehr hohe Dichte. Hg ist giftig und kann im Spurenbereich in der Natur als Schadstoff auftreten!

Ged. Hg kommt in kleinen Tropfen in der Verwitterungszone von Zinnober-Lagerstätten (Cinnabarit, Zinnober HgS) vor. Gegenüber Cinnabarit ist es als Quecksilber-Erzmineral unbedeutend. Als natürliches *Amalgam* ist Hg mit Ag oder Au legiert.

Eisen, α-Fe

Ausbildung. Kristallklasse $4/m\bar{3}2/m$, größere Blöcke, derbe Massen und knollige Aggregate.

Physikalische Eigenschaften.

Bruch	hakig
Härte	4–5
Dichte	7,9 (rein)
Farbe, Glanz	stahlgrau bis eisenschwarz, metallisch
Strich	stahlgrau
Weitere Eigenschaft	stark ferromagnetisch

Struktur und Chemismus. Kubisch-innenzentriertes Gitter des α-Fe (Abb. 1.8, S. 9), als Tieftemperaturform eine der vier Modifikationen des metallischen Eisens. Der Strukturunterschied zur Gold- und Platin-Gruppe bedingt die etwas unterschiedlichen mechanischen Eigenschaften.

Vorkommen von terrestrischem Eisen. Ged. Eisen tritt in der Erdkruste nur sehr selten auf; es enthält meist nur wenig Ni. Unter den oxidierenden Einflüssen der Atmosphäre verwittert es in kurzer Zeit zu Eisenoxidhydraten (Limonit FeOOH). Knollen von ged. Fe bilden sich unter dem reduzierenden Einfluss von Kohleflözen bei der Kristallisation von basaltischen Schmelzen aus deren reichlichem Fe-Gehalt. Auch bei der Kristallisation der Mondbasalte ist häufig ged. Fe als akzessorischer Gemengteil gebildet worden, da der Mond keine sauerstoffhaltige Atmosphäre besitzt und daher reduzierende Bedingungen herrschen. Der Erdkern besteht aus Fe-Ni-Legierungen, ähnlich der chemischen Zusammensetzung von Eisenmeteoriten (Abschn. 29.4, S. 533ff).

Das kosmische Eisen. Kosmisches Eisen, das gelegentlich auf die Erdoberfläche gelangt, unterscheidet sich stets durch einen größeren Nickelgehalt. Es findet sich in *Meteoriten*, insbesondere in *Eisen-* und *Stein-Eisen-Meteoriten*, untergeordnet auch in *Chondriten* (Abschn. 31.3, S. 552ff). Die meisten Meteorite sind Bruchstücke größerer Körper aus dem Asteroiden-Gürtel unseres Sonnensystems, die auf die Erdoberfläche gefallen sind (Kap. 31).

Der bisher größte bekannt gewordene Eisenmeteorit ist rund 60 t schwer und liegt bei der Farm Hoba-West im Norden Namibias (Abb. 31.2, S. 549). Ein 63,3 kg schwerer Eisenmeteorit ist 1916 bei Marburg an der Lahn gefallen. Das Meteoreisen ist meist nicht einheitlich zusammengesetzt. Die am häufigsten auftretenden *Oktaedrite* bestehen hauptsächlich aus 2 metallischen Mineralphasen, dem kubisch-innenzentrierten *Kamacit* (Balkeneisen) etwa $Fe_{95}Ni_5$ und dem kubisch-flächenzentrierten *Taenit* (Bandeisen) mit 27–65 Gew.-% Ni. Beide Phasen sind nach {111} orientiert miteinander verwachsen; die Zwischenräume sind mit feinkristallinen Kamacit-Taenit-Aggregaten erfüllt, dem *Plessit* (Fülleisen). Durch Anätzen einer polierten Fläche mit verdünnter Salpetersäure tritt diese Struktur deutlich hervor. Man bezeichnet sie als *Widmannstätten-Figuren* (Abb. 4.6, 31.8). Die selteneren *Hexaedrite* bestehen fast nur aus Kamacit.

Abb. 4.6.
Kosmisches Nickeleisen (Fe, Ni). Eisenmeteorit (Oktaedrit) von Joe Wright Mountain, Arkansas, USA, gefunden 1884. Auf der gesägten, polierten und angeätzten Platte erkennt man die charakteristischen *Widmannstätten-Figuren*. Sperriges Gerüst aus Kamacit (Balkeneisen) mit schmalen Rändern von Taenit (Bandeisen), in den Lücken Plessit (Fülleisen). Mineralogisches Museum der Universität Würzburg. (Foto: K.-P. Kelber)

Platin, Pt

Ausbildung und Kristallformen. Kristallklasse 4/m$\overline{3}$2/m, nur selten kubische Kriställchen (Abb. 4.7), eher Körner oder abgerollte Klümpchen, meist mikroskopisch klein.

Physikalische Eigenschaften.

Spaltbarkeit	fehlt
Bruch	hakig, dehnbar
Härte	4–4½, härter als Minerale der Gold-Gruppe
Dichte	15–19 in Abhängigkeit vom legierten Fe-Gehalt
Schmelzpunkt	1 769 °C
Farbe, Glanz	stahlgrau, metallisch glänzend, oxidiert nicht an der Luft
Strich	silberweiß

Struktur und Chemismus. Ged. Platin hat ein kubisch-flächenzentriertes Gitter, ebenso die natürlich vorkommenden kubischen Pt-Metalle Pd und Ir (Abb. 1.8). Ged. Pt bildet immer Legierungen mit Fe, meist zwischen 4 und 21 %, in einzelnen Fällen auch darüber, sowie mit anderen Platinmetallen wie Ir, Os, Rh, Pd (Abb. 4.8), schließlich auch mit Cu, Au, Ni. Beispiele sind die Mischkristallreihe Pt–Pd, die bei >770 °C lückenlos ist, ferner *Platiniridium* (Pt,Ir), *Osmiridium* (Ir,Os), *Aurosmirid* (Ir,Os,Au) mit je 25 % Os und Au, sowie *Polyxen* (Pt > Ir > Os > Rh > Pd > Ru), alle mit kubisch-dichtester Kugelpackung. Das Pt-Metall Os und die Legierung *Iridosmium* zeigen hexagonal dichteste Kugelpackung.

Vorkommen. Akzessorisch in ultramafischen Magmatiten, besonders Duniten, seltener auch in hydrothermalen Erzlagerstätten. Auf sekundärer Lagerstätte, in Platinseifen, kommt Pt in winzigen Plättchen, seltener als Nuggets vor. Mehrere Millimeter große, würfelige Kristalle von Ferroplatin wurden in der Seifen-Lagerstätte Kondjor (Ostsibirien) gefunden (Fehr et al. 1995; Shcheka et al. 2004).

Verwendung. In der Elektroindustrie, zur Herstellung physikalischer und chemischer Geräte, als Katalysator, in der chemischen Industrie, in der Zahntechnik, für Schmuckgegenstände.

Abb. 4.7. Ged. Platin, Kristallgruppe mit Kristallformen des Würfels {100}. Kondjor, Bezirk Chabarowsk, Ostsibirien. Mineralogisches Museum der Universität Würzburg. (Foto: K.-P. Kelber)

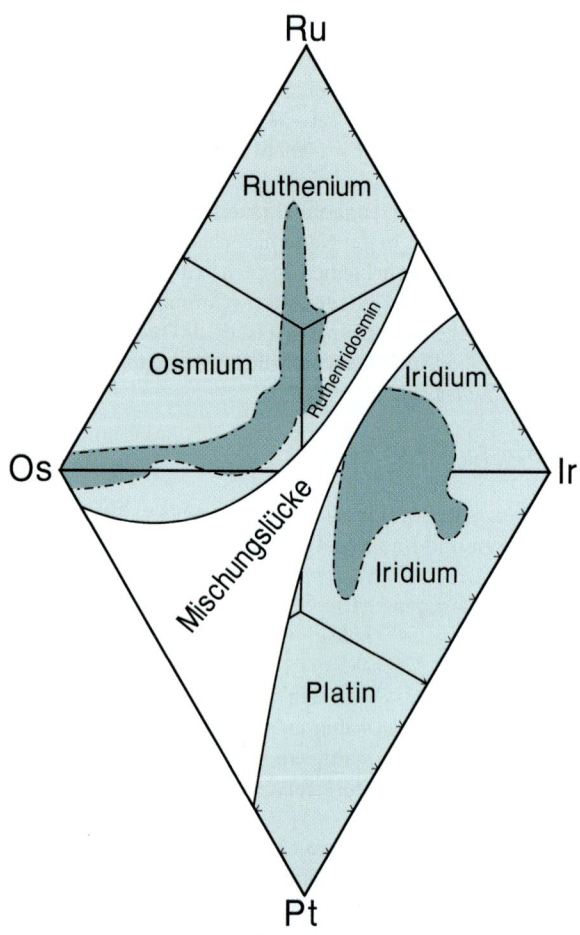

Abb. 4.8. Natürliche Mischkristalle der Platinmetalle im System Os–Pt–Ir–Ru. Häufigste Zusammensetzungen: dunkel; seltenere Zusammensetzungen: hell; Mischungslücke: weiß. (Nach Cabri et al. 1996)

4.2 Metalloide (Halbmetalle)

> Die Halbmetalle *Arsen, Antimon* und *Bismut (Wismut)* gehören alle dem gleichen Strukturtyp an. Ihr Feinbau entspricht einem einfachen kubischen Gitter, das in Richtung der 3-zähligen Achse etwas deformiert ist und die Raumgruppe R$\bar{3}$m hat. Von den sechs Nachbarn eines jeden Atoms sind drei stärker, die anderen drei schwächer homöopolar gebunden. Dadurch entsteht eine leicht gewellte Schichtstruktur mit einer vollkommenen Spaltbarkeit // (0001). Die drei Halbmetalle haben ähnliche physikalische Eigenschaften. Sie sind relativ spröde und schlechtere Leiter von Wärme und Elektrizität als die Metalle.

Arsen, As

Ged. Arsen findet sich gewöhnlich in äußerst feinkristallinen, dunkelgrau angelaufenen, nierig-schaligen Massen, die auch als *Scherbenkobalt* bezeichnet werden. Auf frischen Bruchflächen ist ged. As hellbleigrau und metallglänzend, läuft an der Luft relativ schnell an und wird dabei dunkelgrau. $H = 3-4$. Ged. As kommt lokal in Erzgängen von Ag- und Ni-Co-Bi-Erzen vor.

Antimon, Sb

Ged. Antimon ist sehr viel seltener als ged. As; es tritt meist körnig und in Verwachsung mit Arsen auf. Es ist zinnweiß und metallisch glänzend. $H = 3-3\frac{1}{2}$.

Bismut (Wismut), Bi

Ged. Bismut (Wismut) tritt meist in charakteristischen dendritischen, federförmigen Wachstumsskeletten auf oder derb in blättrig-körnigen Aggregaten; die seltenen Kristalle sind würfelähnlich. Ged. Bi zeigt silberweißen bis rötlichgelben Metallglanz, Strich grau. $H = 2-2\frac{1}{2}$. Ged. Bi kommt in Ag-Ni-Co- oder Sn-Ag-Erzgängen vor. Wichtiges Mineral zur Gewinnung des chemischen Elementes Bismut. Verwendung als Legierungsmetall besonders für niedrigschmelzende Legierungen und für pharmazeutische Präparate.

4.3 Nichtmetalle

Graphit, C

Ausbildung und Kristallformen. Kristallklasse 6/m2/m2/m (Graphit-2H), auch trigonal $\bar{3}$m (Graphit-3R) in blättrigen bis äußerst feinschuppigen Massen, auch als hexagonale plättchenförmige Kristalle.

Physikalische Eigenschaften.

Spaltbarkeit	vollkom., Translation nach (0001)
Mechanische Eigenschaft	Blättchen unelastisch verbiegbar
Härte	1, sehr weich, schwarz abfärbend
Dichte	2,25
Farbe, Glanz	schwarz, metallglänzend, opak
Strich	schwarz
Weitere Eigenschaft	guter Leiter der Elektrizität

Struktur. Graphit besitzt eine typische Schichtstruktur (Abb. 4.11c). In jeder Schicht wird ein C von drei C im gleichen Abstand von 1,42 Å umgeben. Es werden 2-dimensional unendliche Sechsecknetze gebildet, an deren Ecken sich jeweils ein C befindet. Die übereinanderliegenden Schichten sind derart gegeneinander verschoben, dass ein Atom der 2. Schicht genau über der Mitte eines Sechsecks der 1. Schicht zu liegen kommt. Bei der häufigsten Struktur-Varietät, dem Graphit-2H befindet sich die dritte Schicht in identischer Lage mit der ersten. Die Schichtfolge ist also 121212. Der Abstand von Schicht zu Schicht ist mit 3,44 Å bedeutend größer als derjenige zwischen benachbarten C-Atomen innerhalb einer Schicht. Das ist darauf zurückzuführen, dass nur schwache Van-der-Waals-Restkräfte zwischen den Schichten wirken. Hierdurch werden die ausgezeichnete blättchenförmige Spaltbarkeit und Translatierfähigkeit nach (0001) sowie auch die starke Anisotropie anderer physikalischer Eigenschaften des Graphits verständlich. Im Graphit führen starke metallische Bindungskräfte innerhalb der Schichten zu guter elektrischer Leitfähigkeit.

Vorkommen. Akzessorisch als einzelne Schüppchen in vielen Gesteinen, in Nestern und Flözen innerhalb metamorpher Gesteine, hier teilweise von wirtschaftlicher Bedeutung. Graphit entsteht häufig bei der Metamorphose aus kohligen oder bituminösen Ablagerungen. In Diamantführenden Karbonatiten von Chatagay in Usbekistan fanden Shumilova et al. (2012) erstmals natürlich gebildete Kohlenstoff-Nanofasern, die mit Graphit verwachsen sind.

Industrielle Verwendung. Fertigung von Schmelztiegeln, Graphitelektroden, Bleistiftminen, Kohlestäbchen; Schmier- und Poliermittel; als Elektrographit; in der Eisen-, Stahl- und Gießerei-Industrie.

Als Nukleargraphit dient das Mineral als Moderator in Atomreaktoren zur Abbremsung freiwerdender Neutronen. Probleme bereiten hierbei jedoch die Reaktionsfähigkeit mit H_2O-Dampf bei Temperaturen >900 °C, nukleare Instabilitäten im System Graphit–H_2O und die ungelöste Endlagerung des Nukleargraphits mit seinen hohen Gehalten am radioaktiven Isotop ^{14}C (Halbwertszeit 5 700 Jahre).

Graphen und Fullerene. Durch extrem verfeinerte mikromechanische Spaltung gelang es 2004 André Geim und Konstantin Novoselov, aus Graphit sog. Graphen herzustellen, wofür sie 2010 den Nobelpreis für Physik erhielten. Graphene sind

Kohlenstoffblätter, die – ebenso wie Graphit – die Struktur eines Sechsecknetzes aufweisen, aber nur eine Atomlage dick sind (Geim und Kim 2008). Sie lassen sich zu Kohlenstoff-Nanoröhrchen oder durch Einbau von Fünfecken zu *Fullerenen* verbiegen. Die Existenz dieser käfigförmigen Kohlenstoffmoleküle war bereits 1970 von dem japanischen Chemiker Eiji Oosawa theoretisch vorhergesagt worden, aber erst Kroto et al. (1985) machten sie als *Fullerene* international bekannt. Sie bestehen aus Netzen von Sechsecken und Fünfecken mit 60, 70, 76, 80, 82, 84, 86, 90 und mehr C-Atomen, wobei Moleküle, in denen keine Fünfecke aneinandergrenzen, am stabilsten sind. Ohne die Verwendung von Graphen als Vorstufe lassen sich Fullerene durch Verdampfung von Graphit unter reduziertem Druck in einer Schutzgas-Atmosphäre (Argon, Helium) oder aber durch Extraktion aus speziell präpariertem Ruß technisch herstellen. Das weitaus am besten bekannte Fulleren hat die Zusammensetzung C_{60}. Es wurde ebenso wie das C_{70} in natürlichem Graphit, in Impakt-Kratern (Abschn. 31.1, S. 548) und – zusammen mit natürlichem Kieselglas (Lechatelierit) – in Blitzröhren (Abschn. 11.6.1, S. 179) gefunden. In Zukunft könnten Fullerene als Katalysatoren, Schmiermittel, bei der Diamant-Synthese, als Halbleiter und Supraleiter verwendet werden, während für Graphen eine technische Nutzung, z. B. für Bauelemente von Einzelelektronen-Transistoren oder von Verbundwerkstoffen in Frage kommt.

Diamant, C

Diamant ist die Hochdruck-Modifikation des Kohlenstoffs, die unter den Bedingungen der Erdoberfläche nur metastabil existiert. Allerdings verhindert eine hohe Aktivierungsenergie die Umwandlung in die stabile C-Modifikation Graphit.

Ausbildung und Kristallformen. Kristallklasse $4/m\overline{3}2/m$. Wachstumsformen meistens Oktaeder, daneben Rhombendodekaeder, Hexakisoktaeder und Würfel, andere Formen nicht ganz so häufig (Abb. 4.9).

Durch Lösungsvorgänge gerundete Flächen, Ätzerscheinungen (Abb. 4.10) und Streifung der Flächen sind charakteristisch. Auch verzerrte und linsenförmig gerundete Kristalle sind nicht selten. Zwillingsverwachsungen nach (111), dem Spinellgesetz, sind häufig; gewöhnlich abgeflacht nach (111).

Physikalische Eigenschaften.

Spaltbarkeit	{111} vollkommen; sie ermöglicht die erste Stufe der Diamant-Bearbeitung, die Teilung
Bruch	muschelig, spröde
Härte	10, härtestes Mineral (Standardmineral der Mohs-Skala), aber deutliche Unterschiede auf den verschiedenen Flächen und in den verschiedenen Richtungen auf einer Fläche (Anisotropie der Härte), wobei die Härte auf $\{111\} > \{110\} \geq \{100\}$ ist. Dadurch wird erst das Schleifen von Diamant möglich
Dichte	3,52
Lichtbrechung	$n_D = 2{,}419$ (gelbes Licht $\lambda_D = 589{,}0$ nm) sehr hoch; dabei starke Dispersion des Lichts (Farbenzerstreuung): für rotes Licht ($\lambda_C = 656{,}3$ nm): $n_C = 2{,}410$, für violettes Licht ($\lambda_F = 396{,}8$ nm): $n_F = 2{,}454$, Dispersionszahl $n_F - n_C = 0{,}044$; dadurch entsteht das geschätzte Feuer der geschliffenen Steine

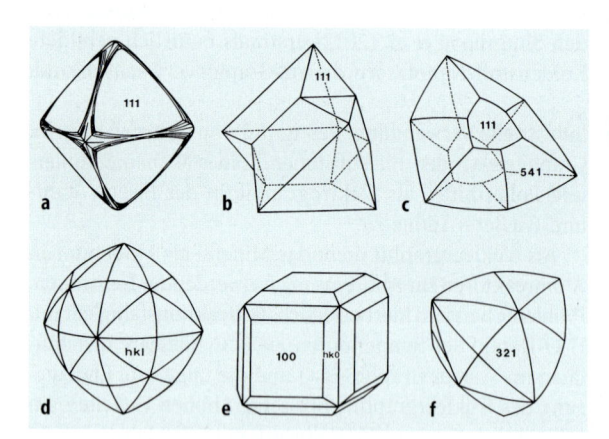

Abb. 4.9. Die häufigeren Wachstumsformen von Diamant: **a** Kombination von {111} mit gerundetem Hexakisoktaeder {hkl}; **b** Kontaktzwilling nach dem Spinellgesetz (111); **c** Zwilling nach (111) mit linsenförmigem Habitus kombiniert mit Hexakistetraeder {541}; **d** Hexakisoktaeder {hkl} **e** {100} mit Tetrakishexaeder {hk0}; **f** Hexakistetraeder {321}; kantengerundet

Abb. 4.10. Diamant-Oktaeder mit Ätzfiguren im Trägergestein Kimberlit, Kimberley, Südafrika. Bildgröße 25 × 25 mm. (Foto: Olaf Medenbach, Bochum; aus Medenbach u. Wilk 1977, Abb. 8)

Farbe, Glanz die wertvollsten Steine sind völlig farblos („rein weiß") oder zeigen einen leicht bläulichen Farbstich („River": blauweiß), andere sind sehr häufig schwach getönt, gelblich, grau oder grünlich. Reine, intensive Farben wie bei dem berühmten blauen Hope-Diamanten (Abb. 4.14) sind sehr selten. Gelbliche und grünliche Farbtöne sind durch geringe Gehalte an Stickstoff (max. 0,28 Gew.-%), blaue durch Spuren von Bor verursacht. Reine Diamanten sind durchsichtig, einschlussreiche dagegen nur durchscheinend oder undurchsichtig. Der charakteristische hohe Glanz des Diamanten wird als Diamantglanz bezeichnet. Die Wärmeleitfähigkeit ist sehr hoch, daher fühlen sich Diamanten kalt an

Struktur. In der Diamantstruktur sind 2 flächenzentrierte kubische Gitter mit den Atomkoordinaten 000 und ¼ ¼ ¼ ineinandergestellt (Abb. 4.11a). Jedes C-Atom ist von 4 Nachbaratomen tetraedrisch umgeben, die untereinander starke homöopolare Bindungskräfte aufweisen. Geometrisch bestehen // (111) dichtest mit Atomen besetzte, in sich gewellte Schichten mit C-C-Abständen von 1,54 Å (Abb. 4.11b). Zwischen diesen dichtest besetzten Netzebenen nach {111} besteht jeweils nur eine C-C-Bindung pro Atom. So ist es verständlich, dass die Oktaederflächen die besten Spaltflächen des Diamanten sind. Ein Vergleich mit der Graphitstruktur ergibt sich aus der Gegenüberstellung in Abb. 4.11b und c. [0001] in der Graphitstruktur entspricht [111] in der Diamantstruktur.

Vorkommen. Auf *primärer* Lagerstätte findet sich Diamant als akzessorischer Gemengteil in Kimberliten (Abb. 4.10) und Lamproiten, d. h. in Gesteinen, die in sehr tiefreichenden Vulkanen auftreten. Sie füllen als Schlotbreccien *vulkanische Durchschlagsröhren* (*Diatreme*, engl. *pipes*), die nach unten zu in massive Kimberlit- oder Lamproit-Gänge übergehen (Abb. 14.13, S. 251). Wie aus Abb. 4.15 hervorgeht, kann sich Diamant innerhalb seines Stabilitätsfeldes nur in Erdtiefen von mindestens 140–170 km, also im Erdmantel, bilden (Stachel et al. 2005; Abschn. 29.3, S. 522f). Einige Diamanten stammen nachweislich aus dem Unteren Erdmantel, aus Tiefen von etwa 700 km (Abb. 29.15)! Trotz seines metastabilen Zustands ist Diamant überaus resistent gegen Verwitterungseinflüsse und überdauert mechanischen Transport. Aufgrund seiner hohe Dichte kann er daher in Fluss- und Strandsanden in Form von *Diamant-Seifen* sekundär angereichert werden, z. B. in den bedeutenden Lagerstätten der Namib-Wüste und im Offshore-Bereich Namibias.

Viele Fundstellen von Diamant sind bekannt geworden, aber nur wenige sind als Lagerstätten bemerkenswert. Seit ältesten Zeiten sind Diamanten in Indien gefunden worden; im 18. Jahrhundert wurden Vorkommen in Brasilien, 1869 in Südafrika, 1908 in Südwestafrika (heute Namibia) und 1955 im ostsibirischen Jakutien (Gruben Mir, Udachnaja und Jubilejnaja) entdeckt. Die seit 1970 aufgefundenen primären Lagerstätten in Westaustralien, Südaustralien (Orrorroo nördlich Adelaide) und New South Wales ließen Australien in kurzer Zeit zum wichtigsten Diamant-Produzenten aufsteigen. Die Argyle Mine im Norden von Westaustralien, die erst 1979 bekannt wurde, ist derzeit die größte Diamantmine der Erde. In den letzten Jahren sind die wichtigen Diamant-Lagerstätten Akluilâc, Lac de Gras und Snap Lake im Norden Kanadas entdeckt worden. Weitere Diamant-Vorkommen von weltwirtschaftlicher Bedeutung sind Guaniamo in Venezuela, São Luiz und São Francisco in Brasilien, Kankan in Guinea, Orapa und Jwaneng in Botswana sowie Monastery, Kimberley, Koffiefontein, Jagersfontein, Premier and Venetia in Südafrika (Levinson 1998; Harlow and Davies 2004; Gurney et al. 2005; Abb. 4.12). Im Jahr 2006 kamen 99,9 % der Weltförderung an Rohdiamant in Höhe von ca. 171 Mio. Karat (= 34 t) aus 8 Ländern: Russland, Botswana, Australien, Kongo, Südafrika, Kanada, Angola und Namibia. Im Kongo befindet sich die Förderung und der Vertrieb von Diamanten in der Hand paramilitärischer Gruppen: „Blutdiamanten".

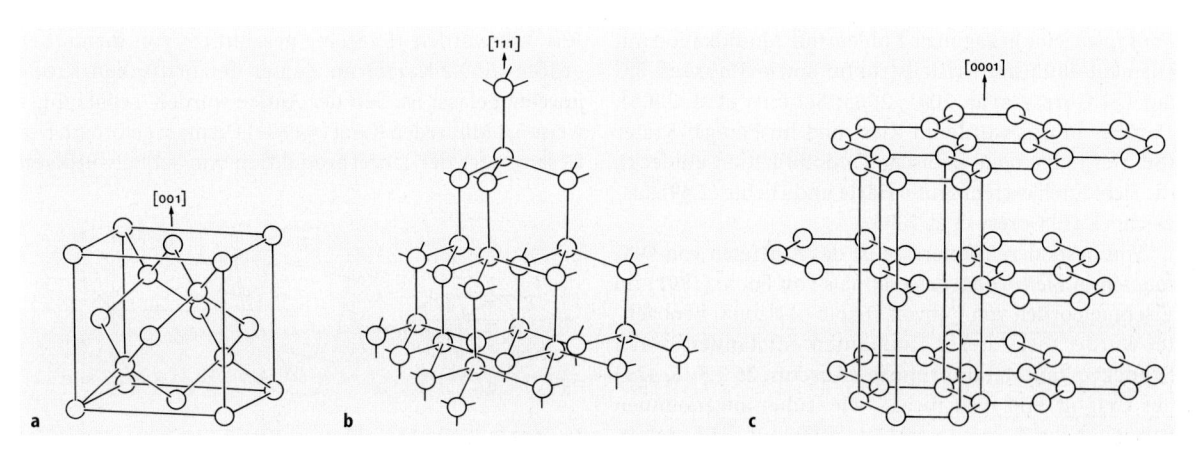

Abb. 4.11. a Struktur von Diamant, **b**, **c** Beziehung der Diamantstruktur (**b**) zur Graphitstruktur (**c**), Erläuterungen s. Text

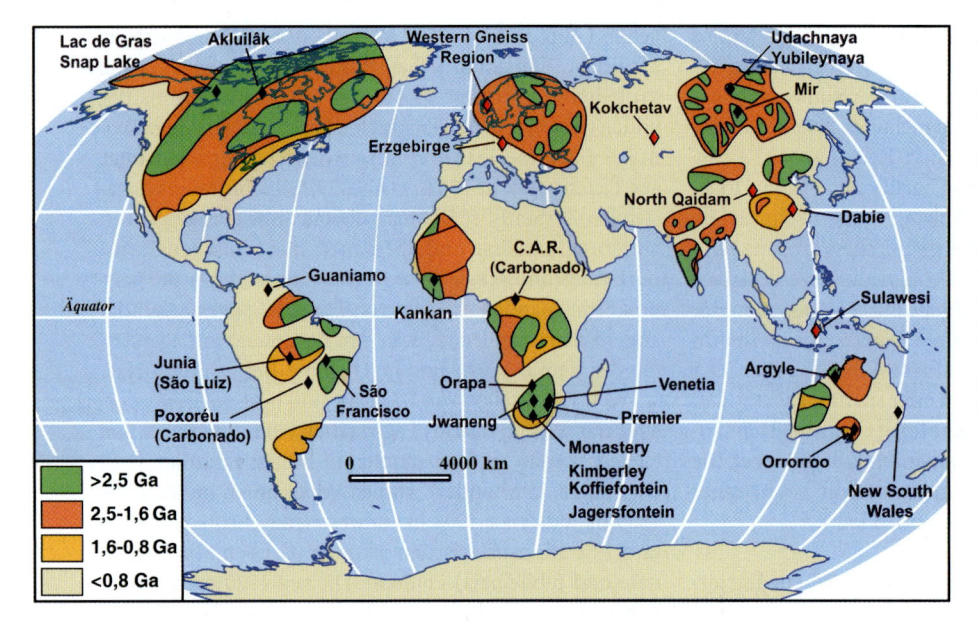

Abb. 4.12.
Die wichtigsten primären Diamant-Vorkommen der Erde. *Schwarze Rauten:* Schmuck- und Industrie-Diamanten aus Kimberliten und Lamproiten; *rote Rauten:* Mikrodiamanten in Ultra-Hochdruck-Metamorphiten. *C.A.R.:* Republik Kongo. Archaische Kratone: *>2,5 Ga;* altproterozoische Kratone: *2,5–1,6 Ga;* jungproterozoische Gesteinskomplexe: *1,6–0,8 Ga;* phanerozoische Gesteinskomplexe: *<0,8 Ga*. (Modifiziert nach Harlow und Davies 2005)

Die Gewichtseinheit von Edelsteinen, das metrische Karat = 200 mg, leitet sich von den Früchten des Johannesbrotbaumes *Ceratonia siliqua* ab, die im Schnitt 197 mg wiegen und früher von Edelsteinhändlern zum Wiegen von Diamanten und Gold verwendet wurden.

Auch in Krustengesteinen, die im Zuge von Kontinent-Kontinent-Kollisionen tief versenkt wurden und eine Ultrahochdruck-Metamorphose erlebten (Abschn. 26.2.5, S. 436, Abschn. 28.3.9, S. 507), haben sich bisweilen winzige Diamant-Kriställchen (Mikrodiamanten) gebildet (Ogasawara 2005), z. B. im Erzgebirge, in der westlichen Gneisregion Norwegens, im Kokchetav-Massiv Sibiriens, in Qaidam und Dabie Shan in China und auf der indonesischen Insel Sulawesi, früher Celebes (Abb. 4.12).

Gelegentlich findet man Diamant auch in Meteoritenkratern, in denen er sich beim Impakt unter den hohen Drücken der Schockwellen-Metamorphose (Abschn. 26.2.3, S. 429) aus Graphit in Kristallingesteinen gebildet hat. So wurden im Nördlinger Ries bereits 1977 durch russische Forscher Diamanten entdeckt; daneben treten auch *Lonsdaleit*, eine hexagonale Kohlenstoff-Modifikation mit Diamant-ähnlicher Kristallstruktur sowie *Moissanit* SiC auf (El Goresy et al. 2001, 2003; Schmitt et al. 2005). Darüber hinaus wurde im Ries- und im Popigai-Krater (Sibirien) eine neue kubische C-Modifikation entdeckt, die sich durch extrem große Härte und Dichte (2.49) auszeichnet (El Goresy et al. 2003).

Von besonderem Interesse ist das Auftreten von Diamanten in *Meteoriten,* das erstmals von Foote (1891) im Eisenmeteoriten von Canyon Diablo (Arizona) beobachtet wurde. Viele dieser Diamanten entstanden durch Schockwellen-Metamorphose (Abschn. 26.2.3, S. 429) aus Graphit, und zwar nicht – wie früher angenommen wurde – beim Aufprall von Meteoriten auf die Erdoberfläche, sondern durch Impakt-Prozesse auf dem jeweiligen Meteoriten-Mutterkörper, wie erstmals Ringwood (1960) erkannt hatte (vgl. Harlow und Davies 2005). Daneben findet man häufig winzige, nur einige Nanometer (10^{-7} cm) große Diamanten (*Nanodiamanten*). Wie die Isotopen-Signaturen von Edelgasen, die in diesen Diamanten eingeschlossen sind, belegen, entstanden sie zumindest teilweise schon *präsolar*, d. h. vor der Entstehung und damit außerhalb unseres Sonnensystems, z. B. bei der Explosion von Supernovae (Huss 2005; vgl. Tabelle 34.1, S. 633).

Wirtschaftliche Bedeutung. Diamant, wohl der begehrteste aller Edelsteine, wird am häufigsten in der Brillantform geschliffen (Abb. 4.13, 4.14). Durch Größenverhältnis, Anzahl und Winkel der Facetten wird mit dem Brillantschliff ein Maximum an Wirkung erreicht. Der seither größte Diamant wurde im Jahre 1905 in der Premier-Mine bei Pretoria gefunden. Er wog 3 106 Karat, das sind 621 g, und erhielt den Namen *Cullinan* (Abb. 4.14). Aus ihm wurden 105 Steine geschliffen, von denen der größte (530,2 Karat) im Zepter der britischen Kronjuwelen gefasst ist. Seit der Antike wurden schätzungsweise 3,4 Milliarden Karat (= 680 t) Diamant gefördert. Der Gesamtwert der Jahresproduktion von schleifwürdigen

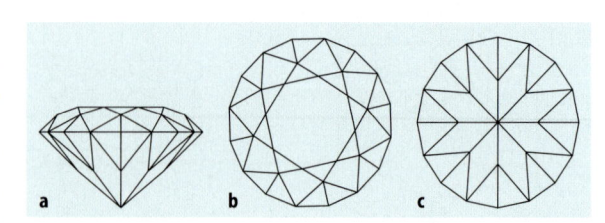

Abb. 4.13. Brillantschliff: **a** Seitenansicht; **b** Oberseite; **c** Unterseite

Abb. 4.14. Repliken von zwei berühmten Diamanten. *Links:* der große „Stern von Afrika", als Tropfen geschliffen, farblos, Gewicht 530,2 Karat (= 106 g), in das englische Zepter gefasst. Es handelt sich um ein Spaltstück des „Cullinan", des bisher größten Diamanten der Welt (3 106 Karat = 621,2 g), der in der Premier Mine, nordwestlich Pretoria, Südafrika, gefunden wurde. *Rechts:* der „Hope" ein kornblumenblauer Diamant, der aus Indien stammt und eine abenteuerliche Geschichte hat. (Foto: K.-P. Kelber)

Diamanten beträgt zur Zeit etwa 20 Milliarden US$ (Harlow and Davies 2005).

Wichtig sind daneben die Industriediamanten, als *Bort* bezeichnet, die als Schleif- und Poliermittel, zur Herstellung von Trennscheiben, zur Besetzung von Bohrkronen und nicht zuletzt für die Bearbeitung der schleifwürdigen Diamanten verwendet werden. Im Jahre 2009 wurden ca. 27 t Industrie-Diamant auf den Markt gebracht.

Zu den Industrie-Diamanten gehören auch zwei Formen von polykristallinen Diamant-Aggregaten: *Carbonado* und *Framesit* (Heaney et al. 2005):

Carbonados. Carbonados (portugiesisch „verbrannt") sind Diamantaggregate in Form schwarz gefärbter, koksartiger Knollen mit glatter Oberfläche, die meist Erbsen- bis Kirschgröße haben. Der schwerste bisher gefundene Carbonado wog 3 167 Karat (= 633,2 g), war also schwerer als der Cullinan. Carbonados bestehen aus bis zu 200 μm großen Diamanten, die oft idiomorph sind und durch eine Grundmasse aus kleineren Diamanten (<0,5–20 μm ⌀) verkittet werden. Charakteristisch ist ihre hohe Makroporosität mit einem Porenraum von bis zu 10 % und Hohlkanälen von >1 mm ⌀. Ihre Wände sind mit Florencit $CeAl_3[(OH)_6/(PO_4)_2]$, Goyacit $SrAl_3H[(OH)_6/(PO_4)_2]$, Gorceixit $BaAl_3H[(OH)_6/(PO_4)_2]$, Xenotim $Y[PO_4]$, Kaolinit, Kalifeldspat, Quarz und anderen, für die Erdkruste typischen, aber für den Erdmantel untypischen Mineralen ausgekleidet. Dazu passt, dass Carbonados niemals an Kimberlite oder Lamproite gebunden sind, also vermutlich keine Bildungen aus dem Erdmantel darstellen. Carbonados treten hauptsächlich als detritische Schwerminerale in metamorphen Konglomeraten mittelproterozoischen Alters (1–1,5 Ga) auf (Abb. 4.12). Sie überlagern den São-Francisco-Kraton in Brasilien und den Kongo-Kraton in Zentralafrika, die einstmals zu einer zusammenhängenden Landmasse gehörten. Da isotopische Datierungen an den Mineralen der Hohlkanäle hohe Alter von 2,6–3,8 Ga ergaben, dürften die Muttergesteine der Carbonados in diesen archaischen Kratonen zu suchen sein. Als Entstehungsursachen der Carbonados werden diskutiert (Heaney et al. 2005):

- Ultrahochdruck-Metamorphose im Zuge der frühesten Subduktionsprozesse,
- radioaktive Umwandlung von Kohlenwasserstoffen aus dem Erdmantel,
- Umwandlung von Biomassekonzentrationen durch Meteoriteneinschlag.

Framesite. Im Gegensatz zu den Carbonados werden Framesite in Kimberliten gefunden, stammen also eindeutig aus dem Erdmantel. Sie sind hellgrau oder braun gefärbt mit unregelmäßiger Oberfläche; ihre Makroporosität ist gering (1 % Porenraum). Ähnlich wie Carbonados bestehen die polykristallinen Aggregate aus idiomorphen Diamanten, die allerdings >200 μm groß werden und in einer feinkörnigen Grundmasse liegen. Framesite enthalten typische Minerale des Erdmantels wie rosa-gefärbten, Cr-reichen Pyrop- oder Almandin-Pyrop-Granat (S. 149), smaragdgrünen Cr-reichen Klinopyroxen (S. 164) und Chromit $FeCr_2O_4$. Daneben tritt auch Cr-armer, aber Ca-reicherer Granat auf, wie er typischerweise in Eklogiten vorkommt (Abschn. 26.3.1, S. 443; Abschn. 28.3.9, S. 507ff), aber kein Omphacit (S. 164) oder Olivin (S. 146). Framesite werden in den Minen Premier und Venetia (Südafrika), Orapa und Jwaneng in Botswana sowie z. B. in der Mine Mir in Sibirien neben Schmuck-Diamanten gefördert. Die meisten Bearbeiter sind sich darüber einig, dass Framesite durch rasche Kristallisation von Kohlenstoff in begrenzten Bereichen des Erdmantels entstehen. Als Ausgangsmaterial kommen z. B. Karbonatitschmelzen, tief subduzierte Karbonatgesteine oder Anreicherungen von organischem Kohlenstoff in Frage (Heaney et al. 2005).

Diamant-Synthese. Die künstliche Herstellung von Diamant ist im Jahr 1955 fast gleichzeitig in Schweden (ASEA) und in den USA (General Electric) gelungen. Dabei wird bei Drücken von 50–60 kbar (5–6 GPa) und 1 400 °C Graphit in Diamant umgewandelt, wobei geschmolzene Metalle, meist Ni und/oder Fe, auch Co, als Katalysatoren eingesetzt werden. Da die natürlichen Vorräte nicht ausreichen, wird heute ein sehr großer Teil des Bedarfs an Industriediamanten synthetisch hergestellt, obwohl die Diamant-Synthese sehr energieintensiv ist. Im Jahre 2008 waren es ca. 115 t, davon ein großer Teil in der VR China, in den USA und in Russland. Außerhalb seines Stabilitätsfeldes wird Diamant mit der CVD-Synthese (Chemical Vapour Deposition) aus heißen Gasen abgeschieden. Dabei gelingt heute die Züchtung von reinen Einkristallen, die Dicken von 4,5 mm erreichen können (Hemley et al. 2005). Dieses Verfahren dient u. a. zur Beschichtung von Materialien, Herstellung von Verbundpulvern, Diamantfenstern als Sensoren in Raumsonden und Diamantstempelzellen für Hochdruck-Hochtemperatur-Experimente (Abschn. 29.3.4, S. 532).

Stabilität von Diamant und Graphit

Diamant ist gegenüber Graphit die unter höheren Drücken stabile Modifikation des Kohlenstoffs. Das geht bereits aus seiner größeren Dichte bzw. dichteren Packung seiner Atome hervor. Unter niedrigem Druck ist Diamant gegenüber Graphit die metastabile Phase. Die extrem langsame Umstellung des Diamantgitters in das Graphitgitter ist der Grund dafür, dass Diamant und Graphit unter Zimmertemperatur und Atmosphärendruck nebeneinander bestehen können. Für eine Umwandlung von Graphit in Diamant als stabile Phase sind mit zunehmend höherer Temperatur immer höhere Drücke notwendig, wie aus dem Druck-Temperatur-Diagramm des Kohlenstoffs (Abb. 4.15) hervorgeht.

Trägt man in dieses Diagramm zusätzlich den Verlauf eines (wahrscheinlichen) geothermischen Gradienten ein, so deutet der Schnitt E bei rund 40 kbar (= 4 GPa) den nötigen Mindestdruck für die Diamantbildung an. Ein solcher Belastungsdruck durch überlagerndes Gestein würde in rund 140 km Tiefe innerhalb des oberen Erdmantels erreicht sein. Demgegenüber ist Graphit innerhalb der gesamten Erdkruste, an deren kontinentaler Untergrenze ein hydrostatischer Druck von im Durchschnitt rund 10 kbar (= 1 GPa) geschätzt wird, die stabile Form des Kohlenstoffs.

Moissanit, SiC

Moissanit ist ein nichtmetallisches Carbid, das gelegentlich in Meteoriten, in Meteoriten-Kratern, im kosmischen Staub sowie in Kimberliten, insbesondere als Einschluss in Diamanten vorkommt. Es tritt in mehreren Polytypen kubischer, hexagonaler und trigonaler Symmetrie auf; natürliches und synthetisches SiC hat überwiegend die Kristallklasse 6mm. Wegen seiner großen Härte von 9½ wird SiC zur Verwendung als Schleif- und Poliermittel (*Carborund*) großtechnisch hergestellt. Die Lichtbrechung ist höher als beim Diamant, weswegen SiC-Kristalle von Edelsteinqualität gezüchtet und als Diamant-Imitationen verschliffen werden.

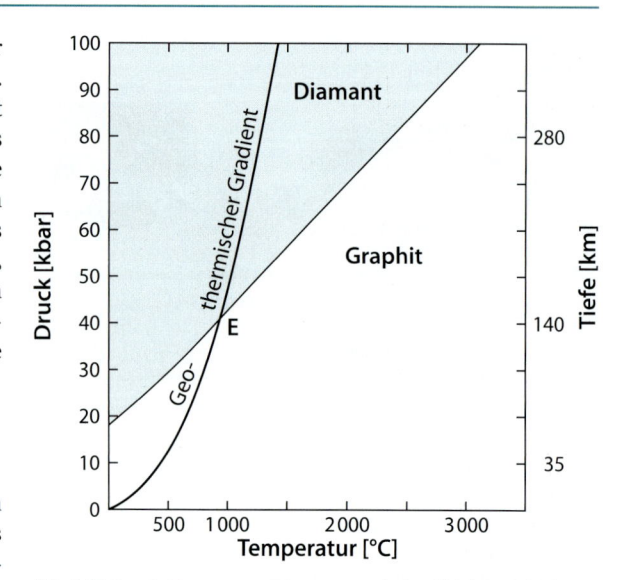

Abb. 4.15. Druck-Temperatur-Diagramm mit der Gleichgewichtskurve Graphit/Diamant. Eingetragen ist ferner der subkontinentale geothermische Gradient (Änderung der Temperatur mit zunehmender Erdtiefe), dessen Verlauf in der Erdkruste und im oberen Erdmantel sich mit geophysikalischen und petrologischen Methoden abschätzen lässt. (Nach Bundy et al. 1961 und Berman 1962; aus Ernst 1976)

Schwefel, α-S

Ausbildung und Kristallformen. Kristallklasse 2/m2/m2/m, oft in schönen aufgewachsenen Kristallen, meist mit bipyramidaler Tracht; oft zwei Bipyramiden, von denen die steilere, meistens {111}, vorherrscht, mit einem Längsprisma und der Basis {001} kombiniert (Abb. 4.16a–c, 4.17). Bisweilen ist anstelle der Bipyramiden das rhombische Bisphenoid {111} ausgebildet (erniedrigte Symmetrie: Abb. 4.16d). Viel häufiger tritt natürlicher Schwefel feinkristallin in Krusten oder Massen auf. Monokliner Schwefel (β-Schwefel) entsteht unterhalb seines Schmelzpunktes von 119 °C als Kristallrasen in Vulkankratern. Er geht bei Abkühlung unterhalb +95,6 °C sehr bald in den rhombischen α-Schwefel über.

Physikalische Eigenschaften.

Spaltbarkeit	angedeutet
Bruch	muschelig, spröde
Härte	1½–2
Dichte	2,0–2,1
Farbe, Glanz	schwefelgelb, durch Bitumen braun, bei geringem Selengehalt gelborange gefärbt (Selenschwefel); auf Kristallflächen Diamantglanz, auf Bruchflächen Fett- bzw. Wachsglanz. In dünnen Splittern durchscheinend
Strich	weiß

Struktur. Die Elementarzelle der Struktur des rhombischen Schwefels enthält die große Zahl von 128 Schwefelatomen. 8 S-Atome bilden jeweils ein ringförmiges

Abb. 4.16.
α-Schwefel: **a–c** Kristalle mit rhombisch-bipyramidalem Habitus; **d** mit disphenoidisch verzerrtem Habitus

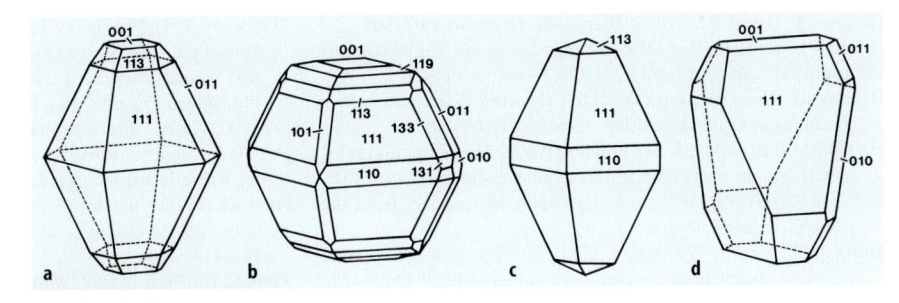

Abb. 4.17. Schwefelkristalle, z.T. mit braunen Überzügen aus Bitumen, auf Calcit, Agrigento, Sizilien. Bildbreite: 9 cm. Mineralogisches Museum der Universität Würzburg. (Foto: K.-P. Kelber)

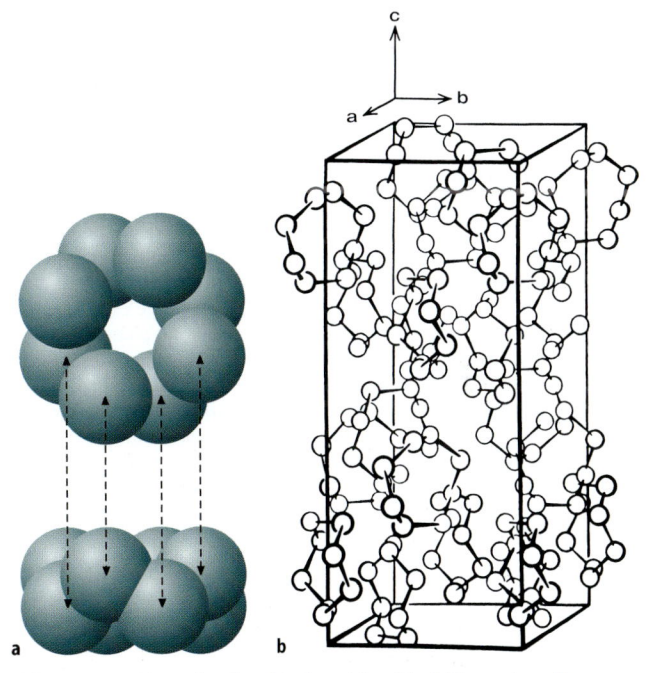

Abb. 4.18. a S_8-Ringe des rhombischen Schwefels; **b** Elementarzelle mit 16 ringförmigen Molekülen S_8, die in den Richtungen [110] und [1$\bar{1}$1] geldrollenartig aneinandergereiht sind. Diese Richtungen entsprechen den morphologisch wichtigsten Zonen des Schwefelkristalls. (Aus Klein u. Hurlbut 1985)

elektrisch geladenes Molekül, und die Elementarzelle enthält 16 derartige S_8-Moleküle (Abb. 4.18). Die Bindungskräfte innerhalb der Ringe sind stark homöopolar. Zwischen den Ringmolekülen herrschen nur schwache Van-der-Waals-Bindungskräfte. Aus seiner Struktur erklären sich die schlechte Leitfähigkeit von Wärme und Elektrizität des Schwefels, die niedrige Schmelz- und Sublimations-Temperatur sowie die geringe Härte und Dichte.

Vorkommen. Schwefel wird aus vulkanischen Exhalationen und Thermen abgeschieden. Wirtschaftlich wichtiger ist die sedimentäre Bildung aus der Reduktion von Sulfaten durch die Tätigkeit von Schwefelbakterien.

Wirtschaftliche Bedeutung. Herstellung von Schwefelsäure, Vulkanisieren von Kautschuk, in der Zellstoffindustrie, als Schädlingsbekämpfungsmittel, in der Pyrotechnik.

Weiterführende Literatur

Anthony JW, Bideaux RA et al. (1990) Handbook of mineralogy, vol I: Elements, sulfides, sulfosalts. Mineral Data Publ, Tucson/Arizona
Anthony JW, Bideaux RA, Bladh KW, Nicholls MC (2000) Handbook of mineralogy. Diamond. Mineralogical Society of America
Butt CRM, Hough RM (2009) Why gold is valuable. Elements 5:277–280
Cobley CM, Xia Y (2009) Gold and nanotechnology. Elements 5:309–313
Geim AK (2008) Wunderstoff aus dem Bleistift. Spektrum Wiss August 2008, 86–93
Guerney JJ, Helmstaedt HH, le Roex AP, Nowicki TE, Richardson SH, Westerlund KJ (2005) Diamonds: Crustal distribution and formation processes in time and space and an integrated deposit model. Econ Geol 100th Anniversary vol, p 143–177
Harlow GE (ed) (1998) The nature of diamonds. Cambridge University Press, Cambridge

Harlow GE, Davies RM (2005) Diamonds. Elements 1:67–109

Heaney PJ, Vicenzi EP, De S (2005) Strange diamonds: The mysterious origins of carbonado and framesite. Elements 1:85–89

Hemley RJ, Chen Y-C, Yan C-S (2005) Growing diamond crystals by chemical vapor deposition. Elements 1:105–108

Hough RM, Butt CRM, Fischer-Bühner J (2009) The crystallography, metallography and composition of gold. Elements 5:297–302

Huss GR (2005) Meteoritic nanodiamonds: Messengers from the stars. Elements 1:97–100

Mungall JE, Meurer WP (eds) (2004) Platinum group elements: Petrology, geochemistry, mineralogy. Canad Mineral 42:241–694

Ogasawara (2005) Microdiamonds in ultrahigh-pressure metamorphic rocks. Elements 1:91–96

Stachel T, Brey GP, Harris JW (2005) Inclusions in sublithospheric diamonds: Glimpses of deep Earth. Elements 1:73–78

Walshe JL, Cleverley JS (2009) Gold deposits: Where, when and why. Elements 5:288–295

Zitierte Literatur

Cabri LJ, Harris DC, Weiser TW (1996) The mineralogy and distribution of platinum group minerals (PGM) in placer deposits of the world. Explor Mining Geol 5:73–167

El Goresy A, Gillet P, Chen M, Kunstler F, Graup G, Stähle V (2001) *In situ* discovery of shock-induced graphite-diamond phase transition in gneisses from the Ries crater, Germany. Am Mineral 86:611–621

El Goresy A, Dubrovinsky LS, Gillet P, Mostefaoui S, Graup G, Drakopoulos M, Simionovici AS, Swamy V, Masaitis VL (2003) A novel cubic, transparent and superhard polymorph of carbon from the Ries and Popigai craters: Implications to understanding dynamic-induced natural high-pressure phase transitions in the carbon system. LPSC 34

El Goresy A, Dubrovinsky LS, Gillet P, Mostefaoui S, Graup G, Drakopoulos M, Simionovici AS, Swamy V, Masaitis VL (2003) A new natural, superhard transparent polymorph of carbon from the Popigai impact crater, Russia. CR Geoscience 335:889–898

Ernst WG (1976) Petrologic phase equilibria. Freeman, San Francisco

Fehr T, Hochleitner R, Weiss S (1995) Sensationell: natürliche Platin-Kristalle aus Sibirien. Lapis 20(10):44–46

Foote AE (1891) A new locality for meteoritic iron with a preliminary notice on the discovery of diamonds in the iron. Amer J Sci 42: 413–417

Klein C, Hurlbutt Jr. CS (1985) Manual of mineralogy (after James D. Dana). 20th edn. Wiley, New York

Kroto HW, Heath JR, O'Brien SC, Curl RF, Smalley RE (1985) C_{60}: Buckminsterfullerene. Nature 318:162–163

Medenbach O, Wilk H (1977) Zauberwelt der Mineralien. Sigloch edition. Künzelsau Thalwil Salzburg

Ramdohr P, Strunz H (1978) Klockmanns Lehrbuch der Mineralogie, 16. Aufl. Enke, Stuttgart

Ringwood AE (1960) The Novo Urei meteorite. Geochim Cosmochim Acta 20:1–2

Schmitt RT, Lapke C, Lingemann CM, Siebenschock M, Stöffler D (2005) Distribution and origin of impact diamonds in the Ries Crater, Germany. In: Kenkmann T, Hörz F, Deutsch H (eds) Large meteorite impacts III. Geol Soc America Spec Paper 384: 1–16

Shcheka GG, Lehman B, Gierth E, Gömann K, Wallianos A (2004) Macrocrystals of Pt-Fe alloy from the Kondyor PGE placer deposit, Khabarovskiy Kray, Russia: Trace element content, mineral inclusions and reaction assemblages. Canad Mineral 42:601–617

Shumilova TG, Isaenko SI, Divaev FK, Akai J (2012) Natural carbon nanofibers in graphite. Mineral Petrol 104:155–162

Sulfide, Arsenide und komplexe Sulfide (Sulfosalze)

**5.1
Metall-Sulfide mit
M : S > 1 : 1 (meist 2 : 1)**

**5.2
Metall-Sulfide und
-Arsenide mit M : S ≈ 1 : 1**

**5.3
Metall-Sulfide,
-Sulfarsenide und
-Arsenide mit M : S ≤ 1 : 2**

**5.4
Arsen-Sulfide**

**5.5
Komplexe Metall-Sulfide
(Sulfosalze)**

Zu dieser Mineralklasse gehört die größte Anzahl der Erzminerale. Viele von ihnen sind opak, d. h. sie sind auch in Dünnschliffen von 20–30 μm Dicke undurchsichtig; sie besitzen Metallglanz mit unterschiedlichem Farbton. Nichtopake sulfidische Erzminerale sind in dünnen Schichten durchscheinend, besitzen eine sehr hohe Lichtbrechung und zeigen z. T. Diamantglanz. Alle geben auf rauher Porzellanplatte einen diagnostisch verwertbaren Strich bei der Mineralbestimmung nach äußeren Kennzeichen.

In den Kristallstrukturen der Sulfide herrschen Mischbindungen zwischen metallischen, heteropolaren und homöopolaren Bindungskräften vor. Insbesondere bei den auftretenden Schichtstrukturen trifft man auch Van-der-Waals-Bindungskräfte an.

Die Unterteilung erfolgt nach Gruppen mit abnehmendem Metall-Nichtmetall-Verhältnis (Strunz u. Nickel 2001):

1. Metall-Sulfide etc. mit Metall (M) : Schwefel (S) > 1 : 1 (meist 2 : 1)
2. Metall-Sulfide etc. mit M : S = 1 : 1
3. Metall-Sulfide etc. mit M : S < 1 : 1
4. Arsen-Sulfide
5. Komplexe Metall-Sulfide (Sulfosalze)

Die früher im deutschen Sprachraum bewährte Einteilung dieser Mineralklasse in 4 Gruppen, nämlich *Kiese, Glanze, Blenden* und *Fahle*, besitzt für die Bestimmung nach äußeren Kennzeichen eine gewisse Aussagekraft. Deswegen werden diese alten deutschen Bezeichnungen hinter den internationalen Mineralnamen in Klammern beigefügt.

5.1 Metall-Sulfide mit M : S > 1 : 1 (meist 2 : 1)

Chalkosin (Kupferglanz), Cu_2S

Ausbildung. Kristallformen sind relativ selten entwickelt, gewöhnlich in kompakten Massen.

Physikalische Eigenschaften.

Spaltbarkeit	undeutlich nach {110}
Bruch	muschelig
Härte	2½–3
Dichte	5,5–5,8
Farbe, Glanz	bleigrau auf frischem Bruch, Metallglanz, an der Luft matt und schwarz anlaufend
Strich	grauschwarz, metallisch glänzend

Struktur und Chemismus. Chalkosin ist dimorph, <103 °C monoklin, >103 °C hexagonal. Es gibt mehrere ähnlich zusammengesetzte Minerale, deren komplizierte Beziehungen bis jetzt nur teilweise geklärt sind.

Erwähnt sei hier der kubische *Digenit*, bei tiefen Temperaturen etwa Cu_9S_5; oberhalb ca. 75 °C ausgedehnte Mischkristallreihe von Cu_7S_4 bis Cu_2S.

Vorkommen. Primäres, hydrothermal gebildetes Erzmineral, sekundär in der Zementationszone von Kupferlagerstätten. Chalkosin verwittert leicht unter Bildung von Cuprit Cu_2O, mitunter ged. Kupfer und letztlich zu Cu-Hydrokarbonaten wie Azurit und Malachit.

Bedeutung. Chalkosin und Digenit sind sehr wichtige Cu-Erzminerale.

Bornit (Buntkupferkies), Cu_5FeS_4

Ausbildung. Kristallformen sind seltener, bisweilen Aggregate verzerrter Würfel, meist als massiges Erz.

Physikalische Eigenschaften.

Spaltbarkeit	selten deutlich
Bruch	muschelig
Härte	3
Dichte	4,9–5,1
Farbe, Glanz	rötlich bronzefarben auf frischer Bruchfläche, bunt (rot und blau) anlaufend, zuletzt schwarz, Metallglanz
Strich	grauschwarz

Struktur. *Hoch-Bornit* hat eine Kristallstruktur ähnlich Sphalerit. Diese geht unterhalb ca. 265 °C in die metastabile kubische Struktur des *intermediären Bornits* über, der sich unterhalb ca. 200 °C in die stabile Tieftemperaturform umwandelt. *Tief-Bornit* ist nicht – wie früher angenommen – tetragonal, sondern rhombisch 2/m2/m2/m. In seinem Feinbau weist er komplexe Überstrukturen auf; Strukturdefekte lassen große Variationen im Cu : Fe : S-Verhältnis zu.

Chemismus. Zusammensetzung schwankt durch Löslichkeit für Cu_2S; etwas weniger für $CuFeS_2$. Bornit weist innerhalb des Systems Cu-Fe-S ausgedehnte Mischkristallbildung auf.

Vorkommen. Vorwiegend hydrothermal gebildetes Erzmineral, sekundär in der Zementationszone und sedimentär als Imprägnation. Bornit verwittert leicht unter zwischenzeitlicher Bildung von Chalkosin und Covellin CuS zu Azurit und Malachit.

Bedeutung. Bornit ist ein wichtiges Cu-Erzmineral.

Argentit und Akanthit (Silberglanz), Ag_2S

Ausbildung. Kristalle von Argentit zeigen kubische Formen, häufig dominiert der würfelige Habitus, während Akanthit-Kristalle monoklinen Habitus aufweisen. Meist jedoch derb und massig, als sog. *Silberschwärze* pulverig. Gelegentlich pseudomorph nach ged. Silber.

Physikalische Eigenschaften.

Spaltbarkeit	fehlt
Bruch	geschmeidig, mit dem Messer schneidbar; aus Silberglanz wurden in früherer Zeit Münzen geprägt
Härte	2–2½
Dichte	7,3
Farbe, Glanz	auf frischer Schnittfläche bleigrauer Metallglanz, unter Verwitterungseinfluss matter Überzug und schwarz anlaufend, schließlich pulveriger Zerfall
Strich	dunkelbleigrau, metallisch glänzend

Tabelle 5.1.
Metall-Sulfide mit M : S > 1 : 1

Mineral		Formel	Metallgehalt [%]	Temperatur [°C]	Kristallklasse
Chalkosin	(Kupferglanz)	Cu_2S	Cu 79,8	>103 <103	Hexagonal 2/m
Bornit	(Buntkupferkies)	Cu_5FeS_4	Cu 63,3	>265 <200	$4/m\bar{3}2/m$ 2/m2/m2/m
Argentit Akanthit	(Silberglanz)	Ag_2S	Ag 87,1	>173 <173	$4/m\bar{3}2/m$ 2/m
Pentlandit		$(Ni,Fe)_9S_8$	Ni 30–35		$4/m\bar{3}2/m$

Struktur. Argentit kristallisiert kubisch flächenzentriert und entsteht unter höherer Temperatur, bei Abkühlung Umwandlung in den monoklinen Akanthit.

Vorkommen. Primäres, hydrothermal gebildetes Erzmineral; als Einschluss im Galenit PbS; sekundär in der Zementationszone.

Bedeutung. Wichtiges Ag-Erzmineral, auch als wesentlicher Silberträger im Galenit.

Pentlandit, $(Ni, Fe)_9S_8$

Ausbildung. Gewöhnlich bildet Pentlandit Körner oder flammenförmige Entmischungslamellen im Pyrrhotin, kommt aber auch in körnigen Aggregaten zusammen mit diesem vor (Abb. 21.7, S. 330).

Physikalische Eigenschaften.
Spaltbarkeit	deutlich nach {111}
Bruch	spröde
Härte	3½–4
Dichte	4,6–5
Farbe, Glanz	bronzegelb, Metallglanz
Strich	schwarz

Unterscheidende Eigenschaft. Im Unterschied zu Pyrrhotin nicht magnetisch.

Struktur und Chemismus. Pentlandit hat Spinellstruktur (Abb. 7.2, S. 105); das Verhältnis von Fe:Ni ist nahe 1:1; gewöhnlich enthält Pentlandit auch etwas Co.

Vorkommen. Zusammen mit Pyrrhotin meistens als liquidmagmatische Ausscheidung, z. B. in der bedeutenden Nickellagerstätte von Sudbury, Ontario, Kanada.

Bedeutung. Pentlandit ist das wichtigste Ni-Erzmineral.

Nickel als metallischer Rohstoff. Ni ist in erster Linie ein wichtiger Stahlveredler. Nickelstahl enthält 2½–3½ % Ni, dabei erhöht Ni die Festigkeit und Korrosionsbeständigkeit des Stahls. Verwendung als Legierungsmetall in Form von Hochtemperaturwerkstoffen in der Kraftwerkstechnik, im Turbinen- und im chemischen Apparatebau sowie in der Galvanotechnik, als Münzmetall, Nickelüberzug, Katalysator etc.

5.2 Metall-Sulfide und -Arsenide mit M:S ≈ 1:1

Galenit (Bleiglanz), PbS

Ausbildung. Kristallklasse $4/m\bar{3}2/m$, häufig gut ausgebildete Kristalle bis zu beträchtlicher Größe aus zahlreichen Fundorten; als Kristallformen (Abb. 5.1, 5.2) herrschen vor: {100} und {111} allein oder in Kombination (als sog. Kubooktaeder), daneben das Rhombendodekaeder {110} und das Trisoktaeder {221} und andere Formen. Gewöhnlich körnig oder spätig, oft feinkörnige bis dichte Erze bildend, bisweilen stark deformiert und gestriemt (sog. *Bleischweif*), Gleitzwillinge.

Tabelle 5.2. Metall-Sulfide und -Arsenide mit M:S ≈ 1:1

Mineral	Formel	Metallgehalt [%]	Kristallklasse
Galenit (Bleiglanz)	PbS	Pb 86,6	$4/m\bar{3}2/m$
Sphalerit (Zinkblende)	α-ZnS	Zn 67,1	$\bar{4}3m$
Wurtzit	β-ZnS	Zn 67,1	6 mm
Chalkopyrit (Kupferkies)	$CuFeS_2$	Cu 34,6	$\bar{4}2m$
Enargit	Cu_3AsS_4	Cu 48,3	mm2
Nickelin (Rotnickelkies)	NiAs	Ni 43,9	6/m2/m2/m
Pyrrhotin (Magnetkies)	$FeS - Fe_5S_6$		6/m2/m2/m
Covellin (Kupferindig)	CuS	Cu 66,4	6/m2/m2/m
Cinnabarit (Zinnober)	HgS	Hg 86,2	32

Abb. 5.1.
Galenit, verbreitete Flächenkombinationen; **a** Kubooktaeder: Kombination Würfel {100} und Oktaeder {111}; **b** Würfel {100}, Oktaeder {111}, vorherrschend **c, d** verschiedene Kombinationen aus Würfel {100}, Oktaeder {111}, Rhombendodekaeder {110}, Trisoktaeder {221} und Ikositetraeder {322}

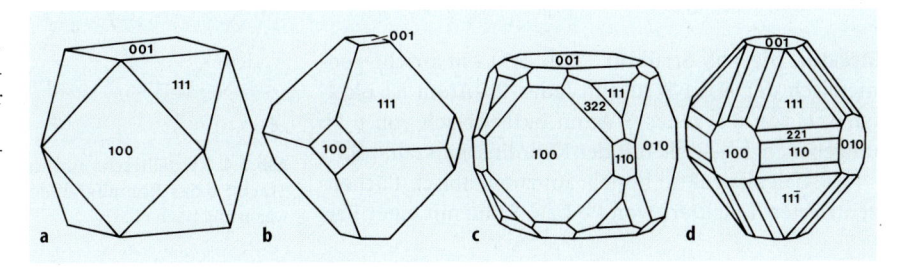

Abb. 5.2. Kristalle von Galenit in der Form des Kubooktaeders mit {100} und {111}, zusammen mit Calcit. Dalnegorsk, Primorskij Kraj (Ostsibirien). Bildbreite ca. 4 cm. Mineralogisches Museum der Universität Würzburg. (Foto: K.-P. Kelber)

Abb. 5.3. Kristallstruktur von Galenit

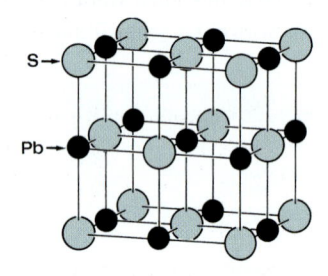

schiebung von ½a (a = Würfelkante) ineinandergestellt sind. Die Bindungskräfte im Gitter sind ausgesprochen metallisch.

Chemismus. PbS, Galenit weist gewöhnlich einen geringen Silbergehalt auf, meist zwischen 0,01 und 0,3 %, mitunter bis zu 1 %. Dieser geht nur teilweise auf einen diadochen Einbau von Ag in der Galenit-Struktur zurück, häufiger auf Einschlüsse unterschiedlicher Silberminerale, vorwiegend von Ag-reichem Fahlerz (Freibergit; S. 97), Polybasit $(Ag,Cu)_{16}Sb_2S_{11}$, Proustit-Pyrargyrit (S. 95f), ged. Ag (S. 71), Silberglanz (S. 84) u. a.

Vorkommen. Zusammen mit Sphalerit weltweit verbreitet auf hydrothermalen Gängen und als hydrothermale Verdrängungsbildung in Kalksteinen, selten als sedimentäre Bildung. Ein imponierendes Beispiel für eine metamorphe Blei-Silber-Zink-Lagerstätte ist Broken Hill in New South Wales (Australien), eine der größten Erzanhäufungen der Erde.

Bedeutung. Wichtigstes und häufigstes Pb-Erzmineral und wegen seiner großen Verbreitung zugleich auch wichtigstes Silbererz.

Blei als metallischer Rohstoff. Verwendung für Akkumulatoren, Bleikabel, Bleiplatten, als Legierungsmetall, Tetraäthylblei (Antiklopfmittel im Benzin).

Sphalerit (Zinkblende), α-ZnS

Ausbildung. Kristallklasse $\bar{4}3m$, kommt in gut ausgebildeten Kristallen vor (Abb. 5.4), oft tetraedrische Tracht; bei einer Kombination des positiven mit dem negativen Tetraeder lassen sich die beiden verschiedenen Tetraeder durch die Art ihres Glanzes und ihrer Ätzfiguren unterscheiden. Weitere verbreitete Form ist das Rhombendodekaeder {110}, bisweilen in Kombination mit dem positiven und negativen Tristetraeder {311} und {3$\bar{1}$1}. Durch wiederholte Verzwillingung nach einer Tetraederfläche ist die Form der Kristalle oft schwer bestimmbar. Darüber hinaus ist Sphalerit besonders als spätiges oder feinkörniges Erz weit verbreitet.

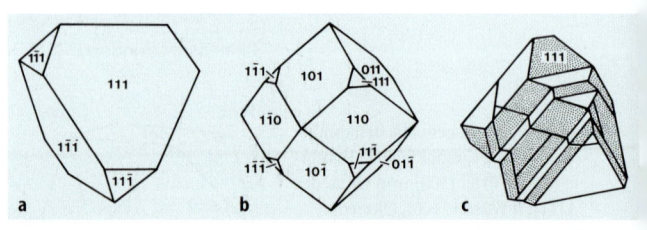

Physikalische Eigenschaften.

Spaltbarkeit	{100} vollkommen
Härte	2½–3
Dichte	7,4–7,6
Farbe, Glanz	bleigrau, gelegentlich matte Anlauffarben, starker Metallglanz auf den frischen Spaltflächen
Strich	grauschwarz

Struktur. Die PbS-Struktur (Abb. 5.3) entspricht geometrisch der NaCl-Struktur. Jedes Pb-Atom ist oktaedrisch von 6 S, jedes S-Atom oktaedrisch von 6 Pb umgeben, d. h. jeweils mit der Koordinationszahl [6].

Die Galenitstruktur besteht aus zwei kubisch-flächenzentrierten Teilgittern von Pb bzw. S, die mit einer Ver-

Abb. 5.4. Kristalltracht und Habitus bei Sphalerit; **a** tetraedrische Tracht; **b** das Rhombendodekaeder dominiert; **c** Zwillingsverwachsung nach (111)

Abb. 5.5. Schalenblende. Olkusz (Polen). Mineralogisches Museum der Universität Würzburg. (Foto: K.-P. Kelber)

Abb. 5.6. Kristallstruktur von Sphalerit

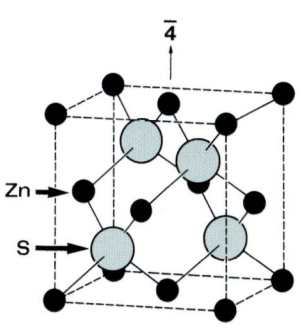

Als *Schalenblende* (Abb. 5.5) werden Stücke mit feinstängeliger, schalig-krustenartiger Struktur und nierenförmiger Oberfläche bezeichnet. Es handelt sich nur teilweise um reinen Sphalerit, häufiger um Verwachsungsaggregate von Sphalerit und Wurtzit ± Galenit, ± Pyrit/Markasit oder seltener auch um Wurtzit allein.

Physikalische Eigenschaften.

Spaltbarkeit	nach {110} vollkommen, spröde
Härte	3½–4
Dichte	3,9–4,1
Farbe, Glanz	weiß (selten), gelb (sog. *Honigblende*), braun bis rot (sog. *Rubinblende*), ölgrün oder schwarz. Oft starker *(blendeartiger)* Glanz (Diamantglanz), besonders auf Spaltflächen. Durchsichtig bis lediglich kantendurchscheinend, niemals völlig opak
Strich	gelblich bis dunkelbraun, niemals schwarz

Struktur. Zn und S bilden für sich allein je ein flächenzentriertes kubisches Gitter (Abb. 5.6). Geometrisch sind diese beiden Gitter um ¼ ihrer Raumdiagonalen gegeneinander verschoben und ineinandergestellt. Jedes Zn-Atom ist tetraedrisch von 4 S-Atomen und jedes S-Atom von 4 Zn-Atomen umgeben. Die gegenseitige Koordinationszahl ist [4]. Man kann die Sphaleritstruktur auch aus der Diamantstruktur (Abb. 4.9a, S. 76) ableiten, derart, dass man eine Hälfte der C-Atome der Diamantstruktur durch Zn und die andere Hälfte durch S ersetzt. (Die Symmetrie der Kristallklasse wird damit von $4/m\bar{3}2/m$ auf $\bar{4}3m$ erniedrigt). Im Unterschied zur Diamantstruktur sind die Bindungskräfte in der Sphaleritstruktur nicht rein homöopolar, sondern besitzen einen heteropolaren Anteil. Daraus erklärt sich insbesondere auch die unterschiedliche Lage der Spaltflächen bei Sphalerit und Diamant: {110} gegenüber {111}.

Chemismus. Sphalerit enthält fast immer Fe, d. h. es handelt sich dann um Mischkristalle zwischen ZnS und FeS, mit maximal 26 Mol.-% FeS. Mit zunehmendem Fe-Gehalt wird Sphalerit immer dunkler gefärbt. Daneben enthält Sphalerit gewöhnlich auch Mn und Cd, in geringen Mengen auch die seltenen Metalle In, Ga, Tl und Ge.

Stabilitätsbeziehung. Sphalerit ist bei Atmosphärendruck und gewöhnlicher Temperatur gegenüber dem im Folgenden zu besprechenden Wurtzit die *stabile* Modifikation von ZnS.

Vorkommen. Zusammen mit Galenit auf hydrothermalen Gängen, als Verdrängungsbildung im Kalkstein, auch synsedimentär und submarin-exhalativ (Black Smoker: Abb. 23.10, 23.11, S. 361).

Bedeutung. Wichtigstes und häufigstes Zn-Erzmineral. Als Beiprodukte werden die anderen genannten Elemente, besonders Cd, bei der Verhüttung von Zinkerzen mitgewonnen. Wegen der Giftigkeit von Cd sollten für Zinkhütten strenge Umweltschutz-Auflagen gelten.

Zink als metallischer Rohstoff. Als Korrosionsschutz durch galvanisches oder Feuer-Verzinken von Eisen, für Drähte und Bleche, wichtiges Legierungsmetall, besonders mit Cu (Messing), Verwendung in galvanischen Elementen. Außerdem findet Zinkblende in geringeren Mengen unmittelbare Verwendung bei der Herstellung von Zinkweiß und Lithopon. Das als Beiprodukt gewonnene Cadmium wird in Ni-Cd- und Ag-Cd-Batterien, als Bestandteil leicht schmelzender Legierungen (Wood-Metall), in der Reaktortechnik, als Korrosionsschutz und als Farbstoff verwendet.

Wurtzit, β-ZnS

Ausbildung. Kristallklasse 6mm. Häufig in büscheligen oder radialfaserigen Aggregaten, oft zusammen mit Sphalerit als Verwachsung in der *Schalenblende* (Abb. 5.3), pyramidal-kurzsäulige Kristalle sind unvollkommen ausgebildet und relativ selten.

Physikalische Eigenschaften. Die physikalischen Eigenschaften sind denen von Sphalerit sehr ähnlich, vollkommene Spaltbarkeit nach {10$\bar{1}$0}, nach (0001) deutlich.

Struktur. Die Koordinationsverhältnisse in der Wurtzitstruktur gleichen denen der Sphaleritstruktur. So ist Zn von vier S, S von vier Zn tetraedrisch umgeben. Unterschiede bestehen durch die Art der Überlagerung der dichtest besetzten Anionenebenen in den beiden Gittern. Die Sphaleritstruktur gleicht hiernach einer kubisch dichten, die Wurtzitstruktur einer hexagonal dichten Kugelpackung.

Stabilitätsbeziehung. Wurtzit ist zwar die Hochtemperaturmodifikation von ZnS, kann sich aber auch metastabil bei niedrigen Temperaturen aus sauren Lösungen bilden. Hohe Cd-Gehalte begünstigen ebenfalls die Bildung von Wurtzit.

Chalkopyrit (Kupferkies), CuFeS$_2$

Ausbildung. Kristallklasse $\bar{4}$2m, bei den Kristallformen ist das tetragonale Bisphenoid vorherrschend, häufig kombiniert mit dem negativen Bisphenoid und dem tetragonalen Skalenoeder (Abb. 5.7). Gewöhnlich Zwillingsverwachsungen nach (111) und stark verzerrte Kristalle. Meist kommt Chalkopyrit in derben bis feinkörnigen Massen vor.

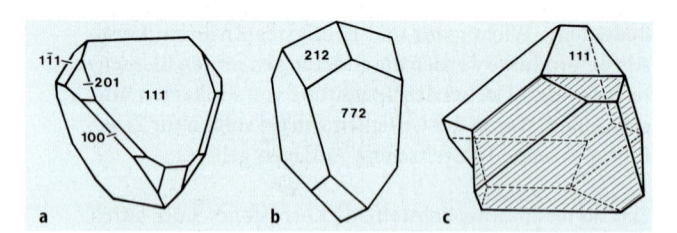

Abb. 5.7. Kristalltrachten bei Chalkopyrit; **a** das tetragonale Bisphenoid {111} herrscht vor; **b** Kombination eines steilen tetragonalen Bisphenoids {772} mit tetragonalem Skalenoeder {212}; **c** Zwilling nach Art der Spinellverzwillingung

Physikalische Eigenschaften.

Spaltbarkeit	fehlt
Bruch	muschelig
Härte	3½–4, viel geringer als diejenige von Pyrit FeS$_2$
Dichte	4,1–4,3
Farbe, Glanz	grünlich-gelber bis dunkelgelber (messingfarbener) Metallglanz, oft bunt angelaufen
Strich	schwarz bis grünlich-schwarz

Struktur. Die Kristallstruktur von Chalkopyrit (Abb. 5.8) ist aus derjenigen der Zinkblende durch Verdoppelung der Elementarzelle bei gleichzeitigem Ersatz von zwei Zn durch Cu und Fe ableitbar. Die enge Strukturverwandtschaft zwischen Chalkopyrit und Sphalerit führt zu mikroskopisch feinen orientierten Verwachsungen beider Minerale.

Vorkommen. Chalkopyrit ist das verbreitetste Cu-Erzmineral. Liquidmagmatisches Ausscheidungsprodukt zusammen mit Magnetkies und Pentlandit. In hydrothermalen Gängen und Imprägnationen, insbesondere in porphyrischen Kupfer-Lagerstätten (Porphyry Copper Ores; Abschn. 23.2.4, S. 349ff), in Form von Stöcken (sog. Kiesstöcken) und Lagern in massiven Sulfiderzlagerstätten. Durch rezente submarin-exhalative Tätigkeit bildet sich Chalkopyrit zusammen mit anderen Sulfiden an mittelozeanischen Rücken (Black Smoker: Abb. 23.10, 23.11, S. 361).

Bei seiner Verwitterung entsteht ein inhomogenes Verwitterungserz (Kupferpecherz bzw. Ziegelerz), das aus Azurit Cu$_3$[OH/CO$_3$]$_2$, Malachit Cu$_2$[(OH)$_2$/CO$_3$], Cuprit Cu$_2$O, Covellin CuS, Bornit, viel Brauneisenerz (Limonit) FeOOH und anderen Mineralen besteht.

Bedeutung. Chalkopyrit ist nach Chalkosin das wirtschaftlich wichtigste Cu-Erzmineral.

Abb. 5.8. Kristallstruktur von Chalkopyrit

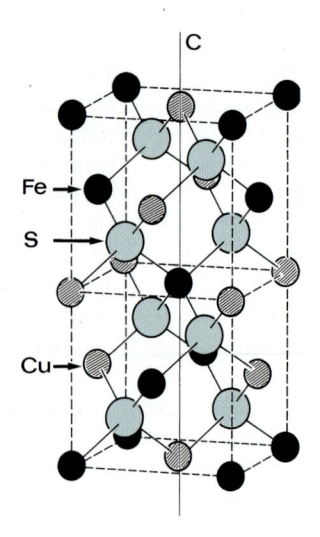

Enargit, Cu$_3$AsS$_4$

Ausbildung. Kristallklasse mm2, rhombisch (pseudohexagonal), die prismatischen Kristalle sind nach c gestreckt und vertikal gestreift, auch tafelig nach (001); Drillinge. Gewöhnlich derb in strahligen oder spätig-körnigen Aggregaten.

Physikalische Eigenschaften.

Spaltbarkeit	{110} vollkommen, {100} und {010} deutlich
Bruch	uneben, spröde
Härte	3½
Dichte	4,5
Farbe, Glanz	grau bis grauschwarz, blendeartiger Glanz, opak
Strich	schwarz

Struktur. Die Kristallstruktur ist derjenigen des Wurtzits ähnlich, wobei ¾ des Zn durch Cu und ¼ durch As ersetzt sind; dadurch kommt es zur Erniedrigung der Symmetrie.

Chemismus. As kann bis zu 6 % durch Sb ersetzt sein, etwas Fe und Zn sind gewöhnlich eingebaut.

Vorkommen. Auf hydrothermalen Gängen, als Verdrängung und Imprägnation.

Bedeutung. Enargit ist örtlich ein wichtiges Cu-Erzmineral.

Nickelin (Niccolit, Rotnickelkies), NiAs

Ausbildung. Kristallklasse 6/m2/m2/m, nur sehr selten Kristallformen, gewöhnlich in derben, körnigen Massen.

Physikalische Eigenschaften.

Spaltbarkeit	nach {10$\bar{1}$0} und (0001) nur bisweilen erkennbar
Bruch	muschelig, spröde
Härte	5–5½
Dichte	7,8
Farbe, Glanz	hell kupferrot, dunkler anlaufend, Metallglanz, opak
Strich	bräunlichschwarz

Struktur. Kristallisiert in der NiAs-Struktur, einem wichtigen Strukturtyp. Dieser kann durch eine hexagonal dichte Packung von As-Atomen beschrieben werden, in deren oktaedrischen Lücken die Ni-Atome sitzen; etwas As kann durch Sb diadoch ersetzt sein.

Vorkommen. Auf hydrothermalen Gängen.

Bedeutung. Nickelin ist ein lokal bedeutsames Ni-Erzmineral.

Pyrrhotin (Magnetkies), FeS–Fe$_5$S$_6$

Ausbildung. Äußere Kristallform 6/m2/m2/m, die hexagonale Hochtemperaturmodifikation ist oberhalb ~300 °C stabil. Ausgebildete Kristalle sind nicht sehr häufig, so als 6-seitige Tafeln aus Basispinakoid {0001} und schmalem Prisma, vielfach rosettenförmig oder buchstapelartig angeordnet (Abb. 5.9). Meistens jedoch derb und eingesprengt, körnig bis blättrig.

Physikalische Eigenschaften.

Spaltbarkeit	nach (0001) und {11$\bar{2}$0} in grobkörnigen Stücken deutlich
Bruch	muschelig, spröde
Härte	4
Dichte	4,6–4,7
Farbe, Glanz	hell bronzefarben, mattbraun anlaufend, Metallglanz
Strich	grauschwarz
Weitere Eigenschaft	meist ferromagnetisch

Struktur. Die Kristallstruktur des Pyrrhotins entspricht dem NiAs-Typ mit S auf den As-Positionen und Fe auf den Ni-Plätzen. Dabei besitzt Pyrrhotin meist einen Unterschuss an Fe relativ zu S, wobei die Zusammensetzung zwischen

Abb. 5.9. Übereinander gestapelte Kristalle von Pyrrhotin neben Quarz (Bergkristall). Dalnegorsk, Primorskij Kraj (Ostsibirien). Bildbreite ca. 3 cm. Mineralogisches Museum der Universität Würzburg. (Foto: K.-P. Kelber)

Fe$_5$S$_6$ und Fe$_{10}$S$_{11}$ variiert; die fehlenden Fe-Atome führen zu Leerstellen in der Struktur: *Subtraktions-Baufehler*. Strukturbestimmungen haben gezeigt, dass es in Abhängigkeit von Temperatur und Fe-Gehalt zahlreiche hexagonale, rhombische und monokline Strukturvarietäten (Polytypen) gibt. Im **Troilit** FeS, dessen Auftreten auf Meteorite und Mondgesteine beschränkt ist, sind alle Fe-Positionen besetzt.

Vorkommen. Häufiges Sulfid-Erzmineral, als akzessorischer Gemengteil in magmatischen und metamorphen Gesteinen; angereichert in liquidmagmatischen und metamorphen Erzlagerstätten, auch in Pegmatiten und auf hydrothermalen Gängen.

Chemismus. Im „Nickelmagnetkies" liegen die Nickelgehalte und untergeordnete Co-Gehalte als Entmischungslamellen von Pentlandit (Ni,Fe)$_9$S$_8$ vor (Abb. 21.7, S. 330).

Bedeutung. Der Pentlandit-führende Pyrrhotin ist ein sehr wichtiges Ni-Erz. Reiner Pyrrhotin ist kein Eisenerzmineral, wird aber gelegentlich zur Herstellung von Eisenvitriol oder Polierrot verwendet.

Covellin (Kupferindig), CuS

Ausbildung. Kristallklasse 6/m2/m2/m, selten tafelige Kristalle, gewöhnlich derb, feinkörnig oder spätig.

Physikalische Eigenschaften.
Spaltbarkeit	vollkommen nach (0001)
Härte	1½–2
Dichte	4,6–4,8
Farbe, Glanz	blauschwarz bis indigoblau, halbmetallischer Glanz, in dünnen Blättchen durchscheinend; wegen seiner sehr hohen Dispersion der Lichtbrechung verändert Covellin seine Farbe bei Einbettung in Flüssigkeiten, er wird in Wasser violett, in hochlichtbrechenden Ölen rot (s. S. 28)
Strich	bläulichschwarz

Struktur. Schichtgitter.

Vorkommen und Bedeutung. Covellin bildet keine selbständigen Lagerstätten. In relativ kleinen Mengen kommt er in Kupfersulfid-haltigen Erzen als Sekundärmineral vor.

Cinnabarit (Zinnober), HgS

Ausbildung. Kristallklasse 32, bildet nur selten deutliche rhomboedrische bis dicktafelige Kristalle, meist derb-körnige bis dichte oder erdige Massen in Imprägnationen.

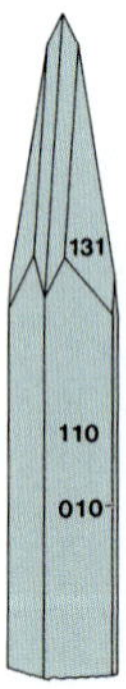

Physikalische Eigenschaften.
Spaltbarkeit	nach {10$\bar{1}$0} ziemlich vollkommen
Härte	2–2½
Dichte	8,1
Farbe und Strich	rot, Diamantglanz, in dünnen Schüppchen durchscheinend, oft durch Bitumen-Einschlüsse verunreinigt im sog. Lebererz der Hg-Lagerstätte Idrija (Krain, Slowenien)

Kristallstruktur. Kann beschrieben werden als eine in Richtung der Raumdiagonale deformierte PbS-Struktur. Dabei nimmt Hg die Position von Pb ein.

Vorkommen. Als hydrothermale Imprägnation und Verdrängung in tektonisch gestörtem Nebengestein.

Bedeutung. Cinnabarit ist das wichtigste Hg-Erzmineral.

Verwendung von Quecksilber. Wegen seiner Giftigkeit ist der Einsatz von Quecksilber in physikalischen Geräten (z. B. Thermometern), in der Elektroindustrie, der Medizin oder der Landwirtschaft stark eingeschränkt oder verboten. Auch die Verwendung von Sn-Cu-(Ag,Au)-Amalgam in der Zahntechnik ist heute umstritten.

5.3
Metall-Sulfide, -Sulfarsenide und -Arsenide mit M : S ≤ 1 : 2 (Tabelle 5.3)

Stibnit (Antimonit, Antimonglanz), Sb$_2$S$_3$

Ausbildung. Kristallklasse 2/m2/m2/m, rhombische, nach c gestreckte, oft flächenreiche Kristalle (Abb. 5.10), meist vertikal gestreift, spieß- und nadelförmig, bisweilen büschelig oder wirr-strahlig aggregiert. Häufig // b wellenförmige, geknickte, gebogene oder gedrehte Kristalle. Als Erz häufig in derb-körnigen bis dichten Massen.

Physikalische Eigenschaften.
Spaltbarkeit	sehr vollkommen nach {010} mit häufiger Translation in (010) // der c-Achse. Dadurch entsteht Horizontalstreifung auf den leicht wellig verbogenen Spaltflächen
Härte	2–2½
Dichte	4,5–4,6
Farbe, Glanz	bleigrau, läuft metallschwärzlich bis bläulich an, starker Metallglanz, opak
Strich	dunkelbleigrau

Struktur. Die Kristallstruktur weist Doppelketten // c entsprechend der Streckung der Kristalle auf.

Vorkommen. In hydrothermalen Gängen.

Bedeutung. Stibnit ist das wichtigste Sb-Erzmineral.

Abb. 5.10. Stibnit, nadelförmig nach c gestreckte Flächenkombination

Tabelle 5.3.
Metallische Sulfide, Sulfarsenide und Arsenide mit M:S ≤ 1:2

Mineral	Formel	Elementgehalt [%]	Kristallklasse
Stibnit (Antimonit, Antimonglanz)	Sb_2S_3	Sb 71,4	2/m2/m2/m
Molybdänit (Molybdänglanz)	MoS_2	Mo 59,9	6/m2/m2/m
Pyrit (Eisenkies, Schwefelkies)	FeS_2	Fe 46,6; S 53,8	$2/m\overline{3}$
Markasit	FeS_2	Fe 46,6; S 53,8	2/m2/m2/m
Arsenopyrit (Arsenkies)	FeAsS	Fe 34,3; As 46	2/m
Cobaltin (Kobaltglanz)	(Co,Fe)AsS	Co+Fe 35,4	23
Löllingit	$FeAs_2$	As 72,8	2/m2/m2/m
Safflorit	$CoAs_2$	Co 28,2	2/m2/m2/m
Rammelsbergit	$NiAs_2$	Ni 28,2	2/m2/m2/m
Skutterudit (Speiskobalt)	$(Co,Ni)As_3$		$2/m\overline{3}$
Nickel-Skutterudit (Chloanthit)	$(Ni,Co)As_3$		$2/m\overline{3}$

Verwendung. Antimon als Legierungsmetall, besonders in Blei- und Zinn-Legierungen, z. B. in Letternmetall, Schrot- und Lötzinn, als Hartblei, Zusatz von Akkumulatorenblei; reinstes Sb in der Halbleiter-Technik.

Molybdänit (Molybdänglanz), MoS_2

Ausbildung. Kristallklasse 6/m2/m2/m, hexagonale, unvollkommen ausgebildete Tafeln, meistens in krummblättrigen, schuppigen Aggregaten.

Physikalische Eigenschaften.

Spaltbarkeit	sehr vollkommen nach (0001), sehr biegsame, unelastische Spaltblättchen
Härte	1–1½, sehr gering
Dichte	4,7–4,8
Farbe, Glanz	bleigrau, Metallglanz
Strich	dunkelgrau
Weitere Eigenschaft	fühlt sich fettig an und färbt ab

Struktur. Hexagonale Schichtstruktur mit // (0001) verlaufenden MoS_2-Schichten, die in sich valenzmäßig abgesättigt sind. Zwischen den Schichten schwache Van-der-Waals-Bindungskräfte, woraus sich die vollkommene Spaltbarkeit nach (0001) erklärt.

Chemismus. MoS_2 mit einem geringen Gehalt an Rhenium, bis zu 0,3 %.

Vorkommen. In Pegmatit-Gängen, als Imprägnationen in porphyrischen Molybdän-Lagerstätten.

Bedeutung. Molybdänit ist das wichtigste Mo-Erzmineral.

Verwendung. Molybdän ist ein wichtiger Stahlveredler (Molybdänstahl), legiert in Gusseisen, Verwendung in der Elektrotechnik. Wegen seines hohen Schmelzpunkts dient Mo als Reaktormetall und Baustoff in der Raketentechnik sowie zur Herstellung hochwarmfester Legierungen. Molybdänit wird wegen seiner geringen Härte und vollkommenen Spaltbarkeit als Trockenschmierstoff und in zusammengesetzten Schmierstoffen eingesetzt.

Pyrit (Eisenkies, Schwefelkies), FeS_2

Ausbildung. Kristallklasse kubisch disdodekaedrisch $2/m\overline{3}$, formenreich und auch in gut ausgebildeten Kristallen weit verbreitet. Als häufigste Form treten auf: Würfel {100}, Pentagondodekaeder {210}, Oktaeder {111} und Disdodekaeder {321}, häufig auch miteinander kombiniert (Abb. 5.11, 5.12). Die Würfelflächen des Pyrits sind meist gestreift, was die niedriger symmetrische Kristallklasse (2-zählige statt 4-zähliger Drehachse a) andeutet. Es handelt sich um eine Wachstumsstreifung (sog. Kombinationsstreifung) im aufeinanderfolgenden Wechsel von Würfel- und Pentagondodekaederfläche. Durchkreuzungs-Zwillinge sind nicht selten („Eisernes Kreuz"). Als Gemengteil von Erzen ist Pyrit meist wegen gegenseitiger Wachstumsbehinderung körnig ausgebildet.

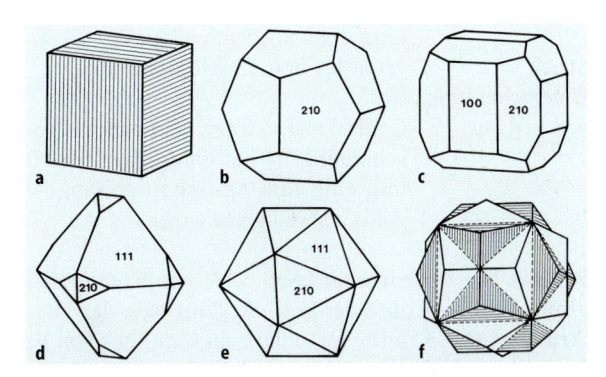

Abb. 5.11. Kristalltrachten bei Pyrit; **a** Würfel mit Kombinationsstreifung; **b** Pentagondodekaeder {210}; **c** Kombination Pentagondodekaeder {210} und Würfel {100}; **d, e** Kombination Oktaeder {111} mit Pentagondodekaeder {210}; **f** Durchdringungszwilling mit [001] als Zwillingsachse

Abb. 5.13. Kristallstruktur von Pyrit (s. Text)

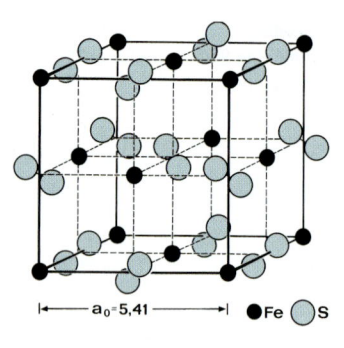

Abb. 5.12. Kristallgruppe von Pyrit mit der Flächenkombination Pentagondodekaeder {210} und Würfel {100} mit charakteristischer Streifung. Pasto Bueno (Peru). Bildbreite ca. 9 cm. Mineralogisches Museum der Universität Würzburg, Sammlung Schröder. (Foto: K.-P. Kelber)

Physikalische Eigenschaften.

Spaltbarkeit	{100} sehr undeutlich
Bruch	muschelig, spröde
Härte	6–6½, für ein Sulfid ungewöhnlich hart (Unterscheidung von Chalkopyrit!)
Dichte	5,0
Farbe, Glanz	lichtmessinggelber Metallglanz, mitunter bunt angelaufen, opak
Strich	grün- bis bräunlichschwarz
Unterscheidung von ged. Au	Gold ist viel weicher, dehnbar und geschmeidig; es hat goldgelben Strich und eine vom Ag-Gehalt abhängige gold- bis weißgelbe Farbe

Struktur. Die Pyritstruktur (Abb. 5.13) hat geometrisch große Ähnlichkeit mit der NaCl-Struktur bzw. der PbS-Struktur (Abb. 5.3): Die Na$^+$-Plätze sind im Pyrit von Fe besetzt, während in den Schwerpunkten der Cl$^-$-Ionen die Zentren von hantelförmigen S$_2$-Gruppen sitzen. Die Achsen der S$_2$-Hanteln liegen jeweils // zu den 3-zähligen Achsen, aber in unterschiedlicher Orientierung; dadurch ergibt sich im Vergleich zum NaCl eine erniedrigte Symmetrie. Jedes Fe-Atom hat 6 S-Nachbarn im gleichen Abstand. Innerhalb der S$_2$-Hantel herrscht eine ausgesprochene Atombindung, zwischen ihr und dem Fe-Atom ist die Bindung metallisch.

Chemismus. Fe kann durch kleine Mengen von Ni oder Co ersetzt sein; mitunter winzige Einschlüsse von ged. Au.

Vorkommen. Pyrit ist das weitaus häufigste Sulfidmineral. Er besitzt ein weites Stabilitätsfeld und kommt überall dort vor, wo sich nur irgendwie eine stoffliche Voraussetzung bietet; er bildet oft mächtige Pyritlager (Kieslager, massive Sulfiderz-Lagerstätten), ist Bestandteil der meisten sulfidischen Erze, akzessorischer Gemengteile in vielen mafischen Gesteinen. Er tritt als Imprägnation oder Konkretion in vielen Sedimentgesteinen auf, in denen er sich im Sauerstoff-freien bis -armen (anaeroben) Milieu bildet, und zwar nicht selten aus dem Thiospinell *Greigit* Fe^{2+}Fe$_2^{3+}$S$_4$ als Vorläuferphase. Der atmosphärischen Verwitterung ausgesetzt, geht Pyrit über verschiedene Zwischenverbindungen schließlich in Eisenoxidhydrat FeOOH (Limonit, Brauneisenerz) über. Pseudomorphosen von Limonit nach Pyrit sind häufig.

Bedeutung als Rohstoff. Aus Pyriterzen wird Schwefelsäure gewonnen. Ihre Abröstungsrückstände, die sog. Kiesabbrände, werden als Eisenerz, Polierpulver und zur Herstellung von Farben verwendet. Örtlich wird Pyrit wegen seines Goldgehalts als Golderz abgebaut.

Markasit, FeS$_2$

Ausbildung. Kristallklasse 2/m2/m2/m, rhombische Modifikation von FeS$_2$. Einzelkristalle (Abb. 5.14) gewöhnlich tafelig nach {001}, seltener prismatisch nach [001], viel häufiger verzwillingt, als Vielinge in zyklischer Wiederholung in hahnenkammförmigen und speerartigen Gruppen (deshalb als Kammkies oder Speerkies bezeichnet). Vielfach auch strahlig oder in Krusten als Überzug anderer Minerale, dichte Massen.

Physikalische Eigenschaften.

Spaltbarkeit	{110} unvollkommen

Bruch	uneben, spröde
Härte	6–6½
Dichte	4,8–4,9, etwas niedriger als diejenige des Pyrits
Farbe, Glanz	Farbe gegenüber Pyrit mehr grünlich-gelb, grünlich anlaufend, Metallglanz, opak
Strich	grünlich- bis schwärzlichgrau

Struktur. Die Kristallstruktur des Markasits besitzt bei verminderter Symmetrie enge Beziehungen zur Pyritstruktur.

Die Stabilitätsbeziehungen zwischen Pyrit und Markasit sind noch nicht ganz geklärt. Experimentelle Untersuchungen haben gezeigt, dass Markasit relativ zu Pyrit und Pyrrhotin oberhalb rund 150 °C die metastabile Phase darstellt. Auch seine Vorkommen in der Natur sprechen für eine niedrige Bildungstemperatur des Markasits; dabei entsteht Markasit bevorzugt aus sauren Lösungen. Oberhalb etwa 400 °C geht Markasit in Pyrit über.

Arsenopyrit (Arsenkies), FeAsS

Ausbildung. Kristallklasse 2/m, monokline (pseudorhombische) Kristalle sind prismatisch nach c oder nach a entwickelt. Die einfachste Tracht besteht aus einer Kombination von Vertikal- und Längsprisma {110} und {014} (Abb. 5.15). Die Streifung auf den Flächen {014} // zur a-Achse dient als ein Bestimmungskennzeichen.

Zwillinge sind häufig, seltener auch Drillingsverwachsungen. Verbreitet als derb-körnige Massen.

Physikalische Eigenschaften.

Spaltbarkeit	{110} einigermaßen deutlich
Bruch	uneben, spröde
Härte	5½–6
Dichte	5,9–6,1
Farbe, Glanz	zinnweiß, dunkel anlaufend oder auch bunte Anlauffarben. Metallglanz, opak
Strich	schwarz

Struktur. Die Kristallstruktur von Arsenopyrit leitet sich aus der Markasitstruktur ab, wobei die Hälfte der S-Atome durch As-Atome ersetzt ist. Dabei kommt es zur Erniedrigung der Symmerie von rhombisch zu monoklin.

Chemismus. Arsenopyrit zeigt häufig Abweichungen im Verhältnis As:S gegenüber der theoretischen Formel. Darüber hinaus kann Fe durch Co oder Ni diadoch ersetzt sein. Ähnlich wie Pyrit enthält Arsenopyrit nicht selten Einschlüsse von ged. Au.

Vorkommen. Verbreitet in hydrothermalen Gängen.

Bedeutung. Arsenopyrit ist das wichtigste As-Erzmineral.

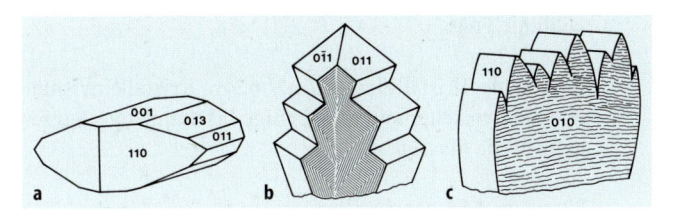

Abb. 5.14. Kristalltrachten bei Markasit; **a** Einkristall; **b** Zwillingskristall; **c** Vielling (s. Text)

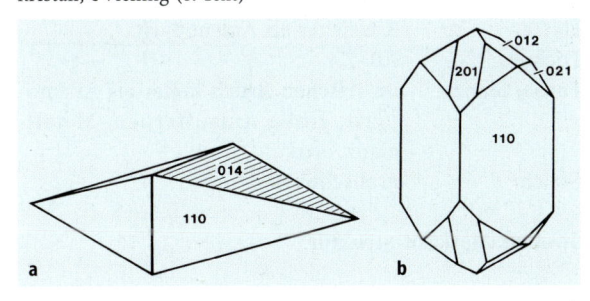

Abb. 5.15. Kristalltrachten bei Arsenopyrit; **a** einfachste Kombination aus Vertikalprisma {110} und Längsprisma {014}; **b** flächenreichere Tracht, nach c gestreckt

Cobaltin (Kobaltglanz), CoAsS

Ausbildung. Kristallklasse 23, teilweise gut ausgebildete Kristalle mit {210}, häufig kombiniert mit Oktaeder und (seltener) Würfel, Würfelflächen gestreift wie bei Pyrit. Meist in derben und körnigen Aggregaten.

Physikalische Eigenschaften.

Spaltbarkeit	{100} nicht immer deutlich
Bruch	uneben, spröde
Härte	5½
Dichte	6,3
Farbe, Glanz	(rötlich) silberweiß, rötlichgrau anlaufend. Metallglanz, opak
Strich	grauschwarz

Struktur. Dem Pyrit ähnliche Kristallstruktur, bei der unter Beibehaltung ihres gemeinsamen Schwerpunkts die Hälfte der S_2-Paare durch As ersetzt ist; dadurch erniedrigt sich die Symmetrie.

Chemismus. Theoretisch 35,4 % Co enthaltend, jedoch ist stets ein Teil des Co durch Fe ersetzt, und zwar bis zu 10 %.

Vorkommen. Bisweilen auf hydrothermalen Gängen und metasomatischen Verdrängungslagerstätten (Skarnerze).

Bedeutung. Wichtiges Co-Erzmineral.

Verwendung von Kobalt. Legierungsmetall (Hochtemperaturlegierungen), Metallurgie: Stahlveredler (Bestandteil verschleißfester Werkzeugstähle), im Chemiebereich (Farben, Pigmente, Glasuren, Katalysatoren).

Löllingit, FeAs$_2$

Ausbildung. Kristallklasse 2/m2/m2/m, Kristalle prismatisch entwickelt, meistens körnige bis stängelige Aggregate, derbe Massen.

Physikalische Eigenschaften.

Spaltbarkeit	(001) deutlich
Bruch	uneben, spröde
Härte	5, weicher als Arsenopyrit
Dichte	7,0–7,4
Farbe, Glanz	im frischen Bruch heller als Arsenopyrit, graue Anlauffarben, Metallglanz, opak
Strich	grauschwarz

Struktur. Markasit-Struktur.

Chemismus. Das Fe/As-Verhältnis schwankt gegenüber der idealen chemischen Formel. Häufig Gehalte an S, Sb, Co und Ni. Goldgehalte gehen auf winzige Einschlüsse zurück.

Vorkommen. In hydrothermalen Gängen, kontaktmetasomatisch.

Bedeutung. Als Löllingit-Erz wirtschaftliche Bedeutung für die Arsengewinnung.

Safflorit, CoAs$_2$

Ausbildung. Monoklin-pseudorhombisch, winzige Kristalle. Verbreitet sind die unter dem Erzmikroskop im Querschnitt hervortretenden sternförmigen Drillinge nach (011). Öfter derb-körnige oder feinstrahlige Aggregate.

Physikalische Eigenschaften.

Spaltbarkeit	kaum deutlich
Bruch	uneben, spröde
Härte	4½–5½ mit Fe-Gehalt wechselnd
Dichte	6,9–7,3
Farbe, Glanz	zinnweiß, nachdunkelnd, Metallglanz, opak
Strich	schwarz

Chemismus. Diadocher Einbau von Fe, jedoch kaum von Ni anstelle von Co, d. h. es gibt keine Mischkristallreihe zwischen Safflorit und Rammelsbergit.

Vorkommen. Auf hydrothermalen Gängen.

Bedeutung. Co-Erzmineral. Safflorit ist viel verbreiteter als früher angenommen; er wurde häufig mit „Speiskobalt" verwechselt (Ramdohr u. Strunz 1978).

Rammelsbergit, NiAs$_2$

Ausbildung. Rhombisch, kleine Kristalle, unter dem Erzmikroskop feiner Lamellenbau und zudem verzwillingt. Keine sternförmigen Drillinge wie bei Safflorit.

Physikalische Eigenschaften. Ähnlich denen von Safflorit.

Chemismus. Diadocher Einbau von Fe, kaum jedoch von Co anstelle von Ni.

Vorkommen. Wie Safflorit auf hydrothermalen Gängen.

Skutterudit (Speiskobalt), (Co,Ni)As$_3$ – Nickel-Skutterudit (Chloanthit), (Ni,Co)As$_3$

Lückenlose Mischkristallreihe.

Ausbildung. Kristallklasse $2/m\bar{3}$, Kristallformen: Würfel, Oktaeder, seltener Rhombendodekaeder und Pentagondodekaeder {210} sowie deren Kombinationen. Meistens massig in dichtem bis körnigem Erz.

Physikalische Eigenschaften.

Spaltbarkeit	fehlt
Bruch	uneben, spröde
Härte	5½–6
Dichte	6,4–6,8
Farbe, Glanz	zinnweiß bis stahlgrau, Anlauffarben, Metallglanz, opak
Strich	grauschwarz bis schwarz

Chemismus. Co und Ni werden stets durch etwas Fe ersetzt.

Vorkommen. In hydrothermalen Gängen. Bei beginnenden Verwitterungsprozessen bilden sich je nach Co/Ni-Verhältnis Überzüge mit pfirsichblütenfarbenem *Erythrin* (Kobaltblüte) Co[AsO$_4$]$_2$ · 8H$_2$O oder grünem *Annabergit* (Nickelblüte) Ni[AsO$_4$]$_2$ · 8H$_2$O.

Bedeutung. Wirtschaftlich wichtige Co- und Ni-Erzminerale.

5.4 Arsen-Sulfide

Realgar, As$_4$S$_4$

Ausbildung. Kristallklasse 2/m, monokline, kurzprismatische Kristalle, vertikal gestreift und meist klein. Gewöhnlich körnig, auch als feiner Belag. Oft zusammen mit Auripigment.

Physikalische Eigenschaften.

Spaltbarkeit	(010) und (210) ziemlich vollkommen
Bruch	muschelig, spröde
Härte	1½–2

Tabelle 5.4. Arsen-Sulfide

Mineral	Formel	Elementgehalt [%]	Kristallklasse
Realgar	As_4S_4	As 70,1	2/m
Auripigment	As_4S_6	As 61,0	2/m

Dichte	3,4–3,5
Farbe, Glanz	rot bis orange, diamantähnlicher Glanz bis Fettglanz, an den Kanten durchscheinend bis durchsichtig, Zerfall unter Lichteinwirkung
Strich	orangegelb

Struktur. Ringförmige Gruppen von As_4S_4 ähnlich den Ringen von S_8 im Schwefel. Innerhalb der Ringe homöopolare, zwischen den Ringen schwache Van-der-Waals-Bindungskräfte.

Chemismus. 70,1 % As, 29,9 % S.

Vorkommen. Tieftemperiert auf hydrothermalen Gängen und als Imprägnation zusammen mit Auripigment, Abscheidung aus Thermen und als Sublimationsprodukt vulkanischer Gase. Verwitterungsprodukt As- und S-haltiger Erzminerale.

Bedeutung. Heute nur noch geringe Bedeutung in der Pyrotechnik und der Gerberei-Industrie.

Auripigment, As_4S_6

Ausbildung. Kristallklasse 2/m, die monoklinen Kristalle sind meist klein, tafelig nach (010) oder mit kurzprismatischem Habitus. Vorwiegend derbe Massen oder als pulvriger Anflug. Häufig zusammen mit Realgar.

Physikalische Eigenschaften.

Spaltbarkeit	(010) ziemlich vollkommen
Bruch	in (010) biegsam
Härte	1½–2
Dichte	3,4–3,5
Farbe, Glanz	zitronengelb, blendeartiger Fettglanz, auf der Spaltfläche Perlmuttglanz, durchscheinend, Strich gelb

Struktur. As_2S_3-Schichten parallel (010). Innerhalb dieser Schichten relativ feste homöopolare Bindungen, von Schicht zu Schicht nur schwache Van-der-Waals-Bindungskräfte. Die As-Atome sind jeweils von 3 S-Atomen umgeben.

Chemismus. 61 % As, 39 % S, bis zu 2,7 % diadocher Einbau von Sb.

Vorkommen. Häufig Umwandlungsprodukt von Realgar, im übrigen Vorkommen wie Realgar.

Bedeutung. Wird benutzt zur Herstellung IR-durchlässiger Gläser, in Foto-Halbleitern und als Pigment (Königsgelb).

5.5 Komplexe Metall-Sulfide (Sulfosalze)

$$A_xB_yS_n$$

mit A = Ag, Cu, Pb etc., B = As, Sb, Bi

Die komplexen Sulfide (Sulfosalze) bilden eine relativ große Gruppe verschiedenartiger Erzminerale; jedoch besitzen nur wenige eine größere Bedeutung. Sie unterscheiden sich von den bisher besprochenen Sulfiden und Arseniden dadurch, dass As und Sb innerhalb ihrer jeweiligen Kristallstruktur mehr oder weniger die Rolle eines Metalls spielen; in den Arseniden und Antimoniden nehmen dagegen As und Sb die Position des S ein (Tabelle 5.5).

Proustit (lichtes Rotgültigerz), $Ag_3[AsS_3]$ – Pyrargyrit (dunkles Rotgültigerz), $Ag_3[SbS_3]$

Beide Minerale kristallisieren im gleichen Strukturtyp, doch bilden sie keine Mischkristallreihe. Sie besitzen ähnliche Kristallformen und physikalische Eigenschaften und treten in vergleichbaren Vorkommen auf.

Ausbildung. Kristallklasse 3m. Mitunter schöne, flächen- und formenreich entwickelte ditrigonal-pyramidale Kristalle, besonders bei Pyrargyrit (Abb. 5.16). Tracht vorwiegend prismatisch, mit dominierendem hexagonalen Prisma $\{11\bar{2}0\}$, andernfalls scheinbar skalenoedrisch bzw. rhomboedrisch durch Auftreten ditrigonaler $\{21\bar{3}1\}$ oder trigonaler $\{10\bar{1}1\}$ Pyramiden (Abb. 5.16, 5.17); Zwillinge sind verbreitet; daneben sehr häufig auch derb und eingesprengt.

Physikalische Eigenschaften.

Spaltbarkeit	$\{10\bar{1}1\}$ deutlich
Bruch	muschelig, spröde
Härte	2–2½
Dichte	5,8 (Pyrargyrit), 5,6 (Proustit)

Abb. 5.16. Kristalltrachten bei Pyrargyrit: hexagonales Prisma $\{11\bar{2}0\}$, trigonale Pyramiden $\{10\bar{1}1\}$ $\{01\bar{1}2\}$, ditrigonale Pyramiden $\{21\bar{3}1\}$ und $\{12\bar{3}1\}$

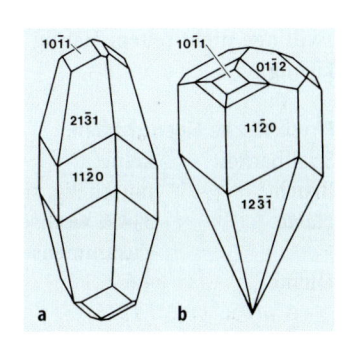

Tabelle 5.5. Wichtige Sulfosalze

Mineral	Formel	Metallgehalt [%]	Kristallklasse
Proustit	$Ag_3[AsS_3]$	Ag 65,4	3m
Pyrargyrit	$Ag_3[SbS_3]$	Ag 59,7	3m
Tennantit (As-Fahlerz)	$Cu_{12}[S/As_4S_{12}]$		$\bar{4}3m$
Tetraedrit (Sb-Fahlerz)	$Cu_{12}[S/Sb_4S_{12}]$		$\bar{4}3m$

Farbe, Glanz, Strich *Pyrargyrit:* Im auffallenden Licht dunkelrot bis grauschwarz, im durchfallenden Licht rot durchscheinend, starker blendeartiger Glanz, Strich kirschrot
Proustit: Scharlach- bis zinnoberrot (Abb. 5.17), wird am Licht oberflächlich dunkler; blendeartiger Diamantglanz, durchscheinend bis fast durchsichtig, Strich scharlach- bis zinnoberrot

Die Unterscheidung zwischen Pyrargyrit und Proustit nach äußeren Kennzeichen allein ist dennoch nicht immer möglich!

Struktur. Die Kristallstrukturen von Pyrargyrit und Proustit lassen sich als rhomboedrische Gitter beschreiben, in denen SbS_3- bzw. AsS_3-Gruppen die Ecken und das Zentrum einer rhomboedrischen Zelle besetzen. Die SbS_3- und AsS_3-Gruppen bilden flache Pyramiden mit einer Sb- bzw. As-Spitze, in deren Lücken sich die Ag-Atome befinden. Jedes S-Atom hat 2 Ag-Atome als nächste Nachbarn.

Vorkommen. In hydrothermalen Gängen mit anderen edlen Silbermineralen.

Bedeutung. Pyrargyrit ist ein wichtiges und relativ häufiges Ag-Erzmineral, häufiger als Proustit. Beide kommen zusammen vor.

Tennantit (Arsenfahlerz), $Cu_{12}[S/As_4S_{12}]$ – Tetraedrit (Antimonfahlerz), $Cu_{12}[S/Sb_4S_{12}]$

Ausbildung. Kristallklasse $\bar{4}3m$, Kristalle sind meist tetraedrisch ausgebildet (Abb. 5.18), Durchkreuzungszwillinge nicht selten. Häufig derb, eingesprengt oder körnig.

Physikalische Eigenschaften.

Spaltbarkeit	keine
Bruch	muschelig, spröde
Härte	3–4½ wechselnd mit der chemischen Zusammensetzung
Dichte	4,6–5,1

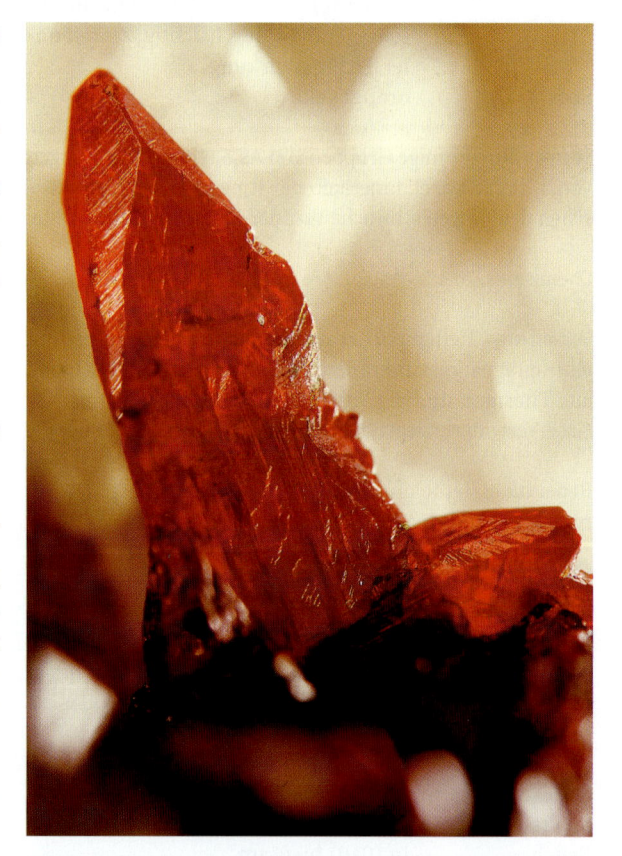

Abb. 5.17. Proustit mit vorherrschender ditrigonaler Pyramide {$21\bar{3}1$}. Chanaracillo, Chile. Bildbreite ca. 2 mm. Mineralogisches Museum der Universität Würzburg. (Foto: K.-P. Kelber)

Farbe, Glanz	stahlgrau, grünlich bis bläulich. Tetraedrit ist meistens dunkler als Tennantit; fahler Metallglanz, in dünnen Splittern nicht völlig opak
Strich	grauschwarz bei Tetraedrit, rötlichgrau bis rotbraun bei Tennantit

Struktur. Die Kristallstruktur kann aus dem ZnS-Typ abgeleitet werden.

Chemismus. Fahlerze sind in erster Linie Kupferminerale, bei denen Teile des Cu durch Fe, Zn, Ag oder Hg diadoch ersetzt sein können. Zwischen Tetraedrit (Antimonfahlerz) und Tennantit (Arsenfahlerz) besteht außerdem eine lückenlose Mischungsreihe. In selteneren Fällen kann

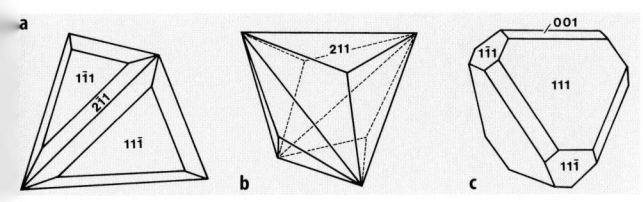

Abb. 5.18. Kristalltrachten bei Fahlerz; **a** Kombination Tetraeder {111} mit Tristetraeder {211}; **b** Tristetraeder {211}; **c** Kombination zweier Tetraeder {111} und {1$\bar{1}$1} mit dem Würfel {100} (nur als schmale diagonale Leisten erkennbar!)

zudem Bi das Sb diadoch ersetzen. Fe ist immer anwesend und kann bis zu 13 %, Zn maximal 8 % erreichen. Der nicht seltene Silbergehalt kann 2–4 %, im *Freibergit* bis 18 % betragen. Hg kann im *Schwazit* bis zu 17 % ausmachen, der so ein wichtiges Hg-Erzmineral darstellt.

Vorkommen. In hydrothermalen Gängen.

Bedeutung. Fahlerze sind wichtige Erzminerale von Ag, Cu und örtlich auch von Hg.

Weiterführende Literatur

Anthony JW, Bideaux RA et al. (1990) Handbook of mineralogy, vol I: Elements, sulfides, sulfosalts. Mineral Data Publ, Tucson, Arizona

Bowles JFW, Howie RA, Vaughan DJ, Zussman J (2011) Rock-forming minerals, vol 5A: Non-silicates: Oxides, hydroxides and sulphides, 2nd edn. Geological Society, London

Ramdohr P, Strunz H (1978) Klockmanns Lehrbuch der Mineralogie, 16. Aufl. Enke, Stuttgart

Strunz H, Nickel EH (2001) Strunz mineralogical tables, 9th edn. Schweizerbart, Stuttgart

Vaughan DJ (ed) (2006) Sulfide mineralogy. Rev Mineral Geochem 61

Halogenide

Die Minerale dieser Klasse enthalten in ihren Strukturen große elektronegativ geladene Halogenionen Cl^-, F^-, Br^- und J^-. Diese sind mit ebenfalls relativ großen Kationen von niedriger Wertigkeit koordiniert; der Bindungscharakter ist bevorzugt heteropolar. Ihre Strukturen besitzen z. T. die höchstmögliche Symmetrie $4/m\bar{3}2/m$, so die Minerale Halit, Sylvin und Fluorit. Die Minerale dieser Klasse sind farblos oder allochromatisch, d. h. durch Fremdionen oder Fremdeinschlüsse gefärbt. Sie besitzen eine geringe Dichte, niedrige Lichtbrechung, einen relativ schwachen Glanz und sind teilweise leicht in Wasser löslich.

Tabelle 6.1.
Die wichtigsten Halogenide

Mineral	Formel	Kristallklasse
Halit (Steinsalz)	NaCl	$4/m\bar{3}2/m$
Sylvin	KCl	$4/m\bar{3}2/m$
Fluorit (Flussspat)	CaF_2	$4/m\bar{3}2/m$
Carnallit	$KMgCl_3 \cdot 6H_2O$	$2/m2/m2/m$

Halit (Steinsalz), NaCl

Ausbildung. Kristallklasse $4/m\overline{3}2/m$, meistens Würfel {100}, (Abb. 6.1) in körnig-spätigen Aggregaten auch als Gestein, gelegentlich faserig. Pseudomorphosen von Ton nach Halit.

Physikalische Eigenschaften.

Spaltbarkeit	{100} vollkommen, Translation auf {110}
Bruch	muschelig, spröde
Härte	2
Dichte	2,1–2,2
Farbe, Glanz	farblos und durchsichtig, bisweilen rot oder gelb durch Einlagerung von Hämatit oder Limonit, grau durch Einschlüsse von Ton, braunschwarz durch Bitumen. Die gelegentliche Blaufärbung des Halits ist an Gitterstörstellen verschiedener Art geknüpft, sog. Farbzentren, und wird durch Bestrahlung hervorgerufen. Die Strahlungsquelle ist jedoch noch nicht genau bekannt
Weitere Eigenschaften	leicht wasserlöslich, salziger Geschmack

Abb. 6.1. Kristallgruppe von Halit (Steinsalz). Infolge von Skelettwachstum sind die Würfelflächen {100} nicht voll ausgebildet, sondern nur durch die Kristallkanten markiert. Koehn Dry Lake, Kalifornien (USA). Bildbreite ca. 5 cm. Mineralogisches Museum der Universität Würzburg. (Foto: K.-P. Kelber)

Abb. 6.2. Die NaCl-Struktur als Packungsmodell. Die größeren Cl⁻-Ionen bilden einen flächenzentrierten Würfel, in dessen Kantenmitten sich die Na⁺-Ionen befinden. Anionen und Kationen sind zueinander [6]-koordiniert

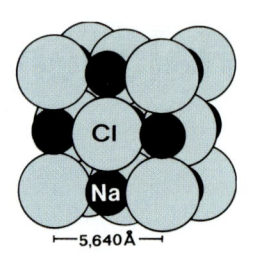

Struktur. In der NaCl-Struktur besetzen Na$^+$- und Cl$^-$-Ionen jedes für sich Punkte eines flächenzentrierten Würfels (Abb. 6.2). Beide Teilgitter sind geometrisch um ½ Kantenlänge gegeneinander verschoben und ineinandergestellt. Jedes Na$^+$ wird durch 6 Cl$^-$, jedes Cl$^-$ durch 6 Na$^+$ oktaedrisch koordiniert. Die schwachen heteropolaren Bindungskräfte zwischen zwei großen einwertigen Ionen bewirken die niedrige Härte. Die relativ dichte Ionenbesetzung // {100} ist verantwortlich für die vollkommene Spaltbarkeit des Halits, zumal die Zahl der Bindungen etwas kleiner ist als senkrecht zu jeder anderen möglichen Ebene. Geometrisch entspricht die NaCl-Struktur der Struktur von Galenit PbS (Abb. 5.3, S. 86).

Vorkommen. Halit bildet einen Hauptbestandteil von *Evaporiten* (Ausscheidungs-Sedimenten), die mit Kalisalzen und Anhydrit- bzw. Gipsgesteinen wechsellagern. Als Ausblühung in Steppen und Wüsten, am Rand von Salzseen, als Sublimationsprodukt von Vulkanen.

Wirtschaftliche Bedeutung. Als Gestein sehr wichtiger Rohstoff in der chemischen Industrie zur Gewinnung von metallischem Natrium, Soda, Ätznatron, Chlorgas und Salzsäure; Verwendung als *Gewerbesalz*, z. B. zur Wasserenthärtung, in der Futtermittelindustrie und als Konservierungsmittel, als *Auftausalz* (Streusalz) und als *Speisesalz*; Letzteres wird allerdings meist aus Salzsolen und Meeres-Salinen gewonnen.

Sylvin, KCl

Ausbildung. Kristallklasse $4/m\overline{3}2/m$, {100} häufig in Kombination mit {111}, meist körnig-spätige Aggregate.

Physikalische Eigenschaften. Ähnlich wie diejenigen des Halits.

Spaltbarkeit	{100} vollkommen
Härte	2
Dichte	1,99, wenig niedriger als die von Halit
Farbe, Glanz	mit Halit vergleichbar

Unterscheidungsmerkmale gegenüber Halit: *bittersalziger Geschmack, rötlichviolette Flammenfärbung*

Struktur. Mit Halit isotyp bei sehr ähnlichen Bindungskräften.

Chemismus. In den Salzlagerstätten enthält Sylvin nur sehr wenig Na. Jedoch können Sylvin und Halit als Sublimationsprodukt an Kraterrändern von Vulkanen bei Bildungstemperaturen über 500 °C eine lückenlose Mischkristallreihe bilden. Cl⁻ im Sylvin kann bis zu 0,5 % durch Br⁻ ersetzt sein. Der Einbau von Rb oder Cs anstelle von K geht über Spuren nicht hinaus.

Vorkommen. In Evaporiten und als Sublimationsprodukt von Vulkanen. *Sylvinit* ist ein Gestein aus Sylvin und Halit.

Wirtschaftliche Bedeutung. Sylvin als Gemengteil von Kalisalzen ist Ausgangsprodukt für ein hochwertiges Kalidüngersalz; er ist Rohstoff in der chemischen Industrie zur Herstellung von Kaliverbindungen und bei der Glasherstellung.

Fluorit (Flussspat), CaF_2

Ausbildung. Kristallklasse $4/m\overline{3}2/m$, gut ausgebildete kubische Kristalle sind häufig, vorwiegend Würfel {100}, (Abb. 6.3, 6.4) bisweilen kombiniert mit {111}, {110}, Tetrakishexaeder und Hexakisoktaeder, seltener {111} oder {110} allein, weiterhin {100} als Durchdringungszwillinge nach (111) (Abb. 6.3). Zonarbau. Derb in spätigen bis feinkörnigen, auch farbig gebänderten Aggregaten.

Physikalische Eigenschaften.

Spaltbarkeit	{111} vollkommen
Härte	4 (Standardmineral der Mohs-Skala)
Dichte	3,0–3,5
Farbe	fast in allen Farben vorkommend, insbesondere grün (Abb. 2.1, S. 34), violett, gelb, farblos (Abb. 6.4), auch schwarzviolett. Meist sind die Farben blass. Farbursache unterschiedlich: entweder durch Spurenelemente, Baufehler in der Struktur oder radioaktive Einwirkung. Viele Fluorite zeigen im UV-Licht eine starke Fluoreszenz, bedingt durch den Eintritt von geringen Mengen an Seltenerd-Elementen in die Struktur anstelle des Ca^{2+}. Die tiefblauen bis schwarz-violetten Fluorite verdanken ihre Farbe der radioaktiven Strahlung eingewachsener Uranminerale. Dadurch wird ein Teil des Ca^{2+} zu metallischem Ca reduziert, das in kolloidaler Verteilung als farbgebendes Pigment wirkt. F⁻ wird zu F_2-Gas oxidiert, das beim Zerschlagen dieser Fluorite entweicht, z. B. beim sog. *Stinkspat* von Wölsendorf in der bayerischen Oberpfalz
Glanz	Glasglanz, durchscheinend bis durchsichtig

Struktur. Die Ca^{2+}-Ionen bilden einen flächenzentrierten Würfel, dessen Achtelwürfel durch die F⁻-Ionen zentriert sind, d. h. diese bilden einen einfachen Würfel von halber Kantenlänge (Abb. 6.5). Ca^{2+} ist dabei würfelförmig von 8 F⁻ und F⁻ tetraedrisch von 4 Ca^{2+} umgeben. Die vollkommene Spaltbarkeit nach {111} verläuft // zu den Netzebenen, die nur mit einer Ionenart besetzt sind.

Chemismus. In *Yttrofluorit* und *Cerfluorit* wird Ca^{2+} teilweise durch Y^{3+} bzw. Ce^{3+} ersetzt, wobei der Ladungsausgleich durch zusätzlichen Einbau von der F⁻ auf freie Gitterplätze erreicht wird; man spricht daher von *Additions-Baufehlern*.

Abb. 6.3. Fluorit-Würfel {100}, Durchdringungszwilling nach (111)

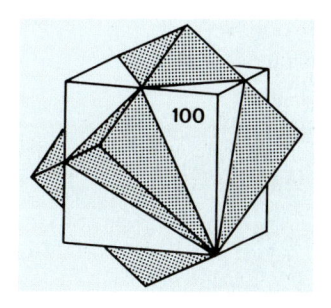

Abb. 6.4. Fluorit mit würfeliger Tracht {100}. Grube Clara, Schwarzwald. Bildbreite 2 cm. Mineralogisches Museum der Universität Würzburg. (Foto: K.-P. Kelber)

Abb. 6.5.
Kristallstruktur von Fluorit (s. Text)

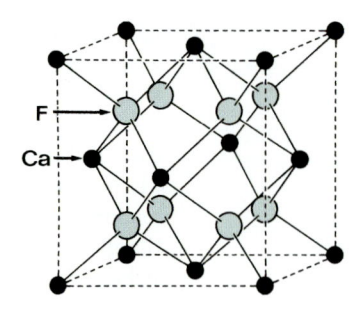

Vorkommen. Als hydrothermale Gänge und Imprägnationen; daneben gewinnen schichtgebundene Fluorit-Lagerstätten in Sedimenten immer größere Bedeutung. Die weltweit größte Fluorit-Lagerstätte Bayan Obo (Innere Mongolei, Nordchina) ist an Karbonatite gebunden. Sie enthält geschätzte Vorräte von 130 Mill. t CaF_2.

Bedeutung als Rohstoff. Fluorit ist ein wichtiger, vielseitig nutzbarer Rohstoff. Hauptsächliche Verwendung in der Metallurgie als Flussmittel (als sog. *Hüttenspat*) sowie zur Gewinnung von Fluss-Säure und von Fluorverbindungen in der Fluorchemie (als sog. *Säurespat*). Zur Herstellung künstlicher Kryolithschmelze (Na_3AlF_6), die der Tonerde für die elektrolytische Gewinnung von Al-Metall zugesetzt wird. Farbloser, völlig reiner Fluorit wird zu Linsen scharf zeichnender Objektive (Apochromate) verschliffen und besonders in der UV-Optik eingesetzt. Er wird allerdings nicht mehr aus natürlichen Vorkommen gewonnen, sondern durch Kristallzüchtung aus der Lösung künstlich erzeugt; die Jahresproduktion liegt bei ca. 200 t. Als *Keramikspat* wird Fluorit bei der Glas-, Email- und feinkeramischen Industrie eingesetzt.

Carnallit, $KMgCl_3 \cdot 6H_2O$

Ausbildung. Kristallklasse 2/m2/m2/m, meist in körnigen Massen.

Physikalische Eigenschaften.

Spaltbarkeit	keine, muscheliger Bruch
Härte	1–2
Dichte	1,6
Farbe, Glanz	meist rötlich gefärbt durch Einlagerung von Hämatit-Schüppchen, die einen charakteristischen metallischen Schimmer hervorrufen; seltener gelb oder milchig weiß; Fettglanz
Weitere Eigenschaften	etwas bitterer Geschmack, hygroskopisch, leicht in Wasser löslich und zerfließlich

Struktur. Dreidimensionales Gerüst aus flächen- und eckenvernetzten KCl_6-Oktaedern; in großen Hohlräumen befinden sich $Mg(H_2O)_6$-Oktaeder, die jeweils von 12 Cl^--Ionen umgeben sind.

Chemismus. *Bromcarnallit* enthält teilweise Br^- anstelle von Cl^-.

Vorkommen. Bestandteil von Evaporiten, in denen er selbständig oder zusammen mit Steinsalz, Kieserit $MgSO_4 \cdot H_2O$ und/oder anderen Salzmineralen die oberste Salzschicht (*Carnallit-Region*) in den nord- und mitteldeutschen Kalisalz-Lagerstätten bildet, z. T. als sog. *Trümmer-Carnallit*.

Wirtschaftliche Bedeutung. Carnallit ist das wichtigste primäre Kalisalz-Mineral; er dient hauptsächlich zur Gewinnung von Kalidüngern und Mg. Aus Bromcarnallit wird Br gewonnen.

Weiterführende Literatur

Anthony JW, Bideaux RA, Bladh KW, Nichols MC (1997) Handbook of mineralogy, vol. III: Halides, hydroxides, oxides. Mineral Data Publ, Tucson, Arizona

Chang LLY, Howie RA, Zussman J (1996) Rock-forming minerals. Vol. 5B, 2nd edn, non-silicates: sulphates, carbonates, phosphates, halides. Longmans, Harlow, Essex/UK

Oxide und Hydroxide

7.1 M$_2$O-Verbindungen

7.2 M$_3$O$_4$-Verbindungen

7.3 M$_2$O$_3$-Verbindungen

7.4 MO$_2$-Verbindungen

7.5 Hydroxide

In der Klasse der Oxide bildet der Sauerstoff Verbindungen mit ein, zwei oder mehreren Metallen. In ihren Kristallstrukturen liegen im Unterschied zu den Sulfiden jeweils annähernd Ionenbindungen mit teilweise Übergängen zur homöopolaren Bindung vor.

Durch Unterschiede in ihrem Metall-Sauerstoff-Verhältnis M:O zeichnen sich mehrere Verbindungstypen ab, wie M$_2$O, MO, M$_2$O$_3$ und MO$_2$. Neben diesen einfachen Oxiden gibt es kompliziertere oxidische Verbindungen mit zwei oder mehreren Metallionen wie X$^{[4]}$Y$_2^{[6]}$O$_4$, die als Spinelltyp bezeichnet werden. Im gewöhnlichen Spinell besetzt Mg^{2+} die tetraedrisch koordinierte Position von X und Al^{3+} die oktaedrisch koordinierte Position von Y, im Magnetit (Fe$_3$O$_4$) nehmen (Fe^{2+}, Fe^{3+}) die Position von X und (Fe^{3+}, Fe^{2+}) die Position von Y ein. Die wichtigsten Vertreter der Oxide sind in Tabelle 7.1 aufgeführt.

Tabelle 7.1. Wichtige Vertreter der Oxide und Hydroxide. In der Natur sind Metallgehalte durch den Einbau von Fremdionen oder mechanische Beimengungen meist geringer als die hier angegebenen theoretischen Werte

Mineral	Formel	Metallgehalt [%]	Kristallklasse
1. M$_2$O-Verbindungen			
Cuprit (Rotkupfererz)	Cu$_2$O	Cu 88,8	4/m$\bar{3}$2/m
2. M$_3$O$_4$-Verbindungen			
Chrysoberyll	BeAl$_2$O$_4$		2/m2/m2/m
Spinell-Gruppe			
Spinell	MgAl$_2$O$_4$		4/m$\bar{3}$2/m
Magnetit (Magneteisenerz)	Fe$_3$O$_4$	Fe 72,4	4/m$\bar{3}$2/m
Chromit (Chromeisenerz)	FeCr$_2$O$_4$	Cr 46,5	4/m$\bar{3}$2/m
3. M$_2$O$_3$-Verbindungen (Korund-Ilmenit-Gruppe)			
Korund	Al$_2$O$_3$	Al 52,9	$\bar{3}$2/m
Hämatit (Eisenglanz)	Fe$_2$O$_3$	Fe 69,9	$\bar{3}$2/m
Ilmenit (Titaneisenerz)	FeTiO$_3$	Fe 36,8, Ti 31,6	$\bar{3}$
Perowskit	CaTiO$_3$		2/m2/m2/m
4. MO$_2$-Verbindungen (Rutil-Gruppe)			
Rutil	TiO$_2$	Ti 60,0	4/m2/m2/m
Kassiterit (Zinnstein)	SnO$_2$	Sn 78,8	4/m2/m2/m
Pyrolusit	MnO$_2$	Mn 63,2	4/m2/m2/m
Manganate mit Tunnelstrukturen			
Uraninit (Uranpecherz)	UO$_2$ bis U$_3$O$_8$	U 88,2–84,8	4/m$\bar{3}$2/m
5. Hydroxide			
Gibbsit (Hydragillit)	γ-Al(OH)$_3$	Al 34,6	2/m
Diaspor	α-AlOOH	Al 45,0	2/m2/m2/m
Goethit	α-FeOOH	Fe 62,9	2/m2/m2/m
Lepidokrokit (Rubinglimmer)	γ-FeOOH	Fe 62,9	2/m2/m2/m

7.1 M₂O-Verbindungen

Cuprit (Rotkupfererz), Cu₂O

Ausbildung. Kristallklasse $4/m\overline{3}2/m$, Kristalle am häufigsten mit {111} und {100}, daneben {110}, oft in Kombinationen; mitunter größere aufgewachsene Kristalle, derbe, dichte bis körnige Aggregate, auch pulverige Massen.

Physikalische Eigenschaften.

Spaltbarkeit	{111} deutlich
Bruch	uneben, spröde
Härte	3½–4
Dichte	6,1
Farbe, Glanz	rot durchscheinend bis undurchsichtig, derbe Stücke metallisch grau bis rotbraun. Vorzugsweise auf frischen Bruchflächen der Kristalle blendeartiger Diamantglanz
Strich	braunrot

Vorkommen. Oxidationsprodukt von sulfidischen Kupfermineralen und ged. Cu. *Ziegelerz* ist ein rotbraunes Gemenge aus Cuprit und anderen Cu-Mineralen mit erdigem Limonit.

Bedeutung. Cuprit ist weit verbreitet, jedoch nur lokal ein wichtiges Cu-Erzmineral.

7.2 M₃O₄-Verbindungen

Chrysoberyll, BeAl₂O₄

Ausbildung. Kristallklasse $2/m2/m2/m$, Kristalle dicktafelig nach der Fläche {010}, die meist eine deutliche Streifung aufweist; daneben {010}, {001}, {101}, {012}; {111} ist oft groß entwickelt. Habitus und Flächenwinkel sind ähnlich wie bei Olivin (S. 146). Zwillinge häufig nach {103} mit einem Winkel nahe 60°.

Durchdringen sich drei Zwillinge dieser Art, so können scheinbar hexagonale Dipyramiden entstehen (Abb. 7.1).

Abb. 7.1. Durchwachsungsdrillinge von **a** Chrysoberyll von Esperito Santo (Brasilien) und **b** Alexandrit von Novello Claims (Simbabwe). Sammlung Professor Dr. H. Bank (Idar-Oberstein). (Foto: K.-P. Kelber)

Physikalische Eigenschaften.

Spaltbarkeit	nach {001} deutlich
Bruch	muschelig
Härte	8½, also sehr hoch
Dichte	3,7
Glanz	durchsichtig bis durchscheinend, Glasglanz, auf Bruchflächen Fettglanz
Farbe	grünlichgelb bis spargelgrün, z. T. mit wogendem Lichtschein (*Chrysoberyll-Katzenauge*); die durch Cr-Einbau smaragdgrün gefärbte Varietät *Alexandrit* wird bei Kunstlicht häufig rot; diese Erscheinung des *Changierens* ist durch die Existenz von zwei Banden im optischen Absorptionsspektrum bedingt: Gelb und Blau werden absorbiert, Grün und Rot durchgelassen

Struktur. ähnlich der Olivin-Struktur (Abb. 11.3, S. 146) das kleine Be^{2+} bildet $[BeO_4]$-Tetraeder, die über alle Ecken mit Al^{3+} verknüpft sind; dieses ist gegenüber O^{2-} oktaedrisch koordiniert. Analog zum Olivin könnte man daher die Chrysoberyll-Formel $Al_2[BeO_4]$ schreiben.

Vorkommen. *Chrysoberyll* kommt in Al-reichen Pegmatiten und in metasomatisch veränderten Karbonatgesteinen (Skarnen) vor; *Alexandrit* bildet sich zusammen mit Smaragd (S. 157) in sog. *Blackwalls,* d. h. in fast reinen Biotitschiefern, die sich durch metasomatischen Stoffaustausch im Kontaktbereich von Serpentiniten mit Graniten, Granitgneisen oder Pegmatiten bilden (Abschn. 26.6.1, S. 457f), z. B. an der Tokowoja im Ural (Russland).

Bedeutung. Chrysoberyll-Katzenauge und Alexandrit sind geschätzte Edelsteine.

Spinell-Gruppe

Eine große Zahl von Oxid-Mineralen, einige Sulfide (z. B. Linneit Co_3S_4) und zahlreiche Kunstprodukte kristallisieren in der Spinellstruktur. Diese ist sehr flexibel und kann mindestens 30 verschiedene Elemente mit Wertigkeiten von +1 bis +6 als Kationen aufnehmen. Kennzeichnend für die Spinellstruktur ist eine kubisch-dichteste Kugelpackung der O-Ionen. In einer solchen existieren (bezogen auf 32 Sauerstoffe) insgesamt 64 tetraedrische und 32 oktaedrische Lücken, von denen in der Spinellstruktur jedoch nur 8 Tetraeder- und 16 Oktaeder-Lücken besetzt sind (Abb. 7.2). Bei den *Normal-Spinellen* mit dem Formeltyp $X^{[4]}Y^{[6]}_2O_4$ werden die 8 Tetraederplätze von 2-wertigen, die 16 Oktaederplätze von 3-wertigen Kationen besetzt; natürliche Beispiele sind Chromit $Fe^{2+}Cr^{3+}_2O_4$, Magnesiochromit $Mg^{2+}Cr^{3+}_2O_4$ und

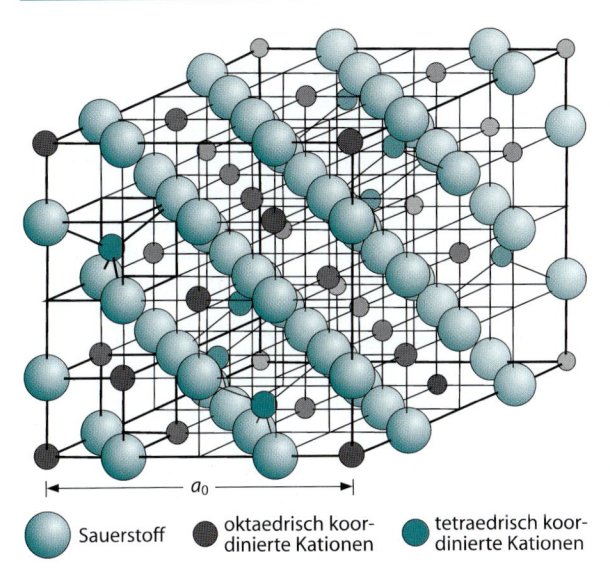

Abb. 7.2. Spinellstruktur. Kubisch dichte Kugelpackung von Sauerstoff und teilweiser Füllung der tetraedrischen und oktaedrischen Lücken. (Nach Lindsley 1976)

Hercynit $Fe^{2+}Al_2^{3+}O_4$. Bei den natürlichen *Invers-Spinellen* mit dem Formeltyp $Y^{[4]}[X^{[6]}Y^{[6]}]O_4$ dagegen werden die Tetraederplätze meist von 3-wertigen Kationen, die Oktaederplätze von 2- und 3-wertigen Kationen besetzt, z. B. Magnetit $Fe^{3+}[Fe^{2+}Fe^{3+}]O_4$, Magnesioferrit $Fe^{3+}[Mg^{2+}Fe^{3+}]O_4$ und Jacobsit $Fe^{3+}[Mn^{2+}Fe^{3+}]O_4$; der inverse Ulvöspinell hat die Strukturformel $Fe^{2+}[Ti^{4+}Fe^{2+}]O_4$.

Der Antispinell-Strukturcharakter von Magnetit lässt sich aus seinem magnetischen Moment (Abschn. 1.4.4, S. 18f) ableiten, dass (reduziert auf den absoluten Nullpunkt = 0 K) 4,07 μ_B beträgt. Wir erinnern uns, dass Fe^{2+} ein magnetisches Moment mit einem Bohr'schen Magneton von 4 μB, Fe^{3+} dagegen von 5 μB besitzt (Tabelle 1.3, S. 19). Wäre Magnetit ein Normalspinell mit der Strukturformel $Fe^{2+}Fe_2^{3+}O_4$, so wären die Tetraederplätze mit 8 Fe^{2+} besetzt, deren magnetische Momente sich zu $8 \times 4\,\mu_B = 32\,\mu_B$ addierten; für die 16 mit Fe^{3+} besetzten Oktaederplätze ergäben sich $16 \times 5\,\mu_B = 80\,\mu_B$ mit entgegengesetzter Spinrichtung. Aus der Differenz würde sich ein gesamtes magnetisches Moment von 48 μ_B oder – bezogen auf 4 Sauerstoffe – 6 μ_B, d. h. ein viel zu hoher Wert errechnen. Fasst man dagegen Magnetit als Invers-Spinell mit der Strukturformel $Fe^{3+}[Fe^{2+}Fe^{3+}]O_4$ auf, so erhält man für die Tetraederplätze $8 \times 5\,\mu_B = 40\,\mu_B$, für die Oktaederplätze $8 \times 4\,\mu_B + 8 \times 5\,\mu_B = 72\,\mu_B$. Als Differenz erhält man dann einen theoretischen Wert von 32 μ_B bzw. 4 μ_B, der dem gemessenen magnetischen Moment sehr nahe kommt.

Viele Spinelle sind wahrscheinlich Übergangstypen zwischen der normalen und der inversen Kationenverteilung, so ist Spinell $MgAl_2O_4$ zu etwa ⅞ ein Invers-Spinell. Im Folgenden werden daher nur die vereinfachten Mineralformeln angegeben. Als 2-wertige Kationen können sich in den natürlichen Spinellen Mg^{2+}, Fe^{2+}, Zn^{2+} oder Mn^{2+}, als 3-wertige Kationen Al^{3+}, Fe^{3+}, Mn^{3+} oder Cr^{3+} gegenseitig diadoch ersetzen. Dabei besteht eine vollkommene Mischbarkeit zwischen den 2-wertigen, eine nur wenig vollkommene zwischen den 3-wertigen Kationen. Die vielfältige Diadochie äußert sich in den sehr verschiedenen physikalischen Eigenschaften dieser Mineralgruppe. Bei Syntheseprodukten mit Spinellstruktur werden die chemischen Zusammensetzungen der Mischkristalle gezielt variiert, um erwünschte technische Eigenschaften zu erzielen oder zu optimieren (*Material Design*).

Nach der chemischen Zusammensetzung unterscheidet man

- Aluminatspinelle, z. B. Spinell $MgAl_2O_4$, Hercynit $FeAl_2O_4$,
- Ferritspinelle, z. B. Magnetit $FeFe_2O_4$ und
- Chromitspinelle, z. B. Chromit $FeCr_2O_4$.

Aluminatspinelle

Ausbildung. Kristallklasse wie bei allen Spinellen $4/m\bar{3}2/m$, Kristalle meist oktaedrisch ausgebildet, seltener Kombinationen mit Rhombendodekaeder und Trisoktaeder, häufig verzwillingt nach (111), dem sog. *Spinellgesetz*. Vielfach körnig.

Physikalische Eigenschaften.

Spaltbarkeit	nach {111} kaum deutlich
Bruch	muschelig
Härte	7½–8
Dichte	3,8–4,1
Farbe, Glanz	in vielen Farben durchsichtig bis durchscheinend, hiernach Varietäten: *Edler Spinell*, besonders rot mit Spuren von Cr, aber auch blau oder grün. *Hercynit* ($FeAl_2O_4$) und *Pleonast*, ein Mischkristall der Zusammensetzung $(Mg,Fe^{2+})(Al,Fe^{3+})_2O_4$, schwarz, in dünnen Splittern grün durchscheinend. *Picotit* (Chromspinell) $(Fe^{2+}, Mg)(Al,Cr,Fe^{3+})_2O_4$, schwarz, in dünnen Splittern bräunlich durchscheinend; meist Glasglanz

Vorkommen. Überwiegend in metamorphen Gesteinen, sekundäre Anreicherung in Seifen.

Bedeutung. Der tiefrot gefärbte edle Spinell ist ein wertvoller Edelstein. Nach dem Schmelztropf-Verfahren des französischen Chemiker Verneuil lassen sich birnenförmige Spinell-Einkristalle in allen Farben synthetisieren.

Magnetit (Magneteisenerz), Fe_3O_4

Ausbildung. Die kubischen Kristalle weisen vorwiegend Oktaeder {111} auf (Abb. 2.9, S. 39), seltener {110} oder die Kombination zwischen beiden. Zwillinge nach dem Spinellgesetz. Im Übrigen meist als derb-körniges Erz, daneben akzessorischer Gemengteil in verschiedenen Gesteinen. *Martit* ist eine Pseudomorphose von Hämatit nach Magnetit.

Physikalische Eigenschaften.

Spaltbarkeit	Teilbarkeit nach {111} angedeutet
Bruch	muschelig, spröde
Härte	6
Dichte	5,2
Farbe, Glanz	schwarz, stumpfer Metallglanz, bisweilen blaugraue Anlauffarben, opak
Strich	schwarz
Besondere Eigenschaft	stark ferromagnetisch

Chemismus. Gesamt-Fe bis 72,4 %, häufig etwas Mg oder Mn^{2+} für Fe^{2+} und Al, Cr, Mn^{3+}, Ti^{4+} + Fe^{2+} für Fe^{3+}. Bei Abkühlung Ti-reicher Magnetite (*Titanomagnetite*) entmischt sich die Ulvöspinell-Komponente; oft kommt es zur Ausscheidung von Ilmenit-Lamellen // {111} nach der Oxidationsreaktion

$$3Fe_2^{2+}TiO_4 + \tfrac{1}{2}O_2 \rightleftharpoons 3Fe^{2+}TiO_3 + Fe^{2+}Fe_2^{3+}O_4 \quad (7.1)$$

Bei sehr schneller Abkühlung in vulkanischen Gesteinen unterbleibt aber häufig diese Entmischung.

Vorkommen. Als Differentiationsprodukt basischer Magmatite bedeutende Eisenerzlagerstätten bildend; akzessorischer Gemengteil in vielen Gesteinen, kontaktmetasomatisch in *Skarnen*, daneben metamorph aus anderen Fe-Mineralen, gemeinsam mit oder anstelle von Hämatit in gebänderten Eisensteinen, z. B. Itabiriten. Magnetit und der mit ihm isostrukturelle Thiospinell *Greigit* $Fe^{2+}Fe_2^{3+}S_4$ werden in die Zellen von magnetotaktischen Bakterien eingebaut; daraus resultiert ihre Fähigkeit, sich im Magnetfeld der Erde auszurichten und entlang der Feldlinien zu wandern. Greigit bildet sich sedimentär im Sauerstofffreien (anaeroben) Milieu und kann als Vorläufer-Phase für die sedimentäre Bildung von Pyrit dienen.

Bedeutung. Wichtigstes Eisenerzmineral. Das Vorkommen von Magnetit in magmatischen und metamorphen Gesteinen ermöglicht paläomagnetische Untersuchungen; so sind die Streifenmuster am Ozeanboden, durch die man das Sea Floor Spreading erkannt hatte, durch den Magnetit-Gehalt in ozeanischen Basalten bedingt. Beim Erstarren eines Basalt-Lavastroms werden die Magnetit-Kriställchen, die in der Lava fein verteilt sind, unter ihre Curie-Temperatur von 578 °C abgekühlt. Sie gehen vom paramagnetischen in den ferromagnetischen Zustand über, wobei sich die Fe^{2+}- und Fe^{3+}-Atome mit ihren vier bzw. fünf ungepaarten 3d-Elektronen parallel ausrichten (vgl. Abschn. 1.2.4, S. 19), und zwar zunächst in einzelnen Domänen der Kristallstruktur. Unter der Einwirkung des äußeren magnetischen Erdfeldes werden die magnetischen Momente der Magnetite im gesamten Lavastrom parallel ausgerichtet. Durch diese *thermoremanente Magnetisierung* können die Orientierung des Erdmagnetfeldes sowie die Inklination – und damit die geographische Breite – zum Zeitpunkt der vulkanischen Förderung abgelesen werden. Voraussetzung hierfür ist allerdings, dass der Lavastrom nicht zu einem späteren Zeitpunkt wieder über die Curie-Temperatur aufgeheizt wurde. Wird z. B. im Zuge einer Gesteinsmetamorphose (vgl. Kap. 26) der Basalt in Amphibolit umgewandelt, so spiegeln die Magnetit-Kriställchen den magnetischen Zustand zum Zeitpunkt der erneuten Abkühlung auf unter 573 °C nach dem Höhepunkt des metamorphen Ereignisses wider.

Neuerdings ermöglichen auch Sedimente mit magnetotaktischen Bakterien paläomagnetische Messungen.

Chromit (Chromeisenerz), $FeCr_2O_4$

Ausbildung. Gewöhnlich körnig-kompaktes Erz bildend, auch eingesprengt in ultramafischen Gesteinen in schlieren- oder kokardenförmigen Aggregaten. Nur ganz selten treten kleine kubische Kristalle nach {111} auf.

Physikalische Eigenschaften.

Spaltbarkeit	fehlt
Bruch	muschelig, spröde
Härte	5½
Dichte	4,6
Farbe, Glanz	schwarz bis bräunlichschwarz, fettiger Metallglanz bis halbmetallischer Glanz, in dünnen Splittern braun durchscheinend
Strich	stets dunkelbraun

Chemismus. Zusammensetzung schwankend, bis 46,5 % Cr, Mischkristallbeziehungen zu Picotit $(Mg,Fe^{2+})(Cr,Al,Fe^{3+})_2O_4$.

Vorkommen. In band- oder nesterförmiger Anordnung in ultramafischen Gesteinen, dort als magmatisches Differentiat entstanden (Abschn. 21.2.1, S. 326f), z. B. im Bushveld-Komplex, Südafrika, aus dem 2007 5 500 Mill. t Chrom, d. h. 72,4 % der Weltproduktion gefördert wurden. Auch als kompakter Chromeisenstein. Sekundär als Seifenmineral, gelegentlich zusammen mit ged. Platin.

Bedeutung. Das einzige wirtschaftlich wichtige Cr-Erzmineral.

Verwendung. Stahlveredler. Chromstähle sind Legierungen von Cr und Fe (Ferrochrom mit 45–95 % Cr), oft unter Zusatz von Ni; galvanische Verchromung, feuerfeste Chromitmagnesitsteine, Cr-Salze für Pigmente in Farben und Lacken.

7.3 M_2O_3-Verbindungen

> Die O-Ionen bilden eine (annähernd) hexagonal dichte Kugelpackung und die Kationen, z. B. Al^{3+}, Fe^{3+} oder Ti^{4+}, besetzen ⅔ der dazwischenliegenden oktaedrischen Lücken, in denen sie jeweils 6 O als nächste Nachbarn haben.

Korund, Al$_2$O$_3$

Ausbildung. Kristallklasse $\bar{3}2/m$, Kristalle mit prismatischem, tafeligem oder rhomboedrischem Habitus. Häufig treten verschiedene steile Dipyramiden gemeinsam auf. Dadurch entstehen charakteristische tonnenförmig gewölbte Kristallformen (Abb. 7.3, 7.4). Nicht selten kommen große Kristalle vor, die sich durch unebene und rauhe Flächen auszeichnen. Anwachsstreifen und Lamellenbau durch polysynthetische Verzwillingung in den meisten Kristallen. Diese Erscheinung ist als äußeres Kennzeichen in einer Streifung nach {0001} und {10$\bar{1}$1} erkennbar. Gewöhnlich tritt Korund in derben, körnigen Aggregaten auf. Gesteinsbildend im *Smirgel* oder als akzessorischer Gemengteil in manchen Gesteinen.

Physikalische Eigenschaften.

Spaltbarkeit	Absonderung nach den oben genannten Anwachsstreifen // {0001} und {10$\bar{1}$1}
Bruch	muschelig
Härte	9, außerordentlich hart (Standardmineral der Mohs-Skala)
Dichte	3,9–4,1
Farbe, Glanz	farblos bis gelblich- oder bläulichgrau bei sog. gemeinem Korund, kantendurchscheinend. Die edlen Korunde sind durchscheinend bis durchsichtig. Die rote Varietät *Rubin* enthält Cr als farbgebendes Spurenelement; blauer *Saphir* wird durch Fe + Ti, gelblichroter *Padparadscha* durch Cr und Gitterbaufehler gefärbt; gelbe, grüne und rosa Farbvarietäten von Korund werden ebenfalls als Saphir bezeichnet; eine farblose Varietät ist der *Leukosaphir*. *Sternsaphire* und *Sternrubine* enthalten orientiert eingewachsene Rutil-Nädelchen, die einen sternförmigen Lichtschein den *Asterismus* erzeugen; dieser ist am besten in rundlich geschliffenen Steinen (Cabochons) sichtbar, deren Basis senkrecht zur optischen Achse geschnitten ist

Struktur. Die Korund-Struktur besteht aus einer hexagonal dichtesten Sauerstoffpackung, in der 2/3 der oktaedrischen Lücken mit Al besetzt sind. In Abb. 7.5a,b erkennt man Al-O$_3$-Al-Baueinheiten, die alle Ecken und die Mitte der rhomboedrischen Einheitszelle besetzen.

Vorkommen. Akzessorisch besonders in Pegmatiten, als Produkt der Kontakt- und Regionalmetamorphose von Gesteinen mit extremem Al-Überschuss, insbesondere von Bauxiten. Die edlen Varietäten Rubin und Saphir finden sich in

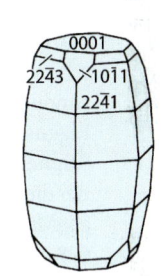

Abb. 7.4. ▶
Flächenkombination von Korund: Dipyramiden {22$\bar{4}$1}, {22$\bar{4}$3}, Rhomboeder {10$\bar{1}$1}, Basispinakoid {0001}

Abb. 7.3. Einkristalle von Korund (Varietät Rubin) im Gneis von Morogoro, Tansania. Bildbreite ca. 8 cm. (Foto: Rainer Altherr)

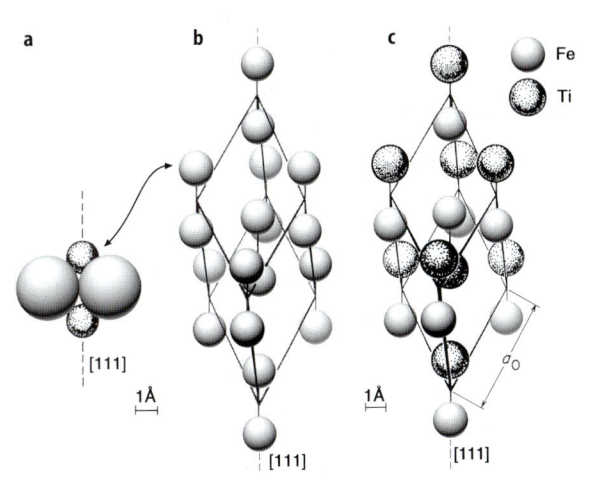

Abb. 7.5. Kristallstrukturen von Korund, Hämatit und Ilmenit. **a** Baueinheiten Al-O$_3$-Al- bzw. Fe-O$_3$-Fe. **b** Die rhomboedrische Zelle von Korund bzw. Hämatit; das Zentrum der Baueinheiten besetzt jede Ecke und die Mitte des Rhomboeders; die Sauerstof-Tripletts sind wegen der Übersichtlichkeit weggelassen. **c** Die Ilmenit-Struktur entspricht der Korund- bzw. Hämatit-Struktur, setzt sich jetzt aber aus Fe-O$_3$-Ti-Baueinheiten zusammen. Fe und Ti bilden alternierende Kationenlagen. Die Sauerstoff-Tripletts sind weggelassen. (Nach Lindsley 1976)

metamorphen Kalksteinen (z. B. im Hunzatal, Kaschmir) und Dolomiten, seltener auch in Gneisen (z. B. die Rubine von Morogoro, Tansania, Abb. 7.3); der attraktive Rubin-Zoisit-Amphibolit von Longido (Tansania) wird als Dekorationsstein poliert. Wirtschaftlich wichtiger ist das Vorkommen in Edelsteinseifen, in denen Rubin und Saphir wegen ihrer Härte und Verwitterungsbeständigkeit sekundär angereichert werden. Die klassischen Rubin-Lagerstätten im Raum Mogok (Burma = Myanmar) stehen vermutlich seit Jahrhunderten im Abbau und liefern Rubine von Spitzenqualität. Wichtige Seifen-Lagerstätten für Rubin und Saphir liegen in Thailand und in Sri Lanka.

Ein weiteres burmesisches Vorkommen bei Möng-Hsu wird seit den frühen 1990er Jahren abgebaut, erbringt aber nur Korunde, die wegen ihrer wenig ansprechenden Blaufärbung unverkäuflich sind und durch thermische Behandlung in Rubin umgewandelt werden müssen (Rossman 2009).

Korund als Rohstoff und Edelstein. Korund findet wegen seiner großen Härte Verwendung als Schleifmittel (Korundschleifscheiben, Schleifpulver, Smirgelpapier). Die edlen Varietäten Rubin und Saphir sind wertvolle Edelsteine. Anstelle des natürlichen Korunds wird heute körniger Korund durch elektrisches Schmelzen tonerdereicher Gesteine, insbesondere von Bauxit, hergestellt. Allerdings wird Korund schon seit einiger Zeit zunehmend durch das härtere Carborundum, SiC, ersetzt. Rubin und Saphir werden mit allen Eigenschaften natürlicher Steine seit langem nach dem Schmelztropfverfahren von Verneuil synthetisch hergestellt. Bei diesem großindustriellen Verfahren können in beliebiger Menge und Farbe birnenförmige Einkristalle bis zu etwa 6–8 cm Länge gezüchtet werden. Ihr Preis ist dramatisch geringer als bei natürlichen Steinen gleicher Qualität.

So erzielte 2006 ein burmesischer Rubin von 8,62 Karat (= 1,72 g) im Auktionshaus Christie's den Rekordpreis von 3,6 Millionen US$, was einem Karat-Preis von 420 000 US$ entspricht! Demgegenüber ist ein synthetischer Verneuil-Rubin von gleicher Qualität und einem Gewicht von 6 Karat (= 1,2 g) schon für 650 US$ per Karat zu haben (Kane 2009). Wesentlich teurer ist die Herstellung von Rubinen und Saphiren durch Hydrothermal-Synthese oder mit Flussmittel-Verfahren (vgl. Abschn. 2.6, S. 52), bei denen zudem nur wesentlich kleinere Kristalle gezüchtet werden können. Die Jahresproduktion von Verneuil-Korunden liegt bei etwa 900 t. Industriell hergestellte Korunde finden nicht nur in der Schmuckindustrie Verwendung, sondern in zunehmendem Maße auch in der elektronischen und optischen Industrie, sowie in der Medizintechnik, z. B. als Rubin-Laser.

Hämatit (Eisenglanz, Roteisenerz), Fe$_2$O$_3$

Ausbildung. Kristallklasse $\bar{3}$2/m wie Korund. Hämatit kommt in rhomboedrischen, bipyramidalen und tafeligen Kristallen vor, die oft außerordentlich formenreich sind (Abb. 7.6, 7.7). Als Flächen treten besonders auf: die Rhomboeder {10$\bar{1}$1} und {10$\bar{1}$4} und ein hochindiziertes ditrigonales Skalenoeder {22$\bar{4}$3}. Infolge polysynthetischer Verzwillingung nach dem Rhomboeder {10$\bar{1}$1} sind die Basisflächen {0001} gewöhnlich mit einer Dreiecksstreifung bedeckt. Der Formenreichtum der Hämatitkristalle geht auf unterschiedliche Bildungsbedingungen zurück. Bei niedriger Temperatur herrscht z. B. dünntafeliger Habitus vor. Noch niedriger sind die Temperaturen für die aus Gelen entstandenen nierig-traubigen Formen mit radial-stängeligem bis radialstrahligem Aufbau anzusetzen. Mit ihrer stark glänzenden Oberfläche werden sie als *Roter Glaskopf* bezeichnet. Verbreitet tritt Hämatit besonders in derben, körnigen, blättrig-schuppigen oder auch dichten sowie erdigen Massen auf. Solche tonhaltigen erdigen Massen bezeichnet man als *Rötel*, früher als Farberde verwendet.

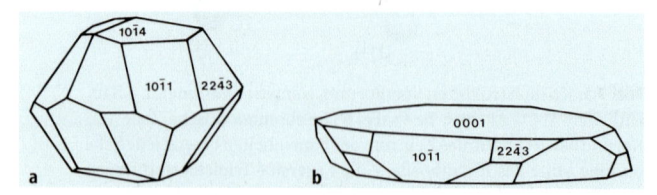

Abb. 7.6. Tracht und Habitus bei Hämatit: **a** vorherrschend Rhomboeder {10$\bar{1}$1}, {10$\bar{1}$4} und Skalenoeder {22$\bar{4}$3}; **b** tafelig nach dem Basispinakoid {0001}

Abb. 7.7. Kristallgruppe von Hämatit in tafeliger Ausbildung (Eisenrose); neben dem vorherrschenden Basispinakoid {1000} treten schmale, steile Rhomboederflächen {10$\bar{1}$1} auf. Ouro Preto (Brasilien). Bildbreite ca. 5 cm. Mineralogisches Museum der Universität Würzburg. (Foto: K.-P. Kelber)

Physikalische Eigenschaften.

Spaltbarkeit	die Ablösung nach {0001} infolge Translation wird besonders bei dünntafeligblättrigem Hämatit (nicht ganz glücklich auch als Eisenglimmer bezeichnet) angetroffen. Ablösung auch nach Gleitzwillingsebenen // {10$\bar{1}$2}
Bruch	muschelig, spröde
Härte	5½–6½
Dichte	5,2
Farbe, Glanz	in dünnen Blättchen rot durchscheinend, als rot färbendes Pigment zahlreicher Minerale und Gesteine; Kristalle rötlichgrau bis eisenschwarz, mitunter bunte Anlauffarben; Kristalle und Kristallaggregate besitzen Metallglanz und sind opak, die dichten und erdig-zerreiblichen Massen sind rot gefärbt und unmetallisch
Strich	auch der schwarze Kristall besitzt stets einen kirschroten, bei beginnender Umwandlung in Limonit auch rotbraunen Strich

Struktur und Chemismus. Gleicher Strukturtyp wie Korund mit Fe-O$_3$-Fe-Baueinheiten (Abb. 7.5a,b) bei fehlender Mischkristallbildung zwischen beiden Mineralen. Lückenlose Mischkristallreihe mit Ilmenit bei hohen Temperaturen >950 °C, bei Temperaturerniedrigung Entmischung von Ilmenit-Lamellen. Maximal möglicher Fe-Gehalt 69,9 %, jedoch geringe Gehalte an Mg, Mn und Ti.

Vorkommen. In hydrothermalen Gängen, metasomatisch an Kalksteine gebunden (z. B. Insel Elba), als Hauptgemengteil in gebänderten Eisensteinen (Jaspilit und Itabirit), als Nebengemengteil in metamorphen, seltener auch magmatischen Gesteinen, als vulkanisches Exhalationsprodukt, auf alpinen Klüften. Sekundär aus Magnetit (Martit); durch Verwitterungsvorgänge langsamer Übergang in Limonit.

Bedeutung. Als Roteisenerz bzw. Roteisenstein wichtiges Eisenerz zur Gewinnung von Stahl und Gusseisen, Verwendung von Roteisen als Pigment, Polierrot und roter Ockerfarbe; Rötel ist ein Gemenge aus Ton und Hämatit, bei Naturvölkern zur Körperbemalung, in der Kunst zum Zeichnen verwendet.

Ilmenit (Titaneisenerz), FeTiO$_3$

Ausbildung. Kristallklasse $\bar{3}$. Trigonal-rhomboedrische Kristalle mit wechselnder Ausbildung, rhomboedrisch bis dicktafelig (keine Skaleneoder oder hexagonale Dipyramiden wie bei Hämatit). Polysynthetische Verzwillingung nach {10$\bar{1}$1} ähnlich wie bei Hämatit. Gewöhnlich derb in körnigen Aggregaten, als akzessorischer Gemengteil im Gestein, in dünnen glimmerartigen Blättchen lose in Sanden.

Physikalische Eigenschaften.

Spaltbarkeit	fehlt, jedoch wie bei Hämatit Teilbarkeit nach {10$\bar{1}$1} durch lamellaren Zwillingsbau
Bruch	muschelig, spröde
Härte	5½–6
Dichte	4,5–5,0, um so höher, je mehr Fe infolge höherer Bildungstemperatur enthalten ist
Farbe, Glanz	braunschwarz bis stahlgrau, nur auf frischem Bruch Metallglanz, sonst matt. In dünnen Splittern braun durchscheinend, sonst opak
Strich	schwarz, fein zerrieben dunkelbraun

Struktur und Chemismus. Die Kristallstruktur von Ilmenit ist derjenigen des Korunds und des Hämatits sehr ähnlich. Gegenüber der Korundstruktur werden in der Ilmenitstruktur die Plätze des Al^{3+} abwechselnd von Fe^{2+} und Ti^{4+} eingenommen (Abb. 7.5c). Ein derartiger Ersatz durch ungleichartige Atome führt zur Herabsetzung der Symmetrie. Mischkristallbildung mit Fe$_2$O$_3$, MgTiO$_3$ und MnTiO$_3$. Die Mischbarkeit mit Fe$_2$O$_3$ ist nur bei hoher Temperatur unbeschränkt. Bei langsamer Abkühlung bilden sich im Ilmenit Entmischungslamellen von Hämatit // (0001).

Vorkommen. Als Differentiationsprodukt basischer magmatischer Gesteine, akzessorisch in vielen magmatischen und metamorphen Gesteinen, sekundär als Ilmenitsand an zahlreichen Meeresküsten.

Bedeutung. Ilmenit ist ein wichtiges Ti-Erzmineral.

Titan als metallischer Rohstoff. Ti-haltige Spezialstähle und Legierungen mit Fe (Ferrotitan) für Flugzeugbau und Raumfahrt. Herstellung von Titanweiß, eine Farbe von außergewöhnlicher Deckkraft, sowie von Glasuren. Als Eisenerz sind Ilmenit-führende Erze nicht geschätzt, weil Titan die Schlacke bei der Verhüttung des Erzes sehr viskos macht.

Perowskit, CaTiO$_3$

Ausbildung. Kristallklasse 2/m2/m2/m, aber nur wenig von der kubischen Symmetrie abweichend, würfelige, oktaedrische oder skelettförmig verzweigte Kristalle

Physikalische Eigenschaften.

Spaltbarkeit	{100} ziemlich deutlich
Härte	5½
Dichte	4,0
Farbe, Glanz	undurchsichtig bis durchscheinend, schwarz, rötlichbraun, orangegelb oder honiggelb, Diamantglanz
Strich	grauweiß bis farblos

Abb. 7.8.
Idealisierte Struktur von Perowskit mit TiO_6-Oktaedern und Ca in den großen Lücken. (Nach Náray-Szabó 1943, aus Deer et al. 1962)

● = Ti
● = Ca

Struktur. Perowskit bildet einen mineralogisch wie technisch sehr wichtigen Strukturtyp, der durch eine sehr hohe Packungsdichte gekennzeichnet ist (Abb. 7.8). Ti ist oktaedrisch, also mit 6 Sauerstoffen koordiniert; in den Lücken zwischen den eckenverknüpften TiO_6-Oktaedern sitzt das große Ca, das jeweils von 12 Sauerstoffen umgeben ist. Im Gegensatz zur idealen kubischen Struktur sind die TiO_6-Oktaeder etwas verkippt. Die Position der großen Kationen X kann von über 20 Elementen wie Ca^{2+}, Ba^{2+}, Pb^{2+}, K^+, die der kleinen Kationen Y von fast 50 Elementen wie Ti^{4+}, Zr^{4+}, Sn^{4+}, Nb^{5+}, Ga^{3+} eingenommen werden.

Chemismus. Natürlicher Perowskit kann beachtliche Mengen an Seltenerd-Elementen oder Alkalien anstelle von Ca, sowie Nb anstelle von Ti einbauen.

Vorkommen. Akzessorisch in alkalireichen Magmatiten, in Karbonatiten, Kimberliten und Pyroxeniten, lokal zu bauwürdigen Ti-Lagerstätten angereichert, z. B. in Bagagem, Brasilien.

Bedeutung. Während Perowskit $CaTiO_3$ als Ti-Erz nur lokale Bedeutung erlangt, baut $(Mg,Fe)SiO_3$ mit Perowskit-Struktur über 70 Vol.-%, $CaSiO_3$-Perowskit ca. 7 Vol.-% des *unteren Erdmantels* auf; Silikat-Perowskite sind damit die wichtigsten Minerale der Erde (Abschn. 29.3.4, S. 532f). Unterschiedlich zusammengesetzte Perowskite mit piezoelektrischen Eigenschaften werden in großem Umfang *technisch hergestellt* und bilden die Grundlage für Elektrokeramiken. Je nach chemischer Zusammensetzung reicht ihr Verwendungsspektrum von Nichtleitern (Isolatoren) über Halbleiter zu metallischen Leitern und Hochtemperatur-Supraleitern. Der künstliche Perowskit $SrTiO_3$ dient unter dem Namen *Fabulit* als Diamant-Ersatz.

7.4
MO_2-Verbindungen

> Zu den wichtigsten Vertretern der MO_2-Verbindungen gehören die SiO_2-Minerale, insbesondere der Quarz. Nach ihrer Kristallstruktur gehören sie jedoch eher zu den Gerüstsilikaten und werden daher dort behandelt (Abschn. 11.6.1, S. 179ff).

Rutil, TiO_2

Ausbildung. Kristallklasse 4/m2/m2/m, die tetragonalen Kristalle besitzen dicksäuligen, stängeligen oder nadeligen Habitus (haarförmige Rutileinlagerungen im Quarz); Vertikalprismen mit Längsstreifung und Dipyramiden, charakteristische Kniezwillinge mit der Zwillingsebene (101), Drillinge und Viellinge. Bisweilen kompakte Aggregate und Körner.

Physikalische Eigenschaften.

Spaltbarkeit	{110} vollkommen
Bruch	muschelig, spröde
Härte	6–6½
Dichte	4,2–4,3
Farbe, Glanz	dunkelrot, braun bis gelblich, seltener schwarz, blendeartiger Diamantglanz, durchscheinend, Lichtbrechung sehr hoch, etwa vergleichbar mit derjenigen von Diamant
Strich	gelblich bis bräunlich

Struktur. In der Rutilstruktur sind die Ti-Ionen in annähernd gleichen Abständen von 6 O-Ionen oktaedrisch umgeben. Die Sauerstoff-Oktaeder sind über diagonale Kanten // (001) miteinander verknüpft und bilden unendliche Ketten // der c-Achse. Zwischen diesen deformierten Ketten besteht jeweils nur eine Verknüpfung durch das O-Ion einer gemeinsamen Oktaederecke (Abb. 7.9). TiO_2 ist *trimorph*. In der Natur kommen neben Rutil die beiden Minerale *Anatas* und *Brookit* vor, wenn auch in geringerer Verbreitung.

Chemismus. Manche Rutile weisen beträchtliche Gehalte an Fe^{2+}, Fe^{3+}, Nb und Ta auf. Durch Ersatz von Ti^{4+} durch Fe^{2+} wird der elektrostatische Valenzausgleich für den Eintritt von Nb^{5+} und Ta^{5+} in die Rutilstruktur ermöglicht.

Vorkommen. Akzessorisch in zahlreichen Gesteinen, oft als mikroskopischer Gemengteil, als dünne Nädelchen in Tonschiefern und Phylliten, in höher metamorphen Gesteinen in größeren Kristallen, so auch in gewissen Pegmatiten. Sande und Sandsteine enthalten Rutil häufig als Schwermineral.

Bedeutung. Rutil ist ein wichtiges Ti-Mineral. Gelegentlich Rohstoff zur Gewinnung von Ti-Metall (über $TiCl_4$); Herstellung von TiN, verwendet als Hartwerkstoff, als goldfarbener Überzug von Werkzeugen zur spanenden Bearbeitung, als Modeschmuck.

Abb. 7.9.
Rutil-Struktur mit Ketten von TiO_6-Oktaedern. (Nach Lindsley 1976)

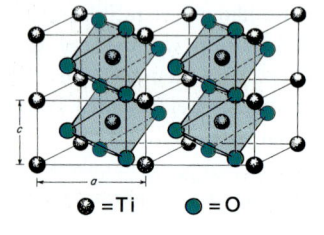

● = Ti   ● = O

Künstliche Herstellung. Industriell hergestellter Rutil ist ein hochwertiges Farbpigment (Titanweiß). Rutil-Einkristalle werden nach dem Verneuil-Verfahren in Form von Schmelzbirnen gezüchtet und wegen ihrer diamantähnlichen optischen Eigenschaften (hohe Lichtbrechung und Dispersion) als Diamant-Ersatz verwendet (Titania, Titania Night Stone), auch blau oder gelb gefärbt.

Kassiterit (Zinnstein), SnO_2

Ausbildung. Kristallklasse 4/m2/m2/m, wie bei Rutil sind Prismen und Dipyramiden 1. und 2. Stellung die am meisten verbreiteten Kristallflächen. Wechselnde Entwicklung von Tracht und Habitus der Kristalle je nach Vorkommen. Entweder Vorherrschen der Dipyramide {111} ohne oder nur mit schmalem Prisma {110} oder gedrungen säulig mit Prismen und Dipyramiden 1. und 2. Stellung (Abb. 7.10a) oder gestreckt säulig mit guter Ausbildung von Prisma {110} und der ditetragonalen Dipyramide {321} oder schließlich langstängelig-nadelig mit {110}, {111} und {321} als sog. *Nadelzinn* (Abb. 7.10d). Darüber hinaus tritt Kassiterit nierig-glaskopfartig mit konzentrisch-schaliger Struktur als sog. *Holzzinn* auf. Alle Formen des Kassiterits sind stark von ihrer jeweiligen Bildungstemperatur abhängig. Die aufgeführte Reihenfolge entspricht etwa einer Abnahme der Temperatur.

Der gedrungen-säulige Kristalltyp des Kassiterits ist meist nach (011) verzwillingt (Abb. 7.10b,c). Die knieförmig gewinkelten Zwillingskristalle sind früher von den Bergleuten im sächsischen und böhmischen Erzgebirge als *Visiergraupen*, die gewöhnlichen unverzwillingten Kristalle bzw. Körner von Kassiterit als Graupen bezeichnet worden. Oft feinkörnige Imprägnation von Kassiterit in hydrothermal veränderten Graniten, vom Bergmann ehemals als *Zinnzwitter* bezeichnet.

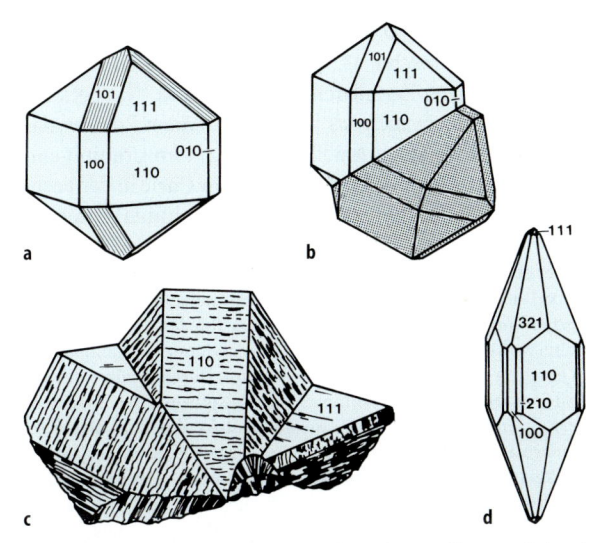

Abb. 7.10. Kassiterit: **a** kurzsäuliger Habitus; **b, c** Zwillinge nach (011) (sog. Visiergraupen); **d** „Nadelzinn" nadelförmig nach der c-Achse

Physikalische Eigenschaften.

Spaltbarkeit	{100} bisweilen angedeutet
Bruch	muschelig, spröde
Härte	6–7
Dichte	6,8–7,1
Farbe, Glanz	gelbbraun bis schwarzbraun durch Beimengungen, selten fast farblos, auf Kristallflächen blendeartiger Glanz, auf Bruchflächen eher Fettglanz, durchscheinend
Strich	gelb bis fast farblos

Struktur. Die Kristallstruktur des Kassiterits entspricht der Rutilstruktur (Abb. 7.9), d. h. mit oktaedrisch koordiniertem Sn.

Chemismus. Wegen des diadochen Ersatzes von Sn^{4+} durch Fremdionen, insbesondere von Fe^{2+}, Fe^{3+}, Ti, auch Nb, Ta und Zr ist der Sn-gehalt meist geringer als der theoretische Wert von 78,8 %.

Vorkommen. In Pegmatitgängen, hochhydrothermalen Imprägnationen (*Zinngreisen*) und Gängen, gelegentlich zusammen mit Sulfiden wie Stannin (Zinnkies) Cu_2FeSnS_4, in Zinngraniten. Wegen seiner hohen Dichte und Härte wird Kassiterit als Schwermineral sekundär in *Zinnseifen* angereichert; diese liefern etwa die Hälfte der Weltförderung.

Bedeutung. Das einzige wirtschaftlich wichtige Zinnerzmineral.

Zinn als metallischer Rohstoff. Herstellung von Weißblech, Zinngegenständen, Lagerwerkstoffen, von schwer oxidierbaren Legierungen wie Bronze, mit Blei legiert als Lötzinn; nur noch selten in der Keramik (Email und Farben).

Pyrolusit, β-MnO_2

Ausbildung. Kristallklasse 4/m2/m2/m, kommt in strahligen, traubig-nierigen oder zapfenförmigen Aggregaten (*Schwarzer Glaskopf*), in porösen, körnig-erdigen Massen, in krustenartigen Überzügen sowie als Konkretionen vor. Dendriten sind baum- bis moosförmige Abscheidungen auf Schicht- und Kluftflächen, die durch skelettförmiges Kristallwachstum entstanden sind. Viele Pyrolusite stellen Pseudomorphosen nach Manganit γ-MnOOH dar, der eine sehr ähnliche Kristallstruktur aufweist.

Physikalische Eigenschaften.

Spaltbarkeit	an Kristallen deutlich nach {110}
Bruch	muschelig, spröde
Härte	6–6½ bei gut ausgebildeten Kristallen („*Polianit*"), 2–6 bei derbem Pyrolusit
Dichte	5,2 für Kristalle, <5 bei derbem Pyrolusit
Farbe, Glanz	dunkelgrau, Metallglanz, opak
Strich	schwarz

Struktur. Rutiltyp (Abb. 7.9), Mn befindet sich in oktaedrischer Koordination mit O.

Chemismus. Mn-Gehalt bis rund 63 %, meist zahlreiche fremde Beimengungen enthaltend, die z. T. absorptiv angelagert sind, häufig auch bis zu 1–2 % H_2O, daher die unterschiedlichen physikalischen Eigenschaften.

Vorkommen. Bestandteil von Verwitterungserzen, oft neben Limonit, sedimentär.

Bedeutung. Wichtigstes Mn-Erzmineral.

Mn als metallischer Rohstoff. Vor allem Stahlveredler (Spiegeleisen und Ferromangan), Legierungsmetall mit anderen Metallen, Entschwefelung im Eisenhüttenprozess, Rohstoff in der chemischen Industrie und der Elektroindustrie (Trockenelemente), Entfärben von Glas.

Manganate mit Tunnelstrukturen

Struktur. Diese Minerale bestehen aus ringförmig angeordneten Doppelketten (mit quadratischen oder rechteckigen Querschnitten) von $[MnO_6]$-Oktaedern, in denen Kationen wie K, Ba, Pb oder auch H_2O sitzen, z. B. *Romanèchit* $(Ba,H_2O)Mn_5O_{10}$, *Hollandit* $(Ba,K)(Mn,Ti,Fe)_8O_{16}$, *Kryptomelan* KMn_8O_{16}, *Coronadit* $PbMn_8O_{16}$, *Todorokit* $(Na,Ca,K,\square)(Mn,Mg,Al)_6O_{12} \cdot 3–4H_2O$ ($\square$ zeigt an, dass dieser Strukturplatz nicht vollständig besetzt sein muss).

Vorkommen. Feinkörnige, nur röntgenographisch bestimmbare Gemenge dieser Manganate sowie von Pyrolusit, Manganit γ-MnOOH, Birnessit $(Na_{0,8}Ca_{0,4})Mn_4O_8 \cdot 3H_2O$ und Vernadit δ-$(Mn,Fe,Ca,Na)(O,OH)_2 \cdot nH_2O$ bauen die Manganknollen in der Tiefsee auf, bilden Überzüge auf untermeerischen Basalten oder metallhaltige Sedimente an mittelozeanischen Rücken. Erdig-mulmige Massen aus unterschiedlichen Manganoxiden, die häufig Verwitterungsrückstände bilden, bezeichnet man als *Wad*. *Psilomelan* ist ein Gemenge aus Romanèchit; er kommt – wie Pyrolusit – in traubig-nierigen oder zapfenförmigen Aggregaten vor, die aus Gelen ausgeschieden wurden (*Schwarzer Glaskopf*), auch in Form von Ooiden. *Braunstein* ist ein ungenau definierter technischer Sammelbegriff für unterschiedliche Manganoxide.

Bedeutung. Natürliche und technisch hergestellte Manganate und andere Oxide mit Tunnelstrukturen haben eine beachtliche Mikroporosität, die technisch nutzbar ist (Pasero 2005):

- So wurde SYNROC, eine synthetische Verbindung der Zusammensetzung $BaAl_2Ti_6O_{18}$ mit Hollandit-Struktur, zur Immobilisierung von radioaktivem Cäsium verwendet (Ringwood et al. 1979).
- Manganoxide, z. B. Kryptomelan, könnten zur Dekontaminierung von Grubenwässern und industriellen Abwässern eingesetzt werden, um Schwermetall-Kationen wie Co^{2+}, Zn^{2+} und Cd^{2+} zu absorbieren.
- Durch photokatalytische Oxidation (z. B. Birnessit, Todorokit) könnten Böden verbessert und Umweltschäden behoben werden.
- Auch das Ionenaustauschvermögen von Manganaten und anderen Oxiden mit Tunnelstrukturen ist vielfältig nutzbar.

Uraninit (Uranpecherz, Pechblende), UO_2 bis U_3O_8

Ausbildung. Kristallklasse $4/m\bar{3}2/m$, $\{111\}$ auch mit $\{100\}$ und $\{110\}$ kombiniert als Uraninit; jedoch sind gut ausgebildete Kristalle selten. Gewöhnlich derb, oft mit traubig-nieriger, stark glänzender Oberfläche als Uranpecherz.

Physikalische Eigenschaften.

Spaltbarkeit	$\{111\}$ deutlich
Bruch	muschelig, spröde
Härte	5–6
Dichte	entsprechend dem Atomgewicht von U sehr hoch: 10,6, jedoch mit zunehmendem geologischen Alter auf 9–7,5 sinkend; traubig-nierig ausgebildetes Uranpecherz hat 6,5–8,5
Farbe, Glanz	schwarz, halbmetallischer bis pechartiger Glanz
Strich	bräunlichschwarz

Besondere Eigenschaft. Stark radioaktiv. Mit dem radioaktiven Zerfall der Uran-Isotope ^{238}U und ^{235}U entstehen drei stabile Blei-Isotope (^{206}Pb, ^{207}Pb und ^{208}Pb) neben Helium (α-Strahler). Die Pb-Menge ist gesetzmäßig abhängig vom Alter der betreffenden Uraninitprobe. Hierauf basieren die U-Pb- und die He-U-Methode der isotopischenen Altersbestimmung (Abschn. 33.5.3, S. 615f). Unter den Isotopen der radioaktiven Zerfallsreihe von ^{238}U und ^{235}U befindet sich insbesondere auch das ^{226}Ra. Das Element *Radium*, das mit einem konstanten Anteil von 0,34 g/t im Uraninit enthalten ist, wurde 1898 durch das Ehepaar Curie in der Pechblende von St. Joachimsthal (Jachymov, Böhmen) entdeckt.

In der etwa 2 Ga alten Uranlagerstätte Okelobondo in Gabun (Westafrika) liefen spontan nukleare Kettenreaktionen ab, die zu einem Zerfall von ^{235}U durch Neutroneneinfang führten (Meshik 2006). Dabei wirkte einströmendes Grundwasser als Moderator, ähnlich wie in einem technischen Leichtwasser-Reaktor. Durch Analyse der Xenon-Isotopie konnte der komplexe Zerfallsprozess, der über hunderttausende von Jahren im Zweistundentakt ablief, im Detail rekonstruiert werden. Die freiwerdende Energie bei der Kernspaltung führte zur Erhitzung und zur Verdampfung des Wassers, wodurch der Prozess nach 30 Minuten zum Stillstand kam; nach 1½ Stunden war genügend Wasser nachgeströmt, um den Prozess erneut in Gang zu setzen. Die Durchschnittsleistung dieses natürlichen Kernreaktors betrug vermutlich weniger als 100 kW.

Struktur. Die Kristallstruktur des Uraninits entspricht dem Fluorittyp (Abb. 6.5). Durch den radioaktiven Einfluss ist die strukturelle Anordnung jedoch meist weitgehend zerstört.

Chemismus. Uraninit kristallisiert zunächst als UO_2, wird jedoch stets teilweise aufoxidiert, so dass seine tatsächliche Zusammensetzung zwischen UO_2 und U_3O_8 (= $U^{4+}O_2 + 2U^{6+}O_3$) liegt. U wird z. T. durch Th und Seltenerd-Elemente, besonders Ce diadoch vertreten; durch den radioaktiven Zerfall bilden sich zusätzlich Pb und He. Dazu enthält Uranpecherz zahlreiche mechanische Einlagerungen.

Vorkommen. Gemengteil in Graniten (z. B. Rössing, Namibia), Nephelinsyeniten (z. B. Ilímaussaq, Grönland), Pegmatiten (z. B. Bancroft, Ontario) und hydrothermalen Gängen (Abschn. 23.4.6, S. 358f) und sauren Vulkaniten, z. B. in den Lagerstätten Strelsovsk (Russland), Dornot (Mongolei) und Nopal (Mexiko). Die weltweit größten Uran-Lagerstätten mit insgesamt über 40 % aller Vorräte liegen im Athabasca-Distrikt (Saskatchewan, Kanada) und im Alligator-River-Distrikt (Nord-Territorium, Australien). Es handelt sich um hydrothermale Vererzungen, die an die Diskordanz zwischen einem kristallinen Grundgebirge und einem Deckgebirge aus klastischen Sedimentgesteinen gebunden sind (Abschn. 23.7, S. 367). Uraninit kommt auch sedimentär als Seifenmineral vor, so im goldführenden Quarzkonglomerat vom Witwatersrand in Südafrika und im Blind-River-Gebiet der Provinz Ontario (Kanada). Uranpecherz verwittert sehr leicht. Es wird zunächst zu UO_3 oxidiert; danach bilden sich unter Aufnahme von Fremdionen und H_2O leicht lösliche Hydroxide, Karbonate und Sulfate, später schwerer lösliche Phosphate, Arsenate, Vanadate und Silikate. Alle diese sekundären Uranminerale sind grellbunt gefärbt, insbesondere gelb, grün oder orange.

Bedeutung. Uranpecherz ist das wichtigste primäre Uranmineral zur Gewinnung von Uran. Aus ihm wird außerdem Radium gewonnen, das es in extrem geringer Menge enthält.

Gewinnung und Verwendung des Urans

Bemerkenswert ist, dass Uranpechblende, die früher bei der Silbergewinnung anfiel, noch vor der Entdeckung des Radiums zur Herstellung von Uranfarben verwendet wurde. Seit dem Ende des 19. Jahrhunderts nutzte man die Uranabgänge nach Verarbeitung dieser Erze zu Radium-Präparaten noch immer zum gleichen Zweck! Erst nach dem 2. Weltkrieg erlangte das Uran im Zusammenhang mit der Gewinnung und Nutzbarmachung der Kernenergie eine besondere weltwirtschaftliche Bedeutung. Selbst dann, wenn die Nutzung der Kernenergie in den kommenden Jahrzehnten stark zunehmen sollte, stünden weltweit genügend Vorräte zur Verfügung, um den Uranbedarf für die nächsten 100 Jahre zu decken (Macfarlane und Miller 2007). Die Verwendung der Uranoxide zur Herstellung von Leuchtfarben und zu fluoreszierendem Glas spielt nur noch eine begrenzte Rolle. Wegen seiner hohen Dichte wird abgereichertes Uran als Gegengewicht in Flugzeugen und Hochleistungssegelbooten eingesetzt, außerdem als panzerbrechende Munition.

Das bei der Verhüttung von Uranerzen gewonnene Radium wird v. a. in der Medizin verwendet.

7.5 Hydroxide

> Alle Kristallstrukturen der Hydroxide weisen Hydroxylgruppen $(OH)^-$ oder H_2O-Moleküle auf, wobei die Bindungskräfte generell schwächer als bei den Oxiden sind.

Gibbsit (Hydragillit), γ-Al(OH)$_3$

Ausbildung. Kristallklasse 2/m, feinfaserig bis schuppig.

Physikalische Eigenschaften.

Spaltbarkeit	(001) vollkommen
Härte	2½–3½
Dichte	2,4
Farbe, Glanz	farblos, weiß, Glasglanz, auf Spaltflächen Perlmuttglanz

Struktur. Sechserringe von kantenverknüpften Al(OH)$_6$-Oktaedern bilden hexagonale Schichten, die untereinander durch Van-der-Waals-Kräfte verbunden sind (Abb. 7.11).

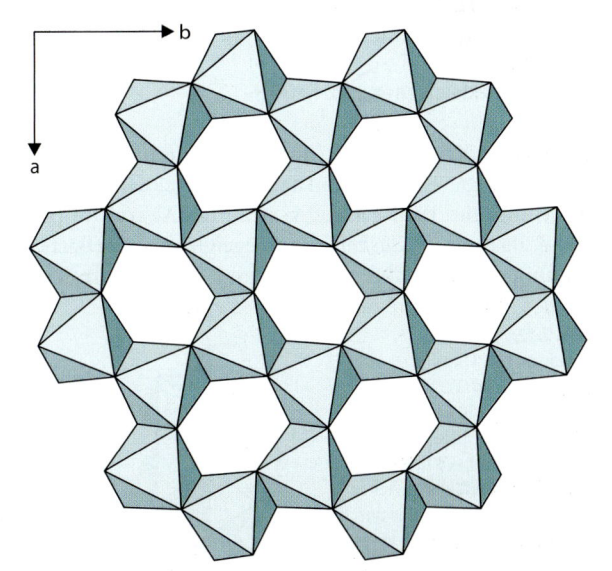

Abb. 7.11. Struktur von Gibbsit: Sechserringe aus kantenverknüpften Al(OH)$_6$-Oktaedern bilden Schichten // (001). (Nach Strunz und Nickel 2001)

Vorkommen. Bestandteil von *Bauxit* und *Laterit*, Gemengen aus Gibbsit, Böhmit γ-AlOOH und Diaspor sowie Kaolinit, Quarz, Hämatit, Goethit, Rutil und Anatas. Es handelt sich um Verwitterungsprodukte, die z. T. sekundär umgelagert sind (Abschn. 24.5.3, S. 376f).

Bedeutung. Bauxit ist der wichtigste Rohstoff für die Gewinnung von Al-Metall, ferner für die Herstellung von synthetischem Korund und von Spezialkeramik.

Diaspor, α-AlOOH

Ausbildung. Kristallklasse 2/m2/m2/m, tafelig nach (010), fein gestreift oder aufgerauht; größere Kristalle selten, meist in feinkörnigen Gemengen.

Physikalische Eigenschaften.

Spaltbarkeit	(010) sehr vollkommen, Bruch muschelig, sehr spröde
Härte	recht hoch: 6½–7
Dichte	3,4
Farbe, Glanz	farblos, weißgrau, grünlich, bräunlich, Glasglanz, auf Spaltflächen Perlmutterglanz, durchsichtig bis durchscheinend

Struktur. Unendliche Doppelketten von Al(O,OH)$_6$-Oktaedern //c, die unter sich durch Wasserstoff-Brückenbindungen miteinander verknüpft sind (Abb. 7.12).

Vorkommen. Bestandteil von *Bauxit* und *Laterit*, auch in niedriggradigen metamorphen Bauxiten (Diasporite).

Bedeutung. Bauxit als Al-Erz, Diasporit als Schleif- und Poliermittel.

Goethit (Nadeleisenerz), α-FeOOH

Ausbildung. Kristallklasse 2/m2/m2/m, die prismatisch-nadelförmigen Kristalle sind nach c gestreckt, mit Längsstreifung und häufig kugelig-strahlige Aggregate bildend, als *Brauner Glaskopf* mit spiegelglatter Oberfläche, traubig-nierige, zapfenförmige und stalaktitähnliche Formen mit radialstrahligem Gefüge. In anderen Fällen derbe, dichte und poröse oder pulverartige Massen bildend. Pseudomorphosen nach verschiedenen Eisenmineralen.

Physikalische Eigenschaften.

Spaltbarkeit	{010} vollkommen
Bruch	muschelig
Härte	5–5½
Dichte	4,5 im Mittel
Farbe, Glanz	schwarzbraun bis lichtgelb, halbmetallisch auch seidenglänzend, daneben matt und erdig, in dünnen Splittern braun oder gelblich durchscheinend
Strich	braun bis gelblich

Struktur. Goethit kristallisiert in der Diaspor-Struktur.

Chemismus. Ungefähr 62 % Fe, wechselnder Gehalt an H$_2$O. Der aus Gelen kristallisierte Goethit (nur noch aus seinen äußeren Formen erschließbar) weist in seinen Aggregaten einen durchweg höheren H$_2$O-Gehalt in Form von absorbiertem oder kapillarem Wasser auf und hat dann die Formel FeOOH · nH$_2$O; dementsprechend liegt der Fe-Gehalt <62 %. Außerdem sind aus dem ehemaligen Gel Verunreinigungen wie z. B. Si, P, Mn, Al, V etc. übernommen worden.

Vorkommen. Goethit und Lepidokrokit (s. unten) sind typische Verwitterungsbildungen; sie treten insbesondere im „Eisernen Hut" von primären Sulfiderz-Lagerstätten auf, daneben bilden sie marin-sedimentäre Eisenerze (Minette), Bohnerze, Raseneisenerze, See-Erze.

Limonit ist eine Sammelbezeichnung für amorphe bis kryptokristalline Gemenge von Goethit und Lepidokrokit, meist auch etwas Hämatit mit wechselnden Wassergehalten; häufig sind amorphe Kieselsäure, Phosphate, Tonminerale und organische Zersetzungsprodukte beteiligt. Der Eisengehalt erreicht meist nur 30–40 %.

Bedeutung. Eisenerz, jedoch meist arme Lagerstätten.

Abb. 7.12.
Struktur von Diaspor α-AlOOH und Goethit α-FeOOH, Projektionen **a** auf (100), **b** auf (001). Kantenverknüpfte Al(O,OH)$_6$- bzw. Fe(O,OH)$_6$-Oktaeder bilden Doppelketten // der c-Achse, die versetzt miteinander durch Van-der-Waals-Kräfte verbunden sind. (Nach Strunz und Nickel 2001)

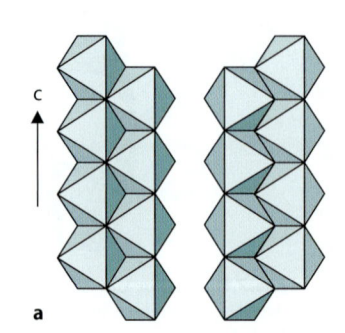

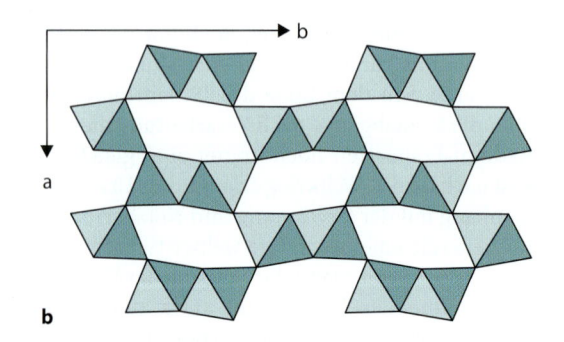

Lepidokrokit (Rubinglimmer), γ-FeOOH

Ausbildung. Kristallklasse 2/m2/m2/m, dünne Täfelchen nach {010}, bisweilen auch divergent-blättrig angeordnet.

Physikalische Eigenschaften.

Spaltbarkeit	(010) vollkommen, angedeutet nach (100), (001)
Härte	5
Dichte	4,0
Farbe, Glanz	in Splittern rot bis gelbrot durchscheinend, lebhafter metallischer Glanz
Strich	bräunlichgelb bis orangebraun

Viele Eigenschaften sind denen des Goethits sehr ähnlich.

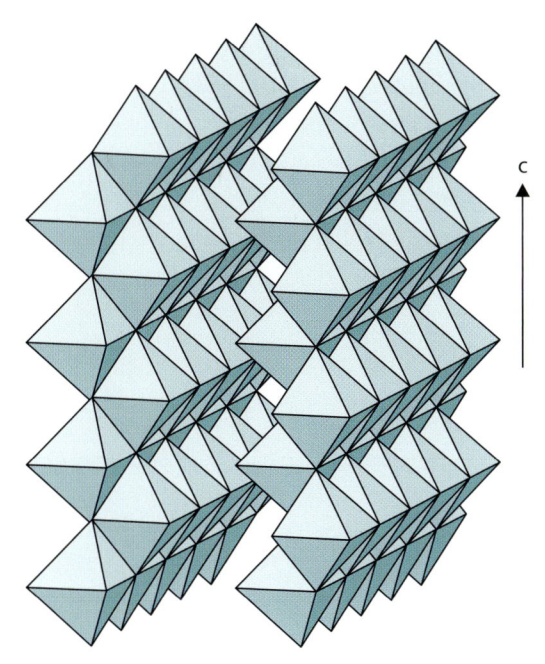

Abb. 7.13. Struktur von Böhmit γ-AlOOH und Lepidokrokit γ-FeOOH. Kantenverknüpfte $Al(O,OH)_6$- bzw. $Fe(O,OH)_6$-Oktaeder bilden Doppelschichten // (010). (Nach Strunz und Nickel 2001)

Struktur. Lepidokrokit kristallisiert in der Struktur von Böhmit γ-AlOOH; die FeO_6-Oktaeder sind zu Doppelschichten // (010) angeordnet, die untereinander durch Wasserstoff-Brückenbindungen verknüpft werden (Abb. 7.13).

Vorkommen. Seltener als Goethit, Bestandteil des Limonits (s. oben).

Bedeutung. Siehe oben

Weiterführende Literatur

Anthony JW, Bideaux RA, Bladh KW, Nichols MC (1997) Handbook of mineralogy, vol. III: Halides, hydroxides, oxides. Mineral Data Publ, Tucson, Arizona
Bowles JFW, Howie RA, Vaughan DJ, Zussman J (2011) Rock-forming minerals, vol. 5A: Non-silicates: Oxides, hydroxides and sulphides, 2nd ed. Geological Society, London
Grew ES (ed) (2002) Beryllium – mineralogy, petrology, geochemistry. Rev Mineral Geochem 50
Kane RE (2009) Seeking low-cost perfection: Synthetic gems. Elements 5:169–174
Lindsley DH (ed) (1991) Oxide minerals: Petrologic and magnetic significance. Rev Mineral 25
Macfarlane AM, Miller M (2007) Nuclear energy and uranium resources. Elements 3:185–192
Pasero M (2005) A short outline of tunnel oxides. Rev Mineral Geochem 57:291–305
Rossman GR (2009) The geochemistry of gems and its relevance to gemology: Different traces, different prices. Elements 5: 159–162
Rumble III D (ed) (1976) Oxide minerals. Rev Mineral 3

Zitierte Literatur

Lindsley DL (1976) The crystal chemistry and structure of oxide minerals as exemplified by the Fe-Ti oxides. In Rumble III D, ed (1976) Oxide minerals. Rev Mineral 3:L1–L88
Meshik AP (2006) Natürliche Kernreaktoren. Spektrum der Wissenschaft, Juni 2006, S 85–90
Ringwood AE, Kesson SE, Ware NG, Hibberson WO, Major A (1979) The SYNROC process: A geochemical approach to nuclear waste immobilization. Geochem J 13:141–165

Karbonate, Nitrate und Borate

**8.1
Calcit-Gruppe,
$\bar{3}2/m$**

**8.2
Aragonit-Gruppe,
$2/m2/m2/m$**

**8.3
Dolomit-Gruppe**

**8.4
Azurit-Malachit-Gruppe**

**8.5
Nitrate**

**8.6
Borate**

Chemisch sind die Karbonate Salze der Kohlensäure H_2CO_3. Strukturell ist ihnen ein inselartiger Anionenkomplex $[CO_3]^{2-}$ gemeinsam. Die zugehörigen Kationen können dabei einen kleineren oder einen größeren Ionenradius besitzen als das Ca^{2+} mit 1,08 Å. Die Karbonate mit einem kleineren Kation wie z. B. Mg^{2+}, Zn^{2+}, Fe^{2+} oder Mn^{2+} kristallisieren ditrigonal-skalenoedrisch wie Calcit $CaCO_3$ und haben *Calcit-Struktur* (Abb. 8.1). Demgegenüber kristallisieren die Karbonate mit größeren Kationen wie Sr^{2+}, Pb^{2+} oder Ba^{2+} mit einem Radius >1,08 Å rhombisch, und die Strukturen ihrer Karbonate entsprechen derjenigen des Aragonits $CaCO_3$. In der orthorhombischen *Aragonit-Struktur* haben diese größeren Kationen 9 O als nächste Nachbarn anstatt 6 O; es steht ihnen ein entsprechend größerer Raum in der Struktur zur Verfügung. Die hexagonale *Vaterit-Struktur* besteht aus Schichten von dicht gepackten $[CO_3]$-Gruppen $\perp$ (0001), die mit Schichten von [8]-koordiniertem Ca wechsellagern. Die Trimorphie des $CaCO_3$, das in der Calcit-, Aragonit- oder Vaterit-Struktur kristallisieren kann, erklärt sich wesentlich aus der mittleren Größe des Ca^{2+} und seinem mittleren Raumbedarf.

Bei den komplizierten Strukturen der Azurit-Malachit-Gruppe ist in sehr vereinfachter Beschreibung das Cu^{2+} oktaedrisch gegenüber O^{2-} und $(OH)^-$ koordiniert. Diese oktaedrischen Einheiten sind kettenförmig aneinandergereiht; es besteht über O-Brücken seitlich eine Verknüpfung mit den (CO_3)-Gruppen.

Tabelle 8.1.
Wasserfreie und wasserhaltige Karbonate. Ionenradien nach Whittacker u. Muntus 1970

Wasserfreie Karbonate		Formel	Ionenradius [Å]	
Calcit-Gruppe ($\bar{3}2/m$), Kationen [6]-koordiniert	Calcit	$CaCO_3$	Ca^{2+}	1,08
	Siderit	$FeCO_3$	Fe^{2+}	0,69
	Rhodochrosit	$MnCO_3$	Mn^{2+}	0,75
	Smithsonit	$ZnCO_3$	Zn^{2+}	0,83
	Magnesit	$MgCO_3$	Mg^{2+}	0,80
Aragonit-Gruppe ($2/m2/m2/m$), Kationen [9]-koordiniert	Aragonit	$CaCO_3$	Ca^{2+}	1,26
	Strontianit	$SrCO_3$	Sr^{2+}	1,35
	Cerussit	$PbCO_3$	Pb^{2+}	1,41
	Witherit	$BaCO_3$	Ba^{2+}	1,55
Dolomit-Gruppe ($\bar{3}$), Kationen [6]-koordiniert	Dolomit	$CaMg(CO_3)_2$	Ca^{2+} Mg^{2+}	1,08 0,80
	Ankerit	$CaFe(CO_3)_2$	Ca^{2+} Fe^{2+}	1,08 0,69
Wasserhaltige Karbonate mit (OH)⁻		**Formel**		
Azurit-Malachit-Gruppe ($2/m$)	Azurit	$Cu_3[(OH)/CO_3]_2$		
	Malachit	$Cu_2[(OH)_2/CO_3]$		

8.1 Calcit-Gruppe, $\bar{3}2/m$

Die Calcit-Struktur lässt sich als NaCl-Gitter beschreiben, das auf eine Ecke gestellt und in Richtung der Raumdiagonalen zusammengedrückt wird, wobei Na durch Ca und Cl durch den Schwerpunkt der CO_3-Gruppe ersetzt ist (Abb. 8.1). Der Polkantenwinkel der rhomboedrischen Calcit-Zelle beträgt rund 103° statt 90° beim Würfel; die 3-zählige Drehinversionsachse $\bar{3}$ der Calcit-Struktur entspricht der Raumdiagonale des Würfels. Entsprechend der NaCl-Struktur wird jedes Ca oktaedrisch von 6 O umgeben. Die CO_3-Komplexe sind planar // (0001) ausgerichtet, wobei jedes C von 3 O in der Art eines gleichseitigen Dreiecks umgeben wird. Die Bindungskräfte zwischen Ca^{2+} und $(CO_3)^{2-}$ sind wie in der NaCl-Struktur heteropolar. Sie werden viel leichter aufgebrochen als die festeren homöopolaren Bindungen zwischen C und O. Die vollkommene Spaltbarkeit des Calcits nach dem Spaltrhomboeder $\{10\bar{1}1\}$ entspricht der vollkommenen Spaltbarkeit des Steinsalzes nach $\{100\}$. Diese Spaltbarkeit verläuft ebenfalls parallel zu den dichtest besetzten Netzebenen des Gitters, wobei die Zahl der Bindungen senkrecht zu diesen Ebenen besonders klein ist.

Abb. 8.1. Kristallstruktur von Calcit, Anordnung der Ionen in einem Spaltrhomboeder nach $\{10\bar{1}1\}$, der Elementarzelle von Calcit. (Nach Evans 1976)

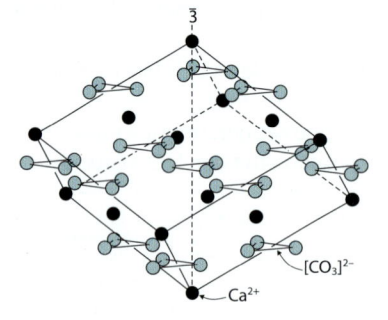

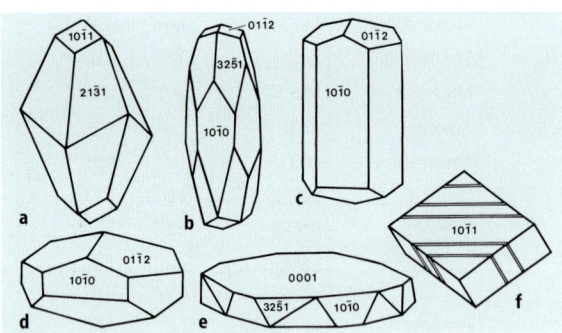

Abb. 8.2. Tracht und Habitus bei Calcit. **a** Ditrigonales Skalenoeder $\{21\bar{3}1\}$ kombiniert mit Rhomboeder $\{10\bar{1}1\}$; **b** hexagonales Prisma $\{10\bar{1}0\}$ kombiniert mit ditrigonalem Skalenoeder $\{32\bar{5}1\}$ und Rhomboeder $\{01\bar{1}2\}$; **c** hexagonales Prisma $\{10\bar{1}0\}$ kombiniert mit Rhomboeder $\{01\bar{1}2\}$; **d** Rhomboeder $\{01\bar{1}2\}$ kombiniert mit hexagonalem Prisma $\{10\bar{1}0\}$; **e** das Basispinakoid $\{0001\}$ dominiert stark gegenüber Prisma und Skalenoeder; **f** Spaltrhomboeder mit polysynthetischer Druckzwillingslamellierung verursacht durch Gleitung nach $(01\bar{1}2)$

Calcit (Kalkspat), Ca[CO$_3$]

Ausbildung. Kristallklasse $\bar{3}2/m$, ditrigonal-skalenoedrisch, an Kristallformen ungewöhnlich reich, mehr als 1000 Flächenkombinationen (Tracht) sind beschrieben worden. Nach dem Vorherrschen einfacher Formen und ihrer Größenverhältnisse (Habitus) lassen sich 4 wichtige Ausbildungstypen unterscheiden:

- *Skalenoedrische* Ausbildung (Abb. 8.2a,b, 8.3), bei der das ditrigonale Skalenoeder dominiert, am verbreitetsten $\{21\bar{3}1\}$, nicht selten durch ein flaches Rhomboeder abgestumpft oder seitlich durch Prismenflächen begrenzt.
- *Rhomboedrische* Ausbildung (Abb. 8.2d), bei der Rhomboeder verschiedener Stellung und Steilheit gegenüber anderen Flächen dominieren. Dabei ist die Flächenlage des Spaltrhomboeders $\{10\bar{1}1\}$ als Wachstumsfläche nicht so häufig wie bei den übrigen Mineralen der Calcitreihe anzutreffen.
- *Prismatische* Ausbildung (Abb. 8.2c), z. B. mit dem Prisma $\{10\bar{1}0\}$ und durch das Basispinakoid $\{0001\}$ oder ein stumpfes Rhomboeder $\{01\bar{1}2\}$ begrenzt, mit säuligem bis gedrungenem Habitus; bei sehr schmalem Prisma und überwiegen des Basispinakoids Übergang zur
- *tafeligen* Ausbildung (Abb. 8.2e, 8.4): das Basispinakoid $\{0001\}$ tritt ausschließlich hervor, alle anderen Flächen treten völlig zurück und sind höchstens schmal entwickelt; typisch ist der sog. *Blätterspat* mit seinem blättrigen Habitus.
- *Zwillingsbildung* ist bei Calcit sehr verbreitet, die häufigsten Zwillingsebenen sind das Basispinakoid $\{0001\}$ oder das negative Rhomboeder $\{01\bar{1}2\}$, oft mit lamellarer Wiederholung. Diese *polysynthetische* Zwillingslamellierung ist auf Spaltflächen als feine Parallelstreifung erkennbar (Abb. 8.2f); in metamorphen Kalksteinen wird sie teilweise durch tektonische Verformung hervorgerufen. Druckzwillingslamellierung kann aber auch künstlich erzeugt werden, z. B. bei der Herstellung von Dünnschliffen.

Physikalische Eigenschaften.

Spaltbarkeit	$\{10\bar{1}1\}$ vollkommen, $\{01\bar{1}2\}$ Gleitfläche
Härte	3 (Standardmineral der Mohs-Skala)
Dichte	2,7
Farbe, Glanz, optisches Verhalten	meist farblos, milchigweiß, durchscheinend bis klar durchsichtig, durch organische Einschlüsse braun bis schwarz; Perlmutterglanz. Optisch rein als Isländischer Doppelspat (Abb. 1.29, S. 24), sehr starke negative Doppelbrechung

Wichtiges Erkennungsmerkmal: Calcit löst sich leicht in kalten verdünnten Säuren unter heftigem Brausen.

Abb. 8.3. Calcit-Kristall mit vorherrschendem Skalenoeder {21$\bar{3}$1} und Rhomboeder {10$\bar{1}$1}, Rauschenberg (Bayern). Bildbreite ca. 4 cm. Mineralogisches Museum der Universität Würzburg. (Foto: K.-P. Kelber)

Abb. 8.4. Kristallgruppe von Calcit in tafeliger Ausbildung mit vorherrschendem Basispinakoid {0001}, St. Andreasberg, Harz. Bildbreite ca. 5 cm. Mineralogisches Museum der Universität Würzburg. (Foto: K.-P. Kelber)

Kristallchemie. Wegen ähnlicher Größe der Ionenradien bildet Calcit Mischkristalle mit Rhodochrosit (Manganspat), dagegen nur begrenzt mit Siderit (Eisenspat) und Smithsonit (Zinkspat). Die Diadochie von Ca^{2+} durch Mg^{2+} ist wegen unterschiedlicher Ionenradien unter gewöhnlichen Bedingungen außerordentlich gering.

Vorkommen. Calcit gehört zu den verbreitetsten Mineralen; er wird überwiegend *sedimentär* gebildet. So ist Calcit Hauptgemengteil von Kalksteinen und Mergeln und bildet häufig den Zement in klastischen Sedimenten. Als *biogenes* Mineral baut Calcit die Hartteile von Organismen auf; allerdings entsteht er meist erst sekundär durch Umwandlung von metastabilem Aragonit (S. 121). Auch bei der chemischen Fällung von $CaCO_3$ aus Meer- und Süßwasser bildet sich zunächst Aragonit, der im Laufe der Zeit in Calcit umgewandelt wird.

Calcit und/oder Aragonit sind alleinige Gemengteile in vielen Kalksintern, Thermalabsätzen und Tropfsteinen.

Weiter tritt Calcit als sog. *Gangart* (Nichterz) in Erzgängen und als Kluftfüllung auf; *metamorph* in Marmoren.

Bemerkenswert ist die primär *magmatische* Bildung von Calcit und anderen Karbonaten, besonders in den Karbonatiten.

Technische Verwendung. Klar durchsichtige Kristalle von Calcit als Isländischer Doppelspat sind in der optischen Industrie nach wie vor begehrt. Die verschiedenen Kalksteine mit mehr oder weniger hohem oder ausschließlichem Calcitanteil bilden volkswirtschaftlich außerordentlich wichtige Rohstoffe: als Naturwerksteine für Bau- und Dekorationszwecke; polierfähige und schön aussehende Kalksteine werden als technischer Marmor, als weißer körniger Statuenmarmor (z. B. von Carrara, Italien), als Travertin oder als lithographischer Kalkstein eingesetzt.

Kalksteine finden breite Verwendung als Rohstoff in der Bauindustrie zur Herstellung von nichthydraulischen (Kalkmörtel) und hydraulischen Bindemitteln (Portlandzement), in der chemischen Industrie, bei der Glas- und Zellstoffherstellung, als Flussmittel in der Hüttenindustrie, in der Zuckertechnologie, als Düngekalk, als Füllstoff und Weißpigment im Papier u. v. a.

Magnesit, Mg[CO$_3$]

Ausbildung. Kristallklasse $\bar{3}$2/m, Kristalle mit einfacher rhomboedrischer Tracht {10$\bar{1}$1}, im Gestein eingewachsen, vorwiegend in spätigen (als sog. *Spat*- oder *Kristallmagnesit*) oder in dichten, mikrokristallinen Aggregaten, dann oft mit Geltexturen (als sog. *Gelmagnesit*).

Physikalische Eigenschaften.

Spaltbarkeit	spätige Kristalle vollkommen nach $\{10\bar{1}1\}$
Bruch	muschelig bei Gelmagnesit
Härte	4–4½
Dichte	3,0
Farbe, Glanz	farblos, schneeweiß, grau- bis gelblichweiß, grauschwarz; auf Spaltflächen Glas- bis Perlmutterglanz, Gelmagnesit mit matter Bruchfläche

Struktur. Isotyp mit Calcit.

Chemismus. $MgCO_3$, Fe-haltiger Magnesit wird als *Breunnerit* bezeichnet.

Vorkommen. Als Spatmagnesit in räumlichem Verband mit Dolomitgesteinen oder dolomitischem Kalkstein, als Gelmagnesit in Einschaltungen in Serpentingesteinen als deren Zersetzungsprodukt.

Technische Bedeutung als Rohstoff. Zur Herstellung hochfeuerfester *Magnesit-Steine*, die zum Auskleiden von Sauerstoff-Konvertern (LD-Verfahren) und Elektroöfen bei der Stahlerzeugung dienen, wird Rohmagnesit bei 1 500 °C zu MgO gesintert und anschließend mit Teer kalt gepresst. Vor der ersten Charge wird die Teer-Magnesit-Ausmauerung im Konverter gebrannt. Spezielle Steinformen, z. B. Düsensteine, werden vor dem Verlegen im Konverter in eigenen Anlagen erhitzt. Durch kaustische Behandlung von Magnesit bei 800 °C gewinnt man $MgCl_2$-Lauge; diese wird mit einem Füllstoff versehen und zu *Sorelzement* verarbeitet, aus dem feuerfeste Baumaterialien und Isoliermassen hergestellt werden. Die Gewinnung des *Metalls Mg* erfolgt derzeit nur untergeordnet aus Magnesit, vorwiegend aber aus Rückständen der K-Mg-Salz-Verarbeitung oder direkt aus dem Meerwasser.

Siderit (Eisenspat), Fe[CO_3]

Ausbildung. Kristallklasse $\bar{3}2/m$, aufgewachsene Kristalle meist als sattelförmige Rhomboeder $\{10\bar{1}1\}$ mit gekrümmten Flächen, spätig in kompaktem Gestein; kugelförmige oder traubig-nierige Gebilde aus Siderit werden als *Sphärosiderit* bezeichnet.

Physikalische Eigenschaften.

Spaltbarkeit	$\{10\bar{1}1\}$ vollkommen
Härte	3½–4
Dichte	3,7–3,9
Farbe, Glanz	lichtgraugelb, mit zunehmendem Oxidationseinfluss gelblich bis gelbbraun und schließlich dunkelbraun, dabei bunt anlaufend; Glas- bis Perlmuttglanz, durchscheinend bis undurchsichtig

Struktur. Isotyp mit Calcit.

Chemismus. Fe 48,2 %, gewöhnlich mit einem größeren Gehalt an Mn^{2+} und etwas Ca^{2+}, auch diadocher Ersatz durch Mg^{2+}. Mit Rhodochrosit und Magnesit bestehen lückenlose Mischkristallreihen.

Vorkommen. In hydrothermalen Gängen, sedimentär oder metasomatisch; bei der Verwitterung Übergang in Limonit.

Bedeutung. Als Spateisenstein wegen seines häufigen Mangangehalts und seiner leichten Verhüttung wertvolles Eisenerz.

Rhodochrosit (Manganspat), Mn[CO_3]

Ausbildung. Kristallklasse $\bar{3}2/m$. Meist nur winzige rhomboedrische Kriställchen $\{10\bar{1}1\}$ mit sattelförmig gekrümmten Flächen, auch in kleinen Drusen (Abb. 8.5), gewöhnlich körnig-spätige Aggregate, gebänderte Krusten mit traubig-nieriger Oberfläche und radialem Gefüge. In größeren Massen unansehnlich zellig-krustig oder erdig.

Physikalische Eigenschaften.

Spaltbarkeit	$\{10\bar{1}1\}$ vollkommen, spröde
Härte	3½–4
Dichte	3,5–3,6
Farbe, Glanz	Farben von blassrosa über rosarot bis himbeerfarben (*Himbeerspat*, Abb. 8.5); Glasglanz; durchscheinend bis undurchsichtig
Strich	weiß

Abb. 8.5. Rhodochrosit mit Quarz, Pasto Bueno, Peru. Bildbreite 3,8 cm. Mineralogisches Museum der Universität Würzburg. (Foto: K.-P. Kelber)

Struktur. Isotyp mit Calcit.

Chemismus. Eine lückenlose Mischkristallreihe besteht mit Siderit; weniger mit Calcit; nur sehr begrenzte Mischkristallbildung mit Magnesit und Smithsonit.

Vorkommen. Hydrothermales Gangmineral, Produkt der Oxidationszone.

Verwendung. Poliert als Schmuckstein und zur Herstellung kunstgewerblicher Gegenstände.

Smithsonit (Zinkspat), $Zn[CO_3]$

Ausbildung. Wie bei Rhodochrosit nur kleinere rhomboedrische Kristalle, meist derb in Krusten, nierige und zapfenförmige Aggregate, oft zerreiblich.

Physikalische Eigenschaften. Mechanische Eigenschaften ähnlich denen von Rhodochrosit.

Härte	4½
Dichte	4,4
Farbe, Glanz	farblos, gelblich, grünlich, bräunlich, zartviolett (durch Co^{2+}), bläulich (Cu^{2+}); starker Glasglanz, durchscheinend bis trüb

Struktur. Isotyp mit Calcit.

Chemismus. ZnO-Gehalt maximal 64,8 %, meistens Mn^{2+} und Fe^{2+} enthaltend, weniger Ca^{2+} oder Mg^{2+}, bisweilen Gehalt an Cd^{2+} sowie Spuren von Co^{2+} oder Cu^{2+}.

Vorkommen. Produkt der Oxidationszone von Zinkerzlagerstätten innerhalb von Kalksteinen. Sulfatische Zinklösungen, die bei der Verwitterung z. B. von Zinkblende entstehen, werden durch Kalkstein ausgefällt.

Bedeutung. Als Gemenge mit Hemimorphit (Kieselzinkerz) unter dem Namen *Galmei* wichtiges Zinkerz.

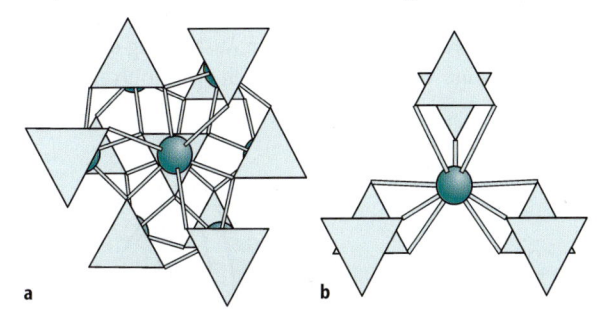

Abb. 8.6. Fragmente aus der Struktur von **a** Calcit, projiziert auf (0001) und **b** Aragonit projiziert auf (001). $[CO_3]^{2-}$: *hellblaue Dreiecke*, Ca^{2+}: *dunkelblaue Kugeln*. Beim Calcit ist Ca von sechs, beim Aragonit von neun Sauerstoffen umgeben. (Nach Strunz und Nickel 2001)

8.2 Aragonit-Gruppe, 2/m2/m2/m

Der Aragonit-Gruppe liegt die rhombische (pseudohexagonale) Aragonitstruktur zugrunde. Hierbei befinden sich (bei gewissen Unterschieden) die planaren CO_3-Komplexe wie bei der Calcitstruktur // der Basis (001). Ca ist hier jedoch von 9 O als nächste Nachbarn umgeben (Abb. 8.6). Die höhere Koordinationszahl im Aragonit entspricht den größeren Kationenradien in der Aragonit-Gruppe, verglichen mit der Calcit-Gruppe (Tabelle 8.1).

Aragonit, $Ca[CO_3]$

Ausbildung. Kristallklasse 2/m2/m2/m, prismatische Ausbildung der rhombisch-bipyramidalen Kristalle, häufiger nach c gestreckt mit spitzpyramidaler Endigung; gewöhnlich nadelig-strahlige Aggregate, häufiger Zwillinge nach {110}, Drillinge mit pseudohexagonaler Form und Verwachsungsnähten bzw. Längsfurchen (Abb. 8.7), auch polysynthetische Viellinge. Verbreitet tritt Aragonit in derben, feinkörnigen Massen und Krusten auf, auch als konzentrisch-schalige Kügelchen im *Pisolith* (Erbsenstein).

Physikalische Eigenschaften.

Spaltbarkeit	{010} sehr undeutlich, {110} schlecht
Bruch	muschelig
Härte	3½–4, die etwas größere Härte gegenüber Calcit erklärt sich aus der größeren Zahl von Ca-O-Bindungen
Dichte	2,95, höher als bei Calcit wegen der dichteren Packung in der Aragonit-Struktur
Farbe, Glanz	farblos bis zart gefärbt; Glasglanz auf Kristallflächen, auf Bruchflächen Fettglanz, durchsichtig bis durchscheinend

Erkennung. Wie Calcit löst sich Aragonit leicht in kalten verdünnten Säuren. Ein einfaches Unterscheidungsmerkmal ist die Meigen'sche Reaktion: Pulver von Aragonit und anderen rhombischen Karbonaten sowie von Vaterit wird in Kobaltnitratlösung beim Sieden violett, während Pulver von Calcit und trigonalen Karbonaten sich fast nicht verändert.

Abb. 8.7. Aragonit: Drilling nach (110) mit pseudohexagonaler Symmetrie

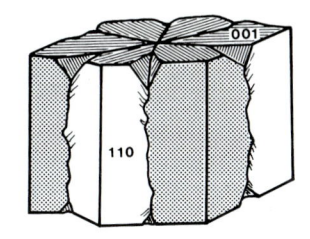

Chemismus. $CaCO_3$, diadocher Ersatz des Ca^{2+} besonders durch Sr^{2+}, auch Pb^{2+}.

Bildungsbedingungen und Vorkommen. Aragonit ist viel seltener als Calcit und nur begrenzt gesteinsbildend. Wegen seiner etwas dichteren Struktur als Calcit ist Aragonit die Hochdruck-Modifikation von $CaCO_3$, d. h. im Vergleich zu Calcit liegt sein Stabilitätsfeld im Bereich höherer Drücke und niedrigerer Temperaturen, wobei die Gleichgewichtskurve der Reaktion

$$\text{Aragonit} \rightleftharpoons \text{Calcit} \tag{8.1}$$

etwa durch die Punkte 5 kbar / 180 °C, 7 kbar / 300 °C und 9 kbar / 400 °C verläuft (Abb. 8.8). Stabil entsteht Aragonit daher unter den Bedingungen der Hochdruck-Metamorphose, insbesondere in Subduktionszonen, in denen ein ungewöhnlich niedriger geothermischer Gradient herrscht (Abschn. 26.2.5, S. 432, Abschn. 28.3.8, S. 505ff).

Obwohl Aragonit bei niedrigen Drücken, insbesondere bei Bedingungen der Erdoberfläche nicht stabil ist, entsteht er doch metastabil in Hohlräumen vulkanischer Gesteine, setzt sich als Bestandteil von Sinterkrusten oder als Sprudelstein aus Thermalwässern oder Geysiren ab; er bildet sich organogen als Perlmuttschicht natürlicher Perlen und der Schalen von Muscheln, Schnecken, Ammoniten, Korallen, Schwämmen und Algen, z. T. zusammen mit Calcit. Bei Anwesenheit eines Lösungsmittels oder längerem Reiben im Mörser geht Aragonit langsam in die stabile Form Calcit über; bei Erhöhung der Temperatur auf 400 °C (bei $P = 1$ bar) dagegen sehr schnell. Diese Umwandlung ist monotrop, d. h. sie ist nicht umkehrbar. Aragonit wandelt sich jedoch nicht in Calcit um, wenn seine Struktur durch Sr-Einbau stabilisiert wird.

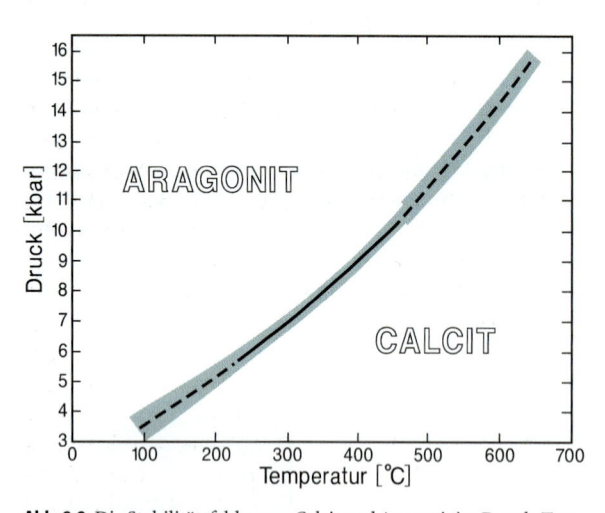

Abb. 8.8. Die Stabilitätsfelder von Calcit und Aragonit im Druck-Temperatur-Diagramm des Systems $CaCO_3$. Der *schattierte Bereich* gibt die Unsicherheit der experimentellen Ergebnisse an. (Nach Johannes u. Puhan 1971)

Eine weitere, metastabile $CaCO_3$-Modifikation ist der hexagonale *Vaterit*, der sich bei niedrigen Temperaturen aus wässerigen Lösungen ausscheidet und auch fossilbildend auftritt.

Strontianit, Sr[CO₃]

Ausbildung. Kristallklasse 2/m2/m2/m, Kristalle wie Aragonit nadelig oder dünnstängelig und oft büschelig gruppiert, Zwillingsbildungen wie Aragonit. Verbreiteter sind stängelige und körnige Aggregate.

Physikalische Eigenschaften.

Spaltbarkeit	{110} deutlich
Bruch	muschelig
Härte	3½–4
Dichte	3,8, deutlich höher als bei Aragonit
Farbe, Glanz	farblos oder durch Spurengehalte sehr schwach gefärbt; auf Kristallfächen Glas-, auf Bruchflächen Fettglanz, durchsichtig bis durchscheinend

Struktur. Isotyp mit Aragonit.

Chemismus. Stets wird Sr durch Ca diadoch ersetzt, maximal enthält Strontianit ca. 25 Mol.-% $CaCO_3$-Komponente.

Vorkommen. Als Kluftfüllung in Kalksteinen oder Kalkmergeln, aus Gehalten des Nebengesteins stammend (*Lateralsekretion*); gelegentlich in hydrothermalen Lagerstätten und in Karbonatiten.

Technische Verwendung. In der Pyrotechnik, früher Bedeutung bei der Zuckergewinnung, Glas- und Keramikindustrie, Gewinnung des Metalls Strontium.

Cerussit (Weißbleierz), Pb[CO₃]

Ausbildung. Kristallklasse 2/m2/m2/m, einzelne Kristalle oder in Gruppen aufgewachsen (Abb. 9.2) oder eingewachsen. Tafeliger Habitus nach {010} oder nadelig bis spießförmig. Viel häufiger Drillinge nach {110}, dadurch pseudohexagonal (Abb. 8.9), bei tafeliger Ausbildung stern- bis wabenförmige Verwachsungen, auch erdig-pulverig.

Abb. 8.9. Cerussit: pseudohexagonaler Drilling nach (110)

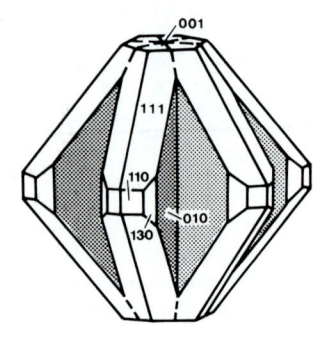

Physikalische Eigenschaften. Charakteristisch gegenüber Aragonit und Strontianit sind seine höhere Dichte, sein lebhafter Diamantglanz und seine wesentlich höhere Lichtbrechung mit $n_\gamma = 2{,}08$.

Spaltbarkeit	{110}, {021} wenig deutlich
Bruch	muschelig, spröde
Härte	3–3½
Dichte	6,5
Farbe, Glanz	weiß, gelblich, braun; Diamantglanz, durchsichtig bis durchscheinend

Struktur. Isotyp mit Aragonit.

Vorkommen. In der Verwitterungs- und Auslaugungszone von Bleilagerstätten zusammen mit Bleiglanz, aus dem er sich als Sekundärmineral bildet.

Bedeutung. Gelegentlich wichtiges Bleierzmineral.

Witherit, Ba[CO$_3$]

Ausbildung. Kristallklasse 2/m2/m2/m, Kristalle fast stets als Drillingsverwachsungen nach {110} mit pseudohexagonalen Dipyramiden, auch derb oder in stängelig-blättrigen Verwachsungen.

Physikalische Eigenschaften.
Ähnlich denen von Aragonit und Strontianit.

Spaltbarkeit	{010} deutlich
Bruch	muschelig, spröde
Härte	3½
Dichte	4,3, höher als diejenige von Aragonit und Strontianit, jedoch niedriger als die von Cerussit
Farbe, Glanz	farblos, weiß, gelblich; Glasglanz, auf Bruchflächen Fettglanz

Struktur. Isotyp mit Aragonit.

Chemismus. Gewöhnlich mit geringen Beimengungen von Sr und Ca.

Vorkommen. Auf hydrothermalen Gängen; seltener als Aragonit, Strontianit oder Cerussit.

8.3 Dolomit-Gruppe

Das Mineral Dolomit CaMg[CO$_3$]$_2$ ist kein Mischkristall zwischen Calcit und Magnesit, sondern eine stöchiometrische Verbindung, ein Doppelsalz mit einem Verhältnis Ca : Mg = 1 : 1. Die Dolomit-Struktur ist analog der Calcit-Struktur gebaut – mit dem Unterschied, dass Ca^{2+} und Mg^{2+} abwechselnd schichtweise in Ebenen // (0001) angeordnet sind. Die am Calcitkristall äußerlich erkennbaren Spiegelebenen // c entfallen am Dolomitkristall. Stattdessen treten in der Struktur Gleitspiegelebenen auf. Die Unterschiede in der Symmetrie werden sehr schön durch künstlich erzeugte Ätzfiguren auf den Rhomboederflächen von Calcit und Dolomit dokumentiert (Abb. 8.10).

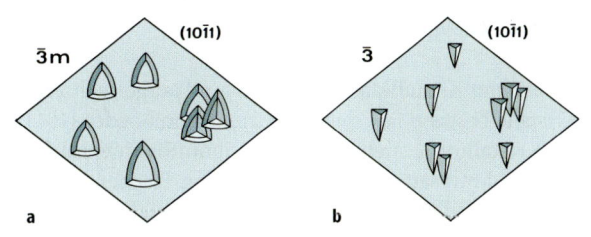

Abb. 8.10. Ätzfiguren auf der Spaltfläche (10$\bar{1}$1) sind symmetrisch ausgebildet beim Calcit mit der Kristallklasse $\bar{3}$2/m (**a**), asymmetrisch beim Dolomit mit der niedriger symmetrischen Kristallklasse $\bar{3}$ (**b**)

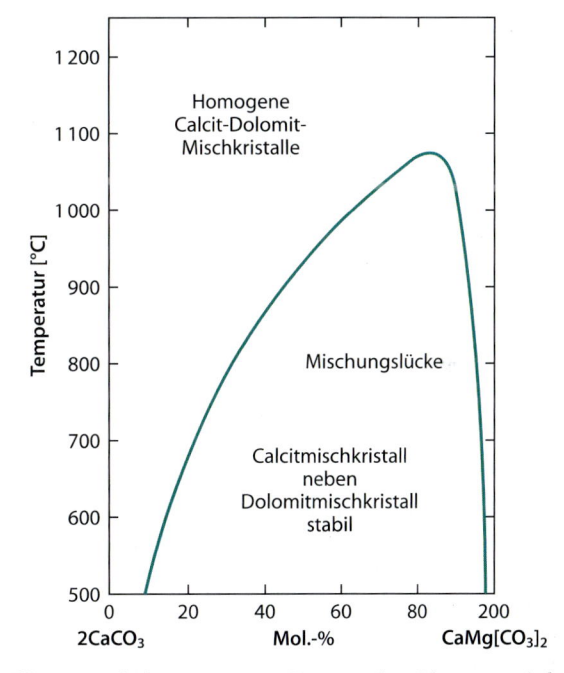

Abb. 8.11. Das isobare Temperatur-Konzentrations-Diagramm mit der Mischungslücke im System Calcit–Dolomit. Der CO$_2$-Druck ist niedrig, etwa 50 bar, jedoch ausreichend, um eine Dekarbonatisierung zu verhindern. (Mod. nach Goldsmith u. Heard 1961)

Bei höherer Temperatur, etwa ab 500 °C, kann Dolomit etwas mehr Ca aufnehmen, als dem Verhältnis Ca : Mg = 1 : 1 entspricht, wie das Diagramm in Abb. 8.11 belegt. Außerdem zeigt dieses Diagramm, dass unter höherer Temperatur neben Dolomit gebildeter Calcit auch mehr Mg aufnehmen kann. Das führt zu einer vollkommenen Mischbarkeit zwischen Calcit und Dolomit etwa ab 1 100 °C. Demgegenüber kann Magnesit auch unter so hohen Temperaturen nur relativ wenig Dolomit-Komponente aufnehmen. Die Zusammensetzung von Calcit, der gleichzeitig neben Dolomit gebildet wurde, kann als geologisches Thermometer benutzt werden, mit dem man die jeweiligen Bildungstemperatur dieser Paragenese abschätzen kann.

8.4 Dolomit, CaMg[CO$_3$]$_2$

Ausbildung. Kristallklasse $\bar{3}$, die ein- und aufgewachsenen Kristalle besitzen fast stets das Grundrhomboeder {10$\bar{1}$1} als Kristallform, nicht selten aus Subindividuen aufgebaut und mit sattelförmig gekrümmten Flächen.

Druckzwillinge nach {02$\bar{2}$1} sind sehr viel seltener als bei Calcit und verlaufen // der kurzen und nicht der langen Diagonalen des Spaltrhomboeders. In körnigen Aggregaten gesteinsbildend.

Physikalische Eigenschaften.
Spaltbarkeit   {10$\bar{1}$1} vollkommen
Bruch   muschelig
Härte   3½–4
Dichte   2,9–3
Farbe, Glanz   farblos, weiß, häufig auch zart gefärbt, gelblich bis bräunlich, nicht selten braunschwarz bis schwarz; Glasglanz, durchsichtig bis durchscheinend

Unterscheidung von Calcit. Im Gegensatz zu Calcit wird Dolomit von kalten verdünnten Säuren kaum angegriffen; dagegen wird er von heißer Säure unter lebhaftem Brausen leicht gelöst.

Vorkommen. Wichtiges gesteinsbildendes Mineral, in Kalksteinen und Marmoren auch neben Calcit auftretend; als Gangart in Erzgängen, als metasomatisches Verdrängungsprodukt aus Kalkstein.

Bedeutung als Rohstoff. Gebrannter Dolomit, mit Teer vermischt, wurde früher als billiger Ersatz für Magnesit-Steine in der Stahlindustrie verwendet, wo er zur basischen Auskleidung von Sauerstoff-Konvertern (LD-Verfahren) und Elektroöfen diente. Auch bei anderen metallurgischen Prozessen mit basischer Schlackenführung wurde gebrannter Dolomit eingesetzt, ferner als Rohstoff in der Feuerfest- und Baustoffindustrie.

Ankerit (Braunspat), Ca(Fe,Mg)[CO$_3$]$_2$

Ausbildung. Kristallform und physikalische Eigenschaften wie Dolomit, jedoch Dichte und Lichtbrechung merklich höher; gelblichweiß, durch Oxidation von Fe^{2+} braun werdend.

Chemismus. Es besteht eine vollständige Mischreihe zwischen Dolomit und Ankerit bis maximal ca. 65 Mol.-% CaFe(CO$_3$)$_2$-Komponente; Fe^{2+} und Mg können untergeordnet durch Mn^{2+} ersetzt sein.

Vorkommen. Als Gangart in Erzgängen, als Verdrängungsprodukt von Kalkstein, in manchen metamorphen Gesteinen.

8.4 Azurit-Malachit-Gruppe

Azurit (Kupferlasur), Cu$_3$[(OH)/CO$_3$]$_2$

Ausbildung. Kristallklasse 2/m, mitunter in sehr guten Kristallen und flächenreichen Formen (Abb. 8.12), kurzsäulig bis dicktafelig, zu kugeligen Gruppen und Konkretionen aggregiert. Häufig derb, traubig-nierige Oberfläche, erdig und als Anflug.

Physikalische Eigenschaften.
Spaltbarkeit   {011} und {100} ziemlich vollkommen
Bruch   muschelig
Härte   3½–4
Dichte   3,8
Farbe, Glanz   azurblau (Abb. 8.12), in erdigen Massen hellblau; Glasglanz, durchscheinend
Strich   hellblau

Chemismus. Cu-Gehalt 55,3 %.

Vorkommen. Oxidationsprodukt von Fahlerz und Enargit, Mineral der Oxidationszone von Kupfererzen, Impräg-

Abb. 8.12. Azurit (blau) von Malachit-Aggregaten (grün) verdrängt, auf Smithsonit. Die türkisfarbigen, kugeligen Aggregate sind Rosasit (Zn,Cu)$_2$[(OH)$_2$/CO$_3$]; weiß ist der extrem seltene Otavit Cd[CO$_3$]. Tsumeb, Namibia. Bildbreite 3 cm. Sammlung H. Frimmel. (Foto: K.-P. Kelber)

nation in Sandsteinen. Häufig Übergang zu Malachit unter Wasseraufnahme: Pseudomorphosen von Malachit nach Azurit, z. B. von Tsumeb (Namibia).

Bedeutung. Im Mittelalter als Farbe für Gemälde verwendet.

Malachit, $Cu_2[(OH)_2/CO_3]$

Ausbildung. Kristallklasse 2/m, Kristalle selten, meist nadelig, haarförmig in Büscheln; häufiger derb, traubig-nierig mit glaskopfartiger Oberfläche, gebändert, erdig und als Anflug.

Physikalische Eigenschaften.

Spaltbarkeit	{201} gut, {010} deutlich
Bruch	muschelig
Härte	3½–4
Dichte	4
Farbe, Glanz	dunkelgrün (Abb. 8.12), in erdigen Massen hellgrün; Glas- oder Seidenglanz, auch matt
Strich	lichtgrün

Chemismus. Cu-Gehalt 57,4 %.

Vorkommen. Verbreitetes Cu-Mineral, oft neben Azurit in der Oxidationszone von primären Kupfererzen, viel häufiger als Azurit. Imprägnation von Sandsteinen.

Wirtschaftliche Bedeutung. Örtlich wichtiges Kupfererz. In poliertem Zustand Verwendung als Schmuckstein, Verarbeitung zu Ziergegenständen.

8.5 Nitrate

> Nitrate sind Salze der Salpetersäure HNO_3, die aus inselartigen Anionenkomplexen $[NO_3]^-$ aufgebaut sind. Das wichtigste Nitrat, der Nitratin hat die Struktur von Calcit, während Niter Aragonitstruktur aufweist.

Nitratin (Natronsalpeter), $Na[NO_3]$

Ausbildung. Kristallklasse $\bar{3}2/m$; rhomboedrische Kristalle selten, meist nur in körnigen Aggregaten.

Physikalische Eigenschaften.

Spaltbarkeit	{10$\bar{1}$1} vollkommen
Bruch	muschelig-spröde
Härte	1½–2
Dichte	2,3
Farbe, Glanz	Glasglanz, farblos, auch weiß, gelb, grau oder rötlich-braun
Löslichkeit	etwas hygroskopisch, leicht löslich in H_2O

Vorkommen. Ausschließlich in Trockengebieten, so in der Atacama-Wüste in Nordchile und Peru (Abschn. 25.7.1, S. 410).

Niter (Kalisalpeter), $K[NO_3]$

Ausbildung. Kristallklasse 2/m 2/m 2/m; bildet Aggregate von nadel- oder haarförmigen Kristallen, mehlige Ausblühungen oder körnige Krusten.

Physikalische Eigenschaften.

Spaltbarkeit	{011} vollkommen
Härte	2
Dichte	2,1
Farbe, Glanz	farblos, weiß, grau, Glasglanz
Löslichkeit	nicht hygroskopisch, leicht löslich in H_2O

Vorkommen. Auf der Oberfläche von Böden, Felswänden, Mauern, in Kalksteinhöhlen, untergeordnet in den Nitratlagerstätten der Atacama-Wüste.

8.6 Borate

> In den Boraten ist Bor gegenüber Sauerstoff sowohl [3]- als auch [4]-koordiniert, d. h. es bildet planare $[BO_3]^{3-}$- bzw. $[BO_2OH]^{2-}$-Dreiecke oder $[BO_4]^{5-}$- bzw. $[BO_3OH]^{4-}$-Tetraeder. Im ersten Falle ist der Ionenradius von Bor 0,10 Å, d. h. etwas größer als für $C^{[3]}$, im zweiten 0.20 Å, d. h. kleiner als für $Si^{[4]}$. Einige Boratminerale enthalten nur $[BO_3]^{3-}$-Gruppen, wie der Sassolin (Borsäure) H_3BO_3, andere nur $[BO_4]^{5-}$-Tetraeder, wie der Sinhalit $MgAl[BO_4]$ mit Olivinstruktur (Abb. 11.3, S. 146); in vielen Fällen treten jedoch beide Bauelemente gemeinsam in der gleichen Struktur auf. Nach der Art ihrer Verknüpfung unterscheidet man – wie bei den Silikaten (Kap. 11) – Insel-, Ketten-, Schicht- und Gerüst-Strukturen. Wegen ihrer strukturellen Vielfalt werden die Borate neuerdings als eigene Klasse abgetrennt (Strunz und Nickel 2001).

Colemanit, $Ca[B_3O_4(OH)_3] \cdot H_2O$

Ausbildung. Kristallklasse 2/m; flächenreiche, kurzprismatische Kristalle nicht selten, sonst in derben, körnigen Massen.

Physikalische Eigenschaften.

Spaltbarkeit	{010} vollkommen
Härte	4–4½
Dichte	2,4
Farbe, Glanz	farblos bis weiß, Glasglanz, durchsichtig bis durchscheinend.

Struktur. Eckenverknüpfte $[B^{[3]}B_2^{[4]}O_5(OH)_3]$-Ringe, die aus jeweils zwei $[BO_3OH]$-Tetraedern und einer planaren $[BO_2OH]$-Gruppe bestehen, bilden wellenförmige Boratketten // c; Ketten aus $CaO_3(OH)_4H_2O$-Polyedern verlaufen // a; beide Kettentypen sind über Ecken und Kanten verbunden und bilden stabile Schichten // (010) (Abb. 8.13a).

Vorkommen und Anwendung. Siehe Borax.

Borax, $Na_2[B_4O_5(OH)_4] \cdot 8H_2O$

Ausbildung. Kristallklasse 2/m; häufig in prismatischen Kristallen, auch in körnigen Aggregaten.

Physikalische Eigenschaften.

Spaltbarkeit	{100} vollkommen, Bruch muschelig
Härte	2–2½
Dichte	1,7
Farbe, Glanz	farblos, weiß, grau, gelb; Fettglanz; durchscheinend; überzieht sich mit einer trüben Rinde von Tincalconit $Na_2[B_4O_5(OH)_4] \cdot 3H_2O$
Geschmack	süßlich-alkalisch
Löslichkeit	löst sich rasch in H_2O

Struktur. Kettenstruktur aus gewellte Ketten von kantenverknüpften $Na(H_2O)_6$-Oktaedern // c sowie inselförmigen Bauelementen aus zwei planaren $[BO_2OH]$-Gruppen und zwei $[BO_3OH]$-Tetraedern (Abb. 8.13b,c).

Vorkommen. Borax ist das wichtigste Boratmineral; es bildet sich in ariden Gebieten hauptsächlich durch Verdunstung von abflusslosen Seen (Abschn. 25.7.1, S. 410) sowie durch Bodenausblühungen zusammen mit Kernit, Ulexit und Colemanit.

Wirtschaftliche Bedeutung. Borax ist der wichtigste Bor-Rohstoff, zugleich industrielles Zwischenprodukt für die Bor-Gewinnung aus anderen Boratmineralen. Bor hat eine breite Palette von technischen Anwendungen: zur Herstellung von Glasfasern, Porzellan, Email, von Wasch-, Arznei- und Düngemitteln, als Lösungsmittel für Metalloxide, als Flussmittel bei Verhüttungsprozessen, zur Herstellung von Bornitrid und Borkarbid, als Neutronenabsorber in Kernreaktoren, als Raketentreibstoff und als Zusatz in Motorentreibstoffen, zum Einsatz in Airbags.

Kernit, $Na_2[B_4O_6(OH)_2] \cdot 3H_2O$

Ausbildung. Kristallklasse 2/m, z. T. in sehr großen Kristallen, in grobspätigen Aggregaten.

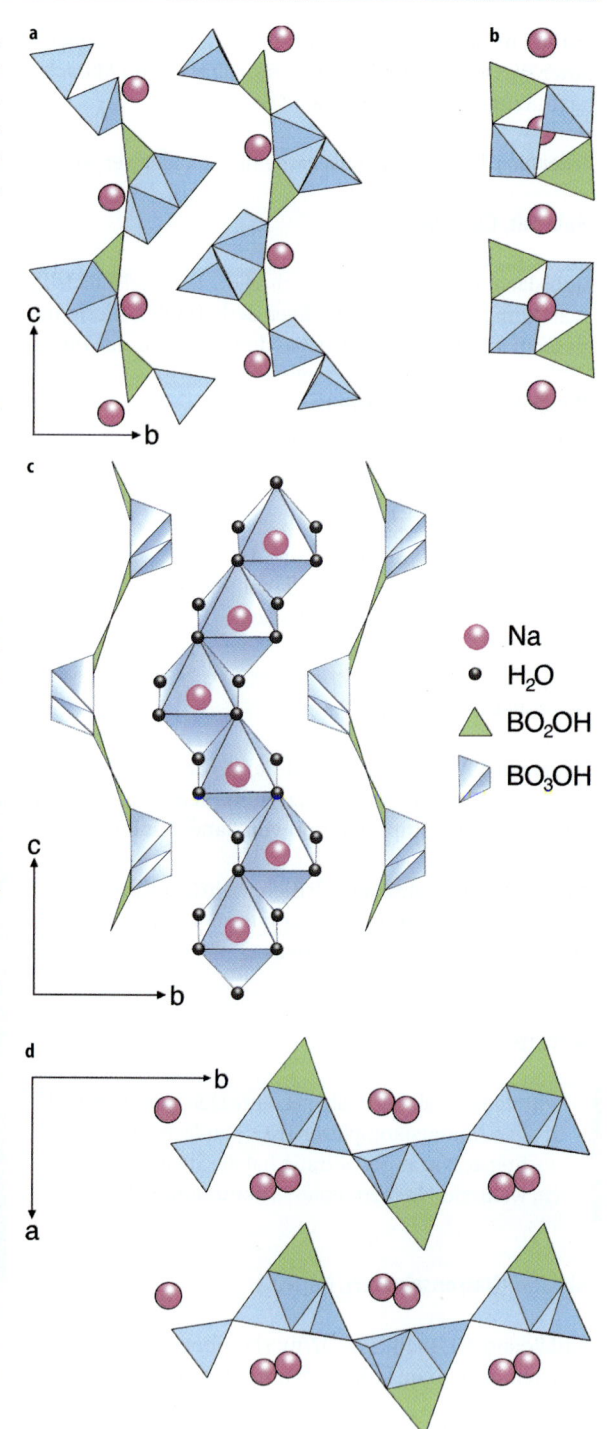

Abb. 8.13. Ausschnitte aus Boratstrukturen; **a** Colemanit: Borat-Ketten // der c-Achse, b-Achse horizontal; **b** Borax: Projektion auf (010), c-Achse vertikal; **c** Borax: Projektion auf (100), c-Achse vertikal; **d** Kernit: Projektion auf (001), Borat-Ketten // der b-Achse. Legende für **a**, **b** und **d**: $[BO_3OH]$-Tetraeder: *blau*, $[BO_2OH]$-Dreiecke: *grün*, Kationen Ca oder Na: *rote Kugeln*. (**a**, **b** und **d** nach Strunz und Nickel 2001; **c** nach Klein und Hurlbutt 1985)

Physikalische Eigenschaften.

Spaltbarkeit	{001} und {100} vollkommen, z. T. faseriger Bruch
Härte	2½–3
Dichte	1,95
Farbe, Glanz	farblos oder weiß, Glasglanz; durchscheinend bis durchsichtig, oft wasserklar
Löslichkeit	löst sich langsam in H_2O

Struktur. Ketten aus eckenverknüpften $[BO_4]$-Tetraedern // b werden alternierend mit B(OH)-Gruppen verbunden, wodurch planare $[BO_2OH]$-Dreiecke entstehen. Die Ketten werden // a durch $NaO_5(H_2O)$-Polyeder und // c $NaO_2(H_2O)_3$-Polyeder vernetzt (Abb. 8.13d).

Vorkommen. Im Liegendbereich einer riesigen Bor-Lagerstätte (6,5 km lang, 1,5 km breit und 75 m mächtig) in Tertiär-Tonen der Mohave-Wüste (Kalifornien), zusammen mit Borax, Colemanit und Ulexit; Kernit entstand wahrscheinlich durch Entwässerung von Borax im Zuge einer schwachen Metamorphose; weiteres Vorkommen bei Tincalayu (Argentinien).

Anwendung. Siehe Borax.

Ulexit, $CaNa[B_5O_6(OH)_6] \cdot 5H_2O$

Ausbildung. Kristallklasse $\bar{1}$; feine Fasern, die zu lockeren, wattebauschartigen Gebilden („cottonballs") aggregiert sind; gelegentlich auch parallelfaserig angeordnet mit faseroptischen Eigenschaften als „television stone".

Physikalische Eigenschaften.

Spaltbarkeit	{010} vollkommen
Härte	2½, jedoch als Aggregat lediglich 1
Dichte	2
Farbe, Glanz	schneeweiß, Seidenglanz

Vorkommen und Anwendung. Siehe Borax.

Weiterführende Literatur

Chang LLY, Howie RA, Zussman J (1996) Rock-forming minerals. Vol 5B, 2nd edn, non-silicates: Sulphates, carbonates, phosphates, halides. Longman, Harlow, Essex, UK

Grew ES, Anovitz LM (eds) (1996) Boron – Mineralogy, petrology and geochemistry. Rev Mineral 33

Lippmann F (1973) Sedimentary carbonate minerals. Springer-Verlag, Berlin Heidelberg

Reeder JR (ed) (1983) Carbonates: Mineralogy and chemistry. Rev Mineral 11

Strunz H, Nickel EH (2001) Strunz mineralogical tables, 9th edn. Schweizerbart, Stuttgart

Zitierte Literatur

Anthony JW, Bideaux RA, Bladh KW, Nichols MC (2003) Handbook of mineralogy, vol. V: Borates, carbonates, sulfates. Mineralogical Society of America

Evans RC (1976) Einführung in die Kristallchemie. Walter de Gruyter, Berlin New York

Goldsmith JR, Heard HC (1961) Subsolidus phase relations in the system $CaCO_3$-$MgCO_3$. J Geol 69:45–74

Johannes W, Puhan D (1971) The calcite-aragonite transition, reinvestigated. Contrib Mineral Petrol 31:28–38

Whittacker EJW, Muntus R (1970) Ionic radii for use in geochemistry. Geochim Cosmochim Acta 34:945–956

9 Sulfate, Chromate, Molybdate, Wolframate

9.1 Sulfate

9.2 Chromate

9.3 Molybdate und Wolframate

Bei den Kristallstrukturen der wasserfreien Sulfate bildet der Anionenkomplex $[SO_4]^{2-}$ mit S im Mittelpunkt ein leicht verzerrtes Tetraeder, an dessen Ecken sich 4 O befinden. Der $[SO_4]$-Komplex wird durch starke homöopolare Bindungskräfte zusammengehalten, während die Bindungen zwischen $[SO_4]$ und den Kationen ausgesprochen heteropolar sind. Bei den Kristallstrukturen von Baryt, Coelestin und Anglesit mit ihren relativ großen Kationen Ba^{2+}, Sr^{2+} und Pb^{2+} bilden 12 O die nächsten Nachbarn in etwas verschiedenen Abständen. Dagegen ist das kleinere Ca^{2+} bei Anhydrit nur von 8 O-Nachbarn umgeben, die fast gleich weit entfernt sind. Der Anionenkomplex ist dabei weniger verzerrt. Daraus erklären sich geometrische Unterschiede in der Anhydrit-Struktur gegenüber Baryt. Man kann die rhombische Anhydrit-Struktur – wie auch die rhombischen Strukturen der Baryt-Gruppe – als deformierte NaCl-Struktur beschreiben, dessen Na-Ionen durch Ca-Ionen und die Cl-Ionen durch SO_4-Tetraeder ersetzt sind.

Gips als wasserhaltiges Sulfat besitzt in seiner Kristallstruktur $[SO_4]^{2-}$-Schichten // (010) mit starker Bindung zu Ca^{2+}. Diese Schichtenfolge wird seitlich durch Schichten von H_2O-Molekülen begrenzt. Die Bindung zwischen den H_2O-Molekülen nach Art von Van-der-Waals-Kräften ist schwach. Das erklärt die vorzügliche Spaltbarkeit des Gipses nach {010}.

Tabelle 9.1. Die wichtigsten in der Natur vorkommenden Sulfate

Wasserfreie Sulfate	Formel	Kristallklasse
Baryt	$Ba[SO_4]$	2/m2/m2/m
Coelestin	$Sr[SO_4]$	2/m2/m2/m
Anglesit	$Pb[SO_4]$	2/m2/m2/m
Anhydrit	$Ca[SO_4]$	2/m2/m2/m
Wasserhaltige Sulfate	**Formel**	**Kristallklasse**
Gips	$Ca[SO_4] \cdot 2H_2O$	2/m

9.1 Sulfate

Baryt (Schwerspat), Ba[SO$_4$]

Ausbildung. Kristallklasse 2/m2/m2/m, die rhombischen Kristalle sind oft gut ausgebildet (Abb. 9.1), bisweilen flächenreich, vorwiegend tafelig nach {001}; die Kombination Basispinakoid {001} mit dem Vertikalprisma {210} wird oft beobachtet, dem Spaltkörper entsprechend. Weiterhin kommen nach dem Querprisma {101} entsprechend b oder dem Längsprisma {011} entsprechend a gestreckte Kristalle häufiger vor. Meistens körnige oder blättrige Aggregate und tafelige Kristalle in hahnenkammartigen bis halbkugelförmigen Verwachsungen, bekannt als Barytrosen (Abb. 9.2).

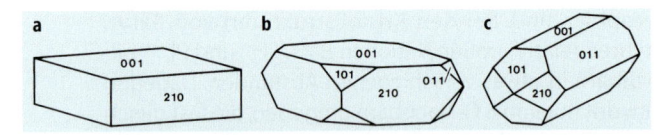

Abb. 9.1. Tracht und Habitus bei Baryt: **a** tafelig nach (001); gestreckt nach der b-Achse; **c** gestreckt nach der a-Achse

Abb. 9.2. Barytrosen auf Cerussit, Mibladen, Marokko. Bildbreite ca. 10 cm. Mineralogisches Museum der Universität Würzburg. (Foto: K.-P. Kelber)

Physikalische Eigenschaften.

Spaltbarkeit	{001} sehr vollkommen, {210} vollkommen
Härte	3–3½
Dichte	4,5 ist für ein nichtmetallisch aussehendes Mineral auffallend hoch und diagnostisch verwertbar
Farbe, Glanz	farblos, weiß oder in verschiedenen blassen Farben; auf Spaltfläche (001) Perlmutterglanz, sonst Glasglanz, durchsichtig, viel häufiger trüb, durchscheinend bis undurchsichtig

Struktur. Spiegelsymmetrische, [10]-koordinierte [BaO$_{10}$]-Polyeder sind über vier Ecken und drei Kanten mit [SO$_4$]-Tetraedern verknüpft. Sie bilden Schichtverbände // {001}, in denen starke Bindungskräfte herrschen, die für die ausgezeichnete Spaltbarkeit nach {001} verantwortlich sind (Abb. 9.3).

Chemismus. BaSO$_4$, Sr^{2+} kann Ba^{2+} diadoch ersetzen.

Vorkommen. Sehr verbreitet; Hauptmineral in hydrothermalen Baryt-Gängen, als Gangart in Erzgängen und submarin-vulkanogenen Sulfiderz-Lagerstätten; als sedimentäre Bildung fein verteilt in Kalksteinen, Sandsteinen und Tonsteinen, bisweilen durch Bitumengehalt grauschwarz gefärbt; in pelagischen Sedimenten des Ostpazifik.

Bedeutung als mineralischer Rohstoff. Verwendung zum Beschweren des Spülwassers bei Erdöl- und Gasbohrungen, Rohstoff für weiße Farbe (Lithopone), zum Glätten von Kunstdruckpapier; als Bariummehl in der Medizin; als Strahlenschutz in der Röntgentechnik und in Kernkraftwerken; Bestandteil des Baryt-Betons (Schwerbeton); zur Darstellung von Bariumpräparaten in der chemischen Industrie.

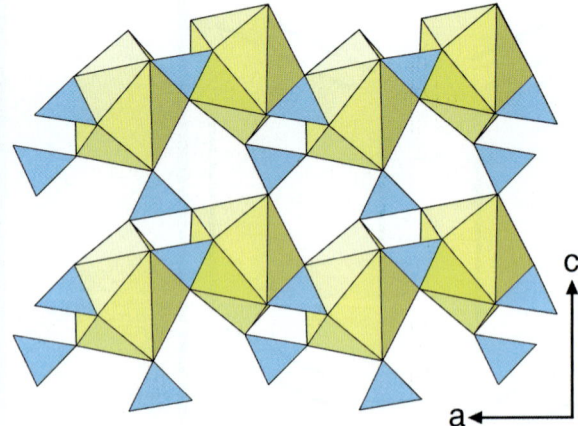

Abb. 9.3. Ausschnitt aus der Baryt-Struktur projiziert auf (010). Man erkennt [10]-koordinierte [BaO$_{10}$]-Polyeder (gelb), die über vier Ecken und drei Kanten mit [SO$_4$]-Tetraedern (blau) verknüpft sind. (Aus Strunz und Nickel 2001)

Coelestin, Sr[SO$_4$]

Ausbildung. Kristallklasse 2/m2/m2/m; Kristallformen ähnlich denen des Baryts, tafelförmig nach {001} oder prismatisch nach a oder b gestreckt, auf Klüften und in Hohlräumen von Kalkstein faserig, auch körnige und spätige Aggregate, mitunter in Form von Knollen.

Physikalische Eigenschaften.

Spaltbarkeit	wie Baryt nach {001} vollkommen, nach {210} weniger vollkommen
Bruch	muschelig
Härte	3–3½
Dichte	3,9
Farbe, Glanz	farblos bis weiß, häufig blau oder bläulich (Name!) bis bläulichgrün; Perlmutterglanz und Glasglanz, auf muscheligem Bruch Fettglanz, durchscheinend bis durchsichtig

Chemismus. Häufig diadoche Vertretung von Sr durch Ca oder Ba; zwischen Coelestin und Baryt besteht eine vollkommene Mischkristallreihe.

Vorkommen. Coelestin ist seltener als Baryt. Er kommt hauptsächlich in Sedimentgesteinen wie Dolomiten, dolomitischen Kalksteinen und Mergeln vor, wo er entweder als primäre Ausfällung auftritt oder sich durch metasomatischen Stoffumsatz von Anhydrit oder Gips mit Sr-reichen Wässern bildet, z. B. bei Bristol (England). Coelestin findet sich weiter auf Klüften und in Hohlräumen von Kalkstein und als Konkretion, seltener auf hydrothermalen Gängen oder in Blasenhohlräumen von vulkanischen Gesteinen.

Verwendung als mineralischer Rohstoff. Wie Strontianit.

Anglesit, Pb[SO$_4$]

Ausbildung. Kristallklasse 2/m2/m2/m; die kleinen, jedoch oft gut ausgebildeten Kristalle sind vorwiegend tafelig, flächenreich und oft einzeln aufgewachsen, langprismatischer Habitus ist seltener, Kristallformen sind denen des Baryts ähnlich. Derbe Krusten auf Galenit neben Cerussit sind sekundär aus ersterem gebildet.

Physikalische Eigenschaften.

Spaltbarkeit	{001} vollkommen, {210} weniger deutlich
Bruch	muschelig
Härte	3
Dichte	6,3, auffallend hoch
Farbe, Glanz	farblos bis zart gefärbt; Diamantglanz, durchsichtig bis durchscheinend

Chemismus. Bleigehalt 68,3%, mitunter erhebliche Ba-Gehalte.

Vorkommen. Als Sekundärmineral in der Oxidationszone von Bleiglanzvorkommen.

Wirtschaftliche Bedeutung. Als Bleimineral örtlich mit verhüttet.

Anhydrit, Ca[SO$_4$]

Ausbildung. Kristallklasse 2/m2/m2/m; Kristalle sind nicht häufig, Formen tafelig nach {001} bis prismatisch nach b, mitunter Druckzwillingslamellen sichtbar, fast immer derb, fein- bis grobkörnig bzw. spätig, gesteinsbildend.

Physikalische Eigenschaften.

Spaltbarkeit	Drei ungleichwertige, senkrecht aufeinanderstehende Spaltbarkeiten, {001} sehr vollkommen, {010} vollkommen und {100} deutlich, fast würfelige Spaltkörper
Härte	3–3½
Dichte	2,9
Farbe, Glanz	farblos bis trüb-weiß, häufig bläulich, grau, auch rötlich; auf Spaltfläche (001) Perlmutterglanz, auf (010) Glasglanz, durchsichtig bis durchscheinend

Vorkommen. Auf Salzlagerstätten (Evaporiten, Abschn. 25.7), oft zusammen mit Halit als Ausscheidungsprodukt aus übersättigtem Meerwasser; Anhydrit bildet sich entweder primär bei Temperaturen >35 °C oder metamorph aus Gips. Weltweit sind über 1 100 Vorkommen bekannt. Unter dem Einfluss der Verwitterung wandelt sich Anhydrit unter Wasseraufnahme langsam in Gips CaSO$_4$ · 2H$_2$O um – mit etwa 60 % Volumenzunahme.

Bedeutung als mineralischer Rohstoff. Herstellung von Schwefelsäure; Zusatz zu Baustoffen; zur Herstellung eines rasch wirkenden Bindemittels (Anhydrit-Binder) und von Estrich.

Gips, Ca[SO$_4$] · 2H$_2$O

Ausbildung. Kristallklasse 2/m; die oft großen monoklinen Kristalle sind häufig tafelig ausgebildet nach dem seitlichen Pinakoid {010} (Abb. 9.4a,b), nicht ganz so oft prismatische (seltener nadelförmige) Entwicklung nach c, gut ausgebildete Kristalldrusen oder Kristallrasen innerhalb von Höhlen (sog. Gipshöhlen: Abb. 9.6).

Nicht selten Zwillinge: Bei den sog. (echten) *Schwalbenschwanzzwillingen* (Abb. 9.4c) ist (100) Zwillings- und Verwachsungsebene, während es bei den sog. *Montmartre-Zwillingen* (Abb. 9.4d) aus dem Ton am Montmartre bei Paris die Ebene (001) ist. Montmartre-Zwillinge mit stets unterdrücktem Vertikalprisma sind meist linsenförmig gekrümmt. Nicht selten auch *Durchdringungszwillinge*.

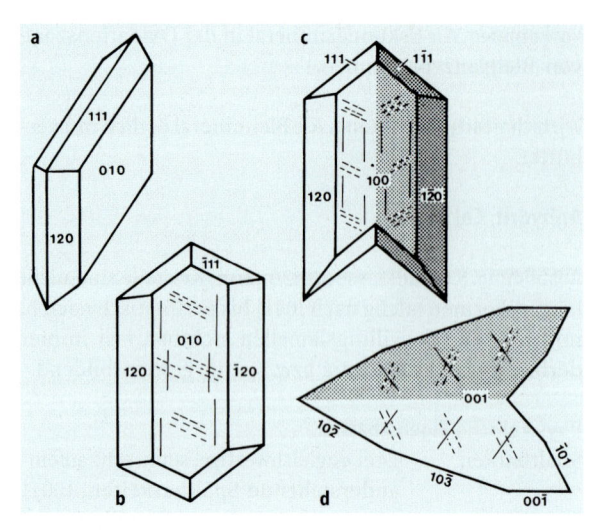

Abb. 9.4. Gips: Flächenkombinationen und Zwillinge mit rhombischen Prismen {111}, {1̄11} und {120} sowie dem Pinakoid {010}; **a** Einkristall tafelig nach {010}; **b** nach der c-Achse gestreckt mit angedeuteten Spaltbarkeiten; **c** *echter* Schwalbenschwanzzwilling nach (100); **d** Montmartre-Zwilling nach (001). (Aufstellung nach Ramdohr und Strunz 1978, Abb. 157)

Derbe Massen von Gips sind feinkörnig bis spätig, als Fasergips spaltenfüllend. Rein weißer, feinkörniger Gips wird als *Alabaster* bezeichnet.

Physikalische Eigenschaften.

Spaltbarkeit	{010} sehr vollkommen, {100} deutlich, faserige Spaltbarkeit nach {111} (Abb. 9.4b–d). Große, klare Spalttafeln nach (010) werden als *Marienglas* bezeichnet. Spalttafeln unelastisch biegsam
Härte	2 (Standardmineral der Mohs-Skala)
Dichte	2,3
Farbe, Glanz	farblos, häufig gelblich, rötlich, durch Bitumeneinschlüsse grau bis braun gefärbt; durchsichtig bis durchscheinend; auf Spaltflächen: (010) Perlmutterglanz, (100) Glasglanz, (111) Seidenglanz

Struktur. $[CaO_6(H_2O)_2]$-Polyeder sind über Kanten mit $[SO_4]$-Tetraedern zu unendlichen Ketten in Richtung der c-Achse verbunden. Über Kantenverknüpfung von Polyedern und Tetraedern entstehen Doppelschichten // {010}, die durch Wasserstoff-Brückenbindungen zusammengehalten werden (Abb. 9.5). Daraus resultiert die vollkommene Spaltbarkeit nach {010}.

Vorkommen. Gips ist lokal ein wichtiges gesteinsbildendes Mineral. In Salzlagerstätten entsteht Gips sekundär aus Anhydrit durch Wasseraufnahme unter Verwitterungseinfluss im humiden Klima, konkretionäre Ausscheidung im Ton oder Mergel, Ausblühung aus sulfathaltigen Lösungen in Salzwüsten; in Sandwüsten treten häufig rosettenartige Aggregate von Gipskristallen auf, die voll von eingeschlossenen Sandkörnern sind (*Gipsrosen*, *Wüstenrosen*).

Einen besonderen Fall stellen die Gipshöhlen der Cueva de los Cristales in der Naica-Mine von Santo Domingo (Chihuahua, Mexiko) dar. Diese enthält bis zu 14 m lange, bis zu über 1 m dicke Riesenkristalle von Gips (Varietät Selenit), die größten, die bislang auf der Erde bekannt sind (Abb. 9.6). Die Kristalle zeigen gestreifte Prismenflächen mit den Indizierungen {120}, {140} und {160} sowie {1̄11}. Während das Pinakoid {010} bei Kristallen von langprismatischem Habitus weniger gut entwickelt ist als bei den gewöhnlichen tafeligen Gips-Kristallen; bei den kurzprismatischen Kristallen von Naica fehlt {010} ganz (García-Ruiz et al. 2007).

Naica ist eine weltwirtschaftlich bedeutende Lagerstätte vom Typ der Skarnerze, in der Zn, Pb, Ag und andere Wertmetalle angereichert wurden. Die Vererzung wurde vor 26 Ma durch den Stoffaustausch zwischen Kalksteinen der Unterkreide und heißen, hochsalinaren hydrothermalen Lösungen erzeugt (vgl. Abschn. 23.3.1, S. 351). Im späthydrothermalen Stadium entstand durch die Oxidation der Sulfidminerale verdünnte schweflige Säure H_2SO_3, die mit den Kalksteinen unter Bildung von Ca-Sulfat-reichen Thermalwässern reagierte. Aus diesen schieden sich Anhydrit-Linsen aus, die unterhalb der 240 m-Sohle in den Kalksteinen weit verbreitet sind. Die Gipshöhlen entstanden vor 1–2 Ma, als die Thermalwässer in tektonische Störungszonen eindrangen und im umgebenden Kalkstein Lösungshohlräume schufen.

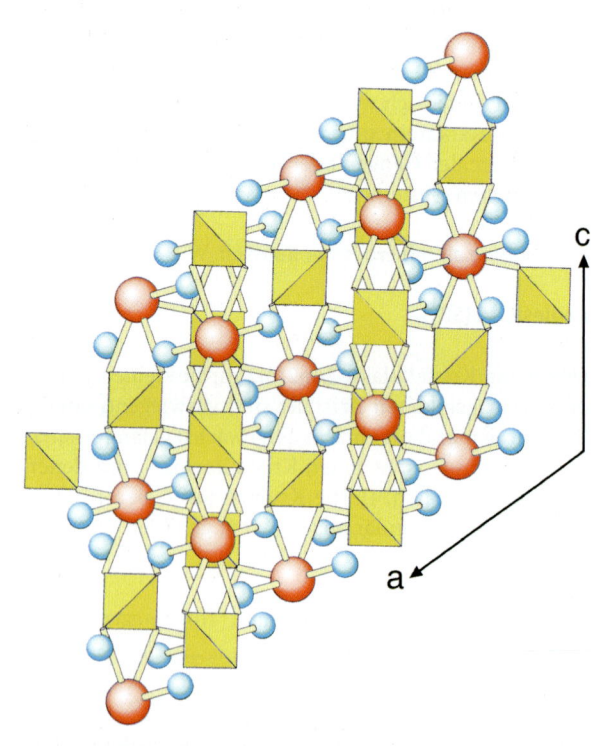

Abb. 9.5. Schnitt durch die Struktur von Gips // {010} mit einer Doppelschicht aus kantenverknüpften $[CaO_6(H_2O)_2]$-Polyedern und $[SO_4]$-Tetraedern (gelb). Ca^{2+}-Ionen: *rote Kugeln*, H_2O-Moleküle: *blaue Kugeln*. (Aus Strunz und Nickel 2001)

Die riesigen Gipskristalle in Naica sind ein exzellentes Beispiel für den Einfluss von Löslichkeitsgleichgewichten auf das Kristallwachstum (Garcia-Ruiz et al. 2007). Beim Anhydrit nimmt die Löslichkeit mit sinkender Temperatur deutlich zu, während sich diese bei Gips nur wenig verändert. Bei 59 °C überkreuzen sich beide Löslichkeitskurven, so dass jetzt Gips und Anhydrit gleiche Löslichkeit besitzen (Abb. 9.7). Die Temperatur der heutigen, Sulfat- und Karbonat-reichen, niedrigsalinaren Thermalwässer in der Naica-Grube variiert zwischen 48 und 59 °C. Wie Untersuchungen der Fluid-Einschlüsse zeigen, lag die Temperatur beim Wachstum der Gips-Kristalle in der Cueva de los Cristales bei etwa 54 °C, also in einem Bereich, in dem die Thermalwässer leicht an Anhydrit untersättigt waren, während Gips zu kristallisieren begann (Abb. 9.7). Bei diesen Temperaturen ist die Löslichkeitsdifferenz zwischen Anhydrit und Gips – d. h. die Gipsübersättigung – und damit auch die Keimbildungshäufigkeit extrem gering, so dass sich das Wachstum nur auf ganz wenige Kristalle konzentriert (García-Ruiz et al. 2007). Demgegenüber bilden sich bei niedrigeren Temperaturen sehr viel zahlreichere, aber kleinere Gips-Kristalle, wie das bei der nahegelegenen Cueva de las Espadas (Höhle der Schwerter) der Fall ist. In der Cueva de los Cristales trat nun der ungewöhnliche Fall ein, dass die günstigen Kristallisations- und Keimbildungsbedingungen für Gips bis in die Gegenwart hinein weitgehend unverändert erhalten blieben. Daher konnte sich das Wachstum der Gips-Kristalle so lange fortsetzen, bis die Grubenleitung gegen Ende der 1980er Jahre die Thermalwässer abpumpte und durch Zumischung von Oberflächenwasser die Temperatur absank. Ortsauflösende ^{230}Th/^{234}U-Isotopenanalysen (vgl. Abschn. 33.5.3, S. 615) an einer Probe, die ca. 5 cm unter der Oberfläche eines Riesenkristalls entnommen wurde, ergaben ein Alter von 34 544 ±819 Jahren. Rechnet man dieses Ergebnis hoch, so ergibt sich für das Wachstum der Gipskristalle ein Zeitraum von mehreren 100 000 Jahren. Dazu passend erbrachten experimentelle Untersuchungen eine Wachstumsgeschwindigkeit 0,004 mm pro Jahr, woraus sich für die größten Kristalle ein Alter von 250 000 Jahren abschätzen lässt (Sanna et al. 2011).

Technische Verwendung von Gipsgestein. Bei Erhitzen auf 120–130 °C verliert Gips den größten Teil seines Kristallwassers. Er geht dabei in das Halbhydrat $CaSO_4 \cdot \frac{1}{2}H_2O$

Abb. 9.6. ▶
Riesenkristalle von Gips (Selenit) in der Gipshöhle Cueva de los Cristales in der Naica-Mine von Santo Domingo, Chihuahua, Mexiko. Sie zeigen den typischen Mondscheinglanz, nach dem die Varietät Selenit ihren Namen erhalten hat. (Foto: Javier Trueba, Madrid, mit Genehmigung von Contacto/Agentur Focus, Hamburg)

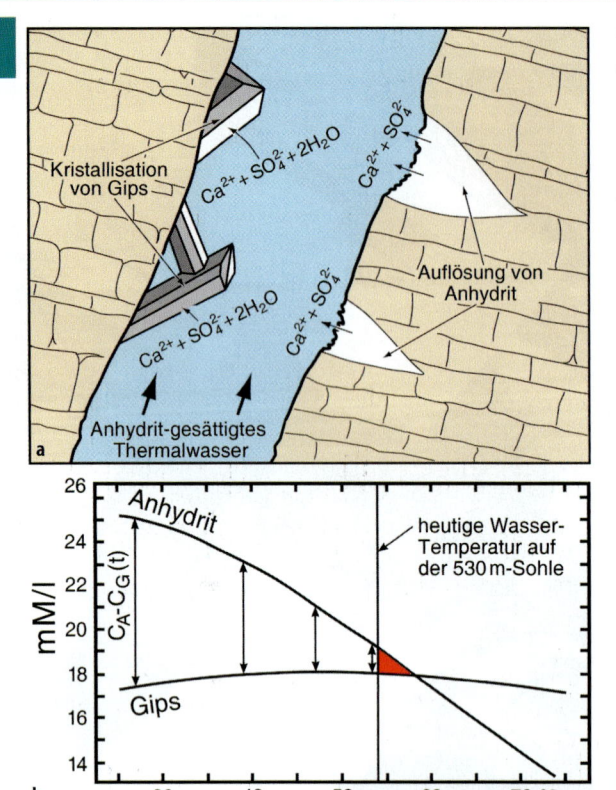

Abb. 9.7. a Schematischer Schnitt durch die Kluft in der Lagerstätte Naica, in der Anhydrit-Linsen aufgelöst werden und Riesengipskristalle in einem Anhydrit-gesättigten Thermalwasser bei einer Temperatur von ca. 54 °C wachsen. **b** Löslichkeitskurven von Gips und Anhydrit im Diagramm Löslichkeit (in Millimol pro Liter) gegen die Temperatur. Die Gipskristalle wachsen im rot markierten Bereich. $C_A - C_G(t)$ ist die Löslichkeits-Differenz zwischen Gips und Anhydrit bei gegebener Temperatur. (Modifiziert nach Forti und Sanna 2010)

über, das als Modell- oder Stuckgips technische Verwendung findet, ebenso zur Fertigung von Gipsplatten. Wird das Halbhydrat mit Wasser verrührt, so erhärtet und rekristallisiert der Brei in kurzer Zeit unter Wasseraufnahme und Bildung von Gips. Durch stärkeres Erhitzen des Rohgipses über 190 °C gibt dieser das ganze Wasser ab und wird tot gebrannt. Dabei kommt es zur Bildung einer metastabilen Modifikation von Anhydrit, dem hexagonalen γ-$CaSO_4$, bei noch höherem Erhitzen daneben zu β-$CaSO_4$. Gips verliert damit die Fähigkeit, das Wasser wieder rasch zu binden. Eine Wasseraufnahme vollzieht sich erst nach Tagen: Verwendung als Estrich- bzw. Mörtelgips.

Weitere Verwendung zur Gewinnung von Schwefelsäure und Schwefel, in der Zement- und Baustoffindustrie, als Hart- und Dentalgips, als Düngemittel. *Alabaster* wird zu Kunstgewerbe-Gegenständen verarbeitet.

In Konkurrenz zum Naturgips steht der Rauchgasgips (REA-Gips), der bei der Entschwefelung von Verbrennungsgasen fossiler Brennstoffe in Kraftwerken anfällt.

9.2 Chromate

Krokoit (Rotbleierz), Pb[CrO$_4$]

Ausbildung. Kristallklasse 2/m; flächenreiche monokline Kristalle bis zu mehreren cm Größe, säulig, spießig oder nadelig ausgebildet (Abb. 9.8), auch derb, eingesprengt oder als Krusten und Anflüge.

Physikalische Eigenschaften.
Spaltbarkeit	nach {110}, ziemlich vollkommen
Bruch	uneben bis muschelig
Härte	2½
Dichte	5,9–6,1
Farbe, Glanz	rot, gelblichrot, orange (Abb. 9.8); Strich gelborange; diamant- bis harzartiger, bisweilen fettiger Glanz

Struktur. Analog zu Monazit (S. 138).

Vorkommen. Krokoit entsteht in Oxidationszonen von Pb-Lagerstätten, wenn Pb- und Cr-haltige Verwitterungslösungen zusammentreffen.

Abb. 9.8. Krokoit, Dundas, Tasmanien. Bildbreite 4 cm. Mineralogisches Museum der Universität Würzburg. (Foto: K.-P. Kelber)

9.3
Molybdate und Wolframate

Wulfenit (Gelbbleierz), Pb[MoO$_4$]

Ausbildung. Kristallklasse 4/m, tetragonale Kristalle mit quadratischer, dünn- bis dicktafeliger oder pyramidaler Form; auch derb, dichte, drusige Aggregate, als Krusten und Anflüge; Wulfenit bildet manchmal Pseudomorphosen nach Galenit.

Physikalische Eigenschaften.

Spaltbarkeit	nach {101}, ziemlich deutlich
Bruch	muschelig, spröde
Härte	3
Dichte	6,7–6,9
Farbe, Glanz	gelb oder orangegelb, selten olivgrün, braun oder farblos; durchsichtig bis durchscheinend; Diamant- bis Harzglanz;

Struktur. Isotyp mit Scheelit.

Vorkommen. Wulfenit kommt in Oxidationszonen von Pb-Lagerstätten vor.

Scheelit, Ca[WO$_4$]

Ausbildung. Kristallklasse 4/m; die Kristalle weisen fast oktaedrische Formen durch Vorherrschen von der tetragonalen Dipyramiden {111} oder {112} auf (Abb. 9.9a,b), häufig schräge Streifung auf diesen Flächen durch Kombination mit anderen Dipyramiden, insbesondere {2$\bar{1}$3}, {101} und {211} (Abb. 9.9b); dadurch wird das Fehlen von Spiegelebenen // c angezeigt. Ergänzungszwillinge sind gegenüber einfachen Kristallen an der Streifung auf {112} kenntlich. Als Einzelkristalle aufgewachsen, häufig derb oder eingesprengt ist Scheelit neben Quarz u. U. übersehbar. Bisweilen überkrustet Scheelit Quarzkristalle.

Physikalische Eigenschaften.

Spaltbarkeit	{101} deutlich
Bruch	uneben bis muschelig, spröd
Härte	4½–5
Dichte	5,9–6,1, auffällig hoch, für die Diagnose wichtig
Farbe, Glanz	gelblich, grünlich oder grauweiß; kantendurchscheinend; auf Bruchflächen Fettglanz (ähnlich Quarz), auf Spaltflächen mitunter fast Diamantglanz; fluoresziert bläulich-weiß im kurzwelligen UV-Licht (diagnostisch wichtig)

Tabelle 9.2. Die wichtigsten Chromate, Molybdate und Wolframate[a]

Mineral	Formel	Kristallklasse
Krokoit	Pb[9]Cr[4]O$_4$	2/m
Wulfenit	Pb[8]Mo[4]O$_4$	4/m
Scheelit	Ca[8]W[4]O$_4$	4/m
Wolframit	(Fe,Mn)[6]W[6]O$_4$	2/m

[a] In eckigen Klammern hochgestellt werden die Koordinationszahlen gegenüber Sauerstoff angegeben.

Struktur. Die Kristallstruktur des Scheelits ist tetragonal-innenzentriert und entspricht einer verzerrten Zirkon-Struktur. Sie besteht aus isolierten, in c-Richtung leicht abgeflachten [WO$_4$]$^{4-}$-Tetraedern, die über O-Ca-O-Brücken miteinander zu einem 3-dimensionalen Gerüst verknüpft sind. Ca^{2+} ist gegenüber O [8]-koordiniert. In Richtung der c-Achse liegen Schraubenachsen mit unterschiedlichem Drehsinn.

Vorkommen. Vorzugsweise pegmatitische bis hochhydrothermale Bildung, in Paragenese mit Kassiterit (Zinnstein), kontaktmetasomatische, schichtgebundene Vererzung in metamorphem Kalkstein (Skarn).

Bedeutung. Neben Wolframit das wichtigste Erzmineral für Wolfram.

Wolframit, (Fe,Mn)[WO$_4$]

Ausbildung. Kristallklasse 2/m, nicht selten in großen, nach {110} kurzprismatischen oder nach {100} dicktafeligen, auch stängeligen Kristallen; dabei sind Flächen der Zone [001] vertikal gestreift, auch Zwillinge nach (100); meist jedoch derb, in schalig-blättrigen oder stängeligen Aggregaten.

Physikalische Eigenschaften.

Spaltbarkeit	(010) vollkommen; im Unterschied zu dunklem Sphalerit, der bisweilen ähnlich aussieht, tritt nur eine Spaltfläche auf; bei Kassiterit ist die Spaltbarkeit schlechter

Abb. 9.9. Scheelit: Kombination unterschiedlicher tetragonaler Dipyramiden

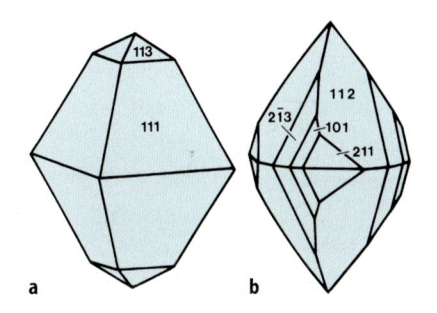

Härte	4–4½
Dichte	6,7–7,5, sehr hoch, zunehmend mit höherem Fe/Mn-Verhältnis
Farbe, Glanz	schwarz; blendeartiger Glanz
Strich	braun bis braunschwarz mit zunehmendem Fe-Gehalt

Chemismus. Wolframit bildet eine vollständige Mischkristallreihe zwischen den beiden Endgliedern $FeWO_4$ (Ferberit) und $MnWO_4$ (Hübnerit). Die fast reinen Endglieder kommen weniger häufig vor.

Struktur. Da in der Wolframit-Struktur W – ebenso wie Fe und Mn – in [6]-Koordination auftritt, wird Wolframit jetzt den 1 : 2-Oxiden (XO_2) und nicht mehr den Wolframaten zugeordnet (Strunz u. Nickel 2001).

Vorkommen. In pegmatitähnlichen Gängen mit viel Quarz und als hochhydrothermale Imprägnation häufig zusammen mit Kassiterit (Wolfram- und Zinngreisen). Auf sekundärer Lagerstätte in Seifen.

Wirtschaftliche Bedeutung. Wichtigstes Wolframerzmineral neben Scheelit. Wolfram ist Stahlveredler (Wolframstahl), es zeichnet sich durch einen extrem hohen Schmelzpunkt aus (T = 3 410 °C), deshalb wird es als Faden (Einkristall) in Glühbirnen verwendet; Wolframkarbid (Widia) hat fast die Härte von Diamant und dient u. a. der Herstellung von Spezialbohrkronen; zum Färben von Glas und Porzellan, in der Raketentechnik.

Weiterführende Literatur

Alpers CN, Jambor JL, Nordstrom DK (eds) (2000) Sulfate minerals – crystallography, geochemistry and environmental sigificance. Rev Mineral Geochem 40

Anthony JW, Bideaux RA, Bladh KW, Nichols MC (2003) Handbook of mineralogy, vol. V: Borates, carbonates, sulfates. Mineralogical Society of America

Chang LLY, Howie RA, Zussman J (1996) Rock-forming minerals. Vol 5B, 2nd edn. Non-silicates: Sulphates, carbonates, phosphates, halides. Longmans, Harlow, Essex, UK

Ramdohr P, Strunz H (1978) Klockmanns Lehrbuch der Mineralogie, 16. Aufl. Enke, Stuttgart

Strunz H, Nickel EH (2001) Strunz Mineralogical Tables, 9th edn. Schweizerbart, Stuttgart

Zitierte Literatur

Forti P, Sanna L (2010) The Naica project: A multidisciplinary study of the largest gypsum crystal of the world. Episodes 33:1–10

García-Ruiz JM, Villasuso R, Ayora C, Canals A, Otálora F (2007) Formation of natural gypsum megacrystals in Naica, Mexico. Geology 35:327–330

Sanna L, Forti P, Lauritzen SE (2011) Preliminary U/Th dating and the evolution of gypsum crystals from Naica caves. Acta Carsologica 40:17–28

Phosphate, Arsenate, Vanadate

Diese Mineralklasse ist wegen umfangreicher Diadochie-Möglichkeiten ganz besonders artenreich. Alle Strukturen dieser Klasse enthalten tetraedrische Anionenkomplexe $[PO_4]^{3-}$, $[AsO_4]^{3-}$ und $[VO_4]^{3-}$ als wichtigste Baueinheiten, wobei sich P^{5+}, As^{5+} und V^{5+} diadoch vertreten können. Die Kationen sind gegenüber O [9]-koordiniert. Apatit, ihr wichtigster und häufigster Vertreter, enthält als zusätzliche Anionen 2. Stellung F, Cl und OH, die sich gegenseitig ersetzen können. Apatit-Struktur haben das Phosphat Pyromorphit, das Arsenat Mimetit und das Vanadat Vanadinit, in denen als Kation Pb^{2+} anstelle von Ca^{2+} eingebaut ist.

Tabelle 10.1.
Phosphate, Arsenate, Vanadate

Mineral	Formel	Kristallklasse
Monazit	$Ce[PO_4]$	2/m
Xenotim	$(Y,Yb)[PO_4]$	4/m2/m2/m
Apatit	$Ca_5[(F,Cl,OH)/(PO_4)_3]$	6/m
Pyromorphit	$Pb_5[Cl/(PO_4)_3]$	6/m
Mimetit (Mimetesit)	$Pb_5[Cl/(AsO_4)_3]$	6/m
Vanadinit	$Pb_5[Cl/(VO_4)_3]$	6/m

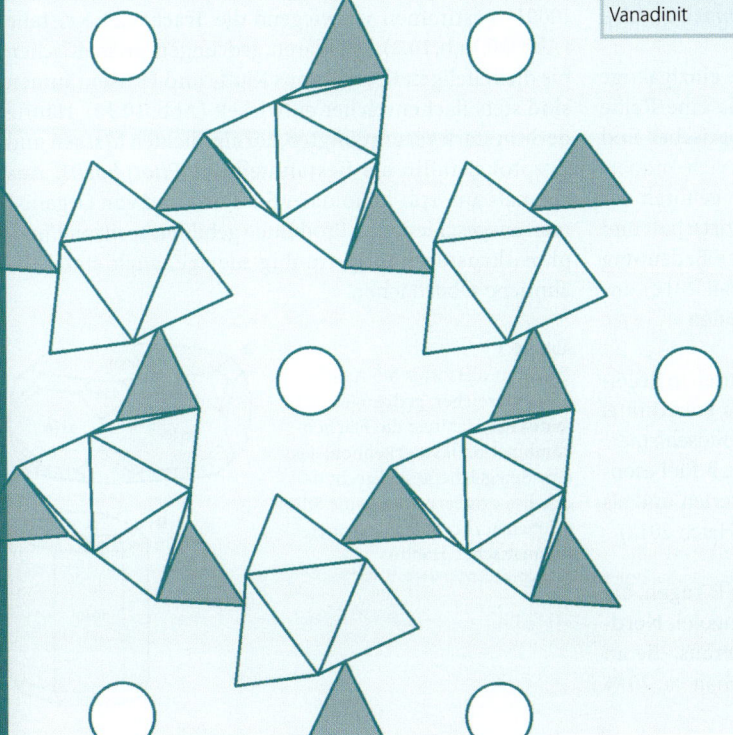

Monazit, Ce[PO$_4$]

Ausbildung. Kristallklasse 2/m, tafelige oder prismatische monokline Kristalle oder Körner.

Physikalische Eigenschaften.

Spaltbarkeit	nach {001}, vollkommen (Unterschied zu Zirkon!)
Bruch	muschelig, spröde
Härte	5–5½
Dichte	4,6–5,4
Farbe, Glanz	hellgelb bis dunkelbraun, auch fast weiß; Harz- bis Glasglanz; durchscheinend

Struktur. Wichtigstes Bauelement sind // c orientierte Ketten aus [PO$_4$]-Tetradern und kantenverknüpften [CeO$_9$]-Polyedern, die sich abwechseln; diese werden // a durch Zickzack-Ketten von kantenverknüpften [CeO$_9$]-Polyedern miteinander querverbunden. Die Struktur von Monazit ähnelt der des Zirkons (Abb. 11.7, S. 147).

Chemismus. Ce kann durch La, Nd und Th diadoch ersetzt werden; neben *Monazit-(Ce)* mit Ce > (La + Nd) unterscheidet man *Monazit-(La)* mit La > (Ce + Nd) und *Monazit-(Nd)* mit Nd > (La + Ce).

Vorkommen. Häufigstes Mineral der Seltenerd-Elemente (SEE), verbreitet als akzessorischer Gemengteil in Graniten, Rhyolithen, Gneisen und Glimmerschiefern; angereichert in Pegmatiten, z. B. in Iveland (Norwegen) und Madagaskar, und in Karbonatiten; auf alpinen Klüften; sekundär in Seifen, Ufer- und Flusssanden konzentriert (*Monazit-Sande*).

Verwendung. Die Seltenen Erden sind eine einzigartige Gruppe von chemischen Elementen, da sie eine Reihe besonderer elektronischer, magnetischer, optischer und katalytischer Eigenschaften aufweisen. Für viele moderne Technologien sind sie unverzichtbar; sie gehören daher zu den „kritischen" Rohstoffen der Weltwirtschaft und sind darüber hinaus auch von strategischer Bedeutung (z. B. Hatch 2012; Chakhmouradian und Wall 2012). Industriell hergestellte SEE-Verbindungen dienen

1. als Prozess-Beschleuniger, so als Katalysatoren in Erdöl-Raffinerien und im Fahrzeugbau sowie als Poliermittel für hochwertige Glasplatten, Spiegel und Bildschirme;
2. zur Produktion von technischen Bauteilen z. B. für besonders leistungsstarke Dauermagneten, Batterien und als Leuchtstoffe in Energiespar-Glühbirnen (Hatch 2012).

Unter den Primär-Vorkommen von SEE ragen die Riesenlagerstätten Bayan Obo (Innere Mongolei, Nordchina) und Mountain Pass (Kalifornien) heraus, die an Karbonatite gebunden sind. Bayan Obo enthält ca. 70 % der Weltvorräte an Seltenerd-Mineralen, hauptsächlich Bastnäsit (Ce,La,Nd,Y)[(F,OH)/CO$_3$] und Monazit, mit Gehalten von ca. 48 Mill. t SEE$_2$O$_3$. Darüber hinaus wird Monazit auch aus Küstensanden in Australien, Brasilien, Indien, Malaysia und Florida gewonnen.

Im Jahr 2011 produzierte die VR China ca. 95 % des jährlichen Weltverbrauchs von 113 000 t SEE$_2$O$_3$; dieser wird bis 2016 schätzungsweise auf 195 000 t ansteigen, wobei – dank der verstärkten Explorations-Bemühungen westlicher Staaten – der chinesische Anteil auf ca. 70 % sinken könnte. Derzeit hält China auch das Monopol bei der Aufbereitung und der Verarbeitung von SEE-Erzen (Hatch 2012).

Wissenschaftlich wird Monazit – ähnlich wie Zirkon (S. 146f) – zur *radiometrischen Altersdatierung* nach der U-Pb-Methode eingesetzt (Abschn. 33.5.3, S. 615f).

Xenotim, (Y,Yb)[PO$_4$]

Kristallklasse 4/m2/m2/m; Struktur ähnlich Monazit; Spaltbarkeit {100} vollkommen; Härte 4–5; Dichte 4,5–5,1; Fettglanz; meist gelblich gefärbt.

Apatit, Ca$_5$[(F,Cl,OH)/(PO$_4$)$_3$]

Ausbildung. Kristallklasse 6/m; die hexagonal-dipyramidalen, prismatisch ausgebildeten Kristalle können sehr groß sein; mikroskopisch feine Nädelchen oder Prismen treten weitverbreitet als akzessorische Gemengteile in Gesteinen auf. Hexagonales Prisma 1. Stellung {10$\bar{1}$0}, Dipyramiden {10$\bar{1}$1} und {11$\bar{2}$1} sowie Basispinakoid {0001} bestimmen vorwiegend die Tracht der Kristalle (Abb. 10.1a,b, 10.2). Die klaren, gedrungen-prismatischen bis dicktafeligen Kristalle aus Kluft- und Drusenräumen sind stets flächenreicher entwickelt (Abb. 10.1a). Häufig derb, in stark verunreinigten, körnig-dichten Massen und kryptokristallin als Bestandteil des *Phosphorits*. Aus ehemals amorph-kolloidaler Substanz und von Organismen ausgeschiedenen Produkten gebildet, besitzen Phosphoritkrusten häufig traubig-nierige, auch stalaktit-ähnliche Oberflächen.

Abb. 10.1.
Tracht und Habitus bei Apatit: **a** flächenreicher, gedrungen-prismatischer Habitus; die Flächenkombination lässt erkennen, dass eine Spiegelebene senkrecht der c-Achse existiert, aber keine Spiegelebenen // c; **b** flächenarmer, prismatischer Habitus

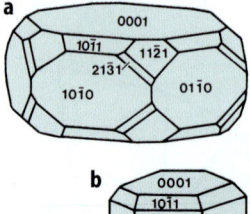

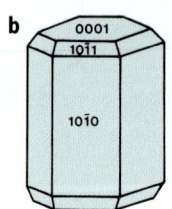

Abb. 10.2. Apatit-Kristall mit der Flächenkombination hexagonales Prisma {10$\bar{1}$0} und hexagonale Dipyramide {10$\bar{1}$1} in Calcit, Sljudjanka, Sibirien. Bildbreite ca. 5 cm. Mineralogisches Museum der Universität Würzburg. (Foto: K.-P. Kelber)

Physikalische Eigenschaften.

Spaltbarkeit	Absonderung prismatischer Kristalle nach (0001), undeutlich nach {10$\bar{1}$0}
Bruch	uneben bis muschelig
Härte	5 (Standardmineral der Mohs-Skala)
Dichte	3,2
Farbe, Glanz	farblos und in vielen Farben auftretend, wie gelblich-grün, bräunlich, blaugrün, violett; Glasglanz auf manchen Kristallflächen, Fettglanz auf muscheligem Bruch, klar durchsichtig bis kantendurchscheinend. Verwechslung mit anderen Mineralen möglich (Name von grch. απατάω = täuschen, betrügen)
Strich	weiß

Struktur. Die [CaO$_9$]-Polyeder sind über die Ecken miteinander verknüpft, um Ketten // der c-Achse zu bilden; diese sind in hexagonaler Anordnung mit [PO$_4$]-Tetraedern ecken- und kantenverknüpft. In den entstehenden großen Hohlkanälen liegen die (OH)-, F- und Cl-Ionen (Abb. 10.3).

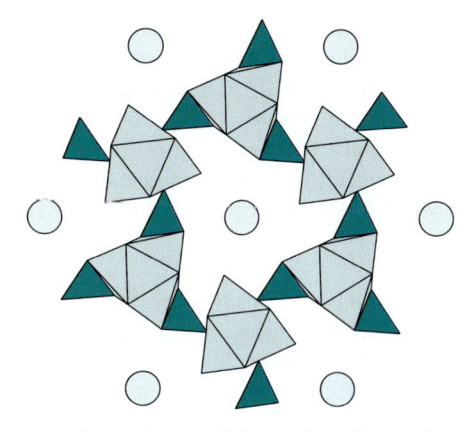

Abb. 10.3. Apatit-Struktur, projiziert entlang der c-Achse auf die (0001)-Ebene. Man erkennt die großen [CaO$_9$]-Polyeder, die [PO$_4$]-Tetrader (*kleine dunkle Dreiecke*) und die (OH,F,Cl)-Ionen (*Kreise*). (Nach Strunz u. Nickel 2001)

Chemismus. Die Anionen 2. Stellung F, Cl und OH können sich gegenseitig diadoch vertreten. Beim *Fluorapatit* herrscht F vor (am weitesten verbreitet), beim *Chlorapatit* Cl, im *Hydroxylapatit* OH. Im *Karbonatapatit* erfolgt teilweise ein gekoppelter Ersatz [(OH)$^-$/PO$_4^{3-}$] $\rightleftharpoons$ [O^{2-}/CO$_3^{2-}$]. Die (PO$_4$)-Gruppe kann darüber hinaus begrenzt durch (SO$_4$) bei gleichzeitigem Eintritt von (SiO$_4$) ersetzt sein, wobei der Ersatz von P^{5+} durch S^{6+} durch den Ersatz von P^{5+} durch Si^{4+} kompensiert wird.

Vorkommen. Als akzessorischer Gesteinsgemengteil sehr verbreitet, seltener als Hauptgemengteil, in Karbonatiten (z. B. in Phalaborwa, Südafrika); auf pegmatitisch-hochhydrothermalen Gängen und Imprägnationen; als flächenreiche, klare Kriställchen auf Klüften und in Drusen-Hohlräumen. Zusammen mit Kollagen und anderen Matrixproteinen ist Apatit der wichtigste Bestandteil der Zahn- und Knochensubstanz beim Menschen und den Wirbeltieren. In Knochen und im Dentin werden die Kristalle von *Bio-Apatit* 20–50 nm lang und 12–20 nm dick (1 nm = 10^{-6} mm); im Zahnschmelz sind sie etwa um das Zehnfache dicker und länger. Von geologisch gebildetem Hydroxylapatit unterscheidet sich Bio-Apatit durch seine nichtstöchiometrische chemische Zusammensetzung: ein hoher Anteil an [PO$_4$]$^{3-}$ ist durch [CO$_3$OH]$^{3-}$ ersetzt, so dass sein Ca/P-Verhältnis deutlich über dem theoretischen Wert von 1,67 liegt; kennzeichnend sind außerdem ein deutlicher (OH)-Unterschuss und Leerstellen in der Kristallstruktur. Diese Eigenschaften und seine geringe Korngröße, die zu einem großen Anteil an freier Oberfläche führt, machen Bio-Apatit leicht löslich und reaktionsfähig, z. B. mit Medikamenten. Die Apatit-Kristalle wachsen im menschlichen oder tierischen Gewebe in kurzen Zeiträumen von Tagen bis Monaten, und zwar zunächst mit stark fehlgeordneter Struktur und einem hohen Gehalt an freien [HPO$_4$]$^{2-}$-Ionen; erst im Lauf eines längeren Reifungs- und Rekristallisationsprozesses kommt es zur Bildung von besser geordneten Strukturen mit abnehmendem $[HPO_4]^{2-}$-Gehalt, aber zunehmendem $[CO_3OH]^{3-}$-Einbau (Boskey 2007). Über längere Zeiträume wird Apatit vorzugs-weise in den Phosphorit-Lagerstätten angereichert, in denen er häufig Versteinerungssubstanz fossiler Knochen und Kotmassen (*Guano*) bildet.

Bedeutung. Apatit ist Hauptträger der Phosphorsäure im anorganischen Naturhaushalt. Apatit- bzw. Phosphorit-Lagerstätten liefern in erster Linie Rohstoffe für Düngemittel (nach Aufschluss zu löslichem mineralischem Dünger wie Superphosphat, Ammoniumphosphat oder Nitrophoska), Rohstoff für die chemische Industrie zur Gewinnung von Phosphorsäure und Phosphor. Darüber hinaus besitzen natürliche und industriell hergestellte Apatite oder Substanzen mit Apatit-Struktur eine beachtliche Mikroporosität (White et al. 2005). Die Hohlkanäle // c in der Apatit-Struktur ermöglichen vielfältige Ionenaustauschvorgänge, die in der Zukunft technisch nutzbar sein könnten, z. B. für Brennstoffzellen, zur Fotokatalyse und zur Speicherung von radioaktivem Abfall (Oelkers und Montel 2008).

Pyromorphit, $Pb_5[Cl/(PO_4)_3]$

Ausbildung. Kristallklasse 6/m, einfache prismatisch ausgebildete Kristalle mit Basis {0001} und hexagonalem Prisma {10$\bar{1}$0} sind häufig, {10$\bar{1}$0} meist tonnenförmig gewölbt; in Gruppen aufsitzend, krustenartig als Anflug.

In Drusen, als nieren- bis kugelförmige Bildungen, selten nadelig.

Physikalische Eigenschaften.

Spaltbarkeit	fehlt
Bruch	uneben, muschelig
Härte	3½–4
Dichte	6,7–7,0
Farbe, Glanz	meist grün (durch Spuren von Cu: „*Grünbleierz*"), braun („*Braunbleierz*") oder gelb, grau oder farblos, seltener orangerot; auf Kristallflächen Diamant-, auf Bruchflächen Fettglanz, durchscheinend

Struktur. Isotyp mit Apatit.

Chemismus. (PO_4) wird teilweise durch (AsO_4) ersetzt, es besteht eine vollständige Mischreihe zu Mimetit $Pb_5[(Cl)/(AsO_4)_3]$. Pb kann zudem teilweise durch Ca diadoch ersetzt werden.

Vorkommen. Pyromorphit ist Sekundärmineral in der Oxidationszone von sulfidischen Bleilagerstätten.

Mimetit (Mimetesit), $Pb_5[Cl/(AsO_4)_3]$

Ausbildung. Kristallklasse 6/m, dem Pyromorphit ähnliche Kristalle.

Physikalische Eigenschaften.

Farbe	gelb, braun, grün, auch grau bis farblos
Glanz	auf Kristallflächen Diamantglanz, auf Bruchflächen Fettglanz

Struktur. Isotyp mit Apatit.

Vorkommen. Innerhalb der Oxidationszone von Bleilagerstätten, die zugleich Arsenminerale führen.

Vanadinit, $Pb_5[Cl/(VO_4)_3]$

Ausbildung. Kristallklasse 6/m, prismatisch ausgebildete Kristalle mit {0001}, {10$\bar{1}$0}, {10$\bar{1}$1}, {21$\bar{3}$1}.

Gerundete, tonnenförmige, aber auch tafelige Kristallformen (Abb. 10.4). Auch stängelig in traubenförmignierig ausgebildeten Aggregaten, derbe Massen.

Physikalische Eigenschaften.

Spaltbarkeit	Bruch uneben bis muschelig
Härte	3½
Dichte	6,9

Abb. 10.4. Kristallgruppe von Vanadinit, Mibladen, Marokko. Tafelige Ausbildung mit vorherrschender Basisfläche {0001} und hexagonalem Prisma {10$\bar{1}$0}. Bildbreite 1 cm. Mineralogisches Museum der Universität Würzburg. (Foto: K.-P. Kelber)

Farbe, Glanz   rubinrot (Abb. 10.4), orangegelb, gelblich-braun, diamantähnlicher Glanz auf Kristallflächen; durchscheinend bis durchsichtig

Struktur. Isotyp mit Apatit.

Chemismus. Geringe As-Gehalte; (VO_4) kann teilweise durch (PO_4) ersetzt sein.

Vorkommen. Innerhalb der Oxidationszone von Bleilagerstätten, die sich im Verband mit Karbonatgesteinen befinden, abbauwürdige Lagerstätten.

Bedeutung. Als Vanadiumerz; Vanadium ist Legierungsmetall in Spezialstählen.

Weiterführende Literatur

Anthony JW, Bideaux RA, Bladh KW, Nichols MC (2003) Handbook of mineralogy, vol. IV: Arsenates, phosphates, vanadates. Mineralogical Society of America

Boskey AL (2007) Mineralization of bones and teeth. Elements 3: 385–391

Chakhmouradian AR, Wall F (2012) Rare earth elements: Minerals, mines, magnets (and more). Elements 8:333–340

Chang LLY, Howie RA, Zussman J (1996) Rock-forming minerals, vol 5B, 2nd edn. Non-silicates: Sulphates, carbonates, phosphates, halides. Longmans, Harlow, Essex, UK

Elliott JC (1994) Structures and chemistry of apatites and other calcium orthophosphates. Elsevier, Amsterdam

Hatch GP (2012) Dynamics of the global market for rare earths. Elements 8:341–346

Kohn MJ, Rakovan J, Hughes JM (eds) (2002) Phosphates – geochemical, geobiological and materials importance. Rev Mineral Geochem 48

Nriagu JO, Moore PB (eds) (1984) Phosphate minerals. Springer-Verlag, Berlin Heidelberg

Oelkers EH, Montel J-M (2008) Phosphates and nuclear waste storage. Elements 4:113–116

Pasero M, Kampf AR, Ferraris C, Pekov IV, Rakovan J, White TJ (2010) Nomenclature of the apatite supergroup minerals. Eur J Mineral 22: 163–179

Pasteris JD, Wopenka B, Valsami-Jones E (2008) Bone and tooth mineralization: Why apatite? Elements 4:94–104

Strunz H, Nickel EH (2001) Strunz Mineralogical Tables, 9th edn. Schweizerbart, Stuttgart

Valsami-Jones E, Oelkers EH (eds) (2008) Phosphates and global sustainability. Elements 4:83–116

White T, Ferraris C, Kim J, Madhavi S (2005) Apatite – An adaptive framework structure. In: Ferraris G, Merlino M (eds) Micro- and mesoporous mineral phases. Rev Mineral Geochem 57:307–401

Silikate

11.1 Inselsilikate (Nesosilikate)

11.2 Gruppensilikate (Sorosilikate)

11.3 Ringsilikate (Cyclosilicate)

11.4 Ketten- und Doppelkettensilikate (Inosilikate)

11.5 Schichtsilikate (Phyllosilikate)

11.6 Gerüstsilikate (Tektosilikate)

Die dominierende Rolle der natürlichen Silikate (einschließlich Quarz) besteht darin, dass sie mit einem Anteil von etwas über 90 Vol.-% am stofflichen Aufbau der Erdkruste beteiligt sind (Tabelle 2.2, S. 37). Darüber hinaus besitzen sie eine überragende technische und wirtschaftliche Bedeutung als mineralische Rohstoffe.

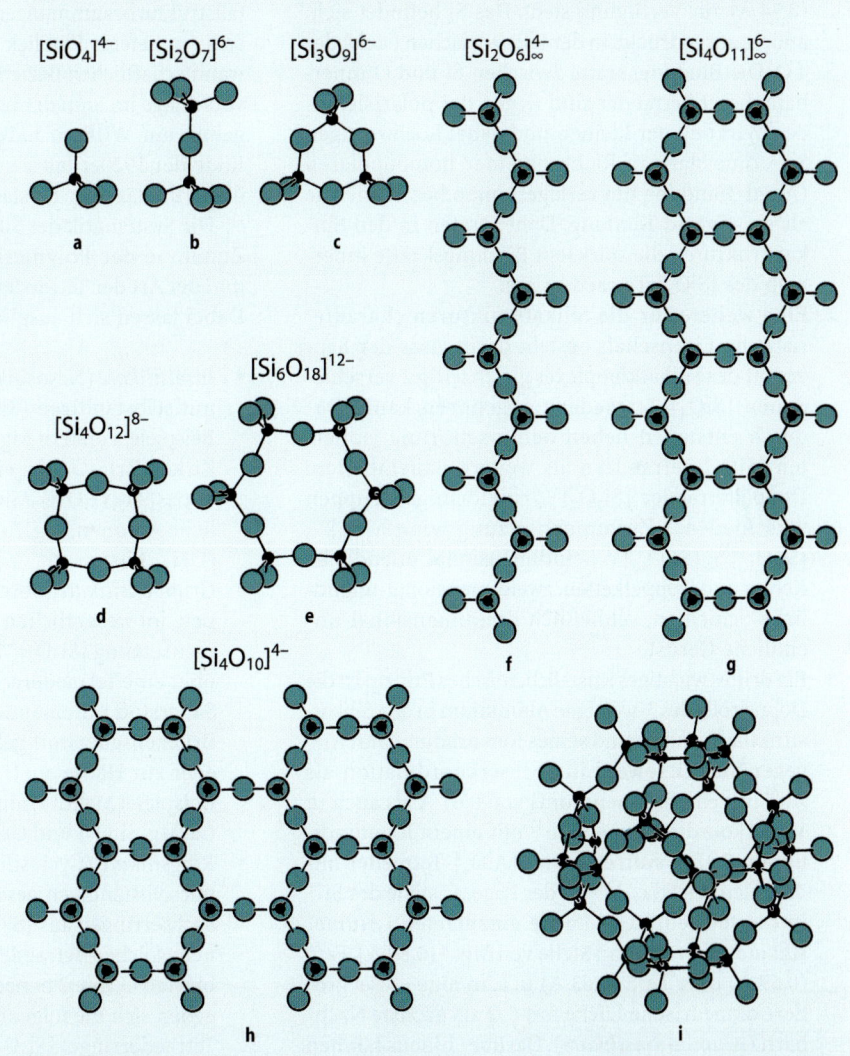

Abb. 11.1. Die Bauprinzipien der Silikatstrukturen. **a** Inselsilikate, **b** Gruppensilikate, **c–e** Ringsilikate: **c** Dreierringe, **d** Viererringe, **e** Sechserringe; **f** Kettensilikate, **g** Doppelkettensilikate, **h** Schichtsilikate, **i** Gerüstsilikate (Sodalith-Käfig)

Strukturprinzipien und Gliederung der Silikate

Die Silikate haben ein gemeinsames Strukturprinzip, nach dem eine relativ einfache Gliederung der zahlreich auftretenden silikatischen Minerale erfolgen kann (Abb. 11.1).

1. Die Silikatstrukturen zeichnen sich dadurch aus, dass Silicium stets tetraedrisch von 4 Sauerstoffen als nächste Nachbarn umgeben ist. Das gilt ohne Rücksicht auf das Si : O-Verhältnis, wie es in der chemischen Summenformel zum Ausdruck kommt: SiO_3, SiO_4, SiO_5, Si_2O_5, Si_2O_7, Si_3O_8, Si_4O_{10}, Si_4O_{11}. Die 4 O nehmen die Ecken des fast regelmäßigen Tetraeders ein und berühren sich wegen ihrer Größe (1,27 Å) in ihren Einfluss-Sphären, so dass nur eine winzige Lücke zwischen ihnen für das kleine Si (0,34 Å) zur Verfügung steht. Das Si befindet sich, anders ausgedrückt, in der tetraedrischen Lücke der 4 O. Die Bindungskräfte zwischen Si und O innerhalb dieser Tetraeder sind wegen der polarisierenden Wirkung der kleinen und dabei hochwertigen Si-Atome stark in Richtung einer homöopolaren (Atom-)Bindung hin verlagert; man bezeichnet sie als sp^3-Hybrid-Bindung. Daher treten in den Silikatstrukturen die stärksten Bindungskräfte innerhalb des $[SiO_4]$-Tetraeders auf.
2. Eine weitere für die Silikatstrukturen charakteristische Eigenschaft besteht darin, dass der Sauerstoff des Silikatkomplexes gleichzeitig 2 verschiedenen $[SiO_4]$-Tetraedern angehören kann. Dadurch entstehen neben den inselförmig isolierten $[SiO_4]$-Tetraedern als weitere Baueinheiten: Doppeltetraeder $[Si_2O_7]^{6-}$, ringförmige Gruppen verschiedener Zusammensetzung wie $[Si_3O_9]^{6-}$, $[Si_4O_{12}]^{8-}$, $[Si_6O_{18}]^{12-}$, eindimensional-unendliche Ketten und Doppelketten, zweidimensional-unendliche Schichten, schließlich dreidimensional-unendliche Gerüste.
3. Ein drittes wichtiges kristallchemisches Prinzip ist die Doppelrolle des 3-wertigen Aluminium in den Silikatstrukturen. Auf Grund seines Ionenradius kann Al^{3+} gegenüber O sowohl in Sechserkoordination als $Al^{[6]}$ mit einem Ionenradius von 0,61 Å als auch in Viererkoordination als $Al^{[4]}$ mit einem Ionenradius von 0,47 Å auftreten und $[AlO_4]$-Tetraeder bilden. Damit ist das Al^{3+} in der Lage, anstelle des Si^{4+} in die tetraedrische Lücke einzutreten (*Alumosilikate*), aber auch an Stelle von Mg^{2+} (0,80 Å), Fe^{2+} (0,69 Å) oder Fe^{3+} (0,63 Å) u. a. in eine etwas größere oktaedrische Lücke mit 6 O als nächste Nachbarn (*Aluminiumsilikate*). Darüber hinaus können in derselben Kristallstruktur beide Koordinationsmöglichkeiten des Al-Ions verwirklicht sein.

Die Substitution von Si^{4+} durch Al^{3+} erfolgt wie jeder andere Ersatz ungleich hoch geladener Ionen durch einen elektrostatischen Valenzausgleich, d. h. durch einen Ausgleich der entstandenen Ladungsdifferenz. Die Höhe der Substitution des Si^{4+} durch Al^{3+} kann in den verschiedenen Silikatstrukturen das Verhältnis 1 : 1 nicht überschreiten. Ein Übergang von Alumosilikaten zu Aluminaten kommt daher nicht vor.

Ohne Kenntnis dieser Doppelrolle war eine vernünftige Systematik der Silikatminerale nicht möglich, ja in vielen Fällen konnte nicht einmal eine befriedigende chemische Formulierung erfolgen. Darüber hinaus treten viele Silikatminerale in wechselnden Mischkristallzusammensetzungen auf, die zunächst noch nicht überschaubar waren. Die Silikate wurden damals als Salze verschiedener Kieselsäuren aufgefasst. Erst mit den zunehmenden Kristallstrukturbestimmungen der wichtigsten Silikate ergab sich ein tieferer Einblick in ihren Aufbau und ihre verwandtschaftlichen Beziehungen. Die ersten Einteilungsvorschläge im Sinn der heutigen Systematik der Silikate gehen auf William L. Bragg und Felix Machatschki Ende der 1920er Jahre zurück und stellen noch heute die Grundlage der Kristallchemie der Silikate dar.

Die Systematik der Silikate wird nunmehr nach der Zunahme der Polymerisation des Si-O-Komplexes und der Art der Tetraederverknüpfung vorgenommen. Dabei lassen sich ausgliedern (Abb. 11.1):

- *Inselsilikate* (Nesosilikate, engl. auch ortho silicates) mit selbständigen $[SiO_4]^{4-}$-Tetraedern.
  Beispiele: Forsterit $Mg_2[SiO_4]$, Olivin $(Mg,Fe)_2[SiO_4]$, Zirkon $Zr[SiO_4]$. In einigen Inselsilikaten wie z. B. Topas $Al_2[(F,OH)_2/SiO_4]$ treten außerdem zusätzliche Anionen, sog. Anionen 2. Stellung, wie F^- und $(OH)^-$ hinzu.
- *Gruppensilikate* (Sorosilikate) mit endlichen Gruppen, im wesentlichen Doppeltetraeder der Zusammensetzung $[Si_2O_7]^{6-}$, wobei zwei $[SiO_4]$-Tetraeder über eine Tetraederecke durch einen gemeinsamen Sauerstoff miteinander verknüpft sind. Dieser sog. Brückensauerstoff gehört jedem der beiden Tetraeder zur Hälfte an. (Daher Si : O = 2 : 7).
  Beispiele: Melilith, mit den Endgliedern Åkermanit $Ca_2Mg[Si_2O_7]$ und Gehlenit $Ca_2Al[SiAlO_7]$, Epidot.
- *Ringsilikate* (Cyclosilikate, engl. auch ring silicates) mit selbständigen, geschlossenen Dreier-, Vierer- und Sechserringen aus $[SiO_4]$-Tetraedern. Da auch in einem solchen Tetraederring jedes Si 2 seiner koordinierten O mit 2 benachbarten Tetraedern teilt, ergeben sich die folgenden Zusammensetzungen der Tetraederringe: $[Si_3O_9]^{6-}$, $[Si_4O_{12}]^{8-}$, $[Si_6O_{18}]^{12-}$.
  Beispiele: Turmalin $XY_3Al_6[(OH)_4/(BO_3)_3/(Si_6O_{18})]$ (S. 158f).

- *Ketten-* und *Doppelkettensilikate* (Inosilikate, engl. auch chain silicates) mit eindimensional unendlichen Tetraederketten oder Tetraederdoppelketten, wobei jedes Si 2 seiner O mit den in der Kettenrichtung benachbarten Si teilt. In den *Einerketten* wird das Verhältnis Si : O damit ebenso wie bei der Ringbildung 1 : 3. Bei dem wichtigsten Vertreter, der *Pyroxen-Familie*, liegt eine eindimensionale Verknüpfung von Tetraederverbänden der Zusammensetzung $[Si_2O_6]^{4-}$ vor. Beispiele: Hypersthen $(Mg,Fe)_2^{[6]}[Si_2O_6]$ oder Diopsid $Ca^{[8]}Mg^{[6]}[Si_2O_6]$.

  Bei den unendlichen *Doppelketten* sind 2 einfache Ketten von SiO_4-Tetraedern seitlich miteinander über 1 Brückensauerstoff verbunden. Damit hat gegenüber der einfachen Kette jedes 2. Tetraeder ein weiteres O mit einem Tetraeder der Nachbarkette gemeinsam. Daher besitzt die Doppelkette die Zusammensetzung $[Si_4O_{11}]^{6-}$ als strukturelle Grundeinheit.

  Die silikatische Doppelkette enthält freie Hohlräume, in die $(OH)^-$- und F^--Ionen eintreten können. Diese Anionen sind nicht an Si-Ionen gebunden, stellen vielmehr sog. Anionen 2. Stellung dar. Beispiele: *Amphibol-Familie* mit Anthophyllit $(Mg,Fe)_7^{[6]}[(OH)_2/(Si_8O_{22})]$ oder Tremolit $Ca_2^{[8]}Mg_5^{[6]}[(OH,F)_2/(Si_8O_{22})]$.

- *Schichtsilikate* (Phyllosilikate, engl. auch sheet silicates) mit zweidimensional unendlichen Tetraederschichten. Hier treten infolge weiterer Polymerisation $[SiO_4]$-Tetraederketten in unbegrenzter Anzahl zu zweidimensionalen Schichten zusammen. Jedes $[SiO_4]$-Tetraeder besitzt drei Brückensauerstoffe zu benachbarten Tetraedern. Das Si : O-Verhältnis wird damit zu 2 : 5 oder $[Si_2O_5]^{2-}$ bzw. $[Si_4O_{10}]^{4-}$.

  Auch die silikatischen Schichten enthalten wie die Doppelketten freie Hohlräume, in die $(OH)^-$- und F^--Ionen eintreten können. Beispiele:
  - Pyrophyllit $Al_2[(OH)_2/Si_4O_{10}]$
  - Talk $Mg_3[(OH)_2/Si_4O_{10}]$
  - Muscovit $K^+\{Al_2[(OH)_2/AlSi_3O_{10}]\}^-$
  - Phlogopit $K^+\{Mg_3[(OH,F)_2/AlSi_3O_{10}]\}^-$

  Bei den Glimmern Muscovit und Phlogopit sind ¼ der $Si^{[4]}$-Plätze im Kristallgitter durch $Al^{[4]}$ ersetzt. Damit ist der innerhalb der geschweiften Klammer befindliche Komplex einfach negativ geladen und der elektrostatische Valenzausgleich kann durch Eintritt von K^+ erfolgen. Die Formel des Muscovits wird aus der Pyrophyllit-Formel, diejenige des Phlogopits aus der Talk-Formel abgeleitet.

- *Gerüstsilikate* (Tektosilikate, engl. auch framework silicates). In diesen Silikatstrukturen sind die $[SiO_4]$-Tetraeder über sämtliche vier Ecken mit benachbarten Tetraedern verknüpft. Jedem Si sind damit nur 4 halbe O zugeordnet. Daraus ergibt sich für das dreidimensionale Gerüst die Formel SiO_2, identisch mit der Formel des Siliciumdioxids Quarz, einer elektrostatisch abgesättigten Struktur. Gerüst*silikate* im eigentlichen Sinne sind nur möglich, wenn ein Teil des Si^{4+} durch Al^{3+} ersetzt ist. Dadurch erhält die Struktur eine negative Ladung, zu deren Absättigung der Einbau von Kationen notwendig ist. Da das dreidimensionale Gerüst stark aufgelockert ist, haben in den großen Hohlräumen große Kationen wie K^+, Na^+, Ca^{2+} etc. Platz. Es kommt zur Bildung von Alumosilikaten, wie z. B. den Feldspäten oder Feldspatvertretern.

  In manchen Fällen sind in das lockere Gerüst noch große fremde Anionen (wie Cl^-, SO_4^{2-} etc.) oder selbständige Wassermoleküle eingebaut. Die Wassermoleküle sind in den betreffenden Silikaten besonders locker gebunden. Sie entweichen bei Temperaturerhöhung leicht aus der Struktur, ohne dass diese zusammenbricht. In mit Wasserdampf gesättigter Atmosphäre wird das Wasser wieder aufgenommen und eingebaut. Diese wasserreichen Gerüstsilikate gehören zu der umfangreichen, technisch wichtigen Mineralgruppe der *Zeolithe*.

  Die lockere Packung der Gerüstsilikate führt zu relativ niedriger Dichte und zu relativ niedrigen Werten von Licht- und Doppelbrechung der betreffenden Minerale.

11.1 Inselsilikate (Nesosilikate)

Tabelle 11.1. Wichtige Inselsilikate

Minerale	Formel	Kristallklasse
Olivin	$(Mg,Fe)_2[SiO_4]$	2/m2/m2/m
Forsterit	$Mg_2[SiO_4]$	
Fayalit	$Fe_2[SiO_4]$	
Zirkon	$Zr[SiO_4]$	4/m2/m2/m
Granat-Gruppe	$X_3^{2+}Y_2^{3+}[SiO_4]_3$	4/m$\bar{3}$2/m
Al_2SiO_5-Gruppe		
Sillimanit	$Al^{[6]}Al^{[4]}[O/SiO_4]$	2/m2/m2/m
Andalusit	$Al^{[6]}Al^{[5]}[O/SiO_4]$	2/m2/m2/m
Kyanit (Disthen)	$Al^{[6]}Al^{[6]}[O/SiO_4]$	$\bar{1}$
Topas	$Al_2[(F)_2/SiO_4]$	2/m2/m2/m
Staurolith	$Fe_2Al_9[O_6(O,OH)_2/(SiO_4)_4]$	2/m
Chloritoid	$(Fe,Mg,Mn)Al_2[O/(OH)_2/SiO_4]$	$\bar{1}$ und 2/m
Titanit	$CaTi[O/SiO_4]$	2/m

Olivin, $(Mg,Fe)_2[SiO_4]$

Ausbildung. Kristallklasse 2/m2/m2/m, die rhombisch-dipyramidalen Kristalle weisen häufig die Vertikalprismen {110} und {120} auf in Kombination mit dem Längsprisma {021}, dem Querprisma {101}, der Dipyramide {111} und dem seitlichen Pinakoid {010} (Abb. 11.2). Idiomorph als Einsprengling überwiegend in vulkanischen Gesteinen, häufig körnig, so als körniges Aggregat in den sog. *Olivinknollen* (Abb. 2.8, S. 38, Abb. 13.6b, S. 229f), die sich nicht selten als Einschlüsse in Basalten finden, in Peridotiten und in Silikatmarmoren.

Physikalische Eigenschaften.

Spaltbarkeit	{010} deutlich
Bruch	muschelig
Härte	6½–7
Dichte	3,2 (Forsterit) bis 4,3 (Fayalit)
Farbe, Glanz	olivgrün, auch gelblichbraun bis rotbraun (abhängig vom Fayalit-Gehalt), Glasglanz auf Kristallflächen, Fettglanz auf Bruchflächen, durchsichtig bis durchscheinend

Struktur. Die Olivinstruktur kann man als eine // (100) angenähert hexagonal dichte Kugelpackung der Sauerstoffe beschreiben (Abb. 11.3). Dabei befindet sich Si in den kleineren tetraedrischen Lücken zwischen 4 O. Die Mg- bzw. Fe^{2+}-Ionen nehmen die etwas größeren oktaedrischen Lücken mit 6 O als nächste Nachbarn ein.

Unter sehr hohen Drücken, etwa ab 50 kbar, geht die Olivinstruktur in die noch dichter gepackte Spinellstruktur über (Abb. 7.2, S. 105; Abschn. 29.3.3, S. 530).

Chemismus. Olivin bildet eine lückenlose Mischkristallreihe zwischen den beiden Endgliedern Forsterit Mg_2SiO_4 und Fayalit Fe_2SiO_4 (Abb. 18.14, S. 295f). In dem gewöhnlichen gesteinsbildenden Olivin überwiegt stets Forsterit mit 90–70 Mol.-% gegenüber Fayalit. Charakteristisch ist ein geringer diadocher Einbau von Ni^{2+} anstelle von Mg^{2+}, auch von Mn^{2+} anstelle von Fe^{2+}, letzteres besonders in den Fayalit-reichen Olivinen.

Vorkommen. Olivin ist ein wichtiges gesteinsbildendes Mineral in ultramafischen Gesteinen, nicht selten auch in Basalten als zonar gebaute Einsprenglinge mit Mg-reicherem Kern. Hauptgemengteil in den Gesteinen des Oberen Erdmantels, Gemengteil von Meteoriten, insbesondere Chondriten. Olivin wandelt sich unter Wasseraufnahme sekundär in Serpentin um.

Olivin als Rohstoff. Dunite, das sind fast monomineralische, aus Forsterit-reichem Olivin bestehende Gesteine, sind ein wichtiger Rohstoff zur Herstellung feuerfester Forsterit-Ziegel. *Chrysolith* oder *Peridot* sind klare, olivgrün gefärbte Olivin-Kristalle, die als Edelstein geschätzt werden.

Zirkon, $Zr[SiO_4]$

Ausbildung. Kristallklasse 4/m2/m2/m, die kurzsäuligen, meist eingewachsenen Kristalle weisen häufig eine einfache Kombination des tetragonalen Prismas {100} oder {110} mit der tetragonalen Dipyramide {101} auf; aber auch {101} allein oder flächenreichere Kristalle kommen vor (Abb. 11.4, 11.5); unter dem Mikroskop ist oft Zonarbau zu erkennen (Abb. 11.6). Häufig tritt Zirkon auch in Form loser abgerollter Körner auf sekundärer Lagerstätte auf (Zirkon-

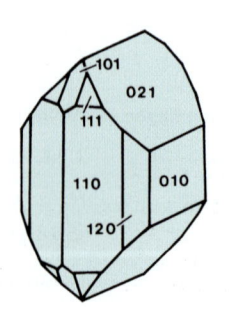

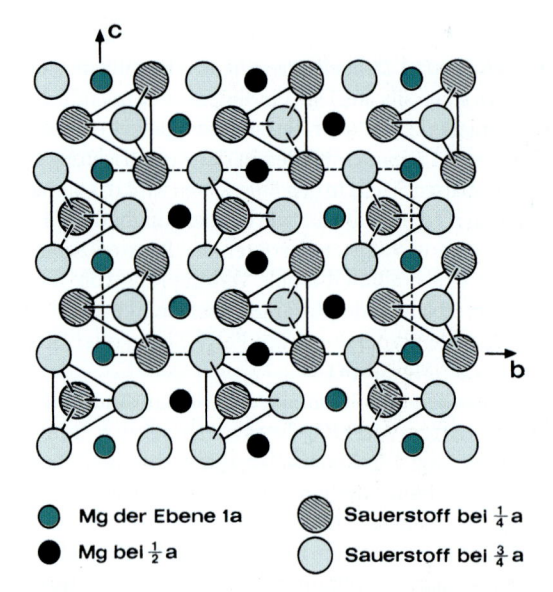

Abb. 11.3. Schema der Olivin-Struktur (Endglied Forsterit) // a in die (100)-Ebene projiziert. Zwischen den inselartigen SiO_4-Tetraedern (Si ist nicht eingezeichnet) liegt $Mg^{[6]}$ innerhalb der oktaedrischen Lücken, d. h. dass Mg jeweils 6 O als nächste Nachbarn besitzt. (Nach Bragg u. Bragg, aus Evans 1976)

Abb. 11.2. Olivin

Abb. 11.4. Zirkon

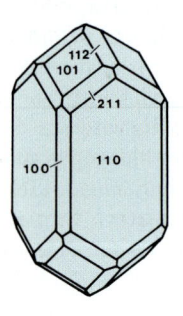

Abb. 11.5. Zirkon-Kristall mit zwei verschiedenen tetragonalen Dipyramiden {101} und {301} im Pegmatit. Hunza-Tal, Kaschmir. Bildbreite ca. 2 cm. Mineralogisches Museum der Universität Würzburg. (Foto: K.-P. Kelber)

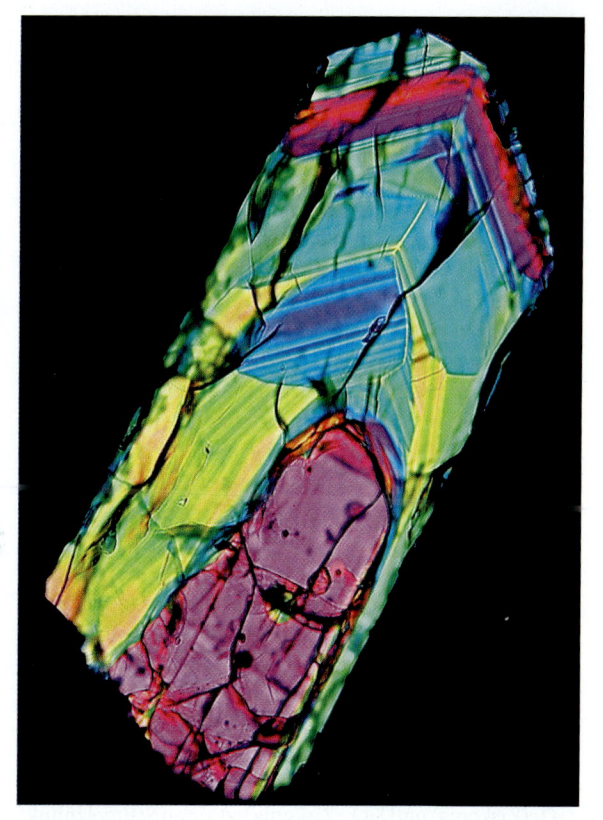

Abb. 11.6. Mikrofoto eines Zirkon-Kristalls aus einem Leukogranit nahe Dannemora, Adirondack Mountains, Staat New York (Nasdala et al. 2005). Schnitt parallel der c-Achse, Länge des Kristalls 360 µm (= 0,36 mm), Dicke des Dünnschliffs 30 µm, gekreuzte Polarisatoren (+Nic.). Der Kristall zeigt größtenteils primären Zonarbau und weist moderate Strahlenschädigung auf, erkennbar an einer deutlichen Verringerung der Doppelbrechung mit Interferenzfarben 2. Ordnung. Demgegenüber zeigt der rundliche, Uran-arme Kern hohe Interferenzfarben (rosarot 3. Ordnung), wie sie für Zirkon ohne nennenswerte Strukturschäden typisch sind. (Foto: Lutz Nasdala, Wien)

Seifen). Kristalltracht und Kristallhabitus des Zirkons hängen empfindlich von den Entstehungsbedingungen ab.

Physikalische Eigenschaften.

Spaltbarkeit	{100} unvollkommen
Bruch	muschelig
Härte	7½
Dichte	4,7 (relativ hoch)
Farbe, Glanz	gewöhnlich braun, auch farblos, gelb, orangerot, seltener grün; Diamant- oder Fettglanz, undurchsichtig bis durchscheinend, bei Edelsteinqualität auch durchsichtig

Struktur. Ähnlich wie beim Monazit sind die isolierten [SiO_4]-Tetraeder mit Zickzack-Ketten aus kantenverknüpften [ZrO_8]-Polyedern über Ecken- und Kanten verbunden und spannen so ein dreidimensionales Gerüst auf (Abb. 11.7). In manchen Fällen ist die Kristallstruktur des Zirkons durch radioaktiven Zerfall von Th und U, die anstelle von Zr in die Struktur eingebaut sind, mehr oder weniger stark strahlengeschädigt (Abb. 11.6) oder sogar weitgehend zerstört: das Mineral ist in einen sog. *metamikten* Zustand übergeführt. Dadurch nehmen Dichte und Härte merklich ab.

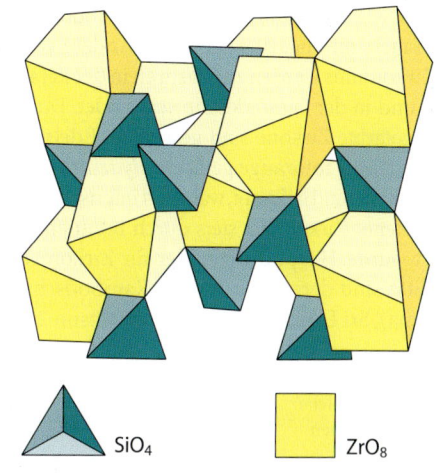

Abb. 11.7. Zirkon-Struktur, projiziert auf die Fläche (100): Kantenverknüpfte [ZrO_8]-Polyeder (gelb) bilden Zickzack-Ketten, mit denen isolierte [SiO_4]-Tetraeder (blau) über Ecken und Kanten zu einem Gerüst verbunden sind. (Aus Zoltai und Stout 1984)

Chemismus. Das Zirkonium in der Kristallstruktur wird stets bis zu einem gewissen Grad durch Hf, Th und U diadoch ersetzt. Hafnium wurde zuerst im Jahre 1922 im Zirkon aufgefunden. Darüber hinaus enthält Zirkon ein breites Spektrum an Spurenelementen, u. a. Seltene Erden und P.

Vorkommen. Als verbreiteter akzessorischer Gemengteil tritt Zirkon in mikroskopisch kleinen Kriställchen in vielen magmatischen und metamorphen Gesteinen auf, am häufigsten in Nephelinsyeniten und Pegmatiten, in letzteren auch in größeren Kristallen und lagerstättenkundlich bedeutsamer Anreicherung. Verbreitet als Schwermineral in Sanden und klastischen Sedimentgesteinen, angereichert in Seifen, auch Edelsteinseifen. Die sog. *pleochroitischen* Höfe um mikroskopisch kleine Zirkoneinschlüsse, vorzugsweise im Glimmer, gehen auf die radioaktive Einwirkung von Th und U zurück.

Bedeutung als mineralischer Rohstoff. Zirkon ist ein wichtiger mineralischer Rohstoff, so zur Gewinnung der Elemente Zr und Hf und von Zr-Verbindungen. Zr findet Verwendung als Legierungsmetall (Ferrozirkon) und Reaktormaterial. Zirkonium-Niob-Legierungen werden als Supraleiter genutzt; Gläser aus Zr-(und Hf-)Fluoriden haben eine extrem hohe Durchlässigkeit im Infrarot und finden daher in der Glasfaser-Technik Verwendung. Zirkon zersetzt sich erst bei ca. 1 660 °C zu ZrO_2 (Zirkonia) und SiO_2; Zirkonia hat einen Schmelzpunkt von ca. 2 700 °C! Daher stellen schlickergegossene Ziegelsteine aus polykristallinem Zirkon oder Tiegelmaterial aus Zirkonia mechanisch widerstandsfähige, säurebeständige und hochfeuerfeste Werkstoffe dar. Poröse, ZrO_2-basierte Keramik bildet hervorragende Wärmeisolatoren; in Behältern aus Zirkonia können Hochtemperaturgläser und Metalle, z. B. Platin, geschmolzen werden. In der Medizintechnik werden aus ZrO_2 Hüftgelenk-Implantate, Zahnimplantate und Zahnkronen hergestellt; Y-stabilisiertes ZrO_2 wird in Brennstoffzellen sowie als Ionenleiter in Lambda-Sonden zur Messung der Sauerstoff-Fugazität eingesetzt. Andere Verbindungen des Zirkoniums werden zu Glasuren in der keramischen Industrie und in der Glasindustrie verwendet. Durchsichtige, schön gefärbte Zirkone sind geschätzte Edelsteine, z. B. der bräunlich- bis rotorange gefärbte *Hyazinth*. Auch grün gefärbte Zirkone sind bekannt, während intensiv blau gefärbter, geschliffener Zirkon fast stets durch Brennen künstlich verändert wurde. Hauptförderländer für Zirkon von Edelsteinqualität sind derzeit Australien, Kambodscha, Myanmar (Burma), Sri Lanka und Thailand (Watson 2007).

Altersbestimmung. Wegen seines Th- und U-Gehalts wird Zirkon schon seit langem zur isotopischen Altersbestimmung von magmatischen und metamorphen Gesteinen genutzt, insbesondere mit der Uran-Blei-Methode (Abschn. 33.5.3, S. 615f). Die Datierung von Zirkonen, die als Schwermineral in Sedimentgesteinen vorkommen, kann Altersinformationen über das Abtragungsgebiet liefern, aus dem diese Zirkone stammen, und so wichtige Hinweise für die plattentektonische Rekonstruktion alter Kratone und Orogene geben. Wesentliche methodische Fortschritte in der Isotopenanalytik erlauben heute die Datierung von einzelnen Zirkon-Kristallen und sogar die ortsauflösende Altersbestimmung unterschiedlicher Wachstumsstadien in zonar gebauten Einzelzirkonen (Harley und Kelly 2007).

Granat-Gruppe, $X_3^{2+}Y_2^{3+}[SiO_4]_3$

In dieser Strukturformel sind in natürlichen Granaten die Positionen folgendermaßen besetzt:

- X^{2+} = Mg, Fe^{2+}, Mn^{2+}, Ca
- Y^{3+} = $Al^{[6]}$, Fe^{3+}, Cr^{3+}, V^{3+}

Endglieder der sog. *Pyralspit-Reihe* sind:

- Pyrop $Mg_3Al_2[SiO_4]_3$
- Almandin $Fe_3Al_2[SiO_4]_3$
- Spessartin $Mn_3Al_2[SiO_4]_3$

Endglieder der sog. *Ugrandit-Reihe* sind:

- Uwarowit $Ca_3Cr_2[SiO_4]_3$
- Grossular $Ca_3Al_2[SiO_4]_3$
- Andradit $Ca_3Fe_2[SiO_4]_3$

Darüber hinaus sind zahlreiche weitere Endglieder von Granat synthetisiert worden, die – wenn überhaupt – in der Natur nur eine sehr begrenzte Bedeutung besitzen, aber z. T. technisch wichtig sind.

Ausbildung. Kristallklasse $4/m\bar{3}2/m$, kubische Kristalle überwiegend Rhombendodekaeder {110}, auch Ikositraeder {211} und deren Kombinationen (Abb. 2.10, S. 39, Abb. 11.8), seltener auch in Kombination mit {hkl}, vorwiegend im Gestein eingewachsen, auch in gerundeten Körnern und Kornaggregaten, Zonarbau ist häufig.

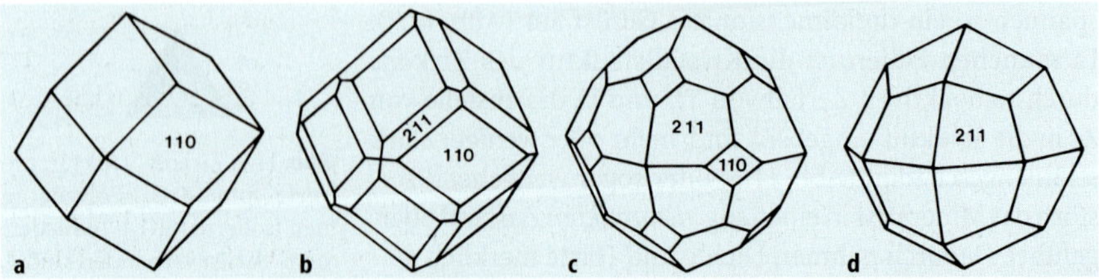

Abb. 11.8.
Granat, unterschiedliche Flächenkombinationen

Physikalische Eigenschaften.

Spaltbarkeit	bisweilen Teilbarkeit nach {110} angedeutet
Bruch	muschelig, splittrig
Härte	6½–7½ je nach der Zusammensetzung des Mischkristalls
Dichte	3,5–4,5 je nach der Zusammensetzung des Mischkristalls
Farbe, Glanz	Farbe mit der Zusammensetzung wechselnd; Pyrop-reicher Granat ist tiefrot, Almandin-reicher bräunlichrot, Spessartin-reicher gelblich- bis bräunlichrot, Grossular-reicher hell- bis gelbgrün, braun- bis rotgelb oder rot gefärbt (Varietät Hessonit, Abb. 11.32, S. 163); die intensiv grüne Grossular-Varietät Tsavorit verdankt ihre Farbe geringen Gehalten an Cr^{3+} und V^{3+}. Andradit-reicher Granat ist bräunlich bis schwarz gefärbt; gelbgrüne Farbe besitzt die Varietät *Topazolith*; die Varietät *Demantoid* ist ebenfalls gelbgrün, zeigt aber Diamantglanz. *Melanit*, ein Ti-haltiger Andradit, erscheint makroskopisch tiefschwarz gefärbt, im Dünnschliff unter dem Mikroskop dunkelbraun durchscheinend. Der Cr^{3+}-haltige *Uwarowit* ist dunkel smaragdgrün. Glas- bis Fettglanz, auch Diamantglanz, kantendurchscheinend

Struktur. Sie baut sich aus alternierenden, eckenverknüpften YO_6-Oktaedern und $[SiO_4]$-Tetraedern auf, die gewinkelte Ketten // den drei Würfelkanten der Einheitszelle bilden. Dadurch entsteht ein dreidimensionales Gerüst mit pseudokubischen Lücken, in denen die [8]-koordinierten X^{2+}-Kationen sitzen (Abb. 11.9).

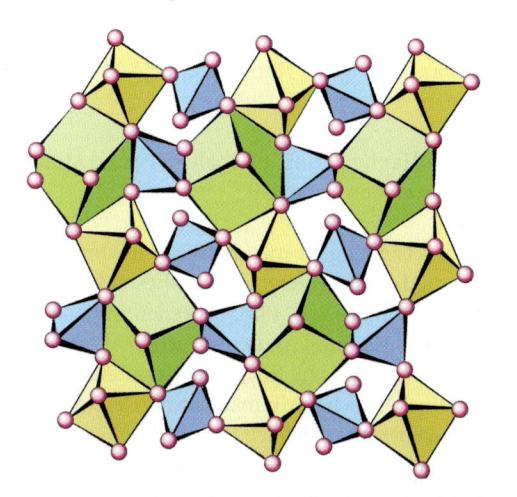

Abb. 11.9. Granat-Struktur, Ebene // {100}. Eckenverknüpfte $[SiO_4]$-Tetraeder (blau), $[AlO_6]$-Oktaeder (gelb) und verzerrte $X^{[8]}$-Hexaeder (grün). Sauerstoffe: *rosa Kugeln*. (Aus Zoltai u. Stout 1985)

Experimentelle Untersuchungen haben gezeigt, dass die Bildung mancher Granate durch hohe bis sehr hohe Drücke begünstigt wird. Das gilt besonders für die Pyrop-reichen Granate, die auch unter *P-T*-Bedingungen des oberen Erdmantels existenzfähig sind.

Chemismus. Lückenlose Mischkristallreihen bestehen innerhalb der Pyralspitreihe zwischen den Endgliedern Almandin-Pyrop und Almandin-Spessartin und innerhalb der Grandit-Gruppe zwischen Grossular und Andradit. Die Mischkristalle innerhalb der Pyralspitreihe können in der Natur meist bis zu etwa 30 Mol.-% Grossular- bzw. Andradit-Komponente aufnehmen. Im Melanit erfolgt der Ladungsausgleich über den gekoppelten Ersatz $2Al^{3+[6]} \rightleftarrows Ti^{4+[6]}Fe^{2+[6]}$ oder $Al^{3+[6]}Si^{4+[4]} \rightleftarrows Ti^{4+[6]}Fe^{2+[4]}$, d. h. in diesem Fall kann Fe^{2+} das Si in der Tetraederposition ersetzen.

Vorkommen. Granate sind wichtige gesteinsbildende Minerale, vorzugsweise in metamorphen Gesteinen und in den Granatperidotiten des oberen Erdmantels. Melanit tritt bevorzugt in alkalibetonten magmatischen Gesteinen auf. Topazolith ist ausschließlich Kluftmineral.

Wirtschaftliche Bedeutung. Schön gefärbte und klare Granate sind gelegentlich geschätzte Edelsteine, z. B. der Pyrop-reiche böhmische Granat, von anderer Fundstelle fälschlich als Kaprubin bezeichnet. Viel seltener ist der gelbgrüne Demantoid, der wegen seines fast diamantähnlichen Glanzes in geschliffener Form besonders begehrt ist. Das gleiche gilt für die grüne Grossular-Varietät Tsavorit, die 1967 in Marmoren des archaischen Mosambik-Gürtels im Grenzgebiet zwischen Tansania und Kenia entdeckt und nach dem nahe gelegenen Tsavo-Nationalpark benannt wurde. Auch der orange gefärbte Spessartin von Ramona (San Diego County, Kalifornien) wird als Edelstein verschliffen (Rossman 2009).

Al_2SiO_5-Gruppe

Zu dieser trimorphen Gruppe gehören die Minerale Sillimanit, Andalusit und Kyanit (Disthen). Sillimanit $Al^{[6]}Al^{[4]}[O/SiO_4]$ und Andalusit $Al^{[6]}Al^{[5]}[O/SiO_4]$ kristallisieren rhombisch, Kyanit $Al^{[6]}Al^{[6]}[O/SiO_4]$ triklin. Die wechselnden Koordinationsverhältnisse des Al bei diesen drei Aluminiumsilikaten sind in Strukturunterschieden begründet. Vergleichbar sind bei ihnen die über gemeinsame Kanten verknüpften $[AlO_6]$-Oktaeder // zur c-Achse. Im Übrigen ist die Struktur von Kyanit dichter gepackt als diejenige der beiden anderen Modifikationen (Abb. 11.10a–c). Diese Kristallstrukturen erklären die Spaltbarkeiten nach {010} beim Sillimanit, {110} beim Andalusit sowie {100} und {010} beim Kyanit, außerdem die Anisotropie der Härte beim Kyanit (vgl. Abb. 1.20, S. 16). Die Stabilitätsbeziehungen der Al_2SiO_5-Minerale sind im *P-T*-Diagramm Abb. 27.2 (S. 465) dargestellt. Andalusit mit der geringsten Dichte ist auf

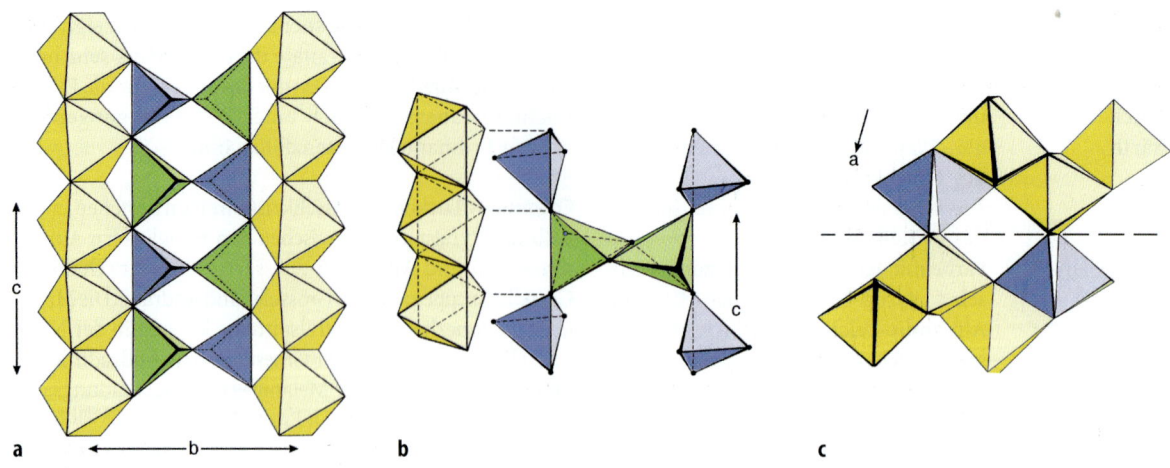

Abb. 11.10. Strukturen der Al-Silikate, Projektionen auf (100). **a** *Sillimanit* besteht aus Ketten von kantenverknüpften [AlO$_6$]-Oktaedern // c (gelb), die alternierend durch isolierte, eckenverknüpfte [AlO$_4$]-Tetraeder (grün) und [SiO$_4$]-Tetraeder (blau) verbunden sind. **b** Auch *Andalusit* besteht aus [AlO$_6$]-Oktaederketten // c (gelb), die über die Ecken abwechselnd von Paaren kantenverknüpfter [AlO$_5$]-Polyder (grün) und isolierter [SiO$_4$]-Tetraeder (blau) zusammengehalten werden. **c** Demgegenüber ist die Struktur von *Kyanit* sehr viel dichter gepackt. Sie besteht aus Bändern von kantenverknüpften [AlO$_6$]-Oktaedern // c (gelb); seitlich anhängende [SiO$_4$]-Tetraeder (blau) stellen die Verbindung zu den Nachbarbändern dar. (Nach Papike 1987 aus Kerrick 1990)

die niedrigsten Drücke beschränkt. Er geht bei Drucksteigerung in Abhängigkeit von der Temperatur in die jeweils dichtere Phase über, entweder in Kyanit oder in Sillimanit. Sillimanit ist die stabile Hochtemperatur-Modifikation unter den drei polymorphen Mineralphasen. Er geht bei starker Zunahme des Drucks in Kyanit über. Alle drei Al$_2$SiO$_5$-Phasen können nur bei einer ganz bestimmten Druck-Temperatur-Kombination stabil nebeneinander bestehen, am sog. Tripelpunkt bei etwa 4 kbar und 500 °C. Al-Silikate geben wichtige Hinweise für die Druck-Temperatur-Bedingungen, unter denen ein metamorphes Gestein gebildet wurde.

Sillimanit, Al$^{[6]}$Al$^{[4]}$[O/SiO$_4$]

Ausbildung. Kristallklasse 2/m2/m2/m, nadelförmig in metamorphen Gesteinen, als *Fibrolith* faserig und in Büscheln, verfilzten Aggregaten oder Knoten auftretend.

Physikalische Eigenschaften.

Spaltbarkeit	{010}, die Prismen besitzen eine Querabsonderung
Härte	6½
Dichte	3,2
Farbe, Glanz	weiß, gelblichweiß, grau, bräunlich oder grünlich; Glasglanz, faserige Aggregate mit Seidenglanz, durchscheinend

Chemismus. Häufig mit geringem Gehalt an Fe^{3+}.

Vorkommen. Gemengteil metamorpher Al-reicher Sedimentgesteine (Metapelite) wie Glimmerschiefer und Paragneise.

Andalusit, Al$^{[6]}$Al$^{[5]}$[O/SiO$_4$]

Ausbildung. Kristallklasse 2/m2/m2/m, prismatische Kristallform nach c mit nahezu quadratischem Querschnitt senkrecht c. Das rhombische Prisma {110} und das Basispinakoid {001} dominieren, auch mit {101} und {011}. Im *Chiastolith* ist kohliges Pigment in bestimmten Sektoren des Kristalls angereichert, im Querschnitt ⊥ (001) in Form eines dunklen Kreuzes. Andalusit kommt auch in strahlig-stängeligen und körnigen Aggregaten vor.

Physikalische Eigenschaften.

Spaltbarkeit	{110} mitunter deutlich
Bruch	uneben, muschelig
Härte	7½
Dichte	3,2
Farbe, Glanz	grau, rötlich, dunkelrosa oder bräunlich; Glasglanz

Chemismus. Häufig geringer Gehalt an Fe und Mn. *Viridin* ist ein Mn-reicher Andalusit.

Vorkommen. Gemengteil metamorpher Sedimentgesteine mit hohem Al-Gehalt (Metapelite), insbesondere Glimmerschiefer (Abschn. 26.3, S. 438); bisweilen in Quarz eingewachsen. Häufig kommt Andalusit auch in Al-reichen magmatischen Gesteinen wie Rhyoliten, Graniten, Apliten und Pegmatiten, aber auch in Migmatiten vor (Clarke et al. 2005). Oft ist Andalusit oberflächlich in feinschuppigen Hellglimmer umgewandelt, mitunter Pseudomorphosen von Hellglimmer nach Andalusit. In kohlenstoffhaltigen Tonschiefern, die thermisch überprägt sind, hat sich häufig die Varietät Chiastolith in säulenförmigen Kristallen gebildet.

Kyanit (Disthen), $Al^{[6]}Al^{[6]}[O/SiO_4]$

Ausbildung. Kristallklasse $\bar{1}$, breitstängelig nach c mit gut ausgebildetem Pinakoid {100}, diese Fläche ist oft flachwellig gekrümmt und quergestreift; daneben {010} und {110} bzw. {1$\bar{1}$0}, seltener durch {001} begrenzt.

Verbreitet Zwillingsbildung nach (100). Eingewachsen in metamorphen Gesteinen.

Physikalische Eigenschaften.

Spaltbarkeit, Bruch	{100} vollkommen, {010} deutlich; (001) ist Absonderungsfläche, (100) ist zugleich Translationsfläche mit Translationsrichtung [100], d. h. // a. Daraus ergibt sich ein faseriger Bruch nach (001) und auffällige Wellung auf (100)
Härte	Kyanit besitzt eine ausgesprochene Anisotropie der Ritzhärte auf der Fläche (100), nämlich 4–4½ // [001], dagegen 6–7 // [010], daher der Name „Disthen" (Abb. 1.20, S. 16)
Dichte	3,7, die Dichte von Kyanit als Hochdruckmodifikation ist deutlich höher als diejenige der beiden anderen Polymorphen
Farbe, Glanz	Farbe versch. intensiv blau (Abb. 11.11), daher der Name Kyanit (grch. κύανος = blau); daneben auch blauviolett, grünlichblau, grünlich bis bräunlichweiß; Glasglanz, auf (100) Perlmuttglanz, kantendurchscheinend bis fast durchsichtig

Chemismus. Geringe Gehalte an Fe^{3+} und Cr^{3+}.

Vorkommen. In metamorphen Sedimentgesteinen mit hohem Al-Gehalt (Metapeliten), in Eklogiten und Granuliten, sekundär in manchen Sanden angereichert.

Bedeutung als mineralischer Rohstoff. Andalusit, Sillimanit und Kyanit sind ganz spezielle Rohstoffe für hochfeuerfeste Erzeugnisse und Porzellane (Isolatoren).

Mullit, etwa $Al^{[6]}Al^{[4]}_{1,2}[O/Si_{0,8}O_{3,9}]$

Mullit bildet eine lückenlose Mischkristallreihe mit variablem Al:Si-Verhältnis meist zwischen 5:2 und 4:1. In der Natur kommt Mullit in hochgradig kontaktmetamorphen Tonsteinen vor (Abschn. 28.3.7, S. 505); Typlokalität ist die Seabank-Villa auf der Insel Mull (Schottland). Künstlicher Mullit ist ein Hauptbestandteil von Porzellan und feuerfester Keramik (Abschn. 11.5.7, S. 176).

Topas, $Al_2[F_2/SiO_4]$

Ausbildung. Kristallklasse 2/m2/m2/m, flächenreiche rhombische Kristalle, Tracht und Habitus sehr verschieden (Abb. 11.12); ein- und aufgewachsen; sehr formenreich: über 140 verschiedene Trachten sind beschrieben worden. Meist herrschen längsgestreifte Vertikalprismen vor, besonders {110}, daneben {120} und {130}, außerdem die Längsprismen {011}, {021} und {041}, dazu die rhombischen Dipyramiden {113} und {112} und das Basispinakoid {001}. Häufig auch in stängeligen Aggregaten (Varietät *Pyknit*) oder körnig.

Physikalische Eigenschaften.

Spaltbarkeit	{001} vollkommen
Bruch	muschelig
Härte	8 (Standardmineral der Mohs-Skala)
Dichte	3,5
Farbe, Glanz	farblos, hellgelb, weingelb, meerblau, grünlich oder rosa; Glasglanz, klar durchsichtig bis durchscheinend

Abb. 11.11. Kyanit auf Quarz, Minas Gerais, Brasilien. Länge des größeren Kristalls ca. 10 cm. Mineralogisches Museum der Universität Würzburg. (Foto: K.-P. Kelber)

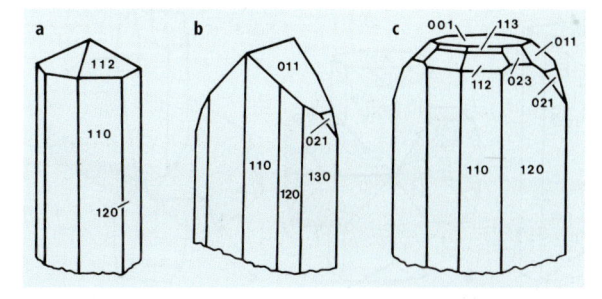

Abb. 11.12. Topas, unterschiedliche Flächenkombinationen

Wirtschaftliche Bedeutung. Wasserklar durchsichtiger und schön gefärbter Topas ist als geschliffener Stein wegen seines relativ hohen Glanzes geschätzt (*Edeltopas* der Juweliere).

Staurolith, $Fe_2Al_9[O_6(O,OH)_2/(SiO_4)_4]$

Ausbildung. Kristallklasse 2/m, relativ flächenarme prismatische Kristalle mit {110}, {101} und den Pinakoiden {010} und {001} (Abb. 2.10, S. 39, Abb. 11.14a, 11.15). Häufig treten charakteristische Durchkreuzungszwillinge (daher der Name Staurolith von grch. σταυρός = Kreuz, λίθος = Stein) mit fast rechtwinkliger Durchkreuzung nach (032) (Abb. 11.14b) oder mit einem Durchkreuzungswinkel von etwa 60° nach (232) auf (Abb. 11.14c, 11.15).

Physikalische Eigenschaften.

Spaltbarkeit	{010} bisweilen deutlich
Bruch	uneben, muschelig
Härte	7–7½
Dichte	3,7–3,8

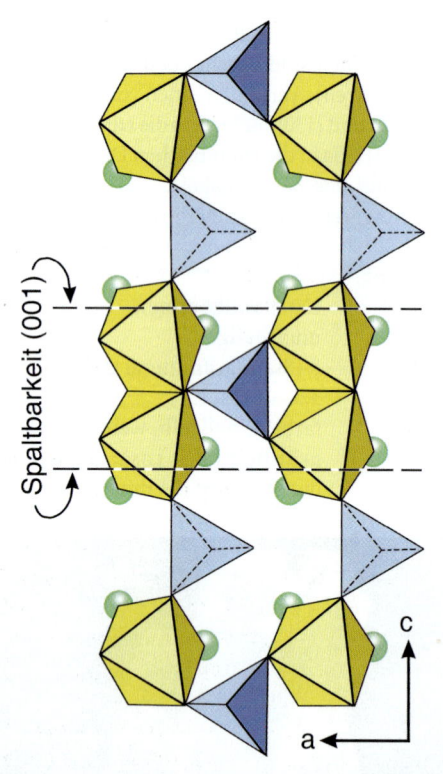

Abb. 11.13. Topas-Struktur, Projektion auf (010). Zweiergruppen von kantenverknüpften [AlO₄F₂]-Oktaedern (gelb, F = grün) werden über die Ecken mit isolierten [SiO₄]-Tetraedern (blau) zu einem Gerüst verbunden. Die vollkommene Spaltbarkeit nach {001} ist durch gerissene Linien angedeutet; sie durchschneidet nur Al-O- und Al-F-Bindungen. (Nach Ribbe und Gibbs 1971)

Struktur. Die Kristallstruktur von Topas (Abb. 11.13) kann als eine dichte Anionenpackung aus O und F beschrieben werden, in der tetraedrische Lücken durch Si mit 4 Anionen als nächste Nachbarn und oktaedrische Lücken durch Al mit 6 Anionen als nächste Nachbarn besetzt sind. F kann bis zu einem gewissen Grad durch (OH) ersetzt sein.

Vorkommen. Topas ist ein typisches Mineral in hochhydrothermalen Verdrängungslagerstätten (Greisen), oft zusammen mit Kassiterit (Zinnstein); Drusenmineral, in großen Kristallen in Granitpegmatiten, sekundär in Edelsteinseifen.

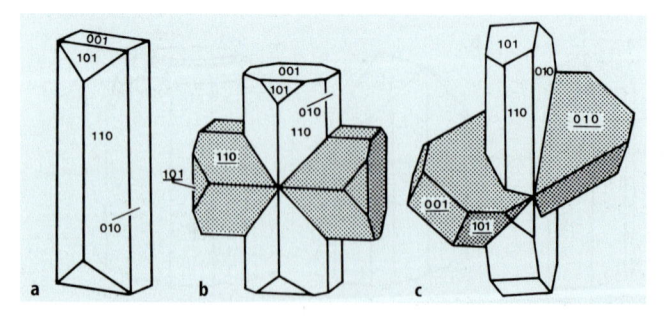

Abb. 11.14. Staurolith: **a** Einkristall; **b–c** Durchkreuzungszwillinge

Abb. 11.15. Staurolithkristalle in Glimmerschiefer bilden Durchkreuzungszwillinge nach (232) mit einem Winkel von 60°; die Flächen {010} und {110} herrschen vor. Keivy, Kola-Halbinsel, Russland. Bildbreite ca. 6 cm. Mineralogisches Museum der Universität Würzburg. (Foto: K.-P. Kelber)

Farbe, Glanz	gelbbraun, braun bis schwarzbraun, auch rotbraun; Glasglanz, matt auf Bruchflächen, kantendurchscheinend bis undurchsichtig
Weitere Eigenschaft	oft enthalten die Kristalle zahlreiche Einschlüsse, besonders von Quarz

Struktur. Die relativ komplizierte Kristallstruktur besitzt eine annähernd kubisch dichteste Kugelpackung, in der Al oktaedrisch, Si und – ungewöhnlicherweise! – auch Fe^{2+} tetraedrisch koordiniert sind. Sehr vereinfacht lässt sich die Struktur durch 8 Einheiten der Kyanit-Struktur mit abwechselnd zwischengelagerten $Fe_2AlO_3(OH)$-Schichten // (100) beschreiben. Die nicht selten auftretenden Parallelverwachsungen zwischen Staurolith (010) und Kyanit (100) mit gemeinsamer c-Achse sind auf diese Weise erklärbar.

Chemismus. In der oben aufgeführten chemischen Formel des Stauroliths kann Fe^{2+} durch Mg und Al durch Fe^{3+} bis zu einigen Prozenten ersetzt sein. Auch Mn^{2+} und Zn^{2+} können Fe^{2+} bis zu einem gewissen Grad ersetzen.

Vorkommen. Charakteristischer Gemengteil Fe- und Al-reicher metamorpher Sedimentgesteine (Metapelite), häufig neben almandinbetontem Granat und Biotit. Sekundär als Schwermineral in Sanden und Sandsteinen.

Chloritoid, $(Fe,Mg,Mn)Al_2[O/(OH)_2/SiO_4]$

Ausbildung. Kristallklasse 2/m oder $\bar{1}$, sechsseitige Tafeln, meist aus polysynthetischen Zwillingslamellen bestehend, die übereinander geschichtet sind, sehr einfache Kristallformen, oft in radialstrahligen Aggregaten.

Physikalische Eigenschaften.

Spaltbarkeit	{001} vollkommen
Härte	6½
Dichte	3,5–3,8
Farbe, Glanz	dunkelgrün bis schwarz, in dünnen Plättchen grasgrün; Glasglanz

Struktur. Dicht gepackte Oktaederschichten mit den Zusammensetzungen $Al(O,OH)_6$ und $Fe(O,OH)_6$ wechsellagern // (001) und werden durch isolierte $[SiO_4]$-Tetraeder verknüpft.

Chemismus. Al kann teilweise durch Fe^{3+}, Fe^{2+} durch Mg ersetzt werden, insbesondere bei steigenden Bildungsdrücken (*Mg-Chloritoid*); *Ottrelith* ist ein Mn-reicher Chloritoid.

Vorkommen. Charakteristischer Gemengteil Fe- und Al-reicher metamorpher Sedimentgesteine (Metapelite), entsteht bei niedrigeren Metamorphose-Temperaturen als Staurolith.

Abb. 11.16. Flächenkombinationen bei Titanit

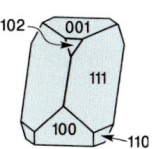

Titanit, $CaTi[O/SiO_4]$

Ausbildung. Kristallklasse 2/m, überwiegend tafelige, prismatische, keilförmige (Varietät *Sphen* von grch. σφήν = Keil), in magmatischen Gesteinen häufig Briefkuvertförmige Kristalle mit monoklinen Prismen {111} sowie den Pinakoiden {100}, {001} und {102} (Abb. 11.16).

Physikalische Eigenschaften.

Spaltbarkeit	{110}, auch {111}, bisweilen deutlich
Bruch	muschelig, spröde
Härte	5–5½
Dichte	3,4–3,6
Farbe, Glanz	gelbgrün bis grün in der Varietät Sphen alpiner Klüfte, braun bis dunkelbraun in Titaniten magmatischer Gesteine; starker Harz- bis Glasglanz

Struktur. Die Struktur baut sich aus isolierten $[SiO_4]$-Tetraedern auf, die durch $[CaO_7]$-Polyeder und $[TiO_6]$-Oktaeder verknüpft werden.

Chemismus. Ca kann diadoch durch Y (bis hin zum *Yttrotitanit*), Ce und andere Seltenerd-Elemente, Ti durch Al, Fe^{3+}, Nb und Ta ersetzt werden.

Vorkommen. Verbreiteter akzessorischer Gemengteil in Magmatiten, besonders in Dioriten, Syeniten und Nephelinsyeniten, sowie in Metamorphiten, besonders Amphiboliten. Die Varietät Sphen kommt auf alpinen Klüften vor.

Wirtschaftliche Bedeutung. Gelegentlich zu Edelsteinen verschleifbar.

11.2
Gruppensilikate (Sorosilikate)

Melilith-Reihe: Gehlenit, $Ca_2Al^{[4]}[Al^{[4]}SiO_7]$ – Åkermanit, $Ca_2Mg^{[4]}[Si_2O_7]$

Ausbildung. Kristallklasse $\bar{4}$2m, kurzsäulige, dicktafelige oder quaderartige Kristalle, im Gestein eingewachsen oder in Hohlräumen aufgewachsen.

Physikalische Eigenschaften.

Spaltbarkeit	{001} oft deutlich, gelegentlich {110}
Härte	5–6
Dichte	2,9–3,0
Farbe, Glanz	farblos, häufiger gelb, braun; auf frischem Bruch Fettglanz

Tabelle 11.2. Wichtige Gruppensilikate

Minerale	Formel	Kristallklasse
Melilith		
Gehlenit	$Ca_2Al^{[4]}[Al^{[4]}SiO_7]$	$\bar{4}2m$
Åkermanit	$Ca_2Mg^{[4]}[Si_2O_7]$	$\bar{4}2m$
Lawsonit	$CaAl_2[(OH)_2/Si_2O_7] \cdot H_2O$	2/m2/m2/m
Epidot	$Ca_2(Fe^{3+},Al)Al_2[O/OH/SiO_4/Si_2O_7]$	2/m
Zoisit	$Ca_2Al_3[O/OH/SiO_4/Si_2O_7]$	2/m2/m2/m
Vesuvian	$Ca_{19}Al_{10}(Mg,Fe)_3[(OH)_{10}/(SiO_4)_{10}/(Si_2O_7)_4]$	4/m2/m2/m

Chemismus. Lückenlose Mischkristallreihe zwischen den beiden Endgliedern durch den gekoppelten Ersatz $Al^{3+}Al^{3+} \rightleftharpoons Mg^{2+}Si^{4+}$, zusätzlich diadocher Einbau von Na und K für Ca, Fe^{2+} für Mg und Fe^{3+} für Al.

Struktur. $[SiO_4]$- und $[AlO_4]$-Tetraeder sind untereinander zu $[Si_2O_7]$ bzw. $[AlSiO_7]$-Gruppen verknüpft, daneben gibt es einen weiteren Typ von $[AlO_4]$- und (ungewöhnlich!) $[MgO_4]$-Tetraedern; alle Tetraeder sind schichtenartig // (001) angeordnet und werden durch Ca-O-Bindungen miteinander verknüpft, wobei Ca gegenüber O in [8]-Koordination auftritt.

Vorkommen. In Ca-reichen, Si-untersättigten Vulkaniten, wie Melilith-Nepheliniten, Melilithbasalten oder Melilithiten; Gehlenit kommt auch in kontaktmetamorphen Kalksteinen vor. Als technisches Produkt ist Melilith (insbesondere Åkermanit) Bestandteil von Hüttenschlacken und Zementklinkern.

Lawsonit, $CaAl_2[(OH)_2/Si_2O_7] \cdot H_2O$

Ausbildung. Kristallklasse 2/m2/m2/m, eingewachsen im Gestein, Kristalle tafelig nach dem Pinakoid {010}, in Kombination mit dem rhombischen Prisma {101} sowie den Pinakoiden {100} und {001} (Abb. 11.17a), gelegentlich auch nach b gestreckt.

Physikalische Eigenschaften.

Spaltbarkeit	{010} vollkommen, {100} gut, {101} deutlich, spröd
Härte	6
Dichte	3,1
Farbe, Glanz	farblos oder graublau, Glasglanz

Struktur. Die Lawsonitstruktur besteht aus Ketten von $[Al(O,OH)_6]$-Oktaedern, die // b verlaufen und die untereinander durch $[Si_2O_7]$-Gruppen // c eckenverknüpft werden.

Chemismus. Entspricht weitgehend der Ideal-Zusammensetzung.

Vorkommen. Als charakteristisches Mineral der niedriggradierten Hochdruck-Metamorphose tritt Lawsonit in Blauschiefern auf.

Epidot, $Ca_2(Fe^{3+},Al)Al_2[O/OH/SiO_4/Si_2O_7]$

Ausbildung. Kristallklasse 2/m, die sehr formenreichen Kristalle sind prismatisch entwickelt und nach b gestreckt (Abb. 11.17b). Dabei sind zahlreiche gestreifte Flächen innerhalb der Zone [010] ausgebildet, so die Pinakoide {001} und {100}, seitlich begrenzt durch die Vertikalprismen {110} und {210} sowie weitere Flächen.

Häufig in körnigen oder stängeligen Aggregaten vorkommend, mitunter zu Büscheln gruppiert. Es treten auch Zwillingskristalle auf.

Physikalische Eigenschaften.

Spaltbarkeit	{001} vollkommen, {100} weniger vollkommen
Bruch	uneben bis muschelig
Härte	6–7
Dichte	3,3–3,5, anwachsend mit steigendem Fe-Gehalt
Farbe	gelbgrün bis olivgrün, Fe-reicher Epidot (auch *Pistazit* genannt) ist schwarzgrün, die Fe-arme Varietät *Klinozoisit* grau, der Mn-reiche *Piemontit* rosa und der Cer-Epidot *Allanit* (*Orthit*) pechschwarz gefärbt
Glanz	starker Glasglanz auf den Kristallflächen, kantendurchscheinend bis durchsichtig

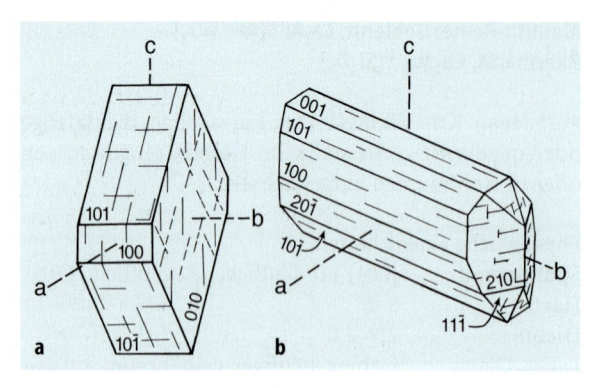

Abb. 11.17. Flächenkombinationen **a** bei Lawsonit, **b** bei Epidot

Struktur. Die Kristallstruktur von Epidot enthält als Anionengerüst sowohl inselförmig angeordnete [SiO$_4$]-Tetraeder als auch isolierte [Si$_2$O$_7$]-Gruppen. Drei verschiedene, kantenverknüpfte Oktaeder-Gruppen [Al,Fe^{3+}O$_6$] bilden Ketten // der b-Achse, von denen die M1-M3-Ketten gewinkelt, die M2-Ketten gerade sind (Abb. 11.18b,c). Diese Ketten sind mit den beiden inselförmigen Gruppen zu einem dreidimensionalen Gerüst verbunden (Abb. 11.18a). Die großen, [8]-koordinierten Ca^{2+}-Ionen nehmen unterschiedlich geformte Lücken der Struktur ein, die mit A1 und A2 bezeichnet werden, wobei der Ca–O-Abstand variiert.

Chemismus. „Epidot" ist Gruppenname für die vollständige Mischkristallreihe zwischen den (theoretischen) Endgliedern *Klinozoisit* (mit Al:Fe^{3+} = 3:0) und Epidot (mit Al:Fe^{3+} = 2:1). Im Klinozoisit-Endglied sind also alle Oktaederpositionen mit Al besetzt, während im Epidot-Endglied die M3-Position Fe^{3+} enthält. Mischkristalle mit <40 Mol.-% Epidot-Endglied werden als Klinozoisit, solche mit >40 Mol.-% Epidot-Endglied als Epidot bezeichnet. Der Name „Pistazit" für Fe-reichen Epidot ist international nicht mehr gebräuchlich und sollte besser vermieden werden. Beim theoretischen Ferriepidot-Endglied (mit Al:Fe^{3+} = 1:2) befindet sich Fe^{3+} auf den M1- und M3-Plätzen; Zusätzlich bestehen zahlreiche weitere Möglichkeiten für den Einbau fremder Kationen mit passendem Ionenradius (Armbruster et al. 2006). So wird beim *Piemontit* das Al auf der M3-Position durch Mn^{3+} ersetzt.

Weitere mögliche Fremdionen sind V^{3+} auf M1 und Fe^{3+} auf M3 beim Vanadoepidot, V^{3+} auf M3 beim Mukhinit, Cr^{3+} auf M3 beim Tawmawit bzw. Cr^{3+} auf M1 und M3 beim Chromotawmawit sowie Mn^{3+} auf M1 und M3 beim Manganipiemontit.

Die großen Lücken in der Epidot-Struktur mit den Positionen A1 und A2 sind bei den meisten Vertretern der Epidot-Gruppe mit Ca^{2+} besetzt. Dieses kann teilweise durch Sr^{2+} und Pb^{2+} auf A2 oder durch Mn^{2+} auf A1 ersetzt werden. Beim *Allanit* (Orthit) werden auf der A2-Position Ce^{3+} und andere dreiwertige Seltenerd-Elemente, aber auch U und Th anstelle von Ca^{2+} eingebaut. Der Ladungsausgleich erfolgt über einen gekoppelten Ersatz Ca^{2+}Al^{3+} $\rightleftharpoons$ Ce^{3+}Fe^{2+}, bei dem Al^{3+} gegen Fe^{2+} auf der M3-Position ausgetauscht wird. Ähnlich wie beim Zirkon (S. 146f) wird die Allanit-Struktur durch den radioaktiven Zerfall von U und Th mehr oder weniger stark strahlengeschädigt oder auch völlig zerstört (metamikter Zustand).

Auch beim Allenit gibt es weitere gekoppelte Substitutionsmöglichkeiten durch Mg^{2+} und Mn^{2+} auf M3, z. T. kombiniert mit Mn^{3+}, Fe^{3+},V^{3+} und/oder Cr^{3+} oder auch Mg^{2+}, Fe^{2+} und/oder Mn^{2+} auf M1.

Vorkommen. Verbreiteter Gemengteil in metamorphen Gesteinen, z. B. in Grünschiefern, Epidot-Amphiboliten und Blauschiefern. In magmatischen Gesteinen als sekundäres Zersetzungsprodukt, z. B. von Ca-reichen Plagioklasen („*Saussurit*"). Als Kluftmineral mitunter in sehr gut ausgebildeten, flächenreichen Kristallen.

Zoisit, Ca$_2$Al$_3$[(O/OH)/SiO$_4$/Si$_2$O$_7$]

Ausbildung. Kristallklasse 2/m2/m2/m, nach b gestreckt oder isometrisch, meist im Gestein eingewachsen; breitstängelige, faserige oder spätige Aggregate oder in derben Massen; gut ausgebildete Kristalle sind oft verbogen, geknickt oder zerbrochen.

Physikalische Eigenschaften.

Spaltbarkeit	{100} vollkommen
Bruch	uneben
Härte	6
Dichte	3,2–3,4
Farbe, Glanz	grau, braungrau, grünlich, die Mn-haltige Varietät *Thulit* ist rosa. *Tansanit* ist ein tiefblauer Zoisit von Edelsteinqualität; er gilt als „Edelstein des 20. Jahrhunderts"; Glasglanz, auf (100) z. T. Perlmuttglanz

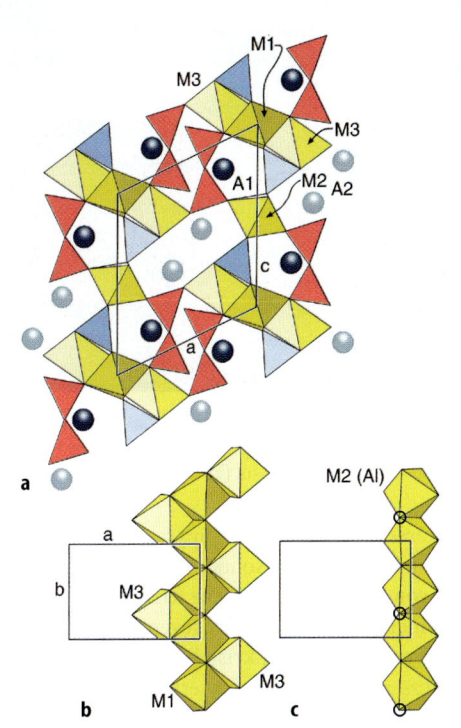

Abb. 11.18. Struktur von Klinozoisit. **a** Projektion auf (010). Kantenverknüpfte [Al,Fe^{3+}O$_6$]-Oktaeder (gelb) bilden Ketten // der b-Achse, wobei die M1- und M3-Oktaeder (**b**) gewinkelt, die M2-Oktaeder (**c**) gerade sind (*kleine offene Kreise*: H$^+$-Ionen). Diese Ketten werden durch isolierte [SiO$_4$]-Tetraeder (*blau*) und [Si$_2$O$_7$]-Gruppen (*rot*) zu einem Gerüst (**a**) verbunden, in dessen A1- und A2-Lücken das große Ca^{2+}-Ion sitzt (*große blaue Kugeln*). (Nach Armbruster et al. 2006)

Struktur. Ähnlich Epidot.

Chemismus. Nur geringer Einbau von Fe^{3+} und Mn^{3+}.

Vorkommen. In metamorphen Gesteinen, z. B. in Eklogiten.

Abb. 11.19. Flächenkombinationen bei Vesuvian

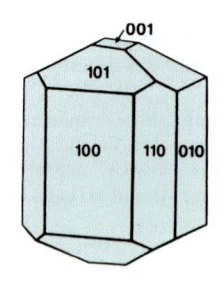

Tabelle 11.3. Die wichtigsten Ringsilikate

Mineral	Formel	Kristallklasse
Beryll	$Al_2Be_3[Si_6O_{18}]$	6/m2/m2/m
Cordierit	$(Mg,Fe^{2+})_2(Al_2Si)^{[4]}[Al_2Si_4O_{18}]$	2/m2/m2/m
Dioptas	$Cu_6[Si_6O_{18}] \cdot 6H_2O$	$\bar{3}$
Turmalin	$X^{[9]}Y_3^{[6]}Z_6^{[6]}[(OH)_4/(BO_3)_3/(Si_6O_{18})]$	3m

Vesuvian, $Ca_{19}Al_{10}(Mg,Fe)_3[(OH,F)_{10}/(SiO_4)_{10}/(Si_2O_7)_4]$

Ausbildung. Kristallklasse 4/m2/m2/m, die tetragonalen Kristalle sind meist kurzprismatisch, seltener auch stängelig (Varietät *Egeran*), tafelig, mitunter auf Prismenflächen parallel der c-Achse gestreift. Die ditetragonal-dipyramidalen Kristalle sind mitunter gut ausgebildet mit Basispinakoid {001}, tetragonalen Prismen {100} und {110}, ditetragonalem Prisma {210}, tetragonaler Dipyramide {101}, ditetragonaler Dipyramide {211} (Abb. 11.19); oft sehr flächenreich; auch körnig entwickelt, z. T. gesteinsbildend.

Physikalische Eigenschaften.

Spaltbarkeit	kaum erkennbar
Bruch	muschelig-splittrig
Härte	6–7
Dichte	3,3–3,5, abhängig vom variierenden Chemismus
Farbe, Glanz	am häufigsten verschiedene Gelb-, Braun- oder Grüntöne; an Kanten oft durchscheinend, Glas- bis Fettglanz

Kristallstruktur. Die komplizierte Struktur enthält $[SiO_4]^{4-}$-Tetraeder und $[Si_2O_7]^{6-}$-Gruppen. Die Ca^{2+}-Ionen sind von 8, die Mg^{2+}- und Fe^{2+}-Ionen von 6 O umgeben. Es bestehen Beziehungen zur Granat-Struktur.

Chemismus. Die Vesuvian-Struktur kann weitere Nebenelemente einbauen, so Alkalien (Li, Na, K), Mn, Be, Pb, Sn, Ti, Cr, Ce und andere Seltene Erden, B, H_2O, F, teilweise bis zu einigen Gew.-%.

Vorkommen. Gesteinsbildend in Kontaktmarmoren und Kalksilikatgesteinen, in vulkanischen Auswürflingen (z. B. am Vesuv) und als Kluftmineral.

11.3 Ringsilikate (Cyclosilicate)

Beryll, $Al_2Be_3[Si_6O_{18}]$

Ausbildung. Kristallklasse 6/m2/m2/m, z. T. gut ausgebildete Kristalle mit hexagonalem Prisma {10$\bar{1}$0} und Basispinakoid {0001} (Abb. 11.20, 11.21a), daneben auch dihexagonale Dipyramiden wie {10$\bar{1}$1} und {11$\bar{2}$1} (Abb. 11.21b). Auftreten

Abb. 11.20. Beryll-Kristall aus einem Pegmatit von Minas Gerais, Brasilien. Gewicht 54 kg, Länge 60 cm. Sammlung Professor Dr. Hermann Bank, Idar-Oberstein. (Foto: K.-P. Kelber)

von weiteren dihexagonalen Dipyramiden verschiedener Stellung und Steilheit besonders an klaren Kristallen innerhalb von Drusenräumen. Die Kristalle des eingewachsenen, gemeinen Berylls sind hingegen minder flächenreich. Von diesem werden Riesenkristalle bis zu 18 m Länge, 3,5 m Durchmesser und 380 t Gewicht erwähnt (Rickwood 1981). Auch als stängelige Kristalle in Gruppen vorkommend.

Physikalische Eigenschaften.

Spaltbarkeit	(0001) unvollkommen
Bruch	uneben bis muschelig, splittrig
Härte	7½–8
Dichte	2,7–2,8

Abb. 11.21.
Beryll: **a** einfache Tracht; **b** mit zusätzlichen hexagonalen Dipyramiden

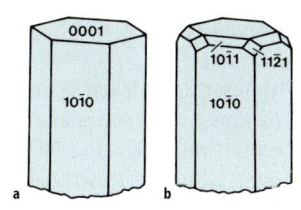

Nach **Farbe** und **Durchsichtigkeit** unterscheidet man folgende Varietäten:

- *Gemeiner Beryll* gelblich bis grünlich; trübe, höchstens kantendurchscheinend; Kristallflächen sind fast glanzlos. Seltener treten auch wasserklare, völlig farblose Kristalle von Beryll auf.
- *Aquamarin* meergrün über blaugrün bis blau (Abb. 11.20), in weniger guter Qualität auch blassblau; wasserhell durchsichtig; auf Kristallflächen Glasglanz; mitunter in relativ großen Kristallen.
- *Smaragd* tiefgrün (smaragdgrün) bis blassgrün bei schlechter Qualität; nicht selten einschlussreich, durch Spurengehalte von Cr^{3+} oder V^{3+} gefärbt, kostbarster Edelberyll.
- *Rosaberyll* (Morganit) blaßrosa bis dunkelrosa; enthält Mn^{3+}.
- *Goldberyll* gelb bis grünlichgelb
- *Goshenit* farblos

Struktur. In der Beryll-Struktur sind die $[Si_6O_{18}]$-Ringe in Schichten // (0001) angeordnet. Der elektrostatische Valenzausgleich außerhalb der Sechserringe wird durch starke Bindungskräfte der kleinen Be^{2+}- und Al^{3+}-Ionen zwischen den Ringen gewährleistet. Dabei ist das sehr kleine Be^{2+} von je 4 und Al von je 6 O umgeben (Abb. 11.22). Wegen der Verknüpfung der $[SiO_4]$-Tetraeder durch $[BeO_4]$-Tetraeder kann man Beryll auch als Gerüstsilikat auffassen. Innerhalb der übereinandergestapelten Sechserringe befinden sich // c Kanäle, die gitterfremden, teilweise großen Ionen (Na^+, K^+, Cs^+, Li^+, OH^-, F^-), Atomen (He) oder Molekülen (H_2O) Platz bieten. Diese Einlagerungen haben eine relativ geringe Wirkung auf die Geometrie der Kristallstruktur.

Vorkommen. Lokal massiertes Auftreten in Pegmatitkörpern oder in deren Umgebung. Vorkommen des edlen Berylls auch in Drusenräumen, Smaragd eingesprengt in Biotit- oder Talkschiefern, sog. Blackwalls (s. Abschn. 26.6.1, S. 457f, Abb. 26.31).

Bedeutung als Rohstoff. Beryll ist wichtigstes Beryllium-Mineral zur Gewinnung des Leichtmetalls Be, aus dem leichte, stabile Legierungen mit Mg und Al für den Flugzeugbau hergestellt werden. Hauptsächlich (zu 70–80 %) wird Be jedoch zur Herstellung von Berylliumbronzen, d. h. Cu-Legierungen mit 0,5–2 % Be eingesetzt, die z. B. in der Elektrotechnik auf Grund ihrer guten elektrischen und thermischen Leitung Verwendung finden; Legierungsmetall auch mit Fe; in kleinen Atomreaktoren als günstiges Hülsenmaterial (Moderator) für Brennstoffstäbe. Berylliumglas wird wegen seiner geringen Absorption der Röntgenstrahlen als Austrittsfenster von Röntgenröhren verwendet.

Die edlen Berylle sind wertvolle Edelsteine. Smaragd zählt zu den kostbarsten unter ihnen. Er kristallisiert – teilweise zusammen mit Alexandrit (S. 104) in Biotitschiefern oder Talkschiefern als Bestandteile von sog. Blackwalls (Abschn. 26.6.1, S. 457, Abb. 26.31). Seit 1942 werden in den USA synthetische Smaragde in einer für Schmuckzwecke brauchbaren Größe und Qualität industriell hergestellt. Die synthetische Darstellung des Smaragds in schleifbarer Qualität war zuerst 1935 der I. G. Farbenindustrie A. G. in Bitterfeld gelungen: die künstlichen Schmucksteine wurden unter dem Namen „Igmerald" zu Werbezwecken eingesetzt.

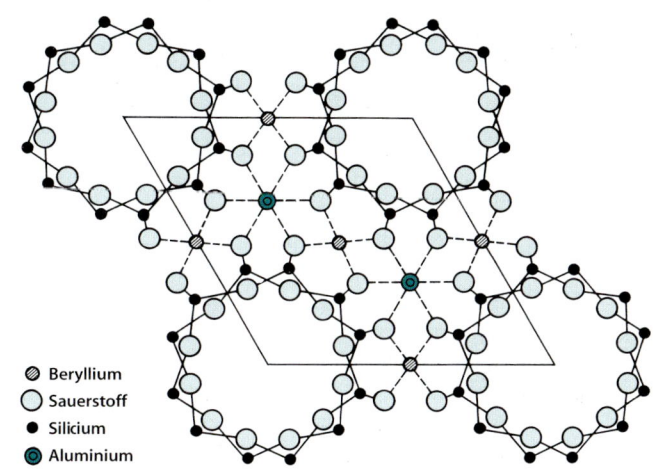

Abb. 11.22. Kristallstruktur von Beryll $Al_2Be_3[Si_6O_{18}]$ auf die (0001)-Ebene projiziert. Die Si_6O_{18}-Ringe liegen in unterschiedlicher Höhe. (Nach Bragg u. West 1926)

Legende:
- Beryllium
- Sauerstoff
- Silicium
- Aluminium

Cordierit, $(Mg,Fe^{2+})_2(Al_2Si)^{[4]}[Al_2Si_4O_{18}]$

Ausbildung. Kristallklasse 2/m2/m2/m, relativ selten idiomorphe Kristalle, kurzsäulig und stets eingewachsen im Gestein, pseudohexagonal, Durchkreuzungszwillinge nach {110}, verbreitet derbe und körnige Aggregate.

Physikalische Eigenschaften.

Spaltbarkeit	(100) bisweilen angedeutet
Bruch	muschelig, splittrig
Härte	7
Dichte	2,6
Farbe, Glanz	grau bis gelblich, zart blaßblau bis violettblau, bei stärker gefärbten Individuen mit bloßem Auge sichtbarer Pleochroismus; auf Bruchflächen Fettglanz (dem Quarz sehr ähnlich), kantendurchscheinend bis durchsichtig

Struktur. Die Kristallstruktur des Cordierits ähnelt derjenigen des Berylls, wobei die Plätze des Be^{2+} durch Al^{3+} und Si^{4+} eingenommen werden. Der elektrostatische Valenzausgleich erfolgt durch den gekoppelten Ersatz von $Be^{2+}Si^{4+} \rightleftharpoons Al^{3+}Al^{3+}$. Die Ringe aus 6 $[SiO_4]$- bzw. $[AlO_4]$-Tetraedern, die wie beim Beryll Hohlkanäle bilden, sind untereinander durch weitere Tetraeder verknüpft und bilden ein dreidimensionales Gerüst, wobei alles vorhandene Al [4]-koordiniert ist. Wegen des wichtigen Strukturmotivs der $[Al_2Si_4O_{18}]$-Ringe, der Ähnlichkeit mit der Beryll-Struktur, des Fehlens der großen Alkali- und Erdalkali-Ionen und der Wichtigkeit von [6]-koordiniertem Mg und Fe^{2+} wird Cordierit nicht als Gerüstsilikat sondern als Ringsilikat aufgefasst (Strunz u. Nickel 2001).

Chemismus. Bei den meisten Cordieriten dominiert Mg über Fe^{2+}. Aus den chemischen Analysen geht außerdem ein sehr wechselnder H_2O-Gehalt im Cordierit hervor. Die Wassermoleküle befinden sich in den großen Kanälen // c der Struktur, die durch die $[Al_2Si_4O_{18}]$-Ringe aufgebaut werden.

Vorkommen. Vorzugsweise in metamorphen Gesteinen; sekundär wird Cordierit unter Wasseraufnahme in ein Gemenge von Hellglimmer und Chlorit (*Pinit*) umgewandelt.

Verwendung. Wegen seines geringen Wärmeausdehnungs-Koeffizienten dient Cordierit als silikatkeramischer Werkstoff zur Herstellung temperaturwechselbeständiger Gebrauchsgegenstände, z. B. kochfester Geschirre.

Schön gefärbter, durchsichtiger Cordierit wird gelegentlich als Edelstein geschliffen.

Dioptas, $Cu_6[Si_6O_{18}] \cdot 6H_2O$

Ausbildung. Kristallklasse $\bar{3}$; kurzprismatisch-rhomboedrische Kristalle, einzeln, als Gruppen oder in Krusten.

Physikalische Eigenschaften.

Spaltbarkeit	$\{10\bar{1}1\}$ gut
Bruch	muschelig bis uneben
Härte	5
Dichte	3,3
Farbe, Glanz	smaragdgrün; glasglänzend; durchsichtig bis durchscheinend

Struktur. Stark deformierte $[Si_6O_{18}]$-Ringe bilden enge Kanäle, die kein Aus- und Einwandern von H_2O gestatten (anders als bei den Zeolithen, Abschn. 11.6.5, S. 200f).

Vorkommen. In Oxidationszonen von Cu-Lagerstätten.

Verwendung. Gelegentlich als Schmuckstein verschliffen.

Turmalin-Gruppe, $X^{[9]}Y_3^{[6]}Z_6^{[6]}[(OH)_4/(BO_3)_3/(Si_6O_{18})]$

In dieser komplexen Formel sind die unterschiedlichen Positionen in der Kristallstruktur mit folgenden Kationen besetzt, wobei es eine Fülle von Substitutions-Möglichkeiten gibt (z. B. Hawthorne und Henry 1999):

- X = Ca, Na, K, □ (Leerstelle)
- Y = Li, Mg, Fe^{2+}, Mn^{2+}, Al, Cr^{3+}, V^{3+}, Fe^{3+}, Ti^{4+}
- Z = Mg, Al, Fe^{3+}, V^{3+}, Cr^{3+}
- T = Si, Al, (B)
- V = (OH), O
- W = (OH), F, O

Ausbildung. Kristallklasse 3m, ditrigonal-pyramidale Kristalle mit dominierenden vertikal verlaufenden Prismen, so $\{10\bar{1}0\}$ allein oder kombiniert mit dem hexagonalen Prisma $\{11\bar{2}0\}$. Die polar ausgebildeten Kristalle zeigen als Endbegrenzung mehrere trigonale Pyramiden wie $\{10\bar{1}1\}$, $\{02\bar{2}1\}$ (oben) und $\{01\bar{1}\bar{1}\}$ (unten) (Abb. 11.23b,c). Im Schnitt senkrecht c oft gerundet (ähnlich einem sphärischen Dreieck; Abb. 11.23a, 11.25). Es handelt sich um eine Scheinrundung durch Vizinalflächen. Die vertikal verlaufenden Prismenflächen sind meist gestreift (Abb. 11.23a, 11.24, 11.25).

Die Kristalle besitzen neben gedrungenem Habitus häufiger nadelförmige Ausbildung, vorzugsweise zu radial- oder büschelförmigen Gruppen angeordnet, sog. Turmalinsonnen. Die Kristalle sind aufgewachsen oder im Gestein eingewachsen.

Physikalische Eigenschaften.

Spaltbarkeit	mitunter Absonderung // (0001)
Bruch	muschelig
Härte	7–7½
Dichte	3,0–3,3
Farbe, Glanz	Die Farbe von Turmalin wechselt stark mit der Zusammensetzung, wobei sehr zahlreiche Farbnuancen auftreten ("Edelstein des Regenbogens", s. u.); charakteristisch sind ferner ein starker Pleochroismus (Tur-

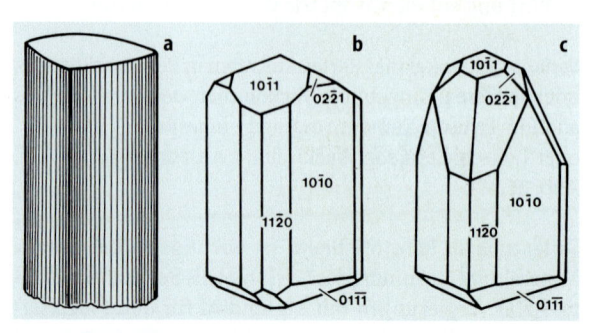

Abb. 11.23. Turmalin: **a** Vertikalstreifung und Rundung im Schnitt ⊥ der c-Achse; **b, c** polare Ausbildung der Kristalle mit verschiedenen trigonalen Pyramiden als Endbegrenzung

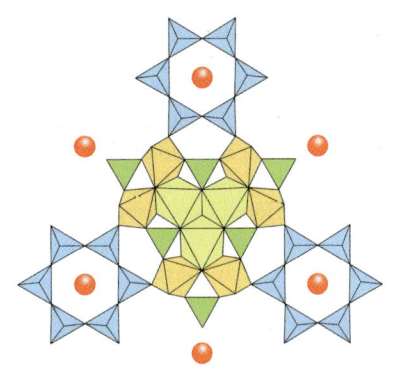

Abb. 11.26. Turmalin-Struktur, Projektion auf (0001). Die dreizählige Drehachse und die Scheinrundung sind klar zu erkennen. Eckenverknüpfte [SiO$_4$]-Tetraeder (blau) bilden Sechserringe, [YO$_4$(OH)$_2$]-Oktaeder (hellgelb) und [ZO$_5$OH]-Oktaeder (dunkelgelb) sind untereinander über Kanten, mit den [BO$_3$]-Dreiecken (grün) dagegen über Ecken verknüpft; die großen X-Atome sind als rote Kugeln dargestellt. (Nach Strunz und Nickel 2001)

Abb. 11.24. Turmalin, Minas Gerais, Brasilien. Bildbreite 6 cm. Mineralogisches Museum der Universität Würzburg. (Foto: K.-P. Kelber)

malinzange!) und ein gut sichtbarer Zonarbau durch verschiedene Färbung in Schnitten ⊥ und // c, etwa roter Kern und grüner Randsaum (Abb. 11.25), auch die Enden der Turmalin-Kristalle besitzen häufig eine abweichende Färbung; auf Kristallflächen Glasglanz, durchsichtig bis kantendurchscheinend in Splittern

Besondere Eigenschaft durch polare Ausbildung sind die Kristalle pyro- und piezoelektrisch

Struktur (Abb. 11.26). Die [SiO$_4$]-Tetraeder, die zu hexagonalen [Si$_6$O$_{18}$]-Ringen angeordnet sind, liegen mit ihrer Basis // (0001) und zeigen mit ihren freien O-Atomen in die gleiche Richtung. Bor bildet trigonale [BO$_3$]-Ringe. Kantenverknüpfte [ZO$_5$OH]-Oktaeder bilden links- und rechtssinnig gewundene Schraubenachsen // c, die untereinander über Ecken sowie durch Dreiergruppen von kantenverknüpften [YO$_4$(OH)$_2$]-Oktaedern verbunden sind. Die großen X-Atome liegen über den 6 freien O-Atomen der [Si$_6$O$_{18}$]-Ringe und unter den 3 O-Atomen der [BO$_3$]-Ringe. Die X-Atome sind nur sehr schwach gebunden, und die X-Position kann sogar teilweise unbesetzt sein.

Chemismus. Komplizierte chemische Zusammensetzung durch Möglichkeiten umfangreicher Mischkristallbildung. Dabei unterscheidet man je nach der überwiegenden Besetzung der X-Position

- Alkali-Turmaline
- Ca-Turmaline
- Leerstellen-Turmaline

Abb. 11.25. Scheingerundete Kristalle von Turmalin mit ausgeprägtem Zonarbau in einem Pegmatit von Omaruru, Namibia. Bildbreite 3 cm. Mineralogisches Museum der Universität Würzburg. (Foto: K.-P. Kelber)

Die theoretischen Endglieder der Turmalin-Gruppe sind in Tabelle 11.4 zusammengestellt.

Farbvarietäten. Der tiefschwarze, Fe-reiche Turmalin wird als *Schörl* bezeichnet; betont Mg-reich ist der braune bis grünlichbraune *Dravit*. Die meisten Turmalin-Varietäten von Edelsteinqualität – vorwiegend Elbaite – verdanken ihre Farbe geringen Beimengungen von Fe^{2+} (meist blau), $Fe^{2+} + Ti^{4+}$ (grün), Mn^{3+} (rosa), $Mn^{2+} + Ti^{4+}$ (gelb) oder einer Kombination dieser farbgebenden Elemente. Seltener, so in Tansania und Kenia, wurden Turmaline gefunden, deren Farbe durch Spuren von Cr^{3+} und V^{3+} bedingt ist (z. B. Rossman 2009). Im Jahre 1988 wurden in Granit-Pegmatiten im brasilianischen Staat Paraíba Cu^{2+}-Mn^{2+}-führende Elbaite gefunden, die sich durch ungewöhnlich gesättigte Grün- und Blautöne auszeichnen und auf dem internationalen Edelsteinmarkt sehr erfolgreich sind (z. B. Bank et al. 1990; Rossman 2009); sie enthalten bis zu 1,8 % CuO und 3,5 % MnO (Ertl et al. 2013). Später fand man ähnliche schleifwürdige Elbaite vom Paraíba-Typ auch in Mosambik und in Nigeria. Weitere Elbaite von Edelsteinqualität sind der grüne, Cr-haltige Verdelith (Abb. 11.24) und der rosarote bis rote *Rubellit*, der Mn-, Li- und Cs-haltig ist; nicht so häufig kommt der blaue *Indigolith* vor; selten gibt es auch farblosen Turmalin. Edelstein-Turmaline von optimaler Qualität sollten weder zu blass, noch zu dunkel gefärbt (d. h. zu Fe-reich) sein.

Vorkommen. Turmalin ist häufiger akzessorischer Gemengteil in Pegmatiten oder hochhydrothermal beeinflussten Graniten, hier auch Drusenmineral. Als mikroskopischer Gemengteil in den verschiedensten Gesteinen sehr verbreitet; auch als detritisches Schwermineral und als Mineralneubildung in Sedimenten.

Verwendung. Durchsichtige und dabei schön gefärbte rote, grüne, mehrfarbige, seltener auch blau gefärbte Turmaline werden als Edelsteine geschliffen.

11.4 Ketten- und Doppelkettensilikate (Inosilikate)

Zu den Ketten- und Doppelkettensilikaten gehören zwei wichtige Gruppen von gesteinsbildenden Mineralen:

- Pyroxene und
- Amphibole.

Die Struktur der *Pyroxene* baut sich aus *Einfachketten* mit dem Verhältnis Si : O = 1 : 3, die der *Amphibole* aus *Doppelketten* mit dem Verhältnis Si : O = 4 : 11 auf (Abb. 11.1f,g, S. 143). In ihren kristallographischen, physikalischen und chemischen Eigenschaften sind sich die beiden Gruppen ziemlich ähnlich. In beiden Gruppen gibt es rhombische und monokline Vertreter.

Die Kationen sind bei den Pyroxenen und Amphibolen weitgehend die gleichen, jedoch enthalten die Am-

Tabelle 11.4. Besetzung der X-, Y-, Z-, V und W-Position in den theoretischen Endgliedern der Turmalin-Gruppe nach Hawthorne und Henry (1999)

	X	Y_3	Z_6	V_3	W
Alkali-Turmaline					
Elbait	Na	$Li_{1,5}Al_{1,5}$	Al_6	$(OH)_3$	(OH)
Dravit	Na	Mg_3	Al_6	$(OH)_3$	(OH)
Chromdravit	Na	Mg_3	Cr_6	$(OH)_3$	(OH)
Schörl	Na	Fe_3^{2+}	Al_6	$(OH)_3$	(OH)
Olenit	Na	Al_3	Al_6	O_3	(OH)
Buergerit	Na	Fe_3^{3+}	Al_6	O_3	F
Povondrait	Na	Fe_3^{3+}	$Fe_4^{3+}Mg_2$	$(OH)_3$	O
Ca-Turmaline					
Uvit	Ca	Mg_3	Al_5Mg	$(OH)_3$	F
Hydroxy-Feruvit	Ca	Fe_3^{2+}	Al_5Mg	$(OH)_3$	(OH)
Liddicoatit	Ca	Li_2Al	Al_6	$(OH)_3$	F
Leerstellen-Turmaline					
Rossmanit	□	$LiAl_2$	Al_6	$(OH)_3$	(OH)
Foitit	□	$Fe_2^{2+}Al$	Al_6	$(OH)_3$	(OH)
Magnesiofoitit	□	Mg_2Al	Al_6	$(OH)_3$	(OH)

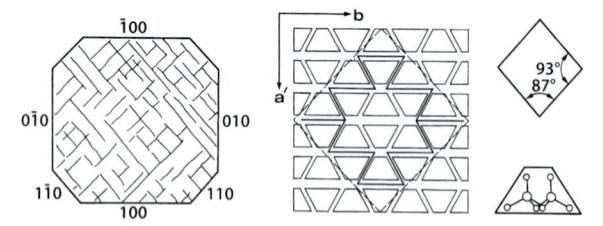

Abb. 11.27. Pyroxen, Schnitt ⊥ [001] mit angedeuteter Spaltbarkeit nach {110}. *Rechts daneben* die enge Beziehung zur Pyroxen-Struktur mit ihren relativ schwächeren seitlichen Bindungskräften zwischen den [SiO_3]-Ketten, die // c verlaufen. Spaltwinkel 87° bzw. 93°

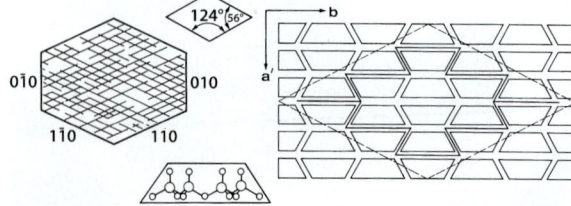

Abb. 11.28. Amphibol, Schnitt ⊥ [001] mit vollkommener Spaltbarkeit nach {110}. *Rechts daneben* die enge Beziehung zur Amphibol-Struktur mit ihren relativ schwächeren seitlichen Bindungskräften zwischen den [Si_4O_{11}]-Doppelketten, die // c verlaufen. Spaltwinkel 124° bzw. 56°

phibole (OH)⁻, untergeordnet auch F⁻ als Anionen 2. Stellung. Hieraus erklären sich die etwas geringere Dichte und die niedrigere Lichtbrechung der Amphibole gegenüber den Pyroxenen.

Während die Pyroxene meist eher kurzprismatische Kristalle bilden, zeigen die Amphibole häufiger langprismatische, stängelige oder sogar dünnadelig-faserige Ausbildungen. Wichtiges Unterscheidungsmerkmal unter dem Mikroskop sind die unterschiedlichen Spaltwinkel zwischen (110) und (1$\bar{1}$0) von 87° bei den Pyroxenen und 124° bei den Amphibolen (Abb. 11.27, 11.28). Darüber hinaus besitzen die Amphibole eine weitaus vollkommenere Spaltbarkeit mit durchhaltenden Spaltflächen und viel höherem Glanz auf diesen Flächen. Die prismatische Spaltbarkeit bricht in beiden Fällen die schwachen Bindungskräfte zwischen den Kationen und den Ketten bzw. Doppelketten auf, niemals jedoch die relativ starken Si-O-Bindungen innerhalb einer Kette (Abb. 11.27, 11.28).

Pyroxene kristallisieren meist bei höheren Temperaturen als der jeweils seinem Chemismus nach entsprechende Amphibol. Pyroxen gehört zu den frühen Ausscheidungen einer sich abkühlenden silikatischen Schmelze in der Natur. Amphibol kristallisiert z. B. aus wasserreicheren Schmelzen oder er entsteht mit der Abnahme der Temperatur unter Anwesenheit von H_2O sekundär aus Pyroxen.

11.4.1
Pyroxen-Familie

Der Chemismus der Pyroxene (Abb. 11.29a,b) kann durch die allgemeine Formel $X^{[8]}Y^{[6]}[Z_2O_6]$ ausgedrückt werden. Die Position von X können die folgenden Kationen einnehmen: $Na^+, Ca^{2+}, Fe^{2+}, Mg^{2+}, Mn^{2+}$, die Position von Y: $Fe^{2+}, Mg^{2+}, Mn^{2+}, Zn^{2+}, Fe^{3+}, Al^{3+}, Cr^{3+}, V^{3+}$ und Ti^{4+}, die Position von Z: im wesentlichen Si^{4+} und Al^{3+}. *Klinopyroxene*, bei denen die X- und Y-Positionen durch verschieden große Kationen besetzt sind, haben monokline Symmetrie. Demgegenüber sind in den rhombischen *Orthopyroxenen*, z. B. im Hypersthen, die Kationenpositionen annähernd gleich groß, und deshalb besteht hier ausschließlich [6]-Koordination (X = Y) und die Symmetrie wird höher. Diese Symmetrieerhöhung wird durch eine Art submikroskopischer Verzwillingung // (100) unter Verdoppelung der Elementarzelle hervorgerufen. Viele Klinopyroxene können in erster Näherung als Glieder des 4-Komponenten-Systems $CaMgSi_2O_6$–$CaFeSi_2O_6$–$Mg_2Si_2O_6$–$Fe_2Si_2O_6$ („Pyroxen-Trapez") betrachtet werden (Abb. 11.29a,b). Die monokline Pyroxen-Mischkristallreihe $Mg_2Si_2O_6$–$Fe_2Si_2O_6$ (Klinoenstatit-Klinoferrosilit) ist in irdischen Gesteinen ungewöhnlich. Pigeonit tritt nur unter niedrigen Drücken auf (vgl. hierzu auch den pseudobinären Schnitt Protoenstatit-Diopsid bei 1 bar Druck; Abb. 18.16, S. 297). $Ca_2Si_2O_6$

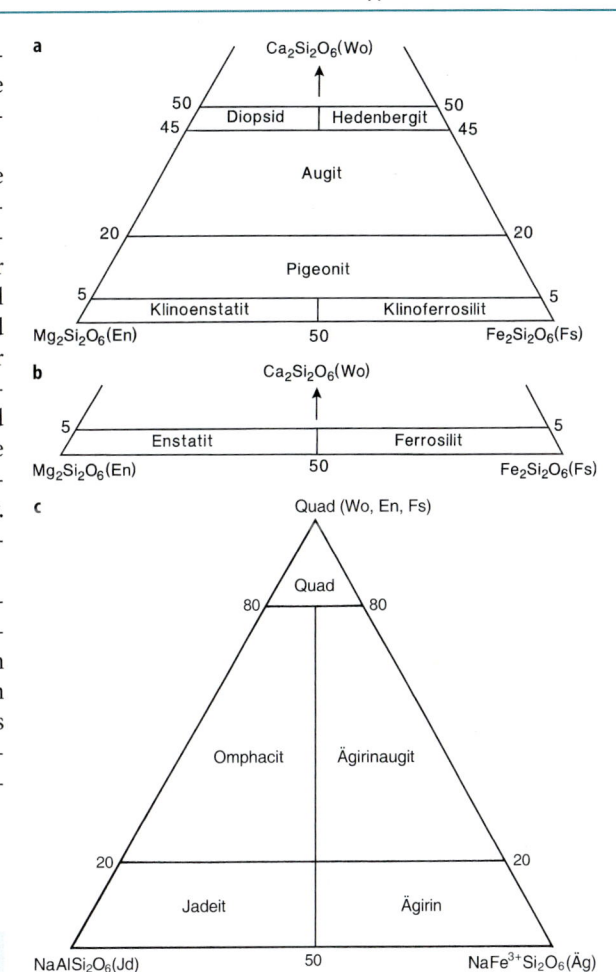

Abb. 11.29. Nomenklatur von **a** Ca-Mg-Fe-Klinopyroxenen, **b** Orthopyroxenen und **c** Mischkristallen zwische Jadeit (Jd), Ägirin (Äg) und Ca-Mg-Fe-Klinopyroxenen (Quad) nach Morimoto et al. (1988). Jadeit und Omphacit treten in Hochdruck-metamorphen Gesteinen auf (Abschn. 26.3.1, S. 438, 28.3.8, S. 505ff, 28.3.9, S. 507ff)

(Wo) kommt als Wollastonit in der Natur vor, wird jedoch nicht zu den Pyroxenen gerechnet, sondern zu den Pyroxenoiden (Abschn. 11.4.2, S. 165f).

Die Kristallstruktur der Pyroxen-Familie zeichnet sich durch $[SiO_3]^{2-}$- bzw. $[Si_2O_6]^{4-}$-Ketten // zur c-Achse aus (Abb. 11.1, S. 143). Diese Einfachketten werden seitlich abgesättigt durch die Kationen X und Y. Die größeren X-Kationen, bei Diopsid z. B. Ca^{2+}, beim Jadeit Na^+, besitzen etwas schwächere Bindungskräfte und sind gegenüber O [8]-koordiniert. Die kleineren Y-Kationen, im Diopsid Mg^{2+}, im Jadeit Al^{3+}, sind demgegenüber [6]-koordiniert. Als Beispiel ist in Abb. 11.30 die Jadeit-Struktur dargestellt. Man erkennt unendliche, parallele Ketten von eckenverknüpften $[SiO_4]$-Tetraedern und kantenverknüpften $[AlO_6]$-Oktaedern, die beide in Richtung der c-Achse verlaufen und über Ecken miteinander verbunden sind. Das große Na^+-Kation sitzt in den Lücken der Struktur.

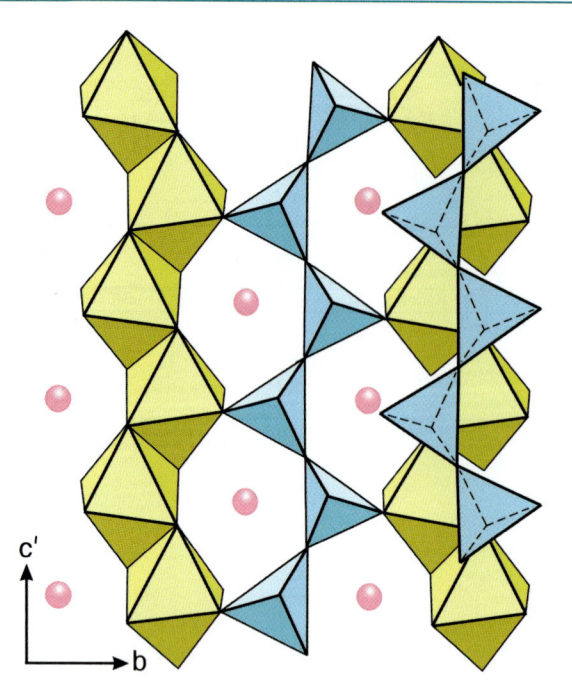

Abb. 11.30. Jadeit-Struktur, etwa in Richtung der a-Achse projiziert. Eckenverknüpfte [SiO$_4$]-Tetraeder (blau) und kantenverknüpfte [AlO$_6$]-Oktaeder (gelb) bilden unendliche Ketten // c, die über Ecken miteinander verbunden sind; die großen Na$^+$-Kationen sitzen in den Lücken der Struktur. (Nach Burnham et al. 1967 aus Deer et al. 1978)

Das Subcommitee on Pyroxenes der Commission on New Minerals and Mineral Names (CNMMN) der International Mineralogical Association (IMA) hat vorgeschlagen, bei den Orthopyroxenen die bislang gebräuchlichen Namen Bronzit, Hypersthen und Ferrohypersthen nicht mehr zu verwenden (Morimoto et al. 1988). Dieser Vorschlag geht jedoch vollständig an der Realität vorbei, da diese herkömmlichen Namen in zahlreichen Gesteinsbezeichnungen (z. B. Bronzitit) und in der Meteoriten-Nomenklatur (z. B. Hypersthen-Chondrit) verwendet werden. Ebenso behalten wir in Tabelle 11.5 die Zwischenglieder Salit und Ferrosalit in der Mischkristallreihe Diopsid–Hedenbergit bei, die sich als praktisch erwiesen haben.

Die Lage der wichtigsten Pyroxene im sog. Pyroxen-Trapez Diopsid (Di) – Hedenbergit (Hd) – Enstatit (En) – Ferrosilit (Fs) zeigt Abb. 11.29a,b, während die Mischkristalle zwischen den Endgliedern Jadeit (Jd), Ägirin (Äg) und den Ca-Mg-Fe-Pyroxenen (Quad = Wo + En + Fs) in Abb. 11.29c dargestellt sind. Die wichtigsten Pyroxene sind in Tabelle 11.5 aufgeführt.

Mg-Fe-Pyroxene

Enstatit, Mg$_2$[Si$_2$O$_6$] – Ferrosilit, Fe$_2$[Si$_2$O$_6$]

Ausbildung. Kristallklasse meist 2/m2/m2/m (Orthopyroxene), selten 2/m. Gute Kristalle sind nicht sehr häufig; gewöhnlich körnig oder blättrig, massig entwickelte Aggregate, gesteinsbildend.

Tabelle 11.5. Wichtige Pyroxene

Minerale	Formel	Mischkristall-Bereich	Kristallklasse
Mg-Fe-Pyroxene			
Enstatit	Mg$_2$[Si$_2$O$_6$]	En$_{100}$Fs$_0$–En$_{90}$Fs$_{10}$	2/m2/m2/m
Bronzit	(Mg,Fe)$_2$[Si$_2$O$_6$]	En$_{90}$Fs$_{10}$–En$_{70}$Fs$_{30}$	2/m2/m2/m
Hypersthen	(Mg,Fe)$_2$[Si$_2$O$_6$]	En$_{70}$Fs$_{30}$–En$_{50}$Fs$_{50}$	2/m2/m2/m
Ferrohypersthen	(Fe,Mg)$_2$[Si$_2$O$_6$]	En$_{50}$Fs$_{50}$–En$_{30}$Fs$_{70}$	2/m2/m2/m
Pigeonit	etwa Ca$_{0,25}$(Mg,Fe)$_{1,75}$[Si$_2$O$_6$]		2/m
Ca-Pyroxene			
Diopsid	CaMg[Si$_2$O$_6$]	Di$_{100}$Hd$_0$–Di$_{90}$Hd$_{10}$	2/m
Salit	Ca(Mg,Fe)[Si$_2$O$_6$]	Di$_{90}$Hd$_{10}$–Di$_{50}$Hd$_{50}$	2/m
Ferrosalit	Ca(Fe,Mg)[Si$_2$O$_6$]	Di$_{50}$Hd$_{50}$–Di$_{10}$Hd$_{90}$	2/m
Hedenbergit	CaFe[Si$_2$O$_6$]	Di$_{10}$Hd$_{90}$–Di$_0$Hd$_{100}$	2/m
Augit	(Ca,Na)(Mg,Fe,Al)[(Si,Al)$_2$O$_6$]		2/m
Na-Pyroxene			
Jadeit	NaAl[Si$_2$O$_6$]		2/m
Ägirin (Akmit)	NaFe^{3+}[Si$_2$O$_6$]		2/m
Na-Ca-Pyroxene			
Omphacit	Mischkristall aus Jadeit und Augit		2/m
Ägirinaugit	Mischkristall aus Ägirin und Augit		2/m
Lithiumpyroxen			
Spodumen	LiAl[Si$_2$O$_6$]		2/m

Physikalische Eigenschaften.

Spaltbarkeit	nach dem Vertikalprisma {110} deutlich, wie bei allen Pyroxenen Spaltwinkel nahe 90°, // zu der schwächsten seitlichen Bindung der SiO$_3$-Ketten (Abb. 11.27). Häufig wird eine Absonderung nach (100) beobachtet mit oft geknickter oder wellig verbogener Fläche infolge Translation
Härte	5½–6
Dichte	3,2–3,6, mit dem Fe-Gehalt anwachsend
Farbe	graugrün (Enstatit), dunkelbraun (Hypersthen); kantendurchscheinend
Glanz	matter Glanz auf Spaltflächen nach {110}, auf der Absonderungsfläche (100) zeigt Bronzit bronzeartigen, Hypersthen kupferroten Schiller, bedingt durch feine tafelige Entmischungskörper von Ilmenit, die nach dieser Ebene eingelagert sind

Chemismus. Lückenlose Mischkristallreihe zwischen den Endgliedern Enstatit Mg$_2$[Si$_2$O$_6$] – Ferrosilit Fe$_2$[Si$_2$O$_6$] (Abb. 11.29) von nahezu En$_{100}$ bis En$_{10}$Fs$_{90}$; reiner Ferrosilit wurde bislang in der Natur nicht beobachtet. Die Aufnahmefähigkeit für Ca^{2+} ist in Orthopyroxenen gering und kann maximal 5 Mol.-% Ca$_2$[Si$_2$O$_6$]-Komponente erreichen.

Vorkommen. Orthopyroxene sind in magmatischen Gesteinen recht verbreitet; sie können wegen einer ausgedehnten Mischungslücke auch neben Ca-Pyroxenen im gleichen Gestein im Gleichgewicht auftreten. Die Mg-reicheren Glieder der Orthopyroxene kommen in ultramafischen Magmatiten, mitunter auch in deren metamorphen Äquivalenten vor. Orthopyroxene sind typisch für hochgradig metamorphe Gesteine, insbesondere Pyroxen-Granulite.

Die **monokline Reihe Klinoenstatit – Klinoferrosilit** kommt in der Natur nur sehr selten vor, so z. B. gelegentlich in skelettförmigen Kristallen in vulkanischen Gesteinen. Klinoenstatit ist in Meteoriten beobachtet worden.

Ca-Pyroxene

Diopsid, CaMg[Si$_2$O$_6$] – Hedenbergit, CaFe[Si$_2$O$_6$] – Augit, (Ca,Na)(Mg,Fe,Al)[(Si,Al)$_2$O$_6$]

Diopsid und Hedenbergit bilden eine vollständige Mischkristallreihe (Abb. 11.29a) mit nahezu linearer Änderung von Dichte und Brechungsindizes. Im Augit besteht eine vielfältige Diadochie mit den gekoppelten Substitutionen Ca^{2+}(Mg,Fe^{2+}) $\rightleftharpoons$ Na$^+$(Al,Fe^{3+}) und (Ca,Mg,Fe^{2+})$^{[6]}$Si$^{[4]}$ $\rightleftharpoons$ Al$^{[6]}$Al$^{[4]}$, wobei das *Ca-* und das *Mg-Tschermaks Molekül* CaAl$^{[6]}$[Al$^{[4]}$SiO$_6$] (Ca-Ts) und MgAl$^{[6]}$[Al$^{[4]}$SiO$_6$] (Mg-Ts) nicht als Pyroxen-Endglieder vorkommen. Bei einem Gehalt von 3–5 % TiO$_2$ liegt *Titanaugit* vor, mit den charakteristischen Anwachskegeln, die unter dem Mikroskop sichtbar sind und auch als Sanduhrstruktur bezeichnet werden (Abb. 13.12a, S. 239f).

Ausbildung. Kristallklasse 2/m, Diopsid mit Vorherrschen von {100} und {010} und fast rechteckigem Querschnitt. Augit ist gewöhnlich kurzsäulig mit Vorherrschen von Vertikalprisma {110} und Längsprisma {111}, daneben die Pinakoide {100} und {010} (Abb. 11.31, 11.32). Das gilt besonders für gut ausgebildete Kristalle der Varietät *basaltischer Augit* (Abb. 2.6, S. 38, Abb. 3.2, S. 57); diese zeigen auch Zwillinge nach (100) oder Durchkreuzungszwillinge nach (101). Diopsid, Salit, Ferrosalit und Hedenbergit treten häufiger in körnigen Aggregaten auf.

Abb. 11.31. Tracht und Habitus bei Pyroxen. **a** Augit (Stellung des Kristalls um 180° um c gedreht); **b** Akmit mit nach c gestrecktem Habitus

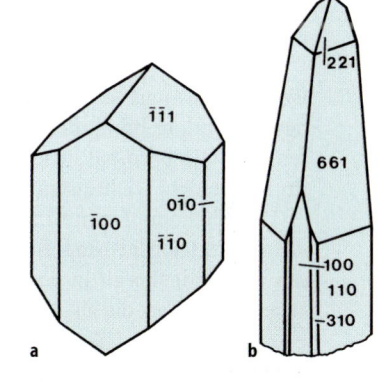

Abb. 11.32. Kristalle von Diopsid (hellgrün) und Grossular (Var. Hessonit, rot). Mussa-Alpe, Piemont, Italien. Bildbreite ca. 1 cm. Mineralogisches Museum der Universität Würzburg. (Foto: K.-P. Kelber)

Physikalische Eigenschaften.

Spaltbarkeit	{110} unvollkommen bis wechselnd deutlich, Absonderung nach (100) durch Translation bei der Varietät *Diallag*
Bruch	muschelig, spröde
Härte	5½–6½
Dichte	3,2 (reiner Diopsid) bis 3,55 (reiner Hedenbergit); im gleichen Bereich liegen Augite unterschiedlicher Zusammensetzung
Farbe, Glanz	Diopsid grau bis graugrün, als Chromdiopsid smaragdgrün, Hedenbergit schwarzgrün, die Varietät *gemeiner Augit* ist grün bis bräunlichschwarz, pechschwarz ist der Fe- und Ti-reiche *basaltische Augit*. Matter, seltener lebhafter Glanz auf den Spalt- und Kristallflächen

Vorkommen. Augit ist ein weitverbreitetes gesteinsbildendes Mineral; er bildet den dunklen Gemengteil im Tiefengestein Gabbro, basaltischer Augit ist sein Gegenstück im Basalt, dem wichtigsten vulkanischen Gestein.

Diopsid kommt in metamorphen dolomitischen Kalksteinen, in Diopsid-Amphiboliten und Pyroxen-Granuliten vor, Hedenbergit in Fe-reichen kontaktmetasomatischen Gesteinen, die als *Skarn* bezeichnet werden.

Pigeonit, $Ca_{0,25}(Mg,Fe)_{1,75}[Si_2O_6]$

Vom Hypersthen unterscheidet sich dieser Ca-arme monokline Pyroxen durch einen Gehalt an 5–15 Mol.-% $Ca_2Si_2O_4$-Komponente (Abb. 11.29a). Als Einsprengling in basaltischen Gesteinen mit prismatischem, nach c gestrecktem Habitus, braun, grünlichbraun bis schwarz gefärbt, kann Pigeonit gegenüber den meisten übrigen Pyroxenen nur mikroskopisch oder röntgenographisch identifiziert werden.

Pigeonit tritt gewöhnlich als ein frühes Kristallisationsprodukt in heißen basaltischen Laven auf, die eine sehr schnelle Abkühlung erfahren haben. Bei langsamer Abkühlung beobachtet man oft eine komplizierte lamellenförmige Entmischung von Augit in Wirtkristallen von Ca-ärmerem Pigeonit oder Orthopyroxen (engl. inverted pigeonite). Diese Phänomene lassen sich anhand des pseudobinären Systems $Mg_2Si_2O_6$ (En)–$CaMgSi_2O_6$ (Di) erklären (Abb. 18.16, S. 297).

Alkali-Pyroxene

Ägirin (Akmit), $NaFe^{3+}[Si_2O_6]$

Ausbildung. Kristallklasse 2/m, nadelige Kristalle mit steilen Endflächen als Begrenzung (Abb. 11.31b). Häufig büschelige Aggregate.

Physikalische Eigenschaften.

Spaltbarkeit	nach {110}, deutlicher als bei anderen Pyroxenen
Härte	6–6½
Dichte	3,5
Farbe	grün oder rötlichbraun bis schwarz; durchscheinend; Glasglanz bis Harzglanz

Chemismus. *Ägirinaugit* ist ein Mischkristall aus den Endgliedern Ägirin und Augit, hat also $Ca(Fe^{2+},Mg)$ sowie $Al^{[6]}$ und $Al^{[4]}$ anstelle von $NaFe^{3+}$. Er ist häufiger als das reine Endglied Ägirin. Zonarbau mit Augit im Kern und Ägirinaugit in einem Randsaum des Kristalls ist verbreitet.

Vorkommen. Ägirin und Ägirinaugit sind häufige Gemengteile in alkalibetonten magmatischen Gesteinen, besonders in solchen mit Natronvormacht (Abb. 13.11a, S. 237f); sie werden aber auch metamorph gebildet.

Jadeit, $NaAl^{[6]}[Si_2O_6]$

Ausbildung. Kristallklasse 2/m; meist in faserig-verfilzten Aggregaten.

Physikalische Eigenschaften.

Härte	6½–7, damit etwas größer als diejenige der übrigen Pyroxene
Dichte	3,3–3,5
Farbe	blassgrün bis tiefgrün, auch farblos

Chemismus. Fe^{3+} kann im Jadeit die Position von $Al^{[6]}$ einnehmen. *Omphacit* ist ein Mischkristall aus Augit- und Jadeit-Komponente.

Vorkommen. Als ausgesprochenes Hochdruck-Mineral tritt Jadeit in Blauschiefern und Jadeitgneisen auf. Er entsteht bei der Hochdruck- und Ultrahochdruck-Metamorphose aus Albit (Natronfeldspat) nach der Reaktion

$$\text{Albit} \rightleftharpoons \text{Jadeit} + \text{SiO}_2 \quad (11.1)$$

(Abb. 26.1, S. 420). Ungewöhnlich hohe Drücke bei mäßigen Temperaturen, d. h. ungewöhnlich geringe geothermische Gradienten sind in Subduktions- und kontinentalen Kollisions-Zonen realisiert. Auch Omphacit, der zusammen mit Granat das Gestein Eklogit bildet, ist ein Hochdruck-Mineral. Reine Jadeitgesteine (Jadeitit, Jade) bilden sich ebenfalls in Subduktionszonen durch zwei, häufig miteinander verknüpfte Prozesse (z. B. Tsujimori und Harlow 2012): *(1)* Jadeit wird direkt aus Na-Al-Si-reichen hydrothermalen Lösungen ausgefällt und bildet Jadeitit-Gänge und -Adern; *(2)* die Jadeit-gesättigten Lösungen verdrängen das unmittelbare Nebengestein, ein Vorgang der als Natrium-Metasomatose (Abschn. 26.6.3, S. 419) bezeichnet wird. Häufig sind Jadeitite räumlich und genetisch mit Serpentiniten (Abschn. 11.5.6) verknüpft. Weltweit sind zahlreiche Jadeitit-Vorkommen bekannt, besonders in Japan, ferner z. B. in Myanmar (Burma), auf Syros (Kykladen, Griechenland), in der Karibik und in Kalifornien.

Verwendung. Schön gefärbte Jade ist ein geschätzter Schmuckstein und wird zur Fertigung kunstgewerblicher Gegenstände, besonders im traditionellen Kunsthandwerk Chinas, verwendet. Wegen seiner hervorragenden mechanischen Eigenschaften war Jade in prähistorischer Zeit begehrter Rohstoff zur Fertigung von Waffen und Geräten.

Spodumen, LiAl[Si$_2$O$_6$]

Ausbildung. Kristallklasse 2/m; z. T. in metergroßen Riesenkristallen (bis 90 t schwer!), oft angerauht, angeätzt und // c gestreift; grobspätige oder nach (100) breitstrahlige Aggregate.

Physikalische Eigenschaften.
Härte   6½–7
Dichte   3,0–3,2
Farbe   farblos, weiß, hellgrau, rosa, gelblich, grün; oft getrübt, aber auch wasserklar

Chemismus. Li$^+$ kann durch Na$^+$, Al durch Fe^{3+} diadoch ersetzt werden.

Vorkommen. Spodumen ist ein charakteristisches Mineral in Li-reichen Pegmatiten; durch hydrothermale Umkristallisation entstehen die glasklaren, farblosen oder schön gefärbten Edelspodumene, insbesondere *Kunzit* (rosa bis violettrosa) und *Hiddenit* (grün).

Verwendung. Wichtiger Rohstoff zur Gewinnung von Li-Salzen. Kunzit und Hiddenit werden als Edelsteine verschliffen.

11.4.2
Pyroxenoide

> Die allgemeine chemische Formel der Pyroxenoide ist M[SiO$_3$] oder ein Vielfaches davon, mit M überwiegend Ca, Mg, Fe und Mn. Wie die Pyroxene weisen die Pyroxenoide unendliche Einfachketten von [SiO$_4$]-Tetraedern auf, doch sind die Identitätsabstände in Richtung der c-Achse größer. Nach der Systematik von Liebau (1959, 1985) bilden die [SiO$_4$]-Tetrader in den Pyroxenen Zweier-Einfachketten, in den Pyroxenoiden dagegen Dreier-Einfachketten (z. B. Wollastonit), Fünfer-Einfachketten (z. B. Rhodonit) und Siebener-Einfachketten (z. B. beim Mondmineral Pyroxferroit (Ca,Fe)$_7$[Si$_7$O$_{21}$]; vgl. Abb. 11.33). Daraus ergeben sich auch jeweils unterschiedliche Anordnungen der [6]-koordinierten Kationen.

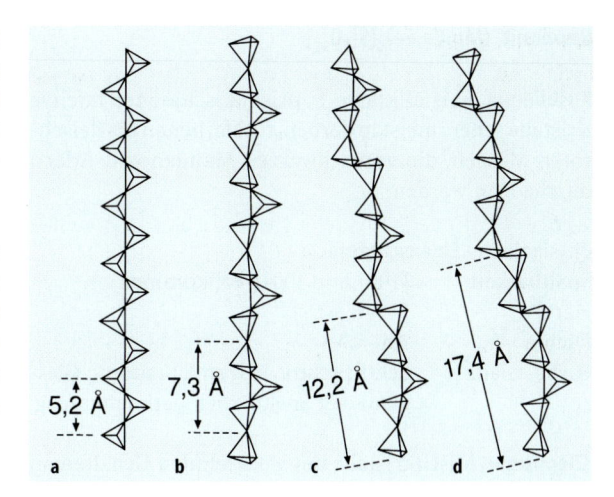

Abb. 11.33. SiO$_4$-Tetraeder-Einfachketten bei Pyroxenen und Pyroxenoiden. **a** Zweier-Einfachkette: Pyroxene; **b** Dreier-Einfachkette: Wollastonit; **c** Fünfer-Einfachkette: Rhodonit; **d** Siebener-Einfachkette: Pyroxferroit. (Nach Liebau 1959)

Wollastonit, Ca$_3$[Si$_3$O$_9$], vereinfacht Ca[SiO$_3$]

Ausbildung. Wollastonit tritt in unterschiedlichen Modifikationen auf. Tieftemperatur-Formen sind der trikline Wollastonit-Tc (Kristallklasse $\bar{1}$) und der monokline Wollastonit-2M (Parawollastonit, 2/m); über 1 150 °C tritt der trikline Pseudowollastonit (Cyclowollastonit) auf, der aus Dreierringen [Si$_3$O$_9$] aufgebaut ist. Selten in Form tafeliger oder nadeliger Kristalle, meist in derben, feinfaserigen, strahligen oder stängeligen Aggregaten.

Physikalische Eigenschaften.
Spaltbarkeit   {100} und {001} vollkommen
Härte   4½–5
Dichte   2,8–3,1
Farbe, Glanz   gewöhnlich weiß, auch schwach gefärbt; durchscheinend; Glasglanz, auf Spaltflächen auch Perlmuttglanz, in feinfaserigen Aggregaten seidenglänzend

Chemismus. Wollastonit kann beachtliche Gehalte an Mg, Fe und Mn aufweisen.

Vorkommen. Typisches Mineral kontaktmetamorpher kieseliger Kalksteine, wo es insbesondere nach der Reaktion

$$\text{Calcit} + \text{Quarz} \rightleftharpoons \text{Wollastonit} + CO_2 \quad (11.2)$$

entsteht: Wollastonit-Marmore. Pseudowollastonit in pyrometamorph überprägten vulkanischen Auswürflingen.

Verwendung. Als keramischer Werkstoff, Füllstoff in Kunststoffen, Farben, Klebstoffen, Isolierstoffen, Bauelementen und als Asbest-Ersatz (Schmelzpunkt 1 540 °C).

Rhodonit, (Mn,Ca,Fe)$_5$[Si$_5$O$_{15}$]

Ausbildung. Kristallklasse $\bar{1}$; prismatische oder tafelige Kristalle selten, meist in derben, rosafarbenen bis fleischroten Massen, die von schwarzen Manganoxid-Adern durchzogen werden.

Physikalische Eigenschaften.

Spaltbarkeit	{100} und {001} vollkommen
Härte	5½–6½
Dichte	3,4–3,7
Farbe, Glanz	lichtfleischrot, rosenrot, braunrot; Glasglanz, auf Spaltflächen perlmutterartig

Chemismus. Mischkristalle mit wechselnden Gehalten an $Mn \gg Ca > Fe^{2+} \gtrless Mg$.

Vorkommen. Überwiegend in metamorphen Mangan-Lagerstätten.

Verwendung. Verarbeitung zu Schmucksteinen und kunstgewerblichen Gegenständen.

11.4.3 Amphibol-Familie

Der Chemismus der Amphibole kann durch die allgemeine Formel $A_{0-1}B_2C_5[(OH,F)_2/T_8O_{22}]$ ausgedrückt werden. Die einzelnen Plätze in der Struktur können durch folgende Kationen eingenommen werden:

- $A = Na^+$, seltener K^+, $\square$
- $B = Na^+, Ca^{2+}, Mg^{2+}, Fe^{2+}, Mn^{2+}$
- $C = Mg^{2+}, Fe^{2+}, Mn^{2+}, Al^{3+}, Fe^{3+}, Ti^{4+}$
- $T = Si^{4+}, Al^{3+}$

Dabei ist der Ersatz von Al^{3+} durch Fe^{3+} sowie zwischen Ti^{4+} und den anderen Ionen der Y-Position begrenzt, ebenso der Ersatz von Si^{4+} durch Al^{3+}.

Wie bei der Pyroxen-Gruppe ist bei den Amphibolen die monokline Symmetrie am häufigsten. Bei den rhombischen *Orthoamphibolen* sind wie bei den entsprechenden Pyroxenen in der Struktur alle Kationenplätze [6]-koordiniert. In den *Klinoamphibolen* ist das Verhältnis der [6]-:[8]-koordinierten Gitterplätze 5:2, in den Klinopyroxenen 2:2. Im Unterschied zur Pyroxenstruktur besteht jeweils in der Mitte der 6-zähligen Ringe der Doppelketten eine Lücke für die Aufnahme eines relativ großen 1-wertigen Anions 2. Stellung wie (OH) und F; die großen A-Gitterplätze werden ganz oder teilweise mit Na in [10]- oder [12]-Koordination besetzt, bleiben aber auch häufig als Leerstelle unbesetzt ($\square$). In Abb. 11.36 ist die Struktur eines monoklinen Ca-Amphibols beispielhaft dargestellt und erläutert.

In Analogie zur Pyroxen-Gruppe können die Amphibole in die folgenden Reihen aufgeteilt werden. Ihre Nomenklatur ist der Arbeit von Leake et al. (1997) zu entnehmen.

Die *rhombischen Mg-Fe-Amphibole* bilden eine lückenlose Mischkristallreihe, die vom fast reinen Anthophyllit $(Mg)_7[(OH)_2/Si_8O_{22}]$ bis zum Ferroanthophyllit mit maximal etwa 65 Mol.-% $Fe_7[(OH)_2/Si_8O_{22}]$-Komponente reicht. In der rhombischen Gedrit – Ferrogedrit-Reihe wird $(Mg,Fe^{2+})^{[6]}Si^{[4]}$ teilweise gegen $Al^{[6]}Al^{[4]}$ ausgetauscht (Tschermak-Substitution). Ohne Übergang bestehen daneben die *monoklinen Mg-Fe-Amphibole* der Cummingtonit-Grunerit-Reihe, mit vollständiger Mischbarkeit zwischen den fast reinen Mg- und Fe-Endgliedern. Eine lückenlose Mischkristallreihe gibt es auch zwischen den reinen Endgliedern Tremolit und Ferroaktinolith; am verbreitetsten ist der Aktinolith, der etwa in der Mitte zwischen den beiden Endgliedern liegt. Zwischen den rhombischen bzw. monoklinen Mg-Fe-Amphibolen einerseits und der Reihe Tremolit – Ferroaktinolith andererseits besteht eine große Mischungslücke. Aus diesem Grund können z. B. Anthophyllit oder Cummingtonit (oder beide) im gleichen Gestein neben Tremolit im Gleichgewicht auftreten.

Mg-Fe-Amphibole

Anthophyllit – Ferroanthophyllit, (Mg,Fe)$_7$[(OH)$_2$/Si$_8$O$_{22}$]

Gedrit – Ferrogedrit, (Mg,Fe)$_5$Al$_2$[(OH)$_2$/Al$_2$Si$_6$O$_{22}$]

Ausbildung. Kristallklasse 2/m2/m2/m; stängelig bis nadelförmig, häufig büschelig gruppiert, faserig als *Anthophyllitasbest*.

Physikalische Eigenschaften.

Spaltbarkeit	{210} vollkommen, oft Querabsonderung der Stängel
Härte	5½–6
Dichte	2,9–3,2; Gedrit 2,9–3,6
Farbe, Glanz	gelbgrau bis gelbbraun oder nelkenbraun, je nach Fe-Gehalt; mit bronzefarbenem Schiller

Vorkommen. In Mg-reichen metamorphen Gesteinen, z. B. in Anthophyllit-Cordierit-Gneisen.

Cummingtonit – Grunerit, (Mg,Fe)$_7$[(OH)$_2$/Si$_8$O$_{22}$]

Ausbildung. Kristallklasse 2/m; faserig-nadelige Ausbildung, oft radialstrahlig-büschelig gruppiert.

Physikalische Eigenschaften.

Spaltbarkeit	{110} gut
Härte	4–6
Dichte	3,0–3,6 (je nach Fe-Gehalt)
Farbe, Glanz	lichtgrün bis graugrün, beige, bräunlich; seidenartig glänzend

Tabelle 11.6.
Wichtige Amphibol-Endglieder

Minerale	Formel	Kristallklasse
Mg-Fe-Mn-Amphibole		
Anthophyllit-Ferroanthophyllit	$\square(Mg,Fe^{2+})_7[(OH)_2/Si_8O_{22}]$	2/m2/m2/m
Gedrit-Ferrogedrit	$\square(Mg,Fe^{2+})_5Al_2[(OH)_2/Al_2Si_6O_{22}]$	2/m2/m2/m
Cummingtonit-Grunerit	$\square(Mg,Fe)_7[(OH)_2/Si_8O_{22}]$	2/m
Li-Amphibole		
Holmquistit-Ferroholmquistit	$\square Li_2(Mg,Fe^{2+})_3Al_2[(OH)_2/Si_8O_{22}]$	2/m2/m2/m
Klinoholmquistit-Klino-Ferroholmquistit	$\square Li_2(Mg,Fe^{2+})_3Al_2[(OH)_2/Si_8O_{22}]$	2/m
Ca-Amphibole		
Tremolit-Aktinolith-Ferroaktinolith	$\square Ca_2(Mg,Fe^{2+})_5[(OH)_2/Si_8O_{22}]$	2/m
Magnesiohornblende-Ferrohornblende	$\square Ca_2(Mg,Fe^{2+})_4(Al,Fe^{3+})[(OH)_2/AlSi_7O_{22}]$	2/m
Tschermakit-Ferro-/Ferritschermakit	$\square Ca_2(Mg,Fe^{2+})_3(Al,Fe^{3+})_2[(OH)_2/Al_2Si_6O_{22}]$	2/m
Edenit-Ferroedenit	$NaCa_2(Mg,Fe^{2+})_5[(OH)_2/AlSi_7O_{22}]$	2/m
Pargasit-Ferropargasit	$NaCa_2(Mg,Fe^{2+})_4Al[(OH)_2/Al_2Si_6O_{22}]$	2/m
Magnesiohastingsit-Hastingsit	$NaCa_2(Mg,Fe^{2+})_4Fe^{3+}[(OH)_2/Al_2Si_6O_{22}]$	2/m
Kaersutit-Ferrokaersutit	$NaCa_2(Mg,Fe^{2+})_4Ti[(OH)/Al_2Si_6O_{23}]$	2/m
Na-Ca-Amphibole		
Richterit-Ferrorichterit	$NaCaNa(Mg,Fe^{2+})_5[(OH)_2/Si_8O_{22}]$	2/m
Magnesiokatophorit-Katophorit	$NaCaNa(Mg,Fe^{2+})_4(Al,Fe^{3+})[(OH)_2/AlSi_7O_{22}]$	2/m
Magnesiotaramit-Taramit	$NaCaNa(Mg,Fe^{2+})_3AlFe^{3+}[(OH)_2/Al_2Si_6O_{22}]$	2/m
Winschit-Ferrowinchit	$\square CaNa(Mg,Fe^{2+})_4(Al,Fe^{3+})[(OH)_2/Si_8O_{22}]$	2/m
Barroisit-Ferrobarroisit	$\square CaNa(Mg,Fe^{2+})_3AlFe^{3+}[(OH)_2/AlSi_7O_{22}]$	2/m
Na-Amphibole		
Glaukophan-Ferroglaukophan	$\square Na_2(Mg,Fe^{2+})_3Al_2[(OH)_2/Si_8O_{22}]$	2/m
Magnesioriebeckit-Riebeckit	$\square Na_2(Mg,Fe^{2+})_3Fe_2^{3+}[(OH)_2/Si_8O_{22}]$	2/m
Eckermannit-Ferroeckermanit	$NaNa_2(Mg,Fe^{2+})_4Al[(OH)_2/Si_8O_{22}]$	2/m
Magnesioarfvedsonit-Arfvedsonit	$NaNa_2(Mg,Fe^{2+})_4Fe^{3+}[(OH)_2/Si_8O_{22}]$	2/m

Vorkommen. In metamorphen Gesteinen; Grunerit tritt zusammen mit Hämatit oder Magnetit sowie Quarz in gebänderten Eisensteinen auf.

Verwendung. Feinfaseriger Grunerit (*Amosit*) wird gelegentlich als Asbest verarbeitet.

Ca-Amphibole

**Tremolit, $\square Ca_2Mg_5[(OH)_2/Si_8O_{22}]$ –
Aktinolith („Strahlstein"), $Ca_2(Mg,Fe)_5[(OH)_2/Si_8O_{22}]$**

Ausbildung. Kristallklasse 2/m; prismatische, stängelige oder nadelige Kriställchen mit Querabsonderung, häufig ist das Vertikalprisma {110} als Wachstumsfläche ausgebildet (Abb. 11.34a), mitunter divergentstrahlig, büschelig bis garbenförmig angeordnet (Abb. 11.35); auch faserig als Tremolit- oder Aktinolithasbest; bisweilen feinnadelig und in wirrfaserig-verfilzten Massen, die als *Nephrit* bezeichnet werden; sie sind denen des Jadeits sehr ähnlich und werden oft fälschlich auch als Jade bezeichnet.

Physikalische Eigenschaften.

Spaltbarkeit	{110} vollkommen, Querabsonderung
Härte	5–6
Dichte	3,0–3,5 (je nach Fe-Gehalt)
Farbe, Glanz	Tremolit: rein weiß, grau oder lichtgrün; ausgesprochener Seidenglanz. Aktinolith: hell- bis dunkelgrün je nach Fe-Gehalt, bei feinnadeliger Entwicklung auch blaßgrün bis grau-grün

Vorkommen. Verbreiteter Gemengteil in metamorphen Gesteinen, z. B. in Tremolit-Marmoren und Aktinolithschiefern; gelegentlich als Kluftmineral.

Verwendung von Nephrit. Wie Jadeit Werkstoff für Schmuck- und Kunstgegenstände, in prähistorischer Zeit für Steinwaffen und Geräte.

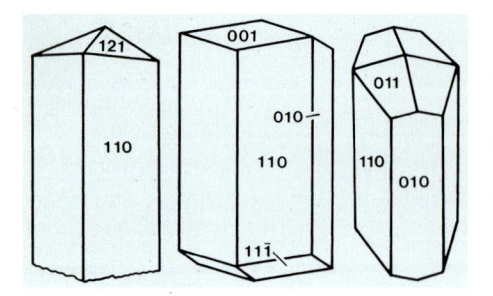

Abb. 11.34. Amphibole, unterschiedliche Flächenkombinationen: **a** Aktinolith; **b, c** Hornblende, wobei Bild **c** um 90° gegenüber **b** um die c-Achse gedreht ist

Hornblende, $(Na,K)_{0-1}(Ca,Na)_2(Mg,Fe^{2+},Fe^{3+},Al)_5[(OH,F)_2/(Si,Al)_2Si_6O_{22}]$

Nomenklatur. In Übereinstimmung mit Deer et al. (1997) verwenden wir die Bezeichnung Hornblende als Sammelname für alle Ca-Amphibole mit $Al^{[4]} > 0{,}5$, Ca in der B-Position >1,5 und Ca in der A-Position <0,5 pro Formeleinheit. Es handelt sich um eine ausgedehnte Mischkristallreihe mit zahlreichen Endgliedern, von denen nur Magnesio-/Ferrohornblende, (Ferro-)Tschermakit, (Ferro-)Edenit, (Ferro-)Pargasit und (Magnesio-)Hastingsit erwähnt seien (Tabelle 11.6).

Ausbildung. Kristallklasse 2/m; gedrungen prismatische Kristalle, die Vertikalzone mit {110} und {010} neben dem Längsprisma {011} herrschen vor (Abb. 11.34b,c), senkrecht zur c-Achse pseudohexagonaler Querschnitt. Zuweilen ist zusätzlich das vordere Pinakoid {100} entwickelt, zahlreiche weitere Flächenkombinationen sind möglich. Viel häufiger als unregelmäßig begrenzte Körner oder Stängel im Gestein eingewachsen. Wie bei Augit sind Zwillinge nach (100) verbreitet.

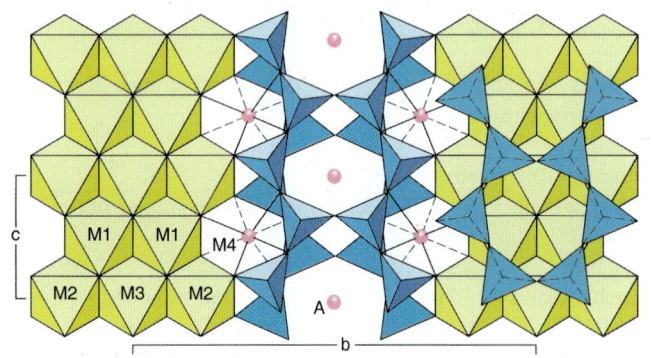

Abb. 11.36. Kristallstruktur eines Ca-Amphibols, projiziert auf (100). Die Doppelkette aus eckenverknüpften $[(Si,Al)O_4]$-Tetraedern (blau) bildet sechszählige Ringe, in denen die großen A-Kationen Na^+ und K^+ (*rote Kugeln*) in [10]-Koordination sitzen. In den kantenverknüpften Oktaedern (gelb) sind die C-Kationen mit O und (OH) [6]-koordiniert; dabei lassen sich drei verschieden große Positionen M1, M2 und M3 unterscheiden, in denen die C-Kationen je nach ihrer Größe bevorzugt eingebaut werden (linke Seite abgedeckt). Auf den [8]-koordinierten Gitterplätzen M4 sitzen bei den Ca- und Na-Amphibolen hauptsächlich die großen B-Kationen Ca^{2+} und Na^+ (*rote Kugeln*). (Nach Sueno et al. 1973 aus Deer et al. 1997)

Abb. 11.35. Aktinolith, St. Gotthard, Schweiz. Bildbreite 4 cm. Mineralogisches Museum der Universität Würzburg. (Foto: K.-P. Kelber)

Physikalische Eigenschaften.

Spaltbarkeit	{110} vollkommen, viel besser als bei Augit, zudem größerer Winkel des Spaltkörpers: 124°
Härte	5–6
Dichte	3,0–3,5
Farbe, Glanz	gemeine Hornblende: grün, dunkelgrün bis dunkelbraun; basaltische Hornblende: tiefschwarz; Glasglanz bis blendeartiger, halbmetallischer Glanz auf Kristall- und Spaltflächen, kantendurchscheinend
Strich	farblos

Chemismus. Komplizierte und stark variierende Zusammensetzung mit wechselnden Ionenverhältnissen insbesondere von Ca/Na, Mg/Fe^{2+}, $Al^{[6]}/Fe^{3+}$, $Al^{[4]}/Si$ und OH/F. Wenn man ihre chemische Zusammensetzung kennt, kann man eine Hornblende nach dem vorherrschenden Endglied (Tabelle 11.6) benennen; sonst lässt sich nur eine Grobeinteilung vornehmen: Die tiefschwarze *basaltische Hornblende* zeichnet sich insbesondere durch höhere Gehalte an Fe^{3+} und Ti gegenüber der *gemeinen Hornblende* aus.

Vorkommen. Hornblende ist der wichtigste und am meisten verbreitete gesteinsbildende Amphibol. Sie kommt sowohl in Magmatiten, z. B. in Dioriten, Syeniten, Basalten und Andesiten, als auch in Metamorphiten, insbesondere in Amphiboliten und Hornblendegneisen vor. *Uralit*

ist eine feinfaserige Hornblende, die sich sekundär aus Augit bildet und diesen unter Erhaltung seiner äußeren Kristallform ersetzt (*Pseudomorphose*).

Na-Amphibole

Glaukophan – Ferroglaukophan,
☐Na$_2$(Mg,Fe)$_3$Al$_2$[(OH)$_2$/Si$_8$O$_{22}$]

Ausbildung. Kristallklasse 2/m; prismatisch oder in stängelig-körnigen, auch feinfilzigen Aggregaten.

Physikalische Eigenschaften.

Spaltbarkeit	{110} vollkommen
Härte	5½–6
Dichte	3,0–3,3
Farbe, Glanz	blau, dunkel- bis schwarzblau mit Zunahme des Fe-Gehalts; Glasglanz, in feinfilzigen Aggregaten auch Seidenglanz, kantendurchscheinend

Chemismus. Lückenlose Mischkristallreihe zwischen den Mg- und Fe^{2+}-Endgliedern, zusätzlich kann Al durch Fe^{3+} ersetzt werden mit Übergängen zur Mischkristallreihe Magnesioriebeckit-Riebeckit. Na-Amphibole im Übergangsbereich zwischen der Glaukophan-Ferroglaukophan- und der Magnesioriebeckit-Riebeckit-Reihe werden auch als *Crossit* bezeichnet; dieser praktische Name taucht leider in der modernen Amphibol-Nomenklatur von Leake et al. (1997) nicht mehr auf.

Vorkommen. Lokal wichtiges gesteinsbildendes Mineral, jedoch ausschließlich in metamorphen Gesteinen wie Glaukophanschiefern (Blauschiefern); entstanden unter Hochdruck-Niedrigtemperatur-Bedingungen, wie sie besonders in Subduktionszonen und kontinentalen Kollisionszonen realisiert sind; oft zusammen mit Aragonit, Lawsonit, Epidot und Jadeit.

Magnesioriebeckit – Riebeckit,
☐Na$_2$(Mg,Fe^{2+})$_3$Fe$_2^{3+}$[(OH)$_2$/Si$_8$O$_{22}$]
Arfvedsonit, Na^{A}Na$_2^B$Fe$_4^{2+}$(Fe^{3+},Al)[(OH)$_2$/Si$_8$O$_{22}$]

Ausbildung. Kristallklasse 2/m; meist in körnig-stängeligen Aggregaten eingewachsen; die feinfaserige Form von Riebeckit heißt *Krokydolith*.

Physikalische Eigenschaften.

Spaltbarkeit	{110} vollkommen
Härte	5 (Riebeckit) bis 6 (Magnesioriebeckit)
Dichte	3,1–3,4 (je nach Fe-Gehalt)
Farbe	blau bis graublau, mit zunehmendem Fe-Gehalt tintenblau bis schwarzblau

Chemismus. Lückenlose Mischkristallreihe zwischen den Mg- und Fe^{2+}-Endgliedern; durch den Ersatz von Fe^{3+} ⇌ Al Mischkristallbildung mit (Ferro-)Glaukophan.

Vorkommen. Dunkler Gemengteil in magmatischen Gesteinen mit Na-Vormacht, besonders Alkaligraniten, mitunter auch in metamorphen Gesteinen. *Krokydolith* kommt als matt grünlichblaue bis tintenblaue Kluftfüllung vor.

Verwendung. Krokydolith ist verspinnbar und dabei hitze- und säurebeständig; er besaß daher lange Zeit technische Bedeutung als hochwertiger Asbest („Blauasbest"). Krokydolith-Nadeln in der Atemluft können jedoch im Lungengewebe mehrere Jahre überdauern, bis sie endgültig aufgelöst werden, haben also eine große Biodurabilität (Werner et al. 1995); sie können daher zu starken Gesundheitsschädigungen (Asbestose) und schließlich zu Krebs führen. Daher ist die technische Verwendung von Asbest, insbesondere auch von Blauasbest in westlichen Industrieländern heute stark eingeschränkt oder verboten (vgl. Abschn. 2.5.2, S. 48f). Verkieselter und durch Oxidationsvorgänge veränderter Krokydolith ist als goldbraunes *Tigerauge* ein geschätzter Ornament- und Schmuckstein.

Arfvedsonit ist makroskopisch und chemisch dem Riebeckit ähnlich. Er kommt jedoch nur als Gemengteil von magmatischen Gesteinen mit Na-Vormacht vor.

11.5
Schichtsilikate (Phyllosilikate)

Die Schichtsilikat-Strukturen sind aus zweidimensional unendlichen Schichten aus Sechserringen von [SiO$_4$]-Tetraedern aufgebaut, deren Spitzen alle in eine Richtung zeigen (Abb. 11.1, 11.37). Das Si:O-Verhältnis ist damit 2:5 bzw. 4:10 entsprechend [Si$_4$O$_{10}$]$^{4-}$. In den Zentren der Sechserringe befinden sich meist (OH)-Ionen in gleicher Höhe wie die freien O-Atome an den Spitzen der [SiO$_4$]-Tetraeder. Je 2 O und 1 (OH) bilden ein Dreieck, dessen Größe angenähert der Dreiecksfläche von [MgO$_6$]- oder [AlO$_6$]-Oktaedern entspricht. Dadurch können die Tetraederschichten mit Schichten aus oktaedrisch koordinierten Kationen verknüpft werden. Man unterscheidet Zwei- und Dreischichtstrukturen (Abb. 11.37).

- *Zweischichtstrukturen:* Bei den Zweischichtstrukturen sind die freien Tetraederspitzen aller [Si$_4$O$_{10}$]-Schichten nach derselben Seite hin gerichtet. Hier sind die Kationen, im wesentlichen Mg^{2+} oder Al^{3+}, jeweils von 2 O der benachbarten Tetraederspitzen und zusätzlich von 4 (OH)$^-$ oktaedrisch umgeben und abgesättigt. Auf diese Weise ist in den Zweischichtgittern je eine Mg(OH)$_2$- oder Al(OH)$_3$-Schicht mit je einer [Si$_4$O$_{10}$]-Schicht verknüpft. Derartige Zweischichtgitter weisen auf: *Serpentin* Mg$_6$[(OH)$_8$/Si$_4$O$_{10}$] und *Kaolinit* Al$_4$[(OH)$_8$(/Si$_4$O$_{10}$].
- *Dreischichtstrukturen:* Bei den Dreischichtstrukturen sind die freien Sauerstoffe der Tetraederspitzen gegeneinander gerichtet. Hier verknüpfen Kationen wie Mg^{2+}

Abb. 11.37.
Kristallstrukturen der Schichtsilikate, Übersicht. In den gewählten Schnittlagen bilden die kristallographischen Achsen b und c einen rechten Winkel. (Mod. nach Searle u. Grimshaw 1959)

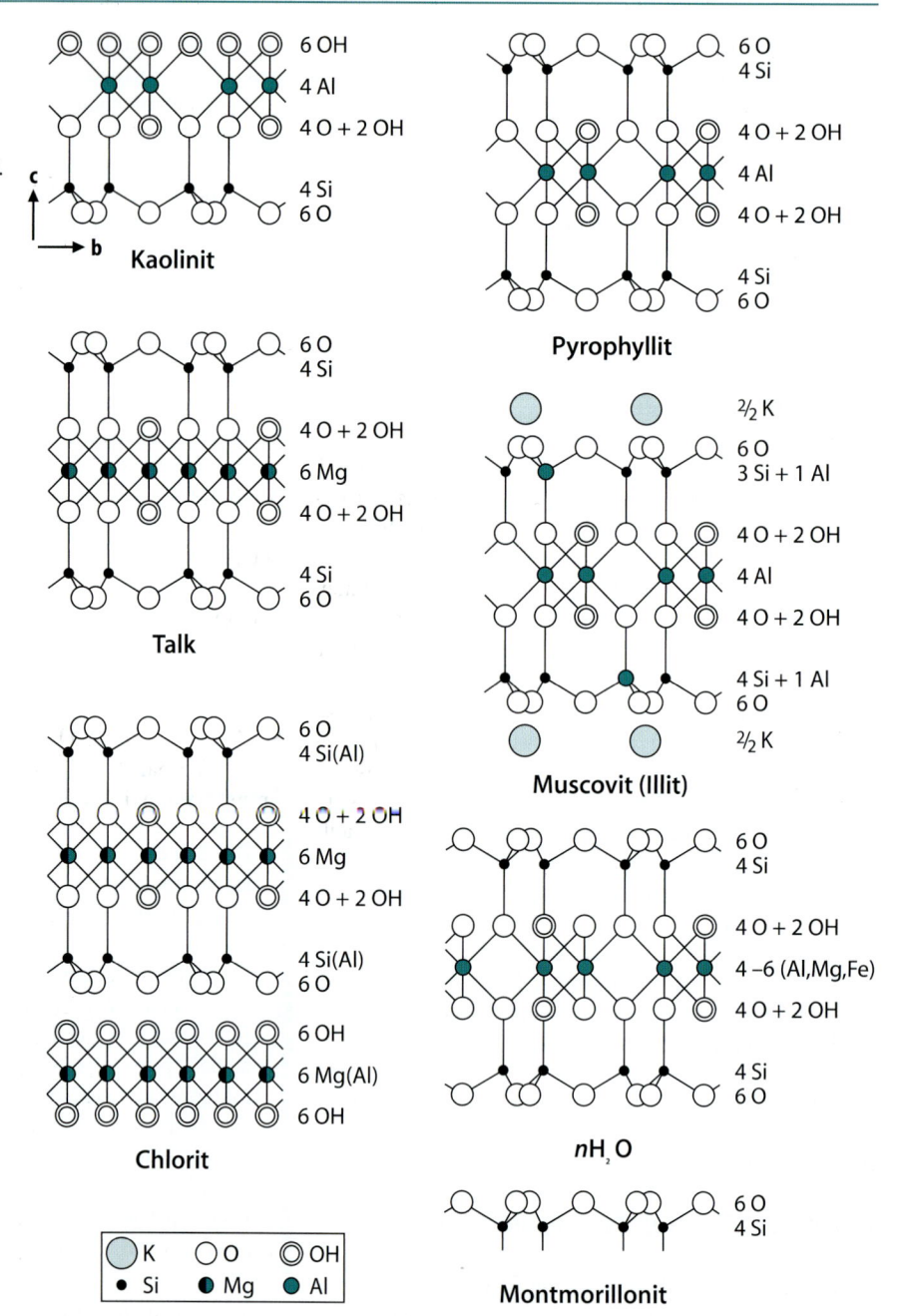

oder Al^{3+} in oktaedrischer Koordination gegenüber O und OH oben und unten je eine benachbarte $[Si_4O_{10}]$-Tetraederschicht miteinander. Es kommt zu einer regelmäßigen, sandwichartigen Wechselfolge Tetraederschicht – Oktaederschicht – Tetraederschicht. Zu diesem Strukturtyp gehören Talk, Pyrophyllit und die Glimmer.

Bei *Talk* $Mg_3[(OH)_2/Si_4O_{10}]$ ist jedes Mg^{2+} von 4 O und 2 (OH) in [6]-Koordination umgeben. Wird Mg^{2+} durch Al^{3+} ersetzt wie im *Pyrophyllit* $Al_2[(OH)_2/Si_4O_{10}]$, so ist der elektrostatische Valenzausgleich dadurch gewährleistet, dass jeder dritte Kationenplatz unbesetzt bleibt. Werden alle Oktaederzentren durch zweiwertige Kationen besetzt, so wird die Besetzung als *trioktaedrisch* bezeichnet. Werden nur ⅔ der vorhandenen oktaedrischen Plätze durch dreiwertige Kationen besetzt, so spricht man von einer *dioktaedrischen* Besetzung (Abb. 11.37). Die Dreierschichten sind in sich abgesättigt und werden untereinander nur durch schwache Van-der-Waals-Kräfte zusammengehalten; deswegen sind Pyrophyllit und Talk fein zerreiblich.

Glimmer besitzen Dreischichtstrukturen, in denen in den Tetraederschichten einzelne Si durch $Al^{[4]}$ ersetzt werden; maximal ist das bis zur Hälfte der Si-

Atome möglich. Damit reichen die Ladungen von Mg^{2+} bzw. Al^{3+} nicht mehr aus, um die Schichten abzusättigen. Als Ladungsausgleich treten dann zwischen die Dreischichtenpakete große Kationen ein wie K^+, Na^+ oder auch Ca^{2+}. Ihre Bindungskräfte sind bei den großen niedrigwertigen Kationen und der hohen Koordinationszahl [12] nur relativ schwach.

Wird in der Struktur von Pyrophyllit $Al_2[(OH)_2/Si_4O_{10}]$ ¼ der Si^{4+}-Positionen durch Al^{3+} ersetzt und das so entstandene Ladungsdefizit durch Eintritt von K^+ zwischen seine Schichtpakete ausgeglichen, so ergibt sich die *Muscovit*-Struktur entsprechend der Formel: $K^+\{Al_2[(OH)_2/AlSi_3O_{10}]\}^-$. Aus der Struktur des Talks erhält man auf die gleiche Weise diejenige des Phlogopits $K^+\{Mg_3[(OH)_2/AlSi_3O_{10}]\}^-$. Muscovit ist durch seine ⅔-Besetzung der oktaedrischen Plätze dioktaedrisch, während die Phlogopit und Biotit $K\{(Mg,Fe^{2+})_3[(OH)_2/AlSi_3O_{10}]\}$ zu den trioktaedrischen Glimmern zählen.

Die relativ starken Bindungskräfte Si-O (und Al-O) innerhalb einer Tetraederschicht und die enge Bindung zur Oktaederschicht erklären die sehr vollkommene Spaltbarkeit nach der Basis {001} zwischen den Schichtpaketen bei fast allen Schichtsilikaten. Charakteristisch für diese Mineralgruppe ist das Auftreten von Polytypen unterschiedlicher Symmetrie bei der gleichen Mineralart, die sich meist nur röntgenographisch unterscheiden lassen; so treten u.a. monokline ($2M_1$, $1M$), trikline (Tc) und trigonale (3T) Polytypen auf.

11.5.1
Pyrophyllit-Talk-Gruppe

Pyrophyllit, $Al_2[(OH)_2/Si_4O_{10}]$

Struktur. Dioktaedrische Dreischichtstruktur (Abb. 11.37).

Ausbildung. Zwei Polytypen: monokliner Pyrophyllit-2M (2/m) und trikliner Pyrophyllit-Tc ($\bar{1}$); tafelige Kristalle oder strahlige bis blättrige, fächerförmige Aggregate.

Physikalische Eigenschaften.
Sehr ähnlich denen von Talk, sichere Identifizierung nur röntgenographisch, daher früher häufig als gesteinsbildendes Mineral übersehen.

Spaltbarkeit	{001} vollkommen, Spaltblättchen sind biegsam, jedoch nicht elastisch
Härte	1–1½,
Dichte	2,8
Farbe, Glanz	weiß, grau, grünlich, gelblich; durchscheinend bis undurchsichtig; perlmutterglänzend oder matt

Chemismus. Höchstens geringer Einbau von Fe und Mg.

Vorkommen. In niedriggradigen Al-reichen metamorphen Gesteinen (Metapeliten), z. B. in Phylliten.

Verwendung. Ähnlich Talk, v. a. aber als Feuerfest-Material, oft in Kombination mit Zirkon, z. B. Pyrophyllit-Zirkon-Pfannensteine für die Stahlindustrie, ferner Isolations-Keramiken, Wandfliesen, als Füllstoff für Papier, Kunststoffe, Kautschuk und Seifen, als Trägerstoffe für Insektizide.

Talk, $Mg_3[(OH)_2/Si_4O_{10}]$

Ausbildung. Kristallklasse meist 2/m, daneben auch trikline und rhombische Polytypen; Kristalle mit 6-seitiger (pseudohexagonaler) Begrenzung sind relativ selten, meist in schuppig-blättrigen Aggregaten, Talk massigdicht als *Speckstein (Steatit)*.

Physikalische Eigenschaften.

Spaltbarkeit	{001} vollkommen, Spaltblättchen sind biegsam, jedoch nicht elastisch
Härte	1 (Standardmineral der Mohs-Skala), fühlt sich fettig an
Dichte	2,7
Farbe	zart grün, grau oder silberweiß
Glanz	Perlmutterglanz, durchscheinend

Struktur. Trioktaedrisches Dreischichtsilikat (Abb. 11.37). Die Schichtpakete sind in sich abgesättigt und werden untereinander lediglich durch schwache Van der Waals'sche Restkräfte gebunden. Daraus erklärt sich die vollkommene Spaltbarkeit nach {001}.

Chemismus. Geringer Einbau von Fe und Al.

Vorkommen. Talk entsteht durch hydrothermale Umwandlung Mg-reicher, basischer bis ultrabasischer Gesteine, wobei er Olivin, Pyroxen oder Amphibol verdrängt, bisweilen unter Erhaltung ihrer äußeren Umrisse (Pseudomorphosen); in Mg-reichen metamorphen Gesteinen, z. B. Talkschiefer, gemeinsam mit Kyanit in Weißschiefern (Hochdruck-metamorph).

Bedeutung als Rohstoff. Für die technische Verwendung sind der hydrophobe (wasserabweisende) Charakter und das gute Absorptionsvermögen für organische Stoffe wichtig. Gemahlener Talk wird in der Industrie als *Talkum* bezeichnet, Verwendung in der Glas-, Farben- und Papierindustrie, als Schmiermittel, als Grundstoff für Kosmetika und Arzneimittel, als Füllstoff für Kunststoffe, als Träger von Schädlings-Bekämpfungsmitteln.

Speckstein und Talk gehen beim Erhitzen in ein sehr zähes, festes und hartes (Härte 6–7) Gemenge aus Cristobalit und Klinoenstatit über, das in der Technik als *Steatit* bezeichnet wird und als Feinkeramik und Elektrokeramik verwendet wird. In manchen Kulturen, z. B. bei den Inuit (Eskimos) dient Speckstein zur Herstellung von Kleinskulpturen. An deutschen Schulen ist die Verwendung von Speckstein im Kunst- und Werkunterricht wegen möglicher Gehalte an Asbest (S. 175) nicht mehr erlaubt.

Tabelle 11.7. Wichtige Schichtsilikate

Minerale	Formel	Besetzung der Oktaederschicht
Pyrophyllit-Talk-Gruppe	Strukturtyp: Dreischichtsilikate	
Pyrophyllit	$Al_2[(OH)_2/Si_4O_{10}]$	dioktaedrisch
Talk	$Mg_3[(OH)_2/Si_4O_{10}]$	trioktaedrisch
Glimmer-Gruppe	Strukturtyp: Dreischichtsilikate	
Muscovit	$KAl_2^{[6]}[(OH)_2/Al^{[4]}Si_3O_{10}]$	dioktaedrisch
Paragonit	$NaAl_2[(OH)_2/AlSi_3O_{10}]$	dioktaedrisch
Phlogopit	$KMg_3[(OH,F)_2/AlSi_3O_{10}]$	trioktaedrisch
Biotit	$K(Mg,Fe^{2+})_3[(OH)_2/AlSi_3O_{10}]$	trioktaedrisch
Lepidolith	$K(Li,Al)_3[(F,OH)_2/(Si,Al)_4O_{10}]$	tri- (bis di-)oktaedrisch
Zinnwaldit	$K(Fe^{2+},Li,Al,\square)_3[(OH,F)_2/(Si,Al)_4O_{10}]$	tri- (bis di-)oktaedrisch
Hydroglimmer-Gruppe	Strukturtyp: Dreischichtsilikate	
Illit	$(K,H_3O)Al_2[(H_2O,OH)_2/(Si,Al)_4O_{10}]$	dioktaedrisch
Sprödglimmer-Gruppe	Strukturtyp: Dreischichtsilikate	
Margarit	$CaAl_2[(OH)_2/Al_2Si_2O_{10}]$	dioktaedrisch
Chlorit-Gruppe	Strukturtyp: Vierschichtsilikate	trioktaedrisch
Klinochlor	$(Mg,Fe,Al)_3[(OH)_2/(Si,Al)_4O_{10}] \cdot (Mg,Fe,Al)_3(OH)_6$	trioktaedrisch
Serpentin-Gruppe	Strukturtyp: Zweischichtsilikate	
Lizardit	$Mg_6[(OH)_8/Si_4O_{10}]$	trioktaedrisch
Antigorit	$Mg_6[(OH)_8/Si_4O_{10}]$	trioktaedrisch
Chrysotil	$Mg_6[(OH)_8/Si_4O_{10}]$	trioktaedrisch
Tonmineral-Gruppe	Strukturtyp: Zwei- oder Dreischichtsilikate	
Kaolinit	$Al_4[(OH)_8/Si_4O_{10}]$	dioktaedrisch
Halloysit	$Al_4[(OH)_8/Si_4O_{10}] \cdot 2H_2O$	dioktaedrisch
Chrysokoll (Kieselkupfer)	$\sim Cu_4H_4[(OH)_8/Si_4O_{10}] \cdot nH_2O$	dioktaedrisch
Montmorillonit (Smectit)	$\sim(Al,Mg,Fe)_2[(OH)_2/(Si,Al)_4O_{10}] \cdot Na_{0,33}(H_2O)_4$	dioktaedrisch
Vermiculit	$\sim Mg_2(Mg,Fe^{3+},Al)[(OH)_2/(Si,Al)_4O_{10}] \cdot Mg_{0,35}(H_2O)_4$	trioktaederisch

11.5.2 Glimmer-Gruppe

Die Glimmer sind di- oder trioktaedrische Dreischichtsilikate (Abb. 11.37). Gemeinsam ist ihnen die strukturell begründete, sehr vollkommene Spaltbarkeit nach der Basis {001}. Die Spaltblättchen zeigen Perlmutterglanz und sind elastisch biegsam. Die nicht sehr häufigen prismatischen Kristalle sind bei monokliner Symmetrie pseudohexagonal begrenzt. Die geringe Ritzhärte auf (001) erreicht 2–3, die Dichte liegt zwischen 2,7 und 3,2.

Muscovit, $KAl_2[(OH)_2/AlSi_3O_{10}]$

Ausbildung. Am häufigsten ist die monokline Modifikation Muscovit-2M$_1$, mit Kristallklasse 2/m; seltener sind der oft fehlgeordnete monokline Muscovit-1M bzw. -1Md und der trigonale Muscovit-3T mit der Kristallklasse 32. Kristalle mit 6-seitigem Umriss sind selten, können aber in Pegmatiten als metergroße Tafeln auftreten; überwiegend bildet Muscovit aber blättrige, schuppige Aggregate, oft verwachsen mit Biotit; feinschuppiger bis dichter Muscovit wird als *Sericit* bezeichnet. Zwillinge häufig mit (001) als Verwachsungsfläche.

Physikalische Eigenschaften.

Spaltbarkeit	{001} sehr vollkommen, Translation nach (001)
Härte	Härte 2–2½
Dichte	2,8–2,9
Farbe, Glanz	hell silberglänzend („Hellglimmer"), farblos, gelblich, grünlich; Perlmutterglanz auf den Spaltflächen

Chemismus. Es besteht eine nur relativ geringe Mischbarkeit mit den übrigen di- oder trioktaedrischen Glimmern.

K^+ kann in geringem Maß durch Na^+, Rb^+ oder Cs^+, $Al^{[6]}$ durch Mg^{2+}, Fe^{2+}, Fe^{3+} u. a. ersetzt werden; bei den Anionen 2. Stellung kann $(OH)^-$ durch F^- vertreten sein. Gekoppelte Substitution $Mg^{[6]}Si^{[4]} \rightleftharpoons Al^{[6]}Al^{[4]}$ im *Phengit*. Grüner Cr-haltiger Muscovit heißt *Fuchsit*.

Vorkommen. Muscovit ist ein sehr verbreitetes Mineral in Metamorphiten wie Phylliten, Glimmerschiefern und Gneisen, in Magmatiten, z. B. mit Biotit in sog. Zweiglimmergraniten, auch in Sandsteinen. Sericit ist häufig sekundäres Umwandlungsprodukt, z. B. von Feldspäten.

Verwendung als Rohstoff. Wegen seiner guten Wärme- und Elektro-Isolation wird Muscovit technisch genutzt.

Paragonit, $NaAl_2[(OH)_2/AlSi_3O_{10}]$

Makroskopisch und mikroskopisch dem Muscovit sehr ähnlicher Hellglimmer; beide lassen sich nur röntgenographisch oder durch Analytik mit der Elektronenstrahl-Mikrosonde unterscheiden; daher wurde Paragonit als gesteinsbildendes Mineral vielfach übersehen. Er tritt nicht selten in schwach- bis mittelgradig metamorphen, Al-reichen Gesteinen (Metapeliten) auf.

Phlogopit, $KMg_3[(OH,F)_2/AlSi_3O_{10}]$

Ausbildung. Kristallklasse 2/m beim häufigen $2M_1$-Phlogopit, nicht selten in prismatischen Kristallen mit pseudohexagonaler Begrenzung; er neigt zur Ausbildung größerer Kristalle.

Physikalische Eigenschaften.
Spaltbarkeit	{001} sehr vollkommen
Härte	Härte 2½–3
Dichte	2,75–3,0
Farbe	gelbbraun bis grünlichgelb, auch fast farblos

Chemismus. Phlogopit im engeren Sinne ist das Mg-Endglied einer lückenlosen Mischkristallreihe mit Biotit, wobei Mg^{2+} durch Fe^{2+} ersetzt wird; dagegen ist die Mischkristallbildung mit Muscovit außerordentlich begrenzt; häufig Ersatz des (OH) durch F, bis hin zum Fluorphlogopit mit F > (OH).

Vorkommen. In Mg-reichen Magmatiten wie Kimberlit und Lamproit, den Trägergesteinen der Diamanten sowie in Metamorphiten wie Phlogopitschiefern und Phlogopitmarmoren. Phlogopit ist noch im oberen Erdmantel stabil.

Technische Verwendung. Wie Muscovit.

Biotit, $K(Mg,Fe^{2+})_3[(OH)_2/AlSi_3O_{10}]$

Ausbildung. Kristallklasse 2/m, seltener sechsseitige kristallographische Begrenzung (Abb. 2.7, S. 38), dann fast stets aufgewachsen; meist in einzelnen unregelmäßig begrenzten Blättchen oder in schuppigen Aggregaten im Gestein eingewachsen. Häufig Zwillingsbildung mit (001) als Verwachsungsebene.

Physikalische Eigenschaften.
Spaltbarkeit	{001} sehr vollkommen
Härte	2½–3
Dichte	2,8–3,2
Farbe, Glanz	dunkelgrün, bräunlichgrün, hellbraun, dunkelbraun bis schwarzbraun. Perlmutterglanz auf den Spaltflächen

Chemismus. Gegenüber Phlogopit ist ein Teil des Mg^{2+} durch Fe^{2+} sowie durch Fe^{3+}, $Al^{[6]}$ und Ti^{4+} ersetzt; zum Ladungsausgleich wird in der Tetraederschicht teilweise $Al^{[4]}$ anstelle von Si eingebaut. Biotite bilden eine lückenlose Mischkristallreihe zwischen Phlogopit und den Fe-reichen Endgliedern *Annit* $KFe_3^{2+}[(OH)_2/AlSi_3O_{10}]$ bzw. *Siderophyllit* $K(Fe^{2+},Fe^{3+},Al)_3[(OH)_2/(Si,Al)_4O_{10}]$. Schwarzbraun gefärbte, Fe-reiche Biotite werden als *Lepidomelan* bezeichnet.

Vorkommen. Biotit ist ein sehr verbreitetes gesteinsbildendes Mineral, das in Magmatiten, so z. B. Graniten, Granodioriten und deren Pegmatiten, und auch in Metamorphiten, z. B. Glimmerschiefern und Gneisen, auftritt.

Lepidolith, $K(Li,Al)_3[(F,OH)_2/(Si,Al)_4O_{10}]$ und Zinnwaldit, $K(Fe^{2+},Al,Li,\square)_3[(OH,F)_2/(Si,Al)_4O_{10}]$

Struktur und Chemismus. Wegen seines geringen Ionenradius sitzt Li^+ nicht auf den Zwischengitterplätzen in [12]-Koordination, sondern ersetzt das [6]-koordinierte Al^{3+} in den Oktaederschichten. Bei einem Li : Al-Verhältnis von 1 : 1 ergäbe sich ein vollständiger Ladungsausgleich und eine ideale trioktaedrische Besetzung.

Tatsächlich variiert das Li : Al-Verhältnis sehr stark, so dass der Ladungsausgleich über eine entsprechende Variation im Si : Al-Verhältnis in der Tetraederschicht oder durch Leerstellen in der Oktaederschicht erfolgen muss; es besteht somit ein Übergang zur dioktaedrischen Besetzung.

Ausbildung. Kristallklasse 2/m bei den 2M- und 1M-Polytypen, trigonal (32) beim 3T-Polytyp. *Lepidolith* meist als Blättchen oder Schüppchen, z. T. in halbkugeligen Aggregaten; schöne Kristalle sind selten. Dagegen bildet *Zinnwaldit* tafelige Kristalle mit 6-seitigem Umriss, meist fächerförmig gruppiert und aufgewachsen.

Physikalische Eigenschaften.
Spaltbarkeit	{001} vollkommen
Härte	2½–4
Dichte	Lepidolith 2,8–2,9, Zinnwaldit 2,9–3,1

| Farbe, Glanz | Lepidolith: weiß bis blass rosarot oder pfirsichblütenfarben; Perlmutterglanz auf den Spaltflächen; die Färbung wird durch einen geringen Gehalt an Mn^{2+} verursacht; Zinnwaldit: blassviolett, silbergrau, gelblich, bräunlich, auch fast schwarz („Rabenglimmer"); Perlmuttglanz |

Vorkommen. *Lepidolith* tritt zusammen mit anderen Li-haltigen Mineralen in Pegmatiten auf; *Zinnwaldit* bildet sich unter hochhydrothermalen Bedingungen neben Zinnstein, Topas, Fluorit und Quarz.

Technische Verwendung. Gewinnung des Leichtmetalls Lithium für Speziallegierungen; zur Herstellung von Li-Salzen, pyrotechnischen Artikeln und Spezialgläsern.

11.5.3
Hydroglimmer-Gruppe

Illit, $(K,H_3O)Al_2[(H_2O,OH)_2/(Si,Al)_4O_{10}]$

Struktur. Illit (Hydromuscovit) ist ein dioktaedrisches, (seltener) trioktaedrisches Dreischichtsilikat mit glimmerähnlicher Struktur, ein Hydroglimmer, bei dem K^+ teilweise durch H_3O^+ ersetzt ist. Vorherrschend ist der 1M-, seltener der $2M_1$-Polytyp.

Ausbildung. Häufig ist Illit sehr feinkörnig (<20 μm) ausgebildet oder erreicht sogar kolloidale Dimensionen (<2 μm) und wird dann zu den *Tonmineralen* gerechnet (S. 176).

Vorkommen. Illite sind wichtiger Bestandteil von Böden, Tiefsee-Sedimenten (roter Tiefseeton), Ziegeleitonen, Mergeln, Tonsteinen, Grauwacken, aber auch von bereits schwach metamorphen Gesteinen wie Tonschiefern. Die weit verbreiteten dioktaedrischen Illite entstammen wahrscheinlich der Verwitterung von Muscovit oder von Kalifeldspäten. Andererseits kann Illit auch aus Montmorillonit durch Kaliaufnahme entstehen. Darüber hinaus bildet sich Illit in Alterationszonen um heiße Quellen sowie verbreitet bei der Diagenese und niedrigstgradiger Metamorphose von tonigen Sedimenten; dabei rekristallisiert er unterschiedlich stark; die sog. *Illit-Kristallinität*, die man durch Röntgen-Pulverdiffraktometrie bestimmen kann, gilt als Maß für die temperaturabhängige Kornvergröberung des Illits im Grenzbereich Diagenese/Metamorphose.

11.5.4
Sprödglimmer-Gruppe

Margarit, $CaAl_2[(OH)_2/Al_2Si_2O_{10}]$

Struktur. Dioktaedrisches Dreischichtsilikat mit Ca in der Zwischenschicht und 2 $Al^{[4]}$ in der Tetraederschicht.

Ausbildung. Meist keine wohlausgebildeten Kristalle, schuppige oder blättrige Aggregate.

Physikalische Eigenschaften. Wegen des Einbaus von Ca^{2+} anstelle von K^+ oder Na^+ werden die Zwischenschicht-Bindungen verstärkt, während der Ersatz von Si^{4+} durch $Al^{3+[4]}$ die Bindungen innerhalb der Tetraederschicht schwächt. Deswegen ist die Spaltbarkeit nach {001} etwas weniger vollkommen als bei Muscovit; die Spaltblättchen sind spröde und zerbrechlich: Sprödglimmer.

Härte	3½–4½
Dichte	3,0–3,1
Farbe, Glanz	weiß, rötlichweiß, perlgrau; starker Perlmutterglanz, durchscheinend

Chemismus. $CaAl^{[4]}$ kann z. T. durch $NaSi^{[4]}$, $Al^{[6]}$ durch Fe und Mg ersetzt werden.

Vorkommen. Gemengteil in Ca-Al-reichen metamorphen Gesteinen, z. B. in metamorphen Bauxiten (Smirgel).

Von den zahlreichen trioktaedrischen Sprödglimmern sei an dieser Stelle nur der monokline *Clintonit* $CaMg_2(Al,Mg)[(OH)_2/(Si,Al)_4O_{10}]$ genannt.

11.5.5
Chlorit-Gruppe

Die Chloritstruktur besteht aus Vierschicht-Paketen, in denen sich eine talkähnliche Schicht aus Tetraeder-Oktaeder-Tetraeder-Einheiten und eine brucitähnliche Zwischenschicht aus $[(Mg,Fe)(O,OH)_6]$- oder $[Al(O,OH)_6]$-Oktaedern abwechseln (Abb. 11.37). Als einfachstes Endglied ergäbe sich die Formel $Mg_3[(OH)_2/Si_4O_{10}] \cdot Mg_3(OH)_6$, die jedoch kein Chlorit ist, sondern für die Serpentin-Gruppe gilt. In den meisten Chloriten ist Mg in der talk- und in der brucitähnlichen Schicht teilweise durch Al, Fe^{2+} und Fe^{3+} ersetzt. Außerdem ersetzt $Al^{[4]}$ teilweise Si. So besteht ein breites Spektrum von Mischkristallzusammensetzungen, die eigene Varietätennamen erhalten haben. Seit Bayliss (1975) werden jedoch alle Mg-reichen Chlorite mit Mg > Fe als *Klinochlor*, die Fe-reichen als *Chamosit* bezeichnet.

Daneben gibt es noch chloritähnliche Schichtsilikate, in denen eine dioktaedrische pyrophyllitähnliche Schicht mit einer trioktaedrisch brucitähnlichen Schicht wechsellagert, z. B. *Sudoit* $(Al,Fe)_2[(OH)_2/(Si,Al)_4O_{10}] \cdot Mg_2Al(OH)_6$ und *Cookeit* $Al_2[(OH)_2/AlSi_3O_{10}] \cdot LiAl_2(OH)_6$.

Klinochlor, $(Mg,Fe,Al)_3[(OH)_2/(Si,Al)_4O_{10}] \cdot (Mg,Fe,Al)_3(OH)_6$

Ausbildung. Kristallklasse 2/m; mitunter treten säulenförmige Kristalle auf, die pseudohexagonal mit Basispinakoid {001} ausgebildet sind, ähnlich wie die Glimmer. Oft bildet Klinochlor unregelmäßig begrenzte Blättchen, schuppige oder geldrollenförmige Aggregate.

Physikalische Eigenschaften.

Spaltbarkeit	{001} sehr vollkommen, die Spaltblättchen sind biegsam, jedoch nicht elastisch wie diejenigen von Glimmer
Härte	2–3
Dichte	je nach Zusammensetzung sehr variabel 2,6–3,0
Farbe	grün in wechselnden Tönen, selten fast farblos oder auch fast schwarz, durch Spurenelemente mitunter abweichende Färbung

Vorkommen. Wichtiges gesteinsbildendes Mineral in meist niedriggradigen metamorphen Gesteinen, z. B. in Grünschiefern (Abb. 2.9, S. 39); sekundäres Umwandlungsprodukt aus Biotit, Granat, Pyroxen oder Amphibol in Metamorphiten und Magmatiten; Kluft- und Drusenmineral.

Chamosite (*Thuringite*) sind Fe^{2+}-Fe^{3+}-reiche Chlorite, die in manchen marinen Eisenerzen vorkommen.

11.5.6
Serpentin-Gruppe, $Mg_6[(OH)_8/Si_4O_{10}]$

Zu dieser Gruppe gehören mehrere Strukturvarietäten. Am verbreitetsten sind *Lizardit* (monoklin m, trigonal 3 oder 3m, hexagonal 6 oder 6mm), *Antigorit* (Blätterserpentin, monoklin) und *Chrysotil* (Faserserpentin, monoklin 2/m, orthorhombisch mm2). Serpentine haben eine Zweischichtstruktur, bestehend aus einer Tetraederschicht und einer brucitähnlichen Oktaederschicht. Diese Struktureinheit ist elektrostatisch abgesättigt, so dass von Struktureinheit zu Struktureinheit nur schwache Bindungen nach Art der Van-der-Waals-Restkräfte bestehen. Die pseudohexagonal angeordneten $[SiO_4]$-Tetraeder zeigen alle in die gleiche Richtung; in den brucitähnlichen Oktaederschichten sind jeweils 3 (OH) durch 2 Spitzen-Sauerstoffe ersetzt.

Im Vergleich etwa zum Al in der Kaolinit-Struktur (Abb. 11.37) ist das Mg etwas größer, so dass die Oktaederschicht der Serpentin-Minerale etwas aufgeweitet ist. Dadurch passen die Gitterabstände zwischen Oktaeder- und Tetraederschicht nicht genau aufeinander. Diese metrische Unstimmigkeit („misfit") führt bei Chrysotil zu einer Krümmung und Einrollung der beiden Schichten, wobei sich die Tetraederschicht auf der Innen- und die Oktaederschicht auf der Außenseite der Chrysotil-Röllchen befindet (Abb. 11.38a). Diese erscheinen makroskopisch als Fasern mit rund 200 Å Durchmesser (Abb. 11.38b). Beim Antigorit (Blätterserpentin) wird der Misfit dadurch ausgeglichen, dass die Doppelschichten sich aus Modulen aufbauen, die jeweils nach 8 $[SiO_4]$-Tetraedern in die Gegenrichtung umklappen; dadurch entsteht eine wellenartige, „modulierte" Struktur der blättchenförmigen Kristalle (Abb. 11.38c). Im Gegensatz dazu weist Lizardit eine ebene 1 : 1-Schichtstruktur auf.

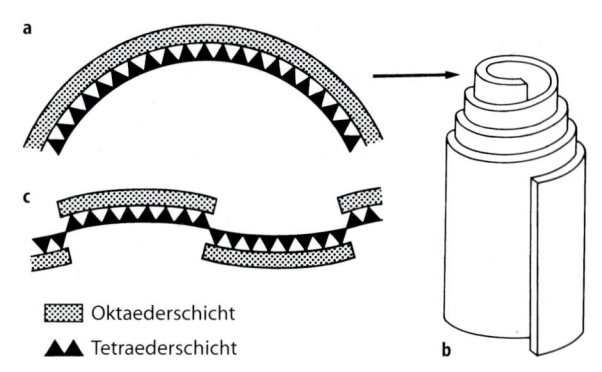

Abb. 11.38. a Schematische Darstellung einer möglichen Krümmung der Schichten in der Chrysotil-Struktur; **b** nach elektronenmikroskopischer Aufnahme eines Chrysotil-Röllchens, schematisch, **c** schematische Darstellung der Antigorit-Struktur. (**a, c** nach Klein u. Hurlbut 1985)

Lizardit, Antigorit (Blätterserpentin), Chrysotil (Faserserpentin)

Ausbildung. Serpentin bildet meist völlig dichte Aggregate; mikroskopisch blättrig oder schuppig, beim Chrysotil faserig; gut ausgebildete Kristalle sind sehr selten. Die unterschiedlichen Polytypen lassen sich nur durch Röntgenbeugung und das Elektronenmikroskop identifizieren.

Physikalische Eigenschaften. Alle drei Serpentin-Minerale zeigen ähnliche Eigenschaften und sind daher selbst mikroskopisch nur schwierig und mit großer Übung zu unterscheiden.

Kohäsion	Spaltbarkeit nach {001} bei Lizardit und Antigorit makroskopisch kaum sichtbar; auch die faserige Teilbarkeit bei Chrysotil ist oft undeutlich; demgegenüber zeigen die äußerst biegsamen Fasern des Chrysotil-Asbests weitest gehende mechanische Teilbarkeit. Serpentingesteine (Serpentinite) haben splittrigen bis muscheligen Bruch, sind mild und politurfähig
Härte	3–4, bisweilen härter durch Verkieselung
Dichte	2,5–2,6
Farbe, Glanz	vorherrschend grün in allen Abstufungen, aber auch blassgelb oder weiß, durch Spurenelemente mitunter abweichende Färbung; feinverteilter Magnetit färbt Serpentinite grau, schwarz oder braun, seltener rötliche Färbung durch feinverteilten Hämatit; oft sind Serpentinite geadert und farbig geflammt; Chrysotil-Asbest zeigt Seidenglanz

Vorkommen. Nach Wicks u. O'Hanley (1988) ist Lizardit das bei weitem häufigste Serpentin-Mineral, gefolgt von Antigorit und Chrysotil. Lizardit, z. T. auch Antigorit, bilden sich bei der niedriggradigen Metamorphose von ultrabasischen Gesteinen, insbesondere auch von Peridotiten des oberen Erdmantels (Abschn. 29.3.1, S. 522ff); dabei werden Olivin, daneben auch Pyroxen oder Amphibol unter Wasseraufnahme verdrängt (Hydratisierung); *Bastit* ist eine Pseudomorphose von Lizardit nach Enstatit oder Bronzit. Bei Temperaturerhöhung wandelt sich in Serpentiniten Lizardit in Antigorit um; in solchen prograd metamorphen Serpentiniten treten häufig Kluftfüllungen von feinfaserigem Chrysotil bzw. Chrysotil-Asbest auf, seltener auch von blättrigem Kluft-Antigorit. Serpentinite sind wichtige Bestandteile von Ophiolith-Komplexen (Abschn. 29.2.1, S. 519).

Chemismus. Begrenzter Einbau von Fe und Al. Beim Antigorit gehen durch das Umklappen der Module jeweils 3 Mg und 6 (OH) pro Einheitszelle verloren; dadurch weicht seine Zusammensetzung etwas von der oben angegebenen Formel ab.

Technische Verwendung. *Chrysotil-Asbest* besitzt eine vielseitige Verwendung: als hochwertiger Rohstoff zur Herstellung von verspinnbarem Asbestgarn und hochfeuerfestem Asbestgewebe, als Asbestfilter, Asbestpappe und Asbestplatten, Dichtungen, als Isolationsmittel in der Wärme- und Elektrotechnik, Asbestzement (Eternit) etc.

Wegen Gesundheitsgefährdung ist die Verwendung von Asbest jetzt stark eingeschränkt, in Deutschland verboten. Allerdings zeigen experimentelle Untersuchungen von Hume u. Rimstidt (1992), dass sich Chrysotil-Fasern mit einem Durchmesser von 1 μm bereits nach etwa 9 Monaten im Lungengewebe auflösen. Wegen dieser geringen Biodurabilität dürfte Chrysotil-Asbest weniger toxisch als z. B. Krokydolith-Asbest sein. Serpentinit wird geschliffen und poliert für Wandverkleidungen verwendet sowie zu kunstgewerblichen Gegenständen verarbeitet.

Abb. 11.39. Kaolinit mit pseudohexagonalem Umriß der Blättchen. Größe: ~1 μm ⌀, Aufnahme mit dem Raster-Elektronenmikroskop (REM). Kaolin von Zettlitz bei Karlsbad (Karlovy Vary), Böhmen

Weitere Serpentin-Minerale

- *Népouit* (früher „Garnierit") $(Ni,Mg)_6[(OH)_8/Si_4O_{10}]$ ist ein Ni-reicher Lizardit, der zusammen mit anderen Ni-Hydrosilikaten einen Bestandteil wichtiger Nickelerze bildet.
- *Greenalith* $(Fe^{2+},Fe^{3+})_{<6}[(OH)_8/Si_4O_{10}]$ ist ein Bestandteil wichtiger Eisenerze. Die grünlichen submikroskopischen Blättchen bilden meist unregelmäßig gerundete bis kugelförmige Aggregate. Sie treten nur in präkambrischen, marin-sedimentären Bändererzen vermutlich als diagenetische Bildung auf.

11.5.7 Tonmineral-Gruppe

Zu dieser Gruppe gehören äußerst feinblättrige Schichtsilikate kolloidaler Größenordnung (<2 μm), die als Bestandteile des Bodens sowie tonhaltiger Sedimente und Sedimentgesteine auftreten. Tone sind unverfestigte Sedimente, die im Wesentlichen aus Partikeln <20 μm bestehen, unter denen die silikatischen Tonminerale mengenmäßig vorherrschen. Tonminerale lassen sich wegen ihrer geringen Größe nur mit Hilfe der Röntgenbeugung exakt bestimmen. Sie haben meist die chemische Zusammensetzung von Wasser- bzw. (OH)-haltigen Alumosilikaten. In einigen von ihnen treten ersatzweise unbedeutende Mengen von Mg-, Fe-, Alkali- oder Erdalkali-Ionen in ihre Strukturen ein.

Den tonhaltigen Sedimenten und der Bodenkrume verleihen Tonminerale charakteristische Eigenschaften wie die Fähigkeit der reversiblen An- und Einlagerung von H_2O-Molekülen. Tonminerale können teilweise quellen oder schrumpfen und bedingen die Plastizität von Tonen. Teilweise haben sie die Fähigkeit, Ionen austauschbar zu adsorbieren. Sie verleihen den Böden die bedeutsame Fähigkeit zur Wasserbindung sowie zur Nährstoffadsorption und -abgabe.

Kaolinit, $Al_4[(OH)_8/Si_4O_{10}]$

Struktur. Dioktaedrische Zweischichtstruktur (Abb. 11.37).

Ausbildung. Mitunter sind pseudohexagonale Kristalle der Kristallklasse $\bar{1}$ ausgebildet und elektronenmikroskopisch nachweisbar (Abb. 11.39); überwiegend feinkörnige Aggregate in dichten, bröckeligen oder mehligen Massen, die mit Wasser plastisch werden.

Physikalische Eigenschaften.

Spaltbarkeit	{001} vollkommen, Spaltblättchen biegsam, feste Tone und Kaoline haben erdig-muscheligen Bruch
Härte	1
Dichte	2,1–2,6

Farbe reiner Kaolin ist weiß; Kaolintone sind durch Fremdbeimengungen gelb, grünlich oder bläulich gefärbt

Vorkommen. Kaolinit ist ein sehr wichtiges und weit verbreitetes Tonmineral. Er entsteht durch Verwitterung (Kali-)feldspatreicher Gesteine wie Granit, Rhyolith, Arkose, oder durch Einwirkung thermaler bzw. hydrothermaler Wässer auf diese, wobei pH-Werte <6 realisiert sein müssen; Pseudomorphosen nach gesteinsbildenden Al-Silikaten, insbesondere Feldspäten, sind häufig. Hauptgemengteil von Kaolin (Porzellanerde), Bestandteil vieler Tone, von sauren, tropischen Böden und Lateriten, auch in Tiefseesedimenten.

Bedeutung als Rohstoff. Ton und Kaolin (china clay) sind außerordentlich wichtige und auch relativ verbreitete Rohstoffe für die keramische Industrie (Fayence und Porzellan). Beim Erhitzen auf 350 °C entweicht das gebundene Wasser; bei Brenntemperaturen von ca. 1 200 °C erfolgt die Umwandlung in das Al-Silikat Mullit (S. 151), eine wesentliche kristalline Komponente im Porzellan. Feuerfeste Tone mit sehr hoher Schmelztemperatur finden als Schamotteziegel in der Metallurgie Verwendung. Sogenannte Ziegeltone sind zur Herstellung von Mauer- und Dachziegeln besonders gut geeignet. Kaolin dient als Füllmittel und Appretur in der Papierindustrie und ist Rohstoff für die Gewinnung von Al_2O_3 (Tonerde). Suspensionen feindisperser Tone sind zur Stabilisierung der Bohrlochwände beim Niederbringen von Bohrlöchern notwendig. In der pharmazeutischen Industrie wird Kaolin (*Bolus alba*) als Füllstoff für kosmetische medikamentöse Puder eingesetzt.

Chemisch gleich zusammengesetzt wie Kaolinit, aber monoklin sind die Tonminerale *Dickit* (farblos, weiß, gelblich, bräunlich) und *Nakrit* (weiß, gelblich, auch grünlich), die auf hydrothermalen Lagerstätten vorkommen.

Halloysit, $Al_4[(OH)_8/Si_4O_{10}] \cdot 2H_2O$

Zweischichtsilikat mit Schichten von H_2O-Molekülen zwischen den kaolinitartigen Zweischichtpaketen (Abb. 11.37, S. 170); durch den Misfit entstehen spiralförmige Röllchen. Der Verlust der eingelagerten Wassermoleküle bei der Entwässerung ist im Unterschied zum Verhalten von Montmorillonit irreversibel. Halloysit ist ein häufiges Verwitterungsprodukt vulkanischer Gläser, entsteht jedoch auch hydrothermal; er ist Bestandteil vieler Tone und Böden.

Chrysokoll (Kieselkupfer), ~$Cu_4H_4[(OH)_8/Si_4O_{10}] \cdot nH_2O$

Ausbildung. Kristallsystem orthorhombisch; derb, traubignierig bis stalaktitisch, gelartig dicht oder in Krusten.

Physikalische Eigenschaften.
Härte   2–4
Dichte   2,0–2,2

Farbe, Glanz hellblau, bläulichgrün oder grün; fettig glasglänzend oder matt, halb durchsichtig bis undurchsichtig

Kristallstruktur. Ähnlich Halloysit.

Vorkommen. Als sekundäres Cu-Mineral mit 30–36 % Cu in Oxidationszonen von Cu-Lagerstätten, oft zusammen mit Malachit, Azurit und Cuprit.

Verwendung. Lokal als Kupfererz; zu Schmuckzwecken; als Antifouling-Zusatz für Schiffsanstriche.

Montmorillonit (Smectit), ~$(Al,Mg,Fe)_2[(OH)_2/(Si,Al)_4O_{10}] \cdot Na_{0,33}(H_2O)_4$

Struktur und Zusammensetzung. Montmorillonit ist ein dioktaedrisches Dreischichtsilikat sehr variabler Zusammensetzung, die durch die oben angegebene Formel nur angenähert wiedergegeben wird. Na kann z. T. durch Ca ersetzt werden. Durch Einbau von Wasserschichten wird die Struktur in der c-Dimension stark aufgeweitet (Abb. 11.37). Je nach dem Wassergehalt ändert sich durch innerkristalline Quellung oder Schrumpfung der Gitterabstand. Zur *Montmorillonit-Reihe* gehören auch der grüngefärbte, Fe^{3+}-reiche *Nontronit*, der Ca-Al-reiche *Beidellit* sowie trioktaedrische Schichtsilikate wie der Mg-reiche *Saponit*, und der Li-haltige *Hectorit*.

Ausbildung und physikalische Eigenschaften. Mild, fein zerreiblich und mit Wasser quellend, wird aber nicht wirklich plastisch.

Vorkommen. Montmorillonit ist ein wasserspeicherndes Mineral im Boden. Er ist vorherrschendes Tonmineral im *Bentonit*, der sich bei der subaquatischen Verwitterung und Diagenese oder bei der hydrothermalen Zersetzung von glasreichen vulkanischen Aschen, Tuffen und Ignimbriten bildet (Christidis und Huff 2009; Abschn. 14.3, S. 246). Als wichtiger Bestandteil v. a. in tropischen Böden, auch in Tiefseeböden.

Montmorillonitreiche Tone als Rohstoff. Technisch wichtig sind die enorme Quellfähigkeit, das große Ionenaustausch-Vermögen, z. B. für toxische Schwermetalle wie Zn, Pb, Cr, Cu sowie die Aufnahmefähigkeit für Farbstoffe, Öle und Gase. Dadurch sind Montmorillonit-reiche Tone und Bentonite wichtige Rohstoffe mit erstaunlich vielfältiger Verwendung, z. B. als Zusatz zu keramischen Massen, als Absorptionsmittel bei der Trinkwasseraufbereitung und der Abwasserreinigung, beim Entfärben von Lösungen, Bleichen von Speiseölen, Entfernung von Proteinen aus Bier, zur Weinschönung, zum Entfetten von Wolle, als Fett- und Schmiermittelverdicker, als Pelletiermittel für Erze, als Tierfutter, zur Tierpflege, als Trägermaterial für Insektizide und Pestizide, als Bohrspülmittel bei Tiefbohrungen, z. B. in der

Erdölindustrie, zur Abdichtung von Schadstoffdeponien (Eisenhour und Brown 2009). Neuerdings werden sie auch zur Herstellung von organischen und anorganischen Hybrid-Materialien verwendet (Güven 2009). Wie schon in antiken Kulturen werden sie auch heute noch in der Medizin als Heilerden verwendet (Williams et al. 2009).

Vermiculit, ~$Mg_2(Mg,Fe^{3+},Al)[(OH)_2/(Si,Al)_4O_{10}] \cdot Mg_{0,35}(H_2O)_4$

Struktur und Zusammensetzung. Vermiculit ist ein komplex zusammengesetztes, trioktaedrisches Schichtsilikat, das geordnete Struktur mit monokliner Symmetrie (2/m), aber auch völlig ungeordnete Struktur aufweisen kann. Vielfältige Substitutionen führen in den Oktaeder- und Tetraeder-Schichten zu einem Ladungsdefizit, das durch die leicht austauschbaren Kationen der Zwischenschicht ausgeglichen wird. Durch den Einbau von H_2O-Molekülen zwischen den Silikatschichten ist Vermiculit *quellfähig*.

Ausbildung. In submikroskopisch feinkörnigen Aggregaten (Teilchengröße <2 μm), aber auch als gröbere Blättchen, Flocken, Platten und Tafeln (bis >10 cm groß).

Physikalische Eigenschaften.
Härte	~1½
Dichte	2,2–2,6
Farbe, Glanz	bronze- bis gelblichbraun oder grünlich bis tiefgrün; perlmutt- bis bronzeglänzend
besondere Eigenschaft	Vermiculit bläht sich bei raschem Erhitzen auf >850 °C z. T. würmchenförmig (daher der Name!) bis auf das 30-fache seines Ausgangsvolumens auf: *expandierter Vermiculit*

Vorkommen. Vermiculit entsteht vorwiegend durch Abbau von Phlogopit oder Biotit infolge von Verwitterung und/oder durch Einwirkung zirkulierender Grundwässer und/oder von hydrothermalen Lösungen. Mehr als 90 % der Weltförderung kommen aus Südafrika (Phalaborwa, Transvaal), den USA und der Kola-Halbinsel (Russland).

Verwendung. Vor allem im expandierten Zustand ist Vermiculit ein wichtiger Werkstoff; er wird in der Bauindustrie als Schall-, Wärme- und Kältedämmstoff und als Betonzuschlag, als Verpackungsmaterial zum Stoß- und Wärmeschutz sowie zum Aufsaugen von Flüssigkeiten bei Glasbruch, als Kationenaustauscher und zur Speicherung von Nährstoffen bei der Kultur von Garten- und Zimmerpflanzen genutzt.

Wechsellagerungs-Tonminerale

Neben den aufgeführten Tonmineralen kommen besonders in jungen pelitischen Sedimenten sog. Wechsellagerungs-Tonminerale (Mixed-Layer-Tonminerale) vor, die aus zwei oder drei verschiedenen Tonmineralen zusammengesetzt sind. Die häufigsten Wechsellagerungs-Strukturen bestehen aus Illit- und Montmorillonit-Lagen, die in regelmäßiger oder unregelmäßiger Folge in der c-Richtung gestapelt sind. Regelmäßige Wechsellagerungsminerale sind teilweise mit eigenen Namen bezeichnet worden.

11.5.8
Apophyllit-Gruppe

Apophyllit, $KCa_4[(F,OH)/(Si_4O_{10})_2] \cdot 8H_2O$

Struktur. Apophyllit hat eine ungewöhnliche Einschichtstruktur. Sie besteht aus 4- und 8-zähligen Ringen von [SiO_4]-Tetraedern, die über ihre Ecken zu Schichten // (001) verknüpft werden und durch die großen Kationen Ca, Na und K miteinander verbunden sind (Abb. 11.40). Neben dem F können auch (OH)-Gruppen eingebaut werden.

Chemische Zusammensetzung. Das F/(OH)-Verhältnis wechselt mit den Endgliedern Fluorapophyllit und Hydroxyapophyllit. Daneben gibt es noch den Natroapophyllit $NaCa_4[F/(Si_4O_{10})_2] \cdot 8H_2O$.

Ausbildung. Kristallklase 4/m2/m2/m, Natroapophyllit 2/m2/m2/m; die Kristalle sind fast stets aufgewachsen und zeigen häufig eine Kombination von {110} und {101}, z. T. mit {001} und {210}; der Habitus kann dipyramidal, prismatisch, tafelig (Abb. 11.64, S. 204) oder würfelig sein. Oft bildet Apophyllit blätterige, schalige oder körnige Aggregate.

Physikalische Eigenschaften.
Spaltbarkeit	(001) vollkommen
Bruch	uneben, spröde
Härte	4½–5
Dichte	2,3–2,4

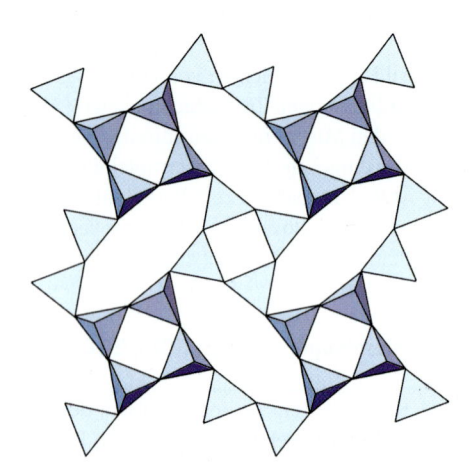

Abb. 11.40. Die [SiO_4]-Tetraederschicht von Apophyllit, projiziert auf die Ebene (001). Die SiO_4-Tetraeder bilden Viererringe, wobei die Spitzen alternierend nach oben und nach unten zeigen. (Nach Strunz und Nickel 2001)

Farbe, Glanz	farblos, weiß, rötlich- oder gelblichweiß, rosenrot, lichtgrünlich (Abb. 11.63, 11.64), bräunlich; ausgezeichneter Perlmuttglanz mit eigentümlichem, charakteristischem Lichtschein (daher der veraltete Name „Ichthiophalm" = Fischaugenstein)
Bes. Eigenschaft	Beim Erhitzen entweicht die Hälfte des Wassers kontinuierlich; der Rest geht bei 250 °C verloren; vor dem Lötrohr blättert Apophyllit auf (grch. ἀποφύλλειν = abblättern) und schmilzt unter Aufblähen zu einem weißen Glas

Vorkommen. Vorwiegend in Blasenräumen von Basalten und ähnlichen Vulkaniten, oft zusammen mit Zeolithen (Abb. 11.63, 11.64), Calcit u. a., seltener als Drusenmineral in Graniten; als Kluftfüllung in Syeniten, metamorphen Gesteinen und Erzlagerstätten.

11.6
Gerüstsilikate (Tektosilikate)

Die silikatischen Gerüststrukturen lassen sich aus SiO_2-Strukturen ableiten, indem ein Teil des Si^{4+} durch Al^{3+} ersetzt wird. Dadurch entstehen Alumosilikate: $[Si_4O_8] \rightarrow K^+[AlSi_3O_8]^-$ (Kalifeldspat). Der Ersatz durch Al^{3+} in [4]-Koordination kann maximal das Verhältnis 1 : 1 erreichen, so z. B. im Anorthit $Ca^{2+}[Al_2Si_2O_8]^{2-}$. Die $[SiO_4]$- und $[AlO_4]$-Tetraeder sind bei diesen Alumosilikaten über alle 4 O-Ecken mit 4 Nachbar-Tetraedern räumlich vernetzt. Der durch den beschriebenen Ersatz erforderliche elektrostatische Valenzausgleich vollzieht sich in diesen dreidimensional unendlichen Gerüststrukturen durch den Eintritt von Alkali- oder Erdalkali-Ionen. Die weitmaschigen Gerüststrukturen bieten außerdem teilweise Platz für zusätzliche tetraederfremde Anionen oder bei der Mineralgruppe der Zeolithe für den Eintritt von Wassermolekülen (vgl. Tabelle 11.9, S. 190).

11.6.1
SiO$_2$-Minerale

Kristallstrukturen

In Tabelle 11.8 sind die wichtigsten kristallisierten und amorphen Modifikationen des SiO_2 aufgeführt, die aus der Natur und als Syntheseprodukte bekannt sind. In ihren Kristallstrukturen haben Quarz, Tridymit, Cristobalit und Coesit gemeinsam, dass sie aus $[SiO_4]$-Tetraedern aufgebaut sind, die ein dreidimensional zusammenhängendes Gerüst bilden. Damit gehört jedes O zu 2 Si und es entfallen auf jedes Si-Ion nur ½ Sauerstoff-Ionen, woraus sich die Formel SiO_2 ergibt. Im Gegensatz

zu Strunz und Nickel (2001) behandeln wir die SiO_2-Minerale nicht bei den Oxiden, sondern – unter Berücksichtigung ihrer Kristallstrukturen – bei den Gerüstsilikaten. Wir befinden uns damit in Übereinstimmung mit Deer, Howie u. Zussman (1963, 1992).

Die wechselnde gegenseitige Verdrehung der zusammenhängenden SiO_4-Tetraeder ergibt bei unterschiedlicher Symmetrie eine verschiedengradig aufgelockerte Kristallstruktur. Bei der relativ lockeren Quarz-Struktur (Abb. 1.18, S. 15, 11.41) bilden die SiO_4-Tetraeder zusammenhängende, rechts- oder linkssinnig gewundene Spiralen in der kristallographischen c-Richtung (Abb. 11.42). Die Identitätsperiode der Kette besteht

Abb. 11.41. Dieses Modell zeigt die relativ lockere Sauerstoffpackung des Quarzes (die Kugeln entsprechen dem Sauerstoff). Prismen- und Rhomboederflächen sind angedeutet. In den winzigen tetraedrischen Lücken zwischen 4 Sauerstoffkugeln befindet sich das kleine Si. Die unregelmäßige Absonderung des muscheligen Bruchs des Quarzes verläuft innerhalb der relativ großen Lücken zwischen den geringsten Bindungskräften der Struktur. (Original im Mineralogischen Museum, Universität Würzburg, Entwurf Emil Eberhard)

Abb. 11.42.
Die Strukturen von trigonalem Tiefquarz (**a**) und hexagonalem Hochquarz (**b**) projiziert auf die (0001)-Ebene senkrecht zur morphologischen c-Achse, die als 3- bzw. 6 zählige Schraubenachse ausgebildet ist. Anstelle der [SiO$_4$]-Tetraeder sind lediglich die Si-Atome in unterschiedlichen Niveaus eingezeichnet. Der strukturelle Übergang von Hoch- zu Tiefquarz beruht auf einer Einwinkelung der Si-O-Si-Bindungsrichtungen. (Nach Strunz 1982)

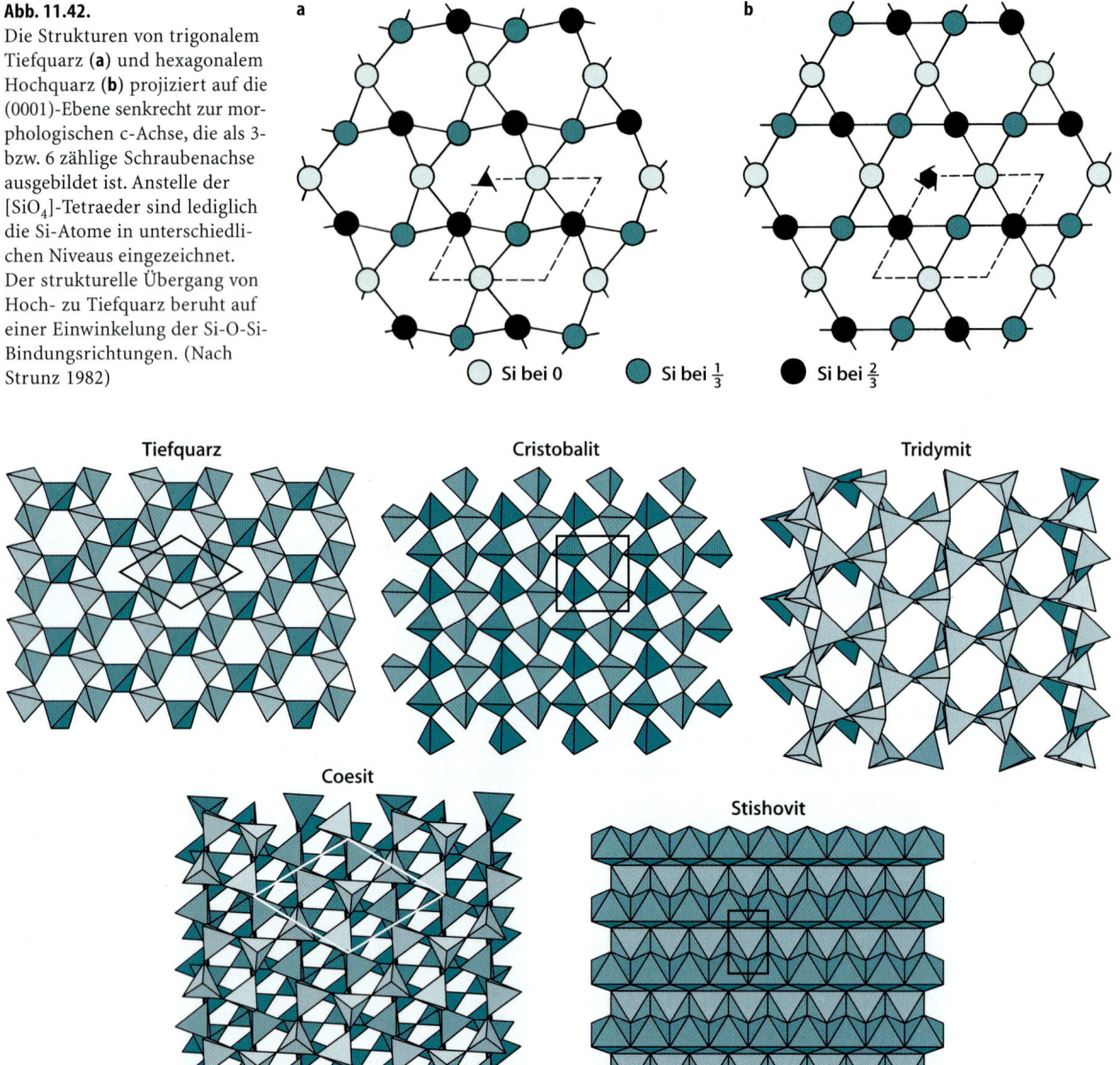

○ Si bei 0   ◐ Si bei $\frac{1}{3}$ ● Si bei $\frac{2}{3}$

Abb. 11.43. Die Strukturen der wichtigsten SiO$_2$-Minerale im Vergleich. (Heribert Graetsch, Bochum, unpubliziert)

aus 3 Tetraedern. Dichte (Tabelle 11.8) und Lichtbrechung n_β von Tridymit 1,47 (Abb. 1.18, S. 15), Quarz 1,55 und Coesit 1,59 sind ein zahlenmäßiger Ausdruck der unterschiedlichen Packungsdichte der Strukturen (Abb. 11.43).

Da die SiO$_2$-Strukturen elektrostatisch abgesättigt sind, können – abgesehen von Spurenelementen – keine weiteren Kationen eingebaut werden, obwohl in den weitmaschigen Tetraeder-Gerüsten dafür genügend Raum wäre. Erst der teilweise Ersatz von Si$^{4+[4]}$ durch Al$^{3+[4]}$ erzeugt negative Ladungen, die durch Einbau von 1- oder 2-wertigen Kationen neutralisiert werden, wie z. B. beim Kalifeldspat K$^+$[AlSi$_3$O$_{10}$]$^-$ oder Anorthit Ca^{2+}[Al$_2$Si$_2$O$_8$]$^{2-}$.

In der Struktur der Hochdruck-Modifikation Coesit ist das Si gegenüber O wie bei den übrigen SiO$_2$-Modifikationen noch tetraedrisch, im Stishovit hingegen höher, oktaedrisch koordiniert, wobei die [SiO$_6$]-Oktaeder teilweise kantenverknüpft sind und Ketten // c bilden: Stishovit hat die gleiche Struktur wie Rutil TiO$_2$ (Abb. 7.9, S. 110). Die mit diesem Koordinationswechsel verbundene dichtere Packung kommt in der noch höheren Dichte von 4,35 und dem hohen Brechungsindex n_β = 1,81 besonders zum Ausdruck.

Die Phasenbeziehungen im Einstoffsystem SiO$_2$

Die Stabilitätsfelder der SiO$_2$-Modifikationen sind bis zu Drücken von weit über 100 kbar (= 10 GPa) experimentell erforscht. Von den aus der Natur und von Syntheseprodukten her bekannten kristallinen Modifikationen des SiO$_2$ sind nur sechs stabil und im Druck-Temperatur-Diagramm (*P-T*-Diagramm) (Abb. 11.44) dargestellt. Bei einem Druck von 1 bar ($\approx$ 1000 hPa) und einer Temperatur von 573 °C wandelt sich der trigonal-trapezoedrische Tiefquarz (32) unter Erhaltung seiner äußeren Kristallform und ohne Verzögerung in den strukturell sehr ähnlichen hexagonal-trapezoedrischen Hochquarz (622) um, und zwar reversibel. Diese Transformation ist displaziv, denn die Symmetrieänderung wird lediglich durch eine geringe Verkippung der [SiO$_4$]-Tetraeder erreicht, deren Kanten beim Hochquarz genau senkrecht zur c-Achse stehen, beim Tiefquarz aber leicht geneigt sind (Abb. 1.18, S. 15). Der Umwandlungsvorgang erfolgt daher ohne Energieverlust oder Energiegewinn: er ist *enantiotrop*.

Allerdings wissen wir seit den Untersuchungen von Bachheimer (1980), dass bei der α ⇌ β-Umwandlung von Quarz in einem engen Temperaturbereich von 573 bis 574,5 °C (bei 1 bar) eine intermediäre Übergangsphase Quarz 3q auftritt (Raaz et al. 2003).

Bei 1 bar Druck und weiterer Wärmezufuhr wandelt sich der Hochquarz bei 870 °C rekonstruktiv in Tridymit um, und zwar in die hexagonale Modifikation Hoch-Tridymit (Abb. 1.18); bei 1470 °C geht dieser in die kubische Modifikation Hoch-Cristobalit über. Die Übergänge in Hoch-Tridymit und Hoch-Cristobalit machen ein Aufbrechen der Tetraederverbände erforderlich. Wegen der starken Verzögerung dieser Umwandlung kann Hochquarz in den Stabilitätsfeldern von Tridymit und Cristobalit metastabil erhalten bleiben und bei rund 1730 °C unmittelbar zum Schmelzen gebracht werden (Abb. 11.44). Die Umwandlung von Hochquarz in Tridymit kann jedoch ohne Verzögerung erfolgen, wenn Fremdionen zugegeben werden, wie z. B. Alkali-Ionen.

Die beiden Hochtemperaturphasen Tridymit und Cristobalit sind auf relativ niedrige Drücke beschränkt. Hoch- und Tiefquarz dagegen haben sehr große Existenzfelder, die weite *P-T*-Bereiche innerhalb der Erdkruste und Teile des obersten Erdmantels umfassen. Das ist einer der Gründe, weshalb Quarz zu den am meisten verbreiteten Mineralen der Erdkruste zählt. Demgegenüber haben die Peridotite des Erdmantels kein freies SiO$_2$, so dass in ihnen kein Quarz auftreten kann. Quarz kann sich im Unterschied zu Tridymit und Cristobalit nur innerhalb seines Stabilitätsfelds bilden. Seine Anwesenheit in einem vulkanischen Gestein z. B. bedeutet, dass seine Kristallisationstemperatur aus schmelzflüssiger Lava nicht wesentlich höher als 870 °C gewesen sein kann.

Die Umwandlungstemperatur für Tiefquarz in Hochquarz steigt bei *positivem* Verlauf der Umwandlungsgrenze (Abb. 11.44) um 21,2 °C pro kbar Druck an, d. h. bei einem Belastungsdruck von 2 kbar entsprechend einer Tiefe von 6 km in der Erdkruste liegt die Umwandlungstemperatur um rund 42 °C höher, also bei rund 616 °C. Wegen der enantiotropen Umwandlung Hochquarz ⇌ Tiefquarz kann diese Abhängigkeit nicht als *geologisches Thermometer* verwendet werden, da die Hochquarz-Struktur nicht abgeschreckt werden kann. Auch das Auftreten von Tridymit und Cristobalit kann man nicht als geologisches Thermometer verwenden, da diese SiO$_2$-Modifikationen auch metastabil im Stabililitätsfeld von Quarz gebildet werden können und die Umwandlung bei ihnen sehr träge verläuft.

Unter sehr hohen Drücken von 20–40 kbar (2–4 GPa) wandelt sich Quarz in die Hochdruck-Modifikation Coesit um (Abb. 11.44). Dieser geht bei einer weiteren beachtlichen Druckerhöhung auf 80–100 kbar in Stishovit über. Nach

Tabelle 11.8. SiO$_2$-Minerale

Mineral	Kristallklasse	Dichte [g cm^{-3}]
Tiefquarz	32	2,65
Hochquarz	622	2,53
Tief-Tridymit	2/m oder 222	2,26
Hoch-Tridymit	6/m2/m2/m	2,22
Tief-Cristobalit	422	2,32
Hoch-Cristobalit	4/m$\bar{3}$2/m	2,20
Moganit	2/m	2,55
Coesit	2/m	3,01
Stishovit	4/m2/m2/m	4,35
Lechatelierit	amorph	2,20
Opal (SiO$_2 \cdot$ H$_2$O)	amorph	2,1–2,2

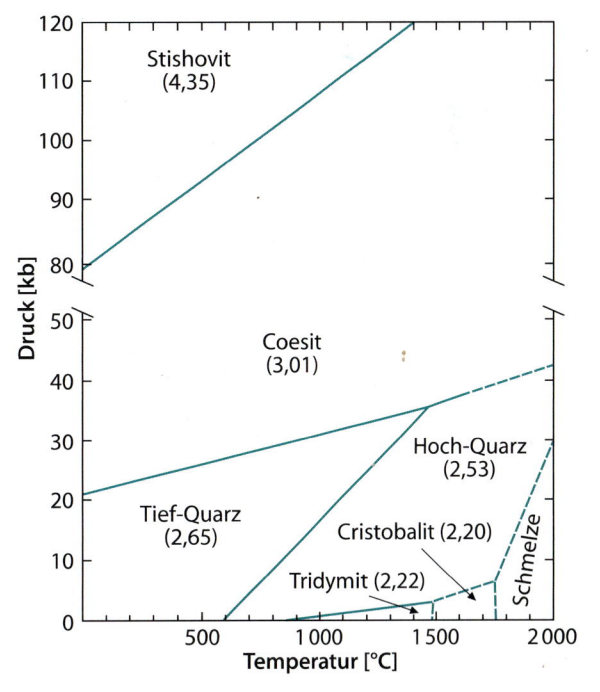

Abb. 11.44. Die Stabilitätsfelder der SiO$_2$-Modifikationen im *P-T*-Diagramm. In Klammern gesetzt sind die Dichten (g cm^{-3}). (Mod. nach Schreyer 1976)

in-situ-Röntgenbeugungs-Experimenten erfolgt die Coesit ⇌ Stishovit-Umwandlung bei Zimmertemperatur (298 K = 25 °C) bei ca. 80 kbar (Yagi u. Akimoto 1976, bei 1 700 K (= 1 427 °C) bei ca. 120 kbar (Swamy et al. 1994).

Kühlt man eine reine SiO$_2$-Schmelze ab, so erstarrt diese v. a. wegen ihrer hohen Viskosität als Kieselglas in einem metastabilen Zustand.

In Lösungen kann SiO$_2$ als Kieselsäure H$_4$SiO$_4$ bzw. in den Ionen H$_3$SiO$_4^-$, H$_2$SiO$_4^{2-}$ vorliegen. Darüber hinaus kommt Kieselsäure in Form von Kolloiden vor, deren Teilchen eine Größe von 10^3–10^9 Atomen haben. Diese Kolloide können zu Gelen koagulieren, die sehr schwammige, wasserreiche Flocken bilden. In weitestgehend entwässerter Form kommen diese Gele als Opal in der Natur vor.

Spezielle Mineralogie der SiO$_2$-Minerale

Tiefquarz, SiO$_2$

Ausbildung. Kristallklasse 32, die trigonal-trapezoedrischen Kristalle sind meist prismatisch ausgebildet. Das hexagonale Prisma {10$\bar{1}$0}, meist mit Horizontalstreifung (Abb. 11.45a–d), dominiert und wird bei den vorwiegend aufgewachsenen Kristallen nur einseitig durch Rhomboederflächen begrenzt. Das positive Rhomboeder (bzw. Hauptrhomboeder) {10$\bar{1}$1} ist häufig größer entwickelt als das negative Rhomboeder {01$\bar{1}$1} und zeigt einen deutlichen Glanz. Über den Kanten des Prismas befinden sich nicht selten außerdem winzige Flächen eines trigonalen Trapezoeders (wegen ihrer Form auch als Trapezflächen bezeichnet) {51$\bar{6}$1} und einer trigonalen Dipyramide (auch als Rhombenfläche bezeichnet) {11$\bar{2}$1}. Diese kleinen Flächen sind, wenn sie überhaupt auftreten, häufig nur 1- oder 2-mal ausgebildet, weil Quarzkristalle meist ein verzerrtes Wachstum aufweisen (Abb. 11.45d). Je nachdem, ob die Trapezflächen links oder rechts vom Hauptrhomboeder auftreten, unterscheidet man zwischen Links- und Rechtsquarz (Abb. 11.45b,c). Neben den aufgewachsenen Kristallen kommen bei Tiefquarz (sehr viel seltener) auch schwebend gebildete Kristalle vor, die dann beidseitig entwickelt sind. Bekannt sind die Suttroper Quarze, Doppelender von modellartig hexagonal erscheinender Entwicklung. Neben der prismatischen Trachtentwicklung sind besonders in manchen alpinen Vorkommen Quarzkristalle mit spitzrhomboedrischer Trachtentwicklung zu finden. Infolge mehrerer steiler Rhomboederflächen erscheinen diese Kristalle nach einem Ende hin (bei einseitiger Ausbildung) mehr oder weniger stark zugespitzt.

Verbreitet weisen gerade die Kristalle des Tiefquarzes bei strenger Winkelkonstanz eine ungleichmäßige Flächenentwicklung und starke Verzerrung auf (Abb. 1.5, S. 5; Abb. 11.45d). Hier dient die oben bereits erwähnte horizontale Streifung der Prismenflächen (Abb. 11.45a) zur Orientierung des Kristalls.

Die natürlichen Quarzkristalle sind im Unterschied zu den synthetischen Quarzen fast stets verzwillingt, wodurch die polaren 2-zähligen Achsen und damit technisch wichtige physikalische Eigenschaften wie Piezoelektrizität verlorengehen. Die wichtigsten unter den zahlreichen Zwillingsgesetzen des Quarzes sind:

- *Dauphinéer-* oder *Schweizer-Gesetz* (Abb. 11.45e): Zwei gleichgroße Rechtsquarz- oder Linksquarzkristalle (RR oder LL) mit c als Zwillingsachse sind gegeneinander um 60° gedreht und miteinander parallel verwachsen. Damit unterscheiden sie sich, wie alle sog. Ergänzungszwillinge, äußerlich nur bei genauerem Hinsehen von einfachen Kristallen. Es kommen nämlich dabei die Prismenflächen der beiden verzwillingten Individuen zur Deckung, und die Flächen des positiven Rhomboeders des einen fallen mit den Flächen

Abb. 11.45.
Tiefquarz. **a** Zwillingskristall mit Zwillingsnähten und Querstreifung; **b** Linksquarz; **c** Rechtsquarz; **d** stark verzerrter Quarzkristall; **e** Dauphinéer Zwilling (LL); **f** Brasilianer Zwilling (RL); **g** Japaner Zwilling; **h** Hochquarz

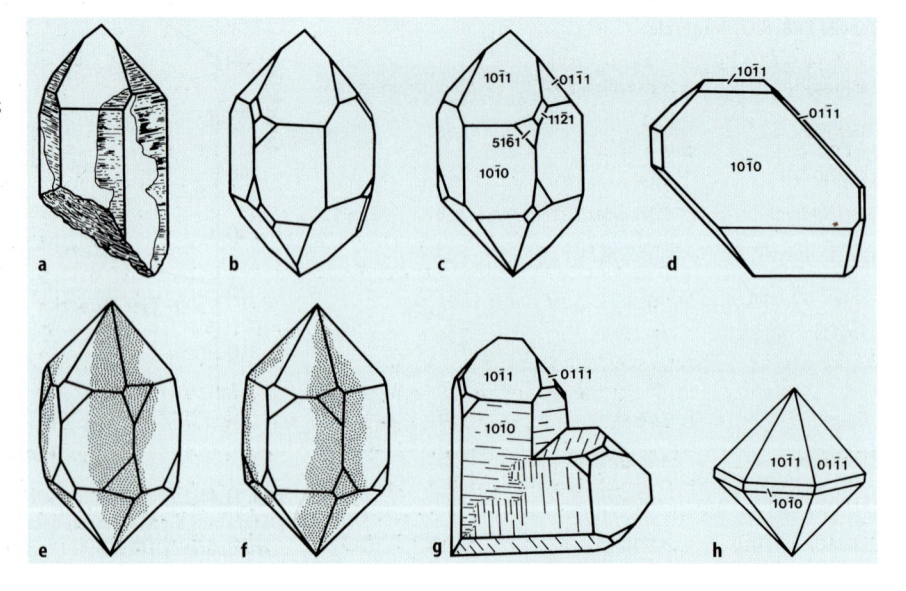

des negativen Rhomboeders des anderen Individuums zusammen. Gewundene *Verwachsungsnähte* auf den Prismen- und Rhomboederflächen, die eine Verzwillingung anzeigen, sind nur erkennbar, wenn man die Quarzkristalle mit Flusssäure anätzt. Solche Zwillingsnähte sollten nicht mit den etwa // c verlaufenden *Suturen* des Makromosaikbaus verwechselt werden, der für gewöhnliche Bergkristalle typisch ist. Nur wenn die kleinen Trapezoeder- und/oder Dipyramidenflächen entwickelt sind, lässt sich entscheiden, ob RR oder LL vorliegt. Das Dauphinéer-Gesetz ist oft an den Bergkristallen und Rauchquarzen der Westalpen gut ausgebildet.

- *Brasilianer-Gesetz* (Abb. 11.45f):
Ein Rechts- und ein Linksquarzkristall (RL) gleicher Größe durchdringen sich symmetrisch mit $(11\bar{2}0)$ als Symmetrieebene, wobei die positiven Rhomboederflächen des einen mit den positiven Rhomboederflächen des anderen Individuums zusammenfallen; das gleiche gilt analog für die negativen Rhomboederflächen. Allerdings sind die kritischen Trapezoederflächen, die drei mal paarweise – jeweils links und rechts über einer Prismenkante – auftreten sollten, in der Realität kaum jemals gut sichtbar, so dass Abb. 11.45f nur als Prinzipskizze zu verstehen ist! Brasilianer Zwillinge treten häufig an Amethysten brasilianischer Fundpunkte auf. Dauphinéer- und Brasilianer-Gesetz können auch zusammen am selben Quarzkristall vorkommen; solche Vierlinge haben scheinbar hexagonale Symmetrie.
- *Japaner-Gesetz* (Abb. 11.45g):
Dieses seltene Gesetz entsteht durch Verwachsung zweier Kristalle mit fast rechtwinkelig (84° 33') zueinander geneigten c-Achsen.

Häufiger als in gut ausgebildeten Kristallen liegt Tiefquarz in körnigen Verwachsungsaggregaten vor, wobei die Individuen infolge Wachstumsbehinderung ihre Kristallform nicht ausbilden konnten.

Physikalische Eigenschaften.

Spaltbarkeit	fehlt bis auf selten beobachtete Ausnahmen
Bruch	muschelig
Härte	7 (Standardmineral der Mohs-Skala), die große Härte und die fast fehlende Spaltbarkeit erklären sich aus den allseitig starken Si-O-Bindungen der Quarzstruktur
Dichte	2,65
Farbe	reiner Quarz ist farblos wie die Varietät Bergkristall; die wichtigsten gefärbten Varietäten sind unten aufgeführt
Glanz	Glasglanz auf den Prismenflächen, Fettglanz auf den muscheligen Bruchflächen, durchscheinend bis durchsichtig
Lichtbrechung	$n_\varepsilon = 1{,}5442$, $n_\omega = 1{,}5533$ (Na-Licht)

Varietäten des Tiefquarzes. Man unterscheidet nach Farbe, Ausbildung, Transparenz und anderen Eigenschaften zahlreiche Varietäten des Tiefquarzes. Nur die makrokristallinen Varietäten treten in Kristallformen auf. Die mikrokristallinen Varietäten bilden derbe, dichtkörnige oder dichtfasrige Massen, die muschelig brechen.

Nach ihrer Internstruktur lassen sich bei Quarzkristallen grundsätzlich zwei Typen unterscheiden (Bambauer et al. 1961, 1962):

- *Gewöhnliche Quarze* zeigen einen radialen Mosaikbau aus makroskopisch sichtbaren Kristalldomänen. Häufig sind vertikale Suturen $\approx$ // c erkennbar, welche die horizontale Streifung auf den Prismenflächen $\{10\bar{1}0\}$ durchschneiden. Dieser Typ tritt vor allem bei Dauphinée-Zwillingen auf, z. B. beim größten Teil der alpinen Kluftquarze.
- *Lamellenquarze* bestehen aus einem konzentrischen Fachwerk aus niedrig-symmetrischen Lamellen und sind daher optisch anomal 2-achsig. Die Lamellensysteme sind auf den Kristallflächen nicht sichtbar. Bevorzugt beobachtet man diesen Typ bei Brasilianer-Zwillingen; er wurde nur bei einem kleinen Teil der alpinen Kluftquarze gefunden.

Die mannigfaltigen Farben von Quarzkristallen sind meist durch Fremdionen bedingt, deren Mengenanteil in Lamellenquarzen wesentlich höher als in gewöhnlichen Quarzen ist, jedoch 0,1 Gew.-% nur selten überschreitet (Lehmann und Bambauer 1973; Jung 1992; Rossman 1994). Die Spurenelemente sind nicht gleichmäßig in einem Kristall verteilt, sondern in bestimmten Wachstums-Sektoren – und innerhalb dieser auch zonar – unterschiedlich stark angereichert, wobei in der Regel $\{10\bar{1}1\} > \{01\bar{1}1\} > \{10\bar{1}0\}$ gilt (Bambauer 1961). Die Folge ist eine zonare Farbverteilung in vielen Quarzen. Die Fremdionen besetzen entweder *Gitterplätze* des Si in der Quarzstruktur oder *Zwischengitterplätze* in den Kanälen // c. Wird ein Si^{4+}-Gitterplatz durch ein Kation geringerer Wertigkeit, z. B. Al^{3+} oder Fe^{3+} ersetzt, so erfolgt der Ladungsausgleich durch ein Kation auf einem benachbarten Zwischengitterplatz, z. B. durch Li^+, d. h. durch die Substitution $Si^{4+} \rightleftharpoons Al^{3+}Li^+$ bzw. $Fe^{3+}Li^+$. Eine weitere Möglichkeit ist der Ersatz von O^{2-} durch $(OH)^-$, z. B. $Si^{4+}O^{2-} \rightleftharpoons Al^{3+}(OH)^-$ bzw. $Fe^{3+}(OH)^-$. Diese Art des Ladungsausgleichs spielt eine wesentliche Rolle bei „feuchten" Quarzen, die aus hydrothermalen Klüften oder Drusen stammen; demgegenüber dominieren in den „trockenen" Pegmatit-Quarzen die Al-Li-Farbzentren (Guzzo et al. 1997). Außer der Eigenfärbung durch den Einbau von Ionen der Übergangsmetalle, z. B. Fe oder Mn, können Farbzentren durch ionisierende Strahlung entstehen. In synthetischen Quarzkristallen lassen sich die meisten der natürlichen Quarzfarben erzeugen, darüber hinaus aber noch weitere, in der Natur bisher nicht gefundene Farben (Lehmann und Bambauer 1973).

Abb. 11.46. Amethyst-Kristalle in einer Achatgeode. Irai, Rio Grande do Sul, Brasilien. Durchmesser 38 cm. Mineralogisches Museum der Universität Würzburg. (Foto: K.-P. Kelber)

Seltener sind die Farben bei makrokristallinem Quarz durch *feinste Ausscheidung von fremden Mineralen* bedingt. Nach der Farbe lassen sich folgende *makrokristalline Varietäten* unterscheiden:

- *Bergkristall* (Abb. 1.1, S. 3): farblos, wasserklar durchsichtige und stets von Kristallflächen begrenzte Varietät, von Millimeter- bis zu Metergröße, meist auf Klüften oder in Hohlräumen vorkommende Kristallgruppen, in Drusen oder als Kristallrasen auf einer Gesteinsunterlage aufsitzend.
- *Rauchquarz*: rauchbraun, durchsichtig bis durchscheinend (Abb. 2.2, S. 34, Abb. 12.1, S. 208). Vorkommen ähnlich denen des Bergkristalls, jedoch seltener. Es handelt sich ausschließlich um gewöhnliche Quarze. Ursache der Färbung sind Defektelektronenstellen (Punktdefekte), die infolge natürlicher radioaktiver γ-Strahlung (auch Höhenstrahlung) aus Al-Li- und Al-(OH)-Farbzentren entstehen. Dabei nimmt die Tendenz zur Rauchquarzbildung mit zunehmendem Anteil an Li-Al-Farbzentren zu (Guzzo et al. 1997). In alpinen Klüften bildet Rauchquarz Kristalle, die über 200 kg Gewicht erreichen können; auch in Pegmatiten kommt Rauchquarz vor, z. B. im Fichtelgebirge, im Bayerischen Wald und in Brasilien, ebenso in Graniten, z. B. dem Kirchberger Granit im Vogtland. Schwarzer oder fast schwarzer Rauchquarz wird als *Morion* bezeichnet. Die Farbe geht beim Glühen zurück. Auch in der Natur dürfte es Quarze – z. B. in Graniten – geben, die ursprünglich dunkel gefärbt waren, aber durch natürliches Aufheizen auf ca. 100–200 °C wieder farblos wurden (King et al. 1987).
- *Citrin*: zitronengelb, durchsichtig bis durchscheinend. Die Farbe entsteht durch natürliche ionisierende Bestrahlung von Rauchquarz, die in der Struktur Baufehler erzeugen. Weitaus häufiger werden jedoch künstlich bestrahlter oder auf 300 °C erhitzter Rauchquarz oder thermisch behandelter Amethyst als „Citrin" auf dem Edelsteinmarkt angeboten. Manche Amethyste enthalten Zonen von orange-braun gefärbtem natürlichem Citrin, dessen Farbe durch Fe^{3+}-Farbzentren bedingt ist. Beispiele sind aus Hyderabad (Indien), Minas Gerais und Mato Grosso (Brasilien) sowie – besonders schön – aus der Anahí-Mine in Bolivien bekannt (Schultz-Güttler 2008).
- *Amethyst*: violett durchscheinend, bisweilen violette Farbe fleckig-trüb, auch mit zonarer oder streifiger Farbverteilung; prächtige Kristalldrusen in Hohlräumen vulkanischer Gesteine auf Achat aufsitzend; solche *Achatgeoden* sind besonders spektakulär in Brasilien (Abb. 11.46). Ursache der violetten Färbung sind Farbzentren von Fe^{3+}-Li und Fe^{3+}-OH auf den Tetraederplätzen oder Einlagerung von Fe^{2+}/Fe^{3+} in den Kanälen der Quarzstruktur, die durch Gammastrahlung aktiviert werden. Dabei wird das Eisen auf den ungewöhnlichen vierwertigen Valenzzustand Fe^{4+} aufoxidiert (Lehmann und Moore 1966; vgl. Rossmann 1994). Durch Brennen von Amethyst erzeugter citrinfarbener Quarz wird im Edelsteinhandel oft fälschlich und irreführend als „Goldtopas" oder „Madeiratopas" bezeichnet, eine Bezeichnung, die nach der Internationalen Nomenklatur von Edel- und Schmucksteinen nicht mehr zulässig ist. Amethyst kommt auch in körnigen Aggregaten vor.
- *Rosenquarz*: rosarot durchscheinend bis kantendurchscheinend, milchig-trüb. Rosenquarz kommt in massigen hydrothermalen Gängen vor, in denen er grobkörnige Aggregate, nur selten auch schöne Einkristalle bildet. Auch Pegmatite können massigen Rosenquarz, zusammen mit riesigen Kalifeldspat-Kristallen, gelegentlich auch mit Beryll führen. Als Ursache der Färbung von massigem Rosenquarz werden der Einbau von Ti^{3+} in den Kanälen der Quarzstruktur, oder aber von Fe^{2+} auf den Tetraeder- und von Ti^{4+} auf Zwischengitterplätzen angenommen. Daneben kann aber auch Tyndall-Streuung an orientiert eingelagertem Rutil TiO_2 und/oder dem Borsilikat Dumortierit für die rosa Farbe verantwortlich sein (z. B. Henn 2008). Häufig erzeugen orientiert eingelagerte Rutil-Nadeln das Phänomen des *Asterismus*, d. h. eine strahlige oder sternförmige Lichtfigur in rundlich geschliffenem Rosenquarz (Cabochons). Manche der seltenen Einkristalle von Rosenquarz sind Titan-frei und enthalten stattdessen Phosphor; man nimmt daher Al-O-P-Farbzentren als Ursache für die Färbung an. Bei anderen Rosenquarz-Einkristallen dürfte die Farbursache in einem Einbau von Ti^{4+} auf den Tetraeder- und von Ti^{3+} auf den Zwischengitterplätzen zu suchen sein (vgl. Rossman 1994).
- *Grüner Quarz (Prasiolith)* kommt in der Natur sehr selten vor. In den bisher bekannten Fällen handelt es sich um Amethyste, die durch natürliche Erhitzung, z. B. durch vulkanische Laven oder durch natürliche

UV-Strahlung der Sonne in Prasiolith umgewandelt wurden. Der im Edelsteinhandel angebotene Prasiolith wird jedoch meist durch Erhitzen von Amethyst künstlich hergestellt (Schultz-Güttler et al. 2008).
- *Gemeiner Quarz:* farblos, meist trüb und lediglich kantendurchscheinend, Kristalle in kleinen Drusen Hohlräume füllend, auf derbem Quarz aufsitzend, Fett- bis Glasglanz. Wesentlicher Gemengteil in zahlreichen Gesteinen, als Gangquarz Spalten füllend, oft milchigtrüb durch unzählige Gas- und Flüssigkeits-Einschlüsse.

  Bei gemeinem Quarz und Bergkristall unterscheidet man häufig *Varietäten,* die auf *Wachstumseigenheiten* zurückzuführen sind:
  - *Gedrehte Quarze* (schweizerisch „*Gwindel*") gehören ausschließlich zum Typ der gewöhnlichen Bergkristalle. Sie bestehen aus zahlreichen, aneinander gewachsenen Einkristallen, von denen jeder um einen kleinen Betrag gegen den vorhergehenden verdreht ist, wobei der Drehsinn jeweils gleich bleibt. Dabei lassen sich linksgewundene und rechtsgewundene Gwindel unterscheiden. Manche der Einzelkristalle sind gut als Individuen erkennbar, bei anderen gehen die einzelnen Prismen- und Rhomboeder-Flächen ineinander über, so dass der Eindruck von einheitlichen, aber gekrümmten Flächen entsteht.
  - *Kappenquarz:* Bei ihm weisen die Kristalle Wachstumszonen parallel zu den Rhomboederflächen auf, die sich als kappenförmige Schalen relativ leicht abschlagen lassen.
  - *Sternquarz:* Er bildet radialstrahlige Aggregate.
  - *Babylonquarz:* Bei ihm verjüngt sich die Prismenzone des Kristalls mit treppenartig aufeinanderfolgenden Rhomboederflächen.
  - *Zellquarz:* Er zeigt zellig-zerhackte Formen.
  - *Fensterquarz:* Er zeichnet sich durch bevorzugtes Kantenwachstum aus. Die Flächenmitten sind aus Substanzmangel beim Wachstum als Fenster zurückgeblieben.

Das ist nur eine kleine Auswahl einer historisch weit zurückliegenden, oft phantasievollen Namensgebung. Schließlich gehen zahlreiche *Varietäten* auf *Einschlüsse* im Quarz oder innige *Verwachsungen* von Quarz mit parallelfaserigen bis stängelig-nadeligen Fremdmineralen zurück.

- *Milchquarz:* Im Milchquarz sind es winzige Flüssigkeits-Einschlüsse, die den Quarz milchig-trüb erscheinen lassen.
- *Tigerauge* und *Falkenauge:* Sie bestehen aus verkieseltem Amphibolasbest (Krokydolith). Im Tigerauge ist der blaue Asbest durch Oxidation des Fe^{2+} zu Fe^{3+} bronzegelb schillernd (Abb. 25.15, S. 397), im Falkenauge unverändert blau, im geschliffenen und polierten Zustand wogender Seidenglanz, das *Chatoyieren.*
- Gewöhnliches *Katzenauge,* richtiger *Quarzkatzenauge:* Es ist ebenfalls ein mehr oder weniger pseudomorph verquarzter graugrüner, faseriger Amphibol (Aktinolith) von asbestförmiger Beschaffenheit.
- *Saphirquarz* oder *Blauquarz:* Das ist gemeiner Quarz mit orientiert eingelagerten winzigen Rutil-Nädelchen in kolloider Größenordnung, die eine trübe Blaufärbung verursachen können.
- *Prasem:* Ist lauchgrün gefärbter derber Quarz, dessen Farbe ebenfalls auf eingelagerte, winzige Amphibol-Nädelchen zurückgeht.
- *Aventurinquarz:* Er ist durch Einlagerung winziger Glimmerschüppchen grünlich schillernd.
- *Eisenkiesel:* Derb oder in Kristallaggregaten auftretend, ist durch Fe-Oxide und Fe-Hydroxide gelb, braun oder rot gefärbt.

Zu den *mikro-* bis *kryptokristallinen Varietäten* des Quarzes gehören die Chalcedon- und die Jaspis-Gruppe.

- *Chalcedon:* Schließt alle mikro- und kryptokristallinen, *parallelfaserig* strukturierten, makroskopisch dichten Quarzvarietäten ein. Sie enthalten häufig etwas Moganit und, entsprechend ihrer Abkunft, bisweilen noch röntgenamorphe Opalsubstanz. In solchen Fällen ist Chalcedon nachweislich aus einem Kieselsäuregel entstanden. Wegen submikroskopisch kleiner Poren und H_2O-Gehalten von 0.5–2 % ist die Dichte auf 2,59–2,61 erniedrigt; auch die Härte ist kleiner als bei Quarz. Vorkommen in Hohlräumen vulkanischer Gesteine, in manchen Erzlagerstätten, als Versteinerungsmittel von Baumstämmen (*Kieselholz*).
- *Chalcedon* im engeren Sinne: Ist meist bläulich gefärbt, besitzt häufig eine glaskopfartige, nierig-traubige Oberfläche und ist bei seiner dichtfaserigen Ausbildung splittrig brechend. Mit Flüssigkeit gefüllte Chalcedon-Mandeln werden als *Enhydros* bezeichnet.
- *Carneol:* ist ein fleischfarbener Chalcedon, der häufig als Schmuckstein verschliffen wird.
- *Achate*: Sind rhythmisch gebänderte, feinschichtige und oft Hohlräume umschließende Chalcedone. Als Achatmandeln füllen sie Hohlräume in manchen vulkanischen Gesteinen (Abb. 11.47); die größeren Achatgeoden bilden oft Kristalldrusen, in denen auf dem gebänderten Achat schöne Amethyst-Kristalle aufgewachsen sind (Abb. 11.46). Im Einzelnen lassen sich drei Gefügetypen unterscheiden (Walger et al. 2009):
  1. Die gemeine Achatbänderung entsteht infolge von SiO_2-Diffusion durch eine Gelmembran und nachfolgender Alterung des Gels; dieses kleidet den Hohlraum in konzentrischen Lagen aus (Abb. 11.47, 11.48a,b).
  2. Der Infiltrationskanal, durch den die Kieselsäurelösung unter Erweiterung eines Kapillar-Risses in den Hohlraum eindrang, zeigt eine charakteristische

Abb. 11.47. Achatmandel im Rhyolith von Sailauf (Spessart) mit typischer rhythmischer Bänderung in zwei Richtungen. Zunächst erfolgte die Mineralabscheidung aus der Lösung konzentrisch-schalig an den Rändern der Mandel, danach im Innenraum parallel zur Erdoberfläche. Die Achatmandel stellt somit eine geologische Wasserwaage dar. Bildbreite ca. 4,5 cm. (Foto: Joachim A. Lorenz, Karlstein am Main)

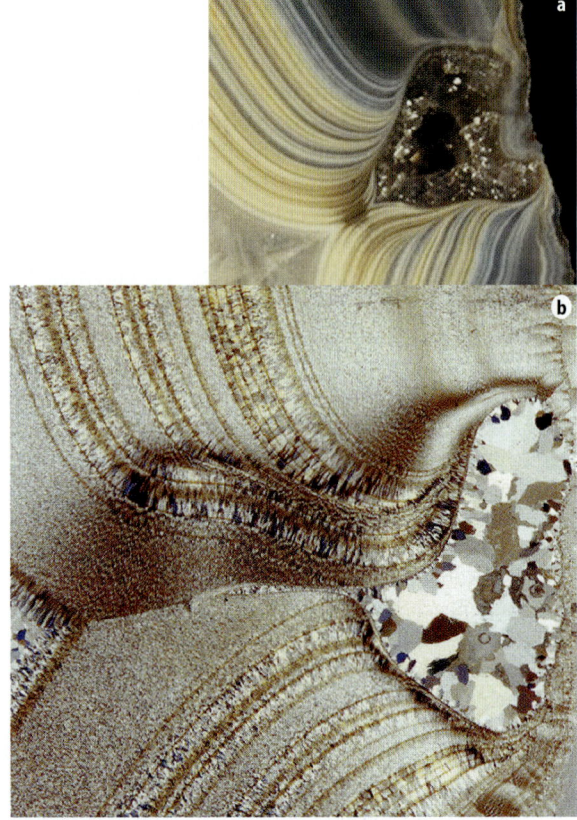

Abb. 11.48. a Infiltrations-Kanal im Achat von der Serra Geral (Brasilien). Man erkennt, dass sich die Achatlagen nach außen hin ausdünnen. Bildbreite ca. 2,5 cm. **b** Mikrofoto des gleichen Infiltrations-Kanals, +Nic. Bildbreite ca. 2,4 cm. (Aus Walger et al. 2009)

Bänderungsform; diese entstand durch ein Wirbelsystem mit randlicher Auskolkung (Abb. 11.48a,b).
3. Die Horizontalbänderung bildet sich durch Ausflockung von SiO_2-Gelpartikeln in dem mit Lösung gefüllten Hohlraum; sie stellt eine geologische Wasserwaage dar (Abb. 11.47). Die gemeine Achatbänderung kann die Horizontalbänderung überwachsen oder mit dieser im Wechsel auftreten.

- *Onyx*: ist ein speziell schwarzweiß gebänderter, *Sardonyx* (*Sarder*) ist ein braunweiß gebänderter Chalcedon bzw. Achat.
- *Chrysopras*: In guter Qualität ein begehrter Edelstein, ist durch Ni-Ionen grün gefärbt.
- *Moosachat*: Besitzt graue, moosähnlich gezeichnete dendritische Einschlüsse. Besonders bei den Achaten gibt es zahlreiche mit Phantasienamen belegte Spielarten.

Bei den Vertretern der *Jaspis-Gruppe* ist im Unterschied zu denen der Chalcedon-Gruppe die mikro- bis kryptokristalline Quarzsubstanz fein*körnig* beschaffen. Jaspis im engeren Sinn ist meist intensiv (schmutzig) braun, rot, gelb oder grün gefärbt, seine makroskopisch derb-dichten Massen sind spröde und brechen muschelig, häufig schwach wachsglänzend, kantendurchscheinend bis undurchsichtig. Vorkommen u. a. als Bestandteil von Kieselhölzern, von Hornstein, von gebändertem Eisenstein (Jaspilit; Abb. 25.23, S. 406). Zur Jaspis-Gruppe gehören zahlreiche Varietäten, so u. a.:

- *Plasma*: Dunkelgrün durch Fe^{2+}, Chlorit-Einschlüsse.
- *Heliotrop*: Wie Plasma, jedoch durch blutrote Tupfen aus Hämatit (Fe_2O_3) ausgezeichnet. Verwendung als Schmuckstein.
- *Hornstein* (*Feuerstein, Flint,* engl. chert): Tritt in Form von abgeplatteten Linsen oder unregelmäßigen Knollen in Karbonatsedimenten auf, so z. B. in den Kreidekalken Südenglands und der Insel Rügen. Hornstein entsteht meist bei der Diagenese als Konkretion durch Abscheidung aus SiO_2-haltigen Porenlösungen und enthält mitunter noch röntgenamorphe Opalsubstanz.
- *Porzellanjaspis*, *Bandjaspis*: Sind entsprechend ihrer inhomogenen Beschaffenheit und ihrer Genese eher als Gesteine einzustufen.

Hochquarz, SiO$_2$

Kristallklasse 622, hexagonal-trapezoedrisch. Ursprünglich als Hochquarz gebildeter Quarz unterscheidet sich vom Tiefquarz durch seine Kristalltracht. Bei ihr tritt in gedrungenen Kristallen die hexagonale Dipyramide {10$\bar{1}$1} allein oder kombiniert mit schmalem, hexagonalem Prisma {10$\bar{1}$0} auf (Abb. 11.45h). Bekannt ist das Vorkommen des Hochquarzes als sog. Quarz-Dihexaeder-Einsprenglinge in vulkanischen Gesteinen wie Rhyolithen bzw. Quarzporphyren. Diese Einsprenglinge sind als Hochquarz bei einer Temperatur >573 °C auskristallisiert. Bei ihrer Abkühlung erfolgte die enantiotrope Umwandlung in eine *Paramorphose*, die aus Domänen mit Tiefquarzstruktur besteht, jedoch unter Erhaltung der äußeren Kristallform. Dabei kommt es zur Verkippung der SiO$_4$-Tetraeder in der Kristallstruktur (Abb. 1.18b,c, S. 15; Abb. 11.42a,b) und zu sprunghafter, wenn auch relativ geringer Änderung verschiedener physikalischer Eigenschaften.

Quarz als Rohstoff

Quarz ist ein wichtiger Rohstoff für die Herstellung von Glas, besonders auch von *Quarzglas*, einem Spezialglas, das aus reinem SiO$_2$ besteht. Quarz findet Verwendung in der keramischen Industrie, der Feuerfestindustrie (Silikasteine), der Baustoffindustrie (Silikatbeton). Quarz dient außerdem der Herstellung von *Siliciumcarbid* (Carborundum, SiC) in der Schleifmittelindustrie; er ist als Rohstoff an verschiedenen Erzeugnissen der chemischen Industrie beteiligt, z. B. bei der Herstellung von *Silikonen* (Schmiermittel, hydraulische Flüssigkeiten, Lackgrundlage etc.), von *Silikagel* (Verwendung als Absorptionsmittel, zum Trocknen von Gasen etc.). Schließlich dient reiner Quarz zur Züchtung von *Silicium-Einkristallen* (Reinstsilicium) für die Solarindustrie und die Halbleiterindustrie (Herstellung von Transistoren etc.); die Jahresproduktionen liegen bei 39 000 t mit stark steigender Tendenz bzw. 12 000 t (Ackermann 2008). Edle Varietäten des Quarzes sind als Schmuck- oder Edelstein geschätzt, wie Amethyst, Rauchquarz, Citrin, Rosenquarz, Chrysopras, Achat oder Onyx. Hochwertige und reine Quarzkristalle finden Verwendung in der optischen Industrie, als *Piezoquarze* zur Steuerung elektrischer Schwingungen (z. B. in der Quarzuhr) und in der Elektroakustik bei der Erzeugung von Ultraschall (als Wandler in Mikrophonen, Lautsprechern und Ultraschallgeräten), als *Steuerquarze* zur genauen Abstimmung der Frequenz von Rundfunkwellen etc. Da die Vorräte an hochwertigen, insbesondere unverzwillingten Quarzkristallen praktisch erschöpft sind, verwendet man in der Technik nur noch künstliche Quarzkristalle. Diese werden in großen Hochdruck-Autoklaven bei Drücken von 1 000–1 700 bar und Temperaturen von 350–400 °C aus alkalischer wässeriger Lösung gezüchtet (Hydrothermal-Synthese), wobei Bruchstücke von reinem natürlichen Quarz den Bodenkörper bilden; die Wachstumsgeschwindigkeit beträgt bis zu 1,3 mm pro Tag. Die Einkristalle werden bis 20 cm lang und bis 5 cm dick und wiegen bis zu 1 kg. Die derzeitige Jahresproduktion liegt bei ca. 1 000 t.

Achat und seine Varietäten dienen zur Herstellung von Schmuck, Gemmen, Kameen und kunstgewerblichen Gegenständen; dafür wird Achat oft künstlich gefärbt. Wegen seiner großen Zähigkeit dient Achat auch als Rohstoff für die Fabrikation von Lagersteinen in der feinmechanischen und Uhren-Industrie, von Kugelmühlen, Reibschalen und Pistillen sowie für Poliersteine.

Tridymit und Cristobalit, SiO$_2$

Hoch-Tridymit bildet kleine 6-seitig begrenzte grauweiße Täfelchen der Kristallklasse 6/m2/m2/m, vorwiegend zu Drillingen gruppiert in fächerförmiger Anordnung. Hoch-Cristobalit hat die Kristallklasse 4/m$\bar{3}$2/m und erscheint in winzigen hellen oktaedrischen Kriställchen. Beide kommen in Blasenräumen vulkanischer Gesteine vor. Cristobalit ist z. B. auch aus der Grundmasse von Trachyten beschrieben worden. Beide Minerale sind Bestandteil vieler Opale (s. u.).

Moganit, SiO$_2$

Dieses mikrokristalline SiO$_2$-Mineral mit der Kristallklasse 2/m wurde von Flörke et al. (1984) in einem Ignimbrit-Strom von Mogán (Gran Canaria) entdeckt. Es kommt sehr häufig als untergeordneter Bestandteil von Achaten vor; mit zunehmendem Alter wird Moganit allerdings immer mehr in mikrokristallinen Quarz umgewandelt, so dass er in präsilurischen Achaten (älter als ca. 445 Ma) nicht mehr nachgewiesen werden konnte (Moxon und Rios 2004). Die Moganit-Struktur besteht aus alternierenden Lagen von Links- und Rechtsquarz, die // (10$\bar{1}$0) angeordnet sind und ein dreidimensionales Gerüst aus eckenverknüpften [SiO$_4$]-Tetraedern bilden (Miehe und Graetsch 1992).

Coesit und Stishovit, SiO$_2$

Die Hochdruck-Modifikationen Coesit (Kristallklasse 2/m) und Stishovit (4/m2/m2/m) bilden sich bei der Schockwellen-Metamorphose beim Einschlag großer Meteorite (Abschn. 26.2.3, S. 429); sie treten daher in Meteoriten-Kratern, so im Nördlinger Ries, als mikroskopischer Gemengteil zusammen mit natürlichem Kieselglas auf (Abb. 26.8, S. 431). In nichtgeschockten krustalen Gesteinen wurde Coesit erstmals von Chopin (1984) entdeckt, und zwar in einem Pyropquarzit des Dora-Maira-Massivs in den italienischen Alpen (Abb. 28.13, S. 510). Nach diesem sensationellen Fund wird Coesit jetzt immer häufiger in Gesteinen gefunden, die eine Ultrahochdruck-Metamorphose als Ergebnis von kontinentalen Kollisionen erlebt haben (Abschn. 28.3.9, S. 507f), so in Eklogiten Westnorwegens, des Erzgebirges, der Westalpen und des Dabie Shan (China). Da die Peridotite des oberen Erdmantels kein freies SiO$_2$ haben, kann in ihnen kein Coesit vorkommen. Wohl aber wird er gelegentlich in Eklogiten gefunden, die in den Erdmantel versenkt und durch tiefreichenden Vulkanismus in vulkanischen Durchschlagsröhren (sog. Pipes) als *Xenolithe* (grch. ξένος = fremd, λίθος = Stein) wieder an die Erdoberfläche gebracht wurden. In Gesteinen des tieferen Erdmantels (unterhalb ca. 680 km) könnte wieder freies SiO_2 in Form von Stishovit auftreten (Abschn. 29.3.3, S. 530).

In den Mars-Meteoriten vom Shergottit-Typ (Abschn. 31.3.2, S. 556f) wurde neben Stishovit *Seifertit* gefunden, eine orthorhombische (2/m2/m2/m) Höchstdruckmodifikation von SiO_2 mit der Dichte 4,3. Er entstand bei einer Schockwellen-Metamorphose durch Umwandlung von Tridymit oder Cristobalit, wobei wahrscheinlich Drücke von 350 kbar überschritten wurden (El Goresy et al. 2008).

Lechatelierit, SiO_2

Natürliches Kieselglas hat sich durch Blitzeinschläge in reine Quarzsande unter lokaler Schmelzung des Quarzes gebildet. Solche *Blitzröhren*, auch als *Fulgurite* bezeichnet, werden 1–3 cm dick und bis zu einigen Metern lang; natürliches Kieselglas entsteht auch in Meteoriten-Kratern.

Opal, $SiO_2 \cdot n H_2O$

Ausbildung. Amorph, glasartige und dichte Massen, bisweilen in nierig-traubiger oder stalaktitischer Ausbildung in typischer Gelform.

Physikalische Eigenschaften.
Bruch	muschelig
Härte	5½–6½
Dichte	2,0–2,2, vom H_2O-Gehalt abhängig
Farbe, Glanz	wasserklar farblos oder in blassen Farben; dunklere Farben gehen auf Verunreinigungen zurück; Glasglanz oder Wachsglanz, durchsichtig bis milchig-durchscheinend; die edlen Opale zeigen anmutiges Farbenspiel, das als *Opalisieren* bezeichnet wird (Abb. 11.49a)

Struktur. Mit *Röntgenbeugung* lassen sich mehrere Opaltypen unterscheiden:

- Opal-A ist gelähnlich amorph; er wird unterteilt in Opal-AN (Hyalit, Glasopal) und Opal-AG (Edelopal).
- Opal-C besteht aus Cristobalit, Opal-CT aus stark fehlgeordneten Cristobalit-Tridymit-Stapelfolgen (Flörke et al. 1985, 1991). Eine 3-dimensionale Ordnung ist erst mit dem Übergang in krypto- bis mikrokristallinen Quarz der Varietäten Chalcedon oder Jaspis erreicht. Dabei nehmen Härte, Dichte und Lichtbrechung zu. Rund 25 % der Si-O-Si-Bindungen in der Opalstruktur sind durch Einbau von endständigen Hydroxylionen aufgebrochen: Si-(OH).

Elektronenmikroskopisch konnte gezeigt werden, dass röntgenamorphe Opale aus Kieselgel-Kügelchen von 150–400 nm (= 1 500–4 000 Å) Durchmesser aufgebaut sind. Im gemeinen Opal (ohne Farbenspiel) liegen Kügelchen verschiedener Größe unregelmäßig nebeneinander, während im Edelopal Bereiche gleich großer Kügelchen in regelmäßiger Anordnung und dicht gepackt auftreten (Abb. 11.49b). Das bunte Farbenspiel des Edelopals kommt durch Streuung, Beugung und Reflexion des einfallenden Lichtes an diesen Kügelchen und den dazwischen liegenden Hohlräumen bzw. Hohlraumfüllungen (Luft, Wasser, Kieselgel-Zement) zustande (z. B. Ramdohr und Strunz 1978).

Chemismus. Der H_2O-Gehalt des Opals liegt zwischen 4 und 9 %, gelegentlich erreicht er 20 %.

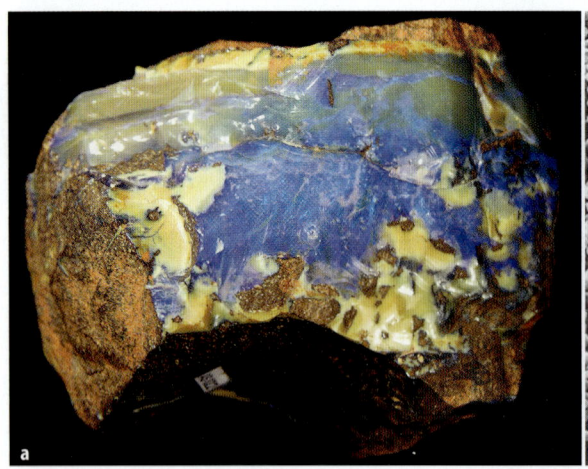

Abb. 11.49. a Amorpher Edelopal als mm-dünne Schicht auf Basalt, Queensland, Australien. Bildbreite 10 cm. Mineralogisches Museum der Universität Würzburg, Schenkung Albert Schröder. (Foto: K.-P. Kelber). **b** Amorpher Edelopal-AG von Queensland, Australien. Die Aufnahme mit dem Raster-Elektronenmikroskop (REM) zeigt mehr oder weniger dicht gepackte Kügelchen von Kieselgel mit ca. 0,2–0,3 μm Durchmesser. Die Lücken sind teils mit H_2O-Molekülen, teils mit einem amorphen SiO_2-Zement gefüllt, der für die Aufnahme weggelöst wurde. (Aus Graetsch 1994)

Vorkommen. Opal bildet sich durch Ausfällung von Kieselsäure aus SiO$_2$-reichen hydrothermalen Lösungen in Hohlräumen und Klüften vulkanischer Gesteine oder als Zersetzungsprodukt jungvulkanischer Gesteine, wobei das entstehende Kieselgel allmählich eintrocknet; Opal-AN (Hyalit) wird durch Abschreckung von SiO$_2$-reichen vulkanischen Dämpfen an kalten Gesteinsoberflächen gebildet (Flörke et al. 1973). *Kieselsinter* sind krustenförmige Absätze aus Thermalquellen und Geysiren (*Geyserit*). Weiterhin entsteht Opal in Grundwasserhorizonten von Sandsteinen und Mergeln; als Bestandteil von Kieselsäure abscheidenden Organismen (Diatomeen, Radiolarien, Kieselschwämme) und daraus gebildeten Gesteinen wie *Diatomiten* und *Radiolariten*; als Versteinerungsmittel von opalisierenden Muscheln und Hölzern.

Die Bildung von Kieselhölzernen (versteinerten Baumstämmen) stellt keine *Ver*kieselung, d. h. keinen Ersatz der Zellsubstanz durch SiO$_2$ dar. Vielmehr kommt es zur *Einkieselung*, d. h. zur Hohlraumfüllung der Holzporen mit SiO$_2$, durch Diffusion von Kieselsäure Si(OH)$_4$ in das Holz hinein, wobei sich nach der Gleichung

$$\begin{array}{ccc} \text{Si(OH)}_4 & \rightleftharpoons & \text{SiO}_2 + 2\text{H}_2\text{O} \\ \text{in Lösung} & & \text{als Bodenkörper} \end{array} \qquad (11.3)$$

zunächst ein SiO$_2$-Gel ausscheidet (Landmesser 1994). Erst allmählich führt ein Reifungsprozess nacheinander zur Bildung von Opal-A → Opal-CT → Opal-C und schließlich zu stark fehlgeordnetem Chalcedon. Nach der Ostwaldschen Stufenregel wird also aus einem instabilen Ausgangsprodukt über metastabile Zwischenstufen schließlich ein stabiles Endprodukt erreicht (vgl. Abb. 27.5, S. 468).

Varietäten von Opal.

- *Hyalit (Glasopal)* Glasglänzend und wasserklar mit traubig-nieriger Oberfläche, meist als krustenförmiger Überzug in den Hohlräumen vulkanischer Gesteine.
- *Edelopal*: Ausgezeichnet durch sein lebhaftes buntes Farbenspiel (Opalisieren). Edelopal ist in guter Qualität ein wertvoller Edelstein.
- *Hydrophan* (Milchopal): Milchigweiß, geht durch Wasserverlust aus Edelopal hervor.
- *Feueropal*: Bernsteinfarben bis hyazinthrot, durchscheinend, bisweilen von Edelsteinqualität.
- *Gemeiner Opal*: Mit verschiedener unreiner Färbung, derb und wachsglänzend, kantendurchscheinend bis undurchsichtig; hoher Gehalt an nichtflüchtigen Verunreinigungen.
- *Holzopal*: Unter Wahrung der Struktur des Holzes von gelber bis braunroter Opalsubstanz durchsetztes Holz, meist von Baumstämmen; häufig erfolgt Übergang in Jaspis bzw. Chalcedon. Neuerdings wurde die Beteiligung von Hoch-Tridymit festgestellt.
- *Kieselgur, Tripel*: Lockere, feinporöse Massen oder Gesteine aus Opalsubstanz, vorwiegend aus Opalpanzern von Diatomeen oder Radiolarien bestehend, teilweise nachträglich umkristallisiert in kryptokristallinen Quarz oder in Tief-Cristobalit. Durch seine Eigenschaften wie enorme Saugfähigkeit und Wärmedämmung findet Kieselgur vielseitige technische Verwendung.

11.6.2
Feldspat-Familie
(unter Mitwirkung von Hans-Ulrich Bambauer und Herbert Kroll)

Kristallstruktur und Phasenbeziehungen bei den Feldspäten

> Mit einer Beteiligung von über 50 Vol.-% sind die Feldspäte die häufigste Mineralguppe der Erdkruste. Im Erdmantel fehlen Feldspäte völlig.

Chemische Zusammensetzung der Feldspäte (Tabelle 11.9). Die Zusammensetzung der meisten Feldspäte kann im

Abb. 11.50. Mischkristallbildung im ternären Feldspatsystem bei **a** 900 °C und **b** 600 °C. **a** Nomenklatur der Hochtemperatur-Alkalifeldspäte und der Plagioklas-Reihe. Bei rund 900 °C gibt es zwischen Or und Ab keine Mischungslücke. **b** Unterhalb 600 °C (bei 1 bar Druck) beginnt sich eine Mischungslücke zu öffnen, wobei es zu perthitischer und antiperthitischer Entmischung kommt. Auch die ternäre Mischungslücke des Systems vergrößert sich. Wie im Text ausgeführt, stellen „Orthoklas" und „Na-Orthoklas" metastabile Paramorphosen mit monokliner Morphologie dar, die bei der Umwandlung von (K,Na)-Sanidin zu Mikroklin entstanden sind. (Mod. nach Deer et al. 1963)

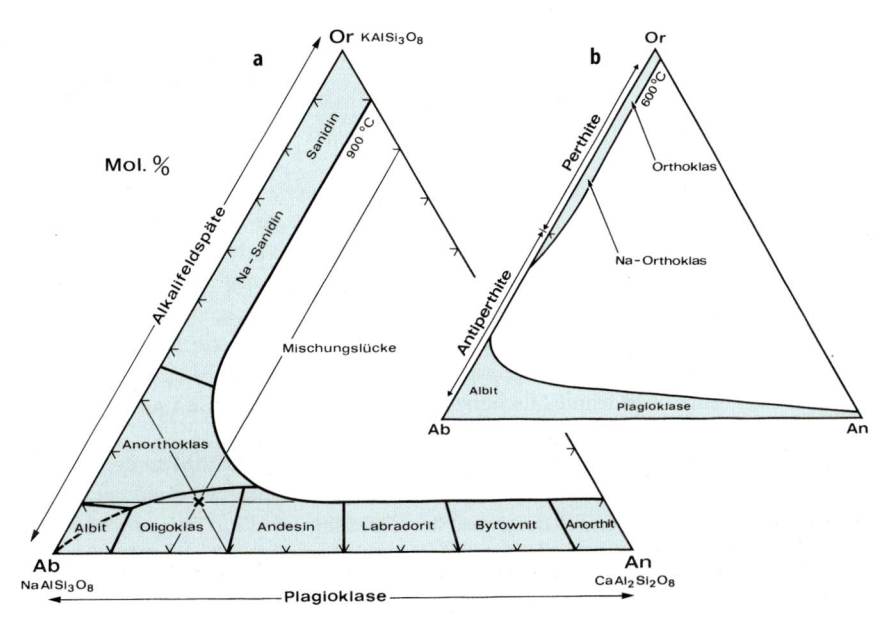

Tabelle 11.9.
Die wichtigsten Gerüstsilikate (SiO_2-Minerale s. Tabelle 11.8)

Feldspat-Familie		Formel	Kristallklasse
Alkalifeldspäte und Ba-Feldspäte	Sanidin	(K,Na)[AlSi$_3$O$_8$]	2/m
	Orthoklas	K[AlSi$_3$O$_8$]	2/m
	Mikroklin	K[AlSi$_3$O$_8$]	$\bar{1}$
	Adular	K[AlSi$_3$O$_8$]	2/m
	Anorthoklas	(Na,K)[AlSi$_3$O$_8$]	2/m oder $\bar{1}$
	Hyalophan	(K,Ba)[(Al,Si)$_2$Si$_2$O$_8$]	2/m
	Celsian	Ba[Al$_2$Si$_2$O$_8$]	2/m
Plagioklase	Albit	Na[AlSi$_3$O$_8$]	$\bar{1}$
	Anorthit	Ca[Al$_2$Si$_2$O$_8$]	$\bar{1}$

Feldspatoide (Foide, Feldspatvertreter)		Formel	Kristallklasse
Foide ohne tetraederfremde Anionen	Nephelin	(Na,K)[AlSiO$_4$]	6
	Leucit	K[AlSi$_2$O$_6$]	4/m bzw. 4/m$\bar{3}$2/m
Foide mit tetraederfremden Anionen	Sodalithreihe		$\bar{4}$3m
	Sodalith	Na$_8$[(Cl$_2$/AlSiO$_4$)$_6$]	
	Nosean	Na$_8$[(SO$_4$)/(AlSiO$_4$)$_6$]	
	Hauyn	(Na,Ca,K,□)$_{8-4}$[(SO$_4$)$_{2-1}$/(AlSiO$_4$)$_6$]	

Skapolith-Gruppe	Formel	Kristallklasse
Marialith	Na$_4$[Cl/(AlSi$_3$O$_8$)$_3$]	4/m
Mejonit	Ca$_4$[CO$_3$/(Al$_2$Si$_2$O$_8$)$_3$]	4/m
Sulfat-Mejonit (Silvialith)	Ca$_4$[SO$_4$/(Al$_2$Si$_2$O$_8$)$_3$]	4/m

Zeolith-Familie	Formel	Kristallklasse
Natrolith	Na$_2$[Al$_2$Si$_3$O$_{10}$] · 2H$_2$O	mm2
Thomsonit	NaCa$_2$[Al$_5$Si$_5$O$_{20}$] · 6H$_2$O	2/m2/m2/m
Analcim	NaAl[Si$_2$O$_6$] · H$_2$O	4/m$\bar{3}$2/m (auch 4/m2/m2/m oder 2/m2/m2/m)
Laumontit	Ca[Al$_2$Si$_4$O$_{12}$] · 4,5H$_2$O	2/m
Phillipsit	~K$_2$(Na,Ca$_{0,5}$)$_4$[Al$_6$Si$_{10}$O$_{32}$] · 12H$_2$O	2/m
Heulandit	~(Na,K)Ca$_4$[Al$_9$Si$_{27}$O$_{72}$] · 24H$_2$O	2/m
Stilbit (Desmin)	~NaCa$_4$[Al$_9$Si$_{27}$O$_{72}$] · 30H$_2$O	2/m
Chabasit	(Ca$_{0,5}$,Na,K)$_4$[Al$_4$Si$_8$O$_{24}$] · 12H$_2$O	$\bar{3}$2/m

Dreistoffsystem KAlSi$_3$O$_8$ (Or, *Orthoklas*) – NaAlSi$_3$O$_8$ (Ab, *Albit*) – CaAl$_2$Si$_2$O$_8$ (An, *Anorthit*) ausgedrückt werden (Abb. 11.50, 11.51). Die Feldspatzusammensetzungen zwischen Or und Ab werden als *Alkalifeldspäte*, diejenigen zwischen Ab und An als *Plagioklase* bezeichnet. Die gebräuchlichsten Mineralnamen einer weiteren Untergliederung der beiden Reihen sind in Abb. 11.50 eingetragen. Zwischen Or und An besteht eine ausgedehnte Mischungslücke. Natürliche Feldspat-Zusammensetzungen, die in diesem Feld liegen, gibt es nicht. So existiert z. B. kein ternärer Feldspat, dessen Or : Ab : An-Verhältnis 1 : 1 : 1 entspricht. Auf diese Weise lassen sich die meisten Feldspäte in erster Näherung als binär betrachten (Abb. 11.50, 11.51). In der Natur treten die Plagioklase deutlich häufiger auf als die Alkalifeldspäte.

Um die chemische Zusammensetzung eines Feldspats zu charakterisieren, bedient man sich des Or-Ab-An-Verhältnisses in Mol.-%, wie z. B. Or$_{10}$Ab$_{70}$An$_{20}$. Dieser Zusammensetzung würde der mit ✖ in Abb. 11.50a eingetragene K-Oligoklas entsprechen.

Barium-Feldspäte sind selten; das reine Endglied Ba[Al$_2$Si$_2$O$_8$] heißt *Celsian* (Cn); die Mischkristalle zwischen Cn und Or werden als *Hyalophane* bezeichnet.

Kristallstruktur der Feldspäte. Die Kristallstruktur der Feldspäte weist ein gemeinsames Bauprinzip auf: [SiO$_4$]- und [AlO$_4$]-Tetraeder bilden 4-zählige Ringe, die // der a-Achse kurbelwellen-förmig aneinandergereiht und über gemeinsame Sauerstoffbrücken nach Art eines dreidimensionalen

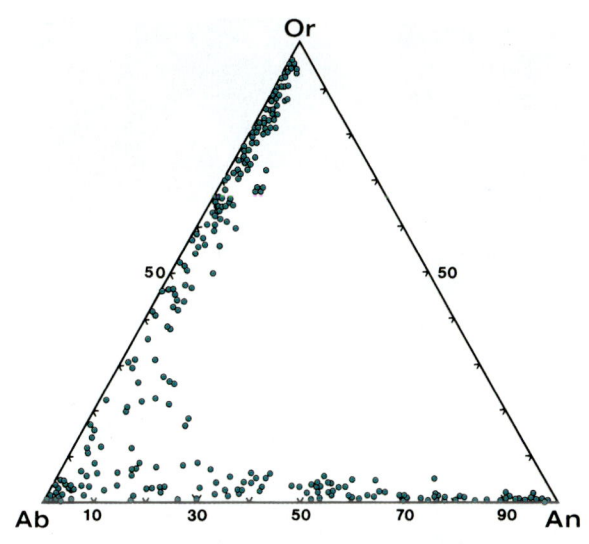

Abb. 11.51. Die begrenzte Mischkristallbildung im System der Feldspäte. Dem Diagramm liegen rund 300 chemische Feldspatanalysen zugrunde. (Nach Deer et al. 1963, Abb. 46)

Gerüsts miteinander verknüpft sind (Abb. 11.52a). Einwertige (K^+, Na^+) oder 2-wertige (Ca^{2+}, Ba^{2+}) Kationen befinden sich in den relativ großen Hohlräumen des Tetraedergerüsts. Sie sind gegenüber O mit ihrer hohen Koordinationszahl nicht ganz regelmäßig koordiniert. Dabei begünstigt das große K^+-Ion mit einem Ionenradius von 1,59 Å monokline Symmetrie, während Feldspäte mit den kleineren Kationen Na^+ (1,24 Å) und Ca^{2+} (1,20 Å) triklin sind (Abb. 11.52d).

Al,Si-Ordnungsvorgänge bei Feldspäten

Die Symmetrie eines Feldspates wird jedoch nicht nur durch seine chemische Zusammensetzung, sondern auch durch seinen *Strukturzustand* bestimmt. Das gilt insbesondere für die Verteilung von Al und Si auf die 4 verschiedenen Tetraederplätze (Abb. 11.52b), die von der Bildungstemperatur des Feldspats und seiner Abkühlungsgeschichte abhängig ist. Grundlegende Erkenntnisse hierzu wurden seit etwa 1950 von Fritz Laves und seiner Schule herausgearbeitet (Laves 1960). Neben der chemischen Zusammensetzung ist die Al,Si-Verteilung von besonderem Einfluss auf die physikalischen, insbesondere die optischen Eigenschaften der Feldspäte.

Unter den in Gesteinen häufigsten Alkalifeldspäten mit der Zusammensetzung $Or_{100}Ab_{00}$ bis $Or_{30}Ab_{70}$ lassen sich unter Gleichgewichtsbedingungen zwei Modifikationen unterscheiden (Abb. 11.54): *Sanidin* (monoklin, C2/m) als stabile Hochtemperaturform mit weitgehend ungeordneter Al,Si-Verteilung und *Mikroklin* (triklin, C$\bar{1}$) als stabile Tieftemperaturform mit weitgehend bis maximal geordneter Al,Si-Verteilung, wobei Al einen bestimmten Gitterplatz, nämlich $T_1(O)$ bevorzugt (Abb. 11.52b). Der Übergang wird als diffusive Transformation bezeichnet und erfolgt durch Al,Si-Diffusion. Die Umwandlungstem-

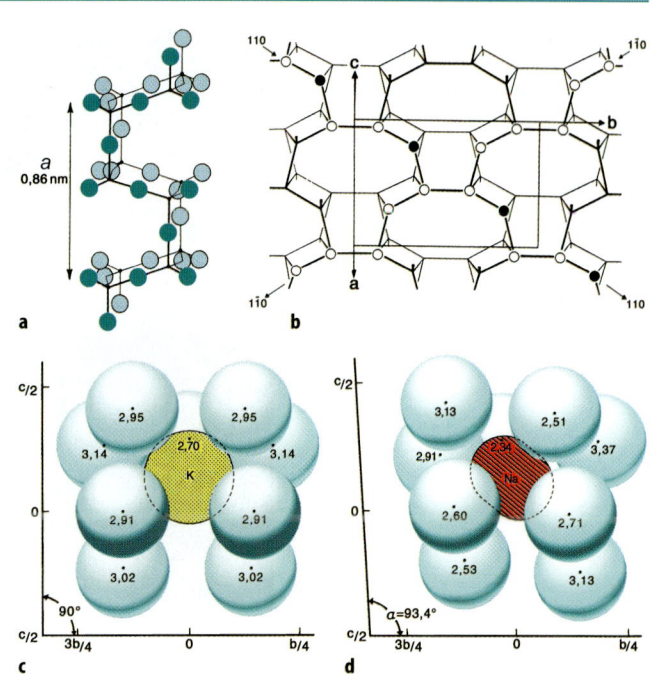

Abb. 11.52. Die Kristallstruktur der Feldspäte. **a** Wesentliches Bauelement ist die kurbelwellenartige Kette aus Viererringen von $[SiO_4]$- und $[AlO_4]$-Tetraedern, Blick ⊥ zur a-Achse (aus Smith und Brown 1988). **b** Feldspatstruktur, Blick ⊥ zu (001), sog. Hundekopf-Projektion: Verknüpfung von vier „Kurbelwellen"; dargestellt sind nur $Si^{[4]}$ (*weiß*) und $Al^{[4]}$ (*schwarz*), die Sauerstoff-Atome sind auf den Verbindungslinien zu denken. Bei einer ungeordneten Al,Si-Verteilung wie im Fall des *Sanidins* würde ⊥ b eine Spiegelebene und parallel dazu eine zweizählige Achse entstehen und monokline Symmetrie 2/m resultieren. In der Zeichnung ist der Fall des *Tief-Mikroklins* gezeigt: bei maximal geordneter Al,Si-Verteilung sind alle $Al^{[4]}$-Atome entlang der [110]-Translation angeordnet und die Symmetrie reduziert sich auf $\bar{1}$. Mit zunehmender $Al^{[4]}$-Anreicherung auf diesen Punktlagen dehnt sich der Kristall in [110]-Richtung aus und entsprechend schrumpft er in [1$\bar{1}$0]-Richtung; diese Tatsache lässt sich zur röntgenographischen Bestimmung der Al,Si-Verteilung verwenden (Kroll 1973). **c, d** Die Koordination der nächsten Sauerstoff-Atome um die großen Kationen K^+ und Na^+ bei Raumtemperatur, Blick auf die bc-Ebene unter Angabe der jeweiligen Abstände K–O und Na–O in Å auf den Sauerstoff-Atomen. **c** Beispiel *Sanidin*: die O^{2-}-Anordnung um das relativ große K^+ genügt monokliner Symmetrie 2/m. **d** Beispiel *Analbit*: das relativ kleine Na^+ kann seine Sauerstoff-Umgebung nicht hinreichend aufspannen, so dass trotz ungeordneter Al,Si-Verteilung trikline Symmetrie $\bar{1}$ resultiert. Erst Aufheizen auf >980 °C bewirkt die displazive Transformation in Monalbit 2/m. Hingegen ist bei kurzzeitigem Aufheizen die Symmetrieerhöhung eines triklinen, Al,Si-geordneten Feldspats nicht möglich, da dieses die Al,Si-Verteilung nicht ändern würde (Ribbe 1983a)

peratur liegt bei $T_{diff} \approx 450$–480 °C. Da die Ordnungsgeschwindigkeit in aller Regel niedriger ist als die Wachstumsgeschwindigkeit, wachsen Alkalifeldspäte bei allen Bildungstemperaturen Al,Si-ungeordnet als Sanidin, also auch metastabil im Stabilitätsbereich des Mikroklins! Primäre Bildung von Tief-Mikroklin findet man als Rarität vor allem in ausgesprochenen Tieftemperatur-Paragenesen. Unabhängig von der Bildungstemperatur wählt man

Abb. 11.53.
Mikrofoto eines Kalifeldspats mit typischer lamellarer Entmischung (Mesoperthit), neben Korund (hohes Relief, gelbliche Interferenzfarben) und Phlogopit (bunte Interferenzfarben). Korundgneis von Morogoro (Tansania). Gekreuzte Polarisatoren (+Nic.), Bildbreite ca. 1 mm (Foto: M. Okrusch)

den Zusatz „Hoch" für weitgehend ungeordnet und „Tief" für maximal geordnet: Hoch-Sanidin und Tief-Mikroklin. Die Umwandlung Sanidin → Mikroklin ist extrem träge, denn für die intrakristalline Al,Si-Diffusion besteht bei der niedrigen Umwandlungstemperatur T_{diff} eine hohe kinetische Barriere. Zudem ist zu beachten, dass sich Grenzflächen trikliner Domänen in einer monoklinen Matrix bilden müssen. Als Folge entstehen im Sanidin über submikroskopische Stadien letztlich zahlreiche mikroskopische Domänen, die im Endstadium aus maximal geordnetem Tief-Mikroklin bestehen, d. h. die Umwandlung geht nicht einkristallin vonstatten. Die Mikroklin-Domänen sind nach dem Mikroklin-Gesetz verzwillingt; dadurch ensteht die wohlbekannte „Mikroklingitterung" (siehe Zwillingsbildungen, Abb. 11.56). Die träge Umwandlung kann durch „katalytische" Einflüsse beschleunigt werden: z. B. durch Anwesenheit fluider Phasen bei hohem H_2O-Druck oder durch mechanische Spannungen. Letztlich ist das Produkt der Umwandlung eine *Paramorphose von Mikroklin nach Sanidin*. Ist deren Aufbau submikroskopisch, so nennt man sie *Orthoklas*, ist die Gitterung mikroskopisch und deutlich, so spricht man von *Mikroklin*. Alle diese Paramorphosen zeigen die monokline Morphologie des Sanidins (Abb. 11.55), sie sind im Aussehen getrübt bis undurchsichtig. Metastabil erhaltenen, wasserklaren Sanidin findet man noch am ehesten in rasch abgekühlten Vulkaniten. Wegen der genannten Ungleichgewichte ist die Al,Si-Verteilung, die leicht durch Röntgenbeugung zu bestimmen ist, in der Regel nicht als geologisches Thermometer zu verwenden, wohl aber der Umwandlungspunkt, der sich ggf. im Gestein lokalisieren lässt (Bambauer et al. 2005).

Auf der Ab-Seite des binären Systems ist die Polymorphie vielgestaltiger (Abb. 11.54). Das Na-Äquivalent zum Sanidin ist der Monalbit (monoklin, C2/m) mit ungeordneter Al,Si-Verteilung, der vermutlich nur als künstliche Bildung existiert. Unter Gleichgewichtsbedingungen, d. h. bei langsamer Abkühlung, tritt bei 980 °C folgende diffusive Transformation ein: Monalbit (C2/m) → Albit (C$\bar{1}$), wobei über intermediäre Ordnungszustände der maximal geordnete Tief-Albit erreicht wird. Alle Ordnungs/Unordnungs-Übergänge sind reversibel, d. h. ein Al,Si-geordneter Alkalifeldspat lässt sich durch Erhitzen wieder in den ungeordneten Zustand überführen. Indessen wandelt sich bei rascher Abkühlung Monalbit ohne Änderung der Al,Si-Verteilung bei 980 °C displaziv um: Monalbit (C2/m) $\rightleftharpoons$ Analbit (C$\bar{1}$). Die Umwandlung ist reversibel und vergleichbar Hoch-Cristobalit $\rightleftharpoons$ Tief-Cristobalit. Analbit ist also Al,Si-ungeordnet und bei keiner Temperatur stabil; daher ist er auch nicht im Zustandsdiagramm Abb. 11.54 dargestellt.

Bei den Plagioklasen sind Kristallstruktur und Phasenübergänge durch das sich ändernde Si : Al-Verhältnis von Albit Na[AlSi$_3$O$_8$] zu Anorthit Ca[Al$_2$Si$_2$O$_8$] und durch den gekoppelten Valenzausgleich Na$^+$Si^{4+} $\rightleftharpoons$ Ca^{2+}Al^{3+} zusätzlich kompliziert (Carpenter 1994). Auch hier gibt es Hoch- und Tief-Zustände. Jedoch zeigt reiner Anorthit mit dem Si : Al-Verhältnis von 1 : 1 eine maximal geordnete Al,Si-Verteilung. Wäre das nicht der Fall, würden sich in der Struktur Al-O-Al und Si-O-Si-Kontakte ergeben, die energetisch ungünstig sind. Dieses *Al-Vermeidungsprinzip* gilt für die Ordnungsvorgänge in allen Feldspäten.

Entmischungsvorgänge bei Feldspäten

Im *Zweistoffsystem KAlSi$_3$O$_8$ (Or)–NaAlSi$_3$O$_8$ (Ab)* (Abb. 11.54) können sich nur bei relativ hoher Temperatur unter niedrigen Drücken homogene Alkalifeldspäte ausscheiden (vgl. auch Abb. 18.12, S. 292). So bilden

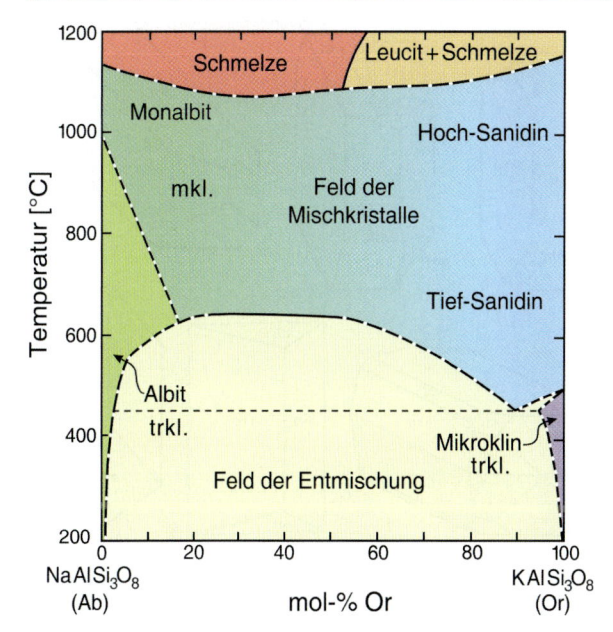

Abb. 11.54. Phasendiagramm für den Subsolidus-Bereich des binären Systems NaAlSi$_3$O$_8$ (Albit, Ab)–KAlSi$_3$O$_8$ (Kalifeldspat, Or) mit der Bezeichnung der stabilen Phasen und einer weiten Mischungslücke unterhalb 600 °C. Die Liquidus-Solidus-Beziehungen sind in Abb. 18.12 (S. 292) dargestellt. Abkürzungen: *mkl* für monoklin, *trkl* für triklin. Erläuterungen siehe Text. (Nach Smith und Brown 1988, Ab-Seite nach Kroll et al. 1980, Or-Seite nach Kroll et al. 1991 korrigiert)

sich bei Temperaturen >980 °C und gegebener Schmelzzusammensetzung Mischkristalle Monalbit–Sanidin, bei etwas niedrigeren Temperaturen Albit–Sanidin. Bei einer Abkühlung unter eine Temperaturgrenze von rund 650 °C beginnt (wenn zur Einstellung des Gleichgewichts genügend Zeit bleibt) ein Zerfall in zwei Teilkomponenten entsprechend der glockenförmigen Entmischungskurve (Solvus) in Abb. 11.54. Die gegenseitige Aufnahmefähigkeit für die andere Komponente schwindet mit Abnahme der Temperatur immer mehr. Bei ≈460 °C liegen z. B. Or-armer Albit neben Ab-armem Mikroklin und unterhalb 200 °C praktisch die reinen Endglieder nebeneinander vor.

Kühlt man einen bei hoher Temperatur gebildeten, homogenen Alkalifeldspat-Mischkristall unterhalb des Solvus ab, so beginnt er durch Diffusion von Na$^+$ und K$^+$ im Kristall zu entmischen. Je nach seiner Zusammensetzung unterscheidet man zwei Fälle (Abb. 11.50b):

- bei *perthitischer Entmischung* scheiden sich K-haltige Albitlamellen innerhalb eines Na-haltigen Kalifeldspat-Wirtskristalls aus;
- bei *antiperthischer Entmischung* scheiden sich Lamellen von Na-haltigem Kalifeldspat innerhalb eines Wirtskristalls von K-haltigem Albit aus;
- als *Mesoperthit* bezeichnet man einen entmischten Alkalifeldspat, bei dem Albit und Kalifeldspat etwa zu gleichen Anteilen nebeneinander vorkommen (Abb. 11.53).

Beide Lamellensysteme sind in ihrem Wirtkristall nach ($\bar{8}$01) orientiert. Je nach der Größenordnung z. B. der perthitischen Lamellen spricht man von

- Makroperthit (makroskopisch sichtbar),
- Mikroperthit (höchstens mikroskopisch sichtbar, Abb. 11.53) oder
- Kryptoperthit (nur mit Röntgenbeugung oder dem Elektronenmikroskop erkennbar).

Bei rascher Unterkühlung kann die Entmischung unterdrückt werden.

Die *Plagioklase* können in erster Näherung als Glieder des *Zweistoffsystems NaAlSi$_3$O$_8$ (Ab)–CaAl$_2$Si$_2$O$_8$ (An)* betrachtet werden (vgl. auch das Schmelzdiagramm Abb. 18.4, S. 285). Sie bilden bei höheren Temperaturen eine lückenlose Mischkristallreihe mit gekoppelter Substitution Na$^+$Si^{4+} ⇌ Ca^{2+}Al^{3+}. Demgegenüber ist die Aufnahme von K$^+$ anstelle von Na$^+$ sehr begrenzt. Sie wächst etwas stärker an im Übergangsgebiet Plagioklas–Alkalifeldspat (Abb. 11.50, 11.51). Bei hohen Temperaturen zeigen die Plagioklase (mit Ausnahme von Anorthit) eine ungeordnete Al,Si-Verteilung, die bei rascher Abkühlung metastabil erhalten bleibt, während es bei langsamer Abkühlung zur Al,Si-Ordnung kommt. Ausdruck dieses strukturellen Verhaltens ist die Hoch- und Tieftemperatur-Optik der Plagioklase, die schon lange bekannt ist. Bei tieferen Temperaturen treten innerhalb der Plagioklasreihe drei Mischungslücken auf. Am bekanntesten ist die *Peristerit-Lücke* im Grenzbereich Albit–Oligoklas (An$_{2-16}$).

Kristallmorphologie und physikalische Eigenschaften der Feldspäte

Symmetrie. Feldspäte sind *monoklin* (2/m) oder *triklin* ($\bar{1}$). Monokline Symmetrie ist bisher nur bei Alkalifeldspäten, Ba-Feldspäten und sehr Na-reichen Plagioklasen festgestellt worden (Monalbit; Abb. 11.54). Bei Orthoklas und z. T. bei Anorthoklas (Abb. 11.50a) ergibt sich die monokline Symmetrie aus submikroskopisch feiner Verzwillingung trikliner Domänen.

Tracht und Habitus. Tracht und Habitus (Abb. 11.55, 11.57) sind von den jeweiligen Bildungsbedingungen abhängig. Für die Tracht spielen insbesondere die Formen {010}, {001}, {10$\bar{1}$}, {20$\bar{1}$}, {110} bzw. {1$\bar{1}$0} oder auch {111} bzw. {11$\bar{1}$} und {021} bzw. {0$\bar{2}$1} eine große Rolle. Der Habitus der Feldspatkristalle ist dünn- bis dicktafelig nach {010} oder gestreckt nach der a-Achse mit gleichbetonter Entwicklung von {001} und {010}.

Zwillingsbildungen. Sie sind bei den Feldspäten außerordentlich verbreitet (Tabelle 11.10), wobei die Zwillingsachse jeweils eine Kristallkante (z. B. die a- oder c-Achse: Kantengesetz), die Normale auf einer Kristallfläche (z. B.

Abb. 11.55.
Die Trachten und der Habitus sowie die Zwillingsbildung bei Alkalifeldspat sind alle von primärem Sanidin abzuleiten; **a** tafelig nach {010}, typisch für vulkanisch gebildeten Sanidin; **b** dicktafelig nach {010}, typisch für Orthoklas; **c** Karlsbader Zwilling; **d** gestreckt nach der a-Achse; **e** Bavenoer Zwilling; **f** Manebacher Zwilling (**b–f** typisch für Orthoklas und Mikroklin); **g** Beispiel für Adular-Tracht; **h** Beispiel für Anorthoklas-Tracht als „Rhombenfeldspat"

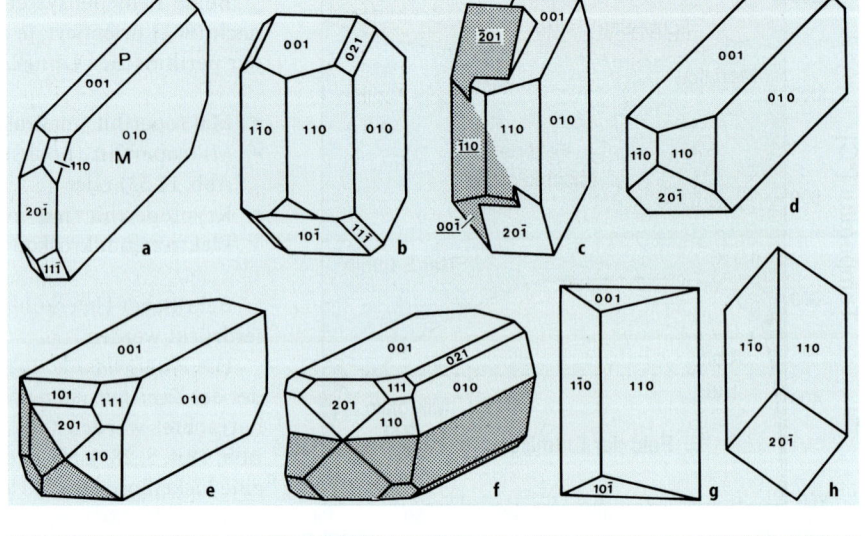

Tabelle 11.10.
Die wichtigsten Zwillingsgesetze der Plagioklase

Zwillingsgesetz	Zwillingsachse	Verwachsungsebene	Gruppengesetz
Bei *monokliner* und *trikliner* Symmetrie mögliche Zwillingsgesetze der Feldspäte			
Karlsbader Gesetz	[001] = c	(010)	Kantengesetz
Manebacher Gesetz	⊥ (001)	(001)	Normalengesetz
Bavenoer Gesetz (rechts)	⊥ (021)	(021)	Normalengesetz
Bavenoer Gesetz (links)	⊥ (0$\bar{2}$1)	(0$\bar{2}$1)	Normalengesetz
Nur bei *trikliner* Symmetrie mögliche Zwillingsgesetze			
Albit-Gesetz	⊥ (010)	(010)	Normalengesetz
Periklin-Gesetz	[010] = b	Rhombischer Schnitt aus (h0l)-Ebene variabel in der Zone [010]	Kantengesetz

⊥ (010): Normalengesetz) oder die Normale auf einer Kristallkante (Kantennormalengesetz) sein kann. Man unterscheidet nach Zahl und Anordnung der Zwillingsindividuen einfache (häufig bei Orthoklas) und polysynthetische Zwillinge (in der Regel bei Plagioklas und bei Mikroklin; Abb. 11.56). Häufig beobachtet man aber auch komplizierte Zwillingsstöcke mit einfacher oder polysynthetischer Wiederholung, bei denen oft verschiedene Zwillingsgesetze kombiniert auftreten. Neben den Makrozwillingen können die Ausmaße der einzelnen Zwillingsindividuen bis zu Abmessungen weniger Elementarzellen hinabreichen. Das Karlsbader, Manebacher und Bavenoer Gesetz bilden sich nur primär beim Kristallwachstum (*Wachstumszwillinge*). Das Albit- und Periklin-Gesetz können beim Kristallwachstum, durch Deformation (Deformations-Zwillinge bei den Plagioklasen) oder auch bei der polymorphen Umwandlung (*Transformationszwillinge*) entstehen. Wichtigstes Beispiel hierfür ist das Mikroklin-Gesetz: die monokline Morphologie des umgewandelten Sanidins wird von mikroskopisch feinen Bereichen aus triklinem Tief-Mikroklin ausgefüllt, die nach dem Albit- und dem Periklin-Gesetz polysynthetisch angeordnet sind (Abb. 11.56). Dabei wird beim Albit-Gesetz die Spiegelebene des Sanidins (2/m) als Zwillingsebene, beim Periklin-Gesetz die zweizählige Achse des Sanidins als Zwillingsachse übernommen. Das Albit-Gesetz ist vermutlich das am häufigsten auftretende Zwillingsgesetz in der Natur.

Physikalische Eigenschaften.

Spaltbarkeit: Im Wesentlichen nach {001} (vollkommen) und {010} (meist nur deutlich), durch etwas weniger starke Bindungen in der Kristallstruktur angelegt. Die beiden Spaltebenen schneiden sich in der a-Achse, und zwar bei den monoklinen Feldspäten (Sanidin) unter einem Winkel von 90°. Das gilt auch für die Paramorphosen (Orthoklas und Mikroklin) mit monokliner Morphologie: die feine Mikroklinverzwilligung führt zu einer „monoklinen" „Aggregatspaltbarkeit". Bei den triklinen Feldspatkristallen weicht der Winkel nur wenig von 90° ab, bei Mikroklin-Einkristallen würde

	er nur ca. 30', bei den Plagioklasen maximal 4–5° in Abhängigkeit vom An-Gehalt betragen.
Härte	6 (Standardmineral der Mohs-Skala), also relativ groß, bedingt durch die starke, nach allen Seiten hin wirkenden (Al,Si)-O-Bindungen in der Kristallstruktur
Dichte	Relativ gering, bedingt durch die lockere Gerüststruktur; Alkalifeldspäte 2,5–2,6, Plagioklase 2,6–2,8, je nach An-Gehalt
Farbe, Glanz	Fast durchweg hell: weiß, grau, gelblich, grünlich oder hellrosa, auch rot durch mikroskopisch bis submikroskopisch feine Einlagerungen von Hämatit; die Spaltflächen besitzen häufig Perlmuttglanz

Alkalifeldspat-Reihe, (K,Na)[AlSi$_3$O$_8$] (Kristallklasse 2/m oder $\bar{1}$)

(K,Na)-Sanidin

Sanidin ist die monokline Hochform von Alkalifeldspat (2/m), unter Gleichgewichtsbedingungen auch Hochtemperaturform, als Hoch-Sanidin weitgehend (nicht maximal!) Al,Si ungeordnet, als Tief-Sanidin im Rahmen der Symmetrie 2/m etwas geordnet. Dabei besteht eine vollständige Mischungsreihe zwischen Sanidin und Monalbit. Die Mischkristalle sind in der Natur durch rasche Abkühlung metastabil als (K,Na)-Sanidin in frisch aussehenden, relativ jungen Vulkaniten und deren Tuffen erhalten und sind dann häufig dünntafelig nach {010} entwickelt (Abb. 2.5, S. 37, Abb. 11.55a). Wasserklare Durchsichtigkeit spricht für fehlende Entmischung, Trübung deutet u. a. das Vorliegen von Kryptoperthiten an. Sanidin kann sich auch metastabil im Stabilitätsbereich des Mikroklins bilden (z. B. Adular). Insgesamt lassen sich die bei Orthoklas und Mikroklin erwähnten Wachstumszwillinge nach dem Karlsbader, Bavenoer und Manebacher Gesetz auf primären Sanidin zurückführen (Abb. 11.55c,e,f).

(K,Na)-Orthoklas

(K,Na)-Orthoklase sind Paramorphosen mit monokliner Morphologie (2/m), die metastabile Produkte der Umwandlung von (K,Na)-Sanidin auf dem Weg zum Tief-Mikroklin darstellen, also kinetisch gestrandete Zwischenzustände repräsentieren. Daher sind sie gemeinglänzend und für das Auge leicht getrübt (selten) bis meistens undurchsichtig. Solche Orthoklase sind mikroskopisch weitgehend inhomogen und bestehen aus überwiegend submikroskopischen Domänen verschiedener Größe mit trikliner Al,Si-Verteilung. Diese Domänen sind nur mit dem Transmissions-Elektronenmikroskop (TEM) auflösbar; soweit sie eine gewisse Größe erreicht haben, erkennt man ein recht variables Erscheinungsbild: Dieses reicht von schlecht definierten, unregelmäßigen Bereichen mit Ø von etwa 100–1 000 Å bis zu solchen, die nahe Ø ≈ 1 μm sich der mikroskopischen Auflösung nähern und ähnlich dem mikroskopischen Bild von Mikroklin (s. u.) nach dem Mikroklin-Gesetz verwachsen sind. In einem einzelnen K-Feldspat können mehr oder weniger mikroskopisch homogen erscheinende Orthoklas-Bereiche in Bereiche mit mikroskopisch erkennbarer Mikroklingitterung übergehen. Derartige Orthoklase liegen sehr häufig als Mikroperthite vor. Orthoklas gehört demzufolge nicht als stabile Phase ins Zustandsdiagramm der Alkalifeldspäte (Bambauer et al. 1989).

Orthoklase können dicktafelig nach {010} (Abb. 11.55b) oder nach a gestreckt (Abb. 11.55d) oder kurzprismatisch nach dem Vertikalprisma {110} (Abb. 11.58) entwickelt sein. Wachstumszwillinge (des ehemaligen Sanidins) nach dem Karlsbader Gesetz (Abb. 11.55c) mit c als Zwillingsachse bzw. (100) als Zwillingsebene und (010) als unregelmäßige Verwachsungsebene sind verbreitet. Etwas weniger häufig ist die Verzwillingung nach dem Bavenoer Gesetz mit Zwillings- und Verwachsungsebene (021) oder (0$\bar{2}$1) (Abb. 11.55e), noch seltener das Manebacher Gesetz mit (001) als Zwillings- und Verwachsungsebene (Abb. 11.55f), wobei die Kristalle nach a gestreckt sind. Orthoklas kommt gewöhnlich in körnigspätigen Kristallen als Hauptgemengteil in vielen hellen Plutoniten vor, wobei er häufig idiomorphe bis panidiomorphe Einsprenglinge bildet.

Mikroklin

Tief-Mikroklin ist die trikline ($\bar{1}$), stabile Tieftemperaturform des K-Feldspats mit maximaler Al,Si-Ordnung (Abb. 11.52b); submikroskopische Orthoklas-Mikroklin-Verwachsungen sind in den Gesteinen weit verbreitet, doch sind sie bei allen Temperaturen metastabil. Tief-Mikroklin ist stets ein sehr Ab-armer bis nahezu reiner K-Feldspat (Abb. 11.54). Idiomorphe Einkristalle von Mikroklin, d. h. solche, die auch trikline Morphologie ($\bar{1}$) zeigen, sind sehr selten; im Vergleich zu monoklinen Feldspäten treten dann statt des Vertikalprismas {110} die Pinakoide {110} und {1$\bar{1}$0} auf. Auch die Metrik der K-Feldspäte ist sehr ähnlich, z. B. ist der Winkel zwischen dem Basispinakoid {001} und dem seitlichen Pinakoid {010} bei Mikroklin 89°30' gegenüber 90° bei Sanidin und Orthoklas (siehe auch Spaltbarkeit). Jedoch tritt Mikroklin in der Regel als Paramorphose von Mikroklin nach Sanidin auf, d. h. soweit erkennbar, mit monokliner Morphologie. Wie bei Orthoklas beobachtet man auch Wachstumszwillinge (des ehemaligen Sanidins) nach dem Karlsbad-, Baveno- und Manebach-Gesetz. Im Gegensatz zu Orthoklas bestehen die Paramorphosen aus mikroskopisch gut auflösbaren, im Idealfall klar definierten, oft lamellaren Einkristallbereichen, die Ø ≈ 100 μm erreichen und bevorzugt nach dem Mikroklin-Gesetz verzwillingt

Abb. 11.56. Mikroklin mit deutlich sichtbarer Zwillingsgitterung nach dem Albit- und Periklin-Gesetz, neben Plagioklas (mit polysynthetischer Verzwilligung), Quarz und Biotit (lebhafte Interferenzfarben). Aplitgranit Myn-Aral am Balchasch-See, Kasachstan. Wegen der makroskopischen Blaufärbung des Mikroklins trägt dieses Gestein den Handelsnamen „Amazonit" und wird als Dekorationsstein verwendet. +Nic. Bildbreite ca. 1,5 mm. (Foto: K.-P. Kelber)

Abb. 11.57. Gruppe von Amazonit-Individuen in kurzprismatischer Ausbildung mit der Flächenkombination {001}, {110}, {010} und {20$\bar{1}$} und deutlich sichtbarer Aggregat-Spaltbarkeit nach (001). Pikes Peak, Colorado. Bildbreite 11 cm. Mineralogisches Museum der Universität Würzburg. (Foto: K.-P. Kelber)

sind (Bambauer et al. 1989). Es entsteht so ein nach dem Albit- und Periklin-Gesetz gegittertes Lamellensystem, das in Schnittlagen ≈ // {001} (unter +Nic.) gut sichtbar ist und ein mikroskopisches Identfizierungsmerkmal des Mikroklins darstellt (Abb. 11.56). Orthoklas und Mikroklin – wie hier beschrieben – sind Produkte des gleichen Umwandlungsvorgangs und somit nicht streng zu trennen.

Mikroklin-Perthite sind neben Orthoklas die verbreiteten Kali- bzw. Alkalifeldspäte in Plutoniten. In großen bis riesengroßen Individuen ist Mikroklin der Hauptgemengteil der meisten Pegmatite. In deren Hohlräumen kommen auch gut ausgebildete Individuen vor (Abb. 2.2, S. 34), so auch der relativ seltene blaugrüne *Amazonit* (Abb. 11.57).

Im sog. Schriftgranit (Abb. 22.3, S. 338) werden Mikroklin-Individuen orientiert von Quarzstängeln durchwachsen. Dieses Gefüge wird meist durch simultane Kristallisation von Quarz und Kalifeldspat aus einer H_2O-reichen Restschmelze erklärt. Mikroklin ist der verbreitetste Alkalifeldspat in metamorphen Gesteinen; Mesoperthite, d. h. Alkalifeldspäte die sich ungefähr zu gleichen Teilen aus Mikroklin- und Albit-Lamellen aufbauen (Abb. 11.53), sind typisch für die hochmetamorphen Granulite. Mikroklin findet sich darüber hinaus im Detritus klastischer Sedimentgesteine, so besonders in Arkosen, ist aber auch als primäre (sog. authigene) Bildung in Sedimentgesteinen anzutreffen.

Bedeutung von Orthoklas und Mikroklin als Rohstoff. Beide Minerale sind wichtige Rohstoffe in der Keramikindustrie (Porzellan, Glasuren), der Glasindustrie und für die Herstellung von Email.

Die Varietät *Mondstein* ist ein milchig getrübter Kalifeldspat mit kryptoperthitischer Entmischung. Bei seiner Verwendung als Edelstein ist sein bläulich-wogender Lichtschein geschätzt, der bei gewölbt geschliffener Oberfläche (Cabochon) hervortritt.

Adular

Dieser Kalifeldspat besitzt in der Regel monokline Kristallformen mit der besonderen Adulartracht durch Vorherrschen von {110} und {10$\bar{1}$} und Fehlen oder weitgehendes Zurücktreten von {010} (Abb. 11.55g). Adular kommt in alpinen Klüften vor, wo er metastabil, d. h. Al,Si-ungeordnet bei relativ niedrigen Temperaturen gewachsen ist. Folglich enthalten Adulare nur sehr wenig Ab-Komponente. Adulare können eine sehr eigene innere Ausbildung zeigen, die dem Orthoklas ähnlich sein kann. In einem sehr charakteristischen Lamellengefüge können Adulare kontinuierliche Übergänge zwischen strukturellen Sanidin- und Mikroklin-Zuständen aufweisen, und es gibt sogar Beispiele von Tief-Mikroklin mit der charakteristischen Zwillingsgitterung (Bambauer und Laves 1960).

Anorthoklas

Kristallklasse $\bar{1}$. Dieser morphologisch monokline Alkalifeldspat liegt im Übergangsbereich zwischen Na-Sanidin und Na-Feldspat und weist meist einen deutlichen Gehalt an Anorthit-Komponente auf (Abb. 11.50a, 11.51).

Anorthoklas bildet sich nur unter hoher Temperatur und bleibt in vulkanischen Gesteinen bei schneller Abkühlung als solcher erhalten. Es handelt sich nicht um einen strukturell definierten Feldspat, sondern um ein Gemenge submikroskopischer Feldspatphasen variabler Zusammensetzung und Verwachsung (Bambauer 1988). Alkalifeldspäte mit rhombus- bis linsenförmigem Umriss („*Rhombenfeldspäte*", Abb. 11.55h) aus den sog. Rhombenporphyren der permischen Magmatit-Provinz des Oslo-Grabens (Süd-Norwegen) sind Anorthoklas.

Plagioklas-Reihe Na[AlSi$_8$O$_8$] – Ca[Al$_2$Si$_2$O$_8$] (Kristallklasse $\bar{1}$)

Plagioklas ist der Sammelbegriff für die triklinen Mischkristalle zwischen Na[AlSi$_3$O$_8$] und Ca[Al$_2$Si$_2$O$_8$] einschließlich der beiden Endglieder Albit und Anorthit. Die besonderen Namen Oligoklas, Andesin, Labradorit und Bytownit werden heute meist durch Angabe der Molekularproportionen ersetzt wie z. B. Ab$_{62}$An$_{34}$Or$_4$ (Andesin). Innerhalb dieser Mischkristallreihe ändern sich die physikalischen Konstanten und die geometrischen Eigenschaften der Kristalle kontinuierlich zwischen den beiden Endgliedern (Tabelle 11.11).

Plagioklaskristalle sind meist verzwillingt, vorzugsweise nach dem Albit- und/oder dem Periklingesetz. Diese beiden Gesetze treten fast stets in lamellarer Wiederholung auf (Abb. 2.4, S. 37, Abb. 11.58c, ferner Abb. 13.5b, 13.6a, 13.7b, 13.9a). Diese polysynthetische Verzwillingung ist oftmals bereits mit bloßem Auge auf den Spaltflächen (001) bzw. (010) als feines parallel verlaufendes Liniensystem erkennbar. Das ist ein wichtiges Unterscheidungsmerkmal gegenüber Orthoklas und Mikroklin. Häufig kommen komplexe Zwillingsstöcke vor, in denen das Albitgesetz mit dem Karlsbader, seltener mit dem Bavenoer oder dem Manebacher Gesetz kombiniert ist.

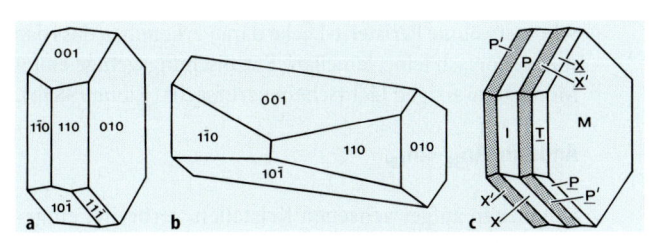

Abb. 11.58. Unterschiedlicher Habitus und Zwillingsbildungen bei Plagioklas; **a** Albit, dicktafelig nach {010}; **b** Periklin gestreckt nach der b-Achse; **c** polysynthetischer Zwilling nach dem Albit-Gesetz; M = {010}, P = {001}, l = {110}, x = {10$\bar{1}$}

Albit, An$_0$–An$_{10}$

Monalbit (2/m) wurde bei hohen Temperaturen experimentell hergestellt, kommt aber in der Natur nicht vor. Im Stabilitätsbereich des Albits, der bis zu sehr hohen Temperaturen reicht, findet der Al,Si-Ordnungsvorgang im metrisch triklinen Zustand statt (Abb. 11.54). Somit entfällt – anders als beim Kalifeldspat – die Bildung trikliner Domänen und damit die kinetische Hemmung, so dass reiner Na-Feldspat häufig als Tief-Albit vorliegt. Gut ausgebildete, aufgewachsene Kristalle von Albit treten im Albit- oder Periklintyp auf. Kristalle im Albittyp (Abb. 11.58a) sind nach c etwas gestreckt und zugleich tafelig bis dünn-tafelig nach {010} entwickelt; Kristalle im Periklintyp sind nach der b-Achse gestreckt (Abb. 11.58b). Albitkristalle sind farblos, durchscheinend bis durchsichtig, Kristalle im Periklintyp sind milchig-trüb oder durch winzige Einschlüsse von Chlorit grün gefärbt.

Kristalle vom Albittyp kommen in Hohlräumen von Graniten oder Pegmatiten als Drusenmineral vor, hier bisweilen orientiert auf Orthoklas bzw. Mikroklin aufgewachsen. Kristalle nach dem Periklintyp sind Bestandteile alpiner Klüfte. Eingewachsen kommt Albit als verbreiteter Gemengteil in hellen, alkalibetonten magmatischen Gesteinen oder deren Pegmatiten vor. Er ist ebenso verbreiteter Gemengteil in niedriggradigen metamorphen Gesteinen, z. B. Albitphylliten, Albitgneisen und Grünschiefern. Authigen kann sich Albit bei der Diagenese von Sandsteinen bilden.

Oligoklas, An$_{10}$–An$_{30}$

In großer Verbreitung eingewachsen in hellen magmatischen Gesteinen, ebenso in mittelgradigen metamorphen Gesteinen. Die Varietät *Aventurinfeldspat* („Sonnenstein") ist durch eingelagerte Schüppchen von Hämatit rot gefärbt und goldgelb schillernd. In seltenen Fällen ist die

Tabelle 11.11. Tief-Albit und Anorthit

Mineral	Dichte [g cm^{-3}]	Brechungsquotient n_γ	Spaltwinkel (001)/(010)
Tief-Albit	2,62	1,538	86° 24'
Anorthit	2,76	1,590	85° 50'

schon erwähnte Peristerit-Lücke daran erkennbar, dass das mikroskopisch feine, lamellare Entmischungsgefüge einen Mondstein-artigen Lichtschein verursacht (Ribbe 1983b).

Andesin, An_{30}–An_{50}

Seltener in aufgewachsenen Kristallen, verbreitet eingewachsen als Gemengteil mesokrater magmatischer Gesteine, z. B. in Andesiten und Dioriten, ebenso Gemengteil mittelgradiger metamorpher Gesteine.

Labradorit, An_{50}–An_{70}

Als Gemengteil eingewachsen in dunklen magmatischen Gesteinen, insbesondere in Basalten und Gabbros, und in basischen metamorphen Gesteinen, hauptsächlich in Amphiboliten. Bei tiefen Temperaturen tritt im Labradorit eine etwa von An_{45} bis An_{62} reichende Mischungslücke auf, durch die submikroskopische Entmischungslamellen entstehen, die sog. Böggild-Verwachsung. Diese kann bei geeigneter Ausbildung und je nach Lamellendicke zu einem roten bis blauen Farbenspiel Anlass geben, das als Labradorisieren bezeichnet wird (Abb. 2.4, S. 37). Der Effekt ist nahe der Spaltfläche (010) am besten sichtbar (Bolton et al. 1966; Ribbe 1983b). Gesteine mit labradorisierendem Plagioklas werden poliert und als Ornamentstein verwendet.

Bytownit, An_{70}–An_{90}

Gemengteil in sehr basischen magmatischen und metamorphen Gesteinen. Auch beim Bytownit gibt es bei tiefen Temperaturen eine Mischungslücke im Bereich von An_{66} bis An_{95} mit submikroskopisch feinsten Lamellen, der sog. Huttenlocher-Verwachsung.

Anorthit, An_{90}–An_{100}

Seltener als die übrigen Plagioklaszusammensetzungen. Die durch Flächen begrenzten Kristalle sind dicktafelig nach {010} entwickelt und kommen als Drusenmineral in Ca-reichen vulkanischen Auswürflingen und basaltischen Tuffen vor, als ein relativ seltener Gemengteil in stark unterkieselten Ca-reichen magmatischen Gesteinen sowie in mittel- bis hochgradig metamorphen Kalken und Kalkmergeln (Silikatmarmore, Kalksilikat-Gesteine).

11.6.3
Feldspatoide (Foide, Feldspatvertreter)

> Die Feldspatoide unterscheiden sich durch ihren geringeren SiO_2-Gehalt von den Alkalifeldspäten. Sie können nicht im Gleichgewicht mit Quarz auftreten, da sich sonst die entsprechenden Feldspäte bilden würden. Feldspatoide kristallisieren aus alkalireichen, SiO_2-armen silikatischen Schmelzen.

Feldspatoide ohne tetraederfremde Anionen

Nephelin, $(Na,K)[AlSiO_4]$

Ausbildung. Kristallklasse 6, die kleinen kurzprismatischen Kristalle haben gewöhnlich nur das hexagonale Prisma $\{10\bar{1}0\}$ und das Basispinakoid $\{0001\}$ entwickelt, seltener auch $\{10\bar{1}1\}$ und $\{11\bar{2}0\}$. Diese Kristalle lassen ihre niedrige hexagonal-pyramidale Symmetrie durch ihre asymmetrischen Ätzfiguren auf den Flächen des hexagonalen Prismas erkennen (Abb. 11.59a), sonst nur durch einen röntgenographischen Nachweis. Nephelin ist meist im Gestein eingewachsen.

Physikalische Eigenschaften.

Spaltbarkeit	$\{10\bar{1}0\}$ unvollkommen
Bruch	muschelig
Härte	5½–6
Dichte	2,6
Farbe	grau, grünlich oder rötlich
Glanz	Auf Kristallflächen Glasglanz, auf Bruchflächen Fettglanz; Durch Entmischung der $K[AlSiO_4]$-Komponente (*Kalsilit*) entsteht die trübe, undurchsichtige oder durchscheinende, auf den muscheligen Bruchflächen ölig glänzende Varietät *Eläolith*, die makroskopisch dem Quarz ähnelt

Struktur und Chemismus. Kantenverknüpfte $[SiO_4]$- und $[AlO_4]$-Tetraeder bilden Sechserringe, die durch andere Tetraeder zu einem Gerüst verknüpft sind. Da das Si : Al-Verhältnis genau 1 : 1 ist, sind Si und Al in der Struktur geordnet (Al-Vermeidungsprinzip). Na^+ kann bis zu etwa ¼ durch K^+ ersetzt werden. Besonders deutlich wird der SiO_2-Unterschuss des Feldspatvertreters, wenn man die Oxidformeln von Nephelin $Na_2O \cdot Al_2O_3 \cdot 2SiO_2$ und Albit $Na_2O \cdot Al_2O_3 \cdot 6SiO_2$ miteinander vergleicht.

Vorkommen. Nephelin ist ein wichtiges Mineral in SiO_2-untersättigten magmatischen Gesteinen mit Na-Vormacht. Im Unterschied zu Leucit tritt Nephelin nicht nur in Vulkaniten, z. B. in Phonolithen, Nephelintephriten, Nephelinbasaniten und Nepheliniten auf, sondern auch häufig in Plutoniten wie Nephelinsyeniten und deren Pegmatiten, gelegentlich sogar in metamorphen Gesteinen.

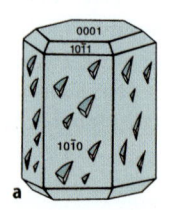

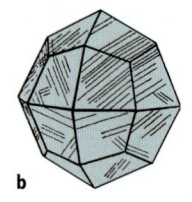

Abb. 11.59. a Nephelin-Kristall mit asymmetrischen Ätzfiguren auf den Flächen des hexagonalen Prismas; **b** Ikositetraeder {211} (Leucitoeder) von ehemaligem Hoch-Leucit, paramorph umgewandelt in Lamellen von Tief-Leucit, orientiert // {110}

Nephelin als Rohstoff. Als Feldspatersatz in der keramischen Industrie. Nephelin-reiche magmatische Gesteine der Kola-Halbinsel sind wichtiger Rohstoff für die Gewinnung von Aluminium in Russland.

Leucit, $K[AlSi_2O_6]$

Wie man schon aus dem Vergleich der Struktur-, besser noch der Oxidformeln erkennt, ist Leucit ($K_2O \cdot Al_2O_3 \cdot 4SiO_2$) gegenüber Kalifeldspat ($K_2O \cdot Al_2O_3 \cdot 6SiO_2$) unterkieselt.

Struktur. In der Leucit-Struktur befinden sich die K-Ionen in den weiten Hohlräumen des lockeren Gerüsts aus allseitig verknüpften $(Al,Si)O_4$-Tetraedern, die 4-, 6-, 8- und 12-zählige Ringe bilden. K^+ besitzt gegenüber O [12]-Koordination; es kann nur in geringem Maße durch Na^+ ersetzt werden. Der kubische Hoch-Leucit (Kristallklasse $4/m\overline{3}2/m$), ist bei Temperaturen >605 °C beständig; er wandelt sich bei Temperaturerniedrigung in den tetragonalen Tief-Leucit ($4/m$) um, wobei die kubischen Kristallformen äußerlich erhalten bleiben.

Ausbildung. Der kubische Hoch-Leucit weist als Hochtemperaturform häufig modellhaft gut ausgebildete Ikositetraeder {211} auf, die auch als Leucitoeder bezeichnet werden. Kristalle von ehemaligem Hoch-Leucit stellen – ähnlich wie Mikroklin – Paramorphosen dar, in denen Domänen aus Tief-Leucit komplizierte Zwillingsstöcke bilden (Abb. 11.59b). Die Lamellen sind oft nach {110} orientiert und mikroskopisch bei +Nic durch ihre Anisotropie meist gut sichtbar. Die Leucitkristalle sind fast stets im Gestein eingewachsen.

Physikalische Eigenschaften.

Spaltbarkeit	fehlt
Bruch	muschelig
Härte	5½–6
Dichte	2,5
Farbe, Glanz	farblos, grauweiß bis weiß, auch gelblich; Glas- oder Fettglanz, trüb, durchscheinend

Bildungsbedingungen und Vorkommen. Leucit ist ein charakteristisches Mineral SiO_2-untersättigter vulkanischer Gesteine mit K-Vormacht wie Leucitphonolithe, Leucittephrite, Leucitbasanite und deren Tuffe.

Er fehlt im Allgemeinen in echten Plutoniten und in metamorphen Gesteinen, weil sein Kristallisationsgebiet mit zunehmendem Wasserdruck immer kleiner wird (Abb. 18.12, S. 292); ab $P_{H_2O} \approx 2,6$ kbar kann sich Leucit auch aus unterkieselten Schmelzen nicht mehr ausscheiden.

Technische Verwendung. Leucit-reiche Gesteine bilden lokal einen Rohstoff für die Gewinnung kalihaltiger Düngemittel.

Feldspatoide mit tetraederfremden Anionen: Sodalith-Reihe

Sodalith, $Na_8[Cl_2/(AlSiO_4)_6]$ oder als Merkformel $3NaAlSiO_4$ (Nephelin) $\cdot$ NaCl

Nosean, $Na_8[(SO_4)/(AlSiO_4)_6]$

Hauyn, $(Na,Ca,K,\square)_{8-4}[(SO_4)_{2-1}/(AlSiO_4)_6]$

Struktur. In der Gerüststruktur der Sodalithreihe sind geordnete $[SiO_4]$- und $[AlO_4]$-Tetraeder so miteinander verknüpft, das käfigartige Hohlräume von kubo-oktaedrischer Symmetrie (sog. *Sodalith-Käfige*: Abb. 11.1i, 11.60) entstehen, die jeweils durch 6 Viererringe // {100} und 8 Sechserringe // {111} begrenzt werden. In diesen Hohlräumen sitzen die großen Anionen $[Cl]^-$ und $[SO_4]^{2-}$ sowie die Kationen Na^+ und Ca^{2+}. Auch bei vielen Zeolithen treten Sodalith-Käfige als strukturelle Bausteine auf (Abschn. 11.6.5).

Ausbildung. Kristallklasse $\overline{4}3m$; gerundete, bisweilen korrodierte, im Gestein eingewachsene Kristalle oder körnige Aggregate, nur relativ selten bilden sie aufgewachsene Kristalle, dann mit dem Rhombendodekaeder {110} als der vorherrschenden Kristallform.

Physikalische Eigenschaften.

Spaltbarkeit	{110} vollkommen; Bruch muschelig bis uneben
Härte	5–6
Dichte	Sodalith 2,3, Nosean 2,3–2,4, Hauyn 2,5
Farbe, Glanz	Farblos, weiß, aschgrau bis tiefblau (ultramarinblau); sehr oft blau in unterschiedlichen Tönen, besonders beim Hauyn; durchsichtig, durchscheinend, gelegentlich sogar undurchsichtig; glas- bis fettglänzend. Die blaue Färbung wird durch unterschiedliche Elektronenzentren in der $[SO_4]$-Anionengruppe in der Struktur verursacht

Chemismus. Sodalith enthält höchstens geringe Mengen an K^+ und Ca^{2+} anstelle von Na^+ sowie Fe^{3+} anstelle von Al^{3+}; Nosean und Hauyn bilden eine lückenlose Mischkristallreihe und enthalten stets etwas Cl^- anstelle von $[SO_4]^{2-}$ sowie z. T. beachtliche Anteile an K^+ und etwas Fe^{3+}.

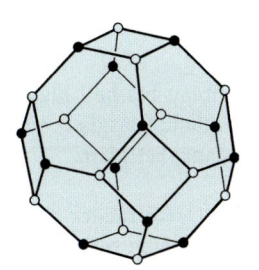

Abb. 11.60. Sodalith-Käfig. Im Vergleich zur Darstellung in Abb. 11.1i sind die Sauerstoffe weggelassen, um die Käfig-Struktur deutlicher zu machen. (Nach Seel et al. 1974)

Vorkommen. Sodalith kommt besonders in alkalibetonten Plutoniten (Nephelinsyeniten und deren Pegmatiten) sowie als mikroskopischer Gemengteil in vulkanischen Gesteinen (Phonolithen und Alkalibasalten) vor, außerdem als aufgewachsene Kriställchen in vulkanischen Auswürflingen. Sodalith entsteht auch durch metasomatische Umwandlung (Fenitisierung; s. Abschn. 26.6.1, S. 457). Nosean und Hauyn sind fast ganz auf Alkalivulkanite wie Alkalibasalte und Phonolithe sowie vulkanische Auswürflinge beschränkt.

Verwendung. Derbe, kräftig ultramarinblaue, durch Fenitisierung entstandene Sodalith-Massen von Ontario (Kanada), Indien, Brasilien und Namibia werden zu kunstgewerblichen Gegenständen, Steinketten sowie Boden- und Fassadenplatten verarbeitet. Es gibt eine Vielzahl von synthetischen Materialien mit Sodalith-Struktur, von denen einige als Molekularsiebe verwendet werden.

Lasurit, $(Na,Ca)_8[S_2/(AlSiO_4)_6]$

Am häufigsten ist der kubische Lasurit-1C mit der Kristallklasse $\bar{4}3m$; daneben treten der orthorhombische Lasurit-6O mit $2/m2/m2/m$ und der trikline Lasurit-4A mit der seltenen Kristallklasse $\bar{1}$ auf. Nur selten findet man Lasurit in Form gut ausgebildeter Kristalle mit {110}; fast stets bildet er dichtkörnige, blaue Massen mit gelbglänzenden Pyrit-Einschlüssen, oft auch mit Anteilen von Calcit. Dieses Gemenge wird mit dem Gesteinsnamen *Lapis lazuli* bezeichnet und ist ein geschätzter Schmuckstein, der bereits seit dem Altertum in Afghanistan abgebaut wird. Der Chemismus von Lasurit entspricht dem künstlichen Farbstoff Ultramarin.

11.6.4 Cancrinit-Gruppe

Cancrinit $(Na,Ca,\square)_8[CO_3,SO_4)_2/(AlSiO_4)_6] \cdot 2H_2O$

Ausbildung. Kristallklasse 6. Cancrinit kommt meist gesteinsbildend in körnigen Aggregaten vor. Aufgewachsene Kristalle sind kurzprismatisch oder nadelig entwickelt mit $\{10\bar{1}0\}$ und $\{0001\}$, seltener mit $\{10\bar{1}1\}$ oder $\{11\bar{2}0\}$.

Physikalische Eigenschaften.

Spaltbarkeit	$\{10\bar{1}0\}$ vollkommen, $\{0001\}$ mäßig
Bruch	uneben bis muschelig
Härte	5–6
Dichte	2,4–2,5
Farbe, Glanz	farblos, weiß, hellblau bis hell blaugrau, honiggelb, rötlich; Glasglanz auf $\{10\bar{1}0\}$, Perlmuttglanz, Fettglanz

Struktur. Alternierende SiO_4- und AlO_4-Tetraeder sind über die Ecken zu 6- und 12-zähligen Ringen verknüpft; letztere bilden kontinuierliche Kanäle //c, in denen ein Teil der Kationen Na^+ und Ca^{2+} sowie die Anionen CO_3^{2-} und SO_4^{2-} sitzen. Durch die Eckenverknüpfung der 6-zähligen Ringe entstehen außerdem charakteristische, 11-flächige Cancrinit-Käfige (sog. ε-Typ), die den anderen Teil der Kationen sowie die H_2O-Moleküle enthalten.

Chemismus. Es existiert eine lückenlose Mischkristallreihe zwischen dem CO_3-reichen Endglied Cancrinit und dem SO_4-reichen Endglied *Wischnewit*; darüber hinaus können auch OH und Cl als tetraederfremde Anionen beteiligt sein, so besonders im *Hydrocancrinit* bzw. im *Davyn*, die – ebenso wie Wischnewit – auch K anstelle von Ca und Na enthalten.

Vorkommen. Cancrinit tritt hauptsächlich in Nephelinsyeniten (Abschn. 13.2.2) oder deren Pegmatiten (Abschn. 22.2, S. 337) auf, z. B. auf der Insel Alnö in Schweden; er kristallisiert also direkt aus SiO_2-untersättigten Magmen, aus pegmatitischen Restschmelzen oder (auto-)hydrothermalen Restlösungen, wobei bereits auskristallisierter Nephelin, seltener auch Sodalith pseudomorph verdrängt werden. Voraussetzung für seine Bildung ist ein hoher CO_2-Partialdruck.

11.6.5 Skapolith-Gruppe

> Skapolithe sind feldspatähnliche Gerüstsilikate mit den tetraederfremden Anionen Cl^- – auch F^-, $(OH)^-$ – sowie $[CO_3]^{2-}$ und $[SO_4]^{2-}$. Sie bilden eine lückenlose Mischkristallreihe zwischen den Endgliedern.

Marialith, $Na_4[Cl/(AlSi_3O_8)_3]$ und Mejonit, $Ca_4[CO_3/(Al_2Si_2O_8)_3]$ bzw. Sulfat-Mejonit, $Ca_4[SO_4/(Al_2Si_2O_8)_3]$

Ausbildung. Kristallklasse $4/m$; aufgewachsene Kristalle bilden gedrungene, seltener langgestreckte tetragonale Prismen mit dominierendem {100}, ferner {110}, {111} und {101}; das Auftreten der selteneren Formen {121} oder {210} oder von Ätzfiguren deutet an, dass Skapolith nicht zur höchstsymmetrischen tetragonalen Kristallklasse gehört; meist aber findet man Skapolith eingewachsen im Gestein.

Physikalische Eigenschaften.

Spaltbarkeit	{110} vollkommen, {100} deutlich;
Bruch	muschelig, spröde
Härte	5–6
Dichte	2,5–2,8, je nach Marialith/(Sulfat-)Mejonit-Verhältnis
Farbe, Glanz	farblos oder weiß, mit Glasglanz bis Fettglanz; durch Zersetzung und/oder Hämatit-Entmischung grau, grünlich, rötlich, ja ziegelrot, trübe

Struktur. Lockere Gerüststruktur mit Viererringen aus [(Si,Al)O$_4$]-Tetraedern, die // c zu Kanälen angeordnet sind; in den kleineren Hohlräumen sitzen die Kationen Na$^+$ und Ca^{2+}, in den größeren die tetraederfremden Anionen Cl$^-$, [CO$_3$]$^{2-}$ und [SO$_4$]$^{2-}$.

Vorkommen. In (auto-)metasomatisch umgewandelten Gesteinen, z. B. Gabbros; in Metamorphiten, z. B. in Skapolithgneisen und Granuliten; auf alpinen Klüften.

11.6.6
Zeolith-Familie

> Zeolithe sind Gerüstsilikate mit besonders weitmaschig angelegten Strukturen, großen Hohlräumen oder Kanälen (Abb. 11.61). In diesen Zwischenräumen befinden sich große Kationen (Na$^+$, Ca^{2+}, K$^+$, auch Ba^{2+} und Sr^{2+}) und besonders auch H$_2$O-Moleküle, als Zeolithwasser bezeichnet. Eine lockere Bindung macht die Kationen austauschbar. Das Zeolithwasser kann schon bei mäßigem Erhitzen stufenweise ausgetrieben werden, ohne dass das Alumosilikatgerüst zusammenbricht (Name „Kochstein" von grch. ζέω = sieden). Bedeutsam ist, dass die Zeolithe verlorenes Wasser wieder aufnehmen können.

Viele Zeolithe haben sehr komplexe chemische Formeln, über die nicht immer Einigkeit besteht (Coombs et al. 1998; Bish u. Ming 2001). Wir geben die Zeolith-Formeln nach Armbruster u. Gunter (2001) an, jedoch z. T. in stark vereinfachter Form. Bei Zeolith-Mischkristallen wird das jeweils vorherrschende Alkali- oder Erdalkali-Ion hinter dem Namen angegeben, z. B. Heulandit-Ca, Stilbit-Na.

Die lockeren Strukturen der Zeolithe wirken sich auch auf physikalische Eigenschaften aus. So liegen Härte (3½–5½), Dichte (2,0–2,4) und Lichtbrechung (1,48–1,50) deutlich niedriger als bei den Feldspäten. Die Kristalle sind meist farblos oder weiß, höchstens durch Beimengungen zart gefärbt.

Auch in ihrem Auftreten in der Natur haben Zeolithe viel Gemeinsames. Ihre häufig gut ausgebildeten Kristalle füllen Hohlräume oder Klüfte meist innerhalb magmatischer, besonders jungvulkanischer Gesteine, so in Basalten und Phonolithen. In winzigen Kristallchen bilden Zeolithe Umwandlungsprodukte von Gesteinsgläsern und vulkanischen Tuffen, so besonders auf dem Ozeanboden und in kontinentalen Salzseen. Einige Zeolithe, insbesondere Laumontit und Heulandit, sind kritische Minerale der Diagenese und der niedrigstgradigen Metamorphose (Zeolithfazies).

Technische Bedeutung der Zeolithe

Ihre strukturellen Eigenschaften (Abb. 11.61) machen die Zeolithe zu Ionen- bzw. Basen-Austauschern, sog. Permutiten. So können Na-Zeolithe aus hartem Wasser Ca^{2+}-Ionen aufnehmen im Austausch gegen die eigenen Na$^+$-Ionen. Die dann an Ca^{2+}-Ionen gesättigten Zeolithe lassen sich für eine weitere Verwendung mit Hilfe von Na$^+$-reichen Lösungen wieder regenerieren. Für die Aufbereitung des Wassers werden synthetische Zeolithe eingesetzt.

Entwässerte Zeolithe sind in der Lage, auch Atome oder Moleküle anderer Art bis zu einem gewissen Partikeldurchmesser aufzunehmen. Diese Fähigkeit ermöglicht es, Zeolithe als sog. Molekularsiebe technisch für die fraktionierte Reinigung von Gasen bzw. Gasgemischen, insbesondere Edelgasen, einzusetzen.

Die wichtigsten Zeolithe

Unter den zahlreichen Zeolithen seien nur die wichtigsten angeführt. Nach äußeren Kennzeichen wurde die Zeolith-Familie in folgende Gruppen eingeteilt:

- Faserzeolithe
- Blätterzeolithe
- Würfelzeolithe

Natürlich ist die Morphologie jeweils strukturell begründet.

Abb. 11.61.
Kristallstrukturen von Zeolithen. **a** Kette aus [SiO$_4$]-Tetraedern (*einfarbig*) und [AlO$_4$]-Tetraedern (*schraffiert*) von Faserzeolithen, z. B. Natrolith. **b** Blick in Kettenrichtung // c. **c** Chabasit-Käfig. **d** Faujasit-Käfig. Bei **c** und **d** sind die Sauerstoffe weggelassen. (Nach Gottardi u. Galli 1985)

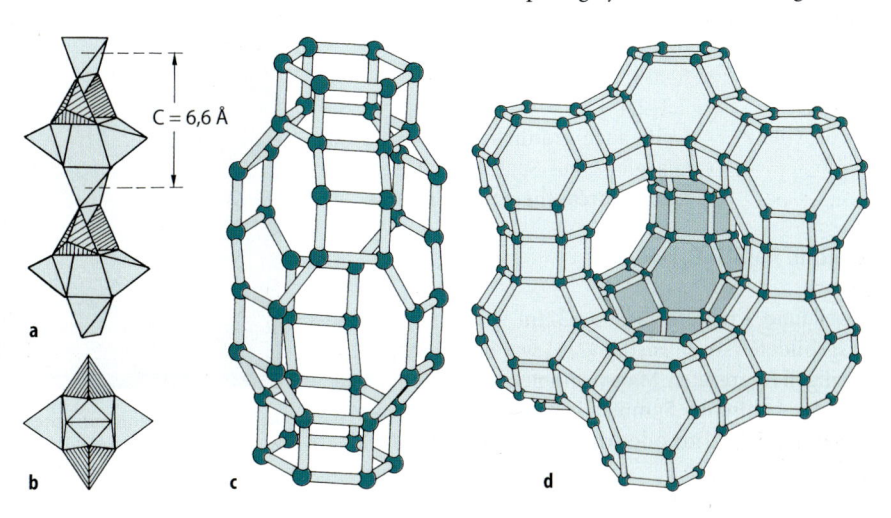

C = 6,6 Å

Natrolith, $Na_2[Al_2Si_3O_{10}] \cdot 2H_2O$

Ausbildung. Faserzeolith der Kristallklasse mm2, in langprismatisch-nadeligen (Abb. 11.62a) und haarförmigen Kristallen, meist zu Büscheln oder radialstrahlig bis kugelig gruppiert, dabei sind die einzelnen Kristalle // c gestreift.

Physikalische Eigenschaften.

Spaltbarkeit	{110} deutlich entsprechend den schwächeren Bindungskräften zwischen den // c kettenförmig aneinandergereihten (Al,Si)O$_4$-Tetraedern; Bruch muschelig
Härte	5–5½
Dichte	2,2–2,6
Farbe, Glanz	meist farblos, weiß, seltener zart gefärbt; Glas bis Seidenglanz; durchsichtig bis durchscheinend

Struktur. Kantenverknüpfte [SiO$_4$]- und [AlO$_4$]-Tetraeder bilden Ketten // der c-Achse (Abb. 11.61a,b); diese werden durch weitere [SiO$_4$]-Tetraeder zu einem dreidimensionalen Gerüst von Vierer- und Achterringen verbunden. Dadurch entstehen große Kanäle, in denen Na$^+$-Ionen und H$_2$O-Moleküle sitzen.

Mesolith, $Na_2Ca_2[Al_6Si_9O_{30}] \cdot 8H_2O$

Dieser häufige Faserzeolith (Abb. 11.63) hat die gleiche Kristallklasse mm2 sowie ähnliche Ausbildung, physikalische Eigenschaften und Struktur wie Natrolith.

Thomsonit, $NaCa_2[Al_5Si_5O_{20}] \cdot 6H_2O$

Ausbildung. Kristallklasse 2/m2/m2/m; Kristalle relativ selten, meist fächerförmige oder kugelige Aggregate.

Physikalische Eigenschaften.

Spaltbarkeit	{010} vollkommen, {100} deutlich; Bruch uneben, spröde
Härte	5–5½
Dichte	2,3–2,4
Farbe, Glanz	weiß, auch gräulich, gelblich, rötlich; Glasglanz, auf Spaltflächen Perlmuttglanz; durchscheinend bis trübe

Analcim, $Na[AlSi_2O_6] \cdot H_2O$

Ausbildung. Kristallklasse 4/m$\bar{3}$2/m, oft modellhaft gut ausgebildete Ikositetraeder {211} wie bei Leucit, auch in körnigen Aggregaten. Manche Analcime weichen schwach von der kubischen Symmetrie ab und sind dann tetragonal (4/m2/m) oder rhombisch (2/m2/m/m).

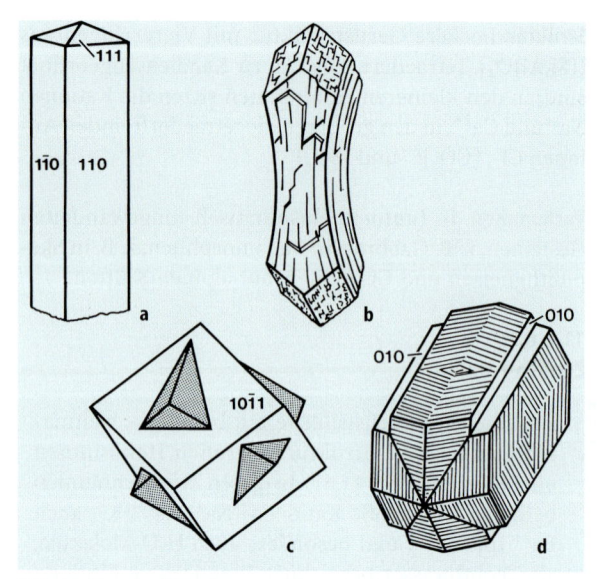

Abb. 11.62. Kristalltrachten, Zwillinge und Viellinge bei Zeolithen. **a** Einkristall von Natrolith; **b** Bündel von Durchkreuzungszwillingen von Stilbit (Desmin); **c** Chabasit, Durchkreuzungszwilling nach (0001); **d** Phillipsit, zwei Zwillinge durchkreuzen sich unter Erlangen einer pseudotetragonalen Symmetrie

Abb. 11.63. Mesolith auf Apophyllit, Nasik, Indien. Bildbreite 7 cm. Mineralogisches Museum der Universität Würzburg. (Foto: K.-P. Kelber)

Physikalische Eigenschaften.

Spaltbarkeit	fehlt
Bruch	uneben, muschelig
Härte	5–5½
Dichte	2,3
Farbe	farblos, mitunter graue, rötliche oder grünliche Tönung
Glanz	Glasglanz

Struktur und Chemismus. Viererringe aus $[SiO_4]$- und $[AlO_4]$-Tetraedern bilden ein Leucit-ähnliches Gerüst mit 6-, 8- und 12-zähligen Ringen; parallel zu den 3-zähligen Achsen entstehen Kanäle, die sich nicht überschneiden; in diesen sitzen die H_2O-Moleküle und die Na^+-Ionen. Na^+ kann bis zu einem gewissen Grad durch K^+ oder Ca^{2+} ersetzt werden und zum Valenzausgleich Si^{4+} durch Al^{3+}.

Vorkommen. In Blasenräumen und Klüften von Basalten und anderen Vulkaniten. Besonders in vulkanischen Tuffen finden sich gelegentlich große durchsichtige Kristalle. Auf Erzgängen, z. B. St. Andreasberg (Harz). In vielen Basalten und Phonolithen zusammen mit Nephelin oder anderen Foiden. Der sog. *Sonnenbrand* der Basalte ist meist durch fein verteilten Analcim im Gestein bedingt. Sonnenbrenner-Basalte sind wegen ihrer Neigung zu grusigem Zerfall für technische Anwendungen ungeeignet. Analcim entsteht auch als authigene Neubildung in Sedimenten, in zersetzten Tuffen und bei der niedriggradigen Metamorphose.

Laumontit, $Ca[Al_2Si_4O_{12}] \cdot 4{,}5H_2O$

Ausbildung. Langsäulige, vertikal gestreifte Kristalle (Kristallklasse 2/m), in stängeligen oder erdigen Aggregaten.

Physikalische Eigenschaften.

Spaltbarkeit:	{010} und {100} vollkommen, spröde
Härte	3–3½
Dichte	2,3
Glanz	Glasglanz, auf Spaltflächen Perlmuttglanz; jedoch zersetzt sich Laumontit an der Luft unter H_2O-Verlust und wird bald matt, trübe und bröckelig

Struktur. 4-zählige Ringe aus $[SiO_4]$- und $[AlO_4]$-Tetraedern sind zu einem Gerüst verknüpft, in dem Sechser- und Zehnerringe sowie große Kanäle // der a-Achse auftreten; in diesen sitzen Ca^{2+} und H_2O.

Phillipsit, $\sim K_2(Na,Ca_{0{,}5})_4[Al_6Si_{10}O_{32}] \cdot 12H_2O$

Ausbildung. Kristallklasse 2/m; typisch sind Durchkreuzungs-Zwillinge, -Vierlinge (Abb. 11.62d) oder -Zwölflinge; letztere entstehen, wenn sich drei Vierlinge nahezu rechtwinklig durchkreuzen; bei Ausfüllung der einspringenden Winkel gleicht der sich ergebende pseudokubische Zwölfling äußerlich einem Rhombendodekaeder.

Physikalische Eigenschaften.

Spaltbarkeit	{010} und {001} eben wahrnehmbar; Bruch uneben, spröde
Härte	5
Dichte	2,2
Farbe, Glanz	farblos, gelblich-weiß; Glasglanz; durchscheinend, seltener durchsichtig

Chemismus. Die Formel nach Bish u. Ming (2001) ist stark vereinfacht wiedergegeben; es gibt Phillipsite mit K-, Na- und Ca-Vormacht; außerdem kann Ba enthalten sein.

Struktur. Schichten aus 4- und 8-zähligen Ringen von $[SiO_4]$- und $[AlO_4]$-Tetraedern sind durch 4-zählige Ringe verknüpft, so dass Kanäle // der a- und der b-Achse entstehen, die sich überschneiden.

Heulandit, $\sim(Na,K)Ca_4[Al_9Si_{27}O_{72}] \cdot 24H_2O$

Ausbildung. Kristallklasse 2/m, Kristalle dünn- oder dicktafelig nach {010} oder nach der a-Achse gestreckt, oft einzeln aufgewachsen, aber auch in blättrigen, schaligen oder spätigen Aggregaten, im Gestein eingewachsen.

Physikalische Eigenschaften.

Spaltbarkeit:	{010} sehr vollkommen, Bruch uneben, spröde
Härte	3½–4
Dichte	2,2
Farbe, Glanz	farblos, weiß, gelblich, rosa, durch eingelagerte Hämatit-Schüppchen auch ziegelrot; Perlmuttglanz auf Kristall- und Spaltflächen {010}, sonst Glasglanz; durchscheinend

Struktur und Chemismus. Baueinheiten, bestehend aus je zwei Vierer- und Fünferringen von $[SiO_4]$- und $[AlO_4]$-Tetraedern, sind zu Schichten // (001) verknüpft. Es entstehen offene Kanäle aus Zehner- und Achterringen, die sich überschneiden. Die Formel nach Bish u. Ming (2001) ist stark vereinfacht wiedergegeben; Ca^{2+} kann in erheblichem Umfang durch Sr^{2+}, Ba^{2+}, Mg^{2+} sowie durch die doppelte Anzahl von K^+ und Na^+ ersetzt werden.

Stilbit (Desmin), $\sim NaCa_4[Al_9Si_{27}O_{72}] \cdot 30H_2O$

Ausbildung. Kristallklasse 2/m, meist in charakteristischen garbenförmigen Büscheln (Abb. 11.62b, 11.64), die als Durchkreuzungs-Zwillinge monokliner Einzelkristalle zu deuten sind, nicht ganz so häufig in stängelig-strahligen Gruppierungen.

Abb. 11.64. Büschelige Kristallgruppen von Stilbit (weiß) und Apophyllit (hellgrün), Poona, Indien. Bildbreite 6 cm. Mineralogisches Museum der Universität Würzburg. (Foto: K.-P. Kelber)

Physikalische Eigenschaften.
Spaltbarkeit {010} vollkommen
Härte 3½–4
Dichte 2,1–2,2
Farbe, Glanz farblos oder zart gefärbt; auf Spaltflächen Perlmuttglanz; durchscheinend bis durchsichtig

Struktur und Chemismus. Die gleichen Baueinheiten wie beim Heulandit sind zu einem Gerüst verknüpft, die Kanäle aus Zehnerringen // der a- und Achterringen // der c-Achse enthalten. Die Formel ist vereinfacht (Bish und Ming 2001); Ca^{2+} kann durch 2 Na^+ und 2 K^+ ersetzt werden.

Chabasit, $(Ca_{0,5},Na,K)_4[Al_4Si_8O_{24}] \cdot 12H_2O$

Ausbildung. Würfelzeolith der Kristallklasse $\bar{3}2/m$, in würfelähnlichen Rhomboedern mit Polkantenwinkel von 85° 14'. Kristallformen $\{10\bar{1}1\}$ allein oder in Kombination mit kanten- und eckenabstumpfenden Flächen wie $\{01\bar{1}2\}$ oder $\{02\bar{2}1\}$. Häufig Durchkreuzungs-Zwillinge nach (0001) (Abb. 11.62c), wobei die Ecken des einen Individuums über die Flächen des anderen Individuums vorspringen.

Physikalische Eigenschaften.
Spaltbarkeit $\{10\bar{1}1\}$ bisweilen deutlich, sonst muscheliger Bruch
Härte 4½
Dichte 2,1
Farbe, Glanz farblos oder weiß, seltener zart gefärbt; Glasglanz, durchsichtig bis durchscheinend

Struktur. Typisches Element der Gerüststruktur ist der langgestreckte Chabasit-Käfig, bestehend aus 2 Sechser-, 6 Achter- und 12 + 6 Viererringen (Abb. 11.61c). Beim *Faujasit* $(Na,K,Ca_{0,5}Mg_{0,5})_{56}[Al_{56}Si_{136}O_{384}] \cdot 235H_2O$ (Kristallklasse $4/m\bar{3}2/m$) sind Sodalith-Käfige über Sechserringe zu einer kubischen Gerüststruktur verknüpft (Abb. 11.61d).

Weiterführende Literatur

Allgemein

Anthony JW, Bideaux RA, Bladh KW, Nichols MC (1995) Handbook of mineralogy, vol II: Silica, silicates, Part 1 and 2. Mineral Data Publ, Tucson, Arizona
Deer WA, Howie RA, Zussman J (2011) Introduction to the rock-forming minerals. 3rd edn. Geol Soc, London
Ferraris G, Merlino S (eds) (2005) Micro- and mesoporous mineral phases. Rev Mineral 36
Klein C, Hurlbut Jr CS (1985) Manual of mineralogy (after James D. Dana). 20th edn. Wiley, New York
Liebau F (1985) Structural chemistry of silicates, structure, bonding, and classification. Springer-Verlag, Berlin Heidelberg New York
Strunz H (1982) Mineralogische Tabellen, 8. Aufl. Akademische Verlagsgesellschaft Geest & Portig, Leipzig
Strunz H, Nickel EH (2001) Strunz Mineralogical Tables, 9th edn. Schweizerbart, Stuttgart

Insel-, Gruppen- und Ringsilikate

Armbruster T (Chairman), et al. (2006) Recommended nomenclature of epidote-group minerals. Eur J Mineral 18:551–567
Deer WA, Howie RA, Zussman J (1982) Rock-forming minerals, vol 1A, Orthosilicates. 2nd edn. Longman, London
Deer WA, Howie RA, Zussman J (1986) Rock-forming minerals, vol 1B, Disilicates and ring silicates. 2nd edn. Longman, Harlow, Essex, UK
Grew ES (ed) (2002) Beryllium – Mineralogy, petrology, geochemistry. Rev Mineral Geochem 50
Grew ES, Anovitz LM (eds) (1996) Boron – Mineralogy, petrology and geochemistry. Rev Mineral 33
Hanchar JM, Hoskin PWO (eds) (2003) Zircon. Rev Mineral Geochem 53
Harley SL, Kelly NM (2007) Zircon – Tiny but timely. Elements 3:13–18
Hawthorne FC, Henry DJ (1999) Classification of minerals from the tourmaline group. Eur J Mineral 11:201–215
Kane RE (2009) Seeking low-cost perfection: Synthetic gems. Elements 5:169–174
Kerrick DM (ed) (1990) The Al_2SiO_5 polymorphs. Rev Mineral 22
Liebscher A, Franz G (eds) (2004) Epidotes. Rev Mineral Geochem 56
Ribbe PH (ed) (1982) Ortho-silicates. Rev Mineral 5
Rossman GR (2009) The geochemistry of gems and its relevance to gemology: Different traces, different prices. Elements 5:159–162

Kettensilikate

Deer WA, Howie RA, Zussman J (1978) Rock-forming minerals, vol 2A, Single-chain silicates. 2nd edn. Longman, London
Deer WA, Howie RA, Zussman J (1997) Rock-forming minerals, vol 2B, Double-chain silicates. 2nd edn. Geol Soc, London
Hawthorne FC, Oberti R, Della Ventura G, Mottana A (eds) (2007) Amphiboles: Crystal chemistry, occurrrence, and health issues. Rev Mineral Geochem 67
Prewitt CT (ed) (1980) Pyroxenes. Rev Mineral 7
Tsujimori T, Harlow GE (2012) Petrogenetic relationships between jadeitite and associated high-pressure and low-temperature metamorphic rocks in worldwide jadeitite localities: A review. Eur J Mineral 24:371–390
Veblen DR (ed) (1981) Amphiboles and other hydrous pyriboles – Mineralogy. Rev Mineral 9A
Veblen DR, Ribbe PH (eds) (1982) Amphiboles: petrology and experimental phase relations. Rev Mineral 9B

Schichtsilikate

Bailey SW (ed) (1984) Micas. Rev Mineral 13
Bailey SW (ed) (1988) Hydrous phyllosilicates (exclusive of micas). Rev Mineral 19
Christidis GE, Huff WD (2009) Geological aspects and genesis of bentonites. Elements 5:93–98
Deer WA, Howie RA, Zussman J (2009) Rock-forming minerals, vol 3B, Layered silicates excluding micas and clay minerals. 2nd edn. Geol Soc, London
Eisenhour DD, Brown RK (2009) Bentonite and its aspect on modern life. Elements 5:83–88
Fleet ME, Howie RAJ (2004) Rock-forming minerals, vol 3A, Micas. 2nd edn. Geol Soc, London
Güven N (2009) Bentonites – clays for molecular engineering. Elements 5:89–92
Heim D (1990) Tone und Tonminerale. Enke, Stuttgart
Jasmund K, Lagaly G (Hrsg) (1993) Tonminerale und Tone. Steinkopff, Darmstadt
Mottana A, Sassi FP, Thompson Jr JB, Guggenheim S (eds) (2002) Micas: Crystal chemistry and metamorphic petrology. Rev Mineral Geochem 46
Rieder M (Chairman) et al. (1999) Nomenclature of the micas. Mineral Mag 63:267–279
Velde B (1992) Introduction to clay minerals. Chapman & Hall, London
Williams LW, Haydel SE, Ferrell Jr RE (2009) Bentonite, bandaids and borborygmi. Elements 5:99–104

Gerüstsilikate

Bambauer HU (1967) Feldspat-Familie. In: Tröger WE (Hrsg) Optische Bestimmungen der gesteinsbildenden Minerale, Teil 2, Textband. Schweizerbart, Stuttgart
Bambauer HU (1988) Feldspäte – Ein Abriß. Neues Jahrb Mineral Abh 158:117–138
Bish DL, Ming DW (eds) (2001) Natural zeolites: Occurrence, properties, applications. Rev Mineral Geochem 45
Coombs DS (Chairman) et al. (1998) Recommended nomenclature for zeolite minerals: Report of the subcommittee on zeolites of the International Mineralogical Association, Comission on New Minerals and Mineral Names. Eur J Mineral 10:1037–1081
Deer WA, Howie RA, Zussman J (1963) Rock forming minerals, vol 4, Framework silicates. Longmans, London
Deer WA, Howie RA, Zussman J (2001) Rock forming minerals, vol. 4A, Framework silicates: Feldspars. 2nd edn. Geol Soc, London
Deer WA, Howie RA, Wise WS, Zussman J (2004) Rock-forming minerals, vol 4B, Framework silicates: Silica minerals, feldspathoids and the zeolites. 2nd edn. Geol Soc, London
Flörke OW, Graetsch H, Martin B, Röller K, Wirth R (1991) Nomenclature of micro- and non-crystalline silica minerals based on structure and microstructure. Neues Jb Miner Abh 163:19–42
Gottardi G, Galli E (1985) Natural zeolites. Springer-Verlag, Berlin Heidelberg New York Tokyo
Götze J, Möckel R (eds) (2012) Quartz: Deposits, mineralogy and analytics. Springer-Verlag, Berlin Heidelberg New York
Graetsch H (1994) Structural characteristics of opaline and microcrystalline silica minerals. Rev Mineral 29:209–232
Heaney PJ, Prewitt CT, Gibbs GV (eds) (1994) Silica – physical behavior, geochemistry and materials applications. Rev Mineral 29
Hemley RJ, Prewitt CT, Kingma KJ (1994) High-pressure behaviour of silica. Rev Mineral 29:41–81
Jung L (1992) High purity natural quartz. Quartz Technology, Inc., Liberty Corner, New Jersey
Mumpton FA (ed) (1977) Mineralogy and geology of natural zeolites. Rev Mineral 4
Ribbe PH (ed) (1983) Feldspar mineralogy. Rev Mineral 2, 2nd edn
Rossman GR (1994) Colored varieties of the silica minerals. Rev Mineral 29:433–467
Rykart R (1989) Quarz-Monographie. Ott, Thun, Schweiz
Smith JV (1974) Feldspar minerals, vol 1 and 2. Springer-Verlag, Berlin Heidelberg
Smith JV, Brown WL (1988) Feldspar minerals, vol 1, 2nd edn. Springer-Verlag, Berlin Heidelberg
Walger E, Matthes G, von Seckendorff V, Liebau F (2009) The formation of agate structures: Models for silica transport, agate layer accretion, and for flow patterns and flow regimes in infiltration channels. Neues Jahrb Mineral Abhand 186:113–152

Zitierte Literatur

Ackermann L (2008) Die Entwicklung der Kristallzüchtung – vom Verneuil-Verfahren bis zu den heutigen High-Tech-Methoden. Unpubl. Vortrag Gemmologisches Symposium zum 80. Geburtstag von Hermann Bank, Idar-Oberstein, 24./25.05. 2008
Armbruster T, Gunter ME (2001) Crystal structures of natural zeolites. In: Bish DI, Ming DW (eds) Natural zeolites: Occurence, properties, applications. Rev Mineral Geochem 45:1–67
Bachheimer JP (1980) An anomaly in the β-phase near the $\alpha \rightleftharpoons \beta$ transition of quartz. J Phys Lett 41:L559–L561
Bambauer HU (1961) Spurenelementgehalte und γ-Farbzentren in Quarzen aus Zerrklüften der Schweizer Alpen. Schweiz Mineral Petrogr Mitt 41:335–369
Bambauer HU, Laves F (1960) Zum Adularproblem. Schweiz Min Petr Mitt 40:177–205
Bambauer HU, Lehmann G (1969) Farbe und Farbveränderungen von Quarzen. Z Dt Gemmol Ges, Sonderheft 3:41–49
Bambauer HU, Brunner GO, Laves F (1961) Beobachtungen über Lamellenbau an Bergkristallen. Z Krist 116:173–181
Bambauer HU, Brunner GO, Laves F (1962) Wassersoff-Gehalte in Quarzen aus Zerrklüften der Schweizer Alpen und die Deutung ihrer regionalen Abhängigkeit. Schweiz Mineral Petrogr Mitt 42:121–236
Bambauer HU, Krause C, Kroll H (1989) TEM-investigation of the sanidine/microcline transition across metamorphic zones: The K-feldspar varieties. Eur J Mineral 1:47–58, Erratum 1:605
Bambauer HU, Bernotat W, Breit U, Kroll H (2005) Perthitic alkali feldspar as indicator mineral in the Central Swiss Alps. Dip and extension of the surface of the microcline/sanidine transition isograd. Eur J Mineral 17:69–80, Erratum 17:944

Bank H, Henn U, Bank FH, von Platen H, Hofmeister W (1990) Leuchtendblaue Cu-führende Turmaline aus Paraíba, Brasilien. Z Deutsche Gemmol Ges 39:3–11

Bayliss P (1975) Nomenclature of trioctahedral chlorites. Canad Mineral 13:178–180

Bolton HC, Bursill LA, McLaren AC, Turner RG (1966) On the origin of the colour of labradorite. Phys Stat Sol 18:221–230

Bragg WL, West J (1926) The structure of beryl, $Be_3Al_2Si_6O_{18}$. Proc Roy Soc London, A, 111:691–714

Carpenter MA (1994) Subsolidus phase relations of the plagioclase feldspar solid solution. In: Parsons I (ed) Feldspars and their reactions. Kluwer, Dordrecht Boston London, p 221–269

Chopin C (1984) Coesite and pure pyrope in high-grade blueschists of the western Alps: A first record and some consequences. Contrib Mineral Petrol 86:107–118

Clarke DB, Dorais M, Barbarin B, et al. (2005) Occurrence and origin of andalusite in peraluminous felsic igneous rocks. J Petrol 46:441–472

El Goresy A, Dera P, Sharp TG, et al. (2008) Seifertite, a dense orthorhombic polymorph of silica from the Martian meteorites Shergotty and Zagami. Eur J Mineral 20:523–528

Ertl A, Giester G, Schüssler U, Brätz H, Okrusch M, Tillmanns E, Bank H (2013) Cu- and Mn-bearing tourmalines from Brazil and Mozambique: Crystal structures, chemistry and correlations. Mineral Petrol 107:265–279

Evans RC (1976) Einführung in die Kristallchemie. de Gruyter, Berlin New York

Flörke OW, Flörke U, Giese U (1984) Moganite – A new microcrystalline silica-mineral. Neues Jahrb Mineral Abhandl 149:325–336

Flörke OW, Graetsch H, Miehe G (1985) Die nicht- und mikrokristallinen SiO_2-Minerale – Struktur, Gefüge und Eigenschaften. Mitt Österr Mineral Ges 130:103–108

Guzzo PL, Iwasaki F, Iwasaki H (1997) Al-related centers in relation to γ-irradation – Response in natural quartz. Phys Chem Minerals 24:254–263

Henn U (2008) Einschlüsse als Farbursache in Quarz. Unpubl. Vortrag Gemmologisches Symposium zum 80. Geburtstag von Hermann Bank, Idar-Oberstein, 24./25.05. 2008

Hume LA, Rimstidt JD (1992) The biodurability of chrysotile asbestos in human lungs. Amer Mineral 77:1125–1128

King BC, Blackburn WH, Dennen WH (1987) Inferences drawn from clear and smoky quartz in granitic rocks. Neues Jahrb Mineral Abhandl 156:325–341

Kroll H (1973) Estimation of the Al,Si distribution of feldspars from lattice translations Tr110 and Tr1̄10I. Alkali feldspars. Contrib Mineral Petrol 39:141–156

Kroll H, Bambauer HU (1981) Diffusive and displacive transformation in plagioclase and ternary feldspar series. Amer Mineral 66:763–769

Kroll H, Bambauer HU, Schirmer U (1980) The high albite–monalbite and analbite–monalbite transitions. Amer Mineral 65:1192–1211

Kroll H, Krause C, Voll G (1991) Disordering, re-ordering and unmixing in alkalifeldspars from contact-metamorphosed quartzites. In: Voll G, Töpel J, Pattison DRM, Seifert F (eds) Equilibrium and kinetics in contact-metamorphism: The Ballachulish igneous complex and its aureole. Springer-Verlag, Heidelberg, p 267–296

Landmesser M (1994) Zur Entstehung von Kieselhölzern. extraLapis 7, Versteinertes Holz, p 49–79, München

Laves F (1960) Al/Si-Verteilungen, Phasen-Transformationen und Namen der Alkalifeldspäte. Z Krist 113:265–296

Leake BE (Chairman) et al. (1997) Nomenclature of amphiboles. Report of the Subcommittee on Amphiboles of the International Mineralogical Association, Commission on New Minerals and Mineral Names. Eur J Mineral 9:623–651

Lehmann G, Bambauer HU (1973) Quarzkristalle und ihre Farben. Angew Chem 85:281–289

Lehmann G, Moore WJ (1966) Color center in amethyst quartz. Science 152:1061–1062

Liebau F (1959) Über die Kristallstruktur des Pyroxmangits $(Mn,Fe,Ca,Mg)SiO_3$. Acta Cryst 12:177–181

Meagher EP (1980) Silicate garnets. In: Ribbe PH (ed) Orthosilicates. Rev Mineral Geochem 45:25–66

Miehe G, Graetsch H (1992) Crystal structure of moganite: A new structure type for silica. Eur J Mineral 4:693–706

Morimoto N (Chairman) et al. (1988) Nomencature of pyroxenes. Subcommittee on Pyroxenes, Commission on New Minerals and Mineral Names, Int. Mineral. Assoc. Am Mineral 73:1123–1133

Moxon T, Rios S (2004) Moganite and water content as a function of age in agate: An XRD and thermogravimetric study. Eur J Mineral 16:269–278

Nasdala L, Hanchar JM, Whitehouse MJ, Kronz A (2005) Long-term stability of alpha particle damage in natural zircon. Chem Geol 220:83–103

Ramdohr P, Strunz H (1978) Klockmanns Lehrbuch der Mineralogie, 16 Aufl. Enke, Stuttgart

Raz U, Girsperger S, Thompson AB (2003) Direct observations of a double phase transition during the low to high transformation in quartz single crystals to 700 °C and 0.6 GPa. Schweiz Mineral Petrogr Mitt 83:173–182

Ribbe PH (1983a) The chemistry, structure and nomenclature of feldspars. In: Ribbe PH (ed) Feldspar mineralogy. Rev Mineral 2:1–20

Ribbe PH (1983b) Exsolution textures in ternary and plagioclase feldspars; interference colors. In: Ribbe PH (ed) Feldspar mineralogy. Rev Mineral 2(2nd ed), pp 241–270

Ribbe PH, Gibbs GV (1971) The crystal structure of topaz and its relation to physical properties. Amer Mineral 56:24–30

Rickwood, PC (1981) The largest crystals. Amer Mineral 66:885–907

Schreyer W (1976) Hochdruckforschung in der modernen Gesteinskunde. Rhein Westf Akad, Westdeutscher Verlag, Opladen, Vorträge N259

Schulz-Güttler R, Henn U, Milisenda CC (2008) Grüne Quarze – Farbursachen und Behandlung. Z Dt Gemmol Ges 57:63–74

Searle AB, Grimshaw RW (1959) The chemistry and physics of clays, 3rd edn. Ernest Benn, London

Seel F, Schäfer G, Güttler H-J, Simon G (1974) Das Geheimnis des Lapis lazuli. Chemie in unserer Zeit 8:65–71

Sueno S, Cameron M, Papike JJ, Prewitt CT (1973) The high temperature crystal chemistry of tremolite. Amer Mineral 58:649–664

Swamy V, Saxena SK, Sundmann B, Zhang J (1994) A thermo-dynamic assessment of silica phase diagram. J Geophys Res 99:11787–11794

Watson EB (2007) Zircon in technology and everyday life. Elements 3:52

Werner AJ, Hochella MF, Guthry Jr GD, et al. (1995) Asbestiform riebeckite (crocidolite) dissolution in the presence of Fe chelators: Implications for mineral-induced disease. Amer Mineral 80:1093–1103

Wicks FJ, O'Hanley DS (1988) Serpentine minerals: Structure and petrology. In Bailey SW (ed) Hydrous phyllosilicates (exclusive of micas). Rev Mineral 19:91–167

Yagi T, Akimoto S (1976) Direct determination of coesite-stishovite transition by *in situ* X-ray measurements. Tectonophysics 35:259–270

Zoltai T, Stout JM (1984) Mineralogy – Concepts and principles. Burgess, Minneapolis, Minnesota

Flüssigkeits-Einschlüsse in Mineralen

Reiner Klemd

Während des Wachstums oder der Rekristallisation von Mineralen können neben kristallinen Körpern auch Flüssigkeiten eingeschlossen werden. Flüssigkeits-Einschlüsse (engl. fluid inclusions) werden oft übersehen, da sie mit einem Durchmesser von normalerweise <1 µm–0,1 mm sehr klein sind. In vielen Fällen sind sie <0,01 mm. Größere Einschlüsse bis zu mehreren Millimetern sind selten. Die ersten Arbeiten über Flüssigkeits-Einschlüsse erschienen bereits vor über 130 Jahren. Nach 1900 erlebte diese Forschungsrichtung einen schnellen Aufschwung. Ein ausführlicher Abriss wird in den Lehrbüchern von Roedder (1984), Shepherd et al. (1985), Leeder et al. (1987) und Goldstein u. Reynolds (1994) gegeben. Das Ziel der Untersuchung von Flüssigkeits-Einschlüssen ist die Ermittlung von physikalischen Daten wie Temperatur, Druck, Dichte und Zusammensetzung der Flüssigkeiten. Diese Daten ermöglichen Rückschlüsse auf die Bildungsbedingungen ihrer Wirtminerale.

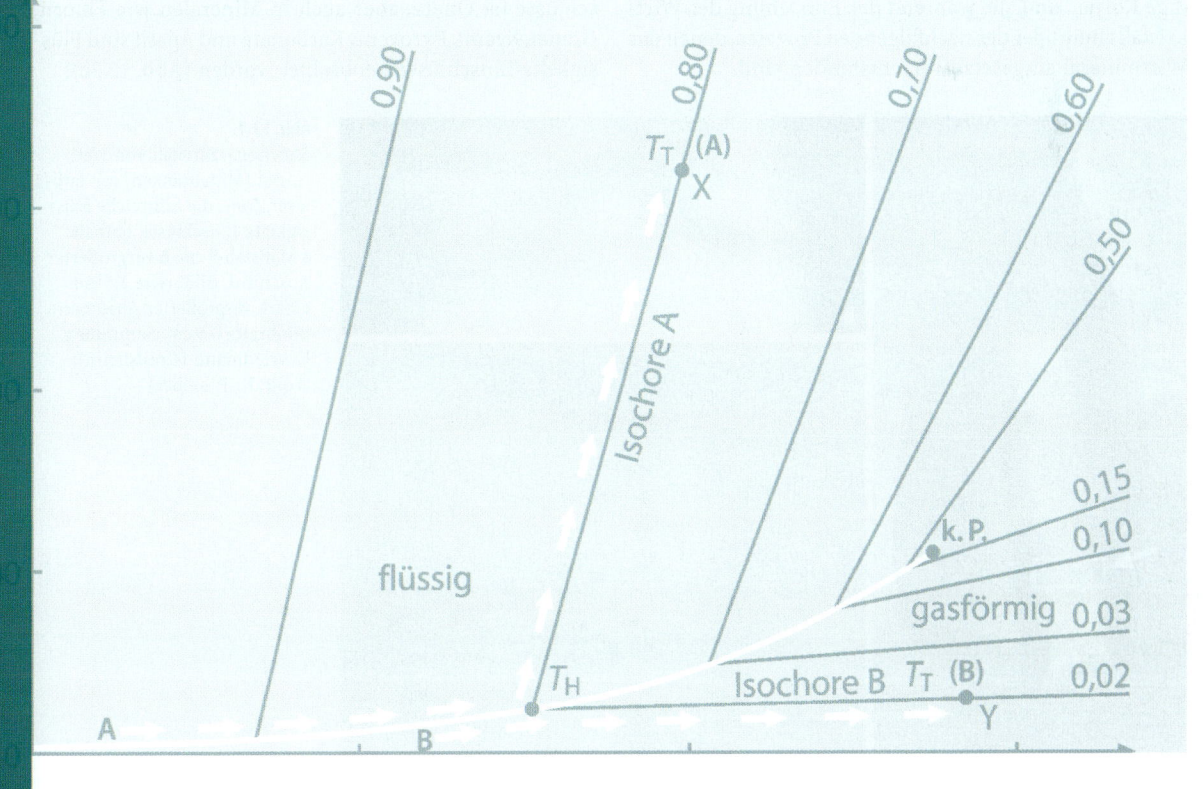

Eigenschaften

Das Einschlussvolumen beträgt normalerweise weniger als 1 % des Gesamtvolumens des Wirtkristalls, selten bis zu 5 %. Die *Form* der Flüssigkeits-Einschlüsse kann einer negativen Kristallform des kristallographischen Aufbaus des Wirtkristalls entsprechen; jedoch weitaus häufiger ist sie rund, oval oder unregelmäßig ausgebildet (Abb. 12.1, 12.2a). Die *Einschlussfüllung* besteht oft aus einer Flüssigkeit und einer Gasblase, die sich durch Volumenkontraktion der Flüssigkeit beim Abkühlen des Gesteins gebildet hat. Die Flüssigkeit ist normalerweise eine wässerige Lösung, in der Salze gelöst sind. In den meisten Fällen handelt es sich um Na-, K-, Ca-, Mg-, Fe-Chloride; von anderen Salzen wird seltener berichtet. Häufig beobachtet werden Einschlüsse von reinem CO_2 oder CO_2-H_2O, während reine CH_4-Einschlüsse seltener sind. CO_2 und CH_4 können sowohl als Gas als auch als Flüssigkeit eingeschlossen werden. Verhältnismäßig häufig werden sog. Tochterminerale in den Flüssigkeits-Einschlüssen beobachtet, die in den Einschlüssen während der Abkühlungsphase aus den übersättigten Lösungen auskristallisieren. Kristalle dagegen, die während der Bildung des Flüssigkeits-Einschlusses eingeschlossen wurden, bezeichnet man als *Festeinschlüsse* (solid inclusions) (Abb. 12.2b). In einigen sehr schnell erstarrten magmatischen Gesteinen wird von Silikatglas-Einschlüssen berichtet, die auch Schmelzeinschlüsse oder magmatische Einschlüsse genannt werden. Alle Arten dieser Flüssigkeits-Einschlüsse haben gemeinsam, dass sie abgeschlossene und stofflich selbständige Körper sind, die während der Entstehung des Wirtkristalls und/oder der nachfolgenden Prozesse, denen das Wirtmineral ausgesetzt war, entstanden sind.

Primäre und sekundäre Flüssigkeits-Einschlüsse

In den Mineralen gibt es *mehrere Generationen* von Flüssigkeits-Einschlüssen:

- *Primäre* Flüssigkeits-Einschlüsse entstehen während des Wachstums eines Minerals. Häufig befinden sie sich auf Wachstumszonen der Minerale (Abb. 12.3a,b).
- *Sekundäre* Einschlüsse bilden sich dagegen erst *nach* der Kristallisation des Wirtminerals. Sie sind an verheilte Risse oder Brüche im Mineral gebunden (Abb. 12.2a).
- Als *pseudosekundär* werden Flüssigkeits-Einschlüsse bezeichnet, die zwar während des Wachstums des Wirtkristalls gebildet wurden, aber häufig Eigenschaften der sekundären Einschlüsse aufweisen (Abb. 12.3a,b). Niemals kreuzen sie allerdings die Korngrenzen ihrer Wirtminerale im Gegensatz zu den sekundären Einschlüssen.

Primäre und pseudosekundäre Flüssigkeits-Einschlüsse repräsentieren die physikalisch-chemischen Bedingungen zur Zeit der Entstehung des Wirtminerals. Da sekundäre Einschlüsse erst nach der Kristallisation des Wirtminerals gefangen werden, spiegeln sie spätere Einflüsse auf das Mineral bzw. auf das Gestein wider. Um Aussagen über die Entwicklungsgeschichte eines Minerals treffen zu können, ist deshalb eine Unterscheidung der verschiedenen Einschlusstypen, die oft nebeneinander vorkommen, unerlässlich. Das häufigste Wirtmineral für Flüssigkeits-Einschlüsse ist Quarz, aber auch in Mineralen wie Fluorit, Granat, Kyanit, Pyroxene, Karbonate und Apatit sind Flüssigkeits-Einschlüsse beobachtet worden (Abb. 12.2c).

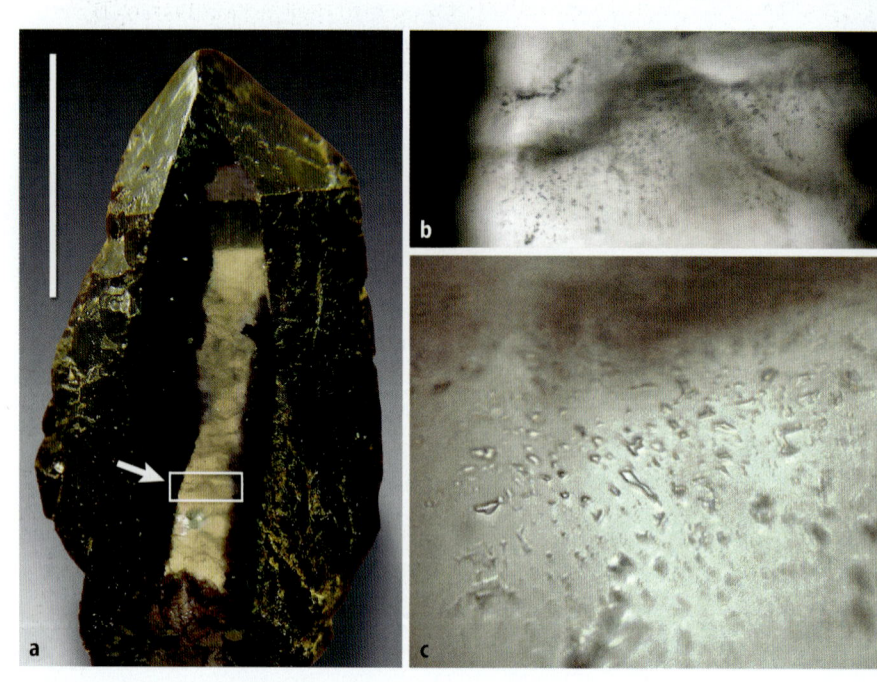

Abb. 12.1.
Rauchquarzkristall von Wettringen (Mittelfranken) mit farbloser Zone, die zahlreiche Flüssigkeits-Einschlüsse enthält.
a Maßstab 5 cm; **b** vergrößerter Ausschnitt, Bildbreite 1,5 cm; **c** stark vergrößerter Ausschnitt, Bildbreite 0.5 cm. Sammlung K. Wiedmann (Crailsheim). (Foto: K.-P. Kelber)

Abb. 12.2.
Einschlüsse in Mineralen.
a Mikrofoto von sekundären, oval und unregelmäßig begrenzten Ein- und Mehrphaseneinschlüssen in magmatischem Quarz von Varkenskraal (Südafrika). Vergrößerung 630fach.
b Ovaler Flüssigkeits-Einschluss mit Mineraleinschlüssen und Tochtermineralen in magmatischem Quarz von Varkenskraal, Muscovit *(m)* und Calcit *(c)*. Aufnahme mit dem Raster-Elektronenmikroskop (REM), Maßstab: 1 µm. (Aus Shepherd et al. 1985).
c Mikrofoto eines primären, wässerigen Zweiphasen-Einschlusses *(FI)* entlang der c-Achse von Omphacit *(Omp)* aus einem Eklogit aus dem Tianshan (NW-China). *Ttn:* Titanit, Länge 25 µm. (Foto: Jun Gao, Chinesische Akademie der Wissenschaften, Beijing)

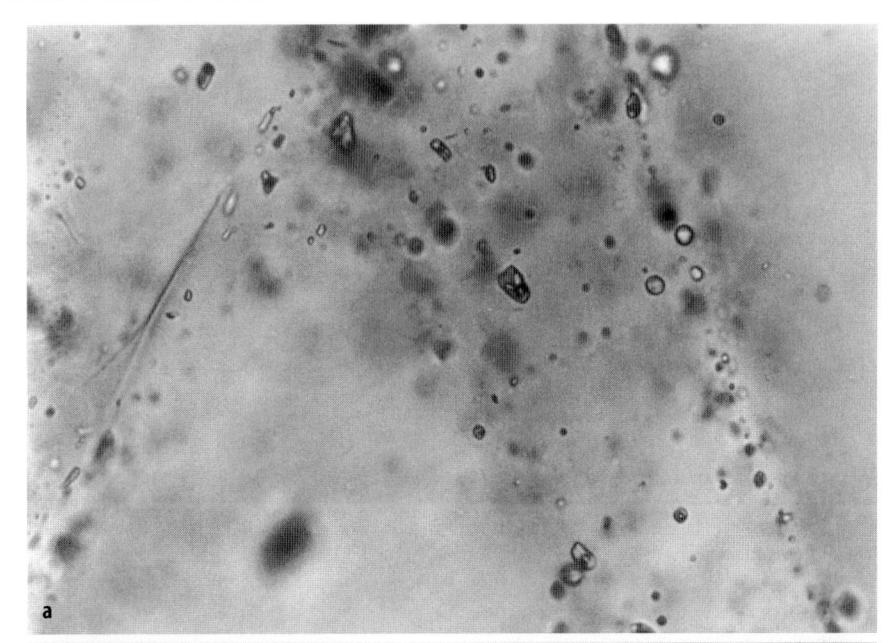

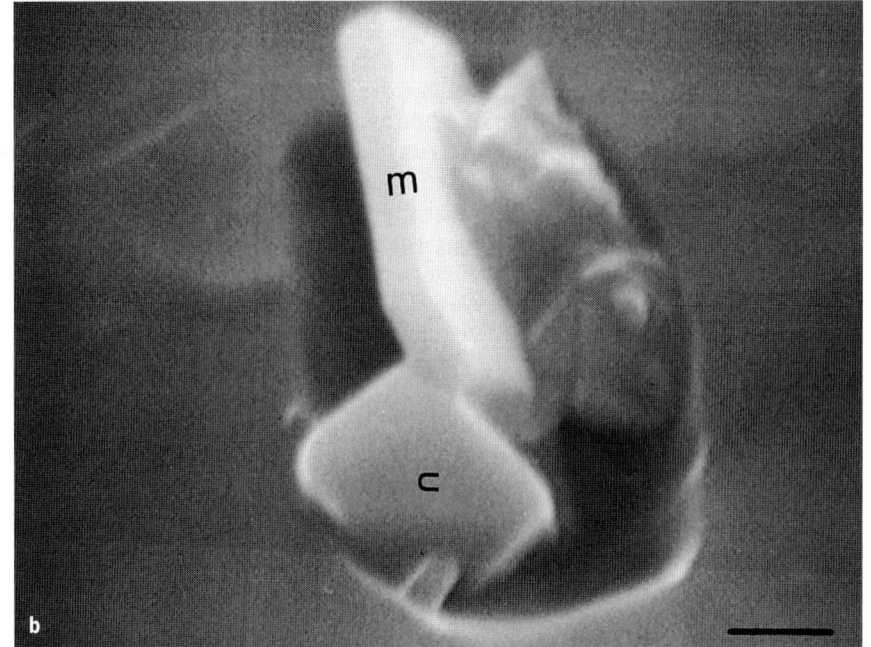

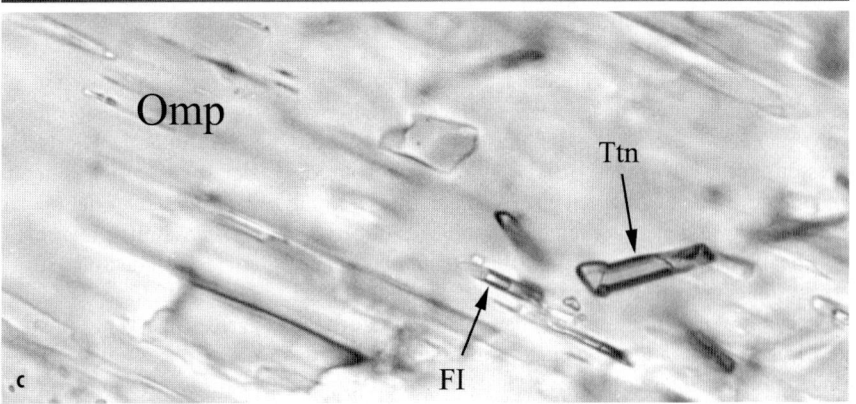

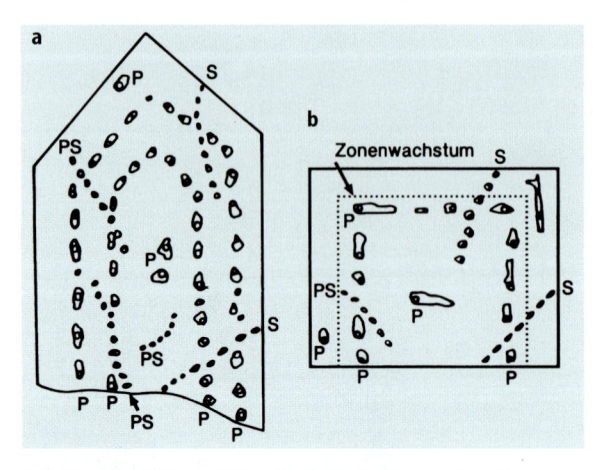

Abb. 12.3. Einschlüsse in Mineralen. Prinzipskizze zur Anordnung primärer *(P)*, sekundärer *(S)* und pseudosekundärer *(PS)* Flüssigkeits-Einschlüsse in Quarz und Fluorit. **a** Quarz, Schnitt parallel zur c-Achse; **b** Fluorit, Schnitt parallel zur Würfelfläche. (Aus Shepherd et al. 1985)

Mikrothermometrische Untersuchungen

Mikrothermometrische Untersuchungen von Flüssigkeits-Einschlüssen werden normalerweise mit kommerziellen Heiz-Kühltisch-Systemen durchgeführt, die einen Temperaturbereich von –196 bis +600 °C abdecken sollten. Durch die mikrothermometrische Untersuchung von Flüssigkeits-Einschlüssen werden physikalisch-chemische Daten (Druck-Temperatur-Zusammensetzung der Flüssigkeit, *P-T-X*) ermittelt, die die Bildungsbedingungen (primäre und pseudosekundäre Einschlüsse) und späteren geologischen Ereignisse (sekundäre Einschlüsse) von Mineralen und deren Wirtgesteinen charakterisieren. Voraussetzungen hierfür sind:

1. die stoffliche Homogenität der Flüssigkeit zum Zeitpunkt des Einschließens,
2. die Erhaltung des Einschlussinhalts während der weiteren geologischen Entwicklung,
3. ein konstantes Volumen der Flüssigkeits-Einschlüsse seit dem Zeitpunkt des Einschließens.

Sind diese Voraussetzungen nicht oder nur teilweise erfüllt, so muss dies in der Interpretation der *P-T-X*-Daten berücksichtigt werden, was nicht selten mit erheblichen Schwierigkeiten verbunden ist. Sind z. B. die Punkte 2 und 3 nicht oder nur teilweise erfüllt, so spricht man von einer Reäquilibrierung der Einschlüsse, was besonders durch die retrograde Überprägung von hochgradigen metamorphen Gesteinen wie Eklogiten und Granuliten beachtet werden muss. Solche Reäquilibrierungen treten vor allem in Quarz auf und sind häufig nur bei genauer struktureller und mikrothermometrischer Bearbeitung der Flüssigkeits-Einschlüsse erkennbar. Bei vielen anderen geologischen Vorgängen, wie bei der Bildung von hydrothermalen Erzlagerstätten oder Erdöllagerstätten, der

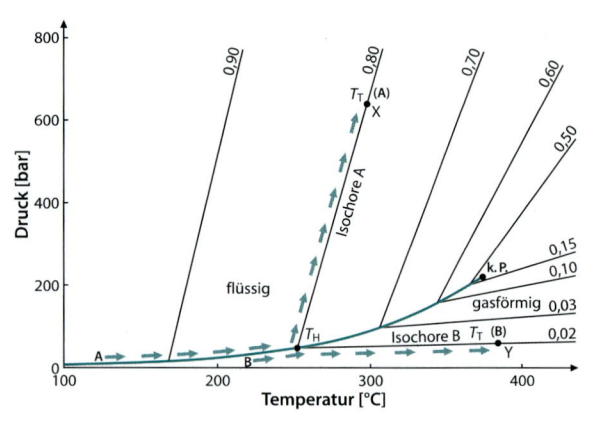

Abb. 12.4. *P-T*-Diagramm mit den Isochoren für reines H_2O. Weiterhin wird das Verhalten von zwei verschiedenen Einschlüssen A und B, die unterschiedliche Dichten besitzen, während des Aufheizungsvorgangs mit dem Heiz-Kühl-Tisch dargestellt (*Pfeile*). Obwohl die Einschlüsse dieselbe Homogenisierungstemperatur (T_H) besitzen, ergeben sich aus den unterschiedlichen Dichten unterschiedliche Einschließungstemperaturen (T_T) und die Homogenisierung findet entweder in die flüssige (A) oder in die gasförmige Phase (B) statt. Die Dichten entlang der Isobaren sind in g cm^{-3} angegeben; *k. P.* bezeichnet den kritischen Punkt auf der Dampfdruckkurve. (Mod. nach Shepherd et al. 1985)

Diagenese von Sedimenten sowie magmatischen und gering- bis mittelgradigen metamorphen Prozessen, sind diese Voraussetzungen jedoch erfüllt. In solchen Fällen kann man normalerweise bei der Untersuchung von Flüssigkeits-Einschlüssen voraussetzen, dass das unter Laborbedingungen beobachtete Volumen und damit die Dichte des Einschlusses den Bildungsbedingungen entspricht. Daher kann, bei bekannter Zusammensetzung des Einschlussinhalts (s. unten), eine *Isochore*, d. h. eine Linie konstanten Volumens in einem *P-T*-Diagramm konstruiert werden (Abb. 12.4). In einem geschlossenen System bleibt der Einschlussinhalt erhalten; deshalb bewahrt der Einschluss neben dem konstanten Volumen auch seine Dichte aus dem Bildungsbereich. Hieraus folgt, dass der Einschluss an einem bestimmten *P-T*-Punkt (T_T) der Isochore eingefangen worden sein muss. Die Dichte des Einschlussinhalts wird während eines experimentellen Heizvorgangs durch Homogenisierung der verschiedenen Phasen der Flüssigkeits-Einschlüsse bestimmt. So homogenisiert die Gasblase eines Zweiphaseneinschlusses, der aus einer Flüssigkeit und einer Gasblase besteht, bei der Homogenisierungstemperatur T_H (Abb. 12.4) entweder in die flüssige Phase (Einschluss A) oder in die Gasphase (Einschluss B). Hierbei wird die Gasblase während des Heizvorgangs entweder immer kleiner, bis sie schließlich verschwindet, oder sie wird immer größer, bis der Flüssigkeitssaum aufgezehrt ist. Bei T_H beginnt die Isochore auf der Siedekurve ihre Fortsetzung in das homogene Zustandsfeld, je nach Dichte entweder in das flüssige oder gasförmige Feld (Abb. 12.4). Kann nun *T* oder *P* durch eine unabhängige Temperatur- oder Druckabschätzung bestimmt werden, so wird der *P-T*-Bereich der Bildungsbedingungen des Flüssigkeits-Einschlusses anhand des Schnittpunkts mit der Isochore ermittelt. Wurde der Einschluss jedoch als Zweiphaseneinschluss entlang der Siedekurve eingeschlossen, so ist die Homogenisierungstemperatur gleich der Bildungstemperatur. Weiterhin können die Einschlussbedingungen ermittelt werden, wenn das Wirtmineral chemisch *unterschiedliche* Flüssigkeits-Einschlüsse enthält, die gleichzeitig eingefangen worden sind. Da die H_2O-Isochoren im Diagramm steiler als z. B. die CO_2-Isochoren verlaufen, müssen sie sich schneiden und geben somit die Einschließungsbedingungen der Flüssigkeits-Einschlüsse wieder.

Zusammensetzung

Die Zusammensetzung von Flüssigkeits-Einschlüssen wird häufig anhand von kryometrischen Messungen bestimmt. So hat reines H_2O einen Gefrierpunkt bei 0 °C, während in der Natur vorkommende H_2O-reiche Flüssigkeiten normalerweise gelöste Salze enthalten und daher niedrigere Gefrierpunkte besitzen. Die durch den Kühlvorgang ermittelten Gefrierpunktserniedrigungen erlauben die Bestimmung der mengenmäßig vorwiegenden, in der Flüssigkeit gelösten Salze und ihren Gehalt. Die so ermittelte Konzentration oder Salinität der Lösung wird in Gew.-% NaCl äquivalent angegeben. Die Konzentration und die Art der Zusammensetzung einer Lösung geben Informationen über die Genese der betreffenden Flüssigkeit. Weiterhin lassen sich unterschiedliche Flüssigkeiten leicht anhand ihrer unterschiedlichen Gefrierpunkte (z. B. CO_2 = –56,6 °C; CH_4 = –82,1 °C, N_2 = –209,6 °C) unterscheiden. Mit der kryometrischen Methode des Heiz-Kühl-Tisches können also die Hauptbestandteile einer Flüssigkeit an deren physikalisch-chemischen Eigenschaften bestimmt werden. Die Kryometrie umfasst alle Einschlussuntersuchungen unter dem Mikroskop, die mit Hilfe eines speziellen kryometrischen Tisches (Kühltisch, Gefriertisch, Kühlkammer u. ä.) ausgeführt werden. Für eine genauere Bestimmung des Einschlussgehalts sind aufwendigere Methoden wie Ultramikroanalyse, Lasermikroanalyse oder Raman-Spektroskopie notwendig (s. u.).

Quantitative *in-situ* Analytik

Die Einzelanalyse der Inhalte von Flüssigkeits-Einschlüssen ist wichtig, um die Zusammensetzung Prozess-relevanter fluider Phasen zu bestimmen. Die qualitative und besonders die quantitative Analyse der Zusammensetzung von einer Flüssigkeits-Einschluss-Generation kann wichtige Informationen über den Elementtransport z. B. von erzbildenden Fluiden oder Subduktions-Fluiden erbringen und damit Auskunft über die Entstehung von Lagerstätten oder magmatischen Insel- oder Kontinentbögen geben.

Viele Gase oder Flüssigkeiten wie H_2O, CO_2, CH_4, N_2 usw. können in Flüssigkeits-Einschlüssen mit der Raman-Spektroskopie qualitativ und in einigen Fällen deren Verhältnis zueinander auch quantitativ bestimmt werden. Diese nichtzerstörende Methodik beruht auf der inelastischen Streuung von monochromatischem Licht durch feste, flüssige und gasförmige Materie. Die gängigen, für Flüssigkeits-Einschluss-Untersuchungen verwendeten Geräte bestehen hauptsächlich aus einem Laser (der monochromatischen Lichtquelle) und einem Detektor, der das Spektrum, das neben der eingestrahlten Frequenz noch weitere Frequenzen hat, analysiert (für mehr analytische und methodische Details siehe Frezzotti et al. 2012).

Die Analyse der Gehalte an chemischen Elementen, die in den Fluiden der Flüssigkeits-Einschlüsse gelöst sind, ist jedoch nur durch die Entwicklung der Laserablations-induktiv gekoppelten Plasma-Massenspektrometrie (LA-ICP-MS) möglich (Abb. 12.5). Diese Mikroanalysen-Methodik erlaubt die quantitative *in-situ*-Einzelanalytik von mehr als 20 Elementen wie Li, Ca, Na, Mg, Fe, As, Rb, Sr, Ba, Mo, W, Cu, vor allem in wässerigen Flüssigkeits-Einschlüssen in Quarz. Die besten Resultate wurden bisher mit einem 193 nm Eximer-Laser-System erzielt, da Lasersysteme mit einer Wellenlänge >250 nm die Ablation von farblosen Mineralen wie Quarz nur unzureichend kontrollieren können. Als angekoppelte ICP-Massenspektrometer werden sowohl Quadrupol-Geräte als auch magnetische Sektorfeld-Geräte erfolgreich benutzt (für mehr analytische und methodische Details siehe Sylvester 2008).

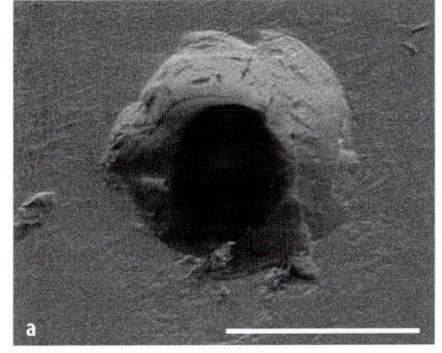

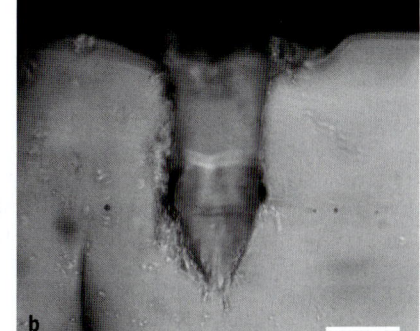

Abb. 12.5.
a Unregelmäßige Ablation (LUV266nm) eines Flüssigkeits-Einschlusses an einer Quarz-Oberfläche (30 µm). **b** Tiefenprofil nach der Ablation eines Flüssigkeits-Einschlusses in Quarz (30 µm). (Modifiziert nach Graupner et al. 2005)

Die auf diese Art gewonnenen Erkenntnisse, insbesondere über die genaue chemische Zusammensetzung der Flüssigkeits-Einschlüsse, sind nicht oder nur schwer durch andere Untersuchungsmethoden wie thermodynamische Modellierungen und die Analyse stabiler Isotope zu erhalten; denn ausschließlich Flüssigkeits-Einschluss-Untersuchungen vermitteln einen direkten Einblick in die genaue chemische Zusammensetzung von Mineralbildenden Lösungen.

So bestimmten Graupner et al. (2005) in einer Pilotstudie 15 Elemente (Li, Na, K, Mg, Fe, As, Rb, Sr, Sn, Ba, Mo, U, W, Mn und Pb) in Flüssigkeits-Einschlüssen hydrothermaler Gangquarze der ehemaligen Zinnerz-Lagerstätte Zinnwald (Cinovec) im Sächsischen Erzgebirge erfolgreich quantitativ mit der LA-ICPMS-Methodik (Abb. 12.5). Es konnte im Vergleich mit mirkothermometrisch untersuchten Flüssigkeits-Einschlüssen in den Gangquarzen gezeigt werden, dass hochtemperierte wässerige Fluide (Th: 400–370 °C) neben Fe und Na auch erhöhte Gehalte an Sn besitzen. Dies ist besonders für die Genese der Zinnmineralisation von Belang, da die untersuchten Quarzgänge mit den mineralisierten Zinngreisen dieser Lagerstätte assoziiert sind.

Weiterführende Literatur

Goldstein RH, Reynolds TJ (1994) Systematics of fluid inclusions in diagenetic minerals. Society for Sedimentary Geology, SEPM Short course 31. Tulsa

Klemd R (1989) Flüssigkeits-Einschlüsse (Hinweise auf die Bildungsbedingungen von Lagerstätten). Geowissenschaften 6: 182–186

Leeder O, Thomas R, Klemm W (1987) Einschlüsse in Mineralien. Enke, Stuttgart

Liebscher A, Heinrich CA (eds) (2007) Fluid-fluid interactions. Rev Mineral Geochem 65

Roedder E (1984) Fluid inclusions. Rev Mineral 12

Shepherd TJ, Rankin AH, Alderton DHM (1985) A practical guide to fluid inclusion studies. Blackie, Glasgow-London

Zitierte Literatur

Frezzotti ML, Tecce F, Casagli A (2012) Ramanspectroscopy for fluid inclusion analysis. J Geochem Explor 112:1–20

Graupner T, Brätz H, Klemd R (2005) LA-ICP-MS Microanalysis of fluid inclusions in quartz using a commercial Merchantek 266 nm Nd:YAG laser: A pilot study. Eur J Mineral 17:93–103

Sylvester P (ed) (2008) Laser-Ablation-ICPMS in the Earth: Current practices and outstanding issues. Short Course Volume 40, Mineralogical Association of Canada

Teil III

Petrologie und Lagerstättenkunde

Zur Systematik der Gesteine

Aufgrund ihrer Entstehung (Genese) lassen sich folgende drei umfangreiche Gesteinsgruppen unterscheiden, die durch unterschiedliche gesteinsbildende Prozesse entstehen (s. auch Kap. 3):

- magmatische Gesteine (Magmatite),
- Sedimente und Sedimentgesteine,
- metamorphe Gesteine (Metamorphite).

Wie ein Blick auf geologische Karten, z. B. auf die von Mitteleuropa, eindrucksvoll zeigt, besteht die oberflächennahe Erdkruste überwiegend aus Sedimentgesteinen und nicht verfestigten Sedimenten. Das gleiche gilt für die Ozeanböden, wie durch zahlreiche Bohrungen zur Gewinnung von Erdöl oder zu rein wissenschaftlichen Zwecken belegt wurde. Demgegenüber dominieren in tieferen Bereichen der Erdkruste magmatische und metamorphe Gesteine. Unter den Ozeanböden sind es fast ausschließlich Basalte und Gabbros, während in der kontinentalen Erdkruste Granite und Granodiorite sowie daraus gebildete Metamorphite vorherrschen. Kenntnisse über die Zusammensetzung der Erdkruste gewinnen wir aus Bergwerken, Tunneln und Tiefbohrungen. So erreichte die geowissenschaftliche Tiefbohrung auf der Kola-Halbinsel (Russland) eine Endteufe von 12 260 m, die kontinentale Tiefbohrung der Bundesrepublik Deutschland (KTB) bei Windischeschenbach in der Oberpfalz (Bayern) kam bei 9 101 m zum Stehen. Auf indirektem Wege vermitteln tektonisch gehobene und tiefgreifend abgetragene Krustenbereiche Aufschlüsse über den Aufbau der Erdkruste (s. Kap. 29, S. 515ff).

Die folgende Tabelle gibt eine Abschätzung der Häufigkeit von Gesteinen in der Erdkruste in Vol.-%:

Tabelle III.1. Häufigkeit von Gesteinen in der Erdkruste (nach Ronov u. Yaroshevsky 1969)

Gesteinsart		Häufigkeit in der Erdkruste [Vol.-%]
Magmatische Gesteine		64,7
davon		
Granite	10,4	
Granodiorite, Diorite	11,2	
Syenite	0,4	
Basalte, Gabbros	42,5	
Peridotite, Dunite	0,2	
Sedimentgesteine		7,9
Metamorphe Gesteine		27,4

Magmatische Gesteine (Magmatite)

13.1 Einteilung und Klassifikation der magmatischen Gesteine

13.2 Petrographie der Magmatite

Magmatische Gesteine (Magmatite, Eruptivgesteine, engl. igneous rocks) sind (im Wesentlichen) Kristallisationsprodukte aus einer natürlichen glutheißen silikatischen Schmelze, dem *Magma*. Gelegentlich kommen auch *karbonatische*, *oxidische* oder *sulfidische* Magmen in der Natur vor.

An aktiven Vulkanen kann man die Förderung magmatischer Schmelzen in eindrucksvoller Weise direkt beobachten. Bei der *effusiven* Förderung fließen relativ dünnflüssige *Laven* an der Erdoberfläche oder auf dem Meeresboden aus; bei der *extrusiven* Förderung werden sie als zäher Brei heraus gedrückt. In beiden Fällen werden vulkanische Gase, insbesondere H_2O, CO_2 und Schwefeldämpfe freigesetzt. Diese heftigen Entgasungen belegen, dass in den Magmen des Erdinnern leichtflüchtige Komponenten gelöst sind. Effusiv und extrusiv geförderte Laven erstarren rasch zu feinkörnigen vulkanischen Gesteinen, z. T. sogar zu vulkanischen Gläsern wie Obsidian oder Pechstein. Erreichen die leichtflüchtigen Komponenten einen gewissen Mengenanteil, so kommt es zur Blasenbildung und Fragmentierung des Magmas. Die Folge ist der *explosive* Vulkanismus, bei dem flüssige Lavateile in die Atmosphäre ausgeworfen werden und ganz oder teilweise im Flug erstarren. Es werden vulkanische Fragmente – neben erstarrter Lava auch Gesteinsbruchstücke und Einzelminerale – unterschiedlicher Größenordnung sedimentiert, die von vulkanischen Schlacken bis zu vulkanischen Aschen reichen. Häufig kommt es zur Bildung mächtiger Schichten von *vulkanischer Asche*, die diagenetisch zu *vulkanischem Tuff* verfestigt wird. Ablagerungen von vulkanischen *Glutwolken* und *Glutlawinen* bezeichnet man als *Schmelztuffe* oder *Ignimbrite*. Alle diese, explosiv geförderten und aus vulkanischem Lockermaterial bestehenden Ablagerungen werden unter dem Begriff *pyroklastische Gesteine* (Pyroklastite) zusammengefasst; unverfestigte Pyroklastite jeder Art und Korngröße bezeichnet man als *Tephra*. *Stratovulkane* (Schichtvulkane) sind durch eine vielfältige Wechsellagerung von Laven und Tuffen gekennzeichnet; sie enthalten außerdem *Gänge* (engl. dikes), die diese Schichtenfolge diskordant durchsetzen oder als Lagergänge (engl. sills) nahezu konkordant zwischen den Schichten liegen. Diese Beobachtung zeigt, dass magmatische Schmelzen in das Vulkangebäude *intrudiert* sind.

Erreichen Magmen nicht die Erdoberfläche oder den Meeresboden, sondern bleiben in größerer Erdtiefe stecken, so wird ihre Entgasung durch die Gesteinsbedeckung verhindert. Der oft recht heterogene silikatische Schmelzbrei, das Magma, in dem neben viel gelöstem Gas auch bereits Kristalle oder Kristallaggregate abgeschieden sind, kristallisiert in der Tiefe unter Bildung mittel- bis grobkörniger *Plutonite* (Tiefengesteine), z. B. als Granit. An der Existenz der flüssigen Lava, dem Ausgangsprodukt vulkanischer Gesteine, besteht kein Zweifel. Auch sind alle Laven nachweislich aus der Tiefe gefördert worden. Demgegenüber kann die Existenz von Magmen in der Tiefe nur indirekt aus ihren Kristallisationsprodukten, den Plutoniten, erschlossen werden, die heute durch Abtragung an der Erdoberfläche freigelegt sind: Noch niemand hat je das Magma der Tiefe gesehen; auch konnten bislang weder direkte noch indirekte Messungen mit Hilfe von Instrumenten vorgenommen werden, die seine Substanz oder das Ausmaß seiner Existenz betreffen.

Trotzdem wird die Existenz von magmatischen Schmelzen im Erdinnern durch zahlreiche Beobachtungen gestützt. So sichern lokale Zusammenhänge mit aktiven Vulkanen das Vorhandensein von basaltischen *Magma-Kammern* in nicht allzu großer Tiefe innerhalb der Erdkruste, so z. B. unter der Insel Hawaii oder der Insel Vulcano. Plutone weisen häufig diskordante Kontakte mit ihrem Nebengestein auf und enthalten *Xenolithe* (Nebengesteins-Schollen). Durch den thermischen Einfluss des kristallisierenden Magmas wird das Nebengestein kontaktmetamorph verändert: es entstehen *Kontakthöfe*. Durch Experimente an natürlichen Gesteinen oder in stark vereinfachten Modellsystemen bei hohen Temperaturen und Drücken kann das Aufschmelzverhalten von Gesteinen und die Kristallisation von magmatischen Schmelzen modelliert werden.

13.1 Einteilung und Klassifikation der magmatischen Gesteine

13.1.1 Zuordnung nach der geologischen Stellung und dem Gefüge

Wie oben dargelegt, kann eine Grobeinteilung der magmatischen Gesteine zunächst einmal nach ihrer geologischen Stellung vorgenommen werden. Rückschlüsse auf ihren Bildungsort (Kristallisationsort) lassen sich bereits aus den Verbandsverhältnissen ziehen. Hiernach unterscheidet man:

1. *Plutonite*,
2. *Vulkanite* und
3. *subvulkanische* (hypabyssische) Gesteine, insbesondere *Ganggesteine* (Plutonit-Porphyre, Dolerite, Granophyre, Aplite, Pegmatite, Lamprophyre).

Je nach ihrem Bildungsort weisen magmatische Gesteine charakteristische Gefügemerkmale auf, die zur Klassifikation verwendet werden können (vgl. Kap. 3, S. 55ff).

Vulkanite. Sie bilden sich im Zuge vulkanischer Ereignisse an der Erdoberfläche (subaerisch) oder am Meeresboden (submarin), gelegentlich auch unter Gletschern. *Effusiv* und *extrusiv* geförderte *vulkanische Laven* weisen häufig Fließgefüge auf (Abb. 3.1, S. 57); sie sind oft kompakt, in vielen Fällen aber auch blasig (Mandelstein, Abb. 3.2, 3.3, S. 57f), zellig, schwammig oder sogar schaumig (Bims). Ihre Struktur ist häufig porphyrisch mit *Einsprenglingen* in einer feinkristallinen bis dichten *Grundmasse* (*Matrix*), die granular oder filzig, z. T. auch kryptokristallin entwickelt sein kann (Abb. 13.7a,b, 13.9a, 13.11a,b, 13.12b). Häufig ist die Grundmasse sogar hypokristallin oder hyalin (glasig) entwickelt (Abb. 3.1, S. 57), wobei allerdings oft Mikrolithe oder winzige Kristallite als Entglasungsprodukte auftreten (Abb. 13.9b).

Beim *intersertalen Gefüge* ist die feinkristalline oder glasige Grundmasse nur in untergeordneter Menge vorhanden und füllt die Zwickel zwischen den kreuz und quer gewachsenen, leistenförmigen Feldspat-Einsprenglingen.

Bei den Einsprenglingen kann man drei verschiedene Arten unterscheiden:

- *Phänokristen* (grch. φαίνω = sichtbar machen) oder Einsprenglinge im engeren Sinne sind relativ früh aus der Schmelze auskristallisiert;
- *Antekristen* (lat. ante = vor) stammen entweder aus einem Vorläufermagma oder wurden durch Mischung mit einem anderen Magma in das vorliegende Magma eingetragen (Hildreth 2001);
- *Xenokristen* (grch. ξένος = fremd) sind Fremdminerale, die aus dem festen Nebengestein stammen.

Vulkanische Lockerprodukte (*Pyroklastika*) sind meist durch eine hohe Porosität gekennzeichnet. Aus der Luft abgelagerte *vulkanische Aschen*, sekundär verfestigt *zu vulkanischen Tuffen*, zeigen häufig Schichtung; demgegenüber weisen *Ignimbrite* (*Schmelztuffe*), die aus Glutwolken und Glutlawinen abgelagert wurden, meist keine Schichtung, dafür aber oft Fließgefüge auf. Sie werden schon bei oder kurz nach ihrer Förderung durch Verschweißen von Schmelzanteilen mehr oder weniger stark verfestigt.

Subvulkanische Gesteine (Ganggesteine). Sie sind als magmatische Gänge (Dikes) und Lagergänge (Sills), aber auch in Form von *Stöcken* in oberflächennahen (hypabyssischen bzw. subvulkanischen) Bereichen der Erdkruste intrudiert; sie können auch als Bestandteil von Vulkanbauten auftreten. Subvulkanische Gesteine sind stets kompakt und holokristallin; sie weisen häufig ein porphyrisches Gefüge auf, wobei die Grundmasse fein- bis mittelkörnig ausgebildet ist (*Plutonit-Porphyre*). Dunkle, meist porphyrische Ganggesteine heißen *Lamprophyre*, helle, feinkörnige Ganggesteine *Aplite* und helle, sehr grobkörnige Ganggesteine *Pegmatite*.

Plutonite. Sie entstehen durch Kristallisation von magmatischen Schmelzen in der Tiefe und bilden in der Erdkruste geologische Körper unterschiedlicher Form und Größe: *Plutone*. *Batholithe* sind plutonische Massen, deren Oberflächenanschnitt mehr als 100 km² beträgt; sie sind durch multiple Magmenintrusionen entstanden, setzen sich also aus mehreren Plutonen zusammen. Plutonite sind stets kompakt und holokristallin; sie zeigen bisweilen Fließgefüge. Typisch ist ein gleichkörniges, mittel- bis grobkörniges Gefüge mit hypidiomorpher Ausbildung der Gemengteile. Daneben treten auch porphyrische bzw. porphyrartige Varietäten auf, wobei allerdings die Großkristalle häufig Einschlüsse anderer Minerale enthalten, also relativ spät kristallisiert sind und demnach keine früh ausgeschiedenen Einsprenglinge darstellen.

Dreidimensionale Gefügeanalyse. In neuerer Zeit gewinnt die 3D-Analyse von Gesteinsgefügen zunehmend an Bedeutung, wofür grundsätzlich zwei Gruppen von Methoden zur Anwendung kommen (Jerram und Higgins 2007):

- Zweidimensionale Gefügeanalyse von parallelen Gesteinsschnitten. Hierfür wird ein Gesteinsblock entweder schrittweise abgeschliffen oder – besser – durch parallele Schnitte in Scheiben zerlegt, aus denen sich dann Dünnschliffe herstellen lassen.
- Dreidimensionale Computer-Tomographie (CT), wie sie z. B. in der Medizin seit längerem Anwendung findet. Ein Gesteinsblock wird mit Röntgen-, Synchrotron-, Gamma- oder Elektronenstrahlen oder auch mit sichtbarem Licht durchstrahlt, wodurch man sequentielle 2D-Bilder erzeugt, die zu einem virtuellen 3D-Bild vereinigt werden.

13.1.2
Klassifikation nach dem Mineralbestand

> Eine detaillierte Einteilung (Klassifikation, Systematik) der magmatischen Gesteine (Magmatite) wird nach dem Mineralbestand, dem Chemismus oder nach beiden Kriterien vorgenommen. Wegen der Bedeutung der Feldspäte basiert jede mineralogische Systematik wesentlich auf der Art und der Menge des Feldspats. Dabei ergibt sich als Regel: Je größer der prozentuale Anteil von SiO_2 in einem magmatischen Gestein ist, um so größer ist der Anteil an Alkalifeldspat und um so größer der Albit-Gehalt im Plagioklas, dafür um so kleiner der Anteil an dunklen Gemengteilen (Mafiten).

Aufbauend auf Vorschlägen von Streckeisen (1967) wurde die mineralogische Klassifikation der magmatischen Gesteine (igneous rocks) durch die International Union of Geological Sciences (IUGS) verbindlich geregelt (z. B. Streckeisen 1974, 1980; Le Maitre 1989, 2004; Le Bas u. Streckeisen 1991; Woolley et al. 1996). Dabei hat man der Einteilung der magmatischen Gesteine nach ihrem Mineralbestand den Vorzug gegeben. Diese Empfehlungen betreffen Vulkanite, Plutonite und Lamprophyre (dunkle Ganggesteine) neben speziellen Randgruppen.

Soweit möglich, erfolgt die Klassifikation der Vulkanite und Plutonite auf der Basis des *modalen Mineralbestandes* (*Modus*, *Modalbestand*), d. h. dem prozentualen Anteil der in einem Gestein vorhandenen Minerale (in Vol.-%). Dieser wird durch ein Punktzählverfahren unter dem Mikroskop mittels einer Hilfsapparatur, dem Pointcounter, quantitativ bestimmt oder – einfacher – halbquantitativ abgeschätzt. Bei vulkanischen Gläsern oder bei Vulkaniten mit einem gewissen Glasanteil ist das natürlich nicht möglich; auch bei Vulkaniten mit mikro- bis kryptokristalliner Grundmasse lässt sich der Modalbestand nicht bestimmen, da viele Mineralkörner wegen ihrer Kleinheit nicht identifizierbar sind oder in verschiedenen Ebenen des 20–30 µm dicken Dünnschliffs liegen. Umgekehrt bieten auch sehr grobkörnige Plutonite Schwierigkeiten bei der Bestimmung ihres Modalbestands. So kann man leicht abschätzen, dass in einem Dünnschliff von 20 × 30 mm Fläche bei einem Gestein mit mittlerem Korndurchmesser von 5 mm nur etwa 20–25 Körner auftreten. Das ist für eine hinreichende statistische Genauigkeit zu wenig, so dass für eine Gesteinsprobe mehrere Dünnschliffe ausgezählt werden müssen. In all diesen Fällen wird man die chemische Zusammensetzung heranziehen und aus ihr einen künstlichen Mineralbestand, die *Norm*, errechnen (s. unten).

Grundlage der Klassifikation der Magmatite sind 5 Mineralgruppen, zu denen die wichtigsten gesteinsbildenden Minerale der Magmatite gehören:

- **Felsische (helle) Minerale**
  Q Quarz (und andere SiO_2Minerale)
  A Alkalifeldspäte (Sanidin, Orthoklas, Mikroklin, Perthite, Anorthoklas, Albit bis zu einem An-Gehalt von 5 Mol.-%)
  P Plagioklas (An_{5-100})
  F Feldspatoide (Foide, Feldspatvertreter: Leucit, Nephelin, Sodalith, Nosean, Hauyn u. a.)
- **Mafische (dunkle) Minerale, Mafite:**
  M Glimmer, Amphibole, Pyroxene, Olivin u. a. sowie die *opaken Minerale* (z. B. Magnetit, Ilmenit) und weitere *Akzessorien* (z. B. Zirkon, Titanit, Apatit)

Unterscheidung nach dem gesamten Mengenanteil der Mafite (M):

- Hololeukokrate Magmatite: <10 Vol.-% Mafite
- Leukokrate Magmatite: 10–35 Vol.-% Mafite
- Mesokrate Magmatite: 35–65 Vol.-% Mafite
- Melanokrate Magmatite: 65–90 Vol.-% Mafite
- Holomelanokrate (ultramafische) Magmatite: >90 Vol.-% Mafite

Plutonite

Q — M 90–100: 16 Peridotit, Pyroxenit, Hornblendit etc.

M 0–90

- 1 Quarzreiche Granitoide
- 2 Alkalifeldspat-Granit
- 3 Granit
- 4 Granodiorit
- 5 Tonalit
- 6* Quarz-Alkalifeldspat-Syenit
- 7* Quarzsyenit
- 8* Quarzmonzonit
- 9* Quarz-Monzodiorit u. -gabbro
- 10* Quarzdiorit, Quarzgabbro
- 6' Alkalifeldspat-Syenit
- 7' Syenit
- 8' Monzonit
- 9' Monzodiorit u. -gabbro
- 10' Diorit, Gabbro, Anorthosit
- 11 Foidsyenit (Foyait)
- 12 Foid-Monzosyenit (Plagifoyait)
- 13 Foid-Monzodiorit u. -gabbro (Essexit)
- 14 Foiddiorit, Foidgabbro (Theralith)
- 15 Foidolit

Q Quarz
A Alkalifeldspat (incl. Albit An_{0-05})
P Plagioklas An_{5-100}
F Foide
M Mafische Minerale

a

Vulkanite

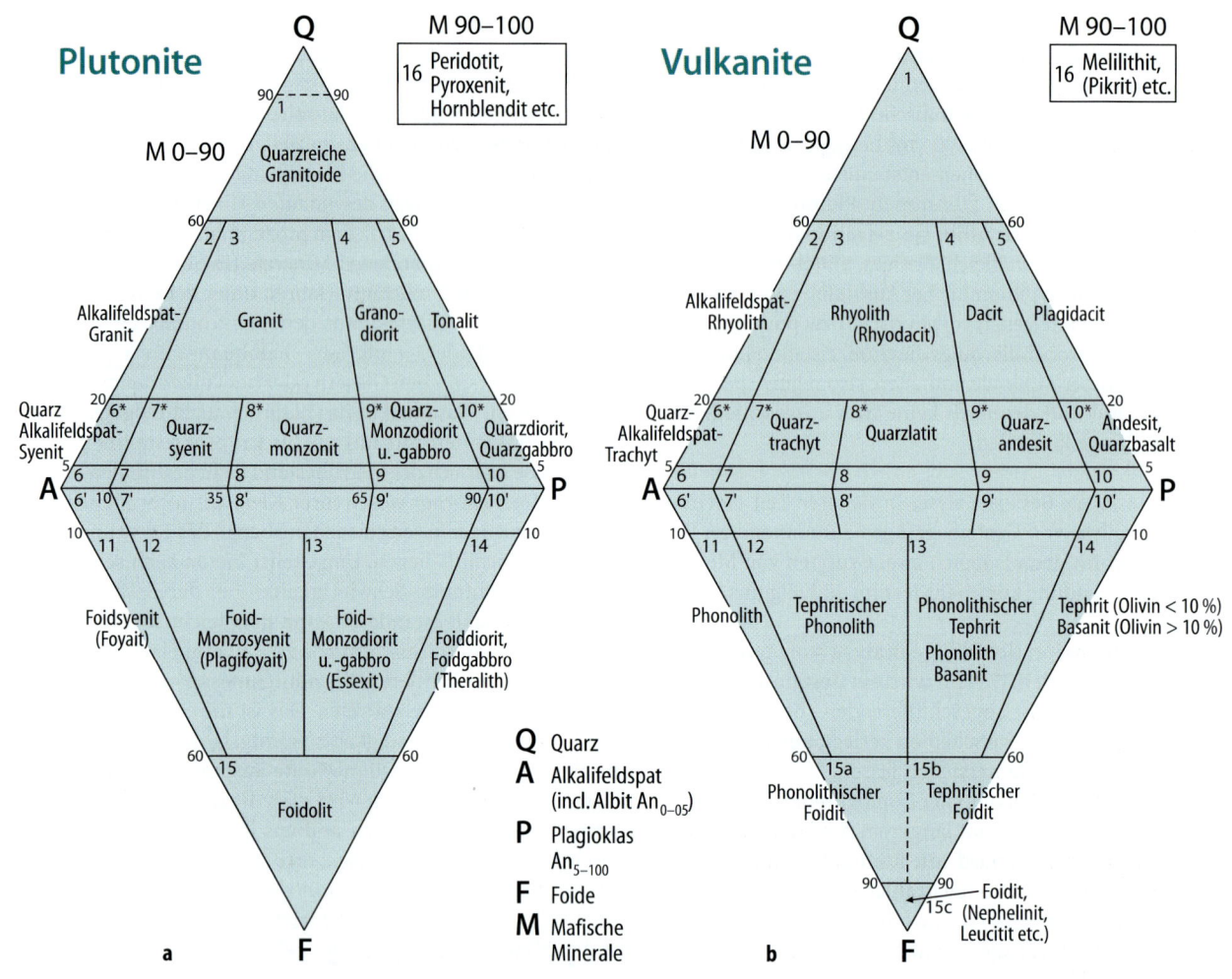

Q — M 90–100: 16 Melilithit, (Pikrit) etc.

M 0–90

- 1 (Q Spitze)
- 2 Alkalifeldspat-Rhyolith
- 3 Rhyolith (Rhyodacit)
- 4 Dacit
- 5 Plagidacit
- 6* Quarz-Alkalifeldspat-Trachyt
- 7* Quarztrachyt
- 8* Quarzlatit
- 9* Quarzandesit
- 10* Andesit, Quarzbasalt
- 6' Alkalifeldspat-Trachyt
- 7' Trachyt
- 8' Latit
- 9' Latitandesit, Latitbasalt
- 10' Andesit, Basalt
- 11 Phonolith
- 12 Tephritischer Phonolith
- 13 Phonolithischer Tephrit / Phonolith Basanit
- 14 Tephrit (Olivin < 10 %), Basanit (Olivin > 10 %)
- 15a Phonolithischer Foidit
- 15b Tephritischer Foidit
- 15c Foidit (Nephelinit, Leucitit etc.)

b

Abb. 13.1. IUGS-Klassifikation der Plutonite und Vulkanite im Doppeldreieck Q–A–P–F nach dem modalen Mineralbestand. Erläuterungen im Text. Früher gebräuchliche Bezeichnungen in Klammern. Gesteinsnamen der Felder 6–10' in Tabelle 13.1. (Nach Streckeisen 1974, 1980; Le Maitre 1989; Le Bas u. Streckeisen 1991)

Alle magmatischen Gesteine mit M < 90 Vol.-% – das ist der weitaus überwiegende Teil – werden nach den im Gestein anwesenden hellen (felsischen) Gemengteilen klassifiziert. Dabei werden die Modalbestände in das Doppeldreieck Q–A–P–F projiziert, und zwar jeweils für Plutonite und Vulkanite gesondert (Abb. 13.1 und Tabelle 13.1). Bei Quarz-führenden Gesteinen werden die Molprozente Q + A + P = 100, bei Foid-führenden Gesteinen A + P + F = 100 gesetzt und diese Mengenverhältnisse in das obere bzw. untere Dreieck eingetragen. Diese Anordnung ist möglich, weil in einem Gestein Quarz und Feldspatoide nicht im Gleichgewicht nebeneinander auftreten können. Die Magmatite des mittleren Gürtels führen als helle Gemengteile im Wesentlichen nur Feldspäte. Chemisch ausgedrückt befinden sich im oberen Dreieck mit freiem Quarz SiO_2-übersättigte, im mittleren Streifen SiO_2-gesättigte und im unteren Dreieck mit Feldspatoiden SiO_2-untersättigte Gesteine. Die in die Doppeldreiecke eingebrachten Gesteinsnamen sind teilweise Sammelnamen für eine größere Gesteinsgruppe. So ist bei der Sammelbezeichnungen Alkalifeldspat-Granit, -Syenit, -Rhyolith, -Trachyt der jeweilige Alkalifeldspat zu spezifizieren, z. B. Mikroklin-Granit, Albit-Rhyolith.

Die dunklen Gemengteile (Mafite) werden bei der IUGS-Klassifikation zunächst vernachlässigt; sie können aber zur näheren Kennzeichnung eines Gesteins dienen, z. B. Hornblendegranit. Bei mafischen Plutoniten der Gabbro-Gruppe (Feld 10 in Abb. 13.1, links) werden Gesteine aus Klinopyroxen (Cpx) + Plagioklas als Gabbro, solche aus Orthopyroxen (Opx) + Plagioklas als Norit und solche aus Olivin (Ol) + Plagioklas als Troktolith bezeichnet (Abb. 13.2b,c); Gesteine aus Ol + Cpx / Opx + Plag heißen Olivin-Gabbros bzw. Olivin-Norite, Gesteine aus Opx + Cpx + Plag nennt man Gabbro-Norite. Anorthosite (nach „Anorthose", der alten französischen Bezeichnung für Plagioklas) bestehen zu >90 Vol.-% aus Plagioklas (Abb. 13.2b). Die ebenfalls im Feld 10 liegenden Diorite sind meist aus Amphibol + Pla-

Tabelle 13.1. Plutonite und Vulkanite in den Feldern 6–10 und 6'–10' des Doppeldreiecks Q–A–P–F (Abb. 13.2)

Nr.	Plutonit	Vulkanit
6	Alkalifeldspat-Syenit	Alkalifeldspat-Trachyt
7	Syenit	Trachyt
8	Monzonit	Latit
9	Monzodiorit Monzogabbro	Andesit (Basalt)
10	Diorit Gabbro, Anorthosit	(Andesit) Basalt
6'	Foidführender Alkalifeldspatsyenit	Foidführender Alkalifeldspattrachyt
7'	Foidführender Syenit	Foidführender Trachyt
8'	Foidführender Monzonit	Foidführender Latit
9'	Foidführender Monzodiorit Foidführender Monzogabbro	Foidführender Andesit (Foidführender Basalt)
10'	Foidführender Diorit Foidführender Gabbro	(Foidführender Andesit) Foidführender Basalt

gioklas zusammengesetzt. Trotzdem erfolgt die Unterscheidung von den Gabbros – nicht ganz logisch und für Feldgeologen unpraktisch! – nach dem mittleren An-Gehalt der Plagioklase: An > 50 Mol.-% beim Gabbro, An < 50 Mol.-% beim Diorit. Demgegenüber wird die Unterscheidung zwischen den in Feld 9 und 10 liegenden Vulkaniten Basalt und Andesit – abweichend von der modalen Gliederung – nach dem SiO_2-Gehalt der Gesteine vorgenommen: Basalte haben <52 Gew.-%, Andesite >52 Gew.-% SiO_2; dabei liegen Andesite überwiegend in Feld 9*, Basalte überwiegend in Feld 10 und 10* des Q–A–P-Dreiecks (Abb. 13.1, rechts).

Bei den *ultramafischen Magmatiten* mit M >90 Vol.-% ist für die Gliederung der Mengenanteil der dunklen Gemengteilen maßgebend, wobei das Dreieck Ol–Opx–Cpx verwendet wird (Abb. 13.2a). Ultramafische Gesteine mit Olivin-Gehalten >40 Vol.-% (bezogen auf Ol + Opx + Cpx = 100) werden allgemein als Peridotite (nach der heute nur noch in der Gemmologie verwendeten Bezeichnung „Peridot" für Olivin) bezeichnet, solche mit <40 Vol.-% als Pyroxenite. Die einzelnen Gesteinsbezeichnungen sind Abb. 13.2a zu entnehmen.

Bewährt hat sich im Unterricht ein *Lernschema,* aus dem die Mineralzusammensetzungen für die wichtigsten Magmatite in beabsichtigter Vereinfachung leicht abzulesen sind (Tafeln A1 und A2 des Anhangs).

Subvulkanische Gesteine (*Ganggesteine*), die in ein oberflächennahes Krustenniveau intrudiert sind, können den gleichem Mineralbestand und Chemismus wie die entsprechenden Plutonite und Vulkanite aufweisen. Mitunter haben sie auch eigene, charakteristische Gefüge.

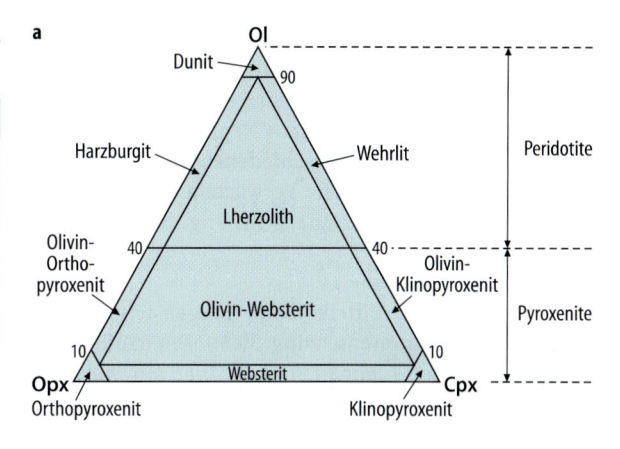

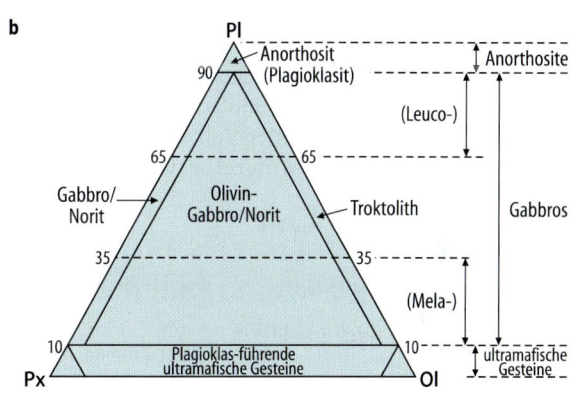

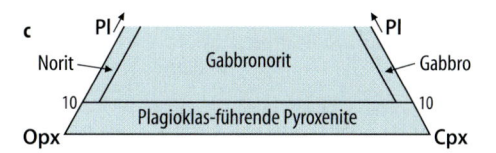

Abb. 13.2. IUGS-Klassifikation **a** der ultra-mafischen Plutonite (Peridotit- und Pyroxenit-Gruppe) und **b, c** der mafischen Plutonite (Gabbro-Gruppe); opake Minerale ≤5 Vol.-%. Erläuterungen im Text

- *Plutonit-Porphyre* sind Ganggesteine mit porphyrischem Gefüge, z. B.
  - Granitporphyr mit Einsprenglingen von Alkalifeldspat,
  - Gabbroporphyrit mit Einsprenglingen von Plagioklas.
- *Leukokrate* (helle) *Ganggesteine*
  - *Granophyr* ist ein feinkörniger Granit, bestehend aus unregelmäßig verzahnten, „mikrographischen" Verwachsungen von Alkalifeldspat und Quarz.
  - *Felsit* ist ein in der angelsächsischen Literatur gebräuchlicher Sammelname für helle, feinkörnige bis dichte Quarz-Feldspat-reiche Ganggesteine ohne charakteristische Korngefüge.
  - *Aplit* zeigt ebenfalls feinkörnige Gefüge, ist jedoch aus isometrischen Körnern von Kalifeldspat (meist Mikroklin-Mikroperthit) ± Plagioklas (An_{5-20}) + Quarz ± Muscovit ± Turmalin aufgebaut.

- *Pegmatit* ist durch ein sehr grobkörniges Gefüge ausgezeichnet, bestehend aus Kalifeldspat + Albit (seltener Oligoklas) + Quarz + Muscovit ± Biotit; Alkalipegmatite enthalten Nephelin anstelle von Quarz sowie sehr verschiedene Akzessorien. Typisch sind graphische Verwachsungen zwischen Kalifeldspat und Quarz im sog. *Schriftgranit* (Abb. 22.3, S. 338).
- Dunkle Ganggesteine
  - *Dolerite* sind mittelkörnige Ganggesteine basaltischer Zusammensetzung. Sie weisen häufig *ophitisches* oder *subophitisches Gefüge* auf, bei dem sich Leisten von Plagioklas sperrig verschränken und von größeren xenomorphen Augitkristallen vollständig oder teilweise umwachsen werden (Abb. 18.9, S. 289).
  - *Lamprophyre* sind mesokrate bis melanokrate Ganggesteine, die nicht einfach Äquivalente von häufigen Plutoniten oder Vulkaniten darstellen, sondern in ihrem Mineralbestand und ihrer chemischen Zusammensetzung charakteristische Merkmale aufweisen. Im Vergleich zu Basalten bzw. Doleriten zeigen sie höhere Gehalte an K_2O oder $K_2O + Na_2O$ (bezogen auf den jeweiligen SiO_2-Gehalt) und besitzen hohe Gehalte an selteneren Elementen wie Cr, Ni, Ba, Sr, Rb, P, H_2O u. a. Sie führen oft kleinere Einsprenglinge von Biotit, Hornblende, Klinopyroxen (Diopsid bis Augit) und Olivin (serpentinisiert). Die hellen Gemengteile Alkalifeldspat, Plagioklas und häufig etwas Quarz kommen niemals als Einsprenglinge vor. Die wichtigsten Lamprophyre sind in Tabelle 13.2 aufgeführt.

Neben den aufgeführten Kalkalkali-Lamprophyren gibt es Alkali-Lamprophyre: *Camptonit* führt neben Feldspäten auch Foide als helle Gemengteile, *Monchiquit* enthält eine glasige Grundmasse und Foide, *Alnöit* ist ultramafisch. Als dunkle Gemengteile enthalten diese Alkalilamprophyre Na-Amphibol, Titanaugit, Biotit und Olivin; der ultramafische Alnöit enthält besonders auch Melilith.

13.1.3
Chemismus und CIPW-Norm

Die Mittelwerte der chemischen Zusammensetzung einer Auswahl magmatischer Gesteine sind in den Tabellen 13.3 und 13.4 aufgeführt. Der Chemismus von Gesteinen wird gewöhnlich in Gew.-% der Elementoxide ausgedrückt. Wie die mineralogische Zusammensetzung streut auch der Chemismus in gewissen Grenzen. Dabei unterscheidet man zwischen Haupt-, Neben- und Spurenelementen.

Tabelle 13.2. Wichtigte Lamprophyre

Lamprophyr	Helle Gemengteile	Dunkle Gemengteile
Minette	Kalifeldspat > Plagioklas	Biotit + diopsidischer Augit
Vogesit	Kalifeldspat > Plagioklas	Hornblende + diopsidischer Augit
Kersantit	Plagioklas > Kalifeldspat	Biotit + diopsidischer Augit
Spessartit	Plagioklas > Kalifeldspat	Hornblende + diopsidischer Augit

Tabelle 13.3. Chemische Durchschnitts-Zusammensetzungen (Oxide, Gew.-%) einer Auswahl wichtiger Plutonite. H_2O bezeichnet Wasser, das in den Mineralen – meist in Form von (OH)-Gruppen – chemisch gebunden, also nicht adsorbiert ist (Nach Nockolds 1954)

Oxide	Peridotit	Gabbro	Diorit	Monzonit	Granodiorit	Granit
SiO_2	43,54	48,36	51,86	55,36	66,88	72,08
TiO_2	0,81	1,32	1,50	1,12	0,57	0,37
Al_2O_3	3,99	16,84	16,40	16,58	15,66	13,86
Fe_2O_3	2,51	2,55	2,73	2,57	1,33	0,86
FeO	9,84	7,92	6,97	4,58	2,59	1,67
MnO	0,21	0,18	0,18	0,13	0,07	0,06
MgO	34,02	8,06	6,12	3,67	1,57	0,52
CaO	3,46	11,07	8,40	6,76	3,56	1,33
Na_2O	0,56	2,26	3,36	3,51	3,84	3,08
K_2O	0,25	0,56	1,33	4,68	3,07	5,46
P_2O_5	0,05	0,24	0,35	0,44	0,21	0,18
H_2O	0,76	0,64	0,80	0,60	0,65	0,53
Summe	100,00	100,00	100,00	100,00	100,00	100,00

Den weitaus höchsten Wert besitzt in den meisten magmatischen Gesteinen SiO_2. Er liegt, wenn man von extremen Zusammensetzungen absieht, zwischen 40 und 75 % (Tabelle 13.3, 13.4). Dabei sind *2 Häufigkeitsmaxima* bei 52,5 und 73,0 % SiO_2 festgestellt worden. Sie gehören zu den beiden häufigsten Magmatitgruppen, der Basalt- und der Granit-Granodiorit-Gruppe. Bei den am meisten verbreiteten Magmatiten liegt der Al_2O_3-Wert zwischen 10 und 20 %, MgO zwischen 0,3 und 30 %, FeO (einschl. Fe_2O_3) zwischen 4 und 12 %, CaO zwischen 0,5 und 12 %, K_2O zwischen 0,2 und 6,0 % und Na_2O zwischen 0,5 und 9 %. Alle anderen Oxide haben kleinere Werte oder sind nur in sehr geringen Mengen vorhanden. Ihre Variationsbreite hält sich bei den gewöhnlichen Magmatittypen in Grenzen.

Nur wenige, relativ seltene Magmatite können extremere chemische Zusammensetzungen aufweisen als die in den Tabellen 13.3 und 13.4 aufgeführten, so z. B. die *Karbonatite*, eine interessante Gesteinsgruppe, die überwiegend aus Karbonaten zusammengesetzt ist. Bei ihnen kann CO_2 31,8 % erreichen, während SiO_2 mitunter kaum über einen Spurengehalt hinausgeht. Diese Gesteinsgruppe besitzt auch sonst einen ungewöhnlichen Chemismus, indem sie z. B. hohe Konzentrationen an relativ seltenen Elementen enthält.

Die Zuordnung der chemischen Hauptelemente innerhalb der verschiedenen Magmatite ist nicht zufällig. So haben magmatische Gesteine z. B. mit *hohem SiO_2-Wert* gleichzeitig auch relativ *hohe Alkaliwerte*, jedoch relativ niedrige CaO- und MgO-Werte und umgekehrt. Deshalb bietet sich auch der *Gesteins-Chemismus als Grundlage für eine Klassifikation der magmatischen* Gesteine an, wofür es zahlreiche Möglichkeiten gibt. Für eine Klassifikation *vulkanischer Gesteine*, bei denen sich der modale

Tabelle 13.4. Chemische Durchschnitts-Zusammensetzungen (Oxide, Gew.-%) einer Auswahl wichtiger Vulkanite. (Nach Nockolds 1954)

Oxide	Basalt	Andesit	Dacit	Rhyolith	Phonolith
SiO_2	50,83	54,20	63,58	73,66	56,90
TiO_2	2,03	1,31	0,64	0,22	0,59
Al_2O_3	14,07	17,17	16,67	13,45	20,17
Fe_2O_3	2,88	3,48	2,24	1,25	2,26
FeO	9,05	5,49	3,00	0,75	1,85
MnO	0,18	0,15	0,11	0,03	0,19
MgO	6,34	4,36	2,12	0,32	0,58
CaO	10,42	7,92	5,53	1,13	1,88
Na_2O	2,23	3,67	3,98	2,99	8,72
K_2O	0,82	1,11	1,40	5,35	5,42
P_2O_5	0,23	0,28	0,17	0,07	0,17
H_2O	0,91	0,86	0,56	0,78	0,96
Summe	100,00	100,00	100,00	100,00	100,00[a]

[a] 100,0 schließt bei Phonolith 0,23 % Cl und 0,13 % SO_3 ein.

Abb. 13.3.
Chemische Klassifikation der Vulkanite im Diagramm $Na_2O + K_2O$ gegen SiO_2 nach Le Bas et al. (1992). *q* = normativer Quarz, *ol* = normativer Olivin

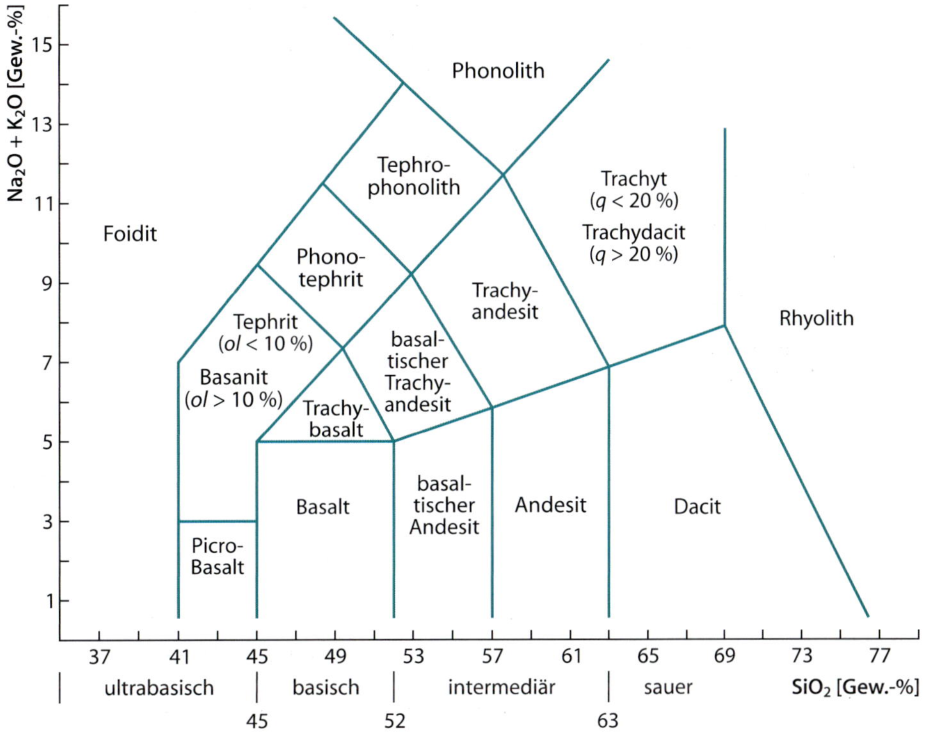

Mineralbestand nicht bestimmen lässt, empfiehlt die IUGS das TAS-Diagramm (TAS = *Total Alkali vs. Silica*) nach Le Bas et al. (1986, 1992), in dem Gew.-% ($Na_2O + K_2O$) gegen Gew.-% SiO_2 aufgetragen ist (Abb. 13.3).

Der Chemismus ermöglicht so auch eine Erfassung der hyalinen und hypokristallinen Vulkanite. Darüber hinaus hat eine chemische Gesteinsklassifikation auch noch weitere Vorteile: Durch die modernen instrumentellen Analysemethoden, insbesondere Röntgen-Fluoreszenz-Spektroskopie (XRF) und induktiv gekoppelte Plasma-Spektroskopie (ICP), lassen sich Gesteinsanalysen viel rascher durchführen als Modalanalysen. Außerdem gehen sie von einer deutlich größeren Probenmenge aus (i. Allg. ca. 2 kg) als die Modalanalyse eines Dünnschliffs, sind also repräsentativer. Deswegen beobachtet man in jüngster Zeit eine Hinwendung zu geochemischen Gesteinsklassifikationen. Allerdings ist zu bedenken, dass wegen der *Heteromorphie der Gesteine* sich aus der chemischen Zusammensetzung eines Gesteins nicht zwangsläufig auch sein Mineralbestand ergibt; deshalb sind die Bestimmung des Mineralinhalts und – soweit möglich – eine zumindest halbquantitative Abschätzung des Modalbestandes unverzichtbar.

Zu den ältesten und am besten ausgearbeiteten chemischen Klassifikationen der magmatischen Gesteine zählt das *CIPW-System* (benannt nach den 4 amerikanischen Petrologen Cross, Iddings, Pirsson und Washington). Diesem System liegt die CIPW-Norm zugrunde, ein normativer Mineralbestand, der nach bestimmten Regeln errechnet wird (z. B. Wimmenauer 1985, S. 23 f.). Die CIPW-Norm besteht aus einer Anzahl von sog. *Standardmineralen* (Tabelle 13.5), deren Anteil in Gew.-% angegeben wird. Mit ihnen werden Stoffgruppen der chemischen Analyse zusammengefasst und damit der komplexe Magmatit-Chemismus anschaulicher gemacht. Unterschiede zum Modalbestand ergeben sich zwangsläufig, weil die meisten Standardminerale vereinfachte Endglieder der tatsächlichen Mineralgemengteile darstellen und (OH)-haltige Standardminerale nicht vorgesehen sind. So geht z. B. das in den Glimmern enthaltene K^+ in das Standardmineral Kalifeldspat *(or)* ein. In Magmatiten mit zwei Feldspäten verteilt sich der Anteil des Standardminerals Albit *(ab)* auf Plagioklas und Alkalifeldspat. Deshalb ist eine Darstellung der CIPW-Norm-Minerale im Doppeldreieck Q–A–P–F nicht ohne weiteres möglich.

Die CIPW-Norm spielt zum Vergleich chemischer Eigenschaften von magmatischen Gesteinen eine wichtige Rolle. So können die Sättigungsgrade an SiO_2 oder das Verhältnis von Al_2O_3 gegenüber den Alkalien ($K_2O + Na_2O$) und CaO besser beurteilt, verglichen und eingestuft werden. Die Auswirkungen auf den normativen Mineralbestand durch Kombination verschiedener Sättigungs- bzw. Untersättigungsgrade von SiO_2 und Al_2O_3 sind in Tabelle 13.6 ausgeführt:

Eine SiO_2-*Übersättigung* tritt durch normatives Q, diejenige von Al_2O_3 gegenüber ($K_2O + Na_2O$) und CaO durch normatives C hervor (links oben in Tabelle 13.6).

Mit beginnender, noch recht schwacher SiO_2-*Untersättigung* wird zunächst ein Teil des *hy* durch das (unterkieselte) *ol* ersetzt. Verfolgen wir die Entwicklung in vertikaler Richtung in Tabelle 13.6 weiter, so wird mit etwas stärkerer Untersättigung ein Teil des *ab* durch *ne* ersetzt. Wird die SiO_2-Untersättigung noch größer, so wird *ab* durch *ne, or* teilweise oder vollständig durch *lc* ersetzt.

Bei einer Al_2O_3-*Übersättigung* gegenüber den Alkalien und CaO, also im Fall $Al_2O_3 > (K_2O + Na_2O + CaO)$, tritt normativ C auf. Das bedeutet jedoch nicht, dass Korund im *modalen* Mineralbestand des Gesteins enthalten sein muss; vielmehr enthalten C-normative Gesteine andere Al-reiche Minerale, insbesondere Muscovit $K_2O \cdot 3Al_2O_3 \cdot 6SiO_2 \cdot 2H_2O$. Nimmt der Aluminium-Überschuss (in Tabelle 13.6 nach rechts) weiter ab, indem Al_2O_3 nur noch $>(K_2O + Na_2O)$, jedoch $<(K_2O + Na_2O + CaO)$ ist, dann tritt normativ kein C mehr auf. Es erscheint zusätzlich *di* neben *hy* und/oder *ol*, während *an* noch immer vorhanden ist. Die Präsenz des Al_2O_3-Gehalts im Gestein

Tabelle 13.5. Standardminerale der CIPW-Norm

Mineralname	Symbol	Molekül
Salische Gruppe		
Quarz	Q	SiO_2
Korund	C	Al_2O_3
Kalifeldspat	or	$K_2O \cdot Al_2O_3 \cdot 6SiO_2$
Albit	ab	$Na_2O \cdot Al_2O_3 \cdot 6SiO_2$
Anorthit	an	$CaO \cdot Al_2O_3 \cdot 2SiO_2$
Leucit	lc	$K_2O \cdot Al_2O_3 \cdot 4SiO_2$
Nephelin	ne	$Na_2O \cdot Al_2O_3 \cdot 2SiO_2$
Kaliophilit	kp	$K_2O \cdot Al_2O_3 \cdot 2SiO_2$
Femische Gruppe		
Diopsid	di	$CaO \cdot (Mg,Fe)O \cdot 2SiO_2$
Wollastonit	wo	$CaO \cdot SiO_2$
Hypersthen	hy	$(Mg,Fe)O \cdot SiO_2$
Olivin	ol	$2(Mg,Fe)O \cdot SiO_2$
Akmit	ac	$Na_2O \cdot Fe_2O_3 \cdot 4SiO_2$
Magnetit	mt	$FeO \cdot Fe_2O_3$
Hämatit	hm	Fe_2O_3
Ilmenit	il	$FeO \cdot TiO_2$
Apatit	ap	$3,3CaO \cdot P_2O_5$
Pyrit	pr	FeS_2
Calcit	cc	$CaO \cdot CO_2$

Tabelle 13.6.
Auswirkungen von SiO_2- und Al_2O_3-Übersättigung, -Sättigung und -Untersättigung auf die CIPW-Norm

	Al_2O_3 > ($K_2O + Na_2O + CaO$) (Al_2O_3-Überschuss)		($K_2O + Na_2O + CaO$) > Al_2O_3 > ($K_2O + Na_2O$)		($K_2O + Na_2O$) > Al_2O_3 (Al_2O_3-Unterschuss)	
SiO_2-Überschuss	Q or ab an C	hy	Q or ab an	di hy	Q or ab	ac di hy
SiO_2 reicht nicht voll aus zur Bildung von Hypersthen	or ab an C	hy ol	or ab an	di hy ol	or ab	ac di hy ol
SiO_2 reicht nicht voll aus zur Bildung von Albit	or ab ne an C	ol	or ab ne an	di ol	or ab ne	ac di ol
SiO_2 reicht nicht voll aus zur Bildung von Orthoklas	or lc ne an C	ol	or lc ne an	di ol	or lc ne	ac di ol

wäre modal neben Plagioklas durch Biotit oder/und Amphibol angezeigt. Wird schließlich $Al_2O_3 < (K_2O + Na_2O)$ (rechte vertikale Reihe in Tabelle 13.6), so tritt wegen der geringen Gehalte an Al_2O_3 kein *an* mehr auf und ein Na_2O-Überschuss führt zu *ac*; wegen des CaO-Überschusses vergrößert sich die Menge an *di*, teilweise auf Kosten von *hy*. Für den modalen Mineralbestand des betreffenden Gesteins bedeutet dies das Auftreten von Na-Pyroxen und/oder Na-Amphibol. Die Umrechnungsregeln der CIPW-Norm schließen entsprechend Tabelle 13.6 aus, dass folgende Normminerale zusammen auftreten können:

- Q mit ol, ne, lc
- hy mit ne, lc
- C mit di, ac
- an mit ac

Eine modifizierte, computergerechte Form der CIPW-Norm, die Standard Igneous Norm (SIN), wurde von Verma et al. (2003) erarbeitet.

Die chemische Zusammensetzung von magmatischen Gesteinen spiegelt genetische Prozesse bei der Bildung und Weiterentwicklung von Magmen im Kontext der Plattentektonik wider. Wichtige Hinweise bieten die Gehalte an Haupt- und Spurenelementen, insbesondere auch an Seltenerd-Elementen, die stabilen Isotope von Sauerstoff und Schwefel sowie radiogene Isotopensysteme (Rb-Sr, Sm-Nd). Auf diese Fragen soll am Beispiel der wichtigen Gesteinsgruppe Basalt (Kap. 19, S. 305ff) und Granit (Kap. 20, S. 311ff) sowie im Kap. 33 (S. 595ff) näher eingegangen werden.

13.2 Petrographie der Magmatite

Auf Grund ihrer chemischen Zusammensetzung werden die magmatischen Gesteine grundsätzlich in *Alkali-Magmatite* und *subalkaline Magmatite* eingeteilt. Bezogen auf den gleichen SiO_2-Wert besitzen die Alkali-Magmatite höhere ($K_2O + Na_2O$)-Gehalte als die subalkalinen Magmatite, wie das in Abb. 17.2 (S. 274) am Beispiel der Hawai-Basalte dokumentiert wird. Bei den subalkalinen Magmatiten ist Mol.-% ($K_2O + Na_2O$) < Al_2O_3.

Auf Grund geochemischer Kriterien lassen sich diese beiden Hauptgruppen weiter untergliedern, wobei diese Einteilung nicht nur formale sondern durchaus auch genetische Bedeutung haben kann. Man spricht dann von magmatischen Reihen oder Serien. In der folgenden Übersicht sind auch die englischen Begriffe zum Vergleich mit aufgeführt:

1. Alkali-Magmatite, Alkali-Serie (engl. alkaline rock suite, alkaline magma series)
    a) Na-betont (sodic)
    b) K-betont (potassic)
    c) K-reich (high-K)
2. Subalkaline Magmatite, (engl. subalkaline rock suite, subalkaline magma series)
    a) Kalkalkali-Magmatite, Kalkalkali-Serie (calc-alkaline rock suite, calcalkaline magma series)
        – K-arm (low-K type)
        – medium-K type
        – K-reich (high K-type)

> b) Tholeiit-Serie (tholeiitic rock suite, tholeiitic magma series)
>
> Die Abgrenzung zwischen der Kalkalkali- und der Tholeiit-Reihe erfolgt anhand des *AFM*-Dreiecks (Abb. 17.3, S. 274).
>
> Die geochemischen Unterschiede zwischen den beiden Hauptgruppen spiegeln sich im Modalbestand der einzelnen Gesteinstypen wider. Bei den leukokraten *Alkali-Magmatiten* sind Alkalifeldspäte oft die einzige Feldspatart. In den mesokraten und melanokraten Alkali-Magmatiten kommt An-reicher Plagioklas hinzu. Feldspatoide sind typisch, insbesondere Nephelin in Na-betonten, Leucit in K-betonten und K-reichen Alkali-Magmatiten. Zwangsläufig fehlen jedoch Foide in den leukokraten Vertretern, wenn diese Quarz führen. Charakteristische mafische Gemengteile in Alkali-Magmatiten sind Na-Pyroxene und Na-Amphibole neben dunklem, Fe-reichem Biotit (Lepidomelan). Die *subalkalinen Magmatite* unterscheiden sich von den Alkali-Magmatiten durch das völlige Fehlen von Anorthoklas, Feldspatoiden, Na-Pyroxenen und Na-Amphibolen.

Hinweis: Früher, insbesondere in der deutschen Literatur, wurden die subalkalinen Magmatite in ihrer Gesamtheit als Kalkalkali-Magmatite bezeichnet.

Wegen ihrer weitaus größeren Verbreitung werden zunächst die subalkalinen Magmatite beschrieben, danach erst die Alkali-Magmatite.

13.2.1
Subalkaline Magmatite (Abb. 13.1, 13.2 und Tafel A.1)

Sulbalkaline Plutonite

Granit

Helles (leukokrates), mittel- bis grobkörniges, meist massiges Gestein, das in seinem Modalbestand das große Feld 3 im Q–A–P-Dreieck einnimmt (Abb. 13.1). Bei Bedarf kann man eine weitere Einteilung in Syenogranite mit A > P und Monzogranite mit A ≈ P vornehmen.

Mineralbestand. Helle (felsische) Gemengteile sind: Kalifeldspat, Plagioklas und Quarz. Kalifeldspat ist Orthoklas oder Mikroklin, oft mit makroskopisch sichtbarer perthitischer Entmischung (lamellen- oder aderförmig). Größere Kristalle von Kalifeldspat sind gewöhnlich dicktafelig nach {010} und nach dem Karlsbader Gesetz einfach verzwillingt (im Handstück durch ungleiches Einspiegeln der beiden Individuen erkennbar). Plagioklas (An ≤ 30) unterscheidet sich durch seine feine polysynthetische Zwillingslamellierung auf den Spaltflächen (Albit- und Periklingesetz) vom Orthoklas oder Mikroklin. Quarz, rauchgrau, ist an seinem muscheligen Bruch mit Fettglanz immer kenntlich. Dunkler (mafischer) Gemengteil ist fast stets Biotit (braun, dunkel- bis schwarzbraun, auch dunkelgrün), bis zu 10 Vol.-% am Mineralbestand beteiligt. Häufig tritt neben Biotit auch Muscovit auf, der zu den mafischen Gemengteilen gerechnet wird (Zweiglimmergranite). Hinzu kommt gelegentlich grüne bis bräunliche Hornblende neben Biotit oder allein (Hornblendegranit). Blassgrüner Augit ist seltener (Augitgranit). Die akzessorischen Gemengteile treten nur teilweise makroskopisch hervor: Es beteiligen sich Zirkon, Titanit, Apatit (im Wesentlichen Fluorapatit) und die opaken Minerale Magnetit, Ilmenit, häufig auch Pyrit und andere.

Gefüge. Das Gefüge des Granits ist gewöhnlich richtungslos körnig ausgebildet; es gibt aber auch Granite, die Fließregelung zeigen. Plagioklas und die dunklen Gemengteile weisen teilweise ebene Begrenzung durch Flächen auf, sind also hypidiomorph, die Akzessorien z. T. auch idiomorph. Im Unterschied zu ihnen sind die Körner von Kalifeldspat meist, die von Quarz immer unregelmäßig begrenzt, also xenomorph ausgebildet. Diese Kombination führt zu dem sog. *hypidiomorph-körnigen Gefüge* des Granits, aber auch anderer Plutonite. In solchen Gefügen ist angenähert eine Ausscheidungsfolge der Gemengteile aus dem granitischen Magma erkennbar, auch als Rosenbusch-Regel bezeichnet. Daneben gibt es in weiter Verbreitung Granite, deren Gefüge dieser Regel nicht genügt, weil es durch spät- bis nachmagmatische Rekristallisation von Mineralen, sog. *Endoblastese*, beeinflusst ist. Durch diesen Vorgang entstehen Großkristalle von Kalifeldspat, die verbreitet Einschlüsse von Plagioklas enthalten. Bei solchen Kalifeldspat-Endoblasten, die nicht mit echten Einsprenglingen verwechselt werden dürfen, ist häufig eine Kristallgestalt angedeutet. Man spricht in diesem Falle von einem *porphyrartigen* Gefüge des Granits. Beim *Rapakivi-Gefüge*, benannt nach dem Rapakivi-Granit in Süd-Finnland, werden rundliche, einige Zentimeter große Kristalle von Kalifeldspat durch einen Mantel von Oligoklas-Körnern umgeben; diese Feldspat-Aggregate liegen in einer mittelkörnigen Grundmasse (Abb. 13.4).

Granodiorit (Abb. 13.5a)

Mineralbestand. Der Übergang von Granit vollzieht sich durch modale Zunahme von Plagioklas gegenüber Kalifeldspat, der bis auf rund 10 Vol.-% des Feldspatgehalts zurückgehen kann. Gleichzeitig steigt der An-Gehalt von Plagioklas etwas an (An ≥ 30). Mit Erhöhung des Volumenanteils von Plagioklas nimmt auch der Anteil an

Abb. 13.4. Rapakivi-Gefüge in einem Syenit von Ylämaa, Finnland. Rundliche Einsprenglinge von Kalifeldspat (rosa, mit zahlreichen Einschlüssen von Amphibol), umgeben von einem Mantel von Oligoklas-Körnern (grünlichgrau) in einer mittelkörnigen Grundmasse aus Kalifeldspat, Oligoklas und Amphibol. (Foto: K.-P. Kelber)

dunklen Gemengteilen, wie Biotit und/oder Hornblende, seltener Augit, zu. Da fließende Übergänge zu Granit bestehen, ist eine makroskopische Zuordnung zwischen Granit oder Granodiorit am Handstück nicht immer eindeutig möglich.

Vorkommen. Granit und Granodiorit sind die häufigsten Plutonite. Größere Granitplutone befinden sich im Grundgebirge Mitteleuropas, besonders im Harz, Odenwald, Schwarzwald, in den Vogesen, im Thüringer Wald, Fichtelgebirge, im Oberpfälzer und Bayerischen Wald, Böhmerwald, im Österreichischen Waldviertel, im Erzgebirge, Iser- und Riesengebirge, im Lausitzer Gebirge und in den Alpen.

Technische Verwendung für Granit und Granodiorit. Das bei den meisten Granitplutonen anzutreffende Kluftsystem ist für die Gewinnung von Werk- und Pflastersteinen aller Art von großer Bedeutung. Durch seine Dickbankigkeit lassen sich häufig große Blöcke gewinnen, die als Ornamentsteine, Grabdenkmäler oder für die Monumentalarchitektur geeignet sind oder zu Fassaden- und Fußbodenplatten gesägt werden; die Blöcke und Platten werden in rauhem, oft geflammtem oder im poliertem Zustand verarbeitet. Wegen der billigeren Wasserfracht finden schwedische Granite in ganz Deutschland, Verwendung, die jedoch immer mehr durch chinesische Granite verdrängt werden.

Tonalit und Trondhjemit

Tonalit ist ein gleichkörniges, massiges Gestein bestehend aus Quarz (>20 Vol.-% der hellen Gemengteile), Plagioklas (An_{30-50}), Biotit > Hornblende; der Kalifeldspat-Anteil liegt <10 Vol.-% des Feldspatgehaltes; Vorkommen z. B. im Adamello-Pluton (Südalpen). *Trondhjemit* ist reicher an Quarz und ärmer an dunklen Gemengteilen; der An-Gehalt der Plagioklase liegt meist <30 Mol.-%. Verbreitete Akzessorien sind Allanit, Epidot, Apatit, Zirkon, Titanit und Titanomagnetit.

Die *TTG-Suite*, bestehend aus Tonaliten, Trondhjemiten und Granodioriten baut etwa 90 % der juvenilen kontinentalen Kruste auf, die während des Archaikums, d. h. im Zeitraum zwischen 4,0 und 2,5 Ga gebildet wurde (Jahn et al. 1981; Martin et al. 1983, 2005). Daneben gibt es jedoch auch phanerozoische TTG-Suiten, die an Gebirgszüge im Bereich konvergenter Plattenränder gebunden sind, z. B. im Westen der USA.

Diorit (Abb. 13.5b)

Graugrünes, meist mittelkörniges, mesokrates Gestein von massiger Ausbildung.

Mineralbestand. Heller Gemengteil ist Plagioklas (An_{30-50}), während Kalifeldspat mit <10 Vol.-% der Feldspäte und Quarz mit <5 Vol.-% der hellen Gemengteile zurücktreten, oft auch ganz fehlen. Quarzreichere Diorite werden als *Quarzdiorite* bezeichnet. Dunkler Gemengteil ist gewöhnlich eine dunkelgrüne Hornblende, daneben auch Biotit, der im Glimmerdiorit vorherrscht, Augitdiorit ist seltener. Akzessorien wie bei Granit und Granodiorit, Titanit ist sehr häufig, Zirkon tritt zurück.

Gefüge. Hypidiomorph-körnig.

Vorkommen. Größere Dioritkörper finden sich in Mitteleuropa besonders im Thüringer Wald, Bayerischen Wald, Vorspessart, Odenwald, Schwarzwald und in den Vogesen.

Verwendung. Wie Granit und Granodiorit.

Gabbro (Abb. 13.2b,c, S. 219, Abb. 13.6a)

Melanokrates bis mesokrates, mittel- bis grobkörniges, meist massiges Gestein.

226 13 · Magmatische Gesteine (Magmatite)

Mineralbestand und Varietäten. Plagioklas (An_{50-90}) in dicktafeligen Körnern, oft mit makroskopisch sichtbaren Zwillingsstreifen nach dem Albit- und Periklingesetz, Klinopyroxen (Diopsid bis Augit), mitunter mit bräunlichem Schiller auf den Absonderungsflächen nach (100) (*Diallag*). Gabbros mit Orthopyroxen (Bronzit bis Hypersthen) anstelle von Klinopyroxen werden als *Norit* bezeichnet, solche mit Klinopyroxen + Orthopyroxen als *Gabbronorit*, mit Olivin als Olivingabbro bzw. Olivinnorit (Abb. 13.2b,c); als weitere Mafite können magmatisch gebildete, braune Hornblende und/oder brauner Biotit auftreten: Hornblendegabbro, Biotit-Hornblende-Gabbro, Biotitgabbro; Quarzgabbros enthalten einen Quarz-Anteil von 5–20 Vol.-% der hellen Gemengteile; *Gabbrodiorit* ist ein Übergangsglied zum Diorit mit Plagioklas um An_{50}.

Akzessorien sind besonders Apatit, Ilmenit oder Titanomagnetit, nicht selten Pyrrhotin (Magnetkies), Pyrit und etwas Chalkopyrit (Kupferkies). Häufig sind die Pyroxene sekundär (spätmagmatisch) in Gemenge von Aktinolith umgewandelt (Uralitisierung).

Gefüge. Hypidiomorph-körnig; häufig Kumulatgefüge (s. unten).

Vorkommen. Gabbros und Norite bilden schichtige Intrusivmassen (*Layered Intrusions*) von oft riesiger Ausdehnung (Abb. 15.5, 15.6, S. 261). Magmatische Schichtung entsteht durch das Absinken schwerer Olivin- und Pyroxen-Kristalle in der Schmelze, die sich lagig zu sog. *Kumulaten* anreichern (Abb. 21.2, S. 325). Die wichtigsten Beispiele sind Bushveld (Südafrika), Sudbury (Ontario, Kanada), Stillwater (Montana, USA), Skaergaard (Grönland, Abb. 15.6, S. 235). Layered Intrusions sind Träger wichtiger Erzlagerstätten von Ni, Pt-Metallen, Cr und Ti (Kap. 21). In Mitteleuropa finden sich kleinere Gabbro-Plutone im Harz, Odenwald, Schwarzwald, Bayerischen Wald und in den Sudeten.

Gabbros bauen die untere ozeanische Erdkruste in einer Mächtigkeit von einigen Kilometern auf (Abb. 29.7, S. 519).

Technische Verwendung. Gabbro wird wegen seiner hohen Druckfestigkeit bevorzugt zu Straßen- und Bahnschotter und Splitt verwendet.

◀ **Abb. 13.5.** Mikrofotos von Plutoniten. **a** *Granodiorit*, Steinbruch am Lindberg, Intrusivgebiet von Fürstenstein, Bayerischer Wald. Hauptgemengteile: Plagioklas (mit polysynthetischer Verzwillingung nach dem Albit-Gesetz sowie ausgeprägtem Zonarbau), Kalifeldspat (extrem xenomorph, z. B. Mitte links), Quarz und Biotit (braun). Gekreuzte Polarisatoren (+Nic.). Bildbreite ca. 3 mm. **b** *Quarzdiorit*, Märkerwald, östlich Bensheim, Odenwald. Hauptgemengteile: Plagioklas (polysynthetische Zwillinge nach dem Albit- und Periklin-Gesetz sowie Zonarbau, Anorthit-reiche Zonen stark serizitisiert), Hornblende (verzwillingt, links oben), Biotit (rechts unten) und Quarz. +Nic. Bildbreite ca. 4 mm. (Fotos: K.-P. Kelber)

Zur Gabbro-Gruppe rechnen auch: *Troktolith* (Forellenstein), bestehend aus Plagioklas (An_{70-90}) und (serpentinisiertem) Olivin als wesentliche Gemengteile.

Anorthosit

Anorthosit ist ein hololeukokrates Gestein, das überwiegend aus Plagioklas (An_{20-90}) besteht und fast keine mafischen Gemengteile enthält; Anorthosite kommen zusammen mit Gabbros in Layered Intrusions vor oder bilden eigene Massive von großer Ausdehnung, z. B. den Kunene-Komplex in Süd-Angola und Nord-Namibia und den Lac-Saint-Jean-Komplex in Quebec (Kanada) Anorthosite sind häufig mit Charnockiten (Abschn. 26.3.1, S. 438) assoziiert.

Peridotit (Abb. 13.2a, Abb. 13.6b)

Holomelanokrates (ultramafisches) Gestein, mittel- bis grobkörnig, auch sekundär dichtkörnig durch Serpentinisierung (vorwiegend) des Olivins.

Mineralbestand. Olivin (Ol, teilweise in Serpentin umgewandelt), Orthopyroxen (Opx, Enstatit, Bronzit oder Hypersthen) und/oder Klinopyroxen (Cpx, diopsidischer Augit), bisweilen Hornblende oder wenig Phlogopit, akzessorisch Chromspinell (Picotit), Chromit, Magnetit.

Varietäten (Abb. 13.2a). *Dunit* fast nur aus Ol bestehend, *Harzburgit* mit Ol + Opx (Hypersthen), *Wehrlit* mit Ol + Cpx (diopsidischer Augit), *Lherzolith* mit Ol + Opx (Bronzit) + Cpx (Abb. 13.6b).

Hornblendeperidotit mit Hornblende neben oder anstelle von Pyroxen, *Granatperidotit* mit Pyrop-reichem Granat.

Vorkommen. Zum Beispiel im Odenwald, Schwarzwald, Harz (Bad Harzburg), in den Vogesen, Pyrenäen (Lherz), in Südspanien (Ronda), in den Südalpen (Ivreazone), in Mittelnorwegen (Åheim), Zypern (Troodos-Masiv), Oman, Neuseeland; als Fremdeinschlüsse (Xenolithe) in basaltischen Gesteinen.

Subalkaline Vulkanite

Wegen ihres feinen Korns ist eine makroskopische Bestimmung sehr erschwert oder undurchführbar. Eine gewisse Orientierung können bei porphyrischem Gefüge die Einsprenglinge geben.

Rhyolith (Liparit) (Abb. 13.7a)

Leukokrates, dicht- bis feinkörniges Gestein mit gelegentlichen Einsprenglingen, bisweilen glasig. Der Chemismus entspricht dem von Alkalifeldspat-Graniten und Syeno-Graniten.

228   13 · Magmatische Gesteine (Magmatite)

Mineralbestand. Einsprenglinge von Sanidin (oft tafelig nach {010}), Plagioklas (An_{10-30}) und Quarz mit Hochquarztracht. Nur spärlich sind dunkle Gemengteile vorhanden, besonders Biotit. Die Grundmasse enthält sehr oft Glas, Fließgefüge werden häufig beobachtet.

Hyaline Rhyolithe sind verbreitet: *Obsidian*, vorwiegend schwarz, muscheliger Bruch, kantendurchscheinend; *Pechstein*, braun bis dunkelgrün, mit trübem Wachsglanz, oft mit makroskopisch sichtbaren Kristall-Einsprenglingen (meist Sanidin); *Perlit*, bläulichgrün bis bräunlich, bestehend aus körnig-schaligen Glaskügelchen von Hirsekorn- bis Erbsengröße als Hauptmasse des Gesteins (Abb. 13.9b); Perlit und Pechstein unterscheiden sich von Obsidian durch höhere Wassergehalte; sie führen winzige Kriställchen (Mikrolithe) oder skelettförmige Kristalle unterschiedlicher Art als Entglasungsprodukte. *Bimsstein* ist ein Rhyolithglas, das bei vulkanischen Explosionen aufgeschäumt wurde, es ist blasig-schaumig, seidenglänzend, auf dem Wasser schwimmend. Die Bezeichnung *Quarzporphyr* für das sekundär veränderte, in Mitteleuropa jungpaläozoische Äquivalent des Rhyoliths sollte nicht mehr verwendet werden.

Vorkommen. Beispiele: Karpatenraum, Euganäen (Norditalien), Insel Lipari, Insel Milos (Kykladen), Insel Arran und Pass Glen Coe (Schottland; Abb. 3.1, S. 57), Island.

Technische Verwendung. Rhyolith wird als Kleinpflaster, Sockelsteine, Packlager und Schotter genutzt; Perlit dient wegen seiner Blähfähigkeit zur Herstellung von schall- und wärmeisolierenden Leichtbaustoffen, für Schaumglasziegel, für Filter und Oberflächenkatalysatoren sowie bei der Zementierung von Erdölbohrungen.

Obsidian z. B. von Lipari und von Milos wurde in der Jüngeren Steinzeit in großem Umfang zu Pfeilspitzen und Messern verarbeitet; Kultur der Azteken in Mexiko; Bimsstein findet Verwendung als Leichtbaustoff.

Dacit und Rhyodacit

Vulkanit-Äquivalente von Granodiorit und (Monzo-)Granit.

Mineralbestand. Einsprenglinge von Plagioklas und Quarz mit Tracht des Hochquarzes, im Rhyodacit auch etwas Sanidin. Dunkler Gemengteil ist vorwiegend Hornblende, etwas seltener auch Biotit. Die Grundmasse enthält oft Glas.

◀ **Abb. 13.6.** Mikrofotos von Plutoniten. **a** *Gabbro*, Südschweden. Hauptgemengteile: Plagioklas (polysynthetisch verzwillingt), Klinopyroxen (mit Entmischungen von Opx) und Orthopyroxen (mit Entmischungen von Cpx, Mitte). +Nic. Bildbreite ca. 4 mm. **b** *Peridotit* (Spinell-Lherzolith), vulkanischer Auswürfling, Dreiser Weiher, Eifel. Hauptgemengteil: Olivin, untergeordnet Klinopyroxen, Orthopyroxen (z. B. obere Bildhälfte, Mitte) und Spinell. +Nic. Bildbreite ca. 5 mm. (Fotos: K.-P. Kelber)

Eine porphyrische, purpurrot gefärbte Varietät von Dacit, der *Porfido rosso antico*, wurde in der römischen Kaiserzeit (nachweislich seit 18 n. Chr.) im Steinbruch Mons Porphyrites am Djebel Dokhan in der ägyptischen Ostwüste gewonnen (Klemm u. Klemm 1993, 2008; Abu El-Enen u. Okrusch 2012). Er war in der Antike als Dekorationstein hoch geschätzt; aus ihm gefertigte Sarkophage blieben ausschließlich Königen und Kaisern vorbehalten. Wegen Schließung der Steinbrüche in der Mitte des 5. Jh. musste der hohe Bedarf an diesem Material, der auch noch im Mittelalter und in der Neuzeit bestand, ausschließlich durch die Verwendung antiker Spolien gedeckt werden (Abb. 13.8).

Andesit (Abb. 13.7b)

Vulkanit-Äquivalent von Quarz-Monzodiorit bis Quarz-Diorit (Feld 9* und 10* in Abb. 13.1), meist porphyrisch mit feinkörniger bis dichter, grau, grünlich-schwarz oder rötlich-braun gefärbter Grundmasse.

Mineralbestand. Einsprenglinge von Plagioklas (An_{30-50} oder höher), häufig deutlicher Zonarbau mit spektakulärem Wechsel von An- und Ab-reicheren Zonen, An-Gehalt generell zum Rand hin abnehmend, ferner Hornblende, Biotit, diopsidischer Augit und Hypersthen. Akzessorien sind Apatit, Zirkon, Titanit und Titanomagnetit. Die Grundmasse enthält nicht selten Glas. *Boninite* sind Hyalo-Andesite, die Einsprenglingen von Olivin, Orthopyroxen, Klinopyroxen und wenig Chromspinell in einer glasigen Grundmasse führen.

Vorkommen. Beispiele: Euganäen, Karpatenraum, Kaskaden-Gebirge (USA), Andenvulkane. Andesite sind die wichtigsten Vulkanite der Kalkalkali-Reihe; sie sind charakteristisch für konvergente Plattenränder. Zusammen mit Daciten und Rhyolithen bauen sie die Vulkanreihen von Orogengürteln und Inselbögen oberhalb von Subduktionszonen auf, z. B. rings um den Pazifischen Ozean. Zusammenfassend werden die vulkanischen Suiten aus Andesit–Dacit–Rhyolith als *Adakite* bezeichnet (Defant und Drummond 1990; Martin 2005). Der Name *Porphyrit* für das sekundär veränderte vulkanische Äquivalent des Andesits sollte nicht mehr verwendet werden.

Übergangsglieder zwischen Basalt und Andesit werden als *basaltische Andesite* bezeichnet, während *Trachyandesite* durch höhere $Na_2O + K_2O$-Gehalte (Abb. 13.3) und dementsprechend erhöhte Alkalifeldspat/Plagioklas-Verhältnisse (entsprechend dem *Latit* im Doppeldreieck Q–A–P–F, Abb. 13.1, rechts) gekennzeichnet sind. Eine durch Alteration intensiv grün gefärbte, grobporphyrische Varietät eines basaltischen Trachyandesits von Krokees (Peloponnes, Griechenland) fand als *Porfido verde antico* im Altertum und Mittelalter Verwendung als hochgeschätzter Dekorationstein, so bereits im minoischen

230   13 · Magmatische Gesteine (Magmatite)

Palast von Knossos auf Kreta (ca. 1800 v. Chr.) und in der im Jahr 800 geweihten Palastkapelle Karls des Großen im Dom zu Aachen (z. B. Lorenz 2012; Abb. 13.8).

Tholeiitbasalt (Tholeiit) (Abb. 13.9a)

Vulkanitäquivalent des Gabbros. Melanokrates, dicht- bis mittelkörniges, gelegentlich porphyrisches Gestein, dunkelgrau bis schwarz gefärbt.

Mineralbestand. Plagioklas (Einsprenglinge mit An_{70-95}, als Bestandteil der Grundmase An_{50-70}), basaltischer Augit schwarz, eisenreich; als Einsprengling oder Bestandteil der Grundmasse, häufig Pigeonit, seltener Hypersthen, bei Führung von Olivin (nur als Einsprengling) *Olivintholeiit* (Abb. 13.9a).

Quarztholeiit mit normativem Quarz (Feld 10* in Abb. 13.1b), gelegentlich tiefbrauner Biotit oder schwarze basaltische Hornblende als zusätzliche mafische Gemengteile. Akzessorien: Apatit, Titanomagnetit, Ilmenit, mitunter Opal.

In der Grundmasse von Basalten kann Glas enthalten sein, jedoch selten in größeren Mengen.

Varianten. *Dolerit* (in den USA häufig als Diabas bezeichnet) ist ein mittelkörniger Basalt, der als subvulkanisches Ganggestein in Gängen (engl. dikes; Abb. 3.9, S. 61) und Lagergängen (engl. sills) vorkommt (vgl. Abschn. 15.2, S. 259) und häufig ophitisches Gefüge aufweist (Abb. 18.9, S. 289). *Basaltmandelstein*: Durch entweichendes Gas aus erkaltender Basaltlava entsteht eine blasenreiche Randzone, die zu blasigem Gefüge führt. Solche Blasenhohlräume werden spätvulkanisch sekundär durch Absätze von Calcit oder Chlorit (Abb. 3.2, 3.3, S. 57f), bisweilen auch durch Opal, Chalcedon oder Achat, stellenweise mit schönen Kristalldrusen von Amethyst (Abb. 11.46, S. 184) oder mit Zeolithen gefüllt.

Vorkommen. In der Rhön, dem Vogelsberg, der Eifel, in Südschweden, auf den Inseln Mull und Skye (Schottland), Island, Grönland, Hawaii. Als *kontinentale Flutbasalte* nehmen sie riesige Gebiete ein (s. Abschn. 14.1, S. 243f). Submarin fließen Tholeiitbasalte als als ozeanische Flutbasalte aus. Darüber hinaus werden sie an den mittel-

◄ **Abb. 13.7.** Mikrofotos von Vulkaniten mit porphyrischem Gefüge. **a** *Rhyolith*, Hartkoppe bei Sailauf, Spessart. Einsprenglinge: Quarz (z. T. mit Dihexader-Umrissen und Korrosionsbuchten), Kalifeldspat (merklich kaolinisiert, oben rechts), Plagioklas (polysynthetisch verzwillingt) und Biotit (weitgehend in Hämatit umgewandelt, kaum erkennbar); feinkristalline Grundmasse aus Kalifeldspat, Plagioklas, Quarz und feinverteiltem Hämatit als färbendes Pigment. +Nic. Bildbreite ca. 3,5 mm. **b** *Andesit*, Mount Rainier, Kaskaden-Gebirge, Staat Washington, USA. Einsprenglinge: Plagioklas (polysynthetisch verzwillingt, mit ausgeprägtem Zonarbau) und braune basaltische Hornblende (gelbliche Interferenzfarben); feinkristalline Grundmasse aus Plagioklas, Hornblende und Opakmineralen. +Nic. Bildbreite ca. 2,5 mm. (Fotos: K.-P. Kelber)

Abb. 13.8. Mosaik-Fußboden in der Kirche Santa Maria in Cosmedin zu Rom, geschaffen von Deodato di Cosma aus der Künstlerfamilie der Cosmaten (1294). Neben gelblichem Marmor wurden zwei Typen von porphyrischen Vulkaniten verarbeitet: Der *Porfido rosso antico*, ein Dacit vom Mons Porphyrites in der ägyptischen Ostwüste, enthält mm-große Plagioklase in einer weinrot gefärbten Grundmasse; der *Porfido verde antico*, ein basaltischer Trachyandesit von Krokees (Peloponnes, Griechenland), zeigt in einer dunkel gefärbten Grundmasse cm-große, grünliche Plagioklas-Einsprenglinge, die häufig zu Gruppen aggregiert sind. (Foto: Joachim A. Lorenz)

ozeanischen Rücken, d. h. an divergenten Plattenrändern gefördert, und zwar effusiv als Pillowlaven, darunter intrusiv als Gänge (*Sheeted Dikes*, s. Abb. 29.7, S. 519); sie bauen so in einer Mächtigkeit von ca. 3–4 km die oberen Lagen der ozeanischen Erdkruste auf.

Folgende Bezeichnungen waren früher im (mittel)europäischen Schrifttum und in geologischen Karten gebräuchlich, werden aber nicht mehr von der IUGS empfohlen:

Diabas: Schwach metamorphes Äquivalent des Tholeiitbasalts mit starker sekundärer Umwandlung. Es sind grün aussehende („Grünstein"), dicht- bis mittelkörnige, gelegentlich auch porphyrische Gesteine. Bei intrusiver Platzname als Gang oder Lagergang nicht selten auch doleritisch grob mit ophitischem Gefüge, bei Förderung als effusive, submarine Lava auch als Diabas-Mandelstein ausgebildet. Von frischen Tholeiitbasalten unterscheidet sich Diabas durch die sekundären Umwandlungen von Plagioklas in feinkörnige Gemenge von Zoisit oder Epidot, Sericit, Calcit, Albit u. a. (Saussurit) und von Pyroxen in grüne Hornblende oder Aktinolith (Uralit) und etwas Chlorit. Vorkommen: Verbreitung über weite Regionen der ganzen Erde, besonders auch im Varistikum Mitteleuropas. Die Verwendung des Begriffs „Diabas" ist nicht einheitlich. So bezeichnet man in den USA Dolerit als „Diabas". Nach Wimmenauer (1985, S. 106 f.) sind Diabase subvulkanische Gesteine der Gabbrofamilie, die in Gängen und Lagergängen auftreten. Wegen dieser Mehrdeutigkeit empfiehlt es sich, den Begriff Diabas ganz zu streichen.

Melaphyr: Sekundär umgewandeltes Äquivalent des Olivintholeiits, ein melanokrates, in frischem Zustand schwarz aussehendes Gestein, dicht- bis feinkörnig, auch porphyrisch ausgebildet. Besonders die dicht- bis feinkörnigen Varietäten zeigen mikroskopisch ein sog. Intersertalgefüge. Dabei ist zwischen den sich leicht berührenden Plagioklas-Leisten zersetzte Glassubstanz vorhanden.

232   13 · Magmatische Gesteine (Magmatite)

Bekannt sind die *Melaphyrmandelsteine*, z. B. im permischen Vulkangebiet des Saar-Nahe-Beckens, mit Hohlraumfüllungen von Chalcedon bzw. Achat (Abb. 3.3, S. 58).

Technische Verwendung basaltischer Gesteine. Wegen ihrer hohen Druckfestigkeit als Schotter und Splitt.

Pikrit

Holomelanokrates (ultramafisches), fein-, mittel-, gelegentlich grobkörniges, schwarzgrünes Gestein, häufig auch mit porphyrischem Gefüge.

Mineralbestand. Olivin, bis auf Kornreste in Serpentin umgewandelt. Augit, seltener Enstatit-Bronzit, primäre Hornblende kommt nur untergeordnet vor; Biotit bzw. Phlogopit ist sporadischer Gemengteil in fast allen Pikriten.

Akzessorien: Apatit, Magnetit, Chromspinell (Picotit). Mit Plagioklas Übergang zu *Pikritbasalt*.

◀ **Abb. 13.9.** Mikrofotos von Vulkaniten mit porphyrischem Gefüge und deutlicher Fließregelung. **a** *Olivintholeiit*, Großer Ararat, Türkei. Einsprenglinge von Plagioklas (mit leistenförmigem Habitus, polysynthetisch verzwillingt) und Olivin (mit bunten Interferenzfarben) in einer feinkristallinen Grundmasse aus Plagioklas, Augit und Magnetit. +Nic. Bildbreite ca. 5 mm. **b** *Pechstein*, Hlinik, Ungarn, mit perlitischem Gefüge. Es dominiert die glasige (hyaline) Grundmasse; diese zeigt rundliche und bogenförmige Kontraktionsrisse, auf denen sich bevorzugt feinkristalline Entglasungsprodukte gebildet haben. Wenige Einsprenglinge von Plagioklas (farblos), Biotit (rötlichbraun, deutliche Spaltbarkeit), basaltischer Hornblende (olivbraun, Mitte) und Opakmineralen. Bildbreite ca. 5 mm. 1 Nic. (Fotos: K.-P. Kelber)

Abb. 13.10. Mikrofoto von *Komatiit* mit typischem *Spinifex-Gefüge*, benannt nach einer spitzen Grasart in Australien. Zwischen meist skelettförmigen Olivinkristallen, die merklich serpentinisiert sind, befindet sich Glasmatrix (im Bild *schwarz*), die nadelförmige Kriställchen von Augit als Entglasungsprodukte enthält (sichtbar besonders *am oberen Bildrand*). Spinifex-Gefüge entsteht durch schnelle Erstarrung einer ehemals heißen, stark unterkühlten Schmelze. Komatiitlava, Timmins, Ontario, Kanada. +Nic. Bildbreite ca. 12 mm. (Foto: K.-P. Kelber)

Vorkommen. Überwiegend subvulkanisch, insbesondere in den unteren Bereichen von Lagergängen, d. h. entstanden durch Anreicherung abgesunkener Olivine und Pyroxene.

Komatiit

Ultramafisches bis melanokrates Lavagestein, benannt nach dem Komati River in Südafrika.

Mineralbestand. Olivin (stark serpentinisiert), Augit, Chromspinell, Glas, in basaltischen Komatiiten auch Plagioklas. Komatiite sind oft niedriggradig metamorph überprägt unter Bildung von Serpentin, Tremolit, Talk und Chlorit.

Gefüge. Typisch sind die sog. *Spinifexgefüge* (Abb. 13.10), d. h. ein skelettartiges Wachstum von Olivin, Augit, z. T. auch von Plagioklas, entstanden durch rasche Kristallisation aus einer stark unterkühlten Schmelze. Spinifexgefüge sind daher meist auf die oberen Lagen von Lavaströmen beschränkt; nach unten gehen sie in porphyrische oder Kumulatgefüge über.

Vorkommen. Als Bestandteil der Peridotit-(Tholeiit-)Basalt-Assoziation (*Grünstein-Gürtel*) der archaischen Schildregionen (Kratone): Südafrika, Kanada, Australien.

Wissenschaftliche Bedeutung. Ihre Anwesenheit belegt, dass im Archaikum auf der Erde heiße, ultramafische Magmen ausgeflossen sind; daher war der geothermische Gradient, d. h. die Temperatur-Zunahme mit der Erdtiefe, größer als im Proterozoikum und im Phanerozoikum.

13.2.2
Alkali-Magmatite (Abb. 13.1, Tafel A.2)

Alkali-Plutonite

Alkalifeldspat-Granit (Alkaligranit)

Wie Granit ist er ein leukokrates, hypidiomorph-körniges Gestein. Der Name ist nach dem IUGS-Vorschlag auf Granit-Varietäten begrenzt, bei denen der Plagioklasanteil entsprechend dem QAPF-Feld 2 (Abb. 13.1) weniger als 10 % des totalen Feldspatgehalts beträgt. Wenn diese Granite als Mafite Na-Amphibol und/oder Na-Pyroxen führen (was meistens der Fall ist) kann man die Sammelbezeichnung Alkaligranit verwenden.

Mineralbestand. Alkalifeldspat (Orthoklas- oder Mikroklinperthit), sehr wenig Plagioklas, Quarz, eisenreicher, schwarzbrauner Biotit (Lepidomelan) oder Natronamphibol (z. B. Riebeckit) und/oder Natronpyroxen (Ägirin) in Prismen oder Körnern. Akzessorien: Zirkon, Apatit und weitere ganz spezifische Minerale. Albitgranite führen als Alkalifeldspat reinen Albit.

Vorkommen. Alkalifeldspat-Granite treten viel weniger häufig als Kalkalkaligranit auf, meist zusammen mit Alkalisyenit, Nephelinsyenit und anderen Alkaliplutoniten z. B. im Oslogebiet in Südnorwegen, an mehreren Stellen in Schweden, in Grönland.

Alkalifeldspat-Syenit (Alkalisyenit)

Alkalifeldspat-Syenite (Feld 6 in Abb. 13.1) sind durch Quarz-Gehalte von <5 % der leukokraten Gemengteile und Plagioklas-Anteile von <10 % des totalen Feldspatgehalts gekennzeichnet.

Mineralbestand. Orthoklas- oder Mikroklinperthit, auch Anorthoklas, nur wenig Plagioklas, eisenreicher Biotit (Lepidomelan), Natronamphibol (z. B. Riebeckit), Natronpyroxen (Ägirin, Ägirinaugit), auch als Säume um Diopsid. Akzessorien: honiggelber Titanit, Apatit, Zirkon.

Die Varietät *Larvikit* enthält etwa 90 % Anorthoklas sowie wenig Titanaugit ± Biotit (Lepidomelan). Anorthoklas, kenntlich an seinen spitz-rautenförmigen Querschnitten, zeigt z. T. blauschillerndes Farbenspiel, was auf antiperthitische Entmischung der Or-Komponente zurückgeht; da der verbleibende Wirtkristall ein Oligoklas ist, kann man die Larvikite auch zu den Monzoniten stellen.

Vorkommen. Zwischen Oslo und dem Langesundfjord in Südnorwegen.

Technische Verwendung. Bekannt als geschliffener Ornamentstein zur Verblendung von Fassaden und zum Innenausbau, für Grabsteine.

Syenit und Monzonit

Mesokrater hypidiomorph-körnige Plutonite mit *Kali-Vormacht* (Abb. 13.1a, Feld 7 und 8). Quarzsyenite und Quarzmonzonite mit höherem Quarzgehalt (Abb. 13.1a, Feld 7* und 8*).

Mineralbestand. Übergang aus Alkalisyenit durch Zunahme des Plagioklas-Anteils, im Monzonit mit höherem An-Gehalt (An_{40-60}); gleichlaufende Zunahme des Gehalts an mafischen Gemengteilen, vorzugsweise Hornblende und/oder Biotit.

Vorkommen. Monzonigebiet und Predazzo in Südtirol, Meißener Massiv in der Elbtalzone Sachsens.

Nephelinsyenit

In stärker unterkieselten Alkalisyenit treten neben Alkalifeldspat auch Feldspatoide als wesentliche Gemengteile auf. Nehmen die Gehalte auf >10 Vol.-% der hellen Gemengteile zu, spricht man von **Foidsyeniten** Am häufigsten sind Nephelinsyenite. Das Synonym *Foyait* wird in der IUGS-Nomenklatur nicht mehr verwendet.

Mineralbestand. Alkalifeldspäte wie Orthoklas- oder Mikroklinperthit oder Anorthoklas; auch Albit kann auftreten. Nephelin (Varietät Eläolith) ist durch Entmischung der Kalsilit-Komponente grau oder durch Einschlüsse von Hämatit rötlich gefärbt, zeigt muscheligen Bruch und Fettglanz (makroskopisch dem Quarz ähnlich); er ist xenomorph ausgebildet, seltener idiomorph durch Wachstumsflächen begrenzt. Seine sekundäre Umwandlung in ein Haufwerk von Zeolith ist verbreitet. Neben Nephelin tritt sehr häufig als Foid blassfarbener bis tiefblauer Sodalith auf, idiomorph nach {110} oder als Zwickelfülle; mit seinem modalen Vorherrschen Übergang in *Sodalithsyenit*; auch Nosean und Cancrinit können vorhanden sein. Ganz selten tritt in Plutoniten Pseudoleucit auf, ein Gemenge aus Kalifeldspat + Nephelin, pseudomorph nach idiomorphem Leucit {211}. Als mafische Gemengteile finden sich hellgrüner bis farbloser Diopsid, dunkelfarbiger Ägirin in dünnen, oft büschelig gruppierten Nädelchen; Ägirinaugit bildet demgegenüber eher gedrungene Kristalle mit zonarer Umwachsung eines Diopsidkerns; auch Titanaugit kommt vor. Der Amphibol ist wiederum ein Natronamphibol (z. B. Arfvedsonit); oft tritt dunkelbrauner Biotit (Lepidomelan) hinzu. Akzessorien sind vorzugsweise Minerale mit Seltenen Erden sowie zahlreiche Ti- und Zr-haltige Silikate.

Shonkinit ist ein melanokrater Nephelinsyenit (M > 60 Vol.-%).

Vorkommen. Beispiele: Oslogebiet in Südnorwegen, Kolahalbinsel, Karpatenraum, Mittelschweden, Serra de Monchique in Portugal. Bekannt ist der subvulkanische Shonkinit vom Katzenbuckel im Odenwald.

Technische Verwendung. In Kanada und den USA werden ausgedehnte Nephelinsyenit-Vorkommen in großem Umfang wirtschaftlich genutzt. Sie bilden einen wichtigen Rohstoff für die Glasherstellung. In der Keramik wird das Gestein häufig als Ersatz für Feldspat verwendet.

Foidmonzodiorit und Foidmonzogabbro (Essexit)

Meso- bis melanokrates, hypidiomorph-körniges Gestein. (Feld 13 in Abb. 13.1).

Mineralbestand. Plagioklas (An_{40-60}, mehr oder weniger idiomorph ausgebildet) > Alkalifeldspat (Na-Orthoklas- oder Na-Mikroklinperthit, oft als Saum um Plagioklas oder Zwickelfülle), Foide. Als dunkler Gemengteil überwiegt Pyroxen (diopsidischer Augit, Titanaugit und/oder Ägirinaugit), daneben Fe-reiche Hornblende oder Biotit. Olivin, wenn vorhanden, ist meistens in Serpentin umgewandelt. Akzessorien sind Apatit, Titanit und opake Fe-Ti-Oxide. Foid-führende Plutonite mit geringem oder fehlendem Alkalifeldspat heißen *Foiddiorite* und *Foidgabbros* (*Theralithe*; Feld 14 in Abb. 13.1).

Vorkommen. Beispiele: Kaiserstuhl, Böhmisches Mittelgebirge, Südnorwegen.

Foidolith

Plutonite, deren Foidanteil 60–100 Vol.-% der hellen Gemengteile beträgt (Feld 15 in Abb. 13.1). Als Beispiel sei der melanokrate *Ijolith* genannt, bestehend aus Nephelin, Ägirinaugit, ±Biotit sowie akzessorischem Apatit und Titanit.

Alkali-Vulkanite

Alkali-Feldspat-Trachyt und Trachyt

Leukokrates, dicht- oder feinkörniges, auch porphyrisches Gestein, holokristallin, auch hypokristallin. Vulkanit-Äquivalent des (Alkali-)Syenits (Feld 6 und 7 in Abb. 13.1b).

Mineralbestand. Einsprenglinge: Na-Sanidin oder Anorthoklas, auch Plagioklas (An_{20-30}, gelegentlich höher), in einzelnen Varietäten Feldspatoide, Na-Pyroxen, auch diopsidischer Augit und/oder Na-Amphibol (z. B. Riebeckit), Biotit. Die Grundmasse besteht aus fluidal angeordneten Leisten von Na-Sanidin, Na-Pyroxen (Ägirin) neben diopsidischem Augit, Na-Amphibol, zuweilen Biotit, auch Glassubstanz. Akzessorien sind Apatit, Titanit, Magnetit, Zirkon, nicht selten auch etwas Quarz, Tridymit oder Cristobalit. Daneben gibt es glasreiche Trachyte bis zu Trachytgläsern (Obsidian), ebenso Trachyt-Bimssteine.

Vorkommen. Beispiele: Drachenfels im Siebengebirge, Westerwald, Böhmisches Mittelgebirge, Auvergne in Zentralfrankreich, Insel Ischia, Campi Flegrei bei Neapel, Kanarische Inseln, Azoren.

Phonolith (Abb. 13.11a)

Grau bis grünliches oder bräunliches, dicht- bis feinkörniges, auch porphyrisches Gestein. Als Einsprenglinge treten makroskopisch mitunter hervor: Na-Sanidin, Nosean oder Hauyn, Nephelin oder Leucit in idiomorph ausgebildeten Kristallen. Daraus ergeben sich verschiedene Varietäten. Phonolith ist das Vulkanit-Äquivalent des Foidsyenits. Das Gestein sondert häufig in dünnen Platten ab, die beim Anschlagen klingen („Klingstein" von grch. φωνή = Klang).

Mineralbestand. Na-Sanidin, auch Anorthoklas, Nephelin und andere Feldspatoide, besonders Leucit oder Nosean. Mafische Gemengteile sind Ägirin, Ägirinaugit und/oder Na-Amphibol, bisweilen auch Melanit, ein Ti-haltiger Andradit-Granat. Die Grundmasse enthält selten etwas Glas. Fluidalgefüge durch annähernd parallel angeordnete Leistchen von Sanidin ähnlich dem Trachyt. In Blasenräumen häufig viele Arten von Zeolithen (Natrolith, Chabasit u. a.). Der Phonolith i. e. S. führt als Foid Nephelin; herrscht ein anderes Foid vor, so spricht man von: *Leucitphonolith*, *Sodalithphonolith*, *Noseanphonolith* (Abb. 13.11a). Übergang zu Trachyt ist verbreitet. Phonolith kann auch als Phonolith-Bimsstein entwickelt sein.

Vorkommen. Beispiele. Laacher See-Gebiet (Eifel), Rhön, Kaiserstuhl, Hegau, Böhmisches Mittelgebirge, Auvergne (Französisches Zentralmassiv), Kanarische Inseln.

Alkalibasalte und Alkali-Olivin-Basalte

Alkalibasalte (mit normativem $ol < 5\%$) und Alkali-Olivinbasalte (mit $ol > 5\%$) sind durch einen höheren Gehalt an Alkalien, meistens Na, relativ zu Al und Si gekennzeichnet; dadurch treten normative, z. T. auch modale Gehalte an Nephelin auf, wobei allerdings $ne < 5\%$ bleibt (Feld 10' in Abb. 13.1). Bei höheren normativen und modalen Foid-Gehalten spricht man von Tephriten und Basaniten (s. unten). Im Basalttetraeder von Yoder u. Tilley (1962) liegen die darstellenden Punkte der Alkali-Olivinbasalte links von der kritischen Ebene der SiO_2-Untersättigung, diejenigen der Olivintholeiite dagegen rechts dieser Ebene (Abb. 18.21, S. 302).

236   13 · Magmatische Gesteine (Magmatite)

◀ **Abb. 13.11.** Mikrofotos von Alkalivulkaniten, mit porphyrischem Gefüge. **a** *Leucit-Nosean-Phonolith*, Rieden, Laacher-See-Gebiet, Eifel. Einsprenglinge: Leucit (farblos, z. T. mit Ikositetraeder-Umriss), Nosean (grau mit braunem Rand) und Ägirinaugit (grünlich bis bräunlich); feinkristalline Grundmasse aus Alkalifeldspat, Nephelin, Leucit, Nosean und Ägirinaugit. 1 Nic. Bildbreite ca. 5 mm. **b** *Limburgit* (Hyalo-Nephelinbasanit), Limberg bei Sasbach, Kaiserstuhl. Einsprenglinge: Titanaugit (mit Zonar- und Sektorenbau, z. T. verzwillingt) und Olivin (weitgehend in bräunlichen Iddingsit umgewandelt, ein feinstkörniges Gemenge aus Montmorillonit, Chlorit, Goethit, Hämatit u. a.); hypokristalline Grundmasse aus Plagioklas, Nephelin, Augit, Magnetit und Gesteinsglas. +Nic. Bildbreite ca. 5 mm. (Fotos: K.-P. Kelber)

Tabelle 13.7. Tephrite und Basanite

Helle Gemengteile	Mafite Klinopyroxen	
	ohne Olivin	mit Olivin
Nephelin + Plagioklas	Nephelintephrit	Nephelinbasanit
Leucit + Plagioklas	Leucittephrit	Leucitbasanit

Gefüge und Mineralbestand. Ähnlich den Olivin-Tholeiiten und Tholeiitbasalten.

Vorkommen. Das Auftreten von Alkali-(Olivin-)Basalten neben Tholeiiten ist charakteristisch für ozeanische Inseln, z. B. Hawaii. Sie treten jedoch auch innerhalb von kontinentalen, nichtorogenen Regionen auf, so in intrakontinentalen Grabenzonen (rift valleys), z. B. im Ostafrikanischen Grabensystem, im Oslogebiet, im Rheintalgraben und den hessischen Gräben (Westerwald, Vogelsberg), in der Eifel sowie in der Basin and Range Province (USA).

Im weiteren Sinne gehören zu den Alkalibasalten die Varietäten:

- *Hawaiit*: Plagioklas (An_{30-50}), Augit, Olivin, ±Foide (meist in Feld 9' und 10' in Abb. 13.1);
- *Mugearit*: Plagioklas (An_{10-30}), Augit, ±Olivin, ±Foide (meist in Feld 9 und 9');
- *Trachybasalt*: mit geringen Mengen an Alkalifeldspat (meist Sanidin) neben vorherrschendem Plagioklas (Übergang zum *Latit*), Augit bis Ägirinaugit, Olivin ± Foide.

Tephrit und Basanit (Tabelle 13.7)

Melanokrate, SiO_2-untersättigte Gesteine (Feld 14 in Abb. 13.1) mit dicht- bis feinkörnigem, auch porphyrischem Gefüge; gröbere Varianten werden wie bei den Tholeiiten als Dolerite bezeichnet.

Mineralbestand. Stets Plagioklas (An_{50-70}) und Foide, dunkle Gemengteile sind Titanaugit, diopsidischer Augit, auch Amphibol. Einsprenglinge bilden Plagioklas, Leucit und Pyroxen, in den Basaniten auch Olivin. Die Grundmasse enthält mitunter auch geringe Mengen von Glas. Akzessorien: besonders Magnetit und Apatit.

Limburgit ist ein Nephelinbasanit mit glasiger Grundmasse und Einsprenglingen von Titanaugit, Olivin und Titanomagnetit (Abb. 3.2, S. 57, 13.11b).

Vorkommen. Beispiele: Laacher-See-Gebiet (Eifel), Rhön, Kaiserstuhl, Thüringen, Böhmisches Mittelgebirge, Auvergne, Kanarische Inseln und Inseln des mittelatlantischen Rückens; *Leucittephrit* bzw. *Leucitbasanit* speziell im Kaiserstuhl, Laacher-See-Gebiet, Duppauer Gebirge (Nordböhmen), Monte Somma und Vesuv, Roccamonfina in Mittelitalien.

Foidite: Nephelinit und Leucitit (Abb. 13.12a,b)

Basaltähnliche Gesteine, die als helle Gemengteile nur Nephelin und/oder Leucit neben wenig Hauyn und Sanidin enthalten (Abb. 13.1, Feld 15c). Unter den Mafiten (M meist >50 Vol.-%) dominieren unterschiedliche Klinopyroxene: Titanaugit, basaltischer Augit, auch Ägirin oder Diopsid. Bei Anwesenheit von Olivin oder Melilith spricht man von Olivin- bzw. Melilith-Nepheliniten oder -Leucititen. Akzessorien sind Apatit, Melanit, Titanit, Perowskit, Chromit. Vorkommen: Laacher See-Gebiet (Eifel), Rhön, Vogelsberg, Löbauer Berg (Oberlausitz), Nordböhmen, Toskana, Ostafrikanisches Grabensystem.

13.2.3
Karbonatite, Kimberlite und Lamproite

Karbonatite

Karbonatite sind relativ seltene magmatische Gesteine mit >50 Vol.-% Karbonatmineralen, die zuerst von Brögger (1921) aus dem Fen-Gebiet in Südnorwegen beschrieben wurden. Sie treten geologisch in Schloten, Gängen und als Lavaströme auf und kommen meist zusammen mit foidreichen Vulkaniten (Phonolithe, Nephelinite) oder Plutoniten (Nephelinsyenite, Ijolithe) vor. Auch Pyroklastika aus Karbonatitmaterial sind bekannt.

Mineralbestand. Hauptkarbonatminerale sind Calcit, Dolomit, Ankerit und Siderit, die gewöhnlich 70–90 Vol.-% ausmachen; daneben können als Silikatminerale Forsterit, Melilith, Diopsid, Ägirin, Ägirinaugit, Wollastonit, Calcium- und Alkali-Amphibole, Phlogopit, Alkalifeldspäte und Nephelin auftreten; Akzessorien sind Apatit, Pyrochlor $(Ca,Na,Ba,Sr,Ce,Y)_2(Nb,Ta)_2(O,OH,F)_7$, Titanit, Zirkon, Nb-haltiger Perowskit $CaTiO_3$, Fe-Ti-Oxide, Sulfide und zahlreiche seltene Minerale mit Seltenerd-Elementen, Th, U etc. Nach der Art der Karbonatminerale unterscheidet man Calcitkarbonatite (z. B. Sövite), Dolomitkarbonatite (z. B. Rauhaugite), Ferrokarbonatite (mit

238   13 · Magmatische Gesteine (Magmatite)

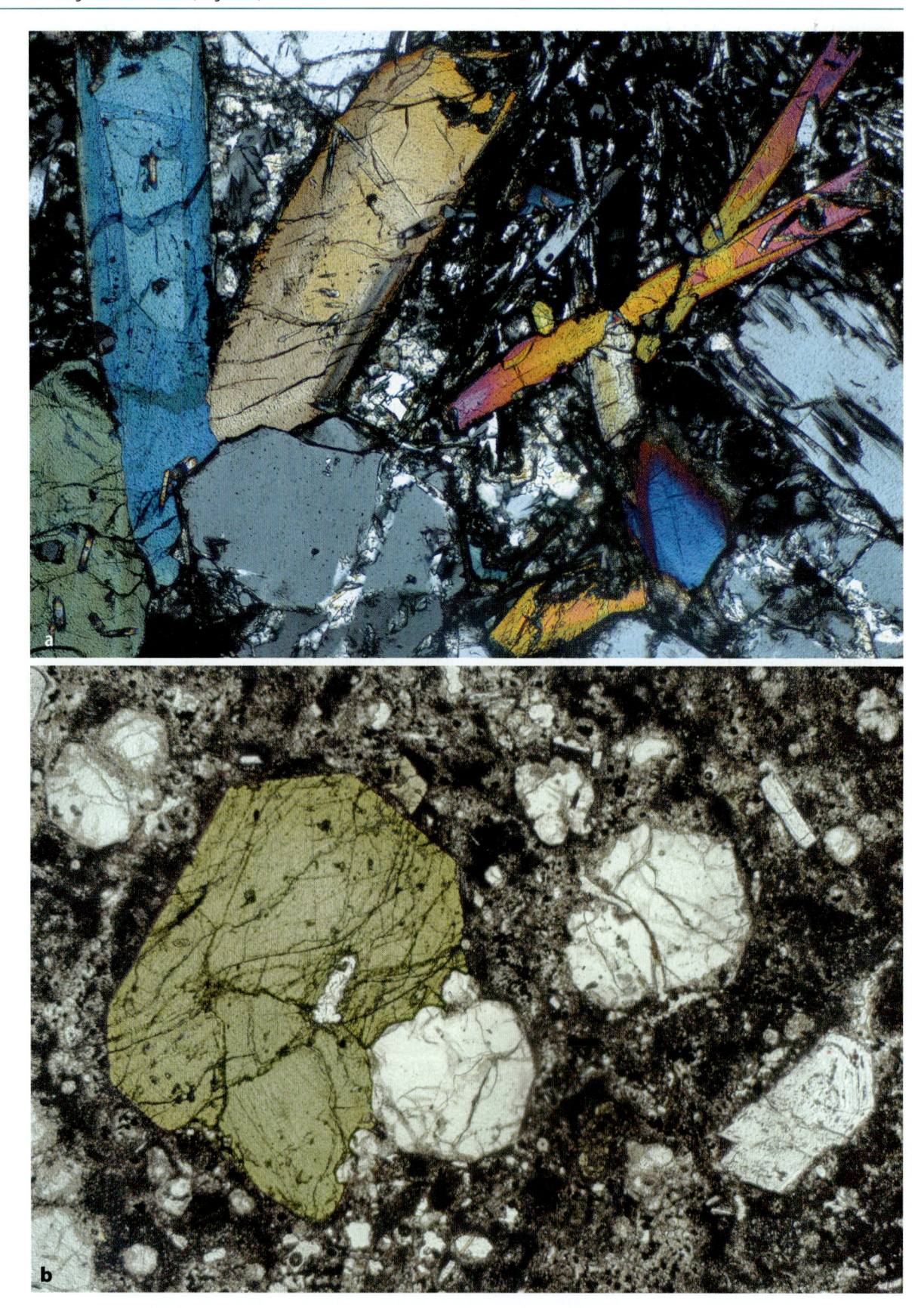

◀ **Abb. 13.12.** Mikrofotos von Alkalivulkaniten. **a** *Nephelinit*, Löbauer Berg, Oberlausitz. Es dominieren Verwachsungen von hypidiomorphem Nephelin (graue Interferenzfarben, teilweise in Natrolith umgewandelt) und Titanaugit (bunte Interferenzfarben, mit typischem Sektorenbau); in den Zwickeln feinkörnige Grundmasse aus Nephelin, Plagioklas, Augit und Opakmineralen. +Nic. Bildbreite ca. 3,5 mm. **b** *Tephritischer Leucitit*, Vesuv, Lava von 1944. Einsprenglinge: Augit (gelblichgrün mit schwachem Zonarbau), Leucit (farblos, Ikositetraeder) und Plagioklas (farblos, unten rechts); feinkristalline Grundmasse aus Plagioklas, Leucit, Biotit und Opakmineralen. 1 Nic. Bildbreite ca. 4,5 mm. (Fotos: K.-P. Kelber)

Ankerit oder Siderit) und die seltenen Natrokarbonatite (mit Na-K-Ca-Karbonaten).

Vorkommen. Vor allem in Alkaligesteinskomplexen, besonders in Ringkomplexen, häufig innerhalb von intrakontinentalen Riftzonen; Fen-Distrikt (Südnorwegen), Insel Alnö (Mittelschweden), Kola-Halbinsel (Russland), Kaiserstuhl, Phalaborwa (Südafrika), Namibia, im ostafrikanischen Grabensystem, wo u. a. der Oldoinyo Lengai (Tansania) als aktiver Natrokarbonatit-Vulkan auftritt.

Wirtschaftliche Bedeutung. An Karbonatitvorkommen sind nicht selten Lagerstätten von Apatit (Kola-Halbinsel) und von nutzbaren Mineralen mit Nb und SEE oder Sulfiden (Phalaborwa) gebunden (Abschn. 21.4, S. 331f).

Kimberlite

Kimberlite sind ultramafische Vulkanite bis Subvulkanite. Es handelt sich um Glimmerperidotite, die meist porphyrisches Gefüge aufweisen und die serpentinisiert und karbonatisiert sind.

Mineralbestand. Olivin (meist in Serpentin oder Karbonat umgewandelt) und (Fe-)Phlogopit (oft zu Vermiculit zersetzt) bilden Einsprenglinge; die Grundmasse enthält wechselnde Anteile von Serpentin, Karbonat, Pyroxen, Tremolit-Aktinolith, Hydroglimmer, Zeolithe, Magnetit und Cr-Spinell. Charakteristische Nebengemengteile sind außerdem Apatit, Monticellit CaMg[SiO$_4$], Rutil und Perowskit CaTiO$_3$. Pyrop-reicher Granat, Enstatit und Cr-Diopsid sind ebenfalls häufig und bilden meist größere Körner; sie stammen aus dem Herkunftsort des Kimberlit-Magmas (Xenokristalle). Viele Kimberlite sind zudem Trägergesteine für *Diamant*, der nicht selten in schleifwürdigen Kristallen auftritt (Abb. 4.10, 4.14, S. 76, 79).

Geologische Stellung und Gefüge. Kimberlite treten gewöhnlich an der Erdoberfläche in vulkanischen Durchschlagsröhren (Diatremen, engl. pipes) in Form von Tuffen und Schlotbreccien auf, die durch explosiven Vulkanismus entstanden sind; nach unten zu gehen sie in massive Gänge und Lagergänge über (Abb. 14.13, S. 251). Nach Lorenz (1998) wird der explosive Kimberlit-Vulkanismus nahe der Erdoberfläche durch den Kontakt des heißen Kimberlit-Magmas mit kaltem Grundwasser ausgelöst. Diesen Vorgang bezeichnet man als Phreatomagmatismus. Wie Abb. 4.15 (S. 80) zeigt, benötigt Diamant zu seiner Bildung Mindestdrücke von 45–55 kbar (im Temperaturbereich von 1 000–1 500 °C), entsprechend einer Tiefe von 140–170 km. Diamantführende Kimberlite müssen somit aus großen Erdtiefen stammen; die in ihnen häufig enthaltenen Bruchstücke von Granatperidotit geben daher Aufschluss über die Zusammensetzung des Erdmantels.

Vorkommen und Bedeutung. Wie in Abschn. 29.3.1 (S. 522f) näher begründet wird, treten Kimberlite ausschließlich in Kontinentalschilden (Kratonen) auf, so im südlichen und westlichen Afrika, in Sibirien, in Kanada, neuerdings auch in Finnland. Als primäre Diamantlagerstätten sind Kimberlite von überragender weltwirtschaftliche Bedeutung.

Lamproite

Die in Gängen auftretenden Lamproite gehören ungewöhnlich K-reichen Magmatitserien an und bestehen aus Olivin, Diopsid, Phlogopit, Leucit, Sanidin und einem K-reichen Amphibol in unterschiedlichen Mengenanteilen. Akzessorien sind: Perowskit, Nephelin, Apatit neben weiteren, an Seltenen Erden reichen Mineralen. Durch ihre *Diamant*führung haben Lamproite an wirtschaftlichem Interesse gewonnen: Diamantlagerstätte Argyle (Westaustralien).

Weiterführende Literatur

Best MG (2003) Igneous and metamorphic petrology, 2nd edn. Blackwell, Oxford

Best MG, Christiansen EH (2001) Igneous petrology. Blackwell, Malden, Mass., USA

Hersum TG, Marsh BD (2007) Igneous textures: On the kinetics behind the words. Elements 3:247–252

Higgins MD (2006) Quantitative textural measurements in igneous and metamorphic petrology. Cambridge University Press, Cambridge, England

Jerram DA, Higgins MD (2007) 3D analysis of rock textures: Quantifying igneous microstructures. Elements 3:239–245

Le Maitre RW (ed) (1989) A classification of igneous rocks and glossary of terms. Blackwell Oxford

Le Maitre RW (ed) (2004) Igneous rocks. A classification and glossary of terms, 2nd Edn. Cambridge University Press, Cambridge, UK

Wimmenauer W (1985) Petrographie der magmatischen und metamorphen Gesteine. Enke, Stuttgart

Zitierte Literatur

Abu El-Enen MM, Okrusch M (2012) Porfido rosso antico: Die geologische Situation des Mons Porphyrites am Diebel Dokhan in der ägyptischen Ostwüste. In: Lorenz J (ed) Porphyr. Mitt naturwiss Mus Aschaffenburg 26:130–139

Brögger WC (1921) Die Eruptivgesteine des Kristianiagebietes, IV. Das Fengebiet in Telemark, Norwegen. Vit Selsk Skr Mat Nat Klasse 1920, 1, 494 pp. Kristiania (Oslo)

Charlier BLA, Wilson CJN, Lowenstern JB, Blake S, van Calsteren PW, Davidson JP (2005) Magma generation at a large, hyperactive silicic volcano (Taupo, New Zealand) revealed by U-Th and U-Pb systematics in zircons. J Petrol 46:3–32

Defant MJ, Drummond MS (1990) Derivation of some modern arc magmas by melting of young subducted lithosphere. Nature 347:662–665

Hildreth W (2001) Unpublizierter Vortrag bei der Penrose Conference „Longevity and dynamics of rhyolithic magma systems", cit. Charlier et al. (2005)

Jahn BMM, Glikson AY, Peucat J-J, Hickman AH (1981) REE geochemistry and isotopic data of Archean silicic volcanics and granitoids from the Pilbara Block, western Australia: Implications for the early crustal evolution. Geochim Cosmochim Acta 45:1633–1652

Klemm R, Klemm D (1993) Steine und Steinbrüche im alten Ägypten. Springer-Verlag, Berlin New York

Klemm R, Klemm D (2008) Stones and stone quarries in ancient Egypt. Brit Mus Publ, London

Le Bas MJ, Le Maitre RW, Streckeisen A, Zanettin B (1986) A chemical classification of volcanic rocks based on the total alkali–silica diagram. J Petrol 27:745–750

Le Bas MJ, Le Maitre RW, Woolley AR (1992) The construction of the total alkali–silica chemical classification of volcanic rocks. Mineral Petrol 46:1–22

Le Bas MJ, Streckeisen AL (1991) The IUGS systematics of igneous rocks. J Geol Soc London 148:825–833

Lorenz V (1998) Zur Vulkanologie von diamantführenden Kimberlit- und Lamproit-Diatremen. Z Dt Gemmol Ges 47:5–30

Lorenz J (2012) „Porfido verde antico" von Krokees, Lakonien, Peloponnes, Griechenland. Der originale Fundort zwischen Faros und Stefania. In: Lorenz J (ed) Porphyr. Mitt naturwiss Mus Aschaffenburg 26:24–41

Martin H, Chauvel C, Jahn BM (1983) Major and trace element geochemistry and crustal evolution of granodioritic Archean rocks from eastern Finland. Precambrian Res 21:159–180

Martin H, Smithies RH, Rapp R, Moyen J-F, Champion D (2005) An overview of adakite, tonalite-trondhjemite-granodiorite (TTG), and sanukitoid: Relationships and some implications for crustal evolution. Lithos 79:1–24

Nockolds SR (1954) Average chemical composition of some igneous rocks. Bull Geol Soc America 65:1007–1032

Ronov AB, Yaroshevsky AA (1969) Chemical composition of the Earth's crust. In: Hart PJ (ed) The Earth's crust and upper mantle. Geophys Monogr 13:37–57. AGU, Washington/DC

Streckeisen AL (1967) Classification and nomenclature of igneous rocks (Final report of an inquiry). Neues Jahrb Mineral Abhandl 107:144–240

Streckeisen AL (1974). Classification and nomenclature of plutonic rocks. Geol Rundsch 63:773–788

Streckeisen AL (1976) To each plutonic rock its proper name. Earth Sci Rev 12:1–34

Streckeisen AL (1980) Classification and nomenclature of volcanic rocks, lamprophyres, carbonatites and melilitic rocks. IUGS Subcommission on the Systematics of Igneous Rocks. Geol Rundsch 69:194–207

Verma SP, Torres-Alvarado IS, Velasco-Tapia F (2003) A revised CIPW norm. Schweiz Mineral Petrogr Mitt 83:197–216

Woolley AR, Bergman, S, Edgar AD, et al. (1996) Classification of lamprophyres, lamproites, kimberlites, and the kalsilitic, melilitic, and leucitic rocks. Canad Mineral 34:175–186

Yoder HS, Tilley CF (1962) Origin of basalt magmas: An experimental study of natural and synthetic rock systems. J Petrol 3:342–532

Vulkanismus

**14.1
Effusive Förderung:
Lavaströme**

**14.2
Extrusive Förderung**

**14.3
Explosive Förderung**

**14.4
Gemischte Förderung:
Stratovulkane**

**14.5
Vulkanische
Dampftätigkeit**

Der aktive Vulkanismus ist für Geologen und Petrologen von besonderem Interesse, da er einer der wenigen geologischen Prozesse ist, die sich unmittelbar beobachten lassen. Vulkane sind geologische Gebilde, die durch den Ausbruch von magmatischen Schmelzen und/oder Gasen aus dem Erdinnern an die Erdoberfläche oder auf den Meeresboden entstehen. Als Vulkane im geographischen Sinne bezeichnet man die Hügel oder Berge, die durch Anhäufung von vulkanischem Gesteinsmaterial gebildet wurden.

Es gibt heute nahezu 800 aktive Vulkane, davon einige mit Dauertätigkeit, wie der Stromboli (Äolische Inseln), der Ätna (Sizilien), der Kilauea (Hawaii). Der Izalco in El Salvador befand sich als „Leuchtturm des Pazifik" von 1770 bis 1957 in Dauertätigkeit. Wie Abb. 14.1 zeigt, konzentrieren sich die jungen und aktiven Vulkane auf die tektonisch mobilen Zonen der Erde, die gleichzeitig durch große Erdbebenhäufigkeit gekennzeichnet sind. Dieses sind die divergenten Plattenränder (mittelozeanische Rücken), die konvergenten Plattenränder (Subduktionszonen), die intrakontinentalen Riftzonen und schließlich die Gebiete über sog. Plumes oder Hot Spots (Abschn. 19.1, S. 306), insbesondere ozeanische Inseln wie Hawaii. Für die Bevölkerung in den betroffenen Gebieten ist es eine Existenzfrage zu wissen, ob ein Vulkan wirklich erloschen ist oder ob der Vulkanismus nur ruht. So galt der Vorläufervulkan des Vesuv, der Monte Somma, lange Zeit als erloschen, bis er im Jahre 79 n. Chr. wieder einen verheerenden Ausbruch erlebte.

Nach einer Abschätzung von Bottinga et al. (1983) werden auf der Erde in jeder Sekunde etwa 1 300 t Lava gefördert, der weitaus größte Anteil davon submarin.

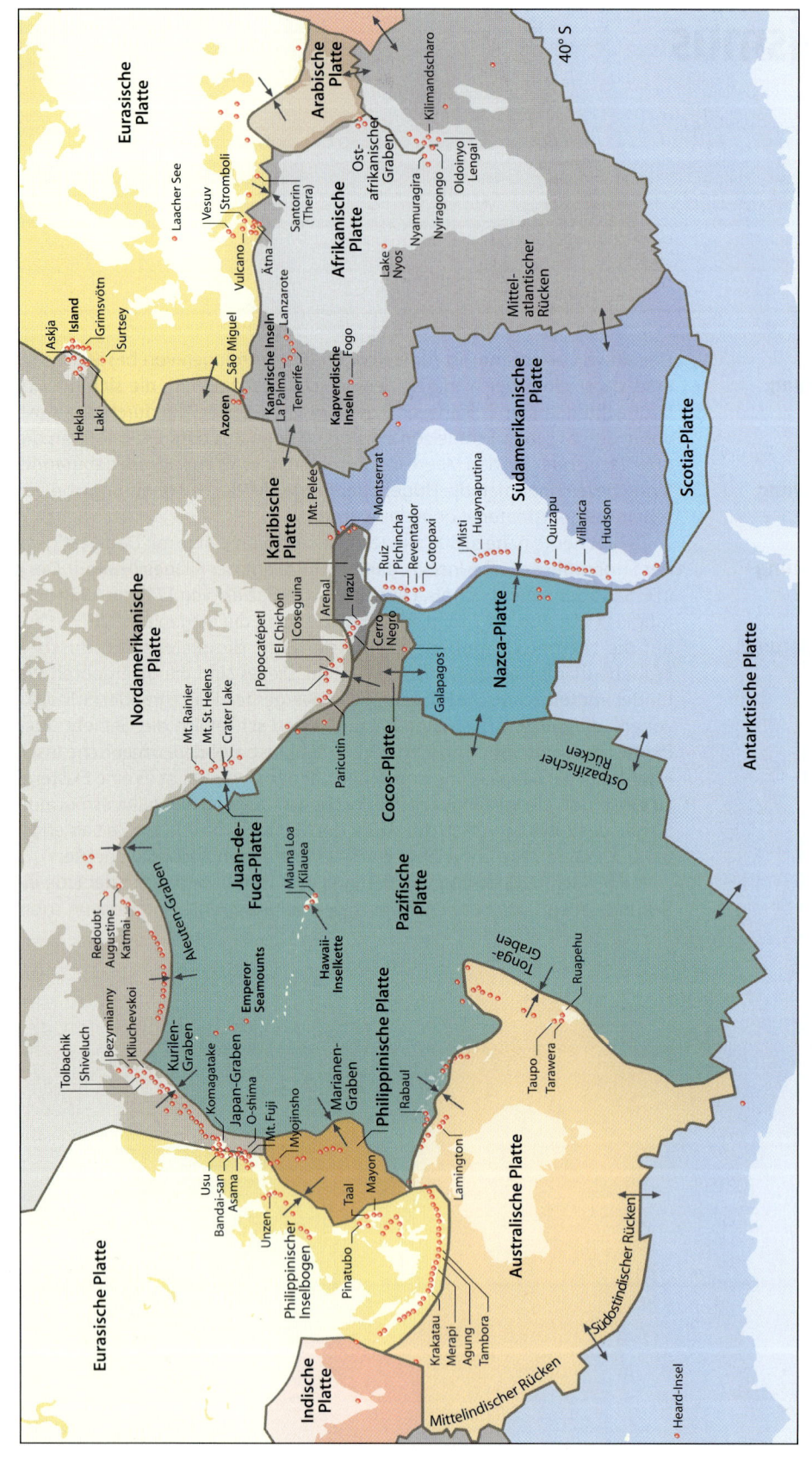

Abb. 14.1. Vulkanismus und Plattentektonik. Globale Verteilung aktiver und ruhender Vulkane und die wichtigsten Lithosphärenplatten. Man erkennt eine eindrucksvolle Konzentration der vulkanischen Aktivität an den konvergenten Plattenrändern oberhalb von Subduktionszonen (*konvergierende Pfeile*). Von den zahlreichen Vulkanen an divergenten Plattenrändern, insbesondere an mittelozeanischen Rücken (*divergente Pfeile*) sind nur solche dargestellt, die aus dem Meeresspiegel herausragen. Für den rezenten Hot-Spot-Vulkanismus im ozeanischen und kontinentalen Intraplattenbereich gibt es nur wenige, aber prominente Beispiele. (Aus Schmincke 2000)

14.1
Effusive Förderung: Lavaströme

Der überwiegende Teil der effusiv geförderten Laven ist dünnflüssig und heiß (Abb. 14.2, 14.3) und besitzt basaltische Zusammensetzung (mit 40–60 % SiO_2). Solche Laven können – auch auf flach geneigten Hängen – mehr als 150 km weit fließen, wobei der individuelle Strom oft nur Dicken von wenigen Metern erreicht. Demgegenüber sind viskosere Laven naturgemäß viel weniger geeignet, große Entfernungen zurückzulegen; sie können daher nur auf steilen Hängen fließen. Deswegen bilden SiO_2-reichere rhyolithische Laven viel seltener Ströme, wie z. B. der berühmte Obsidianstrom von Rocche Rosse auf Lipari. Effusive Lavaförderung kann große Ausmaße annehmen; so wurden beim Ausbruch der Laki-Spalte auf Island kurzzeitig schätzungsweise 7 200–8 700 m^3/s gefördert (Thordarsson und Self 1993). Zum Vergleich: der Rhein bei Köln führt normalerweise 2 000 m^3/s!

Heiße, dünnflüssige und gasarme Basaltlaven werden international als *Pahoehoe-Laven* (sprich pah'-ho-ih-ho-ih) bezeichnet, ein Ausdruck, der zunächst auf Hawaii verwendet wurde. Bei konstanter Fließgeschwindigkeit bildet sich eine Haut mit glatter oder gestriemter Oberfläche: Fladenlava (Abb. 14.3); bei Beschleunigung der Fließbewegung wird die Erstarrungshaut in Schollen zerbrochen: Schollenlava; Störungen des Fließvorgangs bei noch nicht ganz erstarrter Haut führen zur Bildung von Seil- oder Stricklava (Abb. 14.3, 14.4). Mit abnehmender Temperatur eines Lavastroms geht Pahoehoe-Laven in *Aa-Lava* (sprich ah-ah') oder Brockenlava über, die wegen ihrer höheren Viskosität langsamer fließt. Oft spielt auch eine steigende Verformungsrate, z. B. beim Fließen über einen steilen Hang eine zusätzliche Rolle. Der Lavastrom beginnt zu „klumpen"; an seiner Oberseite bilden sich zackige bis rundliche, z. T. aufgeblähte Schlacken, die von der Stirn des Lavastroms herunterfallen und von diesem überfahren werden. So entsteht die typische Zonierung von Aa-Strömen: Top- und Basis-Breccien, randliche Schlackenwälle und ein massives Zentrum (Schmincke 2000). Beim Abkühlen mächtiger, kompakter Lavaströme tritt ein Volumenverlust ein. Dieser wird über ein System von polygonalen Klüften ausgeglichen, die senkrecht zur Abkühlungsfläche stehen: *Säulenbasalte* (Abb. 14.5).

Bei submariner Förderung von Pahoehoe-Lava entstehen typische kissen-, genauer gesagt schlauchartige Formen: *Pillowlaven*. Entscheidend für ihre Bildung ist die rasche Abschreckung im Kontakt mit dem kalten Meerwasser,

Abb. 14.2. Ausbruch des Ätna im Jahr 1975. Man erkennt den tätigen Krater mit strombolianischer Tätigkeit und den daraus ausfließenden Pahoehoe-Lavastrom. (Foto: Martin Pfleghaar, Heidenheim)

Abb. 14.3.
Pahoehoe-Lava vom 16. Juli 1991, Kilauea, Insel Hawaii, nahe der Mündung in den Pazifischen Ozean. Die glutflüssige Lava ist von einer dünnen Erstarrungshaut überzogen, die teils glatt, teils gerunzelt ist: Fladen- und Stricklava. (Foto: Pete Mouginis-Mark, University of Hawaii)

Abb. 14.4. Stricklava von 1858, Vesuv. (Foto: M. Okrusch)

Abb. 14.7. Basaltpillow aus einem submarinen Lavastroms eines Vorläufer-Vulkan des Ätna. Die gelbliche Substanz in den Zwickeln zwischen den Pillows ist Glasbruch (Hyaloklastit), der in Palagonit umgewandelt wurde. Burgfelsen von Aci Castello (Sizilien). Man beachte den Bergschuh als Größenvergleich. (Foto: M. O.)

Abb. 14.5. Säulenbasalt der Vulkaninsel Staffa (Innere Hebriden, Schottland). Die mittleren, säulenförmig ausgebildeten Bereiche des Lavastroms sind langsam abgekühlt, die oberen und unteren Bereiche rasch. (Foto: M. O.)

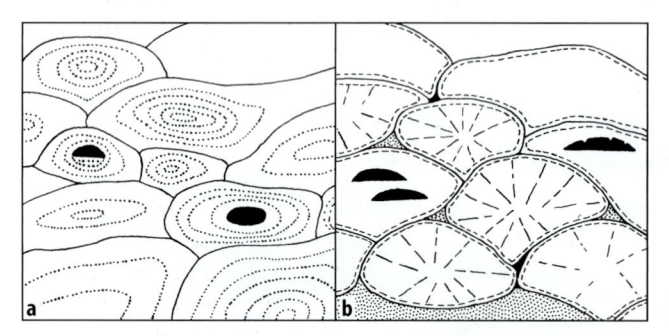

Abb. 14.6. Schematische Darstellung von subaerisch ausgeflossener Pahoehoe-Lava (*links*) und submariner Pillowlava (*rechts*). Im Gegensatz zur Pahoehoe-Lava, die nur konzentrische Absonderung zeigt, besitzt die Pillowlava radialstrahlige Absonderung, eine glasige Außenhaut, sowie Hyaloklastite und sedimentäres Material in den Zwickeln (*punktiert*). Hohlräume sind *schwarz* dargestellt. (Mod. nach MacDonald 1972)

durch die sich die einzelnen Lava-Anteile mit einer Glaskruste umgeben. Die umlaufende Kruste, Sackungsformen und radialstrahlige Absonderung der Pillows sind Hinweise darauf, dass sich diese noch im plastischen Zustand übereinander lagerten (Abb. 14.6, 14.7). Dabei wurde die Glashaut zerrieben und in den Zwickeln zwischen den Pillows angereichert. Solche Anhäufungen von Glasscherben bezeichnet man als *Hyaloklastit*; er wird durch Reaktion mit dem Meerwasser häufig zu einer kollophoniumartigen, bräunlich, gelblich oder orange gefärbten Substanz, dem *Palagonit* zersetzt. Pillowbasalte können auch entstehen, wenn Laven in Kontakt mit feuchtem Schlamm oder mit Gletschereis geraten. Anhäufungen von zerbrochenen Pillows in einer Tuffmatrix bezeichnet man als Pillowbreccien; diese entstehen häufig, wenn submarin geförderte Laven an steilen Hängen abfließen.

Wenn die effusive Tätigkeit basaltischer Laven weit überwiegt, entstehen (fast) reine *Lavavulkane*, die im Allgemeinen durch mehrere Förderfolgen gebildet wurden.

Lavadecken

Lavadecken sind flächenhaft ausgedehnte Lava-Überflutungen, die sich innerhalb kontinentaler Platten gebildet haben und fast stets als Linearausbrüche aus Spalten gefördert wurden (*Plateaubasalte, kontinentale Flutbasalte*).

Mehr als 2,5 Mio. km² der Festländer sind seit Beginn des Mesozoikums von basaltischen Laven überflutet worden. Im kontinentalen Bereich der Erdkruste haben sich daraus im Lauf geologischer Zeiträume ausgedehnte Plateaus mit Mächtigkeiten bis zu etwa 3 000 m gebildet, deren treppenartige Geländeformen zur Bezeichnung *Trappbasalte* Anlass gaben. Dabei sind die einzelnen Teildecken meistens nur 5–15 m mächtig. Das größte Vorkommen von kontinentalen Flutbasalten befindet sich in Sibirien. Dieser Sibirische Trapp ist heute noch in einer Ausdehnung von 2,5 Millionen km² aufgeschlossen (z. B. Saunders u. Reichow 2009), liegt aber zum größeren Teil noch unter Bedeckung; er wird mehrere km mächtig. Sehr genaue

U-Pb-Datierungen erbrachten für den untersten Lavastrom ein Alter von 251,7 ±0,4 Ma, für einen der jüngsten Lavaströme 251,1 ±0,3 Ma (Ma = Millionen Jahre). Daraus kann man schließen, dass diese gewaltige Lavamasse in einem Zeitraum von weniger als 1 Millionen Jahren gefördert wurde (Kamo et al. 2003). Weitere Flutbasalt-Vorkommen befinden sich im Parana-Becken (Südamerika: 750 000 km^2), im Gebiet des Columbia- und Snake Rivers (Nordwesten der USA: 400 000 km^2), in Indien (Dekhan-Trapp: 650 000 km^2), im Karoo- und Etendeka-Gebiet (südliches Afrika). In Europa treten Plateaubasalte besonders in Schottland, Island und Südschweden auf. Die Förderung solcher Lavamassen, die rezent nicht mehr beobachtet wurde, muss erhebliche globale Auswirkungen auf Klima und Vegetation gehabt haben. Sie ist wahrscheinlich eine wesentliche Ursache von Massenausterbe-Ereignissen (engl. mass extinction) im Phanerozoikum (z. B. Kamo et al. 2003; Ernst et al. 2005; Saunders u. Reichow 2009). So fällt die Förderung der sibirischen Flutbasalte im Zeitraum 251–252 Ma genau mit dem einschneidenden Massenausterbe-Ereignis an der Perm-Trias-Grenze zusammen, die auf 251,4 ±0,3 Ma datiert wurde. White u. Saunders (2005) nehmen an, dass die drei größten Massenausterbe-Ereignisse am Ende des Perms, am Ende der Trias und am Ende der Kreide jeweils auf ein zufälliges – vielleicht nicht ursächliches? – Zusammentreffen von großen Flutbasalt-Ereignissen und dem Impakt eines riesigen Asteroiden oder Kometen zurückgehen (Abschn. 31.1, S. 548).

Schildvulkane

Schildvulkane sind schildartig flache, in ihrem Grundriss nahezu kreisförmige Vulkanbauten, die ozeanische Inseln aufbauen. Ihre Flanken weisen meist geringe Neigungen von 4–6° auf. Der Name leitet sich vom Buckelschild römischer Soldaten ab, dem sie in ihrer Form gleichen. Neben den Lavadecken gehören die Schildvulkane vom Hawaii-Typ zu den größten zusammenhängenden vulkanischen Gesteinskörpern der Erdoberfläche; so besitzt der Mauna Loa einen Basisdurchmesser von ca. 120 km, ist ca. 9 km hoch und ragt über 4 km aus dem Meer heraus (Abb. 32.5, S. 577). Wichtige Schildvulkane auf Hawaii sind ferner der Mauna Kea und der kleinere Kilauea mit seinen Parasitärvulkanen Mauna Ulu (tätig 1969–1974) und Pu'u O'o (tätig seit 1983). Auf dem flachen Gipfelplateau des Kilauea befindet sich der Pitkrater Halemaumau, der im Zeitraum 1823 bis 1924 von einem glutflüssigen Lavasee erfüllt war (Abb. 14.8) und seit 2008 wieder einen kleinen Lavasee enthält. Demgegenüber sind die Schildvulkane vom Islandtyp deutlich kleiner und besitzen steilere Flanken. Der größte bislang bekannte Schildvulkan ist der Mons Olympus auf dem Mars mit einem Basisdurchmesser von 550–600 km und einer Höhe von ca. 26 000 m über NN (Abschn. 32.1.3, Abb. 32.5, S. 577).

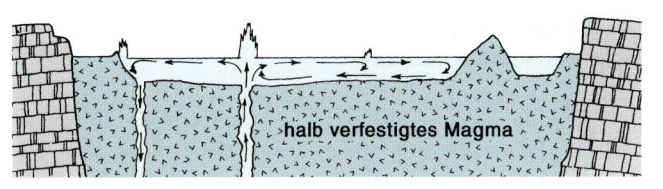

Abb. 14.8. Durchschnitt durch den Lavasee Halemaumau im Gipfelplateau des Kilauea (Hawaii) mit Lavazirkulation, primären und sekundären Lavafontänen. (Mod. nach MacDonald 1972)

Schildvulkane entstehen durch Übereinanderfließen zahlreicher dünnflüssiger Lavaströme, die häufig aus *Spalten* gefördert werden: Spalten-Effusionen. Bei der Eruption entstehen spektakuläre Lavavorhänge („Curtains of Fire"), die aus einzelnen Lavafontänen zusammengewachsen sind. Daneben gibt es auch Gipfel-Effusionen aus einem *zentralen Förderkanal*; diese führen häufig zur Bildung von *Lavaseen*, in denen dünnflüssige, heiße Lava den steilwandigen Einsturzkrater erfüllt (Abb. 14.8).

Submarine Effusionen (Ozeanboden-Basalte)

Diese Vorgänge finden in erster Linie im Bereich der mittelozeanischen Rücken statt, wo ozeanische Kruste ständig neu gebildet und durch das Sea-Floor-Spreading von diesen divergenten (konstruktiven) Plattengrenzen mit Geschwindigkeiten von einigen Zentimetern pro Jahr wegbewegt wird. Die Vulkane der mittelozeanischen Rücken bestehen zu einem großen Teil aus Strömen von Pillowlaven (Abb. 23.10d, S. 361); sie sind aus verzweigten Lavaschläuchen aufgebaut, deren Größe von der Basis nach oben abnimmt. Tiefbohrungen haben jedoch gezeigt, dass in diese Pillowlaven häufig mehrere Meter mächtige, kompakte Lavadecken eingeschaltet sind, die wahrscheinlich am Anfang einer Eruption und mit höherer Eruptionsrate gefördert wurden als die Pillowlaven (Schmincke 2000).

Darüber hinaus weiß man heute, dass es auch am Ozeanboden große Flutbasalt-Plateaus gibt, die die kontinentalen Flutbasalte an Ausdehnung noch übertreffen, so das Otong-Java-Plateau (West-Pazifik), das Kerguelen-Plateau (Süd-Indik), das Broken-Ridge-Plateau (Süd-Indik) u. a. (Coffin u. Eldholm 1994). Produkte des submarinen Vulkanismus sind schließlich Seamounts und die Sockel vulkanischer Inseln. Sieht man von der dünnen Bedeckung durch Meeres-Sedimente ab, besitzen die Ozeanbodenbasalte, die in einem Zeitraum von der späten Trias bis heute gefördert wurden und noch werden, insgesamt eine gewaltige Ausdehnung, die um ein Vielfaches größer ist als die der kontinentalen Flutbasalte. Zusammen mit diesen gehören die ozeanischen Flutbasalte zu den *großen magmatischen Provinzen* (engl. *Large Igneous Provinces*, LIP), die auf *Plumes* im Erdmantel zurückgeführt werden (Ernst et al. 2005; Kerr et al. 2005).

14.2
Extrusive Förderung

> Sehr viskose Laven, meist von Rhyolith-, Trachyt-, Phonolith- oder Dacit-Zusammensetzung (55–75% SiO_2), können nur schwer fließen. Sie werden daher teigartig herausgepresst und bilden steilwandige Lavamassen über der Ausbruchsstelle, die bei der Erstarrung zu Blöcken zerfallen: *Blocklava*.

Lavadome (Staukuppen, Quellkuppen)

Lavadome wachsen durch Nachrücken des hochviskosen Magmas von innen heraus oder durch Stapelung kurzer, viskoser Lavaströme; ihre erstarrende Oberfläche wird rissig und es entsteht eine brecciöse Außenzone, ein *Agglomerat*. Wenn Lavadome an geneigten Hängen im heißen, nur oberflächlich erstarrten Zustand abreißen (Abb. 14.9), können katastrophale Glutlawinen abgehen. Beispiele von *Staukuppen* sind der Puy de Dôme (Auvergne) sowie der Lassen Peak (Kalifornien), der Mount Saint Helens (Washington) und andere junge Vulkane der nordwestamerikanischen Vulkankette, die bei der Subduktion der Juan-de-Fuca-Platte unter die Nordamerikanische Platte aktiv geworden sind (Abb. 14.1).

Im Unterschied zu den Staukuppen sind die *Quellkuppen* unter Tuffbedeckung gebildet worden, wie der Hohentwiel im Hegau oder der Drachenfels im Siebengebirge (Abb. 14.10). Staukuppen und Quellkuppen bilden meistens Bergkegel mit steilen Flanken.

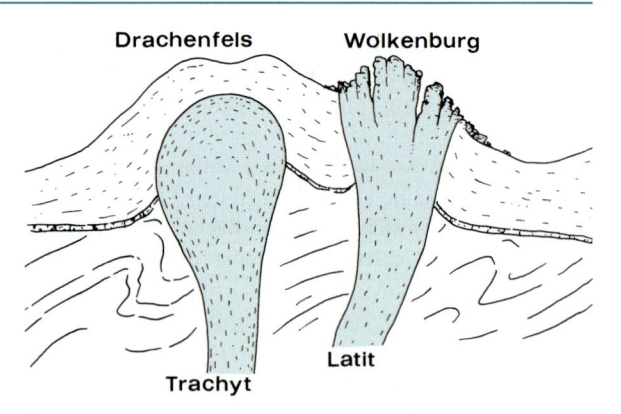

Abb. 14.10. Quellkuppe und Staukuppe: Die Quellkuppe des Drachenfelses mit Tuffmantel; Staukuppe der Wolkenburg ohne jede vorherige Tuffbedeckung wie aus dem diskordanten Verband zu erkennen ist. (Nach Scholtz 1931)

Lavanadeln (Stoßkuppen)

Wenn die Lava ganz besonders zäh ist, wird sie bereits beim ersten Kontakt mit der Luft praktisch fest. Sie wird dann als kompakter Lavapfropfen aus dem Schlot herausgeschoben, der insgesamt glasig erstarrt oder im Inneren noch glutflüssig, aber sehr viskos ist. Oft brechen die oberen Teile ab und es können noch kleinere Felsnadeln aus der Spitze herausgedrückt werden. Lavanadeln entstehen relativ selten, und zwar meist in Verbindung mit älteren Lavadomen, wie das bei der berühmten Felsnadel der Montagne Pelée auf der Kleinen Antilleninsel Martinique der Fall war. Im Anschluss an eine verheerende Glutlawinen- und Glutwolkentätigkeit (s. unten) wurde die Lavanadel von November 1902 bis September 1903 aus dem Vulkankrater fast senkrecht herausgedrückt und erreichte eine Höhe von 350 m, wobei mehrere Wachstums- und Abbruchphasen miteinander abwechselten und zuletzt noch eine 2., kleinere Nadel entstand. Inzwischen ist die ehemalige Felsnadel durch Erosion fast völlig abgetragen.

14.3
Explosive Förderung

> Explosive Vulkanausbrüche gehören zu den verheerendsten geologischen Ereignissen, die in der Menschheitsgeschichte gewaltige Opfer gefordert haben: Tambora (Indonesien) 1815: 93 000 Tote, Krakatau (Indonesien) 1883: 36 000 Tote, Montagne Pelée (Martinique, Kleine Antillen) 1902: 29 000 Tote. Auch in der Menge des geförderten Materials ist der explosive Vulkanismus von größter Bedeutung und wird nur noch von submarinen Effusionen übertroffen. An Land machen Pyroklastika über 90 % der vulkanischen Förderungen in historischer Zeit aus (Sapper 1927).

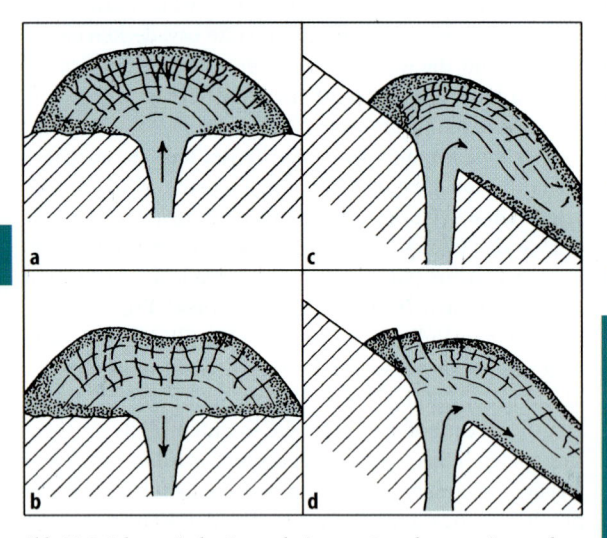

Abb. 14.9. Schematische Querschnitte von Lavadomen mit angedeuteten Fließlinien bzw. Rissen und Agglomeraten der Randzonen (*punktiert*). *Links*: Dom auf annähernd flachem Gelände, **a** beim Lavaaufstieg, **b** nach Zurücksinken der Lava in den Schlot; *rechts*: Dom auf geneigtem Hang, **c** Anfangsstadium, **d** Abreißen und Abfließen des Doms. (Mod. nach MacDonald 1972)

- Der erste Schritt für einen explosiven Vulkanausbruch ist zunächst der Auftrieb des Magmas im Schlot, ausgelöst entweder durch Dichte-Erniedrigung des Magmas infolge der Kristallisation von Mineralen an den Seitenwänden einer Magmenkammer oder durch Druckerhöhung infolge neuer, nachströmender Magmenschübe aus der Tiefe.
- Der zweite Schritt, d. h. die Blasenbildung und explosive Beschleunigung wird dann durch zwei Vorgänge ausgelöst, die sich überlagern können: (1) durch Übersättigung an magmatischen Gasen oder (2) durch Wechselwirkung mit externem Wasser, insbesondere Grundwasser, und einen daraus resultierenden *phreatomagmatischen Ausbruch* (Schmincke 2000).

Pyroklastische Systeme bestehen aus mehreren Zonen (Abb. 14.11). Die Blasenbildung setzt im Dachbereich der Magmenkammer ein und verstärkt sich im Schlot. Wenn das Blasenvolumen etwa 65 % erreicht hat, kippt das System um und es kommt zur *Fragmentierung* des Magmas, wobei die Scherung der aufsteigenden Schmelze die entscheidende Rolle spielt. Das System besteht jetzt aus Lavafetzen (auch Gesteinsbruchstücken und Kristallen), die in einem Gasstrom nach oben bewegt werden. In der *Eruptionssäule* über der Schlotmündung wird das Gemisch aus Partikeln, Gas und Aerosolen durch Expansion der magmatischen Gase stark, z. T. auf Überschallgeschwindigkeit beschleunigt und steigt auf.

Nach Sparks (1986) gliedern sich Eruptionssäulen in zwei Bereiche: In der *Gasschubregion* wird das Gemisch mit Geschwindigkeiten zwischen 100 und 600 m/s einige 100 m bis wenige Kilometer hoch in die Atmosphäre geschossen; dabei verliert es durch Ausfallen großer Pyroklasten und durch Ansaugen von kalter Luft rasch an Dichte. Dadurch erweitert sich der scharf gebündelte Gasschubteil blumenkohlartig zur *konvektiven Eruptionssäule*. Diese ist heißer als die umgebende Luft und erhält deswegen Auftrieb; sie kann daher bis in Höhen von über 50 km aufsteigen. Wenn sie Luftschichten gleicher Dichte erreicht, breitet sie sich schirmartig aus (Abb. 14.11). Falls jedoch der Gasschubteil oder Teile davon sich nicht mit genügend Luft mischen, um die Gesamtdichte unter die Dichte der Atmosphäre zu bringen, kann die gesamte Eruptionssäule oder Randbereiche davon kollabieren: Es entstehen absteigende Glutlawinen, aus denen Aschenwolken aufsteigen (Abb. 14.11).

Die Intensität des explosiven Vulkanismus lässt sich nach Walker (1973) durch zwei Parameter klassifizieren:

1. durch den Fragmentierungsgrad der pyroklastischen Förderprodukte F, gemessen durch den prozentualen Korngrößenanteil <1 mm, und

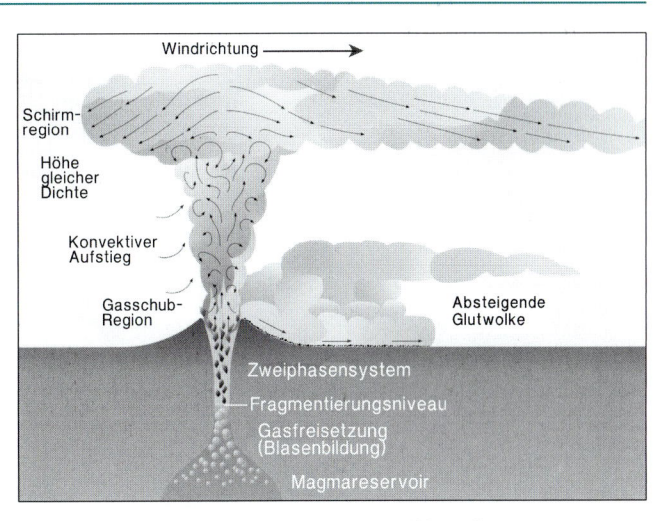

Abb. 14.11. Schematische Darstellung eines pyroklastischen Systems: *Magmasäule* mit nach oben zunehmender Blasenbildung, *Fragmentierungsniveau* und Umkippen in ein Zweiphasen-System aus Partikeln (Schmelze, Gesteinsbruchstücke) und Gas; *Eruptionssäule* mit Gasschubregion, konvektivem Hauptteil und Schirmregion; absteigende *Glutlawine* mit aufsteigenden Aschewolken. (Mod. nach Schmincke 1986, Abb. 9.1; 2000, Abb. 10.1)

2. durch die flächenhafte Verbreitung der pyroklastischen Ablagerungen D, gemessen durch die Fläche innerhalb der Isopache, die 0.01 % der maximalen Mächtigkeit beträgt.

Der *vulkanische Explosivitäts-Index* (VEI) ist durch die Masse an gefördertem Material definiert, wobei nach Pyle (2000) folgende Gleichung gilt:

$$\text{VEI} = \log_{10} \text{ der geförderten Pyroklastika in kg} - 7 \quad [12.1]$$

Bei einer Förderung von 10^{10} kg beträgt der VEI also 3. Beispiele sind in Tabelle 14.1 aufgeführt. Einen vergleichbaren Index für die Magnitude der vulkanischen Förderung kann man auch bei effusiver Vulkantätigkeit angeben.

Im Folgenden werden die wichtigsten Typen des explosiven Vulkanismus beschrieben (Schmincke 2000).

Hawaiianische Tätigkeit: Lavafontänen

Wie bereits erwähnt, ist die effusive Vulkantätigkeit häufig mit der Bildung von Lavafontänen oder Lavavorhängen verknüpft, die bis zu 500 m hoch werden können; es wird also Lava explosiv in die Luft geschleudert (Abb. 14.12). Dabei sind Zerkleinerungsgrad und flächenhafte Verbreitung der Ablagerungen gering: $F < 10\%, D < 0{,}05$ km². Wesentliche Ursache für die Entstehung von Lavafontänen ist die rasche Aufstiegsgeschwindigkeit des Magmas in der Tiefe (>0,5–1 m/s), die wesentlich größer ist als die Wachstumsgeschwindigkeit der Gasblasen.

Tabelle 14.1. Beispiele für den vulkanischen Explosivitäts-Index (VEI). (Aus Miller und Wark 2008)

VEI	Höhe der Eruptionswolke (km)	Gefördertes Volumen (km³)	Häufigkeit auf der Erde	Beispiel
0	<0,1	>~10^{-6}	täglich	Kilauea, Hawaii
1	0,1–1	>~10^{-5}	täglich	Stromboli, Italien
2	1–5	>~10^{-3}	wöchentlich	Galeras, Kolumbien 1993
3	3–15	>~10^{-2}	jährlich	Nevado del Ruiz, Kolumbien 1985
4	10–25	>~10^{-1}	~alle 10 Jahre	Soufrière, Westindien 1995
5	>25	>~1	~alle 50 Jahre	Mount St. Helens, USA 1980
6	>25	>~10	~alle 100 Jahre	Pinatubo, Philippinen 1991
7	>25	>~100	~alle 1 000 Jahre	Tambora, Indonesien 1815
8	>25 (bis 55)	>~1 000	alle 10 000 bis 100 000 Jahre	Supereruptionen, z. B. Toba, Sumatra vor 74 000 Jahren

Abb. 14.12.
Lavafontäne vom 13. August 1984, Pu'u-O'o-Krater, Hawaii. (Foto: Pete Mouginis-Mark, University of Hawaii)

Strombolianische Tätigkeit: Lavawurftätigkeit

Der Name strombolianische Tätigkeit leitet sich vom Vulkan Stromboli (Äolische Inseln) ab, dessen andauernde Lavawurftätigkeit schon in der Antike bekannt war. Aus mehreren kleinen Öffnungen in der Kraterwanne werden in Zeitabständen von 10–30 min Lavafetzen in die Luft geschleudert. Die kühlere, viskosere Haut der langsam aufsteigenden Lavasäule wird durch die aufsteigenden Gase zerrissen. Im Gegensatz zur hawaiianischen Tätigkeit wird das System von der Aufstiegsgeschwindigkeit der rapide wachsenden Gasblasen bestimmt, während die des Magmas <0,1 m/s bleibt. Blasen, die 1,5 km unter der Erdoberfläche einen Durchmesser von 1 mm hatten, werden beim Aufstieg der Magmasäule durch Diffusion und Druckentlastung in 3–15 Stunden auf 1 m anwachsen, wobei große Blasen schneller aufsteigen als kleinere und zusammenwachsen. Schließlich entwickelt sich durch die zunehmende Aufstiegsgeschwindigkeit von bis zu 70 m/s eine Kettenreaktion, die in einem Tiefenbereich von 220–20 m unter der Erdoberfläche zur Explosion führt (Schmincke 2000; Harris und Ripepe 2007). Die Geschwindigkeit der ausgeworfenen Lavafetzen beträgt 100–400 m/s. Bei der strombolianischen Tätigkeit kann F knapp 20 % und D eine Fläche von 5 km² erreichen. Der VEI liegt typischerweise bei 1.

Aschenfälle

Bei explosivem Vulkanismus stärkerer Energie kommt es zu mehr oder weniger ausgedehnten Aschenfällen, d. h. der Fragmentierungsgrad (F) und damit die flächenhafte Verbreitung der pyroklastischen Ablagerungen (D) werden größer. Mit steigender Intensität unterscheidet man Typen, die nach dem Ausbruch der Fossa di *Vulcano* (1888) und des *Vesuv* (1631) benannt wurden, aber quantitativ nicht genau definiert sind. Die energiereichste und verheerendste Form des explosiven Vulkanismus ist die *plinianische Tätigkeit*, bei der große Mengen an Bimstephra gefördert und weit verbreitet werden (D bis zu 50 000 km², gelegentlich mehr); F kann bis auf 90 % ansteigen. Neben dieser Fallout-Tephra wird ein Teil des geförderten Materials in Form von pyroklastischen Strömen oder durch Ringwolken (base surges) am Boden transportiert (s. unten). Wegen des großen Massenverlusts im Erdinnern kommt es in der Folge von plinianischen Ereignissen häufig zum Einbruch einer großen *Caldera*.

Diese Art der explosiven Tätigkeit wurde nach dem römischen Schriftsteller Plinius d. J. benannt, dem wir die erste ausführliche Beschreibung einer Vulkaneruption verdanken, bei der sein Onkel Plinius d. Ä. ums Leben kam: der Ausbruch des Monte Somma von 79 n. Chr. Bei diesem katastrophalen Ereignis wurde die Stadt Pompeji durch Bimsaschen, die Stadt Herculaneum durch einen heißen Aschenstrom zugedeckt und vollständig zerstört. Auch heute noch stellen der Vesuv und die nahe gelegenen Campi Flegrei (s.u.) eine erhebliche potentielle Gefahr für die Millionenstadt Neapel und die gesamte Region dar. Ein erneuter plinianischer Ausbruch könnte verheerende Folgen haben. Wichtige plinianische Ereignisse in vorgeschichtlicher Zeit sind die Ausbrüche des Laacher-See-Vulkans (Eifel) ca. 10 900 v. Chr. und der Vulkan-Insel Santorin (Kykladen) ca. 1 400 v. Chr., bei der die dortige minoische Zivilisation weitgehend zerstört wurde. Eine der verheerendsten vulkanischen Katastrophen der jüngeren Geschichte war der Ausbruch des Krakatau (Indonesien); seine erste Explosion wurde im Umkreis von 150 km, die zweite auf 7 % der Erdoberfläche gehört; durch die ausgelöste Flutwelle wurden 36 000 Menschen getötet. Noch verheerender war die Eruption des Tambora-Vulkans auf den kleinen Sunda-Inseln (Indonesien), die 1815 erfolgte und 50 000 Menschenleben forderte (VEI = 7). Erhebliches öffentliches und wissenschaftliches Interesse hat die plinianische Eruption des Mount Saint Helens (Washington, USA) am 18. Mai 1980 erregt und eine intensive interdisziplinäre Erforschung des explosiven Vulkanismus veranlasst (vgl. Schmincke 2000). Durch die Explosion wurde ein Lavadom zerstört, der seit dem 17. April 1980 kontinuierlich angewachsen war. Der vulkanische Explosivitäts-Index VEI lag bei 5. Lediglich aufgrund der dünnen Besiedelung des Gebiets konnte eine große Katastrophe vermieden werden: jedoch lag die Zahl der Todesopfer immerhin noch bei 80. Demgegenüber kamen 1982 beim plinianischen Ausbruch des El Chichón (Mexiko) etwa 2 000 Menschen um. Große öffentliche Aufmerksamkeit gewann der Ausbruch des Pinatubo (Luzon, Philippinen) im Jahr 1991, bei dem pro Sekunde ca. 200 000 m³ Pyroklastika gefördert wurden; daraus entwickelten sich gewaltige Schlammströme (Lahars, s.u.; vgl. Newhall und Punongbayan 1996).

Es besteht heute kein Zweifel mehr, das viele, wenn nicht alle plinianischen Eruptionen phreatomagmatisch sind, d. h. durch den Einbruch von externem Wasser, insbesondere von Grund- oder Oberflächenwasser, aber auch von geschmolzenem Gletschereis, ausgelöst oder verstärkt wurden.

Ein aktuelles Beispiel für eine subglaziale phreatomagmatische Explosions-Tätigkeit ist der Ausbruch des Eyafjallajökulls auf Island vom 20. März bis 9. Juli 2010. Dabei wurden in der Zeit vom 18. April bis 10. Mai 2010 durch das Schmelzen des über dem Vulkan liegenden, 200–300 m mächtigen Gletschers besonders heftige Explosionen ausgelöst. Die riesige, bis 4 km hoch aufsteigende Aschenwolke wurde mit dem südost-gerichteten Jetstream über Europa verteilt, was zeitweise zur Einstellung des Flugverkehrs führte (Gíslason u. Alfredson 2010). Von den ca. 100 000 Flugstreichungen waren insgesamt etwa 10 Mill. Passagiere betroffen.

Ganz allgemein können vulkanische Aschen und Sulfat-Aerosole, die durch den explosiven Vulkanismus in die tiefere Schichten der Erdatmosphäre geschleudert werden, starke, aber kurzzeitige Auswirkungen auf Wetter und Klima haben. Demgegenüber beeinflussen vulkanogene Aerosole, die bis in die Stratosphäre vorgedrungen sind, die chemischen Kreisläufe in der hohen Erdatmosphäre sowie den solaren und terrestrischen Strahlungs-Haushalt längerfristig und können somit von beachtlicher Klimarelevanz sein (Durant et al. 2010).

Pyroklastische Ströme, Glutwolken und Glutlawinen

Pyroklastische Ströme gehören zu den verheerendsten vulkanischen Phänomenen. Sie bestehen aus einer glutheißen Suspension von Festpartikeln in einem vulkanischen Gas, die sich – ähnlich wie eine schwere Flüssigkeit – mit großer Geschwindigkeit am Boden ausbreitet. Für Menschen in ihrem Wirkungsbereich gibt es keine Rettung. Der Festanteil besteht aus Glas- und Bims-Fragmenten unterschiedlicher Korngröße, Kristallen und Gesteinsblöcken. Den pyroklastischen Strömen eilen heiße, aschenarme Druck- oder Schockwellen (*base surges*) voraus, die sich ringförmig mit 100–400 km / h ausbreiten, ähnlich wie das bei Atomexplosionen beobachtet wurde. Sie haben verheerende Auswirkungen. Mit Schmincke (2000) können wir heute drei Typen von pyroklastischen Strömen unterscheiden:

1. Bei hochexplosiven plinianischen Eruptionen bilden sich, wie Abb. 14.11 zeigt, materialreiche pyroklastische Ströme, die überwiegend aus Bimsaschen bestehen und als gröbere Festpartikel Glasscherben, Bimslapilli (s. unten), Kristalle und Gesteinsbruchstücke führen. Sie werden fast immer aus großen Calderen gefördert, die infolge des Massenverlusts einbrechen. Es entstehen ausgedehnte, mächtige Decken von *Ignimbrit*, die Täler auffüllen, also Geländeunterschiede ausgleichen. Ignimbrite zeigen keine Schichtung, sind aber häufig chemisch zoniert und spiegeln so die kompositionelle Zonierung der sich leerenden Magmenkammer wider.

2. *Glutlawinen* (pyroklastische Blockströme) vom Typ des Mt. Pelée (1902) entstehen, wenn hochviskose, meist andesitische oder dacitische Magmen domartig aus dem Rand eines Krater herausgedrückt werden, abbrechen und als Gemisch aus heißen Blöcken und Aschen zu Tal gehen. Die Staukuppe Mt. Pelée, die am 5. April 1902 entstanden war, lieferte zwischen dem 8. April und dem 9. Juni 1902 mehrfach Glutlawinen, die durch das Tal der Rivière blanche abgingen. Spektakuläre Beispiele von Glutlawinen lieferte der Merapi (Java), besonders bei seinen letzten Ausbrüchen von 1994 und 1998.

3. Begleitet werden pyroklastische Ströme von *base surges*, d. h. Schockwellen aus hochverdünnten Aschenströmen, die sich mit hoher Geschwindigkeit

über Berg und Tal bewegen. Im Falle des Mt.-Pelée-Ausbruchs übersprangen sie die Talflanken der Rivière blanche und rasten mit enorm hoher Geschwindigkeit hangabwärts auf die Stadt St. Pierre zu, die bereits am 8. April 1902 vollständig zerstört wurde. Dabei musste der Tod von 28 000 Menschen beklagt werden; nur zwei Strafgefangene überlebten in ihrem Verlies.

Supereruptionen und Supervulkane

Als Supereruptionen bezeichnet man explosive Vulkanausbrüche, bei denen innerhalb relativ kurzer Zeit riesige Mengen von >10^{15} kg, entsprechend >1 000 km^3, vulkanischer Lockerprodukte durch Aschenfälle und pyroklastische Ströme gefördert wurden (VEI ≥ 8). Vulkane, in denen zumindest eine Supereruption stattfand, werden als *Supervulkane* bezeichnet (Miller und Wark 2008), von denen bisher nahezu 50 bekannt sind, und zwar ausschließlich in Bereichen von dicker kontinentaler Erdkruste. Solche außergewöhnlich großen Ereignisse kommen nur alle 10 000 bis 100 000 Jahre vor und sind aus historischer Zeit nicht bekannt (Tabelle 14.1). So fand die Supereruption des Yellowstone-Vulkans (Wyoming) vor 2 Millionen in einem kontinentalen Intraplatten-Bereich über einem Hot Spot statt. Die Supereruption des Long-Valley-Vulkans (Kalifornien) erfolgte vor 760 000 Jahren in einem Krustenbereich mit Dehnungstektonik. Demgegenüber waren die Supereruptionen des Toba-Vulkans (Sumatra) vor 74 000 und des Taupo-Vulkans (Neuseeland) vor 26 500 Jahren an konvergente Plattenränder in Bereichen oberhalb von Subduktionszonen gebunden.

Durch die Taupo-Supereruption wurden Ignimbrit-Ablagerungen in einer Ausdehnung von >20 000 km^2 gefördert, während die Aschenfall-Ablagerungen – soweit sie >10 cm mächtig sind – sich in einem Bereich von 10 Mill. km^2 nachweisen lassen, dünnere Aschenschichten sind noch in einem erheblich größeren Areal erkennbar. Die Aschenwolke des Toba-Vulkans nahm wahrscheinlich ein Gebiet ein, dass im Norden fast bis zum Himalaya, im Westen bis zum Horn von Afrika, im Südwesten nahezu bis Madagaskar, im Südosten bis nahe an die australische Westküste und im Nordosten bis an die Philippinen reichte.

Die enormen Massendefizite im Erdinnern, die durch solche vulkanischen Megaereignisse in kürzester Zeit entstehen, müssen durch Einbrüche riesiger Calderen ausgeglichen werden, die Durchmesser von fast 100 km erreichen können. Daher fehlen in Supervulkanen die typischen Oberflächenformen gewöhnlicher Vulkanbauten (Miller und Wark 2008).

Wie auch sonst beim explosiven Vulkanismus besitzen die Magmen der Supervulkane ein großes Explosivpotential. Dieses ist bedingt durch einen hohen Gehalt an leichtflüchtigen Komponenten, meist H_2O, die als Gasblasen in der Schmelze eingeschlossen sind, verbunden mit einer hohen Viskosität des Magmas, das typischerweise Dacit-, häufiger Rhyolith-Zusammensetzung mit SiO_2-Gehalten von ca. 65–70 bzw. 72–76 Gew.-% hat. Durch die Zähigkeit der Schmelze wird das Platzen der Gasblasen zunächst verhindert. Diese können sich immer mehr ausdehnen, bis schließlich die erste Gasblase platzt und dadurch kettenreaktionsartig die Explosion ausgelöst wird. Die Besonderheit der Supereruptionen liegt in der enormen Menge von eruptierbarem Magma mit Kristallgehalten von <50 Vol.-%, das sich im oberen Bereich eines viel größeren Magmenreservoirs befindet. Dieses ist größtenteils mit einem Kristallbrei, bestehend aus >50 Vol.-% Kristallen, gefüllt und geht randlich in ein vollkristallines granitisches Gestein über. Nach geophysikalischen Messungen und der Analyse der pyroklastischen Ablagerungen, des Bishop-Tuffs, dürfte die Magmenkammer des Long-Valley-Vulkans einen horizontalen Durchmesser von fast 30 km und eine Höhe von 12 km gehabt haben (Hildreth und Wilson 2007; Bachmann und Bergantz 2008; Abb. 15.1, S. 258). Wie isotopische Altersdatierungen an Zirkonen (Abschn. 33.5.3, S. 615f) belegen, wurden Magmenkammern von Supervulkanen im Laufe von zehntausenden bis hunderttausenden von Jahren mehrfach mit neuen Magmenschüben gefüllt, ehe es zur explosiven Förderung kam (Reid 2008). Wahrscheinlich spielte das Eindringen von heißen, aus dem Erdmantel stammenden Basalt-Magmen in die SiO_2-reichen Krustengesteine bzw. in das Magmenreservoir eine entscheidende Rolle bei der Auslösung von Supereruptionen.

Vulkanische Schutt- und Schlammströme (Lahars)

Vulkanische Schutt- und Schlammströme (Lahars) gehören zu den gefährlichsten Begleiterscheinungen des explosiven Vulkanismus. Sie können bis 60 km, in Extremfällen sogar 300 km weit fließen, bewegen sich rasch und haben große Zerstörungskraft; durch sie werden etwa 10 % der Todesfälle bei Vulkanausbrüchen verursacht (Schmincke 2000). Lahars entstehen, wenn sich pyroklastische Ströme in Flussläufe ergießen, bei starken Regenfällen oder auf Vulkanen, die mit Schnee oder Gletschern bedeckt sind. Das war z. B. beim Nevado del Ruiz (Kolumbien) der Fall, dessen Ausbruch 1985 etwa 25 000 Menschenleben kostete, und zwar überwiegend durch Lahars. Warnungen vor der Gefährlichkeit des schneebedeckten Vulkans wurden von den Behörden nicht beachtet. Demgegenüber waren beim Ausbruch des Pinatubo (Luzon, Philippinen) 1991 nur etwa 350 Tote zu beklagen, weil die Behörden auf Grund der Warnungen von Wissenschaftlern die Bevölkerung aus den Tälern, in denen die zahlreichen Lahars abgingen, rechtzeitig evakuierte.

Maare, Diatreme und Tuffringe

Diatreme sind mit vulkanischem Lockermaterial gefüllte Durchschlagsröhren, die von einem Tuffring umgeben sind, der häufig mit einem See gefüllt ist. Sie sind das

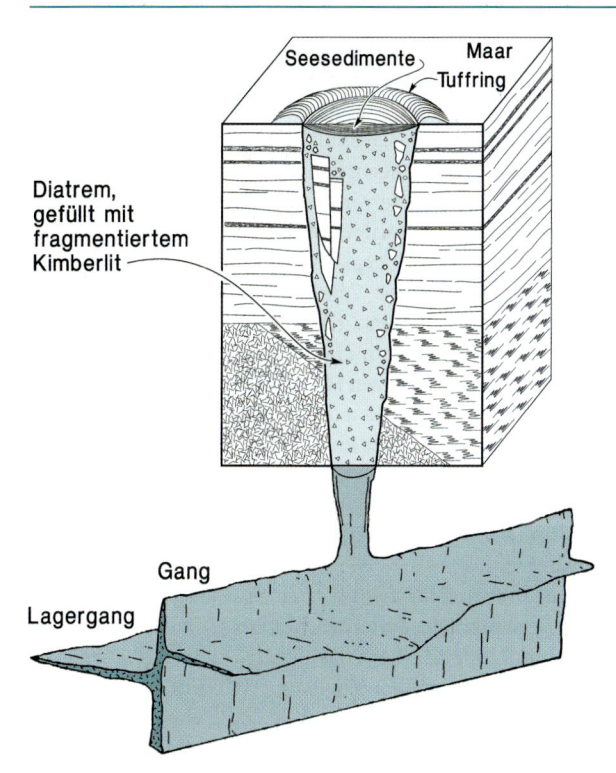

Abb. 14.13. Idealisierter Schnitt durch ein Diatrem (vulkanische Durchschlagsröhre), gefüllt mit einer Kimberlit-Breccie. Es mündet an der Erdoberfläche in einem Maar, das von einem Tuffring umgeben und von Seesedimenten erfüllt ist. *Nach unten zu geht das Diatrem in eine Gangspalte über, die als Zufuhrkanal für das aufsteigende Kimberlit-Magma diente. Dieses erstarrte ruhig zu einem nicht brecciierten Kimberlit-Gang (dike) und bildet schichtparallele Lagergänge (sills).* (Mod. nach Best 2003)

Ergebnis heftiger vulkanischer Explosionen, die meist durch den Einbruch von Grundwasser, also phreatomagmatisch ausgelöst werden (z. B. Lorenz 1974, 1998). Beispiele sind die Eruptivschlote der Schwäbischen Alb und die Maare der Eifel.

Eine besondere Art von Diatremen sind die *Kimberlit-Pipes*, z. B. im südlichen und westlichen Afrika und in Sibirien. Diese Durchschlagsröhren enthalten *brecciierten Kimberlit* (frisch als „blue ground", verwittert als „yellow ground" bezeichnet), der stellenweise Diamant führt. Er geht nach unten zu in Gänge und Lagergänge von kompaktem Kimberlit über (Abb. 14.13).

Pyroklastische Gesteine

Bei der explosiven Förderung wird neben flüssigen Lavafetzen auch festes oder halbfestes Material ausgeworfen. Zu diesen Pyroklastika gehören früh ausgeschiedene Kristalle, Bruchstücke älterer Laven sowie magmafremdes Material der Schlotwandungen oder des Untergrunds. Dieses Material sedimentiert insgesamt je nach der Korngrößenordnung und Dichte in geringerer oder weiterer Entfernung des fördernden Vulkans und bildet pyroklastische Gesteine. Obwohl sie häufig Schichtung zeigen, stellen wir sie nicht zu den Sedimenten oder Sedimentgesteinen, weil sie nicht aus Verwitterungsprodukten hervorgegangen sind.

Unverfestigte Pyroklastite. Sie werden als *Tephra* bezeichnet. Nach Korngröße und Art der einzelnen Pyroklasten ergibt sich folgende Gliederung:

- *Vulkanische Aschen*: staubfeine bis sandige Lockerstoffe mit mittlerer Korngröße <2 mm, die aus zerspratzter Schmelze (Glasaschen) oder aus feinst zerriebenem Material der Schlotwandungen oder aus einem Gemenge von beiden bestehen.
- *Lapilli* (ital. „Steinchen"; mittlere Korngröße 2–64 mm): entweder Bruchstücke älterer Laven und Schlacken oder – als Kristall-Lapilli – ausgeworfene Einsprenglinge (Olivin, Augit, Amphibol, Plagioklas) der im übrigen noch flüssigen Schmelze oder Bims-Lapilli (s. unten).
- Im Korngrößenbereich >64 mm unterscheidet man
    - *Lavablöcke*: eckige, von älteren Lavakörpern stammende Gesteinsbruchstücke, die ausgeworfen wurden, angereichert zu Breccien (z. B. Schlotbreccien).
    - *Vulkanische Bomben*: juvenile Lavafetzen die im Flug eine aerodynamische, z. B. gedrehte und zugespitzte Form angenommen haben.
    - *Wurfschlacken*: im Flug erstarrte, schwach aufgeblähte Förderprodukte.
    - *Schweißschlacken*: Sie erreichen noch teilweise unverfestigt den Boden und sintern dort zusammen: Es entstehen Schweißschlackenbänke oder Schweißschlackenkegel. Allgemein werden Anhäufungen von vulkanischen Bomben ebenfalls als *Agglomerate* (s. S. 246) bezeichnet. Vulkane mit hohem Anteil von Wurf- und Schweißschlacken heißen *Schlackenkegel*, die sich insbesondere bei strombolianischer Tätigkeit bilden.
- Als *Bims* bezeichnet man stark aufgeblähte, hochporöse und glasig erstarrte Lavafetzen, die in größeren Mengen bei plinianischen Ausbrüchen gefördert werden. Da sie spezifisch leicht sind, schwimmen sie auf dem Wasser. Nach der Korngröße unterscheidet man Bimsaschen, Bimslapilli, Bimssteine.

Bims ist ein wichtiger Industrierohstoff. Die wirtschaftlich bedeutendsten Bimslagerstätten Deutschlands gehen auf den Ausbruch des Laacher-See-Vulkans zurück. Sie befinden sich im Raum des Neuwieder Beckens mit einer mittleren Mächtigkeit von 3–5 m auf einer Fläche von ca. 240 km² und werden hier in großem Maßstab abgebaut. Aus Bims des Neuwieder Beckens werden die sog. Bimsbaustoffe hergestellt.

Die heißen, dünnflüssigen basaltischen Schmelzen in den Lavafontänen Hawaiis können sehr gasreich sein und blähen sich dann bei der Förderung auf, so dass die Gasblasen platzen. Dabei entstehen bimsartige Lavafetzen, die zu einem äußerst zarten Gewebe aus fadenförmiger Basaltlava erstarren, dem *Retikulit*. Wenn die Fontänen hoch in den Himmel aufschießen, werden die Schmelztropfen vom Wind verweht und dabei an den Rändern ausgezogen. Diese Glasgebilde nennt man nach der hawaiianischen Vulkangöttin „Pelées Haar" oder „Pelées Tränen".

- *Ignimbrite* (Schmelztuffe, engl. welded tuff) sind Absätze von Glutwolken und Glutlawinen, die besonders in ihren unteren Teilen durch Kollabieren der Bimsfragmente und Zusammensintern verfestigt sind, wobei es zu Ähnlichkeiten mit Laven kommen kann.

Sekundäre Verfestigung. Bei der *sekundären Verfestigung* von Pyroklastiten entstehen *vulkanische Tuffe*, und zwar je nach Korngröße Aschen- und Lapillituffe; bei einem höheren Anteil von Grobkomponenten spricht man auch von Bomben- oder Schlackentuffen; Bimse werden zu Bimstuffen verfestigt. Bei der Verfestigung wird als Folge von vulkanischer Dampftätigkeit, von Verwitterungsprozessen oder durch Diagenese Poren-Zement zugeführt oder er entsteht bei der Umwandlung von glasigen Bestandteilen. Im letzteren Fall kommt es zu Neubildung von Tonmineralen, verschiedenen Zeolithen oder/und SiO_2-Mineralen.

- *Bentonite* sind Glastuffe, die durch Entglasung in Montmorillonit oder ein ähnliches Tonmineral umgewandelt sind.
- *Palagonittuffe* enthalten Fragmente von dunklem basaltischem Glas (als Sideromelan bezeichnet) das durch Wasseraufnahme in *Palagonit* (s. oben) umgewandelt ist. Aus diesem amorphen Zwischenprodukt entstehen Montmorillonit (Smectit) und Zeolithe, v. a. Phillipsit.
- *Tuffite* sind umgelagerte Pyroklastika. Sie entstehen, wenn Aschen bzw. Tuffe bei folgenden Erosionsprozessen während eines kürzeren oder längeren Transportwegs mit pelitischem Material vermengt werden und eine gemeinsame Sedimentation erfolgt. Bei geringerem pyroklastischen Anteil spricht man von tuffitischen Sedimenten.
- Bezeichnungen wie *Rhyolithtuff, Trachyttuff* oder *Phonolithtuff* sind nur dann sinnvoll, wenn gleichzeitig geförderte Lava entsprechender Zusammensetzung nachweisbar ist. Eine Einordnung ist über die chemische Zusammensetzung möglich.

14.4
Gemischte Förderung: Stratovulkane

Aus einem Wechsel von extrusiver, effusiver und explosiver Tätigkeit entstehen Stratovulkane; sie setzen sich aus *Lavaströmen* und dazwischengeschalteten Pyroklastit-Lagen zusammen (Abb. 14.14); oft sind auch Ignimbrite eingeschaltet. Stratovulkane sind sehr viel verbreiteter als die reinen Lavavulkane. Dabei gibt es lavaarme und lavareiche Arten, und es bestehen zudem Übergänge zu den Lavavulkanen. Der Bau von Stratovulkanen kann außerordentlich kompliziert sein. Bekannteste Beispiele sind der Monte Somma-Vesuv und der Ätna in Italien sowie die Vulkaninselgruppe Santorin (Kykladen); typische Vertreter sind auch andesitische und dacitische Vulkane über den Subduktionszonen rund um den Pazifik.

Die einfachste Form eines Stratovulkans ist die eines Bergkegels mit konkaven Flanken. Er besitzt oben auf seiner Spitze einen Krater, aus dem zunächst die Ausbrüche erfolgen. Überschreitet ein solcher Vulkan eine gewisse Höhe, so ist die Festigkeit seiner Außenhänge dem Druck der Lavasäule im Schlot allmählich nicht mehr gewachsen und es brechen Radialspalten auf. Es kann zu Flankenausbrüchen kommen. Wenn sich die Spalten mit Lava füllen, entstehen *Radialgänge*. Haben diese Spalten die Form von Kegelmänteln, die zum Schlot hin einfallen, so erstarrt die eindringende Lava zu *Kegelgängen* (*cone sheets*); demgegenüber stehen Ringgänge (*ring dikes*) steil. Beispiele bieten durch Erosion freigelegte ehemalige Vulkane auf der Halbinsel Ardnamurchan in Schottland. Dringt Lava oberflächennah *konkordant zwischen die Schichtfugen* des Stratovulkans ein, so entstehen *Lagergänge* (*sills*). Dabei bahnt sich die Intrusion auf einer früheren Oberfläche des Stratovulkans, die sich geologisch als Diskontinuität auswirkt, den Weg.

Wenn Lagergänge eines erloschenen Vulkans durch Erosion freigelegt sind, kann man sie leicht mit effusiven Lavaströmen verwechseln. Von diesen unterscheiden sich Lagergänge jedoch durch das Fehlen einer Schlackenkruste, durch stellenweises Überspringen in ein anderes Schichtniveau sowie durch Frittungserscheinungen am Nebengestein des Hangenden und Liegenden.

14.5
Vulkanische Dampftätigkeit

Wenn die Sättigungsgrenze der in einem Magma gelösten leichtflüchtigen (volatilen) Komponenten überschritten wird, bildet sich eine freie Gasphase. Wie wir gesehen haben, kann das zu explosiver Vulkantätigkeit führen. In Pausen oder nach Erlöschen der vulkanischen Aktivität kommt es jedoch zu relativ ruhiger Entgasung, z. B. aus dem offenem Schlot oder aus Gesteinsspalten des Vulkanbaus (Abb. 16.1, S. 265). Unter den geförderten Gasen dominieren H_2O (35–90 Mol.-%) und CO_2 (5–50 Mol.-%), gefolgt von S-Dämpfen ($H_2S + SO_2 + SO_3$, zusammen 2–30 Mol.-% gerechnet als SO_2) sowie HCl und HF. Weiter wurden nachgewiesen CO, H_3BO_3, Carbonylsulfid COS, NH_3, CH_4, Rhodanwasserstoff HCNS, H_2, Ar u. a. Allerdings ist H_2O-Dampf nur zum geringeren Teil juvenil-magmatisch. Wie durch Deuterium- und Tritium-Analysen nachgewiesen wurde, stammt der Hauptanteil aus erhitztem Grund- und Oberflächenwasser; außerdem bildet sich H_2O auch durch Oxidation vulkanischer Gase neu (s. unten). Die Löslichkeit der meisten volatilen Komponenten in Silikatschmelzen nimmt mit sinkendem Druck mäßig bis stark ab. So kann eine Rhyolithschmelze bei einem Druck von ca. 2 kbar entsprechend einer Tiefe von 7 km fast 6 Gew.-% H_2O lösen, bei Atmosphärendruck an der Erdoberfläche jedoch nur noch 0.1 Gew.-%. Dabei nimmt die Löslichkeit in der Reihenfolge F → H_2O → Cl → S → CO_2 ab, d. h. CO_2 entgast schon relativ früh und in größerer Tiefe, H_2O oder F dagegen relativ spät und in einem höheren Niveau. In den am weitesten verbreiteten basaltischen Magmen ist CO_2 die wichtigste *juvenile* Volatil-Komponente, gefolgt von H_2O, S-Dämpfen, F, Cl u. a. Höher sind die juvenilen H_2O-Gehalte in basaltischen, andesitischen und dacitischen Magmen, die in Vulkanen über Subduktionszonen gefördert werden. In rhyolithischen Magmen überwiegt der H_2O-Anteil sehr stark, da die H_2O-Löslichkeit mit steigendem SiO_2-Gehalt zunimmt, während CO_2, S-Dämpfe und F zurücktreten (Schmincke 2000).

Dank wesentlicher instrumenteller Fortschritte bei der Fernerkundung haben sich unsere Kenntnisse über die volatilen Komponenten in vulkanischen Eruptionswolken stark verbessert. So wird SO_2 durch boden- und satellitengestützte UV-Korrelations-Spektrometer COSPEC (Ultraviolet Correlation Spectrometer) und das Ozon-Messgerät TOMS (Total Ozone Mapping Spectrometer) bestimmt, während CO_2 und H_2S durch flugzeuggestützte Sensoren, H_2O und CO_2 durch bodengestützte Fourier-Transformations-IR-Spektrometrie (FTIR) analysiert werden (De Vivo et al. 2005; Oppenheimer 2010).

Dampftätigkeit bei offenem Schlot

Diese Art der Tätigkeit gehört zu den eindrucksvollsten Begleiterscheinungen des aktiven Vulkanismus. Sie ist ruhig und relativ gleichmäßig bei weit offenem Schlot und mäßiger Dampfförderung, erscheint aber mehr stoßweise bei stärkerer Förderung. Besonders faszinierend ist die Dampftätigkeit, wenn die Schlotöffnung sehr eng ist, so dass den Dampfmassen der Austritt erschwert wird. Alle paar Minuten brechen die Dampfstrahlen brüllend und zischend hervor und ballen sich erst in einiger Höhe über der Schlotöffnung zu Wolken. Die Dampfförderung bei offenem Schlot ist an relativ dünnflüssige Laven gebunden. So haben z. B. der Ätna und der Vesuv monate- oder jahrelang im Zustand rhythmischer Dampftätigkeit verharrt.

Fumarolen- und Solfataren-Tätigkeit

Der Begriff *Fumarole* (lat. fuma = Rauch, Dampf) umfasst alle vulkanischen Gas- und Dampf-Exhalationen,

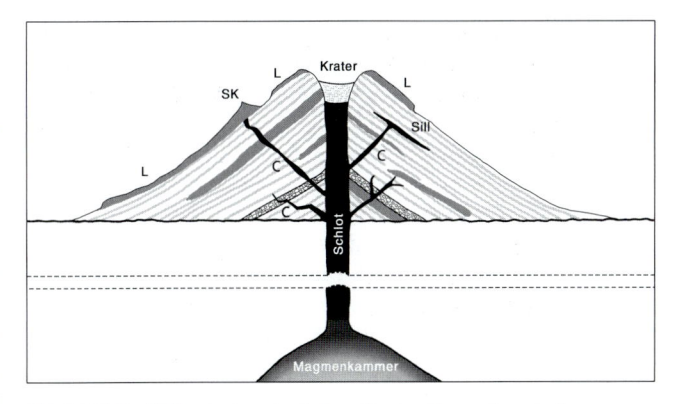

Abb. 14.14. Profil durch einen typischen Stratovulkan mit zentralem Kegel, Krater, zentralem Schlot über der Magmenkammer, Kegelgängen (Cone Sheets, *C*), die z. T. als Zufuhrkanäle für subterminale Kegel (*SK*), Lavaströme (*L*) und Sills dienen

die aus Spalten und Löchern ausströmen und deren Temperatur wesentlich höher ist als die Lufttemperatur. Das Einsetzen von verstärkter Fumarolen-Tätigkeit kann einen erneuten Vulkan-Ausbruch ankündigen, umgekehrt ist ihr Fehlen keine Garantie für das endgültige Erlöschen eines Vulkans. Häufig sind Fumarolen auf konzentrischen oder radialen Spalten angeordnet. An der Austrittsstelle wird das umgebende Gestein durch die Fumarolengase innerhalb weniger Jahre zu einem weißen bis grauen Ton zersetzt, der je nach Wassergehalt fest bis dünnflüssig ist. Die graue Farbe wird durch winzige Pyrit-Kristallchen erzeugt, die im Schlamm fein verteilt sind.

Hochtemperatur-Fumarolen mit Temperaturen von ca. 1 000–650 °C treten in Kratern und Spalten von Vulkanen auf, die noch tätig oder vor kurzem tätig gewesen sind und bei denen sich noch glutflüssiges Magma in der Tiefe befindet. Viel verbreiteter sind *Tieftemperatur-Fumarolen* mit ungefähr 650–100 °C. Nahe der Austrittsstelle der Fumarolen kommt es zur Sublimation von chemischen Komponenten, die bei höherer Temperatur und höherem Druck in vulkanischen Gasen gelöst waren und mit ihnen transportiert wurden *(Gastransport)*. Dadurch werden NaCl, KCl, NH_4Cl, $AlCl_3$, $FeCl_3$ und As_4S_4 als *Fumarolenprodukte* gebildet. $FeCl_3$ färbt auch im aktiven Stadium des Vulkans die Eruptionswolke zeitweise orangerot; oft wird es durch Wasserdampf zu *Hämatit* umgesetzt, der sich in schwarzglänzenden, tafeligen Kriställchen krustenartig auf zersetzter Lava abscheidet:

$$2FeCl_3 + 3H_2O \rightleftharpoons 6HCl + Fe_2O_3 \qquad (14.1)$$

Solfataren sind H_2S-haltige Tieftemperatur-Fumarolen. Sie setzen v. a. elementaren *Schwefel*, aber auch Realgar As_4S_4 ab, z. B. in der Solfatara bei Pozzuoli in den Campi Flegrei bei Neapel, die sich seit dem Altertum im gleichen Zustand befindet. Dort bestehen die ausströmenden Gase speziell aus überhitztem Wasserdampf mit relativ geringen Beimengungen von H_2S und CO_2. Dabei schwankt die Temperatur zwischen 165 und 130 °C. Der Luftsauerstoff oxidiert H_2S zu H_2SO_3, wobei nach der Reaktion

$$H_2S + \tfrac{1}{2}O_2 \rightleftharpoons H_2O + S \qquad (14.2)$$

elementarer Schwefel als Zwischenprodukt ausgefällt wird, der sich rund um die Austrittsstellen als monokline Kriställchen abscheidet. Die sauren Fumarolengase zersetzen die umgebenden vulkanischen Gesteine, deren Kationen teilweise ausgelaugt werden, und es bilden sich Sulfate wie Anhydrit, Gips, Epsomit $MgSO_4 \cdot 7H_2O$, Alunit $KAl_3[(OH)_6/(SO_4)_2]$ und Kalialaun $KAl[SO_4]_2 \cdot 12H_2O$.

Borhaltige Fumarolen, als *Soffionen* bezeichnet, setzen die flüchtige Borsäure H_3BO_3 als weiße Schüppchen ab, das Mineral *Sassolin* $H_3[BO_3]$. Lokal kommt es dabei zur Bildung von Borlagerstätten, die nur noch gelegentlich genutzt werden.

Die wirtschaftliche Bedeutung von vulkanischem Schwefel ist meist gering. Große, bauwürdige Schwefellagerstätten entstehen durch bakterielle Reduktion von Sulfaten.

Thermen und Geysire

Thermen (Thermalquellen, heiße Quellen) zählen zu den langandauernden postvulkanischen Erscheinungen, die das letzte Stadium der Wärmeabgabe eines erloschenen Vulkans bilden. Sie können aber auch ohne Beziehung zum Vulkanismus in Gebieten mit erhöhtem Wärmefluss entstehen, z. B. im Eger-Graben mit berühmten Badeorten wie Karlsbad (Karlovy Vary, Tschechien).

Thermen sind weit verbreitet und fördern in erster Linie verdampftes Grundwasser: In Wüsten gibt es keine heißen Quellen. Ihre Temperatur ist nicht höher als der Siedepunkt des Wassers bei dem entsprechenden Luftdruck, d. h. etwa 100 °C im Meeresspiegel-Niveau (z. B. Campi Flegrei), etwa 90 °C in 3 000 m über NN (z. B. am Ätna). Während ihrer Zirkulation auf Klüften und Spalten des Nebengesteins lösen sie geringe Mengen von deren Substanz und treten als *Mineralquellen* an die Erdoberfläche aus. Manche Thermen fördern reichlich H_2S (*Schwefelquellen*) oder CO_2 (*Säuerlinge*).

Geysire (Geyser) sind periodisch aufsteigende heiße Springquellen, die ihre Herkunft der Aufheizung des Grundwassers verdanken. Dieses sickert entlang von Störungen in den Untergrund ein, sammelt sich in einem Speichergestein, z. B. einem porösen Sandstein, wo es – z. B. durch Wärmezufuhr aus einer Magmenkammer – erhitzt wird. Das heiße Wasser steigt entlang von Störungen auf, bis es durch Druckentlastung nahe der Erdoberfläche seinen Siedepunkt erreicht und als Dampf-Wasser-Fontäne herausgeschleudert wird. Nach dem Ausbruch füllt sich die Spalte mit kühlerem Grundwasser und es beginnt ein neuer Zyklus. Die Hauptgebiete liegen auf Island (nach dem dort befindlichen Großen Geysir wurde das Phänomen benannt), im Yellowstone-Nationalpark (Wyoming, USA) und auf der Nordinsel Neuseelands.

Beim Abkühlen scheiden Thermalwässer einen Teil der gelösten Stoffe aus. Dabei bilden sich Mineralkrusten und *Sinter*, vorwiegend Kalk- oder Kieselsinter. Das abgeschiedene $CaCO_3$ ist mineralogisch vorwiegend Aragonit, das abgeschiedene $SiO_2 \cdot nH_2O$ Opal. Ein Ausscheidungsrhythmus kommt häufig durch eine zarte Bänderung zum Ausdruck. Die beobachtete Buntfärbung wird durch Beimengungen von Spurenelementen hervorgerufen. Im Yellowstone-Park bestehen die prächtigen Sinterterrassen von Mammoth Springs aus $CaCO_3$, der Geysir Old Faithful setzt Kieselsinter ab. Die Aragonitsinter des *Karlsbader Sprudelsteins* zeichnen sich teilweise durch erbsenähnliches Ooidgefüge aus und werden deshalb als Erbsenstein (Pisolith) bezeichnet. Durchdringen Thermalwässer blasiges vulkanisches Gestein, können die Hohlräume mit Mineralabscheidungen gefüllt werden. Am häufigsten trifft man an: Opal, Chalcedon (besonders dessen Varietät Achat: Abb. 11.46, 11.47, S. 184f), Quarz, Calcit oder Kristalldrusen von Zeolithen, besonders Chabasit, Natrolith, Stilbit oder Heulandit. Wegen ihrer äußerlich geschlossenen, abgerundeten Form bezeichnet man solche Füllung als *Mandeln* oder *Geoden*. In ihrem Innern bleibt häufig noch freier Raum übrig, in dem gut ausgebildete Kristalle wachsen können. So enthalten *Achatgeoden* häufig Kristalldrusen von Amethyst (Abb. 11.46, S. 184).

Früher wurden besonders schön gefärbte Achatgeoden bei Idar-Oberstein (Nahe) abgebaut und gaben Anlass zu einer bodenständigen Schmuck- und Edelsteinindustrie. Auswanderer aus dem Nahetal entdeckten die viel größeren Achat- und Amethyst-Lagerstätten in Südbrasilien und Uruguay, die große wirtschaftliche Bedeutung besitzen und jetzt das Rohmaterial für die Idar-Obersteiner Schleifereien liefern.

Geothermische Energie

Heiße Quellen und Geysire, die in geothermischen Feldern vorkommen, dienten seit undenklichen Zeiten zum Baden, Waschen und Kochen. Darüber hinaus wurden auch gelöste Salze durch Abdampfen gewonnen, z. B. die Borsäure in den Soffionen von Larderello im jungen Vulkangebiet der Toskana (Italien). Hier wurde seit 1904 der Heißdampf, der sich durch Aufheizung von eingesickertem Oberflächenwasser bildet, zur Erzeugung von elektrischer Energie genutzt. Das Wasser wird in porösen Karbonatgesteinen des Lias und der oberen Trias, in permischen Sandsteinen und Konglomeraten (Verrucano), sowie in darunter liegenden präkambrischen bis frühpaläozoischen Glimmerschiefern und Gneisen gespeichert. Nach oben zu werden diese Wasserreservoire durch relativ undurchlässige eozäne Flysch-Sedimente (Argille scagliose) abgedichtet. Durch eine in der Tiefe vermutete Magmenkammer wird das Wasser auf 96–230 °C aufgeheizt und steht unter Drücken von 5–32 bar. Der hochgespannte Heißdampf wird durch bis zu 4 km tiefe Bohrlöcher, die einen seismischen Reflektor, den H-Horizont, erreichen, an die Erdoberfläche gebracht und auf Turbinenschaufeln geleitet. Deren Material muss unempfindlich gegen Korrosion durch H_3BO_3 sein. Die Sonden bleiben durchschnittlich 12–15 Jahre aktiv und liefern 30–300 t Dampf pro Stunde. Im Jahr 2006 lag die Gesamtleistung in Larderello bei 583 MW. Im Bereich eines zweiten Reflektors, des K-Horizonts, sind überkritische Fluide gespeichert (vgl. Abschn. 18.1, S. 282), die bis jetzt nicht zur Energieerzeugung genutzt werden (Bertini et al. 2006). Auch andere bedeutende Kraftwerke liegen in jungen Vulkangebieten, so The Geysers (Kalifornien) mit 1 500 MW, Wairaki und Ohaki (Neuseeland) 250 MW und Krafla (Island). Beim Abteufen eines Bohrloches für geothermische Energie hat man an der Krafla eine Magmenkammer angebohrt; das führte zur Förderung von Lava aus dem Bohrloch (Krafft 1984).

Weiterführende Literatur

Best MG (2003) Igneous and metamorphic petrology, 2nd edn. Blackwell, Oxford
Best MG, Christiansen (2001) Igneous petrology. Blackwell, Malden, Mass., USA
De Vivo B, Lima A, Webster JD (2005) Volatiles in magmatic-volcanic systems. Elements 1:19–24
Durant AJ, Bonadonna C, Horwell CJ (2010) Atmosperic and environmental impacts of volcanic particulates. Elements 6:235–240
Ernst RE, Buchan KL, Campbell IH (2005) Frontiers in large igneous province research. Lithos 79:271–297
Francis P (1993) Volcanoes – a planetary perspective. Clarendon Press, Oxford
Houghton BF, Gonnermann HM (2008) Basaltic explosive volcanism: Constraints from deposits and models. Chem Erde 68:117–140
Kerr AC, England RW, Wignall PB (eds) (2005) Mantle plumes: Physical processes, chemical signatures, biological effects. Lithos 79(vii–x):1–504
MacDonald GA (1972) Volcanoes. Prentice-Hall, Englewood Cliffs, New Jersey
Saunders A, Reichow M (2009) The Siberian Traps and the End-Permian mass extinction: A critical review. Chinese Sci Bull 54:20–37
Schmincke H-U (1986, 2000) Vulkanismus, 1. und 2. Aufl. Wissenschaftliche Buchgesellschaft, Darmstadt
Schmincke, U (2004) Volcanism. Springer-Verlag, Berlin Heidelberg New York
Sigurdsson H, et al. (eds) (2000) The encyclopedia of volcanoes. Academic Press, London
Wark DA, Miller CF (eds) (2008) Supervolcanoes. Elements 4:11–49
White RV, Saunders AD (2005) Volcanism, impact and mass extinctions: Incredible or credible conincidences. Lithos 79:299–319
Wolff F von (1929/1931) Der Vulkanismus. II Spezieller Teil. 1. Die Neue Welt. 2,1. Der Atlantische Ozean. Enke, Stuttgart

Zitierte Literatur

Bachmann O, Bergantz G (2008) The magma reservoirs that feed supereruptions. Elements 4:17–21
Bertini, G, Casini M, Gianelli G, Pandeli E (2006) Geological structure of a long-living geothermal system, Larderello, Italy. Terra Nova 18:163–169
Bottinga Y, Calas G, Coutures J-P, Mathieu J-C (1983) Liquid silicates at Cassis; A conference report. Bull Mineral 106:1–3
Coffin MF, Eldholm O (1994) Large igneous provinces: Crustal structure, dimensions, and external consequences. Rev Geophys 32:1–36
Gíslason SR, Alfresson HA (2010) Sampling of the volcanic ash from the Eyafjallajökull Volcano, Iceland – A personal account. Elements 6:269
Harris A, Ripepe M (2007) Synergy of multiple geophysical approaches to unravel explosive eruption conduit and source dynamics – A case study from Stromboli. Chem Erde 67:1–35
Hildreth W, Wilson CJN (2007) Compositional zoning of the Bishop Tuff. J Petrol 48:951–999
Kamo SL, Czamanske GK, Amelin Y (2003) Rapid eruption of Siberian flood-volcanic rocks and evidence for coincidence with the Permian-Triassic boundary and mass extinction at 251 Ma. Earth Planet Sci Lett 214:75–91
Krafft M (1984) Führer zu Vulkanen Europas. 1: Island, Allgemeines. Enke, Stuttgart
Lorenz V (1974) On the formation of maars. Bull Volcanol 37:183–204
Lorenz V (1998) Zur Vulkanologie von diamantführenden Kimberlit- und Lamproit-Diatremen. Z Dt Gemmol Ges 47:5–30
Miller CF, Wark DA (2008) Supervolcanoes and their explosive supereruptions. Elements 4:11–16
Newhall C, Punongbayan R (eds) (1996) Fire and mud, eruptions and lahars of Mount Pinatubo, Philippines. Univ Washington Press, Hongkong
Oppenheimer C (2010) Ultraviolet sensing of volcanic sulfur emissions. Elements 6:87–92
Pyle DM (2000) The sizes of volcanic eruptions. In: Sigurdsson H, et al. (eds) The encyclopedia of volcanoes. Academic Press, London
Reid MR (2008) How long does it take to supersize an eruption? Elements 4:23–28
Sapper K (1927) Vulkankunde. Engelhorn, Stuttgart
Scholtz H (1931) Die Bedeutung makroskopischer Gefügeuntersuchungen für die Rekonstruktion fossiler Vulkane. Z Vulkanol 14:97–117
Sparks RSJ (1986) The dimensions and dynamics of volcanic eruption columns. Bull Volcanol 48:3–15
Thordarsson T, Selfs S (1993) The Laki (Skaftar Fires) and Grimsvötn eruptions in 1783–1785. Bull Volcanol 55:233–263
Walker GPL (1973) Explosive volcanic eruptions – a new classification scheme. Geol Rundsch 62:431–446

Plutonismus

**15.1
Die Tiefenfortsetzung
von Vulkanen**

**15.2
Formen plutonischer
und subvulkanischer
Intrusivkörper**

**15.3
Innerer Aufbau
und Platznahme
von Plutonen**

Bleiben Magmen im Erdinnern stecken und kristallisieren unter der Auflast mächtiger Gesteinsmassen, d. h. bei erhöhten Drücken, so bilden sich *Plutonite (Tiefengesteine)*. Im Gegensatz zum Vulkanismus entziehen sich die Prozesse des Plutonismus der unmittelbaren Beobachtung; sie lassen sich daher nur indirekt aus den Verbandsverhältnissen und Gefügen der Plutonite erschließen.

15.1
Die Tiefenfortsetzung von Vulkanen

Die *Tiefenfortsätze der Vulkane* bezeichnet man als Subvulkane. Viele Vulkane besitzen in nicht allzu großer Tiefe ein ihnen zugehöriges Magmenreservoir, bzw. eine oder mehrere Magmenkammern. Aus ihnen werden die effusiv, extrusiv oder explosiv geförderten Laven des Vulkans gespeist. Das Verhalten von Magmen in Magmenreservoiren wird wesentlich vom Mengenanteil der Kristalle (Phänokristen, Antekristen und Xenokristen) beeinflusst, der in Abhängigkeit von Druck, Temperatur und chemischer Zusammensetzung des Magmas zwischen 0 und 100 % variieren kann. Bei einem Kristallgehalt von < ~50 Vol.-% ist das Magma noch fließ- und damit eruptionsfähig. Wir bezeichnen einen zusammenhängenden Bereich im Erdinnern, in dem fließfähiges Magma gespeichert ist, als *Magmenkammer* (Bachmann und Bergantz 2008). Steigt der Kristallanteil, z. B. als Folge von Abkühlung auf 50–60 Vol.-% an, so entsteht ein Kristallbrei, in dem sich die Kristalle gegenseitig berühren. Es bildet sich ein festes Skelett, in dessen Lücken die restliche Schmelze sitzt. Ein solcher Kristallbrei kann daher weder sein Nebengestein intrudieren, noch im Zuge von vulkanischen Ereignissen ausfließen oder explosiv gefördert werden; er verhält sich ähnlich wie ein steifer Schwamm (Marsh 1981; Hildreth 2004). Magmenkammer und Kristallbrei bilden zusammen das *Magmenreservoir* (Bachmann und Bergantz 2008). Magmenkammern und Magmenreservoire lassen sich selbstverständlich nicht direkt beobachten. Ihre Form kann man jedoch durch geophysikalische Methoden, insbesondere durch seismische Tomographie, ihren Inhalt durch die vulkanischen Förderprodukte rekonstruieren. Ein gut untersuchtes Beispiel ist das ca. 30 km breite, ca. 12 km dicke Magmenreservoir, das unter der Caldera des 760 000 Jahre alten Long-Valley-Supervulkans existierte (Abb. 15.1). In seinem oberen Bereich enthielt dieses Magmenreservoir eine Magmenkammer mit fließfähigem Rhyolith-Magma (Kristallanteil <50 Vol.-%), das explosiv als Bishop-Tuff gefördert wurde. Das fließfähige Magma ging seitlich und nach unten in einen Kristallbrei (>50 % Kristalle) über, während die Randbereiche bereits vollständig zu einem granitischen Gestein auskristallisiert waren. Injektionen von heißem Basalt-Magma aus dem Erdmantel führten zu erneuter Aufheizung und lösten wahrscheinlich die Supereruption aus.

Kristallisiert das Magma im Magmenreservoir durch Abkühlung aus, so bilden sich – je nach Tiefenlage – Subvulkanite, die nicht selten gröberkörnig ausgebildet sind, etwa als doleritischer Basalt. Magmatite, die in tiefer gelegenen Magmenkammern auskristallisiert sind, können bereits ein typisches Plutonitgefüge besitzen. In Ophiolith-Komplexen, die einen Schnitt durch die ozeanische Erdkruste und den darunter liegenden Erdmantel dokumentieren (Abb. 29.7, S. 519) beobachtet man den Übergang von effusiv geförderten Basaltlaven zum subvulkanischen Sheeted-Dike-Komplex und schließlich zum plutonischen Gabbro. Subvulkanische Gesteine vermitteln also nach ihrem geologischen Auftreten und ihrem Gefüge zwischen Vulkaniten, deren Bildung man direkt beobachten kann, und Plutoniten, deren Platznahme und Kristallisation sich prinzipiell jeder direkten Beobachtung entzieht. Dies ist ein wichtiges Argument dafür, dass plutonische Gesteine in der Tat durch Kristallisation von magmatischen Schmelzen entstanden sind. Eine scharfe Grenze zwischen subvulkanischen und plutonischen Intrusionen lässt sich nicht ziehen.

Erinnert sei daran, dass es Gesteine gibt, die in Form von Gängen, Lagergängen und Stöcken in ein oberflächennahes (hypabyssisches) Niveau intrudiert sind, ohne dass ein Zusammenhang mit einem Vulkan nachweisbar ist. In manchen Fällen lassen sich solche Ganggesteine wie Plutonit-Porphyre, Dolerite, Pegmatite und Aplite von tiefer liegenden Plutonen ableiten.

Abb. 15.1.
Vereinfachtes Querprofil durch das Magmenreservoir unterhalb der Caldera des Long-Valley-Supervulkans (Kalifornien). Der Vertikalmaßstab und die relativen Volumenanteile des eruptionsfähigen Magmas, des Kristallbreis, des randlichen Granitoids und der Basalt-Injektionen sind nur annäherungsweise bekannt. (Aus Bachmann und Bergantz 2008)

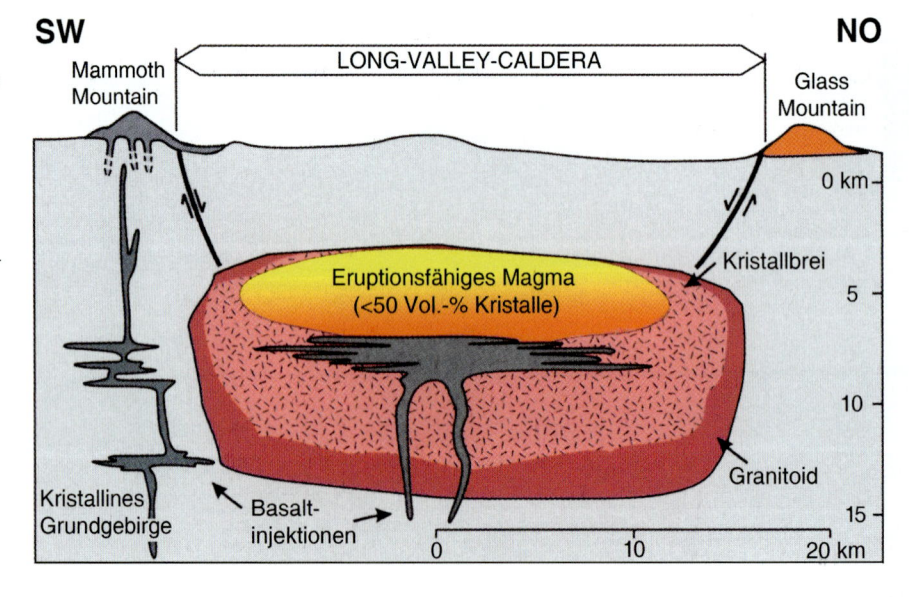

15.2
Formen plutonischer und subvulkanischer Intrusivkörper

Da in der Erdkruste keine Hohlräume vorhanden sind, muss für die Intrusion von Magmen Platz geschaffen werden. Dafür sind – besonders im oberflächennahen Bereich – lithologische Inhomogenitätsflächen und tektonische Schwächezonen hilfreich. So dringen subvulkanische *Lagergänge*, die Mächtigkeiten bis zu 300 m erreichen können, konkordant zwischen die Schichtflächen von Sedimentstapeln ein, wobei der Dachbereich entsprechend angehoben wird; prominente Beispiele sind der Whin Sill (Nordengland) und der Palisade Sill (New York). Demgegenüber durchsetzen steil stehende *Gänge* das Nebengestein diskordant auf tektonischen Störungen; Gangschwärme, wie sie z. B. auf der Insel Arran (Schottland) oder auf der Sinai-Halbinsel (Ägypten) spektakulär ausgebildet sind, deuten auf Dehnungstektonik hin, durch die sich die Erdkruste aufweitet. Auch die Radialgänge, Ringgänge und Cone Sheets, die sich im Zuge von Vulkanausbrüchen bilden können, setzen sich in ein subvulkanisches Niveau fort.

> Nicht gangförmige Intrusivköper werden unabhängig von ihrer Größe und Form ganz allgemein als *Plutone* bezeichnet. Sie durchbrechen ihr Nebengestein häufig diskordant (Abb. 15.2, 15.3), passen sich aber in manchen Fällen in ihrer Form den geologischen Strukturen des Nebengesteins (Abb. 15.2a,b, 15.7) an. So halten sich *Lakkolithe* an flach liegende Schichtfugen oder Schieferungsflächen und wölben diese uhrglasförmig empor (Abb. 15.3a); sie sind meist plankonvex oder bikonvex linsenförmig ausgebildet, wobei ein gangförmiger Zufuhrkanal an der dicksten Stelle zu vermuten ist. Konvex-konkave Körper, die in gefaltete Gesteine intrudiert sind, werden als *Sichelstöcke* (Harpolithe oder Phacolithe, Abb. 15.3b) bezeichnet, trichterförmig nach der Tiefe hin verjüngte als *Ethmolithe* (Abb. 15.3c). Kleine, rundliche Intrusivkörper, welche die Schichtung oder Schieferung diskordant durchsetzen oder in massige Gesteine intrudieren, nennt man *Stöcke* (Abb. 15.3d).

Die diskordanten Plutone des gefalteten Grundgebirges sind meist kuppelförmig entwickelt.

Hierzu gehören die Granitplutone des Varistikums in Mitteleuropa mit einer Größenordnung zwischen 5 und

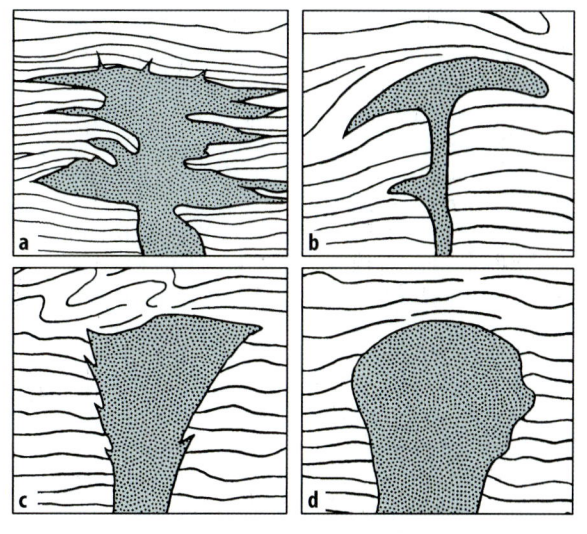

Abb. 15.3. Formen subvulkanischer und plutonischer Intrusionen. **a** Lakkolith, **b** Sichelstock (Phakolith), **c** Ethmolith, **d** Stock

Abb. 15.2.
Der Brandberg-Batholith in Namibia, ein Alkaligranit-Komplex von Unterkreide-Alter (ca. 130 Ma), der während des Aufbrechens von Gondwana in paläozoische Karoo-Sedimente und kretazischen Etendeka-Vulkanite intrudiert ist. Diese geschichteten Nebengesteine sind im Vordergrund an den Flanken der Intrusion erkennbar. (Foto: M. Okrusch)

40 km Durchmesser. Beispiele sind die Granite im Harz (Brocken- und Ramberg-Granit), Fichtelgebirge, Oberpfälzer Wald, Erzgebirge und den Sudeten sowie die Diorite und Gabbros des Odenwaldes. Einfache Plutone haben im Grundriss kreisförmige, andere eine ovale Begrenzung. Im letzteren Fall sind sie einem Streckungsbzw. Dehnungsakt des sich formenden Orogens angepasst (Längs- und Querplutone). Bei ihnen treffen wir konkordante wie diskordante Kontakte zum Nebengestein an. Nicht selten sind kleine Plutone lediglich kuppelförmige Aufbrüche größerer darunterliegender Plutone oder Batholithe.

> Größere Plutone von >100 km² Flächenausdehnung wurden wegen ihrer unbekannten Tiefenfortsetzung auch als *Batholithe* bezeichnet. Es gibt allerdings Hinweise darauf, dass sie sich nicht bis in die „ewige Teufe" fortsetzen, sondern eher eine bettdeckenartige Form haben (Abb. 15.4), ähnlich Lopolithen (s. unten). Außerdem sind sie recht komplex zusammengesetzt und bestehen typischerweise aus einer Folge von zeitlich und stofflich verschiedenen Magmen-Intrusionen.

Beispiele sind der orogene Sierra-Nevada-Batholith in Kalifornien (Abb. 15.4), der sich während der Kreidezeit bei der Subduktion der pazifischen unter die nordamerikanische Platte gebildet hat, und der anorogene Brandberg-Batholith in Namibia (Abb. 15.2), der – ebenfalls in der Kreide – beim Aufbrechen Gondwanas intrudierte.

Die Mehrzahl der Plutone besteht petrographisch aus leukokraten und mesokraten Plutoniten, insbesondere aus Graniten und Granodioriten. Daneben gibt es aber auch sehr prominente mafische Intrusionen, die sich überwiegend aus Gabbro oder Norit aufbauen und untergeordnete Anteile von Peridotit, Pyroxenit und Anorthosit enthalten. Ihrer Form nach handelt es sich meist um *Lopolithe*, d. h. um große Intrusionen, deren zentraler Bereich über dem (vermuteten) Zufuhrkanal eingesunken ist. Daraus resultiert ihre konkav-konvexe, löffel- bis schüssel-förmige Gestalt (Abb. 15.5, 15.6) Typisch für ihren inneren Aufbau ist die magmatische Schichtung (igneous layering). Man spricht daher von *Layered Intrusions* (s. unten).

15.3
Innerer Aufbau und Platznahme von Plutonen

Wie bereits oben angedeutet, besteht für die Platznahme von großen plutonischen Intrusionen grundsätzlich ein *Raumproblem*, d. h. die Frage, wie der Platz für die riesenhaften Magmenvolumina geschaffen wurde, die in die Erdkruste intrudieren. Zur Lösung dieses Problems bedarf es sorgfältiger Analysen der Interngefüge von Plutonen und der Externgefüge des intrudierten Nebengesteins. Diese Studien sind – nach grundlegenden Arbeiten von Hans Cloos in den 1930er Jahren – erst in jüngster Zeit wieder verstärkt in Angriff genommen worden (vgl. z. B. Hutton 1996).

15.3.1
Interngefüge von Plutonen

Auch im Pluton verändert die Schmelze durch Fließen ihren Ort. Dabei herrschen aufsteigende Bewegungen vor. Die Richtung des Fließens ermittelt man aus der Richtung seiner Spuren. Fixiert wird nur der letzte Bewegungszustand und nur die relative Bewegung zu den benachbarten Bereichen. Für das Studium dieser Relativbewegungen der plutonischen Schmelze ist jede Art von

Abb. 15.4.
Orthogonale Projektion des Rattlesnake-Mountain-Plutons (Kalifornien). (Nach MacColl 1964, aus Best 2003)

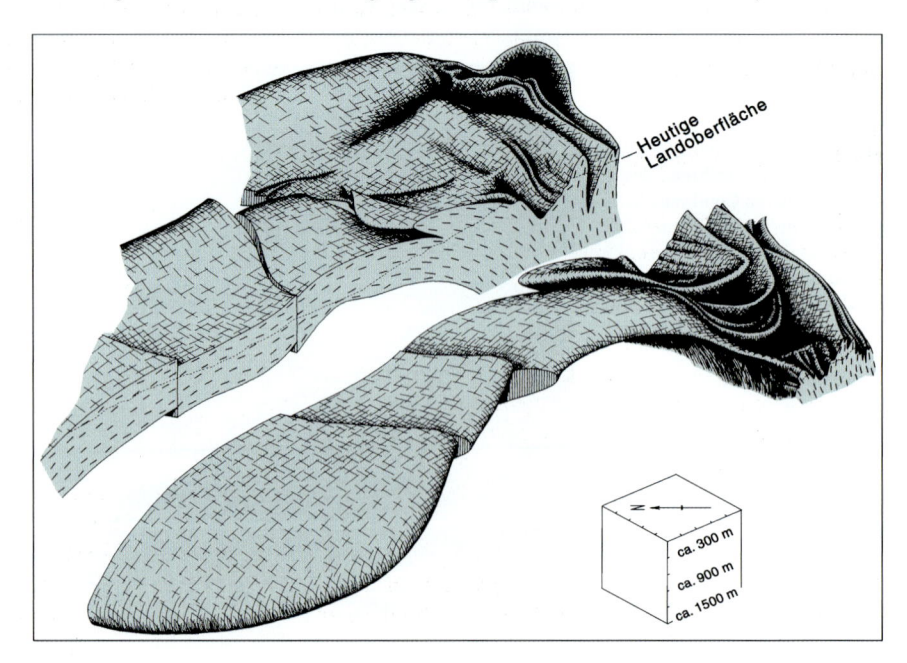

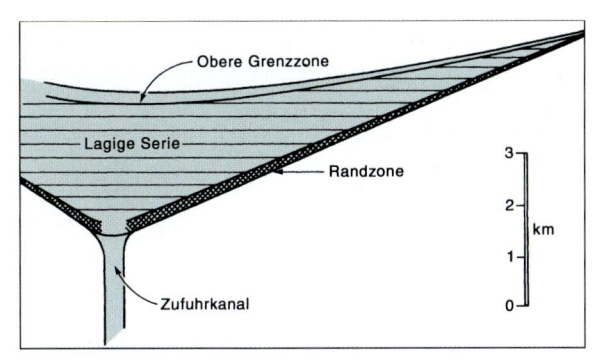

Abb. 15.5. Vereinfachter Schnitt durch die Muscox Layered Intrusion (Kanada), einen typischen Lopolith. (Mod. nach Smith u. Kapp 1963, aus Carmichael et al. 1974)

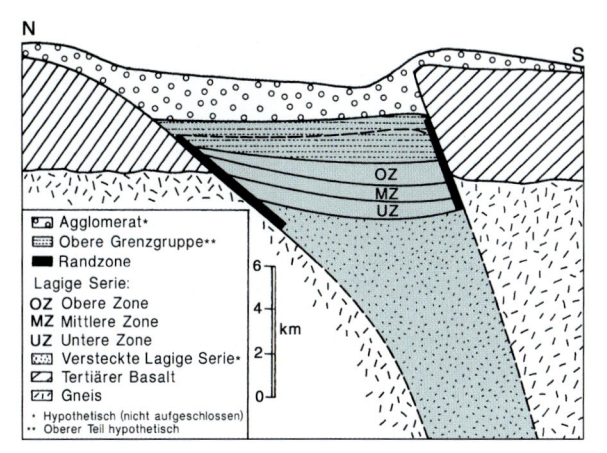

Abb. 15.6. Vereinfachter Schnitt durch die Skaergaard Layered Intrusion (Grönland). (Mod. nach Wager u. Brown 1968, aus Carmichael et al. 1974)

Inhomogenität von Bedeutung, wie bereits ausgeschiedene Kristalle, Schlieren in der Schmelze oder Einschlüsse von Gesteinsmaterial aus dem Bildungsbereich des Magmas in der Tiefe (Autolithe) oder von durchgeschlagenem Nebengestein (Xenolithe). Feste Bestandteile wie Kristalle sind gerichtet, halbfeste wie Schlieren gerichtet und verformt. Fließspuren bilden oft ein oder mehrere Fließgewölbe ab, womit sich der Aufstiegsweg der plutonischen Schmelze bis zu einem gewissen Grad rekonstruieren lässt (Abb. 15.4).

Neben den *Fließspuren* befinden sich im Pluton *Bruchspuren* (Abb. 15.4). So überwiegen in einem oberen plutonischen Stockwerk mit scharfen Kontakten zum Nebengestein die bruchtektonischen Erscheinungen. Nach unten hin nehmen mit unscharfen Kontakten eher die fließtektonischen Erscheinungen zu.

Ein besonderes Merkmal – als Folge von Bruch- und Fließtektonik – ist die *gerichtete Teilbarkeit des Gesteins im Pluton*, durch die im Gesteinskörper Ablösungsflächen von unterschiedlicher Beschaffenheit entstehen. Das dadurch entstehende Kluftnetz hat große wirtschaftliche Bedeutung für die Gewinnung von Naturstein in großen Blöcken bis hinab zum Pflasterstein.

15.3.2
Mechanismen der Platznahme

Nach der zusammenfassenden Diskussion von Hutton (1996) lassen sich folgende Platznahme-Mechanismen unterscheiden:

- Kesseleinbrüche (Cauldron Subsidences),
- Magmatic Stoping (magmatisches Aufstemmen),
- gewaltsame Platznahme: Diapirismus und Ballooning,
- Platznahme im Zusammenhang mit tektonischen Bewegungen.

Kesseleinbrüche (Cauldron Subsidences)

Wenn bei Vulkanausbrüchen Magmenkammern in der Tiefe geleert werden, kann es entlang der Ringspalten zum Absinken zylinderförmiger Gesteinspakete kommen. In den freiwerdenden Raum intrudiert Magma und kristallisiert unter Bildung eines Plutons aus. Kesseleinbrüche spielen nur in oberflächennahen Krustenniveaus, maximal in Tiefen von ca. 4 km, eine Rolle. Ein Beispiel ist der Glen-Coe-Komplex (Schottland).

Magmatic Stoping

Wenn Magma entlang von Rissen in das Nebengestein eindringt, werden diese sich infolge von Stressvergrößerung an den Rissenden weiter öffnen. (Zur Definition von Stress s. Abschn. 26.1.4, S. 421f) Dabei werden insbesondere aus dem Dachbereich große Blöcke mit Durchmessern von Zehner-, ja Hundertermetern herausgelöst, die nach unten wegsacken und teilweise aufgeschmolzen werden (Abb. 15.7). Der dadurch freiwerdende Raum wird von aufsteigendem Magma gefüllt. Dieser Vorgang spielt für die Platznahme von Graniten zweifellos eine gewisse Rolle, besonders in höheren Krustenniveaus, wo Bruchsysteme leichter aufreißen können.

Gewaltsame Platznahme: Diapirismus und Ballooning

Unter *Diapirismus* versteht man ganz allgemein den vertikalen Aufstieg eines rundlichen Körpers geringerer Dichte in einem dichteren Medium, z. B. eines Salzdoms in einer Sedimentfolge. Nach dem Stokes'schen Gesetz ist die Geschwindigkeit v des Aufstiegs

$$v = \frac{\Delta \rho g r^2}{\eta_c} \quad [15.1]$$

wobei $\Delta\rho$ der Dichteunterschied zwischen beiden Medien, r der Radius des kugelförmig gedachten Körpers geringerer Dichte, g die Erdbeschleunigung und η_c die Viskosität des Nebengesteins ist. Wie experimentelle Untersuchungen und Modellierungen zeigen, wird das Neben-

Abb. 15.7.
Intrusionskontakt zwischen Tonstein- und Siltstein-Schichten der ca. 1 130 Ma alten, mesoproterozoischen Hogfonna-Formation (Ahlmannryggen-Gruppe) und dem Diorit des ca. 1 110 Ma alten Kullen-Lagerganges. Grunehogna-Nunatak, westliches Dronning-Maud-Land, Antarktika. Man erkennt deutlich, wie die Sedimentschichten durch das eindringende Diorit-Magma aufblättern, aus ihrem Verband heraus gelöst werden und auf Grund ihrer höheren Dichte nach unten wegsacken: ein typisches Beispiel für Magmatic Stoping. (Foto: Chris Harris, Universität Kapstadt)

gestein beim Aufstieg eines Magmenköpers duktil deformiert und umfließt diesen, wobei es über dem Dach zur Plättung, an den Flanken zur vertikalen Streckung und im Schwanzbereich zusätzlich zur Einschnürung der Streckungsgefüge kommt. Auch im aufsteigenden Magmakörper entstehen selbstverständlich Fließgefüge. Der diapirische Aufstieg wird gestoppt, wenn der Dichtekontrast infolge Abkühlung und Kristallisation des Plutons verschwindet. Gut untersuchte Beispiele sind die Granitplutone von Criffel und Arran (Schottland).

Detaillierte Untersuchungen an Plutonen, die man als Diapire interpretiert hatte, zeigen jedoch häufig umlaufende Plättungsgefüge, ähnlich wie in der Haut eines aufgeblasenen Ballons. Diese weisen darauf hin, dass sich der Magmenkörper nach seiner Platznahme radial in alle Richtungen ausgedehnt hatte, wahrscheinlich infolge des sukzessiven Nachschubs neuer Magmen. Dieser Vorgang des *Ballooning* kann in vielen Fällen so stark dominieren, dass Gefüge der ursprünglichen Platznahme durch Diapirismus und/oder Stoping weitgehend ausgelöscht sind. Als Beispiele seien die Granitplutone von Flamanville (NW-Frankreich) und Ardara (Irland) genannt.

Platznahme im Zusammenhang mit tektonischen Bewegungen

Es wurde schon lange angenommen, dass Plutone für ihre Platznahme tektonische Schwächezonen benutzen. Jedoch erst seit etwa 1970 konnte durch sorgfältige Gefügeuntersuchungen an Plutonen und ihrem Nebengestein nachgewiesen werden, dass die Intrusion zeitgleich mit dem tektonischen Ereignis, also *syntektonisch* erfolgte. So konnte man z. B. zeigen, dass das Deformationsgefüge der externen Scherzone sich direkt in den Pluton hinein fortsetzt, dort aber bereits vor der endgültigen Erstarrung, also magmatisch gebildet wurde (Hutton 1996). Darüber hinaus sind Minerale, die sich im Kontakthof des Plutons kontaktmetamorph gebildet haben (Abschn. 26.2.1, S. 424ff), ebenfalls noch deformiert. Viele Plutone sind nachweislich an *Blattverschiebungen* gebunden, z. B. die einfachen Plutone vom Pull-Apart-Typ wie der Syenit-Granit-Pluton von Meißen, seltener an *extensionale Scherzonen* wie der Queternoq-Pluton (Südgrönland). 1988 konnte erstmals im Französischen Zentralmassiv nachgewiesen werden, dass Granite auch entlang von *Überschiebungen* und steilen *Aufschiebungen* intrudieren können. Ein weiteres wichtiges Beispiel ist der Great Tonalite Sill in Alaska und British Columbia, der ca. 1 000 km lang und ca. 20 km mächtig ist.

15.3.3
Layered Intrusions

Wie bereits oben erwähnt, stellen die großen schichtigen Intrusionen der Erde einen besonders interessanten Sonderfall von Plutonen dar. Darüber hinaus sind diese großen mafischen Intrusionen von hohem wirtschaftlichen Interesse, weil an sie Lagerstätten von Platinmetallen, Nickel, Chrom, Titan und Vanadium von Weltbedeutung gebunden sind. Die meisten großen Layered Intrusions wurden im Zeitraum Archaikum bis mittleres Proterozoikum gebildet, wie Stillwater (Montana) mit einem Alter von 2,7 Ga und einer Flächenausdehnung von 4 400 km^2, Windimurra (Westaustralien, ca. 2,8 Ga, 2 300 km^2), Great

Dike (Simbabwe; 2.5 Ga, 3 300 km²), Bushveld (Südafrika; 2,1 Ga, 66 000 km², Abb. 21.4, S. 326) und Sudbury (Ontario, Kanada; 1,85 Ga, 1 300 km², Abb. 21.6, S. 329). Nur wenige und meist kleinere Komplexe entstanden im jüngeren Proterozoikum oder im Paläozoikum, wie Muscox (Canada, ca. 1,2 Ga, 3 500 km², Abb. 15.5), Duluth (Minnesota, 1,1 Ga, 5 000 km²), Berkreim-Sogndal (Norwegen, 930 Ma, 230 km²) und Fongen-Hyllingen (Norwegen; 405 Ma; 160 km²). Die berühmte Skaergaard-Intrusion (Grönland, 100 km²) intrudierte erst im Eozän vor ca. 55 Ma. Sie soll hier als Beispiel kurz behandelt werden (Abb. 15.6).

Nach der grundlegenden Arbeit von Wager u. Brown (1968) bildet die Skaergaard-Intrusion einen asymmetrisch-trichterförmigen Körper, der präkambrische Gneise und tertiäre Basalte durchsetzt und eine geschichtete Internstruktur aufweist. Der oberste Bereich, von dem die Autoren annehmen, dass es sich um vulkanische Agglomerate gehandelt hat, ist vollkommen abgetragen. Demgegenüber ist die Upper Border Group (obere Grenzgruppe) noch teilweise erhalten; sie besteht aus Gabbros und Fe-reichen Dioriten mit einzelnen granitischen Lagen („Granophyr"). Darunter folgt die *Layered Series* (lagige Serie), die sich in drei Zonen gliedert:

- Obere Zone: Sie besteht aus Fe-reichem Gabbro mit Fe-reichem Olivin.
- Mittlere Zone: Sie besteht aus Gabbro ohne Olivin.
- Untere Zone: Sie besteht aus Gabbro mit Mg-reichem Olivin.

Die nicht aufgeschlossene Hidden Layered Series macht schätzungsweise 70 % des gesamten Plutons aus und besteht wahrscheinlich ebenfalls aus mafischen, aber auch aus ultramafischen Plutoniten. Typisch für die Layered Series ist ein ausgeprägter rhythmischer Lagenbau (*rhythmic layering*). Die einzelnen Lagen, 5–40 cm dick, stellen meist gradierte Einheiten dar, in denen die Gehalte an Mafiten, insbesondere Augit und Olivin, zurücktretend Fe-Ti-Oxide, von oben nach unten zunehmen, der Plagioklas-Anteil dagegen abnimmt. Dazu kommt noch ein *cryptic layering*, d. h. der An-Gehalt der Plagioklase, der Fo-Gehalt der Olivine und der Mg-Gehalt der Augite nehmen vom höchsten bis zum tiefsten Niveau der Layered Series kontinuierlich zu. In der Marginal Border Group liegen abgeschreckte magmatische Schmelzen vor, die vielleicht Hinweise auf ursprüngliche Stamm-Magma liefern könnten (Abschn. 17.2, S. 275ff).

Charakteristisch für Layered Intrusions sind *Kumulatgefüge*, die darauf hinweisen, dass die Bildung der Lagen auf eine Art *magmatischer „Sedimentation"*, d. h. auf Absaigern der schweren Mafite zurück zu führen ist (Abb. 17.4, 17.6, S. 277f). Bei der Kompaktion der mafitenreichen Lagen wird die restliche *Interkumulus-Schmelze* zunehmend herausgedrückt und wandert nach oben ab; diesen Vorgang nennt man *Filterpressung* (Abb. 21.2, S. 325). Umgekehrt können die leichteren Plagioklase in der Schmelze aufschwimmen und sich in höheren Zonen anreichern. In Wirklichkeit sind die Prozesse, die zum Layering führen, sehr viel komplexer: So spielen z. B. Konvektionsströme, die Zufuhr neuer Magmenschübe und spätere Rekristallisations-Erscheinungen eine wichtige Rolle. Für ein vertieftes Studium sei auf den von Cawthorne (1996) herausgegebenen Sammelband verwiesen. Neue Beobachtungen und Interpretationen geben McBirney (2009) für den Skaergaard- und Clarke et al. (2009) für den Bushveld-Komplex.

Weiterführende Literatur

Bachmann O, Bergantz G (2008) The magma reservoirs that feed supereruptions. Elements 4:17–21
Best MG (2003) Igneous and metamorphic petrology, 2nd edn. Blackwell, Oxford
Best MG, Christiansen EH (2001) Igneous petrology. Blackwell, Malden, Mass., USA
Carmichaels ISE, Turner FJ, Verhoogen J (1974) Igneous petrology. McGraw-Hill, New York
Cawthorne RG (ed) (1996) Layered intrusions. Elsevier, Amsterdam
Clarke B, Uken R, Reinhardt J (2009) Structural and compositional constraints on the emplacement of the Bushveld Complex, South Africa. Lithos 111:21–36
Hildreth W (2004) Volcanological perspectives on Long Valley, Mammoth Mountain, and Mono Craters: Several contiguous, but discrete systems. J Volcan Geotherm Res 136:169–198
Marsh BD (1981) On the crystallinity, probability of occurrence, and rheology of lava and magma. Contrib Mineral Petrol 78:85–98
McBirney AM (2009) Factors governing the textural development of Skaergaard gabbros: A review. Lithos 111:1–5
Wager LR, Brown GM (1968) Layered igneous rocks. Oliver & Boyd, Edinburgh-London

Zitierte Literatur

Hutton DHW (1996) The „space problem" in the emplacemet of granite. Episodes 19:114–119
MacColl RSJ (1964) Geochemical and structural studies in batholothic rocks of Southern California: Part 1, structural geology of Rattlesnake Mountain Pluton. Geol Soc America Bull 75:805–822
Smith CH, Kapp HE (1963) The Muscox Intrusion, a recently discovered layered intrusion in the Coppermine River area, Northwest Territories, Canada, Min Soc America Spec Paper 1:30–35

Magma und Lava

**16.1
Chemische
Zusammensetzung
und Struktur
magmatischer
Schmelzen**

**16.2
Vulkanische Gase**

**16.3
Magmatische
Temperaturen**

**16.4
Viskosität
von Magmen
und Laven**

**16.5
Löslichkeit von
leichtflüchtigen
Komponenten
im Magma**

Wie wir gesehen haben, werden bei Vulkanausbrüchen glutheiße Gesteinsschmelzen aus dem Erdinnern gefördert, die unter stürmischer Entgasung ausfließen oder explosiv herausgeschleudert werden. Man muss daraus schließen, dass im Erdinnern glutheiße Schmelzen existieren, in denen leichtflüchtige (volatile) Komponenten gelöst sind. Die meisten Laven, die an die Erdoberfläche gefördert werden, enthalten bereits Kristalle, die in einer Magmenkammer oder beim Aufstieg gewachsen sind; sie bilden Einsprenglinge in vulkanischen Gesteinen. Als *Magma* bezeichnet man dementsprechend *glutheiße Gesteinsschmelzen des Erdinnern, die neben leichtflüchtigen Bestandteilen meist auch Kristalle enthalten können.* Es muss daran erinnert werden, dass „Magma" ein theoretischer Begriff ist; denn niemand hat ein Magma je gesehen! Wir beobachten lediglich die vielfältigen Entgasungsprozesse von Lava an der Erdoberfläche, die ein wesentliches Merkmal des Vulkanismus sind (Abb. 16.1) und bei explosiver Entbindung der Gase oft eine verheerende Rolle spielen. Solche Prozesse belegen eindringlich, dass die Menge an leichtflüchtigen Komponenten, die im Magma gelöst sind, groß sein muss. Aber auch die ruhiger verlaufende Entgasung z. B. von ausfließenden Lavaströmen beeindruckt durch die enormen Mengen geförderter Gase. Weitere Schlüsse über das Magma der Tiefe werden aus seinen Kristallisationsprodukten, den Vulkaniten und Plutoniten, gezogen.

Abb. 16.1.
Vulkanische Dampftätigkeit am Hauptkrater des Ätna. (Foto: M. Okrusch)

16.1 Chemische Zusammensetzung und Struktur magmatischer Schmelzen

Wie man aus der Häufigkeitsverteilung magmatischer Gesteine sofort sieht, haben Magmen in ihrer weit überwiegenden Mehrzahl *silikatische* Zusammensetzung, während Karbonat- und Sulfid-Magmen nur selten auftreten. Silikatschmelzen und -gläser bestehen aus $[SiO_4]$- und $[AlO_4]$-Tetraedern, die zu Gruppen ähnlich denen in Silikatstrukturen vernetzt sind, wie $[AlSiO_4]_n^-$, $[AlSi_2O_6]_n^-$, $[AlSi_3O_8]_n^-$, $[Si_2O_6]_n^{4-}$, $[Si_2O_7]_n^{6-}$ oder Ringen wie $[Si_6O_{18}]^{12-}$ (Abb. 16.2). $Si^{[4]}$ und $Al^{[4]}$ mit ihren starken sp³-Hybrid-Bindungen zum Sauerstoff spielen also die Rolle von *Netzwerkbildnern*. Demgegenüber wirken die freien Kationen Na^+, K^+, Ca^{2+}, Mg^{2+}, Fe^{2+}, Fe^{3+} u. a., aber auch Al in [6]-Koordination, deren Bindung mit O – wegen ihres höheren ionaren Anteils – schwächer ist, als *Netzwerkwandler* (Netzwerkmodifizierer). Der Grad der Vernetzung nimmt also mit dem relativen Anteil an SiO_2, aber auch mit sinkender Temperatur zu. Bei hoher Temperatur enthält die Schmelze viele freie $[(Si,Al)O_4]$-Gruppen; mit der Abkühlung erfolgt eine zunehmende Polymerisation und der Übergang in zunehmend komplexere Konfigurationen. Daher weisen Si-arme und/oder heißere Magmen eine geringere Viskosität auf als Si-reichere bzw. weniger heiße (s. unten). Unter den leichtflüchtigen Komponenten kann insbesondere $(OH)^-$ die Rolle eines Netzwerkwandlers spielen, wie weiter unten gezeigt wird. Interessierte Leser seien auf die Artikel von Henderson (2005), Calas et al. (2006) und Henderson et al. (2006) hingewiesen.

16.2 Vulkanische Gase

Während der Eruptionsphase eines Vulkans werden enorme Mengen an vulkanischen Gasen ausgestoßen, deren quantitative Bestimmung schwierig, aber nicht unmöglich ist. Aus flüssiger Basaltlava austretende Gase wurden zuerst im Lavasee Halemaumau im Kilauea-Krater auf der Insel Hawaii eingefangen und analysiert. Es wurde festgestellt, dass die Beteiligung der verschiedenen Gasphasen sehr schwankt. Dabei herrscht Wasserdampf vor, der jedoch zum größten Teil aus verdampftem Grundwasser herrührt. Aus jüngerer Zeit stammen weitere zuverlässige Gasbestimmungen aus verschiedenen Eruptionsstadien des Ätna. Auch gibt es Möglichkeiten, aus Sublimationsprodukten, die sich an den Vulkanschloten oder innerhalb der Erstarrungskruste der Lavakörper aus heißen, sich entbindenden Dämpfen absetzen, einen Teil dieser Gase indirekt zu bestimmen. Das ist auch aus Gaseinschlüssen in Mineralen der magmatischen Gesteine, so aus solchen in Olivin-Einsprenglingen von Olivinbasalten, möglich.

Insgesamt gesehen sind die wichtigsten vulkanischen Gasspezies H_2O (35–90 Mol.-%), CO_2 (5–50 Mol.-%) und SO_2 bzw. H_2S (2–30 Mol.-%), während Cl_2, HCl, F_2, HF, SiF_4, H_3BO_3, COS, CS_2, CO, CH_4 und H_2 zurücktreten. Zahlreiche weitere Gase kommen nur in sehr kleinen Mengen vor. Gelbrotes $FeCl_3$ färbt die Eruptionswolke zeitweise orange. Bei den Schwefeldämpfen dominieren SO_2 und H_2S, wobei SO_2 im Vergleich zu H_2S durch höhere Temperaturen und/oder höhere Sauerstoffkonzentrationen begünstigt wird. Durch Reaktion mit dem Luftsauerstoff kann H_2S nach der Reaktion

$$H_2S + \tfrac{1}{2}O_2 \rightarrow S + H_2O \tag{16.1}$$

zu elementarem Schwefel oxidiert werden, der sich am Kraterrand niederschlägt, oder es erfolgt eine weitere Oxidation zu SO_2 oder SO_3. Im Einzelnen gibt es je nach dem Gesteinstyp große Unterschiede in der Zusammensetzung vulkanischer Gase. Wie Messungen auf Hawaii gezeigt haben, sind die CO_2-Gehalte in basaltischen Magmen häufig höher als man früher angenommen hatte. Somit kommt man auf etwa vergleichbare Anteile an CO_2, H_2O und SO_2 neben deutlichen Mengen an HF und HCl. Demgegenüber überwiegt in rhyolithischen Magmen der H_2O-Gehalt stark (Schmincke 2000).

Der Anteil an leichtflüchtigen Komponenten, die in Magmen gelöst werden können, hängt nicht nur von Druck und Temperatur, sondern (mit Ausnahme des CO_2) auch vom SiO_2-Gehalt des Magmas und damit von seiner Viskosität ab. Nach Analysen an abgeschreckten Gesteinsgläsern und an Glaseinschlüssen in Mineralen sowie aus experimentellen Daten (s. unten) kann man in Magmen unterschiedlicher Zusammensetzung folgende H_2O-Gehalte abschätzen (aus Schmincke 2000):

- Tholeiite mittelozeanischer Rücken   0,1–0,2 Gew.-%,
- Tholeiite ozeanischer Inseln   0,3–0,6 Gew.-%,
- Alkalibasalte   0,8–1,5 Gew.-%,
- Basalte an Subduktionszonen   2–3 Gew.-%,
- Basanite und Nephelinite   1,5–2 Gew.-%,
- Andesite und Dacite von Inselbögen   1–2 Gew.-%,
  sowie von aktiven Kontinentalrändern   2–4 Gew.-%,
- Rhyolithe bis ca.   7 Gew.-%.

Abb. 16.2. Strukturschema einer Silikatschmelze. Kationen ⊕, Anionen ⊖, neutrale Teilchen ○; darüber hinaus inselförmige $[SiO_4]^{4-}$-Tetraeder und solche, die zu Sechserringen oder zu Ketten polymerisiert sind. In einem Magma wären die kleinen neutralen Teilchen hauptsächlich H_2O-Moleküle und die neutralen $[SiO_4]$-Gruppen würden durch $Si(OH)_4$ ersetzt sein. (Nach Mueller und Saxena 1977)

Beim Aufstieg eines Magmas wird die Sättigungsgrenze der volatilen Komponenten in der Reihenfolge $CO_2 \rightarrow SO_2/H_2S \rightarrow HCl \rightarrow H_2O \rightarrow HF$ überschritten und es bildet sich eine freie Gasphase, zunächst in Form von Bläschen. Für eine vertiefende Beschäftigung mit dem Problem der magmatischen Gase sei auf Schmincke (2000) verwiesen.

16.3
Magmatische Temperaturen

16.3.1
Direkte Messungen

Magmatische Temperaturen können selbstverständlich nur an Laven direkt gemessen werden. Wegen ihrer Gefährlichkeit – hohe Temperaturen, Explosionsgefahr, Austritt giftiger Gase – kann man solche Messungen am ehesten bei ruhigen Effusionen oder an Lavaseen durchführen. In der Tat wurden die ersten Temperaturbestimmungen durch Daly (1909) und Shepherd (1911) an der Oberfläche des Lavasees Halemaumau durchgeführt, wobei die Temperatur nach der Farbe der Schmelze bestimmt wurde, die unabhängig vom Chemismus ist (Tabelle 16.1). Die Temperatur wird entweder rein visuell abgeschätzt oder mit einem *Pyrometer* gemesen, d. h. mit einem Fernrohr, das im Gesichtsfeld einen regelbaren elektrischen Glühfaden als Vergleichsstandard besitzt. Die Temperatur dieses Fadens kann so lange variiert werden, bis seine Farbe mit der der Lava übereinstimmt. Die Pyrometermethode findet auch heute noch in der Vulkanologie und in der Technik Anwendung. Mit dieser Methode fanden Daly und Shepherd Temperaturen von etwa 1 000 °C.

Eine weitere Methode ist der Vergleich mit Substanzen bekannten Schmelzpunktes. Hierfür werden in der Stahl-, Keramik- und Feuerfestindustrie schon lange *Seger-Kegel* verwendet, kleine Kegel aus Porzellanmasse, die bei bestimmten Temperaturen schmelzen. In einer grundlegenden Studie montierte Jaggar (1917) Seger-Kegel in Stahlrohren und tauchte diese in unterschiedliche Tiefen des Lavasees Halemaumau ein. Dadurch konnte er die Temperaturverteilung im See ermitteln und am See-

Tabelle 16.1. Farbe und Temperatur von Schmelzen

Farbe	Temperatur [°C]
Weiß	>1 150
Goldgelb	1 090
Orange	900
Hell kirschrot	700
Dunkelrot	625 – 550
Gerade noch sichtbar rot	475

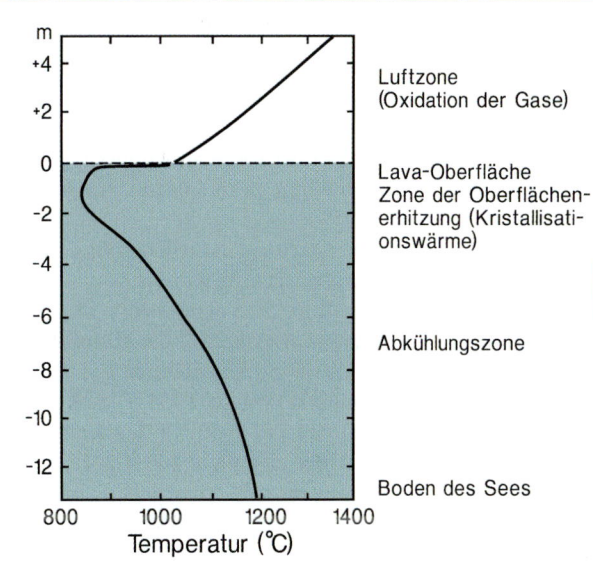

Abb. 16.3. Temperaturverteilung im Lavasee Halemaumau, Kilauea-Krater (Hawaii) und in den darüber befindlichen brennenden Gasen. (Nach Jaggar 1917, aus Barth 1962)

boden eine Maximaltemperatur von 1 170 °C messen. Wie Abb. 16.3 erkennen lässt, nimmt die Lavatemperatur vom Seeboden zur Oberfläche kontinuierlich ab, um dort infolge frei werdender Kristallisationswärme wieder auf etwa 1 000 °C anzusteigen, d. h. auf den Wert, der früher durch Pyrometermessungen gefunden wurde. Infolge dieser exothermen Reaktion kann die Kristallisation von Lavaströmen um Monate verzögert werden, wie beim Ausbruch des Hekla-Vulkans (Island) von 1947 gezeigt wurde.

In der modernen Vulkanologie erfolgt die Temperaturbestimmung von Laven meist mit Thermoelementen oder mit optischen Pyrometern (Pinkerton et al. 2002). Ungeachtet der starken Streuung kann man mit Sicherheit aussagen, dass die SiO_2-ärmeren Laven wie z. B. die basaltischen mit Temperaturen zwischen rund 1 200 und 1 000 °C viel heißer sind als die SiO_2-reicheren dacitischen und rhyolithischen Laven mit Temperaturen von 950–750 °C.

16.3.2
Schmelzversuche an natürlichen Gesteinen

Solche Versuche wurden von französischen Forschern bereits im 19. Jahrhundert durchgeführt, wobei allerdings der ursprünglich vorhandene Gehalt an leichtflüchtigen Komponenten, insbesondere H_2O, nicht berücksichtigt werden konnte. Erst mit der Einführung von Hochdruck-Autoklaven können Aufschmelz- und Kristallisations-Experimente bei hohen Temperaturen und Drücken durchgeführt werden, bei denen die Schmelzen jeweils an H_2O gesättigt sind, d. h. der Wasserdampfdruck ist gleich dem Gesamtdruck: $P_{H_2O} = P_{tot}$. Mit solchen Hydrothermal-Experimenten kann man die Liquidus- und

Soliduskurven natürlicher Gesteine im P_{H_2O}-T-Diagramm bestimmen. Bei einem gegebenen Druck kristallisiert nämlich ein Magma nicht bei einer bestimmten Temperatur sondern über ein Temperatur*intervall* aus. Dabei wird die Bildung der ersten Kristalle als *Liquidus*-, das Verschwinden der letzten Schmelze als *Solidustemperatur* bezeichnet.

Die grundlegenden Versuche an natürlichen *Basalten* unterschiedlicher Zusammensetzung wurden von Yoder u. Tilley (1962) durchgeführt. Sie ermittelten für die olivin-tholeiitische Kilauea-Lava von 1921 bei Atmosphärendruck (P = 1 bar) – also ohne Anwesenheit von H_2O – eine Liquidustemperatur (T_L) von ca. 1 250 °C und eine Solidustemperatur (T_S) von ca. 1 050 °C; das Kristallisationsintervall ΔT beträgt also etwa 200 °C. Mit zunehmendem H_2O-Druck nimmt T_L deutlich, T_S sogar stark ab; dementsprechend wird ΔT größer. So ist bei P_{H_2O} = 2 kbar: T_L = 1 140 °C, T_S = 880 °C, ΔT = 260 °C, bei P_{H_2O} = 5 kbar: T_L = 1 120 °C, T_S = 780 °C, ΔT = 340 °C (Abb. 16.4). Die experimentellen Ergebnisse bei P_{H_2O} = 10 kbar sind allerdings geologisch nicht mehr relevant; denn bei erhöhten Drücken in der Erdkruste reicht der Wassergehalt mit Sicherheit nicht mehr aus, um das Magma an H_2O zu sättigen. Die von Yoder u. Tilley (1962) experimentell bestimmten Liquidus- und Soliduskurven für basaltische Vulkanite anderer Zusammensetzung verlaufen prinzipiell ähnlich, wenn auch zu höheren oder niedrigeren Temperaturen verschoben. Dabei sind die Liquidustemperaturen bei 1 bar meist etwas höher, als an aktiven Vulkanen ermittelt wurde. Das ist ein Hinweis, dass die in der Natur geförderten Magmen bereits ihren Liquidus überschritten hatten, was in der Anwesenheit von Einsprenglingskristallen, z. B. von Olivin zum Ausdruck kommt.

Bei P_{H_2O} = 1 kbar ergibt sich mit abnehmender Temperatur folgende Kristallisationsabfolge: Beim Unterschreiten der Liquidus-Kurve scheidet sich zunächst Olivin, dann Pyroxen und kurz vor Erreichen der Soliduskurve Plagioklas aus; das Stabilitätsfeld von Amphibol wird erst im Subsolidus-Bereich erreicht. Demgegenüber bildet sich bei P_{H_2O} = 5 kbar bereits im Bereich zwischen Liquidus- und Soliduskurve Amphibol, während Olivin und Pyroxen instabil werden und verschwinden. Das entstehende „Gestein" ist bei P_{H_2O} < 1,5 kbar ein Olivin-Tholeiit bzw. Olivin-Gabbro, bei >1,5 kbar ein Hornblende-Gabbro.

Schon vorher hatten Tuttle u. Bowen (1958) ähnliche Untersuchungen an natürlichen *Graniten* durchgeführt, die später von Luth et al. (1964) und anderen Autoren fortgesetzt wurden. Dabei ergaben sich prinzipiell ganz ähnliche Liquidus- und Soliduskurven, die jedoch bei deutlich tieferen Temperaturen liegen; das Kristallisationsintervall ΔT ist geringer. So ist bei P = 1 bar: T_L = 1 120 °C, T_S = 960 °C, ΔT = 160 °C, bei P_{H_2O} = 2 kbar: T_L = 900 °C, T_S = 720 °C, ΔT = 180 °C, bei P_{H_2O} = 4 kbar: T_L = 750 °C, T_S = 660 °C, ΔT = 90 °C (vgl. auch Abschn. 20.2, S. 313ff).

16.4
Viskosität von Magmen und Laven

Die Viskosität von Magmen und Laven hängt von ihrer Temperatur, dem Umgebungsdruck, ihrem Chemismus, dem Gehalt an leichtflüchtigen Komponenten und dem Anteil an bereits ausgeschiedenen Kristallen ab. Bereits die geologische Erfahrung lehrt, dass basaltische Laven mit ihrem relativ niedrigen SiO_2-Gehalt geringere Viskosität aufweisen als dacitische, rhyolithische oder trachytische Laven mit ihrem relativ höheren SiO_2-Gehalt. Die basaltischen Pahoehoe-Laven der Insel Hawaii sind fast so dünnflüssig wie Öl, Fließgeschwindigkeiten von 10–20 km/h sind gängig; maximal werden etwa 60 km/h erreicht. Im Gegensatz dazu war die dacitische Lava der Montagne Pelée so viskos, dass sie überhaupt nicht fließen konnte. Bei gleicher Zusammensetzung ist eine heiße Schmelze sehr viel weniger viskos als eine kältere: Eine basaltische Lava hat bei 1 400 °C ein Viskositätsmodul von 140 Poise, bei 1 150 °C eines von ca. 80 000 Poise; zum Vergleich: bei Zimmertemperatur hat Wasser 0,1 Poise, Glycerin 10 Poise.

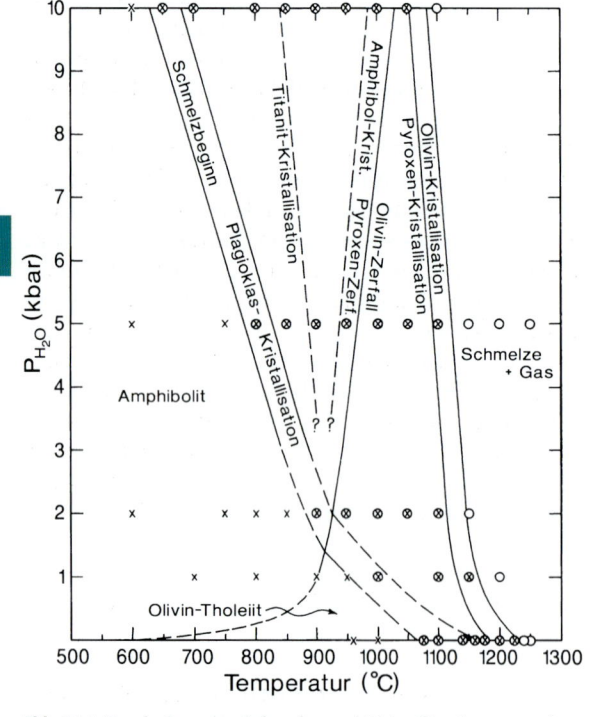

Abb. 16.4. Ergebnisse von Schmelz- und Kristallisationsversuchen im System Olivin-Tholeiit–H_2O (Lava von 1921, Kilauea-Caldera, Hawaii) bei einem trockenen Druck von 1 bar und H_2O-Drücken von 1, 2, 5 und 10 kbar. Mit zunehmenden H_2O-Drücken nehmen die Liquidus- und Solidus-Temperaturen ab und das Kristallisations-Intervall wird größer. ○ Schmelze, ⊗ Schmelze plus Kristalle, × Kristalle. (Nach Yoder u. Tilley 1962)

Der Viskositätsmodul η wird definiert als die Kraft, die notwendig ist, um in einer Flüssigkeitsschicht von 1 cm² Fläche und 1 cm Dicke die obere gegen die untere Schichtfläche mit einer Geschwindigkeit von 1 cm s⁻¹ in Parallelbewegung zu halten. Anders ausgedrückt: η ist die Scherspannung (gemessen in Pa) bezogen auf die Verformungsrate (gemessen in s⁻¹):
1 Poise = 0,1 Pa s.

> Bei *Newtonschen Flüssigkeiten* sind Scherspannung und Verformungsrate proportional, bei ihnen genügt schon eine unendlich kleine Scherspannung, um sie zum Fließen zu bringen. In der Natur zeigen nur ganz niedrigviskose Laven ohne Gasblasen und Kristalle Newtonsches Verhalten. Bei den meisten Laven muss dagegen eine endliche Schubkraft aufgewendet werden, bevor sie zu fließen beginnen (*Fließgrenze*, engl. yield strength oder yield stress); sie werden *Binghamsche Flüssigkeiten* genannt.

Viskositätsmessungen können in der Natur an Lavaströmen und an Lavaseen oder im Laboratorium an künstlichen Silikatschmelzen vorgenommen werden. Dabei wurde gezeigt, dass die Viskosität der SiO₂-reicheren Schmelzen um mehrere Größenordnungen höher ist als bei SiO₂-ärmeren, z. B. den basaltischen (Abb. 16.5).

Laven mit höherer Viskosität besitzen eine größere Neigung zu glasiger (hyaliner) Erstarrung, weil das Diffusionsvermögen der chemischen Elemente und der Kristallisationsvorgang in einer solchen Schmelze stark gehemmt sind. Das sind die SiO₂-reichsten Laven von Rhyolith- oder Trachytzusammensetzung, die zu Obsidian oder Pechstein erstarren können (s. S. 229, 232f).

Darüber hinaus ist der Viskositätsgrad einer natürlichen Schmelze entscheidend für den Aufstieg und ihr Intrusionsvermögen in einen gegebenen Gesteinsverband. Er beeinflusst ebenso die Sonderung von frühausgeschiedenen Kristallen im Magma, die im Allgemeinen von der Dichte der umgebenden Schmelze abweichen. So stiegen die in der Vesuvlava zuerst abgeschiedenen Kristalle von Leucit wegen ihrer geringeren Dichte auf und reicherten sich an ihrer Oberfläche schwimmend an. In vielen Basaltlaven sinken andererseits die spezifisch schwereren Olivin- und Pyroxenkristalle zu Boden und bilden dort einen Bodensatz, sie akkumulieren, wie das insbesondere in mächtigen Lagergängen oder in Layered Intrusions beobachtet werden kann. Alle diese Vorgänge werden bei großer Viskosität gehemmt.

Dabei drängt sich die Frage auf, wie sich die Viskosität von Magmen mit den erhöhten Drücken des Erdinnern ändert. Zur Klärung dieser Frage bieten sich Experimente mit der Kugelfallmethode an. Bei erhöhten Drücken und Temperaturen werden Pulver von Mineralen oder Gesteinen, auf denen eine Metallkugel (z. B. aus Pt) liegt, künstlich geschmolzen; in dieser Schmelze sinkt die Kugel ab und der Fallweg, den sie in einer bestimmten Zeit zurücklegt, ist ein Maß für die Viskosität. Auf diesem Wege kam Kushiro (1976) zu dem zunächst überraschenden Ergebnis, dass bei einem Druckanstieg von 1 bar auf 25 kbar – bei einer konstanten Temperatur von 1 350 °C – der Viskositätsmodul einer trockenen Jadeitschmelze etwa um eine Zehnerpotenz abnimmt, d. h. die Schmelze wird immer beweglicher. Weitere Experimente zeigten, dass dieses Ergebnis auch für andere Silikatschmelzen von Rhyolith- bis Basaltzusammensetzung gilt, und zwar für solche, die Si-reich sind und/oder ein (Na + K) / Al-Verhältnis nahe 1 haben. Bei ihnen ist der Anteil der Brückensauerstoffe in O-Si-O-Bindungen (BO) größer als der an Nichtbrückensauerstoffen (NBO): BO / (BO + NBO) > 0,5. Offenbar findet in diesen Schmelzen bei isothermer Druckerhöhung zunehmend ein Übergang Al[4] → Al[6] statt, so dass der Anteil an Netzwerkbildnern kleiner wird. Ist dagegen BO / (BO + NBO) < 0,5, so nimmt die Viskosität mit steigendem Druck zu, weil die Struktur dichter gepackt wird und die Bindungskräfte zunehmen (Scarfe et al. 1987). Von großem Einfluss auf die Viskosität von Silikatschmelzen ist darüber hinaus der Gehalt an leichtflüchtigen Komponenten, insbesondere H₂O bzw. (OH) und F (z. B. Hui et al. 2009).

16.5
Löslichkeit von leichtflüchtigen Komponenten im Magma

Durch grundlegende Experimente konnte bereits Goranson (1931) zeigen, dass die Löslichkeit von Wasser in Silikatschmelzen (Albit, Albit-Kalifeldspat-Gemenge, natürlicher Obsidian) bei gegebener Temperatur mit steigendem Druck zunimmt. So können bei 1 000 °C und 1 kbar Druck etwa 5 Gew.-%, bei 5 kbar fast 10 Gew.-% H₂O gelöst werden. Demgegenüber nimmt die Löslichkeit bei

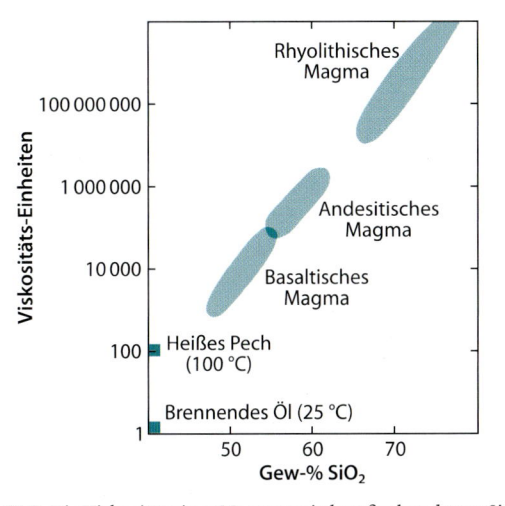

Abb. 16.5. Die Viskosität eines Magmas wird maßgebend vom SiO₂-Gehalt beeinflusst. Dieser wächst vom basaltischen zum rhyolithischen Magma an. Je höher die Viskosität eines Magmas ist, um so geringer ist die Fähigkeit des Fließens. Zum Vergleich sind die viel geringeren Viskositäten von brennendem Öl und von heißem Pech eingetragen. (Nach Flint u. Skinner 1974)

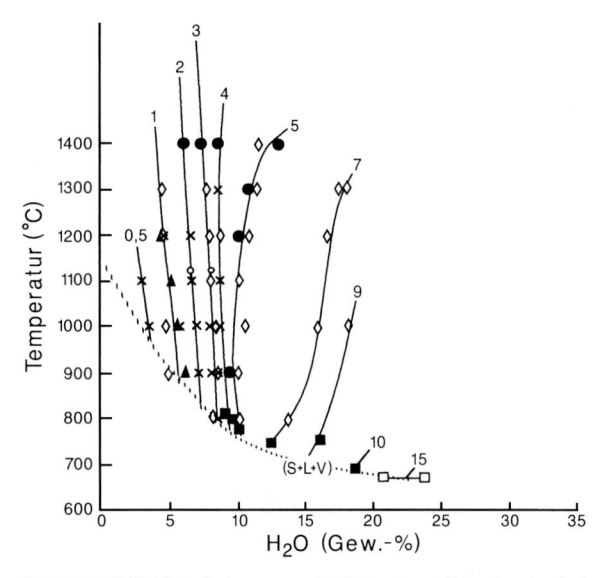

Abb. 16.6. Löslichkeitsisobaren von H$_2$O in einer Albitschmelze bei unterschiedlichen Temperaturen und Drücken (in kbar) nach experimentellen Ergebnissen unterschiedlicher Autoren. Mit steigendem Druck nimmt die Löslichkeit bei gegebener Temperatur zu; bei steigender Temperatur haben die Löslichkeitsisobaren zunächst einen negativen Verlauf (retrograde Löslichkeit), schwenken aber bei Drücken von >4 kbar allmählich in eine positive Steigung um (prograde Löslichkeit). (Nach Paillat et al. 1992)

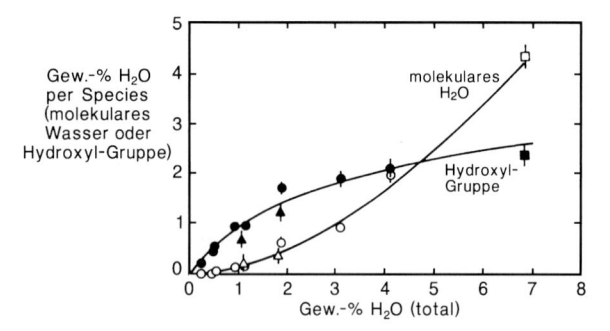

Abb. 16.7. Anteil an Hydroxyl-Gruppen (*geschlossene Symbole*) und molekularem H$_2$O (*offene Symbole*), die in Silikatgläsern gelöst sind, in Abhängigkeit vom Gesamtwasser-Gehalt. *Kreise*: Rhyolithgläser; *Dreiecke*: Basaltgläser; *Quadrat*: Albitglas. (Nach Stolper 1982)

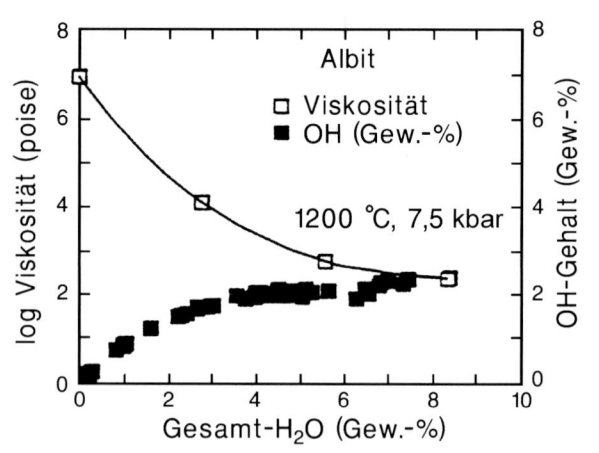

Abb. 16.8. Erhöhung des (OH)-Gehalts (Silver u. Stolper 1989; *rechte Ordinate*) und Erniedrigung der Viskosität (Dingwell 1987; *linke Ordinate*) mit steigendem H$_2$O-Gehalt einer Albitschmelze. (Nach Lange in Carroll u. Holloway 1997)

konstantem Druck mit steigender Temperatur zunächst ab: sie ist *retrograd*. Jedoch gilt das nur für relativ niedrige Drücke: ab 4 kbar ändert sich die Steigung der Löslichkeitsisobaren von negativ zu positiv, d. h. isobare Temperaturerhöhung führt nun zu einer Steigerung der Löslichkeit: sie wird *prograd* (Abb. 16.6).

Die Frage, in welcher Form das gelöste Wasser in Silikatschmelzen vorliegt, wurde durch infrarot-spektroskopische Analysen an Basalt-, Rhyolith- und Albitgläsern gelöst (z. B. Stolper 1982, u. a.). Danach wird Wasser zunächst überwiegend in Form von (OH)-Gruppen eingebaut, während der Anteil an H$_2$O-Molekülen gering ist. Mit zunehmender Wasseraufnahme steigt jedoch der Gehalt an molekularem H$_2$O immer stärker an, während der des (OH) kaum noch zunimmt (Abb. 16.7). Dieser Befund hat natürlich eine große Bedeutung für die Rolle von (OH) als Netzwerkwandler und damit für die Viskosität wasserhaltiger Schmelzen. Nach der einfachen Gleichung

$$H_2O_{molekular} + O^{2-} = 2(OH)^- \qquad (16.2)$$

werden für die Bildung von (OH)-Gruppen aus H$_2$O-Molekülen Brückensauerstoffe des Silikatgerüsts benötigt; der Vorgang wirkt also depolymerisierend: mit zunehmendem (OH)-Gehalt nimmt der Viskositätsmodul ab. Nach Abb. 16.7 können aber der (OH)-Gehalt nicht beliebig gesteigert und die Viskosität nicht entsprechend gesenkt werden; ab 4–5 Gew.-% Gesamt-H$_2$O ist für beide eine Sättigung erreicht (Abb. 16.8).

Die ursprünglichen Gehalte an leichtflüchtigen Komponenten in natürlichen Magmen lassen sich durch die mikroskopische Untersuchung von Schmelzeinschlüssen in Einsprenglings-Kristallen rekonstruieren (vgl. Kap. 12). Häufig bestehen diese Einschlüsse, welche die komplexe geochemische Entwicklung des magmatischen Systems in einer Magmenkammer widerspiegeln, aus mehreren, nicht miteinander mischbaren Teilschmelzen. Diese lassen sich durch eine Vielzahl moderner mikrochemischer Methoden analysieren (De Vivo et al. 2005). So beobachtet man neben einer Silikatschmelze häufig eine oder mehrere dünnflüssige Schmelzen, die an unterschiedlichen volatilen Komponenten angereichert sind; sie können unterschiedliche Tochterkristalle sowie Gasblasen, insbesondere von CO$_2$ enthalten.

Wie wir bereits in Abschn. 14.5 (S. 252ff) gezeigt hatten, werden beim Aufstieg des Magmas infolge der Druckentlastung in unterschiedlicher Tiefenlage nacheinander die einzelnen Gasspezies freigesetzt, wobei die Löslichkeit einer leichtflüchtigen Komponente auch von der chemischen Zusammensetzung des Magmas abhängt. Daneben führt in der Magmenkammer das Wachstum von Kristallen, die meist keine oder nur geringe Gehalte an volatilen Komponenten aufweisen, ebenfalls zur Entgasung des Magmas. Beide Prozesse können in der Folge explosiven Vulkanismus auslösen. Andererseits kann bei der Abkühlung des Magmas retrograde Löslichkeit (Abb. 16.6) die Freisetzung von Gasen verzögern.

Die Löslichkeit einer leichtflüchtigen Komponente kann zudem durch andere Volatile beeinflusst werden. So setzen z. B. steigende CO_2-Gehalte die Löslichkeit von H_2O in einer Rhyolithschmelze herab: Bei 2 kbar und 900 °C kann eine CO_2-freie Schmelze fast 6 Gew.-% H_2O aufnehmen, bei einem CO_2-Gehalt von 0.125 Gew.-% kann dagegen kein H_2O mehr gelöst werden (Newman und Lowenstern 2002).

Weiterführende Literatur

Behrens H, Gaillard F (2006) Geochemical aspects of melts: Volatiles and redox behavior. Elements 2:275–280
Best MG, Christiansen EH (2001) Igneous petrology. Blackwell, Malden, Mass., USA
Calas G, Henderson GS, Stebbins JF (2006) Glasses and melts: Linking geochemistry and material science. Elements 2:265–268
Carroll MR, Holloway JR (eds) (1994) Volatiles in magmas. Rev Mineral 30
Dingwell DB (2006) Transport properties of magmas: Diffusion and rheology. Elements 2:281–286
Henderson GS (2005) The structure of silicate melts: A glass perspective. Canad Mineral 43:1921–1958
Henderson GS, Calas G, Stebbins JF (2006) The structure of silicate glasses and melts. Elements 2:269–273
Hersum TG, Marsh BD (2007) Igneous textures: On the kinetics behind the words. Elements 3:247–252
Marsh BD (1981) On the crystallinity, probability of occurrence, and rheology of lava and magma. Contrib Mineral Petrol 78:85–98
Marsh BD (2006) Dynamics of magmatic systems. Elements 2: 287–292
Métrich N, Mandeville CW (2010) Sulfur in magmas. Elements 6:81–86
Schmincke H-U (2000) Vulkanismus. Wissenschaftliche Buchgesellschaft, Darmstadt
Stebbins JF, McMillan PF, Dingwell DB (eds) (1995) Structure, dynamics and properties of silicate melts. Rev Mineral 32

Zitierte Literatur

Barth TFW (1962) Theoretical petrology, 2nd edn. Wiley, New York London Sydney
Dingwell DB (1987) Melt viscosities in the system $NaAlSi_3O_8$–H_2O–F_2O^{-1}. In: Mysen BO (ed) Magmatic processes: Physicochemical principles. The Geochemical Society, Spec Publ 1: 423–438
Flint RF, Skinner BJ (1974) Physical geology. Wiley, New York
Goranson RW (1931) The solubility of water in granitic magmas. Am J Sci 222:481–501
Hui H, Zhang Y, Xu Z, Del Gaudio P, Behrens H (2009) Pressure dependence of viscosity of rhyolitic melts. Geochim Cosmochim Acta 73:3680–3693
Jaggar TA Jr (1917) Volcanologic investigations at Kilauea. Am J Sci 194:161–220
Kushiro I (1976) Changes in the viscosity and structure of melt $NaAlSi_2O_6$ composition at high pressures. J Geophys Res 81:6347–6350
Lange RA (1994) The effect of H_2O, CO_2, and F on the density and viscosity of silicate melts. In Carroll MR, Holloway JR (eds) (1994) Volatiles in magmas. Rev Mineral 30:331–369
Luth WD, Jahns RH, Tuttle PF (1964) The granite system at pressures of 4 to 10 kilobars. J Geophys Res 69:759–773
Mueller RF, Saxena K (1977) Chemical petrology. Springer-Verlag, Berlin Heidelberg New York
Newman S, Lowenstern JB (2002) VOLATILECALC: A silicate melt-H_2O-CO_2 solution model written in Visual Basic for Excel*. Computers Geosci 28:597–604
Paillat O, Elphick SC, Brown WL (1992) The solubility of water in $NaAlSi_3O_8$ melts: A re-examination of Ab-H_2O phase relationships and critical behaviour at high pressures. Contrib Mineral Petrol 112:490–500
Pinkerton H, James M, Jones A (2002) Surface temperature measurements of active lava flows on Kilauea volcano, Hawai'i. J Volcan Geotherm Res 113:159–176
Scarfe CM, Mysen BO, Virgo D (1987) Pressure dependence of the viscosity in silicate melts. In: Mysen O (ed) Magmatic processes: physicochemical principles. The Geochemical Society Spec. Publ 1:59–67
Shepherd ES (1911) Temperature of fluid lava from Halemaumau, July 1911. I Rep Haw Volc Observ Boston, p 47–51
Silver L, Stolper E (1989) Water in albitic glasses. J Petrol 30:667–709
Stolper E (1982) Water in silicate glasses: an infrared spectroscopic study. Contrib Mineral Petrol 81:1–17
Tuttle OF, Bowen NL (1958) Origin of granite in the light of experimental studies in the system $NaAlSi_3O_8$–$KalSi_3O_8$–SiO_2–H_2O. Geol Soc America Mem 74:1–153
Yoder HS, Tilley CF (1962) Origin of basaltic magmas: An experimental study of natural and synthetic rock systems. J Petrol 3:342–532

Bildung und Weiterentwicklung von Magmen

17.1
Magmatische Serien

17.2
Bildung von Stamm-Magmen

17.3
Magmenmischung

17.4
Magmatische Differentiation

17.5
Assimilation

Es ist schon lange bekannt, dass die zahlreichen Typen von magmatischen Gesteinen nicht isoliert betrachtet werden dürfen. Vielmehr bestehen zwischen den Vulkaniten oder Plutoniten, die in einer bestimmten Region (*Magmatische Provinz*) gefördert wurden, zeitliche und räumliche Zusammenhänge. Die unterschiedlichen Gesteinsarten einer magmatischen Provinz sind häufig durch Übergänge miteinander verknüpft; in ihrer chemischen und mineralogischen Zusammensetzung zeigen sie charakteristische Variationen oder sie weisen gewisse Grundgemeinsamkeiten, z. B. generell hohe K-Gehalte, auf. Man kann daher die einzelnen Gesteinstypen nicht auf eine ebenso große Zahl selbständig gebildeter primärer Stamm-Magmen zurückführen. Vielmehr bilden sie Glieder von *magmatischen Serien*, die sich mit sinkender Temperatur durch unterschiedliche geologische Prozesse aus einem Stamm-Magma entwickelt haben. Die Trennung eines gegebenen Stamm-Magmas in verschiedene, stofflich unterschiedliche, meist aber durch gewisse Übergänge miteinander verbundene Teilmagmen wird als *magmatische Differentiation* bezeichnet. Darüber hinaus können sich Magmen durch *Magmenmischung* oder durch *Assimilation* von Nebengestein in ihrer ursprünglichen Zusammensetzung verändern. Nach einer Abschätzung von Schmincke (2000, S. 16) werden weltweit pro Jahr über 30–35 km^3 Magmen gefördert. Dabei entfallen auf die unterschiedlichen plattentektonischen Situationen im Durchschnitt die in Tabelle 17.1 genannten Mengen.

Tabelle 17.1. Jährliche Magmaförderung (km^3/Jahr). (Nach Schmincke 2000)

	Vulkanisch	Plutonisch	Zusammen
Mittelozeanische Rücken	3	18	21
Konvergente Plattenränder (Subduktions- und Kollisionszonen)	0,6	8	8,6
Ozeanische Intraplatten-Vulkane	0,4	2	2,4
Kontinentale Intraplatten-Vulkane	0,1	1,5	1,6
Gesamt	4,1	29,5	33,6

17.1 Magmatische Serien

Ausgehend von verschiedenen *basaltischen Stamm-Magmen* (primäre Magmen) unterscheidet man drei wichtige Gesteinsserien von Vulkaniten, die mit zunehmendem SiO_2-Gehalt einer magmatischen Differentiation zugeordnet werden können. Dabei sind die ersten beiden subalkalin, die dritte alkalin:

- *Tholeiit-Serie:*
  tholeiitischer Basalt → Andesit → Dacit → Rhyolith
- *Kalkalkali-Serie:*
  kalkalkaliner Basalt → Andesit → Dacit → Rhyolith
- *Alkali-Serie:*
  Alkalibasalt → Trachyandesit → Trachyt/Phonolith

Diese Serien gehen in erster Linie auf Beobachtungen von Gesteinsverbänden in vielen magmatischen Provinzen der Erde zurück, wobei noch mehrere Unterserien ausgeschieden wurden. Bei vollständigem Ablauf enden die subalkalinen Serien mit rhyolithischen, die alkaline Serie mit trachytischen oder phonolithischen Differentiaten.

Magmatische Serien können in sog. Harker-Diagrammen dargestellt und unterschieden werden, in denen die chemischen Hauptkomponenten Al_2O_3, $Fe_2O_3^{tot}$, MgO, CaO, Na_2O und K_2O gegen SiO_2 (jeweils in Gew.-%) aufgetragen werden. Dabei ergibt sich die allgemeine Tendenz, dass mit steigendem SiO_2-Gehalt $Fe_2O_3^{tot}$, MgO und CaO abnehmen, Na_2O und K_2O dagegen zunehmen (Abb. 17.1). Um magmatische Differentiationsreihen zu veranschaulichen, werden darüber hinaus noch weitere binäre oder ternäre Variationsdiagramme verwendet, in denen Haupt- und/oder Spurenelemente gegeneinander aufgetragen werden, z. B. Ni und Cr gegen MgO. Zur Unterscheidung zwischen alkalinen und subalkalinen Serien hat sich das Variationsdiagramm ($Na_2O + K_2O$) gegen SiO_2 bewährt (Abb. 17.2). Die Alkali-Magmatite können in einem K_2O/Na_2O-Diagramm in Na-betonte, K-betonte und K-reiche Serien weiter untergliedert werden. Letztere entwickeln SiO_2-arme Vulkanite wie z. B. Leucittephrit, Leucitbasanit oder Leucitit als Differentiate.

Unterschiede zwischen den beiden subalkalinen Serien bestehen z. B. darin, dass bei der tholeiitischen Entwicklung am Anfang des Fraktionierungsprozesses das Fe/Mg-Verhältnis stärker anwächst, während in Kalkalkali-Serien das Fe/Mg-Verhältnis durch Frühabscheidung von Fe-Ti-Oxiden sinkt. So ist der Anteil intermediärer Differentiate, etwa solcher mit andesitischer Zusammensetzung, bei der Kalkalkaliserie größer. Diese Unter-

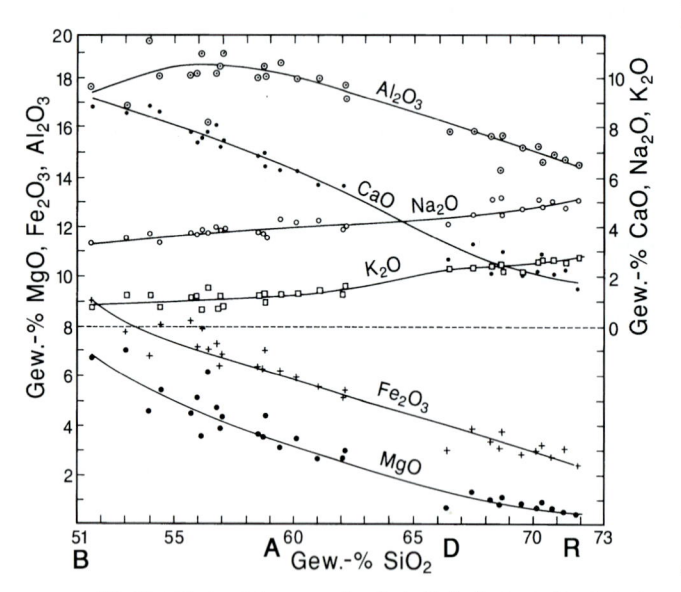

Abb. 17.1. Harker-Diagramm für die kalkalkalische Vulkanit-Serie des Crater Lake, Kaskaden-Provinz, Oregon, mit der typischen Entwicklung Basalt (**B**) → Andesit (**A**) → Dacit (**D**) → Rhyolith (**R**). (Nach Williams 1942, mod. aus Carmichael et al. 1974)

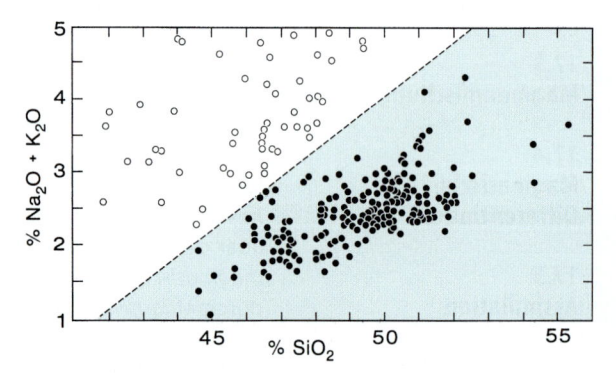

Abb. 17.2. Grenze zwischen Tholeiitbasalten und Alkalibasalten aus Hawaii im Diagramm ($Na_2O + K_2O$) gegen SiO_2. ● Tholeiitbasalte, ○ Alkalibasalte. (Nach Macdonald u. Katsura 1964)

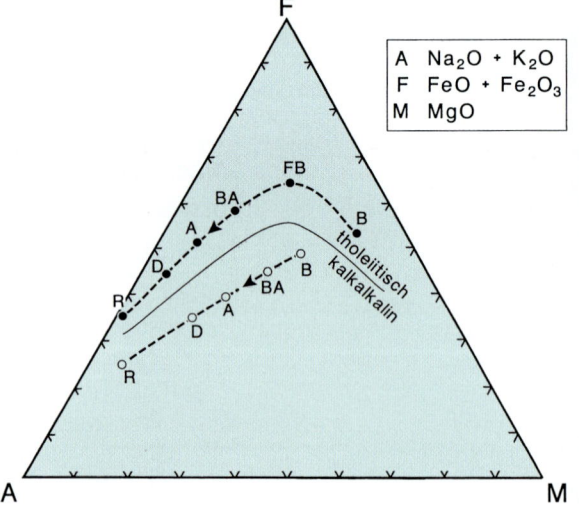

Abb. 17.3. *AFM*-Dreieck mit tholeiitischem und kalkalkalinem Trend. Erläuterung im Text. *B* tholeiitischer bzw. kalkalkaliner Basalt, *FB* Ferrobasalt, *BA* basaltischer Andesit, *A* Andesit, *D* Dacit, *R* Rhyolith. (Aus Wilson 1989)

schiede in der Magmenentwicklung kommen im *AFM*-Dreieck (Abb. 17.3) durch unterschiedliche Trends zum Ausdruck. Zudem besteht von vornherein ein deutlicher Unterschied im Al-Gehalt zwischen den basischen tholeiitischen Gliedern und den entsprechenden Gliedern der Kalkalkaliserie mit ihren High-Alumina-Basalten.

Im Folgenden wollen wir die geologischen Prozesse kennen lernen, die als Ursachen für magmatische Entwicklungen in Frage kommen.

17.2
Bildung von Stamm-Magmen

Primäre Stamm-Magmen entstehen durch teilweises Aufschmelzen (partielle Anatexis) von festem Gesteinsmaterial des oberen Erdmantels und der unteren Erdkruste. Für das Verständnis dieser Prozesse sind Kenntnisse über den Aufbau und die Zusammensetzung des Erdinnern erforderlich. Diese werden in der ausführlichen Darstellung in Kap. 29 (S. 515ff) vermittelt.

17.2.1
Basaltische Stamm-Magmen

Wie wir gesehen haben, stellen Basalte die wichtigsten vulkanischen Gesteine dar, die erdweit in großer Verbreitung auftreten. Es unterliegt keinem Zweifel, dass die basaltischen Magmen durch *partielle Anatexis* aus ultramafischen Gesteinen des oberen Erdmantels entstehen. Für eine Mantelabkunft sprechen bereits die hohen Eruptionstemperaturen der Basalt-Laven mit rund 1 100–1 200 °C; denn die Temperaturen an der Kruste-Mantel-Grenze, der Mohorovičić-Diskontinuität (s. Abschn. 29.2, S. 518ff), die unter den Ozeanböden in 5–7 km, unter den Kontinenten in 30–60 km Tiefe liegt, erreichen nur etwa 600 °C (Chapman 1986), es sei denn, es kommt zu externer Wärmezufuhr (s. u.). Auch der Basalt-Chemismus sowie die mitgeführten Fragmente von Spinell- und Granatperidotit, die als Xenolithe in Alkalibasalten und Kimberliten vorkommen, sind wichtige Belege für die Bildung von Basalt-Magmen im oberen Erdmantel. Direkte Hinweise dafür fanden Eaton u. Murata (1960), als sie wenige Monate vor einer neuen Eruption des Kilauea-Vulkans auf Hawaii eine seismische Unruhe in ca. 60 km Tiefe feststellten und geophysikalisch die stationäre Ansammlung des basaltischen Magmas in einer subvulkanischen Magmenkammer bis zum Ausbruch des Vulkans verfolgen konnten. Allerdings sagt dieser interessante Befund nur etwas über die Mindesttiefenlage des Aufschmelzortes im oberen Erdmantel aus; dieser kann noch wesentlich tiefer gelegen haben. Die Ergebnisse von Hochdruck-Experimenten in vereinfachten Modellsystemen trugen entscheidend dazu bei, Aufschmelz-Vorgänge, die zur Bildung von Basalt-Magmen führen, besser zu verstehen (Kap. 19). Das partielle Schmelzen von Mantelmaterial wird durch eine Kombination folgender Prozesse ermöglicht:

Druckentlastung in aufsteigenden Mantelbereichen, sog. Plumes, die Teile von Konvektionszellen bilden, führt zur Erniedrigung der Solidustemperatur.

Durch solche großräumigen, aufwärts gerichteten Konvektionsströmungen kommt es zugleich zur *Wärmezufuhr* und damit zur Temperaturerhöhung im umgebenden Erdmantel. Demgegenüber dürfte die *radioaktive Wärmeproduktion* im Erdmantel eine geringere Rolle spielen, da in Peridotiten chemische Elemente mit radioaktiven Isotopen (^{238}U, ^{235}U, ^{232}Th, ^{40}K) in wesentlich geringeren Konzentrationen vorkommen als in Gesteinen der Erdkruste.

Durch lokale *Anreicherung leichtflüchtiger Komponenten*, wie H_2O, F oder CO_2 wird die Solidustemperatur herabgesetzt.

17.2.2
Granitische Magmen

Die enorm große Förderung von intermediärem und saurem Magma innerhalb der aktiven, orogenen Kontinentalränder, so in der Küstenregion von Nord- und Südamerika, kann unmöglich allein aus der subduzierten ozeanischen Platte stammen. Auch ist die Menge von Graniten in Orogenzonen (Syn-Collision Granites, syn-COLG, Volcanic Arc Granites, VAG, im Sinne von Pearce et al. 1984) und in kontinentalen Intraplattenbereichen (Within-Plate Granites, WPG) viel zu groß, um durch Differentiation von basaltischen Stamm-Magmen erklärt zu werden. Deshalb muss *partielle Anatexis* innerhalb der kontinentalen Unterkruste einen überwiegenden Anteil geliefert haben. Wahrscheinlich erfolgte dieser Vorgang im Laufe der geologischen Geschichte in mehreren Schritten (Wedepohl 1991; Johannes u. Holtz 1996):

> Durch partielles Schmelzen des peridotitischen Erdmantels bildeten sich schon im Archaikum große Mengen mafischer Magmatite, aus denen die mafische Unterkruste entstand.
>
> In dieser führte partielles Schmelzen von hydratisierten mafischen Gesteinen (Amphiboliten) zur Bildung von Tonalit-Magmen, während Restgesteine aus mafischem Granulit zurückblieben.
>
> Schließlich schmolzen die Unterkrusten-Tonalite partiell auf, wodurch Granit-Magmen und granulitische Restgesteine entstanden. Darüber hinaus können Granit-Magmen auch durch partielle Anatexis metamorpher Sedimente im Zuge der regionalen Gesteinsmetamorphose entstehen (s. Abschn. 20.2.3, S. 316ff und Abschn. 26.5, S. 453ff).

Bei allen diesen Vorgängen muss jedoch berücksichtigt werden, dass – im Gegensatz zum Archaikum – die Temperaturen in der kontinentalen Unterkruste normalerweise nicht ausreichen, um Gesteine zum partiellen Schmelzen zu bringen. Sie erreichen maximal 610 °C in junger Kruste und 370 °C in der Kruste alter, stabiler Kontinente (Chapman 1986). Ungewöhnlich hohe Temperaturen können jedoch durch folgende Prozesse erreicht werden (Clark et al. 2011):

- Erhöhte radioaktive Wärmeproduktion durch den Zerfall von Radionukliden (Abschn. 33.5.3, S. 569f);
- Zunahme der Wärmezufuhr aus dem Erdmantel in Backarc-Becken;
- Mechanische Aufheizung in großräumigen duktilen Scherzonen.
- Darüber hinaus liefern große mafische Intrusionen, die aus dem Erdmantel stammen, die externe Wärmezufuhr, die für ein partielles Aufschmelzen der Unterkruste notwendig ist. Dieser Vorgang wird als *Magmatic Underplating* bezeichnet.

Für den Aufstieg von Granit-Magmen in der Erdkruste ist der *Aufschmelzgrad* von besonderer Bedeutung. Ist dieser gering, so kann sich die Schmelze nicht von ihrem Muttergestein trennen, sondern wird auf den Korngrenzen konzentriert. Bei höheren Aufschmelzgraden entstehen zunächst *Migmatite* (s. Abschn. 26.5, S. 453ff) und schließlich *Granit-Magmen*, die aus Schmelze und kristallinen Restmineralen bestehen. Der *rheologisch kritische Schmelzanteil*, bei dem die Festigkeit eines Gesteins so weit erniedrigt ist, dass es sich als Magma verhält, liegt im Bereich von etwa 25–40 % (z. B. Arzi 1978).

17.3
Magmenmischung

Bereits 1851 hatte der deutsche Chemiker Robert Bunsen (1811–1899) vorgeschlagen, die magmatische Entwicklungsreihe vom Basalt zum Rhyolith auf Island durch die Mischung eines basaltischen und eines rhyolithischen Stamm-Magmas zu erklären. Larsen et al. (1938) beschrieben Andesite und Dacite in der San-Juan-Vulkan-Provinz (Colorado), die in einer homogenen Grundmasse Plagioklas-Einsprenglinge mit sehr unterschiedlicher Zusammensetzung und Art des Zonarbaus enthalten. Diese Beobachtung führte zu der Annahme, dass zwei Magmen mit unterschiedlichen Einsprenglings-Plagioklasen in einer Magmenkammer vermischt wurden, ehe es zur endgültigen magmatischen Förderung kam.

> Dem Prozess der Magmenmischung als Modell für die Entstehung komagmatischer Schmelzen wird eine zunehmend bedeutsame Rolle zugeschrieben.

So lassen sich z. B. viele der geochemischen und petrographischen Merkmale von Basalten mittelozeanischer Rücken (MORB) dadurch erklären, dass sich bereits differenziertes basaltisches Magma in den Magmenkammern unter den mittelozeanischen Rücken mit unveränderter primärer Mantelschmelze, die aus der Tiefe periodisch aufsteigt, vermischt. Es ist zu erwarten, dass derartige basische Magmen eine weitgehend vollständige Mischbarkeit untereinander aufweisen. Auch bei der Entstehung von Layered Intrusions und den damit verknüpften Erzlagerstätten dürfte Magmenmischung eine wichtige Rolle spielen.

Laborversuche haben gezeigt, dass die Mischbarkeit von silikatischen Schmelzen insbesondere von ihrer Viskosität und Fließgeschwindigkeit abhängt. Größere Viskositäten oder Viskositätsunterschiede behindern die Mischbarkeit. So ist zu erwarten, dass sich SiO_2-reiche Magmen untereinander oder mit basaltischen Magmen nur unvollständig mischen. Das Ergebnis sind z.B. Plutonite mit schlierigem Gefüge. Auch die Entstehung des Rapakivi-Gefüges (vgl. Abschn. 13.2.1, S. 224, Abb. 13.4) führt man auf die Mischung von zwei Magmen unterschiedlicher Zusammensetzung und Temperatur zurück. Dabei wird das neue, heißere Magma abgeschreckt, und es kommt zur orientierten Aufwachsung von Oligoklas auf Kalifeldspat; beim Anti-Rapakivi-Gefüge ist die Kristallisationsabfolge umgekehrt (Hibbard 1981).

17.4
Magmatische Differentiation

> Dieser Begriff umfasst alle Vorgänge, bei denen aus einem homogenen Stamm-Magma mehrere Fraktionen entstehen, die schließlich zu Magmatiten unterschiedlicher Zusammensetzung kristallisieren. Der weitaus wichtigste Prozess ist die *Kristallisations-Differentiation*, deren experimentelle Grundlagen in Kap. 18 behandelt werden. Es gilt das Bowen'sche Reaktionsprinzip, das weiter unten erläutert wird (s. Abschn. 18.3, S. 299ff). Daneben spielen in einzelnen Fällen die *liquide Entmischung* von Magmen eine Rolle. Auch *chemische Gradienten* in einer Magmenkammer und *Gastransport*, d. h. der Transport von chemischen Komponenten, die in aufsteigenden Gasblasen gelöst sind, wurden als mögliche Ursachen für die magmatische Differentiation diskutiert, aber kaum näher untersucht.

17.4.1
Kristallisations-Differentiation

Eine verbreitete Ursache für eine magmatische Differentiation ist die *fraktionierte Kristallisation*, d. h. die sukzessive Abtrennung von auskristallisierten Mineralen aus einem Magma. Da dieser Vorgang im Wesentlichen eine Wirkung der Schwerkraft ist, bezeichnet man ihn auch als eine *gravitative Differentiation*. Am häufigsten ist das *Absinken* (Absaigern) früh ausgeschiedener Kristalle von größerer Dichte im Magma, so dass eine spezifisch leichtere, stofflich veränderte Restschmelze übrig bleibt.

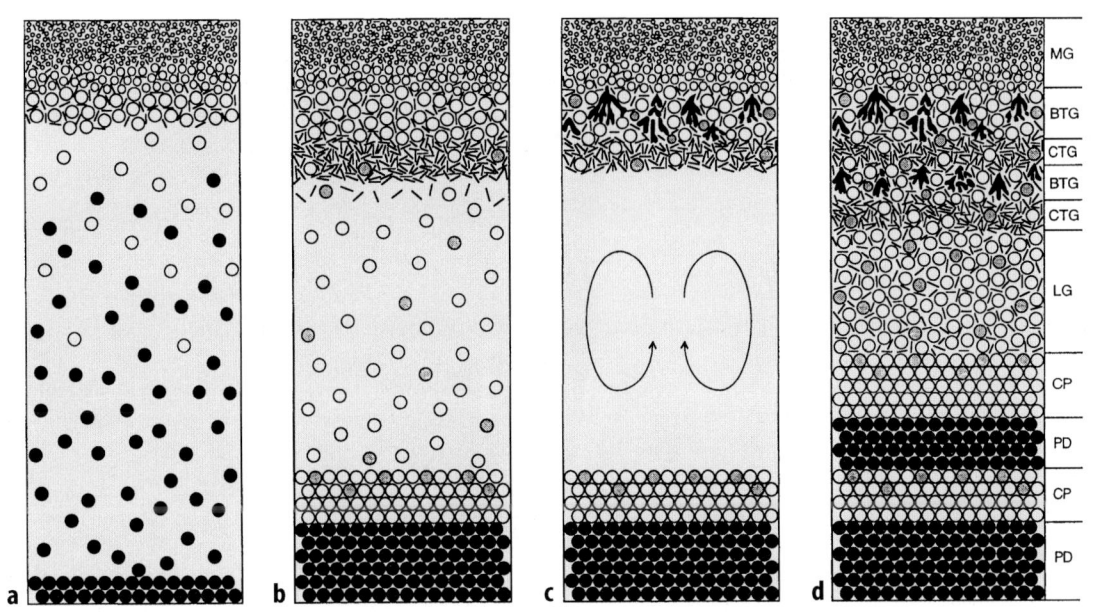

Abb. 17.4. Schema für die Bildung magmatischer Schichtung durch gravitative Kristallisationsdifferentiation in einem Lagergang von 400–600 m Mächtigkeit (Centre-Hill-Komplex, Kanada). **a** Aus einem Basalt-Magma scheiden sich Olivin (*Ol*, ●) und Klinopyroxen (Cpx, ○) aus, die unterschiedlich schnell nach unten absaigern; es bildet sich ein Olivinkumulat (Peridotit, *PD*); am Hangend-Kontakt des Lagergangs kristallisiert eine feste, feinkörnige Kruste aus Randgabbro (marginal gabbro, *MG*), darunter befindet sich ein Kristallbrei, der reich an Cpx und Plagioklas (/) ist. **b** Beim Absinken wird ein Teil des Ol in Orthopyroxen (Opx, *graue Kreise*) umgewandelt (Abb. 18.15, 18.16, S. 296f), der absinkt; es ensteht ein Opx-Cpx-Kumulat (*CP*); Plagioklas steigt auf und reichert sich im oberen Kristallbrei an. **c** Ein neuer Magmenschub intrudiert und vermischt sich mit der Restschmelze, wobei der obere Kristallbrei teilweise abgerieben wird. In der stagnierenden, an Fe und Si angereicherten Interkumulus-Schmelze kristallisieren fingerförmige Kristalle von Fayalit (*schwarz*), die sich stets vom Hangend-Kontakt weg verzweigen (branching textured gabbro: *BTG*); darunter entsteht eine Gabbro-Zone mit aggregiertem Plagioklas (clotted textured gabbro *CTG*). **d** In gleicher Weise bilden sich weitere Zyklen, so dass im Liegenden Ol- und Opx-Cpx-Kumulate (*PD* und *CP*) und im Hangenden *BTG* und *CTG* miteinander abwechseln. Zuletzt kristallisiert die restliche Schmelze zu einem Leuko-Gabbro (*LG*). (Nach Thèriault u. Fowler 1996, mit freundlicher Genehmigung des Verlages Elsevier)

Wendet man das Stoke'sche Gesetz

$$v = \frac{\Delta\rho g r^2}{\eta_l} \quad [17.1]$$

auf gravitative Fraktionierungsvorgänge an, so erkennt man, dass die Geschwindigkeit (*v*) des Absinkens oder Aufsteigens von Kristallen in der Schmelze vom Dichteunterschied zwischen Kristall und Schmelze ($\Delta\rho$), dem Radius (*r*) der kugelförmig gedachten Kristalle höherer oder niedrigerer Dichte und von der Viskosität der Schmelze (η_l) abhängt (g = Erdbeschleunigung). Dabei nimmt *v* mit $\Delta\rho$ linear, mit *r* dagegen exponentiell zu. Daher können weniger dichte, aber größere Silikat-Kristalle wie Olivin und Pyroxen oder Plagioklas schneller absinken bzw. aufsteigen als dichtere, aber kleinere Erzminerale wie Magnetit, Ilmenit oder Chromit.

Die abgeschiedenen *Kumulus-Kristalle* reichern sich als Bodensatz (*Kumulat*) in der Magmenkammer an. Durch *Filterpressung* wird die Restschmelze aus dem kompaktierenden Kumulat herausgedrückt; die verbleibenden Schmelzreste bezeichnet man als *Interkumulus-Schmelze* (Abb. 17.4). Die abgesaigerten Minerale sind reich an Mg, Fe, Cr und Ni, während die Restschmelze an Si, Al, Na und

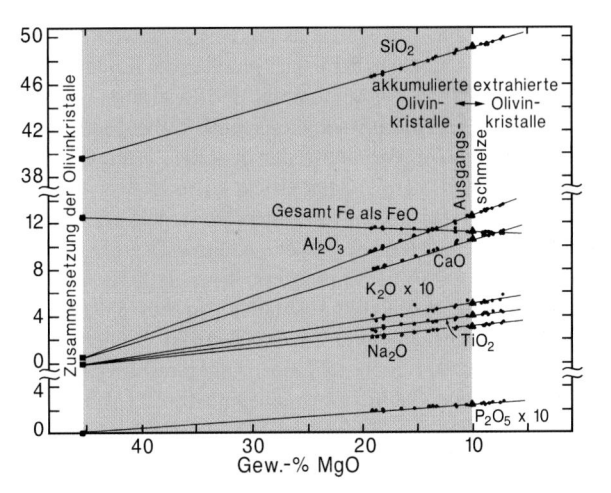

Abb. 17.5. Harker-Diagramm für die Laven des Kilauea-Ausbruchs von 1959 (Hawaii). Das SiO_2-ärmste, CaO-, MgO- und FeO-reichste Glas dürfte etwa dem Stamm-Magma entsprechen (▲). Die durchschnittliche Zusammensetzung der Olivin-Einsprenglinge hat einen Forsterit-Anteil von 87,5 Mol.-% (■). Die analysierten Gesteinsproben (●) sind entweder unterschiedlich stark an Olivin angereichert (*blauer Bereich*) oder verarmt (*weißer Bereich*). Dementsprechend verändert sich der Gesteinschemismus, und zwar entlang von Linien, die durch den Olivin- und den Glas-Chemismus definiert sind. (Nach Murata u. Richter 1966, aus Best 1982)

Abb. 17.6.
Magmatische Schichtung im Bushveld-Komplex. Ein gewöhnlicher Norit wird überlagert von einer Lage aus Plagioklas-reichem, sehr grobkörnigem Norit mit bis zu Zentimeter-großen Orthopyroxen-Kristallen (*hellbraune Flecken*). (Foto: Reiner Klemd)

K angereichert ist (Abb. 17.5). Auch leichtere Minerale können sich als Erstausscheidungen frühzeitig in einer etwas schwereren Schmelze absondern und nun umgekehrt *aufsteigen*, was zur Bildung von sog. *Flotationskumulaten* führt. Ein überzeugendes Beispiel für diesen Typ der gravitativen Differentiation war das Schlotmagma des Vesuvs. Hier stiegen früh ausgeschiedene Leucitkristalle von geringerer Dichte als schwimmender Kristallbrei in der etwas dichteren Restschmelze auf. Auch die großen Anorthosit-Massive der Erde werden heute als Flotationskumulate von riesigen Mengen basaltischer Schmelzen interpretiert. Da der Kristallisationszeitraum eines Magmas bei langsamer Abkühlung recht groß ist, kann ein derartiger gravitativer Sonderungsprozess zwischen Kristallkumulat und Restschmelze sich mehrfach wiederholen, wenn die Kristalle immer wieder von der Restschmelze getrennt werden oder die Zufuhr frischer Magmenschübe den Vorgang erneut anstößt (Abb. 17.4).

Kumulatgefüge treten vorwiegend innerhalb von basaltischen Lagergängen oder in Layered Intrusions auf (s. Abschn. 15.3.3, S. 262f). Die größte von ihnen ist der Bushveld-Komplex, ein Lopolith mit Ausmaßen von 450 × 350 km, einem Oberflächenanschnitt von 66 000 km^2 und einer Dicke von 9 km. Er zeigt einen vielfältigen Lagenwechsel aus Peridotit, Pyroxenit, Gabbro, Norit und Anorthosit (Abb. 17.6). Im tieferen Teil des Körpers treten 15 Bänder aus Chromit mit Mächtigkeiten bis zu 1 m auf (Abb. 21.5, S. 327), darüber 25 Bänder aus Magnetit. Im oberen Teil des ausgedehnten Körpers befinden sich verschiedene leukokrate Differentiate bis hin zur Granit-Zusammensetzung.

Nach Gleichung [17.1] können Kristalle in der Schmelze nur dann effektiv absaigern oder aufschwimmen, wenn sie eine bestimmte Mindestgröße erreicht haben, wobei es sich in vielen Fällen um Antekristen handeln dürfte. Das Fehlen solcher Kristalle ist wohl die Ursache dafür, dass man in vielen Lagergängen, aber auch in großen Lakkolithen jegliche Hinweise auf eine gravitative Differentiation vermisst. Als alternative Erklärung kann man mit Marsh (2006) das Modell der *Erstarrungsfronten* (solidification fronts) heranziehen. Danach schreitet die Kristallisation eines Magmas von den Rändern der Magmenkammer nach innen hin fort, wobei sich die Restschmelze in Richtung auf SiO_2- und H_2O-reichere Zusammensetzungen entwickeln kann.

Ein interessantes Fallbeispiel ist der Lavasee Makaopuhi auf Hawaii (Wright und Okamura 1977). Dieser entstand 1965 durch Einströmen eines Basalt-Magmas, in dem zahlreiche große Olivin-Kristalle suspendiert waren. Innerhalb von Tagen und Wochen bildeten sich an der Oberfläche und am Boden des Sees Erstarrungskrusten, die als Erstarrungsfronten langsam nach innen wanderten. Kontinuierlich durchgeführte Bohrungen durch den erstarrenden Lavasee zeigten, dass die Olivin-Kristalle teils in der oberen Erstarrungskruste eingeschlossen, größtenteils aber abgesaigert waren und ein dickes Kumulat am Boden des Sees bildeten. Der Rest der Lava kristallisierte dagegen zu einem homogenen, undifferenzierten Basalt. Ein SiO_2-reiches Differentiationsprodukt hatte sich in diesem Fall nicht gebildet.

Die Kristallisations-Differentiation eines bis 1 130 °C heißen Pikrit-Magmas im Kilauea-Iki-Lavasee (Hawaii) wurde von Tuthill Helz (2009) untersucht. Der See entstand während der Eruption von 1959, wobei ein bereits existierender Pitkrater aufgefüllt wurde. Durch oberflächliche Erstarrung bildete sich eine geschlossene Magmenkammer von etwa 40×10^6 m^3 Volumen. In dieser entstanden im Magma, das an Olivin verarmt war, zwei getrennte Konvektionszellen, die im Hangenden und Liegenden sowie gegeneinander durch Olivin-reichere Gesteinslagen abgegrenzt wurden. In den Konvektionszellen kam es im Verlauf der nächsten 35 Jahre zu einem komplexen, mehrphasigen Zusammenspiel von Olivin-Fraktionierung, lateraler Konvektion, Aufstieg von Teilmagmen geringerer Dichte und Abtrennung von Fe-reicheren Teilmagmen. Erst Mitte der 1990er Jahre war die gesamte Magmenkammer bis unter die Solidus-Temperatur von ca. 980 °C abgekühlt und erstarrte vollständig.

In höher differenzierten, SiO_2-reicheren Magmen wird die Viskosität so hoch und damit die Sink- oder Steiggeschwindigkeit von früh ausgeschiedenen Kristallen so gering, dass eine Kristallisationsdifferentiation auf konventionellem Weg nicht mehr möglich ist. Von Sparks et al. (1984) und Baker u. McBirney (1985) wurde daher das Modell einer *konvektiven Fraktionierung* entwickelt. Danach kristallisieren an den Seitenwänden einer Magmenkammer Minerale aus, wodurch eine hochdifferenzierte Schmelze entsteht, die wegen ihrer geringen Dichte an den Innenwänden konvektiv nach oben steigt.

17.4.2
Entmischung im schmelzflüssigen Zustand (liquide Entmischung)

Die Entmischung von Silikatschmelzen im flüssigen Zustand wurde um 1900 als bedeutender Prozess bei der magmatischen Entwicklung angesehen und diente zur Erklärung von bimodalen Magmatit-Assoziationen wie Basalt – Rhyolith oder von dunklen und hellen Ganggesteinen. Heute wissen wir durch experimentelle Untersuchungen, dass liquide Entmischungen in Silikatschmelzen sich auf extreme Zusammensetzungen beschränken, z. B. auf ultrabasische Schmelzen, die ungewöhnlich reich an K und Fe sind oder hohe CO_2-Gehalte aufweisen. Die meisten Petrologen sind sich daher einig, dass liquide Entmischung kein wichtiger Prozess für die Differentiation eines silikatischen Stamm-Magmas ist.

Eine interessante Ausnahme stellt wohl die großräumige Differentiation des Intrusivkörpers von Sudbury, Ontario (Kanada; Abschn. 21.3.1, S. 328f) dar, der aus drei mächtigen magmatischen Schichten besteht: einer ca. 850 m mächtigen Norit-Lage im Liegenden, einer ca. 400 m mächtigen Übergangszone aus Quarzgabbro und einer ca. 1 800 m mächtigen Lage von Granophyr (Mikrogranit) im Hangenden. Der Sudbury-Komplex verdankt seine Entstehung einem gigantischen Meteoriteneinschlag, durch den innerhalb von ca. 2 Minuten die kontinentale Erdkruste und Teile des obersten Erdmantels in einem Bereich von 90 km ∅ und 30 km Tiefe aufschmolzen. Dabei entstand eine überhitzte Impaktschmelze mit einem Volumen von rund 30 000 km^3 und einer Temperatur von ca. 1 700 °C. Nach Zieg und Marsh (2005) stellte sie eine Emulsion dar, in der die unterschiedlichsten Anteile des aufgeschmolzenen Untergrundes in Form von hochviskosen Tropfen und Klumpen nebeneinander vorlagen, quasi eine geschmolzene Breccie. Ab einem Radius von > ca. 6 mm erfolgte die physikalische Dichtetrennung der unterschiedlichen Tropfen rascher als die chemische Homogenisierung durch Diffusion, so dass die dunklen Schmelzanteile absaigerten, die hellen aufstiegen, ein Vorgang, der von Zieg und Marsh (2005) als *viscous emulsion differentiation* bezeichnet wird. Innerhalb einiger Jahre waren zwei Magmaschichten entstanden, in denen sich getrennte Konvektionszellen bildeten, durch die es zur raschen Homogenisierung der beiden Magmaschichten kam. Noch verbliebene feste Gesteinsanteile wurden im Grenzbereich zwischen beiden Schichten, der Übergangszone, angereichert. Durch konduktiven Wärmetransport kühlten sich die Magmaschichten in einem Zeitraum von 10 000 bis 100 000 Jahren ab, wobei die Erstarrungsfronten von oben und unten her nach innen hin vordrangen. Dadurch kristallisierte die obere Schicht zu Granophyr, die untere zu Norit aus.

Während bei gewöhnlichen Silikat-Magmen eine liquide Entmischung nicht stattfindet, ist die gegenseitige Löslichkeit von Silikat-Schmelzen mit Sulfid- und Oxid-Schmelzen nur sehr begrenzt. Deren Entmischung vollzieht sich bereits in einem sehr frühen Stadium bei beginnender Abkühlung des silikatischen Stamm-Magmas, wobei sich die aussondernde Sulfidschmelze wegen ihrer größeren Dichte tropfen- und schlierenförmig am Boden der silikatischen Hauptschmelze ansammelt. Es kommt dabei zur Bildung bedeutender sulfidischer Erzlagerstätten (Abschn. 21.3, S. 328ff). Klare Hinweise für liquide Entmischung gibt es auch in Apatit-Magnetit-Lagerstätten, die an Diorite gebunden sind. Philpotts (1967) konnte zeigen, dass schon bei hohen Temperaturen Phosphat-reiche, Eisenoxid-reiche und dioritische Schmelzen miteinander im Gleichgewicht gestanden haben. Schließlich gibt es experimentelle Ergebnisse (z. B. Lee und Wyllie 1997) und Geländebefunde, die zeigen, dass Karbonat- und Silikat-Magmen nur sehr begrenzt miteinander mischbar sind. So könnten Nephelinit-Karbonatit-Assoziationen in Ignimbriten im ostafrikanischen Grabensystem auf liquide Entmischung zurückzuführen sein (Le Bas 1977). Ein überzeugendes Beispiel ist das gemeinsame Auftreten von Trachytglas und Karbonatit-Asche in einem Ignimbrit von Kenya (Macdonald et al. 1993).

17.5
Assimilation

Bei seiner Platznahme befindet sich ein Magma meist im Ungleichgewicht mit dem *Nebengestein* bzw. mit einigen der Nebengesteinsminerale. Dadurch setzt ein komplexer Reaktionsmechanismus ein, bei dem Nebengestein partiell aufgeschmolzen werden kann; einzelne Nebengesteinsminerale werden mit der Schmelze unter Bildung neuer Minerale reagieren, andere unverändert bleiben. Durch diesen Vorgang der Assimilation kann ein Stamm-Magma oder Teile davon chemisch verändert werden (Kontamination). In diesem Zusammenhang erinnern wir uns an den Prozess des „Magmatic Stoping" bei der Platznahme von Magmen, durch den das Nebengestein mechanisch und chemisch in einzelne Schollen zerlegt wird (Abschn. 15.3.2, S. 261f, Abb. 15.7). Hinweise auf Assimilationsprozesse liefern am ehesten Gesteine, die reich an „unverdauten" Nebengesteinsschollen sind, oder die Schlieren enthalten, bei denen der Unterschied zwischen umgebendem Plutonit und aufgenommenem Nebengestein verschwimmt. Man sagt, ein solches Magma wirke unausgereift.

Assimilationsprozesse finden ihre Begrenzung in ihrem hohen Energiebedarf. Die meisten Magmen enthalten bereits ausgeschiedene Kristalle, sind also nicht über ihre Liquidustemperatur überhitzt. Sie werden daher nicht sehr große Nebengesteinsvolumina assimilieren können. Selbstverständlich können nur diejenigen Fremdgesteine partiell aufgeschmolzen werden, deren Liquidustemperatur unter der des intrudierenden Magmas liegt. Es gilt die Umkehrung des Bowen'schen Reaktionsprinzips (Abschn. 18.3, S. 299ff). Sehr widerstandsfähig gegen Assimilation sind monomineralische Gesteine wie Quarzit.

Trotz dieser Einschränkungen werden für die chemischen Charakteristika von magmatischen Serien häufig Assimilationsvorgänge in Kombination mit fraktionierter Kristallisation verantwortlich gemacht. Solche *AFC-Prozesse* (AFC = **A**ssimilation + **F**ractional **C**rystallisation) lassen sich oft gar nicht petrographisch nachweisen, sondern nur indirekt aus der Geochemie erschließen. So können z. B. Rb-Sr- und Sm-Nd-Isotopenanalysen darauf hinweisen, dass eine basaltische Schmelze aus dem Erdmantel eine „krustale Komponente" aufgenommen hat, was nur durch Assimilation von Krustengesteinen möglich ist. Ein klassisches und gut untersuchtes Beispiel für die Wirksamkeit von AFC-Prozessen auf die Magmenentwicklung ist der Somma-Vesuv-Vulkankomplex. Die Ergebnisse von geochemischen und isotopengeochemischen Analysen von Piochi et al. (2006) machen wahrscheinlich, dass die Assimilation von Karbonatgesteinen eine wichtige Rolle bei der Bildung der stark unterkieselten, kalireichen Magmen gespielt hat, wie das bereits von Rittmann (1933) vermutet worden war.

Weiterführende Literatur

Best MG (1982, 2003) Igneous and metamorphic petrology, 1st, 2nd edn. Freeman, San Francisco
Best MG, Christiansen EH (2001) Igneous petrology. Blackwell, Malden, Mass., USA
Brown M, Korhonen FJ, Siddoway CS (2011) Organizing melt flow through the Crust. Elements 7:261–266
Carmichael ISE, Turner FJ, Verhoogen J (1974) Igneous petrology. McGraw-Hill, New York
Clark C, Fitzsimmons ICW, Healy D, Harley SL (2011) How does the continental Crust really get hot? Elements 7:235–240
Jamieson RA, Unsworth MJ, Harris NBW, Rosenberg CL, Schulmann K (2011) Crustal melting and the flow of mountains. Elements 7:253–260
Johannes W, Holtz F (1996) Petrogenesis and experimental petrology of granitic rocks. Springer-Verlag, Berlin Heidelberg New York
Marsh BD (2006) Dynamics of magmatic systems. Elements 2:287–292
Mitchell RH (2005) Carbonatites and Carbonatites and Carbonatites. Canad Mineral 43:2049–2068
Passchier CW, Trouw RAJ (2005) Microtectonics, 2nd edn. Springer-Verlag, Berlin Heidelberg New York
Pirajno F (2004) Hotspots and mantle plumes: global intraplate tectonics, magmatism and ore deposits. Mineral Petrol 82:193–216
Sawyer EW, Cesare B, Brown M (2011) When the continental crust melts. Elements 7:229–234
Schmincke HU (2000) Vulkanismus, 2. Aufl. Wissenschaftliche Buchgesellschaft, Darmstadt
Tuthill Helz R (2009) Processes active in mafic magma chambers: The example of Kilauea Iki Lava. Lithos 111:37–46
Wilson M (1989) Igneous petrogenesis. Harper Collins, London

Zitierte Literatur

Arzi AA (1978) Critical phenomena in the rheology of partially molten rocks. Tectonophysics 44:173–184
Baker BH, McBirney AR (1985) Liquid fractionation. Part III: Geochemistry of zoned magmas and the compositional effects of liquid fractionation. J Volcanol Geotherm Res 24:55–81
Chapman DS (1986) Thermal gradients in the continental crust. In: Dawson JB, Carswell DA, Hall J, Wedepohl KH (eds) The nature of the lower continental crust. Geol Soc Spec Publ 24:23–34, London
Eaton JP, Murata KT (1960) How volcanoes grow. Science 132:925–938
Hibbard MJ (1981) The magma mixing origin of mantled feldspar. Contrib Mineral Petrol 76:158–170
Larsen ES, Irving J, Gonjer FA, Larsen ES 3rd (1938) Petrologic results of a study of the minerals from the Tertiary volcanic rocks of the San Juan region, Colorado. 7. The plagioclase feldspars. Am Mineral 23:227–257
Le Bas MH (1977) Carbonate-nephelinite volcanism: An African case history. Wiley, New York
Lee WJ, Wyllie PJ (1997) Liquid immiscibility between nephelinite and carbonatite from 1.0 to 2.5 GPa compared with mantle melt compositions. Contrib Mineral Petrol 127:1–16
Macdonald GA, Katsura T (1964) Chemical composition of Hawaiian lavas. J Petrol 5:82–133
Macdonald R, Kjarsgaard BA, Skilling IP, et al. (1993) Liquid immiscibility between trachyte and carbonate in ash flow tuffs from Kenya. Contrib Mineral Petrol 114:276–287
Murata KJ, Richter DH (1966) The settling of olivine in Kilauea magma as shown by lavas of the 1959 eruption. Am J Sci 264:34–57
Pearce JA, Harris NBW, Tindle AG (1984) Trace element discrimination diagrams for the tectonic interpretation of granitic rocks. J Petrol 25:956–983
Philpotts AR (1967) Origin of certain iron-titanium oxide and apatite rocks. Econ Geol 62:303–315
Piochi M, Ayuso R, De Vivo B, Somma R. (2006) Crustal contamination and crystal entrapment during polybaric magma evolution at Mt. Somma-Vesuvius volcano, Italy: Geochemical and Sr isotope evidence. Lithos 86:303–329
Rittmann A (1933) Die geologisch bedingte Evolution und Differentiation des Somma-Vesuvmagmas. Z Vulkanol 15:8–94
Sparks RSJ, Huppert HE, Turner JS (1984) The fluid dynamics of evolving magma chambers. Phil Trans R Soc London A310:511–534
Thèriault RD, Fowler AD (1996) Gravity driven and *in situ* fractional crystallization processes in the Centre Hill complex, Atibiti Subprovince, Canada: Evidence from bilaterally-paired cyclic units. Lithos 39:41–55
Wedepohl KH (1991) Chemical composition and fractionation of the continental crust. Geol Rundsch 80:207–223
Wright TL, Okamura RT (1977) Cooling and crystallization of tholeiitic basalt, 1965 Makaopuhi lava lake, Hawaii. US Geol Survey Prof Paper 1004:1–78
Zieg MJ, Marsh BD (2005) The Sudbury Igneous complex: Viscous emulsion differentiation of a superheated impact melt sheet. GSA Bull 117:1427–1450

Experimentelle Modellsysteme

18.1
Die Gibbs'sche Phasenregel

18.2
Experimente in Zweistoff- und Dreistoffsystemen

18.3
Das Reaktionsprinzip von Bowen

18.4
Das Basalt-Tetraeder von Yoder und Tilley (1962)

18.5
Gleichgewichts-Schmelzen und fraktioniertes Schmelzen

Zum Verständnis der Regeln, die bei der Kristallisation von Mineralen (Mineralparagenesen und Gesteinen) aus Silikatschmelzen herrschen, haben experimentelle Untersuchungen in Hochtemperatur-Öfen unschätzbare Beiträge geliefert. Solche Experimente wurden seit Beginn des 20. Jahrhunderts im Geophysical Laboratory der Carnegie Institution in Washington, D.C. (USA), später auch an anderen Instituten durchgeführt, und zwar zunächst an sehr einfachen Silikatsystemen unter trockenen Bedingungen und bei 1 bar Druck. Später erfolgten solche Untersuchungen an zunehmend komplizierteren Systemen oder natürlichen Gesteinen (s. Abschn. 16.3.2, S. 267f) und bei viel höheren Drücken unter Anwesenheit leichtflüchtiger Komponenten, besonders H_2O. Für solche Hydrothermal-Experimente sind Hochdruck-Autoklaven unterschiedlicher Bauart, insbesondere innenbeheizte Bomben, erforderlich. Damit können auch die komplexeren, (OH)-haltigen gesteinsbildenden Minerale erfasst und dadurch die experimentellen Bedingungen den natürlichen Verhältnissen schrittweise angenähert werden. Selbstverständlich sind die experimentell gewonnenen petrologischen Modelle im Einzelfall nur mit kritischen Einschränkungen anwendbar, wobei wir grundsätzlich zwischen zwei Grenzfällen unterscheiden müssen, der Gleichgewichtskristallisation und der fraktionierten Kristallisation. Die Kristallisation eines Magmas in der Natur ist ein sehr komplexer Prozess, der noch dazu in viel größeren zeitlichen und räumlichen Dimensionen abläuft als im Experiment. Trotzdem konnten durch die experimentelle Petrologie Erkenntnisse von prinzipieller Bedeutung für das Verständnis der Bildung und Differentiation von Magmen gewonnen werden.

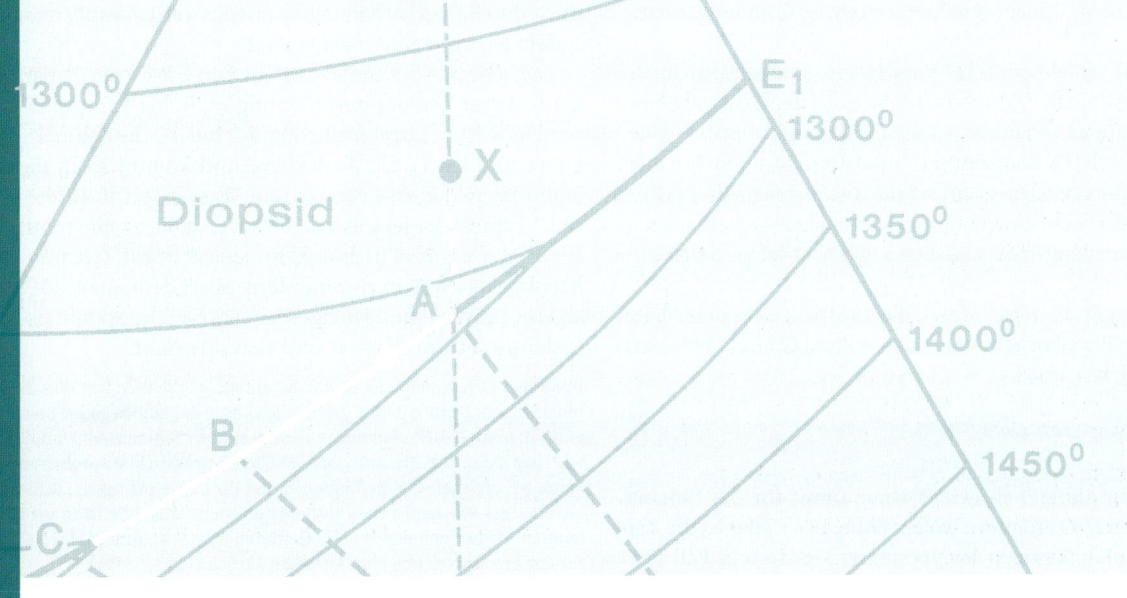

18.1
Die Gibbs'sche Phasenregel

Wie wir gesehen haben, entstehen magmatische Gesteine durch Kristallisation von Mineralen aus magmatischen Schmelzen oder (seltener) durch glasige Erstarrung von Magmen, wobei leichtflüchtige Komponenten in Form von Gasen freigesetzt werden. Aus dem homogenen Mehrstoffsystem Schmelze wird beim Kristallisationsvorgang ein *heterogenes Mehrstoffsystem*, bestehend aus Kristallen einer oder mehrerer Art(en) + Schmelze ± Gas. Das kristallisierende Magma besteht also aus unterschiedlichen Phasen.

> Wir definieren als *Phasen* (Ph) eines heterogenen Mehrstoffsystems alle Teile dieses Systems, die sich physikalisch unterscheiden lassen, z. B. unter dem Mikroskop, dem Elektronenmikroskop, durch Röntgenbeugung, durch ihre Dichte und ihre magnetischen Eigenschaften. Phasen können sein: unterschiedliche Kristallarten, Schmelze oder auch mehrere, nicht miteinander mischbare Schmelzen sowie ein fluide oder eine Gasphase.

> Als *Komponenten* (C) eines Systems bezeichnen wir die geringste Zahl der unabhängigen chemischen Bestandteile, die notwendig sind, um die am System beteiligten Phasen aufzubauen.

Die Zahl der Komponenten ist in den meisten Fällen nicht gleich der Zahl der vorhandenen chemischen Elemente, sondern meist kleiner als diese, weil die Elementverhältnisse häufig durch die Stöchiometrie festgelegt werden, z. B. SiO_2 anstelle von Si und O oder $NaAlSi_3O_8$ anstelle von Na_2O, Al_2O_3 und SiO_2 bzw. Na, Al, Si, O. Eine wichtige Ausnahme sind Mehrstoffsysteme mit ged. Metallen, z. B. den Platinmetallen; denn die Metall-Legierungen sind nicht stöchiometrisch zusammengesetzt.

> Die *Freiheitsgrade* (F) eines Systems sind gegeben durch die Zahl der Zustandsvariablen, die den Zustand eines Systems verändern können. Hier sind in erster Linie Druck (P), Temperatur (T) und Konzentrationsvariable (X) zu nennen, während elektrische, magnetische, Kapillar- oder Gravitationskräfte sowie die Oberflächenspannung im Allgemeinen außer Acht gelassen werden.

Es gilt die *Phasenregel*, die 1874 von dem amerikanischen Physikochemiker Josiah Willard Gibbs (1839–1903) entwickelt wurde,

$$F = C - Ph + 2 \quad [18.1]$$

die wir anhand eines *P-T*-Diagramms für das Einstoffsystem H_2O erläutern wollen (Abb. 18.1). Hier ist die Zahl der unabhängigen Komponenten, in diesem Fall H_2O,

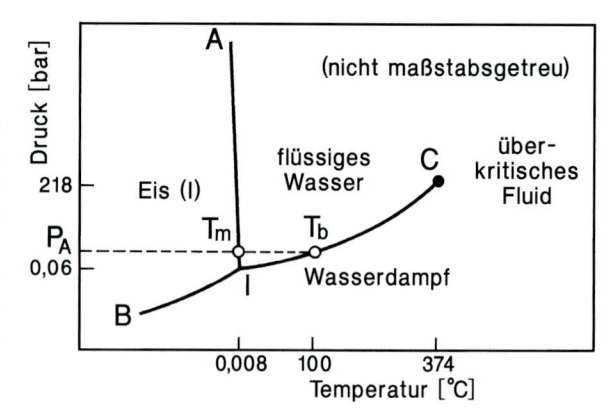

Abb. 18.1. Einstoffsystem H_2O (s. Text)

$C = 1$. Es treten insgesamt drei Phasen auf, nämlich Eis I, flüssiges Wasser und Wasserdampf. Diese stehen am Punkt I, einem sog. *Tripelpunkt*, miteinander im Gleichgewicht, d. h. es gilt $Ph = 3$. Somit ist die Zahl der Freiheitsgrade $F = 1 - 3 + 2 = 0$: man kann also weder P noch T verändern, ohne das Gleichgewicht des Systems, d. h. die Koexistenz von Eis I, Wasser und Wasserdampf aufzuheben: Der Tripelpunkt I ist ein *invarianter Punkt*.

An der Schmelzkurve A–I koexistieren Eis I und flüssiges Wasser; es gilt $F = 1 - 2 + 2 = 1$. Das bedeutet, die Zahl der Freiheitsgrade ist gleich 1; es kann entweder P oder T frei verändert werden, ohne das Gleichgewicht, nämlich die Koexistenz von Eis I und Wasser, zu verändern. Man kann entweder P oder T frei wählen, während jeweils der andere Parameter dadurch festgelegt ist: Kurve I–A ist eine *univariante Gleichgewichtskurve*. Die gleiche Aussage gilt für die Sublimationskurve I–B und die Siedekurve I–C, an denen Wasserdampf mit Eis I bzw. mit Wasser koexistiert. Die Siedekurve endet am kritischen Punkt C bei $P_C = 218$ bar und $T_C = 371$ °C, an dem Wasser und Wasserdampf aufhören, eigene Phasen zu sein, und bei dem Wasserdampf nicht mehr durch Druckerhöhung verflüssigt werden kann; man spricht jetzt von einer *fluiden Phase*.

Ausgehend vom Stabilitätsfeld von Eis I kreuzt man bei isobarer Temperaturerhöhung (z. B. bei Atmosphärendruck $P_A = 1$ bar) nacheinander bei T_m die Schmelzkurve und bei T_b die Siedekurve und kommt so in die Stabilitätsfelder von Wasser und Wasserdampf. In diesen 3 Feldern ist jeweils nur 1 Phase stabil; es gilt somit $F = 1 - 1 + 2 = 2$, d. h. man kann jetzt P und T frei wählen ohne das System zu verändern, es sei denn man stößt an eine univariante Gleichgewichtskurve. Die Stabilitätsfelder dieser drei Phasen sind also *divariant*.

In diesem Zusammenhang sei auf das anomale Verhalten von Wasser hingewiesen: Beim H_2O hat die Schmelzkurve A-I eine negative Steigung, d. h. mit Druckerhöhung erniedrigt sich die Schmelztemperatur, wie man beim Schlittschuh- oder Skilaufen praktisch ausprobieren kann. Bei gleichen *P-T*-Bedingungen hat Eis I eine geringere Dichte als flüssiges Wasser, so dass Eisberge auf dem Wasser schwimmen können. Wasser dehnt sich beim Gefrieren aus; es kommt in der Natur zur Frostsprengung von Gesteinen (Abschn. 23.1, S. 344).

18.2
Experimente in Zweistoff- und Dreistoffsystemen

Wie wir am Beispiel der SiO$_2$-Minerale (Abb. 11.43, S. 180) gezeigt haben, lassen sich in einem Einkomponenten-System die Stabilitätsfelder der einzelnen Phasen, die univarianten Gleichgewichtskurven und die invarianten Punkte in einem P-T-Diagramm darstellen. In einem Zweikomponenten-System (Zweistoffsystem) ist das nicht mehr möglich, weil jetzt drei Veränderliche vorliegen, nämlich Druck, Temperatur und die Konzentration X der beiden Komponenten: Es kommt also noch eine *Konzentrationsvariable* hinzu. Eine Darstellung wäre daher nur in einem räumlichen Diagramm möglich, es sei denn, man hält eine Veränderliche, z. B. den Druck konstant: Man erhält ein *isobares T-X-Diagramm*. Die Kenntnis einfacher binärer Silikatsysteme ist eine wichtige Voraussetzung, um komplexere Drei- oder Mehrkomponenten-Systeme zu verstehen, in denen man z. B. das Kristallisationsverhalten von Basalt-Magmen modellieren kann.

18.2.1
Experimente zur Kristallisationsabfolge basaltischer Magmen

Zweistoffsystem Diopsid–Anorthit

Das System Diopsid–Anorthit, das von Bowen (1915, 1928) experimentell bearbeitet wurde, kann in erster Annäherung bereits als Modell für die Kristallisation basaltischer Magmen aufgefasst werden. Es handelt sich um ein einfaches eutektisches System, d. h. die beiden Komponenten Di (CaMgSi$_2$O$_6$) und An (CaAl$_2$Si$_2$O$_8$) bilden weder Mischkristalle noch Verbindungen miteinander (Abb. 18.2).

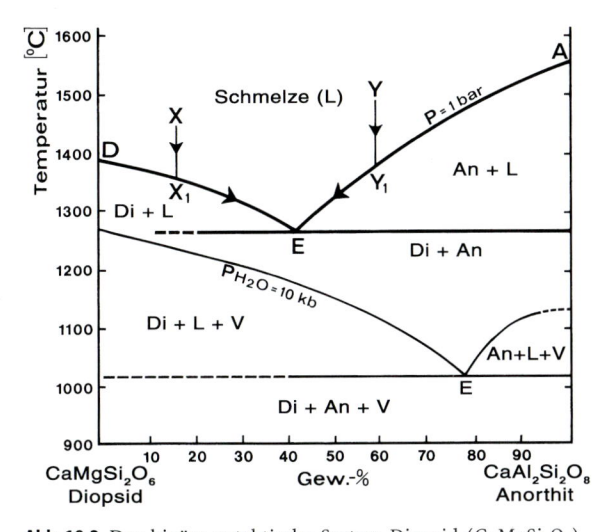

Abb. 18.2. Das binäre eutektische System Diopsid (CaMgSi$_2$O$_6$)–Anorthit (CaAl$_2$Si$_2$O$_8$) bei P = 1 bar (nach Bowen 1915, 1928) und das System Di–An–H$_2$O bei P_{H_2O} = 10 kbar (nach Yoder 1965)

Bei einem **Druck von P = 1 bar** ist der Schmelzpunkt von Diopsid 1 391 °C, der von Anorthit 1 553 °C. Durch Zumischung der jeweils anderen Komponente werden die Schmelz- bzw. Kristallisationspunkte erniedrigt, und zwar bei kleinen Beimengungen proportional zu den zugesetzten Molen (Raoult-Van t'Hoff'sches Gesetz). Es entstehen zwei leicht gekrümmte Liquiduskurven, die sich bei einer niedrigst schmelzenden Zusammensetzung mit einem Mengenverhältnis von 58 Gew.-% Di und 42 Gew.-% An treffen, dem *eutektischen Punkt* E bei 1 274 °C (grch. ευ = gut, τηκτός = geschmolzen). An ihm koexistieren Kristalle von Diopsid und Anorthit mit einer Schmelze *eutektischer Zusammensetzung*: Es handelt sich um einen isobar invarianten Punkt.

Demgegenüber treten an den beiden Liquiduskurven Anorthit oder Diopsid jeweils im Gleichgewicht mit Schmelzen *unterschiedlicher* Zusammensetzung auf; die Liquiduskurven sind also univariant, d. h. man kann – bei konstantem Druck – entweder nur die Temperatur oder nur die Zusammensetzung der Schmelze variieren, ohne das Gleichgewicht des Systems zu stören. Das Einphasenfeld der Schmelze oberhalb der beiden Liquiduskurven ist divariant. Unterhalb der waagerechten Soliduskurve koexistieren Kristalle von reinem Diopsid und reinem Anorthit miteinander.

Aus dem Diagramm lässt sich entnehmen, dass die Ausscheidungsfolge der beiden Kristallarten nicht von der Höhe ihrer Schmelzpunkte abhängt, sondern ganz wesentlich von der *Ausgangszusammensetzung* der Schmelze, d. h. von derem normativen Di/An-Verhältnis. Kühlen wir eine Schmelze mit der Ausgangszusammensetzung **X** (= Di$_{85}$An$_{15}$) ab, so erreichen wir bei einer Temperatur von ca. 1 350 °C (Punkt X_1) die Liquiduskurve und Diopsid kristallisiert. Bei weiterer Temperaturerniedrigung längs X_1E scheidet sich nun Diopsid im Gleichgewicht mit der Schmelze aus, wobei seine Menge kontinuierlich zunimmt. Das führt zu einer relativen Anreicherung der An-Komponente in der Schmelze. Sobald bei T_E = 1 274 °C der eutektische Punkt E erreicht ist, kristallisieren bei konstanter Temperatur Diopsid und Anorthit im Mengenverhältnis 58 : 42 gleichzeitig aus, bis die Schmelze aufgebraucht ist. Der Gesamtmodalbestand dieses basaltischen Gesteins entspricht selbstverständlich der Ausgangszusammensetzung der Schmelze Di$_{85}$An$_{15}$. Das einfache Zweistoffsystem Di-An hilft uns also zu verstehen, wie ein Basalt mit Einsprenglingen von Klinopyroxen in einer kristallinen Grundmasse aus Klinopyroxen und Plagioklas entstanden sein kann.

Wählen wir eine 2. Ausgangszusammensetzung der Schmelze **Y** (Di$_{40}$An$_{60}$), so kristallisiert bei Temperaturerniedrigung auf ca. 1 380 °C (Y_1) zuerst reiner Anorthit im Gleichgewicht mit der Schmelze aus. Durch kontinuierliche Zunahme von Anorthit entlang Y_1E wird das Di/An-Verhältnis der Schmelze immer größer, bis bei 1 274 °C der eutektische Punkt E erreicht ist und jetzt

Diopsid- und Anorthit gemeinsam kristallisieren. Auf diese Weise lässt sich die Bildung eines Basalts mit Einsprenglingen von Plagioklas in einer kristallinen Grundmasse aus Klinopyroxen und Plagioklas im eutektischen Mengenverhältnis erkären.

> Wir halten fest: Es scheidet sich zuerst diejenige Kristallart aus, die in der Schmelze als Komponente im Überschuss relativ zur eutektischen Zusammensetzung vorhanden ist.

Bei **Erhöhung des Gesamtdrucks im wasserfreien System** steigen die Schmelztemperaturen von Diopsid um ca. 12 °C/kbar (Boettcher et al. 1982), die von Anorthit dagegen nur um ca. 2 °C/kbar an (Goldsmith 1980); auch die eutektische Temperatur erhöht sich entsprechend und die Lage des Eutektikums verschiebt sich etwas in Richtung der An-Komponente, wie das aus dem Blockdiagramm (Abb. 18.3) zu entnehmen ist. Es gilt die Clausius-Clapeyron'sche Gleichung für die Schmelzpunkterhöhung mit dem Druck:

$$\frac{dT}{dP} = \frac{T(V_l - V_s)}{L_p} = \frac{\Delta V}{\Delta S} \qquad [18.2a]$$

Dabei ist:
- V_s = Molvolumen der festen Phase
- V_l = Molvolumen der Schmelze
- L_p = molare Schmelzwärme (bei konstantem Druck)
- $L_p/T = \Delta S$ = Entropiedifferenz des Schmelzvorgangs

Mit Ausnahme von Wasser (s. oben) gilt stets $V_l > V_s$, was bedeutet, dass der Zähler in der Gleichung positiv ist. Die Schmelzwärme wird verbraucht, d. h. sie wird dem System zugeführt; sie ist daher ebenfalls positiv. Daraus ergibt sich, dass dT/dP stets ein positives Vorzeichen haben muss: die Schmelztemperatur nimmt mit dem Druck zu.

Durch diesen experimentellen Befund lässt sich das Auftreten von zwei unterschiedlichen Einsprenglingsgenerationen, wie sie oft in Vulkaniten beobachtet werden, erklären (Abb. 18.3): Eine Schmelze z. B. der Zusammensetzung $Di_{55}An_{45}$ kühlt sich in einer Magmenkammer unter hohem Druck ab ($1 \to 2$), wodurch sich Einsprenglinge von Diopsid ausscheiden (Punkt 2). Bei raschem Aufstieg in eine oberflächennahe Magmenkammer sinkt der Druck, während die Temperatur sich zunächst kaum erniedrigt. Dadurch wird entlang der Linie $2 \to 2'$ die Liquidusfläche durchstoßen; die ausgeschiedenen Diopsid-Kristalle stehen jetzt im Ungleichgewicht mit der Schmelze und werden teilweise resorbiert. Punkt 2' befindet sich rechts vom Eutektium, d. h. bei weiterer Abkühlung auf 3' scheiden sich nunmehr Einsprenglinge von Anorthit aus. Auch ein vollständig kristallines Gestein kann bei Druckentlastung, z. B. entlang der Linie $3 \to 3'$ wieder aufschmelzen.

Anders liegen die Verhältnisse bei **erhöhtem Wasserdampfdruck** im System Diopsid–Anorthit–H$_2$O. Im Gegensatz zum wasserfreien System kann jetzt bei der Kristallisation der Schmelze zusätzlich eine Gasphase mit einem Molvolumen V_g auftreten. In diesem Falle wäre $V_l < (V_s + V_g)$ und die Clausius-Clapeyron'sche Gleichung erhielte folgende Form:

$$\frac{dT}{dP} = \frac{T(V_l - V_s - V_g)}{L_p} \qquad [18.2b]$$

Hier werden der Zähler und somit auch dT/dP negativ: Mit Erhöhung des Wasserdampfdrucks erniedrigen sich daher die Schmelzpunkte von Diopsid und Anorthit und die eutektische Temperatur. Bei $P_{H_2O} = 5$ kbar ist T_E ca. 1 100 °C, bei 10 kbar ca. 1 020 °C (Abb. 18.2). Da der Schmelzpunkt von Anorthit viel stärker sinkt als der von Diopsid, verschiebt sich das Eutektium stark nach der Anorthit-Seite hin (Yoder 1965).

In komplexen geologischen Systemen, z. B. bei der Kristallisation von Magmen, sind neben P und T häufig auch noch die Partialdrücke oder – bei nichtidealen Gasen – die Fugazitäten der leichtflüchtigen Komponenten H$_2$O, CO$_2$, HF, O$_2$ u. a. als Zustandsvariable zu berücksichtigen. Die Zahl der möglichen Freiheitsgrade würde sich dann entsprechend erhöhen.

Zweistoffsystem Albit–Anorthit

Basalte enthalten als Feldspat niemals reinen Anorthit, sondern einen An-reichen Plagioklas. Deswegen ist das Zweistoffsystem Anorthit–Albit für die Differentiation basaltischer Magmen von großem Interesse. Im Gegensatz zum System Diopsid–Anorthit besteht zwischen den beiden Komponenten CaAl$_2$Si$_2$O$_8$ (An) und NaAlSi$_3$O$_8$ (Ab) bei hohen Temperaturen eine *lückenlose Mischkristallreihe* Plag$_{ss}$ (ss steht für engl. solid solution). Das Schmelzdiagramm zeigt daher eine konvexe Liquiduskurve und eine konkave Soliduskurve, die sich kontinu-

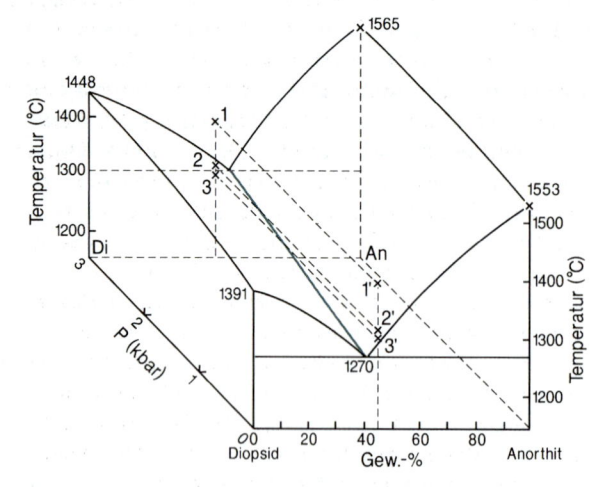

Abb. 18.3. H$_2$O-freies Zweistoffsystem Diopsid–Anorthit bei erhöhten Drücken bis 3 kbar (= 0,3 GPa). Erläuterung im Text. (Mod. nach Correns 1968)

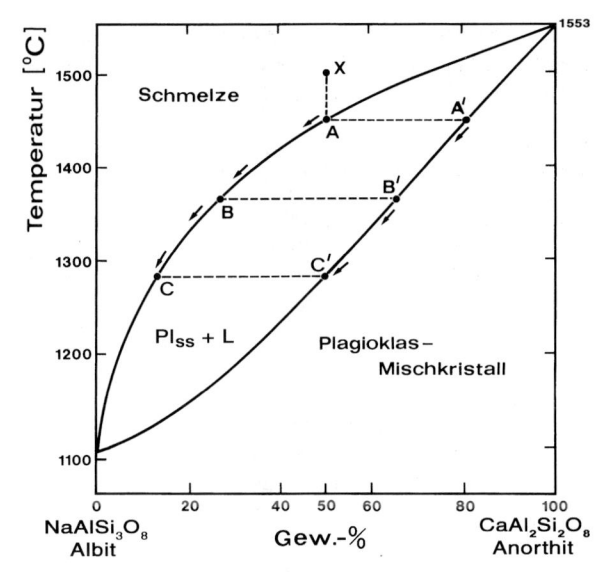

Abb. 18.4. Zweistoffsystem Albit (NaAlSi$_3$O$_8$)–Anorthit (CaAl$_2$Si$_2$O$_8$) mit Mischkristallbildung bei $P = 1$ bar. (Nach Bowen 1913, 1928)

ierlich vom Schmelzpunkt des reinen Anorthits entlang ABC bzw. A'B'C' bis hinunter zum Schmelzpunkt des reinen Albits entwickeln: die sog. „Zigarre" (Abb. 18.4). Bei einem **Druck von $P = 1$ bar** schmilzt Anorthit bei 1 553 °C, Albit bei 1 118 °C (Bowen 1913, 1928).

Bei Abkühlung einer Schmelze **X** der Zusammensetzung An$_{50}$Ab$_{50}$ kristallisiert bei 1 450 °C (A) ein Plagioklas A' aus, dessen Zusammensetzung man an der Soliduskurve ablesen kann: Mit ca. An$_{80}$Ab$_{20}$ ist er viel An-reicher als die Schmelze. Bei weiterer Abkühlung entwickelt sich die Zusammensetzung der Schmelze entlang der Liquiduskurve und wird Ab-reicher; sie befindet sich nicht mehr im Gleichgewicht mit dem früh ausgeschiedenen Plagioklas; dieser wird daher instabil und reagiert mit der Schmelze unter Bildung eines Ab-reicheren Plag$_{ss}$ B', der mit der Schmelze B koexistiert. Mit der weiteren Abkühlung und unter laufender Einstellung des thermodynamischen Gleichgewichts ändern sowohl die Schmelze als auch der sich ausscheidende Plagioklas kontinuierlich ihre Zusammensetzung, die Schmelze längs der Liquiduskurve ABC und die Mischkristalle längs der Soliduskurve A'B'C'. Dementsprechend wächst der Mengenanteil von Plagioklaskristallen in der Schmelze. Die Ausscheidung von Plagioklas ist beendet, wenn bei einer Temperatur von 1 285 °C der Mischkristall C' die ursprüngliche Schmelzzusammensetzung X An$_{50}$Ab$_{50}$ erreicht hat. Der letzte Tropfen Schmelze ist sehr Ab-reich, nämlich etwa An$_{15}$Ab$_{85}$.

Die eingezeichneten *Konoden* (Verbindungslinien) A–A', B–B', C–C' z. B. geben Schmelzzusammensetzungen an, die bei einer bestimmten Temperatur mit einem ganz bestimmten Plag$_{ss}$ im *Gleichgewicht* stehen. Dabei ist der Mischkristall immer An-reicher als die mit ihm im Gleichgewicht befindliche Schmelze.

Voraussetzung für die Gleichgewichtseinstellung in diesem System ist, dass die Plagioklas-Mischkristalle in der Schmelze verbleiben und sich dadurch jeweils der temperaturbedingten Schmelzzusammensetzung durch Reaktion anpassen können. Gleichsinnig zur kontinuierlichen Änderung der Schmelzzusammensetzung A → C läuft mit kontinuierlich fallender Temperatur eine ebenso kontinuierliche Änderung der Mischkristallzusammensetzung A' → C'. Entfernt man dagegen die gebildeten Plagioklase ständig aus der Schmelze, so wäre diese am Punkt C bei 1 285 °C nicht aufgebraucht. Sie würde bei weiterer Abkühlung immer Na-reicher werden und strebte am Ende einer Albit-Zusammensetzung zu. Das ist ein Modell für *fraktionierte Kristallisation*, wie sie bei der magmatischen Differentiation eine wichtige Rolle spielt. Wenn früh ausgeschiedene, An-reiche Plagioklase gravitativ aus einem Basalt- bzw. Gabbro-Magma entfernt werden, wird dieses relativ Ab-reicher und kann in Richtung → Andesit/Diorit oder → Dacit/Granodiorit differenzieren.

Bei der Änderung der Plagioklas-Zusammensetzung findet in den großen Lücken der Plagioklas-Struktur ein Ca ⇌ Na-Austausch statt; zugleich muss aber auch im [(Si,Al)O$_4$]-Tetraeder-Gerüst Al durch Si ersetzt werden. Diese intrakristalline Diffusion ist kinetisch sehr gehemmt. Daher bleibt oft – besonders bei schneller Abkühlung – wegen zu geringer Diffusions-Geschwindigkeit ein Kern des zuerst gebildeten Plagioklases erhalten, der von einem Ab-reicheren Saum umgeben und zugleich vor einer weiteren Reaktion abgeschirmt wird. Auf diese Weise verschiebt sich die Pauschalzusammensetzung des verbleibenden Systems in Richtung Albit, in gleicher Weise wie bei der gravitativen Abtrennung An-reicher Plagioklase. In der Tat zeigen natürliche Plagioklase, insbesondere in Andesiten und Daciten häufig *Zonarbau* (Abb. 18.5, 13.5a, 13.7b, S. 256f, 227f), wobei sich meist mehrere Zonen mit immer geringeren An-Gehalten unterscheiden lassen (*normaler Zonarbau*). In anderen Fällen beobachtet man bei genereller Abnahme des An-Gehalts einen Wechsel zwischen An- und Ab-reicheren Zonen (*alternierender* oder *oszillierender Zonarbau*). Ganz generell spricht der Zonarbau von Plagioklas und anderen Mineralen für eine unvollkommene Einstellung des Gleichgewichts während der Kristallisation, insbesondere durch Unterkühlung, aber auch durch Variationen im Druck, H$_2$O-Druck oder der Magmenzusammensetzung (Smith und Brown 1988, S. 471 ff).

Aus Abb. 18.4 kann man ablesen, dass auch der Beginn einer *isobaren Aufschmelzung* eines Plagioklases von seiner chemischen Zusammensetzung abhängt: Ab-reichere Plagioklase beginnen bei niedrigeren Temperaturen aufzuschmelzen als An-reichere Plagioklase, jedoch stets innerhalb des Temperaturintervalls der Schmelzpunkte der reinen Komponenten Albit und Anorthit.

Wie man der Clausius-Clapeyron'schen Gleichung (18.2b) entnehmen kann, sinken bei **erhöhtem Wasser-**

Abb. 18.5.
Plagioklas-Einsprengling (längster Durchmesser ca. 2 mm) mit alternierendem Zonarbau in der Dacit-Lava von 1915, Lassen Peak, Kalifornien. +Nic. (Mikrofoto M. Okrusch)

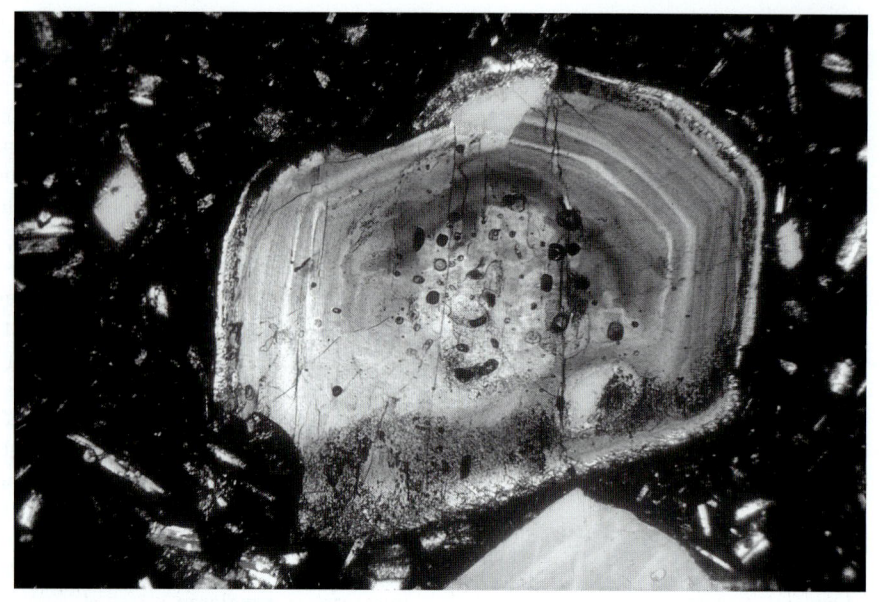

dampfdruck im System Ab–An–H$_2$O die Schmelzpunkte von Anorthit und Albit, z. B. bei P_{H_2O} = 5 kbar auf 1 234 °C bzw. 748 °C (Yoder 1968); ebenso verlagert sich natürlich die Solidus- und Liquiduskurve zu niedrigeren Temperaturen hin, wobei die „Zigarre" ihre Form verändert. Dementsprechend erniedrigt sich auch der Kristallisations- bzw. Schmelzbeginn eines Plagioklases bei zunehmendem H$_2$O-Druck.

Dreistoffsystem Diopsid–Anorthit–Albit

Das System Diopsid–Anorthit–Albit (Abb. 18.6–18.8) kann als ein vereinfachtes, an SiO$_2$ gesättigtes, Fe-freies Basaltsystem angesehen werden (Bowen 1915, 1928; Kushiro 1973). Von den flankierenden Zweistoffsystemen sind uns zwei bereits bekannt, nämlich das System Ab–An mit lückenloser Mischkristallbildung (Abb. 18.4) und das System Di–An mit Eutektikum E$_1$ bei 1 274 °C (Abb. 18.2). Auch das Zweistoffsystem Di–Ab kann in erster Näherung als binär angesehen werden mit einem Eutektikum E$_2$ bei 1 085 °C nahe der Ab-Seite (Abb. 18.6, 18.7).

Dabei vernachlässigen wir, dass Diopsid in begrenztem Umfang die Komponenten NaAlSi$_2$O$_6$ (Jadeit) und CaAl$_2$SiO$_6$ (Ca-Tschermak's Molekül) aufnehmen kann. Darüber hinaus sind die Verhältnisse nahe der Ab-Ecke des Dreistoffsystems erheblich komplizierter: Das Zweistoffsystem Di–Ab ist nicht im strengen Sinne binär.

Wir können nun, wie das Blockbild (Abb. 18.6) zeigt, aus den flankierenden Zweistoffsystemen ein Dreistoffsystem konstruieren. Die Basis bildet das Konzentrationsdreieck Ab–An–Di, senkrecht darauf steht die Temperaturachse. Der Druck wird mit P = 1 bar konstant gehalten. Die beiden Eutektika der Systeme Di–An E$_1$ und Di–Ab E$_2$ werden durch eine kotektische Linie E$_1$–E$_2$ miteinander verbunden. An ihr stoßen zwei Liquidusflächen

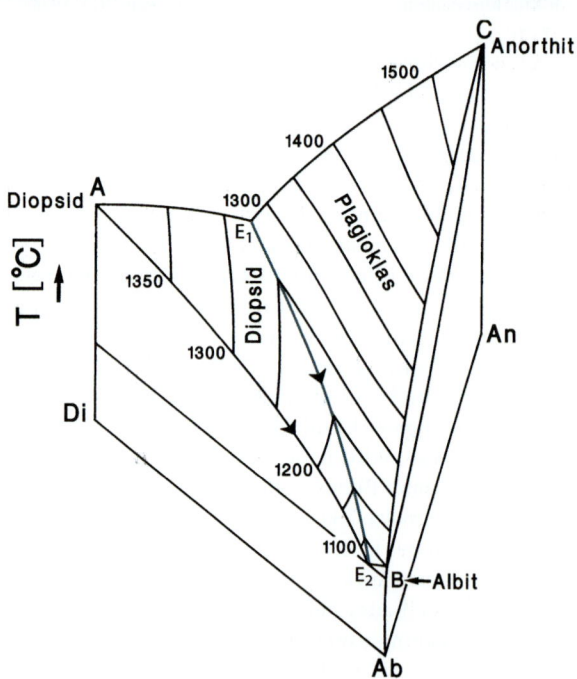

Abb. 18.6. Blockdiagramm des Dreistoffsystems Diopsid–Albit–Anorthit bei P = 1 bar. (Aus Correns 1968)

Di–E$_1$–E$_2$ und Ab–An–E$_1$–E$_2$ aneinander, an denen entweder Diopsid oder Plagioklas-Mischkristall als Liquidusphasen aus der Schmelze auskristallisieren. Diese Flächen sind *divariant*: Nach der Gibbs'schen Phasenregel F = C – Ph + 2 = 3 – 2 + 2 = 3 erhält man 3 Freiheitsgrade. Da der Druck konstant gehalten wird, kann man die Temperatur und die Zusammensetzung der Schmelze ändern, ohne die Koexistenz von Diopsid oder Plagioklas mit der Schmelzphase zu zerstören. An der kotektischen Linie, die man als thermisches Tal betrachten kann, kristallisieren Diopsid und Plagioklas-Mischkristall gemeinsam aus der Schmelze. Da jetzt drei Phasen miteinander im Gleichgewicht stehen, handelt es sich um eine *univariante* Kurve.

Invariante Punkte existieren im Dreistoffsystem Di–An–Ab nur in den flankierenden Zweistoffsystemen Di–An und Di–Ab: Es sind die beiden eutektischen Punkte E_1 und E_2. Invariante Punkte können in Dreistoffsystemen z. B. dann auftreten, wenn alle 3 Randsysteme eutektisch sind. Dann entstehen 3 kotektische Linien, die sich in einem ternären Eutektikum E_T treffen (s. Abb. 18.22, S. 303). An diesem Punkt koexistieren 3 kristalline Phasen mit einer Schmelze definierter Zusammensetzung. Es folgt: $F = 3 - 4 + 2 = 1$; wird der Druck konstant gehalten, bleibt kein Freiheitsgrad mehr übrig.

Um den Kristallisationsverlauf im Dreistoffsystem Di–An–Ab besser darstellen zu können, projizieren wir die beiden Liquidusflächen und die kotektische Linie auf die Konzentrationsebene Ab–An–Di, wobei die Temperaturen in Form von Isothermen dargestellt werden (Abb. 18.6, 18.7). Man liest sie wie die Höhenlinien einer topographischen Karte; ihr Verlauf entspricht in unserem Fall einem Tal zwischen zwei Bergen. Die in Abb. 18.7 eingezeichneten Konoden A–A', B–B', C–C' und D–D' verbinden Schmelz-Zusammensetzungen auf der kotektischen Kurve mit den Plagioklas-Mischkristallen, mit denen diese Schmelzen im Gleichgewicht stehen. Wichtig ist, dass jede Schmelze gegebener Zusammensetzung auf der Liquidusfläche von Plagioklas einen einzigartigen Kristallisationsverlauf hat. Dadurch ergeben sich für die fraktionierte Kristallisation mehr Möglichkeiten als in Zweistoffsystemen.

Kushiro (1973) analysierte die Zusammensetzung koexistierender Schmelzen und Plagioklas-Mischkristalle, die er im Dreistoffsystem Di–An–Ab experimentell hergestellt hatte, mit der Elektronenstrahl-Mikrosonde. Daraus resultiert eine Plagioklas-„Zigarre", die von der im reinen System Ab–An abweicht (Abb. 18.8b). Die „Soliduskurve" in Abb. 18.8b – genauer: die Projektion der Solidusfläche auf die Ab-An-T-Ebene – ergibt sich direkt aus diesen experimentellen Bestimmungen (+); die „Liquiduskurve" stellt eine Projektion der kotektischen Linie auf die An-Ab-T-Ebene dar. Somit lässt sich das An/Ab-Verhältnis einer Schmelze, die mit einem bestimmten Plagioklas-Mischkristall (z. B. C') koexistiert, an der Liquiduskurve in Abb. 18.8b ablesen. Zieht man nun in Abb. 18.8a von dem entsprechenden Punkt (L_C) auf der Ab-An-Seite eine Gerade zur Di-Ecke, so schneidet diese Gerade die kotektische Linie E_1–E_2 in einem Punkt. Dieser gibt die ternäre Schmelzzusammensetzung C an, die mit dem Plagioklas C' im Gleichgewicht steht. Anmerkung: Die von Kushiro (1973) ermittelten Temperaturen in Abb. 18.8b weichen etwas von den Isothermen in Abb. 18.7 (nach Bowen 1915, 1928) ab.

In einem ersten Beispiel gehen wir von einer Schmelz-Zusammensetzung **X** aus (Abb. 18.7), deren Chemismus 50 % $Ab_{50}An_{50}$ und 50 % Di entspricht. Sie liegt also innerhalb des Ausscheidungsfeldes von Diopsid. Kühlt man eine solche Schmelze ab, so wird bei ca. 1 275 °C die Liquidusfläche erreicht und Diopsid beginnt zu kristallisieren. Bei weiterer Abkühlung ändert sich unter fortdauernder Ausscheidung von Diopsid die Zusammensetzung der Schmelze auf der Liquidusfläche entlang des gestrichelt eingezeichneten geraden Kristallisationspfa-

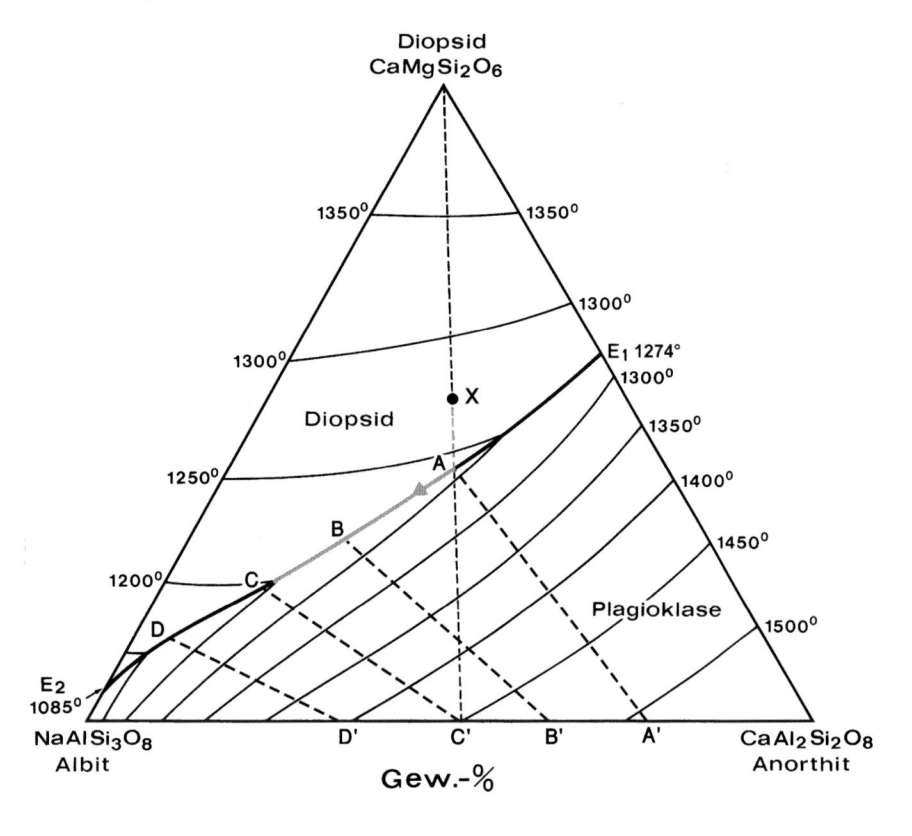

Abb. 18.7.
Dreistoffsystem Diopsid–Albit–Anorthit bei P = 1 bar. Projektion der Liquidusfläche auf die Konzentrationsebene. Die kotektische Linie E_1–E_2 ist durch ◄ gekennzeichnet. Eingetragen ist die Kristallisationsbahn (*farbig*) einer Schmelze der Zusammensetzung X mit darstellendem Punkt im Diopsidfeld sowie die Konoden zwischen Schmelzzusammensetzungen auf der kotektischen Linie und koexistierenden Plagioklas-Mischkristallen. (Nach Bowen 1928 und Kushiro 1973)

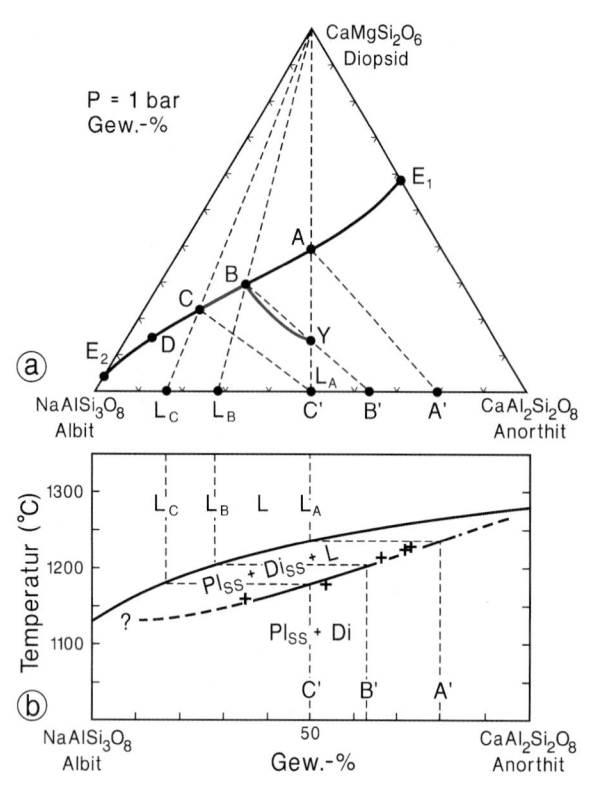

Abb. 18.8. a Dreistoffsystem Diopsid–Albit–Anorthit bei $P = 1$ bar. Eingetragen ist die Kristallisationbahn (*farbig*) einer Schmelze der Zusammensetzung Y mit darstellendem Punkt im Plagioklasfeld. Daten nach Bowen (1928). **b** Zusammensetzung von Plagioklas-Mischkristallen, die an der kotektischen Linie E_1–E_2 mit Diopsid und Schmelze (*L*) koexistieren; die dazu gehörige Liquidusfläche wurde von Diopsid auf die Ab-An-Temperatur-Ebene projiziert. Erläuterung im Text. (Nach Kushiro 1973)

des X → A. Dieser ergibt sich als Verlängerung der Verbindungslinie zwischen der Diopsid-Ecke und dem Projektionspunkt der ursprünglichen Schmelzzusammensetzung X. Bei ca. 1 235 °C ist schließlich das thermische Tal der kotektischen Linie E_1–E_2 erreicht. Nun kristallisiert neben Diopsid gleichzeitig Plagioklas aus. Wir wissen aus der Projektion (Abb. 18.8b), dass der Plag$_{ss}$, der mit Schmelze A im Gleichgewicht steht, die Zusammensetzung A' ($An_{80}Ab_{20}$) hat, also wesentlich An-reicher ist als die koexistierende Schmelze A. Das wird aus dem Konoden-Verlauf A–A' deutlich (Abb. 18.7).

Bei weiterer Abkühlung verändert sich die Schmelzzusammensetzung stetig entlang der kotektischen Linie E_1–E_2 und wird zunehmend Ab-reicher, da sie kontinuierlich mit dem soeben ausgeschiedenen Plag$_{ss}$ reagiert. Bei ca. 1 200 °C sind Schmelze B mit Diopsid und Plag$_{ss}$ der Zusammensetzung B' ($An_{63}Ab_{37}$) im Gleichgewicht. Kühlt man weiter bis auf ca. 1 180 °C ab, so hat Plagioklas schließlich die Zusammensetzung C' ($An_{50}Ab_{50}$) erreicht; damit ist – Gleichgewichtseinstellung vorausgesetzt – bei Punkt C die Schmelze aufgebraucht. Durch die experimentell bestimmte Konode C–C' ist mit der letzten Plagioklas-Zusammensetzung zugleich die letzte Schmelzzusammensetzung L_C angezeigt.

Nicht ganz so einfach überschaubar ist der Kristallisationsverlauf, wenn man von einer Ausgangsschmelze der Zusammensetzung Y mit 85 % $An_{50}Ab_{50}$ und 15 % Di ausgeht, die im Plagioklasfeld liegt (Abb. 18.8). Beim Abkühlen erreicht man die Liquidusfläche bei 1 375 °C, wo zunächst ein An-reicher Plagioklas A' ($An_{80}Ab_{20}$) auskristallisiert. Bei weiterer Abkühlung scheidet sich immer mehr Plag$_{ss}$ aus, der durch Reaktion mit der Schmelze immer Ab-reicher wird; gleichzeitig wird die Schmelze zunehmend reicher an Di und bekommt ein höheres Ab/An-Verhältnis. Die Schmelzzusammensetzung folgt dabei einer leicht gekrümmten Kristallisationsbahn von Y nach B.

Bei ca. 1 200 °C (1 220 °C) erreicht die Schmelze die Zusammensetzung B auf der kotektischen Linie. Der koexistierende Plagioklas hat die Zusammensetzung B' ($An_{63}Ab_{37}$), wie die experimentell gefundene Konode B–B' anzeigt. (Eine jede Schmelze, deren Ausgangszusammensetzung auf der Konode B–B' liegt, besitzt eine eigene Kristallisationsbahn, die immer die kotektische Linie E_1–E_2 bei B erreicht.) Ab B kristallisiert unter weiterer Abkühlung Diopsid gemeinsam mit Plagioklas, dessen Zusammensetzung immer Ab-reicher wird. Dabei verändert sich auch die Zusammensetzung der Schmelze längs der kotektischen Linie E_1–E_2. Vorausgesetzt, dass sich das Gleichgewicht laufend eingestellt hat, ist bei ca. 1 180 °C (1 200 °C) die Schmelze bei Punkt C aufgebraucht. Der letzte Schmelztropfen bei C enthielt etwa 22 % Di-Komponente und 78 % Plag-Komponente der Zusammensetzung $An_{16}Ab_{84}$. Entsprechend der ursprünglichen Schmelzzusammensetzung Y besteht das Kristallisat aus 15 % Diopsid und 85 % Plagioklas $An_{50}Ab_{50}$.

Wir haben bei unseren Betrachtungen bislang die Einstellung eines thermodynamischen Gleichgewichts vorausgesetzt. In der Natur ist das häufig nicht oder nur unvollkommen der Fall, wie der verbreitete Zonarbau der Plagioklase belegt. Wenn z. B. bei der Ausgangszusammensetzung Y (Abb. 18.8) An-reicher Plagioklas als Kern zonierter Kristalle oder gravitativ aus dem System entfernt würde, ginge die Kristallisation auf einer neuen Bahn weiter, die die kotektische Kurve erst unterhalb B erreichte. Die letzte Schmelze könnte dann erst bei D anstelle von C aufgebraucht sein, also wesentlich höhere Ab-Gehalte aufweisen; dementsprechend würde auch der zuletzt kristallisierende Plagioklas Ab-reicher als es der ursprünglichen Schmelzzusammensetzung entspricht. Das entstehende „Gestein" wäre dann kein Basalt bzw. Gabbro mehr, sondern ein Andesit bzw. Diorit. Umgekehrt würde ein gravitatives Absaigern von Diopsid bei der Kristallisation der Schmelze X (Abb. 18.7) die Ab/An-Verhältnisse von Schmelzen und Plagioklasen nicht beeinflussen; der entstehende Basalt hätte lediglich einen geringeren Mafiten-Anteil.

Das Dreistoffsystem Diopsid–Anorthit–Albit erklärt das Auftreten von Klinopyroxen- oder Plagioklas-Einsprenglingen in einer feinkörnigen Grundmasse aus Klinopyroxen + Plagioklas in vielen Basalten zumindest qualitativ. Dabei sind allerdings die Einsprenglinge in einer tief liegenden Magmenkammer, d. h. bei erhöhtem Druck, gewachsen, während die Grundmasse an oder nahe der Erdoberfläche aus der rasch abgekühlten Schmelze kristallisiert ist. Auch das Vorkommen von mehreren Einsprenglingsgenerationen lässt sich durch Variation des Drucks erklären, wie auf S. 284 gezeigt wurde. Einsprenglings*freie* Basalte haben entweder eine Zusammensetzung entsprechend der kotektischen Linie oder sind bei ihrer Förderung rasch abgekühlt.

Anhand des Di-An-Ab-Systems könnte man auch das *ophitische Gefüge* erklären, das für viele gröber körnige, doleritische Basalte typisch ist (Abb. 18.9): Es besteht aus einem sperrigen Gerüst von Plagioklas, der sich entlang der Liquidusfläche Ab–An–E_1–E_2 ausgeschieden hat; bei Erreichen der kotektischen Linie wird das Plagioklas-Gerüst von großen, xenomorphen Klinopyroxenen überwachsen.

18.2.2
Experimente zur Bildung SiO$_2$-übersättigter und SiO$_2$-untersättigter Magmen

Zweistoffsystem Nephelin–SiO$_2$

Dieses System ist für das Verständnis von SiO$_2$-übersättigten und SiO$_2$-untersättigten Magmatiten von grundlegendem Interesse (Greig u. Barth 1938; Schairer u. Bowen 1947). Wie wir gesehen haben, kann Nephelin Na[AlSiO$_4$] als Feldspatvertreter nicht neben freiem SiO$_2$ im Gleichgewicht auftreten; beide würden zu Albit Na[AlSi$_3$O$_8$] reagieren. Aus diesem Grunde finden ja die Magmatite in den Dreiecken Q–A–P und A–P–F der IUGS-Nomenklatur ihren eindeutigen Platz (Abb. 13.1, S. 218). Wir lernen also einen neuen Systemtyp kennen, der durch das Auftreten einer *stöchiometrischen Verbindung*, nämlich Albit, zwischen den beiden Komponenten NaAlSiO$_4$ (Ne) und SiO$_2$ gekennzeichnet ist. Wie man in Abb. 18.10 erkennt, bildet Albit ein Maximum mit einem Schmelzpunkt von 1 118 °C bei P = 1 bar. An dieser Stelle kann man das System in zwei einfachere eutektische Teilsysteme auftrennen, nämlich Albit–SiO$_2$ mit E_1 bei 1 060 °C und Albit–Nephelin mit E_2 bei 1 068 °C.

Auf der SiO$_2$-Seite würde Cristobalit (Schmelzpunkt 1 713 °C) nur in extrem SiO$_2$-reichen Schmelzen und bei sehr hohen Temperaturen als Liquidusphase auftreten, unterhalb 1 470 °C dagegen Tridymit (vgl. Abb. 11.44, S. 181). Kühlen wir z. B. eine *alkalirhyolithische* Schmelze **X** mit 70 % SiO$_2$ ab, so wird bei ca. 1 230 °C die Liquiduskurve erreicht und es kristallisiert Tridymit. Bei weiterer Abkühlung scheidet sich immer mehr Tridymit aus, bis bei 1 060 °C das Eutektikum E_1 erreicht ist, an dem es zu gemeinsamer Kristallisation von Albit und Tridymit kommt. Es entsteht also ein „Alkalirhyolith" mit Einsprenglingen von Tridymit; bei weiterer Abkühlung kommt es theoretisch zur Umwandlung Tridymit → Hochquarz → Tiefquarz, doch kann wegen der trägen Reaktionskinetik Tridymit auch metastabil erhalten bleiben.

Befinden wir uns zwischen dem flachen Albit-Maximum und dem Eutektikum E_1, so hat die Schmelze eine *alkalitrachytische* Zusammensetzung, z. B. **U** mit 55 % SiO$_2$. Beim Abkühlen dieser Schmelze wird bei ca. 1 080 °C, d. h. nur wenig unterhalb des Schmelzpunktes von Albit die Liquiduskurve erreicht, wo sich nun Albit ausscheidet. Mit weiterer Abkühlung nimmt seine Menge geringfügig zu; denn schon bei 1 060 °C wird das Euktikum E_1 erreicht, wo Albit und Tridymit gemeinsam kristallisieren. Es liegt jetzt ein „Alkalitrachyt" mit Albit-Einsprenglingen vor. Eine analoge Kristallisationsabfolge mit Erstausscheidung von Albit-Einsprenglingen beobachten wir, wenn die Schmelzzusammensetzung zwischen Albit und dem Eu-

Abb. 18.9. Ophitisches Gefüge aus panidiomorphen Plagioklasleisten (mit typischer Zwillingslamellierung), die von einem einheitlichen Augitkristall (mit bunten Intereferenzfarben) überwachsen werden. Doleritischer Basalt, Lahn-Dill-Gebiet. +Nic. Bildbreite ca. 5 mm. (Foto: M. Okrusch)

Abb. 18.10.
Zweistoffsystem Nephelin NaAlSiO$_4$–SiO$_2$ mit der stöchiometrischen Verbindung Albit Na[AlSi$_3$O$_8$]. Erläuterung im Text. (Nach Greig u. Barth 1938)

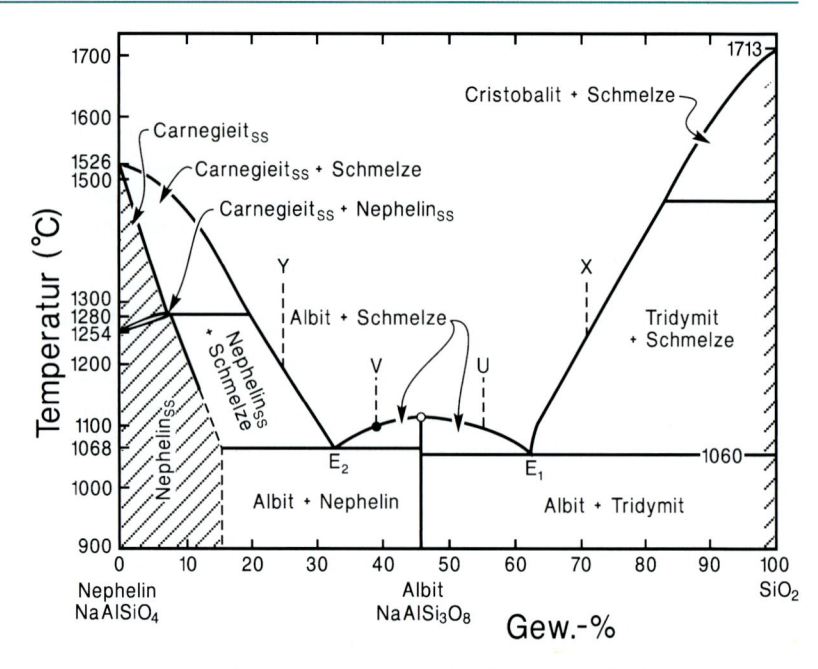

tektikum E$_2$ liegt, also die Zusammensetzung eines Nephelin-führenden Albittrachyts hat, z. B. **V** mit 40 % SiO$_2$.

> Es ist bemerkenswert, dass Magmen, die knapp rechts oder links vom Albit-Maximum liegen, also in ihrer Zusammensetzung sehr ähnlich sind, in ganz unterschiedliche Richtung differenzieren müssen. Wenn Albit aus einer leicht SiO$_2$-übersättigten Schmelze gravitativ fraktioniert, führt das zu stärkerem SiO$_2$-*Überschuss* bis maximal E$_1$; erfolgt dagegen die Fraktionierung aus einer leicht SiO$_2$-untersättigten Schmelze, führt das zu stärkerem SiO$_2$-*Unterschuss* bis minimal E$_2$. Das flache Albit-Maximum wirkt also als *thermische Barriere* für die Bildung SiO$_2$-über- oder -untersättigter Magmenserien.

Das gilt allerdings nicht mehr für sehr hohe Drücke (z. B. 16 kbar bei 600 °C, 27 kbar bei 1 200 °C), weil dann Albit zu Jadeit NaAl[Si$_2$O$_6$] + Quarz SiO$_2$ zerfällt (Abb. 26.1, S. 420). Darüber hinaus treten auf der Nephelin-Seite zwei Komplikationen auf: 1. Nephelin kann bis zu 15 % zusätzliche SiO$_2$-Komponente aufnehmen. 2. Reiner Nephelin wandelt sich bei 1 254 °C in seine Hochtemperatur-Modifikation Carnegieit um; bei SiO$_2$-Sättigung des Nephelin liegt diese Umwandlungstemperatur bei 1 280 °C. Da es sich bei beiden Mineralen um Mischkristalle handelt, erfolgt die Umwandlung über einen Temperatur-Bereich, in dem Si-reicherer Nephelin mit etwas Si-ärmerem Carnegieit koexistiert (die kleine „Zigarre" in Abb. 18.10). Da Carnegieit nicht als Mineral in der Natur vorkommt, ist sein Auftreten im System Nephelin–SiO$_2$ nur von theoretischem Interesse.

Kühlen wir eine Schmelze der Zusammensetzung **Y** mit 25 % SiO$_2$ ab, so wird bei etwa 1 200 °C die Liquiduskurve erreicht und es kristallisiert Nephelin mit etwa 10 % SiO$_2$-Überschuss. Bei weiterer Abkühlung scheidet sich immer mehr Nephelin aus, der durch Reaktion mit der Schmelze SiO$_2$-reicher wird, bis bei 1 068 °C das Eutektikum E$_2$ erreicht wird, wo Nephelin (mit ca. 15 % SiO$_2$-Überschuss) und Albit gemeinsam kristallisieren. Das entstehende „Gestein" ist ein Phonolith mit Einsprenglingen von Nephelin.

Zweistoffsystem Leucit–SiO$_2$

Analog zum System Nephelin–SiO$_2$ existiert auch in diesem System, das von Schairer u. Bowen (1947, 1955) experimentell bearbeitet wurde, eine *stöchiometrische Verbindung* zwischen den Komponenten KAlSi$_2$O$_6$ (Lct) und SiO$_2$, nämlich Kalifeldspat K[AlSi$_3$O$_8$]. Man würde daher wieder ein Maximum mit den beiden Teilsystemen Leucit–Kalifeldspat und Kalifeldspat–SiO$_2$ erwarten. Das ist jedoch nicht der Fall. Legt man einen reinen Albitkristall in ein Platinschiffchen und erhitzt ihn im Muffelofen auf >1 118 °C, so schmilzt er zu einer Albitschmelze gleicher Zusammensetzung. Führt man diesen Versuch jedoch mit einem reinen Kalifeldspat-Kristall aus, so kommt es bei Erhitzen auf >1 150 °C zur Kristallisation von *Leucit* im Gleichgewicht mit einer SiO$_2$-reicheren Schmelze: Kalifeldspat schmilzt *inkongruent*, Albit dagegen kongruent. Als Ergebnis wird das Maximum, das wir beim Kalifeldspat erwartet hatten, durch das Feld Leucit + Schmelze abgeschnitten: man spricht von einem *verdeckten Maximum* (Abb. 18.11).

Kühlt man bei $P = 1$ bar eine Schmelze **V** mit 15 % SiO$_2$ ab, so wird bei etwa 1 600 °C die Liquiduskurve erreicht und es kristallisiert Leucit. Dieser scheidet sich bei weiterer Abkühlung entlang der Liquiduskurve aus, wobei die Schmelze immer SiO$_2$-reicher wird. Beim Reaktionspunkt P = 1 150 °C liegt die Zusammensetzung der Schmelze schon weit jenseits der Kalifeldspat-Zusammensetzung. Jetzt kommt es zur *peritektischen Reaktion*

Abb. 18.11.
Zweistoffsystem Leucit KAlSi$_2$O$_6$–SiO$_2$ mit der stöchiometrischen Verbindung Kalifeldspat K[AlSi$_3$O$_8$] (nach Schairer u. Bowen 1947). *Rechts:* Erklärung der Hebelregel. Erläuterung im Text

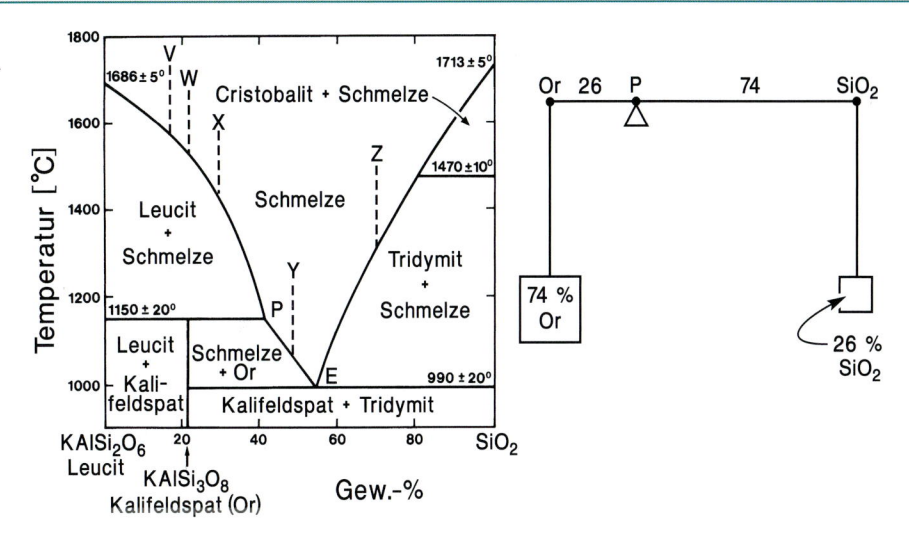

(grch. πέρι = um herum, τηκτός = geschmolzen), d. h. Leucit reagiert mit der SiO$_2$-übersättigten Schmelze unter Bildung von Kalifeldspat (Or).

Die Zusammensetzung der Schmelze ergibt sich nach der Hebelregel Kraft × Kraftarm = Last × Lastarm aus dem reziproken Abstands-Verhältnis Or–P : P–SiO$_2$ zu 74 Gew.-% Or und 26 Gew.-% SiO$_2$ (Abb. 18.11). Um daraus das Molverhältnis von Or und SiO$_2$ in der Schmelze zu berechnen, teilen wir die Gewichtsprozente der beiden Komponenten durch ihre jeweiligen Molekulargewichte. Das ergibt für Or 74 : 278,34 = 0,27, für SiO$_2$ 26 : 60,085 = 0,43. Ganzzahlig gemacht errechnet sich also für Schmelze P folgendes Molverhältnis Or : SiO$_2$ = 3 : 5. Dieses gilt für einen Druck von 1 bar; mit Druckerhöhung würde es sich verändern.

Am peritektischen Punkt (Reaktionspunkt) P läuft die Reaktion

$$5K[AlSi_2O_6] + 3KAlSi_3O_8 \cdot 5SiO_2 = 8K[AlSi_3O_8]$$
Leucit + Schmelze = Kalifeldspat
(18.1)

bei konstanter Temperatur so lange ab, bis alle Schmelze der Zusammensetzung 3Or + 5SiO$_2$ verbraucht ist. P ist also ein isobar-isotherm invarianter Punkt. Da die Ausgangsschmelze V zwischen der Leucit- und der Kalifeldspat-Zusammensetzung liegt, bleibt nach Ablauf der Reaktion noch Leucit übrig; damit ist die gesamte Schmelze zu einem Gemenge aus Leucit und Kalifeldspat kristallisiert, entsprechend einem *Leucitphonolith*. Kühlt man eine Schmelze W ab, die genau die Kalifeldspat-Zusammensetzung hat, so wird bei ca. 1 530 °C die Liquiduskurve erreicht und es scheidet sich wiederum Leucit aus, bis beim peritektischen Punkt P die obige Reaktion einsetzt. Jetzt wird – *Gleichgewichtseinstellung* voraus gesetzt – aller Leucit in Kalifeldspat umgewandelt, wobei die gesamte Schmelze verbraucht wird. Das entstehende „Gestein" entspricht einem *Alkalifeldspat-Trachyt*. Auch aus der Schmelze X, die mit 30 % SiO$_2$ bereits SiO$_2$-übersättigt ist, kristallisiert bei ca. 1 430 °C zunächst Leucit aus, der sich bei P entsprechend der peritektischen Reaktion in Kalifeldspat umwandelt. Jetzt bleibt aber noch Schmelze übrig, aus der sich bei sinkender Temperatur Kalifeldspat ausscheidet, bis bei 990 °C der eutektische Punkt erreicht ist. Hier kristallisieren Kalifeldspat und Tridymit gemeinsam im eutektischen Mengenverhältnis von 58,5 : 41,5 (Gew.-%). Das entstehende „Gestein", ein *Alkalifeldspat-Rhyolith* enthält Kalifeldspat-Einsprenglinge in einer Grundmasse aus Kalifeldspat + Tridymit. In SiO$_2$-reicheren Schmelzzusammensetzungen, z. B. Y mit 50 % SiO$_2$ kommt das inkongruente Schmelzen von Kalifeldspat nicht mehr zum Tragen. Jetzt scheidet sich sofort Kalifeldspat aus, zu dem am eutektischen Punkt Tridymit hinzutritt. Die Kristallisation der Schmelze Z mit 70 % SiO$_2$ erfolgt ganz analog zum System Nephelin–SiO$_2$ (Abb. 18.10, Schmelze X).

> Das inkongruente Schmelzen von Kalifeldspat ist petrogenetisch sehr wichtig. Bei gravitativer *Fraktionierung* von Leucit aus den Schmelzen V, W oder X oder bei unvollständiger Umwandlung Leucit → Kalifeldspat verschiebt sich die Zusammensetzung in Richtung SiO$_2$, also auf das Eutektikum zu. Daher können sich SiO$_2$-untersättigte, Leucit-normative Schmelzen, wie z. B. V, zu SiO$_2$-übersättigten Schmelzen entwickeln (aber nicht umgekehrt!), was im System Nephelin–SiO$_2$ unmöglich ist. Während das offene Maximum in diesem System eine thermische Barriere darstellt, ist das bei einem verdeckten Maximum nicht der Fall.

Im wasserfreien System bleibt das inkongruente Schmelzen von Kalifeldspat erhalten, bis bei ca. 19 kbar und 1 445 °C der Tripelpunkt Kalifeldspat-Leucit-Schmelze erreicht ist und das Leucitfeld im P-T-Diagramm verschwindet (Lindsley 1966). Demgegenüber konnte schon Goranson (1938) zeigen, dass im System Leucit–SiO$_2$–H$_2$O Kalifeldspat schon ab P_{H_2O} = 2,6 kbar kongruent schmilzt, demnach also als thermische Barriere wirkt. Dieses Beispiel zeigt wieder eindrucksvoll, welche wichtige Rolle das Wasser für die magmatische Entwicklung spielt.

Abb. 18.12.
Das (pseudo-)binäre System Albit NaAlSi$_3$O$_8$–Kalifeldspat KAlSi$_3$O$_8$ mit Mischkristallbildung und Mischungslücke bei Drücken von $P = 1$ bar, $P_{H_2O} = 2$ kbar und $P_{H_2O} = 5$ kbar. $L =$ Schmelze, $V = H_2O$-Dampf (vapour). Erläuterungen im Text. (Bowen u. Tuttle 1950; Morse 1970)

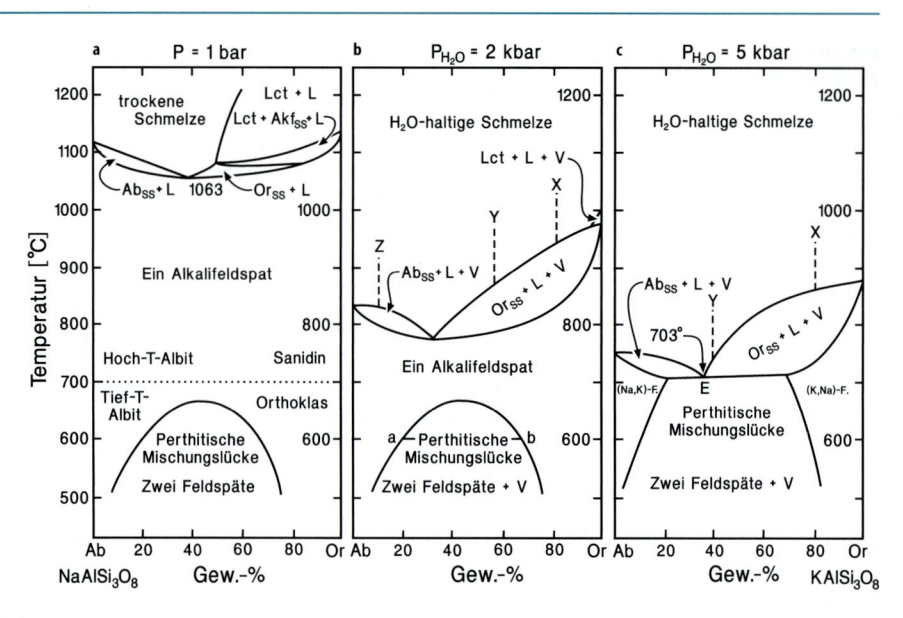

Zweistoffsystem Albit–Kalifeldspat

Bekanntlich zeigen die Alkalifeldspäte bei hohen Temperaturen eine lückenlose Mischkristallbildung zwischen den Endgliedern Albit Na[AlSi$_3$O$_8$] (Ab) und Kalifeldspat K[AlSi$_3$O$_8$] (Or), während es bei Abkühlung zur Entmischung von Albit in Kalifeldspat (Perthit) bzw. von Kalifeldspat in Albit (Antiperthit) kommt (Abb. 11.53, 11.54, S. 192f). Wir lernen hier einen neuen Typ von Zweistoffsystem kennen, der durch ein *Schmelzminimum* und eine *Mischungslücke* (*Solvus*) gekennzeichnet ist. Experimentelle Untersuchungen im System Ab–Or bei $P = 1$ bar und Ab–Or–H$_2$O bei unterschiedlichen H$_2$O-Drücken (Bowen und Tuttle 1950; Morse 1970) haben gezeigt, dass sich mit steigendem H$_2$O-Druck das Feld der lückenlosen Mischkristallreihe der Alkalifeldspäte (Akf$_{ss}$) immer mehr verkleinert und schließlich ganz verschwindet (Abb. 18.12).

Wie wir gesehen haben, schmilzt Albit durchweg kongruent, d. h. er geht bei einer vom Druck abhängigen Temperatur in eine gleich zusammengesetzte Schmelze über (Abb. 18.10). Demgegenüber schmilzt Kalifeldspat bei H$_2$O-Drücken unterhalb 2,6 kbar inkongruent zu Leucit und einer gegenüber der Kalifeldspat-Zusammensetzung SiO$_2$-reicheren Schmelze (Abb. 18.11). Diese Tatsache kommt natürlich auch im System Ab–Or zum Tragen. So existiert bei $P = 1$ bar ein ausgedehntes Feld zwischen Or$_{100}$Ab$_0$ und Or$_{50}$Ab$_{50}$ (jeweils Gew.-%), in dem Leucit (Lct) die Liquidusphase bildet. Erst im Bereich zwischen Or$_{50}$Ab$_{50}$ und dem Schmelzminimum bei Or$_{36}$Ab$_{64}$ und 1 063 °C tritt ein Or-haltiger Akf-Mischkristall (Or$_{ss}$) als Liquidusphase auf, links des Minimums scheidet sich ein Ab-reicher Akf$_{ss}$ (Ab$_{ss}$) aus der Schmelze (L) aus. Zwischen den Feldern Lct + L und Or$_{ss}$ + L schaltet sich ein Feld ein, in dem wegen der peritektischen Reaktion Leucit + SiO$_2$-reiche Schmelze = Kalifeldspat$_{ss}$ alle drei Phasen miteinander koexistieren (Abb. 18.12a).

Die Kurven, die dieses Feld begrenzen, sind univariant; denn man kann entweder die Temperatur oder die Zusammensetzung von Schmelze oder von Alkalifeldspat frei wählen. Nach der Phasenregel $F = C - Ph + 2 = 2 - 3 + 2 = 1$ bleibt jedoch kein Freiheitsgrad mehr übrig, wenn man den Druck konstant hält. Deshalb ist das System bei $P = 1$ und $P_{H_2O} < 2,6$ bar kein echtes Zweistoffsystem, sondern stellt einen pseudobinären Schnitt durch das Dreistoffsystem Ne–Lct–SiO$_2$ dar (Abb. 18.13).

Bei $P_{H_2O} = 2$ kbar sind entsprechend der Clausius-Clapeyron'schen Gleichung

$$\frac{dT}{dP} = \frac{T(V_l - V_s - V_g)}{L_p} \qquad [18.2b]$$

die Liquidus- und Soliduskurven und das Schmelzminimum zu erheblich niedrigeren Temperaturen hin verschoben. Das Feld der primären Leucit-Ausscheidung ist fast ganz verschwunden; dadurch werden die Verhältnisse sehr viel einfacher (Abb. 18.12b). Kühlen wir unter Gleichgewichtsbedingungen eine Ausgangsschmelze **X** der Zusammensetzung Or$_{80}$Ab$_{20}$ ab, so wird bei ca. 940 °C die Liquiduskurve erreicht und es scheidet sich nahezu reiner Or aus. Bei weiterer Abkühlung reagiert dieser Akf$_{ss}$ mit der Schmelze; beide werden Ab-reicher, bis Or$_{ss}$ bei ca. 830 °C die Zusammensetzung der Ausgangsschmelze, also Or$_{80}$Ab$_{20}$ erreicht und der letzte Schmelztropfen die Zusammensetzung Or$_{45}$Ab$_{55}$ hat. Bei weiterer Abkühlung im *Subsolidus-Bereich* bleibt der Akf-Mischkristall Or$_{80}$Ab$_{20}$ erhalten; denn erst bei Temperaturen <500 °C wird die Flanke des Solvus erreicht.

Anders liegen die Verhältnisse, wenn wir eine Ab-reichere Ausgangsschmelze, z. B. **Y** (Ab$_{45}$Or$_{55}$) abkühlen. Bei etwa 860 °C kristallisiert an der Liquiduskurve ein Or$_{ss}$ mit Or$_{88}$Ab$_{12}$ aus, der bei weiterer Abkühlung durch Reaktion mit der Schmelze Ab-reicher wird. Die Kristallisation ist beendet, wenn Or$_{ss}$ die Zusammensetzung der Ausgangsschmelze Y ($Ab_{45}Or_{55}$) erreicht hat: Die letzte Schmelzzusammensetzung von etwa $Or_{32}Ab_{68}$ entspricht nahezu dem Schmelzminimum bei etwa 770 °C. Wichtig ist, dass bei *fraktionierter Kristallisation* von Or_{ss} zwar Albit-reiche, aber keine reine Albitschmelze entstehen kann; denn die Kristallisationsabfolge muss immer am Schmelzminimum enden. Analoge Verhältnisse ergeben sich, wenn wir eine Albit-reiche Schmelze Z ($Or_{10}Ab_{90}$) entweder unter Gleichgewichtsbedingungen oder fraktioniert kristallisieren lassen. Kühlen wir im *Subsolidus-Bereich* den Akf_{ss} der Zusammensetzung Y $Ab_{45}Or_{55}$ weiter ab, so erreicht man bei etwa 660 °C den Solvus und es kommt zur perthitischen Entmischung von Ab_{ss}. Bei weiterer Temperaturerniedrigung wird – Gleichgewichtseinstellung vorausgesetzt – der Or_{ss}-Wirt immer Or-reicher, der entmischte Ab_{ss} immer Ab-reicher (s. auch Abb. 11.54, S. 193).

Das Mengenverhältnis der koexistierenden Akf-Phasen lässt sich über die *Hebelregel* berechnen: Bei 600 °C ist das Verhältnis der Strecken aY : Yb = 80 : 20; es koexistiert also 80 % Or_{ss} der Zusammensetzung $Or_{69}Ab_{31}$ mit 20 % Ab_{ss} ($Or_{20}Ab_{80}$).

Wie der Vergleich zwischen Abb. 18.11a und 18.11b zeigt, wird das Feld, in dem ein einheitlicher Alkalifeldspat-Mischkristall existieren kann, mit zunehmendem H_2O-Druck immer kleiner, weil die Soliduskurven absinken und der Solvus ansteigt.

Bei P_{H_2O} = 5 kbar ist es zum Schnitt von Soliduskurve und Solvus gekommen und es gibt keine lückenlose Mischkristallreihe Ab-Or mehr; aus dem Schmelzminimum ist ein Eutektikum geworden (Abb. 18.12c). Kühlen wir unter Gleichgewichtsbedingungen eine Schmelze X der Zusammensetzung $Or_{80}Ab_{20}$ ab, so wird bei ca. 850 °C die Liquiduskurve erreicht und es scheidet sich fast reiner Or_{ss} aus. Dieser wird bei weiterer Abkühlung durch Reaktion mit der Schmelze immer Ab-reicher, bis der Or_{ss} bei 725 °C die Zusammensetzung der Ausgangsschmelze X erreicht hat. Der letzte Schmelztropfen besitzt mit ca. $Or_{32}Ab_{68}$ noch nicht ganz die eutektische Zusammensetzung von ca. $Or_{28}Ab_{72}$. Diese könnte nur erreicht werden, wenn die Ausgangsschmelze X unter Abtrennung von Or_{ss} *fraktioniert* kristallisiert. Kühlt man den Mischkristall $Or_{80}Ab_{20}$ im Subsolidus-Bereich weiter ab, so wird bei ca. 585 °C der Solvus erreicht und die perthitische Entmischung von Ab_{ss} beginnt (s. oben). Aus einer Ab-reicheren Schmelze Y ($Or_{40}Ab_{60}$) würde bei ca. 755 °C der erste Or_{ss} mit der Zusammensetzung $Or_{88}Ab_{12}$ auskristallisieren. Bei der eutektischen Temperatur von 703 °C hätte er durch Reaktion mit der Schmelze – Gleichgewichtseinstellung vorausgesetzt – die Zusammensetzung $Or_{72}Ab_{28}$ erreicht. Es ist daher noch Schmelze der eutektischen Zusammensetzung $Or_{35}Ab_{65}$ übrig, die jetzt zu einem Gemenge aus Ab_{ss} + Or_{ss}, kristallisiert. Die Zusammensetzung dieser beiden Mischkristalle ändert sich bei weiterer Abkühlung entlang der Flanken des Solvus. So koexistieren bei 600 °C etwa 54 % Ab_{ss} (Or_8Ab_{92}) mit 46 % Or_{ss} ($Or_{78}Ab_{22}$), vorausgesetzt das Gleichgewicht hat sich eingestellt. Für die Kristallisation von Ausgangsschmelzen, deren Zusammensetzung links vom Eutektikum liegen, z. B. Z ($Or_{15}Ab_{85}$), gelten analoge Kristallisationspfade.

Der in Abb. 18.12c dargestellte Systemtyp stellt einen allgemeineren Fall dar, aus dem sich 1. das System mit lückenloser Mischkristallbildung wie Albit–Anorthit (Abb. 18.4) und 2. das einfache eutektische System wie Diopsid–Anorthit (Abb. 18.2) als Spezialfälle ableiten lassen: Im Fall 1 wird die eine Liquidus-Solidus-„Zigarre" immer größer, bis die kleinere „Zigarre" und der Solvus ganz verschwinden. Im Fall 2 wandern die gekrümmten Anteile der Soliduskurven und die Flanken des Solvus immer mehr nach außen, bis sie mit den Ordinaten zusammenfallen; d. h. es findet überhaupt keine Mischkristallbildung mehr statt.

Aus den experimentellen Ergebnissen lassen sich für die Natur wichtige Befunde ableiten:

1. In vulkanischen Gesteinen hat Leucit einen weiten Bildungsbereich; bei rascher Abkühlung kann die peritektische Reaktion ausbleiben und Leucit metastabil erhalten bleiben.
2. Homogene Mischkristalle von Alkalifeldspat sind in vulkanischen Gesteinen verbreiteter als in ihren Plutonit-Äquivalenten.
3. Granite und Syenite, die nur *einen* – entweder homogenen oder perthitisch entmischten – Alkalifeldspat enthalten, sind bei relativ hohen Temperaturen und niedrigen H_2O-Drücken kristallisiert. Sie werden als *Hypersolvus*-Granite bzw. -Syenite bezeichnet (Tuttle und Bowen 1958).
4. *Subsolvus*-Granite und -Syenite, die primär Ab-reichen Plagioklas neben Alkalifeldspat enthalten, wurden bei erhöhten H_2O-Drücken gebildet.

Dreistoffsystem Nephelin–Kalsilit–SiO_2

Dieses System, das bei P = 1 bar von Bowen (1937) und Schairer (1950) experimentell bearbeitet wurde, ist für das Differentiationsverhalten von hellen Magmentypen von großem Interesse (Abb. 18.13). Die Verbindungslinie Ab–Or teilt das System

- in einen SiO_2-übersättigten Teil SiO_2–Ab–Or, das *Granitsystem*, durch das man die Kristallisationsabfolge von Rhyolithen, Graniten, Quarztrachyten und Quarzsyeniten modellieren kann, und
- einen SiO_2-untersättigten Teil Ab–Or–Ks–Ne, der die Kristallisation von Phonolithen und Nephelinsyeniten beschreibt.

Wir kennen bereits die flankierenden Zweistoffsysteme Ne–SiO_2 (Abb. 18.10), Lct–SiO_2 (Abb. 18.11) und den pseudobinären Schnitt Ab–Or (Abb. 18.12a). Zwischen

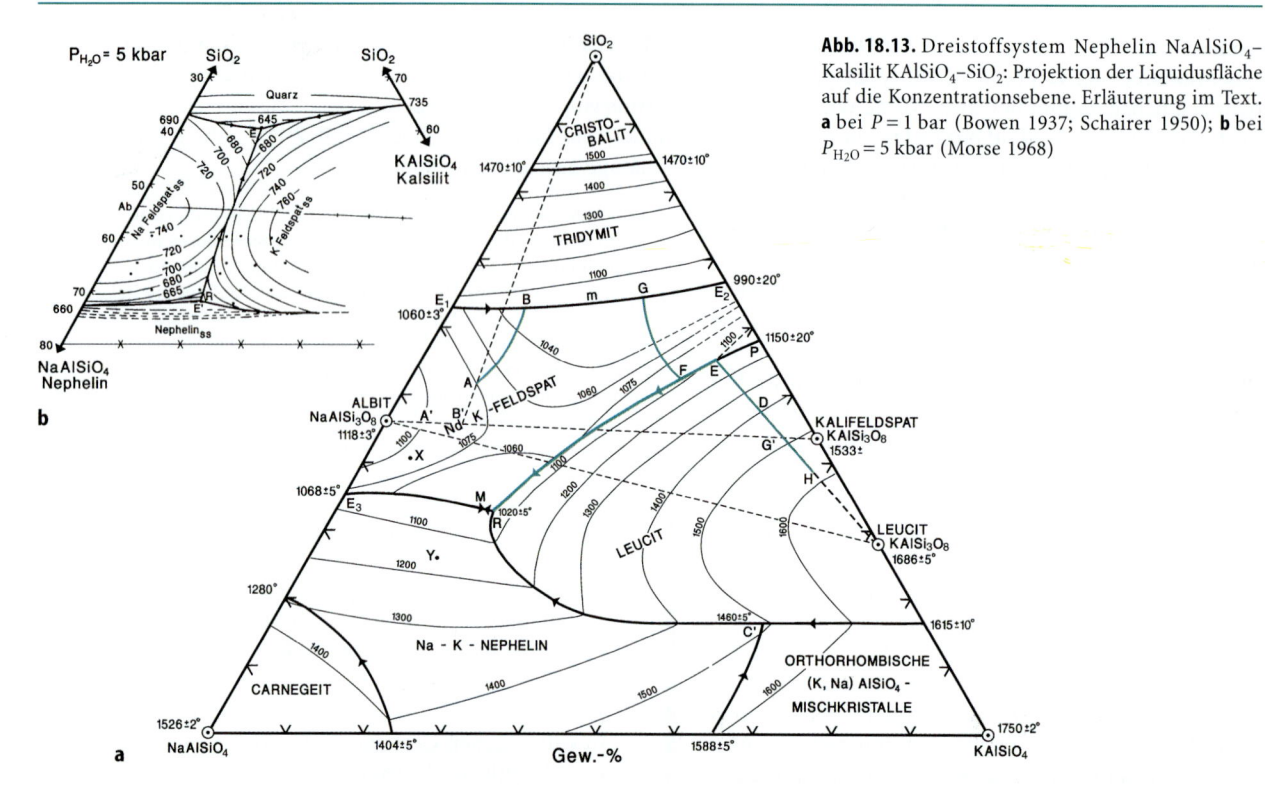

Abb. 18.13. Dreistoffsystem Nephelin NaAlSiO$_4$–Kalsilit KAlSiO$_4$–SiO$_2$: Projektion der Liquidusfläche auf die Konzentrationsebene. Erläuterung im Text. **a** bei $P = 1$ bar (Bowen 1937; Schairer 1950); **b** bei $P_{H_2O} = 5$ kbar (Morse 1968)

den Komponenten NaAlSiO$_4$ (Ne) und KAlSiO$_4$ (Kalsilit, Ks) bestehen bei hohen Temperaturen Mischkristallreihen, von denen uns nur die (Na,K)-Nephelin-Mischkristalle (Ne$_{ss}$) interessieren.

Wir betrachten wiederum die Projektion der Liquidusfläche auf die Konzentrationsebene, wobei die „Topographie" an den eingetragenen Isothermen erkennbar ist (Abb. 18.13a). Die beiden Eutektika E$_1$ (1060 °C) zwischen Tridymit und Albit und E$_2$ (990 °C) zwischen Tridymit und Kalifeldspat sind durch eine kotektische Linie verbunden, die ein ternäres Schmelzminimum (m) besitzt. An dieser Linie koexistieren Tridymit, Alkalifeldspat-Mischkristalle und SiO$_2$-übersättigte Schmelze. Vom Eutektikum E$_3$ (1068 °C) zwischen Nephelin und Albit geht ebenfalls eine kotektische Linie aus, an der Akf$_{ss}$ mit Ne$_{ss}$ und Schmelze im Gleichgewicht stehen. Sie besitzt ein weiteres ternäres Schmelzminimum (M) und trifft sich im invarianten Punkt R bei 1 020 °C mit einer weiteren kotektischen Linie, an der Ne$_{ss}$ mit Lct und Schmelze koexistiert. Darüber hinaus geht von Punkt R eine Reaktionskurve (Peritektikale) aus, an der Leucit mit Schmelze unter Bildung von Alkalifeldspat$_{ss}$ reagiert; diese trifft auf den peritektischen Punkt P im flankierenden Zweistoffsystem Lct–SiO$_2$. Ausgehend vom Maximum im Zweistoffsystem Ne–SiO$_2$ bildet die Verbindungslinie Ab–Or eine thermische Barriere, deren Wirkung allerdings durch das inkongruente Schmelzen von Kalifeldspat beeinträchtigt wird.

Wir wollen die Kristallisationsverläufe einiger Schmelzen rekonstruieren (Abb. 18.13a).

Zusammensetzung A. Beim Abkühlen auf die Liquidusfläche scheidet eine Schmelze **A** zunächst einen Ab$_{ss}$ der Zusammensetzung A' aus. Bei weiterer Abkühlung folgt die Zusammensetzung der Schmelze einer gekrümmten Kristallisationsbahn, die bei B auf die kotektische Linie E$_1$–E$_2$ stößt. Hier scheiden sich Ab$_{ss}$ und Tridymit gemeinsam aus, bis nahe beim Schmelzminimum (m) bei 1 063 °C die letzte Schmelze verbraucht ist. Das Endprodukt der Gleichgewichtskristallisation besteht aus etwa 15 % Trd und 85 % Ab$_{ss}$ der Zusammensetzung B' (Or$_{23}$Ab$_{77}$), wie sich nach der Hebelregel berechnen lässt. Das entspräche einem Quarz-Albit-Trachyt. Bei *fraktionierter Kristallisation* von Ab$_{ss}$ kann das ternäre Schmelzminimum m erreicht werden.

Zusammensetzung D. Die Zusammensetzung **D** liegt zwar ebenfalls im SiO$_2$-übersättigten Teil des Konzentrationsdreiecks Ne–Ks–SiO$_2$, jedoch bereits im Leucitfeld. Daher kristallisiert aus Schmelze D an der Liquidusfläche zunächst Leucit aus. Bei weiterer Abkühlung ändert sich die Schmelzzusammensetzung infolge der Leucit-Ausscheidung entlang der geraden Linie D → E. Bei E setzt die peritektische Reaktion ein, bei der Lct mit der SiO$_2$-übersättigten Schmelze zu Or$_{ss}$ reagiert, wobei der Kristallisationspfad der Reaktionskurve P–R folgt. Bei F ist aller Leucit verbraucht und die Kristallisationsbahn verläuft nun entlang der gekrümmten Kurve von F nach G, wo die kotektische Linie E$_1$–E$_2$ erreicht wird. Das Kristallisationsprodukt besteht nun aus ca. 9 % Trd und 81 % Or$_{ss}$ der Zusammensetzung G' (Or$_{89}$Ab$_{11}$), entsprechend einem Quarz-Sanidin-

Trachyt. Bei *fraktionierter Kristallisation* von Or_{ss} kann das ternäre Schmelzminimum (m) erreicht werden. Wird jedoch Leucit durch gravitative Fraktionierung oder als gepanzertes Relikt an der weiteren Reaktion mit der Schmelze gehindert, so verlässt die Kristallisationsbahn bei E oder zwischen E und F die Reaktionskurve und erreicht die kotektische Linie E_1–E_2.

Zusammensetzung H. Auch die Zusammensetzung **H** liegt im Leucitfeld, aber nun im SiO_2-untersättigten Teil des Dreistoffsystems. Somit scheidet sich beim Erreichen der Liquidusfläche ebenfalls Leucit aus, und bei weiterer Abkühlung verändert sich die Schmelzzusammensetzung unter kontinuierlicher Leucit-Auscheidung entlang der geraden Linie H → D → E. Bei E kommt es zur Reaktion des Leucit mit der SiO_2-übersättigten Schmelze unter Bildung von Or_{ss}. Der Kristallisationspfad folgt der Reaktionskurve P–R, bis der isobare Reaktionspunkt R erreicht ist, wo jetzt Lct + L zu Akf_{ss} + Ne_{ss} reagieren. Temperatur und Schmelzzusammensetzung bleiben konstant, bis die Schmelze verbraucht ist. Das gebildete „Gestein" ist ein Leucitphonolith; die Zusammensetzung der koexistierenden Alkalifeldspat- und (Na,K)-Nephelin-Mischkristalle muss durch Analyse mit einer Elektronenstrahl-Mikrosonde bestimmt werden, die Schairer 1950 noch nicht zur Verfügung stand. Bei *Leucit-Fraktionierung* könnte die Schmelze einen Kristallisationspfad in den SiO_2-übersättigten Teil des Systems, z. B. F → G verfolgen und die kotektische Linie zwischen E_2 und m erreichen.

Aus Schmelzen der Zusammensetzungen X und Y scheiden sich an der Liquidusfläche Ab_{ss} bzw. Ne_{ss} aus, deren Zusammensetzungen ganz auf der Na-reichen Seite liegen. Bei weiterer Abkühlung wird die kotektische Linie E_3–R erreicht, wo beide Mischkristalle unter laufender Änderung ihres Chemismus gemeinsam kristallisieren, bis das Schmelzminimum M erreicht ist. Das „Gestein" ist ein Phonolith aus Ab_{ss} und Ne_{ss}, deren genaue Zusammensetzung wir nicht kennen.

Aus den experimentellen Ergebnissen im Dreistoffsystem Ne–Ks–SiO_2 bei $P = 1$ bar (Abb. 18.13a) oder bei H_2O-Drücken von <2,6 kbar können wir folgendes lernen:

1. Unter Gleichgewichtsbedingungen können aus Magmen, deren Zusammensetzung unterhalb der Verbindungslinie Ab–Or liegt, keine quarzhaltigen, aus Magmen-Zusammensetzungen oberhalb dieser Linie keine foidhaltigen Magmatite entstehen.
2. Jedoch kann bei rascher Abkühlung von Magmen, deren Zusammensetzungen im Ausscheidungsfeld von Leucit liegen, dieser *metastabil* in einer SiO_2-reichen Grundmasse erhalten bleiben, was in der Natur nicht selten beobachtet wird.
3. Pseudoleucit, ein Gemenge aus Nephelin und Alkalifeldspat, entsteht durch Reaktion bei Punkt R.

Bei **erhöhten H_2O-Drücken** im System Ne–Ks–SiO_2–H_2O wird das Ausscheidungsfeld von Leucit immer mehr eingeschränkt und verschwindet ab 4 kbar ganz (Sood 1981). Dadurch wird die Rolle der Verbindungslinie Ab–Or als thermische Barriere immer stärker ausgeprägt. Bei P_{H_2O} = 5 kbar (Morse 1968) sind im SiO_2-übersättigten und SiO_2-untersättigten Teil des Systems anstelle der Minima je ein ternäres Eutektikum E (645 °C) und E' (638 °C) getreten. Diese sind durch eine kotektische Linie miteinander verbunden, die dort, wo sie die Linie Ab–Or kreuzt, ein Maximum hat (Abb. 18.13b). Es gibt vier wichtige Ausscheidungsfelder, in denen Quarz, Ab_{ss}, Or_{ss} und Ne_{ss} jeweils die Liquidusphasen bilden.

Auf der kotektischen Linie E–E' befindet sich nahe E' ein Reaktionspunkt R, an dem Analcim $Na[AlSi_2O_6] \cdot H_2O$ nach der Reaktion Ab_{ss} + L = Anl + Or_{ss} gebildet wird. Deshalb existiert zwischen den Ausscheidungsbereichen von Ab_{ss} und Ne_{ss} ein schmales Analcimfeld, so dass bei hohen H_2O-Drücken Ab_{ss} und Ne_{ss} nicht im Gleichgewicht koexistieren können.

18.2.3
Experimente zum Verhalten von Mafiten in basaltischen Magmen

Zweistoffsystem Forsterit–Fayalit

Wie wir gesehen haben, bilden die Olivine eine lückenlose Mischkristallreihe (Abb. 18.14), so dass sich der gleiche Systemtyp ergibt wie bei den Plagioklasen (Bowen u. Schairer 1935). Bei einem Druck von 1 bar liegt der Schmelzpunkt von Forsterit (Fo) bei 1 890 °C, von Fayalit (Fa) bei 1 205 °C. Aufgrund seines extrem hohen Schmelzpunkts ist Fo-reicher Olivin ein hochfeuerfestes Mineral, das große technische Bedeutung besitzt.

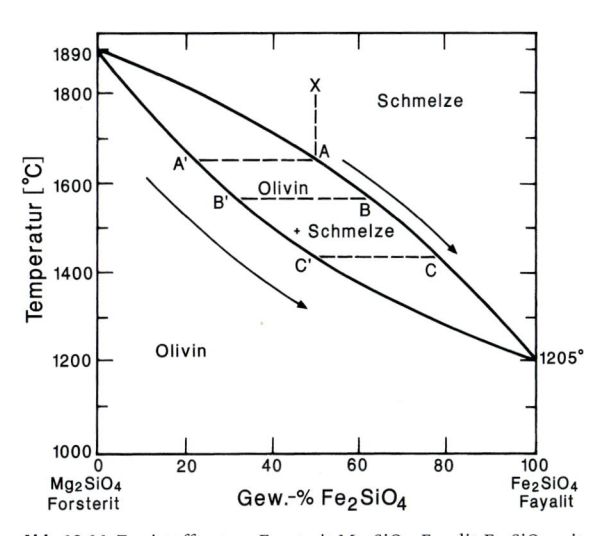

Abb. 18.14. Zweistoffsystem Forsterit Mg_2SiO_4–Fayalit Fe_2SiO_4 mit lückenloser Mischkristallbildung bei $P = 1$ bar. (Nach Bowen u. Schairer 1935)

Kühlen wir eine Schmelze der Zusammensetzung **X** mit $Fo_{50}Fa_{50}$ (Abb. 18.14) auf rund 1 650 °C ab, so wird bei A die Liquiduskurve erreicht und es scheidet sich ein Fo-reicher Olivin-Mischkristall A' ($Fo_{80}Fa_{20}$) ab, entsprechend dem Schnittpunkt der horizontal verlaufenden Konode A–A' auf der Soliduskurve. Bei weiterer Abkühlung werden entsprechend der Pfeilrichtung sowohl die Mischkristalle als auch die jeweils verbleibende Schmelze immer reicher an der Fa-Komponente. Bei rund 1 570 °C z. B. wäre, unter der Voraussetzung, dass sich das thermodynamische Gleichgewicht laufend eingestellt hat, ein Mischkristall B' mit einer Schmelze B im Gleichgewicht. Bei 1 440 °C hat $Olivin_{ss}$ die Zusammensetzung C' = $Fo_{50}Fa_{50}$ erlangt, die dem Ausgangs-Chemismus der Schmelze entspricht. Damit ist die Schmelze aufgebraucht; der letzte Schmelztropfen hat die Zusammensetzung C = $Fo_{22}Fa_{78}$.

Chemischer Zonarbau in Olivin-Einsprenglingen mit Mg-reichem Kern und Fe-reichem Saum ist in Vulkaniten sehr verbreitet, weil sich durch die schnelle Abkühlung des Magmas oft kein Gleichgewicht zwischen Kristallen und Schmelze einstellen kann. Dadurch bliebe im vorliegenden Beispiel auch unterhalb 1 440 °C – je nach dem Ausmaß des Ungleichgewichts – bei weiterer Abkühlung noch Schmelze erhalten, die noch Fa-reicher als Schmelze C wäre. Entsprechend würden die Fo-reichen Kerne von einem Olivinsaum umwachsen, der einen noch höheren Fa-Gehalt als $Fo_{50}Fa_{50}$ hat. Zu einer Verschiebung des Pauschalchemismus und zur Bildung Fa-reicher Restschmelzen kann es auch durch Abseigern der früh ausgeschiedenen Fo-reichen Olivine kommen. Dieser experimentelle Befund ist von großer petrologischer Bedeutung. Er erklärt beispielsweise das Auftreten von Fayalit-führenden Ferrogabbros und Granophyren, die in Layered Intrusions, z. B. in der Skaergaard-Intrusion (Ost-Grönland) aus Fe-reichen Restmagmen kristallisiert sind (z. B. Wager u. Brown 1968). Manche Basalte enthalten als Zwickelfüllung zwischen den früher ausgeschiedenen Mineralen Letztkristallisate von fast reinem Fayalit.

Zweistoffsystem Forsterit–SiO_2

Ähnlich wie im System Leucit–SiO_2 (Abb. 18.11) besteht zwischen den Komponenten Mg_2SiO_4 (Fo) und SiO_2 eine *stöchiometrische Verbindung*: Enstatit $Mg_2[Si_2O_6]$ (bzw. dessen Hochtemperaturmodifikation Protoenstatit). Dieser schmilzt bei niedrigen Drücken ebenfalls *inkongruent* unter Bildung von Forsterit und einer SiO_2-übersättigten Schmelze (Bowen u. Anderson 1914; Bowen 1928).

Kühlen wir bei P = 1 bar eine SiO_2-untersättigte Schmelze **W** ab, so wird bei ca. 1 670 °C die Liquiduskurve erreicht und es scheidet sich so lange Forsterit aus, bis der peritektische Punkt P bei 1 557 °C erreicht ist (Abb. 18.15). Jetzt setzt die Reaktion

$$\text{Forsterit} + SiO_2\text{-übersättigte Schmelze} = \text{Protoenstatit} \quad (18.2)$$

ein, wobei – Gleichgewicht vorausgesetzt – die gesamte Schmelze verbraucht wird. Das entstehende „Gestein" besteht aus Forsterit + Protoenstatit. Auch aus Schmelze **X** mit der Zusammensetzung $Mg_2Si_2O_6$ kristallisiert zunächst Forsterit aus, der aber bei P vollständig zu Enstatit reagiert, wenn das Gleichgewicht eingestellt wird. Das Gleiche gilt für die SiO_2-übersättigte Schmelze **Y**; doch bleibt jetzt bei der Reaktion von Forsterit zu Protoenstatit noch eine SiO_2-reichere Restschmelze übrig, die sich unter Ausscheidung von Enstatit bis zum eutektischen Punkt E (1 543 °C) entwickelt, wo es zur gemeinsamen Kristallisation von Protoenstatit + Cristobalit kommt. Demgegenüber scheidet Schmelze **Z** gar keinen Forsterit sondern sofort Protoenstatit aus, bis das Eutektikum E erreicht wird.

Bei Drücken von >2,6 kbar im H_2O-freien System schmilzt Enstatit kongruent (Boyd et al. 1964). Demgegenüber bleibt im System Forsterit–SiO_2–H_2O das inkongruente Schmelzen von Enstatit bis zu hohen H_2O-Drücken erhalten (Kushiro u. Yoder 1969). Die Verhältnisse liegen also genau umgekehrt wie im System Leucit–SiO_2 (–H_2O).

Natürliche Basalt-Magmen enthalten im Vergleich zu den Schmelzen W, X, Y und Z noch Plagioklas-und Diopsid-Komponente, wodurch die jeweiligen Liquidus-Temperaturen drastisch gesenkt werden. Auch der Einbau von Fe^{2+} in die beiden koexistierenden Mineralphasen Forsterit und Enstatit erniedrigt alle Temperaturen des Kristallisations- bzw. Reaktionsbereichs beträchtlich, wie z. B. das Zweistoffsystem Forsterit–Fayalit

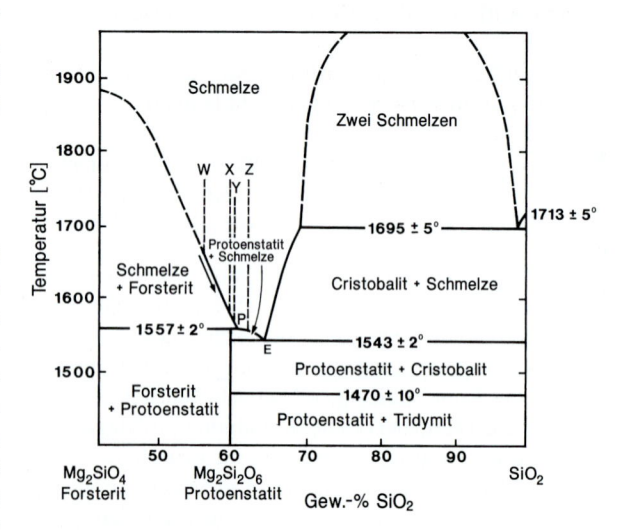

Abb. 18.15. Zweistoffsystem Forsterit Mg_2SiO_4–SiO_2 mit der stöchiometrischen Verbindung Enstatit $Mg_2[Si_2O_6]$. Erläuterungen im Text. (Aus Bowen 1928)

(Abb. 18.14) zeigt. Die so modifizierten Schmelzen könnten als Modell für Olivintholeiit- (**W**), Tholeiit- (**X**) und Quarztholeiit-Magmen (**Y**, **Z**) dienen. Zur *Fraktionierung* von Olivin kann es kommen, wenn dieser in der Schmelze gravitativ absaigert oder als „gepanzertes Relikt" vor vollständige Reaktion zu Protoenstatit geschützt und dadurch aus dem System entfernt wird. Dann kann ein SiO_2-untersättigtes Olivintholeiit-Magma zu einem SiO_2-übersättigten Quarztholeiit-Magma differenzieren (aber nicht umgekehrt).

Von Greig (1927) wurde im SiO_2-reichen Teil des Systems Forsterit–SiO_2 die liquide Entmischung von zwei Silikatschmelzen experimentell nachgewiesen, zu der es bei einer Temperatur von >1 695 °C, d. h. knapp unterhalb des Schmelzpunkts von Cristobalit kommt (Abb. 18.5). Dieser Befund ist jedoch für natürliche Bedingungen ohne Bedeutung und daher nur von theoretischem Interesse.

Dreistoffsystem Diopsid–Forsterit–SiO_2

Dieses komplexe System, das bereits von Bowen (1914), später von Boyd u. Schairer (1964) und Kushiro (1972) bei $P = 1$ bar experimentell bearbeitet wurde, dient als Modellsystem für die Ausscheidungsbeziehungen der dunklen Gemengteile in einer tholeiitischen Schmelze. Obwohl es dem Anfänger häufig Verständnisschwierigkeiten bereitet, soll es wegen seiner großen petrologischen Bedeutung hier besprochen werden.

Wie beim Dreistoffsystem Di–An–Ab (Abb. 18.7) betrachten wir die Projektion der Liquidusfläche auf die Konzentrationsebene Di-Fo-SiO_2 bei konstantem Druck von 1 bar.

Wesentliche Grundlage bildet das flankierende Zweistoffsystem Forsterit–SiO_2, das wir soeben kennengelernt haben, mit dem *Peritektikum* P bei 1 557 °C und dem *Eutektikum* E_1 bei 1 543 °C (Abb. 18.15). Die flankierenden Zweistoffsysteme Diopsid–SiO_2 und Forsterit–Diopsid sind eutektisch; die *Eutektika* E_2 bei 1 371 °C und E_3 bei 1 388 °C liegen in der Nähe der Diopsid-Ecke (Abb. 18.16). E_1 und E_2 werden durch eine *kotektische Linie* verbunden, an der Cristobalit (Crs) bzw. Tridymit (Trd) jeweils mit Mischkristallen von Protoenstatit (PEn_{ss}), Pigeonit (Pgt_{ss}) oder Diopsid (Di_{ss}) sowie Schmelze koexistieren. Eine weitere kotektische Linie, an der Fo, Di_{ss} und Schmelze miteinander im Gleichgewicht stehen, geht vom Eutektikum E_3 aus, überschreitet ein flaches offenes Maximum bei 1 390 °C und endet bei 1 385 °C. Hier stößt sie mit einer *Reaktionskurve* zusammen, die vom peritektischen Punkt P ausgeht. An ihr koexistieren nacheinander PEn_{ss} und Pgt_{ss} mit Fo und Schmelze (L). Die Felder von PEn_{ss} und Pgt_{ss} werden ebenfalls durch eine Reaktionskurve getrennt, während zwischen Pgt_{ss} und Di_{ss} eine kotektische Linie verläuft. An diesen univarianten Kurven stehen jeweils 2 dieser Pyroxen-Mischkristalle miteinander sowie mit Schmelze im Gleichgewicht. Analog zum Zwei-

Abb. 18.16.
Dreistoffsystem Diopsid $CaMgSi_2O_6$– Forsterit Mg_2SiO_4–SiO_2 bei $P = 1$ bar. Projektion der Liquidusfläche auf die Konzentrationsebene. Eingezeichnet sind die Kristallisationsbahnen (*farbig*) von Schmelzen der Ausgangszusammensetzungen **X**, **Y** und **Z** unter Gleichgewichtsbedingungen. Erläuterungen im Text. Die Mischkristalle PEn1, PEn2 und PEn3 sind mit *1, 2, 3* markiert. Einsatz: Pseudobinärer Schnitt $Mg_2Si_2O_6$ (En)–$CaMgSi_2O_6$ (Di) mit den Liquidus- und Soliduskurven sowie den Mischungslücken zwischen unterschiedlichen Pyroxenphasen. (Nach Kushiro 1972)

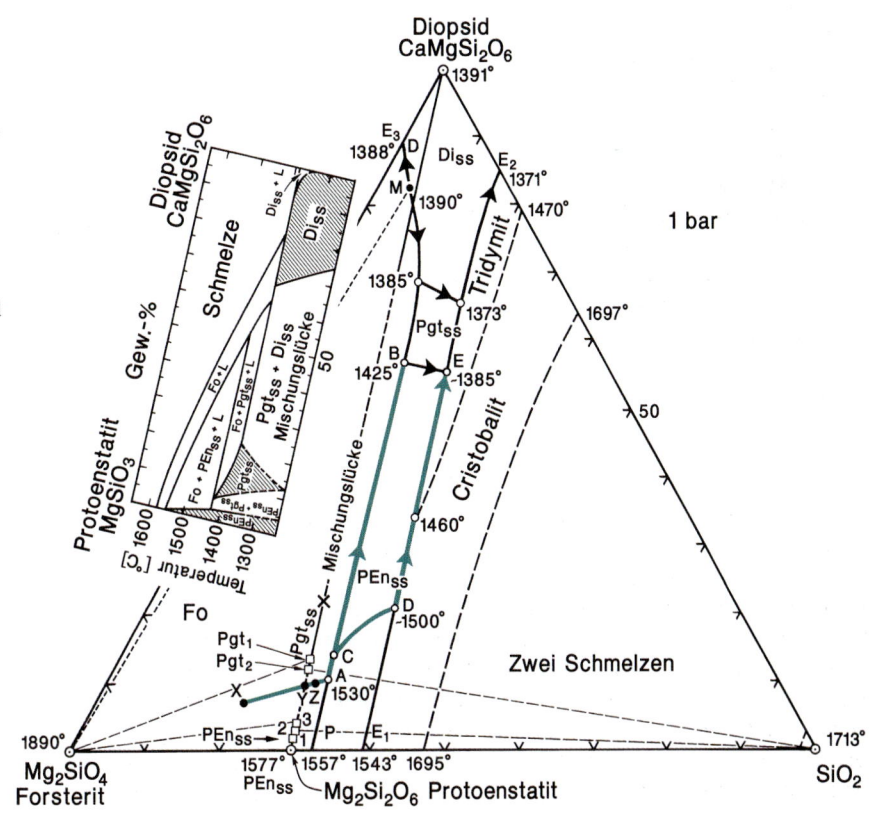

stoffsystem Fo–SiO$_2$ (Abb. 18.15) erkennt man also auch im Dreistoffsystem Fo–Di–SiO$_2$ die drei Ausscheidungsfelder von Fo, PEn (und den anderen Pyroxen-Mischkristallen) und Crs bzw. Trd sowie das Feld der liquiden Entmischung. Unterbrechungen in der Verbindungslinie PEn–Di deuten zwei Mischungslücken in den Pyroxen-Zusammensetzungen an, die man dem pseudobinären Schnitt PEn–Di entnehmen kann (Abb. 18.16, Einsatz). Weiterhin erkennt man in Abb. 18.16, dass – entsprechend dem verdeckten Maximum im binären System Fo–SiO$_2$ (Abb. 18.15) – das ausgedehnte primäre Ausscheidungsfeld des Forsterits fast die gesamte pseudobinäre Verbindungslinie PEn–Di der Pyroxen-Zusammensetzungen überdeckt. Lediglich die Di-reichen Cpx-Mischkristalle nahe der Di-Ecke schmelzen kongruent.

Der pseudobinäre Schnitt En–Di (Abb. 18.16, Einsatz) zeigt, dass bei Liquidus-Temperaturen PEn$_{ss}$, Pgt$_{ss}$ und Di$_{ss}$ mit Fo und Schmelze im Gleichgewicht stehen, während im Subsolidus-Bereich die Pyroxen-Mischkristalle PEn$_{ss}$ + Pgt$_{ss}$ sowie Pgt$_{ss}$ + Di$_{ss}$ miteinander koexistieren. Mit sinkender Temperatur erweitern sich die beiden Mischungslücken, wodurch das Stabilitätsfeld von Pgt$_{ss}$ auskeilt. An einem invarianten Reaktionspunkt bei etwa 1 235 °C zerfällt der letzte Pgt$_{ss}$ (mit etwa 13 % Di-Komponente) in PEn$_{ss}$ und Di$_{ss}$. Ab 1 100 °C beginnt sich PEn$_{ss}$ unter Reaktion mit Di$_{ss}$ in Di-reicheren Orthoenstatit (OEn$_{ss}$) umzuwandeln; es gibt zwei Koexistenzfelder PEn$_{ss}$ + OEn$_{ss}$ und OEn$_{ss}$ + Di$_{ss}$, bis bei 985 °C reiner PEn in OEn übergegangen ist (im Einsatz von Abb. 18.16 nicht mehr dargestellt). Durch die experimentell bestimmten Phasenbeziehungen im pseudobinären Schnitt En–Di erklären sich die weit verbreiteten Entmischungen von Klinopyroxen in Orthopyroxen und umgekehrt (Abb. 13.6a, S. 229); das gilt insbesondere für den *inverted pigeonite*, einen Pigeonit mit Entmischungslamellen von Augit. Es sei allerdings darauf hingewiesen, dass nach Experimenten von Longhi u. Boudreau (1980) bereits zwischen 1 445 °C und 1 385 °C Orthoenstatit als zusätzliche Phase auftritt, dann aber wieder verschwindet. Dadurch werden die Verhältnisse noch etwas komplizierter, ohne dass sich die grundsätzliche Aussage des Systems ändert. Wir stützen uns daher auf die Ergebnisse von Kushiro (1972).

Kühlt man eine Schmelze **X** der Zusammensetzung 80 % Fo + 5 % Di + 15 % SiO$_2$, die im primären Ausscheidungsfeld des Forsterits liegt (Abb. 18.16), bis zur Temperatur der Liquidusfläche ab, so ändert sich ihre Zusammensetzung unter fortwährender Ausscheidung von Fo entlang der Kristallisationsbahn X → A. Bei A wird die Reaktionskurve zwischen den Ausscheidungsfeldern von Fo und Pyroxen erreicht und die peritektische Reaktion von Fo mit SiO$_2$-übersättigter Schmelze zu PEn$_{ss}$ setzt ein. Dem pseudobinären Schnitt (Abb. 18.16, Einsatz) kann man entnehmen, dass eine Schmelze A mit etwa 10 % Di-Komponente mit einem fast Di-freien PEn$_1$ koexistiert. Bei weiterer Abkühlung geht die Reaktion Fo + L = PEn$_{ss}$ weiter, wobei sich die Schmelze entlang der Reaktionskurve entwickelt und immer Di-reicher wird; auch PEn$_{ss}$ wird etwas Di-reicher. Beim invarianten Punkt B (ca. 1 425 °C) kristallisiert bei konstanter Temperatur Pgt$_{ss}$ neben PEn$_{ss}$ aus, bis die Schmelze aufgebraucht ist. Das entstehende „Gestein" besteht aus dem restlichen Forsterit sowie den beiden Pyroxen-Mischkristallen PEn$_3$ und Pgt$_1$.

Kühlen wir eine Ausgangsschmelze **Y** ab, die auf der Verbindungslinie PEn–Di liegt, so scheidet sich bei Erreichen der Liquidusfläche wiederum zuerst Forsterit aus und die Zusammensetzung der Schmelze ändert sich kontinuierlich bis A, wo die Reaktion Fo + L = PEn$_{ss}$ einsetzt. Bei weiterer Abkühlung entwickelt sich die Schmelzzusammensetzung wieder entlang der Reaktionskurve von A nach B, wo – im Unterschied zur Kristallisationsabfolge der Schmelze **X** – nicht nur alle Schmelze sondern auch aller Forsterit aufgebraucht ist. Das Kristallisationsprodukt besteht schließlich nur aus zwei verschiedenen Pyroxenen PEn$_3$ und Pgt$_1$.

Nun wählen wir noch eine Ausgangsschmelze **Z**, die bereits rechts der Verbindungslinie Di–PEn, aber noch innerhalb des primären Ausscheidungsfeldes von Forsterit liegt. Die anfänglichen Schritte der Kristallisation und die Änderung der Schmelzzusammensetzung stimmen mit beiden Ausgangszusammensetzungen X und Y überein. Nur ist in diesem Fall der abgeschiedene Forsterit früher aufgebraucht als die Schmelze. Das ist bei etwa 1 530 °C (Punkt C in Abb. 18.16) der Fall. Mit weiterer Abkühlung verlässt deshalb der Kristallisationspfad die peritektische Reaktionskurve, quert das Feld des Protoenstatits entlang C → D und erreicht bei ca. 1 500 °C die kotektische Linie, an der PEn$_{ss}$, Cristobalit und Schmelze koexistieren. Mit weiterer Abkühlung scheidet sich daher PEn$_{ss}$, der kontinuierlich Di-reicher wird, gemeinsam mit Cristobalit bzw. bei niedriger Temperatur mit Tridymit aus. Wenn die Zusammensetzung der Schmelze Punkt E (ca. 1 385 °C) erreicht hat, kristallisiert Pigeonit neben Protoenstatit und Tridymit aus, bis die Schmelze aufgebraucht ist. Das zuletzt vorliegende Kristallaggregat besteht aus den Phasen PEn$_2$, Pgt$_2$ und Tridymit (und wahrscheinlich einem Rest von Cristobalit, der sich nur träge in Tridymit umwandelt).

Wir haben bei unseren Betrachtungen über das System Di–Fo–SiO$_2$ bislang die Einstellung eines thermodynamischen Gleichgewichts vorausgesetzt. In der Natur ist das häufig nicht oder nur unvollkommen der Fall. Stellt sich das Gleichgewicht *nicht* ein, so weichen die Kristallisationsbahnen mehr oder weniger von den dargelegten idealisierten Bedingungen ab. Ungleichgewichte können in der Natur dadurch entstehen, dass die ausgeschiedenen Forsteritkristalle aus einem oder mehreren der folgenden Gründen nicht mit der Schmelze reagieren konnten:

- Die Forsteritkristalle werden von der verbleibenden Schmelze gravitativ getrennt oder die Schmelze wird aus dem bestehenden Kristallbrei ausgepresst.
- Ein dicker Reaktionssaum von Pyroxen infolge von zu geringer Diffusionsgeschwindigkeit schützt den verbleibenden Forsterit-Kern vor einer weiteren Reaktion mit der umgebenden Schmelze.

- Auch die zonare Verwachsung von drei verschiedenen Pyroxenarten in einem Tholeiitbasalt des Vogelsberges mit der Ausscheidungsfolge Orthopyroxen (Enstatit-Hypersthen) → Pigeonit → diopsidischer Augit (Abb. 18.17) kann auf mangelnde Einstellung des Gleichgewichts durch schnelle Abkühlung der betreffenden Lava erklärt werden und lässt sich durch das Dreistoffsystem Fo-Di-SiO_2 gut verstehen.

Bei fehlender Einstellung des Gleichgewichts und ohne jede Aufzehrung des zuerst ausgeschiedenen Forsterits würde bei allen drei Ausgangsschmelzen **X**, **Y** und **Z** der Kristallisationspfad bereits ab Punkt A in einer leicht gekrümmten Kurve unter Ausscheidung von PEn_{ss} das Protoenstatit-Feld queren, bis die kotektische Linie erreicht ist. Die Schmelzzusammensetzung ändert sich nun entlang dieser Grenzkurve, wobei nacheinander PEn_{ss} + Crs, PEn_{ss} + Trd, Pgt_{ss} + Trd, und Di_{ss} + Trd gemeinsam kristallisieren, bis bei 1 371 °C der eutektische Punkt E_2 erreicht ist (Abb. 18.16). Fraktionierung von Olivin kann also von einer SiO_2-untersättigten Schmelze **X** zu einer SiO_2-übersättigten Restschmelze eutektischer Zusammensetzung E_2 führen. In Übereinstimmung mit diesem Modell enthalten Tholeiite in ihrer Grundmasse häufig SiO_2-reiches Glas oder Quarz-Plagioklas-Verwachsungen; diese sind aus einer sauren Restschmelze kristallisiert, die durch weitgehende Fraktionierung von mafischen Gemengteilen, z. B. Olivin entstanden ist.

18.3
Das Reaktionsprinzip von Bowen

Die experimentellen Untersuchungen in vereinfachten Modellsystemen haben gezeigt, dass silikatische Schmelzen nur selten in Form einfacher Eutektika kristallisieren. Vielmehr spielen die *Reaktionsbeziehungen* zwischen früh ausgeschiedenen Kristallen und der verbliebenen Restschmelze eine wichtige Rolle, die sich auch in natürlichen Gesteinen sehr häufig unmittelbar beobachten lassen. Dabei endet der Kristallisationspfad oft nicht erst an einem binären oder ternären Eutektikum, sondern irgendwo auf einer kotektischen Linie. Wie der amerikanische Petrologe Norman L. Bowen (1887–1958) als erster erkannt hatte, lässt sich die Entwicklung magmatischer Serien auf diesem Wege mindestens in Grundzügen erklären. Bowen (1928) hat die Ausscheidungsfolge bei der Kristallisation eines basischen (etwa olivinbasaltischen) Magmas unter der Bezeichnung *Reaktionsprinzip* zusammengefasst; dabei unterscheidet er grundsätzlich zwei Arten von Reaktionsserien (Abb. 18.19):

- diskontinuierliche Reaktionsserien und
- kontinuierliche Reaktionsserien

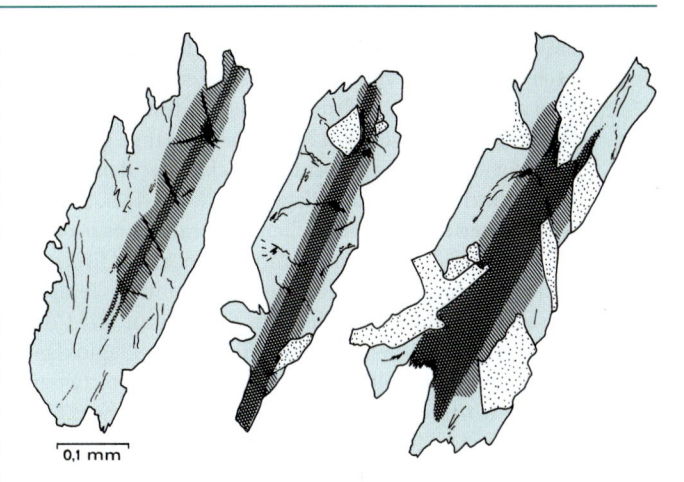

Abb. 18.17. Zonare Verwachsungen von Orthopyroxen (Enstatit-Hypersthen), Pigeonit und diopsidischem Augit als Einsprenglinge in Tholeiitbasalt des Vogelsbergs. *Kreuzschraffur:* Orthopyroxen; *Einfachschraffur:* Pigeonit; *hellschattiert:* Augit; *punktiert:* Plagioklas. (Nach Ernst u. Schorer 1969)

Diskontinuierliche Reaktionsserien (Abb. 18.19). Sie werden von *Reaktionspaaren* gebildet, bei denen eine früh ausgeschiedene Mineralart mit der Restschmelze unter Bildung einer neuen Mineralart reagiert. Solche Reaktionen vollziehen sich in Abhängigkeit vom Druck bei einer bestimmten Temperatur, dem Peritektikum oder – bei Mischkristallen – entlang einer Reaktionskurve über ein begrenztes Temperaturintervall hinweg. Ein wichtiges Beispiel ist die peritektische Reaktion Forsterit + Schmelze → Enstatit (Abb. 18.15, 18.16). Werden die Forsteritkristalle von der Schmelze getrennt, kann diese Reaktion nicht vollständig ablaufen, so dass sich die Zusammensetzung der Schmelze mit fallender Temperatur zum Eutektikum hin verschiebt. Ein solcher Prozess der fraktionierten Kristallisation führt zur Anreicherung von SiO_2 und zur Verarmung an MgO in der verbliebenen Restschmelze. Da die beiden Mischkristalle Olivin und Orthopyroxen bei höheren Temperaturen zunächst bevorzugt Mg^{2+} gegenüber Fe^{2+} einbauen, kommt es in der natürlichen Restschmelze außerdem zu einer Anreicherung von Fe^{2+} gegenüber Mg^{2+}, was zu einem typischen Tholeiit-Trend im *AFM*-Dreieck führt (Abb. 17.3, S. 274).

Die folgenden Schritte innerhalb der diskontinuierlichen Reaktionsreihe *(Mg,Fe)-* und *Ca-(Mg,Fe)* Pyroxen → Hornblende und Hornblende → Biotit sind viel komplizierter, da diese Reaktionen die Aufnahme von Wasser einschließen und der Partialdruck (bzw. die Fugazität) von H_2O eine zunehmende Rolle spielt. Daneben ändert sich die Schmelzzusammensetzung unter zunehmender Anreicherung der Alkalien und von Fe gegenüber Mg. Naturbeobachtungen und experimentelle Daten lassen keinen Zweifel aufkommen, dass auch diese später ausgeschiedenen Minerale im Wesentlichen den diskontinuierlichen Reaktionen entsprechend dem Bowen-Schema unterliegen.

Kontinuierliche Reaktionsserien (Abb. 18.19). Sie entstehen durch die Reaktion von früh ausgeschiedenen *Mischkristallen* mit der Schmelze. Dabei werden kontinuierlich neue Mischkristalle der *gleichen* Mineralart so lange gebildet, bis die Schmelze aufgebraucht ist. Wichtigstes Beispiel ist die Mischkristallreihe der Plagioklase (Abb. 18.4, S. 285) als Hauptvertreter der felsischen Minerale in basischen und intermediären Magmen. Ihre Entwicklung findet – druckabhängig – innerhalb eines ausgedehnten Temperaturbereichs statt. Mit fallender Temperatur wird die Schmelze, die mit den sich ausscheidenden Plagioklas-Mischkristallen im Gleichgewicht steht, immer reicher an Ab- und ärmer an An-Komponente. Bei chemischem Ungleichgewicht bilden sich Plagioklaskristalle mit Zonarbau, wobei der Kern An-reicher, die Außenzonen Ab-reicher sind, allerdings häufig mit sog. Rekurrenzen (alternierender Zonarbau: Abb. 18.5). Bei Entfernung von An-reichen Plagioklas-Mischkristallen aus der Schmelze wird die Restschmelze gegenüber der Ausgangs-Schmelzzusammensetzung an Na_2O und SiO_2 angereichert, an CaO und Al_2O_3 dagegen verarmt (Anorthit: $CaO \cdot Al_2O_3 \cdot 2SiO_2$, Albit: $Na_2O \cdot Al_2O_3 \cdot 6SiO_2$). K_2O reichert sich ebenfalls in der Restschmelze an und wird bei der Bildung von Biotit und Alkalifeldspäten verbraucht. Im Unterschied zu den Plagioklasen gibt es bei den *Alkalifeldspäten*, die bei der Kristallisation von sauren Magmen eine zunehmend bedeutende Rolle spielen, zwei Entwicklungsreihen, die von Or-reichen oder Ab-reichen Zusammensetzungen ausgehen und sich im Schmelz-Minimum treffen (Abb. 18.12, 18.13).

Bei den mafischen Gemengteilen stellt man mit sinkender Temperatur eine zunehmende Tendenz zur Anreicherung von Fe^{2+} auf Kosten von Mg fest. Ein wichtiges Beispiel ist die Mischkristallreihe der *Olivine* (Abb. 18.14), bei der sich – ausgehend von fast reinem Fo_{ss} – durch Reaktion mit der Schmelze kontinuierlich immer Fa-reichere Mischkristalle bilden. Bei fraktionierter Kristallisation von Fo-reichem Olivin kann schließlich eine fast reine Fayalitschmelze gebildet werden. Naturbeobachtungen, insbesondere in Layered Intrusions zeigen, dass bei der Kristallisation basaltischer Magmen die Mischkristallreihen der *Pyroxene* sich gleichsinnig von Mg- zu Fe-reicheren Gliedern entwickeln:

- diopsidischer Augit → Augit → hedenbergitischer Augit,
- Enstatit → Bronzit sowie Mg-reicherer → Fe-reicherer Pigeonit (Abb. 18.18).

In der vorliegenden Darstellung des Bowen-Schemas (Abb. 18.19) fallen die Temperaturen von oben nach unten. Genaue Temperaturwerte können selbstverständlich nicht angegeben werden, da die natürlichen Magmen einen viel komplexeren Chemismus haben als die vereinfachten Modellsysteme. Jedoch bringt das Schema zum Ausdruck, dass sich bei fallender Temperatur je ein Vertreter der diskontinuierlichen neben einem solchen der kontinuierlichen Rei-

he ausscheidet. So hatte schon 1882 der deutsche Petrograph Harry Rosenbusch (1836–1914) mikroskopisch beobachtet, dass in natürlichen Magmatiten neben Olivin und Pyroxen ein An-reicher Plagioklas (Bytownit-Labradorit), dagegen neben Hornblende und Biotit ein Ab-reicher Plagioklas (Andesin-Oligoklas) kristallisiert und das im Sinne einer Ausscheidungsfolge interpretiert (Rosenbusch-Regel). Allerdings sind später häufig Ausnahmen von dieser Regel beobachtet worden, so kommen in Andesiten und Daciten auch relativ An-reiche Plagioklase neben Amphibolen und Biotit vor. Ob die Erstausscheidung mit einem mafischen oder einem felsischen Mineral beginnt, hängt wesentlich von der Ausgangszusammensetzung der Schmelze ab, wie das am Beispiel des Dreistoffsystems Di–An–Ab gezeigt wurde (Abb. 18.7, 18.8, S. 287f).

Die Mineralfolge der diskontinuierlichen Reaktionsreihen zeigt mit der Temperaturerniedrigung eine zunehmende Polymerisation der $[(Si,Al)O_4]$-Tetraeder vom Inselsilikat Olivin über die Ketten- und Doppelkettensilikate Pyroxen und Hornblende zum Schichtsilikat Biotit.

Wie Bowen (1928) zeigen konnte, lassen sich einige wichtige Magmentypen durch Kristallisationsdifferentiation eines basaltischen Magmas erklären. Dabei sind die Reaktionsbeziehungen innerhalb der Reaktionsreihen Olivin → Biotit und Bytownit → Albit sowie zwischen den ausgeschiedenen Mineralen und den Restschmelzen von Bedeutung. Schematisch lässt sich der Differentiationsverlauf nach folgendem Prinzip erläutern (Abb. 18.20):

Bei Abkühlung eines basaltischen Magmas kristallisieren als Hauptminerale zuerst Olivin und Bytownit aus, wodurch sich die Zusammensetzung der verbleibenden Restschmelze in Richtung → Andesit ändert. Nun sind zwei Fälle denkbar:

1. Gleichgewichtskristallisation:
Die ausgeschiedenen Kristalle bleiben im Kontakt mit der Schmelze und reagieren mit dieser unter Bildung von

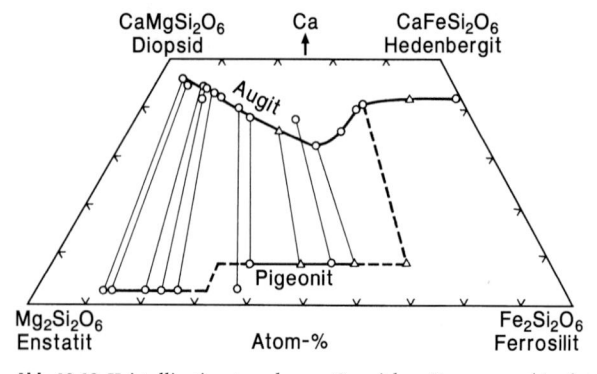

Abb. 18.18. Kristallisationstrends von Ca-reichen Pyroxenen (Augite) und Ca-armen Pyroxenen (Orthopyroxene, Pigeonite) in der Layered Intrusion des Busvelds, Südafrika. Pyroxen-Zusammensetzungen nach chemischen Analysen (*Kreis*), nach optischen und/oder röntgenographischen Bestimmungen (*Dreieck*). (Nach Atkins 1969)

Orthopyroxen, Pigeonit und Augit (Abb. 18.16) sowie Labradorit (Abb. 18.4). Bei vollständiger Reaktion kann die gesamte Schmelze verbraucht werden: Es entsteht ein Basalt oder – bei höherem Druck – ein Gabbro.

2. **Fraktionierte Kristallisation:**
Die ausgeschiedenen Kristalle werden von der Schmelze getrennt. Solange noch nicht viele Kristalle abgeschieden und die heiße Schmelze noch wenig viskos ist, dürfte das am ehesten gravitativ durch Aufschwimmen der Bytownit- und Absaigern der Olivin-Kristalle geschehen, während bei größerem Kristallanteil die Restschmelze durch Filterpressung aus einem Olivin-Kumulat heraus gedrückt würde. Bei mangelnder Rührwirkung wegen zu geringer Konvektion in der Magmenkammer kann sich Olivin auch mit einem Reaktionssaum von Pyroxen, Bytownit mit Ab-reicheren Rändern umgeben und so als *gepanzerte Relikte* vor weiterer Aufzehrung geschützt werden. Nun liegt eine andesitische Restschmelze vor, die entweder zu einem Andesit (oder Diorit) auskristallieren kann oder einer weiteren Fraktionierung unterworfen wird. Dabei dürfte der wesentliche Trennmechanismus in der Filterpressung liegen. Im Zuge der fraktionierten Kristallisation nehmen die Gehalte an SiO_2, Na_2O und K_2O in der Schmelze allmählich immer stärker zu. Es entstehen Restschmelzen, aus denen Rhyolithe oder Granite kristallisieren können. Mengenmäßig ergibt sich gegenüber der ursprünglichen Basaltschmelze nur relativ wenig Rhyolithschmelze als Restdifferentiat. Da Olivin, Pyroxen und die Feldspäte keine (OH)-Gruppen einbauen, werden bei der fraktionierten Kristallisation auch H_2O (und andere leichtflüchtige Komponenten) in den Restschmelzen immer stärker angereichert. Schließlich können sich hydrothermale Lösungen bilden, aus denen sich z. B. Zeolithe ausscheiden.

Somit ist klar, dass in der Tat andesitische, rhyolithische und trachytische Restschmelzen durch Kristallisationsdifferentiation eines Basalt-Magmas erklärt werden können. Es wäre jedoch ein Fehler anzunehmen, dass das immer oder auch nur in der überwiegenden Mehrzahl der Fälle so sein *muss*. Hiergegen spricht bereits das Zurücktreten von Basalten oder Gabbros in vielen Andesit-Dacit-Rhyolith- bzw. Tonalit-Granodiorit-Granit-Assoziationen. Auch der enorm große Anteil von granitisch-granodioritischem Material am Aufbau der oberen kontinentalen Erdkruste schließt eine Fraktionierung von basaltischen Magmen als wesentlichen Bildungsmechanismus aus. Andererseits gibt das Bowen'sche Reaktionsprinzip eine gute qualitative Erklärung für das gemeinsame Vorkommen bestimmter Minerale wie Olivin–Labrador, Andesin–Hornblende, Oligoklas–Kalifeldspat–Quarz–Biotit. Es hilft weiterhin, das Verhalten von Nebengestein bei der Assimilation durch Magmen besser zu verstehen: Infolge inkongruenten Schmelzens gilt dann z. B. die diskontinuierliche Reaktionsserie in um-

Abb. 18.19. Die Reaktionsserien nach Bowen

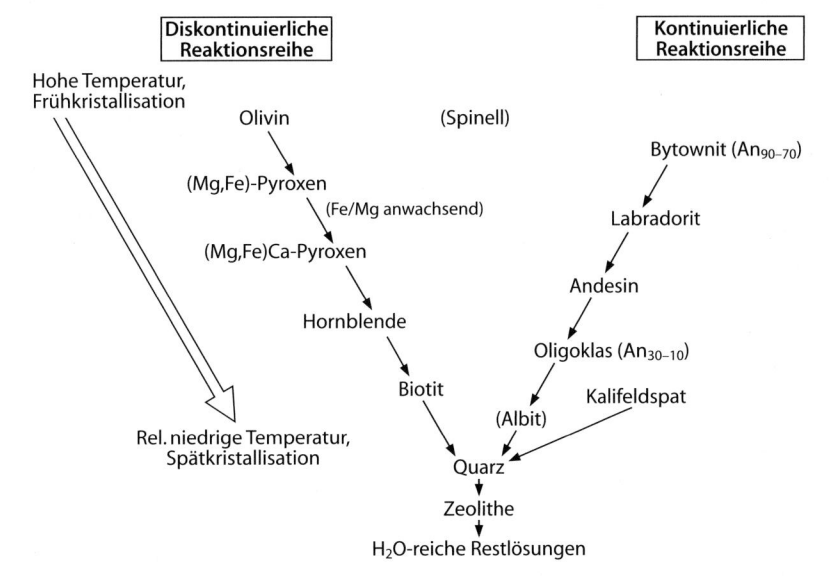

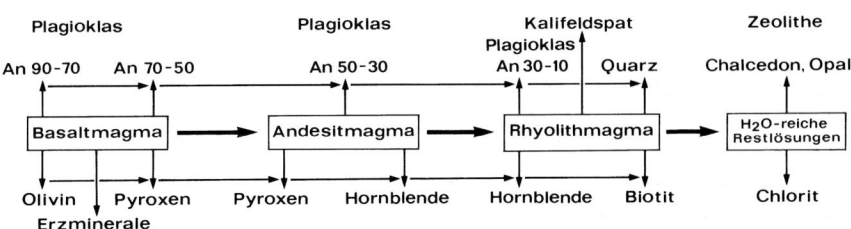

Abb. 18.20. Das Schema der magmatischen Differentiation eines tholeiitischen Magmas in Verbindung mit den Reaktionsserien von Bowen

gekehrter Reihenfolge. Mögliche Reaktionsreihen hängen von der Zusammensetzung des Stamm-Magmas, vom *P-T*-Bereich der Kristallisation sowie vom Gehalt an H$_2$O und anderen leichtflüchtigen Komponenten ab. Gegenüber den komplexen Prozessen in der Natur stellt jede Reaktionsreihe eine starke Vereinfachung dar.

18.4
Das Basalt-Tetraeder von Yoder und Tilley (1962)

Wie wir gesehen haben, lässt sich der Differentiationsverlauf eines basaltischen Magmas recht gut anhand des Modellsystems Di–An–Ab (Abb. 18.6–18.8) verstehen. Dieses System gibt jedoch keine Antwort auf die wichtige Frage nach der Entstehung SiO$_2$-übersättigter und SiO$_2$-untersättigter basischer Magmen. Hierfür müssen als zusätzliche Komponenten noch Forsterit, Nephelin und SiO$_2$ berücksichtigt werden, so dass wir es mit einem Fünfstoffsystem Fo–Di–An–Ne–Qz zu tun hätten. Vereinfachend können wir zunächst die Komponente An vernachlässigen und kommen so zum Vierstoffsystem Fo–Di–Ne–Qz, dem vereinfachten Basalt-Tetraeder nach Yoder u. Tilley (1962; Abb. 18.21). Auf der Kante Ne–Qtz tritt als binäre Verbindung Albit (Ab) auf, der im entsprechenden Zweistoffsystem ein Temperaturmaximum bildet (Abb. 18.10, S. 290), während die Verbindung Enstatit (En) auf der Linie Fo–Qtz durch inkongruentes Schmelzen gekennzeichnet ist (Abb. 18.15, 18.16). Alle wichtigen Zweistoff- und Dreistoffsysteme, die für die Kristallisation einer basaltischen Schmelze von Bedeutung sind und experimentell genau untersucht wurden, können in dieses Tetraeder eingeordnet werden.

Erweitert man das Vierstoffsystem Fo–Di–Ne–Qz um die Komponenten An und FeO, so erhält man bereits ein recht naturnahes, allerdings K$_2$O-freies Basaltsystem, in das man alle wichtigen basaltischen Gesteine mit Ausnahme der Leucit-führenden eintragen kann. Fo wird durch Olivin, En durch Opx (Enstatit-Hypersthen), Di durch Cpx (Augit) und Ab durch Plagioklas (Pl) ersetzt (Abb. 18.21). Für Ne können auch andere Feldspatoide, z. B. Nosean oder Hauyn eintreten.

Das Basalt-Tetraeder Fo–Di–Ne–Qz bzw. Ol–Cpx–Ne–Qz wird durch 2 Ebenen, nämlich die *Ebene der SiO$_2$-Sättigung* Ab–Di–En und die *kritische Ebene der SiO$_2$-Untersättigung* Ab–Di–Fo in drei Räume eingeteilt (Abb. 18.21):

- In den rechten Raum Cpx–Opx–Pl–**Qz** fallen die *Qz-normativen Tholeiite*,
- in den mittleren Raum Pl–Cpx–Opx–**Ol** die *Olivintholeiite*,
- in den linken Raum Cpx–Pl–**Ol**–**Ne** die *Ne-führenden Alkalibasalte* (Ne-Tephrite, Ne-Basanite und Nephelinite).

Wie wir aus den experimentellen Ergebnissen im Zweistoffsystem Fo–SiO$_2$ (Abb. 18.15) und im Dreistoffsystem

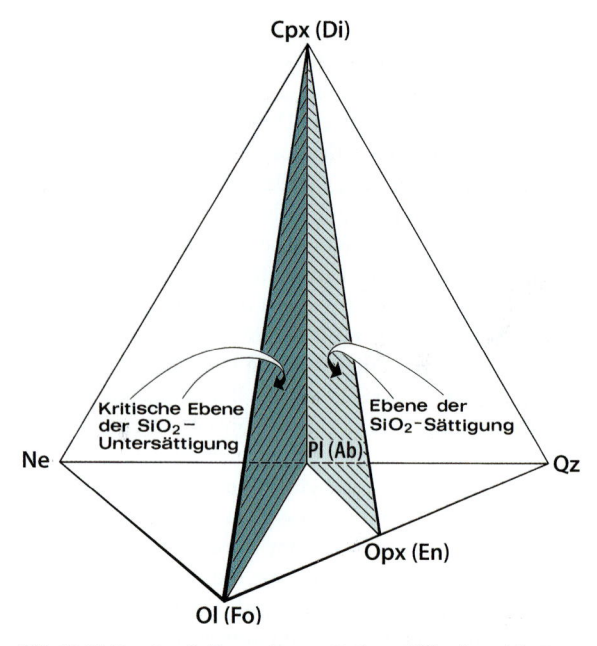

Abb. 18.21. Das Basalt-Tetraeder von Yoder u. Tilley (1962) in Form des erweiterten, Fe-haltigen Basaltsystems Klinopyroxen–Olivin–Nephelin–Quarz mit Plagioklas (*Pl*) anstelle von Ab, Orthopyroxen (*Opx*) anstelle von En und Klinopyroxen (*Cpx*) anstelle von Di

Di–Fo–SiO$_2$ (Abb. 18.16) wissen, ermöglicht das inkongruente Schmelzen von Enstatit, dass sich SiO$_2$-untersättigte Magmen durch fraktionierte Kristallisation von Forsterit zu SiO$_2$-übersättigten Magmen entwickeln können, wenn auch nicht umgekehrt. Die Ebene Ab–Di–En ist also in eine Richtung hin durchlässig. Das gilt auch für erhöhte H$_2$O-Drücke, während im H$_2$O-freien („trockenen") System bei Drücken von >2,6 kbar Enstatit kongruent schmilzt und die Ebene Ab–Di–En dann eine thermische Schwelle darstellen würde. Im Zweistoffsystem Ne–SiO$_2$ bildet Albit ein Maximum (Abb. 18.10); das hat zur Folge, dass die Ebene Ab–Di–Fo als thermische Barriere zwischen den Ne-normativen Alkalibasalt-Magmen und den Ol- bis Qz-normativen Tholeiit-Magmen wirkt, die in keine Richtung hin durchlässig ist. Deswegen müssen bei fraktionierter Kristallisation, jedenfalls bei Drücken <2,6 kbar, getrennte Magmenreihen entstehen. Aus einem alkalibasaltischen Stamm-Magma kann sich daher durch fraktionierte Kristallisation von Nephelin und/oder Forsterit keine quarztholeiitische Restschmelze entwickeln, sondern nur nephelinitische, basanitische, tephritische oder phonolithische Teilmagmen. Umgekehrt entwickeln sich aus einem tholeiitischen Stamm-Magma nur andesitische, dacitische und rhyolithische Teilmagmen. Bei hohen Drücken, wie sie im Erdmantel realisiert sind, gelten diese Verhältnisse nicht mehr, weil Plagioklas instabil wird. So schmilzt im H$_2$O-freien System Anorthit oberhalb 10 kbar (= 1 GPa) inkongruent zu Korund und Schmelze, Albit oberhalb 32 kbar (= 3,2 GPa) zu Jadeit + Schmelze (Lindsley 1968); somit kann Ab nicht mehr als thermische Barriere wirken.

18.5
Gleichgewichts-Schmelzen und fraktioniertes Schmelzen

> Wie wir in Abschn. 17.2 (S. 275f) gezeigt hatten, entstehen Magmen durch partielle Aufschmelzung (Anatexis) von Gesteinen des Erdmantels und der unteren Erdkruste. Bevor wir diese Prozesse am Beispiel der Basalt- und Granit-Magmen (Kap. 19 und 20) eingehender behandeln, sollen einige grundsätzliche Gesichtspunkte beleuchtet werden. Auch hier kann man theoretisch zwei extreme Fälle unterscheiden, die in der Natur allerdings selten in reiner Form realisiert sein dürften:
>
> - Gleichgewichts-Schmelzen und
> - fraktioniertes Schmelzen.

Gleichgewichts-Schmelzen

Beim Gleichgewichts-Schmelzen bleibt die gebildete Schmelze im Kontakt mit dem kristallinen Residuum, so dass sich beim fortschreitenden Schmelzvorgang jeweils ein chemisches Gleichgewicht zwischen Schmelze und Residuum einstellen kann. Ein einfaches Beispiel bietet das bereits behandelte Zweistoffsystem Ab–An (Abb. 18.4, S. 285). Beim Aufschmelzen eines Plagioklases C' der Zusammensetzung $An_{50}Ab_{50}$ bildet sich zunächst die Ab-reichere Schmelze C $An_{15}Ab_{85}$. Wenn diese bei weiterer Temperaturerhöhung in Kontakt mit dem Plagioklas verbleibt und mit diesem reagiert, verändert sich ihre Zusammensetzung kontinuierlich entlang der Liquiduskurve und wird immer An-reicher. Der Schmelzvorgang ist beendet, wenn die Schmelze die Zusammmensetzung $An_{50}Ab_{50}$ erreicht hat, die dem ursprünglichen Plagioklas-Chemismus entspricht. Das Gleichgewichts-Schmelzen von Gesteinen verhält sich also spiegelbildlich zum Kristallisationsvorgang eines Magmas.

Fraktioniertes Schmelzen

Beim fraktionierten Schmelzen wird die gebildete Schmelze aus dem System entfernt, so dass sie nicht mit dem kristallinen Rest reagieren kann. Dabei verändert sich die Schmelzzusammensetzung nicht kontinuierlich, sondern stufenweise. Entwickelt sich z. B. beim Gleichgewichts-Schmelzen eines Plagioklases C' $An_{50}Ab_{50}$ die Schmelzzusammensetzung C in Richtung B $An_{35}Ab_{65}$ und wird diese Schmelze aus dem System entfernt, so bleibt ein Residuum-Plagioklas B' $An_{72}Ab_{28}$ übrig. Dieser kann weiter aufschmelzen, bis die Schmelze eine Zusammensetzung von maximal $An_{72}Ab_{28}$ erreicht hat. Wir erzeugen also zwei Teilschmelzen der Zusammensetzung $An_{35}Ab_{65}$ und $An_{72}Ab_{28}$. Analoge Überlegungen gelten für andere Typen von Zweistoff- sowie für Dreistoff- und Mehrstoffsysteme (Presnall 1969).

Modellsystem Forsterit–Diopsid–Pyrop

Wir wollen das anhand des H_2O-freien Dreistoffsystems Forsterit (Fo)–Diopsid (Di)–Pyrop (Prp) erläutern, das als Modellsystem für die Bildung von Basalt-Magmen durch partielle Aufschmelzung von Granat-Peridotit im oberen Erdmantel dienen kann. Es wurde von Davis u. Schairer (1965) bei einem Druck von 40 kbar (= 4 GPa), entsprechend einer Tiefe im Erdmantel von ca. 130 km experimentell untersucht und von Yoder (1976) ausführlich diskutiert. Alle drei flankierenden Zweistoffsysteme sind eutektisch; es existieren daher 3 kotektische Linien, die sich in einem invarianten Punkt E_T treffen, an dem Fo, Di, Prp und Schmelze miteinander koexistieren. Er kann in erster Näherung als ternäres Eutektikum betrachtet werden (Abb. 18.22). Wir unterscheiden wieder die beiden Extremfälle:

Gleichgewichts-Schmelzen. Heizen wir einen Granat-Peridotit der Zusammensetzung X auf, so bildet sich bei 1 670 °C eine Erstschmelze der eutektischen Zusammensetzung E_T, die im Vergleich zum Ausgangsgestein stark an Fo verarmt ist. Bei weiterer Temperaturerhöhung und nach vollständiger Lösung des Di verändert sich die Schmelzzusammensetzung entlang der kotektischen Linie $E_T \rightarrow E_3$, bis bei A aller Pyrop in die Schmelze gegangen ist. (Punkt A ergibt sich aus dem ursprünglichen Di/Prp-Verhältnis im Ausgangsgestein.) Nur bei sehr starker Temperaturerhöhung kann sich das Schmelzen entlang dem Pfad A $\rightarrow$ X fortsetzen. Umgekehrt würde sich bei *fraktionierter Kristallisation* einer Schmelze X die Schmelz-Zusammensetzung kontinuierlich entlang dem Kristallisationspfad X $\rightarrow$ A $\rightarrow$ E_T entwickeln.

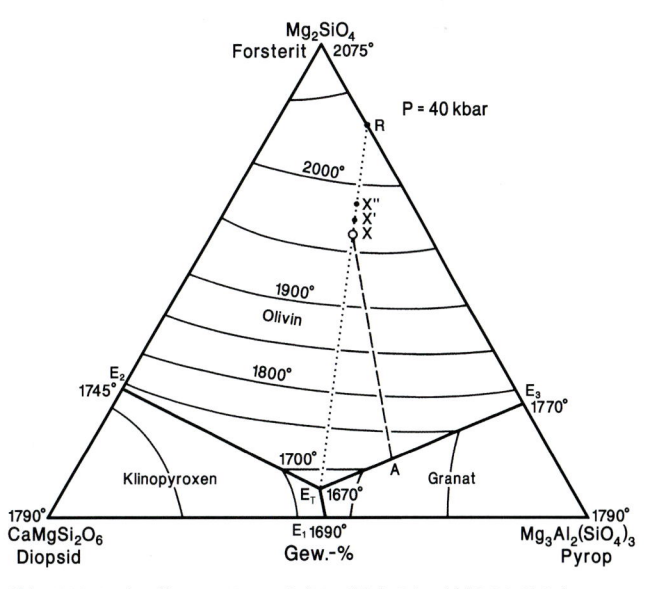

Abb. 18.22. Dreistoffsystem Forsterit (Mg_2SiO_4)–Diopsid ($CaMgSi_2O_6$)–Pyrop ($Mg_3Al_2(SiO_4)_3$) bei $P = 40$ kbar. Projektion der Liquidusfläche auf die Konzentrationsebene. (Nach Davis u. Schairer 1965 aus Yoder 1976)

Fraktioniertes Schmelzen. Werden wenige Prozent der eutektischen Erstschmelze E_T aus dem System entfernt, so bewegt sich die Zusammensetzung des kristallinen Residuums in Richtung X'. Bei fortgesetzter Wärmezufuhr bildet sich aus X' weiterhin eutektische Schmelze der Zusammensetzung E_T. Wenn wiederum geringe Anteile dieser Schmelze entfernt werden, verschiebt sich die Zusammensetzung des Residuums nach X", aus dem wieder eutektische Schmelze E_T entstehen kann. Temperatur und Schmelzzusammensetzung bleiben also konstant, bis im Residuum die Di-Komponente völlig aufgebraucht ist entsprechend der Zusammensetzung R im flankierenden Zweistoffsystem Fo–Prp. Jetzt kommt die Schmelzbildung bis auf Weiteres zum Erliegen. Erst wenn das Gestein auf 1770 °C aufgeheizt ist, entsteht eine neue Schmelze mit der Zusammensetzung des binären Eutektikums E_3. Fraktioniertes Schmelzen führt also zu zwei Schmelzen unterschiedlicher Zusammensetzung E_T und E_3.

Im Gleichgewichtsfall würde das vollständige Aufschmelzen des Granat-Peridotits X eine sehr hohe Temperatur von ca. 1960 °C erfordern; beim fraktionierten Schmelzen wären dafür >2000 °C nötig. Wegen des großen Temperaturintervalls zwischen Solidus- und Liquiduskurve (z. B. Abb. 16.4, S. 268) gilt ganz allgemein, dass Gesteine praktisch nie vollständig, sondern lediglich *partiell aufschmelzen*. Daraus folgt, dass die entstehenden Magmen eine andere Zusammensetzung aufweisen müssen als ihr Ausgangsgestein; d. h. nach Abtrennung der Schmelze bleibt ein Restgestein übrig. Dieses ist an *inkompatiblen Elementen* (Abb. 33.1, S. 598) wie K, Rb, Ba, Sr, P, Ti, Zr, U, Th, Nb und Zr verarmt, d. h. an solchen, die bevorzugt in die Schmelze gehen.

Weiterführende Literatur

Morse SA (1980) Basalts and phase diagrams. Springer-Verlag, New York Heidelberg Berlin
Sood MK (1981) Modern igneous petrology. Wiley, New York
Yoder HS (1976) Generation of basaltic magma. Nat Acad Sci, Washington/DC
Yoder HS (ed) (1979) The evolution of igneous rocks. Princeton Univ Press, Princeton, New Jersey
Yoder HS, Tilley CE (1962) Origin of basalt magmas: an experimental study of natural and synthetic rock systems. J Petrol 3:342–532

Zitierte Literatur

Atkins FB (1969) Pyroxenes of the Bushveld intrusion, South Africa. J Petrol 10:222–249
Boettcher AL, Burnham CW, Windom KE, Bohlen SR (1982) Liquids, glasses, and the melting of silicates to high pressures. J Geol 90:127–138
Bowen NL (1913) The melting phenomena of plagioclase feldspars. Am J Sci 185:577–599
Bowen NL (1914) The ternary system: Diopside–forsterite–silica. Am J Sci 188:207–264
Bowen NL (1915) The crystallization of haplobasaltic, haplodioritic and related magmas. Amer J Sci 190:161–185
Bowen NL (1928) The evolution of igneous rocks. Dover Publ, New York (Nachdruck 1956)
Bowen NL (1937) Recent high-temperature research and its significance in igneous geology. Am J Sci 233:1–21
Bowen NL, Andersen O (1914) The binary system MgO–SiO$_2$. Am J Sci 187:487–500
Bowen NL, Schairer JF (1935) The system MgO–FeO–SiO$_2$. Am J Sci 229:151–217
Bowen NL, Tuttle OF (1950) The system NaAlSi$_3$O$_8$–KAlSi$_3$O$_8$–H$_2$O. J Geol 58:489–511
Boyd FR, England JL, Davis TC (1964) Effects of pressure on the melting and polymorphism of enstatite, MgSiO$_3$. J Geophys Res 69:2101–2109
Boyd FR, Schairer JF (1964) The system MgSiO$_3$–CaMgSi$_2$O$_6$. J Petrol 6:275–309
Correns CW (1968) Einführung in die Mineralogie, 2. Aufl (Nachdruck 1981). Springer-Verlag, Berlin Heidelberg New York
Davis BTC, Schairer JF (1965) Melting relations in the join diopside–forsterite–pyrope at 40 kilobars and at one atmosphere. Carnegie Inst Washington Yearb 64:123–126
Ernst TH, Schorer G (1969) Die Pyroxene des „Maintrapps", einer Gruppe tholeiitischer Basalte des Vogelsberges. Neues Jahrb Mineral Monatsh 1969:108–130
Goldsmith JR (1980) The melting and breakdown of plagioclase at high pressures and temperatures. Am Mineral 65:272–284
Goranson RW (1938) Silicate–water systems: Phase equilibria in the NaAlSi$_3$O$_8$–H$_2$O and KAlSi$_3$O$_8$–H$_2$O systems at high temperatures and pressures. Am J Sci 235A:71–91
Greig JW (1927) Immiscibility in silicate melts. Am J Sci 213:1–44, 133–154
Greig JW, Barth TWF (1938) The system Na$_2$O·Al$_2$O$_3$·SiO$_2$ (nepheline, carnegieite) – Na$_2$O·Al$_2$O$_3$·6SiO$_2$. Am J Sci (5) 235A:93–112
Kushiro I (1972) Determination of liquidus relations in synthetic silicate systems with electron probe analysis: The system forsterite–diopside–silica at 1 atmosphere. Am Mineral 57:1260–1271
Kushiro I (1973) The system diopside–anorthite–albite: Determination of compositions of coexisting phases. Carnegie Inst Washington Yearb 72:502–507
Kushiro I, Yoder HS (1969) Melting of forsterite and enstatite at high pressures under hydrous conditions. Carnegie Inst Washington Yearb 67:153–161
Lindsley DH (1966) Melting relations of KAlSi$_3$O$_8$: Effects of pressure up to 40 kilobars. Am Mineral 51:1793–1799
Lindsley DH (1968) Melting relations of plagioclase at high pressures. New York State Mus Sci Mem 18:39–46
Longhi J, Boudreau AE (1980) The orthoenstatite liquidus field in the system forsterite–diopside–silica at one atmosphere. Am Mineral 65:563–573
Morse SA (1968) Syenites. Carnegie Inst Washington Yearb 67:112–120
Morse SA (1970) Alkali feldspars with water at 5 kb pressure. J Petrol 11:221–251
Presnall DC (1969) The geometric analysis of partial fusion. Am J Sci 267:1178–1194
Schairer JF (1950) The alkali feldspar join in the system NaAlSiO$_4$–KAlSiO$_4$–SiO$_2$. J Geol 58:512–517
Schairer JF, Bowen NL (1947) Melting relations in the systems Na$_2$O–Al$_2$O$_3$–SiO$_2$ and K$_2$O–Al$_2$O$_3$–SiO$_2$. Am J Sci 245:193–204
Schairer JF, Bowen NL (1955) The System K$_2$O–Al$_2$O$_3$–SiO$_2$. Am J Sci 253:681–746
Smith JV, Brown WL (1988) Feldspar minerals, vol 1, 2nd edn. Springer-Verlag, Berlin Heidelberg New York
Tuttle OF, Bowen NL (1958) Origin of granite in the light of experimental studies in the system NaAlSi$_3$O$_8$–KAlSi$_3$O$_8$–SiO$_2$–H$_2$O. Geol Soc America Mem 74:1–153
Wager LR, Brown GM (1968) Layered igneous rocks. Freeman, San Francisco
Yoder HS (1965) Diopside–anorthite–water at five and ten kilobars and its bearing on explosive volcanism. Carnegie Inst Washington Yearb 64:82–89
Yoder HS (1968) Albite–anorthite–quartz–water at 5 kb. Carnegie Inst Washington Yearb 66:477–478

Die Herkunft des Basalts

**19.1
Basalte und
Plattentektonik**

**19.2
Bildung von
Basalt-Magmen
durch partielles
Schmelzen von
Mantelperidotit**

Basalte stellen die wichtigste Gruppe der vulkanischen Gesteine dar, die erdweit in großer Verbreitung auftreten. Bildung, Differentiation und Förderung basaltischer Magmen haben enge Beziehungen zur Plattentektonik (z. B. Pearce u. Cann 1973; Tabelle 19.1). Experimentelle Untersuchungen in vereinfachten Modellsystemen und an natürlichen Gesteinen haben entscheidend dazu beigetragen, die Entstehung von Basalt-Magmen durch partielle Anatexis von Peridotit im Oberen Erdmantel besser zu verstehen.

Grundlegend für das Verständnis dieser Prozesse ist das Pyrolit-Modell, das der australische Geophysiker Alfred E. Ringwood (1930–1993) in den 1960er Jahren erarbeitete und zusammen mit dem experimentellen Petrologen David H. Green und anderen weiter entwickelte. Es hat sich bis in unsere Tage als tragfähig erwiesen (z. B. Green u. Falloon 1998). Danach besteht der Obere Erdmantel in weiten Bereichen aus Lherzolithen, die Spinell, bei höheren Drücken dagegen Granat führen. Schmelzen diese Gesteine auf, so entstehen in Abhängigkeit vom Druck (d. h. von der Tiefe), von der Temperatur, vom H_2O-Gehalt und vom Aufschmelzgrad unterschiedliche Typen von Basalt-Magmen, deren Anteil, bezogen auf das Ursprungsgestein, ca. 30 % nicht übersteigt. Zurück bleiben kristalline Restgesteine, insbesondere Harzburgite und Dunite, die man häufig als Einschlüsse (Autolithe) in Basalten findet.

Tabelle 19.1. Plattentektonische Stellung von Basalten

	Plattenrand		Innerhalb einer Platte	
Geotektonische Position	divergent	konvergent	intraozeanisch	intrakontinental
	mittel-ozeanische Rücken	Kontinentalränder, Inselbögen		
Basaltische Magmenserie	tholeiitisch	tholeiitisch, kalkalkalin, (alkalin)	tholeiitisch, alkalin	tholeiitisch, alkalin

19.1 Basalte und Plattentektonik

Basalte der mittelozeanischen Rücken. Basalte der mittelozeanischen Rücken (Mid-Ocean Ridge Basalts, MORB) sind an *divergente Plattenränder* gebunden, wobei sich die vulkanische Aktivität im Wesentlichen auf die innersten Talungen des Riftsystems beschränkt. Durch Sea-Floor Spreading wird die neugebildete ozeanische Kruste nach außen befördert, so dass die MOR-Basalte als Ozeanbodenbasalte (Ocean-Floor Basalt, OFB) große Teile der ozeanischen Kruste aufbauen. Es handelt sich überwiegend um Olivintholeiite, die durch sehr niedrige Gehalte an K und an inkompatiblen Spurenelementen (s. unten) wie Ba, Sr, P, U, Th und Zr ausgezeichnet sind (Low-K Tholeiites, LKT). In den Magmenkammern unter den mittelozeanischen Rücken kommt es zu Differentiationsprozessen durch fraktionierte Kristallisation, wobei z. B. Ferrobasalte oder sogar ozeanische „Plagiogranite" (d. h. sehr Quarz-Plagioklas-reiche Tonalite) einerseits und Olivin-Pyroxen-reiche Kumulate andererseits als Differentiationsprodukte entstehen. Allerdings werden diese Prozesse immer wieder durch Zufuhr von neuen Magmenschüben unterbrochen, die sich mit den älteren, fraktionierten Magmen mischen. Bei stärkerem Aufschmelzgrad im Erdmantel könnten auch primär *ultrabasische*, pikrit-basaltische Magmen entstehen, die erst auf ihrem Weg nach oben in einer subvulkanischen Magmakammer zu olivintholeiitischem Magma differenzieren (s. Abschn. 19.2 und Kap. 18).

Basalt-Magmen müssen also nicht in allen Fällen unveränderte Stamm-Magmen sein.

Balsalte an konvergenten Plattenrändern. An konvergenten Plattenrändern werden die Basalte der ozeanischen Erdkruste zusammen mit ihrer dünnen Sedimentdecke bis weit in Mantelbereiche der hangenden kontinentalen Platte subduziert (Abb. 29.17, S. 527). Unter zunehmender Versenkung und Erwärmung unterliegt die subduzierte Platte zunächst einer prograden Metamorphose (Abb. 28.8, S. 496). Freiwerdendes H_2O erniedrigt die Solidus-Temperaturen des subduzierten Gesteinsmaterials, und es kommt in der subduzierten Platte oder in dem darüberliegenden Mantelkeil zur partiellen Aufschmelzung. Die gebildeten Magmen steigen in der kontinentalen Lithosphärenplatte auf und sammeln sich in subvulkanischen Magmenkammern. Auf ihrem Weg nach oben und in den Magmenkammern selbst kommt es zur Veränderung der Stamm-Magmen durch Magmenmischung, fraktionierte Kristallisation und Assimilation von Krustenmaterial (ACF-Prozesse, Abschn. 17.5, S. 277f). In den entstehenden *magmatischen Gebirgsbögen* und *Inselbögen* werden *Tholeiite* (*Volcanic Arc Tholeiites* VAT einschließlich Inselbogen-Tholeiiten, Island Arc Tholeiites, IAT; Low-K-Tholeiites, LKT) bis *Kalkalkali-Basalte* (Calc-alkaline Basalts, CAB), seltener Alkalibasalte (sog. Shoshonite) gefördert; dazu treten als charakteristische Vulkanite in großer Verbreitung *Andesite* sowie Dacite und Rhyolithe auf. Der Vulkanismus, etwa an den Kontinentalrändern und in den Inselbögen um den Pazifischen Ozean – oft mit seismischer Aktivität verbunden – ist infolge der großen Gehalte an überkritischem H_2O und anderen Gasen in der geförderten Schmelze in hohem Grad explosiv. Das gilt natürlich besonders für SiO_2-reichere Schmelzen mit hoher Viskosität. In der Tiefe steckengebliebene Magmen mit gleicher Genese bilden Batholithe oder zahlreiche kleinere Plutone, die sich aus Tiefengesteins-Äquivalenten der Kalkalkali-Serie, im Wesentlichen aus Granitoiden, insbesondere aus Tonaliten, Trondhjemiten und Granodioriten (TTG-Suite), untergeordnet aus Dioriten und Gabbros, zusammensetzen.

Ozeanische und kontinentale Intraplatten-Basalte. Die Bildung von Basalt-Magmen, die im Zuge des *ozeanischen* und *kontinentalen Intraplattenvulkanismus* gefördert werden, ist an aufsteigende Mantel-Plumes gebunden, die sich an der Erdoberfläche als sog. Hot Spots durchpausen. In diesen Plumes kommt es zum partiellen Aufschmelzen des Mantel-Peridotits, wobei die Zusammensetzung der gebildeten Stamm-Magmen von Druck und Temperatur am Aufschmelzort sowie vom (seinerseits T-abhängigen) Grad der Aufschmelzung gesteuert wird. Ein theoretisches Beispiel ist in Abb. 19.3 und Tabelle 19.2 gegeben.

- *Alkalibasalte der ozeanischen Inseln* (Ocean Island Alkaline Basalt, OIA-Basalt) treten zusammen mit Ocean-Island-Tholeiiten (OIT) auf. Sie zeigen eine große Variationsbreite bis hin zu stark alkalibetonten Zusammensetzungen mit Übergängen zu Nephelinit im letzten Stadium der Lavaförderungen. Die Basalte von Hawaii sind ein besonders gut untersuchtes Vorkommen (Abb. 17.3, S. 274).
- *Basalte der ozeanischen Plateaus* (ozeanische Flutbasalte) sind Intraplattenbasalte, die wahrscheinlich an riesige Mantel-Plumes (Super-Plumes) gebunden sind. In ihren geochemischen Charakteristika haben sie jedoch eher Ähnlichkeiten mit MORB.
- *Kontinentale Plateaubasalte* (Continental Flood Basalts, CFT) treten als mächtige Deckenergüsse *innerhalb* stabiler Kontinentalregionen auf (*kontinentale Intraplattenbasalte*). Sie werden von nur geringen Mengen von Alkalibasalt begleitet. Plateaubasalte sind reicher an K und an inkompatiblen Spurenelementen als MORB. Das gilt in verstärktem Maße für die *Alkalibasalte in kontinentalen Riftzonen*.

19.2
Bildung von Basalt-Magmen durch partielles Schmelzen von Mantelperidotit

19.2.1
Das Pyrolit-Modell

Als Muttergesteine von Basalt-Magmen kommen Klinopyroxen (Cpx)-arme ultramafische Gesteine, wie Dunite oder Harzburgite, die vorwiegend aus Olivin (Ol) und Orthopyroxen (Opx), d. h. im Wesentlichen aus SiO_2, (Mg,Fe)O und wenig CaO bestehen, nicht in Frage. In ihnen wären chemische Komponenten, die für Basalte typisch sind, insbesondere Al_2O_3 und Na_2O, nicht oder nur in viel zu geringer Menge enthalten, und auch die CaO-Gehalte wären zu niedrig. Aus einer Fülle von Beobachtungen und Überlegungen erarbeiteten Green u. Ringwood (1967a) das *Pyrolit-Modell* (Abschn. 29.3.1, S. 522ff). Danach bestehen *fertile* (d. h. „fruchtbare") Mantelgesteine chemisch aus 75 % Dunit + 25 % Basalt. Der Al_2O_3-Gehalt dieser – zunächst einmal theoretisch konstruierten – Gesteine beträgt etwa 4 % und steckt in geringen Anteilen von Plagioklas (Pl), Spinell (Spl) oder Pyrop-reichem Granat (Grt) oder aber als Tschermak's Moleküle $CaAl^{[6]}[Al^{[4]}SiO_6]$ (Ca-Ts) und $MgAl^{[6]}[Al^{[4]}SiO_6]$ (Mg-Ts) im Pyroxen selbst. Green u. Ringwood (1967a) konnten experimentell zeigen, dass im Erdmantel mit zunehmendem Druck die Paragenesen Ol + Opx + Cpx + Pl → Ol + Opx + Cpx + Spl → Ol + Opx + Cpx + Grt stabil sind. Das Stabilitätsfeld der Paragenese Ol + *Al-haltiger Opx* + *Al-haltiger Cpx* liegt in einem ähnlichen Druckbereich wie Spinell-Pyrolit, aber bei höheren Temperaturen (s. Abb. 29.14, S. 525). Spinell- und Granat-Lherzolithe mit ca. 15 % Cpx, die als vulkanische Auswürflinge vorkommen, haben chemische Zusammensetzungen, die dem theoretischen Pyrolit weitgehend entsprechen.

Beim partiellen Aufschmelzen von Pyrolit gehen Al und Na, besonders aber die *inkompatiblen Elemente* bevorzugt in die Basaltschmelze, während die verbleibenden Restgesteine, die ganz überwiegend aus Ol + Opx ± Cpx bestehen, an diesen Elementen verarmt sind (Abb. 19.1). Hierbei lassen sich zwei Gruppen von inkompatiblen Elementen unterscheiden (Abschn. 33.1, S. 596):

- *Großionige lithophile Elemente* (large ionic lithophil elements, LIL-Elemente) wie K, Rb, Ba und Sr passen wegen ihrer großen Ionenradien (meist >1,2 Å) besser in die offene, ungeordnete Struktur einer Silikatschmelze als in die Kristallstrukturen von Ol, Opx und Cpx.
- *Elemente hoher Feldstärke* (high field strenth elements, HFS-Elemente) wie Ti, P, U, Th und Nb besitzen ein Ionenpotential = Verhältnis von Ionenladung : Ionenradius von >2; sie passen ebenfalls schlecht in die Olivin- und Pyroxen-Strukturen.

19.2.2
Partielles Schmelzen von H_2O-freiem Pyrolit

Wie Experimente in vereinfachten Modellsystemen oder an natürlichen Peridotiten (z. B. von Yoder, Kushiro, Green u. Ringwood, O'Hara, Stolper, Jaques u. Green u. a.), erfordert das partielle Schmelzen von Peridotiten pyroliti-

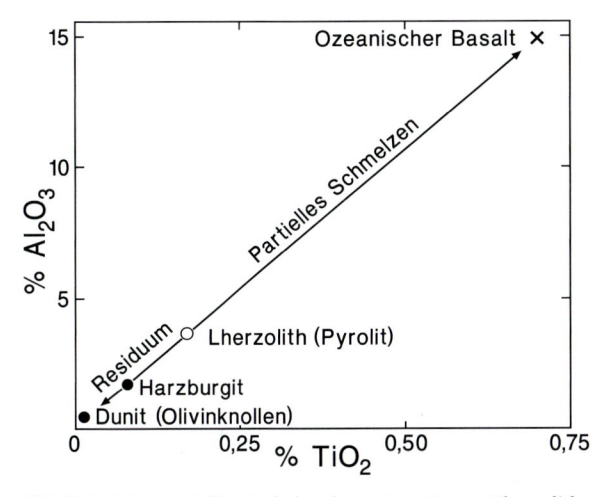

Abb. 19.1. Beim partiellen Aufschmelzen eines Granat-Lherzoliths werden Al_2O_3 und TiO_2 in der basaltischen Schmelze angereichert, während das Residuum aus Dunit oder Harzburgit an diesen Komponenten verarmt. (Nach Brown u. Mussett 1993)

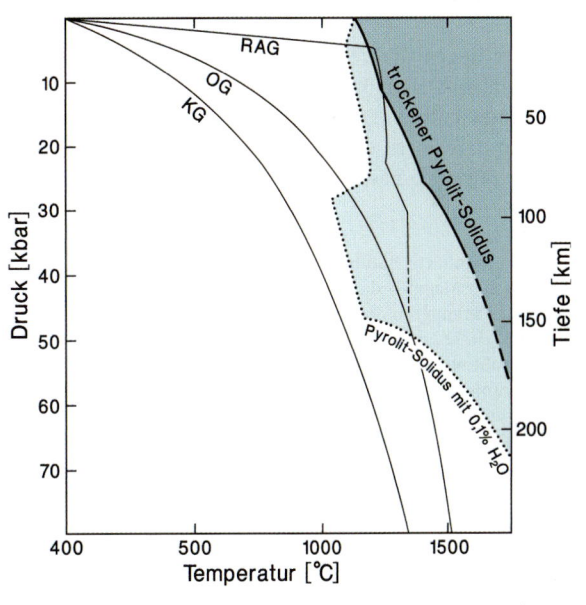

Abb. 19.2. *P-T*-Diagramm zum Aufschmelzverhalten des oberen Erdmantels. *Dicke Linie*: Der Pyrolit-Solidus im H_2O-freien System (Takahashi u. Kushiro 1983); die Unstetigkeiten ergeben sich aus dem Wechsel der Paragenesen Ol + Opx + Cpx + Pl → Ol + Al-haltiger Opx + Al-haltiger Cpx → Ol + Opx + Cpx + Grt (vgl. auch Abb. 29.14, S. 525). *Punktierte Linie*: Pyrolit-Solidus für 0,1 % H_2O (Ringwood 1975). *RAG*: Geotherm unter den Achsen mittelozeanischer Rücken (Bottinga u. Allègre 1978), *OG*: ozeanischer Geotherm, *KG*: kontinentaler Geotherm. (Clark u. Ringwood 1964)

scher Zusammensetzung sehr hohe Temperaturen. Entsprechend der Clausius-Clapeyron'schen Gleichung [16.2a] nimmt die Solidustemperatur für H_2O-freie („trockene") Pyrolite mit steigendem Druck zu. Wegen der unterschiedlichen Pyrolit-Paragenesen (s. oben) verläuft die Soliduskurve nicht stetig, sondern weist Knicke auf. In Abb. 19.2 erkennt man, dass die Soliduskurve durch die geothermischen Gradienten unter stabilen Kontinentalschilden (*kontinentaler Geotherm*) oder unter den Ozeanen (*ozeanischer Geotherm*) nicht geschnitten wird. Die Temperaturzunahme mit der Tiefe reicht also für ein partielles Schmelzen von H_2O-freiem Pyrolit nicht aus.

Lediglich stark erhöhte geothermische Gradienten, wie sie z. B. unter den Achsen von mittelozeanischer Rücken realisiert sind, überschneiden sich mit dem „trockenen" Pyrolit-Solidus, so dass es an divergenten Plattenrändern schon in relativ geringer Tiefe (ca. 15–40 km) zum partiellen Aufschmelzen von H_2O-freiem Mantelmaterial kommen kann. So bilden sich im Grenzbereich zwischen Plagioklas- und Spinell-Pyrolit bei etwa 11 kbar Tholeiite mit MORB-ähnlicher Zusammensetzung, die bei etwas niedrigeren Drücken Qtz-normativ, bei höheren Drücken Ol-normativ sind (Presnall et al. 1979; Jaques u. Green 1980; Takahashi u. Kushiro 1983).

19.2.3
Partielles Schmelzen von H_2O-haltigem Pyrolit

Anders liegen die Verhältnisse, wenn Pyrolit geringe Mengen an (OH)-haltigen Mineralen wie Amphibol oder Phlogopit enthält. Der Pyrolit-Solidus erhält jetzt eine ganz andere Form, die durch die obere Stabilitätsgrenze dieser Minerale bestimmt ist; er wird daher zumindest vom ozeanischen Geotherm (Ringwood 1975) geschnitten. Bei einem Gesamt-H_2O-Gehalt von 0,1 % erfolgt diese Überschneidung in einem Tiefenbereich von 85–160 km (Abb. 19.2). Neben H_2O können auch andere leichtflüchtige Komponenten, insbesondere CO_2 den Pyrolit-Solidus erniedrigen.

Wie in Abb. 19.3 schematisch dargestellt, variiert der Aufschmelzgrad bei einem H_2O-Gehalt von 0,1 % und bei Temperaturen und Drücken, die dem ozeanischen Geotherm entsprechen, zwischen 0,5 und 1,5 %. Durch diesen geringen Schmelzanteil wird die Fortpflanzungsgeschwindigkeit der Erdbebenwellen verringert. Damit lässt sich die Zone erniedrigter Wellengeschwindigkeiten im oberen Erdmantel, die *Low-Velocity Zone*, erklären, die bereits 1926 durch den deutschen Geophysiker Beno Gutenberg (1899–1960) erkannt wurde; sie liegt in wechselnden Tiefenbereichen zwischen 60 und 260 km (Abschn. 29.3.2, S. 527f). Die mit dem partiellen Schmelzen verbundene Dichte-Erniedrigung reicht aus, um diese Mantelbereiche als *Diapire* aufsteigen zu lassen, wobei das auslösende Moment wohl meist in tektonischen Vorgängen zu suchen ist. Die Aufstiegsgeschwindigkeit ist ausreichend hoch, um einen vollständigen Wärmeaustausch mit der Umgebung zu verhindern. Die Manteldiapire kühlen sich also nur *adiabatisch* ab; ihr *P-T*-Pfad entfernt sich daher stark vom geothermischen Gradienten. Mit abnehmender Erdtiefe nimmt wegen der zunehmenden Druckentlastung der Aufschmelzgrad bei diesem *Dekompressions-Schmelzen* immer stärker zu und kann 30 % erreichen (Ringwood 1975, 1979). Die chemische Zusammensetzung der gebildeten Magmen und des Restgesteins wird von den *P-T*-Bedingungen am jeweiligen Aufschmelzort, besonders aber vom Aufschmelzgrad gesteuert: Je geringer der Schmelzanteil, desto höher ist der relative Anteil an

Abb. 19.3.
P-T-Diagramm zur Bildung basaltischer Magmen durch partielles Schmelzen des Erdmantels. *Dicke Linie*: Solidus von Pyrolit mit 0,1 % H_2O; *OG*: ozeanischer Geotherm; *dünn-punktiert*: Linien gleichen Aufschmelzgrades. Die Art des gebildeten basaltischen Magmas hängt vom Aufschmelzgrad und den jeweiligen *P-T*-Bedingungen ab (Tabelle 19.2). (Nach Ringwood 1975)

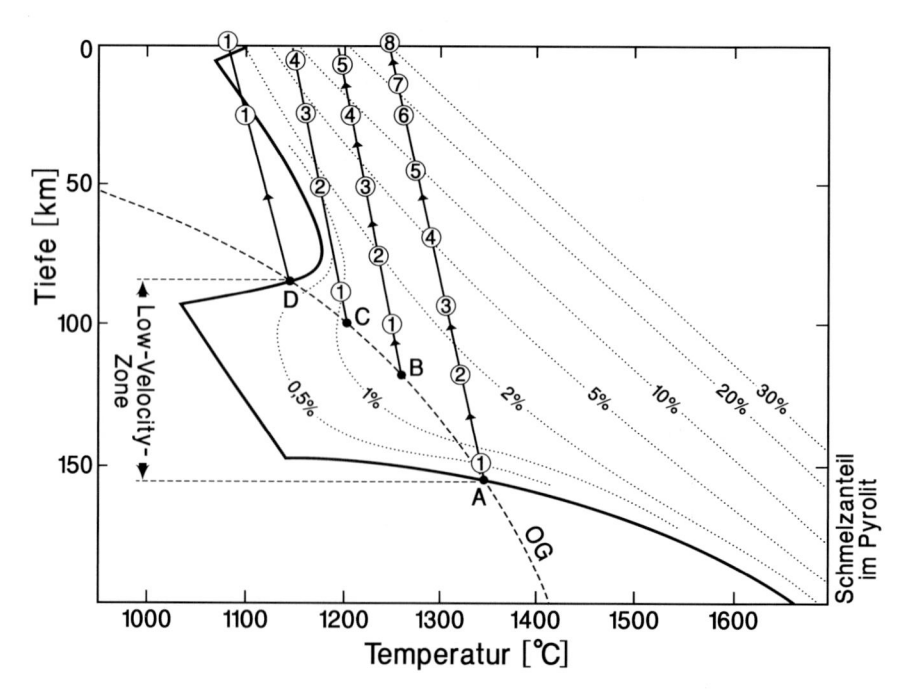

inkompatiblen Elementen in der Schmelze, je höher der Aufschmelzgrad, desto Mg-reicher ist die Schmelze. So dürften Olivin-Nephelinite und Basanite Schmelzanteile von 1–5 %, Alkali-Olivin-Basalte von 5–10 %, Tholeiite von 15–25 %, Pikrite von 30 % repräsentieren. Unter den extrem hohen geothermischen Gradienten, wie sie im Archaikum herrschten, wurden sogar Aufschmelzgrade von 60 % erreicht, durch die Komatiit-Magmen gebildet wurden (Ringwood 1979). Bei geringem Aufschmelzgrad bleiben Lherzolithe (Ol + Opx + Cpx ± Spl ± Grt), bei höheren Aufschmelzgraden dagegen Harzburgite (Ol + Opx) oder Dunite (Ol) als verarmte Restgesteine übrig, die als schollenförmige Einschlüsse mit den basaltischen Magmen an die Erdoberfläche transportiert werden (Abb. 19.4, Abb. 2.8, S. 38). Da sie als Folge der Magmenbildung durch partielle Anatexis entstehen, bezeichnet man sie nicht als Xenolithe (d. h. Fremdgesteine), sondern als *Autolithe*. Durch den unterschiedlichen Aufschmelzgrad beim Dekompressionsschmelzen, der in Abhängigkeit von den *P-T*-Bedingungen erreicht wird, können magmatische Serien entstehen (Tabelle 19.2).

Als Beispiel für eine solche Entwicklung diene Punkt A auf dem ozeanischen Geotherm in etwa 160 km Tiefe. Bei etwa 1 350 °C schmilzt hier etwa 0,5 % des H_2O-haltigen Pyrolits auf. In diesem geringen Schmelzanteil sammeln sich alle *inkompatiblen* chemischen Elemente. Es wird zunächst ein Kimberlit-Magma (A1) gebildet. Mit steigenden Schmelzanteilen entstehen verschiedene alkalibasaltische Magmen (A2)–(A5); bei einem Aufschmelzgrad von etwa 18 % in 25 km Tiefe (A6) wird zunehmend die Al_2O_3-Komponente in der Schmelze gelöst, so dass jetzt ein High-Al-Olivintholeiit gebildet wird und als Restgestein ein Harzburgit (Ol + Opx) übrig bleibt. Bei noch höheren Aufschmelzgraden wird verstärkt Opx in die Schmelze inkorporiert unter Bildung von Olivintholeiiten (A7) und tholeiitischen Pikriten (A8); es bleiben jetzt Dunite als Restgesteine übrig. Wir erinnern uns daran, dass in Alkalibasalten häufig Autolithe von Harzburgit, seltener auch von Dunit vorkommen. Bei den Diapiren B und C ergeben sich analoge basaltische Serien (Tabelle 19.2). Demgegenüber verlässt Diapir D bei seinem adiabatischen Aufstieg den Bereich des partiellen Schmelzens und erreicht als Hochtemperatur-Peridotit weitgehend unverändert die Erdoberfläche.

Auch in tieferen Bereichen des Erdmantels, insbesondere in der Übergangszone zwischen oberem und unterem Erdmantel sowie an der Kern-Mantel-Grenze kommt es zum partiellen Schmelzen von Mantelgesteinen.

Tabelle 19.2.
Beziehungen zwischen Aufschmelzgrad und Zusammensetzung basaltischer Magmen (Abb. 19.3). (Nach Ringwood 1975)

Tiefe der Magmen-Separation [km]	Diapir in Abb. 17.3	Magmentyp	Aufschmelzgrad [%]
Erdoberfläche	A	(8) Tholeiitischer Pikrit	30
		(7) Olivin-Tholeiit	
25		(6) High-Al-Olivin-Tholeiit	18
		(5) Olivin-Basalt	
70		(4) Alkali-Olivin-Basalt	5
		(3) Basanit	
		(2) Olivin-Nephelinit	
150		(1) Kimberlit	0,5
	A (160 km)		
5–10	B	(5) Quarz-Tholeiit	15
		(4) High-Al-Basalt	
50		(3) Alkali-Olivin-Basalt	
		(2) Basanit	
100		(1) Olivin-Nepelinit	1
	B (120 km)		
Nahe Erdoberfläche	C		
		(4) Quarz-Tholeiit	8
25		(3) High-Al-Basalt	
		(2) Basanit	
90		(1) Olivin-Nephelinit	1
	C (100 km)		
	D (70 km)	Hochtemperatur-Peridotit	<1

Abb. 19.4.
Die Zusammensetzung unterschiedlicher Basaltschmelzen und ihrer Restgesteine in Abhängigkeit vom Aufschmelzgrad des Pyrolits. (Nach Ringwood 1979)

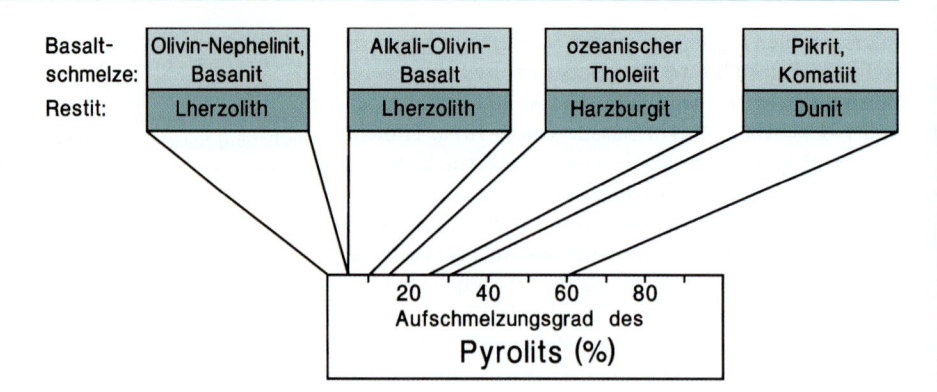

Basaltschmelze:	Olivin-Nephelinit, Basanit	Alkali-Olivin-Basalt	ozeanischer Tholeiit	Pikrit, Komatiit
Restit:	Lherzolith	Lherzolith	Harzburgit	Dunit

Aufschmelzungsgrad des **Pyrolits (%)**: 20 40 60 80

Solche teilgeschmolzenen Bereiche steigen als Diapire in den oberen Erdmantel auf. Auch tief subduzierte Fragmente von ozeanischer Erdkruste können im tiefen Erdmantel aufschmelzen (Abschn. 29.3.4, S. 532f).

Weiterführende Literatur

Brown GC, Mussett AE (1993) The inaccesible earth, 2nd edn. Chapman & Hall, London

Green DH, Falloon TJ (1998) Pyrolite: A Ringwood concept and its current expression. In: Jackson I (ed) (1998) The Earth's mantle: Composition, structure, and evolution. Cambridge University Press, Cambridge, UK, pp 311–378

Green DH, Ringwood AE (1967b) Genesis of basaltic magmas. Contrib Mineral Petrol 15:103–190

Jackson I (ed) (1998) The Earth's mantle: Composition, structure, and evolution. Cambridge University Press, Cambridge, UK

Ringwood AE (1975) Composition and petrology of the Earth's mantle. McGraw-Hill, New York

Ringwood AE (1979) Origin of the Earth and Moon. Springer, New York

Zitierte Literatur

Bottinga Y, Allègre CJ (1978) Partial melting under spreading ridges. Phil Trans Roy Soc London A 288:501–525

Clark SP, Ringwood AE (1964) Density distribution and constitution of the mantle. Rev Geophys 2:35–88

Green DH, Ringwood AE (1967a) The stability fields of aluminous pyroxene peridotite and garnet peridotite and their relevance in upper mantle structure. Earth Planet Sci Lett 3: 151–160

Jaques AL, Green DH (1980) Anhydrous melting of peridotite at 0–15 Kb pressure and the genesis of tholeiitic basalts. Contrib Mineral Petrol 73:287–310

Pearce JA, Cann JR (1973) Tectonic setting of basic volcanic rocks determined using trace element analyses. Earth Planet Sci Lett 19:290–300

Presnall DC, Dixon JR, O'Donell TH, Dixon SA (1979) Generation of mid-ocean ridge tholeiites. J Petrol 20:3–35

Takahashi E, Kushiro I (1983) Melting of a dry peridotite at high pressures and basalt magma genesis. Am Mineral 68: 859–879

Die Herkunft des Granits

20.1 Genetische Einteilung der Granite auf geochemischer Basis

20.2 Experimente zur Granitgenese

Zusammen mit Granodioriten und Tonaliten stellen Granite die wichtigste Gruppe von Plutoniten dar. Durch experimentelle Untersuchungen im vereinfachten Modellsystem Qz–Or–Ab (–An)–H_2O (–CO_2) konnte nachgewiesen werden, dass sich granitische Magmen durch partielle Anatexis von Gesteinen der unteren Erdkruste bilden. Damit wurden ältere Modelle der „Transformisten", nach denen Granite nicht magmatisch, sondern durch metasomatische Umwandlung metamorpher Gesteine entstehen, widerlegt. In ihrer Zusammensetzung spiegeln Granite die unterschiedlichen plattentektonischen Situationen wider, in denen sie gebildet wurden.

20.1
Genetische Einteilung der Granite auf geochemischer Basis

In Abschn. 17.2.2 (S. 275f) hatten wir gezeigt, dass sich Granit-Magmen hauptsächlich durch partielles Schmelzen von tonalitischen Gesteinen der unteren Erdkruste oder von hochmetamorphen Sedimenten bilden. Diese unterschiedlichen Herkunftsgesteine drücken sich in charakteristischen Gehalten an Haupt- und Spurenelementen, insbesondere auch an Seltenerd-Elementen (SEE), sowie in der Isotopen-Geochemie der Granite aus. Schon Shand (1927, 1943) unterschied nach dem Molekularverhältnis von Al_2O_3 zu K_2O, Na_2O und CaO:

- peraluminose Granite mit $Al_2O_3 > (K_2O + Na_2O + CaO)$,
- metaluminose Granite mit $Al_2O_3 > (K_2O + Na_2O)$,
- peralkaline Granite mit $Al_2O_3 < (K_2O + Na_2O + CaO)$.

Peraluminose Granite. Bei peraluminosen Graniten ist der Al_2O_3-Anteil höher, als zur Bildung von Alkalifeldspäten und Plagioklas notwendig ist. Deshalb können sich neben *Biotit* noch Al-reiche Mafite wie *Muscovit*, Granat, Cordierit oder sogar Sillimanit/Andalusit bilden. In der CIPW-Norm kommt der Al_2O_3-Überschuss in einem normativen Korund-Wert *C* zum Ausdruck. Diopsid oder Hornblende werden im peraluminosen Granit allgemein nicht gebildet, weil alles CaO an Plagioklas gebunden ist.

Metaluminose Granite. Demgegenüber ist bei den metaluminosen Graniten genügend CaO vorhanden, um neben Biotit noch Ca-haltige Mafite wie *Hornblende, Diopsid* und/oder Titanit bilden zu können.

Peralkaline Granite. Bei peralkalinen Graniten liegt ein Überschuss an K_2O, Na_2O und CaO über Al_2O_3 vor. Gewöhnlich wird in diesem Fall K_2O fast vollständig, jedoch Na_2O und CaO nur teilweise zur Sättigung von Al_2O_3 im Alkalifeldspat und Plagioklas verbraucht. Der Überschuss an Na_2O und CaO wird zur Bildung Al_2O_3-freier Minerale wie dem *Na-Pyroxen* Ägirin (Akmit) $NaFe^{3+}[Si_2O_6]$, dem *Na-Amphibol* (Magnesio-)Riebeckit $Na_2(Mg,Fe^{2+})_3Fe^{3+}_2[(OH)_2/Si_8O_{22}]$ und Diopsid $Ca(Mg,Fe^{2+})[Si_2O_6]$ verwendet; Biotit ist meist Fe-reich (Lepidomelan).

Die Shand'sche Gliederung spiegelt bereits die unterschiedlichen Ausgangsgesteine wider, aus denen sich Granit-Magmen durch partielle Anatexis gebildet haben. Viel deutlicher wird das jedoch bei der *genetischen Einteilung* in I-Typ-, S-Typ-, A-Typ- und M-Typ-Granite, die ebenfalls auf geochemisch-mineralogischer Grundlage erfolgt. Sie weist darüber hinaus einen starken Bezug zur modernen Plattentektonik auf (Chappell u. White 1974, 1992; Pitcher 1983; Bowden et al. 1984; Pearce et al. 1984; vgl. auch Abschn. 33.4.3, S. 609f).

I-Typ-Granite (Igneous source rocks). Sie sind vorwiegend metaluminos im Sinne von Shand (1943) und besitzen $Al_2O_3/(Na_2O + K_2O + CaO)$-Verhältnisse von <1,1, relativ hohe Na_2O- und CaO-Gehalte und Na_2O/K_2O-Verhältnisse. Neben Biotit ist Hornblende der wichtigste dunkle Gemengteil; zusätzlich können diopsidischer Pyroxen und Titanit auftreten; Magnetit ist verbreitet. Das initiale Isotopenverhältnis $^{87}Sr/^{86}Sr$ liegt meist bei <0,706, was auf die Beteiligung einer chemischen Mantelkomponente hindeutet (vgl. Abschn. 33.5.3, S. 615f). I-Typ-Granite führen verbreitet Hornblende-reiche Einschlüsse mit magmatischem Gefüge, ein Hinweis darauf, dass sie sich von basischen Ausgangsgesteinen der Unterkruste ableiten. Die meisten der petrographisch komplex zusammengesetzten Granit-Granodiorit-Batholithe entlang seismisch aktiver Kontinentalränder an konvergenten Plattengrenzen wie syntektonische Kollisions-Granite (syn-COLG) und Volcanic-Arc-Granite (VAG) gehören dem I-Typ an. Wir treffen sie in großer Verbreitung z. B. innerhalb der südamerikanischen Kordilleren oder den Gebirgsketten im Westen der USA an. Hoch aufgestiegene I-Typ-Granite entwickeln häufig Kontakthöfe, in denen das kühlere Nebengestein durch thermische Metamorphose überprägt ist (s. Abschn. 26.2.1, S. 424ff).

S-Typ-Granite (Sedimentary source rocks). Sie sind peraluminos und stets *C*-normativ. Neben Biotit führen sie auch Al-Überschuss-Minerale wie Muscovit, z. T. auch Granat oder Cordierit, seltener Andalusit oder Sillimanit, aber keine Hornblende, Klinopyroxen oder Titanit; Ilmenit ist das wichtigste Opakmineral. Die K_2O-Gehalte und das K_2O/Na_2O-Verhältnis sind relativ hoch. Das initiale Isotopenverhältnis $^{87}Sr/^{86}Sr$ liegt meist >0,706, ein Hinweis auf krustale Bildung. S-Typ-Granite enthalten häufig Einschlüsse und dunkle Schlieren aus Restgesteinen vorwiegend sedimentärer Abkunft; dies zeigt, dass diese Magmen durch partielles Schmelzen von vorwiegend Al_2O_3-reichen Metamorphiten sedimentärer Herkunft entstanden sind. S-Typ-Plutone befinden sich innerhalb von Orogengürteln vorwiegend mit Anzeichen einer Kontinent-Kontinent-Kollision (syntektonische Kollisions-Granite, syn-COLG). Hier erfolgte die Platznahme der Granite während oder am Ende einer Regionalmetamorphose. Bei syntektonischer Intrusion und konkordanter Einformung liegen sie als *Granitgneise* vor. Die *post*tektonische Platznahme in einem höheren Krustenniveau führte zur Ausbildung meist kleinerer Plutone, häufig mit thermischen Kontakthöfen. Diese Diapire von S-Typ-Granit haben ihre Wurzeln innerhalb tieferer Orogenteile mit hochgradiger Regionalmetamorphose und partieller Aufschmelzung in Zonen regionaler Anatexis. In den stark abgetragenen variscischen Grundgebirgsanschnitten Mitteleuropas z. B. finden sich reichlich Aufschlüsse von S-Typ-Graniten, jedoch auch solche des I-Typs.

A-Typ-Granite (Anorogenic source rocks). Sie weisen alkalireiche Zusammensetzungen mit hohen ($Na_2O + K_2O$)- und niedrigen CaO-Gehalten auf; trotzdem sind sie nicht immer peralkalin, sondern – wegen entsprechend hoher Al_2O_3-Gehalte – häufig metaluminos oder sogar peraluminos. Charakteristisch sind hohe Werte der inkompatiblen Spurenelemente wie Zr, Y, Ga, Nb, Zn und SEE (außer Eu) und extrem variable Initialverhältnisse von $^{87}Sr/^{86}Sr$ (0,703–0,720). Als mafischer Gemengteil ist ein grüner Biotit typisch; daneben können Na-Amphibole und Na-Pyroxene auftreten. A-Typ-Granite werden als *anorogenes* Aufschmelzungsprodukt der Unterkruste angesehen, wobei die fluide Phase arm an H_2O (anhydrous), aber reich an Fluor ist. A-Typ-Granite können große Batholithe bilden. Sie treten darüber hinaus auch in Form von Ringkomplexen auf, die durch Kesseleinbrüche entstanden sind (Abschn. 15.3.2, S. 261f), oder als Bestandteile von Layered Intrusions (Abschn. 15.3.3, S. 262f). Granite mit Rapakivi-Gefüge (Abb. 13.4, S. 225) besitzen häufig A-Typ-Charakter (Bonin 2007). Der A-Typ ist der einzige Granittyp, der nicht an Plattengrenzen gebunden ist. Er tritt vorwiegend innerhalb kontinentaler Riftzonen auf (Intraplatten-Granite, Within-Plate Granites, WPG; z. B. Haapala et al. 2005). Auch die 4,4–3,9 Milliarden Jahre (Ga) alten Granit-Bruchstücke im Regolith der Mond-Oberfläche (Kap. 30) weisen wahrscheinlich A-Typ-Charakter auf (Bonin 2007).

Peralkaline A-Typ-Granite und ihre Pegmatite (s. Kap. 22, S. 335) sind von steigendem weltwirtschaftlichen Interesse, weil sie Anreicherungen von Mineralen der Seltenen Erden (SEE), insbesondere auch der schweren Seltenen Erden enthalten können (z. B. Chakhmouradian u. Zaitsev 2012).

M-Typ-Granite (Mantle source rocks). Diese Granite sind am stärksten kalkalkalibetont. Die Na_2O- und CaO-Gehalte sind höher, die K_2O-Gehalte niedriger als in I-Typ-Graniten; das initiale $^{87}Sr/^{86}Sr$-Verhältnis liegt bei 0,704, d. h. nahe am typischen Mantelwert (0,703). Als Mafite treten Biotit, Hornblende und Pyroxen auf. M-Typ-Granite kommen meist nur in kleineren Körpern vor; sie stellen direkte Manteldifferentiate unter den Inselbögen dar.

Frost et al. (2001) und Frost u. Frost (2008) erarbeiteten eine detaillierte geochemische Granit-Klassifikation, die ungenetisch und auch nicht auf die geotektonische Position bezogen ist, jedoch eine gute Grundlage für die Diskussion petrologischer Prozesse bietet. Sie beruht auf einer Kombination folgender chemischer Parameter (in Gew.-%), die jeweils gegen Gew.-% SiO_2 aufgetragen werden:

- Fe-Zahl = FeO/(FeO + MgO) bzw.
  Fe = FeO^{tot}/(FeO^{tot} + MgO)
  zur Unterscheidung von eisenreichen (ferroan) und magnesiumreichen (magnesian) Graniten;
- modifizierter Alkali-Kalk-Index
  MALI = $Na_2O + K_2O$ – CaO
  zur Unterscheidung von calcischen, kalkalkalischen, alkali-calcischen und alkalischen Graniten;
- Aluminium-Sättigungs-Index
  ASI = Al/(Ca – 1.67P + Na + K)
  zur Unterscheidung von peraluminosen, metaluminosen und peralkalinen Graniten. Zur Korrektur des Apatit-Gehalts wird jeweils der zum P-Gehalt äquivalente Ca-Anteil abgezogen.

20.2 Experimente zur Granitgenese

20.2.1 Einführung

Das System Kalifeldspat (Or = $KAlSi_3O_8$) – Albit (Ab = $NaAlSi_3O_8$) – Anorthit (An = $CaAl_2Si_2O_8$) – Quarz (Qz = SiO_2) – Wasser (H_2O) kann als vereinfachtes System für die Genese von Graniten, darüber hinaus auch von Granodioriten, Tonaliten und Quarzdioriten, angesehen werden. Die femischen Komponenten (MgO, FeO) der dunklen Gemengteile bleiben unberücksichtigt. Dieses Fünfstoffsystem ist als Ganzes experimentell noch nicht untersucht; jedoch sind seine wichtigsten Teilsysteme bekannt. Da natürliche Granite zu mehr als 80 % aus den normativen Komponenten Qz, Ab und Or bestehen, ging man zunächst vom sog. *Haplogranit*-System Qz–Ab–Or–H_2O aus; erst später wurden das Tonalit-System Qz–Ab–An–H_2O und das Haplogranodiorit-System Qz–Ab–Or–An–H_2O untersucht, die wegen der langsamen chemischen Diffusion in der Kristallstruktur der Plagioklase größere experimentelle Probleme boten.

Schmelzversuche wurden zuerst von Tuttle u. Bowen (1958) im H_2O-freien System Qz–Ab–Or bei $P = 1$ bar und im H_2O-*gesättigten* System Qz–Ab–Or–H_2O bis $P_{H_2O} = 4$ kbar durchgeführt und später von Luth et al. (1964) auf H_2O-Drücke von 4–10 kbar erweitert. Dabei konnten die thermischen Minima bzw. Eutektika, deren Schmelzzusammensetzungen sowie die Phasenbeziehungen zwischen Kristallen und Schmelzen bestimmt werden. Diese klassischen Untersuchungsergebnisse wurden durch Experimente bei erhöhten H_2O-Drücken bis 35 kbar (= 3,5 GPa) bestätigt (z. B. Huang u. Wyllie 1975; Johannes 1984). Darüber hinaus wurde eine Fülle von experimentellen Ergebnissen aus dem Granitsystem publiziert, die vor allem folgende Probleme betreffen (Johannes u. Holtz 1996):

- Phasenbeziehungen in H_2O-*untersättigten* Granitsystemen,
- Löslichkeit von H_2O und mafischen Komponenten in granitischen Schmelzen,
- Einfluss von H_2O und anderen leichtflüchtigen Komponenten (F, Cl, B_2O_3 etc.) auf die physikalischen Eigenschaften von granitischen Schmelzen wie zum Beispiel ihre Viskosität,

- Phasenbeziehungen in Haplogranodioriten und in noch komplexeren synthetischen Systemen sowie in natürlichen Graniten, Granodioriten und Tonaliten,
- Schmelzbildung durch Entwässerung von (OH)-haltigen Mineralen wie Muscovit, Biotit oder Amphibol in hochmetamorphen Ausgangsgesteinen von Graniten bei H_2O-Untersättigung (*Dehydrations-Schmelzen*).

Alle diese experimentellen Ergebnisse bilden wichtige Beiträge zur Klärung der Granitgenese in der Natur. Im Rahmen dieses Buches können wir nur eine sehr begrenzte Auswahl treffen.

20.2.2
Kristallisationsverlauf granitischer Magmen: Experimente im H_2O-gesättigten Modellsystem Qz–Ab–Or–H_2O

Dieses System ist sehr gut geeignet, die Kristallisationsabfolge in granitischen Schmelzen unter Gleichgewichtsbedingungen und bei Kristallfraktionierung zu modellieren. Es handelt sich um das SiO_2-übersättigte Teilsystem des Dreistoffsystems Ne–Ks–SiO_2, das wir in Kap. 18 (Abb. 18.12) bereits kennen gelernt hatten. Abbildung 20.1 zeigt wiederum die Projektion der Liquidusfläche auf die H_2O-freie Grundfläche mit den Isothermen. Da H_2O im Überschuss vorhanden ist, braucht es als Komponente graphisch nicht dargestellt zu werden. Bei dem hier gewählten H_2O-Druck von 2 kbar schmilzt Kalifeldspat immer noch inkongruent, so dass nahe der Or-Ecke des Systems ein winziges Ausscheidungsfeld des Leucits besteht, das allerdings für die folgenden Überlegungen bedeutungslos ist. Die flankierenden Zweistoffsysteme Or–SiO_2–(H_2O) und Ab–SiO_2–(H_2O) weisen Eutektika bei 770 °C (E_1) bzw. 745 °C (E_2) auf, die durch eine kotektische Linie mit einem ternären Minimum M von 685 °C miteinander verbunden sind. Das System der Alkalifeldspäte Or–Ab–(H_2O) besitzt ein binäres Minimum m bei 800 °C, das bei H_2O-Drücken um 5 kbar in ein binäres Eutektikum übergeht (Abb. 18.12, S. 292); schon bei etwa 3 kbar ist das ternäre Minimum zum ternären Eutektikum geworden (Abb. 20.3).

Die Isothermen der Liquidusfläche (Abb. 20.1) zeigen einen steilen Temperaturanstieg zur Qz-Ecke an. Weniger steil ist ihr Anstieg gegen die Or- und besonders gegen die Ab-Ecke hin. Zwischen dem ternären Minimum M und dem binären Minimum m befindet sich ein thermisches Tal. Schärfer ausgeprägt ist das thermische Tal der kotektischen Linie, die vom Minimum M nach den beiden eutektischen Punkten E_1 und E_2 leicht ansteigt. Sie teilt die Liquidusfläche in zwei Teilgebiete, die Ausscheidungsfelder von Quarz und von Alkalifeldspäten.

Kühlt man eine Schmelze der Zusammensetzung $X = Qz_{50}Ab_{25}Or_{25}$ ab, so wird bei ca. 850 °C die Liquidusfläche erreicht und es beginnt Quarz im Gleichgewicht mit der Schmelze auszukristallisieren, wobei eine H_2O-reiche fluide Phase frei wird. Bei weiterer Abkühlung setzt sich die Qz-Ausscheidung fort und die Schmelzzusammensetzung verändert sich entlang einer geraden Linie, bis bei Punkt A die kotektische Linie erreicht ist. Jetzt beginnt neben Qz die Ausscheidung eines Alkalifeldspat-Mischkristalls (Akf_{ss}) der Zusammensetzung ~ $Or_{86}Ab_{14}$, der also deutlich Or-reicher ist als die Schmelze (vgl. Abb. 18.12). Bei weiterer Abkühlung verändert sich die Schmelzzusammensetzung unter fortschreitender Kristallisation von Qz und Or_{ss} entlang der kotektischen Linie E_1–E_2 zum Temperaturminimum M hin, bis die Schmelze aufgebraucht ist. Dabei wird der Akf_{ss} durch Reaktion mit der Schmelze immer Ab-reicher; das entstehende „Gestein" wäre ein *Hypersolvus-Granit* aus 50 % Quarz und 50 % eines einheitlichen Akf_{ss} $Or_{50}Ab_{50}$; dieser würde sich erst bei weiterer Abkühlung nach Erreichen des Solvus in Or_{ss} und Ab_{ss} entmischen (Abb. 18.12). Der Chemismus des letzten Schmelzrestes muss experimentell bestimmt werden. Unter Gleichgewichtsbedingungen wird die Zusammensetzung des kotektischen Minimums M meist nicht erreicht, während bei fraktionierter Kristallisation von Qz die letzte Restschmelze dem Chemismus von M entsprechen könnte (s. unten).

Eine Schmelze der Zusammensetzung $Y = Qz_{20}Or_{45}Ab_{35}$ würde beim Abkühlen auf ~780 °C die Liquidusfläche erreichen und Or-reichen Akf_{ss} ~ $Or_{88}Ab_{12}$ ausscheiden. Bei weiterer Abkühlung verändert sich die Schmelzzusammensetzung unter kontinuierlicher Kristallisation von Akf_{ss} entlang einer gekrümmten Bahn, bis bei Punkt B die kotektische Linie erreicht wird; hier kristallisieren Qz und Akf_{ss} gemeinsam, wobei letzterer immer Ab-reicher wird. (vgl. Abb. 18.12, S. 292). In der Nähe des ternären Minimums ist der letzte Schmelzrest verbraucht und der entstehende Hypersolvus-Granit hat die Zusammensetzung 20 % Quarz + 80 % Akf_{ss} $Or_{56}Ab_{44}$. Eine analoge Ent-

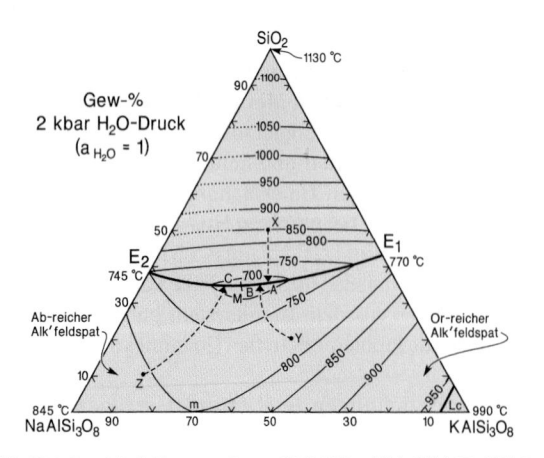

Abb. 20.1. Das Modellsystem Quarz (Qz) SiO_2–Albit (Ab) $NaAlSi_3O_8$–Kalifeldspat (Or) $KAlSi_3O_8$–H_2O bei 2 kbar H_2O-Druck. Projektion der Liquidusfläche auf die wasserfreie Basis des Qz-Ab-Or-H_2O-Tetraeders. E_1 und E_2 sind Eutektika; M kennzeichnet die Zusammensetzung des Schmelzminimums auf der kotektischen Linie mit 35 % Q, 40 % Ab, 25 % Or. Das System ist H_2O-gesättigt. (Nach Tuttle u. Bowen 1958 aus Winkler 1979)

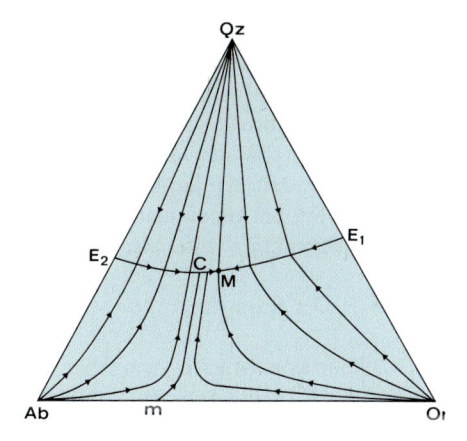

Abb. 20.2. Isobare Fraktionierungskurven im Modellsystem Quarz–Albit–Kalifeldspat–H_2O bei P_{H_2O} = 1 kbar projiziert auf die wasserfreie Ebene des Tetraeders. Beschreibung im Text. (Nach Tuttle u. Bowen 1958)

wicklung nimmt eine Schmelze der Zusammensetzung **Z** ($Qz_{10}Or_{10}Ab_{80}$); doch scheidet sich bei 800 °C zunächst fast reiner Albit aus. Dieser erreicht erst bei weiterer Gleichgewichtskristallisation die Endzusammensetzung ~ $Ab_{89}Or_{11}$. Die Schmelzzusammensetzung folgt der gekrümmten Kristallisationsbahn, die bei C auf die kotektische Linie trifft und nicht ganz das ternäre Minimum M erreicht. Das entstehende „Gestein" ist ein Quarz-Albit-Syenit.

In vielen Fällen wird die Kristallisation granitischer Magmen nicht unter Gleichgewichtsbedingungen erfolgen, sondern es wird zu Fraktionierungsprozessen kommen. Wie mehrfach betont, sind die wesentlichen Prozesse dafür das Absaigern der früh ausgeschiedenen Quarz- oder Alkalifeldspat-Kristalle, die Entfernung der Restschmelze durch Filterpressung oder Zonarbau der Alkalifeldspäte. In Abb. 20.2 sind die *Fraktionierungskurven* – jetzt bei P_{H_2O} = 1 kbar – in das Dreistoffsystems Qz–Ab–Or–(H_2O) eingetragen (Tuttle u. Bowen 1958). Diese verlaufen, ausgehend von der Qz-, Ab- oder Or-Ecke, jeweils in Richtung auf die kotektische Linie zu, bei der Quarz und Alkalifeldspat gemeinsam kristallisieren. Im Bereich Qz–E_1–E_2 scheidet sich Qz als Liquidusphase aus; da die Qz-Zusammensetzung konstant bleibt, müssen die Fraktionierungskurven geradlinig von der Qz-Ecke ausstrahlen; d. h. die Feldspat-Zusammensetzung wird durch die Qz-Fraktionierung nicht beeinflusst. Der Kristallisationspfad ist derselbe wie bei der Gleichgewichtskristallisation, nur dass das ternäre Minimum M in der Regel erreicht wird. Unterhalb der kotektischen Linie E_1–E_2 scheiden sich zuerst Or- oder Ab-reicher Akf_{ss} aus, je nach der Ausgangszusammensetzung der Schmelze. Wegen der Änderung des Or-Ab-Verhältnisses im Akf_{ss} und in der Schmelze sind die Fraktionierungskurven gekrümmt. Im Feld E_1–M–Or scheidet sich ein K-reicher Feldspat aus, der von immer Ab-reicheren Zonen umgeben wird. Auch im Feld Or–M–C–m kommt ein Or-reicher Alkalifeldspat zur Aus-

scheidung, der zunächst von Ab-reichen Zonen umgeben wird. Dann ändert sich jedoch die Richtung der Fraktionierungskurve, so dass die äußeren Zonen wieder Or-reicher werden. Dieser experimentelle Befund entspricht der Naturbeobachtung, nach der bei Alkalifeldspäten sowohl normaler als auch inverser Zonarbau auftreten kann. Sobald die Kristallisationsbahn entsprechend der Pfeilrichtung einen Punkt zwischen C und M auf der kotektischen Linie E_1–E_2 erreicht hat, beginnt die gleichzeitige Ausscheidung von Qz, bis die Schmelze beim ternären Minimum M aufgebraucht ist. Die fraktionierte Kristallisation im Feld Ab–E_2–C–m verläuft analog, nur dass jetzt ein Ab-reicher Akf-Kern von immer Or-reicheren Zonen umgeben wird: inverser Zonarbau.

Das Dreieck in Abb. 20.3 zeigt Schmelzzusammensetzungen von ternären thermischen Minima und Eutektika im H_2O-gesättigten System Qz–Ab–Or (–H_2O). Die gewonnenen experimentellen Daten belegen, dass sich das (Qz : Ab : Or)-Verhältnis dieser Schmelzen mit steigendem

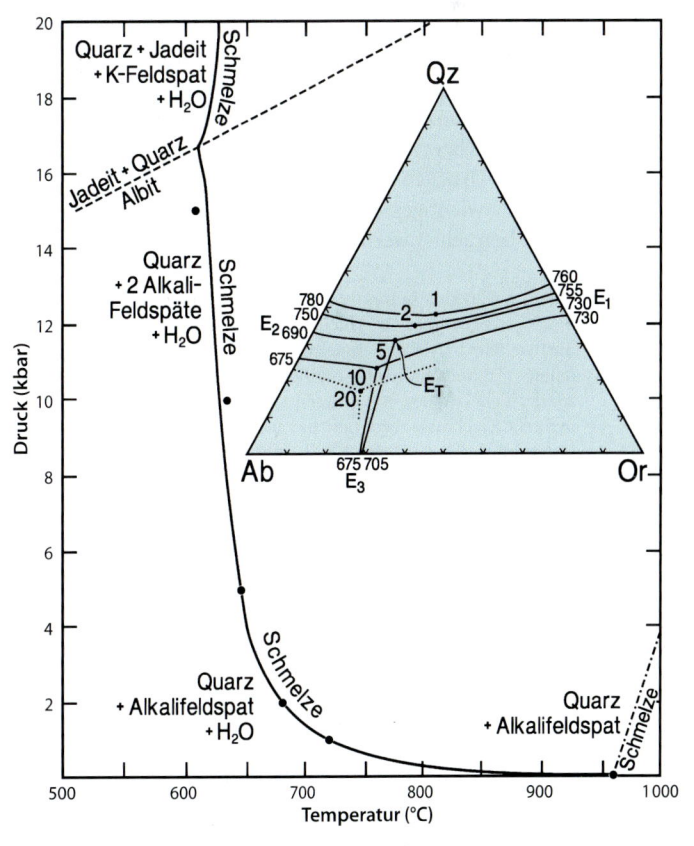

Abb. 20.3. Druck-Temperatur-Diagramm mit der H_2O-gesättigten Soliduskurve im System Qz–Ab–Or–H_2O und Qz–Jd–Or–H_2O (*ausgezogene Kurve*). Die *gestrichelte Linie* ist die Stabilitätsgrenze von Albit nach höheren Drücken hin. *Die strich-punktierte Kurve* ist der Solidus des trockenen Schmelzens im System Qz–Ab–Or bis knapp 4 kbar Druck. Eingefügt ist das Qz–Ab–Or–(H_2O)-Dreieck mit den kotektischen Kurven und den H_2O-gesättigten Minima und Eutektika bei (H_2O)-Drücken von 1–20 kbar. (Nach verschiedenen Autoren aus Johannes u. Holtz 1996)

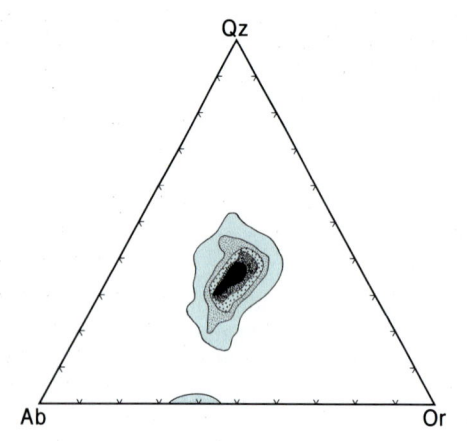

Abb. 20.4. Häufigkeitsverteilung granitischer Plutonite aus der Analysensammlung von Washington mit mehr als 80 Gew.-% normativem Qz + Ab + Or. Das Häufigkeitsmaximum liegt nahe bei den ternären Minima bzw. Eutektika für P_{H_2O} von 0,5–5 kbar. (Aus Tuttle und Bowen 1958)

H_2O-Druck kontinuierlich ändert, wobei der Anteil der Ab-Komponente immer mehr zunimmt. Tuttle u. Bowen (1958) konnten zeigen, dass natürliche Granite und Rhyolithe, die zu >80 % aus den Norm-Mineralen Qz + Ab + Or bestehen, ganz überwiegend in die Nähe des ternären Minimums bzw. Eutektikums im System Qz–Ab–Or–(H_2O) bei H_2O-Drücken von 0,5–5 kbar fallen (Abb. 20.4). Das kann als wichtiges Kriterium für ihre magmatische Abkunft betrachtet werden.

Bei P_{H_2O} = 20 kbar beträgt der Ab-Anteil im ternären Eutektikum >60 %, während der Qz-Anteil auf <20 % gesunken ist. Deswegen dürften beim partiellen Schmelzen von sehr tief versenkten Krustenteilen – z. B. bei Kontinent-Kontinent-Kollision – keine granitischen, sondern eher (quarz-)syenitischen Magmen entstehen. Wie experimentelle Ergebnisse zeigen, gilt das auch für den Fall der H_2O-Untersättigung, der in der tiefen Kruste sehr wahrscheinlich ist.

20.2.3
Experimentelle Anatexis: Experimente unter H_2O-gesättigten und H_2O-untersättigten Bedingungen im Modellsystem Qz–Ab–Or–H_2O

Bei der Bildung und Kristallisation granitischer Magmen sind H_2O-gesättigte Bedingungen eher die Ausnahme: in der Regel herrscht dagegen *H_2O-Untersättigung*. Für die Bildung H_2O-gesättigter Silikatschmelzen sind nämlich beachtliche H_2O-Gehalte notwendig, die in der tieferen Erdkruste oder gar im oberen Erdmantel nicht oder höchstens in extremen Ausnahmefällen zur Verfügung stehen; so enthält eine wassergesättigte Granitschmelze bei einem Druck von 5 kbar bereits nahezu 10 Gew.-% H_2O (Johannes u. Holtz 1996). Trotzdem stellt die *H_2O-gesättigte Granit-Soliduskurve* eine sehr wichtige *Grenz*bedingung dar, unter der sich granitische Magmen bilden können bzw. auskristallisieren.

Das Druck-Temperatur-Diagramm (Abb. 20.3) zeigt die Soliduskurve von H_2O-gesättigten Schmelzen im System Qz–Ab–Or–H_2O bis zu einem H_2O-Druck von 20 kbar. Diese Kurve gibt die jeweiligen Schmelztemperaturen der Minima bzw. der ternären Eutektika bei entsprechenden H_2O-Drücken an. Bis zu $P_{H_2O} \approx 3$ kbar existiert in diesem System ein einheitlicher Akf-Mischkristall; die Schmelzreaktion lautet also

$$Qz + Akf_{ss} + H_2O = Schmelze \qquad (20.1)$$

Ab $P_{H_2O} \approx 3$ kbar koexistieren zwei Alkalifeldspäte miteinander und mit Quarz (Seck 1971). Die Schmelzreaktion lautet dementsprechend

$$Qz + Or_{ss} + Ab_{ss} + H_2O = Schmelze \qquad (20.2)$$

Wir erinnern uns daran, dass im Qz-freien System Ab–Or–H_2O Solvus und Solidus etwa bei $P_{H_2O} \approx 5$ kbar zum Schnitt kommen (Abb. 18.12c, S. 292).

Bei rund 17 kbar und 620 °C wird die obere Druck-Stabilitätsgrenze von Albit erreicht und die Soliduskurve wird durch Reaktionskurve

$$Jadeit + Quarz = Albit \qquad (20.3)$$

geschnitten. Daher gilt jetzt die Schmelzreaktion

$$Qz + Jd + Or_{ss} + H_2O = Schmelze \qquad (20.4)$$

Bis zum Einsetzen dieser Reaktion hat die Soliduskurve eine negative Steigung. Da nach der Clausius-Clapeyron'schen Gleichung

$$\frac{dT}{dP} = \frac{T(V_l - V_s - V_{fl})}{L_p} \qquad [20.1]$$

(s. S. 284) negativ wird, nimmt die Solidustemperatur mit steigendem H_2O-Druck ab, und zwar zunächst dramatisch: Mit einem Druckanstieg von 1 bar bis 1 kbar sinkt die Solidustemperatur von 960 auf 720 °C, d.h. um 240 °C, was hauptsächlich auf eine starke Erniedrigung des Molvolumens von Wasserdampf zurückzuführen ist. Danach verläuft die Soliduskurve zunehmend steiler; denn mit steigendem Druck nimmt die Kompressibilität von Wasserdampf immer mehr ab, d. h. die Erniedrigung seines Molvolumens mit dem Druck wird immer geringer. Beim Schnittpunkt mit der Gleichgewichtskurve (20.3) erhält die Soliduskurve sogar eine schwach positive Neigung, die sie bis zu hohen Drücken beibehält, wie Experimente bis 35 kbar zeigen (Huang u. Wyllie 1975).

Eine weitere Grenzbedingung nach hohen Temperaturen hin ist die Soliduskurve im H_2O-freien System

Qz–Ab–Or, die nach der Clausius-Clapeyron'schen Gleichung in der Form

$$\frac{dT}{dP} = \frac{T(V_l - V_s)}{L_p} \quad [20.2]$$

eine positive Steigung hat. In Abb. 20.3 ist die trockene Granit-Soliduskurve nur bis 4 kbar/ 1 000 °C eingetragen; in ihrem weiteren Verlauf bleibt die positive Steigung erhalten; sie wird allerdings bei 25 kbar etwas steiler (Huang u. Wyllie 1975). Zwischen beiden Soliduskurven befindet sich ein weites P-T-Feld, das sich nach zunehmenden Drücken hin vergrößert. In ihm verläuft eine Schar von Soliduskurven, die für unterschiedliche Grade der H_2O-Untersättigung gelten.

Eine Möglichkeit, H_2O-untersättigte Bedingungen im Experiment zu realisieren, ist das Hinzufügen einer weiteren leichtflüchtigen (volatilen) Komponente zum Wasser, so z. B. CO_2. Im System Qz–Ab–Or–H_2O–CO_2 erhöhen sich demnach die Solidustemperaturen mit Abnahme des Molenbruchs $X_{H_2O} = H_2O/(H_2O + CO_2)$ (Abb. 20.5). An Stelle des Molenbruchs X_{H_2O} wird meist die H_2O-Aktivität a_{H_2O} angegeben, um der Tatsache Rechnung zu tragen, dass sich H_2O und CO_2 bei erhöhten Drücken nicht als ideale Gase verhalten.

Für die Aktivität der Komponente i gilt $a_i = \gamma_i X_i$; der Aktivitätskoeffizient γ_i ist in der Regel P-T-abhängig und kann experimentell bestimmt werden. Wie der Vergleich von Abb. 20.5 und 20.6 zeigt, ist der Verlauf der T-X_{H_2O}- und T-a_{H_2O}-Kurven sehr ähnlich. Die angegebenen Aktivitäten wurden für eine fluide Phase berechnet, die nur aus H_2O und CO_2 besteht. Dabei ist nicht berücksichtigt, dass bei hohen Drücken und Temperaturen silikatische Komponenten, insbesondere SiO_2, im Fluid gelöst werden (z. B. Kennedy et al. 1962). Das würde zu einer weiteren „Verdünnung", d. h. zu einer Erniedrigung von a_{H_2O} im Fluid führen, zu deren Ausmaß jedoch keine experimentellen Daten vorliegen.

Wenn ein Gestein bei gegebenem H_2O-Druck bis zur Solidus-Temperatur aufgeheizt wird, beginnt es zu schmelzen, wobei zunächst eine Schmelze entsteht, deren Qz-Ab-Or-Verhältnis dem ternären Minimum bzw. Eutektikum bei diesem H_2O-Druck entspricht. Der *Aufschmelzgrad* hängt von der erreichten Temperatur und vom H_2O-Gehalt ab. Die *Liquiduskurven*, die in diesem System experimentell bestimmt wurden, geben den Mindestgehalt an H_2O an, der nötig ist, um eine Quarz-Alkalifeldspat-Paragenese kotektischer Zusammensetzung vollständig aufzuschmelzen. Bei isothermer Druckerhöhung steigt dieser Mindest-H_2O-Gehalt an, während er bei isobarer Temperaturerhöhung abnimmt, z. B. bei 5 kbar und einer Steigerung der Temperatur von 645 auf 875 °C von ca. 10 auf 2 Gew.-% (Abb. 20.6). Deshalb können bei hohen Temperaturen durch Dehydrations-Schmelzen relativ hohe Schmelzanteile erzeugt werden, was bei niedrigen Temperaturen nicht der Fall ist.

Heizt man bei einem Druck von 5 kbar ein Mineralgemenge aus 31 Gew.-% Qz + 31 Gew.-% Ab + 36 Gew.-% Or sowie 2 Gew.-% H_2O auf, so wird bei 645 °C die Soliduskurve erreicht und es bildet sich eine H_2O-gesättigte Erstschmelze der kotektischen Zusammensetzung 31 % Qz + 47 % Ab + 22 % Or, die fast 10 Gew.-% H_2O enthält. Da aber nur 2 Gew.-% H_2O im System vorhanden sind, kann der Schmelzanteil lediglich 20 % betragen. Mit steigender Temperatur nimmt jedoch

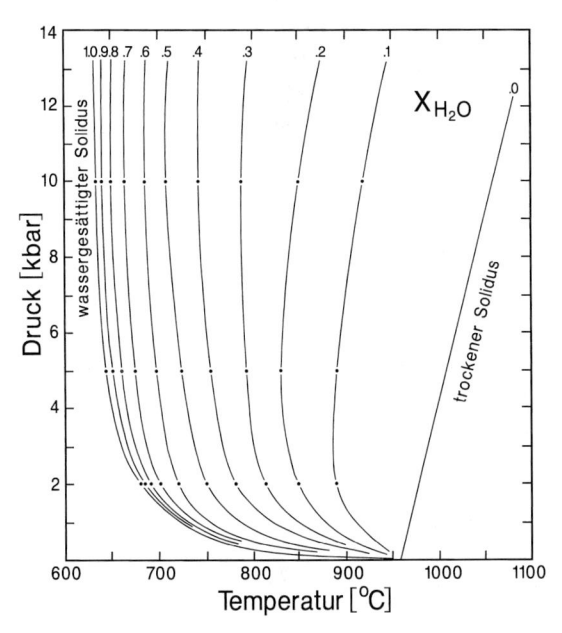

Abb. 20.5. Druck-Temperatur-Diagramm mit den Soliduskurven im Modellsystem Qz–Ab–Or–H_2O–CO_2 für unterschiedliche Molenbrüche $X_{H_2O} = H_2O/(H_2O + CO_2)$. (Nach Ebadi u. Johannes 1991, aus Johannes u. Holtz 1996)

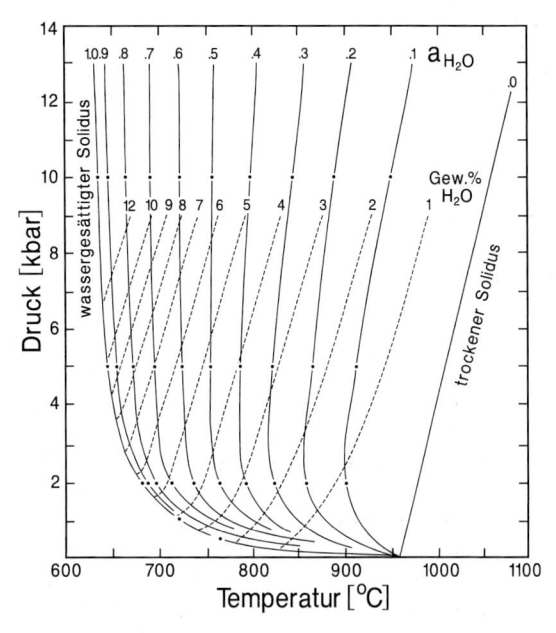

Abb. 20.6. Druck-Temperatur-Diagramm mit den Soliduskurven (*durchgezogen*) im System Qz–Ab–Or–H_2O–CO_2 für unterschiedliche H_2O-Aktivitäten a_{H_2O} sowie den Liquiduskurven (*gestrichelt*) für bestimmte Wassergehalte. (Nach Johannes u. Holtz 1996)

der Mindest-H$_2$O-Gehalt, der für die H$_2$O-Sättigung notwendig ist, immer mehr ab, so dass der Schmelzanteil kontinuierlich zunehmen kann. Bei 785 °C ist die Liquiduskurve für 4 Gew.-% H$_2$O erreicht; nun sind bereits 50 % des Ausgangsgemenges geschmolzen. Zum vollständigen Aufschmelzen käme es, wenn man bei 880 °C auf die Liquiduskurve für 2 Gew.-% H$_2$O – entsprechend dem ursprünglichen H$_2$O-Gehalt – trifft (Johannes u. Holtz 1996, S. 53). Wie man aus Abb. 20.6, in der neben den Liquiduskurven auch die Soliduskurven für unterschiedliche a_{H_2O} dargestellt sind, entnehmen kann, ist die H$_2$O-Aktivität im System während des Schmelzprozesses von 1 auf <0,2 gesunken. Die partiell gebildete Schmelze ändert ihre Zusammensetzung mit fortschreitendem Schmelzvorgang. Sie startet mit einer H$_2$O-gesättigten eutektischen Zusammensetzung von 31 % Qz + 47 % Ab + 22 % Or, verändert sich entlang der kotektischen Kurve E$_T$→E$_1$ in Abb. 20.3 und endet – Gleichgewichtsbedingungen vorausgesetzt – bei der Ausgangszusammensetzung von 31 % Qz + 31 % Ab + 36 % Or. Wegen der ständig sinkenden H$_2$O-Aktivität lässt sich allerdings der Verlauf des Gleichgewichts-Schmelzens in der Ebene Qz–Ab–Or nicht eindeutig darstellen; die gleiche Schwierigkeit würde auch für fraktioniertes Schmelzen gelten. Experimentelle Daten zeigen, dass bei Erniedrigung von a_{H_2O} die Ab:Or-Verhältnisse der ternären Minima bzw. Eutektika leicht, bei 10 kbar sogar deutlich abnehmen, während die Qz:(Ab + Or)-Verhältnisse annähernd unverändert bleiben (Johannes u. Holtz 1996, Abb. 2.20).

Wie aus Abb. 20.3 hervorgeht, können in der Tiefe gebildete granitische Magmen nur so weit in der Erdkruste aufsteigen, bis sie die *P-T*-Bedingungen des H$_2$O-gesättigten Solidus erreichen. Daher können Granit-Magmen, die weit über diesen Solidus aufgeheizt sind und geringe H$_2$O-Gehalte aufweisen, in ein höheres Krustenniveau intrudieren als weniger heiße und H$_2$O-reichere. Dabei spielt die Aufstiegs- und Abkühlungsrate eine wichtige Rolle.

Nach Johannes u. Holtz (1996) können wir drei Fälle unterscheiden. Wir wollen sie anhand eines Granit-Magmas, das bei *P* = 8 kbar, *T* = 820 °C und einem Gesamt-H$_2$O-Gehalt von 2 Gew.-% gebildet wurde, erläutern (Abb. 20.7). Da bei diesen *P-T*-Bedingungen die Schmelze mit 4 Gew.-% H$_2$O gesättigt ist, beträgt der Aufschmelzgrad 50 % (Abb. 20.6), d. h. er liegt über dem *rheologisch kritischen Schmelzanteil* von ca. 25–40 % (s. Abschn. 17.2.2, S. 275). Daher kann das gebildete Magma als Kristallbrei in der Kruste aufsteigen.

1. Beim Pfad **A** erfolgt der Aufstieg so langsam, dass sich das Magma durch Ableitung der Wärme in die Umgebung, d. h. durch *konduktiven Wärmetransport* abkühlt. Dadurch kommt es zur Kristallisation, so dass das Kristall-Schmelze-Verhältnis kontinuierlich zunimmt, ebenso die H$_2$O-Aktivität (vgl. Abb. 20.6). Bei 2,5 kbar und 670 °C wird die H$_2$O-gesättigte Soliduskurve erreicht und das gesamte Magma kristallisiert aus. Der Granitpluton hat demnach eine Intrusionstiefe von knapp 10 km (Abb. 20.7).
2. Demgegenüber ist der Aufstiegspfad **C** nahezu *adiabatisch*, d. h. das Magma steigt so rasch auf, dass kaum Wärmeaustausch mit der Umgebung erfolgen kann. Daher kommt es zum Dekompressionsschmelzen, und das Verhältnis Kristalle zu Schmelze nimmt mit dem Aufstieg kontinuierlich ab. Die H$_2$O-Aktivität verändert sich dabei zunächst nur wenig und steigt erst bei Drücken unterhalb ca. 2 kbar stark an. Die H$_2$O-gesättigte Soliduskurve wird bei einem Druck von etwa 500 bar – entsprechend einem sehr seichten Intrusionsniveau von knapp 2 km – und 765 °C erreicht, wo das Magma erstarrt (Abb. 20.7).
3. Der Aufstiegspfad **B** liegt zwischen diesen beiden Extremfällen. Die Abkühlungsrate nimmt gerade einen solchen Wert an, dass beim Aufstieg weder Kristallisation noch Schmelzen stattfindet; das Kristall-Schmelze-Verhältnis bleibt also konstant. Das Magma erstarrt,

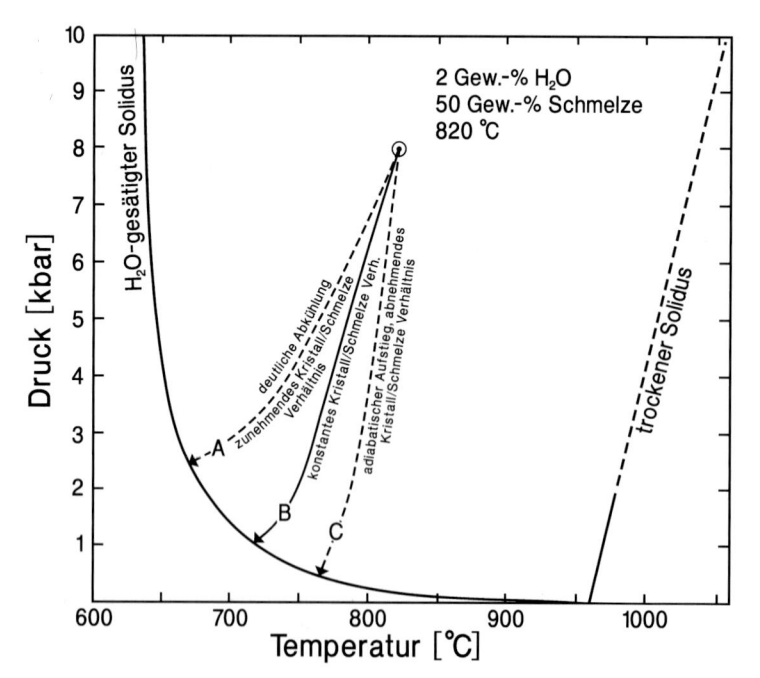

Abb. 20.7.
Das Druck-Temperatur-Diagramm zeigt die schematischen Aufstiegspfade eines granitischen Magmas mit einem Schmelzanteil von 50 %. **A** Pfad mit langsamem Aufstieg und starker Abkühlung, so dass die Schmelze kristallisiert. **B** Pfad ohne Kristallisation oder Aufschmelzung, d. h. mit konstantem Kristall-Schmelze-Verhältnis. **C** Pfad mit adiabatischem Aufstieg, so dass es zum Aufschmelzen kommt. (Nach Johannes u. Holtz 1996)

wenn die H$_2$O-gesättigte Soliduskurve bei ca. 1 kbar entsprechend einer Tiefe von knapp 4 km und einer Temperatur von 720 °C getroffen wird.

Ausgehend von einer Soliduskurve für a_{H_2O} von etwa 0,33 werden beim Aufstieg des Granit-Magmas die Soliduskurven für immer höhere H$_2$O-Aktivitäten gekreuzt, bis der H$_2$O-gesättigte Solidus mit $a_{H_2O} = 1$ erreicht ist. Dementsprechend muss sich auch die Zusammensetzung der Schmelze, die ja den ternären Minima bzw. Eutektika für unterschiedliche H$_2$O-Aktivitäten entspricht, und damit auch die Zusammensetzung des kristallinen Residuums verändern.

> Aus den experimentellen Ergebnissen folgt, dass der weit überwiegende Anteil der granitischen Magmen als Plutone in der Erdkruste stecken bleiben. Nur ungewöhnlich heiße, H$_2$O-arme Granit-Magmen, die nahezu adiabatisch aufsteigen, können die Erdoberfläche erreichen und im Zuge von Vulkanausbrüchen in Form rhyolitischer Laven, Tuffe oder Ignimbrite gefördert werden. Das ist jedoch viel seltener der Fall als die Intrusion von Graniten.

20.2.4
Das Modellsystem Qz–Ab–An–Or–H$_2$O

Die experimentellen Ergebnisse im Haplogranit-System Qz–Ab–Or–H$_2$O gelten – streng genommen – nur für plagioklasfreie Alkalifeldspat-Granite. Sehr viele Granite und Granodiorite enthalten jedoch Plagioklas neben Alkalifeldspat, so dass man die Komponente An (Anorthit = Ca$_2$Al$_2$Si$_2$O$_8$) berücksichtigen sollte.

Abb. 20.8.
H$_2$O-gesättigte Soliduskurven im System Qz–Ab–An–Or–H$_2$O für unterschiedliche An:(An + Ab)-Verhältnisse. Eingetragen sind außerdem die oberen Druck-Stabilitätskurven für Anorthit + Kalifeldspat, Anorthit, Plagioklas (An$_{20}$) + Kalifeldspat und Plagioklas (An$_{20}$). (Nach Johannes 1984)

Das System Qz–Ab–An–Or–H$_2$O ist infolge der lückenlosen Mischkristallreihe im Zweistoffsystem Ab–An (Abb. 18.4, S. 285) *nicht* eutektisch. Es gibt also keine Schmelzzusammensetzung, die einem bestimmten Temperaturminimum oder Eutektikum entspricht. Bei gegebenem Druck und einer bestimmten Pauschalzusammensetzung existiert daher immer ein Temperaturintervall zwischen der H$_2$O-gesättigten Solidus- und der Liquiduskurve, d. h. zwischen dem beginnenden und dem vollständigen Schmelzen von Graniten mit Zusammensetzungen, die den ternären Minima bzw. Eutektika entsprechen. Wie Abb. 20.8 zeigt, nimmt die Solidustemperatur mit anwachsendem An-Gehalt des Plagioklases zu, wobei allerdings der Temperaturanstieg bei Plagioklasen mit niedrigen An-Gehalten, wie sie für Granite und Granodiorite typisch sind, sehr gering ist. Nach Johannes (1984) wächst die Solidustemperatur bei H$_2$O-Drücken von 2 bzw. 5 kbar nur um 3 bzw. 4 °C an, wenn Albit durch einen Plagioklas An$_{20}$ ersetzt wird, bei An$_{40}$ sind es 11 bzw. 10 °C. Dementsprechend haben Unterschiede im An-Gehalt eines relativ Ab-reichen Plagioklases nur einen geringen Einfluss auf den Beginn des partiellen Schmelzens bei der Anatexis, wohl aber auf die Zusammensetzung der Schmelzen.

Bereits vor dem Albit (Gleichung (20.3)) erreicht Anorthit seine obere Druckstabilität unter Bildung von Zoisit und Kyanit. Bei Anwesenheit von Kalifeldspat kann zusätzlich auch Muscovit als Abbauphase auftreten. Die entsprechenden Reaktionsgleichungen sind Abb. 20.8 zu entnehmen.

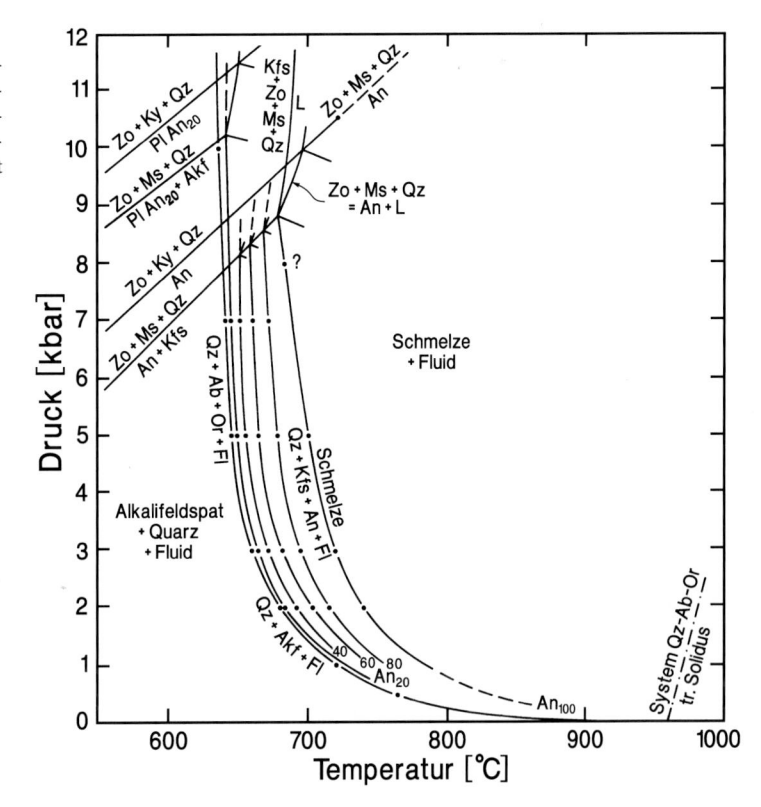

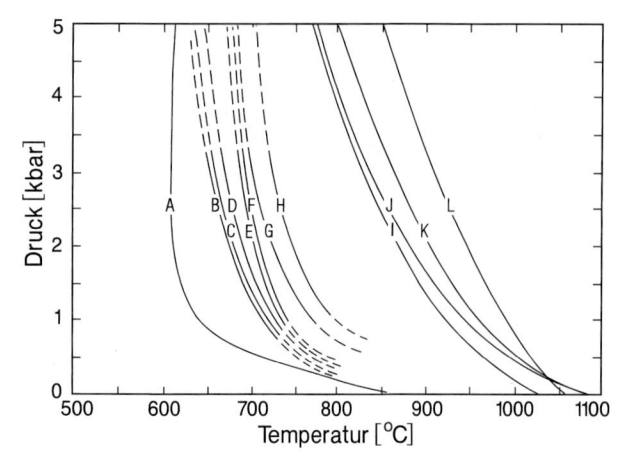

Abb. 20.9. Druck-Temperatur-Diagramm mit den H_2O-gesättigten Soliduskurven unterschiedlicher Gesteine: *A* Pegmatit, *B* Granit, *C*, *D* Quarzmonzonite, *E*, *F* Granodiorite, *G*, *H* Tonalite, *I* Alkalibasalt, *J* Olivintholeiit, *K* High-Alumina-Basalt, *L* Eklogit. (Nach verschiedenen Autoren aus Piwinskii u. Wyllie 1970)

20.2.5
Das Modellsystem Qz–Ab–An–H_2O

Dieses Kalium-freie System ist von großem Interesse für das Verständnis der Bildung und Kristallisationsabfolge tonalitischer Magmen. Die flankierenden Zweistoff-Systeme Qz–An und Qz–Ab sind eutektisch, wobei die eutektischen Temperaturen bei P_{H_2O} = 2 kbar 922 bzw. 750 °C (Stewart 1967; Tuttle u. Bowen 1958), bei P_{H_2O} = 5 kbar 815 bzw. 685 °C betragen (Yoder 1968). Die beiden binären Eutektika werden durch eine kotektische Linie miteinander verknüpft. Die Verhältnisse sind ganz analog zum Dreistoffsystem Di–An–Ab (Abb. 18.6–18.8, S. 286f).

20.2.6
Das natürliche Granitsystem

Bei den Untersuchungen in den Systemen Qz–Ab–Or–H_2O, Qz–Ab–An–Or–H_2O und Qz–Ab–An–H_2O wurden femische Komponenten wie Fe_2O_3, FeO und MgO, die in den Mafiten der granitischen Gesteinen wie Biotit oder Amphibol eingebaut sind, vernachlässigt. Auch ein Al_2O_3-Überschuss über CaO + Na_2O + K_2O (peraluminos) oder Na_2O + K_2O (metaluminos), der z. B. zur Bildung von Muscovit oder anderen Al-reichen Mineralen führt, wurde nicht berücksichtigt. Hier stellen Versuche, die an natürlichen Gesteinsproben wie an metamorphen Tonsteinen (Metapeliten), (Meta-)Grauwacken, Graniten und Tonaliten durchgeführt wurden, eine wichtige Ergänzung zu den experimentellen Modellsystemen dar. Unter H_2O-gesättigten Bedingungen mit Wasseraktivitäten von a_{H_2O} = 1 wurden u. a. die Soliduskurven von Pegmatiten, Graniten, Granodioriten, Quarzmonzoniten und Tonaliten bestimmt. Wie Abb. 20.9 zeigt, besitzen die H_2O-gesättigten Soliduskurven felsischer Plutonite (B–H) bei annähernd gleichem Verlauf nur relativ geringe Temperaturunterschiede und liegen im *P-T*-Diagramm dicht beieinander. Demgegenüber verlaufen die H_2O-gesättigten Soliduskurven basaltischer Gesteine (I–L) bei wesentlich höheren Temperaturen. So beträgt die Temperaturdifferenz zwischen dem H_2O-gesättigten Granit- (B) und Alkalibasalt-Solidus (I) bei P_{H_2O} = 1 kbar ca. 200 °C, bei 5 kbar ca. 150 °C.

Die Solidustemperaturen, speziell auch von Granitsystemen, werden im Wesentlichen durch den jeweiligen Gesteins-Chemismus bzw. den Mineralbestand und den H_2O-Druck kontrolliert, unabhängig von der anwesenden Wasser*menge*. Wie wir gezeigt hatten, würden geringe Mengen an H_2O am Solidus auch nur geringe Mengen an Schmelze hervorbringen. Diese solidusnahe Erstschmelze ist H_2O-gesättigt.

Ein großer Fortschritt bahnte sich in den Experimenten an natürlichen Proben bei H_2O-*unter*sättigten Bedingungen mit a_{H_2O} < 1 an. Wyllie (1971) schloss aus seinen Versuchsergebnissen, dass Magmen, die als Produkt einer partiellen Aufschmelzung unterschiedlicher Gesteine entstehen, gewöhnlich aus einer H_2O-untersättigten Granitschmelze in einem Kristallbrei bestehen. Diese heterogenen Schmelzprodukte sind über einen breiten Temperaturbereich hinweg beständig, eine wichtige Erkenntnis, die seither in zahlreichen Details immer wieder bestätigt wurde (Abb. 22.1a, S. 336). Maßgeblich für Zusammensetzung und Menge von granitischen Schmelzen, die sich innerhalb tieferer bis mittlerer Krustenteile bilden, sind also der Chemismus des Ausgangsgesteins, die Höhe der Temperatur und die verfügbare Wassermenge bei gegebenem Druck. Für die Herkunft des benötigten Wassers kommen folgende Prozesse in Frage:

- H_2O wird frei im zugrundeliegenden Ausgangsgestein durch Dehydrations-Schmelzen an Ort und Stelle. Maßgebend dafür sind die Menge und die oberen Stabilitätsgrenzen der H_2O-liefernden mafischen Minerale wie Muscovit, Biotit oder Hornblende des Altbestands, in dem sie unter verschiedenen P-T-Bedingungen mit assoziierten H_2O-freien Mineralphasen reagieren (Abschn. 26.5.2, S. 454f, 27.2.2, S. 471f). Geeignete Ausgangsgesteine für die Granitbildung, die reich an H_2O-liefernden Mineralen sind, stellen z. B. Metapelite, Metagrauwacken oder glimmerreiche Granitgneise, aber auch Tonalite dar.
- H_2O wird frei bei Entwässerungs-Reaktionen aus subduzierter ozeanischer Kruste (vgl. Abb. 28.8, S. 496) noch unterhalb von Solidustemperaturen einer granitischen Schmelze.
- H_2O wird frei aus metamorphen Entwässerungs-Reaktionen, die in einem angrenzenden Kristallinabschnitt ebenfalls noch *unterhalb* der Solidustemperatur einer granitischen Schmelze ablaufen. Diese H_2O-Quelle kann nur in einem relativ lokalen Rahmen eine gewissen Bedeutung haben.

Die granitische Schmelze, die sich oberhalb der Solidustemperatur bildet, nimmt das frei gewordene und frei werdende Wasser auf. Mit ansteigender Temperatur vergrößert sich der Schmelzanteil, und die Untersättigung der Schmelze an H_2O wächst an, wie das bereits im einfachen Modellsystem Qz–Ab–Or–H_2O erläutert wurde (Abb. 20.6). Die als Restite innerhalb der Schmelze verbliebenen Reaktionsprodukte aus Altbestand bestehen – neben Quarz, Kalifeldspat oder Plagioklas – aus Granat, Cordierit und Sillimanit/Kyanit oder aus Orthopyroxen und Klinopyroxen. Sondern sich granitische Magmen in der *tieferen* Erdkruste unter hohen Drücken von den Restgesteinen ab, so können weitgehend H_2O-freie oder H_2O-arme Metamorphite entstehen, die man als *Granulite* bezeichnet (s. Abschn. 28.3.5, S. 502f).

Entwässerungsschmelzen von Hornblende-führenden Ausgangsgesteinen (Amphiboliten) wird als ein wichtiger erster Schritt in der Entwicklung kontinentaler Erdkruste seit dem Archaikum angesehen. Dieser Vorgang führte offenbar zur Bildung *tonalitischer* Magmen, während basische Granulite als Restgesteine zurückblieben. In den auf diese Weise gebildeten, ausgedehnten Tonalit-Arealen kam es in einem weiteren Schritt des Entwässerungsschmelzens zur Bildung *granitischer* Magmen (Wedepohl 1991).

Die wichtigsten Ergebnisse von Schmelzexperimenten an felsischem, metalumischem und peralumischem Ausgangsmaterial lassen sich folgendermaßen zusammenfassen (Johannes u. Holtz 1996, S. 261 und 263):

1. Die anfänglichen Schmelztemperaturen, die in vielen natürlichen H_2O-gesättigten felsischen Gesteinen festgestellt wurden, sind ähnlich. Dieser Befund bestätigt die Ergebnisse, die im Modellsystem Qz–Ab–Or gewonnen wurden.
2. Innerhalb gegebener Grenzen hat die pauschale Zusammensetzung eines aus Quarz + Feldspat bestehenden Gesteins nur wenig Einfluss auf die einsetzende Schmelzzusammensetzung; jedoch ändert sich die Zusammensetzung der Schmelze mit Veränderung von P, T und a_{H_2O}.
3. Granitische Magmen sind nicht H_2O-gesättigt. Sie bestehen vielmehr aus H_2O-untersättigter Schmelze und unterschiedlichen Mengen suspendierter Kristalle.
4. Soweit H_2O die einzige leichtflüchtige Komponente ist, sind die Solidustemperaturen von Graniten unabhängig von der H_2O-Menge im System. Jedoch kontrolliert der H_2O-Gehalt die prozentualen Schmelzanteile und die Liquidustemperatur bei gegebener Pauschalzusammensetzung innerhalb der Randbedingungen P, T und a_{H_2O}.
5. Granitische Magmen können sich in einem weiten P-T-Bereich bilden und auskristallisieren.
6. Die meisten granitischen Magmen entstehen bei hohen Temperaturen (>800 °C), wobei sich eine enge Beziehung zwischen der Intrusion von Gabbro-Magmen und der Entstehung von Graniten andeutet (Magmatic Underplating). Granite mit Bildungstemperaturen <800 °C werden oft als Schmelzprodukte von Krustengesteinen angesehen, insbesondere die peraluminosen Leukogranite, z. B. des Himalayas (z. B. Scaillet et al. 1995).

Experimentelle Ergebnisse von Sisson et al. (2005) zeigen, dass auch durch partielles Schmelzen von basaltischen Gesteinen unter Bedingungen der mittleren bis unteren Erdkruste granitische bzw. rhyolithische Magmen entstehen können.

Weiterführende Literatur

Bonin B (2007) A-type granite and related rocks: Evolution of a concept, problems and prospects. Lithos 97:1–29

Chakhmouradian AR, Zaitsev AN (2012) Rare earth mineralization in igneous rocks: Sources and processes. Elements 8:347–353

Dall'Agnol R, Frost CD, Rämö OT (2012) IGCP Project 510 "A-type granites and related rocks through time": Project vita, results, and contribution to granite research. Lithos 151:1–16

Frost BR, Frost CD (2008) A geochemical classification for feldspathic igneous rocks. J Petrol 49:1955–1969

Frost BR, Barnes CG, Collins WJ, et al. (2001) A geochemical classification for granitic rocks. J Petrol 42:2033–2048

Haapala I, Rämö OT, Frindt S (2005) Comparison of Proterozoic and Phanerozoic rift-related basaltic-granitic magmatism. Lithos 80:1–32

Johannes W, Holtz F (1996) Petrogenesis and experimental petrology of granitic rocks. Springer-Verlag, Berlin Heidelberg New York Tokyo

Rämö OT (ed) (2005) Granitic systems. Lithos 80 (Ilmari Haapala Volume), 402 p

Tuttle OF, Bowen NL (1958) Origin of granite in the light of experimental studies in the system $NaAlSi_3O_8$–$KAlSi_3O_8$–SiO_2–H_2O. Geol Soc Am Mem 74, 153 p

Zitierte Literatur

Bowden P, Batchelor RA, Chappell BW, et al. (1984) Petrological, geochemical and source criteria for the classification of granitic rocks: A discussion. Phys Earth Planet Int 35:1–40

Chappell BW, White AJR (1974) Two contrasting granite types. Pacific Geol 8:173–174

Chappell BW, White AJR (1992) I- and S-type granites in the Lachlan Fold Belt. Trans Roy Soc Edinburgh, Earth Sci 83:1–26

Ebadi A, Johannes W (1991) Beginning of melting and composition of first melts in the system Qz–Ab–Or–H_2O–CO_2. Contrib Mineral Petrol 106:286–295

Huang WL, Wyllie PJ (1975) Melting reactions in the system $NaAlSi_3O_8$–$KAlSi_3O_8$–SiO_2 to 35 kilobars, dry and with excess water. J Geol 83:737–748

Johannes W (1984) Beginning of melting in the granite system Qz–Ab–Or–An–H_2O. Contrib Mineral Petrol 86:264–273

Kennedy GC, Wasserburg GJ, Heard HC, Newton RC (1962) The upper three-phase region in the system SiO_2–H_2O. Am J Sci 260:501–521

Luth WC, Jahns RH, Tuttle OF (1964) The granite system at pressures of 4 to 10 kilobars. J Geophys Res 69:759–773

Pearce JA, Harris NBW, Tindle AG (1984) Trace element discrimination diagrams for the tectonic interpretation of granitic rocks. J Petrol 25:956–983

Pitcher WS (1983) Granite type and tectonic environment. In: Hsu K (ed) Mountain building processes. Academic Press, London, pp 19–40

Piwinskii AJ, Wyllie PJ (1970) Experimental studies of igneous rock series: Felsic body suite from the Needle Point pluton, Wallowa Batholith, Oregon. J Geol 78:52–76

Scaillet B, Pichavant M, Roux J (1995) Experimental crystallization of leucogranite magmas. J Petrol 36:663–705

Seck HA (1971) Alkali feldspar-liquid and alkali feldspar-liquid-vapor relationships at pressures of 5 and 10 kbar. Neues Jahrb Mineral Abhandl 115:140–163

Shand SJ (1943) Eruptive rocks, 2nd edn. Wiley, New York

Sisson TW, Ratajeski K, Hankins WB, Glazner AF (2005) Voluminous granitic magmas from common basaltic sources. Contrib Mineral Petrol 148:635–661

Stewart DB (1967) Four phase curve in the system $CaAl_2Si_2O_8$–SiO_2–H_2O between 1 and 10 kilobars. Schweiz Mineral Petrogr Mitt 47:35–39

Wedepohl KH (1991) Chemical composition and fractionation of the continental crust. Geol Rundsch 80:207–223

Winkler HGF (1979) Petrogenesis of metamorphic rocks, 5th edn. Springer-Verlag, Berlin Heidelberg New York

Wyllie PJ (1971) Experimental limits for melting in the earth's crust and upper mantle. Geophys Monogr Series 14:279–301

Yoder HS (1968) Albite-anorthite-quartz water at 5 kb. Carnegie Inst Washington Yearb 66:477–478

Orthomagmatische Erzlagerstätten

21.1 Einführung

21.2 Lagerstättenbildung durch fraktionierte Kristallisation

21.3 Lagerstättenbildung durch liquide Entmischung von Sulfid- und Oxidschmelzen

21.4 Erz- und Mineral-Lagerstätten in Karbonatit-Alkali-Magmatit-Komplexen

Bei der Kristallisation basischer Magmen kommt es oft zur syngenetischen Anreicherung von Erzmineralen, wodurch weltwirtschaftlich bedeutsame Erzlagerstätten von Chromit, Titanomagnetit, Ilmenit, Nickelmagnetkies (Pyrrhotin mit entmischten Pentlandit-Lamellen), Chalkopyrit (Kupferkies) und Platinmetallen (Legierungen von Platin-Gruppen-Elementen PGE) entstehen können. Zwei Bildungsmechanismen sind dabei von großer Wichtigkeit:

1. die Anreicherung von *Erzkristallisaten* im Zuge von Vorgängen der *fraktionierten Kristallisation* und
2. die Bildung von sulfidischen oder oxidischen *Erzschmelzen* durch *liquide Entmischung* aus Sulfid-Oxid-führenden Silikatmagmen.

Sehr häufig spielen bei diesen Prozessen leichtflüchtige Komponenten, insbesondere H_2O, eine wesentliche Rolle.

21.1
Einführung

Das Prinzip dieser wichtigen Lagerstätten-bildenden Prozesse wollen wir anhand des hypothetischen Modellsystems Gabbro (Silikat)–Oxid–Sulfid verständlich machen (Guilbert u. Park 1986). Abbildung 21.1a zeigt die Projektion der Liquidusfläche auf die Konzentrationsebene mit drei binären Eutektika, drei kotektischen Linien und einem ternären Eutektikum. Bei Veränderung der äußeren Bedingungen, z. B. durch Hinzufügen von CO_2 zur fluiden Phase treten in diesem System Bereiche auf, in denen keine einheitliche Schmelze mehr existiert, sondern z. B. Silikat- und Sulfidschmelzen oder Silikat- und Oxidschmelzen miteinander koexistieren. Die Zusammensetzungen dieser koexistierenden Schmelzen, z. B. A und B, C und D, F und G, sind durch Konoden miteinander verbunden (Abb. 21.1b). Wir wollen die Kristallisationspfade von zwei silikatischen Schmelzen verfolgen, die geringe Anteile an Oxid- und Sulfidschmelze gelöst enthalten (Abb. 21.1c).

Kühlt man die Schmelze **X** mit einem Sulfid/Oxid-Verhältnis von etwa 50 : 50 ab, so kristallisieren Silikat-Minerale wie Olivin, Pyroxen und Plagioklas aus. Bei weiterer Abkühlung und Fraktionierung dieser Silikat-Phasen entwickelt sich die Schmelzzusammensetzung in Richtung der kotektischen Linie E_1–E_T, wo sich bei Punkt P Silikate und Oxide gemeinsam aus der Schmelze ausscheiden (Abb. 21.1c). Setzt man den Fraktionierungsvorgang fort, wird das ternäre Eutektikum E_T erreicht und es kristallisiert zusätzlich Sulfid aus. Fraktionierte Kristallisation kann also aus einem Gabbro-Magma **X** zu sulfidischen Erzkörpern führen, die geringe Gehalte an Oxiden enthalten können.

Kühlt man dagegen Schmelze **Y** mit einem Sulfid/Oxid-Verhältnis von ca. 85 : 15 ab, so wird nach Ausscheidung von Silikaten das Gebiet erreicht, in dem eine Silikatschmelze A mit einer Sulfidschmelze B koexistiert. Entfernt man bei weiterer Abkühlung die Silikatkristalle und die Tröpfchen von sulfidreicher Schmelze aus dem System, so wird Punkt m erreicht, bei dem nun wieder eine einheitliche Schmelze dieser Zusammensetzung mit Silikatkristallen im Gleichgewicht steht. Unter Silikatfraktionierung erreicht der weitere Abkühlungspfad bei Punkt Q die kotektische Linie, wo es wiederum zu Oxidkristallisation kommt. Aus der Gabbroschmelze **Y** bildet sich also durch liquide Entmischung ein sulfidreiches Erz, durch fraktionierte Kristallisation ein oxidreiches Erz.

In Wirklichkeit sind die erzbildenden Prozesse in der Natur viel komplizierter. Insbesondere spielen leichtflüchtige Komponenten eine wichtige Rolle.

21.2
Lagerstättenbildung durch fraktionierte Kristallisation

Bei der fraktionierten Kristallisation von basischen Magmen kommt es zur Anreicherung oxidischer Erzminerale wie Chromit, Ilmenit und Titanomagnetit sowie von Platinmetallen (PGE-Legierungen). Solche Erze sind häufig an schichtige Intrusionen (Layered Intrusions) von Gabbro bzw. Norit oder an deren Differentiate gebunden, die durch ultramafische Gesteine wie Dunite, Peridotite und Pyroxenite oder felsische Gesteine wie Anorthosit repräsentiert werden. Die Erze können geschlossene Erzköper und Erzlagen in den mafischen Intrusionen bilden oder sind als untergeordnete Gemengteile im Gestein verteilt. Typisch für schichtige Intrusionen sind Kumulatgefüge. Wie bereits in Abschn. 17.4.1 (S. 276ff) beschrieben, sind die mechanischen Prozesse, die zur Bildung von Kumulaten führen, sehr komplex. Gravitatives Absaigern oder Aufschwimmen auf Grund der Dichte-Unterschiede zwischen Kristallen und Schmelze und Filterpressung sind mit Sicherheit nicht die einzigen Mechanismen; Konvektionsvorgänge, Dichteströmungen (engl. density currents) und *in-situ*-Kristallisation am Boden der Magmenkammer spielen eine wichtige, fallweise sogar die entscheidende Rolle.

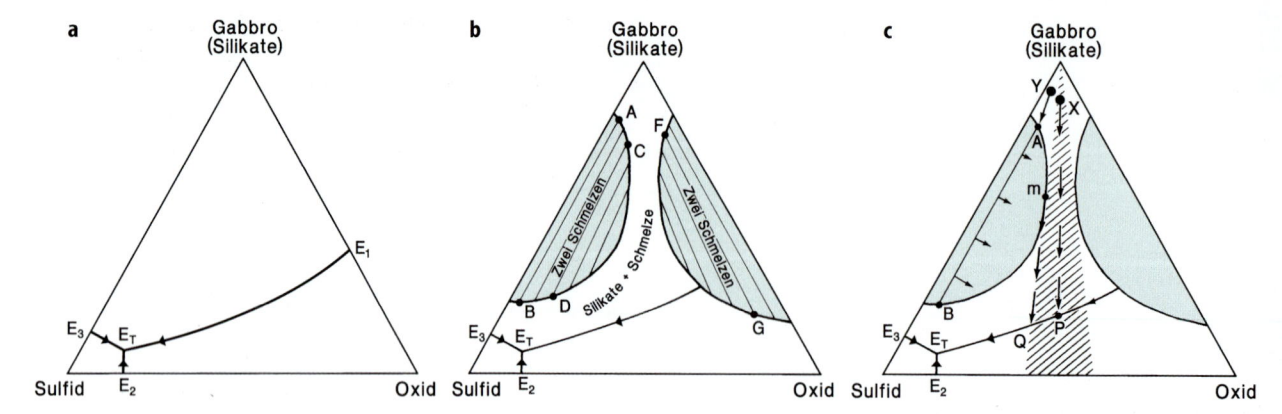

Abb. 21.1. Schematische Darstellung eines Modellsystems Gabbro (Silikate)–Oxid–Sulfid. **a** Projektion der Liquidusfläche auf die Konzentrationsebene mit drei kotektischen Linien und einem ternären Eutektikum E_T. **b** Dasselbe System mit zwei Bereichen von liquider Entmischung; die Zusammensetzungen koexistierender Silikat- und Sulfidschmelzen bzw. Silikat- und Oxidschmelzen sind durch Konoden miteinander verbunden. **c** Unterschiedliche Kristallisationspfade von zwei ähnlich zusammengesetzten Ausgangsschmelzen **X** mit fraktionierter Kristallisation und **Y** mit liquider Entmischung + fraktionierter Kristallisation (s. Text). (Mod. nach Guilbert u. Park 1986)

Wendet man das Stoke'sche Gesetz

$$v = \frac{\Delta \rho g r^2}{\eta_1} \quad [21.1]$$

auf gravitative Fraktionierungsvorgänge an, so erkennt man, dass die Geschwindigkeit (v) des Absinkens oder Aufsteigens von Kristallen in der Schmelze vom Dichteunterschied zwischen Kristall und Schmelze ($\Delta \rho$), dem Radius (r) der kugelförmig gedachten Kristalle höherer oder niedrigerer Dichte und von der Viskosität der Schmelze (η_1) abhängt (g = Erdbeschleunigung). Dabei nimmt v mit $\Delta \rho$ linear, mit r dagegen exponentiell zu. Daher können weniger dichte, aber größere Silikat-Kristalle schneller absinken oder aufsteigen als dichtere, aber kleinere Erzminerale. Berücksichtigt man diese Tatsache und die Überlegungen, die wir im schematischen „Dreistoff"-System Silikat–Oxid–Sulfid (Abb. 21.1) angestellt hatten, so wird klar, dass oxidische Erzkörper nicht unbedingt „Frühkristallisate" basischer Magmen darstellen müssen, sondern auch relativ spät durch *fraktionierte Kristallisation von Silikat-Mineralen* entstehen können.

Das soll an einem einfachen Beispiel erläutert werden (Abb. 21.2a–e):

a   Ein basisches Magma intrudiert und wird am Boden der Magmenkammer abgeschreckt (*1*: Abschreckungszone). Aus dem Magma (*2*) scheidet sich eine erste Generation von Silikat-Kristallen, z. B. Olivin und/oder Pyroxen, aus.

b   Diese reichern sich als Kumulat (*3*) über der Abschreckungszone (*1*) an, während aus dem Magma eine zweite Silikat-Generation, z. B. Plagioklas, kristallisiert. Die Restschmelze, die ein Netzwerk zwischen den Kristallen bildet, ist an Oxid-Komponente, aber auch an leichtflüchtigen Komponenten, z. B. H_2O, angereichert.

c,d Die Plagioklase werden in der Dachregion der Magmenkammer angereichert und bilden dort ein Kumulat (*2*); infolgedessen konzentriert sich die Oxid-Fluid-reiche Restschmelze immer mehr im mittleren Bereich der Magmenkammer, z. B. durch Filterpressung (*4*). Bei Erreichen der kotektischen Linie in Abb. 21.1 kristallisieren Oxide und Silikate gemeinsam aus; es bildet sich ein schichtiger Erzkörper, der auch spät gebildete Silikat-Kristalle enthält. Eine gravitative Trennung dieser Oxid- und Silikat-Kristalle wird durch ihre geringe Größe behindert oder verhindert.

e   Da die oxidreiche Erzschmelze einen hohen Anteil an leichtflüchtigen Komponenten, z. B. H_2O, enthält, hat sie eine geringe Viskosität und verhält sich relativ mobil; sie kann daher schon vor ihrer Kristallisation aktiv in das Nebengestein intrudieren oder auch passiv ausgepresst werden (*4*).

Eine weitere, elegante Möglichkeit zur Erklärung von Oxid-Erzkörpern ist die *Magmen-Mischung*, die nach Irvine (1977) anhand des einfachen Dreistoffsystems Chromit–Olivin–SiO_2 erläutert werden soll (Abb. 21.3a,b). Im flankierenden Zweistoffsystem Olivin–SiO_2 tritt die Verbindung Orthopyroxen auf (vgl. Abb. 18.15, S. 296), die bei niedrigem Druck inkongruent schmilzt; das flankierende Zweistoffsystem Olivin–Chromit hat ein Eutektikum bei etwa 1,5 % Chromit-Komponente. Aus einer Schmelze der Zusammensetzung **A** kristallisiert zunächst Olivin aus. Wenn bei B die kotektische Linie erreicht wird, kommt es zur gemeinsamen Ausscheidung von Olivin und Chromit. Der Kristallisationspfad folgt der kotektischen Linie B → C, bis bei Punkt C die peritektische Reaktion zu Orthopyroxen einsetzt und z. B. bei D die fraktionierte Kristallisation beendet ist (Abb. 21.3a). Die entstehenden Dunite oder Harzburgite weisen nur geringe Chromit-Gehalte von <1 % auf. Die Situation

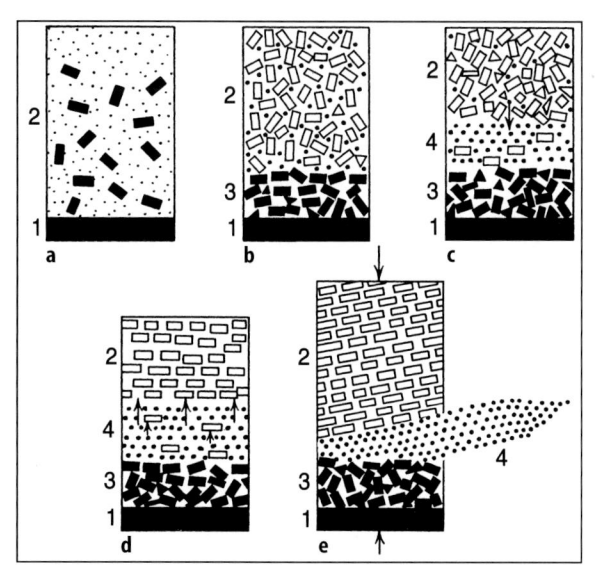

Abb. 21.2. Bildung einer Oxidschmelze durch fraktionierte Kristallisation von Silikaten. Erläuterungen im Text. (Nach Bateman 1951, aus Stanton 1972)

Abb. 21.3.
Bildung von Chromit-Lagerstätten durch Magmenmischung, erläutert an Hand des Dreistoffsystems Chromit–Olivin–SiO_2.
a Kristallisationspfad einer Schmelze **A**: A → B → C → D. **b** Bildung einer Chromit-Vererzung F durch Mischung der hochdifferenzierten Schmelze D mit einem neuen Schub von primitiverem Magma, das die Zusammensetzung E erreicht hat (s. Text). Man beachte den stark vergrößerten Maßstab für die Chromit-Gehalte. (Mod. nach Irvine 1977, aus Evans 1993)

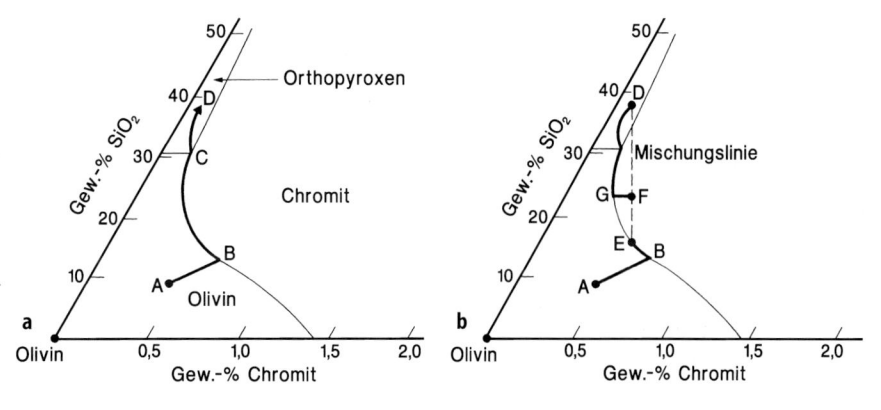

ändert sich dagegen, wenn in die Magmenkammer ein frischer Schub von primitivem basischen Magma A eindringt, das nur bis Punkt E fraktioniert und sich mit der differenzierten Schmelze D mischt. Jetzt liegt die Magmen-Zusammensetzung im Ausscheidungsfeld von Chromit, z. B. bei F, und es kristallisiert so lange Chromit aus, bis die kotektische Linie bei G wieder erreicht wird (Abb. 21.3b). Auf diese Weise können aus einem basaltischen Magma mit relativ geringen Cr-Gehalten Lagen oder Schlieren von Chromiterz entstehen.

21.2.1
Chromit- und Chromit-PGE-Lagerstätten

Chromit ist das einzige wirtschaftlich wichtige Cr-Erzmineral und seine Vorkommen als *Chromeisenstein* bilden wichtige Lagerstätten dieses Stahlveredlungsmetalls. Man unterscheidet grundsätzlich zwei verschiedene Typen von Chromit-Lagerstätten:

- stratiforme Chromit-Lagerstätten und
- podiforme (alpinotype) Chromit-Lagerstätten

Stratiforme Chromit-Lagerstätten (Bushveld-Typ). Sie sind an schichtige Norit-Intrusionen in tektonisch stabilen Kratonen gebunden. Die weltweit größten Lagerstätten dieses Typs mit insgesamt 94 % der Weltvorräte an Chromit liegen im südlichen Afrika. Der *Bushveld-Komplex* in Südafrika ist ein riesiger trichterförmiger Intrusivkörper mit einer Oberflächenausdehnung von 460 × 250 km und einer maximalen Mächtigkeit von 7,6 km (Abb. 21.4; z. B. Naldrett et al. 2009, 2012; Yodovskaya u. Kinnaird 2010), der seine Entstehung einem „Hot Spot" im Erdmantel verdankt. Er besteht aus zwei Hauptintrusionen, einem etwa 2 061 Ma (Ma = Millionen Jahre) alten Gabbro bis Norit mit Lagen von Harzburgit, Pyroxenit (insbesondere Bronzitit), Lherzolith und Anorthosit sowie dem etwas jüngeren Bushveld-Granit, der sehr genau auf 2 054,4 ±1,8 Ma datiert wurde (Walraven u. Hatting 1993). Die bis zu 2 m mächtigen chromitreichen Bänder befinden sich im unteren Teil der Norit-Intrusion (Abb. 21.4), insbesondere in der sog. kritischen Zone (Abb. 21.5); sie lassen sich im Gelände auf mehr als 100 km im Streichen verfolgen. Die Vorräte belaufen sich auf mindestens 2 300 Mio. t, etwa 70 % der Weltvorräte. Der *Great Dyke* („Großer Gang") in Simbabwe ist ein etwa N-S-streichender, 530 km langer und maximal 9,5 km breiter schichtiger Intrusiv-Komplex. Er ist ca. 2 575 Ma alt und stellt damit das älteste Beispiel für eine große kontinentale Riftzone, ein „Failed Rift" dar. In den maximal 45 cm mächtigen Chromitbändern stecken beachtliche Chromreserven.

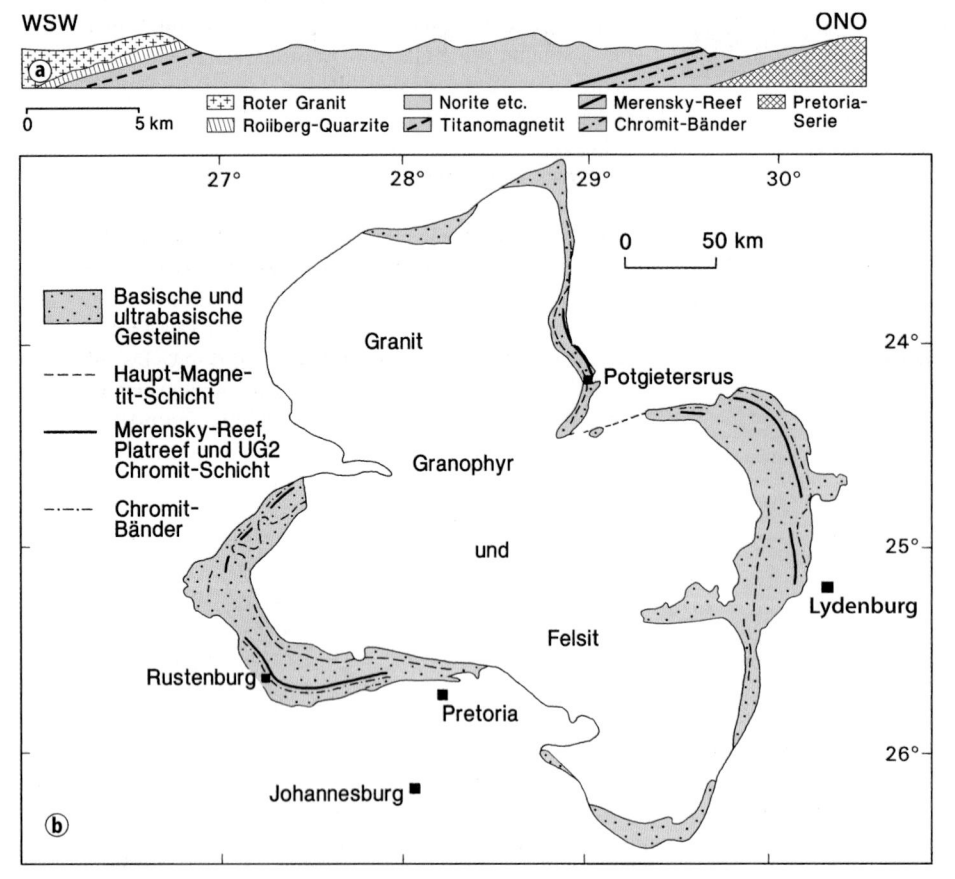

Abb. 21.4.
a Profil durch den Ostteil des Bushveld-Komplexes in der Gegend westl. von Lydenburg. (Nach Wagner 1929, aus Schneiderhöhn 1958). **b** Vereinfachte geologische Karte des Bushveld-Komplexes, Transvaal (Republik Südafrika). (Nach Evans 1993)

Abb. 21.5.
Chromitit-Bänder im Bushveld-Komplex, obere Subzone (UG-1) der Kritischen Zone. Die Chromitit-Lagen, die hier nur einige Zentimeter mächtig sind, bestehen zu ca. 70 Vol.-% aus Chromit; sie sind in Anorthosite (Plagioklas An$_{78-80}$) eingeschaltet. Brücke über den Dwars River zwischen Lydenburg und Loskop Dam, östliches Bushveld. Der Aufschluss ist ein National Monument. (Foto: Reiner Klemd)

Nicht selten sind stratiforme Chromit-Lagerstätten mit bauwürdigen Anreicherungen von *Platinmetallen* (PGE) verknüpft. Ein wichtiges Beispiel ist der sog. UG2-Chromitit-Horizont im *Bushveld-Komplex*, der mit Gehalten von 3,5–19 g/t PGE und Vorräten von $5,4 \cdot 10^9$ t inzwischen das berühmte Merensky Reef (s. Abschn. 21.3.1, S. 328f) an Bedeutung übertrifft. Im Bushveld gibt es auch kleine schlotförmige Dunitkörper, die wesentlich reicher an legierten Platinmetallen sind, aber nur geringe wirtschaftliche Bedeutung besitzen (z. B. Scoon u. Mitchell 2010). Auch im Gebiet von Nischnij Tagil im Ural sind PGE- und Chromit-Vererzungen miteinander verknüpft; allerdings werden hier die PGE überwiegend aus sekundären Seifen-Lagerstätten gewonnen (Abschn. 25.2.7, S. 390).

Ebenfalls zum Bushveld-Typ gehört die stratiforme Chromit-Lagerstätte Mount Bolshaya Varaka in der Layered Intrusion von Imandra (Kola-Halbinsel, Russland), wobei allerdings die PGE-Minerale erst sekundär, durch postmagmatische hydrothermale Vorgänge angereichert wurden (Barkov und Fleet 2004).

Podiforme (alpinotype) Chromit-Lagerstätten. Sie sind an Ophiolith-Komplexe gebunden, d. h. an Späne von ozeanischer Lithosphäre, die obduziert wurden und als Deckenkomplexe Bestandteile von Orogenen bilden. Ihr Alter ist paläozoisch, oft aber jünger. Die Chromit-Vererzung steckt meist in Harzburgiten, deren Olivin häufig serpentinisiert ist. In diesem Nebengestein findet sich Chromit in Bändern, Schlieren, Knollen oder kokardenförmigen Aggregaten. Geringere Mengen davon sind in Körnern eingesprengt. Die bedeutendsten Lagerstätten liegen im Ural, z. B. im ultrabasischen Massiv von Kempirsai. Dieses verfügt nicht nur über Chromiterz-Reserven von 90 Mio. t, sondern enthält zusätzlich gewaltige PGE-Reserven von mindestens 250 t, und zwar vorwiegend Ir, Ru und Os (Distler et al. 2008). Die meisten podiformen Chromit-Lagerstätten von wirtschaftlicher Bedeutung, insbesondere auf dem Balkan, auf Zypern (Troodos-Komplex), in der Türkei, den Philippinen, in Neu-Kaledonien und auf Kuba, sind viel kleiner. Insgesamt enthalten podiforme Chromit-Lagerstätten nur 4 % der Weltvorräte an Cr.

21.2.2
Fe-Ti-Oxid-Lagerstätten

Wichtigste Erzminerale sind *Ilmenit* (FeTiO$_3$) und *Titanomagnetit* mit wirtschaftlich interessanten Vanadium-Gehalten. Titanomagnetit besteht aus einem Wirtkristall von Magnetit, in dem Entmischungslamellen von Ilmenit // {111} sowie von Spinell und/oder Ulvöspinell // {100} eingelagert sind (Abschn. 7.2, S. 104ff). Die Fe-Ti-Oxiderze sind an Anorthosite gebunden, wobei sich folgende zwei Typen unterscheiden lassen:

Layered Intrusions. In Layered Intrusions entstehen durch fraktionierte Kristallisation von Gabbro- bzw. Norit-Magmen Anorthosit-Lagen aus sehr basischem Plagioklas. Dabei können sich – ähnlich wie in Abb. 21.2 schematisch dargestellt – V-Ti-Fe-reiche oxidische Restschmelzen bilden, die bei Erhöhung der Sauerstoff-Fugazität zu Titanomagnetit-Lagerstätten auskristallisieren. Das bekannteste Beispiel ist die Titanomagnetit-Lage im oberen Bereich des *Bushveld-Komplexes* (Abb. 21.4), die erhebliche V-Reserven enthält. Weitere Beispiele sind der *Stillwater-Komplex* in Montana (USA) und der *Duluth-Gabbro-Komplex* in Minnesota (USA).

Anorthosit-Massive. Große *Anorthosit-Massive*, meist von proterozoischem Alter, haben sich wahrscheinlich durch fraktionierte Kristallisation von riesigen Mengen basaltischer Schmelze an der Krusten-Mantel-Grenze gebildet und sind als Kristallbrei in die mittlere Kruste intrudiert (Ashwall 1993). Sie können erhebliche Ilmenit-Konzentrationen enthalten. Die Lagerstätten von *Tellnes* im Anorthosit-Gürtel Südnorwegens und von *Lac Tio* im Gebiet des *Allard Lake* in Quebec (Kanada) stellen mit Erzreserven von 300 bzw. 125 Mio. t die größten Ilmenit-Vererzungen der Erde dar. Die bekannten Lagerstätten von Taberg und Routivaara (Schweden) sind auflässig.

21.3
Lagerstättenbildung durch liquide Entmischung von Sulfid- und Oxidschmelzen

Wie bereits durch die frühen Experimente des Geophysical Laboratory in Washington gezeigt werden konnte, sind die meisten silikatischen Magmen untereinander beliebig mischbar (Bowen 1928). Demgegenüber herrschen zwischen silikatischen und sulfidischen sowie oxidischen, karbonatischen oder phosphatischen Schmelzen nur begrenzte Mischbarkeiten, wie das in Abb. 21.1b schematisch gezeigt wurde. Die liquide Entmischung (Liquation) einer bei hoher Temperatur einheitlichen Schmelze in zwei Teilschmelzen, die mit fortschreitender Abkühlung nicht mehr mischbar sind, setzt oberhalb der Liquidustemperatur des Systems ein. Dabei kommt es zur Verteilung der chemischen Elemente auf die beiden Teilschmelzen.

In die *Sulfidschmelzen* gehen große Mengen von Fe, der weitaus größte Teil von Ni, Cu und Co, dazu der im Magma befindliche Gehalt an Platinmetallen (neben Pt vorwiegend Pd) ein (z. B. Naldrett 1989; Arndt et al. 2005; Barnes und Lightfoot 2005; Cawthorn et al. 2005; Naldrett et al. 2009; Dare et al. 2010). Die spezifisch schweren Sulfidschmelzanteile können sich zu größeren Tropfen vereinigen, die innerhalb der Magmenkammer zu Boden sinken, dort meist *nach* den Silikaten auskristallisieren und kompakte Erzmassen bilden. Darüber folgt eine Zone, in der Sulfid-Schlieren und -Tropfen im Wirtgestein verteilt sind, und schließlich Norite oder Pyroxenite mit geringen, nicht bauwürdigen Erzgehalten. Zur Entmischung von Sulfidschmelzen kann es nur dann kommen, wenn das Ausgangs-Magma an Schwefel gesättigt ist. Die Analyse der $^{34}S/^{32}S$-Isotopen-Verhältnisse kann Hinweise auf die Herkunft des Schwefels geben. Diese weisen z. B. in den Sulfiden des Sudbury-Komplexes eindeutig auf eine Quelle im Erdmantel hin. Demgegenüber ist die Isotopen-Signatur in den Sulfiderzen der triassischen Gabbro-Intrusion von Norilsk am Jenissei (Sibirien) sedimentär: Das basische Magma wurde durch Assimilation von Gipsen an Schwefel angereichert (Evans 1993).

Wichtige Erzminerale sind *Pyrrhotin* $Fe_{1-x}S$, *Pentlandit* $(Ni,Fe)_9S_8$ und *Chalkopyrit* $CuFeS_2$. Unter dem Erzmikroskop erkennt man, dass Pentlandit charakteristische, flammenförmige Entmischungskörper im Pyrrhotin bildet oder sich auf den Korngrenzen des Pyrrhotins befindet (Abb. 21.7). Diese Verwachsungsaggregate, die man als Nickelmagnetkies bezeichnet, entstanden durch Entmischung aus einem Hochtemperatur-Mischkristall bei Abkühlung auf <610 °C.

21.3.1
Nickelmagnetkies-Kupferkies-PGE-Lagerstätten in Noriten und Pyroxeniten

Die bedeutendste liquidmagmatische Nickel-Lagerstätte ist an den schichtigen Intrusivkörper von Norit bei *Sudbury* (Ontario, Kanada) gebunden (Abb. 21.6). Sie ist das bislang größte bekannte Nickelvorkommen magmatischer Entstehung. Als wesentliche Erzminerale enthält das Sudbury-Erz Pyrrhotin mit Pentlandit-Entmischungen, Pentlandit mit Pyrrhotin-Entmischungen und Chalkopyrit (Abb. 21.7) neben Pyrit und Magnetit. Über Jahrzehnte lieferte Sudbury fast 80 % der Ni- und 35 % der Pt-Pd-Weltproduktion und ist immer noch einer der größten Ni-Produzenten der Erde. Heute werden Erze mit durchschnittlich 1,2 % Ni, 1,1 % Cu, 0,4 g/t Pt und 0,4 g/t Pd gefördert (Keays u. Lightfoot 2004; Dare et al. 2010).

Die Lagerstätte liegt im Basisbereich eines trichterförmigen Lopolithen von 60 km Länge und 30 km Breite, der in präkambrischen Gesteinsserien des Kanadischen Schildes Platz nahm. Radiometrische Datierungen mit der U-Pb- und Pb-Pb-Methode (Abschn. 33.5.3, S. 615f) an Zirkon und Baddeleyit ZrO_2 erbrachten ein sehr genaues Intrusionsalter von 1 849,3 ±0,3 Ma (Jourdan et al. 2012). Der Intrusivkörper besteht vom Hangenden zum Liegenden aus drei Einheiten, einem Granophyr (Mikrogranit), einem Quarzgabbro, einem Augit-Norit und dem sog. Sublayer, bestehend aus Gabbros, Noriten, Dioriten und magmatischen Brekzien mit Lagen, Linsen und Adern von Sulfiderz. Daneben treten überall noch steilstehende, gangartige Sulfiderzkörper auf, die als *Offsets* ins Nebengestein vordringen. Die Entstehung der Sudbury-Struktur und der dazugehörigen Erzkörper wird heute von den meisten (aber nicht allen) Forschern durch die *Impakt-Theorie* erklärt, die zuerst von Dietz (1964) entwickelt wurde. Danach wurde die Aufschmelzung von Gesteinen des oberen Erdmantels und der Erdkruste, die Intrusion des Norits und des Mikrogranits sowie die Bildung der Erzköper durch die Schockwelle beim Einschlag (Impakt) eines großen Meteoriten ausgelöst (Abschn. 26.2.3, S. 429ff).

Zieg und Marsh (2005) und Marsh (2006) entwickelten für dieses Ereignis folgendes Szenario: Der massive Meteorit mit einem Durchmesser von ca. 12 km durchschlug innerhalb von 2 Minuten die gesamte kontinentale Erdkruste und den obersten Bereich des Erdmantels, wodurch ein kurzlebiger Krater von ca. 30 km Tiefe und ca. 90 km Durchmes-

Abb. 21.6.
Geologische Übersichtskarte des Lagerstättenbezirks von Sudbury (Ontario) mit den wichtigsten Cu-Ni-Lagerstätten. (Aus Evans 1993)

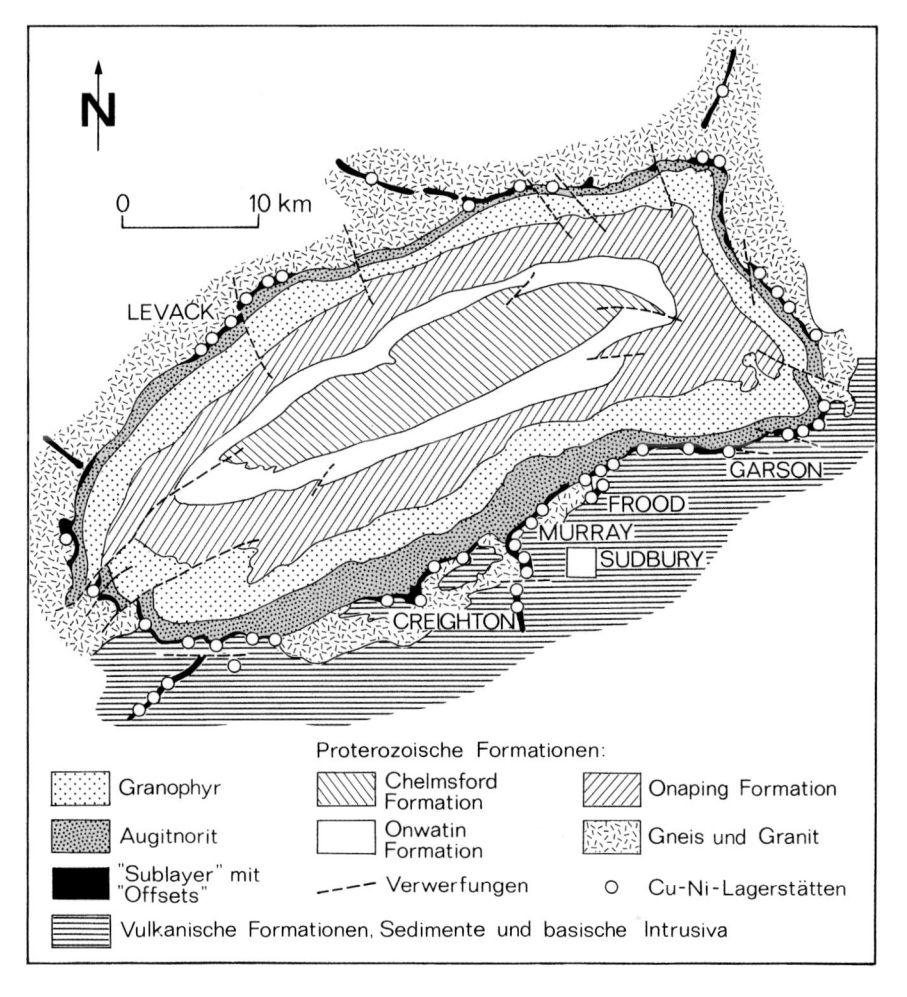

ser entstand. Innerhalb weiterer 5 Minuten relaxierte dieser gewaltige Hohlraum und es bildete sich ein Multi-Ring-Krater von ca. 200 km Durchmesser, der mit einem 3 km tiefen Magma-See von ca. 30 000 km^3 Inhalt gefüllt wurde. Während der Meteorit stellenweise eine Temperatur von etwa 2 500 °C erreichte und daher vollständig verdampfte, hatte das Magma „nur" eine Temperatur von ca. 1 700 °C, lag aber damit weit über seiner Liquidus-Temperatur von ca. 1 200 °C. Diese überhitzte Impaktschmelze stellte eine Emulsion dar, in der die unterschiedlichsten Anteile des aufgeschmolzenen Untergrundes in Form von hochviskosen Tropfen und Klumpen nebeneinander vorlagen, quasi eine geschmolzene Breccie. Durch physikalische Dichte-Trennung der größeren Tropfen, die rascher erfolgte als die chemische Homogenisierung durch Diffusion, saigerten die dunklen Schmelzanteile ab, während die hellen aufstiegen. Durch diesen Vorgang, der *viscous emulsion differentiation*, entstanden innerhalb einiger Jahre zwei Magmaschichten, die durch Konvektion homogenisiert wurden, während es im Grenzbereich zwischen beiden Schichten, der Übergangszone, zur Anreicherung von noch verbliebenen festen Gesteinsanteilen kam. Während eines Zeitraums von 10 000 bis 100 000 Jahren führte konduktiver Wärmetransport zur Abkühlung der beiden Magmaschichten, wobei die obere Schicht zu einem Granophyr, die untere zu einem Norit auskristallisierte (vgl. Abschn. 17.4.2, S. 279).

Nach Keays u. Lightfoot (2004) wurden in der überhitzten Impaktschmelze alle Sulfidminerale aufgelöst, die im durchschlagenen Gesteinsverband vorhanden waren, wodurch sich Durchschnittsgehalte von ca. 61 g/t Ni, 59 g/t Cu, 4 mg/t Pd und 4 mg/t Pt ergaben. In dem 1 700 °C heißen Magma konnte etwa 5 mal so viel Schwefel gelöst werden, wie das am Liquidus möglich ist. Bei der Abkühlung des Magmas wurde die Sättigungsgrenze für S unterschritten. Es kam zur Bildung und zum Absaigern von Ni-Cu-PGE-Schmelzen, die im Sublayer angereichert wurden und in Form der Offsets ins Nebengestein intrudierten.

Die Offsets werden als Intrusionen von Sulfidschmelze in das durch den Schock zerbrochene Nebengestein gedeutet (z. B. Keays u. Lightfoot 2004). Es lässt sich allerdings nicht ausschließen, dass im Gebiet von Sudbury schon vor dem Impakt-Ereignis eine thermische Anomalie im Erdmantel (Hot Spot) existierte, der zur Bildung von Mantelschmelzen führte. Die ursprünglich runde Form des Impakt-Kraters (Abschn. 31.1, S. 548f) wurde später bei der Grenville-Orogenese elliptisch verformt.

Ein weiteres bemerkenswertes Beispiel ist das *Merensky-Reef* im Bushveld-Komplex (Abb. 21.4), das 1924 von Andries Lombaard entdeckt, von dem deutschen Bergbau-Ingenieur Dr. Hans Merensky näher untersucht und auf Wunsch von Lombaard nach ihm benannt wurde. Es

Abb. 21.7. Nickelmagnetkies aus der Lagerstätte Sudbury (Ontario, Kanada). Körner von Pyrrhotin (hell rötlichbraun) mit flammen-förmigen Entmischungslamellen von Pentlandit (gelblichweiß) neben Körnern von Pentlandit mit fleckig entmischtem Pyrrhotin sowie Chalkopyrit (goldgelb) und Silikatmineralen (dunkelgrau bis fast schwarz). Mikrofoto im reflektierten Licht bei 1 Nic. **a** Übersichtsfoto, Bildbreite 0,9 mm; **b** Detailfoto des markierten Ausschnitts, Bildbreite 0,2 mm. (Foto: K.-P. Kelber)

handelt sich um eine Lage von sehr grobkörnigem, feldspatführendem Pyroxenit bis Norit, die in ihrem Gefüge an einen *Pegmatit* erinnert und sich durch ihren viel höheren Gehalt an Platinmetallen von den meisten orthomagmatischen Sulfiderz-Lagerstätten unterscheidet. Das Merensky-Reef, dessen Alter sehr genau auf 2 054 ±1 Ma datiert wurde (Scoates u. Friedman 2008), ist meist 30–90 cm mächtig und lässt sich mit Unterbrechungen auf mehrere 100 km im Gelände verfolgen. Im Liegenden und Hangenden wird es durch Chromit-Bänder begrenzt, in deren Bereich die maximalen PGE-Gehalte auftreten (z. B. Naldrett et al. 2009). Der Sulfidanteil erreicht rund 3 %, stellenweise etwas mehr. Sulfidminerale sind im Wesentlichen *Pyrrhotin, Pentlandit, Chalkopyrit* und *Pyrit*. Der Anteil an Pentlandit gegenüber Pyrrhotin ist etwa 10- bis 20-mal so hoch und der Gehalt an Platinmetallen mit 3–11 g/t Gestein deutlich größer als in Sudbury. Die bekannten Reserven liegen bei 33 000 t, im neu entdeckten *Platreef* im NE-Teil des Bushveld-Komplexes sogar bei 41 000 t mit PGE-Gehalten von 7–27 g/t. Etwa 60 % der Platinmetalle sind im Kristallgitter von Pentlandit, Pyrrhotin und Pyrit eingebaut; 40 % bilden eigene *PGE-Minerale* wie Cooperit (Pt,Pd)S, Braggit (Pt,Pd,Ni)S, Sperrylith $PtAs_2$, Laurit RuS_2, Stibiopalladinit Pd_5Sb_2 und ged. Ferroplatin; ferner tritt ged. Gold auf. Die Elemente Pt und Pd überwiegen sehr stark gegenüber der Summe der übrigen Platinmetalle. Obwohl eine orthomagmatische Entstehung des Merensky-Reefs unbestritten ist (Naldrett 1989, 2005; Kruger 2005), werden die Prozesse, die zur Konzentration der PGE führten, sehr kontrovers diskutiert. Ballhaus u. Stumpfl (1986) gehen von liquider Entmischung einer Sulfid- und einer Silikatschmelze aus; dabei entstand eine chloridreiche wässerige fluide Phase, in der die PGE gelöst wurden und aus der sie bei weiterer Abkühlung auskristallisierten. In manchen Fällen hat eine postmagmatische Überprägung durch hydrothermale Fluide zur Rekristallisation und Umlagerung der PGE-Minerale geführt, wie das z. B im Merensky-Reef, im J-M-Reef des Stillwater-Komplexes (Montana, USA; z. B. Keays et al. 2012) und in der Lagerstätte Raglan (Quebec, Kanada) beschrieben wird (Prichard et al. 2004; Polovina et al. 2004; Seabrook et al. 2004).

Ähnliche PGE-Lagerstätten sind an den Great Dike (Simbabwe; z. B. Locmelis et al. 2010), die ultramafische Jinchuan-Intrusion (China) und an die Gabbro-Intrusionen von Norilsk und Talnakh am unteren Jenissei (Sibirien) gebunden. Mit 100 t PGE/Jahr ist Norilsk mit großem Abstand der wichtigste Platinmetall-Produzent der Russischen Föderation.

21.3.2
Nickelmagnetkies-Kupferkies-Lagerstätten in Komatiiten

Komatiite sind ultramafische Vulkanite mit extrem hoher Liquidus-Temperatur, die – meist metamorph überprägt – archaische Grünstein-Gürtel aufbauen. Ihre Förderung in Form von Laven und Gängen belegt, dass während des Archaikums ein erheblich höherer geothermischer Gradient geherrscht hatte als später im Proterozoikum und Phanerozoikum. Liquide Entmischung von Sulfidschmelzen führte zur Bildung beachtlicher Ni- und Cu-Konzentrationen mit Pyrrhotin, Pentlandit, Chalkopyrit und Pyrit als wichtigste Erzminerale; der PGE-Anteil ist gering. An der Basis der Lavaströme finden sich massive Erzköper; mit scharfer Grenze folgt eine Zone von ultrabasischem Gestein, das von einem Netzwerk von Sulfiderz durchsetzt wird; darüber folgen – wiederum scharf abgegrenzt – Ultramafitite mit geringen oder fehlenden Erzgehalten (Barnes et al. 2004; Stone et al. 2004). Häufig wurden die Erzkonzentrationen, die an Komatiite gebunden sind, durch die metamorphe Überprägung verändert. Dabei kam es zum oxidativen Abbau von Pyrrhotin unter Bildung von Pyrit und Magnetit nach der Gleichung

$$12FeS + 6O_2 \rightarrow 3FeFe_2O_4 + 3FeS_2 + 3S_2 \qquad (21.1)$$

und damit zur relativen Anreicherung von Ni (Stone et al. 2004). Wirtschaftlich wichtige Beispiele sind der Kambalda-Distrikt in Westaustralien, die Alexo-Mine bei Timmins in Ontario (Kanada; z. B. Houlé et al. 2012), die Ni-Lagerstätte Mount Keith im Yilgarn-Kraton (West-Australien; z. B. Barnes et al. 2011) sowie einige Lagerstätten in Simbabwe und Südafrika (Komati River).

An pikritische *Tholeiit*-Laven sind die Sulfiderze von Petsamo (Petchenga) in Karelien (Russland) und von Lynn Lake in Manitoba (Kanada) gebunden.

21.3.3
Magnetit-Apatit-Lagerstätten

Bei hohen Gehalten an leichtflüchtigen Komponenten wie H_2O, CO_2, F, Cl, P_2O_5 und B_2O_3 können sich auch oxidische Erzmagmen im flüssigen Zustand absondern und selbständige Intrusivkörper bilden oder sogar als Laven ausfließen. Eine solche liquidmagmatische Entstehung wird für die wirtschaftlich sehr bedeutende Eisenerzlagerstätte von *Kiruna* in Nordschweden angenommen, wobei umstritten ist, ob die Erzschmelzen intrusiv oder extrusiv gefördert wurden. (Manche Autoren bevorzugen sogar eine vulkanogene Genese; Abschn. 23.5.4, S. 365f.) Es handelt sich um enorm große Metallkonzentrationen mit 60–67 % Fe und bis zu 5 % P. Die Erzkörper der 7 Einzellagerstätten sind in felsische bis intermediäre (sub)vulkanische Gesteine eingeschaltet, die deformiert und metamorph überprägt werden. Der größte Erzkörper Kirunavaara ist 40 km lang und 80–90 m mächtig; er wird im derzeit größten Untertagebergwerk der Welt abgebaut.

Der Magneteisenstein von Kiruna enthält Ti-freien Magnetit mit eingesprengtem oder in Streifen angereichertem Fluorapatit $Ca_5[F/(PO_4)_3]$. Magnetit ist teilweise sekundär in Hämatit umgewandelt (Martitisierung). Durch Einwirkung der fluiden Phase haben sich besonders in den randlichen Partien der Erzkörper Skapolith (Abschn. 11.6.4, S. 200), Albit und/oder Turmalin gebildet. Auch das Nebengestein ist häufig, vom Erzkörper ausgehend, sekundär skapolithisiert und albitisiert. Das Kiruna-Erz spielt für die europäische und besonders für die deutsche Schwermetallindustrie eine bedeutende Rolle, nicht zuletzt wegen seines zusätzlichen hohen Phosphorgehalts.

Weitere Eisenerzvorkommen dieser Art sind z. B. Grängesberg (Schweden), Pea Ridge und Iron Mountain (Missouri), Cerro de Mercado und Durango (Mexiko) sowie Savage River (Tasmanien). Darüber hinaus sind wirtschaftlich wichtige Magnetit-Apatit-Vererzungen an Karbonatite gebunden, die im folgenden Abschnitt beschrieben werden.

21.4
Erz- und Mineral-Lagerstätten in Karbonatit-Alkali-Magmatit-Komplexen

Karbonatite und foidführende Alkali-Magmatite sind häufig, aber nicht immer miteinander assoziiert. Sie bilden Intrusivkomplexe, z. T. in Form von Ringkomplexen, sowie Gangschwärme und Vulkane in intrakontinentalen Riftzonen, oder sie sind an größere Störungszonen im Bereich von stabilen Kratonen gebunden. In vielen Fällen lässt sich eine Hot-Spot-Situation annehmen. Es unterliegt keinem Zweifel, dass sich Karbonatite durch liquide Entmischung von Mantelschmelzen gebildet haben. Dabei und durch anschließende fraktionierte Kristallisation kommt es zur Anreicherung von Apatit, Magnetit, dem Nb-Mineral Pyrochlor $(Ca,Na)_2Nb_2(O,OH,F)_7$, von Xenotim $Y[PO_4]$, den Zr-Mineralen Zirkon und Baddeleyit ZrO_2 sowie von SEE-Mineralen wie Monazit $(Ce,La,Nd)[PO_4]$, Bastnäsit $(Ce,La,Nd,Y)[(F,OH)/CO_3]$, Parisit $Ca(Nd,Ce,La)_2[F_2/(CO_3)_2]$, Burbankit $(Na,Ca)_3(Sr,Ba,Ce)_3[CO_3]_5$ und Loparit $(Na,Ce,Ca)(Ti,Nb)O_3$. Daneben können Karbonatit-Alkali-Magmatit-Komplexe Industrieminerale wie Fluorit, Baryt und Strontianit in wirtschaftlich bedeutenden Mengen enthalten.

So befindet sich einer der weltgrößten Lagerstätten von Seltenerd-Elementen im *Mountain-Pass-Karbonatit* in Kalifornien (USA). Sie wird noch übertroffen von der Riesenlagerstätte Bayan Obo (Innere Mongolei, Nordchina), die

70 % der Weltvorräte an SEE-Mineralen (hauptsächlich Basnäsit, Parisit, Monazit), entsprechend 48 Mio. t REE_2O_3 sowie 2,2 Mio. t Nb_2O_5 enthält (Kynicky et al. 2012). Darüber hinaus sind Vorräte von 470 Mio. t Eisen und 130 Mio. t Fluorit nachgewiesen.

Die Genese dieser Lagerstätte, die im Nord-China-Kraton liegt, ist im Einzelnen noch umstritten (z. B. Laznika 2006; Kynicky et al. 2012). Zwar treten die Vererzungen schichtgebunden in metamorph überprägten Sedimentgesteinen proterozoischen Alters auf, und zwar hauptsächlich in Dolomit-Marmoren, in denen sie lagige und linsen-förmige Körper, Adern und Imprägnationen bilden. Jedoch stammen die Wertmetalle mit größter Wahrscheinlichkeit aus Karbonatit-Magmen, die in unmittelbarer Nachbarschaft der Lagerstätte als diskordante Karbonatit-Gänge dokumentiert sind (z. B. Le Bas et al. 1992; Yang et al. 2011).

Ebenfalls an Karbonatit-Alkali-Magmatit-Komplexe sind die berühmten Magnetit-Apatit-Lagerstätten von Kovdor, Chibiny und Lovozero auf der *Kola-Halbinsel* (Russland) sowie von Sokli (Finnland) gebunden. Die Apatit-Konzentrate enthalten hier wirtschaftlich interessante Mengen von SrO, SEE und Re_2O_3.

Im ca. 2 Milliarden Jahre (2 Ga) alten Karbonatit-Alkali-Magmatit-Komplex von Phalaborwa (*Palabora*) in Transvaal (Südafrika) treten bauwürdige Konzentrationen von Kupfererz-Mineralen wie Chalkopyrit, Cubanit, Bornit, Chalkosin und Valleriit $(Fe,Cu)S \cdot 0{,}75\ (Mg,Al,Fe)(OH)_2$ auf, die im zweitgrößten Tagebau der Welt abgebaut werden. Die Sulfid-Vererzung hat sich in einem sehr frühen Stadium der magmatischen Entwicklung durch liquide Entmischung einer Kupfersulfidschmelze gebildet. Als Beiprodukte werden Magnetit, Apatit, Au, Ag, PGE, U, Zr u. a. gewonnen. Ein nahegelegener Tagebau wurde in einem Apatit-reichen Pyroxenit angelegt, der die derzeit größte magmatische Apatit-Lagerstätte der Erde darstellt (Evans 1993). Schließlich wird in Phalaborwa noch das Industriemineral Vermiculit, ein quellfähiges Schichtsilikat (Abschn. 11.5.7, S. 176) gewonnen.

Weiterführende Literatur

Arndt NT, Lesher CM, Czamanske GK (2005) Mantle-derived magmas and magmatic Ni-Cu-(PGE) deposits. Econ Geol 100th Anniversary Vol, p 5–23

Ashwal LD (1993) Anorthosites. Springer-Verlag, Berlin Heidelberg New York Tokyo

Barnes SJ, Hill RET, Perring SE, Dowling SE (2004) Lithogeochemical exploration for komatiite-associated Ni-sulfide deposits: Strategies and limitations. Mineral Petrol 82:259–293

Barnes S-J, Lightfoot PC (2005) Formation of magmatic nickel sulfide deposits and processes affecting their copper and platinum group element contents. Econ Geol 100th Anniversary Vol, p 179–213

Brenan JM, Mungall JE (eds) (2008) Platinum-group elements. Elements 4:227–263

Cawthorn RG, Barnes SJ, Ballhaus C, Malitch KN (2005) Platinum group element, chromium, and vanadium deposits in mafic and ultramafic rocks. Econ Geol 100th Anniversary Vol, p 215–249

Chakhmouradian AR, Wall F (2012) Rare earth elements: Minerals, mines, magnets (and more). Elements 8:333–340

Chakhmouradian AR, Zaitsev AN (2012) Rare earth mineralization in igneous rocks: Sources and processes. Elements 8:347–353

Evans AM (1993) Ore geology and industrial minerals, 3rd edn. Blackwell Science, Oxford

Guilbert JM, Park CF (1986) The geology of ore deposits, 4th edn. Freeman, New York

Hatch GP (2012) Dynamics of the global market for rare earths. Elements 8:341–346

Jourdan F, Reimold WU, Deutsch A (2012) Dating terrestrial impact structures. Elements 8:49–53

Keays RR, Lightfoot PC (2004) Formation of Ni-Cu-platinum group element sulfide mineralization in the Sudbury Impact Melt Sheet. Mineral Petrol 82:217–258

Kruger FJ (2005) Filling the Bushveld Complex magma chamber: Lateral expansion, roof and floor interaction, magma unconformities, and the formation of giant chromitite, PGE and Ti-V-magnetite deposits. Mineral Depos 40:451–472

Laznicka P (2006) Giant Metallic Deposits. Springer-Verlag, Berlin Heidelberg New York

Lesher CM, Lightfoot PC (2012) Preface for thematic issue on Ni-Cu-PGE deposits. Mineral Dep 47:1–2

Maier WD, Groves DI (2011) Temporal and spatial controls on the formation of magmatic PGE and Ni-Cu deposits. Mineral Dep 46:841–857

Naldrett AJ (1989) Magmatic sulphide deposits. Oxford Univ Press, New York

Naldrett AJ (2005) A history of our understanding of magmatic Ni-Cu sulfide deposits. Canad Mineral 43:2069–2098

Naldrett AJ (2010) From the mantle to the bank: The life of a Ni-Cu-(PGE) sulfide deposit. South African J Geol 113:1–32

Pirajno F (2004) Hotspots and mantle plumes: Global intraplate tectonics, magmatism and ore deposits. Mineral Petrol 82: 193–216

Stanton RL (1972) Ore petrology. McGraw-Hill, New York

Stone WE, Beresford (2004) New frontiers in research on NiS-PGE mineralization: Introduction and overview. Mineral Petrol 82:179–182

Zitierte Literatur

Ballhaus CG, Stumpfl EG (1986) Sulfide and platinum mineralization in the Merensky Reef: Evidence from hydrous minerals and fluid inclusions. Contrib Mineral Petrol 94:193–204

Barkov AY, Fleet ME (2004) An unusual association of hydrothermal platinum-group minerals from the Imandra Layered Complex, Kola Peninsula, northwestern Russia. Canad Mineral 42:455–467

Barnes SJ, Fiorentini ML, Fardon MC (2011) Platinum group element and nickel sulphide ore tenors of the Mount Keith nickel deposit, Yilgarn Craton, Australia. Mineral Dep 47:129–150

Bateman JD (1951) The formation of late magmatic oxide ores. Econ Geol 53:404–426

Bowen NL (1928) The evolution of igneous rocks. Dover Publ, New York (Nachdruck 1956)

Dare SAS, Barnes S-J, Prichard HM (2010) The distribution of platinum group elements (PGE) and other chalcophile elements among sulfides from the Creighton Ni-Cu-PGE sulfide deposit, Sudbury, Canada, and the origin of palladium in pentlandite. Mineral Dep 45:765–793

Dietz RS (1964) Sudbury structure as an astrobleme. J Geol 72: 412–434

Distler VV, Kryachko VV, Yudovskaya MA (2008) Ore petrology of chromite-PGE mineralization in the Kempirsai ophiolite complex. Mineral Petrol 92:31–58

Groves DI, Marchant T, Maske S, Cawthorn RG (1986) Composition of ilmenites in Fe-Ni-Cu sulfides and host rocks, Insizwa, Southern Africa: Proof on coexisting immiscible sulfide and silicate liquids. Econ Geol 81:725–731

Houlé MG, Lesher CM, Davis PC (2012) Thermochemical erosion at the Alexo Mine, Abitibi greenstone belt, Ontario: Implications for the genesis of komatiite-associated Ni–Cu–(PGE) mineralization. Mineral Dep 47:105–128

Irvine TN (1977) Origin of chromitite layers in the Muskox Intrusion and other stratiform intrusions: A new interpretation. Geology 5:273–277

Keayes RR, Lightfoot PC, Hamlyn PR (2012) Sulfide saturation history of the Stillwater Complex, Montana: Chemostratigraphic variation in platinum group elements. Mineral Dep 47:151–173

Kynicky J, Smith MP, Xu C (2012) Diversity of rare earth deposits: The key example of China. Elements 8:361–367

Le Bas MJ, Keller J, Tao K, et al. (1992) Carbonatite dikes at Bayan Obo, Inner Mongolia, China. Mineral Petrol 46:195–228

Locmelis M, Melcher F, Oberthür T (2010) Platinum-group element distribution in the oxidized Main Sulfide Zone, Great Dike, Zimbabwe. Mineral Dep 45:93–109

Naldrett AJ, Wilson A, Kinnaird J, et al. (2009) PGE tenor and metal ratios within and below the Merensky Reef, Bushveld Complex: Implication for its genesis. J Petrol 50:625–659

Naldrett AJ, Wilson A, Kinnaird J, et al. (2012) The origin of chromitites and related PGE mineralization in the Bushveld Complex: New mineralogical and petrological constraints. Mineral Dep 47:209–232

Polovina JS, Hudson DM, Jones RE (2004) Petrographic and geochemical characteristics of postmagmatic hydrothermal alteration and mineralization in the J-M Reef, Stillwater Complex, Montana. Canad Mineral 42:261–277

Prichard HM, Barnes S-J, Maier WD, Fisher PC (2004) Variations in the nature of the platinum-group minerals in a cross-section through the Merensky Reef at Impala Platinum: Implications for the mode of formation of the reef. Canad Mineral 42:423–437

Schneiderhöhn H (1958) Die Erzlagerstätten der Erde. Band I. Die Erzlagerstätten der Frühkristallisation. Gustav Fischer, Stuttgart

Scoates JS, Friedman RM (2008) Precise age of the platiniferous Merensky Reef, Bushveld Complex, South Africa, by the U–Pb zircon chemical abrasion ID-TIMS technique. Econ Geol 103:465–471

Scoon RN, Mitchell AA (2010) The principal geological features of the Onverwacht platiniferous dunite pipe, eastern limb of the Bushveld Complex. South African J Geol 113:155–168

Seabrook, CL, Prichard HM, Fisher PC (2004) Platinum-group minerals in the Raglan Ni-Cu-(PGE) sulfide deposit, Cape Smith, Quebec, Canada. Canad Mineral 42:485–497

Stone WE, Heydari M, Seat Z (2004) Nickel tenor variations between Archean, komatiite-associated nickel sulphide deposits, Kambalda ore field: The metamorphic modification model revisited. Mineral Petrol 82:295–316

Wagner PA (1929) The platinum deposits and mines of South Africa. Edinburgh

Walraven F, Hattingh E (1993) Geochronology of the Nebo granite, Bushveld Complex. South Afric J Geol 96:31–41

Yang K-F, Fan H-R, Santosh M, et al. (2011) Mesoproterozoic carbonatite magmatism in the Bayan Obo Deposit, Inner Mongolia, North China: Constraints for the mechanism of super accumulation of rare earth. Ore Geol Rev 40:122–131

Yudovskaya MA, Kinnaird JA (2010) Chromite in the Platreef (Bushveld Complex, South Africa): Occurrence and evolution of its chemical composition. Mineral Dep 45:369–391

Pegmatite

22.1 Theoretische Überlegungen

22.2 Geologisches Auftreten und Petrographie von Pegmatiten

22.3 Pegmatite als Rohstoffträger

22.4 Geochemische Klassifikation der Granit-Pegmatite

Pegmatite sind sehr grobkörnige bis riesenkörnige magmatische Gesteine, in denen Einzelkristalle bis mehrere Meter groß werden können. Sie bilden sich aus silikatischen Restschmelzen, die an H_2O, F, B_2O_3 und anderen leichtflüchtigen Komponenten angereichert sind. Prinzipiell kann jeder Plutonit als Pegmatit ausgebildet sein. So hatten wir bereits das Merensky-Reef im Bushveld-Komplex als Beispiel für einen mafischen bis ultramafischen Pegmatit kennen gelernt (Abschn. 21.3.1, S. 328ff). Jedoch bilden *Granit-Pegmatite* den überwiegenden Hauptanteil. Sie führen häufig hohe Gehalte an seltenen Elementen wie Li, Be, Sn, W, Rb, Cs, Nb, Ta, SEE und U, die – wegen großer Ionenradien oder hoher Feldstärken – nicht oder nur in Spuren in die Hauptgemengteile von Graniten eingebaut werden können. Diese Elemente verhalten sich also *inkompatibel* gegenüber Quarz, Feldspäten, Glimmern u. a. Mafiten und werden daher in den wässerigen Restschmelzen angereichert. Granit-Pegmatite sind somit wichtige Rohstoffträger. Von großer wirtschaftlicher Bedeutung sind darüber hinaus auch die *Syenit-Pegmatite* und *Nephelin-Syenit-Pegmatite*.

22.1
Theoretische Überlegungen

Um die Entwicklung eines granitischen Magmas bis hin zum *pegmatitischen Stadium* zu verstehen, können wir zunächst auf den experimentellen Untersuchungen im vereinfachten Granit-System Qz–Or–Ab(–An)–H_2O (Abschn. 20.2, S. 313ff) aufbauen. Grundlegend dabei ist die Löslichkeit von H_2O in der Schmelze. Wir betrachten das *T-X*-Diagramm Granit–H_2O (Abb. 22.1a), das von Whitney (1975) an einem synthetischen, Fe- und Mg-freien Modellgranit, bestehend aus 26,5 % Qz, 34 % Or, 32 % Ab und 7,5 % An bei einem konstantem Gesamtdruck von 2 kbar bestimmt wurde. Dargestellt sind die Liquiduskurve A–B–C, die Soliduskurve D–E, die Löslichkeitskurve von H_2O in der Schmelze F–B und die Grenzkurve zwischen H_2O-Untersättigung und H_2O-Übersättigung B–D. Die maximale Löslichkeit von H_2O in der Granitschmelze, die bei 840 °C ($P = 2$ kbar) erreicht ist, beträgt ca. 6,5 Gew.-% (Punkt B). Mit steigender Temperatur nimmt die H_2O-Löslichkeit ab, wie man aus dem Verlauf der Kurve B–F entnehmen kann; man bezeichnet dieses Verhalten als *retrograde Löslichkeit*. Demgegenüber kann man an der Grenzkurve B–D den H_2O-Gehalt in der Schmelze *nicht* ablesen, da das Diagramm kein Zweistoffsystem, sondern nur einen *peudobinären Schnitt* durch das Mehrstoffsystem Granit–H_2O darstellt.

Schematisch gezeigt ist auch die Löslichkeit der Granit-Komponenten im Wasserdampf G–C–E, die mit sinkender Temperatur abnimmt. Beide Kurven treffen sich im kritischen Punkt des Systems, oberhalb dessen es zwischen Schmelzphase und Dampfphase keinen Unterschied mehr gibt, sondern nur noch eine einheitliche fluide Phase existiert (Abb. 18.1, S. 282). Aus experimentellen Untersuchungen im einfachen Modellsystem Ab–H_2O lässt sich jedoch entnehmen, dass überkritisches Verhalten von granitischen Schmelzen im *reinen* Modellsystem Qz–Or–Ab (–An)–H_2O in der Erdkruste nur bei unrealistisch hohen Temperaturen von weit über 1 500 °C zu erwarten ist; erst bei Drücken des oberen Erdmantels sinkt der kritische Punkt auf <1 000 °C ab (z. B. Paillat et al. 1992; Sowerby u. Keppler 2002).

Aus einem H_2O-freien Granit-Magma kristallisieren bei Erreichen der Liquiduskurve bei ca. 1 180 °C (Punkt A) nacheinander Plagioklas, Alkalifeldspat und Quarz aus, bis bei 700 °C (Punkt D) die Soliduskurve unterschritten wird. Die gleiche Ausscheidungsfolge ergibt sich für ein Granit-Magma mit 2 % H_2O, wobei jedoch die Liquidus-Temperatur auf ca. 1 030 °C sinkt. Bei weiterer Abkühlung wird die Schmelze immer H_2O-reicher und es wird – abhängig von der genauen Zusammensetzung der Schmelze – die Grenzkurve B–D überschritten. Jetzt wird eine H_2O-reiche Dampfphase (V) freigesetzt, die zunächst Bläschen in der Schmelze bildet oder in Form von Flüssigkeits-Einschlüssen (Kap. 12, S. 207ff) in die wachsenden Kristalle eingeschlossen wird. Man bezeichnet das Sieden bei Abkühlung und/oder bei Druckentlastung als *retrogrades Sieden*, wie wir es im täglichen Leben z. B. beim Öffnen

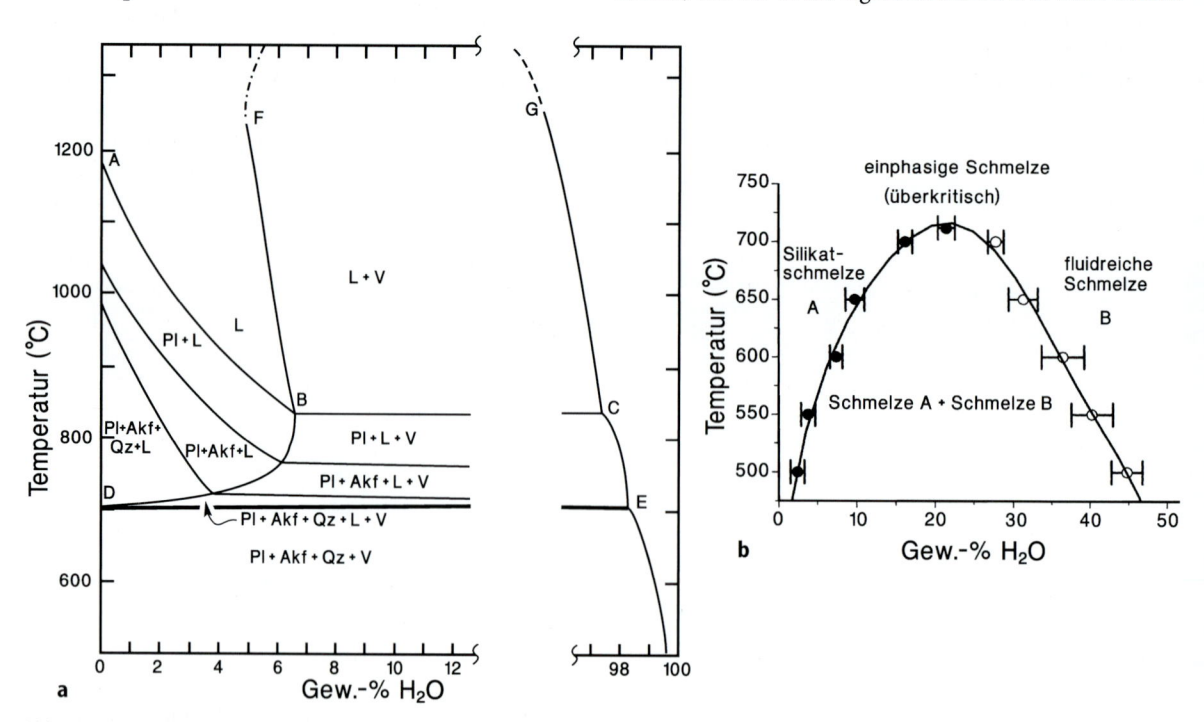

Abb. 22.1. a *T-X*-Diagramm für das System Granit–H_2O bei $P_{tot} = 2$ kbar. Erläuterungen im Text. (Nach Whitney 1975). **b** H_2O-Gehalte von Schmelzeinschlüssen im Pegmatit-Quarz von Ehrenfriedersdorf (Sächsisches Erzgebirge) in Abhängigkeit von der Temperatur bei einem Gesamtdruck von ca. 1 kbar. Schmelze A zeigt prograde, Schmelze B retrograde Löslichkeit von H_2O. Oberhalb des kritischen Punktes bei 712 °C liegt nur eine einheitliche H_2O-reiche überkritische Schmelzphase vor. (Nach Thomas et al. 2000)

einer Seltersflasche beobachten können. Unterhalb der Linie B–C koexistieren Pl + L + V miteinander; bei weiterer Abkühlung kommen Akf und Qz hinzu (Abb. 22.1a).

Nach Jahns u. Burnham (1969) können Granite mit pegmatitischem Gefüge bereits im unteren Bereich der Liquiduskurve A–B entstehen, wo das Magma schon sehr H_2O-reich ist. Entscheidend für die Entstehung von typischen riesenkörnigen Pegmatiten ist aber das Auftreten einer eigenen Dampfphase nach Überschreiten der Grenzkurve B–D, durch die die Diffusionsgeschwindigkeit und damit das Kristallwachstum enorm begünstigt werden. Gleichzeitig können sich durch Abschreckung der an H_2O verarmten Restschmelze feinkörnige Aplite bilden, wie sie häufig mit Pegmatiten assoziiert sind. Unterhalb der Soliduskurve D–E ist die letzte Schmelze verschwunden; es bleibt nur noch die Dampfphase übrig, aus der sich späte Mineralbildungen ausscheiden können. Bei Unterschreiten der kritischen Temperatur (für reines Wasser 374 °C) kondensiert der Dampf und es entsteht eine hydrothermale Lösung.

Gegenüber dem vereinfachten System Qz–Or–Ab–An–H_2O hat die Beteiligung von zusätzlichen leichtflüchtigen Komponenten wie F, Cl, H_3BO_3, HCO_3^-, CO_3^{2-}, SO_4^{2-} oder PO_4^{2-} sowie von seltenen Elementen wie Li, Rb, Cs oder Be dramatische Änderungen zur Folge:

1. Die Liquidus- und Solidus-Temperaturen sinken beträchtlich. So ergab die experimentelle Kristallisation einer Granitschmelze mit erhöhten Gehalten an Li, F, H_3BO_3 und PO_4^{2-} bei 2 kbar für die Punkte A ca. 950 °C, B ca. 700 °C und D ca. 450 °C (London 1992). Damit entspräche die Temperaturspanne zwischen B und D etwa dem Bereich, der für die Bildung der meisten Pegmatite angenommen wird.
2. Die Löslichkeit von H_2O in der Granitschmelze steigt an, z. B. bei den Experimenten von London et al. (1989) bei P_{H_2O} = 2 kbar auf maximal 11,5 % bei Punkt B.
3. Die kritischen Temperaturen, oberhalb derer man nicht mehr zwischen Schmelzphase und Dampfphase unterscheiden kann, sinken drastisch, so dass man insbesondere gegen Ende des pegmatitischen Stadiums mit der Existenz von überkritischen Fluiden rechnen kann (z. B. Thomas et al. 2000, 2003; Sowerby u. Keppler 2002). Überkritisches oder unterkritisches Verhalten hängen sehr stark vom Belastungsdruck und von der chemischen Zusammensetzung der Fluide ab.

Somit unterliegt es keinem Zweifel, dass die Genese von Pegmatiten sehr viel komplizierter und vielgestaltiger ist, als man aus dem vereinfachten Granit-System ableiten kann.

Darauf weisen z. B. Untersuchungen an Schmelz- und Flüssigkeits-Einschlüssen hin, die von Thomas et al. (2000, 2003) an Mineralen eines Pegmatits von Ehrenfriedersdorf im Sächsischen Erzgebirge durchgeführt wurden. Danach waren an der Pegmatitbildung zwei Silikatschmelzen beteiligt, die miteinander im Gleichgewicht standen.

Bei einem Druck von etwa 1 kbar und 500 °C enthielt Schmelze A ca. 2,5 %, Schmelze B ca. 47 % H_2O. Mit zunehmender Temperatur nahm der H_2O-Gehalt in Schmelze A zu (prograde Löslichkeit), in Schmelze B dagegen ab (retrograde Löslichkeit); die beiden Löslichkeitskurven vereinigen sich in einem kritischen Punkt bei 712 °C und 21 % H_2O, über dem nur noch eine einheitliche, überkritische Schmelzphase existiert (Abb. 22.1b). Die wasserreiche Schmelze B ist an H_3BO_3, Cl und Cs angereichert, während F und PO_4^{2-} bevorzugt in der wasserärmeren Schmelze A gelöst werden. Bei der Abkühlung der Schmelzen schied sich im Temperaturbereich von 650–550 °C Kassiterit aus (Rickers et al. 2006). Bei Abkühlung beider Schmelzen wurde eine Bor-reiche, stark salzhaltige (hypersaline) Lauge freigesetzt, aus der bei etwa 400–370 °C eine zweite Kassiterit-Generation auskristallisierte. Außerdem war eine H_2O-reiche Dampfphase vorhanden.

Der Nachweis von zwei miteinander koexistierenden Schmelzen mit unterschiedlichen Gehalten an H_2O und starker Fraktionierung der seltenen Elemente erweitert das einfache Modell von Jahns u. Burnham (1969) und bietet realistische Hinweise darauf, wie sich Pegmatite in der Natur bilden könnten.

22.2 Geologisches Auftreten und Petrographie von Pegmatiten

Wegen ihrer hohen Gehalte an leichtflüchtigen Komponenten weisen die Pegmatitschmelzen eine geringe Viskosität auf und sind daher sehr beweglich. So gelangen sie in aufgerissene Spalten oder in Hohlräume innerhalb des Plutons, aus dem sie stammen, oder in dessen Nebengestein. Als Füllungen von Spalten bilden sie Pegmatitgänge, als Füllungen größerer Hohlräume selbständige Pegmatitstöcke, die nicht selten beachtliche Ausmaße erreichen.

Pegmatitgänge sind wechselhaft ausgebildet: häufig an- und abschwellend in ihrer Mächtigkeit, bauchig oder linsenförmig, seltener plattenförmig. Das Nebengestein durchsetzen sie diskordant; in anderen Fällen passen sie sich abwechselnd konkordant oder diskordant einem älteren, vorgegebenen Gefüge des Nebengesteins an. Pegmatitgänge treten besonders häufig im Randbereich, insbesondere im Dachbereich von Granitplutonen und deren Nachbarschaft auf. Mitunter ist die Außenzone feinkörnig (aplitisch) entwickelt (Abb. 22.2). Größere, Pegmatitstöcke, aber auch Pegmatitgänge zeigen häufig eine gut ausgebildete *zonare Anordnung* der Mineralausscheidungen. Dabei durchsetzen oder verdrängen die Mineralbildungen der inneren Zonen die der Außenzonen, niemals umgekehrt. In den Kernzonen ist häufig Quarz angereichert, der als Bergkristall in verbleibende Drusen-Hohlräume hineinwächst (Abb. 22.2). Dieser Zonarbau wurde durch fraktionierte Kristallisation der Pegmatitschmelze oder durch liquide Entmischung erklärt; in manchen Fällen könnte eine spätere fluide Phase die inneren Teile des Pegmatitkörpers verdrängt haben, wobei sich Übergänge zu hydrothermalen Lösungen ergeben (vgl. Kap. 23; z. B. Thomas et al. 2012). Nach London

(2005) lassen sich der Zonarbau und andere Gefügemerkmale von Pegmatiten, wie

- häufige Orientierung der Kristalle etwa senkrecht zum Salband,
- schriftgranitische Verwachsungen von Quarz und Kalifeldspat,
- Bildung von Skelett-Kristallen

durch überhastetes Kristallwachstum aus einer unterkühlten, und damit übersättigten Schmelze erklären. Dabei entstanden an den Grenzen des Magmenkörpers Kristallisationsfronten, an denen hauptsächlich das Wachstum von Quarz und Kalifeldspat stattfand. Inkompatible Elemente (Abb. 33.1, S. 598), wie Li, Be, B und F, wurden in diese Minerale nicht eingebaut, sondern vor der Wachstumsfront hergeschoben, so dass es zur zonaren Anreicherung der entsprechenden seltenen Minerale kam (London u. Morgan 2012).

Dieser Vorgang der natürlichen Zonenreinigung findet in der technischen Kristallzüchtung als *Zonenschmelzen* Anwendung; dabei wird durch einen bewegten Induktionsofen, der den Kristall umgibt, eine Schmelzzone durch den Kristall geführt, welche die Verunreinigungen vor sich her schiebt.

In diesem Zusammenhang ist interessant, dass man für viele Pegmatite ungewöhnlich kurze Abkühlungszeiten abgeschätzt hat, was die Unterkühlung der Schmelze erklären würde (vgl. London 2005; London u. Morgan 2012). So soll der 20 m mächtige Harding-Pegmatit in New Mexico innerhalb von 3–5 Monaten nach seiner Platznahme bis zum Solidus abgekühlt sein. Für den 2 m mächtigen Little-Three-Pegmatitgang bei Ramona (Kalifornien) wurde eine Abkühlzeit von 25 Tagen abgeschätzt, und die berühmten, 30 cm dicken Edelstein-Pegmatite von Himalaya-San Diego (Kalifornien) sollen sogar nur wenig mehr als eine Woche benötigt haben, um die Solidus-Temperatur zu erreichen.

Als Hauptgemengteile führen *Granit-Pegmatite* Quarz, Mikroklin bzw. Mikroklinperthit, ± Albit oder Oligoklas, Muscovit, ± Biotit, ± Turmalin und seltenere Minerale. *Syenit-Pegmatite* bestehen aus Alkalifeldspat, Alkalipyroxen, Biotit, Amphibol, Nephelin oder wenig Quarz und einer

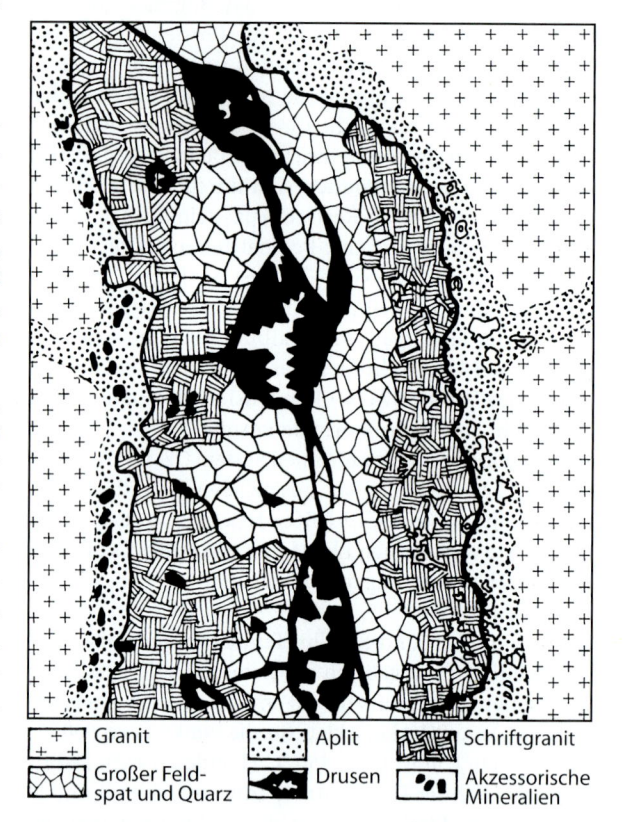

Abb. 22.2. Pegmatitgang, Mursinka, Ural, mit Drusenräumen in der Gangmitte. Gangmächtigkeit etwa 2 m. (Nach Betechtin, aus Schneiderhöhn 1961)

Abb. 22.3. Pegmatit mit schriftgranitischem Gefüge. Graphische (runitische) Verwachsung von Mikroklin als Wirtskristall (rosa) und Quarz (mittel- bis dunkelgrau). Kniebreche bei Glattbach, Vorspessart. (Foto: K.-P. Kelber)

Vielzahl von seltenen Mineralen. Die Verwachsungsstrukturen lassen teils auf eine mehr oder weniger gleichzeitige Kristallisation, teils auf sekundäre Verdrängungen schließen. Gleichzeitiges Wachstum wird meist für den sog. *Schriftgranit* angenommen, in dem die Quarzindividuen orientiert im Mikroklin bzw. Mikroklinperthit eingewachsen sind (Abb. 22.3). Dieses graphische oder runitische Verwachsungsgefüge wird häufig als kotektische Ausscheidung aus einer Restschmelze gedeutet; jedoch sind die Quarz : Feldspat-Verhältnisse oft geringer als den kotektischen Kurven im vereinfachten Granit-System Qz–Ab–Or–H$_2$O (Abb. 20.3, S. 315) bei niedrigen Drücken entspricht.

Häufig enthalten die Pegmatite *Riesenkristalle*. Glimmer von mehr als 1 m ⌀, Kalifeldspäte, Berylle oder Spodumene von mehreren Metern Länge sind nicht selten beobachtet worden. Dieser Riesenwuchs ist Ausdruck der ungewöhnlich günstigen Bedingungen, die die H$_2$O-reichen pegmatitischen Schmelzen im Hinblick auf Keimauslese und Kristallwachstum bieten.

Im Verband mit hochgradig metamorphen Gesteinen des tieferen Grundgebirges stehen häufig pegmatitähnlich aussehende Gesteinspartien an, die oft einen scharfen Kontakt zum hochmetamorphen Nebengestein vermissen lassen; sie gehören zu den hellen Bestandteilen (Leukosomen) von *Migmatiten* und haben keine Beziehung zu einem Pluton oder einem anderen magmatischen Körper. Solche pegmatitähnlich aussehenden Partien („Pegmatoide") entstehen durch partielles Aufschmelzen (Anatexis) im tieferen metamorphen Grundgebirge. Sie bestehen überwiegend aus Quarz und Feldspäten im kotektischen Mengenverhältnis (Abb. 20.3, S. 315), während Biotit und andere metamorphe Minerale zurücktreten.

Im Unterschied zu echten Granit-Pegmatiten fehlen die typischen Begleitminerale.

22.3
Pegmatite als Rohstoffträger

Viele Pegmatit-Vorkommen besitzen beachtliche wirtschaftliche Bedeutung. Aus ihnen können wichtige Industrie-Minerale wie Feldspäte und Glimmer gewonnen werden (z. B. London u. Kontak 2012; Glover et al. 2012). Darüber hinaus kommt es in der pegmatitischen Phase zur Anreicherung *seltener Elemente* wie Lithium, Beryllium, Bor, Barium, Strontium, Rubidium, Cäsium, Niob, Tantal, Zirkonium, Hafnium, Seltene Erden, Uran, Thorium und Phosphor (z. B. Linnen et al. 2012). Auch Zinn, Wolfram und Molybdän können in Pegmatiten konzentriert sein, in manchen Fällen sogar Kupfer und Gold. Dabei gibt es auch regionale Schwerpunkte: *Pegmatit-Provinzen*. Nach den geförderten Industriemineralen und metallischen Rohstoffen unterscheidet man folgende Pegmatite:

1. **Feldspat-Pegmatite** sind am verbreitetsten. Charakteristische Nebengemengteile treten zurück. Vorkommen gibt es im Bayerischen Wald, in der Oberpfalz, im Vorspessart. Größere europäische Vorkommen finden sich u. a. in Südnorwegen und anderen skandinavischen Ländern. Feldspat ist ein wichtiger Rohstoff der keramischen Industrie, z. B. der Porzellanindustrie.
2. **Glimmer-Pegmatite** enthalten große Tafeln von Muscovit oder auch Phlogopit. Berühmte Vorkommen liegen im Petaca-Distrikt (New Mexico, USA), im Uluguru-Gebirge in Tansania, in Sri Lanka und in Bengalen (Indien). Beide Glimmerarten sind Rohstoffe für die Elektroindustrie, hier besonders als Kondensatorenmaterial. Allerdings werden die natürlichen Glimmer heute meist durch synthetische ersetzt.
3. **Lithium-Pegmatite** sind reich an Spodumen LiAl[Si$_2$O$_6$], z. T. mit Riesenkristallen bis zu 16 m Größe, und/oder den Lithiumglimmern *Lepidolith* oder *Zinnwaldit*. Daneben enthalten die Pegmatite der Black Hills (South Dakota, USA) Amblygonit LiAl[(F,OH)/PO$_4$]. Weitere weltwirtschaftlich wichtige Vorkommen sind Kings Mountain (North Carolina, USA) und Echassières (Frankreich); die größten Reserven befinden sich in der Republik Kongo (Zaire). Das Leichtmetall Li wird für die Herstellung von Glas, Keramik und zahlreichen Li-Verbindungen benötigt, außerdem dient es als Flussmittel in der Aluminium-Metallurgie. Als Beiprodukte werden aus Li-Pegmatiten Be, Rb, Cs, Zr, Ti, Nb, Ta und Sn gewonnen.
4. **Beryllium-Pegmatite** sind reich an *Beryll*, der bis zu 16 m lange Kristalle bilden kann (Abb. 11.20, S. 156). Die wichtigsten Vorkommen liegen in Russland und Brasilien. Das Leichtmetall Be findet vielfältige technische Anwendung (s. Abschn. 11.3, S. 156).
5. **Edelstein-Pegmatite** enthalten die edlen Varietäten von Beryll (insbesondere Aquamarin), Turmalin (Abb. 11.24, 11.25, S. 159), Topas, Spodumen, Alkalifeldspat (Amazonit (Abb. 11.57, S. 196), Mondstein) oder Rosenquarz u. a., wobei verschleifbares Material fast nur in Kristalldrusen vorkommt.

Fundpunkte liegen besonders in Brasilien (Minas Gerais, Paraiba), Madagaskar, Republik Kongo (Zaire), Kenia, Mosambik, Namibia, Nigeria, Tanzania, Sambia, Simbabwe, USA (Kalifornien, Colorado, Neu-England), Italien (Elba), Ukraine, Finnland, Russland (Ural, Tranbaikalien), VR China, Myanmar (Burma), Vietnam, Indien, Afghanistan und Pakistan (Simmons et al. 2012).

6. Pegmatite mit **Uran-** und **Thorium-Mineralen** führen besonders Uraninit U$_3$O$_8$ und Thorianit ThO$_2$. Am bedeutendsten sind z. Z. die Lagerstätten im Gebiet von Bancroft (Ontario, Kanada).
7. **Niobat-Tantalat-Pegmatite** stellen Restdifferentiate von Alkalifeldspat-Graniten dar. Sie führen Columbit-Mischkristalle (Fe,Mn)(Ta,Nb)$_2$O$_6$, besonders das Ta-reiche Endglied Tantantalit sowie Minerale der Seltenerd-Elemente (s. u.). Der weltweite Bedarf an Tantaloxid hat in den letzten 10 Jahren enorm zugenommen und liegt derzeit bei ca. 1 400 t mit einem Weltmarktpreis von

80 US $/kg (Melcher et al. 2008). Tantal ist ein strategisch wichtiges Metall für die Elektronikindustrie; es wird zur Herstellung von miniaturisierten Tantal-Kondensatoren verwendet, die z. B. in Mobiltelefonen, Laptops und Kraftwagen eingesetzt werden. Die größten Vorkommen sind der Greenbushes-Pegmatit im westlichen Australien, ein Gebiet, das 61 % des Weltbedarfs an Ta deckt, gefolgt von Brasilien (18 %) und Kanada (5 %) mit der Lagerstätte des Tanco-Pegmatits am Bernic Lake (Manitoba). In den afrikanischen Ländern, die insgesamt 16 % der Weltproduktion an Ta liefern, wird das Columbit-Tantalit-Konzentrat „Coltan", das „schwarze Gold", aus stark verwitterten Pegmatiten, aber auch aus Seifen-Lagerstätten gewonnen (Abschn. 25.2.7, S. 390), von denen die Kenticha-Mine in Äthiopien und die Lagerstätte Alto Ligonha in Mosambik am bedeutendsten sind. Wichtige Vorkommen liegen auch im „Tantalite Valley" (Süd-Namibia) und in Simbabwe.

In den zentralafrikanischen Krisengebieten der Republik Kongo und seiner Nachbarländer werden Coltan-Konzentrate z. T. durch Kleinbergbau gewonnen und illegal zur Finanzierung von Bürgerkriegen vermarktet („Blutcoltan").

Auch die Zinn-Pegmatite von Süd-Thailand liefern Ta. Aus den mehr als 50 Pegmatiten des Petaca-Distrikts (New Mexico, USA) werden neben Glimmern auch Be, Nb, Ta, Bi, U, Th und SEE gewonnen.

8. **Seltenerd-Pegmatite** sind besonders an peralkaline A-Typ-Granite gebunden. Da in ihnen – im Gegensatz zu den Karbonatiten – auch die schweren Seltenen Erden angereichert sind, besitzen sie zunehmende weltwirtschaftliche Bedeutung. Wichtige Seltenerd-Minerale in diesen Pegmatiten sind Monazit, Gadolinit $(Y,Ce,SEE)Fe^{2+}Be_2[O/SiO_4]_2$, Fergusonit $(Y,Ce,Nd)NbO_4$, Euxenit $(Y,Ca,SEE)(Nb,Ta)_2(O,OH)_6$, Samarskit $(Y,Fe^{3+},U^{4+})(Nb,Ta)O_4$, die komplexen Zr-Silikate Eudyalit und Elpidit sowie das Yttrium-Mineral Gagarinit $NaCaYF_6$ (Chakhmouradian u. Zaitsev 2012)
9. **Zirkon-Titan-Pegmatite** führen Zirkon, Titanit $CaTi[O/SiO_4]$ und viele seltene Minerale; sie sind besonders an Nephelinsyenite gebunden. Lange bekannte Vorkommen liegen im Langesundfjord (Südnorwegen), bei Miask im Ural (Russland) und in Grönland.
10. **Phosphatpegmatite** führen Apatit, Amblygonit $(Li,Na)Al[(F,OH)/PO_4]$, Triphylin $Li(Fe,Mn)[PO_4]$, Monazit $Ce[PO_4]$ und zahlreiche seltene Phosphatminerale. Hierzu gehören z. B. der nicht mehr im Abbau befindliche Pegmatit-Körper von Hagendorf in der Oberpfalz, einer der größten Europas, sowie das Vorkommen von Varuträsk in Schweden.
11. **Zinn-Pegmatite** mit Kassiterit, Wolframit und Molybdänit in unterschiedlichen Mengenverhältnissen. Als Beispiele seien die Pegmatite der Black Hills (South Dakota) und Maine (USA) genannt.

22.4
Geochemische Klassifikation der Granit-Pegmatite

Unter geochemischen Gesichtspunkten kann man drei verschiedene Familien von Granit-Pegmatiten unterscheiden (Černý und Ercit 2005; Černý et al. 2005, 2012; Martin u. De Vito 2005):

1. Pegmatite der *NYF-Familie* sind an Nb > Ta, Y und F, ferner an Be, SEE, Sc, Ti, Zr, Th und U angereichert. Sie stellen Differentiationsprodukte von subaluminosen bis metaaluminosen A- und I-Typ-Graniten dar, die meist anorogen, im Zusammenhang mit Dehnungstektonik intrudiert sind. Wichtige Minerale sind Topas, Beryll, Allanit und Xenotim $Y[PO_4]$ sowie die oben genannten Seltenerd-Minerale (Cerný et al. 2012).
2. Demgegenüber ist die *LCT-Familie* durch die Anreicherung von Li, Cs und Ta sowie Rb, Be, Sn, B, P und F gekennzeichnet. Sie führen als Hauptminerale Topas, Beryll, Turmalin (Elbait), Spodumen, Petalit $LiAl[Si_4O_{10}]$, Lepidolith, Amblygonit und andere Phosphat-Minerale sowie Columbit (Cerný et al. 2012). LCT-Pegmatite leiten sich hauptsächlich aus peraluminosen S-Typ-, seltener aus I-Typ-Graniten ab, die im Bereich von konvergenten Plattenrändern oberhalb von Subduktionszonen syn- bis spätorogen gefördert wurden.
3. Die gemischte *NYF+LCT-Familie* weist Merkmale beider Gruppen auf.

Eine aktuelle Übersicht über die unterschiedlichen Modelle zur Entstehung von Pegmatiten wird von Seifert et al. (2012) gegeben.

Weiterführende Literatur

Černý P (Hrsg) (1982) Short course in granitic pegmatites in science and industry. Mineral Assoc Canada, Winnipeg
Černý P, Ercit TS (2005) The classification of granitic pegmatites revisited. Canad Mineral 43:2005–2026
Černý P, Blevin PL, Cuney M, London D (2005) Granite-related ore deposits. Econ Geol 100th Anniversary Vol. p 337–370
Černý P, London D, Novák M (2012) Granitic pegmatites as reflections of their sources. Elements 8:289–294
Chakhmouradian AR, Zaitsev AN (2012) Rare earth mineralization in igneous rocks: Sources and processes. Elements 8:347–353
Evans AM (1993) Ore geology and industrial minerals, 3rd edn. Blackwell Science, Oxford
Glover AS, Rogers WZ, Barton JE (2012) Granitic pegmatites: Storehouse of industrial minerals. Elements 8:269–273
Grew ES (ed) (2002) Beryllium – mineralogy, petrology, geochemistry. Rev Mineral Geochem 50
Grew ES, Anovitz LM (eds) (1996) Boron – mineralogy, petrology and geochemistry. Rev Mineral 33
Linnen RL, Van Lichtervelde M, Černý P (2012) Granitic pegmatites as sources of strategic minerals. Elements 8:275–280
London D (2005) Granitic pegmatites: An assessment of current concepts and directions for the future. Lithos 80:281–303

London D, Kontak DJ (2012) Granitic pematites: Scientific wonders and economic bonanzas. Elements 8:257–261

London D, Morgan VI GB (2012) The pegmatite puzzle. Elements 8:263–268

Martin RF, De Vito C (2005) The patterns of enrichment in felsic pegmatites ultimately depend on tectonic setting. Canad Mineral 43:2027–2048

Schneiderhöhn H (1961) Die Erzlagerstätten der Erde, Bd II: Die Pegmatite. Gustav Fischer, Stuttgart

Schneiderhöhn H (1962) Erzlagerstätten. Kurzvorlesungen zur Einführung und Wiederholung, 4. Aufl. Gustav Fischer, Stuttgart

Simmons WB, Pezzotta F, Shigley JE, Beurlen H (2012) Granitic pegmatites: as sources of colored gemstones. Elements 8:281–287

Thomas R, Davidson P, Beurlen H (2012) The competing models for the origin and internal evolution of granitic pegmatites in the light of melt and fluid inclusion research. Mineral Petrol 106:55–73

Zitierte Literatur

Jahns RH, Burnham CW (1969) Experimental study of pegmatite genesis. I. A model for the derivation and crystallization of granitic pegmatites. Econ Geol 64:843–864

London D (1992) The application of experimental petrology to the genesis and crystallization of granitic pegmatites. Canad Mineral 30:499–540

London D, Morgan GB, Hervig RL (1989) Vapor-undersaturated experiments with Macusani glass + H_2O at 200 MPa and the internal differentiation of pegmatites. Contrib Mineral Petrol 102:1–17

Melcher F und BGR-Gruppe Coltan (2008) Herkunftsnachweis von „Blutcoltan" aus Zentralafrika. GMIT, Geowiss Mitt 31:18–20

Paillat O, Elphick SC, Brown WL (1992) The solubility of water in $NaAlSi_3O_8$ melts: A re-examination of $Ab-H_2O$ phase relationships and critical behaviour at high pressures. Contrib Mineral Petrol 112:490–500

Rickers K, Thomas R, Heinrich W (2006) The behaviour of trace elements during the chemical evolution of the H_2O-, B-, and F-rich granite-pegmatite-hydrothermal system at Ehrenfriedersdorf, Germany: A SXFR study of melt and fluid inclusions. Mineral Depos 41:229–245

Sowerby JR, Keppler H (2002) The effect of fluorine, boron and excess sodium on the critical curve in the albite–H_2O system. Contrib Mineral Petrol 143:32–37

Thomas R, Webster JD, Heinrich W (2000) Melt inclusions in pegmatite quartz: complete miscibility between silicate melts and hydrous fluids at low pressure. Contrib Mineral Petrol 139:394–401

Thomas R, Förster H-J, Heinrich W (2003) The behaviour of boron in a peraluminous granite-pegmatite system and associated hydrothermal solutions: A melt and fluid-inclusion study. Contrib Mineral Petrol 144:457–472

Whitney JA (1975) The effects of pressure, temperature, and X_{H_2O} on phase assemblages in four synthetic rock compositions. J Geol 83:1–27

Hydrothermale Erz- und Minerallagerstätten

23.1 Grundlagen

23.2 Hydrothermale Imprägnationslagerstätten

23.3 Hydrothermale Verdrängungslagerstätten

23.4 Hydrothermale Erz- und Mineralgänge

23.5 Vulkanogen-sedimentäre Erzlagerstätten

23.6 Schichtgebundene Hydrothermal- Lagerstätten

23.7 Diskordanz-gebundene Uranerz-Lagerstätten

Der Übergang vom pegmatitischen zum hydrothermalen Stadium ist fließend mit allen Übergängen zwischen H_2O-reichen Schmelzen, überkritischen Fluiden und unterkritischen Lösungen. Unterschiede hängen von den Zustandsbedingungen Temperatur, Druck sowie Konzentration der leichtflüchtigen Komponenten in dem betreffenden System ab. Hydrothermale Lagerstätten können *innerhalb der Erdkruste* entstehen in Form von

- hydrothermalen Imprägnationen,
- hydrothermal-metasomatischen Verdrängungen
- oder hydrothermalen Erz- und Mineralgängen,

die allerdings auch häufig in Kombination auftreten können. Darüber hinaus können sich hydrothermale Lagerstätten auch bilden

- *am Meeresboden*: submarin-vulkanogene (submarin-exhalative) Erzlagerstätten,
- *an der Erdoberfläche (subaërisch)*: Produkte der Fumarolen oder Ausscheidungen von Thermalquellen (Abschn. 14.5, S. 252ff).

23.1
Grundlagen

Wie wir in Abschn. 22.1 (S. 336) gesehen haben, kommt es bei der Kristallisation von H_2O-haltigen Granit-Magmen zur Freisetzung einer H_2O-reichen Dampfphase durch retrogrades Sieden (Abb. 22.1a, Grenzkurve B–D) oder einer salinaren fluiden Phase, in der neben H_2O weitere leichtflüchtige Komponenten wie F, Cl, H_3BO_3 sowie seltene chemische Elemente, insbesondere auch Schwermetalle gelöst sind. Art und Menge der gelösten Komponenten haben einen entscheidenden Einfluss darauf, welche Prozesse sich im Einzelnen abspielen. Diese reagieren sehr empfindlich auf Änderungen von Druck und Temperatur, insbesondere auf Schwankungen im Verhältnis von Belastungsdruck und H_2O-Druck, die z. B. im Dachbereich eines kristallisierenden Granit-Plutons oder einer subvulkanischen Intrusion häufig vorkommen. So kann plötzliche Druckentlastung durch tektonische Bewegungen spontan zum *retrograden Sieden* (engl. second boiling) führen.

Da die freigesetzte Dampfphase ein wesentlich größeres Volumen als die Schmelze einnimmt, kommt es zur Zerrüttung des Gesteinsverbandes *(hydraulic fracturing)*. Daher kann der Dampf auf Spalten und Rissen in den Randbereich der Intrusion oder ins Nebengestein abdestillieren, wobei es zur Ausscheidung schwerlöslicher Verbindungen wie Kassiterit SnO_2, Wolframit $(Fe,Mn)[WO_4]$, Scheelit $Ca[WO_4]$, Molybdänit MoS_2, Chalkopyrit $CuFeS_2$, Hämatit, Fluorit, Topas, Turmalin, Li-Glimmer oder Quarz auf *Gängen* und *Adern* kommt. Darüber hinaus wird das Nebengestein in der Nachbarschaft der Gänge, in den oberen bzw. randlichen Teilen des Granitplutons oder in seiner unmittelbaren Nachbarschaft durch solche Mineralbildungen *imprägniert* oder *verdrängt*. Ihre Abscheidung vollzieht sich fast stets in einem begrenzten Bereich von höchstens einigen 100 m Ausdehnung, so dass die sog. *Stockwerkhöhe* des Bergbaus bei diesen Lagerstätten relativ gering ist.

Die bisher beschriebenen Prozesse sind also eindeutig mit magmatischen Prozessen verknüpft. Sie finden bei relativ hohen Temperaturen von >400 °C statt; es handelt sich um *spätmagmatisch-hydrothermale Lagerstätten* (Guilbert u. Park 1986).

In der mitteleuropäischen Literatur wurden die sehr charakteristischen Mineralbildungen aus der Dampfphase im Temperaturbereich zwischen etwa 500 und 400 °C traditionell als *pneumatolytisches Stadium* bezeichnet (z. B. Schneiderhöhn 1962). Jedoch hat sich dieser Begriff international nicht durchgesetzt, so dass er hier nicht mehr verwendet werden soll. Jedoch weist Pohl (2005, 2011) darauf hin, dass sich überkritische Fluide durch ihre variable Dichte, ihren höheren pH-Wert und die extrem hohen Diffusions-Koeffizienten des Wassers deutlich von unterkritischen Lösungen ähnlicher Zusammensetzung unterscheiden. Magmatische Gase oder überkritische Fluide geringer Dichte sind in der Lage, Metalle zu transportieren und Erzminerale abzuscheiden.

Das *hydrothermale Stadium* i. e. S. wurde traditionell mit dem Ausscheidungsgebiet unterhalb der kritischen Temperatur der wässrigen Lösung (ca. 400 °C; für reines H_2O ist $T_c = 374$ °C) bis hinunter zu seinem Siedepunkt (~100 °C) gleichgesetzt; es besteht aber kein Zweifel, dass hydrothermale Prozesse in einem Temperaturbereich zwischen 700 und 50 °C ablaufen können (Evans 1993). Nicht selten treten in hydrothermalen Gängen *kolloforme Gefüge* auf, in denen gebänderte Mineralaggregate sphärische, Nieren-, Kokarden- oder Girlanden-artige Formen bilden (Abb. 23.1). Diese Gefüge belegen zwar eine Ausscheidung aus ziemlich tieftemperierten, aber nicht notwendigerweise kolloidalen Lösungen (Roedder 1968).

Nach ihrer Bildungstemperatur teilte Lindgren (1933) die hydrothermalen Lagerstätten i. e. S. in *katathermale* (400–300 °C), *mesothermale* (300–200 °C), *epithermale* (200–100 °C) und *(tele)thermale* Lagerstätten (<100 °C) ein. Diese Klassifikation wird auch heute noch benutzt, doch sollte man berücksichtigen, dass die Erzgenese durch weitere Zustandsparameter wie Druck, chemische Zusammensetzung (z. B. Salinität), pH-Wert und Redoxpotential der hydrothermalen Lösungen gesteuert wird.

Zusammensetzung der hydrothermalen Lösungen. Direkte Anhaltspunkte für die chemische Zusammensetzung hydrothermaler Lösungen und ihren physikalischen Zustand bieten aktive Hydrothermal-Systeme in geothermischen Feldern. Beispiele sind die Au-As-Lagerstätte von Waiotapu, Neu-Seeland (Brown and Simmons 2003), oder die Baryt-Pyrit-Mineralisation im Thermalfeld von Wiesbaden (Schwenzer et al. 2001; Wagner et al. 2005) sowie

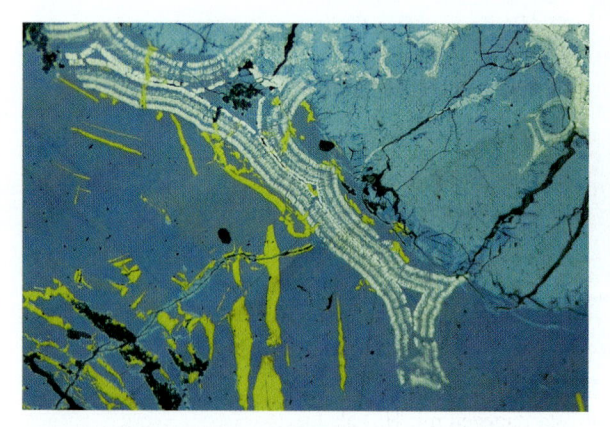

Abb. 23.1. Hydrothermales Kupfererz aus der ehemaligen Grube „Wilhelmine" in Sommerkahl, Spessart (polierter Erzanschliff). In einem ersten Stadium der hydrothermalen Kristallisation entstand unter relativ niedrigen Temperaturen ein kolloformes Gefüge, gebildet aus kokarden- und girlandenförmigen Aggregaten von Pyrit (hellgelb), untergeordnet auch von Chalkopyrit (sattgelb). Diese Aggregate wurden in einem, vermutlich höher temperierten Stadium durch gröberkörnigen Bornit (hier dunkelblau angelaufen) und Digenit (hellblau) überwachsen; etwas später entmischten sich aus dem Bornit Lamellen einer zweiten Chalkopyrit-Generation (unten links). Mikrofoto im reflektierten Licht bei 1 Nic. Bildbreite 3 mm. (Foto: J. Lorenz)

die weltweiten Hydrothermal-Aktivitäten an den Mittelozeanischen Rücken mit Bildung der Black Smoker (Abschn. 23.5.1, S. 360ff). Darüber hinaus stellen *Flüssigkeits-Einschlüsse* in hydrothermalen Mineralen besonders wichtige Indikatoren für die Zusammensetzung und Salinität der Fluide in erloschenen hydrothermalen Systemen sowie für die Druck-Temperatur-Bedingungen bei der Mineralbildung dar (vgl. Kapitel 12).

> Helgeson (1964) definiert die hydrothermalen Lösungen als konzentrierte, schwach dissoziierte, alkalichloridreiche Elektrolytlösungen, in denen die schwerflüchtigen Komponenten in Form von Ionen oder Komplexen, im niedriggradigen, epithermalen Bereich auch in kolloidaler Form als Sole gelöst sind.

Hydrothermale Lösungen sind meist schwach sauer bis schwach alkalisch; hydrothermale Tiefenwässer sind oft reduziert, doch kann es bei Aufstieg an die Erdoberfläche zur Oxidation durch Zutritt von Luftsauerstoff und/oder Mischung mit Grundwasser kommen. Flüssigkeits-Einschlüsse in hydrothermalen Erzlagerstätten bestehen überwiegend aus H_2O; stellenweise enthalten sie auch reichlich CO_2 und geringere Gehalte an H_2S, CH_4 und N_2. Gelöste Kationen sind hauptsächlich Na, K, Ca, Mg, Fe und Si; das dominierende Anion ist Cl^- mit geringeren Gehalten an HCO_3^- und SO_4^{2-} (Roedder und Bodnar 1997). Oberflächennahe Fluide weisen meist eine geringere *Salinität* als das Ozeanwasser (≈3,5 Gew.-%) auf; diese kann nur durch Verdunstung gesteigert werden. Demgegenüber besitzen höher temperierte Fluide in größerer Erdtiefe deutlich erhöhte Salinitäten, die durch unterschiedliche Prozesse bedingt sein können: Lösung von Salzgesteinen (Evaporite; Abschn. 25.7, S. 410f), Hydratation des Nebengesteins, Sieden des Fluids bei Druckentlastung oder retrogrades Sieden bei Abkühlung, wobei es zur Abtrennung einer Dampfphase und zur Bildung einer salzhaltigen Lauge kommt (vgl. Abschn. 22.1, S. 324f). Über die Gehalte an Lagerstätten-relevanten Schwermetallen wie Cu, Zn, Pb, Ag und Au in Flüssigkeits-Einschlüssen liegen bislang nur wenige Analysendaten vor; jedoch können sie durchaus einige 1 000 g/t erreichen (vgl. Kesler 2005). Experimentell konnte nachgewiesen werden, dass die meisten Schwermetalle in hydrothermalen Lösungen in Form von Komplexen mit Cl^-, Gold dagegen mit HS^- als Liganden transportiert werden (Wood u. Samson 1998; Stefanson u. Seward 2004; Williams-Jones et al. 2009).

Bei Temperatur- und Druckerniedrigung und/oder Änderung der Wasserstoffionen-Konzentration (pH-Wert) und des Redoxpotentials (Eh-Wert) wird nacheinander die Sättigungsgrenze der schwerflüchtigen Komponenten überschritten und es kommt zur Ausscheidung von mehr oder weniger charakteristischen Mineralparagenesen. Schwankungen dieser Zustandsparameter können dabei immer wieder zu Rekurrenzen oder zu *Telescoping*, d. h. zu räumlicher Überschneidung von unterschiedlichen Mineralparagenesen, führen. Von besonderer Bedeutung für die Ausscheidungsfolge von Erzmineralen ist die *elektrochemische Spannungsreihe* Au > Ag > Hg > Cu > Pb > Co > Fe > Zn > Mn. Treffen z. B. Metall-Lösungen auf sulfidische Erze, so werden edlere Metalle mit stärker elektropositivem Charakter ausgefällt.

Herkunft und Zirkulation der hydrothermalen Lösungen. Untersuchungen der Sauerstoff- und Wasserstoff-Isotopenverhältnisse in hydrothermalen Mineralen und deren Flüssigkeits-Einschlüssen haben ergeben, dass viele Hydrothermen nicht *juvenil* sind, also nicht aus *magmatischen* Restlösungen stammen. Hydrothermale Lösungen können auch durch *metamorphe Entwässerungs-Reaktionen* aus Gesteinen freigesetzt werden oder als *meteorisches* Wasser aus dem atmosphärischen Kreislauf stammen; hierzu gehören versickerte Oberflächenwässer, Grundwasser, Formationswässer, Seewasser und Meerwasser.

Obwohl die Zirkulation von hydrothermalen Lösungen ein großräumiger, durchgreifender Prozess ist, beschränkt sich der Fluidtransport überwiegend auf besonders permeable Zonen im Gesteinsverband; denn die hydraulische Leitfähigkeit von Gesteinen ist äußerst variabel und kann Unterschiede von bis zu 13 Größenordnungen aufweisen (Cathless 1997). Man unterscheidet daher generell zwei Typen von Fluidsystemen (vgl. Kesler 2005):

- *Offene* (engl. *unconfined*) *Fluidsysteme* entwickeln sich relativ oberflächennah, z. B. in Sedimentationsbecken, wo Niederschläge durch relativ kalte, unverfestigte oder spröd deformierte Gesteinsverbände einsickern. Sie stehen nahezu unter hydrostatischem Druck und können jederzeit wieder aufgefüllt und so aktiv gehalten werden. Diese Fluid-Erneuerung geschieht entweder direkt aus den Niederschlägen oder durch Zufluss von topographischen Hochgebieten. Wenn solche Systeme in größerer Tiefe aufgeheizt werden, steigen die Fluide in tektonischen Schwächezonen, z. B. entlang von Störungen auf und bilden Thermalquellen, aus denen sich Kalk- oder Kieselsinter abscheiden können (Abschn. 14.5, S. 252).
- *Kanalisierte* (engl. *confined*) *Fluidsysteme* liegen in größerer Erdtiefe, stehen daher unter höheren Belastungsdrücken durch die überliegenden Gesteinsmassen, sind höher temperiert und befinden sich im Bereich duktiler Verformung. Sie werden durch die Zufuhr von magmatischen oder metamorphen Fluiden oder durch tektonische oder sedimentäre Prozesse angetrieben, durch die isolierte Fluid-Reservoire entstehen. Wenn der Fluid-Druck den Belastungsdruck übersteigt, oder wenn tektonische Störungen ein Reservoir durchschlagen, wird das Fluid in das benachbarte offene System ausgetrieben (Cox et al. 2005).

Der *Porenraum* von Fluidsystemen wird gewöhnlich mit Quarz, Calcit oder Anhydrit gefüllt. Während Quarz bei niedrigen Temperaturen prograde Löslichkeit besitzt, sind Calcit und Anhydrit unter hydrothermalen Bedingungen meist retrograd löslich. Dementsprechend werden Calcit und Anhydrit bei der Wiederauffüllung von offenen Fluidsystemen im absteigenden Ast von Konvektionszellen, d. h. im Gebiet erhöhter Temperatur ausgefällt, Quarz dagegen im aufsteigenden Ast, in dem sich die Fluide abkühlen (z. B. Rimstidt 1997).

Entsprechend ihrer Herkunft weisen hydrothermale Lösungen recht unterschiedliche Temperaturen und Salinitäten auf (vgl. Kesler 2005). So haben magmatische Restlösungen Temperaturen von 350–700 °C, sind also z. T. recht heiß und besitzen sehr variable Salinitäten, die in einigen Laugen bis 70 Gew.-% NaCl-Äquivalent betragen können. Demgegenüber zeigen hydrothermale Lösungen, die bei der Gesteinsmetamorphose durch Entwässerungs-Reaktionen (Abschn. 27.2.2, S. 471ff) freigesetzt werden, deutlich niedrigere Salinitäten von maximal 6 % NaCl-Äquivalent und liegen in einem Temperaturbereich von meist 250–400 °C. Die Fluidsysteme, die an den mittelozeanischen Rücken und im Backarc-Bereich am Meeresboden austreten, zeigen Temperaturen von 200–400 °C und ähnliche Salinitäten wie das Meerwasser. Aus ihnen entstanden in der geologischen Vergangenheit und entstehen noch heute massive Sulfiderz-Lagerstätten (VMS-Lagerstätten: Abschn. 23.5.1 und 23.5.2). Demgegenüber weisen die Fluide, aus denen die sedimentär-exhalativen (Sedex-)Lagerstätten (Abschn. 23.6.1, S. 365f) gebildet wurden, generell höhere Salinitäten bis ca. 15 Gew.-% NaCl-Äquivalent auf, liegen aber meist in einem ähnlichen Temperaturbereich von 200–300 °C. Deutlich kühler (100–200 °C) und hochsalinar (meist 15–25 NaCl-Äqu.) sind Formationswässer (engl. basinal brines), die zur Bildung der Mississippi-Valley-(MVT-)Lagerstätten geführt haben (Abschn. 23.6.2, S. 366).

Herkunft der Wärme. Während magmatische Restlösungen oder metamorph gebildete Hydrothermen ihren Wärmeinhalt mitbringen, muss versickertes meteorisches Wasser in der Erdkruste aufgeheizt werden, um Konvektionszellen von hydrothermalen Lösungen zu schaffen und so den Aufstieg von Hydrothermen zu ermöglichen. Solche Aufheizungsvorgänge können in Gebieten mit einem überdurchschnittlichen geothermischen Gradienten stattfinden, insbesondere im Dachbereich von magmatischen Intrusionen bzw. über Magmenkammern oder in Gebieten mit Dehnungstektonik. Als Wärmequelle kommt darüber hinaus der Zerfall radioaktiver Elemente (U, Th, K) in Graniten und Gneisen der kontinentalen Erdkruste in Frage.

Herkunft der Metallgehalte. Es gibt sichere Hinweise darauf, dass Metallgehalte von Hydrothermal-Lagerstätten nicht primär aus einem kristallisierenden Pluton stammen müssen, sondern durch die Hydrothermen aus dem Nebengestein ausgelaugt wurden. So können z. B. Spurengehalte von Pb aus Feldspäten, von Zn und Cu aus Biotit mobilisiert und in den Hydrothermen konzentriert werden. Sogar die Goldgehalte des großen Gold-Quarz-Ganges Mother Lode in Kalifornien oder der Goldlagerstätte von Yellowknife in Kanada werden jetzt aus dem Nebengestein bezogen. Von solchen Auslaugungsprozessen müssen natürlich Gesteinsvolumina betroffen sein, die erheblich größer sind als die daraus abgeleiteten Hydrothermal-Lagerstätten. Schon vor reichlich 100 Jahren hatte der Würzburger Geowissenschaftler Fridolin von Sandberger (1826–1898) in seiner Theorie der *Lateralsekretion* versucht, Erzgänge auf diese Weise zu erklären.

Hydrothermal bedeutet also nicht zwangsläufig auch magmatogen!

In Übereinstimmung mit dieser Erkenntnis ist der räumliche Zusammenhang der hydrothermalen Bildungen mit magmatischen Vorgängen in der Natur nicht immer erkennbar. Das gilt vorzugsweise für die epithermalen und telethermalen Bildungen. Dort, wo die Herkunft wahrscheinlich ist, unterscheidet man *plutonische, subvulkanische,* untergeordnet auch *vulkanische* Hydrothermal-Lagerstätten. Die durchschnittliche Bildungstiefe der plutonischen hydrothermalen Abfolge wird auf 0,5–3 km, bei der typisch subvulkanischen Abfolge auf 0,3–1 km Tiefe geschätzt. Bei zonaler Anordnung höher- bis niedriger-thermaler Erzparagenesen um einen granitischen Intrusivkörper wie z. B. in Cornwall, SW-England, ist die *magmagebundene Abkunft der Lagerstätte* meistens zweifelsfrei (Abb. 23.2). Mit zunehmender Entfernung der Lagerstätte vom Granit-Kontakt wurde hier die Abfolge Sn → Cu → Pb-Zn → Fe beobachtet.

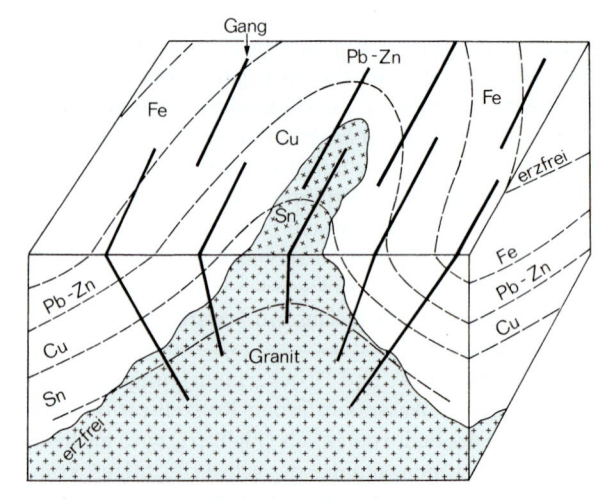

Abb. 23.2. Granitgebundene Vererzung. Zonare Abfolge von Sn, Cu, Pb-Zn, Fe mit zunehmendem Abstand vom Granitkontakt. Beispiel aus Cornwall, SW-England. (Aus Evans 1993)

23.2 Hydrothermale Imprägnationslagerstätten

23.2.1 Zinnerz-Lagerstätten

Die Lösung von Zinn in hochhydrothermalen Lösungen erfolgt in Form von wässrigen Komplexen mit unterschiedlichen Liganden wie Cl^-, F^- und $(OH)^-$. Bei Abnahme der Temperatur oder der Salinität oder bei Zunahme des pH-Wertes oder des Redoxpotentials scheidet sich Kassiterit aus, z. B. durch folgende Reaktionen:

$$SnCl^+ + H_2O + \tfrac{1}{2}O_2 \rightleftharpoons \underset{\text{Kassiterit}}{SnO_2} + 2H^+ + Cl^- \quad (23.1)$$

$$SnF^+ + H_2O + \tfrac{1}{2}O_2 \rightleftharpoons \underset{\text{Kassiterit}}{SnO_2} + 2H^+ + F^- \quad (23.2)$$

Dabei wird Sn^{2+} zu Sn^{4+} aufoxidiert (Lehmann 1990). Analoge Reaktionen kann man für die Ausscheidung von Quarz aus der fluiden Phase formulieren:

$$SiCl_3^+ + 2H_2O \rightleftharpoons \underset{\text{Quarz}}{SiO_2} + 4H^+ + 3Cl^- \quad (23.3)$$

$$SiF_3^+ + 2H_2O \rightleftharpoons \underset{\text{Quarz}}{SiO_2} + 4H^+ + 3F^- \quad (23.4)$$

Die Verdrängung von Alkalifeldspat im Granit durch Kassiterit erfolgt häufig unter gleichzeitiger Neubildung von Quarz und Hellglimmer nach folgender Reaktion:

$$SnCl_3^+ + 3\underset{\text{Alkalifeldspat}}{(Na,K)[AlSi_3O_8]} + 2H_2O$$
$$\rightleftharpoons \underset{\text{Kassiterit}}{SnO_2} + \underset{\text{Muscovit}}{KAl_2[(OH)_2/AlSi_3O_{10}]} + \underset{\text{Quarz}}{6SiO_2}$$
$$+ 2Na^+ + 2H^+ + 3Cl^- \quad (23.5)$$

Die freiwerdenden Säuren, insbesondere HCl und HF, bewirken darüber hinaus eine Umwandlung des primären Feldspats in Topas unter Ausscheidung von Quarz und Fluorit:

$$\underset{\text{An-Komponente im Plagioklas}}{CaAl_2Si_2O_8} + 4F^- + 4H^+$$
$$\rightleftharpoons \underset{\text{Topas}}{Al_2(F_2/SiO_4)} + \underset{\text{Quarz}}{SiO_2} + \underset{\text{Fluorit}}{CaF_2} + 2H_2O \quad (23.6)$$

Unter dem Einfluss von BO_3^- und Li-haltigen Lösungen entstehen darüber hinaus Turmalin und Li-Glimmer.

> Gesteine, die durch Umwandlung von Graniten im pegmatitisch-hydrothermalen Übergangsbereich entstanden sind, werden mit dem alten sächsischen Bergmannsbegriff *Greisen* bezeichnet; der Vorgang selbst heißt *Vergreisung*.

Unter den primären Lagerstätten des Zinns spielen Zinngreisen und assoziierte Kassiteritgänge weitaus die bedeutendste Rolle. In Paragenese mit *Kassiterit* treten *Quarz, Topas* oder *Turmalin, Lithiumglimmer* und *Wolframit* auf; häufige, aber eher untergeordnete Begleitminerale sind *Apatit, Fluorit, Scheelit, Molybdänit* und *Hämatit*.

Zinngreisen sind meist an die *Dachregion granitischer Plutone* gebunden. Dabei handelt es sich stets um die jüngsten, SiO_2- und alkalireichsten Granitkörper innerhalb einer Granitregion, die in Kassiterit-führende Greisen umgewandelt sind. Man unterscheidet eine grobkörnige Varietät, den eigentlichen Greisen, und eine feinkörnige Varietät, die von den sächsischen Bergleuten als *Zwitter* bezeichnet wurde.

Bei dem Verdrängungsvorgang, der zur Bildung von Greisen aus Granit führt, werden die Feldspäte durch Topas oder Turmalin, Quarz und Kassiterit, die ehemaligen primären Glimmer des Granits durch Li-Glimmer ersetzt. In einem der klassischen Gebiete des Zinnbergbaus, dem östlichen und mittleren Erzgebirge, liegt z. B. stets *Topasgreisen* vor; in Cornwall, wo bereits die Phönizier Bergbau betrieben hatten, tritt dagegen *Turmalingreisen* auf. Auch in den derzeit reichsten Zinnlagerstätten Europas in Nordportugal und NW-Spanien wird Turmalingreisen abgebaut.

In der Zinnlagerstätte von Altenberg im östlichen Erzgebirge ist die Scheitelregion eines aufgewölbten Granitkörpers bis zu 250 m Tiefe weitgehend in einen dichtkörnigen Greisen, den *Altenberger Zwitterstock*, umgewandelt (Abb. 23.3). Es handelt sich um diffuse Imprägnationszonen, bestehend aus einem dichtgescharten Netzwerk von Klüften, die mit feinkörnigem Kassiterit gefüllt sind (Abb. 23.4). Der intensive Bergbau, der seit 1458 in bis zu 90 kleineren Bergbaubetrieben erfolgte, hatte dazu geführt, dass die alten Weitungsbaue 1620 schließlich zusammenbrachen. So entstand die Altenberger Pinge, in der bis 1990 ununterbrochen Bergbau betrieben wurde.

Kassiterit-Gänge treten z. B. im benachbarten *Zinnwald* (Cínovec, Erzgebirge, Tschechien) auf. Sie führen oft gut ausgebildete, gedrungen-prismatische Kassiterit-Kristalle mit {111} und {110} in gleich großer Entwicklung; sie sind sehr häufig nach (011) verzwillingt und werden wegen ihres Aussehens als Visiergruppen bezeichnet. (Abb. 7.10, S. 111). Begleitminerale sind Wolframit, Scheelit und Fluorit; die Außenzonen der Gänge bestehen aus Lepidolith (Abb. 23.5).

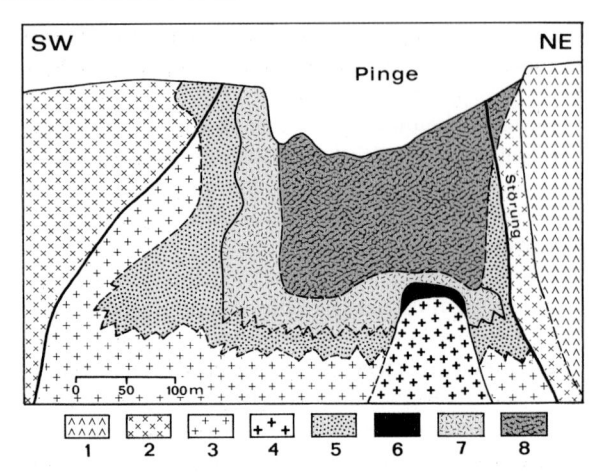

Abb. 23.3. Profil durch den teilweise in Greisen übergeführten Granitstock von Altenberg, Erzgebirge. *1* Rhyolith (Quarzporpyr), *2* Granitporphyr, *3* Außengranit (Zinngranit), *4* Innengranit, *5* Granit mit Greisen, *6* Randpegmatit (*Stockscheider*, teilweise durch Topas verdrängte Feldspäte als Varietät *Pyknit*), *7* Greisen, *8* Greisenbruchmassen der Pinge. (Nach Schlegel, umgezeichnet aus Baumann et al. 1979)

Abb. 23.4.
Sog. Zwitterbänder (Kassiterit-Imprägnationen) im dichten Greisen von Altenberg, Erzgebirge. (Nach Beck 1903)

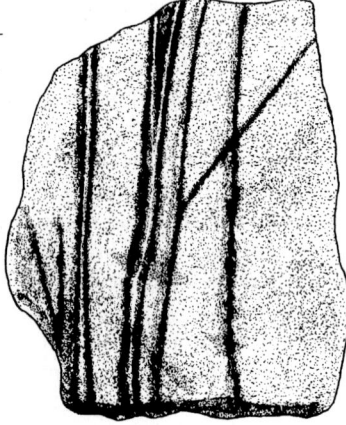

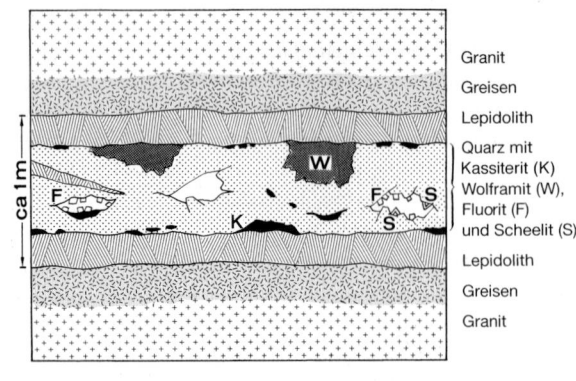

Abb. 23.5. Erzgang mit Kassiterit, Wolframit und Scheelit mit Greisenzone an den Salbändern, Zinnwald, Erzgebirge. (Nach Beck 1903)

setzung dieser hochtemperierten (400–370 °C) wässerigen Fluide. Neben Fe und Na konnten auch erhöhte Sn-Gehalte nachgewiesen werden (vgl. Kap. 12, S. 207).

Die Zinnerzgreisen des Erzgebirges, Cornwalls, des Französischen Zentralmassivs und der Iberischen Halbinsel sind an Kollisionsgranite des Variscischen Orogens gebunden. Viele weltwirtschaftlich wichtige Zinnlagerstätten sind im Backarc-Bereich von spät-paläozoischen bis mesozoischen Subduktions-Orogenen entstanden. Hierzu gehören Lagerstätten in den peruanischen und bolivianischen Anden (s. unten), im Yukon-Distrikt (NW-Kanada), in Korea, in der Jangxi-Provinz (Volksrepublik China) und in Neu-Süd-Wales (Australien). Von großer weltwirtschaftlicher Bedeutung ist der südostasiatische Zinngürtel des spätkretazischen bis frühertiären Inselbogens, der sich von Burma über Thailand und Malysia bis zum Indonesischen Archipel erstreckt und etwa die Hälfte der Welt-Zinnproduktion liefert. Am bekanntesten sind die Vorkommen der malaiischen Halbinsel und auf den indonesischen Inseln Bangka und Billiton, die als Zinninseln bezeichnet werden. Heute vollzieht sich der Abbau allerdings vorrangig auf sekundären Seifenlagerstätten (Abschn. 25.2.7, S. 390).

Die Zinnerzgänge im Zinngürtel der bolivianischen Anden werden bei den hydrothermalen Ganglagerstätten (Abschn. 23.4.5, S. 357f) behandelt.

23.2.2
Wolfram-Lagerstätten

Wolframit $(Fe,Mn)[WO_4]$ ist ein ständiger Begleiter in vielen Zinnerz-Lagerstätten, besonders auf den *Kassiterit-Gängen*. Viele Zinnerz-Lagerstätten enthalten stellenweise oder in der gesamten Lagerstätte so viel Wolframit, dass sie gleichzeitig als Wolfram-Lagerstätten anzusprechen sind. Das ist nicht nur im sächsischen Erzgebirge, in Cornwall oder in Nordportugal (z. B. Panasqueira) und Nordwest-Spanien der Fall, sondern auch in weiteren wichtigen Vorkommen der Erde. Es gibt aber auch Wolframit-Gänge, in denen Zinnstein fehlt. Die Verwachsungsstruktur der Wolframiterze unterscheidet sich durch den stängeligen Kristallhabitus des Wolframits von derjenigen der Zinnerze. Außerdem ist die Mineralparagenese meist einfacher. Sie besteht in vielen Fällen nur aus Quarz, Wolframit und etwas Turmalin in der dunklen Varietät Schörl, der bei flüchtigem Ansehen leicht mit Wolframit verwechselt werden kann. Die wirtschaftlich wichtigsten Wolframit-Lagerstätten befinden sich in Korea, der Volksrepublik China, in Burma, Thailand und Indonesien.

23.2.3
Molybdän-Lagerstätten

Molybdänit MoS_2 ist meist auch in den Zinn- und Wolfram-Lagerstätten anwesend und wird teilweise als Nebenprodukt aus diesen Vorkommen mit gewonnen. Die weitaus bedeutenderen Molybdänerz-Lagerstätten stellen – ähnlich wie

Ortsauflösende Analysen, die mit der Laser-Ablations-ICP-MS an Flüssigkeits-Einschlüssen in Gangquarzen von Zinnwald (Cinovec, Erzgebirge) durchgeführt wurden, erbrachten direkte Hinweise auf die chemische Zusammen-

die porphyrischen Kupfererz-Lagerstätten (s. u.) – hochhydrothermale Imprägnationen dar. Sie sind an Subduktions-bezogene subvulkanische Intrusionen gebunden, deren Gesteine häufig porphyrische Gefüge aufweisen, und werden daher als porphyrische Molybdän-Erzlagerstätten bezeichnet. Überragender Vertreter, der zeitweilig bis zu 80 % an der Weltproduktion beteiligt war, ist die *Climax-Mine* in Colorado (USA) mit Durchschnittsgehalten von 0,25 % Mo und Vorräten von über 500 Mio. t Mo-Erz. Hier werden die äußeren Zonen eines größeren Körpers von Granodiorit-Porphyr in einen dichtkörnigen, zwitterähnlich aussehenden Greisen umgewandelt. Molybdänit imprägniert in einem dichten Netzwerk feiner Klüfte den Greisen. Kreuz und quer verlaufende Quarztrümer enthalten neben Molybdänit auch zuweilen etwas Kassiterit, Wolframit und teilweise viel Pyrit. Die zentralen Partien des Granodiorit-Porphyrs sind völlig verkieselt. Es handelt sich um eine typische *Stockwerkvererzung*. Gleicher Entstehung ist die benachbarte *Henderson-Mine* mit Erzvorräten von ca. 300 Mio. t und Gehalten von 0,4 % Mo. Von zunehmender Bedeutung sind die porphyrischen Molybdänerz-Lagerstätten des neu entdeckten Xilamulun-Metallgürtels am Nordrand des Nord-China-Kratons, die z. T. Metallreserven von >100 000 t Mo aufweisen (z. B. Wu et al. 2011).

23.2.4
Porphyrische Kupfererz-Lagerstätten (Porphyry Copper Ores)

Hochhydrothermale (katathermale) Imprägnationslagerstätten des Cu sind an die Dachbereiche von magmatischen Intrusionen, meist von I-Typ-Graniten, Granodioriten, Tonaliten, seltener auch von Monzoniten und Dioriten gebunden. Oft sind es die subvulkanischen bis vulkanischen Ausläufer dieser Plutone (Abb. 23.6), insbesondere Trachyandesite, Dacite und Andesite mit typisch porphyrischem Gefüge. Daraus leitet sich die Bezeichnung *Porphyry Copper Ores* für diese Lagerstätten ab. (Die deutsche Übersetzung „porphyrische Kupfererze" bzw. „Porphyrerze" ist zwar etwas missverständlich, soll aber trotzdem verwendet werden.) Die Erze treten nicht massiv, sondern in feiner Verteilung auf; sie füllen ein feines Kluftnetz aus (*Stockwerkerz, stockwork ore*) oder imprägnieren den Porenraum des Gesteins (*disseminiertes Erz, disseminated ore*); daneben gibt es vererzte Brecczienzonen, die in den vulkanischen Bereich überleiten können. Die Entstehung des Kluftnetzes und der Breccien kann zumindest teilweise durch Hydraulic Fracturing als Ergebnis des retrograden Siedens erklärt werden; die Porosität ist eine Folge von spätmagmatischen Alterationserscheinungen, die für diese Lagerstätten typisch sind (s. u.). Damit ergeben sich klare genetische Zusammenhänge zum kristallisierenden Magmenkörper. Die Ähnlichkeiten dieser Vererzungen mit Greisen-Lagerstätten sind unübersehbar.

Geochronologische Untersuchungen und thermische Modellierungen sprechen dafür, dass die hydrothermale Aktivität gewöhnlich 50 000 bis 500 000 Jahre andauerte; jedoch spielte sich die Bildung von einigen großen Cu-Lagerstätten in mehreren Episoden ab, die sich insgesamt über Zeiträume von mehreren Millionen Jahren erstreckten (Seedorff et al. 2005).

> Die porphyrischen Kupfererze sind die größten und wirtschaftlich bedeutendsten Kupfererz-Lagerstätten, die mehr als die Hälfte der derzeitigen Weltproduktion an Kupfer liefern. Daneben werden teilweise noch Mo sowie Au und Ag gewonnen.

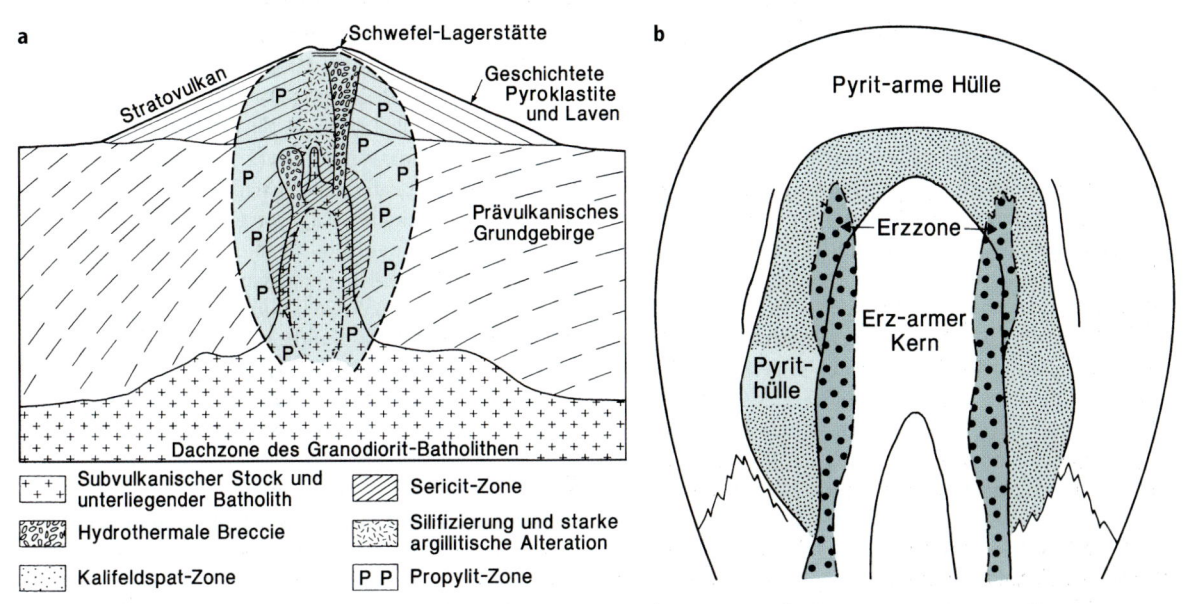

Abb. 23.6. Schematische Darstellung einer Porphyry-Copper-Vererzung. **a** Alterationszonen. **b** Vererzungszonen. (Nach Sillitoe 1973 und Lowell u. Guilbert 1970, aus Evans 1993)

Haupterzminerale sind Chalkopyrit $CuFeS_2$, Enargit Cu_3AsS_4, Molybdänit MoS_2 sowie Pyrit. Es handelt sich um relativ arme Lagerstätten mit 0,3–2 % Cu sowie maximal 0,06 % Mo, 4,3 g/t Ag und 0,6 g/t Au, die aber wegen ihrer großen räumlichen Ausdehnung *enorme Metallreserven* darstellen.

Da ein selektiver Abbau von Stockwork Ore, Disseminated Ore und Nebengestein nicht möglich ist, können Imprägnationserze nur als Ganzes gewonnen werden, was lediglich in sehr großen Bergwerken, bevorzugt in Tagebauen, wirtschaftlich ist. Die modernen technischen Möglichkeiten gestatten heute den Abbau von armen Primärlagerstätten. Demgegenüber waren in früherer Zeit meist nur die Oxidations- und Zementationszonen (Abschn. 24.6, S. 378ff) bauwürdig, in denen die Metallgehalte durch Verwitterungsvorgänge sekundär angereichert waren.

Kennzeichnend für porphyrische Kupfererze ist die starke *spätmagmatische Alteration* des Plutons und seines Nebengesteins durch die Einwirkung der hydrothermalen Lösungen, wobei es nur in geringem Ausmaß zu Verdrängungserscheinungen kam. Je nach vorherrschender Mineralneubildung unterscheidet man von innen nach außen folgende Zonen (Abb. 23.6a):

- Kalifeldspat-Zone mit sekundärem Kalifeldspat, Biotit und Chlorit,
- Sericit-Zone mit Quarz, Sericit, Pyrit, untergeordnet Chlorit, Illit und Rutil,
- Argillit-Zone mit Kaolinit, Montmorillonit und Pyrit,
- Propylit-Zone mit Chlorit, Epidot, Pyrit und Calcit.

Die *Cu-Erzkörper* können im Intrusivkörper, im Nebengestein oder in beiden auftreten; sie konzentrieren sich im Grenzbereich zwischen Kalifeldspat- und Sericit-Zone (Abb. 23.6b); Pyrit dominiert in der Sericit-Zone und nimmt über die Argillit- zur Propylit-Zone hin ab. Untersuchungen an Fluid-Einschlüssen und stabilen Isotopen (Abb. 33.11d, S. 612) weisen darauf hin, dass die alterierenden Lösungen teilweise aus dem kristallisierenden Pluton selbst stammen, teilweise aufgeheizte meteorische Wässer darstellen. Chalkopyrit wurde ausschließlich in der Mischungszone beider Fluid-Systeme ausgefällt. Die magmatogenen Hydrothermen sind sehr heiß (*katathermal*) mit Temperaturen zwischen 700 und 550 °C und enthalten hohe Anteile an Cl-Ionen, die für den Metalltransport wichtig sind. Der Metallgehalt der Hydrothermen wird überwiegend als juvenil-magmatisch angesehen, stammt also wahrscheinlich nicht aus dem Nebengestein.

Porphyrische Kupfererze bilden sich an konvergenten Plattenrändern über der subduzierten ozeanischen Lithosphärenplatte (Abb. 29.17, S. 527). Dabei ist die Kombination Cu–Ag–Au häufig, doch nicht immer an Inselbögen, die Kombination Cu–Mo an Orogonzonen der Kontinentalränder gebunden. Die Zahl der Lagerstätten ist außerordentlich groß. Mit einem Anteil von ca. 33,7 % der Weltvorräte ist Chile der weltweit größte Kupferproduzent vor Indonesien und den USA. Erwähnt seien die Lagerstätten Chuquicamata und El Teniente mit Vorräten von 87,0 bzw. 94,4 Mio. t Cu sowie 1,0 bzw. 2,5 Mio. t Mo. Die größte Cu- und Au-Lagerstätte der USA ist Bingham (Utah) mit Vorräten von 21,3 Mio. t Cu, 1,56 Mio. t Mo und 958 t Au (Laznicka 2006), die in riesigen Tagebauen gewonnen werden; die derzeitige Jahresproduktion liegt bei 250 000 t Cu, 15 000 t Mo, 81 t Ag und 11 t Au (Pohl 2011). Weiter erwähnt seien Morenci und San Manuel-Kalamazoo (Arizona), Butte (Montana, s. a. Abschn. 23.4.3, S. 356f), Santa Rita (New Mexico), Lornex und Valley Copper (Kanada), Cananea (Mexiko), Cerro Colorado (Panama), Panguna (Papua Neu-Guinea), Sar Cheshmeh (Iran), Kounrad (Kasachstan) sowie zahlreiche Lagerstätten in North Xinjiang, NW-China (Chen et al. 2012). Eine bedeutende südosteuropäische porphyrische Kupfererz-Lagerstätte ist Recsk in Ungarn mit Cu-Vorräten von über 10 Mio. t.

Einem *subvulkanischen Imprägnationstyp* werden zwei bedeutende Kupfererz-Lagerstätten Europas zugerechnet: Maidan Pek und Bor in Serbien. In der Lagerstätte *Maidan Pek* gibt es diffuse Vererzungszonen und vererzte Ruschelzonen neben unregelmäßigen Erzkörpern innerhalb eines propylitisierten Andesitmassivs als unmittelbarem Nebengestein. Erzminerale sind insbesondere Chalkopyrit, Molybdänit und Pyrit in verschiedenen Modalverhältnissen. In der Lagerstätte *Bor* erkennt man mehrere Vererzungsphasen, die nacheinander abliefen. Die Vererzung des Andesits begann mit einer Imprägnation von *Pyrit*. Anschließend kam es zur Bildung von reichen Erzimprägnationen durch Enargit, (Hoch-)Chalkosin Cu_2S und Covellin CuS.

Einige der großen porphyrischen Kupfererz-Lagerstätten besitzen hohe Goldreserven (Bierlein et al. 2006; Frimmel 2008; Tosdal et al. 2009). Das gilt ganz besonders für das Goldvorkommen von Grasberg in Indonesien, das mit Vorräten von ca. 6 800 t Au wohl die zweitgrößte Gold-Anreicherung der Erde darstellt. Weiter sind zu nennen die Lagerstätten Ok Tedi (ca. 1 130 t Au) und Porgera (ca. 1 110 t Au) in Papua-Neuguinea (z. B. Garwin et al. 2005), Boddington im australischen Yilgarn-Kraton (ca. 1 280 t Au), Kalmakyr in Usbekistan (ca. 1 300 t Au), Bingham in Utah (ca. 1 000 t Au), Cananea in Mexiko (ca. 1 270 t Au) sowie die zahlreichen Gold-Lagerstätten in den südamerikanischen Anden wie Bajo de la Alumbrera in Argentinien, Chuqicamata und La Escondida in Chile und der Cajamarca Distrikt in Peru (z. B. Sillitoe und Perelló 2005). Viele dieser Lagerstätten sind an K-reiche Kalkalkali-Magmatite, z. B. Shoshonite gebunden (Müller und Groves 2000).

23.2.5
Imprägnationen mit ged. Kupfer (Typus Oberer See)

Nicht vergleichbar mit den Porphyry Copper Ores ist ein Imprägnationstyp auf der *Keweenaw-Halbinsel* im Lake Superior (Michigan, USA). Hier ist eine mächtige

Serie von Basaltströmen aus dem Proterozoikum mit brecciös-schlackiger Oberfläche entwickelt, die mit ged. Cu, Chlorit, Epidot, verschiedenen Zeolithen, Apophyllit, Prehnit $Ca_2Al[(OH)_2/AlSi_3O_{10}]$, Pumpellyit $Ca_2(Mg,Fe^{2+})(Al,Fe^{3+})_2[(OH)_2/H_2O/SiO_4/Si_2O_7]$, Quarz und Calcit hydrothermal imprägniert sind. Die lokal hohe Konzentration an ged. Cu in Form spektakulärer Dendrit-Kristalle, z. T. von >20 t Gewicht, ist einmalig und Proben davon sind in vielen Mineraliensammlungen vertreten (Abb. 4.2, S. 70). Von den meisten Forschern wird angenommen, dass hydrothermale sulfidische Kupferlösungen aus der Tiefe feinverteilten Hämatit (Fe_2O_3) in der Lava-Oberfläche reduziert haben, wobei ged. Cu kristallisierte.

23.3
Hydrothermale Verdrängungslagerstätten

Hydrothermale Verdrängungslagerstätten entstehen in leicht reaktionsfähigen Gesteinen, insbesondere in Kalksteinen und Dolomiten oder ihren metamorphen Äquivalenten, den Marmoren. Dabei erfolgt ein *metasomatischer Stoffaustausch* (Metasomatose von grch. μέτα = mit-, nach-, um-, σόμα = Körper) zwischen dem Karbonatgestein mit hydrothermalen Lösungen, wobei Calcit oder Dolomit durch Erzminerale von Sn, W, Mo, Fe, Mn, Cu, Pb, Zn, Ag, Co, As, Bi, Hg und Mg ersetzt werden. Als Beispiel diene die Reaktion

$$SnCl_3^+ + \underset{\text{Calcit}}{CaCO_3} + H_2O$$
$$\rightleftharpoons \underset{\text{Kassiterit}}{SnO_2} + Ca^{2+} + CO_2 + 2H^+ + 3Cl^- \quad (23.7)$$

Solche Verdrängungen können große Ausmaße erreichen, sind jedoch oft ungleichmäßig verteilt und unberechenbar. Hydrothermale Verdrängungen, die mit Erzgängen verknüpft sind, werden im Abschn. 23.4 behandelt.

23.3.1
Skarnerz-Lagerstätten

Skarnerze entstehen fast immer im Kontaktbereich zwischen magmatischen Intrusionen und karbonatischem Nebengestein (Kalkstein oder Dolomit). Bei diesem Spezialfall der Kontaktmetasomatose (Abschn. 26.6.1, S. 457ff) kommt es häufig zu erheblichen metasomatischen Stoffwanderungen, wobei dem Karbonatgestein insbesondere Si, Al, Fe und Mg sowie Neben- und Spurenelemente zugeführt werden. Es bilden sich charakteristische Ca-Mg-Fe-Silikate wie Grossular-Andradit-Granat, Diopsid-Hedenbergit, Wollastonit, Tremolit-Aktinolith, ferner Epidot, Vesuvian und andere Minerale, auch solche mit F-, Cl- oder Bor-Gehalten. Das Auftreten von Topas oder Turmalin ist jedoch untypisch. Verdrängungserscheinungen und Reaktionssäume bei diesen Silikaten sind verbreitet. Ihre Korngrößen sind oft erheblich. Die bei diesem Prozess entstehenden harten und zähen Kalksilikat-Felsen werden nach einem alten schwedischen Bergmannsausdruck als *Skarn* bezeichnet. Aus ihrem Mineralbestand und ihren Flüssigkeits-Einschlüssen lassen sich für die erzbringenden Fluide meist hohe Bildungstemperaturen von 650–500 °C sowie hohe Salinitäten von >50 Gew.-% NaCl-Äquivalent ableiten. Erst im Lauf der Zeit werden die Fluide kühler (<400 °C) und weniger salzreich (<20 Gew.-% NaCl-Äquivalent; Meinert et al. 2005).

In manchen Fällen werden durch H_2O-reiche Dämpfe oder Fluide Schwermetall-Komplexe transportiert. Durch Reaktion mit dem karbonatischen Nebengestein kommt es zur Bildung von Erzanreicherungen und von bauwürdigen Skarnerz-Lagerstätten unterschiedlicher Art. Sie sind überwiegend an syn- bis spätorogene Granit- bis Granodiorit-Plutone gebunden, die an konvergenten Plattenrändern in die kontinentale Oberplatte intrudierten. Die wichtigsten Typen von Skarnerz-Lagerstätten (Tabelle 23.1) entstanden durch metasomatische Verdrängung von Kalksteinen (Ca-Skarne), nur wenige von Dolomiten (Mg-Skarne).

Kontaktmetasomatisch werden vorwiegend *sulfidische* (Pyrrhotin, Pyrit, Sphalerit, Galenit, Chalkopyrit) oder *oxidische* (Magnetit, Hämatit) Erzminerale abgeschieden, stets in sehr unregelmäßigen Verdrängungskörpern. Klassische Kontaktlagerstätten mit Skarnbildung sind die Hämatiterze der Insel Elba, die aber nicht mehr im Abbau stehen. Eine der bedeutendsten Erzlagerstätten dieser Art war lange Zeit die Eisenerz-Lagerstätte von Magnitogorsk im Südural mit Magnetit als Haupterzmineral. Die Lagerstätte Antamina in Peru ist einer der größten Produzenten an Kupfer und Zink mit Vorräten von 556 Mio. t und Durchschnittsgehalten von 1,1 % Cu, 2,8 % Zn und 0,04 % Mo. Einige Skarnerz-Lagerstätten produzieren als Nebenprodukt Gold; die gesamten Vorräte in diesem Lagerstättentyp werden weltweit auf ca. 1 470 t Au geschätzt (Frimmel 2008). Mit einer Jahresproduktion von ca. 2 100 kg Au ist das Skarnerz-Vorkommen Navachab im Damara-Orogen (Namibia) nach dem Witwatersrand (Abschn. 25.2.7, S. 390ff) die größte Goldlagerstätte im südlichen Afrika (Dziggel et al. 2009).

Die bedeutende Ca-Skarn-Lagerstätte Naica in Chihuahua, Mexiko (Tabelle 23.1) hat durch die Bildung von riesigen Gipskristallen (Abb. 9.6, 9.7, S. 133f) weltweite Aufmerksamkeit erregt.

Die Vererzung steckt in Kalksteinen der Unterkreide (Alb) und ist an Felsit-Gänge gebunden, deren Alter mit der K-Ar-Methode (Abschn. 33.5.3, S. 615ff) auf ca. 26 Ma datiert ist (Megaw et al. 1988). Wahrscheinlich stammen diese Gänge von einem magmatischen Tiefenkörper in 2–5 km Tiefe ab. Die heißen (240–490 °C), hochsalinaren (31–63 Gew.-% NaCl-Äquivalent) hydrothermalen Lösungen durchsetzten die Gänge und das karbonatische Nebengestein auf tektonischen Schwächezonen und Schichtgrenzen, wobei die Karbonate intensiv in Kalksilikat-Minerale umgewandelt wurden. Die wichtigsten Erzminerale sind Pyrit, Pyrrhotin, Sphalerit, Galenit und Chalkopyrit (Megaw et al. 1988; vgl. Tabelle 23.1).

Tabelle 23.1. Die wichtigsten Typen von Skarnerzen. (Stark vereinfacht aus Evans 1993)

Lagerstättentyp	Schwermetalle	Erzminerale	Derzeit wichtigste Lagerstätte		
			Name	Geschätzte Erzvorräte [Mio. t]	Durchschnittsgehalte [%]
Ca-Kupfer	Cu, Mo, (W, Zn)	Chalkopyrit, Bornit, Pyrit, Hämatit, Magnetit	Twin Buttes, Arizona	500	Cu: 0,8
Ca-Eisen	Fe, (Cu, Co, Au)	Magnetit, (Chalkopyrit, Cobaltin, Pyrrhotin)	Sarbai, Kasachstan	725	Fe: 40
Mg-Eisen	Fe, (Cu, Zn)	Magnetit, (Pyrit, Chalkopyrit, Pyrrhotin, Pyrit)	Sheregesh, S-Sibirien, Russland	234	Fe: 35
Ca-Wolfram	W, Mo, Cu, (Zn, Bi)	Scheelit, Molybdänit, Chalkopyrit, Pyrrhotin, Pyrit	MacMillan Pass, Kanada	63	W: 0,75
Ca-Blei-Zink	Zn, Pb, Ag, (Cu, W)	Sphalerit, Galenit, Chalkopyrit, Arsenopyrit	Naica, Mexiko	21	Zn: 3,8; Pb: 4,5; Cu: 0,4; Ag: 150 g/t; Au: 0,3 g/t
Ca-Molybdän	Mo, W, (Cu, Bi, Zn)	Molybdänit, Scheelit, Bismuthinit, Pyrit, Chalkopyrit	Little Boulder Creek, Idaho	>100	Mo: 0,1
Ca-Zinn	Sn, (Be, W)	Kassiterit, Arsenopyrit, Stannin, Pyrrhotin	Moina, Tasmanien	30	Sn: 0,15

Skarnerz-Lagerstätten mit *Scheelit* $CaWO_4$ spielen weltwirtschaftlich eine immer größere Rolle. Bedeutende Vorkommen sind Macmillan Pass und Tungsten (Kanada), King Island (nördlich Tasmanien), Sangdong (Korea) und Pine Creek (Kalifornien, USA). Wegen seiner Unauffälligkeit im umgebenden Skarn wird Scheelit leicht übersehen. Er lässt sich bei der Prospektion am einfachsten durch seine starke UV-Fluoreszenz feststellen. Bedeutung können auch kontaktmetasomatische Skarnlagerstätten mit Anreicherungen von Mo und Sn haben.

23.3.2
Mesothermale Kupfer-Arsen-Verdrängungs-Lagerstätten

An hydrothermalen Reaktionskontakten mit Kalken und Dolomiten kann es zu bedeutenden Anreicherungen von Kupfererz kommen. Der bekannteste Vertreter dieses Typs ist die Lagerstätte von *Tsumeb* im Otavi-Bergland (Nord-Namibia), die von 1907 bis 1997 fast ununterbrochen im Abbau stand. Haupterzminerale sind Chalkosin, Enargit, Tetraedrit-Tennantit (Fahlerz), Galenit und Cd-reicher Sphalerit; das Ge-Erzmineral Germanit $Cu_{13}Fe_2Ge_2S_{16}$ wurde hier erstmals entdeckt. Berühmt ist Tsumeb wegen der unerreichten Artenfülle von Sekundärmineralen innerhalb der ausgedehnten Oxidationszonen. Noch im Abbau befindet sich die nahe gelegene Lagerstätte Kombat mit Bornit, Tennantit, Chalkopyrit und Galenit als primäre Erzminerale sowie sekundär gebildetem Chalkosin und ged. Kupfer.

23.3.3
Hydrothermale Blei-Silber-Zink-Verdrängungslagerstätten

Verdrängungslagerstätten mit Galenit und Sphalerit in Kalkstein oder dolomitischem Kalkstein sind recht verbreitet; jedoch ist ihre genetische Stellung häufig umstritten. An gewinnbaren Blei-, Zink- und Silbererzen und an Erzvorräten übertreffen sie die entsprechenden Ganglagerstätten (s. u.) erheblich. Ein Teil davon ist unter höheren Temperaturen gebildet und deshalb als kata- bis mesothermal einzustufen.

Zu den *hochtemperierten* Blei-Zink-Verdrängungslagerstätten gehören z. B. Leadville (Colorado, USA), wo ein felsischer Subvulkanit eine karbonische Kalkstein-Quarzit-Folge intrudierte, *Trepča* (Südostserbien) als eine der wichtigsten Pb-Zn-Ag-Lagerstätten in Europa, Iglesias in Sardinien als wichtigster Pb-Zn-Ag-Erzeuger Italiens, und Laurion (Attika, Griechenland), dessen Gruben bereits im Altertum betrieben wurden.

Bei den *niedrigtemperierten* Blei-Zink-Verdrängungslagerstätten vom Mississippi-Valley-Typ ist ein Zusammenhang mit magmatischen Intrusionen nicht erkennbar. Für sie wird eine niedrig-thermale oder eine sedimentäre, vielleicht spät-diagenetische Entstehung diskutiert (vgl. Abschn. 23.6.2, S. 366).

23.3.4
Hydrothermale Gold-Pyrit-Verdrängungslagerstätten vom Carlin-Typ

Die Gold-Lagerstätten vom Carlin-Typ – benannt nach dem bedeutenden Vorkommen von Carlin in Nevada – sind an das Backarc-Becken hinter dem jungen Orogengürtel der Sierra Nevada gebunden und entstanden vor etwa 42–36 Ma im Zusammenhang mit Dehnungs-Tektonik. Die erzbringenden Fluide hatten mäßige Temperaturen von ca. 180–240 °C und eine geringe Salinität von ca. 2–3 % NaCl-Äqu.; sie enthielten <4 Mol.-% CO_2, <0,4 Mol.-% CH_4 und ausreichend H_2S für den Transport von Au. Die erzbringenden Fluide, deren Herkunft noch umstritten ist, stiegen in steilstehenden Störungszonen auf und wurden in flachliegenden Erzfallen gefangen. Dort reagierten sie mit tonigen Kalksteinen von altpaläozoischem Alter und verdrängten diese unter Bildung von Pyrit, Markasit und Arsenopyrit. In diesen Sulfidmineralen ist Gold in Form feinster Partikel eingeschlossen, teils auch in den Kristallstrukturen eingebaut (Cline et al. 2005). Die großen Lagerstätten in Nevada, außer Carlin noch Newmont, Betze Post und Cortez gehören zu den wichtigsten Goldvorkommen der Erde, die insgesamt Vorräte von ca. 10 000 t Au aufweisen (Frimmel 2008).

23.3.5
Metasomatische Siderit-Lagerstätten

Metasomatische Siderit-Lagerstätten haben sich dort gebildet, wo aufsteigende (aszendente) Fe-haltige hydrothermale Lösungen mit Kalkstein oder Marmor reagieren konnten. Die bekannteste und bedeutendste Lagerstätte dieser Art ist der *Erzberg* in der *Steiermark*, wo ein altpaläozoischer Kalkstein über seine Schichtfugen hinweg wolkig-diffus vererzt wurde. Es lässt sich eine Umwandlungsfolge Calcit → Dolomit → Ankerit $Ca(Mg,Fe)[CO_3]_2$ → Siderit erkennen. Auf diese Weise ist ein riesenhafter, geschlossener Körper von Mn-haltigem *Spateisenstein* entstanden, der nur geringe Mengen an Pyrit, Chalkopyrit, Fahlerzen und Cinnabarit führt. Die Erze werden in einem mächtigen Tagebau mit rund 70 Etagen und unter Tage gewonnen. Die Lagerstätte enthielt insgesamt 500 Mio. t Erz, von denen mehr als die Hälfte abgebaut ist; die Gehalte liegen bei 32 % Fe und 2 % Mn (Pohl 2005).

Vergleichbare Vorkommen von Bedeutung finden sich um Hüttenberg in Kärnten (Hüttenberger Erzberg), in der Slowakei, im Gebiet von Ljubija (Bosnien-Herzegowina), im Banat (Rumänien), in Bakal (Russland), in Tunesien und Algerien. Die beachtlichen Vorkommen bei Bilbao (Nordspanien), die sog. Bilbaoerze, die für die deutschen Eisenhütten und Stahlwerke von großer Bedeutung waren, sind von oben her weitgehend in sekundäre Oxidationserze umgewandelt.

Entlang der Randspalten des Thüringer Waldes und bei Bieber im Spessart ist der Zechsteinkalk bzw. -dolomit stellenweise metasomatisch in Siderit umgewandelt. Einige dieser Spateisenstein-Vorkommen wurden bergmännisch abgebaut.

23.3.6
Metasomatische Magnesit-Lagerstätten

Auch spätiger Magnesit (*Spatmagnesit*) bildet sich durch metasomatische Verdrängung aus Kalkstein mit Dolomit als Zwischenprodukt. Mg-haltige Hydrothermen bewirken eine schrittweise Verdrängung des Ca^{2+} durch Mg^{2+}. Die Herkunft der Lösungen ist noch immer umstritten. Als alternatives Modell wurde eine *frühdiagenetische* Entstehung der Spatmagnesit-Lagerstätten diskutiert.

Spatmagnesit-Vorkommen haben die größte Verbreitung im Bereich der Ostalpen (Österreich). Dort bilden sie unregelmäßige stockförmige Körper innerhalb von Kalksteinen und Dolomiten der Grauwackenzone. Die Hauptvorkommen liegen bei Radenthein (Kärnten) sowie Trieben und Veitsch (Steiermark). Ihr Abbau vollzieht sich vorwiegend über Tage.

Magnesit dient neben der Gewinnung des Leichtmetalls Magnesium, besonders als Rohstoff für die Herstellung von *Sintermagnesit* in der Feuerfestindustrie für Ziegel zum Auskleiden von Sauerstoff-Konvertern (LD-Verfahren) und Hochöfen. Daneben wird Magnesit als *kaustischer Magnesit* bei etwa 800 °C gebrannt, um das CO_2 zu entfernen; das dabei entstehende MgO wird zur Gewinnung von Sorelzement und zur Fertigung von Leichtbauplatten verwendet.

23.4
Hydrothermale Erz- und Mineralgänge

Voraussetzung für die Entstehung hydrothermaler Erz- und Mineralgänge ist das Vorhandensein von sich öffnenden tektonischen *Spalten*, in denen die hydrothermalen Lösungen Platz nehmen und auskristallisieren können, z. B. auf duktilen Scherzonen, Verwerfungen, Überschiebungen oder Spannungsrissen. Typisch sind sog. *Pinch-and-Swell-Strukturen*, bei denen die Mächtigkeit eines Erzganges stark variiert, weil er Nebengesteinslagen unterschiedlicher Kompetenz durchsetzt (Abb. 23.7). Hydrothermalgänge bilden meist kompakte Aggregate aus Erzmineralen und Gangart; in verbleibenden Hohlräumen können sich auch Mineraldrusen mit freien Kristallendigungen entwickeln. Nicht selten werden hydrothermale Erzgänge auch von hydrothermalen Imprägnationen oder Verdrängungen begleitet.

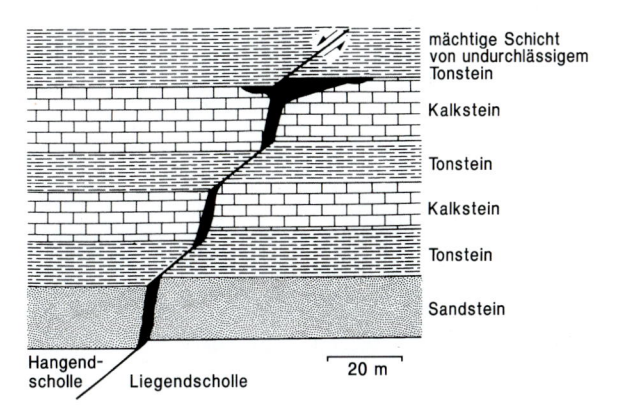

Abb. 23.7. Erzgang auf einer Abschiebung mit gut entwickelter Pinch-and-Swell-Struktur. Im Bereich der kompetenten Sandstein- und Kalkstein-Lagen ist der Erzgang relativ mächtig, während er in den inkompetenteren Tonstein-Horizonten nahezu auskeilt. Unterhalb einer mächtigen Schicht von undurchlässigem Tonstein biegt der Gang in die Horizontale um. (Nach Evans 1993)

Die Erzminerale sind die Träger der gewinnbaren Metalle. Von den Bergleuten werden diese Teile des Gangs auch als Erzmittel bezeichnet im Unterschied zu den nichtopaken Begleitmineralen, der sog. *Gangart*, dem tauben Mittel. Zu den Gangarten rechnen im Wesentlichen Quarz, Calcit, Dolomit und andere Karbonate sowie Fluorit und Baryt, die wichtige Industrieminerale darstellen und meist aus erzfreien Hydrothermalgängen gewonnen werden. Häufig spiegelt die Gangart die Zusammensetzung des Nebengesteins wider, aus dem sie offensichtlich mobilisiert wurde, z. B. Quarz bei silikatischem, Calcit bei karbonatischem Nebengestein.

Die Ausscheidung des Mineralinhalts der Gänge erfolgt meist gleichzeitig mit den tektonischen Öffnungsbewegungen, dem Aufreißen der Spalte. Das kann in mehreren Etappen geschehen. Dabei entspricht die symmetrische zonale Anordnung verschiedener Mineralparagenesen, die man häufig in Hydrothermalgängen beobachtet (Abb. 23.8), der *Auscheidungsfolge*. Stets befinden sich die älteren, generell bei höherer Temperatur gebildeten Paragenesen an den Gangrändern (dem sog. *Salband*), die jüngeren, etwas niedriger temperierten Paragenesen in der Gangmitte.

> Änderungen in den verschiedenen Mineralparagenesen im Streichen eines Gangs bezeichnet man als *vertikalen* bzw. *lateralen Fazieswechsel* oder als *primären Teufenunterschied*. Dieser ist bei den subvulkanischen Ganglagerstätten infolge kürzerer Transportwege und schnellerer Abkühlung weniger ausgeprägt: Die verschiedenen Mineralparagenesen erscheinen teleskopartig ineinandergeschoben (*Telescoping*). Die praktische Bedeutung des Fazieswechsels für die Prospektion der Erze sowie für bergbau- und aufbereitungstechnische Fragen ist offensichtlich.

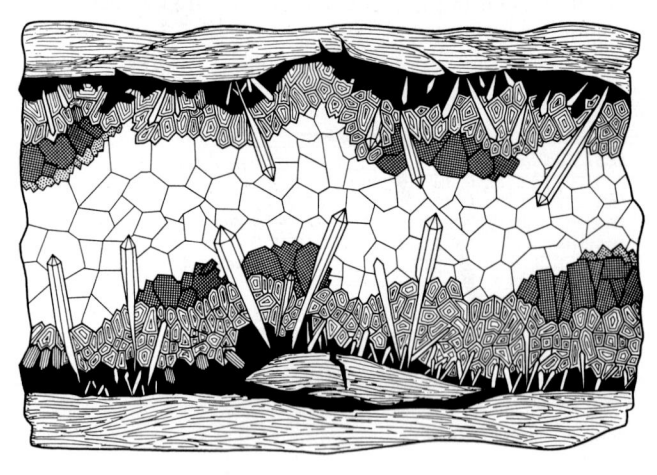

Abb. 23.8. Symmetrischer Erzgang aus der Grube Himmelfürst-Fundgrube bei Brand-Erbisdorf (Erzgebirge). Nebengestein: Gneis: säulenförmiger Quarz I mit Sphalerit (*schwarz*), Arsenopyrit (*längsgestreift*), Rhodochrosit (*zonar*), Galenit (*Kreuzschraffur*), Chalkopyrit (*punktiert*), Calcit in der Gangmitte (*weiß*). (Nach Maucher, umgezeichnet aus Schneiderhöhn 1941)

Aus der geradezu verwirrenden Fülle des Mineral- und Erzinhalts der verschiedenen, überaus zahlreich auftretenden hydrothermalen Gänge heben sich sog. *persistente Paragenesen* hervor, die weltweit vorkommen und immer wieder gleich bleiben. Sie wurden zur Grundlage für ein Schema von *Gangformationen*, das lange Zeit als Prinzip für eine Systematik hydrothermaler Lagerstätten aller Strukturtypen diente.

Die Bezeichnung „Gangformation" war im sächsischen Bergbau schon lange gebräuchlich. Der Freiberger Mineraloge August Breithaupt (1791–1873) erkannte als erster, dass für genetische Schlussfolgerungen *Mineralparagenesen* wichtig sind und nicht ein einzelnes, besonders auffälliges Mineral. Dieses Prinzip hat sich ganz allgemein für die Petrologie als fruchtbar erwiesen.

23.4.1
Orogene Gold-Quarz-Gänge

Wirtschaftlich noch immer wichtig sind die erdweit verbreiteten Gold-Quarz-Gänge. Sie wurden von Groves et al. (1998) als *orogen* bezeichnet, weil sie im Zusammenhang mit kompressiven und transpressiven Deformationsprozessen an konvergenten Plattenrändern und in Kollisionsorogenen entstanden sind. In einem Teil dieser Lagerstätten ist auch ein räumlicher und zeitlicher Zusammenhang mit granitoiden Intrusionen nachweisbar (vgl. Frimmel 2008).

Subduktions- und kollisionsbezogene thermische Ereignisse führten zur episodischen Erhöhung des geothermischen Gradienten und zur *Gesteinsmetamorphose*. Dabei entstehen hydrothermale Lösungen, die sehr weite Wanderungswege zurücklegen können. Dementsprechend kann es in orogenen Gold-Quarz-Gangsystemen zur Au-Abscheidung in extrem großen Teufenbereichen vom oberflächennahen Niveau bis hinunter zu 15–20 km Tiefe kommen. Die einzelnen Gänge besitzen Mächtigkeiten zwischen 0,5 und 3 m; sie können sich – jeweils gegeneinander versetzt – zu ausgedehnten Gangzügen aneinander reihen; der größte bekannte Gangzug ist der berühmte Mother Lode in Kalifornien mit einer Länge von ca. 270 km. Die erzführenden Fluide weisen einen sehr weiten Temperatur-Bereich von ca. 300–600 °C auf, haben eine relativ geringe Salinität und sind nahezu neutral; sie enthalten stets erhöhte Gehalte von ≥0,5 Mol.-% CO_2 sowie teilweise CH_4. In ihnen wird Au in Form reduzierter S-Komplexe transportiert (Groves et al. 1998).

Der *Mineralinhalt* der Gold-Quarz-Gänge ist einfach. Neben 97–98 % Quarz als Gangart enthalten sie vor allem Pyrit, Arsenopyrit, Chalkopyrit und gelegentlich etwas Stibnit. *Ged. Gold* tritt nur selten als *Freigold* auf, das mit dem bloßem Auge sichtbar ist (Abb. 4.5, S. 72). Meist bildet es jedoch als „vererztes" oder *unsichtbares Gold* nur mikroskopisch kleine Einschlüsse im Quarz, Pyrit oder Arsenopyrit; es ist bis zu 10–20 % mit Ag legiert; daneben treten auf einigen Gängen auch Au-Ag-Telluride wie Petzit Ag_3AuTe_2 auf (Ciobanu et al. 2006). Stellenweise sind

Übergänge zu Turmalin-führenden Gold-Quarz-Gängen zu beobachten. Das Alter der Lagerstättenbildung reicht von archaisch (Barberton-Greenstone-Belt, Südafrika: 3 200 Ma) bis Tertiär (Obere Monte-Rosa-Decke, Westalpen ≤33 Ma).

Eine weitverbreitete Gruppe von Gold-Quarz-Gängen ist an *archaische Grünstein-Gürtel* gebunden, deren ursprünglicher Goldgehalt durch Granit-Intrusionen mobilisiert und in Gängen angereichert wurde. In den großen präkambrischen Kratonen der Erde können hunderte oder tausende von Einzellagerstätten mit sehr unterschiedlichen Gold-Gehalten und Vorräten auftreten. Die meisten untertage abgebauten Lagerstätten enthalten 4–8 g/t, z. T. sogar 10–15 g/t; im Tagebau können noch Gehalte von 1–2 g/t bauwürdig sein. Ein prominentes und noch heute sehr bedeutendes Beispiel ist die Goldene Meile von Kalgoorlie im Yilgarn-Block (Westaustralien) mit Vorräten von ca. 2 080 t Au (z. B. Robert et al. 2005; Frimmel 2008). Weiter zu nennen sind die klassischen Goldfelder von Ballarat und Bendigo in Victoria (Australien) mit ca. 660 t Au, wo die Gold-Quarz-Gänge als charakteristische Sattelgänge in aufgeblätterten Faltenscheiteln Platz genommen haben, der Kolar-Distrikt in Mysore (Indien), die Distrikte von Timmins-Porcupine (mit einer Gesamtproduktion von 1 530 t Au) und Kirkland Lake in der Superior-Provinz Ontarios (z. B. Robert et al. 2005) sowie von Yellowknife in den North-West Territories (Kanadischer Schild), ferner Lagerstätten im Barberton Greenstone Belt (Südafrika) und in Simbabwe.

Proterozoisches Alter besitzen die Gold-Lagerstätten Ashanti in Ghana (früher Goldküste) mit Vorräten von fast 3 200 t Au, Telfer im australischen Paterson-Orogen (ca. 1 530 t Au), die Homestake Mine in Süd-Dakota mit Vorräten von ca. 1 240 t Au und ungewöhnlich hohen Gehalten von 8,3 g/t Au (Frimmel 2008) sowie die Lagerstätten am Südrand des Sibirischen Kratons am Oberlauf von Jenissei und Lena, im Aldan-Hochland und in Transbaikalien. Mit Vorräten von ca. 1 360 t Au ist Sukhoi Log an der Lena eine bedeutende Goldlagerstätte; sie sitzt in proterozoischen Schwarzschiefern, aus denen das Gold wahrscheinlich in frühpaläozoischer Zeit mobilisiert wurde (z. B. Yakubchuk et al. 2005). Für die permische Lagerstätte von Muruntau im Tian-Shan-Orogen West-Usbekistans, die mit Vorräten von ca. 6 140 t Au z. Zt. die drittgrößte Gold-Anreicherungen der Erde darstellt, konnte nachgewiesen werden, dass die erzbringenden Fluide einen juvenilen Anteil aus dem Erdmantel enthielten (Graupner et al. 2006).

Zahlreiche Gold-Quarz-Gänge treten in jungen Orogenzonen von oberjurassischem bis neogenem Alter im Bereich konvergenter Plattenränder auf. Hierzu gehört das Revier des Mother Lode in der Sierra Nevada (Kalifornien) und von Fairbanks im Yukon-Distrikt (Alaska/Kanada).

Bereits 3000 v. Chr. wurde in Ägypten Gold aus Quarzgängen gewonnen. Noch älter ist der Goldbergbau in Simbabwe, der auf vorgeschichtliche Zeit zurückgeht (Land Ophir). In Europa war der Goldbergbau in den Hohen Tauern während des Altertums bis zum Mittelalter bedeutsam. Der Abbau der Gold-Quarz-Gänge von Brandholz-Goldkronach im Fichtelgebirge hatte seine Blütezeit im ausgehenden Mittelalter. Ende des 18. Jahrhunderts standen diese Gruben unter der Leitung des bekannten Naturforschers Alexander von Humboldt (1769–1859). Die letzte, ganz kurze Betriebsperiode ging im Jahr 1925 zu Ende.

23.4.2
Epithermale Gold- und Gold-Silber-Lagerstätten (subvulkanisch)

Auch die Golderze der *subvulkanischen Abfolge* sind vorwiegend an *junge Orogenzonen* im Bereich konvergenter Plattenränder geknüpft. Erzgänge und Erzimprägnationen stehen in enger Beziehung zu subvulkanischen Intrusivstöcken, zu Vulkanschloten und zu Tuffablagerungen. Petrographisch handelt es sich um Kalkalkali-Magmatite wie Andesite, Dacite, die K-reichen Shoshonite und Rhyolithe (Müller und Groves 2000). Die Erze sind an vulkanische Spalten und Ruschelzonen gebunden und mitunter brecciös entwickelt. Kristalldrusen füllen zahlreiche Hohlräume. Besonders die oberflächennahen Gänge und Mineralabscheidungen besitzen bei starkem Telescoping eine vielfältige Überlagerung der Paragenesen.

Erzminerale und Gangarten sind auffällig artenreich. Das hier weißgelb aussehende Freigold ist stark silberhaltig (*Elektrum*). Es ist mit Gangarten und Sulfiden innig verwachsen. Gold ist außerdem im Pyrit eingelagert. Charakteristisch für die subvulkanische Abfolge sind außerdem *Goldtelluride* und *Goldselenide* sowie viele *edle Silbererzminerale* wie Argentit-Akanthit (Silberglanz), gediegen Silber, Proustit, Pyrargyrit, Freibergit, silberreicher Galenit. Viele der Edelmetall-haltigen Gänge gehen nach der Tiefe hin in Pb-Zn-Cu-Gänge über. Eine solche Gangverschlechterung, aber auch das Gegenteil, eine Gangverbesserung, werden im Bergbau als *primärer Teufenunterschied* sehr beachtet. Gangarten sind Calcit, Quarz (häufig als Amethyst), Chalcedon, Rhodochrosit und verschiedene Zeolithe. Das Nebengestein ist durch *Propylitisierung* grünlich zersetzt, wobei sich auf Kosten der magmatischen Gemengteile Chlorit, Pyrophyllit, Kaolinit, Dickit, Illit, Epidot, Albit, Adular, Quarz, Calcit, Alunit $KAl_3[(OH)_6/(SO_4)_2]$ und Pyrit als Sekundärminerale gebildet haben.

Nach Simmons et al. (2005) entstanden Au ± Ag ± Cu-Vererzungen mit Quarz + Alunit ± Pyrophyllit ± Dickit ± Kaolinit aus Fluiden, die überwiegend magmatischen Ursprungs sind und nur geringe Anteile von Oberflächenwasser enthielten. Ihre Temperatur variierte zwischen 180 und 320 °C, ihre Salinität lag meist bei <5–10 %, erreichte aber auch Werte von >30 % NaCl-Äqu. Demgegenüber wurden Vererzungen mit den Gangarten Quarz ± Calcit ± Adular ± Illit aus zirkulierenden Oberflächenwässern abgeschieden, die in der Tiefe auf 150–300 °C aufgeheizt wurden, jedoch höchstens einen geringen magmatischen Anteil besaßen. Bei Au-Ag- und Ag-Au-Vererzungen lag die Salinität dieser Fluide bei <5 %, stieg aber bei Ag-Pb-Zn-Vererzungen auf Werte von >20 % NaCl-Äqu. an.

In Europa sind Vorkommen von Golderzen der subvulkanischen Abfolge an den andesitisch-dacitischen Magmatismus des Karpaten-Innenrandes gebunden. Die wichtigsten Lagerstätten liegen im Slowakischen Erzgebirge (z. B. im Gebiet von Banska Štiavnica, wo auch eine Cu-Au-Skarnerzlagerstätte abgebaut wurde), im Vihorlat-Gebirge (Ost-Slowakei) und im Siebenbürgener Erzgebirge (Rumänien). Reich an subvulkanischen Golderzen sind auch die Inselbögen um den Pazifik (z. B. Garwin et al. 2005), so Ladolam auf der Insel Lihir (Papua-Neuguinea), Baguio (Philippinen) und Emperor (Fidschi-Inseln). Mit Vorräten von ca. 2 070 t Au besitzt Ladolam weltwirtschaftliche Bedeutung (Frimmel 2008).

Immer noch bedeutend sind zwei Lagerstätten in den USA: *Cripple Creek* in Colorado – mit durchschnittlich 20–30 g/t Au – ist an Alkali-Vulkanite gebunden und befindet sich im Back-Arc-Bereich der Rocky Mountains. Der *Comstock Lode* in Nevada stellt eine der größten Metallanreicherungen der Erde dar, aus der seit 1859 235 t Au und 5 500 t Ag gefördert wurden; die reichen Erzkörper („Bonanzas") lassen sich bis in eine Teufe von 900 m verfolgen; der größte von ihnen enthielt 1,4 Mio. t Erz mit Durchschnittsgehalten von 54 g/t Au und 850 g/t Ag (Sawkins 1990). Auch in den zahlreichen Vorkommen Mexikos tritt Au gegen Ag stark zurück. Bedeutende Au-Reserven enthalten die Lagerstätten El Indio (Chile) und ganz besonders Yanacocha (Peru) mit Vorräten von ca. 1 960 t Au (Frimmel 2008).

23.4.3
Mesothermale Kupfererzgänge

Der prominenteste Vertreter dieses Typs ist die Lagerstätte von *Butte,* Montana (USA), die zu den reichsten Kupfervorkommen der Erde zählt. Aus ihm wurden von 1880 bis 1964 7,3 Mio. t Cu, 2,2 Mio. t Zn, 1,7 Mio. t Mn, 0,3 Mio. t Pb, 20 000 t Ag, 78 t Au sowie beachtliche Mengen an Bi, Cd, Se, Te und Schwefelsäure gewonnen (Evans 1993). Mehrere Systeme von Gangspalten, oft dicht gescharrt, durchsetzen einen großen, 78 Ma alten Granodiorit-Körper, den Boulder-Batholithen. Die mächtigsten Erzgänge können 1–2 km lang werden; eigenartig ist ihre Zerfaserung in zahlreiche kleine Adern, die als Horsetail-Struktur bezeichnet wird. Die Vererzung ist zonar angeordnet: In der Zentralzone treten die reichsten Kupfererze mit Hoch-Chalkosin und Enargit auf; nach außen folgt eine Übergangszone mit höherem Sphalerit-Anteil, und die Randzone ist reicher an Pb und Ag, bis die Gänge randlich erzleer endigen. Am südlichen Rand der Zentralzone treten zahlreiche Molybdänit-Quarz-Adern auf. Oft wird das Nebengestein durch Gangtrümer oder feinverteiltes Erz nach Art der Porphyry Copper Ores (Abschn. 23.2.4, S. 349ff) imprägniert. Heute konzentriert sich die Erzgewinnung auf diese ärmeren Bereiche, die durch große Tagebaue erschlossen werden.

Mesothermale Gänge mit Chalkopyrit ± Bornit ± Tetraedrit-Tennantit ± Pyrit und Quarz oder Siderit als Gangarten sind innerhalb des mitteldeutschen Raums weit verbreitet und wurden früher an vielen Stellen abgebaut. Im Siegerland gehen sie nach den zentralen Teilen des Gebiets hin in reine Sideritgänge über. Auch die Kupfer-Erzgänge von Mitterberg (Salzburg, Österreich) gehören hierher. Keine dieser Lagerstätten ist heute noch bauwürdig.

23.4.4
Blei-Silber-Zink-Erzgänge

Die wesentlichen Erzminerale der silberführenden Blei-Zink-Erzgänge sind Galenit, Sphalerit und Pyrit, daneben meist auch Chalkopyrit und Minerale der Fahlerzgruppe, in gewissen Gängen auch Arsenopyrit. Zahlreiche weitere Erzminerale sind oft nur erzmikroskopisch erkennbar. Galenit enthält häufig 0,01–0,3 %, stellenweise fast 1 % Ag. Die meisten *Silberträger* wie Freibergit, Proustit, Pyrargyrit, Polybasit $(Ag,Cu)_{16}Sb_2S_{11}$ u. a. sind im Galenit *mechanisch eingeschlossen.* Lamellen von Silberglanz (Argentit bzw. Akanthit), die im Galenit // {100}, seltener // {111}, eingelagert sind, gehen wohl teilweise auf Entmischungsvorgänge zurück, da die Galenit-Struktur bei hydrothermalen Bedingungen bis zu 2 % Ag_2S aufnehmen kann. Demgegenüber existiert eine lückenlose Mischkristallreihe zwischen PbS und $AgBiS_2$, die sich unterhalb ca. 200 °C zu Galenit und Tief-Schapbachit $AgBiS_2$ entmischen. Sphalerit enthält kaum Ag, dafür häufig Cd und als Spurenmetalle Ga, In, Tl und Ge. Durch erhöhte Fe-Gehalte ist Sphalerit (Zn,Fe)S braunschwarz bis schwarz gefärbt. Die Mineralparagenesen der Ag-haltigen Pb-Zn-Erzgänge sind vorwiegend als *mesothermal* einzustufen. Nur die etwas *höherthermalen Gänge* unter ihnen enthalten *edle Silbererzminerale* wie *Argentit-Akanthit (Silberglanz), Proustit-Pyrargyrit, Silberfahlerze, ged. Ag* und viele seltenere Vertreter. Als *Gangarten* der Pb-Ag-Zn-Gänge treten in unterschiedlichen Kombinationen auf: Quarz, Calcit, Dolomit, Ankerit (Braunspat), Siderit, Rhodochrosit, Baryt und/oder Fluorit.

Das *Gefüge* dieser Gänge ist recht wechselvoll. Neben Lagen- und Banderzen (Abb. 23.9), oft mit symmetrischer Anordnung (Abb. 23.8), gibt es Breccienerze, Ringel- und Kokardenerze, teilweise mit schönen Kristalldrusen in den Hohlräumen der Gangmitte. Die unterschiedlichen Bedingungen, unter denen sich die verschiedenen Generationen eines Minerals gebildet haben, machen sich häufig in Unterschieden von Tracht und Habitus der Kristalle, in der Kristallgröße oder der Färbung bemerkbar.

Das Variscische Gebirge in Mitteleuropa ist sehr reich an hydrothermalen Pb-Zn-Gängen, die z. T. seit dem

Abb. 23.9.
Gangstück mit den Erzmineralen Chalkopyrit (goldglänzend, z. T. angelaufen), Sphalerit (tiefbraun) und Galenit (silberglänzend); Gangarten: Siderit (hellbraun), Quarz und Calcit (weiß). Bad Grund (Harz). Mineralogisches Museum der Universität Würzburg. (Foto: K.-P. Kelber)

Mittelalter im Abbau standen und zeitweise eine große wirtschaftliche Bedeutung hatten; heute ist der Abbau ausnahmslos eingestellt. Als typische, hervorragend untersuchte Beispiele sind die Bergbaureviere von *Freiberg*, *Marienberg* und *Annaberg* im sächsischen *Erzgebirge* zu nennen, deren Abbau erst 1990 endgültig zum Erliegen kam. Im Freiberger Revier wurden zwischen 1168 und 1969 mehr als 1000 Erzgänge aufgeschlossen und vorwiegend auf Pb, Ag und Zn abgebaut. Das Alter dieser Gänge ist spätvariscisch; eine unmittelbare Beziehung zu den Granit-Intrusionen des Erzgebirges ist nicht nachweisbar. Auch im berühmten *Clausthaler Gangrevier* im *Oberharz* wurden bereits seit 1180 W-O-streichende, langaushaltenden Pb-Zn-Erzgänge abgebaut (Abb. 23.9). Wie neue Untersuchungen zeigen (Möller u. Lüders 1993), hat die Vererzung ein triassisches bis jurassisches Alter, ist also postvariscisch. Der Transport der Schwermetalle erfolgte in Form von Cl-Komplexen in hypersalinen Laugen; bei der Mischung mit S-führenden Fluiden kam es zur Erzabscheidung. Nach der Tiefe hin nimmt Galenit und damit der Ag-Gehalt im Erz zugunsten von Sphalerit ab, bis die Gänge endgültig vertauben. Dieser primäre Teufenunterschied wirkte sich als eine Gangverschlechterung ungünstig auf die Rentabilität des Bergbaus aus. Die Pb-Zn-Gänge von Straßberg-Neudorf im Ostharz lieferten besonders schöne Mineralstufen, die sich in vielen Sammlungen befinden. Erwähnt seien ferner die Pb-Zn-Gänge des *Rheinischen Schiefergebirges*, so im Ruhrkarbon, bei Ramsbeck im Sauerland, im Bergischen Land und im Grubenbezirk von Holzappel–Bad Ems–Braubach sowie des mittleren und südlichen *Schwarzwaldes* (Kinzigtal, Schauinsland, Münstertal).

Die bedeutendsten variscischen Pb-Zn-Erzgänge Europas liegen in der Sierra Morena (Spanien), so die Ag-reiche Lagerstätte *Linares*. Früher waren die Ag-reichen Pb-Zn-Erzgänge von *Příbram* in Böhmen wirtschaftlich wichtig.

Die hydrothermalen Pb-Ag-Zn-Erzgänge im Coeur d'Alene-Bezirk in Idaho (USA) sind an mesozoische Intrusionen gebunden, die während der Laramischen Orogenese an einem konvergenten Plattenrand gefördert wurden. Es handelt sich um den größten Ag-Distrikt der Welt, der seit 1879 ca. 43 000 t Ag, 10 Mio. t Pb, 3 Mio. t Zn und 200 000 t Cu gefördert hat.

23.4.5
Zinn-Silber-Bismut-Erzgänge des bolivianischen Zinngürtels

Im Gebiet von Cerro de Potosi, Llallagua und Oruro in den *bolivianischen Anden* treten im *subvulkanischen Niveau* Kassiterit-Gänge und Zinngreisen auf, die an jungtertiäre vulkanische Förderschlote geknüpft sind. Da die Förderwege der zinnführenden Fluide infolge rascher Abkühlung relativ kurz waren, kam es zum *Telescoping* von Mineralabscheidungen aus Fluiden und hydrothermalen Lösungen unterschiedlicher Temperatur. Bei etwas niedrigerer Bildungstemperatur haben Kassiterit-Kristalle nadeligen Habitus (*Nadelzinn*, Abb. 7.10d, S. 111) und sind häufig in büscheligen Kristallgruppen angeordnet. Daneben ist hier *Stannin (Zinnkies)* Cu_2FeSnS_4 das wichtigste Zinn-Erzmineral. Die hochtemperierten Kassiterit-Gänge gehen in *mesothermale* Sn-Ag-Bi-Erzgänge über, die Kassiterit, Stannin und seltenere Sulfostannate sowie Bismuthinit Bi_2S_3 und verschiedene *komplexe Silberminerale* führen. Darüber hinaus treten zahlreiche Sulfidminerale auf, eingebettet in sehr unterschiedliche Gangarten. Neben Nadelzinn kann Kassiterit auch in traubig-nieriger Form als *Holzzinn* ausgebildet sein, was auf eine Ausscheidung im Gelzustand aus *telethermalen* Lösungen hinweist. Der *bolivianische Zinngürtel* ist die zweitwichtigste Zinnprovinz der Erde, in der eine wirtschaftliche Sn-Gewinnung allerdings nur möglich ist, wenn Ag als Beiprodukt gewonnen werden kann. Llallagua ist die weltgrößte Zinngrube, in der Primärerz abgebaut wird; sie förderte seit Beginn des 20. Jahrhunderts über 500 000 t Sn. Schon im 16. Jahrhundert, zur Zeit der spanischen Konquistatoren, wurden die Ag-Vorkommen dieses Gebiets abgebaut, die allerdings ihren sagenhaften Ag-Reichtum einer sekundären Anreicherung durch Verwitterung verdankten. Immerhin enthalten die Erzgänge von Cerro de Potosi noch 150–250 g/t Ag neben 0,3–0,4 % Sn. Der San-Rafael-Gang, am Nordende des bolivianischen Zinngürtels in Peru gelegen, gilt derzeit als der reichste Zinnerz-Gang der Welt mit Durchschnittsgehalten von ca. 5 % Sn und 0,16 % Cu sowie Erzvorräten von ca. 14 Mio. t (Mlynarczyk et al. 2003).

23.4.6
Bismut-Kobalt-Nickel-Silber-Uran-Erzgänge

Die Vererzung tritt meist in einfachen, scharf begrenzten Spaltengängen auf. Die vielfältigen *Mineralparagenesen* lassen sich überwiegend als *epithermal* einstufen.

Die reinen *Silbererzgänge* dieser Gruppe spielen heute wirtschaftlich überhaupt keine Rolle mehr; die zugehörigen Gruben sind längst stillgelegt. In der berühmten Grube von *Kongsberg* (Südnorwegen) kam es zur Ausfällung von ungewöhnlich großen Mengen an ged. Silber, und zwar dort, wo die hydrothermalen Lösungen pyrithaltige Amphibolite durchsetzten (*Gangveredelung*). Ged. Ag wurde in Form prächtiger Silberlocken (Abb. 4.3, S. 71) sowie in draht-, moos- und plattenförmigen Aggregaten gefunden, die spektakuläre Sammlerstücke darstellen. Große Blöcke von ged. Ag waren in Kongsberg keine Seltenheit.

In den letzten Jahren tauchten im Mineralienhandel spektakuläre Stufen von ged. Silber auf, die aus hydrothermalen Gängen in einem Gabbro des nordwestlichen Odenwaldes stammen sollen. Diese interessante Vererzung harrt leider noch der Publikation.

Reiche Ag-Erzgänge wurden bis 1910 auch bei *St. Andreasberg* im Harz abgebaut. Ihr Mineralinhalt ist durch mehrere zeitlich aufeinanderfolgende, unterschiedlich temperierte Paragenesen gekennzeichnet. Sie enthielten u. a. *ged. Ag*, verschiedene *komplexe Silbererzminerale*, insbesondere *Dyskrasit* Ag_3Sb, *ged. As* in konzentrischschaliger Entwicklung (sog. *Scherbenkobalt* der Bergleute) und seltener *ged. Sb*, während Galenit und Sphalerit zurücktraten. Die Andreasberger Gänge zeichnen sich außerdem in ihren jüngeren Paragenesen durch hervorragend ausgebildete und gut kristallisierte Mineraldrusen mit edlen Silbermineralen, flächenreichen Calcitkristallen (Abb. 8.4, S. 119) und verschiedenen Zeolithen aus.

Viel verbreiteter sind Erzgänge, in denen *edle Silberminerale* zusammen mit *Nickel- und Kobaltmineralen* in abbauwürdigen Konzentrationen auftreten. Ihr ältester Bergbaudistrikt liegt im *westlichen Erzgebirge* um den Hauptort *Schneeberg*. In einem *oberen Gangstockwerk* befinden sich ged. Ag und Argentit-Akanthit (Silberglanz) zusammen mit zahlreichen weiteren edlen Silbermineralen neben *Nickel- und Kobaltarseniden* (Safflorit-Rammelsbergit, Cobaltin-Chloanthit) und Baryt als Gangart. Bei einer gut ausgebildeten Zonierung (primärer Teufenunterschied) geht diese Ganggruppe in dem darunter befindlichen Stockwerk unter steter Abnahme des Silbergehalts der Erze in immer *Bi-reichere Erzgänge* mit *ged. Bismut* und untergeordnet Bismuthinit über. Dabei werden die Nickel-Kobalt-Arsenide immer reicher an Co. In diesen *Bi-Co-Erzen* wird Quarz zur häufigsten Gangart. Mit weiterer Tiefe tritt schließlich Uraninit (Uranpecherz) als Erzmineral immer mehr hervor (s. unten).

Bergwirtschaftlich lagen im 15. Jahrhundert reiche Silbergruben mit ungewöhnlichen Einzelfunden vor. Im 17. und 18. Jahrhundert wurde dieser Bergbaubezirk durch die Gewinnung des Co zu Herstellung der kobaltblauen Farbe berühmt. Die Bi-Erze wurden vom 18. bis ins 20. Jahrhundert mitgewonnen. Heute sind alle diese Gruben auflässig. Das gleiche gilt für die einst bedeutenden Co-Ni-Bi-Erzgänge, die sog. Kobaltrücken, von Bieber im Spessart und von Richelsdorf in Nordhessen. Das gleiche gilt für die Ag-Bi-Co-Ni-U- und Cu-Bi-Erzgänge von Wittichen im Schwarzwald.

Ein ähnliches Gangsystem von großer wirtschaftlicher Bedeutung befindet sich bei *Cobalt* (Ontario, Kanada) und steht seit seiner Entdeckung im Jahre 1903 im Abbau. Die sehr zahlreichen kleinen Gänge bilden ein Gangnetz und führen ged. Ag und andere Ag-Minerale sowie Co-Arsenide. Man nimmt an, dass der Metallinhalt der Hydrothermen aus dem Nebengestein mobilisiert wurde (Lateralsekretion). Bis 1973 wurden im Cobalt-Distrikt 26 000 t Ag, 20 000 t Co, 7 300 t Ni, und 2 300 t Cu gefördert (Guilbert u. Park 1986).

Als tiefstes Stockwerk des *westerzgebirgischen Gangreviers* sind bei Schneeberg, Aue und *St. Joachimsthal* (Jachymov, Tschechien) *Uranerze* mit *Silber-Kobalt-Nickel-Bismut-Erzen* bergbaulich erschlossen. Uranpecherz zeigt häufig Glaskopf-Ausbildung, wurde also bei niedrigen Temperaturen aus dem Gelzustand ausgeschieden oder später umgelagert. Es befindet sich in dichtem, hornsteinartigem Quarz mit Einschlüssen von feinverteiltem Hämatit, rotbraunem Calcit und dunkelviolettem Fluorit als Gangart. Die Färbung der Gangart weist auf Veränderung durch radioaktive Strahlung hin.

Der Bergbau bei St. Joachimsthal geht bis ins 16. Jahrhundert zurück. Von dem dort gewonnenen Silber leitet sich die alte Münzeinheit *Thaler* und letztlich auch der *Dollar* ab. Etwa von 1750 bis 1820 ging der Bergbau auf Co-Ni-Erze und seit Mitte des 19. Jahrhunderts auf Uranerz um, das zunächst zur Herstellung von Uranfarben diente. Im Jahre 1898 entdeckte das Ehepaar Marie Curie (1867–1934) und Pierre Curie (1859–1906) in den Rückständen der Joachimsthaler Uranerze das chemische Element *Radium*. Anschließend wurde dieses Erz Ausgangsprodukt für die Gewinnung von Radiumsalzen. Die Entdeckung der Kernspaltung des Isotops ^{235}U führte zum Bau und Einsatz von Atombomben, aber auch zur friedlichen Nutzung der Kernenergie. Dadurch erfuhr nach dem Ende des 2. Weltkriegs die Uran-Förderung bei Jachymov einen enormen Aufschwung, kam jedoch 1965 zum Erliegen.

Bei Schneeberg und Aue wurden die U-führenden Gangteile nach dem 2. Weltkrieg zur Tiefe hin aufgeschlossen und durch die Deutsch-Sowjetische Wismut-AG unter großem Einsatz auf Uran abgebaut. Dieses diente zunächst ausschließlich der sowjetischen Atomrüstung. Die Abraumhalden dieses Uran-Bergbaus stellen heute ein erhebliches Umweltproblem dar.

Zur gleichen Mineralparagenese gehört die jetzt auflässigen Lagerstätten am *Great Bear Lake* (North-West Territories, Kanada). Eine der reichsten hydrothermalen Uranlagerstätten war einst *Chinkolobwe* (Provinz Shaba, Republik Kongo/Zaire), die 1920–1931 fast die gesamte Weltproduktion an Radium lieferte. Die Grube ist seit 1960 offiziell geschlossen, obwohl immer wieder illegaler Kleinbergbau stattfindet. Die Vererzung ist an katathermale Uran- sowie Co-Ni-Cu-Erzgänge gebunden, die in Dolomiten aufsetzen. Wegen der höheren Bildungstemperatur zeigt *Uraninit* hier keine Gelstruktur, sondern bildet würfelige Kristalle und körnig-kristalline Massen. Die mächtige Verwitterungszone führt zahlreiche sekundäre Uranminerale, die durch auffallend grelle Farben hervortreten, sowie spektakuläre Anreicherungen von Malachit. Erwähnt sei an dieser Stelle das Auftreten von natürlichen Kernreaktoren, z. B. in der Uran-Lagerstätte von Okelobondo in Gabun (Äquatorialafrika), die hunderttausende von Jahren in „Betrieb" waren und dabei die gleichen Abfallstoffe produzierten wie konventionelle Kernkraftwerke (Abschn. 7.4, S. 110).

In Europa haben die z. T. recht reichen Uran-Erzgänge im Französischen Zentralmassiv auch heute noch wirtschaftliche Bedeutung. Die U-Vererzungen im Fluorit-Revier bei Wölsendorf (Oberpfalz) und von Wittichen (Schwarzwald) sind nicht bauwürdig.

23.4.7
Telethermale Antimon-Quarz-Gänge

Diese artenarme Paragenesen-Gruppe wurde aus tieftemperierten Hydrothermen abgeschieden. Das *Antimonerz* tritt in einfachen Gängen, vererzten Ruschelzonen, Imprägnationszonen und als Verdrängungen auf. Eine Beziehung zu einem Pluton ist meist nicht erkennbar. Hingegen zeigen subvulkanische Vorkommen fast stets eine Bindung an einen jungen Vulkanismus. Einziges Sb-Mineral ist *Stibnit* Sb_2S_3, der körnige, feinfilzige oder stängelig-strahlige Aggregate bildet.

Die hydrothermalen Antimonvorkommen sind vorzugsweise an die jungalpidischen Gebirgsketten Europas und Asiens, also an Kollisionsorogene, geknüpft. Die reichsten Lagerstätten finden sich im Südwesten der Volksrepublik *China*, insbesondere in der Provinz Hunan. Neben den vorherrschenden *Antimonit-Quarz-Gängen* gibt es noch sehr produktive hydrothermale Verdrängungslagerstätten von Stibnit + Galenit + Arsenopyrit in Karbonatgesteinen. Bedeutende europäische Lagerstätten liegen bei Schlaining im Burgenland (Österreich), in den slowakischen Karpaten, in Rumänien, Serbien und besonders in der Türkei. Auch in Bolivien und Mexiko sind sehr bemerkenswerte Vorkommen vorhanden. Lediglich von historischem Interesse sind die Antimonitgänge unweit Goldkronach (Fichtelgebirge).

23.4.8
Hydrothermale Siderit- und Hämatit-Erzgänge

Hydrothermale Erzgänge mit Siderit (Spateisenstein) und Hämatit (Roteisenstein) sind relativ weit verbreitet, besitzen jedoch im Unterschied zu den Verdrängungslagerstätten (Abschn. 23.3.5) wirtschaftlich nur noch geringe Bedeutung. Siderit tritt in zahlreichen höherthermalen Erzgängen als Gangart auf. Wenn schließlich die Metall-Sulfide im epithermalen Stockwerk immer mehr zurücktreten, entwickeln sich monomineralische Sideritgänge.

Unzählige, zu Gangzügen angeordnete *Spateisenstein-Gänge* sind besonders im *Siegerland* verbreitet. Neben *manganhaltigem Siderit* führen sie meist etwas Quarz und wenig Chalkopyrit. Die diadoche Vertretung von Fe^{2+} durch Mn^{2+} im Siderit führt zu einem Mangangehalt der Erze bis zu 6 %. Der Bergbau im Siegerland war mindestens seit der La-Tène-Zeit (ca. 500 v. Chr.) aktiv, wurde aber 1965 endgültig eingestellt. In den metasomatisch gebildeten Siderit-Erzkörpern von Ljubija (Bonien-Herzegowina) treten zusätzlich noch Siderit-Erzgänge auf.

Auch *Hämatit-Erzgänge* sind weit verbreitet, doch ist ihre wirtschaftliche Bedeutung gering. Erzmineral ist fast ausschließlich Hämatit in dichter Ausbildung oder in Form radialfaseriger, glaskopfartiger Knollen, mitunter auch blätterig oder feinschuppig. Gangart ist meist Quarz, der als Hornstein oder Eisenkiesel ausgebildet ist. Nach der Tiefe gehen die Hämatitgänge in pyritführende Quarzgänge über oder keilen aus. Hämatitgänge wurden lokal abgebaut, so bei Bad Lauterberg im Harz, im Thüringer Wald und im Erzgebirge.

Häufig kommen auf den Eisenerzgängen auch gleichzeitig *oxidische Manganerze* vor. Sie bestehen überwiegend aus Pyrolusit, Romanèchit (Psilomelan), Manganit MnOOH und Hausmannit Mn_3O_4, nicht selten als schöne Kristalldrusen. Früher wurden solche Manganerze z. B. bei Ilmenau und Elgersburg (Thüringer Wald) und bei Ilfeld (Harz) abgebaut; heute spielen sie keine Rolle mehr.

23.4.9
Nichtmetallische hydrothermale Ganglagerstätten

Hierzu gehören Gänge mit *Fluorit, Baryt* oder *Quarz* bzw. Gemenge dieser Minerale. Sie wurden aus schwermetallfreien hydrothermalen Lösungen ausgeschieden, die nur SiO_2-Sole oder/und Ca-, Ba-, SO_4-Ionen und CO_2 enthielten. Diese Komponenten, besonders SiO_2, wurden aus dem Nebengestein ausgelaugt (*Lateralsekretion*).

Fluorit-Gänge sind überwiegend *meso- bis epithermal*, in vielen Vorkommen sogar katathermal. Auf gemischten Gängen mit Baryt ist Fluorit meist älter als Baryt. Das Gefüge der Fluoritgänge ist sehr grobspätig, bandförmig und im Ganginnern nicht selten von prächtigen Kristalldrusen erfüllt.

Fluorit-Gänge wurden früher in vielen Ländern Europas abgebaut, sind aber meist erschöpft. Das gilt auch für die deutschen Vorkommen bei Wölsendorf in der Oberpfalz, im Harz, Thüringer Wald und im Vogtland. Noch im Abbau befindet sich die Grube „Clara" bei Ober-Wolfach im Schwarzwald (Abb. 6.4, S. 101), die 1652 erstmals urkundlich erwähnt wurde und heute pro Jahr ca. 50 000 t Baryt und ca. 30 000 t Fluorit fördert (Baumgärtel u. Burow 2003). Die Fluorit- und Baryt-Gänge der Lagerstätte Halsbrücke bei Freiberg im Sächsischen Erzgebirge wurden 2011 erneut in Abbau genommen. Weltwirtschaftliche Bedeutung hat die Fluorit-Ganglagerstätte von Montroc im südlichen Französischen Zentralmassiv, die ein Unterkreide-Alter hat. Bislang wurden 3,5 Mill. t Fluorit gewonnen; Vorräte in gleicher Größenordnung sind nachgewiesen (Munoz et al. 2005). Die reichsten Ganglagerstätten von Fluorit befinden sich in Mexico, z. B. im Bergbau-Distrikt von Taxco, ferner in Illinois und Kentucky (USA).

Eine viel größere wirtschaftliche Bedeutung haben *schichtgebundene Fluorit-Lagerstätten* in Kalksteinen (s. Abschn. 23.6.2, S. 366).

Auch hydrothermale *Baryt-Gänge* sind in Deutschland sehr verbreitet: Spessart, Odenwald, Rheinisches Schiefergebirge, Schwarzwald, Harz, Werragebiet, Thüringer Wald, Vogtland und Erzgebirge. Jedoch sind nur noch wenige im Abbau, z. B. bei Dreislar (Sauerland). Baryt bildet grobschalig-spätige Massen, die nach der Tiefe hin durch jüngeren Quarz verdrängt werden, wobei sich oft gut entwickelte Pseudomorphosen nach Baryt bilden, z. B. bei Reichenbach im Odenwald. Häufig führen Barytgänge gleichzeitig auch Fluorit. Wie bei Fluorit gibt es schichtgebundene Baryt-Lagerstätten, z. B. im französischen Zentralmassiv.

23.4.10
Quarzgänge und hydrothermale Verkieselungen

Quarzgänge sind im abgetragenen Orogen eine sehr verbreitete Erscheinung; sie stellen in einigen Fällen die erzleeren (tauben) Endigungen von Erzgängen dar. Quarz ist ein *Durchläufer*mineral und über weite Teile des magmatischen Geschehens hinweg beständig. Viele Quarzgänge und Verkieselungen sind sekretionärer Natur und gehen auf Mobilisation aus dem Nebengestein zurück. Zu den höherthermalen Quarzgängen gehört der *Pfahl*, der sich längs einer SO-NW-streichenden Verwerfungszone im Bayerischen Wald auf 140 km verfolgen lässt, wenn auch mit Unterbrechungen. Niedrigthermal sind die mächtigen Gangzüge im Taunus.

23.4.11
Alpine Klüfte

Alpine Zerrklüfte sind allseits abgeschlossene Hohlräume, in denen sich aus hydrothermalen Lösungen ungewöhnlich gut kristallisierte Minerale ausgeschieden haben. Die Kristallstufen oder Kristallrasen stellen gesuchte Sammlerstücke dar. Das Nebengestein in unmittelbarer Nähe der Kluft ist sehr häufig sichtbar ausgelaugt, und die gebildeten Mineralparagenesen sind denen im Nebengestein sehr ähnlich. Beide Fakten sprechen dafür, dass die gelösten Stoffe, überwiegend SiO_2, unmittelbar aus dem Nebengestein mobilisiert und *nicht* aus der Tiefe zugeführt wurden. Zu den wichtigsten alpinen Kluftmineralen zählen: Quarz mit unterschiedlicher Entwicklung von Tracht und Habitus, Albit, Adular, Hämatit, Anatas, Titanit (Varietät Sphen), Chlorit.

23.5
Vulkanogen-sedimentäre Erzlagerstätten

23.5.1
Erzbildung durch rezente Hydrothermal-Aktivität in der Tiefsee: Black Smoker

Divergente Plattenränder sind die wichtigsten Orte des aktiven Vulkanismus. An den mittelozeanischen Rücken der Erde, die insgesamt eine Länge von fast 60 000 km aufweisen, werden jährlich etwa 3 km³ Lava gefördert, d. h. ungefähr 3-mal so viel wie von den übrigen Vulkanen der Erde zusammen. Die langgestreckten Magmenkammern liegen in einer Tiefe von nur 2–3 km. Im Scheitelgraben des Ostpazifischen Rückens gelang der Besatzung des amerikanischen Unterseebootes „Alvin" im Frühjahr 1979 eine faszinierende Entdeckung. In einer Wassertiefe von 2 600 m konnten sie erstmals die hydrothermale Bildung einer sulfidischen Erzlagerstätte direkt beobachten (Corliss et al. 1979). Die bis zu >400 °C heißen hydrothermalen Lösungen treten in Form von Fontänen am Meeresboden aus, wo es zur Ausfällung von Schwermetall-Sulfiden und anderen Mineralen kommt (z. B. Tivey u. Delaney 1986; Turner et al. 1993; Herzig 1994; von Damm et al. 1997; Hannington et al. 2005). Wegen ihrer dunklen Färbung durch feinverteilte Erzpartikel (hauptsächlich Pyrrhotin, ferner Pyrit und Sphalerit) werden die heißen Fontänen als *black smoker* (schwarze Raucher) bezeichnet; daneben gibt es auch *white smoker*, in denen die abgeschiedenen Mineralpartikel überwiegend aus Baryt und amorpher Kieselsäure bestehen (Abb. 23.10).

Abb. 23.10. Black Smoker (**a**) und White Smoker (**b**) am Grunde des Pazifischen Ozeans in 1 700 m Wassertiefe. Sie wurden 1989 durch das französische Tauchboot „Nautile" im Vai-Lili-Hydrothermalgebiet am Valu-Fa-Rücken, Südwestpazifik entdeckt. Die schwarze Farbe der 340 °C heißen Fontäne ist auf feinverteilte Kriställchen von Schwermetall-Sulfiden zurück zu führen, die im Kontakt zwischen der heißen Quelle und dem 2 °C kalten Meerwasser ausgefällt wurden. Demgegenüber besteht der 334 °C heiße Rauch des White Smokers überwiegend aus hellen Mineralpartikeln wie Baryt und Kieselsäure. (Die Fotos wurden von Peter M. Herzig, GEOMAR, Kiel, zur Verfügung gestellt.) **c** Röhrenwürmer der Spezies *Riftia pachyptila* von einer Black-Smoker-Lebensgemeinschaft des Ostpazifischen Rückens. Woods Hole Oceanographic Institution, Woodshole, MA, USA. **d** Submarin ausgeflossene Basaltlaven mit typischem Pillowgefüge mit Seesternen (Brisingidae) aus 2 380 m Wassertiefe am Ostpazifischen Rücken, 18,5° S. (Foto: Vesna Marchig, Hannover)

Abb. 23.11. Längsschnitt durch einen Black-Smoker-Schlot, Lau-Becken, Süd-West-Pazifik. In dem aufgeschnittenen Schlot erkennt man den zentralen Fluidkanal; er besteht aus Chalkopyrit, der bei ca. 300 °C aus der Lösung auskristallisierte. Im Außenbereich finden sich Sphalerit, Pyrit und Baryt. (Foto: Peter M. Herzig, GEOMAR, Kiel)

Wie in Abb. 23.12 schematisch dargestellt ist, sind die schwarzen und weißen Raucher Ausdruck von *hydrothermalen Konvektionszellen* (z. B. Goodfellow u. Franklin 1993). Sie werden aus Meerwasser gespeist, das auf Klüften und Spalten in die Ozeanboden-Basalte einsickert und über den ozeanischen Magmenkammern auf ca. 500 °C erhitzt wird. Gleichzeitig nimmt der pH-Wert von ca. 8 (Meerwasser) bis auf 2 ab, und der zunächst reichlich vorhandene Sauerstoff wird durch Oxidation von Fe^{2+} zu Fe^{3+} in den Basalt-Mineralen verbraucht. Die nun entstehende hydrothermale Lösung ist heiß und aggressiv; sie kann in großem Umfang Cu, Zn, Fe, Mn, S und andere Elemente aus dem basaltischen Gestein auslaugen und anreichern. Wegen ihrer geringeren Dichte steigen die Hydrothermen wieder zum Meeresboden auf, wobei sie sich abkühlen. Schon beim Aufstieg, besonders aber im direkten Kontakt mit dem 2 °C kalten, sauerstoffreichen Meerwasser werden die Hydrothermen schlagartig abgekühlt, pH-Wert und Redoxpotential steigen an. Es kommt zur Bildung übersättigter Sulfidlaugen und zur Mineralabscheidung.

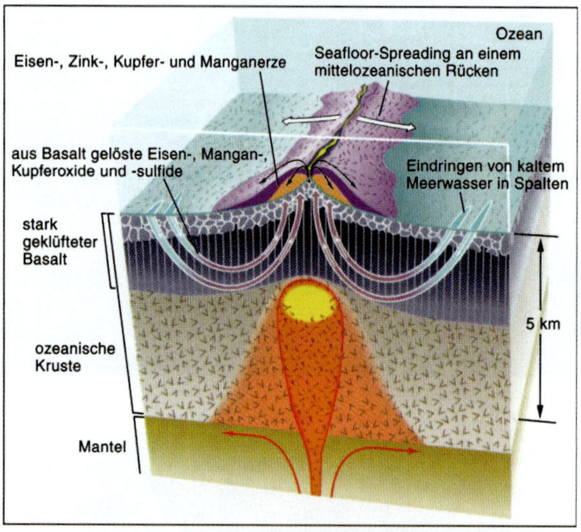

Um die Austrittsstellen der Hydrothermen bilden sich konische bis säulenförmige *Erzschornsteine*, die um mehrere Zentimeter pro Tag wachsen und bis zu 6, seltener sogar 20 m hoch werden können, bevor sie kollabieren. Sie sind zonar gebaut: Die inneren und unteren Anteile, in denen die höchste Ausscheidungstemperatur herrschte, bestehen hauptsächlich aus Sulfiden wie Chalkopyrit, ± Pyrrhotin, ± Cubanit $CuFe_2S_3$, ± Bornit Cu_5FeS_4 u. a. mit einzelnen Anhydrit-Adern; danach folgt eine Zone mit Pyrit, Sphalerit, Wurtzit und Anhydrit. Nach außen und oben zu nimmt der Sulfid-Gehalt immer mehr ab und es dominieren Anhydrit, Baryt und amorphe Kieselsäure (Abb. 23.11, 23.13). Diese Schornsteine sitzen *Erzhügeln* auf, die sich aus dem Material kollabierter Schornsteine, aber auch durch direkte Mineralausfällungen bilden. Wiederholte Erzabscheidung aus den zirkulierenden Hydrothermal-Lösungen führt zur Rekristallisation der Erzminerale, zur Kornvergröberung und zum Ausfüllen von Hohlräumen (Abb. 23.13). So entstehen massive Anreicherungen von Buntmetall-Sulfiden, die ebenfalls eine temperaturbedingte Zonierung aufweisen: Die heißeren Innenzonen (>300 °C) bestehen überwiegend aus Cu-Fe-Sulfiden, während nach außen zu Zn-Fe-Sulfide mit Baryt, Anhydrit und amorphe Kieselsäure vorherrschen; in diesen kühleren Teilen scheiden sich auch Ag-führende Sulfosalze und etwas Galenit ab; die Au-Gehalte können bis zu 16 g/t betragen. Im östlichen Axialtal des südlichen Explorer-Rückens im Pazifik (etwa 350 km westlich von Vancouver Island) wurden Massiv-

Abb. 23.12. Modell zur Entstehung von Black Smokern im Bereich eines mittelozeanischen Rückens. Erläuterungen im Text. (Aus Press und Siever 2003)

Abb. 23.13. Erzschornsteine und Erzhügel auf dem Ozeanboden. (Nach Barnes 1988, aus Evans 1993)

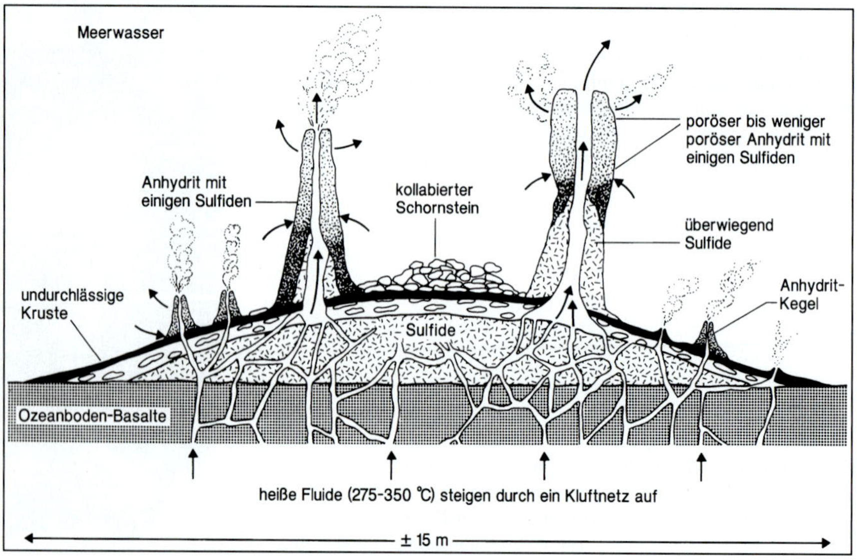

erzhügel mit durchschnittlich 150 m Basisdurchmesser und 5 m Dicke beobachtet. Der TAG-Hügel auf dem Mittelatlantischen Rücken in 26° N ist 250 m breit, 50 m hoch und enthält 4,5 Mio. t Erz (Evans 1993). Da die Erzhügel im Laufe der Zeit durch jüngere Meeressedimente überdeckt werden, stellen sie *schichtgebundene Erzlagerstätten* dar (z. B. Marchig et al. 1986).

Im Bereich des Brothers-Vulkans im intraozeanischen Kermadec-Graben (Süd-Pazifik) führte die rezente Hydrothermal-Aktivität in Meerestiefen von ca. 1 690–1 545 m zur Anreicherung von Gold. In einer SW-NO-streichenden, ca. 600 m langen Zone konnten mindestens 100 inaktive und aktive Erzschornsteine nachgewiesen werden, deren Alter zur Zeit der Probenahme (2004/2005) zwischen 35 und <4 Jahre lag (de Ronde et al. 2011). Die erhöhten Gehalte an Au (bis 91 g/t), Mo, Bi, Co, Se und Sn sind an Kupfer-reiche Schornsteine (mit bis zu 28,5 % Cu) gebunden, während die häufiger auftretenden Zink-reichen Schornsteine (mit bis zu 43,8 % Zn) höhere Gehalte an Cd, Hg, Sb, As und Ag führen.

23.5.2
Vulkanogen-massive Sulfiderz-Lagerstätten (VMS-Lagerstätten)

Auch für die Entstehung von VMS-Lagerstätten werden *hydrothermale Konvektionszellen* angenommen, auf deren Existenz viele Beobachtungen und Daten hinweisen: Meerwasser dringt durch permeable Gesteine unter Aufheizung mehrere Kilometer tief in die ozeanische Kruste ein, wo Metalle gelöst werden. Nach Wiederaufstieg und Austritt der Hydrothermen am Meeresboden werden die Metalle als Sulfide gefällt (z. B. Franklin et al. 2005). Viele VMS-Lagerstätten weisen in der Tat Ähnlichkeiten mit den rezenten Erzhügeln der Tiefsee auf, können allerdings z. T. erheblich größere Dimensionen erreichen. Häufig, wenn auch nicht immer, zeigen sie eine Zonierung, die auf eine Temperaturzunahme der erzbringenden Lösungen in mehreren Stadien hindeutet (Evans 1993):

1. Mischung von relativ kühlen (ca. 200 °C) Hydrothermen mit kaltem Meerwasser führt zur Abscheidung von feinkörnigem Sphalerit, Galenit, Pyrit, Tetraedrit, Baryt und wenig Chalkopyrit („*Schwarzerz*").
2. Bei Temperaturerhöhung auf ca. 250 °C kommt es zu fortgesetzter Erzabscheidung sowie zur Rekristallisation und Kornvergröberung der Erzminerale.
3. Durch Zufuhr von 300–350 °C heißen, Cu-reichen Hydrothermen werden die Erzminerale in den inneren Teilen des Erzkörpers zunehmend durch Chalkopyrit verdrängt („*Gelberz*").
4. Aus noch heißeren (350–400 °C), aber Cu-armen Hydrothermen scheidet sich Pyrit ab, der die innersten Teile des Erzkörpers dominiert.

Während der gesamten Entstehungsperiode des Erzhügels bildet sich in den Zufuhrkanälen der erzbringenden Hydrothermen ein Netzwerk von Erzadern, das *Stockwerkerz*, bestehend aus Pyrit + Chalkopyrit + Quarz. Gleichzeitig kommt es in den kühleren Bereichen über und um den Erzkörper zur Ausscheidung von *Exhaliten*, bestehend aus einem eisenschüssigen Hornstein (engl. *ferruginous chert*), der aus Hämatit und Chalcedon besteht.

Andere VMS-Lagerstätten sind eher schüsselförmig ausgebildet. Man nimmt an, dass sie aus Hydrothermal-Lösungen ausgeschieden wurden, die eine höhere Salinität und Dichte als das Meerwasser besaßen. Sie bildeten deshalb in submarinen Hohlformen geschichtete Laugentümpel (engl. *brine pools*), aus denen sich die Erze ausschieden.

Untersuchungen von Wasserstoff- und Sauerstoff-Isotopen weisen darauf hin, dass die erzbringenden Hydrothermen, aus denen die VMS-Lagerstätten gespeist wurden, zum überwiegenden Teil versickertes und aufgeheiztes Meerwasser darstellten. Daneben gibt es jedoch auch Hinweise auf die Beteiligung von primär-magmatischen Lösungen, aber gelegentlich auch von Oberflächenwasser. Eine Beziehung zum submarinen Vulkanismus ist in vielen Fällen nachweisbar, wobei man nach der geotektonischen Situation unterschiedliche Typen unterscheiden kann (Evans 1993; Pohl 2005, 2011; vgl. auch Piercey 2011):

- Die VMS-Lagerstätten vom *Zypern-Typ* sind an Ozeanboden-Tholeiite gebunden, die zusammen mit dem Sheeted-Dike-Komplex, Gabbros und Peridotiten bzw. Serpentiniten Bestandteile von sog. Ophiolith-Serien darstellen (Abb. 23.12). Es handelt sich um obduzierte Späne von ozeanischer Lithosphäre, die als Deckenkomplexe in phanerozoischen Orogengürteln auftreten. Die Erzlagerstätten wurden ursprünglich in ozeanischen Rift-Zonen gebildet, die in der Nähe konvergenter Plattenränder lagen. Typlokalität sind die Pyrit-Chalkopyrit-Erze des Troodos-Massivs der Insel Zypern. Weltweit gibt es zahlreiche weitere Vorkommen von unterschiedlichem geologischen Alter, so bei Bathurst in New Brunswick (Kanada), in Neufundland, in Mexiko, auf Kuba, in Ecuador und Kolumbien, in Japan, auf den Philippinen, in Indonesien, im Ural und in der Türkei. Neben Cu werden häufig aus diesen Lagerstätten, die Vorräte von mehreren Mio. t Erz beinhalten, auch Zn, Pb und Au gewonnen.
- VMS-Lagerstätten vom *Besshi-Typ,* benannt nach der größten japanischen Pyrit-Kupferkies-Lagerstätte auf Schikoku in der metamorphen Außenzone SW-Japans, wurden in einem epikontinentalen oder Back-Arc-Bereich gebildet. Sie sind dem Zypern-Typ in der Bindung an mafische Vulkanite und in der Metallführung (Cu-Zn ± Au ± Ag) ähnlich, doch treten als Begleitgesteine zusätzlich mächtige, feinschichtige, tonigsandige Sedimente (Turbidite) und Tuffe auf. Viele

metamorph überprägte VMS-Lagerstätten, die sog. *Kieslager*, gehören zu diesem Typ, z. B. in den Alpen oder in den norwegischen Kaledoniden, wo einige dieser Erzlagerstätten noch im Abbau stehen.

- Bedeutsame VMS-Lagerstätten mit Cu-Zn-Pb(± Au ± Ag)-Erzen, die häufig beachtliche Goldgehalte aufweisen (Mercier-Langevin et al. 2011), gehören zum *Kuroko-Typ*, benannt nach dem Vorkommen Kuroko im Kosaka-Distrikt (Japan). Sie sind an kalkalkaline Vulkanite, überwiegend Andesite, Dacite und Rhyolithe geknüpft, die z. T. Lavadome bilden. Der Vulkanismus fand in einem flachmarinen Milieu in Riftzonen des Back-Arc-Bereichs statt. Er war teilweise explosiv, wie das Auftreten von vulkanischen Breccien und Tuffen belegt. Die feingeschichteten Erze zeigen vom Hangenden zum Liegenden eine ausgeprägte stratigraphische Abfolge: (1) überlagernde vulkanische Tuffe und Sedimente, (2) eisenschüssige Hornsteine, (3) barytreiche Erzzone, (4) Kuroko-Erzzone (Schwarzerz) mit Sphalerit + Galenit + Baryt, (5) Oko-Erzzone (Gelberz) mit Pyrit + Chalkopyrit, nach außen in die Sekkoko-Zone mit Anhydrit + Gips + Pyrit übergehend, (6) Keiko-Erzzone mit Cu-haltigem und SiO_2-reichem disseminierten Erz und Stockwerk-Erz, (7) silifizierte Rhyolithe, Dacite oder Andesite und deren Tuffe im Liegenden.

Mehr als 100 VMS-Lagerstätten vom Kuroko-Typ findet man auf einer Länge von 800 km auf der Innenseite des japanischen Inselbogens, gebunden an miozäne (bis pliozäne Vulkanite (Yamada u. Yoshida 2011). Weitere wirtschaftlich wichtige Vorkommen, die zum Kuroko-Typ gerechnet werden, liegen im Ambler-Distrikt (Nord-Alaska), in den Appalachen, in der Sierra Nevada (Kalifornien), in Tasmanien sowie im 250 km langen Iberischen Pyrit-Gürtel. Hier steht die größte VMS-Lagerstätte der Welt, zugleich die größte Cu-Lagerstätte Europas, Rio Tinto im Huelva-Distrikt in Südspanien, die sich bereits seit 3 000 Jahren im Abbau befindet. Die Vorräte an Chalcopyrit-Pyrit-Erz betragen ca. 500 Mio. t mit Durchschnittsgehalten von 1,6 % Cu, 2,0 % Zn, 1,0 % Pb sowie einigen g / t Au und Ag. Eine weitere, weltwirtschaftlich bedeutende VMS-Lagerstätte im Iberischen-Pyrit-Gürtel ist Neves Corvo in Portugal mit Sulfid-Vorräten von 300 Mio. t, von denen 100 Mio. t durchschnittlich 3,5 % Cu und 3,5 % Zn enthalten (Rosa et al. 2008). Ähnlichkeit mit dem Kuroko-Typ besitzen die weltwirtschaftlich wichtigen VMS-Lagerstätten mit Cu + Zn + Ag ± Au im archaischen Abitibi-Grünstein-Gürtel (Kanada), insbesondere im Noranda-Gebiet (Quebec) und in Kidd Creek bei Timmins (Ontario), wo Erzvorräte von über 155 Mio. t mit Gehalten 2,5 % Cu, 6,0 % Zn, 0,2 % Pb und 63 g/t Ag entdeckt wurden. Weitere Beispiele liegen im Murchison-Grünstein-Gürtel, in dem die VMS-Vererzungen an ca. 3 Ga alte porphyrische Rhyolith-Dome gebunden sind (Schwarz-Schampera et al. 2010), sowie im Pilbara-Kraton (Westaustralien).

Einen eigenen *Ural-* oder *Cu-Zn-Pyrit-Typ* bilden riesige VMS-Lagerstätten im Süd-Ural, die an felsische Vulkanite paläozoischen Alters gebunden sind. Sie sind vor allem durch ihre hohen Edelmetall-Gehalte wirtschaftlich besonders interessant, wobei die Ag-Gehalte hauptsächlich an Tennantit (Fahlerz) gebunden sind, während Au in Form winziger Einschlüsse in Pyrit, Chalkopyrit und Sphalerit auftritt. Die Vorräte der meisten dieser Lagerstätten, z. B. Uselginsk, liegen bei >2 000 t Ag und 50–500 t Au. Außerdem sind beachtliche PGE-Gehalte vorhanden, die während der metamorphen Überprägung der Vererzung aus hydrothermalen Lösungen abgeschieden wurden (Vikentyev et al. 2004; Herrington et al. 2005).

Eine Reihe von ehemaligen VMS-Lagerstätten in Finnland und Schweden sind hoch-metamorph überprägt. Hierzu gehört die bedeutende Kupferlagerstätte von Outukumpu (Nordfinnland) im karelischen Schild, die im Verband mit ultramafischen Gesteinen liegt. Haupterzminerale sind Chalcopyrit und Pyrrhotin.

23.5.3
Vulkanogen-sedimentäre Quecksilbererz-Lagerstätten

Quecksilbererze sind vorwiegend an Zerrüttungs- und Breccienzonen gebunden. Oft imprägnieren sie porösen Sandstein oder klüftigen Kalkstein, wobei das Nebengestein in vielen Fällen bituminös ist. Die Bindung an einen jungen Vulkanismus ist meist deutlich. Einziges primäres Erzmineral ist *Cinnabarit* (Zinnober) HgS, der sich nicht selten auch aus rezenten Thermen abscheidet.

Die reichste Quecksilber-Lagerstätte der Erde ist *Almadén*, am Nordrand der Sierra Morena in Südspanien gelegen, die bereits seit dem Altertum im Abbau stand. In porösem Sandstein befinden sich drei durchhaltende, schichtgebundene Imprägnationshorizonte mit Cinnabarit. In den reichsten Erzpartien wird auch der Quarz verdrängt. Der Hg-Lagerstättenbezirk in der *Toskana* (Italien), gebunden an junge Vulkanite, war bis Mitte des 20. Jahrhunderts der größte der Erde; doch ist auch die Hauptlagerstätte *Monte Amiata*, deren Abbau bis in die Zeit der Etrusker zurück reicht, jetzt auflässig. Eine dritte wichtige europäische Lagerstätte befindet sich bei *Idrija* (Slowenien). Das dort geförderte Erz ist durch seinen Bitumengehalt nicht rot, sondern stahlgrau gefärbt.

Weitere Quecksilbervorkommen dieser Art befinden sich in einem ausgedehnten Gürtel längs der pazifischen Küstenregion Kaliforniens (USA). Die bekanntesten Minenbezirke sind New Almaden und New Idria. Die bedeutendsten Quecksilberlagerstätten Russlands liegen im Donezbecken.

In früheren Jahrhunderten waren einige Quecksilbergruben in der *Rheinpfalz* bedeutend, so u. a. am Landsberg bei Obermoschel und bei Stahlberg. Hier spielen tektonisch beeinflusste Kontakte zwischen Vulkaniten und Sedimentgesteinen des Rotliegenden als Vererzungszonen eine Rolle.

23.5.4
Vulkanogene Oxiderz-Lagerstätten

Enthalten die submarinen Hydrothermen größere Mengen von $FeCl^+$, so kommt es zur Bildung von Eisenoxiden. Es gibt alle Übergänge zwischen Magnetit-führenden VMS-Lagerstätten über Magnetit-Pyrit-Erze mit wenig Chalkopyrit und Sphalerit bis hin zu vulkanogenen Magnetit- und/oder Hämatit-Lagerstätten, die z. T. hohe Apatit-Gehalte aufweisen. In einigen der bedeutendsten Lagerstätten erkennt man vulkanische Durchschlagsröhren (Pipes), die als Zufuhrkanäle für die erzbringenden Hydrothermen gedient haben und mit Stockwerk-Erzen gefüllt sind. So enthält die Riesenlagerstätte Olympic Dam (Südaustralien), die an einen mittelproterozoischen, 1,59 Ga alten Granit gebunden ist, 2 000 Mio. t einer Sulfid- und Fluorit-führenden Hämatit-Breccie mit durchschnittlich 1,6 % Cu, 0,06 % U_3O_8, 0,5 % SEE, 3,5 g/t Ag und 0,5 g/t Au. Mit Vorräten von fast 2 000 t Au gehört Olympic Dam zu den bedeutenden Goldreserven der Erde (Frimmel 2008) und stellt mit schätzungsweise 1 Mio. t U zugleich die größte Uran-Resource der Welt dar (Pohl 2005). Weitere Beispiele sind die Lagerstätten Savage River (Tasmanien), Irkutsk am Baikalsee (Sibirien) sowie im Bafq-Distrikt (Iran). Olympic Dam und das etwas kleinere Ernest Henry (Queensland) gehören zum neu etablierten Typus der *Eisenoxid-Kupfer-Gold-Lagerstätten* (IOCG = Iron Oxide-Copper-Gold deposits), die in unterschiedlichen geotektonischen Positionen auftreten und deren Genese bis jetzt noch nicht voll verstanden ist (Williams et al. 2005). Gemeinsames Kennzeichen der zu diesem Typ gerechneten Gold-Lagerstätten ist eine großräumige Brecciierung und metasomatische Alteration des Nebengesteins. Jedoch ist ein Zusammenhang mit magmatischer Aktivität nicht in allen Fällen offensichtlich. Diese Einschränkung gilt z. B. für die IOCG-Lagerstätten der Wernecke Mountains im Yukon-Gebiet Kanadas (Hunt et al. 2005). Für die Eisenoxid-führende Cu-Au-Lagerstätte Aitik in Nordschweden, die derzeit größte im Abbau befindliche Kupfermine Europas, sowie für andere nordschwedische Cu-Au-Lagerstätten wird ebenfalls eine Zugehörigkeit zum IOCG-Typ vermutet (Weihed u. Williams 2005). IOGC-Lagerstätten von weltwirtschaftlicher Bedeutung liegen in der Mineral-Provinz von Carajás (Brasilien). Sie sind an 2,76–2,73 Ga alte Vulkanite gebunden und entstanden durch die Mischung einer >200 °C heißen, hochsalinaren Lauge mit >30 % NaCl-Äqu. mit einem kühleren (<200 °C), niedriger salinaren Fluid mit <15 % NaCl-Äqu. (Torresi et al. 2012).

Neuerdings werden viele der in Abschn. 21.3.3 (S. 331) als orthomagmatisch beschriebenen Magnetit-Apatit-Lagerstätten als vulkanogen gedeutet (Evans 1993), so insbesondere Kiruna (Nord-Schweden), Cerro de Mercado und Durango (Mexiko) und Savage River (Tasmanien).

In Deutschland wurden die schichtigen (stratiformen) Roteisenstein-Lagerstätten im Mittel- bis Oberdevon des *Lahn-Dill-Gebiets* (Hessen) schon lange als exhalativ-sedimentär gedeutet. Sie sind an basische Laven (z. T. Pillowlaven), Tuffe und Tuffite geknüpft, die im submarinen Milieu durch Zufuhr hydrothermaler Lösungen metasomatisch überprägt (spilitisiert) wurden; daneben gibt es körnige Intrusiv-Diabase und Keratophyre (vgl. Abschn. 26.6.3, S. 460). Unter oxidierenden Bedingungen wurde Hämatit nach der Gleichung

$$2FeCl^+ + H_2O + O_2 \rightleftharpoons \underset{\text{Hämatit}}{Fe_2O_3} + 2Cl^- + 2H^+ \quad (23.8)$$

ausgeschieden und gleichzeitig nach Gleichung (23.3) (S. 347) SiO_2 ausgefällt, so dass der Roteisenstein durch Imprägnation von Quarz kieselig ausgebildet ist. Diese Roteisensteinlagerstätten spielten bis zur Mitte des 20. Jahrhunderts eine große wirtschaftliche Rolle.

23.6
Schichtgebundene Hydrothermal-Lagerstätten

23.6.1
Sedimentär-exhalative Blei-Zink-Erzlagerstätten (Sedex-Lagerstätten)

Die weltweit verbreiteten, stratiformen Sedex-Lagerstätten sind Metallproduzenten von großer wirtschaftlicher Bedeutung; wie die VMS-Lagerstätten können sie sehr große Dimensionen annehmen (Large 1983; Leach et al. 2005; Large et al. 2005). Es handelt sich um schichtgebundene Erzanreicherungen, die am Boden von lokalen Meeresbecken abgesetzt wurden, z. B. in Laugentümpeln (brine pools). Die Temperaturen der Lösungen lagen meist <200 °C, können aber in manchen Fällen ca. 275 °C erreicht haben (Leach et al. 2005). Wie fossile Erzschornsteine und Stockwerkvererzungen beweisen, geht die Metallanreicherung auf eine langdauernde hydrothermale Aktivität zurück, die allerdings nicht in der Tiefsee, sondern im Flachmeer, besonders in kontinentnahen oder intrakratonischen Riftzonen erfolgte und von aktiver Sedimentation begleitet war. Die Metalle wurden also aus relativ dicken Krustenteilen mobilisiert, wobei man annimmt, dass sich die Konvektionszellen aus versickerndem Meeerwasser und aufgeheizten Hydrothermen im Laufe der Zeit stufenweise immer weiter nach unten verlegten, in einigen Fällen bis 15 km tief (Russell et al. 1981). Im Gegensatz zu den VMS-Lagerstätten ist ein direkter Zusammenhang mit Vulkanismus nur selten erkennbar, z. B. in Mt. Isa (Queensland, Australien). Rezente Beispiele sind der Golf von Kalifornien, wo noch heute Sulfide und Baryt ausgefällt werden, sowie die Erzanreicherungen des Atlantis-II-Tiefs im Roten Meer. Neben Zn (ca. 5–19 %) und Pb (ca. 0,5–11 %) enthalen die Sedex-

Lagerstätten bis zu 1 % Cu, bis zu 175 g/t Ag sowie etwas Au. Vorherrschende Erzminerale sind Pyrit, Pyrrhotin, Sphalerit und Galenit mit untergeordneten Gehalten von Chalkopyrit, Bornit, Covellin u. a.

Deutschland verfügte über zwei wichtige Sedex-Lagerstätten von beachtlicher wirtschaftlicher Bedeutung: Der Rammelsberg bei Goslar im Harz und Meggen im Sauerland (Rheinisches Schiefergebirge). Beide sind während der Variscischen Orogenese deformiert und schwach metamorph überprägt worden. Am *Rammelsberg* treten zwei dicke, plattenförmige Erzkörper auf, die in stark gefalteten und verworfenen mitteldevonischen Tonschiefern eingeschaltet sind. Neben den Buntmetallen Zn, Pb und Cu, wurden Ag und Au gewonnen. Der Abbau des Rammelsberg-Erzes begann etwa um das Jahr 900. Die Erzförderung wurde 1988 eingestellt, nachdem die Vorräte bis auf Reste abgebaut waren. Die UNESCO hat das Erzbergwerk unterdessen zum Weltkulturerbe erklärt. Die Sedex-Lagerstätte *Meggen* ist an verfaltete mittel- bis oberdevonische Tonschiefer und Kalksteine gebunden. Bis 1992 wurden vorwiegend Zn, untergeordnet Pb und Cu sowie Baryt gefördert. Wirtschaftliche Bedeutung haben die irischen Sedex-Lagerstätten Navan, Silvermines and Tynagh.

Viele hochmetamorphe „Kieslager" werden als ehemalige Sedex-Lagerstätten interpretiert, so Gamsberg (Südafrika), Howard's Pass und Sullivan (Kanada), Mount Isa (Queensland, Australien) und McArthur River (Northern Territory, Australien). Hierzu gehört auch eine der größten und bekanntesten Blei-Zink-Lagerstätten der Erde, *Broken Hill* in New-South-Wales (Australien).

Auch die 1967 entdeckte *stratiforme Scheelit-Lagerstätte* vom Felbertal (Hohe Tauern, Österreich), eine der weltgrößten Wolfram-Gruben, ist wahrscheinlich exhalativ-sedimentärer Entstehung, wurde allerdings ebenfalls metamorph überprägt (Höll u. Maucher 1981). In der Folgezeit fand man ähnliche Lagerstätten in Spanien, Pakistan, Süd-Korea, New Mexico (USA) und bei Broken Hill (NSW, Australien). Zum Sedex-Typ gehört wahrscheinlich auch die *Sn-Lagerstätte* von Chanpo (Dachang, China).

23.6.2
Karbonat-gebundene Erz- und Mineral-Lagerstätten

Blei-Zink-Verdrängungslagerstätten vom Mississippi-Valley-Type (MVT-Lagerstätten)

Die schichtgebundenen, epigenetischen Blei-Zink-Verdrängungslagerstätten vom MVT-Typ enthalten als Erzminerale silberarmen bis silberfreien Galenit, Sphalerit und Wurtzit (Schalenblende), gelförmigen Pyrit (sog. Gelpyrit) und Markasit, gelegentlich auch Chalkopyrit. Neben den Karbonaten bilden Fluorit und Baryt typische Gangarten. Im Gegensatz zu den Sedex-Lagerstätten (Abschn. 23.6.1) sind sie eindeutig epigenetisch gebildet worden, wahrscheinlich während der späten Diagenese.

Die erzführenden Lösungen sind niedrig-temperierte (meist <150 °C), hochsalinare (15–25 % NaCl-Äqu.) Formationswässer (engl. basinal brines, connate brines) oder zirkulierende Oberflächenwässer, die vorwiegend Dolomite, seltener Kalksteine verdrängen. Die Karbonatsedimente wurden in flachen Meeresbecken abgelagert, z. B. im intrakratonischen Bereich oder in Failed Rifts wie dem Amazonas-Rift (Brasilien), dem Benue-Trog (Nigeria) oder dem Oberrhein-Graben. Für den Transport und die Ausfällung der Metalle gibt es vier unterschiedliche Modelle (Evans 1993):

1. Transport als Metall-Bisulfid-Komplex; Ausfällung im Kontakt mit kaltem Grundwasser.
2. Transport als Metall-Chlorid-Komplex; Ausfällung durch Mischung mit einer H_2S-haltigen Lösung (Mischungsmodell).
3. Transport von Metall als Chlorid-Komplex und von Schwefel als SO_4^{2-}-Ion in der gleichen Lösung; Ausfällung durch bakterielle Reduktion des Sulfats im Kontakt mit organischer Substanz oder durch eine anorganische Reduktion mit Methan nach der Gleichung

$$CH_4 + ZnCl_2 + SO_4^{2-} + Mg^{2+} + 3\underset{\text{Calcit}}{CaCO_3}$$

$$\rightleftharpoons \underset{\text{Sphalerit}}{ZnS} + \underset{\text{Dolomit}}{CaMg[CO_3]_2} + 2Ca^{2+} + 2Cl^- + 2HCO_3^- + H_2O \quad (23.9)$$

(Petraschek u. Pohl 1992).

4. Transport als metall-organischer Komplex mit H_2S in der gleichen Lösung; Ausfällung durch Abkühlung.

MVT-Lagerstätten enthalten gewöhnlich 3–15 %, lokal bis zu 50 % Pb + Zn; die Vorräte der einzelnen Lagerstätten-Distrikte variieren meist zwischen 50 und 500 Mio. t (Evans 1993). Sie gehören somit zu den wichtigsten Lieferanten von Zn, Pb, lokal auch von Ag, Cu, Cd oder Ge. Weltwirtschaftlich bedeutende MVT-Lagerstätten befinden sich in Nordamerika, so in Südwest-Wisconsin im oberen Mississippi Valley, im Tri-State-District an der Grenze zwischen Oklahoma, Missouri (Joplin) und Kansas, bei Viburnum (SO-Missouri), in Tennessee sowie bei Pine Point (Northwest Territory, Kanada). Die wichtigsten europäischen MVT-Lagerstätten liegen in Oberschlesien (Südpolen). Ähnliche Verdrängungslagerstätten in den südlichen Kalkalpen, z. B. Bleiberg-Kreuth (Kärnten) oder im Oberhein-Graben, z. B. Wiesloch bei Heidelberg, sind heute ohne wirtschaftliche Bedeutung.

Karbonat-gebundene Fluorit-Lagerstätten

Karbonat-gebundene Fluorit-Lagerstätten weisen sehr große Vorräte auf, die oft im Tagebau gewonnen werden können. Daher besitzen sie eine viel größere wirtschaftliche Bedeutung als hydrothermale Fluorit-Gänge (Abschn. 23.4.9, S. 360). Wichtige Lagerstätten gehören zum MVT-Typ, wie z. B. im Cave-in-Rock-Distrikt in den Staaten Illinois und Kentucky (USA) und in Nordmexiko, eine der größten Fluorit-Provinzen der Welt, sowie bei Marico in West-Transvaal (Südafrika). Die größte Fluorit-Lagerstätte der Welt ist die sehr komplexe, Karbonat-gebundene Fe-Seltenerd-Nb-Lagerstätte Bayan Obo (Innere Mongolei, Nord-China), die Vorräte von 130 Mio. t Fluorit enthält. Ihre Genese ist z. Zt. noch stark umstritten; jedoch ist ein Zusammenhang mit Karbonatiten sehr wahrscheinlich (s. Abschn. 21.4, S. 331f).

23.7
Diskordanz-gebundene Uranerz-Lagerstätten

Weltwirtschaftlich bedeutend sind Uranerz-Lagerstätten, die unmittelbar über und unter den Diskordanzen zwischen einem kristallinen Grundgebirge aus paläoproterozoischen und archaischen Metamorphiten und einem Deckgebirge aus klastischen Sedimentgesteinen mesoproterozoischen Alters liegen (Abb. 23.14). Die umfangreichen Vererzungen, die über 40 % der weltweit bekannten Uranvorräte enthalten, wurden epigenetisch aus hydrothermalen Lösungen abgeschieden, wobei die U-Gehalte aus den metamorphen Gesteinen und/oder aus den darüber liegenden Deckschichten stammen (Pohl 2005, 2011). Die bedeutendsten Vorkommen liegen im Athabasca-Becken (Saskatchewan, Kanada, z. B. Uranium City), wo Glimmerschiefer, Gneise und Migmatite des kristallinen Grundgebirges von bis zu 1 500 m mächtigen Sandstein-Folgen der mesoproterozoischen Athabasca-Gruppe überlagert werden. Eingelagerte Graphitschiefer wirkten als Redox-Falle für die Erzausscheidung, die unter reduzierenden Bedingungen erfolgte. Die hydrothermalen Fluide waren 130–220 °C heiß und enthielten ca. 30 % NaCl-Äqu. (Derome et al. 2005). Haupterzmineral ist Uraninit bzw. Uranpechblende, untergeordnet tritt Coffinit $U^{4+}[(SiO_4,(OH)_4)]$ auf; von wirtschaftlichem Interesse sind darüber hinaus Ni- und As-Mineralisationen. Die hydrothermale Aktivität fand im Zeitraum zwischen 1 600 und 1 300 Ma statt. Sehr viel später, vor 400–300 Ma, wurden die Gesteinsfolgen des Athabasca-Beckens gehoben. Sie unterlagen der Verwitterung und Abtragung, wobei es zur Infiltration von kalten (<50 °C) meteorischen

Abb. 23.14.
Schematisches Profil der Diskordanz-Uranlagerstätte Key Lake im Athabasca-Distrikt, Kanada. (Nach Dahlkamp 1978 aus Pohl 2005)

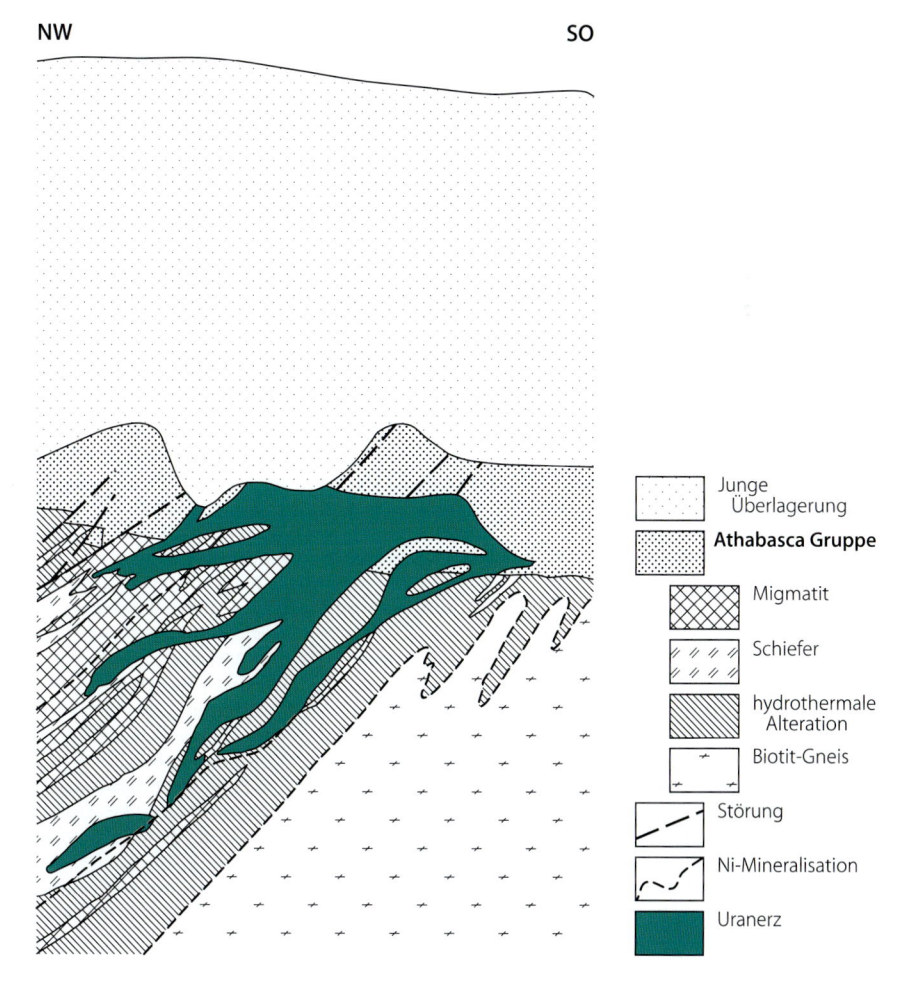

Wässern, zum Aufbau neuer Redox-Fronten und zu weit verbreiteter Umlagerung und sekundärer Anreicherung des Urans kam. Die Verhältnisse erinnern an die Bildung der sedimentären Uran-Lagerstätten vom Roll-Front-Typ in den Red Beds im Südwesten der USA (Abschn. 25.2.8, S. 394; Mercadier et al. 2011).

Im Zeitraum 1982–1997 war Key Lake die größte Uranerz-Lagerstätte der Erde (Abb. 23.13). Sie wurde jedoch von der 1999 in Betrieb genommenen Lagerstätte McArthur River mit Reserven von schätzungsweise 188 000 t U_3O_8 abgelöst, deren Fördererz U_3O_8-Gehalte von 21 % aufweist. Weitere wichtige Vorkommen dieses Typs liegen im Alligator-River-Distrikt im Nord-Territorium Australiens, z. B. die Lagerstätte Jabiluka.

Weiterführende Literatur

Barnes HL (1988) Ores and minerals. Open Univ Press
Barnes HL (ed) (1997) Geochemistry of hydrothermal ore deposits, 3rd edn. Wiley, New York
Bierlein F, Groves DI, Goldfarb RJ, Dubé B (2006) Lithosperic controls on the formation of provinces hosting giant orogenic gold deposits. Mineral Depos 40:874–886
Černý P, Blevin PL, Cuney M, London D (2005) Granite-related ore deposits. Econ Geol 100th Anniversary Vol, p 337–370
Ciobanu CL, Cook NJ, Spry PG (eds) (2006) Special issue: Telluride and selenide minerals in gold deposits – How and why? Mineral Petrol 87:163–384
Cline JS, Hofstra AH, Muntean JL, et al. (2005) Carlin-type gold deposits in Nevada: Critical geologic characteristics and viable models. Econ Geol 100th Anniversary Vol, p 451–484
Cox SF (2005) Coupling between deformation, fluid pressures, and fluid flow in ore-producing hydrothermal systems at depth in the crust. Econ Geol 100th Anniversary Vol, p 39–75
Evans AM (1993) Ore geology and industrial minerals, 3rd edn. Blackwell Science, Oxford
Franklin JM, Gibson HL, Jonasson IR, Galley AG (2005) Volcanogenic massive sulfide deposits. Econ Geol 100th Anniversary Vol, p 523–560
Frimmel HE (2008) Earth's continental gold endowment. Earth Planet Sci Lett 267:45–55
Garwin S, Hall R, Watanabe Y (2005) Tectonic setting, geology, and gold and copper mineralization in Cenozoic magmatic arcs of Southeast Asia and the West Pacific. Econ Geol 100th Anniversary Vol, p 891–930
Goldfarb RJ, Baker T, Dubé B, et al. (2005) Distribution, character, and genesis of gold deposits in metamorphic terranes. Econ Geol 100th Anniversary Vol, p 407–450
Grew ES, Anovitz LM (eds) (1996) Boron – Mineralogy, petrology and geochemistry. Rev Mineral 33
Guilbert JM, Park CF (1986) The geology of ore deposits, 4th edn. Freeman, New York
Hannington MD, de Ronde CEJ, Petersen S (2005) Sea-floor tectonics and submarine hydrothermal systems. Econ Geol 100th Anniversary Vol, p 111–141
Herrington RJ, Zaykov VV, Maslennikov VV, et al. (2005) Mineral deposits of the Urals and links to geodynamic evolution. Econ Geol 100th Anniversary Vol, p 1069–1095
Kesler SE (2005) Ore-forming fluids. Elements 1:13–18
Large RR, Bull SW, McGoldrick PJ, et al. (2005) Stratiform and stratabound Zn-Pb-Ag deposits in Proterozoic sedimentary basins, Northern Australia. Econ Geol 100th Anniversary Vol, p 931–963
Laznicka P (2006) Giant metallic deposits – future sources of industrial metals. Springer-Verlag, Berlin Heidelberg
Leach DL, Sangster DF, Kelley KD, et al. (2005) Sediment-hosted lead-zinc deposits: A global perspective. Econ Geol 100th Anniversary Vol, p 561–607
Meinert LD, Dipple GM, Nicolescu S (2005) World skarn deposits. Econ Geol 100th Anniversary Vol, p 299–336
Mercier-Langevin P, Hannington MD, Dubé B, Bécu V (2011) The gold content of volcanogenic massive sulfide deposits. Mineral Dep 46:509–539
Piercey SJ (2011) The setting, style and role of magmatism in the formation of volcanogenic massive sulfide deposits. Mineral Dep 46:449–471
Pohl WL (2005) Mineralische und Energie-Rohstoffe – Eine Einführung zur Entstehung und nachhaltigen Nutzung von Lagerstätten, 5. Aufl. Schweizerbart, Stuttgart
Pohl WL (2011) Economic geology – Principles and practice. Wiley-Blackwell, Chichester, Oxford, UK
Press F, Siever R (2003) Allgemeine Geologie – Eine Einführung in das System Erde, 3. Aufl. Spektrum, Heidelberg Berlin Oxford
Rimstidt DJ (1997) Gangue mineral transport and deposition. In: Barnes HL (ed) Geochemistry of hydrothermal ore deposits, 3rd ed. Wiley, New York, p 487–516
Robert F, Poulsen KH, Cassidy KF, Hodgson CJ (2005) Gold metallogeny of the Superior and Yilgarn cratons. Econ Geol 100th Anniversary Vol, p 1001–1033
Roedder E, Bodnar RJ (1997) Fluid inclusion studies in hydrothermal ore deposits. In: Barnes HL (ed) Geochemistry of hydrothermal ore deposits, 3rd ed. Wiley, New York, p 657–698
Sawkins FJ (1990) Metal deposits and plate tectonics, 2nd edn. Springer-Verlag, Berlin Heidelberg New York
Schneiderhöhn H (1962) Erzlagerstätten. Kurzvorlesungen zur Einführung und Wiederholung, 4. Aufl. Gustav Fischer, Stuttgart
Seedorff E, Dilles JH, Proffett JM Jr, et al. (2005) Porphyry deposits: Characteristics and origin of hypogene features. Econ Geol 100th Anniversary Vol, p 251–298
Sillitoe RH, Perelló J (2005) Andean Copper Province: Tectono-magmatic settings, deposit types, metallogeny, exploration, and discovery. Econ Geol 100th Anniversary Volume, p 845–890
Simmons SF, White NC, John DA (2005) Geological characteristics of epithermal precious and base metal deposits. Econ Geol 100th Anniversary Vol, p 485–522
Stanton RL (1972) Ore petrology. McGraw-Hill, New York
Tosdal RM, Dilles JH, Cooke DR (2009) From source to sink: Magmatic-hydrothermal porphyry and epithermal deposits. Elements 5:289–295
Williams PJ, Barton MD, Johnson DA, Fonbote L, De Haller A, Mark G, Oliver NHS, Marschik R (2005) Iron oxide – copper gold deposits: Geology, space-time distribution, and possible models of origin. Econ Geol 100th Anniversary Vol, p 371–405
Williams-Jones AE, Bowell RJ, Migdisov AA (2009) Gold in solution. Elements 5:281–287
Yakubchuk AS, Shatov VV, Kirwin D, Edwards A, Tomurtogoo O, Badarch G, Buryak VA (2005) Gold and base metal metallogeny of the Central Asian orogenic supercollage. Econ Geol 100th Anniversary Vol, p 1035–1068
Yamada R, Yoshida T (2011) Relationships between Kuroko volcanogenic massive sulfide (VMS) deposits, felsic volcanism, and island arc development in the northeast Honshu area, Japan. Mineral Dep 46:431–448

Zitierte Literatur

Baumann L, Nikolsky IL, Wolf M (1979) Einführung in die Geologie und Erkundung von Lagerstätten. Verlag Glückauf, Essen

Baumgärtel U, Burow J (2003) Grube Clara. Aufschluss 54:273–404

Beck R (1903) Lehre von den Erzlagerstätten. Borntraeger, Berlin

Brown KL, Simmons SF (2003) Precious metals in high-temperature geothermal systems in New Zealand. Geothermics 23:619–625

Chen YJ, Pirajno F, Wu G, et al. (2012) Epithermal deposits in North Xinjiang, NW China. Int J Earth Sci (Geol Rundschau) 101:889–917

Corliss JG, Dymond J, Gordon LI, et al. (1979) Submarine thermal springs on the Galapagos rift. Science 203:1073–1083

de Ronde CEW, Massoth GJ, Butterfield DA, et al. (2011) Submarine hydrothermal activity and gold-rich mineralization at Brothers Volcano, Kermadec Arc, New Zealand. Mineral Dep 46:541–584

Dziggel A, Wulff K, Kolb J, Meyer FM (2009) Processes of high-T fluid–rock interaction during gold mineralization in carbonate-bearing metasediments: The Navachab gold deposit, Namibia. Mineral Dep 44:665–687

Goodfellow WD, Franklin JM (1993) Geology, mineralogy and geochemistry of massive sulfides in shallow cores, Middle Valley, Northern Juan de Fuca Ridge. Econ Geol 88:2037–2064

Graupner T, Niedermann S, Kempe U, et al. (2006) Origin of ore fluids in the Muruntau gold system: Constraints from noble gas, carbon isotope and halogen data. Geochim Cosmochim Acta 70:5356–5370

Groves DI, Goldfarb RJ, Gebre-Mariam M, et al. (1998) Orogenic gold deposits: A proposed classification in the context of their crustal distribution and relationship to other gold deposit types. Ore Geol Rev 13:7–27

Helgeson HC (1964) Complexing and hydrothermal ore deposition. Macmillan, New York

Herzig PM (1994) Erzfabriken in der Tiefsee – Die Erforschung mariner Rohstoffvorkommen. die waage 33:20–27

Höll R, Maucher A (1981) The stratabound ore deposits in the eastern Alps. In: Wolf KH (ed) Handbook of stratabound and stratiform ore deposits, vol 5. Elsevier, Amsterdam, pp 1–36

Hunt J, Baker T, Thorkelson D (2005) Regional-scale Proterozoic IOCG-mineralized breccia systems: Examples from the Wernecke Mountains, Yukon, Canada. Mineral Depos 40:492–514

Large DE (1983) Sediment-hosted massive sulphide lead-zinc deposits: An empirical model. In: Sangster DF (ed) Short course in sediment-hosted stratiform lead-zinc deposits. Mineral Ass Canada, Victoria, Canada, pp 1–29

Lehmann B (1990) Metallogeny of tin. Lecture Notes Earth Sci, 32, 211 pp. Springer-Verlag, Berlin Heidelberg New York

Lindgren W (1933) Mineral Deposits. 2nd ed. Mc-Graw Hill, New York

Lowell JD, Guilbert JM (1970) Lateral and vertical alteration mineralization zoning in porphyry ore deposits. Econ Geol 65:373–408

Marchig V, Erzinger J, Heinze P-M (1986) Sediment in black smoker area of the East Pacific Rise (18.5° S). Earth Planet Sci Lett 79:93–106

Megaw PKM, Ruiz J, Titley SR (1988) High-temperature, carbonate-hosted Pb-Zn-Ag(Cu) deposits of northern Mexico. Econ Geol 83:1856–1885

Mercadier J, Cuney M, Cathelineau M, Lacorde J (2011) U redox fronts and kaolinisation in basement-hosted unconformity-related U ores of the Athabasca Basin (Canada): Late U remobilisation by meteoric fluids. Mineral Depos 46:105–135

Mlynarczyk MSJ, Sherlock RL, William-Jones AE (2003) San Rafael, Peru, geology and structure of the worlds richest tin lode. Mineral Depos 38:555–567

Möller P, Lüders V (ed) (1993) Formation of hydrothermal vein deposits. A case study of the Pb-Zn, barite and fluorite deposits of the Harz Mountains. Monogr Ser Mineral Depos 30, 291 ff, Borntraeger, Berlin Stuttgart

Müller D, Groves DL (2000) Potassic igneous rocks and associated gold-copper mineralization, 3rd edn. Springer-Verlag, Berlin Heidelberg New York Tokio

Munoz M, Premo WR, Courjault-Radé P (2005) Sm-Nd dating of fluorite from the worldclass Montroc fluorite deposit, southern Massif Central, France. Mineral Depos 39:970–975

Roedder E (1968) The noncolloidal origin of „colloform" textures in sphalerite ores. Econ Geol 63:451–471

Rosa CJP, McPhie J, Relvas JMRS, et al. (2008) Facies analyses and volcanic setting of the giant Neves Corvo massive sulfide deposit, Iberian Pyrite Belt, Portugal. Mineral Depos 43:449–466

Russell MJ, Solomon M, Walshe JL (1981) The genesis of sediment-hosted, exhalative zinc and lead deposits. Mineral Depos 16:113–127

Schneiderhöhn H (1941) Lehrbuch der Erzlagerstättenkunde. Gustav Fischer, Jena

Schwarz-Schampera U, Terblanche H, Oberthür T (2010) Volcanic-hosted massive sulfide deposits in the Murchison greenstone belt, South Africa. Mineral Dep 45:113–145

Schwenzer SP, Tommaseo CE, Kersten M, Kirnbauer T (2001) Speciation and oxidation kinetics of arsenic in thermal springs of Wiesbaden spa, Germany. Fresenius J Anal Chem 371:927–933

Sillitoe RH (1973) The tops and bottoms of porphyry copper deposits. Econ Geol 68:799–815

Stefansson A, Seward TM (2004) Gold (I) complexing in aqueous sulphide solutions to 500 °C at 500 bar. Geochim Cosmochim Acta 68:4121–4143

Tivey MK, Delaney JR (1986) Growth of large sulfide structures on the Endeavour Segment of the Juan da Fuca Ridge. Earth Planet Sci Lett 79:303–317

Torresi I, Xavier RP, Bartholoto DFA, Monteiro LVS (2012) Hydrothermal alteration, fluid inclusions and stable isotope systematics of the Alvo 118 iron oxide–copper–gold deposit, Carajás Mineral Province (Brazil): Implications for ore genesis. Mineral Dep 47: 99–323

Turner RJW, Ames DE, Franklin JM, et al. (1993) Character of active hydrothermal mounds and nearby altered hemipelagic sediments in the hydrothermal areas of Middle Valley, northern Juan de Fuca Ridge: Data of shallow cores. Canad Mineral 31:973–995

Vikentyev IV, Yudovskaya MA, Mokhov AV, et al. (2004) Gold and PGE in massive sulfide ore of the Uzelginsk deposit, southern Urals, Russia. Canad Mineral 42:651–665

von Damm KL, Buttermore LG, Oosting SE, et al. (1997) Direct observation of the evolution of a seafloor "black smoker" from vapor to brine. Earth Planet Sci Lett 149:101–111

Wagner T, Kirnbauer T, Boyce AJ, Fallick AE (2005) Barite-pyrite mineralization of the Wiesbaden thermal spring system, Germany: A 500-kyr record of geochemical evolution. Geofluids 5:124–139

Weihed P, Williams PJ (2005) Metallogeny of the northern Fennoscandian Shield: A set of papers on Cu-Au and VMS deposits of northern Sweden. Mineral Dep 40:347–350

Wu H, Zhang L, Bo W, et al. (2011) Re-Os and 40Ar/39Ar ages of the Jiguanshan porphyry Mo deposit, Xilamulun metallogenic belt, NE China, and constraints on mineralization events. Mineral Dep 46:171–185

Verwitterung und mineralbildende Vorgänge im Boden

**24.1
Mechanische
Verwitterung**

**24.2
Chemische
Verwitterung**

**24.3
Subaerische
Verwitterung
und Klimazonen**

**24.4
Zur Abgrenzung des
Begriffs Boden**

**24.5
Verwitterungsbildungen
von Silikatgesteinen und
ihre Lagerstätten**

**24.6
Verwitterung
sulfidischer Erzkörper**

Der Begriff *Verwitterung* umfasst alle Veränderungen, welche Gesteine und Minerale im Kontakt mit Atmosphäre und Hydrosphäre erleiden (von Engelhardt 1973). Dabei zählen zur *subaerischen* Verwitterung alle Vorgänge, die in Berührung mit der Atmosphäre ablaufen, zur *subaquatischen* Verwitterung alle entsprechenden Vorgänge, die unter Wasserbedeckung stattfinden.

Die Verwitterungsprodukte bilden am *Ort ihrer Entstehung* die *Böden*, nach ihrem *Transport* die *Sedimente* und *Sedimentgesteine,* beide definitionsgemäß Gesteine. Das *Ausgangsmaterial* der Verwitterung und der sedimentbildenden Vorgänge sind magmatische, metamorphe Gesteine und ältere Sedimentgesteine, deren Substanz bereits einen sedimentbildenden Prozess durchgemacht hat.

Man unterscheidet zwischen *mechanischer* (physikalischer) und *chemischer* Verwitterung. Bei alleiniger mechanischer Verwitterung zerfallen die anstehenden Gesteine in lockere Massen, ohne dass dabei eine chemische Veränderung festgestellt werden kann. Bei jedem natürlichen Verwitterungsablauf sind meist beide Arten der Verwitterung in wechselnden Verhältnissen beteiligt.

Das Verhalten gegenüber der Gesteinsverwitterung hängt zunächst von der Art des Gesteins selbst, nämlich von seiner chemischen und mineralogischen Zusammensetzung und von seinem Gefüge ab. So sind Sandsteine mit kieseligem Bindemittel selbstverständlich verwitterungsresistenter als solche mit tonigem. Wichtig sind makroskopische und mikroskopische Gefügeanisotropien in Gesteinen, wie Schichtung, Schieferung und Klüftung, aber auch Poren und Mikrorisse, da sie Wegsamkeiten für den Angriff der Verwitterungs-Agentien eröffnen. Darüber hinaus werden Verwitterungsprozesse – wie weiter unten ausführlich dargelegt – entscheidend durch die äußeren Umwelteinflüsse gesteuert, wie sie durch das Makro- und Mikroklima gegeben sind.

Der mechanischen und chemischen Verwitterung unterliegen selbstverständlich auch Naturwerksteine, die in der Vergangenheit beim Bau ganzer Gebäude oder ihrer Fassaden Verwendung fanden und auch heute noch als Fassadenplatten eingesetzt werden. Gerade historische Gebäude zeigen häufig tiefgreifende Verwitterungsschäden, besonders an Fenster- und Türumrahmungen oder am Skulpturenschmuck. Die Beseitigung solcher Schäden, die im Zeitraum weniger Jahrhunderte oder sogar nur einiger Jahrzehnte auftreten, erfordert nicht nur großes handwerkliches Können, sondern auch einen beachtlichen finanziellen Aufwand, der von der öffentlichen Hand, aber auch von privater Seite aufgebracht werden muss. Noch größere Kosten verursachen allerdings Verwitterungsschäden an Beton, die z. B. in zunehmendem Maße bei Brückenbauwerken aus Spannbeton auftreten. Petrologische Forschungen auf dem Gebiet der Verwitterung von Naturwerksteinen und von Beton sind daher von großem öffentlichen Interesse.

24.1 Mechanische Verwitterung

Man unterscheidet im Wesentlichen *Temperaturverwitterung*, *Frostsprengung* und *Salzsprengung*. Ihr Auftreten und ihre Intensität werden stark von klimatischen Faktoren bestimmt. Die Temperaturverwitterung und die Salzsprengung treten am auffälligsten in den heißen Trockengebieten in Erscheinung. Die Frostverwitterung ist auf die mittleren und hohen Breiten und auf die Hochgebirge beschränkt. Die mechanische Verwitterung liefert im Wesentlichen das Material für die klastischen Sedimente und Sedimentgesteine.

Temperaturverwitterung. Sie wird durch den Wechsel starker Sonneneinstrahlung (*Insolation*) und darauffolgender Abkühlung ausgelöst. Die Oberfläche exponierter Gesteinsblöcke wird stärker erwärmt (und abgekühlt) als ihre darunter befindlichen Teile. Das führt zwangsläufig zu Spannungen im Gestein, die schließlich einen scherbenartigen Zerfall des Gesteins bewirken. Da sich zudem dunkle Mineralgemengteile im Gestein infolge größerer Wärmeabsorption meist stärker ausdehnen als die benachbarten hellen Gemengteile, kommt es allmählich zu einer Lockerung des Kornverbandes, die mit einem grusartigen Zerfall des betreffenden Gesteins endet (Abb. 24.1).

Frostverwitterung. Sie wird durch das anomale Verhalten von Wasser ermöglicht, das beim Übergang in Eis unter gewöhnlichem Druck eine Volumenvergrößerung von rund 9 % erfährt. So kann das in Poren und größeren Hohlräumen eingeschlossene Wasser im Gestein erhebliche Drücke aufbauen, wenn die Temperatur unter den Gefrierpunkt sinkt. Der Druck erreicht theoretisch maximal 2 060 bar bei −22 °C. Für die Sprengwirkung und damit den Gesteinszerfall sind die Gestalt der Poren, der ursprüngliche Füllungsgrad mit Wasser, der für eine wirksame Frostverwitterung mehr als 91 % erreichen muss, und die Abkühlungsgeschwindigkeit maßgebend.

Salzsprengung. Sie besteht in ihrer wichtigsten Art darin, dass wasserfreie Salze unter Volumenvermehrung Kristallwasser aufnehmen. Bei einer Hydratisierung von Anhydrit zu Gips nach der Gleichung

$$\underset{\text{Anhydrit}}{CaSO_4} + 2H_2O \rightarrow \underset{\text{Gips}}{CaSO_4 \cdot 2H_2O} \quad (24.1)$$

ist als Wirkung der Salzsprengung ein Druck bis zu maximal 1 080 bar errechnet worden.

Auch verschiedene Na-Salze können durch Wasseraufnahme und Kristallisation im ariden oder semiariden Klima Gesteinszerfall hervorrufen. Die Umkristallisation erfolgt durch starke Veränderung der relativen Luftfeuchtigkeit, wenn die Poren mit hochkonzentrierten Lösungen oder Kristallen dieser Salze gefüllt sind. Dabei wandern die gesättigten Salzlösungen aus den kleinen in die großen Poren ein, wo das Kristallwachstum bevorzugt stattfindet.

Für die Verwitterung von manchen Naturwerksteinen ist z. B. die Umwandlung von Thenardit $Na_2[SO_4]$ in Mirabilit $Na_2[SO_4] \cdot 10H_2O$ von Interesse, bei der es zu einer Volumenvergrößerung von 314 % kommt (Price u. Brimblecombe 1994).

24.2 Chemische Verwitterung

Die mechanische Verwitterung liefert wichtige Voraussetzungen für den Angriff der chemischen Verwitterung, da das mechanisch zerkleinerte Gesteinsmaterial chemischen Reaktionen leichter zugänglich ist (Abb. 24.1). Hingegen weist die vom Eis glattgeschliffene Oberfläche der Rundhöcker Skandinaviens seit Rückzug des Inlandeises kaum Anzeichen einer chemischen Verwitterung auf.

Abb. 24.1. Verwitterung eines Granits. Die freiliegende Felswand ist der Temperaturverwitterung ausgesetzt, was zum schaligen Abplatzen des Gesteins führt (*unten*). Entlang von drei etwa senkrecht aufeinander stehenden Kluftsystemen wandert Oberflächenwasser in den Gesteinsverband ein und führt zur Frostsprengung und zur chemischen Verwitterung. Dabei entstehen die typischen Wollsackformen (*oben*). Nordküste der Insel Bornholm (Dänemark). (Foto: Dietmar Reinsch, TU Braunschweig)

Wasser, verstärkt durch die darin *gelösten Ionen* und *Gase*, wirkt in erster Linie als Agens bei chemischen Umsetzungen der Minerale und Gesteine bei der subaërischen Verwitterung. Für die Bilanz des Wassers auf der kontinentalen Erdkruste ist von Bedeutung, dass im kontinentalen Durchschnitt die Menge der Niederschläge die Verdunstung übertrifft. Durch diesen Wasserüberschuss sind die auf der Landoberfläche anstehenden Gesteine einem fortschreitenden Prozess der chemischen Verwitterung ausgesetzt. Die überschüssigen Niederschläge durchsetzen die Verwitterungszone und reagieren allmählich mit den anwesenden Mineralen. Die dadurch entstehenden sehr verdünnten Elektrolytlösungen wandern allmählich über das Grund- oder Oberflächenwasser ab. Sammelbecken dieser Lösungen sind letztlich die *Ozeane*. Nur ein relativ kleiner Teil endet in den *abflusslosen Becken* der Kontinente.

Auch die *Mikroflora* (Bakterien, Pilze, Flechten) trägt zur chemischen Zersetzung der Gesteine in nicht unbedeutendem Maß bei, in erster Linie dadurch, dass sie organische Säuren (H^+-Ionen) freisetzt.

In den unteren Teilen der Verwitterungszone enthalten die durch eingesickerte Niederschläge entstandenen Lösungen Stoffe, die aus dem chemischen Abbau der Minerale und Gesteine stammen, neben solchen, die sich aus der Zersetzung von organischer Substanz und aus der Tätigkeit der Mikroorganismen ableiten. Diese Lösungen sind an CO_2 bzw. HCO_3^- angereichert und enthalten verschiedene organische Säuren (Huminsäuren). Lokal können auch unterschiedliche Mengen an Schwefelsäure H_2SO_4 beteiligt sein, die sich aus der Umsetzung von Sulfiden mit O_2 und H_2O bildet; auch aus dem S-Gehalt von Eiweiß kann im Boden H_2SO_4 entstehen. Deshalb reagieren Lösungen des Verwitterungsbodens meist sauer mit einem pH-Wert bis 3. In selteneren Fällen wird eine alkalische Reaktion mit pH-Werten bis höchstens 11 erreicht. In der *Verwitterungszone* werden sowohl oxidierende als auch reduzierende Bedingungen angetroffen.

Unterschiedliche Minerale besitzen in den stark verdünnten Verwitterungslösungen sehr verschiedene Löslichkeiten. Die meist sehr langsamen Lösungsprozesse laufen im offenen System ab; ein thermodynamisches Gleichgewicht wird dabei nur selten erreicht. Die einzelnen Stadien der Auflösung können in der Natur in zahlreichen Fällen unmittelbar beobachtet werden. Außerdem lassen sich im Laboratorium Untersuchungen darüber anstellen.

24.2.1
Leicht lösliche Minerale

Leicht löslich sind Halit NaCl, Sylvin KCl und andere Salzminerale. Ihr Verhalten bei Verwitterungsvorgängen hat nur im *trockenen* (*ariden*) *Klima* Bedeutung. Im *feuchten* (*humiden*) *Klima* sind auch Gips $CaSO_4 \cdot 2H_2O$ oder Anhydrit $CaSO_4$ relativ leicht löslich. Etwas komplizierter verläuft die Auflösung der Karbonate, so die Lösung von Calcit oder Dolomit. Hier spielt im Wasser gelöste Kohlensäure eine entscheidende Rolle. Es besteht die folgende Gleichgewichtsreaktion:

$$\underset{\text{Calcit}}{CaCO_3} + H_2CO_3 \rightleftharpoons 2HCO_3^- + Ca^{2+} \quad (24.2)$$

Das im Wasser als HCO_3^- gelöste CO_2 stammt aus der Atmosphäre oder aus dem Zerfall organischer Substanz. Zusätzliches CO_2 wird aus organischen Prozessen aufgenommen. Die Löslichkeit des Calcits steigt mit dem Kohlensäuregehalt des Wassers an. Da mit zunehmender Temperatur die Löslichkeit des Wassers für Kohlensäure abnimmt, wird Calcit mit Temperaturerhöhung des Wassers weniger löslich.

24.2.2
Verwitterung der Silikate

Von besonderer Bedeutung ist die Verwitterung der Silikate, weil diese als wichtigste Gemengteile der Gesteine mit rund 84 Vol.-% am Aufbau der Erdkruste beteiligt sind (Tabelle 2.2, S. 37). In dieser Zahl sind die Feldspäte als die verbreitetste Mineralgruppe mit rund 51 Vol.-% enthalten. Der Zerfall der *Feldspäte* bei der Verwitterung kann daher als Modellfall betrachtet werden (Füchtbauer 1988).

Die Na^+- und K^+-Ionen der Feldspäte gehen relativ leicht in Lösung. Das lässt sich in einem einfachen Experiment nachweisen, bei dem man das fein zerriebene Mineralpulver bei Zimmertemperatur mit destilliertem Wasser benetzt. Die in Lösung gegangenen Alkali-Ionen sind durch die alkalische Reaktion nach kurzer Zeit nachzuweisen. Viel langsamer gehen Al und Si in Lösung. Aus ihnen entsteht in saurem Milieu schließlich das Tonmineral Kaolinit als Verwitterungsneubildung nach der folgenden Reaktion:

$$\underset{\text{Kalifeldspat}}{4K[AlSi_3O_8]} + 4H^+ + 4HCO_3^- + 2H_2O$$

$$\rightarrow \underset{\text{Kaolinit}}{Al_4[(OH)_8/Si_4O_{10}]} + 8SiO_2 + 4K^+ + 4HCO_3^- \quad (24.3)$$

Dabei geht man vom Hauptagens der chemischen Verwitterung, dem CO_2- bzw. HCO_3^--haltigen Regenwasser aus. Ganz allgemein lässt sich die chemische Verwitterung als eine H^+-Aufnahme und eine damit ausgelöste Freisetzung von Alkali-, Erdkali-Ionen und SiO_2 ansehen (z. B. Press u. Siever 2003). Ähnlich verhalten sich im Prinzip auch die übrigen Gerüstsilikate, so z. B. *Leucit*. Minerale dieses Strukturtyps können bei der Verwitterung restlos in Lösung gehen.

Bei den *Schichtsilikaten,* speziell den Glimmern, bleiben nach Herauslösung von Ionen Schichtreste der ursprünglichen Kristallstruktur erhalten. Bei Verwitterung im feuchten Klima wird zunächst K^+ aus trioktaedrischen (Biotit) und dioktaedrischen Glimmern (Muscovit) aus der Zwischenschicht herausgelöst. Ladungsausgleich erfolgt bei Biotit durch Austausch gegen Hydroxonium-Ionen H_3O^+: Es entstehen Hydroglimmer. Darüber hinaus findet Oxidation von Fe^{2+} zu Fe^{3+} und Austausch von Al durch Si in der Tetraederschicht statt. Äußerlich bleichen die Biotitblättchen aus und werden gold- bis blassgelb verfärbt. Dieser Verwitterungsvorgang bei Biotit wird auch als *Baueritisierung* bezeichnet. Beim eisenfreien Muscovit verläuft der Verwitterungsabbau wesentlich langsamer als bei Biotit. *Amphibole* und *Pyroxene* sind leichter löslich als Quarz und die Glimmer.

Verwitterungsneubildungen: Tonminerale und Al- und Fe-Hydroxide

Wie wir am Beispiel der Feldspat-Verwitterung (Gleichung 24.3) gesehen haben, können aus den zersetzten Mineralen der Ausgangsgesteine noch während des Verwitterungsvorgangs neue Minerale als *Verwitterungsneubildungen* entstehen, besonders die als *Tonminerale* bezeichneten Schichtsilikate. Sie bilden sich pseudomorph nach primär vorhandenen Schichtsilikaten, insbesondere aus di- und trioktaedrischen Glimmern. Dabei wird K^+ teilweise oder ganz fortgeführt und die Schichtladung entsprechend verringert. Aus beiden Glimmerstrukturen können *Illite* gebildet werden, das sind unvollständige Glimmer, die weniger K^+ und ein höheres Si/Al-Verhältnis aufweisen als z. B. der normale Muscovit. In manchen Verwitterungsböden führt ein ähnlicher Umwandlungsvorgang über Übergangsstrukturen zur Bildung von *Vermiculit* $\sim Mg_2(Mg,Fe^{3+},Al)[(OH)_2/(Si,Al)_4O_{10}] \cdot Mg_{0,35}(H_2O)_4$, einem Schichtsilikat mit Quellfähigkeit. Häufig entstehen aus Glimmern Tonminerale mit *Wechsellagerungsstrukturen* zwischen Illit und Montmorillonit (Mixed-Layer-Minerale) mit Übergängen zum reinen quellfähigen Montmorillonit $\sim Al_{1,67}Mg_{0,33}[(OH)_2/Si_4O_{10}]Na_{0,33}(H_2O)_4$.

Charakteristisch für alle Tonminerale ist, dass sie extrem feinblätterig sind, weshalb sie mit dem gewöhnlichen Polarisationsmikroskop nicht bestimmt werden können. Hierzu müssen das Raster-Elektronenmikroskop (REM), das Transmissions-Elektronenmikroskop (TEM; Abb. 11.39, S. 176) und die Röntgen-Pulverdiffraktometrie (XRD) angewendet werden.

Noch häufiger kristallisieren Tonminerale aus *Verwitterungslösungen* aus; daneben kommt es zur Neubildung von Fe- und Al-Oxiden und -Hydroxiden sowie von SiO_2. Art und Mengenanteil der Verwitterungsneubildungen werden durch Klimafaktoren gesteuert.

In den *Trockengebieten arider Klimazonen*, in denen die jährliche Verdunstungsrate den Jahresniederschlag übertrifft, scheiden sich verschiedenartigste Salze, besonders der Alkalien und Erdalkalien, durch Verdunstung der Verwitterungslösungen aus. Das geschieht teilweise an Ort und Stelle, teilweise nach einem geringen Wanderweg. Ausblühungen von Halit, Natron (Soda $Na_2CO_3 \cdot 10H_2O$) oder Gips sind am meisten verbreitet.

Die weniger gut löslichen Bestandteile der Verwitterungslösungen wie Si, Al und Fe scheiden sich in *feuchten* (humiden) *Klimazonen* an Ort und Stelle oder nach einem geringen Wanderweg der Lösung aus. Es kommt bereits während des Verwitterungsvorgangs zu Mineralneubildungen. Diese sind wegen ihrer geringen Korngröße von 10^{-5} und 10^{-7} cm, d. h. im Gebiet der Kolloide, von großer Bedeutung für die Beschaffenheit des *Bodens*. Die winzigen Neubildungen sind mehr oder weniger gut kristallisiert, teilweise auch röntgenamorph. Es handelt sich neben kolloidalen Al-Hydroxiden (*Alumogel*) vorwiegend um kristallisierte Al- und Fe-Hydroxide wie *Gibbsit* γ-$Al(OH)_3$, *Böhmit* γ-AlOOH, *Diaspor* α-AlOOH und Goethit α-FeOOH sowie die Al-Silikate *Kaolinit* $Al_4[(OH)_8/Si_4O_{10}]$ und *Halloysit* $Al_4[(OH)_8/Si_4O_{10}] \cdot 2H_2O$.

Das Verhalten von Si und Al in der Verwitterungslösung

Das Diagramm in Abb. 24.2 zeigt die Löslichkeit von Al_2O_3 und SiO_2 bei Zimmertemperatur (25 °C) und Normaldruck ($P = 1$ bar) in Abhängigkeit vom pH-Wert.

pH-Wert: Bei Zimmertemperatur (25 °C) und Normaldruck ($P = 1$ bar) hat das Ionenprodukt von reinem Wasser oder einer neutralen Lösung den Zahlenwert $\approx 10^{-14}$, wobei die Konzentration der $[H^+]$- und der $[OH^-]$-Ionen gleich ist; da nun $[H^+] \cdot [OH^-] \approx 10^{-14}$, so gilt $[H^+] = [OH^-] \approx \sqrt{10^{-14}} \approx 10^{-7}$. Saure Lösungen enthalten mehr $[H^+]$- als $[OH^-]$-Ionen; es gilt also $[H^+] > 10^{-7} > [OH^-]$; für alkalische Lösungen gilt umgekehrt $[OH^-] > 10^{-7} > [H^+]$. Vereinfachend definiert man als pH-Wert den negativen Logarithmus der $[H^+]$-Ionen-Konzentration; das bedeutet, der Neutralpunkt liegt bei pH = 7; saure Lösungen haben pH-Werte von 7–0, alkalische Lösungen pH-Werte von 7–14.

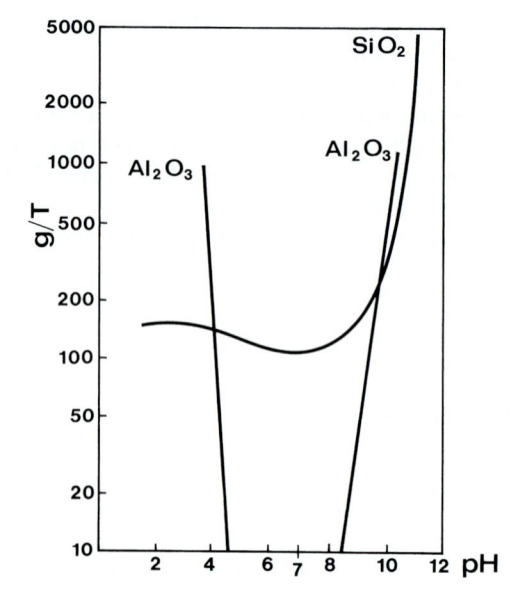

Abb. 24.2. Löslichkeiten von SiO_2-Gel und Al-Hydroxid in Abhängigkeit vom pH-Wert. (Aus Correns 1968)

Man erkennt, dass *SiO₂* in einem weiten pH-Bereich schwach löslich ist; im alkalischen Bereich nimmt die Löslichkeit von SiO_2 dagegen stark zu. Die gelöste *Kieselsäure* geht bei Überschreiten ihrer Löslichkeit in der Verwitterungslösung zunächst in den *Solzustand* über. Es scheiden sich schwebende hydratisierte Teilchen von kolloidalen Korngrößen ab, die als *hydrophile* (lyophile) Sole bezeichnet werden. Die Übersättigung kann durch Verdunstung des Wassers oder durch Abnahme der Alkalinität (Unterschreitung von pH ~ 8,5) ausgelöst werden, wie Abb. 24.2 erkennen lässt. Eine derartige Ansäuerung der Lösung erfolgt in der Natur durch Zutritt von Kohlensäure, z. B. aus der Zersetzung organischer Substanz.

Im Gegensatz dazu nimmt die Löslichkeit von Al_2O_3 in stark saurer (pH < 4) und in stark alkalischer Umgebung (pH > 9) erheblich zu, während es in der Nähe des Neutralpunkts aus schwach saurer bzw. schwach alkalischer Lösung als Al-Hydroxid ausgefällt wird. In der Natur können alkalische Lösungen durch Zuführung von Kohlensäure sauer, andererseits saure Lösungen bei Verlust der enthaltenen Kohlensäure, etwa durch Erwärmung, alkalisch werden. Eine Neutralisierung saurer Lösungen in der Natur kann auch beim Zusammentreffen mit Kalkstein eintreten. Die Ausfällung von Al-Hydroxiden, wie der Minerale *Diaspor, Böhmit* oder *Gibbsit*, spielt bei der Bildung von Laterit-Böden und von Bauxit bei der tropischen und subtropischen Verwitterung eine wichtige Rolle.

Bei *gleichzeitiger Übersättigung* der Lösung scheiden sich SiO_2 und Al-Hydroxide unter Bildung von Tonmineralen wie *Kaolinit, Halloysit* oder *Montmorillonit* gemeinsam aus. Nach dem Modelldiagramm (Abb. 24.2) liegt das gemeinsame Ausscheidungsgebiet in der Nähe des Neutralpunkts im schwach alkalischen bis schwach sauren Gebiet. Es hängt wesentlich vom Al/Si-Verhältnis in der Lösung ab, ob Kaolinit bzw. Halloysit oder Montmorillonit auskristallisiert. Bei Anwesenheit von K^+ in der Lösung wird während der Diagenese von Sedimenten auch Illit neu gebildet, und zwar durch Umwandlung von Smectiten nach der vereinfachten Reaktion

$$\text{Smectit} + Al^{3+} + K^+ \rightarrow \text{Illit} + Si^{4+} \tag{24.4}$$

(Jasmund u. Lagaly 1992).

24.3
Subaerische Verwitterung und Klimazonen

Die subaerische Verwitterung strebt in den verschiedenen klimatisch bedingten Verwitterungszonen der Erde unterschiedlichen Verwitterungsprodukten zu:

- In den *ariden* und *extrem kalten, arktischen Klima*zonen tritt fast ausschließlich die mechanische Verwitterung in Erscheinung.
- In den *feucht-kühlen* und *feucht-gemäßigten Klimazonen* führt die Verwitterung zu Produkten, die außer Quarz und wenigen anderen, der Verwitterung gegenüber resistenten Mineralarten Neubildungen von Illit, Vermiculit, Montmorillonit neben Kaolinit oder Halloysit enthalten.
- In den *feucht-tropischen Klimazonen* werden die anstehenden Gesteine schneller und intensiver durch den Verwitterungsvorgang zersetzt. Es wird im Schnitt viel mehr SiO_2 relativ zu Al_2O_3 weggeführt, und es kommt zu Verwitterungsneubildungen von Gibbsit, Böhmit, Diaspor und besonders auch Kaolinit in wechselnden Mengenverhältnissen. Übersättigung an Fe führt zur Abscheidung des Eisens als Goethit oder Hämatit.

24.4
Zur Abgrenzung des Begriffs Boden

Unter Boden versteht man die oberste Schicht der Erdkruste, in der die beschriebenen Verwitterungsvorgänge ablaufen (von Engelhardt 1973). Sie wird auch als Kritische Zone (CZ) bezeichnet, in der chemische, biologische, physikalische und geologische Prozesse in komplizierter Weise zusammenwirken, um auf der Erdoberfläche Leben zu ermöglichen (z. B. Brantley et al. 2007). Der Boden bedeckt unverändertes Gestein und dient Pflanzen und Tieren als Standort und Lebensraum. Auch Bodenbakterien spielen eine große Rolle. Neben Lockermassen befinden sich im Boden Lösungen, die verdunsten oder über Flüsse und Grundwasser schließlich das Meer erreichen.

Im Boden werden *Transportvorgänge durch Lösungen* beobachtet, die von der Erdoberfläche in die Tiefe, teilweise auch entgegengesetzt gerichtet sind. Sie werden durch eindringende Niederschläge und Änderung des Grundwasserspiegels ausgelöst. Durch Wirkung dieser Lösungen bildet sich in der Regel ein typisches *dreischichtiges Bodenprofil* aus:

- Die oberste Schicht, der *A-Horizont*, hervorgegangen aus zersetztem Gestein, ist reich an organischem Material (Humus) und weist eine Verarmung an Alkalien und Erdalkalien auf.
- Der darunter befindliche *B-Horizont* ist reich an Tonmineralen und enthält gelegentlich viel Eisenhydroxid in Form von Limonit, der zu *Ortstein* verfestigt sein kann. Die neugebildeten Minerale haben sich aus eingesickerten, gesättigten Verwitterungslösungen abgeschieden.
- Der darunter befindliche *C-Horizont* besteht aus dem mechanisch zerfallenden, chemisch noch weitgehend unveränderten Gestein.

Bei tropischen Böden ist der oberste Teil des A-Horizonts häufig in Form von Krusten entwickelt, die reich an Fe-(Mn-)Oxiden (*Ferricrete*), Calcit (*Calcrete*) oder SiO$_2$ (*Silcrete*) sind. Sie entstehen durch die Verdunstung aufsteigender Lösungen. Die Tiefe eines Bodenprofils ist nicht nur abhängig vom Ausmaß der chemischen Verwitterung, sondern auch vom Grad der Erosion. Für die detaillierte Beschreibung der Bodenprofile, die Klassifizierung der verschiedenen Bodentypen und ihre geographische Verbreitung sei auf Lehrbücher der Bodenkunde verwiesen (z. B. Blume et al. 2010).

24.5 Verwitterungsbildungen von Silikatgesteinen und ihre Lagerstätten

Es handelt sich um terrestrische Bildungen, die verschiedenen Ausgangsgesteinen und unterschiedlichen klimatischen Verhältnissen ihre Entstehung verdanken. Neben *autochthonen* gibt es *allochthone* (umgelagerte) Verwitterungsprodukte.

24.5.1 Residualtone und Kaolin

Residualtone und Kaolin entstehen aus feldspatreichen Ausgangsgesteinen, insbesondere aus Graniten, Rhyolithen, und Arkosen, in humiden, feucht-gemäßigten oder regenreichen, feuchttropischen Klimazonen mit reichlichen Niederschlägen, Humusbildung und Anwesenheit organischer Säuren. Die sauren Verwitterungslösungen sind gleichzeitig an Si und Al gesättigt, und es kommt bei mittleren pH-Werten (Abb. 24.2) zur gemeinsamen Ausscheidung von SiO$_2$ und Al$_2$O$_3$ in Form *silikatischer Tonminerale* wie Kaolinit: *siallitische Verwitterung*. Im Unterschied dazu gehen bei der *allitischen Verwitterung* SiO$_2$ und Al$_2$O$_3$ getrennte Wege, wobei Al-Hydroxide ausgeschieden werden.

Die nicht umgelagerten (autochthonen) Kaolinvorkommen (*Residual-Kaoline*) enthalten meist resistente Minerale (Verwitterungsreste) des Ausgangsgesteins, vor allem Quarz. Solche Lagerstätten befinden sich in Europa z. B. bei Hirschau-Schnaittenbach (Oberpfalz), bei Kemmlitz und Meißen (Sachsen), bei Halle (Sachsen-Anhalt), bei Pilsen (Plžen) und Karlsbad (Karlovy Vary, Tschechien), im französischen Zentralmassiv (z. B. Limoges), im iberischen Massiv und in Cornwall. Kaolin wird je nach Qualität in der keramischen und chemischen Industrie, in der Papierindustrie sowie als Füllstoff technisch verwendet.

Wirtschaftliche Bedeutung haben auch umgelagerte, *sedimentäre Kaoline*, die z. B. in Brasilien, Georgia und South Carolina (USA) vorkommen, außerdem auch Kaolin-Lagerstätten, die nicht durch Verwitterung, sondern durch hydrothermale oder thermale Umwandlungsvorgänge entstanden sind (*Hydrothermal-Kaoline*). Diese sind z. B. an Zinngreisen gebunden, wie bei St. Austell (Cornwall), oder sie treten in der Nachbarschaft von Goldquarz-Gängen auf, z. B. bei Banska Štiavnica (Schemnitz, Slowakei), Comstock Lode (Nevada) und Cripple Creek (Colorado).

24.5.2 Bentonit

Bentonit ist ein *Montmorillonit*-reiches Tongestein, das aus dem Glasanteil von Pyroklastiten wie vulkanischen Aschen, Tuffen oder Ignimbriten entsteht. Dabei spielt weniger die konventionelle subaerische Verwitterung eine Rolle, sondern die subaquatische Verwitterung in Binnenseen oder in der Flachsee. Durch Reaktion mit dem See- oder Meerwasser entglasen die Glaspartikel in den Pyroklastiten immer mehr und die vulkanischen Ablagerungen werden in zunehmendem Maße diagenetisch verfestigt (Christidis u. Huff 2009).

Darüber hinaus können Bentonite entstehen, wenn pyroklastische Ablagerungen von hydrothermalen Fluiden durchströmt werden und mit diesen reagieren.

Bentonite sind durch wertvolle technische Eigenschaften wie Quellfähigkeit, Ionenaustausch-Vermögen und Thixotropie gekennzeichnet und daher von großem wirtschaftlichen Interesse (Eisenhour u. Brown 2009; s. Abschn. 11.5.7, S. 176f). Thixotrope Substanzen gehen vom Gel- in den Sol-Zustand über und werden weich, wenn man sie bewegt, während sie beim Stehen fester werden. Bentonite nutzt man daher u. a. als Bindeton, für Bohrspülungen, als Filterstoff oder Bleicherde zur Wasserreinigung sowie als Walkerde zur Entfettung von Wolle. Von weltwirtschaftlicher Bedeutung sind die Bentonit-Lagerstätten in den USA: South Dakota, Arizona, Montana und Wyoming (Fort Benton) sowie in Westkanada, die insgesamt die Hälfte der Weltförderung liefern. In Bayern liegen nutzbare Bentonit-Lagerstätten in der obermiozänen Süßwasser-Molasse im Raum Moosburg–Landshut–Mainburg.

24.5.3 Bauxit

In tropisch-wechselfeuchten bis semiariden Klimazonen mit längerer Niederschlagszeit und anschließender Trockenzeit führt die chemische Verwitterung größtenteils zu einer annähernden Trennung des Si vom Al. Einer gemeinsamen Auslaugungsperiode in der Regenzeit folgt in der Trockenzeit mit einsetzender Verdunstung ein kapillarer Aufstieg der Lösungen; gleichzeitig ändert sich ihr pH-Wert: Die vorher schwach saure Verwitterungslösung reagiert nunmehr schwach alkalisch. Das führt zur bevorzugten Anreicherung von Aluminium unter Bildung von Al-Hydroxiden, während die Alkali- und Erdalkali-Metalle sowie Silicium abgeführt werden. Dabei entstehen *Bauxite* (nach dem Ort Les Baux in Südfrankreich benannt), die zu den fossilen Böden zählen. Häufig sind Bauxite umgelagert, dann können sie auch Merkmale von Sedimenten zeigen. Zwischen Bauxiten und Tonen bestehen Übergänge (toniger Bauxit, bauxitischer Ton). Bauxite bilden erdige oder kompakte Massen; häufig enthalten sie *Ooide*, radialstrahlige Körper von kugeliger bis ovaler Form, die meist 0,5–1 mm groß sind, oder *Pisolithe*, radialstrahlige Körper von Erbsengröße und eher unregelmäßiger Form.

Die *Einteilung der Bauxite* wird häufig nach dem Ausgangsgestein bzw. der Entstehungsart vorgenommen, so in Silikatbauxit bzw. Lateritbauxit oder Kalkbauxit bzw. Karstbauxit (z. B. Valeton 1972, 1983). Dem Silikatbauxit liegen magmatische oder metamorphe Gesteine, dem Kalkbauxit Sedimentgesteine, vor allem tonreiche Kalksteine, zugrunde.

Die wichtigsten Minerale der Bauxite sind: (1) Gibbsit γ-Al(OH)$_3$ als häufigstes Mineral insbesondere der Silikatbauxite, (2) Böhmit γ-AlOOH und Diaspor α-AlOOH als Gemengteile der Kalkbauxite und (3) das amorphe Gel des Al(OH)$_3$ Alumogel. Dazu kommen als *Nebengemengteile* besonders Kaolinit, Quarz, Hämatit und Goethit.

Das Bodenprofil der *Silikatbauxite* enthält meist eine *Konkretionszone*, in der Bauxit in knollenförmigen Konkretionen (Abschn. 25.2.4, S. 386) vorkommt. Daneben treten kaolinitische Tone mit siallitischer Verwitterung und Kaolinit als Hauptgemengteil auf.

Lagerstätten von Silikatbauxit sind weltweit verbreitet; sie befinden sich z. B. auf dem Plateau der verwitterten Dekhan-Trappbasalte in Indien, in Surinam, im tropischen Afrika, in Indonesien und Australien.

Wirtschaftlich völlig unbedeutend sind die winzigen Vorkommen im Raum des Vogelsbergs und der Rhön in Hessen, die als Reste warm-feuchter Verwitterungsdecken von Basalten aus dem Tertiär zu erklären sind.

Kalkbauxite bilden vorwiegend Hohlraumfüllungen in verkarsteten tonhaltigen Kalksteinen und sollten daher neutraler als *Karstbauxite* bezeichnet werden. Sie bestehen vorwiegend aus Böhmit, bei Umlagerung zunehmend aus Diaspor. In Europa gibt es Vorkommen in Südfrankreich mit der Typuslokalität Les Baux, als Dolinenfüllung in den Karstgebieten Istriens und Dalmatiens, in Ungarn, Italien, Griechenland und anderen Ländern des Mittelmeerraums.

Bauxit ist das wichtigste Aluminiumerz, wobei nur Lagerstätten mit Mindestgehalten von 45–50 Gew.-% Al$_2$O$_3$ sowie <20 % Fe$_2$O$_3$ und <5 % SiO$_2$ bauwürdig sind. Wegen des energieaufwendigen Verhüttungsprozess wird Bauxit meist zu Standorten mit billiger Energie, insbesondere Wasserkraft transportiert, z. B. nach Norwegen. Darüber hinaus verwendet man Bauxit für die Herstellung von technischem Korund (Elektrokorund), Spezialkeramik und Tonerdezement.

24.5.4
Fe-, Mn- und Co-reiche Laterite

Die Rot- und Gelbfärbung des Bauxits geht auf feindisperse Beimengungen von Fe-Hydroxid FeOOH zurück, das bei der Bildung des Bauxits gleichzeitig mit ausgeschieden wird.

An nicht wenigen Stellen wurde das Eisen (auch zusammen mit Mangan) auf kleinerem Raum konzentriert. Auf diese Weise sind die *Laterit-Eisenerze* entstanden, von denen es sehr zahlreiche Vorkommen auf der Erde gibt (z. B. Valeton 1972, 1983; Freyssinet et al. 2005). Bauwürdig sind allerdings nur Vorkommen, die sich aus basischen oder ultrabasischen Gesteinen gebildet haben und in denen daher neben Fe auch Cr, Ni und Ti als wertvolle Nebenelemente angereichert sind. Ein gutes Beispiel sind die Conakry-Erze (Guinea), die durch Verwitterung von Duniten entstanden sind, mit 52 % Fe, 1,8 % Cr, 0,15 % Ni und 0,5 % Ti (Evans 1993). Weitere Vorkommen liegen z. B. in Guayana, Kuba, Indonesien und auf den Philippinen.

Die sog. *Basalteisensteine* des Vogelsberges, die bis in die Zeit nach dem 2. Weltkrieg abgebaut wurden, entstanden durch Verwitterung im tropisch-wechselfeuchten Klima der Tertiärzeit, wobei der Eisengehalt großer Basaltkörper ausgelaugt wurde. Noch innerhalb des mehr oder weniger stark verwitterten Basalts wurde der Fe-Gehalt konzentriert und kam in schalig-kugeligen Körpern zur Abscheidung.

Mineralogisch bestehen die aus den zirkulierenden Verwitterungslösungen hervorgegangenen Brauneisenerze aus Goethit (Nadeleisenerz) α-FeOOH. Die radialstrahlig angeordneten, stängeligen Kriställchen des Goethits bilden Aggregate mit glänzenden, traubig-nierig ausgebildeten Oberflächen nach Art des braunen Glaskopfs. Die Kristallisation des Goethits aus ehemaligen Gelen ist damit angezeigt. Dafür sprechen auch die zahlreichen kolloidalen Beimengungen, die aus dem Gelzustand übernommen wurden.

Durch intensive tropische Verwitterung von relativ Mn-reichen Gesteinen oder von silikatischen oder karbonatischen Mn-Erzen kann es zu erheblichen sekundären Anreicherungen von *Mangan* kommen. Dabei wird Mn durch H$_2$CO$_3$-haltige Wässer aus den Gesteinen im Untergrund gelöst und durch Zutritt von Sauerstoff in Form von Mn-Oxiden und Mn-Hydroxiden ausgefällt, teilweise unter Mitwirkung von Mikroorganismen. Die weichen Reicherze werden von einer harten Erzkruste überdeckt. Ein weltwirtschaftlich wichtiges Beispiel ist die Lagerstätte Nsuta (Ghana), deren Reicherze bis zu 50 % Mn enthalten können.

Zu bedeutenden sekundären Anreicherungen von Kobalt und Mangan kam es im Südteil der Republik Kongo/Zaire (Provinz Katanga). Unter den feuchttropischen Klima-Bedingungen des Mio- und Pliozäns verwitterten die Co-Cu-Mn-reichen Karbonat-Gesteine des neoproterozoischen Katanga-Kupfergürtels, wobei das einzige primäre Co-Mineral in den Schwarzschiefern, der Carrollit CuCo$_2$S$_4$, zu Heterogenit CoOOH aufoxidiert und zusammen mit Mn in „Kobalt-(Mangan-)Hüten" angereichert wurde. Demgegenüber wurde das Kupfer in Form von Cu^{2+} im Oberflächenwasser gelöst, zum Liegenden hin abgeführt und dort in einer Cu-reichen Zone konzentriert (Decrée et al. 2010).

24.5.5
Ni- und Co-reiche Laterite

Bei der Verwitterung ultramafischer Gesteine wie Peridotite, Dunite oder Serpentinite im tropisch-wechselfeuchten Klima kann es zur Bildung von residualen Ni-reichen Lateriten kommen. Das Nickel stammt aus dem Olivin, in dessen Struktur Ni^{2+} anstelle von Mg^{2+} eingebaut ist (maximal 0,7 Gew.-% NiO). Unter warm-feuchten Klimabedingungen wird Ni von sauren Lösungen bevorzugt aufgenommen und scheidet sich – zusammen mit SiO_2 – als Nickel-Hydrosilikat in konzentrierter Form aus, wenn die Lösung mit dem Einsickern in die tiefer liegende Verwitterungszone schließlich neutral bis schwach alkalisch reagiert. Daher entwickeln sich die Ni-reichen Laterit-Horizonte meist unter einer Fe-reichen lateritischen Verwitterungsdecke, in der sich auch das Element Co im Mineral *Asbolan* $0,5[(Co,Ni)(OH)_2] \cdot [MnO_2 \cdot nH_2O]$ angereichert hat.

Ni-Träger in diesen Erzen sind durch Ni grünlich gefärbte Schichtsilikate, häufig in Form gebänderter, nierig-traubiger Krusten. Am verbreitetsten ist der smaragd- bis blaugrüne *Népouit* (früher „Garnierit") $(Ni,Mg)_6[(OH)_8/Si_4O_{10}]$, ein Ni-Serpentin; ferner treten auf *Willemsit* (früher „Pimelit") ein Ni-Talk $(Ni,Mg)_3[(OH)_2/Si_4O_{10}]$ sowie Ni-haltige Chlorite und Vermiculite (früher „Schuchardit").

Die wichtigsten, derzeit im Abbau befindlichen *Nickel-Lagerstätten* dieser Art sind: Nicaro und Moa Bay auf Kuba mit Erzvorräten von insgesamt 150 Mio. t und Durchschnittsgehalten von ca. 2 % Ni + Co, Surigao (Philippinen: ca. 65 Mio. t Erz, ca. 1,9 % Ni + Co), Doniambo (Neukaledonien: ca. 50 Mio. t Erz, ca. 3 % Ni + Co), Greenvale (Queensland, Australien: ca. 45 Mio. t Erz, 2,1 % Ni + Co), Cerro Matoso (Kolumbien: ca. 30 Mio. t Erz, 3 % Ni + Co) und Riddle (Oregon, USA: ca. 20 Mio. t Erz, 1,5 % Ni + Co) (Evans 1993). Dieser Lagerstättentyp spielt weltwirtschaftlich gegenüber den sulfidischen Nickelerzen vom Typ Sudbury Abschn. 21.3.1, S. 328f) eine immer bedeutendere Rolle. In den Lateriten von Range Well (West-Australien), die ebenfalls aus ultramafischen Gesteinen gebildet wurden, ist Cr auf durchschnittlich 3,6 % mit Vorräten von ca. 30 Mio. t Erz angereichert.

24.5.6
Weitere Residual-Lagerstätten

Verwitterung von primären Erzlagerstätten kann zu beachtlichen Anreicherungen von Au, Ti, Zr, Y, SEE, Nb und Ta in Lateriten oder Bauxiten führen. Die Bauxite von Boddington bei Perth (West-Australien) enthalten Erzreserven von 45 Mio. t mit Durchschnittsgehalten von 1,8 g/t Au. Auch die Au-Lagerstätten der Distrikte Coolgardie (West-Australien) und Cloncurry (Queensland) werden von Au-haltigen Laterit-Horizonten überlagert, in denen Gold-Nuggets mit Gewichten bis zu 600 g gefunden wurden. Über Alkali-Gesteinen des Parana-Beckens (Südamerika) entwickelten sich Laterite mit ca. 20 % TiO_2 in Form von Anatas mit Vorräten von insgesamt 300 Mio. t; in einigen dieser Vorkommen sind Baddeleyit ZrO_2, Phosphate und Seltenerd-Minerale konzentriert. Im Verwitterungshorizont des Karbonatits von Mount Weld bei Laverton (Westaustralien) kam es zur Bildung von Lateriterzen mit 9,4 % SEE (Vorräte 7,5 Mio. t), 0,3 % Y_2O_3 (6 Mio. t), 1,9 % Nb_2O_5 (23 Mio. t) und 0,1 % Ta_2O_5 (2 Mio. t).

24.6
Verwitterung sulfidischer Erzkörper

Es ist schon lange bekannt, dass es bei der Verwitterung sulfidischer Erzköper, z. B. von Erzgängen oder Porphyry Copper Ores, zu beachtlichen sekundären Metall-Anreicherungen kommen kann (z. B. Sillitoe 2005). Sulfide werden bei der atmosphärischen Verwitterung leichter gelöst als die Silikate der Gesteine. Wir wollen von einem relativ einfach zusammengesetzten *sulfidischen Erzgang* ausgehen, dessen primäres Erz nur Pyrit (FeS_2) und Chalkopyrit ($CuFeS_2$) enthält. Anhand von Abb. 24.3 betrachten wir die ablaufenden Verwitterungsvorgänge, die von der Erdoberfläche aus nach der Tiefe hin in das primäre Erz vordringen. Man unterscheidet drei Zonen:

I Oxidationszone,
II Zementationszone,
III Primärerzzone.

24.6.1
Oxidationszone

Die Oxidationszone liegt oberhalb des Grundwasserspiegels, dessen Höhe jahreszeitlich schwankt. Von der Erdoberfläche her dringen Niederschläge als Sickerwässer ein, die – gegen die Tiefe hin abnehmend – reichlich Sauerstoff und häufig Kohlensäure enthalten. In Gegenwart von Luftsauerstoff werden verschiedene Metallionen niedriger Oxidationsstufe in eine höhere übergeführt. Hierbei werden insbesondere die Erzminerale mit Fe^{2+}-Ionen erfasst, wobei schließlich Limonit (Abschn. 7.5, S. 113) entsteht.

Im *oberen Teil* der Oxidationszone bewirken große Niederschlagsmengen schließlich eine Auslaugung des Metallgehalts, so z. B. des Eisens, wenn die Lösung sauer ist. Es verbleiben schließlich skelett- bis zellenförmige Auslaugungsreste von Quarz mit charakteristischen Überzügen aus gelb- bis schwarzbraunem Limonit. Nicht selten liegt Malachit als leuchtendgrüner erdiger Anflug vor. Auch Kaolinit bildet sich meist aus den oberflächlichen Verwitterungslösungen.

In etwas *tieferen Bereichen* der Oxidationszone reichern sich bei Erzkörpern mit Pyrit und Chalkopyrit oft beachtliche Mengen von Fe in Form von Limonit (Brauneisenerz) an (Gleichung 24.8 und 24.9). Bei der

Abb. 24.3.
Oxidations- und Zementationszone innerhalb eines hydrothermalen Cu-Erzgangs durch die Einwirkung von Sicker- und Grundwasser von der Oberfläche her. *Von oben nach unten* unterscheidet man: *I* Oxidationszone, *II* Zementationszone, *III* Primärerzzone. Detaillierte Gliederung: *1* Auslaugungszone; *2* Eiserner Hut (Gossan): stark oxidierte Erze mit hohem Fe-Gehalt; *3* Umbildungszone vorwiegend von Cu-Sulfiden; *4* Übergangszone; *5* Grundwasserspiegel; *6* Anreicherung von edleren Metallen (Cu, Ag etc.), Zementation, *7* weitgehend unbeeinflusstes Primärerz. (Umgezeichnet und ergänzt nach Baumann et al. 1979)

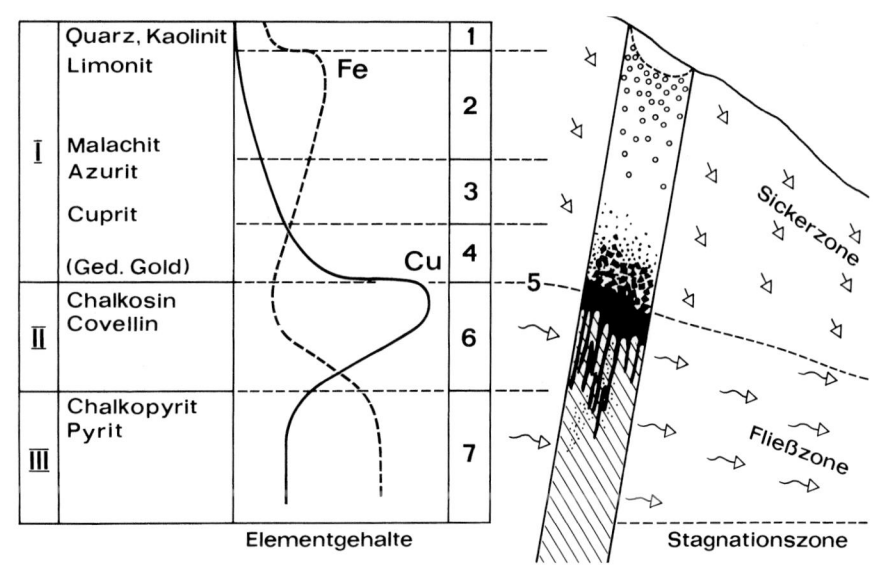

Oxidation von Pyrit können neben Schwefelsäure relativ kurzlebige Fe^{2+}- oder Fe^{3+}-Sulfate als Zwischenprodukte entstehen (Gleichung 24.5, 24.6, 24.7).

$$2FeS_2 + 2H_2O + 7O_2 = 2Fe^{2+}SO_4 + 2H_2SO_4 \quad (24.5)$$

$$4FeS_2 + 2H_2O + 15O_2 = 2Fe_2^{3+}(SO_4)_3 + 2H_2SO_4 \quad (24.6)$$

$$2FeSO_4 + H_2SO_4 + \tfrac{1}{2}O_2 = Fe_2^{3+}(SO_4)_3 + H_2O \quad (24.7)$$

$$Fe_2^{3+}(SO_4)_3 + 4H_2O = 2FeOOH + 3H_2SO_4 \quad (24.8)$$

$$\underline{2FeS_2 + 5H_2O + 7\tfrac{1}{2}O_2 = 2FeOOH + 4H_2SO_4} \quad (24.9)$$
Pyrit   Limonit

Gleichung (24.9) ist der Gesamtumsatz. H_2SO_4 ist in $2H^+ + SO_4^{2-}$ dissoziiert.

Der vorwiegend über den Gelzustand abgeschiedene und erst später kristallin gewordene Limonit besitzt deshalb fast stets traubig-nierige Ausbildung und Eigenschaften des braunen Glaskopfs; er besteht überwiegend aus Goethit (Nadeleisenerz) α-FeOOH. Der Ausbiss der Oxidationszone wird von den Bergleuten im deutschsprachigen Raum als *Eiserner Hut*, im Englischen als *Gossan* bezeichnet; er gibt den Prospektoren wichtige Hinweise auf Primärerze. Die Minerale der Oxidationszone treten teils in gut ausgebildeten Kristallen auf, teils bilden sie dichte, körnige, strahlige oder blättrige Aggregate. Noch häufiger sind sie Bestandteil unansehnlicher, schlackenähnlicher oder erdig-zerreiblicher Massen. Charakteristisch sind Konkretionsformen, die auf ehemalige Gele hinweisen wie eine nierig-traubige oder stalaktitähnliche Ausbildung.

Während Pyrit als Oxidationsprodukt lediglich Brauneisenerz liefert, geht Kupfer zunächst in ein komplexes Verwitterungsgemenge über. Es besteht aus dem sog. *Kupferpecherz*, einem pechschwarz aussehenden, dichten Gemenge aus Cuprit Cu_2O, Limonit und Resten von Chalkopyrit oder aus erdigem, rot gefärbtem *Ziegelerz*. Nicht selten enthält der neu gebildete Cuprit auch etwas gediegen Cu. Kohlensäurehaltige Verwitterungslösungen oder ein geologischer Verband des Erzes mit Kalkstein führen zur Entstehung und gelegentlichen Anreicherung von Malachit $Cu_2[(OH)_2/CO_3]$, zurücktretend auch von Azurit $Cu_3[OH/CO_3]_2$, der allmählich in Malachit übergeht (Abb. 8.12, S. 124). Dieser bildet häufig büschelige Aggregate oder Anflüge, seltener auch Pseudomorphosen nach Azurit, wie in der berühmten Lagerstätte von Tsumeb (Namibia, Abschn. 23.3.2, S. 352f). Begrenzt findet sich in Oxidationszonen von Cu-Lagerstätten auch smaragdgrüner Dioptas $Cu_6[Si_6O_{18}] \cdot 6H_2O$. Weiterhin treten in Oxidationszonen je nach Primärerz folgende wichtige Minerale auf:

- *Ag-haltige Erze*: ged. Silber, örtlich Chlorargyrit AgCl;
- *Au-haltige Erze*: sog. Senfgold, als hellgelbe, erdig aussehende Abscheidung, winzige Goldflitterchen in mulmigem Limonit oder skelettförmigem Quarz;
- Cerussit $Pb[CO_3]$ (Abb. 8.9, S. 122), Anglesit $Pb[SO_4]$, Krokoit $Pb[CrO_4]$ (Abb. 9.8, S. 134), Wulfenit $Pb[MoO_4]$, Pyromorphit $Pb_5[Cl/(PO_4)_3]$, Mimetit $Pb_5[Cl/(AsO_4)_3]$, Vanadinit $Pb_5[Cl/(VO_4)_3]$ (Abb. 10.4, S. 140);
- *Zn-Erze*: Smithsonit $Zn[CO_3]$, Hemimorphit $Zn_4[(OH)_2/Si_2O_7] \cdot H_2O$; Galmei ist Sammelname für unreine Gemenge überwiegend aus Smithsonit und Hemimorphit;
- *Hg-Erze*: ged Quecksilber;
- *U-Erze*: die umfangreiche Gruppe der sog. Uranglimmer; das sind U-Phosphate, U-Arsenate, U-Silikate, U-Hydroxide oder Uranate mit Ca, Ba, Cu, Mg, Fe^{2+} oder anderen Kationen; alle besitzen grelle Farben, so gelb, orange, rot oder grün;
- *Mn-Erze*: Pyrolusit β-MnO_2, in ähnlicher Ausbildung wie Limonit und oft innig verwachsen mit diesem, ferner Romanèchit, Todorokit, Kryptomelan (s. Abschn. 7.4, S. 110), amorphe Manganoxide („Manganogel") sowie Lithiophorit $(Al,Li)(Mn^{4+},Mn^{3+})O_2(OH)_2$.

Häufige kleine *Goldgehalte* im *Pyrit* können bei dessen Oxidation von Eisen(III)-Sulfat-Lösungen aufgenommen werden, wie auch aus Experimenten hervorgeht. Diese Lösungen kommen *in tieferen Teilen* der Oxidationszone vor, wobei der *reduzierende* Einfluss immer stärker wird, z. B. durch den anwesenden Pyrit des Primärerzes. Dabei wird Eisen(III)-Sulfat-Lösung unbeständig und geht in Eisen(II)-Sulfat-Lösung über, die Au nur sehr beschränkt aufnehmen kann, so dass es noch innerhalb der unteren Oxidationszone nahe dem Grundwasserspiegel zur *Ausscheidung von ged. Gold* auf engerem Raum kommt. So weist die unterste, 1–2 m mächtige Schicht der Oxidationszone in der bedeutenden VMS-Kupferlagerstätte von Rio Tinto, Spanien (Abschn. 23.5.2, S. 363) Au-Gehalte von 15–30 g/t auf gegenüber nur 0,2–0,4 g/t im Primärerz. Bei größeren Au-Gehalten der Primärlagerstätte können in der tieferen Oxidationszone Au-Konzentrationen spektakuläre Ausmaße erreichen.

24.6.2
Zementationszone

Innerhalb der Zementationszone (II), im Wesentlichen im Bereich des oszillierenden Grundwasserspiegels, beeinflussen sich die als Sulfate in Lösung gegangenen Metalle gegenseitig, und zwar entsprechend ihrer jeweiligen Stellung innerhalb der *elektrochemischen Spannungsreihe* der Metalle. Dabei scheidet sich das Sulfid des jeweils edleren Metalls, im vorliegenden Fall dasjenige des Kupfers als Kupfersulfid, bevorzugt ab, und das Eisen geht als $Fe^{2+}SO_4$ in Lösung. Anstelle von Chalkopyrit im Primärerz bilden sich neue Kupferminerale mit höheren Cu-Gehalten, so *Tief-Chalkosin* α-Cu_2S, Djurleit $Cu_{1,96}S$, Tief-Digenit $Cu_{1,8}S$, Anilit $Cu_{1,75}S$, *Covellin* CuS oder *Bornit* Cu_5FeS_4.

Die möglichen Vorgänge veranschaulichen die folgenden chemischen Reaktionsgleichungen:

$$14Cu^{2+}SO_4 + 5FeS_2 + 12H_2O \atop \text{Pyrit}$$
$$= 7Cu_2S + 5Fe^{2+}SO_4 + 12H_2SO_4 \atop \text{Chalkosin} \quad (24.10)$$

$$7Cu^{2+}SO_4 + 4FeS_2 + 4H_2O \atop \text{Pyrit}$$
$$= 7CuS + 4Fe^{2+}SO_4 + 4H_2SO_4 \atop \text{Covellin} \quad (24.11)$$

$$Cu^{2+}SO_4 + CuFeS_2 = 2CuS + Fe^{2+}SO_4 \atop \text{Chalkopyrit} \quad \text{Covellin} \quad (24.12)$$

Die *Silbergehalte* einer Lagerstätte werden in einem derartigen Verwitterungsprofil meist noch etwas *oberhalb* der Zone ausgeschieden, in der sekundäre Kupfererze zementativ angereichert sind. Das in der Oxidationszone als Sulfat in Lösung gegangene Silber wird unter reduzierenden Bedingungen vorwiegend als Akanthit α-Ag_2S und nur teilweise als ged. Silber ausgefällt. Ag-reiche Zementationsszonen haben in der ersten Periode des örtlichen Bergbaus vorübergehend zu großer wirtschaftlicher Blüte geführt, bis unterhalb des Grundwasserspiegels die viel ärmeren Primärerze angefahren wurden. Als Beispiel für diese *sekundären Teufenunterschiede* sei aus dem europäischen Raum das sächsische Erzgebirge genannt. Die reichsten und mächtigsten Oxidations- und Zementationszonen treten in ariden und tropisch-ariden Klimazonen auf, da dort die Lage des Grundwasserspiegels stärker schwankt.

In sulfidischen Erzkörpern, die lediglich weniger edle Metalle wie Pb, Zn, Fe, Co, Ni enthalten, ist keine ausgeprägte Zementationszone entwickelt. Der Übergang zwischen der Oxidationszone und den unverwitterten Sulfiden der Primärerzzone ist eher verschwommen. Im Unterschied zu den Cu-Ag- oder Au-Lagerstätten kann man bei ihnen kaum mit sekundären Teufenunterschieden rechnen.

24.6.3
Stabilitätsbeziehungen wichtiger Kupferminerale bei der Verwitterung

Das Stabilitätsdiagramm im Modellsystem Cu–S–O_2–H_2O–CO_2, das wesentlich aus theoretischen Daten gewonnen wurde, zeigt die Stabilitätsfelder von Malachit, Cuprit, ged. Kupfer, Chalkosin und Covellin in wässriger Lösung in Abhängigkeit vom Redoxpotential (Eh) und dem pH-Wert bei einer konstanten Temperatur von 25 °C und einem konstanten Totaldruck von 1 bar (Abb. 24.4).

> Zur Kennzeichnung von Lösungen wird neben dem pH-Wert häufig auch das *Redoxpotential* Eh angegeben. Es bezeichnet die Stärke der Lösung im Hinblick auf seine Oxidations- oder Reduktionseigenschaften im Vergleich zu einer Bezugselektrode, der *normalen Wasserstoff-Elektrode*. Das Redoxpotential wird in Volt angegeben (Nullpunkt ±0,0 V). Es ist ein Maß für die Menge an Elektronen, die in einer Lösung zur Reduktion zur Verfügung stehen. Die Redoxpotentiale sind von der Konzentration und der Temperatur der betreffenden Lösungen abhängig. Die in der Natur ermittelten Eh-Werte liegen meist zwischen +0,6 und –0,5 V.

Das Diagramm (Abb. 24.4) stellt die große Bedeutung des Eh-pH-Verhältnisses in Verwitterungslösungen heraus, speziell für das ausführlicher besprochene Verwitterungsprofil eines einfach zusammengesetzten Kupfererzes. Dabei wird manche aus dem Naturbefund gezogene Folgerung bestätigt.

Abb. 24.4.
a Feld der Eh-pH-Bedingungen, die gewöhnlich im oberflächennahen Milieu realisiert sind (Nach Krauskopf 1979); **b** Stabilität einiger wichtiger Kupferminerale im Modellsystem Cu–H_2O–O_2–S–CO_2 bei 25 °C und 1 bar Gesamtdruck im Eh-pH-Diagramm. (Nach Anderson, in Garrels u. Christ 1965)

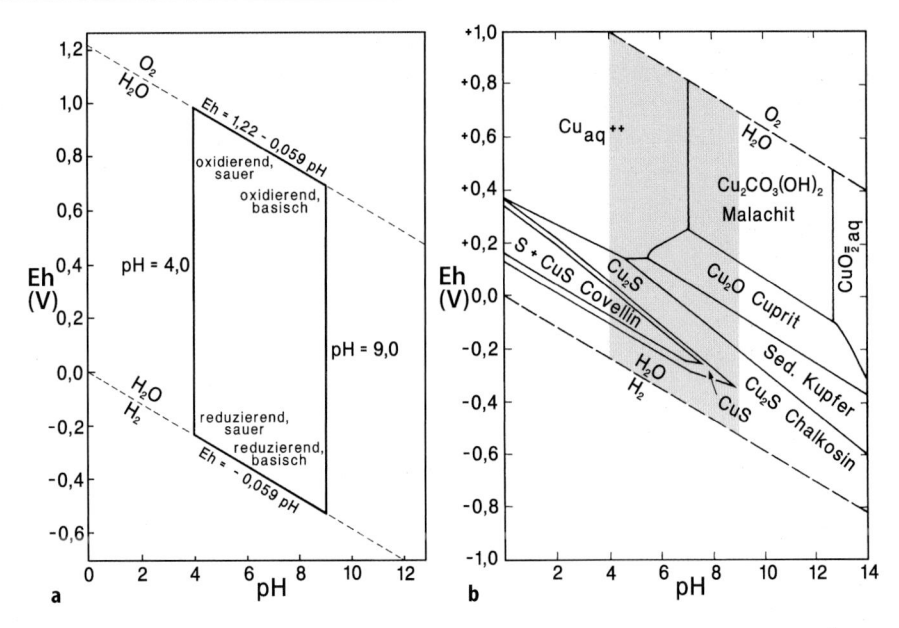

Malachit und Cuprit als typische Neubildungen in der Oxidationszone erfordern für ihre (stabile) Bildung ein relativ hohes Eh in alkalischer bis neutraler Verwitterungslösung. Chalkosin und Covellin als typische Neubildungen der Zementationszone entstehen dagegen unter reduzierenden Bedingungen bei relativ niedrigen Eh-Werten. Für die Bildung von Chalkosin spielt der pH-Wert offensichtlich keine entscheidende Rolle, während das Existenzfeld von Covellin hauptsächlich im sauren Milieu liegt.

Weiterführende Literatur

Blume HP, Brümmer GW, Horn R, et al. (2010) Scheffer/Schachtschabel: Lehrbuch der Bodenkunde, 16. Aufl. Spektrum Akademischer Verlag, Heidelberg

Brantley SL, Goldhaber MB, Ragnarsdottir KV (2007) Crossing disciplines and scales to understand the Critical Zone. Elements 3:307–314

Christidis GE, Huff WD (2009) Geological aspects and genesis of bentonites. Elements 5:93–98

Engelhardt W von (1973) Die Bildung von Sedimenten und Sedimentgesteinen. Schweizerbart, Stuttgart

Freyssinet P, Butt CRM, Morris RC, Piantone P (2005) Ore-forming processes related to lateritic weathering. Econ Geol 100th Anniversary Vol, p 681–722

Füchtbauer H (1988) Sedimente und Sedimentgesteine, 4. Aufl. Schweizerbart, Stuttgart

Garrels RM, Christ CL (1965) Solutions, minerals and equilibria. Harper & Row, New York

Jasmund K, Lagaly G (Hrsg) (1993) Tonminerale und Tone – Struktur, Eigenschaften, Anwendung und Einsatz in Industrie und Umwelt. Steinkopff, Darmstadt

Krauskopf KB (1979) Introduction to geochemistry, 2nd edn. McGraw-Hill, New York

Maynard JB (1983) Geochemistry of sedimentary ore deposits. Springer-Verlag, New York Heidelberg Berlin

Nahon DB (1991) Introduction to the petrology of soils and chemical weathering. Wiley & Sons, New York

Sillitoe RH (2005) Supergene oxidized and enriched porphyry copper and related deposits. Econ Geol 100th Anniversary Vol, p 723–768

Taylor R (2012) Gossans and leaching cappings – Field assessment. Springer-Verlag, Berlin Heidelberg New York

Valeton I (1972) Bauxites. Elsevier, Amsterdam New York

Valeton I (1983) Paleoenvironment of lateritic bauxites with vertical and lateral differentiation. Geol Soc London Spec Publ 11:77–90

Velde B (1985) Clay minerals – A physico-chemical explanation of their occurrence. Elsevier, Amsterdam

Zitierte Literatur

Baumann L, Nikolsky IL, Wolf M (1979) Einführung in die Geologie und Erkundung von Lagerstätten. Verlag Glückauf, Essen

Correns CW (1968) Einführung in die Mineralogie, 2. Aufl. Springer-Verlag, Berlin Heidelberg New York (Nachdruck 1981)

Decrée S, Deloule È, Ruffet G, et al. (2010) Geodynamic and climate controls in the formation of Mio–Pliocene world-class oxidized cobalt and manganese ores in the Katanga province, DR Congo. Mineral Dep 45:621–629

Evans AM (1993) Ore geology and industrial minerals, 3rd edn. Blackwell Science, Oxford

Press F, Siever R (1995) Allgemeine Geologie – Eine Einführung. Spektrum, Heidelberg Berlin Oxford

Price C, Brimblecombe P (1994) Preventing salt damage in porous materials. In: Roy A, Smith P (eds) Prepr. Contrib Ottawa Congress Preventive Conservation-practice, theory and research. London, p 90–93

Sedimente und Sedimentgesteine

25.1 Grundlagen

25.2 Klastische Sedimente und Sedimentgesteine

25.3 Chemische und biochemische Karbonatsedimente und -sedimentgesteine

25.4 Eisen- und Mangan-reiche Sedimente und Sedimentgesteine

25.5 Kieselige Sedimente und Sedimentgesteine

25.6 Sedimentäre Phosphatgesteine

25.7 Evaporite (Salzgesteine)

Die sedimentäre Abfolge umfasst die folgenden Prozesse, die sich in einem zeitlichen Ablauf aneinander reihen:

Verwitterung → Transport → Ablagerung bzw. Ausscheidung → Diagenese.

Sedimente sind also Produkte der mechanischen und chemischen Verwitterung, die nach Transport abgelagert wurden (Correns 1968). Der Transport erfolgt bereits durch die Schwerkraft (Bergstürze) sowie durch die Transportmittel Wasser, Wind und Eis. Für die Ablagerung ist die Schwerkraft von entscheidender Bedeutung. Die transportierten Stoffe können sich mechanisch absetzen, als Kolloide ausflocken, aus chemischen Lösungen ausgefällt werden oder auf dem Umweg über Organismen zur Ausscheidung gelangen.

Nach dieser Definition gehören Pyroklastite oder eine Schnee- bzw. Eisdecke *nicht* zu den Sedimenten, weil sie zwar durch Schwerkraft sedimentiert, jedoch keine Produkte der Verwitterung darstellen. Auch Böden werden hier nicht als Sediment bezeichnet, weil ihre Bestandteile im Wesentlichen an Ort und Stelle geblieben sind und nicht transportiert wurden. Hingegen zählen die Salzlagerstätten zu den Sedimenten; denn sie sind in Lösung gegangene Produkte der chemischen Verwitterung, die anschließend einen Transportweg zurückgelegt haben.

Die Bildung der Sedimente und Sedimentgesteine vollzieht sich also in folgenden Schritten:

1. mechanische und/oder chemische Verwitterung,
2. Transport durch Schwerkraft, Wasser, Wind und Eis,
3. Ablagerung oder Ausscheidung und ggf.
4. Verfestigung (Diagenese):

Ausgangsgestein
Verwitterung → Verwitterungsprodukt (Boden, Eluvium)
↓
Transport
↓
Ablagerung bzw. Ausscheidung → Sediment (Lockergestein)
↓
Diagenese → Sedimentgestein

25.1
Grundlagen

25.1.1
Einteilung der Sedimente und Sedimentgesteine

> Man unterscheidet zwischen klastischen Sedimenten bzw. Sedimentgesteinen, die durch mechanische Anhäufung von Fragmenten und Einzelkörnern entstanden sind, und chemischen (sowie biochemischen) Sedimenten bzw. Sedimentgesteinen, die als Kolloide ausgeflockt, aus anorganischen oder organischen Lösungen ausgefällt oder auf dem Umweg über Organismen ausgeschieden wurden. Dabei enthalten klastische Sedimente meist auch chemisch gefällte Substanzen und die chemischen Sedimente etwas klastisches Material (Mineral- und Gesteins-Detritus).

Klastische Sedimente. Die klastischen Sedimente (griech. κλάστειν = zerbrechen; vgl. Tabelle 25.1) bzw. Sedimentgesteine werden nach ihrer Korngröße gegliedert in:

- Psephite (grch. ψέφος = Brocken)
  mittlere Korndurchmesser   >2 mm
- Psammite (grch. ψάμμος = Sand)
  mittlerer Korndurchmesser   2–0,02 mm
- Pelite (grch. πέλος = Schlamm)
  mittlerer Korndurchmesser   <0,02 mm

In Abb. 25.1 sind die im deutschen Sprachraum übliche weitere Untergliederung sowie die Benennung nach DIN 4022 für den technischen Gebrauch eingetragen. International verbreitet ist die Skala nach Wentworth (1922), die auf der Maschenweite von standardisierten Siebsätzen basiert. Im Einzelnen informieren hierüber die Bücher der Sedimentpetrographie (z. B. Tucker 1985; Pettijohn et al. 1987; Füchtbauer 1988).

Chemische Sedimente. Die chemischen Sedimente werden vorwiegend nach ihrem Chemismus bzw. Stoffbestand unterteilt. Hier bestehen teilweise Überschneidungen mit *biochemischen* und *organogenen* Sedimenten, so bei den Kalksteinen, Dolomitgesteinen, Phosphatgesteinen und Kieselschiefern, etwas weniger bei sedimentären Eisenerzen und sedimentären Kieslagern. Reine Ausscheidungssedimente stellen die Evaporite (z. T. Salzgesteine) dar. Bei den Kohlengesteinen und Ölschiefern bestehen Beziehungen zu den klastischen Sedimenten.

25.1.2
Gefüge der Sedimente und Sedimentgesteine

Das am meisten hervortretende Gefügemerkmal der Sedimente und Sedimentgesteine ist die *Schichtung*, eine vertikale Gliederung im Sediment, die durch Materialwechsel verursacht wird. Die Schichtung ist das Ergebnis von Schwankungen in der Materialzufuhr, die z. B. jahreszeitlich bedingt sein können, wie das beim glazialen Bänderton der Fall ist. Bei den chemischen Sedimenten kommen Bänderungen durch rhythmische Ausfällung zustande. Ungeschichtet sind allerdings organische Riffkalke, glaziale Schotter, häufig auch Breccien oder Konglomerate, mitunter massige Sandsteine.

Bei Psammiten kann es sowohl durch Wasser- als auch durch Windeinwirkung zu einer welligen Ausbildung der Sedimentoberfläche kommen. Strömungsrippeln sind einseitig, Oszillationsrippeln durch das Vor und Zurück der Wellenbewegung symmetrisch angelegt. Bei wechselnder Strömungsrichtung in verzweigten Fluss-Systemen (braided river systems) oder Flussdeltas oder wechselnder Windrich-

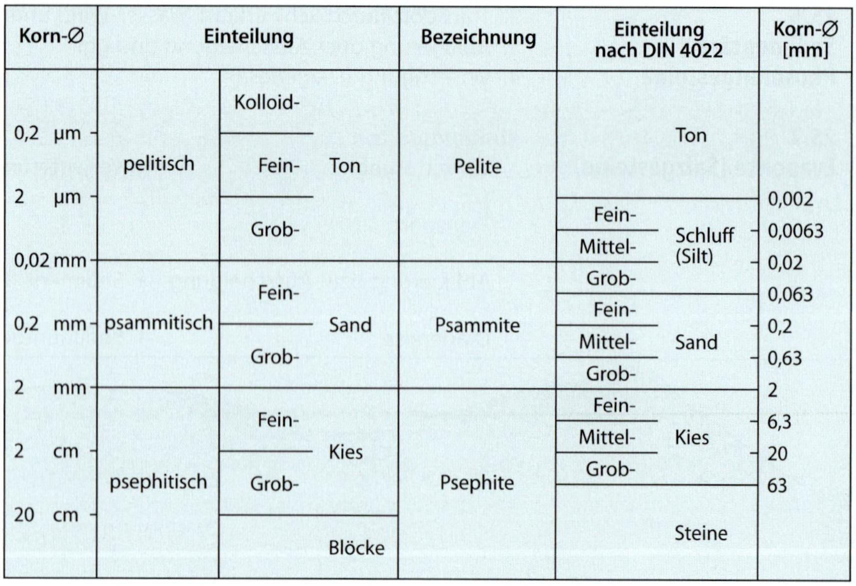

Abb. 25.1.
Korngrößeneinteilungen und Benennung von klastischen Sedimenten

Korn-Ø	Einteilung		Bezeichnung	Einteilung nach DIN 4022		Korn-Ø [mm]
0,2 µm	pelitisch	Kolloid-	Pelite	Ton		
2 µm		Fein- Ton				
0,02 mm		Grob-		Fein- Mittel-	Schluff (Silt)	0,002 / 0,0063 / 0,02
0,2 mm	psammitisch	Fein- Sand	Psammite	Grob- Fein- Mittel-	Sand	0,063 / 0,2 / 0,63
2 mm		Grob-		Grob-		2
2 cm	psephitisch	Fein- Kies	Psephite	Fein- Mittel-	Kies	6,3 / 20
20 cm		Grob-		Grob-		63
		Blöcke			Steine	

tung bei Dünen zeigen Sande bzw. Sandsteine Schrägschichtung (engl. cross bedding, entsprechend dem im Deutschen nicht mehr verwendeten Begriff Kreuzschichtung; Abb. 3.5, S. 59). Gradierte Schichtung (graded bedding; Abb. 25.10, S. 392) kommt durch einen kontinuierlichen Korngrößenwechsel von grob nach fein zustande, z. B. in Trübestrom-Ablagerungen (Turbiditen, vgl. Abschn. 25.2.9, S. 394).

25.2
Klastische Sedimente und Sedimentgesteine

> Klastische Sedimente und Sedimentgesteine setzen sich aus unterschiedlichen *Verwitterungsprodukten* zusammen, aus
>
> 1. Verwitterungsresten,
> 2. Verwitterungsneubildungen,
> 3. Ionen oder Ionenkomplexen, die sich in Lösung befinden; zudem aus Kolloiden, suspendiert in Lösung.

Zu den *Verwitterungsresten* zählt in erster Linie Quarz, weil er in den verschiedenen Ausgangsgesteinen weit verbreitet und zudem mechanisch und chemisch schwer angreifbar ist. Stammen die Verwitterungsreste aus ariden Klimaten mit geringer chemischer Verwitterung, so bleiben auch andere gesteinsbildende Minerale wie Feldspäte und Glimmer als Verwitterungsreste erhalten. Ebenso enthalten Sedimente häufig widerstandsfähige Gesteinsfragmente als Verwitterungsreste.

Zu den *Verwitterungsneubildungen* gehören in erster Linie Tonminerale, die entweder unmittelbar aus Verwitterungslösungen kristallisieren wie Kaolinit, Halloysit oder Montmorillonit oder durch Umbildung aus Glimmern des Ausgangsgesteins entstehen wie z. B. die Illite; diese können auch durch Umwandlung von Montmorillonit neu gebildet werden (Abschn. 24.2.2, S. 373). Psephite und Psammite wie Konglomerate und Sandsteine bestehen ganz vorwiegend aus Verwitterungsresten; bei den Peliten hingegen können Verwitterungsneubildungen stärker beteiligt sein oder vorherrschen.

Klastische Sedimente die fast ausschließlich aus Quarz und anderen Silikat-Mineralen bestehen, werden als *siliciklastisch* bezeichnet. Daneben enthalten auch Karbonatgesteine klastische Komponenten oder bestehen vollständig aus diesen; das gilt insbesondere für Kalkturbidite (Abschn. 25.3.3).

25.2.1
Transport und Ablagerung des klastischen Materials

Das wichtigste Transportmittel des subaërischen Verwitterungsmaterials ist das Wasser der Flüsse. Nachdem das Verwitterungsmaterial durch Niederschläge flächenhaft abgetragen ist, wird es den Flüssen zugeführt und in die Sammelbecken der kontinentalen Senken und der Meere transportiert. Für den Transportweg spielt die Korngröße der klastischen Bestandteile die wesentliche Rolle. Die im Flusswasser suspendierten Feinanteile erreichen fast immer das offene Meer, während die gröberen klastischen Bestandteile meist unterwegs längs der Flussläufe oder in Senken noch innerhalb des kontinentalen Bereichs abgelagert werden.

Die Transportvorgänge sind zudem mit mechanischen und chemischen Sortierungs- und Konzentrationserscheinungen verbunden, die Zusammensetzung und relative Häufigkeit der Sedimente bedingen. Aus der Bodenfracht der Flüsse entstehen bevorzugt grobklastische Sedimente, so Psephite und Psammite, aus den feinen Suspensionen Pelite und aus den im Wasser gelösten Ionen oder Ionenkomplexen die chemischen Sedimente.

Während seines Transportwegs ist das Verwitterungsmaterial mechanischen und chemischen Angriffen ausgesetzt. Die mechanischen Veränderungen betreffen in erster Linie das am Boden bewegte gröbere Material (Fluss-Schotter), das in Abhängigkeit von der Länge des Transportwegs – im ersten Teil stärker, im letzten Teil schwächer – unter Verringerung seiner Korngröße immer mehr gerundet wird. Härtere Gesteinsfragmente benötigen für den Endwert der Rundung natürlich einen längeren Transportweg. Minerale von geringerer Härte und guter Spaltbarkeit werden leichter zerrieben und treten deshalb im Sediment vorwiegend in kleineren Kornfraktionen auf. In den marinen oder terrestrischen Sammelbecken schließen sich weitere Transportvorgänge an, ehe es zur endgültigen Ablagerung kommt.

25.2.2
Chemische Veränderungen während des Transports

Chemische Veränderungen erfährt das von den Flüssen transportierte und ins Meer getragene Material insbesondere durch Berührung mit dem Meerwasser, bevor es nach seiner Ablagerung von jüngerem Material bedeckt wird. Die chemischen Veränderungen sind den Verwitterungsvorgängen im Boden analog, wenn es auch teilweise zu besonderen Mineralneubildungen kommt. So entstehen z. B. die grünen Körner von Glaukonit als Produkte der submarinen Verwitterung in den Schelfbereichen der Meere. Das Mineral Glaukonit ist ein dioktaedrisches Schichtsilikat der Zusammensetzung $\sim (K,Na)(Fe^{3+},Mg,Fe^{2+})[(OH)_2/(Si,Al)_4O_{10}]$. Mit dem Begriff subaquatische Verwitterung hat Paul Niggli (1952) alle chemischen Prozesse zusammengefasst, die während des Transports und der Ablagerung unter Wasser ablaufen.

Die Ausscheidung der gelösten Stoffe erfolgt in einem komplexen chemischen System, nicht zuletzt durch die Beteiligung von biologischen Prozessen. Von besonderer Art sind die Konzentrationsvorgänge, die zu sedimentären Eisen- und Manganerz-Lagerstätten, sedimentäre Sulfiderzlagerstätten oder sedimentären Phosphat-Lagerstätten führen.

25.2.3
Korngrößenverteilung bei klastischen Sedimenten und ihre Darstellung

Die Transport- und Ablagerungsvorgänge führen bei klastischen Sedimenten und Sedimentgesteinen zu charakteristischen Korngrößenverteilungen. Je nach Korngröße erfolgt ihre Bestimmung durch direktes makroskopisches Ausmessen, durch Sieben, durch Schlämmen, durch Ausmessen unter dem Binokularmikroskop oder dem Raster-Elektronenmikroskop oder durch Pipettieren. Die unterschiedlichen Korngrößenklassen stellt man in einfachen Histogrammen oder in Häufigkeitskurven (*Kornverteilungskurven*) dar, wobei als Abszisse die Korngrößenklassen im logarithmischen Maßstab, als Ordinate ihre jeweilige Häufigkeit aufgetragen wird (Abb. 25.2). Anschaulich sind auch *Kornsummenkurven*, bei denen – beginnend mit der feinsten Korngrößenklasse – der Mengenanteil jeder folgenden gröberen Klasse zur jeweiligen Summe aller kleineren Klassen hinzugezählt wird (Abb. 25.2; vgl. Müller 1964).

Die Kornsummenkurve stellt das Integral der Häufigkeitskurve dar; jeder Wendepunkt entspricht einem Maximum der Häufigkeitskurve. Als *Quartilmaße* bezeichnet man die Punkte auf der Kornsummenkurve, auf der jeweils 25, 50 und 75 % des Kornhaufwerks kleiner sind als die durch diese Punkte gekennzeichnete Korngröße; sie werden als Q_1, $Q_2 = Md$ (Median) und Q_3 bezeichnet (Müller 1964).

Die genannten Kurven vermitteln ein anschauliches Bild der Korngrößenverteilung und lassen bereits erste Schlüsse auf die Transport- und Ablagerungsbedingungen zu. So lassen die Häufigkeitskurven von Fluss- und Dünensanden eine gute Kornklassierung erkennen, während diese bei Geschiebemergeln, die vom Eis der Inlandgletscher transportiert und abgelagert wurden, sehr viel schlechter ist (Abb. 25.3a, b).

Neben der Korngrößenverteilung ist der Rundungsgrad der klastischen Körner, etwa derjenigen des Quarzes, von großer Bedeutung. Hier muss auf die einschlägigen Lehrbücher der Sedimentpetrographie verwiesen werden.

25.2.4
Diagenese der klastischen Sedimentgesteine

> Unter *Diagenese* werden nach Füchtbauer (1988) alle Veränderungen verstanden, die in einem subaquatisch abgelagerten Sediment nahe der Erdoberfläche bei niedrigen Drücken und Temperaturen vor sich gehen.

Die Diagenese beginnt ohne scharfe Grenzen bereits während der Ablagerung und geht ebenso ohne scharfe Grenze mit steigenden Temperaturen und Drücken in die Metamorphose (Kap. 26) über. In den verschiedenen Sedimentgruppen verlaufen die Diageneseprozesse unterschiedlich, so dass sich die einzelnen Diagenesestadien kaum parallelisieren lassen.

Alle wichtigen Prozesse der Diagenese gehen vom Porenraum des betreffenden Sediments aus. Dabei sind sowohl die festen Mineral- und Gesteinspartikel (Detritus) als auch die enthaltenen Flüssigkeiten (Porenlösungen) und Gase beteiligt, die im Porenraum enthalten sind. Mit der Versenkung des Sedimentpakets verringert sich der Porenraum unter dem Gewicht der Auflast durch jüngere Sediment-

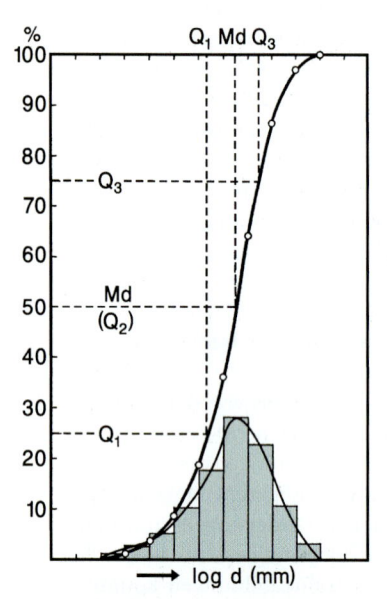

Abb. 25.2. Darstellung der Korngrößenverteilung eines klastischen Sediments als Histogramm, Häufigkeitskurve (*dünne Linie*) und Kornsummenkurve (*fette Linie*). (Nach Müller 1964)

Abb. 25.3.
a Korngrößenverteilung eines Flusssandes (———) und eines Dünensandes (-----). **b** Korngrößenverteilung unterschiedlicher Geschiebemergel. (Aus Correns 1939)

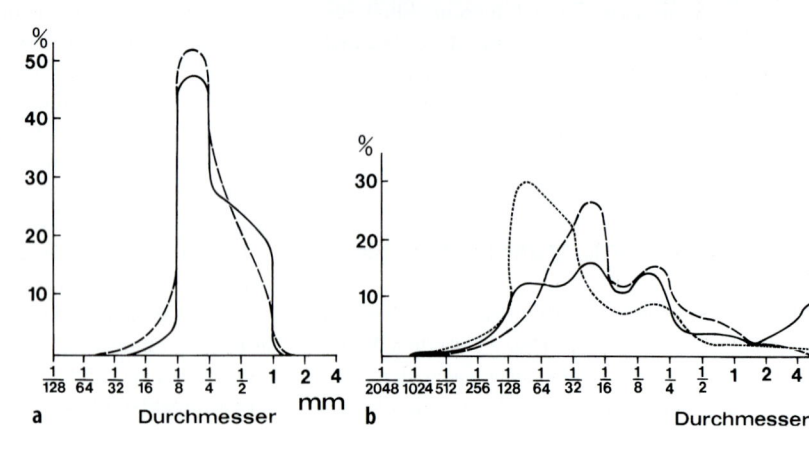

bedeckung. Dabei wandert ein Teil der Porenlösung nach oben, und es erfolgt Verfestigung durch Kompaktion. Die Körner des Sediments bekommen einen engeren Kontakt miteinander, ihre Packung wird dichter.

Neben den mechanischen Vorgängen, insbesondere der Kompaktion, finden chemische Reaktionen zwischen den Porenlösungen und den Mineralfragmenten statt, wobei es zu Auflösungserscheinungen, Mineralneubildungen und Verdrängungsreaktionen kommt. Im absinkenden Schichtenverband findet ein Stoffaustausch zwischen den Tonmineralen und der Porenlösung statt. Unter erhöhtem Belastungsdruck spielt Drucklösung eine wichtige Rolle (Abb. 26.25, S. 450). Diese wird durch die Anwesenheit eines Porenraums begünstigt, in dem die Porenlösung zirkulieren kann. An Kornkontaktflächen, die senkrecht oder unter einem großen Winkel zur Richtung des Belastungsdrucks liegen, ist die Löslichkeit höher als im Druckschatten; deshalb werden hier Mineralkörner selektiv aufgelöst. Das gelöste Material wird im benachbarten Porenraum wieder ausgeschieden, so dass es dort zum Kornwachstum kommt. In einem späteren Stadium der Diagenese vermindert sich mit der Abnahme der Porosität die Durchlässigkeit des tonigen Sedimentgesteins zusehends. Schließlich verschwindet der Porenraum in größerer Versenkungstiefe und die für die Diagenese charakteristischen Umsetzungen hören auf. Es bahnt sich ein Übergang zu metamorphen Reaktionen an, die sich vorwiegend an die Korngrenzen anlehnen. Mit beginnender Gesteinsmetamorphose ist der Porenraum geschlossen (von Engelhardt 1973). Trotzdem kann auch dann noch Drucklösung stattfinden, vorausgesetzt es existiert ein dünner Fluid-Film auf den Korngrenzen (s. auch Abschn. 26.4.3, S. 447).

Sandsteine. In Sandsteinen beobachtet man z. B. häufig Säume von klarem, neugebildetem Quarz um die klastischen Quarzkörner (Abb. 25.4). Diese Anwachssäume sind nicht selten von Kristallflächen begrenzt. Bei Übersättigung der Porenlösung entsteht feinkristalliner Quarz, der die Poren füllt. Alkalifeldspäte (Albit oder Kalifeldspat mit Adulartracht) kommen in zahlreichen Sandsteinen als *authigene Neubildungen* durch Diagenese vor, oft sind sie als Umwachsungssaum um detritischen Feldspat entwickelt. Auch Karbonate (Calcit, Dolomit) werden als Porenfüllung zwischen den Quarzkörnern im Sandstein angetroffen. Voraussetzung hierfür sind in vielen Fällen ehemalige Reste von Organismen, die dem Sand beigemengt waren. Nach deren Auflösung entsteht durch Ausfällung ein feinkristallines karbonatisches Bindemittel anstelle des freien Porenraums.

Tonminerale. Auch Tonminerale, besonders Kaolinit, sind als diagenetische Neubildung im Sandstein häufig. Diese entstehen unmittelbar durch Auskristallisation aus K- und Al-haltiger Porenlösung oder stellen Umwandlungsprodukte von detritischem Feldspat dar, z. T. in Form von Umwandlungs-Pseudomorphosen. In vielen Sandsteinen bilden sich tri- oder dioktaedrische Chlorite diagenetisch, in tieferversenkten Sedimentfolgen auch unterschiedliche Zeolithe. Bei entsprechender chemischer Beschaffenheit der Porenlösung scheiden sich bei diagenetischen Vorgängen Anhydrit, Baryt oder Sulfide zwischen den detritischen Körnern aus. Auch akzessorische Schwermineralkörner (S. 390), die sie sich gegenüber Verwitterungseinflüssen meist resistent verhalten, werden nicht selten durch die Porenlösung angegriffen.

Pelite. Bei den Peliten spielt Verdichtung (Kompaktion) durch den Belastungsdruck eine größere Rolle als bei den Psammiten. Aus geometrischen Gründen können die blättrigen Tonminerale eine stärkere Kompression erfahren als die gerundeten Sandkörner. Zudem ist der ursprüngliche Porenraum bei Tonen viel größer. Die Prozesse der chemischen

Abb. 25.4.
Mikrofoto eines Sandsteins mit kieseligem Bindemittel. Die rundlichen, detritischen Quarzkörner, durch Kränze von feinsten Opakeinschlüssen begrenzt, sind während der Diagenese randlich weitergewachsen und haben so den ehemaligen Porenraum weitgehend geschlossen. Mittlerer Buntsandstein, Steinbruch bei den Felsenkellern südlich Marktheidenfeld (Spessart). +Nic, Bildbreite 1,5 mm. (Foto: Joachim A. Lorenz)

Tabelle 25.1. Klastische Sedimente und Sedimentgesteine

	Locker	Diagenese	Verfestigt
Psephite	Schutt	→	Breccie
	Schotter (Kies)	→	Konglomerat
Psammite	Sand	→	Sandstein
Pelite	Staub (trocken)	Silt →	Siltstein
	Schlamm (wassererfüllt)	Ton →	Tonstein

Diagenese von Tonen laufen nach von Engelhardt (1973) in erster Linie zwischen den anwesenden Tonmineralen ab. Einige Tonmineralarten werden aufgezehrt, andere entstehen durch Um- oder Neubildung an ihrer Stelle. Kaolinit, Montmorillonit und weitere Tonminerale mit quellfähigen Schichten treten mit dem Einsetzen diagenetischer Prozesse gegenüber Illit und Chlorit immer mehr zurück. Die Umkristallisation schlecht geordneter detritischer Illite führt zu einer Zunahme der Illit-Kristallinität.

> Durch alle diese Vorgänge werden lockere Sedimente zu festen Sedimentgesteinen (Tabelle 25.1).

Als Ergebnis der Diagenese enthalten pelitische (und karbonatische s. unten) Sedimentgesteine häufig *Konkretionen*. Das sind knollige bis abgeplattet-linsenförmige, oft auch etwas unregelmäßig geformte Körper, die als Kern nicht selten einen Fossilrest umschließen. Konkretionen bilden sich bevorzugt bei starken stofflichen Unterschieden im pelitischen Sediment und sind deshalb in bestimmten Horizonten innerhalb eines pelitischen Schichtenverbands gehäuft. Das konzentrische Wachstum der Konkretion entzieht der Umgebung Substanz. Konkretionen in Peliten bestehen vorwiegend aus Calcit, Dolomit, Siderit (Bestandteil des Toneisensteins), Apatit (im Phosphorit), Gips (als Kristallaggregat mit gut ausgebildeten Kristallen), Pyrit oder Markasit.

25.2.5
Einteilung der Psephite und Psammite

Einteilung der Psephite

Zur Einteilung der Psephite wird der Rundungsgrad herangezogen. Ein lockeres Sediment, das zu >50 % aus eckigen Mineral- oder Gesteinsbruchstücken mit mittleren Korndurchmesser >2 mm besteht, wird als Schutt, verfestigt als Breccie bezeichnet. Ein entsprechendes Sediment mit gerundeten Mineral- und/oder Gesteinsbruchstücken (sog. Geröllen) heißt Schotter (Kies), in verfestigter Form Konglomerat (Abb. 25.9, S. 392). Die Grenzen zwischen Konglomeraten und Breccien sind nicht scharf, da Übergänge im Rundungsgrad der Grobkomponenten bestehen. Man unterscheidet weiterhin monomikte von polymikten Psephiten, je nachdem, ob das Gestein aus einer oder mehreren Mineral- oder Gesteinsarten zusammengesetzt ist. So wird z. B. ein Konglomerat nach der in ihm vorherrschenden Mineral- oder Gesteinsart als Quarz- oder Granitkonglomerat bezeichnet. Nagelfluh ist ein bekanntes polymiktes Konglomerat der Molasse des Alpenvorlands, insbesondere in der Schweiz. Aus der Art der Komponenten in einem Psephit kann man häufig auf das Einzugsgebiet schließen und daraus mitunter paläogeographische Schlüsse ziehen. Der Rundungsgrad der Gerölle gibt Hinweise auf die Entfernung des Liefergebiets.

Einteilung der Psammite

Die Gliederung der Psammite mit mittleren Korngrößen zwischen 2 und 0,02 mm wird bei Sanden nach der Kornart (Kornzusammensetzung) und bei Sandsteinen nach der Kornart und dem Bindemittel, bzw. dem Anteil an Matrix-Komponenten mit einem mittleren Korndurchmesser von 30 μm, vorgenommen. Die Größe der einzelnen Sandkörner kann gelegentlich 2 mm übersteigen, denn es lassen sich keine scharfen Grenzen zwischen den Psammiten und den Psephiten ziehen. Psammite bestehen meist aus umlagerten Verwitterungsresten. Quarz ist das

Abb. 25.5. Der 1696 in Barockformen vollendete Turm der Alten Universität Würzburg (gegründet 1583) wurde ein Naturwerksteins des Oberen Buntsandsteins („Roter Mainsandstein") verwendet, aus dem auch Portale, Fenstergewände und Maßwerk des Gründungsbaus von 1583 bestehen. Die warme rote Farbe dieses Sandsteins geht auf ein tonig-eisenschüssiges Bindemittel mit einem Anteil an Hämatit zurück. (Foto: Dorthée Kleinschrot)

weitaus verbreitetste Mineral der Psammite. Viele Sande bestehen fast nur aus Quarz; daneben sind beachtliche Mengen von Feldspat und Hellglimmer beteiligt. Andere Gemengteile sind untergeordnet und häufig nur mikroskopisch oder nach künstlicher Anreicherung feststellbar. Psammite, die überwiegend aus Quarz und oder Feldspäten bestehen und deren Matrixanteil bei <15 Vol.-% liegt, werden auch als Arenite bezeichnet, solche mit einem Matrixanteil von 15–75 Vol.-% als Wacken. Arenite und Wacken mit einem überwiegenden Anteil an Gesteinsbruchstücken werden durch den Zusatz „lithisch" gekennzeichnet.

Quarzsande und Quarzsandsteine. Sie sind die häufigsten Psammite. Quarzsandsteine haben kieseliges bis toniges oder karbonatisches Bindemittel. Kieselsandsteine sind Sandsteine mit einem außerordentlich feinkörnigen Bindemittel aus Quarz. Sie werden oft als Quarzite bezeichnet. Sandsteine mit viel Calcit als Bindemittel nennt man Kalksandsteine. Hier gibt es alle Übergänge zur Gruppe der Kalksteine, teilweise auch mit Fossilresten. Sandsteine mit überwiegend tonigem Bindemittel, die sehr verwitterungsanfällig sind, bilden Übergänge zu Silt und Ton bzw. Siltstein und Tonstein. Sandsteine gehören zu den wichtigsten Naturwerksteinen, aus denen u. a. zahlreiche kirchliche und profane Repräsentationsbauten errichtet wurden. Genannt seien nur der „Rote Mainsandstein" des Buntsandsteins (Abb. 25.5), der „Grüne Mainsandstein" des Keuper und der Anröchter Grünsandstein der Kreide. Die bautechnischen Eigenschaften der Sandsteine und ihre Resistenz gegenüber Umweltschäden hängen maßgeblich vom Bindemittel ab.

Arkosen. Das sind Sandsteine mit einem größeren Gehalt an Feldspäten. Durch die zusätzliche Anwesenheit von Glimmer können Arkosen mitunter einem Granit oder Gneis äußerlich recht ähnlich werden, so dass gelegentlich das Mikroskop zur Entscheidung herangezogen werden muss. Allerdings ist der Feldspat der Arkosen oft stark kaolinisiert oder in Hellglimmer umgewandelt. Arkosen sind meist aus nur wenig weit transportiertem Verwitterungsgrus von Granit gebildet worden.

Grauwacken. Unter dem Sammelnamen Grauwacke fasst man schlecht sortierte, grau bis graugrün gefärbte klastische Sedimentgesteine aus Quarz, Gesteinsresten (Gesteinsdetritus), etwas Feldspat (vorwiegend Plagioklas) zusammen. Sie enthalten auch Chlorit, Hydroglimmer sowie etwas Karbonat- und Tonsubstanz, die auch als Bindemittel auftreten können (Abb. 25.6a). Innerhalb von *Turbiditen* (Trübestrom-Ablagerungen) stellen Grauwacken die grobkörnigen und oft grobbankigen Schichtglieder dar, die zum Hangenden hin allmählich in Pelite übergehen: gradierte Schichtung (Abb. 25.14, S. 396).

Von den zahlreichen Vorschlägen für eine quantitative Einteilung (Klassifikation) der verschiedenen Psammite hat sich die Grobeinteilung von Krynine (1948) als gleichermaßen geeignet für den Feld- und Laborgebrauch erwiesen (Abb. 25.7). Sein Klassifikationsschema grenzt im Konzentrationsdreieck Q (Quarz

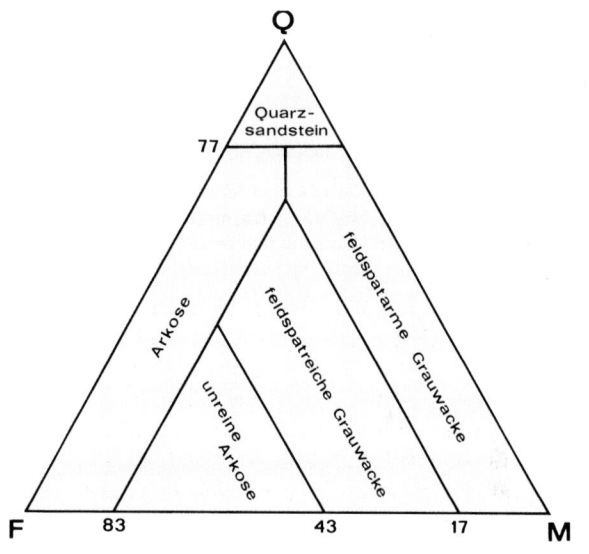

Abb. 25.7. Klassifikationsschema der Psammite im Dreieck *Q* (Quarz und Kieselschiefer)–*M* (Glimmer und Chlorit)–*F* (Feldspäte und Kaolinit). (Nach Krynine 1948)

Abb. 25.6.
a Grauwacke, kantige Kornformen, Quarz (*hell*), Feldspat (*getrübt*) neben Gesteinsbruchstücken und Geröllchen, Harz, Bildbreite ca. 4 mm. **b** Oolithischer Kalkstein mit konzentrisch-schaligen Kalkooiden, kristallines Bindemittel aus Calcit. Harliberg bei Vienenburg, Bildbreite ca. 2 mm

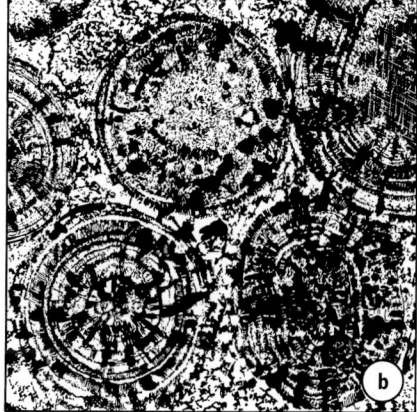

und Kieselschiefer)–M (Glimmer und Chlorit)–F (Feldspäte und Kaolinit) die Gesteinsnamen Quarzsandstein, Arkose, unreine Arkose, Feldspat-reiche und Feldspat-arme Grauwacke gegeneinander ab. Der Mineralinhalt der anteiligen Gesteinsfragmente wird den freien Mineralen hinzugerechnet.

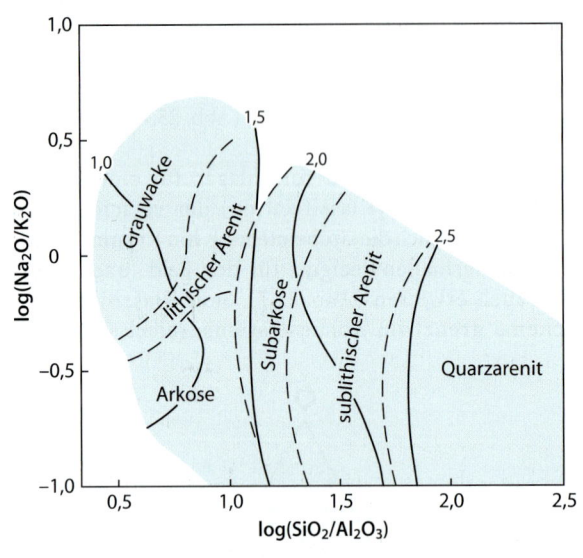

Abb. 25.8. Geochemische Klassifikation der Psammite im Diagramm log. SiO_2/Al_2O_3 vs. log. Na_2O/K_2O. Die meisten der verwendeten Gesteinsanalysen liegen im schattierten Bereich; die Feldergrenzen zwischen den einzelnen Gesteinstypen sind gestrichelt. Dicke Konturlinien bezeichnen $\log[(SiO_2 + Al_2O_3)/(Na_2O + K_2O)]$-Verhältnisse. (Aus Pettijohn et al. 1987)

Tabelle 25.2. Durchschnittliche chemische Zusammensetzung von Tonen und Sanden. (Aus Correns 1968)

	Tone, Tonsteine und Tonschiefer (Ø von 277 Proben nach Wedepohl)	Sande und Sandsteine (Ø von 253 Proben nach Clarke)
SiO_2	58,9	78,7
TiO_2	0,77	0,25
Al_2O_3	16,7	4,8
Fe_2O_3	2,8	1,1
FeO	3,7	0,3
MnO	0,1	0,01
MgO	2,6	1,2
CaO	2,2	5,5
Na_2O	1,6	0,5
K_2O	3,6	1,3
H_2O	5,0	1,3
P_2O_5	0,16	0,04
CO_2	1,3	5,0

Die detailliertere Klassifikation der Sandsteine von Pettijohn et al. (1987, Fig. 5-1) benutzt das Konzentrationsdreieck Quarz-Feldspat–Gesteinsbruchstücke und zusätzlich den unterschiedlichen Matrixanteil.

Zu den Gesteinsnamen können weitere Merkmale wie Farbe, Gefüge, Bindemittel, Nebengemengteile und Herkunft hinzugefügt werden. Das einfache binäre Variationsdiagramm log SiO_2/Al_2O_3 vs. log Na_2O/K_2O gestattet eine geochemische Klassifikation der wichtigsten Psammit-Typen (Abb. 25.8). Erwartungsgemäß nimmt das SiO_2/Al_2O_3-Verhältnis von den Quarzareniten über die sublithischen Arenite und Subarkosen zur Gruppe der Arkosen, lithischen Areniten und Grauwacken ab. Im Vergleich zu den Arkosen sind die Grauwacken durch höhere Na_2O/K_2O-Verhälnisse gekennzeichnet, während die lithischen Arenite ein Übergangsfeld einnehmen. In Tabelle 25.2 ist die durchschnittliche chemische Zusammensetzung von Sanden und Sandsteinen derjenigen von Tonen und Tonsteinen gegenübergestellt.

25.2.6
Schwerminerale in Psammiten

Ein besonderes Interesse verdienen akzessorische Gemengteile der Sande und Sandsteine, die im Vergleich zu den Hauptgemengteilen eine größere Dichte ($>2,9\,\text{g/cm}^3$) aufweisen und daher als Schwerminerale bezeichnet werden. Sie können als Hinweise auf das Ausgangsgestein bzw. das Einzugsgebiet oder zur stratigraphischen Korrelation in Fossil-leeren Gesteinsserien herangezogen werden, besonders auch zur Parallelisierung von Bohrprofilen etwa bei der Erdölexploration.

In den meisten Fällen sind Schwerminerale widerstandsfähige Verwitterungsreste, die alle Verwitterungsprozesse überstanden und – ähnlich wie Quarz – oft Eigenschaften aus ihrem Primärgestein bewahrt haben. Nicht selten weisen sie einen diagenetischen Anwachssaum auf. Zu den wichtigsten Schwermineralen gehören in der Reihenfolge abnehmender Stabilität (Füchtbauer 1988): Turmalin, Zirkon, Rutil, Apatit, Granat, Staurolith, Kyanit (Disthen), Epidot, Amphibol, Pyroxen und Olivin. Einige Schwerminerale können bei der Diagenese neu gebildet werden, so Turmalin, Zirkon, Anatas und Brookit (TiO_2), Apatit u. a.

25.2.7
Fluviatile und marine Seifen

Die mechanische Kraft des fließenden Wassers oder heftige Wellen- und Gezeitenbewegung am Meeresstrand führen zur Zerkleinerung und Klassierung des aufbereiteten Materials nach der Korngröße, gleichzeitig aber auch zur Sortierung der Minerale nach der Dichte. Dabei kann es zur Anreicherung von nutzbaren Schwermineralen und zur Bildung von nutzbaren Lagerstätten kommen. Eine derartige Mineralanreicherung bezeichnet man als *Seife* (engl. placer; z. B. Garnett u. Bassett 2005). Minerale, die sich in Seifen anreichern, besitzen außer ihrer höheren Dichte eine besondere chemische Resistenz, relativ große Härte; häufig fehlt ihnen eine ausgeprägte Spaltbarkeit. Nach dem Mineralinhalt unterscheidet man eine Reihe von Schwermetallseifen, insbesondere Edelmetallseifen, sowie Edelsteinseifen, nach ihrer Entstehung alluviale oder fluviatile (Fluss-), litorale (Strand-) und äolische Seifen. Eluviale Seifen befinden sich nahe am verwitterten Muttergestein und haben nur einen kurzen Transportweg erlebt. Da die Gewinnung von Seifen-Lagerstätten im Tagebau und unter Einsatz von schwerem Gerät erfolgen kann, sind – im Gegensatz zu den Primärvorkommen – auch Lagerstätten mit geringeren Durchschnittsgehalten oft noch bauwürdig.

In den Schwermetallseifen sind u. a. angereichert: ged. Gold (Dichte ρ 16–19 g/cm^3, je nach dem Ag-Gehalt), ged. Platin und Platin-Legierungen (ρ 17–19), Kassiterit (Zinnstein, ρ 6,8–7,1), Ilmenit (ρ 4,5–5,0), Magnetit (ρ 5,1) und Columbit-Tantalit („Coltan") (Fe,Mn)(Ta,Nb)$_2$O$_6$ (ρ etwa zwischen 5,2 und 7,8, mit dem Ta/Nb-Verhältnis steigend). Die wirtschaftliche Bedeutung der Ilmenit- und Magnetit-Seifen, die sich besonders als Strandseifen finden, ist noch gering. Demgegenüber finden Columbit-Tantalit-Seifen zunehmendes Interesse, weil Ta ein wichtiges Metall für die Elektronik-Industrie darstellt (Abschn. 22.3, S. 399). Coltan-Seifen werden besonders in unterschiedlichen Ländern Afrikas, neuerdings auch im Ostteil Kolumbiens (Cramer, unpubl.) abgebaut. In allen Seifen ist wegen seiner großen Verbreitung und mechanischen wie chemischen Resistenz Quarz stark angereichert, ungeachtet seiner relativ geringen Dichte von 2,65.

Edelmetall-Seifen

Ged. Gold kommt in den Seifen meist in kleinen dünnen Blättchen vor. Durch die Bewegungen des Schotters ist es ausgewalzt worden. Viel seltener tritt das Seifengold in gerundeten Körnern auf, den sog. Nuggets, die meist Erbsen- bis Nussgröße aufweisen, in Einzelfällen sogar Gewichte von >70 kg erreichen können (Abschn. 4.1, S. 70).

Seifengold ist stets Ag-ärmer als das sog. Berggold der primären Au-Lagerstätten. Da die Goldkörner flussabwärts immer Ag-ärmer werden, wird die relative Anreicherung des Au auf bevorzugte Lösung von Ag zurückgeführt. Daneben beobachtet man unter dem Mikroskop konkretionäres Wachstum solcher Goldnuggets um ein vorhandenes Goldkörnchen als Kern, was eine zwischenzeitliche Lösung von Au voraussetzt. Die Mobilität des Au unter oxidierenden, oberflächennahen Bedingungen geht wahrscheinlich auf die Bildung von Au-Komplexen mit Cl$^-$, Br$^-$, CN$^-$ als Liganden zurück. Dabei spielen organische Verbindungen wie Huminsäuren, die aus vorhandener Humussubstanz gebildet wurden, eine wichtige Rolle. Experimente über die Löslichkeit des Goldes haben gezeigt, dass Gold in Form metallorganischer Komplexe in humussäurehaltigem Wasser gelöst werden kann. Dabei dient als Oxidationsmittel häufig MnO$_2$.

Goldseifen treten in fast allen größeren primären Goldbezirken der Erde auf und sind von größter wirtschaftlicher Bedeutung. Riesengoldseifen (engl. giant placer goldfields) mit einer jeweiligen Gesamtförderung von >148 t sind in auffälliger Weise an die pazifischen Orogengürtel gebunden, wo während der tertiären Orogenese Gold-Quarz-Gänge als Primärlagerstätten gebildet wurden (Abschn. 23.4.1, S. 354f) und ständig hohe Hebungsraten der Gebirge für große Konzentrationen von Seifengold sorgten (Evans 1973). Beispiele, meist von historischem Interesse, sind die Goldbezirke von Fairbanks (Alaska), Klondike (Yukon-Distrikt, NW-Territorium von Kanada), British Columbia (Kanada), Kalifornien (USA), Kolumbien und in benachbarten Staaten im NW von Südamerika, in Neuseeland sowie am oberen Jenissei und am Oberlauf der Lena (Sibirien); reiche, PGE-führende Au-Seifen treten in Primorye, dem äußersten Osten Russlands auf. In Deutschland wurde Gold früher aus den Alpenflüssen Isar, Inn und Salzach gewaschen und sogar zur Münzprägung verwendet. Das Rheingold, das aus dem Oberrhein bei Breisach gewonnen wurde, findet schon in der Edda Erwähnung; aus ihm wurden die Rheindukaten geprägt. Mit der Rheinregulierung im 19. Jahrhundert ging allerdings die Gewinnung von Seifengold zurück; doch arbeiten noch heute am Rhein Hobby-Goldwäscher.

Fluss-Seifen mit Platin-Legierungen sind besonders aus dem Raum Nischnij Tagil (Ural) bekannt; sie liefern zwar noch immer einen wesentlichen Anteil der russischen PGE-Produktion, werden jedoch neuerdings von der PGE-Seifen-Lagerstätte Kondjor (Jakutien) übertroffen, die 5 t PGE/Jahr produziert und damit an zweiter Stelle hinter der Primärlagerstätte Norilsk steht (Shcheka et al. 2004). Weitere Vorkommen befinden sich auf der Insel Sachalin, in Alaska und Kolumbien.

Fossile Goldseifen

Ältere, dem jetzigen Sedimentzyklus genetisch nicht angehörende Seifen werden als fossile Seifen bezeichnet. Die wirtschaftlich bedeutendste Seifenlagerstätte dieser Art enthält die archaische, radiometrisch für einen Zeitraum zwischen 2 985 ±14 und 2 780 ±3 Ma datierte Witwatersrand-Supergruppe in Transvaal (Südafrika), eine mächtige Serie von Sandsteinen und Konglomeraten (z. B. Frimmel 2004). Der Goldgehalt ist auf Konglomerat-Horizonte beschränkt, die aus Quarzgeröllen und einem quarzreichen und Pyrit-führenden Bindemittel bestehen (Abb. 25.9). In diesem Bindemittel ist Gold fein verteilt und günstigenfalls unter dem Erzmikroskop nachweisbar. In ganz seltenen Ausnahmefällen erkennt man Gold schon mit freiem Auge (Abb. 25.10). Die elektronenmikroskopische Betrachtung zeigt, das Gold in zwei verschiedenen Formen vorkommt: Selten bildet es

Abb. 25.9.
Das goldführende Konglomerat vom Witwatersrand in Südafrika (West-Driefontein-Goldmine). Die nuss- bis eigroßen Gerölle bestehen meist aus Quarz und sind von einem quarzhaltigen, schwach metamorphen Bindemittel verkittet. Im Bindemittel befindet sich äußerst feinkörniges ged. Au (nicht sichtbar). Der gleichzeitig anwesende Pyrit besitzt nach vorherrschender Auffassung keine Beziehung zum Gold. Zu den enthaltenen Schwermineralen rechnet auch Uranpecherz. (Foto: K.-P. Kelber)

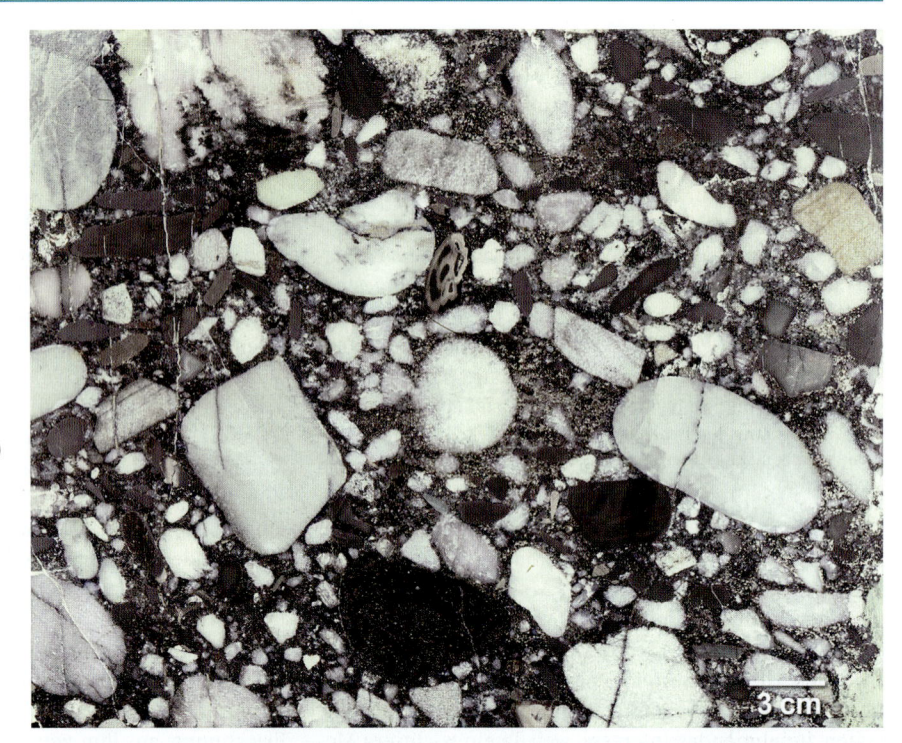

Abb. 25.10.
Anreicherung von ged. Gold im Bereich der Hangendgrenze eines schräggeschichteten Quarzsandsteins der Welkom-Formation (Witwatersrand-Supergruppe). Über einer Erosions-Diskordanz folgt das Konglomerat des Basal Reefs, das eine neue Sedimentschüttung in einem Delta markiert (Abb. 25.12). Man erkennt drei Foreset-Lagen, die im Frontbereich des vorrückenden Deltas abgelagert wurden und sich zu einer Bottomset-Lage vereinigen. Das Gold bildet teils deutliche Nuggets, teils ist es später noch rekristallisiert oder mobilisiert worden (Abb. 25.11). Welkom, Witwatersrand, Südafrika. Länge des Maßstabs 1 cm (Foto: Hartwig Frimmel)

rundliche Partikel von 0,1–0,2 mm $\varnothing$, die eindeutig als sedimentärer Detritus transportiert wurden (Abb. 25.11, links); häufiger dagegen ist Gold sekundär rekristallisiert und hydrothermal mobilisiert (Abb. 25.11, rechts).

Es besteht kein Zweifel, dass die Lagerstätte Witwatersrand eine riesige *Delta-Ablagerung* darstellt, die wahrscheinlich in ein Becken im Vorland eines archaischen Inselbogens geschüttet wurde (Minter et al. 1993; Frimmel 2002, 2008). Günstig für die Goldanreicherung war eine intensive mechanische Verwitterung und eine hohe Transport-Rate, die durch extrem lebensfeindliche Klimabedingungen und eine fehlende Pflanzendecke bedingt waren. Es herrschte eine CO_2-reiche Atmosphäre, die einen hohen Treibhaus-Effekt zur Folge hatte; der Sauerstoff-Partialdruck dürfte bei $\ll 0{,}001$ bar (s. u.), der pH-Wert der Wasserhülle (Hydrosphäre) bei 6, also im sauren Bereich gelegen haben (Frimmel 2004). Wegen der tiefgründigen mechanischen Verwitterung wurden wohl ähnliche Lagerstätten wie der Witwatersrand rasch abgetragen und sind daher heute nicht mehr erhalten. Eine spätere Versenkung der Serie des Witwatersrand führte zur Mobilisierung von Au und zur metamorphen Umkristallisation.

Abb. 25.11. Kontrastierende morphologische Typen von ged. Gold aus dem gleichen Handstück wie Abb. 25.10, gewonnen durch Auflösung des Silikat-Anteils in Flusssäure. *Links:* Gerundete bis diskenförmige Partikel, die als sedimentärer Detritus transportiert wurden. Rechts: Hydrothermal mobilisiertes Gold. Maßstab 0,2 mm. (Foto: H. Frimmel, aus Frimmel 2002)

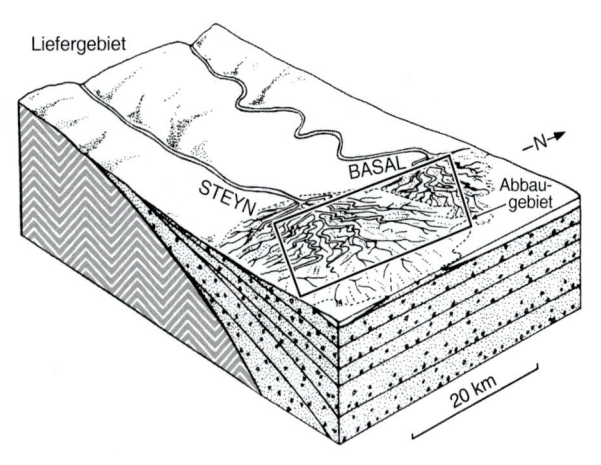

Abb. 25.12. Das Blockdiagramm veranschaulicht die Anreicherung von Seifengold in mächtigen Delta-Ablagerungen von zwei archaischen Fluss-Systemen, die nach dem Steyn-Reef und dem Basal-Reef benannt sind. (Nach Minter et al. 1993)

Das *primäre Herkunftsgebiet* des Goldes ist z. Zt. noch unbekannt. Jedoch sprechen ungewöhnlich hohe Os-Gehalte im Gold dafür, dass dieses magmatischen Ursprungs ist, wobei man mit einer hohen Aufschmelzrate in einem relativ heißen Erdmantel rechnen muss. In diesem Zusammenhang sei daran erinnert, dass im Archaikum auch die heißen ultrabasischen Komatiit-Magmen gefördert wurden (Abschn. 13.2.1, S. 224).

Nach der Theorie von Frimmel (2008) wurde der wesentliche Anteil des Goldes, das jetzt in unterschiedlichen Erzlagerstätten konzentriert ist, während eines riesigen *Gold-Events* in archaischer Zeit, vor etwa 3 Ga, aus dem Erdmantel in die Erdkruste transportiert. Zu dieser Zeit erreichte die Temperatur des Erdmantels ihr Maximum und die vertikalen, durch Erdmantel-Plumes ausgelösten tektonischen Bewegungen wurden durch die subhorizontale Plattentektonik abgelöst. Während etwa 40 % des Goldgehaltes der Erdkruste noch heute in der fossilen Goldseife des Witwatersrandes konzentriert sind, wurde der Rest des krustalen Goldes wiederholt einem großräumigen Recycling unterworfen, wobei plattentektonische Prozesse sowie magmatische und hydrothermale Fluid-Zirkulation die wesentliche Rolle spielten. Dieses Gold ist heute überwiegend in Gold-Quarz-Gängen und anderen hydrothermalen Goldlagerstätten (Kap. 23) oder in jungen Goldseifen konzentriert.

Witwatersrand ist die bedeutendste Au-Lagerstätte und zugleich die größte Goldreserve der Welt, die seit mehreren Jahrzehnten zwischen 40 und 50 % der Weltproduktion an Gold lieferte; zwischen 1886 und 1983 waren es insgesamt über 35 000 t Au. Die Durchschnittsgehalte des geförderten Au-Erzes gingen von 10 g/t auf jetzt etwa 6 g/t (= 6 g Au pro t Gestein) zurück. Die Goldreserven betragen noch ca. 36 000 t und nehmen damit weltweit die 1. Stelle ein; das gilt auch für die Fördermengen, die im Jahr 2007 bei 420 t (= 17,7 % der Weltproduktion) lagen. Seit 1886 lieferte Witwatersrand rund 40 000 t Gold. Durch gleichzeitige Anwesenheit von Os-reichen PGE-Legierungen sowie von Uraninit (UO_2), der ebenfalls als Seifenmineral angesehen wird, besitzt die Lagerstätte eine zusätzliche Bedeutung.

Ähnliche fossile Au-Lagerstätten finden sich im Blind-River-Gebiet am Huron-See (Ontario) und in der Serra de Jacobina (Bahia, Brasilien).

Uraninit-Seifen

In den neoarchaischen, ca. 3 060 Ma alten Konglomeraten des Dominion Reefs (nahe Johannesburg), sind U- und Th-haltige Schwerminerale stärker angereichert als in den darüber liegenden Sedimenten der Witwatersrand-Supergruppe. Die nachgewiesenen Erzvorräte werden auf 81 Mio t geschätzt, mit durchschnittlichen Gehalten von 630 g/t U_3O_8, aber nur 0,76 g/t Au. Neben kantengerundeten Körnern von Uraninit finden sich als Schwerminerale ged. Au, Pyrit, Arsenopyrit, Ilmenit, Magnetit, Chromit, Kassiterit, Columbit, Monazit, Zirkon und Granat; eine schwache Metamorphose führte u. a. zur Neubildung von Uranpechblende U_3O_8, Coffinit $U[(SiO_4),(OH)_4]$ sowie von U-Ti- und U-Th-Phasen (Rantzsch et al. 2011). Die Anwesenheit von unverwitterten Pyrit- und Uraninit-Geröllen in diesen Konglomeraten beweist, das zu dieser Zeit, also vor dem Beginn des Großen Oxidations-Ereignisses (GOE) vor ca. 2,45 Ga, die Atmosphäre der frühen Erde praktisch noch frei von Sauerstoff war; die O_2-Fugazität lag deutlich unter 0,001 bar (Frimmel 2005), wahrscheinlich sogar <10–60 bar (Sverjensky u. Lee 2010).

Zinnseifen

Seine physikalischen und chemischen Eigenschaften machen Kassiterit zu einem typischen Seifenmineral. In der Umgebung der meisten primären Zinnerzlagerstätten finden sich daher auch Zinn-Seifen. Begleitminerale sind häufig auch andere widerstandsfähige Schwerminerale der hoch-hydrothermalen Primärparagenese.

Ein größerer Teil des wichtigen Gebrauchsmetalls Zinn wird aus derartigen Seifen gewonnen. Wirtschaftlich bedeutende Vorkommen davon finden sich z. B. an vielen Stellen in Südostasien, in der Volksrepublik China, in Nigeria und Kongo/Zaire. Fluss-Seifen wurden im frühen Mittelalter und wahrscheinlich bereits in vorgeschichtlicher Zeit im sächsischen Erzgebirge und in Cornwall zur Gewinnung von Zinn abgebaut.

Edelstein-Seifen

In Edelstein-Seifen sind schleifwürdige Steine im Vergleich zu den Primärlagerstätten relativ angereichert, da rissige und einschlussreiche Mineralkörner beim Transport zerkleinert werden. Besonders die edlen Korund-Varietäten Rubin und Saphir werden aus Fluss-Seifen gewonnen. Die weltwirtschaftlich wichtigsten Rubin-Lagerstätten befinden sich in Burma, besonders bei Mogok im Gebiet östlich des Irawadi-Oberlaufs; weitere wichtige Vorkommen liegen in Sri Lanka, Thailand und Afghanistan.

Auch die berühmten Pyrop-Granate des Böhmischen Mittelgebirges, deren Nutzung bis ins frühe Mittelalter zurückgeht, wurden teilweise aus Seifen gewonnen. Heute werden bei Podsedice mächtige Schutthorizonte, die 16–18 g/t Granat führen, mit schwerem Gerät abgebaut und aufbereitet; die Tagesförderung beträgt 45 kg Granat, davon sind 5 kg schleifwürdig (Schlüter u. Weischat 1990). Muttergestein des Pyrops sind serpentinisierte Granatperidotite des oberen Erdmantels, die in vulkanischen Durchschlagsröhren auftreten.

Beachtliche wirtschaftliche Bedeutung besitzen die Diamant-Seifen in der südlichen Namib-Wüste, die 1908 von dem schwarzen Bahnarbeiter Zacharias Lewela und dem deutschen Eisenbahnbeamten August Stauch entdeckt wurden und seitdem kontinuierlich in Abbau stehen. Gegenwärtig konzentriert sich die Förderung, die hauptsächlich im Offshore-Bereich erfolgt, auf das Gebiet von Oranjemund im Südwesten Namibias.

25.2.8
Metallkonzentrationen in ariden Schuttwannen (Lagerstätten vom Red-Bed-Typ)

Die Kupfer-, Silber- oder Uran-Radium-Vanadium-Erze vom Red-Bed-Typ befinden sich als schichtige Imprägnationen im Verwitterungsschutt arider Wannen. Es wird angenommen, dass der Metallgehalt aus der Verwitterung, Abtragung und Auslaugung umliegender älterer Lagerstätten stammt. Ein langandauernder Verwitterungsprozess und eine Konzentration des Metallgehalts im Grundwasser werden für die Entstehung des Lagerstättentyps vorausgesetzt. Charakteristisch ist die bevorzugte Vererzung fossiler Pflanzenreste.

An den Kupfererzen beteiligen sich als Erzminerale Tief-Chalkosin und ähnliche Cu-Sulfide, Bornit, Covellin und als jüngere sekundäre Bildungen Cuprit, Malachit und andere Minerale. Die Silbererze enthalten Akanthit, ged. Silber und Chlorargyrit AgCl, die Uranerze insbesondere Carnotit $K_2[UO_2/VO_4]_2 \cdot 3H_2O$, hervorgegangen aus Uranpecherz.

Typuslokalitäten sind die zahlreichen Kupfervorkommen des Red-Bed-Typs aus dem Südwesten der USA, zu denen auch Silberlagerstätten gehören. Innerhalb des gleichen Raums in den USA gibt es genetisch ähnlich einzuordnende Uran-Radium-Vanadium-Lagerstätten, die an Sandstein-Formationen sehr verschiedenen geologischen Alters gebunden sind. Die Hauptvorkommen auf dem Colorado-Plateau bilden gemeinsam den größten Uranlieferanten der USA. Das Uranerz vom *Roll-Front-Typ* befindet sich in Sandsteinen von fossilen Flussrinnen. Der Metallinhalt stammt von granitischen Gesteinen des benachbarten präkambrischen Grundgebirges, das unter Bedingungen eines tropisch-wechselfeuchten Klimas verwitterte. Dabei wurde Uran als U^{6+} gelöst und transportiert, bis es in Kontakt mit Sedimenten kam, die reich an organischem Material waren. An der zungenförmigen Redoxfront, die im Querschnitt einem Brötchen (engl. roll) ähnelt, kam es zur Reduktion und Ausfällung als UO_2.

In Europa liegen die wichtigsten Kupfervorkommen des Red-Bed-Typs verteilt auf Senken des Rotliegenden nördlich und südlich des Ostteils der Sudeten, in Polen und Tschechien. Die permischen Kupfersandsteine im westlichen Ural-Vorland in Russland erfuhren dieselbe genetische Einstufung.

25.2.9
Einteilung der Pelite

Pelite (Tone) sind die Absätze der feinsten Partikel aus den Gewässern. Neben Verwitterungsresten sind es vorwiegend Verwitterungsneubildungen. Dazu kommen fallweise mehr oder weniger zersetzte organische Substanz bzw. Reste von Kalk- oder Kieselgerüsten von Organismen sowie Neubildungen im Sediment wie z. B. Pyrit oder Markasit.

> Für eine *genauere Klassifizierung* der pelitischen Sedimente ist unter allen Umständen eine Mengenabschätzung der vorhandenen Minerale mit Röntgenbeugung notwendig. Dabei ist die Kenntnis der anwesenden Tonminerale am wichtigsten. Mit ihnen kann man z. B. kaolinitische von illitischen und montmorillonitischen Tonen unterscheiden. Zudem sind Angaben über Quarz- und Feldspatgehalt oder andere Minerale zu machen.

Äolische Staubsedimente. Äolische Stäube entstehen dort, wo freiliegende Locker- und Festgesteine der Deflation (Ausblasung) bzw. Korrosion durch den Wind ausgesetzt sind, so ganz besonders freiliegende Ablagerungen in Wüsten, Periglazialgebieten und Überflutungsräumen der großen Ströme. Aus solchen Gebieten der Erdoberfläche wird feinkörniges Material von immer wieder auftretenden Stürmen ausgeblasen und oft über Tausende von Kilometern weit verfrachtet. Die wichtigsten Herkunftsgebiete der Stäube liegen auf der Nordhalbkugel, vor allem im nördlichen Afrika (z. B. Engelbrecht u. Derrbyshire 2010; Gieré u. Querol 2010). Bekannt sind insbesondere die Staubstürme der Sahara, die häufig Staubfälle auf den Kanarischen und Kap-Verde-Inseln (Abb. 25.13), im Mittelmeerraum, ja gelegentlich in Mitteleuropa verursachen. Die Mineralzusammensetzung der Stäube hängt vom jeweiligen Herkunftsgebiet ab.

Löss. Das ist das wichtigste fossile Staubsediment; es ist ungeschichtet, nur schwach verfestigt und porös; die Mineralgemengteile sind gut sortiert; die Korngrößenverteilung ist stets ähnlich, unabhängig vom geographischen Auftreten. Im Mineralbestand von Löss herrschen Quarz und Feldspäte vor; daneben beteiligen sich Calcit, Glimmer und Tonminerale an seiner Zusammensetzung; geringe Gehalte an Fe-Hydroxiden bedingen seine gelbliche Farbe; rotbraun bis dunkelbraun verwitterten Löss bezeichnet man als Lösslehm. Häufig enthält Löss unregelmäßig-knollig geformte Calcit-Konkretion, die Lösskindel. Löss entstand während des Pleistozäns durch Staubauswehungen aus Kältewüsten und unverfestigten glazialen oder fluvioglazialen Ablagerungen in Periglazialgebieten. Er besitzt auf der nördlichen Halbkugel eine relativ große Verbreitung, so z. B. in Mitteleuropa, im Mittelwesten der USA und am Hoangho in China, wo er noch heute durch Staubstürme sekundär umgelagert wird.

Abb. 25.13.
Angetrieben durch den Harmattan, den heißen, über NW-Afrika wehenden NO-Passat, wird eine aus der Sahara stammende Staubwolke auf mehr als 1 600 km über den Nord-Atlantik mit den Kanarischen Inseln (Mitte oben) und Kap-Verde-Inseln (unten rechts) verteilt. Satellitenbild, aufgenommen am 2. März 2003. (Quelle: Mit freundlicher Genehmigung der NASA, http://visibleearth.nasa.gov/view.php?id=65292, aus Gieré u. Querol 2010)

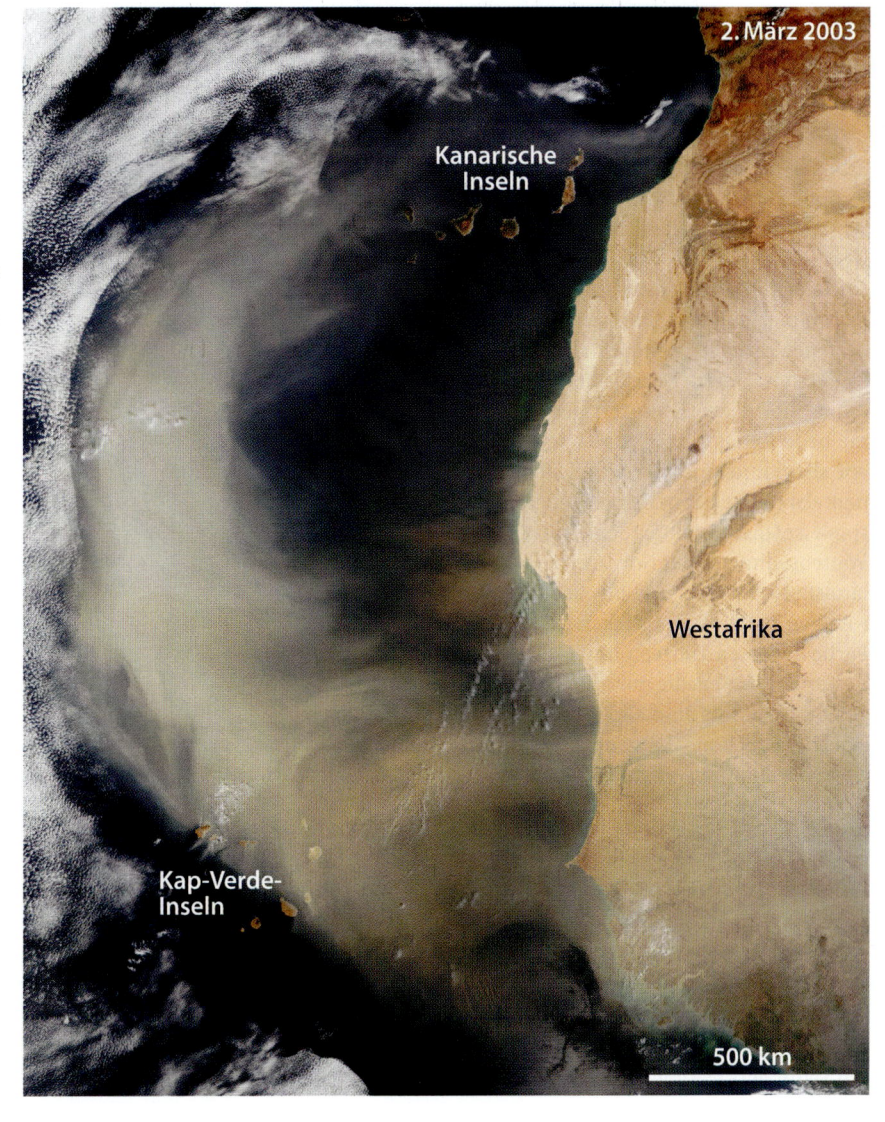

Schlamm. Als Schlamm werden nach Füchtbauer (1988) Mischungen von Wasser mit Ton- und Siltmaterial bezeichnet, die nach Wasser- oder Windtransport subaquatisch abgelagert wurden. Daneben gibt es aber auch nichtklastische, biogene Schlämme (Radiolarien-, Diatomeen- und Globigerinenschlamm). Der weitaus größte Teil des in den Meeren sedimentierten Schlamms wird durch die Flüsse aus den Kontinenten als Schwebgutfracht zugeführt. Darüber hinaus lagern sich Schlämme aus Trübeströmen (engl. turbidity currents) ab, das sind hochdichte Suspensionen von reichlich Lockermaterial in Wasser (auch in Luft oder vulkanischen Gasen). Ausgelöst durch Sturmwellen, Tsunamis, Erdbeben oder Sedimentüberfrachtung gehen solche Trübströme im Schelfbereich an den Kontinentalrändern besonders häufig ab. Kommen sie zu Ruhe, setzt sich die Sedimentfracht in der Reihenfolge ihrer Korngröße Sand → Silt → Ton ab. Es entsteht gradierte Schichtung, die für Trübestromablagerungen (*Turbidite*) charakteristisch ist.

> Die zyklischen Gefügeentwicklungen von Turbiditen, die sog. *Bouma-Zyklen* (Abb. 25.15) sind für die Interpretation des Sedimentationsprozesses, des Ablagerungsmilieus (sedimentäre Fazies) und seiner geotektonischen Position sowie für die Erdöl-Exploration von großem Interesse (Bouma 1962).

Nach Ablagerung des terrigenen Schwebstoffmaterials in den marinen und limnischen Sedimentationsräumen bestehen die Schlämme vor allem aus silikatischen Tonmineralen, Quarz, Feldspäten, Karbonaten und organischen Substanzen. Diese terrigenen silikatischen Schlämme bedecken etwa ⅓ des Meeresbodens. Sie finden sich vor allem innerhalb der Schelfgebiete und an den Kontinentalabhängen bis zu einer Meerestiefe von 2 km. Beispiele solcher rezenten Schlammablagerungen sind die Wattensedimente der Nordsee, die hemipelagischen (festlandsnahen) Grün- und Blauschlicke und der pelagische rote Ton in den Ozeanbecken der Tiefsee. Die rotbraune Farbe des roten Tiefseetons wird durch Fe- und Mn-Oxide hervorgerufen, die nur unter oxidierenden Bedingungen bestandfähig sind. Der größte Teil des Meeresbodens besteht jedoch aus biogenen Schlämmen, wobei Globigerinenschlamm weitaus vorherrscht.

25.2.10
Diagenese von Peliten

Durch diagenetische Verfestigung entstehen aus lockeren Stäuben und Schlämmen Siltsteine und Tonsteine (Tabelle 25.1). Sie zeigen häufig eine feine Lamination mit schichtparallelen Ablösungsflächen, die jedoch keine echte Schieferung darstellt. Diese früher Schieferton genannten Sedimente werden heute als schiefrige Silt- und Tonsteine (engl. shale) bezeichnet. Demgegenüber zeigt Tonschiefer (slate) eine echte, oft transversal zur Schichtung verlaufende Schieferung, die durch beginnende Metamorphose entstanden ist.

Die diagenetischen Veränderungen richten sich weitgehend nach der Zusammensetzung des Sediments, nach dessen Porenlösung und nach der Sedimentbedeckung. Durch das Auflagerungsgewicht jüngerer Sedimentschichten ändern sich zugleich Porosität und Gefüge des frisch abgesetzten Schlamms. Dabei vollzieht sich eine Verdichtung des Schlamms unter Abnahme seines Wassergehalts durch Kompaktion. Durch zunehmende Überlagerung von Sedimentschichten wird die Wasserzirkulation verlangsamt, und die Porenlösung reagiert mit der Mineralsubstanz. Dabei betreffen Prozesse der chemischen Diagenese von tonigen Sedimenten in erster

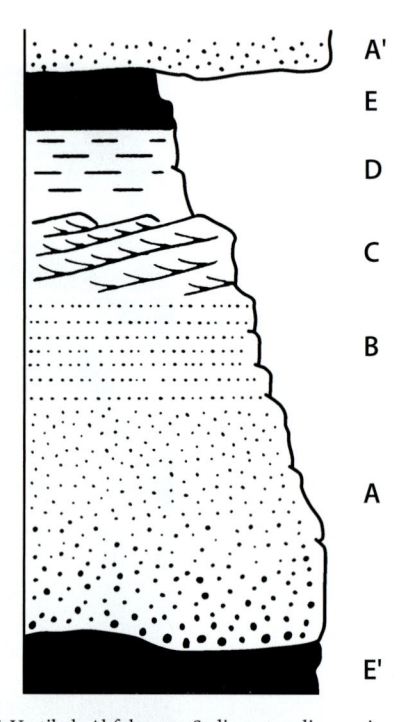

Abb. 25.14. Vertikale Abfolge von Sedimenten die aus einem Trübestrom abgelagert wurden: Bouma-Zyklus. Vom Hangenden zum Liegenden unterscheidet man: *E* Tonige Lage am Top der Abfolge, abgelagert bei geringer Fließgeschwindigkeit des Trübestroms. Am Kontakt mit den überlagernden Basissandstein *A'* der nächsten Abfolge können Belastungs-bedingte Sohlmarken ausgebildet sein. *D* Schwach parallel-laminierter Tonstein. *C* Feinkörniger bis sehr feinkörniger Sandstein mit Rippel-Schrägschichtung, abgelagert im unteren Strömungs-Regime des Trübestroms bei geringer Fließgeschwindigkeit. *B* Parallel-laminierter Sandstein des oberen Strömungs-Regimes bei hoher Fließgeschwindigkeit. *A* Gradierter Sandstein mit systematischer Abnahme der Korngröße vom Liegenden zum Hangenden, abgelagert bei hoher Fließgeschwindigkeit einer relativ dünnflüssigen, wasserreichen Suspension („Liquefied Cohesionless Particle Flow"). Die grobkörnige Basislage bildet einen scharfen Kontakt mit der unterlagernden tonigen Lage *E'*. (Modifizert nach Friedman u. Sanders 1978)

Abb. 25.15.
Benennung und technische Verwendung der Reihe Kalkstein–Mergel–Ton. (Aus Correns 1968)

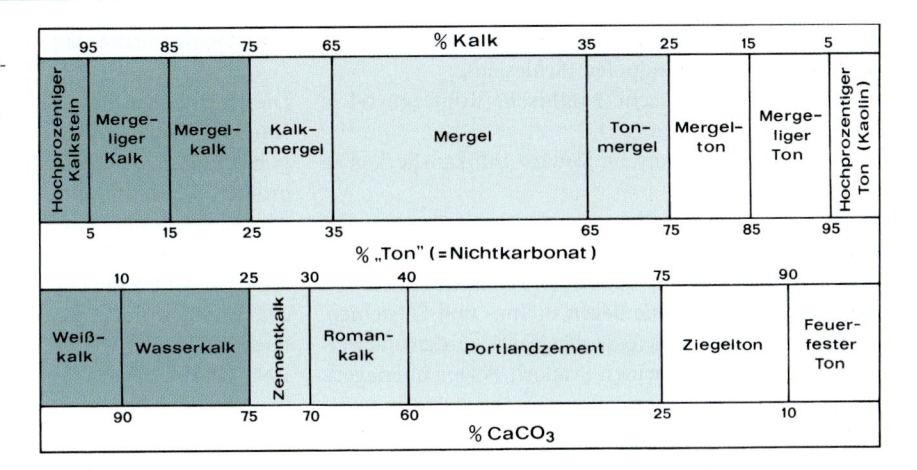

% Kalk								
95	85	75	65		35	25	15	5
Hochprozentiger Kalkstein	Mergeliger Kalk	Mergelkalk	Kalkmergel	Mergel	Tonmergel	Mergelton	Mergeliger Ton	Hochprozentiger Ton (Kaolin)
5	15	25	35		65	75	85	95
% „Ton" (= Nichtkarbonat)								

	10	25	30	40		75	90	
Weißkalk	Wasserkalk	Zementkalk	Romankalk		Portlandzement		Ziegelton	Feuerfester Ton
	90	75	70	60		25	10	
% $CaCO_3$								

Linie den Tonmineralbestand. Je nach Art der Beimengungen unterscheidet man im Einzelnen karbonatische, kieselige oder bituminöse Tonsteine. Bei der Diagenese von Peliten kann es zum authigenen Wachstum von Silikat-Mineralen kommen, insbesondere von Alkalifeldspäten, die trotz ihrer niedrigen Bildungstemperatur alle Übergänge von – metastabil – ungeordneter zu vollständig geordneter Si-Al-Verteilung zeigen: Hoch-Albit → Tief-Albit, Adular → Mikroklin.

Karbonatische Tonsteine. Bei den karbonatischen Tonsteinen besitzen besonders die *Mergel*, Mischungen aus Kalk und Ton (Abb. 25.15), eine große Verbreitung. Das Karbonat kann als Detritus eingeschwemmt sein; häufiger geht der Karbonatgehalt auf Kalkskelette von Plankton oder auf biochemisch ausgefällten Calcit zurück.

Mergel und mergelige Gesteine unterschiedlicher Zusammensetzung sind wichtige Rohstoffe, z. B. für die Herstellung von Portlandzement (Abb. 25.15).

Bituminöse Tonsteine. Die bituminösen Tonsteine (Öl- und Schwarzschiefer) sind gut geschichtet, von dunkelgrauer bis schwarzer Farbe, führen stets Pyrit und besitzen einen größeren Gehalt an organischem Kohlenstoff. Hierzu gehören z. B. die Graptolithenschiefer des Silurs, die Posidonienschiefer des Lias z. B. bei Holzmaden (Württemberg) und der eozäne Ölschiefer von Messel bei Darmstadt (Hessen). Die anoxischen Bedingungen begünstigen die Fossilerhaltung; deswegen sind Holzmaden und Messel berühmte Fossilfundstätten. Für die Entstehung bituminöser Tonsteine werden Bedingungen angenommen, wie sie rezent z. B. im Schwarzen Meer anzutreffen sind. Die detritischen Sedimentteilchen und das abgestorbene Plankton aus den oberen Wasserschichten gelangen während ihrer Sedimentation in tiefere, H_2S-haltige Wasserschichten, in denen infolge mangelnder Zirkulation und Durchmischung mit dem Oberflächenwasser sauerstoffarme, anaerobe Bedingungen herrschen. Dabei findet eine langsame biochemische Zersetzung und Umwandlung der organischen Substanz statt, die vorwiegend aus Plankton besteht. Bakterien bewirken eine Reduktion des SO_4^{2-} im Meerwasser und in den Porenlösungen des Sediments sowie des Eiweiß-Schwefels zu Sulfid. Es entsteht H_2S, das mit Fe-haltigen Mineralen des Sediments reagiert. Es bildet sich vorzugsweise Pyrit FeS_2. Dieser tritt fein verteilt in Form sog. Framboide (frz. framboise = Himbeere) auf – das sind mikroskopisch kleine, rundliche Kornaggregate, in denen die Pyrit-Kriställchen die Zellen ehemaliger Bakterien füllen – oder er reichert sich in Konkretionen an. Neben Pyrit treten im pelitischen Sediment in geringen Mengen auch andere Schwermetallsulfide auf, so Sphalerit, Galenit und Chalkopyrit. Im neutralen bis schwach sauren Milieu wird Markasit anstelle von Pyrit gebildet.

25.2.11
Buntmetall-Lagerstätten in Schwarzschiefern

Schichtgebundene Buntmetall-Vererzungen in karbonatischen oder siliciklastischen Schwarzschiefern entstanden in großen Sedimentbecken, in denen große Fluidsysteme wirksam waren (z. B. Hitzman et al. 2005). Die Schwarzschiefer enthalten Cu- und Cu-Fe-Sulfide in feiner Verteilung oder in Form kleiner Adern. Die Metalle könnten aus unterlagernden Sedimenten des Red-Bed-Typs (Abschn. 25.2.8) oder von den umgebenden Festländern stammen und wurden durch mäßig- bis hochsalinare, niedrig- bis mäßigtemperierte Fluide transportiert. Der Schwefel könnte von überlagernden Salzgesteinen (Evaporiten: Abschn. 25.7) stammen, die im Meer oder in Binnenseen abgelagert wurden. Die Ausfällung der Sulfid-Minerale erfolgte durch unterschiedliche Reduktions-Prozesse, an denen z. B. Kohlenwasserstoffe und/oder Bakterien beteiligt waren. Lagerstätten dieses Typs sind sehr verbreitet, jedoch besitzen nur wenige von ihnen Weltformat. Drei solcher „Supergiant Deposits" liefern zusammen etwa 23 % der Weltjahres-Förderung an Cu und darüber hinaus noch weitere Buntmetalle, insbesondere Co und Ag:

- der Kupferschiefer im Zechstein-Becken von Norddeutschland und Südpolen (Schlesien),
- der neoproterozoische Sambische Kupfergürtel in Zentralafrika und
- das paläoproterozoische Kodaro-Udokan-Becken in Sibirien.

Die etwas kleineren Cu-Lagerstätten im Paradox-Becken von Utah und Colorado (USA) enthalten Vorräte von ca. 37 Millionen t Cu; sie liegen in Ton- und Siltsteinen, die an der Wende Jura/Kreide abgelagert wurden und werden von mächtigen marinen Evaporit-Folgen überlagert.

Kupferschiefer

Im Kupferschiefer, einem geringmächtigen, bituminösen Tonmergel der Werrafolge des unteren Zechsteins, sind die Metalle Cu, Pb und Zn als Sulfide angereichert worden. Bemerkenswerte Konzentrationen erfuhren auch V, Mo, U, Ni, Cr, Co, Ag und viele weitere Elemente. Erzminerale sind Chalkosin Cu_2S, Chalkopyrit $CuFeS_2$, Bornit Cu_5FeS_4, Covellin CuS, Tennantit $Cu_{12}[S/As_4S_{12}]$, Galenit PbS, Sphalerit ZnS und Pyrit FeS_2.

Das Zechsteinmeer, aus dem der Kupferschiefer abgelagert wurde, transgredierte auf das kristalline Grundgebirge oder auf Sandsteine und Konglomerate des Ober-Rotliegenden, die örtlich gebleicht sind, das „Weißliegende" der Bergleute. Über dem Kupferschiefer wurden Dolomite und Kalksteine sowie Evaporite (Anhydrite) der Werrafolge sedimentiert. Während der Diagenese kam es zur Bildung einer Alterationsfront, von den Bergleuten *Rote Fäule* genannt. Sie schneidet die Schichtgrenzen und erfasst teilweise die Rotliegend-Sandsteine, den Kupferschiefer, die Karbonatgesteine und den Werra-Anhydrit. Oberhalb der Roten Fäule setzt die Cu-Vererzung ein, gefolgt von der Pb-Zn-Vererzung.

Es war lange umstritten, ob der Metallinhalt von den umgebenden Festländern ins Zechsteinmeer transportiert oder durch submarine Thermen, also sedimentär-exhalativ, zugeführt wurde. Nach heutiger Auffassung erfolgte die Fällung der Sulfid-Minerale zunächst frühdiagenetisch durch bakterielle Sulfat-Reduktion (BSR). Während einer späteren, tektonisch kontrollierten Mineralisationsphase wurde der Metallgehalt jedoch durch hydrothermale Lösungen mobilisiert und sekundär angereichert, wobei thermochemische Sulfat-Reduktion (TSR) eine Rolle spielte (z. B. Bechtel et al. 2001). Die bedeutendsten Abbaureviere befinden sich derzeit in den Regionen Rudna und Lubin im südlichen Polen, mit durchschnittlichen Cu-Gehalten von 1,5 % und Reserven von 3 000 Mio. t Erz. Durch diese Lagerstätten wird Polen zum größten Cu-Produzenten Europas. Die deutschen Kupferschiefer-Vorkommen im Raum Mansfeld (Sachsen-Anhalt) wurden etwa seit dem Jahr 1200 abgebaut; sie hatten früher große wirtschaftliche Bedeutung, sind aber seit 1990 auflässig.

Zentralafrikanischer Kupfergürtel

Die Lagerstätten des mittelproterozoischen Zentralafrikanischen Kupfergürtels, die in Sambia und in Katanga (Republik Kongo/Zaire) eine der größten Cu-Provinzen und die größte Co-Konzentration der Erde bilden, besitzen große Ähnlichkeiten mit dem Kupferschiefer, sind jedoch metamorph überprägt (Hitzman et al. 2005). Sie lieferten bisher >1 000 Mio. t Erz mit durchschnittlich 2,7 % Cu (Pohl 2005, 2011); 1985 wurden immerhin ca. 17 %, 1989 jedoch nur noch ca. 7 % der Weltproduktion an Cu gefördert (Evans 1993). Die Metallgehalte haben sich unter stark reduzierenden Bedingungen aus wässrigen Lösungen ausgeschieden. Von einigen Lagerstättenforschern wird vermutet, dass die Erzlösungen aus tiefreichenden Spaltensystemen zugeführt wurden. Im südlichen Kongo/Zaire ist es außerdem zu Metallanreicherungen in der Oxidationszone gekommen (Abschn. 25.4.4, S. 408).

25.2.12
Übergang von der Diagenese zur niedriggradigen Metamorphose

In einem späteren Stadium der Diagenese sind Porosität und Durchlässigkeit der pelitischen Sedimentgesteine nur noch gering. Die anwesenden Minerale kommen nur noch mit kleineren Mengen an Porenlösung in Berührung, so dass die Lösungs- und Ausfällungsreaktionen immer mehr zurück gehen und bei weiterer Versenkung und Kompaktion ganz aufhören. Andererseits wird bei steigenden Temperaturen und Drücken das Übergangsgebiet zur Metamorphose erreicht, bei der sich die ablaufenden Reaktionen im Wesentlichen an den Korngrenzen der Minerale vollziehen. Dabei wird in zunehmendem Maß das thermodynamische Gleichgewicht angestrebt (Kap. 26, 27).

Montmorillonit, Kaolinit und Illit-Montmorillonit-Wechsellagerungen werden im Verlauf der späteren Diagenese abgebaut, Illit bzw. Hellglimmer und Chlorit entstehen neu. Mit der Umkristallisation der strukturell nur schlecht geordneten Detritus-Illite erhöht sich bei ansteigender Temperatur die *Illit-Kristallinität*. Diese ist definiert durch die zunehmenden Schärfe der Reflexe im Röntgenbeugungsdiagramm; sie wird gemessen an der Halbwertsbreite des 10 Å-Reflexes (001) von Illit bezogen auf die Halbwertsbreite des $(10\bar{1}1)$-Reflexes von Quarz. Die Illit-Kristallinität ist ein Maß für den Grad der Diagenese und der beginnenden Metamorphose. Als spätdiagenetische Bildung in Tonsteinen tritt teilweise auch das Schichtsilikat Pyrophyllit $Al_2[(OH)_2/Si_4O_{10}]$ auf, das von vielen Forschern bereits als Kriterium für das Einsetzen der niedriggradigen Metamorphose angesehen wird. Mit steigendem Grad der Diagenese nimmt das Reflexionsvermögen von kohliger Substanz, z. B. von Vitrinit unter dem Auflichtmikroskop zu.

25.3
Chemische und biochemische Karbonatsedimente und -sedimentgesteine

> Verwitterungslösungen mit Gehalten an Ca^{2+}-, CO_3^{2-}- und HCO_3^--Ionen werden durch Flüsse weggeführt und erreichen Binnenseen oder den Ozean. Infolge von Verdunstung kommt es zur Übersättigung und rein anorganischen Mineralausscheidungen: es entstehen chemische Karbonatsedimente. Häufiger jedoch erfolgt die Karbonatabscheidung unter Mitwirkung von Organismen, was zur Bildung von biochemischen Karbonatsedimenten führt. Sedimentbildung in Süßwasserseen wird als limnisch, solche im Meer als marin bezeichnet.

Karbonatische Sedimente und Sedimentgesteine sind wesentlich seltener als klastische; sie weisen je nach Genese eine große Gefügevielfalt auf. Der größte Teil der Karbonatgesteine zählt zu den marinen Flachwasserablagerungen im Bereich der stabilen Schelfgebiete der Erde, wo sie überwiegend chemisch und biochemisch, z. T. auch klastisch entstanden sind. Als sedimentbildende Minerale treten Calcit, Aragonit und Dolomit auf. Dazu kommen fallweise kleinere Mengen an Quarz, Alkalifeldspäten und Tonmineralen. Aus Siderit bestehende karbonatische Sedimente spielen eine geringere, wenn auch wirtschaftlich bedeutende Rolle. Über die technische Verwendung von Kalksteinen, Mergeln und Tonen informiert Abb. 25.15.

25.3.1
Einteilung der Karbonatgesteine

Klassifikation nach der Korngröße. Nach ihrer vorwiegenden Korngröße lassen sich Karbonatgesteine in Kalkrudite (>2 mm), Kalkarenite (2 mm–62 µm) und Kalklutite (<62 µm) einteilen.

Klassifikation nach dem Gefüge. Genetisch aussagekräftiger ist die Gefügeklassifikation von Folk (1962), bei der folgende Komponenten unterschieden werden: (1) Partikel oder Körner, (2) Matrix, hauptsächlich feinkörniger Mikrit und (3) Zement, hauptsächlich gröberkörniger, drusiger Sparit. Für die Partikel werden folgende Abkürzungen verwendet: Bio für Skelett-Fragmente, Oo für Ooide (s. u.), Pel für Peloide, d. h. linsenförmige Partikel, Intra für Intraklasten (Gerölle u. ä.). Die Kombination von einer oder zwei dieser Abkürzungen mit den Nachsilben Mikrit und Sparit ergibt den Gesteinsnamen (Abb. 25.16), z. B. Biosparit, Bio-Oomikrit. Ein Biolithit ist ein in situ gebildetes Karbonatgestein, z. B. ein Stromatolith oder ein Riffkalk (s. u.); als Dismikrit wird ein Kalkstein mit Fenstergefüge bezeichnet, bestehend aus einem Mikrit mit Hohlräumen, die oft mit Sparit gefüllt sind.

Nach ihrem *Ablagerungsmechanismus* unterscheidet man bei Karbonaten eine Reihe von Gefügetypen, die in Abb. 25.17 zusammengestellt sind.

Klassifikation nach dem Dolomit-Gehalt. Danach ergibt sich folgende Einteilung:

- Kalkstein: <10 % Dolomit,
- dolomitischer Kalkstein (dolostone): 10–50 % Dolomit,
- calcitischer Dolomit: 50–90 % Dolomit,
- Dolomit: >90 % Dolomit.

25.3.2
Löslichkeit und Ausscheidungsbedingungen des CaCO₃

Bei den Gleichgewichten zwischen festem $CaCO_3$ und wässriger Lösung in Gegenwart von CO_2 als Gasphase sind folgende Ionen beteiligt: Ca^{2+}, CO_3^{2-}, HCO_3^-, H^+, OH^-. Daneben spielt der CO_2-Partialdruck (P_{CO_2}) in der Gasphase, mit der sich die zugehörige Lösung im Gleichgewicht befindet, eine besondere Rolle. CO_2 löst sich im Wasser über-

Abb. 25.16. Klassifikation der Kalksteine nach ihrem Gefüge. (Nach Folk 1962, aus Tucker 1985)

Karbonatpartikel	Bezeichnung der Kalksteine	
	zementiert durch Sparit	mit mikritischer Matrix
Skelettfragmente (Bioklasten)	Biosparit	 Biomikrit 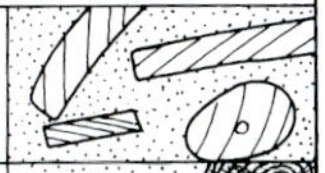
Ooide	Oosparit	 Oomikrit 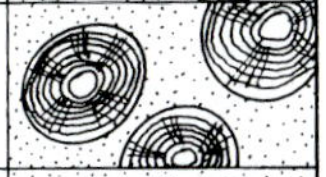
Peloide	Pelsparit	 Pelmikrit 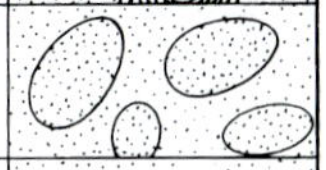
Intraklasten	Intrasparit	 Intramikrit 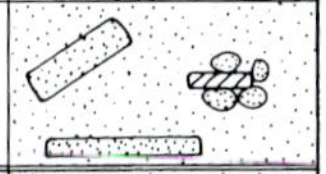
In-situ-Bildung	Biolithit	 Kalkstein mit Fenstergefüge-Dismikrit 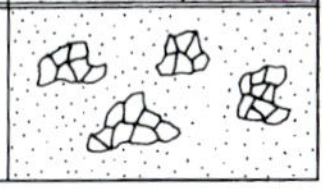

(Allochthone Kalke) Primäre Komponenten während der Sedimentation, nicht organogen gebunden						(Autochthone Kalke) Primäre Komponenten während der Sedimentation, organogen gebunden		
weniger als 10% Komponenten > 2 mm				mehr als 10% Komponenten > 2 mm		Boundstone (Biolithit)		
mit Mikrit (< 0,03 mm)			ohne Mikrit	Matrix-Gefüge	Partikel-Gefüge	Organismen als Sedimentfänger	Organismen als Sedimentbinder	Organismen als Gerüstbildner
Schlamm-Gefüge		Partikel-Gefüge						
weniger als 10% Komponenten	mehr als 10% Komponenten							
Mudstone	Wackestone	Packstone	Grainstone	Floatstone	Rudstone	Bafflestone	Bindstone	Framestone

Abb. 25.17. Gefügeklassifikation der Kalksteine aufgrund der Ablagerungsvorgänge. (Nach Dunham 1962, mit Ergänzungen von Embry u. Klovan 1971, aus Tucker 1985)

wiegend physikalisch, zum geringen Teil auch als H_2CO_3 nach der Gleichung

$$H_2O + CO_2 \rightleftharpoons H_2CO_3 \quad (25.1)$$

Geht ein Kalksediment bzw. ein Kalkstein in schwach CO_2-haltigem Wasser in Lösung, so kann das mit der folgenden Gleichung beschrieben werden:

$$H_2O + CO_2$$
$$\Updownarrow$$
$$CaCO_3 + 2H^+ + CO_3^{2-} \rightleftharpoons Ca^{2+} + 2HCO_3^- \quad (25.2)$$

Dabei stammen die HCO_3^--Ionen einmal aus der Dissoziation von H_2CO_3, zum anderen aus der Reaktion von H^+ mit $CaCO_3$ entsprechend dem Vorgang

$$CaCO_3 + H^+ \rightleftharpoons Ca^{2+} + HCO_3^- \quad (25.3)$$

Gleichung (25.2) beschreibt die wesentliche Reaktion bei der Auflösung von $CaCO_3$ während der chemischen Verwitterung von Kalkstein und bei der Verkarstung von Kalkformationen unter Höhlenbildung. Der rückläufige Prozess entspricht der Ausfällung von $CaCO_3$ aus Meer- oder Süßwasser, als Bindemittel im Sediment oder z. B. beim Wachstum von Tropfstein-Gebilden (Stalaktiten und Stalagmiten).

Jeder Prozess, der den Anteil an CO_2 anwachsen lässt, vergrößert die Löslichkeit von $CaCO_3$, während jede Verminderung des CO_2 die Ausfällung von $CaCO_3$ einleitet. Auch die Wirkung der Wasserstoffionenkonzentration (pH-Wert), die ebenfalls eine wichtige Rolle spielt, kann mit den Gleichungen (25.2) und (25.3) erklärt werden. Bei hohem pH verläuft die Reaktion nach der linken Seite hin unter Ausfällung, bei niedrigem pH hingegen nach rechts unter Auflösung von $CaCO_3$; H_2CO_3 ist gegenüber HCO_3^- die stärkere Säure.

Die Löslichkeit von $CaCO_3$ in reinem Wasser nimmt – im Unterschied zu den meisten anderen Salzen – mit steigender Temperatur ab. Außerdem löst sich CO_2 ebenso wie andere Gase in wärmerem Wasser weniger gut als in kühlerem. Die Zunahme des Drucks – unabhängig von seiner Einwirkung auf die Löslichkeit von CO_2 – erhöht die Löslichkeit des $CaCO_3$ zunächst nur relativ geringfügig. Erst in sehr großen Meerestiefen nimmt die Löslichkeit von $CaCO_3$ so stark zu, dass sich karbonatische Sedimente nicht mehr bilden können.

> Als *Karbonat-Kompensationstiefe* (CCD, engl. carbonate compensation depth) bezeichnet man das Niveau, in der die Auflösungsrate von Karbonaten ihre Ausscheidungsrate übersteigt.

Die CCD unterliegt großen Schwankungen; in Ozeanen der tropischen Klimazonen liegt sie für Calcit in Meerestiefen von etwa 4 500–5 000 m, für Aragonit ca. 1 000 m tiefer. Aus einer $CaCO_3$-gesättigten Lösung wird Kalksubstanz ausgeschieden, wenn die Temperatur zunimmt oder P_{CO_2} in der Gasphase abnimmt oder wenn beide Einflüsse vorhanden sind. Auf der anderen Seite wird Kalkstein aufgelöst, wenn die Temperatur abnimmt und/oder P_{CO_2} ansteigt. So entziehen z. B. Pflanzen durch ihren Assimilationsvorgang der Lösung CO_2; es kommt zur Abscheidung von $CaCO_3$ mit der Folge einer Überkrustung der Pflanzenteile durch Kalksubstanz. Dabei entsteht der sog. Kalktuff. An Quellenaustritten beobachtet man oft die Bildung von *Kalksinter*. Seine Abscheidung erfolgt mit der Erwärmung des Quellwassers unter gleichzeitiger Entbindung eines Teils des gelösten CO_2.

> Erniedrigung des CO_2-Partialdrucks, der Menge des im Wasser gelösten CO_2 und/oder des pH-Wertes sowie Erhöhung der Temperatur führen zur Übersättigung und begünstigen die Ausscheidung von $CaCO_3$.

25.3.3
Anorganische und biochemische Karbonat-Bildung im Meerwasser

Marine Karbonatsedimente enthalten neben ausgefällten Mineralen meist auch biogenes Material. Die marine anorganische Ausscheidung von Kalksedimenten erfolgt vorwiegend in flachen Meeresteilen.

Anorganische Ausfällung von $CaCO_3$. Wir wissen seit langem, dass das Oberflächenwasser des Meeres $CaCO_3$-gesättigt, in tropischen Gebieten sogar übersättigt ist. Trotzdem erfolgt die Ausfällung von $CaCO_3$ aus übersättigter Lösung nur unter bestimmten Voraussetzungen, z. B. bei der Anwesenheit von Keimen, die in dem feinsten Zerreibsel der tierischen Kalkschalen vorliegen können. Mitunter scheiden sich aus dem an $CaCO_3$ gesättigten Wasser flacher Meeresteile *Ooide* aus; das sind $CaCO_3$-Aggregate von kugeliger bis ovaler Gestalt und konzentrisch-strahligem Schalenbau, die Durchmesser von 0,25–2 mm, meist von 0,5–1 mm besitzen. Die aus Ooiden aufgebauten Gesteine werden als *Oolithe* (Oosparite, Oomikrite) bezeichnet (Abb. 25.6b, S. 389, Abb. 25.16). Die Ooide schweben im Wasser, bis sie zu einer gewissen Größe angewachsen sind, und werden dann zu einem oolithischen Kalkstein sedimentiert. Der Schalenbau der Ooide entspricht einem Wechsel von Ruhe und Bewegung im Flachwasser. Zudem deutet die äußere Oberfläche der Körner auf anschließenden Abrieb, Transport und klastische Sedimentation hin. Die oft erheblichen Mächtigkeiten mariner Kalkablagerungen erklären sich aus der fortlaufenden Zufuhr von $CaCO_3$-gesättigtem Meerwasser durch die Meeresströmungen.

Zur primären Ausscheidung von Dolomit kommt es bei der Bildung von Evaporit-Serien (Abschn. 25.7.2, S. 411) oder bei der Mischung von Salzwasser und Süßwasser im strandnahen Bereich.

Biochemische Karbonat-Bildung. An vielen Stellen entstehen Kalksedimente in flachen Meeresteilen der Schelfregion in Verbindung mit einer reichen Entwicklung von kalkbildenden Organismen, die ihre Schalen oder Gerüste aus $CaCO_3$ aufbauen. Bei den Pflanzen sind es insbesondere die Kalkalgen, bei den Tieren vorwiegend Foraminiferen (die Art Globigerina), Korallen, Kalkschwämme, Bryozoen, Brachiopoden, Muscheln (Abb. 25.18), Echinodermen, Mollusken u. a., von denen viele riffbildend sind. Schon im Präkambrium und Kambrium entstanden durch die metabolische Aktivität von Blaualgen im flachen, warmen Meerwasser karbonatische Erhebungen, die sog. *Stromatholithe* (Abb. 25.19), ein Vorgang, der seit der Wende Archaikum/Proterozoikum vor ca. 2 600–2 400 Ma verstärkt einsetzte. Durch die Reaktion des CO_2 mit den im Meerwasser gelösten Ca^{2+}-Ionen wurde der CO_2-Gehalt der Erdatmosphäre drastisch gesenkt und durch die Photosynthese der Algen wurde in großem Stil Sauerstoff produziert. Dieser reagierte mit tonigen und sandigen Sedimentgesteinen unter Ausfällung von Eisenoxiden und es entstanden immense Mengen an gebänderten Eisensteinen (vgl. Abschn. 25.4.2).

Riffe. Riffe sind karbonatische Hügelstrukturen, die von kolonienbildenden oder einzeln lebenden Invertebraten aufgebaut werden und ein wellenresistentes Gerüst besitzen (z. B. Tucker 1985). Sie bestehen hauptsächlich aus kalkigen Außenskeletten, sind ungeschichtet und stellen

Abb. 25.18.
Biosparitischer Kalkstein aus dem Oberen Muschelkalk, Ehem. Steinbruch Albert, Rottershausen, Unterfranken. Es handelt sich um den Ausschnitt aus einem fossilen Meeresbooden, der bei starkem Sturm durch grundberührenden Seegang aufgewühlt wurde (Tempestit). Dabei wurden lebende Muscheln und die Schalen bereits abgestorbener Muscheln, insbesondere von *Plagiostoma striatum*, aus ihrer Lagerung ausgespühlt, in ihre stabile Lage eingekippt und als Schillpflaster ausgebreitet. Mineralogisches Museum der Universität Würzburg, Schenkung Klaus-Peter Kelber.
(Foto: K.-P. Kelber)

Abb. 25.19.
Stromatolith, Wechsellagerung von cm-dicken Dolomit-Lagen (*hellrot*) und dünneren Chert-Lagen (*dunkler rot* gefärbte Rippen, herausgewittert) in der ca. 2,6 Ga alten Malmani-Untergruppe der Transvaal-Supergruppe (Wende Archaikum/Proterozoikum). Lone Creek Falls bei Pilgrim's Rest, Südafrika. **a** Übersicht; **b** Ausschnitt aus dem rechten unteren Bereich der Steilwand. (Foto: Wolfgang Hermann, Würzburg)

wichtige Speichergesteine für Erdöl und Erdgas dar. Im Verlauf der Erdgeschichte waren fast alle wirbellosen Tierarten am Aufbau von Riffen beteiligt, so Stromatoporen im Ordovizium bis Devon, Pterokorallen im Silur bis Karbon, phylloide Algen im Karbon bis Perm, Cyclokorallen seit der Trias, Schwämme in Trias und Jura, Rudisten-Muscheln in der Kreide sowie Korallen und Corallinaceen in der Gegenwart. Bei den riffbildenden Organismen unterscheidet man Gerüstbildner (z. B. Korallen), Gerüstbinder, die das Gerüst umkrusten und verstärken (z. B. Kalkalgen und Bryozoen), und Riffbewohner (z. B. Bohrmuscheln, Algen, Echinodermen und Raubfische). Wichtige Rifftypen sind die kleinen, rundlichen Kuppenriffe (engl. patch reef), die konischen Säulenriffe (engl. pinnacle reef), Barriereriffe, die von der Küste durch eine Lagune getrennt sind, Saumriffe, die sich entlang der Küste erstrecken und Atolle mit eingeschlossener Lagune.

Für die rezente Bildung von Korallenriffen gelten eine Reihe von Bedingungen, die wahrscheinlich auch in der geologischen Vergangenheit für das Riffwachstum wichtig waren:

- hohe Wassertemperatur: optimales Wachstum bei 25 °C,
- geringe Wassertiefe: Hauptwachstum bis <10 m,
- geringe Toleranzbreite für die Salinität und
- Begünstigung des Riffwachstums durch intensive Wellentätigkeit und fehlende Zufuhr von terrigenen Silt- und Tonpartikeln (z. B. Tucker 1985).

Dementsprechend entwickeln sich Riffe im Schelfbereich an den Rändern von Epikontinental-Meeren, wo sie – günstige Temperaturbedingungen vorausgesetzt – die Karbonatplattform begrenzen (Abb. 25.20). Sie zeigen einen dreiteiligen Aufbau:

1. Vorriff (engl. fore reef): Es hat einen steilen Außenhang und einen Hangfuß aus grobem Riffschutt, der zum offenen Meer hin in Kalkturbidite übergeht, die zwischen die pelagischen Karbonatschlämme der Tiefsee eingeschaltet sind.
2. Riffkern (engl. reef core) mit der Riff-Plattform.
3. Rückriff (engl. back reef): Es wird aus Riffschutt, Karbonatsanden und Oolithen gebildet und leitet in die Karbonatplattform mit ihren Lagunen über, in der Karbonatsande und Karbonatschlämme abgelagert werden.

> Marine Kalksteine enthalten also neben anorganisch oder biochemisch ausgefälltem $CaCO_3$ häufig klastische Komponenten, wie mechanisch aufbereitete Hartteile von Fossilien oder Erosionsprodukte älterer Kalksteine, oder bestehen überwiegend aus diesen. Zusätzlich kann bereits während der Sedimentation eine chemische $CaCO_3$-Abscheidung wirksam werden, die von diagenetischen Vorgängen meist nur schwer abzugrenzen ist.

Kalksteine stellen beliebte Naturwerksteine dar, aus denen bereits in der Antike öffentliche Bauwerke errichtet wurden. Als Beispiel diene der Quaderkalk aus dem mainfränkischen Raum, ein Biosparit des Oberen Muschelkalks, aus dem man u. a. im Mittelalter die Alte Mainbrücke in Würzburg (Abb. 25.21), in neuerer Zeit das Berliner Olympia-Stadion erbaute.

Kreide. Das ist ein dichtkörniger organogener Kalkstein, der ausschließlich aus Schalen von Mikroorganismen, besonders von Foraminiferen besteht. Er enthält diagenetisch gebildete Konkretionen von feinkristallinem SiO_2 (Feuerstein, Flint, engl. chert), die lagenweise angereichert sind.

25.3.4
Bildung festländischer (terrestrischer) Karbonatsedimente

Hier treten Kalkausscheidungen als Oberflächenkalke in Trockengebieten, als Absätze aus Quellen und Flüssen oder als Ablagerungen in Binnenseen auf.

Die *Oberflächenkalke* oder Krustenkalke (Calcrete) sind an Trockenregionen gebunden. Während der Trockenzeit steigt das Wasser der Verwitterungslösungen kapillar im Boden auf und verdunstet an der Oberfläche. Dabei scheiden sich die am schwersten löslichen Salze zuerst aus, so das $CaCO_3$.

In Regionen mit reichlicheren Niederschlägen gelangen die Ca^{2+}- und HCO_3^--Ionen über das Grundwasser in Quellen, Bäche und Flüsse. Tritt das Grundwasser als Quelle aus oder erfolgt eine Zerteilung des Flusswassers etwa in einer Kaskade, so kommt es unter gleichzeitiger Erwärmung des Wassers zur unmittelbaren Freisetzung des gelösten CO_2 und damit zur Ausfällung von $CaCO_3$ nach Gleichung (25.2). Es entstehen *Kalksinter*. Oft bildet sich ein poröser Kalkstein, der Travertin, etwas irreführend auch als Kalk- oder Quelltuff bezeichnet. Travertin ist ein geschätzter Baustein besonders zur Verkleidung von Fassaden.

In Binnenseen treten feinkörnige Kalkschlämme auf, die als *Seekreide* bezeichnet werden. Häufig wird in diesem Fall die Ausscheidung von $CaCO_3$ durch die Anwesenheit eines üppigen Pflanzenwuchses gefördert.

25.3.5
Diagenese von Kalkstein

In rezenten unverfestigten Karbonatsedimenten der Flachsee werden vorwiegend metastabiler Aragonit und Mg-reicher Calcit beobachtet. Demgegenüber bestehen Kalksteine älterer geologischer Formationen, besonders von vortertiärem Alter nur aus normalem Mg-armem Calcit. Man nimmt an, dass bei der Verfestigung von lo-

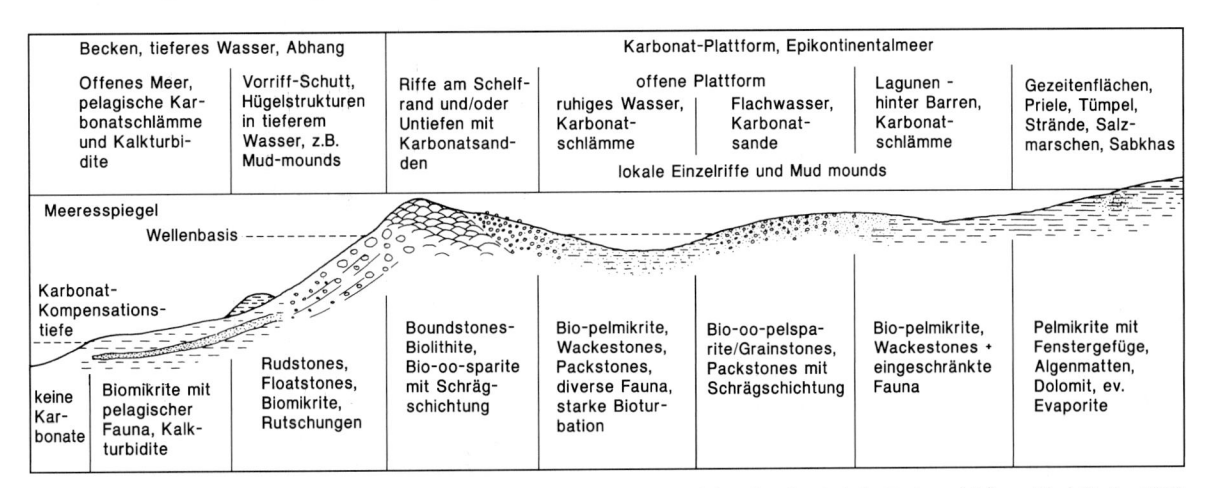

Becken, tieferes Wasser, Abhang		Karbonat-Plattform, Epikontinentalmeer				
Offenes Meer, pelagische Karbonatschlämme und Kalkturbidite	Vorriff-Schutt, Hügelstrukturen in tieferem Wasser, z.B. Mud-mounds	Riffe am Schelfrand und/oder Untiefen mit Karbonatsanden	offene Plattform		Lagunen - hinter Barren, Karbonatschlämme	Gezeitenflächen, Priele, Tümpel, Strände, Salzmarschen, Sabkhas
			ruhiges Wasser, Karbonatschlämme	Flachwasser, Karbonatsande		
			lokale Einzelriffe und Mud mounds			
keine Karbonate	Biomikrite mit pelagischer Fauna, Kalkturbidite	Rudstones, Floatstones, Biomikrite, Rutschungen	Boundstones-Biolithite, Bio-oo-sparite mit Schrägschichtung	Bio-pelmikrite, Wackestones, Packstones, diverse Fauna, starke Bioturbation	Bio-oo-pelsparite/Grainstones, Packstones mit Schrägschichtung	Bio-pelmikrite, Wackestones + eingeschränkte Fauna	Pelmikrite mit Fenstergefüge, Algenmatten, Dolomit, ev. Evaporite

Abb. 25.20. Die wichtigsten marinen Bildungsbereiche von Karbonatsedimenten und ihre charakteristische Faziesausbildung. (Nach Tucker 1985)

Abb. 25.21.
Alte Mainbrücke in Würzburg; einer der frühesten steinernen Brückenbauten in Mitteleuropa. Von der ersten Steinbrücke stehen noch die aus mächtigen Blöcken von Quaderkalk, einem Biosparit des Oberen Muschelkalks, erbauten Fundamente. Nach Zerstörung dieser Brücke durch Hochwasser erfolgte zwischen 1473 und 1543 der Neubau, zu dem deutlich kleinere Blöcke von Quaderkalk verwendet wurden, die ausweislich der Würzburger Ratsprotokolle (Sprandel 2003) aus einem Steinbruch am Bronnberg südlich Würzburg stammen. Die barocken Brückenheiligen wurden aus hellgrauem Keuper-Sandstein gearbeitet. (Foto: Eckart Amelingmeier)

ckerem Kalksediment zu Kalkstein die beiden metastabilen Minerale aufgelöst wurden und gewöhnlicher Calcit neu kristallisierte, es sei denn, das Sediment war bereits ursprünglich aus reinem Calcit zusammengesetzt. Organische Komponenten wie Huminsäuren haben einen deutlichen Einfluss auf die Diageneseprozesse von Kalkstein. Auch im Kalkstein gibt es verbreitet authigene Neubildungen verschiedener Silikate, am häufigsten sind Alkalifeldspäte, wie sie auch in pelitisch-psammitischen Sedimenten beobachtet werden, und zwar überwiegend Albit.

Dolomitische Kalksteine entstehen früh- bis spätdiagenetisch durch Einwirkung magnesiumhaltiger Porenlösungen auf primär sedimentierte Kalke, solange noch ein Porenvolumen vorhanden ist (*Dolomitisierung*). Rezente frühdiagenetische Dolomit-Bildung beobachtet man im Küstenbereich und in der Flachsee, so bei Florida, auf der Bahamabank, in der Karibik und im Persischen Golf (z. B. Tucker 1985). Zwischen den Mineralen Calcit und Dolomit besteht bei der Sedimentation und Diagenese eine ausgedehnte Mischungslücke, wobei Dolomit nach Abb. 8.11 (S. 123) fast reines $CaMg[CO_3]_2$ sein sollte. Trotzdem wird unter diesen Tieftemperaturbedingungen metastabil mehr Ca in die Dolomit-Struktur eingebaut, als es dem stöchiometrischen Verhältnis entspricht (Füchtbauer 1988). Der Ca-Überschuss bleibt über längere geologische Zeiträume hinweg erhalten, wie zahlreiche paläozoische Ca-Dolomite beweisen. Umgekehrt kann es bei der Diagenese von Dolomiten auch zur Neubildung von Calcit kommen (Dedolomitisierung).

Nicht selten bilden sich bei der Diagenese von Karbonat-Sedimenten Konkretionen von Hornstein (Chert), so in den Kreidekalken der Insel Rügen oder Südenglands.

25.4
Eisen- und Mangan-reiche Sedimente und Sedimentgesteine

25.4.1
Ausfällung des Eisens und die Stabilitätsbedingungen der Fe-Minerale

Die wichtigsten Minerale in den Fe-reichen Sedimenten sind: Goethit α-FeOOH, Hämatit, Magnetit, Siderit, Chamosit (ein Fe-reicher Chlorit) und in besonderen Fällen Pyrit.

Für die Ausfällung des Eisens aus den natürlichen wässrigen Lösungen und die Stabilitätsbeziehungen der Fe-Minerale sind insbesondere das Redoxpotential Eh und die Wasserstoffionenkonzentration pH ausschlaggebend. Als Beispiel diene ein Eh-pH-Diagramm, das für hohe Karbonat- und niedrige Sulfid-Gehalte in der Lösung, ausgedrückt als HS^-, gilt (Abb. 25.22a). Bei hohem Eh, d.h. unter stark oxidierenden Bedingungen, besitzt Hämatit ein weites Stabilitätsfeld, während sich Siderit fast nur unter reduzierenden Bedingungen, d.h. bei negativen Eh-Werten ausscheidet. Pyrit entsteht ebenfalls unter reduzierenden Bedingungen, wobei sich sein Stabilitätsfeld mit Zunahme des HS^-/CO_2-Verhältnisses in der Lösung stark erweitert. Magnetit existiert unter stark reduzierenden Bedingungen und im basischen Bereich; doch dehnt sich sein Stabilitätsfeld mit Abnahme von HS^- und CO_2 in der Lösung bis fast in den Neutralbereich aus. Fe-Silikate können sich nur bei reichlichen SiO_2- und niedrigen CO_2-Gehalten und hohem pH ausscheiden. Sehr anschaulich können auch die Stabilitätsfelder der wichtigsten sedimentär gebildeten Fe-Minerale im Diagramm Eh vs. der Aktivität der im Porenwasser

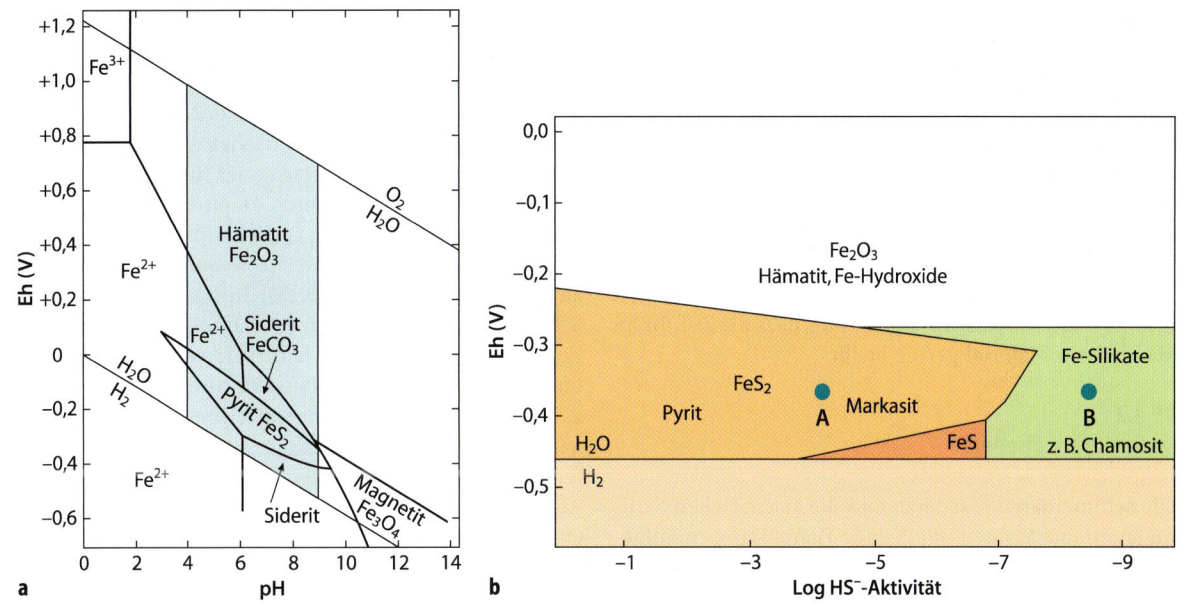

Abb. 25.22. Eh-pH-Diagramm für die Stabilitätsfelder von Fe^{2+}- und Fe^{3+}-Ionen in Lösung sowie für die Minerale Hämatit, Magnetit, Pyrit und Siderit. Das Feld der gewöhnlichen Eh-pH-Bedingungen im oberflächennahen Milieu ist *farbig hinterlegt*. Gesamtaktivität des gelösten Karbonats 1-molar, des gelösten S 10^{-6}-molar, des gelösten Fe 10^{-6}-molar. (Nach Garrels u. Christ 1965, aus Krauskopf 1979). **b** Stabilitätsfelder von FeS_2, FeS, Fe-Silikaten und Fe_2O_3 im Diagramm Eh vs. dem Logarithmus der Aktivität der im Porenwasser gelösten HS^--Ionen bei der Diagenese bei mittleren pH-Werten. Aus einer Lösung mit hoher bis mittlerer HS^--Aktivität (z. B. der Zusammensetzung A) scheiden sich FeS_2-Minerale (Pyrit oder Markasit) aus, während die Bildung von Fe-Silikaten (z. B. Chamosit) nur bei sehr geringer HS^--Aktivität (z. B. Lösung B) möglich ist. (Aus Taylor u. Macquaker 2011)

gelösten HS^--Ionen bei der Diagenese veranschaulicht werden (Abb. 25.22b). Man erkennt, dass sich FeS_2-Minerale (Pyrit oder Markasit) in einem breiten Stabilitätsbereich bei relativ niedrigen Eh-Werten und hohen bis mittleren HS^--Aktivitäten bilden können, während die Ausscheidung von Fe-Silikaten (z. B. Chamosit) nur bei deutlich niedrigeren HS^--Aktivitäten möglich ist. Bei Eh-Werten von größer ca. –0,28 bis –0,25 Volt nimmt Fe_2O_3 (in Form von Hämatit oder Fe-Hydroxiden) ein breites Stabilitätsfeld ein (Taylor u. Macquaker 2011).

Im Grundwasser ist der Fe-Gehalt normalerweise recht gering; bei Sauerstoffunterschuss ist Fe^{2+} in Form von Ferrosalzen gelöst, am häufigsten als Karbonat, Chlorid oder Sulfat. Im gut durchlüfteten Oberflächenwasser neigen derartige Lösungen durch den vorhandenen Sauerstoff zu Hydrolyse und Oxidation dieser Salze unter Bildung von $Fe(OH)_3$, wobei ein Teil davon in die kolloidale Form übergeht. Eine relativ bescheidene Menge des Eisens wird als Fe^{3+}-Oxid-Hydrosol durch das Flusswasser transportiert. Das ist auf längere Strecken hin nur möglich, wenn eine Stabilisierung durch kolloidale organische Substanz, sog. Schutzkolloide, erfolgt. Diese Kolloide besitzen positive Ladungen und werden so über weite Entfernungen hin transportiert, ohne ausgefällt zu werden. Voraussetzung ist, dass die Konzentration an Elektrolyten niedrig bleibt und dass negativ geladene Kolloide nicht in größerer Menge in das Flusswasser gelangen. Andernfalls käme es unterwegs zur Ausfällung des Eisens.

Sobald das Flusswasser das Meer erreicht, flocken die eisenhaltigen Kolloide durch den hohen Elektrolytgehalt des Meerwassers noch im Schelfbereich aus. Die Ausscheidung erfolgt vor allem in Abhängigkeit vom dort herrschenden Redoxpotential als Hydroxid (Goethit), Karbonat (Siderit), Silikat (Chamosit u. a.) oder auch als Sulfid (Pyrit). Die Flocken setzen sich häufig an die im Wasser des Küstenbereichs aufgewirbelten Mineralfragmente an. Durch weitere Anlagerung von Flocken an Eigen- und Fremdkerne kommt es zu einer konzentrischen Umschalung. Bei einer gewissen Größe können sich diese Ooide, die wir schon bei den marinen Kalksteinen beschrieben hatten, nicht mehr im Wasser schwebend halten und sinken zu Boden. Dabei entstehen eisenreiche oolithische Sedimente. Das Gefüge dieser Oolithe lässt erkennen, dass die Ooide wie bei den oolithischen Kalksteinen zerbrochen sind; bisweilen weisen die Oolithe Trümmererzstrukturen auf. Bei genügender Konzentration von Fe kommt es zur Bildung von marin-sedimentären oolithischen Eisenerzen.

Unsere jetzigen Flüsse führen meist nur sehr geringe Mengen an Fe, und auch der Fe-Gehalt des heutigen Ozeanwassers ist extrem gering, so im offenen Meer 1 mg/m³ Wasser. In der geologischen Vergangenheit müssen daher bei der Bildung der bedeutenden sedimentären Fe-Lagerstätten in den festländischen Liefergebieten besondere, Fe-anreichernde Verwitterungsprozesse geherrscht haben, wie sie in der Jetztzeit nirgends auf der Erde beobachtet werden. Alternativ kann man annehmen, dass Fe-reiche Lösungen durch submarin-vulkanische Exhalationen zugeführt wurden.

In Binnenseen, Sümpfen und Mooren, wo es an stabilisierenden organischen Kolloiden nicht mangelt und dazu die Konzentration an Elektrolyten zu gering ist, um eisenhaltige Kolloide auszufällen, erfolgt die Ausfällung des Eisens ausschließlich durch Bakterien und Pflanzen. Das Fe^{3+}-Oxid-Hydrosol wird reduziert und Siderit scheidet sich aus. Für die Bildung einer terrestrischen Eisenerzlagerstätte ist Voraussetzung, dass die Zufuhr an klastischem Material gering bleibt.

25.4.2
Sedimentäre Eisenerze

Die sedimentären Eisenerze und die eisenreichen Sedimentgesteine können in folgende Hauptgruppen aufgegliedert werden (James 1954; Evans 1993):

- gebänderte Eisenformationen (Banded Iron Formations, BIF),
- phanerozoische Eisensteine (Phanerozoic ironstones),
- terrestrische Eisenerze.

Gebänderte Eisenformationen (Banded Iron Formations, BIF)

Gebänderte Eisensteine stellen die größten Eisenreserven der Erde dar und sind daher von überragender wirtschaftlicher Bedeutung. Neben der heute international akzeptierten Bezeichnung BIF gibt es noch regionale Namen wie Itabirit (nach Itabira in Brasilien), Jaspilit, Hämatitquarzit, Spekularit oder Taconit (in den USA). Die sedimentäre Bildung der BIF erfolgte zu 90 % im Zeitraum von >3,8 bis 1,9 Ga, d. h. vom frühen Archaikum bis ins späte Paläoproterozoikum, als mindestens 10^{14}–10^{15} t Fe abgelagert wurden (Gross 1991). Ausgeprägte Höhepunkte der BIF-Sedimentation vor ca. 3,0, 2,7, 2,4 und 1,9 Ga sind an Phasen starker vulkanischer Aktivität geknüpft (Islay u. Abbot 1999). Kennzeichnet für die BIF ist eine Feinschichtung, bedingt durch einen Lagenwechsel aus Eisenerz, Hornstein (Chert, Jaspis) und Tigerauge, einem verkieselter Amphibolasbest (Krokydolith), bei dem Fe^{2+} zu Fe^{3+} oxidiert ist (Abb. 25.23); die 0,5–3 cm mächtigen Schichten sind in sich noch einmal im Millimeter- oder Zehntelmillimeter-Bereich feinlaminiert. Allerdings sind die ursprünglichen Sedimentstrukturen häufig durch – z. T. hochgradige – metamorphe Überprägung weitgehend unkenntlich geworden. Es unterliegt keinem Zweifel, dass die BIF durch chemische oder biochemische Ausfällung entstanden sind, z. B. unter Mitwirkung von Organismen wie Blaugrün-Algen, Pilzen oder Bakterien. Dabei erfolgte der Transport des Eisens in Form von gelösten Fe^{2+}-Ionen unter anoxischen Bedingungen, d. h. bei relativ niedrigem Eh (Abb. 25.22a). Die Hauptmenge der erforderlichen Fe^{2+}-Ionen stammt wahrscheinlich aus submarinen vulkanischen Exhalationen; jedoch dürfte auch ein beachtlicher Anteil des Fe^{2+} von den benachbarten Landmassen herantransportiert oder durch diagenetische Prozesse angereichert worden sein (Poulton u. Canfield 2011).

Im Zeitraum vom späten Paläoproterozoikum bis ins späte Neoproterozoikum waren in den Ozeanen immer wieder euxinische, d. h. stark Sauerstoff-untersättigte Bedingungen realisiert, unter denen das Fe^{2+} in Form von Pyrit ausgefällt wurde. Zu einer begrenzten Bildung von BIF-Lagerstätten kam es jedoch im Zusammenhang mit den neoproterozoischen Vereisungen (Poulton u. Canfield 2011).

Abb. 25.23.
Eisenerz der Banded Iron Formation (BIF) vom Superior-Typ. Man erkennt eine verfaltete Wechsellagerung von Hämatit (hell- bis dunkelblau), Tigerauge (gelb) und rotem Jaspis. Hamersley Range, Australien. Bildbreite ca. 15 cm. Mineralogische Museum der Universität Würzburg. (Foto: K.-P. Kelber)

Nach der Art der Erzminerale können vier Faziestypen unterschieden werden:

- Oxidfazies, die wichtigste BIF-Fazies: Hämatit und/oder Magnetit,
- Karbonatfazies: Siderit,
- Silikatfazies: Fe-reiche Schichtsilikate wie Greenalith (S. 176), Chamosit (S. 175), Glaukonit (S. 385), Minnesotait (ein Fe-reicher Talk) und Stilpnomelan (S. 420), der möglicherweise bereits eine metamorphe Bildung ist,
- Sulfidfazies: Pyrit.

Die BIF lassen sich in zwei Haupttypen unterteilen:

Superior-Typ. BIF vom Superior-Typ wechsellagern mit Quarziten, schwarzen Mergeltonen und anderen Sedimenten, die im flachen Seewasser von Kontinentalschelfen, abgeschnürten Meeresbecken, vorrückenden Küstenlinien oder intrakratonischen Becken abgelagert wurden; eine direkte Verknüpfung mit Vulkaniten ist nicht erkennbar. Die Erze liegen meist in Oxid-, Karbonat- und Silikat-Fazies vor. Wichtige Lagerstätten dieses Typs befinden sich in der namengebenden Lake-Superior-Provinz Nordamerikas, wo sie sog. Ranges bilden, insbesondere die Cuyuna-, Mesabi- und Vermillion-Range (Minnesota), die Penokee-Gogebic-Range (Wisconsin-Michigan), die Marquette- und Menominie-Range (Michigan) sowie die Gunflint-Range, der Steep-Rock-Distrikt und der Michipicoten-Distrikt (Ontario, Kanada). Von ihnen ist die Mesabi-Range am produktivsten. Weitere weltwirtschaftlich wichtige BIF-Lagerstätten dieses Typs befinden sich im Labrador-Trog (Kanada), bei Krivoj Rog und Kursk in der Ukraine, im Bihar-Orissa-Gebiet (Indien), in der Hamersley Range (West-Australien; Abb. 25.23) sowie in Minas Gerais (Brasilien).

Algoma-Typ. BIF vom Algoma-Typ liegen in der Oxid-, Karbonat- und Sulfid-Fazies vor. Sie sind häufig an archaische Grünstein-Gürtel gebunden, treten aber auch in jüngeren Formationen auf. Charakteristisch ist die Wechsellagerung mit Grauwacken-Vulkanit-Assoziationen, was häufig als Indiz für eine vulkanisch-exhalative Bildung angesehen wird. Wichtige Lagerstätten dieses Typs liegen im archaischen Abitibi-Grünstein-Gürtel am Kirkland Lake und bei Temagami (Ontario), in der Vermillion-Range (Minnesota), im Yilgarn-Block und Pilbara-Distrikt (West-Australien), in Liberia und Guayana (Westafrika) sowie in Simbabwe und Transvaal (südliches Afrika).

Phanerozoische Eisensteine (Phanerozoic ironstones)

Diese im Flachseebereich abgelagerten Eisenerze waren früher von großer wirtschaftliche Bedeutung, die jedoch kontinuierlich zurückgeht. Es lassen sich zwei verschiedene Typen unterscheiden:

- Oolithische Hämatit-Chamosit-Siderit-Erze vom *Clinton-Typ*, benannt nach der Lagerstätte Clinton in Alabama (USA) mit Durchschnittsgehalten von ca. 40–50 % Fe, besitzen meist altpaläozoisches Alter. Ein wirtschaftlich wichtiges Beispiel ist die Lagerstätte Wabana in Neufundland (Kanada). Kleinere Vorkommen von oolithischen Chamosit-Thuringit-Erzen im Ordovizium Thüringens sind heute ohne Bedeutung.
- Eisenerze vom *Minette-Typ* bestehen meist aus Siderit, Chamosit, Hämatit und Limonit; sie sind überwiegend oolitisch ausgebildet. Bei den Minette-Erzen aus dem Dogger von Mittelengland, Lothringen, Luxemburg sowie bei den gleich alten, heute nicht mehr abgebauten Oolitherzen in Baden, Württemberg und Franken bestehen die Ooide aus Limonit, die Grundmasse aus Calcit, Siderit oder Chamosit. Diese Erze führen durchschnittlich 30 % Fe, meist >20 % SiO_2 und 5–20 % CaO; die hohen Karbonatgehalte gestatten häufig die Verhüttung ohne Zusatz von Flussmitteln.

Die ehemals wichtigste Fe-Lagerstätte Deutschlands mit Vorräten von bis zu 4 000 Mio. t Erz liegt im Salzgitter-Distrikt im nördlichen Harzvorland. Sie umfasst oolithische Eisenerze von Lias-, Malm- und Kreide-Alter sowie Trümmereisenerze der Kreide. Diese bestehen aus Brandungsgeröllen von Toneisenstein aus dem Lias und dem Dogger, die in synsedimentär absinkenden, durch Salztektonik angelegten Senken zusammen geschwemmt und zu Limonit oxidiert wurden. Zusätzlich kam es zur marinen Ausscheidung von limonitischen Ooiden. Die Matrix zwischen den Trümmern und Ooiden ist wechselnd tonig, mergelig, kalkig, ankeritisch oder sideritisch. Insgesamt wurden 340 Mio. t Eisenerz gewonnen und im Stahlwerk Salzgitter verhüttet. Der letzte Untertage-Abbau dieses Distrikts, der Schacht Konrad, wird als Endlager für schwach radioaktive Abfälle offen gehalten.

Terrestrische Eisenerze

Eisenerze terrestrischer Entstehung waren in früheren Zeiten z. T. von Bedeutung für die lokale Fe-Gewinnung, sind aber heute wirtschaftlich uninteressant. Hierzu gehören:

- Sideritische Kohleneisensteine (blackbands) und Toneisensteine (claybands). Beide bestehen aus Siderit, kohliger Substanz und pelitischem Detritus und treten zusammen mit Kohlenablagerungen auf.
- See- und Sumpferze (Raseneisenerz) bestehen aus Limonit, der sich noch unter rezenten Bedingungen in Binnenseen und Sümpfen v. a. in nördlicheren Breiten ausscheidet. Raseneisenerz bildet erdige, oft mit Sandkörnern verkrustete Lagen innerhalb oder oberhalb von Torflagern.

25.4.3
Sedimentäre Manganerze

Eisen und Mangan verhalten sich geochemisch sehr ähnlich; ihre Trennung bei sedimentären Prozessen im Meer- oder im Süßwasser stellt ein viel diskutiertes Problem dar. Die Hauptrolle dabei dürften Unterschiede im Redoxpotential spielen. Bei gleicher Temperatur und gleichem pH-Wert wird Eisen als $Fe(OH)_3$ bereits bei niedrigeren Eh-Werten ausgefällt als Mangan in Form von MnO_2 (Maynard 1983). Dabei könnte die Mischung des Meerwassers mit sauerstoffreichen Oberflächenwässern im küstennahen Bereich eine wichtige Rolle spielen. In vielen Fällen sind sedimentäre Mn-Erze erst sekundär durch tropische Verwitterung zu bauwürdigen Lagerstätten angereichert, wie z. B. in Nsuta (Ghana, Abschn. 24.5.4, S. 377).

Präkambrische Manganerze

Häufig sind sedimentäre Manganerze mit Fe-Erzen vom BIF-Typ vergesellschaftet; sie sind dementsprechend oft deformiert und metamorph überprägt. In den sog. Genditen dominieren metamorph gebildete Silikate wie Spessartin, Mn-Pyroxene, Mn-Amphibole und Braunit $Mn^{2+}Mn_6^{3+}[O_8/SiO_4]$; karbonatische Manganerze bestehen überwiegend aus Rhodochrosit. Die ursprüngliche Ablagerung der Mn-Sedimente erfolgte im Flachseebereich intrakratonischer Becken, wobei einige Autoren eine vulkanisch exhalative Herkunft der Metalle annehmen. Wichtige Vorkommen liegen in Orissa (Indien), Minas Gerais (Brasilien), Bolivien, Gabun (Äquatorialafrika) und Ghana (Westafrika). Von weltwirtschaftlicher Bedeutung ist das Kalahari-Erzfeld in der altproterozoischen Transvaal-Supergruppe (Südafrika); mit Erzvorräten von etwa 4 400 Mio. t steht die Lagerstätte an 1. Stelle in der Welt. Der größte Bergbau ist Mawatwan, wo ein 20 m mächtiges Erzflöz durchschnittlich 38 % Mn enthält. Ein europäisches Vorkommen ist Jacobeni im Kristallin der Ostkarpathen (Rumänien).

Phanerozoische Manganerze

Die marin-sedimentären Manganerzlagerstätten von Nikopol am unteren Dnjepr (Ukraine) und Tschiaturi am Südhang des Kaukasus (Georgien) wurden im Flachseebereich des südukrainischen Oligozän-Beckens abgelagert. Die Erze bestehen aus Oolithen, Konkretionen und erdigen Massen von Pyrolusit und Romanèchit (Psilomelan); eine Karbonatfazies besteht aus Rhodochrosit und Manganocalcit. Diese Mn-Lagerstätten besaßen früher eine überragende wirtschaftliche Bedeutung, die jedoch wegen relativ geringer Mn-Gehalte – in Nikopol 15–25 % – deutlich zurückgegangen ist. Heute sind die viel reicheren kretazischen Mn-Erze von Groote Eylandt (Nord-Australien) mit Durchschnittsgehalten von 51 % Mn und Vorräten von 300 Mio. t weltwirtschaftlich viel wichtiger.

25.4.4
Metallkonzentrationen am Ozeanboden

Die Manganknollen der Tiefseebecken des Pazifischen und des Indischen Ozeans (Abb. 25.24) könnten für die Zukunft bedeutsame Metallreserven darstellen; jedoch ist ihre Gewinnung derzeit zu kostenaufwendig und wäre mit erheblichen ökologischen Risiken verbunden. Diese Konkretionen sind durch einen Ausfällungsprozess beim

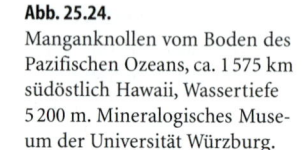

Abb. 25.24.
Manganknollen vom Boden des Pazifischen Ozeans, ca. 1 575 km südöstlich Hawaii, Wassertiefe 5 200 m. Mineralogisches Museum der Universität Würzburg. (Foto: K.-P. Kelber)

Zusammentreffen von gelöstem Mn^{2+} mit dem relativ hohen Sauerstoffgehalt des kalten Tiefenwassers als Gel ausgeflockt worden und bestehen so hauptsächlich aus einer röntgenamorphen Substanz. Hauptmetalle sind Mn und Fe. Erst durch spätere diagenetische Vorgänge sind kristallisierte, wasserhaltige Oxide und Hydroxide komplexer Zusammensetzung entstanden, insbesondere Todorokit, Birnessit und Vernadit (S. 112). Die Knollen enthalten weitere Schwermetalle in auffallend hohen, jedoch unterschiedlichen Konzentrationen, so insbesondere Ni, Cu und Co. Diese Buntmetalle sind adsorptiv angelagert. Die Knollen aus dem Knollengürtel des nördlichen Pazifiks enthalten im Mittel 27,0 % Mn, 1,3 % Ni, 1,2 % Cu und 0,2 % Co. Aus dem konzentrisch-schaligen Aufbau der Knollen wird geschlossen, dass sie auf dem Ozeanboden über geologische Zeiträume hinweg gewachsen sind, und zwar um etwa $1\,mm/10^6$ Jahre. Ihre Metallgehalte werden aus kontinentalem Verwitterungsmaterial und/oder submarinen vulkanischen Exhalationen abgeleitet.

25.5
Kieselige Sedimente und Sedimentgesteine

Solche Sedimentbildungen bestehen aus nichtdetritischen SiO_2-Mineralen wie Opal, Chalcedon, Jaspis oder makrokristallinem Quarz. Fallweise kann die kieselige Mineralsubstanz anorganisch und/oder biogen ausgefällt sein. Die Mineralumbildung bei der folgenden Diagenese führt von instabilem biogenem Opal über fehlgeordneten Tief-Cristobalit/-Tridymit zu stabilem Tief-Quarz. Auf diese Weise haben sich z. B. viele jetzt aus Quarz bestehende Hornsteine umgebildet.

Für die Auflösung und Abscheidung von SiO_2 aus wässriger Lösung ist die Kenntnis seiner Löslichkeit in Abhängigkeit von Temperatur und pH-Wert der Lösung von großer Bedeutung. Dabei haben die kristallinen Formen des SiO_2, so Quarz, Tridymit oder Cristobalit, eine viel geringere Löslichkeit als die amorphen Formen wie Opal. Mit zunehmender Temperatur zwischen 0 und 200 °C nimmt die Löslichkeit von SiO_2 stetig linear zu. Bis zu einem pH-Wert von etwa 9 ist Kieselsäure als $Si(OH)_4$-Molekül relativ schwach löslich, wobei ihre Löslichkeit innerhalb dieses pH-Bereichs etwa in gleicher Höhe bleibt (Abb. 24.2, S. 374). Bei höherem pH steigt die Löslichkeit durch Ionisierung des $Si(OH)_4$ sehr stark an, etwa auf das 30 bis 50fache.

Ausscheidung und Diagenese kieseliger Sedimente

Flusswasser enthält SiO_2 in echter Lösung, jedoch nur in außerordentlich geringen Gehalten. Ebenso ist der SiO_2-Gehalt des Meerwassers nur sehr klein. Deshalb tritt eine Ausfällung oder Ausflockung nicht ein.

Im SiO_2-Kreislauf des Ozeans ist die Kieselsäure biogener Herkunft. Organismen wie Radiolarien, Diatomeen oder Kieselschwämme nehmen SiO_2 auf und verwenden es für den Aufbau ihrer Skelettsubstanz, die aus Opal besteht. Ihre Gerüste sind so verbreitete Bestandteile der kieseligen Sedimente, die rezent als Diatomeen- bzw. Radiolarien-Schlicke vorliegen. Im Süßwasser setzt sich die poröse Diatomeen-Erde ab, die auch als Kieselgur bezeichnet wird. Auch hier bestehen die Diatomeen-Gerüste aus Opal. Je nach ihrem Verfestigungsgrad werden diese biogen-kieseligen Sedimente auch als Polierschiefer oder Tripel bezeichnet. In diesen Lockersedimenten liegt SiO_2 als röntgenamorpher Opal-A vor. Bei der diagenetischen Verfestigung kommt es durch Auflösungs- und Rekristallisationsprozesse zur Bildung von Pozellanit, bestehend aus kristallinem, aber stark fehlgeordnetem Opal-CT, und schließlich von Hornstein (Chert) bestehend aus Chalcedon bzw. Quarz.

Dementsprechend sind in den kieseligen Sedimentgesteinen älterer Formationen gewöhnlich nur die grobschaligen Radiolarien reliktisch erhalten geblieben, so im Radiolarit. Sie erscheinen unter dem Mikroskop in veränderter Form als Chalcedon-Sphärolithe. *Radiolarite* sind dichte, scharfkantig brechende Gesteine mit muscheligem Bruch. Die meisten Radiolarite sind durch ein Fe-Oxid-Pigment, das sich zwischen faserigem Chalcedon befindet, bräunlich gefärbt. Zu den Radiolariten gehören auch die *Lydite (Kieselschiefer)*, die meist durch ein kohliges Pigment schwarz gefärbt sind. In ihnen sind die ehemaligen Radiolaritengerüste fast immer vollständig zerstört.

Auch Kieselschwämme liefern die Substanz für kieselige Sedimentabscheidungen. So gehen die knollenförmigen Hornstein-Konkretionen (Flint, Feuerstein) innerhalb der oberen Kreideformation auf diagenetisch mobilisierte Kieselsäure aus ehemaligen Kieselschwämmen zurück. Die Hornsteine bestehen überwiegend aus Chalcedon, d. h. sehr feinkörnigen (<30 µm), verzahnten Quarz-Kriställchen, und können amorphe Opal-Substanz enthalten.

Technische Verwendung der Diatomeenerde (Kieselgur)

Die Eigenschaften der Diatomeenerde, ihr enorm großes Adsorptionsvermögen und die geringe Leitfähigkeit von Wärme und Schall, machen sie zu einem wertvollen technischen Rohstoff. So findet das weiche, im trockenen Zustand leichte und sich filzig anfühlende Gestein Verwendung als Absorbens, Zünd- und Sprengstoffzusatz (Dynamit), Isolations- und Filtriermaterial, z. B. zur Reinigung von Ölen oder Getränken wie Bier. Vorkommen von Diatomeen-Erde werden vielerorts im Tagebau gewonnen. Innerhalb der Bundesrepublik gibt es die meisten Vorkommen in der Lüneburger Heide.

25.6 Sedimentäre Phosphatgesteine

Phosphorite

Phosphorite sind meist unreine Gemenge aus schlecht kristallisierten bis amorphen Phosphaten, häufig Ca-Phosphaten, mit detritisch-kalkigem Material. Die mineralogische Zusammensetzung ist oft nicht genau bekannt. Wichtigstes Mineral der Phosphorite ist ein Karbonat-Fluor-Apatit $Ca_5[(F,O)/(PO_4,CO_3)_3]$, bei dem die PO_4-Gruppe teilweise durch CO_3 ersetzt ist. Er wurde zunächst kolloidal ausgefällt und kristallisierte später zu feinkörnigem Apatit um.

Phosphorite sind knollig, streifig oder oolithisch ausgebildet. Wahrscheinlich ist nur ein geringer Teil der Phosphorsäure anorganischer Herkunft; der größere Teil stammt vielmehr aus der Zersetzung von Phytoplankton und tierischen Hartteilen. Die rezenten und fossilen Phosphoritlager wurden in flachen Meeresbecken oder im Küstenbereich abgelagert. Seit dem Präkambrium sind sie in fast allen Formationen entstanden, besonders jedoch in der Kreide und dem Tertiär. Wirtschaftlich bedeutsame Vorkommen befinden sich besonders in Marokko, Algerien, Tunesien und in Florida (USA).

Guano

Guano bildet sich durch Reaktion von flüssigen Exkrementen von Wasservögeln mit Kalkstein. Er besteht aus einem feinkörnigen Gemenge von Ca-Phosphaten, insbesondere Brushit $CaH[PO_4] \cdot 2H_2O$, Monetit $Ca[PO_3OH]$, Whitlockit $Ca_9(Mg,Fe)[PO_3OH/(PO_4)_6]$ sowie einem relativ F-armem Karbonat-Hydroxyl-Apatit. Guano-Ansammlungen finden sich vor allem auf Inseln und Küstenstreifen in den Äquatorialregionen, so in Chile und auf der Insel Nauru im südwestlichen Pazifik. Guano, der aus Exkrementen von Fledermäusen entsteht, kann sich in bauwürdiger Menge in Höhlen anreichern, z. B. bei Carlsbad (New Mexico) und in Malaysia.

Bedeutung der Phosphate in Technik und Umwelt

Phosphate sind unersetzbare Rohstoffe zur Produktion von Phosphatdüngemitteln, zur Herstellung technischer Phosphorsäuren für die chemische Industrie und von Phosphorsalzen für verschiedene Industriezweige.

Große Phosphatmengen, die aus der landwirtschaftlichen Düngung oder aus Waschmitteln ins Abwasser gelangen, führen zu einer Eutrophierung der Gewässer, wodurch ein übermäßiges Wachstum des Planktons begünstigt wird. Dieses bewirkt durch starken Sauerstoffverbrauch ein Absterben von Fauna und Flora. Ein Teil des P wird an die organische Substanz oder die Tonfraktion gebunden transportiert. In Waschmitteln werden anstelle von Phosphaten heute vorwiegend industriell hergestellte Zeolithe eingesetzt (Abschn. 11.6.5, S. 200).

25.7 Evaporite (Salzgesteine)

25.7.1 Kontinentale (terrestrische) Evaporite

Die wesentlichen Ionen des Süßwassers HCO_3^-, Ca^{2+} und SO_4^{2-} stammen überwiegend aus der Verwitterung von magmatischen, metamorphen und sedimentären Gesteinen. Daher werden die kontinentalen Salzabscheidungen in den heutigen Salzseen stark von den anstehenden Gesteinen bzw. Böden im Einzugsgebiet der Wasserzuführung beeinflusst. Die wichtigsten Minerale der kontinentalen Evaporite sind in Tabelle 25.3 aufgeführt. Neben Ca-Karbonaten, Ca-Sulfaten und Halit bilden sich auch Karbonate und Sulfate der Alkalien, wie Natron (Soda), Mirabilit (Glaubersalz) und Thenardit, die in marinen Salzgesteinen als Primärausscheidungen nicht auftreten.

Man unterscheidet drei Formen von terrestrischen Salzbildungen, die entweder örtlich nebeneinander oder in zeitlicher Folge nacheinander auftreten (Lotze 1957):

- Salzausblühungen und Salzkrusten,
- Salzsümpfe und Salzpfannen,
- Salzseen.

Tabelle 25.3. Die wichtigsten Minerale der terrestrischen Evaporite

	Mineral	Formel
Karbonate	Aragonit, Calcit	$Ca[CO_3]$
	Dolomit	$CaMg[CO_3]_2$
	Natron (Soda)	$Na_2[CO_3] \cdot 10H_2O$
	Trona	$Na_3H[CO_3]_2 \cdot 2H_2O$
Sulfate	Gips	$Ca[SO_4] \cdot 2H_2O$
	Anhydrit	$Ca[SO_4]$
	Mirabilit (Glaubersalz)	$Na_2[SO_4] \cdot 10H_2O$
	Thenardit	$Na_2[SO_4]$
	Epsomit	$Mg[SO_4] \cdot 7H_2O$
Borate	Kernit	$Na_2[B_4O_6(OH)_2] \cdot 3H_2O$
	Borax	$Na_2[B_4O_5(OH)_4] \cdot 8H_2O$
	Colemanit	$Ca[B_3O_4(OH)_3] \cdot H_2O$
	Ulexit	$CaNa[B_5O_6(OH)_6] \cdot 5H_2O$
Chloride	Halit (Steinsalz)	$NaCl$
Nitrate	Nitratin (Natronsalpeter)	$Na[NO_3]$
	Niter (Kalisalpeter)	$K[NO_3]$

Salzausblühungen und Salzkrusten

Sie bilden sich in oder auf trockenem Boden, vor allem in Steppen und Halbwüsten, in sog. Salzsteppen. Die Salze werden aus dem Verwitterungsschutt durch den Tau aus kapillar aufsteigendem Grundwasser ausgefällt. Die Abscheidungen bestehen hauptsächlich aus Calcit bzw. Aragonit, Gips oder Halit (Steinsalz). Diese und andere Salze reichern sich am Ort der Ausscheidung als Oberflächenkrusten an, da zum Abtransport nicht genügend Wasser vorhanden ist.

Die Nitrat-Lagerstätten der Atacama-Wüste in Nordchile und Peru stellen einen extremen und eigenartigen Fall der Wüstensalzbildung dar, der auf besondere klimatische Verhältnisse zurückgeht. Diese Wüste liegt in einem Hochplateau zwischen Kordillere und Küstenkordillere in unmittelbarer Nähe der Meeresküste. Hier herrschen starke Temperaturunterschiede, wobei extreme Trockenheit regelmäßig mit schweren Nebeln, die vom nahen Pazifik hereinbrechen, abwechselt. Der Wüstenstaub liefert reichlich Kondensationskerne und es finden ständig statische Entladungen der Luftelektrizität statt. Dadurch wird der Luftstickstoff zu Salpetersäure oxidiert und in den Nebeltröpfchen niedergeschlagen. Alternativ wird die Nitratbildung durch bakterielle Oxidation erklärt; darüber hinaus können Nitrat-Ionen aus Guano oder aus vulkanischen Tuffen ausgelaugt worden sein. Mit den Kationen des verwitterten Gesteinsuntergrunds bilden sich Na- und K-Salpeter, die sich zusammen mit anderen Salzmineralen wie Halit, Na-Sulfaten und Na-Boraten durch Lösung und Wiederausfällung anreichern und wegen des Wassermangels nicht weggeführt werden können. Die ausgeschiedenen Salze verkitten Sande, Schotter und Schuttdecken zu einer bis zu 2 m mächtigen Kruste, die als Caliche bezeichnet wird. Der Nitratgehalt beträgt meist 7–8 %, lokal bis 60 %, wobei $NaNO_3 \gg KNO_3$ ist. Die chilenischen Salpeter-Lagerstätten werden seit etwa 1830 in zahlreichen Abbaufeldern ausgebeutet; z. Z. beträgt die Jahresförderung etwa 750 000 t. Diese deckt allerdings nur <0,3 % des Weltbedarfs an Stickstoff, während die Hauptmenge synthetisch aus Luftstickstoff gewonnen wird. Praktisch genutzt wird auch der hohe Jodgehalt der chilenischen Lagerstätten.

Salzsümpfe und Salzpfannen (Playas)

In Salzsümpfen scheidet sich das Salz in oder auf erdigem Schlamm aus, der von konzentrierter Salzlösung oder festem Salz durchsetzt wird. Salzpfannen weisen sporadische Wasserbecken zwischen ausgetrockneten Flächen auf, die gewöhnlich von einer Salzkruste bedeckt sind. Bekannte Beispiele sind die Schotts am Nordrand der Sahara in Algerien und Tunesien und die Makarikari-Salzpfanne in Botswana. Salzpfannen können zum Innern hin in Salzseen übergehen oder sich in bei starken Niederschlägen zu Salzseen entwickeln, wie das z. B. im ungewöhnlich regenreichen Jahr 2008 bei der Etoscha-Pfanne in Namibia der Fall war.

Salzseen

Die meisten Salzseen befinden sich in ariden Klimazonen. Größtenteils handelt es sich um abflusslose Konzentrations-Seen, aus denen sich Na- und K-Karbonate sowie Halit aus wässeriger Lösung abscheiden. Bekannte Beispiele sind der Lake Natron und der Lake Magadi, der Typkokalität des Minerals Magadiit $Na_2Si_{14}O_{29} \cdot 10H_2O$, im Ostafrikanischen Grabensystem.

In zahlreichen Salzseen sind auch Borate in gewinnbaren Mengen zur Abscheidung gelangt, so ganz besonders in Kalifornien und in der Türkei. Aus den kalifornischen Lagerstätten werden etwa 90 % des Bedarfs an Bor gedeckt. Hier treten als Borminerale besonders Kernit, Borax, Ulexit und Colemanit auf (Tabelle 25.3).

Es wird übereinstimmend angenommen, dass das Bor in diesen lakustrinen Borat-Lagerstätten durch vulkanische Thermen in den sedimentären Zyklus gelangt ist.

25.7.2
Marine Evaporite

Der Salzgehalt des Meerwassers

Das Meerwasser bildet den größten Vorrat an gelösten Alkali- und Erdalkali-Chloriden und -Sulfaten auf der Erdoberfläche. Der Salzgehalt des Meerwassers, seine Salinität, beträgt durchschnittlich 35 ‰, unterliegt aber erheblichen lateralen und vertikalen Schwankungen. Trotzdem ist das gegenseitige Verhältnis der gelösten Bestandteile sehr konstant. Wie aus Tabelle 25.4 hervorgeht, stehen den vier wichtigsten Kationen Na^+, K^+, Mg^{2+} und Ca^{2+} drei wichtige Anionen Cl^-, SO_4^{2-} und HCO_3^- gegenüber. Neben diesen Hauptkomponenten enthält das Meerwasser noch etwa 70 Nebenbestandteile, von denen besonders Br^-, BO_3^{3-} und Sr^{2+} eine wichtige Rolle spielen. Br ist immerhin so stark angereichert, dass es in den USA aus dem Meerwasser technisch gewonnen werden kann. Die wichtigsten Kationen stammen aus Verwitte-

Tabelle 25.4. Hauptbestandteile des Meerwassers bei 35 ‰ Salzgehalt. (Aus Correns 1968)

Kationen	[g/kg]	Anionen	[g/kg]
Na^+	10,75	Cl^-	19,345
K^+	0,39	Br^-	0,065
Mg^{2+}	1,295	SO_4^{2-}	2,701
Ca^{2+}	0,416	HCO_3^-	0,145
Sr^{2+}	0,008	BO_3^{3-}	0,027

rungs- und Auflösungsprozessen auf dem Kontinent, während die Anionen Cl^-, SO_4^{2-} und HCO_3^- wesentlich auf Entgasungsprozesse der tieferen Gesteinszonen der Erdkruste und des Erdmantels zurückgeführt werden.

Leichtlösliche Salzminerale können sich nur ausscheiden, wenn die Konzentration der chemischen Hauptkomponenten des Meerwassers durch Verdunstungsvorgänge sehr stark erhöht ist, d. h. Übersättigung eintritt. Ehe z. B. die Abscheidung von K-Mg-Salzen einsetzen kann, muss die Wassermenge auf etwa ¹⁄₆₀ der ursprünglichen Menge eingeengt sein. Derartige Bedingungen sind in der Natur nur relativ selten verwirklicht (s. unten). Die Ausscheidungsfolge der verschiedenen leichtlöslichen Salzminerale im komplexen Mehrstoffsystem Meerwasser hängt neben der Temperatur insbesondere von den Konzentrationsverhältnissen in der Lösung ab, wobei neben stabilen auch metastabile Gleichgewichte eine wichtige Rolle spielen (z. B. Braitsch 1971). Zudem werden die früher ausgeschiedenen Salzminerale im Zuge diagenetischer oder metamorpher Umwandlungsvorgänge häufig durch jüngere Mineralphasen verdrängt, nicht selten unter Beteiligung hinzutretender Restlaugen.

Salzminerale und Salzgesteine

In den Salzlagerstätten sind etwa 50 Haupt- und Nebenminerale nachgewiesen worden, von denen in Tabelle 25.5 die allerwichtigsten aufgeführt sind. (Bischofit kommt in den marinen Salzlagerstätten außerordentlich selten vor.)

Salzgesteine unterscheiden sich durch ihre große Wasserlöslichkeit, durch ihre hohe Plastizität und ihre relativ geringe Dichte von den übrigen Sedimenten und Sedimentgesteinen. Die wichtigsten Typen sind:

- *Halitit* ist ein nahezu monomineralisches Salzgestein aus Halit (Steinsalz). Es bildet sehr mächtige Lager. Durch tonig-sulfatische Zwischenlagen kommt eine rhythmische Schichtung zustande.
- *Sylvinit*, das kalireichste Gestein, besitzt als Hauptgemengteil Sylvin neben Halit. Meist ist eine Schichtung durch Wechsellagerung der beiden Minerale erkennbar.
- *Carnallitit* besteht vorwiegend aus Carnallit und Halit.
- *Hartsalze* sind Kalisalze mit zusätzlichen Sulfat-Gehalten:
- *kieseritisches Hartsalz*: es besteht aus Kieserit + Sylvin + Halit,
- *anhydritisches Hartsalz*: es besteht aus Anhydrit + Sylvin + Halit ± Kieserit.

Daneben gibt es weitere Salzgesteine, die eher regionale Bedeutung haben.

Voraussetzungen für die Entstehung mariner Evaporite

Die natürliche Konzentration von Salzen im Meerwasser bis hin zur Übersättigung ist unter folgenden Voraussetzungen möglich: In einem Meeresbecken, das durch eine Schwellenzone oder eine Meerenge weitgehend vom offenen Meer abgeschnürt ist, muss ein kontinuierlicher oberflächlicher Nachfluss von Meerwasser gewährleistet sein, ein Rückfluss der konzentrierten Lösung jedoch verhindert werden. Über die Schwellenzone strömt Meerwasser in dem Maß nach, wie es im anschließenden Becken verdunstet. Zudem darf durch besondere klimatische Bedingungen die Menge des verdunsteten Beckenwassers nicht durch Zuführung von Flusswasser oder durch Niederschläge kompensiert werden. Damit können sich in einem flachen Meeresbecken aus einer gut durchwärmten Lösung gewaltige Salzmächtigkeiten von einigen 100 m ausscheiden, wozu bei einem einmaligen Eindunstungsvorgang eine Meerestiefe von mehreren Kilometern nötig wäre. Dieses Modell eines Salzablagerungsbeckens wurde bereits durch Ochsenius (1877) unter Hinweis auf die Vorgänge innerhalb der Karabugas-Bucht am Ostrand des Kaspischen Meers begründet. Seine sog. Barrentheorie ist in ihren Grundzügen durch die neuere Salzforschung immer wieder bestätigt worden.

Primäre Kristallisation und Diagenese mariner Evaporite

Die primäre Kristallisation der marinen Evaporite erfolgt bei zunehmender Einengung der Meereslauge in folgender Reihenfolge: Zuerst kristallisieren die relativ schwerlöslichen Ca- und Ca-Mg-Karbonate Aragonit, Calcit und Dolomit aus. Die Ausscheidung von Gips beginnt erst, wenn rund 70 % des Meerwassers verdunstet sind. Danach folgen Halit bei rund 89 % und schließlich die Kalisalze Kainit, Carnallit, Sylvin und viele andere. Aus

Tabelle 25.5. Die wichtigsten Minerale der marinen Evaporite

	Mineral	Formel
Karbonate	Dolomit	$CaMg[CO_3]_2$
Chloride	Halit	$NaCl$
	Sylvin	KCl
	Carnallit	$KMgCl_3 \cdot 6H_2O$
	Bischofit	$MgCl_2 \cdot 6H_2O$
Sulfate	Anhydrit	$Ca[SO_4]$
	Gips	$Ca[SO_4] \cdot 2H_2O$
	Kieserit	$Mg[SO_4] \cdot H_2O$
	Polyhalit	$K_2Ca_2Mg[SO_4]_4 \cdot 2H_2O$
Chlorid und Sulfat	Kainit	$KMg[Cl/SO_4] \cdot 2,75H_2O$

einer extrem eingeengten Meereslauge bildet sich am Ende Bischofit $MgCl_2 \cdot 6H_2O$.

Wenn gesättigte Salzlösungen durch Zutritt von Meerwasser an Konzentration verlieren, scheiden sich Evaporite in umgekehrter Reihenfolge aus.

> Eine solche Folge von progressiven und rezessiven Ausscheidungen wird als *salinarer Zyklus* bezeichnet. Ein typisches Beispiel hierzu ist die Salzfolge der Zechstein-Evaporite in Mitteleuropa. Diese Zyklen sind in Mittel- und Norddeutschland, unter der Nordsee, in Dänemark, den Niederlanden, England und Polen mit unterschiedlicher Mächtigkeit und Vollständigkeit ausgebildet.

Die Ausscheidungsfolge mariner Evaporite kann in erster Näherung im Modellsystem Na-K-Ca-Mg-SO_4-Cl-H_2O modelliert werden. Wenn man davon ausgeht, dass Ca-Sulfat schon sehr früh kristallisiert und NaCl stets im Überschuss vorhanden ist, so lassen sich die Verhältnisse im Konzentrationsdreieck K_2–Mg–SO_4 darstellen. Wir betrachten zunächst die stabilen Gleichgewichte bei Atmosphärendruck = 1 bar und Zimmertemperatur = 25 °C (Abb. 25.25a). Nach Ausscheidung von Ca-Sulfat ist das Mol-Verhältnis Mg : K_2 : SO_4 = 70 : 7 : 23. Aus einer solchen Lösung sollte sich zunächst Blödit $Na_2Mg[SO_4]_2 \cdot 4H_2O$ ausscheiden, gefolgt von Epsomit. Mit weiterer Konzentration der Salzlauge folgt deren Zusammensetzung dem farbig gezeichneten Kristallisationspfad, und durch Reaktion mit den bereits ausgeschiedenen Phasen würden sich nacheinander Kainit, Kieserit und Carnallit bilden. Der letzte Tropfen Lauge würde schließlich mit Kieserit, Carnallit und Bischofit koexistieren. Bei dieser theoretischen Kristallisationsabfolge wird das Stabilitätsfeld von Sylvin nicht erreicht, obwohl er das wichtigste Kalisalz-Mineral in der Natur ist. Diese Diskrepanz könnte gelöst werden, wenn man annimmt, dass die Bildung von komplexen K-Mg-Salzen wie Kainit kinetisch gehemmt ist. Dadurch würden sich die Stabilitätsfelder von Sylvin und Carnallit metastabil erweitern, während das Kieserit-Feld verschwinden würde, und es käme zu einer frühen Sylvin-Kristallisation (Abb. 25.25b).

Am Anfang der Meerwassereindunstung folgt, wie oben hervorgehoben wurde, auf die Karbonatausscheidung die Kristallisation von Gips. In der Folge der Salzlagerstätten der geologischen Vergangenheit befindet sich jedoch über den Karbonaten meist ein mächtiges Lager von Anhydrit. Diese Diskrepanz führte zu einer anhaltenden Diskussion um die primäre Ausscheidung des Anhydrits aus dem Meerwasser. Wir wissen heute, dass sich wegen seiner begünstigten Keimbildung zunächst Gips als metastabile Phase ausgeschieden hat, der sich während der Diagenese in den stabilen Anhydrit umwandelte. Dieser Vorgang wurde durch die Erhöhung von Temperatur und Belastungsdruck durch das auflagernde Deckgebirge begünstigt.

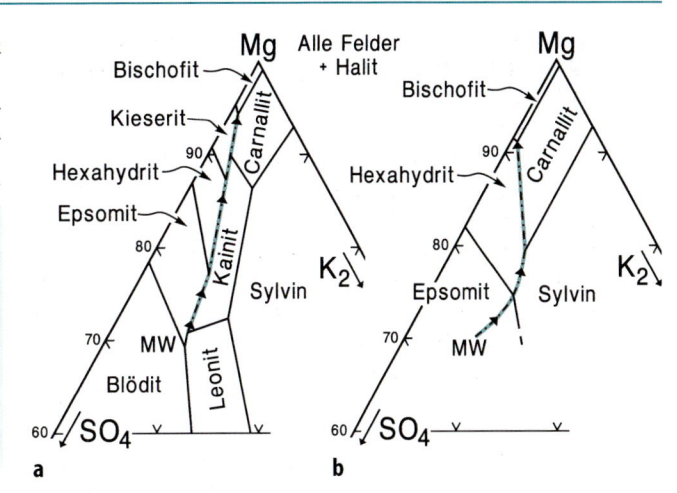

Abb. 25.25. Das System Na-K-$MgSO_4$-Cl-H_2O bei 25 °C und 1 bar. **a** Stabile Gleichgewichte, **b** metastabile Gleichgewichte. (Aus Holser 1981)

Der nach dem Gips auskristallisierende Halit erfährt in den Salzgesteinen keine Umwandlung, wohl aber ein Teil der primär ausgeschiedenen K-Mg-Verbindungen, wobei Übersättigung in den konzentrierten Salzlaugen häufig zur metastabilen Salzausscheidung führt. Erfolgen die Umwandlungen in stabile Mineralassoziationen geologisch frühzeitig, werden sie noch der Diagenese zugerechnet, weil sie bei gleichen Temperaturen stattfinden wie die Ausscheidung der primären Salzminerale (Braitsch 1971).

Metamorphose mariner Evaporite

Viele Salzminerale reagieren empfindlich auf die nachträgliche Einwirkung von Lösungen, auf Temperaturerhöhung oder mechanische Beanspruchung, wobei es zu Mineralreaktionen, Stofftransporten und Änderungen in der Elementverteilung zwischen koexistierenden Salzmineralen kommt. Nach Borchert u. Muir (1964) sind somit alle Kriterien für eine Gesteinsmetamorphose gegeben. Nur sind bei der Salzmetamorphose die Temperaturen viel niedriger als bei der Metamorphose von Silikatgesteinen.

Bei den Salzgesteinen unterscheidet man gewöhnlich drei verschiedene Arten von Metamorphose, je nachdem, ob Lösungseinwirkung, Temperatur oder mechanische Beanspruchung dominieren. Da Salzminerale wie Carnallit, Sylvin oder Halit extrem wasserlöslich sind, spielt die Lösungsmetamorphose die Hauptrolle; sie wurde in allen deutschen Kalisalzlagerstätten des Zechsteins festgestellt. Hierbei ist die inkongruente Carnallit-Zersetzung unter Neubildung von Sylvin nach der Reaktion

$$KMgCl_3 \cdot 6H_2O \rightarrow KCl + MgCl_2 + 6H_2O \qquad (25.4)$$
Carnallit $\qquad\qquad$ Sylvin $\;$ Lösung

wichtig. Dabei wird kieserithaltiger Carnallitit durch ungesättigte Salzlösungen in kieseritisches Hartsalz umgewandelt:

> Carnallit + Kieserit + Halit + NaCl-Lösung
> *kieseritischer Carnallitit*
>
> → Kieserit + Sylvin + Halit + MgCl$_2$-Lösung (25.5)
> *kieseritisches Hartsalz*

Die Bildung der Paragenese Kieserit–Sylvin erfordert Temperaturen von >72 °C, während <72 °C an ihrer Stelle Kainit entsteht. Die NaCl-Lösungen sind auf Spalten eingedrungen, die MgCl$_2$-Lösungen nach dem Umwandlungsprozess in die Umgebung abgewandert.

Salztektonik

Wegen ihrer geringeren Dichte befinden sich Salzschichten in einer instabilen Lagerung gegenüber den sie überdeckenden silikatischen oder karbonatischen Sedimenten. Salzgesteine steigen daher häufig in Form von Salzstöcken (Salzdiapiren) auf; dabei schleppen sie die jüngeren Schichtfolgen hoch, durchbrechen und überkippen diese, wobei die Salzkörper intern deformiert werden (Salztektonik, Halokinese). An der Oberfläche solcher Salzdiapire oder von kuppelförmigen Salz-Aufwölbungen kommt es zu Lösungserscheinungen durch einwanderndes Grundwasser und zur Neubildung von Gips und Kainit in einem sog. Gips- bzw. Kainit-Hut. Diese Vorgänge sollten nach Kühn (1979) nicht zur Lösungsmetamorphose, sondern zu den Verwitterungsbildungen gerechnet werden.

Wirtschaftliche Bedeutung von marinen Evaporiten

Halit (Steinsalz) ist ein vielseitiger und wichtiger Rohstoff für die chemische Industrie, so für die gesamte Chlorchemie, auf deren Basis Kunstfasern (Chemiefasern) gewonnen werden. Aus Halit werden weitere chemische Grundstoffe erzeugt wie z. B. metallisches Natrium, Natronlauge NaOH, Chlorgas Cl$_2$ und Salzsäure HCl. Auf diesen Basisverbindungen bauen wiederum zahlreiche großindustrielle Prozesse zur Herstellung von Waschmitteln, Textilfasern, Papier und Zellstoff auf. Daneben ist Halit für die menschliche Nahrung unverzichtbar; es findet in der Lebensmittel-Industrie, aber auch als Streusalz Verwendung.

Kalisalze sind wichtige Rohstoffe u. a. für die Erzeugung verschiedener Düngemittel und in der chemischen Industrie. Die bedeutendsten Förderländer für Kalisalze sind derzeit Kanada, Russland und Deutschland, wo insbesondere die auf dem Weltmarkt begünstigten Sulfatdüngemittel hergestellt werden.

In großindustriellem Maßstab werden auch Anhydrit- und Gipsgesteine genützt, so für die Herstellung von Schwefelsäure und Ammoniumsulfat sowie als Rohstoff in der Zement- und Baustoffindustrie, z. B. zur Herstellung von Gipskarton-Platten. Gips wird außerdem in der Keramik- und Porzellanindustrie, in der Medizin und Dentalchemie sowie im Kunstgewerbe (Modellgips) verwendet.

Salzdiapire und ihr unmittelbares Nebengestein bieten hervorragende Erdöl- und Erdgas-Fallen. Hierzu gehören besonders die porösen Gesteine des Gipshutes, die aufgewölbten Schichten im Hangenden und die hochgeschleppten Nebengesteine an den Flanken von Salzstöcken. Solche Strukturen liefern wesentliche Anteile der Welterdölproduktion, so im Gebiet des Persischen Golfes, im Golf von Mexiko, in Texas und Louisiana (USA), in Rumänien, in der Nordsee und – heute ohne Bedeutung – in Norddeutschland. In tiefliegenden Kavernen von Salzstöcken werden chemische und radioaktive Abfallstoffe deponiert.

Weiterführende Literatur

Blatt H (1982) Sedimentary petrology. Freeman, San Francisco
Borchert H, Muir RO (1964) Salt deposits: The origin, metamorphism and deformation of evaporites. Van Nostrand, London
Braitsch O (1971) Salt deposits, their origin and composition. Springer-Verlag, Berlin Heidelberg
Burns RG (ed) (1981) Marine minerals, 2nd edn, Rev Mineral 6
Cathless LM III, Adams JJ (2005) Fluid flow and petroleum and mineral resources in the Upper (<20 km) Continental Crust. Econ Geol 100th Anniversary Vol, pp 77–110
Clout JMF, Simonson BM (2005) Precambrian iron formations and iron-formation hosted iron ore deposits. Econ Geol 100th Anniversary Vol, pp 643–679
Engelbrecht JP, Derbyshire E (2010) Airborne mineral dust. Elements 6:241–246
Engelhardt W von (1973) Sediment-Petrologie III. Die Bildung von Sedimenten und Sedimentgesteinen. Schweizerbart, Stuttgart
Evans AM (1993) Ore geology and industrial minerals, 3rd edn. Blackwell Science, Oxford
Flügel E (2010) Microfacies of carbonate rocks – Analysis, interpretation and application, 2nd edn. Springer-Verlag, Heidelberg Dordrecht London New York
Friedman GM, Sanders JE (1978) Principles of sedimentology. Wiley & Sons, New York
Friedman GM, Sanders JE, Kopaska-Merkel DC (1992) Principles of sedimentary deposits: Stratigraphy and sedimentology. Macmillan, New York
Frimmel H (2004) Archean atmospheric evolution: evidence from the Witwatersrand gold fields, South Africa. Earth Sci Rev 70: 1–46
Frimmel H (2008) Earth's continental crustal gold endowment. Earth Planet Sci Lett 267:45–55
Füchtbauer H (1988) Sedimente und Sedimentgesteine, 4. Aufl. Schweizerbart, Stuttgart
Füchtbauer H, Müller G (1970) Sediment-Petrologie II. Sedimente und Sedimentgesteine. Schweizerbart, Stuttgart
Garnett RHT, Bassett NC (2005) Placer deposits. Econ Geol 100th Anniversary Vol, pp 813–843
Garrels RM, Christ CL (1965) Solutions, minerals and equilibria. Harper and Row, New York
Gieré R, Querol X (2010) Solid particulate matter in the atmosphere. Elements 6:215–222
Greensmith JT (1978) Petrology of sedimentary rocks, 6th edn. Allen & Unwin, London
Hitzman M, Kirkham R, Broughton D, Thorson J, Selley D (2005) The sediment-hosted stratiform copper ore systems. Econ Geol 100th Anniversary Vol, pp 609–642

Jasmund K, Lagaly G (Hrsg) (1993) Tonminerale und Tone – Struktur, Eigenschaften, Anwendung und Einsatz in Industrie und Umwelt. Steinkopff, Darmstadt

Krauskopf KB (1979) Introduction to geochemistry, 2nd edn. McGraw-Hill, New York

Large RR, Bull SW, McGoldrick PJ, et al. (2005) Stratiform and stratabound Zn-Pb-Ag deposits in Proterozoic sedimentary basins, Northern Australia. Econ Geol 100th Anniversary Vol, pp 931–963

Leeder MR (1982) Sedimentology: Process and product. Unwin Hyman, London

Lippmann F (1973) Sedimentary carbonate minerals. Springer-Verlag, Berlin Heidelberg New York

Lotze F (1957) Steinsalz und Kalisalze. Borntraeger, Berlin

Maynard JB (1983) Geochemistry of sedimentary ore deposits. Springer-Verlag, New York Heidelberg Berlin

Müller G (1964) Sediment-Petrologie I. Methoden der Sediment-Untersuchung. Schweizerbart, Stuttgart

Pettijohn FJ, Potter PE, Siever R (1987) Sand and sandstone, 2nd edn. Springer-Verlag, New York

Pohl WL (2005) Mineralische und Energie-Rohstoffe – Eine Einführung zur Entstehung und nachhaltigen Nutzung von Lagerstätten, 5. Aufl. Schweizerbart, Stuttgart

Pohl WL (2011) Economic geology – Principles and practice. Wiley-Blackwell, Chichester, Oxford, UK

Poulton SW, Canfield DE (2011) Ferruginous conditions: A dominant feature of the ocean through Earth's history. Elements 7:107–112

Reading HG (ed) (1996) Sedimentary environments: Processes, facies and stratigraphy, 3rd edn. Blackwell, Oxford

Selley D, Broughton D, Scott R, et al. (2005) A new look at the geology of the Zambian Copperbelt. Econ Geol 100th Anniversary Vol, pp 965–1000

Sverjensky DA, Lee, N (2010) The Great Oxidation Event and mineral diversification. Elements 6:31–36

Taylor KG, Macquaker HS (2011) Iron minerals in marine sediments record chemical environments. Elements 7:113–118

Tucker ME (1985) Einführung in die Sedimentpetrologie. Enke, Stuttgart

Velde B (1985) Clay minerals – A physico-chemical explanation of their occurrence. Elsevier, Amsterdam

Zitierte Literatur

Bechtel A, Sun Y, Püttmann W, Hoernes S, Hoefs J (2001) Isotopic evidence for multi-stage metal enrichment in the Kupferschiefer from the Sangerhausen Basin, Germany. Chem Geol 276:31–49

Bouma AH (1962) Sedimentology of some flysch deposits; A graphic approach to facies interpretation. Elsevier, Amsterdam

Correns CW (1939) Die Sedimentgesteine. In: Barth TFW, Correns CW, Eskola P (Hrsg) Die Entstehung der Gesteine. Springer-Verlag, Berlin (Nachdruck 1970)

Correns CW (1968) Einführung in die Mineralogie, 2. Aufl. Springer-Verlag, Berlin Heidelberg New York (Nachdruck 1981)

Dunham RJ (1962) Classification of carbonate rocks according to depositional texture. In Ham WE (ed) Classification of carbonate rocks. Mem Ass Petrol Geol 1:108–121, Tulsa (USA)

Embry AF, Klovan JE (1971) A late Devonian reef tract on northeastern Banks Island, Northwest Territories. Bull Canad Petrol Geol 19:730–781

Folk R (1962) Spectral subdivision of limestone types. In: Ham WE (ed) Classification of carbonate rocks. Mem Ass Petrol Geol 1:62–84

Frimmel H (2002) Genesis of the World's largest gold deposits. Science 297:1815–1817

Gross GA (1991) Genetic concepts for iron-formation and associated metalliferous sediments. Econ Geol Monogr 8:51–81

Holser WT (1981) Mineralogy of evaporites. In: Burns RG (ed) Marine minerals. Rev Mineral 6:211–294

Islay AE, Abbott DH (1999) Plume-related mafic volcanism and the deposition of banded iron formation. J Geophys Res 15461–15477

James HL (1954) Sedimentary facies of iron formation. Econ Geol 49:235–293

Krynine PD (1948) The megascopic study and field classification of sedimentary rocks. J Geol 56:130–165

Kühn R (1979) Diagenese in Evaporiten. Geol Rundsch 68:1066–1075

Minter WEL, Goedhart M, Knight J, Frimmel HE (1993) Morphology of the Witwatersrand gold grains from the Basal Reef: Evidence for their detrital origin. Econ Geol 88:237–248

Niggli P (1952) Gesteine und Minerallagerstätten, 2. Bde. Exogene Gesteine und Minerallagerstätten. Birkhäuser, Basel

Ochsenius K (1877) Die Bildung der Steinsalzlager und ihrer Mutterlaugensalze. Halle a. d. Saale

Rantzsch U, Gauert CDK, Van der Westhuizen WA, et al. (2011) Mineral chemical study of U-bearing minerals from the Dominion Reefs, South Africa. Mineral Depos 46:187–196

Schlüter J, Weischat W (1990) Böhmischer Granat – Heute. Der Tagebau von Posedice. Lapis 15/2:28–30

Shcheka GG, Lehmann B, Gierth E, et al. (2004) Macrocrystals of Pt-Fe alloy from the Kondyor PGE placer deposit, Khabarovskiy Kray, Russia: Trace element content, mineral inclusions and reaction assemblages. Canad Mineral 42:601–617

Sprandel R (2003) Das Würzburger Ratsprotokoll des 15. Jahrhunderts – Eine historisch-systematische Analyse. Veröff. Stadtarchiv Würzburg, Bd. 11

Wentworth CK (1922) A scale of grade and class terms for clastic sediments. J Geol 30:377–392

Metamorphe Gesteine

26

**26.1
Grundlagen**

**26.2
Die Gesteinsmetamorphose als geologischer Prozess**

**26.3
Nomenklatur der regional- und kontaktmetamorphen Gesteine**

**26.4
Das Gefüge der metamorphen Gesteine**

**26.5
Bildung von Migmatiten durch partielle Anatexis**

**26.6
Metasomatose**

Unter Gesteinsmetamorphose (von grch. μεταμόρφωσις = Umwandlung) versteht man die Summe aller Umwandlungen, mit denen ein Gestein auf Veränderungen der physikalisch-chemischen Bedingungen im Erdinnern, insbesondere von Druck und Temperatur, reagiert. Dabei entstehen aus magmatischen, sedimentären oder (bereits) metamorphen Ausgangsgesteinen neue, metamorphe Gesteine (Metamorphite), die sich in ihrem *Gefüge*, ihrem *Mineralbestand*, bisweilen sogar in ihrem *Chemismus* vom Ausgangsgestein unterscheiden. Während bei der konventionellen Metamorphose der feste Zustand im Wesentlichen erhalten bleibt, kann es bei hochgradiger Metamorphose zum teilweisen Aufschmelzen von Gesteinen kommen (*partielle Anatexis*). Mit der beginnenden Absonderung von Schmelze ist das Grenzgebiet zur Magmenbildung erreicht (*Ultrametamorphose*). *Polymetamorphe Gesteine* haben mehrere verschiedene Metamorphoseakte erlebt.

26.1
Grundlagen

26.1.1
Metamorphe Prozesse

Metamorphe Reaktionen

Die Anpassung an einen neuen thermodynamischen Gleichgewichtszustand erfolgt meist durch Mineralreaktionen, die zu neuen, unter den veränderten *P-T*-Bedingungen stabilen Mineralgesellschaften (Mineralparagenesen) führen. In vielen Fällen sind diese neugebildeten Minerale bzw. Mineralparagenesen für einen begrenzten *P-T*-Bereich charakteristisch. Man spricht dann von *Indexmineralen* oder *kritischen* Mineralen bzw. Mineralparagenesen. Die Neueinstellung des physikalisch-chemischen Gleichgewichts erfordert geologische Zeiträume; sie erfolgt deshalb oft nicht vollständig. Aus diesem Grunde können Mineralrelikte, die noch aus dem Ausgangsgestein stammen oder die im Verlauf der *prograden* (aufsteigenden) *Metamorphose* bei Erhöhung von Druck und Temperatur gebildet wurden, erhalten bleiben. Umgekehrt werden Minerale, die sich beim *Höhepunkt* der Metamorphose gebildet haben, unter sinkenden *P-T*-Bedingungen teilweise oder vollständig *retrograd* abgebaut (s. unten). Die Rekonstruktion der prograden und retrograden Metamorphose-Entwicklung ist eines der wesentlichen Forschungsziele der Petrologie metamorpher Gesteine.

> Die metamorphe Umkristallisation erfolgt im Wesentlichen unter Erhaltung des *festen Zustands*. Allerdings ist auf den Korngrenzen fast immer ein hauchdünner Film von fluider Phase vorhanden, der als Lösungs- und Transportmedium wirkt und so das Kornwachstum und Korn-Korn-Reaktionen in überschaubaren geologischen Zeiträumen ermöglicht. Reine Feststoffreaktionen laufen unter den Temperaturen, die gewöhnlich bei der Metamorphose zur Verfügung stehen, zu langsam ab und sind daher die Ausnahme.

Isochemische und allochemische Metamorphose

Die chemische Zusammensetzung des Ausgangsgesteins erfährt bei der Gesteinsmetamorphose meist *keine* Änderung. Das betrifft sowohl die Haupt- als auch die Neben- und Spurenelemente. In erster Näherung erfolgen viele metamorphe Prozesse annähernd *isochemisch*, d. h. ohne wesentliche Zufuhr und Abfuhr von chemischen Komponenten. Wenn z. B. ein ehemaliger Bänderton durch Metamorphose umkristallisiert, so bleibt seine Bänderung im metamorphen Gestein noch immer erkennbar. Die feinen, sedimentär angelegten stofflichen Unterschiede werden durch den metamorphen Mineralbestand fixiert und im metamorphen Gestein übernommen. Ein streng geschlossenes System liegt allerdings nur selten vor: Mobile Komponenten wie H_2O und CO_2, die durch *Entwässerungs-* bzw. *Dekarbonatisierungs-Reaktionen* freigesetzt werden, können wandern und werden im Zuge der prograden Metamorphose zunehmend ausgetrieben; sie können aber auch wieder in den Gesteinverband zurückkehren und zu retrograden Mineralbildungen z. B. von Sericit, Chlorit oder Calcit führen.

In den meisten Fällen bilden sich bei der aufsteigenden Metamorphose – trotz weitgehender Erhaltung der chemischen Pauschalzusammensetzung – neue Mineralparagenesen, z. B.

- Tonstein (Quarz + Kaolinit + Illit + Chlorit)
  $\rightarrow$ Staurolith-Glimmerschiefer + H_2O
   (Quarz + Muscovit + Biotit + Staurolith + Kyanit)
- Kieseliger Dolomit (Quarz + Dolomit)
  $\rightarrow$ Kalksilikat-Fels + CO_2 (Diopsid)

Viel seltener finden bei der metamorphen Umkristallisation keine (wesentlichen) Mineralneubildungen statt. Das gilt insbesondere für (nahezu) monomineralische Gesteinen, z. B.

- Reiner Kalkstein $\rightarrow$ *Marmor*
- Quarzsandstein mit kieseligem Bindemittel $\rightarrow$ *Quarzit*
- Reiner Kieselschiefer $\rightarrow$ *Quarzit*

Aber auch polymineralische Gesteine können ohne Änderung des Mineralbestandes metamorph umkristallisieren, z. B.

- Granit (Quarz + Mikroklin + Oligoklas + Biotit)
  $\rightarrow$ Granitgneis (Quarz + Mikroklin + Oligoklas + Biotit)

Nur in besonderen, wenn auch nicht seltenen Fällen kommt es zur *allochemischen* Metamorphose unter Zufuhr und Abfuhr chemischer Komponenten, d. h. in einem weitgehend offenen System. Es erfolgen Austauschreaktionen zwischen dem Gestein und überkritischen Fluiden oder hydrothermalen Lösungen, die zugeführt werden und lokal einen erheblichen Stoffaustausch bewirken können. Eine solche Metamorphose mit beachtlicher Stoffänderung (Stoffzufuhr oder Stoffabfuhr) nennt man *Metasomatose* (Abschn. 26.6, S. 456ff). Sie findet bevorzugt im Wirkungsbereich einer Kontaktmetamorphose statt, die dann als *Kontaktmetasomatose* bezeichnet wird.

Letztlich ist auch die *partielle Anatexis* ein allochemischer Metamorphosevorgang. Er führt zur Auftrennung des ursprünglichen Gesteinsverbandes in helle (leukokrate) Anteile, die auf ehemalige Schmelzen zurückgehen, und dunklere Restgesteine (Restite); diese meist unruhig texturierten Gesteine bezeichnet man als *Migmatite* (Abschn. 26.5, S. 453ff).

Prograde und retrograde Metamorphose

Vielfach lassen Metamorphosevorgänge in ihrer zeitlichen und räumlichen Entwicklung einen *prograden* (aufsteigenden) Charakter erkennen, der durch einen stetigen Anstieg der Temperatur bedingt ist; in manchen Fällen wirkt sich auch ein starker Druckanstieg zusätzlich oder sogar bestimmend aus. Unter günstigen Umständen kann man die Entwicklung der prograden Metamorphose innerhalb einer Gesteinsprobe anhand von Mineralrelikten festmachen, die z. B. als Einschlüsse in Großkristallen (*Porphyroblasten*) von Granat oder Staurolith erhalten sind. Nicht selten beobachtet man in der regionalen Verteilung kritischer Mineralparagenesen einen zonalen Aufbau. Diese *Mineralzonen* zeigen eine systematische Zunahme der maximalen P-T-Bedingungen, die beim Höhepunkt der prograden Metamorphose erreicht wurden, sowie entsprechende Unterschiede in den geothermischen Gradienten an.

Bei der nachfolgenden Heraushebung und Abkühlung des metamorphen Gesteinsverbandes werden die Minerale, die beim Höhepunkt der Metamorphose gebildet wurden, teilweise wieder abgebaut, wobei sich *retrograde* Mineralphasen bilden. Weit verbreitet sind z. B. die Sericitisierung von Plagioklas oder Andalusit, die Chloritisierung von Biotit oder Granat und die Pinitisierung von Cordierit. In manchen Fällen kommt es zu einer durchgreifenden *retrograden Metamorphose* (Diaphthorese), bei der höhergradige Paragenesen mehr oder weniger vollständig in niedriggradige Paragenesen umgewandelt werden. Allerdings verhindern die geringeren Temperaturen oft eine vollständige Gleichgewichtseinstellung, so dass Mineralrelikte des höhergradigen Metamorphosestadiums noch erhalten bleiben. Bei der retrograden Metamorphose laufen meist Hydratisierungs- oder Karbonatisierungs-Reaktionen ab, die eine Zufuhr von H_2O und/oder CO_2 notwendig machen. Da der Fluidtransport durch tektonische Bewegungshorizonte und Störungszonen begünstigt wird, ist die Bildung von retrograden Metamorphiten häufig nur auf lokale tektonische Schwächezonen beschränkt und klingt seitlich rasch ab.

Bei der Abkühlung von Magmatitkörpern können deren eigene Restlösungen mit den magmatischen Mineralen reagieren, wobei metamorphe Minerale gebildet werden. Auch diesen Vorgang der *Autometamorphose* bzw. *Autometasomatose* rechnet man zur retrograden Metamorphose. Dabei bestehen häufig Überschneidungen mit hydrothermalen Prozessen und deren Mineralbildungen.

26.1.2 Ausgangsmaterial metamorpher Gesteine

Nicht selten liefern metamorphe Gesteine Hinweise auf ihr vormetamorphes Ausgangsmaterial (Edukt, Protolith). Wichtige Kriterien hierfür sind *Gefügerelikte* wie sedimentäre Schichtung oder magmatisches Layering, *Mineralrelikte* wie ehemalige Pyroxen-Einsprenglinge sowie geochemische und isotopen-geochemische Charakteristika. Das Ausgangsmaterial kann durch verschiedene Vorsilben gekennzeichnet werden (Tabelle 26.1):

Bei der isochemischen Metamorphose spiegelt die chemische Zusammensetzung eines metamorphen Gesteins die des vormetamorphen Ausgangsmaterials wider. Dabei hat sich folgende Einteilung als nützlich erwiesen:

Metapelite.

Ausgangsmaterial: pelitische, Al-reiche Sedimente wie Tone und Tonsteine, Al-reiche Grauwacken.

Typische Minerale: Hellglimmer, Chlorit, Biotit, Granat, Chloritoid, Staurolith, Cordierit, Kyanit, Sillimanit, Andalusit; Quarz ist immer vorhanden; Albit oder Plagioklas treten mengenmäßig zurück; Kalifeldspat entsteht erst bei höherem Metamorphosegrad aus Muscovit.

Quarz-Feldspat-reiche Metamorphite.

Ausgangsmaterial: Granite, Granodiorite, Tonalite, Trondhjemite (Plagiogranite), Rhyolite, Ignimbrite, Arkosen, Al-arme Grauwacken, Sandsteine.

Typische Minerale: Quarz, Kalifeldspat, Plagioklas, Chlorit oder Biotit, z. T. Muscovit; bei niedrigem Metamorphosegrad Albit + (Klino-)Zoisit anstelle von

Tabelle 26.1. Vorsilben zur Kennzeichnung vormetamorpher Ausgangsgesteine

Vorsilbe		Bedeutung	Beispiele
Meta-	+ Name des Ausgangsgesteins	Die Abkunft wird als sicher angenommen	Metagranit, Metagrauwacke, Metapelit (= metamorpher Ton- oder Siltstein)
Ortho-	+ Name des metamorphen Gesteins	Eine magmatische Abkunft gilt als wahrscheinlich	Orthogneis, Orthoamphibolit
Para-	+ Name des metamorphen Gesteins	Eine sedimentäre Abkunft gilt als wahrscheinlich	Paragneis

Plagioklas; bei Hochdruck-Metamorphose anstelle der Anorthit-Komponente Lawsonit und/oder (Klino-)Zoisit oder auch Grossular-Komponente im Granat, anstelle der Albit-Komponente Jadeit + Quarz.

Metamorphe Kalksteine, Dolomite und Mergel.
Typische Minerale: Calcit, Dolomit, Ankerit sowie Kalksilikate wie Tremolit, Diopsid, Grossular-Andradit-Granat, Vesuvian, Wollastonit, (Klino-)Zoisit und Epidot, auch Mg-Silikate wie Forsterit und Phlogopit.

Metabasite.
Ausgangsmaterial: vorwiegend basische Magmatite, insbesondere Basalte und Andesite sowie deren Tuffe, aber auch Gabbros.
Typische Minerale: bei niedrigem Metamorphosegrad Albit, Epidot, Chlorit, Aktinolith; bei steigendem Metamorphosegrad Plagioklas, grüne oder braune Hornblende, Granat, Diopsid, bei sehr hohen Temperaturen auch Orthopyroxen; bei Hochdruck-Metamorphose Glaukophan, Lawsonit, Epidot, Chlorit, Albit oder Jadeit, Omphacit, Granat.

Metamorphe Ultramafitite.
Ausgangsmaterial: Peridotite, Pyroxenite, Serpentinite.
Typische Minerale: Serpentin-Minerale, Talk, Brucit, Magnesit, Chlorit, Anthophyllit, Cummingtonit, Olivin; bei hohem Metamorphosegrad Orthopyroxen.

Eisen- und/oder Mangan-reiche Metamorphite.
Ausgangsmaterial: Fe- und/oder Mn-reiche Hornsteine (Cherts), Eisen- und Manganerze der Gebänderten Eisen-Formation (BIF).
Typische Minerale: Quarz, Hämatit, Magnetit, Spessartin und andere, sonst seltene Mn-Silikate und Mn-Oxide, Grunerit, Stilpnomelan, Chloritoid oder Ottrelith (Mn-Chloritoid); bei Hochdruck-Metamorphose Ägirin oder Ägirinaugit, Riebeckit sowie die komplexen Fe-Mn-Silikate Deerit, Howieit und Zussmanit.

Metabauxite.
Typische Minerale: Diaspor oder Korund, Chloritoid, Kyanit, Margarit.

26.1.3
Abgrenzung der Gesteinsmetamorphose

Tieftemperaturbegrenzung

Ausgeschlossen vom Begriff der Gesteinsmetamorphose sind Umwandlungen, die sich bei niedrigen Temperaturen an oder nahe der Erdoberfläche abspielen, insbesondere alle Verwitterungs- und Zementationsvorgänge (s. Kap. 24). Die Grenze zwischen der *Diagenese* (Kap. 25) und der Gesteinsmetamorphose ist fließend; sie hängt stark von der Zusammensetzung der betroffenen Sedimentgesteine ab. Daher gibt es eine unscharf begrenzte Übergangszone, die auch als *Anchimetamorphose* bezeichnet wird (Harrassowitz 1927). In Gesteinen geeigneter Zusammensetzung, z. B. in Tonsteinen registriert man die ersten metamorphen Mineralneubildungen im Temperaturbereich von etwa 150 ±50 °C (Abb. 26.1). In anderen Gesteinen müssen diese Temperaturen deutlich überschritten sein, ehe eine Metamorphose erkennbar wird. Andererseits gibt es in den *Salzgesteinen* bereits bei etwa 80 °C Reaktionen, die den Mineralbestand so durchgreifend verändern, dass man von Metamorphose sprechen kann (Abschn. 25.7.2, S. 411). Auch der Prozess der

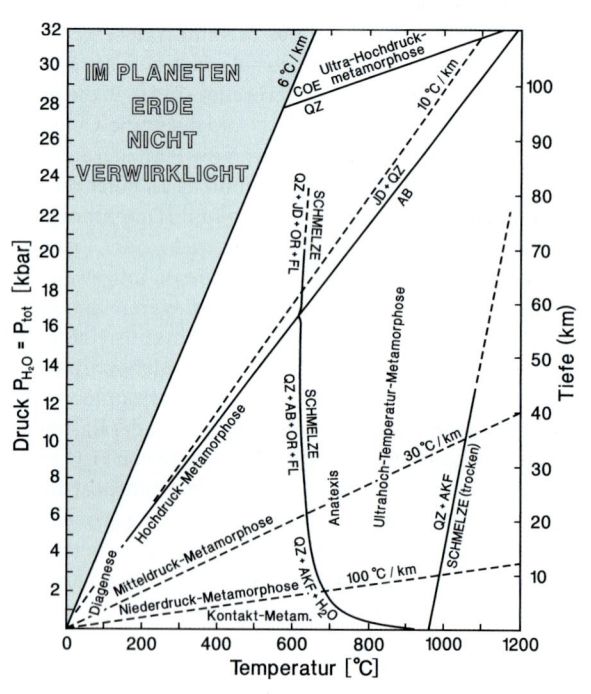

Abb. 26.1. Druck-Temperatur-Diagramm zur Abgrenzung der konventionellen Metamorphose gegen die Diagenese und die Anatexis sowie zu den *P-T*-Bedingungen unterschiedlicher Drucktypen der Metamorphose. Gleichgewichtskurven: Quarz ⇌ Coesit nach Bose u. Ganguly (1995); Jadeit + Quarz ⇌ Albit nach Holland (1980); H_2O-gesättigter und trockener Granit-Solidus nach Johannes u. Holtz (1996). Abkürzungen: *AB* = Albit, *AKF* = Alkalifeldspat, *COE* = Coesit, *FL* = Fluid, *JD* = Jadeit, *OR* = Kalifeldspat, *QZ* = Quarz

Inkohlung, den man ebenfalls als Metamorphose auffassen kann, erfolgt schon bei niedrigen Temperaturen (Teichmüller, in Frey 1987). Beim Übergang Diagenese → Metamorphose beobachtet man insbesondere folgende Vorgänge (vgl. auch Frey u. Kisch, in Frey 1987):

- Drastische Reduzierung der Porosität bis zum völligen Verschwinden (von Engelhardt 1960).
- Bildung einer durchgreifenden Schieferung (oft transversal zur Schichtung), bedingt durch Parallel-Orientierung von Schichtsilikaten. In diesem Sinne sind Tonschiefer bereits als (anchi-)metamorphe Gesteine aufzufassen.
- Zunahme der Illit-Kristallinität (Abschn. 25.2.12, S. 398) → Übergang von der stark fehlgeordneten Illit-Modifikation 1Md in den gut kristallisierten $2M_1$-Illit → Umwandlung von Illit in Muscovit (bzw. Sericit).
- Zunahme der Reflektivität von kohliger Substanz, z. B. Umwandlung Vitrinit → Graphit, der im Auflicht an seiner starken Doppelbrechung erkennbar ist.
- Neubildung von typisch metamorphen Mineralen wie Pyrophyllit, Ferrokarpholith $(Fe,Mg)Al_2[(OH)_4/Si_2O_6]$, Glaukophan, Lawsonit, Paragonit, Prehnit $Ca_2Al[(OH)_2/AlSi_3O_{10}]$, Pumpellyit $Ca_2(Mg,Fe^{2+})(Al,Fe^{3+})_2[(OH)_2/H_2O/SiO_4/Si_2O_7]$ oder Stilpnomelan $\sim K(Fe^{2+},Mg)_8[(OH)_8/(Si,Al)_{12}O_{28}] \cdot 2H_2O$.

Insgesamt unterscheidet sich die Metamorphose von der Diagenese durch die weitgehende Annäherung der Mineralgesellschaften an ein thermodynamisches Gleichgewicht (Lippmann 1977). Bei den niedrigen Temperaturen der Diagenese reagieren die Silikat-Minerale noch sehr träge, weil die kinetischen Hemmungen auf dem Weg zum chemischen Gleichgewicht für die meisten Sedimentsysteme außerordentlich groß sind. So enthalten Gesteine, die durch Diagenese oder Anchimetamorphose geprägt sind, oft mehr Minerale als nach der Gibbs'schen Phasenregel im Gleichgewicht auftreten können. Demgegenüber genügen Mineralparagenesen, die beim Höhepunkt der Metamorphose in typisch metamorphen Gesteinen gebildet werden, meist der Phasenregel.

Hochtemperaturbegrenzung

Nach der oben gegebenen Definition schließen wir die partielle Anatexis in den Prozess der Gesteinsmetamorphose mit ein, solange sich das betreffende Gestein noch überwiegend im festen Zustand befindet, d. h. bei Schmelzanteilen von maximal 20–30 Vol.-%. Die ersten anatektischen Schmelzen, die sich aus einem breiten Spektrum metamorpher Stoffbestände – z. B. metamorphe Granite, Granodiorite, Tonsteine, Grauwacken – bilden können, haben aplitgranitische Zusammensetzung. Demgegenüber können aus Metamorphiten basaltischer Zusammensetzung tonalitische Schmelzen entstehen.

Dabei hängt die Temperatur des Schmelzbeginns vom Druck und der chemischen Zusammensetzung des metamorphen Gesteins ab, die Menge der gebildeten Schmelze vom H_2O-Gehalt im System (Abb. 20.5, 20.6, S. 317). Die H_2O-gesättigte Solidus-Kurve von Granit im System Qz–Ab–Or–H_2O verläuft durch die *P-T*-Kombinationen 630 °C / 10 kbar, 640 °C / 6 kbar und 720 °C / 1 kbar, während der Schmelzbeginn von Metamorphiten basaltischer Zusammensetzung – im unteren bis mittleren Druckbereich – bei deutlich höheren Temperaturen, z. B. 740 °C / 6 kbar und 950 °C / 1 kbar liegt (Abb. 20.9, S. 320). Bei Erhöhung der Temperatur über die jeweilige Soliduskurve steigt der Schmelzanteil in Abhängigkeit vom H_2O-Angebot, bis es zur Bildung intrusionsfähiger Magmen kommt. Im H_2O-freien („trockenen") System liegen die Soliduskurven für Granite bei ca. 960 °C (2 kbar) und 1 060 °C (10 kbar), für Basalte um ca. 100 °C höher. Als maximale Metamorphosetemperaturen in „trockenen" granulitischen Gesteinen der unteren Erdkruste wurden 900–1 100 °C abgeschätzt.

> In der Erdkruste variiert die obere Temperaturgrenze der Metamorphose in Abhängigkeit von Druck, chemischer Zusammensetzung und H_2O-Gehalt in einem weiten Bereich zwischen etwa 630 und 1 100 °C. Der Übergang von der Gesteinsmetamorphose zum Magmatismus ist fließend. Noch höhere Temperaturen muss man für Metamorphosevorgänge im Erdmantel annehmen.

26.1.4
Auslösende Faktoren der Gesteinsmetamorphose

Die Gesteinsmetamorphose ist meist eine Anpassung von Mineralbestand und Gefüge des Gesteins an veränderte Temperatur- und/oder Druckbedingungen. Dabei ist die Zuführung von thermischer Energie der bei weitem wichtigere physikalische Faktor. Durch Wärmezufuhr kommt es zu Reaktionsvorgängen zwischen den sich berührenden Mineralkörnern, weil die meisten Mineralumwandlungen der Metamorphose endotherm ablaufen.

Herkunft der thermischen Energie

Die für eine Temperatursteigerung notwendige thermische Energie kann aus einer zunehmenden *Versenkung* stammen, wie sie z. B. Basalte einer subduzierten ozeanischen Kruste oder die Sedimentfolge in einem Akkretionskeil erfahren. Der dabei erreichte Temperaturanstieg liegt allerdings nur in der Größenordnung von 10 °C / km Sediment-Auflast, ist also relativ gering (Abb. 26.1, Abb. 28.8a, S. 496).

Eine viel stärkere Temperaturzunahme wird durch einen zusätzlichen *Magmenaufstieg* in Orogenzonen erreicht, z. B. in der kontinentalen Oberplatte oder in einem Inselbogen über einer Subduktionszone. Über den dabei entstehenden Wärmedomen oder Wärmebeulen kann der geothermische Gradient örtlich oder regional bis zu mehr als 100 °C/km erreichen (Abb. 26.1, 28.8a, S. 496). Die aus dem Magma abgegebene Wärme bewirkt im angrenzenden Nebengestein eine thermische Umkristallisation. Eine ausschließlich durch Wärmezufuhr ausgelöste Umkristallisation liegt besonders bei der *Kontaktmetamorphose* und der *Pyrometamorphose* vor.

Weiterhin können örtliche oder regionale Wärmezufuhren auf *radioaktive Zerfallsreaktionen* oder auf *tektonische Reibung* (sog. *Friktionswärme*) zurückgehen. In den tieferen Teilen der Erdkruste muss auch mit Wärmezufuhren aus dem oberen Erdmantel gerechnet werden.

Die Wirkung des Drucks

Druck wirkt bei der Gesteinsmetamorphose meist als *Belastungsdruck* (lithostatischer Druck, engl. geostatic, oder lithostatic pressure) P_l, der sich aus der Auflast der überlagernden Gesteinsschicht ergibt. Die Beziehung zwischen Belastungsdruck P_l und *Tiefe h* ist durch folgende Gleichung gegeben:

$$P_l = \rho \times g \times h \quad (26.1)$$

Dabei ist ρ die mittlere Gesteinsdichte, gemessen in g/cm³ bzw. kg/m³, und g die Erdbeschleunigung von 0,98 m/s². Der Druck wird im SI-System in Pascal (Pa) angegeben, 1 Pa = 1 kg/m/s². Unter einer Gesteinssäule von 1 km Länge herrscht also bei einer mittleren Dichte von 2,7 g/cm³ (z. B. Granit) ein Belastungsdruck von

- $P_l = 2\,700$ kg/m³ × 9,8 m/s² × 1 000 m = 264,6 × 10⁵ Pa = 265 bar,

bei einer mittleren Dichte von 3,0 g/cm³ (z. B. Basalt) von

- $P_l = 3\,000$ kg/m³ × 9,8 m/s² × 1 000 m = 294 × 10⁵ Pa = 294 bar.

Somit ergeben sich für die Erdkruste je nach der mittleren Dichte des überlagernden Gesteinspakets Drücke von 250–300 bar je km Tiefe. An der Untergrenze der kontinentalen Erdkruste, die meist in Tiefen von 30–40 km liegt, herrschen Belastungsdrücke um 10 kbar (= 1 GPa), während an der Basis der ozeanischen Erdkruste nur knapp 2 kbar erreicht werden. In orogenen Gebirgsketten können an der Basis Drücke in der Größenordnung von 20 kbar herrschen, entsprechend Versenkungstiefen von 70 km. Metamorphe Gesteine, die in kontinentalen Kollisionszonen gebildet wurden, können die charakteristischen Hochdruckminerale Coesit (Abb. 11.44, S. 181) oder sogar Diamant (Abb. 4.15, S. 80) führen, die auf Bildungsdrücke oberhalb 25–30 kbar bzw. 35–45 kbar entsprechend Versenkungstiefen von ca. 100 km und mehr hinweisen.

> Für die meisten metamorphen Vorgänge kann man annehmen, dass der Belastungsdruck P_l, dem ein Gestein unterliegt, nahezu in allen Richtungen gleich ist, also annähernd *hydrostatisch* wirkt. Durch tektonische Vorgänge wird ein Gestein in unterschiedlichen Richtungen unterschiedlichen Drücken ausgesetzt; es steht unter *Spannung* (engl. *stress*). Die Hauptspannungswerte, die auf einen Punkt in einem Gestein einwirken, werden gewöhnlich durch die drei Hauptachsen σ_1, σ_2 und σ_3 eines Spannungs- bzw. Stress-Ellipsoids dargestellt. Als *mittleren Stress* definiert man $\sigma_m = (\sigma_1 + \sigma_2 + \sigma_3) : 3$, als *differentiellen Stress* $\sigma_{diff} = \sigma_1 - \sigma_3$. Differentieller Stress ist die Ursache für permanente *Verformung* (engl. *strain*) in einem Gestein, wobei sich Form und Volumen von Gesteinskörpern verändern. Ändert sich zusätzlich die relative Lage der Minerale im Gestein oder von Gitterblöcken in einer Kristallstruktur, so spricht man von *Deformation* (Passchier u. Trouw 1996). Deformationsprozesse
>
> - prägen die Gefügeeigenschaften metamorpher Gesteine entscheidend;
> - schaffen Wanderungswege für fluide Phasen;
> - begünstigen Mineralreaktionen durch Vermehrung von Kornkontakten, wobei die Reaktionsgeschwindigkeit vergrößert und die Aktivierungsenergie erniedrigt werden.

Nicht verändert durch Stress werden dagegen die Stabilitätsfelder von Mineralen und Mineral-Paragenesen: Im Gegensatz zu früheren Annahmen gibt es keine „Stressminerale" oder „Antistressminerale". Experimente haben gezeigt, das unter den üblichen Metamorphosebedingungen (wie mittlere bis hohe Temperaturen, Anwesenheit von H_2O und geringen Verformungsraten) die Festigkeit von Gesteinen nicht ausreicht, um Stressdifferenzen von mehr als wenigen 10 bar oder bestenfalls wenigen 100 bar auszuhalten; darüber hinaus würde die Fließgrenze des Gesteins überschritten werden. Aus diesem Grund könnte auch ein möglicher *tektonischer Überdruck* (tectonic overpressure) nur sehr geringe Beträge annehmen; er würde keinesfalls ausreichen, um z. B. die Bildung von Hochdruckmineralen in metamorphen Gesteinen zu erklären.

Bei geringen Temperaturen und Belastungsdrücken und/oder hohen Verformungsraten werden Mineralkörner *spröde deformiert*: es kommt zur *kataklastischen Metamorphose* (Abschn. 26.2.2, S. 428). Sind dagegen Temperaturen und Belastungsdrücke höher und/oder die Verformungsraten geringer, wie das bei der Regionalmetamorphose in Orogenzonen (Abschn. 26.2.5, S. 432ff) generell der Fall ist, so werden die Mineralkörner *duktil* deformiert. Das äußert sich durch Gitterdefekte in der Kristallstruktur wie Versetzungen, durch Translation (Karbonate, Glimmer), Bildung von Druckzwillingslamellen (Feldspäte, Karbonate), undulöse Auslöschung (besonders bei Quarz), Verbiegungen (Glimmer, Kyanit) und/oder durch Subkornbildung (Abschn. 26.4.3, S. 447ff). Die Grenzen zwischen duktiler und Spröddeformation liegen bei den einzelnen Mineralen sehr unterschiedlich. So können Serpentinite, Tonsteine, Kalksteine, Gipse oder Salzgesteine schon bei niedrigen Temperaturen rekristallisieren, werden verfaltet und geschiefert, während Quarz-Feldspat-reiche Gesteine wie Granite und Gneise der Kataklase unterliegen. Bei *elastischer* Deformation werden die Veränderungen der Kornform vollkommen rückgängig gemacht: es kommt zur *Erholung* (engl. recovery).

Wenn die Metamorphose unter hydrostatischem Druck *ohne* Anzeichen von Deformationen im Gesteinsgefüge stattfindet, spricht man von einer *statischen* Metamorphose. Treten Deformationen auf, so liegt eine *kinetische* oder *dynamische* Metamorphose vor.

Fluide und Fluiddrücke

Häufig enthalten metamorphe Gesteine auf den Korngrenzen, in Poren und in Kluft- oder Spaltensystemen eine *fluide Phase*, die insbesondere aus den Komponenten H_2O und/oder CO_2, aber auch anderen leichtflüchtigen Komponenten wie CO, CH_4, HCl, HF, H_3BO_3, O_2, H_2 u. a. besteht.

Die fluide Phase in metamorphen Systemen wird in der Literatur unterschiedlich als Dampf, Gas, Flüssigkeit, Fluid oder überkritisches Fluid bezeichnet. Da die kritischen Punkte der leichtflüchtigen Komponenten bei niedrigen P-T-Bedingungen liegen (für reines H_2O bei $P_C = 218$ bar, $T_C = 371\,°C$, für reines CO_2 bei $P_C = 73$ bar, $T_C = 31\,°C$) spielen sich viele metamorphe Prozesse im überkritischen Bereich ab, in dem es keinen Unterschied zwischen Gas (Dampf) und Flüssigkeit mehr gibt. Daher ist die Bezeichnung fluide Phase oder Fluid angemessen. Generell nimmt die Dichte des Fluids mit steigender Temperatur ab und mit steigendem Druck zu. Da T und P mit der Tiefe zunehmen, gleichen sich die thermische Expansion und druckbedingte Kompression annähernd aus. So weicht bei einem geothermischen Gradienten von 15 °C/km bis zu einer Tiefe von 35 km die Dichte von H_2O nur geringfügig vom Wert 1,0 g/cm³ ab, der unter Oberflächenbedingungen gilt. Bei einem geothermischen Gradienten von 50 °C/km und einer Tiefe von 15 km liegt die Dichte von H_2O bei ca. 0,67 g/cm³ (vgl. Best 2003, S. 75ff, 488ff). Unter den natürlichen Fluiden besitzt H_2O eine ungewöhnlich große Lösungsfähigkeit insbesondere für Alkalien, aber auch für SiO_2. H_2O-reiche Fluide sind dementsprechend niemals ganz rein, sondern enthalten stets gelöste Ionen. Sie besitzen daher höhere kritische Werte als reines H_2O.

Der gesamte Druck P_{fl}, den ein Fluid auf einen Gesteinsverband ausübt, ergibt sich aus der Summe der Partialdrücke der vorhandenen Fluid-Spezies, $P_{fl} = P_{H_2O} + P_{CO_2} + \ldots$

Unter den erhöhten Drücken, wie sie bei der Gesteinsmetamorphose häufig realisiert sind, verhalten sich die Fluid-Spezies nicht ideal, so dass für thermodynamische Berechnungen anstelle der Partialdrücke die Fugazitäten f_{H_2O}, f_{CO_2}, ... eingesetzt werden müssen. Analog zur Aktivität a_i (Abschn. 20.2.3, S. 316) gilt für Fluide und Gase $f_i = \gamma_i P_i$, wobei der Fugazitätskoeffizient γ_i in der Regel P-T-abhängig ist.

Der *Fluiddruck* wirkt gleichmäßig in alle Richtungen, ist also hydrostatisch. In vielen Fällen, insbesondere bei der niedrig- bis mittelgradigen Metamorphose, kann man in erster Näherung annehmen, dass die Fluide etwa unter dem gleichen Belastungsdruck P_l bzw. Gesamtdruck P_{tot} stehen wie das feste Gestein. In diesem Falle ist der Fluiddruck gleich dem Belastungsdruck $P_{fl} \approx P_l = P_{tot}$ oder bei starkem Überwiegen einer Fluid-Spezies z. B. $P_{tot} = P_l \approx P_{fl} \approx P_{H_2O}$ bzw. $P_{tot} = P_l \approx P_{fl} \approx P_{CO_2}$. In anderen Fällen ist dagegen der Fluidanteil zu gering, um einen Fluiddruck aufzubauen, der dem Belastungsdruck entspricht; es gilt dann $P_{fl} < P_l$. Dieser Fall tritt insbesondere bei hochgradiger Metamorphose ein und/oder dann, wenn das Ausgangsgestein sehr wenig (OH)- oder CO_2-haltige Minerale enthält, aus denen durch Entwässerungs- oder Dekarbonatisierungs-Reaktionen H_2O oder CO_2 freigesetzt werden können.

Die Bedingung $P_{fl} < P_l$ gilt auch für den Fall, dass die fluide Phase über ein offenes Kluft- oder Spaltensystem mit der Erdoberfläche Verbindung hat, was jedoch eher für Diageneseprozesse zutreffen dürfte. Dabei würde z. B. ein H_2O-reiches Fluid der Dichte ~ 1,0 g/cm³ unter dem Druck stehen, der durch die Wassersäule aufgebaut wird, so dass – je nach mittlerer Dichte der überlagernden Gesteinssäule – $P_{H_2O} \approx 0,3 P_l$ gelten würde.

Bei der aufsteigenden Metamorphose führen Entwässerungs- und Dekarbonatisierungs-Reaktionen zu einer ständigen Freisetzung von Fluiden. Diese wandern auf Korngrenzen, Klüften und Spalten nach oben ab, so dass ein annähernd stationärer Zustand mit $P_{fl} \approx P_l$ erhalten bleibt. Trotzdem kann vorübergehend ein *Überdruck* der fluiden Phase (engl. *fluid overpressure*), d. h. die Bedingung $P_{fl} > P_l$ aufgebaut werden. Dieser Zustand bleibt jedoch nie lange erhalten, weil die Gesteinsfestigkeit hierfür nicht ausreicht: Es kommt zum *hydraulischen Zerbrechen* (engl. *hydraulic fracturing*) im Gestein, wobei sich Klüfte bilden, in denen sich aus dem Fluid Kluftminerale ausscheiden, die den Mineralen im Nebengestein entsprechen.

26.2
Die Gesteinsmetamorphose als geologischer Prozess

Metamorphe Gesteine entstehen durch Anpassung an sich ändernde P-T-X-Bedingungen in der Erdkruste. Solche Veränderungen werden durch unterschiedliche geologische Prozesse ausgelöst, die zu ganz verschiedenen Metamorphosetypen führen können. Metamorphe Gesteinskomplexe sind somit wichtige Zeugen der geologischen Geschichte einer Region, insbesondere auch von plattentektonischen Vorgängen. Metamorphosevorgänge können in ihrer Wirkung auf einige Meter begrenzt, aber auch auf tausende von Quadratkilometern ausgedehnt sein. Dementsprechend gibt es Metamorphoseprozesse von mehr lokaler, aber auch solche von regionaler Bedeutung. Bevor wir auf die Regionalmetamorphose, die in ihren unterschiedlichen Ausprägungen zweifellos die größte geologische Bedeutung hat, näher eingehen, sollen zunächst die Metamorphosetypen mit eher lokal begrenzter Einwirkung beschrieben werden.

26.2.1
Kontaktmetamorphose

Kontaktmetamorph gebildete Gesteine sind Produkte einer thermischen Umkristallisation und Mineralneubildung im Nebengestein eines magmatischen Intrusivkörpers. Auch in das intrudierende Magma gelangte Nebengesteinsschollen (Xenolithe) können so verändert werden. Magmatische Intrusivkörper können sein:

- *Plutone*, deren Magmen in das nicht metamorphe, anchimetamorphe oder bereits metamorphe Grundgebirge höherer kontinentaler Krustenabschnitte aufgestiegen sind;
- basaltische *Gänge* oder *Lagergänge*.

Kontaktmetamorphose an Plutonen

Heiße Magmenkörper, die in kälteres Nebengestein eindringen, heizen dieses auf und lösen so metamorphe Umkristallisationen und Mineralneubildungen aus. Dieser Vorgang vollzieht sich meist ohne tektonische Deformation, rein statisch. Da die Temperatur vom Kontakt nach außen hin rasch abnimmt, ist der Einwirkungsbereich der Aufheizung, *Kontakthof* oder *Kontaktaureole* (engl. contact aureole, thermal aureole) genannt, lokal begrenzt und überschreitet nur selten einige Kilometer. Das starke Temperaturgefälle hat weiter zur Folge, dass der Metamorphosegrad im Kontakthof von innen nach außen rasch abnimmt, so dass die Intensität der Umkristallisation mit der Entfernung vom Kontakt immer geringer wird.

Abb. 26.2.
Die Kontaktaureole des Granit-Plutons von Bergen am Westrand des westerzgebirgischen Granitmassivs. *(1)* Unveränderter Tonschiefer des Ordoviziums, *(2)* Amphibolit, teilweise kontaktmetamorph überprägt, *(3)* Zone der Knoten- und Fruchtschiefer, *(4)* Zone des Andalusit-Cordierit-Hornfelses, *(5)* Bereiche kontaktmetasomatischer Turmalinisierung, *(6)* mittelkörniger Granit, *(7)* mittel- bis grobkörniger, porphyrartig ausgebildeter Granit, *(8)* feinkörniger Granit. (In Anlehnung an Weise und Uhlemann 1914: Geologische Karte von Sachsen, Bl. Nr. 143)

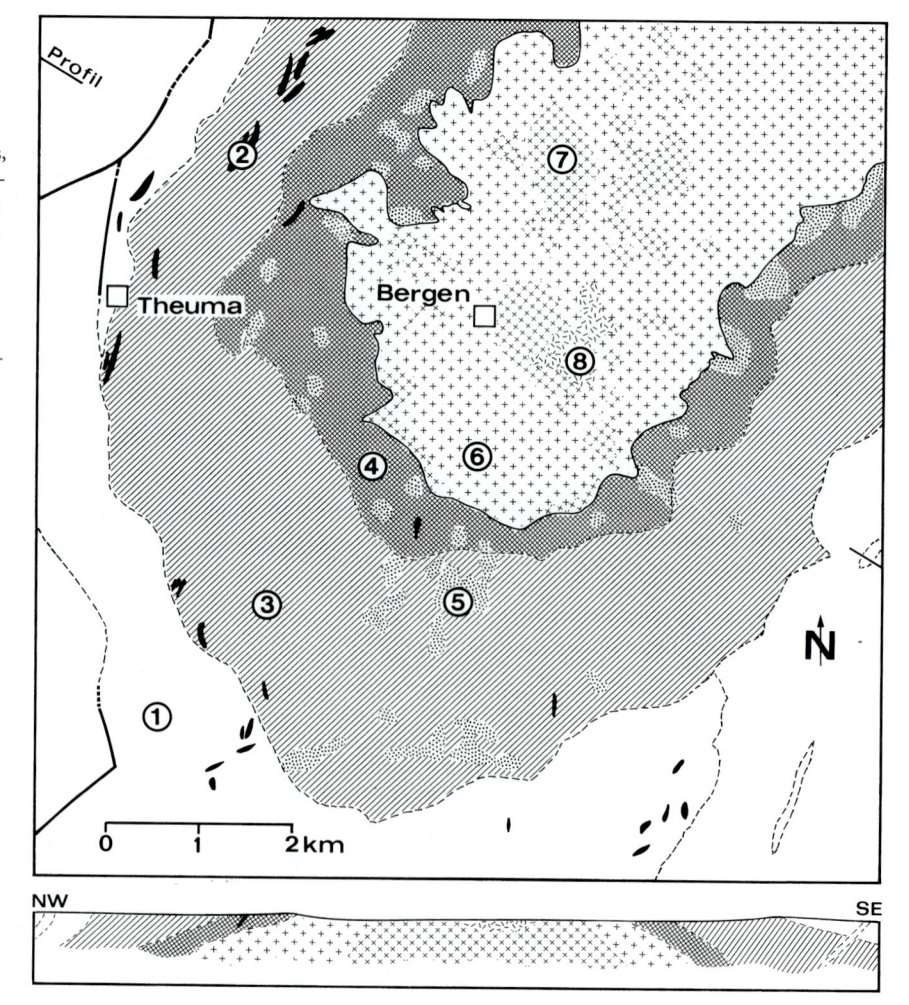

Die Wirkung der prograden Kontaktmetamorphose lässt sich am besten an *pelitischen Sedimentgesteinen* verfolgen, wie bereits Harry Rosenbusch (1877) in seiner klassischen Arbeit über den Kontakthof von Barr-Andlau in den Vogesen gezeigt hatte. Als typisches und gut aufgeschlossenes Beispiel wollen wir den *Kontakthof des Bergener Granitplutons*, einem Ausläufer des westerzgebirgischen Granitmassivs, besprechen (Abb. 26.2).

Der Bergener Granitpluton intrudierte gegen Ende der variscischen Orogenese in eine anchimetamorphe Folge von pelitischen Sedimentgesteinen, die typische Transversalschieferung aufweisen. Im Westen sind es durch kohliges Pigment schwarz gefärbte, im Hauptteil helle, sandig-tonig gebänderte Tonschiefer (die sog. Phycodenschichten), die im Osten in Phyllite übergehen. Eingeschaltet in diese pelitische Serie sind unreine Kalksteine sowie tektonisch deformierte Lagergänge von Diabas und Lagen von Diabastuff.

Nach Gefüge und Mineralbestand der kontaktmetamorph veränderten Phycodenschichten lassen sich innerhalb der Kontaktaureole drei Zonen ausscheiden. Allerdings ist die Grenze zwischen den beiden äußeren Zonen unscharf, so dass diese in der Karte zusammengefasst wurden. Vom unveränderten Tonschiefer zum Granit hin treten auf:

a Knoten- und Fruchtschiefer mit kaum veränderter Grundmasse,
b Fruchtschiefer mit schwach umkristallisiertem, glimmerreichem Grundgewebe (Abb. 26.3) und
c dickbankig-massiver Andalusit-Cordierit-Glimmer-Hornfels.

In der *Zone (a)* mit schwächster Einwirkung der Kontaktmetamorphose treten aus der kaum veränderten Grundmasse des Tonschiefers winzige Knoten hervor, die aus feinschuppigem Chlorit bestehen. Diese Chloritknoten werden mit Annäherung an die Zone (b) größer und nehmen dabei eine längliche Form an, die Ähnlichkeit mit derjenigen eines Getreidekorns aufweist (daher Fruchtschiefer). Diese Gebilde sind Pseudomorphosen nach Cordierit, wie sich an relativ seltenen Relikten nachweisen lässt. Die Grundmasse besteht neben Akzessorien aus einem schuppigen Filz von Chlorit und Sericit, der Körner von detritischem Quarz umschließt. Die anchimetamorphe Schieferung ist noch vollständig erhalten.

In der *Zone (b)* sind die getreidekornförmigen Cordierite nur selten retrograd in Chlorit umgewandelt. Sie treten zudem reichlicher auf und sind mit einer Länge von durchschnittlich 3–6 mm größer entwickelt; sie sind mit ihrer Längsrichtung vorzugsweise parallel zur Transversalschieferung orientiert. (Ganz allgemein bezeichnet man metamorph gebildete Kristalle, die durch ihr Größenwachstum aus einem feineren Grundgewebe hervortreten, als *Porphyroblasten*.) Querschnitte mit 6-zähligem Umriss (Abb. 26.3) lassen unter dem Mikroskop bei +Nic einen Sektorenbau erkennen, der die Cordierit-Porphyroblasten als Durchwachsungsdrillinge nach (110) aufweist. Ihre auffallende schwarze Färbung ist durch die wolkige Anreicherung eines feinen kohligen Pigments verursacht, das beim Cordierit-Wachstum siebförmig (poikiloblastisch) umschlossen wurde.

Im Fruchtschiefer der Zone (b) sind die Minerale des Grundgewebes bis auf spärliche Reste von detritischem Quarz eindeutig metamorphe Neubildungen, insbesondere von grünbraunem Biotit, Muscovit und Quarz neben zahlreichen Akzessorien. Das Neuwachstum der Glimmer bewirkt einen feinen Seidenglanz auf den noch immer erkennbaren Schieferungsflächen. Wegen ihrer hervorragenden technischen Eigenschaften werden die Fruchtschiefer dieser Zone noch heute als begehrter Werkstein gewonnen. Der *schwarze Tonschiefer* im Westteil der Aureole, der reich an kohligem Pigment ist, enthält in der Zone (b) Andalusit in der Varietät Chiastolith. Seine Porphyroblasten erreichen bis zu 1 cm Länge und sind oberflächlich in Sericit umgewandelt. Cordierit tritt in diesen Schiefern nicht auf.

In der *Zone (c)*, die selten mehr als 1 km breit wird, gehen die Fruchtschiefer mit weiterer Annäherung an den Granitkontakt in glimmerreichen Andalusit-Cordierit-Hornfels über. Dieser ist bläulichgrau bis bläulichschwarz gefärbt, feinkörnig, massig und zeigt splitterigen Bruch. Makroskopisch ist reichlich Cordierit als rundliche, blauschwarze Flecken erkennbar, während sich Andalusit, der

Abb. 26.3.
Fruchtschiefer, kontaktmetamorph überprägter Tonschiefer mit Cordierit-Porphyroblasten (*dunkelgrau*), die vorwiegend mit c // zur Schieferungsebene des ehemaligen Tonschiefers gewachsen sind; nur einzelne Porphyroblasten liegen senkrecht dazu und lassen den pseudohexagonalen Querschnitt von Cordierit-Drillingen nach (110) erkennen. Das silbergrau gefärbte Grundgewebe ist nur schwach umkristallisiert. Theuma, Vogtland. Handstück // zur Schieferungsfläche. (Foto: S. Matthes)

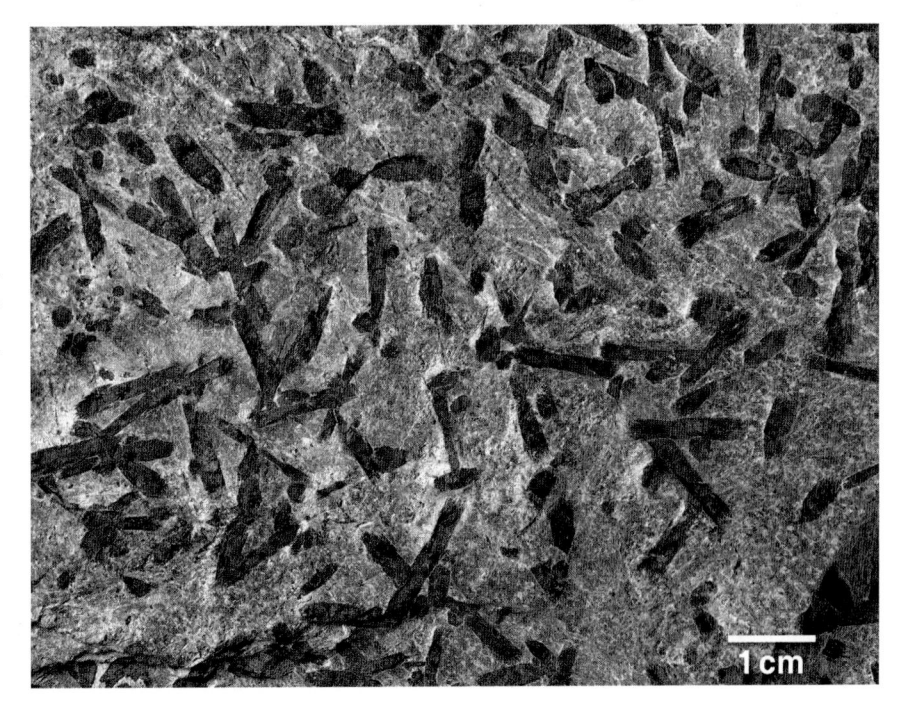

siebartige (poikiloblastische) Einschlüsse von Quarz enthält, mit bloßem Auge kaum identifizieren lässt. Schüppchen von braunem Biotit treten makroskopisch eher hervor als der helle Muscovit. Das Grundgewebe ist bei den Hornfelsen völlig entregelt, so dass keine Schieferung mehr erkennbar ist. Dagegen bleibt die ehemalige Schichtung, insbesondere der sedimentär angelegte Lagenwechsel zwischen tonigen, glimmerreichen und mehr sandigen, quarzreichen Lagen auch im massigen Hornfels noch immer sichtbar. Der metamorphe Mineralbestand spiegelt die unterschiedliche chemische Zusammensetzung der Sedimentlagen wider.

Die in der Zone (b) kontaktmetamorph überprägten Lagergänge von Diabas und Einschaltungen von Diabastuff sind in *körnige Amphibolitkörper* umgewandelt worden. Oft haben sich Relikte von ophitischem Gefüge erhalten, die allerdings in den Amphiboliten der Zone (c) infolge stärkerer Umkristallisation fehlen. In den jetzt metamorphen Tufflagen, die einen gewissen Mangangehalt aufweisen, sind zusätzlich Porphyroblasten von Spessartinreichem Granat über das Grundgewebe hinweggesprosst, das sie poikiloblastisch umschließen (Abb. 26.24, S. 451). Die ehemals mergeligen Kalksteine liegen jetzt als *Kalksilikat-Felse* vor.

Es gibt weltweit zahlreiche Kontaktaureolen, die petrologisch gut untersucht sind (Kerrick 1991); als prominentes Beispiel sei der Kontakthof des Intrusivkomplexes von Ballachulish in Schottland erwähnt (Voll et al. 1991).

Die periplutonische Kontaktmetamorphose läuft im Hinblick auf die chemischen Haupt-, Neben- und Spurenelemente in vielen Fällen *isochemisch* ab, wenn man von der Freisetzung von H_2O oder CO_2 durch thermische Zerfallsreaktionen absieht. Diese Fluide bewegen sich bei weiterer Aufheizung in die kühleren Teile der Aureole. Es gibt jedoch auch zahlreiche Fälle, in denen man einen metasomatischen Stofftransport vom kristallisierenden Magmenkörper in das Nebengestein nachweisen kann.

So lassen sich in den Zonen (c) und (b) des Bergener Kontakthofs sowie im Granitkörper selbst Bereiche mit Turmalin (Schörl) auskartieren, der sich auf feinen Klüften, meist zusammen mit Quarz ausgeschieden hat, aber auch häufig Cordierit oder Biotit im Hornfels verdrängt. Diese im spätmagmatischen Stadium einsetzende Kontaktmetasomatose geht auf H_3BO_3-haltige Fluide zurück, die Restdifferentiate des Granit-Magmas darstellen. In einer anderen, dicht benachbarten Kontaktaureole des westerzgebirgischen Granitmassivs steht der bekannte Topasbrockenfels des Schneckensteins an, aus dem im 18. Jahrhundert schleifwürdiger Topas bergmännisch gewonnen wurde. Das Kontaktgestein besteht aus einem stark brecciierten Phyllit, der durch Bor-Metasomatose turmalinisiert und während einer anschließenden Fluor-Metasomatose topasiert und verquarzt wurde.

Aus der thermischen Überprägung unreiner Karbonatgesteine bilden sich *Kalksilikat-Felse* mit Andraditreichem Granat, Ca-reichem Pyroxen der Diopsid-Hedenbergit-Reihe, Fe-reicher Hornblende, Aktinolith u. a. Karbonatgesteine sind besonders reaktionsfähig und dort, wo die Möglichkeit besteht, auch aufnahmefähig für fluid-transportierte Schwermetalle. Hierbei kommt es gelegentlich zur Bildung nutzbarer *Skarnerz-Lagerstätten* (s. Abschn. 23.3.1, S. 351f).

Kontaktmetamorphose an magmatischen Gängen und Lagergängen

Die Kontaktwirkung von oberflächennah intrudierten magmatischen Gängen (dikes) und Lagergängen (sills) auf das Nebengestein ist wegen ihrer geringen Dicke, ihres relativ kleinen Magmenvolumens und der geringen Wärmekapazität räumlich eng begrenzt. Die Kontaktsäume auf beiden Seiten von Gängen betragen meist nur wenige Zentimeter, an mächtigeren Lagergängen mehrere Meter. Eine Kontaktwirkung tritt am deutlichsten bei Basaltgängen in Erscheinung, da Basalt-Magmen Temperaturen über 1 000 °C erreichen. Hier kann es im Nebengestein zur Kristallisation von Hochtemperaturmineralen, z. T. sogar zum partiellen Schmelzen kommen. Diese Hochtemperatur-Metamorphose wird auch als *Pyrometamorphose* bezeichnet.

Kontaktwirkungen von Basaltgängen auf *Sandsteine* sind Frittung (Zusammenbacken), Glasbildung und mitunter säulenförmige Absonderung. Die Quarzkörner sind zerborsten unter randlicher Umwandlung in Tridymit. Das tonig-mergelige Bindemittel ist zu einem bräunlichen Glas geschmolzen, in dem sich neben Kristallskeletten (sog. Mikrolithen) zahlreiche Kriställchen von Spinell (oder Magnetit), Cordierit und Pyroxen gebildet haben. *Tonige Sedimente* werden in dichte, bräunliche oder grau gefärbte Massen, die splittrig brechen, umgewandelt. Die gelegentliche Umwandlung von Hochquarz in Tridymit, die unter Atmosphärendruck ($P = 1$ bar) bei 870 °C erfolgt (Abb. 11.44, S. 181), zeigt, dass bisweilen sehr hohe Temperaturen erreicht werden. Dabei können – trotz der meist sehr geringen Belastungs- und H_2O-Drücke – Tone oder die tonige Matrix von Sandsteinen partiell aufschmelzen und es entstehen glasführenden Gesteine, die man als *Buchite* bezeichnet (Abb. 28.11, S. 505). In *Karbonatgesteinen*, die in einzelnen Blöcken losbrechen und in geringer Tiefe als Xenolithe in gasarme basaltische Schmelze geraten, können bei der hochgradigen Thermometamorphose relativ seltene Ca- und Ca-Mg-Minerale entstehen (Abschn. 28.3.7, S. 505).

Im Kontakt mit Alkaligesteinsmagmen kommt es bei der Pyrometamorphose von pelitischen Sedimentgesteinen zu einer beachtlichen Alkalimetasomatose. Es bilden sich *Sanidinite* mit Na-Sanidin als Hauptgemengteil (Abschn. 28.3.7). Diese leuchtend weiß gefärbten Gesteine treten im jungen Vulkangebiet um den Laacher See (Ost-Eifel) häufig als Auswürflinge auf.

Auch bei der Kontaktmetamorphose an basaltischen *Lagergängen* kann das Nebengestein metasomatisch verändert werden. So führt Na-Metasomatose zur Albit-Bildung in Tonschiefern, wie das z.B. an Diabas-Lagergängen im variscischen Grundgebirges Mitteleuropas häufig beobachtet wird. Im Anfangsstadium bilden sich dabei *Spilosite*, erkennbar an kleinen Flecken, vergleichbar mit den beschriebenen Fleckschiefern; bei höhergradiger kontaktmetamorpher Überprägung entstehen hornfelsartig dichte, splittrig brechende *Adinole* bzw. deren gebänderte Varietät *Desmosit*.

Räumliche und zeitliche Temperaturverteilung in Kontaktaureolen

Die *Ausdehnung* von Kontakthöfen hängt wesentlich von der Größe des Plutons und seiner Wärmekapazität ab. Die räumliche und zeitliche Temperaturverteilung in einer Kontaktaureole lässt sich durch Modellrechnungen abschätzen, wie sie zuerst von Jaeger (1957, 1959) durchgeführt wurden (vgl. Turner 1968, 1981). Bei der Intrusion des Magmas kühlt sich dieses bis zur vollständigen Kristallisation ab und heizt gleichzeitig das Nebengestein auf eine Temperatur auf, die direkt am Kontakt ihr Maximum T_K erreicht und nach außen hin abnimmt.

Dabei sind insbesondere folgende Faktoren zu berücksichtigen:

- Intrusionstemperatur des Magmas T_I, abhängig von der Zusammensetzung, z. B. 1 000 °C für Gabbro, ca. 800 °C für Granodiorit,
- ursprüngliche Temperatur des Nebengesteins T_N,
- Wärmeleitfähigkeit des Nebengesteins k, gemessen in cal/(cm und °C) bzw. W/(Mol und K),
- Wärmekapazität C_p des Nebengesteins, gemessen in kJ/(Mol und K),
- Kristallisationswärme, die bei der Erstarrung des Magmas frei wird, gemessen in kJ/kg.

Beträgt z. B. die Intrusionstemperatur eines Granodiorit-Magmas T_I = 800 °C und die des Nebengesteins T_N = 100 °C, so würde nach den Berechnungen von Jaeger (1957, 1959) unmittelbar am Kontakt eine Temperatur von T_K = 450 °C erzeugt werden. Berücksichtigt man allerdings die bei der Erstarrung des Magmas frei werdende Kristallisationswärme, die in der Größenordnung von einigen 100 kJ/kg liegt, so würde sich T_K um etwa 100–120 °C erhöhen. Andererseits würde T_K um 20–40 °C absinken, wenn das Nebengestein wassergesättigt wäre und das vorhandene Porenwasser verdampfen müsste. Auch die endothermen Entwässerungs- und Dekarbonatisierungs-Reaktionen in der Kontaktaureole führen zu einer T-Erniedrigung in ähnlicher Größenordnung.

Hält man alle genannten Parameter konstant, so hängt die Maximaltemperatur T_m, die in einer bestimmten Entfernung vom Kontakt zu irgend einem Zeitpunkt erreicht wird, nur von der *Mächtigkeit* des Intrusivkörpers ab. Diesen stellen wir uns vereinfacht als vertikalen plattenförmigen oder zylindrischen Körper vor, der in einem Akt intrudiert und ohne Konvektion erstarrt ist. Am besten lässt sich daher die T-Verteilung um Gänge bzw. Lagergänge modellieren.

Als Beispiel nehmen wir einen tertiären Dolerit-Sill von ca. 80 m Mächtigkeit, der im Nordteil der Sinai-Halbinsel in oberkretazische Kalksteine intrudierte und im Hangenden und Liegenden Kontakt-Aureolen erzeugte (Abu El-Enen et al. 2004).

Dabei kam es in einer Entfernung von 25 m vom Kontakt zu ersten Rekristallisationserscheinungen von Calcit, in 13 m Entfernung zur ersten Neubildung von Wollastonit Ca[SiO$_3$]; näher zum Kontakt hin entstanden darüber hinaus Grossular-Andradit-Granat und Klinopyroxen der Diopsid-Hedenbergit-Reihe. Aus geologischen Überlegungen muss man mit sehr niedrigen Belastungsdrücken von ca. 100 bar rechnen. Unter diesen Bedingungen und unter Annahme eines CO$_2$/(CO$_2$ + H$_2$O)-Verhältnisses = 0,25 in der Gasphase beträgt die Mindesttemperatur für die Wollastonit-Bildung ca. 380 °C (s. Abb. 27.11, S. 476). Die Temperatur T_I des Basalt-Magmas dürfte bei ca. 1 150 °C, die des Nebengesteins bei ca. 30 °C gelegen haben. Setzt man für die oben angegebenen physikalischen Parameter realistische Werte ein, so kann man berechnen, dass das Nebengestein direkt am Kontakt mit dem Dolerit-Sill auf T_K = ca. 695 °C aufgeheizt wurde. In 13 m Entfernung vom Kontakt, dem Ort des ersten Auftretens von Wollastonit, betrug die Maximaltemperatur 575 °C, 25 m vom Kontakt 480 °C (Abb. 26.4a). Betrachtet man die zeitliche Temperaturentwicklung in der Kontaktaureole (Abb. 26.4b), so erkennt man, dass in 13 m Entfernung die Mindesttemperatur von 380 °C für die Wollastonit-Bildung über einen Zeitraum von etwa 170 Jahren überschritten wurde, und zwar maximal um ca. 195 °C. In 25 m Entfernung betrug dieser Zeitraum ca. 140 Jahre und die Temperatur wurde nur um ca. 100 °C überschritten. Das reichte offenbar für eine Wollastonit-Bildung noch nicht aus!

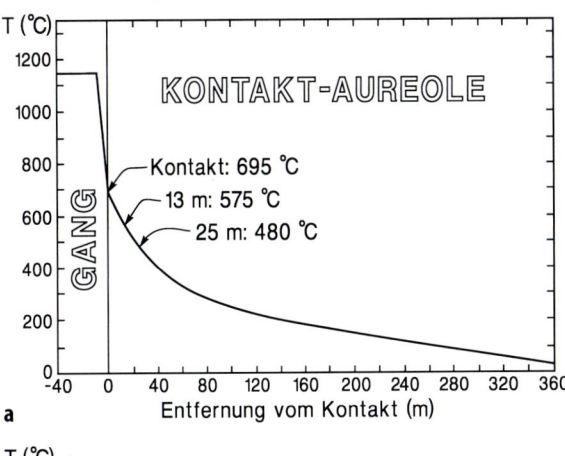

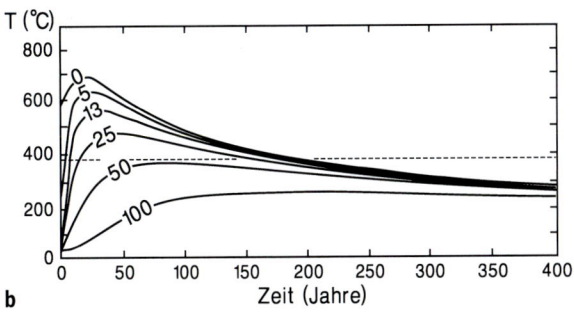

Abb. 26.4. Räumliche und zeitliche Temperaturverteilung in der Kontaktaureole am Kontakt zwischen einem tertiären Dolerit-Sill und einem oberkretazischen Kalkstein. Intrusionstemperatur 1150 °C, Temperatur des Kalksteins 30 °C. **a** Maximal erreichte Temperatur in Abhängigkeit von der Entfernung zum Kontakt. Im Abstand von 25 m beobachtet man die erste Rekristallisation von Calcit; in 13 m Abstand kommt es zur ersten Bildung von Wollastonit. **b** Zeitliche Temperatur-Entwicklung mit Linien gleichen Abstandes vom Kontakt (0, 5, 13, 25, 50, 100 m). Die *gestrichelte waagerechte Linie* gibt die Mindesttemperatur von 380 °C für die Wollastonit-Bildung an. Erläuterung im Text. (Nach Abu El-Enen et al. 2004)

Selbstverständlich sind bei größeren Intrusivkörpern die räumliche Ausdehnung der Kontaktaureolen und die Zeitdauer der Kontaktmetamorphose erheblich größer als am Gang-Kontakt. So heizt ein Granodiorit-Pluton (T_I = 800 °C) der Dicke D = 1 km das Nebengestein (T_N = 100 °C) bis zu einer Entfernung von 330 m vom Kontakt auf >400 °C auf, während diese Temperatur bei einem Pluton von D = 10 km bis zu einer Entfernung von 3,3 km überschritten wurde. Die *zeitliche T*-Entwicklung in einem Kontakthof ist eine Funktion von D^2. Dadurch verlängert sich die Abkühlungsgeschichte mit steigender Mächtigkeit der Magmenmasse enorm. Ein plattenförmiger Granodiorit-Pluton von 2 km Mächtigkeit braucht etwa 50 000 bis 100 000 Jahre, um vollständig abzukühlen, einer von 4 km Mächtigkeit sogar etwa 500 000 Jahre. Im letzteren Fall bleibt direkt am Kontakt eine Temperatur von nahezu 500 °C etwa 300 000 Jahre lang erhalten; nach 500 000 Jahren beträgt die Temperatur immer noch ca. 420 °C. Demgegenüber wurden 1 km vom Kontakt entfernt 420 °C erst nach 200 000 Jahren erreicht; nach 500 000 Jahren ist die Temperatur bereits wieder auf 380 °C gefallen (Turner 1981, Abb. 1.6, 1.7).

26.2.2
Kataklastische Metamorphose und Mylonitisierung

Die kataklastische Metamorphose ist an tektonische Störungszonen, wie Verwerfungen, Auf- und Abschiebungen sowie Überschiebungsbahnen gebunden. Sie wirkt auf das Gestein und seinen Mineralinhalt im wesentlichen durch *mechanische Beanspruchung* ein, wobei gerichteter Druck (differentieller Stress) eine entscheidende Rolle spielt. Unter relativ niedrigen Temperaturen und Belastungsdrücken und/oder hohen Verformungsraten wird die Gesteinsfestigkeit überschritten, es kommt zum Bruch und zum kataklastischen Fließen. Dabei werden die Minerale *spröd* deformiert, zerbrochen und zerrieben, Vorgänge die als *Kataklase* (Zerbrechung) bezeichnet werden. Es entstehen tektonische oder Reibungsbreccien und Kataklasite. Zwischen beiden Gesteinsvarietäten bestehen Unterschiede im Grad der mechanischen Beanspruchung.

Reibungsbreccien (Kakirite). Sie sind von einem dichten Kluftnetz und von Rutschstreifen durchsetzt und neigen daher zu einem polyedrischen Zerfall im cm-dm-Bereich. Die Kataklase im Innern der Zerfallskörper ist nach dem mikroskopischen Befund relativ schwach. Der Matrixanteil liegt bei <10 Vol.-%.

Kataklasite. Sie bestehen aus eckigen Gesteins- und Mineralbruchstücken, wobei der Matrixanteil auf >50 Vol.-% ansteigt. Das feinere Trümmermaterial (die *Kataklasten*) bilden sog. Mörtelkränze um größere Mineralbruchstücke (*Porphyroklasten*). Beispiele sind u. a. die sog. Protogin-Granite der Schweizer Zentralalpen. Mineralneubildungen finden nur auf Klüften statt. Gesteine mit 10–50 Vol.-% Matrix bezeichnet man als *Protokataklasite*, extrem deformierte mit >90 Vol.-% Matrix als *Ultrakataklasite*.

In duktilen Scherzonen können bei erhöhten Temperaturen und Belastungsdrücken sowie bei hohen Verformungsraten intrakristalline Deformationsmechanismen zum *kristallplastischen Fließen* führen: Es kommt zur *Mylonitisierung*. Der Übergang von der spröden zur duktilen Deformation hängt von der Kristallstruktur der betroffenen Minerale ab. So verhält sich z. B. Quarz schon bei sehr niedrigen Temperaturen duktil, so dass Quarzkörner in Kataklasiten häufig undulöse Auslöschung zeigen. Demgegenüber können Granat und Pyroxene bis zu Temperaturen von 500–600 °C noch spröde deformiert werden.

Mylonite (grch. μύλη = Mühle). Sie unterscheiden sich von Kataklasiten durch ihre geschieferte Matrix, die häufig augenförmige Porphyroklasten umflasert, eine geflammte Streifung aufweist und Bewegungsbahnen abbildet; Glimmer sind zu langaushaltenden Zügen ausgewalzt. Häufig ist auch ein Streckungslinear (Abschn. 26.4.3, S. 447) erkennbar. In mylonitisch beanspruchten Graniten finden sich in den Trümmerzonen aus Kalifeldspat häufig auch Neubildungen von Sericit. Hat der Mengenanteil der Matrix auf Kosten der gröberen Mineral-Bruchstücke auf über 90 Vol.-% zugenommen, so spricht man von *Ultramyloniten*. Diese erinnern in ihrem Aussehen oft an Tonschiefer, wobei die feinsten Fragmente meist Korngrößen von <0,02 mm besitzen. Im Gegensatz zu Kataklasiten ist die Matrix der Mylonite duktil deformiert, doch können größere Porphyroklasten durch Spröddeformation zerbrochen sein.

Bei der kataklastischen Metamorphose und Mylonitisierung reichen die Temperaturen für eine Umkristallisation oder zur Neubildung metamorpher Minerale meist nicht aus. In anderen Fällen kann die Bewegungsenergie bei der starken Deformation in *Reibungswärme* (*Friktionswärme*) umgesetzt werden, die zur Temperaturerhöhung führt. Es entstehen *Hartschiefer*, die eine schwach rekristallisierte Matrix und eine charakteristische, durch Deformation erzeugte Bänderung aufweisen. Bei noch stärkerer Umkristallisation bilden sich *Blastomylonite*, die in ihrem Gefüge bereits an regionalmetamorphe Gesteine aus Orogenzonen erinnern. Bei starker Sericitisierung und Chloritisierung sehen diese Gesteine ähnlich wie Phyllite (Abschn. 26.3.1, S. 438, 441) aus und werden dann als *Phyllonit* (aus *Phyll*it und *My*lonit) bezeichnet. Bei extremer *T*-Erhöhung durch freigesetzte Friktionswärme kann es sogar zum partiellen Aufschmelzen von Myloniten oder Ultramyloniten kommen. Dabei entstehen schmale Äderchen von Glassubstanz, die zwischen die Kornfragmente oder nichtgeschmolzene Matrixanteile eindringen. Man bezeichnet diese Gläser als *Hyalomylonit* oder *Pseudotachylit*, da sie äußerlich einem schwarzen Basaltglas (Tachylit) ähneln. Stellenweise können Pseudotachylite auch mehrere Meter mächtig werden, so im Ruhlaer Kristallin-Komplex (Thüringer Wald) oder in der Woodruff-Thrust-Zone in Zentral-Australien.

Der Übergang von der kataklastischen Metamorphose zur Regionalmetamorphose in Orogenzonen ist fließend. Spielen bei der Regionalmetamorphose Deformationsprozesse eine wesentliche Rolle, so spricht man von Dynamometamorphose oder Dislokationsmetamorphose. Diese Begriffe sollten nicht als Synonyme für die kataklastische Metamorphose verwendet werden.

26.2.3
Schockwellen- oder Impakt-Metamorphose

Schlagen große Meteoriten mit kosmischer Geschwindigkeit auf die Oberfläche von Planeten auf, so erzeugen sie auf Grund ihrer hohen kinetischen Energie *Schockwellen*. Diese bewegen sich mit mehrfacher Schallgeschwindigkeit durch den Gesteinsuntergrund und breiten sich halbkugelförmig aus (Abb. 26.5a–c). Hierbei treten im Zentrum für Bruchteile von Sekunden Spitzendrücke bis zu einigen Megabar (1 Mbar = 1 000 kbar = 100 GPa) und Temperaturen bis zu einigen 10 000 °C auf (Abb. 26.5d). Erst in einigen Kilometern Entfernung vom Kollisionszentrum ist eine Druck- und Temperatur-Erhöhung nicht mehr zu registrieren (z. B. French u. Short 1968; Stöffler 1972; Reimold u. Jordan 2012; Collins et al. 2012; Langenhorst u. Deutsch 2012). Nach der Gleichung $E = \frac{1}{2}mv^2$ erreicht ein Meteorit der Masse $m = 10\,000$ t, der mit kosmischer Geschwindigkeit von $v = 20$ km/s aufschlägt, eine kinetische Energie von $E = 2 \cdot 10^{15}$ Joule = 550 Mio. kWh. Das ist wesentlich mehr, als durch einen konventionellen Explosivstoff gleicher Masse erzeugt wird.

Die höchste Geschwindigkeit, die ein Körper im Abstand Sonne–Erde erreichen kann, liegt bei 42 km/s; bei höherer Geschwindigkeit würde der Körper dem Schwerefeld der Sonne entfliehen. Die Bahngeschwindigkeit der Erde beträgt 29,9 km/s. Je nachdem, ob der Meteorit frontal auf die Erde zu oder ihr hinterher fliegt, erreicht seine Geschwindigkeit maximal 72 km/s, minimal 12 km/s. Meist liegen die kosmischen Geschwindigkeiten bei 20–60 km/s (d. h. etwa 70 000–220 000 km/h). Kleinere Meteoriten werden durch die Erdatmosphäre so stark gebremst, dass sie nicht mehr mit kosmischer, sondern nur noch mit Fallgeschwindigkeit von 0,00978 km/s (= 35 km/h) auf die Erde auftreffen.

Die hohe kinetische Energie beim Aufschlag großer Meteoriten, wird vernichtet durch

- mechanische Bildung eines Meteoriten- oder Impakt-Kraters,
- Entstehung von Schockwellen,
- Erhitzung des Gesteinsuntergrundes,
- Erhitzung des Meteoriten selbst.

Wenn nur 10 % der Gesamtenergie durch das Aufheizen des Meteoriten verbraucht werden, muss dieser

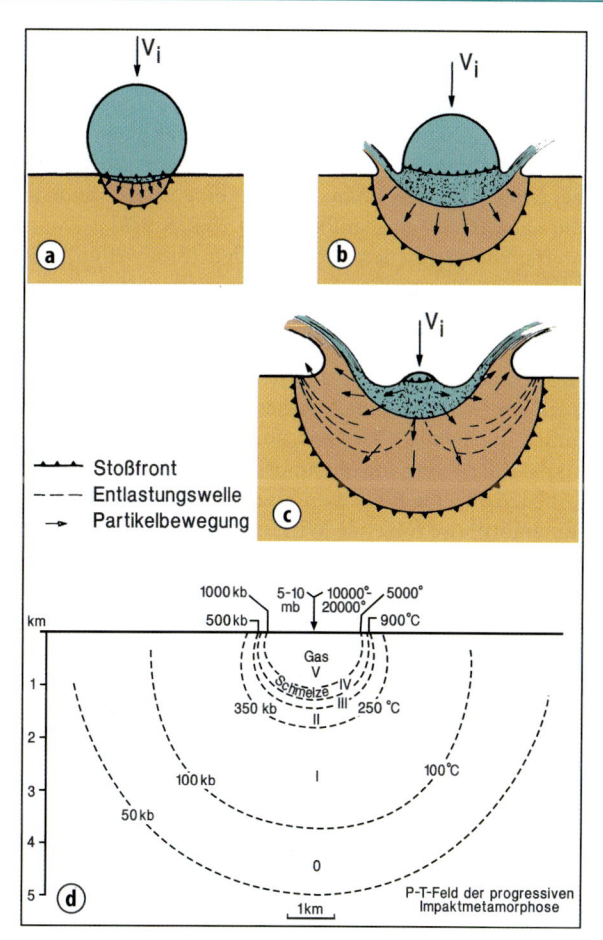

Abb. 26.5. a–c Einschlag eines sphärischen Projektils (= Meteorit) mit der hohen Geschwindigkeit v_i auf einen ebenen Festkörper (= Gesteinsuntergrund). Unregelmäßige Rasterung: durch die Stoßwelle komprimierter Teil des Projektils. In Anlehnung an Gault et al. (1968) nach Gall et al. (1975). **d** Intensitätszonen der Impakt-Metamorphose im Untergrund des Nördlinger Rieses: Maximaldrücke beim Durchgang der Stoßfront und Resttemperaturen nach deren Durchgang. (Nach Gall et al. 1975)

vollständig verdampfen. Dieses Ergebnis steht im Einklang mit der Tatsache, dass Meteoriten, die große Krater erzeugt haben, niemals gefunden worden sind. Das gilt z. B. für den *Ries-Krater* um die Stadt Nördlingen (Reg. Bez. Schwaben, Bayern), der mit einem Durchmesser von 25 km und einer Tiefe von 600 m zu den größten der Erde zählt. Er entstand vor 14,8 ±0,7 Ma (Gentner et al. 1961) durch den Einschlag eines 0,5–1 km großen Meteoriten, der mit kosmischer Geschwindigkeit in die Schwäbische Alb einschlug und eine kinetische Energie von ca. 10^{17} Joule lieferte. Viel kleiner ist der exzellent erhaltene *Barringer-Krater* in Arizona, der lediglich einen Durchmesser von 1,3 km besitzt und etwas über 100 m tief ist (Abb. 31.1, S. 548). Er wurde durch einen etwa 63 000 t schweren Eisenmeteoriten erzeugt, der vor 49 700 ±850 Jahren (Phillips et al. 1991) mit einer Geschwindigkeit von 15 km/s aufschlug; von diesem Meteoriten wurden immerhin noch Bruchstücke mit einem Gesamtgewicht von 30 t gefunden. Demgegenüber hat der schwerste bekannte Meteorit der Erde, der noch in einem Stück erhalten ist, kaum einen nennenswerten Krater erzeugt: Der ca. 60 t schwere Eisenmeteorit auf der *Farm Hoba West* bei Grootfontein (Namibia) hat nur eine flache Mulde in die Kalahari-Sande gegraben (Abb. 31.2, S. 549).

Die energiereichen Schockwellen (Stoßwellen), die beim Einschlag großer Meteoriten entstehen, bewegen sich unter schnellem Energieverlust von der Einschlagstelle konzentrisch weg. Die Drücke in der Stoßfront, die Resttemperatur nach der Druckentlastung und damit auch der Grad der Impakt-Metamorphose nehmen nach außen hin ziemlich rasch ab, so dass sich eine konzentrische Anordnung von Metamorphose-Zonen 0–V ergibt (Abb. 26.5d). Im Einzelnen erzeugt die Schockwellen-Metamorphose folgende Wirkungen (z. B. Langenhorst und Deutsch 1998, 2012):

Kataklase. Kataklase der Minerale (Abb. 26.6) lässt sich in allen Bereichen feststellen, nimmt aber von außen nach innen an Intensität zu; sie ist in der Zone 0 relativ schwach, in den Zonen I–III wesentlich stärker. Ein besonderes Charakteristikum sind die *Shatter Cones* (Strahlenkegel); das sind strahlenförmige Gebilde, die in feinkörnigen Sedimentgesteinen, z. B. in den dichten Malm-Kalken der Schwäbischen Alb auftreten und bei mäßigen Stoßwellen-Drücken von 20–100 kbar gebildet wurden (Abb. 26.7).

Plastische Deformationen (Zone I–III). Bei Überschreiten ihrer Elastizitätsgrenze werden Minerale entlang kristallographischer Richtungen plastisch deformiert. In Quarz, Feldspäten und anderen Mineralen entstehen planare Deformationsgefüge (planar deformation features, PDF), wie Scharen paralleler Gleitebenen und Deformationsbänder, sowie Mosaikgefüge; Dichte, Licht- und Doppelbrechung werden erniedrigt. Schichtsilikate zeigen häufig Knickbänder; Druckzwillinge, oft mit ungewöhnlicher kristallographischer Orientierung, werden besonders in Amphibolen und Pyroxenen beobachtet.

Polymorphe Phasenumwandlungen (Zone I–III). Als Hoch- bzw. Höchstdruckmodifikationen von SiO_2 entstehen aus Quarz bzw. diaplektischem Quarzglas (s. unten) Coesit (Abb. 26.8) und Stishovit. Wahrscheinlich bildet sich Stishovit – die einzige SiO_2-Modifikation mit Si in [6]-Koordination entsprechend der Rutil-Struktur (Abb. 7.9, S. 110; Abb. 11.43, S. 180) – bereits beim Durchgang der Schockwelle, während Coesit erst nachträglich bei der Druckentlastung kristallisiert. Coesit wurde im Ries-Krater erstmals durch die amerikanischen Forscher Chao und Shoemaker (Chao et al. 1960) nachgewiesen. Dadurch konnten sie die Impakt-Theorie, die bereits 1904 von Ernst Werner zur Diskussion gestellt worden war, bestätigen und die von den meisten regionalen Geologen bevorzugte Deutung der Ries-Struktur als vulkanischer Explosionskrater widerlegen. Darüber hinaus lässt sich in Impaktgesteinen des Nördlinger Rieses die Umwandlung von Graphit in Diamant beobachten (El Goresy et al. 2001a; Schmitt et al. 2005); ebenso treten dort, wie auch z. T. in anderen Meteoriten-Kratern, weitere Hochdruckmodifikationen des Kohlenstoffs (El Goresy et al. 2003), Moissanit SiC (Schmitt et al. 2000) sowie hochdichte Rutil-Phasen mit α-PbO_2- und ZrO_2-Struktur (El Goresy et al. 2001b,c) auf.

Diaplektische Gläser (Zone II und III) (von Engelhardt et al. 1967). Sie entstehen offenbar nur aus Gerüstsilikaten, insbesondere aus Quarz und Feldspäten, bei Spitzendrücken

Abb. 26.6.
Schockwellen-beanspruchter Amphibolit mit zahlreichen charakteristisch radial und konzentrisch verlaufenden Riss-Systemen in Hornblende (*Hbl*) und in noch stärker beanspruchtem Plagioklas (*Pl*). Sichtbar sind außerdem Bahnen und Verzweigungen aus diaplektischem Glas (im Bild dunkel). Bohrkern 731,5 m der Bohrung Nördlingen 1973. Bildbreite ca. 4,5 mm. (Foto: S. Matthes)

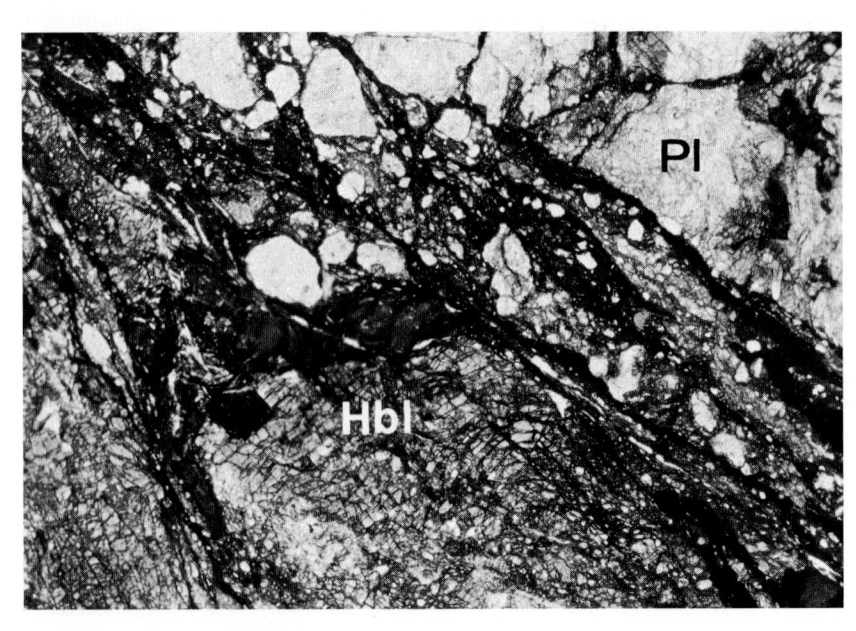

Abb. 26.7. Shatter cones im Malm-Kalk im Steinheimer Becken bei Heidenheim (Schwäbische Alb), einem kleinen Impakt-Krater, der während des Ries-Ereignisses gebildet wurde. Aufsammlung K. Ernstson (Würzburg). (Foto: K.-P. Kelber)

Abb. 26.8. Coesit in diaplektischem Glas. Aufhauen, Nördlinger Ries. Bildbreite ca. 720 µm (Foto: Dieter Stöffler)

von oberhalb ca. 350 kbar. Im Gegensatz zu Gläsern, die durch Unterkühlung schockinduzierter Schmelzen entstanden sind, lassen diaplektische Gläser noch Korndomänen und Restumrisse der ursprünglichen Minerale erkennen, Fließstrukturen und Blasen fehlen, Dichte und Lichtbrechung sind höher als bei echten Gläsern gleicher chemischer Zusammensetzung.

Thermische Zersetzung, Aufschmelzung und Verdampfung. Diese Vorgänge sind nur in den inneren Bereichen (Zone IV und V) möglich, in denen nach der Druckentlastung noch eine Resttemperatur herrscht, die größer ist als die jeweilige Zersetzungs-, Schmelz- oder Verdampfungstemperatur der einzelnen Minerale oder des gesamten Gesteins. Amphibole und Glimmer zerfallen zu feinkörnigen Aggregaten von (OH)-freien Mineralen; in Gesteinen mit Kalifeldspat, Na-reichem Plagioklas und Quarz entstehen selektiv Teilschmelzen, die glasig oder in Form feinkristalliner Aggregate erstarren. Bei höheren Schockwellendrücken von >600 kbar und entsprechend hohen Resttemperaturen von >1500 °C schmilzt das gesamte Gestein (Zone IV). Manchmal werden die so entstandenen Schmelzmassen so groß, dass sie langsam abkühlen und zu holo- oder hypokristallinen Gesteinen erstarren, die Vulkaniten entsprechender Zusammensetzung sehr ähnlich sind. Rascher abgekühlte Schmelzen erstarren zu inhomogenen Gläsern. Im Zentrum des Impakts kommt es bei Spitzendrücken von >800 kbar und Resttemperaturen von >3000 °C zur Verdampfung der Gesteine (Zone V).

Bereits während der *Kompressionsphase* beim Einschlag des Meteoriten, die nur etwa ½ Sekunde dauert, kommt es zur Durchmischung der zerkleinerten und teilweise geschmolzenen Gesteinsmassen. Noch stärker ist das bei der nachfolgenden *Exkavationsphase* der Fall, die durch die Entspannung der komprimierten Materie bedingt ist. Noch während des Einschlags durchläuft den sich verformenden Meteoriten eine Entlastungswelle, die sich im Untergrund fortsetzt (Abb. 26.5c). Sie besitzt nur Schallgeschwindigkeit, ist also langsamer als die Schockwelle. Dementsprechend dauert die Exkavationsphase etwa 10 000-mal so lange wie die Kompressionsphase, d. h. etwa 1½ Stunden. Durch die Druckentlastung wird das komprimierte Material divergent ausgeworfen. Dabei werden geschmolzene Anteile aerodynamisch verformt, und es entstehen charakteristische Glasbomben, die „Flädle" des Ries-Kraters. Diese bilden einen wesentlichen Anteil des *Suevit*, einer Impaktbreccie, deren Komponenten hauptsächlich aus den tiefsten Teilen von Impakt-Kratern stammen; sie enthält einen hohen Anteil an Gesteins- und Mineralglas, so Kieselglas (Lechatelierit) aus aufgeschmolzenem Quarz in einer Matrix aus Montmorillonit. Die Bezeichnung Suevit wurde zuerst für Gesteine des Ries-Kraters im bayerischen Regierungsbezirk Schwaben (lat. suevia) geprägt, wird aber heute international angewendet. Suevite treten bevorzugt in jüngeren Meteoritenkratern auf. Viel verbreiteter sind Trümmermassen, in denen Gesteinsfragmente vorherrschen, die keine oder nur eine schwache Schockwellen-Metamorphose erfahren haben, die lediglich zur Bildung von *Impakt-Breccien* führte, wie die *Bunte Breccie* im Ries. Auch die *Tektite*, cm-große, rundliche Glaskörper, die weit ausgedehnte Streufelder bilden, entstanden bei großen Meteoriten-Einschlägen durch Aufschmelzung des Untergrundes (Abschn. 31.4, S. 563f).

Die Schockwellen-Metamorphose ist der einzige Metamorphosetyp, der auch auf dem Mond nachzuweisen ist. Da auf unserem Trabanten eine Atmosphäre fehlt und daher keine chemische Verwitterung stattfindet, sind dort auch sehr alte Meteoriten-Krater noch in großer Zahl vorhanden und ausgezeichnet erhalten. Das Gleiche gilt für die Schockwellen-metamorphen Gesteine, die durch zeitlich aufeinanderfolgende Impakt-Ereignisse gebildet wurden, und einen wesentlichen Bestandteil des *Regoliths*, der über die Mondoberfläche verbreiteten Schuttschicht, darstellen (vgl. auch Kap. 30, S. 537ff).

Unterirdische Kernexplosionen, durch die Schockwellen künstlich erzeugt werden, führen zu ganz ähnlichen metamorphen Veränderungen im Nebengestein.

26.2.4
Hydrothermale Metamorphose

Heiße Lösungen oder Dämpfe, die auf einem Kluftnetz oder entlang tektonischer Störungszonen einwandern, erzeugen Veränderungen im Nebengestein, wobei die primären Minerale durch hydrothermale Neubildungen verdrängt werden (Coombs 1961). Solche Vorgänge sind verbreitet, beschränken sich aber meist auf schmale Bereiche in unmittelbarer Nachbarschaft der Klüfte. Zur großräumigen Umwandlung des Nebengesteins kommt es jedoch in aktiven geothermischen Feldern, d. h. in Gebieten, in denen heiße Quellen oder Wasserdampf in größerem Umfang gefördert und zur Energiegewinnung genutzt werden (Utada 2001). Bohrungen bis in Tiefen von einigen hundert Metern erbrachten mit steigender Temperatur (bis etwa 250 °C) die Neubildung von Zeolithen (Abschn. 11.6.5, S. 200ff) wie Mordenit $(Na,Ca,K)_6[AlSi_5O_{12}]_8 \cdot 28H_2O$, Analcim $Na[AlSi_2O_6] \cdot H_2O$, Laumontit $Ca[Al_2Si_4O_{12}] \cdot 4{,}5H_2O$ und Wairakit $Ca[AlSi_2O_6]_2 \cdot 2H_2O$ sowie von Albit und/oder Adular. Die am besten untersuchten Beispiele sind Wairaki auf der Nordinsel Neuseelands, Onikobe und Hakone auf der Insel Honshu (Japan) und der Yellowstone-Nationalpark (Wyoming, USA). Kennzeichnend für diese Gebiete ist ein ungewöhnlich großer geothermischer Gradient, der bis auf 1 000 °C/km ansteigen kann. Zu umfangreichen hydrothermalen Alterationen kommt es auch im Zuge hydrothermaler Aktivität an den mittelozeanischen Rücken (Black Smoker, Abschn. 23.5.1, S. 360ff) und bei der Bildung hydrothermaler Erzlagerstätten z. B. von Porphyry Copper Ores (Abschn. 23.2.4, S. 349ff).

26.2.5
Regionalmetamorphose in Orogenzonen

In den präkambrischen Kratonen und in den phanerozoischen Orogengürteln der Erde nehmen metamorphe Gesteine Areale in einer Ausdehnung von hunderten oder tausenden von Quadratkilometern ein. Metamorphoseprozesse erreichen hier also – im Gegensatz zu den bisher besprochenen Metamorphosetypen – regionale Ausmaße. Sie stehen offensichtlich im Zusammenhang mit großräumigen Gebirgsbildungen (Orogenesen). Diese sind – zumindest während des Phanerozoikums und des Proterozoikums – mit plattentektonischen Vorgängen wie Subduktion oder Kontinent-Kontinent-Kollision verknüpft.

In ihrer typischen Ausbildung ist die Regionalmetamorphose weder rein dynamisch noch rein statisch-thermisch. Kennzeichnend ist vielmehr ein kompliziertes Zusammenspiel von Deformation, durch welche die Gesteine geschiefert und gefaltet werden (Abb. 26.9, 26.20–26.23), und regionaler Aufheizung, die zur metamorphen Um- und Neukristallisation führt. Diese Vorgänge können sich innerhalb einer oder in mehreren aufeinander folgenden Gebirgsbildungsphasen mehrfach wiederholen. Als typische Produkte der Regionalmetamorphose entstehen *kristalline Schiefer*, z. B. Phyllite, Glimmerschiefer, Gneise, Amphibolite und Granulite. Sie unterscheiden sich in ihren Gefügemerkmalen markant von den ungeschieferten Hornfelsen der Kontaktaureolen, aber auch von den nicht oder nur schwach rekristallisierten Kataklasiten und Myloniten. Blastomylonite gehören bereits zu den kristallinen Schiefern.

Wie in den Kontaktaureolen lassen sich auch in regionalmetamorphen Gebieten häufig *Zonen gleich starker metamor-*

Abb. 26.9.
Große offene Falte in metamorphen Sedimentgesteinen der Gemsbok-River-Formation des panafrikanischen Damara-Orogens. Man erkennt eine Wechsellagerung von Karbonatgesteinen (gelblich bis bräunlich) und Turbiditen (dunkel), die vor ca. 550–500 Millionen Jahren gefaltet und metamorph überprägt wurden. Rhino Wash, Ugab-Gebiet, Nord-Namibia. (Foto: M. Okrusch)

pher Umwandlung auskartieren, allerdings in erheblich größerer Ausstrichsbreite. Diese sind durch *kritische* Minerale oder Mineralparagenesen dokumentiert, die bei der prograden Metamorphose gebildet wurden und häufig die *P-T*-Bedingungen beim Höhepunkt der Metamorphose widerspiegeln. Begrenzt werden diese *Mineralzonen* durch *Isograden;* das sind die Verbindungslinien zwischen den Punkten, an denen das erstmalige Auftreten eines kritischen Minerals (auch als *Indexmineral* bezeichnet) im Gelände beobachtet wird. Tatsächlich stellen Isograden gekrümmte Flächen dar, die das Orogen durchsetzen; kartiert werden ihre Schnittlinien mit der derzeitigen Landoberfläche. Vielfach kommt es in der höchstgradierten Metamorphosezone bereits zur partiellen Anatexis; es entstehen *Migmatite* in regionaler Ausdehnung (Abschn. 26.5, S. 453ff). Kennzeichnend ist weiter die räumliche Verknüpfung von hochgradigen Metamorphiten und/oder Migmatiten mit Plutonen granitischer, granodioritischer oder tonalitischer Zusammensetzung, die während oder im Anschluss an die Regionalmetamorphose intrudiert sind. Dabei lassen sich regionalmetamorphe Prägung und kontaktmetamorphe Überprägung nicht immer klar auseinanderhalten. Man spricht daher auch von *regionaler Kontaktmetamorphose*.

Niederdruck- und Mitteldruckmetamorphose

Die Zonengliederung nach metamorphen Indexmineralen wurde erstmals von Barrow (1893, 1912) und Tilley (1925) im Dalradian der schottischen Kaledoniden erkannt und auskartiert. In *Metapeliten* sind diese sog. *Barrow-Zonen* durch folgende Mineralparagenesen gekennzeichnet:

1. *Chloritzone*: Phengitischer Hellglimmer + Chlorit ± Mikroklin + Albit + Quarz;
2. *Biotitzone*: Biotit + Chlorit + Muscovit + Albit + Quarz;
3. *Granatzone*: Almandin-reicher Granat + Biotit + Muscovit + Albit/Oligoklas + Quarz;
4. *Staurolithzone*: Staurolith + Almandin + Biotit + Muscovit + Oligoklas + Quarz;
5. *Kyanitzone*: Kyanit ± Staurolith + Almandin + Biotit + Muscovit + Oligoklas + Quarz;
6. *Sillimanitzone*: Sillimanit + Almandin + Biotit + Kalifeldspat + Oligoklas + Quarz.

Kritische Mineralparagenesen in *Metabasiten* und *Kalksilikat-Gesteinen* zeigen eine analoge Zonengliederung.

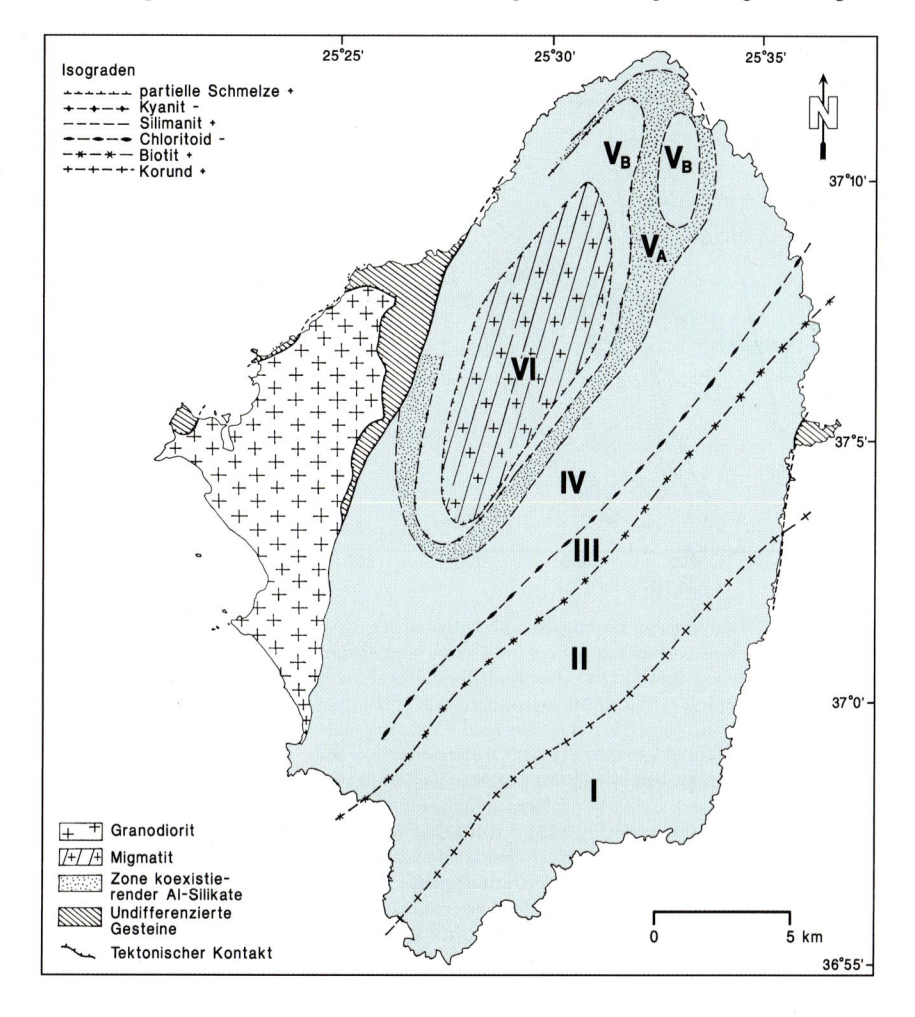

Abb. 26.10.
Vereinfachte geologische Karte der Kykladen-Insel Naxos mit den Isograden und Mineralzonen in Metapeliten und Metabauxiten. (Nach Jansen u. Schuiling 1976)

Inzwischen wurden in vielen Teilen der Welt Kristallingebiete mit gut ausgebildeten metamorphen Mineralzonen beschrieben. Beispiele sind der Damara- und Kaoko-Gürtel in Namibia, die durch die panafrikanische Orogenese gebildet wurden, das paläozoische Kristallin von Vermont und New Hampshire im Nordosten der USA, das variscische Kristallin des nördlichen Bayerischen Waldes, die alpidisch geprägten Keuper- und Lias-Schichten in den Schweizer Zentralalpen und im nördlichen Alpenvorland. Nicht immer entspricht die gefundene Zonenfolge den klassischen Barrow-Zonen. Häufig wurden abweichende Indexminerale und Mineralparagenesen beobachtet, die auf Unterschiede in der regionalen Verteilung der P-T-Bedingungen beim Höhepunkt der Metamorphose und auf unterschiedliche geothermische Gradienten bei der Orogenese hinweisen. Ein gutes Beispiel hierfür ist Schottland selbst. In den metamorphen Gesteinen des Dalradians nördlich Aberdeen treten, wie bereits Harker (1932) erkannt hatte, Andalusit und Cordierit als zusätzliche Indexminerale auf. Damit ergibt sich eine abweichende Zonenfolge, die von Read (1952) als *Buchan-Typ* bezeichnet und dem klassischen Barrow-Typ gegenübergestellt wurde. Wir wissen heute, dass die Mineralzonierung des Buchan-Typs insgesamt auf einen höheren geothermischen Gradienten, d. h. auf eine stärkere Temperaturzunahme mit der Tiefe hinweist. Solche regionalen Unterschiede lassen sich gut verstehen, wenn man die Isothermenverteilung in einem Orogen-Gürtel in der kontinentalen Oberplatte über einer Subduktionszone betrachtet (Abb. 28.8, S. 496).

Als weiteres intruktives Beispiel für eine Mittel-P/T-Metamorphose wollen wir den metamorphen Komplex der Kykladen-Insel *Naxos* behandeln, einen Bestandteil des Kykladen-Kristallins. Dieses besteht im Wesentlichen aus einer permomesozoischen Sedimentfolge mit eingeschalteten Vulkaniten, die einem voralpidischen Kristallin auflagern. Während der alpidischen Orogenese wurde dieser Gesteinsverband polymetamorph geprägt, gefolgt von einer Phase magmatischer Aktivität. Abgesehen von präalpidischen Relikten geht der metamorphe Komplex von Naxos überwiegend auf klastische Sedimente und verkarstete Kalksteine zurück, die in Karsttaschen Bauxite enthalten. Diese mesozoische Sedimentserie erlebte im Eozän eine Hochdruckmetamorphose (s. unten), deren Relikte noch im SE-Teil der Insel erhalten sind. Darauf folgte an der Wende Oligozän/Miozän eine prograde Mitteldruckmetamorphose, die eine ausgeprägte Zonenfolge metamorpher Indexminerale in *Metapeliten* und *Metabauxiten* erzeugte (Abb. 26.10; Jansen u. Schuiling 1976; Feenstra 1985):

I. Diaspor-Chloritoid-Zone. Die Diaspor-Chloritoid-Zone ist durch das Auftreten von Diaspor und Chloritoid in metamorphen Bauxiten gekennzeichnet, der von Kyanit, der Niedrig-T-/Hoch-P-Modifikation von $Al_2[O/SiO_4]$ (Abb. 26.11) begleitet wird; auch Pyrophyllit kommt noch vor. Metapelite führen die Paragenese

> Quarz + Albit + Muscovit ± Paragonit + Chlorit
> ± Chloritoid ± Granat.

II. Korund-Chloritoid-Zone. Die Korund-Chloritoid-Zone beginnt mit dem ersten Auftreten von Korund in Metabauxiten entsprechend der Entwässerungs-Reaktion

$$2AlOOH \rightleftharpoons Al_2O_3 + H_2O \quad (26.1)$$
Diaspor   Korund

(Korund-Isograde). Sonst ändern sich die Mineralparagenesen in Metabauxiten und Metapeliten nicht.

III. Biotit-Chloritoid-Zone. Die Biotit-Chloritoid-Zone ist durch das erste Auftreten von Biotit in Metapeliten gekennzeichnet, während Paragonit verschwindet. Die Paragenese lautet

> Quarz + Albit + Muscovit + Biotit + Chlorit
> ± Chloritoid ± Granat.

In Metabauxiten kommt es zur verbreiteten Neubildung des Sprödglimmers Margarit, der mit Korund und Chloritoid koexistiert.

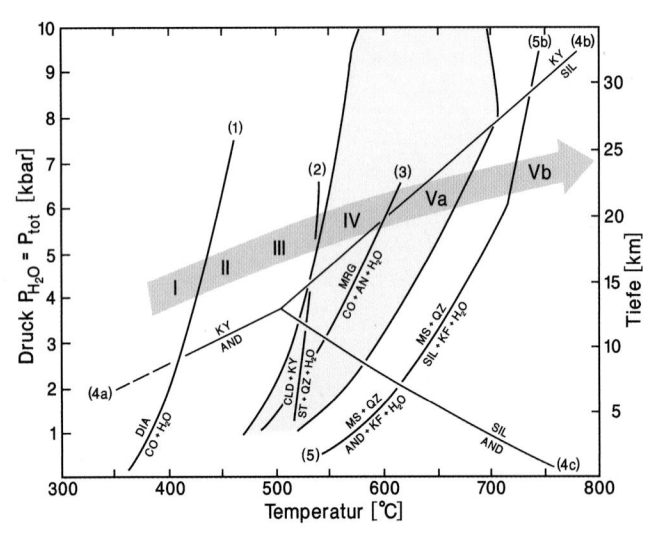

Abb. 26.11. P-T-Diagramm zur quantitativen Abschätzung der regionalen Metamorphose-Entwicklung auf der Insel Naxos (*mittelblauer Pfeil* mit den Mineralzonen I bis Vb). Experimentell bestimmte Gleichgewichtskurven einiger wichtiger Mineral-Reaktionen: (*1*) Diaspor $\rightleftharpoons$ Korund + H_2O nach Haas (1972); (*2*) Chloritoid + Kyanit $\rightleftharpoons$ Staurolith + Quarz + H_2O nach Richardson (1968); (*3*) Margarit $\rightleftharpoons$ Korund + Anorthit + H_2O nach Chatterjee (1974); (*4a*) Kyanit $\rightleftharpoons$ Andalusit, (*4b*) Kyanit $\rightleftharpoons$ Sillimanit und (*4c*) Andalusit $\rightleftharpoons$ Sillimanit nach Holdaway und Mukhopadhyay (1993); (*5a*) Muscovit + Quarz $\rightleftharpoons$ Andalusit/Sillimanit + Kalifeldspat + H_2O nach Chatterjee und Johannes (1974); (*5b*) Muscovit + Quarz + $H_2O \rightleftharpoons$ Sillimanit/Kyanit + Schmelze nach Storre und Karotke (1972). *Helle Schattierung*: Stabilitätsfeld der Paragenese Staurolith + Granat + Biotit (+ Muscovit + Quarz) nach Spear u. Cheney 1989

IV. Kyanit-Staurolith-Zone. Die Kyanit-Staurolith-Zone ist in Metabauxiten und Metapeliten durch das Verschwinden von Chloritoid und die Neubildung von Staurolith nach der vereinfachten Reaktion

Chloritoid + Kyanit

$\rightleftharpoons$ Staurolith + Quarz + H_2O (26.2)

gekennzeichnet. Während in Metabauxiten Kyanit schon in Zone I vorhanden ist, entsteht er in Metapeliten erst jetzt neu, so dass sich die folgende Paragenese ergibt:

Quarz + Oligoklas + Muscovit + Biotit ± Granat
± Staurolith ± Kyanit.

In Metabauxiten beobachtet man die Paragenese

Korund + Staurolith + Margarit + Muscovit ± Biotit
+ Chlorit.

Va. Kyanit-Sillimanit-Übergangszone. In Metabauxiten der Zone V bildet sich neben Korund reichlich grüner Spinell. Darüber hinaus setzt der Zerfall von Margarit unter Neubildung von Anorthit + Korund nach der Entwässerungs-Reaktion

$CaAl_2[(OH)_2/Al_2Si_2O_{10}]$
Margarit

$\rightleftharpoons Al_2O_3 + Ca[Al_2Si_2O_8] + H_2O$ (26.3)
   Korund   Anorthit

ein.

In der Kyanit-Sillimanit-Übergangszone bildet sich in Metapeliten die Hoch-T-Modifikation von $Al_2[O/SiO_4]$ Sillimanit (in Form von Fibrolith), während Kyanit noch weitgehend metastabil erhalten ist. Stellenweise lässt sich die Reaktion

Kyanit $\rightleftharpoons$ Sillimanit (26.4)

mikroskopisch nachweisen; gelegentlich tritt auch noch die Tief-P-/Tief-T-Form Andalusit hinzu. Somit herrscht in Metapeliten die Paragenese

Quarz + Oligoklas ± Kalifeldspat + Muscovit
+ Biotit + Granat ± Staurolith + Kyanit/Sillimanit
± Andalusit.

Vb. Sillimanit-Zone. In den Metapeliten der Sillimanit-Zone ist Sillimanit die einzige Al_2SiO_5-Polymorphe, und zwar teils als Fibrolith, teils in prismatischer Ausbildung. In Zone Va, besonders aber Vb kommt Sillimanit in Kontakt mit Kalifeldspat vor, d. h. die wichtige Entwässerungs-Reaktion

$KAl_2[(OH)_2/AlSi_3O_{10}] + SiO_2$
Muscovit   Quarz

$\rightleftharpoons Al_2[O/SiO_4] + K[AlSi_3O_8] + H_2O$
   Sillimanit   Kalifeldspat   (26.5a)

hat bereits eingesetzt. Vielleicht kommt es auch zum Dehydratations-Schmelzen nach der Reaktion

Muscovit + Quarz + H_2O

$\rightleftharpoons$ Sillimanit + Schmelze (26.5b)

Staurolith ist in Metapeliten weitgehend verschwunden; seine obere Stabilitätsgrenze in Gegenwart von Quarz ist durch die Reaktion

Staurolith + Quarz

$\rightleftharpoons$ Almandin + Sillimanit + H_2O (26.6)

gegeben. Demgegenüber ist Staurolith ohne Quarz noch bei höheren Temperaturen stabil und ist daher in Metabauxiten noch vorhanden. Somit ergibt sich für Metapelite die Paragenese

Quarz + Oligoklas/Andesin + Kalifeldspat
(± Muscovit) + Biotit + Granat + Sillimanit.

VI. Migmatit-Kern. Der Beginn der partiellen Anatexis im Kristallin von Naxos wird durch das Auftreten typischer Migmatit-Gefüge in den Gneisen dokumentiert. Helle, Granit- oder Pegmatit-ähnliche Bereiche entwickeln sich neben dunklen, Biotit-reichen Flecken, die noch die ehemalige Schieferung nachzeichnen. Sonst ist das Parallelgefüge weitgehend zerstört und es kommt zur Bildung unregelmäßiger Fließfalten. Die Mineralparagenese in Metapeliten ist

Quarz + Oligoklas/Andesin + Kalifeldspat + Biotit
+ Granat + Sillimanit.

Metabauxite fehlen.

Nach der Druck-Temperatur-Abschätzung, die man anhand der experimentell bestimmten Gleichgewichtskurven der Reaktionen (1)–(6) vornehmen kann (Abb. 26.11), stieg die Temperatur beim Höhepunkt der Metamorphose von etwa 400 °C im SE-Teil der Insel bis auf >750 °C im Migmatitkern an. Im Bereich der Chloritoid-Korund-Zone lagen die Drücke bei mindestestens 3 kbar, in Zone IV bis Zone VI bei etwa 5–7 kbar. Der durchschnittliche geothermische Gradient veränderte sich über eine horizontale Entfernung von knapp 20 km vom SE der Insel bis zum Migmatitkern kaum; er lag bei etwa 30 °C/km, wie man aus Abb. 26.11 leicht ablesen kann. In manchen Orogenzonen kann er noch größer werden und Werte erreichen, wie sie in Kontaktaureolen üblich sind. Diese Temperaturkulminationen werden als Wärmebeulen oder Wärmedome bezeichnet. Ihre Entstehung wird letztlich durch Prozesse im Erdmantel ausgelöst (Abschn. 26.5.4, S. 455f).

Nach dem Modell der Plattentektonik entstehen Wärmedome an konvergenten Plattenrändern oberhalb von Subduktionszonen, d. h. in Inselbögen oder Orogengürteln vom Andentyp (Abb. 28.8, S. 496), oder auch in Orogengürteln, die durch Kontinent-Kontinent-Kollision entstanden sind. Der Wärmetransport wird durch Mantel-Diapire besorgt, die durch partielles Aufschmelzen der subduzierten ozeanischen oder kontinentalen Platte entstehen. Sie steigen als Kristall-Schmelz-Brei durch den darüberliegenden, schwereren Erdmantel und die Erdkruste der kontinentalen Oberplatte auf. Die mit diesen Diapiren nach oben beförderte Wärme, die eine beulenartige Verteilung hat, führt zur prograden Metamorphose und partieller Anatexis. Dadurch entstehen in der Unterkruste Granit-Magmen, die ihrerseits in höhere Krustenstockwerke intrudieren können. Ein Beispiel ist der Granodiorit von Naxos, der vor etwa 15 Ma, im Anschluss an die Regionalmetamorphose intrudierte und dabei die konzentrische Zonenfolge der Indexminerale diskordant abschnitt (Abb. 26.10). Plutonite miozänen Alters sind im Kykladen-Kristallin weit verbreitet und definieren einen ausgeprägten Hochtemperatur-Gürtel (Altherr et al. 1982).

Ein Teil der Magmen, die durch partielle Anatexis in der subduzierten Platte gebildet werden, wird in Form vulkanischer Laven, Ignimbrite und Aschen gefördert. Es entstehen Kalkalkali-Vulkanite, die für Inselbögen und Orogenzonen vom Anden-Typ charakteristisch sind.

Hochdruckmetamorphose und Ultrahochdruck-Metamorphose

Auch die Gesteine der *absinkenden Lithosphärenplatte* unterliegen der Regionalmetamorphose, die jetzt aber einen ganz anderen Charakter hat. Die relativ kalten ozeanischen Sedimente sowie die Basalte und Gabbros der *ozeanischen Kruste* werden durch den Subduktionsvorgang relativ rasch, d. h. mit Geschwindigkeiten von einigen Zentimetern pro Jahr in große Tiefen transportiert und dabei zunehmend höheren Drücken ausgesetzt. Wegen der schlechten Wärmeleitfähigkeit von Gesteinen ist damit zunächst keine wesentliche Temperaturerhöhung verbunden, so dass sich die Isothermen nach unten hin durchbeulen (Abb. 28.8). Die ozeanische Kruste der abtauchenden Platte wird dabei in *Eklogit* umgewandelt; das ist ein Gestein von basaltischem Chemismus mit der Paragenese Granat + Omphacit ± Kyanit ± Zoisit/Epidot ± Phengit. Aus den weniger tief versenkten Anteilen der ozeanischen Platte entstehen *Blauschiefer*, die als Indexminerale den blauen Na-Amphibol Glaukophan sowie Lawsonit, Jadeit oder Omphacit, phengitischen Hellglimmer, z. T. auch Aragonit führen. Auch die Sedimente im *Akkretionskeil* zwischen subduzierter ozeanischer und hangender kontinentaler Platte werden hochdruckmetamorph überprägt. Dabei entsteht in Karbonat-Sedimenten Aragonit, in Metapeliten z. B. Ferrokarpholith $(Fe,Mg)Al_2[(OH,F)_4Si_2O_6]$. Wichtige Reaktionen, die eine Druckabschätzung erlauben, sind

$$\text{Calcit} \rightleftharpoons \text{Aragonit} \qquad (26.7)$$

und

$$\underset{\text{Albit}}{NaAl[Si_3O_8]} \rightleftharpoons \underset{\text{Jadeit}}{NaAl[Si_2O_6]} + \underset{\text{Quarz}}{SiO_2} \qquad (26.8)$$

(Abb. 26.1, S. 420). Der *P-T*-Bereich für die Bildung typischer Blauschiefer liegt zwischen etwa 7 kbar bei 200–300 °C und 15 kbar bei 400–500 °C, entsprechend einem geothermischen Gradienten um 10 °C/km. Es kommt also nicht auf die absolute Höhe des Druckes an, sondern auf das *P/T-Verhältnis*: Ein Druck von 6 kbar bei einer Temperatur von 600 °C wie in der Staurolith-Zone von Naxos würde einer Mitteldruckmetamorphose entsprechen. Die Paragenesen der Hochdruckgesteine bleiben nur erhalten, wenn diese durch tektonische Prozesse rasch wieder herausgehoben werden. Andernfalls führt die nachfolgende Wärmezufuhr zur Erhöhung des thermischen Gradienten und damit zur Neubildung von Mitteldruckparagenesen. Hochdruckgesteine, die auf ozeanische Basalte und Gabbros sowie assoziierte Sedimente zurückgehen, sind in den alpidischen Orogengürtel rund um den Pazifik weit verbreitet, z. B. in der Franciscan Formation Kaliforniens, im Shuksan-Gürtel (Staat Washington), in Alaska, in Japan oder in Neukaledonien, ebenso in den eurasischen Faltengürteln, z. B. in den Alpen, den Kykladen, in der Türkei oder im Tian Shan.

In vormesozoischen Orogenen treten Blauschiefer und Eklogite, die aus subduzierten ozeanischen Basalten oder Gabbros gebildet wurden, deutlich seltener auf. Hier herrschen Metamorphite vom Mitteldruck- oder Niedrigdrucktyp vor. Nach dem Aktualitätsprinzip muss man jedoch annehmen, dass auch auf diese älteren Orogenesen plattentektonische Modelle anwendbar sind: Hochdruckmetamorphite wären demnach späteren Metamorphose-Ereignissen zum Opfer gefallen. Der älteste bekannte Eklogit, der wahrscheinlich durch Subduktion einer ozeanischen Lithosphärenplatte gebildet wurde, liegt im proterozoischen Usagara-Gürtel in Tansania. Nach radiometrischen Altersbestimmungen ist er ca. 2 Ga alt (Möller et al. 1995). Plattentektonische Modelle gelten vielleicht nicht mehr für die Bildung der Erdkruste im *Archaikum*, da während der frühen Erdgeschichte generell ein höherer geothermischer Gradient herrschte. Zwar wurden für die Entstehung der 2,6–3,6 Ga alten Grünstein-Gürtel (*greenstone belts*) ebenfalls plattentektonische Szenarien entwickelt, doch dürften alternative Deutungen, die von stärkeren vertikalen Bewegungen bei nur geringer horizontaler Verschiebungsrate ausgehen, größere Wahrscheinlichkeit besitzen (Hamilton 1998).

Auch bei der Subduktion von *kontinentaler Kruste* kann es zur Bildung von Hochdruckgesteinen kommen. Ein typisches Beispiel ist wiederum das Kykladen-Kristallin, in dem die permomesozoischen Sedimente auf Graniten und Gneisen von präalpidischem Alter abgelagert wurden. Als Bestandteil der Apulischen Mikroplatte wurde dieser Gesteinsverband im Eozän unter den europäischen Kontinent subduziert und hochdruckmetamorph überprägt. Die dabei entstandenen Blauschiefer, Jadeitgneise und Eklogite sind auf einigen Kykladen-Inseln noch gut erhalten, besonders auf Sifnos und Syros (z. B. Okrusch u. Bröcker 1990), während sie z. B. auf Naxos durch die nachfolgende prograde Barrowtyp-Metamorphose an der Wende Oligozän/Miozän – bis auf geringe Relikte im SE-Teil der Insel – vollständig ausgelöscht sind.

Bei der enormen Krustenverdickung im Zuge der *Kontinent-Kontinent-Kollision* können ultrahohe Drücke erreicht werden. Die Anwesenheit der Hochdruckmodifikation von SiO_2 Coesit in eklogitischen Gesteinen, z. B. im Dora-Meira-Massiv (West-Alpen), im Erzgebirge, in Norwegen und im Dabie Shan (China), spricht für Mindestdrücke von 25–30 kbar, entsprechend Versenkungstiefen von über 100 km. Noch höhere Mindestdrücke von 35–40 kbar werden durch die Anwesenheit von Diamant angezeigt, so im Erzgebirge, in der westlichen Gneis-Region Norwegens, im Kokchetav-Massiv (Sibirien) und im Orogengürtel von Su-Lu und Dabie Shan (China). Bei der kontinentalen Kollision zwischen der Indischen und der Eurasischen Platte werden z. Z. in der Hindukusch-Zone Graphit-reiche Tonsteine und Karbonat-Sedimente in so große Tiefen subduziert, dass daraus *heute* Diamant- und Coesit-führende Ultrahochdruck-Gesteine entstehen dürften (Searle et al. 2001).

Paired metamorphic belts

Miyashiro (1972) erkannte, dass in jungen Orogenen zwei etwa parallel zueinander laufende, annähernd gleich alte metamorphe Gürtel von kontrastierendem Charakter auftreten können, die denselben Subduktions- oder Kollisionsprozess dokumentieren:

- ein Hochdruckgürtel mit Blauschiefern, der die subduzierte Platte repräsentiert, und
- ein Nieder- bis Mitteldruckgürtel mit prograden Mineralzonen, Migmatiten, granitischen bis tonalitischen Intrusionen und Kalkalkali-Vulkaniten, der an einem aktiven Kontinentalrand oder einem Inselbogen gebildet wurde.

Als Beispiele seien der Sanbagawa-Gürtel (Hoch-*P/T*) und der Ryoke-Gürtel (Nieder-*P/T*) in Japan, das Franciscan und die Sierra Nevada in Kalifornien sowie der Wakatipu- und der Tasman-Gürtel in Neuseeland genannt. In anderen Fällen liegen die Verhältnisse nicht so modellhaft klar. So ist in den Westalpen die Hochdruckmetamorphose eindeutig älter als die spätere Lepontinische Phase, in der es zur Ausbildung eines Wärmedoms in den Lepontinischen Alpen kam.

Demgegenüber findet der oligo-/miozäne Mitteldruckgürtel im Kykladen-Kristallin, den wir am Beispiel von Naxos kennengelernt haben, seine Entsprechung in einem Hochdruckgürtel in den externen Helleniden. Er wird auf Kreta und dem Peloponnes durch typische Blauschiefer, Aragonit- und Lawsonit-führende Karbonatgesteine sowie Ferrokarpholith-führende Metapelite dokumentiert. Dieser *paired belt* entstand durch einen Subduktionsvorgang an der Wende Oligozän/Miozän, der von SW nach NE gerichtet war (Altherr et al. 1982; Seidel et al. 1982). Er muss von der älteren Subduktionsphase unterschieden werden, die die eozänen Hochdruckgesteine im Kykladen-Kristallin erzeugte.

Eine dritte Phase der Subduktion findet derzeit am Südrand der Ägäis südlich von Kreta statt, wo es zur Bildung des Hellenischen Tiefseegrabens kommt. Der dazu gehörige Hochtemperaturgürtel wird in den Kykladen durch einen jungen vulkanischen Inselbogen mit den Vulkaninseln Milos, Santorin und Kos dokumentiert. Die Inselgruppe Santorin erlebte um 1400 v. Chr. einen verheerenden plinianischen Ausbruch, und der Vulkanismus blieb dort bis in die jüngste Zeit aktiv.

26.2.6
Regionale Versenkungsmetamorphose

Coombs (1961) hat als erster darauf hingewiesen, dass es einen Typus der Regionalmetamorphose gibt, der nur auf eine Versenkung von Sedimentpaketen zurückgeht, ohne dass es zu durchgreifenden Deformationsvorgängen und zur Ausbildung einer Schieferung kommt. Dabei werden meist keine sehr hohen Metamorphosetemperaturen erreicht, so dass die metamorphe Umkristallisation unvollständig bleibt; Reliktgefüge des Ausgangsmaterials sind oft noch erhalten und eine Abgrenzung von Diagenese-Prozessen ist schwierig. Als metamorphe Minerale bilden sich Zeolithe, z. B. Laumontit, bei etwas höheren *P-T*-Bedingungen auch Prehnit $Ca_2Al[(OH)_2/AlSi_3O_{10}]$ und Pumpellyit $Ca_2(Mg,Fe^{2+})(Al,Fe^{3+})_2[(OH)_2/H_2O/SiO_4/Si_2O_7]$. Erstmals wurde die Versenkungsmetamorphose auf der Südinsel Neuseelands beschrieben, wo Grauwacken der Trias in einem langgestreckten, absinkenden Sedimentationstrog abgelagert, diagenetisch verändert und schließlich schwach metamorph überprägt wurden. Ähnliche Vorkommen hat man in anderen phanerozoischen Orogengürteln, aber auch in proterozoischen Sedimentations-Trögen und -Becken kennengelernt, z. B. im Nordwesten Australiens.

In manchen Fällen erfolgt auch die Hochdruckmetamorphose in Subduktionszonen ohne wesentliche Deformation und besitzt so den Charakter einer Versenkungsmetamorphose. Das ist jedoch keineswegs die Regel.

26.2.7
Regionale Ozeanboden-Metamorphose

Dieser Metamorphosetyp ist in seiner Bedeutung erst durch die Fahrten des Forschungsschiffes *Glomar Challenger* sowie durch das internationale Deep Sea Drilling Program (DSDP) und das Ocean Drilling Program (ODP) erkannt worden (Melson u. van Andel 1966; Miyashiro et al. 1970, 1971). Dabei wurden aus dem Bereich der mittelozeanischen Rücken sowohl frische als auch metamorph überprägte Pillow-Basalte, Basalte des Sheeted-Dike-Komplexes, seltener auch Gabbros und Peridotite durch submarines Baggern (dredging) oder durch Bohrungen gewonnen. Die metamorphen Gesteine sind undeformiert, zeigen also noch verbreitet magmatische Reliktgefüge. Mit zunehmendem Grad der Metamorphose entstehen folgende Minerale neu (Humphris u. Thompson 1978; Gillis u. Thompson 1993):

1. Zeolithe, z. B. Analcim, Heulandit, Natrolith, Mesolith, Skolezit;
2. Prehnit, Epidot, Chlorit, Calcit;
3. Albit, Aktinolith bis Magnesio-Hornblende, Epidot, Chlorit, Talk, Quarz, Titanit;
4. Plagioklas, Aktinolith bis Magnesio-Hornblende, Epidot, Chlorit, Biotit, Quarz, Titanit.

Wegen der geringen Mächtigkeit der ozeanischen Erdkruste von ca. 5–6 km (Abschn. 29.2.1, S. 519f) sind die Drücke der Ozeanboden-Metamorphose gering. Die notwendigen Temperaturen werden erreicht, weil in den mittelozeanischen Rücken – bedingt durch das ständige Aufdringen basaltischer Magmen – ein übernormal großer geothermischer Gradient herrscht (Abb. 28.9, S. 497). Demgegenüber findet in den übrigen Bereichen der ozeanischen Kruste keine Metamorphose statt, da dort ein normaler geothermischer Gradient herrscht, so dass an der Krustenbasis lediglich Temperaturen von 100–200 °C erreicht werden. Ein wichtiges Kennzeichen der Ozeanboden-Metamorphose sind charakteristische Veränderungen des Gesteins-Chemismus durch Stoffaustausch mit zirkulierendem, erhitztem Meerwasser. Diese Vorgänge werden in Abschn. 26.6.3 (S. 460f) näher behandelt. Sie führen auch zur Entstehung von Black und White Smokers und zur hydrothermalen Erzbildung am Ozeanboden (Abschn. 23.5.1, S. 360ff).

26.3 Nomenklatur der regional- und kontaktmetamorphen Gesteine

> Die Nomenklatur metamorpher Gesteine stützt sich ziemlich konsequent auf Gefüge und Mineralbestand. Zur Kennzeichnung des *Gefüges* dienen wenige Sammelbegriffe wie Phyllit, Schiefer, Gneis, Granulit oder Fels; diese werden durch Hinzufügen charakteristischer Minerale und/oder besonderer Gefügeeigenschaften präzisiert, z. B. Staurolith-Glimmerschiefer, Flasergneis. Bei der Regionalmetamorphose führt das Zusammenspiel von Deformation und Umkristallisation fast immer zu Gesteinen mit ausgezeichneten planaren und/oder linearen Parallelgefügen. Die diesen Gesteinen, die man ganz allgemein als *kristalline Schiefer* bezeichnet, beobachtet man als wichtige Gefügeelemente Schieferungsflächen (sog. S-Flächen) und/oder Faltenachsen, Fältelungsachsen oder Lineare (sog. B-Achsen). Umgekehrt führt die Kontaktmetamorphose zu einer schrittweisen Entregelung des Gefüges bis hin zur Bildung von richtungslosen Gefügen bei *Hornfelsen*. Andere Gruppen von metamorphen Gesteinen leiten ihre Namen vom *Mineralbestand* ab – ohne Berücksichtigung des Gefüges, z. B. Amphibolit, Quarzit. Im Gegensatz zu den Magmatiten werden Bezeichnungen von metamorphen Gesteinen fast nie von Lokalitäten abgeleitet; Lokalnamen werden nur im lokalen bzw. regionalen Zusammenhang verwendet, z. B. Haibacher Gneis im Spessart, Beerbachit im Odenwald, Bündner Schiefer in den Schweizer Alpen. Ein *quantitativer Klassifikationsvorschlag* für metamorphe Gesteine wurde von Fettes u. Desmons (2007) vorgelegt.

26.3.1 Regionalmetamorphe Gesteine

Tonschiefer

Tonschiefer (engl. slates) sind äußerst schwach metamorphe (anchimetamorphe) tonige Gesteine mit ausgeprägter Schieferung (engl. slaty cleavage), die oft die ehemalige Schichtung transversal schneidet. Die sehr feinkörnigen Gesteine sondern in dünnen Platten (Dachschiefer, Tafelschiefer) oder nach zwei sich kreuzenden Schieferungen stängelig ab (Griffelschiefer). Hauptgemengteile sind Schichtsilikate (Sericit, Chlorit) sowie Quarz und/oder Karbonate. Ihr Mengenanteil hat großen Einfluss auf die technischen Eigenschaften und damit auf die praktische Verwendung von Tonschiefern. So sind Dachschiefer, die z. B. im Harz, im Thüringischen und im Rheinischen Schiefergebirge über Jahrhunderte abgebaut wurden, relativ quarzreich. Bisweilen führen Tonschiefer Porphyroblasten von Pyrit, z. B. die Ballachulish Slates in Schottland.

Phyllite

Als Phyllite bezeichnet man feinkörnige, sehr dünnschieferige Gesteine, deren Schichtsilikate als zusammenhängender Überzug in der Schieferungsebene erscheinen; diese

Abb. 26.12a,b. Mikrofotos von metamorphen Gesteinen. **a** *Staurolith-Glimmerschiefer*, Fuchsgraben (Vorspessart). Hauptgemengteile Biotit (braun, z. T. retrograd in grünlichen Chlorit umgewandelt), Staurolith (rötlichgelb) und Plagioklas (farblos), untergeordnet Kyanit (grau, *oben links*). 1 Nic., Bildbreite ca. 5 mm. **b** Heller *Granulit*, mit ausgeprägtem Plättungsgefüge, Röhrsdorf, Sächsisches Granulitgebirge. Überwiegend helle Gemengteile: Quarz (als Plattenquarz // der *xy*-Ebene des Gefüges orientiert) sowie feinkörnige Gemenge aus Alkalifeldspat (Mesoperthit) und Plagioklas; dunkle Gemengteile Granat (fast schwarz), Kyanit (gelbliche Interferenzfarben, z. T. verzwillingt oder postkristallin deformiert, kenntlich an undulöser Auslöschung, häufig von Granatsäumen umwachsen) sowie wenig feinschuppiger Biotit (retrograd gebildet, bunte Interferenzfarben). Leicht entkreuzte Nic., Bildbreite ca. 5 mm. (Fotos: K.-P. Kelber)

26.3 · Nomenklatur der regional- und kontaktmetamorphen Gesteine 439

440   26 · Metamorphe Gesteine

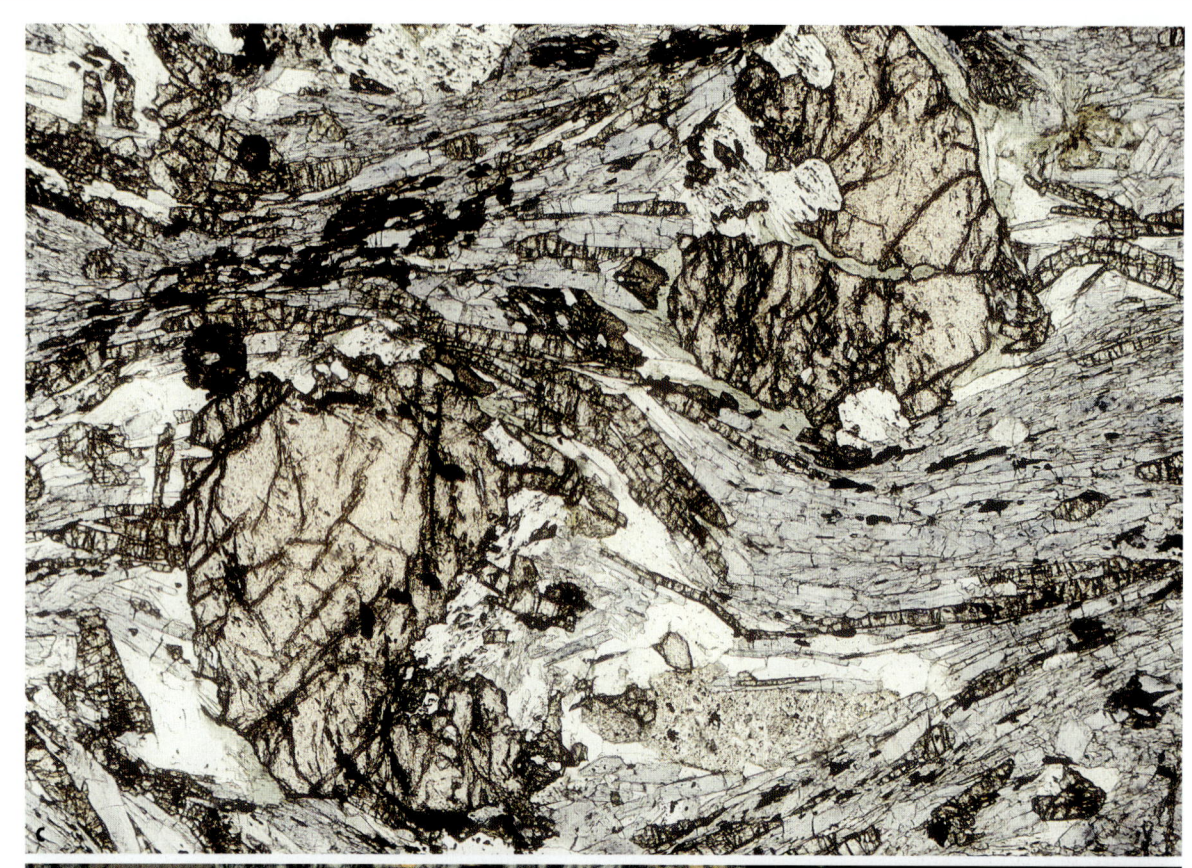

weisen daher einen charakteristischen Seidenglanz auf. Häufig beobachtet man eine Feinfältelung, oft begleitet von einer Runzelschieferung (engl. crenulation cleavage). Das Korn ist im Mittel etwas gröber als bei Tonschiefern, aber feiner als bei Glimmerschiefern. Abgesehen von einzelnen Porphyroblasten – z. B. Albit, Chloritoid, Karbonat – können die Mineralgemengteile nicht mit der Lupe erkannt werden. Am Mineralbestand sind feinschuppige Schichtsilikate (Blättchendurchmesser < 0,1 mm) insbesondere Hellglimmer (Sericit, Paragonit), Chlorit, seltener Biotit zu >50 Vol.-% beteiligt. Zweitwichtigster Gemengteil ist Quarz, ferner können Albit, Chloritoid, Granat (Spessartin-Almandin-reich), Calcit, Dolomit, Ankerit u. a. Minerale beteiligt sein, z. T. auch namengebend: Albitphyllit, Chloritoidphyllit. Phyllitische Gesteine mit 50–80 Vol.-% Quarz heißen *Quarzphyllite*, solche mit Karbonatgehalten von 10–50 Vol.-% *Karbonatphyllite* oder *Kalkphyllite*. Ausgangsmaterial: Pelitische, Al-reiche Sedimente, wie Tone, Ton- und Siltsteine, Al-reiche Grauwacken, z. T. mit kieseligen oder karbonatischen Beimengungen.

Glimmerschiefer

Glimmerschiefer (engl. mica schists) sind mittel- bis grobkörnige metapelitische Gesteine mit ausgeprägtem Schieferungsgefüge. Im Gegensatz zu den Phylliten können die einzelnen Gemengteile meist schon mit freiem Auge oder mit der Lupe erkannt werden. Glimmer, insbesondere Muscovit und Biotit, seltener Paragonit sind zu mehr als 50 Vol.-% am Modalbestand beteiligt, in zweiter Linie Quarz. Charakteristische Nebengemengteile können namengebend sein, z. B. Granat-Glimmerchiefer, Staurolith-Glimmerschiefer (Abb. 26.12a) u. a. *Quarz-Glimmerschiefer* enthalten 50–80 Vol.-% Quarz, *Kalk-Glimmerschiefer* 10–50 Vol.-% Karbonate (Calcit, Dolomit, Ankerit). Das Ausgangsmaterial ist das gleiche wie bei den Phylliten.

Typische Glimmerschiefer enthalten nur wenig Feldspat; die Grenze liegt bei etwa 20 Vol.-%. Kristalline Schiefer mit höheren Feldspatgehalten wurden im deutschen Schrifttum traditionell als Gneis bezeichnet. Es gibt jedoch auch metamorphe Gesteine mit hohem Feldspatgehalt, die ein typisches Schieferungsgefüge aufweisen. Diese sollten daher ebenfalls als Schiefer bezeichnet werden, wie das im angelsächsischen und z. T. im alpinen Schrifttum seit langem üblich ist (Wenk 1963).

◀ **Abb. 26.12c,d.** Mikrofotos von metamorphen Gesteinen. **c** Granat-Glaukophanit, Nordküste der Insel Samos, Griechenland. Birnenförmig rotiertem Granat (rosa), Glaukophan (hellblau), Epidot (gelblich) und Phengit (farblos mit Spaltrissen). 1 Nic. Bildbreite ca. 4 mm. **d** *Pyrop-Serpentinit*, Zöblitz, Sächsiches Erzgebirge. Typisches Maschengefüge aus Serpentin-Mineralen (Lizardit und Chrysotil, graue Interferenzfarben), die den primären Mineralbestand des ehemaligen Peridotits bis auf geringe Relikte von Olivin (meist bunte Interferenzfarben) und Orthopyroxen (selten, z. B. unten rechts) verdrängen; Pyrop-reicher Granat (oben rechts, schwarz) ist fast vollständig erhalten. + Nic. (Fotos: K.-P. Kelber)

> Gesteine mit *Schiefer-Gefüge* spalten vorzüglich in Millimeter- bis Zentimeter-dünne Scheiben nach den Schieferungsflächen (S) oder in dünne Stängel nach den Faltenachsen (B); Gesteine mit *Gneis-Gefüge* spalten in Zentimeter- bis Dezimeter-dicke Platten parallel S oder in zylindrische Körper parallel B: *Schiefer spalten in dünnere Scheiben als Gneise* (Wenk 1963).

Gneise

Gneise (engl. gneiss) sind demnach mittel- bis grobkörnige, feldspatreiche Gesteine mit ausgeprägtem Gneis-Gefüge. Typisch ist ein Lagengefüge, bei dem sich helle, granoblastische (s. Abschn. 26.4.2, S. 446f) Bereiche aus Quarz und Feldspäten mit dunkleren Lagen oder Strähnen abwechseln. Diese bestehen vorwiegend aus Glimmern (auch Chlorit) oder Amphibolen und können als charakteristische Nebengemengteile Granat, Cordierit, Kyanit, Sillimanit, Epidot u. a. führen.

Gneise im engeren Sinne führen Kalifeldpat, der daher im Gesteinsnamen nicht gesondert erwähnt werden muss: z. B. Muscovit-Biotit-Gneis, Cordierit-Sillimanit-Gneis. Kalifeldspat-freie Gneise sollten als Plagioklas-Gneise bezeichnet werden, z. B. Staurolith-Granat-Plagioklas-Gneis, Hornblende-Plagioklas-Gneis, Muscovit-Chlorit-Albit-Gneis. In hochdruckmetamorphen Gesteinen kann die An-Komponente von Plagioklas vollständig zu Lawsonit, die Ab-Komponente zu Jadeit + Quarz abgebaut werden. Auf diese Weise entstehen z. B. Jadeitgneise.

Verbreitet in der regionalen Literatur sind Gefügebezeichnungen wie Flaser-, Stängel-, Platten-, Körnel-, Perl-, Streifen- oder Lagengneis.

Ausgangsmaterial: Granite, Granodiorite, Tonalite, Trondjhemite, Syenite, Arkosen, Grauwacken, Feldspat-Sandsteine. Bei höherem Metamorphosegrad nimmt auch in *metapelitischen* Stoffbeständen der Anteil von Gneisen auf Kosten der Glimmerschiefer zu, weil der Feldspatgehalt infolge von Entwässerungs-Reaktionen größer wird. So reagieren nach Gleichung (26.5a) Muscovit und Quarz unter Bildung von Kalifeldspat + Sillimanit + H_2O. Gneise mit sedimentärem Ausgangsmaterial werden als *Paragneise*, solche magmatischer Herkunft als *Orthogneise* oder spezifischer z. B. als Granitgneise bezeichnet.

Felse (Granofelse)

Fels oder Granofels (engl. granofels) ist ein Sammelname für massige metamorphe Gesteine sehr unterschiedlicher Zusammensetzung, die keinerlei Gefügeregelung erkennen lassen. Beispiele sind: Quarz-Albit-Fels, Chlorit-Hornblende-Fels, Granat-Glimmer-Fels, Augit-Plagioklas-Fels.

Granulite

Granulite sind hochgradig metamorphe, fein- bis mittelkörnige Gesteine, die wesentlich aus einem granoblastischen, geregelten Kornmosaik von Alkalifeldspat + Plagioklas + Quarz + Mafiten oder von Plagioklas + Mafiten bestehen. Typisch ist ein *gebändertes* Erscheinungsbild, bedingt durch einen Lagenwechsel von hellen und dunklen Mineralen; wegen des Zurücktretens von Schichtsilikaten fehlt eine Schieferung. Alkalifeldspat ist meist ein Orthoklas-Perthit, z. T. mit sehr hohem Anteil an Albit-Lamellen (Mesoperthit); Plagioklas zeigt häufig antiperthitische Entmischung. Das Auftreten von plattig bis diskenförmig deformiertem Quarz (Abb. 26.12b) wurde früher als Charakteristikum für Granulite angesehen; jedoch fehlen Platten- oder Diskenquarze häufig in Granuliten. Dunkle Gemengteile sind Orthopyroxen (meist ein Al-reicher Hypersthen), Klinopyroxen (ein Na-Al-Fe^{3+}-führender Diopsid-Hedenbergit-Mischkristall), Granat (Pyrop-Almandin-betont) und stellenweise auch Cordierit. Prograd gebildeter Amphibol ist, soweit vorhanden, bräunlich gefärbt, prograder Biotit ist Mg-reich, bis hin zum Phlogopit; prograder Muscovit fehlt. Als Al-Silikate treten Kyanit oder Sillimanit auf; typisches Ti-Mineral ist Rutil. Nach ihrem Mineralbestand lassen sich in Anlehnung an Scheumann (1961) und Scharbert (1963) die Granulite folgendermaßen einteilen:

1. **Helle Granulite: Mafite <30 Vol.-%, Quarz >10 Vol.-%**
   Alkalifeldspat + Plagioklas + Quarz
   - Granulit i. e. S.: + Granat + Kyanit/Sillimanit;
   - Cordierit-Granulit: + Granat + Cordierit + Sillimanit;
   - Pyroxen-Granulit: + Orthopyroxen und/oder Klinopyroxen + Granat;
   - Amphibol-Granulit: + Granat + Amphibol + Klino-/Orthopyroxen.

   Ausgangsmaterial: leukokrate Plutonite und Vulkanite, Arkosen, Grauwacken, Tonsteine.

2. **Dunkle Granulite: Mafite >30 Vol.-%, Quarz <10 Vol.-%**
   Die „Trappgranulite" der alten sächsischen Geologen werden im internationalen Schrifttum ebenfalls als Pyroxen-Granulite bezeichnet. Exakter, wenn auch international wenig eingeführt, sind folgende Bezeichnungen:
   - Pyriklasit: Plagioklas + Ortho-/Klinopyroxen ± Granat ± Quarz und
   - Pyribolit: Plagioklas + Ortho-/Klinopyroxen + Amphibol ± Granat ± Quarz.

   Ausgangsmaterial: intermediäre bis basische Vulkanite und Plutonite.

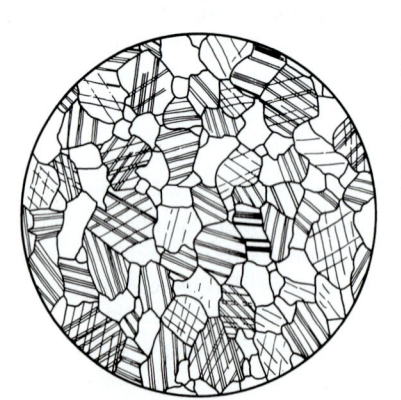

Technische Verwendung. Helle, Granat-führende Granulite dienen als geschliffene und polierte Platten zur Verkleidung von Außenfassaden und im Innenausbau.

Die *Charnockit-Serie* umfasst eine Reihe Orthopyroxen-führender Gesteine mit magmatischem Gefüge und granitischer (*Charnockit*), monzonitischer (*Mangerit, Jotunit*) und tonalitischer Zusammensetzung (*Enderbit*), die oft mit Anorthositen und Noriten, aber auch mit Granuliten assoziiert sind. Häufig sind die Gesteine der Charnockit-Serie metamorph überprägt; daher werden ihre Namen sowohl für magmatische als auch für metamorphe Gesteine angewendet. Die hellen Charnockite führen neben Mikroklin-Perthit und Quarz etwas Plagioklas + Orthopyroxen ± Klinopyroxen ± Granat. Der Name Charnockit leitet sich vom Grabmal des Job Charnock (†1693) ab, dem Gründer von Kalkutta (Indien).

Quarzite

Quarzite bestehen zu >90 Vol.-% aus Quarz; sie enthalten als Nebengemengteile häufig Muscovit bzw. Sericit, auch Chlorit, Granat, Kyanit, Sillimanit, Turmalin, Graphit u. a. Beträgt deren Anteil >10 Vol.-%, spricht man von Sericit-Quarzit, Granat-Quarzit, Graphit-Quarzit usw., bei >20 Vol.-% Schichtsilikaten von Quarzphylliten bzw. Quarz-Glimmerschiefern. Feinkörnige Gesteine aus Quarz + Spessartin-reichem Granat werden als Coticules (Wetzschiefer) bezeichnet. Quarzite entstehen bei der Regional- und Kontaktmetamorphose aus kieseligen Sandsteinen oder Hornsteinen (cherts), wobei die detritischen Quarzkörner und das Bindemittel eine Sammelkristallisation durchmachen.

Marmore

Marmore (engl. marbles) sind mittel- bis grobkörnige Metamorphite, die zu >90 Vol.-% aus Karbonaten, insbesondere aus Calcit (Abb. 26.13) und/oder Dolomit (*Dolomit-Marmore*), seltener aus Ankerit bestehen. Sie werden regional- oder kontaktmetamorph aus ziemlich reinen Karbonatgesteinen gebildet. Häufige Nebengemengteile sind Graphit oder Phlogopit. Bei der Metamorphose von mergeligen Kalksteinen entstehen *Silikat-Marmore* mit >10 Vol.-% an Silikat-Mineralen wie Phlogopit, Tremolit, Diopsid, Vesuvian, Grossular, Epidot, Chondrodit Mg$_5$[(OH,F)$_2$/(SiO$_4$)$_2$] und/oder Forsterit. Manche Marmore führen Spinell und/oder Korund, bisweilen von Edelsteinqualität. *Ophicalcite* sind Marmore mit einem Gehalt an Serpentin-Mineralen in streifiger oder fleckiger Verteilung.

Abb. 26.13. Marmor, gleichmäßig-körniges Gestein aus Calcit mit polysynthetischer Zwillingslamellierung nach {01$\bar{1}$2}. Carrara (Toskana, Italien), Bildbreite ca. 2,3 mm

Marmore wurden früher als Werkstein in der Außen- und Innenarchitektur von Repräsentativbauten eingesetzt; heute werden sie vorwiegend zur Herstellung von Wand- und Bodenplatten abgebaut. Reine Marmore finden technische Verwendung als Statuenmarmor; berühmte Vorkommen liegen bei Carrara in der Toskana (Italien), wo z. B. die Handelssorten *statuario* und *arabescato* gewonnen werden, auf der Kykladen-Insel Paros (Griechenland) und am Pentelikon-Gebirge bei Athen.

Kalksilikat-Felse und Kalksilikat-Gneise

Steigt der Silikat-Anteil auf >50 Vol.-%, so gehen Silikat-Marmore in Kalksilikat-Felse (engl. calc-silicate rocks) oder in Kalksilikat-Gneise (diese mit ausgeprägtem Lagengefüge) über. Sie bestehen überwiegend aus Ca- und Ca-Fe-Mg-Silikaten wie Pyroxen der Diopsid-Hedenbergit-Reihe, Grossular-Andradit-Granat, Vesuvian, Tremolit, Wollastonit ± Quarz und wechselnden Gehalten an Calcit. Ausgangsgesteine sind unreine Kalksteine und Mergel. Fe-reiche Kalksilikat-Felse bezeichnet man als Skarn (s. unten).

Amphibolite

Amphibolite sind mittel- bis grobkörnige Metabasite, die überwiegend aus Amphibol (meist grüne oder braune Hornblende) + Plagioklas bestehen. Diopsid-reicher Pyroxen, Granat, Epidot oder Zoisit, Biotit, Quarz und Titanit sind häufig vorhanden und können bei höheren Gehalten namengebend sein, z. B. Epidot-Amphibolit. Die Amphibole sind meist eingeregelt und definieren so eine ausgeprägte Schieferung, die zu plattiger Absonderung des Gesteins führt; sind die Amphibole zusätzlich // der B-Achsen eingeregelt, sondert der Amphibolit stängelig ab. Daneben gibt es auch massige Amphibolite ohne Paralleltextur. Bei Gehalten von >20 Vol.-% Quarz spricht man von *Hornblende-Plagioklas-Gneisen*. *Hornblendefelse* oder *Hornblendeschiefer* sind sehr arm an Plagioklas oder plagioklasfrei. Ausgangsgesteine der Amphibolite sind ganz überwiegend Basalte und Andesite bzw. deren Tuffe sowie Gabbros.

Grünschiefer

Grünschiefer (engl. greenschist) ist ein Sammelbegriff für grün gefärbte, feinkörnige Metabasite mit ausgeprägter Schieferung, oft auch Kleinfältelung, die im Wesentlichen aus den grünen Mineralen Chlorit, Epidot und Aktinolith sowie aus Sericit, Albit ± Quarz ± Karbonat bestehen. Nicht geschieferte Metabasite der gleichen Zusammensetzung werden im Englischen als *greenstones* bezeichnet. Ausgangsgesteine sind basische Vulkanite und Plutonite wie bei den Amphiboliten.

Blauschiefer, Glaukophanschiefer, Glaukophanit

Blauschiefer (engl. blueschists) sind tiefblau bis grünlichblau gefärbte Metabasite, die charakteristisch für die Hochdruckmetamorphose sind. Sie bestehen überwiegend aus Glaukophan neben Pumpellyit, Lawsonit, Chlorit, phengitischem Hellglimmer und Albit; bei höheren Temperaturen treten auch Almandin-Granat sowie Epidot anstelle von Lawsonit (Abb. 26.12c), bei höheren Drücken tritt Jadeit anstelle von Albit auf. Infolge der bevorzugten Orientierung der Glaukophan-Nadeln // S, z. T. auch // B besitzen diese Gesteine eine ausgeprägte Schieferung mit plattiger oder stängeliger Absonderung; sie können aber auch massig entwickelt sein und sollten dann mit dem gefügeneutralen Namen *Glaukophanit* bezeichnet werden. Ausgangsmaterial: basische Vulkanite und Plutonite wie bei den Amphiboliten.

Eklogit

Eklogite sind mittel- bis grobkörnige, massige oder gebänderte Metabasite bestehend aus grünem Omphacit (Augit-Jadeit-Mischkristall) und Granat (Almandin-Pyrop-reich mit merklichem Grossular-Anteil); Nebengemengteile sind Quarz, Kyanit, Zoisit, Phengit und Rutil. In Eklogiten, die mit Blauschiefern assoziiert sind, kann Epidot anstelle von Zoisit, Titanit anstelle von Rutil auftreten; unter sehr hohen Drücken gebildete Eklogite erkennt man an Relikten von Coesit. Eklogite entstehen im Zuge der Hochdruck- und Ultrahochdruck-Metamorphose aus Basalten oder Gabbros. Ihre Gesteinsdichte ist mit 3,3–3,5 g/cm^3 merklich höher als die von Basalt (ca. 3,0 g/cm^3).

Serpentinite und andere ultramafische Metamorphite

Serpentinite sind dichte, massige bis schiefrige ultramafische Metamorphite, die vorwiegend dunkelgrün gefärbt sind. Sie bestehen überwiegend aus den Serpentin-Mineralen Lizardit, Antigorit oder Chrysotil (Abb. 26.12d) und enthalten häufig Magnetit, Talk, Chlorit, Amphibol und Karbonate. Häufige Mineralrelikte von Olivin, Orthopyroxen, Diopsid-reichem Klinopyroxen und Pyrop-reichem Granat zeigen, dass Serpentinite durch retrograde Metamorphose von *Peridotiten* gebildet wurden, wobei es zu starker H_2O-Aufnahme kam. Umgekehrt führt die prograde Metamorphose von Serpentiniten zu Entwässerungs-Reaktionen und zur Neubildung von Olivin, Pyroxenen und Granat.

Technische Verwendung: Geschliffene und polierte Serpentinite und Serpentinit-Breccien werden für Fassadenplatten, besonders im Innenausbau, und zur Herstellung kunstgewerblicher Gegenstände verwendet.

Durch metasomatischen Stoffaustausch zwischen Serpentiniten einerseits und Pegmatiten, Graniten oder Granitgneisen andererseits entstehen nahezu monomineralische ultramafische Metamorphite wie *Talkschie-*

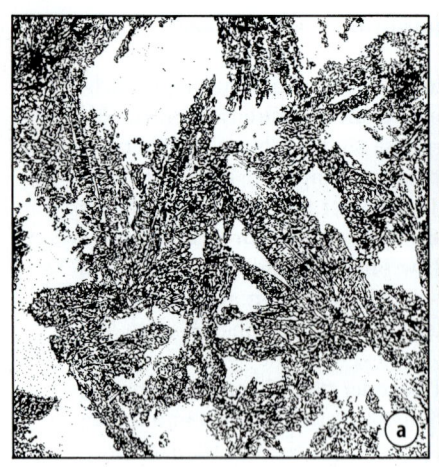

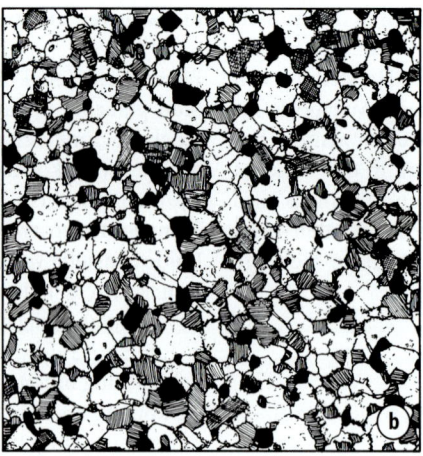

Abb. 26.14.
a Ultramafischer (Mg-reicher) Hornfels, entstanden aus kontaktmetamorph überprägtem Serpentinit. Gemengteile: Fingerförmige Porphyroblasten von Olivin (*dunkel* im Bild), Talk (*hell*) und etwas Magnetit (*opak*). Kirchbühl bei Erbendorf (Oberpfalz). Bildbreite ca. 12 mm. **b** Pyroxenhornfels (sog. Beerbachit) mit gleichkörnigem Gefüge, durch kontaktmetamorphe Überprägung eines Amphibolits entstanden. Gemengteile: An-reicher Plagioklas (*hell*), Hypersthen und Diopsid (*dunkel*) sowie Magnetit und Ilmenit (*opak*). Magnetsteine bei Nieder-Beerbach (nördlicher Odenwald). Bildbreite ca. 5 mm. (Zeichnung: K.-P. Kelber)

fer, Chloritschiefer, Aktinolithschiefer und *Biotitschiefer*. Solche sog. *Blackwall*-Assoziationen (Abschn. 26.6.1, S. 457f) sind wichtige Muttergesteine für die Edelstein-Minerale Smaragd und Alexandrit.

26.3.2
Kontaktmetamorphe Gesteine

Hornfels

Hornfelse i. e. S. sind massige, dicht- bis feinkörnige Gesteine, die durch eine periplutonische Kontaktmetamorphose gebildet wurden. Sie zeigen splitterigem Bruch, wobei die Splitter an den Kanten durchscheinend sind: daraus leitet sich die Bezeichnung „Hornfels" ab. Sie sind vollständig zu einem granoblastischen Mosaik-Gefüge umkristallisiert. Manche Hornfelse sind schwach porphyroblastisch. Primär geregelte Gefüge des Ausgangsgesteins, z. B. Schichtung bei Sedimentgesteinen oder Schieferung bei Tonschiefern, werden durch die kontaktmetamorphe Überprägung weitgehend entregelt.

Im erweiterten Sinn bezeichnet man jedes Gestein, das unter Bedingungen der mittel- bis hochgradigen Kontaktmetamorphose gebildet wurde, als Hornfels.

Je nach Chemismus des Ausgangsgesteins und dem Mineralbestand lassen sich unterscheiden:

- metapelitische Hornfelse: Andalusit/Sillimanit, Cordierit, Biotit, Muscovit oder Kalifeldspat, Quarz, ±Plagioklas, z. B. Andalusit-Cordierit-Hornfels; Ausgangsmaterial: Tonsteine, Tonschiefer.
- Kalksilikat-Hornfelse: Diopsid, Grossular, Vesuvian, Wollastonit, Epidot, ±Plagioklas, ±Calcit; Ausgangsmaterial: mergelige Kalksteine, Kalkmergel.
- Hornblende-Hornfels: Hornblende, Plagioklas, ±Biotit; Pyroxen-Hornfels: Orthopyroxen und/oder Klinopyroxen, Plagioklas (Abb. 26.14b). Ausgangsmaterial: basaltische Gesteine und deren Tuffe, Amphibolite.
- Ultramafische (Mg-reiche) Hornfelse (Abb. 26.14a): Olivin, Talk, Amphibol (Tremolit, Cummingtonit/Anthophyllit), Enstatit, ±Chlorit, ±Spinell; Ausgangsmaterial: Serpentinit.

Skarn

Skarne entstehen aus Kalksteinen und Dolomiten durch metasomatischen Stoffaustausch im Kontakt mit magmatischen Intrusionen. Sie sind in der Regel grobkörnig und führen hauptsächlich Ca-Fe-Silikate wie Hedenbergit, Fe-reiche Amphibole, Andradit-reichen Granat, Epidot, dazu seltenere Silikate, verwachsen mit sulfidischen, oxidischen oder anderen Erzmineralen. In den USA werden Skarne auch als *Tactite* bezeichnet. Skarnerzlagerstätten haben z. T. große wirtschaftliche Bedeutung (Abschn. 23.3.1, S. 351f).

Knoten-, Fleck-, Frucht- und Garbenschiefer

Bei der niedriggradigen Kontaktmetamorphose ist die Umkristallisation unvollständig und die Entregelung des Gefüges unterbleibt. Daher ist das ehemalige Schieferungsgefüge von Tonschiefern oder Phylliten noch weitgehend erhalten. Das namengebende Schiefer-Gefüge ist also ein Reliktgefüge. Im feinkörnigen Grundgewebe bilden sich auf den Schieferungsebenen Porphyroblasten in Form von Knoten, Flecken, Getreidekörnern (daher „Fruchtschiefer") oder garbenartigen Aggregaten, die aus Cordierit, Andalusit (Varietät Chiastolith), Biotit oder Chlorit bestehen (Abb. 26.3, S. 425). Bei mergeligen Schiefern entstehen garbenförmige Porphyroblasten von Amphibol. Das makroskopische Aussehen des Grundgewebes wird durch zusammenhängende Hellglimmer-Schichten bestimmt.

Spilosit, *Desmosit* und *Adinol* sind durch Na-Metasomatose albitisierte tonige Gesteine im Kontakt mit basaltischen Lagergängen (Abschn. 26.6.1, S. 457).

26.4
Das Gefüge der metamorphen Gesteine

Für das Verständnis der Gesteinsmetamorphose sind Gefügestudien besonders wichtig; denn in den Gefügeeigenschaften spiegelt sich die – oft sehr komplizierte – Bildungsgeschichte eines metamorphen Gesteins wider. Dabei müssen drei Gesichtspunkte beachtet werden:

- Definitionsgemäß entstehen metamorphe Gesteine aus bereits vorhandenem Gesteinsmaterial, das seine Entstehung älteren magmatischen, sedimentären oder auch metamorphen Vorgängen verdankt. Das Gefüge des Ausgangsgesteins (auch als Edukt bezeichnet) kann bei der metamorphen Überprägung noch als Gefügerelikt erhalten bleiben und scheint durch das neu erworbene metamorphe Gefüge durch, ähnlich wie bei einem Palimpsest, einer Handschrift, bei der die ursprüngliche Schrift weggeschabt und von einer neuen überschrieben wurde.
- Bei der konventionellen Metamorphose wachsen die Minerale unter wesentlicher Erhaltung des festen Zustands; es entsteht das kristalloblastische Gefüge (Becke 1903), das für metamorphe Gesteine charakteristisch ist und das sich von magmatischen Gefüge oft markant unterscheidet.
- Bei der Regionalmetamorphose wachsen die Minerale häufig unter gerichtetem Druck (differentiellem Stress); sie werden deformiert und es kommt zur Gefügeregelung.

26.4.1
Gefügerelikte

Trotz intensiver Rekristallisation lassen metamorphe Gesteine noch in vielen Fällen Gefügerelikte des Ausgangsmaterials erkennen. Ihre Erhaltung wird vor allem durch eine geringe Intensität der Deformation begünstigt, während die Höhe der *P-T*-Bedingungen offenbar eine geringere Rolle spielt.

So konnten Kukla et al. (1990) in Sillimanit-führenden Metaturbiditen des panafrikanischen Damara-Gürtels (Namibia), die immerhin Temperaturen von 600–660 °C und H_2O-Drücke von 3–4 kbar gesehen haben, ein ganzes Spektrum von sedimentären Gefügen wie gradierte Schichtung, Schrägschichtung, Strömungsmarken, Belastungsmarken u. a. nachweisen und die gesamte Folge mehrerer Bouma-Zyklen (Abschn. 25.2.9, S. 394) zuordnen (Abb. 26.15). Bezeichnenderweise waren die Sedimentgefüge in den ehemals psammitischen Schichtgliedern, die relativ wenig von der Deformation betroffen wurden (low-strain zones), wesentlich besser erhalten als in den viel stärker deformierten Metapelit-Lagen (high-strain zones). Erst mit dem Auftreten der ersten Partialschmelzen in der Migmatitzone des Damara-Orogens verschwinden die sedimentären Gefügerelikte in den Metaturbiditen (Abb. 26.28, S. 452).

Als äußerst widerstandsfähig gegen metamorphe Überprägung erweisen sich Gesteine mit grobkörnigen magmatischen Gefügen wie Gabbros oder grobklastische Geröll-Komponenten in Sedimentgesteinen. Ein besonders instruktives Beispiel hierfür sind die Konglomerat-Gneise von Mittweida in Sachsen. In seltenen Fällen ist sogar der ehemalige *Fossil-Inhalt* von Sedimentgesteinen noch erhalten geblieben. So sind z. B. in hochmetamorphen Lias-Kalken des Lukmanier-Gebietes (Schweiz) noch Belemniten, Cardien und andere Makrofossilien gut erkennbar. Auch pflanzliche Mikrofossilien wie Pterophyten und Sporen wurden gelegentlich in Metasedimenten nachgewiesen und zur Alterseinstufung verwendet, so z. B. im kristallinen Grundgebirge des Vorspessarts (Reitz 1987). Ganz allgemein lässt sich eine

Abb. 26.15.
Trogförmige Schrägschichtung und Strömungsmarken (flute casts, oberhalb des Taschenmessers) in Staurolith- und Sillimanit-führenden Metaturbiditen der Kuiseb-Formation, Damara-Gürtel, Khomas-Hochland (Namibia). (Foto: Peter Kukla)

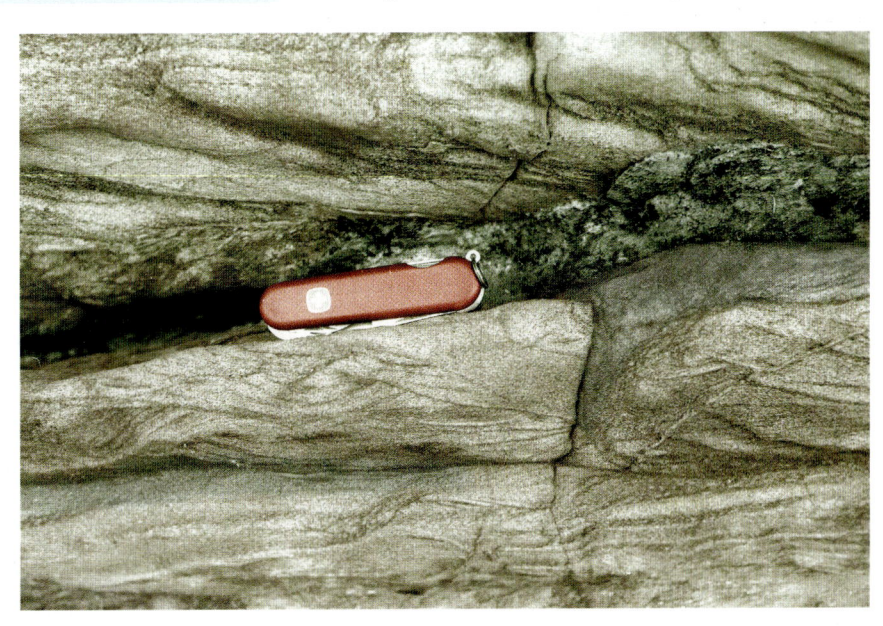

Wechsellagerung von Metamorphiten unterschiedlicher Zusammensetzung, z. B. von Glimmerschiefern und Marmoren auf eine ehemals sedimentäre Anlage zurückführen.

Hinweise auf *magmatische Ausgangsgesteine* liefern ebenfalls reliktische Verbandsverhältnisse, z. B. von ehemaligen Gängen oder Lagergängen mit ihrem Nebengestein. Pillow-Gefüge, wie sie in den Hochdruckgesteinen bei Zermatt im Wallis (Schweiz) modellhaft aufgeschlossen sind, weisen auf submarine Basalte als Ausgangsgesteine hin. Orthogneise, die sich von Graniten, Granitporphyren oder Rhyolithen mit porphyrischem Gefüge ableiten lassen, enthalten häufig augenartige Porphyroklasten von Kalifeldspat, die als Inseln in blastomylonitischen Gefügebereichen erhalten geblieben sind (sog. Kern-Mantel-Gefüge). Beispiele sind die Rotgneise des Sächsischen Erzgebirges und ähnliche Gesteine im mitteleuropäischen Variszikum, z. B. der Goldbacher Orthogneis im Vorspessart oder die „Porphyroide" des sächsisch-thüringischen Kristallins, aber auch die Zentralgneise des Tauern-Fensters (Ostalpen). Gabbroide Gefügerelikte zeigen z. B. die sog. Flasergabbros in der Münchberger Gneismasse (im Nordosten Bayerns) oder auf den Inseln Syros und Samos im Blauschiefer-Gürtel der Kykladen. In Amphiboliten finden sich gelegentlich Relikte von ehemaligen Klinopyroxen-Einsprenglingen, z. B. im Odenwald, oder von ehemaligem ophitischen Gefüge, z. B. im Spessart.

26.4.2
Das kristalloblastische Gefüge

Wie der Wiener Petrograph Friedrich Becke (1903) als erster erkannte, führt die metamorphe Umkristallisation, die unter wesentlicher Erhaltung des festen Zustands erfolgt, zu anderen Gefügebildern als die Kristallisation aus einer Schmelze. Bei der magmatischen Erstarrung ist zunächst ein ungehindertes Wachstum der früh ausgeschiedenen Kristalle möglich, während bei der Metamorphose die einzelnen Mineralindividuen in enger Berührung und in Konkurrenz zu ihren Nachbarn wachsen müssen. Becke bezeichnete diesen Gefügetypus als kristalloblastisch (grch. βλάστη = Spross). Da die Metamorphose überwiegend unter erhöhten Drücken stattfindet, sind metamorphe Gesteine stets kompakt, niemals blasig oder zellig. Bei der Metamorphose kommt es nicht zur Abschreckung von Gesteinsschmelzen; deswegen sind metamorphe Gesteine fast immer holokristallin und enthalten keine Skelettkristalle. Lediglich Pseudotachylite, Impaktbreccien (z. B. Suevit) und Buchite können Gesteinsglas enthalten.

> Kennzeichnend für das kristalloblastische Gefüge ist die Ausbildung von *Berührungs-Paragenesen*, durch die eine Annäherung an ein thermodynamisches Gleichgewicht beim Höhepunkt der Metamorphose angezeigt wird.

Dabei gibt es keine ausgeprägte Kristallisationsabfolge unter den Gemengteilen, wie sie bei den magmatischen Gesteinen häufig auftritt. Metamorph gebildete Großkristalle stellen keine Einsprenglinge dar, die früh aus einer Schmelze auskristallisiert sind, sondern sie sind als *Porphyroblasten* in einem bereits kristallisisierten Grundgewebe gewachsen. Sie enthalten häufig Einschlüsse von Mineralen, die auf dem *progaden* Metamorphosepfad gebildet wurden (*Internrelikte*). Einschlussreihen im Innern von Porphyroblasten können mitunter ein älteres, *helizitisches* Gefüge abbilden, z. B. eine ältere Schieferung oder Feinfältelung. Helizitische Gefüge sind für die Aufklärung älterer Vorgänge bei der Gesteinsmetamorphose genetisch wertvoll. Auf dem *retrograden* Metamorphosepfad werden die Gleichgewichtsparagenesen des Metamorphosehöhepunktes abgebaut, und zwar meist unvollständig (Abschn. 26.1.1, S. 418f). Vergleichbare Mineralfolgen können auch verschiedene Metamorphoseakte einer Polymetamorphose dokumentieren.

Ein metamorphes Gefüge ist *granoblastisch* (lat. granum = Korn), wenn die vorherrschenden Minerale eine isometrische Gestalt besitzen und keine bevorzugte Wachstumsrichtung auftritt. Blatt-, stängel- oder faserförmige Kristalle und die durch sie dominierten Gefüge wurden in der Nomenklatur von Becke als lepidoblastisch, nematoblastisch oder fibroblastisch bezeichnet. Diese Begriffe sind jedoch überflüssig und sollten nicht mehr verwendet werden (Passchier u. Trouw 2005). Das gleiche gilt für die Bezeichnungen idioblastisch, subidioblastisch und xenoblastisch für metamorphe Minerale, die durch kristallographische Wachstumsflächen begrenzt sind bzw. wo diese fehlen. Hier genügen die Begriffe *idiomorph* (engl. euhedral), *subidiomorph* (subhedral) und *xenomorph* (anhedral).

Bereits Becke (1903) hatte die wichtigsten metamorphen Minerale nach abnehmender *Formenergie* zu einer *kristalloblastischen Reihe* angeordnet. Formenergie ist die Fähigkeit eines Minerals, seine eigene Kristallform gegen den Widerstand der umgebenden Minerale auszubilden. Zu idiomorpher Entwicklung neigen besonders Inselsilikate wie Granat, Titanit, Staurolith, Kyanit, An-

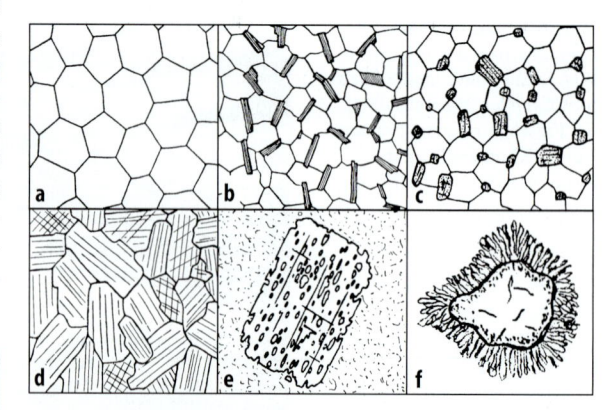

Abb. 26.16. Beispiele für Kornverwachsungen in metamorphen Gesteinen: **a–c** granoblastisch polygonal: **a** Quarz, **b** Quarz + Biotit, **c** Quarz + Pyroxen; **d** dekussat (gekreuzt): Amphibol; **e** poikiloblastisch: Albit; **f** Kelyphit: Reaktionssaum von Klinopyroxen + Spinell um Pyrop-reichen Granat im Granatperidotit von Gorduno (Tessin, Schweiz). (**a–e** aus Spry 1983)

dalusit, Zirkon oder Topas, aber auch Pyrit, Magnetit oder Spinell. Bei Ketten- und Schichtsilikaten sind ebene Wachstumsflächen nur noch teilweise entwickelt, so {110} bei Amphibolen oder {001} bei Glimmern und Chlorit. Trigonale Karbonate bilden als Porphyroblasten das Rhomboeder {10$\bar{1}$1} aus. Xenomorph sind meist Gerüstsilikate wie Quarz, Feldspäte und Cordierit entwickelt.

Metamorphe Gefüge werden auch nach der Art der Kornverwachsung charakterisiert. *Polygonal-Gefüge* (Abb. 26.16a–c) treten verbreitet in Gesteinen mit granoblastischem Gefüge, wie Hornfelsen (26.14b), Quarziten, Marmoren (Abb. 26.13), glimmerarmen Gneisen und Graniten auf. Bei ausgereiften granoblastisch-polygonalen Gefügen berühren sich häufig drei Körner in Tripelpunkten unter Winkeln von annähernd 120° (Abb. 26.16a). Dekussate (gekreuzte) Gefüge beobachtet man bei der Verwachsung von länglichen Körnern, z. B. Amphibolen oder Glimmern, die beliebig orientiert sind (Abb. 26.16d). In anderen Fällen kommt es zu einer innigen Durchdringung unterschiedlicher Mineralarten. Oft enthalten Porphyroblasten, z. B. von Albit, Granat oder Staurolith so zahlreiche Einschlüsse älterer Minerale, dass ein siebartiges Gefüge resultiert. Dieses wird als *poikoblastisch* (grch. πόικιλος = verschieden) bezeichnet (Abb. 26.16e). Retrograde Abbaureaktionen führen häufig zu lamellaren oder wurmartigen Verwachsungen von zwei oder mehr Mineralphasen, die man ganz allgemein als *Symplektite* bezeichnet. *Myrmekite* sind Symplektite aus Plagioklas und wurmartigem Quarz in Kontakt mit Kalifeldspat. Feinverwachsene, polymineralische oder monomineralische Reaktionsprodukte können ein Mineralkorn radialstrahlig umgeben; man spricht dann von *Korona*-Gefügen (Abb. 27.1, S. 464); ein Spezialfall ist der *Kelyphit* (grch. κέλυφος = Nussschale), eine feinstrahlige Reaktionszone aus Klinopyroxen oder Amphibol + Spinell um Pyrop-reichen Granat gegen Olivin (Abb. 26.16f).

26.4.3
Gefügeregelung bei metamorphen Gesteinen (Deformationsgefüge)

Grundbegriffe

Durch Umkristallisation unter statischen Bedingungen, wie sie meist bei der Kontaktmetamorphose vorliegen, entsteht ein richtungsloses Gefüge, bei dem keine bevorzugte Regelung der Kristalloblasten festzustellen ist. Dagegen erfolgt die Regionalmetamorphose meist unter gerichtetem Druck (differentiellem Stress); es kommt zur Verformung (strain) und damit zur Gefügeregelung. Durch *Strain* wird die *Form* eines Gefügeelements verändert, z. B. wird eine Kugel zu einem Ellipsoid verformt, dem Strain-Ellipsoid mit den Hauptachsen X, Y und Z. Der Begriff der *Deformation* ist weiter gefasst; Deformationsvorgänge führen darüber hinaus zur Translation und Rotation von Gefügeelementen, wie Mineralen oder Mineralgruppen (Passchier und Trouw 2005). Bei der Deformation von Gesteinen spielen gleitende Teilbewegungen entlang von Scharen paralleler Gleitebenen, die *laminare Gleitung*, eine besonders wichtige Rolle. Das deformierte Gestein gleitet dabei in einzelnen dünnen zusammenhaltenden Lamellen. Dabei unterscheidet man zwischen *homogener* und *inhomogener* Deformation, deren Kennzeichen man in folgender Weise anschaulich machen kann (Abb. 26.17): Auf dem Schnitt eines dicken broschierten Buches werden Figuren aufgezeichnet. Wenn man den Rücken des Buches nach oben biegt, beobachtet man die Deformation der aufgemalten Figuren.

Im rechten, nicht gebogenen Teil des Buches ist jedes Blatt gegenüber dem darüber liegenden um einen bestimmten Betrag nach links geglitten; es ist homogen deformiert.

- Bei *homogener Deformation* bleiben gerade, parallele Linien bzw. Flächen gerade und parallel, Parallelogramme bleiben Parallelogramme, Parallelepipede bleiben Parallelepipede; Kreise werden zu Ellipsen, Kugeln zu Ellipsoiden verformt (Sander 1950).
- Bei *inhomogener Deformation*, wie man sie im linken Teil des Buches beobachtet, ist das nicht mehr der Fall: Hier sind die Seiten des Buches *gefaltet*, wobei die Geraden verbogen und Kreise zu gekrümmten Figuren – nicht zu Ellipsen – deformiert sind.

Wie in unserem Modell gehen homogene Deformationen auch in der Natur leicht in *inhomogene Deformationen* über, die meist größere Gesteinsvolumina erfassen als die homogenen. Hierzu gehören Faltungen durch Biegungen wie die *Biegegleitfalten* (Abb. 26.17b, links). Porphyroblasten beginnen zu rollen; schichtweise angeordnete helizitische Einschlüsse lassen oft die Ausgangslage des Porphyroblasten erschließen und Rotationsachse und Rotationswinkel bestimmen (Abb. 26.22, S. 449).

Grundsätzlich können wir bei der *homogenen Deformation* zwei verschiedene Arten von Scherung unterscheiden, die einfache und die reine Scherung. Zwischen diesen gibt es jedoch meist Übergänge, die allgemeine Scherung.

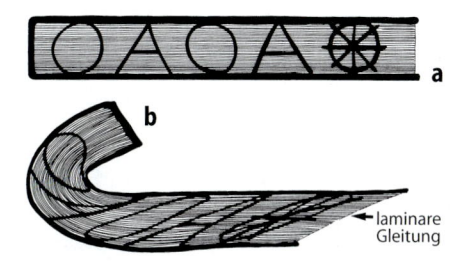

Abb. 26.17. Laminare Gleitung an den Blättern eines Buches: **a** undeformiert; **b** deformiert: *rechts* homogene und *links* inhomogene Deformation. (Nach Sander, aus Eskola 1939)

- Bei der *einfachen Scherung* (engl. *simple shear*) erfolgt die Deformation parallel zu einer Ebene konstanter Orientierung, die unter einem Winkel zu den Achsen der Verkürzung Z und der Streckung X liegt. Die Teilchen eines Gefügeelements bewegen sich auf parallelen Bahnen parallel zu den Scherflächen und die Achsen X und Z des Strain-Ellipsoids rotieren in Scherrichtung. Dementsprechend verläuft die einfache Scherung *nicht-koaxial* zu X und Z (Abb. 26.18a). Gute Beispiele sind die Scherung eines Kartenstapels in einer Richtung oder der Seiten eines Buches (Abb. 26.17b, rechts).
- Bei der *reinen Scherung* (engl. *pure shear*) werden die Gefüge-Elemente in Richtung der Z-Achse des Strain-Ellipsoids verkürzt, senkrecht dazu ausgedehnt; die Teilchen bewegen sich auf gekrümmten Bahnen, die symmetrisch zu den Achsen des Strain-Ellipsoids verlaufen. Dabei führt eine *Streckung* in $X (X > Y = Z)$ zu prolater (zigarrenartiger) Form, während eine *Plättung* nach $YX (Z < Y = X)$ oblate (pfannkuchenartige) Formen erzeugt, wie das z. B. bei den Plattenquarzen in manchen Granuliten der Fall ist. In beiden Fällen verläuft die Deformation parallel zu den Achsen des Strain-Ellipsoids, ist also *koaxial* (Abb. 26.18b).

Die Gefügekoordinaten eines tektonisch deformierten Gesteins werden auf ein rhombisches Achsenkreuz mit den Achsen x, y und z bezogen, die manchmal, häufig jedoch nicht mit den Hauptachsen XYZ des Strain-Ellipsoids zusammenfallen. In unserem Beispiel ist die Gleitebene (Scherfläche) xy als Schieferungsebene sichtbar; y (= B) ist die Fältelungsachse, die senkrecht auf xz steht (Abb. 26.19). Zur Bezeichnung der verschiedenen Flächenlagen im Achsenkreuz xyz verwendet man die kristallographischen Indizes hkl (Abb. 1.7, S. 8). Flächen in der Zone parallel zur y-Achse werden z. B. als $(h0l)$-Flächen bezeichnet. Petrographische Dünnschliffe von metamorphen Gesteinen sollten stets in den Ebenen xz (d. h. $\perp y$) und/oder yz (d. h. $\perp x$) angelegt werden, um aussagekräftige Informationen über die Gefügemerkmale eines Gesteins zu gewinnen.

Arten der Gefügeregelung

Deformationsvorgänge führen zur bevorzugten Orientierung von Mineralkörnern und damit zur Gefügeregelung. Dabei lassen sich prinzipiell zwei verschiedene Regelungstypen unterscheiden:

- **Formregelung**: Bei der Formregelung (Regelung nach der Korngestalt; engl. dimensional preferred orientation) werden langprismatische, säulige, nadelige, plattige oder blättchenförmige Minerale subparallel angeordnet.
- **Gitterregelung**: Bei der Gitterregelung (Regelung nach der Kristallstruktur; engl. lattice preferred orientation) werden strukturell bedingte Merkmale von Mineralen, wie optische Achsen, Kristallflächen oder Spaltebenen subparallel orientiert.

Bei vorhandener Formregelung zeigt das betreffende Mineral natürlich stets auch eine Gitterregelung.

Als Ergebnis der Gefügeregelung bilden sich planare oder lineare Parallelgefüge aus, die auch verfaltet sein können:

- **Planare Parallelgefüge** (mit S-Flächen): Sie entstehen durch einfache Scherung oder Plättung; es kommt zur Ausbildung einer oder mehrerer Schieferungen, wobei die Formregelung von Glimmern und anderen Schichtsilikaten oft eine wichtige Rolle spielt.

Der englische Begriff *foliation* umfasst zwei Unterbegriffe: *Cleavage*, der meist für feinkörnige, niedrig metamorphe Gesteine gebraucht wird, insbesondere Tonschiefer (slaty cleavage) und Phyllite; *schistosity* wird auf gröberkörnige, höher metamorphe Gesteine angewendet.

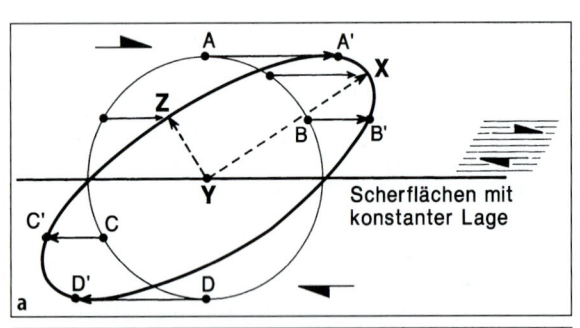

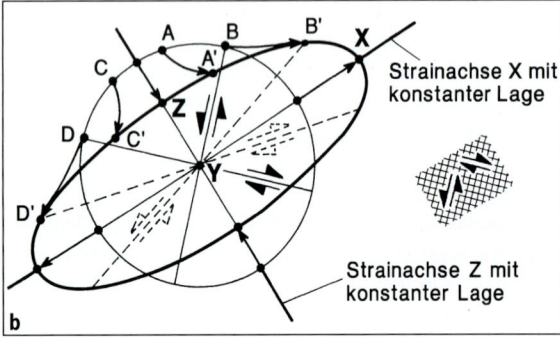

Abb. 26.18. Lage der Verformungsachsen XYZ und der Teilchen-Trajektorien A → A', B → B' etc. **a** bei einfacher Scherung, **b** bei reiner Scherung. Obwohl die Deformation in beiden Fällen den gleichen Wert erreicht, erfahren die Teilchen A, B, C, D ... ganz unterschiedliche Relativ-Bewegungen. (Vereinfacht nach Eisbacher 1996)

Abb. 26.19. Gefügekoordinaten xyz in einem Handstück mit leichter Fältelung nach der y-Koordinate (Faltungs-Achse), xy ist die Schieferungsebene

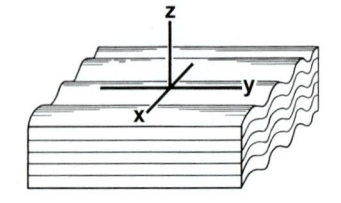

- **Lineare Parallelgefüge** (mit B-Achsen): Sie treten in metamorphen Gesteinen ebenfalls häufig auf. Lineationen entstehen z. B. als Rutschstreifen auf Harnisch-Flächen, durch Formregelung langgestreckter Minerale, durch Streckung von Gefügeelementen (Streckungslinear), z. B. Geröllen, durch Überschneidung von zwei verschiedenen Schieferungsebenen, durch Fältelungen und Crenulationen (Runzelungen); auch Faltenachsen können sich als Lineationen bemerkbar machen.

Sehr häufig ist die Gesteinsmetamorphose mit mehreren Deformationsphasen D_1, D_2, D_3 ... verknüpft, die sich in der Ausbildung unterschiedlicher Schieferungen S_1, S_2, S_3 ... oder Falten-Generationen F_1, F_2, F_3 ... äußern können. Dabei können die verschiedenen Deformationen durchaus zu einem einzigen prograden und retrograden Metamorphosezyklus gehören. In vielen Fällen entsteht bei der Faltung der ersten Schieferung S_1 eine zweite Schieferung S_2 (Abb. 26.20).

Beziehungen zwischen Deformation und Kristallisation

Wie schon mehrfach betont, ist die Regionalmetamorphose durch ein vielfältiges Zusammenspiel von Deformations- und Umkristallisationsvorgängen gekennzeichnet. Häufig lässt sich die zeitliche Aufeinanderfolge dieser Prozesse durch sorgfältige Gefügestudien unter dem Mikroskop zumindest teilweise entschlüsseln. Danach kann die Kristallisation eines metamorphen Minerals *prä*tektonisch, *syn*tektonisch oder *post*tektonisch in Bezug auf eine bestimmte Deformationsphase erfolgen. Prätektonisch gewachsene Minerale können postkristallin deformiert werden (Abb. 26.21). Beim *syn*tektonischen Wachstum eines Granat-Porphyroblasten wird dieser rotiert und S-förmig oder birnenförmig deformiert (Abb. 26.22a, 26.12c). Wie in Abb. 26.22b in einzelnen Stadien (1–5) schematisch dargestellt ist, bilden die helizitischen Einschlüsse S-förmige Einschlusswirbel, die entgegen dem Uhrzeigersinn (Pfeile) rotiert sind und damit den Drehsinn sichtbar machen. Es folgt im Stadium (6) ein *post*tektonisches Wachstum in einem Randsaum, der von der Deformation nicht mehr beeinflusst wurde (vgl. hierzu Robyr et al. 2007). Demgegenüber werden die helizitischen Einschlussreihen lediglich gedreht, wenn ein Porphyroblast *post*kristallin deformiert wird. Bei posttektonischer Kristallisation bleibt die – gerade oder gefältete – Anordnung der Einschlüsse in einem Porphyroblasten in der gleichen Anordnung erhalten, wie sie vor der Kristallisation bestand (Abb. 26.23, 26.24).

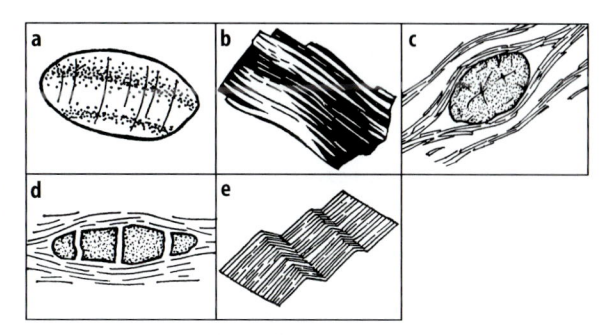

Abb. 26.21. Kennzeichen für postkristalline Deformation: **a** undulöse Auslöschung und Deformationsbänder in einem Quarzkorn; **b** Plagioklas mit gewellten Deformationszwillingen; **c** zerbrochener, **d** fragmentierter Granat, jeweils von Glimmerbahnen (// S) umflasert; **e** genickter Biotit. (Nach Spry 1983)

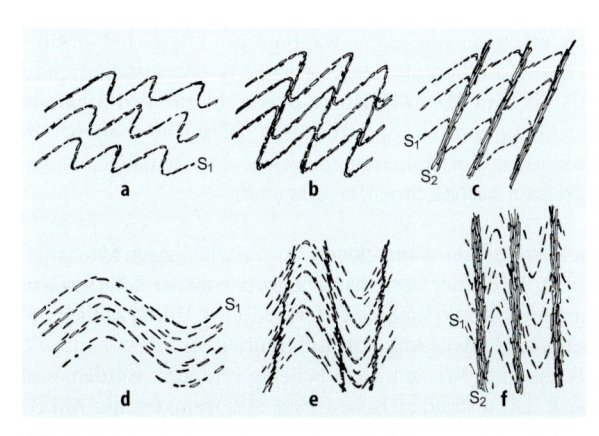

Abb. 26.20. Entwicklung einer zweiten Schieferung S_2 durch Verfaltung einer ersten Schieferung S_1: **a–c** bei asymmetrischer Faltung; **d–f** bei symmetrischer Faltung. (Aus Spry 1983)

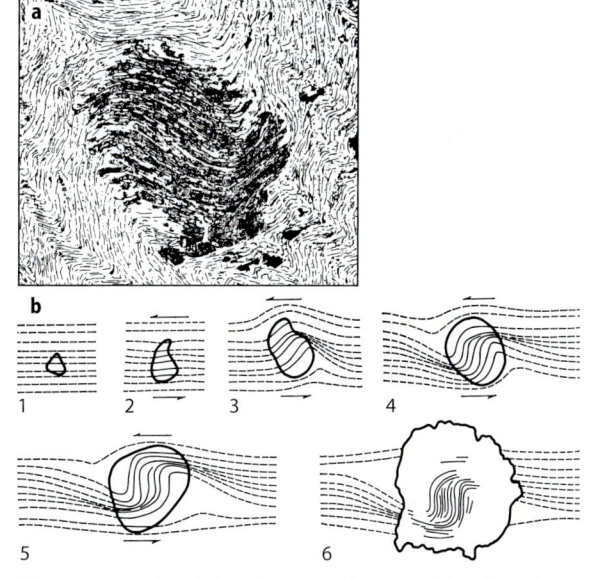

Abb. 26.22. Syntektonisches Granat-Wachstum: **a** S-förmig rotierter Granat-Porphyroblast, sog. *Schneeball-Granat*, im Granat-Glimmerschiefer der Pioramulde, Camperio, Lukmanierstraße (Schweiz). Das Wachstum des Granats ist gleichzeitig mit der Deformation des Gesteins erfolgt. **b** Granatporphyroblast, Ablauf seines syntektonischen Wachstums mit Rotation entgegen dem Uhrzeigersinn um ca. 95° *(Pfeile)* in einzelnen Stadien (*1–5*). Im Anschluss an die Rotation wächst der Granat posttektonisch weiter (*6*). (Nach Spry 1983)

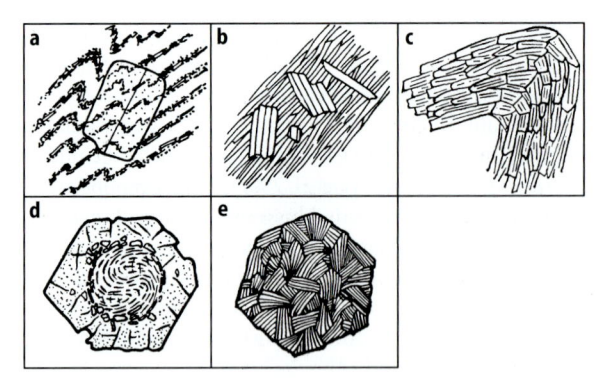

Abb. 26.23. Kennzeichen posttektonischer Kristallisation: **a** verfaltetes Schieferungsgefüge, das von einem Albit-Porphyroblasten überwachsen wird; die helizitischen Einschlüsse bilden ein Interngefüge (S_i), das mit dem Externgefüge (S_e) übereinstimmt, also unverlegt ist; **b** Glimmer, sog. *Querglimmer* wachsen in beliebigen Winkeln zur Schieferung; **c** scheitförmige Glimmer zeichnen bei ihrem Wachstum eine ältere Falte nach; sie bilden einen *Polygonalbogen*; **d** zweiphasig gewachsener Granat: ein syntektonischer Schneeball-Granat wird posttektonisch von einer idiomorphen Außenzone umwachsen; **e** Ungeregeltes Chlorit-Aggregat, pseudomorph nach Granat. (Nach Spry 1983)

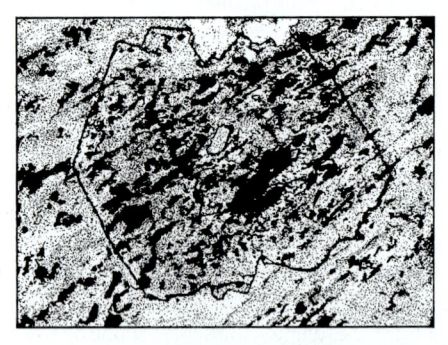

Abb. 26.24. Granat-Porphyroblast, idiomorph nach {110} entwickelt, umschließt unverlegtes Grundgewebe. Die Sprossung des Granats erfolgte, nachdem eine ältere sehr niedriggradige Regionalmetamorphose zur Gefügeregelung und Umkristallisation des Grundgewebes geführt hatte. Kontaktmetamorph überprägter Diabastuff aus der Zone der Fruchtschiefer, Theuma (Vogtland). Bildbreite ca. 2 mm. (Foto: S. Matthes)

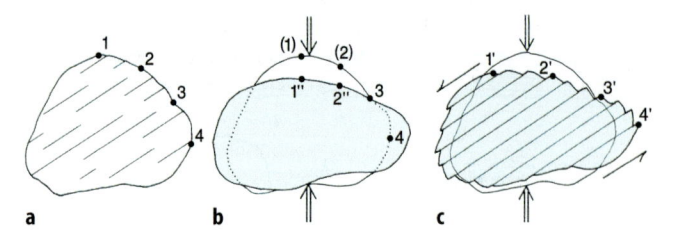

Abb. 26.25. Deformation eines Quarzkorns durch intrakristalline Deformation und Drucklösung im Vergleich. **a** Ursprüngliche Kornform mit den Punkten *1–4*; **b** durch Drucklösung wird v. a. der obere Teil des Quarzkorns aufgelöst, wodurch die Punkte 1 und 2 verschwinden; Punkt 3 bleibt erhalten, Punkt 4 wird vom ⊥ zur Druckrichtung wachsenden Quarzkorn eingeschlossen; die ehemalige Korngrenze ist durch eine Reihe von Einschlüssen (*punktiert*) erkennbar; **c** durch intrakristalline Deformation, z. B. Versetzungsgleiten, verändert sich die Kornform und es kommt zur Wanderung der Punkte 1 → 1', 2 → 2', 3 → 3', 4 → 4'. (Nach Elliott 1973, aus Best 2003)

Deformationsmechanismen

Nachdem wir bislang die Deformationsprozesse eher deskriptiv behandelt haben, wollen wir nun die Mechanismen, die zur Deformation metamorpher Gesteine führen, zumindest kurz beleuchten. Für eine eingehendere Darstellung sei auf das Standardwerk von Passchier und Trouw (2005) verwiesen, in dem auch die mikroskopischen und elektronenmikroskopischen Kriterien, an denen man die verschiedenen Deformationsmechanismen erkennen kann, beschrieben werden.

Deformationsvorgänge hängen von den *lithologischen Eigenschaften* eines Gesteins wie Mineralbestand, Anwesenheit und Zusammensetzung von intergranularen Fluiden, Formregelung oder Gitteregelung der Mineralkörner, Porosität und Permeabilität ab.

Sie werden aber auch von *externen Zustandsparametern* wie Temperatur, lithostatischem Druck, differentiellem Stress, Fluiddruck und Verformungsrate (Strainrate) kontrolliert.

Es sollen zunächst Prozesse bei niedriger Temperatur und hoher Strainrate, danach solche mit zunehmend höherer Temperatur und geringer Strainrate behandelt werden.

Kataklastisches Fließen. Wie in Abschn. 26.2.2 (S. 428f) dargelegt, ist kataklastisches Fließen ein rein mechanischer Prozess, wobei das Gestein bei niedrigen Temperaturen und hoher Strainrate spröd deformiert wird. Dabei kann es zur rein mechanischen Formregelung von Gesteinsbruchstücken oder Mineralen kommen, die als Grobkomponenten in einer feinkörnigen Matrix bewegt werden.

Drucklösung. Wir hatten die Drucklösung ja bereits bei der Diagenese (Abschn. 25.2.4, S. 386) kennengelernt. Sie kann auch in metamorphen Gesteinen ein wichtiger Deformationsmechanismus sein, vorausgesetzt, es existiert ein dünner Fluidfilm auf den Korngrenzen. An Kontaktpunkten, die senkrecht oder unter hohem Winkel zur Verkürzungsrichtung stehen, herrscht erhöhter differentieller Stress. Hier unterliegen Mineralkörner, besonders von Quarz und Calcit, selektiver Auflösung, während es in Bereichen mit geringerem differentiellen Stress zur Wiederausfällung und damit zum Kornwachstum senkrecht zur Verkürzungsrichtung kommt (Abb. 26.25a,b). Dieser Vorgang ist am besten an Einschlussreihen, welche die ehemaligen Korngrenzen nachzeichnen, zu erkennen.

Intrakristalline Deformationen. Zu den wichtigsten Mechanismen, die bei der Gesteinsmetamorphose eine Rolle spielen, gehören intrakristalline Deformationen. Durch zeitlich begrenzte Einwirkung von differentiellem Stress kann die Form eines Kristalls nicht beliebig verändert werden, weil sich der Abstand zwischen zwei Gitterpunkten nur um einen minimalen Betrag verändern lässt. Bei Stressentlastung kommt es zur Erholung und zur Wiederherstellung der ursprünglichen Kornform: das Mineral wird *elastisch* deformiert. Wird dagegen der Stress längere Zeit aufrechterhalten, so wird die *Fließgrenze* (engl. yield strength oder yield stress) überschritten und der Kristall muss sich *plastisch* verformen (Abb. 26.25a,c). Dieser Vorgang, der beim Quarz bei Temperaturen von knapp 300 °C, bei den Feldspäten bei ca. 350 °C eintritt (Passchier u. Trouw 2005), ist nur möglich, wenn sich die relative Position der Atome und Atomgruppen in der Kristallstruktur dauerhaft verändert, was durch das *Wandern von Strukturdefekten* geschieht. Dabei bleibt die Kristallstruktur als solche erhalten und es kommt auch nicht zum mechanischen Bruch (Abb. 26.26).

Jeder Kristall enthält Strukturdefekte, wobei sich Punktdefekte und Liniendefekte (Versetzungen) unterscheiden lassen. Bei *Punktdefekten* fehlen Atome an bestimmten Punkten der Kristallstruktur, wodurch Leerstellen entstehen, oder die Atome befinden sich auf Zwischengitterplätzen. Baut man Teile von Gitterebenen zusätzlich in die Struktur ein, so entstehen *Stufenversetzungen*; verschiebt man einen Teil der Kristallstruktur um einen Gitterblock, bilden sich *Schraubenversetzungen*. Beide Versetzungstypen treten häufig kombiniert auf. Richtung und Betrag der Gitterverschiebung werden durch den Burgers-Vektor angegeben (z. B. Kleber et al. 1998).

Das Wandern von Versetzungen bezeichnet man als *Versetzungsgleiten* (engl. *dislocation glide*). Dieses wird behindert, wenn sich in der Kristallstruktur ein Fremdkörper, z. B. ein Mineraleinschluss befindet. Das Hindernis kann jedoch dadurch überwunden werden, dass Leerstellen in die Versetzungsebene einwandern (Passchier u. Trouw 1996, Abb. 15.10). Dadurch können die Versetzungen das Hindernis überklettern, ein Vorgang, der als *Versetzungskriechen* (engl. *dislocation creep*) bezeichnet wird. Intrakristalline Deformation durch Versetzungsgleiten ist an bestimmte kristallographische Richtungen gebunden; sie führt daher zur *Gitterregelung*.

Während das Deformationsverhalten von *Quarz* bei niedrigen Temperaturen <300 °C hauptsächlich durch Sprödbruch und Drucklösung bestimmt ist, werden im Temperaturbereich von 300–400 °C Versetzungsgleiten und Versetzungskriechen zu wichtigen Faktoren. Bei mittleren und hohen Temperaturen dominiert dann beim Quarz das Versetzungskriechen. *Feldspäte* werden <300 °C hauptsächlich bruchhaft deformiert, doch treten Sprödbrüche und Knickungen auch noch bei mittleren Temperaturen auf, jedoch tritt bei T-Erhöhung zunehmend das Versetzungsgleiten hinzu (Passchier u. Trouw 2005).

Einige Minerale, insbesondere Plagioklas und Calcit, lassen sich durch die Bildung von lamellaren *Druckzwillingen (Deformationszwillingen)* verformen. Während Wachstumszwillinge gerade oder gestufte Zwillingsebenen aufweisen, laufen Druckzwillingslamellen meist spitz zu und keilen aus, z. B. bei Plagioklas gegen die Kornmitte (Abb. 26.21b), beim Calcit zum Kornrand hin.

Wird in bestimmten Bereichen eines deformierten Kristalls die Zahl der Stufen- und Schraubenversetzungen erhöht, so kommt es zu einem Anstieg der inneren *Strainenergie*, die einen Beitrag zur gesamten Freien Enthalpie des Systems leistet (Abschn. 27.1.3, S. 466ff). Diese ist proportional zur *Versetzungsdichte*, d. h. der Gesamtlänge der Versetzungen bezogen auf ein bestimmtes Gesteinsvolumen. Eine hohe Versetzungsdichte äußert sich z. B. mikroskopisch in *undulöser Auslöschung* bei gekreuzten Polarisatoren, wie man sie beim Quarz häufig beobachtet (Abb. 26.21a). Um die Versetzungsdichte und damit die innere Strainenergie zu minimieren, treten Ordnungsmechanismen in Aktion, die man unter dem Begriff *Erholung* (recovery) zusammenfasst. Dabei konzentrieren sich die Versetzungen immer mehr in bestimmten Zonen; dadurch entstehen *Deformationsbänder* (Abb. 26.21a), und schließlich zerfällt der Kristall in *Subkörner*, die durch *Kleinwinkelkorngrenzen* (engl. *subgrain boundaries*) voneinander geschieden werden.

Rekristallisation. Ein weiterer Prozess zur Minimierung der inneren Strain-Energie ist die *Rekristallisation*, bei der Kristalle mit niedriger Versetzungsdichte auf Kosten von solchen mit hoher Versetzungsdichte wachsen. Das kann durch *Korngrenzenwanderung* oder durch *Subkornrotation* geschehen. Allgemein werden die Prozesse der Erholung und Rekristallisation durch hohe Temperaturen begünstigt, während eine hohe Strain-Rate die Verzerrung von Kristallstrukturen begünstigt und zur Erhöhung der Versetzungsdichte führt. *Dynamische Rekristallisation* findet unter andauernder, *statische Rekristallisation* bei ausklingender oder fehlender Deformation statt.

Ein idealer Kristall müsste unendlich groß sein. Da das in der Realität nicht der Fall sein kann, stellen auch die Korngrenzen bereits einen Strukturdefekt dar. Dementsprechend leistet auch die Oberflächenenergie zur gesamten Freien Enthalpie des Systems einen Beitrag. Dieser wird erniedrigt, wenn der relative Flächenanteil der Korngrenzen reduziert wird (*grain boundary area reduction*). Deshalb besteht bei der Rekristallisation metamorpher Gesteine eine starke Tendenz zur Ausbildung großer, polygonaler Kristalle mit ebenen Korngrenzen. Bei Mineralen, die nur schwach anisotrop

Abb. 26.26.
Deformation eines Kristalls durch Bewegung einer Stufenversetzung von links nach rechts; dadurch wird die obere Hälfte des Kristalls um eine Gitterkonstante nach rechts verschoben. Zur Verdeutlichung ist eine Gitterebene *blau* markiert; Blickrichtung ⊥ zur Stufenversetzung. (Nach Passchier u. Trouw 1996)

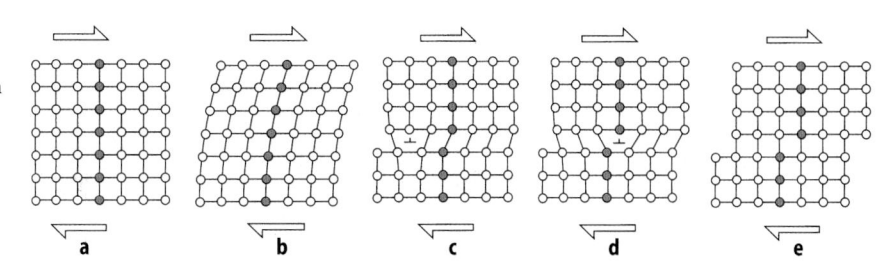

sind, bei denen also die Oberflächenenergie wenig richtungsabhängig ist, wird die Ausbildung von Gleichgewichtsgefügen begünstigt; hierbei treffen sich die Körner unter Tripelpunkten von nahezu 120° (Abb. 26.16a, S. 446). Das ist z. B. bei Quarz, Feldspäten, Cordierit, Granat, Karbonaten, bei Pyrit und Magnetit der Fall. Demgegenüber ist die Oberflächenenergie bei Amphibolen oder Glimmern stark anisotrop, so dass bevorzugt die Flächen {110} bzw. (001) ausgebildet werden und dementsprechend die Winkel von 120° abweichen (Abb. 26.16b–d).

Kristalloplastische Deformation. Bei sehr hohen Temperaturen kann es zur kristalloplastischen Deformation durch Diffusionskriechen im festen Zustand (engl. solid-state diffusion creep) kommen, bei dem Leerstellen durch die Kristallstruktur oder entlang von Korngrenzen wandern. Besonders in feinkörnigen Mineral-Aggregaten können Kristalle aneinander vorbeigleiten, begünstigt durch eine intergranulare Fluid-Phase (*grain-boundary sliding*). Dieser Prozess spielt wahrscheinlich die Hauptrolle, wenn Gesteine *superplastisch deformiert* werden. Der in der Metallurgie geprägte Begriff der *Superplastizität* bezieht sich auf sehr feinkörnige Aggregate (<10 µm) von isometrischen Kristallen, die trotz Deformation unter sehr hohen Strain-Raten keine starke Form- oder Gitterregelung aufgeprägt bekommen.

Abb. 26.27.
Metatektischer Migmatit, gesägte und polierte Platte eines nordischen Geschiebes. Als *Paläosom* erkennt man (1) einen glimmerreichen, metapelitischen Paragneis (*dunkel*) mit vereinzelten sandigen Lagen (*Mitte links*) und (2) einen wesentlich Plagioklas-reicheren Paragneis, der wohl auf eine ehemalige Grauwacke zurückgeht (*ganz rechts* und *links oben*). Nach den Verbandsverhältnissen lassen sich zwei verschiedene *Leukosom*-Typen unterscheiden: Der metapelitische Paragneis enthält *granitische Metatekte*, die lagenweise parallel zur Schieferung eingeschaltet und teilweise von dunklen Restit-Lagen (*Melanosomen*) gesäumt sind. Diese Metatekte sind durch partielle Aufschmelzung des Paragneises entstanden, und zwar wahrscheinlich in situ (Ektekte). Demgegenüber geht ein zweiter Typ von granitischem Metatekt eindeutig auf eine Teilschmelze zurück, die von außen zugeführt wurde und vermutlich auf einer Störung in den Gneisverband eingedrungen ist (Entekt). Mineralogisches Museum der Universität Würzburg. (Foto: K.-P. Kelber)

Abb. 26.28.
Diatektischer Migmatit in der höchstgradigen Metamorphosezone des panafrikanischen Damara-Orogens. Das inhomogen-schlierige Fließgefüge mit Resten von metatektischem Gneis entstand durch einen partiellen Aufschmelzprozess vor ca. 530 Ma; jüngere Granitgänge (*rechts*) intrudierten vor ca. 505 Ma (Kukla et al. 1991; Jung und Mezger 2001). Davetsaub, Khomas-Hochland, Namibia. (Foto: Peter Kukla)

26.5
Bildung von Migmatiten durch partielle Anatexis

Migmatite (grch. μίγμα = Mischung) sind komplex texturierte Gesteine, die sich aus metamorphen und magmatischen Anteilen zusammensetzen. Beide lassen sich im Aufschluss und im Handstück voneinander unterscheiden (Abb. 26.27, 26.28). Migmatite treten im Verband mit hochgradig metamorphen Gesteinen auf, und zwar meist in tiefangeschnittenen Bereichen der kontinentalen Erdkruste. Aus dieser Verknüpfung, den Gefügemerkmalen und Ergebnissen von Hydrothermal-Experimenten lässt sich ableiten, dass Migmatite meist durch partielles Aufschmelzen entstehen, wenn bei der prograden Metamorphose die H_2O-gesättigten Soliduskurven der metamorphen Gesteine überschritten werden und/oder wenn es zum Dehydratations-Schmelzen (OH)-haltiger Minerale kommt. Man spricht dann von *Ultrametamorphose*.

Migmatite sind zwar typisch für archaische und proterozoische Kratone wie den Kongo-Kraton, den Fennoskandischen und den Kanadischen Schild; sie sind aber durchaus nicht auf diese beschränkt. So sind die Migmatite im kristallinen Grundgebirge des Schwarzwaldes, des Bayerischen und des Böhmerwaldes während der variscischen Orogenese, die Migmatite im Wärmedom von Naxos während der alpidischen Orogenese entstanden.

26.5.1
Der Migmatitbegriff

Der Begriff Migmatit wurde von Sederholm (1907) eingeführt mit dem Hinweis, dass bestimmte Gneise im Fennoskandischen Metamorphikum wie „gemischte Gesteine" aussehen. Migmatite sind makroskopisch außerordentlich heterogene Gesteine mit teils metamorphem, teils aber magmatisch aussehendem Gefüge. Bereits Sederholm hatte erkannt, dass die besonderen Gefügeeigenschaften von Migmatiten nur durch eine teilweise Aufschmelzung von hochmetamorphen Gneisen zu erklären sind. Diese frühe Erkenntnis, dass bei der Bildung von Migmatiten bereits Bedingungen des partiellen Schmelzens erreicht wurden, ist seit der Mitte des 20. Jahrhunderts durch Hydrothermal-Experimente voll bestätigt worden.

Dietrich und Mehnert (1961) haben *folgende Definitionen* gegeben (vgl. auch Mehnert 1971):

1. Als *Paläosom* (oder Mesosom) bezeichnet man das unveränderte, hochmetamorphe Ausgangsgestein eines Migmatits (Abb. 26.27).

2. Als *Neosom* bezeichnet man das durch selektive Aufschmelzprozesse migmatisch veränderte Gesteinsprodukt. Bei ihm wird unterschieden zwischen *Leukosom* und *Melanosom* (Abb. 26.27).

   a *Leukosome* weisen im Vergleich zum Paläosom höhere Gehalte an hellen Mineralen wie Quarz, Kalifeldspat und/oder Plagioklas auf. Sie sind also von granitischer, granodioritischer oder tonalitischer Zusammensetzung. Charakteristische Gefüge magmatischer Kristallisationsprodukte sind erkennbar, eine Gefügeregelung fehlt meist. Leukosome stellen fast stets Produkte der partiellen Aufschmelzung (Anatexis) dar; sie werden dann auch mit dem genetischen Begriff *Metatekt* bezeichnet. Die Leukosome eines Migmatits können durch Aufschmelzvorgänge *in situ*, d. h. an Ort und Stelle entstanden oder aus größeren Krustentiefen zugeführt worden sein (s. unten).

   b *Melanosome* stellen die *Restgesteine* (*Restite*) einer partiellen in-situ-Aufschmelzung dar. Dementsprechend enthalten sie hauptsächlich dunkle (mafische) Minerale, wie Biotit, Cordierit, Granat, Hornblende oder Pyroxen, sowie Al-reiche Minerale, wie Sillimanit, die – wie im hochmetamorphen Gneis – meist eingeregelt sind.

Durch die wechselvolle Anordnung von Leukosom und Melanosom erhalten die Migmatite oft höchst unruhige Gefüge, die auf großer Fläche, z. B. an den skandinavischen Schärenküsten, sehr beeindruckend sein können. Das Leukosom kann im Migmatit aderförmig, lagenförmig oder diffus zwischen breccienförmig zerlegtem Paläosom verteilt sein. Das Paläosom ist andererseits im Leukosom nicht selten in Form von Schollen oder Schlieren verteilt bis hin zu einer nebelhaften (nebulitischen) Homogenisierung zwischen beiden. Häufig werden ehemalige Faltentexturen als Fließfalten (ptygmatische Falten) abgebildet.

Im Anfangsstadium eines partiellen Aufschmelzprozesses bilden sich zunächst *Metatexite* (Abb. 26.27). Sie bestehen aus dem Leukosom, hellen Metatekten, die den Schmelzanteil repräsentieren, und dunklen Restgesteinspartien, dem Melanosom. Bei weitergehender bis nahezu vollständiger Aufschmelzung geht das Parallelgefüge zunehmend verloren, und es entstehen schlierige (nebulitische) Migmatite, stellenweise mit Übergängen zu nahezu homogenen, magmatisch aussehenden Gesteinspartien. Solche Migmatite bezeichnet man als *Diatexite*. Bei ihnen lassen sich die aufgeschmolzenen Anteile von den nicht aufgeschmolzenen z. T. kaum unterscheiden (Abb. 26.28). In der anatektischen Zone des südlichen Schwarzwalds sind z. B. die graduellen Übergänge von Metatexiten zu Diatexiten genau untersucht worden.

Der Schmelzanteil, der sich in einem metamorphen Gestein unter einem gegebenen Druck zu bilden vermag, hängt nicht nur von der Höhe der erreichten Temperatur und dem H_2O-Gehalt ab, sondern auch von der pauschalen Gesteinszusammensetzung, insbesondere vom Mengenanteil an hellen und dunklen Gemengteilen und vom Quarz-Alkalifeldspat-Plagioklas-Verhältnis. So kann bei geeigneten P-T-a_{H_2O}-Bedingungen ein granitischer Orthogneis fast vollständig, ein Metapelit dagegen nur partiell aufschmelzen. Daher können Metatexite und Diatexite in einem Kristallingebiet in enger Nachbarschaft nebeneinander auftreten.

Lagige Migmatite, die Metatexiten ähneln, können sich auch durch metamorphe Segregation im Subsolidus-Bereich bilden. Wichtiges Kriterium für die Anwesenheit einer Schmelze ist das diskordante Verhalten von Leukosomen (z. B. Sawyer u. Barnes 1988).

Der mikroskopische Nachweis, dass es während der prograden Metamorphose zur Bildung von Teilschmelzen gekommen ist, lässt sich in den meisten Fällen nicht so leicht führen, da die gebildeten Schmelzen bei der nachfolgenden Heraushebung und Abkühlung des Gesteins wieder auskristallisieren, sei es auf Korngrenzen unmittelbar am Ort ihrer Bildung oder in den Leukosomen. Eine Ausnahme bilden die *Buchite*, Gesteine, die am Kontakt mit Vulkaniten unter niedrigen Drucken kurzzeitig auf >1000 °C aufgeheizt und danach rasch wieder abgeschreckt wurden. Dabei blieben die gebildeten Teilschmelzen in Form von Gesteinsglas erhalten (Abschn. 28.3.7, Abb. 28.11, S. 505). Weitere mikroskopisch erkennbare Gefügekriterien für partielle Anatexis wurden von Holness et al. (2011) herausgearbeitet.

26.5.2
Experimentelle Grundlagen für die anatektische Bildung von Migmatiten

Bei der partiellen Anatexis metamorpher Gesteine unter Anwesenheit von Wasser gehen hauptsächlich Quarz, Alkalifeldspat und Plagioklas in die Schmelze ein. Demgegenüber werden zunächst nur sehr geringe Mengen von dunklen Gemengteilen in der Schmelze gelöst. Sie bilden zusammen mit einem Überschuss an Plagioklas und/oder Quarz sowie Biotit oder Hornblende und Reaktionsprodukten wie Cordierit, Sillimanit, Granat oder Pyroxen das kristalline Restgestein (Restit).

Bereits in Abschn. 20.2 (S. 313ff) hatten wir die experimentellen Grundlagen für die anatektische Bildung granitischer, granodioritischer und tonalitischer Schmelzen im vereinfachten Modellsystem Qz–Ab–An–Or–H_2O behandelt. Hier wollen wir nun Ergebnisse von Hydrothermal-Experimenten kennenlernen, mit denen das Schmelzverhalten natürlicher Tonsteine, Grauwacken und anderer klastischer Sedimentgesteine untersucht wurde (zusammenfassend dargestellt von Winkler 1979). Derartige Gesteine werden bei der prograden Gesteinsmetamorphose zu Glimmerschiefern und Paragneisen umgeprägt. Die experimentell erzeugten Schmelzerscheinungen geben wichtige Hinweise auf die natürlichen Bildungsmechanismen von Migmatiten.

Aus einem natürlichen Ton entsteht im Experiment unter einem H_2O-Druck von 2 kbar eine anatektische Schmelze von leukogranitischer Zusammensetzung bei einer Temperatur zwischen 700 und 720 °C. (In Analogie zu Abb. 20.9, S. 320 nimmt diese Temperatur bei steigendem H_2O-Druck merklich ab). Bei 730 °C waren bereits 40–50 % des Tons aufgeschmolzen, wobei die kotektische Erstschmelze stets ärmer an Al_2O_3, jedoch reicher an SiO_2 und an Alkalien ist als der ursprüngliche Ton. Mit ansteigender Temperatur änderte sich die Schmelzzusammensetzung von leukogranitisch über normalgranitisch zu granodioritisch. Bei 810 °C war aus dem ehemaligen Ton bereits bis zu 80 % Schmelze entstanden. Der nicht aufgeschmolzene metamorphe Rest des ehemaligen Tons bestand aus An-reichem Plagioklas und verschiedenen dunklen Gemengteilen als Reaktionsprodukten.

Grauwacken besitzen höhere Alkaligehalte als Tone. Sie begannen deshalb unter dem gleichen H_2O-Druck bereits bei 685 °C zu schmelzen, weil sich ihr Qz-Ab-Or-Verhältnis unter einem Druck von 2 kbar näher am Temperaturminimum M (Abb. 20.3, S. 315) befindet. Mit ansteigender Temperatur änderte sich die Zusammensetzung der Schmelze wie im Fall des Tons von leukogranitisch über normalgranitisch zu tonalitisch. Bei etwa 780 °C waren 70–95 % der ehemaligen Grauwacke aufgeschmolzen.

Ähnliche experimentelle Ergebnisse wurden an verschiedenen Biotit-führenden Metasedimenten erhalten. So setzte bei einem Staurolith- und Granat-führenden Metapelit aus dem Spessart die partielle Aufschmelzung unter einem H_2O-Druck von 7 kbar bei einer Temperatur von rund 660 °C ein. Das entspricht annähernd der Temperatur an der Soliduskurve eines Gemenges von Plagioklas (An 30) + Quarz + H_2O im Modellsystem Qz–Ab–An–H_2O (Johannes u. Holtz 1996, Abb. 8.1).

Auf *Orthogneise* granitischer Zusammenzetzung lässt sich das vereinfachte Modellsystem Qz–Ab–Or–H_2O anwenden; in diesem beträgt die Temperatur des Schmelzminimums bei P_{H_2O} = 5 kbar etwa 640 °C (Abb. 20.3).

Die granitischen Erstschmelzen, die mit Erreichen der Solidus-Temperatur in einem metamorphen Gestein entstanden sind, kristallisieren zu einem Gemenge aus Quarz + Kalifeldspat + Plagioklas aus; sie bilden die Leukosome eines Migmatits. Diese sind im Vergleich zum Paläosom an SiO_2, Na_2O und K_2O angereichert, während gleichzeitig FeO, MgO und CaO im Melanosom relativ zunehmen.

Wie die experimentellen Untersuchungen im einfachen Modellsystem gezeigt haben, sind diese Erstschmelzen an H_2O gesättigt. Dabei sinkt mit steigender Temperatur der H_2O-Gehalt, der notwendig ist, um die Schmelze mit H_2O zu sättigen; dementsprechend kann der Aufschmelzgrad zunehmen (Abb. 20.6, S. 317). Bei einem ursprünglichen H_2O-Gehalt von 2 Gew.-% und einem Gesamtdruck von 5 kbar, können am Solidus bei 645 °C nur 20 % Schmelze gebildet werden, da 10 Gew.-% H_2O für die Sättigung nötig sind; demgegenüber beträgt der Schmelzanteil bei 785 °C bereits 50 %, bei 880 °C sogar 100 %, da der für die Sättigung notwendige H_2O-Anteil auf 4 bzw. 2 Gew.-% gesunken ist. Das für diesen partiellen Schmelzvorgang erforderliche H_2O stammt aus Entwässerungs-Reaktionen bei der prograden Metamorphose (Abschn. 27.2.2, S. 471ff), die z. T. noch unterhalb der Solidus-Temperatur abgelaufen sind oder während des Aufschmelzens oberhalb der Solidus-Temperatur im Melanosom ablaufen. Dementsprechend bestehen Melanosome von Migmatiten größtenteils aus H_2O-freien Mafiten als Mineralneubildungen neben verbliebenen mafischen Mineralresten.

Paragenesen mit (OH)-haltigen Mineralen können auch bei sehr geringer H_2O-Aktivität oder ohne Anwesenheit eines freien, H$_2$O-reichen Fluids partiell aufschmelzen. Ein Beispiel für dieses *Dehydratations-Schmelzen* ist der Abbau von Muscovit in Gegenwart von Quarz und Albit nach Reaktion (27.11a) (Abb. 27.10, S. 475), der bei einem Gesamtdruck von 5 kbar bei ca. 660 °C abläuft. Demgegenüber erfordert das Dehydratations-Schmelzen von Biotit oder Hornblende deutlich höhere Temperaturen. So schmelzen Amphibolite druckabhängig erst über ca. 800 °C und bringen zudem mengenmäßig weniger Leukosom hervor als Metapelite oder gar Metagrauwacken. Deswegen werden Amphibolite – ebenso wie Quarzite und Kalksilikat-Gesteine – meist von der Anatexis verschont; in Migmatit-Gebieten trifft man sie häufig als kaum veränderte Einschlusskörper, sog. Resisters, an.

26.5.3
Stoffliche Bilanz bei der Entstehung von Migmatiten

In seinen klassischen Arbeiten zur Genese der Migmatite im Schwarzwald hatte Mehnert (zusammengefasst 1971) das Modell der pauschalen Stoffkonstanz entwickelt. Danach würde für den einfachen Fall der partiellen In-situ-Anatexis gelten:

> Paläosom = Leukosom + Melanosom

(Abb. 26.29). Schon Mehnert war jedoch klar, dass die Verhältnisse meist viel komplizierter sind. Insbesondere treten in Migmatiten sehr häufig Leukosome auf, die nicht an Ort und Stelle gebildet wurden, sondern von außerhalb, insbesondere aus tieferen Krustenteilen zugeführt

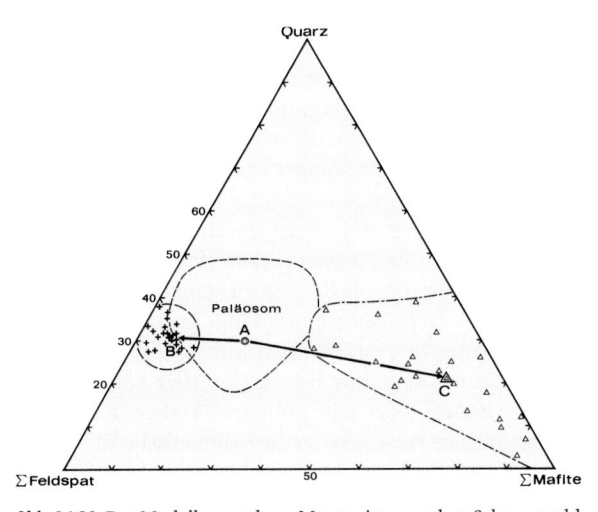

Abb. 26.29. Der Modalbestand von Metatexiten aus dem Schwarzwald im Konzentrationsdreieck Quarz–Σ Feldspat–Σ Mafite (Vol.-%). *A* Biotit-Plagioklas-Gneis als Paläosom: Altbestand; *B* granitähnliche Leukosome: Metatekte; *C* Melanosome: dunkle Restgesteinspartien (Restite). Die Mittelwerte (*große Signaturen*) liegen auf einer annähernd geraden Verbindungslinie B–C. Dieses Ergebnis spricht für einen Sonderungsprozess A → B + C (s. hierzu auch Abb. 26.27). (Nach Mehnert 1971, mit freundlicher Genehmigung des Verlags Elsevier)

wurden. Diese Leukosome bezeichnet man auch als *Entekte*, im Gegensatz zu den in situ gebildeten *Ektekten*. Da eine sichere Unterscheidung zwischen diesen beiden Typen nicht immer möglich ist, sollte man eher den neutraleren Ausdruck Metatekt verwenden. Das sicherste Kriterium ist der dunkle Restit-Saum, von dem typische Ektekte oft begleitet werden, was bei Entekten nicht der Fall ist (Abb. 26.27). Man muss jedoch auch damit rechnen, dass in situ gebildete Metatekte auf Quarz-Feldspat-reiche Lagen zurückgehen, die bereits *primär* im sedimentären Ausgangsgestein als sandige Lagen vorhanden waren, z. B. in einem Sedimentpaket mit gradierter Schichtung. In diesem Falle käme es bei geeigneten P-T-a_{H_2O}-Bedingungen zu selektiver Aufschmelzung, während die benachbarten glimmerreichen (ehemals tonigen) Lagen noch nicht schmelzen (Johannes 1988). Dabei können durchaus in-situ-Leukosome ohne ausgeprägten Restit-Saum entstehen. Eine weitere, zusätzliche Möglichkeit zur selektiven Anatexis ist ein kanalisierter Fluidfluss, durch den die H$_2$O-Aktivität lagenweise erhöht wird. Stoffbilanzrechnungen in Migmatit-Gebieten sind also keine triviale Angelegenheit (z. B. Olsen in Ashworth 1985).

Darüber hinaus könnte bei der Migmatisierung auch ein lokal begrenzter metasomatischer Stoffaustausch stattfinden; doch ist mit der Wirksamkeit regionaler „metasomatischer Fronten", die in der Diskussion um die Entstehung von Migmatiten und Graniten um die Mitte des 20. Jahrhunderts eine Rolle gespielt haben, nicht zu rechnen.

26.5.4
Die globale geodynamische Bedeutung der partiellen Anatexis

Es unterliegt keinem Zweifel, dass zumindest S-Typ-Granite in tieferen Krustenteilen durch partielle Anatexis von hochmetamorphen Sedimenten entstehen. Wie wir in Abschn. 17.2.2 (S. 275f) gesehen haben, entstehen granitische Magmen darüber hinaus über einen mehrstufigen Prozess: Dehydratations-Schmelzen von Amphibolit in tiefen Krustenbereichen führt zunächst zur Bildung tonalitischer Magmen, während basische Pyroxengranulite als Restite zurückbleiben. In einem zweiten Schritt schmelzen die Unterkrusten-Tonalite auf; es entstehen Granit-Magmen und granulitische Restgesteine.

Die geschilderten Prozesse haben bereits in der ältesten Periode der Erdgeschichte, dem Hadean, d. h. vor mehr als 4 Ga, eingesetzt und im Laufe der Zeit zur Bildung der kontinentalen Erdkruste geführt, von der vor ca. 2,5 Ga wahrscheinlich schon 75 % vorhanden waren (z. B. Harrison 2009). Noch heute ist die partielle Anatexis der tieferen Kruste und der Aufstieg der dadurch entstandenen granitischen Magmen der wichtigste Massentransfer-Prozess in der kontinentalen Erdkruste (z. B. Sawyer et al. 2011). Wie die Schemazeichnung Abb. 26.30 zeigt, wird im tieferen Teil der Erdkruste (>25 km) durch Wärmezufuhr aus dem Erdmantel die Solidus-Temperatur der meisten metamorphen Gesteine überschritten. Es kommt zur partiellen Anatexis unter Bildung von Migmatiten (braun) und granulitischen Restgesteinen, wobei sich die Schmelze zunächst auf Korngrenzen konzentriert, die bei einem Schmelzanteil von etwa 7 Vol.-% bereits zu 80 % mit Schmelze bedeckt sind. Wie Hochdruck-Experimente von Rosenberg u. Handy (2005) zeigen, hat das Gestein dadurch 80 % seiner ursprünglichen Festigkeit einbüßt. Diese Tatsache ist von entscheidendem Einfluss auf die Rheologie der kontinentalen Kruste, auf die Art ihrer Deformation und auf Prozesse der Gebirgsbildung.

Wie Abb. 26.30 schematisch zeigt, löst sich die Schmelze, die an den Korngrenzen der Minerale gebildet wird, allmählich ab und sammelt sich in fokussierten Leitungsbahnen, und zwar zunächst in *Leukosomen* später in *magmatischen Gängen* (Sawyer et al. 2011; Brown et al. 2011). Nach Überschreiten des rheologisch kritischen Schmelzanteils von 25–40 Vol.-% kann das Magma in die mittlere Erdkruste eindringen und dort z. B. Gangschwärme bilden. Die magmatische Schmelze sammelt sich in Magmenkammern und bildet große *Plutone* (Kap. 15, Abb. 15.1, S. 258), typischerweise in Tiefen von 15–12 km, im Grenzbereich zwischen der sich duktil verhaltenden mittleren kontinentalen Erdkruste und der spröden kontinentalen Oberkruste. Ein Teil der Magmen erreicht auch die Erdoberfläche und bildet Vulkane.

Untersuchungen von Jamieson et al. (2011) zeigen, dass die erweichte Erdkruste entlang von Druck-Gradienten, die im Zusammenhang mit Gebirgsbildungs-Prozessen stehen, nach außen oder nach oben hin abfließen kann. Dabei werden Deformation und Wärmefluss in engen Zonen konzentriert, die im Liegenden durch flache Aufschiebungen, im Hangenden durch flache Abschiebungen begrenzt sind. Wie geophysikalische Untersuchungen im Gebirgssystem des Himalaya und im nördlich anschließenden Tibet-Plateau belegen, werden hierbei laterale Transportbeträge von hunderten von Kilometern erreicht, großräumige Fließprozesse, welche die Mächtigkeit von Faltengebirgs-Gürteln und die möglichen Beträge ihrer Heraushebung einschränken. In dieser kontinentalen Kollisionszone zwischen Indischer und Eurasischer Platte begann die partielle Anatexis vor ca. 30 Ma, während es erst vor 23–20 Ma zu verbreiteten Intrusionen von Leukograniten und Zweiglimmergraniten kam. Geophysikalisch lässt sich nachweisen, dass noch heute unter dem Tibet-Plateau Schmelzen existieren.

26.6
Metasomatose

Nur in besonderen, wenn auch nicht seltenen Fällen kommt es im Zusammenhang mit der Gesteinsmetamorphose zu Umsetzungen und Austauschreaktionen mit überkritischen Fluiden oder hydrothermalen Lösungen, die sich auf den Korngrenzen zwischen den Mineralkörnern als Intergranularfilm bewegen. Sie können lokal einen erheblichen Stoffaustausch, d. h. eine Zufuhr und/oder Abfuhr von chemischen Komponenten bewirken, wobei das betroffene Gestein im Wesentlichen im festen Zustand verbleibt. Ein solcher Vorgang wird als *Metasomatose* bezeichnet, im Falle der Zufuhr von Lösungen oder Fluiden auch als *Infiltrations-Metasomatose*. Demgegenüber dürfte die *Diffusions-Metasomatose*, bei der die chemischen Komponenten durch die mit wässeriger Lösung erfüllten Poren im Gestein diffundieren, viel seltener auftreten. Die intrakristalline Diffusion von Ionen, Atomen oder Ionengruppen innerhalb der Mineralkörner ist ein viel zu langsamer Vorgang, um einen effektiven Stoffaustausch zu gewährleisten.

Metasomatose-Prozesse sind oft eine zeitliche Nachwirkung oder räumliche Fernwirkung magmatischer Vorgänge. So finden sie bevorzugt im Bereich einer Kontaktmetamorphose statt und werden dann als *Kontaktmetasomatose* bezeichnet. Hier können die Stoffumsätze lokal sehr groß sein. Haben derartige Vorgänge im Anschluss an die magmatische Kristallisation innerhalb des Magmatitkörpers selbst stattgefunden, so spricht man von einer *Autometasomatose*.

Auch bei der Bildung von Migmatiten können lokal metasomatische Vorgänge auftreten. Demgegenüber läuft die Regionalmetamorphose meist ohne größere Stoffverschiebungen ab. Allerdings muss man berücksichtigen, dass insbesondere H_2O-reiche Fluide, die bei Entwässerungs-Reaktionen freigesetzt wer-

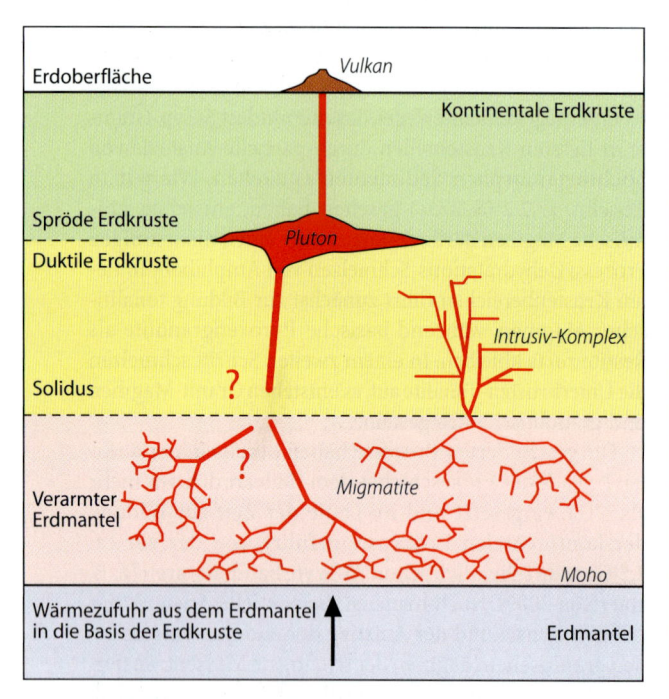

Abb. 26.30. Schematisches Profil durch die kontinentale Erdkruste: Bildung von Granit-Magmen durch partielle Anatexis in der unteren und Aufstieg der Magmen in die mittlere bis obere Erdkruste. Erläuterung im Text. (Nach Sawyer et al. 2011)

den, chemische Komponenten aus dem Gestein lösen und wegtransportieren können, so dass das Modell einer isochemischen Metamorphose nicht immer streng erfüllt ist. Bei Metasomatose-Prozessen besitzt H_2O als Transportmittel für weniger mobile Komponenten oder als Reaktionspartner eine große Bedeutung.

26.6.1
Kontaktmetasomatose

Bor-, Fluor- und Chlor-Metasomatose

Bei der Besprechung der periplutonischen Kontaktmetamorphose (Abschn. 26.2.1, S. 424ff) hatten wir bereits Beispiele von periplutonischer Kontaktmetasomatose beschrieben; daher werden sie an dieser Stelle nur kurz erwähnt. Das gilt auch für den Fall einer Bor- und einer Bor-Fluor-Metasomatose mit Bildung von Turmalin und Topas in Kontaktaureolen des westerzgebirgischen Granitmassivs. Hier und in zahlreichen anderen Vorkommen stammen die flüchtigen B- und F-Verbindungen aus den Restdifferentiaten eines Granitplutons. Bekannt sind insbesondere die intensiven Turmalinisierungszonen innerhalb mehrerer Granitanschnitte und deren Kontaktaureolen in Cornwall. Verdrängungsvorgänge haben hier und an anderen Orten mitunter zu monomineralischen Turmalinfelsen geführt. Turmalin und Topas verdrängen meist nicht nur den Hornfels, sondern auch randliche Teile des Granits selbst und dessen Ganggefolge, besonders Aplitgänge. Hieraus schließt man, dass die Metasomatose erst nach der Platznahme und Kristallisation des Plutons bei der periplutonischen Kontaktmetamorphose erfolgte.

Im Unterschied hierzu beobachtet man gelegentlich an den Kontakten von Gabbrokörpern den Einfluss einer *Chlor-Metasomatose*, die zur Bildung von Skapolith (S. 200), Chlorapatit und anderen Cl-haltigen Mineralen führt. Bekannt hierfür ist das Vorkommen von Bamble in Südnorwegen. Bei dem Skapolithisierungs-Prozess muss es gleichzeitig zu einer Na-Metasomatose gekommen sein.

Bildung von Skarnen und Skarnerz-Lagerstätten

Karbonatgesteine sind besonders reaktionsfähig. Unter dem Einfluss metasomatischer Stofftransporte, bei denen hauptsächlich Si, Al, Fe und Mg zugeführt werden, entstehen *Skarne* mit charakteristischen Ca-Mg-Fe-Mineralen wie Grossular-Andradit-Granat, Diopsid-Hedenbergit, Wollastonit, Tremolit-Aktinolith, Epidot, Vesuvian u. a. Dort, wo die Fluide auch Schwermetalle transportierten, führte metasomatischer Stoffaustausch zur Bildung von *Skarnerz-Lagerstätten*, in denen vorwiegend sulfidische oder oxidische Erzminerale, wie Pyrrhotin, Pyrit, Sphalerit, Galenit und Chalkopyrit sowie Magnetit und Hämatit in meist unregelmäßigen Verdrängungskörpern angereichert wurden (Abschn. 23.3.1, S. 351f). Daneben kam es andernorts zur Bildung hochhydrothermaler Imprägnationen mit Anreicherung von Wolframit, Molybdänit und Kassiterit. An Stelle von Wolframit tritt in kontaktmetasomatisch verdrängten Karbonatgesteinen naturgemäß das Ca-Wolframat Scheelit auf. Die wirtschaftlich wichtigsten Skarnlagerstätten sind in Tabelle 23.1 (S. 352) zusammengestellt. Ähnlichkeiten mit Skarnerz-Lagerstätten haben die polymetamorphen Sulfiderz-Lagerstätten des baltischen Schildes, die einst eine sehr große Bedeutung hatten, wie Falun in Mittelschweden und Boliden in Nordschweden.

Alkali-Metasomatose

Die Alkalimetasomatose mit Zufuhr von Na und K kann ein besonderes petrologisches Interesse beanspruchen. Vorzugsweise neigen Alkali- und Karbonatit-Magmen zu einem derartigen metasomatischen Stoffaustausch mit ihrer Umgebung.

Bekannt hierfür ist besonders der Fen-Distrikt in Südnorwegen, wo die mittelproterozoischen Granitgneise der Telemark-Serie vor ca. 580 Ma durch die Intrusion von Foidoliten, insbesondere Ijolithen (Abschn. 13.2.2, S. 234) und Nephelinsyeniten, von Karbonatiten und von ultramafischen Alkali-Lamprophyren in mehreren Stadien kontakt-metasomatisch umgewandelt wurden. Dabei entstanden Na-Pyroxene wie Ägirin und Ägirinaugit, Na-Amphibole wie Riebeckit, Magnesio-Arfvedsonit und (Ferro-)Richterit $Na_2Ca(Mg,Fe)_5[(OH,F)_2/Si_8O_{22}]$, Phlogopit, Stilpnomelan sowie Alkalifeldspäte, insbesondere Perthit mit variablem Na/K-Verhältnis und fast reiner Albit (Kresten und Morogan 1986; Andersen 1989). Brögger (1921), der diese Vorgänge erstmals untersucht hatte, bezeichnete das Endprodukt dieser Na-Metasomatose als Fenit und den Vorgang als *Fenitisierung*.

Durch hydrothermale Aktivität kam es im Fen-Gebiet zu bauwürdigen Konzentrationen von Hämatit im Karbonatit („Rödberg"). Von 1652 bis 1927 wurden fast 1 Mio. t Eisenerz mit durchschnittlich 50 % Fe, 0,45 % P und 1–2 % Mn gefördert. Wirtschaftlich interessant ist auch die Anreicherung von Nb, Y, Th und SEE mit den Mineralen Pyrochlor $(Ca,Na)_2Nb_2(O,OH,F)_7$, Columbit $(Fe,Mn)(Nb,Ta)_2O_6$, Monazit $Ce[PO_4]$, Synchisit $Ca(Y,Ce,La,Nd)[F/(CO_3)_2]$ und Parisit $Ca(Ce,La,Nd)_2[F_2/CO_3]_3$. Trotz beachtlicher Reserven wurde diese Vererzung nur in dem kurzen Zeitraum zwischen 1953 und 1965 auf Niob abgebaut, wobei die Gewinnung von zunächst 1,23 t auf zuletzt 2,73 t Nb_2O_5 anstieg.

Vorgänge der Fenitisierung sind auch von zahlreichen anderen Stellen beschrieben worden, besonders um Karbonatitkörper. Viele Gemeinsamkeiten mit dem Fen-Distrikt weist z. B. das klassische Vorkommen auf der Insel Alnö vor der schwedischen Ostsee-Küste auf.

Ein interessantes Beispiel für Fenitisierung ist das Natursteinvorkommen „Namibia Blue" bei Swartboiisdrif an der Nordgrenze Namibias, das sich derzeit im Abbau befindet. Hier wurden die Anorthosite des proterozoischen Kunene-Intrusiv-Komplexes durch Alkalireiche Lösungen, die von Karbonatiten abstammen, metasomatisch umgewandelt, wobei sich tiefblauer Sodalith neben Albit, Cancrinit $(Na,Ca,\square)_8[(CO_3,SO_4)_2/(AlSiO_4)_6] \cdot 2H_2O$, Muscovit, Biotit und zahlreichen seltenen Mineralen bildete (Drüppel et al. 2005).

Sanidinite sind pyrometamorph überprägte Glimmerschiefer und Phyllite, die unter dem Einfluss von Alkali-Magmen eine intensive Alkali-Metasomatose erfahren haben. Dabei kam es insbesondere zur Neubildung von Na-Sanidin, aber auch von Ägirin und Na-Amphibolen. Typusregion ist das pleistozäne Vulkangebiet des Laacher Sees in der Eifel, wo leuchtend weiß gefärbte Sanidinite als vulkanische Auswürflinge in Alkalibasalten und Foiditen sowie deren Tuffen auftreten.

Alkali-, speziell *K-Metasomatose*, beobachtet man gelegentlich auch im Kontaktbereich von Granit-Intrusionen oder in Einschlüssen im Granit (Abb. 26.31). Sie macht sich durch Bildung von Kalifeldspat-Porphyroblasten bemerkbar, die gegen den Granit hin an Größe und Menge zunehmen. Eine derartige Kalifeldspatisierung wurde auch an einem Granitmassiv des südlichen Schwarzwalds beschrieben. Umgekehrt werden Granitmassive oder metamorphe Gesteinskomplexe des kristallinen Grundgebirges von einer großräumigen *Natrium-Metasomatose* betroffen, bei der Na zu, K dagegen abgeführt wird. Dieser Vorgang führt zu einer vollständigen Verdrängung von Plagioklas und Kalifeldspat durch reinen Albit, häufig auch zur Auflösung von Quarz.

Im Khetri-Komplex (Rajasthan, NW-Indien) konnten Kaur et al. (2012) zeigen, dass die Albitisierung eines A-Typ-Granits durch Infiltration von hydrothermalen Fluiden erfolgte, wobei nacheinander zwei metasomatische Fronten durch den Granit wanderten, unter deren Einfluss zunächst Plagioklas, später Mikroklin durch Albit verdrängt wurde. Im Zusammenhang mit solchen Infiltrations-Metasomatosen entstehen oft wirtschaftliche wichtige U-, Sn-W- und Fe-Oxid-Cu-Au-(IOCG-)Lagerstätten (Abschn. 23.5.4, S. 365).

Als Prozess der *Na-Metasomatose* wurde die reichliche Neubildung von Albit gedeutet, die am Kontakt von Basalt-Lagergängen in angrenzenden Tonschiefern stattfinden kann, wobei allochemische Reaktionen vom Typ

$$KAl_2[(OH)_2/AlSi_3O_{10}] + 6SiO_2 + 3Na^+$$
Muscovit (Sericit)   Quarz   in Lösung

$$\rightarrow 3Na[AlSi_3O_8] + \{K^+ + 2H^+\} \quad (26.9)$$
Albit   in Lösung

ablaufen. Dabei entstehen zunächst fleckige *Spilosite*, bei stärkerer kontaktmetamorpher Veränderung hornfelsartig dichte und splittrig brechende *Adinole* oder gebänderte *Desmosite*. Als Na-Quelle wird das kristallisierende Basaltmagma angesehen, das allerdings meist keine auffallend hohen Na-Gehalte aufweist. Eine alternative Erklärung gibt Grünhagen (1980) für die Adinolbildung im nordöstlichen Sauerland (Rheinisches Schiefergebirge). Danach sind die Basaltgänge in diagenetisch nur schwach verfestigte Sedimente intrudiert, die noch einen hohen Anteil von NaCl-haltigem Porenwasser enthielten, das durch die Wärmezufuhr bei der Intrusion mobilisiert wurde. Dementsprechend wäre in diesem Falle die Albitisierung nicht durch eine *externe* Na-

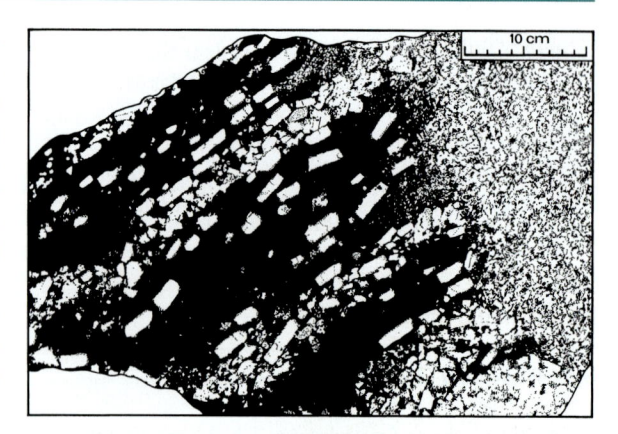

Abb. 26.31. Kalifeldspatblastese durch Kalizufuhr in einem Amphibolit-Einschluss im Granodiorit von Tittling im Bayerischen Wald. (Nach Mehnert 1971, mit freundlicher Genehmigung des Verlags Elsevier)

Metasomtose ausgelöst worden, sondern durch *internen* Stoffaustausch zwischen Sediment und Porenwasser.

Bildung von Smaragd- und Alexandrit-Lagerstätten in Blackwalls

Sehr deutliche, wenn auch in ihrem räumlichen Ausmaß recht begrenzte metasomatische Stoffwanderungen treten am Kontakt von Serpentiniten mit leukokraten Gesteinen, insbesondere mit Graniten, Pegmatiten oder Gneisen auf. Dabei entstehen nahezu monomineralische Reaktionszonen mit der Abfolge Serpentinit → Talkschiefer → Aktinolithschiefer → Chloritschiefer → Biotit- oder Phlogopitschiefer → Granit/Pegmatit/Gneis. Die auffällig dunklen Biotit- und Chloritsäume werden als *Blackwalls* bezeichnet. Treibende Kraft für diesen Vorgang ist die starke Differenz im chemischen Potential der beteiligten Komponenten, die bei ihrer Stoffwanderung eine unterschiedlich Reichweite erkennen lassen: Si > Ca > Al > K. Außerdem kann sich im Granit- bzw. Pegmatitgang der SiO_2-Entzug (Desilizierung) durch einen modalen Verlust an Quarz bis zum Auftreten von Korund bemerkbar machen.

Die Migration von mobilen Nebenelementen lässt innerhalb der Phlogopitzone Apatit und Turmalin entstehen. In einzelnen Fällen ist in den granitischen Stoffbeständen das seltene Element Beryllium so weit angereichert, dass farbloser Beryll und/oder Chrysoberyll kristallisieren können. Wanderung des mobilen Be in das ultrabasische Nebengestein kann dann zur Bildung der grün gefärbten Varietäten Smaragd und Alexandrit führen, wobei Chrom als färbendes Spurenelement aus dem Serpentinit stammt (Abb. 26.32). Dieses Zusammentreffen von zwei chemischen Elementen, die sonst nicht gemeinsam vorkommen, wurde erstmals von dem russischen Geochemiker Alexander Fersmann (1929) im berühmten Smaragd-Vorkommen der Tokowoja im Ural (Abb. 26.33) beschrieben und interpretiert. Vergleichbarer Entstehung ist die Smaragd-Alexandrit-Lagerstätte der Novello Claims (Simbabwe). Auch das Smaragd-Vorkommen im Habachtal (Hohe Tauern), das allerdings kaum schleifwürdige Steine, aber schöne Sammlerstufen liefert, weist eine typische Blackwall-Zonierung auf, wobei die Be-Träger keine Pegmatite, sondern Granat-Glimmerschiefer und Biotit-Albit-Gneise sind.

Abb. 26.32. Smaragd in Talkschiefer, Mingora, Pakistan. Bildbreite 3 cm. Mineralogisches Museum der Universität Würzburg. (Foto: K.-P. Kelber)

Abb. 26.33. Metasomatische Reaktionszonen (Blackwalls) zwischen Pegmatit-Gängen und Serpentinit. Profil durch die Smaragd-Lagerstätte Tokowoja im Ural. (Nach Fersmann 1929, umgezeichnet nach Schneiderhöhn 1961)

26.6.2
Autometasomatose

> Unter Autometasomatose verstehen wir alle stofflichen Umsetzungen innerhalb eines Magmatitkörpers im Anschluss an dessen Auskristallisation.

Dabei wirken Fluide unterschiedlicher Temperatur ein, die Restdifferentiate der magmatischen Kristallisation darstellen (vgl. Abschn. 22.1, 23.2). Bei niedrigeren Temperaturen (<100 °C) können autometasomatische Umwandlungen auch durch Thermalwässer erzeugt werden.

Kassiterit-Vererzungen sind hochhydrothermale Bildungen, die an die Dachregion von Granitplutonen gebunden sind. Die betreffenden Teile des Granits sind in Topas- oder Turmalingreisen umgewandelt worden (Abschn. 23.2.1, S. 347). Zur *niedriger temperierten* Autometasomatose mit hydrothermalen und thermalen Einwirkungen gehören Vorgänge der Propylitisierung, Sericitisierung und Kaolinisierung, die bei der Bildung von Porphyry Copper Ores (Abschn. 23.2.4, S. 349) eine wichtige Rolle spielen, ferner die Alunitisierung unter Bildung von Alunit $KAl_3[(OH)_6/(SO_4)_2]$, die Zeolithisierung, Karbonatisierungserscheinungen, Verkieselungen und die autometasomatischen Serpentinisierungs-Vorgänge.

Propylitisierung: Dieser autohydrothermale Vorgang ist vorzugsweise an die Dachbereiche von Graniten, Granodioriten und Tonaliten sowie an Andesit- und Dacit-Körper geknüpft; er findet unter H_2O-Überschuss statt. Die dunklen Gemengteile werden in Chlorit, Calcit und Epidot umgewandelt. Aus dem freiwerdenden Fe entsteht bei Anwesenheit eines S-haltigen Fluids Pyrit. Plagioklas wird in Epidot, Albit und Calcit überführt. Aus der glasigen oder hypokristallinen Grundmasse bilden sich Quarz und Albit. Der Umwandlungsvorgang verleiht dem propylitisierten Gestein eine typische hellgrüne Farbe.

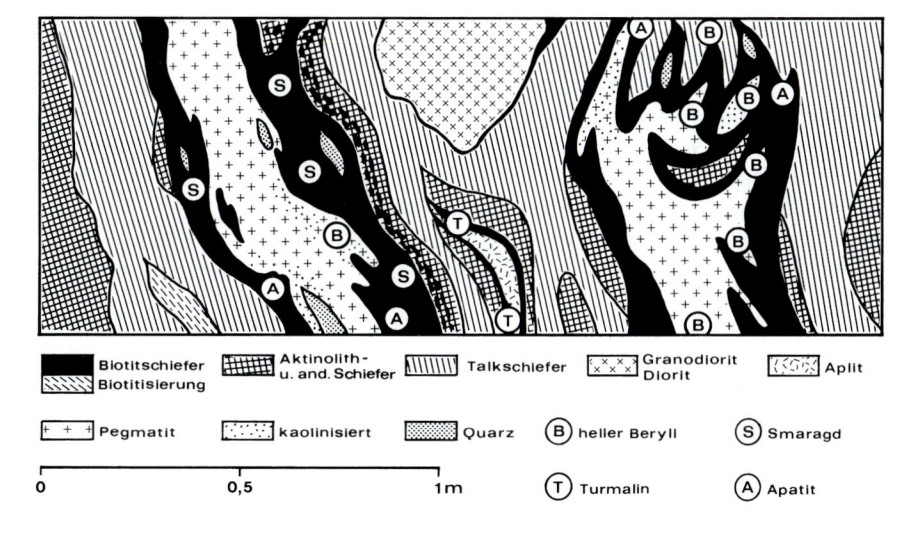

Meist besteht ein Zusammenhang mit Vererzungsvorgängen, so mit der Bildung von Porphyry Copper Ores oder von subvulkanischen Gold-Gold-Silber-Lagerstätten, z. B. im Karpatenbogen.

Kaolinisierung: Dieser autohydrothermale Prozess betrifft vorzugsweise Granite oder leukokrate Vulkanite. So sind z. B. mehrere Granitmassive oder Teile davon in Cornwall in hochwertige Kaolin-Lagerstätten umgewandelt. Von der Kaolinisierung sind im Wesentlichen die Feldspäte betroffen, z. B. nach der einfachen Reaktionsgleichung

$$4K[AlSi_3O_8] + 22H^+$$
Kalifeldspat   in Lösung

$$\rightarrow Al_4[(OH)_8/Si_4O_{10}] + \{4K^+ + 8Si^{4+} + 14(OH)^-\}$$
Kaolinit   in Lösung
(26.10)

Aus experimentellen Untersuchungen geht hervor, dass für die Kaolinisierung des Kalifeldspats ein hohes H^+/K^+-Verhältnis in der metasomatischen Lösung erforderlich ist, da sonst Muscovit entstehen würde.

26.6.3
Spilite als Produkte einer Natrium-Metasomatose

Spilit ist ein metasomatisch überprägter Basalt, in dem die Hauptgemengteile Plagioklas (An 50–60) in Albit und Augit in Chlorit umgewandelt sind. Häufige Mineralneubildungen sind ferner Calcit, Epidot, Prehnit, Aktinolith, Quarz oder Chalcedon sowie Akzessorien. Häufig enthalten die Kernpartien des Albits noch Reste von An-reichem Plagioklas, während Augit meist vollständig durch Chlorit und Calcit verdrängt ist. Spilit unterscheidet sich chemisch von Tholeiitbasalt durch viel höhere Na_2O-Gehalte und niedrigere Werte von CaO und MgO. Sehr viele (wenn auch nicht alle) Spilite und spilitisierten Basalte sind submarin ausgeflossen, wie man an der Anwesenheit von Pillow-Gefügen erkennen kann. Die einfachste Erklärung für Spilitisierungsvorgänge ist daher die Reaktion von Ozeanboden-Basalten mit dem NaCl-haltigen Meerwasser bei der Abkühlung der submarinen Lavaströme und/oder bei der Ozeanboden-Metamorphose (Vallance 1965). Bevorzugte Orte für diesen Prozess sind die mittelozeanischen Rücken, insbesondere in Bereichen mit submariner Hydrothermalaktivität (Black Smoker), aber auch vulkanische Inseln, Seamounts und ozeanische Flutbasalt-Plateaus. In der Tat wurden im Zuge der internationalen Deep Sea Drilling und Ocean Drilling Programme (DSDP, ODP) immer wieder Proben von ozeanischen Tholeiiten gewonnen, die mehr oder weniger stark spilitisiert waren. Auch als Bestandteil von Ophiolith-Komplexen treten häufig spilitisierte Pillow-Basalte zusammen mit unveränderten Basalten, Gabbros, Serpentiniten und Tiefee-Sedimenten auf.

Vorkommen von Spilit gibt es besonders in den Alpen und in Mittelböhmen. Im Lahn-Dill-Gebiet und im Harz sind die im Devon geförderten spilitisierten Pillowlaven mit Keratophyren und sog. Schalsteinen assoziiert, die während der Variscischen Gebirgsbildung deformiert und schwach metamorph überprägt wurden.

Keratophyre sind helle, spilitisierte Vulkanite und Subvulkanite mit hohen Feldspat-Gehalten, vor allem mit Albit (bis Oligoklas), aber auch mit Einsprenglingen von Alkalifeldspat; sie bestehen ferner aus Chlorit, Epidot, Calcit, Hämatit. Mit dem traditionellen Begriff „*Schalstein*" bezeichnet man spilitisierte und geschieferte vulkanische Tuffe.

Weiterführende Literatur

Ashworth JR (ed) (1985) Migmatites. Blackie, Glagow London
Ashworth JR, Brown M (eds) (1990) High-temperature metamorphism and crustal anatexis. Unwin Hyman, Boston Sydney Wellington
Barker AJ (1998) Introduction to metamorphic textures and microstructures, 2nd edn. Stanley Thornes, Cheltenham
Best MG (2003) Igneous and metamorphic petrology, 2nd edn. Blackwell, Malden (MA, USA) Oxford
Brown M, Korhonen FJ, Siddoway CS (2011) Organizing melt flow through the Crust. Elements 7:261–266
Bucher K, Frey M (2002) Petrogenesis of metamorphic rocks, 2nd edn. Springer-Verlag, Berlin Heidelberg New York
Clark C, Fitzsimmons ICW, Healy D, Harley SL (2011) How does the continental Crust really get hot? Elements 7:235–240
Collins GS, Melosh HJ, Osinski GR (2012) The impact-cratering process. Elements 8:25–30
Eisbacher GH (1996) Einführung in die Tektonik, 2. Aufl. Enke, Stuttgart
Ernst WG (1976) Petrologic phase equilibria. Freeman, San Francisco
Evans BW (2007) Metamorphic petrology. Landmark Paper Nr 3. Mineral Soc Great Britain and Ireland, London
Fettes D, Desmons J (eds) (2007) Metamorphic rocks: A classification and glossary of terms. Cambridge University Press, Cambridge/UK
French BM, Short NM (eds) (1968) Shock metamorphism of natural materials. Mono Book Corporation, Baltimore
Grapes R (2011) Pyrometamorphism, 2nd ed. Springer-Verlag, Heidelberg Dordrecht London New York
Hamblin WK (1991) Earth's dynamic systems, 6th edn. Macmillan, New York
Holness MB, Cesare B, Sawyer EW (2011) Melted rocks under the microscope: Microstructures and their interpretation. Elements 7:247–252
Jamieson RA, Unsworth MJ, Harris NBW, et al. (2011) Crustal melting and the flow of mountains. Elements 7:253–260
Karato S, Wenk H-R (eds) (2002) Plastic deformation of minerals and rocks. Rev Mineral Geochem 51
Kerrick DM, ed (1991) Contact metamorphism. Rev Mineral 26
Kornprobst J (2002) Metamorphic rocks and their geodynamic significance. Kluwer, Dordrecht
Langenhorst F, Deutsch A (2012) Shock metamorphism of minerals. Elements 8:31–36
Mehnert KR (1968, 1971) Migmatites and the origin of granitic rocks, 1st and 2nd edn. Elsevier, Amsterdam New York
Meschede M (1994) Methoden der Strukturgeologie. Enke, Stuttgart
Miyashiro A (1994) Metamorphic petrology. UCL Press, London
Passchier CW, Trouw RAJ (2005) Microtectonics, 2nd edn. Springer-Verlag, Berlin Heidelberg New York
Reimolds WU, Jourdan F (2012) Impact! – Bolides, craters, and catastrophes. Elements 8:19–24

Sawyer EW, Cesare B, Brown M (2011) When the continental crust melts. Elements 7:229-234

Spry A (1983) Metamorphic textures. Pergamon, Oxford

Stöffler D (1972) Deformation and transformation of rock-forming minerals by natural and experimental shock processes I. Behavior of minerals under shock compression. Fortschr Mineral 49:50-113

Turner FJ (1981) Metamorphic petrology, 2nd edn. Hemisphere, Washington New York London

Vernon RH (1976) Metamorphic processes – reactions and microstructure development. Allen & Unwin, London

White RW, Stevens G, Johnson EJ (2011) Is the crucible reproducible? Reconciling melting experiments with thermodynamic calculations. Elements 7:241-246

Winter JD (2001) An introductionn to igneous and metamorphic petrology. Prentice Hall, Upper Saddle River, New Jersey

Yardley BWD (1989) An introduction to metamorphic petrology. Longman, Harlow, Essex, UK

Yardley BWD, MacKenzie WS, Guilford C (1992) Atlas metamorpher Gesteine und ihrer Gefüge in Dünnschliffen. Enke, Stuttgart

Zitierte Literatur

Abu El-Enen, MM, Okrusch M, Will TM (2004) Contact metamorphism and metasomatism at a dolerite-limestone contact in the Gebel Yelleq area, Northern Sinai, Egypt. Mineral Petrol 81:135-164

Altherr R, Kreuzer H, Wendt I, et al. (1982) A Late Oligocene/Early Miocene high temperature belt in the Attic-Cycladic Crystalline Complex (SE Pelagonian, Greece). Geol Jahrb E23:97-164

Andersen T (1989) Carbonatite-related contact metasomatism in the Fen complex, Norway: Effects and petrogenetic implications. Mineral Mag 53:395-414

Barrow G (1893) On an intrusion of muscovite-biotite gneiss in the southern Highlands of Scotland, and its accompanying metamorphism. Quart J Geol Soc London 49:330-358

Barrow G (1912) On the geology of lower Dee-side and the southern Highland Border. Proc Geol Assoc 23:274-290

Becke F (1903) Über Mineralbestand und Struktur der kristallinen Schiefer. Denkschr Akad Wiss Wien 75:97 ff.

Bose K, Ganguly J (1995) Quartz-coesite transition revisited: Reversed experimental determination at 500-1 200 °C and retrieved thermodynamical properties. Am Mineral 80:231-238

Brögger WC (1921) Die Eruptivgesteine des Kristianiagebietes IV. Das Fengebiet in Telemark, Norwegen. Norsk Vidensk Selsk Skr I, Math Naturv kl No 9, Oslo

Chao ECT, Shoemaker EM, Madsen BM (1960) First natural occurrence of coesite. Science 133:882

Chatterjee ND (1974) Synthesis and upper thermal stability limit of 2M-margarite, $CaAl_2[Al_2Si_2O_{10}(OH)_2]$. Schweiz Mineral Petrogr Mitt 54:753-767

Chatterjee ND, Johannes W (1974) Thermal stability and standard thermodynamic properties of synthetic $2M_1$-muscovite, $KAl_2[AlSi_3O_{10}(OH)_2]$. Contrib Mineral Petrol 48:89-114

Coombs DS (1961) Some recent work on the lower grades of metamorphism. Australian J Sci 24:203-215

Dietrich RV, Mehnert KR (1961) Proposal for the nomenclature of migmatites and associated rocks. 21st Internat Geol Congr Norden, Copenhagen 1960, Proc 14:56-67

Drüppel K, Hoefs J, Okrusch M (2005) Fenitizing processes induced by ferrocarbonatite magmatism at Swartbooisdrif, NW Namibia. J Petrol 46:377-406

El Goresy, A, Gillet P, Chen M, et al. (2001a) In situ discovery of shock-induced graphite-diamond phase transition in gneisses from the Ries crater, Germany. Am Mineral 86:611-621

El Goresy A, Chen M, Gillet P, et al. (2001b) A natural shock-induced dense polymorph of rutile with α-PbO_2 structure in the suevite from the Ries Crater in Germany. Earth Planet Sci Letters 192:485-495

ElGoresy A, Chen M, Dubrovinsky L, et al. (2001c) An ultradense polymorph of rutile with seven-coordinated titanium fom the Ries Crater. Science 293:1467-1470

El Goresy A, Dubrovisnsky LS, Gillet P, et al. (2003) A novel cubic, transparent and superhard polymorph of carbon from the Ries and Popigai Craters: Implications to understanding dynamic-induced natural high-pressure phase transitions in the carbon system. Lunar Planet Sci 34 (CD-ROM)

Elliott DS (1973) Diffusion flow laws in metamorphic rocks. Geol Soc America Bull 84:2645-2664

Engelhardt W von (1960) Der Porenraum der Sedimente. Springer-Verlag, Berlin Göttingen Heidelberg

Engelhardt W von, Arndt J, Stöffler D, et al. (1967) Diaplektische Gläser in den Breccien des Ries von Nördlingen als Anzeichen der Stoßwellenmetamorphose. Contrib Mineral Petrol 15:93-107

Eskola P (1939) Die metamorphen Gesteine. In: Barth TFW, Correns CW, Eskola P (1939) Die Entstehung der Gesteine. Springer-Verlag, Berlin, 3. Teil, S 263-407 (Reprint 1970)

Feenstra A (1985) Metamorphism of bauxites on Naxos, Greece. Geologica Ultraiectina 39:1-206, Alblasserdam, Niederlande

Fersmann AE (1929) Geochemische Migration der Elemente. III. Smaragdgruben im Uralgebirge. Abhandl Prakt Geol Bergwirtschaftslehre 18:74-116

Frey M (ed) (1987) Low temperature metamorphism. Blackie, Glasgow

Gall H, Müller D, Stöffler D (1975) Verteilung, Eigenschaften und Entstehung der Auswurfsmassen des Impaktkraters Nördlinger Ries. Geol Rundschau 64:915-947

Gault DE, Quaide WL, Overbeck VR (1968) Impact cratering mechanics and structures. In: French u. Short (1968)

Gentner W, Lippolt HJ, Schaefer OA (1961) Das Kalium-Argon-Alter der Gläser des Nördlinger Rieses und der böhmisch-mährischen Tektite. Geochim Cosmochim Acta 27:191-200

Gillis KM, Thompson G (1993) Metabasalts from the Mid-Atlantic Ridge: New insights into hydrothermal systems in slow-spreading crust. Contrib Mineral Petrol 113:502-523

Grünhagen H (1980) Petrographie und Genese der Adinole an einem Diabaskontakt im nordöstlichen Sauerland. Neues Jahrb Mineral Abhandl 140:253-272

Haas H (1972) Diaspore-corundum equilibrium determined by epitaxis of diaspore on corundum. Am Mineral 57:1375-1385

Hamilton WB (1998) Archean magmatism and deformation were not products of plate tectonics. Precambr Res 91:143-179

Harker A (1932) Metamorphism. 2nd edn 1939, 3rd edn 1950, reprint 1974. Methuen, London

Harrassowitz H (1927) Anchimetamorphose, das Gebiet zwischen Oberflächen- und Tiefenumwandlung der Erdrinde. Oberhess Ges Natur- und Heilkunde Gießen, Naturwiss Abt Ber 12:9-15

Harrison TM (2009) The Hadean crust: Evidence from >4 Ga zircons. Annual Rev Earth Planet Sci 37:479-505

Holdaway MJ, Mukhopadhyay B (1993) A reevaluation of the stability relations of andalusite: Thermochemical data and phase diagram for the aluminum silicates. Am Mineral 78:298-315

Holland TJB (1980) The reaction albite = jadeite + quartz deter-mined experimentally in the range 600-1 200 °C. Am Mineral 65:129-134

Humphris SE, Thompson G (1978) Hydrothermal alteration of oceanic basalts by seawater. Geochim Cosmochim Acta 42:127-136

Jaeger JC (1957) The temperature in the neighborhood of a cooling intrusive sheet. Am J Sci 255:306-318

Jaeger JC (1959) Temperatures outside a cooling intrusive sheet. Am J Sci 257:44-54

Jansen JBH, Schuiling ED (1976) Metamorphism on Naxos: Petrology and geothermal gradients. Am J Sci 276:1225–1253

Johannes W (1988) What controls partial melting in migmatites? J Metam Geol 6:451–465

Johannes W, Holtz F (1996) Petrogenesis and experimental petrology of granitic rocks. Springer-Verlag, Heidelberg, Berlin New York

Jung, S, Mezger K (2001) Geochronology in migmatites – a Sm-Nd, U-Pb and Rb-Sr study from the Proterozoic Damara Belt (Namibia): implications for polyphase development of migmatites in high-grade terranes. J Metam Geol 19:77–97

Kaur P, Chaudhri N, Hofmann AW, Raczek I, et al. (2012) Two-stage, extreme albitization of A-type granites from Rajasthan, NW India. J Petrol 53:919–948

Kleber W, Bautsch H-J, Bohm J (1998) Einführung in die Kristallographie, 18. Aufl. Verlag Technik Berlin

Kresten P, Morogan V (1986) Fenitization at the Fen complex, southern Norway. Lithos 19:27–42

Kukla PA, Kukla C, Stanistreet IG, Okrusch M (1990) Unusual preservation of sedimentary structures in sillimanite-bearing metaturbidites of the Damara Orogen, Namibia. J Geol 98: 91–99

Kukla C, Kramm U, Kukla PA, Okrusch M (1991) U-Pb monazite data relating to metamorphism and granite intrusion in the northwestern Khomas Trough, Damara Orogen, central Namibia. Communs Geol Surv Namibia 7:49–54

Langenhorst F, Deutsch A (1998) Minerals in terrestrial impact structures and their characteristic features. In: Marfunin AS (ed) Mineral matter in space, mantle, ocean floor, biosphere, environ-mental management, and jewelry. Advanced Mineralogy vol 3: 95–119

Lippmann F (1977) Diagenese und beginnende Metamorphose bei Sedimenten. Bull Acad Serbe Sci Nat, T LVI, No 15

Melson WG, Andel TH van (1966) Metamorphism in the Mid-Atlantic Ridge, 22° N latitude. Marine Geol 4:165–186

Miyashiro A (1972) Metamorphism and related magmatism in plate tectonics. Am J Sci 272:629–656

Miyashiro A, Shido F, Ewing M (1970) Petrologic models for the Mid-Atlantic Ridge. Deep Sea Res 17:109–123

Miyashiro A, Shido F, Ewing M (1971) Metamorphism in the Mid-Atlantic Ridge near 24° and 30° N. Phil Trans Roy Soc London A268:589–603

Möller A, Appel P, Mezger K, Schenk V (1995) Evidence for a 2 Ga subduction zone: Eclogites in the Usagaran belt of Tanzania. Geology 23:1067–1070

Okrusch M, Bröcker M (1990) Eclogites associated with high-grade blueschists in the Cycladic archipelago, Greece: A review. Eur J Mineral 2:451–478

Phillips FM, Zreda MG, Smith SS, et al. (1991) Age and geomorphic history of Meteor Crater, Arizona, from cosmogenic ^{36}Cl and ^{14}C in rock varnish. Geochim Cosmochim Acta 55: 2695–2698

Read HH (1952) Metamorphism and migmatisation in the Ythan Valley, Aberdeenshire. Trans Edinburgh geol Soc 15:265–279

Reitz E (1987) Palynologie in metamorphen Serien: I. Silurische Sporen in einem granatführenden Glimmerschiefer des Vor-Spessart. Neues Jahrb Geol Paläont Monatsh 1987:699–704

Richardson SW (1968) Staurolite stability in a part of the system Fe–Al–Si–O–H. J Petrol 9:467–488

Robyr M, Vonlanthen P, Baumgartner LP, Grobety B (2007) Growth mechanism of snowball garnets from the Lukmanier Pass area (Central Alps, Switzerland): a combined µCT/EPMA/EBSD study. Terra Nova 19:240–244

Rosenberg CL, Handy MR (2005) Experimental deformation of partially melted granite revisited: Implications fort he continental crust. J Metam Geol 23:19–28

Rosenbusch H (1877) Die Steiger Schiefer und ihre Contactzone. Abhandl Geol Spezialkarte Elsass-Lothringen 1:80–393

Sander B (1950) Einführung in die Gefügekunde geologischer Körper, 2. Teil: Die Korngefüge. Springer-Verlag, Wien

Sawyer EW, Barnes S-J (1988) Temporal and compositional differences beteen subsolidus and anatectic migmatite leucosomes from the Quetico metasedimentary belt, Canada. J Metam Geol 6:437–450

Scharbert HG (1963) Zur Nomenklatur der Gesteine in Granulitfazies. Tschermaks Mineral Petrol Mitt (3)8:591–598

Scheumann KH (1961) „Granulit", eine petrographische Definition. Neues Jahrb Mineral Monatsh 1961:75–80

Schmitt RT, Lapke C, Kenkmann T, Stöffler D (2000) Impaktdiamanten aus dem Nördlinger Ries. Ber Deutsche Mineral Ges, Eur. J Mineral 12, Beih 1:187

Schmitt RT, Lapke C, Lingemann CM, et al. (2005) Distribution and origin of impact diamonds in the Ries crater, Germany. In Kenkmann T, Hörz F, Deutsch H (eds): Large meteorite impacts III. Geol Soc America Spec Paper 384: 299–314

Schneiderhöhn H (1961) Die Erzlagerstätten der Erde, Bd II. Die Pegmatite. Fischer, Stuttgart

Searle M, Hacker BR, Bilham R (2001) The Hindu Kush seismic zone as a paradigm for the creation of ultrahigh-pressure diamond- and coesite-bearing continental rocks. J Geol 109:143–153

Sederholm JJ (1907) Om granit och gneis deras uppkomst, uppträdande och utbredning inom urberget i Fennoskandia. Finland Comm Géol Bull 23, 110 pp

Seidel E, Kreuzer H, Harre W (1982) A late Oligocene/early Miocene high pressure belt in the external Hellenides. Geol Jahrb E23:165–206

Spear FS, Cheney IT (1989) A petrogenetic grid for pelitic schists in the system SiO_2–Al_2O_3–FeO–MgO–K_2O–H_2O. Contrib Mineral Petrol 101:149–164

Storre B, Karotke E (1972) Experimental data on melting reactions of muscovite in the system K_2O–Al_2O_3–SiO_2–H_2O to 20 Kb water pressure. Contrib Mineral Petrol 36:343–345

Tilley CE (1925) Metamorphic zones in the southern Highlands of Scotland. Quart J Geol Soc London 81:100–112

Turcotte DL, Oxburgh ER (1972) Mantle convection and the new global tectonics. Ann Rev Fluid Mech 4:33–68

Utada M (2001) Zeolites in hydrothermally altered rocks. In: Bish DL, Ming DW (eds) Natural zeolites: Occurrence, properties, applications. Rev Mineral Geochem 45:305–322

Vallance TG (1965) On the chemistry of pillow lavas and the origin of spilites. Mineral Mag 34:471–481

Voll G, Töpel J, Pattison DRM, Seifert F, eds (1991) Equilibrium and kinetics in contact metamorphism: The Ballachulish Igneous Complex and its aureole. Springer-Verlag, Berlin Heidelberg New York Tokio

Wenk E (1963) Zur Definition von Schiefer und Gneis. Neues Jahrb Mineral Monatsh 1963:97–107

Werner E (1904) Das Ries in der schwäbisch-fränkischen Alb. Bl Schwäb Albver 16/5, Tübingen

Winkler HGF (1979) Petrogenesis of metamorphic rocks, 5th edn, Springer-Verlag, Berlin Heidelberg New York

Phasengleichgewichte und Mineralreaktionen in metamorphen Gesteinen

27.1
Gleichgewichtsbeziehungen in metamorphen Gesteinen

27.2
Metamorphe Mineralreaktionen

27.3
Geothermometrie und Geobarometrie

27.4
Druck-Temperatur-Entwicklung metamorpher Komplexe

Wie wir im vorausgehenden Kapitel gezeigt hatten, führt die Gesteinsmetamorphose zu tiefgreifenden Veränderungen im Gefüge und im Mineralbestand von Gesteinen. Durch prograde und retrograde Mineralreaktionen entstehen neue Mineralgesellschaften, die eine schrittweise Anpassung an die sich verändernden P-T-Bedingungen dokumentieren. Dabei kann – zumindest beim Höhepunkt der Metamorphose – ein thermodynamisches Gleichgewicht erreicht oder annähernd erreicht werden, so dass man von *Gleichgewichtsparagenesen* sprechen kann. Im folgenden Kapitel wollen wir wichtige Mineralreaktionen und die dabei entstehenden Paragenesen näher kennenlernen. Darüber hinaus sollen die Methoden diskutiert werden, mit denen man die Stabilitätsbedingungen metamorpher Paragenesen quantitativ abschätzen kann.

27.1
Gleichgewichtsbeziehungen in metamorphen Gesteinen

27.1.1
Feststellung des thermodynamischen Gleichgewichts

Metamorphe Gesteine sind Produkte einer komplizierten Entwicklung, auf der ein prograder und ein retrograder *P-T*-Pfad durchlaufen wurde. Als Folge davon kann man in den meisten metamorphen Gesteinen unter dem Mikroskop vielfältige Ungleichgewichtsgefüge erkennen, die sich als Ergebnis prograder oder retrograder Reaktionsschritte interpretieren lassen:

- *Zonarbau bei Mischkristallen*, z. B. bei Granat, Amphibolen, Plagioklas oder Epidot, bildet den prograden oder retrograden *P-T*-Pfad ab, kann aber auch durch Elementfraktionierungen bedingt sein, z. B. durch bevorzugten Einbau von Mn im Granat. Da Granat optisch isotrop ist, kann sein Zonarbau oft nur durch Analysen mit der Elektronenstrahlmikrosonde (EMS) erkannt werden.
- *Mineralrelikte* von magmatischen oder sedimentären Ausgangsgesteinen, von älteren Metamorphose-Ereignissen oder des prograden *P-T*-Pfades können metastabil erhalten sein, meist in Form von Einschlüssen in Porphyroblasten.
- *Reaktionsgefüge* zwischen zwei oder mehreren Mineralarten, oft in Form von Symplektiten oder Reaktionskoronen, weisen meist auf den retrograden *P-T*-Pfad hin (Abb. 27.1).

Ein klarer Hinweis für Ungleichgewichte ist das Nebeneinanderauftreten von inkompatiblen (unverträglichen) Mineralphasen wie z. B. Quarz neben Forsterit, Quarz neben Korund oder Graphit neben Hämatit. Die jeweilige Inkompatibilität dieser Mineralpaare wurde experimentell bestätigt.

Demgegenüber lässt sich die Frage, ob im Zuge dieser Entwicklung irgendwann einmal ein thermodynamisches Gleichgewicht eingestellt wurde, – streng genommen – nicht eindeutig beantworten. Wichtigstes Kriterium für eine Gleichgewichtseinstellung sind gemeinsame Kornkontakte zwischen koexistierenden Mineralen, die dann eine *Berührungs-Paragenese* bilden. So kann z. B. die Mineralkombination Staurolith + Granat + Biotit + Muscovit + Plagioklas + Quarz in einem Metapelit nur dann als Gleichgewichtsparagenese angesprochen werden, wenn man durch sorgfältige mikroskopische Untersuchungen sichergestellt hat, dass sich alle diese Minerale gegenseitig berühren. Nur dann ist die Annahme gerechtfertigt, dass beim Höhepunkt eines Metamorphoseprozesses Gleichgewichtsbedingungen (nahezu) erreicht wurden. Die Chancen hierfür sind umso größer, je höher die Drücke und besonders die Temperaturen bei der Metamorphose waren und je größer der Zeitraum war, der dafür zur Verfügung stand. Darüber hinaus begünstigen auch Deformationsprozesse, die die Zahl der Kornkontakte erhöhen und Wege für einen erhöhten Fuidfluss öffnen, die Einstellung von Mineralgleichgewichten.

Ein weiteres wichtiges Kriterium für Gleichgewichtseinstellung ist die Gültigkeit der Gibbs'schen Phasenregel (Kap. 18). Ihre Anwendung auf metamorphe Gesteine ist unverzichtbar, jedoch nicht in allen Fällen trivial (z. B. Seifert 1978).

27.1.2
Die Gibbs'sche Phasenregel

Bei seiner Untersuchung über die Hornfelse im Oslo-Gebiet (Südnorwegen) hatte V. M. Goldschmidt (1911) zuerst erkannt, dass eine Beziehung zwischen dem Chemismus und dem Mineralbestand dieser metamorphen Gesteine besteht. Er folgerte, dass ein thermodynamisches Gleichgewicht erreicht sein müsse, so dass die Gibbs'sche Phasenregel angewendet werden kann. Diese legt fest, wie viele Mineralphasen bei einem gegebenen Gesteins-Chemismus maximal in einem metamorphen (oder magmatischen) Gestein nebeneinander im Gleichgewicht auftreten können. Dabei gelten folgende Definitionen (Abschn. 18.1, S. 282):

> Als *Phasen* (*Ph*) bezeichnet man die Teile eines Systems, z. B. eines Gesteins, die sich physikalisch unterscheiden lassen. Ein metamorphes Gestein besteht aus einer oder mehreren kristallinen Phasen (Minerale), die bei ihrer Bildung fast immer im Gleichgewicht mit einer fluiden Phase gestanden haben; in Migmatiten war zusätzlich eine Schmelzphase vorhanden.

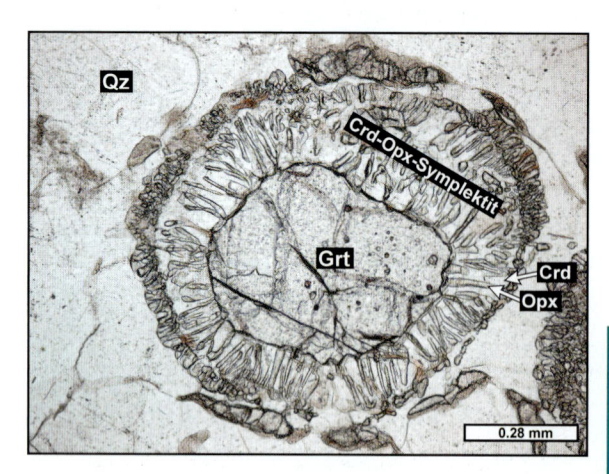

Abb. 27.1. Reaktionskorona von Cordierit (*Crd*) + Orthopyroxen (*Opx*) um Granat (*Grt*) entsprechend der Reaktion Granat + Quarz (*Qz*) ⇌ Cordierit + Orthopyroxen. Basischer Granulit, Epupa-Komplex, Namibia (Maßstab auf Bild). 1 Nic. (Foto: Sönke Brandt)

Als *Komponenten* (C) eines Systems bezeichnet man die Mindestzahl der selbständigen chemischen Bestandteile, die zum Aufbau der Phasen erforderlich sind.

Die *Freiheitsgrade* (F) oder Varianz eines Systems sind durch die Zahl der Zustandsvariablen gegeben, die den Zustand eines Systems verändern können. Diese sind in erster Linie Druck (P) und Temperatur (T).

Berücksicht man nur P und T als Zustandsvariable, so gilt die Gibbs'sche Phasenregel in der Form:

$$F = C - Ph + 2 \qquad [27.1a]$$

Die Gibbs'sche Phasenregel gilt für ein bestimmtes *System*, d. h. für einen endlichen Bereich, der für die Betrachtung ausgewählt wird, z. B. für den Inhalt eines Platintiegels, für einen Dünnschliff, für ein Handstück oder für einen Granit-Pluton. Nehmen wir z. B. eine Linse von Silikat-Marmor in einem Gneis, so können wir als System den Marmor + den umgebenden Gneis, den Marmor allein, nur einen Teil davon oder als *idealisiertes System* die Paragenese Calcit + Phlogopit + Forsterit, die im Silikat-Marmor vorkommt, auswählen. In einem *offenen System* können Energie und Masse mit der Umgebung ausgetauscht werden. Durch Stoffzufuhr und -abfuhr chemischer Komponenten verändert sich die Pauschalzusammensetzung des Systems: Metasomatose (Abschn. 26.6, S. 456ff). Bei der Reaktion der Marmorlinse mit dem umgebenden Gneis würde die Linse zum offenen Sytem. Ein *geschlossenes System* tauscht zwar Energie mit seiner Umgebung aus, aber ein Massentransport findet nicht statt, z. B. bei einer isochemichen Metamorphose.

Wir wollen die Anwendung der Gibbs'schen Phasenregel an Hand des Einstoffsystems Al_2SiO_5 erläutern, in dem also die Zahl der Komponenten $C = 1$ ist. Insgesamt drei Phasen gibt es, nämlich die Al_2SiO_5-Polymorphen Kyanit, Andalusit und Sillimanit (Abb. 27.2). Sie besitzen ausgedehnte Stabilitätsfelder, in denen sie nur allein auftreten.

Diese Felder sind divariant, denn es gilt: $F = 1 - 1 + 2 = 2$, d. h. die Zahl der Freiheitsgrade ist 2. P und T lassen sich also beliebig variieren, ohne dass sich etwas am Zustand des Systems ändert.

Demgegenüber sind die Gleichgewichtskurven, an denen jeweils zwei Al_2SiO_5-Polymorphen miteinander koexistieren, univariant, da $F = 1 - 2 + 2 = 1$ ist. Daher kann man entweder nur T oder P beliebig variieren, ohne den Zustand des Systems zu stören. Wenn man z. B. bei der Reaktion Andalusit ⇌ Sillimanit die Gleichgewichtstemperatur erhöht, muss sich zwangsläufig der Gleichgewichtsdruck erniedrigen; wenn man bei T-Steigerung gleichzeitig P erhöht oder konstant hält, wird Andalusit instabil und man kommt in das divariante Stabilitätsfeld von Sillimanit.

Der Tripelpunkt, an dem alle drei Al_2SiO_5-Polymorphen miteinander koexistieren, ist invariant; denn es gilt $F = 1 - 3 + 2 = 0$; dementsprechend sind die beiden Zustandsvariablen P und T fixiert; sonst wird der Zustand des Systems verändert.

Analoge Überlegungen gelten für Mehrstoffsysteme, in denen nach der Phasenregel eine entsprechend größere Zahl von Mineralphasen miteinander im Gleichgewicht stehen können. Da die meisten metamorphen Mineralparagenesen über ein größeres P-T-Intervall hinweg stabil sind, sollte stets $F = 2$ sein, so dass divariante Gleichgewichte mit $Ph = C$ die Regel wären. Das ist die „Mineralogische Phasenregel" von V. M. Goldschmidt. Im Dreistoffsystem CaO-MgO-SiO_2 z. B. sind bei unterschiedlichem Verhältnis der Komponenten und unterschiedlichen P-T-Bedingungen die folgenden sechs Mineralphasen möglich: Enstatit, Wollastonit, Diopsid, Forsterit, Periklas (MgO) und Quarz. Nach der Phasenregel können in einem System mit $C = 3$ höchstens jeweils $Ph = 3$ Minerale im thermodynamischen Gleichgewicht stabil nebeneinander auftreten: En–Wo–Qz oder En–Di–Qz oder Di–Fo–Per.

Ganz allgemein existieren in einem n-Komponenten-System $n + 2$ divariante P-T-Bereiche, in denen n Phasen miteinander koexistieren. Diese Felder werden durch $n + 2$ univariante Gleichgewichtskurven voneinander getrennt, an denen $n + 1$ Phasen miteinander im Reaktionsgleichgewicht stehen. Die Gleichgewichtskurven treffen sich in einem invarianten Punkt, wo die Zahl der koexistierenden Phasen mit $n + 2$ am größten ist. Die relative räumliche Anordnung der Gleichgewichtskurven um den invarianten Punkt lässt sich mit der wichtigen Methode konstruieren, die 1915–1925 von F. A. H. Schreinemakers entwickelt und von Zen (1966) zusammenfassend dargestellt wurde. Ihre Beschreibung würde den Rahmen dieses Lehrbuchs sprengen, so dass auf spezielle Lehrbücher der Metamorphoselehre verwiesen werden muss (z. B. Yardley 1989; Will 1998).

In der Realität gibt es zahlreiche Ausnahmen von der „Mineralogischen Phasenregel", d. h. es treten mehr Pha-

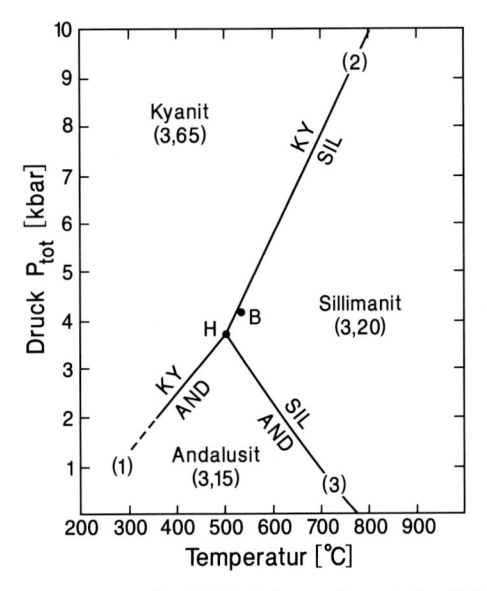

Abb. 27.2. Das System der Al_2SiO_5-Polymorphen mit den Gleichgewichtskurven (*1*) Kyanit ⇌ Andalusit, (*2*) Kyanit ⇌ Sillimanit und (*3*) Andalusit ⇌ Sillimanit nach Holdaway u. Mukhopadhyay (1993) mit Angaben der Dichten in g/cm³; *H* Tripelpunkt; *B* Tripelpunkt nach Bohlen et al. (1991)

sen auf, als nach der Zahl der gewählten unabhängigen Komponenten zu erwarten wären. So enthalten viele Metapelite mehr als zwei oder sogar drei Al_2SiO_5-Polymorphen nebeneinander, wie wir das am Beispiel des Kristallins von Naxos (Abschn. 26.2.5, S. 432ff) gezeigt haben. Die tatsächliche oder scheinbare Verletzung der Phasenregel kann mehrere Gründe haben, wie wir am Beispiel von Abb. 27.2 erläutern wollen:

- Bei der prograden oder retrograden Neubildung von Sillimanit bleiben Kyanit oder Andalusit im Stabilitätsfeld von Sillimanit metastabil erhalten (s. unten); es liegt also Ungleichgewicht vor.
- Das Gestein repräsentiert tatsächlich P-T-Bedingungen, die genau auf einer univarianten Gleichgewichtskurve oder sogar einem invarianten Punkt liegen. Die Koexistenz von zwei bzw. drei Al_2SiO_5-Phasen entspricht also tatsächlich einem univarianten bzw. invarianten Gleichgewicht.

Leider ist es in vielen Fällen nicht möglich, zwischen diesen beiden Alternativen zu unterscheiden. Wir werden jedoch später Beispiele kennenlernen, bei denen in metamorphen Gesteinen tatsächlich univariante Gleichgewichte eingefroren wurden.

Zu einer scheinbaren Verletzung der Phasenregel kommt es auch, wenn die Zahl der unabhängigen chemischen Komponenten zu niedrig angesetzt wurde. So enthalten die Al_2SiO_5-Polymorphen stets etwas Fe_2O_3, das bevorzugt in Andalusit eingebaut wird. Somit erhöht sich C um 1, und es können über einen begrenzten P-T-Bereich Fe-reicherer Andalusit und Fe-ärmerer Sillimanit im divarianten Gleichgewicht miteinander koexistieren: $F = (1 + 1) - 2 + 2 = 2$. Auch sonst ist es oft schwierig zu entscheiden, ob chemische Komponenten, die sich in Mischkristallen gegenseitig diadoch vertreten, als zwei gesonderte oder als eine Komponente aufgefasst werden sollen, z. B. als MgO und FeO oder als (Mg,Fe)O.

Andererseits ist in metamorphen Gesteinen, z. B. bei Metabasiten oder Metapeliten die Zahl der beteiligten Phasen oft kleiner als die Zahl der Komponenten. Dadurch wird die Phasenregel selbstverständlich nicht verletzt; es erhöht sich lediglich die Varianz. Wenn z. B. in einem Zweistoff-System in einem bestimmten P-T-Feld nur eine Phase vorhanden ist, so gilt $F = 2 - 1 + 2 = 3$. Das Feld ist also trivariant und es kann eine weitere Variable berücksichtigt werden, z. B. die FeO/MgO-Verhältnisse der beteiligten Minerale. In solchen Fällen kann es schwierig sein, Kriterien für evtl. bestehende Mineralungleichgewichte aus der Phasenregel abzuleiten.

Bislang waren wir von der vereinfachenden Annahme ausgegangen, dass der Belastungsdruck P_l gleich dem Druck der fluiden Phase, dem Fluiddruck P_{fl} sei. Das ist jedoch – wie wir in Abschn. 26.1.4 (S. 421f) gesehen hatten – durchaus nicht immer der Fall. Gerade unter den P-T-Bedingungen der hochgradigen Metamorphose, unter denen z. B. Granulite entstehen, gilt häufig $P_{fl} < P_l$. In diesem Falle müssen also zwei Druckparameter als Zustandsvariable berücksichtigt werden, und die Gibbs'sche Phasenregel erhält die Form

$$F = C - Ph + 3 \qquad [27.1b]$$

In vielen Fällen setzt sich die fluide Phase aus unterschiedlichen Spezies zusammen, die unterschiedliche Partialdrücke oder genauer Fugazitäten (S. 423) aufweisen, wie f_{H_2O}, f_{CO_2}, f_{O_2} u. a. Diese stellen ebenfalls Zustandsvariablen dar, die den Zustand eines Systems entscheidend beeinflussen können. Damit würde sich die Zahl der Freiheitsgrade entsprechend erhöhen. Andererseits stellen H_2O und CO_2 Komponenten im Sinne der Phasenregel dar, da sie als (OH)-Gruppe in viele Silikatminerale eingebaut werden bzw. Karbonatminerale bilden. Fügen wir z. B. dem oben angeführten Dreistoffsystem CaO–MgO–SiO_2 als weitere Komponente CO_2 hinzu, so können in den divarianten Feldern Calcit, Magnesit oder Dolomit als eine weitere Mineralphase zu den vorhandenen Silikat-Mineralen hinzutreten und z. B. die Paragenese En–Wo–Qz–Cal bilden. Ist in diesem Falle $P_l > P_{fl} = P(CO_2)$, so würde die Phasenregel in der Form von Gleichung [27.1b] gelten.

27.1.3
Die freie Enthalpie: Stabile und metastabile Niveaus

Der thermodynamische Gleichgewichtszustand, in dem sich ein Mineral oder eine Mineralparagenese befindet, kann durch die freie Enthalpie (G) (engl. Gibbs' free energy) quantitativ beschrieben werden. Es handelt sich

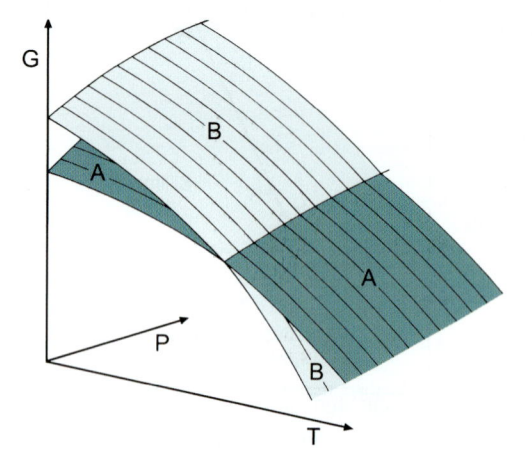

Abb. 27.3. Potentialflächen zweier polymorpher Phasen A und B im G-P-T-Raum. Die Phase mit der jeweils niedrigeren freien Enthalpie G ist die stabilere. Die Projektion der Schnittlinie auf die P-T-Fläche ergibt eine univariante Gleichgewichtskurve. (Nach Seifert 1978)

um eine grundlegende Zustandsfunktion, deren Ableitung den Rahmen dieses Lehrbuchs überschreiten würde; es sei hier auf einschlägige Lehrbücher verwiesen (z. B. Will 1998). Jedes System strebt einem Zustand minimaler freier Enthalpie zu. In einem Einstoffsystem wird also stets die polymorphe Phase thermodynamisch stabil sein, die unter der gewählten Kombination von Zustandsvariablen den geringsten Wert von G aufweist; in einem Mehrstoffsystem ist es jeweils die Phasenkombination mit dem geringsten G.

Wir beschränken uns auf ein Einstoffsystem mit den Phasen A, B und C und die Zustandsvariablen P und T. Im G-P-T-Raum ist jeder Phase, z. B. A und B in Abb. 27.3, eine Potentialfläche zugeordnet (Seifert 1978). Da diese Flächen stetig sind, schneiden sie sich in einer Schnittlinie, entlang der $G_A = G_B$ ist: Es herrscht ein univariantes thermodynamisches Gleichgewicht. Im linken Teil des Diagramms ist A die stabilere Phase, im rechten Teil die Phase B. Das sagt aber noch nichts über die absolute Stabilität von A und B aus; denn die Potentialfläche der Phase C könnte noch niedriger liegen. Die Projektion der Schnittlinie auf die P-T-Ebene erzeugt eine univariante Gleichgewichtskurve, an der A und B miteinander koexistieren. Diese trennt zwei divariante Bereiche, in denen jeweils A (*links*) und B (*rechts*) die stabile Phase darstellen. Schneidet sich die Potentialfläche der dritten Phase C mit den bereits vorhandenen, entstehen als Schnittlinien zwei weitere univariante Gleichgewichtskurven. Schließlich ergibt sich für alle drei Flächen ein gemeinsamer Schnittpunkt, in dem $G_A = G_B = G_C$ ist und ab dem alle drei Phasen miteinander im Gleichgewicht koexistieren; das System ist also an dieser Stelle invariant.

Wir wollen die Verhältnisse am Beispiel des Einstoffsystems Al_2SiO_5 näher erläutern (Seifert 1978).

In Abb. 27.4b ist die T-Abhängigkeit von G bei einem konstanten Druck dargestellt, z. B. P_3 in Abb. 27.4a. Die einzelnen Stabilitätsniveaus überschneiden sich an Punkten stabilen oder metastabilen Gleichgewichts. Bei $P_3 =$ const und relativ niedriger Temperatur ist Kyanit die stabilste Phase, bei höherer Temperatur Andalusit und bei der höchsten Temperatur Sillimanit. Die seit langem bekannte Ostwald'sche Stufenregel sagt aus, dass ein hochgradig metastabiler Zustand meist nicht direkt in den stabilen Zustand übergeht. Es werden vielmehr zunächst Phasen gebildet, die einem mittleren Stabilitätsniveau entsprechen. So bildet sich bei niedrigerer Temperatur aus dem am wenigsten stabilen Sillimanit nicht direkt der stabile Kyanit, sondern zunächst metastabiler Andalusit. Umgekehrt wandelt sich bei hoher Temperatur Kyanit nicht direkt in den stabilen Sillimanit um, sondern über das Zwischenstadium der Andalusit-Bildung. Bei mittlerer Temperatur wird stabiler Andalusit auf dem Weg Sillimanit → Kyanit → Andalusit oder Kyanit → Sillimanit → Andalusit gebildet. Entsprechende Abfolgen können analog für die Druckniveaus P_1, P_2 und P_4 abgeleitet werden (Abb. 27.4c–e).

In natürlichen Gesteinen kann die Ostwald'sche Stufenregel Verletzungen der Phasenregel erklären. So bleibt in Metapeliten Andalusit häufig metastabil erhalten, obwohl das Stabilitätsfeld von Sillimanit bereits erreicht wurde. Dabei entsteht in vielen Fällen Sillimanit nicht direkt aus Andalusit, sondern über komplexe Reaktionen aus Hellglimmern, wobei nadelig ausgebildeter Sillimanit (Fibrolith) epitaktisch auf Biotit-Blättchen aufwächst.

Bei der Bestimmung von Gleichgewichtskurven durch Hochdruck-Hochtemperatur-Experimente mit Hydrothermal-Autoklaven oder Hochdruckpressen muss die Ostwald'sche Stufenregel unbedingt beachtet werden. Verwendet man nämlich hochreaktive Ausgangsmaterialien wie Gläser, Gele oder sehr feingepulverte Substanzen, die einem sehr hohen Stabilitätsniveau (hohes G) entsprechen, so kommt es leicht zur metastabilen Bildung einer Phase, z. B. von Andalusit anstelle von Sillimanit. Will man aus einer hochreaktiven Ausgangssubstanz Sillimanit kristallisieren,

Abb. 27.4.
G-T-Schnitte durch das Einstoff-System Al_2SiO_5 bei unterschiedlichen Drücken. **a** P-T-Diagramm mit vier Drücken P_1 bis P_4. **b** G-T-Diagramm für den Druck P_3. *fett*: Kyanit, *dünn*: Andalusit, *farbig*: Sillimanit; das niedrigste Stabilitätsniveau ist mit *ausgezogenen Linien* dargestellt, das mittlere *gestrichelt*, das höchste *punktiert*. Die *Pfeile* deuten mögliche stabile und metastabile Reaktions-Fortschritte an. **c–e** G-T-Diagramme für die Drücke P_1, P_2 und P_4. (Nach Seifert 1978)

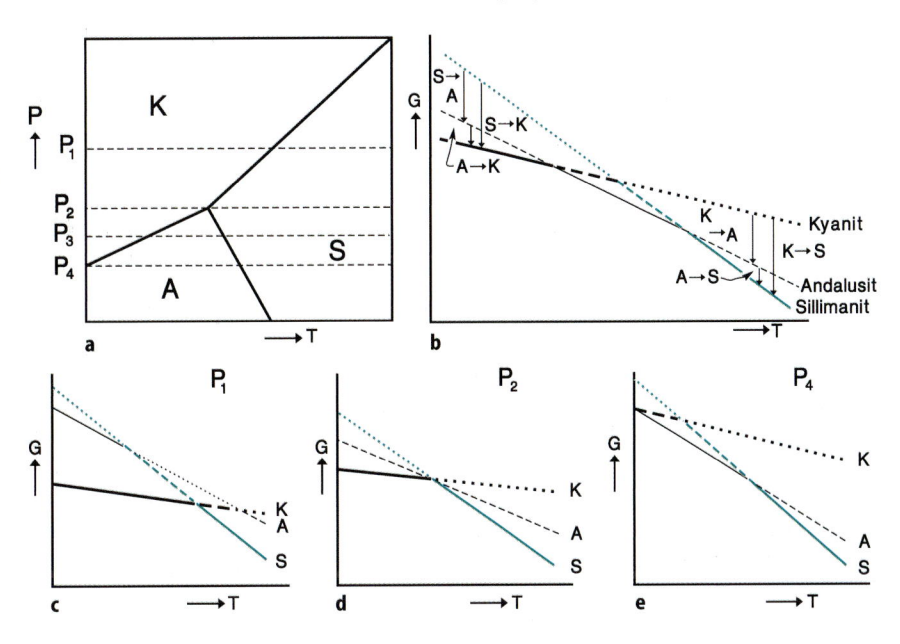

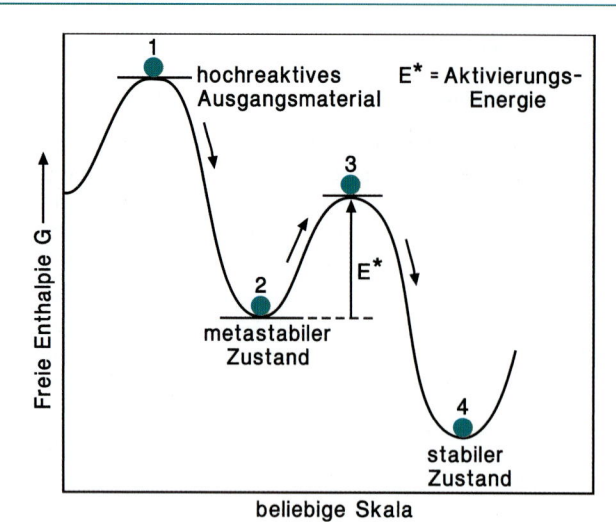

Abb. 27.5. Veranschaulichung unterschiedlicher Niveaus der freien Enthalpie G für einen instabilen, metastabilen und stabilen Zustand. Die Kugel fällt vom höchsten G-Niveau (*1*) in den Potentialtrog des metastabilen G-Niveaus (*2*). Um den Potentialtrog des stabilen Niveaus (*4*) zu erreichen, muss zunächst der Potentialberg (*3*) überwunden werden; dafür muss man eine Aktivierungsenergie E^* aufwenden. Bei der Synthese von Sillimanit aus einer hochreaktiven Substanz (*1*) wird zunächst metastabiler Andalusit (*2*) gebildet, dessen Umwandlung in stabilen Sillimanit (*4*) die Überwindung des Potentialberges (*3*), d. h. eine Aktivierungsenergie erfordert. (In Anlehnung an Ernst 1976)

so fällt das System von einem sehr hohen G-Niveau leicht in das zu hohe metastabile G-Nivau vom Andalusit, einem Potentialtrog, der vom tiefsten Potentialtrog, dem G-Niveau von Sillimanit durch einen Berg getrennt wird (Abb. 27.5) Die Umwandlung metastabiler Andalusit → stabiler Sillimanit erfordert daher eine zusätzliche Aktivierungsenergie E^*.

Die Nichbeachtung dieser Tatsache hat in den frühen Experimenten der 1950er und 1960er Jahre zu irrtümlichen Ergebnissen geführt. Deswegen setzt man heute zur Bestimmung einer univarianten Gleichgewichtskurve – anstelle von hochreaktiven Ausgangs-Substanzen – alle Mineralphasen ein, die an der Reaktion beteiligt sind. Durch Röntgen-Pulverdiffraktometrie stellt man fest, welche Minerale im Experiment zu- und welche abgenommen haben, auf welcher Seite der Gleichgewichtskurve (Abschn. 27.2) man sich demnach befindet.

27.2
Metamorphe Mineralreaktionen

Experimentell bestimmte Mineralreaktionen haben in den letzten Jahrzehnten einen entscheidenden Beitrag zur Klärung der Bildungsbedingungen metamorpher Gesteine geliefert. Trotzdem muss man sich im Klaren darüber sein, dass derartige Reaktionen gewöhnlich nur vereinfachte Versionen von viel komplexeren Vorgängen bei der Gesteinsmetamorphose darstellen. Grundsätzlich werden metamorphe Reaktionen so formuliert, dass die Hochtemperaturparagenese rechts steht.

27.2.1
Polymorphe Umwandlungen und Reaktionen ohne Freisetzung einer fluiden Phase

Bei diesen Reaktionen sind leichtflüchtige Komponenten wie H_2O oder CO_2 nicht beteiligt. Daher bleiben Änderungen im Fluid-Druck bzw. im P_l/P_{fl}-Verhältnis ohne Einfluss auf die Stabilitätsfelder der reagierenden Mineralphasen. Trotzdem laufen die Reaktionen fast immer in Gegenwart einer fluiden Phase ab, die als Transportmedium den Reaktionsablauf entscheidend beschleunigen kann. Das gilt insbesondere für überkritische H_2O-reiche Fluide, in denen Silikatminerale gut löslich sind.

Wir wollen zunächst das uns schon bekannte Einstoffsystem Al_2SiO_5 näher behandeln. Das P-T-Diagramm (Abb. 27.2) lässt drei univariante Gleichgewichtskurven für die Reaktionen

Kyanit ⇌ Andalusit	(27.1)
Kyanit ⇌ Sillimanit	(27.2)
Andalusit ⇌ Sillimanit	(27.3)

erkennen, die sich in einem invarianten Punkt, dem Tripelpunkt treffen; an ihm koexistieren alle drei Minerale miteinander im Gleichgewicht. Das divariante Stabilitätsfeld von Andalusit, der Phase mit der geringsten Dichte (3,15) ist auf die niedrigsten Drücke beschränkt. Er geht bei Drucksteigerung in Abhängigkeit von der Temperatur in die jeweils dichtere Phase Kyanit (3,65) oder Sillimanit (3,20) über. Sillimanit ist darüber hinaus zugleich die stabile Hochtemperaturmodifikation dieses Systems. Die polymorphen Umwandlungen können sich mit oder ohne katalytische Beteiligung einer fluiden Phase vollziehen. Da an der Umwandlung nur OH-freie Minerale beteiligt sind, ist der H_2O-Gehalt der fluiden Phase ohne Einfluss auf die Position der univarianten Kurven im P-T-Diagramm.

Das Phasendiagramm von Al_2SiO_5 ist für die Abschätzung metamorpher P-T-Bedingungen außerordentlich wichtig (vgl. auch Abb. 27.7, S. 471). Leider führte die experimentelle Bestimmung durch unterschiedliche Arbeitsgruppen zunächst zu sehr widersprüchlichen Ergebnissen, die das Vertrauen der Feldgeologen in die experimentelle Petrologie stark erschütterten. Wesentlicher Grund für die auftretenden Schwierigkeiten ist die Tatsache, dass die drei Phasen sehr geringe Differenzen in der freien Enthalpie G aufweisen. Deshalb muss im Experiment besonders darauf geachtet werden, die metastabile Bildung einer Phase zu verhindern. Darüber hinaus wird die Stabilität von Sillimanit noch durch die mit steigender Temperatur zunehmende Al-Si-Unordnung in seiner Kristallstruktur beeinflusst. Das heute allgemein akzeptierte Phasendiagramm wurde von Holdaway (1971) erarbeitet und – mit geringen Modifikationen – von Holdaway und Mukhopahyay (1993) bestätigt. Danach liegt der Tripelpunkt bei 504 ±20 °C und 3,75 ±0,25 kbar. Der von Bohlen et al. (1991) ermittelte Tripelpunkt bei 530 ±20 °C und 4,2 ±0,3 kbar stimmt damit innerhalb der Fehlergrenze überein. Dieser Vergleich gibt einen guten Anhaltspunkt über die Genauigkeit, die bei der experimentellen Bestimmung von metamorphen Mineralreaktionen überhaupt zu erreichen ist.

Die Richtigkeit experimenteller Bestimmungen kann durch thermodynamische Berechnungen überprüft werden. Wie wir im vorigen Abschnitt gezeigt hatten, ist an einer univarianten Gleichgewichtskurve die freie Enthalpie G der beiden beteiligten Phasen gleich, d. h. $\Delta G = 0$. Für den Fall des thermodynamischen Gleichgewichts gilt für die P- und T-Abhängigkeit von ΔG die vereinfachte Gleichung

$$\Delta G_{P,T} = 0 = \Delta H° - T\Delta S° + (P-1)\Delta V° \qquad [27.2]$$

Dabei sind: $\Delta H°$ die Enthalpiedifferenz einer Reaktion, $\Delta S°$ die Entropiedifferenz und $\Delta V°$ die Differenz der Molvolumina bei dieser Reaktion, jeweils bei Zimmertemperatur (= 25 °C = 298 K) und Atmosphärendruck (= 1 bar). Für die beteiligten Minerale lassen sich $H°$ und $S°$ aus kalorimetrischen Messungen, $V°$ aus der Dichte oder – sehr genau – durch Röntgen-Pulverdiffraktometrie ermitteln. Nach Holdaway u. Mukhopadhyay (1993) gelten für das Al_2SiO_5-System die in Tabelle 27.1 aufgeführten Werte.

Als erstes berechnen wir die Gleichgewichtstemperaturen der drei Reaktionen für einen Druck von $P = 1$ bar. Dabei fällt das letzte Glied von Gleichung [27.2] weg und man kann mit $\Delta G = 0$ die Gleichung nach T auflösen:

$$T_{1\text{bar}} = \frac{\Delta H°}{\Delta S°}$$

Für die Gleichgewichtskurve Kyanit $\rightleftharpoons$ Andalusit ergibt sich dabei

$$T_{1\text{bar}} = \frac{4040}{8,74} = 462\,\text{K} = 189\,°\text{C}$$

Analog lässt sich $T_{1\text{bar}}$ für die metastabile Verlängerung der Gleichgewichtskurve Kyanit $\rightleftharpoons$ Sillimanit zu 327 °C berechnen. Beide Werte stimmen innerhalb der Fehlergrenze mit den experimentell bestimmten Schnittpunkten überein. Demgegenüber erscheint der für die Gleichgewichtskurve Andalusit $\rightleftharpoons$ Sillimanit berechnete Wert für $T_{1\text{bar}} = 672\,°\text{C}$ deutlich zu niedrig. Das liegt am gekrümmten Verlauf dieser Kurve, der durch die mit steigender Temperatur zunehmende Al-Si-Unordnung in der Sillimanit-Struktur bedingt ist.

Jetzt berechnen wir die Steigung der drei Gleichgewichtskurven nach der Clausius-Clapeyron'schen Gleichung (Abschn. 18.2.1, S. 495) in der Form

$$\frac{dP}{dT} = \frac{\Delta S°}{\Delta V°} \qquad [27.3]$$

Dabei muss wegen der Umrechnung von $V°$ (cm^3) = 10 × $V°$ (J/bar) mit dem Faktor 10 multipliziert werden. Es ergibt sich für die Gleichgewichtskurven

Kyanit $\rightleftharpoons$ Sillimanit:

$$\frac{dP}{dT} = 10 \times \frac{12,22}{5,78} = 21,14\,\frac{\text{bar}}{\text{K}} \approx 2\,\frac{\text{kbar}}{100\,°\text{C}}$$

Kyanit $\rightleftharpoons$ Andalusit:

$$\frac{dP}{dT} = 10 \times \frac{8,74}{7,40} = 11,8\,\frac{\text{bar}}{\text{K}} \approx 1,2\,\frac{\text{kbar}}{100\,°\text{C}}$$

Andalusit $\rightleftharpoons$ Sillimanit:

$$\frac{dP}{dT} = 10 \times \frac{3,48}{-1,62} = -21,48\,\frac{\text{bar}}{\text{K}} \approx -2,1\,\frac{\text{kbar}}{100\,°\text{C}}$$

Man kann leicht überprüfen, wie gut diese berechneten Steigungen mit den experimentell ermittelten übereinstimmen (Abb. 27.2)!

Tabelle 27.1.
Thermodynamische Daten für die Al_2SiO_5-Polymorphen bei $P = 1$ bar und $T = 298$ K (= 25 °C)

Phase	$S°$ [J/mol und K]	$H°$ [kJ/mol]	$V°$ [cm^3]
Kyanit	82,86	–2 593,70	44,08
Andalusit	91,60	–2 589,66	51,48
Sillimanit	95,08	–2 586,37	49,86

Daraus ergeben sich für die drei univarianten Reaktionen folgende Differenzwerte von Produkt minus Reaktant:

	$\Delta S°$ [J/mol und K]	$\Delta H°$ [J/mol]	$\Delta V°$ [cm^3]
Kyanit $\rightleftharpoons$ Sillimanit	12,22	7 330	5,78
Kyanit $\rightleftharpoons$ Andalusit	8,74	4 040	7,40
Andalusit $\rightleftharpoons$ Sillimanit	3,48	3 290	–1,62

Für die Berechnung des Tripelpunktes formen wir Gleichung [27.2] um:

$$T = \frac{\Delta H°}{\Delta S°} + (P-1)\frac{\Delta V°}{\Delta S°}$$
$$= T_{1bar} + (P-1)\frac{1}{dP/dT} \quad [27.2a]$$

Setzen wir die entsprechenden Werte für die drei Gleichgewichtskurven ein, so ergibt sich:

$$T_{Ky/Sill} = 600\,K + (P-1)\frac{1}{21{,}14}$$

$$T_{And/Sill} = 945\,K + (P-1)\frac{1}{-21{,}48}$$

Da sich am Tripelpunkt beide Gleichgewichtskurven treffen, kann man beide Gleichungen gleichsetzen und nach P auflösen; damit erhält man:

$$P_{Trip} = \frac{345}{0{,}094} + 1 = 3671\,\text{bar} = 3{,}7\,\text{kbar}$$

Setzt man diesen Wert in die Ausdrücke für $T_{Ky/Sill}$, $T_{And/Sill}$ und $T_{Ky/And}$ ein, so ergeben sich übereinstimmende Werte für $T_{Trip} = 774\,K = 501\,°C$. Die so berechnete P-T-Kombination stimmt innerhalb der Fehlergrenze mit den experimentell bestimmten Werten von Holdaway u. Mukhopadhyay (1993) überein.

In der Natur sind zahlreiche Gebiete bekannt geworden, in denen alle zwei oder sogar drei Al$_2$SiO$_5$-Polymorphen nebeneinander auftreten. Die Frage, ob hier wirk-

Abb. 27.6.
a Orientierte Verdrängung von Andalusit durch Sillimanit (rötlichgelbe Interferenzfarben); *links oben* Cordierit und Biotit, Kontaktaureole von Steinach bei Vohenstrauss (Oberpfalz), Bildbreite ca. 4 mm, +Nic. **b** Paragenese Sillimanit (hellgelbe Interferenzfarben) + Kalifeldspat (*oben links*) mit perthitischer Entmischung + Cordierit (z. B. *Mitte* und *rechts unten*) + Biotit (z. B. *unten links* und *rechts*). Steinach-Aureole, Oberpfalz, Bildbreite ca. 3,5 mm, +Nic. (Foto: K.-P. Kelber)

lich univariante bzw. invariante Gleichgewichtsparagenesen oder metastabile Relikte vorliegen, kann nur durch sehr sorgfältige mikroskopische Untersuchungen geklärt werden. So dokumentiert Abb. 27.6a die Verdrängung von Andalusit durch Sillimanit, wobei die folgenden kristallographischen Orientierungsbeziehungen gefunden wurden: $c_{And}//c_{Sil}$, $b_{And}//a_{Sil}$ und $a_{And}//b_{Sil}$ (Okrusch 1969).

Darüber hinaus wissen wir, dass sich die Stabilitätsgrenzen von Kyanit, Andalusit und Sillimanit etwas verschieben, wenn Al durch Fe^{3+} diadoch ersetzt wird. Es können dann über ein begrenztes P-T-Intervall zwei Al_2SiO_5-Polymorphe miteinander koexistieren, z. B. Fe^{3+}-reicherer Andalusit neben Fe^{3+}-ärmerem Sillimanit. Damit werden aus den univarianten Gleichgewichts*kurven* divariante *Bänder*, aus dem Tripel*punkt* ein P-T-*Feld*. Für die Praxis sind jedoch diese Modifizierungen nicht sehr bedeutend; sie gehen in der Fehlergrenze der experimentellen Bestimmungen unter.

Bei Temperaturen über 1000 °C und bei niedrigen Drücken zerfällt die Hochtemperaturmodifikation Sillimanit in Mullit und freies SiO_2. Mullit hat etwa die Formel $Al^{[6]}Al^{[4]}_{1,2}[O/Si_{0,8}O_{3,9}] = 5,5Al_2O_3 \cdot 4SiO_2$. Die Verbindung Al_2SiO_5 existiert nicht mehr. Mullit ist dann das einzige stabile Aluminiumsilikat im Beisein von wasserfreier Schmelze.

Eine andere Art von Reaktionen ohne Beteiligung von H_2O oder CO_2, ist die Modellreaktion:

$$NaAl[Si_2O_6] + SiO_2 \rightleftharpoons Na[AlSi_3O_8] \quad (27.4)$$
Jadeit   Quarz   Albit

Durch die Gleichgewichtskurve (Abb. 26.1, S. 420) wird die obere Temperaturstabilität bzw. die untere Druckstabilität von Jadeit in Gegenwart von Quarz definiert: Jadeit-führende Gesteine entstehen im Zuge einer Hochdruckmetamorphose, d. h. bei einem hohen P/T-Verhältnis (s. unten). Allerdings benötigt natürlicher Jadeit zu seiner Bildung etwas niedrigere Drücke, da er meist Diopsid- und Akmit-Komponente enthält. Das gleiche gilt für das Eklogit-Mineral Omphacit, einen Mischkristall aus Augit + Jadeit (+ Akmit).

In jüngster Zeit wurde erkannt, dass in Gesteinen, die eine Ultrahochdruck-Metamorphose erlebt haben, die Hochdruckmodifikationen Coesit SiO_2 oder sogar Diamant C auftreten können. Damit sind die Gleichgewichtskurven der beiden polymorphen Umwandlungen

$$Coesit \rightleftharpoons Quarz \text{ (Abb. 11.44, S. 181)} \quad (27.5)$$

$$Diamant \rightleftharpoons Graphit \text{ (Abb. 4.15, S. 80)} \quad (27.6)$$

wichtige Indikatoren für Ultrahochdruck-Metamorphose.

Im Folgenden behandeln wir Reaktionen, bei denen im Zuge der Metamorphose die leichtflüchtigen Komponenten H_2O und CO_2 beteiligt sind. Diese werden bei der prograden Metamorphose durch Entwässerungs- bzw. Dekarbonatisierungs-Reaktionen oft freigesetzt (Abschn. 27.2.2, 27.2.3), gelegentlich aber auch verbraucht (Abschn. 27.2.4). Bei der retrograden Metamorphose kommt es dagegen meist zu Hydratisierungs-Reaktionen. Schließlich sind bei Oxidations-Reduktions-Reaktionen neben H_2O und CO_2 auch O_2 und H_2 beteiligt (Abschn. 27.2.5).

27.2.2 Entwässerungs-Reaktionen

Entwässerungs-Reaktionen bei $P_{H_2O} = P_{total}$

Entwässerungs-Reaktionen (engl. dehydration reactions) sind Reaktionen, bei denen durch Temperaturerhöhung H_2O freigesetzt wird. Die Mehrzahl der metamorphen Reaktionen, von denen wir einige bereits in Kap. 26 (Abb. 26.11, S. 434) kennengelernt hatten, gehört zu dieser Gruppe. Sie besitzen deshalb besondere Bedeutung.

Abb. 27.7.
P-T-Diagramm mit den Gleichgewichtskurven für Entwässerungs-Reaktionen in Metapeliten: *7* Kaolinit + Quarz $\rightleftharpoons$ Pyrophyllit + H_2O (nach Thompson 1970); *8* Pyrophyllit $\rightleftharpoons$ Andalusit/Kyanit + Quarz + H_2O (nach Hemley 1967 und Kerrick 1968); *9* Paragonit + Quarz $\rightleftharpoons$ Albit + Andalusit/Sillimanit + H_2O (nach Chatterjee 1972); *10* Paragonit $\rightleftharpoons$ Albit + Korund + H_2O (nach Chatterjee 1970); *11* Muscovit + Quarz $\rightleftharpoons$ Kalifeldspat + Andalusit/Sillimanit + H_2O (nach Chatterjee u. Johannes 1974); *11a* Muscovit + Quarz + H_2O $\rightleftharpoons$ Sillimanit/Kyanit + Schmelze (nach Storre u. Karotke 1972); *11b* Muscovit + Quarz $\rightleftharpoons$ Sillimanit/Kyanit + Schmelze (H_2O-frei) (nach Storre 1972); *12* Muscovit $\rightleftharpoons$ Kalifeldspat + Korund + H_2O (nach Chatterjee u. Johannes 1974); *farbige Tangente*: berechnete Steigung von Kurve *12* für P_{H_2O} = 2 kbar und *T* = 950 K; *gestrichelte farbige Linie*: berechnete Steigung für P_{H_2O} = const = 1 kbar bei P_{tot} = 2 kbar und *T* = 950 K. Zum Vergleich ist das Al_2SiO_5-Phasendiagramm aus Abb. 27.2 eingetragen

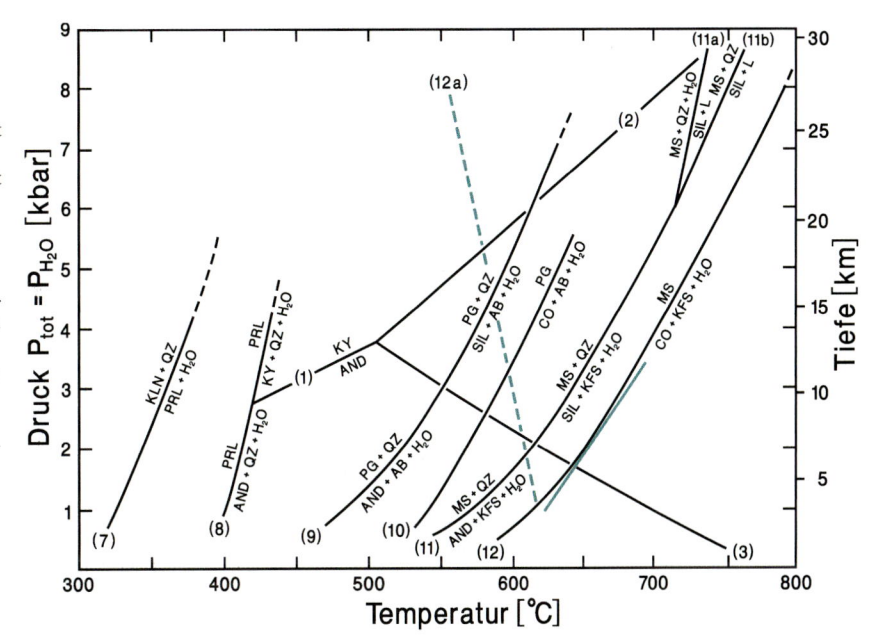

Im Hochdruckexperiment tritt H$_2$O gewöhnlich als Überschussphase auf; es wird damit zum druckübertragenden Medium, und der Partialdruck des Wassers (Wasserdampfdruck) entspricht dem Gesamtdruck des Systems $P_{H_2O} = P_{fl} = P_{total}$. Man bezeichnet experimentelle Anordnungen dieser Art als Hydrothermal-Experimente und stellt die Ergebnisse der Gleichgewichtsuntersuchungen in P_{H_2O}-T-Diagrammen dar. Bei der prograden Metamorphose von pelitischen Sedimentgesteinen vollziehen sich mit fortschreitender Temperaturerhöhung u. a. die folgenden Entwässerungs-Reaktionen, die für die Abschätzung von metamorphen P-T-Bedingungen sehr wichtig sind (Abb. 27.7):

$$\underset{\text{Kaolinit}}{Al_4[(OH)_8/Si_4O_{10}]} + \underset{\text{Quarz}}{4SiO_2}$$
$$\rightleftharpoons \underset{\text{Pyrophyllit}}{2Al_2[(OH)_2/Si_4O_{10}]} + 2H_2O \quad (27.7)$$

$$\underset{\text{Pyrophyllit}}{Al_2[(OH)_2/Si_4O_{10}]}$$
$$\rightleftharpoons \underset{\text{Andalusit/Kyanit}}{Al_2SiO_5} + \underset{\text{Quarz}}{3SiO_2} + H_2O \quad (27.8)$$

$$\underset{\text{Paragonit}}{NaAl_2[(OH)_2/AlSi_3O_{10}]} + \underset{\text{Quarz}}{SiO_2}$$
$$\rightleftharpoons \underset{\text{Albit}}{Na[AlSi_3O_8]} + \underset{\text{Andalusit/Sillimanit}}{Al_2SiO_5} + H_2O \quad (27.9)$$

$$\underset{\text{Paragonit}}{NaAl_2[(OH)_2/AlSi_3O_{10}]}$$
$$\rightleftharpoons \underset{\text{Albit}}{Na[AlSi_3O_8]} + \underset{\text{Korund}}{Al_2O_3} + H_2O \quad (27.10)$$

$$\underset{\text{Muscovit}}{KAl_2[(OH)_2/AlSi_3O_{10}]} + \underset{\text{Quarz}}{SiO_2}$$
$$\rightleftharpoons \underset{\text{Kalifeldspat}}{K[AlSi_3O_8]} + \underset{\text{Andalusit/Sillimanit}}{Al_2SiO_5} + H_2O \quad (27.11)$$

$$\underset{\text{Muscovit}}{KAl_2[(OH)_2/AlSi_3O_{10}]}$$
$$\rightleftharpoons \underset{\text{Kalifeldspat}}{K[AlSi_3O_8]} + \underset{\text{Korund}}{Al_2O_3} + H_2O \quad (27.12)$$

Das wichtigste Tonmineral Kaolinit zerfällt mit beginnender Metamorphose bei Anwesenheit von Quarz unter Freisetzung von H$_2$O in Pyrophyllit (Abb. 27.7, Kurve (7)). Wenn gleichzeitig K-Ionen anwesend sind, entsteht allerdings Muscovit. Pyrophyllit, früher häufig übersehen, ist in Tonschiefern und Phylliten recht verbreitet. Unter höheren Temperaturen geht Pyrophyllit in Andalusit oder Kyanit und Quarz über, wobei ebenfalls H$_2$O freigesetzt wird (Abb. 27.7, Kurve (8)). Die Gleichgewichtskurven für den Zerfall von Paragonit + Quarz und und von Paragonit allein (Abb. 27.7, Kurve (9), (10)) sowie von Muscovit + Quarz und von Muscovit allein (Abb. 27.7, Kurve (11), (12)) liegen wesentlich höher. Die Paragenesen Sillimanit + Kalifeldspat (Abb. 27.6b) und Korund + Kalifeldspat (Abb. 11.53, S. 192) dokumentieren bereits eine hochgradige Metamorphose. K-Einbau in Paragonit verschiebt Kurve (9) und (10) zu etwas höheren, Na-Einbau in Muscovit (11) und (12) zu etwas niedrigeren Temperaturen. Bei erhöhten H$_2$O-Drücken enden die Entwässerungskurven (9)–(12) an invarianten Punkten, an denen H$_2$O-gesättigte Soliduskurven, z. B.

$$\text{Muscovit + Quarz + H}_2\text{O}$$
$$\rightleftharpoons \text{Sillimanit/Kyanit + Schmelze} \quad (27.11a)$$

oder Dehydratations-Schmelzkurven, z. B.

$$\text{Muscovit + Quarz}$$
$$\rightleftharpoons \text{Sillimanit/Kyanit + Schmelze} \quad (27.11b)$$

abzweigen (Abb. 27.7).

Für Entwässerungs-Reaktionen ist typisch, dass die Gleichgewichtskurven eine positive Steigung haben. Das lässt sich folgendermaßen erklären: Das Gesamtmolvolumen und die Gesamtentropie der Reaktionsprodukte sind meist deutlich größer als die der Ausgangsparagenese, weil das Molvolumen und die Entropie des freigesetzten H$_2$O viel größer sind als die der festen Phasen. Damit werden ΔV und ΔS positiv, so dass die Gleichgewichtskurven nach der Clausius-Capeyron'schen Gleichung [27.3] eine positive Steigung aufweisen.

Die Clausius-Clapeyron'sche Gleichung erhält für Entwässerungs-Reaktionen in erster Näherung die folgende vereinfachte Form:

$$\frac{dP}{dT} = 10 \times \frac{\Delta S_{\text{solids}}^{T/1\text{bar}} + S_{H_2O}^{T,P}}{\Delta V_{\text{solids}}^{\circ} + V_{H_2O}^{T,P}} \quad [27.4]$$

Dabei ist $\Delta S_{\text{solids}}^{T/1\text{bar}}$ = Entropiedifferenz der festen Phasen bei gegebener Temperatur und 1 bar, $\Delta V_{\text{solids}}^{\circ}$ = Differenz der Molvolumina der festen Phasen bei 1 bar und 298 K (= 25 °C), $S_{H_2O}^{T,P}$ und $V_{H_2O}^{T,P}$ Entropie und Molvolumen von H$_2$O bei der gegebenen P-T-Kombination. In Tabelle 27.2 sind die entsprechenden thermodynamischen Daten für die Teilnehmer der Reaktion (27.12) zusammengestellt.

Aus diesen Werten ergibt sich mit Gleichung [27.4]:

$$\frac{dP}{dT} = 10 \times \frac{-58,53 + 154,04}{-6,085 + 33,091} = 10 \times \frac{95,51}{27,006}$$
$$= 35,4 \, \frac{\text{bar}}{K} \approx 3,5 \, \frac{\text{kbar}}{100 \, °C}$$

Die Steigung der Reaktionskurve (27.12) bei einem H$_2$O-Druck von 2 kbar und einer Temperatur von ca. 680 °C beträgt also ca. 3,5 kbar/100 °C. Legt man diese

Tabelle 27.2. Thermodynamische Daten für die Reaktion Muscovit ⇌ Kalifeldspat + Korund + H$_2$O

Phase	Molvolumina [cm^3/mol]		Entropien [J/mol und K]	
Korund	$+V°$ =	25,575	$+S^{950\,K/1\,bar}$ =	173,80
Kalifeldspat	$+V°$ =	109,05	$+S^{950\,K/1\,bar}$ =	547,15
Muscovit	$-V°$ =	140,71	$-S^{950\,K/1\,bar}$ =	779,48
Feste Phasen	$\Delta V°_{solids}$ =	−6,085	$\Delta S^{950\,K/1\,bar}_{solids}$ =	−58,53
H$_2$O	$+V^{950\,K/2\,kbar}$ =	33,091	$+S^{950\,K/2\,kbar}$ =	154,04

Tabelle 27.3. Molvolumina (cm^3/Mol) von Wasserdampf bei verschiedenen Drücken und Temperaturen. (Nach Kennedy u. Holser 1966)

P [bar]	T [°C]		
	300	500	750
1	47 534,0	64 236,0	58 048,0
10	4 646,0	6 383,0	8 481,0
100	25,2	591,1	829,8
1 000	21,9	34,1	71,8
2 500	19,7	24,6	33,5
5 000	17,9	20,5	24,3
10 000	16,3	17,6	16,3
20 000	14,5	15,3	15,1

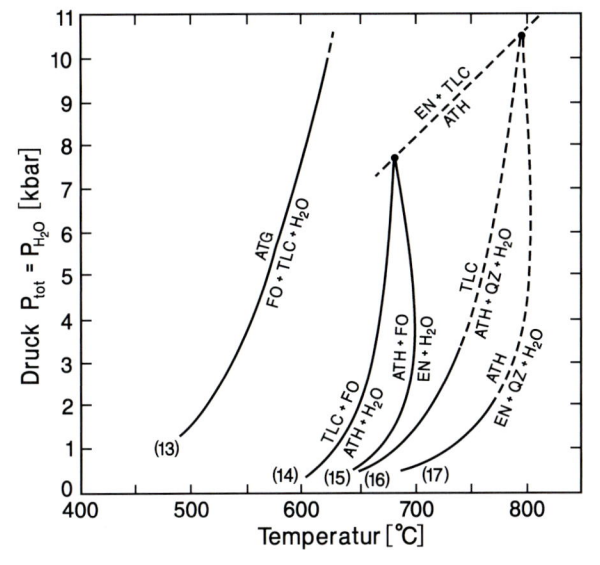

Abb. 27.8. P-T-Diagramm mit den Gleichgewichtskurven für Entwässerungs-Reaktionen in metamorphen Ultramafititen: *13* Antigorit ⇌ Forsterit + Talk + H$_2$O (nach Evans et al. 1976); *14* Talk + Forsterit ⇌ Anthophyllit + H$_2$O; *15* Anthophyllit + Forsterit ⇌ Enstatit + H$_2$O; *16* Talk ⇌ Anthophyllit + Quarz + H$_2$O und *17* Anthophyllit ⇌ Enstatit + Quarz + H$_2$O (nach Chernosky et al. 1985)

Steigung als Tangente an die Gleichgewichtskurve (27.12) in Abb. 27.7 bei entsprechendem *P* und *T* an, so erkennt man eine gute Übereinstimmung.

Aus Abb. 27.7 ist weiter zu entnehmen, dass die Entwässerungskurven eine gekrümmte Form haben, die bei niedrigem Druck eine flache Neigung, bei Druckerhöhung aber eine immer steilere Neigung aufweisen. Das lässt sich aus der abnehmenden Kompressibilität von Wasserdampf bei zunehmendem Druck erklären: Bei gleicher Temperatur nimmt das Molvolumen von H$_2$O-Dampf bei Drucksteigerung dramatisch ab, bei höheren Drücken dagegen kaum noch (Tabelle 27.3). Oberhalb etwa 3 kbar verlaufen Entwässerungskurven immer steiler, d. h. die Reaktionen werden immer weniger druckabhängig.

Das lässt sich auch an drei weiteren metamorphen Entwässerungs-Reaktionen belegen, die wir aus dem stofflich völlig anderen Modellsystem MgO–SiO$_2$–H$_2$O wählen (Abb. 27.8):

$$5Mg_6[(OH)_8/Si_4O_{10}]$$
Antigorit
$$\rightleftharpoons 12Mg_2SiO_4 + 2Mg_3[(OH)_2/Si_4O_{10}] + 18H_2O$$
Forsterit   Talk   (27.13)

In der Natur vollzieht sich der Abbau des Serpentin-Minerals Antigorit nach Reaktion (27.13) bei der prograden Metamorphose von Serpentiniten, z. B. am Plutonitkontakt, wenn Temperaturen von rund 500 °C überschritten werden. Wird diese Temperatur bei der Abkühlung unter Zutritt von Wasser wieder unterschritten, so wandelt sich Forsterit bzw. Olivin unter Beteiligung von Talk erneut in Serpentin um. War Talk im Überschuss vorhanden, bleibt er neben Serpentin erhalten, weil er auch links der Kurve (27.13) ein stabiles Existenzfeld besitzt. Bei weiterer Temperaturerhöhung reagieren im gleichen ultramafischen System Forsterit und Talk zu Anthophyllit und Forsterit + Anthophyllit zu Enstatit; weiterhin werden Talk zu Anthophyllit + Quarz und Anthophyllit zu Enstatit + Quarz abgebaut (Abb. 27.8):

$$9Mg_3[(OH)_2/Si_4O_{10}] + 4Mg_2SiO_4$$
Talk   Forsterit
$$\rightleftharpoons 5Mg_7[(OH)_2/Si_8O_{22}] + 4H_2O$$
Anthophyllit   (27.14)

$$2Mg_7[(OH)_2/Si_8O_{22}] + 2Mg_2SiO_4$$
Anthophyllit   Forsterit
$$\rightleftharpoons 9Mg_2[Si_2O_6] + 2H_2O$$
Enstatit   (27.15)

$$7Mg_3[(OH)_2/Si_4O_{10}]$$
Talk

$$\rightleftharpoons 3Mg_7[(OH)_2/Si_8O_{22}] + 4SiO_2 + 4H_2O \quad (27.16)$$
Anthophyllit Quarz

$$2Mg_7[(OH)_2/Si_8O_{22}]$$
Anthophyllit

$$\rightleftharpoons 7Mg_2[Si_2O_6] + 2SiO_2 + 2H_2O \quad (27.17)$$
Enstatit Quarz

Die Reaktionen (27.15) und (27.17) sind gute Beispiele dafür, dass bei erhöhten Drücken die Gleichgewichtskurven von Entwässerungs-Reaktionen eine negative Steigung erhalten können, weil das $\Delta V_{solids}^{T,P}$ immer negativer wird und nicht mehr durch das positive $V_{H_2O}^{T,P}$ kompensiert werden kann.

In manchen Fällen findet eine so starke Abnahme im Gesamtvolumen der festen Phasen statt, d. h. $\Delta V_{solids}^{T,P}$ wird so negativ, dass die Gleichgewichtskurve schon bei niedrigen Drücken eine negative Steigung erhält. Als Beispiel diene die Reaktion (Abb. 27.9):

$$Na[AlSi_2O_6] \cdot H_2O + SiO_2$$
Analcim Quarz

$$\rightleftharpoons Na[AlSi_3O_8] + H_2O \quad (27.18)$$
Albit

Es gibt bei Zeolithen aber auch Entwässerungs-Reaktionen, bei denen sowohl das Gesamtmolvolumen als auch die Gesamtentropie der festen Phasen stark abnehmen. Daraus ergibt sich $-\Delta S/-\Delta V$, so dass die Steigung der Gleichgewichtskurve dP/dT wieder positiv wird. Das ist z.B. bei folgender Reaktion der Fall (Abb. 27.9):

$$Ca[Al_2Si_4O_{12}] \cdot 4,5H_2O$$
Laumontit

$$\rightleftharpoons CaAl_2[(OH)_2/Si_2O_7] \cdot H_2O + 2SiO_2 + 2,5H_2O \quad (27.19)$$
Lawsonit Quarz

Sie definiert die obere Druckstabilität des Zeoliths Laumontit, die kaum T-abhängig ist. Wie bei Reaktion (27.18) wird hier bei Zunahme des H_2O-Drucks H_2O freigesetzt. Demgegenüber besitzen die Gleichgewichtskurven der Entwässerungs-Reaktionen von Heulandit, Laumontit und Wairakit, für die ebenfalls negative ΔS- und ΔV-Werte gelten, eine Form, die gewöhnlichen Entwässerungskurven entspricht (Abb. 27.9):

$$\sim Ca[Al_2Si_7O_{18}] \cdot 6H_2O$$
Heulandit

$$\rightleftharpoons Ca[Al_2Si_4O_{12}] \cdot 4,5H_2O + 3SiO_2 + 1,5H_2O \quad (27.20)$$
Laumontit Quarz

$$Ca[Al_2Si_4O_{12}] \cdot 4,5H_2O$$
Laumontit

$$\rightleftharpoons Ca[Al_2Si_4O_{12}] \cdot 2H_2O + 2,5H_2O \quad (27.21)$$
Wairakit

$$Ca[Al_2Si_4O_{12}] \cdot 2H_2O$$
Wairakit

$$\rightleftharpoons Ca[Al_2Si_2O_8] + 2SiO_2 + 2H_2O \quad (27.22)$$
Anorthit Quarz

Die Reaktionen (27.18) bis (27.22) sind von großem Interesse für die Abschätzung von P-T-Bedingungen bei der niedrigstgradigen Regional- und Ozeanbodenmetamorphose sowie bei der hydrothermalen Metamorphose.

Abb. 27.9.
P-T-Diagramm mit den Gleichgewichtskurven für Entwässerungs-Reaktionen von Zeolithen. *18* Analcim + Quarz $\rightleftharpoons$ Albit + H_2O (nach Thompson 1971); *20* Heulandit $\rightleftharpoons$ Laumontit + H_2O (nach Cho et al. 1987); *19* Laumontit $\rightleftharpoons$ Lawsonit + Quarz + H_2O und *21* Laumontit $\rightleftharpoons$ Wairakit + H_2O (nach Liou 1971); *22* Wairakit $\rightleftharpoons$ Anorthit + Quarz + H_2O (nach Liou 1970); obere Stabilitätsgrenze von Lawsonit (nach Liou 1971)

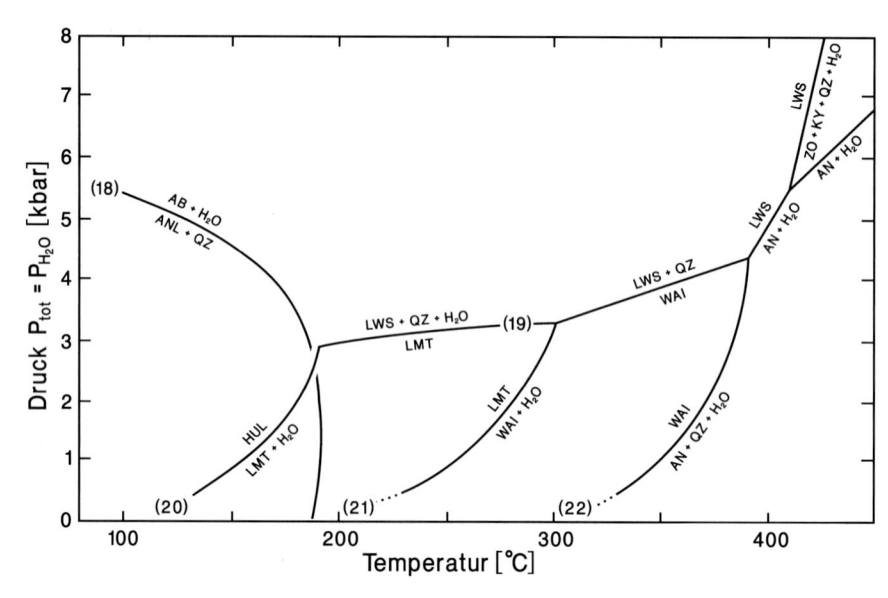

Entwässerungs-Reaktionen mit $P_{H_2O} < P_{tot}$

Bislang haben wir nur Entwässerungs-Reaktionen kennengelernt, bei denen der H_2O-Druck gleich dem Gesamtdruck war. Das ist jedoch in der Natur nicht immer der Fall. Insbesondere bei der höhergradigen Metamorphose ist häufig die Bedingung $P_{H_2O} < P_{tot}$ erfüllt. Dabei müssen zwei verschiedene Fälle unterschieden werden:

1. $P_{tot} > P_{fl} = P_{H_2O}$. Der H_2O-Druck ist gleich dem Fluiddruck, dieser ist aber kleiner als der Gesamtdruck. Unter diesen Bedingungen nimmt die Clausius-Clapeyron'sche Gleichung die Form eines partiellen Differentials an (Greenwood 1961):

$$\left(\frac{\partial P_{tot}}{\partial T}\right)_{P_{H_2O}} = 10 \times \frac{\Delta S^{P/T}}{\Delta V^\circ_{solids}} \qquad [27.5]$$

Erweitert man diesen Ausdruck mit $\Delta V^{P/T}$, so ergibt sich:

$$\left(\frac{\partial P_{tot}}{\partial T}\right)_{P_{H_2O}} = 10 \times \frac{\Delta S^{P/T}}{\Delta V^{P,T}} \times \frac{\Delta V^{P,T}}{\Delta V^\circ_{solids}}$$

$$= 10 \times \left(\frac{dP}{dT}\right) \times \frac{\Delta V^{P,T}}{\Delta V^\circ_{solids}} \qquad [27.5a]$$

Nehmen wir als Beispiel die Reaktion

$$\underset{\text{Muscovit}}{KAl_2[(OH)_2/AlSi_3O_{10}]}$$
$$\rightleftharpoons \underset{\text{Kalifeldspat}}{K[AlSi_3O_8]} + \underset{\text{Korund}}{Al_2O_3} + H_2O \qquad (27.12)$$

und setzen die für $T = 950$ K ≈ 680 °C und $P_{tot} = 2$ kbar gefundenen Werte ein (Tabelle 27.2), so ergibt sich für $P_{H_2O} = 1$ kbar:

$$\left(\frac{\partial P_{tot}}{\partial T}\right)_{P_{H_2O}} = \frac{35{,}4 \times 27{,}006}{-6{,}085} = -157 \frac{\text{bar}}{\text{K}}$$

$$= -15{,}7 \frac{\text{kbar}}{100\,°C}$$

Es ergibt sich also eine neue Gleichgewichtskurve mit steiler negativer Steigung (Abb. 27.7). Man erkennt, dass mit zunehmendem Gesamtdruck die Gleichgewichtstemperatur des Muscovit-Abbaus immer stärker von derjenigen bei $P_{tot} = P_{H_2O}$ abweicht.

2. $P_{tot} = P_{fl} = P_{H_2O} + P_{CO_2} + P_{CO} + P_{CH_4}$ ... Der Fluiddruck ist zwar gleich dem Gesamtdruck, aber die fluide Phase besteht aus mehreren Gasspezies mit ihren jeweiligen Partialdrücken (bzw. Fugazitäten).

In diesem Fall, der bei der prograden Metamorphose von Graphit-führenden Peliten oder von Mergeln relativ häufig auftritt, bleibt die typische positive Steigung der Gleichgewichtskurve erhalten; diese ist jedoch zu gerin-

geren Temperaturen hin verschoben. Das soll am Beispiel Reaktion (27.11) gezeigt werden:

$$\underset{\text{Muscovit}}{KAl_2[(OH)_2/AlSi_3O_{10}]} + \underset{\text{Quarz}}{SiO_2}$$

$$\rightleftharpoons \underset{\text{Kalifeldspat}}{K[AlSi_3O_8]} + \underset{\text{Andalusit/Sillimanit}}{Al_2SiO_5} + H_2O \qquad (27.11)$$

Für diese Reaktion hat Kerrick (1972) die Gleichgewichtskurven für unterschiedliche Molenbrüche $X_{H_2O} = H_2O/(H_2O + CO_2)$ in der fluiden Phase experimentell bestimmt und thermodynamisch berechnet. Man erkennt aus Abb. 27.10, dass z. B. bei einem Gesamtfluiddruck von 2 kbar, die Gleichgewichtstemperatur um ca. 50 °C sinkt, wenn X_{H_2O} von 1 auf 0,5 verringert wird; bei höherem P_{fl} ist diese T-Erniedrigung noch stärker. Umgekehrt erhöht sich bei Erniedrigung von X_{H_2O} die Temperatur des Granit-Solidus, wie wir bereits in Kap. 20 (Abb. 20.5, S. 317) gezeigt hatten. Die Soliduskurven von Granit und die Gleichgewichtskurve von Reaktion (27.11) treffen sich jeweils in invarianten Punkten. Von diesen zweigen die steilstehenden Gleichgewichtskurven der folgenden Reaktionen ab:

$$\text{Muscovit} + \text{Quarz} + \text{Albit} + H_2O$$
$$\rightleftharpoons \text{Sillimanit/Kyanit} + \text{Schmelze} \qquad (27.11a)$$

und

$$\text{Muscovit} + \text{Quarz} + \text{Plagioklas}$$
$$\rightleftharpoons \text{Sillimanit/Kyanit} + \text{Kalifeldspat} + \text{Schmelze} \qquad (27.11b)$$

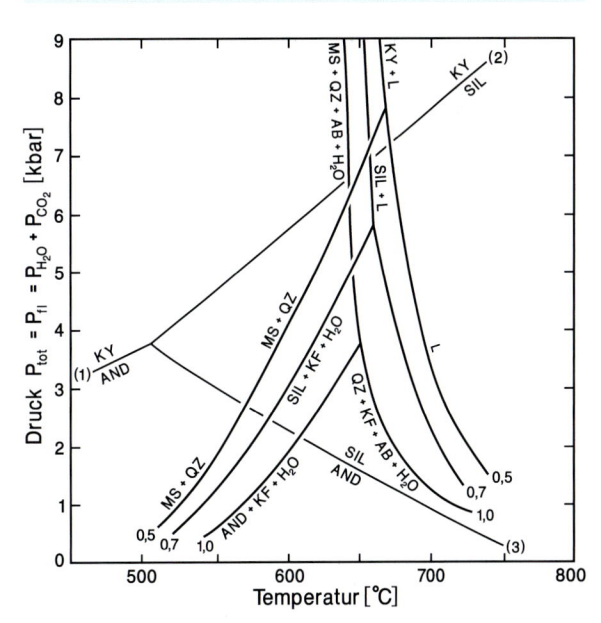

Abb. 27.10. P-T-Diagramm zur Stabilität von Muscovit in Gegenwart von Quarz (± Plagioklas) nach Reaktion (27.11) und (27.11a) und zur Lage des Granit-Solidus bei $P_{tot} = P_{fl} = P_{H_2O} + P_{CO_2}$ und $X_{H_2O} = H_2O/(H_2O + CO_2)$-Werten von 1,0, 0,7 und 0,5. (Nach Kerrick 1972)

Diese Reaktionen beschreiben das H_2O-gesättigte Schmelzen bzw. das Dehydratationsschmelzen von Muscovit in Gegenwart von Quarz und Plagioklas bei unterschiedlichem X_{H_2O} (letztere ist in Abb. 27.10 nicht dargestellt; vgl. Abb. 27.7). Erst ab $X_{H_2O} < 0{,}5$ existiert ein Feld, in dem aus dem konventionellen Muscovit-Abbau in Gegenwart von Quarz nach Reaktion (27.11) Kyanit anstelle von Andalusit oder Sillimanit entsteht. Daraus folgt, dass die Bildung von Kyanit-führenden Granuliten relativ „trockene" Bedingungen erfordert, es sei denn, Migmatitgefüge weisen auf partielles (Dehydrations-)Schmelzen hin. Allgemein gilt, dass die Gleichgewichtskurven von Entwässerungs-Reaktionen nur dann zur T-Abschätzung der Metamorphose verwendet werden können, wenn man unabhängige Informationen über den Gesamtdruck und den H_2O-Gehalt der fluiden Phase hat.

27.2.3
Dekarbonatisierungs-Reaktionen

Bei der Metamorphose von unreinen, SiO_2- und/oder Al_2O_3-haltigen Karbonat-Gesteinen wird CO_2 allein oder zusammen mit H_2O freigesetzt. Die bekannteste Dekarbonatisierungs-Reaktion ist der Abbau von Calcit in Gegenwart von Quarz zu Wollastonit nach der Reaktion

$$CaCO_3 + SiO_2 \rightleftharpoons CaSiO_3 + CO_2 \quad (27.23)$$
Calcit   Quarz   Wollastonit

Wie Abb. 27.11 erkennen lässt, hat die Gleichgewichtskurve dieser Reaktion bei $P_{total} = P_{CO_2}$ eine ähnliche Form wie die meisten Entwässerungs-Reaktionen, d. h. eine positive Steigung und eine deutliche Krümmung im unteren Druckbereich. Dabei ist der Druckeinfluss auf die Gleichgewichtstemperatur der Reaktion beachtlich: sie beträgt bei $P_{CO_2} = 0{,}5$ kbar etwa 550 °C, bei 3 kbar dagegen ca. 780 °C. Deshalb verwundert es nicht, dass Bedingungen für die Wollastonit-Bildung eher in Kontaktaureolen erreicht werden als bei der Regionalmetamorphose, bei der die Paragenese Calcit + Quarz bis zu Temperaturen >700 °C stabil sein kann. Allerdings verschieben sich – analog zu den Entwässerungs-Reaktionen – die Gleichgewichtskurven von Dekarbonatisierungs-Reaktionen zu niedrigen Temperaturen hin, wenn die fluide Phase neben CO_2 auch andere Gasspezies, z. B. H_2O enthält, d. h. $P_{tot} = P_{fl} = P_{CO_2} + P_{H_2O} \dots$ wird. In Abb. 27.11 sind die Gleichgewichtskurven der Reaktion (27.23) für unterschiedliche $X_{CO_2} = CO_2/(CO_2 + H_2O)$ dargestellt, und zwar für $X_{CO_2} = 0{,}75$, $0{,}50$, $0{,}25$, $0{,}13$ sowie für $P_{CO_2} =$ const $= 1$ bar. Ist dagegen $P_{tot} > P_{fl} = P_{CO_2}$, so zweigt von der Kurve für $X_{CO_2} = 1$ – analog zu Abb. 27.7 – eine Kurve mit steiler negativer Steigung ab, z. B. bei $P_{CO_2} = 1$ kbar. Aus diesen Erörterungen folgt, dass man die Reaktion (27.23) nur dann zur T-Abschätzung der Metamorphose verwenden kann, wenn man über unabhängige Kriterien für den Gesamtdruck sowie die Partialdrücke von CO_2 und H_2O verfügt.

Die Gesamtentropiezunahme der Reaktion (27.23) liegt in der gleichen Größenordnung wie bei Entwässerungs-Reaktionen. Demgegenüber ist das $\Delta V°_{solids}$ stark negativ, da Calcit und Quarz deutlich geringere Dichten als Wollastonit haben:

$$\Delta V°_{solids} = V°_{Wo} - (V°_{Cal} + V°_{Qz})$$
$$= 39{,}260 - (36{,}934 + 22{,}688) = -20{,}362$$

Daher erhalten die Gleichgewichtskurven bei erhöhten CO_2-Drücken eine negative Steigung. Das gleiche gilt auch für andere Dekarbonatisierungs-Reaktionen; allerdings reagieren Dolomit und Magnesit mit Quarz bereits bei niedrigeren Temperaturen als Calcit. Die negative Steigung der Kurve für $P_{CO_2} = 1$ bar in Abb. 27.11 ergibt sich aus der sinngemäßen Anwendung von Gleichung [27.5a].

Wir wollen anhand der Reaktion (27.23) die Anwendung der Gibbs'schen Phasenregel auf Systeme mit einer fluiden Phase erläutern. Wenn diese nur aus CO_2 besteht, also für den Fall $P_{tot} = P_{fl} = P_{CO_2}$, befinden wir uns im Dreistoffsystem $CaO–SiO_2–CO_2$, die Zahl der Komponenten ist also gleich 3. Wenn man vom Calciumoxid absieht, das als Mineral nur sehr selten bei der Pyrometamorphose gebildet wird, gibt es insgesamt 4 Phasen, nämlich Calcit, Quarz, Wollastonit und die fluide Phase, die als Reaktionspartner gemeinsam an der Gleichgewichtskurve auftreten. Diese ist univariant; denn es gilt $F = C - Ph + 2 = 3 - 4 + 2 = 1$. Man hat also nur einen Freiheitsgrad und kann entweder T oder P_{CO_2} unabhängig variieren, ohne den Zustand des Systems zu stören. Demgegenüber koexistieren in den divarianten Feldern jeweils

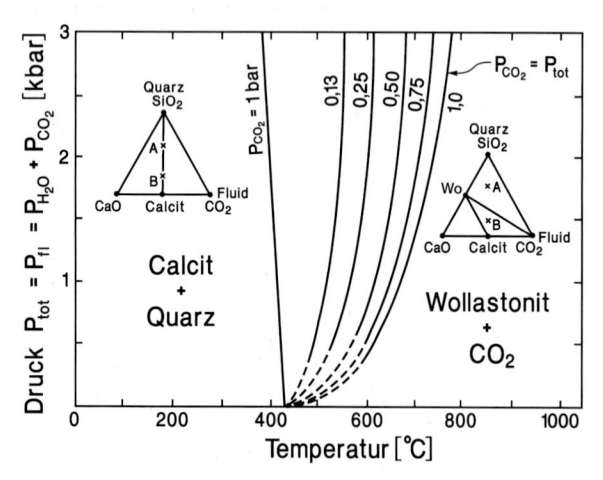

Abb. 27.11. Gleichgewichtskurven der Reaktion (27.23) Calcit + Quarz $\rightleftharpoons$ Wollastonit + CO_2 für X_{CO_2}-Werte von 1,0, 0,75, 0,5, 0,25 und 0,13 bei $P_{tot} = P_{fl} = P_{CO_2} + P_{H_2O}$ sowie für $P_{CO_2} = 1$ bar nach experimentellen Daten von Harker u. Tuttle (1956) und Greenwood (1967) aus Winkler (1979). Im Dreistoffsystem $CaO–SiO_2–CO_2$ sind die Phasenbeziehungen für zwei verschiedene Gesteins-Chemismen durch Konoden dargestellt

maximal drei Phasen miteinander: $F = 3 - 3 + 2 = 2$, so dass T und P_{CO_2} frei wählbar sind. In Abb. 27.11 sind die möglichen Phasenkombinationen im Konzentrationsdreieck $CaO-SiO_2-CO_2$ für zwei verschiedene Gesteins-Chemismen A und B durch den jeweiligen Konodenverlauf dargestellt. Auf der linken Seite der Gleichgewichtskurve koexistieren in beiden Gesteinen Calcit und Quarz. Durch Reaktion (27.23) wird die Konode Calcit–Quarz gebrochen und durch die Konode Wollastonit–Fluid ersetzt. Dabei können je nach Ausgangszusammensetzung entweder Quarz oder Calcit übrig bleiben. Dementsprechend ist in Gestein A die Paragenese Quarz–Wollastonit (–Fluid) stabil, in Gestein B dagegen Wollastonit–Calcit (–Fluid).

Für den Fall $P_{total} = P_{fluid} = P_{CO_2} + P_{H_2O}$ gewinnt das System einen zusätzlichen Freiheitsgrad und die Phasenregel erhält die Form $F = C - Ph + 3$. Mit $F = 3 - 4 + 3 = 2$ wird die univariante Gleichgewichtskurve der Reaktion (27.23) zur divarianten Fläche im $P-T-P_{CO_2}$- oder $P-T-X_{CO_2}$-Raum. Es hat sich als nützlich erwiesen, Reaktionen, an denen die Komponenten H_2O und CO_2 als Partner beteiligt sind, in isobaren $T-X_{CO_2}$-Diagrammen, d. h. bei P_{total} = const zu behandeln. Diesen Diagrammtyp wollen wir im folgenden Abschnitt kennenlernen.

27.2.4
Reaktionen, an denen H_2O und CO_2 beteiligt sind

Solche Reaktionen spielen bei der aufsteigenden Metamorphose von unreinen Kalksteinen, insbesondere von Mergeln, eine ganz wichtige Rolle. Ihre Gleichgewichtskurven werden in $T-X_{CO_2}$-Diagrammen dargestellt, die isobare Schnitte durch den $P_{fl}-T-X_{CO_2}$-Raum bilden; es handelt sich um die Schnittlinien der divarianten Gleichgewichtsfläche bei einem bestimmten P_{total} (Abb. 27.12a). Da der Gesamtfluiddruck konstant gehalten wird, verzichtet man auf einen Freiheitsgrad, so dass wieder $F = C - Ph + 2$ gilt. Damit werden die Gleichgewichtskurven im $T-X_{CO_2}$-Schnitt wiederum univariant. Nach Greenwood (1967) lässt sich die Steigung dieser Kurven aus einem partiellen Differential berechnen, das der Clausius-Clapeyron'schen Gleichung analog ist. Dabei wird vorausgesetzt, dass die Aktivitätskoeffizienten γ von H_2O und CO_2 konstant sind, so dass man mit den Molenbrüchen $X_{H_2O} = H_2O/(H_2O + CO_2)$ und $X_{CO_2} = CO_2/(H_2O + CO_2) = 1 - X_{H_2O}$ arbeiten kann:

$$\left(\frac{\partial T}{\partial X_{CO_2}}\right)_{P_{fl},\gamma} = \frac{RT}{\Delta S} \times \left(\frac{\nu_{CO_2}}{X_{CO_2}} - \frac{\nu_{H_2O}}{X_{H_2O}}\right) \quad [27.6]$$

Dabei sind ν_{CO_2} und ν_{H_2O} die Zahl der an der Reaktion beteiligten Mole CO_2 bzw. H_2O und R die ideale Gaskonstante. Wir erinnern uns daran, dass die Reaktanten negativ, die Reaktionsprodukte positiv gerechnet werden. Nach Greenwood (1967) kann man fünf verschiedene Fälle unterscheiden, die im $T-X_{CO_2}$-Diagramm Abb. 27.12b schematisch dargestellt sind.

1. Reaktionen, bei denen nur CO_2 frei wird: $\nu_{H_2O} = 0$, $\nu_{CO_2} > 0$

Wenn ΔS positiv ist, was meist zutrifft, wird

$$\left(\frac{\partial T}{\partial X_{CO_2}}\right)_{P_{fl},\gamma}$$

positiv, d. h. die Gleichgewichtskurve hat im $T-X_{CO_2}$-Diagramm eine positive Steigung; sie schneidet die T-Achse bei $X_{CO_2} = 1$ bei der maximal möglichen Temperatur und nähert sich mit sinkender Temperatur asymptotisch der T-Achse bei $X_{CO_2} = 0$ (Abb. 27.12b, 27.13). Beispiel: Reaktion (27.23) und analoge Dekarbonatisierungs-Reaktionen, wie

$$CaMg[CO_3]_2 \rightleftharpoons MgO + CaCO_3 + CO_2 \quad (27.24)$$
Dolomit $\qquad$ Periklas Calcit

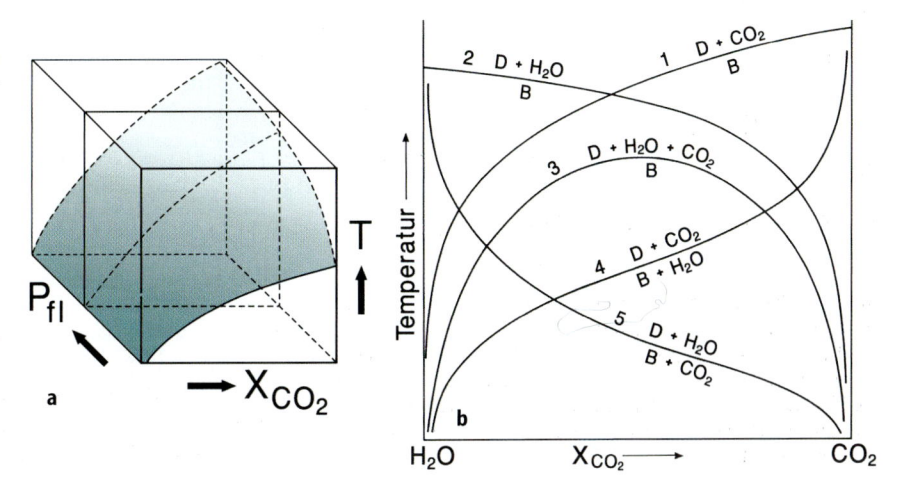

Abb. 27.12.
a Gleichgewichtsfläche (*schattiert*) einer Dekarbonatisierungs-Reaktion im $P_{fl}-T-X_{CO_2}$-Raum; ein isobarer Schnitt (P_{fl} = const) erzeugt eine univariante Gleichgewichtskurve im $T-X_{CO_2}$-Diagramm. **b** Schematisches $T-X_{CO_2}$-Diagramm für eine H_2O-CO_2-Fluidphase bei P_{fl} = const. Veranschaulicht wird die Form von univarianten Gleichgewichtskurven der fünf verschiedenen Reaktionstypen (nach Greenwood 1967); B und D sind feste Phasen definierter Zusammensetzung. (Mod. aus Miyashiro 1994)

2. Reaktionen, bei denen nur H$_2$O frei wird: $v_{H_2O} > 0$, $v_{CO_2} = 0$

Bei positivem ΔS wird

$$\left(\frac{\partial T}{\partial X_{CO_2}}\right)_{P_{fl},\gamma}$$

und damit auch die Steigung der Gleichgewichtskurve negativ. Beispiele: alle reinen Entwässerungs-Reaktionen.

3. Reaktionen, bei denen sowohl CO$_2$ als auch H$_2$O frei werden: $v_{H_2O} > 0$, $v_{CO_2} > 0$

Die Gleichgewichtskurve erreicht ein Maximum, und zwar dort, wo

$$X_{CO_2} = \frac{v_{CO2}}{v_{CO2} + v_{H_2O}}$$

ist, da an dieser Stelle

$$\left(\frac{\partial T}{\partial X_{CO_2}}\right)_{P_{fl},\gamma}$$

und damit die Steigung der Gleichgewichtskurve 0 wird. Das lässt sich leicht zeigen, wenn man den Ausdruck für X_{CO_2} in Gleichung [27.6] einsetzt und umformt. Ebenso wird schnell klar, dass für ein kleines X_{CO_2} die Steigung positiv, für ein großes dagegen negativ werden muss. Die Gleichgewichtskurve nähert sich mit sinkender Temperatur sowohl bei $X_{CO_2} = 0$ als bei $X_{CO_2} = 1$ asymptotisch der T-Achse (Abb. 27.11b). Als Beispiele seien einige wichtige Reaktionen im Kalksilikat-System CaO–MgO–SiO$_2$–CO$_2$–H$_2$O genannt (Abb. 27.12):

$$\text{Mg}_3[(OH)_2/Si_4O_{10}] + 5\text{CaMg}[CO_3]_2$$
Talk — Dolomit

$$\rightleftharpoons 4\text{Mg}_2[SiO_4] + 5\text{CaCO}_3 + 5\text{CO}_2 + \text{H}_2\text{O} \quad (27.25)$$
Forsterit — Calcit

$$\text{Ca}_2\text{Mg}_5[(OH)_2/Si_8O_{22}] + 3\text{CaCO}_3 + 2\text{SiO}_2$$
Tremolit — Calcit — Quarz

$$\rightleftharpoons 5\text{CaMg}[Si_2O_6] + 3\text{CO}_2 + \text{H}_2\text{O} \quad (27.26)$$
Diopsid

$$5\text{Mg}_3[(OH)_2/Si_4O_{10}] + 6\text{CaCO}_3 + 4\text{SiO}_2$$
Talk — Calcit — Quarz

$$\rightleftharpoons 3\text{Ca}_2\text{Mg}_5[(OH)_2/Si_8O_{22}] + 6\text{CO}_2 + 2\text{H}_2\text{O} \quad (27.27)$$
Tremolit

Für Gleichung (27.25) liegt das Maximum bei

$$X_{CO_2} = \frac{5}{5+1} = 0{,}83$$

für die Gleichungen (27.26) und (27.27) bei

$$X_{CO_2} = \frac{6}{6+2} = \frac{3}{3+1} = 0{,}75$$

4. Reaktionen, bei denen H$_2$O verbraucht, CO$_2$ wird frei: $v_{H_2O} = <0$, $v_{CO_2} > 0$

Die beiden leichtflüchtigen Komponenten stehen also auf entgegengesetzten Seiten der Reaktionsgleichung. Dadurch entstehen Gleichgewichtskurven mit einem Wendepunkt anstelle eines Maximums; sie haben – analog zu Fall 1 – eine positive Steigung im T-X_{CO_2}-Diagramm und nähern sich sowohl auf der Hoch-T-Seite bei $X_{CO_2} = 1$ als auch der Tief-T-Seite bei $X_{CO_2} = 0$ asymptotisch der T-Achse an (Abb. 27.12b, Abb. 27.13). Der Wendepunkt liegt dort, wo die 2. Ableitung von

$$\left(\frac{\partial T}{\partial X_{CO_2}}\right)_{P_{fl},\gamma}$$

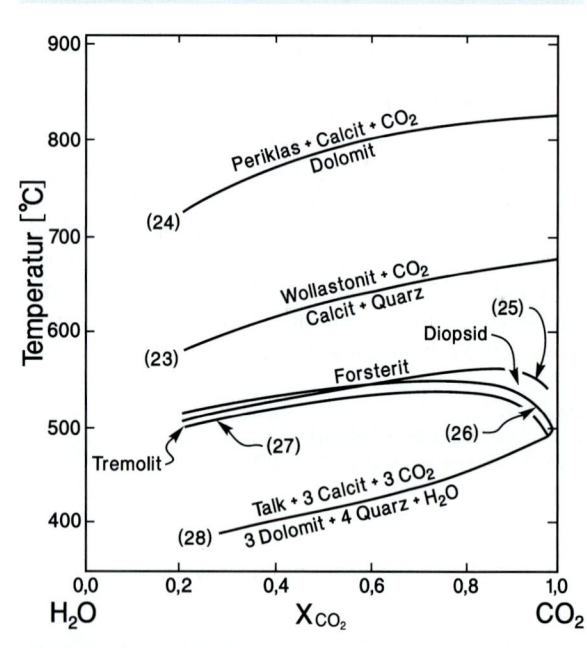

Abb. 27.13. T-X_{CO_2}-Diagramm für $P_{fl} = 1$ kbar für verschiedene Reaktionen im Kalksilikat-System CaO–MgO–SiO$_2$–CO$_2$–H$_2$O. 23 Calcit + Quarz $\rightleftharpoons$ Wollastonit + CO$_2$; 24 Dolomit $\rightleftharpoons$ Periklas + Calcit + CO$_2$; 25 Talk + Dolomit $\rightleftharpoons$ Forsterit + Calcit + CO$_2$ + H$_2$O; 26 Tremolit + Calcit + Quarz $\rightleftharpoons$ Diopsid + CO$_2$ + H$_2$O; 27 Talk + Calcit + Quarz $\rightleftharpoons$ Tremolit + CO$_2$ + H$_2$O; 28 Dolomit + Quarz + H$_2$O $\rightleftharpoons$ Talk + Calcit + CO$_2$. (Nach verschiedenen Autoren aus Miyashiro 1973)

nach ∂X_{CO_2} gleich 0 wird. Als Beispiel für diesen häufigen Reaktionstyp diene die Bildung von Talk nach der Gleichung

$$3CaMg[CO_3]_2 + 4SiO_2 + H_2O$$
Dolomit   Quarz

$$\rightleftharpoons Mg_3[(OH)_2/Si_4O_{10}] + 3CaCO_3 + 3CO_2 \quad (27.28)$$
Talk   Calcit

Die Veränderung von

$$\left(\frac{v_{CO_2}}{X_{CO_2}} - \frac{v_{H_2O}}{X_{H_2O}}\right) = \frac{3}{X_{CO_2}} + \frac{1}{X_{H_2O}}$$

mit der Variation von X_{CO_2} lässt sich leicht berechnen. Wie man aus Tabelle 27.4 ablesen kann, ist bei niedrigen und hohen X_{CO_2}-Werten die Steigung der Gleichgewichtskurve sehr steil und flacht sich zum Wendepunkt bei X_{CO_2} nahe 0,6 zunehmend ab.

5. Reaktionen, bei denen CO$_2$ verbraucht und H$_2$O frei wird

Auch hier stehen die beiden leichtflüchtigen Komponenten auf unterschiedlichen Seiten der Reaktionsgleichung, so dass die Gleichgewichtskurven ebenfalls einen Wendepunkt haben, aber – analog zu Fall 2 – eine negative Steigung besitzen. Reaktionen diesen Typs sind in der Natur selten.

27.2.5
Oxidations-Reduktions-Reaktionen

In der Atmosphäre tritt Sauerstoff überwiegend als freies Molekül O$_2$ auf, wobei sein Partialdruck P_{O_2} ca. 0,21 bar beträgt, entsprechend seinem Volumenanteil von 20,8 Vol.-%.

Tabelle 27.4. Veränderung von $(v_{CO_2}/X_{CO_2}) - (v_{H_2O}/X_{H_2O})$ mit X_{CO_2} für Reaktion (27.28)

X_{CO_2}	$(v_{CO_2}/X_{CO_2}) - (v_{H_2O}/X_{H_2O})$
0	∞
0,1	31
0,2	16,3
0,3	11,4
0,4	9,2
0,5	8,0
0,6	7,5
0,7	7,6
0,8	8,8
0,9	13,3
1,0	∞

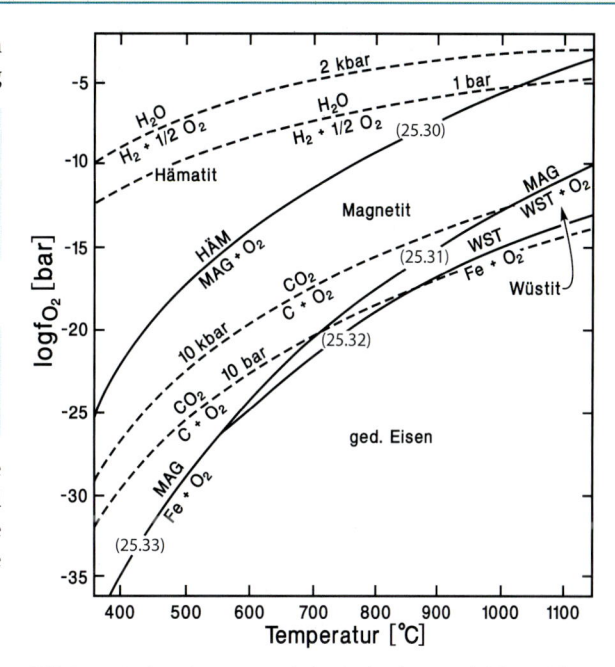

Abb. 27.14. T-f_{O_2}-Diagramm mit den univarianten Gleichgewichtskurven, die die Stabilitätsfelder von Hämatit, Magnetit, Wüstit und ged. Eisen begrenzen. Der Druck-Einfluss auf die festen Phasen kann vernachlässigt werden. Eingetragen sind weiter die Dissoziations-Gleichgewichte für H$_2$O bei P = 1 bar und P_{H_2O} = 2 kbar sowie für CO$_2$ bei P_{CO_2} = 10 bar und 10 kbar. (Nach Miyashiro 1973)

Dagegen liegt in der Erdkruste und im Erdmantel Sauerstoff überwiegend in gebundener Form vor, insbesondere in Silikaten, Oxiden wie Magnetit, Hämatit und Ilmenit sowie Karbonaten. Darüber hinaus enthält die fluide Phase neben H$_2$O, CO$_2$ und anderen Gasspezies auch O$_2$ und H$_2$, die teilweise durch die Dissoziation von H$_2$O nach der Redoxreaktion

$$H_2O \rightleftharpoons H_2 + \tfrac{1}{2}O_2 \quad (27.29)$$

gebildet werden. Bei den erhöhten P-T-Bedingungen der Metamorphose sollte man anstelle des O$_2$-Partialdrucks P_{O_2} genauer den Begriff der O$_2$-Fugazität f_{O_2} verwenden. Wie das T-f_{O_2}-Diagramm (Abb. 27.14) zeigt, ist der Druckeinfluss auf diese Reaktion beachtlich; so zersetzt sich H$_2$O bei 600 °C und P = 1 bar bereits bei f_{O_2} = 10^{-8} bar, bei 600 °C und P_{H_2O} = 2 kbar dagegen erst dann, wenn f_{O_2} auf 10^{-6} bar steigt.

Während der Sauerstoffpartialdruck bei der atmosphärischen Verwitterung bei 0,21 bar liegt und auch bei Sedimentationsvorgängen meist hoch ist, finden metamorphe und magmatische Prozesse meist bei deutlich geringerem f_{O_2} statt. So verläuft die Gleichgewichtskurve der Reaktion

$$6Fe_2^{3+}O_3 \rightleftharpoons 4Fe^{2+}Fe_2^{3+}O_4 + O_2 \quad (27.30)$$
Hämatit   Magnetit

die das Stabilitätsfeld von Magnetit zu hohen Sauerstoff-Fugazitäten abgrenzt, durch die Punkte $T = 400\,°C/f_{O_2} = 10^{-21}$ bar, $600\,°C/10^{-12}$ bar und $1\,000\,°C/10^{-5}$ bar. Die obere Stabilitätsgrenze von Magnetit, die durch die Reaktionen

$$\underset{\text{Magnetit}}{Fe^{2+}Fe_2^{3+}O_4} \rightleftharpoons \underset{\text{Wüstit}}{3Fe^{2+}O} + \tfrac{1}{2}O_2 \qquad (27.31)$$

und

$$\underset{\text{Magnetit}}{Fe^{2+}Fe_2^{3+}O_4} \rightleftharpoons \underset{\text{ged. Eisen}}{3Fe^0} + 2O_2 \qquad (27.32)$$

definiert wird, ist durch die Punkte $400\,°C/10^{-33}$ bar, $600\,°C/10^{-22}$ bar und $1\,000\,°C/10^{-11}$ bar festgelegt (Abb. 27.14). Im Gegensatz zur Dissoziationsreaktion von H_2O (27.29) ist der Einfluss des Gesamdrucks auf diese Feststoff-Redoxreaktionen gering.

Aus Abb. 27.14 wird deutlich, dass die Dissoziationskurven von H_2O fast vollständig im Stabilitätsfeld von Hämatit verlaufen. Daher dürfte in metamophen und magmatischen Gesteinen lediglich Hämatit als opake Eisenoxidphase auftreten, wenn der Sauerstoffanteil, der in der Gasphase vorhanden ist, nur durch die H_2O-Dissoziation nach Reaktion (27.29) kontrolliert würde. Das ist aber nicht der Fall; denn in Gesteinen treten häufig auch Magnetit und Ilmenit als Opakphasen auf. Daher sollte f_{O_2} geringer bzw. der H_2-Anteil größer sein, als durch Gleichung (27.28) gegeben ist. Eine Erklärungsmöglichkeit ist die Anwesenheit von organischer Substanz oder – bei höherem Metamorphosegrad – von Graphit, der z. B. in metamorphen Sedimentgesteinen häufig beobachtet wird. In erster Näherung könnte man dann die Reaktion

$$CO_2 \rightleftharpoons C + O_2 \qquad (27.33)$$

anwenden, deren Gleichgewichtskurven für 10 bar und 10 kbar Gesamtfluiddruck überwiegend in den Stabilitätsfeldern von Magnetit und Wüstit liegen. Daneben können auch die Reaktionen $CO_2 \rightleftharpoons CO + \tfrac{1}{2}O_2$ und $C + 2H_2 \rightleftharpoons CH_4$ zur Kontrolle von f_{O_2} und f_{H_2} beitragen. In der Tat ist Methan CH_4, das relativ reduzierende Bedingungen anzeigt, in Flüssigkeitseinschlüssen metamorpher Minerale nachgewiesen worden (Kap. 12, S. 207ff) und kann in Graphit-haltigen Metasedimenten einen beträchtlichen Anteil der fluiden Phase ausmachen. Bei gegebenen P-T-Bedingungen dominiert in diesen Gesteinen CH_4 bei niedrigem f_{O_2}, H_2O bei mittlerem f_{O_2} und CO_2 bei hohem f_{O_2}. Mit steigender Temperatur und sinkendem Druck nimmt der H_2O-Gehalt in der fluiden Phase ab; dabei wird Graphit nach der Reaktion $2C + 2H_2O \rightleftharpoons CO_2 + CH_4$ zunehmend abgebaut (Ohmoto u. Kerrick 1977).

Ganz allgemein lässt sich die Sauerstoff-Fugazität im *Experiment* über *univariante Gleichgewichtskurven von Oxid-Oxid- und Oxid-Silikat-Reaktionen* festlegen, wenn P_{tot} und T bekannt sind. So koexistieren im Zweistoffsystem Fe–O an der Gleichgewichtskurve der Reaktion (27.30) die beiden festen Phasen Hämatit und Magnetit sowie eine Gasphase miteinander. Von den drei Zustandsvariablen T, P_{tot} und f_{O_2} wird P_{tot} konstant gehalten, so dass die Gibbs'sche Phasenregel die Form $F = C - Ph + 2$ annimmt. Mit $F = 2 - 3 + 2 = 1$ ist die Gleichgewichtskurve in der Tat univariant, d. h. bei gegebenem T ist f_{O_2} automatisch festgelegt. Folgende univariante Gleichgewichtsreaktionen werden im Experiment häufig als Puffersysteme zur Kontrolle der Sauerstoff-Fugazität eingesetzt:

HM: Hämatit–Magnetit-Puffer nach Reaktion (27.30)
NNO: Nickel–Nickeloxid-Puffer nach der Reaktion

$$NiO \rightleftharpoons Ni + \tfrac{1}{2}O_2$$

FMQ: Fayalit–Magnetit + Quarz-Puffer nach der Reaktion

$$2Fe_3O_4 + 3SiO_2 \rightleftharpoons 3Fe_2[SiO_4] + O_2$$

MW: Magnetit–Wüstit-Puffer nach Reaktion (27.31)
IM: Magnetit–ged. Eisen-Puffer nach der Reaktion (27.32)
IW: Wüstit–ged. Eisen-Puffer nach Reaktion

$$FeO \rightleftharpoons Fe^0 + \tfrac{1}{2}O_2$$

IQF: ged. Eisen + Quarz–Fayalit-Puffer nach der Reaktion

$$Fe_2[SiO_4] \rightleftharpoons 2Fe^0 + SiO_2 + O_2$$

In der experimentellen Praxis wendet man zur Kontrolle der O_2-Fugazität die sog. Doppelkapsel-Methode an (Eugster 1957). Dabei wird die Ausgangsmischung z. B. für die Reaktion Staurolith + Quarz $\rightleftharpoons$ Cordierit + Andalusit + H_2O in eine Edelmetallkapsel eingebracht; diese wird von einer größeren Edelmetallkapsel umgeben, in der sich die Puffermischung, z. B. FMQ, zusammen mit H_2O befindet. Bei den definierten P-T-Bedingungen des Experiments stellt der FMQ-Puffer eine definierte O_2-Fugazität ein, die ihrerseits das Dissoziationsgleichgewicht von H_2O (27.29) beeinflusst. Dadurch wird eine bestimmte H_2-Fugazität eingestellt. Das kleine Wasserstoffmolekül ist in der Lage, durch das Kapselmaterial hindurch zu diffundieren und so das Gleichgewicht (27.29) auch in der inneren Kapsel zu steuern. Dadurch wird das f_{O_2}, das durch die Puffermischung definiert ist, auch in der inneren Kapsel eingestellt. Die oben genannten Puffermischungen liefern somit eine schrittweise f_{O_2}-Skala.

Fe^{2+}-haltige Silikate wie Almandin-reicher Granat oder Staurolith sind bei gegebener Temperatur und gegebenem Gesamtdruck nur über einen bestimmten f_{O_2}-Bereich sta-

Abb. 27.15.
T-f_{O_2}-Diagramm mit dem Stabilitätsfeld von Almandin (*mittelblau*) und den Gleichgewichtskurven wichtiger Puffersysteme; *hellblau*: Stabilitätsfeld von Quarz + Fe-Chlorit ± Magnetit (Nach Hsu 1968)

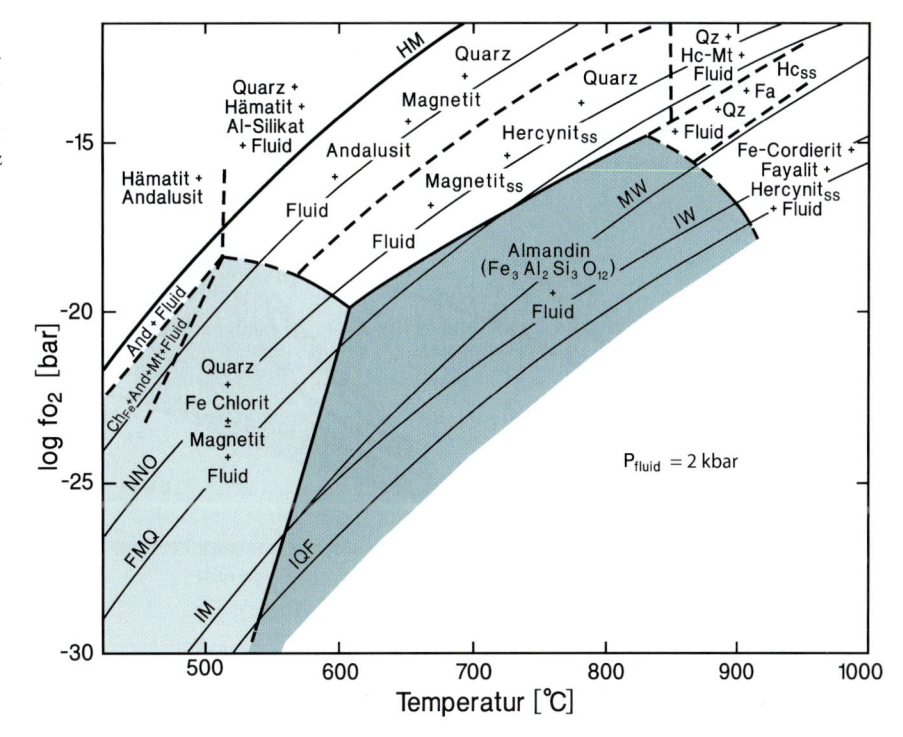

bil. Bei Zunahme von f_{O_2} werden sie unter Bildung von Magnetit oder Hämatit abgebaut, wie das am Beispiel von reinem Almandin im T–f_{O_2}-Diagramm (Abb. 27.15) dargestellt ist. Bei konstantem H_2O-Druck nimmt die Bildungstemperatur von Almandin mit steigendem f_{O_2} immer mehr zu. Dabei schneidet seine untere Stabilitätsgrenze nach der Reaktion Quarz + Fe-Chlorit ± Magnetit ⇌ Almandin + H_2O die Kurven für den IQF-, IM- und FMQ-Puffer, während die Gleichgewichtskurve der Reaktion Quarz + Hercynit + Magnetit ⇌ Almandin + H_2O wesentlich flacher, und zwar nahezu parallel der FMQ-Pufferkurve verläuft. Die obere Stabilitätsgrenze von Almandin hat im T–f_{O_2}-Diagramm eine negative Steigung.

Während sich H_2O und CO_2 während der prograden und retrograden Metamorphose relativ mobil verhalten, ist das bei O_2 und H_2 offensichtlich nicht der Fall. Zahlreiche Beispiele belegen, dass in unterschiedlichen Schichten einer metamorphen Sedimentfolge primäre Unterschiede im f_{O_2} erhalten geblieben sind. So wurden in der gebänderten Eisenformation (BIF) des Kanadischen Schildes Schichten, in denen entweder Hämatit oder Magnetit als Fe-Oxid auftreten, im unmittelbaren Kontakt gefunden, wobei die Grenzen teils scharf, teils unscharf sind. Der koexistierende Aktinolith hat im Gleichgewicht mit Hämatit ein geringeres Fe^{2+}/Mg-Verhältnis als mit Magnetit. Dieses stellt somit ein Maß für die O_2-Fugazität im Gestein dar. Das gleichzeitige Auftreten von Magnetit und Hämatit in metamorphen Gesteinen oder Erzen definiert – bei gegebener Temperatur – die O_2-Fugazität bei einem bestimmten Wert. Die Reaktion (27.30) stellt also einen O_2-Puffer dar.

27.2.6
Petrogenetische Netze

Im Laufe der letzten 50 Jahre sind zahlreiche Gleichgewichtskurven metamorpher Mineralreaktionen experimentell bestimmt worden. Es wäre jedoch viel zu aufwändig, die Gleichgewichtskurven aller theoretisch denkbaren oder auch nur aller in der Natur beobachteten Mineralreaktionen durch Hochdruck-Hochtemperatur-Experimente festzulegen. Wie wir gesehen haben, gibt es jedoch durchaus die Möglichkeit, die Lage solcher Kurven im P-T- oder im T–X_{CO_2}-Feld und ihre Steigung thermodynamisch zu berechnen. Dafür muss man allerdings die thermodynamischen Größen der beteiligten Mineralphasen im entsprechenden P-T-Bereich kennen, insbesondere ihre Molvolumina V, Bildungsenthalpien H, Entropien S, ferner die Beziehungen zwischen den Molenbrüchen X_i und den Aktivitäten a_i von chemischen Elementen in Mischkristallen. Diese Werte können durch kalorimetrische Messungen, aus kristallographischen Parametern, aber auch aus Hochdruck-Hochtemperatur-Experimenten gewonnnen werden. Für H_2O und CO_2 sind die thermodynamischen Parameter bereits seit längerer Zeit für einen weiten P-T-Bereich bekannt. Das Ergebnis sind intern konsistente thermodynamische Datensätze (Berman 1988; Holland u. Powell 1985, 1990; Powell et al. 2005), aus denen sich für bestimmte Modellsysteme petrogenetische Netze (engl. petrogenetic grids) konstruieren lassen. So kann man z. B. Gleichgewichtskurven, die für die metamorphe Entwicklung von pelitischen Stoffbeständen relevant sind, in einem P_{H_2O}-T-Diagramm für das Modellsystem

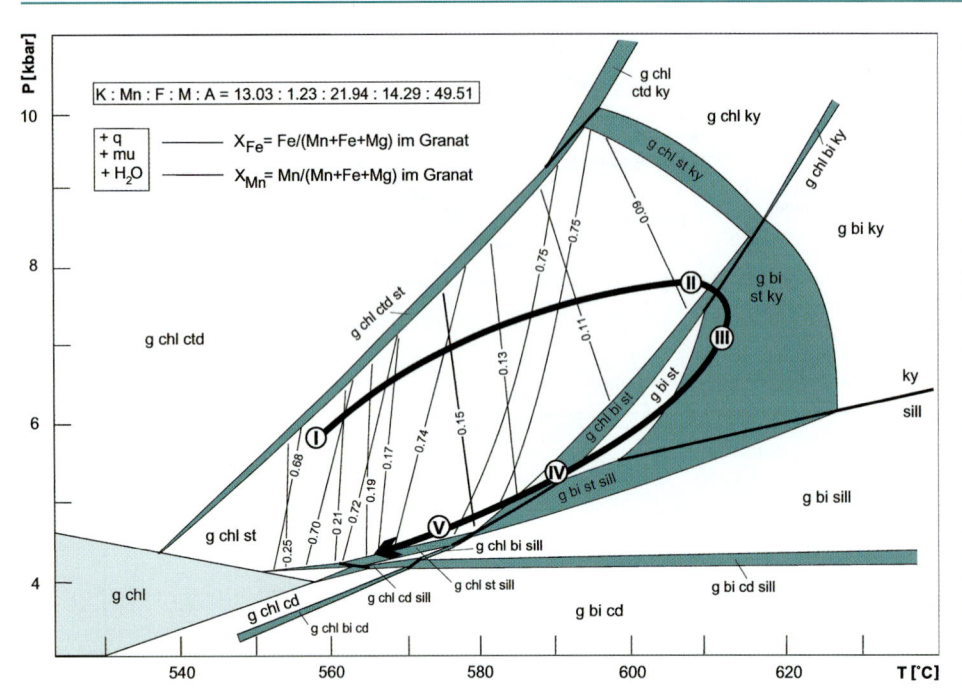

Abb. 27.16.
P-T-Pseudoschnitt für einen Kyanit-Staurolith-Glimmerschiefer aus der Kyanit-Zone des panafrikanischen Kaoko-Gürtels (Namibia) im KMnFMASH-System. Der pauschale Gesteins-Chemismus ist im *oberen Kasten* angegeben. *Mitteldicke Linien*: univariante Gleichgewichtskurven; *mittelblau*: divariante Felder; *weiß*: trivariante Felder; *hellblau*: quadrivariantes Feld. Quarz, Muscovit und H_2O sind Überschussphasen und werden bei den Paragenesen in den Feldern nicht aufgeführt. Für das trivariante Feld Granat (*g*)–Chlorit (*chl*)–Staurolith (*st*)–Quarz (*q*)–Muscovit (*mu*)–H_2O sind die Isoplethen für Mn/(Mn+Fe+Mg) und Fe/(Mn+Fe+Mg) im Granat angegeben. Als dicke schwarze Linie ist der prograde und retrograde *P-T*-Pfad eingetragen, der sich aus den abgeschätzten *P-T*-Kombinationen (I) bis (V) ergibt. (Nach Gruner 2000)

K_2O–FeO–MgO–Al_2O_3–SiO_2–H_2O (KFMASH) darstellen. Für Gesteine mit mergeliger Zusammensetzung käme ein isobares T–X_{CO_2}-Diagramm für das Modellsystem CaO–MgO–Al_2O_3–SiO_2–CO_2–H_2O (CMASCH) in Frage. Die Phasenbeziehungen von Mg-Fe-Mischkristallen, z. B. von Staurolith, Granat, Biotit und Chlorit in einem Metapelit könnten in isobaren T–X_{Fe}- oder isothermen P–X_{Fe}-Schnitten dargestellt werden.

Wegen der Fülle von univarianten Gleichgewichtskurven und invarianten Punkten sind petrogenetische Netze, insbesondere solche für komplexe Modellsysteme, oft sehr unübersichtlich. Dabei muss man allerdings in Betracht ziehen, dass nicht jeder Gesteins-Chemismus alle möglichen Reaktionen auch wirklich „sieht". So wären für einen MgO-reichen metapelitischen Stoffbestand diejenigen Reaktionen uninteressant, an denen die Fe-reichen Minerale Chloritoid und Staurolith beteiligt sind. Man wählt daher aus dem gesamten P-T- oder T-X_{CO_2}-Diagramm nur die Gleichgewichtskurven aus, die für einen ganz bestimmten Pauschalchemismus relevant sind, und kommt dadurch zu einer wesentlichen Vereinfachung. Diese Art der Darstellung, die quasi einen chemischen Schnitt durch das Modellsystem legt, wird als Pseudoschnitt (engl. pseudosection) bezeichnet. In Verbindung mit sorgfältigen mikroskopischen Untersuchungen der Mineralreaktionen, die in einem metamorphen Gestein abgelaufen sind, erlauben Peudoschnitte die Rekonstruktion des prograden und retrograden P-T- oder T-X_{CO_2}-Pfades. Als Beispiel geben wir einen P-T-Pseudoschnitt im Modellsystem K_2O–FeO–MnO–MgO–Al_2O_3–SiO_2–H_2O, der die metamorphe Entwicklung eines Kyanit-Staurolith-Glimmerschiefers im panafrikanischen Kaokogürtel (Namibia) zeigt (Abb. 27.16).

Man erkennt, dass nur wenige Reaktionen univariant, die meisten dagegen divariant sind. So führt in diesem Gestein die prograde Entwicklung von der Paragenese Granat + Chlorit + Staurolith + Muscovit + Quarz zur Paragenese Granat + Biotit + Staurolith + Kyanit + Muscovit + Quarz über ein schmales divariantes Feld, in dem zwar bereits Biotit, aber noch nicht Kyanit in der Paragenese auftritt. Die meisten Felder sind sogar trivariant: Sie enthalten jeweils drei Mineralphasen + Muscovit + Quarz + H_2O-Fluid im Gleichgewicht, d. h. $Ph = 6$; da es sich um ein System mit $C = 7$ handelt, ergibt sich nach der Gibbs'schen Phasenregel $F = C - Ph + 2 = 7 - 6 + 2 = 3$.

Für ein tieferes Eindringen in diese Materie sollten das einschlägige Lehrbuch von Will (1998) sowie die umfangreiche Darstellung von Spear (1993) studiert werden.

27.3
Geothermometrie und Geobarometrie

Geothermometer und Geobarometer beruhen auf der Elementverteilung zwischen koexistierenden Mineralphasen, z. B. von Mg und Fe auf Biotit und Granat, die sich durch die ortsauflösende Analyse von Mineralen mit der Elektronenstrahl-Mikrosonde bestimmen lässt. Voraussetzung dafür ist, dass sich bei einem Metamorphoseschritt, insbesondere beim Höhepunkt der Metamorphose, ein P-T-abhängiges Austausch-Gleichgewicht eingestellt hat und dieses durch spätere Ereignisse, z. B. auf dem retrograden P-T-Pfad, nicht umgestellt wurde. Unter Gleichgewichtsbedingungen gilt:

$$\Delta G + RT\ln K = 0 \qquad [27.7]$$

wobei ΔG die Differenz der freien Enthalpie des Austausch-Gleichgewichts darstellt. K ist die Gleichgewichtskonstante und errechnet sich aus den Aktivitäten a_i der jeweiligen chemischen Elemente bzw. Mineral-Endglieder in den beteiligten Mischkristallen. So gilt beispielsweise für das Kationen-Austausch-Gleichgewicht zwischen Granat und Biotit

$$\text{KMg}_3[(\text{OH})_2/\text{AlSi}_3\text{O}_{10}] + \text{Fe}_3\text{Al}_2[\text{SiO}_4]_3$$
Phlogopit   Almandin

$$\rightleftharpoons \text{KFe}_3[(\text{OH})_2/\text{AlSi}_3\text{O}_{10}] + \text{Mg}_3\text{Al}_2[\text{SiO}_4]_3 \quad (27.34)$$
Annit   Pyrop

$$\ln K = \ln\left(\frac{a_{\text{Ann}}^{\text{Bt}} \cdot a_{\text{Prp}}^{\text{Grt}}}{A_{\text{Phl}}^{\text{Bt}} \cdot a_{\text{Alm}}^{\text{Grt}}}\right) \quad [27.8]$$

Dabei lassen sich die Aktivitäten a_i nach der Gleichung $a_i = \gamma_i \cdot X_i$ aus den Molenbrüchen $X_i = \text{Fe}/(\text{Fe} + \text{Mg})$ berechnen, wenn man die Aktivitätskoeffizienten γ_i kennt. Für die Temperaturabhängigkeit von $\ln K$ bei konstantem Druck gilt die Gleichung

$$\left(\frac{\partial \ln K}{\partial T}\right)_P = \frac{\Delta H_{P,T} + (P-1)\Delta V}{RT^2} \quad [27.9]$$

für die Druckabhängigkeit von $\ln K$ bei konstanter Temperatur:

$$\left(\frac{\partial \ln K}{\partial P}\right)_T = -\frac{\Delta V}{RT} \quad [27.10]$$

(z. B. Will 1998). Aus diesen Gleichungen wird klar, dass Austausch-Gleichgewichte, die ein großes ΔH und ein kleines ΔV aufweisen, besonders gut als Geothermometer geeignet sind, weil der Druckeinfluss gering ist. Umgekehrt sind Reaktionen mit großem ΔV und geringem ΔH stark abhängig vom Druck, aber nur wenig von der Temperatur: sie eignen sich gut als Geobarometer. Für konstante $\ln K$-Werte gilt die Gleichung:

$$\left(\frac{\partial P}{\partial T}\right)_{\ln K} = \frac{\Delta S_{P,T} - R \ln K}{\Delta V}$$

$$= \frac{\Delta H_{P,T} - R \ln K}{T \Delta V} \quad [27.11]$$

die der Clausius-Clapeyron'schen Gleichung entspricht. Aus ihr folgt ebenfalls, dass $(\partial P/\partial T)_{\ln K}$ groß werden muss, wenn ΔH groß ist. Es ergeben sich im P-T-Diagramm Isoplethen, d. h. Linien für unterschiedliche $\ln K$-Werte, die eine steile Steigung aufweisen und daher als Geothermometer dienen können. Ist demgegenüber ΔV groß, so wird $(\partial P/\partial T)_{\ln K}$ klein und es ergeben sich Isoplethen für unterschiedliche $\ln K$-Werte mit flacher Steigung: Es ergibt sich ein Geobarometer (Abb. 27.17).

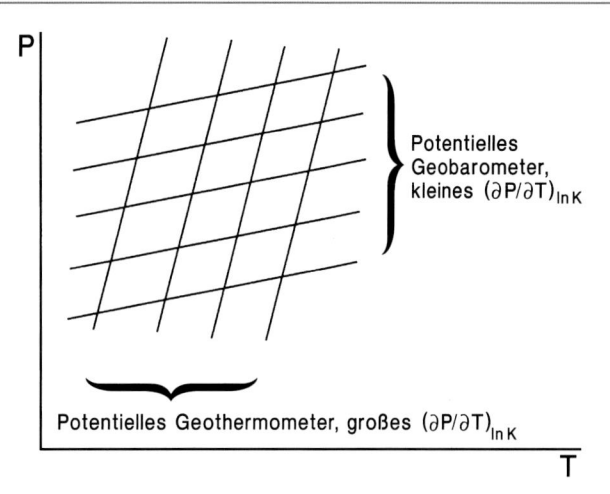

Abb. 27.17. Schematische Position möglicher Geothermometer und Geobarometer im P-T-Diagramm. (Nach Will 1998)

An den Kreuzungspunkten der Isoplethen eines Geothermometers und eines Geobarometers lässt sich die jeweilige P-T-Kombination ablesen, bei der ein Metamorphoseprozess in etwa abgelaufen ist.

Häufig gibt man z. B. in P-T-Pseudoschnitten Linien gleicher Zusammensetzung für ein bestimmtes Mineral an, z. B. für Granat, der sich im Austausch-Gleichgewicht mit Chlorit und Staurolith befindet (Abb. 27.16); auch diese Linien werden als Isoplethen bezeichnet.

Als Geothermometer sind besonders Kationen-Austausch-Gleichgewichte vom Typ der Reaktion (27.34) geeignet, die gewöhnlich ein geringes ΔV, aber ein großes ΔH aufweisen. Weitere Beispiele sind die Mineralpaare Granat-Klinopyroxen, Granat-Orthopyroxen, Granat-Cordierit, Granat-Amphibol, Granat-Phengit, Klinopyroxen-Orthopyroxen, Magnetit-Ilmenit und Calcit-Dolomit (Will 1998).

Demgegenüber sind sog. Massentransfer-Reaktionen als Geobarometer geeignet. Bei ihnen kommt es zu einem *Koordinationswechsel* zwischen den Kationen, die zwischen Reaktanten und Produkten ausgetauscht werden. Die Kationen liegen in unterschiedlicher Koordination vor, z. B. als $\text{Al}^{[4]}$ und $\text{Al}^{[6]}$, was ein großes ΔV der Austauschreaktion zur Folge hat. Ein bekanntes Beispiel ist das sog. GASP-Barometer (Grossular–Al-Silikat–SiO_2–Plagioklas) nach der Reaktion

$$2\text{Al}_2^{[6]}[\text{SiO}_5] + \text{Ca}_3\text{Al}_2^{[6]}[\text{SiO}_4]_3 + \text{SiO}_2$$
Kyanit   Grossular   Quarz

$$\rightleftharpoons 3\text{Ca}[\text{Al}_2^{[4]}\text{Si}_2\text{O}_8] \quad (27.35)$$
Anorthit

Weitere Barometer dieses Typs beruhen auf den Gleichgewichten Grossular-Almandin-Granat + Rutil = Ilmenit + Anorthit + Quarz (GRIPS), Almandin-Granat + Rutil = Ilmenit + $\text{Al}_2[\text{SiO}_5]$ + Quarz (GRAIL), Cordierit = Pyrop-Almandin-Granat + Sillimant + Quarz, Albit = Jadeit + Quarz u. a. (Will 1998).

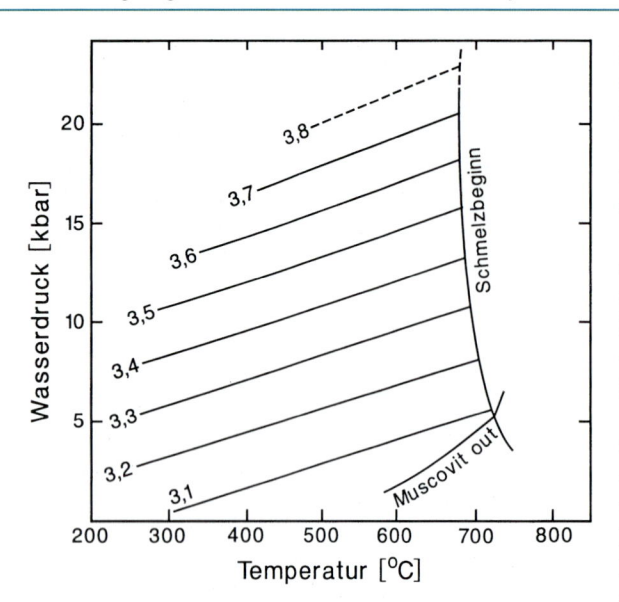

Abb. 27.18. Phengit-Barometer. Isoplethen für Si-Gehalte im Phengit im Gleichgewicht mit Kalifeldspat, Phlogopit, Quarz und H$_2$O im P-T-Diagramm (nach Massonne u. Schreyer 1987). Obere Temperaturgrenze für Muscovit + Quarz nach den Reaktionen (27.11) und (27.11a)

Häufige Anwendung findet auch das Phengit-Geobarometer, das auf dem Si-Gehalt im Phengit nach der gekoppelten Substitution Al$^{[6]}$Al$^{[4]}$ ⇌ Mg$^{[6]}$Si$^{[4]}$ beruht. Voraussetzung ist, dass Muscovit in Paragenesen des KMASH-Systems gemeinsam mit Phlogopit + Kalifeldspat + Quarz oder mit Talk + Phlogopit + Kyanit auftritt (Massonne u. Schreyer 1987, 1989). Da der Einfluss von Fe im KMASH-System bekannt ist, kann auch Biotit anstelle des selteneren Phlogopits vorliegen. In Abb. 27.18 sind die Si-Isoplethen im Phengit für die erstere Paragenese dargestellt. Man erkennt, dass die Si-Gehalte sehr stark vom Druck, aber viel weniger von der Temperatur abhängen. So kann das Diagramm als ein ziemlich empfindliches Geobarometer zur Abschätzung des Drucks in der Natur herangezogen werden, ohne dass die Temperatur der Metamorphose genau bekannt sein muss. Die Anwendung des Phengit-Geobarometers hat für Metagranite oder Metaarkosen mit Biotit, Phengit (Muscovit), Kalifeldspat und Quarz als metamorphe Paragenese breite Anwendung gefunden. In günstigen Fällen kann man aus reliktischem Phengit auf eine vorangegangene Hochdruckmetamorphose schließen.

Der Kationenaustausch zwischen koexistierenden Mineralen erfolgt über Diffusionsvorgänge, wobei die Diffusionsraten mit sinkender Temperatur abnehmen. Unterhalb einer bestimmten Temperatur, der *Schließungstemperatur*, findet keine Diffusion mehr statt und das eingestellte Austausch-Gleichgewicht wird eingefroren. Liegt der Temperaturhöhepunkt einer Metamorphose oberhalb der Schließungstemperatur des verwendeten Geothermometers, so kann noch Diffusion stattfinden und die Austausch-Gleichgewichte werden zurückgestellt: Die berechnete Temperatur entspricht nicht dem erreichten Temperaturmaximum, sondern einem Punkt auf dem retrograden P-T-Pfad. Aus diesem Grunde sollte man nach Möglichkeit unterschiedliche Geothermometer und Geobarometer zur Abschätzung der P-T-Entwicklung eines metamorphen Gesteins verwenden.

Dabei sollte man berücksichtigen, dass sich die Schließungstemperatur für den Kationenaustausch zwischen einem bestimmten Mineralpaar nicht exakt ermitteln lässt, weil sie von reaktionskinetischen Parametern wie der Aufheizungs- oder Abkühlungsrate, der Verformungsrate oder dem Fluidfluss im Gestein beeinflusst wird.

In günstigen Fällen lassen sich durch Austausch-Gleichgewichte auch Stadien des prograden P-T-Pfades quantitativ ermitteln, z. B. über die Mikrosonden-Analyse von Mineraleinschlüssen in zonar gebauten Granaten. Der Zonarbau von Mineralen wird auch bei der Gibbs-Methode der differentiellen Thermodynamik zur Rekonstruktion von P-T-Pfaden verwendet (Spear 1988; Spear et al. 1991; Zeh u. Holness 2003).

27.4
Druck-Temperatur-Entwicklung metamorpher Komplexe

Die Rekonstruktion der räumlichen und zeitlichen Druck-Temperatur-Entwicklung metamorpher Komplexe ist ein zentrales Anliegen der geologischen Forschung. Hierdurch gewinnt man wichtige Informationen über die Mechanismen der Gebirgsbildung, die in der geologischen Vergangenheit wirksam waren und noch heute wirksam sind. Ganz allgemein führen krustenbildende Prozesse wie Subduktion, Kontinent-Kontinent-Kollision, kontinentales Rifting, verbunden mit Plutonismus und Vulkanismus, sowie die Enstehung neuer ozeanischer Kruste an den mittelozeanischen Rücken zur Störung eines ehemals stabilen geothermischen Gradienten (engl. steady-state geotherm) und damit zu Veränderungen von Druck und Temperatur in Raum und Zeit. Als Folge laufen prograde und retrograde Mineralreaktionen ab, die sich durch sorgfältige mikroskopische Beobachtungen herausarbeiten und unter Einsatz von Mikrosonden-Analytik möglichst auch stöchiometrisch formulieren lassen.

27.4.1
Druck-Temperatur-Pfade

Auf der Grundlage dieser Beobachtungen kann man den Druck-Temperatur-Pfad (P-T-Pfad), den ein metamorphes Gestein durchlaufen hat, quantitativ formulieren, wobei man petrogenetische Netze, insbesondere Pseudoschnitte (Abb. 27.16), sowie Geothermometer und Geobarometer in sinnvoller Kombination verwendet. Auch die Isochoren von Flüssigkeits-Einschlüssen in Mineralen werden zur P-T-Ab-

27.4 · Druck-Temperatur-Entwicklung metamorpher Komplexe

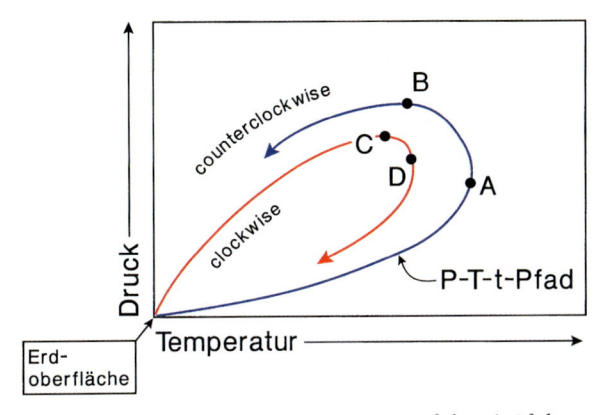

Abb. 27.19. Zwei unterschiedliche Typen von *P-T*-Pfaden: ein Pfad verläuft im Uhrzeigersinn (clockwise), der andere im Gegenuhrzeigersinn (counterclockwise). Die eingetragenen Punkte *B* und *C* sind jeweils Druckmaxima, die Punkte *A* und *D* Temperaturmaxima

schätzung mit herangezogen (Abb. 12.4, S. 210). In manchen Fällen lassen sich einzelne Deformationsphasen $D_1, D_2, D_3, ..., D_n$ bestimmten, prograd oder retrograd gebildeten Mineralen zuordnen und so Druck-Temperatur-Deformationspfade (*P-T-D*-Pfade) rekonstruieren.

Wie Abb. 27.19 zeigt, lassen sich prinzipiell zwei Typen von *P-T*-Pfaden unterscheiden, die im Uhrzeigersinn oder im Gegenuhrzeigersinn verlaufen. Sie spiegeln unterschiedliche Mechanismen der Gebirgsbildung wider, können aber durchaus nebeneinander in unterschiedlichen Bereichen eines Orogens vorkommen. Dabei fällt der Temperaturhöhepunkt der Metamorphose (*A* und *D*) häufig nicht mit dem erreichten Druckmaximum (*B* und *C*) zusammen.

P-T-Pfade im Uhrzeigersinn (clockwise P-T paths). Diese Pfade wurden in vielen Kristallingebieten nachgewiesen und von England u. Thompson (1984) theoretisch modelliert. Sie entstehen durch Prozesse der Krustenverdickung im Zuge von Subduktions- und kontinentalen Kollisionsvorgängen. Dabei erfolgt zunächst eine starke Druckerhöhung, während die Temperaturzunahme wesentlich geringer ist (vgl. auch Abb. 28.8, S. 496). Erst allmählich kommt es infolge von radioaktiver Wärmeproduktion, Wärmeleitung und/oder advektiver Wärmezufuhr durch magmatische Intrusionen zur regionalen Aufheizung des versenkten Krustenteils ohne starke Druckzunahme, also nahezu isobar. Die Aufheizung setzt sich jedoch noch weiter fort, wenn es bereits zur Druckentlastung durch isostatischen Aufstieg des verdickten Gebirges kommt: Dieses wird durch Erosion abgetragen und/oder zergleitet tektonisch entlang flacher Abschiebungen (engl. low-angle normal faults), wodurch die Kruste verdünnt wird. Nach einer Phase nahezu isothermaler Dekompression mündet der *P-T*-Pfad in einen normalen geothermischen Gradienten ein (Abb. 27.20). Im Zuge einer solchen Entwicklung können zunächst Hochdruck- und Ultrahochdruck-Gesteine wie Blauschiefer und Eklogite entstehen, die mit zunehmender Temperatur und unter Anwesenheit einer H$_2$O-haltigen fluiden Phase mehr oder weniger vollständig durch Mitteldruckparagenesen vom Barrow-Typ verdrängt werden und sogar der partiellen Anatexis unterliegen können, wie das am Beispiel des *P-T*-Pfades I (schwarz) + III (rot) in Abb. 27.20 dargestellt ist.

Eine bessere Überlebenschance für Hochdruckminerale besteht jedoch, wenn die Hochdruck- und Ultrahochdruck-Gesteine durch tektonische Vorgänge,

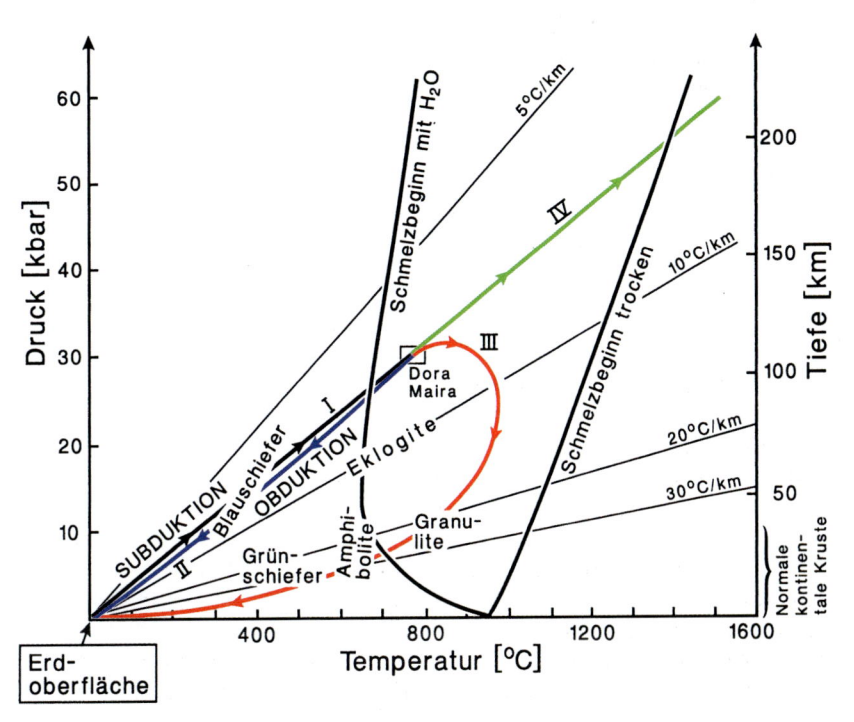

Abb. 27.20.
P-T-Diagramm mit vier möglichen *P-T*-Pfaden von krustalen Gesteinen, die tief subduziert und unterschiedlich rasch exhumiert wurden. Eingetragen sind außerdem die Kurven des Schmelzbeginns eines Alkaligranits unter Anwesenheit von H$_2$O und trocken sowie die linear verlaufenden geothermischen Gradienten. (Nach Schreyer 1988)

z. B. durch Deckenüberschiebungen sehr rasch in höhere Krustenbereiche zurückgeführt werden. Es entstehen dann haarnadelförmige *P-T*-Pfade, bei denen der prograde und der retrograde Ast nahezu parallel verlaufen, wie das z. B. bei den Ultrahochdruck-Gesteinen des Dora-Maira-Massivs (Abschn. 28.3.9, S. 507f) mit der Paragenese Pyrop + Coesit der Fall war (Abb. 27.20). Der aufsteigende Ast I des *P-T*-Pfades dokumentiert ein frühes Stadium der Kontinent-Kontinent-Kollision und folgt dementsprechend einem sehr geringen geothermischen Gradienten von ca. 7 °C/km. Bei rund 800 °C und 30 kbar werden die Bildungsbedingungen dieser Ultrahochdruck-Paragenese erreicht. Der retrograde Ast II (blau) des *P-T*-Pfades verläuft etwa parallel zum prograden, was auf eine rasche tektonische Heraushebung hinweist. Darüber hinaus begünstigte ein Mangel an H_2O und die besondere Kristallgröße des Granats die reliktische Erhaltung der Ultrahochdruck-Paragenese Pyrop + Coesit, während das feinkörnige, glimmerreiche Nebengestein retrograd überprägt wurde. Inzwischen gibt es eine Reihe von Beispielen, bei denen Ultrahochdruck-Paragenesen in tief subduzierter kontinentaler Kruste noch reliktisch erhalten blieben (Abschn. 28.3.9, S. 507f).

Die Verfolgung des Subduktionspfads I in noch größere Manteltiefe bis zu etwa 200 km Tiefe (IV, grün) würde mit steigender Temperatur – in Abhängigkeit von der H_2O-Fugazität – zu einer vermehrten selektiven Aufschmelzung der hochmetamorphen kontinentalen Kruste führen; denn der angenommene Geotherm schneidet die beiden eingezeichneten Schmelzkurven. Die relativ saure, in diesem Fall wahrscheinlich syenitisch zusammengesetzte Schmelze könnte mit dem umgebenden ultramafischen Mantelperidotit reagieren. In der sich absondernden, durch fortschreitende Kontamination veränderten Schmelze vermutet man den Anfang einer globalen Magmenbildung ausgelöst durch eine Kontinent-Kontinent-Kollision.

P-T-Pfade im Gegenuhrzeigersinn (counter-clockwise *P-T* paths). Diese Pfade können entstehen, wenn durch magmatische Intrusionen advektiv Wärme zugeführt wird, z. B. im Bereich von Inselbögen oder von Orogengürteln oberhalb von Subduktionszonen (Abb. 27.19, 28.8, S. 496). Dabei kommt es in einem relativ flachen Krustenniveau zunächst zu nahezu isobarer Aufheizung, die regionale Ausmaße annehmen kann, wenn die Menge der geförderten Magmen groß genug ist. Man spricht dann von regionaler Kontaktmetamorphose. Erst im Zuge einer nachfolgenden Krustenverdickung, z. B. bedingt durch Deckenüberschiebungen, steigt der Druck an, danach erfolgt nahezu isobare Abkühlung. Es entstehen Niederdruckgesteine vom Buchan-Typ.

27.4.2
Druck-Temperatur-Zeit-Pfade

Von großem Interesse sind der zeitliche Ablauf und die Dauer von Metamorphosevorgängen. Diese können, wie am Beispiel der Kontaktmetamophose (Abschn. 26.2.1, S. 424) gezeigt wurde, modelliert werden, wobei allerdings die Grenzparameter oft nicht genau bekannt sind. Es wäre daher wichtig, wenn man an einzelne Abschnitte eines *P-T*-Pfades direkt bestimmte Zeitangaben heranschreiben und so Druck-Temperatur-Zeit-Pfade (*P-T-t*-Pfade) rekonstruieren könnte. Nur so ist es auch möglich zu entscheiden, ob der ermittelte *P-T*-Pfad wirklich auf ein einziges Metamorphoseereignis zurückgeht oder ob sich in ihm mehrere Ereignisse unterschiedlichen Metamorphosealters verbergen. Wie wir in Abschn. 33.5.3 (S. 615ff) zeigen werden, lassen sich Minerale, die radiogene Isotope enthalten, über radioaktive Zerfallsreihen, insbesondere $^{238}U \rightarrow {}^{206}Pb$, $^{235}U \rightarrow {}^{207}Pb$, $^{147}Sm \rightarrow {}^{143}Nd$, $^{87}Rb \rightarrow {}^{86}Sr$ und $^{40}K \rightarrow {}^{40}Ar$, datieren. Auch bei radiometrischen (isotopischen) Altersbestimmungen kann man das Prinzip der Schließungstemperaturen anwenden, wobei die oben angegebenen Einschränkungen gelten. So wird für U-Pb-Datierungen an Zirkon und Monazit eine Schließungstemperatur angenommen, die >900 °C bzw. >750 °C liegt; für Sm-Nd-Datierungen an Granat beträgt sie ca. 600 °C, für Rb-Sr-Datierungen an Muscovit ca. 500 °C sowie für K-Ar-Datierungen an Hornblende, Muscovit und Biotit ca. 450 bis 400 bzw. 300 °C, allerdings jeweils mit relativ großen Unsicherheiten. Trotzdem kann man durch die Datierung unterschiedlicher Minerale eines Gesteins mit unterschiedlichen Isotopensystemen Zeitmarken an den Höhepunkt der Metamorphose und an bestimmte Punkte auf dem retrograden Ast des *P-T*-Pfades setzen, während eine Datierung des prograden *P-T*-Pfades naturgemäß kaum möglich ist.

Dabei muss selbstverständlich vorausgesetzt werden, dass alle datierten Minerale innerhalb des gleichen Metamorphoseereignisses gewachsen sind. Das ist insbesondere beim Zirkon mit seiner sehr hohen Schließungstemperatur oft nicht der Fall. Häufig liefern einzelne Zirkone oder Kernbereiche von Zirkonen noch Altersinformationen, die auf vorhergehende magmatische oder metamorphe Ereignisse hinweisen: Die Temperatur, die beim Höhepunkt der Metamorphose erreicht wurde, war nicht hoch genug, um das Isotopensystem zurückzustellen. So können Zirkone in Orthogneisen, die noch magmatische Morphologie zeigen, das Intrusionsalter des magmatischen Ausgangsgesteins datieren (Abb. 33.15, S. 621). Umgekehrt zeigen abgerundete Zirkone in Metasedimenten häufig ein U-Pb-Alter, das ihre Herkunft von einem älteren Krustenteil, z. B. einem archaischen Kraton erweist; sie wurden als detritische Schwerminerale in das Sedimentationsbecken transportiert, das im Zuge der späteren Orogenese metamorph geprägt wurde. Häufig enthalten zonar gebaute Zirkone ältere detritische oder magmatisch gebildete Kernbereiche; diese werden von Zonen umgeben, die während eines oder mehrerer Metamorphose-Ereignisse gewachsen sind (z. B. Harley u. Kelly 2007). Um diese wichtigen Informationen quantitativ zu fassen, ist die ortsauflösende Isotopenanalyse mit einer *Sensitive High-Resolution Micro-Probe* (SHRIMP) oder mit Laser-Ablations ICP-MS (Kap. 12, S. 207f) erforderlich.

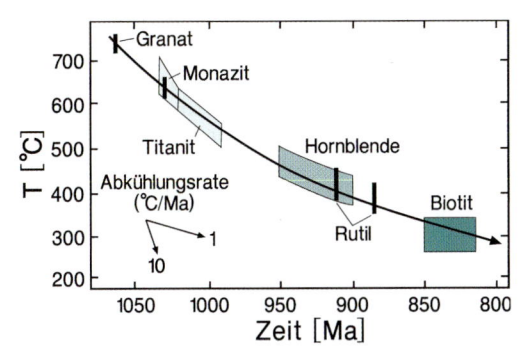

Abb. 27.21. Temperatur-Zeit-Diagramm zur Abkühlungsgeschichte des Adirondack-Kristallins (New York, USA) nach U-Pb-Datierungen an Granat, Monazit, Titanit und Rutil sowie K-Ar-Datierungen an Hornblende und Biotit. Die *farbig angelegten Bereiche* geben die Unsicherheiten bei den Schließungstemperaturen an. (Nach Mezger et al. 1990, aus Spear 1993)

In Abb. 27.21 ist die Temperatur-Zeit-Entwicklung des hochmetamorphen Adirondack-Kristallins (New York, USA) dargestellt, das bei Höhepunkt der Metamorphose im Neoproterozoikum Temperaturen von ca. 750 °C und Drücke von ca. 7,5 kbar erlebt hatte. Durch U-Pb-Datierungen an einem Granat wurde das Alter dieses Metamorphose-Ereignisses zu 1 064 ±3 Ma bestimmt; U-Pb-Datierungen an Monazit, Titanit und Rutil sowie K-Ar-Datierungen an Hornblende und Biotit liefern zunehmend geringere Alterswerte, die erkennen lassen, dass sich die Abkühlung auf ca. 300 °C über einen Zeitraum von fast 250 Ma hinzog. Dabei verlangsamte sich die Abkühlungsrate von ca. 4 °C / Ma auf ca. 1 °C / Ma (Mezger et al. 1990). Die Hebungsrate des Adirondack-Kristallins wurde mit ca. 0,05 mm / Jahr abgeschätzt. Im Vergleich dazu steigen junge Orogenzonen, z. B. das Himalaya-Gebirge derzeit mit Raten von 0,2–0,5 mm / Jahr, stellenweise sogar mit 4 mm / Jahr auf.

Weiterführende Literatur

Bucher K, Frey M (2002) Petrogenesis of metamorphic rocks. Springer-Verlag, Berlin Heidelberg New York
Ernst WG (1976) Petrologic phase equilibria. Freeman, San Francisco
Harley SL, Kelly NM (2007) Zircon – tiny but timely. Elements 3: 13–18
Harley SL, Melly NM, Möller A (2007) Zircon behaviour and the thermal history of mountain chains. Elements 3:25–30
Miyashiro A (1994) Metamorphic petrology. UCL Press, London
Powell R, Guiraud M, White RW (2005) Truth and beauty in metamorphic phase equilibria: Conjugate variables and phase diagrams. Canad Mineral 43:21–33
Rubatto D, Hermann J (2007) Zircon behaviour in deeply subducted rocks. Elements 3:31–35
Seifert F (1978) Bedeutung und Nachweis von thermodynamischem Gleichgewicht und die Interpretation von Ungleichgewichten. Fortschr Mineral 55:111–134
Spear FS (1993) Metamorphic phase equilibria and pressure-temperature-time paths. Mineral Soc America, Washington, DC
Will TM (1998) Phase equilibria in metamorphic rocks – thermodynamic background and petrological applications. Springer-Verlag, Berlin Heidelberg New York
Yardley BWD (1989) An introduction to metamorphic petrology. Longman, Burnt Mill, Harlow, England

Zitierte Literatur

Berman RG (1988) Internally consistent thermodynamic data for minerals in the system $Na_2O-K_2O-CaO-MgO-FeO-Fe_2O_3-Al_2O_3-SiO_2-TiO_2-H_2O-CO_2$. J Petrol 29:445–522
Bohlen SR, Montana A, Kerrick DM (1991) Precise determinations of equilibria kyanite $\rightleftharpoons$ sillimanite and kyanite $\rightleftharpoons$ andalusite and a revised triple point for Al_2SiO_5 polymorphs. Am Mineral 76:677–680
Chatterjee ND (1970) Synthesis and upper stability of paragonite. Contrib Mineral Petrol 27:244–257
Chatterjee ND (1972) The upper stability limit of the assemblage paragonite + quartz and its natural occurrences. Contrib Mineral Petrol 34:288–303
Chatterjee ND, Johannes W (1974) Thermal stability and standard thermodynamic properties of synthetic $2M_1$-muscovite, $K[AlSi_3O_{10}(OH)_2]$. Contrib Mineral Petrol 48:89–114
Chernosky JV Jr., Day HW, Caruso LJ (1985) Equilibria in the system $MgO-SiO_2-H_2O$: Experimental determination of the stability of Mg-anthophyllite. Am Mineral 70:223–236
Cho M, Maruyama S, Liou JG (1987) An experimental investigation of heulandite-laumontite equilibrium at 1 000 to 2 000 bar P_{fluid}. Contrib Mineral Petrol 97:43–50
England PC, Thompson AB (1984) Pressure–temperature–time paths of regional metamorphism. Part I: Heat transfer during the evolution of regions of thickened continental crust. J Petrol 25:894–928
Eugster HP (1957) Heterogeneous reactions involving oxidation and reduction at high temperatures. J Chem Phys 26:1760–1761
Evans BW, Johannes W, Oterdoom H, Trommsdorff V (1976) Stability of chrysotile and antigorite in the serpentinite multisystem. Schweiz Mineral Petrogr Mitt 56:79–93
Goldschmidt VM (1911) Die Kontaktmetamorphose im Kristiania-Gebiet. Oslo Vidensk Skr, I Math-Nat K1, no 11
Greenwood HJ (1961) The system $NaAlSi_2O_6-H_2O$-argon: Total pressure and water pressure in metamorphism. J Geophys Res 66:3923–3946
Greenwood HJ (1967) Mineral equilibria in the system $MgO-SiO_2-H_2O-CO_2$. In: Abelson PH (ed) Researches in Geochemistry. pp 542–567, Wiley, New York
Gruner BB (2000) Metamorphoseentwicklung im Kaokogürtel, NW-Namibia: Phasenpetrologische und geothermobarometrische Untersuchungen panafrikanischer Metapelite. Freiberger Forschungshefte C486:221 pp
Harker RI, Tuttle OF (1956) Experimental data on the P_{CO_2}-T curve for the reaction calcite + quartz = wollastonite + carbon dioxide. Am J Sci 254:239–256
Hemley JJ (1967) Stability relations of pyrophyllite, andalusite, and quartz at elevated pressures and temperatures. Am Geophys Union Trans 48:224
Holdaway MJ (1971) Stability of andalusite and the aluminum silicate phase diagram. Am J Sci 271:97–131
Holdaway MJ, Mukhopadhyay B (1993) A reevaluation of the stability relations of andalusite: Thermochemical data and phase diagram for the aluminum silicates. Am Mineral 78:298–315
Holland TJB, Powell R (1985) An internally consistent thermodynamic dataset with uncertainties and correlations: 2. Data and results. J Metam Geol 3:343–370
Holland TJB, Powell R (1990) An enlarged and updated internally consistent thermodynamic dataset with uncertainties and correlations: The system $K_2O-Na_2O-CaO-MgO-MnO-FeO-Fe_2O_3-Al_2O_3-TiO_2-SiO_2-C-H_2-O_2$. J Metam Geol 8:89–124
Hsu LC (1968) Selected phase relationships in the system Al-Mn-Fe-Si-O-H: A model for garnet equilibria. J Petrol 9:40–83
Kennedy GC, Holser WT (1966) Pressure-volume-temperature and phase relations of water and carbon dioxide. Geol Soc America Mem 97:371–384

Kerrick DM (1968) Experiments on the upper stability limit of pyrophyllite at 1.8 kilobars and 3.9 kilobars water pressure. Am J Sci 266:204–214

Kerrick DM (1972) Experimental determination of muscovite + quartz stability with $P_{H_2O} < P_{total}$. Am J Sci 272:946–958

Liou JG (1971) P-T stabilities of laumontite, wairakite, lawsonite and related minerals in the system $CaAl_2Si_2O_8$–SiO_2–H_2O. J Petrol 12:379–411

Massonne HJ, Schreyer W (1987) Phengite geobarometry based on the limiting assemblage with K-feldspar, phlogopite, and quartz. Contrib Mineral Petrol 96:212–224

Massonne HJ, Schreyer W (1989) Stability field of the high-pressure assemblage talc + phengite and two new phengite barometers. Eur J Mineral 1:391–410

Mezger K, Rawnsley CM, Bohlen SR, Hanson GN (1990) U-Pb garnet, sphene, monazite, and rutile ages: Implications for the duration of high-grade metamorphism and cooling histories, Adirondack Mts., New York. J Geol 99:415–428

Miyashiro A (1973) Metamorphism and metamorphic belts. Allen & Unwin, London

Ohmoto H, Kerrick D (1977) Devolatilization equilibria in graphite systems. Am J Sci 277:1013–1044

Okrusch M (1969) Die Gneishornfelse um Steinach in der Oberpfalz. Eine phasenpetrologische Analyse. Contrib Mineral Petrol 22:32–72

Powell R, Holland T (2010) Using equilibrium thermodynamics to understand metamorphism and metamorphic rocks. Elements 6:309–314

Schreyer W (1988) Subduction of continental crust to mantle depths: Petrological evidence. Episodes 11:97–104

Spear FS (1988) The Gibbs method and Duhem's theorem: The quantitative relationships among P, T, chemical potential, phase composition, and reaction progress in igneous and metamorphic systems. Contrib Mineral Petrol 99:249–256

Spear FS, Peacock SM, Kohn MJ, et al. (1991) Computer programs for petrological P-T-t path calculations. Am Mineral 76: 2009–2012

Storre B (1972) Dry melting of muscovite + quartz in the range $P_s = 7$ kb to $P_s = 20$ kb. Contrib Mineral Petrol 37:87–89

Storre B, Karotke E (1972) Experimental data on melting reactions of muscovite + quartz in the system K_2O–Al_2O_3–SiO_2–H_2O to 20 Kb water pressure. Contrib Mineral Petrol 36:343–345

Thompson AB (1970) A note on the kaolinite-pyrophyllite equilibrium. Am J Sci 268:454–458

Thompson AB (1971) Analcite-albite equilibria at low temperatures. Am J Sci 271:79–92

Winkler HGF (1979) Petrogenesis of metamorphic rocks, 5th edn. Springer-Verlag, Berlin Heidelberg New York

Zeh A, Holness M (2003) The effect of reaction overstep on garnet microstructures in metapelitic rocks of the Ilesha Schist Belt, SW Nigeria. J Petrol 44:967–994

Zen E-An (1966) Construction of pressure-temperature diagrams for multicomponent systems after the method of Schreinemakers – A geometric approach. US Geol Survey Bull no 1225, 56 pp

Metamorphe Mineralfazies

**28.1
Graphische Darstellung metamorpher Mineralparagenesen**

**28.2
Das Faziesprinzip**

**28.3
Übersicht über die metamorphen Fazies**

Durch prograde Mineralreaktionen entstehen in metamorphen Gesteinen – je nach ihrer chemischen Zusammensetzung – charakteristische Mineralparagenesen. Diese repräsentieren beim Höhepunkt der Metamorphose zumindestens angenähert ein thermodynamisches Gleichgewicht und spiegeln dementsprechend die erreichten Drücke und Temperaturen wider. Die Gesamtheit aller Paragenesen, die in metamorphen Gesteinen mit *unterschiedlichem Chemismus*, aber bei etwa *gleichen P-T-Bedingungen* gebildet wurden, definieren eine metamorphe Fazies.

28.1
Graphische Darstellung metamorpher Mineralparagenesen

Die überwiegende Mehrzahl der Silikatgesteine besteht aus den zwölf Hauptkomponenten SiO_2, TiO_2, Al_2O_3, FeO, MnO, MgO, CaO, Na_2O, K_2O, P_2O_5 und H_2O; dazu kommt im Fall von karbonathaltigen Gesteinen wie Kalk-Glimmerschiefern oder Kalksilikat-Felsen noch CO_2. Um die Phasenbeziehungen in einem metamorphen Gestein übersichtlich darstellen zu können, muss die Komponentenzahl sinnvoll eingeschränkt werden. Eine graphische Darstellung ist nur im Vierkomponentensystem (Tetraeder) technisch möglich; übersichtlicher kann sie im Dreikomponentensystem (Dreieck) gestaltet werden.

28.1.1
ACF- und *A'KF*-Diagramme

Der finnische Petrograph Pentti Eskola führte die *ACF*- und *A'KF*-Diagramme ein, in denen die Phasenbeziehungen sehr verschiedener metamorpher Stoffbestände veranschaulicht werden können. Die Berechnung stützt sich auf folgende Überlegungen:

1. Die Gewichtsprozente der chemischen Analyse werden in Molzahlen umgerechnet, d. h. Gew.-% dividiert durch das Molekulargewicht.
2. Es werden nur SiO_2-übersättigte Gesteine, d. h. solche mit freiem Quarz (oder einer anderen SiO_2-Modifikation) dargestellt. In diesen können jeweils nur die Minerale mit dem höchstmöglichen SiO_2-Gehalt stabil sein, z. B. Enstatit, nicht aber Forsterit, Andalusit, nicht aber Korund. Daher übt der Gehalt an SiO_2 im Gesteins-Chemismus oder der Modalanteil von Quarz keinen Einfluss auf die Phasenbeziehungen der übrigen anwesenden Minerale aus, und SiO_2 muss als Komponente nicht berücksichtigt werden. Demgegenüber müssen bei SiO_2-Untersättigung, z. B. in metamorphen Ultramafititen oder in Metabauxiten andere Phasendiagramme verwendet werden, in denen SiO_2 als Komponente dargestellt wird.
3. H_2O und CO_2 lassen sich als vollständig mobile Komponenten auffassen. Ihre Fugazitäten bzw. ihre Partialdrücke – $f_{(H_2O)} \sim P_{(H_2O)}, f_{(CO_2)} \sim P_{(CO_2)}$ – werden daher wie der Gesamtdruck und die Temperatur als externe Zustandsvariable betrachtet, die nicht in die Diagramme eingehen.
4. P_2O_5 steckt ausschließlich im Apatit, TiO_2 ganz überwiegend im Rutil, Ilmenit und Titanit. Diese akzessorischen Minerale sind für die Phasenbeziehungen zunächst ohne Belang, so dass man auf ihre Darstellung verzichtet und so diese beiden Komponenten einspart.

Will man *Gesteinsanalysen* in *ACF*- und *A'KF*-Diagramme projizieren, so müssen Korrekturen für diese Akzessorien angebracht werden, wobei ihre Menge durch Modalanalyse bestimmt oder abgeschätzt werden muss. Für P_2O_5 ist eine äqivalente Menge an CaO (nämlich entsprechend der Apatit-Formel das 3,3fache), für TiO_2 die äquivalente Menge an FeO (Ilmenit) oder an CaO (Titanit) abzuziehen. Man beachte aber, dass Phasendiagramme wie das *ACF*- und das *A'KF*-Dreieck in erster Linie zur Darstellung von Phasenbeziehungen zwischen koexistierenden Mineralen dienen, weniger zur Projektion von Gesteinsanalysen.

5. Von den noch verbleibenden acht Komponenten werden jeweils FeO + MnO + MgO sowie Al_2O_3 + Fe_2O_3 zusammengefasst.

Die Berechnung wird nun in folgender Weise durchgeführt, wobei [FeO] = Mole FeO bedeutet:

ACF-Diagramm
$A = [Al_2O_3] + [Fe_2O_3] - ([Na_2O] + [K_2O])$
$C = [CaO]$
$F = [MgO] + [FeO] + [MnO]$

$A + C + F = 100$

A'KF-Diagramm
$A' = [Al_2O_3] + [Fe_2O_3] - ([Na_2O] + [K_2O] + [CaO])$
$K = [K_2O]$
$F = [FeO] + [MgO] + [MnO]$

$A' + K + F = 100$

Rechenbeispiele werden im Anhang (S. 640f) gegeben.

In beiden Fällen wird also das Al, das mit Na im Albit oder mit K im Kalifeldspat gebunden ist, nicht berücksichtigt; im *A'KF*-Diagramm bleibt auch der Al-Anteil unberücksichtigt, der mit Ca im Anorthit steckt. Die Nichtdarstellung von Na_2O in beiden Diagrammen ist ein wesentlicher Nachteil, ebenso die Zusammenfassung von MgO + FeO + MnO oder von Al_2O_3 + Fe_2O_3. Abgesehen davon können die wichtigsten Silikatminerale, die in metamorphen Gesteinen auftreten, in *ACF*- und *A'KF*-Diagrammen dargestellt werden (Abb. 28.1); mit Ausnahme von Na-Silikaten wie Albit, Jadeit oder Paragonit. In Abb. 28.2 sind die ungefähren Bereiche der chemischen Zusammensetzung von magmatischen und sedimentären Gesteinen eingetragen, die als häufige Ausgangsgesteine von Metamorphiten in Frage kommen. Aus dem Vergleich von Abb. 28.1 und 28.2 erkennt man, dass sich die Phasenbeziehungen in Kalksilikat-Gesteinen oder in Metabasiten im *ACF*-Dreieck, die der glimmerreichen Metapelite dagegen besser im *A'KF*-Dreieck darstellen lassen.

Binäre Mischkristalle werden im *ACF*- und *A'KF*-Diagramm als fette Linie zwischen zwei Endgliedern, ternäre Mischkristalle als Feld dargestellt. Jeweils zwei ko-

Abb. 28.1.
Projektion wichtiger metamorpher Minerale im *ACF*- und *A'KF*-Diagramm. (Nach Winkler 1979)

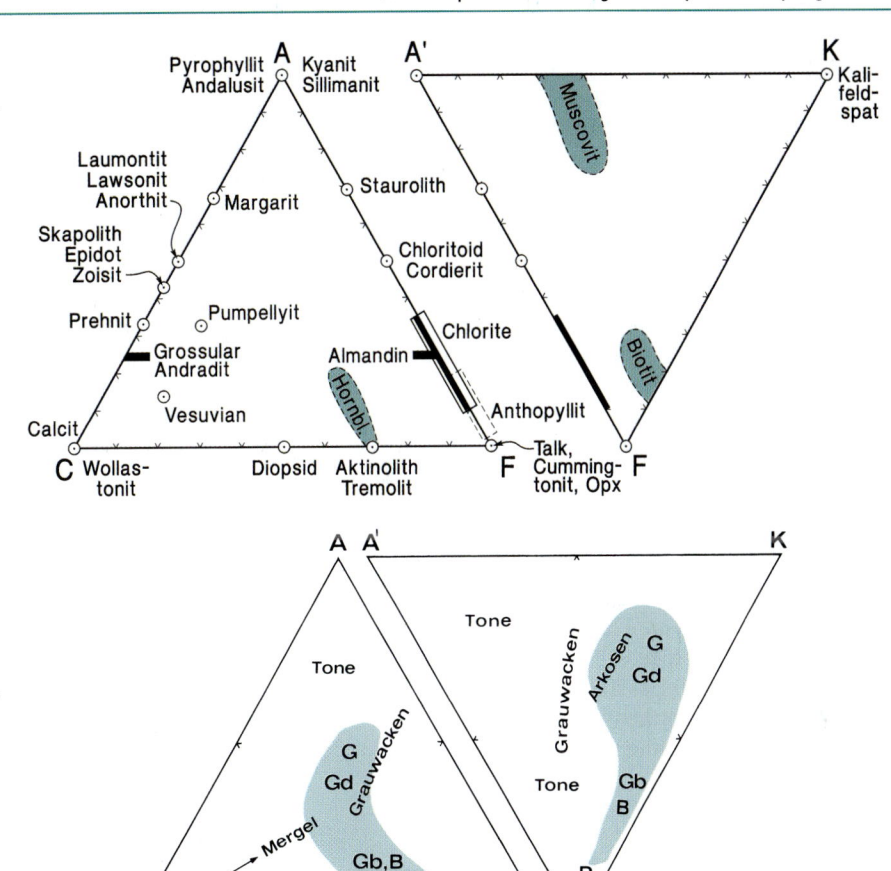

Abb. 28.2.
Ungefähre Bereiche von chemischen Zusammensetzungen wichtiger magmatischer und sedimentärer Gesteinsgruppen im *ACF*- und *A'KF*-Diagramm. *G* Granit, *Gd* Granodiorit, *Gb* Gabbro, *B* Basalt, *P* Peridotit

existierende Minerale werden durch Konoden miteinander verbunden, koexistierende Mischkristalle durch Konodenbündel. Die Konoden begrenzen Phasendreiecke, in denen jeweils drei Minerale miteinander und mit den Überschussphasen Quarz + Fluid im Gleichgewicht stehen; dazu kommen im *ACF*-Dreieck der Albit-Anteil im Plagioklas ± Kalifeldspat ± Muscovit, im *A'KF*-Dreieck der Albit-Anteil im Kalifeldspat sowie Plagioklas. Auf einem Konodenbündel oder innerhalb der Fläche eines Teildreiecks können die Gesteins-Chemismen beliebig variieren, ohne dass sich die Mineralparagenese ändert; lediglich das modale Mengenverhältnis der koexistierenden Minerale verschiebt sich. Erst wenn die chemische Zusammensetzung eine begrenzende Konode überschreitet, entsteht eine neue Paragenese.

Fallen bei der Projektion von Gesteinsanalysen in *ACF*- und *A'KF*-Diagrammen die darstellenden Punkte nicht in die „richtigen" Dreiphasenfelder bzw. Konodenbündel, so liegt das meist an einer Unterkorrektur oder Überkorrektur für die Akzessorien.

Treten in einem bestimmten Gesteinsvolumen mehr als drei der möglichen Phasen auf, kommt es zu kreuzenden Konoden. Dafür kann es folgende Erklärungen geben:

- Die Gibbs'sche Phasenregel ist verletzt: Das Gestein repräsentiert thermodynamisches Ungleichgewicht. Manchmal lässt sich dieses Problem lösen, wenn man einen kleineren Bereich eines Dünnschliffs betrachtet, in dem ein *lokales* Gleichgewicht eingestellt wurde.
- Im Gestein ist eine univariante oder divariante Mineralreaktion eingefroren; die Probe wurde im Gelände z. B. auf einer Isograden entnommen oder es sind ein oder mehrere Reaktanten metastabil erhalten geblieben.
- Die Zahl der gewählten Komponenten ist zu gering. So kann z. B. ein erhöhter TiO_2-Gehalt Biotit zu höheren Temperaturen stabilisieren, so dass die Vernachlässigung dieser Komponente ungerechtfertigt ist. Umgekehrt senkt ein erhöhter MnO-Gehalt die untere Stabilitätsgrenze von Granat ab; daher kann die Zusammenfassung von MnO mit FeO und MgO zu einer Komponente unberechtigt sein. Bei vielen Mineralreaktionen verändert sich das Fe/Mg-Verhältnis der beteiligten Phasen laufend; diese *gleitenden (kontinuierlichen) Reaktionen* sind *divariant*, so dass eine Zusammenfassung von FeO und MgO nicht zulässig ist. Das Gleiche gilt für divariante und multivariante Reaktionen mit wechselndem Fe_2O_3/Al_2O_3- und/oder anderen Oxidverhältnissen.

Eine weitere Schwierigkeit bei der Berechnung von *ACF*- und *A′KF*-Diagrammen ist, dass man bei der Mikrosonden-Analytik von Silikatmineralen das FeO/Fe_2O_3-Verhältnis nicht direkt bestimmen, sondern nur bestenfalls abschätzen kann.

Als klassisches Beispiel für die Anwendung des *ACF*-Dreiecks gelten die *Hornfelse der Osloregion* in Südnorwegen, die bereits durch V. M. Goldschmidt (1911) eingehend bearbeitet wurden. Die kontaktmetamorphe Überprägung der unterschiedlichen sedimentären Ausgangsgesteine erfolgte weitgehend *isochemisch*. Ihre chemische Zusammensetzung variiert von karbonatfreien bis karbonatarmen Tonsteinen zu tonarmen Kalksteinen und überstreicht somit weite Bereiche des *ACF*-Diagramms. Entsprechend dem unterschiedlichen Gesteins-Chemismus unterscheidet Goldschmidt 10 sog. Hornfelsklassen, die durch folgende Zwei- oder Dreiphasen-Paragenesen gekennzeichnet sind (Abb. 28.3).

1. Andalusit–Cordierit
2. Andalusit–Cordierit–Plagioklas
3. Cordierit–Plagioklas
4. Cordierit–Plagioklas–Hypersthen
5. Plagioklas–Hypersthen
6. Plagioklas–Hypersthen–Diopsid
7. Plagioklas–Diopsid
8. Plagioklas–Diopsid–Grossular
9. Diopsid–Grossular
10. Diopsid–Grossular–Wollastonit

Zu diesen Mineralen können noch Quarz, Kalifeldspat und Biotit hinzukommen; der Quarz-Gehalt nimmt mit steigender Klassennummer ab und fehlt in den Klassen 8–10 oft ganz; statt dessen tritt häufig Calcit auf. (Quarz-freie Paragenesen dürften streng genommen nicht im *ACF*-Dreieck dargestellt werden!)

ACF- und *A′KF*-Diagramme geben für unterschiedliche chemische Ausgangszusammensetzungen die Mineralparagenesen an, die sich innerhalb eines begrenzten Druck-Temperatur-Bereichs im Gleichgewicht befinden. Kristallisationswege, wie sie z. B. im ternären Zustandsdiagramm Diopsid–Albit–Anorthit (Abb. 18.7, S. 287) dargestellt sind, lassen sich nicht ablesen. *ACF*- und *A′KF*-Dreiecke sagen weiterhin aus, dass Minerale, die nicht durch Konoden miteinander verbunden sind, nicht nebeneinander im Kontakt auftreten, also keine Berührungsparagenese bilden, z. B. Cordierit und Diopsid oder Hypersthen und Grossular. Beobachtet man unter dem Mikroskop alternative Mineralkombinationen für den gleichen Gesteins-Chemismus, so müssen diese unter veränderten Druck-Temperatur-Bedingungen gebildet worden sein. Für sie wäre dann ein anderes *ACF*-Dreieck mit entsprechend verändertem Konodenverlauf zu zeichnen.

28.1.2
AFM-Projektion

Bei zahlreichen metamorphen Gesteinen genügen das *ACF*- und das *A′KF*-Dreieck, um mit diesen drei Komponenten die wichtigsten Gleichgewichtsbeziehungen der auftretenden Mineralparagenesen herauszustellen, jedoch nicht bei allen. Wie wir festgestellt hatten, liegt ein wesentlicher Nachteil dieser Diagramme in der Zusammenfassung von FeO und MgO zu einer Komponente, was oft nicht gerechtfertigt ist. Zwar herrscht in vielen mafischen Mineralen unbegrenzte Diadochie zwischen Mg und Fe^{2+}, doch wird die gegenseitige Vertretbarkeit bei bestimmten P-T-Bedingungen nach der einen oder anderen Seite hin eingeschränkt. So koexistiert bei mäßigen Temperaturen und Drücken ein Fe-reicher Granat mit einem Mg-reichen Cordierit. Aus dieser Tatsache ergeben sich Paragenesen, in denen vier Minerale im Gleichgewicht nebeneinander auftreten, z. B. Granat–Cordierit–Biotit–Kalifeldspat (–Quarz). Diese können im *A′KF*-Dreieck nicht ohne kreuzende Konoden dargestellt werden, widerspre-

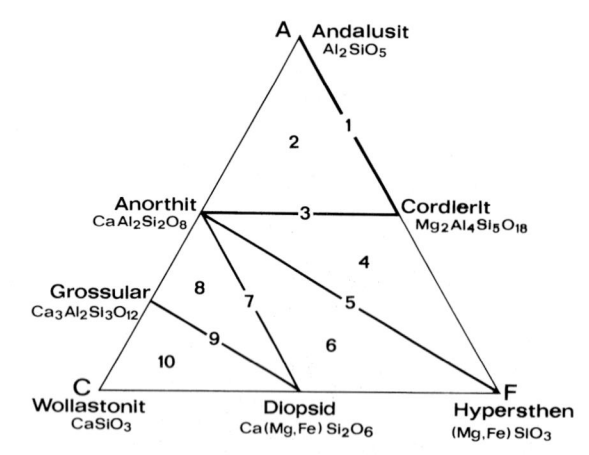

Abb. 28.3. *ACF*-Diagramm der 10 Hornfels-Klassen nach Goldschmidt (1911), entsprechend der Pyroxen-Hornfelsfazies von Eskola (1939). In allen Klassen können Quarz, Kalifeldspat und Biotit hinzukommen

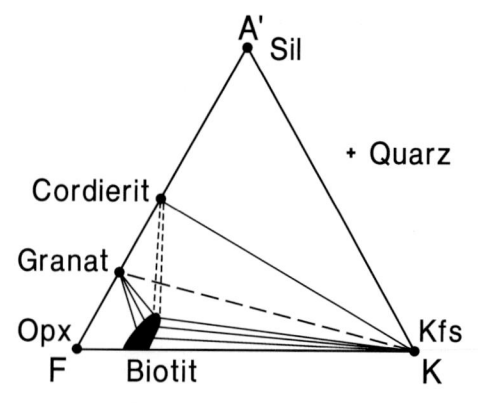

Abb. 28.4. Die Darstellung der Paragenese Granat–Cordierit–Biotit–Kalifeldspat im *A′KF*-Dreieck ist ohne kreuzende Konoden nicht möglich. Die Zusammenfassung von FeO und MgO zu einer Komponente F ist nämlich nicht zulässig, weil alle drei mafischen Minerale unterschiedliche Fe^{2+}/Mg-Verhältnisse haben

chen also scheinbar der Gibbs'schen Phasenregel (Abb. 28.4). Deshalb empfiehlt es sich für viele metamorphe Gesteine, insbesondere für Metapelite, FeO und MgO als unabhängige Komponenten, d. h. getrennt darzustellen.

Thompson (1957) entwickelte hierfür ein *AKFM-Tetraeder* mit den fünf Hauptkomponenten SiO_2 (im Überschuss), Al_2O_3, FeO, MgO und K_2O. Die Phasenbeziehungen werden auf eine Ebene projiziert, die durch die *AFM*-Fläche des Tetraeders verläuft (Abb. 28.5a). Als Projektionspunkt dient in allen Gesteinen, die Muscovit enthalten, d. h. besonders in niedrig- bis mittelgradigen Metapeliten, *Muscovit*. In muscovitfreien, aber Kalifeldspatführenden Gesteinen, d. h. besonders in hochgradigen Metapeliten, wird dagegen *Kalifeldspat* als Projektionspunkt benutzt. Diese Minerale werden dementsprechend nicht in der *AFM*-Projektion dargestellt, ebenso Quarz, der – wie bei den *ACF*- und *A'KF*-Dreiecken – voraussetzungsgemäß im Überschuss vorhanden sein muss. Zu beachten ist, dass bei der *AFM*-Projektion Fe_2O_3 nicht mit Al_2O_3 zusammengefasst, sondern vernachlässigt wird; das Gleiche gilt für MnO. Bei der Berechnung der Granat-Position müssen die äquivalenten Al_2O_3-Anteile subtrahiert werden, die in den Endgliedern Spessartin (= ⅓MnO) und Grossular (= ⅓CaO) gebunden sind. Analog zu den *ACF*- und *A'KF*-Dreiecken erfolgt die Berechnung auf der Grundlage von Molzahlen nach folgendem Schema:

1. Mit *Muscovit* als Projektionspunkt:

$A = [Al_2O_3] - 3[K_2O]$
$M = [MgO]$
$F = [FeO]$

Senkrechte Skala: $\dfrac{A}{A + F + M}$

Waagerechte Skala: $\dfrac{M}{M + F}$

Abb. 28.5.
AFM-Projektion; **a** *AKFM*-Tetraeder Al_2O_3–K_2O–FeO–MgO mit der Projektionsebene $A = [Al_2O_3] - F = [FeO] - M = [MgO]$, die sich über die Dreiecksseite F–M hinaus erstreckt. Alle Punkte innerhalb des Tetraeders können vom Projektionspunkt Ms (Muscovit) auf diese Ebene projiziert werden. Die darstellenden Punkte X, Y und B liegen innerhalb des Tetraeders und werden als Punkte X', Y' und B' auf die *AFM*-Ebene projiziert. Dabei kommen Y' und B' jenseits der Linie F–M zu liegen, während Projektionspunkte von K-freien Mineralen in das *AFM*-Dreieck fallen.
b *AFM*-Projektion der wichtigsten Mineralzusammensetzungen mit Projektionspunkt Muscovit. (Nach Best 2003)

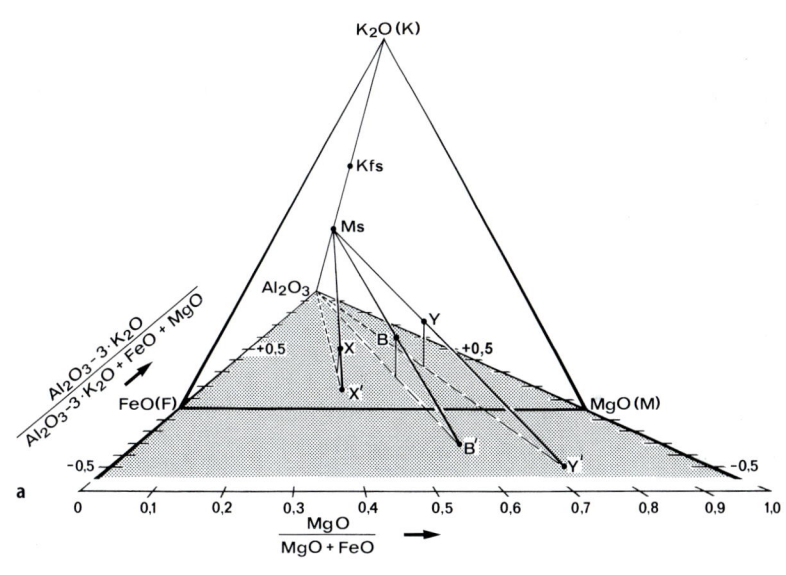

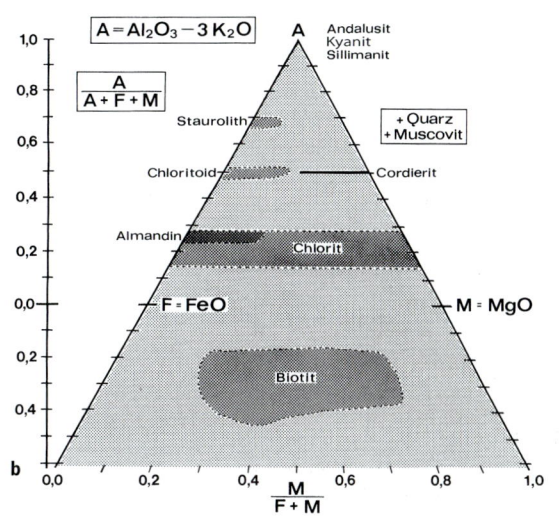

Erläuterung. Bei K$_2$O-haltigen Mineralen muss eine zu K$_2$O äquivalente Menge Al$_2$O$_3$ abgezogen werden. Diese ist 3[K$_2$O] entsprechend der Muscovit-Zusammensetzung KAl$_2$[(OH)$_2$/AlSi$_3$O$_{10}$] = K$_2$O · 3Al$_2$O$_3$ · 6SiO$_2$ · 2H$_2$O. Bei Biotit ergeben sich für $A/(A + F + M)$ negative Werte, da [K$_2$O] > [Al$_2$O$_3$] ist; Biotit projiziert also unterhalb der FM-Kante des $AKFM$-Tetraeders (Abb. 28.5a). Projektionspunkte von K-freien Mineralen wie Chlorit, Cordierit, Chloritoid, Almandin-Pyrop-Granat und Staurolith liegen dagegen im AFM-Dreieck. Mischkristallbildung durch Substitution von Fe^{2+} für Mg^{2+} in diesen Mineralen wird durch eine Strecke parallel zur Seite F–M zum Ausdruck gebracht. Besteht zusätzlich eine Substitution durch Al, wie besonders bei Chlorit oder Biotit, so erweitert sich die Strecke zu einem Band oder einem Feld (Abb. 28.5b). Ein zur Paragenese gehörender Muscovit kann voraussetzungsgemäß *nicht* dargestellt werden.

2. Mit *Kalifeldspat* als Projektionspunkt

$A = [\text{Al}_2\text{O}_3] - [\text{K}_2\text{O}]$
$M = [\text{MgO}]$
$F = [\text{FeO}]$

Senkrechte Skala: $\dfrac{A}{A + M + F}$

Waagerechte Skala: $\dfrac{M}{M + F}$

Oder einfacher: prozentuale Berechnung mit

$A + F + M = 100$

Erläuterung. Ist Kalifeldspat Projektionspunkt, so werden alle Minerale auf das AFM-Dreieck projiziert.

Rechenbeispiele werden im Anhang (S. 640f) gegeben.

Die AFM-Projektion ist grundsätzlich nicht für die Darstellung von Gesteinszusammensetzungen konzipiert worden. Will man das trotzdem tun, so sind entsprechende Korrekturen vorzunehmen, z. B. für die FeO-Gehalte im Ilmenit FeO · TiO$_2$ und Magnetit FeO · Fe$_2$O$_3$, die nicht in der AFM-Projektion dargestellt werden. Somit wird $F = [\text{FeO}] - [\text{TiO}_2] - [\text{Fe}_2\text{O}_3]$. [MnO] kann für die Kalkulation von F zu [FeO] addiert werden, da Mn^{2+} in vielen Silikatmineralen Fe^{2+} ersetzt.

Eine mögliche Anwendung der AFM-Projektion zeigt Abb. 28.6, in der Mineralparagenesen in drei metapelitischen Hornfelsen P, Q und R dargestellt sind, die unter Bedingungen der Hornblende-Hornfels-Fazies (Abschn. 28.3.6, S. 504) gebildet wurden. Zum Gesteinschemismus P gehört die Paragenese Andalusit + Biotit + Cordierit + (Muscovit + Quarz), zu den Gesteinschemismen Q und R die Paragenese Biotit + Cordierit + (Muscovit + Quarz). Aus dem Konodenverlauf kann man die Mg/Fe-Verhältnisse koexistierender Cordierite und Biotite ablesen. Wie bei den ACF- oder $A'KF$-Diagramm ändern sich der Konodenverlauf und die Mischkristall-Zusammensetzungen der koexistierenden Mineralphasen mit den physikalischen Bedingungen der Metamorphose. Die Endpunkte des Phasendreiecks Bt$_1$–Crd$_1$–Andalusit sind bei gegebenen P-T-Bedingungen fixiert, während der Gesteins-Chemismus innerhalb des Dreiecks frei variieren kann: Wenn sich Punkt P in Richtung auf A verschiebt, würde sich an der Paragenese und den Mineralzusammensetzungen nichts ändern; lediglich der modale Andalusit-Anteil würde zu Lasten von Biotit und Cordierit zunehmen. Demgegenüber werden die Mg/Fe-Verhältnisse der Zweiphasen-Paragenese Biotit + Cordierit (+ Muscovit + Quarz) nicht nur von P und T, sondern auch durch das MgO/(MgO + FeO)-Verhältnis im Gesamtgestein kontrolliert: Zum Gestein Q gehören die Fe-reicheren Minerale Bt$_2$ und Crd$_2$, zum Gestein R die Mg-reicheren Minerale Bt$_3$ und Crd$_3$. Eine Verschiebung des Pauschalchemismus *entlang* der Konoden würde dagegen nur zu einer Veränderung des modalen Biotit-Cordierit-Verhältnisses führen. Die AFM-Projektion bringt bei pelitischem Chemismus derartige Phasenbeziehungen besser zum Ausdruck als ein ACF- oder ein $A'KF$-Diagramm.

Vergleichbare Projektionen können auch für andere Stoffbestände entwickelt werden, z. B. für Metabasite im $ACFM$-Tetraeder mit Projektionspunkt Plagioklas (Robinson et al. 1982).

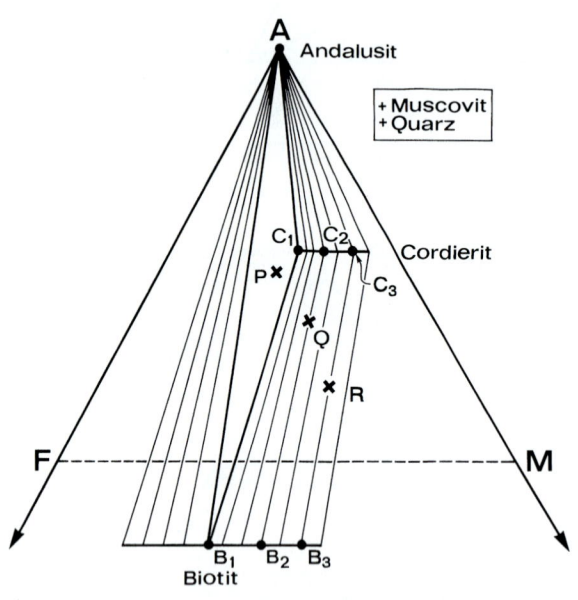

Abb. 28.6. AFM-Projektion von zwei Paragenesen aus metapelitischen Hornfelsen. Gestein P: Biotit (B) + Cordierit (C) + Andalusit (+ Muscovit + Quarz), Gesteine Q und R: Biotit + Cordierit (+ Muscovit + Quarz). Zum Gestein P gehören C$_1$ und B$_1$, zu Q: C$_2$ und B$_2$, zu R: C$_3$ und B$_3$

28.2
Das Faziesprinzip

28.2.1
Begründung des Faziesprinzips

Metamorphe Gesteine repräsentieren in ihren Mineralparagenesen Druck-Temperatur-Bedingungen, die beim Höhepunkt der Metamorphose erreicht wurden. Schon G. H. Williams (1890) erkannte, dass die große Vielfalt der metamorphen Mineralparagenesen nicht allein auf Unterschiede in der chemischen Pauschalzusammensetzung zurückgeht, sondern wesentlich durch Unterschiede in den Metamorphosebedingungen verursacht wird. Seit Beginn des 20. Jahrhunderts wurden Metamorphite nach ihrem *Metamorphosegrad* eingeteilt. Ganz ohne experimentelle Grundlagen, nur anhand von Gefügemerkmalen konnte G. Barrow (1893) belegen, dass im Schottischen Hochland die *Zonenfolge* der *metamorphen Indexminerale* von der Chlorit- zur Sillimanit-Zone (Abschn. 26.2.5, S. 432f) einen Anstieg im Metamorphosegrad dokumentiert, nicht umgekehrt. F. Becke (1903) und U. Grubenmann (1904) nahmen eine Gliederung nach sog. *Tiefenstufen* vor und unterschieden mit aufsteigenden P-T-Bedingungen *Epizone*, *Mesozone* und *Katazone* (vgl. auch Grubenmann u. Niggli 1924).

Eine strengere physikalisch-chemische Betrachtungsweise führten V. M. Goldschmidt und P. Eskola in die Metamorphoselehre ein. Sie betrachteten die metamorphen Mineralparagenesen als Systeme im *thermodynamischen Gleichgewicht*, auf die man die Gibbs'sche Phasenregel anwenden kann. Bei seiner Untersuchung der Hornfelse des Oslo-Gebiets konnte Goldschmidt (1911) den Nachweis erbringen, dass bei der hochgradigen Aufheizung in der Kontaktaureole ein chemisches Gleichgewicht erreicht wurde und dass sich der Mineralbestand mit dem wechselnden Gesteins-Chemismus nach bestimmten Regeln ändert (Abb. 28.3). Analoge Beziehungen zwischen Gesteins-Chemismus und Mineralbestand fand Eskola (1915) in regionalmetamorphen Gesteinen des Orijärvi-Gebietes im Südwesten Finnlands. Jedoch erwiesen sich hier andere Mineralparagenesen als stabil:

Orijärvi-Gebiet	Oslo-Gebiet
Muscovit + Quarz	Alkalifeldspat + Andalusit
Muscovit + Biotit	Alkalifeldspat + Cordierit
Biotit + Hornblende	Alkalifeldspat + An-reicher Plagioklas + Hypersthen
Anthophyllit	Hypersthen

Die Unterschiede zwischen beiden Vorkommen begründete Eskola zu Recht damit, dass die P-T-Bedingungen der Metamorphose im Oslo-Gebiet höher waren als im Orijärvi-Gebiet. Auf dieser Grundlage wurde von ihm der Begriff der metamorphen Mineralfazies eingeführt und folgendermaßen definiert (Eskola 1939):

> „Zu einer bestimmten Fazies werden die Gesteine zusammengefasst, welche bei identischer Pauschalzusammensetzung einen identischen Mineralbestand aufweisen, aber deren Mineralbestand bei wechselnder Pauschalzusammensetzung gemäß bestimmten Regeln variiert."

Begründet wurde das Prinzip der Mineralfazies aus der Erfahrungstatsache, dass die Mineralparagenesen der metamorphen Gesteine in vielen Fällen den Gesetzen der chemischen Gleichgewichtslehre gehorchen.

Das Konzept der Mineralfazies setzte sich relativ spät durch, fand aber seit dem 2. Weltkrieg in Europa und in Übersee zunehmende Anwendung und Verbreitung. Es erwies sich als außerordentlich fruchtbar für die metamorphe Petrologie, weil es wesentliche Impulse für die Erforschung metamorpher Gesteine im Gelände und für die experimentelle Bestimmung von Mineralgleichgewichten vermittelte.

Eine modernere Definition des Faziesbegriffs wurde von Turner (1981) gegeben; sie lautet in Übersetzung:

> Eine metamorphe Fazies ist eine Serie metamorpher Mineralparagenesen, die in Zeit und Raum wiederholt zusammen vorkommen, so dass eine konstante und daher vorhersagbare Beziehung zwischen Mineralbestand und Gesteins-Chemismus besteht.

Hierzu sind noch folgende Erläuterungen notwendig:

1. Wichtig ist, dass eine Fazies durch ein Serie von Paragenesen bestimmt wird, nicht durch die Paragenese in einem einzelnen Gestein (obwohl einzelne Gesteine namengebend sind).
2. Daraus folgt, dass es unmöglich ist, die einzelnen Mineralfazies im P-T-Feld oder im P_l-P_{fl}-T-Raum scharf gegeneinander abzugrenzen; denn die Paragenesen, die eine Fazies definieren, bilden sich nicht gleichzeitig, sondern nacheinander über ein gewisses P-T-Intervall und werden auch nicht gleichzeitig abgebaut.
3. Die Definition einer metamorphen Fazies beruht auf Mineralparagenesen, die unter dem Mikroskop zu *beobachten* sind und deren regionale Verteilung man *kartieren* kann. Die *experimentelle Bestimmung* und *thermodynamische Berechnung* von Gleichgewichtsbeziehungen metamorpher Minerale ist ein davon *unabhängiger Forschungsansatz* (Abschn. 27.2, S. 468ff), der wichtige Anhaltspunkte für die P-T-Bedingungen vermittelt, unter denen die Paragenesen einer metamorphen Fazies gebildet wurden: *Geländepetrologie und experimentelle Petrologie ergänzen sich in ihren Aussagen und regen sich gegenseitig an.*

Abb. 28.7.
a *P-T*-Diagramm mit der ungefähren Position der metamorphen Mineralfazies. Die Grenzen sind unscharf. Zum Vergleich sind die Stabilitätsfelder der Al$_2$SiO$_5$-Polymorphen Kyanit, Andalusit und Sillimanit nach Holdaway (1971) eingetragen. **b** *P-T*-Diagramm der metamorphen Fazies-Serien. Die Hoch-*P/T*-Serie ist charakteristisch für Subduktionszonen, die Mittel-*P/T*-Serie für die Lithosphären-Platte über einer Subduktions-Zone und für kontinentale Kollisions-Zonen, die Niedrig-*P/T*-Serie für vulkanische Bögen und mittelozeanische Rücken (vgl. Abb. 28.8, 28.9). (Mod. nach Spear 1993)

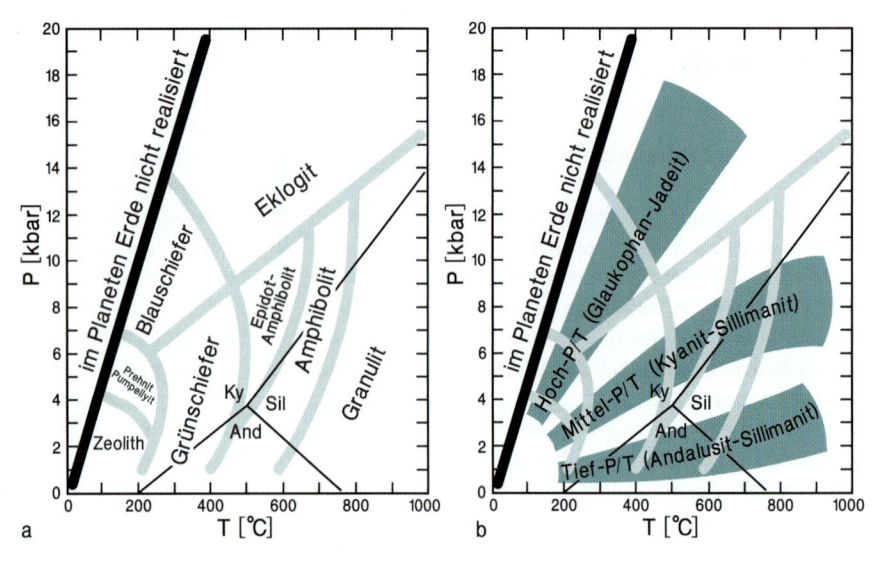

4. Das Faziesprinzip beruht auf der (idealisierenden) Annahme, dass beim Höhepunkt eines Metamorphoseereignisses ein thermodynamisches Gleichgewicht eingestellt wurde, angezeigt durch Berührungsparagenesen. Auf dem prograden und retrograden Metamorphosepfad oder während eines früheren Metamorphoseereignisses kann das gleiche Gestein auch *P-T*-Bedingungen anderer Mineralfazies durchlaufen haben, die sich an Hand von Reliktmineralen oder Mineralneubildungen nachweisen lassen.
5. Bei gegebenem Gesteins-Chemismus ist es möglich, die betreffende Mineralparagenese vorauszusagen, wenn die anderen Paragenesen der gleichen Fazies bekannt sind. Kleinere Variationen innerhalb einer Fazies können kleineren Unterschieden im Gesteins-Chemismus oder den *P-T*-Bedingungen zugeschrieben werden.
6. Aus beobachteten Mineralparagenesen lassen sich nur sehr allgemeine Aussagen über das Ausgangsmaterial machen (z. B. Metapelite, Metabasite). Für eine genauere Ansprache müssen Gefügerelikte und Mineralrelikte gefunden sowie der Haupt- und Spurenelement-Chemismus analysiert werden.

Die einzelnen Mineralfazies wurden von Eskola (1939) nach Gesteinen benannt, in denen die jeweils fazieskritischen Mineralparagenesen häufig enthalten sind; seine Bezeichnungen sind auch heute noch allgemein anerkannt: Zeolithfazies, Grünschieferfazies, Epidot-Amphibolit-Fazies, Amphibolitfazies, Granulitfazies, Glaukophanschieferfazies (= Blauschieferfazies), Eklogitfazies, Pyroxen-Hornfelsfazies, Sanidinitfazies. Dazu kommen noch die Prehnit-Pumpellyit-Fazies, die von

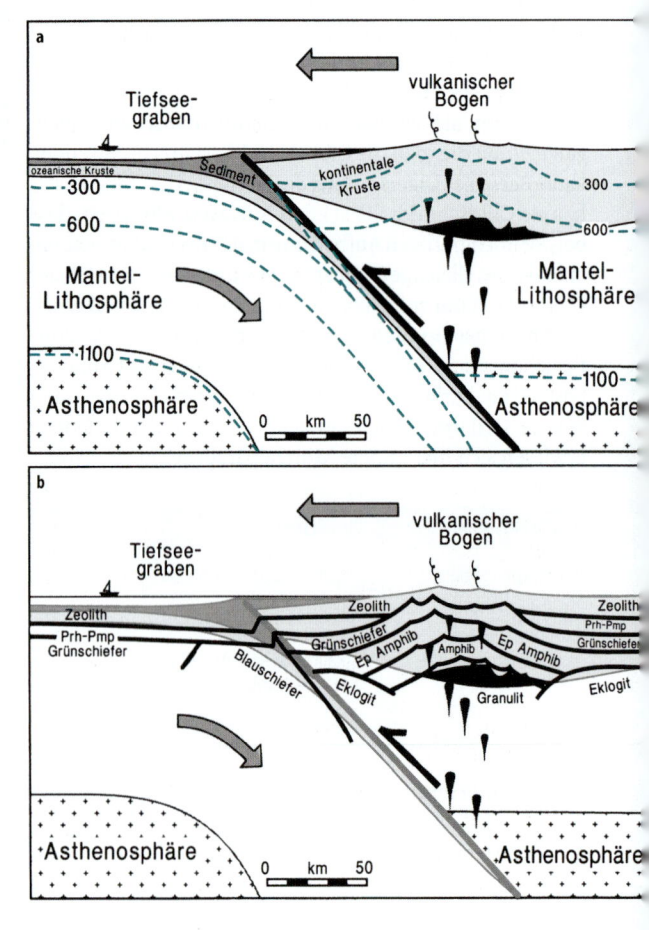

Abb. 28.8. Schematisches Profil durch einen konvergenten Plattenrand. **a** Verlauf der Isothermen, **b** Verteilung der metamorphen Mineralfazies: Infolge der Subduktion kalter ozeanischer Lithosphäre tauchen die Isothermen in die Subduktionszone ab und es kommt zur Hochdruckmetamorphose. Umgekehrt sind die Isothermen im Bereich des vulkanischen Bogens aufgebeult, ein Effekt, der durch den advektiven Wärmetransport der aufsteigenden Kalkalkali-Magmen verstärkt wird: Niederdruckmetamorphose, die nach außen zu allmählich in die Mitteldruckmetamorphose übergeht. (Nach Ernst 1976, aus Spear 1993)

Coombs (1960, 1961) von der Zeolith-Fazies abgetrennt wurde, sowie die Albit-Epidot-Hornfels- und Hornblende-Hornfels-Fazies (Turner u. Verhoogen 1960). Wie Abb. 28.7a zeigt, nehmen die meisten metamorphen Fazies einen großen *P-T*-Bereich ein. Es hat daher nicht an Versuchen gefehlt, diese in *Subfazies* zu unterteilen (Turner u. Verhoogen 1960; Winkler 1965, 1967). Eine solche Untergliederung ist in vielen Regionen durchaus sinnvoll, oft aber nicht allgemein anwendbar und sollte keinesfalls übertrieben werden: Nicht jede neu aufgefundene Mineralparagenese kann eine neue Subfazies begründen; nicht jedes *P-T*-Feld, das durch univariante Gleichgewichtskurven begrenzt wird, definiert eine Subfazies!

28.2.2
Metamorphe Faziesserien

Wie wir in Abschn. 26.2.5 (S. 432ff) gesehen haben, dokumentieren die *P-T*-Bedingungen der Metamorphose geothermische Gradienten, d. h. die Temperaturzunahme mit der Tiefe bzw. mit dem Druck (dT/dP). Das kommt auch in der Abfolge metamorpher Fazies in einer bestimmten Region, z. B. in einem Orogengürtel zum Ausdruck. Aus dieser Tatsache leitete Miyashiro (1961) drei metamorphe *Faziesserien* ab, die unterschiedlichen *Drucktypen* (engl. baric types) der Metamorphose entsprechen (Abb. 28.7b):

- *Hochdruck*-(= Hoch-*P/T*)-Faziesserie:
  Zeolith-Fazies → Prehnit-Pumpellyit-Fazies → Blauschiefer-Fazies → Eklogit-Fazies; charakteristische Minerale sind Glaukophan und Jadeit; der typische geothermische Gradient variiert um 10 °C/km.
- *Mitteldruck*- (= Mittel-*P/T*)-Faziesserie:
  Zeolith-Fazies → Grünschiefer-Fazies → Epidot-Amphibolit-Fazies → Amphibolit-Fazies → Granulit-Fazies; charakteritische Al_2SiO_5-Polymorphen sind Kyanit und Sillimanit; der typische geothermische Gradient variiert um 30 °C/km.
- *Niederdruck* (= Niedrig-*P/T*)-Faziesserie:
  Zeolith-Fazies → Grünschiefer-Fazies → Amphibolit-Fazies → Granulit-Fazies; charakteristische Al_2SiO_5-Polymorphen sind Andalusit und Sillimanit; der typische geothermische Gradient liegt bei 90 °C/km.
- In *Kontakt-Aureolen* sind bei meist niedrigen Drücken noch höhere geothermische Gradienten realisiert.

Abb. 28.9. Schematisches Profil durch einen divergenten Plattenrand. **a** Verlauf der Isothermen in der ozeanischen Lithosphäre (vgl. auch Abb. 29.7, S. 519), **b** Verteilung der metamorphen Mineralfazies. Am mittelozeanischen Rücken sind die Isothermen durch advektiven Wärmetransport in der Umgebung des Rückens aufgewölbt. Die Umwandlung von Basalten und Gabbros der ozeanischen Kruste in Grünschiefer und Amphibolite erfordert die Zufuhr von H_2O. (Nach Ernst 1976, aus Spear 1993)

Dabei ergibt sich die Abfolge: Albit-Epidot-Hornfels-Fazies → Hornblende-Hornfels-Fazies → Pyroxen-Hornfels-Fazies; bei der *Pyrometamorphose* entstehen Paragenesen der Sanidinit-Fazies.

Die Faziesserien liefern einen wesentlichen Hinweis auf die geotektonische Position, in der ein Krustenteil metamorph geprägt wurde. In Abb. 28.8 und 28.9 ist die Verteilung von metamorphen Fazies an einem konvergenten und einem divergenten Plattenrand schematisch dargestellt. Die *Subduktion* der relativ kalten ozeanischen Lithosphärenplatte führt zum Abtauchen der Isothermen nach unten, so dass bei der Metamorphose eine Hoch-*P/T*-Faziesserie entsteht. In der überschobenen kontinentalen Lithosphärenplatte kommt es im vulkanischen Bogen durch magmatische Intrusionen und advektiven Wärmetransport zur (regionalen) Kontaktmetamorphose und zur Entwicklung einer Niedrig-*P/T*-Faziesserie; nach außen geht diese in eine Mittel-*P/T*-Faziesserie über (Abb. 28.8). Auch am *mittelozeanischen Rücken* führt advektive Wärmezufuhr zur Aufbeulung der Isothermen und daher zu einem hohen geothermischen Gradienten: die Ozeanbodenmetamorphose erfolgt demnach unter Bedingungen einer Niedrig-*P/T*-Faziesserie (Abb. 28.9).

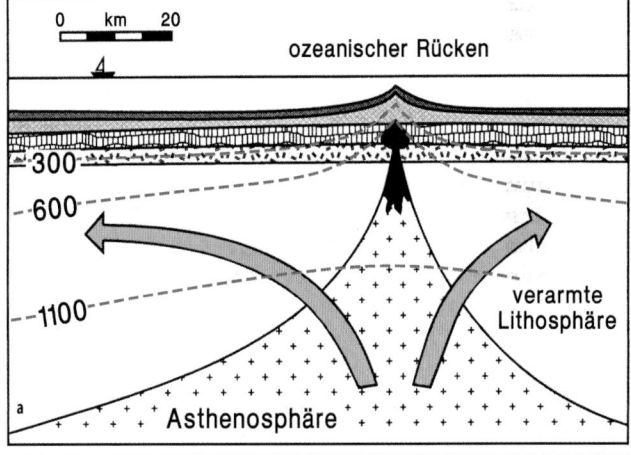

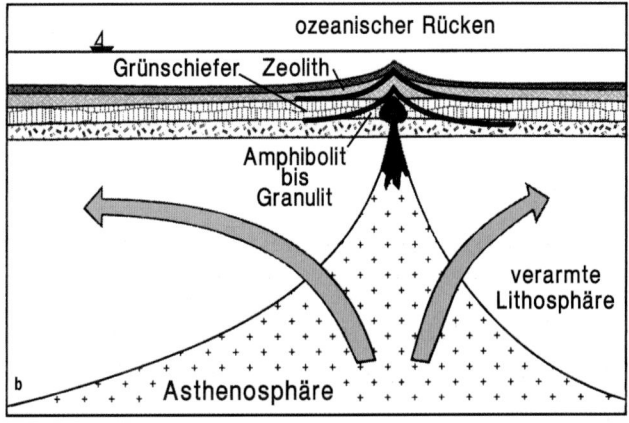

28.3
Übersicht über die metamorphen Fazies

28.3.1
Zeolith- und Prehnit-Pumpellyit-Fazies

Die Zeolithfazies repräsentiert die *P-T*-Bedingungen der niedrigstgradigen Gesteinsmetamorphose; sie schließt sich bei leichter Temperaturerhöhung unmittelbar an die Diagenese an. Die Prehnit-Pumpellyit-Fazies repräsentiert demgegenüber etwas höhere Drücke. Beide Fazies treten bei der Versenkungsmetamorphose, bei der hydrothermalen Metamorphose in aktiven geothermischen Feldern, im niedrigsten Temperaturabschnitt der Regionalmetamorphose und bei metamorphen Vorgängen unter dem Ozeanboden auf. Die Umkristallisation ist in beiden Fazies meist unvollkommen. Vulkanite mit einem hohen Anteil an reaktionsfähigem Glas wie Rhyolithe, Dacite oder Andesite und deren Tuffe, oder Grauwacken mit reichlich pyroklastischem Material stellen sich am leichtesten auf diese Fazies ein. Andere Ausgangsprodukte zeigen unter denselben *P-T*-Bedingungen kaum metamorphe Mineralneubildungen; so werden bei der Metamorphose basischer Vulkanite z. T. sofort Paragenesen der Grünschieferfazies gebildet, ohne dass vorher Zeolithe entstehen. Relikte von detritischen Mineralen und Gefügerelikte von magmatischen Gesteinen bleiben häufig erhalten.

Als typische Minerale der Zeolithfazies treten in Metavulkaniten und Metagrauwacken besonders *Analcim*, *Heulandit*, *Laumontit* und *Wairakit* auf, in assoziierten Metapeliten hauptsächlich Tonminerale mit Wechsellagerungsstruktur (Mixed-Layer-Tonminerale, Abschn. 11.5.7, S. 176); dazu kommen noch Kaolinit, Illit, Chlorit und Quarz. Nach Coombs (1960, 1961) vollzieht sich die prograde Metamorphose in der Zeolithfacies in vielen Fällen bei ansteigender Temperatur durch Entwässerungs-Reaktionen, bei denen Ca-Zeolithe in der Folge Stilbit → Heulandit → Laumontit → Wairakit gebildet werden. Dabei erfordert die Bildung von Laumontit Temperaturen von ca. 155 °C bei 1 kbar und ca. 180 °C bei 2 kbar H_2O-Druck, die von Wairakit 350 °C / 1 kbar und ca. 370 °C / 2 kbar (Abb. 27.9, S. 474). In den Zonen mit Laumontit und Wairakit können auch Albit und/oder Adular gebildet werden. Bei H_2O-Drücken von über 3–4 kbar werden Laumontit und Wairakit zu Lawsonit + Quarz abgebaut.

Unter höheren *P-T*-Bedingungen kommt es zu komplexen Reaktionen der Ca-Zeolithe mit anwesenden Schichtsilikaten, wobei *Pumpellyit* $Ca_2(Mg,Fe^{2+})(Al,Fe^{3+})_2[(OH)_2/H_2O/SiO_4/Si_2O_7]$ und *Prehnit* $Ca_2Al[(OH)_2/AlSi_3O_{10}]$ gebildet werden. Mit ihnen können Wairakit, Epidot, Chlorit, Paragonit, Albit und Quarz koexistieren. Prehnit ist bei niedrigen, Pumpellyit bei erhöhten H_2O-Drücken stabil; das Stabilitätsfeld der Paragenese Pumpellyit + Prehnit + Chlorit + Quarz liegt etwa im Bereich von 200–280 °C und P_{H_2O} 1–4 kbar (Bucher u. Frey 2002). Der Beginn der Grünschieferfazies wird durch die Entwässerungs-Reaktionen

$$\text{Prehnit + Chlorit + Quarz} \rightleftharpoons \text{Epidot + Tremolit + } H_2O \quad (28.1)$$

und

$$\text{Mg-Al-Pumpellyit + Chlorit + Quarz} \rightleftharpoons \text{Epidot + Tremolit + } H_2O \quad (28.2)$$

markiert, die bis zu $P_{H_2O} = 6$ kbar wenig druckabhängig im Temperaturbreich zwischen ca. 270 und 310 °C ablaufen (Bucher u. Frey 2002). Demgegenüber liegt die obere Stabilitätsgrenze von Fe-freiem Pumpellyit *allein* nach der Reaktion

$$\text{Mg-Al-Pumpellyit} \rightleftharpoons \text{Klinozoisit + Grossular + Chlorit} + \text{Quarz} + H_2O \quad (28.3)$$

bei höheren Temperaturen von 325 °C / 2 kbar, 370 °C / 5 kbar und 390 °C / 8 kbar P_{H_2O} (Schiffman u. Liou 1980).

Eingehend untersuchte Vorkommen von Gesteinen in Zeolithfazies finden sich besonders in Neuseeland und in Japan, solche in Prehnit-Pumpellyit-Fazies besonders in den Helvetischen Decken der Alpen und in metamorph überprägten Ozeanboden-Basalten.

28.3.2
Grünschieferfazies

Die Phasenbeziehungen in der Grünschieferfazies lassen sich aus den *ACF*- und *A'KF*-Diagrammen in Abb. 28.10a ablesen, wobei sich ein Vergleich mit der Lage der wichtigsten Gesteins-Chemismen, die in Abb. 28.2 dargestellt sind, empfiehlt. *Metabasite*, d. h. metamorphe Gesteine von basaltischem Chemismus liegen bei niedriggradiger Metamorphose als Grünschiefer vor, die hauptsächlich Aktinolith + Chlorit + Epidot + Albit (An < 10) als Mineral-Paragenese führen. Fallweise können Stilpnomelan ~ $K(Fe,Mg,Mn)_8[(OH)_8/(Si,Al)_{12}O_{28}] \cdot 2H_2O$ oder Biotit, daneben Calcit und/oder Quarz hinzutreten. In *Mg-reichen Metabasiten* bilden sich Paragenesen mit Talk ± Tremolit ± Chlorit ± Biotit/Phlogopit ± Quarz; bei SiO_2-*Untersättigung* entsteht *Serpentinit*. Dabei liegen die oberen Stabilitätsgrenzen der Serpentin-Mineralen Lizardit und Chrysotil bei niedrigeren Temperaturen als die von Antigorit nach Reaktion (27.13) (Abb. 27.8, S. 473).

Pelitische Ausgangsgesteine werden in *Phyllite* umgewandelt, in denen Muscovit + Chlorit + Quarz ± Paragonit ± Pyrophyllit ± Albit miteinander koexistieren. Nicht selten treten auch Stilpnomelan *oder* Chloritoid, mit zunehmender Temperatur auch Biotit in Metapeliten der Grünschieferfazies auf, wobei sich zwei *Subfazies* unterscheiden lassen:

1. die niedriger gradierte Quarz-Albit-Muscovit-*Chlorit*-Subfazies (Abb. 28.10a) und
2. die höher gradierte Quarz-Albit-Epidot-*Biotit*-Subfazies.

Subfazies (1) entspricht der Barrow'schen *Chloritzone*, Subfazies (2) der *Biotitzone*.

Ein charakteristisches Mineral von *Subfazies* (1) ist *Stilpnomelan*, der in Subfazies (2) nicht mehr vorkommt. Stilpnomelan kann makroskopisch und mikroskopisch leicht mit Biotit verwechselt werden; ein gutes Unterscheidungsmerkmal ist seine Querabsonderung nach (010), die dem Biotit fehlt. Die Entstehung von Stilpnomelan wird durch ein hohes Fe/Mg-Verhältnis und einen relativ niedrigen Al-Gehalt im Gestein begünstigt, Voraussetzungen, die in manchen Metasedimenten, in basischen Tuffen, in Metabasalten oder in Banded Iron Formations gegeben sind. In Gesteinen mit hohem Al-Gehalt und hohem Fe/Mg-Verhältnis bildet sich *Chloritoid* (Fe^{2+},Mg,Mn)Al_2[O/(OH)$_2$/SiO_4] als typisches Mineral in Metapeliten schon in Subfazies (1), häufiger aber bei höheren Temperaturen der Subfazies (2). Kennzeichnend für die höhergradierte *Subfazies* (2) ist das Auftreten von *Biotit*, der sich durch folgende Mineralreaktionen bildet:

$$\text{Muscovit} + \text{Chlorit}_1 \rightleftharpoons \text{Biotit} + \text{Chlorit}_2 + \text{Quarz} + H_2O \quad (28.4)$$

$$\text{Kalifeldspat} + \text{Chlorit} \rightleftharpoons \text{Biotit} + \text{Muscovit} + \text{Quarz} + H_2O \quad (28.5)$$

Biotit kann also mit Muscovit und einem Al-reicheren Chlorit$_2$ koexistieren. Während Chlorit in Subfacies (1) noch mit Mikroklin im Gleichgewicht auftritt, ist das in Subfazies (2) nicht mehr der Fall. Pyrophyllit zerfällt bei 400–450 °C nach der Entwässerungs-Reaktion (27.8) zu Kyanit oder Andalusit + Quarz + H_2O (Abb. 27.7, S. 471).

Darüber hinaus kann sich in Metapeliten auch Spessartin-reicher *Granat* bilden.

In *reinen Kalksteinen* und *Dolomiten* findet bei der aufsteigenden Metamorphose lediglich eine *isophase Umkristallisation* statt, durch die *Marmore* bzw. *Dolomitmarmore* entstehen. In *kieseligen Kalksteinen* und *Dolomiten* laufen dagegen Dekarbonatisierungs-Reaktionen ab, die zur Bildung von *Kalksilikat-Gesteinen* führen. Als Minerale koexistieren: Calcit ± Dolomit + Chlorit + Quarz + Epidot ± Tremolit/Aktinolith. In Subfazies (1) können Dolomit, Ankerit oder Magnesit noch zusammen mit *Quarz* auftreten. In Subfazies (2) bilden sich durch die Dekarbonatisierungs-Reaktionen, (27.28) und (27.27), Talk oder Tremolit/Aktinolith (Abb. 27.13, S. 478). *Calcit* hingegen kann auch noch bei höheren Temperaturen der Subfazies (2) und der Amphibolitfazies mit Quarz koexistieren.

Insgesamt sprechen die verfügbaren experimentellen Daten dafür, dass die obere Temperaturgrenze der Grünschieferfazies bei einem mittleren geothermischen Gradienten etwa bei 500 °C liegt.

28.3.3
Epidot-Amphibolit-Fazies

Diese Fazies setzt das *P-T*-Feld der Grünschieferfazies zu höheren Temperaturen und Drücken fort; sie wird von einigen Wissenschaftlern auch als deren höchsttemperierte Subfazies angesehen. *Metabasite* sind meist feinkörnige Amphibolite, die hauptsächlich aus Hornblende + Albit + Epidot bestehen; zusätzlich können noch Almandin-betonter Granat, Biotit, Mg-Chlorit, Calcit und/oder Quarz auftreten. Aus *pelitischen* Sedimentgesteinen bilden sich Phyllite oder Glimmerschiefer mit der Mineral-Paragenese Muscovit + Biotit + Quarz + Almandin-betonter Granat sowie zusätzlich Chloritoid, Mg-Chlorit, Kyanit, Epidot und/oder Albit (Abb. 28.10b).

Die Epidot-Amphibolit-Fazies entspricht der Barrow'schen *Almandinzone*. Von der Grünschieferfazies ist sie durch das Auftreten von *Almandin-reichem Granat* anstelle von Fe-haltigem Chlorit in Metapeliten und von *Hornblende* anstelle von Tremolit/Aktinolith in Metabasiten unterschieden, wobei u. a. folgende Entwässerungs-Reaktionen ablaufen:

$$\text{Chlorit} + \text{Chloritoid} + \text{Quarz} \rightleftharpoons \text{Almandin} + H_2O \quad (28.6)$$

und

$$\text{Chlorit} + \text{Tremolit/Aktinolith} + \text{Epidot} + \text{Quarz} \rightleftharpoons \text{Hornblende} + H_2O \quad (28.7)$$

Wie in der Grünschieferfazies ist *Albit* neben *Epidot* stabil. Wenn Chlorit vorhanden ist, so ist dieser Mg-reich; er kann je nach Gesteins-Chemismus mit Almandin-reichem Granat und Chloritoid oder Biotit koexistieren, wie sich aus der *AFM*-Projektion (Abb. 28.5b) ableiten lässt. Der Bereich der Epidot-Amphibolit-Fazies ist etwa durch die P-T-Kombinationen 460 °C / 9 kbar, 500 °C / 3 kbar und 660 °C / 11,5 kbar gegeben (Abb. 28.7a).

28.3.4
Amphibolitfazies

Mit der progressiven Metamorphose von der Grünschiefer- oder Epidot-Amphibolit-Fazies zur Amphibolitfazies treten *entscheidende Mineralumwandlungen* ein, wobei die folgenden Minerale hinzukommen: Staurolith, Sillimanit, Anthophyllit, Cummingtonit, Diopsid und Grossular- bzw. Andradit-reicher Granat (Abb. 28.10c). Mg-reicher Chlorit kann in Abwesenheit von Quarz noch stabil sein.

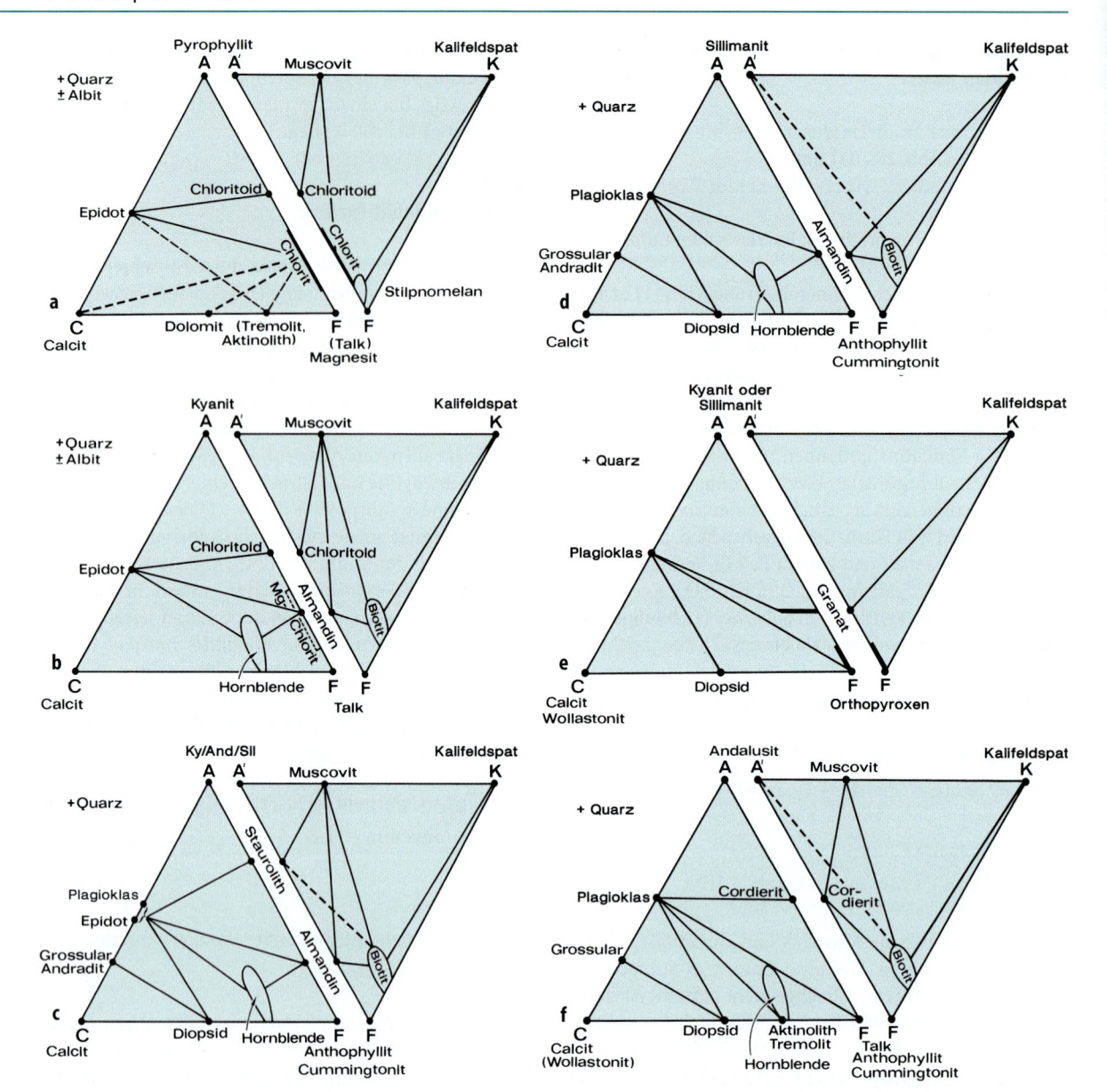

Abb. 28.10. *ACF*- und *A'KF*-Diagramme: **a** Grünschieferfazies; **b** Epidot-Amphibolit-Fazies; **c** niedriggradige Amphibolitfazies; **d** hochgradige Amphibolitfazies; **e** Granulitfazies; **f** Hornblende-Hornfelsfazies

Metabasite

Metabasite liegen als mittel- bis grobkörnige *Amphibolite* vor, in denen die kritische Paragenese Hornblende + Plagioklas (meist An 30–50) auftritt. Daneben können Almandin-betonter Granat oder Diopsid sowie Biotit und Quarz beteiligt sein. Epidot ist im niedrig gradierten Bereich der Amphibolitfazies noch stabil und wird erst bei höheren Temperaturen zugunsten der Anorthit-Komponente im Plagioklas und von Grossular-Andradit-Granat abgebaut. In metamorphen Ultramafititen beobachtet man die Paragenese Hornblende + Anthophyllit und/ oder + Cummingtonit.

Kieselige Karbonate

Aus kieseligen Karbonaten entstehen *Silikat-Marmore* und *Kalksilikat-Gesteine* (Kalksilikat-Gneise und Kalksilikat-Felse) mit den Paragenesen Calcit + Tremolit ± Quarz, Calcit + Diopsid + Grossular-reicher Granat ± Quarz oder bei SiO_2-Unterschuss Calcit + Diopsid + Forsterit. Dabei laufen u. a. Reaktionen (27.27), (27.26) und (27.25) ab, deren Gleichgewichtstemperaturen stark vom P_{fl} und X_{CO_2} abhängen, aber generell bei >500 °C liegen (Abb. 27.13, S. 478). Demgegenüber erfordert die Wollastonit-bildende Reaktion (27.23) deutlich höhere Temperaturen, die am ehesten in der hochgradierten

Amphibolitfazies erreicht werden. Aus reinem Kalkstein oder Dolomit bilden sich durch isophase Umkristallisation mittel- bis grobkörnige Marmore.

Metapelite

Eine Unterteilung der Amphibolitfazies in verschiedene *Subfazies* bietet sich v. a. auf Grund der Phasenbeziehungen in *Metapeliten* an. So erlaubt der Abbau von Muscovit in Gegenwart von Quarz unter Bildung von Andalusit/Sillimanit + Kalifeldspat bzw. zu Kyanit/Sillimanit + Schmelze nach Reaktion (27.11), (27.11a) und (27.11b) (Abb. 27.7, S. 471 und 27.10) die Gliederung in eine niedriggradige und eine hochgradige Amphibolitfazies. Zusätzlich ergeben sich aus dem Auftreten der Al_2SiO_5-Polymorphen Andalusit, Sillimanit und Kyanit (Abb. 27.7) Felder von niedrigen, mittleren und höheren Drücken.

Bei einem *mittleren* geothermischen Gradienten, d. h. in der *Mitteldruck-Faziesserie*, entspricht die *niedriggradige Amphibolitfazies* der Barrow'schen *Staurolith-* und *Kyanitzone*. Aus Tonsteinen und Grauwacken bilden sich *Glimmerschiefer* und *Paragneise*, in denen hauptsächlich Muscovit + Biotit + Almandin-betonter Granat ± Staurolith ± Kyanit/Sillimanit + Quarz + Plagioklas miteinander im Gleichgewicht stehen. Das Auftreten von Staurolith neben Granat und – je nach Druck – von Kyanit oder Sillimanit neben Staurolith ist bezeichnend für den niedrigstgradigen Bereich der Amphibolitfazies. Staurolith bildet sich u. a. nach folgenden Reaktionen

$$4Fe^{2+}Al_2[O/(OH)_2/SiO_4] + 5Al_2[O/SiO_4]$$
Chloritoid　　　　　　　　　Kyanit/Andalusit
$$\rightleftharpoons 2Fe_2^{2+}Al_9[O_6/(OH)_2/(SiO_4)_4] + SiO_2 + 2H_2O$$
　　　　Staurolith　　　　　　　　Quarz
$$(28.8)$$

Chloritoid + Muscovit + Quarz
$$\rightleftharpoons \text{Staurolith + Granat + Biotit} + H_2O \quad (28.9)$$

und

Granat + Chlorit + Muscovit
$$\rightleftharpoons \text{Staurolith + Biotit + Quarz} + H_2O \quad (28.10)$$

Nach unterschiedlichen experimentellen Ergebnissen und thermodynamischen Berechnungen liegt die untere Stabilitätsgrenze der Paragenese Staurolith + Granat + Biotit (+ Muscovit + Quarz) in Metapeliten bei etwa 515 °C/3 kbar, 540 °C/5 kbar und 560 °C/8 kbar P_{H_2O} (vgl. Abb. 26.11, S. 434). Allerdings erfordert die Staurolith-Bildung hohe $Al_2O_3/(K_2O + Na_2O + CaO)$ und FeO/MgO-Verhältnisse im Gesteins-Chemismus. Da Granat und Staurolith unter Bedingungen der Amphibolitfazies ein deutlich höheres Fe/Mg-Verhältnis aufweisen als Biotit, ist die Zusammenfassung von FeO und MgO zu einer Komponente streng genommen nicht zulässig. Daher weist die Paragenese Staurolith + Granat + Biotit + Muscovit (+ Quarz) im *A'KF*-Dreieck kreuzende Konoden auf (Abb. 28.10c), was man bei der Darstellung in der *AFM*-Projektion vermeiden kann. Noch im Bereich der niedriggradierten Amphibolitfazies werden – je nach Druck – die Gleichgewichtskurven der Reaktionen

$$\text{Kyanit} \rightleftharpoons \text{Sillimanit} \quad (27.2)$$

bzw.

$$\text{Andalusit} \rightleftharpoons \text{Sillimanit} \quad (27.3)$$

und damit die *erste Sillimanit-Isograde* überschritten (Abb. 26.11, Abb. 27.7), wobei Sillimanit noch mit Muscovit und Quarz koexistiert. Allerdings erfolgt die Sillimanit-Bildung nicht immer durch direkte Verdrängung von Kyanit oder Andalusit, sondern durch komplexere Reaktionen, an denen Muscovit und Biotit beteiligt sind. Typisch ist eine enge Verwachsung von Sillimanit und Biotit, wobei Orientierungsbeziehungen auf ein epitaktisches Wachstum hinweisen. Darüber hinaus kommt es zum Abbau von Staurolith, z. B. nach der Reaktion

$$6Fe_2^{2+}Al_9[O_6/(OH)_2/(SiO_4)_4] + 11SiO_2$$
Staurolith　　　　　　　　　　　Quarz
$$\rightleftharpoons 4Fe_3^{2+}Al_2[SiO_4]_3 + 23Al_2[O/SiO_4] + 6H_2O$$
　　Almandin　　　　Andalusit/Sillimanit/Kyanit
$$(28.11)$$

deren Gleichgewichtskurve etwa durch die Punkte 585 °C/2 kbar und 660 °C/7 kbar gegeben ist (vgl. auch Abb. 26.11, S. 434). Im *ACF*-Dreieck entfällt damit die Konode Andesin–Staurolith, im *A'KF*-Diagramm die Konode Muscovit–Staurolith. Damit vergrößern sich die stofflichen Bereiche, in denen sich $Al_2[O/SiO_4]$-Minerale bilden können; diese treten jetzt im Berührungskontakt mit Almandin auf (Abb. 28.10d).

In der niedriggradierten Amphibolitfazies trennt die Konode Biotit–Muscovit im *A'KF*-Dreieck zwei Zusammensetzungsbereiche:

1. In *Metapeliten* können die $Al_2[O/SiO_4]$-Polymorphen sowie Staurolith oder Almandin nicht mit Kalifeldspat koexistieren.
2. In *Orthogneisen*, z. B. in Metagraniten oder Metagranodioriten, aber auch in Meta-Arkosen, ist die Paragenese Quarz + Kalifeldspat + Plagioklas (An 20–30) + Biotit + Muscovit stabil (Abb. 28.10c). Erst mit dem Muscovit-Zerfall in Gegenwart von Quarz nach der Entwässerungs-Reaktion

$$\text{Muscovit} + \text{Quarz}$$
$$\rightleftharpoons \text{Andalusit/Sillimanit}$$
$$+ \text{Kalifeldspat} + \text{H}_2\text{O} \qquad (27.11)$$

oder den entsprechenden Schmelzreaktionen (27.11a) und (27.11b) wird die Konode Muscovit + Biotit gebrochen, so dass in der *hochgradigen Amphibolitfazies* jetzt auch in Metapeliten Kalifeldspat mit Almandin und/oder Sillimanit koexistieren kann: In der Barrow'schen Zonenfolge wird die *zweite Sillimanit-Isograde* gekreuzt. Die Gleichgewichtstemperatur von Reaktion (27.11) liegt bei $P_{tot} = P_{fl} = P_{H_2O}$ von 2 bar bei ca. 620 °C, bei 5 kbar bei ca. 690 °C; die H$_2$O-gesättigte Schmelzreaktion (27.11a) erfordert bei P_{H_2O} = 8 kbar ca. 730 °C, das H$_2$O-freie Dehydratations-Schmelzen (27.11b) bei P_{tot} = 8 kbar ca. 750 °C (Abb. 27.7, S. 471). Daneben kann auch die komplexere, gleitende Entwässerungs-Reaktion

$$\text{Muscovit} + \text{Biotit}_1 + \text{Quarz}$$
$$\rightleftharpoons \text{Almandin} + \text{Biotit}_2 + \text{Sillimanit}$$
$$+ \text{Kalifeldspat} + \text{H}_2\text{O} \qquad (28.12)$$

stattfinden, bei der Biotit$_1$ eine höheres Fe/Mg-Verhältnis hat als Biotit$_2$. Durch diese Reaktionen erhöht sich das Feldspat-Glimmer-Verhältnis in Metapeliten, die daher eher als *Paragneise* entwickelt sind. Häufige Paragenesen bei einem mittleren geothermischen Gradienten sind Sillimanit + Almandin-reicher Granat ± Biotit + Kalifeldspat + Plagioklas + Quarz oder Almandin-reicher Granat + Biotit + Kalifeldspat + Plagioklas + Quarz (Abb. 28.10d).

Bei einem *höheren geothermischen Gradienten*, entsprechend der *Niederdruck-Faziesserie*, tritt anstelle von Kyanit zunächst Andalusit, bei höheren Temperaturen dann Sillimanit auf (Reaktion 27.3). Beide können mit Muscovit und Quarz koexistieren. Nach Überschreiten der Entwässerungs-Reaktion (27.11) reagieren Muscovit + Quarz zu Andalusit oder Sillimanit + Kalifeldspat. Die Gleichgewichtskurven der Reaktionen (27.3) und (27.11), die sich bei ca. 2 kbar P_{H_2O} und ca. 610 °C kreuzen, definieren vier Paragenesenfelder: Andalusit + Mucovit + Quarz, Sillimanit + Muscovit + Quarz, Andalusit + Kalifeldspat und Sillimanit + Kalifeldspat (Abb. 27.7). Ein wichtiges Mg-Fe-Silikat ist Cordierit, der sich nach der Reaktion

$$\text{Chlorit} + \text{Muscovit} + \text{Quarz}$$
$$\rightleftharpoons \text{Cordierit} + \text{Biotit}$$
$$+ \text{Andalusit/Sillimanit} + \text{H}_2\text{O} \qquad (28.13)$$

bilden kann. Neben Andalusit oder Sillimanit tritt Cordierit häufig zusammen mit Almandin-reichem Granat auf, dagegen nur selten mit Staurolith, dessen Stabilitätsfeld zu niedrigen Drücken hin immer mehr schrumpft (Abb. 26.11, S. 434). Beim Übergang von der niedriggradierten zur hochgradierten Amphibolitfazies bildet sich Cordierit nach der Reaktion

$$\text{Chlorit} + \text{Muscovit} + \text{Quarz}$$
$$\rightleftharpoons \text{Cordierit} + \text{Kalifeldspat} + \text{H}_2\text{O} \qquad (28.14)$$

Außerdem verschwindet die Paragenese Sillimanit + Biotit nach der Reaktion

$$\text{Biotit} + \text{Sillimanit} + \text{Quarz}$$
$$\rightleftharpoons \text{Cordierit} + \text{Granat} + \text{Kalifeldspat} + \text{H}_2\text{O} \qquad (28.15)$$

Diese Reaktion dokumentiert sich in den berühmten Sillimanit-freien Höfen in Cordierit, wie sie z. B. in den Cordierit-Gneisen des Bayerischen Waldes und des Schwarzwaldes verbreitet sind. Sillimanit-Einschlüsse beschränken sich hier auf die Kernzonen der Cordierite und vermeiden so den Kontakt mit den Biotiten im Grundgewebe.

28.3.5
Granulitfazies

Metamorphe Gesteine in Granulitfazies (Abb. 28.10e) treten am häufigsten als Bestandteile des tiefabgetragenen präkambrischen Grundgebirges auf; Hochdruckgranulite dokumentieren *P-T*-Bedingungen der kontinentalen Unterkruste (Abschn. 29.2.2, S. 520ff).

Metabasite liegen in der Granulitfazies als *basische Pyroxengranulite*, genauer als Pyriklasite und Pyribolite vor, die bei niedrigen bis mittleren Drücken durch die kritische Paragenese Plagioklas + Orthopyroxen gekennzeichnet sind. Orthopyroxen ist typischerweise Al-reich, enthält also einen hohen Anteil an Mg-Tschermaks Molekül MgAl$^{[6]}$[Al$^{[4]}$SiO$_6$] entsprechend der gekoppelten Substitution MgSi $\rightleftharpoons$ Al$^{[6]}$Al$^{[4]}$. Bei der aufsteigenden Metamorphose von Metabasiten werden Hornblenden unterschiedlicher Zusammensetzung durch die gleitende Reaktionen

$$\text{Hornblende}_1 + \text{Quarz}$$
$$\rightleftharpoons \text{Plagioklas} + \text{Orthopyroxen}$$
$$+ \text{Klinopyroxen} + \text{H}_2\text{O} \qquad (28.16)$$

und

$$\text{Hornblende}_2 + \text{Quarz}$$
$$\rightleftharpoons \text{Plagioklas} + \text{Orthopyroxen}$$
$$+ \text{Granat} + \text{H}_2\text{O} \qquad (28.17)$$

sukzessive abgebaut, wobei Hornblende$_2$ Al-reicher als Hornblende$_1$ ist. Es entstehen die Paragenesen Plagioklas + Orthopyroxen + Klinopyroxen ± Quarz und Plagioklas + Orthopyroxen + Pyrop-Almandin-reicher Granat ± Biotit ± Quarz (Abb. 28.10e). Unter etwas höherem H$_2$O-Druck und/oder niedrigerer Temperatur kann auch noch Hornblende als Bestandteil der Paragenese erhalten bleiben. Bei Druckerhöhung wird die Konode Plagioklas–Orthopyroxen im *ACF*-Dreieck durch die (vereinfachte) Reaktion

$$2(Mg,Fe)_2[Si_2O_6] + Ca[Al_2Si_2O_8]$$
$$\text{Orthopyroxen} \qquad \text{Plagioklas (An)}$$
$$\rightleftharpoons (Fe,Mg)_3Al_2[SiO_4]_3$$
$$\text{Granat}$$
$$+ Ca(Mg,Fe)[Si_2O_6] + SiO_2 \qquad (28.18)$$
$$\text{Klinopyroxen} \qquad \text{Quarz}$$

gebrochen, so dass jetzt die Paragenesen Granat + Klinopyroxen + Plagioklas + Quarz oder in sehr basischen Granuliten Granat + Klinopyroxen + Orthopyroxen stabil werden. Somit ergibt sich eine Einteilung der Granulitfazies in eine Niederdruck- und Hochdruck-Subfazies. Bei einer nahezu isothermalen Druckentlastung (Dekompression) von Hochdruck-Granuliten kehrt sich die Richtung der Reaktion um; dabei bilden sich häufig spektakuläre Korona-Gefüge von Orthopyroxen + Plagioklas um Granat oder andere Reaktions-Symplektite (Abb. 27.1, S. 464).

Helle Granulite leiten sich entweder von klastischen Sedimenten wie Tonsteinen, Grauwacken oder Arkosen, aber auch von felsischen Magmatiten, wie Graniten oder Rhyolithen ab. Kritische Paragenesen sind Quarz + Al-kalifeldspat + Plagioklas + Almandin-Pyrop-reicher Granat + Kyanit/Sillimanit oder + Al-reicher Orthopyroxen (Abb. 28.10e), bei niedrigeren Drücken auch + Cordierit. Dabei sind z. T. die gleichen Entwässerungs-Reaktionen abgelaufen wie beim Übergang von der niedrig- zur hochgradigen Amphibolitfazies, z. B. (27.11), (27.11a), (27.11b), (28.11) und (28.12). Prograd gebildeter Biotit ist meist nur untergeordnet vorhanden und stets Mg-reich (Phlogopit). Unterschiede gegenüber der hochgradigen Amphibolitfazies liegen besonders im Auftreten von Al-reichem Orthopyroxen in vielen Granuliten. Solche *felsischen Pyroxen-Granulite* bezeichnet man als *Charnockite*, die allerdings auch durch magmatische Kristallisation von granitischen Magmen bei hohen Drücken entstehen können. Alkalifeldspat enthält typischerweise ungefähr gleiche Anteile der Komponenten Ab und Or und entmischt sich bei der Abkühlung als *Mesoperthit*. Seine ursprüngliche Zusammensetzung lag also oberhalb des Solvus-Maximums im Zweistoffsystem Albit–Kalifeldspat, was auf hohe Bildungstemperaturen hinweist (Abb. 18.12, S. 292).

Kennzeichnend für Gesteine in Granulitfazies ist das Zurücktreten oder Fehlen von (OH)-haltigen Mineralen. Daraus kann man schließen, dass bei der granulitfaziellen Metamorphose eine geringe H_2O-Aktivität herrschte, wofür es zwei Erklärungsmöglichkeiten gibt:

- Bei der prograden Metamorphose kann es unter *P-T*-Bedingungen der hochgradigen Amphibolitfazies zur partiellen Aufschmelzung unter Bildung von Migmatiten kommen (Abschn. 26.5, S. 453ff), wie sie in der Tat in vielen Granulit-Gebieten beobachtet werden. H_2O wurde in den granitischen Schmelzen gelöst und mit diesen wegtransportiert; es gilt daher $P_{fl} \approx P_{H_2O} < P_{tot}$. Zurück blieben relativ „trockene" *Restgesteine* (Restite), die reich an (OH)-freien Mafiten wie Granat, Cordierit, Orthopyroxen, Sillimanit oder Kyanit sind.
- Der H_2O-Gehalt in der fluiden Phase wird durch eine Zufuhr von CO_2, z. B. aus dem Erdmantel verdünnt, d. h. es gilt $P_{tot} \approx P_{fl} \approx P_{H_2O} + P_{CO_2}$. Diese Möglichkeit wurde z. B. für die Entstehung der charnockitischen Granulite in Südindien und Sri Lanka diskutiert.

Wie wir in Abschn. 27.2.2 (Abb. 27.7, 27.10) gezeigt hatten, führen beide Bedingungen dazu, dass sich die Gleichgewichtskurven von Entwässerungs-Reaktionen zu niedrigeren Temperaturen hin verschieben. Dementsprechend könnten granulitfazielle Metamorphite durchaus schon bei *P-T*-Bedingungen der hochgradigen Amphibolitfazies entstehen, vorausgesetzt, die H_2O-Aktivität war gering. Jedoch spricht bereits das verbreitete Auftreten von Al-reichem Orthopyroxen und von Mesoperthith dafür, dass die meisten Granulite bei hohen Temperaturen gebildet wurden und dass die Granulitfazies im *P-T*-Diagramm ein eigenes Feld einnimmt (Abb. 28.7a). Allerdings haben manche Granulite, darunter auch die Granulite des Sächsischen Granulit-Gebirges, zunächst ein Eklogit-fazielles Stadium durchlaufen (O'Brien 2006).

Derzeit sind sogar mehr als 40 Granulit-Gebiete auf der Erde bekannt, die *P-T*-Bedingungen einer *Ultrahochtemperatur-Metamorphose* mit Temperaturen >900 °C erlebt haben (vgl. Harley 1998) und zwar unabhängig vom geologischen Alter (Clark et al. 2011). Beispiele sind die Gneishülle der Rogaland-Intrusion in Südnorwegen, der Epupa-Komplex in Nordwest-Namibia, die Palni Range in Südindien und die Rauer-Gruppe in der Ostantarktis. Kennzeichnend für diesen Metamorphosetyp ist das Auftreten der sonst seltenen Silikate Sapphirin $Mg_7Al_9[O_4/Al_9Si_3O_{36}]$, Osumilith und Kornerupin oder sogar des Hochtemperatur-Klinopyroxens Pigeonit. Für Sapphirin-führende Orthopyroxen-Sillimanit-Gneise des Epupa-Komplexes schätzen Brandt et al. (2007) Temperaturen von 1 000–1 100 °C bei Drücken um 10 kbar ab. Solche *P-T*-Bedingungen können in der kontinentalen Unterkruste realisiert sein, wenn folgende Voraussetzungen erfüllt sind (Clark et al. 2011):

- Erhöhte radioaktive Wärmeproduktion in Gebieten mit verdickter Erdkruste, insbesondere als Folge von Kontinent-Kontinent-Kollisionen;
- Erhöhte Wärmezufuhr aus dem Erdmantel im Bereich von Backarc-Becken;
- Mechanische Aufheizung in duktilen Scherzonen;
- ungewöhnlich große Wärmezufuhr durch mafische Intrusionen in regionalem Maßstab.

Für den Epupa-Komplex kommt der Kunene-Intrusiv-Komplex, eine der größten Anorthosit-Intrusion der Erde, als Wärmelieferant in Frage.

28.3.6
Hornfelsfazies

Am Kontakt mit magmatischen Intrusionen entwickeln sich Mineralparagenesen, die weitgehend der Niederdruckserie der Regionalmetamorphose entsprechen. Wegen ihrer geringen räumlichen Ausdehnung kann man innerhalb einer Kontaktaureole die Belastungsdrücke als etwa konstant ansehen; sie liegen meist zwischen 0,5 und 2 kbar. Demgegenüber nehmen die Temperaturen vom Plutonit-Kontakt nach außen hin rasch ab (Abschn. 26.2.1, S. 424); direkt am Kontakt von mafischen Intrusionen, z. B. Gabbros, können Maximaltemperaturen von ca. 800 °C erreicht werden.

Während die Pyroxen-Hornfelsfazies, die den 10 Hornfelsklassen von V. M. Goldschmidt (1911) entspricht, bereits von Eskola (1915, 1939) ausgegliedert worden war, wurden die Hornblende-Hornfels- und die Albit-Epidot-Hornfelsfazies erst von Turner u. Verhoogen (1960) eingeführt. Wegen der großen Ähnlichkeit der Paragenesen werden diese jedoch von vielen Autoren zur Niederdruck-Amphibolitfazies bzw. zur Niederdruck-Grünschieferfazies gerechnet. Das Faziesprinzip beruht ja auf der Beziehung zwischen Gesteins-Chemismus und Mineralbestand, nicht auf der geologischen Situation und dem Gesteinsgefüge! Trotz dieser Einschränkungen sollen die Hornblende-Hornfels- und die Pyroxen-Hornfelsfazies im Folgenden kurz besprochen werden.

Hornblende-Hornfelsfazies

Am Plutonitkontakt sind Paragenesen der Hornblende-Hornfelsfazies am häufigsten entwickelt, wobei man – wie in der Amphibolitfazies – einen niedrig- und einen hochgradigen Bereich unterscheiden kann.

Bei dem auf S. 424ff ausführlicher beschriebenen Beispiel der Kontaktmetamorphose am Bergener Granitpluton haben sich, wie das auch sonst häufig der Fall ist, zwei breite Gesteinszonen entwickelt, die zwar sehr unterschiedliche Gesteinsgefüge aufweisen, jedoch beide zur Hornblende-Hornfelsfazies gehören. Die Pyroxen-Hornfelsfazies wäre an einem Granitkontakt auch nicht zu erwarten, weil die Temperatur dazu nicht ausgereicht hätte; die Albit-Epidot-Hornfelsfazies ist im Bergener Kontakthof nicht erkennbar.

Metabasite in Hornblende-Hornfelsfazies enthalten als Mineralparagenesen: Hornblende + Plagioklas (Andesin) ± Diopsid ± Quarz ± Biotit ± Anthophyllit (Abb. 28.10f). In kontaktmetamorphen Ultramafititen führt Reaktion (27.13) zur Paragenese Olivin + Talk (+ Mg-Chlorit); bei höheren Temperaturen entsteht nach Reaktion (27.14) Anthophyllit (Abb. 27.8, S. 473). Aus *kieseligen Karbonaten* und *Kalkmergeln* bilden sich die Paragenesen Calcit + Tremolit ± Quarz, Calcit + Diopsid + Grossular-reicher Granat ± Quarz oder bei SiO_2-Unterschuss Calcit + Diopsid + Forsterit, die z. B. nach den Reaktionen (27.27), (27.26) und (27.25) gebildet werden (Abb. 27.13); Paragenesen mit Wollastonit + Quarz (Reaktion 27.23) erfordern höhere Temperaturen und/oder niedrigere CO_2-Partialdrücke (Abb. 27.11, 27.13).

Unter niedriggradigen Bedingungen ist in *Metapeliten* die Paragenese Muscovit + Biotit + Cordierit + Andalusit + Quarz + Plagioklas stabil (Abb. 28.10f), bei deren Bildung z. B. Reaktion (28.13) abläuft. Ist der Ausgangs-Chemismus ärmer an Al_2O_3 und reicher an K_2O als gewöhnlich, dann entsteht Quarz + Muscovit + Biotit + Cordierit. Nur bei höheren Drücken, d. h. in einem ungewöhnlich tiefen Intrusionsniveau kann bei der Kontaktmetamorphose auch Almandin-reicher Granat kristallisieren. Mit steigenden Temperaturen, z. B. bei ca. 570 °C / 1 kbar P_{H_2O}, zerfällt Muscovit in Gegenwart von Quarz unter Bildung von Andalusit + Kalifeldspat nach Reaktion (27.11), analog zum Übergang von der niedriggradigen zur hochgradigen Amphibolitfazies. Wie man aus Abb. 27.7 entnehmen kann, ist bei niedrigen Drücken noch eine deutliche Temperatursteigerung notwendig, um das Stabilitätsfeld von Sillimanit zu erreichen, z. B. auf ca. 700 °C bei 1 kbar Druck.

Pyroxen-Hornfelsfazies

Neben dem Auftreten von Sillimanit in Metapeliten sind für die Pyroxen-Hornfelsfazies die Paragenesen Plagioklas + Orthopyroxen + Klinopyroxen oder + Cordierit kritisch (Abb. 28.3), die auch in der Niederdruck-Granulitfazies stabil sind. Beide Pyroxenarten sind durch Zerfallsreaktionen aus Hornblende entstanden, z. B. nach Reaktion (28.16). *Metabasite* weisen demnach die Paragenese Orthopyroxen + Diopsid + Plagioklas (Labradorit) ± Biotit ± Quarz auf. In metamorphen Ultramafititen führt Reaktion (27.15) schon bei ca. 630 °C / 1 kbar P_{H_2O} zur Bildung von Orthopyroxen aus Anthophyllit + Forsterit, während Anthophyllit allein erst bei ca. 730 °C / 1 kbar nach Reaktion (27.17) zu Enstatit + Quarz abgebaut wird (Abb. 27.8, S. 473).

Metapelite führen Biotit + Cordierit + Sillimanit + Kalifeldspat + Plagioklas + Quarz, wobei Cordierit + Kalifeldspat nach Reaktion (28.14) gebildet werden. In *kieseligen Karbonaten* entstehen Wollastonit + Diopsid + Grossular ± Vesuvian ± Biotit/Phlogopit. Grossular ist bei den niedrigen Drücken und hohen Temperaturen der Pyroxen-Hornfelsfazies neben Quarz nicht mehr stabil, sondern reagiert nach folgender Gleichung aus:

$$\underset{\text{Grossular}}{Ca_3Al_2[SiO_4]_3} + \underset{\text{Quarz}}{SiO_2}$$
$$\rightleftharpoons 2\underset{\text{Wollastonit}}{Ca[SiO_3]} + \underset{\text{Anorthit}}{Ca[Al_2Si_2O_8]} \quad (28.19)$$

Demgegenüber ist Grossular allein noch bei hohen Temperaturen und Drücken stabil, allerdings nur bei sehr niedrigem X_{CO_2} der fluiden Phase.

28.3.7
Sanidinitfazies

Die Sanidinitfazies umfasst das *P-T*-Gebiet der Pyrometamorphose, das sich teilweise mit den Kristallisationsbedingungen vulkanischer Gesteine in der Schlussphase iher Erstarrung überschneidet. Nach niedrigeren Temperaturen hin schließt sich an die Sanidinitfazies die Pyroxen-Hornfelsfazies an. Gesteine in Sanidinitfazies treten als Einschlüsse (Xenolithe) in vulkanischen Gesteinen auf, so z. B. im jungen Vulkangebiet um den Laacher See (Ost-Eifel), oder sie bilden Kontaktsäume an magmatischen Gängen und Lagergängen. Wegen der kurzen Dauer der thermischen Einwirkung wird trotz der hohen Temperaturen ein thermodynamisches Gleichgewicht zwischen den Mineralneubildungen meist nur unvollkommen erreicht.

Charakteristische Minerale der Sanidinitfazies sind Sanidin, Anorthoklas, Plagioklas mit Hochtemperaturstruktur, Wollastonit, Tridymit, Cristobalit, Sillimanit und/oder Mullit sowie Orthopyroxen (Hypersthen) und/oder Pigeonit. Sanidin, der oft reichlich auftritt, verdankt seine Entstehung einer gleichzeitigen metasomatischen Alkalizufuhr aus alkalibasaltischen Magmen, z. B. den Leucit-Tephriten des Laacher-See-Gebietes. In Quarz-Feldspat-reichen oder pelitischen Gesteinen kommt es häufig zur partiellen Aufschmelzung. Solche Gesteine mit einem hohen Anteil an Gesteinsglas, das neugebildete Kriställchen von Cordierit, Mullit, Korund, Spinell oder Tridymit einschließt, bezeichnet man als Buchite (Abb. 28.11). Pyrometamorph überprägte Xenolithe von SiO_2-haltigem Kalkstein führen verbreitet Wollastonit; dieser kommt auch in Kombination mit An-reichem Plagioklas vor, weil Grossular nicht mehr stabil ist. Daneben können seltene Calcium-Silikate wie Rankinit $Ca_3[Si_2O_7]$, Larnit β-$Ca_2[SiO_4]$ und Spurrit $Ca_5[CO_3/(SiO_4)_2]$ sowie Ca-Mg-(Al-)Silikate wie Merwinit $Ca_3Mg[SiO_4]_2$, Monticellit $CaMg[SiO_4]$ und Melilith $Ca_2(Mg,Al)[(Si,Al)SiO_7]$ auftreten.

28.3.8
Blauschieferfazies

Die Blauschieferfazies (Glaukophanschieferfazies) gehört der Hochdruck-Faziesserie an, deren Entwicklung an konvergente Plattenränder gebunden ist. Dabei werden die kühlen Vulkanite und Sedimente der ozeanischen Platte sowie die Sedimente des Akkretionskeils zunehmend tiefer versenkt, wobei sie nur langsam aufgeheizt werden. So herrscht in einer Subduktionszone z. B. in 50 km Tiefe nur eine Temperatur von 300–500 °C entsprechend einem geothermischen Gradienten von ca. 6–10 °C/km (Abb. 28.7). Die meisten Glaukophangesteine sind aus mesozoischen bis känozoischen, also jüngeren Orogengürteln bekannt. Wichtige Beispiele finden sich in der Franciscan Formation in Kalifornien, in Neu-Kaledonien, in Japan, im Tauern-Fenster (Ostalpen), in den Penninischen Decken der Westalpen, in Kalabrien, auf Korsika sowie im Kykladen-Kristallin und auf der Insel Kreta (Griechenland). In paläozoischen und proterozoischen Orogenen sind Blauschiefer häufig durch spätere, höhergradige metamorphe Überprägungen bis auf geringe Relikte ausgelöscht worden, z. B. in den Appalachen (USA). Das bekannteste Vorkommen von variscischen Blauschiefern in Europa ist die Ile de Groix in der südlichen Bretagne (Frankreich).

Abb. 28.11.
Buchit aus dem Kasseler Grund bei Bieber im Spessart. Xenolith von Buntsandstein, der im Kontakt mit einem Basaltgang teilweise aufgeschmolzen wurde. Zwischen den gerundeten Quarz- und Feldspat-Körnern des Sandsteins liegt ein farbloses Glas, das rechteckige Kriställchen von Cordierit und nadeligem Mullit sowie wolkige Anhäufungen von dunklem Spinell einschließt. Bildbreite 1 mm. (Foto: Joachim A. Lorenz, Karlstein am Main)

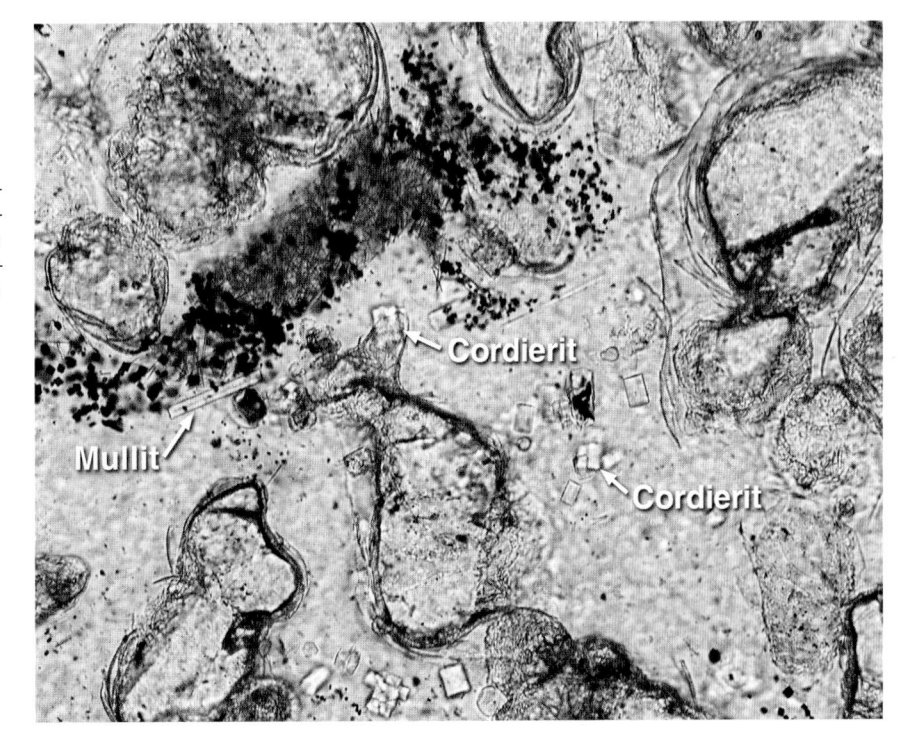

Kennzeichnend für die Blauschieferfazies ist der blaue Na-Amphibol *Glaukophan*, dessen Stabilitätsfeld allerdings noch nicht genau bekannt ist. Nach Experimenten von Maresch (1977) liegt seine untere Druckgrenze bei *mindestens* 4 kbar, wahrscheinlich aber höher, und steigt im Temperaturbereich von 350–550 °C auf ca. 10,5 kbar an; die obere *T*-Stabilitätsgrenze dürfte bei ungefähr 550°, vielleicht aber noch höher liegen (vgl. Yardly 1989). Für die prograde Bildung von Glaukophan kann man folgende, stark vereinfachte Reaktion annehmen:

$$\text{Albit} + \text{Chlorit} \rightleftharpoons \text{Glaukophan} + H_2O \qquad (28.20)$$

Ein weiteres fazieskritisches Mineral ist *Lawsonit*, der sich in basischen Vulkaniten direkt aus magmatischem Plagioklas bilden kann, und zwar nach folgender schematischen Gleichung:

$$\underset{\text{Plagioklas (An 50)}}{Ca[Al_2Si_2O_8]\cdot Na[AlSi_3O_8]} + 2H_2O$$
$$\rightleftharpoons \underset{\text{Lawsonit}}{CaAl_2[(OH)_2/Si_2O_7]\cdot H_2O} + \underset{\text{Albit}}{Na[AlSi_3O_8]} \qquad (28.21)$$

Wie man aus Abb. 27.9 (S. 474) entnehmen kann, ist Lawsonit in Gegenwart von Quarz bei H_2O-Drücken oberhalb von 3 kbar (200 °C) bis 4,5 kbar (~400 °C) stabil; danach steigt die obere Stabilitätsgrenze steil an. Bei höheren Temperaturen wird Lawsonit zugunsten von Epidot abgebaut (s. unten). Charakteristisch für die Blauschieferfazies ist weiterhin das Auftreten von Aragonit, der als Hochdruckmodifikation von $CaCO_3$ bei Drücken oberhalb 5 kbar (bei 180 °C) und 9 kbar (bei 400 °C) stabil ist (Abb. 8.8, S. 122). Allerdings ist Aragonit nur noch in relativ niedrig temperierten Blauschiefern metastabil erhalten geblieben. Die polymorphe Umwandlung

$$\text{Aragonit} \rightarrow \text{Calcit} \qquad (28.22)$$

ist nämlich eine *topotaktische Reaktion*, bei der keine Bindungen in der Kristallstruktur aufgebrochen werden müssen; diese Reaktion erfolgt daher bei erhöhten Temperaturen sehr rasch: So würde der Reaktionsfortschritt bei 250 °C etwa 100 mm pro 1 Ma, bei 100 °C dagegen nur ca. 0,001 mm pro 1 Ma betragen (Carlson u. Rosenfeld 1981).

Bei noch höheren Drücken von 7 kbar (250 °C) bis 11 kbar (400 °C) tritt in Blauschiefer-faziellen Gesteinen *Jadeit + Quarz* anstelle von Albit auf, entsprechend der Reaktion

$$\text{Albit} \rightleftharpoons \text{Jadeit} + \text{Quarz} \qquad (27.4)$$

(Abb. 26.1, S. 420). Natürlicher Jadeit ist allerdings meist ein Mischkristall, der wechselnde Anteile der Komponenten Akmit $NaFe^{3+}[Si_2O_6]$ und Diopsid $Ca(Mg,Fe^{2+})[Si_2O_6]$ enthält; dadurch verschiebt sich die Gleichgewichtskurve zu etwas geringeren Drücken. Typische Hellglimmer der Blauschieferfazies sind *Phengit*, ein Mg-Si-reicher Muscovit, aber auch *Paragonit*. Wenn die Komponente Na_2O auf koexistierenden Mineralphasen wie Glaukophan, Paragonit, Albit oder Jadeit verteilt ist, lassen sich konventionelle *ACF*- und *A'KF*-Diagramme, aber auch die *AFM*-Projektion nicht mehr anwenden. In diesen Fällen kann man z. B. ein *ANFM*-Diagramm benutzen.

Niedriggradierte und/oder schwach deformierte Gesteine in Blauschieferfazies lassen häufig noch Mineral- und Gefügerelikte der magmatischen Ausgangsgesteine, z. B. von Pillow-Basalten oder Gabbros, erkennen; Metasedimente zeigen oft noch die ehemalige Schichtung. In diesen Fällen ist eine Schieferung nur schwach ausgebildet oder fehlt. Auf der anderen Seite trifft man auch stark umkristallisierte Gesteine mit grobkörnigem, kristalloblastischem Gefüge an, die oft eine ausgeprägte Schieferung zeigen und/oder intensiv gefaltet sind (Abb. 26.12c, S. 441).

Je nach dem Auftreten von Lawsonit oder Epidot lassen sich zwei verschiedene Subfazies unterscheiden, deren Grenzen allerdings sehr stark vom Gesteins-Chemismus abhängen (Evans 1990):

- Lawsonit-Blauschieferfazies und
- Epidot-Blauschieferfazies

Lawsonit-Blauschieferfazies

Diese Subfazies ist wesentlich durch das Stabilitätsfeld von Lawsonit in Gegenwart von Glaukophan definiert. *Metabasite* liegen als feinkörnige Glaukophanschiefer oder Glaukophanite mit den Paragenesen Glaukophan + Lawsonit + Albit/Jadeit ± Pumpellyit ± Phengit ± Chlorit ± Aragonit vor. In den assoziierten Metasedimenten können sich in Abhängigkeit vom Gesteins-Chemismus und von variierenden *P-T*-Bedingungen vielfältige Mineralgesellschaften bilden.

So entwickelt sich in Meta-Grauwacken der Franciscan Formation in Kalifornien eine Folge von Paragenesen, die einer Druckzunahme der Metamorphose entspricht:

- Quarz + Albit + Lawsonit + Stilpnomelan + Muscovit + Chlorit + Calcit,
- Albit + Lawsonit + Aragonit,
- Jadeitischer Pyroxen + Lawsonit + Aragonit.

Die Paragenese Lawsonit + Jadeit ist bei Temperaturen <400 °C und bei Drücken von 8–12 kbar stabil.

Im Hochdruckgürtel der externen Helleniden treten in Metapeliten als kritische Minerale u. a. Pyrophyllit, das Chlorit-ähnliche Schichtsilikat Sudoit $(Mg,Fe^{2+})_2Al_3[(OH)_8AlSi_3O_{10}]$, das Kettensilikat Fe-Mg-Karpholith $(Fe,Mg)Al_2[(OH,F)_4/Si_2O_6]$ und Chloritoid auf. Die Mineralparagenesen (jeweils + Paragonit + Phengit + Quarz ± Albit) deuten auf eine regionale Zunahme der *P-T*-Bedingungen von ca. 300 °C/8 kbar in Ost-Kreta bis ca. 450 °C/17 kbar auf dem Peloponnes hin (Theye u. Seidel 1991; Theye et al. 1992):

- Ost-Kreta: Chlorit + Pyrophyllit ± Fe-Mg-Karpholith
              oder Sudoit + Chlorit + Pyrophyllit;
- Mittel-Kreta: Chloritoid + Fe-Mg-Karpholith + Chlorit
              oder Pyrophyllit + Chloritoid + Fe-Mg-Karpholith;
- West-Kreta: Chloritoid + Mg-Karpholith + Chlorit
              oder Pyrophyllit + Chloritoid;
- Peloponnes: Chloritoid + Mg-Karpholith + Chlorit
              oder Chloritoid + Mg-Karpholith + Pyrophyllit
              oder Chloritoid + Chlorit + Granat.

In West-Kreta kann in Na-reichen Metasedimenten zusätzlich Ferroglaukophan neben Albit, auf dem Peloponnes Glaukophan neben Na-Pyroxen ~$Jd_{50}Akm_{50}$ vorhanden sein. Weiterhin finden sich in West-Kreta Ca-Al-reiche Metasedimente, die reichlich Lawsonit führen und die mit fossilhaltigen Aragonit-Marmoren wechsellagern.

Epidot-Blauschieferfazies

In Anwesenheit zusätzlicher Mineralphasen wie Glaukophan, Ca-Amphibol oder Klinopyroxen wird das Stabilitätsfeld von Lawsonit + Quarz stark eingeschränkt. Der Übergang von der Lawsonit- in die Epidot-Blauschieferfazies erfolgt über eine Reihe komplexer Reaktionen, deren Gleichgewichtskurven durch variable Mg/Fe^{2+}- und Fe^{3+}/Al-Verhältnisse im Glaukophan zu Bändern ausgedehnt werden. Die beiden kritischen Paragenesen Lawsonit + Glaukophan und Epidot + Glaukophan überlappen sich so in einem breiten Intervall von etwa 320–370 °C bei 10 kbar und etwa 400–460 °C bei 15 kbar (Evans 1990). Experimentell bestimmt wurden lediglich die Gleichgewichtskurven der Reaktionen

$$4\ \text{Lawsonit} + 1\ \text{Albit}$$
$$\rightleftharpoons 2\ \text{Zoisit} + 1\ \text{Paragonit} + 2\ \text{Quarz} + 6\ H_2O$$
(28.23)

und

$$4\ \text{Lawsonit} + 1\ \text{Jadeit}$$
$$\rightleftharpoons 2\ \text{Zoisit} + 1\ \text{Paragonit} + 1\ \text{Quarz} + 6\ H_2O$$
(28.24)

die bei ca. 430 °C/10 kbar und 480 °C/15 kbar verlaufen (Heinrich u. Althaus 1988). Zu höheren Temperaturen und Drücken geht die Epidot-Blauschieferfazies in die Eklogitfazies über, zu höheren Temperaturen und niedrigeren Drücken in die Epidot-Amphibolit-Fazies bzw. die Grünschieferfazies.

Ein gutes Beispiel für die Epidot-Blauschieferfazies sind die eozänen Hochdruckgesteine auf der Insel Samos im Ostteil des Kykladen-Kristallins. In Glaukophaniten tritt verbreitet die Paragenese Glaukophan + Epidot + Albit + Chlorit + Phengit + Paragonit + Quarz auf. Metagabbros (sog. Flasergabbros) führen Albit + Epidot + Chlorit + Ca-Amphibol ± Phengit ± Glaukophan, stellenweise auch Zoisit oder Omphacit, aber nicht in Gegenwart von Granat. Glaukophan und Chloritoid treten verbreitet in Metasedimenten auf, jedoch niemals gemeinsam. Wichtige Paragenesen in Metapeliten sind Glaukophan oder Chloritoid + Chlorit + Phengit + Paragonit + Albit + Quarz, in Al_2O_3-reicheren Stoffbeständen auch Chloritoid + Kyanit + Phengit + Paragonit + Quarz + Chlorit. In Kalkphylliten und Marmoren wurden die Paragenesen Ankerit ± Calcit + Phengit + Chlorit + Epidot + Glaukophan oder Ankerit + Chloritoid + Phengit + Quarz beobachtet. Für die Hochdruckgesteine von Samos können Temperaturen um 500 °C und Drücke von 12–14 kbar abgeschätzt werden. Demgegenüber repräsentieren Granat-Glaukophanite und assoziierte Granat-Glimmerschiefer im Nordteil der Insel bereits Übergänge in die Eklogitfazies mit *P-T*-Bedingungen von etwa 520 °C/19 kbar beim Höhepunkt der Metamorphose (Will et al. 1998).

28.3.9
Eklogitfazies

> Eklogite sind metamorphe Gesteine von *basaltischem* Chemismus mit der charakteristischen Mineralparagenese *Granat + Omphacit*.

Fallweise treten als Nebengemengteile hinzu: Quarz, Kyanit, Zoisit oder Epidot, Phengit, Ca-Amphibol, Glaukophan und Rutil oder Titanit. Granat ist hauptsächlich ein Mischkristall aus wechselnden Anteilen der Komponenten Almandin, Pyrop und Grossular. Omphacit ist ein ebenso komplex zusammengesetzter Klinopyroxen, der neben den Komponenten Diopsid und Hedenbergit auch aus Jadeit $NaAl^{[6]}[Si_2O_6]$, Akmit $NaFe^{3+}[Si_2O_6]$ sowie Ca-Tschermak's und Mg-Tschermak's Molekül $CaAl^{[6]}[Al^{[4]}SiO_6]$ bzw. $MgAl^{[6]}[Al^{[4]}SiO_6]$ besteht. Kennzeichnend ist das Fehlen von Plagioklas, dessen Albit-Komponente als Jadeit in den Omphacit eingebaut wird, während die Anorthit-Komponente in Form von Grossular in den Granat eingeht (vgl. Abschn. 29.3, Reaktion (29.1), S. 523). Der Übergang von der lockeren Gerüststruktur des Plagioklas in die dichter gepackten Strukturen des Kettensilikats Omphacit und des Inselsilikats Granat sowie der Koordinationswechsel $Al^{[4]} \rightarrow Al^{[6]}$ führt zu der hohen Dichte des Eklogits von ca. 3,5 g/cm³.

Zur verbreiteten Bildung von Eklogiten kommt es bei der tiefen Subduktion von Basalten und Gabbros der ozeanischen Erdkruste (Abb. 28.8, Abschn. 26.2.5, S. 432; Abb. 29.17, S. 527). Darüber hinaus können auch kontinentale Krustenbereiche unter eklogitfazielle Bedingungen geraten, wenn eine Lithosphärenplatte im Zuge einer Kontinent-Kontinent-Kollision von einer anderen überschoben und dadurch tief versenkt wird. Dabei werden auch Gesteine von nicht-basaltischem Chemismus eklogitfaziell überprägt.

In den klassischen Eklogit-Vorkommen, z. B. in der Münchberger Gneismasse (Oberfranken, z. B. Okrusch et al. 1991, O'Brien 1993) oder im Erzgebirge (z. B. Schmädicke 1994), treten Eklogite als isolierte Linsen auf, die in *amphibolitfazielle* Metasedimente eingelagert sind. Man glaubte daher, dass die Eklogite als tektonische Späne in ihre, bezüglich des Druckes niedriger gradierte Umgebung eingeschuppt worden seien („*Fremdmodell*") und nahm an, dass die Eklogitfazies nur durch einen einzigen Gesteinstyp, nämlich den Eklogit, repräsentiert würde. Inzwischen sind auch Gesteine mit völlig abweichendem Chemismus beschrieben worden, deren Mineralparagenesen der Eklogitfazies zuzuordnen sind, wie z. B. der berühmte Meta-Granodiorit des

Monte Mukrone in der Sesia-Zone, Westalpen (Compagnoni u. Maffeo 1973). Außerdem hat man im amphibolitfaziellen Nebengestein Mineralrelikte der Eklogitfazies nachgewiesen und konnte zeigen, dass die Eklogite und ihr Nebengestein eine gemeiname P-T-Entwicklung durchgemacht haben („*In-situ-Modell*"). Die scheinbaren Diskrepanzen sind reaktionskinetisch begründet: Eklogite verhalten sich gegenüber Deformationsvorgängen und retrograden Überprägungen wesentlich resistenter als z. B. Metapelite und wurden daher oft nur randlich in Amphibolite oder Glaukophanite umgewandelt. Demgegenüber erfuhren die benachbarten Metasedimente häufig durchgreifende Veränderungen in ihrem Mineralbestand.

Die Eklogitfazies ist eine Hochdruck-Fazies, die ein sehr breites P-T-Feld einnimmt (Abb. 28.7a), das sich jedoch auf Grund von kritischen Mineralparagenesen noch weiter untergliedern lässt. Danach kann man folgende Gruppen unterscheiden:

- eklogitfazielle Gesteine im Verband mit Blauschiefern,
- eklogitfazielle Gesteine im Verband mit Gneisen und Granuliten,
- eklogitfazielle Gesteine mit Ultrahochdruck-Paragenesen,
- Eklogite als Xenolithe in Kimberliten und Alkalibasalten.

Eklogitfazielle Gesteine im Verband mit Blauschiefern

Die untere Druckgrenze der Eklogitfazies wird durch die Gleichgewichtskurve der Reaktion

$$\text{Albit} \rightleftharpoons \text{Jadeit} + \text{Quarz} \quad (27.4)$$

definiert, die untere Temperaturstabilität durch die kontinuierlichen Reaktionen

$$\text{Glaukophan} + \text{Epidot} \rightleftharpoons \text{Granat} + \text{Omphacit} + \text{Quarz} + H_2O \quad (28.25)$$

und

$$\text{Glaukophan} + \text{Lawsonit} \rightleftharpoons \text{Granat} + \text{Omphacit} + \text{Quarz} + H_2O \quad (28.26)$$

Dadurch erfolgt ein gleitender Übergang von der Blauschieferfazies in die Eklogitfazies. Dementsprechend findet man in vielen Blauschieferarealen Lagen und Linsen von Eklogit. Diese stellen entweder Relikte einer retrograden Umwandlung von der Eklogitfazies in die Blauschieferfazies dar, oder es handelt sich um eine isofazielle Koexistenz.

So beobachtet man auf der Insel Sifnos im Kykladen-Kristallin einen wiederholten Lagenwechsel von Eklogiten, Glaukophaniten, und Glaukophan-führenden Jadeitgneisen mit ± Glaukophan-führenden Metasedimenten wie Marmoren, Glimmerschiefern und Quarziten, die auf eine ehemalige vulkanosedimentäre Serie zurückgehen (Schliestedt 1986; Schliestedt u. Okrusch 1988). Dabei leiten sich die Eklogite und Glaukophanite von zwei Basalt-Typen ab, die sich in ihrem Gesteins-Chemismus deutlich voneinander unterscheiden; die Ausgangsgesteine der Glaukophan-führenden Jadeitgneise sind Andesite, Dacite und Rhyolithe. Man beobachtet folgende Paragenesen (± Titanit ± Rutil):

- Eklogite: Omphacit + Granat + Epidot ± Phengit ± Glaukophan ± Quarz;
- Glaukophanite: Glaukophan + Epidot + Granat + Paragonit ± Phengit ± Chloritoid ± Omphacit + Quarz;
- (Glaukophan-)Jadeitgneise: Jadeit + Quarz + Glaukophan + Paragonit ± Phengit ± Epidot + Granat;
- Quarzite: Quarz + Phengit + Paragonit + Granat ± Glaukophan ± Omphacit ± Epidot.

Als Besonderheit treten Quarzite mit dem typischen Hochdruckmineral Deerit $(Fe^{2+},Mn)_6(Fe^{3+},Al)_3[O_3/(OH)_5/Si_6O_{17}]$ auf, die als weitere Phasen noch Ägirinaugit, Riebeckit und Magnetit führen.

Pseudomorphosen von Klinozoisit + Paragonit (± Phengit) ± Quarz nach Lawsonit deuten an, dass bei der prograden Metamorphose das Stabilitätsfeld der Lawsonit-Blauschieferfazies durchschritten und die Gleichgewichtskurve von Reaktion (28.24) gekreuzt wurde. Die Abwesenheit der Paragenese Omphacit + Kyanit (s. unten) begrenzt die möglichen Metamorphosedrücke auf maximal ca. 20 kbar. Die neuesten Abschätzungen der P-T-Bedingungen erbrachten Temperaturen von 550–600 °C und Drücke von 15–20 kbar (Schmädicke u. Will 2003).

Eine weitere interessante Assoziation von Eklogiten und Blauschiefern findet sich im Ophiolith-Komplex von Zermatt-Saas-Fee in den Walliser Alpen, die eine Hochdruck-metamorph überprägte ozeanische Lithosphäre der Tethys repräsentiert (Bearth 1973). Man erkennt noch Gefügerelikte von Pillow-Basalten. Die Pillows bestehen aus Eklogit mit der Paragenese Omphacit + Granat + Epidot ± Glaukophan ± Paragonit ± Phengit ± Quarz + Rutil, der durch ein zweites Metamorphoseereignis teilweise in Granat-Amphibolit umgewandelt wurde. Die ehemaligen Hyaloklastite liegen dagegen als Glaukophanite der Paragenese Glaukophan + Granat + Epidot ± Paragonit ± Chlorit ± Chloritoid ± Rutil ± Titanit vor. Auch in der Franciscan Formation Kaliforniens treten stellenweise Eklogite im Verband mit Blauschiefern auf.

Eklogitfazielle Gesteine im Verband mit Gneisen und Granuliten

Kennzeichnend für diesen Typ, zu dem z. B. die Eklogite in der Münchberger Gneismasse, im Erzgebirge, im Tauern-Fenster (Ostalpen) und in Westnorwegen gehören, ist die Paragenese Omphacit + Granat ± Kyanit ± Zoisit ± Phengit ± Ca-Amphibol + Quarz + Rutil.

Dabei zeigt das gemeinsame Auftreten von Kyanit und Zoisit in Gegenwart von Quarz, dass die oberere thermische Stabilitätsgrenze von Lawsonit nach der Reaktion

$$4CaAl_2[(OH)_2/Si_2O_7] \cdot H_2O$$
Lawsonit
$$\rightleftharpoons 2Ca_2Al_3[O/OH/SiO_4/Si_2O_7]$$
Zoisit
$$+ Al_2[SiO_5] + SiO_2 + 5H_2O \quad (28.27)$$
Kyanit   Quarz

überschritten worden ist. Nach der experimentellen Bestimmung von Schmidt u. Poli (1994) ist Lawsonit oberhalb ca. 525 °C bei 17 kbar und ca. 565 °C bei 20 kbar nicht mehr stabil. Wichtig ist ferner die Koexistenz von Omphacit und Kyanit, aus der sich Mindestdrücke für diesen Bereich der Eklogitfazies abschätzen lassen. Grundlage dafür ist die obere Druckstabilität von Paragonit nach der Reaktion

$$\underset{\text{Paragonit}}{NaAl_2[(OH)_2/AlSi_3O_{10}]}$$
$$\rightleftharpoons \underset{\text{Jadeit}}{NaAl[Si_2O_6]} + \underset{\text{Kyanit}}{Al_2[SiO_5]} + H_2O \quad (28.28)$$

deren Gleichgewichtskurve im Temperaturbereich von 550 bis 650 °C bei Drücken von ca. 25 kbar verläuft (Holland 1979). Für die Bildung von Omphacit + Kyanit nach der Gleichung

$$\text{Paragonit} + \text{Omphacit}_1$$
$$\rightleftharpoons \text{Omphacit}_2 + \text{Kyanit} + H_2O \quad (28.29)$$

liegt diese Mindestdruckgrenze umso niedriger, je geringer der Jd-Gehalt von Omphacit ist, z. B. für die Paragenese Omphacit $Jd_{50}Di_{50}$ + Kyanit bei ca. 20 kbar.

Ein interessantes Beispiel für *Metasedimente* in Eklogitfazies stellen die *Weißschiefer* dar, Metapelite die nach ihrem Chemismus auf einen extrem Mg-reichen Salzton aus dem Milieu von Evaporiten zurückgehen (Kulke u. Schreyer 1973, Schreyer 1974). Seit ihrem ersten Auffinden im Hindukusch-Gebirge in Afghanistan sowie in Sambia sind mehrere weitere Vorkommen, besonders in den Westalpen, bekannt geworden. Weißschiefer sind fast immer mit Eklogiten assoziiert und können daher in die Eklogitfazies eingeordnet werden. Allerdings nimmt ihre kritische Mineralparagenese Kyanit + Talk + Quarz nach Schreyer (1988) ein extrem weites *P-T*-Feld ein, mit Temperaturen von 550–810 °C und Drücken von 6 kbar bis hinauf zu 45 kbar (Abb. 28.12).

Eklogitfazielle Gesteine mit Ultrahochdruck-Paragenesen

Kennzeichnend für Gesteine, die eine Ultrahochdruck-Metamorphose erlebt haben, ist das Auftreten von Coesit, den man inzwischen weltweit in zahlreichen Eklogit-Vorkommen nachweisen konnte, so im Dora-Maira-Massiv und der Zone von Zermatt–Saas-Fee in den Westalpen, in den Rhodopen (Griechenland), im Erzgebirge, in Westnorwegen, in Mali, im Matsyutov-Komplex (Südural), im Makbal-, Atbashy- und Kokchetav-Komplex (Kasachstan), im Himalaya-Gebirge, auf den Inseln Java und Sulawesi (Indonesien) sowie in den Kristallingürteln von Dabie Shan und Su Lu Westchinas (Chopin 2003).

Da sich Coesit (Dichte 3,01) bei Druckentlastung sehr rasch in Tiefquarz (2,65) umwandelt, bleibt er nur dann metastabil erhalten, wenn er in Mineralen hoher Festigkeit eingeschlossen ist, die quasi als Hochdruck-Autoklav wirken. Das ist in erster Linie Granat. So entdeckte Chopin (1984) erstmals Coesit als Mineralphase in Kristallin-Gesteinen, die keine Schockwellenmetamorphose (Abschn. 26.2.3, S. 429f) erlebt hatten, als Einschluss in Kristallen von nahezu reinem Pyrop ($Prp_{90–98}$) in einem Granat-Quarzit des Dora-Maira-Massivs (Westalpen).

Wie man in Abb. 28.13 erkennt, ist Coesit randlich bereits in Quarz umgewandelt; häufig ist die Reaktion

$$Coesit \rightarrow Quarz \quad (28.30)$$

in den Einschlüssen bereits vollständig abgelaufen. Wegen des Dichteunterschieds nimmt Quarz ein erheblich größeres Volumen ein als Coesit und sprengt daher das einschließende Mineral. Die entstehenden Sprengrisse (Abb. 28.13) sind typisch für Coesit-führende Gesteine, stellen aber keinen schlüssigen Beweis für die ehemalige Anwesenheit von Coesit dar. Im Grundgewebe des Quarzits hat sich kein Coesit mehr erhalten.

Die kritische Mineral-Paragenese Quarz/Coesit + Pyrop + Phengit + Talk + Kyanit + Jadeit + Rutil in den Granat-Quarziten von Dora Maira gibt – zusätzlich zum Auftreten von Coesit – wichtige Hinweise auf hohe Metamorphosedrücke. So wurde die obere Druckstabilität von Paragonit nach Reaktion (28.28) unter Bildung von Kyanit + Jadeit überschritten. Außerdem lief die Reaktion

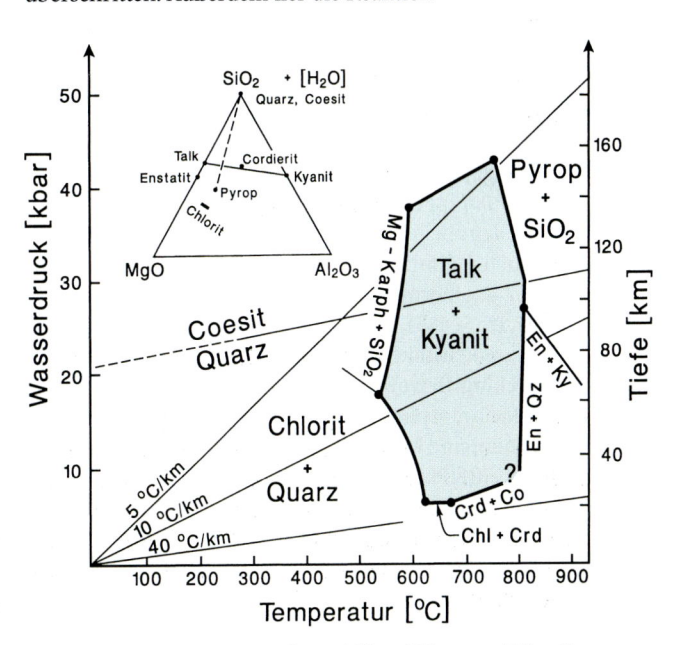

Abb. 28.12. *P-T*-Diagramm mit den Stabilitätsfeldern von Talk + Kyanit und von Pyrop + SiO_2 im Modellsystem $MgO–Al_2O_3–SiO_2–H_2O$ (MASH). Dieses ist in der Hilfsfigur *links oben* in einer Projektion auf die H_2O-freie Dreiecksfläche dargestellt. In das *P-T*-Diagramm sind linear verlaufende geothermische Gradienten eingetragen. (Nach Schreyer 1988, leicht vereinfacht)

Abb. 28.13.
Pyrop mit Einschlüssen von Coesit, einer Hochdruck-Modifikation von SiO$_2$, mit randlichen Säumen von palisadenartigem Quarz. Durch Volumenexpansion bei der nachträglichen Umwandlung von Coesit in Quarz hat sich ein auffälliges System radial verlaufender Sprengrisse im Pyrop gebildet, besonders deutlich in **c** und **d**. Dora-Maira-Massiv (Italienische Alpen). **a** und **c** 1 Nic., **b** und **d** +Nic. Schliffdicke ca. 30 µm, Bildbreite ca. 1 mm. (Foto: H.-P. Schertl, Bochum)

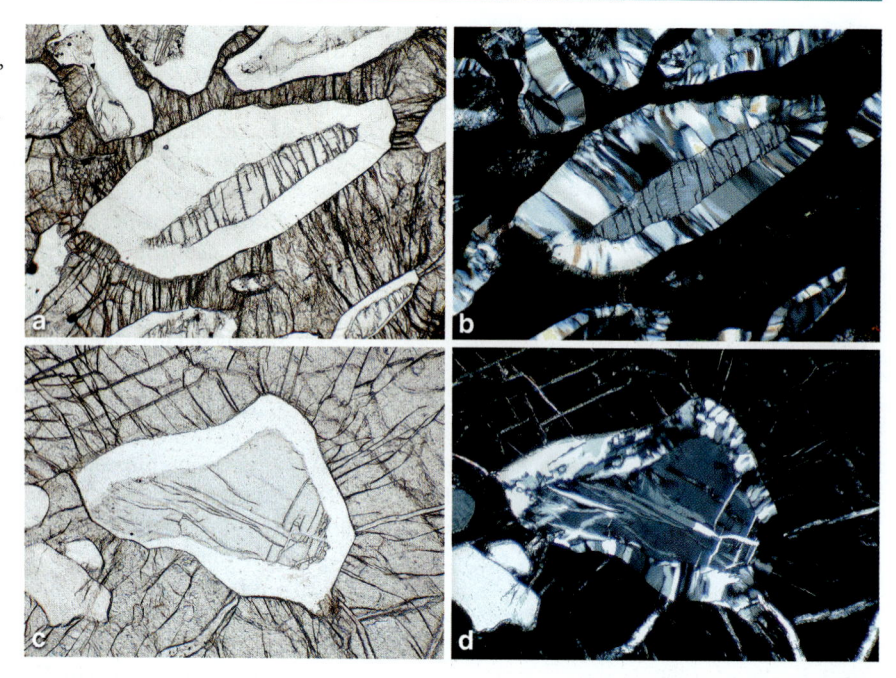

$$\begin{array}{c} \underset{\text{Talk}}{Mg_3[(OH)_2Si_4O_{10}]} + \underset{\text{Kyanit}}{Al_2[SiO_5]} \\ \rightleftharpoons \underset{\text{Pyrop}}{Mg_3Al_2[SiO_4]_3} + \underset{\text{Coesit}}{2SiO_2} + H_2O \end{array} \quad (28.31)$$

ab, deren Gleichgewichtskurve im reinen MASH-System univariant ist, aber durch Fe-Einbau im Granat divariant wird, so dass alle vier reagierenden Minerale nebeneinander auftreten können. Aus Abb. 28.12 lässt sich ableiten, dass sich diese Paragenese bei Drücken von >30 kbar entsprechend einer Versenkungstiefe von >110 km gebildet haben muss. Die Temperaturen könnten *maximal* im Bereich von 750–800 °C gelegen haben, würden sich aber erniedrigen, wenn $P_{H_2O} < P_l$ war. Daraus ergibt sich – ähnlich wie in der Blauschieferfazies – ein geringer geothermischer Gradient von 5–8 °C/km (vgl. Abb. 27.20, S. 485).

Weitere kritische Minerale, die neben Coesit und Pyrop in eklogitfaziellen, insbesondere auch Ultrahochdruck-Metamorphen Sedimentgesteinen eine Rolle spielen können, sind Mg-Chloritoid und Mg-Staurolith. Nach experimentellen Untersuchungen im reinen MASH-System erfordert ihre Bildung Mindestdrücke von ca. 18 kbar (bei ca. 550 °C) bzw. ca. 14 kbar (bei 760–870 °C) (Schreyer 1988).

Die Entdeckung von Diamant in krustalen Kristallingesteinen des Kokchetav-Massivs, im Su-Lu- und Dabie-Shan-Gürtel, in Westnorwegen und im Erzgebirge (Nasdala u. Massonne 2000) erweitert den Bereich der Eklogitfazies noch zu erheblich höheren Drücken von mindestens etwa 40 kbar.

Eklogite als Xenolithe in Kimberliten und Alkalibasalten

Neben den überwiegenden Peridotiten bringen Kimberlite und Alkalibasalte auch untergeordnet Einschlüsse von Eklogiten an die Erdoberfläche. Bei diesen handelt es sich in vielen Fällen um Bruchstücke von ozeanischer Erdkruste, die bis in Tiefen des Erdmantel subduziert und dabei in Eklogit umgewandelt wurden.

Daneben könnten Basalt-Magmen, die im oberen Erdmantel durch partielle Anatexis gebildet wurden, ihrer vulkanischen Förderung entgangen und an ihrem Entstehungsort unter hohen Drücken zu Eklogiten kristallisiert sein. Diese würden also magmatische Gesteine darstellen, eine Möglichkeit, die durch Hochdruckexperimente von Yoder u. Tilley (1962) betätigt wurde. Vorkommen von Eklogit-Xenolithen finden sich z. B. im südlichen Afrika, in Australien und auf Hawaii.

Weiterführende Literatur (siehe auch Kap. 26 und 27)

Best, MG (2003) Igneous and metamorphic petrology, 2nd edn. Freeman, San Francisco
Bucher K, Frey M (2002) Petrogenesis of metamorphic rocks, 7th edn. Springer-Verlag, Berlin Heidelberg New York
Clark C, Fitzsimmons ICW, Healy D, Harley SL (2011) How does the continental crust really get hot? Elements 7:235–240
Ernst WG (1976) Petrologic phase equilibria. Freeman, San Francisco
Miyashiro A (1973) Metamorphism and metamorphic belts. Allen & Unwin, London
Miyashiro A (1994) Metamorphic petrology. UCL Press, London
Spear FS (1993) Metamorphic phase equilibria and pressure–temperature–time paths. Mineral Soc America, Washington, DC
Yardley BWD (1989) An introduction to metamorphic petrology. Longman, Burnt Mill, Harlow, Essex, England

Zitierte Literatur

Bearth P (1973) Gesteins- und Mineralparagenesen aus den Ophiolithen von Zermatt. Schweiz Mineral Petrogr Mitt 53:299–334

Becke F (1903) Über Mineralbestand und Struktur der kristallinen Schiefer. Denkschr Akad Wiss Wien 75:97 ff

Brandt S, Will TM, Klemd R (2007) Magmatic loading in the proterozoic Epupa Complex, NW Nambia, as evidenced by ultrahigh-temperature sapphirine-bearing orthopyroxene-sillimanite-quartz granulites. Prec Research 153:143–178

Carlson WD, Rosenfeld JL (1981) Optical determination of topotactic aragonite-calcite growth kinetics: Metamorphic implications. J Geol 89:615–638

Chopin C (1984) Coesite and pure pyrope in high-grade blueschists of the Western Alps: A first record and some consequences. Contrib Mineral Petrol 86:107–118

Chopin C (2003) Ultrahigh-pressure metamorphism: Tracing continental crust into the mantle. Earth Planet Sci Lett 212:1–14

Compagnoni R, Maffeo B (1973) Jadeite-bearing metagranites l. s. and related rocks in the Mount Mucrone area (Sesia-Lanzo Zone, Western Italian Alps). Schweiz Mineral Petrogr Mitt 53:355–378

Coombs DS (1960) Lower grade mineral facies in New Zealand. Internat Geol Congr 21st Sess Rep Part 13:339–351, Copenhagen

Coombs DS (1961) Some recent work on the lower grades of metamorphism. Australian J Sci 24:203–215

Eskola P (1915) On the relations between the chemical and mineralogical composition in the metamorphic rocks of the Orijärvi region. Bull Comm géol Finlande 44 (English summary p 109–145)

Eskola P (1939) Die metamorphen Gesteine. In: Barth TF, Correns CW, Eskola P (1970) Die Entstehung der Gesteine – Ein Lehrbuch der Petrogenese, 3. Teil. Springer-Verlag, Berlin, S 263–407 (Neudruck)

Evans BW (1990) Phase relations of epidote-blueschists. Lithos 25:3–23

Goldschmidt VM (1911) Die Kontaktmetamorphose im Kristianiagebiet. Oslo Vidensk Skr, I Math-Nat Kl, no 11

Grubenmann U (1904, 1910) Die kristallinen Schiefer, 1. und 2. Aufl. Borntraeger, Berlin

Grubenmann U, Niggli P (1924) Die Gesteinsmetamorphose. I: Allgemeiner Teil. Borntraeger, Berlin

Harley SL (1998) On the occurrence and characterization of ultrahigh-temperature crustal metamorphism. In: Treloar PJ, O'Brien PJ (eds) What drives metamorphism and metamorphic reactions? Geol Soc London, Spec Publ 138:81–107

Heinrich W, Althaus E (1988) Experimental determination of the reactions 4 Lawsonite + 1 Albite = 1 Paragonite + 2 Zoisite + 2 Quartz + 6 H_2O and 4 Lawsonite + 1 Jadeite = 1 Paragonite + 2 Zoisite + 1 Quartz + 6 H_2O. Neues Jahrb Mineral Monatsh 1988:516–528

Holdaway MJ (1971) Stability of andalusite and the aluminum silicate phase diagram. Amer J Sci 271:97–131

Holland TJB (1979) Experimental determination of the reaction paragonite = jadeite + kyanite + H_2O, and internally consistent thermodynamic data for part of the system $Na_2O-Al_2O_3-SiO_2-H_2O$, with applications to eclogites and blueschists. Contrib Mineral Petrol 68:293–301

Kulke H, Schreyer W (1973) Kyanite-talc schist from Sar e Sang, Afghanistan. Earth Planet Sci Lett 18:324–328

Liou JG, Kim HS, Maruyama S (1983) Prehnite–epidote equilibria and their petrologic applications. J Petrol 24:321–342

Maresch WV (1977) Experimental studies on glaucophane: An analysis of present knowledge. Tectonophysics 43:109–125

Miyashiro A (1961) Evolution of metamorphic belts. J Petrol 2:277–311

Nasdala L, Massonne H-J (2000) Microdiamonds from the Saxonian Erzgebirge, Germany: *In-situ* micro-Raman characterisation. Eur J Mineral 12:495–498

O'Brien PJ (1993) Partially retrograded eclogites of the Münchberg Massif, Germany: Records of a multistage Variscan uplift history in the Bohemian Massif. J Metamorph Geol 11:241–260

O'Brien PJ (2006) Type-locality granulites: high-pressure rocks formed at eclogite-facies conditions. Mineral Petrol 86:161–175

Okrusch M, Matthes S, Klemd R, et al. (1991) Eclogites at the northwestern margin of the Bohemian Massif: A review. Eur J Mineral 3:707–730

Robinson P, Spear FS, Schumacher JC, et al. (1982) Phase relations in metamorphic amphiboles: Natural occurrence and theory. In: Veblen DR, Ribbe PH (eds) Amphiboles: Petrology and experimental phase relations. Rev Mineral 9B:1–227

Schiffman P, Liou JG (1980) Synthesis and stability relations of Mg-Al pumpellyite, $Ca_4Al_5MgSi_6O_{21}(OH)_7$. J Petrol 21:441–474

Schliestedt M (1986) Eclogite-blueschist relationships as evidenced by mineral equilibria in the high-pressure metabasic rocks of Sifnos (Cycladic Islands), Greece. J Petrol 27:1437–1459

Schliestedt M, Okrusch M (1988) Meta-acidites and silicic metasediments related to eclogites and glaucophanites in northern Sifnos, Cycladic Archipelago, Greece. In: Smith DC (ed) Eclogites and eclogite-facies rocks, 291–334. Elsevier, Amsterdam

Schmädicke E (1994) Die Eklogite des Erzgebirges. Freiberger Forschungshefte C456, 338 pp. Verlag für Grundstoffindustrie, Leipzig Stuttgart

Schmädicke E, Will TM (2003) Pressure–temperature evolution of blueschist facies rocks from Sifnos, Greece, and implications for the exhumation of high-pressure rocks in the Central Aegean. J Metam Geol 21:799–811

Schmidt MW, Poli S (1994) The stability of lawsonite and zoisite at high pressures: Experiments in CASH to 92 kbar and implications for the presence of hydrous phases in subducted lithosphere. Earth Planet Sci Lett 124:105–118

Schreyer W (1974) Whiteschist: A new type of metamorphic rock formed at high pressures. Geol Rundschau 63:597–609

Schreyer W (1988) Experimental studies on metamorphism of crustal rocks under mantle pressures. Mineral Mag 52:1–26

Theye T, Seidel E (1991) Petrology of low-grade high-pressure metapelites from the External Hellenides (Crete, Peloponnese) – A case study with attention of sodic minerals. Eur J Mineral 3:343–366

Theye T, Seidel E, Vidal O (1992) Carpholite, sudoite, and chloritoid in low-grade high-pressure metapelites from Crete and the Peloponnese, Greece. Eur J Mineral 4:487–507

Thompson JB Jr (1957) The graphical analysis of mineral assemblages in pelitic schists. Am Mineral 42:842–858

Turner FJ (1981) Metamorphic petrology. Mineralogical, field, and tectonic aspects, 2nd edn. McGraw-Hill, New York

Turner FJ, Verhoogen J (1960) Igneous and metamorphic petrology. 2nd ed, McGraw-Hill, New York

Will T, Okrusch M, Schmädicke E, Chen G (1998) Phase relations in the greenschist-blueschist-amphibolite-eclogite facies in the system $Na_2O-CaO-FeO-MgO-Al_2O_3-SiO_2-H_2O$, with application to metamorphic rocks from Samos, Greece. Contrib Mineral Petrol 132:85–102

Williams GW (1890) The greenstone schist areas of the Menominee and Marquette regions of Michigan. US Geol Surv Bull no 62

Winkler HGF (1965, 1967) Die Genese der metamorphen Gesteine, 1. und 2. Aufl. Springer-Verlag, Berlin Heidelberg New York

Winkler HGF (1979) Petrogenesis of metamorphic rocks, 5th edn. Springer-Verlag, New York Heidelberg Berlin

Yoder HS, Tilley CE (1962) Origin of basalt magmas: An experimental study of natural and synthetic rock systems. J Petrol 3:342–532

Teil IV

Stoffbestand und Bau von Erde und Mond – unser Planetensystem

Von Pyragogi und Pyrophylacia

Bereits im 17. Jahrhundert entwickelten die Universalgelehrten René Descartes (1596–1650) und Athanasius Kircher (1602–1680) dezidierte, wenn auch voneinander abweichende Vorstellungen über den Aufbau des Erdinnern. Kirchers Vorstellungen waren geprägt von traumatischen Erlebnissen auf einer Süditalien-Reise, auf der er am Ätna, Stromboli und Vesuv den aktiven Vulkanismus mit seinen erschreckenden optischen, akustischen und Geruchs-Erscheinungen kennen lernte. Geradezu zwangsläufig kam er in seinem Werk *Mundus Subterraneus* (1665) – nach Ellenberger (1999) „die erste Enzyklopädie der Geologie" – zu einem heißen Erdinnern, in dem ein Zentralfeuer brannte, das über ein Netzwerk von Kanälen (*Pyragogi*) mit zahlreichen Feuerherden (*Pyrophylacia*) und den Vulkanen an der Erdoberfläche verbunden ist (siehe Abbildung). Die Vorstellung vom heterogenen Bau des Erdinnern, das zwar von Kircher als heiß, aber in weiten Bereichen als fest angesehen wurde, mutet durchaus modern an. Man könnte das Zentralfeuer mit dem Erdkern, die Pyrophylacien mit den modernen Hot Spots vergleichen. Den Schalenbau der Erde hat Kircher noch nicht vorausgeahnt – hier erscheint das von Descartes 1644 entwickelte Modell der Erde als „erkalteter Stern" mit einem glühenden Kern und mehreren Schalen erheblich moderner.

Substantielle Theorien über den Bau des Erdinnern konnten erst entwickelt werden, nachdem zu Beginn des 20. Jahrhunderts geophysikalische, insbesondere seismische Messmethoden und Rechenverfahren zur Verfügung standen. Durch sie konnte die Existenz des Schalenbaus nachgewiesen und die Tiefenlage der Grenzflächen mit hoher Genauigkeit bestimmt werden (Kap. 29). Vorstellungen über die chemische und mineralogische Zusammensetzung der einzelnen Erdschalen verdanken wir der Geochemie (seit etwa 1920) und der experimentellen Petrologie (seit etwa 1960) sowie dem Studium der Meteoriten (Kap. 31), die als Bruchstücke von Asteroiden wichtige Analogmaterialien für das Erdinnere darstellen. Durch Datierungen mit radiogenen Isotopen konnte das Alter der Erde auf 4,557 Milliarden Jahre bestimmt werden. Unbemannte und bemannte Weltraummissionen ermöglichten seit 1959 geophysikalische Messungen auf Mond, Venus und Mars und seit 1969 direkte mineralogische und geochemische Analysen von Mondgesteinen sowie an Meteoriten, die vom Mond und Mars stammen (Kap. 31). Dadurch verfügen wir jetzt über fundierte Vorstellungen vom inneren Aufbau und Stoffbestand des Mondes und der erdähnlichen Planeten (Kap. 30, 32).

Aufbau des Erdinnern

**29.1
Seismischer Befund zum Aufbau des Erdinnern**

**29.2
Erdkruste**

**29.3
Erdmantel**

**29.4
Erdkern**

Durch die bahnbrechenden Forschungsergebnisse der Geophysik seit Beginn des 20. Jahrhunderts ist der Schalenbau der Erde, der bereits durch Descartes (1644) vorausgeahnt worden war, gesicherte Erkenntnis. Danach gliedert sich die Erde in drei relativ scharf begrenzte Schalen von unterschiedlicher Dichte, Masse und Volumen: Erdkruste, Erdmantel und Erdkern (Tabelle 29.1). Darüber hinaus haben Ergebnisse der experimentellen Petrologie und Geochemie wesentlich dazu beigetragen, plausible Modelle vom inneren Aufbau sowie von der chemischen und mineralogischen Zusammensetzung des Erdinnern zu entwickeln.

Bei einem Radius von durchschnittlich 6 370 km ist uns der allergrößte Teil des Erdkörpers unzugänglich. *Direkte Aufschlüsse* vermitteln Tunnel, Bergwerke und Tiefbohrungen:

- Der Mont-Blanc-Tunnel zwischen Chamonix und Courmayeur durchsticht die Westalpenkette in 1 395 m über N. N. und wird von ihr um ca. 3 000 m überragt.
- Die tiefsten Bergwerke der Erde im Goldrevier des Witwatersrands (Südafrika) liegen in einer Teufe von ca. 4 500 m.
- Die bislang tiefste kontinentale Tiefbohrung auf der Kolahalbinsel (Russland) erreichte 1985 eine Endteufe von 12 260 m; das sind etwa 2 ‰ des Erdradius!
- Zwei weitere übertiefe Bohrungen in kontinentalen Kristallingesteinen wurden im Rahmen des Kontinentalen Tiefbohrprogramms der Bundesrepublik Deutschland (KTB) bei Windischeschenbach in der Oberpfalz niedergebracht, wobei die durchgehend gekernte KTB-Vorbohrung (1989) 4 000 m und die KTB-Hauptbohrung (1990–1994) 9 101 m Endteufe erreichten.
- Durch das internationale Deep Sea Drilling Program DSPD wurde im Jahre 1976 vor der spanischen Küste die ozeanische Erdkruste unter dem Atlantik bis zu einer Endteufe von 3 930 m durchbohrt.

Wesentlich tiefere Einblicke ins Erdinnere erlauben geologische Vorgänge. Als Folge *tektonischer Hebungen* und durch tiefgreifende *Abtragung* werden uns Anteile der Erdkruste, seltener auch des oberen Erdmantels zugänglich, die ursprünglich in großer Tiefe gelegen haben. So müssen *Krustengesteine*, die Coesit oder sogar Diamant führen (und keine Schockwellen-Metamorphose erlebt haben) ursprünglich in mindestens 80 bzw. 140 km Tiefe gelegen haben, einen normalen geothermischen Gradienten vorausgesetzt. Gesteinsfragmente (Xenolithe) ultramafischer Gesteine, die durch *Vulkanausbrüche* an die Erdoberfläche gebracht wurden, vermitteln ein Bild vom Aufbau des *oberen Erdmantels*. Schließlich geben noch Mineraleinschlüsse in Diamanten lückenhafte Informationen über tiefere Teile des Erdmantels.

Wesentliche Befunde zum Aufbau des gesamten Erdinnern lassen sich jedoch auf *indirektem* Wege über seismische Messungen gewinnen, vergleichbar der medizinischen Röntgenanalyse oder der Computertomographie des menschlichen Körpers.

Tabelle 29.1. Volumen, Masse und Dichte von Erdkruste, Erdmantel und Erdkern

	Volumen [%]	Masse [%]	Mittlere Dichte [g/cm^3]
Erdkruste	0,8	0,4	2,8
Erdmantel	83,0	67,2	4,5
Erdkern	16,2	32,4	11,0
Gesamterde			5,53

29.1 Seismischer Befund zum Aufbau des Erdinnern

29.1.1 Physikalische Grundlagen

Bei Erdbeben und künstlichen Explosionen, insbesondere auch bei unterirdischen Kernexplosionen, entstehen verschiedenartige Raumwellen, die das Erdinnere durchdringen und mittels Seismographen in weltweit verteilten Erdbebenstationen aufgezeichnet werden. Hier sollen nur zwei der unterschiedlichen Typen von Erdbebenwellen betrachtet werden (Abb. 29.1a, b):

- P-Welle: Longitudinal-Welle
  = Verdichtungswelle, die in der Fortpflanzungsrichtung schwingt;
- S-Welle: Transversal-Welle
  = Scherwelle, die senkrecht zur Fortpflanzungsrichtung schwingt.

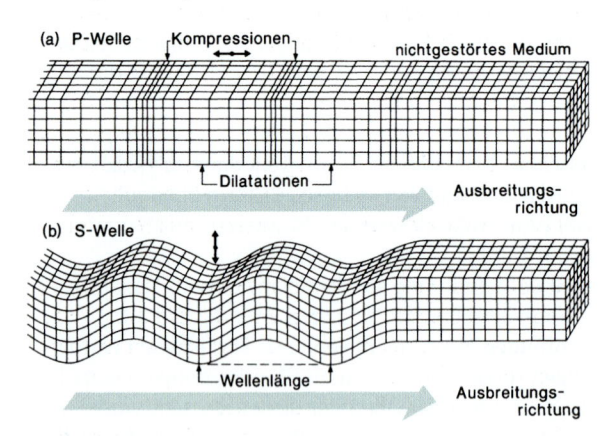

Abb. 29.1. Erdbebenwellen. **a** P-Welle = Longitudinalwelle = Verdichtungswelle; **b** S-Welle = Transversalwelle = Scherwelle. (Mod. nach Brown u. Mussett 1993)

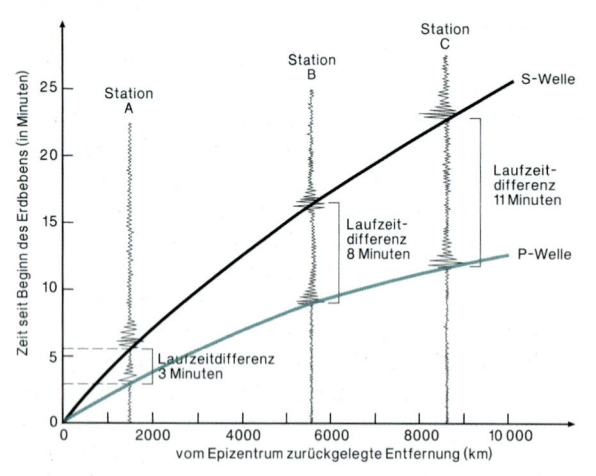

Abb. 29.2. Laufzeit-Kurven für P- und S-Wellen, die an drei Erdbeben-Stationen A, B und C registriert werden. (Aus Press u. Siever 1995)

Diese seismischen Wellen werden vom Seismographen als erster, primärer (P) bzw. als zweiter, sekundärer (S) Haupteinsatz registriert (Abb. 29.2). Die *Geschwindigkeit* der P- und S-Wellen hängt in gesetzmäßiger Weise von wichtigen physikalischen Konstanten ab, welche die mechanischen Eigenschaften des Erdkörpers beschreiben:

Kompressionsmodul. Der Kompressionsmodul K (engl. bulk modulus, incompressibility) beschreibt die relative Volumenverminderung $-dV$ bzw. Dichteerhöhung $+d\rho$ bei Zunahme des allseitigen Drucks um dP (Abb. 29.3a):

$$K = -\frac{V dP}{dV} = \frac{\rho dP}{d\rho} \qquad [29.1]$$

(gemessen in kbar bzw. MPa).

Schubmodul. Der Schubmodul μ (= Scherungsmodul, engl. rigidity) beschreibt den Widerstand einer Masse gegen elastische Formveränderungen. Legt man an einen Gesteinsblock die Schubspannung τ (gemessen in kbar oder MPa) an, so erfährt dieser eine Scherung um den Winkel α (in Bogenmaß), der τ proportional ist (Abb. 29.3b). Es gilt

$$\tau = \mu \cdot \alpha \qquad [29.2]$$

Der Proportionalitätsfaktor, der Schubmodul μ, hat die gleiche Einheit wie die Schubspannung, also kbar bzw. MPa.

Dichte. Die mittlere Dichte ρ der Erde, wie sie durch astrophysikalische Messungen bestimmt wurde, beträgt 5,515 g/cm^3. Sie ist also wesentlich höher als die Dichte wichtiger Gesteine wie Granit $\approx 2{,}7$, Basalt $\approx 3{,}0$, Peridotit $\approx 3{,}3$ oder Eklogit $\approx 3{,}5$ g/cm^3. Daraus folgt, dass im Erdinnern Massen mit wesentlich höherer Dichte vorhanden sein müssen, als die von herkömmlichen Gesteinen.

Für die Geschwindigkeit von P- und S-Wellen gelten nun folgende einfache Gleichungen:

$$v_P = \sqrt{\frac{K + \tfrac{4}{3}\mu}{\rho}} \qquad [29.3]$$

$$v_S = \sqrt{\frac{\mu}{\rho}} \qquad [29.4]$$

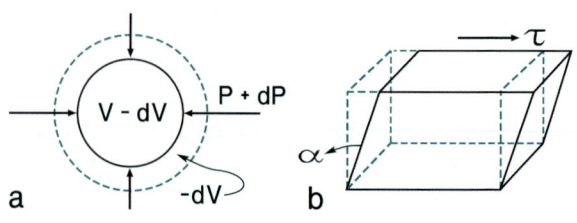

Abb. 29.3. Definition von physikalischen Konstanten. **a** Kompressionsmodul, **b** Schubmodul. (Aus Kertz: Einführung in die Geophysik, 1970 © Elsevier GmBH, Spektrum Akademischer Verlag, Heidelberg)

Bei Berücksichtigung des Kraftwirkungsgesetzes $K = m \cdot b$ kann man sich leicht überzeugen, dass der Quotient aus Druck und Dichte zu cm^2/s^2 führen muss; die Wurzel daraus ergibt die Einheit der Geschwindigkeit cm/s.

Aus den Gleichungen [29.3] und [29.4] geht hervor, dass an jedem Punkt des Erdinnern $v_P > v_S$ sein muss und dementsprechend die P-Wellen stets vor den S-Wellen an der Erdbebenstation eintreffen. Da der Schubmodul ein Maß für den Widerstand einer Masse gegen *elastische* Formveränderungen ist, gilt für Flüssigkeiten $\mu = 0$, weil diese lediglich plastisch deformiert werden. Daher sinkt nach Gleichung [29.4] die Geschwindigkeit der S-Wellen in flüssigen Medien auf $v_S = 0$, und die Geschwindigkeit der P-Wellen wird nach Gleichung [29.3] ebenfalls deutlich geringer.

29.1.2
Ausbreitung von Erdbebenwellen im Erdinnern

Die komplizierten Ausbreitungsvorgänge der Erdbebenwellen im Erdinnern lassen sich am besten durch den Verlauf der Wellenstrahlen beschreiben. Analog zur Optik gelten das Reflexions- und das Brechungsgesetz: An Grenzflächen werden die Wellenstrahlen reflektiert, wobei Einfallswinkel = Ausfallswinkel ist. Beim Eintritt aus einem seismisch dünneren in ein seismisch dichteres Medium wird der Wellenstrahl zum Einfallslot hin gebrochen.

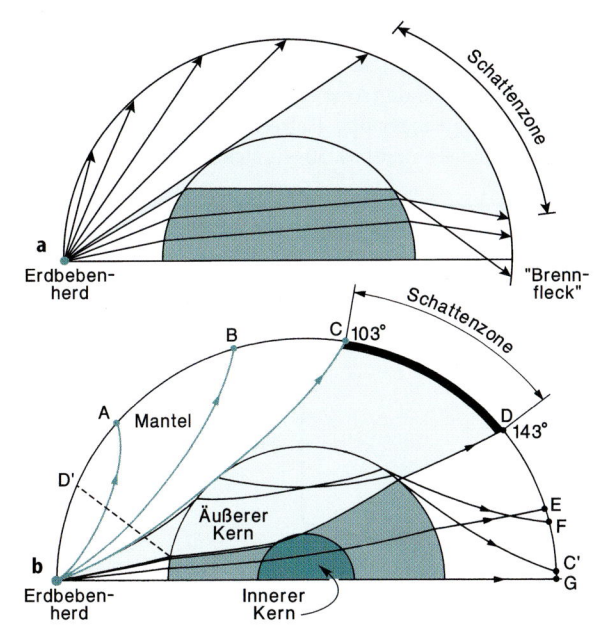

Abb. 29.4. Wellenausbreitung im Erdinnern. **a** Vereinfachtes Zweischalenmodell mit jeweils konstanter Fortpflanzungsgeschwindigkeit in Mantel und Kern: Gerade Wellenstrahlen (nach Kertz: Einführung in die Geophysik, 1970 © Elsevier GmbH, Spektrum Akademischer Verlag, Heidelberg). **b** Realistischeres Dreischalenmodell aus Erdmantel, innerem und äußerem Erdkern, wobei sich die physikalischen Eigenschaften und die Wellengeschwindigkeiten innerhalb jeder Schale kontinuierlich ändern; daher sind die Wellenstrahlen gekrümmt. *Farbige Linien*: P- und S-Wellen, *schwarze Linien*: P-Wellen. (Mod. nach Brown u. Mussett 1993)

Wir verfolgen die Ausbreitung der Wellenstrahlen zunächst in einem sehr stark vereinfachten Modell des Erdinnern, das aus einem homogenen Mantel und einem homogenen Kern besteht (Abb. 29.4a). Ein fächerförmiges Strahlenbündel durchläuft den Mantel ungestört und geradlinig; flacher verlaufende Strahlen treffen dagegen auf die Kern-Mantel-Grenze auf; sie werden dort zum Einfallslot hin, beim Verlassen des Kerns vom Einfallslot weg gebrochen und dadurch in einem „*Brennfleck*" konzentriert. Zwischen beiden Strahlenbündeln befindet sich ein breites Gebiet, in dem überhaupt keine Erdbebenwellen registriert werden, der „*Schatten des Kerns*", wie er sich bei der Registrierung natürlicher Erdbebenwellen auch tatsächlich beobachten lässt. Gegenüber diesem vereinfachten Modell muss man jedoch berücksichtigen, dass sich die physikalischen Eigenschaften und damit auch die Geschwindigkeit der P- und S-Wellen innerhalb von Erdmantel und Erdkern kontinuierlich ändern. Daraus ergibt sich, dass sich die Wellenstrahlen im Erdinnern nicht geradlinig, sondern auf gekrümmten Bahnen fortpflanzen. Dabei gilt – wie in der Optik – das Prinzip von Pierre de Fermat (1601–1665), wonach sich ein Strahl unter allen möglichen Wegen denjenigen auswählt, der die geringste Laufzeit erfordert.

Wir benutzen nun ein realistischeres Erdmodell, in dem die Wellenstrahlen gekrümmten Bahnen folgen und das aus einem Mantel, einem äußeren und einem inneren Kern besteht (Abb. 29.4b). Wie im vereinfachten Modell lassen sich drei verschiedene Bereiche unterscheiden:

- 0–103° vom Erdbebenherd entfernt:
  Die Erdbebenstationen registrieren sowohl P-Wellen als auch S-Wellen (Station A, B, C), z. T. auch in reflektierter Form (z. B. Station D').
- 103–143° vom Erdbebenherd entfernt:
  Schattenzone, in der praktisch keine Erdbebenwellen registriert werden, was auf eine *Unstetigkeitsfläche* in 2 900 km Tiefe schließen lässt. Eine geringe „Aufhellung" des Schattens kann man durch folgende Tatsachen erklären:
  - durch Grenzflächenwellen, die an der Unstetigkeitsfläche entlang laufen;
  - durch P-Wellen, die an einer zweiten, *inneren Unstetigkeitsfläche* in ca. 5 100 m Tiefe reflektiert werden;
  - eine antipodische Aufhellung des Kernschattens könnte durch einen überdurchschnittlichen Anstieg von v_P bedingt sein (s. unten).
- >143° vom Erdbebenherd entfernt:
  Im „Brennfleck" werden wiederum Erdbebenwellen registriert, aber nur noch *P-Wellen*, keine S-Wellen mehr (Station D, E, F, C', G). Aus dieser Tatsache folgt, dass sich unterhalb der Unstetigkeitsfläche in 2 900 km Tiefe ein Gebiet mit *flüssigem Aggregatzustand* befindet; dieses ist nicht elastisch verformbar ($\mu = 0$), kann also nach Gleichung [29.4] keine Transversalwellen durchlassen ($v_S = 0$).

Aus Abb. 29.4b ergeben sich also zwei Unstetigkeitsflächen, die eine äußere feste Schale, den *Erdmantel*, von einer mittleren flüssigen Schale, dem *äußeren Erdkern*, und diesen wiederum von einem *inneren Erdkern* abgliedern.

29.1.3
Geschwindigkeitsverteilung der Erdbebenwellen im Erdinnern

Eine wesentliche Verfeinerung unseres Bildes vom Erdaufbau ergibt sich, wenn man die *Geschwindigkeit* der P- und S-Wellen in Abhängigkeit von der Erdtiefe z aufträgt (Abb. 29.5a, b). Da sowohl v_P und v_S als auch die *Gradienten* dv_P/dz und dv_S/dz direkt von den Quotienten K/ρ und μ/ρ abhängen, müssen abrupte oder allmähliche Änderungen der Gradienten auf entsprechende Änderungen dieser physikalischen Konstanten zurückgehen, wie das in Abb. 29.6 z. B. für die Dichte dargestellt ist. Danach ergibt sich folgende Gliederung: *Erdkruste, oberer Erdmantel, Übergangszone, unterer Erdmantel, äußerer Erdkern* und *innerer Erdkern*. Dieser auf seismischem Wege herausgearbeitete Schalenbau lässt sich auch stofflich, d. h. *petrologisch* und *geochemisch* interpretieren. Dabei werden allerdings – wie oben dargelegt – *direkte* Beobachtungen nach der Tiefe hin immer spärlicher und fehlen im unteren Erdmantel sowie im Erdkern ganz.

Es sei darauf hingewiesen, dass es einen erheblichen Aufwand an geophysikalischen Messungen und Berechnungen erforderte, die Veränderung von v_P, v_S, K, μ und ρ mit der Tiefe zu modellieren. Seismogramme enthalten komplexe Informationen über unterschiedliche Wellentypen, die interferieren, sich gegenseitig verstärken oder auslöschen; ihre Auswertung gleicht der Entzifferung eines verschlüsselten Textes (Allègre 1992). Das scheinbar einfache Bild, das in Abb. 29.5 auf Grund von seismischen Modellierungen dargestellt ist, gehört zu den ganz großen Leistungen der Geophysik! Trotzdem wurde es erst durch die Verknüpfung mit direkten Beobachtungen an Gesteinen des Erdmantels, durch Hochdruck-Experimente und durch thermodynamische Modellierungen (vgl. Saxena 2010) möglich, fundiertere Vorstellungen über die *Mineralogie* des Erdinneren zu erarbeiten.

29.2
Erdkruste

Die Erdkruste wird von dem darunter liegenden Erdmantel durch die *Mohorovičić-Diskontinuität* getrennt, die 1909 von dem kroatischen Geophysiker Andreiji Mohorovičić (1857–1936) entdeckt wurde. Diese kurz *Moho* genannte Grenze ist durch einen relativ raschen Anstieg der P-Wellen-Geschwindigkeit von ca. 6,5–7,0 auf ca. 8,0–8,3 km/s und einen entsprechenden Anstieg von v_S bedingt (Abb. 29.5b). Die Moho liegt unter den Tiefseeböden ca. 5–7 km, unter den Kontinenten meist ca. 30–40, stellenweise sogar bis ca.

Abb. 29.5. Seismischer Befund zum Aufbau der Erde. **a** Erdsektor nach Ringwood (1979); **b** Veränderung der Geschwindigkeiten von P- und S-Wellen mit der Tiefe im Erdmantel und im Erdkern nach Hart et al. (1977)

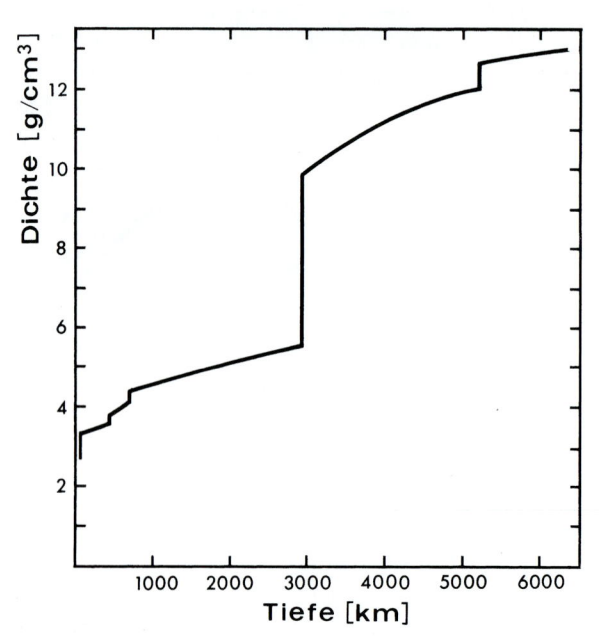

Abb. 29.6. Zunahme der Dichte mit der Erdtiefe. (Nach Clark u. Ringwood 1964)

60 km, und unter den jungen Faltengebirgen bis zu 90 km tief. Die Dicke der Erdkruste variiert dementsprechend je nach der geologischen Situation eines Gebietes. Ebenso ist die Moho unterschiedlich scharf ausgebildet, wobei die Unschärfe unter stabilen Kontinenten vielleicht einige 100 m beträgt, unter den Ozeanböden noch geringer ist. In Orogengürteln ist die Moho oft schlecht ausgebildet oder verdoppelt; unter den mittelozeanischen Rücken fehlt sie meist ganz.

29.2.1
Ozeanische Erdkruste

Informationen über den Aufbau der ozeanischen Kruste erhalten wir durch *seismische Messungen* und durch *submarine Bohrungen* im Rahmen der internationalen Deep-Sea-Drilling- und Ocean-Drilling-Programme (DSDP und ODP), insbesondere durch die amerikanischen Forschungsschiffe *Glomar Challenger* und *Joides Resolution*. Weitere wichtige Informationen liefern *Ophiolith-Komplexe*; das sind Späne von hochgeschuppter ozeanischer Lithosphäre, die tektonische Decken in Faltengebirgen bilden. Sie enthalten – wenn auch nicht immer vollständig – das gesamte Inventar der ozeanischen Erdkruste und des darunter liegenden Erdmantels. Gegenüber Bohrungen haben sie den Vorteil, dass sie dreidimensionale Aufschlüsse bieten und darüber hinaus Bereiche erschließen, die bis jetzt noch nicht erbohrt werden konnten. Bekannte Beispiele sind der Vourinos-Komplex in Nordgriechenland, der Troodos-Komplex auf Zypern und zahlreiche weitere Vorkommen in den Dinariden und Helleniden, der Semail-Komplex im Oman, mehrere Vorkommen in Indonesien und Papua-Neuguinea sowie der Bay-of-Islands-Komplex in Neufundland (Kanada). Aus der Zusammenschau der verfügbaren Informationen ergibt sich, dass die ozeanische Erdkruste basaltischen Chemismus aufweist, der vom Schöpfer der Kontinentalverschiebungs-Theorie, Alfred Wegener (1880–1930), nach den vorherrschenden chemischen Komponenten Silicium und Magnesium mit dem Akronym *Sima* bezeichnet wurde. Die ozeanische Erdkruste zeigt einen lagenförmigen Aufbau, der in Abb. 29.7 schematisch dargestellt ist. Dabei sind die angegebenen Mächtigkeiten und P-Wellengeschwindigkeiten für die einzelnen Lagen nur Näherungswerte, die im Detail variieren können:

- *Lage 1*: *Tiefsee-Sedimente*; ihre Mächtigkeit beträgt selbstverständlich an den mittelozeanischen Rücken 0 m und nimmt zum Kontinent hin stetig zu; an passiven Kontinentalrändern kann sie mehrere km betragen. Die ältesten in situ befindlichen Tiefseesedimente wurden in der obersten Trias-Zeit abgelagert.
- *Lage 2*: Submarin ausgeflossene *Pillow-Laven* basaltischer Zusammensetzung (MORB).
- *Lage 3a*: *Sheeted-Dike-Komplex*, Basaltgänge (MORB), die in vertikal aufreißenden Spalten ineinander intrudierten.
- *Lage 3b*: *Gabbros*, die erstarrten Magmenkammern der ozeanischen Basalte.
- *Lage 4a*: *Peridotite* mit Kumulatgefügen, entstanden durch gravitatives Absaigern von Olivin und Pyroxen in der Magmenkammer. Seismische Messungen „sehen" die Grenze Gabbro–Peridotit als scheinbare Krusten-Mantel-Grenze: *Seismische Moho*.
- *Lage 4b*: Harzburgite und Lherzolithe des oberen Erdmantels: *Petrographische Moho*, die durch seismische Methoden nicht als Grenze erkannt wird.

Mittelozeanische Rücken stellen eine eigene, bedeutsame petrographische Provinz dar, in der durch submarinen Vulkanismus ozeanische Erdkruste ständig neu gebildet wird. Es handelt sich also um konstruktive (divergente) Plattenränder. Kennzeichnend ist eine merkliche negative Bougier-Anomalie, das ist eine auf die Topographie (in diesem Fall Meerwasser mit geringer Dichte) korrigierte Schwereanomalie. Dieses Schweredefizit ist über den Axialzonen am höchsten und nimmt zum Rand hin ab. Unverfestigte Tiefseesedimente sind weitgehend abwesend, während Pillowbasalte der *Lage* 2 am Meeresboden anstehen. *Lage* 3 geht allmählich in einen Mantel mit anomal geringen P-Wellen-Geschwindigkeiten von meist 7,1–7,3 km/s über. Eine Moho

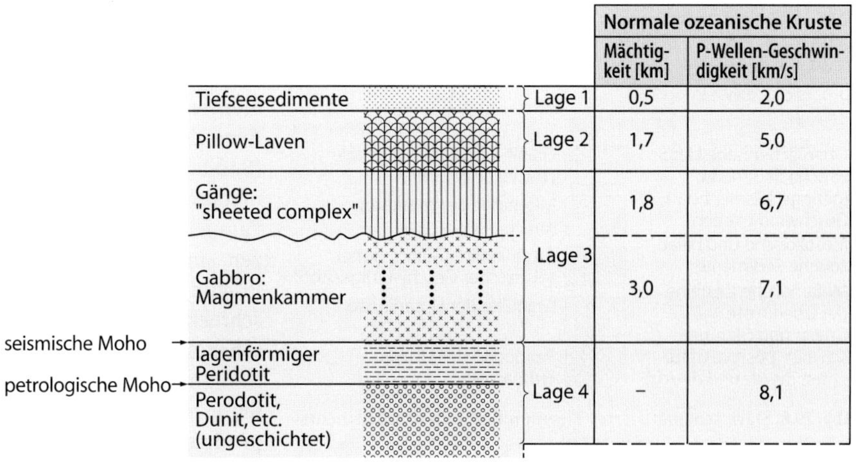

Abb. 29.7.
Schematisches Tiefenprofil durch die ozeanische Lithosphäre (= ozeanische Erdkruste + oberster Erdmantel) nach seismischen Messungen, Tiefseebohrungen und Beobachtungen in typischen Ophiolith-Komplexen. Die Dicke der einzelnen Lagen und die seismischen Geschwindigkeiten können regional stark variieren. (Nach Brown u. Mussett 1993)

		Normale ozeanische Kruste	
		Mächtigkeit [km]	P-Wellen-Geschwindigkeit [km/s]
Tiefseesedimente	Lage 1	0,5	2,0
Pillow-Laven	Lage 2	1,7	5,0
Gänge: "sheeted complex"	Lage 3	1,8	6,7
Gabbro: Magmenkammer		3,0	7,1
seismische Moho → lagenförmiger Peridotit			
petrologische Moho → Perodotit, Dunit, etc. (ungeschichtet)	Lage 4	–	8,1

ist schlecht, in vielen Gebieten gar nicht entwickelt; der Wärmefluss ist hoch und Basaltvulkanismus ist verbreitet. Alle diese Tatsachen weisen darauf hin, dass die mittelozeanischen Rücken die Zonen von aufsteigenden Konvektionsströmen im Erdmantel sind, verbunden mit partieller Anatexis (Abb. 29.17, S. 527).

Als Bestandteil von ozeanischen Lithosphärenplatten wird die ozeanische Kruste durch das *sea floor spreading* mit Geschwindigkeiten von einigen Zentimetern pro Jahr bewegt und an *konvergenten (destruktiven) Plattenrändern* unter kontinentale Lithosphären-Platten subduziert. Dabei entstehen Inselbögen und Orogengürtel vom Andentyp. (Abb. 29.17, 29.18). An *passiven Kontinentalrändern* beginnt die ozeanische Erdkruste, die hier dicker ist als gewöhnlich, jenseits der Schelfbereiche, den vom Meer überfluteten Kontinentalrändern. Eine übernormale Mächtigkeit von bis zu 20 km erreicht die ozeanische Erdkruste auch im Bereich ozeanischer Inseln (z. B. Hawaii) und in den Gebieten mit ozeanischen Flutbasalt-Plateaus (Abschn. 14.1, S. 243).

29.2.2
Kontinentale Erdkruste

Eine detaillierte Auswertung der Geschwindigkeiten von Erdbebenwellen legte schon früh den Gedanken nahe, dass sich die kontinentale Erdkruste in mehrere Schichten gliedert, wobei die Verhältnisse wesentlich komplizierter sind als bei der ozeanischen Kruste. Ganz allgemein ergibt sich folgende Grobgliederung (Abb. 29.8):

Unverfestigte Sedimente und verfestigte Sedimentgesteine. Sie besitzen sehr unterschiedliche Mächtigkeiten, können aber – bis auf eine dünne Bodenkrume – auch ganz fehlen.

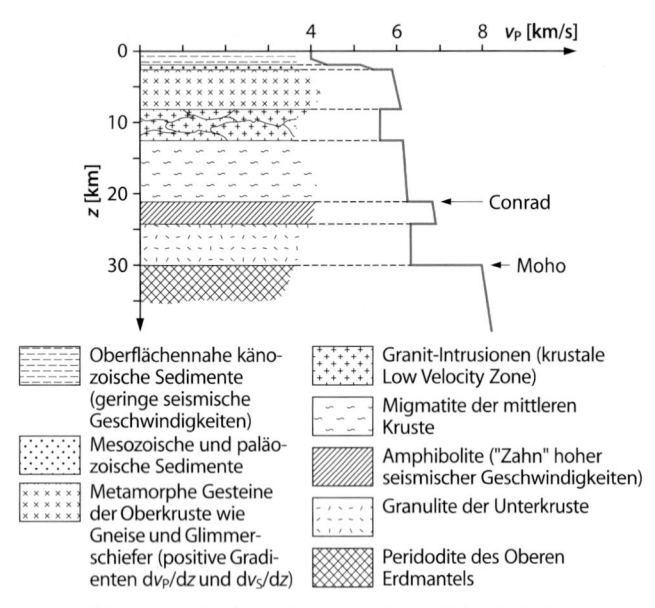

Abb. 29.8. Stark schematisiertes Tiefenprofil durch die kontinentale Erdkruste. (Nach Mueller 1977)

Kontinentale Oberkruste. Vorstellungen über ihren petrographischen Aufbau gewinnen wir aus zahlreichen Beobachtungen in den Kristallingebieten der Erde, insbesondere in den archaischen und proterozoischen Kontinentalkernen (Kratonen) wie Fennoscandia, Laurentia u. a., die durch tiefreichende Abtragung freigelegt wurden. Danach besteht die *Oberkruste* überwiegend aus Quarz-Feldspatreichen Metamorphiten und Migmatiten sowie aus Granit- und Granodiorit-Plutonen. Dieser Krustentyp wurde von Alfred Wegener nach den vorherrschenden chemischen Komponenten Silicium und Aluminium als *Sial* bezeichnet. Die durchschnittliche Dichte dieser Gesteine beträgt etwa 2,7 g/cm^3, die P-Wellen-Geschwindigkeiten liegen bei ca. 6,0 km/s. Basaltische Vulkanite mit höheren Dichten sind eher untergeordnet vorhanden, wenn man von den großen Arealen kontinentaler Flutbasalte (Abschn. 14.1, S. 243) absieht. Eine *krustale Low-Velocity-Zone*, in der v_P auf <6,0 km/s absinkt, wird von Mueller (1977) durch ein gehäuftes Auftreten von Granit-Lakkolithen und/oder einen erhöhten Fluid-Anteil erklärt (Abb. 29.8). Ein äußerst komplexes Modell für den Aufbau der kontinentalen Oberkruste in der bayerischen Oberpfalz ergab sich aus den umfangreichen geologischen und geophysikalischen Untersuchungen im KTB-Zielgebiet und durch die KTB-Vor- und -Hauptbohrung selbst (Abb. 29.9) (z. B. Hirschmann 1996).

Kontinentale Unterkruste. Diese ist häufig, aber nicht immer, durch einen Dichtesprung von der Oberkruste getrennt, die *Conrad-Diskontinuität* (Conrad 1925). Sie liegt meist in 15–25 km Tiefe, ist jedoch generell nicht so gut ausgeprägt wie die Moho und auch nicht weltweit entwickelt. In Deutschland wurde die Conrad kurz nach dem 2. Weltkrieg durch die Sprengung einer unterirdischen Munitionsfabrik bei Haslach im Schwarzwald und durch eine große Sprengung auf der Insel Helgoland seismisch registriert. Nach dem von Mueller (1977) entwickelten Modell (Abb. 29.8) ist die Conrad lediglich durch einen „Zahn" erhöhter Wellengeschwindigkeit bedingt, der auf eine wenige Kilometer mächtige Lage von Amphibolit zurückgehen könnte. Danach sinken v_P und v_S wieder ab. Die Unterkruste besteht wahrscheinlich aus einer gebänderten Wechsellagerung von hellen und dunklen Granuliten, wie sie in den steilgestellten metamorphen Serie der *Ivrea-Zone* in den Südalpen (Abb. 29.10) oder in Kalabrien (Süditalien) modellhaft aufgeschlossen sind. Diese hochmetamorphen Gesteine, die meist (OH)-freie Mineral-Paragenesen aufweisen und z. T. Restit-Charakter besitzen, sind häufig das Ergebnis mehrfacher metamorpher Prägungen unter hohen Temperaturen und selektiver Aufschmelzung. Dadurch kam es im Verlauf langer geologischer Zeiträume zu einer Verarmung an leichtflüchtigen Komponenten. Mit dem frei werdenden Wasser wanderten u. a. auch U und Th, die für die radioaktive Wärmeproduktion wichtig sind, in höhere Krustenbereiche ab.

Abb. 29.9.
Die obere Erdkruste im KTB-Zielgebiet bei Windischeschenbach in der Oberpfalz (Bayern) nach seismischen Messungen entlang der Profile Crossline 230 und KTB 8502 (Inline 360), nach geologischen Beobachtungen und den Ergebnissen der KTB-Vorbohrung und -Hauptbohrung (dicke, vertikale, nach unten abgeknickte Linie). *ZEV*: Zone von Erbendorf-Vohenstrauss. (Nach Hirschmann 1996, mit freundlicher Genehmigung des Verlags Elsevier)

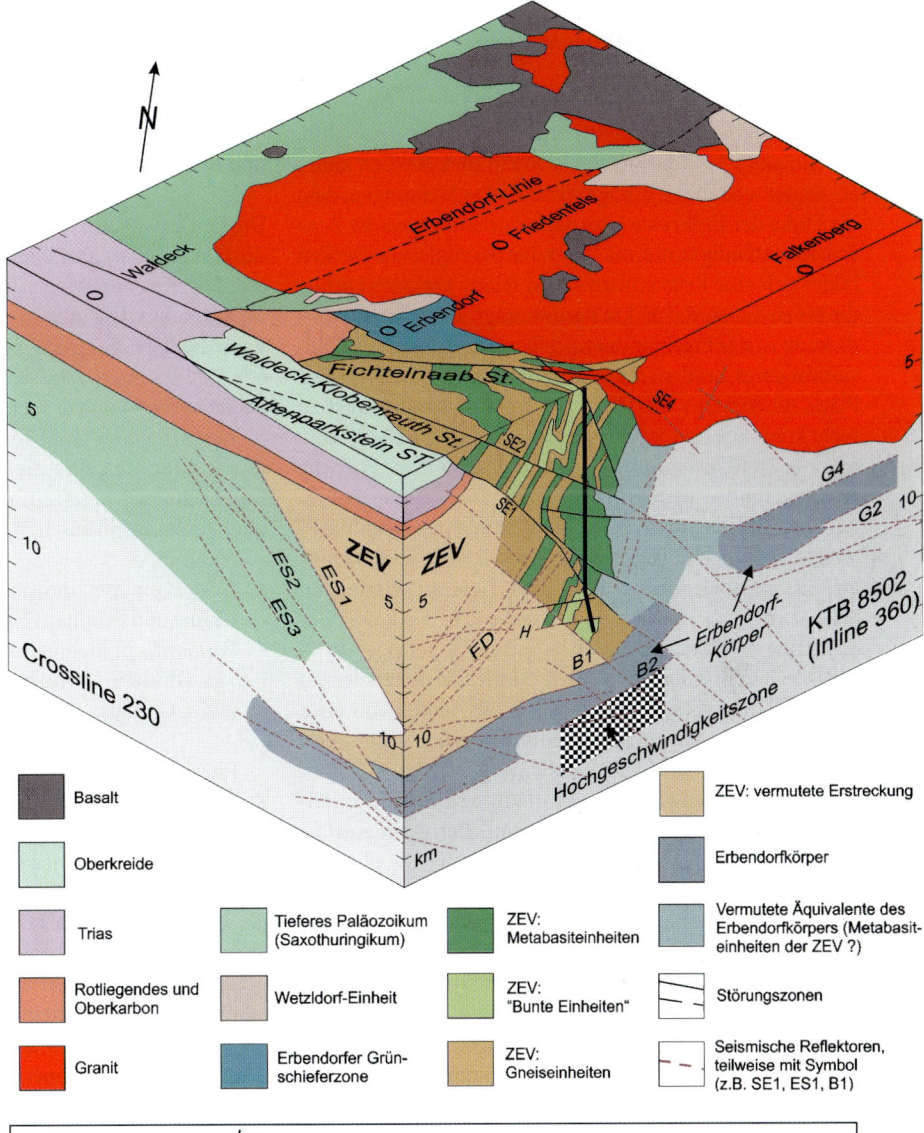

Abb. 29.10.
Geologische Karte des steil stehenden Krustenprofils der Ivrea-Zone im Valle Strona (Südalpen). Der granulitfazielle Abschnitt entspricht der Unterkruste, der amphibolitfazielle der Oberkruste. (Nach Aufnahmen von Bertolani, 1959–1965, aus Mehnert 1975)

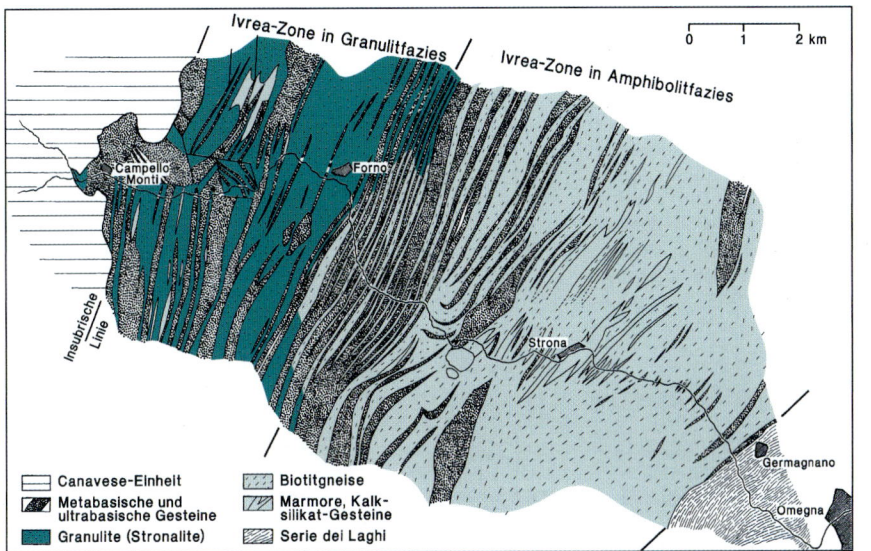

29.2.3
Die Erdkruste in jungen Orogengürteln

Kontinent-Kontinent-Kollisionsvorgänge führen dazu, dass in jungen, aktiven Orogengürteln die Erdkruste bis zu 70 km, im Himalaya-Gebirge sogar bis 90 km dick werden kann. So zeigen seismische und gravimetrische Messungen, dass die Dicke der Erdkruste vom Alpenvorland gegen die Zentralalpen ständig zunimmt. Unter den penninischen Decken bildet sich eine Krustenwurzel von relativ geringer Dichte, die bis zu Tiefen von 55 km herunterragt. Diese Krustenverdickung ist das Ergebnis des noch heute andauernden Kollisionsvorgangs, bei dem die Afrikanische unter die Eurasische Platte subduziert wird. Diese *Krustenverdopplung* führt zu recht komplizierten Strukturen, wie sie z. B. durch ein seismisches Profil, das vom Weißhorn (Wallis) bis in die Poebene reicht, gefunden wurden (Berkhemer 1968; Giese 1968; s. Abb. 29.11). Unter diesem Teil der Zentralalpen steigt die P-Wellen-Geschwindigkeit zunächst von 5,5 bis auf 6,8 km/s an, nimmt aber von ca. 12–15 km Tiefe an wieder auf 5,5–6,0 km/s ab. Diese ca. 13 km dicke krustale Low-Velocity-Zone enthält lokal Bereiche mit noch geringerem P-Wellen-Geschwindigkeiten von 4–5 km/s, in denen derzeit partielle Anatexis stattfinden dürfte. Ab Teufen von etwa 26–28 km Tiefe nimmt v_P wiederum zu und erreicht oberhalb der Moho ungewöhnlich hohe Werte von 7,0–8,0 km/s, die auf starke Beteiligung von mafischen bis ultramafischen Gesteinen hinweisen. (Im eigentlichen Erdmantel ist v_P = 8,3 km/s.) Weiter südöstlich fanden die Geophysiker den „*Vogelkopf*", eine auffallende Struktur, die durch die Aufstülpung einer Schicht von (ultra)mafischen Gesteinen mit v_P = 7,2 km/s bedingt ist. Sie wird von gebänderten Granuliten der Unterkruste (v_P 6,5–6,8 km/s) und Biotitgneisen der Oberkruste (v_P 6,0–6,5 km/s) überlagert, die in der Ivrea-Zone aufgeschlossen sind (Abb. 29.10). Gesteine, die dem „Vogelkopf" entsprechen könnten, stehen im basischen Hauptkörper der Ivrea-Zone an.

29.3
Erdmantel

29.3.1
Der oberste, lithosphärische Erdmantel und die Natur der Moho

Die Erdkruste und der oberste Teil des Erdmantels bauen die ozeanischen und kontinentalen *Lithosphären-Platten* auf. Die Krusten-Mantel-Grenze, die Moho ist definiert als die schmale Zone, in der die Geschwindigkeiten der Erdbebenwellen sprunghaft zunehmen: v_P steigt von etwa 6,5–7,0 bis auf etwa 8,0–8,3 km/s an, entsprechend einem Dichtesprung von ca. 3,0 auf ca. 3,3 g/cm³. Durch Experimente (z. B. Birch 1963) konnte nachgewiesen werden, dass nur wenige Gesteine die erforderlichen physikalischen Eigenschaften besitzen, um die Geschwindigkeiten im obersten lithosphärischen Erdmantel zu erklären, nämlich

- *Eklogit*, ein metamorphes Gestein, das überwiegend aus Granat und Omphacit besteht (Abschn. 26.3.1, S. 438), und
- *Peridotit*, ein magmatisches oder metamorphes Gestein aus Olivin + Orthopyroxen + Klinopyroxen (± Spinell ± Granat).

Eine weitere wichtige Randbedingung für die chemische Zusammensetzung des Erdmantels ist die Tatsache, dass nur im Erdmantel *Basalt-Magmen* durch *partielle Aufschmelzung* (Anatexis) entstehen können (vgl. Abschn. 19.2, S. 307ff). Legt man gewöhnliche geothermische Gradienten zugrunde, so wird an der Krustenbasis unter den Kontinenten lediglich eine Temperatur von 400–600 °C, unter den Ozeanen sogar nur 100–200 °C erreicht (Abb. 29.12). Daher ist es äußerst unwahrscheinlich, dass die ca. 1 200 °C heißen Basalt-Magmen in der Erdkruste entstehen können. Direkte Hinweise für eine Bildung von Basalt-Magmen im oberen Erdmantel fanden Eaton u. Murata (1960): Weni-

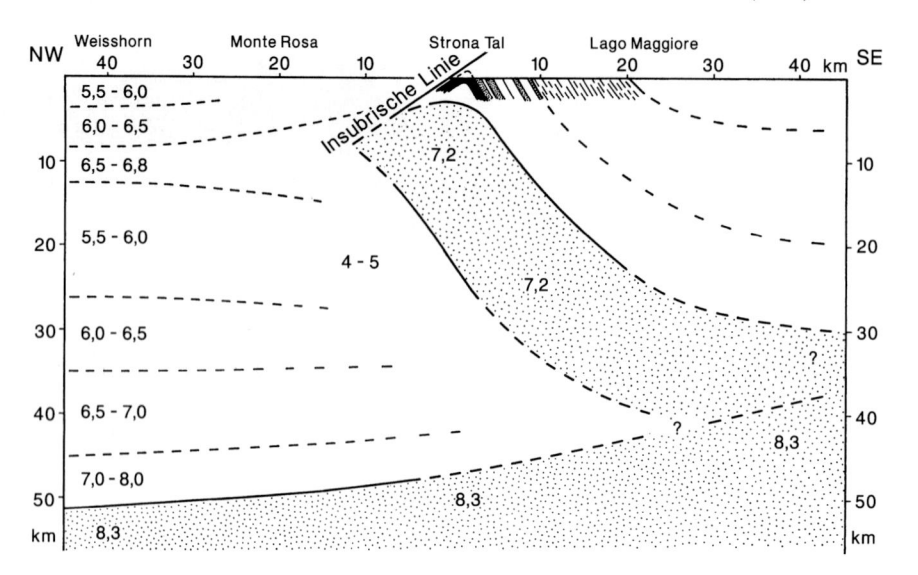

Abb. 29.11. Seismisches Profil durch den Ivrea-Körper (sog. Vogelkopf) und die angrenzenden Teile der Zentral-Alpen (*links*) sowie der Ivrea-Zone (Abb. 29.10) und der Poebene (*rechts*). Die Zahlen geben die jeweiligen P-Wellen-Geschwindigkeiten an. (Nach Berkhemer 1968 und Giese 1968 aus Mehnert 1975)

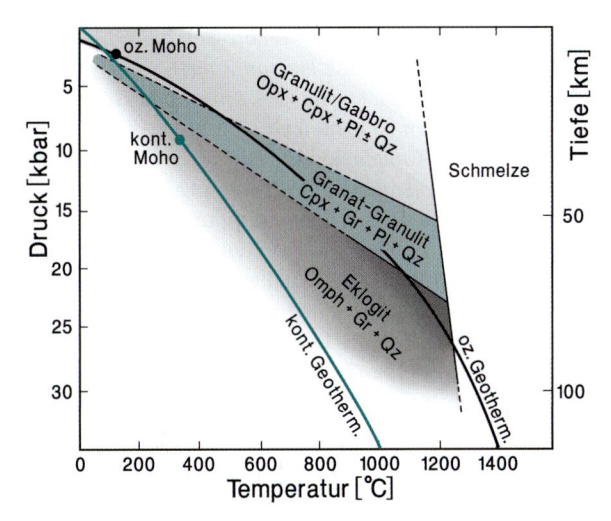

Abb. 29.12. *P-T*-Diagramm zur Basalt → Eklogit-Umwandlung. Stabilitätsfelder von Gabbro bzw. Pyroxen-Granulit (Pyriklasit), Granat-Granulit (Granat-Pyriklasit) und Eklogit nach Experimenten von Green und Ringwood (1967a) sowie Yoder u. Tilley (1962). *Qz* steht für Quarz oder Coesit. Ozeanischer und kontinentaler Geotherm nach Clark u. Ringwood (1964)

ge Monate vor einem erneuten Ausbruch des Kilauea-Vulkans auf Hawaii stellten sie eine seismische Unruhe in ca. 60 km Tiefe fest, die sie als Strömung des Magmas vom Aufschmelzort in eine Magmen-Kammer interpretierten.

Eklogit als Baumaterial des Oberen Erdmantels?

Ein eklogitischer Erdmantel wurde bereits durch Fermor (1914) vermutet und in ähnlicher Weise auch von Goldschmidt (1922) und Holmes (1927) vertreten. Da Eklogit die gleiche chemische Zusammensetzung wie Basalt, Gabbro oder basischer Pyroxen-Granulit (Pyriklasit) aufweist, wäre die ozeanische und die kontinentale Moho durch einen *isochemischen Phasenübergang* Basalt/Gabbro → Eklogit bzw. Pyriklasit → Eklogit bedingt, entsprechend der schematischen Reaktionsgleichung:

$$\text{Ca(Mg,Fe)[Si}_2\text{O}_6] + (\text{Mg,Fe})_2[\text{Si}_2\text{O}_6]$$
Diopsid, Klinopyroxen Orthopyroxen

$$+ \text{Ca[Al}_2^{[4]}\text{Si}_2\text{O}_8] \cdot \text{Na[Al}^{[4]}\text{Si}_3\text{O}_8]$$
Plagioklas An$_{50}$

$$\Leftrightarrow \text{Ca(Mg,Fe)[Si}_2\text{O}_6] \cdot \text{NaAl}^{[6]}[\text{Si}_2\text{O}_6]$$
Omphacit

$$+ \text{Ca(Mg,Fe)}_2\text{Al}_2^{[6]}[\text{SiO}_4]_3 + 2\text{SiO}_2 \quad (29.1)$$
Granat Quarz/Coesit

Eine analoge Reaktion lässt sich mit Olivin anstelle von Orthopyroxen formulieren. In beiden Fällen führt der Phasenübergang zu einer Erhöhung der Gesteinsdichte von etwa 3,0 auf etwa 3,5 g/cm³. Diese Verdichtung ist hauptsächlich durch den Zusammenbruch von Plagioklas mit seiner relativ lockeren Gerüststruktur bedingt, wobei Albit als Jadeit-Komponente in das Kettensilikat Omphacit, Anorthit als Grossular-Komponente in das Inselsilikat Granat eingebaut wird. Diese beiden Eklogit-Minerale besitzen erheblich dichter gepackte Strukturen als Plagioklas; darüber hinaus bewirkt der Koordinations-Wechsel Al$^{[4]}$ → Al$^{[6]}$ eine zusätzliche Verdichtung.

Zur Überprüfung dieser Hypothese wurden Hochdruck-Hochtemperatur-Experimente durchgeführt (z. B. Yoder u. Tilley 1962; Kushiro u. Yoder 1966; Green u. Ringwood 1967a u. v. a.), wobei konventionelle Hydrothermal-Autoklaven aber auch hydraulische Hochdruckpressen wie die Belt- und die Sechs-Stempel-Apparatur zur Anwendung kamen (zur Methodik vgl. Ernst 1976).

Die Ergebnisse dieser Experimente haben klar gezeigt, dass Eklogit nicht als Baumaterial für den oberen Erdmantel in Frage kommt:

- Die isochemische Umwandlung von Basalt/Gabbro/Pyriklasit → Eklogit erfolgt nicht an einer scharfen Grenze, sondern über ein *Intervall*, dessen Breite mit der Temperatur und der chemischen Zusammensetzung variiert. Gleichung (29.1) stellt nur die Summe von mehreren Teilreaktionen dar, durch die Plagioklas allmählich abgebaut, Granat neu gebildet wird. Im isothermen Schnitt umfasst der Übergangsbereich, in dem schon Granat, aber noch Plagioklas nebeneinander auftreten, einem P-Bereich von einigen kbar Breite, was einer Dicke von mehreren Kilometern entspricht. Wir wissen aber, dass die Moho eine relativ scharfe Grenze darstellt, die meist nur eine Unschärfe von wenigen 100 m besitzt. Noch breiter wird das Übergangsfeld, wenn man dem geothermischen Gradienten folgt (Abb. 29.12).
- Der Druck der Basalt → Eklogit-Umwandlung nimmt mit steigender Temperatur zu. Man sollte daher annehmen, dass unter den Ozeanböden, wo ein hoher geothermischer Gradient herrscht, die Moho tiefer liegt als unter den Kontinenten mit ihrem geringeren geothermischen Gradienten. Aber gerade das Gegenteil ist der Fall (Abb. 29.12)!

Darüber hinaus sprechen noch weitere geophysikalische und petrologische Argumente gegen einen eklogitischen Mantel:

- Die *Dichte* von frischen Eklogiten variiert zwischen 3,4 und 3,6 g/cm³. Demgegenüber ergeben sich aus den seismischen Geschwindigkeiten im lithosphärischen Erdmantel geringere Dichten von 3,24 bis 3,32 g/cm³ (reduziert auf Atmosphärendruck = 1 bar), mit denen die Dichtewerte von Peridotiten – 3,25–3,40, im Mittel 3,32 g/cm³ – sehr viel besser übereinstimmen.

- Die *Poisson-Zahl*, $\sigma = \frac{1}{2}R^2 - (2/R^2) - 1$ mit $R = v_P/v_S$ beträgt im oberen Erdmantel unter stabilen Kontinentalgebieten 0,245–0,260, für Mg-reichen Olivin 0,245–0,255, für Eklogite jedoch 0,30–0,32.
- Die seismischen Wellengeschwindigkeiten im oberen Erdmantel sind richtungsabhängig, dieser ist also *seismisch anisotrop*. Formulieren wir diese Anisotropie $\Delta v = v_{max} - v_{min}$ als prozentualen Anteil bezogen auf die mittlere Geschwindigkeit V_m, d. h. $100\Delta v/V_m$, so liegt diese im lithosphärischen Erdmantel bei 3–9 %, in Peridotiten bei 3–10 %, in Eklogiten jedoch nur bei 0,5–3 %. Die geringere seismische Anisotropie von Eklogiten ist auf ihren hohen Granat-Gehalt zurückzuführen.
- Man müsste Eklogit zu 100 % aufschmelzen, um ein Basalt-Magma gleicher Zusammensetzung zu erhalten. Da aber der gesamte Erdmantel S-Wellen leitet, ist eine vollständige Aufschmelzung ausgeschlossen. Die Tatsache, dass Eklogit die gleiche Zusammensetzung wie Basalt hat, ist also geradezu ein Hauptargument gegen einen eklogitischen Erdmantel!
- Eklogite treten nur sehr selten als Auswürflinge in vulkanischen Tuffen oder als Einschlüsse in Basalt-Laven auf; in Kimberliten (s. unten) beträgt ihr Anteil durchschnittlich 5 %.

Aus allen diesen Beobachtungen folgt, dass der Erdmantel nicht aus Eklogit *bestehen* kann; trotzdem ist wahrscheinlich, dass er bereichsweise Eklogit *enthält*. Die basaltische ozeanische Erdkruste wird ja bei Subduktionsvorgängen allmählich in Eklogit umgewandelt und verschwindet nach dem Modell der Plattentektonik in Form großer Eklogit-Blöcke in den Tiefen des Erdmantels (Abb. 29.17). Dabei wirkt begünstigend, dass die Dichte von Eklogit (~3,5) etwas höher ist als die von Peridotit (~3,3). Darüber hinaus können sich Basalt-Magmen, die durch partielle Anatexis gebildet werden, aber im Erdmantel stecken bleiben, unter Manteldrücken zu Eklogit-Segregaten auskristallisieren (Abb. 29.16).

Peridotit als Baumaterial des oberen Erdmantels: Das Pyrolit-Modell

Diese Hypothese wurde bereits von Washington (1925) vertreten und hat seit der Mitte des 20. Jahrhunderts immer mehr Anhänger gefunden. Ganz besonders wurde das Konzept eines Peridotit-Mantels von Alfred Ringwood (1962) zusammen mit D. H. Green, S. P. Clark, I. D. MacGregor, F. R. Boyd u. a. weiter entwickelt und präzisiert (insbesondere Green u. Ringwood 1967b; Ringwood 1975). Für einen Peridotit-Mantel sprechen folgende Argumente:

- Peridotite haben *Dichten* um 3,3 g/cm³, wie sie für den lithosphärischen Erdmantel zu fordern sind; sie zeigen entsprechende P-Wellen-Geschwindigkeiten um 8,1 km/s, passende *Poisson-Zahlen* von etwa 0,25 und vergleichbare seismische *Anisotropie-Werte* mit einem relativen Δv-Anteil von 3–9 %.
- In *Ophiolith-Komplexen* sind Peridotite (bzw. Serpentinite) ein wesentlicher Bestandteil (Abb. 29.7).
- *Xenolithe* von *Spinell-Lherzolith*, untergeordnet von Harzburgit und Dunit (sog. Olivinknollen) treten besonders in Vulkaniten der Reihe Alkali-Olivin-Basalt – Basanit – Nephelinit sehr häufig und in großer Verbreitung auf, und zwar überwiegend in Tuffen, Schlotbrekzien und Mandelsteinen. Weltweit sind über 200 Vorkommen bekannt, darunter auch die jungen Vulkanite der Rhön und der Eifel mit dem bekannten Vorkommen am Dreiser Weiher.

Xenolithe von *Granat-Lherzolith*, untergeordnet von Granat-Pyroxenit, selten jedoch von Eklogit, finden sich in *Kimberlit-Diatremen* (Abschn. 13.2.3, S. 237ff), die überwiegend in archaischen Kontinentalschilden (Kratonen), z. B. im südlichen Afrika, Sibirien oder Kanada auftreten. Es handelt sich um vulkanische Durchschlagsröhren, die mit einer Kimberlit-Breccie („blue ground", verwit-

Abb. 29.13. Die auflässige Diamant-Mine in Kimberley (Südafrika), das „Big Hole". *Oben*: gelblich braun gefärbter Karoo-Dolerit (ca. 183 Ma alt); *darunter*: Karoo-Tonstein (grau); *unten*: säulenförmig absondernde Ventersdorp-Lava (spätarchaisch, ca. 2 700 Ma alt). (Foto: S. Matthes)

tert als „yellow ground") gefüllt sind und nach unten zu in Gänge und Lagergänge von massivem Kimberlit übergehen (Abb. 14.13, S. 251, Abb. 29.13). Sowohl der Kimberlit als auch die Xenolithe selbst können Diamant enthalten und müssen daher aus tiefen Bereichen des Erdmantels stammen. Das Gleiche gilt für die *Lamproite* Australiens. Setzt man etwa 1 000 °C als wahrscheinliche Temperatur des Kimberlit-(bzw. Lamproit-)Magmas an, so beträgt der Mindestdruck für die Diamantentstehung 45 kbar, entsprechend einer Tiefe von etwa 140 km. Wie man aus Abb. 29.15 entnehmen kann, liegt die Obergrenze der Diamantstabilität unter den Kratonen, wo ein relativ geringer geothermischer Gradient herrscht, in etwa 130 km Tiefe und sinkt unter den Tiefseeböden auf etwa 190 km ab.

Green u. Ringwood (1963) nahmen für den gesamten Erdmantel eine chemische Zusammensetzung an, die aus 3 Teilen Dunit und 1 Teil Basalt besteht; diesen Gesteins-Chemismus nannten sie *Pyrolit* (Tabelle 29.2). Aus ihm kann sich durch partielles Aufschmelzen maximal 25 % Basalt-Magma bilden, aber natürlich auch weniger (Abschn. 19.2, S. 307ff). Ringwood (1975) verfeinerte das Pyrolit-Modell noch etwas, in dem er z. B. die ultra-

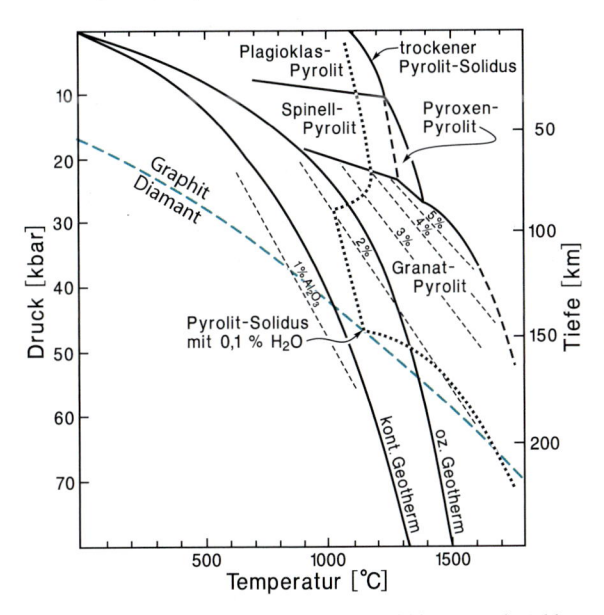

Abb. 29.14. *P-T*-Diagramm mit den Stabilitätsfeldern von Plagioklas-Pyrolit, Pyroxen-Pyrolit, Spinell-Pyrolit und Granat-Pyrolit nach Experimenten von Green und Ringwood (1967b). Als *gestrichelte Linien* sind die Al_2O_3-Gehalte in Orthopyroxen im Gleichgewicht mit Granat angegeben. *Dicke Linie*: trockener Pyrolit-Solidus, *punktiert*: Solidus für Pyrolit mit 0,1 % H_2O. *Blau gestrichelte Linie*: Gleichgewichtskurve Graphit-Diamant nach Bundy et al. (1961) und Berman (1962). Ozeanischer und kontinentaler Geotherm nach Clark und Ringwood (1964)

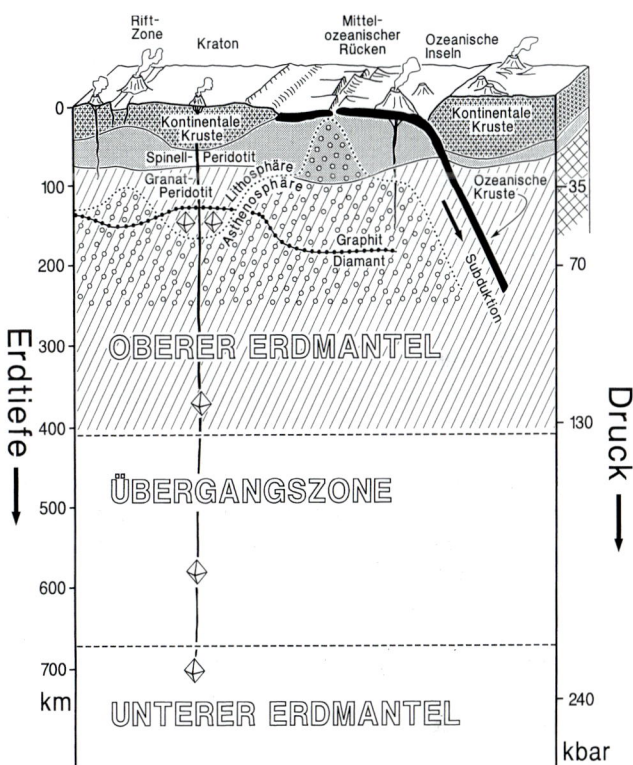

Abb. 29.15. Schematischer Schnitt durch die Lithosphäre (Erdkruste + oberster Erdmantel), die Asthenosphäre und tiefere Teile des Erdmantels; eingetragen ist der Verlauf der Stabilitätsgrenze Graphit/Diamant. (Mod. nach Stachel u. Brey 2001)

Tabelle 29.2. Ableitung des theoretischen Modell-Pyrolits und Vergleich mit natürlichem Granat-Lherzolith. (Nach Green u. Ringwood 1963; Ringwood 1975; Brown u. Mussett 1993)

Oxid [Gew.-%]	Dunit-Mittel	Basalt-Mittel	3 Dunit + 1 Basalt	Pyrolit Ringwood 1975	Granat-Lherzolith
SiO_2	41,3	50,8	43,7	45,1	45,3
Al_2O_3	0,54	14,1	3,9	4,6	3,6
FeO^{tot}	7,0	11,7	8,2	8,4	7,3
MgO	49,8	6,3	39,0	38,1	41,3
CaO	0,01	10,4	2,6	3,1	1,9
Na_2O	0,01	2,2	0,6	0,4	0,2
K_2O	0,01	0,8	0,2	0,02	0,1
Gesamt	99,77	96,3	98,2	99,7	99,7

mafischen Anteile von Ophiolith-Komplexen zum Vergleich heranzog. Das Pyrolit-Modell steht darüber hinaus mit der Vorstellung in Einklang, dass die Erde eine ähnliche Zusammensetzung hat wie die wichtigste Meteoriten-Gruppe, die *Chondrite* (Abschn. 31.3.1, S. 553ff). Tabelle 29.2 lässt die große chemische Ähnlichkeit von natürlichen Granat-Lherzolith und dem theoretischen Modell-Pyrolit erkennen. Es wird aber auch deutlich, dass Granat-Lherzolith noch etwas reicher an MgO, aber bereits etwas verarmt an den Basalt-Komponenten Al_2O_3, FeO^{tot}, CaO und Na_2O ist.

Grundlegende experimentelle Untersuchungen von Green u. Ringwood (1967b) zeigten, dass Pyrolit bei unterschiedlichen *P-T*-Bedingungen im Erdinnern unterschiedliche Mineralparagenesen ausbildet (Abb. 29.14). Diese unterscheiden sich hauptsächlich durch die Mineralphasen, in denen die Komponente Al_2O_3 eingebaut wird.

1. Plagioklas-Pyrolite. Sie enthalten die Paragenese Olivin ≫ Orthopyroxen > Klinopyroxen > Plagioklas und sind bei Temperaturen, die dem normalen kontinentalen oder ozeanischen Geotherm entsprechen, nur bei Drücken < ca. 5 kbar stabil. Sie können also nicht im subkontinentalen Mantel auftreten, da dort die Moho meist in Tiefen liegt, die Drücken von >10 kbar entsprechen. Plagioklas-Pyrolite sind am ehesten im Bereich von mittelozeanischen Rücken zu erwarten, da dort ein anomal großer geothermischer Gradient herrscht. Bei Druckerhöhung wird der Al-Gehalt der Plagioklase nach den Modellreaktionen

$$Ca[Al_2^{[4]}Si_2O_8] + Mg_2[SiO_4]$$
Anorthit   Forsterit

$$\rightleftharpoons CaAl^{[6]}[Al^{[4]}SiO_6] + Mg_2[Si_2O_6] \quad (29.2)$$
CaTs   Enstatit

und

$$Na[Al^{[4]}Si_3O_8] + Mg_2[SiO_4]$$
Albit   Forsterit

$$\rightleftharpoons NaAl^{[6]}[Si_2O_6] + Mg_2[Si_2O_6] \quad (29.3)$$
Jadeit   Enstatit

als Ca-Tschermaks Molekül (CaTs), untergeordnet als Jadeit-Molekül in die Pyroxene eingebaut, oder es bildet sich Spinell als eigene Al-Phase, z. B. nach der Gleichung

$$Ca[Al_2^{[4]}Si_2O_8] + 2Mg_2[SiO_4]$$
Anorthit   Forsterit

$$\rightleftharpoons MgAl^{[6]}Al^{[4]}O_4 + CaMg[Si_2O_6]$$
Spinell   Diopsid

$$+ Mg_2[Si_2O_6] \quad (29.4)$$
Enstatit

Damit entstehen:

2. Spinell-Pyrolite. Sie enthalten die Paragenese Olivin ≫ Orthopyroxen > Klinopyroxen > Spinell, deren Stabilitätsfeld bis zu Maximal-Drücken von ca. 14–18 kbar am kontinentalen bzw. ozeanischen Geotherm reicht (Abb. 29.14). Bei isobarer Temperaturerhöhung können die Pyroxene immer mehr Al in ihre Kristallstruktur aufnehmen, so dass Spinell als eigene Al-Phase verschwindet.

Damit entstehen:

3. Pyroxen-Pyrolite. Sie enthalten die Paragenese Olivin ≫ Al-reicher Orthopyroxen > Al-reicher Klinopyroxen. Ihr Stabilitätsfeld liegt bei sehr hohen Temperaturen oberhalb von ca. 1 240–1 300 °C und in einem Druckbereich von ca. 10–30 kbar. Pyroxen-Pyrolite kann man daher nur bei extrem hohen geothermischen Gradienten erwarten, wie sie an den mittelozeanischen Rücken realisiert sind. Bei Druckerhöhung und/oder Temperaturerniedrigung können die Pyroxene immer weniger Al in Form von Ca- oder Mg-Tschermaks Molekül (CaTs, MgTs) aufnehmen und es bildet sich Pyrop-reicher Granat. Ebenso reagiert Spinell mit Orthopyroxen unter Bildung von Pyrop-reichem Granat und Olivin nach der Gleichung

$$MgAl^{[6]}Al^{[4]}O_4 + 2Mg_2[Si_2O_6]$$
Spinell   Enstatit

$$\rightleftharpoons Mg_3Al_2^{[6]}[SiO_4]_3 + Mg_2[SiO_4] \quad (29.5)$$
Pyrop   Forsterit

Somit entstehen:

4. Granat-Pyrolite. Sie enthalten die Paragenese Olivin (ca. 57 %) + Orthopyroxen (ca. 17 %) + Klinopyroxen (ca. 12 %) + Granat (ca. 14 %), die im lithosphärischen Erdmantel am weitesten verbreitet ist. Wie man aus Abb. 29.14

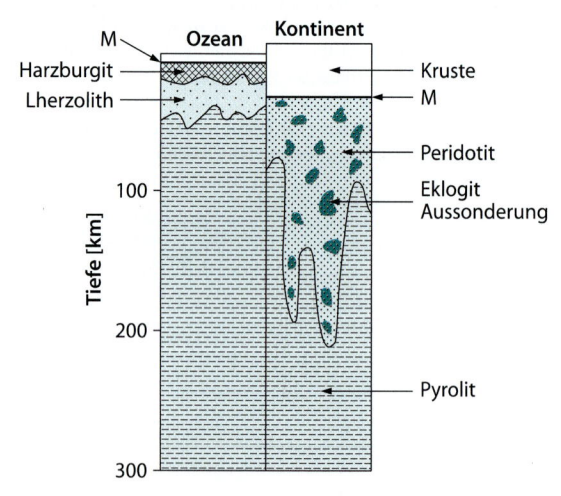

Abb. 29.16. Schematische Darstellung zur chemischen Inhomogenität des oberen Erdmantels unterhalb der ozeanischen (*links*) und kontinentalen Erdkruste (*rechts*). Harzburgit: Olivin + Orthopyroxen + Chromit; Lherzolith: Olivin + Klinopyroxen + Orthopyroxen + Spinell. (Nach Ringwood 1979)

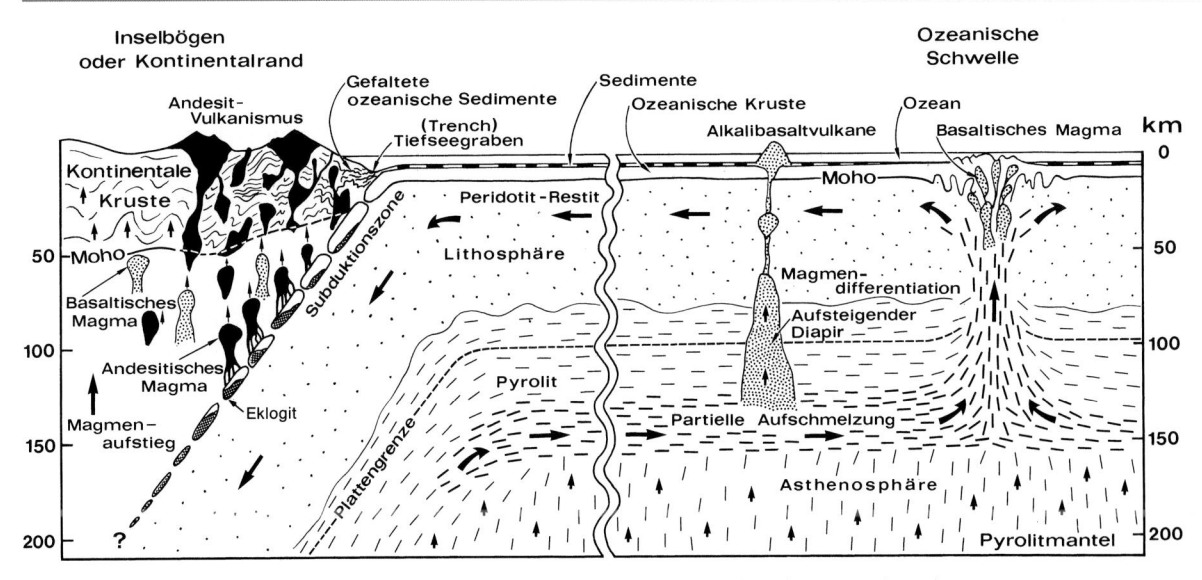

Abb. 29.17. Petrologisches Modell der Plattentektonik; Erläuterungen im Text. (Mod. nach Ringwood 1979)

entnehmen kann, wird das Stabilitätsfeld von Granat-Pyrolit unter den Kontinenten schon in geringerer Tiefe (ca. 45 km) erreicht als unter den Ozeanböden (ca. 60 km). Natürliche Granat-Lherzolithe, die den gleichen Mineralbestand aufweisen und dem theoretischen Granat-Pyrolit chemisch sehr ähnlich sind (Tabelle 29.2), treten – wie schon erwähnt – verbreitet als Xenolithe in Kimberliten und Lamproiten auf; darüber hinaus bilden sie tektonische Schubspäne in Orogen-Gürteln, so auf der Alpe Arami bei Bellinzona (Tessin), bei La Charme in den Vogesen und bei Åheim (Norwegen).

Wie schon in Abschn. 19.2 (S. 307ff) erläutert, konnte experimentell gezeigt werden, dass durch *partielle Anatexis* von Pyrolit Basalt-Magmen entstehen, wobei Lherzolithe, Harzburgite oder Dunite als Restgesteine zurückbleiben (z. B. Green u. Ringwood 1967c; Jaques u. Green 1980). Diese Aufschmelzprozesse führen neben der mineralogischen zusätzlich noch zu einer *chemischen Heterogenität* des lithosphärischen Erdmantels. Durch Bildung und vulkanische Förderung von Basalt-Magmen verarmen gewisse Bereiche des Erdmantels an K, Na, Ca, Al und Si sowie an *inkompatiblen Spurenelementen* wie Be, Nb, Ta, Sn, Th, U, Pb, Cs, Li, Rb, Sr und SEE, während Mg relativ angereichert wird. Somit bestehen weite Teile des lithosphärischen Erdmantels nicht mehr aus *fertilem* („fruchtbarem") *Pyrolit*, sondern aus *verarmtem* (*depleted*) *Peridotit*, insbesondere aus Harzburgit und Lherzolith (Abb. 29.16, 29.17). Ihr Anteil ist im subkontinentalen Erdmantel größer als im subozeanischen, weil dieser durch das *sea floor spreading* zu den Subduktionszonen transportiert und dort in den tiefen Mantel zurückgeführt wird: Es gibt keine ozeanische Lithosphäre, die älter als ca. 200 Mio. Jahre ist. Demgegenüber hatte die kontinentale Mantel-Lithosphäre viel mehr Zeit, um durch partielle Anatexis und vulkanische Förderung der dabei entstehenden Basalt-Magmen einen fertilen Pyrolit in einen verarmten Peridotit umzuwandeln.

Aus Abb. 29.14 geht hervor, dass eine Aufschmelzung von H_2O-freiem („trockenem") Pyrolit nur möglich ist, wenn wesentlich höhere Temperaturen erreicht werden, als dem ozeanischen Geotherm entspricht. Das ändert sich jedoch drastisch, wenn man annimmt, dass der Erdmantel einen geringen Anteil an H_2O enthält. So verläuft die Soliduskurve eines Pyrolits, der nur 0,1 Gew.-% H_2O enthält, bereits bei erheblich geringeren Temperaturen als der trockene Pyrolit-Solidus und durchläuft im Druckbereich zwischen etwa 25 und 50 kbar ein deutliches Minimum, das vom ozeanischen Geotherm geschnitten wird: Hier kann es zur partiellen Anatexis und zur Bildung von etwa 0,5–1 Gew.-% Schmelze kommen (Abb. 19.2, S. 307). Interessanterweise fällt dieser Bereich in etwa mit der *Low-Velocity-Zone* im oberen Erdmantel zusammen.

29.3.2
Die Asthenosphäre als Förderband der Lithosphärenplatten

Bereits 1926 hatte der deutsche Geophysiker Beno Gutenberg erkannt, dass in Tiefen von etwa 60–250 km die Geschwindigkeiten der P- und S-Wellen um etwa 3–6% geringer werden, wobei dieser Effekt für v_S – relativ gesehen – wesentlich ausgeprägter ist als für v_P (Abb. 29.5b). Da die S-Wellen aber trotzdem weiter geleitet werden, muss auch dieser Teil des oberen Erdmantels, den man als *Low-Velocity-Zone* (LVZ) bezeichnet, prinzipiell aus festem Material bestehen. In unterschiedlicher tektonischer Umgebung liegt die LVZ in unterschiedlicher Tiefe und ist verschieden deutlich ausgebildet. So erkennt man sie unter den Kontinenten sehr viel schlechter als unter den Ozeanen, gebietsweise auch gar nicht. Zur Erklärung dieses Verhaltens kann man Abb. 29.14 (S. 525) heranziehen, die zeigt, dass sich unter den *Ozeanen* aus einem Pyrolit mit 0,1 Gew.-% H$_2$O in einem Tiefenbereich von etwa 100–170 km eine Teilschmelze bildet, die 0,5–1 Gew.-% ausmacht. Dieser Schmelzanteil verringert den Schubmodul μ und damit nach Gleichung [29.3] und [29.4] (S. 516) auch v_P und v_S. Von einem mittleren *kontinentalen* Geotherm wird der Solidus für einen Pyrolit mit 0,1 Gew.-% H$_2$O nicht geschnitten; es bedarf also eines höheren H$_2$O-Gehalts im Pyrolit oder eines übernormalen geothermischen Gradienten, um im kontinentalen Mantel partielle Anatexis zu bewirken.

> Als *Asthenosphäre* (grch. ασθενός = schwach) definiert man den Bereich, in dem sich der obere Erdmantel bei vertikalen und horizontalen Bewegungen, d. h. bei *Isostasie* und *sea floor spreading*, als relativ mobil, also fließfähig erweist.

Häufig wird die Asthenosphäre mit der LVZ gleich gesetzt, was allerdings eine zu starke Vereinfachung ist (Brown u. Mussett 1993). Man muss aber festhalten, dass Asthenosphäre und LVZ etwa in gleicher Tiefe liegen und wahrscheinlich auf den gleichen Vorgang zurück gehen, nämlich das Erreichen von Temperaturbedingungen der partiellen Anatexis. Für das Modell der Plattentektonik kommt der Asthenosphäre eine entscheidende Rolle zu: Starre Lithosphärenplatten bewegen sich auf der fließfähigen Asthenosphäre. Wesentliche Aspekte der Plattentektonik sind in Abb. 29.17 schematisch dargestellt:

- *Divergenter (konstruktiver) Plattenrand* zwischen zwei ozeanischen Lithosphärenplatten. Diese setzen sich zusammen aus ozeanischer Erdkruste und aus lithosphärischem Erdmantel, bestehend aus verarmtem Peridotit, der von fertilem Pyrolit unterlagert wird. Aus der darunter befindlichen Asthenosphäre steigt tholeiitbasaltisches Magma (MORB) empor, das am mittelozeanischen Rücken neue ozeanische Kruste generiert.
- Aus der Asthenosphäre aufsteigende Manteldiapire beliefern Vulkane des ozeanischen Intraplattenbereichs; solche ozeanischen Inseln bestehen aus Alkalibasalten, aber auch aus Tholeiiten (Beispiel: Hawaii).
- *Konvergenter (destruktiver) Plattenrand*: Eine ozeanische Lithosphärenplatte wird unter eine kontinentalen Lithosphärenplatte, bestehend aus einer dicken Kruste und dem darunter liegenden Erdmantel aus verarmtem Peridotit, subduziert. Wir können vier verschieden Arten von konvergenten Plattengrenzen unterscheiden (z. B. Frisch u. Meschede 2007; Frisch et al. 2011; vgl. Abb. 29.18):

  a Durch Subduktion einer ozeanischen Lithosphärenplatte unter eine andere entsteht ein *intraozeanischer, ensimatischer Inselbogen* (Abb. 29.18a). Beispiele sind die Marianen und die Kleinen Antillen.
  b Durch Subduktion einer ozeanischen unter eine kleine kontinentale Lithosphärenplatte, die vom dahinterlegenden kontinentalen Hinterland durch einen Backarc-Becken-Bereich getrennt ist, entsteht ein *ensialischer Inselbogen* (Abb. 29.18b). Beispiele sind die Japanischen Inseln.
  c An einem *aktiver Kontinentalrand* wird eine ozeanische direkt unter eine kontinentale Lithosphärenplatte subduziert, ohne dass ein Backarc-Becken zwischengeschaltet ist. Dadurch entsteht ein magmatischer Kontinentbogen (Abb. 29.18c). Beispiele sind das nordamerikanische Kaskaden-Gebirge sowie die mittel- und südamerikanischen Anden.
  d Am Ende der vollständigen Subduktion einer ozeanischen Lithosphärenplatte kommt es zur Kontinent-Kontinent-Kollision und zur Bildung von Faltengebirgs-Gürteln wie der Alpen oder des Himalaya. Der ozeanische Teil der subduzierten Platte reißt ab und verschwindet im Erdmantel („Slab Breakoff").

Topographisch äußert sich eine Subduktionszone in einem Tiefseegraben (engl. trench), z. B. dem Tonga-Graben mit 10 882 m oder dem Philippinen-Graben mit 10 793 m Tiefe; geophysikalisch werden sie als Benioff-Zonen registriert (Benioff 1955). In ihnen sind Erdbebenherde entlang einer schräg (15–85°, meist um 45°) einfallenden Fläche konzentriert, die sich bis in Tiefen von ca. 700 km verfolgen lässt.

Der Kräfteplan innerhalb von Benioff-Zonen lässt sich aus sog. *Herdlösungen* berechnen. Diese ergeben Druckspannungen in Richtung der subduzierten Platte, Zugspannungen senkrecht dazu, während direkt unter dem Tiefseegraben Zugspannungen in Richtung der Platte, Druckspannungen senkrecht dazu herrschen.

Die subduzierte H$_2$O-haltige ozeanische Kruste unterliegt einer *Hochdruckmetamorphose*, wobei Blauschiefer und Eklogite gebildet werden. Bei erhöhten Temperaturen kommt es zur partiellen Aufschmelzung unter Bildung und Förderung von Magmen der Kalkalkali-Serie, die magmatische (vulkanische) Inselbögen oder magmatische Gebirgsbögen vom Andentyp aufbauen. Typisch sind Vulkanite der Reihe Tholeiitbasalt → Andesit → Dacit → Rhyodacit → Rhyolith sowie Plutonite vom I-Typ, insbesondere Granite, Granodiorite, Tonalite und Trondhjemite (TTG-Suite). Damit verknüpft ist eine orogene Regionalmetamorphose vom Nieder- bis Mitteldruck-Typ (Abschn. 26.2.5, S. 432ff, Abb. 28.8, S. 496).

Unterhalb der Asthenosphäre steigen v_P und v_S wieder an; die auf 1 bar reduzierte Dichte von 3,3–3,4 g/cm^3 des Erdmantels entspricht der eines Granat-Pyrolits (Abb. 29.19).

Abb. 29.18.
Beispiele für die vier unterschiedlichen Typen von Subduktionszonen. Erläuterungen im Text. (Nach Frisch u. Meschede 2007)

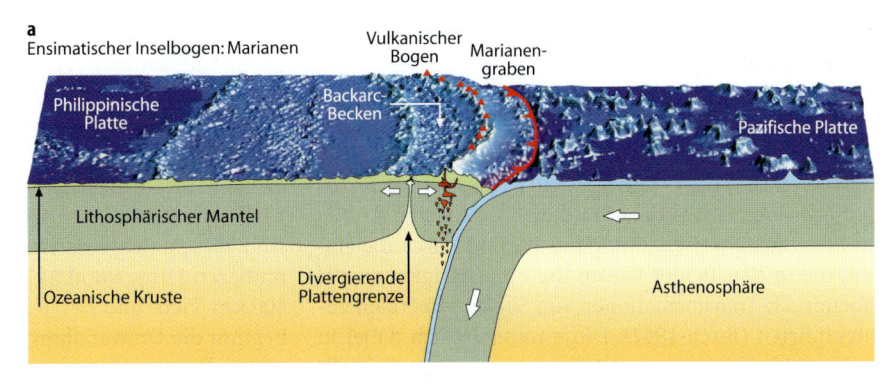

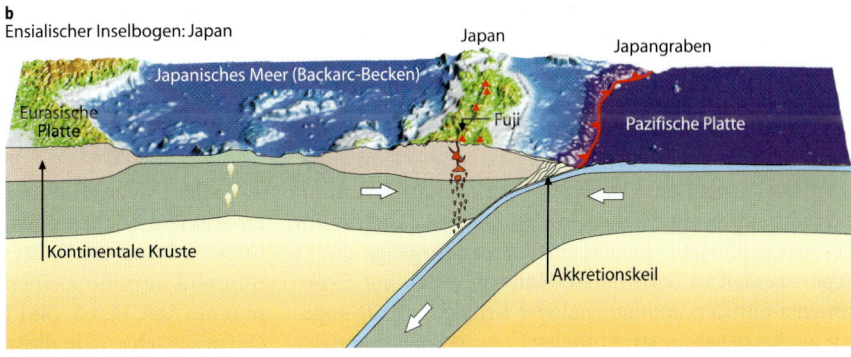

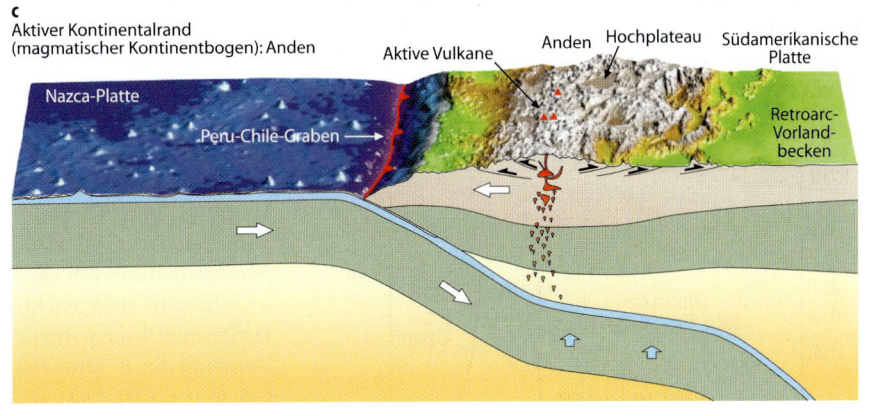

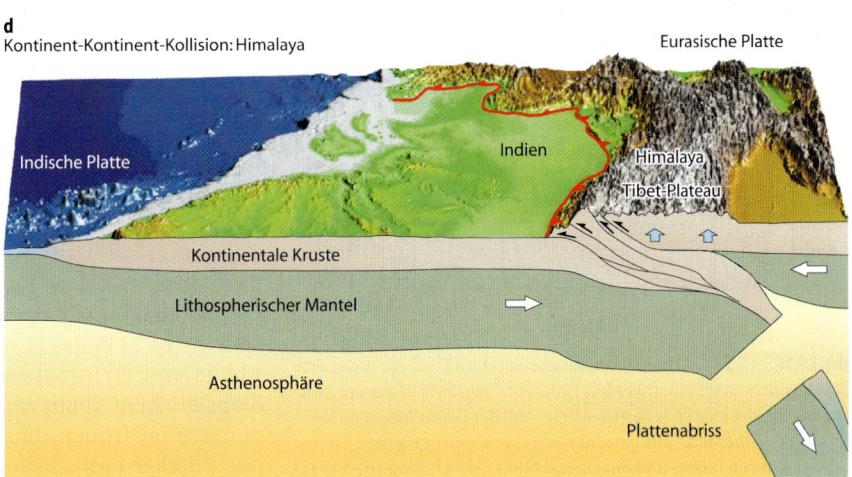

29.3.3
Übergangszone

Die Übergangszone ist geophysikalisch definiert als Bereich zwischen etwa 400 und 750 km Tiefe, in dem die Geschwindigkeiten der P- und S-Wellen einen stark wechselnden aber – gemittelt – übernormalen Gradienten dv_P/dz und dv_S/dz aufweisen. Birch und Presnal waren die ersten, die in den 1930er Jahren diese Unstetigkeiten auf Hochdruck-Transformationen von Silikat-Mineralen zurückführten (Birch 1952). Diese wandeln sich dabei in dichtere Modifikationen mit dichter gepackten Kristallstrukturen um. Wir hatten solche Übergänge bereits bei der Umwandlung der relativ lockeren Schichtstruktur von Graphit in die kubisch dichte Kugelpackung von Diamant, (Abb. 4.11 S. 77; Abb. 4.15, S. 80) oder beim Übergang von Coesit $Si^{[4]}O_2$ in Stishovit $Si^{[6]}O_2$ (Abb. 11.44, S. 181) mit Rutil-Struktur (Abb. 7.9, S. 110, 11.42, S. 180) kennengelernt. Die konventionellen Hydrothermal-Autoklaven und Hochdruckpressen reichten nicht mehr aus, um die im tieferen Erdmantel vermuteten Phasenübergänge direkt experimentell zu bestimmen. Man war daher auf Experimente mit *Germanaten* analoger Kristallstruktur angewiesen, bei denen die strukturellen Umwandlungen und der Koordinationswechsel $Ge^{[4]} \rightarrow Ge^{[6]}$ bei erheblich niedrigeren Drücken ablaufen als bei den Silikaten. Durch die Erfindung der *Diamantstempel-Zelle* können jetzt jedoch Drücke bis 2 megabar (= 2 000 kilobar = 200 GPa) bei Temperaturen bis 5 000 °C, entsprechend den P-T-Bedingungen des Erdkerns erreicht werden (z. B. Boehler 2000).

In einer Tiefe von etwa *400 km* befindet sich eine erste Unstetigkeit, die als 400 km- oder 20°-Diskontinuität bezeichnet wird. Im Gegensatz zur Moho beträgt ihre Breite mehrere Zehner-Kilometer. Für die Phasenübergänge, die für den Anstieg von v_P und v_S verantwortlich sind, lassen sich eine von Reihe Modellreaktionen formulieren (Ringwood 1975, 1991; Abb. 29.19). Ab etwa 400 km Tiefe und bei Temperaturen von etwa 1 400 °C beginnt die Umwandlung von *Olivin* in Phasen gleicher chemischer Zusammensetzung aber höherer Dichte:

$$\alpha\text{-}(Mg,Fe)_2[SiO_4] \rightarrow \beta\text{-}(Mg,Fe)_2[SiO_4]$$
Olivin Wadsleyit

$$\rightarrow \gamma\text{-}(Mg,Fe)_2SiO_4 \qquad (29.6a,b)$$
Ringwoodit

In der Olivin-Struktur sitzen Mg^{2+} und Fe^{2+} in den oktaedrischen Lücken einer annähernd hexagonal dichten Kugelpackung von Sauerstoff, sind also [6]-koordiniert, während $Si^{[4]}$ die kleineren tetraedrischen Lücken einnimmt. (Abb. 11.3, S. 146). Bei Druckerhöhung wandelt sich Olivin zunächst in die dichter gepackte β-$(Mg,Fe)_2SiO_4$-Phase *Wadsleyit* um, wobei eine Dichtezunahme um ca. 8 % erreicht wird. Wegen des Fe-Gehalts von Olivin (Fo ~ 89) ist Reaktion (29.6a) nicht univariant, sondern stellt ein divariantes Gleichgewicht dar, d. h. über ein bestimmtes Druckintervall koexistiert Fe-reicherer Olivin mit Fe-ärmerem Wadsleyit (Abb. 29.21). Ebenso gleitend erfolgt im Tiefenbereich von 500–530 km die Umwandlung von Wadsleyit in *Ringwoodit*, die γ-$(Mg,Fe)_2SiO_4$-Phase mit Spinellstruktur (Abb. 7.2, S. 105); damit ist eine erneute Dichtezunahme von ca. 2 % verbunden.

Schon ab etwa 300 km Tiefe beginnt der Abbau von *Ortho-* und *Klinopyroxen* zugunsten von *Granat*. Dieser Vorgang, der in etwa 460 km Tiefe (bei ca. 1 500 °C) abgeschlossen ist, lässt sich u. a. durch folgende Modellreaktionen beschreiben:

$$Mg_2[Si_2O_6] \cdot MgAl[AlSiO_6] \rightarrow Mg_3Al_2[SiO_4]_3 \qquad (29.7)$$
Enstatit MgTs Pyrop

$$2Mg_2[Si_2O_6] \rightarrow Mg_3MgSi^{[6]}[Si^{[4]}O_4]_3 \qquad (29.8)$$
Enstatit Granat (Majorit)

Dabei entsteht aus Mg-Tschermak's Molekül zusammen mit einer äquivalenten Menge En reiner Pyrop, aus Enstatit allein ein Pyrop-reicher Granat-Mischkristall, in dem bis zu 25 % des Si [6]-koordiniert ist: der *Majorit*. Abbau von CaTs-haltigem Orthopyroxen oder von diopsidischem Klinopyroxen liefert die Grossular-Komponente im Granat. In etwa 600 km Tiefe würde ein pyrolitischer Erdmantel aus etwa 54 Vol.-% Ringwoodit

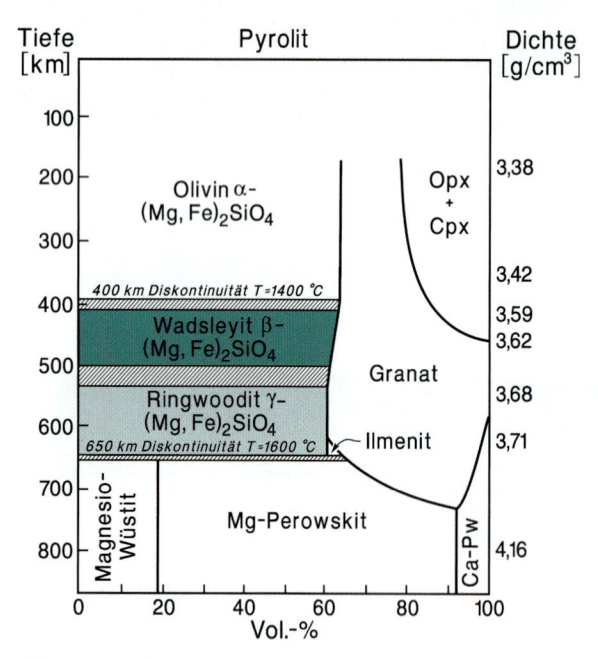

Abb. 29.19. Mögliche Mineral-Paragenesen und auf P = 1 bar reduzierte Gesteinsdichten für einen Modell-Erdmantel von Pyrolit-Zusammensetzung bis zu einer Tiefe von ca. 850 km auf der Grundlage von Hochdruckexperimenten. Temperaturwerte nach dem geothermischen Gradienten von Brown und Shankland (1981). (Nach Ringwood 1991)

+ 46 Vol.-% Majorit bestehen. Natürlichen Majorit fanden Moore und Gurney (1985) als Einschlüsse in Diamanten, die dementsprechend aus der Übergangszone stammen müssen.

Es gibt geophysikalische Hinweise darauf, dass die subduzierten ozeanischen Lithosphärenplatten an der Untergrenze der Übergangszone in etwa 650 km Tiefe horizontal abgelenkt werden, wodurch der Subduktionsvorgang zum Abschluss kommt. Analog zum umgebenen Mantel finden in der subduzierten Platte Phasenumwandlungen statt, an denen auch (OH)-haltige Minerale beteiligt sind. So besteht in ca. 550 km Tiefe ein ehemaliger Harzburgit zu ca. 90 Vol.-% aus (OH)-haltigem Ringwoodit + untergeordnet (OH)-haltigem Majorit und Stishovit, während ein ehemaliger Eklogit der ozeanischen Kruste in einen *Granatit* aus ca. 90 Vol.-% Majorit + ca. 10 Vol.-% Stishovit umgewandelt wird. Da Granatit eine etwas geringere Dichte als der untere Erdmantel hat, sollte er sich als Schicht in etwa 650 km Tiefe anreichern. Demgegenüber könnten Gemenge aus ehemaligem Harzburgit und Granatit „Megalithe" bilden; das sind relativ kühle, viskose Köper, die in den unteren Erdmantel hineinreichen und sich durch Konvektionsvorgänge allmählich in ihm auflösen (Ringwood 1991). Beim Transport der ozeanischen Kruste in die Tiefe wird es darüber hinaus zur partiellen Anatexis und zum chemischen Stoffaustausch mit dem verarmten Lherzolithen und Harzburgiten der absinkenden Lithosphärenplatte kommen, die dadurch refertilisiert werden. Solche wieder angereicherten Peridotite könnten über der Granatit-Schicht angehäuft werden; sie würden die Quelle von *Mantel-Plumes* und somit die Ursache von Hot Spots und den dadurch ausgelösten Intraplattenvulkanismus bilden.

Wasser im Erdmantel

Durch die Subduktion von Lithosphärenplatten, die (OH)- und H_2O-haltige Minerale enthalten, kann Wasser tief in den Erdmantel transportiert werden (vgl. Ohtani 2005). Unter den *P-T*-Bedingungen des normalen Erdmantels wären diese Minerale meist nicht stabil, wohl aber am unternormalen geothermischen Gradienten in der abtauchenden, relativ kühlen Lithosphärenplatte. Im subduzierten *Mantel-Peridotit* treten als H_2O-haltige Phasen zunächst Chlorit- und Serpentin-Minerale auf (Abschn. 11.5.5 und 11.5.6, S. 174f), die allmählich in die

Abb. 29.20.
Modell zur Subduktion einer kühlen, differenzierten ozeanischen Lithosphärenplatte sowie zur Entstehung der Granatitschicht in 650 km Tiefe und eines „Megalith"-Körpers aus ehemaligem Mantel-Harzburgit und Krusten-Basalt. Erläuterung im Text. (Nach Ringwood 1991)

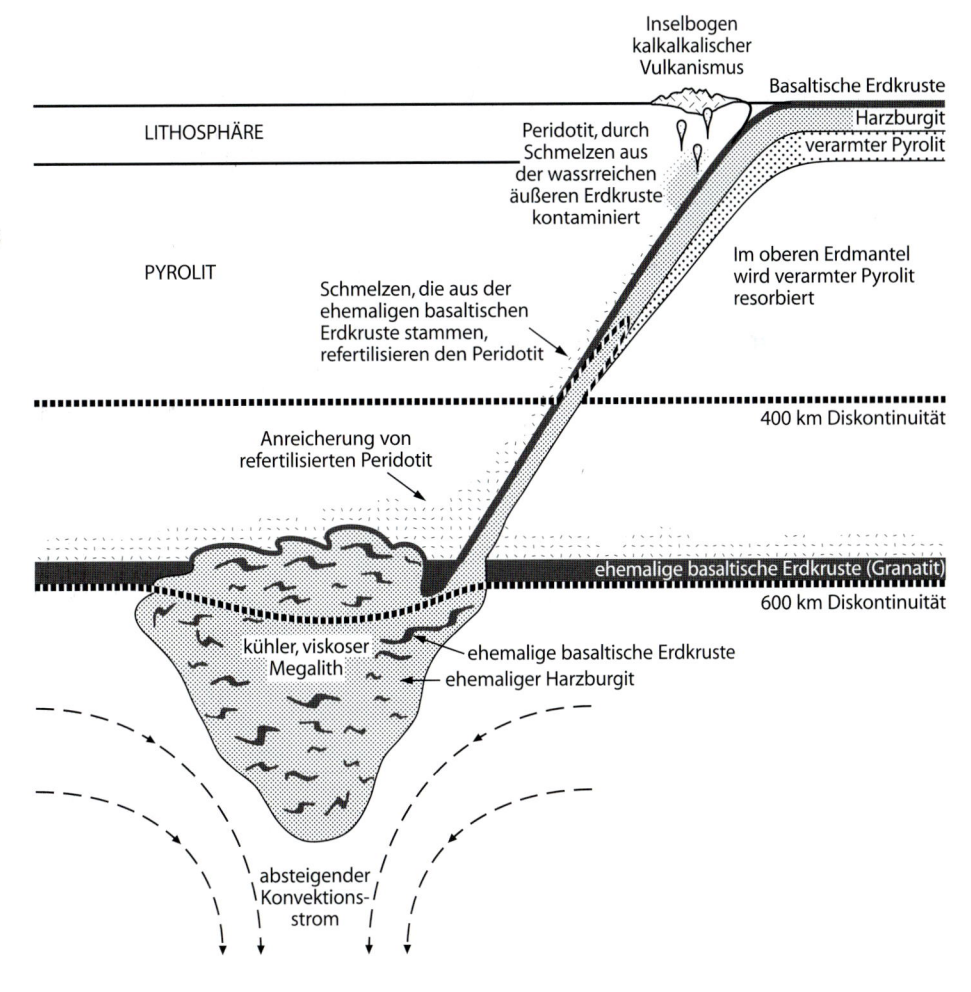

sog. 10-Å-Phase $Mg_3[H_6/Si_4O_{14}]$ übergeht, in der die $[SiO_4]$-Tetraeder-Schichten Abstände von $c_0 = 10$ Å aufweisen. Bei höheren Drücken bilden sich dann die *dichten H_2O-haltigen Mg-Silikat-Phasen (dense hydrous magnesium silicates* DHMS), die erstmals von Ringwood u. Major (1967) synthetisiert wurden. So sind bei Drucken des Oberen Erdmantels die DHMS-Phasen **A** $Mg_7[(OH)_6/Si_2O_8]$ und **E** $Mg_{2,4}[Si_{1,25}H_{2,4}O_6]$ stabil, während in der Übergangszone und im oberen Bereich des Unteren Erdmantels nacheinander die Phasen **C** $Mg_{10}[Si_3O_{14}(OH)_4]$ und **D** $Mg_{1,14}[Si_{1,73}H_{2,81}O_6]$ im subduzierten Mantel-Peridotit stabil werden. Da Wadsleyit bis zu 3 und Ringwoodit 1,0–2,2 Gew.-% H_2O aufnehmen können, sind diese – theoretisch wasserfreien – Hochdruck-Phasen tatsächlich die wichtigsten H_2O-Minerale in der Übergangszone, deren Speicherkapazität immerhin 0,5–1 Gew.-% H_2O beträgt. Demgegenüber liegt der H_2O-Gehalt der unterschiedlichen Perowskit-Phasen nur im ppm-Bereich, so dass der Untere Erdmantel lediglich H_2O-Gehalte von <0,2 Gew.-% aufnehmen kann (Ohtani 2005).

Wie wir gesehen haben, werden *ozeanische Basalte* bei ihrer Subduktion nacheinander in Blauschiefer und Eklogite umgewandelt. Der dabei entstehende Lawsonit $CaAl_2[(OH)_2/Si_2O_7] \cdot H_2O$ enthält bis zu 11,5 Gew.-% H_2O, wird allerdings bereits bei Drucken von ca. 100 kbar, die einer Tiefe von ca. 300 km entsprechen, instabil. Beim Abbau von Hellglimmern in Eklogiten und in Hochdruckmetamorphen Sedimentgesteinen bilden sich die (OH)-haltigen Al-Phasen Diaspor AlOOH und Phase Π (Pi) $Al_3[(OH)_3/Si_2O_7]$, die jedoch bereits bei 60 kbar mit SiO_2 zu Topas-OH $Al_2[(OH)_2/SiO_4]$ reagieren (Wunder et al. 1993a,b). Dieser geht bei 110 kbar und 1000°C durch Reaktion mit SiO_2 in die Phase Egg $AlSiO_3OH$ über (z. B. Schmidt et al. 1998), die ihrerseits bei 220 kbar (1000°C), d.h. im Grenzbereich Übergangszone/Unterer Erdmantel in die Höchstdruck-Phasen Stishovit und δ-AlOOH zerfällt (Sano et al. 2004). Es sei daran erinnert, dass die Stabilitätsfelder dieser (OH)-haltigen Phasen im Bereich eines unternormalen geothermischen Gradienten liegen, wie er für subduzierte Lithosphärenplatten typisch ist.

29.3.4
Unterer Erdmantel

Die Grenze zwischen Übergangszone und unterem Erdmantel wird in einer Tiefe von ca. 650–680 km durch einen deutlichen Dichtesprung von ca. 3,7 auf 3,9 markiert, *die 650-km-Diskontinuität*. Petrologisch ist diese Grenze durch den Zerfall von Ringwoodit in eine $MgSiO_3$-Phase mit *Perowskit*-Struktur (Abb. 7.8, S. 110) + *Magnesiowüstit* (Mg,Fe)O bedingt, der bei Drücken von etwa 240 kbar (bei ca. 2 200 °C) abläuft (Ito u. Takahashi 1989; Chudinovskikh u. Boehler 2001):

$$\gamma\text{-}(Mg,Fe)_2SiO_4 \rightarrow MgSiO_3 + (Mg,Fe)O \quad (29.9)$$
Ringwoodit   Mg-Silikat-   Magnesio-
             Perowskit   wüstit

Neben diesen beiden Phasen bleibt Majorit-Granat zunächst noch stabil; er wird aber zunehmend in Mg-Perowskit und – abgeleitet aus der Grossular-Komponente – in Ca-Silikat-Perowskit $(Ca,Fe)SiO_3$ abgebaut und verschwindet ab 720 km Tiefe vollständig (Abb. 29.19). Zwischen den beiden Perowskit-Phasen herrscht nur eine sehr begrenzte Mischkristallbildung. Al und Na werden wahrscheinlich vollständig in den Mg-Silikat-Perowskit eingebaut, so dass es – entgegen früherer Annahmen (z. B. Ringwood 1975, 1982) – nicht zur Bildung eigener Al- und Na-Al-Hochdruckphasen kommt (Ringwood 1991).

Geophysikalisch ist der untere Erdmantel durch unternormale Gradienten der P- und S-Wellen-Geschwindigkeiten dv_P/dz und dv_S/dz gekennzeichnet (Abb. 29.5b). In ca. 1 050 und 1 250 km Tiefe treten kleinere Sprünge auf, die petrologisch noch nicht erklärt sind. Geht man davon aus, dass der untere Erdmantel ebenfalls eine Pyrolit-Zusammensetzung hat, so hätte er einen Modalbestand von etwa 19 Vol.-% Magnesiowüstit + 72 Vol.-% Mg-Perowskit + 9 Vol.-% Ca-Perowskit (Abb. 29.21). Eine solche Paragenese konnten O'Neill u. Jeanloz (1990) durch Hochdruckexperimente bei 540 kbar und 1 900 °C aus einem natürlichen Peridotit von Pyrolit-ähnlicher Zusammensetzung herstellen. Eine natürliche Paragenese des unteren Erdmantels entdeckten Harte u. Harris (1994) als Einschlüsse in Diamanten.

Von anderen Arbeitsgruppen wird allerdings auch die Meinung vertreten, dass der untere Erdmantel einen Pauschal-Chemismus hat, der vom Modell-Pyrolit abweicht und eher einer Perowskit-Zusammensetzung entspricht. Die wissenschaftliche Diskussion um diese Frage ist noch im Gange (z. B. Hofmann 1997; Javoy 1999).

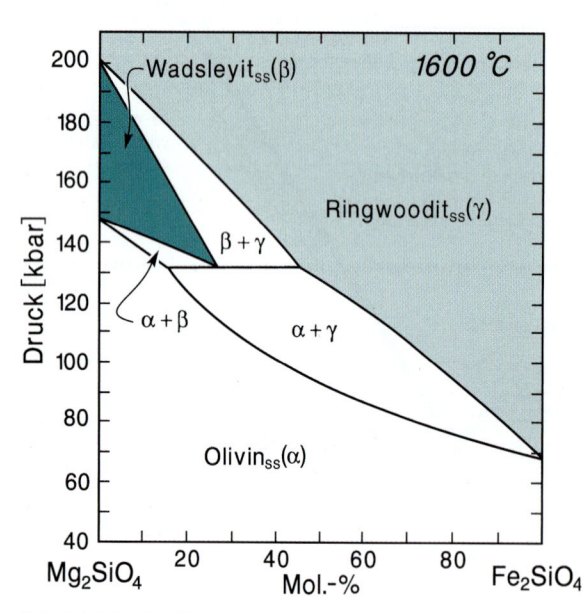

Abb. 29.21. Zweistoffsystem Mg_2SiO_4–Fe_2SiO_4 bei T = const = 1 600 °C im Druckbereich zwischen 40 und 220 kbar (4–22 GPa). Reiner Fayalit α-Fe_2SiO_4 wandelt sich bei ca. 68 kbar in die γ-Phase mit Spinellstruktur um; reiner Forsterit α-Mg_2SiO_4 geht bei ca. 148 kbar in die β-Phase Wadsleyit über, die sich bei ca. 200 kbar in die γ-Phase umwandelt. Bei $(Mg,Fe)_2[SiO_4]$-Mischkristallen erfolgen die Phasenübergänge α → β und β → γ über divariante Felder. (Nach Akaogi et al. 1989)

Es ist seit langem bekannt, dass die untersten 300 km des Erdmantels, die *D″-Schicht*, anomal niedrige seimische Geschwindigkeiten aufweisen mit sehr geringen oder sogar negativen Gradienten dv_P/dz und dv_S/dz. Diese Tatsache lässt sich am ehesten durch einen gewissen Schmelzanteil erklären, für dessen Existenz auch Ergebnisse von Hochdruck-Hochtemperatur-Experimenten mit der Diamantstempel-Zelle sprechen (Boehler 2000). Verantwortlich für diesen Schmelzanteil ist wahrscheinlich die Subduktion von ozeanischer Lithosphäre bis zur Kern/Mantel-Grenze, die bereits von Ringwood (1979) vermutet worden war und heute ziemlich gesichert erscheint (z. B. Hirose u. Lay 2008). Da dieses Material eine geringere Dichte hätte als die überlagernden Mantelgesteine, könnte es in Form von *Mantel-Plumes* aufsteigen, thermische Energie aus dem Bereich der Kern-Mantel-Grenze nach oben transportieren und somit den *Hot-Spot-Vulkanismus* auslösen.

Hochdruck-Hochtemperatur-Experimente mit einer Laser-beheizten Diamantstempel-Zelle in Verbindung mit in-situ-Röntgen-Diffraktometrie haben gezeigt, dass sich bei einem Druck von 1 250 kbar (= 125 GPa) und einer Temperatur von 2 130 °C Mg-Silikat-Perowskit (mit der Raumgruppe Pbnm) in eine neue MgSiO$_3$-Phase *Post-Perowskit* umwandelt. Diese ist ebenfalls orthorhombisch, hat aber eine andere Raumgruppe Cmcm, wobei die [SiO$_6$]-Oktaeder in Schichten ⊥ b angeordnet sind. Das Vorherrschen von Post-Perowskit in Manteltiefen von 2 600 bis 2 900 km könnte viele der seismischen Eigenschaften in der D″-Schicht erklären (Hirose u. Lay 2008).

Die Frage, ob Mantel-Plumes aus dem Bereich der 650-km-Diskontinuität oder der D″-Schicht über der Kern-Mantel-Grenze stammen, ist bislang heftig umstritten. Neuerdings konnten Montelli et al. (2004) durch seismische Tomographie mindestens sechs gut definierte Plumes nachweisen, die bis in den untersten Erdmantel reichen: Diese liegen unter Ascension, den Azoren, den Kanarischen Inseln, den Oster-Inseln, Samoa und Tahiti; wahrscheinlich reicht auch der schlechter aufgelöste Hawaii-Plume so tief. Daneben gibt es andere Plumes, die aus dem oberen Erdmantel stammen.

Die *Temperatur* an der Untergrenze des Erdmantels wird auf 4 200 ±500 °C abgeschätzt (Brown u. Mussett 1993).

29.4
Erdkern

29.4.1
Geophysikalischer Befund

Die Kern-Mantel-Grenze wurde bereits von Oldham (1906) vermutet. Er schloss aus der langen Laufzeit von P-Wellen, die in einer zum Erdbebenherd antipodisch liegenden seismischen Station aufgenommen werden, dass die Welle durch ein Medium mit geringem v_P gegangen sein muss. Die exakte Tiefenlage der Kern-Mantel-Grenze wurde bereits 1914 durch den deutschen Geophysiker Beno Gutenberg zu 2 900 km berechnet, ein Wert der später von Jeffreys (1939) auf 2 898 ±3 km (!) verfeinert wurde – eine erstaunliche Leistung von Beno Gutenberg! Heute wissen wir aus aufwändigen geophysikalischen Modellierungen, dass auch die Kern-Mantel-Grenze eine gewisse Topographie besitzt, ihre Tiefenlage also um den mittleren Wert von ca. 2 900 km variiert. Inge Lehmann (1936) vermutete bereits eine Gliederung in einen äußeren und einen inneren Erdkern. Sie erkannte den Schatten des Kerns und – zusammen mit Jeffreys (1939) – die leichte Aufhellung des Kernschattens, den sie mit einem abrupten Anstieg von v_P im inneren Kern erklärte (Abb. 29.4, 29.5b).

Äußerer Erdkern

Nach der Gleichung

$$v_S = \sqrt{\frac{\mu}{\rho}} \qquad [29.4]$$

muss der äußere Erdkern, in dem die S-Wellen-Geschwindigkeit auf 0 absinkt (Abb. 29.5b), *flüssig* sein. Denn in Medien, die nicht elastisch verformbar sind, wie das bei Flüssigkeiten der Fall ist, wird der Schubmodul $\mu = 0$. In diesem Fall muss die P-Wellen-Geschwindigkeit entsprechend der Gleichung

$$v_P = \sqrt{\frac{4/3\mu + K}{\rho}} = \sqrt{\frac{K}{\rho}} \qquad [29.3]$$

ebenfalls absinken, und zwar auf ca. 8 km/s; sie steigt dann mit normalem Gradienten dv_P/dz wieder an und erreicht an der Untergrenze des Äußeren Kerns einen Wert von über 10 km/s. Im Grenzbereich zum inneren Kern wird dv_P/dz möglicherweise 0 oder sogar negativ; unterschiedliche seismische Modellierungen führen hier zu unterschiedlichen Lösungen. Man bezeichnet dieses Gebiet als Zwischenzone, die von etwa 4 800 bis 5 120 km reicht.

Innerer Erdkern

Im inneren Erdkern nehmen die P-Wellen-Geschwindigkeiten ziemlich plötzlich auf 11,2 km/s zu, steigen dann aber kaum noch an. Eine empirische Studie zur Variation des Kompressionsmoduls K mit dem Druck führte Bullen (1949) zu der Annahme, dass der innere Kern fest sei. Nach Gleichung (29.3) kann die scharfe Zunahme von v_P folgende Gründe haben:

- Ein plötzliches Absinken der Dichte ρ ist unwahrscheinlich, da das zu einer instabilen Schichtung im Erdinnern führen würde.
- Eine sprunghafte Zunahme von K würde der (K,P)-Hypothese widersprechen, nach der im Erdinnern dK/dP, d. h. die Zunahme des Kompressionsmoduls mit dem Druck, überwiegend stetig verläuft.

- Daher dürfte die wesentliche Ursache für den abrupten Anstieg von v_P darin liegen, dass der Schubmodul μ wieder einen messbaren Wert annimmt, was bedeutet, dass der innere Kern elastisch verformbar, also fest ist.

29.4.2
Chemische Zusammensetzung des Erdkerns

Wie wir aus Abb. 29.6 entnehmen können, liegt die Dichte des äußeren Kerns an der Kern-Mantel-Grenze bei ca. 9,9 g/cm³ und steigt bis zur Grenze des inneren Kerns auf ca. 12,2 g/cm³ an. Für den inneren Kern ist ein Dichtebereich von etwa 12,6–13,0 g/cm³ wahrscheinlich. Legt man die kosmochemische Häufigkeit der Elemente zugrunde, wie sie sich aus der spektroskopischen Analyse der Sonne und anderer Fixsterne sowie aus dem Studium von Meteoriten ermitteln lässt, so kommt als wesentliche chemische Komponente des Erdkerns nur metallisches Eisen in Frage, das bei den P-T-Bedingungen an der Kern-Mantel-Grenze eine Dichte von ungefähr 10,6 g/cm³ hat. Aus diesen Dichtewerten folgt, dass im *inneren Kern* noch ein *schwereres* Element zugemischt sein muss. Hierfür kommt in erster Linie das Nickel in Frage, das kosmochemisch häufig ist, das passende Atomgewicht hat und das wichtigste Legierungsmetall im Meteor-Eisen bildet (Abschn. 31.3.4, S. 561ff). Man kann daher annehmen, dass der *innere Kern* aus ca. 80 % Fe und 20 % Ni besteht. Demgegenüber müssen im *äußeren Kern* noch leichtere, kosmochemisch häufige Elemente zugemischt sein, von denen Silicium, Schwefel und Sauerstoff die wahrscheinlichsten sind; sie dürften gemeinsam mit etwa 10–15 % am Aufbau des *gesamten* Nickeleisen-Kerns der Erde beteiligt sein (Poirier 1994; Javoy 1999).

Durch Hochdruckexperimente im System Fe–FeO konnte gezeigt werden, dass unter den P-T-Bedingungen des Erdkerns *Sauerstoff* mit Eisen eine metallische Legierung bildet, deren Schmelzpunkt deutlich niedriger ist als der von reinem Fe (Ringwood 1991).

Für die Rolle von *Schwefel* spricht, dass Troilit FeS in Eisenmeteoriten (Abschn. 31.3.4, S. 561ff) als wichtige Mineralphase auftritt. Ein S-Gehalt von 8–12 % würde ausreichen, um die Dichte des äußeren Kerns zu erklären. Im System Fe–FeS existiert bei Atmosphärendruck (= 1 bar) ein Eutektikum bei 988 °C mit einem Fe:FeS-Verhältnis von ca. 25:75 Gew.-% (Abb. 29.22). Man kann davon ausgehen, dass auch bei den hohen Drücken und Temperaturen, die im Erdkern herrschen, ein solches Eutektikum vorhanden ist. Allerdings sagt uns die Clausius-Clapeyron'sche Gleichung

$$\frac{dP}{dT} = \frac{T(V_l - V_s)}{Lp} = \frac{\Delta V}{\Delta S} \quad [29.5]$$

dass die Schmelzpunkte der reinen Phasen und die eutektische Temperatur höher liegen werden (S. 258); letztere beträgt im Grenzbereich zwischen äußerem und innerem Kern ca. 4 400 °C (Jeanloz 1990). Auf alle Fälle erniedrigt die Zumischung der FeS-Komponente den Schmelzpunkt von reinem Fe. Kühlt man eine Schmelze A der Zusammensetzung $Fe_{80}FeS_{20}$ bis zur Liquiduskurve ab, so scheiden sich bei B Kristalle von reinem Fe aus. Dabei verändert sich die Zusammensetzung der Schmelze in Richtung entlang der Liquiduskurve auf das Eutektikum hin: B → C → D. Jedoch sind die Temperaturen im Erdkern zu hoch, um das Eutektikum E zu erreichen, d. h. eine vollständige Kristallisation der Fe-FeS-Schmelze findet nicht statt. Diese muss, wie Abb. 29.23 schematisch zeigt, einen niedrigeren Schmelzpunkt haben, als es der Temperatur im äußeren Erdkern entspricht, damit dieser flüssig ist. Haben die ausgeschiedenen Eisen-Kristalle eine bestimmte Größe erreicht (Stoke'sches Gesetz: Abschn. 21.2,

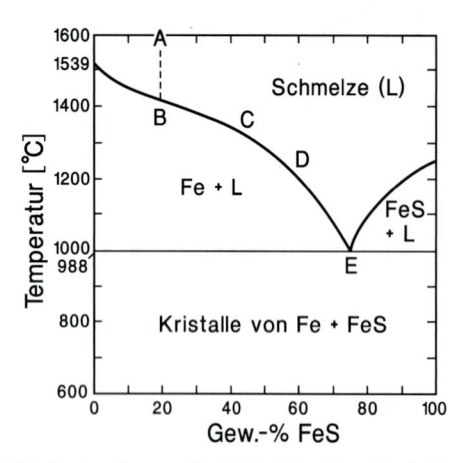

Abb. 29.22. Zweistoffsystem Fe–FeS bei $P = 1$ bar. (Nach Hansen u. Anderko 1958, aus Brown u. Mussett 1993)

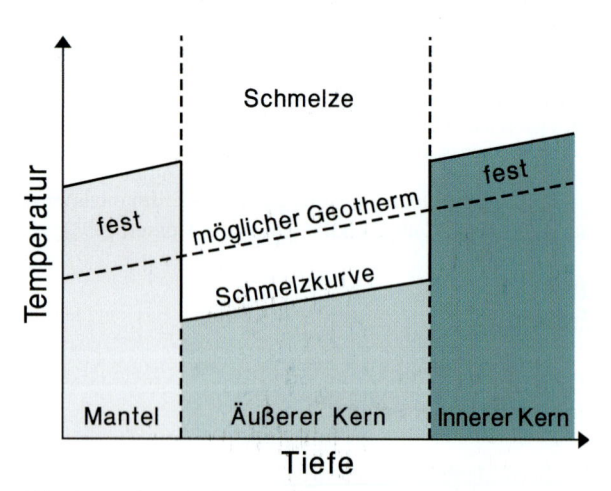

Abb. 29.23. Schematische Darstellung der Liquidustemperaturen T_L (*ausgezogene Linie*) des unteren Erdmantels, des äußeren Erdkerns und des inneren Erdkerns in Abhängigkeit von Druck und chemischer Zusammensetzung. Erdmantel und innerer Kern sind fest, weil T_L oberhalb, der äußere Kern dagegen flüssig, weil T_L unterhalb des geothermischen Gradienten (*gestrichelte Linie*) liegt. (Aus Brown and Mussett 1993)

S. 324), so können sie in der an FeS angereicherten Schmelze gravitativ absaigern und damit den inneren Kern vergrößern. Dieser Absaigerungsprozess, durch den im Laufe der Erdgeschichte der innere Kern auf Kosten des äußeren Kerns immer mehr anwächst, führt zu ständiger heftiger Konvektion, die dadurch begünstigt wird, dass die Viskosität der Eisen-Schmelze im äußeren Erdkern wahrscheinlich nicht größer ist als die von Wasser unter Bedingungen der Erdoberfläche! Damit hätten wir eine sehr effektive Antriebskraft für den geomagnetischen Dynamo, der das Magnetfeld der Erde aufbaut.

Weiterführende Literatur

Bass JD, Parise JB (2008) Deep Earth and recent developments in mineral physics. Elements 4:157–163
Bass JF, Sinogeikin SV, Li B (2008) Elastic properties of minerals: A key for understanding the composition and temperature of Earth's interior. Elements 4:165–170
Brown GC, Mussett AE (1993) The inaccessible Earth, 2nd edn. Chapman & Hall, London
Ernst WG (1976) Petrologic phase equilibria. Freeman, San Francisco
Fiquet G, Guyot F, Badro J (2008) The Earth's lower mantle and core. Elements 4:177–182
Frisch W, Meschede M (2007) Plattentektonik – Kontinentalverschiebung und Gebirgsbildung, 2. Aufl. Wissenschaftliche Buchgesellschaft, Darmstadt
Frisch W, Meschede M, Blakey R (2011) Plate tectonics – Continental drift and mountain building. Springer-Verlag, Heidelberg Dordrecht London New York
Frost DJ (2008) The upper mantle and transition zone. Elements 4:171–176
Gass IG, Smith PJ, Wilson RCL (1971) Understanding the Earth. Artemis, Horsham, Sussex
Hemley RJ (ed) (1998) Ultrahigh-pressure mineralogy: Physics and chemistry of the Earth's deep interior. Rev Mineral 37
Hirose K, Lay T (2008) Discovery of post-perovskite and new views on the core-mantle boundary region. Elements 4:183–189
Jackson I (ed) (1998) The Earth's mantle: Composition, structure, and evolution. Cambridge University Press, Cambridge/UK
Karato S, Wenk H-R (eds) (2002) Plastic deformation of minerals and rocks. Rev Mineral Geochem 51
Kertz W (1970) Geophysik. BI-Hochschultaschenbücher 275/275a. Bibliographisches Institut, Mannheim Wien Zürich
McEnroe SA, Fabian K, Robinson P, et al. (2009) Crustal magnetism, lamellar magnetism and rocks that remember. Elements 5:241–246
Ohtani H (2005) Water in the mantle. Elements 1:25–30
Pirajno F (2004) Hotspots and mantle plumes: Global intraplate tectonics, magmatism and ore deposits. Mineral Petrol 82:193–216
Press F, Siever R (1994) Earth, 6th edn. Freeman, New York
Press F, Siever R (1995) Allgemeine Geologie. Spektrum, Heidelberg Berlin Oxford
Richter CF (1958) Elementary seismology. Freeman, San Francisco
Ringwood AE (1975) Composition and petrology of the earth's mantle. McGraw-Hill, New York
Ringwood AE (1979) Origin of the Earth and Moon. Springer-Verlag, New York
Ringwood AE (1982) Phase transformation and differentiation of subducted lithosphere: Implication for mantle dynamics, basalt petrogenesis and crustal evolution. J Geol 90:611–643
Ringwood AE (1991) Phase transformations and their bearing on the constitution and dynamics of the mantle. Geochim Cosmochim Acta 55:2083–2110
Saxena SK (2010) Thermodynamic modelling of the Earth's interior. Elements 6:321–325
Tarduno JA (2009) Geodynamo history preserved in single silicate crystals: Origins and long-term mantle control. Elements 5:217–222

Zitierte Literatur

Akaogi M, Ito E, Navrotsky A (1989) Olivine-modified spinel-spinel transitions in the system Mg_2SiO_4–Fe_2SiO_4: Calorimetric measurements, thermochemical calculations, and geophysical application. J Geophys Res 94:15671–15685
Allègre C (1992) From stone to star. A view of modern geology. Harvard University Press, Cambridge Mass, London
Benioff H (1955) Seismic evidence for crustal structure and tectonic activity. In: Poldervaart A (ed) Crust of the Earth (A Symposium). Geol Soc America Spec Paper 62:61–74
Berkhemer H (1968) Topographie des „Ivrea-Körpers", abgeleitet aus seismischen und gravimetrischen Daten. Schweiz Mineral Petrogr Mitt 48:235–246
Berman R (1962) Graphite-diamond equilibrium boundary. 1st Internat Congr Diamonds in Industry. Ditchling Press, Sussex, England, pp 291–295
Birch F (1952) Elasticity and constitution of the earth's interior. J Geophys Res 57:227–286
Birch F (1963) Some geophysical applications of high pressure research. In: Paul W, Warschauer D (eds) Solids under pressure. McGraw-Hill, New York, pp 137–162
Boehler R (2000) High pressure experiments and the phase diagram of lower mantle and core materials. Rev Geophys 38:221–245
Brown JM, Shankland TJ (1981) Thermodynamic properties in the Earth and determined from seismic profiles. Geophys J Roy Astron Soc 66:579–596, London
Bullen E (1949) Compressibility-pressure hypotheses and Earth's interior. Mon Not Roy Astron Soc Geophys Suppl 5:355–368
Bundy FP, Bovenkerk HP, Strong HM, Wentorf Jr HR (1961) Diamond-graphite equilibrium line from growth and graphitization of diamond. J Chem Phys 35:383–391
Chudinovskikh L, Boehler R (2001) High-pressure polymorphs of olivine and the 660-km seismic discontinuity. Nature 411:574–577
Clark SP, Ringwood AE (1964) Density distribution and constitution of the mantle. Rev Geophys 2:35–88
Conrad V (1925) Laufzeitkurven des Tauernbebens vom 28. Nov. 1923. Mitt Erdbeben Komm Wien No 59
Eaton JP Murata KJ (1960) How volcanoes grow. Science 132:925–938
Ellenberger F (1999) History of geology. Vol. 2: The great awakening and its first fruits – 1660-1810. Balkema, Rotterdam/Brookfield VT
Fermor LL (1914) The relationship of isostasy, earthquakes and vulcanicity to the earth's infra-plutonic shell. Geol Mag 51:65–67
Giese P (1968) Die Struktur der Erdkruste im Bereich der Ivrea-Zone. Schweiz Mineral Petrogr Mitt 48:261–284
Goldschmidt VM (1922) Über die Massenverteilung im Erdinnern, verglichen mit der Struktur gewisser Meteoriten. Naturwiss 42:1–3
Green DH, Ringwood AE (1963) Mineral assemblages in a model mantle composition. J Geophys Res 68:937–945
Green DH, Ringwood AE (1967a) An experimental investigation of the gabbro to eclogite transformation and ist petrological applications. Geochim Cosmochim Acta 31:767–833
Green DH, Ringwood AE (1967b) The stability fields of aluminous pyroxene peridotite and garnet peridotite an their relevance in upper mantle structure. Earth Planet Sci Lett 3:151–160

Green DH, Ringwood AE (1967c) The genesis of basaltic magmas. Contrib Mineral Petrol 15:103–190

Gutenberg B (1914) Über Erdbebenwellen VIIA. Beobachtungen an Registrierungen von Fernbeben in Göttingen und Folgerungen. Nachr Ges Wiss Göttingen, math-phys Kl 1914 (1):125ff

Hansen M, Anderko K (1958) Constitution of binary alloys, 2nd edn. McGraw-Hill, New York

Hart, RS, Anderson DL, Kanamori H (1977) The effect of attenuation on gross Earth models. J Geophys Res 82:1647–1654

Harte B, Harris JW (1994) Lower mantle mineral association preserved in diamonds. Mineral Mag 58A:284–285

Hirschmann G (1996) The structure of a Variscan terrane boundary: Seismic investigation – drilling – models. Tectonophysics 264:327–339

Hofmann AW (1997) Mantle geochemistry: The message from oceanic volcanism. Nature 385:221–229

Holmes A (1927) Some problems of physical geology and the earth's thermal history. Geol Mag 64:263–278

Ito E, Takahashi E (1989) Post-spinel transformation in the system Mg_2SiO_4–Fe_2SiO_4 and some geophysical Implications. J Geophys Res 94:10637–10646

Jaques AL, Green DH (1980) Anhydrous melting of peridotite at 0–16 Kb pressure and genesis of tholeiitic basalts. Contrib Mineral Petrol 73:287–310

Javoy M (1999) Chemical Earth models. CR Acad Sci Paris, Earth Planet Sci 329:537–555

Jeanloz R (1990) The nature of the Earth's core. Ann Rev Earth Planet Sci 18:357–386

Jeffreys H (1939) The times of P, S and SKS velocities of P and S. Not Roy Astron Soc Geophys Suppl 4:498–533

Kushiro A, Yoder HS (1966) Anorthite-forsterite and anorthite-enstatite reactions and their bearing on the basalt-eclogite transformation. J Petrol 7:337–362

Lehmann I (1936) Bur Centr Séism Trav Sci 14:3–31

Mehnert KR (1975) The Ivrea Zone. A model of the deep crust. Neues Jahrb Mineral Abhandl 125:158–199

Mohorovičić A (1910) Das Beben vom 8. X. 1909. Jahrb metereol Observ Zagreb für 1909 9:1–63

Montelli R, Nolet G, Dahlen FA, et al. (2004) Finite-frequency tomography reveals a variety of plumes in the Mantle. Science 303:338–343

Moore RO, Gurney JJ (1985) Pyroxene solid solution in garnets included in diamonds. Nature 318:553–555

Mueller ST (1977) A new model of the continental crust. In: The Earth's Crust. Geophys Monogr 20:289–317, Amer Geophys Union

Oldham RD (1906) The constitution of the earth, as revealed by earthquakes. Quart J Geol Soc London 62:456–473

O'Neill B, Jeanloz R (1990) Experimental petrology of the lower mantle: A natural peridotite taken to 54 GPa. Geophys Res Lett 77:1477–1480

Poirier J-P (1994) Light elements in the Earth's outer core: A critical review. Phys Earth Planet Int 85:319–337

Ringwood AE (1962) A model for the upper mantle. J Geophys Res 64:857–867

Ringwood AE, Major A (1967) High-pressure reconnaissance investigations in the system Mg_2SiO_4–MgO–H_2O. Earth Planet Sci Lett 2:130–133

Sano A, Ohtani E, Kubo T, Funakoshi K (2004) In situ X-ray observation of decomposition of hydrous aluminum silicate $AlSiO_3OH$ and aluminum oxide hydroxide at high pressure and temperature. J Phys Chem Solids 65:1547–1554

Schmidt MW, Finger LW, Angel RJ, Dinnebier RE (1998) Synthesis, crystal structure and phase relations of $AlSiO_3OH$, a high-pressure hydrous phase. Amer Mineral 83:881–888

Stachel T, Brey G (2001) Reise zum Mittelpunkt der Erde. Einschlüsse in Diamanten als Botschafter aus den Tiefen unserer Erde. Naturwiss Rundschau 54:184–191

Washington HS (1925) The chemical composition of the Earth. Am J Sci 209:351–378

Wunder B, Medenbach O, Krause W, Schreyer W (1993a) Synthesis, properties and stability of $Al_3Si_2O_7(OH)_3$ (phase Pi), a hydrous high-pressure phase in the system Al_2O_3–SiO_2–H_2O (ASH). Eur J Mineral 5:637–649

Wunder B, Rubie CD, Ross CR, et al. (1993b) Synthesis, stability and properties of $Al_2SiO_4(OH)_2$: A fully hydrated analogue of topaz. Amer Mineral 78:285–297

Yoder HS, Tilley CE (1962) Origin of basaltic magmas: An experimental study of natural and synthetc rock systems. J Petrol 3:342–532

Aufbau und Stoffbestand des Mondes

**30.1
Die Kruste
des Mondes**

**30.2
Innerer Aufbau
des Mondes**

**30.3
Geologische Geschichte
des Mondes**

Der Mond umkreist die Erde in einer Entfernung von durchschnittlich 384 400 km. Er besitzt einen Radius von 1 738 km (ca. ¼ des Erdradius); seine mittlere Dichte beträgt nur 3,34 g/cm², ist also wesentlich geringer als die der Erde. Schon die unbemannten Weltraum-Missionen der UdSSR (Lunik seit 1959) und der USA (Ranger und Surveyor seit 1964) haben grundlegende Erkenntnisse über den Aufbau des Mondes und die petrographische Zusammensetzung der Mondoberfläche erbracht. Von unschätzbarem Wert für die geologische Erforschung waren die bemannten Apollo-Missionen der USA, die erstmals eine direkte Probenahme und geophysikalische Experimente auf der Mondoberfläche erlaubten. Die Apollo-11-Astronauten Neil Armstrong und Edwin Aldrin betraten am 20. Juli 1969 als erste Menschen den Mond. Im Zuge der Apollo-Missionen 11 bis 17 und der sowjetischen Luna-Missionen 16, 20 und 24 wurden zwischen 1969 und 1976 insgesamt fast 2 200 Gesteinsproben mit einem Gesamtgewicht von über 380 kg auf dem Mond gesammelt (Taylor 1975). Nach einer Pause von 13 Jahren wurde 1990 die japanische Experimentalsonde Hiten in eine Umlaufbahn um den Mond geschossen; sie kartierte 95 % der gesamten Mondoberfläche. Weitere erfolgreiche Mond-Missionen waren die amerikanische Lunar Prospektor (1998), die europäische ESA Smart-1 (2004), die japanische Kaguya (2007), die chinesische Chang'e-1 (2007) und Chang'e-2 (2010) und die indische Chandrayaan (2008). Von der NASA wurden 2009 der Lunar Reconnaissance Orbiter (LRO) und der Lunar Crater Observation and Sensing Satellite (LCROSS) zum Mond geschickt und seit Anfang 2012 umkreisen zwei NASA-Orbiter mit dem Gravity Recovery and Interior Laboratory (GRAIL) den Mond. Wesentliche, wenn auch noch nicht eindeutig interpretierbare Informationen zum inneren Aufbau des Mondes wurden durch das *Apollo Lunar Surface Experiment Package* (ALSEP) gewonnen. Es basiert auf geophysikalischen Mess-Stationen, in denen auf den Landeplätzen der Apollo-Missionen 12, 13, 15 und 16 Seismographen, Magnetometer, Wärmefluss-Sonden und Laser-Retroreflektoren zum Einsatz kommen. Sie bauen in dreieckiger Anordnung – mit Abständen von 1 190 bis 1 210 km – ein *seismisches Netzwerk* auf, durch das man seismische Wellen registrieren kann.

Wie geophysikalische Daten belegen, weist der Mond wie die Erde einen *Schalenbau* auf, wobei sich ebenfalls eine Gliederung in Kruste, Mantel und Kern ergibt. Im Gegensatz zur Erde ist die endogene geologische Dynamik des Mondes jedoch bereits vor etwa 3 Milliarden Jahren zum Erliegen gekommen: Auf dem Mond finden also keine tektonischen Prozesse und kein Vulkanismus mehr statt. Da der Mond keine Atmosphäre besitzt und die Mondoberfläche frei von Wasser ist, gibt es auch keine Verwitterungs- und Sedimentationsprozesse auf dem Mond. Die exogene Dynamik erfolgt ausschließlich durch ein ständiges Bombardement mit Meteoriten. Dadurch werden die Gesteine der Mondkruste tiefgründig zu einer Schuttschicht, den Regolith zerkleinert, und es entsteht die typische Kraterlandschaft des Mondes.

30.1 Die Kruste des Mondes

> Die obere Kruste des Mondes besteht aus zwei wesentlichen Regionen, die sich durch ihr *Reflexionsvermögen* (*Albedo*) unterscheiden und die große magmatische Provinzen (engl. Large Igneous Provinces LIP) darstellen (Ernst et al. 2005). Die *Hochländer* bestehen aus hellen, Feldspat-reichen Gesteinen und weisen eine raue Topographie auf, während die ebenen *Maria* (Plural von lat. *mare*) mit dunklen Basalt-Laven gefüllt sind (z. B. Warren 2005; vgl. Abb. 30.1).

30.1.1 Hochlandregionen

Die Hochländer des Mondes wurden ursprünglich aus Gesteinen aufgebaut, die überwiegend ein hypidiomorph-körniges Gefüge aufweisen, wie es für irdische Plutonite typisch ist. Sie gehören zur sog. ANT-Gruppe, die hauptsächlich aus Anorthositen, Noriten und Troktolithen besteht und sich geochemisch in mehrere Suiten gliedern lässt (z. B. Shearer u. Papike 1999; Shearer u. Borg 2006; Taylor 2009):

- Die *Ferroan Anorthosite Suite* (*FAN-Suite*) setzt sich aus *Anorthositen* und *anorthositischen Gabbros* zusammen, die im Durchschnitt zu 96 Vol.-% aus Plagioklas bestehen. Sie sind daher Ca-Al-reich und weisen darüber hinaus niedrige Mg/(Mg + Fe)-Verhältnisse von ca. 0,4–0,75 auf. Die ursprünglichen Gefüge der FAN-Gesteine sind häufig durch Impakt-Einwirkung ausgelöscht worden, wobei *anorthositische Breccien* entstanden (s. Abschn. 30.1.4). In günstigen Fällen erkennt man jedoch noch die typischen Kumulatgefüge aus großen Plagioklas-Kristallen mit Zwickelfüllungen aus mafischen Interkumulat-Mineralen wie Orthopyroxen, Pigeonit (beide z. T. mit Entmischungslamellen von Augit) und Olivin (Taylor 2009). Die Gesteine der FAN-Suite, die den weitaus größten Teil der Hochländer – insbesondere auf der Rückseite des Mondes (Abb. 30.1, *rechts*) – aufbauen, entstanden in einer sehr frühen Phase der Mondgeschichte durch Kristallisations-Differentiation eines Mond-umspannenden Magma-Ozeans (Abschn. 30.3, Abb. 30.6). Die Mondkruste stellt bei weitem das größte Anorthosit-Massiv dar, das bislang in unserem Sonnensystem bekannt wurde (Warren 1990).

Im Gegensatz zur FAN-Suite scheinen die Gesteine der *Mg*- und der *Alkali-Suite* lediglich auf ein großes Gebiet in der Umgebung des Oceanus Procellarum beschränkt zu sein, das als *Procellarum KREEP Terrane* (PKT) bezeichnet wird. Die Gesteine der beiden Suiten, die räumlich und wahrscheinlich auch genetisch

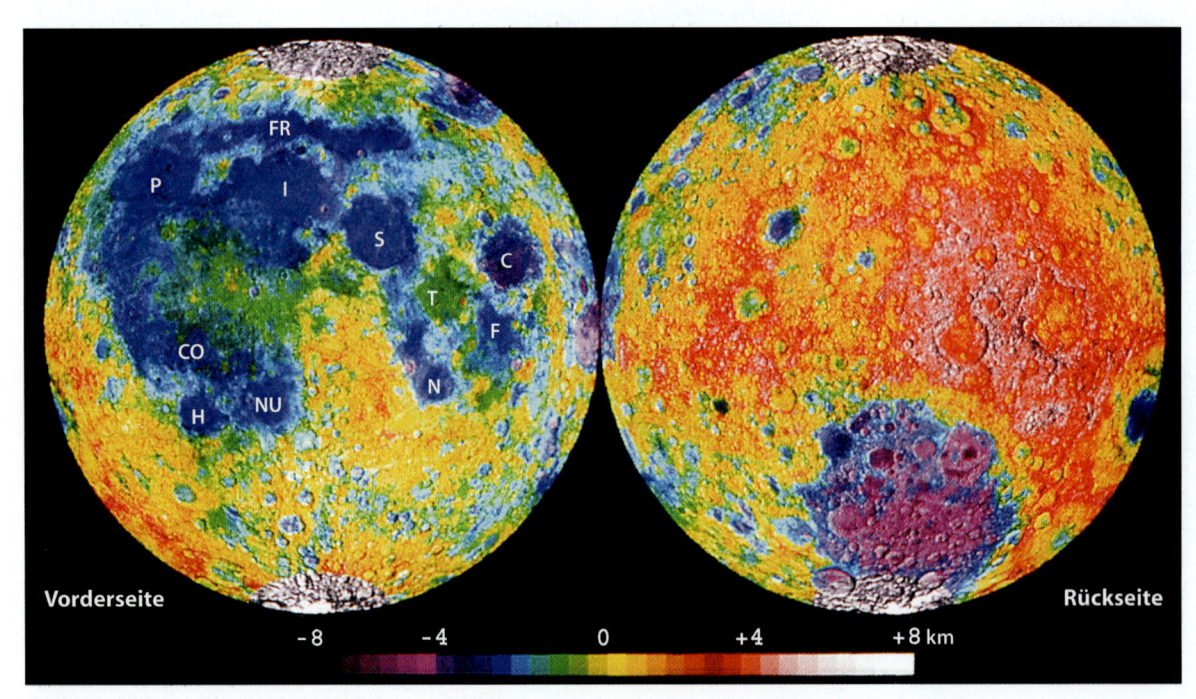

Abb. 30.1. *Clementine* Laser-Altimeter-Karten der Mond-Topographie. Die Vorderseite des Mondes ist durch die Häufung von Maria gekennzeichnet: Oceanus Procellarum (*P*), Mare Frigoris (*FR*), M. Imbrium (*I*), M. Serenitatis (*S*), M. Tranquillitatis (*T*), M. Crisium (*C*), M. Fecunditatis (*F*), M. Nectaris (*N*), M. Nubium (*NU*), M. Humorum (*H*), M. Cognitum (*CO*). Im Gegensatz zur Vorderseite weist die Rückseite des Mondes ein erheblich lebhafteres Relief auf. Die große rundliche Struktur auf der südlichen Rückseite ist das Südpol-Aitken-Becken mit einer Maximaltiefe von 12 km und einem Durchmesser von 2600 km. Die kleinere kreisförmige Struktur am rechten unteren Bildrand der Rückseite ist das Mare Orientale. (Quelle: Verändert mit freundlicher Genehmigung der NASA, http://science.nasa.gov/headlines/y2005/images/lola/)

eng zusammen hängen, sind häufig an den inkompatiblen Elementen **K**, Seltene Erden (**REE**), **P**, Zr, Ba und U, der sog. *KREEP-Komponente*, angereichert.

- Die *Mg-Suite* setzt sich aus Noriten, Gabbronoriten, Gabbros und Troktolithen, untergeordnet aus Duniten zusammen, d. h. aus Gesteinen, die deutlich reicher an Mafiten sind als die FAN-Suite. Der Gehalt an Plagioklas, der wiederum Kumulate bildet, liegt meist bei 50–65 Vol.-% und erreicht nur selten 80 Vol.-%; mafische Gemengteile sind meist Olivin (in Troktolithen), und Orthopyroxen (in Noriten), seltener Augit ± Pigeonit (in Gabbros und Gabbronoriten). Die Plutonite der Mg-Suite weisen generell erhöhte Mg/(Mg + Fe)- (0,7–0,9) und Na/(Na + Ca)-Verhältnisse auf und sind außerdem an der KREEP-Komponente angereichert, was für so basische Magmatite ungewöhnlich und noch nicht ganz verstanden ist. Auf alle Fälle weist diese Tatsache auf komplexe AFC-Prozesse hin (z. B. Taylor 2009), durch welche die Mg-Suite-Plutonite genetisch mit der

- *Akali-Suite* verknüpft sind, deren Gesteine sehr variable Mg/(Mg + Fe)- und generell höhere Na/(Na + Ca)-Verhältnisse aufweisen als die der FAN- und der Mg-Suite und außerdem durch höhere Gehalte an den Spurenelementen La und Th gekennzeichnet sind. Zur Alkali-Suite gehören neben alkalischen Anorthositen und Gabbronoriten, auch Quarz-Monzodiorite und Felsite (feinkörnige „Granite" und Rhyolithe), die bislang nur in Form winziger Fragmente gefunden wurden (Smith u. Steele 1976; Jolliff et al. 2006). Ein wichtiger Bestandteil der Alkali-Suite sind die *KREEP-Basalte*, die für das Verständnis dieser komplex zusammengesetzten magmatischen Serie von großer Bedeutung sind. Sie bestehen hauptsächlich aus Plagioklas (ca. 50 Vol.-%, An_{76-88}), Pigeonit und Augit und enthalten als akzessorische Komponenten u. a. Kalifeldspat, SiO_2- und Phosphat-Minerale, Ilmenit und Zirkon; ihr Mg/(Mg + Fe)-Verhältnis variiert zwischen 0,52 und 0,65. Mit ihrem subophitischen bis intersertalen Gefüge erinnern sie stark an terrestrische Basalte. Allgemein weisen petrologische, geochemische und isotopengeochemische Befunde darauf hin, dass Magmen, die in ihrer chemischen Zusammensetzung den KREEP-Basalten ähnelten, Prozesse der fraktionierten Kristallisation durchgemacht haben. Dabei wurden die alkalischen Anorthosite aus Plagioklas-Kumulaten, Norite und Gabbronorite aus Pyroxen-Plagioklas-Kumulaten gebildet, während hochgradig fraktionierte Restmagmen zu Quarz-Monzodioriten und zu Felsiten erstarrten (z. B. Shearer u. Borg 2006; Taylor 2009).

> Isotopen-Analysen des Regoliths oder einzelner Gesteinsfragmente der Hochland-Region ergaben einen Altersbereich von etwa 4,55–4,2 Ga, in dem die Bildung der ersten Mondkruste stattfand. Radiometrische Altersdatierungen an vier Pyroxen-Konzentraten aus Plutoniten der FAN-Suite mit der Sm-Nd-Methode (Abschn. 33.5.3, S. 615f) erbrachten ein Alter von 4,456 ±0,040 Ga (Norman et al. 2003), das – unter Berücksichtigung der Fehlergrenze – nicht sehr viel jünger ist als das Alter der Erde von 4,557 Ga. Das Alter unseres Planetensystems beträgt ca. 4,57 Ga (Abschn. 31.3.1, S. 551, 553; Tabelle 34.2, S. 636).

Abb. 30.2.
Mondbreccie Kalahari 008. Dieser Steinmeteorit (Achondrit) wurde im September 1999 bei Kuke in der Kalahari (Botswana) gefunden. Die polymikte Breccie vom Mond enthält unterschiedliche Gesteinsbruchstücke, insbesondere von Anorthosit (*weiß*), aber auch von Impaktschmelz-Breccien (*bräunlich* bis *dunkelgrau*), die in einer feinerkörnigen, klastischen Matrix liegen. (Foto: Institut für Planetologie, Universität Münster)

30.1.2
Regionen der Maria

Im Gegensatz zu den Hochländern bestehen die *Maria* des Mondes aus Basalten, die jünger sind als die Gesteine der Hochländer. Obwohl die Mare-Basalte auf der Seite, die von der Erde aus sichtbar ist, eine beachtlich große Fläche einnehmen (Abb. 30.1, *links*), beträgt ihr Flächenanteil insgesamt nur etwa 17 % der Mondoberfläche. Ihr Volumenanteil an der gesamten Mondkruste wird auf höchstens 1 % geschätzt. An den Rändern der Maria beobachtet man die *Wrinkle Ridges*. Das sind unregelmäßig gewundene und segmentierte Höhenzüge mit sanften Oberflächenformen, die bis zu 35 km breit und 100 m hoch werden und sich auf mehrere hundert km Länge verfolgen lassen. Sie enthalten langgestreckte Riftzonen und vulkanische Krater sowie Aufschlüsse, die an Gänge erinnern. Wahrscheinlich entstanden die Wrinkle Ridges durch Spalten-Effusionen oder durch vulkanische Ereignisse entlang von Brüchen.

Ähnlich wie die irdischen Basalte weisen die Mare-Basalte unterschiedliche Korngrößen, z.T. auch porphyrisches Gefüge auf; sie enthalten mitunter Anteile von Gesteinsglas. Es ist anzunehmen, dass die sehr dünnflüssigen basaltischen Laven der Maria durch mehrfache Spalteneffusionen gebildet wurden, deren Lavaströme sich flächenhaft übereinander stapelten, analog den irdischen Flutbasalten. Die Dicke der Lavadecken wird im Mittel auf 400 m geschätzt. Einige der untersuchten Basaltproben sind relativ grobkörnig auskristallisiert und wurden offenbar im Inneren mächtiger Lavaströme langsam abgekühlt. Andere, die von den Rändern der Lavaströme stammen, sind glasig erstarrt und zeigen Abschreckungs-Gefüge. Auf einen bislang einzigartigen vulkanischen Prozess gehen hellgrün oder orange gefärbte, ca. 100 μm große Glasperlen zurück, die ultramafische Zusammensetzung aufweisen. Diese abgeschreckten Schmelztropfen entstanden in Lavafontänen, die ungewöhnlich hohe Temperaturen von >1 450 °C hatten (z. B. Grove u. Krawczynski 2009).

Im Vergleich zu den Plagioklas-reichen Gesteinen der Hochlandregion sind die Mare-Basalte generell Al-ärmer; gegenüber irdischen Tholeiitbasalten sind sie etwas ärmer an Na und Si. Das Fehlen von Fe^{3+}-haltigen Mineralen sowie das gelegentliche akzessorische Auftreten von metallischem Eisen (Fe,Ni) oder Troilit FeS spricht dafür, das bei der Kristallisation der lunaren Basalte eine geringe Sauerstoff-Fugazität herrschte. H_2O-haltige Minerale fehlen in den Mare-Basalten vollständig, (OH)-haltige Minerale sind äußerst selten, was auf die weitgehende oder vollständige Abwesenheit von H_2O-haltigen Fluiden hinweist. Nach ihrem Chemismus lassen sich drei Gruppen von Mare-Basalten unterscheiden:

- eine *High-Ti-Gruppe* (FETI), die besonders reich an Fe^{2+} und Ti ist (>9 % TiO_2),
- eine *Low-Ti-Gruppe* mit 1,5–9 % TiO_2 und
- eine *Very-Low-Ti-Gruppe* (VLT) mit <1,5 % TiO_2.

Die geochemischen Unterschiede zwischen diesen Gruppen sind wesentlich größer als bei irdischen Basalten, obwohl auch die Basalt-Magmen des Mondes durch partielle Aufschmelzung von Mantelgesteinen im tiefen Inneren unseres Satelliten entstanden sind. Wie bei analogen Prozessen im Erdmantel sind für den Magmentyp die Druck-Temperatur-Bedingungen, der Aufschmelzgrad und das Gesteinsmaterial des Mantels entscheidend, über dessen Zusammensetzung man heute jedoch noch wenig weiß. Geochemische Argumente sowie die Ergebnisse von Aufschmelz-Experimenten an Mondbasalten legen darüber hinaus den Schluss nahe, dass die primären Mantelschmelzen bei ihrem Aufstieg nicht nur durch fraktionierte Kristallisation, sondern auch durch die Assimilation von Plagioklas-reichen Hochland-Gesteinen in ihrer Zusammensetzung verändert wurden. Solche AFC-Prozesse fanden im Verlauf der frühen Geschichte des Mondes wahrscheinlich wiederholt statt (z. B. Grove u. Krawczynski 2009).

Das Alter der Mondbasalte wurde durch Isotopen-Analysen zu 4,0–3,0 Ga bestimmt, mit einem deutlichen Schwerpunkt bei 3,8–3,2 Ga. Die Hauptperiode von vulkanischer Aktivität, während der die meisten Maria mit Basalt-Laven gefüllt wurden, dauerte also rund 600 Ma. Seit 3,0 Ga unterlag die Mondoberfläche nur relativ geringen Veränderungen. Erosion und Transport von Gesteinsmaterial beschränken sich auf Meteoriteneinschläge und auf Auswirkungen des *Sonnenwindes*, eines von der Sonne kommenden Protonenbeschusses.

30.1.3
Minerale der Mondgesteine

Da im Rahmen dieses Buches nur eine ganz knappe Übersicht gegeben werden kann, sei auf die ausführlicheren Darstellungen von Smith (1974) sowie Smith u. Steele (1976) verwiesen. Zu den wichtigsten Mineralen in fast allen Mondgesteinen gehören Anorthit-reicher *Plagioklas* (meist um An_{90}) und *Klinopyroxene* wie Augit, Titanaugit, Hedenbergit und Pigeonit, in den Gesteinen der Hochländer auch Orthopyroxene (Enstatit-Hypersthen). Daneben ist *Olivin* (meist um Fa_{30}) als Haupt- oder Nebengemengteil in vielen Mondgesteinen verbreitet, während *Amphibole* extrem selten sind. Ein mafischer Gemengteil, der bislang nur auf dem Mond gefunden wurde, ist das trikline Silikat *Pyroxferroit* $(Ca,Fe)(Fe,Mn)_6[Si_7O_{21}]$, dessen Struktur durch Siebener-Einfach-Ketten von $[SiO_4]$-Tetraedern gekennzeichnet ist (Abb. 11.33d, S. 165). *Alkalifeldspäte* wurden nur selten aufgefunden. In den KREEP- und High-Ti-Basalten tritt als Kristallisationsprodukt von Restschmelzen das hexagonale Inselsilikat *Tranquillityit* $Fe_8^{2+}Ti_3(Zr,Y)_2[O_{12}/(SiO_4)_3]$ auf, das bisher nur auf dem Mond gefunden und nach dem Mare Tranquillitatis benannt wurde. In den wenigen Granit- und Rhyolith-Fragmenten kommen neben Plagioklas, Alkalifeldspat (Ba-Sanidin) und Quarz auch ungewöhnliche Feldspäte vor, deren Zusammensetzung $An_{50}Or_{40}Ab_{10}$ in der Mischungslücke liegt (vgl. Abb. 11.50, S. 189); sie müssen daher unter Ungleichgewichtsbedingungen kristallisiert sein. Von den SiO_2-Mineralen findet man in den Mare-Basalten Cristobalit und Tridymit als späte Ausscheidungen, während Quarz extrem selten ist.

Von den Fe^{2+}-Ti-Oxiden ist Ilmenit $FeTiO_3$ sehr verbreitet und bildet in vielen Mondgesteinen einen Hauptgemengteil, während Ulvöspinell $Fe_2^{2+}TiO_4$, Rutil TiO_2 und Perowskit $CaTiO_3$ seltener als Akzessorien auftreten. Orthorhombischer Armalcolit mit der idealen Formel $Fe_{0,5}^{2+},Mg_{0,5}Ti_2O_5$ wurde als Nebengemengteil in Mondgesteinen gefunden und nach den Apollo-11-Astronauten Armstrong, Aldrin und Collins benannt; in irdischen Gesteinen bildet er Mischkristalle mit Pseudobrookit $Fe_2^{3+}TiO_5$. Weitere Akzessorien sind Spinell $MgAl_2O_4$, Chromit $FeCr_2O_4$, Zirkon $Zr[SiO_4]$, Baddeleyit ZrO_2 und (OH)-freier Apatit $Ca_5[(F,Cl)/(PO_4)_3]$. Whitlockit $Ca_9(Mg,Fe)[PO_3OH/(PO_4)_6]$, Troilit FeS, Cohenit Fe_3C, Schreibersit $(Fe,Ni)_3P$ sowie metallisches Eisen (Fe,Ni,Co) kannte man bislang nur aus Meteoriten (Tabelle 31.2, S. 552).

30.1.4
Der Regolith

Auffälligstes Merkmal der Mondoberfläche sind die unzähligen *Impakt-Krater*, die durch Einschläge von kosmischen Körpern unterschiedlicher Größe, wie Meteoriten, Asteroiden oder Kometen, erzeugt wurden. Dementsprechend variieren die Durchmesser dieser Krater von wenigen Mikrometern bis zu mehreren hundert Kilometern, in einigen Fällen bis zu über 1 000 km, wie beim Mare Crisium (1 060 km) und beim Mare Imbrium (1 160 km). Das riesige Südpol-Aitken-Becken (Abb. 30.1, *rechts*), die älteste bekannte Impakt-Struktur des Mondes und eine der größten unseres Planetensystems hat sogar einen Durchmesser von 2 600 km. Die Entstehung solcher Strukturen erfordert den Einschlag von Asteroiden mit Durchmessern von 10 bis 100 km (Norman 2009).

Die Stoßwellen dieser Impakt-Ereignisse haben die ursprünglichen Gesteine der Hochländer und der Maria tiefgründig zerrüttet, wodurch eine breccienförmige, von Staub durchsetzte Schuttschicht, der Regolith, entstand. Dieser ist über die ganze Mondoberfläche hin verbreitet und kann nach seismischen Messungen bis etwa 10 km mächtig werden; er enthält große Gesteinsblöcke von vielen Kubikmetern Größe.

Wie in Abschn. 26.2.3 (S. 429ff) ausführlich dargelegt, reicht die Wirkung der Stoßwellen von Kataklase der Mineralkörner bis zu vollständiger Aufschmelzung. Der Regolith kann durch die Schockwellen zu einer Impakt-Breccie verfestigt sein, in der Gesteins- und Mineralbruchstücke in eine fein zerriebene und/oder glasige Grundmasse eingebettet sind (Abb. 30.1). Besteht diese Matrix ganz oder teilweise aus Gesteinsglas, das durch rasche Abkühlung einer Silikatschmelze gebildet wurde, spricht man von Impaktschmelz-Breccien. Wie Abb. 30.3 zeigt, herrschen diese innerhalb und an den Rändern der Impakt-Krater vor, während in den Außenbereichen und in der weiteren Umgebung der Krater Impakt-Brekzien mit glasfreier Matrix abgelagert wurden (Norman 2009). Polymikte Impakt-Breccien enthalten außer Mineral- und Gesteins-Fragmenten auch Bruchstücke von Impaktschmelz-Breccien (Abb. 30.2). Nicht selten weisen die Impakt-Breccien auch metamorphe Umkristallisations-Gefüge auf. Im Jahr 1979 wurden auf der Erde die ersten *Mond-Meteorite* (*Lunaite*) entdeckt, die teils aus den Hochländern, teils aus den Maria stammen.

30.1.5
Reste von Wasser im Regolith

Entsprechend seiner geringen Gravitation besitzt der Mond keine Atmosphäre im eigentlichen Sinn, sondern lediglich eine Oberflächen-gebundene *Exosphäre*, die zu etwa gleichen Teilen aus He, Ne, Ar und H_2 aufgebaut ist und Spuren von CH_4, NH_3 und CO_2, aber kein H_2O enthält. Diese Komponenten stammen überwiegend aus dem Sonnenwind; lediglich Ar entsteht teilweise aus dem Zerfall von radioaktivem ^{40}K in den Mondgesteinen. Der Regolith steht praktisch unter Vakuum mit einem Druck von 3×10^{-5} bar ($= 3 \times 10^{-8}$ hPa); die Oberflächen-Temperaturen variieren zwischen 130 °C am Tag und –160 °C in der Nacht. Unter diesen Bedingungen würde H_2O sofort verdampfen, H_2O-Eis würde sublimieren. Die einzige Möglichkeit für die Erhaltung von H_2O-Eis auf dem Mond bietet der Regolith am Boden tiefer Impakt-Krater in den Polargebieten des Mondes, z. B. in oder nahe dem riesigen Südpol-Aitken-Becken (Abb. 30.1, *rechts*). Da die Mondachse – im Gegensatz zur Erdachse – nur eine geringe Neigung von 1,78° gegen die Umlaufbahn besitzt, sind diese Kraterböden permanent beschattet und es herrschen dort extrem

Abb. 30.3.
Der schematische, nicht maßstabsgerechte Querschnitt durch ein Multiring-Becken zeigt die Verteilung von Impakt-Breccien mit glasfreier Matrix (*außen*) und Impaktschmelz-Breccien (*innen*). (Nach Norman 2009)

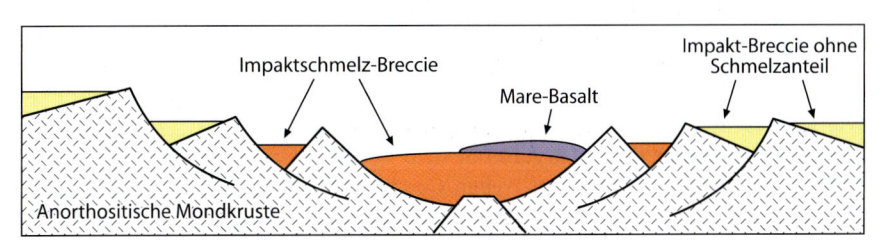

niedrige Temperaturen bis hinunter zu −25 K (= − 248 °C). Hinweise auf die Existenz von H_2O-Eis wurden von der japanischen Mondsonde Hiten (1990), von Radar-Daten des NASA-Forschungs-Satelliten *Clementine* (Nozette et al. 1994) und durch Neutronen-Spektroskopie der NASA-Fernerkundungs-Mission Lunar Prospektor gefunden (Feldmann et al. 1998), allerdings von Campbell et al. (2003, 2006) wieder in Frage gestellt. Im Jahr 2009 führte jedoch der Moon Mineralogy Mapper der indischen Raumsonde Chandrayaan-1 ebenfalls neutronen-spektroskopische Analysen der Mondoberfläche durch und konnte in polaren Breiten größere Mengen von Wasserstoff nachweisen, die auf die Existenz von OH- und/oder H_2O-haltigem Gesteinsmaterial rückschließen lassen (Pieters et al. 2009; Colaprete et al. 2010; Holl 2010). Im gleichen Jahr gelang durch das Impakt-Experiment der amerikanischen LCROSS- und LRO-Mission der direkte Nachweis von reinen Wassereis-Kristallen im Regolith des Südpol-nahen Impakt-Kraters Cabeus (Colaprete et al. 2010). Danach analysierte man erneut Gesteinsproben der Apollo-Missionen von 1969–1976, und zwar mit Sekundärionen-Massenspektrometrie (SIMS), und konnte damit bis zu 0,6 Gew.-% H_2O sowie Spuren der leichtflüchtigen Gase Methan CH_4 und Cyanwasserstoff HCN nachweisen (Holl 2010).

Bis dahin waren die einzigen H_2O-haltigen Substanzen, die von einer Mond-Mission auf die Erde gebracht wurden, Schichtsilikate in einem erbsengroßen kohligen Chondrit (Abschn. 31.3.1, S. 553), einem primitiven Meteorit, der auf die Mondoberfläche gefallen war. Fragmente solcher H_2O-haltigen Meteorite, die auch in geologischen Zeiträumen ihr Wasser nicht abgegeben haben, könnten vielleicht in tiefen Mondkratern der Polargebiete existieren (Zolenski 1997).

Der im Regolith der Polargebiete des Mondes in Form von H_2O-Eis gebundene Wasserstoff könnte durch Kometen, Asteroiden, interplanetaren Staub, riesige interstellare Molekülwolken oder durch den Sonnenwind auf den Mond transportiert worden sein. Diskutiert wird auch eine Herkunft aus der Erdatmosphäre (z. B. Lucey 2009). Schließlich kommt auch der Mond selbst als Herkunftsort in Frage, denn es gibt deutliche Hinweise darauf, dass der Mond vor kurzer Zeit, auf alle Fälle innerhalb der letzten 10 Mio. Jahre, ein großes Entgasungs-Ereignis erlebt hat (Schulz et al. 2006).

30.2
Innerer Aufbau des Mondes

30.2.1
Die Mondkruste

Wie wir gesehen haben, ist die Mondkruste von einer mehreren Kilometer dicken *Regolith-Schicht* bedeckt. Diese ist durch geringe P- und S-Wellen-Geschwindigkeiten gekennzeichnet, die allmählich nach der Tiefe hin ansteigen. Erst in ca. 25 km Tiefe erreicht v_p einen Wert von 6,7 km/s, der bis zur Krusten-Mantel-Grenze höchstens noch geringfügig auf 6,8 km/s zunimmt (Abb. 30.4). Sieht man von den *Mare-Basalten* ab, so besteht der obere Bereich der festen, subregolithischen Mondkruste im Durchschnitt aus *anorthositischem Gabbro* mit 26–28 % Al_2O_3, der untere Bereich aus *Norit* mit ca. 20 % Al_2O_3 (z. B. Warren 1990; Shearer u. Papike 1999). Wie die Ergebnisse der Clementine- und Lunar-Prospector-Missionen belegen, variiert die Dicke der Mondkruste erheblich, liegt aber im Mittel bei 40–45 km (Wieczorek 2009). Lediglich im Bereich der *Mascons*, den großen positiven Schwere-Anomalien, die in Maria oder großen Impakt-Kratern auftreten, ist die Krustendicke geringer (Abb. 30.5, 30.7), so im Südpol-Aitken-Becken (Abb. 30.1, *rechts*).

30.2.2
Der Mondmantel

Die seismischen Daten, die durch das Netzwerk des *Apollo Lunar Surface Experiment Package* (ALSEP) gewonnen wurden, stellen die wichtigste Informationsquelle für den Aufbau des Mondmantels dar. So wurden im Zeitraum 2001–2009 Mondbeben-Wellen registriert, die von 1 800 Meteoriten-Einschlägen, von 28 energiereichen, flachen Mondbeben sowie von 7000 extrem schwachen Tiefbeben ausgelöst wurden (Wieczorek 2009). Leider reicht der bislang gewonnene,

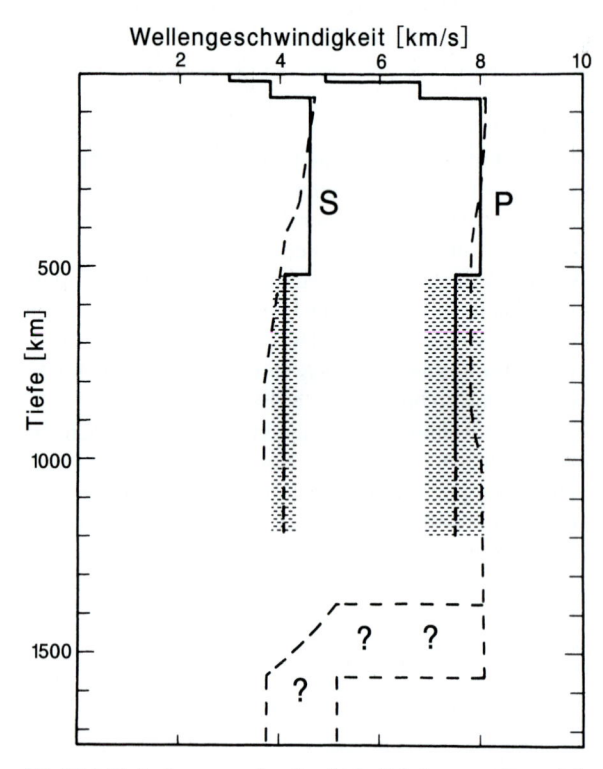

Abb. 30.4. Veränderungen der Geschwindigkeiten von P- und S-Wellen mit der Tiefe im Inneren des Mondes; (---) nach Nakamura et al. (1976), (——) nach Goins et al. (1977). (Aus Ringwood 1979)

Abb. 30.5.
Seismischer Befund zum inneren Aufbau des Mondes. Die Landeplätze der Apollo-Missionen sind durch Quadrate gekennzeichnet. (Nach Wieczorek et al. 2006)

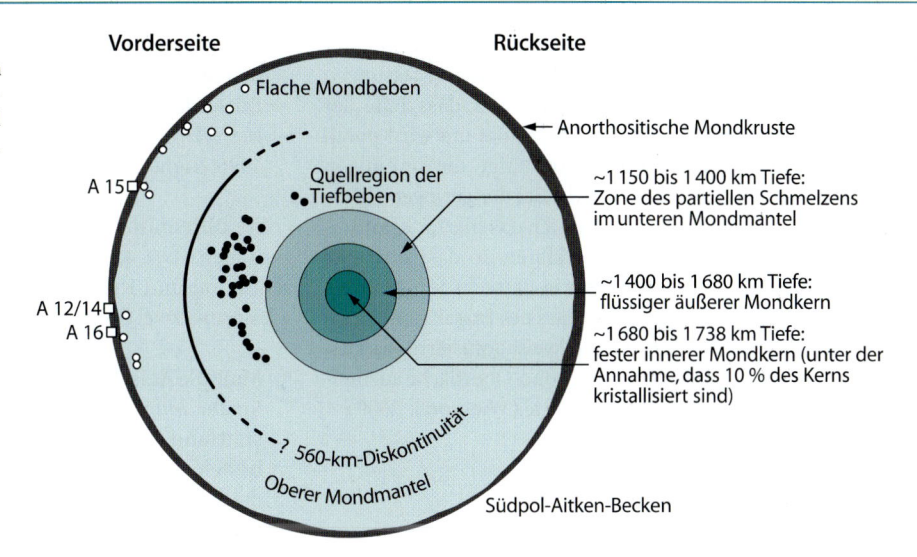

quantitativ umfangreiche, aber qualitativ noch unbefriedigende Datensatz nicht aus, um ein konsistentes Bild über den strukturellen Aufbau und die Gesteins-Zusammensetzung des Mondmantels zu erarbeiten (Wieczorek 2009).

Zwar ist unumstritten, dass an der Krusten-Mantel-Grenze die P-Wellen-Geschwindigkeiten abrupt von 6,8 auf 8,1 km/s ansteigen, doch wird die Frage, ob tiefer im Mondinneren bei 500 oder 560 km eine weitere ausgeprägte Diskontinuität existiert (Abb. 30.4, 30.5, 30.6, *rechts*), noch heftig diskutiert (vgl. Wieczorek 2009). Nach dem von Nakamura et al. (1976) erarbeiteten Modell sinkt v_p nach unten hin von 8,1 *allmählich* auf 7,9 km/s ab, um in 1 000 km Tiefe erneut auf 8,0 km/s zuzunehmen. Demgegenüber fällt v_p nach dem Modell von Goins et al. (1977) in 500 km Tiefe *abrupt* auf 7,7 km/s ab und bleibt dann bis mindestens 1 000 km Tiefe konstant (Abb. 30.4).

Der *obere Mondmantel* hat eine mittlere Dichte von 3,29 g/cm³; er setzt sich nach Ringwood (1979), der sich auf das Modell von Nakamura et al. (1976) stützt, bis zu einer Tiefe von 100 km aus *Kumulaten von Olivin* (Fo_{88}) zusammen. Darunter folgt ein *refraktärer Dunit* (Fo_{88-90}), der nach der Bildung von basaltischen Magmen durch partielles Aufschmelzen noch als Restit übrig geblieben ist.

Ab 350–400 km Tiefe geht dieser Dunit in einen *Fe-reicheren Olivin-Pyroxenit* der mittleren Dichte 3,49 g/cm³ über (Ringwood 1979). Somit weicht der *untere Mondmantel* in seiner Zusammensetzung vom oberen Mondmantel ab und entspricht wahrscheinlich noch dem ursprünglichen, nicht durch partielles Schmelzen verarmtem Mantelgestein (Abb. 30.7). Die Herde der äußerst schwachen Tiefbeben, die nicht selten auf dem Mond registriert werden, liegen im unteren Mondmantel, und zwar konzentrieren sie sich auf der erdnahen Seite des Mondes, wo sie in einem Tiefenbereich ca. 800–1 000 km an ca. 300 „Nester" gebunden sind, die wiederholt aktiviert werden (Nakamura 2003; Abb. 30.5). Wahrscheinlich werden diese Tiefbeben, die meist nur die Stärke 2 (maximal knapp 5) der Richter-Skala erreichen, nicht durch tektonische Bewegungen, sondern durch Gezeitenkräfte ausgelöst, die jeweils am erdnächsten und erdfernsten Punkt der Mondbahn, also im 14-tägigen Rhythmus ein Maximum erreichen. Die ca. 1 000 km dicke Lithosphäre des Mondes ist also tektonisch stabil, ganz im Gegensatz zur viel dünneren Erdlithosphäre, die durch eine aktive „Wärmemaschine" in ständiger tektonischer Bewegung gehalten wird (z. B. Taylor 1975).

Zu stärkeren Mondbeben kommt es allerdings bei großen Impakt-Ereignissen, so im Jahre 1972, als ein ca. 1 t schwerer Meteorit auf der erdabgewandten Seite des Mondes aufschlug. Dabei wurde die wichtige Entdeckung gemacht, dass unterhalb einer Tiefe von ca. 1 000 km die P-Wellen-Geschwindigkeiten abgeschwächt und keine S-Wellen mehr registriert werden (Taylor 1975; Abb. 30.4). In Analogie zur Erde spricht man daher auch von einer *Mond-Asthenosphäre*, die sich zwischen ca. 1 150 und 1 400 km Tiefe erstreckt (Abb. 30.4, 30.5). Allerdings ist die Anwesenheit einer Teilschmelze in diesem Tiefenbereich zwar wahrscheinlich, aber noch nicht gesichert (z. B. Taylor 1975; Ringwood 1979; Wieczorek 2009).

30.2.3
Der Mondkern

Mit den seismischen Daten ist die Annahme eines *Kerns* vereinbar, der möglicherweise aus *metallischem Eisen* oder aus *Eisensulfid* oder aus einer Mischung von beidem besteht. Jedoch ist dieser Kern, der in einer Tiefe von ca. 1 400 km einsetzt, wesentlich kleiner als bei den erdähnlichen Planeten, da die mittlere Dichte des Mondes nur 3,341 g/cm³, die der Erde aber 5,515 g/cm³ beträgt. Daraus folgt, dass der Kern des Mondes – im Gegensatz zum Erdkern – weniger als 2 % der gesamten Mondmasse ausmacht. Möglicherweise ist der äußere Mondkern geschmolzen, der innere Mondkern dagegen fest. Unter der Annahme, dass 10 % des Mondkerns kristallisiert sind, läge die Grenze zwischen äußerem und innerem Kern in einer Tiefe von ca. 1 680 km (Abb. 30.5). Magnetische Messungen der Lunar-Prospector-Mission erbrachten, dass Teile der Mondkruste magnetisiert sind. Dieser Befund wird durch die beachtliche Magnetisierung bestätigt, die an einigen Mondproben nachgewiesen wurde. Bei der geringen Größe des vermuteten Metallkerns lässt sich das hierfür erforderliche starke Magnetfeld kaum erklären, so dass für seine Entstehung auch äußere Einflüsse in Betracht gezogen werden. So könnte man annehmen, dass der Impakt eines großen kosmischen Körpers eine teilweise ionisierte Plasma-Wolke erzeugte, die sich über die Mond-Oberfläche ausbreitete und diese teilweise magnetisierte (Wieczorek 2009).

30.3 Geologische Geschichte des Mondes

Da die geologische Entwicklung des Mondes vor etwa 3,0 Ga weitestgehend abgeschlossen war, haben wir über seine frühe Geschichte bessere Vorstellungen als für die Erde, die noch heute geologisch aktiv und daher ständigen Veränderungen unterworfen ist. Deswegen sind die Erkenntnisse, die für den Mond gewonnen wurden, von größtem Interesse für das Verständnis der frühen Erdgeschichte. Im folgenden geben wir eine knappe Übersicht über die Geschichte des Mondes (H. H. Schmitt 1991; Shearer u. Papike 1999; Spudis 1999; Hartmann u. Neukum 2001; Warren 2005).

Entstehung des Mondes. Vor etwa 4,55 Ga entstand der Mond zusammen mit der Erde und den anderen Planeten unseres Sonnensystems. Für diesen Vorgang werden hauptsächlich zwei alternative Modelle diskutiert, von denen das zweite von der Mehrzahl der Forscher bevorzugt wird:

- heterogene Akkretion (Anlagerung) von relativ kaltem kosmischen Staub etwa gleichzeitig mit der Erdentstehung oder

- katastrophale Abtrennung von einer bereits existierenden und teilweise differenzierten Erde, etwa durch den Einschlag eines riesigen kosmischen Körpers von Mars-Dimensionen, dem *Giant Impact* (z. B. Cameron 1996; Righter 2007; vgl. Abschn. 34.4, S. 633f, Abb. 34.4).

Frühe Differentiation und Krustenbildung. Im Zeitraum zwischen etwa 4,55 und 4,4 Ga fand die früheste Differentiation und Krustenbildung des Mondes statt, wofür wiederum zwei Möglichkeiten in Frage kommen:

- Multiple Aufschmelzvorgänge führten zur Bildung isolierter *Magmenkammern*, in denen Differentiation stattfand. Es entstanden große Layered Intrusions, bestehend aus mächtigen Anorthosit-Lagen, die von mafischen Kumulaten unterlagert wurden. Diese stellten später die Quellregion für die Mare-Basalte dar.

- Bevorzugt wird heute dagegen das Modell eines *lunaren Magma-Ozeans* (LMO), bestehend aus einer Fe-reichen basaltischen Schmelze hoher Dichte. Dabei ist allerdings noch umstritten, ob der gesamte Mond geschmolzen war oder nur seine äußeren 300–500 km (z. B. Warren 1990; H. H. Schmitt 1991; Shearer u. Papike 1999; Grove u. Krawczynski 2009). Bei der beginnenden Kristallisation des LMO kam es zum Absaigern mafischer Kumulate und zum Aufsteigen Plagioklas-reicher Diapire, die die frühe, anorthositisch zusammengesetzte Kruste des Mondes aufbauten (Abb. 30.6). Das älteste Mondgestein ist ein Bruchstück von noritischem Ferroan Anorthosit der ein Sm-Nd-Alter von 4,562 ±0,068 Ga erbrachte (Alibert et al. 1994) und innerhalb der Fehlergrenze mit dem oben erwähnten Sm-Nd-Alter von 4,556 ±0,040 Ga übereinstimmt, das an Pyroxenen der FAN-Suite ermittelt wurde (Norman et al. 2003). Der obere Mondmantel bestand zu dieser Zeit aus ultramafischen Gesteinen und enthielt Restschmelzen von KREEP-Zusammensetzung.

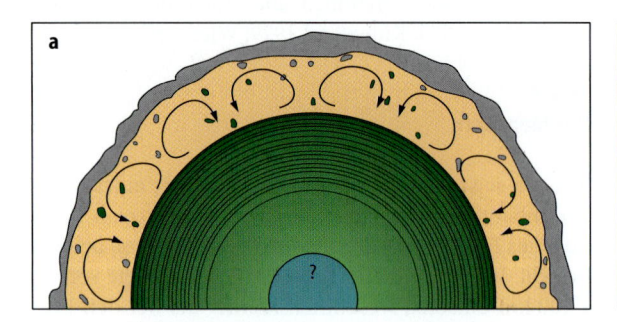

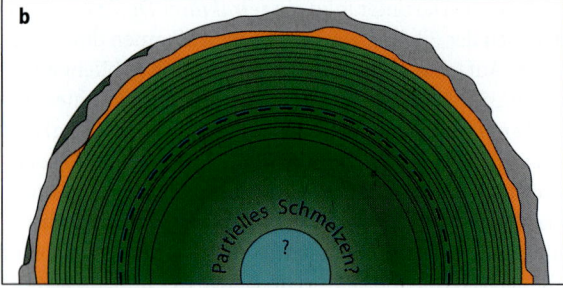

Abb. 30.6. Schematische Querschnitte durch den Mond während des frühen und des späten Kristallisations-Stadiums des Magma-Ozeans. **a** Während des frühen Stadiums der Erstarrung schwimmt Plagioklas (*hellgrau*) in die oberen Bereiche des konvektierenden Magma-Ozeans (*hellorange*) und reichert sich dort zu einem Kumulat an, aus dem die Mondkruste entsteht. Die schwereren Olivin- und Pyroxen-Kristalle saigern dagegen zum Boden hin ab und bilden dort ein mafisches Kumulat. **b** Nach der vollständigen Erstarrung des Magma-Ozeans ist eine anorthositische Mondkruste aus Plagioklas-Kumulaten entstanden, die teilweise – bedingt durch gravitative Instabilitäten – überkippt liegen (*dunkelgrau*). Der letzte Bodensatz des Magma-Ozeans ist sehr an TiO_2 angereichert (*orange-rot*), was zur Kristallisation von Ti-reichen Mineralen wie Ilmenit $FeTiO_3$ und Ulvöspinell Fe_2TiO_4 im Kumulat führte. Die gerissene Linie markiert die mögliche seismische Diskontinuität. (Nach Grove u. Krawczynski 2009)

Pränectaris-Stadium. Das Pränectaris-Stadium vor ca. 4,5–3,92 Ga ist durch katastrophale Meteoriten-Bombardements gekennzeichnet, die allerdings schon früher eingesetzt hatten (Norman 2009). Dadurch entstanden große Impakt-Krater und die frühe Mondkruste wurde intensiv brecciiert. Partielle Anatexis führte zur erneuten Magmen-Bildung und zur Intrusion von Plutoniten der FAN-Suite (ca. 4,6–4,3 Ma), der Mg-Suite (ca. 4,5–4,15 Ma) und der Alkali-Suite (ca. 4,35–4,0 Ga) sowie zur Förderung der KREEP-Basalte (4,05–3,8 Ga) und der ersten Mare-Basalte (ab ca. 4,2 Ga). Durch diese magmatische Aktivität wurde die frühe Mondkruste konsolidiert. Es entstanden die großen alten (pränectarischen) Becken und es kam zum isostatischen Ausgleich in der Mondlithosphäre.

Nectaris-Stadium. Im Nectaris-Stadium vor ca. 3,92–3,85 Ga bildeten sich durch fortgesetzte Impakt-Ereignisse die großen jungen Becken wie das Mare Nectaris und das Mare Imbrium. Es kam zur Schockschmelzung sowie zur Bildung von Schuttströmen (engl. debris flows) und von Auswurf-Decken (engl. ejecta blankets), die als Regolith den größten Teil der Mondoberfläche bedeckten. Die Mondkruste war jetzt genügend stabilisiert, um die Existenz von Mascons und negativen Schwere-Anomalien zu ermöglichen.

Imbrium-Stadium. Während dieses Stadiums vor 3,85–3,15 Ma wurden das Mare Imbrium und das Mare Orientale sowie die meisten der übrigen Maria des Mondes gebildet und es entstanden zahlreiche Impakt-Krater. Die Förderung der *Mare-Basalte* fand vor 3,95–3,0 Ga, d. h. überwiegend während des Imbrium-Stadiums statt und setzte sich mit veränderter Aktivität bis ca. 2,9, vielleicht noch bis ca. 2,6 Ga fort. Die Mare-Basalt-Magmen bildeten sich durch partielle Anatexis, die allmählich immer tiefere Bereiche des Mondmantels erfassten (Abb. 30.7). Dabei entstanden die Magmen der High-Ti-Gruppe in geringerer Tiefe und durch geringere Aufschmelzgrade als die der VLT-Gruppe. Die Magmen flossen in Form von Lavadecken aus oder intrudierten oberflächennah als Lagergänge. Daneben führte ein früher explosiver Vulkanismus zur Bildung von Schuttdecken aus krustalem Material. Später wurden auch basaltische Pyroklastika explosiv gefördert, die aus dem bereits differenzierten Mondmantel stammten, während die leichtflüchtigen Komponenten wohl aus undifferenzierten Mantelbereichen unterhalb ca. 400 km abzuleiten sind (Abb. 30.7).

Eratosthenes-Stadium (3,15–1,0 Ga). Zu Beginn dieses Stadiums flossen die jüngsten Mare-Basalte aus. Die Meteoriten-Krater sind etwas weniger frisch als die Krater des Kopernikus-Stadiums.

Kopernikus-Stadium. Im Zeitraum von ca. 1,0 Ga bis heute entstanden durch Meteoriteneinschläge, die in ihrer Häufigkeit abnahmen, in allen Bereichen der Mondoberfläche *Strahlenkrater* wie z. B. Kopernikus, der ein Alter von etwa 0,85 Ga hat. Die Vertiefung, Durchmischung und Reifung der *Regolith-Decke* setzte sich fort, wobei auch Gase des Sonnenwindes eingeschlossen wurden. Ungelöst ist das Problem der *hellen Wirbel* (engl. bright swirls), die eine markante Erscheinung auf der Mondoberfläche darstellen.

Weiterführende Literatur

Beatty JK, Petersen CC, Chaikin A (eds) (1999) The new solar system. Cambridge Univ Press, Cambridge, UK

Delano JW (2009) Scientific exploration of the Moon. Elements 5:11–16

Ernst EL, Buchan KL, Campbell IH (2005) Frontiers in Large Igneous Province research. Lithos 79: 271–297

Grove TL, Krawczynski MJ (2009) Lunar mare volcanism: Where did the magmas come from? Elements 5:29–34

Hartmann WK, Phillips RJ, Taylor CJ (eds) (1986) Origin of the Moon. Lunar and Planetary Institute, Houston, Texas

Jolliff BL, Wieczorek MA, Shearer CK, Neal CR (eds) (2006) New views of the Moon. Rev Mineral Geochem 60

Lucey PG (2009) The poles of the Moon. Elements 5:41–46

Mason B, Melson WG (1970) The lunar rocks. Wiley-Interscience, New York

Neal CR (2009) The Moon 35 years after Apollo: What's left to learn? Chem Erde 69:3–43

Neukum G, Ivanov BA, Hartmann WK (2001) Cratering records in the inner solar system in relation to the lunar reference system. Space Sci Rev 96:55–86

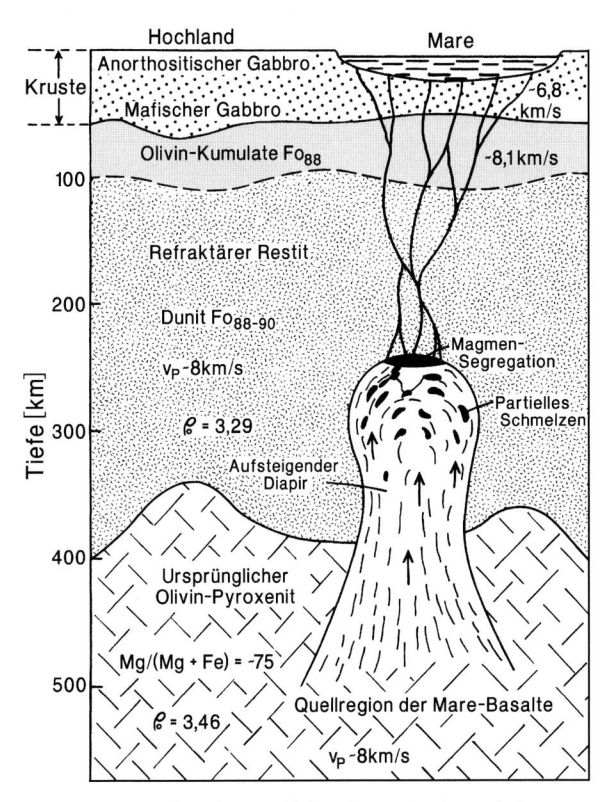

Abb. 30.7. Der Aufbau der Mondlithosphäre mit schematischer Darstellung der Entstehung von Mare-Basalt-Magmen. (Vereinfacht nach Ringwood 1979)

Norman MD (2009) The lunar cataclysm: Reality or "mythconception"? Elements 5:23–28
Norman MD, Borg LE, Nyquist LE, Bogard DD (2003) Chronology, geochemistry, and petrology of an noritic anorthosite clast from Descartes breccia 67215: Clues to the age, origin, structure, and impact history of the lunar crust. Meteor Planet Sci 38:645–661
Papike JJ (ed) (1998) Planetary materials. Rev Mineral 36
Righter K (2007) Not so rare Earth? New developments in understanding the origin of the Earth and Moon. Chem Erde 67:179–200
Ringwood AE (1979) Origin of the Earth and Moon. Springer-Verlag, New York Heidelberg Berlin
Shearer CK, Borg LE (2006) Big return on small samples: Lessons learned from the analysis of small lunar samples and implications for the future scientific exploration of the Moon. Chem Erde 66:163–185
Spudis PD (1999) The Moon. In: Beatty JK, Petersen CC, Chaikin A (eds) The new solar system. Cambridge Univ Press, Cambridge, UK, pp 125–140
Taylor SR (1975) Lunar Science: A post-Apollo view. Pergamon, New York
Taylor SR (1982) Planetary Science: A lunar perspective. Lunar and Planetary Institute, Houston, Texas
Taylor GJ (2009) Ancient lunar crust: Origin, composition, and implications. Elements 5:17–22
Unsöld A, Baschek B (2005) Der neue Kosmos, 7. Aufl. Korrigierter Nachdruck, Springer-Verlag, Berlin Heidelberg New York
Warren PH (2005) The Moon. In: Davis AM (ed) Meteorites, comets, and planets. Elsevier, Amsterdam Oxford, pp 559–599
Wieczorek MA (2009) The interior structure of the Moon: What does geophysics have to say? Elements 5:35–40
Zolenski ME (2005) Extraterrestrial water. Elements 1:39–43

Zitierte Literatur

Alibert C, Norman MD, McCulloch MT (1994) An ancient Sm-Nd age for a ferroan noritic anorthosite clast from lunar breccia 67016. Geochim Cosmochim Acta 58:2921–2926
Cameron AGW (1996) The origin of the Moon and the single impact hypothesis. Icarus 126:126–137
Campbell DB, Chandler JF, Hine A, et al. (2003) Radar imaging of the lunar poles. Nature 426:137–138
Campbell DB, Campbell BA, Carter LM, et al. (2006) No evidence for thick deposits of ice at the lunar southern pole. Nature 443:835–837
Colaprete A, Schultz P, Heldmann J, et al. (2010) Detection of water in the LCROSS ejecta plume. Science 330:463–468
Feldmann WC, Maurice S, Binder AB, et al. (1998) Fluxes of fast and epithermal neutrons from Lunar Prospector: Evidence for water ice at the Lunar poles. Science 281:1496–1500
Goins NR, Dainty A, Toksöz MN (1977) The deep seismic structure of the Moon. Proc Eigth Lunar Sci Conf 1:471–486
Holl M (2010) Wasser in Apollo-Mondgesteinsproben nachgewiesen. Sterne und Weltraum 5/2010:22–23
Nakamura Y (2003) New identification of deep moonquakes in the Apollo lunar seismic data. Phys Earth Planet Int 139:197–205
Nakamura Y, Duennebier F, Latham G, Dorman J (1976) Structure of the lunar mantle. J Geophys Res 81:4818–4824
Nozette S, et al. (1994) The Clementine mission to the Moon: Scientific overview. Science 266:1835–1839
Pieters CM, Goswami JN, Clark RN, et al. (2009) Character and spatial distribution of OH/H_2O on the surface of the Moon seen by M3 on Chandrayaan-1. Science 326:568–572
Schmitt HH (1991) Evolution of the Moon: Apollo model. Am Mineral 76:773–784
Schultz PH, Staid MI, Pieters CM (2006) Lunar activity from recent gas release. Nature 444:184–186
Shearer CK, Papike JJ (1999) Magmatic evolution of the Moon. Am Mineral 84:1469–1494
Smith JV (1974) Lunar mineralogy: A heavenly detective story. Presidential address, Part I. Am Mineral 59:231–243
Smith JV, Steele IM (1976) Lunar mineralogy: A heavenly detective story. Part II. Am Mineral 61:1059–1116
Warren PH (1990) Lunar anorthosites and the magma-ocean plagioclase-floating hypothesis: Importance of FeO enrichment in the parent magma. Am Mineral 75:46–58

Meteorite

31

31.1
Fallphänomene

31.2
Häufigkeit von Meteoriten

31.3
Haupttypen der Meteorite

31.4
Tektite

Meteorite sind Bruchstücke extraterrestrischer Körper, die den Flug durch die Erdatmosphäre überleben und auf der Erdoberfläche aufschlagen. Die meisten Meteorite unterscheiden sich in ihrem Gefüge von irdischen Gesteinen. Wichtige Meteoriten-Minerale kommen auch auf der Erde häufig vor, andere dagegen sind hier unbekannt. Bisher wurden in Meteoriten keine chemischen Elemente nachgewiesen, die es nicht auch auf der Erde gibt. Allerdings weisen Meteorite oft höhere Gehalte an Nickel sowie an den Platinmetallen Ir, Os und Rh auf und führen neben oxidiertem Eisen, das insbesondere in den Silikat-Mineralen gebunden ist, metallisches Eisen in Form von Fe-Ni-Legierungen. Das Bildungsalter der meisten Meteoriten liegt bei etwa 4,6 Ga; sie sind also wesentlich älter als die ältesten derzeit bekannten irdischen Gesteine aus dem Acasta-Gneis-Komplex im Nordwesten Kanadas, deren Alter mit ca. 4,03 Ga bestimmt wurde (Bowring u. Williams 1999). Meteorite weisen demnach in eine Zeit, in der unser Sonnensystem entstanden ist. Die überwiegende Mehrzahl der Meteoriten stellen Bruchstücke von kollidierten *Asteroiden* dar; diese *Meteoriten-Mutterkörper* stammen aus dem Asteroiden-Gürtel, der sich zwischen den Umlaufbahnen der Planeten Mars und Jupiter befindet. Einige Meteorite wurden beim Einschlag großer kosmischer Körper aus den Oberflächen des *Mars* und des *Erdmondes* herausgeschlagen und gerieten in den Anziehungsbereich der Erde.

Schon zu Beginn des 19. Jahrhunderts teilte man die Meteorite in Eisenmeteorite und Steinmeteorite ein; dazu kam später die Übergangsgruppe der Stein-Eisen-Meteorite. Heute weiß man, dass die Chondrite, eine wichtige Gruppe der Steinmeteorite, undifferenziert sind und die „Urmaterie" in der frühen Bildungsphase des Sonnensystems repräsentieren; demgegenüber stellen die Achondrite, die Stein-Eisen-Meteorite und die Eisenmeteorite bereits Differentiationsprodukte eines Aufschmelzprozesses dar. Meteorite werden nach ihrem Fundort benannt.

31.1
Fallphänomene

Extraterrestrische Körper, die beim Eindringen in die Erde ein Aufleuchten hervorrufen, bezeichnet man als *Meteoroide*. Jeden Tag dringen etwa 1 000 bis 10 000 t von kosmischem Material in die Erdatmosphäre ein, von denen jedoch der überwiegende Anteil in Höhen zwischen 40 und 120 km verglüht. Das gilt insbesondere für die Stecknadelkopf-großen interplanetarischen Staubteilchen (Interplanetary Dust Particles, IPDs), deren Leuchtspuren wir als Sternschnuppen oder *Meteore* (grch. μετέωρος = vom Himmel kommend, Himmels- oder Lufterscheinung) kennen und die von Kometen stammen. So wird der periodisch wiederkehrende Sternschnuppen-Schauer der Leoniden, der alljährlich im Zeitraum vom 16. bis 18. November zu beobachten ist, vom Kometen Temple Tuttle erzeugt. Viel seltener zu beobachten ist dagegen eine andere Form der Meteore, die *Feuerbälle*. Sie enstehen durch das vollständige oder teilweise Verglühen von großen kosmischen Körpern in der Erdatmosphäre, begleitet von gewaltigen Schallerscheinungen.

Meteoroide erreichen den Anziehungsbereich der Erde mit kosmischen Geschwindigkeiten (Abschn. 26.2.3, S. 429ff), die zwischen den Extremwerten 12 und 72 km/s variieren, je nachdem ob die Körper der Erde hinterher oder ihr entgegen fliegen. Beim Eintritt in die Erdatmosphäre entsteht Reibungswärme, durch die Meteoroide aufgeschmolzen und verdampft werden. Dabei kommt es zur Ionisierung der freigesetzten Atome. Schon nach kurzer Zeit nehmen die Ionen die fehlenden Elektronen wieder auf, und es wird Energie in Form von Licht frei: es kommt zum *Rekombinationsleuchten*. Der entstehende *Feuerball* ist meist um ein Hundertfaches größer als der sie erzeugende Meteoroid. Ist dieser so groß, dass in geringen Höhen von ca. 10–30 km noch Material übrig bleibt, so erlischt der Feuerball und der Rest fällt als *Meteorit* zu Boden.

Ein solches Jahrhundertereignis fand am 15. Februar 2013 um 9.20 Uhr Ortszeit (= 4.20 Uhr MEZ) über dem Gebiet der Millionenstadt und des Bezirks Tscheljabinsk im südlichen Ural statt. Hier drang ein Meteoroid mit einer Geschwindigkeit von 15–18 km/s (entsprechend 55 000–67 000 km/h) unter einem Winkel von ca. 20° in die Erdatmosphäre ein, explodierte in 15–20 km Höhe als Feuerball und ging als Meteoritenschauer nieder. Dieser *Air Burst*, bei dem eine Energie von ca. 500 000 t TNT-Äquivalent (entsprechend dem 20- bis 30-fachen der Hiroshima-Bombe) freigesetzt wurde, äußerte sich in einer Lichterscheinung, die ca. 30 Sekunden dauerte und die Sonne überstrahlte. Durch die Druckwelle gingen zahlreiche Fensterscheiben zu Bruch und ca. 3 000 Gebäude wurden in 6 Städten mehr oder weniger stark beschädigt; so stürzte das 6 000 m² große Dach einer Zinkhütte ein. Nahezu 1 500 Menschen erlitten durch herumfliegende Glasscherben Schnittwunden, z. T. auch Prellungen; 52 schwerer Verletzte, von denen sich zwei in kritischem Zustand befanden, mussten stationär behandelt werden. Der Durchmesser des Meteoroiden von Tscheljabinsk wird auf ca. 15 m, seine Masse auf ca. 10 000 t geschätzt (NASA 2013); das ellipsenförmige Streufeld des Meteoritenschauers ist nach bisheriger Kenntnis ca. 47 km lang und 18 km breit (Google Earth, 19. Februar 2013). Nach vorläufigen Untersuchungen von ersten Bruchstücken, die in der Nähe des 80 km südwestlich von Tscheljabinsk gelegenen Tschebarkul-Sees gefunden wurden, handelt es sich um eine Chondrit-Breccie (s. u.), die den Namen „Tscheljabinsk" erhalten hat (NASA 2013). Einen noch gewaltigeren Air Burst löste ein etwa dreimal so großer Meteoroid aus, der im Jahr 1908 über einem fast unbewohnten Gebiet an der Steinigen Tunguska in der sibirischen Taiga niederging und dabei ein Waldgebiet von ca. 35 × 40 km Größe vernichtete.

Abb. 31.1.
Der Barringer-Meteoriten-Krater in Arizona, vor 49 700 Jahren durch den Einschlag eines großen Eisenmeteoriten entstanden. (Foto: David J. Roddy, US Geological Survey, Flaggstaff, Arizona)

Sehr große Meteoriten von mehreren 10 000 t Gewicht und mehreren 100 m Durchmesser behalten ihre kosmische Geschwindigkeit weitgehend bei; sie erzeugen beim Aufschlag auf die Erdoberfläche Impakt-Krater und eine Schockwellen-Metamorphose im Nebengestein (Abschn. 26.2.3, S. 429ff). Bislang sind etwa 150 große Meteoriten-Krater auf der Erde bekannt. Mit einem ursprünglichen Durchmesser von ca. 300 km ist Vredefort in Südafrika vermutlich die größte Impakt-Struktur der Erde, gefolgt von Sudbury (Kanada, ca. 250 km $\varnothing$), Chicxulub (Halbinsel Yucatán, Mexico, ca. 170 km $\varnothing$), Acraman (Australien, ca. 160 km $\varnothing$), Popigai (Sibirien, ca. 100 km $\varnothing$) und Manicouagan (Quebec, Kanada, ca. 100 km $\varnothing$; Norton 2002, Appendix G; Reimold 2006, 2007; Reimold u. Jourdan 2006). Demgegenüber hat der 15 Ma alte Meteoriten-Krater des Nördlinger Rieses nur einen Durchmesser von ca. 25 km. Er wurde von einem 0,5–1 km großen kosmischen Körper – wahrscheinlich einem Steinmeteoriten – erzeugt, der mit einer Geschwindigkeit von 20–50 km/s durch die Erdatmosphäre schoss und nahezu ungebremst aufprallte. Dabei wurden Spitzendrücke von ca. 5–10 Mbar (= 500–1 000 GPa) und Temperaturen von 20 000–30 000 °C erzeugt. Bei den großen Meteoriten-Kratern war die freigesetzte Schockwellenenergie so groß, dass der erzeugende Meteorit beim Aufschlag vollständig verdampfte (Abb. 26.5d, S. 429). Demgegenüber sind in der Umgebung des berühmten Barringer-Kraters in Arizona (Abb. 31.1), der nur 1,3 km breit ist, noch etwa 20 000 Bruchstücke eines Eisenmeteoriten, des „Canyon Diablo" im Gesamtgewicht von ca. 30 t gefunden worden. Die ursprüngliche Masse des Körpers, der vor 49 700 ±850 Jahren einschlug (Phillips et al. 1991), lag etwa bei 63 000 t, seine Geschwindigkeit bei 15 km/s. *Kleinere Meteorite* werden auf Fallgeschwindigkeit abgebremst und dringen maximal einige Meter tief in den Erdboden ein, wie z. B. der Eisenmeteorit auf der Farm Hoba-West bei Grootfontein (Namibia), mit ca. 60 t Gewicht der größte bisher bekannte Meteorit, der in einem Stück erhalten ist (Abb. 31.2). Besonders schnelle Meteorite explodieren beim Abbremsen in der Atmosphäre und gehen als *Meteoritenschauer* nieder, die kreis- oder ellipsenförmige Streufelder bis zu mehreren 100 km² Ausdehnung bilden, z. B. an der Steinigen Tunguska, bei Stannern (Stonařov, Mähren), Pułtusk (Polen), Gibeon (Namibia), Allende (Mexiko), Jilin (VR China) und seit 2013 bei Tscheljabinsk (Russland).

Auf der Erde wurden die meisten Meteoriten-Krater durch tektonische oder vulkanische Prozesse, durch Gesteinsverwitterung und Erosion zerstört, lassen sich also nicht mehr nachweisen. Dementsprechend ergaben U-Pb- und/oder Ar-Ar-Datierungen von irdischen Meteoriten-Kratern (Abschn. 33.5.3, S. 615ff) überwiegend phanerozoische Alterswerte von <570 Ma mit einer starken Zunahme zu ganz jungen Altern. Von den 85 bislang datierten Kratern sind nur drei älter als 1 000 Ma, so Keurusselkä (Finnland): 1 059 ±8 Ma, Sudbury: 1 849,3 ±0,3 Ma und Vredefort: 2 023 ±4 Ma (Jourdan et al. 2012). Demgegenüber sind auf dem *Mond* Meteoriten-Krater jeden Alters wohlerhalten, weil hier aktive Tektonik und Vulkanismus, eine Atmosphäre und fließendes Wasser fehlen, so dass keine Verwitterung, Erosion und Sedimentation stattfinden. Die exogene Dynamik des Mondes wird geradezu von Meteoriteneinschlägen geprägt: die Mondoberfläche ist eine Kraterlandschaft. Mit einem Durchmesser von 2 600 km stellt das Südpol-Aitken-Becken auf der Rückseite des Mondes eine der größten Impakt-Strukturen unseres Planetensystems dar (Abb. 30.1, S. 538). Noch größer ist das Valhalla-Becken auf dem Jupiter-

Abb. 31.2.
Der 60 t schwere Eisenmeteorit *Hoba* auf Farm Hoba-West bei Grootfontein (Namibia); der größte Meteorit der Erde, der noch in einem Stück erhalten ist. Es handelt sich um einen Ni-reichen Ataxit (S. 563).
(Foto: J. A. Lorenz)

31.2

Mond Kallisto, das einen Durchmesser von 3 000 km aufweist (Abschn. 32.3.3, S. 584).

Wie wir am aktuellen Beispiel von Tscheljabinsk gesehen haben, können durch Meteoroide verursachte Air Bursts katastrophale Auswirkungen für das betroffene Gebiet annehmen. Auch direkte Einschläge von Meteoriten stellen zweifellos eine Gefahr für die Menschheit dar, wenn auch die statistische Wahrscheinlichkeit, dass ein Mensch durch einen Meteoritenfall zu Schaden kommt, minimal ist. So gibt es bislang keine Berichte von Todesfällen, die durch Meteorite verursacht wurden, wohl aber von leichteren Verletzungen, so 1954 in Sylacauga (Alabama, USA) und 1994 bei Marbella (Spanien). Auch Sachschäden werden gelegentlich durch Meteoritenfälle ausgelöst: So durchschlug am 1. März 1988 ein 1,2 kg schwerer Steinmeteorit die Glasscheibe eines Gewächshauses in Trebbin bei Potsdam. Aufsehen erregte der „Autounfall", der sich am 9. Oktober 1992 im Staat New York ereignete, als der 12,5 kg schwere Meteorit Peekshill das Heck eines Chevrolet durchbohrte (Kleinschrot 2003).

Mit katastrophalen Auswirkungen auf die Lebewelt ist dagegen zu rechnen, wenn ein riesiger kosmischer Körper auf die Erde aufprallt (z. B. Pierazzo u. Artemieva 2012). So stellten Alvarez et al. (1980) die Theorie auf, dass das Massenaussterbe-Ereignis an der Wende Kreide–Tertiär, das den Dinosauriern endgültig den Garaus machte, auf den Impakt eines riesigen Asteroiden oder Kometen vor ca. 65 Ma zurückzuführen sei. Grundlage für diese Annahme war die Entdeckung von ungewöhnlich hohen Iridium-Gehalten in einer dünnen Tonschicht, die die Kreide-Tertiär-Grenze markiert, die berühmte *Iridium-Anomalie*. Später fand man in dieser Schicht in weltweiter Verbreitung Quarzkörner mit planaren Deformationsgefügen, die durch eine Schockwellen-Metamorphose entstanden sind (Abschn. 26.2.3, S. 429). Es wird angenommen, dass der Chicxulup-Krater auf dieses Ereignis zurückgeht, das nach sehr genauen Ar-Ar-Datierungen vor 66,07 ±0,37 Ma stattfand (Jourdan et al. 2012). Auch das große Artensterben an der Eozän-Oligozän-Grenze vor ca. 35 Ma ist mit einer Ir-Anomalie verknüpft und könnte daher durch ein Impakt-Ereignis ausgelöst worden sein. Im Gegensatz dazu ist das zweiphasige Massenaussterbe-Ereignis an der Perm-Trias-Grenze vor 251,4 Ma, dem schätzungsweise 75–90 % aller Tier- und Pflanzenarten auf der Erde zum Opfer fielen, nicht durch eine signifikante Ir-Anomalie gekennzeichnet. Trotzdem könnte auch hier ein Asteroiden-Impakt eine Rolle gespielt haben: In der Grenzschicht treten *Fullerene* auf, das sind Kohlenstoffmoleküle, die aus Ketten von 60 bis zu einigen hundert C-Atomen bestehen und zu käfigförmigen Gebilden verwoben sind. In ihrem Inneren fanden Becker et al. (2001) Edelgase mit Isotopen-Verhältnissen, die auf der Erde unbekannt sind, wohl aber denen in Meteoriten und interplanetarischen Staubpartikeln ähneln.

Auf einen möglichen Zusammenhang zwischen Massenaussterbe-Ereignissen und Förderungsphasen kontinentaler Flutbasalte wurde in Abschn. 14.1 (S. 243f) hingewiesen.

31.2
Häufigkeit von Meteoriten

Tabelle 31.1 gibt einen Überblick über die Häufigkeit der Haupttypen von Meteoriten, gegliedert nach Fällen und Funden.

> Als *Fälle* bezeichnet man Meteorite, deren Absturz man tatsächlich beobachtet hat.

Das neueste Beispiel in Mitteleuropa ist der Chondrit *Neuschwanstein*, dessen Eintritt in die Atmosphäre am 6. April 2002 als Feuerball über den Bayerischen Alpen gesichtet wurde. Von dem ursprünglich ca. 600 kg schweren Körper gingen wahrscheinlich 7–15 kg in einem etwa 700 × 1 000 m großen Gebiet südöstlich Füssen nieder, wo in der Tat bislang drei Bruchstücke von 1,75 kg (am 14. Juli 2002), 1,63 kg (am 27. Mai 2003) und 2,844 kg (am 29. Juni 2003) aufgefunden wurden (Heinlein 2002; Oberst et al. 2004).

Der neueste beobachtete Fall eines Meteoriten ereignete sich bei der Ortschaft *Carancas*, 11 km südlich der Stadt Desaguadero am Titicaca-See (Südperu). Am 15. September 2007 überflog ein massiver Feuerball mit hell leuchtendem Kopf und weißem Schweif, von NNO kommend, den Titicaca-See und schlug mit einer Geschwindigkeit von etwa 700 km/h fast senkrecht in den Erdboden des Altiplano ein. Der Meteorit höhlte eine 13–14 m breite und ca. 5 m tiefe Grube aus, die sich rasch mit Wasser füllte. Der Einschlag war von mehreren Explosionen begleitet, die ca. 15 Minuten andauerten und noch in Desaguadero gehört wurden, während in 1 km Entfernung Fensterscheiben zu Bruch gingen. Nach Modellierungen von Kenkmann et al. (2008) drang der Meteorit mit einer Geschwindigkeit von ca. 14 km/s (≙ 50 000 km/h) unter einem Winkel von 15° in die Erdatmosphäre ein, wobei etwa zwei Drittel seiner Masse verglühte. Die gefundenen Bruchstücke wurden als Chondrit identifiziert (s. u.).

> Als *Funde* bezeichnet man Meteoriten, die irgendwann in der Vergangenheit unbeobachtet vom Himmel fielen und meist nur zufällig entdeckt wurden.

Seit einigen Jahren suchen internationale Expeditionen gezielt und erfolgreich nach Meteoriten (Bischoff 2001). Geeignete Gebiete dafür sind die antarktischen Blaueis-Felder; das sind schneefreie Gletscher, die an einer Barriere im Untergrund, z. B. an einem Bergrücken, aufgestaut und nach oben gedrückt werden. Dadurch konzentrieren sich Meteoriten, die in einem größeren Areal gefallen sind, auf engem Raum und werden durch Wind- und Sonneneinwirkung freigelegt. Auch in den großen Sandwüsten der Erde, insbesondere in der Sahara, im Oman und in Australien, wird neuerdings gezielt nach Meteoriten gesucht, z. T. sogar von Privatsammlern.

Wie aus Tabelle 31.1 hervorgeht, wurde bis 2002 Material von über 900 Meteoritenfällen geborgen. Unter diesem dominieren mit nahezu 87 % ganz klar die Chondrite, gefolgt von den Achondriten, den Eisenmeteoriten und den Stein-Eisen-Meteoriten. Eine noch deutlichere Vorherrschaft erbrachten die ca. 1 550 neuen Meteoriten, die in über 7 000 Einzelstücken in der Antarktis gefunden wurden: Von ihnen konnten mehr als 96 % als Chondrite identifiziert werden. Ein abweichendes und irreführendes Bild ergibt sich, wenn man die Statistik der ca. 1 660 Zufallsfunde von Meteoriten betrachtet, die bislang weltweit gemacht wurden. Zwar dominieren auch hier die Chondrite, jedoch nur mit ca. 54 %, während die Eisenmeteoriten immerhin ca. 41 % ausmachen und auch die Stein-Eisen-Meteoriten noch vor den Achondriten rangieren. Eisen- und Stein-Eisen-Meteoriten unterscheiden sich durch ihre ungewöhnlich hohe Dichte und ihr Aussehen markant von irdischen Gesteinen und fallen so auch dem Laien auf. Allerdings werden von vielen Findern angerostete Erzstücke, insbesondere von Markasit- bzw. Pyrit-Konkretionen, oder metallurgische Hüttenprodukte irrtümlich für Eisenmeteorite gehalten. Im Gegensatz dazu werden Chondrite häufig, Achondrite fast immer mit irdischen Gesteinen verwechselt.

Tabelle 31.1.
Häufigkeit von Meteoriten-Typen. (Nach Lipschitz u. Schultz 1998, mit Ergänzungen nach Norton 2002)

Meteoriten-Typ	Fälle	Alte Funde[a]	Funde Antarktis	Gesamtzahl der Funde[c]	
Chondrite	784	897	7 004 (1 476)	Chondrite	13 918
C1 (= CI)	5	0	1		
C2 (= CM und CR)	18	15	172		
Andere C	12	15	91		
E	13	11	72		
H	276	405	3 059		
L	319	350	3 341		
Andere	0	0	5		
Achondrite	69	46[b]	214[b]	Achondrite	525
Asteroiden					
Howardite	18	3	21		
Eukrite	23	7	82		
Diogenite	9	0	13		
Aubrite	9	1	33		
Angrite	1	0	2		
Ureilite	4	6	31		
Andere	1	2	9		
Mars					
Shergottite	2	13[b]	5		
Nakhlite	1	3[b]	1		
Chassignit	1	0	0		
Orthopyroxenit	0	0	1[b]		
Mond					
Anorthosit-Breccie	0	8[b]	12[b]		
Mare-Basalt(-Breccie)	0	2[b]	2[b]		
Mare-Breccie	0	0	2[b]		
Olivin-Norit	0	1[b]	0		
Steinmeteorite				Unklassifiziert	5 781
Stein-Eisen-Meteorite	10	57	32 (14)	Stein-Eisen-M.	104
Lodranite	1	0	3		
Mesosiderite	6	22	25		
Pallasite	3	35	4		
Eisenmeteorite	42	683	51 (35)	Eisenmeteorite	815

[a] Ohne Neufunde in der Sahara, der Australischen Wüste und im Oman. Die Zahl der antarktischen Meteoriten erniedrigt sich, wenn man berücksichtigt, das jeweils mehrere der gefundenen Einzelstücke zu einem Fall gehören. Die korrigierten Werte sind für die Hauptgruppen in Klammern angegeben.
[b] Mars- und Mond-Achondrite ergänzt nach Norton (2002) nach Neufunden in Australien, Oman und der Sahara (Spalte 2) sowie der Antarktis (Spalte 3). Nach Bogard (2011) hat sich die Zahl der bekannten Mars-Meteoriten inzwischen auf ca. 50 erhöht. In der Antarktis wurden inzwischen >25 000 Meteoriten-Bruchstücke gefunden (Martins 2011).
[c] Gesamtzahl der Funde, unkorrigiert für Paarungen, nach Grady (1999) aus Bischoff (2001).

31.3 Haupttypen der Meteorite

Ebenso wie irdische Gesteine werden auch Meteorite nach ihrem Gefüge, ihrer chemischen Zusammensetzung und ihrem Mineralbestand klassifiziert (z. B. Krot et al. 2005). Daraus lassen sich wichtige Befunde für die frühe Geschichte unseres Sonnensystems und den inneren Aufbau der erdähnlichen Planeten ableiten. So dokumentieren die ca. 250 Meteoriten-Minerale, von denen die wichtigsten in Tabelle 31.2 zusammengestellt sind, die frühesten Stadien in der Bildung und Entwicklung unseres Sonnensystems (z. B. McCoy 2010). Viele dieser Minerale bildeten sich schon vor der Entstehung unseres Planetensystems während des gewaltsamen Todes anderer Sterne, als sich die expandierenden Hüllen von Supernovae oder Roten Riesen soweit abkühlten, dass feste Phasen kondensieren konnten. Sie wurden durch Supernovae-Explosionen oder durch stellare Winde im Weltraum verteilt und in dichte interstellare Molekülwolken inkorporiert (vgl. Abschn. 34.3, S. 631ff). Während der Kondensation unseres eigenen Solarnebels bildeten sich dann die Mutterkörper der primitivsten Meteorite, der Chondrite. Danach führten Prozesse der Tieftemperatur-Alteration, der thermischen und der Schockwellen-Metamorphose zur vermehrten Kristallisation neuer Meteoriten-Minerale, während das nachfolgende Aufschmelzen von Asteroiden zunächst eine weitere Zunahme, später aber eine dramatische Verringerung

Tabelle 31.2. Meteoritenminerale

Silikate (Mischkristalle und Endglieder)	
Olivin:	$(Mg,Fe,Ca)_2[SiO_4]$
Fayalit	$Fe_2[SiO_4]$
Forsterit	$Mg_2[SiO_4]$
Kirschsteinit	$CaFe[SiO_4]$
Ringwoodit	$\gamma\text{-}(Mg,Fe)_2[SiO_4]$
Klinopyroxen:	
Diopsid	$CaMg[Si_2O_6]$
Fassait	$Ca(Mg,Ti,Al)[(Si,Al)_2O_6]$
Hedenbergit	$CaFe[Si_2O_6]$
Pigeonit	$(Fe,Mg,Ca)_2[Si_2O_6]$
Orthopyroxen:	$(Mg,Fe)_2[Si_2O_6]$
Enstatit	$Mg_2[Si_2O_6]$
Ferrosilit	$Fe_2[Si_2O_6]$
Majorit	$Mg_3MgSi^{[6]}[Si^{[4]}O_4]_3$
Feldspäte:	
Kalifeldspat	$K[AlSi_3O_8]$
Plagioklas	$(Na,Ca)[(Si,Al)_3O_8]$
Albit	$Na[AlSi_3O_8]$
Anorthit	$Ca[Al_2Si_2O_8]$
Quarz	SiO_2
Cristobalit, Tridymit	Hochtemperatur-SiO_2
Melilith	$Ca_2(Al,Mg)[(Si,Al)_2O_7]$
wasserhaltige Silikate	
z. B. Serpentin	$Mg_6[(OH)_8/Si_4O_{10}]$
Elemente und Metalle	
Diamant	C
Graphit	C
Kamacit α-Fe	(Fe,Ni) (4–7 % Ni)
Taenit γ-Fe	(Fe,Ni) (20–50 % Ni)
Tetrataenit	(Fe,Ni) (50 % Ni)
Elemente und Metalle (*Fortsetzung*)	
Kupfer	Cu
Nickel	Ni
Legierungen verschiedener Metalle	
Oxide	
Chromit	$FeCr_2O_4$
Grossit	$CaAl_4O_7$
Hibonit	$CaAl_{12}O_{19}$
Magnetit	Fe_3O_4
Perowskit	$CaTiO_3$
Spinell	$MgAl_2O_4$
Carbide, Nitride, Phosphide, Sulfide, Arsenide, Sulfarsenide, Chloride	
Cohenit	$(Fe,Ni)_3C$
Carlsbergit	CrN
Osbornit	TiN
Barringerit	$(Fe,Ni)_2P$
Schreibersit	$(Fe,Ni)_3P$
Chalcopyrit	$CuFeS_2$
Daubréelith	$FeCr_2S_4$
Niningerit	$(Mg,Fe)S$
Oldhamit	CaS
Pentlandit	$(Fe,Ni)_9S_8$
Sphalerit	$(Zn,Fe)S$
Troilit	FeS
Cobaltin	CoAsS
Rammelsbergit	$NiAs_2$
Lawrencit	$FeCl_2$
Phosphate	
Apatit	$Ca_5[(F,OH,Cl)/(PO_4)_3]$
Merrillit	$Ca_9Na(Mg,Fe)[PO_4]_7$
Whitlockit	$Ca_9(Mg,Fe)[PO_3OH/(PO_4)_6]$

des Mineralbestandes zur Folge hatte. Schließlich leitete eine neue Phase der magmatischen Differentiation die Geburt der erdähnlichen Planeten ein. Altersdatierungen mit unterschiedlichen radiogenen Isotopen-Systemen tragen wesentlich dazu bei, die frühe Entwicklung planetarischer Körper während der ersten 100 Millionen Jahre unseres Planetensystems zu rekonstruieren (vgl. Kleine u. Rudge 2011).

31.3.1
Undiffenzierte Steinmeteorite: Chondrite

Nach der Zahl der beobachteten Fälle und der Neufunde in der Antarktis bilden Chondrite mit Abstand die größte Meteoritengruppe (Tabelle 31.1; vgl. Scott u. Krot 2005). Chondrite sind Bruchstücke von Asteroiden, die seit ihrer Bildung niemals so stark aufgeheizt wurden, dass es zu Aufschmelzprozessen in diesen Meteoritenmutterkörpern kam. Daher wurden die Metall- und die Silikatphase nicht voneinander getrennt, und es liegen Hochtemperatur- und Tieftemperaturminerale im Ungleichgewicht nebeneinander vor. Chondrite stellen daher „Urmaterie" dar, die eine frühe Bildungsphase unseres Sonnensystems repräsentieren. Isotopische Altersbestimmungen (Abschn. 33.5.3, S. 615ff) erbrachten Alterswerte von 4,56–4,57 Ga für die Bildung der Meteoriten-Mutterkörper (s. S. 554 und Tabelle 34.2, S. 636), während für ihre weitere thermische Geschichte bis ca. 100 Mio. Jahre jüngere Ar-Ar-Alter bis gefunden wurden (Bogard 2011).

Ein charakteristischer Bestandteil der meisten Chondrite sind die *Chondren* (grch. χόνδρος = Körnchen), rundliche Gebilde von 0,2 bis einigen Millimeter Durchmesser, die aus Olivin, Ortho- oder Klinopyroxen sowie einem Feldspat-ähnlichen Glas bestehen und meist 40–90 Vol.-% eines Chondriten ausmachen (Abb. 31.3a–d). Sie sind in eine sehr feinkörnige *Matrix* von <0,1 mm Korngröße eingebettet, die sich aus einem Gemenge von Silikaten, Oxiden, Sulfiden und Metallen, besonders Ni-Fe-Legierungen, in einigen Chondriten auch aus organischen Substanzen zusammensetzt. Eingesprengt in die Matrix sind neben den Chondren gröbere Körner von Olivin und Pyroxen, unregelmäßige, bis einige Millimeter große Körner von metallischem Nickeleisen, Troilit

Abb. 31.3.
Mikrofotos unterschiedlicher Gefügetypen von Chondren im LL5-Chondrit *Tuxtuac* (Mexico). **a** Pyroxenchondre; **b** radial gestreifte Pyroxenchondre; **c** porphyrische Chondre; **d** gestreifte Olivin-Chondre. Länge der horizontalen Bildkante: **a** 2,3 mm, **b** 1,5 mm, **c** 3,4 mm, **d** 0,8 mm. (Foto: K.-P. Kelber, aus Kleinschrot 2003)

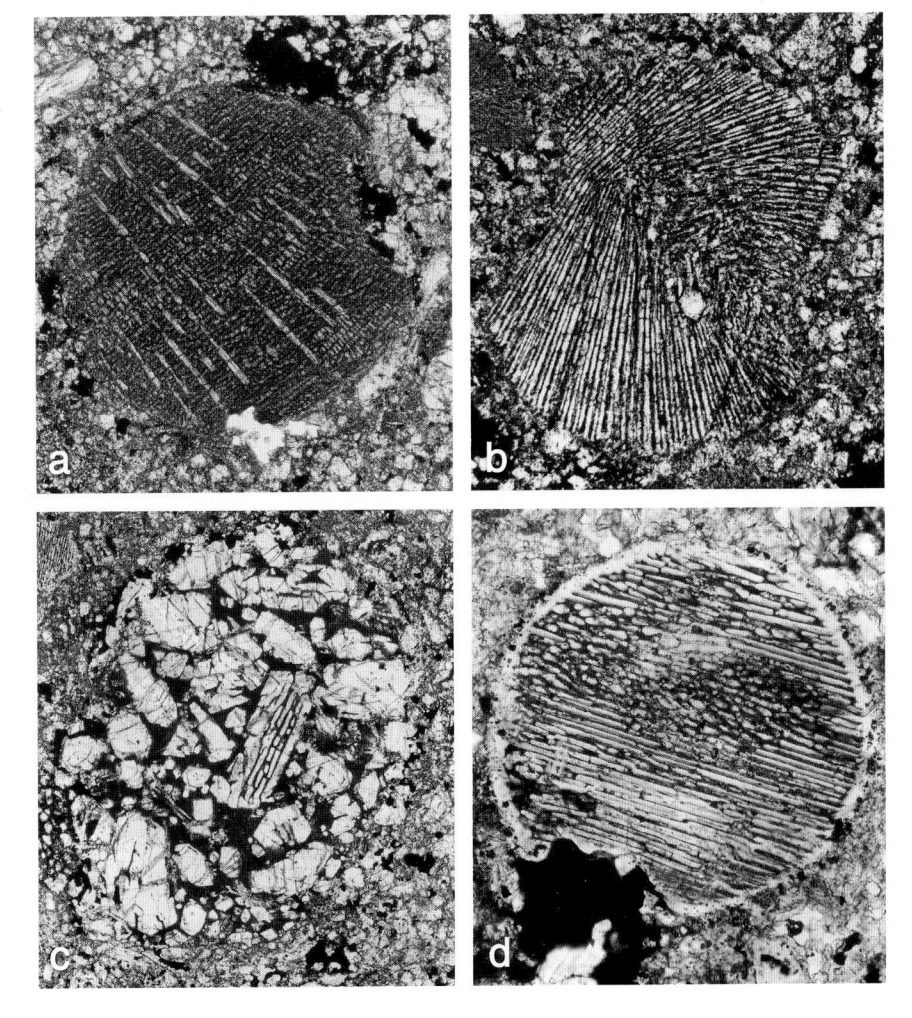

(um 5 Vol.-%), ferner Chromit, Apatit und einige seltene Minerale, die bisher nur in Meteoriten gefunden wurden, z. B. Niningerit und Oldhamit.

Als charakteristischen Bestandteil enthalten viele Chondrite hochschmelzende (refraktäre) *Ca-Al-reiche Einschlüsse* (CAI), die aus verschiedenen Ca-Al-Silikaten und -Oxiden bestehen und sehr unterschiedliche Gefüge aufweisen; sie sind teils wie Chondren, teils unregelmäßig geformt (Bischof u. Keil 1983; Scott u. Krot 2005). CAI stellen frühe Kondensate aus dem Solarnebel dar (Abschn. 34.4, Tabelle 34.2, S. 636), die bei unterschiedlichen Temperaturen kristallisierten. Als Relikte dieses präsolaren Stadiums enthält der höher temperierte CAI-Typ A Körner von Melilith, Spinell und Hibonit, der niedriger temperierte Typ B dagegen keinen Hibonit, aber neben Melilith und Spinell noch Ca-Pyroxen und Anorthit (vgl. Abb. 34.2, S. 632). Heute weiß man dass die CAI bereits eine komplexe thermische Geschichte mit mehrfachen Episoden der Aufheizung und/oder Aufschmelzung sowie Alterations-Vorgängen im Solarnebel oder im Asteroiden-Mutterkörper hinter sich haben (MacPershon 2005; McCoy 2010).

Ein weiterer interessanter Bestandteil der Chondrite sind die *amöboiden Olivin-Aggregate* (AOA). Diese unregelmäßig geformten, bis 1 mm langen Objekte bestehen aus feinkörnigem Olivin, Nickeleisen, sowie Al-Diopsid, Anorthit, Spinell und seltenem Melilith.

Bereits Rose (1864) und Tschermak (1885) haben die von ihnen beobachteten Chondren-Typen beschrieben, gezeichnet und fotografiert; eine umfassende petrographische Studie an mehr als 1 600 Chondren wurde von Gooding und Keil (1981) durchgeführt. Danach unterscheidet man *porphyrische Chondren* mit Olivin- und/oder Pyroxen-Einsprenglingen (Abb. 31.3c), *gestreifte* oder *Balken-Chondren* aus tafelförmigen Olivin-Kristallen (Abb. 31.3d), *radial gestreifte Pyroxen-Chondren* (Abb. 31.3b), *körnige Pyroxen-* und *Pyroxen-Olivin-Chondren*, *kryptokristalline Chondren* sowie die seltenen *metallischen Chondren*. Dementsprechend zeigen Chondren eine große Variationsbreite in ihrer chemischen Zusammensetzung von FeO-arm (Typ I) bis FeO-reich (Typ II) und SiO_2-arm (Zusatz A) bis SiO_2-reich (Zusatz B); so z. B. gehören Fe-arme, SiO_2-reiche Chondren dem Typ IB an. Die Entstehung der Chondren wird bereits seit langem kontrovers diskutiert (vgl. Zanda 2004; Scott u. Krot 2005). Man deutet sie heute als sehr rasch abgeschreckte Schmelztröpfchen, die in der Akkretionsphase unseres Sonnensystems vor ca. 4,568–4,562 Ga (Amelin et al. 2002; Bouvier et al. 2008; Bogard 2011) bei Temperaturen von 1 450–1 900 °C gebildet wurden, und zwar wohl größtenteils durch das Aufschmelzen von Staubaggregaten (Abschn. 34.4, S. 633). Beim Entstehen der Proto-Planeten wurden die Chondren, die CAI und einzelne Mineralkörner von kosmischem Staub umhüllt und zusammengebacken (Metzler et al. 1992; vgl. Abb. 31.4).

Dieser *Akkretionsprozess* führte zu einer unterschiedlich starken thermischen Überprägung der Chondrite, was eine zunehmende Rekristallisation und Kornvergröberung der Matrix zur Folge hatte. Dadurch wurden die Chondren immer stärker in die Matrix integriert und lassen sich zunehmend schlechter identifizieren. Darüber hinaus begünstigt die Aufheizung den Ionenaustausch und damit die Einstellung des thermodynamischen Gleichgewichts zwischen den Mineralphasen. Dabei wurden die Ar-Ar-Alter auf Werte von 4,563–4,502 zurückgesetzt (Bogard 2011). Nach dem Grad der thermischen Überprägung unterscheiden van Schmus u. Wood (1967) sechs *petrographische Gefügetypen*, von denen die Typen 1–3 nicht äquilibriert, die Typen 4–6 dagegen äquilibriert sind, entsprechend Temperaturbereichen von <150–600 °C bzw. 600–950 °C (Norton 2002). In Typus 2 und 3 sind die Chondren klar, in Typ 4 gut definiert, in Typ 5 noch erkennbar, in Typ 6 dagegen schlecht erkennbar. Typus 1, der keine Chondren enthält, und Typus 2 kommen nur in kohligen Chondriten vor (s. unten). Durch Impakt-Ereignisse können Chondrite mehr oder weniger stark metamorph überprägt und dabei ihre Ar-Ar-

Abb. 31.4.
Modell der Akkretions- und Brecciierungs-Geschichte der CM-Chondrite. (Nach Metzler et al. 1992)

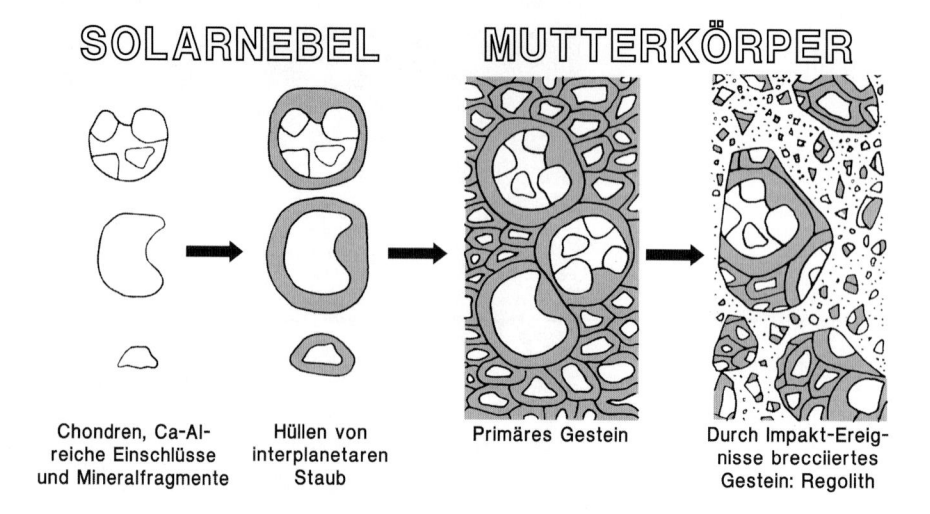

SOLARNEBEL → → MUTTERKÖRPER

Chondren, Ca-Al-reiche Einschlüsse und Mineralfragmente — Hüllen von interplanetaren Staub — Primäres Gestein — Durch Impakt-Ereignisse brecciiertes Gestein: Regolith

Alter noch weiter verjüngt werden (Bogard 2011). Dieser Prozess führt zur Brecciierung und zur Bildung von Schockadern, in denen sich Ringwoodit und Majorit, die Hochdruckmodifikationen von Olivin und Pyroxen (Abschn. 29.3.3, S. 530) gebildet haben.

Unabhängig von ihrem Gefüge werden die Chondrite nach ihrer *chemischen Zusammensetzung* und ihrem *Mineralbestand* in sechs Haupttypen eingeteilt, die hier kurz charakterisiert werden (z. B. Meibom u. Clark 1999).

Enstatit-Chondrite (E)

Die Enstatit-Chondrite bestehen zum größten Teil aus reinem Enstatit ($En_{100}Fs_0$), untergeordnet Olivin (mit <1 Mol.-% Fayalit-Komponente) und ca. 5 Vol.-% Plagioklas. Sie enthalten so gut wie kein Eisenoxid, sondern das gesamte Eisen (ca. 22–23 Gew.-%) ist zu Metall (17–23 Gew.-%) reduziert oder als Sulfid gebunden. Darüber hinaus treten in ihnen ungewöhnliche Sulfide von Mg, Mn, Cr und Ti auf, d. h. von Metallen die sonst an Sauerstoff gebunden sind. Bei der Bildung des Enstatit-Chondrit-Mutterkörpers muss also nur sehr wenig Sauerstoff zur Verfügung gestanden haben. Je nachdem, ob der Gehalt an Gesamt-Fe hoch oder niedrig ist, unterscheidet man EH- bzw. EL-Chondrite. E-Chondrite können in den petrographischen Gefügetypen 3–6 ausgebildet sein.

Gewöhnliche Chondrite (H, L, LL)

Gewöhnliche Chondrite sind stärker oxidiert als die E-Chondrite. Sie werden nach ihrem Gesamt-Fe-Gehalt und ihrem Oxidationsgrad gegliedert in:

- *Olivin-Bronzit-Chondrite*, H (high iron): Gesamt-Fe 25–30 %, metallisches Fe 15–19 %, Orthopyroxen $Fs_{12–30}$, Olivin $Fa_{16–19}$;
- *Olivin-Hypersthen-Chondrite*, L (low iron): Gesamt-Fe 20–24 %, metallisches Fe 4–9 %, Orthopyroxen $Fs_{30–50}$, Olivin $Fa_{21–25}$;
- *Amphoterite*, LL (low iron, low metal): Gesamt-Fe 19–22 %, metallisches Fe 0,3–3 %, Olivin $Fa_{26–32}$.

Wie aus Tabelle 31.1 hervorgeht, stellen die H- und L-Chondrite die wichtigsten Meteoritengruppen überhaupt dar. Nach ihrer unterschiedlichen thermischen Überprägung gehören gewöhnliche Chondrite den Gefügetypen 3–6 an und werden danach z. B. als H3 oder L6 bezeichnet. Der am 15. September 2007 am Titicaca-See (Südperu) gefallene Meteorit Carancas ist ein H4/5-Chondrit (Schultz et al. 2008). Auch der Meteoritenschauer, der am 15. Februar 2013 unter verheerenden Begleitumständen nahe der Millionenstadt Tscheljabinsk (Ural, Russland) niederging, besteht aus Fragmenten eines „gewöhnlichen" Chondriten.

Nach genaueren Untersuchungen an 11 Bruchstücken (Bischoff et al. 2013) handelt es sich allerdings um eine außergewöhnliche Chondrit-Breccie, die aus folgenden Komponenten aufgebaut ist:

- hellfarbige LL5-Chondrite mit zahlreichen Schockadern;
- hellfarbige Chondrite, teilweise vom Typ LL6, die sehr selten Chondren enthalten und nur wenige oder keine Schockadern führen;
- stark rekristallisierte LL5/6- oder LL6-Chondrite mit verbreiteten Schockadern;
- stark geschockte Chondrit-Fragmente, deren Risse und Lücken mit opaker Substanz, z. B. Troilit, gefüllt sind;
- dunkle, feinkörnige Chondrit-Fragmente, reich an Impakt-Schmelzen, mit unterschiedlichen Gehalten an Gesteins- und Mineral-Bruchstücken.

Ale bisher gefundenen Anteile der Chondrit-Breccie lassen sich vom Mutterkörper der LL-Chondrite ableiten.

Nach K-Ar-Datierungen von Trieloff et al. (2007) weisen L-Chondrite ein „Entgasungsalter" von 470 ±6 Ma auf. Zu diesem Zeitpunkt kam es zu einer heftigen Kollision zwischen dem einige 100 km großen Mutter-Asteroiden der L-Chondrite und einem zweiten, mehrere km großen Asteroiden. Durch dieses thermische Ereignis wurde die isotopische Uhr, die ursprünglich das Entstehungsalter dieser Chondrite von ca. 4,56 Ga anzeigte, zurückgestellt. Interessanterweise fand man in einem Steinbruch am Kinnekulle bei Lidköping in Mittelschweden eine ungewöhnlich große Anhäufung von mehr als 40 „fossilen" L-Chondriten, die in einem Kalkstein des mittleren Ordoviziums einsedimentiert waren. Nach geologischen Datierungen hat dieser Kalkstein ein Alter von 467 ±2 Ma, das also innerhalb der Fehlergrenze mit dem Entgasungsalter übereinstimmt und so das Alter des Kollisions-Ereignisses bestätigt. Durch die Schockwellen-Metamorphose, die durch die Kollision ausgelöst wurde, entstanden in Olivinkörnern als Hochdruck-Minerale Lamellen von Ringwoodit sowie polykristalline Aggregate von Ringwoodit und Majorit. Die hohen Temperaturen und Drucke, die für ihr Wachstum notwendig waren, müssen mindestens einige Sekunden bestanden haben (Cheng et al. 2004).

Rumuruti-Chondrite (R)

Dieser relativ seltene, oft stark verwitterte Typ wurde 1977 erkannt, aber erst 1993 als eigene Gruppe definiert, nachdem man eine frische Probe im Berliner Museum für Naturkunde analysiert hatte (Schulze et al. 1994). Diese stammt aus einem Meteoritenschauer, der 1934 nahe Rumuruti (Kenya) niedergegangen war. Bis jetzt sind insgesamt 16 R-Chondrite gefunden worden (Bischoff 2001). Bei einem Gesamt-Fe-Gehalt von 24–25 % enthalten die R-Chondrite fast kein metallisches Fe, sind also stark oxidiert. Hauptmineral (ca. 70 Vol.-%) ist Fe-reicher Olivin $Fa_{38–41}$ neben Plagioklas, Klinopyroxen, Troilit FeS, Pyrrhotin $Fe_{1-x}S$. R-Chondrite gehören den Gefügetypen 3–6 an.

Kohlige Chondrite (C)

Kohlige Chondrite (engl. carbonaceous chondrites) erinnern in ihrem Aussehen an Holzkohlenbriketts; sie sind oft sehr brüchig, verwittern rasch und wurden daher nur von wenigen Findern als Meteorite erkannt. Während gewöhnliche Chondrite meist eine Porosität von <10 % aufweisen, liegt sie bei den meisten kohligen Chondriten bei >20 % (Consolmagno et al. 2008). Erst mit der gezielten Suche nach Meteoriten in den antarktischen Blaueis-Feldern hat sich die Zahl der bekannten C-Chondrite drastisch erhöht (Tabelle 31.1). Kennzeichnend für die C-Chondrite ist ein hoher Gehalt an Kohlenstoff, Wasser und anderen leichtflüchtigen Komponenten, insbesondere auch organische Verbindungen (s. u.), was auf niedrige Bildungstemperaturen hinweist. Die Mutterkörper der kohligen Chondriten sind im äußeren, sonnenfernen Bereich des Asteroiden-Gürtels zu suchen (Absch. 32.2, S. 579).

Die primitivsten kohligen Chondrite sind die *CI-(= C1-) Chondrite* (benannt nach dem Fall von Ivuna, Tansania). Sie haben eine ähnliche chemische Zusammensetzung wie die Photosphäre der Sonne, wenn man von den geringeren Gehalten an H, He, O, N und C absieht. CI-Chondrite enthalten 17–22 Gew.-% H_2O. Das bekannteste Beispiel dieses extrem seltenen Typs ist Orgueil, gefallen am 14. Mai 1864 nördlich Toulouse (Frankreich). Er besteht überwiegend aus Serpentin-ähnlichen Schichtsilikaten und Montmorillonit, ferner aus Fe-Ni-Sulfiden, Magnetit, Karbonaten und Sulfaten. Neben den fünf bekannten Fällen wurde ein CI-Chondrit in der Antarktis, ein weiterer durch die Apollo-12-Mission (1969) im Oceanus Procellarum des Mondes gefunden. CI-Chondrite enthalten keine Chondren, gehören also dem Gefügetyp 1 an.

Eine Ausnahme bildet der Meteorit Tagish Lake, der am 18. Januar 2000 über dem Yukon-Territorium (NW-Kananada) niederging; er entspricht chemisch einem CI-Chondrit, hat aber Chondren; er ist also nach dem Gefüge als C2-Chondrit zu klassifizieren.

Alle anderen Typen von kohligen Chondriten enthalten einen mehr oder weniger hohen Anteil an porphyrischen Olivin-Chondren, daneben nicht-porphyrische Chondren, hochschmelzende (refraktäre) Einschlüsse, insbesondere CAI, und Einzelkörner von Olivin in einer feinkörnigen Matrix. *CM- und CR-Chondrite* gehören überwiegend dem Gefügetyp 2 an und werden daher auch als CM2- bzw. CR2-Chondrite bezeichnet. In beiden Typen sind Serpentin-ähnliche Schichtsilikate ein wichtiger Bestandteil der feinkörnigen Matrix.

Ähnlich wie Orgueil und Tagish Lake ist der CM2-Chondrit Murchison, der 1969 in Victoria (Australien) gefallen war, reich an abiotisch entstandenen organischen Verbindungen. Von diesen sind >70 % organische Makromoleküle, die in gängigen Lösungsmitteln unlöslich sind. Unter den löslichen organischen Verbindungen überwiegen Carboxylsäuren; daneben wurden u. a. Sulfonsäuren und Aminosäuren nachgewiesen (Martins 2010). Die organischen Substanzen von Murchison unterscheiden sich in ihrer Kohlenstoff- und Wasserstoff-Isotopie deutlich von der in irdischen Organismen sowie in Kohle, Erdöl und Methan. Trotzdem besteht durchaus die Möglichkeit, dass organische Verbindungen, die mit kohligen Chondriten auf die frühe Erde gelangt sind, als erste präbiotische Bausteine an der Entstehung des Lebens mitgewirkt haben (Martins 2010).

Die Chondren der *CM2-Chondrite* (Typ Mighei, Ukraine) sind meist <0,5 mm groß; daneben findet man einzelne Kristalle von Olivin und von metallischem Nickeleisen sowie Mineral-Aggregate bestehend aus Olivin und refraktären Ca-Al-Ti-Mineralen wie Hibonit, Melilith, Perowskit, Spinell und Fassait. Der H_2O-Gehalt beträgt 3–11 Gew.-%. Die *CR-Chondrite* (Typ Renazzo, Italien) enthalten ca. 0,7 mm-große Chondren sowie refraktäre Einschlüsse, außerdem 5–8 Vol.-% Nickeleisen. Die *CO3-Chondrite* (Typ Ornans, Frankreich) haben einen hohen Anteil (ca. 60 Vol.-%) an Chondren, die jedoch nur Durchmesser von 0,1–0,4 mm erreichen; in den CAI kommen die gleichen Hochtemperatur-Minerale wie im CM2-Typ vor. Der Gehalt an metallischem Nickeleisen liegt bei 1–6 Vol.-%.

Demgegenüber enthalten die *CV3-Chondrite* (Typ Vigarano, Italien) einen geringeren Anteil an Chondren und CAI, die jedoch Korngrößen von 0,5–2 mm erreichen; der (Fe,Ni)-Gehalt ist geringer als beim CO3-Typ. Der bekannteste Vertreter dieses Typs ist der Meteorit Allende, der am 8. Februar 1969 in der Provinz Chihuahua als Meteoritenschauer niederging. Die zahlreichen Bruchstücke haben ein Gesamtgewicht von etwa 2 t und lieferten daher reichlich Material für wissenschaftliche Untersuchungen, die zur erstmaligen Entdeckung der Ca-Al-reichen Einschlüsse (CAI) führten.

Eine seltene, hochoxidierte Gruppe von kohligen Chondriten sind die *CK-Chondrite* (Typ Karoonda, Australien), die als einzige C-Chondrite auch in den höher temperierten Gefügetypen 4–6 ausgebildet sind. Sie enthalten etwa 15 Vol.-% an porphyrischen Olivin-Chondren, untergeordnet Balken-Olivin-Chondren (um 0,8 mm groß), ferner äquilibrierte Olivine, Ca-reiche und Ca-arme Pyroxene, Magnetit und andere Opakphasen, darunter auch seltene PGE-Sulfide. Der Anteil an metallischem Nickeleisen ist dagegen sehr gering.

Eine seltene Gruppe stellen die metallreichen CH- und CB-Chondrite dar, die zu den primitivsten, aber auch umstrittensten Meteoriten überhaupt gehören (Krot et al. 2006, 2007). Sie zeigen keine metamorphe Überprägung. *CH-Chondrite* bestehen überwiegend aus kleinen, nur 20–70 μm großen, kryptokristallinen Chondren und weisen hohe Gehalte (ca. 20 %) an zonierten (Fe,Ni)-Körnern auf. Wahrscheinlich stellen diese Metallkörner, die Chondren und die seltenen refraktären Einschlüsse Kondensate des ursprünglichen Solarnebels dar (Abschn. 34.4, S. 633f). Die *CB-Chondrite* bestehen zu ca. 70 % aus (Fe,Ni)-Körnern und enthalten 0,1–7 mm große Chondren, die teils kryptokristallin ausgebildet sind, teils Skelettkristalle von Olivin enthalten. Ihr Anteil an refraktären Einschlüssen ist gering, aber viel höher als im CH-Typ. Durch isotopische Datierungen wurden für die Chondren Alter von 4562,7 ±0,5 bis 4567,6 ±0,1 Ma bestimmt (vgl. Amelin et al. 2002; Bouvier 2008); sie sind also nur wenig jünger als unser Sonnensystem. Die CB-Chondrite entstanden vermutlich durch einen riesigen Zusammenstoß zwischen Planeten-Embryonen innerhalb der protoplanetarischen Akkretionsscheibe, aus der unser Sonnensystem gebildet wurde (Abschn. 34.4, S. 633f).

31.3.2
Differenzierte Steinmeteorite: Achondrite

Achondrite sind Steinmeteorite, die aus einem ursprünglich primitiven Material durch Aufschmelz- und Differentiationsprozesse in einem Meteoriten-Mutterkörper entstanden sind. Sie führen keine Chondren und ähneln in ihrem Gefüge irdischen Gesteinen. Daher wurden nur sehr wenige Achondrite von ihren Findern als Meteorite erkannt, aber auch die Zahl der beobachteten Fälle und der Neufunde in der Antarktis ist im Vergleich zu den Chondriten deutlich geringer (Tabelle 31.1). Demnach handelt es sich insgesamt um eine relativ seltene Meteoritengruppe. Die Achondrite bestehen im Wesentlichen aus Pyroxenen, Olivin und Plagioklas, deren chemische Zusammensetzung und Mengenanteil stark variieren. Nebengemengteile sind Quarz oder Tridymit, Phosphate, Chromit und Troilit. Die Gefügemerkmale sprechen dafür, dass die Achondrite durch Kristallisation aus einem Magma entstanden sind. Viele von ihnen sind allerdings durch spätere Impakt-Ereignisse zerbrochen worden; sie stellen jetzt Breccien aus verschiedenartigen magmatischen Bruchstücken in einer feinkörnigen Matrix dar. Die meisten Achondrite haben Asteroide als Mutterkörper; einige stammen jedoch vom Mars und vom Mond.

Asteroiden-Achondrite

HED-Gruppe. Die überwiegende Mehrzahl der Achondrite gehört zu dieser Gruppe, bestehend aus Howarditen, Eukriten und Diogeniten. Diese weisen große Ähnlichkeiten mit terrestrischen Basalten, aber auch charakteristische Unterschiede zu diesen auf.

Eukrite setzen sich aus nahezu reinem Anorthit und dem Ca-armen Klinopyroxen Pigeonit zusammen; sie enthalten geringe Mengen an metallischem Eisen. Im Mineralbestand der *Diogenite* dominiert Orthopyroxen (Hypersthen) neben geringeren Mengen an Plagioklas, Olivin, Troilit und Chromit. *Howardite* sind Impaktbreccien, die aus eukritischem und diogenitischem Material bestehen. Man nimmt an, dass die HED-Achondrite Bruchstücke des Asteroiden 4 Vesta darstellen. Dabei dürften die Eukrite aus Lavaströmen an der Oberfläche des Mutterkörpers, die Diogenite aus seiner Unterkruste oder dem Mantel stammen. U-Pb- und Pb-Pb-Datierungen an Zirkonen aus fünf basaltischen Eukriten mit unterschiedlich starker impaktmetamorpher Überprägung ergaben gut übereinstimmende U-Pb- und ^{207}Pb-^{206}Pb-Alterswerte zwischen 4 545 ±15 und 4 555 ±13 Ma, entsprechend dem frühen Basalt-Vulkanismus auf dem Eukrit-Mutterkörper 4 Vesta im Anfangsstadium unseres Planetensystems (Misawa et al. 2005). Ar-Ar-Datierungen an 46 Eukriten und Eukrit-Bruchstücken in Howarditen belegen, dass 4 Vesta im Zeitraum von ca. 4,1–3,5 Ga einem wiederholten Meteoriten-Bombardement ausgesetzt war, durch das die basaltischen Gesteine Schockwellenmetamorph überprägt und die Ar-Ar-Alter zurückgesetzt wurden (Bogard 2011).

Aubrite. Diese brecciösen Enstatit-Achondrite sind in ihrem Mineralbestand den Enstatit-Chondriten sehr ähnlich, weisen allerdings viel geringere Gehalte an metallischem Nickeleisen und Troilit auf. Sie entstanden wahrscheinlich durch partielles Aufschmelzen im Inneren eines enstatit-chondritischen Mutterkörpers, wodurch sich ein metallischer Nickeleisen-Kern und ein Aubrit-Mantel bildeten. Demgegenüber besteht die Kruste des Mutterkörpers nach wie vor aus undifferenziertem, aber metamorph überprägtem Enstatit-Chondrit (Norton 2002).

Angrite. Die relativ kleine, aber vielfältige Gruppe der Angrite ist durch einen Fall in die Bucht von Angra dos Reis (Brasilien) und insgesamt 18 Funde andernorts – Antarktis (2), Nord- und Nordwest-Afrika (15), Argentinien (1) – dokumentiert. Diese nicht-brecciierten Achondrite setzen sich hauptsächlich aus dem Ca-Al-reichen Klinopyroxen Fassait zusammen; daneben führen sie geringe Mengen an Olivin und Anorthit. Akzessorien sind Spinell, Ulvöspinell, Troilit, metallisches Nickeleisen, Titanomagnetit, Whitlockit und Ilmenit. Olivin ist ungewöhnlich Ca-reich (1–2 % CaO) und kann Entmischungslamellen von Kirschsteinit CaMg[SiO$_4$] enthalten. Plutonische Angrite weisen hypidiomorph-körnige bis granulare und Kumulatgefüge auf, die aus unzonierten, nahezu im Gleichgewicht stehenden Mineralen aufgebaut sind. Demgegenüber zeigen die vulkanischen Typen Abschreckungs-Gefüge und bestehen aus stark zonierten Mineralen. Angrite stellen die am stärksten alkali-untersättigten basaltischen Gesteine in unserem Sonnensystem dar (Keil 2012). Mit ^{207}Pb-^{206}Pb-Alterswerten von 4 564,86 ±0,30 bis 4 564,65 ±0,4 Ma für die rasch abgeschreckten Vulkanite und von 4 558,86 ±0,30 bis 4 557,65 ±0,13 für die langsam abgekühlte Plutonite gehören sie zugleich zu den ältesten Gesteinen unseres Planetensystems (Keil 2012); sie sind nur wenig jünger als die Ca-Al-reichen Einschlüsse (CAI); s. S. 553f; Abschn. 34.4, S. 633; Tabelle 34.2, S. 636). Für die Herkunft der Angrite wurde der Merkur (Abschn. 32.1.1, S. 568ff) in Betracht gezogen. Jedoch spricht alles dafür, dass der Angrit-Mutterkörper ein differenzierter Asteroid war, der einen Durchmesser von >100 km hatte und einen Metallkern besaß. Er entstand wahrscheinlich ca. 2 Mio. Jahre nach Bildung der CAI (Keil 2012).

Ureilite. Sie zeigen ein Kumulatgefüge aus grobkörnigen Kristallen von Olivin (Fa$_{6-13}$) und Pigeonit, die von opaken Adern umgeben und durchsetzt werden. Diese sind ungewöhnlich reich an Kohlenstoff, der in Form von Graphit oder – bedingt durch Schockwellen-Metamorphose – von Diamant oder Lonsdaleit (Abschn. 4.3, S. 75) auftritt; ferner sind ged. (Fe,Ni), Cohenit und Troilit beteiligt. Der hohe C-Gehalt und eine ähnliche Isotopen-Zusammensetzung sprechen dafür, dass Ureilite und kohlige Chondrite einen gemeinsamen Ursprung haben.

Primitive Achondrite. Schließlich gibt es noch eine Gruppe von relativ *primitiven Achondriten*, die in ihrem Mineralbestand den Chondriten ähneln. *Acapulcoite* und *Lodranite* bestehen etwa zu gleichen Teilen aus Olivin (Fa_{13}) und Orthopyroxen (Fs_{16}) sowie aus etwa 20 Gew.-% (Fe,Ni)-Metall. Sie stammen wahrscheinlich aus dem gleichen Mutterköper und dürften Restite eines partiellen Aufschmelzprozesses darstellen, der unterschiedliche Grade erreicht hatte. *Brachinite* ähneln irdischen Duniten; sie bestehen zu etwa 90 Vol.-% aus Olivin (Fa_{33}), etwas Diopsid sowie geringen Mengen an Troilit und Chromit. *Winonaite* ähneln den Silikat-Einschlüssen in Eisenmeteoriten (s. unten).

Mars-Meteorite: Die SNC-Gruppe der Achondrite

Zur SNC-Gruppe gehören die Shergottite, Nakhlite und Chassignite, die in ihrem Gefüge und ihrem Mineralbestand stark an terrestrische Magmatite erinnern. *Shergottite* sind basaltische Gesteine, die – anders als die Eukrite – auch in ihrem Mineralbestand große Ähnlichkeit mit irdischen Basalten aufweisen. Hauptgemengteile sind Pigeonit, Augit, Olivin und Plagioklas An_{43-57}, der allerdings durch Schockwellen-Metamorphose weitgehend in ein Feldspat-Glas, den Maskelynit umgewandelt worden ist. Dabei entstanden auch die Hochdruck-Modifikationen von SiO_2 wie Stishovit und Seifertit (El Goresy et al. 2008) und andere Hochdruckminerale wie Ringwoodit γ-$(Mg,Fe)_2[SiO_4]$, Akimotoit $(Mg,Fe)[SiO_3]$ (eine Hoch-P-Modifikation von Orthopyroxen), Majorit $Mg_3MgSi^{[6]}[Si^{[4]}O_4]_3$, Lingunit (eine tetragonale Hoch-P-Modifikation von Plagioklas mit Hollandit-Struktur), Tuit γ-$Ca_3[PO_4]_2$ und verglaster Silikatperowskit $Mg[SiO_3]$ (Baziotis et al. 2013).

Mit Ausnahme von Seifertit wurden diese Hochdruckminerale in Schmelztaschen eines 2011 bei Tissint (Marokko) gefallenen Shergottits gefunden, und zwar in ungewöhnlicher Korngröße; so erreicht ein Ringwoodit-Kristall Dimensionen von 75 μm × 140 μm. Diese Tatsachen weisen auf ein Impakt-Ereignis hin, bei dem das basaltische Marsgestein eine hochgradige Schockwellen-Metamorphose mit Drucken von ca. 250 kbar (25 GPa) und Temperaturen von >2 000 °C erlebte. Der dabei gebildete Impakt-Krater dürfte einen Durchmesser von nahezu 100 km haben und stellt in seiner Größe alles bisher auf dem Mars Bekannte in den Schatten (Baziotis et al. 2013).

Weitere Nebengemengteile sind Titanomagnetit und Ilmenit sowie geringe Mengen an Quarz, Fayalit und Pyrrhotin. Die Gehalte an Na im Plagioklas und an Fe^{3+} im Titanomagnetit sind für Meteorite ungewöhnlich. Abbildung 31.5 zeigt den Shergottit Dar al Gani 476, einen Olivinbasalt mit porphyrischem Gefüge; er enthält Einsprenglinge von stark zoniertem Olivin $Fo_{78\rightarrow 56}$ in einer Grundmasse aus Klinopyroxen, Maskelynit, Ti-Magnetit und Ilmenit.

Die *Nakhlite* entstanden aus Lavaströmen oder flachen Intrusionen von Basaltmagma (Treiman 2005). Sie bestehen aus Kumulaten von ca. 80 Vol.-% Augit und 5–10 Vol.-% Olivin (Fa_{65-68}); im Interkumulus-Bereich finden sich hauptsächlich Plagioklas und/oder Glas zusammen mit idiomorphem Titanomagnetit, Pigeonit, Kalifeldspat und Akzessorien. Olivin und Augit enthalten mehrphasige Einschlüsse, die das ehemalige Magma repräsentieren. Bemerkenswerterweise ist Olivin teilweise zu Iddingsit alteriert, was die Anwesenheit von freiem H_2O erfordert. In der Grundmasse treten als Alterations-Minerale Halit, Siderit und Anhydrit/Gips auf.

Abb. 31.5.
Dünnschliff des Marsmeteoriten Dar al Gani 476, gefunden am 1. Mai 1998, aufgenommen im Durchlicht unter Verwendung von **a** einem Nicol und **b** bei +Nic. Der Olivinbasalt (Shergottit) enthält millimetergroße Einsprenglinge von Olivin (mit gelblichbrauner Eigenfarbe und bunten Interferenzfarben) in einer Grundmasse aus Klinopyroxen (hellgelbe Eigenfarbe), Maskelynit, einem Plagioklasglas (farblos, bei +Nicols ausgelöscht) und Opakmineralen. (Foto: Institut für Planetologie, Universität Münster)

Für die *Chassignite* ist bislang nur ein einziges Beispiel bekannt, der Fall von Chassigny (Frankreich). Ähnlich wie terrestrische Dunite besteht das Gestein zu etwa 90 Vol.-% aus Olivin (Fa$_{32}$); untergeordnete Gemengteile sind Orthopyroxen (Fs$_{12-28}$), Chromit und Plagioklas (An$_{16-37}$), der durch Schockwellenbeanspruchung weitgehend in diaplektisches Glas umgewandelt wurde.

Die Zusammensetzung der SNC-Achondrite legt nahe, dass ihre Kristallisation unter Beteiligung von Alkalien und unter stärker oxidierenden Bedingungen erfolgte, als in den Mutterkörpern der übrigen Achondrite. Ähnliche Verhältnisse herrschen dagegen bei der Kristallisation irdischer Basalt-Magmen. Darüber hinaus lieferten isotopische Datierungen an drei Nakhlit-Proben ungewöhnlich geringe Alterswerte zwischen 1,22 und 1,34 Ga. Rb-Sr-, Sm-Nd und U-Pb-Datierungen an unterschiedlichen Mineralen des Shergottits Zagami ergaben gut übereinstimmende Alterswerte von 166 ±6, 166 ±12 und 156 ±6 Ma (Borg et al. 2005). Da die untersuchten Meteorite nur geringe Schockbeanspruchung zeigen, dürften diese jungen Alter kaum ein Impakt-Ereignis datieren, sondern nahe am tatsächlichen Kristallisationsalter der Gesteine liegen. Wie wir gesehen hatten, erbrachte die isotopische Datierung der Chondrite und der meisten Achondrite wesentlich höhere Alter von 4,4–4,6 Ga, und auch die Mondgesteine sind mit Werten zwischen 4,5 und 3,1 Ga wesentlich älter (Abschn. 30.3, S. 544f). Daraus muss man schließen, dass als Mutterkörper für die Nakhlite (und die anderen SNC-Achondrite) nur ein großer erdähnlicher Planet in Frage kommt, auf dem – wie auf unserer Erde – noch lange nach seiner Bildung magmatische Aktivität herrschte. Ein direkter Beweis für die Herkunft vom *Mars* ergaben Gasanalysen am antarktischen Shergottit EETA 79001, der im Zuge eines Impakt-Ereignisses stark geschockt wurde, wobei es zur Aufschmelzung und zur Bildung von Schockadern und Glaskügelchen kam. In diese Gläser wurden Edelgase, Wasserstoff, Deuterium, Stickstoff und CO_2 eingeschlossen, die in ihrem Mengenverhältnis und ihrer Isotopen-Signatur, z. B. dem D/H-Verhältnis, ziemlich genau der Marsatmosphäre entsprechen, wie sie durch die Viking-Sonden ermittelt wurden. Das Alter des Impakt-Ereignisses konnte durch Isotopen-Analyse des stark geschockten Achondrits Shergotty zu 360 Ma bestimmt werden (Jagoutz u. Wänke 1986). Um von einer Planetenoberfläche weggeschleudert zu werden, muss ein Gesteinsstück mindestens auf die *Entweichgeschwindigkeit* beschleunigt werden; diese beträgt beim Mars 5 km/s, beim Mond dagegen nur 2,4 km/s.

Mond-Meteorite: Lunaite

Die ersten drei Mond-Meteorite wurden 1979 und 1980 von japanischen Forschern in den Yamato-Bergen der Antarktis gefunden, aber nicht als Lunaite erkannt. Erst der Meteorit ALHA 81005, der 1982 nahe Allan Hills im Victorialand (Antarktis) von einer amerikanischen Gruppe entdeckt wurde, konnte eindeutig als anorthositische Breccie identifiziert werden, die aus einem der lunaren Hochländer stammt; später wurden auch Basalte und Breccien der Maria des Mondes gefunden (vgl. Abschn. 30.1.2, S. 540f). Die Lunaite unterscheiden sich in ihrem Gesamtgesteins-Chemismus, ihrer Isotopen-Geochemie und ihrer Mineral-Chemie deutlich von den übrigen Achondriten (sowohl der HED- als auch der SNC-Gruppe) und ebenso von irdischen Basalten. Bis zum Jahre 2001 sind in der Antarktis, in der Sahara und im Oman insgesamt 21 Mond-Meteorite gefunden worden, unter denen anorthositische Breccien (Abb. 30.2) stark überwiegen (Norton 2002).

31.3.3
Stein-Eisen-Meteorite (differenziert)

Die Übergangsgruppe der Stein-Eisen-Meteorite stellt nach ihrem Gefüge, ihrem Mineralbestand und ihrer Genese eine äußerst heterogene Gruppe von seltenen Meteoritentypen dar. Sie wird nur durch wenige beobachtete Fälle und Neufunde in der Antarktis, aber durch relativ viele Zufallsfunde repräsentiert (Tabelle 31.1).

Lodranite und Acapulcoite

Diese Meteorite hatten wir bereits als relativ primitive *Asteroiden-Achondrite* kennen gelernt. Man könnte sie wegen ihres hohen Anteils an metallischem Nickeleisen (etwa 20 Vol.-%) ebenso als Stein-Eisen-Meteorite klassifizieren, wie das in Tabelle 31.1 geschehen ist.

Mesosiderite

Auch die Mesosiderite, die etwa zu gleichen Mengenanteilen aus ged. Nickeleisen und Silikat-Mineralen bestehen, werden neuerdings genetisch zu den Achondriten gerechnet (Norton 2002). Sie stellen – ähnlich wie die Howardite – Impakt-Breccien dar. Das Metall, das 7–10 Gew.-% Ni in Legierung enthält, bildet entweder klumpige Kornaggregate, die von den Silikaten umgeben sind, oder ist gleichmäßig in der Silikat-Matrix verteilt und umhüllt größere Silikatfragmente. Unter den Silikat-Mineralen dominieren Plagioklas (Anorthit) und Orthopyroxen (Hypersthen), während Pigeonit und Olivin zurücktreten. Die Silikatminerale liegen etwa im gleichen Mengenverhältnis vor wie in den Howarditen, zu denen auch geochemische Ähnlichkeiten bestehen, z. B. in der Sauerstoffisotopie. Man nimmt heute an, dass das Nickeleisen der Mesosiderite eine exotische Komponente darstellt, die einem Asteroiden durch ein Impakt-Ereignis zugemischt wurde, der bereits in metallischen Kern und silikatischen Mantel differenziert war. Bei der

Schockwellenmetamorphose wurde ein Teil des Metallkerns wieder aufgeschmolzen und in die silikatische Impakt-Breccie injiziert; diese stellt selbst eine Mischung aus dem Gesteinsmaterials des Impaktors und des Rezipienten dar (Norton 2002).

Pallasite

Eine ganz andere Genese muss für die seltene Meteoritengruppe der Pallasite angenommen werden, von denen bislang nur drei Fälle und vier antarktische Neufunde bekannt sind. Wegen ihrer hohen Dichte und ihres auffälligen Gefüges wurden sie allerdings immerhin 35-mal bei Zufallsfunden als Besonderheit erkannt und konnten als Meteoriten identifiziert werden (Tabelle 31.1). Die erste Beschreibung dieser Meteoritengruppe verdanken wir dem Forschungsreisenden Peter Simon Pallas (1741–1811), der im Jahre 1772 eine 700 kg schwere Eisenmasse untersuchte, die 1749 bei Krasnojarsk (Sibirien) gefunden worden war.

Der deutsche Physiker Ernst Chladni (1756–1827) war der erste, der 1794 am Beispiel des Pallasiten Krasnojarsk einen extraterrestrischen Ursprung der Meteoriten postulierte und einen Zusammenhang mit meteorischen Leuchterscheinungen, insbesondere mit Feuerbällen, herstellte. Trotz anfänglicher Widerstände berühmter Zeitgenossen wie Johann Wolfgang von Goethe, Alexander von Humboldt und Georg Christoph Lichtenberg setzte sich diese Auffassung relativ rasch durch. Dazu trugen nicht zuletzt spektakuläre Meteoritenfälle bei, die um die Jahrhundertwende in Europa niedergingen, z. B. 1794 bei Siena (Italien), 1795 bei World Cottage (Yorkshire) und 1803 bei L'Aigle (nahe Paris). Schließlich verhalf die Entdeckung der Asteroiden Ceres (Piazzi 1801) und Pallas (Olbers 1802) Chladnis Theorie endgültig zum Durchbruch.

Abb. 31.6. Pallasit von Imilac (Chile). Olivin-Kristalle, eingebettet in ein zusammenhängendes Netzwerk von metallischem Nickeleisen. Mineralogisches Museum der Universität Würzburg. Bildbreite ca. 14 cm. (Foto: K.-P. Kelber)

Pallasite bestehen zu 95 Vol.-% aus metallischem Nickeleisen und Olivin in stark wechselnden Mengenverhältnissen, wobei der Anteil von ged. (Fe,Ni) zwischen 28 und 88 Gew.-% variert. In jedem Fall bildet die Metallphase eine zusammenhängende Masse, die durchscheinende, gelblich bis gelblich-grün gefärbte Olivinkörner einschließt; dadurch entsteht ein spektakuläres Gesteinsgefüge, das in anpolierten Platten am besten zur Wirkung kommt (Abb. 31.6). Olivin bildet Einzelkristalle von wenigen mm bis 2 cm Durchmesser oder mehrere Zentimeter große Aggregate. Nebengemengteile sind Troilit, Schreibersit und Chromit, die an den Rändern der Olivinkörner auftreten. Nach dem Mineral-Chemismus lassen sich zwei Gruppen unterscheiden:

Die *Hauptgruppe* (main group, MG), zu der die meisten bekannten Pallasite gehören, enthält Olivine mit Fa_{11-19} und Metall mit 14–16 % Ni.

Die kleine Gruppe des *Eagle-Station-Trios* (ES, benannt nach einem Vorkommen in Kentucky) führt etwas Fe-reichere Olivine mit Fa_{20-21} und Metall mit 8–12 % Ni.

Es unterliegt keinem Zweifel, dass Pallasite aus dem Bereich der Kern-Mantel-Grenze eines Meteoriten-Mutterkörpers stammen müssen, wobei beide Bereiche ursprünglich im schmelzflüssigen Zustand vorlagen. Bei der Kristallisation des geschmolzenen Mantels saigerten Olivin-Kristalle ab, die über der (Fe,Ni)-Schmelze akkumuliert und infolge gravitativer Instabilität in der obersten Schicht der Metallschmelze suspendiert wurden. Hierfür können zwei Mechanismen verantwortlich gemacht werden:

- Eine Schockwelle, die durch einen Impakt ausgelöst wurde, drückt die Olivin-Kristalle von oben in die (Fe,Ni)-Schmelze hinein.
- Konvektionsvorgänge in der Metallschmelze führen dazu, dass diese von unten her die Olivinschicht injiziert.

In beiden Fällen ist eine rasche Kristallisation der Metallschmelze notwendig, um zu verhindern, dass sich beide Phasen durch Aufschwimmen der Olivin-Körner wieder voneinander trennen.

31.3.4
Eisenmeteorite (differenziert)

Eisenmeteorite spiegeln die Kernzusammensetzungen von differenzierten Asteroiden wider. Somit stellen sie ein Analogon für den Kern der Erde und der anderen erdähnlichen Planeten dar. Berücksichtigt man die beobachteten Fälle und die antarktischen Neufunde, sind die Eisenmeteorite noch seltener als die Achondrite; trotzdem ist das vorhandene Probenmaterial sehr umfangreich, weil Eisenmeteorite wegen ihrer Schwere und ihres metallischen Aussehens sehr häufig gefunden wurden (Tabelle 31.1).

Der französische Chemiker Joseph Louis Proust (1754–1826) wies 1799 den Ni-Gehalt in Eisenmeteoriten nach. Durch systematische Analysen erkannte der Berliner Apotheker und Mineralchemiker Martin Heinrich Klaproth (1743–1817) die wesentlichen Unterschiede zwischen irdischem Eisen und Meteoreisen und erbrachte damit wichtige Argumente für eine extraterrestrische Herkunft der Meteorite im Sinne der Chladnischen Theorie. Er scheute jedoch zunächst vor der Publikation seiner Befunde zurück „... aus Besorgnis, darüber in einen gelehrten Streit verflochten zu werden ..." (Klaproth 1803). Seine Ergebnisse wurden jedoch durch Howard (1802) und Vauquelin (1803) in vollem Umfang bestätigt.

Eisenmeteorite bestehen hauptsächlich aus unterschiedlichen (Fe,Ni)-Legierungen:

- *Kamacit* (Balkeneisen) α-(Fe,Ni) mit kubisch-innenzentrierter Kristallstruktur,
- *Taenit* (Bandeisen) γ-(Fe,Ni) mit kubisch flächenzentrierter Struktur,
- *Plessit* (Fülleisen) stellt ein feinkörniges Gemenge aus beiden Phasen dar.

Kamacit enthält <7,5 Ni, während koexistierender Taenit stets höhere Ni-Gehalte aufweist. Eine wichtige Mineralphase in den Eisenmeteoriten ist Troilit, während Daubréelith, Chromit, Schreibersit, Cohenit, Lawrencit, Graphit und andere Minerale meist seltener auftreten.

Nach ihrem Gefüge und ihrem Mineralbestand lassen sich die Eisenmeteorite in *Hexaedrite*, *Oktaedrite* und *Ataxite* untergliedern, eine Einteilung, die auf den Wiener Petrographen Gustav Tschermak (1836–1927) aus dem Jahr 1883 zurückgeht. Die unterschiedlichen Strukturen dieser Gefügetypen lassen sich am besten auf ebenen, polierten Oberflächen erkennen, die man mit verdünnter Salpetersäure anätzt (Abb. 4.6, S. 73). Die Gefügemerkmale spiegeln Unterschiede im Kamacit-Taenit-Verhältnis wider, das wiederum vom pauschalen Fe-Ni-Verhältnis des Eisenmeteoriten und den Phasenbeziehungen im *Zweistoffsystem Fe–Ni* kontrolliert wird (Abb. 31.7). Unterhalb der Soliduskurve (Schmelzpunkt von reinem Eisen 1 528 °C, von reinem Nickel 1 452 °C) existiert bis ca. 900 °C (bei $P = 1$ bar) eine lückenlose Mischkristallbildung zwischen Fe und Ni, wobei kubisch-flächenzentrierter Taenit γ-(Fe,Ni) die einzige stabile (Fe,Ni)-Legierung darstellt. Bei ca. 900 °C wandelt sich reines Fe in die kubisch-innenzentrierte α-Phase Kamacit um und es öffnet sich ein Zweiphasengebiet (Solvus), in dem Mischkristalle von Ni-ärmerem Kamacit und Ni-reicherem Taenit miteinander koexistieren können. Anhand dieses Diagramms (Abb. 31.7) wollen wir die Gefügetypen der Eisenmeteorite erläutern.

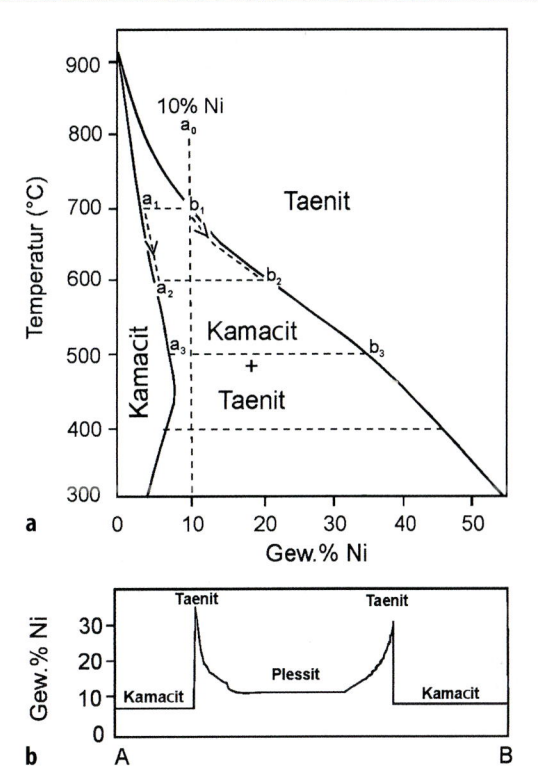

Abb. 31.7. a Zweistoff-System Fe–Ni: Phasenbeziehungen im Subsolidus-Bereich zur Erklärung der Gefügetypen von Eisenmeteoriten. Erläuterungen im Text. **b** Mikrosonden-Analysen der Ni-Verteilung in einem Profil Kamacit–Taenit–Plessit–Taenit–Kamacit mit der typischen M-Form. (Nach Goldstein u. Axon 1973, aus Kleinschrot 2003)

Oktaedrite (O)

Die Ni-Gehalte in Oktaedriten, der wichtigsten Gruppe der Eisenmeteorite, variieren zwischen 6,5 und 12,7 Gew.-%. Auf polierten und angeätzten Platten von Oktaedriten erkennt man die charakteristischen *Widmannstätten'schen Figuren*, bestehend aus Parallelscharen von breiten Kamacit-Balken, die parallel zu den Seiten eines Oktaeders {111} angeordnet sind (Abb. 31.8) und von dünnen Taenit-Lamellen umsäumt werden; diese schließen häufig eine Fülle von feinkörnigen Kamacit-Taenit-Gemengen, dem Plessit ein (Abb. 4.6, S. 73). Bei der Ätzung durch HNO_3 erweisen sich die Taenit-Lamellen als relativ widerstandsfähig und ragen heraus, während die empfindlicheren Kamacit-Balken eingetieft werden.

Die Widmannstätten'schen Figuren wurden bereits 1804 von dem Engländer G. Thomson beschrieben und abgebildet. Ohne Kenntnis dieser Arbeit entdeckte sie 1808 der Österreicher Alois von Beckh-Widmannstätten (1754–1849) vier Jahre später neu und dokumentierte sie in Form von Natur-Selbstdrucken, indem er die angeätzten Oktaedrit-Platten als Druckstöcke benutzte. Eine Publikation erfolgte jedoch erst 1820 durch Karl von Schreibers (1775–1852), der die Bezeichnung Widmannstätten'sche Figuren einführte.

Mikrosonden-Analysen erbrachten Ni-Gehalte von maximal 7,5 Gew.-% Ni im Kamacit und von ca. 30–35 Gew.-% Ni im koexistierenden Taenit (Abb. 31.7b). Diese Tatsache lässt sich nach Abb. 31.7a folgendermaßen erklären: Kühlt man einen Taenit-Mischkristall der Zusammensetzung $a_0 = Fe_{90}Ni_{10}$ auf 700 °C ab (b_1), so beginnen sich Lamellen von Ni-ärmerem Kamacit auszuscheiden (a_1), die parallel zu den Oktaederflächen des ehemaligen Taenit-Einkristalls angeordnet sind. Bei weiterer Abkühlung nimmt der Ni-Gehalt im Kamacit etwas, im koexistierenden Taenit dagegen stark zu, z. B. auf ca. 21 % bei 600 °C (b_2) und ca. 34 % bei 500 °C (b_3). Gleichzeitig steigt das Kamacit : Taenit-Verhältnis immer stärker an, wie sich aus Abb. 31.7a unter Anwendung der Hebelregel (Abb. 18.11, S. 291) leicht ablesen lässt. Dadurch werden die Kamacit-Balken immer breiter, während Taenit nur noch dünne Lamellen bildet. Unterhalb 500 °C wird die Festkörper-Diffusion zwischen den beiden (Fe,Ni)-Phasen so träge, dass sich nur noch bei langsamer Abkühlung ein Gleichgewicht gemäß Abb. 31.7a einstellen kann; das gilt insbesondere für die Diffusion der Ni-Atome in die flächenzentrierte Taenit-Struktur. Bei rascherer Abkühlung reichert sich Ni an den Taenit-Grenzen gegen Kamacit bis auf ca. 35 % an, während das Innere der Taenit-Bänder Ni-ärmer bleibt; zusätzlich bildet sich ein feinkörniges Gemenge von Taenit und Kamacit, der Plessit. Dadurch ergibt sich bei der ortsauflösenden Mikrosonden-Analyse für die Ni-Verteilung das typische M-Profil (Abb. 31.7b). Für die Entstehung der Widmannstätten'schen Figuren hat man im Temperaturbereich zwischen 700 und 450 °C Abkühlungsraten von etwa 100 °C bis zu 1 °C pro Millionen Jahre berechnet. Deshalb können diese Strukturen im Labor nicht nachgeahmt werden (Heide und Wlotzka 1988).

Eine *Feinuntergliederung* der Oktaedrite in sechs Untergruppen erfolgt nach der Breite der Kamacit-Balken, die generell umgekehrt proportional zum Gesamt-Ni-Gehalt der Probe ist (z. B. Buchwald 1975). Je höher der Ni-Gehalt, desto mehr Taenit bleibt übrig und umso feiner werden die Kamacit-Balken. So enthalten die groben Oktaedrite Ogg und Og mit Balkenbreiten von >1,3 mm Ni-Gehalte von 6,5–7,2 %, mittlere Oktaedrite Om (0,5–1,3 mm) 7,4–10,3 % Ni und feine bzw. plessitische Oktaedrite Of, Off und Opl (<0,5 mm) 7,8–12,7 % Ni.

Einige Oktaedrite führen *Silikat-Einschlüsse*. Diese bestehen z. B. in den grobkörnigen Oktaedriten der chemischen Gruppe IAB aus Fe-armem Orthopyroxen (Fs_{4-9}) und Olivin (Fa_{1-4}) sowie Plagioklas in etwa chondritischen Mengenverhältnissen. Geochemische Ähnlichkeiten legen nahe, dass diese Oktaedrite zum gleichen Mutterkörper wie die *Winonaite* gehören, eine Gruppe der primitiven Achondrite. Wahrscheinlich fand in diesem Asteroiden nur eine unvollständige Differentiation in Kern und Mantel statt. Demgegenüber enthalten die IIE-Oktaedrite Silikat-Einschlüsse, die aus Fe-reicherem Orthopyroxen und Augit in einer feinkörnigen Plagioklas-Matrix bestehen und ein amöboides Gefüge aufweisen. Deformationslamellen bei den Pyroxenen und Schockschmelzungserscheinungen beim Plagioklas weisen darauf hin, dass diese Oktaedrite bei der Kollision zweier, verschieden großer Mutterkörper gebildet wurden (Norton 2002).

Hexaedrite (H)

Diese relativ seltene Gruppe von Eisenmeteoriten ist durch Ni-Gehalte von <6 % gekennzeichnet. Daher erfolgt die Umwandlung von der ursprünglichen γ-(Fe,Ni)-Phase Taenit in die α-(Fe,Ni)-Phase Kamacit über ein kleines Temperaturintervall (Abb. 31.7a), so dass sich keine gesonderten Taenit-Lamellen ausbilden können. Vielmehr entstehen einheitliche Kamacit-Hexaeder {100}, die auf polierten und angeätzten Flächen keine Widmannstätten'schen Figuren erkennen lassen. Charakteristisch sind demgegenüber die *Neumann'schen Linien*, Parallelscharen feiner Zwillingslamellen von 1–10 μm Dicke, die entsprechend der kubischen Symmetrie in zwölf verschiedenen Orientierungen auftreten können; sie wurden nach ihrem Entdecker Franz Ernst Neumann (1848) benannt. Es handelt sich um Produkte einer Deformationsverzwillingung, ausgelöst durch ein intensives Schockereignis. Hexaedrite gehören nur einer chemischen Klasse an, die durch hohe Ga/Ni- und Ge/Ni-, aber wechselnde Ir/Ni-Verhältnisse gekennzeichnet ist (Wasson 1985).

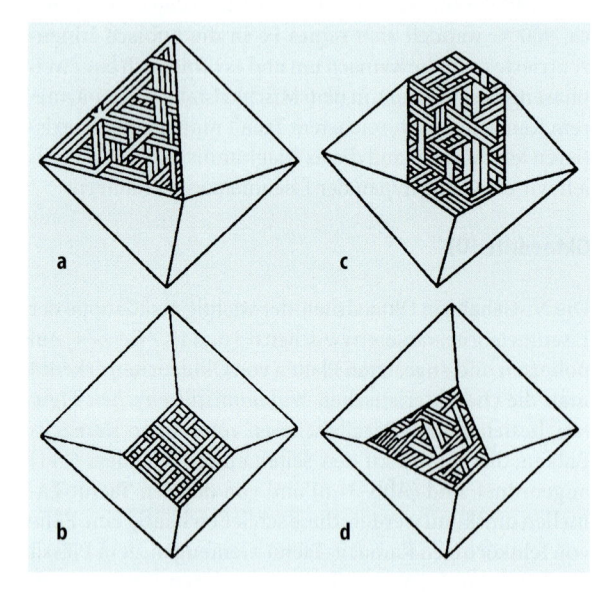

Abb. 31.8. Räumliche Anordnung der Kamacitbalken in Oktaedriten: Widmannstätten'sche Figuren bei verschiedenen Schnittlagen. **a** Oktaederfläche {111}; **b** Würfelfläche {110}; **c** Rhombendodekaeder-Fläche {100}; **d** beliebige Schnittlage. (Nach Tschermak 1894, aus Kleinschrot 2003)

Ataxite (D)

Bei hohen Ni-Gehalten wird der Solvus im Zweistoff-System Fe–Ni erst bei relativ niedrigen Temperaturen erreicht, z. B. in einer Legierung mit 20 % Ni erst bei etwa 600 °C (Punkt b_2 in Abb. 31.7a). Da bei dieser Temperatur die Diffusionsgeschwindigkeit schon gering ist, wird die Ausscheidung von Kamacit-Lamellen im Taenit immer mehr erschwert. Es gibt gleitende Übergänge von plessitischen Oktaedriten (Opl) in *Ni-reiche Ataxite*, die makroskopisch strukturlos sind und daher von Tschermak (1883) als „Dichteisen" bezeichnet wurden (daher die Abkürzung „D"). Mikroskopisch bestehen die Ni-reichen Ataxite, die 16–30 % Ni enthalten, aus winzigen Kriställchen von Taenit, die von einer dünnen Kamacit-Schicht umhüllt werden und in eine Plessitmasse eingebettet sind. Daneben gibt es auch *Ni-arme Ataxite* mit <10 % Ni, die überwiegend aus sehr feinkörnigem Kamacit bestehen; sie entstanden wahrscheinlich durch sekundäre Aufheizung und Abkühlung von Oktaedriten oder Hexaedriten im Kosmos. Obwohl Ataxite die kleinste Gruppe der Eisenmeteorite bilden, stellen sie doch einen prominenten Vertreter, den 60 t schweren Hoba-Meteoriten (Abb. 31.2).

Mutterkörper und Abkühlungsgeschichte der Eisenmeteoriten

Unabhängig von ihrer strukturellen Gliederung unterteilt Wasson (1985) die Eisenmeteorite in 22 chemische Gruppen IA bis IVB, für deren Definition die Verhältnisse Ga : Ni, Ge : Ni und Ir : Ni maßgebend sind. Eisenmeteorite dieser Gruppen dürften von unterschiedlichen Meteoriten-Mutterkörpern stammen. Am häufigsten vertreten sind die Gruppen IIIAB (~220 Proben), IAB (~110, z. B. Canyon Diablo), IIAB (~78) und IVA (61, z. B. Gibeon); ~110 Proben von Eisenmeteoriten sind noch ungruppiert. Wie Goldstein et al. (2009) wahrscheinlich machen konnten, stammen die Eisenmeteorite – entgegen früherer Annahmen – von Mutterkörpern ab, deren Durchmesser 1 000 km oder mehr betrug. Sie bildeten sich noch vor den Chondrit-Mutterkörpern, und zwar vermutlich nicht im Asteroiden-Gürtel, sondern 1–2 Astronomische Einheiten (AE), d. h. ca. 150–300 Mio. km von der Sonne entfernt (vgl. Tabelle 32.1, S. 569). Viele dieser Körper wurden allerdings durch Impakte zerstört, bevor sie langsam abkühlten. Die Mehrzahl der Eisenmeteorite dürfte durch fraktionierte Kristallisation eines einheitlichen metallischen Schmelzkörpers entstanden sein. Im Temperaturbereich von 500–700 °C variierte die Abkühlungsrate der Mutterkörper in weiten Grenzen zwischen 100 und 10 000 °C/Mio. Jahre, woraus sich Abkühlungszeiten von ≤10 Mio. Jahren berechnen lassen.

31.4 Tektite

Tektite sind rundliche, zentimetergroße Glaskörper von pechschwarzer, flaschengrüner oder gelblicher Farbe, die offenbar im Flug erstarrte Schmelztropfen darstellen. Ihr Gewicht liegt meist bei wenigen Gramm, kann aber in Ausnahmefällen mehrere 100 g erreichen; der größte bisher bekannte Tektit wiegt 3,2 kg. Die Form von Tektiten variiert stark, doch sind sie häufig linsen- oder diskenförmig, nicht selten auch tropfenförmig ausgebildet. Die Oberfläche zeigt meist charakteristische Riefen oder Grübchen, die durch Lösungserscheinungen bei der Verwitterung entstanden sind. Frische Tektite, besonders aus Australien, bestehen aus einem linsenförmigen Kern und einem äußeren, nach hinten abgeknickten Ring; diese Form wird durch aerodynamische Ablation erklärt, d. h. durch Verdampfung der Schmelze beim Flug durch die Atmosphäre mit Überschall-Geschwindigkeit. Unter dem Mikroskop zeigen Tektite häufig Fließgefüge, das durch Glasschlieren unterschiedlicher chemischer Zusammensetzung abgebildet wird; außerdem werden winzige Einschlüsse von Lechatelierit (Kieselglas) beobachtet, die auf geschmolzene Quarzkörnchen zurückgehen. Das weist auf Temperaturen von >1 730 °C hin (Abb. 11.44, S. 181).

Tektite werden in wenigen, weit voneinander entfernten Gebieten der Erdoberfläche gefunden, wo sie jedoch weit ausgedehnte Streufelder bilden. Die größten Gebiete liegen in Australien und Tasmanien (*Australite*), in der südostasiatischen Inselwelt (*Philippinite*, *Javaite*, *Billitonite*) sowie in Indochina (*Indochinite*); kleinere Streufelder befinden sich an der Elfenbeinküste (Westafrika), im Bereich des Flusses Moldau in Böhmen und Mähren (*Moldavite*) sowie in Texas (*Bediasite*). Tektitfunde in Georgia und Massachusetts sind zweifelhaft. Millimeter-große *Mikrotektit*-Kügelchen, bilden ausgedehnte *Auswurf*-Decken unterschiedlichen Alters, die – soweit diese bekannt – in größerer Entfernung von den zugehörigen Impakt-Kratern abgelagert wurden. Die ältesten von ihnen stammen aus dem Archaikum, so z. B. Barberton in Südafrika (3 470–3 230 Ma), oder dem Proterozoikum wie Sudbury, andere aus dem Devon, der Trias, von der Kreide-Tertiär-Grenze, wie Chicxulub, aus dem späten Eozän oder dem Neogen, wie das ausgedehnte Mikrotektit-Streufeld im austral-asiatischen Raum (Glass u. Simonson 2012).

In ihrer chemischen Zusammensetzung unterscheiden sich Tektite von allen bekannten Meteoriten-Typen, was ihren extraterrestrischen Ursprung unwahrscheinlich macht: Sie zeigen meist hohe SiO_2-Gehalte von 68–85 %, 9,5–16,5 % Al_2O_3, 1–4 % MgO, <0,1–2,5 % Fe_2O_3, 1–7 % FeO^{tot}, <0,05–4 % CaO, 0,5–2,5 % Na_2O, 1–3,5 % K_2O; fast immer ist $K_2O > Na_2O$; die H_2O-Gehalte liegen generell <0,05 %, sind also sehr gering. Insgesamt passen Tektite in ihrem Chemismus viel besser zu irdischen Sedimentgesteinen, wie Sandsteinen, Grauwacken, Tonsteinen oder Löss, als zu Obsidianen oder Pechsteinen. Das schließt ihre vulkanische Entstehung aus, zumal ihre Fundorte im Allgemeinen nicht in der Nähe von entsprechenden Vulkanen liegen. Anderseits weisen erhöhte Gehalte von Platingruppen-Elementen (PGE) darauf hin, dass die Bildung der Tektite durch den Einschlag eines extraterrestrischen Körper erfolgte; die relativen Mengenanteile der PGE gestatten es, die Art des Impaktors zu rekonstruieren (Koeberl et al. 2012).

Ein zeitlicher Zusammenhang zwischen der Entstehung der Moldavite und dem Ries-Impaktereignis konnte durch K-Ar-Altersdatierungen wahrscheinlich gemacht werden. Gentner et al. (1961) fanden für sechs Moldavite einen mittleren Alterswert von 14,7 ±0,7 Ma, für acht Suevit-Gläser des Nördlinger Rieses (Abschn. 26.2.3, S. 429ff) den gleichen Mittelwert von 14,8 ±0,7 Ma. Diese Daten wurde durch Ar-Ar-Datierungen mittels einer Laser-Sonde bestätigt: Riesgläser erbrachten Alter von 14,3 ±0,2, Moldavite 14,32 ±0,08 Ma (Buchner et al. 2003; Laurenci et al. 2003). Man nimmt heute an, dass beim Einschlag des Ries-Meteoriten tonige Sande der Oberen Süßwassermolasse (Mittelmiozän) aufgeschmolzen und noch während des Einschlags Jetstrahl-artig mit hoher Geschwindigkeit herausgeschleudert wurden (von Engelhardt et al. 2005). Beim Transport über 300–400 km durch die Luft zerspratzten die anfangs dezimetergroßen Glaskörper und wurden durch die Reibung in der Atmosphäre erneut stark erhitzt und z. T. aufgeschmolzen. Alternativ könnten die Moldavite durch Kondensation einer Wolke von verdampftem Gestein, Schmelztropfen und Staub erklärt werden. Für die Tektite der Elfenbeinküste und den Meteoriten-Krater von Bosumtwi in Ghana wurde ein übereinstimmendes Alter von ca. 1,2 Ma gefunden.

Weiterführende Literatur

Lehrbücher und Sammelbände

Buchwald VF (1975) Handbook of iron meteorites. Their history, distribution, composition and structure. University of California Press, Berkeley Los Angeles London

Davis AM (ed) (2005) Meteorites, comets, and planets. Treatise in Geochemistry 1. Elsevier, Oxford UK

Grady MM (2000) Catalogue of meteorites, 4th ed. The Natural History Museum London, UK

Heide F, Wlotzka F (1988) Kleine Meteoritenkunde, 3. Aufl. Springer-Verlag, Berlin Heidelberg New York

Kleinschrot D (2003) Meteorite – Steine, die vom Himmel fallen. Beringeria, Sonderheft 4, 89 pp, Würzburg

Lipschutz ME, Schultz L (1998) Meteorites. In Weissman P, McFadden L-A, Johnson T (eds) The Encyclopedia of the Solar System. Academic Press, San Diego, pp 629–671

Norton OR (2002) The Cambridge Encyclopedia of meteorites. Cambridge University Press, Cambridge, UK

Norton O, Chitwood LA (2008) Field guide to meteors and meteorites. Springer-Verlag, London

Papike JJ (ed) (1998) Planetary materials. Rev Mineral 36

Rollinson H (2007) Early Earth systems. A geochemical approach. Blackwell, Malden, MA, USA

Unsöld A, Baschek B (2005) Der neue Kosmos, 7. Aufl, 1. korrigierter Nachdruck. Springer-Verlag, Berlin Heidelberg New York

Wasson JT (1985) Meteorites. Their record of early solar system history. Freeman, New York

Übersichtsartikel

Bogard DD (2011) K-Ar ages of meteorites: Clues to parent body thermal histories. Chem Erde 71:207–226

Gilmour I (Structural and isotopic analysis of organic matter in carbonaceous chondrites. In: Davis AM (ed) Meteorites, comets, and planets. Elsevier, Oxford UK, pp 269–290

Glass BP, Simonson BM (2012) Distal impact ejecta layers: Spherules and more. Elements 8:43–48

Goldstein JI, Scott ERD, Chabot NL (2009) Iron meteorites: Crystallization, thermal history, parent bodies, and origin. Chem Erde 69:293–325

Jourdan F, Reimold WU, Deutsch A (2012) Dating terrestrial impact structures. Elements 8:49–53

Keil K (2012) Angrites, a small but diverse suite of ancient, silica-undersaturated volcanic- plutonic mafic meteorites, and the history of their parent asteroid. Chem Erde 72:191–218

Kleine T, Rudge JF (2011) Chronometry of meteorites and the formation of Earth and Moon. Elements 7:41–46

Koeberl C, Claeys P, Hecht L, McDonald I (2012) Geochemistry of impactites. Elements 8:37–42

Krot AN, Keil K, Goodrich CA, Scott ERD, Weisberg MK (2005) Classification of meteorites. In: Davis AM (ed) Meteorites, comets, and planets. Elsevier, Oxford UK, pp 83–128

MacPershon GJ (2005) Calcium – aluminum-rich inclusions in chondritic meteorites. In: Davis AM (ed) Meteorites, comets, and planets. Elsevier, Oxford UK, pp 201–246

Martins Z (2011) Organic chemistry of carbonaceous meteorites. Elements 7:35–40

McCoy TJ (2010) Mineralogical evolution of meteorites. Elements 6:19–23

Pierazzo E, Artemieva N (2012) Local and global environmental effects of impacts on Earth. Elements 8:55–60

Reimold WU, Jourdan F (2012) Impact! – Bolides, craters and catastrophes. Elements 8:19–24

Scott ERD, Krot AN (2005) Chondrites and their components. In: Davis AM (ed) Meteorites, comets, and planets. Elsevier, Oxford, pp 144–200

Zanda B (2004) Chondrules. Earth Planet Sci Lett 224:1–17

Zitierte Literatur

Alvarez LW, Alvarez W, Asaro F, Michel HV (1980) Extraterrestrial cause for the Creataceous Tertiary extinction. Science 208: 1095–1108

Amelin Y (2008) U-Pb ages of angrites. Geochim Cosmochim Acta 72:221–232

Amelin Y, Krot AN, Hutcheon ID, Ulyanov AA (2002) Lead isotopic ages of chondrules and calcium-aluminum-rich inclusions. Science 297:1678–1683

Baziotis IP, Liu Y, DeCarli PS et al. (2013) The Tissint Martian meteorite as evidence for the largest impact excavation. Nature, Comm/4:1404

Becker L, Poreda RJ, Hunt AG, Bunch TE, Rampino M (2001) Impact event at the Permian-Triassic boundary: Evidence from extraterrestrial noble gases in fullerenes. Science 291:1530–1533

Bischoff A (2001) Meteorite classification and the definition of new chondrite classes as a result of recent meteorite search expeditions in hot and cold deserts. Planet Space Sci 49:769–776

Bischoff A, Keil K (1983) Ca-Al-rich chondrules and inclusions in ordinary chondrites. Nature 303:588–592

Bischoff A, Horstmann M, Vollmer C, et al. (2013) Chelyabinsk – not only another ordinary LL5 chondrite, but a spectacular chondrite breccia. Meteoritics (in press)

Borg LE, Edmunson J, Asmerom Y (2005) Constraints on the U-Pb systematics of Mars inferred from a combined U-Pb, Rb-Sr, and Sm-Nd isotopic study of the Martian meteorite Zagami. Geochim Cosmochim Acta 69:5819–5830

Bouvier A, Wadhwa M, Janney P (2008) Pb-Pb isotope systematics in an Allende chondrule. Geochim Cosmochim Acta 72:A106

Bowring SA, Williams IS (1999) Priscoan (4.00–4.03 Ga) orthogneises from northwestern Canada. Contrib Mineral Petrol 134:3–16

Buchner E, Seyfried H, van den Bogaard P (2003) $^{40}Ar/^{39}Ar$ laser probe age determination confirms the Ries impact crater as the source of glass particles in Graupensand sediments (Grimmelfinger Formation, North Alpine Foreland Basin). Int J Earth Sci 92:1–6

Cheng M, El Goresy A, Gillet P (2004) Ringwoodite lamellae in olivine: Clues to olivine-ringwoodite phase transition mechanisms in shocked meteorites and subducted slabs. PNAS Proc Nat Acad Sci USA 101:15033–15037

Consolmagno GJ, Britt DT, Macke RJ (2008) The significance of meteorite density and porosity. Chem Erde 68:1–29

El Goresy A, Dera P, Sharp TG, et al. (2008) Seifertite, a dense orthorhombic polymorph of silica from the Martian meteorites Shergotty and Zagami. Eur J Mineral 20:523–528

Gentner W, Lippolt HJ, Schaefer OA (1961) Das Kalium-Argon-Alter der Gläser des Nördlinger Rieses und der böhmisch-mährischen Tektite. Geochim Cosmochim Acta 27:191–200

Goldstein JI, Axon HJ (1973) The Widmannstätten figure in iron meteorites. Naturwissenschaften 60:313–321

Gooding JL, Keil K (1981) Relative abundances of chondrule primary textural types and their bearing on conditions of chondrule formation. Meteoritics 16:17–43

Grady MM (1999) Meteorites from cold and hot deserts: How many, how big, and what sort? Workshop on Extraterrestrial Materials from Cold and Hot Deserts. Kwa-Maritane, Pilanesberg, South Africa

Heinlein D (2002) Meteoritenfall in den bayerischen Alpen. Sterne und Weltraum 2002, Heft 6:66–67

Hildebrandt AR, Penfield GT, Kring DA, et al. (1991) Chicxulub Crater; A possible Cretaceous/Tertiary boundary impact crater in the Yucatán Peninsula, Mexico. Geology 19:867–871

Jagoutz E, Wänke H (1986) Sr and Nd systematics of Shergotty meteorite. Geochim Cosmochim Acta 50:939–953

Kenkmann T, Artemieva NA, Poelchau MH (2008) The Carancas event of September 15, 2007: Meteorite fall, impact conditions, and crater characteristics. Lunar Planet Sci 39:1094.pdf

Kleine T, Mezger K, Palme H, et al. (2005) Early core formation in asteroids and late accretion of chondrite parent bodies: Evidence from ^{182}Hf-^{182}W in CAIs, metal-rich chondrites, and iron meteorites. Geochim Cosmochim Acta 69:5805–5818

Krot AN, Petaev MI, Keil K (2005) Mineralogy and petrology of Al-rich objects and amoeboid olivine aggregates in the CH carbonaceous chondrite North West Africa 739. Chem Erde 66:57–76

Krot AN, Ivanova MA, Ulyanov AA (2007) Chondrules in the CB/CH-like carbonaceous chondrite Isheyevo: Evidence for various chondrule-forming mechanisms and multiple chondrule generations. Chem Erde 67:283–300

Laurenci A, Bigazzi G, Balestrieri ML, Bouška W (2003) $^{40}Ar/^{39}Ar$ laser probe dating of the Central European tektite-producing impact event. Meteoritics 38:887–893

Meibom A, Clark BE (1999) Evidence for the insignificance of ordinary chondritic material in the asteroidal belt. Meteoritics 34:7–24

Metzler K, Bischoff A, Stöffler D (1992) Accretionary dust mantles in CM chondrites: Evidence for solar nebula processes. Geochim Cosmochim Acta 56:2873–2897

Misawa K, Yamagichi A, Kaiden H (2005) U-Pb and ^{207}Pb-^{206}Pb-ages of zircons from basaltic eucrites: Implications for early basaltic volcanism on the eucrite parent body. Geochim Cosmochim Acta 69:5847–5861

Oberst J, Heinlein D, Köhler U, Spurný P (2004) The multiple meteorite fall of Neuschwanstein: Circumstances of the event and meteorite search campaigns. Meteoritics 39: 1605–1626

Phillips FM, Zreda MG, Smith SS, et al. (1991) Age and geomorphic history of meteor crater, Arizona, from cosmogenic ^{36}Cl and ^{14}C in rock varnish. Geochim Cosmochim Acta 55:2695–2698

Reimold U (2006) Impact structures in South Africa. In: Johnson MR, Anhaeusser CR, Thomas RJ (eds) The geology of South Africa. Geol Soc South Africa, Johannesburg, and Council for Geoscience, Pretoria

Reimold U (2007) Revolution in the Earth sciences: Continental drift, impact and other catastrophs. South African J Geol 110:1–46

Reimold WU, Gibson RL (2005) Meteorite impact! The danger from the space and South Africa's mega-impact, the Vredefort structure. Van Rensburg, Johannesburg

Ringwood AE (1960) The Novo Urei meteorite. Geochim Cosmochim Acta 20:1–2

Schultz PH, Harris RS, Tancredi G, Ishitsuka J (2008) Implications of the Carancas meteorite impact. Lunar Planet Sci 39: 2409.pdf

Schulze H, Bischoff A, Palme H, et al. (1994) Mineralogy and chemistry of Rumuruti: The first meteorite fall of the new R chondrite group. Meteoritics 29:275–286

Treiman AH (2005) The nakhlite meteorites: Augite-rich igneous rocks from the Mars. Chem Erde 65:203–270

Trieloff M, Schmitz B, Korochantseva E (2007) Kosmische Katastrophe im Erdaltertum. Sterne und Weltraum 6:28–35

Tschermak G (1883) Beitrag zur Classifikation der Meteoriten. Sitzungsber Akad Wiss Wien 88 (1):347–371

van Schmus WR, Wood JA (1967) A chemical-petrologic classification for the chondritic meteorites. Geochim Cosmochim Acta 31:747–765

von Engelhardt W, Berthold C, Wenzel T, Dehner T (2005) Chemistry, small-scale inhomogeneity, and formation of moldavites as condensates from sands vaporized by the Ries impact. Geochim Cosmochim Acta 69:5611–5626

Unser Planetensystem

**32.1
Die erdähnlichen Planeten**

**32.2
Die Asteroiden**

**32.3
Die Riesenplaneten und ihre Satelliten**

**32.4
Die Trans-Neptun-Objekte (TNO) im Kuiper-Gürtel**

**32.5
Der Zwergplanet Pluto und sein Mond Charon: ein Doppelplanet**

Nach ihrer Entfernung von der Sonne, ihrer Größe, Masse und Dichte sowie ihrem inneren Aufbau gliedern sich die planetarischen Körper unseres Sonnensystems in vier unterschiedliche Gruppen (Abb. 32.1, Tabelle 32.1):

1. Zusammen mit der Erde nehmen die *kleinen, erdähnlichen Planeten* Merkur, Venus und Mars den innersten Bereich des Sonnensystems ein. Sie besitzen einen kleineren Durchmesser und eine kleinere Masse als die Erde, aber mit Werten zwischen 3,93 (Mars) und 5,43 (Merkur) eine ähnliche mittlere Dichte wie die Erde (5,515). Aus diesen hohen Dichtewerten lässt sich schließen, dass die kleinen Planeten überwiegend aus Mineralen bestehen, aber nur einen geringen Eisanteil enthalten und dass sie ähnlich wie die Erde in eine silikatische Lithosphäre und einen Nickeleisen-Kern differenziert sind.

2. Die zahlreichen planetarischen Kleinkörper, die den Asteroiden-Gürtel aufbauen, haben sehr unterschiedliche Dichten und sind sehr verschiedenartig geformt. Sie verfügen über keine ausreichende Masse, um durch ihre Eigengravitation das hydrostatische Gleichgewicht, d. h. eine annähernd runde Form zu erreichen. Eine Ausnahme bildet der größte Asteroid *Ceres*, der zu den *Zwergplaneten* (s. u.) gezählt wird. Die Asteroiden bestehen überwiegend aus silikatischen Mineralen mit unterschiedlichen Mengenanteilen von ged. Nickeleisen. Wie wir aus dem Studium der Meteorite (Kap. 31) wissen, sind viele der Asteroiden nur wenig differenziert und spiegeln mehr oder weniger den primitiven Urzustand unseres Sonnensystems wider. Andere Asteroiden haben jedoch eine Trennung in metallischen Kern und silikatische Lithosphäre durchgemacht.

3. Demgegenüber sind die *äußeren Riesenplaneten* Jupiter, Saturn, Uranus und Neptun erheblich größer als die Erde und besitzen ein Vielfaches der Erdmasse; jedoch sind ihre mittleren Dichten wesentlich geringer und variieren lediglich zwischen 0,70 (Saturn) und 1,57 (Neptun). Sie enthalten daher einen deutlich geringeren Mineralanteil und bestehen überwiegend aus Gasen und Eis, wobei mit zunehmender Entfernung von der Sonne der Gasanteil abnimmt, während der Mineral- und insbesondere der Eisanteil zunehmen. Mit ihren Satelliten stellen die Riesenplaneten selbst kleine Planetensysteme dar.

4. Der äußerste Bereich unseres Planetensystems, der *Kuiper-Gürtel* enthält wiederum eine Fülle von sog. *Trans-Neptun-Objekten* (TNO), die teils lediglich die Größe von Asteroiden haben, teils aber in die neue Klasse der *Zwergplaneten* gehören, die 2006 durch die Internationale Astronomische Union (IAU) eingeführt wurde. Diese planetarischen Körper besitzen zwar eine genügend große Masse, um durch ihre Eigengravitation eine Kugelform auszubilden, sind aber nicht massereich genug, um ihre Umlaufbahn weitgehend von Kleinkörpern frei zu räumen. Deswegen wird ihr prominentester Vertreter Pluto, der nur über einen winzigen Bruchteil der Erdmasse verfügt und eine geringe mittlere Dichte von 2,2 aufweist, auf Beschluss der IAU nicht mehr als Planet anerkannt. Der Kuipergürtel bildet auch das Reservoir für *Kometen*, die mittlere Umlaufperioden aufweisen.

Abb. 32.1. Unser Planetensystem. Man erkennt die Umlaufbahnen der erdähnlichen Planeten Merkur, Venus, Erde (mit dem Erdmond) und Mars, den Asteroiden-Gürtel, die Riesenplaneten Jupiter, Saturn, Uranus und Neptun mit ihren Satelliten und Ringsystemen sowie den Doppel-Planeten Pluto – Charon. Auf seiner elliptischen Bahn nähert sich ein Komet unserem Sonnensystem. Man erkennt den Kopf und den zweigeteilten Schweif: den schmalen Plasmaschweif und den gekrümmten, diffusen Staubschweif (gelb). Im Hintergrund ist die Sternenwolke unserer Galaxie, die Milchstraße sichtbar. (Nach einem Gemälde von Detlev van Ravenswaay, Science Photo Library)

32.1
Die erdähnlichen Planeten

32.1.1
Merkur

Astronomische Erforschung

Merkur war bereits den Sumerern im 3. Jahrtausend v. Chr. bekannt. Obwohl die griechischen Astronomen dem Planeten die unterschiedlichen Namen Apoll und Hermes, je nach seiner Sichtbarkeit am Morgen- oder Abendhimmel gaben, wussten sie, dass es sich um ein und den selben Planeten handelt. Wegen seiner schnellen Bewegung am Himmel benannten ihn die Römer nach dem Götterboten Mercurius. Im Jahr 1639, nach der Erfindung des Fernrohrs, entdeckte Giovanni Battista Zupi (1590–1650), dass der Merkur wie der Mond Phasen zeigt und bewies damit seinen Umlauf um die Sonne.

Wegen der großen Sonnennähe ist der Merkur von der Erde aus nicht leicht zu beobachten, da er am Himmel niemals in einem größeren Winkelabstand als 28° östlich oder westlich der Sonne erscheint. Auch die Erforschung mit Raumsonden begegnet größeren technischen Schwierigkeiten. Hierfür sind insbesondere die hohe Temperatur von maximal 467 °C während des Tages und der extreme Abfall auf –183 °C in der Nacht, die intensive Strahlung, der erhöhte Teilchenbeschuss aus dem Sonnenwind und die starke Gravitation der Sonne verantwortlich. Durch drei Vorbeiflüge der NASA-Sonde Mariner 10 konnten 1974/1975 immerhin 45 % der Merkur-Oberfläche kartiert werden. Am 3. August 2004 startete die NASA-Sonde Messenger, die innerhalb von 6½ Jahren dreimal am Merkur vorbeifliegen soll. Bei einem ersten Vorbeiflug am 14. Januar 2008 wurden bisher unbekannte Gebiete aufgenommen; am 18. März 2011 schwenkte die Sonde in eine Umlaufbahn um den Merkur ein (John Hopkins University 2011/2012). Die europäische Raumfahrt-Organisation ESA und die japanische Raumfahrtbehörde JAXA planen für 2013 den Einsatz der Merkur-Sonde BepiColombo (Spohn et al. 2001).

Exosphäre

Wie der Erdmond verfügt der Merkur über keine Atmosphäre im eigentlichen Sinne, sondern nur über eine Oberflächengebundene Exosphäre, deren Druck auf der Oberfläche des Planeten lediglich 10^{-15} bar beträgt! Sie enthält neben H_2 und He, die wahrscheinlich aus dem Sonnenwind stammen, noch O_2 sowie interessanterweise Na und K, die vermutlich aus dem Gesteinsmaterial der Merkur-Oberfläche freigesetzt wurden (Potter u. Morgan 1985, 1986; vgl. Taylor u. Scott 2005).

Tabelle 32.1. Einige Bahnelemente und physikalische Eigenschaften der Planeten und des Erdmondes. (Modifiziert nach Unsöld u. Baschek 2005)

Planet/ Asteroid	Siderische Umlaufzeit (Jahre, a)	Siderische Rotationsdauer (Tage, d)	Große Halbachse der Bahn (AE)	(10^6 km)	Äquatorialer Radius (R/R_{Erde})	Masse (m/m_{Erde})	Mittlere Dichte ρ (g/cm^3)	Neigung des Äquators gegen die Bahnebene (°)	Exzentrizität
Merkur	0,241	58,65	0,387	57,9	0,38	0,055	5,43	2	0,206
Venus	0,615	243,0[a]	0,723	108,2	0,952	0,82	5,24	3	0,007
Erde	1,000	0,997	1,000	149,6	1,00[b]	1,00[c]	5,515	23,5	0,017
Mond		27,32			0,27	0,012	3,34	6,68	
Mars	1,881	1,03	1,524	227,9	0,53	0,11	3,93	23,9	0,093
Asteroiden z. B. Ceres	4,601		2,766	413,5					0.077
Jupiter	11,87	0,41	5,205	779	11,2	317,8	1,33	3,1	0,048
Saturn	29,63	0,45	9,576	1432	9,41	95,2	0,69	26,7	0,055
Uranus	84,67	0,72	19,28	2884	4,01	14,6	1,26	97,9	0,047
Neptun	165,5	0,67	30,14	4509	3,81	17,1	1,64	28,8	0,010
Pluto	251,9	6,39	39,88	5966	0,18	0,002	2,20	122	0,248

AE = Astronomische Einheit = Entfernung Sonne–Erde = 149 597 870,7 km.
[a] Retrograde Rotation. [b] Erdradius = 6 378,1 km. [c] Erdmasse = 5,97 · 10^{24} kg.

Ursprünglich bezeichnete man als Exosphäre (grch. έξο = außen, σφαίρα = Kugel) die äußerste Schicht der Erdatmosphäre mit gleitendem Übergang in den interplanetaren Raum, zu dem sie nach Definition der NASA bereits gehört. Der Begriff wird sinngemäß auch auf erdähnliche Planeten und Monde angewendet, die überhaupt keine Atmosphäre besitzen und deren Exosphäre daher im Gegensatz zur Erde nicht Atmosphären-, sondern Oberflächen-gebunden ist.

Oberflächenformen

Die Oberfläche des Merkur ist von zahlreichen *Meteoritenkratern* unterschiedlicher Größe übersät, deren relatives Alter man aus der jeweiligen Überschneidung der Impakt-Strukturen erschließen kann. Der Formenschatz ist ähnlich wie bei den Mondkratern: Die kleineren Krater sind schüsselförmig, während die größeren flache Innenbereiche mit oder ohne zentrale Erhebung und terrassierte Innenwände aufweisen. Frischere Krater zeigen helle oder dunkle Höfe oder Strahlensysteme. Allerdings hat der Merkur wegen seiner größeren Masse eine 2,5 mal größere Gravitation als der Mond, so dass die Auswurfmassen wesentlich weniger weit fliegen. Das Streugebiet der Ejekta beträgt nur 65 % eines gleich großen Meteoriten-Kraters auf dem Mond. Ein interessantes Phänomen sind die gebogenen Steilstufen, die in 20–500 m Länge die Merkur-Oberfläche durchziehen und relative Höhen von mehreren hundert bis 2 000 m erreichen. Auf dem Merkur hat man bis jetzt keinerlei Hinweise auf aktiven Vulkanismus, Plattentektonik oder andere endogene Prozesse gefunden, die noch heute andauern.

Ähnlich wie auf dem Mond lassen sich auf dem Merkur zwei wesentliche Landschaftstypen unterscheiden, nämlich die Hochlandregionen und die Tiefebenen. Dazu kommt als Besonderheit das Caloris-Becken und sein antipodisches Gegenstück (Vilas 1999).

Hochlandregionen. Die Hochländer des Merkur bestehen aus Gebieten mit hoher Kraterdichte, die mit flachwelligen Zwischenkrater-Ebenen abwechseln und häufig von diesen überdeckt oder umschlossen werden. Allerdings ist auch in den Kraterlandschaften auf den Hochländern des Merkur die Kraterdichte geringer als auf den Mond-Hochländern, was insbesondere für Krater von <50 km ⌀ gilt. Die Zwischenkrater-Ebenen entstanden wahrscheinlich während einer intensiven Phase des Meteoriten-Bombardements vor 4,2–4,0 Ga. Dabei wurden weite Teile der Hochländer mit Auswurf-Decken von riesigen Meteoriteneinschlägen zugeschüttet oder aber mit vulkanischen Laven überflutet, die aus dem Inneren des Planeten gefördert wurden (z. B. Taylor u. Scott 2005). Als Folge verschwanden bevorzugt die kleineren, primär gebildeten Krater. Heute findet man auf den Zwischenkrater-Ebenen meist nur Krater von <15 km ⌀, die häufig zu Gruppen oder Ketten angeordnet sind, längliche, flache Formen zeigen und/oder an einem Ende offen sind. Solche Krater entstanden erst sekundär durch Gesteinsbruchstücke, die beim Einschlag größerer Meteoriten losgerissen wurden.

Tiefebenen. Diese flachen Ebenen treten im Inneren und in der Nachbarschaft des riesigen Caloris-Beckens sowie am Boden anderer großer Becken und in der Nordpolarregion des Merkur auf. Sie sind noch kraterärmer als die Zwischenkrater-Ebenen, dürften also jünger als diese sein. Wahrscheinlich entstanden sie gegen Ende der Periode des heftigen Meteoriten-Bombardements vor 3,8 Ga. Dabei könnten riesige Auswurf-Decken entstanden sein, welche die Tiefebenen überschüttet haben. Andererseits führt eine Neuauswertung der Mariner-10-Aufnahmen zu der Annahme, dass die Tiefebenen teils mit Impakt-Schmelzen, teils aber auch mit vulkanischen Laven überdeckt sind (Vilas 1999).

Das *Caloris-Becken*, mit einem Durchmesser von ca. 1 340 km die größte Impakt-Struktur des Merkurs, entstand vor ca. 3,85 Ga durch den Einschlag eines riesigen kosmischen Körpers von etwa 150 km ⌀. Es wird von 100–150 km breiten, 1 000–2 000 m hohem Ringgebirgen umgeben, die aus Auswurfmassen und Impaktschmelzen bestehen. Der flache Beckenboden wird kreuz und quer von zahlreichen runzelförmigen Graten und Störungen durchzogen und zeigt wenige, meist frische Meteoriten-Krater. Der katastrophale Einschlag, bei dem die Energie von einer Trillion 1-Megatonnen-Wasserstoffbomben freigesetzt wurde, erzeugte starke Erdbebenwellen, die den gesamten Planeten durchliefen und sich – zusammen mit Oberflächen-Wellen – im Antipodenbereich des Caloris-Beckens fokussierten. In einem Gebiet, etwa so groß wie die gesamte Fläche von Frankreich und Deutschland, wurde hier die Merkur-Kruste um bis zu 1 km angehoben und bis in große Tiefen zerblockt. Das dabei entstandene Gewirr von riesigen tektonischen Blöcken hat alle älteren Strukturen zerschnitten.

Innerer Aufbau und chemische Zusammensetzung

> Die hohe mittlere Dichte des Merkurs führt zwangsläufig zur Annahme eines *Fe-reichen Metallkerns*, dessen Radius ungefähr ¾ des Gesamtradius und 70 % seiner Gesamtmasse ausmacht. Wegen der Kleinheit des Merkur sollte dieser Kern bereits weitgehend kristallisiert sein, so dass höchstens eine dünne Schale, in der neben Fe und Ni noch ein weiteres leichtes Element, z. B. Schwefel angereichet ist, im schmelzflüssigen Zustand vorliegt (s. Abschn. 29.4.2, S. 534f).

Deswegen ist das schwache *Magnetfeld*, das durch Mariner 10 beim Merkur festgestellt wurde, nur schwer zu erklären; denn der geringe Schmelzanteil dürfte kaum ausreichen, um den Antrieb eines geomagnetischen Dynamos zu ermöglichen. Außerdem dürfte die geringe Rotationsgeschwindigkeit des Merkurs den Aufbau eines solchen Dynamo-Systems behindern. Möglicherweise liegt beim Merkur eine remanente Magnetisierung vor, die ursprünglich im flüssigen Kern entstand und heute im festen Kern eingefroren ist (Vilas 1999).

Die *gebogenen Steilhänge*, die so charakteristisch für die Merkur-Oberfläche sind, könnten ursprünglich auf Abschiebungen zurück gehen, die durch Dehnungs-Tektonik bei der Expansion des heißen Metallkerns angelegt wurden. Bei der Kristallisation des Kerns kam es zu einer leichten Schrumpfung des Planeten, und es entwickelte sich ein kompressives Spannungsfeld mit Überschiebungs-Tektonik.

Im Vergleich zum Mond zeigen die Tiefebenen des Merkurs kein wesentlich geringeres *Reflexionsvermögen* (*Albedo*) als die Hochländer. Diese Tatsache weist auf relativ geringe Gehalte an FeO (<3 Gew.-%) und TiO_2 in den Merkur-Gesteinen hin, ähnlich wie bei den lunaren Anorthositen. Dazu passen die erhöhten Ca- und Na-Gehalte, die durch IR-Spektren angezeigt werden (vgl. Taylor u. Scott 2005). Aus diesen Beobachtungen könnte man ableiten, dass die gesamte Merkur-Kruste aus Anorthositen besteht und vielleicht – wie für den Mond angenommen – in einem Magma-Ozean gebildet wurde. Allerdings müssten in diesem Fall die Oberflächen der Tiefebenen größtenteils von Auswurf-Decken eingenommen werden, was noch keineswegs unumstritten ist. Nach einem alternativen Modell, für das einige Oberflächenformen in den Merkur-Tiefländern sprechen, wurden aus dem Innern des Planeten ungewöhnlich Fe-Ti-arme basaltische Magmen gefördert, welche die Tiefebenen überflossen. Beim derzeitigen, immer noch sehr mageren Erkenntnisstand lässt sich nicht entscheiden, welches dieser beiden Modelle wahrscheinlicher ist.

Wassereis auf dem Merkur?

Bei der Sonnennähe des Merkurs mit Oberflächen-Temperaturen von maximal 467 °C ist die Anwesenheit von Eis eigentlich nicht zu erwarten. Trotzdem gibt es in der Umgebung der beiden Pole etwa zwanzig Gebiete, die sich durch eine ungewöhnlich hohe Radar-Reflektivität auszeichnen. Das könnte ein Hinweis darauf sein, das hier in permanent beschatteten Kratern in der Tat H_2O-Eis vorhanden ist. Jedoch können auch andere stärker reflektierende Substanzen, z. B. Anflüge von elementarem Schwefel, Metallsulfide, metallische Kondensate oder Halit-Niederschläge zur Erklärung herangezogen werden (Slade et al. 1992).

32.1.2
Venus

Astronomische Erforschung

Als unser nächster Nachbar reflektiert die Venus den größten Teil des Sonnenlichtes, das diesen Planeten bescheint, und ist so nach Sonne und Mond das hellste Objekt am Himmel. Als Abendstern ist die Venus noch einige Stunden nach Sonnenuntergang am Westhimmel sichtbar; als Morgenstern erscheint sie kurz vor Sonnenaufgang. In vielen antiken Kulturen wurde sie als Göttin verehrt, z. B. als Aphrodite bei den Griechen und als Venus bei den Römern (vgl. Hunt u. Moore 1982). Die Beobachtung der Venus-Phasen überzeugten Galileo Galilei (1564–1642) davon, dass das heliozentrische Weltbild von Nikolaus Kopernikus (1473–1543) richtig und das geozentrische Weltbild von Ptolemäus (ca. 100–160 n. Chr.) falsch ist. Bereits Edmund Halley (1656–1742) sagte voraus, dass sich die Entfernung Erde–Sonne (= 1 AE) anhand der Venus-Durchgänge durch die Sonne berechnen lässt, was im Juni 1769 erstmals mit akzeptabler Genauigkeit gelang, u. a. auch durch die Haiti-Expedition von James Cook (1728–1779). In den 1920er Jahren wurden erste UV-Fotografien von der Venus gemacht und 1932 führten spektroskopische Untersuchungen zur zufälligen Entdeckung des hohen CO_2-Gehaltes in der Venus-Atmosphäre (Fegley 2005).

Durch den Vorbeiflug der Raumsonde Mariner 2 trat 1962 die Venus-Forschung, die bis dahin nur auf bodengestützten Messungen basierte, in eine neue Phase. Seitdem war die Venus mehrfach das Ziel von Weltraum-Missionen, so der amerikanischen Raumsonden Mariner 5 und 10 (1967, 1973), Pioneer Venus 1 und 2 (1978), Magellan (1989), Galileo (1989) und CASSINI (1997) sowie der sowjetischen Raumsonden Venera 5 bis 16 (1969–1983) und Vega 1 und 2 (1983). Die Raumsonden flogen teils in größerer Nähe an der Venus vorbei, teils umrundeten sie den Planeten oder landeten weich auf seiner Oberfläche, was im Jahr 1970 erstmals Venera 7 gelang (Fegley 2005). Die Fülle von wissenschaftlichen Ergebnissen, die durch diese Weltraum-Missionen erzielt wurden, vermitteln bereits ein recht anschauliches Bild vom inneren Bau der Venus und ihrer Atmosphäre.

Atmosphäre und Klima

Wie schon seit längerem bekannt, besteht die Atmosphäre der Venus zum weit überwiegenden Teil aus CO_2 mit einem Mengenanteil von 96,5 ±0,8 %. Den Rest bildet hauptsächlich Stickstoff N_2 (3,5 ±0,8 %), während alle andere Gasspezies wie SO_2, H_2O Ar, CO, He, Ne, COS, H_2S, HDO, HCl im ppm-Bereich (part per million = g/t) liegen oder sogar im ppb-Bereich (part per billion) wie Kr, SO, S, HF und Xe. Die meisten Gase sind durch Entgasung der Venus freigesetzt worden; lediglich die Edelgase Ar, Ne, und Xe dürften noch teilweise primordial sein, d. h. auf die ursprüngliche Entstehung unseres Planetensystems zurückgehen (Fegley 2005).

Von allen Planeten hat Venus die höchste Albedo, die mit 75 % etwa 2,6 mal so groß wie die der Erde ist. Während 66 % der absorbierten Sonnenergie die Erdoberfläche erreicht, nehmen bei der Venus die oberste Atmosphäre und die Wolkenschicht in 70 km Höhe bereits 70 % der Solarenergie auf, weitere 19 % werden in der unteren Atmosphäre absorbiert und nur 11 % erreichen die Oberflächen des Planeten. Die geringe IR-Durchlässigkeit des in der Lufthülle dominierenden CO_2 erzeugt einen Super-Treibhauseffekt, der hohe Temperaturen von ca. 470 °C auf der Venus-Oberfläche bewirkt. Auch der mittlere Luftdruck von 95,6 bar (= 95 600 hPa) ist wesentlich höher als auf der Erde (ca. 1 bar = 1 000 hPa). In der Wolkenschicht in etwa 45–70 km Höhe über der Venus-Oberfläche spielen sich eine Reihe von interessanten fotochemischen Reaktionen ab, auf die wir hier nicht eingehen können (Fegley 2005). Aufgrund des extrem geringen H_2O-Gehalts in der Atmosphäre ist die Venus ein trockener, praktisch wasserfreier Planet. Die Abgabe des Wassers an den Weltraum erfolgte wahrscheinlich während einer frühen Episode, in der der Treibhauseffekt nach Art einer Kettenreaktion heftig zunahm. Dabei könnten Entgasungsprozesse bei den häufigen Vulkanausbrüchen eine Rolle gespielt haben (Heald 1999).

Oberflächenformen

Trotz der dicken Wolkenschicht ist die Oberfläche der Venus durch Radar-Untersuchungen von bodengestützen Radio-Teleskopen und insbesondere von Raumsonden gut bekannt. So wurden durch die Magellan-Sonde 98 % der Planeten-Oberfläche mit einer Auflösung von 120–300 m aufgenommen. Im Gegensatz zur Erde nehmen flache *Tiefebenen* ca. 85 % der Venus-Oberfläche ein; sie sind überwiegend vulkanischen Ursprungs; Lavaströme sind weit verbreitet. Nur etwa 15 % der Venus-Oberfläche sind *Bergländer* mit rauen Landschaftsformen. In Aphrodite Terra erreichen sie Höhen von etwa 3 000–4 000 m, in den Maxwell Mountains im Kontinent-artigen Hochland Ishtar Terra sogar 12 000 m.

Wie auf dem Merkur und auf dem Mond ist die Venus-Oberfläche durch eine Fülle von *Meteoriten-Kratern* geprägt; jedoch ergaben ihre Verbreitung und ihr Alter überraschende Befunde. Während man auf dem Mond, dem Merkur und dem Mars Gebiete größerer und geringerer Kraterdichte unterscheiden kann und die Krater ganz unterschiedliche Alter aufweisen, sind die etwa 1 000 Krater der Venus etwa gleichmäßig auf der Oberfläche verteilt, zeigen relativ frische Formen und dürften nicht älter als etwa 500 Ma sein. Für die Erklärung dieses Befundes gibt es zwei kontrastierende Hypothesen (Saunders 1999):

1. Eine aktualistische *Gleichgewichts-Hypothese* nimmt an, dass vulkanische Eruptionen die Meteoriten-Krater so schnell zerstören, wie sie gebildet wurden, so dass auf der Venus stets etwa die gleiche Menge an Kratern vorhanden ist.
2. Demgegenüber wird die Hypothese einer *globalen Katastrophe* heute stärker favorisiert. Sie geht davon aus, dass besonders heftige vulkanische Eruptionen vor ca. 500 Ma die gesamte Venus-Oberfläche umgestalteten und alle älteren Meteoriten-Krater zerstörten. Ein solches Ereignis würde auch dazu geführt haben, dass die Zeugnisse der älteren geologischen Geschichte der Venus verloren gingen.

Unabhängig von dieser Problematik zeigen die Meteoriten-Krater der Venus interessante Details, die z. T. auf den Einfluss der dichten Atmosphäre zurückgehen. So gibt es keine intakten Krater mit kleineren Durchmessern als 3 km, was bedeutet, dass keine Objekte von <30 m ⌀ den Venusboden mit so hoher Geschwindigkeit erreicht haben, um bei ihrem Einschlag einen Krater zu erzeugen.

Kleinere Objekte wurden entweder in der Atmosphäre zerstört oder soweit abgebremst, dass sie nur mit Fallgeschwindigkeit auftrafen. Allerdings zeigen die häufig beobachteten dunklen Flecken, dass auch kleine Meteoroide, die niemals den Venusboden erreichten, Schockwellen und starke Winde erzeugten, durch die die Venus-Oberfläche pulverisiert und geglättet oder mit Auswurfs-Decken überzogen wurde. Krater mit Durchmessern von <30 km sind gewöhnlich unregelmäßig oder bestehen aus Kratergruppen, was darauf hinweist, dass größere Meteoroide beim Flug durch die Venus-Atmosphäre in Einzelstücke zerbrochen sind. Wie auch auf Mars, Merkur und Mond, gibt es häufig Hinweise auf schrägen Impakt, auf das Ausfließen von Impaktschmelzen und auf windverblasene Auswurfsmassen (Saunders 1999).

Vulkanismus

Alle Befunde sprechen dafür, dass der Vulkanismus auf der Venus bis in die jüngste geologische Vergangenheit eine wichtige Rolle spielte. Dabei wurden überwiegend Basalte, aber auch SiO_2-reichere Laven gefördert. Insbesondere die Tiefländer sind weitgehend von Lavaströmen und ausgedehnten Plateaubasalten überdeckt. Unter den ca. 100 Vulkanbauten der Venus kann man folgende Typen unterscheiden (Saunders 1999):

- *Kleine Schildvulkane* mit <20 km Basis-⌀, rundlichen Umrissen und Gipfelkratern sind am häufigsten; sie bilden oft Gruppen und lassen Lavaströme erkennen. Die vulkanische Tätigkeit, die zu diesem Vulkantyp führte, dürfte wesentlich zur Entstehung der Venus-Kruste beigetragen haben.
- Rundliche *Lavadome* mit 20–100 km Basis-⌀ zeigen steile Hänge und flache Gipfelbereiche mit einem rundlichen oder länglichen Zentralschlot. Sie erinnern an irdische Lavadome, die aus relativ viskosen, stärker differenzierten, SiO_2-reichen magmatischen Schmelzen gebildet wurden. Hinweise auf explosiven Vulkanismus sind vorhanden; dieser wird durch den hohen Luftdruck auf der Venus-Oberfläche begünstigt, der die Entgasung der Magmen verzögert.
- *Große Schildvulkane* mit >100 km Basis-⌀ weisen häufig Lavaströme auf, die radial aus dem Gipfelbereich abfließen. Ein typischer Vertreter ist Sapas Mons mit einem Basis-Durchmesser von 400 km und einer Höhe von 1 500 m; in seinem Gipfelbereich zeigt er eine Einbruchs-Caldera, und seine Lavaströme erstrecken sich auf hunderte von Kilometern über die von Störungen durchzogene Ebene.
- Eine Sonderform der großen Venus-Vulkane bilden die *Coronae*; sie sind durch große, konzentrische Ringbrüche gekennzeichnet, aus denen wiederholt Lavaströme ausflossen. In der weiteren Umgebung beobachtet man Systeme von Radialspalten. Es wird angenommen, dass diese Vulkanbauten auf den Aufstieg von Mantel-Plumes zurückgehen.
- Ein auffallendes Landschaftselement auf der Venus sind mäandrierende „Fluss-Systeme" die gigantischen Lava-Tunneln gleichen; der größte von ihnen, Baltis Vallis, ist 6 800 km lang. Da Wasser auf der Venus-Oberfläche fehlt, müssen hier sehr dünnflüssige Laven geflossen sein, die z. B. die chemische Zusammensetzung von Komatiiten oder Karbonatiten hatten.

Die sowjetischen Raumsonden Venera 13 und 14 sowie Vega 2 führten an kleinen, bis 3 cm langen Bohrkernen des Venusbodens röntgenfluoreszenzspektroskopische Analysen durch. Sie erbrachten chemische Zusammensetzungen, die denen von irdischen Ozeanboden-Basalten (MORB) oder von K-reichen Alkalibasalten (Leucit-Basalten) ähneln (vgl. Fegley et al. 2005).

Tektonik und innerer Aufbau

Anders als bei Erde, Mond und Mars besitzen die Hoch- und Tiefländer der Venus etwa gleiches Alter und haben eine ähnliche geologische Entwicklung durchgemacht. Einen ausgeprägten Gegensatz, wie er zwischen den alten Kratonen und den jungen Ozeanböden der Erde oder den Hochländern und den Maria des Mondes existiert, gibt es auf der Venus nicht. Die Hochländer der Venus repräsentieren nicht die früheste Phase der Krustenbildung auf diesem Planeten, sondern sind im Zuge einer komplexen Deformationsgeschichte entstanden, an der Bruch- und Faltungstektonik beteiligt waren und die den gesamten Globus erfasste (Saunders 1999; Heald 1999). Dabei entstanden intensiv zerblockte Krustenteile, die *Tesserae* (lat. Täfelchen), die in den Hochländern noch erhalten sind, wenn sie auch heute nur <10 % der Planeten-Oberfläche ausmachen. Sie könnten in Bereichen von aufsteigenden Mantel-Plumes entstanden sein, wo es zu verstärktem Vulkanismus mit Bildung von vulkanischen Plateaus und zur Krustenverdickung kam; die nachfolgende Abkühlung führte dann zum gravitativen Kollaps und zur tektonischen Zerblockung. Eine andere Hypothese zieht die hohe Oberflächen-Temperatur der Venus in Betracht und geht davon aus, dass der Planet während der meisten Zeit seiner Geschichte eine leicht verformbare Unterkruste hatte. Dementsprechend war die Strainrate an seiner Oberfläche sehr groß, was die planetenweite Entstehung der Tesserae begünstigte. Erst in einem späten Stadium der geologischen Geschichte nahm der Wärmefluss ab und damit sank auch die Strainrate.

Die nachfolgende Entwicklung ist durch mehrere Phasen intensiver vulkanischer Aktivität bestimmt. Dadurch wurden riesige Gebiete in den Tiefländern mit Lavaströmen und Plateaubasalten überdeckt, in denen die Tesserae buchstäblich ertranken. Es entstanden die großen Tiefland-Ebenen, die z. T. von breiten Riftzonen und Wrinkle Ridges (s. Abschn. 30.1.2, S. 540) durchzogen werden. In den Hochländern sind tektonische Störungen sowie Horst- und Graben-Strukturen weit verbreitet, wobei man mindestens zwei sich kreuzende Systeme von Strukturen unterscheiden kann.

Auf der Venus fehlen jegliche Anzeichen dafür, dass heute plattentektonische Prozesse ablaufen und es ist sehr fraglich, ob sie in der geologischen Vergangenheit jemals stattgefunden haben. Zwar sind die großen Schildvulkane und die Coronae meist an Riftzonen gebunden, die bevorzugt im Äquatorialbereich des Planeten auftreten, doch gibt es im Gegensatz zur Erde keine linearen Vulkan-Ketten, die auf die Bildung von mittelozeanischen Rücken oder von Subduktionszonen hinweisen. Auf der Erde wird Ozeanwasser durch Subduktionsprozesse in den Erdmantel transportiert und dadurch die Solidus-Temperatur der Mantelgesteine gesenkt (Abb. 19.3, S. 308ff). So kommt es zur Entstehung einer fließfähigen Schicht, der *Asthenosphäre* (Abb. 29.17, S. 527), durch die Konvektionsvorgänge im tiefen Erdmantel von den Plattenbewegungen der Lithosphäre abgekoppelt werden. Auf der praktisch wasserfreien Venus ist das nicht der Fall; eine Asthenosphäre fehlt und der Stil der planetaren Tektonik ist ein völlig anderer. Allerdings machen theoretische Modelle wahrscheinlich, dass der *Mantel* der Venus – ähnlich wie der Erdmantel – einen Lagenbau aufweist. Möglicherweise gab es wechselnde Phasen von Kontraktion und Extension, die alle 300–750 Ma miteinander abwechselten. Dabei wurden durch Konvektionsvorgänge im Oberen Venus-Mantel planetenweit tektonische Bewegungen erzeugt. Beim Aufstieg von Mantel-Plumes kam es zur Dehnungstektonik und zum Vulkanismus, bei deren Absinken zur Kompressionstektonik mit Stapelung der heißen, „plastischen" Venus-Kruste. In jüngster Zeit hat die Intensität der Tektonik und des Vulkanismus wahrscheinlich nachgelassen.

Obwohl wir zur Zeit noch keine direkten Informationen über das tiefe Innere der Venus besitzen, spricht die hohe mittlere Dichte von 5,24 für einen *metallischen Kern* (Abb. 32.2). Es ist jedoch umstritten, ob dieser schon vollständig fest oder noch teilweise flüssig ist und sich noch im Stadium der fortschreitenden Kristallisation befindet. Ein eigenes Magnetfeld wurde bei der Venus nicht festgestellt, was an ihrer geringen Rotations-Geschwindigkeit liegen könnte. Die Kern-Mantel-Grenze dürfte in einer Tiefe von ca. 3 250 km liegen; die Dicke der Venus-Kruste variiert zwischen 40 und 100 km, wobei die größten Krustendicken in den Tesserae-Gebieten auftreten (Fegley 2005).

32.1.3
Mars

Astronomische Erforschung

Schon seit langem hat der Mars, der „Rote Planet", die Phantasie des Menschen angeregt; er ist mit Sicherheit der erste extraterrestrische Planet, den jemals ein Mensch betreten wird. Die Existenz von Leben auf dem Mars wurde und wird noch heute für möglich gehalten. Man dachte sogar daran, dass auf dem „Roten Planeten" eine höhere Zivilisation existiert, die vielleicht der irdischen weit überlegen sei, wie das in den Romanen von Curd Lasswitz (1897) „Auf zwei Planeten" oder von H. G. Wells (1898) „Krieg der Welten" anschaulich geschildert wird. Lineare Strukturen, die 1877 Giovanni Schiaparelli (1835–1910) auf der Marsoberfläche entdeckt zu haben glaubte und als „Marskanäle" bezeichnete, interpretierte man später als System von künstlichen Kanälen, durch die Wasser von den Polen zu den äquatorialen Wüsten geleitet werden sollte.

Bereits seit der beginnenden Neuzeit war der Mars aber auch Gegenstand ernsthafter astronomischer Forschung. Auf der Grundlage der sehr genauen Vermessungen der Planetenpositionen des Mars durch Tycho Brahe (1546–1601) konnte Johannes Kepler (1571–1630) die elliptische Bahn des Planeten berechnen und daraus die drei Keplerschen Gesetze ableiten. Christiaan Huygens (1629–1695) berechnete die Eigenrotation des Mars auf 24,5 Stunden, was dem heute gültigen Wert von 24,623 h erstaunlich nahe kommt. Die weißen Polkappen des Mars wurden bereits 1666 von Giovanni Domenico Cassini (1625–1712) beschrieben. 1784 bestimmte Wilhelm Herschel (1738–1822) die Neigung der Rotationsachse gegen die Umlaufbahn. Die ersten Karten des Mars wurden 1830 von Wilhelm Beer (1797–1850) und – mit größerer Genauigkeit – 1869 von Richard Proctor (1837–1888) angefertigt.

Erst die Fotos der amerikanischen Raumsonden Mariner 4, 6 und 7, die in den Jahren 1964 und 1969 nahe am Mars vorbeiflogen, veränderten diese Vorstellungen grundsätzlich, da sie eine offensichtlich leblose Kraterlandschaft, ähnlich wie der auf dem Mond zeigten. Jedoch wurde dieses Bild 1971 erneut revidiert, als Mariner 9 in eine

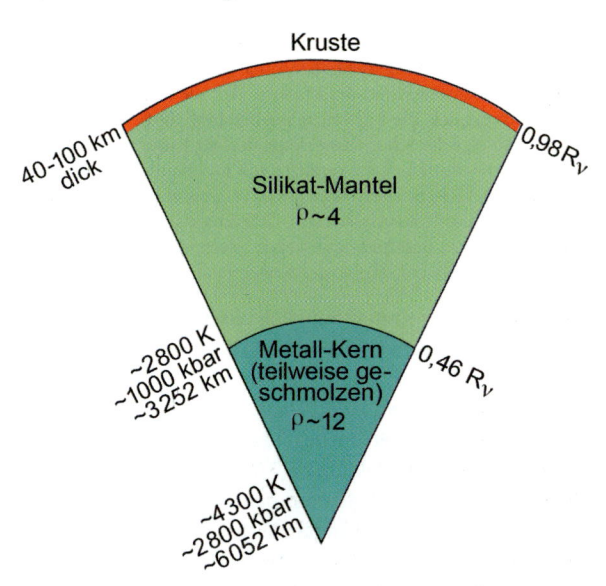

Abb. 32.2. Der innere Aufbau der Venus. R_V = Venus-Radius. (Nach Fegley 2005)

Umlaufbahn um den Planeten einschwenkte und mehrere tausend Fotos von einer sehr abwechslungsreichen, dem Mond sehr unähnlichen Mars-Oberfläche lieferte. Diese Befunde wurden im gleichen Jahr von der sowjetische Raumsonde Mars 3 ergänzt und bestätigt. Wichtige Ergebnisse erzielten die beiden amerikanischen Viking-Sonden, die 1976 in eine Umlaufbahn um den Mars geschickt wurden und die Viking Lander auf dem Marsboden aussetzten. Über vier Jahre übermittelten diese Geräte eine Fülle von Daten, erbrachten aber keinen Hinweis auf Leben.

Im Jahr 1997 wurde die amerikanischen Raumsonde Mars Pathfinder gestartet, deren kleines Marsmobil Marsrover Sojurner wichtige Analysenergebnisse über die Gesteine in der Umgebung der Landestelle gewann. Die Raumsonde Mars Global Surveyor kartierte von 1997 bis 2006 die gesamte Marsoberfläche mit einer Auflösung von einigen hundert Metern, ja bis herunter zu 10 m (Carr 1999). Seit 2003 sendet die europäische ESA-Raumsonde Mars Express Daten von einer Umlaufbahn um den Mars; jedoch ging das dazugehörige Landegerät Beagle 2 leider verloren. Durch die NASA wurden seit 2001 insgesamt 15 weitere Raumsonden zum Mars geschickt, von denen im Jahr 2004 Spirit und Opportunity weich landeten und Marsmobile zur Beprobung und Analyse von Gesteinen ausschickten. Am 26. Mai 2008 landete Phoenix in der Nähe des Mars-Nordpols, wo sie mit einem Greifarm Proben aus 50 cm Tiefe holen konnte, um im Dauerfrost-Boden Schmelzwasser nachzuweisen. Am 6. August 2012 landete der Rover „Mars Science Laboratory Curiosity" auf dem Planeten mit dem Ziel geologische Analysen durchzuführen.

Atmosphäre und Klimaverhältnisse

Der Mars besitzt eine sehr dünne Atmosphäre, die zu ca. 95 % aus CO_2 besteht, gefolgt von 2,7 % N_2, 1,6 % Ar, 0,13 % O_2 und 0,006 % H_2O sowie 2,5 ppm Ne, 0,3 ppm Kr und 0,08 ppm Xe (z. B. McSween 2005). Der mittlere Luftdruck auf der Marsoberfläche beträgt lediglich 0,00636 bar (= 6,36 hPa), also nur ein Bruchteil des Luftdrucks, der auf der Erdoberfläche herrscht. Allerdings machen die Ergebnisse der Weltraum-Missionen wahrscheinlich, dass der Mars in der geologischen Vergangenheit eine wesentlich dichtere Atmosphäre besaß, die jedoch wegen seiner – im Vergleich zu Merkur, Erde und Venus – relativ geringen mittleren Dichte (3,9335 ±0,0004 g/cm^3) und Gravitationskraft allmählich an den Weltraum verloren ging. Die dünne Mars-Atmosphäre mit ihrem – absolut gesehen – geringen CO_2-Gehalt vermag nur wenig Sonnenwärme zu speichern, so dass der Mars fast keinen Treibhauseffekt besitzt (Jakosky 2005; McSween 2005). So liegt die mittlere Oberflächen-Temperatur bei etwa –50 °C, jedoch mit erheblichen Schwankungen. In Äquatornähe werden am Tag 20 °C, nachts dagegen nur –85 °C erreicht.

Die Exzentrizität der Marsbahn ist etwa 5,5 mal so groß wie die der Erdbahn, was starke Auswirkungen auf die Jahreszeiten hat. Die Südhalbkugel befindet sich während des Sommers in größter Sonnennähe (Perihel), während des Winters dagegen in größter Sonnenferne (Aphel); auf der Nordhalbkugel ist es umgekehrt. Daher sind die Jahreszeiten im Süden wesentlich ausgeprägter als im Norden, der ein ausgeglicheneres Klima besitzt. Die Sommer-Temperaturen können im Süden bis zu 30 °C höher sein als im Norden.

Die Eisschichten auf den Polkappen repräsentieren langfristige Klimaschwankungen in der Größenordnung von 10 000 Jahren, die auf eine chaotische Variation der Achsenneigung zwischen 0 und 60° in den letzten 10 Ma zurückgehen. In der geologischen Vergangenheit war das Klima des Mars heißer und feuchter (Jakosky 1999).

Oberflächenformen

Der Mars zeigt eine ausgesprochen ungleichmäßige Verteilung seiner geologischen und geomorphologischen Merkmale. Der Hauptteil seiner Südhalbkugel und kleinere Anteile der Nordhalbkugel – insbesondere in der weiteren Umgebung des 330°-Meridians – werden von stark zerkraterten Hochländern mit Höhen von 1 000–40 000 m über NN eingenommen. Hierzu gehören die *Tharsis-* und die *Elysium-Schwelle*, riesige Erhebungen der Marskruste mit aufgesetzten Vulkanbauten (Abb. 32.3). Im Gegensatz dazu werden die größten Teile der Nordhalbkugel, aber deutlich geringere Teile der Südhalbkugel von flachen Tiefebenen mit geringer Kraterdichte eingenommen. Ein auffälliges Element bildet hier das riesige Impakt-Becken Hellas. Etwa die Hälfte der Mars-Oberfläche ist mit einer Hülle von rotem, feinkörnigem Staub bedeckt.

Einer der besterhaltenen Impakt-Krater auf dem Mars ist der <3 Ma alte *Tooting-Krater* (27,2 km ∅) in der Amazonis Planitia, der durch das High Resolution Imaging Science Experiment (HiRISE) und die Context Camera (CTX) der Raumsonde Mars Reconnaissance Orbiter (MRO) (2006) detailliert aufgenommen wurde (Mouginis-Mark u. Boyce 2012). Danach liegt der tiefste Punkt des Kraterbodens 1 274 m unter dem höchsten Punkt des Kraterrandes; die zentrale Erhebung ist ca. 1 100 m hoch. Die Ergebnisse vermitteln wichtige Erkenntnisse über die Abfolge der Schockeinwirkung innerhalb und außerhalb des Kraters und gestatten einen Vergleich mit den Befunden am Krater des Nördlinger Rieses. Die Ablagerungen in der unmittelbaren Umgebung des Tooting-Kraters lassen sich als Sedimentströme, Decken von Impaktschmelzen und Auswurf-Decken interpretieren. Es gibt zahlreiche Hinweise darauf, dass an den Kraterwänden Wasser herabfloss.

Auf Grund der Kraterhäufigkeit lassen sich auf dem Mars drei stratigraphische Großeinheiten unterscheiden, das *Noachium*, das *Hesperium* und das *Amazonium* (Tanaka 1986; Hartmann u. Neukum 2001). Die zeitliche Grenze zwischen Noachium und Hesperium liegt bei 3,7–3,5 Ga, die zwischen Hesperium und Amazonium bei 3,3–2,9 Ga. In den Hochländern, die ins Noachium gehören, haben sich die Landformen seit 3,5 Ga nur wenig verändert. Wahrscheinlich wurden sie während der Phase des heftigen Meteoriten-Bombardements vor 3,9–3,8 Ga geprägt, das wir bereits aus der Geschichte des Mondes kennen (Abschn. 30.3, S. 544f). Demgegenüber

Abb. 32.3.
Die Topographie des Tharsis-Plateaus auf dem Mars mit den großen Schildvulkanen. (Nach Faure u. Mensing 2007)

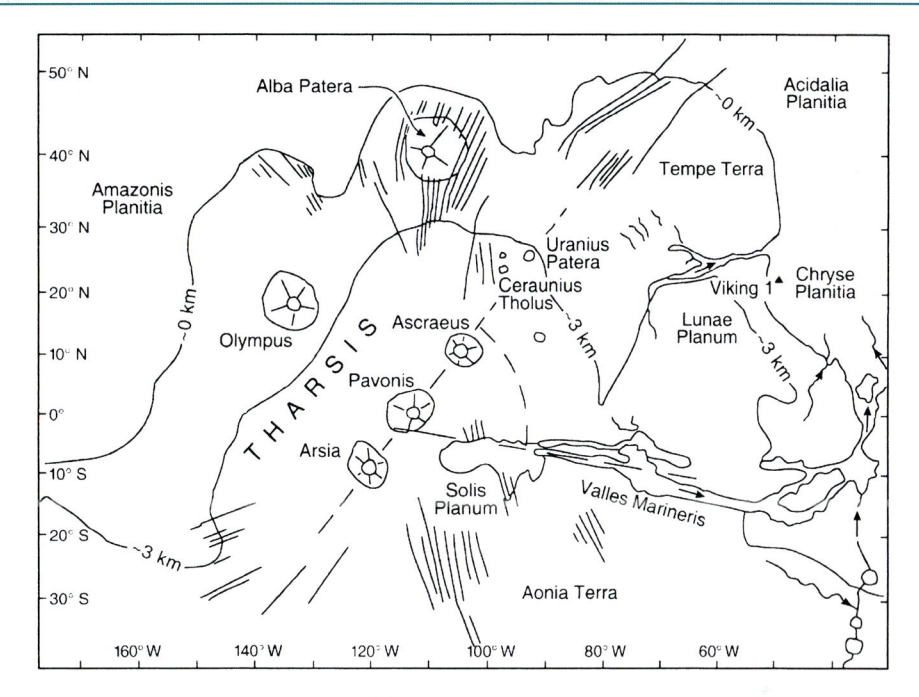

ist das noachische Grundgebirge in den Tiefländern weitgehend durch Vulkanite und Sedimente des Hesperiums und des Amazoniums überdeckt. Im Vergleich zu den Mond-Hochländern weisen die noachischen Hochländer des Mars charakteristische Unterschiede auf (z. B. Carr 1999):

- In den Mars-Hochländern ist der Erhaltungszustand der Krater sehr viel schlechter, was auf stärkere Erosions-Prozesse hinweist.
- Auf dem Mars gibt es *verzweigte Talsysteme*, die sich auf tausende von Kilometern verfolgen lassen und an irdische Flusssysteme erinnern. An der Ostflanke der Tharsis-Schwelle erstreckt sich ein äquatorial ausgerichtetes *Canyon-System* von 2 000–7 000 m Tiefe, die Valles Marineris (Abb. 32.3), das offensichtlich an tektonische Störungen gebunden ist, aber stellenweise durch riesige Bergrutsche erweitert wurde. Die Canyons sind teilweise mit mächtigen Sedimentfolgen gefüllt, die wohl z. T. See-Ablagerungen darstellen. Manche der Canyons entspringen in sog. *Chaotischen Terrains*, die vermutlich durch riesige Hochwasser-Ereignisse entstanden sind. Diese wurden z. B. durch katastrophale Entleerung von Seen in den Canyons oder durch plötzliche Eruptionen von Grundwasser ausgelöst, das sich unter Permafrost-Böden angesammelt hatte, wobei es zu flächenhaften Bodeneinbrüchen kam.
- In den Mars-Hochländern erstrecken sich zwischen den Kratern ausgedehnte, flache Ebenen, die vermutlich während oder kurz nach dem heftigen Meteoriten-Bombardement durch intensiven Vulkanismus mit hoher Förderrate entstanden sind.
- Im Gegensatz zum Mond bestehen die Auswurfdecken in der Umgebung der Mars-Krater aus einer Folge dünner Lagen, die nach außen von wohldefinierten, gelappten Steilrändern begrenzt werden. Diese Formen können dadurch erklärt werden, dass zur Zeit des Meteoriten-Impakts der Marsboden mit Wasser oder Eis bedeckt war.
- Die von 1996 bis 2006 aktive Raumsonde Mars Global Surveyor entdeckte auf dem Boden des Meridiani Planum weite Flächen, die mit Hämatit-Sphäroiden von 4,2 ±0,8 mm ⌀ bedeckt waren. Die beiden 2004 gelandeten Mars Exploration Rovers „Opportunity" konnten im gleichen Gebiet schräggeschichtete äolische Sandsteine nachweisen, in denen es durch wiederholtes Ansteigen des Grundwasserspiegels zur Ausfällung von Evaporit-Mineralen, insbesondere von Kieserit $Mg[SO_4] \cdot H_2O$, Epsomit $Mg[SO_4] \cdot 7H_2O$, Gips $Ca[SO_4] \cdot 2H_2O$, Jarosit $KFe_3^{3+}[(OH)_6/(SO_4)_2]$ und Halit $NaCl$ kam (Christensen et al. 2004; King u. McLennan 2010).

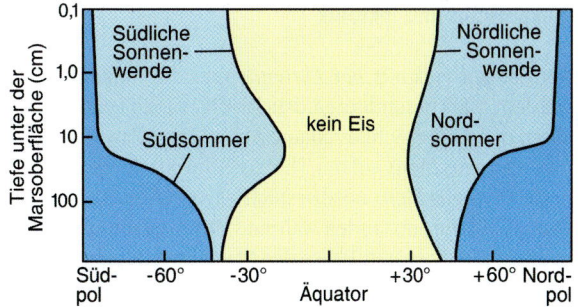

Abb. 32.4. Modell zur Stabilität von H_2O-Eis im Boden des Mars. Vorausgesetzt ist, dass die Mars-Atmosphäre gut durchgemischt ist und genügend Wasserdampf enthält, um eine H_2O-Schicht von 12 µm Dicke auf der Mars-Oberfläche zu erzeugen. *Hellblau*: H_2O-Eis im Nord- und Südwinter bis 1 m Tiefe stabil; *dunkelblau*: H_2O-Eis ganzjährig stabil bis km-Tiefe. (Nach Carr 1999)

Wasser auf dem Mars

Alle diese Beobachtungen weisen darauf hin, dass in der geologischen Vergangenheit Wasser auf dem Mars existierte. Bei gleichmäßiger Bedeckung der gesamten Planeten-Oberfläche kann man eine Wassertiefe von 500 m abschätzen; auf der Erde wären das 3 km (Carr 1999). Eine immer noch ungelöste Frage ist nun, wohin dieses Wasser verschwunden ist. Ein Teil des ursprünglichen Wassers ist wahrscheinlich als H_2O-Eis fixiert. Unter den gegenwärtigen klimatischen Bedingungen ist Eis bis zu Breiten von 30–40° nördlich und südlich des Äquators sowohl an der Mars-Oberfläche als auch im Untergrund instabil; es würde in die Atmosphäre sublimieren. Dagegen könnte in höheren Breiten im Winter Eis im Dauerfrost-Boden unter der Mars-Oberfläche existieren, in den Polar-Regionen sogar ganzjährig (Abb. 32.4). Hier könnte auch Schmelzwasser vorhanden sein, dessen Nachweis ein wichtiges Ziel der Raumsonde Phoenix ist. Die weißen Polkappen des Mars, die bereits 1666 von Cassini entdeckt wurden, bestehen dagegen aus CO_2-Eis.

Vulkanismus und Tektonik

Als Zeugen *vulkanischer Aktivität* sind die Vulkanbauten auf dem Mars besonders eindrucksvoll. Hierzu gehören vor allem die großen Schildvulkane Arsia Mons, Pavonis Mons und Ascraeus Mons auf der Tharsis-Schwelle sowie der isolierte *Olympus Mons* nordwestlich davon (Abb. 32.3, 32.5). Diese Vulkane entstanden während des Amazoniums, also in einer relativ späten Phase der Marsentwicklung, im Zusammenhang mit aufsteigenden Mantel-Plumes (z. B. McSween 2005). Mit einem Basisdurchmesser von 550–600 km und einer Höhe von ca. 26 000 m über NN bzw. ca. 24 000 m über der umgebenden Hochebene ist *Olympus Mons* der größte bisher bekannte Schildvulkan unseres Planetensystems. Er übertrifft an Größe bei weitem den Mauna Loa auf Hawaii, den größten Schildvulkan der Erde mit einem Basisdurchmesser von 120 km, der sich „nur" 9 100 m über dem Boden des Pazifik erhebt (Abb. 32.5). Ähnlich wie die anderen nahe gelegenen Vulkane zeigt Olympus Mons in seinem Gipfelbereich eine komplex zusammengesetzte Gipfel-Caldera mit dem riesigen Durchmesser von ca. 90 km, was auf eine entsprechend große Magmenkammer im Inneren des Vulkans schließen lässt. An der Basis von Olympus Mons beobachtet man eindrucksvolle Steilstufen, die bis zu 6 000 m hoch werden (Abb. 32.5). Man nimmt an, dass die großen Schildvulkane des Mars über einen Zeitraum von mehreren Milliarden Jahren aktiv waren. Die Vielzahl der übereinander geflossenen Lavaströme sind in unterschiedlichem Maß von verschieden alten Kratern durchsetzt (z. B. McSween 2005; Head 1999). Dabei weisen die jüngsten Lavaströme von Olympus Mons eine sehr geringe Kraterdichte auf und dürften nicht älter als 100–200 Ma sein (Hartmann u. Neukum 2001).

Daneben gibt es auf den Hochebenen des Mars wie Elysium Planitia und Amazonis Planitia (Abb. 32.3) *Flutbasalte*, deren Alter bis etwa 2 Ga zurückreicht, während die geringe Kraterdichte der jüngsten, ungewöhnlich frischen Lavaströme auf Alter von nur 20–30 Mio. Jahren hinweist (Hartmann u. Neukum 2001). In der Nähe des Impakt-Beckens Hellas liegt der Vulkan Tyrrhena Patera, dessen Förderprodukte geschichtet und tief erodiert sind. Es handelt sich wahrscheinlich um *Pyroklastite*, die SiO_2-reichere Zusammensetzungen aufweisen als die Basaltlaven der Schildvulkane.

Mit einer Längserstreckung von 4 000 km und Höhen bis zu 10 000 m über NN stellt die riesige *Tharsis-Schwelle*, deren Bildung bis in das Noachium zurückreicht, das herausragende tektonische Element des Mars dar. Die Schwelle ist von einem ausgedehnten System von radialen tektonischen Gräben und konzentrischen Kompressions-Rücken umgeben, die fast ein Drittel der Mars-Oberfläche beeinflussen (Abb. 32.3). So ist das riesige Canyon-System der Valles Marineris, das sich von der Ostflanke der Tharsis-Schwelle auf mehr als 4 000 km nach Osten verfolgen lässt, tektonisch angelegt. Das gesamte Bruchsystem ist offensichtlich durch gravitativen Kollaps entstanden, der auf die enorme Krustenverdickung im Bereich der Tharsis-Schwelle zurückgeht. Wir wissen noch nicht, welche Mantel-Prozesse dafür verantwortlich sind, dass im Bereich der Tharsis- und der Elysium-Schwelle über Zeiträume von mehreren Milliarden Jahren Krustenverdickung und Vulkanismus stattfanden. Im Gegensatz zur Erde hat es auf dem Mars niemals plattentektonische Prozesse gegeben; es herrscht Vertikal-Tektonik, die vermutlich stärker durch endotherme und exotherme Phasenübergänge im Inneren des Planeten gesteuert wird, als das im Erdinnern der Fall ist (Head 1999).

Zusammensetzung der Marsgesteine

Die besten Daten über die chemische und mineralogische Zusammensetzung von Marsgesteinen liefern die *Meteorite* aus der Gruppe der *SNC-Achondrite* (Shergottite, Nakhlite, Chassignite), die von der Oberfläche des Mars stammen (vgl. Abschn. 31.3.2, S. 556f). Sie stellen *Basalte* und *ultramafische Kumulate* dar, die entsprechenden irdischen Gesteinen sehr ähneln, jedoch – bezogen auf das Mg/Si-Verhältnis – einen geringeren Al-Gehalt sowie meist höhere Verhältnis von volatilen zu refraktären Elementen (z. B. K/La) aufweisen (vgl. McSween 2005).

Die Geochemie der basaltischen Shergottite ist in unterschiedlichem Maß durch die Assimilation von krustalen Gesteinen modifiziert worden, wobei es zur Anreicherung inkompatibler Elemente kam. Das zeigt sich an zunehmend erhöhten LREE/HREE-, Rb/Sr- und Nd/Sm- Verhältnissen sowie an hohen $^{87}Sr/^{86}Sr$- und niedrigen $^{143}Nd/^{144}Nd$-Initialwerten (vgl. Abschn. 33.5.3, S. 615f). Darüber hinaus waren die assimilierten Krustengesteine stärker oxidiert als die basaltischen Magmen aus dem Mars-Mantel.

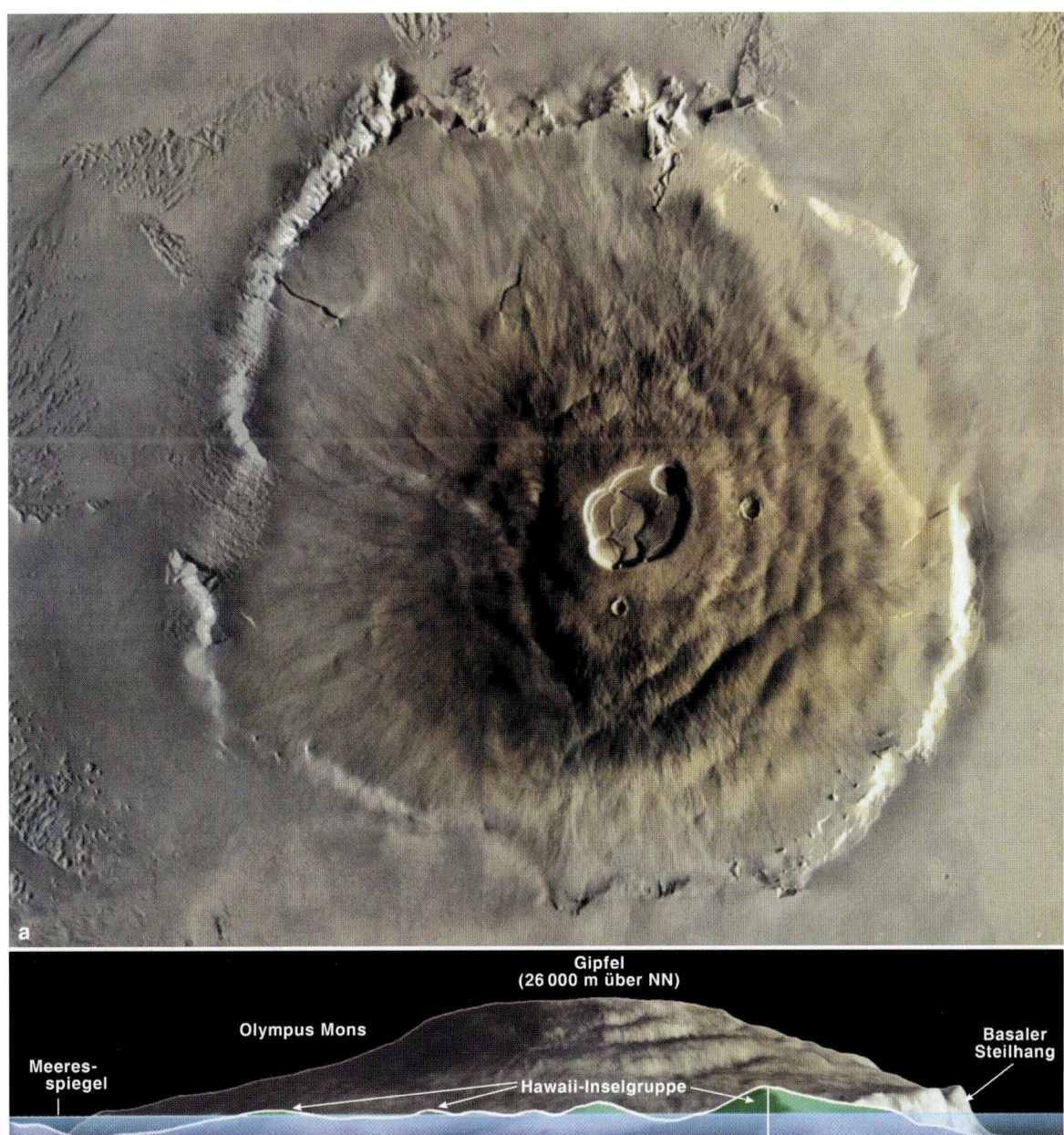

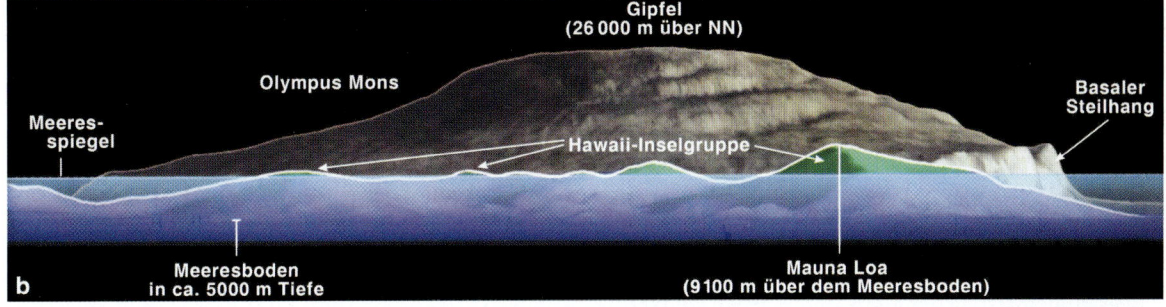

Abb. 32.5. a Satellitenbild des Schildvulkans Olympus Mons mit einer Höhe von 24 000 m über der unterlagernden Hochebene und 26 000 m über NN. Man erkennt die große, komplexe Gipfelcaldera, Lavaströme unterschiedlichen Alters, die randlichen Steilhänge sowie junge Meteoriten-Krater. **b** Die Seitenansicht zeigt den spektakulären Steilhang an der SO-Flanke von Olympus Mons; zum Größenvergleich ist der größte Schildvulkan der Erde, der Mauna Loa auf Hawaii eingezeichnet; jeweils 5-fach überhöht. (Nach Carr 1999)

Mit Ausnahme des Mars-Meteoriten ALH 84001, dessen Alter mit isotopischen Methoden zu etwa 4,5 Ga bestimmt wurde, erbrachten die SNC-Achondrite relativ junge isotopische Alter von 1,22–1,66 Ga (Borg et al. 2005); sie entstanden also in der jüngeren geologischen Periode des Mars, dem Amazonium.

In-situ-Analysen von Marsgesteinen sind selten. Mittels Röntgen-Fluoreszenz-Spektroskopie und Alpha-Protonen-Röntgenspektrometrie analysierten die Rover der Viking- und Mars-Pathfinder-Sonden hauptsächlich den Marsboden, der maximal bis in Tiefen von einigen Zentimetern beprobt wurde. Diese lockeren Staubsedimente sind durch Windtransport homogenisiert worden, stellen also keine unveränderten Proben der unterlagernden Gesteine dar. Sie erbrachten über Tausende von Kilometern etwa die gleiche Zusammensetzung, die in vieler Hinsicht den basaltischen Shergottiten ähneln. Die chemische in-situ-Analyse an einem staubfreien Mars-Gestein im Hochland Chryse Planitia ergab – überraschenderweise – eine *Andesit*-Zusammensetzung (z. B. Rieder et al. 1997; Wänke et al. 2001; McSween 2005). Wie durch thermische Emissions-Spektroskopie (TES) gezeigt wurde, könnten die Böden in den nördlichen Tiefebenen des Mars, die früher einmal von einem Ozean bedeckt waren, ebenfalls andesitische Zusammensetzung haben. Jedoch liegen möglicherweise auch mechanische Mischungen von Basalt und Andesit oder verwitterte Basalte vor, die praktisch die gleichen TES-Spektren aufweisen wie Andesit. Obwohl die TES-Analysen durch die Allgegenwart von Eisenoxiden erschwert wird, scheint sicher zu sein, dass die Marsböden hohe Anteile der magmatischen Minerale Plagioklas und Pyroxen enthalten, während Quarz fehlt. Als Umwandlungsprodukte dürften Mischungen unterschiedlicher Tonminerale und/oder Palagonit, das Zersetzungsprodukt von basaltischem Glas (Abschn. 14.1, S. 243), dominieren.

Innerer Aufbau

Im Gegensatz zum Merkur und zur Venus besitzen wir durch die Mars-Pathfinder-Mission (1997) sehr genaue Messungen des Trägheitsmomentes vom Mars. Danach und auf Grund seiner mittleren Dichte von 3,93 g/cm^3 unterliegt es keinem Zweifel, dass der Mars einen Metallkern besitzt. Die Differentiation in Kern, Mantel und Kruste fand bereits während seiner frühesten geologischen Geschichte statt; das isotopische Alter des Mars-Meteoriten ALH 84001 von ca. 4,5 Ga weist auf diese frühe Phase der Krustenbildung hin. Die Messdaten von Mars Global Surveyor sprechen für eine durchschnittliche *Krustenmächtigkeit* von mindestens 40–50 km. Sie steigt in der Tharsis-Schwelle auf >100 km an, um den isostatischen Ausgleich für die riesigen Schildvulkane zu gewährleisten, die dieser Schwelle aufsitzen.

Bis jetzt liegen uns keine Xenolithe vor, die direkte Hinweise auf die chemische und mineralogische Zusammensetzung des *Mars-Mantel* geben könnten. Jedoch führen Modellrechnungen von Wänke u. Dreibus (1988) sowie Lodders u. Fegley (1997), die auf der Geochemie bzw. der Isotopengeochemie von kohligen Chondriten und SNC-Achondriten beruhen, zu gut übereinstimmenden Ergebnissen. Danach besteht der Obere Mars-Mantel zu 38–43 Gew.-% aus Ortho- und Klinopyroxen, zu 51–52 % aus Olivin und zu 5–9 % aus Granat, hat also ein geringeres Olivin-/Pyroxen-Verhältnis und ist etwas Granat-ärmer als der Obere Erdmantel (vgl. Abschn. 29.3.1, S. 522ff, Abb. 29.19). An einer chemischen Pauschalzusammensetzung, die dem Modell von Wänke u. Dreibus (1988) entspricht, wurden von Bertka u. Fei (1997) Hochdruck-Experimente durchgeführt. Danach entsteht in einer Manteltiefe von ca. 1 000 km die Paragenese Wadsleyit β-$(Mg,Fe)_2SiO_4$ + Klinopyroxen, die sich in ca. 1 270 km Tiefe in Ringwoodit γ-$(Mg,Fe)_2SiO_4$ + Majorit-Granat $Mg_3MgSi^{[6]}[Si^{[4]}O_4]_3$ umwandelt; ab 1 700 km Manteltiefe herrschen Perowskit-Phasen vor.

Nach dem geochemischen Modell von Wänke u. Dreibus (1988) nimmt der *Kern* ca. 22 % der Gesamtmasse des Mars ein. Danach befände sich die Kern/Mantel-Grenze in einer Tiefe von ca. 1 950 km; jedoch sind – modellabhängig – Abweichungen von einigen hundert Metern von diesem Wert möglich. Die nach diesem Modell berechnete Kernzusammensetzung des Mars liegt bei 53 % Fe, 8 % Ni und 39 % FeS, wobei möglicherweise vorhandene Gehalte an Wasserstoff und Kohlenstoff in Form von FeH bzw. Fe_7C_3 nicht berücksichtigt sind. Andere Modellrechnungen kommen im Grundsatz zu ähnlichen Ergebnissen, wenn auch mit abweichenden Fe/Ni-Verhältnissen (Bertka u. Fei 1998; McSween 2005).

Die Marsmonde Phobos und Deimos

Die beiden kleinen Satelliten des Mars, Phobos und Deimos wurden 1877 von dem amerikanischen Astronomen Asaph Hall (1829–1907) entdeckt. *Deimos* (grch. δεῖμος = Schrecken) hat eine fast exakte Kreisbahn mit einem Radius von 23 459 km und benötigt für einen Marsumlauf 1 Tag 6 h 18 min. Wie der Erdmond wendet er dem Mars immer die gleiche Seite zu. Demgegenüber hat die Bahn von *Phobos* (grch. φόβος = Furcht) eine größere Exzentrizität mit einer Halbachse von nur 9 378 km. Für seinen Umlauf benötigt er lediglich 7 h 39 min 12 s, so dass er zweimal am Tag aufgeht, und zwar – wegen seiner scheinbar retrograden Umlaufbahn – vom Mars aus gesehen im Westen. Durch die Nähe zum Mars kommt es praktisch bei jedem Umlauf des Phobos zu einer Mond- und einer partiellen Sonnenfinsternis.

Phobos und Deimos besitzen lediglich Durchmesser von 22 bzw. 12 km und sind unregelmäßig geformt. Die Oberfläche von Deimos lässt nur relativ wenige Meteoriten-Krater erkennen. Im Gegensatz dazu weist Phobos zahlreiche Einschlagkrater auf, von denen der Krater Stickney mit einem Durchmesser von ca. 10 km der größte ist. Der Einschlag des planetarischen Körpers, der diesen Krater schuf, muss Phobos beinahe vollständig zerstört haben; der Impakt erzeugte ein System von Rissen, die an der Oberfläche z. T. als Rillen sichtbar sind. Wegen seiner geringen Entfernung unterliegt Phobos den Gezeitenkräften des Mars; er nähert sich diesem immer mehr an, was in ca. 40 Ma zum Auseinanderbrechen und zum Absturz von Phobos führen wird (Hartmann 1999). Wie der Erdmond sind beide Marsmonde von einer Staubschicht bedeckt, die auf Deimos dicker als auf Phobos ist. Da die russischen Raumsonden Fobos 1 und 2 (1988) verloren gingen, bevor sie ihr anspruchsvolles Messprogramm durchführen konnten, besitzen wir noch keinerlei Analysendaten über die Zusammensetzung dieser Regolith-Hüllen. Immerhin wurden von diesen Sonden noch Gasausbrüche auf Phobos beobachtet, bei denen möglicherweise Wasserdampf gefördert wurde.

Mit mittleren Dichten von 1,9 bzw. 1,7 g/cm^3 haben Phobos und Deimos eine ähnliche Zusammensetzung wie die kohligen Chondriten (Abschn. 31.3.1, S. 553) und sind damit wesentlich primitiver als die in Kern, Mantel und Kruste differenzierten erdähnlichen Planeten. Alle bisherigen Befunde sprechen dafür, dass beide Satelliten aus dem Asteroiden-Gürtel stammen, und zwar vermutlich aus dem Gebiet der Trojaner, also in erheblich größerem Abstand von der Sonne als der Mars (s. u.). Infolge gravitationaler Störungen, die der Riesenplanet Jupiter ausgelöst hatte, wurden sie aus ihrer Bahn abgelenkt und vom Mars eingefangen.

32.2
Die Asteroiden

Astronomische Erforschung

Nach der von Johann Daniel Titius (1729–1796) und Johann Elert Bode (1747–1826) entdeckten Regel (Kap. 34) müsste zwischen den Umlaufbahnen von Mars und Jupiter in 2,8 AE (= ca. 420 Mio. km) noch ein weiterer Planet existieren, was jedoch nicht der Fall ist. Im Rahmen des ersten internationalen Forschungsverbundes organisierte der Direktor der Sternwarte Gotha, Baron Franz Xaver von Zach (1754–1832), Ende des 18. Jahrhunderts eine systematische Suche nach diesem fehlenden Planeten, die 1801 schließlich zur Entdeckung des Asteroiden (1) Ceres führte.

Dieser war in der Neujahrsnacht 1800/1801 von Guiseppe Piazzi (1746–1826) in der Sternwarte Palermo als schwaches Objekt entdeckt worden, aber wegen seiner Wanderung in Richtung Sonne wieder verloren gegangen. Trotzdem gelang es dem berühmten deutschen Mathematiker Carl Friedrich Gauss (1777–1855), mit der von ihm entwickelten Methode der Kleinsten Quadrate die Umlaufbahn zu berechnen, so dass am 31. Dezember 1801 Heinrich Wilhelm Olbers (1758–1840) Ceres wieder auffinden konnte.

In den Jahren 1802 und 1807 entdeckte Olbers die Asteroiden (2) Pallas und (4) Vesta, während der Asteroid (3) Juno 1803 von Karl Ludwig Harding erkannt wurde. Erst 1846 gelang die Entdeckung von (5) Astraea. Danach wurden in rascher Folge weitere Asteroiden gefunden und bis 1890 war ihre Zahl auf 300 angewachsen. Seit 1890 konnte man auch die Spuren sehr lichtschwacher Objekte auf die Fotoplatte bannen, was die Entdeckung zahlreicher weiterer Asteroiden und die Berechnung ihrer Umlaufbahnen ermöglichte. Einen weiteren großen Schub erhielt die Asteroidenforschung seit 1990 durch die Computer-gestützten CCD-Kameratechnik, durch die amerikanischen Raumsonden Galileo (1991), NEAR-Shoemaker (1997), Deep Space 1 (1999) und Stardust 2002 sowie die japanische Raumsonde Hayabus (2005). Die Rosetta-Sonde der ESA erreichte 2008 den Asteroiden (2867) Steins. Sie flog am 10. Juli 2010 in 3162 km Entfernung mit einer Relativgeschwindigkeit von 15 km/sec am Asteroiden (21) Lutetia vorbei und wird 2014 auf dem Kometen Tschurjunov-Gerasimenko landen.

> Der *Asteroiden-* oder *Planetoiden-Gürtel* stellt einen fast 2 AE breiten wulstartigen Gürtel dar, der aus einer Fülle kleiner planetarischer Körper aufgebaut ist; er erreicht etwa 2,1–3,3 AE von der Sonne entfernt seine größte Dichte. Bislang sind etwa 220 000 Asteroiden entdeckt, nummeriert und benannt worden; noch viel mehr blieben bislang unentdeckt und ihre tatsächliche Anzahl dürfte in die Millionen gehen. Eine große Zahl von Asteroiden, die als *Trojaner* bezeichnet werden, umkreisen die Sonne im Bereich der Jupiterbahn, und zwar ungefähr 60° vor oder hinter diesem Riesen-Planeten (Chapman 1999).

Die Bahnen der Trojaner werden durch die Massenanziehung von Sonne und Jupiter marginal stabilisiert; sie bilden sog. Lagrange-Punkte des eingeschränkten Dreikörper-Problems der Himmelsmechanik, an denen sich die Gravitationskräfte benachbarter Himmelskörper und die Zentripetalkraft der Bewegung gegenseitig aufheben.

Entstehung

Ohne Zweifel waren die Asteroiden und ihre Vorläufer ursprünglich Planetesimale, aus denen bei der Bildung unseres Sonnensystems die Planeten entstanden (vgl. Abschn. 34.4, S. 633). Das gelang jedoch im Fall des Asteroiden-Gürtels nicht, weil die Planetesimale durch gravitationale Störungen in ausgelängte, geneigte Umlaufbahnen gezwungen wurden, was ein allmähliches Zusammenwachsen zu einem Planeten verhinderte. Stattdessen kam es immer wieder zu Zusammenstößen mit Geschwindigkeiten in der Größenordnung von 5 km/s, was meist katastrophale Fragmentierungen, nur selten ein Zusammenbacken zur Folge hatte. Die Ursache der gravitationalen Störungen liegt höchstwahrscheinlich in der gewaltigen Jupitermasse, die etwa das 318-fache der Erdmasse beträgt. Möglicherweise führte die Gravitationskraft des Jupiter direkt zu Bahnstörungen der Planetesimale, oder aber einige der größeren Planetesimale gerieten in die Nähe des Jupiters, wurden versprengt und auf stark exzentrische Umlaufbahnen gezwungen. Dadurch kam es zu nahen Begegnungen mit der Hauptmenge der Asteroiden, die beschleunigt und in abweichende Umlaufbahnen gebracht wurden. Die meisten der früh gebildeten Asteroiden könnten durch Kollisionen mit den vom Jupiter versprengten Planetesimalen oder durch gegenseitige Zusammenstöße zerstört worden sein (Chapman 1999).

Kollisionsgeschichte

Gegenüber dem riesigen Volumen des Asteroiden-Gürtels ist die Gesamtmasse der Asteroiden verschwindend gering. Trotzdem besteht während der ≈ 4,570 Ga langen Geschichte unseres Sonnensystems immer wieder die Chance zu kleineren oder größeren Kollisionen, die zur Bildung von Impakt-Kratern, aber auch zur vollständigen Fragmentierung führen können. Dabei erreichen die Bruchstücke oft nicht die notwendige Entweichgeschwindigkeit, so dass sie sich erneut zu einem Asteroiden oder einem System von zwei oder mehreren Körpern zusammenballen können. Bei hinreichend großen Kollisionen wird der Asteroid jedoch vollständig zerstört, und die Bruchstücke werden als *Asteroiden-Familie* im Raum zerstreut, wenn auch mit ähnlichen Umlaufbahnen. Beispiele sind die nach ihrem japanischer Entdecker benannte Hirayama-Familie, ferner die Themis-, Eos- und Koronis-Familien, deren einzelnen Körper sich durch ähnliche Spektral-Eigenschaften als zusammengehörig erweisen (Chapman 1999). Manche der kleineren Asteroiden bestehen nur noch aus Anhäufungen von zahllosen Gesteinsbrocken, die lediglich durch Gravitationskräfte zusammengehalten werden, wie z. B. der Doppelasteroid (4769) Castalia oder der 5,1 km lange und 1,8 km breite Asteroid (1620) Geographos, der wahrscheinlich das langgestreckteste Objekt des Sonnensystems darstellt. Manche dieser planetaren „Schutthaufen" sind vermutlich nicht durch Kollisionen, sondern durch interne Gezeitenkräfte beim Beinahe-Zusammenstoß mit der Erde oder der Venus entstanden (Chapman 1999).

Größe und Form

Aller Wahrscheinlichkeit nach sind Asteroiden heute kalte, leblose Körper ohne Lufthülle. Der größte Asteroid, (1) Ceres besitzt Durchmesser von 975 bis 909 km und nimmt mehr als ein Viertel der Masse des gesamten Asteroidengürtels ein. Diese Masse von $9{,}36 \times 10^{20}$ kg reicht aus, dass Ceres durch seine Eigengravitation nahezu kugelförmig ausgebildet ist, nicht aber, die Bahn von anderen planetarischen Kleinkörpern zu räumen. Dementsprechend kann Ceres nur als Zwergplanet (engl. dwarf planet) eingestuft werden. Die nächstgrößten Asteroiden (2) Pallas und (4) Vesta haben Durchmesser von $582 \times 556 \times 500$ km bzw. $573 \times 567 \times 446$ km; ihre Massen liegen bei $2{,}34 \times 10^{20}$ bzw. $2{,}59 \times 10^{20}$ kg. Deutlich kleiner ist (10) Hygiea mit Durchmessern von $500 \times 385 \times 350$ km und einer Masse 9×10^{19} kg. Diese drei planetarischen Körper haben bisher noch nicht den Rang von Zwergplaneten erhalten. Erwartungsgemäß sind kleinere Asteroiden zunehmend häufiger, bis hin zu den unzähligen Objekten von km-Größe und den noch kleineren Körpern, die man höchstens bei Annäherung an die Erde erkennt. Manche Asteroiden haben ungefähr kugelige Gestalt; andere zeigen ausgelängte oder unregelmäßige Formen, die auf Fragmentierungs-Prozesse hinweisen, denen sie ausgesetzt waren. Obwohl das mit bodengestützten Teleskopen nur schwierig zu erkennen ist, dürften Asteroiden häufig von *Satelliten* umrundet werden. So wurde von der Raumsonde Galileo der 1,5 km große Satellit Dactyl entdeckt, der den Asteroiden (243) Ida umkreist.

Zusammensetzung und innerer Aufbau

Erste Hinweise auf die Zusammensetzung von Asteroiden lassen sich bereits aus ihren Reflexions-Spektren gewinnen, in denen das Reflexionsvermögen (Albedo) in Abhängigkeit von der Wellenlänge aufgetragen ist. Nach den Absolutwerten der Albedo, besonders aber nach der Form der Reflexionskurven kann man 14 verschiedene Typen unterscheiden, die sich zumindest teilweise an bekannten Meteoriten-Typen eichen lassen (vgl. Chapman 1999). Seit den grundlegenden Untersuchungen des deutschen Physikers Ernst Chladni (1756–1827) wissen wir nämlich, dass die allermeisten Meteorite aus dem Asteroiden-Gürtel stammen und somit für direkte mineralogische und geochemische Analysen zur Verfügung stehen (Kap. 31). Deswegen sind die Asteroiden in ihrer Zusammensetzung und ihrem inneren Aufbau besser bekannt als jeder andere planetarische Körper, einschließlich unserer Erde und des Mondes!

Die Asteroiden im äußeren, sonnenfernen Bereich des Gürtels wurden lediglich durch äußere Einflüsse, wie Kollisionen, Meteoriten-Beschuss oder Gezeitenkräfte in ihrem Erscheinungsbild verändert, während sie in ihrer stofflichen Zusammensetzung noch die „Urmaterie" repräsentieren, aus der sie in der Frühzeit unseres Sonnensystems entstanden sind. Allerdings wurden sie während der ersten Millionen Jahre nach ihrer Entstehung soweit aufgeheizt, dass Wassereis schmelzen und H_2O in ihr Inneres einsickern konnte, was zur Bildung von H_2O-haltigen Mineralen führte. Asteroiden dieses Typs, z. B. (1) Ceres, werden durch die ganz primitive Meteoritengruppe der *kohligen Chondrite* repräsentiert (Abschn. 31.3.1, S. 553). Andere Asteroiden, wie (433) Eros oder (16) Psyche sind infolge von Impakt- und Kollisions-Vorgängen mehr oder weniger stark metamorph rekristallisiert; sie entsprechen in ihrem Gefüge und Mineralbestand den *gewöhnlichen Chondriten* bzw. den *Enstatit-Chondriten*. (Abschn. 31.3.1, S. 553).

Asteroiden im inneren, sonnennäheren Bereich des Gürtels wurden nach ihrer Entstehung durch den Zerfall des radiogenen Aluminium-Isotops ^{26}Al stark aufgeheizt. Dadurch konnte es zur partiellen Aufschmelzung und zu einer Differentiation in Kruste, Mantel und Metallkern kommen (z. B. Kleine et al. 2005a). So ähneln die *Achondrite* (Abschn. 31.3.2, S. 556f) weitgehend Gesteinen der Erdkruste und dürften daher aus der Kruste von Asteroiden stammen. Beispielsweise stimmen die Reflexions-Spektren von (4) Vesta und (44) Nysa gut mit denen von Eukriten bzw. von Aubriten überein. Demgegenüber repräsentieren die *Eisenmeteorite* (Abschn. 31.3.4, S. 561ff) den Nickeleisen-Kern von Meteoriten-Mutterkörpern und stellen somit ein wichtiges Indiz für die uns unzugänglichen metallischen Kerne der erdähnlichen Planeten dar. Analog kann man die *Stein-Eisen-Meteorite* als mechanische Mischung aus Kern- und Mantel-Bereichen von Asteroiden interpretieren (vgl. Abschn. 31.3.3, S. 559f). Es gehört zu den großen Glücksfällen, dass einige der in Kern, Mantel und Kruste differenzierten Asteroiden durch Kollisionen gespalten wurden, so dass ihr tiefes Inneres freigelegt wurde und Bruchstücke davon als Meteoriten auf die Erde fallen konnten.

Erdnahe Asteroiden

Die Zahl der Asteroiden mit >1 km ⌀, die sich in der Nähe der Erdumlaufbahn bewegen. dürfte bei nahezu 2 000 liegen (Chapman 1999), kleinere Objekte, insbesondere mit 10–100 m ⌀ sind noch sehr viel häufiger. Asteroiden, deren Bahnen sich auf 1,3 AE (= ca. 195 Mio. km) der Sonne nähern bezeichnet man als *Amors*, solche, deren Bahn die Erdbahn schneidet, als *Apollos*; insgesamt wurden bereits über 400 dieser planetarischen Körper entdeckt. Dazu kommen noch zwei Dutzend *Atons*, deren Umlaufbahnen Halbachsen von kleiner als 1 AE aufweisen. Asteroiden, deren Umlaufbahnen so gestört sind, dass sie eine Planetenbahn kreuzen, sind relativ kurzlebige Objekte. Nach wenigen Mio. Jahren stürzen sie entweder in die Sonne ab, treffen einen terrestrischen Planeten oder werden durch die Anziehungskraft des Jupiter in den Weltraum abgelenkt.

Am 15. Februar 2013, 20.25 Uhr MEZ flog der Asteroid 2012 DA14 mit einer Geschwindigkeit von 8 km/s (= 29 000 km/h) in einer Entfernung von ca. 28 000 km an der Erde vorbei. Zufälligerweise erfolgte diese größte bisher bekannte Erdannäherung eines planetarischen Kleinkörpers ca. 16 Stunden nach dem Meteoriden-Air-Burst von Tscheljabinsk (Abschn. 31.1, S. 548f), ohne dass ein Zusammenhang zwischen beiden Ereignissen besteht. Der Asteroid 2012 DA14 hat einen maximalen Durchmesser von ca. 50 m und wiegt ca. 150 000 t. Durch die Erdannäherung verringerte sich seine Umlaufperiode von 368 auf 317 Tage, so dass die Entfernung zur Sonne jetzt <1 AE beträgt; dementsprechend gehört 2012 DA14 neuerdings nicht mehr zur Asteroiden-Klasse der *Apollos*, sondern zu der der *Atons*. Seine nächste Erdannäherung – allerdings nur auf minimal 1,5 Mio. km – wird voraussichtlich am 15. Februar 2046 stattfinden (NASA 2013).

Wie wir gesehen haben, waren Meteoritenfälle in der Frühzeit unseres Sonnensystems häufiger als jetzt. Sie sind verantwortlich für die Kraterlandschaften, die wir heute noch auf Merkur, Venus und Mond beobachten. Wahrscheinlich haben sie darüber hinaus Material zur Krustenbildung der erdähnlichen Planeten beigesteuert. Möglicherweise haben volatilreiche Asteroiden und Kometen bei ihrem Aufprall auf der Erde Wasser und organische Verbindungen in die Erdkruste eingetragen und so die Entstehung des Lebens auf der Erde ermöglicht. Andererseits werden Einschläge von riesigen kosmischen Körpern auf der Erde für Massenaussterbe-Ereignisse in der geologischen Vergangenheit verantwortlich gemacht (Abschn. 31.1, S. 548). Die statistische Wahrscheinlichkeit, dass einer der bekannten erdnahen Asteroiden mit der Erde kollidiert, ist gering: Ein solches Ereignis trifft schätzungsweise nur einmal in mehreren hunderttausend Jahren ein. Trotzdem stellen erdnahe Asteroiden eine potentielle Gefahr für die menschliche Zivilisation dar. Andererseits können sie in Zukunft als günstige Basislager für weiter reichende Planeten-Missionen genutzt werden. Aus diesen Gründen ist Asteroiden-Forschung ein wichtiger Zweig der Weltraumforschung.

Am 17. Februar 1997 wurde die Mission Near Earth Asteroid Rendezvous (NEAR) gestartet, die eine Erforschung der Asteroiden (253) Mathilde und (433) Eros zum Ziel hatte. Am 27. Oktober 1997 flog NEAR in einer Entfernung von 1 200 km an Mathilde vorbei und erreichte am 14. Februar 2000 die Umlaufbahn um Eros, der zunächst in 350 km Höhe, später in 50 km Höhe umrundet wurde. Entgegen der ursprünglichen Planung landete die Sonde am 12. Februar 2001 sicher auf der Oberfläche des Asteroiden und übermittelte bis zum 28. Februar 2001 Daten von seiner Oberfläche.

32.3 Die Riesenplaneten und ihre Satelliten

32.3.1 Astronomische Erforschung

Die Riesenplaneten *Jupiter* und *Saturn* sind mit dem bloßen Auge sichtbar und waren bereits im Altertum bekannt. Vermutlich wurde auch *Uranus* schon in vorgeschichtlicher Zeit von scharfen Beobachtern am Nachthimmel gesehen; jedoch ist er bei den heutigen Lichtverhältnissen kaum mit freiem Auge zu erkennen. Wilhelm Herschel (1738–1822) entdeckte ihn 1781 mittels eines Teleskops, hielt ihn jedoch zunächst für einen neuen Kometen. Nachdem man die Umlaufbahn von Uranus über mehrere Dekaden beobachtet hatte, erkannte man Bahnstörungen und damit scheinbare Abweichungen von den Keplerschen Gesetzen. Auf Grund dieser Beobachtungen sagten John C. Adams (1819–1892) und Urbain J. J. Le Verrier (1811–1877) im Jahr 1846 unabhängig voneinander voraus, dass ein noch weiter entfernter Planet existieren müsste. Dieser wurde noch am Abend des 23. September 1846, als diese Voraussage bei ihnen eintraf, von den Berliner Astronomen Johann Gottfried Galle (1812–1910) und Heinrich L. D'Arrest entdeckt und *Neptun* benannt. Allerdings weiß man heute, dass bereits 1612 Galileo Galilei (1564–1642) den Neptun gesehen, ihn aber nicht als Planeten erkannt hatte. Vermutungen über Bahnstörungen beim Neptun, die sich jedoch später als irrig erwiesen, lösten eine vergebliche Suche nach einem weiteren Riesenplaneten, dem „Transneptun", aus, führten aber 1930 zur Entdeckung des Zwergplaneten *Pluto* durch Clyde Trombaugh (Lunine 2005).

Bereits 1610 hatte Galileo Galilei die vier großen Jupiter-Monde Io, Europa, Ganymed und Kallisto entdeckt, während 1659 Christiaan Huygens (1629–1695) die Saturnringe und 1676 Giovanni Domenico Cassini (1625–1712) die erste große Lücke in der Ringfolge, die Cassini'sche Teilung, erkannten. In der Folgezeit konnten durch die Qualitätsverbesserung von bodengestützten Teleskopen und durch das Hubble-Weltraum-Teleskop, das seit 1990 die Erde in 590 km Höhe in 95 min einmal umkreist, weitere Satelliten der großen Planeten entdeckt werden. Einen großen Schritt nach vorn bedeuteten die Vorbeiflüge der amerikanischen Raumsonden Pioneer 10 und 11 (1973/1974), Voyager 1 und 2 (Start 1979), Ulysses (Start 1992), Galileo (Start 1995) und Cassini-Huygens (Start 2000), denen die Entdeckung mehrerer Jupiter- und Saturn-Monde sowie der meisten heute bekannten Uranus- und Neptun-Monde zu verdanken ist. Im Juli 2008 hatte Voyager 1 einen Weg von 17,2 Milliarden km oder 115 mal die Entfernung Erde–Sonne (115 AE) zurückgelegt und nähert sich der Grenze unseres Planetensystems.

Trotz dieser Fortschritte hatten die Ergebnisse der Planetenforschung zunächst wenig Bezug zu den stellaren Prozessen im gesamten Universum und waren daher für die meisten Astrophysiker nur von begrenztem Interesse. Das änderte sich in den 1990er Jahren, als die ersten Riesenplaneten *außerhalb* unseres Planetensystems entdeckt wurden (Wolszczan u. Frail 1992; Mayor u. Queloz 1995). Inzwischen gibt es insgesamt über 300 Objekte in dieser Klasse, von denen Jupiter, Saturn, Uranus und Neptun mit Abstand am besten untersucht sind. Von einigen Riesenplaneten außerhalb unseres Sonnensystems wie beispielsweise HD209458 (Lunine 2005) sind Bahndaten, Größe und Masse bekannt.

32.3.2
Atmosphäre und innerer Bau der Riesenplaneten

Bereits 1932 hatte Rupert Wildt mittels teleskopischer Spektroskopie Methan CH_4 und Ammoniak NH_3 als Bestandteile der Jupiter-*Atmosphäre* entdeckt. Methan ist auch in den Atmosphären der übrigen Riesenplaneten vorhanden, während die Anwesenheit von NH_3 für Saturn sicher, für Uranus und Neptun fraglich ist; möglicherweise enthält die Neptun-Atmosphäre statt dessen Stickstoff N_2. Aus der geringen mittleren Dichte der Riesenplaneten wurde schon länger vermutet, dass diese in ihrem Innern *Wasserstoff* enthalten müssten, jedoch konnten erst Kiess et al. (1960) in den Atmosphären von Jupiter Wasserstoff spektroskopisch nachweisen, was später auch für die anderen Riesenplaneten gelang. Bei einem Druck von ca. 1 bar und Temperaturen von –108 °C (Jupiter) bis –197 °C (Uranus) liegt Wasserstoff

Abb. 32.6.
Innerer Aufbau der Riesen-Planeten unseres Sonnensystems und des extrasolaren Riesen-Planeten HD209458b sowie des braunen Zwerges Gl229b. (Nach Lunine 2005, mit freundlicher Genehmigung des Verlages Elsevier)

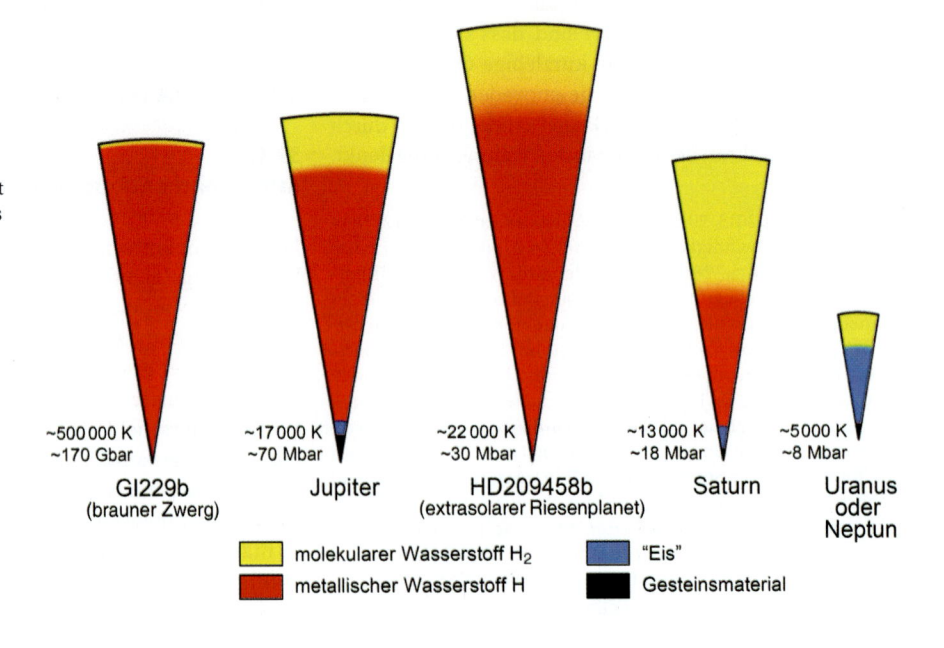

~500 000 K / ~170 Gbar — **Gl229b** (brauner Zwerg)
~17 000 K / ~70 Mbar — **Jupiter**
~22 000 K / ~30 Mbar — **HD209458b** (extrasolarer Riesenplanet)
~13 000 K / ~18 Mbar — **Saturn**
~5000 K / ~8 Mbar — **Uranus oder Neptun**

molekularer Wasserstoff H_2 — "Eis"
metallischer Wasserstoff H — Gesteinsmaterial

in den Planeten-Atmosphären in Form gasförmiger H$_2$-Moleküle vor. Die Existenz von *Helium* in den Atmosphären der Riesenplaneten konnte erstmals durch die Raumsonde Voyager mit unterschiedlichen Methoden sicher gestellt werden. Nach neuesten Messungen ist das molare He/H-Verhältnis für die oberen Schichten von Jupiter 0,1359 ±0,0027, von Saturn 0,135 ±0,025, von Uranus 0,152 ±0,033 und von Neptun 0,190 ±0,032; für Jupiter und Saturn ist das He/H-Verhältnis ähnlich wie in den äußeren Bereichen der Sonne. Als untergeordnete Gas-Bestandteile wurden in der Jupiter-Atmosphäre H$_2$O, PH$_3$, H$_2$S, AsH$_3$, GeH$_4$, Ne, Ar, Kr und Xe, in der Saturn-Atmosphäre PH$_3$, AsH$_3$ und GeH$_4$ nachgewiesen (Lunine 2005).

Wie man aus astrophysikalischen Messungen, Schockwellen-Experimenten und thermodynamischen Modellierungen ableiten kann, zeigen die Riesenplaneten in ihrem Inneren einen verwaschenen Lagenbau (Abb. 32.6). Danach bestehen die *Riesen-Gasplaneten Jupiter* und *Saturn* bis zu großer Tiefe aus Wasserstoff und Helium, die bei Drucken von >100 kbar allmählich in den *flüssigen* Zustand übergehen. Bei weiterer Druckerhöhung auf ca. 1 Mbar und bei einer Temperatur von ca. 6 000 K beginnen die Bindungen der H$_2$-Moleküle aufzubrechen und Wasserstoff geht in eine *flüssige metallische* Modifikation über, die aus Protonen H$^+$ in einem Elektronengas besteht. Wegen seiner metallischen Bindung stellt Wasserstoff im Innern von Jupiter und Saturn einen guten elektrischen Leiter dar, durch den elektrische Ströme fließen können. Bei der Rotation dieser Planeten entstehen daher starke Magnetfelder. Die Bedingungen für den Übergang molekulares H$_2 \to$ metallisches H sind beim Jupiter bereits in einer Tiefe von ca. 10 000 km unterhalb der obersten Wolkenschicht, d. h. bei ca. 16 % seines Gesamtradius gegeben. Dagegen werden die notwendigen Drücke beim Saturn wegen seiner viel geringeren Masse erst deutlich tiefer, bei etwa 45 % seines Gesamtradius erreicht (Abb. 32.6). Möglicherweise gibt es im Inneren der beiden Planeten eine Zone, in der flüssiges H und He nicht mehr homogen miteinander mischbar sind; He würde dann in Form von Tropfen nach unten absaigern und sich erst in größerer Tiefe wieder im flüssigen H auflösen. Chemische Elemente mit höherer Ordnungszahl als H und He sind vermutlich im tiefen Inneren von Jupiter und Saturn kontinuierlich verteilt und nicht in diskreten Lagen angereichert. Wahrscheinlich besitzen beide Planeten einen Kern, dessen Radius etwa 10 % des Gesamtradius beträgt; seine Masse ist beim Jupiter etwa 10 mal, beim Saturn etwa 3 mal so groß wie die Erdmasse und liegt in einer ähnlichen Größenordnung wie die Gesamtmassen von Uranus (= 14,6 M/M$_E$) und Neptun (= 17,1 M/M$_E$). Vermutlich besteht der äußere Kern von Jupiter und Saturn aus Eis und geht in einen inneren Kern aus festem Gesteinsmaterial über (Abb. 32.6; Hubbard 1999; Lunine 2005).

Es besteht kein Zweifel, dass sich zumindest Jupiter in der Frühphase seiner Entwicklung noch sternähnlich verhielt. Bei seiner Kondensation zum Riesenplaneten wurde potentielle Gravitationsenergie in thermische Energie umgewandelt, die durch Strahlung freigesetzt wurde, so dass Jupiter damals regelrecht glühte (z. B. Hubbard 1999; Owen 1999). Diese Tatsache war von großem Einfluss auf die frühe Entwicklung der Jupiter-Monde. Noch heute lösen die gewaltigen Gezeitenkräfte von Jupiter die Vulkantätigkeit auf dem Jupiter-nächsten Mond Io aus (s. u.).

Der extrasolare Riesen-Gasplanet HD209458b besteht überwiegend aus Wasserstoff und Helium; der Übergang vom molekularen H$_2$ zu metallischem H erfolgt bereits in einer Tiefe von 20 % des Gesamtradius (Abb. 32.6).

In den erheblich kleineren und masseärmeren *Riesen-Eisplaneten Uranus* und *Neptun* sind Elemente mit Atomgewichten >4 deutlich angereichert. Diese Planeten besitzen etwa 5 000 km dicke *Atmosphären*, die überwiegend aus molekularem H$_2$ bestehen und ca. 15 bzw. 19 Mol-% He enthalten. Unterhalb dieser atmosphärischen Hülle wird ein Druck von etwa 100 kbar überschritten, so dass H$_2$ jetzt in den flüssigen Zustand übergeht. Demgegenüber werden Drücke von 1 Mbar, die für den Übergang molekulares H$_2 \to$ metallisches H notwendig sind, auch in größerer Tiefe niemals erreicht. Der weit überwiegende Hauptanteil von Uranus und Neptun setzt sich aus einer Mischung von flüssigem H$_2$, He, H$_2$O-reichem „Eis" und Gesteinsmaterial zusammen. Unter der Bezeichnung „Eis" versteht man eine „heiße Suppe" aus H$_2$O, CH$_4$, NH$_3$ sowie weiteren chemischen Verbindungen, die aus diesen Molekülen bei hohen Temperaturen und Drucken gebildet wurden (Hubbard 1999). Vermutlich besitzen Uranus und Neptun Kerne, deren Radius etwa 15 % des Gesamtradius ausmacht und in denen festes Gesteinsmaterial konzentriert ist (Abb. 32.6).

Problematisch ist die Abgrenzung von Jupiter-ähnlichen Riesenplaneten, die sich – wie in Kap. 34 dargelegt – aus einer protoplanetaren Gas-Staub-Scheibe entwickeln, von den *braunen Zwergsternen*, die – ähnlich wie die „eigentlichen" Sterne – durch Verdichtung des interstellaren Mediums entstehen. In beiden Fällen reicht die innere Temperatur, z. B. 17 000 K beim Jupiter und 22 000 K beim HD209458b, nicht für das Wasserstoffbrennen aus, für das mindestens 5×10^6 K erforderlich sind (Abschn. 33.6, S. 624). Allerdings ist bei den *braunen Zwergsternen* mit einer Masse von ≥0,013 Sonnenmassen bereits das Deuterium-Brennen, d. h. die Reaktion ^{2}D → ^{3}He möglich, was bei den Riesenplaneten noch nicht der Fall ist. Die Grenzziehung zu den braunen Zwergsternen wird dementsprechend bei 0,013 Sonnenmassen vorgenommen, während die Grenze zwischen den braunen Zwergen und den „eigentlichen" Sternen bei 0,08 Sonnenmassen liegt.

32.3.3
Die Jupiter-Monde

Die galileischen Monde zeigen erstaunliche Unterschiede in ihrem inneren Aufbau, wie sich bereits aus ihrer mittleren Dichte ablesen lässt. Diese beträgt bei Io 3,53, bei Europa 2,99, bei Ganymed 1,94 und bei Kallisto 1,85 g/cm³, entsprechend Silikat-Anteilen von ca. 100, 94, 58 und 52 % bei diesen Monden (Tabelle 32.2, S. 588). Ihre geologische Entwicklung wurde und wird von ihrem riesigen Mutterplaneten gesteuert, der in seiner Frühphase noch thermische Energie ausstrahlte und auch heute noch durch gewaltige Gezeitenkräfte einen erheblichen Einfluss auf seine Satelliten ausübt. Aus der unterschiedlichen Entfernung von Jupiter resultiert eine Entwicklung vom Jupiter-fernen primitiven, kaum differenzierten Mond Kallisto bis hin zum vollständig differenzierten, geologisch aktiven Mond Io in Jupiter-Nähe (Abb. 32.7). Gemeinsames Kennzeichen der galileischen Monde ist eine hohe Albedo, die selbst beim dunkelsten Jupiter-Mond Callisto noch doppelt so hoch wie beim Erdmond ist. Während Io auch im Infrarot eine starke Reflektivität besitzt, beobachtet man bei Europa, Ganymed und Callisto eine starke IR-Absorption, was auf die Anwesenheit von Wassereis hinweist (Johnson 1999; 2005).

Außer den galileischen Monden wird Jupiter noch von einem schwachen Ringsystem (Abschn. 32.3.5, S. 590f) und von 12 kleineren Satelliten umrundet, über deren inneren Aufbau noch nichts bekannt ist. Drei der inneren Monde Thebe, Andrastea und Metis haben mittlere Dichten von 2,8–3,0, Amalthea dagegen nur 0,85 g/cm³; die Dichten der acht äußeren Monde liegen bei ca. 2,6 g/cm³. Die Ringe dürften von der Zerstörung naher Satelliten durch Gezeitenkräfte herrühren.

Io

Wie nirgendwo sonst in unserem Sonnensystem wird die *Oberfläche* von Io durch *aktiven Vulkanismus* bestimmt, der 1979 – als erstem auf einem anderen Himmelskörper! – durch die fotografischen Aufnahmen von Voyager 1 nachgewiesen wurde. Schon 4 Monate später zeigten Bilder von Voyager 2, dass bereits mehrere Eruptionen zum Erliegen gekommen, andere dagegen neu in Tätigkeit gesetzt worden waren. Bis jetzt sind nahezu 100 aktive Vulkane auf Io bekannt. Die 20 Jahre später aufgenommenen Bilder der Raumsonde Galileo belegen, dass sich die Oberfläche von Io in ständiger Veränderung befindet. Mit einem Alter von wenigen Ma gehört sie zu den jüngsten Oberflächen in unserem Sonnensystem. Im Gegensatz zu Merkur, Venus, Mars und zum Erdmond weist Io kaum Impakt-Krater auf, da die-

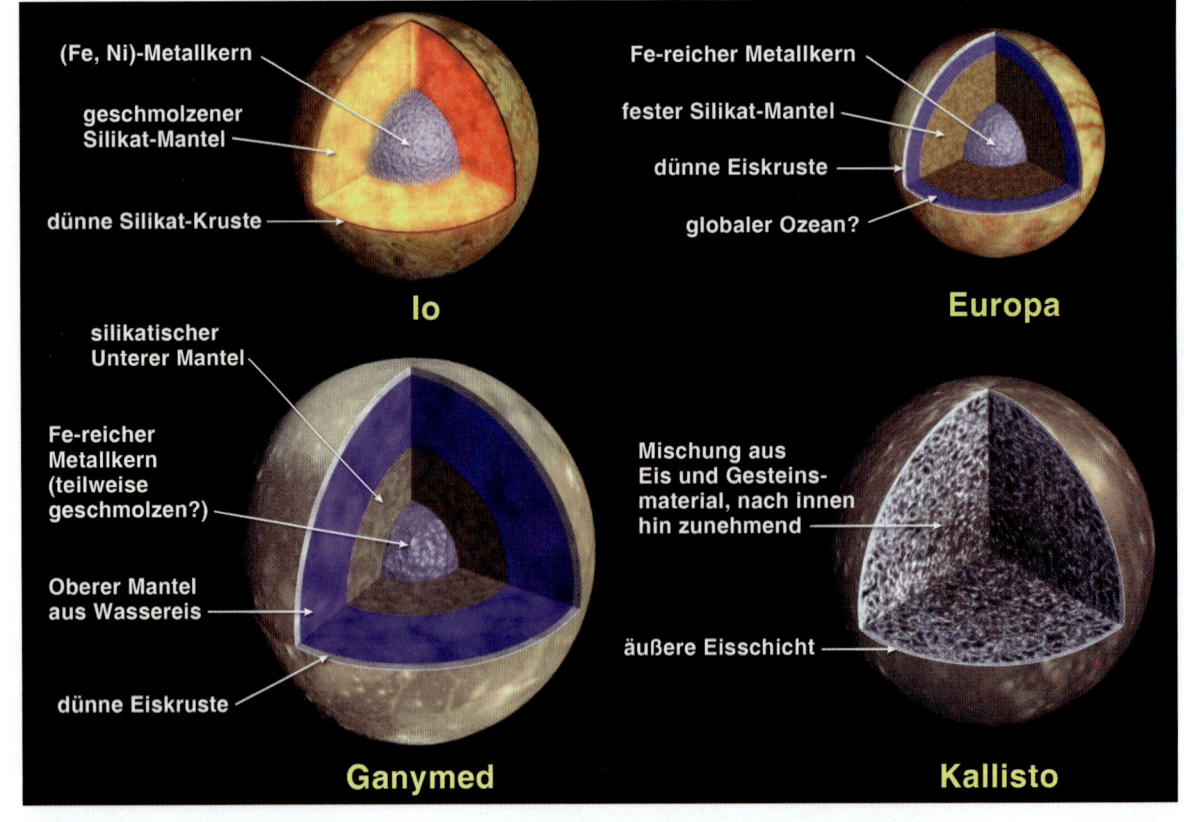

Abb. 32.7. Der innere Aufbau der Jupiter-Monde Io, Europa, Ganymed und Callisto (vgl. Text). (Nach Johnson 1999)

se durch vulkanische Ablagerungen immer wieder zugedeckt oder durch vulkanische Prozesse zerstört wurden und heute noch werden. Vulkankrater und Calderen sind das dominierende Landschaftselement auf Io; nicht weniger als 200 Calderen mit Durchmessern von >20 km wurden bislang entdeckt; sie ähneln den irdischen Calderen, werden aber bis zu 400 km groß und teilweise mehrere Kilometer tief. Sie enthalten häufig Seen aus schmelzflüssigem Schwefel (Abb. 32.8). Der hufeisenförmige Lavasee in der Loki-Region hat einen Durchmesser von 200 km; in der Nähe beobachtet man eine 180 km lange Eruptionsspalte. Der Vulkan Haemus Mons hat einen Basis-$\varnothing$ von 200 × 100 km und eine Höhe von ca. 10 000 m über NN. Neben Vulkanformen gibt es auch bis zu 9 000 m hohe Berge, die nicht vulkanischen Ursprungs, sondern vermutlich durch tektonische Prozesse entstanden sind.

Während man zunächst darüber diskutierte, ob auf Io neben kühleren Schwefel-Laven auch heiße Silikat-Laven gefördert werden, konnten erdgestützte IR-Untersuchungen große *Hot Spots* mit Temperaturen bis zu 1 700 °C nachweisen. Darüber hinaus zeigten spektroskopische Untersuchungen, die von der Galileo-Mission (1995–2003) an Eruptionen von mehreren aktiven Vulkanen durchgeführt wurden, dass die geförderten, dünnflüssigen Laven Temperaturen von deutlich > ~1 230 °C besitzen, also silikatisch sind. Offensichtlich handelt es sich nicht nur um gewöhnliche basaltische, sondern sogar um Mg-reiche ultrabasische Magmen, ähnlich denen der Komatiite (vgl. Johnson 2005). Nach einer Abschätzung von Johnson (1999) werden auf Io jährlich mindestens 500 km³ Lava gefördert, 100 mal so viel wie auf der Erde!

Neben diesem Silikat-Vulkanismus gibt es jedoch auf Io noch das auffallende vulkanische Phänomen der riesigen, pilzförmigen *Plumes* (Rauchwolken), die von vulkanischen Zentren ausgehen und sich bis in Höhen von bis zu 400 km erheben (Abb. 32.8). Sie erinnern an irdische Geysire, bestehen aber nicht aus Wasser, sondern aus flüssigem SO_2 (±S ?), das im Kontakt mit heißen Silikatmagma aufkocht.

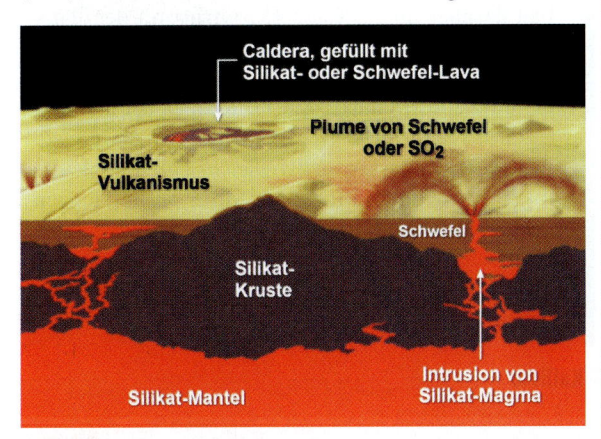

Abb. 32.8. Schematische, nicht maßstäbliche Darstellung der geologischen Phänomene und des inneren Aufbaus des Jupiter-Mondes Io (siehe Text). (Nach Johnson 1999)

Wenn der überhitzte SO_2-Dampf die Io-Oberfläche erreicht, sublimiert er zu SO_2-Schnee, der in einer kalten Gaswolke mit Geschwindigkeiten bis zu 1 km/s nach oben befördert und im Vakuum hoch über Io pilzförmig ausgeblasen wird. Allmählich regnet der SO_2-Schnee wieder herab und bedeckt kreisförmige oder ovale Gebiete der Io-Oberfläche mit seinen Ablagerungen. Im Gegensatz zu vulkanischen Explosionen, wie wir sie von der Erde kennen, sind die Plumes auf Io also relativ langlebige Phänomene (Johnson 1999, 2005). Neben elementarem Schwefel und SO_2 wurde als untergeordnete Komponente auf der Oberfläche von Io auch Halit NaCl nachgewiesen (Johnson 2005).

Io besitzt eine äußerst dünne *Atmosphäre* von ca. 120 km Höhe, die sich überwiegend aus SO_2 zusammensetzt; die Ionosphäre reicht bis 700 km Höhe und besteht aus S-, O-, Na- und K-Ionen. Der Teilchenverlust, der durch Wechselwirkung mit der Magnetosphäre von Jupiter entsteht, wird durch die ständige vulkanische Aktivität immer wieder ausgeglichen. Auf der Oberfläche von Io herrscht lediglich ein Luftdruck von 1 µbar, verglichen mit ca. 1 bar (= 1 000 hPa) auf der Erdoberfläche; die Oberflächentemperatur liegt bei etwa –140 °C. Im Gegensatz zu den übrigen galileischen Jupiter-Monden gibt es auf Io so gut wie kein Wasser, was auf eine frühe Phase der Erwärmung hinweist.

> In seinem *inneren Aufbau* zeigt Io eine deutlichen Schalenbau, ähnlich dem der erdähnlichen Planeten. Eine dünne Kruste aus Silikat-Gesteinen wird immer wieder von silikatischen Magmen oder von SO_2(-S)-Plumes durchbrochen, die aus einem geschmolzenen Silikat-Mantel gespeist werden (Abb. 32.7, 32.8). Der Kern von Io hat einen Radius von mindestens 450 km und besteht überwiegend aus Nickeleisen, vielleicht mit Anteilen von Troilit. Die Differentiation von Io in Metallkern, Silikatmantel und Silikatkruste wurde wahrscheinlich deswegen möglich, weil sich der nahe Jupiter zu Beginn seiner Entwicklung sternähnlich verhielt (s. o.). Der Planet produzierte daher genügend Hitze, um seine inneren Satelliten aufzuheizen, was zur Folge hatte, dass auf Io Wasser und andere leichtflüchtige Komponenten entweichen konnten. Zusätzliche Wärme wurde durch Kollision mit Planetesimalen, durch radioaktiven Zerfall von kurzlebigen radiogenen Isotopen, besonders ^{26}Al, und durch Gezeitenkräfte erzeugt. Heute wird der Vulkanismus auf Io hauptsächlich durch die periodische Änderung der Gezeitenkräfte von Jupiter verursacht, die 6 000 mal stärker sind als die der Erde und durch Europa und Ganymed noch verstärkt werden. Dadurch wird Io regelrecht durchgeknetet und aufgeheizt, wobei es infolge der Bahnexzentrizität zu Gezeitenbergen von etwa 300 m Höhe kommt (Johnson 1999, 2005).

Europa

Aufnahmen des Hubble-Weltraum-Teleskops konnten zeigen, dass Europa über eine sehr dünne *Atmosphäre* verfügt, deren Druck lediglich 10^{-11} bar beträgt. Sie besteht überwiegend aus Sauerstoff, der durch die Zersetzung von Wassereis unter dem Einfluss der Sonnenstrahlung freigesetzt wurde, wobei das flüchtigere H_2 fast vollständig in den Weltraum entweichen konnte. Darüber hinaus enthält die Europa-Atmosphäre noch geringe Mengen an Na und K (Johnson 2005).

Im Gegensatz zu Io ist die *Oberfläche* von Europa vollständig mit einer hell reflektierenden, aber stark IR-absorbierenden Kruste aus Wassereis bedeckt. Bei einer Oberflächen-Temperatur von –150 °C am Äquator und –220 °C an den Polen ist diese hart wie Gestein und ungewöhnlich eben. Man erkennt nur wenige Impakt-Krater, von denen nur drei einen Durchmesser von >5 km aufweisen. Mit 26 km ⌀ ist Pwyll der größte von ihnen; er gehört zu den jüngsten geologischen Strukturen auf Europa. Wahrscheinlich wurden ältere Einschlagkrater durch Schmelzwasser gefüllt, das bald wieder zu Eis gefror. Kennzeichnend für die Oberfläche von Europa sind langgestreckte, teils gerade, teils gekrümmte oder verzweigte Rillen von geringer Tiefe. Sie wurden vermutlich durch komplexe tektonische Prozesse im Planeteninneren gebildet, wobei möglicherweise auch Mantel-Plumes eine Rolle spielten. Darüber hinaus gibt es Hinweise auf die Tätigkeit von kalten Geysiren oder Kryovulkanen (grch. κρύος = Frost): Durch Gezeitenreibung aufgeheiztes Wasser durchbricht in flüssiger oder gasförmiger Form die Eiskruste und tritt an der Oberfläche von Europa aus (Greeley 1999; Johnson 2005). Dunkle Flecken auf der Eisfläche gehen vielleicht auf die Zumischung von unterschiedlichen Salzmineralen, z. B. von Hexahydrit $Mg[SO_4] \cdot 6H_2O$ und anderen H_2O-haltigen Sulfaten oder von gefrorener schwefliger Säure zurück; der Schwefel könnte aus der Magnetosphäre von Io stammen. Weitere spektroskopisch nachweisbare Komponenten sind Wasserstoffperoxid H_2O_2 sowie SO_2, CO_2 und O_2 (Greeley 1999; Johnson 2005).

> Gravimetrische und magnetische Messungen machen wahrscheinlich, dass Europa – ähnlich wie Io – in einen metallischen Kern mit einem Radius von etwa 600–650 km und einen festen silikatischen Mantel differenziert ist (Abb. 32.7). Darüber folgt ein Planetenumspannender Ozean aus Salzwasser mit einer Wassertiefe von 60–140 km. Die darauf liegende feste Eiskruste ist etwa 10–15 km dick und dürfte nicht älter als 100–200 Ma sein (Johnson 2005). Sie ist durch den zwischenliegenden Ozean vom Mantel mechanisch abgekoppelt und rotiert daher schneller als Europa: Durch Vergleiche von Aufnahmen der Raumsonden Voyager und Galileo konnte gezeigt werden, dass sich die Eiskruste in etwa 10 000 Jahren einmal um den Mond bewegt.

Ganymed

Mit einem mittleren Radius von 2 630 km ist der „Eisriese" Ganymed der größte Mond in unserem Sonnensystem; er ist etwas größer als der Saturnmond Titan (s. u.) und der Merkur (Abschn. 32.1.1, S. 568). Ähnlich wie Europa besitzt Ganymed eine extrem dünne *Atmosphäre* aus Sauerstoff und wenig Wasserstoff bei einem Luftdruck von >1 µbar. Die Oberflächentemperatur liegt bei –160 °C.

Die *Oberfläche* von Ganymed zeigt zwei verschiedene Regionen: Sehr alte, dunkle Terrains mit zahlreichen Impakt-Kratern bestehen aus Mischungen von Wassereis, Gesteinsmaterial und Kohlenwasserstoffen. Ein wichtiges Landschaftselement sind langgestreckte Furchen, die wahrscheinlich als Folge von riesigen Impakt-Ereignissen in der sehr frühen Geschichte dieses Mondes entstanden sind. Heller gefärbte Terrains haben teilweise ein jüngeres Alter; sie wurden in Zeiträumen von 4 Ga bis einigen 100 Ma gebildet. Die charakteristischen, sich kreuzenden Systeme von tektonischen Gräben und Staffelbrüchen entstanden durch Dehnungstektonik, wobei die spröde Eiskruste zerbrach. Darüber hinaus beobachtet man horizontale Blattverschiebungen sowie Hinweise auf kryovulkanische Aktivitäten (Pappalardo 1999).

> Aus seiner geringen Dichte lässt sich ableiten, dass Ganymed einen wesentlich geringeren Silikat- und Metall-Anteil aufweist als Io und Europa. Dieser ist heute im Innern des Mondes konzentriert, während ursprünglich eine gleichmäßige Mischung von Gesteinsmaterial und Eis vorlag. Offenbar war aber Ganymed warm genug, das dieses hochverdichtete Eis schmelzen konnte; das Schmelzwasser wanderte nach oben aus, wo es wiederum gefror. Dieser Vorgang führte zu einer effektiven Abtrennung des Eisanteils, so dass Ganymed jetzt einen ausgeprägten Schalenbau aufweist (Abb. 32.7). Eine dünne, sehr harte Eiskruste besteht überwiegend aus Wassereis und enthält darüber hinaus CO_2, CH_2, Nitrile mit der allgemeinen Formel R–C=N sowie H–S, H_2O-haltige Sulfate, SO_2, O_2 und O_3 (Johnson 2005). Darunter folgt ein etwa 800 km dicker Oberer Mantel, der aus weichem Wassereis besteht. Anomalien im Schwerefeld von Ganymed lassen sich vielleicht durch ungleichmäßig verteilte und unterschiedlich große Mengen von Gesteinsmaterial erklären, die in dieser Eisschicht eingeschlossen sind. Darunter folgen ein Unterer Mantel aus Silikatgestein sowie ein kleiner, vielleicht teilweise geschmolzener Metallkern (Pappalardo 1999).

Kallisto

Die *Oberfläche* des Eismondes Kallisto weist eine enorme Fülle von Impakt-Kratern mit Durchmessern von Zehnerkilometern auf – die größte Kraterdichte im gesamten Sonnensystem! Allerdings sind die Kraterformen häufig durch Erosion oder Erdrutsche zerstört worden. Geradlinigen Kraterketten wie Svol Catena und Gipul Catena sind wahrscheinlich durch Asteroiden oder Kometen erzeugt worden, die vor ihrem Einschlag durch die Gezeitenkräfte des Jupiter in einzelne Teile zerrissen wurden. Durch Einschläge planetarischer Körper entstanden darüber hinaus konzentrische ringförmige Erhebungen sowie zwei riesige Impakt-Strukturen Valhalla und Asgard, die von hellen, konzentrischen Ringwällen umgeben sind und Gesamtdurchmesser von 3 000 bzw. 1 600 km besitzen. Größere Gebirgszüge sind auf Kallisto nicht vorhanden und im Gegensatz zu Ganymed gibt es kaum Hinweise auf Tektonik.

Abgesehen von der Kraterbildung hat sich die Oberfläche von Kallisto in ihrer Grundstruktur seit etwa 4 Ga nicht wesentlich verändert. Sie besteht hauptsächlich aus Wassereis mit einem beachtlichen Anteil an H_2O-haltigen Silikaten und Sulfaten, Kohlenwasserstoffen sowie CO_2, CH_2, R–C≡N, H–S, SO_2 und O_2 (Johnson 2005). Diese Eisschicht, in der möglicherweise auch Gesteinsbrocken verteilt sind, hat eine Mächtigkeit von etwa 200 km. Darunter folgt eine mehr oder weniger homogene Mischung aus Eis und Gesteinsmaterial, dessen Anteil zum Inneren hin kontinuierlich zunehmen dürfte (Abb. 32.7).

Die äußerst dünne *Atmosphäre* von Kallisto mit einem Druck von <10^{-13} bar besteht vermutlich überwiegend aus O_2 (?), untergeordnet aus CO_2 (Johnson 2005).

> Wegen der großen Entfernung zum Jupiter waren die Gezeitenkräfte bei Kallisto zu gering und die Temperatur nicht ausreichend für eine effektive Fraktionierung in einen Silikatmantel und einen Metallkern. Kallisto stellt also einen sehr primitiven Himmelskörper dar, der sich seit seiner Entstehung vor etwa 4,5 Ga in seinem inneren Aufbau kaum verändert hat (Pappalardo 1999).

32.3.4
Die Eismonde von Saturn, Uranus und Neptun

Titan und die anderen Saturn-Monde

Der von Christiaan Huygens (1655) entdeckte *Titan* ist mit Abstand der größte und massereichste Satellit des Saturn; er ist nur wenig kleiner als Ganymed, größer als Merkur und umfasst 95 % der Gesamtmasse aller 17 bisher bekannten Saturn-Monde (Tabelle 32.2). Dank der amerikanischen Raumsonden Pioneer 11 (1979), Voyager 1 (1980) und Voyager 2 (1981), besonders aber durch die gemeinsam von NASA, ESA und der italienischen Weltraumagentur ASI 1997 gestartete Doppelsonde Cassini-Huygens ist Titan heute der am besten untersuchte Saturn-Mond. Während Cassini seit seiner Ankunft am 1. Juli 2004 den Saturn in einer Umlaufbahn umrundete, wurde Huygens abgekoppelt und landete am 14. Januar mit einer Geschwindigkeit von 4,5 m/s auf der Titan-Oberfläche.

Bemerkenswert ist die *Atmosphäre* von Titan, die einen Luftdruck von 1,6 bar (= 1 600 hPa) auf seine Oberfläche ausübt und etwa zehn mal so dicht wie die Erdatmosphäre ist. Die Temperatur am Boden beträgt –170 °C und nimmt bis zu einer Höhe von 42 km, der Tropopause, auf ca. –200 °C ab, um danach wieder auf einen Maximalwert von –100 °C anzusteigen (Owen 1999). Die Atmosphäre von Titan besteht zu etwa 94 % aus N_2 und enthält ca. 6 % CH_4 und Ar sowie ca. 0,2 % H_2, das ständig aus dem Zerfall von CH_4 freigesetzt wird. Die Anwesenheit des radiogenen Isotops ^{40}Ar in der Titan-Atmosphäre spricht für vulkanische Aktivität mit Ausbrüchen von Wassereis und Ammoniak NH_3. Komplexe fotochemische Reaktionen, ausgelöst durch den UV-Anteil des Sonnenlichts, führen in der höheren Atmosphäre zur Entstehung weiterer Kohlenwasserstoffe wie C_2H_6 (20 ppm), C_2H_2, C_3H_8, C_3H_4, C_2H_4, C_4H_2 sowie HCN, CO (50 ppm), CO_2 und H_2O (Owen 1999; Johnson 2005). In etwa 20 km Höhe bilden sich Wolken, die aus flüssigem Methan und Stickstoff bestehen; in etwa 50 km Höhe befindet sich eine Wolkenschicht aus Methan-Stickstoff-Eis. Der orange-braune „Smog", der Titan in 60–80 km Höhe umhüllt und zu seiner geringen Albedo von 20 % führt, besteht aus Tröpfchen von Ethan C_2H_6 und Aerosolen. Nach den Ergebnissen der Raumsonde Huygens entstehen durch UV-Strahlung und den Sonnenwind reaktive Ionen, aus denen sich aromatische Kohlenwasserstoffe, komplexe Stickstoff-Verbindungen und Benzol C_6H_6 bilden (z. B. Owen 1999).

Die Raumsonde Cassini-Huygens sendete 1994 erstmals Bilder der *Oberfläche* von Titan, die bis dahin wegen seiner dichten Atmosphäre weitgehend unbekannt geblieben war. Man erkennt eine grau-orange gefärbte Ebene mit gesteinsähnlichen Brocken. Diese bestehen jedoch aus Wassereis, das bei den niedrigen Temperaturen die Konsistenz von Silikatgesteinen hat, sowie aus Kohlenwasserstoffen. An anderen Stellen zeigt die Titan-Oberfläche hügelige bis bergige Gebiete, die von ausgedehnten Fluss-Systemen durchschnitten und erodiert werden. Alle Beobachtungen weisen auf eine junge Landformung durch flüssige Kohlenwasserstoffe und Wind hin. In den dunklen Gebieten des Äquatorialbereichs gibt es große Wüstengebiete mit 150 m hohen, hunderte von Kilometern langen Sanddünen, die 0,3 mm großen Sandkörner könnten aus Wassereis, organischen Feststoffen oder aus feinsten Staubpartikeln bestehen, die an Ethan gebunden sind. Im Zeitraum vom 14. April bis 1. Mai 2008 fand auf Titan ein riesiger Tropensturm statt, wie Bilder des Teleskops Gemini Nord (Mauna Kea, Hawaii) belegen (Stegmaier 2010). In den beiden Polarregionen gibt es Hinweise auf größere Methan-Seen, die von Flüssen gespeist werden. Sie trocknen wahrscheinlich im Sommer aus und entstehen im Winter neu, bedingt durch einen atmosphärischen Kreislauf, ähnlich dem Wasserkreislauf auf der Erde (z. B. Owen 1999).

> Mit einer mittleren Dichte von 1,88 g/cm³ hat Titan einen durchschnittlichen Silikatanteil von etwa 55 % (Johnson 2005), der vermutlich im Kernbereich des Mondes konzentriert ist. Dieser Kern wird von einem Mantel aus Hochdruck-Wassereis umgeben, während die äußere Hülle aus Wassereis und Methanhydrat besteht. Nach neueren Modellrechnungen von 2005 könnte sich zwischen beiden Eisschichten ein globaler Ozean ausdehnen. Die erhöhten Drucke und ein Gehalt ca. 10 % Ammoniak NH_3 als „Frostschutzmittel" würden verhindern, dass Wasser bei einer zu erwartenden Temperatur von −20 °C gefriert.

Die anderen großen Saturn-Monde Mimas, Enceladus, Tethys, Dione, Rhea und Iapetus besitzen mittlere Dichten zwischen 1,17 und 1,61 g/cm³ entsprechend geschätzten Silikatanteilen von 30–50 % (Tabelle 33.2). Mit Ausnahme von Iapetus ist das Reflexionsvermögen (Albedo) dieser Monde sehr hoch, was auf hohe Anteile an sehr reinem Wassereis schließen lässt. Voyager-Bilder zeigen, das die meisten dieser Monde alte Oberflächen mit zahlreichen Impakt-Kratern aufweisen. Die Existenz des riesigen Kraters Herschel auf *Mimas* mit 130 km ⌀ macht deutlich, wie stabil sich eine extrem tief gekühlte Eisoberfläche verhält. Einen Sonderfall bildet *Enceladus* mit großen kraterfreien Gebieten, die von zahlreichen Störungen, Rissen und Landrücken durchzogen sind und Überflutungen mit jungem Eis erkennen lassen. Das lässt auf rezente tektonische und kryovulkanische Aktivitäten sowie eine intensive Landformung schließen, die möglicherweise bis in die Gegenwart andauert (McKinnon 1999; Johnson 2005). Auch auf *Dione* und *Tethys* gibt es Hinweise auf Kryovulkanismus, bei dem wahrscheinlich nicht Wasser, sondern Ammoniak-Hydrat $NH_3 \cdot H_2O$ gefördert wird. Es handelt sich um eine Schmelze eutektischer Zusammensetzung mit einem eutektischen Punkt bei −97 °C, die etwa die Viskosität einer Basaltlava hat (McKinnon 1999). Demgegenüber sind nach den bisher vorliegenden Erkenntnisse *Rhea* und *Iapetus* wahrscheinlich nicht mehr geologisch aktiv. Dunkle Flecken auf der Oberfläche von Iapetus bestehen aus Eis, das durch einen hohen Anteil an Kohlenwasserstoffen verunreinigt ist (McKinnon 1999; Johnson 2005).

Auch die kleinen äußeren Saturn-Monde Helene (Dichte 1,4), Phoebe (Dichte 1,63) und Calypso (Dichte 1,0) haben merkliche wenn auch unterschiedlich große Silikatanteile, während Hyperion und die sechs inneren kleinen Saturn-Monde mit mittleren Dichten von 0,54–0,65 g/cm³ aus einem porösen Wassereis mit geringem Silikatanteil bestehen dürften.

Tabelle 32.2. Die wichtigsten Satelliten der Riesenplaneten. (Nach Johnson 2005 und McKinnon 1999)

Planet	Satellit	Entfernung zum Planeten (km)	Radius (km)	Masse (10^{19} kg)	Dichte (g/cm³)	Geschätzter Silikatanteil	Albedo
Jupiter	Io	422 000	1 821	8 933	3,53	1,0	0,6
	Europa	671 000	1 565	4 797	2,99	0,94	0,7
	Ganymed	1 070 000	2 634	14 820	1,94	0,58	0,4
	Kallisto	1 880 000	2 403	10 760	1,85	0,52	0,2
Saturn	Mimas	185 000	199	3,75	1,14	0,27	0,8
	Enceladus	249 000	249	7,3	1,12	0,22	1,0
	Tethys	295 000	530	62,2	1,00		0,8
	Dione	377 000	560	105,2	1,44	0,46	0,6
	Rhea	527 000	764	231	1,24	0,40	0,7
	Titan	1 222 000	2 575	13 455	1,88	0,55	0,2
	Iapetus	3 561 000	718	159	1,02		0,04–0,5
Uranus	Miranda	130 000	236	6,59	1,20	0,30	0,3
	Ariel	191 000	579	135	1,67	0,53	0,4
	Umbriel	266 000	585	117	1,40	0,53	0,2
	Titania	436 000	789	353	1,71	0,62	0,3
	Oberon	583 000	761	301	1,63	0,60	0,2
Neptun	Triton	355 000	1 353	2 147	2,05	0,66	0,7

Die Uranus-Monde

Von den fünf großen Hauptmonden des Uranus wurden Titania und Oberon 1787 durch Wilhelm Herschel, Ariel und Umbriel 1851 von William Lassell (1799–1880) entdeckt. Demgegenüber erfolgte die Entdeckung des kleineren und wesentlich masseärmeren Mondes Miranda erst 1948 durch Gerald Kuiper. Die IR-Spektren zeigen, dass auf allen fünf Satelliten Wassereis vorhanden ist, jedoch legt das relativ geringe Reflexionsvermögen (Albedo) eine „Verschmutzung" durch Kohlenstoff nahe. Abgesehen von Miranda, die eine mittlere Dichte von 1,20 g/cm^3 und einen geschätzten Silikatanteil von 30 % besitzt, sind die Hauptmonde von Uranus durch relativ hohe Dichten von 1,40–1,71 g/cm^3 gekennzeichnet, was auf Silikatanteile von 0,53–0,62 schließen lässt (Tabelle 32.2). Daneben sind Wassereis sowie gefrorene Verbindungen von Kohlenstoff, z. B. Methan CH_4, vielleicht auch von Stickstoff am Aufbau dieser Satelliten beteiligt.

Die Bilder der Voyager-2-Mission lassen allerdings klar erkennen, dass die Hauptmonde von Uranus sehr unterschiedliche geologische Entwicklungen durchgemacht haben. So zeigen die Oberflächen von *Oberon* und *Umbriel* alte Krusten, die von zahlreichen Impakt-Kratern unterschiedlichen Alters durchsetzt sind. Auf Oberon sind einige dieser Krater von strahlenförmigen Auswurfmassen umgeben; manche enthalten an ihrem Boden dunkle Flecken, die vermutlich durch kryovulkanische Eruptionen von Kohlenstoff-haltigem Eis entstanden sind. Demgegenüber beobachtet man auf *Titania* spektakuläre, von großen Störungen begrenzte Täler oder Canyons, die mehrere Kilometer tief werden und in einer frühen geologischen Periode durch Dehnungstektonik entstanden sind. Auch die Oberfläche von *Ariel* gibt deutliche Hinweise auf geologische Aktivität. Ebene Bereiche mit einer mäßigen Kraterdichte sind von einem ausgedehnten Netzwerk von Störungs-gebundenen Canyons und Tälern durchsetzt, wodurch die älteren krustalen Terrains in polygonale Blöcke zerlegt werden. Die Böden der Canyons und Bereiche der Ebenen werden von gewölbten Materialströmen überflossen, in die mäandrierende Täler eingeschnitten sind; vermutlich handelt es sich um Eisströme, die durch kryovulkanische Aktivität gefördert wurden. Die verschiedenen Terrains auf Ariel haben sehr unterschiedliche Kraterdichten, was auf eine ausgedehnte Periode tektonischer und vulkanischer Aktivität auf diesem Mond schließen lässt.

Bei seinem Vorbeiflug in nur 30 000 km Entfernung konnte Voyager 2 1986 exzellente Bilder von *Miranda* aufnehmen, die einen einzigartigen geologischen Bau erkennen ließen. Die Oberfläche dieses Mondes weist zahlreiche Verwerfungen mit extremer Sprunghöhe auf, die ein bruchstückhaftes Muster bilden. Die entstandenen Canyons sind z. T. sehr tief; so hat Verona Rupes eine Tiefe von bis zu 20 km. Diese Störungssysteme durchsetzen und begrenzen drei große, eckige Terrains von relativ dunkler Färbung, die als Coronae bezeichnet werden. Dazwischen erstrecken sich hellere, sanft gewellte, aber stark zerkraterte Gebiete, die an die Hochländer des Mondes erinnern. Offenbar ist Miranda im Lauf seiner Geschichte durch Gezeitenkräfte von Uranus oder durch Kollision mit anderen Himmelskörpern mehrmals auseinander gerissen worden, wurde jedoch aufgrund seiner eigenen Schwerkraft immer wieder zusammengefügt. Dabei kam es zu neuer Oberflächenformung, bei der Kryovulkanismus eine wichtige Rolle spielte (McKinnon 1999).

Die fünf Hauptmonde von Uranus bewegen sich in mittleren Abständen um den Planeten. Darüber hinaus besitzt Uranus noch 22 weitere Satelliten, die teils durch den Vorbeiflug von Voyager 2 (1979), teils durch das Hubble-Weltraum-Teleskop und andere bodengestützte Teleskope entdeckt wurden. Eine innere, Planeten-nähere Gruppe kleiner Monde umrundet den Planeten auf nahezu kreisförmigen Bahnen, während eine äußere Gruppe sehr weite, ausgeprägt exzentrische, sehr stark geneigte oder sogar rückläufige Umlaufbahnen aufweist. Hierbei handelt es sich um irreguläre Satelliten, die von Uranus eingefangen wurden.

Der Neptun-Mond Triton

Von den 13 Satelliten des Neptun hat Triton, der 1848 vom Berliner Astronomen William Lassell (1799–1880) entdeckt wurde, mit Abstand den größten Radius und die größte Masse (Tabelle 32.2). Mit einer mittleren Dichte von 2,05 g/cm^3 besitzt Triton – ähnlich wie Pluto und dessen Mond Charon – einen der höchsten Silikatanteile (65–70 %) im äußeren Sonnensystem, was darauf hinweist, dass Triton ursprünglich aus einer eigenen Umlaufbahn um die Sonne im Kuiper-Gürtel stammt. Modellierungen von Agnor u. Hamilton (2006) legen den Gedanken nahe, dass Triton ursprünglich Teil eines planetarischen Doppelsystems – ähnlich Pluto-Charon – war, aus dem er bei einer nahen Begegnung mit dem Riesenplaneten Neptun herausgerissen und von diesem eingefangen wurde. Triton umläuft Neptun in einem kritischen Abstand, der sog. *Roche-Grenze* und ist daher dessen Gezeitenkräften sehr stark ausgesetzt. Da er sich Neptun immer mehr annähert, wird Triton in ca. 100 Ma zerrissen werden, wobei seine Bestandteile ein größeres Ringsystem ähnlich dem des Saturn bilden werden.

Die Roche-Grenze wurde bereits 1850 von dem französische Astronomen Éduard Albert Roche (1820–1883) zur Erklärung der Saturn-Ringe herangezogen. Sie gibt die Umlaufbahn an, bei der sich die inneren, stabilisierenden Gravitationskräfte eines Satelliten und die Gezeitenkräfte des Mutterplaneten einander die Waage halten. Außerhalb der Roche-Grenze bleibt der Satellit stabil, innerhalb der Grenze wird er zerstört und zu einem Ringsystem ausgezogen. Da die Roche-Grenze mit zunehmender Dichte des Satelliten abnimmt, können Monde, die aus Gesteinsmaterial bestehen, in Planeten-näheren Umlaufbahnen überleben als die Eismonde.

Wegen der sehr niedrigen Oberflächentemperatur von nur –238,5 °C kann Triton trotz seiner geringen Gravitation eine sehr dünne *Atmosphäre* aus 99,9 % N_2 und 0.1 % CH_4 festhalten; ihr Druck beträgt lediglich 10^{-5} bar (1 Pa). Die eisige *Oberfläche* von Triton reflektiert extrem stark mit einer Albedo von 80 %. Wie Absorptionsspektren belegen, besteht die Oberflächen von Triton – im Gegensatz zu den übrigen Satelliten des äußeren Sonnensystems – etwa zur Hälfte aus einem Gemenge von Wasser- und CO_2-Eis, zur anderen Hälfte aus N_2-, CO- und CH_4-Eis. Demgegenüber sind die Kruste und der Mantel von Triton wahrscheinlich aus Wassereis aufgebaut (Cruikshank 1999). Aufnahmen von Voyager 2 geben zahlreiche Hinweise auf geologische Aktivität, insbesondere ein Netzwerk von Verwerfungen, an denen die Eisfläche deformiert und zerbrochen ist. Man beobachtet nur wenige Impakt-Krater; offenbar sind die älteren durch geologische und atmosphärische Prozesse zerstört worden. Auch auf Triton wird Kryovulkanismus beobachtet: In kalten Geysiren, die man in den Voyager-Aufnahmen als dunkle Rauchfahnen erkennt, wird flüssiger Stickstoff und mitgerissener Gesteinsstaub bis 8 km hoch in die Atmosphäre ausgestoßen. Offensichtlich reicht – trotz der Abschirmung durch die dichte Atmosphäre – die Sonnenstrahlung in der Sommerzeit aus, um gefrorenen Stickstoff zu verdampfen.

Die sommerliche Erwärmung dauert auf Triton mehrere Erdjahre lang. So herrscht während des 166 Erdjahre dauernden Neptun-Umlaufs am Nord- und Südpol jeweils 40 Jahre lang Sommer und Winter, weil die Rotationsachsen von Triton und Neptun einen Winkel von 157° bilden und zusätzlich die Rotationsachse von Neptun um 30° gegen seine Umlaufbahn um die Sonne geneigt ist.

Die sechs inneren Monde von Neptun, die 1979 durch den Vorbeiflug von Voyager 2 entdeckt wurden, sind dunkle, primitive Köper. Der größte von ihnen, Proteus, hat etwa die Größe von Mimas und Miranda. Wahrscheinlich entstanden diese inneren Monde beim Einfang von Triton, der zunächst eine sehr exzentrische Bahn hatte und dadurch bei den ursprünglich vorhandenen inneren Neptun-Monde chaotische Bahnstörungen auslöste. Diese Satelliten kollidierten miteinander, wurden zerbrochen und zu einer Geröllscheibe zerkleinert, aus der sich erst dann sekundäre Monde bildeten, als sich die Umlaufbahn von Triton einer Kreisbahn angenähert hatte (McKinnon 1999). Der äußere Neptun-Mond Nereid wurde von 1949 von Gerard Kuiper entdeckt, sechs weitere äußere Monde kamen in den Jahren 2002–2003 hinzu. Diese irregulären Monde, die große und stark exzentrische Umlaufbahnen aufweisen, wurden von Neptun eingefangen.

32.3.5
Die Ringsysteme der Riesenplaneten

Alle vier Riesenplaneten unseres Sonnensystems sind von Ringsystemen umgeben. Am auffälligsten sind die *Saturn-Ringe*, die man bereits mit einem kleinen Teleskop beobachten kann. Sie wurden erstmals 1610 von Galileo Galilei entdeckt, der sich jedoch über ihre wahre Form nicht schlüssig werden konnte; er interpretierte sie zunächst als zwei verschiedene planetarische Körper, später als henkelförmige Gebilde (vgl. Burns 1999). Erst Christiaan Huygens erkannte 1659, dass Saturn von einem scheibenförmigen Ringsystem umgeben ist. Die Saturn-Ringe liegen in der Äquatorial-Ebene des Planeten; sie sind daher 26,7° zu dessen Umlaufbahn geneigt und werden von einem Betrachter auf der Erde unter verschiedenen Blickwinkeln gesehen. Alle 14,8 Jahre – so auch im Jahr 2009 – ist der dünne Rand der Ringe genau der Erde zugewandt und daher kaum sichtbar. Das war bereits zwei Jahre nach der Entdeckung der Saturn-Ringe der Fall, als Galilei zu seiner Bestürzung feststellen musste, dass das von ihm beobachtete Phänomen scheinbar wieder verschwunden war.

Nach den Aufnahmen der Raumsonden Voyager 2 (1981) und Cassini-Huygens (2006), besteht das Ring-System des Saturns aus mehr als 100 000 Einzelringen, die unterschiedliche Albedos, Farbtöne und Zusammensetzungen aufweisen und durch scharf begrenzte Lücken voneinander getrennt sind. Die größten Ringe werden von innen nach außen mit den Buchstaben D, C, B, A, F, G und E bezeichnet. Schon 1675 hatte Giovanni Domenico Cassini die ausgeprägte Lücke zwischen dem A- und dem B-Ring, die Cassinische Teilung, erkannt. Innerhalb des A-Ringes existiert darüber hinaus die Encke-Lücke. Der innerste Ring (D) beginnt bereits ca. 7 000 km über der Saturn-Oberfläche; der äußerste Ring (E) hat einen Durchmesser von 960 000 km.

Wie bereits Cassini vermutet hatte, sind die Saturn-Ringe aus vergleichsweise kleinen Partikeln aufgebaut. Ihre Größe variiert zwischen 1 cm und 5 m; der Durchschnitt liegt bei 10 cm. Jedes dieser Partikel umkreist den Planeten auf einer eigenen Umlaufbahn, die von den benachbarten Teilchen unabhängig ist. Mit einer Albedo von 20–80 % sind die Saturn-Ringe teilweise heller als der Planet selbst, der nur eine Albedo von 46 % aufweist. Daher muss man annehmen, dass sie aus Partikeln aufgebaut sind, die entweder vollständig aus Eis oder aus Gesteinsmaterial bestehen, das von einer Eishülle umgeben ist (Burns 1999; Faure u. Mensing 2007). Die Lücken zwischen den Ringen entstehen durch gravitative Wechselwirkungen zwischen den Ringen sowie mit den zahlreichen Monden des Saturn, wobei auch Resonanz-Phänomene eine Rolle spielen. So ist der Saturn-Mond Mimas für die Cassinische Teilung verantwortlich. In einigen der Lücken kreisen kleinere Monde, die sog. Schäfermonde, die wesentlich zur Stabilität des Ringsystems beitragen.

Für die Entstehung der Saturn-Ringe werden unterschiedliche Erklärungsmöglichkeiten diskutiert (Burns 1999; Faure u. Mensing 2007):

1. Die Ringe könnten durch Zerstörung eines aus Gesteinsmaterial und Eis bestehenden planetarischen Körpers entstanden sein, der sich dem Saturn soweit angenähert hatte, dass seine Umlaufbahn innerhalb der *Roche-Grenze* lag und daher durch die Gezeitenkräfte des Saturn zerstört und zu einem Ringsystem ausgezogen wurde.

2. Alternativ könnte der Satellit durch Kollision mit einem Kometen oder Asteroiden zerstört und in ein Ringsystem umgebildet worden sein.
3. Schließlich könnten die Ringe aus der gleichen Materialwolke wie der Mutterplanet entstanden sein. Während der Akkretionsphase in der Frühzeit unseres Sonnensystems (Abschn. 34.4) wäre es den Planetesimalen infolge der Gezeitenkräfte des werdenden Saturn nicht gelungen, sich zu einem Mond zusammenzuballen.

Für mehr als 3½ Jahrhunderte galt der Saturn als der einzige Planet unseres Sonnensystems, der ein Ringsystem aufweist. Als jedoch *Uranus* im Jahr 1977 einen Stern durch Überdeckung verdunkelte, konnte auch bei diesem Planeten, ein System aus zunächst neun dünnen Ringen festgestellt werden, deren Zahl sich durch Beobachtungen der Raumsonde Voyager 2 (1986) und des Hubble-Teleskops (2005) inzwischen auf 13 erhöht hat. Im Gegensatz zum Saturn zeigen die Uranus-Ringe eine wesentlich geringere Albedo von nur 1,5 %. Man nimmt daher an, dass ihre Partikel, deren Größe zwischen 10 cm und 10 m variiert, aus einer Mischung von Methan- und Ammoniak-Eis bestehen, die von Kohlenstoff-Staub und/oder organischen Molekülen überdeckt sind (Faure u. Mensing 2007).

In den 1980er Jahren konnte ebenfalls durch Sternverdunkelungen sowie die Mission Voyager 2 (1989) festgestellt werden, dass auch *Neptun* von einem Ringsystem umgeben ist, das aus 6–7 vollständigen Ringen besteht. Darüber hinaus enthält der äußerste Ring noch 5 unvollständige Ringbögen. Ähnlich wie beim Uranus besitzen diese Ringe nur eine geringe Albedo von 3 %. Ihre wenige µm bis ca. 10 m großen Partikel bestehen aus Methan-Eis, das von einer Hülle aus amorphem Kohlenstoff und organischen Substanzen umgeben ist.

Für die Entstehung der Ringsysteme um Saturn und Neptun diskutiert man die gleichen Modelle wie für die Saturnringe. Anders erklären muss man das schwach ausgeprägte Ringsystem um *Jupiter*, das 1974 durch Beobachtungen der Pioneer-11-Mission vermutet, und 1979 durch Fotografien von Voyager 1 und 2 dokumentiert werden konnte. Die Jupiter-Ringe mit einer Albedo von <5 % bestehen nämlich ausschließlich aus Staubpartikeln mit Durchmessern im µm-Bereich. Dieser Staub wird wahrscheinlich von der Oberfläche der kleinen felsigen Jupiter-Monde Adrasta, Metis, Thebe und Almathea durch ein ständiges Meteoriten-Bombardement freigesetzt.

32.4
Die Trans-Neptun-Objekte (TNO) im Kuiper-Gürtel

Unter den tausenden von Trans-Neptun-Objekten (TNO), die den Kuiper-Gürtel aufbauen, darunter ca. 70 000 planetarischen Kleinkörper mit >100 km ⌀, finden sich einige, die zur neuen Klasse der Zwergplaneten (engl. dwarf planets) gerechnet werden. Sie verfügen über eine genügend große Masse, um durch ihre Eigengravitation das hydrostatische Gleichgewicht und damit eine Kugelgestalt anzunehmen; jedoch reicht ihre Masse nicht aus, um ihre Umlaufbahn von anderen Kleinkörpern frei zu räumen. Bis heute hat die International Astronomical Association (IAU) *Eris* (seit Juli 2005), *Haumea* (seit Juli 2008) und *Makemake* (seit September 2008) als Zwergplaneten anerkannt, während sie *Pluto* 2006 vom Rang eines vollwertigen Planeten herabstufte. Als mögliche Zwergplaneten im Kuiper-Gürtel kommen z. B. Orcus, Quaoar, Sedna und Varuna in Frage, für die jedoch bisher nicht sichergestellt ist, dass sie sich im hydrostatischen Gleichgewicht befinden. Auch *Haumea* hat wegen ihrer großen Rotationsgeschwindigkeit keine Kugelform, sondern ist mit einem äquatorialen Durchmesser von ca. 2 200 km und einem Polabstand von ca. 1 100 km stark abgeplattet (Brown 2011).

Der planetarische Kleinkörper *Quaoar* wurde im Jahr 2002 entdeckt und nach einem indianischen Schöpfungsgott benannt. Genauere Messungen aus den Jahren 2008/2009 erbrachten einen Durchmesser von 890 ±70 km und eine ungewöhnlich hohe mittlere Dichte von 4,2 ±1,3 g/cm^3, die etwa der des Mars (3,93 g/cm^3) entspricht. Daher muss man annehmen, dass Quaoar überwiegend aus Silikat-Gesteinen aufgebaut ist und den Kern eines planetarischen Kleinkörpers repräsentiert. Demgegenüber ist sein 2007 entdeckter Mond *Weymot* wohl ein Relikt des ursprünglich vorhandenen Eismantels, der vielleicht bei einer heftigen, streifenden Kollision mit einem zwei- bis dreimal massereicheren Himmelskörper vollständig zertrümmert wurde und bis auf geringe Reste verloren ging (Fraser u. Brown 2010; Althaus 2010).

32.5
Der Zwergplanet Pluto und sein Mond Charon: ein Doppelplanet

Mit einem Radius von nur 1 195 km ist Pluto deutlich kleiner als Haumea, aber auch kleiner als die sieben großen Monde in unserem Sonnensystem. Er ist der wichtigste und bestuntersuchte Vertreter der zahlreichen Trans-Neptun-Objekte (TNO). Pluto bewegt sich um die Sonne auf einer elliptischen Bahn mit der großen Exzentrizität von 0,248; die Bahn weicht also viel stärker von der Kreisform ab, als alle anderen Planetenbahnen (Tabelle 32.1) und schneidet die Neptunbahn im sonnennahen Bereich, dem Perihelion.

Astronomische Erforschung

Die Suche nach einem weiteren großen Planeten, dem Transneptun, wurde 1905 von Percival Lowell (1855–1916) in dem von ihm gegründeten Observatorium bei Flagstaff (Arizona) initiiert. Dabei fand Clyde Tombaugh 25 Jahre später (1930) den Zwergplaneten Pluto; jedoch ermöglichte erst die Entdeckung seines großen Mondes Charon

(1978) genaue Bestimmungen von Masse und Durchmesser. Im Jahr 2005 wurden mittels des Hubble-Weltraum-Teleskops die kleinen Monde *Hydra* und *Nix* entdeckt. Am 19. Januar 2006 erfolgte der Start der Raumsonde New Horizons, die im Juli 2015 in 9 600 km Entfernung an Pluto und in 27 000 km an Charon vorbeifliegen soll (Zimmer 2010).

Atmosphäre und innerer Aufbau

Da es von Pluto noch keine Nahaufnahmen gibt, ist über ihn nur wenig bekannt, doch wird angenommen, dass er dem größeren Neptun-Mond Triton sehr ähnlich ist. Wie bei diesem besteht die sehr dünne Atmosphäre mit einem Luftdruck von vielleicht 50 μbar ganz überwiegend aus Stickstoff N_2 (ca. 98 %), mit untergeordneten Gehalten an CH_4 (ca. 1,5 %), CO, Cyanwasserstoff HCN, Acethylen C_2H_2 und Ethan C_2H_6 (Cruikshank 1999; Zimmer 2010). Die Oberflächen-Temperaturen variieren zwischen –218 und –240 °C. Kennzeichnend für die Oberfläche von Pluto sind große regionale Unterschiede in der Albedo. Während die hellen Gebiete weitgehend aus Eis bestehen, könnten die dunklen Bereiche auf einen größeren Gesteinsanteil zurückgehen. Es könnte sich jedoch auch um Anreicherungen von komplexen Kohlenwasserstoffen und Nitrilen R–C=N handeln, die oft charakteristische rote, orange oder schwarze Farbtöne aufweisen (Cruikshank 1999).

> Mit einer Dichte von ca. 2,2 g/cm³ dürfte Pluto zu etwa 70 % aus Gesteinsmaterial bestehen, das vermutlich im Kernbereich konzentriert ist und von einem dicken Eismantel umgeben wird. Spektroskopische Analysen zeigen, dass zumindest die oberste Eisschicht aus einer Mischung von gefrorenem N_2, CH_4, CO und H_2O zusammengesetzt ist (Cruikshank 1999).

Der Pluto-Mond Charon

Wie wir aus Tabelle 32.1 entnehmen können, hat der Erdmond nur 1/4 des Erdradius und 1/83 der Erdmasse. Im Gehensatz dazu ist Charon mit etwa dem halben Pluto-Radius von 603,5 km und einem Masse-Verhältnis von 1 : 8 verglichen mit seinem Mutterplaneten sehr groß. Beide Körper rotieren um eine gemeinsame Achse, die außerhalb von Pluto liegt; sie bilden also einen *Doppelplaneten* (z. B. Agnor u. Hamilton 2006). Aufgrund der Gezeitenkräfte haben Pluto und Charon ihre Eigenrotation soweit abgebremst, dass sie sich während eines Umlaufs umeinander genau einmal um die eigene Achse drehen und sich daher stets die gleiche Seite zuwenden. Wenn man die Absorptionsspektren von Pluto und Charon voneinander abzieht, stellt man die auffallende Tatsache fest, dass – im Gegensatz zu Pluto – auf der Oberfläche von Charon Wassereis dominiert, obwohl die zusätzliche Anwesenheit von CH_4 und N_2 nicht auszuschließen ist. Allerdings hat Wassereis unter den P-T-Bedingungen des äußeren Sonnesystems nur eine recht kurze Lebenserwartung von einigen hunderttausend Jahren, kann also erst vor relativ kurzer Zeit erstarrt sein. Daraus lässt sich vermuten, dass auf Charon unter einer dünnen Eiskruste ein Wasserozean existiert (vgl. Zimmer 2010). Die dunkle Farbe von Charon könnte durch eine „Verschmutzung" des Wassereises durch Kohlenstoff oder komplexe organische Verbindungen bedingt sein (Cruikshank 1999).

Weiterführende Literatur

Lehrbücher und Sammelbände

Beatty JK, Petersen CC, Chaikin A (eds) (1999) The new solar system, 4th ed. Cambridge Univ Press, Cambridge, UK
Chapman CR (1999) Asteroids. In: Beatty JK, Petersen CC, Chaikin A (eds) The new solar system, 4th ed. Cambridge University Press, Cambridge, UK, pp 337–350
Davis AM (ed) (2005) Meteorites, comets, and planets. Elsevier, Amsterdam Oxford
Faure G, Mensing TM (2007) Introduction to planetary science – The geological perspective. Springer-Verlag, Dordrecht, Niederlande
Hartmann WK (2005) Moons and planets, 5th ed. Brooks/Cole, Belmont, California
Hunt GE, Moore P (1982) The planet Venus. Faber and Faber, London
Papike JJ (ed) (1998) Planetary materials. Rev Mineral 36
Rollinson H (2007) Early Earth systems – A geochemical approach. Blackwell, Malden, Ma, USA
Unsöld A, Baschek B (2005) Der neue Kosmos, 7. Aufl. Korrigierter Nachdruck, Springer-Verlag, Berlin Heidelberg New York

Übersichtsartikel

Burns JA (1999) Planetary rings. In: Beatty JK, Petersen CC, Chaikin A (eds) The new solar system, 4th ed. Cambridge University Press, Cambridge, UK, pp 221–240
Carr MH (1999) Mars. In: Beatty JK, Petersen CC, Chaikin A (eds) The new solar system, 4th ed. Cambridge University Press, Cambridge, UK, pp 141–156
Chambers JE (2005) Planet formation. In: Davis AM (ed) Meteorites, comets, and planets. Elsevier, Amsterdam Oxford, pp 461–474
Cruikshank DP (1999) Triton, Pluto, and Charon. In: Beatty JK, Petersen CC, Chaikin A (eds) The new solar system, 4th ed. Cambridge Univ Press, Cambridge, UK, pp 285–296
Fegley B Jr (2005) Venus. In: Davis AM (ed) Meteorites, comets, and planets. Elsevier, Amsterdam Oxford, pp 487–507
Fiquet G, Guyot F, Badro J (2008) The Earth's lower mantle and core. Elements 4:177–182
Greeley R (1999) Europa. In: Beatty JK, Petersen CC, Chaikin A (eds) The new solar system, 4th ed. Cambridge Univ Press, Cambridge, UK, pp 253–262
Hartmann WK (1999) Small worlds: Patterns and relationships. In: Beatty JK, Petersen CC, Chaikin A (eds) The new solar system, 4th ed. Cambridge Univ Press, Cambridge, UK, pp 311–320
Head JW III (1999) Surfaces and interiors of the terrestrial planets. In: Beatty JK, Petersen CC, Chaikin A (eds) The new solar system, 4th ed. Cambridge Univ Press, Cambridge, UK, pp 157–173
Hubbard WB (1999) Interior of the giant planets. In: Beatty JK, Petersen CC, Chaikin A (eds) The new solar system, 4th ed. Cambridge Univ Press, Cambridge, UK, pp 193–200

Jakosky BM (1999) Atmospheres of the terrestrial planets. In: Beatty JK, Petersen CC, Chaikin A (eds) The new solar system, 4th ed. Cambridge Univ Press, Cambridge, UK, pp 175–191

Johnson TV (1999) Io. In: Beatty JK, Petersen CC, Chaikin A (eds) The new solar system, 4th ed. Cambridge Univ Press, Cambridge, UK, pp 241–252

Johnson TV (2005) Major satelites of the giant planets. In: Davis AM (ed) Meteorites, comets, and planets. Elsevier, Amsterdam Oxford, pp 637–662

King PL, McLennan SM (2010) Sulfur on Mars. Elements 6:107–112

Lunine JI (2005) Giant planets. In: Davis AM (ed) Meteorites, comets and planets. Elsevier Amsterdam Oxford, pp 623–636

McKinnon WB (1999) Midsize icy satellites. In: Beatty JK, Petersen CC, Chaikin A (eds) The new solar system, 4th ed. Cambridge Univ Press, Cambridge, UK, pp 297–310

McSween HY Jr (2005) Mars. In: Davis AM (ed) Meteorites, comets and planets. Elsevier Amsterdam Oxford, pp 601–621

Mouginis-Mark PJ, Boyce JM (2012) Tooting crater: Geology and geomorphology of the archetype large, fresh impact. Chem Erde 72:1–23

Owen T (1999) Titan. In: Beatty JK, Petersen CC, Chaikin A (eds) The new solar system, 4th ed. Cambridge Univ Press, Cambridge, UK, pp 277–284

Pappalardo RT (1999) Ganymede and Callisto. In: Beatty JK, Petersen CC, Chaikin A (eds) The new solar system, 4th ed. Cambridge Univ Press, Cambridge, UK, pp 263–275

Saunders RS (1999) Venus. In: Beatty JK, Petersen CC, Chaikin A (eds) The new solar system, 4th ed. Cambridge Univ Press, Cambridge, UK, pp 97–110

Shaw GH (2008) Earth's atmosphere – Hadean to early Proterozoic. Chem Erde 68:235–264

Spohn T, Sohl F, Wieczerkowski K, Conzelmann V (2001) The interior structure of Mercury: What we know, what we expect from Bepi-Colombo. Planet Space Sci 49:1561–1570

Taylor GJ, Scott ERD (2005) Mercury. In: Davis AM (ed) Meteorites, comets, and planets. Elsevier, Amsterdam Oxford, pp 477–485

Wänke H, Dreibus G (1988) Chemical composition and accretion history of the terrestrial planets. Phil Trans Roy Soc London A325:545–557

Zimmer H (2010) Achtzig Jahre Pluto – Aus der Geschichte eines (Zwerg-)Planeten. Sterne und Weltraum 7/2010:42–51

Zolenski ME (2005) Extraterrestrial water. Elements 1:39–43

Zitierte Literatur

Agnor CB, Hamilton DP (2006) Neptune's capture of its moon Triton in a binary-planet gravitational encounter. Nature 221:192–194

Althaus T (2010) (50 000) Quaoar – Ein Felsplanet am Rande des Sonnensystems? Sterne und Weltraum 7/2010:22–23

Bertka CM, Fei Y (1997) Mineralogy of the martian interior up to core-mantle pressures. J Geophys Res 102:5251–5264

Borg LE, Edmunson J, Asmerom Y (2005) Constraints on the U-Pb systematics of Mars inferred from a combined U-Pb, Rb-Sr, and Sm-Nd isotopic study of the Martian meteorite Zagami. Geochim Cosmochim Acta 69:5819–5830

Brown M (2011) How many dwarfs are in the outer solar system? www.gps.caltech.edu/~mbrown/dps.html

Brown ME, Fraser WC (2010) Quaoar: A rock in the Kuiper belt. Astrophys J 714:1547–1550

Campbell DB, Chandler JF, Hine A, et al. (2003) Radar imaging of the lunar poles. Nature 426:137–138

Fagan TJ, Krot AN, Keil K, Yurimoto H (2004) Oxygen isotopic evolution of amoeboid olivine aggregates in the reduced CV chondrites Efremovka, Vigarano and Leoville. Geochim Cosmochim Acta 68:2591–2611

Feldmann WC, Maurice S, Binder AB, et al. (1998) Fluxes of fast and epithermal neutrons from Lunar Prospector: Evidence for water ice at the Lunar poles. Science 281:1496–1500

Hartmann WK, Neukum G (2001) Cratering chronology and the evolution of Mars. Space Sci Rev 96:165–194

Kiess CC, Corliss CH, Kiess KH (1960) High-dispersion spectra of Jupiter. Astrophys J 132:221–231

Lodders K, Fegley B Jr (1998) An oxygen isotope model for the composition of Mars. Icarus 126:373–394

Mayor M, Queloz D (1995) A Jupiter-mass companion to a solar-type star. Nature 378:355–359

Neukum G, Ivanov BA, Hartmann WK (2001) Cratering records in the inner solar system in relation to the lunar reference system. Space Sci Rev 96:55–86

Potter A, Morgan TH (1985) Discovery of sodium in the Atmosphere of Mercury. Science 229:651–653

Potter A, Morgan TH (1986) Potassium in the Atmosphere of Mercury. Icarus 67:336–340

Rieder R, Economou T, Wänke H, et al. (1997) The chemical composition of martian soil and rocks returned from the mobile Alpha Proton X-ray spectrometer: Preliminary results from the X-ray mode. Science 278:1771–1774

Slade MA, Butler BJ, Muhlman DO (1992) Mercury radar imaging: Evidence for ice. Science 258:635–640

Stegmaier J (2010) Tropenstürme auf Titan. Sterne und Weltraum 7/2010:20–21

Tanaka KL (1986) The stratigraphy of mars. Proc 17lt Lunar Planet Sci Conf, J Geophys Res 91, suppl, pp 139–158

Wänke H, Brückner J, Dreibus G, et al. (2001) Chemical composition of rocks and soils at the Pathfinder site. Space Sci Rev 96:317–330

Wildt R (1932) Absorptionsspektren und Atmosphären der großen Planeten. Veröff Univ Sternwarte Göttingen 2:171–180

Wolszczan A, Frail DA (1992) A planetary system around millisecond pulsar PSR1257+12. Nature 355:145–147

Einführung in die Geochemie

33.1
Geochemische Gliederung der Elemente

33.2
Chemische Zusammensetzung der Gesamterde

33.3
Chemische Zusammensetzung der Erdkruste

33.4
Spurenelement-Geochemie magmatischer Prozesse

33.5
Isotopen-Geochemie

33.6
Entstehung der chemischen Elemente

Bei der Lektüre dieses Buches ist dem aufmerksamen Leser klar geworden, dass die Verteilung der chemischen Elemente in der Natur wesentlich durch gesteinsbildende Prozesse kontrolliert wird. Bereits im frühen Entwicklungsstadium unseres Sonnensystems differenzieren sich die erdähnlichen Planeten, die ursprünglich *chondritische* Zusammensetzung hatten, in einen *metallischen Kern* und einen *silikatischen Mantel*. *Krustenbildende Prozesse* werden durch *partielle Aufschmelzung* im Mantel ausgelöst. Dabei entstehen *Stamm-Magmen*, in denen die *inkompatiblen Elemente* in verschiedenem Maße angereichert werden. *Fraktionierte Kristallisation* dieser Magmen, häufig kombiniert mit *Assimilation* von Nebengestein, führt zur Bildung *magmatischer Serien* von unterschiedlichem geochemischen Charakter.

Bei der Entwicklung des *Planeten Erde* spielten mindestens seit dem Ende des Archaikums *plattentektonische Prozesse* eine entscheidende Rolle, durch die Vulkanismus, Plutonismus und Metamorphose, aber auch Verwitterung, Abtragung, Transport und Sedimentation gesteuert werden. Dabei entstanden zwei grundsätzlich verschiedene Krustentypen, die *ozeanische* und die *kontinentale Erdkruste*. Endogene und exogene Prozesse beinhalten *Stoffkreisläufe*, bei denen es zur Trennung, zur Verarmung und zur Anreicherung chemischer Elemente bis hin zur Bildung bauwürdiger Erz- und Minerallagerstätten kommen kann.

Die *Verteilung von chemischen Elementen auf die koexistierenden Mineralphasen* eines Gesteins wird durch die Druck-Temperatur-Bedingungen des gesteinsbildenden Prozesses gesteuert. Dabei spielen die Kristallstrukturen der Minerale sowie die kristallchemischen Eigenschaften der Elemente, insbesondere ihre Atom- oder Ionenradien, ihre Wertigkeit und ihr Bindungs-Charakter, eine entscheidende Rolle. Solche Verteilungsgleichgewichte lassen sich als *Geothermometer* und *Geobarometer* einsetzen, um z. B. die P-T-Bedingungen beim Höhepunkt einer Metamorphose abzuschätzen. Ebenso können die Fraktionierung und die Verteilungsgleichgewichte von *stabilen Isotopen*, z. B. von Sauerstoff, Kohlenstoff und Schwefel, als Geothermometer dienen. Gesteinsbildende Prozesse beeinflussen auch die *radiogenen Isotopen-Systeme* wie U-Pb, Rb-Sr, Sm-Nd und K-Ar. Aus den Halbwertszeiten ihrer Zerfallsreihen lassen sich Aussagen über das *Alter* eines geologischen Prozesses gewinnen. Darüber hinaus können stabile und radiogene Isotopen-Systeme wichtige Hinweise auf die *geotektonische Position* geben, in der ein Gestein gebildet wurde.

In diesem Kapitel sollen die Verteilung und das Verhalten von chemischen Elementen und ihren Isotopen bei geologischen Prozessen in Grundzügen behandelt werden. Für ein eingehendes Studium der Geochemie muss auf die einschlägigen Lehrbücher verwiesen werden.

33.1
Geochemische Gliederung der Elemente

Viele geologische Prozesse führen zu einer mehr oder weniger scharfen Trennung von chemischen Elementen. Es kommt zu Element-Fraktionierungen, -Anreicherungen oder -Abreicherungen (besser: -Verarmungen). So wird als Folge mechanischer und chemischer Verwitterung sowie von nachfolgendem Transport SiO_2 in Form von Quarz an Sandstränden oder in Sandwüsten angereichert. Durch biochemische Vorgänge wird $CaCO_3$ in Karbonat-Riffen, wird Kohlenstoff (C) in Kohlenflözen konzentriert.

Wie wir in Kap. 30 und 32 gezeigt hatten, spielen geochemische Fraktionierungsprozesse schon in der frühen Geschichte unseres Sonnensystems eine entscheidende Rolle. Dabei entstand die Gruppe der inneren kleinen, dichten und erdähnlichen Planeten Merkur, Venus, Erde, Mars und die Asteroiden, die sich chemisch markant von den äußeren gasreichen Riesenplaneten Jupiter, Saturn, Uranus und Neptun unterscheiden. Pluto, der wichtigste Zwergplanet im Kuiper-Gürtel, besteht zu 70 % aus Gesteinsmaterial und einer äußeren Schale aus Eis (Abschn. 32.4, S. 591f). Der nächste wichtige Fraktionierungsprozess führte bei den erdähnlichen Planeten zur Trennung von metallischem Kern und silikatischem Mantel und damit zum Schalenbau. Daran schlossen sich die komplexen Vorgänge der Krustenbildung an, die auf der Erde und wahrscheinlich auch auf der Venus noch heute andauern.

In der ersten Hälfte des 20. Jahrhunderts führte V. M. Goldschmidt mit seiner Arbeitsgruppe grundlegende empirische Untersuchungen zur geochemischen Gliederung der Elemente durch. Dafür analysierte er die Element-Verteilungen zwischen Metallphase, Sulfiden und Silikaten in zwei Modellsystemen, den *Meteoriten* und dem technischen *Hochofenprozess*. Je nach der Neigung (Affinität), sich mit metallischem Eisen zu legieren, Sulfide oder Silikate zu bilden oder sich bevorzugt in der Atmosphäre anzureichern, unterschied V. M. Goldschmidt (zuletzt 1954) siderophile, chalkophile, lithophile und atmophile Elemente:

- *Siderophile Elemente* (grch. σίδηρος = Eisen, φίλος = Freund) haben die Neigung, sich mit Fe zu legieren. Sie gehen bevorzugt in die Metallphase von Meteoriten und in die Metallschmelze („Eisensau") beim Hochofen-Prozess.
- *Chalkophile Elemente* (grch. χαλκός = Erz, Kupfer, Bronze) zeigen die Tendenz, Sulfide zu bilden; sie reichern sich im Kupferstein des Hochenofen-Prozesses an.
- *Lithophile Elemente* (grch. λίθος = Stein) neigen dazu, sich mit Sauerstoff unter Bildung von Silikaten, Oxiden, Karbonaten u. a. zu verbinden. Sie werden bevorzugt in die Silikat-Minerale von Meteoriten eingebaut und gehen beim Hochofenprozess in die leichte Silikatschmelze, die beim Abkühlen zur Hochofenschlacke erstarrt.
- *Atmophile Elemente* (grch. ατμός = Dampf) sind leichtflüchtig; sie reichern sich beim Hochofenprozess in den Gichtgasen an.

Heute wissen wir, dass der geochemische Charakter der Elemente von ihren kristallchemischen Eigenschaften gesteuert wird, insbesondere durch ihre Elektronen-Konfiguration und ihren Bindungs-Charakter, die sich aus der Stellung eines Elements im Periodensystem ablesen lassen. Um den Bindungs-Charakter in einem Kristall zu definieren, führte der amerikanische Nobelpreisträger Linus Pauling (1959) den Begriff der *Elektronegativität* ein. Diese stellt ein Maß für die Fähigkeit eines Elements dar, sich durch Anziehung von Elektronen negativ zu laden und Anionen zu bilden. Dementsprechend sind Halogene durch große Elektronegativitäten gekennzeichnet; diejenige von F^- wurde gleich 4,0 gesetzt; Cl^- hat 3,0, O^{2-} 3,5, S^{2-} dagegen nur 2,5. Kationenbildner haben geringe Elektronegativitäten, z. B. Cs^+ 0,7, K^+ 0,8, Na^+ 0,9, Ca^{2+} 1,0, Mg^{2+} 1,2, Fe^{2+} und Si^{4+} dagegen bereits 1,8. Kristalle, die aus Atomen mit einer großen Elektronegativitäts-Differenz aufgebaut sind, zeigen bevorzugt *heteropolaren Bindungs-Charakter* (Ionen-Bindung), z. B. die Ca-F-Bindung im Fluorit mit 4,0 – 1,0 = 3,0 oder die Na-Cl-Bindung im Halit mit 3,0 – 0,9 = 2,1. Dagegen ist die Si-O-Bindung im Quarz mit 3,5 – 1,8 = 1,7 stärker homöopolar; es handelt sich bekanntlich um eine sp^3-Hybrid-Bindung. Noch stärker *homöopolaren Bindungs-Charakter* (*kovalente* oder *Atombindung*) weisen z. B. Sulfide auf, so die Pb-S-Bindung im Galenit mit 2,5 – 1,8 = 0,7. In intermetallischen Verbindungen und Legierungen gehen die Elektronegativitäts-Differenzen gegen 0. Bei der *metallischen Bindung* bilden die positiv geladenen Atom-Rümpfe ein starres, dreidimensional periodisches Gerüst, in dessen Zwischenräumen sich die nicht lokalisierte Elektronen frei bewegen. Man spricht auch von einem „Elektronengas".

Liegt in einem Kristall zwischen den Atomen A und B homöopolarere Bindung vor, so lässt sich seine Bildungsenthalpie näherungsweise durch die Gleichung

$$H_{A-B} = \tfrac{1}{2}(H_{A-A} + H_{B-B}) \qquad [33.1]$$

beschreiben. Demgegenüber tritt bei heteropolarer Bindung noch ein Term hinzu, der die elektrostatische Wechselwirkung beschreibt und ein Maß für den ionaren Bindungsanteil darstellt:

$$H_{A-B} = \tfrac{1}{2}(H_{A-A} + H_{B-B}) + \Delta E_{A-B} \qquad [33.2]$$

Nach Pauling (1959) ist

$$\Delta E_{A-B} = 96{,}5(\gamma_A - \gamma_B)^2 \qquad [33.3]$$

Dabei sind γ_A und γ_B die *Elektronegativitäten* der Atome A und B.

Zwischen dem geochemischen Charakter der Elemente und der Elektronegativität E ihrer Kationen bestehen folgende Zusammenhänge (Tabelle 33.1):

Tabelle 33.1.
Elektronegativität und geochemischer Charakter der wichtigsten chemischen Elemente. (Nach Pauling 1959, mod. aus Brown u. Mussett 1981)

$E < 1{,}6$ Lithophil				$1{,}6 < E < 2{,}0$ Chalkophil		$2{,}0 < E < 2{,}4$ Siderophil	
Cs^+	0,7			Pb^{2+}	1,6	← As^{3+}	2,0
Rb^+	0,8			← Fe^{2+}	1,65 →		
K^+	0,8			← Co^{2+}	1,7 →		
Ba^{2+}	0,85			← Ni^{2+}	1,7 →		
Na^+	0,9			← Zn^{2+}	1,7		
Sr^{2+}	1,0	U^{4+}	1,7	P^{5+}	2,1		
Ca^{2+}	1,0	W^{4+}	1,7			Ru^{4+}	2,2
Li^+	1,0	Si^{4+}	1,8			Rh^{3+}	2,2
REE	1,05–1,2			← Ge^{4+}	1,8 →	Pd^{2+}	2,2
Mg^{2+}	1,2			← Fe^{3+}	1,8 →	Os^{4+}	2,2
Sc^{3+}	1,3			← Cu^+	1,8 →	Ir^{4+}	2,2
Th^{4+}	1,3			Ag^+	1,9	Pt^{2+}	2,2
V^{3+}	1,35			← Sn^{4+}	1,9 →	Au^+	2,4
Zr^{4+}	1,4			Hg^{3+}	1,9		
Mn^{2+}	1,4 →			Sb^{3+}	1,9 →		
Be^{2+}	1,5			Bi^{3+}	1,9		
Al^{3+}	1,5			Re^{3+}	1,9 →		
Ti^{4+}	1,5			← Cu^{2+}	2,0 →		
Cr^{3+}	1,6 →						

Die E-Werte einiger Kationen wurden durch Mason u. Moore (1985) aktualisiert. Zu den lithophilen Elementen (*dunkel schattiert*) zählen auch einige mit $E > 1{,}6$, die auf Grund ihrer hohen Wertigkeit und ihres geringen Ionenradius Anionen-Komplexe bilden können. In der Erdkruste haben mehrere chalkophile Elemente auch lithophilen, im Erdkern dagegen oft siderophilen Charakter, wie durch Pfeile angedeutet ist. Siderophile Elemente sind fett gedruckt.

- *Lithophile Elemente*: $E < 1{,}6$,
  z. B. K, Na, Ca, Mg, Al, Ti; Mn und Cr verhalten sich daneben auch chalkophil; außerdem haben chemische Elemente lithophilen Charakter, bei denen zwar $E > 1{,}6$ ist, die jedoch wegen ihrer geringen Größe Anionen-Komplexe mit Sauerstoff bilden, wie B^{3+}, C^{4+}, Si^{4+} und P^{5+}; außerdem sind die Halogene lithophil.
- *Chalkophile Elemente*: $1{,}6 < E < 2{,}0$,
  z. B. Ag, Hg, Pb, Bi; ausgenommen sind Bildner von Anionen-Komplexen wie Si. Chalkophil sind aber auch einige Elemente mit $E > 2{,}0$, insbesondere S, Se und Te. Darüber hinaus besitzen mehrere Elemente mit $E = 1{,}6$–$2{,}0$ unterschiedlichen geochemischen Charakter: so verhalten sich Fe, Co, Ni, Ge, Cu und Sn chalkophil, siderophil und lithophil, Zn chalkophil und lithophil, Sb und Re chalkophil und siderophil.
- *Siderophile Elemente*: $2{,}0 < E < 2{,}4$,
  wie Pt und andere PGE sowie Au; P^{5+} hat zwar $E = 2{,}1$, verhält sich aber als Bildner von Anionenkomplexen lithophil; W mit $E = 1{,}7$ verhält sich siderophil und – als Anionenbildner – auch lithophil.
- *Atmophile Elemente*:
  Hierzu gehören hauptsächlich Stickstoff ($E = 3{,}0$) und die Edelgase, aber auch H, C und O, die aber – trotz $E > 2$ – gleichzeitig auch als lithophil zu betrachten sind.

Bemerkenswert ist die Rolle des *Eisens*. Dieses ist nach seiner Elektronegativität ($E = 1{,}8$) prinzipiell chalkophil und wird sich zunächst mit dem vorhandenen Schwefel unter Bildung von Sulfiden wie Troilit in Meteoriten bzw. Pyrrhotin oder Pyrit in irdischen Gesteinen verbinden. Ein Teil des restlichen Fe bildet mit Sauerstoff und Si Silikate, verhält sich also lithophil. Erst wenn alles S und O aufgebraucht sind, hat Fe siderophilen Charakter und kann metallisches Eisen bilden. Der Sauerstoff-Gehalt eines Planeten bestimmt damit die Größe seines Eisenkerns. Dieser hat beim Merkur einen Anteil von 47 Vol.-%, bei der Erde 16 Vol.-%, bei der Venus 14 Vol.-%, beim Mars 13 Vol.-%, beim Erdmond jedoch nur 1 Vol.-% (Spohn 1991).

Eine weitere geochemische Klassifikation beruht auf dem Ionenpotential, dem Quotienten aus Ionenladung und Ionenradius (Abb. 33.1). Die *großionigen lithophilen Elemente* (Large Ionic Lithophile elements, LIL) besitzen Ionenpotentiale von <2 und Ionenradien von >1,2 Å. Hierzu gehören besonders die einwertigen Alkalimetalle Cs, Rb und K, die zweiwertigen Kalkalkalimetalle Ba und Sr sowie Pb^{2+} und Eu^{2+}. Es handelt sich um Elemente geringer Feldstärke (Low Field Strength Elements, LFS). Demgegenüber weisen die *Elemente hoher Feldstärke* (High Field Strenth elements, HFS), Ionenpotentiale von >2 auf; ihre Wertigkeiten variieren von 3+ bis 6+, ihre Ionenradien sind <1,2 Å. Zu dieser Gruppe gehören auch die *Seltenerd-Elemente* oder

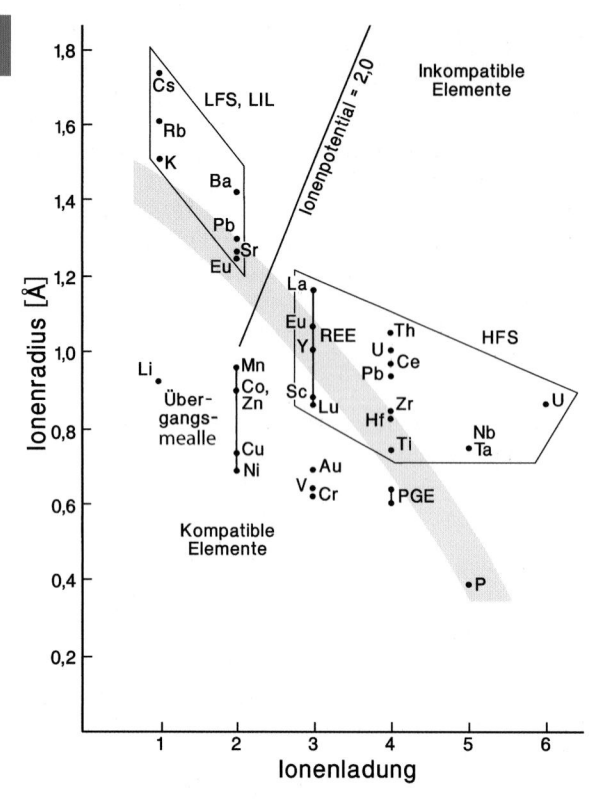

Abb. 33.1. Darstellung geologisch interessanter Spurenelemente im Diagramm Ionenradius gegen Ionenladung (mod. nach Rollinson 1993). Das *blaue Band* gibt die ungefähre Grenze zwischen kompatiblen und inkompatiblen Spurenelementen an. (Nach Gill 1993)

Lanthaniden (engl. Rare Earth Elements, REE) mit den Ordnungszahlen 57–71, die sich wiederum in leichte und schwere Selterderd-Elemente gliedern, abgekürzt nach den englischen Bezeichnungen LREE und HREE. Weitere Gruppen sind die zweiwertigen *Übergangsmetalle* mit Ionenradien zwischen 0,7 und 1,0 Å und den Ordnungszahlen 21–30 sowie die *Platingruppen-Elemente* (PGE) mit den Ordnungszahlen 44–46 und 76–79.

Weiterhin ergibt sich ein gradueller Übergang zwischen den *kompatiblen Elementen*, die leicht in die wichtigen magmatischen Minerale eingebaut werden können, und den *inkompatiblen Elementen*, bei denen das nicht der Fall ist. Letztere werden daher bei der partiellen Anatexis von Gesteinen des Erdmantels oder der unteren Erdkruste in der sich bildenden Schmelze oder bei der fraktionierten Kristallisation von Magmen in der Restschmelze oder im Fluid angereichert. Inkompatibel verhalten sich die meisten LIL-Elemente, die wegen ihrer großen Ionenradien schlecht in die Silikat-Strukturen passen. Die HFS-Elemente sind dagegen deutlich kleiner, wirken aber wegen ihres großen Ionenpotentials stark polarisierend; deshalb haben sie überwiegend homöopolaren Bindungs-Charakter und sind daher unbequeme Besetzer von Kationen-Plätzen (Gill 1993). Somit verhalten sich die meisten HFS-Elemente ebenfalls inkompatibel (Abb. 33.1).

33.2
Chemische Zusammensetzung der Gesamterde

An der Gesamtmasse des Planeten Erde sind die kontinentale Erdkruste mit etwa 0,36 %, die ozeanische Erdkruste mit 0,072 %, die Ozeane mit 0,023 % und die Atmosphäre mit 0,842 ppm beteiligt (z. B. Javoy 1999). Damit konzentriert sich die Frage nach der durchschnittlichen chemischen Zusammensetzung der Gesamterde auf den Erdmantel und den Erdkern, die mit Anteilen von 67,2 und 32,4 zusammen etwa 99,6 % der Masse unseres Planeten ausmachen. Wie wir in Kap. 29 ausführlich dargelegt hatten, bestehen bereits fundierte Vorstellungen über den stofflichen Aufbau von Erdmantel und Erdkern, die durch eine Kombination

- geophysikalischer, insbesondere seismischer Messungen und Modellierungen,
- direkter petrographischer und geochemischer Analysen an Mantelgesteinen und Meteoriten,
- von Ergebnissen der experimentellen Petrologie und
- der spektroskopischen Analyse der Sonne und anderer Fixsterne

erarbeitet werden konnten. Trotzdem sind noch einige wichtige Probleme ungeklärt, die für die Frage nach der chemischen Zusammensetzung der Gesamterde wichtig oder sogar entscheidend sind:

- Haben der *obere* und der *untere Erdmantel* die gleiche *Pyrolit*-Zusammensetzung oder hat der untere Erdmantel einen abweichenden, *perowskitischen* Chemismus?
- Wie ist der chemische Charakter der *Übergangszone* im Grenzbereich oberer/unterer Erdmantel und der D"-Schicht an der Kern-Mantel-Grenze?
- Welche *leichten Elemente* sind dem *äußeren Erdkern* beigemischt und in welchem Mengenverhältnis sind sie beteiligt?

Daneben gibt es noch eine Reihe weiterer ungelöster Fragen zur Geochemie des Erdinnern, auf die im Rahmen dieses Lehrbuchs nicht eingegangen werden kann (vgl. z. B. Poirier 1994; Allègre et al. 1995; Hofmann 1997; Javoy 1999).

Wie wir in Abschn. 31.3.1 (S. 553ff) gezeigt hatten, repräsentieren die Chondrite relativ undifferenzierte Meteoriten-Mutterköper aus dem Asteroiden-Gürtel unseres Planetensystems; insbesondere die primitive Gruppe der kohligen Chondriten stellt sozusagen die Urmaterie in der frühen Bildungsphase unseres Sonnensystems dar. Deshalb ist es wahrscheinlich, dass die frühe Erde ursprünglich chondritischen Chemismus hatte, bevor sie sich in Erdmantel und Erdkern differenzierte. Es erscheint also sinnvoll, bei der Berechnung der chemischen Gesamtzusammensetzung der Erde von einem Chondrit-Modell auszugehen; die Frage ist nur, welchen Chondrit-Typ man dafür zu Grunde legt.

Mason (1966) ging in seinen Berechnungen vom Mittelwert der *gewöhnlichen Chondrite* (*H- und L-Typen*) aus, die mit Abstand die häufigsten Meteorite überhaupt darstellen. Er nahm ferner an, dass im Kern als leichtes Element lediglich Schwefel vorhanden ist. Danach berechnet sich die Zusammensetzung des Erdkerns (Dichte 7,15) aus dem durchschnittlichen Elementverhältnis in der Metallphase von Chondriten, das sehr gut mit demjenigen in Eisenmeteoriten übereinstimmt, plus dem mittleren Gesamtgehalt an FeS (Troilit):

	24,6	Gew.-% Fe	
+	2,4	Gew.-% Ni	
+	0,13	Gew.-% Co (+ weitere siderophile Elemente)	
=	27,1	Gew.-% Fe-Legierung	Dichte 7,90
+	5,3	Gew.-% Troilit FeS	Dichte 4,80
=	32,4	Gew.-% Erdkern	Dichte 7,15

Der Erdmantel entspricht dann in seiner Zusammensetzung dem Silikat-(+ Oxid- + Phosphat-)Anteil des Chondrit-Mittelwertes.

Demgegenüber ging Ringwood (1966, 1975) vom Mittelwert der *kohligen Condriten* (*Typ C1*) aus. Diese sind allerdings hochoxidiert und enthalten einen enorm hohen Anteil an chemischen Elementen, die sich bei erhöhten Temperaturen volatil (leichtflüchtig) verhalten.

Hierzu gehören neben H, C, O, S und Cl z. B. die Metalle Hg, Tl, Pb, Zn und Cd, aber auch Na, K und Ge. Sie müssen während des frühen Differentiationsprozesses des Erdkörpers größtenteils in den Weltraum verdampft sein, insgesamt mindestens 32 Gew.-% (Javoy 1999); außerdem musste ein Teil des Eisens reduziert werden, um den metallischen Erdkern zu bilden. Wegen der Volatilität von Schwefel war Ringwood der Auffassung, dass dieses Element nicht in den Erdkern inkorporiert wurde, sondern größtenteils abdampfte; er nahm für den Erdkern eine Fe-Ni-Si-Legierung mit ca. 11 Gew.-% Si an. Allerdings bedeutet die Anwesenheit von metallischem Silicium im Erdkern neben FeO im unteren Erdmantel, dass bei der Kern-Mantel-Differentiation kein thermodynamisches Gleichgewicht eingestellt wurde. Die von Ringwood (1966) aus dem C1-Mittel durch Abzug der volatilen Elemente und des Erdkerns berechnete Durchschnittszusammensetzung des Erdmantels stimmt sehr gut mit dem Pyrolit-Chemismus überein (Ringwood 1975). Neuere Überlegungen gehen davon aus, dass der Erdkern als leichte Elemente Silicium, Sauerstoff und Schwefel nebeneinander enthält (Poirier 1994); so berechnete Javoy (1999) als mittlere Kernzusammensetzung 79,46 % Fe, 5,61 % Ni, 0,57 % Cr, 0,56 % Mn, 9,65 % Si, 2,27 % S, 1,88 % O.

In Tabelle 33.2 sind die mittleren Erdzusammensetzungen nach den Berechnungsversuchen von Mason (1966), Ringwood (1966), Ganapathy u. Anders (1974) und Javoy (1999) gegenüber gestellt. Man erkennt deutliche Gemeinsamkeiten, wenn auch die Unterschiede im Detail nicht zu übersehen sind. Die durchschnittliche

Tabelle 33.2. Unterschiedliche Berechnungsversuche zur Zusammensetzung der Gesamterde in Gew.-%. (Nach Mason u. Moore 1985 und Javoy 1999)

	Ringwood (1966)	Mason (1966)	Ganapathy und Anders (1974)	Javoy (1999) C1-Modell	Javoy (1999) HE-Modell
Fe	31	34,63	35,98	29,41	33,15
Ni	1,7	2,39	2,02	1,71	2,00
Co	–	0,13	0,093	–	–
S	–	1,93	1,66	–	0,84
O	30	29,53	28,65	32,01	30,07
Si	18	15,20	14,76	17,30	19,09
Mg	16	12,70	13,56	15,68	12,12
Ca	1,8	1,13	1,67	1,50	1,00
Al	1,4	1,09	1,32	1,40	0,92
Na	0,9	0,57	0,143	0,19	0,11
Cr	–	0,26	0,472	0,43	0,36
Mn	–	0,22	0,053	0,31	0,25
P	–	0,10	0,213	–	–
K	–	0,07	0,017	0,018	0,00026
Ti	–	0,05	0,077	0,07	0,05

chemische Zusammensetzung der Gesamterde ist keinesfalls von rein akademischem Interesse; denn sie hängt ja unmittelbar mit der Frage nach der Entstehung unseres Planetensystems zusammen. Die in Tabelle 33.2 zusammengestellten Ergebnisse stellen wichtige Randbedingungen dar, wenn man die Bildungsmechanismen der erdähnlichen Planeten und die Differentationsprozesse, die in ihrer Frühphase abgelaufen sind, verstehen will. Umgekehrt wären die dargestellten Berechnungsmodelle ohne den Input kosmologischer Vorstellungen nicht denkbar. Geochemie und Kosmologie befruchten sich gegenseitig in einem ständigen Iterationsprozess.

33.3
Chemische Zusammensetzung der Erdkruste

33.3.1
Berechnungen des Krustenmittels: Clarke-Werte

Die chemische Zusammensetzung der Erdkruste, insbesondere der kontinentalen Kruste, ist für uns von entscheidendem Interesse, da hier unsere Rohstoffquellen liegen. Der erste Versuch, die Durchschnittszusammensetzung der Erdkruste zu ermitteln, stammt von Clarke und Washington (zuletzt Clarke 1924). Sie berechneten einen Durchschnittswert aus 5 159 Gesteinsanalysen magmatischer Gesteine, wobei sie unvollständige und schlechte Analysen auf Grund bestimmter Qualitätskriterien ausschieden. Da die Erdkruste zum überwiegenden Teil aus Magmatiten besteht, erscheint ihre Bevorzugung gerechtfertigt. Zwar ist die Erdoberfläche zu mehr als 75 % von Sedimenten und Sedimentgesteinen bedeckt, doch machen diese in der gesamten Erdkruste nur ca. 8 Vol.-% aus, während die Magmatite einen Anteil von ca. 65 Vol.-% aufweisen (Tabelle III.1, S. 213). Von den metamorphen Gesteinen, die mit ca. 27 Vol.-% am Krustenaufbau beteiligt sind, leitet sich wiederum ein beträchtlicher Anteil, insbesondere Orthogneise, Amphibolite und Grünschiefer, von magmatischen Ausgangsgesteinen ab.

Einwände gegen das Verfahren von Clarke und Washington ergaben sich

- aus der ungleichmäßigen geographischen Verteilung der analysierten Proben, die damals überwiegend aus Nordamerika und Europa stammten,
- aus der relativen Bevorzugung seltener Gesteinstypen, die das besondere Interesse der Petrographen fanden, und
- aus der Nichtberücksichtigung der tatsächlichen Gesteinsvolumina in der Erdkruste, in der Granite und Basalte den Hauptanteil ausmachen.

Andererseits wurden die gewonnenen Ergebnisse auch durch unabhängige Berechnungsverfahren bestätigt. So stimmt der Mittelwert von glazialen Geschiebelehmen Norwegens, die ja eine Mischung aus unterschiedlichen magmatischen, metamorphen und Sedimentgesteinen darstellen, erstaunlich gut mit den Werten von Clarke und Washington überein (Goldschmidt 1933).

Insgesamt haben sich die sog. *Clarke-Werte* (kurz „Clarkes" genannt) als Basiswerte für geochemische Vergleiche bewährt (Tabelle 33.3), denn sie geben die Mengenverhältnisse der chemischen Elemente in der Erdkruste richtig wieder. Danach sind nur acht chemische

Tabelle 33.3.
Clarke-Werte der zwölf häufigsten chemischen Elemente in der Oberen Erdkruste = Mittelwert aus 5 159 Magmatiten. (Nach Clarke u. Washington, in Clarke 1924; Ionenradien nach Whittacker u. Muntos 1970)

	Gew.-%	Atom-%	Vol.-%	Ionenradius	Koordinationszahl
O	46,60	62,55	93,77	1,27	
Si	27,72	21,22	0,86	0,34	[4]
Al	8,13	6,47	0,47	0,47	[4]
				0,61	[6]
Fe	5,00	1,92	0,43	0,63 Fe^{3+}	[6]
				0,69 Fe^{2+}	[6]
Ca	3,63	1,94	1,03	1,20	[8]
Na	2,83	2,64	1,32	1,24	[8]
K	2,59	1,42	1,83	1,59	[8]
				1,68	[12]
Mg	2,09	1,84	0,29	0,80	[6]
Ti	0,44			0,69	[6]
H	0,14			0,18	[2]
P	0,12			0,25	[4]
Mn	0,10			0,75	[6]

Hauptelemente, nämlich O, Si, Al, Fe, Mg, Ca, Na, K und Mg, mit mehr als 1 Gew.-% am Bau der Erdkruste beteiligt, in der sie zusammen 98,6 Gew.-% ausmachen; rechnet man noch die vier Nebenelementen Ti, H, P und Mn mit Gehalten von 0,1–1 Gew.-% hinzu, so kommt man auf 99,4 Gew.-%. Aus Tabelle 33.3 wird die überragende Bedeutung von Sauerstoff und Silicium deutlich. Die führende Rolle des Sauerstoffs kommt noch stärker zum Ausdruck, wenn man die Clarke-Werte von Gew.-% in Atom-% oder sogar in Vol.-% umrechnet. Man erkennt, dass die Erdkruste praktisch ein dicht gepacktes Sauerstoff-Gerüst darstellt, in dessen kleinen Lücken die Kationen sitzen, und zwar Si in [4]-Koordination, Al in [4]- und [6]-Koordination, Fe, Mn, Mg und Ti meist in [6]-Koordination, die großen Kationen Ca, K und Na in [8]- oder in [12]-Koordination.

An diesem Bild ändert sich prinzipiell nichts, wenn man modernere Berechnungen zugrunde legt, die auf einer besseren statistischen Basis beruhen und in denen die Mittelwerte für die ozeanische Erdkruste (einschließlich der Sedimentschicht 1) sowie für die kontinentale Ober- und Unterkruste gesondert ausgewiesen werden (z. B. Ronov u. Yaroshevsky 1969; Wedepohl 1994; Klein 2005, Rudnik u. Gao 2005). Nach diesen Berechnungen hat die ozeanische Erdkruste erwartungsgemäß basaltischen Charakter, während die kontinentale Erdkruste im Mittel granodioritisch, die kontinentale Unterkruste quarzdioritisch bzw. andesitisch zusammengesetzt ist (Tabelle 33.4). Aus der geochemischen

Tabelle 33.4.
Die Clarke-Werte (1924) im Vergleich zur chemischen Durchschnittszusammensetzung von ozeanischer und kontinentaler Erdkruste, kontinentaler Ober- und Unterkruste. (Nach Ronov u. Yaroshevsky 1969 und Wedepohl 1994)

Gew.-%	5 159 Magmatite	Ozeanische Erdkruste	Kontinentale Erdkruste insgesamt		Kontinentale Unterkruste	Kontinentale Oberkruste
	Clarke (1924)	R & Y (1969)	R & Y (1969)	W (1994)	R & Y (1969)	R & Y (1969)
SiO_2	59,12	48,6	60,2	61,5	58,2	63,9
TiO_2	1,05	1,4	0,7	0,68	0,9	0,6
Al_2O_3	15,34	16,5	15,2	15,1	15,5	15,2
Fe_2O_3	3,08	2,3	2,5	6,3[a]	2,8	2,0
FeO	3,80	6,2	3,8	–	4,8	2,9
MnO	0,12	0,2	0,1	0,10	0,2	0,1
MgO	3,49	6,8	3,1	3,7	3,9	2,2
CaO	5,08	12,3	5,5	5,5	6,0	4,0
Na_2O	3,84	2,6	3,0	3,2	3,1	3,0
K_2O	3,13	0,4	2,8	2,4	2,6	3,3
P_2O_5	0,30	0,1	0,2	0,18	0,3	0,2
CO_2	0,10	1,4	1,2	–	0,5	0,8
C	–	<0,5	0,2	–	0,1	0,2
S	–	<0,05	0,07	<0,05	<0,05	<0,05
Cl	–	<0,05	0,05	–	<0,05	0,05
H_2O	1,15	1,1	1,4	–	1,0	1,5
Summe	99,60	99,9	100,02	98,66	99,9	99,95
Spurenelemente [ppm = g/t]						
Rb		30	70	76		
Sr		465	400	334		
Th		2,7	5,8	8,5		
U		0,9	1,6	1,7		
Ni		130	82	59		
Co		48	28	25		

[a] Gesamteisen als Fe_2O_3.
Weitere Spurenelemente in der kontinentalen Erdkruste nach Wedepohl (1994) in ppm: Li 17,5, B 9,3, F 526, S 725, Sc 16, V 101, Cr 132, Cu 26, Zn 66, Ga 15,5, Y 24, Zr 201, Nb 18,5, Ba 576, La 25, Ce 60, Nd 27, Sm 5,3, Eu 1,3, Gd 4,1, Tb 0,65, Ho 0,78, Yb 2,0, Lu 0,36, Hf 4,9, Ta 1,1, Pb 14,8.

Häufigkeit der Elemente ergibt sich – unter Berücksichtigung kristallchemischer Gesetzmäßigkeiten – die Häufigkeitsverteilung der Minerale in der Erdkruste (Tabelle 2.2, S. 37), die zu etwa 95 Vol.-% aus Silikat-Mineralen (einschließlich Quarz) aufgebaut ist.

Die geochemischen Unterschiede zwischen den beiden Hauptkrustentypen sind beachtlich. Die kontinentale Erdkruste ist erheblich reicher an SiO_2 und K_2O, während bei der ozeanischen Erdkruste die wesentlich höheren Gehalte an TiO_2, FeO, MgO und CaO ins Auge springen. Bei den Spurenelementen sind in der kontinentalen Erdkruste besonders Rb, das mit K_2O positiv korreliert ist, sowie Th und U angereichert, in der ozeanischen Kruste Sr – entsprechend dem hohen CaO-Gehalt – sowie Ni und Co. Wie wir später sehen werden, sind die Elemente K, Rb, U und Th, die in der kontinentalen Erdkruste konzentriert sind, an radioaktiven Zerfallsreihen beteiligt, wobei exotherme Prozesse ablaufen (Abschn. 33.5.3, S. 615ff). Dementsprechend ist die radioaktive Wärmeproduktion in der kontinentalen Erdkruste wesentlich höher als in der ozeanischen. Umgekehrt spielt in der viel dünneren ozeanischen Kruste der konduktive und konvektive Wärmetransport aus dem Erdmantel eine viel größere Rolle, besonders natürlich an den mittelozeanischen Rücken und im Bereich von Hot Spots.

33.3.2
Seltene Elemente und Konzentrations-Clarkes

Viele chemische Elemente, die in unserem täglichen Leben regelmäßig gebraucht werden, ja für uns unentbehrlich sind, gehören nicht zu den zwölf häufigsten Elementen in der Erdkruste, sondern liegen weit unter 0,1 Gew.-% (Tabelle 33.4, 33.5). Viele der seltenen Elemente sind zudem noch stark dispergiert (verteilt): Sie sind zwar extensiv weit verbreitet; aber selten kommt es zu intensiven Konzentrationen über den geochemischen Durchschnitt hinaus und damit zur Bildung bauwürdiger Lagerstätten. Der russische Geochemiker V. I. Vernadsky hat dafür den Begriff der *dispersed elements* eingeführt. Diese bilden häufig keine eigenen Minerale, sondern werden in Fremdmineralen getarnt oder abgefangen.

- *Tarnen* heißt diadocher Ersatz eines häufigeren Elements durch ein selteneres von *gleicher Wertigkeit* und ähnlichem Ionenradius, z. B. $Rb^+ \to K^+$, $Sr^{2+} \to Ca^{2+}$, $Ga^{3+} \to Al^{3+}$ oder $Hf^{4+} \to Zr^{4+}$.
- *Abfangen* heißt diadocher Ersatz eines häufigeren Elements durch ein selteneres von *anderer Wertigkeit*, aber mit ähnlichem Ionenradius, z. B. $Ba^{2+} \to K^+$, $Pb^{2+} \to K^+$ oder $Nb^{5+} \to Ti^{4+}$.

> In einigen Fällen bilden seltene Elemente zwar eigene Minerale, die jedoch als Akzessorien extensiv in Gesteinen verteilt sind, z. B. Zirkon $Zr[SiO_4]$.

Tabelle 33.5. Konzentrations-Clarkes für Erzlagerstätten häufiger Gebrauchsmetalle. (Modifiziert nach Mason u. Moore 1985 und Cissarz 1965)

Metall	Clarke [Gew.-%]	Konzentrations-Clarke [Gew.-%]	Anreicherungsfaktor
Al	8,13	30	3,7
Fe	5,00	30	6
Ti	0,44	3	6,8
Mn	0,10	35	350
Cr	0,0132[a]	30	2 300
Zn	0,0066[a]	4	600
Ni	0,0059[a]	1,5	250
Cu	0,0026[a]	1	385
Pb	0,00148[a]	4	2 700
Sn	0,0002	1	5 000
U	0,00017[a]	0,1	625
Ag	0,000002	0,05	25 000
PGE	0,0000008 (= 0,008 g/t)	0,0005[b] (= 5 g/t)	3 100
Au	0,00000015 (= 0,0015 g/t)[b]	0,0001–0,005[b] (= 1–5 g/t)	670–3 300

[a] Clarke-Werte für die kontinentale Kruste nach Wedepohl (1994).
[b] Werte nach Frimmel (2008 u. pers. Mitt.).

Unter den technisch interessanten *Schwermetallen* ist nur Fe mit einem Durchschnittsgehalt von 5 % geochemisch häufig; mit Abstand folgen Ti mit 0,44 und Mn mit 0,10 %. Alle anderen Schwermetalle einschließlich der Stahlveredler und Buntmetalle liegen im Bereich einiger ppm (= g/t), die Edelmetalle noch wesentlich darunter. Eine Anreicherung bestimmter Metalle über dem geochemischen Durchschnitt unter Bildung von *Erzlagerstätten* gehört immer zu den seltenen Fällen, unterliegt aber – wie wir mehrfach gezeigt haben – den gleichen Gesetzmäßigkeiten wie analoge gesteinsbildende Prozesse. Grundvoraussetzung für die Bauwürdigkeit einer Erzlagerstätte ist eine gewisse Mindestkonzentration, der sog. *Konzentrations-Clarke* (Tabelle 33.5). Dieser zeigt eine sehr große Variationsbreite, in der die Seltenheit des betreffenden Metalls, die Nachfrage und damit der Weltmarktpreis zum Ausdruck kommen. So muss z. B. Mangan etwa um das 350fache des Krustenmittels angereichert sein, um eine bauwürdige Mn-Lagerstätte zu bilden, Gold dagegen um das 10 000fache und Silber sogar um das 25 000fache!

Stark variierende Weltmarktpreise, z. B. bei Kupfer oder bei Gold, haben auch Schwankungen des Konzentrations-Clarkes zur Folge, was oft erhebliche wirtschaftliche Auswirkungen hat. So kann ein plötzliches Absacken des Weltmarktpreises den Konzentrations-Clarke eines Metalls über dessen Durchschnittsgehalt in einer

Erzlagerstätte und damit die Bauwürdigkeitsgrenze anheben, was zur Schließung von Gruben nach nur kurzer Laufzeit und damit zum Verlust von Arbeitsplätzen sowie von erheblichen Investitionsmitteln führen kann. Abgesehen vom Konzentrations-Clarke und vom Weltmarktpreis sind für die Bauwürdigkeit einer Lagerstätte noch eine Reihe weiterer Faktoren entscheidend:

- bestimmte Mindestmenge an bauwürdigem Erz, abgeschätzt durch Vorratsberechnungen;
- gute Aufbereitbarkeit des Erzes;
- Horizontbeständigkeit der Vererzung oder möglichst einfache Form der Erzköper: nicht zu komplizierte tektonische Verhältnisse in der Lagerstätte;
- Tiefenlage der Erzkörper: Entscheidung über Tagebau oder Tiefbau;
- günstige Verkehrsanbindung;
- nicht zu extreme klimatische Verhältnisse;
- gut ausgebildete Arbeitskräfte bei nicht zu hohen Personalkosten;
- stabile politische Verhältnisse und günstiges Investitionsklima.

33.4
Spurenelement-Geochemie magmatischer Prozesse

33.4.1
Grundlagen

> Als Spurenelemente bezeichnet man chemische Elemente, die mit weniger als 0,1 Gew.-% = 1 000 ppm = 1 000 g/t in einem Gestein vorhanden sind.

Wie wir in Abschn. 33.3.2 gesehen haben, bilden einige Spurenelemente eigene Minerale, wie z. B. Zr den Zirkon $Zr[SiO_4]$ oder Cr den Chromit $FeCr_2O_4$; andere werden in den Kristall-Strukturen der häufigen Gesteins- oder Lagerstätten-bildenden Minerale getarnt oder abgefangen.

Spurenelemente vermitteln wichtige Anhaltspunkte für magmatische Prozesse, bei denen Kristall-Schmelz-Gleichgewichte eine Rolle spielen, wie partielles Schmelzen, fraktionierte Kristallisation, Assimilation von Nebengestein. Dafür gibt es folgende Gründe:

- Anders als die Hauptelemente gehorchen Spurenelemente weitgehend dem *Henry'schen Gesetz*, nach dem die Aktivität einer Komponente i in einem Mineral a_i^{min} proportional zu deren Konzentration X_i^{min} ist:

$$a_i^{min} = \gamma_i^{min} X_i^{min} \qquad [33.4]$$

Dabei ist γ_i^{min} der Aktivitätskoeffizient, den wir ja bereits in Abschn. 20.2.3 (S. 316ff) kennen gelernt hatten. Dieser ist zwar von P, T und anderen Zustandsvariablen abhängig, wird aber nicht von der Konzentration des eingebauten Spurenelements selbst beeinflusst. Bei höheren Elementkonzentrationen ist das jedoch nicht mehr der Fall: das Henry'sche Gesetz verliert dann seine Gültigkeit.

- Die kristallchemischen Eigenschaften von Spurenelementen wie Größe, Ladung und Ligandenfeld-Stabilisierung können sehr stark von denen der Hauptelemente des Wirtminerals abweichen. Daraus resultiert ein stark *nicht-ideales Mischungsverhalten*, so dass Spurenelemente sich sehr ungleich auf koexistierende Phasen wie Kristall–Schmelze, Kristall–Kristall, Kristall–Fluid und Schmelze–Fluid verteilen können. So konzentriert sich bei der Kristallisation einer Schmelze das kompatible Spurenelement Ni im Olivin, während inkompatible Spurenelemente wie K, Rb oder die leichten Seltenen Erden (LREE) in der Restschmelze angereichert werden.

Spurenelemente sind daher sehr gut geeignet, magmatische Prozesse zu modellieren, vorausgesetzt man kennt den Nernst'schen *Verteilungskoeffizienten*

$$Kd = \frac{C_i^{min}}{C_i^{Schmelze}} \qquad [33.5]$$

Dabei sind C_i^{min} und $C_i^{Schmelze}$ die jeweiligen Konzentrationen des Spurenelements i (in ppm) in einem Mineral bzw. in der umgebenden Schmelze. Kompatible Spurenelemente haben Kristall-Schmelze-Verteilungskoeffizienten von > 1, inkompatible dagegen von < 1.

So ergibt sich z. B. für die Verteilung des kompatiblen Ni zwischen einem Olivin-Kristall mit 1 300 ppm Ni und einer Basaltschmelze mit 130 ppm Ni ein Kd = 10; dagegen berechnet sich z. B. für die Verteilung des inkompatiblen Ti in einem Olivin mit 160 ppm Ti und einer Basaltschmelze mit 8 000 ppm Ti ein Kd = 0,02. Die genaue Bestimmung der Kd-Werte von Spurenelementen in natürlichen Gesteinen, z. B. zwischen einem Olivin-Einsprengling und einem Basaltglas, ist mit konventionellen Elektronenstrahl-Mikrosonden meist nicht möglich, da deren Nachweisempfindlichkeit generell bei ca. 0,1–0,05 Gew.-%, in sehr günstigen Ausnahmefällen bei 0,01 Gew.-% = 100 ppm liegt. Daher ist der Einsatz aufwendigerer Geräte wie der Ionensonde SHRIMP oder einer Lasermikrosonde angesagt, die derzeit noch in wenigen Labors zur Verfügung stehen. Daneben wurden bereits zahlreiche Kd-Werte bei unterschiedlichen P-T-Bedingungen auf experimentellem Wege bestimmt.

Die Verteilungskoeffizienten zwischen Schmelze und kristallinen Phasen sind in erster Linie von der Zusammensetzung der Schmelze selbst, darüber hinaus von Temperatur, Druck und Sauerstoff-Fugazität sowie von kristallchemischen Eigenschaften wie Ionenradius und Ladung abhängig.

Der *Gesamtverteilungskoeffizient* (engl. bulk partition coefficient) für ein bestimmtes Element i zwischen einem Gestein und einer Schmelze ergibt sich aus der Gleichung

$$D_i = x_1 Kd_i^{\min 1} + x_2 Kd_i^{\min 2} + x_3 Kd_i^{\min 3} \qquad [33.6]$$

wobei $Kd_i^{\min 1}$, $Kd_i^{\min 2}$, $Kd_i^{\min 3}$ ... die Nernst'schen Verteilungskoeffzienten für die Minerale 1, 2, 3 ... und x_1, x_2, x_3 ... die jeweiligen Mengenanteile dieser Minerale sind. Bei Kenntnis der einzelnen Kd-Werte lässt sich also z. B. der Gesamtverteilungskoeffizient für das Spurenelement Ni beim partiellen Aufschmelzen eines Granat-Lherzoliths des Oberen Erdmantels, bestehend aus 55 % Olivin, 25 % Orthopyroxen, 11 % Klinopyroxen und 9 % Pyrop-Granat berechnen:

$$D_{Ni} = 0{,}55 Kd_{Ni}^{Ol} + 0{,}25 Kd_{Ni}^{Opx} + 0{,}11 Kd_{Ni}^{Cpx} + 0{,}9 Kd_{Ni}^{Grt} \qquad [33.6a]$$

Kennt man den D-Wert, so kann man die Veränderung der Spurenelementgehalte in einer Schmelze, die durch partielle Anatexis gebildet wird, und im kristallinen Residuum modellieren. Dabei sind: F der gebildete Schmelzanteil (in Gew.-%), C_0, C_L und C_S die jeweiligen Konzentrationen eines Spurenelements, z. B. Ni, im Ausgangsgestein, in der gebildeten Schmelze

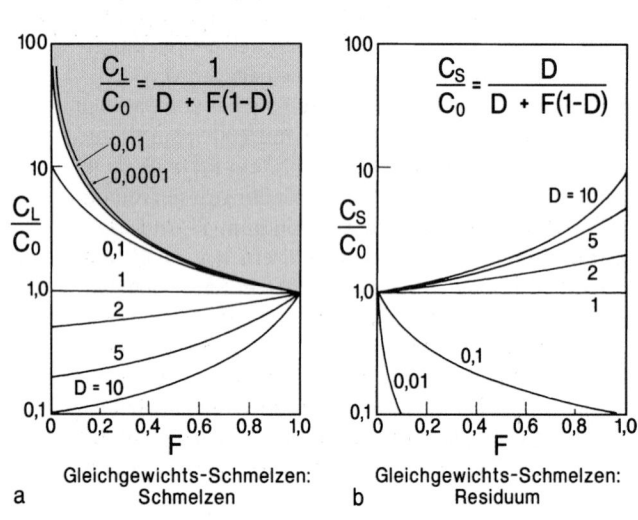

Abb. 33.2. Verhalten von Spurenelementen beim Gleichgewichtsschmelzen für unterschiedliche Gesamt-Verteilungskoeffizienten D (nummerierte Kurven). **a** Anreicherung eines Spurenelements in einer Schmelze gegenüber der Konzentration im Ausgangsgestein C_L/C_0 in Abhängigkeit vom Aufschmelzgrad F. Bei geringen Aufschmelzgraden werden inkompatible Elemente ($D < 1$) stark in der Schmelze angereichert, während kompatible Elemente ($D > 1$) im kristallinen Residuum zurück bleiben. Im *schattierten Gebiet* ist keine Anreicherung mehr möglich. **b** Anreicherung und Verarmung eines Spurenelements im Residuum gegenüber der Konzentration im Ausgangsgestein C_S/C_0 bei zunehmendem Aufschmelzgrad F. Die kompatiblen Spurenelemente reichern sich im Residuum zunehmend an, während dieses immer mehr an inkompatiblen Spurenelementen verarmt. (Nach Rollinson 1993)

und im kristallinen Residuum (in ppm), D_0 der Gesamtverteilungskoeffizient des Ausgangsgesteins vor dem Schmelzbeginn, D_{RS} derjenige des Residuums. Für den Fall des *Gleichgewichtsschmelzens* (Abschn. 18.5, S. 303f) gilt:

$$\frac{C_L}{C_0} = \frac{1}{D_{RS} + F(1 - D_{RS})} \qquad [33.7a]$$

$$\frac{C_S}{C_0} = \frac{D_{RS}}{D_{RS} + F(1 - D_{RS})} \qquad [33.7b]$$

Der gleiche Ausdruck wie [33.7a] ergibt sich auch für D_0, vorausgesetzt, dass die Minerale im gleichen Mengenverhältnis in die Schmelze gehen, wie sie im Ausgangsgestein vorhanden waren. Für *fraktioniertes Schmelzen* gilt dagegen im einfachsten Fall:

$$\frac{C_L}{C_0} = \frac{1}{D_0}(1 - F)^{(1/D_0 - 1)} \qquad [33.8a]$$

$$\frac{C_S}{C_0} = (1 - F)^{(1/D_0 - 1)} \qquad [33.8b]$$

Im Falle der *magmatischen Differentiation* gelten analoge Gleichungen. Dabei sind jetzt F der Anteil der verbleibenden Restschmelze, C_0, C_L und C_R die jeweiligen Konzentration eines Spurenelements in der Ausgangsschmelze, in der Restschmelze und im kristallisierenden Mineral, D der Gesamtverteilungskoeffizient der kristallisierenden Paragenese. Bei der *Gleichgewichtskristallisation* gilt:

$$\frac{C_L}{C_0} = \frac{1}{D + F(1 - D)} \qquad [33.9]$$

für die fraktionierte Kristallisation dagegen:

$$\frac{C_L}{C_0} = F^{(D-1)} \qquad [33.10a]$$

$$\frac{C_R}{C_0} = D F^{(D-1)} \qquad [33.10b]$$

In Abb. 33.2 sind die Konzentrationsänderungen beim Gleichgewichts-Schmelzen nach Gleichung [33.7a] und [33.7b] graphisch veranschaulicht. Der interessierte Leser sei auf die eingehende Darstellung von Rollinson (1993) verwiesen, der darüber hinaus weitere Fälle von Spurenelement-Fraktionierungen zwischen Schmelze und Kristallen bei magmatischen Prozessen ausführlich behandelt.

33.4.2
Spurenelement-Fraktionierungen bei der Bildung und Differentiation von Magmen

Überblick

Das geochemische Verhalten von wichtigen Spurenelementen bei magmatischen Prozessen lässt sich folgendermaßen charakterisieren (T. H. Green 1980):

- Hohe Gehalte von **Ni, Co** und **Cr** (z. B. 250–300 ppm Ni, 500–600 ppm Cr) sind gute Indikatoren dafür, dass sich ein Magma durch partielle Anatexis einer peridotitischen Mantelquelle gebildet hat. Abnahme von Ni, in geringerem Maße von Co, im Verlauf einer magmatischen Entwicklung deutet Olivin-Fraktionierung an, während eine Abnahme von Cr auf Fraktionierung von Spinell oder Klinopyroxen hinweist.
- **V** und **Ti** verhalten sich bei Aufschmelz- und Kristallisationsprozessen geochemisch ähnlich. Sie geben nützliche Hinweise für eine Fraktionierung von Fe-Ti-Oxiden wie Ilmenit oder Titanomagnetit. Wenn sich die V- und Ti-Gehalte divergent entwickeln, dürften andere Akzessorien wie Titanit oder Rutil als Ti-Minerale in Betracht kommen.
- **Zr** und **Hf** sind klassische inkompatible Elemente, die nicht leicht in die Hauptminerale des Erdmantels eingebaut werden und daher in die Schmelze fraktionieren. Allerdings können sie in einigen Akzessorien wie Titanit oder Rutil das Ti diadoch vertreten.
- **Ba** und **Rb** ersetzen K in Kalifeldspat, Biotit und Amphibolen. Veränderungen der Ba- und Rb-Gehalte oder der K/Ba- und K/Rb-Verhältnisse im Laufe einer magmatischen Entwicklung deuten an, dass eine oder mehrere dieser Phasen eine wichtige Rolle gespielt haben, insbesondere ihre fraktionierte Kristallisation.
- **Sr** ersetzt Ca in Plagioklas und K im Kalifeldspat. Daher sind Sr-Gehalte oder Ca/Sr-Verhältnisse nützliche Indikatoren für die Beteiligung von Plagioklas an magmatischen Entwicklungen in der Erdkruste. Demgegenüber verhält sich Sr unter den P-T-Bedingungen des Oberen Erdmantels stärker inkompatibel, fraktioniert also bei partieller Anatexis in die Schmelze.
- **Seltenerd-Elemente:** Wie wir zeigen werden, baut Granat bevorzugt HREE in seine Kristallstruktur ein, was bei partieller Anatexis Granat-führender Gesteine des oberen Erdmantels oder der Unterkruste zu einer starken Anreicherung der LREE in der Schmelzphase führt. Das gleiche gilt in abgeschwächtem Maße für Hornblende, Orthopyroxen, Klinopyroxen und Olivin, bei deren Fraktionierung die Restschmelze an LREE angereichert wird (Abb. 33.3). Umgekehrt bevorzugen die Strukturen von Titanit und Apatit den Einbau von LREE; diese bilden auch eigene Minerale wie Allanit und Monazit (Ce,La,Nd)[PO_4], die häufig als Akzessorien vorkommen. Fraktionierung dieser Minerale führt also zur Anreicherung von HREE in der Restschmelze. Eu wird in Feldspäten, insbesondere im Plagioklas, stark angereichert (s. unten).
- **Y** ähnelt in seinem geochemischen Verhalten den HREE, wird also bevorzugt in Granat und Amphibole, weniger in Pyroxene, eingebaut; auch Titanit und Apatit enthalten häufig Y. Xenotim Y[PO_4], ein nicht ganz seltenes akzessorisches Y-Mineral, baut auch HREE, besonders Yb, ein. Bei der fraktionierten Kristallisation dieser Minerale verhält sich Y also als kompatibles Element, während es bei der partiellen Anatexis in der Schmelze angereichert wird, also dann inkompatibel ist.

Abb. 33.3. Verteilungskoeffizienten von REE zwischen wichtigen gesteinsbildenden Mineralen und einer basaltischen Schmelze, geordnet nach aufsteigender Ordnungszahl. Erläuterung im Text. (Nach Rollinson 1993)

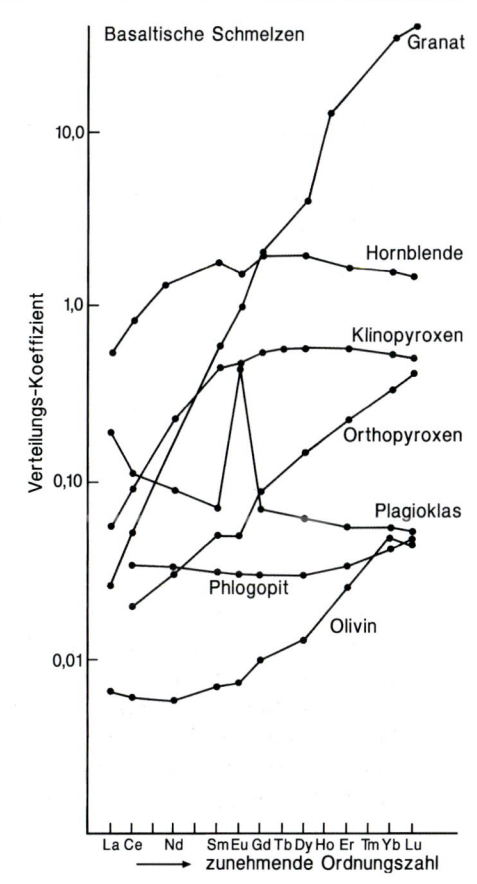

Im Folgenden soll das Verhalten der Seltenerd-Elemente und der inkompatiblen Spurenelemente bei der partiellen Anatexis und bei der magmatischen Differentiation etwas ausführlicher dargestellt werden.

Seltenerd-Elemente (REE)

Die REE weisen sehr unterschiedliche Verteilungskoeffizienten Kd zwischen wichtigen gesteinsbildenden Mineralen und magmatischen Schmelzen auf, wie das in Abb. 33.3 am Beispiel von basaltischen Schmelzen gezeigt wird. Für andesitische und rhyolithische Schmelzen ergeben sich prinzipiell ähnliche Muster, wenn auch mit gewissen, teilweise charakteristischen Abweichungen (vgl. Rollinson 1993). Wie Abb. 33.3 erkennen lässt, weisen bei Gleichgewichten zwischen *Olivin, Orthopyroxen* oder *Klinopyroxen* einerseits und *basaltischen Schmelzen* andererseits alle REE *Kd*-Werte <1 auf, verhalten sich also inkompatibel, wenn auch unterschiedlich stark. Die *Kd*-Werte und damit die Kompatibilität steigen nämlich in der Reihenfolge Olivin → Orthopyroxen → Klinopyroxen generell an; zugleich ergeben sich aber bei jedem Mineral ganz unterschiedliche *Kd*-Werte für die einzelnen REE, wobei sich die LREE stets inkompatibler verhalten als die HREE. Das trifft in noch viel stärkerem Maße für den *Granat* zu, bei dem sich z. B. La und Ce stark inkompatibel, Yb und Lu dagegen extrem kompatibel verhalten. Demgegenüber ist diese Asymmetrie bei *Hornblende* mit *Kd*-Werten um 1 nur relativ schwach ausgeprägt, wobei im Bereich der mittleren REE ein flaches Maximum erkennbar ist. Bei *Phlogopit* sind die *Kd*-Werte generell <0,1 und weisen kaum eine Variation mit der Ordnungszahl auf.

Ein abweichendes Verhalten zeigt *Plagioklas*, bei dem sich die LREE etwas kompatibler verhalten als die HREE, und der zudem eine ausgeprägte *positive Europium-Anomalie* aufweist. Im Gegensatz zu den übrigen REE, die dreiwertig sind, tritt Eu nämlich schon bei leicht reduzierenden Bedingungen als zweiwertiges Element auf und hat dann einen ähnlichen Ionenradius wie Sr. Deswegen wird Eu^{2+} bevorzugt in Sr-reiche Minerale wie Plagioklas eingebaut, verhält sich also gegenüber basaltischen Schmelzen nur schwach inkompatibel; Eu^{2+} erreicht gegenüber andesitischen und rhyolithischen Schmelzen sogar *Kd*-Werte von >1 oder sogar ≫1. Selbstverständlich wird das geochemische Verhalten von Eu stark von der Sauerstoff-Fugazität beeinflusst; unter oxidierenden Bedingungen ist Eu dreiwertig und passt dann schlecht in die Plagioklas-Struktur.

Die *Absolut-Gehalte* der REE in Mineralen und Gesteinen sind sehr unterschiedlich, wobei die REE mit geraden Ordnungszahlen generell höhere Konzentrationen aufweisen als die mit ungeraden. Deshalb empfiehlt es sich, diese Werte zu *normieren*, um eine bessere Vergleichbarkeit zu erreichen. Als Bezugsgröße wird eine mittlere *Chondrit*-Zusammensetzung gewählt (z. B. nach Boynton 1984), die ja etwa der chemischen Zusammensetzung der frühen, undifferenzierten Erde entspricht; so ist der Chondrit-normierte La-Gehalt definiert als $La_N = La^{Probe}/La^{Chondrit}$. Die Seltenerd-*Muster*, die sich dabei ergeben, können wichtige Informationen über Art des Ausgangsgestein und den Aufschmelzgrad bei der Magmenbildung durch partielle Anatexis, aber auch über Prozesse der Assimilation und fraktionierten Kristallisation (AFC-Prozesse) liefern.

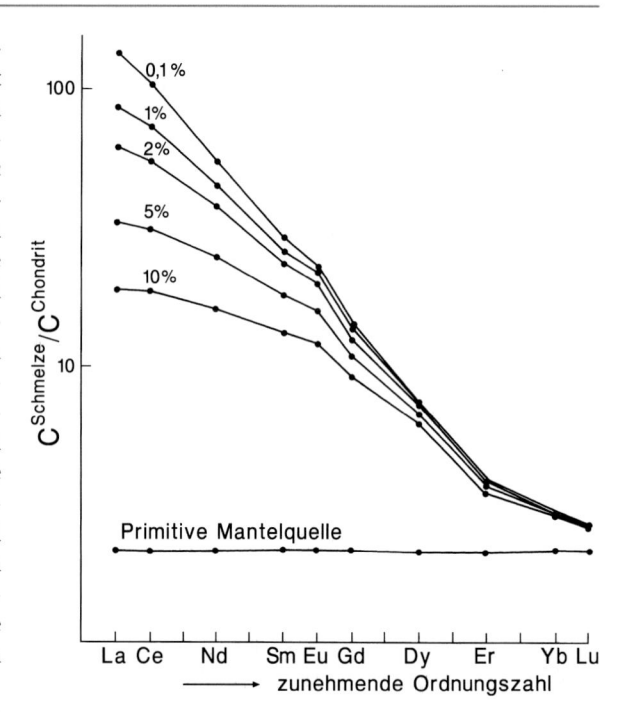

Abb. 33.4. Chondrit-normierte REE-Muster für unterschiedliche Grade des partiellen Gleichgewichts-Schmelzens einer primitiven Mantelquelle, bestehend aus 55 % Olivin, 25 % Orthopyroxen, 11 % Klinopyroxen und 9 % Granat. Erläuterung im Text. (Nach Rollinson 1993)

Abbildung 33.4 zeigt ein REE-Muster, das nach Gleichung [33.7a] für das Gleichgewichtsschmelzen einer primitiven Mantelquelle, bestehend aus 55 % Olivin, 25 % Orthopyroxen, 11 % Klinopyroxen und 9 % Granat, theoretisch berechnet wurde. Das Diagramm zeigt zwei herausragende Merkmale:

1. Die LREE sind gegenüber den HREE sehr stark angereichert, wie man nach Abb. 33.3 ja auch erwarten sollte. Der Grad dieser Anreicherung, den man konventionell durch das Verhältnis La_N/Yb_N ausdrückt, würde natürlich weniger deutlich ausfallen, wenn das Muttergestein und das kristalline Residuum keinen Granat enthielte, der ja die REE am stärksten fraktioniert.
2. Die LREE-Anreicherung ist um so stärker, je geringer der Aufschmelzgrad ist, weil – entsprechend ihren geringen *Kd*-Werten – die LREE in den ersten sich bildenden Schmelz-Anteilen konzentriert werden und dabei zu einem großen Teil das Muttergestein verlassen. Bei hohen Aufschmelzraten werden dementsprechend die Unterschiede in den Chondrit-normierten LREE- und HREE-Gehalten immer geringer.

So sind in *mittelozeanischen Rücken-Basalten* (MORB) die REE generell auf das 15 bis 25fache der Chondritwerte angereichert; eine Fraktionierung zwischen LREE

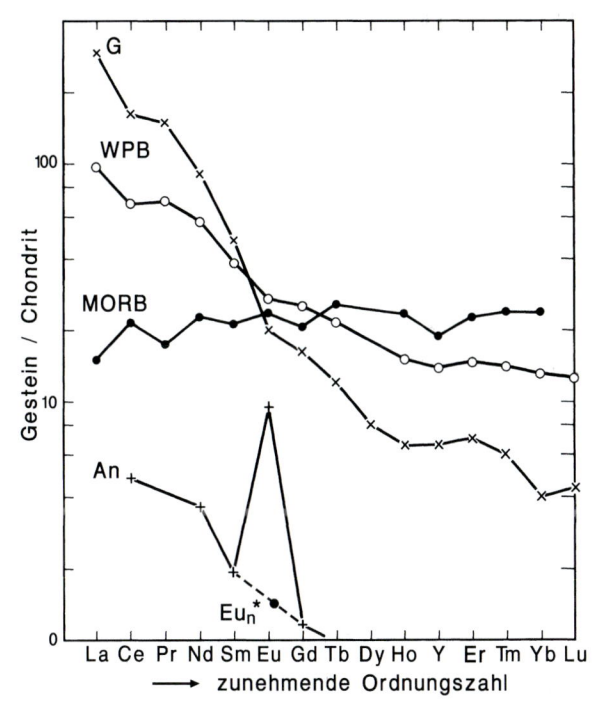

Abb. 33.5. Chondrit-normierte REE-Muster für mittelozeanische Rückenbasalte (MORBI), kontinentale Flutbasalte (WPB), den Standard-Granit G1 (G), und einen Anorthosit (An) von Quebec (Kanada). Das HFS-Element Y wurde zwischen Ho und Er platziert, da es ein ähnlichen Ionenradius besitzt wie seine Nachbarn. (Nach Mason u. Moore 1985)

Inkompatible Spurenelemente

Viele LIL- und HFS-Elemente verhalten sich bei der partiellen Anatexis inkompatibel mit $D < 1$ oder $\ll 1$ und gehen daher in die Schmelzphase. Sie werden insbesondere bei der Bildung von basaltischen Magmen gegenüber der Zusammensetzung des Erdmantels angereichert. Teilweise kompatibel verhalten sich lediglich Sr mit Plagioklas, Y und Yb mit Granat sowie Ti mit Magnetit. Um diese Anreicherung zu demonstrieren, kann man – ähnlich wie bei den REE – die Element-Konzentrationen auf einen Chondrit-Mittelwert normieren, der denjenigen der frühen Erde entspricht.

Da sich K und Rb bei der Bildung und Differentiation des Erdkörpers volatil verhalten und P teilweise in den Erdkern eingebaut wird, verwendet man für diese Elemente abweichende, d. h. niedrigere Normierungsfaktoren, als es dem Chondrit-Mittel entspricht.

Die Reihenfolge der chemischen Elemente auf der Abszisse erfolgt nach abnehmender Inkompatibilität bei der Bildung von basaltischen Magmen durch partielles Aufschmelzen eines Granat- oder Spinell-Lherzoliths. Die entstehenden Multielement-Diagramme, die im Englischen als *spider diagrams* oder kurz *spidergrams* bezeichnet werden, zeigen unterschiedliche Muster, die für bestimmte geotektonische Positionen charakteristisch sind (Sun 1980; Thompson et al. 1984; vgl. auch Wilson 1988).

und HREE hat jedoch nicht stattgefunden, was für einen hohen Aufschmelzgrad spricht (Abb. 33.5). Demgegenüber zeigen *kontinentale Intraplatten-Basalte* (WPB) eine sehr deutliche LREE-HREE-Fraktionierung. Das weist entweder auf einen geringeren Aufschmelzgrad im Erdmantel hin oder auf ein Muttergestein, das bereits ursprünglich an LREE angereichert war, z. B. durch metasomatische Prozesse im Erdmantel. Alternativ kann auch fraktionierte Kristallisation mit Absaigerung von HREE-reichen Mineralen wie Olivin, Orthopyroxen oder Klinopyroxen stattgefunden haben. Auch die noch stärker fraktionierten REE-Muster von *Graniten* (G) lassen sich durch diese drei Modelle oder Kombinationen von ihnen erklären.

Im REE-Muster von *Anorthositen* (An) drückt sich der extrem hohe Plagioklas-Anteil in einer sehr ausgeprägten positiven Eu-Anomalie aus. Umgekehrt würde die Abtrennung von Plagioklas aus einem Magma zu einer negativen Eu-Anomalie in der Restschmelze führen. Die Höhe der Eu-Anomalie wird durch das Verhältnis Eu_N/Eu_N^* ausgedrückt, wobei sich Eu_N^* ergibt, wenn man die Nachbarelemente Sm_N und Gd_N durch eine gerade Linie verbindet. Neben Plagioklas-reichen Gesteinen der Erde zeigen besonders Meteorite und Mondgesteine, die unter stark reduzierenden Bedingungen kristallisiert sind, häufig eine positive Eu-Anomalie.

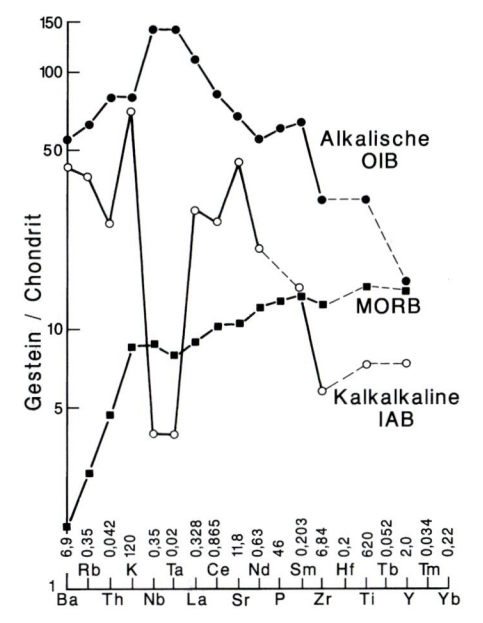

Abb. 33.6. Chondrit-normierte Spurenelement-Muster für mittelozeanische Rückenbasalte (*MORB*), alkalische Basalte ozeanischer Inseln (*OIB*) und kalkalkalische Inselbogen-Basalte (*IAB*). Mit Ausnahme von K, Rb und P erfolgt die Normalisierung gegen eine mittlere Chondrit-Zusammensetzung; die entsprechenden Werte (in ppm) nach Thompson et al. (1984) sind über der Abszisse angegeben. (Aus Wilson 1988)

Wie Abb. 33.6 erkennen lässt, zeigt das Chondrit-normierte Spurenelement-Muster für *MOR-Basalte* einen relativ ausgeglichenen Verlauf mit einer steilen Flanke im Bereich der höchst-inkompatiblen Elemente Ba–K sowie einem flachen Ast von K bis Y. Da MORB – wie wir wissen – durch relativ hohe Aufschmelzgrade gekennzeichnet sind, sollten sie die Zusammensetzung ihrer Mantelquelle widerspiegeln, d. h. das Muster sollte keine so ausgeprägte Asymmetrie aufweisen. Die geringe Anreicherung der stark inkompatiblen Elemente Ba, Rb und Th lässt sich auch nicht durch nachfolgende fraktionierte Kristallisation erklären; denn diese sollte ja gerade zu einer zusätzlichen Anreicherung dieser Elemente führen. Daher muss man annehmen, dass die Mantelquelle von MORB bereits an stark inkompatiblen Elementen verarmt war, vermutlich durch die Bildung der kontinentalen Kruste im Verlauf der Erdgeschichte.

Ganz anders sind die Chondrit-normierten Spurenelement-Muster von *Alkali-Basalten ozeanischer Inseln* (OIB) wie Hawaii, die insgesamt eine viel stärkere Anreicherung der inkompatiblen Spurenelemente mit einem Maximum bei Nb–Ta demonstrieren (Abb. 33.6). Das dürfte einerseits durch einen geringeren Aufschmelzgrad als bei MORB bedingt sein; darüber hinaus spiegelt sich darin wohl eine Mantelquelle wider, die an diesen Elementen angereichert war. *Ozeanische Insel-Tholeiite* (OIT) zeigen ähnliche aufwärts konvexe Chondrit-normierte Spurenelement-Muster, die jedoch viel geringer angereichert sind als bei den alkalischen OIB.

Im Gegensatz zu den relativ glatten Kurvenverläufen bei MORB und OIB sind die Spurenelement-Muster für subduktionsbezogene *Kalkalkali-Basalte in Inselbögen* (IAB) oder *Orogengürteln* stark gezackt (Abb. 33.6). Die starke Anreicherung leicht löslicher Elemente Ba, Rb, K und Sr wird auf eine Zufuhr von Fluiden zurückgeführt, die aus der subduzierten ozeanischen Erdkruste, insbesondere aus Tiefsee-Sedimenten des Akkretionskeils stammen. Demgegenüber bilden Nb und Ta einen charakteristischen „Trog"; sie liegen ebenso wie die Werte für Zr, Ti und Y deutlich unterhalb der entsprechenden MORB-Werte und repräsentieren wahrscheinlich die Magmenzusammensetzung unter Abzug der Subduktionskomponente (Pearce 1983).

Bei einer Variante der Spiderdiagramme, die sich für den Vergleich von Basalttypen aus unterschiedlichen geotektonischen Positionen sehr bewährt hat, normiert man auf eine *mittlere MORB-Zusammensetzung* (z. B. Pearce 1983), wobei man die inkompatiblen Elemente in zwei Gruppen einteilt:

- Auf der linken Seite werden Sr, K, Rb und Ba dargestellt, die in H_2O-haltigen Fluiden leicht löslich sind und daher bei magmatischen und postmagmatischen Prozessen relativ mobil sind.

- Die zweite, größere Gruppe umfasst dagegen Elemente, die sich generell eher immobil verhalten. Innerhalb beider Gruppen sind die Elemente so angeordnet, dass ihre Inkompatibilität von außen nach innen zunimmt.

In Abb. 33.7 werden die MORB-normierten Spurenelement-Muster für kontinentale Intraplatten-Basalte (within plate basalts, WPB), Basalte ozeanischer Inseln (OIB), K-reiche, kalkalkaline Inselbogen-Basalte (IAB) und Inselbogen-Tholeiite (IAT) gegenüber gestellt (Pearce 1983). WPB und OIB weisen ähnliche Muster auf, wobei die meisten inkompatiblen Elemente von Sr bis Zr gegenüber MORB angereichert sind. Diese Anreicherung ist allerdings bei den WPB wesentlich deutlicher und das Maximum von Ba bis Nb ist wesentlich ausgeprägter als bei den OIB.

Beim MORB-normierten Spurenelement-Muster der IAT verläuft der Ast zwischen Ta und Yb relativ flach und parallel zu MORB, jedoch auf einem deutlich niedrigeren Niveau (Abb. 33.7). Demgegenüber sind Sr, K, Rb, Ba und in geringerem Maße Th über dieses Niveau angereichert, was durch die Zufuhr von fluiden Phasen aus der Subduktionszone in den darüber liegenden Mantelkeil erklärt wird. Zieht man durch den flachen Teil der Kurve eine gerade Linie und extrapoliert diese bis zum Sr, so erhält man die Magmenzusammensetzung *ohne* diesen

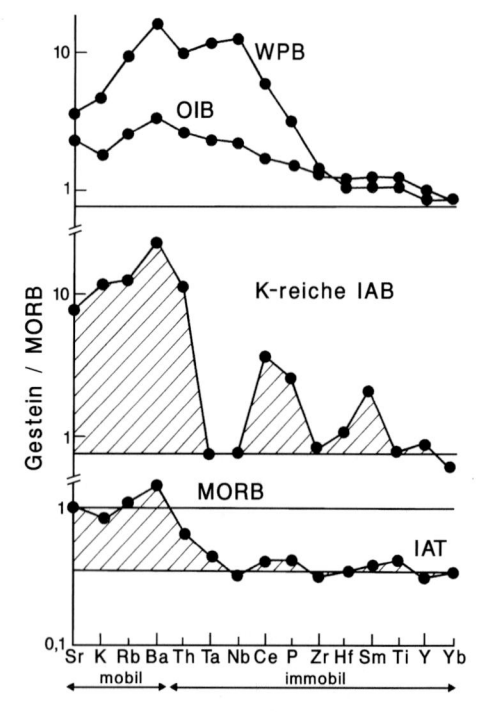

Abb. 33.7. MORB-normierte Spurenelement-Muster für kontinentale und ozeanische Intraplatten-Basalte (*WPB, OIB*), K-reiche, kalkalkaline Inselbogen-Basalte (*IAB*) und Inselbogen-Tholeiite (*IAT*). Der schraffierte Bereich bei IAB und IAT gibt den Beitrag von Fluiden und Schmelzen an, die aus Subduktion stammen und dem darüber liegenden Mantelkeil zugeführt wurden. (Nach Wilson 1988)

subduktionsbezogenen Beitrag (schraffierter Bereich). Daraus ergibt sich eine Quellregion im Erdmantel, die ähnliche Spurenelement-Signaturen aufweist wie die MORB-Quelle; jedoch war entweder der Aufschmelzgrad bei den IAT-Magmen höher, oder der Anteil an fraktionierter Kristallisation von mafischen Gemengteilen war in den MORB-Magmen größer.

Wie wir bereits gesehen hatten (Abb. 33.6), sind viele Kalkalkali-Basalte von Inselbögen, insbesondere auch die sog. Shoshonite, stark an inkompatiblen Elementen angereichert. Wie Abb. 33.7 (schraffierter Bereich) zeigt, sind das neben den mobilen Elementen Sr, K, Rb, Ba und Th, die durch Subduktions-bezogene Fluide zugeführt wurden, auch Ce, P und Sm, wofür wohl eher die Zufuhr einer angereicherten Teilschmelze in den Mantelkeil verantwortlich ist. Demgegenüber repräsentieren die Gehalte an Ta, Nb, Zr, Hf, Y und Yb wiederum die Magmenzusammensetzung ohne diese Subduktionskomponente (Abb. 33.7, Kurve K-reiche IAB).

Normierte Spurenelement- und REE-Muster können auch für die geochemische Charakterisierung von *Sedimentgesteinen* verwendet werden. Für die Normierung dienen z. B. die Mittelwerte für europäische oder nordamerikanische Tonsteine (North American Shale Composite, NASC), die einander sehr ähnlich sind. Auch für die Bestimmung des magmatischen oder sedimentären Ausgangsmaterials von *metamorphen Gesteinen* werden solche Multielement-Diagramme häufig angewandt, vorausgesetzt, die Metamorphose ist im Wesentlichen isochemisch abgelaufen. Natürlich geben die relativ immobilen Spurenelemente für solche Vergleiche bessere Anhaltspunkte als die relativ mobilen, bei denen sekundäre Veränderungen durch hydrothermale Alteration des Ausgangsgesteins, durch Verwitterung oder durch die Metamorphose selbst eher wahrscheinlich sind.

33.4.3
Spurenelemente als Indikatoren für die geotektonische Position von magmatischen Prozessen

Wie wir gesehen haben, können Spurenelemente wichtige, wenn auch oft nicht eindeutige Hinweise auf magmatische Prozesse geben. Darüber hinaus sind sie aber auch Indikatoren für die geotektonische Position, in denen solche Prozesse abgelaufen sind. Allerdings werden normierte Spurenelement-Muster oft sehr unübersichtlich, wenn man sie für mehrere Gesteine einer magmatischen Serie gemeinsam darstellt. Deswegen hat es nicht an Versuchen gefehlt, auf empirischem Wege einfache Diskriminations-Diagramme zu entwickeln, in denen man für zahlreiche Gesteinsproben die Analysenwerte ausgewählter, insbesondere relativ immobiler Spurenelemente übersichtlich darstellen kann. Aus der statistischen Häufung der Analysenpunkte ergeben sich dann für bestimmte Gesteinsgruppen mehr oder weniger gut definierte Felder, aus denen man die geotektonische Position von magmatischen Gesteinen, z. B. von unterschiedlichen Basalttypen ableiten kann. Häufig plottet man hierfür jeweils drei Spurenelemente in Konzentrationsdreiecken, oder aber man trägt in einfachen Variationsdiagrammen jeweils zwei Spurenelemente oder auch Spurenelementverhältnisse gegeneinander auf. Weniger anschaulich sind Diagramme, in denen zwei Diskriminanten-Funktionen gegeneinander aufgetragen werden; diese setzen sich aus den Werten für mehrere Haupt- und/oder Spurenelemente zusammen, die mit unterschiedlichen Gewichtungsfaktoren multipliziert werden. Selbstverständlich sind Diskriminations-Diagramme hauptsächlich für ältere Magmatit-Serien oder für metamorphe Magmatite interessant, bei denen sich die geotektonische Position nicht ohne weiteres aus dem geologischen Befund ergibt.

Die ersten Diskriminations-Diagramme für basaltische Gesteine wurden von Pearce u. Cann (1973) publiziert, z. B. das berühmte Konzentrationsdreieck Ti/100–Zr–Y×3, das für die Diskriminierung von Inselbogen-Tholeiiten (IAT), Kalkalkali-Basalten (CAB) und Intraplatten-Basalten (WPB) entwickelt wurde. Allerdings überlappen die Felder von IAT und CAB in einem breiten Bereich, in dem auch noch die MOR-Basalte liegen, so dass für die Analysen-Punkte, die in dieses Feld fallen, keine eindeutige Aussage möglich ist (Abb. 33.8). Demgegenüber ermöglicht z. B. das Variationsdiagramm V vs. Ti von Shervais (1982) eine Diskrimination von Basalten konvergenter Plattenränder (VAT + CAB), von mittelozeanischen Rücken- und Backarc-Becken-Basalten (MORB + BAB) sowie von Tholeiiten ozeanischer Inseln (OIT) und Alkalibasalten (AB), während das Feld der kontinentalen Flutbasalten (WPB) weit mit dem von MORB + BAB überlappt (Abb. 33.9).

Auch für granitische Gesteine wurden Diskriminations-Diagramme entwickelt, so zum Beispiel die Variationsdiagramme Nb vs. Y und Rb vs. (Y + Nb) von Pearce et al. (1984). Sie dienen der Unterscheidung zwischen Ozeanrücken-Granitoiden (ORG), Intraplatten-Graniten (WPG), Graniten in vulkanischen Inselbögen und aktiven Kontinentalrändern (VAG) sowie syntektonischen Graniten, die im Zuge einer Kontinent-Kontinent-Kollision entstanden sind (syn-COLG, Abb. 33.10). Demgegenüber liegen die posttektonischen Kollisionsgranite (post-COLG) im Grenzbereich mehrerer Felder, lassen sich also nicht von den anderen Granittypen unterscheiden.

Abb. 33.8.
Konzentrationsdreieck Ti/100–Zr–Y×3 zur Diskrimination unterschiedlicher Basalte. Feld A: Inselbogen-Tholeiite (*IAT*), Feld C. Kalkalkali-Basalte (*CAB*), Feld D: Intraplatten-Basalte (*WPB*), Feld B: IAT + CAB + MORB. (Nach Pearce u. Cann 1973)

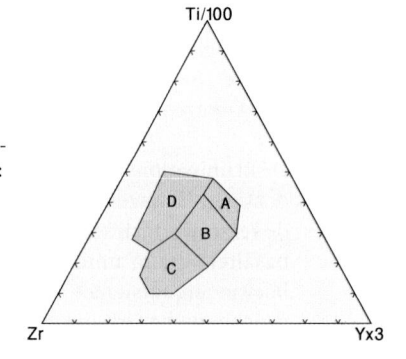

Abb. 33.9. Variationsdiagramm V vs. Ti zur Diskrimination von Basalten konvergenter Plattenränder (*VAT* + *CAB*), von mittelozeanischen Rücken- und Backarc-Becken-Basalten (*MORB* + *BAB*) sowie von Tholeiiten ozeanischer Inseln (*OIT*) und Alkalibasalten (*AB*); die Felder von MORB + BAB und der kontinentalen Flutbasalte (*WPB*) überlappen in einem weiten Bereich. (Nach Shervais 1982, aus Rollinson 1993)

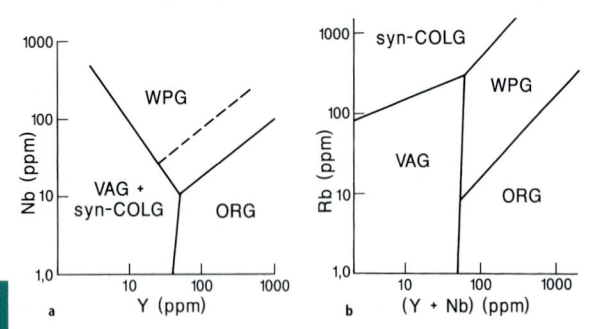

Abb. 33.10. Variationsdiagramme zur Diskrimination von Graniten **a** Nb vs. Y und **b** Rb vs. (Y + Nb). *ORG* Granitoide ozeanischer Rücken; *WPG* Intraplatten-Granite; *VAG* Granite vulkanischer Bögen; *syn-COLG* Syntektonische Kollisionsgranite. (Nach Pearce et al. 1984)

Die zahlreichen Diskriminations-Diagramme, die in den 1970er und 1980er Jahren entwickelt wurden, werden von Rollinson (1993) ausführlich dargestellt. Er gibt die Eckwerte für die jeweiligen Feldergrenzen an, erläutert – soweit möglich – die theoretischen Grundlagen, auf denen diese Diagramme beruhen, und weist eindrücklich auf die Grenzen ihrer Anwendung hin:

- Diskriminations-Diagramme geben häufig keine eindeutigen Aussagen. Hiefür können geologische Gründe verantwortlich sein, wie z. B. bei kontinentalen Flutbasalten, die in unterschiedlichen geotektonischen Positionen entstehen können. Es können aber auch geochemische Gründe vorliegen: So können Magma-Fluid-Wechselwirkungen zu ähnlichen Spurenelementmustern führen, obwohl das geotektonische Milieu ganz unterschiedlich war.
- Diskriminations-Diagramme dürfen niemals unkritisch angewendet werden. Man muss stets mit einem möglichen Einfluss von fraktionierter Kristallisation und/oder Elementmobilität rechnen.
- Besondere Vorsicht ist bei alten Gesteinen angesagt; es ist wahrscheinlich, dass sich die Spurenelementkonzentrationen in den Quellregionen des Erdmantels im Laufe der Zeit verändert haben und in der frühen Erdgeschichte weniger fraktioniert waren. Da im Archaikum ein höherer geothermischer Gradient herrschte, muss mit einem höheren Schmelzanteil bei der partiellen Anatexis im Erdmantel, aber auch in der Erdkruste gerechnet werden (Pearce et al. 1984).
- Wir erinnern uns daran, dass Spurenelemente uns mehr über magmatische *Prozesse* als über die geotektonische Position erzählen. Spurenelement-Konzentrationen in magmatischen Gesteinen sind eine Funktion der ursprünglichen Zusammensetzung des Erdmantels, des Aufschmelzgrades bei der partiellen Anatexis, der fraktionierten Kristallisation und der Kontamination durch Assimilation von Krustenmaterial. Wenn es möglich ist, diese Prozesse mit einem bestimmten geotektonischen Szenario zu verknüpfen, können Diskriminations-Diagramme hilfreich sein. Erhält man jedoch mehrdeutige Ergebnisse, erfordert ihre Interpretation sorgfältiges Nachdenken.

Auch für *Sedimentgesteine* wurden Diskriminations-Diagramme entwickelt, die es gestatten, die geotektonische Position eines Sedimentationsbeckens einzuengen. Das gilt insbesondere auch für das Ausgangsmaterial *metamorpher Sedimente*, wie z. B. für Metapelite oder Metagrauwacken (vgl. Rollinson 1993).

33.5
Isotopen-Geochemie

33.5.1
Einführung

> Als Isotope bezeichnet man zwei oder mehr Spezies (*Nuklide*) des gleichen chemischen Elements. Ihr Atomkern baut sich aus der gleichen Zahl von Protonen auf, sie unterscheiden sich jedoch in der Anzahl ihrer Neutronen.

Dementsprechend haben sie zwar die *gleiche Ordnungszahl*, aber *unterschiedliches Atomgewicht*; im Periodensystem nehmen sie den gleichen Platz ein (grch. ίσος τόπος = gleicher Platz). Die Isotope eines chemischen Elements weichen in ihren chemischen und physikalischen Eigenschaften etwas voneinander ab. Das erlaubt in günstigen Fällen ihre Trennung durch natürliche geologische oder biologische Prozesse sowie experimentell in Massenspektrometern. In modernen Geräten lassen sich Unterschiede in den Isotopen-Häufigkeiten noch bis hinunter zu ca. 0,01 % analytisch nachweisen. Seit einiger Zeit kann man durch den Einsatz von Ionenstrahlen oder Lasern auch ortsauflösende Isotopen-Analysen durchführen und so in Mineralen isotopischen Zonarbau nachweisen.

Man unterscheidet in der Geochemie *stabile Isotope*, die keinem radioaktiven Zerfall unterliegen, und *radiogene Isotope*, die durch den radioaktiven Zerfall eines *Radionuklids* entstanden sind. Beide Gruppen von Isotopen sind von zunehmendem geologischen Interesse. So ist es gelungen, unterschiedliche *Isotopen-Reservoirs* in der Hydrosphäre, Lithosphäre und Asthenosphäre unseres Erdkörpers herauszuarbeiten und, davon ausgehend, geologische bzw. petrogenetische, aber auch biologische Prozesse zu modellieren; man spricht daher auch von *Isotopen-Geologie*. Beispielsweise kann die Fraktionierung stabiler Isotope als *Geothermometer* verwendet werden. In der *Geochronologie* werden radiogene Isotope schon seit langem zur Datierung geologischer Ereignisse eingesetzt.

33.5.2
Stabile Isotope

> Fast alle chemischen Elemente weisen zwei oder mehr stabile Isotope auf. Bei leichten Elementen mit Ordnungszahl <40 (= Ca) sind die relativen Massendifferenzen groß genug, um durch geologische oder biologische Prozesse fraktioniert zu werden, während das bei schweren Elementen nicht mehr der Fall ist. Deswegen werden in der Isotopen-Geochemie hauptsächlich die Isotope der Elemente Wasserstoff H (Ordnungszahl 1), Kohlenstoff C (5), Sauerstoff O (8), und Schwefel S (16) eingesetzt. Sie haben darüber hinaus den Vorteil, dass sie sowohl in fluiden als auch in festen Phasen vorhanden sind. Mit zunehmender Temperatur nimmt die Bereitschaft der stabilen Isotope zur Fraktionierung ab; sie sind daher in Sedimenten und Sedimentgesteinen stärker fraktioniert als in magmatischen und metamorphen Gesteinen.

In der isotopengeochemischen Praxis bezieht man die Isotopen-Verhältnisse R, die man aus den Messungen mit dem Massenspektrometer gewinnt, auf einen internationalen Standard und enthält damit sog. δ-Werte:

$$\delta [‰] = \left[\frac{R(\text{Probe}) - R(\text{Standard})}{R(\text{Standard})} \right] \times 1\,000 \qquad [33.11]$$

z. B.

$$\delta^{18}\text{O}\,[‰] = \left[\frac{\frac{^{18}\text{O}}{^{16}\text{O}}(\text{Probe}) - \frac{^{18}\text{O}}{^{16}\text{O}}(\text{Standard})}{\frac{^{18}\text{O}}{^{16}\text{O}}(\text{Standard})} \right] \times 1\,000 \qquad [33.11a]$$

Ein δ^{18}O-Wert von +10,0 gibt also an, dass die Probe gegenüber dem Standard um 10 ‰ an ^{18}O angereichert ist, während ein δ^{18}O-Wert von –10,0 eine Verarmung um 10 ‰ bedeutet. Als internationale Bezugsstandards für H und O verwendet man die Durchschnittsgehalte im Ozeanwasser (Standard Mean Ocean Water, SMOW), für C den Calcit PDB im Belemniten *Belemnitella americana* aus der kretazischen Pedee-Formation (South Carolina, USA) und für Schwefel den Troilit im Oktaedrit von Canyon Diablo (CDT).

Isotopen-Fraktionierungen sind stark temperaturabhängig, werden jedoch kaum vom Druck beeinflusst, weil die einzelnen Isotope sich kaum in ihren Atomvolumina unterscheiden. Bei magmatischen und metamorphen Prozessen werden *Verteilungsgleichgewichte* angestrebt oder erreicht. Es besteht ein einfacher Zusammenhang zwischen dem Fraktionierungsfaktor α und der Gleichgewichtskonstanten *K*:

$$\alpha_{1-2} = \frac{R(\text{in Phase 1})}{R(\text{in Phase 2})} = K^{1/n} \qquad [33.12]$$

wobei *n* die Zahl der ausgetauschten Atome ist. Die Temperaturabhängigkeit von α ergibt sich aus der Gleichung

$$1\,000 \ln \alpha_{1-2} = A(10^6/T^2) + B \qquad [33.13]$$

dabei ist *T* die Temperatur in Kelvin, *A* und *B* sind experimentell bestimmte Konstanten.

Isotopen-Fraktionierungen können folgende Gründe haben (Mason u. Moore 1985):

- Bindungen, an denen leichte Isotope beteiligt sind, lassen sich einfacher lösen als solche mit schweren Isotopen.
- Moleküle mit leichten Isotopen reagieren schneller als die mit schweren.
- Leichtere Isotope werden bevorzugt bei irreversiblen Reaktionen angereichert.

Aus Isotopen-Fraktionierungen lassen sich daher

- die Bildungstemperaturen von Mineralen, Gesteinen und Fossilien abschätzen,
- physikalisch-chemische Prozesse rekonstruieren, die ein Gestein während oder nach seiner Entstehung durchgemacht hat,
- Aussagen über die Reaktionskinetik eines geologischen Prozesses gewinnen sowie
- genetische Beziehungen zwischen Meteoriten und irdischen Gesteinen herausarbeiten.

Sauerstoff-Isotope

Da Sauerstoff mit Abstand das häufigste chemische Element in der Erdkruste und im Erdmantel ist, beansprucht seine Isotopen-Geochemie höchstes geologisches Interesse. Im

Schnitt haben die O-Isotope folgende Häufigkeiten: $^{16}O = 99{,}763\,\%$, $^{17}O = 0{,}0375\,\%$, $^{18}O = 0{,}1995\,\%$; damit wird in der isotopengeochemischen Praxis das Isotopen-Verhältnis $^{18}O/^{16}O$ bzw. der $\delta^{18}O$-Wert angewendet. Wie Abb. 33.11a zeigt, haben Chondrite ein $\delta^{18}O$, das nur wenig um 5,7 ‰ variiert; damit ergibt sich auch für den Erdmantel ein Durchschnittswert von 5,7 ±0,3 ‰. Demgegenüber sind MORB kaum, Andesite und Rhyolithe dagegen deutlich an ^{18}O angereichert, während in Granitoiden eine relativ breite Variation von schwach negativen zu deutlich positiven $\delta^{18}O$-Werten beobachtet wird. H_2O-reiche magmatische Fluide zeigen eine auffallend geringe Variationsbreite an positiven $\delta^{18}O$-Werten zwischen 5,7 und ca. 9 ‰. Generell positive, wenn auch stark streuende $\delta^{18}O$-Werte haben Sedimente und metamorphe Gesteine sowie H_2O-reiche metamorphe Fluide. Während das Ozeanwasser definitionsgemäß ein $\delta^{18}O$ von 0 ‰ hat, zeigen meteorische Wässer eine große Variationsbreite zwischen +5,7 und –40, wobei warme Süßwässer hohe, kalte dagegen niedrigere $\delta^{18}O$-Werte aufweisen. Daraus lassen sich z. B. durch Isotopen-Analyse von Invertebraten-Schalen Paläotemperaturen ableiten.

Fraktionierung von O-Isotopen zwischen Mineralen, z. B. Quarz und Magnetit werden häufig als *Geothermometer* eingesetzt wird, wobei man folgende Austauschreaktion formulieren kann:

$$2Si\,^{16}O_2 + Fe_3\,^{18}O_4 \rightleftharpoons 2Si\,^{18}O_2 + Fe_3\,^{16}O_4 \qquad (33.1)$$

Der Fraktionierungsfaktor dieser Reaktion ist

$$\alpha_{Quarz\text{-}Magnetit} = \frac{(^{18}O/^{16}O)\,\text{in Quarz}}{(^{18}O/^{16}O)\,\text{in Magnetit}} \qquad [33.12a]$$

Für das isotopische Quarz-Magnetit-Gleichgewicht nehmen die Konstanten in Gleichung [33.13] die Werte $A = 6{,}29$ und $B = 0$ an. Bestimmt man mit dem Massenspektrometer z. B. einen Fraktionierungsfaktor $\alpha_{Quarz\text{-}Magnetit} = 1{,}009$, so errechnet sich nach der Gleichung

$$1\,000\,\ln 1{,}009 = 6{,}29\,(10^6/T^2) \qquad [33.13a]$$

eine Temperatur von 838 K = 565 °C.

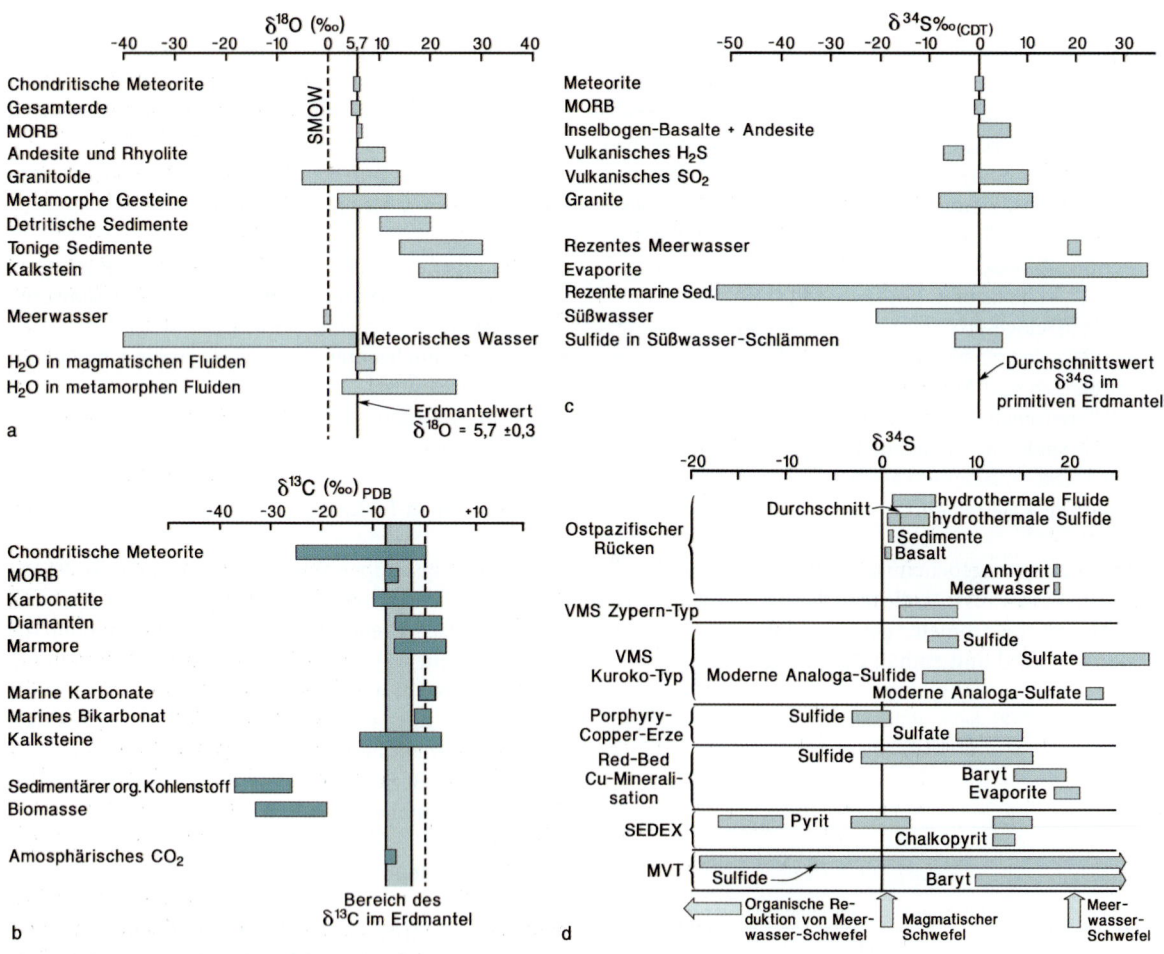

Abb. 33.11. Stabile Isotope von Sauerstoff, Kohlenstoff und Schwefel in natürlichen Proben: **a** $\delta^{18}O$, **b** $\delta^{13}C$, **c, d** $\delta^{34}S$. Erläuterungen im Text. (Mod. nach Rollinson 1993)

Kohlenstoff-Isotope

Mit Gehalten von ca. 0,2 Gew.-% gehört Kohlenstoff zwar nicht zu den häufigen Elementen in der Erdkruste, ist aber besonders in Karbonat-Sedimenten und in Karbonatiten stark angereichert. Darüber hinaus ist er ein wichtiger Bestandteil der Atmosphäre, der Hydrosphäre und der Biosphäre. In der Natur tritt C in oxidierter Form als CO_2, $[CO_3]^{2-}$ und $[HCO_3]^-$, aber auch als Oxalsäure $C_2H_2O_4$ und Essigsäure $C_2H_4O_2$ auf, in reduzierter Form als CH_4 und organisches C (Kohlenwasserstoffe, Biomasse) sowie als Diamant und Graphit auf; Kohlenstoff hat zwei stabile Isotope: ^{12}C und ^{13}C mit den durchschnittlichen Häufigkeiten von 98,89 % und 1,11 %.

Die $\delta^{13}C$-Werte in kohligen Chondriten und anderen Meteoriten variieren in einem weiten Bereich von 0 bis −25 ‰, was in der Vielfalt von C-haltigen Phasen begründet ist, die in Meteoriten vorkommen können. Demgegenüber hat man für den Erdmantel $\delta^{13}C$-Werte zwischen −3 und −8 mit einem Mittelwert von ca. −6 ‰ abgeschätzt (Abb. 33.11b). In diesem engen Bereich liegen auch MORB und atmosphärisches CO_2, während C in Diamanten, in Karbonatiten, aber auch in Marmoren z. T. isotopisch schwerer ist. Das gleiche gilt für marine Karbonate und Bikarbonate mit gering variierenden $\delta^{13}C$-Werten nahe 0 ‰. Im Gegensatz dazu ist organischer Kohlenstoff, z. B. in Erdöl und Kohle sowie in der Biomasse, relativ an leichterem ^{12}C angereichert mit $\delta^{13}C$-Werten bis −40 ‰. Karbonat-Kohlenstoff und organischer Kohlenstoff stellen somit zwei unterschiedliche Reservoirs dar, die sich durch biologische Fraktionierung von CO_2 aus dem Erdmantel entwickelt haben. Nach Untersuchungen von Schidlowski (1988) hat dieser Prozess bereits vor 3,8 Ga eingesetzt!

Bei der *Fraktionierung* der C-Isotope im Verlauf von *geologischen* Prozessen stellt sich häufig ein *Austausch-Gleichgewicht* ein. Die Fraktionierungsfaktoren α sind deutlich *T*-abhängig, worauf z. B. das Calcit-Graphit-Geothermometer beruht. So weist Kohlenstoff im CH_4 der Fumarolen des Yellowstone-Nationalparks (Wyoming) oder auf der Nordinsel Neu-Seelands ein $\delta^{13}C$ von durchschnittlich −28 ‰ auf und ist damit isotopisch leichter als im CO_2 mit $\delta^{13}C$ nahe −4 ‰. Daraus lassen sich für die Gasreaktion

$$CO_2 + 4H_2 \rightleftharpoons CH_4 + 2H_2O \qquad (33.2)$$

Gleichgewichtstemperaturen von 200–300 °C ableiten, denen die beteiligten Gasspezies für einen langen Zeitraum ausgesetzt gewesen sein sollten; denn die Einstellung des Reaktionsgleichgewichts verläuft sehr träge (Mason u. Moore 1985).

Auch beim Austausch zwischen dem CO_2 in der Luft und dem $[HCO_3]^-$ in den Ozeanen nach der Reaktion

$$H^{12}CO_3^- (\text{gelöst}) + {}^{13}CO_2 (\text{gasförmig})$$
$$\rightleftharpoons H^{13}CO_3^- (\text{gelöst}) + {}^{12}CO_2 (\text{gasförmig}) \qquad (33.3)$$

hat sich ein Gleichgewicht eingestellt, wobei die Gleichgewichtskonstante der Reaktion zu $K \approx 1,005$ bei 20 °C bestimmt wurde; diese ist gleich dem Fraktionierungsfaktor α, da im vorliegenden Falle $n = 1$ ist (Gleichung [33.12]). Damit stimmt gut überein, dass $\delta^{13}C$ im atmosphärischen CO_2 zu −7 ‰, im ozeanischen $[HCO_3]^-$ zu −2 ‰ bestimmt wurde. Für das isotopische Austausch-Gleichgewicht

$$[H^{13}CO_3]^- (\text{gelöst}) + Ca[^{12}CO_3](\text{kristallin})$$
$$\rightleftharpoons [H^{12}CO_3]^- (\text{gelöst}) + Ca[^{13}CO_3](\text{kristallin}) \qquad (33.4)$$

das die Auflösung und Wiederausfällung von Karbonaten im Meer- oder Süßwasser beschreibt, beträgt bei 20 °C $\alpha = K = 1,004$. Dementsprechend haben die marinen Karbonate einen um etwa 4 ‰ höheren $\delta^{13}C$-Wert als ozeanisches $[HCO_3]^-$ (Mason u. Moore 1985). Bei der Isotopen-Fraktionierung durch *biologische* Prozesse kommt es dagegen nicht zur Gleichgewichtseinstellung: hier spielt die *Reaktionskinetik* die dominierende Rolle.

Schwefel-Isotope

Schwefel hat vier stabile Isotope mit folgenden durchschnittlichen Häufigkeiten ^{32}S = 95,02 %, ^{33}S = 0,75 %, ^{34}S = 4,21 %, ^{36}S = 0,02 %. Dementsprechend ist lediglich das $^{34}S/^{32}S$-Verhältnis bzw. der $\delta^{34}S$-Wert von geologischem Interesse, wobei sich seine Anwendung allerdings auf relativ wenige Problemfelder beschränkt. Mit Gehalten von <0,1 Gew.-% in der Erdkruste gehört S ja zu den Spurenelementen; er ist allerdings in sulfidischen Erzlagerstätten und in marinen Evaporiten stark angereichert. Darüber hinaus könnte der äußere Erdkern beachtliche Mengen an S enthalten, wie man aus dem Studium von Meteoriten ableiten kann (Abschn. 29.4.2, S. 534f). In der Natur kommt Schwefel in elementarer Form, in Sulfid- und Sulfat-Mineralen, als oxidierte oder reduzierte S-Ionen in Lösung sowie als Bestandteil von Gasen wie H_2S, SO_2 und SO_3 vor.

In Meteoriten besitzt S ein konstantes $^{32}S/^{34}S$-Verhältnis von 22,21, das daher als Basis für den Bezugsstandard CDT dient. Daraus ergibt sich ein $\delta^{34}S$-Wert von 0 ±3 ‰ für den Erdmantel, einem wichtigen Reservoir für S-Isotope. Wie man in Abb. 33.11c erkennt, zeigen MOR-Basalte den gleichen Wert, während S in Inselbogen-Basalten und Andesiten z. T. isotopisch schwerer ist. Bei vulkanischen Dämpfen weist SO_2 ebenfalls positive, H_2S dagegen negative $\delta^{34}S$-Werte auf. Granite zeigen eine erhebliche Variationsbreite im positiven und negativen Bereich.

Die $\delta^{34}S$-Werte von *Meerwasser* unterlagen in der Erdgeschichte großen Schwankungen mit einem Maximum bei +31 ‰ an der Basis des Kambriums und einem Minimum von +10,5 ‰ im Perm; dieser Bereich wird insgesamt von den Evaporit-Lagerstätten der Erde eingenommen. Der δ^{34}S-Wert von modernem Meerwasser liegt bei 18,5–21 ‰, moderne Evaporite liegen um 1–2 ‰ höher. Demgegenüber nehmen moderne marine Sedimente einen enorm weiten Bereich zwischen ca. +20 und –50 ‰ ein (Abb. 33.11c), was angesichts des hohen Atomgewichts von S bemerkenswert ist. Diese starke Fraktionierung geht hauptsächlich auf die Tätigkeit von Sulfat-reduzierenden Bakterien zurück, wobei die Austauschreaktion

$$[^{32}SO_4]^{2-} + H_2{}^{34}S \rightleftharpoons [^{34}SO_4]^{2-} + H_2{}^{32}S \quad (33.5)$$

stattfindet. Bei 25 °C beträgt $\alpha = K = 1,075$, so dass sich Sulfide bilden, die an ^{34}S verarmt sind, während das verbleibende $[SO_4]^{2-}$ und damit auch Sulfat-Evaporite an ^{34}S angereichert werden. In den Anhydrit-Gips-Lagerstätten von Sizilien, Lousiana und Texas führt Sulfat-Reduktion durch das *Bakterium desulfovibrio* zur Bildung von elementarem S, wobei anwesendes Erdöl oder Bitumen zu CO_2 oxidiert und $[SO_4]^{2-}$ zu H_2S reduziert wurde; dieses reagierte dann mit dem restlichem Ca-Sulfat zu elementarem Schwefel. Bei dieser Reaktionsfolge wird das δ^{34}S im H_2S gegenüber dem Sulfat etwas erniedrigt, im elementaren S dagegen erhöht.

Von großem Interesse für das Verständnis von sulfidischen Erzlagerstätten ist die Fraktionierung der S-Isotope in *Hydrothermal-Systemen*. Bei Temperaturen >400 °C liegen hauptsächlich H_2S und SO_2 vor, die sich annähernd wie ideale Gase verhalten. Damit ergibt sich die Isotopen-Zusammensetzung des Fluids zu

$$\delta^{34}S_{fluid} = \delta^{34}S_{H_2S} X_{H_2S} + \delta^{34}S_{SO_2} X_{SO_2} \quad [33.14]$$

wobei X_{H_2S} und X_{SO_2} die Molenbrüche der entsprechenden Gasspezies bezogen auf den Gesamtgehalt an S sind. Bei niedrigeren Temperaturen <350 °C liegen dagegen – wie im marinen Milieu – H_2S-$[SO_4]^{2-}$-Gleichgewichte vor, wobei die Sulfide hauptsächlich durch nichtbakterielle Sulfat-Reduktion gebildet worden sind. Ohmoto u. Rye (1979) konnten zeigen, dass die Fraktionierung der S-Isotopen in hydrothermalen Lösungen nicht nur von der Temperatur, sondern auch von anderen Zustandsvariablen wie pH-Wert, f_{O_2}, f_{S_2} sowie den Aktivitäten der beteiligten Kationen abhängt.

Abbildung 33.12 zeigt die Verteilung von δ^{34}S-Werten in einem aktiven Hydrothermal-System am mittelozeanischen Rücken (vgl. Abschn. 23.5.1, S. 360ff). Dabei ergibt sich, dass der ausgeschiedene Anhydrit ein ähnliches δ^{34}S wie das $[SO_4]^{2-}$ des Meerwassers aufweist; es hat sich also ein Gleichgewicht eingestellt (Abb. 33.11d). Im Gegensatz dazu stehen die Sulfid-Minerale weder untereinander noch mit dem hydrothermalen Fluid im isotopischen Gleichgewicht. Die wechselnden δ^{34}S-Werte des Fluids gehen offenbar auf eine Mischung von Basalt-Schwefel (δ^{34}S = 1,0 ‰) mit dem Sulfat des Meerwassers (δ^{34}S = 18,86 ‰) zurück, wobei sich das Meerwasser/Gesteins-Verhältnis im Lauf der Zeit ständig änderte. Darüber hinaus kam es zu sekundären Reaktionen zwischen den bereits ausgeschiedenen Sulfiden der Erzschornstein-Wand und dem sich verändernden hydrothermalen Fluid (Bluth u. Ohmoto 1988).

In Abb. 33.11d sind die δ^{34}S-Werte für Sulfid- und Sulfat-Minerale in rezenten und nicht-rezenten hydrothermalen Erzlagerstätten dargestellt, deren Verteilung

Abb. 33.12. Schematische Darstellung von δ^{34}S-Werten in einem rezenten Hydrothermal-System an einem mittelozeanischen Rücken. (Aus Rollinson 1993)

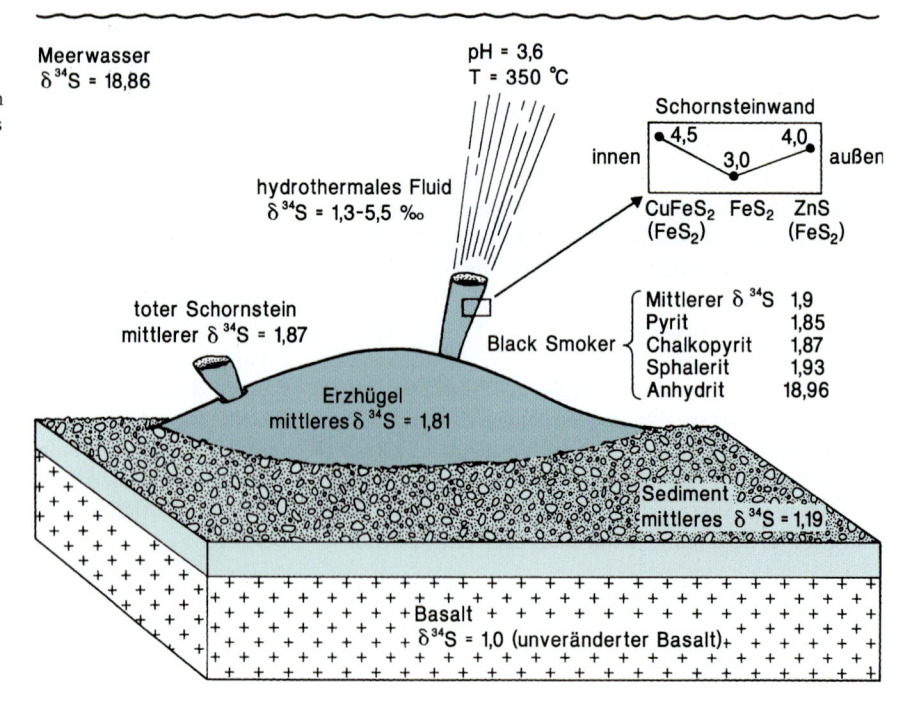

nach Rollinson (1993) durch folgende Prozesse erklärt werden kann:

- Schwefel magmatischer Herkunft: Die Sulfide in *porphyry copper ores* (Abschn. 23.2.4, S. 349ff) weisen δ^{34}S-Werte zwischen −3 und +1 ‰ auf, was nahezu dem akzeptierten Mantelwert entspricht.
- Anorganische Reduktion von Meerwasser-Sulfat bei relativ hohen Temperaturen, wie sie heute in Hydrothermal-Systemen der mittelozeanischen Rücken abläuft, dürfte bei der Entstehung der *vulkanogen-massiven Sulfiderz-*(VMS-)*Lagerstätten*, z. B. vom *Zypern-* und vom *Kuroko-Typ* (Abschn. 23.5.2, S. 363f), eine wichtige Rolle gespielt haben. Die δ^{34}S-Werte ihrer Sulfid- und der Sulfat-Minerale stimmen gut mit denen der modernen Analoga überein.
- Anorganische Reduktion von Meerwasser-Sulfat bei tieferen Temperaturen, aber oberhalb des Existenzbereichs von Sulfat-reduzierenden Bakterien, ist möglicherweise der dominierende Prozess bei der Bildung von *sedimentären Kupfererz-Lagerstätten* des *Red-Bed-Typs* (Abschn. 25.2.8, S. 394). Das δ^{34}S der Sulfide variiert in einem weiten Bereich von überwiegend positiven Werten und überlappt mit dem von assoziiertem Baryt. Dieser stimmt wiederum recht gut mit dem δ^{34}S des Evaporit-Sulfats der Sedimente überein, von denen die Erzlagerstätten überdeckt werden. Man nimmt daher an, dass die S-haltigen Lösungen aus dieser Quelle stammen. Die Sulfat-Reduktion fand wahrscheinlich in einem geschlossenen System in Gegenwart von Erdgas statt und lief – wie die weite Streuung der δ^{34}S-Werte belegt – nur unvollständig ab.
- Auf einen komplexen Prozess gehen die *sedimentär-exhalative Blei-Zink-Erzlagerstätte des Rammelsberg* bei Goslar und wahrscheinlich auch andere Sedex-Lagerstätten zurück (Abschn. 23.6.1, S. 365f). Die δ^{34}S-Werte der Sulfide fallen in drei wohldefinierte Gruppen, die durch ortsauflösende Isotopen-Analysen mit der Ionensonde SHRIMP herausgearbeitet werden konnten (Eldridge et al. 1988). Die deutlich positiven Werte von Pyrit und Chalkopyrit dürften eine hydrothermale Komponente darstellen, während sich die stark negativen Werte bei Pyrit am besten durch bakterielle Sulfat-Reduktion erklären lassen. Die mittlere Gruppe ist dadurch entstanden, dass Sulfid-Klasten mit positiven und negativen δ^{34}S-Werten gemeinsam einsedimentiert und dadurch vermengt wurden.
- Eine enorme Variation von stark positiven zu stark negativen δ^{34}S-Werten weisen die Sulfide der Lagerstätten vom *Mississippi-Valley-Typ* (MVT; Abschn. 23.6.2, S. 366) auf, wobei allerdings individuelle Vorkommen jeweils relativ begrenzte Streubreiten zeigen. Daher muss für jeden Einzelfall mit einer unterschiedlichen S-Quelle und/oder einem unterschiedlichen Mechanismus der H_2S-Produktion gerechnet werden.

33.5.3
Einsatz radiogener Isotope in der Geochronologie

Die Grundlagen der modernen Geochronologie wurden durch die Arbeit von Rutherford u. Soddy (1903) gelegt. Sie konnten zeigen, dass radioaktive Zerfallsprozesse exponentiell, d. h. mit einer bestimmten Halbwertszeit verlaufen. Diese ist unabhängig von Temperatur, Druck und anderen physikochemischen Zustandsvariablen. Die *Zerfallsrate*, mit der ein radioaktives Mutternuklid zu einem stabilen Tochterprodukt zerfällt, ist proportional zur Zahl der Atome N, die zu einer gewissen Zeit t anwesend sind:

$$-\frac{dN}{dt} = \lambda N \quad \text{bzw.} \quad \frac{dN}{dt} = -\lambda N \qquad [33.15]$$

Der Proportionalitätsfaktor λ ist die *Zerfallskonstante* (engl. decay constant), die für jedes Radionuklid charakteristisch ist; sie beschreibt die Wahrscheinlichkeit, mit der ein bestimmtes Atom des Radionuklids in einer bestimmten Zeit zerfällt. Das Differential dN/dt ist negativ, weil die Zerfallsrate mit der Zeit abnimmt. Integriert man Gleichung [33.15] zwischen den Grenzen $t_0 = 0$ und t und bezeichnet die Zahl der Mutteratome zur Zeit t_0 als N_0, so erhält man aus dem Integral

$$\int_{N_0}^{N} \frac{dN}{N} = -\lambda \int_{t_0}^{t} dt$$

die Zerfallsgleichung

$$\ln \frac{N}{N_0} = -\lambda t \qquad [33.16a]$$

oder

$$N = N_0 e^{-\lambda t} \qquad [33.16b]$$

Setzt man $N/N_0 = \frac{1}{2}$, so erhält man für die *Halbwertszeit* (engl. half life), d. h. die Zeit, in der jeweils die Hälfte der vorhandenen Mutternuklide zerfallen ist, die Beziehung

$$t_{\frac{1}{2}} = \frac{\ln 2}{\lambda} = \frac{0{,}693}{\lambda} \qquad [33.17]$$

Die meisten Methoden zur radiometrischen (isotopischen) Alterbestimmung benutzen radiogene Isotopen-Systeme mit langen Halbwertszeiten (Tabelle 33.6), wobei die Tochterprodukte in den zu datierenden Mineralen und Gesteinen angereichert werden. Man spricht daher von sog. *Anreicherungsuhren* (engl. accumulation clocks). Die Zahl der gebildeten Tochteratome D^* ist gleich der Zahl der verbrauchten Mutteratome: $D^* = N_0 - N$. Da nach

Tabelle 33.6. Zerfallskonstanten und Halbwertszeiten wichtiger Radionuklide. (Nach Dickin 1997)

Radionuklide	Zerfallskonstante [a^{-1}]	Halbwertszeit [Ga]	datierbare Minerale
$^{238}U \rightarrow {}^{206}Pb$	$1{,}55 \times 10^{-10}$	4,47	Zirkon, Monazit, (Granat)
$^{235}U \rightarrow {}^{207}Pb$	$9{,}8485 \times 10^{-10}$	0,704	Zirkon, Monazit (Granat)
$^{232}Th \rightarrow {}^{208}Pb$	$4{,}9475 \times 10^{-11}$	14,01	Zirkon, Monazit
$^{87}Rb \rightarrow {}^{87}Sr$	$1{,}42 \times 10^{-11a}$ $1{,}402 \times 10^{-11b}$	48,8^a 49,4^b	Muscovit, Biotit, G
$^{147}Sm \rightarrow {}^{143}Nd$	$6{,}54 \times 10^{-12}$	106	Granat, Pyroxene, Amphibole, G
$^{40}K \rightarrow {}^{40}Ar$ (total) (^{39}Ar-^{40}Ar)	$5{,}543 \times 10^{-10}$	1,25	Amphibole, Muscovit, Biotit, G

G: auch zur Gesamtgesteins-Datierung verwendet.
^{a} International akzeptierter Wert.
^{b} Ergebnis einer neueren Präzisionsmessung.

Gleichung [33.16b] $N_0 = Ne^{\lambda t}$ ist, erhält die Zerfallsgleichung die Form

$$D^* = Ne^{\lambda t} - N = N(e^{\lambda t} - 1) \qquad [33.18]$$

Wenn jedoch zur Zeit $t = 0$ bereits eine gewisse Zahl an Tochteratomen D_0 vorhanden war, gilt für die Gesamtsumme der Tochteratome, die nach Ablauf der Zeit t massenspektrometrisch gemessen werden, $D_m = D_0 + D^*$ oder

$$D_m = D_0 + N(e^{\lambda t} - 1) \qquad [33.19]$$

Diese Gleichung stellt die Grundlage für die Anwendung radioaktiver Zerfallsprozesse in der Geochronologie dar. Löst man sie nach t auf, so erhält man

$$t = \frac{1}{\lambda} \ln\left[\frac{D_m - D_0}{N} + 1\right] \qquad [33.20]$$

Um ein Radionuklid für die Geochronologie einsetzen zu können, müssen also seine Zerfallskonstanten bzw. seine Halbwertszeit genau bekannt sein; die heute vorhandene Zahl an Mutteratomen N und Tochteratomen D bzw. D^* lässt sich massenspektrometrisch bestimmen, während man D_0 gegebenenfalls berechnen muss.

Bei der isotopischen Alterbestimmung sollte man sich klar darüber sein, welcher Art das geologische Alter ist, das durch Isotopenanalyse ermittelt wurde (vgl. Rollinson 1993):

> Das *Abkühlungsalter* gibt die Zeit an, die vergangen ist, seitdem ein magmatisch oder metamorph gebildetes Mineral seine *Schließungstemperatur* unterschreitet.

Bereits bei der Behandlung der Geothermobarometrie (Abschn. 27.3, S. 482) hatten wir darauf hingewiesen, dass sich die *Schließungstemperatur* für den Kationen- bzw. Isotopen-Austausch zwischen einem bestimmten Mineralpaar nicht exakt ermitteln lässt, weil sie von reaktionskinetischen Parametern, z. B. von der Aufheizungs- oder Abkühlungsrate, von der Verformungsrate oder vom Fluidfluss im Gestein beeinflusst wird. Daher wird das Modell der Schließungstemperatur und der Abkühlungsalter von einigen Geochronologen abgelehnt. Andererseits hat es sich bei der Ableitung von *P-T-t*-Pfaden in vielen Fällen als hilfreich erwiesen (vgl. Abschn. 27.4.2, S. 486f).

> Das *Kristallisationsalter* eines Minerals oder Gesteins definiert demgegenüber die Zeit der magmatischen Kristallisation aus der Schmelze (= *Intrusionsalter*) oder der Um- und Neukristallisation bei einem Metamorphose-Ereignis (= *Metamorphosealter*).

Nur wenn die Temperatur bei der Kristallisation geringer ist als die Schließungstemperatur, z. B. bei einer niedriggradigen Metamorphose, lässt sich das Kristallisationsalter ermitteln; sonst findet man lediglich Abkühlungsalter.

> Das *Krustenbildungsalter* beschreibt die Zeit, in der sich ein neuer Anteil von kontinentaler Erdkruste durch partielles Aufschmelzen des Erdmantels und nachfolgende AFC-Prozesse gebildet hat.

In den meisten Fällen wird die neugebildete Kruste jedoch durch Deformation, Metamorphose und Migmatisierung so stark überprägt, dass man höchstens ein Kratonisierungsalter ermitteln kann.

Verweildauer in der Erdkruste (engl. *crust residence age*). Sedimente, die von einem Segment kontinentaler Kruste wegerodiert wurden, enthalten eine Altersinformation, die das Krustenbildungsalter reflektiert. Diese Information kann auch noch erhalten bleiben, wenn diese Sedimente metamorph umgewandelt werden.

Rubidium-Strontium-Datierungen

Wie wir aus Tabelle 33.4 entnehmen können, ist Rubidium zu durchschnittlich 30 ppm in der ozeanischen Erdkruste, zu 76 ppm in der kontinentalen Erdkruste beteiligt. Es ersetzt das Kalium in wichtigen gesteinsbildenden Mineralen wie Kalifeldspat, Muscovit und Biotit. Demgegenüber liegen die Durchschnittsgehalte an Strontium, das in vielen Mineralen Ca diadoch vertritt, mit 465 ppm in der ozeanischen und 334 ppm in der kontinentalen Kruste deutlich höher. Rb mit der Ordnungszahl $Z = 37$ hat zwei natürliche Isotope, das ^{85}Rb (72,17 %) und das radioaktive ^{87}Rb (27,83 %). Beim radioaktiven Zerfall wird im Atomkern von ^{87}Rb ein Neutron in ein Proton umgewandelt, wobei ein Elektron frei wird (β-Zerfall); dadurch bildet sich ein Isotop des Erdalkalimetalls Strontium ^{87}Sr mit $Z = 38$:

$$^{87}_{37}\text{Rb} \rightarrow {}^{87}_{38}\text{Sr} + \beta^- + \bar{\nu} + Q \qquad (33.6)$$

wobei $\bar{\nu}$ ein Antineutrino und Q die Zerfallsenergie sind. Allerdings ist bereits vor dem Einsetzen des Zerfallsprozesses bei einem geologischen Ereignis, das vor der Zeit t stattfand, eine gewisse Anfangskonzentration an ^{87}Sr, nämlich das initiale Strontium ^{87}Sr$_0$, vorhanden, so dass nach Gleichung [33.19] gilt:

$$^{87}\text{Sr}_m = {}^{87}\text{Sr}_0 + {}^{87}\text{Rb}_m(e^{\lambda t} - 1) \qquad [33.21]$$

Da die exakte Messung von absoluten Isotopen-Konzentrationen schwierig ist, arbeitet man besser mit Isotopen-Verhältnissen. Für eine Normierung benutzt man das Isotop ^{86}Sr, das sich nicht am radioaktiven Zerfallsprozess beteiligt. Damit bekommt Gleichung (33.21) die Form

$$\left(\frac{^{87}\text{Sr}}{^{86}\text{Sr}}\right)_m = \left(\frac{^{87}\text{Sr}}{^{86}\text{Sr}}\right)_0 + \left(\frac{^{87}\text{Rb}}{^{86}\text{Sr}}\right)_m (e^{\lambda t} - 1) \qquad [33.22]$$

Da λ bekannt ist und man die Verhältnisse $(^{87}\text{Sr}/^{86}\text{Sr})_m$ und $(^{87}\text{Rb}/^{86}\text{Sr})_m$ mit dem Massenspektrometer messen kann, verbleiben die Zeit t, die seit dem geologischen Ereignis vergangen ist, sowie das Anfangsverhältnis $(^{87}\text{Sr}/^{86}\text{Sr})_0$ als Unbekannte. Löst man Gleichung [33.19] nach t auf, so erhält man

$$t = \frac{1}{\lambda}\ln\left\{1 + \left(\frac{^{86}\text{Sr}}{^{87}\text{Rb}}\right)_m \left[\left(\frac{^{87}\text{Sr}}{^{86}\text{Sr}}\right)_m - \left(\frac{^{87}\text{Sr}}{^{86}\text{Sr}}\right)_0\right]\right\} \qquad [33.23]$$

Danach lässt sich t berechnen, wenn das Anfangsverhältnis bekannt ist und zwischen der Zeit t, zu der die isotopische Uhr in Gang gesetzt wurde, und der Gegenwart kein Rb- und Sr-Austausch stattgefunden hat, das System also geschlossen blieb. Man erkennt leicht, das Gleichung [33.21] der Gleichung einer Geraden $y = mx + c$ entspricht. Aus dieser Tatsache entwickelte Nicolaysen (1961) die *Isochronen*-Methode, indem er für mindestens zwei kogenetische Minerale, z. B. Muscovit und Biotit oder für das Gesamtgestein und ein oder zwei Minerale

$(^{87}\text{Sr}/^{86}\text{Sr})_m (= y)$ gegen $(^{87}\text{Rb}/^{86}\text{Sr})_m (= x)$ auftrug. Der Schnittpunkt der Geraden mit der Ordinate c ist das Anfangsverhältnis $(^{87}\text{Sr}/^{86}\text{Sr})_0$ und aus der Steigung $m = e^{\lambda t} - 1$ lässt sich das Alter berechnen.

In Abb. 33.13a sind die Isotopen-Verhältnisse für ein Gestein a und zwei seiner Minerale, z. B. Biotit b und Muscovit c, gegeneinander aufgetragen. Ursprünglich hatten das Gestein und seine Minerale das gleiche Anfangs-

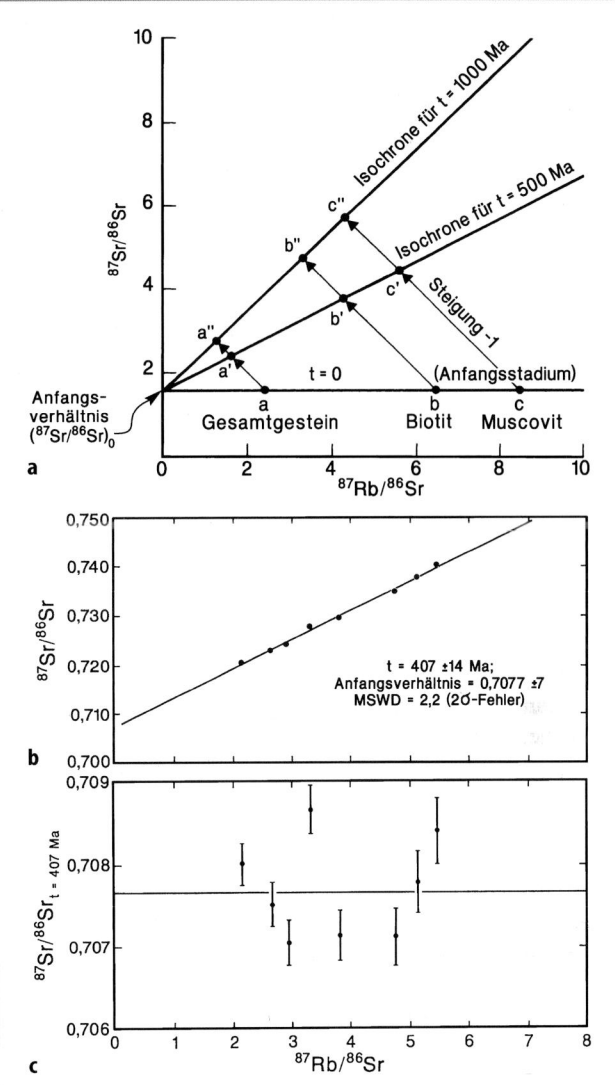

Abb. 33.13. a Schematisches Isochronendiagramm für ein Gestein a (z. B. Granit) und seine Minerale b (z. B. Biotit) und c (z. B. Muscovit). Erläuterung im Text. (Nach Rollinson 1993). **b** Isochronendiagramm für acht Gesteinsproben aus einem Steinbruch im Haibacher Orthogneis, Kristallingebiet des Vorspessarts. Da die Messungen einen akzeptablen MSWD-Wert (s. u.) erbrachten, liegt eine Isochrone vor, die das Intrusionsalter des granitoiden Ausgangsmaterials vor 407 ±14 Ma datiert. **c** Darstellung in vergrößertem Maßstab; dabei wurde die Zunahme des radiogenen ^{87}Sr im Zeitraum von 407 Ma abgezogen, so dass die Regressionslinie jetzt horizontal verläuft. Die Streuung der Einzelbestimmungen (mit 1σ-Fehlerbalken) um diese Gerade ergibt MSWD = 2,2; 2σ-Fehlerbalken würden mit einer Ausnahme die Regressionsgrade überlappen. (Nach Dombrowski et al. 1995)

verhältnis $(^{87}Sr/^{86}Sr)_0$, unabhängig von ihrem $^{87}Rb/^{86}Sr$-Verhältnis: Die Punkte a, b und c liegen daher auf einer Geraden, die zur Zeit $t_0 = 0$ parallel zur Abszisse verläuft. So wird z. B. durch ein thermisches Ereignis zum Zeitpunkt $t_0 = 0$, etwa durch eine Regionalmetamorphose, die isotopische Uhr in Gang gesetzt. Es beginnt der radioaktive Zerfall von ^{87}Rb zu ^{87}Sr, wobei umso mehr radiogenes ^{87}Sr gebildet wird, je mehr ^{87}Rb vorhanden ist. Das $^{87}Rb/^{86}Sr$-Verhältnis nimmt also in gleichem Maße ab wie das $^{87}Sr/^{86}Sr$-Verhältnis zunimmt. Ist während der gesamten geologischen Geschichte das isotopische Gleichgewicht erhalten geblieben, so definieren die Analysenpunkte a', b', c', die wir heute nach Ablauf der Zeit t messen, eine geneigte Gerade, die *Isochrone*. Ihr Neigungswinkel ist proportional zur Zeit t, in diesem Fall 500 Ma. Die Extrapolation der Isochrone bis zum Schnittpunkt mit der Ordinate definiert das Anfangsverhältnis $(^{87}Sr/^{86}Sr)_0$, das wir ja a priori gar nicht kannten. Hätte das geologische Ereignis nicht vor 500 Ma sondern vor 1 000 Ma stattgefunden, so wäre durch die Punkte a", b" und c" eine Isochrone mit entsprechend steilerer Neigung bestimmt, wobei sie die Ordinate selbstverständlich im gleichen Anfangsverhältnis schneidet.

Darüber hinaus lassen sich Isochronen auch aus den Isotopen-Verhältnissen von *Gesamtgesteinsproben* konstruieren, die zu einem Gesteinskomplex, z. B. einer Granit-Intrusion oder einem Orthogneis-Komplex, gehören (Abb. 33.13b). Voraussetzung ist eine genügend breite Variation der $^{87}Rb/^{86}Sr$-Verhältnisse und – selbstverständlich – die Einstellung des isotopischen Gleichgewichts über ein ausgedehntes Gesteinsvolumen. Das ist jedoch häufig nicht der Fall. Daher werden zahlreiche Alterswerte, die in früheren Jahren mit Rb-Sr-Gesamtgesteinsdatierungen gewonnen wurden, heute nicht mehr akzeptiert.

Isochronen liefern nur dann eine zuverlässige Altersaussage, wenn sie statistisch abgesichert sind, d. h. wenn die Abweichung der einzelnen Analysenpunkte von der Regressionsgeraden nicht größer ist als die Standardabweichung der Einzelmessungen. Ein Maß dafür ist die mittlere gewichtete Standardabweichung (engl. Mean Weighted Standard Deviation, MSWD), die möglichst gering, maximal jedoch 2,5 sein sollte. MSWD-Werte >2,5 zeigen an, dass sich die Gesteinsproben oder auch die Minerale eines Gesteins nicht im isotopischen Gleichgewicht befinden; die „Isochrone" ist dann von geringem oder keinem geologischen Aussagewert, weswegen man auch von *Errorchronen* spricht. Da die Genauigkeit der Isotopen-Analysen in den letzten Jahren enorm gesteigert wurde, überlappen die Fehlerbalken nicht mehr so häufig mit der Regressionsgraden wie früher; dadurch kann der MSWD-Wert eine unakzeptable Größe erreichen (Abb. 33.13c).

Die mangelnde Gleichgewichtseinstellung kann ihre Ursache darin haben, dass ein Gestein oder ein Gesteinskomplex im Laufe seiner Geschichte zwei oder *mehrere geologische Ereignisse* erlebt hat. So kann z. B. ein Granit, der vor 600 Ma intrudierte, vor 500 Ma regionalmetamorph überprägt worden sein. Wurde das Isotopensystem in den Gesamtgesteinsproben bei diesem Ereignis nicht oder nur geringfügig zurückgestellt, erhält man eine Isochrone mit akzeptablem MSWD-Wert, die das Intrusionsalter von 600 Ma datiert. Fand dagegen eine teilweise Neueinstellung statt, so können die Analysenpunkte so stark um die Regressionsgrade streuen, dass man lediglich eine Errorchrone mit großem MSWD-Wert erhält, die ohne geologische Aussagekraft ist.

Bei der mittel- bis hochgradigen Regionalmetamorphose werden die Isotopensysteme der Einzelminerale in diesem Granit vollständig neu eingestellt, obwohl das Gesamtgestein durchaus ein geschlossenes System bilden kann. Man erhält für den entstandenen Orthogneis eine neue Mineral-Gesamtgesteins-Isochrone, die das Metamorphosealter auf 500 Ma datieren sollte. Allerdings setzt sich der Isotopen-Austausch zwischen den Mineralen bei der Abkühlung des Gesteinskomplexes noch weiter fort, und zwar unterschiedlich für jede Mineralart. So beträgt die *Schließungstemperatur* für das Rb-Sr-System beim Muscovit ungefähr 500 °C, beim Biotit dagegen nur etwa 350 °C. Daher konstruiert man jeweils die Zweipunkt-Isochronen Gesamtgestein-Muscovit und Gesamtgestein-Biotit, die zwei verschiedene Alterswerte ergeben. In einem Temperatur-Zeit-Diagramm ist damit ein Abschnitt des Abkühlungspfades durch zwei T-t-Kombinationen definiert, z. B. ~500 °C/495 Ma und ~350 °C/487 Ma. Daraus lässt sich in diesem Bereich eine mittlere Abkühlungsgeschwindigkeit von ungefähr 20 °C pro 1 Ma berechnen. Allerdings hat dieser Wert einen relativ großen Fehler, da in seine Berechnung die Standardabweichung der beiden Rb-Sr-Daten und die Unsicherheit bezüglich der Schließungstemperaturen eingeht.

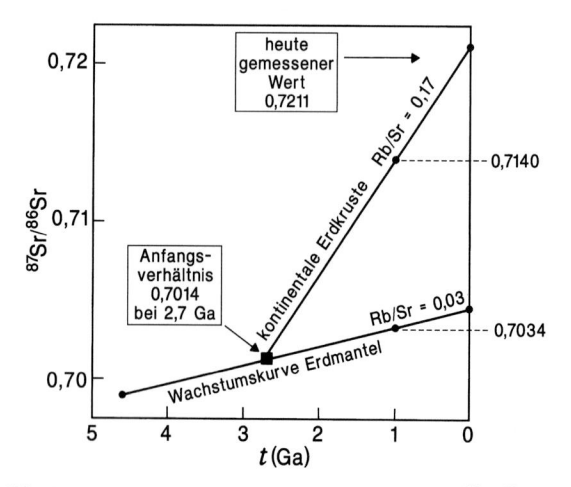

Abb. 33.14. Die Entwicklung des Anfangsverhältnisses $(^{87}Sr/^{86}S)_0$ im Verlauf der Erdgeschichte in der kontinentalen Erdkruste und im Erdmantel. Partielles Aufschmelzen des Erdmantels vor 2,7 Ga führte zur Entstehung neuer kontinentaler Kruste. Bei $(^{87}Sr/^{86}Sr)_0 = 0,7014$ entwickelten sich die ^{87}Sr-Wachstumskurven in Kruste und Mantel auseinander. Magmen, die sich vor 1 Ga durch partielle Anatexis des Erdmantels bildeten, hatten ein $(^{87}Sr/^{86}Sr)_0$-Anfangsverhältnis von 0,7034, krustale Schmelzen dagegen 0,714. (Nach Rollinson 1993)

Eine Extrapolation zurück auf den Höhepunkt der Metamorphose ist jedoch nicht möglich, da die Abkühlung nicht linear verläuft. Für seine Datierung muss man daher auf Isotopensysteme mit höheren Schließungstemperaturen in den betreffenden Mineralen zurückgreifen (s. unten).

Die *Anfangsverhältnisse* $(^{87}\text{Sr}/^{86}\text{Sr})_0$ von Gesteinskomplexen sind von erheblichem geologischen Interesse, weil sie – gemeinsam mit anderen Isotopensystemen – Isotopenreservoire im Erdmantel und in der Erdkruste definieren. Da sich Rb wesentlich inkompatibler verhält als Sr (Abb. 33.1), reichert es sich bei der partiellen Anatexis des Erdmantels in der Schmelze an, während Sr im verarmten Mantel zurückbleibt. Nach Tabelle 33.4 beträgt das durchschnittliche Rb/Sr-Verhältnis der kontinentalen Erdkruste = 0,17, das des Erdmantels dagegen nur 0,03. Dementsprechend ist das $(^{87}\text{Sr}/^{86}\text{Sr})_0$-Verhältnis in der kontinentalen Erdkruste im Laufe der geologischen Entwicklung auf einen Wert von 0,7211 angestiegen, während es im heutigen Erdmantel (**Bulk Silicate Earth BSE**) durchschnittlich bei 0,705 liegt. Die Entwicklung des $(^{87}\text{Sr}/^{86}\text{Sr})_0$-Verhältnisses mit der Zeit ist in Abb. 33.14 schematisch dargestellt, wobei von einem Krustenbildungs-Ereignis vor 2,7 Ga ausgegangen wird. Heute kennen wir allerdings Bereiche von kontinentalen Platten, die ein wesentlich höheres Alter von etwa 4 Ga haben (Bowring u. Williams 1999). Im Detail unterscheiden sich Mantelreservoire merklich in ihrem $(^{87}\text{Sr}/^{86}\text{Sr})_0$-Verhältnis; so liegt dieses im verarmten Mantelreservoir (**Depleted Mantle, DM**) bei 0,702, im sog. **PRE**valent **MA**ntle Reservoir (**PREMA**) bei 0,7035 und in den angereicherten Mantelreservoiren (**Enriched Mantle**) EM I bei 0,705 und EM II noch höher. Das $(^{87}\text{Sr}/^{86}\text{Sr})_0$-Verhältnis von MORB variiert um 0,703. Um einen vertieften Einblick in die Isotopen-Reservoire der Erde zu gewinnen, müssen einschlägige Lehrbücher durchgearbeitet werden, z. B. die sehr übersichtliche Darstellung von Rollinson (1993).

Samarium-Neodym-Datierungen

Die Seltenerd-Elemente Samarium ($Z = 62$) und Neodym ($Z = 60$) sind mit durchschnittlich 5,3 bzw. 27 ppm in der kontinentalen Erdkruste vorhanden (Tabelle 33.4); zusammen mit anderen REE werden sie in eine Reihe wichtiger gesteinsbildender Minerale eingebaut. Sm hat sieben natürliche Isotope, von denen ^{147}Sm, ^{148}Sm und ^{149}Sm radioaktiv sind. Von diesen hat der Zerfall von ^{147}Sm unter Aussendung von α-Strahlung nach der Reaktion

$$^{147}_{62}\text{Sm} \rightarrow {}^{143}_{60}\text{Nd} + {}^{4}_{2}\text{He} \qquad (33.7)$$

die kürzeste Halbwertszeit von immerhin noch 106 Ga, in der sich messbare Konzentrationen des Tochterisotops ^{143}Nd in geologischen Zeiträumen bilden können; bei den anderen beiden Isotopen ist das nicht der Fall. In Analogie zum Rb-Sr-System bezieht man ^{147}Sm und ^{143}Nd auf das nicht radiogene ^{144}Nd und erhält dann entsprechend Gleichung [33.22] den Ausdruck

$$\left(\frac{^{143}\text{Nd}}{^{144}\text{Nd}}\right)_m = \left(\frac{^{143}\text{Nd}}{^{144}\text{Nd}}\right)_0 + \left(\frac{^{147}\text{Sm}}{^{144}\text{Nd}}\right)_m (e^{\lambda t} - 1) \quad [33.24]$$

Daraus folgt, dass man auch im Sm-Nd-System mit Isochronen-Darstellungen arbeiten kann, wobei die Methode wegen der großen Halbwertszeit besonders gut für Meteorite und sehr alte, z. B. archaische Gesteine und deren Minerale, geeignet ist. Für die Datierung metamorpher Gesteine haben sich Granat-Gesamtgesteins-Isochronen am besten bewährt. Da die Diffusionsraten in Granat sehr gering sind, verändert sich das Sm-Nd-System bei der Abkühlung nur wenig; dementsprechend liegen die Schließungstemperaturen relativ hoch, nämlich bei ungefähr 600 °C. Damit lassen sich also Metamorphose-Ereignisse datieren, bei deren Höhepunkt die Temperatur bei 600 °C oder tiefer gelegen hat. Wäre z. B. der o. g. granitische Orthogneis bei maximal 590 °C metamorph überprägt worden, so würde eine Sm-Nd-Granat-Gesamtgesteins-Isochrone ein Alter von 500 Ma ergeben. Zudem stellt sich beim Granat-Wachstum häufig ein ausgeprägter *chemischer Zonarbau* ein, der auch das Sm-Nd-System betrifft. Daher kann man in günstigen Fällen Kern- und Randzonen gesondert analysieren und so Hinweise auf die Dauer des Granatwachstums gewinnen. Im genannten Beispiel könnte das Granatwachstum bei 510 Ma begonnen haben und bei 500 °C abgeschlossen worden sein.

Das Sm-Nd-Isotopen-System wird häufig auch zur Ermittlung von *Modellaltern* benutzt. Diese stellen ein Maß für die Zeit dar, seit der das betreffende Gestein von der Mantelquelle getrennt war, aus der es – als heutiger Bestandteil der kontinentalen Kruste – ursprünglich stammte. Für die Art des Mantelreservoirs und seiner Isotypie müssen Annahmen gemacht werden, wobei zur Zeit zwei Modelle im Vordergrund stehen:

Chondritic Uniform Reservoir (CHUR). Beim CHUR wird angenommen, dass der primitive Erdmantel die gleiche Sm-Nd-Isotopie hatte wie die mittlere Chondrit-Zusammensetzung, also den Zustand der Erde vor ca. 4,6 Ga widerspiegelt. Analog zu Gleichung [33.23] berechnet sich das T-CHUR-Modellalter nach der Gleichung

$$T^{Nd}_{CHUR} = \frac{1}{\lambda} \ln \left[\frac{\left(\frac{^{143}\text{Nd}}{^{144}\text{Nd}}\right)_{\text{Gestein,heute}} - \left(\frac{^{143}\text{Nd}}{^{144}\text{Nd}}\right)_{\text{CHUR}}}{\left(\frac{^{147}\text{Sm}}{^{144}\text{Nd}}\right)_{\text{Gestein,heute}} - \left(\frac{^{147}\text{Sm}}{^{144}\text{Nd}}\right)_{\text{CHUR}}} + 1 \right]$$

[33.25]

Depleted Mantle (DM). Bei der Bildung der Erdkruste durch partielle Aufschmelzung von Mantelgesteinen blieb ein verarmter Erdmantel zurück, in dem seit frühester Zeit das Sm/Nd-Verhältnis gegenüber CHUR ständig anwuchs. Da sich Sm bekanntlich etwas kompatibler verhält als Nd (Abb. 33.4), wurde Nd in die Krustengesteine fraktioniert, Sm dagegen im Erdmantel relativ angereichert. Deswegen verwendet man – alternativ zu CHUR – häufig DM-Werte, um Sm-Nd-Modellalter zu berechnen, wobei dann in Gleichung [33.25] die Isotopen-Verhältnisse $(^{143}Nd/^{144}Nd)_{DM}$ und $(^{147}Sm/^{144}Nd)_{DM}$ anstelle derjenigen für CHUR eingesetzt werden.

Da Sm-Nd-Modellalter an Gesamtgesteinen relativ leicht zu gewinnen sind, kann man sie zur Kartierung von unterschiedlichen geologischen Einheiten in alten Kristallin-Komplexen benutzen. Anstelle des Modellalters wird häufig auch der ε_{Nd}-Wert zur Entstehungszeit t angegeben, wobei gilt

$$\varepsilon_{Nd}^t = \left[\frac{\left(\frac{^{143}Nd}{^{144}Nd}\right)_{Gestein,t}}{\left(\frac{^{143}Nd}{^{144}Nd}\right)_{CHUR,t}} - 1\right] \times 10^4 \qquad [33.26]$$

Die beiden Isotopen-Verhältnisse werden analog zu Gleichung [33.24] berechnet (vgl. Rollinson 1993). ε_{Nd} ist ein Maß für die Abweichung des $^{143}Nd/^{144}Nd$-Wertes in einem Gestein von dem Wert in CHUR und damit für den Grad der Differentiation.

Wegen der größeren Kompatibilität von Sm steigt das Anfangsverhältnis $(^{143}Nd/^{144}Nd)_0$ mit zunehmender Verarmung des Erdmantels an, während es in Krustengesteinen abnimmt. Das gilt insbesondere für die kontinentale Unterkruste und andere ältere Krustenbereiche, in denen bereits ein mehrfaches Recycling von Krustenmaterial stattgefunden hat. Die Isotopensysteme Sm-Nd und Rb-Sr verhalten sich also in ihrer Entwicklung entgegengesetzt.

Uran-Blei-Datierungen

Wie man aus Tabelle 33.4 entnehmen kann, liegen die mittleren Gehalte an Uran und Thorium in der ozeanischen Erdkruste bei 0,9 bzw. 2,7 ppm, in der kontinentalen Erdkruste bei 1,6 bzw. 8,5 ppm; letztere enthält im Durchschnitt 14,8 ppm Blei. U ($Z = 92$), Th ($Z = 90$) und Pb ($Z = 82$) bilden eigene Minerale, werden aber auch in fremden Mineralen getarnt, wie U und Th z. B. im Zirkon $Zr[SiO_4]$ und Monazit $(Ce,La,Nd)[PO_4]$ oder abgefangen, wie Pb im Kalifeldspat. Es gibt insgesamt vier Blei-Isotope, von denen nur ^{204}Pb nicht radiogen ist, während ^{206}Pb, ^{207}Pb und ^{208}Pb – abgesehen von geringen Gehalten an initialem Pb – Zerfallprodukte von U und Th darstellen. Diese entstehen über komplexe Zerfallsreihen, deren Zwischenprodukte allerdings so kurzlebig sind, dass sie geologisch keine Bedeutung haben. Wie man aus Tabelle 33.6 entnehmen kann, zerfällt das Nuklid mit dem höchsten Atomgewicht ^{238}U in das leichteste Blei-Isotop ^{206}Pb und umgekehrt. Während die Halbwertszeit des ^{238}U-Zerfalls etwa dem Alter der Erde entspricht, ist die des ^{235}U-Zerfalls deutlich geringer, so dass das ursprüngliche (primordiale) ^{235}U fast vollständig zu ^{207}Pb abgebaut wurde. Die Halbwertszeit von ^{232}Th entspricht ungefähr dem Alter des Universums. Nach der Grundgleichung [33.19] gelten die Beziehungen

$$^{206}Pb_m = {}^{206}Pb_0 + {}^{238}U_m(e^{\lambda_{238}t} - 1) \qquad [33.27]$$

$$^{207}Pb_m = {}^{207}Pb_0 + {}^{235}U_m(e^{\lambda_{235}t} - 1) \qquad [33.28]$$

$$^{208}Pb_m = {}^{208}Pb_0 + {}^{232}Th_m(e^{\lambda_{232}t} - 1) \qquad [33.29]$$

aus denen sich das geologische Alter t berechnen lässt. Man kann die Anteile der radiogenen Pb-Isotope auf die Menge des unradiogenen ^{204}Pb beziehen und käme dann – wie bei den Rb-Sr- und Sm-Nd-Datierungen – zu einer Isochronen-Darstellung.

Viel gebräuchlicher ist jedoch das *U-Pb-Konkordia-Diagramm*. Es wird bei der Datierung von Mineralen wie Zirkon und Monazit angewandt, die bei ihrem Wachstum viel U, aber kaum Pb einbauen. Dann lassen sich die Gleichungen [33.27] und [33.28] vereinfachen, indem man jeweils das wenige Primärblei $^{206}Pb_0$ und $^{207}Pb_0$ abzieht, so dass nur die Gehalte an radiogenem $^{206}Pb*$ und $^{207}Pb*$ übrig bleiben. Am besten kann diese Korrektur vorgenommen werden, wenn man ein Pb-haltiges, aber U- und Th-freies Mineral analysiert, das im gleichen Gesteinskomplex auftritt. Nach Umformung erhält man:

$$\frac{^{206}Pb^*}{^{238}U} = (e^{\lambda_{238}t} - 1) \qquad [33.27a]$$

$$\frac{^{207}Pb^*}{^{235}U} = (e^{\lambda_{235}t} - 1) \qquad [33.28a]$$

Trägt man das $^{206}Pb*/^{238}U$- und das $^{207}Pb*/^{235}U$-Verhältnis von Mineralen gegeneinander auf, so ergibt sich eine Kurve, die *Konkordia*. Sie ist der geometrische Ort aller Mineralproben, bei denen das $^{206}Pb*/^{238}U$- und $^{207}Pb*/^{235}U$-Alter jeweils gleich ist; daher lässt sich auf ihr eine Altersskalierung vornehmen, indem man die Gleichungen [33.27a] und [33.28a] nach t auflöst (Abb. 33.15). Wenn sich Minerale bezüglich ihrer U-Pb-Isotopie während der gesamten geologischen Geschichte als geschlossenes System verhalten haben, so kommen ihre Analysenpunkte innerhalb des Messfehlers auf der Konkordia zu liegen, und das Bildungsalter ist eindeutig

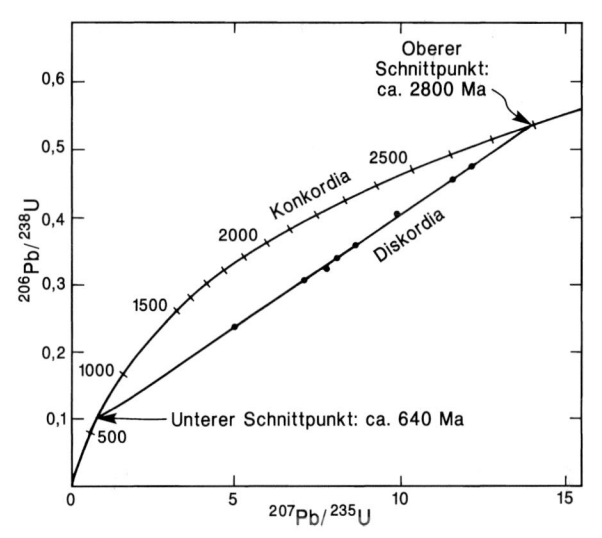

Abb. 33.15. Konkordia-Diagramm für das U-Pb-Isotopensystem; die Zahlen auf der Konkordia-Kurve bedeuten Jahrmillionen vor heute. Die Messpunkte von diskordanten Zirkonen, z. B. aus einem Orthogneis, definieren eine lineare Regressionsgrade, die Diskordia. Ihr oberer Schnittpunkt datiert das Bildungsalter vor 2,8 Ga, z. B. die Intrusion des granitischen Ausgangsgesteins, der untere Schnittpunkt die Überprägung durch eine Regionalmetamorphose vor ca. 650 Ma. (Mod. nach Mason u. Moore 1985)

bestimmt. Das gilt z. B. für Zirkone, die bei der Kristallisation eines Granits gewachsen sind, oder auch für Zirkone und Monazite, die sich bei einer Regionalmetamorphose gebildet haben. Wegen der hohen Schließungstemperaturen dieser Minerale verändert sich ihr U-Pb-Isotopensystem beim Abkühlungsvorgang meist nicht mehr; sie datieren also das Alter des thermischen Ereignisses, bei dem sie gewachsen sind.

Dem scheint zu widersprechen, dass Zirkone häufig *diskordant* sind, d. h. sie haben radiogen gebildetes $^{206}Pb*$ und $^{207}Pb*$ durch Diffusion an die Umgebung verloren. Allerdings zeigen die Messpunkte von diskordanten Zirkonen eines Gesteins oder eines Gesteinskomplexes in vielen Fällen eine lineare Anordnung. Dabei schneidet die Regressionsgrade, die man als *Diskordia* bezeichnet, die Konkordia in zwei Punkten (Abb. 33.15). Der *obere Schnittpunkt* (engl. upper intercept) gibt dann das *ursprüngliche Bildungsalter* eines Minerals, z. B. das Intrusionsalter eines Granits an, während der *untere Schnittpunkt* (lower intercept) das Alter des Bleiverlustes, z. B. eines Metamorphose-Ereignisses datieren kann. Allerdings werden auch bei der hochgradigen Regionalmetamorphose die sehr hohen Schließungstemperaturen frischer Zirkone gewöhnlich nicht erreicht, so dass ein solcher *episodischer Bleiverlust* wahrscheinlich nur eintreten kann, wenn die Kristallstruktur bereits durch die eigene radioaktive Strahlung geschädigt ist: *metamikte Zirkone*. Für diese Annahme spricht auch, dass der untere Einschnitt der Diskordia nicht selten ein zu junges, geologisch sinnloses Scheinalter (engl. apparent age) liefert oder sogar am Nullpunkt liegt. Diese Beobachtungen lassen sich dadurch erklären, dass radiogenes $^{206}Pb*$ und $^{207}Pb*$ während der gesamten Lebenszeit eines metamikten Zirkons kontinuierlich aus diesem heraus diffundierte.

Seit der bahnbrechenden Erfindung der Ionensonde SHRIMP (Sensitive High-Resolution Ion MicroProbe) an der Australian National University in Canberra (Compston et al. 1984) ist die *ortsauflösende Isotopen-Analyse* von Zirkon-Einzelkörnern möglich geworden. Eine alternative ortsauflösende Analysenmethode, die ebenfalls sehr genaue Resultate liefert, basiert auf induktiv gekoppelter Plasma-Massenspektroskopie kombiniert mit Laserablation (LA-ICP-MS). Durch diese Verfahren spart man nicht nur die mühsame Gewinnung von Zirkon-Konzentraten, sondern es lassen sich zonar gebaute Zirkone analysieren. Diese enthalten häufig ältere Kerne unterschiedlicher Herkunft (Abb. 11.6, S. 147).

- Sie wurden entweder ursprünglich als Schwermineral transportiert, als stark abgerundete, detritische Körner in klastischen Sedimenten abgelagert und mit diesen metamorph überprägt, oder
- kristallisierten als magmatische Zirkone mit typischem langsäuligem Habitus aus einem Magma aus oder
- wurden während einer frühen Metamorphose mit eher gedrungenen Kristallformen gebildet.

Diese Kernbereiche wurden später im Zuge eines oder mehrerer Metamorphose-Ereignisse durch jüngere, idiomorph oder xenomorph ausgebildete Zirkonhüllen umwachsen. Somit lassen sich ganze Entwicklungsgeschichten metamorpher Kristallingebiete anhand der U-Pb-Isotopien von zonar gebauten Zirkonen herausarbeiten. Als Beispiel dienen ortsauflösende U-Pb-Datierungen, die von Zeh et al. (2011) an zonar gebauten Zirkonen aus einem Tonalitgneis des Ancient Gneiss Complex von Swasiland im südlichen Afrika durchgeführt wurden (Abb. 33.16). Die Kernbereiche der Zirkone ergaben teils konkordante, teils diskordante Werte, die durch Bleiverlust bei der metamorphen Überprägung des tonalitischen Ausgangsmaterials bedingt sind. Der obere Schnittpunkt bei 3 662 ±17 Ma markiert das Kristallisationsalter der Zirkonkerne. Dieses entspricht dem Intrusionsalter des Tonalits, der damit das älteste Gestein ist, das bislang in Afrika datiert wurde. U-Pb-Analysen an Randbereichen anderer Zirkone aus dem gleichen Aufschluss erbrachten deutlich jüngere, konkordante Werte bis hinunter zu 3 131 ±12 Ma, die das Alter der metamorphen Überprägung datieren.

Ähnlich wie das Rb-Sr- und Sm-Nd-System dokumentieren die Isotopen-Verhältnisse $^{206}Pb/^{204}Pb$ und $^{207}Pb/^{204}Pb$ unterschiedliche Isotopen-Reservoire im Erdkörper. Gegenüber dem heutigen Erdmantel, der Bulk Silicate Earth (BSE) sind das Prevalent Mantle Reservoir (PREMA), der angereicherte Erdmantel II (= Enriched Mantle II, EM II), der

Mittelozeanische Rückenbasalt (MORB) und die kontinentale Unterkruste an radiogenen Pb-Isotopen angereichert, während der abgereicherte Erdmantel (= Depleted Mantle, DM), der angereicherte Erdmantel I (= Enriched Mantle I, EM I) und die kontinentale Unterkruste an ^{207}Pb und ^{206}Pb relativ verarmt sind. Daneben gibt es noch die Bereiche im Erdmantel, die durch besonders hohe U/Pb-, ^{206}Pb/^{204}Pb-, ^{207}Pb/^{204}Pb- und ^{208}Pb/^{204}Pb-Verhältnisse bei niedrigen ^{87}Sr/^{86}Sr- und mittleren ^{143}Nd/^{144}Nd-Verhältnissen ausgezeichnet sind und als HIMU (Mantle with High U/Pb Ratio) bezeichnet werden (vgl. Rollinson 1993, p. 265). Die hohen Gehalte an radiogenen Pb-Isotopen wurden ausgelöst durch eine Periode der U-Th-Anreicherung und/oder des Pb-Verlusts im Erdmantel, die wahrscheinlich vor 1,5–2,0 Ga stattfand. Für ihre Erklärung wurden unterschiedliche Modelle diskutiert, z. B. die Zumischung (Recycling) von subduzierter ozeanischer Kruste, die stark durch Meerwasser kontaminiert war.

Für die frühe Geschichte unseres Planetensystems und der Erde sind neben Datierungen mit Sm-Nd- und den U-Pb-Isotopen noch drei weitere Isotopen-Systeme mit extrem kurzen Halbwertszeiten von Interesse: ^{182}Hf/^{182}W (8,9 Ma), ^{53}Mn/^{53}Cr (3,7 Ma) und ^{26}Al/^{26}Mg (0,73 Ma) (vgl. Kleine u. Rudge 2011).

Kalium-Argon- und Argon-Argon-Datierungen

Kalium ($Z = 19$) gehört zu den acht häufigsten chemischen Elementen in der Erdkruste und ist eine wichtige Komponente in gesteinsbildenden Mineralen wie Alkalifeldspat, Biotit, Muscovit, aber auch in Amphibolen. Die ozeanische Kruste enthält durchschnittlich 0,4, die kontinentale Erdkruste 2,4 Gew.-% K$_2$O (Tabelle 33.4). Am Gesamt-K ist das radioaktive Isotop ^{40}K nur mit 0,012 % beteiligt, von dem 89,5 % unter β-Emission zu ^{40}Ca, der Rest zu ^{40}Ar zerfällt. Allerdings ist das radiogene ^{40}Ca für die Isotopengeologie nicht sehr interessant, da sein Mengenanteil in Mineralen und Gesteinen nur wenig variiert und es zudem durch das nicht radiogene ^{40}Ca dominiert wird, das 97 % des Gesamt-Ca ausmacht und in vielen Mineralen eine Hauptkomponente bildet.

Demgegenüber herrscht die radiogene Komponente ^{40}Ar mit einem Anteil von 99,6 % im atmosphärischen Argon vor, was bedeutet, dass fast der gesamte Ar-Gehalt der Erdatmosphäre im Laufe der Erdgeschichte aus dem radioaktiven Zerfall von ^{40}K gebildet wurde. ^{40}Ar entsteht durch drei verschiedene Zerfallsreaktionen, von denen zwei Elektronen-Einfang durch den Atomkern (κ-Prozess), die dritte Positronen-Emission beinhalten; letztere ist jedoch nur zu 0,01 % beteiligt und kann daher vernachlässigt werden.

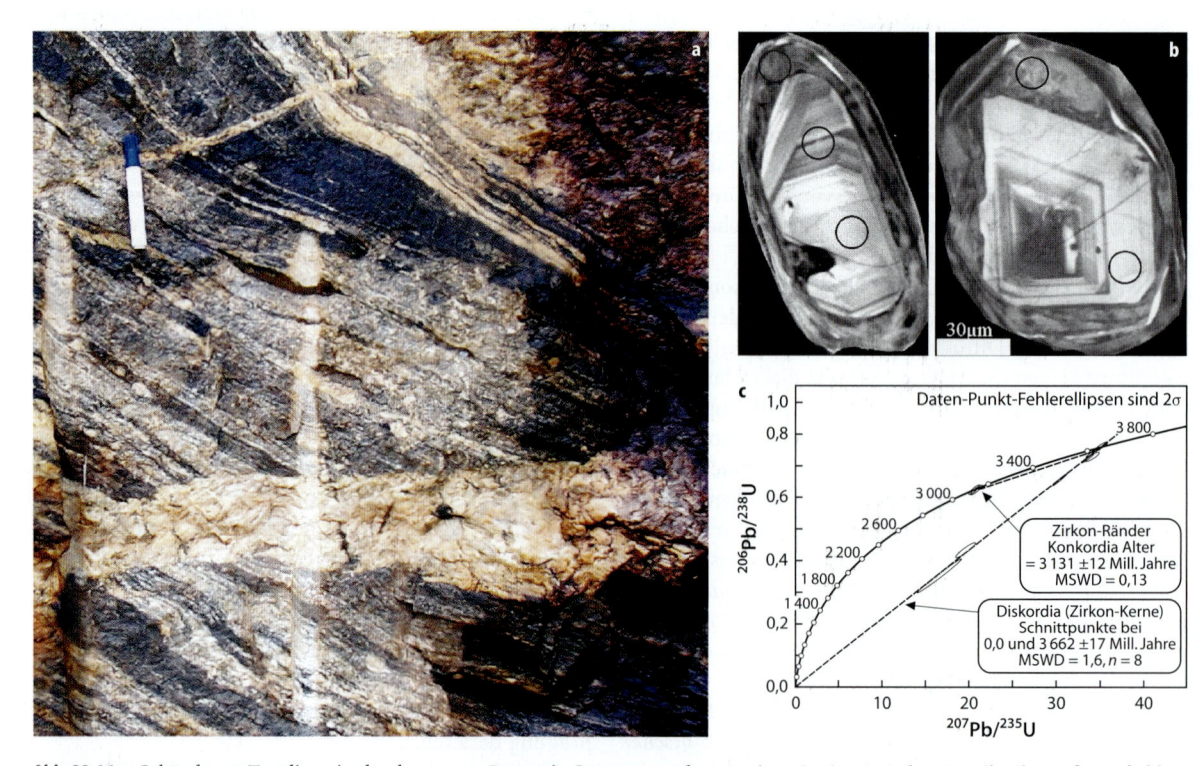

Abb. 33.16. a Gebänderter Tonalitgneis, durchsetzt von Pegmatit-Gängen, aus dem Ancient Gneiss Complex, Swasiland. Straßenaufschluss westlich Piggs Peak. (Foto: Armin Zeh, Frankfurt am Main). **b** Die Kathodolumineszenz-Bilder zeigen die Internstruktur von zwei Zirkonkristallen aus dem Tonalitgneis. Die hellen magmatischen Kerne mit oszillierendem Zonarbau sind umgeben von einem metamorph gebildeten Rand mit grauer, wolkiger Zonierung. Die Kreise markieren die Analysenpunkte für die U-Pb-Datierung. **c** Das Konkodia-Diagramm zeigt die Resultate der U-Pb-Datierung der Zirkonkerne mittels LA-ICP-MS. Das obere Schnittpunktalter der Diskordia von 3 662 ±17 Ma markiert das Kristallisationsalter der Zirkonkerne, das dem Intrusionsalter des Tonalits entspricht. Das konkordante Alter der Zirkon-Ränder von 3 131 ±12 Ma datiert die Zeit der Metamorphose

Die Gesamt-Zerfallskonstante errechnet sich aus der Summe der Konstanten für den ^{40}K → ^{40}Ca- und den ^{40}K → ^{40}Ar-Zerfall zu $\lambda_{\text{total}} = \lambda_\beta + \lambda_\kappa = (4{,}962 + 0{,}581) \times 10^{-10}\,\text{a}^{-1} = 5{,}543 \times 10^{-10}\,\text{a}^{-1}$. Daraus ergibt sich eine Halbwertszeit von 1,25 Ga, die deutlich geringer ist als bei den bisher besprochenen Isotopen-Systemen, abgesehen vom ^{235}U → ^{207}Pb-Zerfall (Tabelle 33.6). Der Anteil des ^{40}K-Atoms, der durch Elektronen-Einfang zu ^{40}Ar zerfällt, ergibt sich aus $\lambda_\kappa / \lambda_{\text{total}}$. Damit erhält die Grundgleichung [33.19] die Form

$$^{40}\text{Ar}_{\text{total}} = {}^{40}\text{Ar}_0 + \frac{\lambda_\kappa}{\lambda_{\text{total}}} \times {}^{40}\text{K}(e^{\lambda_{\text{total}} t} - 1) \quad [33.30]$$

Wenn man davon ausgeht, dass das System zum Zeitpunkt $t_0=0$ bereits völlig entgast war, entfällt $^{40}\text{Ar}_0$ und der Ausdruck vereinfacht sich zu

$$^{40}\text{Ar}^* = \frac{\lambda_\kappa}{\lambda_{\text{total}}} \times {}^{40}\text{K}(e^{\lambda_{\text{total}} t} - 1) \quad [33.31]$$

wobei $^{40}\text{Ar}^*$ das seit dem geologischen Ereignis zum Zeitpunkt $t_0 = 0$ radiogen gebildete Argon ist. Nach t aufgelöst erhält man

$$t = \frac{1}{\lambda_{\text{total}}} \ln\left[\frac{\lambda_{\text{total}}}{\lambda_\kappa} \times \frac{^{40}\text{Ar}}{^{40}\text{K}} + 1\right] \quad [33.32]$$

Ein großer *Vorteil* der K-Ar-Methode liegt in der relativ geringen Halbwertszeit, die es ermöglicht, einen Altersbereich bis hinunter zu einigen hunderttausend Jahren abzudecken, der von kaum einer anderen Datierungsmethode erfasst werden kann. Als Edelgas geht Ar mit anderen Elementen keine chemische Verbindung ein. Ar kann mit dem Gas-Massenspektrometer noch in sehr geringen Konzentrationen quantitativ bestimmt werden, nachdem es durch Aufheizen im Hochvakuum aus der Probe ausgetrieben wurde. Demgegenüber bestimmt man das Gesamt-K auf chemischem Wege, z. B. mittels Flammenfotometrie; durch Multiplikation mit dem Faktor $1{,}2 \times 10^{-4}$ erhält man daraus den Gehalt an ^{40}K. Eine wichtige *Fehlerquelle* bei der Analyse ist eine mögliche Verunreinigung mit *atmosphärischem Ar*, die jedoch über die Messung des atmosphärischen ^{36}Ar-Isotops korrigiert werden kann. Weiterhin muss mit der Anwesenheit von altem, *ererbtem Argon* gerechnet werden, welches durch das thermische Ereignis, das man datieren möchte, nicht vollständig ausgetrieben worden war. Andererseits besteht bei manchen Mineralen die Gefahr eines schleichenden *Argonverlustes*, der besonders bei Temperaturerhöhung eintreten kann. Deswegen sind die Schließungstemperaturen für das K-Ar-System relativ gering, so dass man durch K-Ar-Datierungen typischerweise Abkühlungsalter erhält.

Um das Problem von Ar-Verlusten besser in den Griff zu bekommen, wird in verstärktem Maße die *^{39}Ar-^{40}Ar-Methode* angewendet. Dafür wird ein Teil des ^{39}K im Mineral-Konzentrat durch Bestrahlung mit schnellen Neutronen in ^{39}Ar umgewandelt, wobei es zu kombiniertem Neutronen-Einfang und Protonen-Emission, einer *n,p-Reaktion*, kommt:

$$^{39}_{19}\text{K} + n \rightarrow {}^{39}_{18}\text{Ar} + p \quad (33.8)$$

Anschließend wird das Mineralkonzentrat im Gasmassenspektrometer einer *stufenweisen Aufheizung* unterworfen, um das künstlich erzeugte ^{39}Ar, das jetzt das Mutterisotop repräsentiert, und das geologisch gebildete ^{40}Ar gleichzeitig auszutreiben. Falls im Verlauf der geologischen Entwicklung seit der Zeit t kein Ar-Verlust stattgefunden hat, erhält man während des gesamten Aufheizvorgangs, dem man z. B. ein Amphibol-Konzentrat unterwirft, nahezu

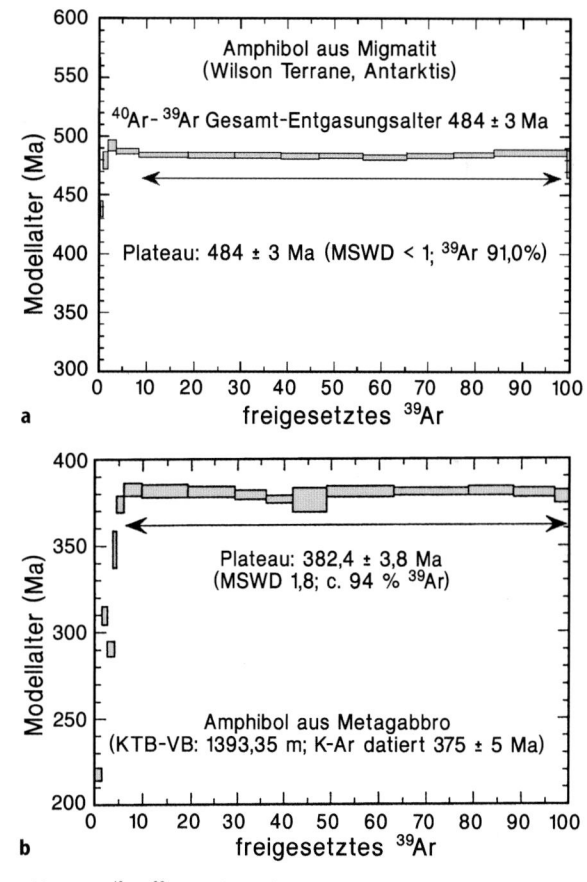

Abb. 33.17. ^{40}Ar/^{39}Ar Spektren für Amphibol-Konzentrate. **a** Migmatit Wilson Terrane, Nord-Viktorialand, Antarktis: sehr gut ausgeprägtes Plateau; das Plateau-Alter von 484 ±3 Ma stimmt mit dem Gesamtentgasungsalter von 484 ±3 Ma überein. (Nach Schüssler et al. 2004). **b** Metagabbro, KTB-Vorbohrung (1 393 m Teufe), Windischeschenbach, Oberpfalz: die ersten Aufheizungsschritte ergeben niedrige Scheinalter, was auf randlichen Argonverlust zurück zu führen ist; ein Plateau wird erst erreicht, nachdem 6 % ^{39}Ar ausgetrieben wurde; dementsprechend ist das konventionelle K-Ar-Alter mit 375 ±5 Ma etwas, wenn auch nicht signifikant geringer als das Plateaualter von ca. 382,4 ±3,8 Ma. (Nach H. Kreuzer, BGR Hannover)

das gleiche Altersdatum. Man erhält dann ein Plateau, wenn man das jeweilige Scheinalter des Amphibols gegen den Prozentsatz an ausgetriebenem ^{39}Ar aufträgt (Abb. 33.17a). Liegt dagegen bei den ersten Aufheizschritten der Alterswert niedriger, so haben die Randbereiche der Amphibolkörner Ar verloren. Ein Plateau wird in diesem Fall – wenn überhaupt – erst dann erreicht, wenn der Aufheizvorgang die Innenzonen der Amphibole erfasst, die dann eine zuverlässige Altersinformation liefern würden (Abb. 33.17b). Im Vergleich zum *Plateaualter* fällt das konventionelle K-Ar-Alter, das man bei *vollständiger* Ausheizung aus dem Gesamt-^{40}Ar-Anteil des Amphibol-Konzentrats erhält, zu gering aus. Ist das K-Ar- bzw. das Ar-Ar-System völlig gestört, dann ergibt sich kein Plateau und damit auch kein geologisch relevantes Alter. Gleiche Überlegungen gelten für die ^{39}Ar-^{40}Ar-Datierungen an Muscovit und Biotit.

Resümee

Durch Analyse radiogener Isotope gewonnene Daten vermitteln nur dann eine sinnvolle geologische Altersinformation, wenn die zugrunde liegenden petrologischen und geochemischen Prozesse möglichst gut verstanden sind. Voraussetzung für eine sinnvolle Interpretation ist eine äußerst sorgfältige Auswahl der Gesteinsproben, wobei man insbesondere auf die Gewinnung frischer Proben zu achten hat. Nach Möglichkeit sollten mehrere Minerale des gleichen Gesteins oder zumindest des gleichen Gesteinskomplexes mit unterschiedlichen Isotopen-Systemen datiert werden, um eine sichere Altersinformation zu erhalten und den Temperatur-Zeit-Pfad zu rekonstruieren. Erfahrungsgemäß führt die enge Zusammenarbeit zwischen Geologen, Petrologen und Isotopen-Geochemikern zu den besten, in nicht seltenen Fällen sogar zu überraschenden Ergebnissen, durch die man wichtige Informationen über die geotektonische Entwicklung eines Abschnittes der Erdkruste erhält.

33.6 Entstehung der chemischen Elemente

Zum Abschluss wollen wir noch einen kurzen Überblick über die Entstehung der chemischen Elemente geben (z. B. Weigert et al. 2005; Unsöld u. Baschek 2005; Truran u. Heger 2005; Rollinson 2007; Schatz 2010; Lauretta 2011). Die Energie, die von Sternen in den Weltraum abgegeben wird, stammt überwiegend von Kernreaktionen im Sterninneren. Die chemischen Häufigkeiten, die in den vergleichsweise kühlen Sternatmosphären durch optische Spektroskopie von Fraunhoferlinien feststellbar sind, weisen nur indirekt auf die Vorgänge im extrem heißen thermonuklearen Reaktor im Sterninnern hin. Mittels der Helio-Seismologie konnte eine Zentraltemperatur der Sonne von $15.7 \pm 0.3 \times 10^6$ K (SOHO-Mission) bestimmt werden. Durch die Messung von solaren Neutrinos gelang auch der direkte Nachweis der Kernreaktionen durch Raymond Davis, der dafür 2002 den Nobelpreis für Physik erhielt. Unter Verwendung kernphysikalischer Messungen der Wirkungsquerschnitte nuklearer Reaktionen können die beobachteten Element-Häufigkeiten anhand theoretischer Modelle erklärt werden.

Am Anfang der Element-Entstehung steht der *Urknall* (engl. Big Bang), der nach heutiger Kenntnis vor 13,7 ±0,2 Ga abgelaufen ist (Bennett et al. 2003). Hierbei kam es zunächst zur *kosmogenen Baryogenese* von Protonen (p) und Neutronen (n), die durch ihre schwache Wechselwirkung (β-Zerfall und inverser β-Zerfall) über einige Zeit im chemischen Gleichgewicht p $\rightleftharpoons$ n verblieben. Nach dem Ausfrieren des chemischen Gleichgewichts infolge der raschen Expansion des Universums unterlagen die Neutronen nun dem freien Zerfall und der Anlagerung an die Protonen (Wasserstoff ^{1}H), was zur Bildung des Wasserstoffisotops ^{2}D führte. Durch weitere Wechselwirkungen entstanden dann die chemischen Elemente (bzw. deren Isotope) ^{3}He, ^{4}He, ^{7}Li und ^{8}B. In den ersten drei Minuten des Universums wurden – mit Ausnahme des Heliums – nur relativ geringe Mengen dieser *leichten* chemischen Elemente durch die *primordiale Nukleosynthese* erzeugt (Weinberg 1977). Sie definieren die ursprüngliche Zusammensetzung der Galaxien und der Sterne, die sich in ihnen bilden. Das Massenverhältnis der Atome He/H $\approx$ 1:4, das bei diesem Ereignis eingestellt wurde, hat sich im Lauf der Entwicklung unseres Sonnensystems kaum geändert. Der zusätzliche Eintrag von Helium durch thermonukleare Reaktionen in Sternen ist vergleichsweise gering.

Alle anderen chemischen Elemente bis hin zum ^{56}Fe (Ordnungszahl 26) entstanden durch *Stellare Nukleosynthese* im Kernbereich von Sternen, und zwar zunächst durch *Wasserstoff-Brennen* unter Bildung von ^{4}He, d. h. durch die Vereinigung von vier Protonen zu einem He-Kern. Das erfolgt entweder ab ca. 5×10^6 K durch die Proton-Proton-Kette (pp-Prozess), durch die auch ^{7}Li und ^{8}Be erzeugt werden, oder oberhalb von 37×10^6 K überwiegend durch den CNO-Zyklus, bei dem geringe Gehalte an ^{12}C, ^{14}N und ^{16}O als Katalysatoren für die He-Produktion wirken, ohne dass sich ihr Mengenanteil verändert. Das Wasserstoff-Brennen, das z. Zt. in unserer Sonne abläuft, ist ein relativ langsamer thermonuklearer Prozess: Es dauert mehr als zehn Milliarden Jahre, bis sämtlicher Wasserstoff verbraucht ist. Danach kommt es bei genügend massereichen Sternen zu einer Kontraktion des Kerns, bei der sich die Zentraltemperatur soweit erhöht, dass oberhalb von $1,9 \times 10^8$ K das *Helium-Brennen* stattfinden kann. Dabei wird auf dem Umweg über ^{8}Be durch Vereinigung von drei ^{4}He zunächst ^{12}C (3α-Reaktion), später durch Aufnahme eines vierten ^{4}He ^{16}O erzeugt. Die Dauer dieses Prozesses beträgt nur 1,2 Ma. Sobald He weitgehend verbraucht ist, beginnt bei $8,7 \times 10^8$ K der rasche Prozess des *Kohlenstoff-Brennens,* der innerhalb von 980 Jahren zur Bildung der schwereren Elemente ^{24}Mg, ^{23}Na und ^{20}Ne führt. Bei noch höheren Temperaturen von $1{,}6 \times 10^9$ K entstehen durch das *Neon-Brennen* in 219 Tagen ^{16}O und ^{24}Mg, untergeordnet ^{27}Al und ^{31}P. Durch das nachfolgende *Sauerstoff-Brennen* bilden sich dann bei $2{,}0 \times 10^9$ K in einem Zeitraum von 475 Tagen durch Sauerstoff-Fusionsreaktionen (α-Prozess) ^{32}S, ^{31}P, ^{31}S und ^{28}Si, untergeordnet ^{35}Cl, ^{40}Ar, ^{39}K und ^{40}Ca. Bei diesen nuklearen Prozessen wird im Inneren eines Sterns zunehmend ^{28}Si angereichert, aus dem sich wiederum durch das *Silizium-Brennen* oberhalb von $3{,}3 \times 10^9$ K innerhalb von etwa 11 Tagen durch die Reaktion ^{28}Si + ^{28}Si $\rightarrow$ ^{56}Fe das stabilste Element ^{56}Fe bildet, wobei als Zwischenprodukte ^{48}Ti, ^{51}V, ^{52}Cr, ^{55}Mn, ^{59}Co und ^{58}Ni entstehen. Durch exotherme Kernfusion können nun keine weiteren Elemente mehr erzeugt werden.

Ungefähr die Hälfte der chemischen Elemente zwischen Fe und Bi entstehen durch den sogenannten *s-Prozess* (s = slow), wobei in der Zone des Helium-Brennens in der Sternklasse der Roten Riesen (vgl. Abb. 34.1, S. 631) Neutronen an die Atomkerne angelagert werden. Wegen der dort vorherrschenden relativ niedrigen Neutronendichte ist die Einfangzeit für Neutronen lang im Vergleich zur Zeitskala des β-Zerfalls. Bevor sich also weitere Neutronen anlagern, kommt es zur Umwandlung des Kerns in einen Kern mit einer um eins erhöhten Ordnungszahl.

Die übrigen chemischen Elemente jenseits des ^{56}Fe entstehen überwiegend beim *explosiven Brennen in Supernovae* durch den *r-Prozess* (r = rapid). Nach heutiger Kenntnis fand die erste Supernova-Explosion vor ungefähr 300 Mio Jahren statt (Frebel 2010). Beim Kernkollaps massereicher Sterne entstehen sehr große Neutronenflüsse und infolge dessen kommt es zur wiederholten Neutronenanlagerung, bevor sich die Ordnungszahl durch den β-Zerfall erhöht. Somit können auch neutronenreiche Atomkerne wie Germanium, Xenon oder Platin produziert werden, die durch den s-Prozess nicht erreicht werden. Bei Temperaturen von 2 bis >10×10^9 K entstehen innerhalb weniger Sekunden schwere Elemente bis hin zu Uran und Thorium.

Trägt man die *solare Häufigkeit der chemischen Elemente* gegen die Ordnungszahl auf, so ergibt sich tendenziell eine sanft abfallende Kurve, die zeigt, dass leichte Elemente häufiger als schwere sind. Das entspricht der geschilderten Abfolge der Element-bildenden Prozesse. Das Zickzack-Muster der Kurve lässt erkennen, dass Elemente mit gerader Ordnungszahl, d. h. mit gepaarten Neutronen in ihrem Kern, häufiger sind als die benachbarten Elemente mit ungerader Ordnungszahl. Eine negative Anomalie bilden die leichten Elemente Li, B und Be, die bei der stellaren Kernfusion lediglich Zwischenprodukte darstellen und durch Photodissoziation bei den hohen Kerntemperaturen sofort wieder zerstört werden. Nur ein sehr geringer Anteil dieser Elemente kann durch Konvektion in die Stern-Atmosphären gelangen. Weitaus

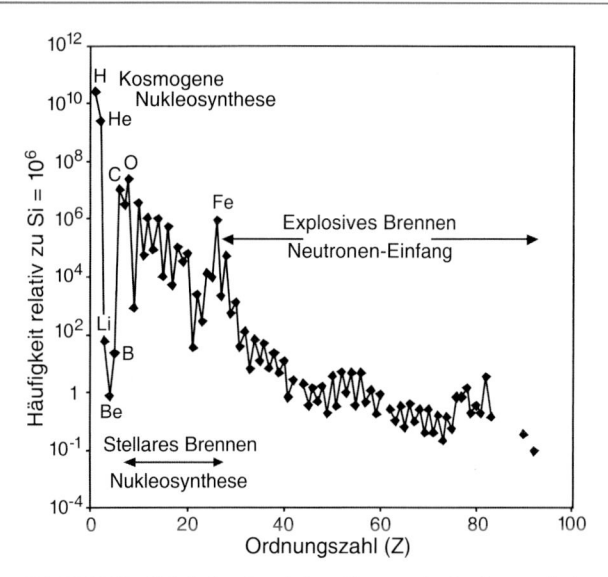

Abb. 33.18. Häufigkeit der chemischen Elemente in der Sonne relativ zu Si = 10^6, aufgetragen gegen die Ordnungszahl. (Aus Rollinson 2007)

größer ist der Beitrag aus der primordialen Nukleosynthese und der Spallation kosmischer Strahlung, also der Aufspaltung von Elementen der CNO-Gruppe bei energiereichen Kern-Kern Kollisionen.

Zu den schwierigsten, aber auch reizvollsten Aufgaben der Astrophysik gehört die „stellare Archäologie", d. h. die Suche nach den primitiven Sternen der ersten Generation in unserer Milchstraße oder in weiter entfernten Galaxien (Frebel 2010). Von diesen frühen Sternen sind nur die massearmen von <0,8 Sonnenmassen noch erhalten, da ihre Lebenserwartung größer ist als das jetzige Alter des Universums. Demgegenüber sind massereichere Sterne aus jener frühen Zeit schon längst als Supernovae explodiert. Die frühen Sterne bestehen hauptsächlich aus Wasserstoff und Helium, enthalten aber nur geringe Mengen an chemischen Elementen, die schwerer als Helium sind und in der Astrophysik als „Metalle" bezeichnet werden. Demgegenüber besitzen jüngere Sterne, die sich in einem fortgeschritteneren Entwicklungszustand befinden, höhere „Metall"-Gehalte, ausgedrückt durch die Kennzahl [Fe/H], die das Anzahlverhältnis der Eisen- und Wasserstoff-Atome in einem Stern (✱) bezogen auf dieses Verhältnis in der Sonne (☉) angibt:

$$[\text{Fe}/\text{H}] = \log (N_{\text{Fe}}/N_{\text{H}})_\ast - \log (N_{\text{Fe}}/N_{\text{H}})_\odot \quad [33.33]$$

Jeder Stern mit einem negativen [Fe/H]-Wert, d. h. einem kleineren Eisen/Wasserstoff-Verhältnis als in der Sonne, gilt als metallarm. Während die metallreichsten Sterne in der Milchstraße [Fe/H]-Werte bis +0,5 besitzen, wurde für den bislang metallärmsten Stern in unserer Galaxie ein [Fe/H]-Wert von −5,4 gefunden, entsprechend einem Fe-Gehalt von 1:250 000 von dem in der Sonne (Frebel 2010).

Weiterführende Literatur

Barnes HL (ed) (1997) Geochemistry of hydrothermal ore deposits, 3rd ed. Wiley, New York

Bennett CL und 20 weitere Autoren (2003) First year Wilkinson Microwave Anisotropy Probe (WMAP) observations: Preliminary maps and their basic results. Astrophys J Suppl 148:1–27

Bourdon B, Henderson GM, Lundstrom CC, Turner SP (eds) Uranium-series geochemistry. Rev Mineral Geochem 50

Brown GC, Mussett AE (1981, 1993) The inaccessible Earth, 1st and 2nd edn. Chapman & Hall, London

Burns PC, Finch R (eds) (1999) Uranium: mineralogy, geochemistry and the environment. Rev Mineral Geochem 52

De Paolo DJ (1988) Neodymium isotope geochemistry: An introduction. Springer-Verlag, Berlin Heidelberg New York

Dickin AP (1997) Radiogenic isotope geology, 2nd edn. Cambridge Univ Press, Cambridge, UK

Faure G (1986) Principles of isotope geology, 2nd edn. Wiley, New York

Frebel A (2010) Aus der Kinderzeit unserer Galaxis. Was metallarme Sterne über die Geburt des Milchstraßensystems verraten. Sterne und Weltraum 7/2010:30–39

Gill RCO (1993) Chemische Grundlagen der Geowissenschaften. Enke, Stuttgart (Übersetzung der engl. Originalausgabe)

Goldschmidt VM (1954) Geochemistry. Clarendon Press, Oxford

Grew ES (ed) (2002) Beryllium – Mineralogy, petrology, geochemistry. Rev Mineral Geochem 50

Grew ES, Anovitz LM (ed) (1996) Boron – Mineralogy, petrology and geochemistry. Rev Mineral 33

Harley SL, Kelly NM (2007) Zircon – Tiny but timely. Elements 3:13–18

Hoefs J (2004) Stable isotope geochemistry, 5th ed. Springer-Verlag, Berlin

Jäger E, Hunziker JC (eds) (1977) Lectures in isotope geology. Springer-Verlag, Berlin Heidelberg New York

Johnson CM, Beard BL, Albarède F (eds) (2004) Geochemistry of non-traditional stable isotopes. New views of the Moon. Rev Mineral Geochem 55

Klein M (2005) Geochemistry of the igneous oceanic crust. In: Rudnick RL (ed) The Crust. In: Holland HD, Turekian KK (eds) Treatise on geochemistry 3. Elsevier, Amsterdam, pp 433–463

Kleine T, Rudge JF (2011) Chronometry of meteorites and the formation of Earth and Moon. Elements 7:41–46

Krauskopf KB (1979) Introduction to geochemistry, 2nd edn. MacGraw-Hill, New York

Lauretta DS (2011) A cosmochemical view of the solar system. Elements 7:11–16

Mason B, Moore CB (1982) Principles of geochemistry, 4rd edn. Wiley, New York London Sydney

Mason B, Moore CB (1985) Grundzüge der Geochemie. Enke, Stuttgart (Übersetzung der 4. engl. Aufl, 1982)

McDonough WF, Sun S-S (1995) Composition of the Earth. Chem Geol 120:223–253

Palme H, Jones A (2005) Solar system abundances of the elements. In: Davis AM (ed) Meteorites, comets, and planets. Elsevier, Amsterdam Oxford, pp 41–61

Ringwood AE (1975) Composition and petrology of the Earth's mantle. McGraw-Hill, New York

Rollinson H (1993) Using geochemical data: Evaluation, presentation, interpretation. Longman, Harlow, Essex, UK

Rollinson H (2007) Early Earth systems. A geochemical approach. Blackwell, Malden, MA, USA

Rösler HJ, Lange H (1972) Geochemical tables. Edition Leipzig, Leipzig

Rudnick RL, Gao S (2005) Composition of the continental crust. In: Rudnick RL (ed) The Crust. In: Holland HD, Turekian KK (eds) Treatise on geochemistry 3. Elsevier, Amsterdam, pp 1–65

Schatz H (2010) The evolution of elements and isotopes. Elements 6:13–17

Scherer EE, Whitehouse MJ, Münker C (2007) Zircon as a monitor of crustal growth. Elements 3:19–24

Truran JW Jr, Heger A (2005) Origin of the elements. In: Davis AM (ed) Meteorites, comets, and planets. Elsevier, Amsterdam Oxford, pp 1–15

Unsöld A, Baschek B (2005) Der neue Kosmos, 7. Aufl. Korrigierter Nachdruck, Springer-Verlag, Berlin Heidelberg New York

Valley JM, Cole DR (ed) (2001) Stable isotope geochemistry. Rev Mineral Geochem 43

Valley JW, Taylor HP Jr, O'Neil JR (eds) (1986) Stable isotopes and high temperature geological processes. Rev Mineral 16

Wedepohl KH (ed.) (1969–1978) Handbook of geochemistry, vol I, II-1, II-2, II-3, II-4. Springer-Verlag, Berlin Heidelberg New York

Weigert A, Wendger H, Wisotzki L (2005) Astronomie und Astrophysik – Ein Grundkurs, 4. Aufl, Wiley-VCH, Weinheim

Weinberg S (1977) Die ersten drei Minuten – Der Ursprung des Universums. Piper, München

White WM (2007) Geochemistry. An online textbook to be published by John-Hopkins University Press

Wilson M (1988) Igneous petrogenesis – A global tectonic approach. Harper Collins, London

Zitierte Literatur

Allègre C-J, Poirier J-P, Humler E, Hofmann AW (1995) The chemical composition of the Earth. Earth Planet Sci Lett 134:515–526

Bluth GL, Ohmoto H (1988) Sulfide-sulfate chimneys on the East Pacific Rise, 11° and 13° N latitudes. Part II: Sulfur isotopes. Can Mineral 26:505–515

Bowrings SA, Williams IS (1999) Priscoan (4.00–4.03 Ga) orthogneisses from northwestern Canada. Contrib Mineral Petrol 134:3–16

Boynton WV (1984) Geochemistry of the rare earth elements: Meteorite studies. In: Henderson P (ed) Rare earth element geochemistry. Elsevier, Amsterdam, pp 63–114

Cissarz A (1965) Einführung in die allgemeine und systematische Lagerstättenlehre, 2. Aufl. Schweizerbart, Stuttgart

Clarke FW (1924) The data of geochemistry, 5th edn. US Geol Surv Bull 770

Compston W, William IS, Meyer C (1984) U-Pb geochronology of zircons from lunar breccia 73217 using a sensitive high mass-resolution ion microprobe. Proc 14th Lunar Planet Sci Conf. J Geophys Res 89 (Suppl):B525–B534

Christensen PR, et al. (2004) Mineralogy at Meridiani Planum from the Mini-TES experiment on the Opportunity rover. Science 306:1733–1739

Dombrowski A, Henjes-Kunst F, Höhndorf A, et al. (1995) Orthogneisses in the Spessart Crystalline Complex, north-west Bavaria: Silurian granitoid magmatism at an active continental margin. Geol Rundschau 84:399–411

Eldridge CS, Compston W, Williams IS, et al. (1988) Sulfur isotope variability in sediment-hosted massive sulfide deposits as determined with the ion-microprobe, SHRIMP: I. An example from the Rammelsberg orebody. Econ Geol 83:443–449

Frimmel HE (2008) Earth's continental gold endowment. Earth Planet Sci Lett 267:45–55

Ganapathy R, Anders E (1974) Bulk composition of the moon and earth, estimated from meteorites. Proc 5th Lunar Sci Conf 2:1181–1206 (Geochim Cosmochim Acta Suppl 5)

Goldschmidt VM (1933) Grundlagen der quantitativen Geochemie. Fortschr Mineral Krist 17:112–156

Green TH (1980) Island arc and continent-building magmatism: A review of petrogenetic models based on experimental petrology and geochemistry. Tectonophysics 63:367–385

Hofmann AW (1997) Mantle geochemistry: The message from oceanic volcanism. Nature 385:221–229

Javoy M (1999) Chemical Earth models. CR Acad Sci Paris, Earth Planet Sci 329:537–555

Nicolaysen LO (1961) Graphic interpretation of discordant age measurements on metamorphic rocks. Ann NY Acad Sci 91:198–206

Ohmoto H, Rye RO (1979) Isotopes of sulfur and carbon. In: Barnes HL (ed) Geochemistry of hydrothermal ore deposits. Wiley, New York, pp 509–567

Pauling L (1959) The nature of the chemical bond, 3rd edn. Oxford University Press, Oxford

Pearce JA (1983) The role of sub-continental lithosphere in magma genesis at destructive plate boundaries. In: Hawkesworth CJ, Norry MJ (eds) Continental basalts and mantle xenoliths. Shiva, Nantwich, Cheshire, UK, pp 230–249

Pearce JA, Cann JR (1973) Tectonic setting of basic volcanic rocks determined using trace element analysis. Earth Planet Sci Lett 19:290–300

Pearce JA, Harris NBW, Tindle AG (1984) Trace element discrimination diagrams for the tectonic interpretation of granitic rocks. J Petrol 25:956–983

Poirier J-P (1994) Light elements in the Earth's outer core: a critical review. Phys Earth Planet Sci Int 85:383–427

Ringwood AE (1966) The chemical composition and origin of the earth. In: Hurley PM (ed) Advances in earth sciences. MIT Press, Cambridge, Mass, pp 287–356

Ronov AB, Yaroshevky AA (1969) Chemical composition of the Earth's crust. In: Hart PJ (ed) The Earth's crust and upper mantle. Am Geol Union, pp 37–57

Rutherford E, Soddy F (1903) Radioactive change. Phil Mag 6:576–591

Schidlowski M (1988) A 3 800-million-year isotopic record of life from carbon in sedimentary rocks. Nature 333:313–318

Schüssler U, Henjes-Kunst F, Talarico F, Flöttmann T (2004) High-grade crystalline basement of the northwestern Wilson Terrane at Oates Coast: New petrological and geochronological data and implications for its tectonometamorphic evolution. Terra Antartica 11:15–34

Shervais JW (1982) Ti-V plots and the petrogenesis of modern and ophiolitic lavas. Earth Planet Sci Lett 59:101–118

Spohn T (1991) Mantle differentiation and thermal evolution of Mars, Mercury and Venus. Icarus 90:222–236

Sun S-S (1980) Lead isotopic study of young volcanic rocks from mid-ocean ridges, ocean islands and island arcs. Phil Trans R Soc London A297:409–445

Thompson RN, Morrison MA, Hendry GL, Parry SJ (1984) An assessment of the relative roles of crust and mantle in magma genesis: an elemental approach. Phil Trans R Soc London A310: 549–590

Wedepohl KH (1994) The composition of the continental crust. Mineral Mag 58A:959–960

Whittacker EJW, Muntus R (1970) Ionic radii for use in geochemistry. Geochim Cosmochim Acta 34:945–956

Zeh A, Gerdes A, Millonig L (2011) Hafnium isotope record of the Ancient Gneiss Complex, Swaziland, southern Africa: Evidence for Archean crust–mantle formation and crust reworking between 3.66 and 2.73 Ga. J Geol Soc, London 168:953–963

Die Entstehung unseres Sonnensystems

34.1 Frühe Theorien und erste Belege

34.2 Sternentstehung

34.3 Zusammensetzung des Solarnebels

34.4 Entstehung der Planeten

Bevor wir uns der Frage zuwenden, welche Prozesse zur Entstehung unseres Sonnensystems geführt haben, müssen wir uns zunächst einige grundlegende Tatsachen ins Gedächtnis rufen (Unsöld u. Baschek 2005; Chambers 2005; Weigert et al. 2005):

1. Die Bahnen der Planeten sind nahezu kreisförmig und koplanar; sie besitzen den gleichen Umlaufsinn, der mit dem der Sonne übereinstimmt. Nach der Regel von Titius-Bode

$$a_n = a_0 k^n \qquad [34.1]$$

bilden die Bahnradien ungefähr eine geometrische Reihe, wobei die Nummerierung mit der Erde $n = 1$ beginnt, $a_0 = 1$ AE, d. h. die Entfernung Erde–Sonne und $k \cong 1{,}8$ ist. Dabei werden die Asteroiden gemeinsam als *ein* planetarischer Körper behandelt.

2. Mit Ausnahme von Venus und Pluto erfolgt die Rotation der Planeten im gleichen Sinn wie der Umlaufsinn; der Eigendrehimpuls verläuft überwiegend parallel zum Bahndrehimpuls (Ausnahme Uranus und Pluto). Die Rotationsachsen der meisten Planeten weisen eine deutliche Neigung gegenüber ihrer Umlaufbahn um die Sonne auf.

3. Die Sonne enthält 99,87 % der Masse, aber nur 0,54 % des Drehimpulses unseres Planetensystems; demgegenüber besitzen die Planeten nur 0,135 % der Masse und 99,46 % des Drehimpulses. Im Vergleich zur Sonne sind die Planeten, deren Satelliten und die Asteroiden an leichtflüchtigen (volatilen) Komponenten verarmt, jedoch in unterschiedlichem Maß.

4. Wie man Tabelle 32.1 (S. 569) entnehmen kann, ist die mittlere Dichte der sonnennahen, erdähnlichen Planeten relativ groß; diese sind also stark an leichtflüchtigen Komponenten verarmt. Die sonnenfernen Riesenplaneten besitzen dagegen sehr viel geringere Dichten und sind sehr viel reicher an volatilen Komponenten; viele der Satelliten dieser großen Planeten sind reich an Eis. Die primitiven C1-Chondrite, die wahrscheinlich aus dem äußeren Asteroiden-Gürtel stammen, entsprechen in ihrer chemischen Zusammensetzung nahezu der Sonne, abgesehen von den stark volatilen Komponenten.

5. Die erdähnlichen Planeten rotieren relativ langsam; sie besitzen nur wenige Satelliten mit Bahnen geringer Exzentrizität, geringer Neigung zur Äquatorebene und direktem Umlauf. Demgegenüber zeigen die großen Planeten relativ rasche Rotation und besitzen zahlreiche Satelliten mit erheblich größeren Exzentrizitäten und Bahnneigungen; charakteristisch sind außerdem Ringsysteme.

6. Die zahlreichen Impakt-Krater, die wir auf den Oberflächen der Planeten und ihrer Satelliten bis hinaus zum Uranus-System beobachten, weisen darauf hin, dass es in der Frühzeit unseres Planetensystems eine wesentlich höhere Anzahl von *Planetesimalen*, d. h. kleinen festen Körpern von einigen km $\varnothing$ gegeben hat als heute.

7. Genaue isopische Altersbestimmungen stellen sicher, dass unser Planetensystem vor 4,57 Ga innerhalb eines relativ kurzen Zeitintervalls entstanden ist.

34.1 Frühe Theorien und erste Belege

Alle Theorien zur Entstehung unseres Sonnensystems basieren auf der Vorstellung von einer flachen, rotierenden Scheibe, die aus kosmischem Gas und Staubteilchen bestand. Aus diesem *Solarnebel* entwickelten sich Planeten, die etwa in der gleichen Ebene und in gleicher Richtung um ihr Zentralgestirn, die Sonne, rotierten. Die Idee des Solarnebels wurde 1755 erstmals von dem deutschen Philosophen und theoretischen Physiker Immanuel Kant (1724–1804) formuliert. Er nahm an, dass das frühe Universum gleichmäßig mit einem Gas gefüllt war. Da eine solche Konfiguration gravitativ instabil war, mussten sich die Gase zu vielen großen Klumpen zusammenballen, die sich durch Rotation zu flachen Scheiben entwickelten. Aus einer von ihnen entstand unser Sonnensystem. Ohne die Kant'schen Arbeiten zu kennen, entwickelte 1796 der französische Mathematiker und Astronom Pierre Simon Laplace (1749–1827) eine sehr ähnliche, wenn auch nicht in allen Punkten übereinstimmende Theorie.

Diese, als *Kant-Laplace'sche Theorie* bezeichneten Vorstellungen sind auch heute noch in Grundzügen gültig und wurden in modifizierter Form auch durch moderne Astrophysiker wie von Weizsäcker, Lüst, ter Haar, Kuiper u. a. vertreten. Wie Unsöld und Blaschek (2005) betonen, sprechen die erstaunlichen Regelmäßigkeiten im Bau unseres Planetensystems für eine Entwicklung aus sich heraus, ohne die katastrophale Einwirkung eines nahe an der Sonne vorbeiziehenden Sterns. Allerdings gelang es erst in den 1980er Jahren, zumindest *indirekte Hinweise* auf die Existenz von Gas-Staub-Scheiben zu finden (z. B. Wood 1999). Einige der jungen, nur 1 Ma alten *T-Tauri-Sterne* zeigen einen Überschuss an Infrarot-Strahlung. Diese Tatsache lässt sich dadurch erklären, dass diese Sterne von einer Gas-Staub-Hülle umgeben sind, die durch kurzwellige Strahlung vom zentralen Stern aufgeheizt und zur Emission von langwelliger Strahlung im IR- und Radiowellen-Bereich angeregt werden. Wäre diese Gas-Staub-Hülle gleichmäßig und kugelförmig um den Stern verteilt, könnte man diesen gar nicht sehen, weil die langwellige Strahlung das sichtbare Licht abschirmen würde. Ist dagegen die Gas-Staub-Hülle diskenförmig ausgebildet, wird der Zentralstern sichtbar. In den folgenden Jahren gelang mit Hilfe von Radio-Teleskopen und besonders des höchstauflösenden Hubble-Weltraum-Teleskops die *direkte Beobachtung* von protoplanetaren Gas-Staub-Scheiben, den sog. *Proplyds* (engl. protoplanetary disks). Das gilt insbesondere für die jungen, nur einige Millionen Jahre alten Sterne vom T-Tauri-Typ, die im 1 600 Lichtjahre entfernten *Orion-Nebel* vorkommen. Diese Proplyds sind 2–8 mal so groß wie unser Sonnensystem und enthalten genügend Gas und Staub für die Bildung zukünftiger Planetensysteme (Wood 1999). Tatsächlich gelang es kürzlich durch Infrarot-Beobachtungen, in einer Gas-Staub-Scheibe, die einen Protostern umgibt, einen Planeten nachzuweisen (Henning 2008).

34.2 Sternentstehung

Wie bereits von Kant vorausgesehen, beginnt die Entwicklung eines Sterns mit dem gravitativen Kollaps eines riesigen Volumens von interstellarem Gas und Staub. Durch diesen Prozess, der noch längst nicht voll verstanden ist, kommt es zu einer erheblichen Verdichtung der interstellaren Materie auf ungefähr 10 000 Gasmoleküle pro cm^3, ein Betrag, der allerdings um Größenordnungen geringer ist als die Gasdichte in der Erdatmosphäre! Solche Gas-Staub-Wolken, wie sie z. B. der Orion-Nebel darstellt, sind dunkel, kalt (10 bis 50 K ≈ –260 bis –220 °C) und turbulent. An einzelnen Stellen verdichtet sich die interstellare Materie zu *Wolkenkernen*, die bevorzugte Orte des gravitativen Kollapses darstellen. Obwohl die Magnetfelder, welche die Wolke durchziehen, der Massenanziehung entgegen wirken, überwiegen in manchen Fällen die Gravitationskräfte, so dass die interstellare Materie beginnt, mit Fallgeschwindigkeit in den Wolkenkern zu stürzen. In dem *Protostern*, der sich so entwickelt, steigen Druck und Temperatur an und er beginnt, Energie nach außen abzustrahlen. Während der Wolkenkern zunächst ein sehr geringes Drehmoment besitzt, nimmt dieses im Protostern immer mehr zu und konzentriert sich zu einer protoplanetaren *Akkretionsscheibe* aus Gas und Staub (*Proplyd*), die sich durch Abtragung von Materie aus der nördlichen und südlichen Hemisphäre des Protosterns allmählich herausbildet (vgl. Wood 1999).

Sobald die Scheibe etwa ein Drittel der Masse der neuen Protosonne erreicht hat, wird sie gravitativ instabil und es bilden sich asymmetrisch verteilte Materie-Klumpen, die Gezeitenkräfte aufeinander ausüben. Diese Instabilitäten führen zum Materietransport nach innen und damit zum Anwachsen der Protosonne, aber auch nach außen an den Rand des Systems. Zusätzlich beobachtet man an T-Tauri-Sternen mit Radio-Teleskopen auch heftige bipolare Winde, die Materie nach oben und unten aus dem Proplyd heraus in den Weltraum ausblasen. Während der Kollapsphase wird der Drehimpuls durch turbulente und magnetische Reibung innerhalb der Akkretionscheibe zunehmend nach außen transportiert (z. B. Unsöld u. Baschek 2005). Dieser *T-Tauri-Zustand* dauert ungefähr 10 Millionen Jahre an, bis im Kern Temperaturen erreicht werden, die ein *Wasserstoff-Brennen*, d. h. eine nukleare Verschmelzung von Wasserstoff-Kernen unter Bildung von Helium ermöglichen (vgl. Abschn. 33.6, S. 624f). Dadurch setzt die Entwicklung zu einem Stern der *Hauptsequenz* ein (Abb. 34.1) und die Gas-Staub-Scheibe löst sich allmählich auf: Immer mehr Materie wird in der Protosonne konzentriert, durch deren UV-Strahlung die verbleibenden Gase aufgeheizt werden und größtenteils in den Weltraum entweichen. Nur ein geringer Anteil der ehemaligen Gas-Staub-Scheibe konzentriert sich in diskreten Materieklumpen, die in Umlaufbahnen um die Protosonne kreisen und zu Vorläufern der späteren Planeten werden (z. B. Wood 1999).

Abb. 34.1.
Hertzsprung-Rusell-Diagramm. Aufgetragen ist die Leuchtkraft (visuelle absolute Helligkeit M_v) gegen den Spektraltyp bzw. den Farbindex; diese sind umgekehrt proportional der Oberflächen-Temperatur. **a** 943 Einzelsterne, vom Erdboden aus gemessen; **b** 16 243 Einzelsterne vom Astronomie-Satelliten HIPPARCOS gemessen. (Nach Unsöld u. Baschek 2005 mit Ergänzungen nach Rollinson 2007 und Faure u. Mensing 2007)

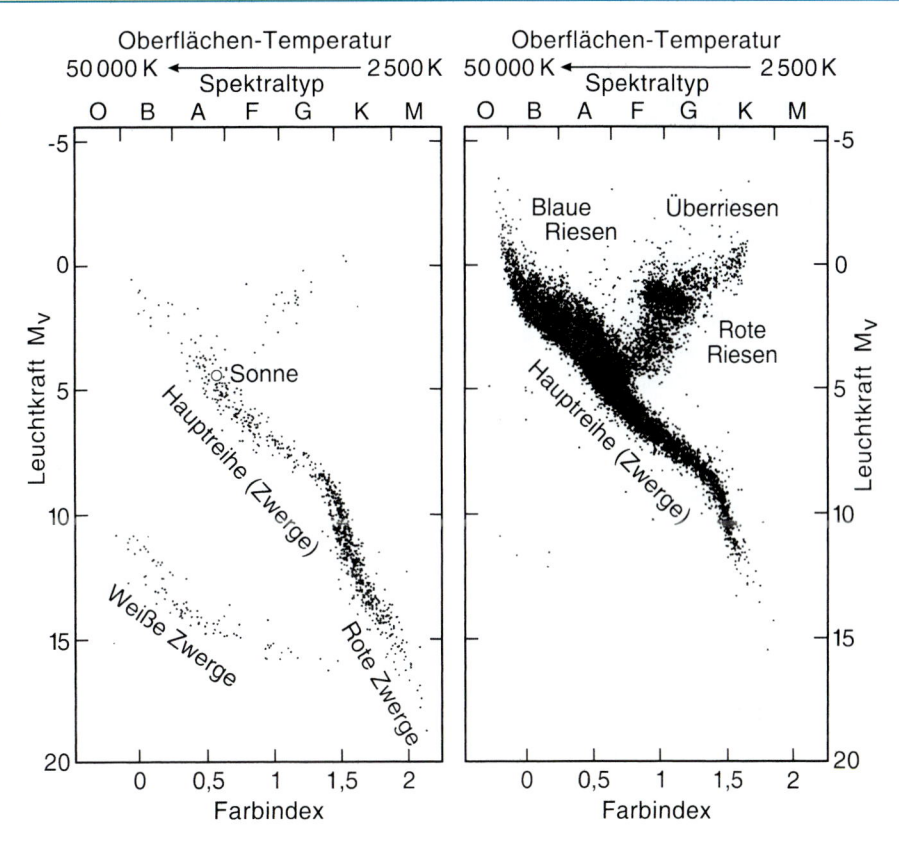

Sterne werden anhand des Hertzsprung-Russell-Diagramms klassifiziert, in dem auf der Ordinate die *Leuchtkraft* (*absolute Helligkeit* M_v), auf der Abszisse der *Spektraltyp* (bzw. der *Farbindex*) aufgetragen werden, die umgekehrt proportional der absoluten Temperatur sind (Abb. 34.1). Die meisten Sterne befinden sich im engen Band der *Hauptreihe* (sog. *Zwerge*). Diese erstreckt sich diagonal von den (absolut) hellen, blau-weißen B- und A-Sternen mit Temperaturen von ca. 25 000–10 000 K (z. B. die Gürtelsterne im Orion) über die gelben Sterne (z. B. die Sonne) mit einer Temperatur von ca. 6 000 K bis zu den schwachen roten M-Sternen mit Temperaturen von 3 600–3 000 K. Für die gesamte Abfolge der Spektraltypen entwarf Russell für seine Studenten in Princeton den Merkspruch: **O Be A Fine Girl, Kiss Me Right Now**. Rechts oberhalb der Hauptreihe befinden sich die Riesensterne, deren Leuchtkraft, bezogen auf den Spektraltyp, ungewöhnlich groß ist, links unterhalb dagegen liegen die Zwergsterne mit viel kleinerer Leuchtkraft. Die jungen, relativ kühlen *T-Tauri-Sterne* liegen oberhalb der Hauptsequenz, auf die sie sich durch Erhitzen infolge von Wasserstoff-Brennen allmählich zuentwickeln (Unsöld u. Blaschek 2005).

34.3
Zusammensetzung des Solarnebels

Der weit überwiegende Anteil der innerstellaren Materie, aus der letztlich unser Sonnensystem entstanden ist, besteht aus Wasserstoff und Helium, die durch den *Urknall* (engl. *Big Bang*) gebildet wurden, und zwar vor 13,7 ±0,2 Ga (Bennett et al. 2003). Das interstellare Medium, aus dem sich das Sonnensystem gebildet hatte, wurde allerdings bereits durch frühere Generationen von Sternen mit schweren Elementen angereichert. Elemente wie Mg, Si und Fe wurden durch Sternwinde oder durch Supernova-Explosionen im Weltraum verteilt. Noch im Weltraum kondensieren sich die übrigen Elemente, und zwar hauptsächlich durch Verbindung mit Sauerstoff, zu unterschiedlichen Mineralen. Bei einem Druck von 0,001 bar und sinkender Temperatur erfolgt so die Kondensation der Solarmaterie in mehreren Stufen (Davis u. Richter 2005; vgl. Abb. 34.2):

- 1 500–1 470 °C: Korund Al_2O_3
- 1 470–1 230 °C: Hibonit $CaAl_{12}O_{19}$
- 1 420–1 180 °C: Perowskit $CaTiO_3$
- 1 360–1 170 °C: Gehlenit $Ca_2Al[AlSiO_7]$
- 1 240–1 170 °C: Åkermanit $Ca_2Mg[Si_2O_7]$
- 1 230–1 140 °C: Al-Spinell ≈ $MgAl_2O_4$
- ≤1 190 °C: Metallisches Nickeleisen (Fe,Ni)
- ≤1 180 °C: Diopsid $CaMg[Si_2O_6]$
- ≤1 170 °C: Forsterit $Mg_2[SiO_4]$
- ≤1 150 °C: Anorthit $Ca[Al_2Si_2O_8]$
- ≤1 090 °C: Enstatit $Mg_2[Si_2O_6]$
- ≤ ca. 1 080, verstärkt ≤800 °C: Albit $Na[AlSi_3O_8]$
- ≤950 °C: Cr-Spinell ≈ $MgCr_2O_4$

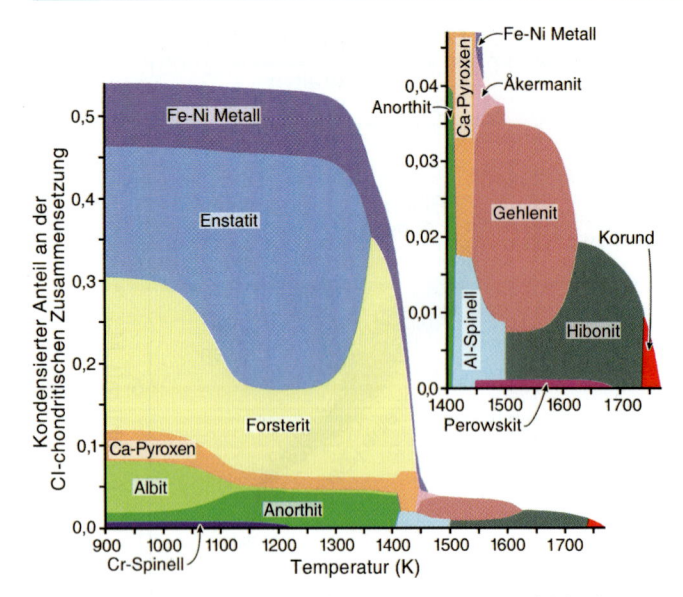

Abb. 34.2. Kondensation der wichtigsten gesteinsbildenden Minerale in einem Gas von solarer Zusammensetzung bei einem Gesamtdruck von 1 mbar. Rechts oben sind die Kondensationsbereiche der Minerale bei $T > 1400$ K vergrößert dargestellt. (Nach Davis u. Richter 2005, mit freundlicher Genehmigung des Verlages Elsevier)

Bei wesentlich geringeren Temperaturen finden weitere Mineralbildungen statt (Unsöld u. Baschek 2005):

- 410–350 °C: Troilit FeS und andere Sulfide
- 130 °C: Magnetit $FeFe_2O_4$ bildet sich aus ged. Eisen und Wasserdampf
- 130–−25 °C: Wasserhaltige Silikate

Als gasförmige Bestandteile kommen neben H_2 und He noch CO, N_2, NH_3 und freier Sauerstoff im Solarnebel vor. Sie kondensieren teilweise zu festen Körnern von Graphit C, SiC und anderen Carbiden und Nitriden. Als Überzüge auf refraktären Körnern entstehen bei 110–130 °C organische Verbindungen wie Ketten-Kohlenwasserstoffe und Aminosäuren. Ihre Bildung aus CO + H_2 bzw. CO + H_2 + NH_3 erfolgt wahrscheinlich durch eine Art Fischer-Tropsch-Synthese, wobei Magnetit oder Hydrosilikate als Katalysatoren wirken (Unsöld u. Baschek 2005; Gilmour 2005). Andere Gaskondensate bilden um refraktärere Körner Eishüllen, die selbstverständlich schmelzen, wenn solche Körner aufgeheizt werden und in die Protosonne hineinfallen.

Wenn man 1 t einer typischen interstellaren Wolke auf <100 K abkühlen würde, erhielte man 984 kg H_2 + He, 11 kg unterschiedlicher Eissorten, 4 kg Silikatgestein und knapp 1 kg gediegenes Metall (Wood 1999).

Nach ihrer Position im Weltraum kann man vier verschiedene Gruppen von Staubteilchen unterscheiden (Jones 2007; Nguyen u. Messenger 2011; Tabelle 34.1):

- *Interstellare Staubteilchen* treten im interstellaren Medium auf, wo sie nur durch spektroskopische Methoden anhand ihrer charakteristischen Absorptions- oder Emissionsbanden detektiert werden können.
- *Circumstellare Staubteilchen* (Sternenstaub, engl. stardust) lassen sich in den Gas-Staub-Hüllen von Sternen ebenfalls spekroskopisch nachweisen.
- *Präsolare Staubteilchen* können als seltene Bestandteile von kohligen Chondriten (Abschn. 31.3.1, S. 553) oder Kometen (s. u.) direkt analysiert werden; durch ihre abweichende Isotopen-Zusammensetzung erweisen sie sich als nicht zu unserem Sonnensystem gehörig.
- *Interplanetare Staubteilchen* (Interplanetary Dust Particles, IDPs) stellen die restliche Materie des *ursprünglichen Solarnebels* dar, aus dem unser Planetensystem entstanden ist. Nur ein kleiner Bruchteil dieser urtümlichen Solarmaterie hat im Außenbereich unseres Sonnensystem, im *Kuiper-Gürtel*, undifferenziert überlebt. Dieser stellt das Reservoir für die *Kometen* dar; das sind kleine eisige Planetesimale, die sich in weiter Entfernung von der Sonne, am äußersten Rand der Akkretionsscheibe, gebildet haben. Wenn sich ein Komet der Sonne nähert, wird er aufgeheizt, sein Eis schmilzt und die eingebetteten interplanetaren Staubteilchen (IDPs) werden aus dem Kometenschweif freigesetzt (Abb. 32.1, S. 568; vgl. auch Abschn. 31.1, S. 548). Zusammen mit präsolaren Staubteilchen können sie in der irdischen Stratosphäre in 20–25 km Höhe von Forschungsflugzeugen, z. B. NASA ER2, aufgesammelt und im Labor untersucht werden. Unter dem Elektronenmikroskop erweisen sich diese Staubteilchen als lockere Aggregate von ca. 0,1 μm großen Körnchen unterschiedlicher Minerale, organischer Verbindungen und unbestimmter amorpher Substanzen (Tabelle 34.1). Neue Analysen von interplanetaren Staubteilchen des Kometen Wild 2 erbrachten große Ähnlichkeiten mit der chemischen Zusammensetzung und der Sauerstoff-Isotopie von kohligen Chondriten, deren Mutterkörper im äußeren, sonnenfernen Bereich des Asteroiden-Gürtels zu suchen sind (Abschn. 31.3.1, S. 553, Abschn. 32.2, S. 579). In beiden Fällen handelt es sich um sehr primitives Material aus dem interstellaren Raum oder aus einer protoplanetaren Gas-Staub-Scheibe, das weder durch thermische Metamorphose noch durch hydrothermale Alteration stark verändert wurde (Gounelle 2011).

Der weitaus größte Anteil der Staubteilchen, der ursprünglich in der Akkretionscheibe unseres Sonnensystems verteilt war, ist verschwunden: Entweder unterlagen sie der Anziehungskraft der heißen Sonne und wurden von ihr aufgesogen, oder sie wurden in den

Tabelle 34.1.
Die Zusammensetzung interstellarer, circumstellarer und präsolarer Staubteilchen. (Nach Jones 2007 und Zinner 2005)

Stoffgruppe	Interstellar	Circumstellar	Präsolar
Kohlenwasserstoffe	Ring- Ketten-	Ring- Ketten-	Ring- Ketten-
Silikate	amorph –	amorph kristallin Forsterit $Mg_2[SiO_4]$ Klinoenstatit $Mg_2[Si_2O_6]$ Diopsid $CaMg[Si_2O_6]$	amorph kristallin Forsterit Mg-Fe-Olivin Pyroxene
Oxide	$[MgO+FeO]^a$	kristallin Wüstit $Fe_{0,9}Mg_{0,1}O$ Spinell $MgAl_2O_4$ Korund Al_2O_3	kristallin Spinell Korund Hibonit $CaAl_{12}O_{19}$
Carbide	–	β-SiC	β-SiC Ti-, Fe-, Zr-, Mo-Carbide
Nitride	–	–	Si_3N_4
Elemente	–	–	Diamant C Graphit C Kamacit (Fe,Ni)

^{a} Nicht spektroskopisch, sondern nur indirekt nachgewiesen.

kalten interstellaren Raum hinaus geblasen; schließlich fand ein sehr kleiner Anteil beim Bau der Planeten und Asteroiden Verwendung und erlebte vielfältige Differentiations-Prozesse. Auch die meisten der undifferenzierten Asteroiden-Mutterkörper, von denen die Chondrite abstammen, sind unterschiedlich stark metamorph überprägt und damit mehr oder weniger stark verändert worden; jedoch dürften zumindestens die kohligen Chondrite noch primitive präsolare Materie enthalten (Abschn. 31.3.1, S. 553).

34.4 Entstehung der Planeten

Bildung der planetaren Bausteine

Wie wir bereits mehrfach betont haben, können wir aus dem Studium der Meteoriten sehr viel über die frühe Geschichte der erdähnlichen Planeten und ihre Differentiation lernen. Eine wichtige Rolle spielen dabei die *Ca-Al-reichen Einschlüsse (CAI)* und die *Chondren*.

Mit Blei-Blei-(Pb-Pb-)Altern von 4 567,2 ±0,7 Ma und Hafnium-Wolfram-(^{182}Hf-^{182}W-)Altern von 4 568,6 ±0,5 Ma sind die *CAI* das älteste Material, das in unserem Sonnensystem überlebt hat (Amelin et al. 2002; Kleine et al. 2008; Kleine u. Rudge 2011). Sie enthalten kurzlebige Isotope mit sehr kurzen Halbwertszeiten wie ^{41}Ca (0,13 Ma), ^{26}Al (0,7 Ma), ^{10}Be (1,5 Ma), ^{60}Fe (1,5 Ma), ^{53}Mn (3,7 Ma), und ^{107}Pd (6,5 Ma). Viele von ihnen könnten sich aus stabilen Isotopen durch Neutroneneinfang gebildet haben, und zwar bei der Explosion von Supernovae oder in den Außenzonen von Riesensternen. Für die Bildung von ^{60}Fe kommt – wie wir aus Abschn. 33.6 (S. 624f) wissen – ohnehin nur die stellare Nukleosynthese in Frage (Chambers 2005). Dieses Isotop kann also nicht in der Akkretionsscheibe unseres Sonnensystems entstanden sein, sondern muss aus einer externen Quelle stammen (Shukolyukov u. Lugmair 1993). Umgekehrt kam es zur Bildung von ^{10}Be mit größter Wahrscheinlichkeit durch Bombardements mit solarer kosmischer Strahlung im protoplanetaren Nebel. Die positive Korrelation der Zerfallsprodukte von ^{26}Al und ^{41}Ca in den CAIs spricht für ihre Bildung in einer gemeinsamen stellaren Quelle. Wie aus der Analyse von Sauerstoff-Isotopen hervorgeht, entstanden auch die amöboiden Olivin-Aggregate (AOA) in diesem Bereich (Fagan et al. 2004), jedoch bei niedrigeren Temperaturen von ≤1 170 °C, der Kondensations-Temperatur von Forsterit. Einige CAI mit unterschiedlichen Initialgehalten von ^{26}Al und isotopischen Anomalien werden als FUN (Fractionated and Unidentified Nuclear Anomalies) bezeichnet; sie entstanden in einem Zeitraum, als der protoplanetare Nebel noch nicht vollständig homogen durchgemischt war (Wadwha u. Russell 2000).

Die *Chondren* bildeten sich in der protoplanetaren Gas-Staub-Scheibe aus Schmelztröpfchen, und zwar – wie ihre etwas niedrigeren ^{26}Al/^{27}Al-Verhältnisse zeigen – etwa 1–5 Ma später als die CAI (z. B. Amelin et al. 2002; Bouvier et al. 2008). Nach dem am häufigsten angenommenen Modell entstanden die Schmelztröpfchen – je nach Zusammensetzung – bei Temperaturen von 1 450–1 900 °C durch das Aufschmelzen von Staub-Aggregaten. Laborexperimente zeigen, dass diese Aufheizung und die nachfolgende Abschreckung sehr rasch, innerhalb weniger Stunden, vielleicht sogar Minuten erfolgte. Hierfür waren die normalen Temperatur-Verhältnisse im inneren, sonnennahen Bereich der Akkretionsscheibe nicht geeignet. Stattdessen müssen schlagartig durchgreifende, aber lokale Hochenergie-Ereignisse das Silikat-Material kurz, aber intensiv aufgeheizt haben. Allerdings besteht noch keine Einigkeit über die Art dieser Vorgänge; in Frage kämen u. a. ein kurzzeitiges Aufflackern der Protosonne, Blitze im Solarnebel, gasdynamische Schockwellen oder Strahlungserhitzung (vgl. Scott u. Krot 2005, Table 7). Wir wissen auch nicht, ob diese Prozesse innerhalb der ersten Millionen Jahre abliefen, als noch interstellare Materie in den Solarnebel hereinfiel, oder erst in den folgenden 10 Ma, in denen die Akkretionsscheibe flacher und ruhiger wurde. Weitere Möglichkeiten für die Entstehung der Chondren ist die Kondensation von Schmelzen oder Schmelz-Kristall-Aggregaten direkt aus dem Solarnebel und/oder das Aufschmelzen von festen oder teilgeschmolzenen Planetesimalen durch Impakt-Vorgänge (Scott u. Krot 2005).

Auf alle Fälle veränderten diese thermischen Prozesse die chemische Zusammensetzung der protoplanetaren Materie durch selektive Verdampfung der volatilen Komponenten, die sich an anderer Stelle wieder rekondensieren konnten. Hinweise auf solche Fraktionierungsprozesse finden sich in einzelnen Chondren, in den CAIs, in Chondriten und sogar in den Planeten selbst: So enthält die Gesamterde nur ein Fünftel des Kaliums, das durchschnittlich in unserem Sonnensystem vorhanden ist (Wood 1999). Neben Silikaten, metallischem Nickeleisen und Sulfiden kristallisierte im kälteren Außenbereich der Akkretionsscheibe auch Eis, insbesondere Wassereis. Die Grenze zwischen diesen beiden Regionen, die *Eislinie*, war durch eine Diskontinuität in der Oberflächendichte des festen Materials definiert; sie hat in unserem Sonnensystem vermutlich im Außenbereich des heutigen Asteroiden-Gürtels gelegen.

Bildung von Planetesimalen, Protoplaneten und Planeten

Die wichtige Beobachtung, dass die großen Planeten – unabhängig von der Gesamtmasse – feste Kerne von etwa 10–20 Erdmassen enthalten, führte zu der heute allgemein akzeptierten Theorie der Planeten-Entstehung (Unsöld u. Baschek 2005). Nach dem Standardmodell von Wetherill (1990) erfolgte ihre Bildung in drei Schritten (z. B. Rollinson 2007):

1. Bildung von *Planetesimalen* durch nicht-gravitationale Akkumulation. Zunächst ballten sich die Staubteilchen, die größenordnungsmäßig 1 % des ursprünglichen Solarnebels ausmachen, durch inelastische Stöße in der turbulenten Gas-Staub-Scheibe zu immer größeren Brocken zusammen, die sich in der Äquatorialebene der Scheibe konzentrierten. Die Akkumulation erfolgte in diesem Stadium nicht durch Gravitation, sondern durch elektromagnetische Kräfte, wie z. B. schwache van-der-Waals-Bindungsenergien. Innerhalb von 10 000 Jahren bildeten sich so unregelmäßig geformte Körper von 1–10 km $\varnothing$, die Planetesimale.

2. Vereinigung von Planetesimalen zu *Protoplaneten* durch Gravitationskräfte. Durch schrittweises Zusammenstürzen unterschiedlich großer Planetesimale entstanden feste Protoplaneten mit Durchmessern von bis zu 4 000 km. Besonderer wichtig war während dieses Stadiums die Relativgeschwindigkeit der Planetesimale; da diese beachtlich war, muss man auch immer wieder mit Zertrümmerungen rechnen. Nach Simulationsrechnungen von Weidenschilling et al. (1997) bestanden nach ca. 1 Ma zwischen den Umlaufbahnen von Merkur und Mars nur noch 22 Protoplaneten mit Massen von $>10^{26}$ g. Bei den Kollisions-Prozessen wurden große Energiemengen freigesetzt, so dass es häufig zur Aufschmelzung kam. Hinweise auf das Aussehen und den inneren Aufbau der Planetesimale vermitteln uns heute noch die Asteroiden und die von ihnen abstammenden Meteorite, die beiden Marsmonde sowie zahlreiche der kleinen Satelliten von Jupiter, Saturn und Uranus sowie schließlich die Kometen im Kuiper-Gürtel.

Überraschenderweise zeigen isotopische Altersbestimmungen mit der ^{182}Hf-^{182}W-Methode an CAI, Metall-reichen Chondriten und Eisenmeteoriten, dass die Entstehung von Chondren etwas später erfolgte als die Bildung metallischer Kerne in den Planetesimalen (Kleine et al. 2005a). Dieser Befund zwingt zu dem Schluss, dass – entgegen früherer Annahmen – die Chondrite nicht das Vorläufer-Material für differenzierte Asteroiden darstellen. Stattdessen erfolgte die Akkretion der chondritischen Asteroiden relativ spät, und zwar entweder in größerer Sonnenferne oder durch sekundäre Zusammenballung von Schutt, der bei der Kollision älterer Asteroiden entstanden war. Offensichtlich reichten in den chondritischen Asteroiden die ^{26}Al-Gehalte nicht aus, um diese Körper so weit aufzuheizen, dass sie in Kern, Mantel und Kruste differenzieren konnten.

3. Für die endgültige Vereinigung von Protoplaneten zu *Planeten* waren weitere Kollisionen von Protoplaneten und noch verbliebenen Planetesimalen von entscheidender Bedeutung. Durch diese Giant-Impact-Prozesse kam es zur weitreichender Aufschmelzung, teilweise auch zur Zerstörung von bereits gebildeten planetarischen Körpern. In einem Zeitraum von 10–100 Ma entstanden so die uns bekannten erdähnlichen Planeten. Begünstigt wurden die heftigen Kollisionen durch die Tatsache, dass schon innerhalb der ersten 1–10 Ma der Akkretions-

geschichte die Gaskomponente des Solarnebels weitgehend in den Weltraum entwichen war. Dadurch wurden die Kollisionen der Planetesimale und Protoplaneten weniger stark gedämpft und waren dementsprechend heftiger. Wie die Edelgas-Geochemie des Erdmantels zeigt, hat unsere Erde immer noch eine Erinnerung an den ursprünglichen Solarnebel gespeichert.

Differentiation der erdähnlichen Planeten

Wie die große Zahl der Impakt-Krater auf Mond, Merkur und Mars sowie auf vielen Satelliten der äußeren Planeten zeigt, war in der Frühphase unseres Sonnensystems die Häufigkeit von Planetesimalen wesentlich größer als heute. Daher bewegten sich die bereits gebildeten planetarischen Körper in einem Medium mit starker innerer Reibung, erzeugt durch eine Vielzahl kleinerer und größerer Gesteinsbrocken. Dieses führte vermutlich bei den Planeten und deren Satelliten zu kleinen Abweichungen von der Kreisbahn und zu Neigungen ihrer Rotationsachsen gegen die Umlaufbahn.

Im Laufe ihrer frühen Entwicklung machten die erdähnlichen Planeten und der Erdmond, die ursprünglich aus einer weitgehend einheitlichen Breccie aus chondritischem Material bestanden, eine *Differentiation* in Kern, Mantel und Kruste durch, wobei Aufschmelzprozesse eine entscheidende Rolle spielten. Die hierfür erforderliche *thermische Energie* wurde in der Frühzeit der Planetenbildung aus drei Wärmequellen gewonnen, nämlich

- der Umwandlung von potentieller Gravitationsenergie bei der Akkretion,
- durch radioaktiven Zerfall von ^{26}Al und
- durch die Umwandlung von kinetischer Energie beim intensiven Bombardements durch Planetesimale.

Während dieser Phase wurden die erdähnlichen Planeten und der Erdmond immer wieder aufgeheizt, so dass es mehrfach in regionaler Verbreitung zum partiellen Aufschmelzen kam. Dabei entstanden – wie heute allgemein angenommen wird – globale, mehrere hundert Kilometer tiefe *Magma-Ozeane* (z. B. Carr 1999; Shearer u. Papike 1999; Rollinson 2007; Fiquet et al. 2008). Diese silikatischen Magmen enthielten nicht mischbare metallische Schmelzanteile, die sich zu Tropfen von ca. 1 cm ⌀ vereinigten (Abb. 34.3). Da sich diese in turbulenter Konvektion befanden, konnte es zu einer Einstellung der Verteilungs-Gleichgewichte zwischen der silikatischen und der metallischen Schmelze kommen. Leichtere Minerale, die aus dem Magma-Ozean auskristallisierten, schwammen auf und bildeten eine *erste Erstarrungskruste* der Planeten, wie z. B. die großen Anorthosit-Massive der Mond-Hochländer (s. Kap. 30). Wegen ihrer hohen Dichte regneten die Metalltröpfchen mit einer Geschwindigkeit von ungefähr 0,5 m/s ab und bildeten am Boden des Magma-Ozeans große Seen oder eine durchgehende Schicht aus schmelzflüssigem Metall. Die Metallschmelze durchbrach in einem zweiten Schritt den unteren, kristallinen Teil des Mantels in Form großer Diapire, die sich im Innern der erdähnlichen Planeten und wahrscheinlich auch des Erdmondes zu unterschiedlich großen *Metallkernen* vereinigten (Abb. 34.3). Dieser Vorgang verlief sehr schnell, so dass eine Einstellung der Verteilungs-Gleichgewichte zwischen schmelzflüssigem Metall und festem Silikatmantel nicht möglich war.

Die mangelnde Gleichgewichts-Einstellung würde das *„Excess Siderophile Problem"*, d. h. den scheinbaren Überschuss an siderophilen Elementen im Erdmantel erklären, der sich ergibt, wenn man eine chondritische Zusammensetzung zugrunde legt und von den theoretischen Verteilungskoeffizienten zwischen Metall und Silikat bei niedrigen Drucken ausgeht (Näheres bei Rollinson 2007). Außerdem kann man annehmen, dass sich während der Kernbildung die Akkretion von kosmischem Material fortsetzte, wobei vermutlich noch bis zu 7 % der Erdmasse hinzukam. Dadurch wurde ein zusätzlicher Anteil von siderophilen Elementen in den Mantel eingetragen. Zum Schluss wurde dem sich entwickelnden Erdkörper noch ein „spätes Furnier" („*LateVeneer*") von ca. 1 % der Erdmasse hinzugefügt (Newsom u. Jones 1990; vgl. Rollinson 2007).

Für die *frühe Erde* wird angenommen, dass der Magma-Ozean bis zu einer Tiefe von 700–1 200 km reichte, entsprechend einem Druck 250–400 kbar (25–40 GPa), wo damals Temperaturen von 2 500–3 000 °C herrschten (z. B. Wood et al. 2006). Etwa in diesem Bereich dürfte der Übergang in einen Erdmantel gelegen haben, der hauptsächlich aus Mg-Perowskit bestand (vgl. Abschn. 29.3.3, S. 530f), was zu einem abrupten Anstieg der Solidus- und Liquidustemperaturen führte. Daher war der untere Teil

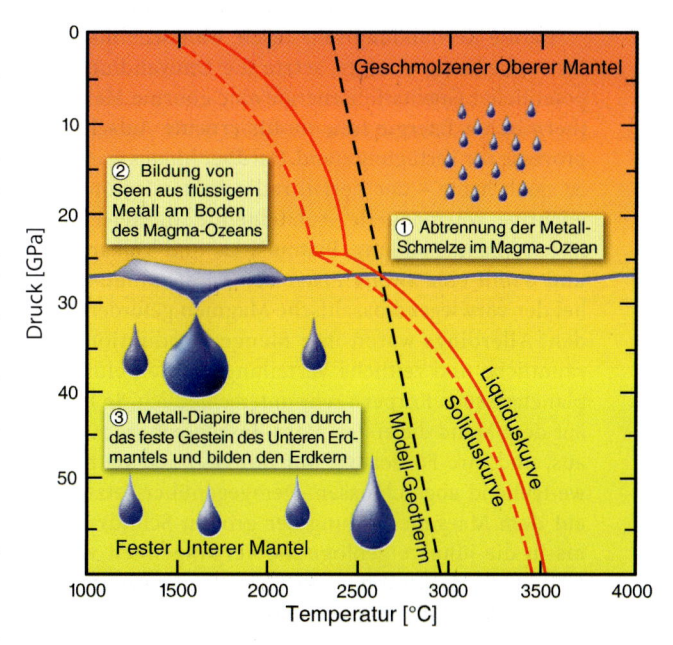

Abb. 34.3. Bildung des Erdkerns durch Entmischung einer (Fe,Ni)-Schmelze aus dem Magma-Ozean. Erläuterungen im Text. (Aus Fiquet et al. 2008)

Tabelle 34.2.
Die Akkretionsgeschichte der Erde nach isotopischen Datierungen (Modifiziert nach Rollinson 2007)

Ereignis	Zeit (Ma)	Zeit seit T_0 (Ma)
Entstehung des Sonnensystems	~4 570	
Bildung der CAI (T_0)	4 568,6 ±0,5 4 567,2 ±0,5	0
Bildung der Chondren	4 567,6–4 562	1–5
Ende des Haupt-Wachstumsstadiums	4 557	12
Bildung des Erdkerns (Erde zu 64 % fertig)	4 556	13
Ende der Kernbildung	4 537	32
Ende der Akkretion	4 537	32
Differentiation des Erdmantels	>4 537	<30
Bildung des Mondes durch Giant Impact	4 537	32
Älteste Mondgesteine	~4 550–4 200	
Alter der FAN-Suite der Mondkruste	4 556 ±40	
„Late Veneer" („spätes Furnier")		
Ältestes Gesteinsmaterial der Erde	4 404	165
Spätes katastrophales Meteoriten-Bombardement	3 800–3 900	770–670

des Erdmantels auch damals fest (Abb. 34.3). Der Vorgang der Kernbildung spielte sich nach vorherrschender Auffassung in den ersten 13–32 Ma der Planetengeschichte ab, d. h. während der Endphase der Akkretion, die vor etwa 4 537 Ma mit der Bildung des „späten Furniers" zum Abschluss kam. (Tabelle 34.2). Ungefähr zur gleichen Zeit wurde durch den Giant Impact der Mond von der Erde abgetrennt (s. u.).

Möglicherweise fanden die Kernbildung und der Giant Impact aber auch wesentlich später statt, nämlich ca. 50 Ma nach der Entstehung der CAI (Kleine u. Rudge 2011).

Da die Kernbildung sehr rasch, wahrscheinlich katastrophenartig erfolgte, setzte die Umwandlung von potentieller Gravitationsenergie eine enorme Menge an thermischer Energie frei, die für erneute Aufschmelzprozesse zur Verfügung stand. Darüber hinaus war – und ist noch heute – der Zerfall radioaktiver Isotope eine wichtige Wärmequelle. Aufsteigende Mantel-Plumes lösten Magmenbildung, Plutonismus und Vulkanismus und damit eine *zweite Phase der Krustenbildung* aus, bei der vorwiegend basaltische Magmen gefördert wurden. Allerdings waren ihre Menge, Produktionsrate, räumliche und zeitliche Verteilung auf den einzelnen planetarischen Körpern sehr unterschiedlich. So flossen auf dem Mond die ersten Mare-Basalte vor ca. 4 000 Ma aus, und ihre Förderung war mit ca. 2 500 Ma bereits weitgehend abgeschlossen. Demgegenüber setzte sich auf dem Mars die Bildung der großen Schildvulkane bis in die jüngere geologische Vergangenheit vor ca. 100–200 Ma fort, während die Erde – und vielleicht auch die Venus – noch heute aktiven Vulkanismus aufweisen. Eine *dritte Phase der Krustenbildung*, die in den Kontinenten der Erde und wahrscheinlich in den Tesserae der Venus dokumentiert ist, findet durch Wiederaufarbeitung von Material der primären und sekundären Kruste statt. Auf der Erde sind Plattentektonik und Magmatismus an konstruktiven und destruktiven Plattenrändern die dominierenden geologischen Prozesse, während die geologische Entwicklung der Venus durch Vertikaltektonik und Hot-Spot-Vulkanismus bestimmt ist, die durch Mantel-Plumes erzeugt werden (z. B. Carr 1999).

Die früheste Periode in der Erdgeschichte wird heute als Hadean (grch. Άιδης = das Unsichtbare = Hades = Unterwelt) bezeichnet. Es umfasst den Zeitraum vom Beginn der Akkretion vor ~4 560 Ma und dem Ende des großen Meteoriten-Bobardements vor ~3 800 Ma.

Entstehung des Erdmondes

Das heute bevorzugte Modell für die Entstehung des Erdmondes ist die *Giant-Impact-Hypothese*, die in theoretischen Modellierungen und geochemischen Argumenten ihre Stütze findet (vgl. Rollinson 2007). Danach kollidierte ein planetarischer Körper, genannt „Theia", der etwa die Masse des Mars, d. h. 15 % der Erdmasse besaß, unter schiefem Winkel mit der Protoerde (Abb. 34.4). Wahrscheinlich waren beide Körper zur Zeit des Impakts bereits in Metallkern und Silikat-Mantel differenziert. Durch den Aufschlag wurde 30 % der Erdmasse auf Temperaturen von >7 000 K aufgeheizt. Die gewaltige Menge an thermischer Energie, die dabei erzeugt wurde, führte dazu, dass die Erde größtenteils aufschmolz und dass der Impaktor und Teile des Erdkörpers verdampften. Vermutlich wurde der Metallkern des Impaktors mit dem Erdkern verschmolzen, so dass die Erde von einer vorwiegend silikatischen Gashülle umgeben wurde. Diese kondensierte teilweise wieder und reicherte sich in einer

Abb. 34.4.
Bildung des Mondes durch Giant Impact von „Theia", einem planetarischen Körper mit etwa 15 % der Erdmasse (Erläuterungen im Text). (Nach einem Gemälde von William K. Hartmann, Planetary Science Institute, Tucson, Arizona)

Umlaufbahn um die Erde an, woraus der an metallischem Eisen verarmte Mond entstand. Bei ihrer Abkühlung durchlief der Mond erstmals, die Erde erneut das Stadium des Magma-Ozeans. Zeitlich gehört die Entstehung des Erdmondes durch den Giant Impact in die ersten 32 Mill. Jahre unseres Sonnensystems (Kleine et al. 2005b; vgl. Tabelle 34.2).

Entstehung der Riesenplaneten

Wegen der größeren Entfernung von der Sonne und der geringeren Temperatur in der Gas-Staub-Scheibe unterscheiden sich die Riesenplaneten in ihrer Pauschalzusammensetzung und in ihrem inneren Aufbau grundlegend von den erdähnlichen Planeten. Wichtig ist jedoch, dass die Riesenplaneten mit größter Wahrscheinlichkeit *Kerne* aus *silikatischem Gesteinsmaterial* enthalten. Diese Kerne sind von unterschiedlich dicken *Eishüllen* umgeben, die beim Uranus und Neptun den Hauptanteil dieser Riesen-Eisplaneten ausmachen. Demgegenüber dominieren bei den Riesen-Gasplaneten Jupiter und Saturn die äußeren *Gashüllen*, bestehend aus einem Wasserstoff-Helium-Gemisch, während diese bei Uranus und Neptun deutlich kleiner entwickelt sind. Es unterliegt wohl keinem Zweifel, dass die Riesenplaneten durch andere Mechanismen entstanden sein müssen als die erdähnlichen Planeten. Dabei liegt für die Astrophysiker ein wesentliches Problem in der gravitationalen Interaktion zwischen dem wachsenden Planeten und den noch vorhandenen Gasen der Gas-Staub-Scheibe (Näheres hierzu bei Chambers 2005). Für die Bildung der Riesenplaneten werden zwei Modelle diskutiert (z. B. Lunine 2005; Rollinson 2007).

1. Nach dem heute immer noch stark bevorzugten *Rocky-Core-Modell* entstehen die Riesenplaneten durch die Akkretion von Planeten-Kernen, gefolgt von einem Gaskollaps. Dadurch erklärt sich am besten der hohe Anteil an schweren Elementen und die wahrscheinliche Existenz von silikatischen Kernen in den Riesenplaneten. Nach diesem Modell war im Endstadium der Sternentstehung die Akkretionsscheibe soweit abgekühlt, das in Entfernungen von etwa 5 AE Wassereis aus dem Solarnebel kondensieren konnte. Innerhalb von etwa 1 Ma kam es zur raschen Bildung von Planeten-Embryos, die aus festem Gesteinsmaterial und Eis bestanden. Sobald diese, etwa 10 Erdmassen schweren Körper gebildet waren, führte in Zeiträumen von ca. 10 Ma hydrodynamischer Kollaps der Gase zur Bildung großer Körper. Die Entwicklung der Rieseneisplaneten Uranus und Neptun könnte durch zwischenzeitlichen Gasverlust oder infolge dynamischer Störungen durch die Riesenmasse von Jupiter abgebrochen worden sein.
2. Durch die Entdeckung von Riesen-Gasplaneten außerhalb unseres Sonnensystems (Lissauer 2002), wurde ein alternatives Modell in die Diskussion gebracht. Viele dieser extrasolaren Planeten sind weniger als 0,1 AE von ihrem Mutterstern entfernt, während Jupiter einen Sonnenabstand von 5 AE aufweist. Diese Tatsache könnte man dadurch erklären, dass die Riesenplaneten durch Instabilitäten in der Gas-Staub-Scheibe entstehen, wobei sich durch gravitationalen Kollaps sehr rasch – innerhalb von nur 100 Jahren! – Klumpen von Gas und Staub bilden.

Weiterführende Literatur

Lehrbücher und Sammelbände

Faure G, Mensing TM (2007) Introduction to planetary science – The geological perspective. Springer-Verlag, Dordrecht, Niederlande

Garcia PJ (ed) (2009) Physical processes in circumstellar disks around young stars. Chicago Univ Press, Chicago

Henning Th (ed) (2003) Astromineralogy. Springer-Verlag, Berlin Heidelberg New York

Rollinson H (2007) Early Earth systems – A geochemical approach. Blackwell, Malden, Ma, USA

Unsöld A, Baschek B (2005) Der neue Kosmos, 7. Aufl. Korrigierter Nachdruck, Springer-Verlag, Berlin Heidelberg New York

Weigert A, Wendger H, Wisotzki L (2005) Astronomie und Astrophysik – Ein Grundkurs. 4. Aufl, Wiley-VCH, Weinheim

Übersichtsartikel

Carr MH (1999) Mars. In: Beatty JK, Petersen CC, Chaikin A (eds) The new solar system. Cambridge University Press, Cambridge UK, pp 141–156

Chambers JE (2005) Planet formation. In: Davis AM (ed) Meteorites, comets, and planets. Elsevier, Amsterdam Oxford, pp 461–474

Counelle M (2011) The asteroid–comet continuum: In search of lost primitivity. Elements 7:29–34

Davis AM, Richter FM (2005) Condensation and evaporation of solar system materials. In: Davis AM (ed) Meteorites, comets, and planets. Elsevier, Amsterdam Oxford, pp 407–430

Fiquet G, Guyot F, Badro J (2008) The Earth's lower mantle and core. Elements 4:177–182

Henning Th (2008) Early phases of planet formation in protoplanetary disks. Physica Scripta 130:014019

Henning Th, Meeus G (2009) Dust processing and mineralogy in protoplanetary accretion disks. In: Garcia PJV (ed) Physical processes in circumstellar disks around young stars. Chicago Univ Press, Chicago, pp 114–148

Jones AP (2007) The mineralogy of cosmic dust: Astromineralogy. Eur J Mineral 19:771–782

Kleine T, Rudge JF (2011) Chronometry of meteorites and the formation of Earth and Moon. Elements 7:41–46

Lunine JI (2005) Giant planets. In: Davis AM (ed) Meteorites, comets and planets. Elsevier Amsterdam Oxford, pp 623–636

Newsom HE, Jones JH (1990) Origin of the Earth. Oxford University Press, Oxford

Nguen AN, Messenger S (2011) Presolar history recorded in extraterrestrial materials. Elements 7:17–22

Scott ERD, Krot AN (2005) Chondrites and their components. In: Davis AM (ed) Meteorites, comets, and planets. Elsevier, Amsterdam Oxford, pp 143–200

Wetherill GW (1990) Formation of the Earth. Ann Rev Earth Planet Sci 18:205–256

Wood JA (1999) Origin of the solar system. In: Beatty JK, Petersen CC, Chaikin A (eds) The new solar system. Cambridge University Press, Cambridge, UK

Wood BJ, Walter MJ, Wade J (2006) Accretion of the Earth and segregation of its core. Nature 441:825–833

Zinner EK (2005) Presolar grains. In: Davis AM (ed) Meteorites, comets, and planets. Elsevier, Amsterdam Oxford, pp 17–39

Zitierte Literatur

Amelin Y, Krot AN, Hutcheon ID, Ulyanov AA (2002) Lead isotopic ages of chondrules and calcium-aluminum-rich inclusions. Science 297:1678–1683

Bennett CL und 20 weitere Autoren (2003) First year Wilkinson Microwave Anisotropy Probe (WMAP) observations: preliminary maps and their basic results. Astrophys J Suppl 148:1–27

Bouvier A, Wadhwa M, Janney P (2008) Pb-Pb isotope systematics in an Allende chondrule. Geochim Cosmochim Acta 72:A106

Fagan TJ, Krot AN, Keil K, Yurimoto H (2004) Oxygen isotopic evolution of amoeboid olivine aggregates in the reduced CV chondrites Efremovka, Vigarano and Leoville. Geochim Cosmochim Acta 68:2591–2611

Kleine T, Mezger K, Palme H, et al. (2005a) Early core formation in asteroids and late accretion of chondrite parent bodies: Evidence from ^{182}Hf-^{182}W in CAIs, metal-rich chondrites, and iron meteorites. Geochim Cosmochim Acta 69:5805–5818

Kleine T, Palme H, Mezger K, Halliday AN (2005b) Hf-W chronometry of lunar metals and the age of early differentiation of the moon. Science 310:1671–1674

Kleine T, Burckhardt C, Bourdon B, Irving A (2008) Calibrating the hafnium-tungsten and aluminium-magnesium clocks. 86th Ann Meeting DMG, 14–16 Sept 2008, Berlin, Abstr 403

Lissauer JJ (2002) Extrasolar planets. Nature 419:355–358

Shearer CK, Papike JJ (1999) Magmatic evolution of the Moon. Am Mineral 84:1469–1494

Shukolyukov A, Lugmair GW (1993) Live iron-60 in the early solar system. Science 259:1348–1350

Wänke H, Dreibus G (1988) Chemical composition and accretion history of the terrestrial planets. Phil Trans Roy Soc London A325:545–557

Weidenschilling SJ, Spaute D, Davis DR, et al. (1997) Accretional evolution of a planetsimal swarm. Icarus 128:429–455

Wadhwa M, Russell SS (2000) Timescales of accretion and differentiation in the early solar system: The meteoritic evidence. In: Mannings V, Boss AP, Russell SS (eds) Protostars and planets IV. Univ Arizona Press, Tucson, Arizona, pp 995–1018

Anhang

A.1
Übersicht wichtiger *Ionenradien* und der *Ionenkoordination* gegenüber O^{2-}

Je nach der Größe der Ionen- bzw. Atomradien ist in einer Kristallstruktur das Zentralatom von 3, 4, 6, 8 oder 12 nächsten Nachbarn umgeben. Diese Zahl wird als Koordinationszahl bezeichnet und in eckige Klammern gesetzt, z. B. [4] = tetraedrische, [6] = oktaedrische, [8] = hexaedrische Koordination. Die Ionenradien der wichtigsten chemischen Elemente sind in Abb. A.1 anschaulich dargestellt.

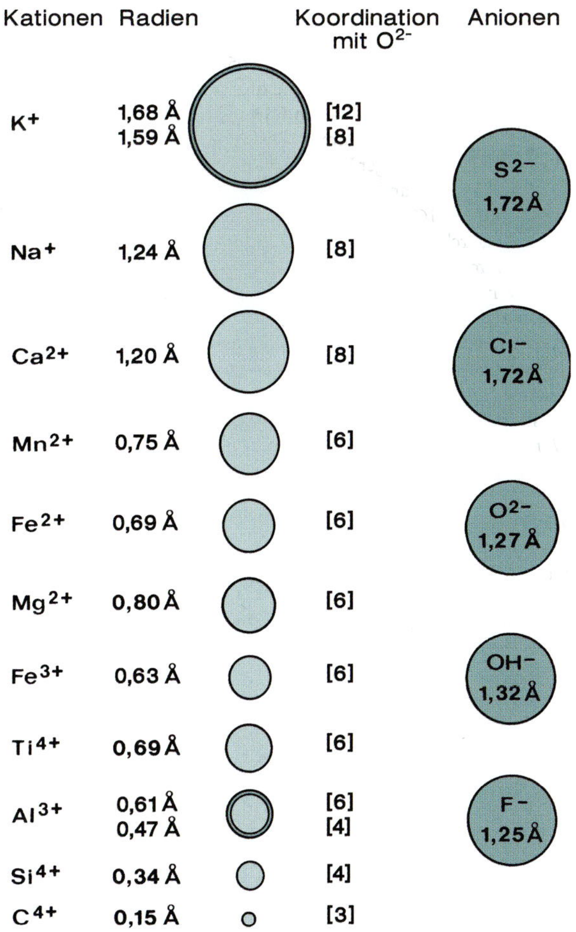

Kationen	Radien	Koordination mit O^{2-}	Anionen
K^+	1,68 Å / 1,59 Å	[12] / [8]	
			S^{2-} 1,72 Å
Na^+	1,24 Å	[8]	
			Cl^- 1,72 Å
Ca^{2+}	1,20 Å	[8]	
Mn^{2+}	0,75 Å	[6]	
Fe^{2+}	0,69 Å	[6]	O^{2-} 1,27 Å
Mg^{2+}	0,80 Å	[6]	
Fe^{3+}	0,63 Å	[6]	OH^- 1,32 Å
Ti^{4+}	0,69 Å	[6]	
Al^{3+}	0,61 Å / 0,47 Å	[6] / [4]	F^- 1,25 Å
Si^{4+}	0,34 Å	[4]	
C^{4+}	0,15 Å	[3]	

Abb. A.1. Durchschnittliche Ionenradien und Koordinationszahlen gegenüber O^{2-} in gesteinsbildenden Mineralen. Der Ionenradius von $Ca^{[8]}$ = 1,20 Å gilt insbesondere für Silikat-Strukturen, während z. B. in den Karbonat-Strukturen Calcium bei Calcit, Dolomit und Ankerit als $Ca^{[6]}$ einen Ionenradius von 1,08 Å, bei Aragonit dagegen als $Ca^{[9]}$ von 1,26 Å aufweist (Tabelle 8.1, S. 117). (Nach Whittacker u. Muntus 1970)

A.2
Berechnung von Mineralformeln

Für die Umrechnung chemischer Mineralanalysen in Mineralformeln stehen heute Computer-Programme zur Verfügung. Trotzdem wird dringend empfohlen, solche Berechnungen anhand ausgewählter Beispiele zunächst einmal selbst mit dem Taschenrechner durchzuführen, um den Rechenvorgang zu verstehen. Die Umrechnung erfolgt in mehreren Schritten:

1. Berechnung von *Molekular-Quotienten*. Dafür werden die Gew.-% der einzelnen Oxide durch die jeweiligen Molekulargewichte dividiert, die sich dem Tabellenwerk von Küster-Thiel-Fischbeck (2003) entnehmen lassen, z. B. für den Granat in Tabelle A.1: 37,1 Gew.-% SiO_2 : 60,084 = 0,6175.
2. Berechnung der *Sauerstoff-Zahl*, die zu einem Oxid gehört, bezogen auf den Molekularquotienten, z. B. für SiO_2 0,6175 × 2 = 1,2350.
3. Berechnung der Sauerstoffe bezogen auf die Gesamtzahl der *Sauerstoffe in der Formeleinheit*; z. B. enthält die Granat-Formel insgesamt 12 O. Man summiert die Sauerstoff-Zahlen, teilt jede einzelne Sauerstoff-Zahl durch diese Summe und multipliziert sie mit 12. Im angegebenen Beispiel ergibt sich dabei für SiO_2 die Zahl 6,044.
4. Berechnung der *Kationen pro Formeleinheit*, also im Falle von SiO_2 6,044 : 2 = 3,022 Si. Für Al_2O_3 und Fe_2O_3 muss jeweils mit ⅔, für Na_2O und K_2O mit 2 multipliziert werden, um auf die Zahl der Kationen pro Formeleinheit zu kommen.
5. Berechnung der Lage im *ACF*- und *A'KF-Dreieck* und der *AFM-Projektion* nach den angegeben Schemata, wenn möglich, Berechnung von Mineral-Endgliedern.

Tabelle A.1.
Granat aus Gneishornfels Op123, Kontakthof von Steinach, Oberpfalz (Okrusch 1969)

	Gew.-%	Molekular-Gewicht	Molekular-Quotient	Zahl der O	Zahl der O = 12	Kationen bez. auf 12 O
SiO_2	37,1	60,084	0,6175	1,2350	6,044	3,022
Al_2O_3	20,3	101,96	0,1991	0,5973	2,923	1,949
Fe_2O_3	0,5	159,69	0,0031	0,0093	0,046	0,031
FeO	33,0	71,846	0,4593	0,4593	2,248	2,248
MnO	5,45	70,937	0,0768	0,0768	0,376	0,376
MgO	2,28	40,304	0,0566	0,0566	0,277	0,277
CaO	0,99	56,079	0,0177	0,0177	0,087	0,087
Summe	99,62			2,4520	12,001	7,990

Kationen bez. auf 12 O		Berechnung der Granat-Endglieder						
							Endglieder [Mol.-%]	
Si	3,022	Ca äquivalent zu Fe^{3+}	Ca	0,0465	Fe^{3+}	0,031	Adr	1,5
$Al^{[4]}$	0,000	Rest Ca + äqu. Al	Ca	0,0405	Al	0,027	Grs	1,4
Z	3,022	Fe^{2+} + äqu. Al	Fe^{2+}	2,248	Al	1,499	Alm	75,2
$Al^{[6]}$	1,949	Mn + äqu. Al	Mn	0,376	Al	0,251	Sps	12,6
Fe^{3+}	0,030	Mg + äqu. Al	Mg	0,277	Al	0,185	Prp	9,3
Y	1,979		X	2,988	Y	1,993		100,0
Fe^{2+}	2,248							
Mn	0,376							
Mg	0,277							
Ca	0,087	Bei den folgenden Berechnungen werden die Molzahlen						
X	2,988	verwendet, multipliziert mit dem Faktor 10 000, um sie ganzzahlig zu machen.						

ACF-Dreieck

$A = [Al_2O_3] + [Fe_2O_3] - [Na_2O] - [K_2O]$	$= 1991 + 31$	$= 2022$	24,9
$C = [CaO]$		$= 177$	2,2
$F = [FeO] + [MnO] + [MgO]$	$= 4593 + 768 + 566$	$= 5927$	72,9
		8126	100,0

A'KF-Dreieck

$A' = [Al_2O_3] + [Fe_2O_3] - [Na_2O] - [K_2O] - 1/3[CaO]^a$	$= 1991 + 31 - 59$	$= 1963$	24,9
$K = [K_2O]$		$= 0$	0,0
$F = [FeO] + [MnO] + [MgO]$	$= 4593 + 768 + 566$	$= 5927$	75,1
		7890	100,0

AFM-Projektion

$$A = \frac{[Al_2O_3] - [K_2O] - 1/3([CaO]+[MnO])^b}{[Al_2O_3] - [K_2O] - 1/3([CaO]+[MnO])^b + [FeO]+[MgO]} = \frac{1991-59-256}{1991-59-256+4593+566} = \frac{1676}{6835} = 0,245$$

$$F = \frac{[FeO]}{[FeO]+[MgO]} = \frac{4593}{4593+566} = \frac{4593}{5159} = 0,89$$

$$M = 1 - F = 1 - 0,89 = 0,11$$

Da Granat kein K_2O enthält, ergibt sich kein Unterschied, wenn man Kalifeldspat als Projektionspunkt benutzt. [a] Äquivalent zu Al_2O_3 in Grossular. [b] Äquivalent zu Al_2O_3 in Grossular und Spessartin.

Tabelle A.2.
Biotit aus Gneishornfels Op123, Kontakthof von Steinach, Oberpfalz (Okrusch 1969)

	Gew.-%	Molekular-Gewicht	Molekular-Quotient	Zahl der O	Zahl der (O+OH)=24	Kationen bez. auf 24(O+OH)
SiO_2	34,8	60,084	0,5792	1,1584	10,516	5,258
TiO_2	3,06	79,899	0,0383	0,0766	0,695	0,348
Al_2O_3	19,5	101,96	0,1913	0,5739	5,210	3,473
Fe_2O_3	1,9	159,69	0,0119	0,0357	0,324	0,216
FeO	20,8	71,846	0,2895	0,2895	2,628	2,628
MnO	0,18	70,937	0,0025	0,0025	0,023	0,023
MgO	7,1	40,304	0,1762	0,1762	1,600	1,600
Na_2O	0,35	61,979	0,0056	0,0056	0,051	0,102
K_2O	8,95	94,203	0,0950	0,0950	0,862	1,724
H_2O^+	4,15	18,015	0,2304	0,2304	2,092	4,184
Summe	100,79			2,6438	24,001	

Bei den folgenden Berechnungen werden die Molzahlen verwendet, multipliziert mit dem Faktor 10 000, um diese ganzzahlig zu machen

Kationen bez. auf 24(O+OH)		A'KF-Dreieck			
Si	5,258	$A' = 1913 + 119 - 56 - 950$		= 1026	15,4
$Al^{[4]}$	2,742	$K =$		= 950	14,3
Z	8,000	$F = 2895 + 25 + 1762$		= 4682	70,3
$Al^{[6]}$	0,731			6658	100,0
Ti	0,348	**AFM-Projektion**			
Fe^{3+}	0,216	a) mit Muscovit als Projektionspunkt			
Fe^{2+}	2,628	$A = \dfrac{1913 - 3 \times 950}{1913 - 3 \times 950 + 1762 + 2895} = \dfrac{-937}{3720} = -0,252$			
Mn	0,023				
Mg	1,600	$F = \dfrac{2895}{4657} = 0,62$			
Y	5,546	$M = 1 - 0,62 = 0,38$			
Na	0,102	b) mit Kalifeldspat als Projektionspunkt			
K	1,724	$A = \dfrac{1913 - 950}{1913 - 950 + 1762 + 2895} = \dfrac{963}{5620} = 0,171$		$A = 1913 - 950 =$	963 17,1
X	1,826	$F = 0,62$	oder	$F =$	2895 51,5
(OH)	4,184	$M = 0,38$		$M =$	1762 31,4
					5620 100,0

Für die in den Tabellen A.1 und A.2 gegebenen Rechenbeispiele wurden Analysen ausgewählt, bei denen FeO/Fe_2O_3 auf chemischem Wege und H_2O über den Glühverlust bestimmt wurden. Bei Mikrosonden-Analysen wird Gesamteisen als FeO^{tot} angegeben und – soweit möglich – das Fe^{2+}/Fe^{3+}-Verhältnis bei der Formelberechnung abgeschätzt. So gilt z. B. beim Granat $Fe^{3+} = Y - Al = 2 - Al$.

A.3
Lernschemen der *subalkalinen* Magmatite und der *Alkali-Magmatite*

Tafeln A.1 und A.2 unterscheiden zwischen Vulkaniten (*oben*) und Plutoniten (*unten*). In vertikaler Anordnung sind links die hellen Gemengteile (Plagioklas, Kalifeldspat bzw. Alkalifeldspat, Quarz oder Foide) dargestellt. Nach ihnen richtet sich in erster Linie die Gesteinsbezeichnung. Oben befinden sich in horizontaler Anordnung die dunklen Gemengteile (Olivin, Pyroxen, Hornblende, Biotit, bei den Alkalimagmatiten auch Na-Amphibol, Ägirin, Ägirinaugit und Titanaugit). Der vertikal über den Gesteinsnamen befindliche dunkle Gemengteil ist normalerweise in dem betreffenden Gestein enthalten z. B. Biotit beim Granit. Daneben sind fast immer auch andere dunkle Gemengteile möglich, die dann im Gesteinsnamen erscheinen, z. B. Hornblendegranit, oder Augitgranit.

Tafel A.1.
a Subalkaline Vulkanite und
b subalkaline Plutonite

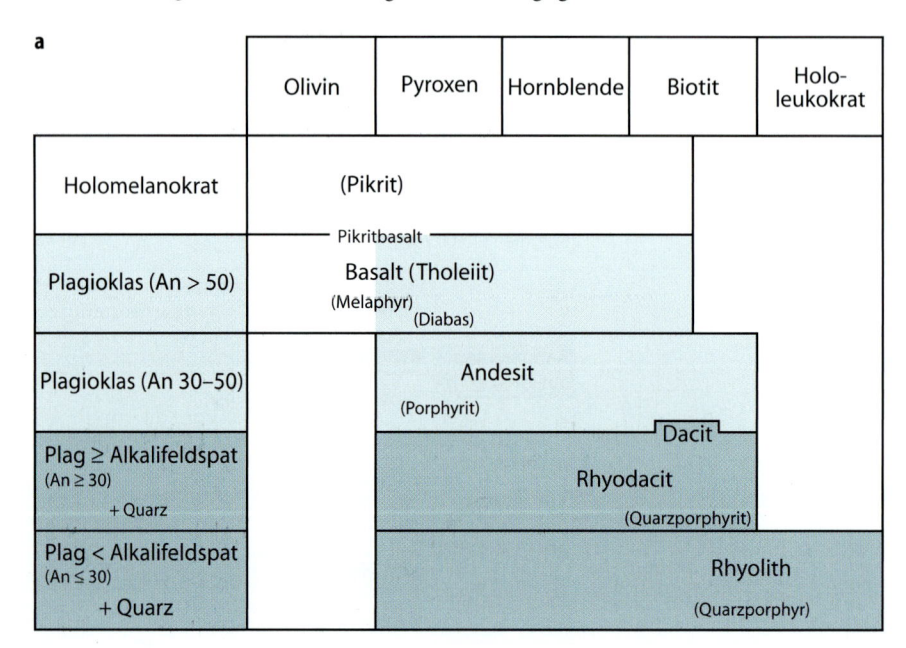

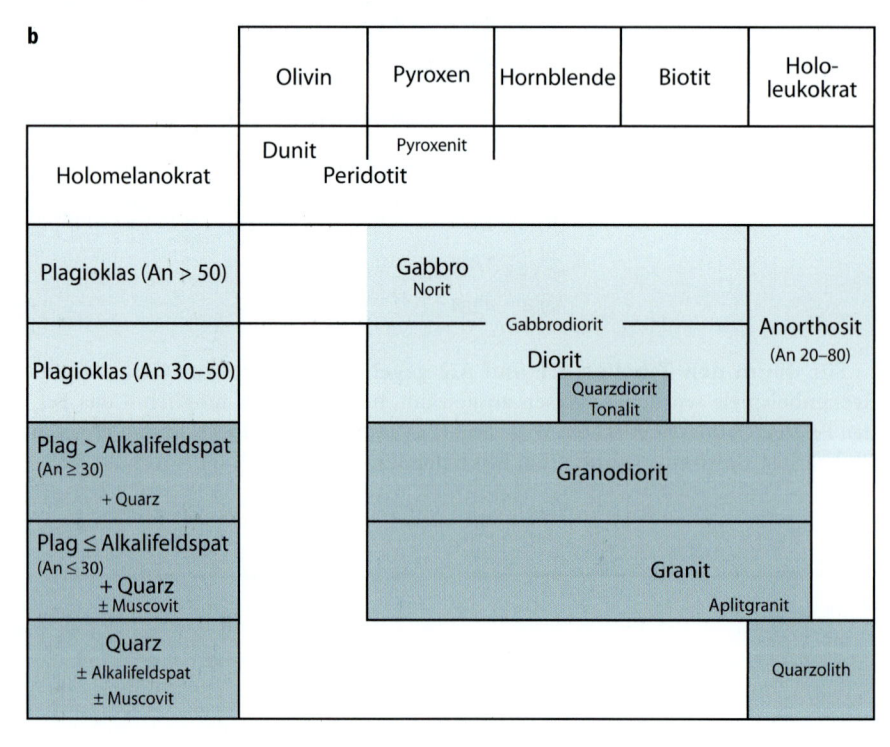

a

	Olivin	Pyroxen	Hornblende	Biotit	Holo-leukokrat
Holomelanokrat	(Pikrit)				
Plagioklas (An > 50)	Pikritbasalt — Basalt (Tholeiit) (Melaphyr) (Diabas)				
Plagioklas (An 30–50)			Andesit (Porphyrit)	Dacit	
Plag ≥ Alkalifeldspat (An ≥ 30) + Quarz			Rhyodacit (Quarzporphyrit)		
Plag < Alkalifeldspat (An ≤ 30) + Quarz				Rhyolith (Quarzporphyr)	

b

	Olivin	Pyroxen	Hornblende	Biotit	Holo-leukokrat
Holomelanokrat	Dunit — Peridotit	Pyroxenit			
Plagioklas (An > 50)		Gabbro / Norit	Gabbrodiorit		Anorthosit (An 20–80)
Plagioklas (An 30–50)			Diorit / Quarzdiorit Tonalit		
Plag > Alkalifeldspat (An ≥ 30) + Quarz			Granodiorit		
Plag ≤ Alkalifeldspat (An ≤ 30) + Quarz ± Muscovit				Granit	Aplitgranit
Quarz ± Alkalifeldspat ± Muscovit					Quarzolith

- *Weiße Felder*: SiO$_2$-*untersättigte* Magmatite mit Olivin und/oder Feldspatvertretern (Foiden);
- *hellblaue Felder*: SiO$_2$-*gesättigte* Magmatite ohne freien Quarz;
- *mittelblaue Felder*: SiO$_2$-*übersättigte* Magmatite mit freiem Quarz.

Von links oben nach rechts unten nimmt bei den aufgeführten Magmatiten der SiO$_2$-Gehalt entsprechend zu.

Literatur

Küster FW, Thiel A, Roland A (2003) Logarithmische Rechentafeln für die chemische Analytik, 105. Aufl. de Gruyter, Berlin New York

Okrusch M (1969) Die Gneishornfelse um Steinach in der Oberpfalz – eine phasenpetrologische Analyse. Contrib Mineral Petrol 22:32–72

Whittacker EJW, Muntus R (1970) Ionic radii for use in geochemistry. Geochim Cosmochim Acta 34:945–956

Tafel A.2.
a Alkali-Vulkanite und
b Alkali-Plutonite

a

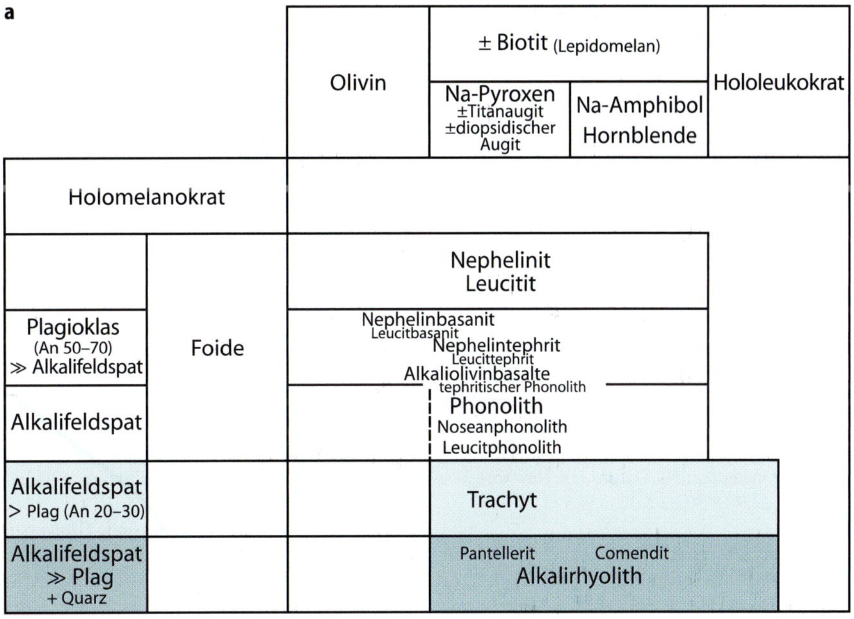

		Olivin	± Biotit (Lepidomelan)		Hololeukokrat
			Na-Pyroxen ±Titanaugit ±diopsidischer Augit	Na-Amphibol Hornblende	
	Holomelanokrat				
Plagioklas (An 50–70) ≫ Alkalifeldspat	Foide		Nephelinit Leucitit		
			Nephelinbasanit Leucitbasanit Nephelintephrit Leucittephrit Alkaliolivinbasalte tephritischer Phonolith		
Alkalifeldspat			Phonolith Noseanphonolith Leucitphonolith		
Alkalifeldspat > Plag (An 20–30)			Trachyt		
Alkalifeldspat ≫ Plag + Quarz			Pantellerit Comendit Alkalirhyolith		

b

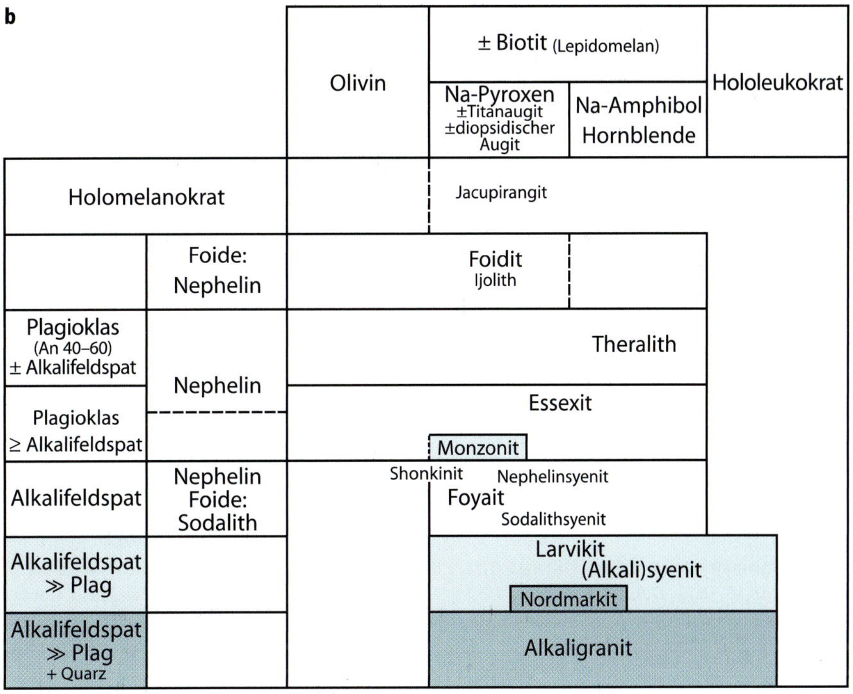

		Olivin	± Biotit (Lepidomelan)		Hololeukokrat
			Na-Pyroxen ±Titanaugit ±diopsidischer Augit	Na-Amphibol Hornblende	
	Holomelanokrat		Jacupirangit		
	Foide: Nephelin		Foidit Ijolith		
Plagioklas (An 40–60) ± Alkalifeldspat	Nephelin		Theralith		
Plagioklas ≥ Alkalifeldspat			Essexit		
			Monzonit		
Alkalifeldspat	Nephelin Foide: Sodalith		Shonkinit Nephelinsyenit Foyait Sodalithsyenit		
Alkalifeldspat ≫ Plag			Larvikit (Alkali)syenit Nordmarkit		
Alkalifeldspat ≫ Plag + Quarz			Alkaligranit		

Abdruckgenehmigungen

Abbildungsvorlagen wurden aus Buchpublikationen und Fachzeitschriften folgender Verlage, Gesellschaften und Institutionen – oft in modifizierter Form – entnommen. Für die freundlich erteilte Abdruckgenehmigung wird herzlich gedankt.

Allen & Unwin, London, UK: 27.13, 27.14
American Geophysical Union, Washington, D.C., USA: 19.2, 29.5, 29.6, 29.8, 29.12, 29.14, 29.21
American Journal of Science, New Haven, Connecticut, USA: 18.10, 18.11, 18.13, 18.14, 26.10, 27.10
Bayerische Akademie der Wissenschaften, München: 1.11
Beringeria, Würzburg: 31.3, 31.6, 31.7, 31.8
Blackie & Son Ltd., London, UK: 12.2, 12.3, 12.4
Blackwell Publishing, Oxford, UK; Malden, Massachusetts, USA: 11.33, 14.13, 15.4, 17.5, 21.3, 21.4b, 21.6, 23.2, 23.6, 23.7, 23.13, 26.25, 33.18, 34.2
Burgess, Mineapolis, Minnesota, USA: 11.7, 11.9
Cambridge University Press, Cambridge, UK: 32.4, 32.5, 32.7, 32.8 (Rechte bei den Autoren, s. u.)
Chapman & Hall, London, UK: 19.1, 29.1, 29.4b, 29.7, 29.21, 29.22, 29.23
Dover Publications, Inc., New York, USA: 18.2, 18.4, 18.7, 18.15
Economic Geology Publishing Company: 25.12
Elements, Mineralogical Society of America, Washington, D.C., USA: 2.13, 2.14, 2.15, 2.16, 4.12, 15.1, 25.22b, 26.30, 30.3, 30.5, 30.6
Ellen Pilger, Clausthal: 1.24, 1.32, 1.33 (Rechte bei den Autoren, s. u.)
Elsevier, Amsterdam, NL; Oxford, UK; New York, USA: 17.4, 26.29, 26.30, 26.31, 29.9, 29.20, 32.2, 32.6, 34.3
Elsevier
- vormals Bibliographisches Institut, Mannheim: 29.3, 29.4a
- vormals Ferdinand Enke, Stuttgart: 1.5, 1.8, 1.20, 4.1, 9.4, 25.16, 25.17, 25.20, 26.18, 33.1, 33.5, 33.15
- vormals Gustav Fischer bzw. Urban & Fischer, Jena: 21.4a, 22.2, 23.8, 26.33
EPISODES, Beijing, VR China: 9.7, 27.20
Ernest Benn Ltd., London, UK: 11.37
Exporation Mining Geology, Vancouver, British Columbia, Canada: 4.8
Freiberger Forschungshefte (TU Freiberg): 27.16
Geological Society of America, Boulder, Colorado, USA: 20.2, 20.4
Geophysical Laboratory, Carnegie Institution, Washington, D.C., USA: 18.2, 18.7, 18.8, 18.13
Harper & Row, Publishers, Inc., New York, USA: 24.4b
Harper Collins Academic, London, UK: 17.3, 33.6, 33.7
John Wiley & Sons, New York, USA: 4.4, 4.18, 8.13c, 11.38a,c, 16.3, 16.5, 24.14
Longman, Harlow, Essex, UK: 7.8, 11.30, 11.36, 11.50, 11.51, 33.2, 33.3, 33.4, 33.9, 33.11, 33.12, 33.13a, 33.14
McGraw-Hill Book Company, New York, USA: 15.5, 15.6, 17.1, 19.3, 21.2, 24.4a, 25.22
Mineralogical Society of America, Washington, D.C., USA: 7.2, 7.5, 7.9, 11.10, 11.13, 11.29, 11.49b, 11.52b,c, 16.8, 18.16, 25.25, 27.8, 27.21, 28.7, 28.8, 28.9
National Academy of Science, Washington, D.C., USA: 18.22
Oldenbourg, Wissenschaftsverlag GmbH, München: 1.2, 1.4, 1.16, 1.19, 1.21, 1.22
Oxford University Press, Oxford, UK: 1.25–1.28, 1.30, 1.31, 16.4, 17.2, 18.12, 18.18, 18.21, 27.9, 27.15, 33.10
Pergamon Press Ltd., Oxford, UK: 4.8, 26.16, 26.20–26.23, 29.19, 31.4
Prentice-Hall, Old Tappan, New Jersey, USA: 14.6, 14.8
Schweizerbart'sche Verlagsbuchhandlung, Stuttgart (http://www.schweizerbart.de): 7.11–7.13, 8.6, 8.13a,b,d, 9.3, 9.5, 10.3, 11.18, 11.26, 11.40, 11.48, 12.5, 18.17, 23.4, 23.5, 23.14, 27.3, 27.4, 29.10, 29.11
- vormals Akademische Verlagsgesellschaft, Leipzig: 11.42
Spektrum Akademischer Verlag, Heidelberg: 3.10, 23.12, 29.2
Springer-Verlag, Wien: 13.3, 26.4
Terra Antarctica Publication, Siena, Italia: 33.16a
The University of Chicago Press, Chicago, Illinois, USA: 8.11, 18.13, 20.9, 22.1, 25.7
UCL Press Ltd., London, UK: 27.12b
Verlag Glückauf, Essen: 23.3, 24.3
W. H. Freeman and Company, New York, USA: 4.15, 21.1, 28.5
Walter de Gruyter GmbH, Berlin New York: 1.12, 8.1, 11.3
Wiley – Verlag Chemie, Weinheim: 11.60
Wissenschaftliche Buchgesellschaft, Darmstadt: 14.1, 14.11, 29.18
Wissenschaftliche Verlagsgesellschaft, Stuttgart: 29.15
Woods Hole Oceanographic Institution, Woods Hole, Massachusetts, USA: 23.10c

Für die freundliche Genehmigung zur Publikation unveröffentlichter oder nur im Internet verfügbarer Abbildungen danken wir herzlich:

Amelingmeier, Eckart (Universität Würzburg): 28.21
Brandt, Sönke (Universität Würzburg/Kiel): 27.1
Carr, Michael H. (USGS, Menlo Park, California, USA): 32.4, 32.5
Frimmel, Hartwig (Universität Würzburg): 3.9, 25.10, 25.11
Graetsch, Heribert (Universität Bochum): Abb. 11.43
Harris, Chris (University of Capetown, South Africa): 15.7
Hartmann, William K. (Planetary Science Institute, Tucson, Arizona, USA): 34.4
Henderiks, Jorijntje (Universität Uppsala, Schweden): 2.12
Hermann, Wolfgang u. Gertrude (Würzburg): 25.19
Herzig, Peter M. (GEOMAR, Kiel): 23.11
Institut für Planetologie (Münster): 30.2, 31.5
Johnson, Torrence V. (Jet Propulsion Laboratory, NASA, Pasadena, California, USA): 32.7, 32.8
Jun Gao (Chinesische Akademie der Wissenschaften, Beijing, PR China): 12.2c
Kirfel, Armin (Universität Bonn): 1.14
Kleinschrot, Dorothée (Universität Würzburg): 25.6
Klemd, Reiner (Universität Erlangen): 17.6, 21.5
Kreuzer, Hans (BGR Hannover): 33.17a
Kukla, Peter A. (RWTH Aachen): 26.15, 26.28
Lorenz, Joachim A. (Karlstein am Main): 3.8, 11.47, 13.8, 23.1, 25.4, 28.11, 31.2
Marchig, Vesna (BGR, Hannover): 23.10d
McKerrow, Neil (Albany, Westaustralien) 2.11
Mouginis-Mark, Pete (University of Hawaii, Honolulu, USA): 14.3, 14.12
Müller, Georg (TU Clausthal) und Michael Raith (Universität Bonn): 1.24, 1.32, 1.33
Nasdala, Lutz (Universität Wien): 11.6
National Aeronautics and Space Administration NASA (USA): 25.13, 30.1, Kapitel 34, Hintergrundbild
Pfleghaar, Manfred (Heidenheim): 14.2
Reinsch, Dietmar (TU Braunschweig): 24.1
Roddy, David J. (US Geological Survey, Flaggstaff, Arizona, USA): 31.1
Schertl, Hans-Peter (Ruhruniversität Bochum): 28.13
Stöffler, Dieter (Museum für Naturkunde, Berlin): 26.8
Trueba, Javier (Madrid, Contacto/Agentur Focus, Hamburg): 9.6
van Ravenswaay, Detlev (Science Photo Library): 32.1
Zeh, Armin (Universität Frankfurt am Main): 33.16

Index

Sachindex

A

Aa-Lava 243
Aa-Strom, Zonierung 243
AB (Alkalibasalt) 200, 235, 237, 266, 274, 302, 306, 320, 510, 608f
Abdichtung von Schadstoffdeponien 178
Abfallstoffe
 –, chemische 414
 –, radioaktive 414
Abfangen 602
Abfolge
 –, plutonische-hydrothermale, Bildungstiefe 346
 –, sedimentäre **383**
 –, subvulkanische 355
  –, Bildungstiefe 346
  –, Golderz 356
abiotisch 556
Abkühlung
 –, adiabatische 308
 –, isobare 486
Abkühlungsalter **616**, 623
Abkühlungsgeschichte 487
 –, Diagramm 487
Abkühlungsgeschwindigkeit 372, 618
Abkühlungspfad 324, 618
Abkühlungsrate 318, 484, 487, 562f, 616
Abkühlungszeit 563
Ablagerung 62, 383, **385**
 –, fluvioglaziale 395
 –, glaziale 395
 –, pyroklastische 248
 –, vulkanische 339
Ablagerungsmechanismus 399
Ablagerungsmilieu 396
Ablation 563
Abraumhalde 51, 359
Abrieb 563
Absaigern 276ff, 315, 324
Abschiebung 456, 485, 570
 –, Erzgang 353
 –, flache 485
 –, Metamorphose 428
Abschreckung 540, 557, 634
 –, Gefüge 540, 557
  –, Mond-Basalt 540
Absinken 276

Absonderung 56, 59f
 –, säulenförmige 60
Absorbens 409
Absorption 26f
Absorptions-Bande 632
Absorptions-Koeffizient 27
Absorptions-Mittel 177, 187
Absorptions-Schema 27
Absorptions-Spektrum 40, 104
 –, Triton 590
Absorptions-Vermögen 171
Abteilung 34
Abtragung 62, 367, 515, 595
Abtrennung, katastrophale 544
Abwasser
 –, Dekontaminierung 112
 –, Reinigung 177
 –, toxisches 50
Acantharier (Radiolarien-Gruppe) 44
Acapulcoit 558f
accumulation clock (engl., siehe Anreicherungsuhr) 615
Acetylcholin 45
Acetylen C_2H_2 587, 592
ACF-Diagramm **490**, 491f, 500
 –, Berechnung 490
 –, Dreieck 500f, 503, 506
 –, Hornfels-Klassen 492
 –, Korrekturen 490
 –, Mischkristall 490
ACFM-Tetraeder 494
Achat 185, 187
 –, Bänderungsformen 185f
  –, Achatbänderung gemeine 185f
  –, Horizontalbänderung 186
  –, Infiltrationskanal 186
Achatgeode 36, 183ff, 254
Achatlagerstätte 254
Achatmandel 185f
Achondrit 547, 551, **557**
 –, Angrit 557
 –, Asteroiden- 557, 559
 –, Aubrit 557
 –, Häufigkeit 551
 –, HED-Gruppe 557
 –, nicht-brecciierter 557
 –, primitiver 557f, 563
 –, SNC-Gruppe 558
 –, Ureilit 557
 –, Zusammensetzung 557

Achse
 –, kristallographische 6ff
 –, optische 22
 –, polare 18, 182
Achsenabschnitt 8
Achsenbild, konoskopisches 26
Achsenebene, optische 23f
Achsenkreuz 8, 26, 448
Achsenverhältnis 8
Achsenwinkel 26
 –, optischer 23
Achterringe 202ff
Actinid-Erz 64
Adakit 229
Additionsbaufehler 101
Additionsstellung 26
Ader, hydrothermale 64, 344
adiabatisch 308, 318f
Adinol 426, 444, 458
Adsorptionsvermögen 409
Adular 41, 190, 194, **196**, 355, 432
 –, Kluftmineral, alpines 360
Adular-Tracht 194, 387
Adularisieren 41
AE (siehe auch Astronomische Einheit) **563**, **569**, 571, 579, 581, 629
α-Eisen, ferrromagnetisches 19
aerodynamisch 251, 431
Aerosol 247, 249
 –, Klimarelevanz 249
 –, Sulfat- 249
 –, vulkanogenes 249
AFC-Prozess (Assimilation + Fractional Crystallization) **280**, 539f, 606, 616
 –, Mond-Basalt 539f
Affinität 596
AFM-Dreieck 224, 274f
AFM-Fläche des AKFM-Tetraeders 493f
AFM-Projektion **492**, 493f, 501, 506
Agglomerat 246, 251
Aggregatspaltbarkeit 194
Ägirin 162, **164**, 235, 457f
Ägirinaugit 162, **164**, 236f, 457f, 508
A-Horizont 375
air burst (engl., durch einen Meteoroid ausgelöste Explosion) 548ff
Akali-Suite, lunare 539
Akanthit 84, 85, 355, 380, 394
Åkermanit **153f**, 631

A'KF-Diagramm **490f**, 500, 506
  –, Berechnung 490
  –, Korrekturen 490
  –, Mischkristall 490
A'KF-Dreieck, Granat–Cordierit–Biotit–
  Kalifeldspat-Paragenese 492
AKFM-Tetraeder 493f
Akimotoit 558
Akkretion, heterogene 544
Akkretionsgeschichte 634, **636**
Akkretionskeil 436, 505, 608
Akkretionsphase, Akkretionsprozess 554, 591
Akkretionsscheibe 630, **632ff**, 637
Akkumulation, nichtgravitationale 634
Akkumulatorenblei 91
Akmit (siehe auch Ägirin) **162ff**, 222, 471
Akmit-Komponente 471, 505, 507
Aktinolith **166ff**, 227, 351, 438, 457ff, 481
  –, *ACF*-Diagramm 491, 500
  –, zur Gesteinsklassifikation 166f
Aktinolithasbest 50f, 167
Aktinolithschiefer 444, 458f
Aktivierungsenergie 468
Aktivität 317, 404f, 481, 483, 603
  –, geologische, Ariel 589
  –, kryovulkanische
    –, Saturn-Monde 587f
    –, Uranus-Monde 589
  –, tektonische, Ariel 589
  –, vulkanische, BIF 406
    –, Ariel 589
    –, Io 584
    –, Mars 576f
    –, Titan 587
    –, Venus 572
Aktivitätskoeffizient **317**, 477, 483, 603
Akzeptor 18
Akzessorien (Nebengemengteile) **56**, 602
  –, zur Gesteinsklassifikation 217
Al,Si-Diffusion, intrakristalline 191
Al,Si-Ordnung 191
Al,Si-Unordnung, Sillimanit 467f
Al,Si-Verteilung in Feldspäten 191f
  –, geordnet/ungeordnet 191f, 195, 197
Al/Si-Verhältnis 375
Al_2O_3
  –, Ausscheidung 376
  –, Löslichkeit 374f
  –, Überschuss 223, 312
  –, Unterschuss 223
Al_2SiO_5-Gruppe, Polymorphe **149f**, 465ff, 470
  –, Daten, thermodynamische 469
Al_2SiO_5-Phasendiagramm 468
Alabaster 132
Alaun, Kristallwachstum 4
Albedo (Reflexionsvermögen) **538**, 570f, 580, 584, 587ff
Albit 14, 15, 164, 190, 192, **197**, 222, 290, 420, 438, 441, 446f, 454, 457ff, 460, 483, 490, 498, 523
  –, CIPW-Norm 222
  –, Formel 32
  –, Hochtemperaturform 195

  –, in alpinen Klüften 360
  –, in Meteoriten 552
  –, Kluftmineral, alpines 360
    –, Löslichkeit von Wasser 270
    –, Viskosität 270
  –, Schmelzen, kongruentes 270
  –, Schmelzpunkt 285
  –, Stabilitätsgrenze 315
  –, System
    –, Albit–Anorthit 284ff
    –, Albit–Kalifeldspat 292ff
    –, Diopsid–Anorthit–Albit 286ff
    –, Quarz–Albit–Kalifeldspat–H_2O 315
  –, zur Gesteinsklassifikation 217
Albit-Epidot-Hornfels-Fazies 497, 504
Albit-Gesetz **192f**, 197
Albitglas 270
Albitgranit 234
Albit-Kalifeldspat-System, Phasendiagramm 193
  Albitphyllit 197, 441
Albit-Porphyroblast 450
Albit-Rhyolith 218
Albit-Schmelze 270
Albitisierung 458
$AlCl_3$ 253
Al-Diopsid 554
Alexandrit **104**, 444, 458f
  –, chatoyierender 42
  –, pleochroitischer 40
  –, Synthese 42
Alexandrit-Lagerstätte, Bildung 458
Alge 401f
  –, eukaryotische 44
  –, Photosynthese 401
  –, phylloide 402
Algenmatte 43, 402
Algoma-Typ 407
ALH 84001, Mars-Meteorit 578
ALHA 81005, Mond-Meteorit 559
Al-Hydroxid, Löslichkeit 374
Alkalibasalt (AB) **235**, 274, 306, 458, 508, 510, 527f, 609
  –, Chondrit-normierte Spurenelement-Muster 608
  –, Eklogit-Einschluss 510
  –, Insel, ozeanische 235, 306, 527f, 607f
    –, Spurenelement-Muster 607f
  –, Ne-führender 302
  –, Riftzone, kontinentale 306
  –, Soliduskurve 320
  –, Varietäten 237
  –, Venus 572
Alkalichlorid 411
Alkalifeldspat 37, **190ff**, 236f, 420, 457, 460, 501, 540, 622
  –, Entmischung 15, **192f**, 292f
  –, Habitus 194
  –, Häufigkeit 37
  –, im Leukosom 454
  –, Mischkristalle 15, 189ff, 293
  –, Nomenklatur 189
  –, Tracht 194
  –, Verdrängung 347
  –, Zonarbau 315

  –, zur Gesteinsklassifikation 217
  –, Zwillingsbildung 194
Alkalifeldspat-Granit **234**, 339
Alkalifeldspat-Reihe 195
Alkalifeldspat-Syenit 219, **234**
  –, foidführender 219
Alkalifeldspat-Trachyt **219**, 289, 291
  –, foidführender 219
Alkalifeldspat-Rhyolith 289, 291
Alkaligabbro (siehe Essexit)
Alkaligesteinskomplex 239
Alkaligranit (siehe Alkalifeldspat-Granit) 234, 649
Alkaligranit-Komplex 259
Alkali-Ionen 373
Alkali-Kalk-Index, modifizierter (MALI) 313
Alkalikarbonat 410f
Alkalilamprophyr 220, 457
Alkalimagmatit 223, **234**, 274, 642
  –, foidführend 331
  –, K-betont 223
  –, K-reich 224
  –, Lernschema 642
  –, leukokrater 224
  –, melanokrater 224
  –, mesokrater 224
  –, Na-betont 224
Alkalimagmatit-Komplex 331
Alkalimetall 597
Alkalimetasomatose **457**
alkaline magma series (engl., siehe Alkali-Serie) 223
alkaline rock suite (engl., siehe Alkali-Magmatit) 223
Alkalinität 375
Alkalinitrat 411
Alkaliolivinbasalt **235f**
Alkalipegmatit 220f
Alkaliplutonit **234**, 643
Alkalipyroxen **164f**, 338
Alkalirhyolith (siehe Alkalifeldspat-Rhyolith) **234f**, 643
Alkali-Serie 223, 274
Alkali-Suite 539
  –, Erdmond 538
Alkalisulfat 411
Alkalisyenit (siehe Alkalifeldspat-Syenit) 234, 643
Alkalitrachyt (siehe Alkalifeldspat-Trachyt) 643
Alkaliturmalin **158f**
Alkalivulkanit **235**, 643
  –, Mikrofoto 236ff
Alkalizufuhr 505
Allanit **154f**, 340, 605
  –, Pegmatit 340
  –, Struktur 155
allitische Verwitterung 376
allochromatisch 99
allseits flächenzentriert 9
Almandin **148**, 433, 441ff, 480f, 507
  –, *ACF*-, *A'KF*-Diagramm 491
  –, *AFM*-Projektion 493f
  –, Stabilitätsfeld 481
  –, T-f_{O_2}-Diagramm 481

Almandin-Granat, Lichtbrechung 21
Almandin-Pyrop-Granat 79, 494
Almandinzone, Barrow'sche 499
^{26}Al/^{26}Mg, Isotopen-System 622
Alnöit 220
AlO$_4$-Teteaeder **144**, 150, 154, 179, 190f, 198ff
AlO$_6$-Oktaeder 149f, 161f, 196
AlOOH, δ- 532
Alpha-Protonen-Röntgenspektrometrie 577
Alpidische Orogenese 434, 453
alpine Kluft 360
alpiner Kluftquarz 183f
ALSEP (Apollo Lunar Surface Experiment Package) 537, 542
Al-Spinell 631
Alter
 -, Abkühlungs- 616
 -, Blei-Blei- (Pb-Pb-) 633
 -, geologisches 620
 -, Hafnium-Wolfram- (Hf-W-) 633
 -, Intrusions- 618, 621f
 -, Kratonisierungs- 616
 -, Kristallisations- 616
 -, Krustenbildungs- 616
 -, Metamorphose- 486, 616
 -, Plateau- 623f
Alteration 349f, 365, 554, 609f
 -, Chondrit 554
 -, hydrothermale 632
 -, metasomatische 365
 -, spätmagmatische, hydrothermale 609, 632
Alterationsfront 398
Alterationszone 174, 349
Altersbestimmung 553, 595
 -, isopische 629
 -, radiometrische (isotopische) 52, 138, 486, 539, 553f, **615ff**, 629, 634
 -, Mond 539
Altersinformation 56, 148, 486, 616, 624
Altpaläozoikum 46
Aluminat 144
Aluminat-Spinell **105**
Aluminium Al 64, 144, 520, 600ff, 625, 633, 639
 -, ^{26}Al/^{26}Mg-Isotope 622
 -, als Rohstoff 63
 -, Clarke 600ff
 -, Entstehung von ^{27}Al 625
 -, Erz 114, 377
 -, Ionenradius 600, 639
 -, Isotop, kurzlebiges ^{26}Al 580, 585, 633ff
 -, Verwitterungslösung 374
Aluminiumhydroxid
 -, als Verwitterungsneubildung 374
 -, Ausfällung 375
 -, Ausscheidung 376
Aluminiumoxid, Neubildung 374
Aluminium-Sättigungs-Index (ASI) 313
Aluminiumsilikat 144
Aluminiumsilikat-Gruppe **149**
Alumogel 374, 377
Alumosilikat 144, 179

Alunit 254, 459
Alunitisierung 459
Alveolar-Makrophagen (AM) 50
Alveolinen 44
Al-Vermeidungs-Prinzip 192
Alvin, Unterseeboot 360
AM (Alveolar-Makrophagen) 50
Amalgam 69, **73**, 90
Amalgamierung 72
Amazonit **196**, 339
Amazonium 574, 577
Amblygonit 339f
 -, LCT-Familie 340
Amethyst 34, **183f**
 -, Edelstein 40
Amethyst-Druse 36, **184**, 254
Amethyst-Synthese 42
Amici-Betrand'sche Hilfslinse 26
Aminosäure 556, 632
Ammoniak NH$_3$ 582, 588, 591, 632
 -, Titan 587
Ammoniak-Hydrat NH$_3 \cdot$ H$_2$O 588
Ammoniak-Eis 591
Ammonit
 -, Karbonatgehäuse 45
 -, Permineralisation, sekundäre 46
Ammoniumphosphat 140
amöboides Olivin-Aggregat (AOA) 554, 633
amorph **33**
Amors (erdnahe Asteroiden) 581f
Amosit (siehe auch Grunerit) 50, 167
Amphibol 56, 62, 145, **160f**, **166ff**, 185, 217f, 223ff, 234f, 237, 239, 251, 268, 312ff, 338, 358, 374, 390, 406, 408, 424, 432, 436, 446f, 452, 482, 616, 622ff
 -, Anteil an Erdkruste 36
 -, Auslöschungsschiefe 25
 -, Auslöschung, symmetrische 25
 -, Ca- **167**
 -, Chemismus 166
 -, Datierung 622ff
 -, Eigenfarbe 27
 -, Endglieder 166f
 -, Flächenkombinationen 168
 -, Häufigkeit 37
 -, in Mondgestein 540
 -, Kristallisation 268
 -, Löslichkeit 374
 -, Mg-Fe- **166**
  -, monokline 166
  -, rhombische 166
 -, Na- **169**, 506, 642
 -, Struktur 160
 -, Zonarbau 464
 -, zur Gesteinsklassifikation 217
Amphibol-Asbest 50
 -, verkieselter 185
Amphibol-Familie 145, **166ff**
Amphibol-Granulit 442
Amphibolit 58, 62, 432, **443f**, 446, 455, 496f, 499ff, 507f, 520f, 600
 -, Entwässerungsschmelzen 321
 -, Magnetisierung 106
 -, Mineralbestand 56
 -, Schockwellen-beanspruchter 430

Amphibolitfazies 496, **499**, 504
 -, hochgradige 501ff
 -, *ACF*-Diagramm 500
 -, Minerale 499
 -, niedriggradige 501, 503f
 -, *ACF*-Diagramm 500
 -, Subfazies 501
Amphoterit 555
Amplitude 20, 26
anaerob 46, 92, 106
Analbit 191f
Analcim 190, **202**, 432, 438, 498
Analysator 24, 26
Analyse
 -, geochemische 53, 513, 580
 -, ortsauflösende 621
 -, spektroskopische 598
Analysenmethode, ortsauflösende 621
Anatas 6, **110**, 114, 390
 -, Kluftmineral, alpines 360
Anatexis 303, 340
 -, experimentelle **316ff**, 453f
 -, Grenzbedingung 316f
 -, partielle 63, 275, 305, 309, 311, 417f, 421, **453ff**, 485, 510, 520, 531, 545, 598, 605ff, 610, 618f
 -, Element-Inkompatibilität 607
 -, globale, geodynamische Bedeutung 456
 -, selektive 455
anchimetamorph 424f, 438
Anchimetamorphose 420ff
Andalusit 6, 145, 149, **150**, 312, 419, 424f, 434f, 444, **465ff**, 470f, 480, 490, 492, 494, 501f, 504
 -, *ACF*-, *A'KF*-Diagramm 492f, 500
 -, Sericitisierung 419
 -, Stabilitätsfeld 465
 -, Stabilitätsgrenze 471
 -, Verdrängung 470
Andalusit-Cordierit-Hornfels 424
Andentyp 436, 520, 528
 -, Gebirgsbogen 528
Andesin 197, **198**, 300f, 435, 501, 504
Andesit 61, 219, **229**, 230f, 249, 252, 266, 274, 276, 285, 288, 300ff, 306, 349f, 355, 364, 443, 498, 508, 528, 578, 601, 606, 612f
 -, basaltischer **229**
 -, Mars 578
 -, foidführender 219
 -, Gesteinsbenennung 219
 -, Magma 252, 301, 528
 -, Zusammensetzung, chemische 221
Andesit-Dacit-Rhyolith-Assoziation 301
Andradit **148f**, 351, 444
 -, *ACF*-Diagramm 491, 500
Andradit-Granat, Brechungsindex 21
Andradit-reicher Granat **149**, 235, 420, 444, 499
Anfangskonzentration an ^{87}Sr 617
Anfangsverhältnis ^{87}Sr/^{86}Sr 312f, 617ff
ANFM-Diagramm 506
Anglesit 129, **131**, 379
 -, Kristallstruktur 129

Angrit (Achondrit) 551, 557
 –, Mutterkörper 557
 –, Plutonit 557
 –, Vulkanit 557
Ångström 10
anhedral (engl., siehe auch xenomorph) 446
Anhydrit 6, 62, 129, **131**, 254, 362, 365, 410, 412f
 –, Auflösung 133f
 –, Hydratisierung 372
 –, in Achondriten 558
 –, Kegel 362
 –, Kristallstruktur 129
 –, Löslichkeit 373
 –, S-Isotypie 612
Anhydrit-Binder 131
Anhydrit-gesättigtes Thermalwasser 134
Anhydrit-Gips-Lagerstätten 614
Anhydrit-Lagerstätte 66
Anilit 380
Anionen 596f
 –, CO_3^{2-} 200
 –, SO_4^{2-} 200
Anionenbildner 597
Anionengruppen 67
Anionenkomplexe 34, 67, 117, 125, 129, 137, 597
anisotrop 4
Anisotropie 3f, 28
 –, der Farbe 40
 –, der Härte 16, 76
 –, der Wachstumsgeschwindigkeit 4
 –, der Wärmeleifähigkeit 16
 –, optische 3, 21f, 28
 –, seismische 524
Ankerit 117, **124**, 237, 239, 353, 356, 420, 441f, 499, 507, 639
Anlagerungsgefüge 59
Annabergit 94
Annit **173**
Anomalie
 –, geochemische 50
 –, thermische 328
Anorthit 14, 179f, 190, 192, 197, **198**, 222, 490, 503, 523, 554, 557
 –, ACF-Diagramm 491f
 –, CIPW-Norm 222
 –, Formel 32
 –, in Meteoriten 552, 559
 –, Schmelzpunkt 283, 285
 –, System
  –, Albit–Anorthit 284, 286ff, 293
  –, Diopsid–Anorthit–Albit 286, 289
  –, Quarz–Albit–Anorthit–(Kalifeldspat)–H_2O 319f
Anorthoklas 190, 193f, **197**
 –, zur Gesteinsklassifikation 217
Anorthoklas-Tracht 194
Anorthosit 62, 219, **227**, 538f, 570, 607
 –, alkalischer 539
 –, lunarer 539
 –, Erdmond 538f
 –, Ferroan 538
 –, Gesteinsbenennung 218

–, in Meteoriten 559ff
–, REE-Muster 607
Anorthosit-Breccie (Mondmeteorit (Lunait)) 551
Anorthosit-Massiv 278, 328, 538
anoxisch 406
Anreicherung 63
 –, syngenetische 323
Anreicherungsuhr 615
Anröchter Grünsandstein, Kreide 389
Anschliff 20
Antekrist **216**, 258, 278
ANT-Gruppe 538
 –, Erdmond 538
Anthophyllit 67, 145, **166f**, 420, 444, 473f, 495, 499ff, 504
 –, ACF-, A'KF-Diagramm 500
Anthophyllit-Asbest 50, 166
Anthophyllit-Ferroanthophyllit Reihe **166**, 167
antiferromagnetisch 19
Antigorit 172, **175**, 443
 –, Abbau 473
Antigorit-Struktur, gewellte (modulierte) 175
Antimon Sb 7, 64, 69, **75**, 90f, 95f, 359
 –, Erz 64, 90, 359
 –, ged. (elementares) 69, 75
Antimonfahlerz (siehe auch Tetraedrit) 96
Antimonglanz (siehe auch Stibnit) 90
Antimonide 35
Antimonit (siehe auch Stibnit) 90, 359
Antimon-Quarz-Gang, telethermaler 359
Antimonvorkommen, hydrothermales 359
Antineutrino 617
Antiperthit 189, **192**, 292
Anti-Rapakivi-Gefüge 276
Antispinell-Struktur 105
Antistressmineral 422
Anwachssäume 387, 390
AOA (siehe auch amöboides Olivin-Aggregat) 554, 633
äolisch 391, 395
Apatit 7, 32, 64, 137, **138**, 208, 222, 331, 340, 365, 390, 458f, 490, 552, 554, 605
 –, Anteil an Erdkruste 37
 –, CIPW-Norm 222
 –, Exoskelett 45
 –, Flüssigkeits-Einschluss 208
 –, Fraktionierung 605
 –, Habitus 138
 –, in Meteoriten 554f
 –, in Granit 313
 –, in Magmatit 224ff, 229, 231, 233ff, 237, 239
 –, in Mondgestein 541
 –, Lagerstätte 140, 331
 –, (OH)-freier 541
 –, Struktur 137, 139
 –, Tracht 138
 –, zur Gesteinsklassifikation 217
Apertur 26
Aperturblende 21
Aplit **216**, 219, 258, 459
Aplitgranit 195, 421, 456, 642

Apochromat 102
Apollo Lunar Surface Experiment Package (ALSEP) 537, 542
Apollo-Missionen 32f, 55, **537ff**, 556
 –, Gesteinsprobe 542
 –, Landeplätze 543
Apollos (erdnahe Asteroiden) 581
Apophyllit **178f**, 202f, 204, 351
Apophyllit-Gruppe 178
apparent age (engl., siehe auch Scheinalter) 621
Appretur 177
Aquamarin **157**, 339
 –, Edelstein 40
 –, Lichtbrechung 40
 –, Synthese 42
Ar (siehe Argon)
arabescato (ital., siehe auch Marmor) 443
Aragonit 6, 32, 44, 117, 119, **121f**, 254, 399, 410, 436, 506, 639
 –, Exoskelett 45
 –, Marmor 507
 –, Perlmutt 45
 –, Polymorphie 15
 –, Stabilitätsfeld 121f
 –, Umwandlung in Calcit 122
Aragonit-Gruppe 117, **121ff**
Aragonit-Sinter 254
Aragonit-Struktur 117
Aramayoit 6
Archaikum, archaisch 149, 367, 401, 406, 563, 610
 –, Gradient, geothermischer 331
 –, Impakt-Krater 563
Archäologie 53
 –, stellare 625
Archäometrie 53
Arenit 389f
 –, lithischer 389f
 –, sublithischer 390
Arfvedsonit **169**, 234
Argentit (Silberglanz) 7, 71, **84**, 85
 –, -Akanthit 355f, 358
Argille scagliose 254
Argillit-Zone 350
Argon Ar 252, 571, 574, 587, 622ff
 –, ^{39}Ar-^{40}Ar-Datierung, Methode 549f, 554f, 557, 564, **622ff**
 –, Meteoriten-Krater 549
 –, ^{40}Ar 587, 623
  –, Entstehung 625
 –, Saturn-Mond Titan 587
 –, Atmosphäre der Riesenplaneten 583
 –, Atmosphäre des Saturn-Mondes Titan 587
 –, atmosphärisches 622
 –, Dampf, vulkanischer 251
 –, ererbtes 623
 –, Isotope 622
 –, Mars-Atmosphäre 574
 –, radiogenes 622
 –, Venus-Atmosphäre 571
 –, Verlust 623
aride Schuttwanne 65, 394

Arkose 177, 196, 376, **389f**, 419, 441f, 484, 501, 503
 –, *ACF*-, *A'KF*-Diagramm 491
 –, unreine 389
 –, Verwitterungsbildung 376
Armalcolit 541
Armleuchteralgen (Charophyceen) 44
 –, Oogonien 44
Arsen As 7, **75**
 –, AsH$_3$ 538
 –, elementares 69
 –, Erz 64, 93f
 –, ged. (elementares) 75
 –, Gruppe 69
 –, Toxizität 50
 –, Umweltschadstoff 52
Arsenat 35, 39, **137**
Arsenfahlerz (siehe Tennantit) 96
Arsenid 35, **83**, 85, 91
Arsenkies (siehe Arsenopyrit) 93
Arsenolith, Toxizität 50
Arsenopyrit 91, **93**, 352, 354, 356, 393
 –, Dominion Reef 393
 –, Gold-Einschlüsse 72
 –, Kristalltracht 93
 –, Toxizität 50
Arsensulfid **94f**
Artensterben (Massenaussterbe-Ereignis) 245, 550
Arzneimittel 126, 171
Asbest 41, **50**, 165ff, 175f, 185, 406
 –, Aktinolith- 50
 –, Amosit (Grunerit) 50
 –, Amphibol- 50
 –, Anthophyllit- 50
 –, Chrysotil- 50
 –, Einkapselung 50
 –, Ersatz 165
 –, Faserform 50
 –, Filter 176
 –, Garn 176
 –, Gewebe 176
 –, Krokydolith (Magnesio-Riebeckit) 50
 –, Pappe 176
 –, Platte 176
 –, Serpentin 50
 –, Toxizität 50
 –, Tremolit 50
 –, Zement 176
Asbestose 50, 169
Asbolan 378
Asche, vulkanische 57, 63, 177, 215, **251**, 376
Aschenfall **248**
Aschenstrom 249f
Aschentuff 250f
Aschenwolke 247, 249
ASI (Aluminium-Sättigungs-Index) 313
Assimilation 273, **279**, 306, 540, 576, 595, 603, 606, 610
 –, Erdmond 540
Assimilation + Fractional Crystallization-Prozess (AFC-Prozess) **280**, 539f, 606, 616
Asterismus 40

Asteroid 32, 541f, 547ff, 551, 557ff, 569, **579ff**, 587, 596, 629, 632f
 –, Astraea, Asteroid 579
 –, Aufbau, innerer 580
 –, Aufschmelzen 552
 –, Ceres 560, 567, 579
 –, chondritischer 634
 –, differenzierter 557, 561, 634
 –, Entstehung 579
 –, erdnaher 581
 –, Erforschung, astronomische 579
 –, Familien 580
 –, Hygiea 580
 –, Juno 579
 –, Klasse 581
 –, Kollisionsgeschichte 580
 –, Metallkern 557
 –, Mond 541
 –, Mutterkörper 547, 554, 557, 632f
 –, Pallas 560, 579f
 –, Reflexions-Spektrum 580
 –, Umlaufbahn 579
 –, Vesta 579f
 –, Zirkonalter 557
 –, Zusammensetzung 580
Asteroiden-Achondrit 557, 559
Asteroidengürtel 32, 547, 556, 563, **579f**, 632
 –, Gesteinsfragment 55
Asteroidenimpakt 580
Asthenosphäre 496f, **527f**, 611
 –, Definition 528
 –, Mond 543
 –, Schnitt, schematischer 525
α-Strahlung 50
Astronomie-Satellit HIPPARCOS 631
Astronomische Einheit (AE) **569**, 629
Astrophysik 625
Asymmetrie 606, 608
Ataxit 561, 563
 –, Ni-armer 563
 –, Ni-reicher 549, 563
Athabasca-Gruppe 367
atmophil 596f
Atmosphäre 371
 –, Erde 44, 247, 249, 393, 542, 548, 596, 598, 623, 630
   –, Gasdichte 630
 –, frühe Erde 44, 393
 –, Planeten 571, 574, 582f, 585ff
Atmosphären-gebundene Exosphäre 569
atmosphärisches CO_2 613
Atoll 402
Atom
 –, diamagnetisches 18
 –, paramagnetisches 18
Atombindung (homöopolare Bindung, kovalente Bindung) **13**, 16, 83, 596
Atombombe 359
Atomgewicht 610
Atomkern **13**, 17, 610, 617, 622, 625
Atomradius 70, **639**
Atomreaktor 75, 157
Atomrümpfe 13
Atons (erdnahe Asteroiden) 581

A-Typ-Granit (anorogenic source rock) 313, 340, 458
 –, peralkaliner 340
Ätzfigur 76, 86, 123, 198, 200
Ätznatron 100
Au (siehe Gold)
Aubrit (Achondrit) 551, **557**
Aufbereitbarkeit von Erzen 603
Aufbereitungsabgänge (engl. tailings) 51
Aufheizung 201, 276, 432, 484ff, 554, 623f, 634
 –, Chondrit 554
 –, isobare 485ff
 –, mechanische 276, 503
 –, regionale 432
 –, stufenweise 623f
Aufheizungsrate 616
Auflicht 19
Auflichtmikroskopie 27
Auflösung 373, 387, 400, 409, 450, 571, 574, 613
 –, selektive 450
Auflösungsrate 400
Aufschiebung 456
 –, Granitintrusion 262
 –, Metamorphose 428
Aufschluss, (geologischer) 55, 515
Aufschmelzexperiment 267, 540
Aufschmelzgrad 276, 305, 317, 540, 606ff
 –, Mond 540
Aufschmelzort 306, 308, 523
Aufschmelzprozess 553
Aufschmelzrate 606
Aufschmelzung 431, 552f, 634
 –, Chondrit 554
 –, Erdmond 541
 –, isobare 285
 –, partielle 63, 303f, **452ff**, 503, 505, 522, 525, 527f, 540, 557, 580, 595, 607, 616, 618, 635
 –, lunare 540
 –, selektive 456, 520
 –, von Asteroiden 552
Aufschwimmen 324
Aufstieg 455
Aufstiegspfad 318
Aufstiegsrate 318
Auftausalz 100
Augit 162, **163f**, 232f, 236ff, 471, 538, 540, 562
 –, basaltischer 38, 163f
 –, diopsidischer 227f, 235, 237, 299, 643
 –, Gefüge, ophitisches 289
 –, gemeiner 164
 –, hedenbergitischer 300
 –, in Achondriten 558f
 –, lunarer 539
Augitdiorit 225
Augitgranit 224
Augitnorit 328
Auripigment 94, **95**
Aurosmirid 74
Ausblühung 100, 125, 132, 374
Ausbreitungsrichtung, Erdbebenwellen 516
Ausbruch, phreatomagmatischer 247

Auscheidungsfolge 354
Ausfällung
  –, anorganische 384, 399, 401
  –, biochemische 401
  –, $CaCO_3$ 399ff
  –, chemische 399ff
  –, Eisen 405
  –, Ionen 62
  –, rhythmische 384
Ausflockung 62, 186, 409
Ausgangsmaterial, -gestein, -substanz 320f, 371, **419ff**, 445f, 496, 609f
  –, hochreaktive(s) 467f
  –, magmatisches 419f, 446, 600
  –, sedimentäres 419f
  –, vormetamorphes 419
Auslaugungszone 379
Auslöschung 25
  –, gerade 25
  –, symmetrische 25
  –, undulöse 423, 449, 451
Auslöschungsschiefe 25f
Ausscheidung 383
  –, gelöster Stoffe 385
  –, progressive 413
  –, rezessive 413
Ausscheidungsfeld 295, 298, 314, 326
Ausscheidungsfolge 19, 224, 283, 299f, 336, 345, 354, 412
  –, Evaporitbildung 409
  –, in hydrothermalen Gängen 343f, 354ff
Ausscheidungssediment 384
Außenzone, idiomorphe 450
Austauschgleichgewicht 482ff, 613
  –, isotopisches 613
Australite 563
Austrittsfenster von Röntgenröhren 157
Auswurfdecke 545, 563, 569f, 574
Auswürfling, vulkanischer 228f, 524
Auswurfmasse 569f
authigen 196f, 203, 387, 397
autochthon 376
Autolith **261**, 305, 309
  –, Dunit 309
  –, Harzburgit 309
Autometamorphose 419
Autometasomatose 419, 456, **459f**
Aventurinfeldspat 197
Aventurinquarz 185
Azurit 84, 88, 117, **124**, 379
Azurit-Malachit-Gruppe 124
  –, Struktur 117

B

B_2O_3 313, 331, 335, 337
$BaAl_2Ti_6O_{18}$ 112
BAB (Backarc-Becken-Basalt) 609f
Babylonquarz 185
B-Achse 449
back reef (engl., siehe auch Rückriff) 403
Backarc-Becken, Wärmezufuhr 276, 503
Backarc-Becken-Basalt (BAB) 609f
Backarc-Becken-Bereich 276, 356, 503, 528

Baddeleyit 331, 378, 541
  –, Datierung 328
Bafflestone 400
Baggern, submarines 437
Bahnelement 569
Bakterien 43f, 373, 375, 397f
  –, Biomineralisation 44
  –, magnetotaktische 106
  –, Sulfat-reduzierende 614
Bakterium desulfovibrio 614
Balangeroit, pathologischer 50
Balkeneisen (siehe auch Kamacit) 73, 561
Ballooning 261f
Band, divariantes 471
banded iron formation (BIF) (engl., siehe Eisenformation, gebänderte) **406**
Bandeisen (siehe auch Taenit) 73, 561
Bändererz, marin-sedimentäres 176
Bändermodell 17
Bänderton, glazialer 384
Bänderung, sedimentäre 384
Banderz 356
Bankung 59
baric type (engl., siehe auch Drucktyp) 497
Barium Ba 339, 605
Barium-Feldspat 190
Bariummehl 130
Barium-Sanidin 541
Barre 403
Barrentheorie 412
Barriere, thermische 290, 295
Barriereriff 402
Barringerit 552
Barroisit **167**
Barrow'sche
  –, Almandinzone 499
  –, Chloritzone 499
  –, Kyanitzone 501
  –, Staurolithzone 501
Barrow-Typ 434, 485
Barrow-Zone 433ff, 499ff
Baryogenese, kosmogene 624
Baryt 6, 129, **130**, 354, 361ff
  –, Biomineralisation 44
  –, Erzschornstein 361ff
  –, Habitus 130
  –, Kristallstruktur 129
  –, Lagerstätte 331
    –, schichtgebundene 360
  –, S-Isotypie 612, 615
  –, Tracht 130
Barytgang 360
Baryt-Beton 130
Barytrose 130
Basalt 38, 61, 219, 243f, 274, **305ff**, 523ff, 531, 600f
  –, ACF-, A'KF-Diagramm 491
  –, Blasenräume, Hohlräume 179, 187, 203
  –, Dichte **516**, 518
  –, Diskrimination, geochemische 609f
  –, doleritischer 289
  –, Einschlüsse 305
  –, Einsprenglinge 289
  –, foidführender **219**

  –, Gesteinsbenennung 219
  –, Häufigkeit 213
  –, Herkunft **305**
  –, Injektion 258
  –, Intraplatten- 306
  –, irdischer 540f
  –, kalkalkaliner 274
  –, kontinentaler
    –, Intraplatten- 306
    –, Plateau- 306
  –, konvergenter Plattenränder 306, 609f
  –, Liquiduskurve 283ff
  –, Magnetisierung, thermoremanente 106
  –, Mare- 540ff, 636
  –, Mars 576f
  –, Metamorphose 62, **420**, 423ff, 437f, 498ff, 505ff
  –, Mineralbestand 56
  –, mittelozeanischer Rücken- (engl. Mid-Ocean Ridge Basalt, MORB) 231, 245, 276, **305f**, 361f, 519, 528, 606ff, 612f, 619
  –, Mond 539ff
  –, ozeanischer 306, 519
    –, Inseln, MORB-normiertes Spurenelement-Muster 608
  –, Plateaus 306
  –, Säulen 60, 244
  –, S-Isotopie 612, 614
  –, Soliduskurve 268, 292ff, 296f, 308
  –, Sonnenbrand 203
  –, spilitisierter 460
  –, Stellung, plattentektonische 305
  –, Subdution 306
  –, terrestrischer 557
  –, Tholeiit-, tholeiitischer **231**, 274, 540
  –, Venus 572f
  –, Vulkanismus 557
  –, Zusammensetzung, chemische 221
Basalteisenstein 377
Basalt → Eklogit-Umwandlung, P-T-Diagramm 523
Basaltgang 61, 519
Basaltglas 428, 603
  –, Spurenelemente 603
Basaltlava 58, 268f, 524, 576
  –, submarine 243ff, 361ff
  –, Viskosität 243, 268ff, 588
Basaltmagma **307ff**, 510, 522, 524, 540, 543, 607
  –, Bildung 307ff
  –, lunare 540
  –, Muttergesteine 307
  –, Viskosität 243, 266, **268f**
Basaltmandelstein 58, 231
Basaltpillow 244
Basaltsäulen 60, 244
Basaltschmelze 307
  –, Zusammensetzung 310
Basaltsystem 286
Basalt-Tetraeder 235, 302
Basanit 198f, 223, 235, **237**, 266, 274, 302, 309f, 524
  –, tephritischer **218**
base metals (engl., siehe auch Buntmetalle) 64

base surge (engl., siehe auch Schockwellen) 249f
Basen-Austauscher 201
basinal brines (engl., siehe auch Formationswässer) 366
Basis-Brekzie 243
basisch 381
 -, Eh-pH-Diagramm 381
 -, Schlackenführung 124
basisflächenzentriert 9
Basissandstein 396
Bastit 176
Bastnäsit 7, 138, 331f
Batholith **217**, 260, 306
Batterie 138
Bauelement 76, 125, 138
Baueritisierung 374
Baugewerbe 39, 178
Baumaterial, hochfeuerfestes 120
Baumstamm, versteinerter 185
Bausteine, planetarische 633f
Baustoffe, Baustoffindustrie 53, 91, 124, 134, 187, 414
Bauteile, technische 138
Bauwürdigkeit 63, 603
Bauwürdigkeitsgrenze 63
Bauxit 114, **375ff**
 -, Bildung 375
 -, Einteilung 377
 -, Färbung 377
 -, Metallanreicherung 378
 -, Minerale 377
Bavenoer Zwilling, (Zwillings-)Gesetz **194ff**
β-Boracit 7
Becke'sche Lichtlinie 21
Becken, abflussloses 373
Bediasite 563
Bedingungen
 -, euxinische 406
 -, reduzierende 367
 -, untersättigte 406
Beerbachit (Odenwald) 438
Beidellit 177
Belastungsdruck 62, **422**, 466
 -, hydrostatischer 422
 -, Tiefenbeziehung 422
Belastungsmarke 396, 445
Belemnitella americana, Isotopen-Standard 611
Belemniten 445, 611
Beleuchtungsapertur 21, 26
Belt-Apparatur 42
Benioff-Zone 528
 -, Krafteplan 528
Benitoid 7, 41
Bentonit 66, 177, 252, **376**
 -, Lagerstätte 376
Benzol C_6H_6 587
Berechnung, thermodynamische 469
Bereich, überkritischer 423
Bergbau
 -, Mineralogie 52
 -, sächsischer 354
 -, Stockwerkhöhe 344
Bergbauhalde, toxische Minerale 50

Berggold 72, 391
Bergkristall 3, 34, 183f
Bergsturz 383
Bergwerk 515
 -, Aufschluss 55
Bernstein 33, 39
Berührungsparagenese 446, 496
Beryll 7, **156**, 339f, 458f
 -, Edelstein 40
 -, Einkristall-Aufnahme 11
 -, gemeiner 156f
 -, Katzenauge, Chatoyieren 40
 -, Kristall 156
 -, Kristallstruktur 157
 -, LCT-Familie 340
 -, Lichtbrechung 40
 -, Pegmatit 340
 -, roter 41
 -, Synthese 42
 -, Tracht 157
Beryllium Be 64, 339, 458, 624f
 -, Entstehung von ^{8}Be 624
 -, Isotop, kurzlebiges ^{10}Be 633
 -, Häufigkeit, solare 625
Berylliumbronze 157
Berylliumglas 157
Berylliummineral 157
Beryllium-Pegmatit 339
Bestrahlung 100, 184, 623
Beton, Verwitterung 371
Betonzuschlag 178
Beugungsexperiment 10
Beugungswinkel (Glanzwinkel) 11
Bewegung, tektonische 262, 543
 -, Erdmond 543
B-Horizont 375
Biegegleitfalte 447
Biegung 447
BIF (engl. banded iron formation, siehe auch Eisenformation, gebänderte) **406**
Big Bang (engl., siehe auch Urknall) 624, 631
Bikarbonat, marines 613
Bilbaoerz 353
Bildung
 -, epithermale 346
 -, hochhydrothermale 459
 -, hydrothermale, räumlicher Zusammenhang 346
 -, Mischkristall- 14
 -, plutonische 346
 -, Sediment 383
 -, subvulkanische 346
 -, telethermale 346
 -, vulkanische 346
Bildungsalter 620f
Bildungsenthalpie H 481, 596
Bildungstemperatur 211, 611
Billitonite 563
bimodaler Vulkanismus 7, 358
Bims 58, 251
Bimsasche 251
Bimslapilli 249, 251
Bimsstein 229, 251
Bimstephra 249

Bimstuff 252
Bindemittel
 -, hydraulisches 119
 -, in Sandsteinen 387f
 -, kieseliges 371, 387
 -, nichthydraulisches 119
 -, tonig-eisenschüssiges 388f
 -, toniges 371
Bindeton 376
Bindstone 400
Bindung
 -, chemische **12ff**
 -, heteropolare (siehe auch Ionenbindung) 13, 83, 596
 -, homöopolare (siehe auch Atombindung) 13, 83, 103, 144, 596, 598
 -, kovalente 13, 596
 -, Metall-, metallische 13, 83, 596
 -, sp^3-Hybrid- 13, 144, 596
 -, Van-der-Waals- 14, 75, 81, 83, 91, 95, 113, 129, 170, 175, 634
Bindungscharakter **12**, 15, 99, 596
Bindungsstärke 14
Binghamsche Flüssigkeit 269
Binokularmikroskop 33, 386
Bio-Apatit 46ff
 -, Nanokristall 47
biochemisch 46, 384, 397, 399, 401, 596
Biodurabilität 49f, 169, 176
Biofilm 43
biogen 42f, 409
Bioklasten 399
Biolithit 399
Biomasse 79, 613
Biomatte 43
Biomikrit 399, 403
Biomineral 44f
 -, skelett-bildendes 45
Biomineralisation **42ff**
 -, Eierschalen 45
 -, pathologische 48
Bio-Oomikrit 399
Bio-Oosparit 403
Bio-Pelmikrit 403
Biosparit 399, 401ff, 405
Biotit 36, 56f, 172, **173**, 226f, 230ff, 238f, 438ff, 446, 458, 470, 482f, 491, 494f, 498ff, 605, 616, 622f
 -, $A'KF$-, Diagramm 491f, 500
 -, AFM-Projektion 493f
 -, Anteil an Erdkruste 37
 -, Chloritisierung 419
 -, Datierung 616ff, 622
 -, Dehydratations-Schmelzen 320, 455
 -, Eigenfarbe 27, 173
 -, Formelberechnung 641
 -, im Restit 453f
 -, Löslichkeit 373
 -, TiO_2-Gehalt 491
Biotit-Chloritoid-Zone 434
Biotitgabbro 227
Biotitgneis 521
Biotit-Hornblende-Gabbro 227
Biotitisierung 459
Biotitsaum 458

Biotitschiefer 157, 444
Biotitzone 433, 499
Bioturbation 403
Bireflexion 28
Birnessit 112, 409
Bischofit 412f
Bisektrix (Winkelhalbierende) 23, 26
Bishop-Tuff 250, 258
Bismut Bi 8, **69**, 75, 358f
– , Erz 64, 358f
– , Erzgang 358f
– , ged. (elementares) 7, 69, **75**, 358
Bismuthinit 352, 358
Bismutid 35
Bitumen 81, 614
bituminös 75, 364, 397
Black Smoker 65, 88, **360ff**, 432, 438, 460
– , Entstehung 362
– , Lebensgemeinschaft 361
– , Schlot 361
blackband (engl., siehe auch Kohleneisensteine) 407
Blackwall 104, 157, 444, **458f**
– , Alexandrit (Chrysoberyll) **104**, 444, 458f
– , Smaragd (Beryll) **157**, 444, 458f
Blackwall-Assoziation 444
Blasenbildung 215, 247
Blasenhohlräume 231
blasig 58, 216, 229, 446
Blastomylonit 428, 432
Blätterserpentin (siehe auch Antigorit) 175
Blätterspat 118
Blätterzeolith 201
Blattverschiebung 262, 586
Blau, 2. Ordnung 26
Blaualgen 43f, 401
Blauasbest 169
Blauer Riese (Stern) 631
Blaueis-Feld, antarktisches 550, 556
Blaualge 43, 401
Blauquarz 185
Blauschiefer 62, 154f, 164, 169, 436f, **443**, 446, 485, 497, 505f, 528, 532
– , Indexminerale 436
– , P-T-Bereich 436
– , Jadeit 164, 443
Blauschieferfazies 496, **505ff**, 510
– , Subfazies 506f
Blauschlick, hemipelagischer 396
Blei Pb
– , als Rohstoff 63
– , Blei-Blei-(^{207}Pb-^{206}Pb-)Alter 557, **621**, 633
– , Clarke 602, 620
– , Erz 64, 86, 123, 131, 379
– , Erzgang **356**
– , Isotope 112, 620
– , radiogene 621
– , Lagerstätte 86
– , Primär- 620
– , radiogenes 620
– , Toxizität 50
– , Transport 357
– , Umweltschadstoff 52

Bleichen von Speiseölen 177
Bleicherde 376
Bleiglanz (siehe auch Galenit) 14, 71, 85
bleihaltige Erze, Verwitterung 379
Bleischweif 85
Blei-Silber-Zink-Erzgang 357
Blei-Silber-Zink-Lagerstätte 86
Blei-Silber-Zink-Verdrängungslagerstätte (MVT) 352
Bleiverlust 621
Blei-Zink
– , Erzgang, silberhaltiger, Mineralparagenese 356
– , Erzlagerstätte, sedimentär-exhalative 346, **365f**, 612, 615
– , Lagerstätte 66
– , Verdrängungslagerstätte 65, 366
Blende 83
Blitzröhre 76, 188
Blitzschlag 33
Blocklava 246
Blockstrom, pyroklastischer 249
Blödit 413
blue ground (engl., siehe auch Kimberlit-Breccie, frisch) 251, 524
blueschist (engl., siehe auch Blauschiefer) 443
Blutcoltan 340
Blutdiamanten 77
Boden 177, 365, **371**, 383
– , Abgrenzung **375**
– , Definition 375
– , pH-Wert 373
– , Schadstoffe 52
– , Transportvorgänge 375
– , tropischer, Profil 375
– , Verwitterungsneubildung 373
Bodenbakterien 375
Bodenprofil 375ff
Bodensatz 277
Bodenverbesserung 112
Bogen, kontinentaler magmatischer 528
Bogen, vulkanischer 496f
Böggild-Verwachsung 37
Böhmit **114f**, 374, 377
– , Ausfällung 375
– , Neubildung, Klimaabhängigkeit 375
– , Struktur 115
Bohnerz 114
Bohr'sches Magneton μ_B **18**, 105
Bohrkrone 79, 136
Bohrloch 177, 255
Bohrmuschel 402
Bohrprofil, Parallelisierung 390
Bohrspülmittel 177, 376
Bohrung
– , Erdöl-, Gas- 130
– , submarine 519
Bolus alba (siehe auch Kaolin) 177
Bombardement
– , Meteoriten- 545, 557, 569f, 574f, 591, 636
– , Planetesimale 635
Bombe, vulkanische 251
Bombentuff 252

Bonanza 356
Boninit 229
Bor B 64, 339
– , Entstehung 624
– , Häufigkeit, solare 625
– , Lagerstätte 254
– , Rohstoff 104
Bor-Metasomatose 457
Boracit, β- 7, **126**
Borate 35, 39, **117f**, 410f
– , Struktur 125f
Borat-Lagerstätte, lakustrine 411
Borax **126f**, 410f
– , Struktur 126
Borkarbid 126
Bornit **84**, 88, 332, 344, 352, 356, 362, 366, 380, 398
– , Hoch- 84
– , in Kupfererz 344
– , intermediäres 84
– , Lagerstätte 332
– , Tief- 84
Bornitrid 126
Borsäure 125, 254, 337
Bort 79
Bottom-Set 392
Bougier-Anomalie 519
Bouma-Zyklus **396**, 445
Boundstone 400, 403
Bournonit 6
Bowen'sches Reaktionsprinzip 276, 280, **299ff**
Bowen-Schema 299f
β-Phase Wadsleyit 530
Brachinit 558
Brachiopode 401
Bragg'sche Gleichung 11, 33
Braggit 330
braided river system (engl., siehe auch Fluss-System, verzweigtes) 384
Brasilianer-Gesetz, -Zwilling 182f
Braunbleierz 140
Brauneisenerz (siehe auch Limonit) 88, 92, 377f
Brauner Glaskopf 114
Braunit 408
Braunkohle
– , Lagerstätte 64
– , Verbrauch 63
Braunspat (siehe auch Ankerit) 124
Braunstein 112
Bravais-Gitter 8f
– , Elementarzelle 9
Bravais-Index 8
Breccie 251f, 279, 329, 349, 364f, 384, **388**, 431, 461, 524, 539, 557, 559f, 635
– , anorthositische 538, 559f
– , geschmolzene 279, 329
– , hydrothermale 349
– , lunare 539
– , polymikte 539
Breccienerz 356
Breccienzone 364
Brecciierung 554f
Brechungsgesetz 21, 517
– , Snellius'sches 23

Brechungsindex 21, 27
Brennen, explosives in Supernova 625
Brennnessel, Opal 45
Brennstoff, fossiler, Lagerstätte 64
Brennstoffzelle, Zirkon 148
Breunnerit 120
bright swirl (engl., siehe auch Wirbel, heller) 545
Brillantschliff 40, 78
brine pool (engl., siehe auch Laugentümpel) 363, 365
Brisingidae (Seesterne) 361
Brockenlava 243
Bromcarnallit 102
Bronze 111, 596
Bronzit **162f**
Bronzitit 162, 326
Brookit **110**, 390
Bruch 33
Bruchspuren 261
Bruchtektonik, bruchtektonische Erscheinungen 261f, 572
Brucit 7, 420
Brucitschicht 174f
Brückensauerstoff (BO) 269
Brushit 48, 410
Bryozoe 401f
BSE (engl. bulk silicate earth) 619, 621
β-Strahlung 50
Buchan-Typ 434, 486
Buchit 426, 446, 454, **505**
Buergerit **160**
bulk modulus (engl., siehe auch Kompressionsmodul) 516
bulk partition coefficient (engl., siehe auch Gesamtverteilungskoeffizient) 603
bulk silicate earth (BSE) 619, 621
Bunte Breccie 431
Buntkupferkies (siehe auch Bornit) 84
Buntmetall 64, 602
Buntmetall-Lagerstätte 65, 397
Buntmetall-Sulfide 345, 351ff, 362
Buntsandstein 387ff, 505
 -, Oberer 388
 -, Roter Mainsandstein 389
Burbankit 331
Burgers-Vektor 451
Bushveld-Typ 326f
Bytownit 197, **198**, 300

C

C1-(= CI-)Chondrit 551, 556, 599, 629
C1-Mittel, C1-Modell 599, 629
C2-Chondrit (siehe auch Chondrit) 551, 556
C_2H_2, C_2H_4, C_2H_6 587
C_3H_4, C_3H_8 587
C_4H_2 587
Ca-(Silikat-)Perowskit 532ff
Ca-Al-Oxid, Chondrit 554
Ca-Al-reicher Einschluss (CAI) **554ff**, 633f
 -, Typ A 554
 -, Typ B 554
Ca-Al-Silikat, Chondrit 554
Ca-Al-Ti-Minerale, refraktäre 556

Ca-Amphibole **167ff**
CAB (Calc-alkaline Basalt) 306, 609f
Cabochon 41, 196
$CaCO_3$
 -, Ausfällung 400
   -, anorganische 401
   -, biochemische 401
 -, Ausscheidungsbedingungen **399**
 -, Löslichkeit **399**, 400
 -, Lösung 400
$CaCO_3$-Polymorphe 45, 117ff
Cadmium Cd 88
 -, Erz 64
 -, Toxizität 50
 -, Umweltschadstoff 52
CAI (Ca-Al-reicher Einschluss) **554ff**, 633f
Calc-alkaline Basalt (CAB) 306, 609f
calcalkaline magma series (engl., siehe auch Kalkalkali-Serie) 223
calcalkaline rock suite (engl., siehe auch Kalkalkali-Magmatit) 223
Calcit (Kalkspat) 7, 22ff, 32, 56, 117ff, 139, 165, 179, 200, 209, 231, 237, 254, 346, 350f, 353ff, 357ff, 387ff, 399f, 403f, 411f, 441ff, 450f, 459f, 476ff, 498ff, 506f, 558, 611, 613
 -, Abbau 476
 -, *ACF*-Diagramm 500
 -, Anteil an Erdkruste 37
 -, Ätzfigur 123
 -, Ausbildungstypen 118
 -, Bildung, magmatische 119
 -, CIPW-Norm 222
 -, Doppelbrechung 24, 28
 -, Elementarzelle 118
 -, Exoskelett 45
 -, extrazellulärer 44
 -, Flüssigkeits-Einschluss 209
 -, Habitus 118
 -, Häufigkeit 37
 -, hochdoppelbrechender 23
 -, Isochromate 26
 -, Kristallstruktur 118
 -, Löslichkeit 373
   -, retrograde 315
 -, magnesiumhaltiger 37
 -, Mg-haltiger 44f
 -, Mischkristall 119
 -, Nicol'sches Prisma 24
 -, PDB, Isotopen-Standard 611
 -, Polymorphie 15
 -, Spaltrhomboeder 118
 -, Stabilitätsfeld 121f
 -, Struktur 117, **118**
 -, Tracht 118
 -, Zwillingsbildung 118
Calcit–Dolomit-System 123
Calcit-Graphit-Thermometer 613
Calcit-Gruppe 117, **118ff**
Calcitkarbonatit 237
Calcit-Marmor 442
Calcium Ca 639
 -, Clarke 600f
 -, Entstehung von ^{40}Ca 625
 -, Haushalt 48
 -, Ionenradius 600, 639

 -, Isotop, kurzlebiges ^{41}Ca 633
 -, Isotop, radiogenes ^{40}Ca 622f, 625
Calciumcarbonat, Trimorphie 117
Calciumhaushalt 48
Calciumoxalat 32
Calcium-Oxalat-Dihydrat (COD) 45, 48
Calcium-Oxalat-Monohydrat (COM) 45, 48
Calcium-Oxalat-Trihydrat (COT) 48
Calciumoxid 476
Calciumsilikat 505
Calcrete 376, 403
calc-silicate rock (engl., siehe auch Kalksilikat-Fels, -Gneis) 443
Caldera **249f**, 258, 268, 572, 576, 585
Caliche 411
Camptonit 220
Canavese-Einheit 521
Cancrinit 7, **200**, 234, 457
Cancrinit-Käfig 200
Canyon Diablo, Eisenmeteorit (Oktaedrit) 549, 563
 -, Troilit (CDT) 611
Ca-Pyroxen 554, 632
Carbid 80, 632f
carbonaceous chondrite (engl., siehe auch Chondrit, kohliger) 555
Carbonado 79
carbonate compensation depth (engl., siehe auch Karbonat, Kompensationstiefe, CCD) 400
Carbonylsulfid (COS), vulkanisches 252
Carborund, Carborundum (siehe auch Siliciumcarbid) 80, 108, 187
Carboxylsäure 556
Cardien 445
Carlinit 6
Carlin-Typ 352
Carlsbergit 552
Carnallit 99, **102**, 412
 -, Lagerstätte 66
 -, Zersetzung, inkongruente 413
Carnallit-Region 102
Carnallit-Zersetzung 413
Carnallitit 412
 -, kieserithaltiger 413f
Carnegieit 290
Carneol 185
Carnotit 394
Carrollit 377
Cäsium Cs 339
 -, radioaktives 112
Ca-Tschermaks Molekül (CaTs) **163**, 307, 507, 530
Ca-Turmalin **159f**
cauldron subsidence (engl., siehe auch Kesseleinbruch) 261
CB-Chondrit (siehe auch Chondrit) 556
CCD (engl., carbonate compensation depths, siehe auch Karbonat-Kompensationtiefe) 400, 579
C-Chondrite, kohlige (siehe auch Chondrit und C-, CB-, CH-, CI, CK, CL-, CM-, CO3-, CM, CR-, CV-Chondrite) **555ff**
CDT (Canyon-Diablo-Troilit), S-Isotopenstandard 611, 613

Celsian 190
Cer Ce, Erz 64
Ceratonia siliqua (Johannesbrotbaum) 78
Cerfluorit 101
Cerussit 117, **122**, 379
CFT (engl., Continental Flood Basalts/ Tholeiites) 306
CH_2 586f
CH_4 (Methan) 208, 211, 252, 266, 345, 352f, 423, 480, 541, 582f, 587, 589f, 592, 613
  –, Eis
    –, Neptunmond Triton 590
    –, Pluto 592
Chabasit 190, **204**, 254
  –, Durchkreuzungszwilling 202
Chabasit-Käfig 201, 204
Chagrin 21
chain silicates (engl., siehe auch Ketten- und Doppelkettensilikate) 145
Chalcedon 45, **185**, 188, 254, 363, 460
Chalcedon-Gruppe 185f
Chalkanthit, Toxizität 50
chalkophil 597
Chalkopyrit (Kupferkies) 6, 28, 64f, 85, **88**, 323, 328, 330ff, 350, 352ff, 362, 366f, 378f, 457, 552
  –, Ausscheidung 344
  –, Erz 332
  –, in Kupfererz 344
  –, Kristallstruktur 88
  –, Kristalltracht 88
  –, Lagerstätte 323
  –, S-Isotopie 612, 614
Chalkosin **84**, 332, 356, 380f
  –, Hoch- 356
  –, Lagerstätte 332
  –, pH-Wert 381
  –, Stabilitätsfeld 380
Chamosit 174f, 404
  –, Bildung 405
  –, Eh-pH-Diagramm 405
Chamosit-Thuringit-Erz, oolitisches 407
Chandrayaan-1 (Raumsonde) 537, 542
Chang'e-1, -2 (Mondmission) 537
Changieren 40, 104
Characeae 44
Charakter
  –, der Hauptzone 26
  –, optischer 26
    –, negativer 28
    –, positiver 28
Charales 44
Charnockit 227, 442, 503
Charnockit-Serie 442
Chassignit 551, 558f
Chatoyieren 185
CH-Chondrit (siehe auch Chondrit) 556
Chemie 52
Chemiefasern 414
chemische Bindung (siehe Bindung) **12ff**
chemisches Potential 458
Chemismus 417
chert (engl., siehe auch Feuerstein) 186, 403
Chiastolith 150
china clay (engl., siehe auch Kaolin) 177

Chloanthit (siehe auch Nickel-Skutterudit) 91, **94**, 358
Chlor Cl 99f, 200f, 252, 337, 344
  –, Clarke 601
  –, Entstehung von ^{35}Cl 625
Chlorapatit **138**, 139, 457
Chlorargyrit 394
Chlorchemie 414
Chlorgas 100, 414
Chlorid 410ff
Chlorid-Komplex 366
Chlorit 25, 27, 37, 170, 172, **174**, 236f, 301, 350f, 360, 398, 438ff, 447, 460, 481, 504
  –, ACF-, A'KF-Diagramm 491, 500
  –, AFM-Projektion 493f
  –, Anteil an Erdkruste 37
  –, Doppelbrechung 25
  –, Eigenfarbe 27
  –, Kluftmineral, alpines 360
  –, Minerale 531
  –, Ni-haltiger 378
Chlorit-Gruppe **174**
Chloritisierung 419
Chloritoid 145, **153**, 419f, 424, 434f, 441, 482, 498f, 501, 506ff
  –, ACF-, A'KF-Diagramm 491, 500
  –, AFM-Projektion 493f
Chloritoidphyllit 441
Chloritsaum 145, 153, 458, 499, 506
Chloritschiefer 444, 458
Chloritzone 433, 495, 499
  –, Barrow'sche 499
Chlor-Metasomatose 457
Chlorwasserstoffgas, vulkanisches 252
Chondre 553, 556, 633f, 636
  –, (radial) gestreifte 554
  –, $^{26}Al/^{27}Al$-Verhältnis 634
  –, Balken- 554, 556
  –, Bildungsalter 634, 636
  –, Entstehung 554
  –, FeO-arme, FeO-reiche 554
  –, Gefügetyp 553f
  –, körnige 553
  –, kryptokristalline 554, 556
  –, metallische 554
  –, porphyrische 553ff
  –, SiO_2-arme, SiO_2-reiche 554
Chondrit 73, 547, 551, **553**, 598, 632, 634
  –, Alter 553
  –, Alteration 554
  –, Aufbau 553
  –, Aufheizung 554
  –, Aufschmelzung 554
  –, C1- 551, 556, 599, 629
  –, C2- 556
  –, Ca-Al-Oxid 554
  –, Ca-Al-Silikat 554
  –, Carancas (Peru) 550, 555
  –, CB, CH, CL 556
  –, Chondre 553
  –, CI- 556
  –, CK- 556
  –, CM2- 556
  –, CO3- 556
  –, CR- 556

  –, CV3- 556
  –, Enstatit- **555**, 580
  –, Entgasungsalter 555
  –, Gefügetyp, petrographischer 554
  –, gewöhnlicher 548, **555**, 599
  –, Gliederung 555
  –, Häufigkeit 551
  –, Haupttypen 555
  –, Isotope, stabile 612ff
  –, kohliger 542, 554, **555ff**, 578, 599, 613
  –, lunarer 542
  –, Mutterkörper 556
  –, Sauerstoff-Isotopie 632
  –, Matrix 553
  –, Metallphase 599
  –, Metall-reicher 634
  –, Mutterkörper 552ff, 563, 633
  –, Olivin-Bronzit- 555
  –, Olivin-Hypersthen- 555
  –, Porosität 555
  –, Rumuruti- 555
  –, Solarnebel 554
  –, Tuxtuac (Mexico) 553
  –, Typ Karoonda, Australien 556
  –, Typ Mighei, Ukraine 556
  –, Typ Ornans, Frankreich 556
  –, Typ Renazzo, Italien 556
  –, Typ Vigarano, Italien 556
  –, Zusammensetzung 526, 554, 598f, 619, 635
Chondritic Uniform Reservoir (CHUR) 619
  –, Sm-Nd-Modellalter 619
Chondrit-Mittelwert 599, 606f
Chondrit-Modell 599
Chondrit-Normierung 606f
Chondrit-Typ 556, 599
Chondrodit 442
Chorda-Tiere 46
C-Horizont 375
Chrom Cr
  –, als Rohstoff 63
  –, Clarke 602
  –, Edelsteinfärbung 40
  –, Entstehung von ^{52}Cr 625
  –, Erz 64, 106, 326
  –, Fraktionierung 605
  –, Lagerstätte 262
  –, Spinell 583f
Chromat 35, 39, **129**, 134f
Chromdiopsid **164**
Chromdravit **160**
Chromeisenerz (siehe auch Chromit) 103, 106
Chromeisenstein 106, 326
Chromit 7, 64, 103, **105f**, 278, 323ff, 393, 541, 552, 554, 557f, 561, 603
  –, Dominion Reef 393
  –, Erz, Bildung 325f
  –, in Framesit 79
  –, in Meteoriten 554, 557ff
  –, in Mondgesteinen 541
  –, Lagerstätte 323, **326**
  –, Balkan 327
  –, Bildung 325
  –, PGE- 326

Sachindex 655

-, podiforme (alpinotype) 326f
-, Simbabwe 326
-, stratiforme 326
-, Südafrika 326
-, Typ 326
-, Ural 327
Chromit-Magnesitstein 106
Chromsalz 106
Chromspinell (siehe auch Picotit) **105**, 631f
Chromstahl 106
Chromtawmawit 155
Chrysoberyll 40, **103f**, 458
-, Chatoyieren 40
Chrysoberyll-Katzenauge 104
Chrysokoll 172, **177**
Chrysolith 146
Chrysopras **186**
Chrysotil 172, **175f**, 440f, 443, 498
-, Biodurabilität 176
Chrysotil-Asbest 50, 175f
Chrysotil-Faser 176
Chrysotil-Struktur 175
CHUR (Chondritic Uniform Reservoir) 619f
CI-Chondrit (siehe auch Chondrit) 551, **556**, 599, 629
Cinnabarit (siehe auch Zinnober) 7, 73, 85, **90**, 353, 364
-, Toxizität 50
CIPW-Norm 220, **222f**
-, Al_2O_3-Sättigung 222f
-, Mineral-Ausschluß 223
-, SiO_2-Sättigung 222f
-, Standardminerale 222
Citrin 34, **184**
-, Synthese 42
CK-Chondrit (siehe auch Chondrit) 556
Clarke-Werte („Clarkes") **600f**
-, Konzentrations- 602
Claudetit, Toxizität 50
Clausius-Clapeyron'sche Gleichung **284f**, 292, 308, 316f, **469**, 472, 475, 477, 483, 534
clayband (engl., siehe auch Toneisenstein) 407
CL-Chondrit (siehe auch Chondrit) 554, 556
cleavage (engl., siehe auch Schieferung) 448
-, slaty 438, 448
Clementine (NASA-Forschungs-Satellit) 542
Clintonit **174**
Clinton-Typ Eisenerz 65, 407
clockwise P-T path (engl., siehe auch P-T-Pfad, im Uhrzeigersinn) 485
CMASCH-System 482
CM-Chondrit (siehe auch Chondrit), Akkretions- und Brecciierungs-Geschichte 554, 556
CNO-Gruppe 625
CNO-Zyklus 624
CO 252, 266, 423, 538, 571, 587, 590, 592, 632
CO-Eis 592
CO_2 211, 400f, 471, 490, 614
-, atmosphärisches 401, 612f
-, Flüssigkeits-Einschlüsse 208ff

-, Fugazität 423, 475ff, 490
-, Gase, vulkanische 252f, 266
-, im Solarnebel 632
-, Jupiter-Monde 586ff
-, Löslichkeit 373
    -, im Magma 270
-, Mars-Atmosphäre 574
-, Neptun-Mond Triton 590
-, Partialdruck P_{CO_2} 200, 399, 490f, 503
-, Venus 571
CO_2-Aktivität 317
CO_2-Eis 576
-, Triton 590
CO_3^{2-} (Karbonat-Anion) **117f**, 121, 200f, 337
CO_3-Chondrit (siehe auch Chondrit) 556
Cobalt Co, Erz 93f
Cobaltin 7, 91, **93**, 352, 552
-, -Chloanthit 358
Coccolithen, Coccolithenschlamm 44
Coccolithophoride 44
COD (Calcium-Oxalat-Dihydrat) 48
COD-Kristall 49
Codiaceen (Filzalgen) 44
Coelestin 129, **131**
-, Biomineralisation 44
-, Kristallstruktur 129
Coesit 49, 179ff, **187**, 420, 430f, 443, 471, 486, 509f, 515, 530
-, Dichte 509
-, Hochdruckmodifikation von SiO_2 187, 509f
-, SiO_2-Polymorphe 15, 181
Coffinit 367, 393
-, Dominion Reef 393
Cohenit 541, 552, 557, 561
Colemanit **125f**, 410f
-, Struktur 126
Coltan (Columbit-Tantalit) 340, 391
-, Seife 391
Columbit 339ff, 391, 393, 457
-, Dominion Reef 393
-, LCT-Familie 340
-, Seife 65
Columbit-Tantalit (Coltan) 340, 391
COM (Calcium-Oxalat-Monohydrat) 48f
Computer-Technologie 72
Computer-Tomographie (CT) 217
Conakry-Erz (Guinea), Laterit-Eisenerz 377
cone sheet (engl., siehe auch Kegelgang) 252, 259
Co-Ni-Bi-Gang 358
connate brines (engl., siehe auch Formationswässer) 366
Conodonten 46
Conodontophoride (Conodonten-Tiere), Apatit 46
Conrad-Diskontinuität 520
contact aureole (engl., siehe auch Kontaktaureole) 424
Context Camera (CTX) 574
Continental Flood Basalts (engl., CFT, siehe auch kontinentale Flutbasalte) 306
Cookeit **174**

Cooperit 330
Corallinaceen (Rotalgen) 44, 402
Cordierit 40, 156, **157f**, 166, 312, 321, 419, 424ff, 434, 441ff, 447, 464, 470, 480, 483, 492, 494f, 502ff, 509
-, ACF-, A'KF-Diagramm 491f, 500
-, AFM-Projektion 493f
-, im Restit 452ff
-, Pinitisierung 419
-, pleochroitischer 40
Cordierit-Drillinge 425
Cordierit-Granulit 442
Cordierit-Orthopyroxen-Symplektit 464
Cordierit-Porphyroblasten 425
Coronadit **112**
Coronae 572f, 589
COS (Carbonylsulfid) 252, 266
COT (Calcium-Oxalat-Trihydrat) 48
Coticule (frz., siehe auch Wetzschiefer) 442
cottonball (engl., siehe auch Ulexit) 127
Coulomb'sches Gesetz 13
counter-clockwise P-T path (engl., siehe auch P-T-Pfad, im Gegenuhrzeigersinn) 486
Covellin (Kupferindig) 84f, 88, **90**, 366, 380
-, Farbe 28
-, Stabilitätsfeld 380
CR-Chondrit (siehe auch Chondrit) 556
Crenulation (Runzelung) 449
crenulation cleavage (engl., siehe auch Runzelschieferung) 441
Crinoidea 44
Cristobalit 6, 15, 49, 171, 179ff, **187ff**, 289, 296f, 505, 541
-, Hoch- 187
-, in Meteoriten 552
-, SiO_2-Polymorphe 15, 180f
-, Silikose 49
Cristobalit-Tridymit-Stapelfolgen 188
critical zone (engl., CZ, siehe auch Kritische Zone) 375
cross bedding (engl., siehe auch Schrägschichtung) 385
Crossit 169
crust residence age (engl., siehe auch Verweildauer in der Erdkruste) 616
CS_2 (Kohlenstoffdisulfid, Schwefelkohlenstoff) 266
CT (Computer-Tomographie) 205
CTX (Context Camera) 574
Cubanit 332, 362
-, Lagerstätte 332
Cullinan 78
Cummingtonit **166f**, 444
-, ACF-, A'KF-Diagramm 491, 500
-, Grunerit-Reihe 166f
Cuprit 84, 88, 103, **104**, 379
-, Stabilitätsfeld 380
Curie-Punkt, Curie-Temperatur **19**, 106
curtains of fire (engl., siehe auch Lavavorhänge) 245
CV3-Chondrit (siehe auch Chondrit) 556
Cyanidverfahren 72
Cyanobakterie 44
-, prokaryote (Blaualge) 43

Cyanwasserstoff HCN
  –, Erdmond 542
  –, Zwergplanet Pluto 592
Cyclokoralle 402
Cyclosilikate (siehe auch Ringsilikate) 144, **156ff**
Cyclowollastonit (siehe auch Pseudowollastonit) 165
CZ (engl. critical zone, siehe Kritische Zone) 375
Czochralski-Verfahren 42

D

Dachschiefer 438
Dachziegel 177
Dacit 61, **229**, 231, 246, 249ff, 266ff, 274, 276, 285f, 300ff, 306, 349, 355f, 364, 459, 498, 508, 528
  –, Zusammensetzung, chemische 221
Dacit-Magma 249
δ-AlOOH 532
Dampf, vulkanischer 188, **252f**, 266, 613
  –, Mineralabscheidung 64
  –, Opal-Bildung 189
Dampfdruckkurve 210
Dampfexhalation, vulkanische 253
Dampfphase
  –, Ausscheidung 344
  –, Gesteinszerrüttung 344
  –, Komponenten, gelöste 344
Dampftätigkeit, vulkanische **252ff**, 265
  –, bei offenem Schlot 253
Dar al Gani 476, Mars-Meteorit (Achondrit) 558
Dasycladaceen (Wirtelalgen), Calcit 44
Datierung
  –, Ar-Ar- 549, 554, 557
  –, Flutbasalt 245
  –, geochronologische **615ff**
  –, K-Ar- **622ff**
  –, Isotope 553
  –, radiometrische
    –, Pb-Pb-Methode 328
    –, U-Pb-Methode 245, 328, 549, 622
Daubréelith 552, 561
Dauerfrost-Boden, Mars 574f
Dauermagnet 138
Dauphinéer-Gesetz, Zwilling 182f
Davyn **200**
de Fermat, Pierre, Prinzip von 517
debris flows (engl., siehe auch Schuttstrom) 545
Debye-Scherrer-Verfahren 11
decay constant (engl., siehe auch Zerfallskonstante) 615
Deckenüberschiebung 486
Deckgebirge 61, 113, 367
Dedolomitisierung 404
Deep Sea Drilling Program (DSDP) 437, 515, 519
Deerit 420, 508
Deformation 422, **447ff**, 456, 616
  –, Beziehung zur Kristallisation 449
  –, duktile 423, 456

  –, elastische 423, 516f
  –, homogene 447
    –, Scherung 447
  –, inhomogene 447
  –, intrakristalline 450
  –, kristalloplastische 452
  –, plastische 430, 450
  –, postkristalline 449
  –, spröde 422, 456
  –, superplastische 452
Deformationsband 451
Deformationsgefüge 447ff
  –, planares 430, 550
Deformationslamelle 562
Deformationsmechanismus **450**
Deformationsphase 449, 485
Deformationsprozess
  –, kompressiver 354
  –, transpressiver 354
Deformationsverzwilligung 562
Deformationszwilling 194, 449, 451
Dehnungstektonik 259, 586, 589
Dehydratationsschmelzen 314, 317, 320, **455ff**, 502
Dehydratationsschmelzkurve 472
dehydration reaction (engl., siehe auch Entwässerungsreaktion) 314, 320, 345f, 418, 423, 427, 434f, 441, 443, 454, 456, **471**, 498ff
Dekarbonatisierungsreaktion 418, 468, 471, **476f**, 499
  –, Gleichgewichtsfläche 476f
Dekhan-Trappbasalt 377
Dekompression, isothermale 485, 503
Dekompressionsschmelzen 308, 318
Dekontaminierung von Wasser 112
dekussates (gekreuztes) Gefüge 446f
Delta-Ablagerung 392f
Demantoid 149
Dendrit, dendritisch 70ff, 351
dense hydrous magnesium silicate (engl., DHMS) 532
density current (engl., siehe auch Dichteströmung) 324
Dentalchemie 414
Dentalgips 134
Dentin 46, 48
depleted mantle (engl., DM) 619ff
  –, (^{87}Sr/^{86}Sr)$_0$-Verhältnis 619
  –, Sm-Nd-Modellalter 620
Deponie, Schadstoffe 52
Desilizierung 458
Desmin (siehe auch Stilbit) 190, **202**, 203
Desmosit 426, 444, 458
Detritus 384, 386
Deuterium ^{2}D 559
  –, Entstehung 624
Deuterium-Analyse 253
Deuterium-Brennen 583
Devon 44, 46, 460, 563
  –, Impakt-Krater 563
DHMS (dense hydrous magnesium silicate) 532
Diabas 229, 231
Diabas-Mandelstein 231

Diaboleit 6
Diadochie 14, 67, 137
Diagenese, diagenetisch 42, 62, 177, 186, 375f, **386f**, 405f, 420
  –, Abgrenzung 420f, 498
  –, Definition 386
  –, der klastischen Sedimentgesteine 386f
  –, Grad 398
  –, Übergang zur Metamorphose 398
  –, von Evaporit 412
  –, von Kalkstein 403
  –, von kieseligem Sediment 409
  –, von Kupferschiefer 398
  –, von Pelit 396
Diallag 164, 227
diamagnetisch 18
Diamant 7, 41, **76**, 239, 422, 471, 510, 515, 525, 530ff, 557
  –, Ätzfiguren 76
  –, Bildung 239
  –, Brechungsindex 21
  –, C-Isotopie 612
  –, Edelstein 40
  –, Elektronendichte-Verteilung 12
  –, Feuer 40
  –, Förderung 77
  –, Härte 41
  –, in Meteoriten 552
  –, Lichtbrechung 40
  –, Polymorphie 15
  –, Seife 65, 77
  –, sp^3-Orbitale 13
  –, Stabilität 80
  –, Struktur 13, 77
  –, Synthese 42, 79
  –, Wachstumsformen 76
Diamantfenster 80
Diamantmine 524
Diamantstempel-Zelle 80, 530, 533
Diaphthorese 419
Diapir 308, 527
Diapirismus 261
Diaspor 103, **114**, 374, 377, 532
  –, Ausfällung 375
  –, im Erdmantel 532
  –, Neubildung, Klimaabhängigkeit 375
  –, Struktur 114
Diaspor-Chloritoid-Zone 434
Diasporit 114
Diatexit 453
Diatomeen 44, 66, 189, 396, 409
Diatomeen-Erde (Kieselgur) 66, 409
  –, Verwendung 409
  –, Lagerstätte 66
Diatomeenschlamm 396
Diatomit 44, 189
Diatrem 77, 239, **250**, 251
  –, Kimberlit- 524
Diatrem-Pipe 251
dichroitisch 27
Dichte 33, **516**, 523f, 533
  –, Basalt, Eklogit, Granit, Peridotit 516, 523f
  –, Erde 516
  –, Erdkern 533

–, Erdmantel 523
–, Erdtiefe 518
Dichteisen 563
Dichtesprung 520, 522, 532
Dichteströmung 324
Dichtung 176
Dickit **177**, 355
Differential, partielles 475, 477ff
Differentiat, leukokrates 278
Differentiation
 –, Asteroid 581
 –, gravitative 276
 –, magmatische 273f, **276**, 285, 301, 527, 553, 604f
 –, Mars 578
 –, Planet, erdähnlicher 633, **635f**
Differentiationsprozess 306, 633
Diffraktogramm 11
Diffusion 456, 484
 –, intrakristalline 456
Diffusionskriechen 452
Diffusions-Metasomatose 456
Diffusionsrate 484, 619
Digenit **84**, 344
 –, in Kupfererz 344
dike (engl., siehe auch Gang, vulkanischer) 215
Dilatation 18, 516
dimensional preferred orientation (engl., siehe auch Formregelung, Regelung nach der Korngestalt) 448
Dinosaurier 45
Diogenit (Achondrit) 551, **557**
Diopsid 145, 162, **163**, 164, 222, 443f, 465, 471, 492, 499f, 523, 554, 558, 631, 633
 –, *ACF*-Diagramm 491, 500
 –, CIPW-Norm 222
 –, in Meteoriten 552, 554, 558
 –, Schmelzpunkt 283
 –, System
  –, Diopsid–Anorthit 283ff
  –, Diopsid–Anorthit–Albit 286ff
  –, Diopsid–Forsterit–SiO$_2$ 297ff
  –, Forsterit–Diopsid–Pyrop 303f
Diopsid-Hedenbergit-Reihe **162**, 351, 442, 457
Diopsid-Komponente 506
Dioptas 6, 156, **158**, 379
Diorit 61, 219, **225**, 262, 459, 642
 –, foidführender 219
 –, Gesteinsbenennung 218
 –, Häufigkeit 213
 –, Mineralbestand 225
 –, Zusammensetzung, chemische 220
Dipol 14
Dipolmoment 18
disconformity (engl., siehe Diskordanz) 60
Diskontinuität
 –, 400 km (auch 20°-Diskontinuität) 530f
 –, 650 km 530ff
 –, Conrad- 520
 –, Mohorovičić (Moho) 275, 518ff, 522f, 530
 –, seismische (Erdmond) 544
  –, lunare 543f

Diskordanz 60f, 113
 –, Erosions- 60
 –, Lagerstätte, Uran 113, **367**
 –, Winkel- 61
Diskordia 621f
Diskriminanten-Funktion 609
Diskriminations-Diagramm 609f
 –, Anwendung 610
 –, Einschränkung 610
dislocation
 –, creep (engl., siehe auch Versetzungskriechen) 451
 –, glide (engl., siehe auch Versetzungsgleiten) 451
Dismikrit 399
dispersed elements (engl., Elemente, dispergierte) 602
Dispersion
 –, der Doppelbrechung 25
 –, der Lichtbrechung 21, 40
disseminated ore (engl., siehe auch Erz, disseminiertes) 349f
Dissoziation von H_2O 479f
Disthen (siehe auch Kyanit) 145, **151**, 390
Djurleit 380
DM (depleted mantle) 619ff
Dolerit 61, 216, **229**, 231, 237, 258
 –, Karoo 524
Dollar 359
Dolomit 6, 62, 108, 117, **124**, 351, 353, 399f, 410, 412, 420, 466, 483, 499ff, 639
 –, Anteil an Erdkruste 37
 –, Ätzfiguren 123
 –, calcitischer 399
 –, Häufigkeit 37
 –, Löslichkeit 373
 –, metamorpher 109
 –, Metamorphose 63
Dolomit-Gruppe 117, **123**
Dolomitisierung 404
Dolomitkarbonatite 237
Dolomitmarmor 332, 499
Dolomit-Mischkristall 123
Dolomit-Struktur 123
dolostone (engl., siehe auch Kalkstein, dolomitischer) 399
Doma 5
Domäne 192f, 195, 199
 –, mikroskopische 192
 –, submikroskopische 192
Donator 18
Doppelbrechung 3, 21, 23, 28
 –, Dispersion 25
Doppelkapselmethode 480
Doppelkettensilikat 143, **145**, 160
Doppelsalz 123
Doppelspat, Isländer 24, 119
Doppelsystem, planetarisches 589
d-Orbital 40
$\delta^{18}O$-Wert 611
Dotierung 18
Dravit 160
dredging (engl., siehe auch Baggern, submarines) 437
Drehachse 4

Drehimpuls 630
Drehinversion 5
Drehinversionsachse 5
Drehkristall-Verfahren 11
Drehung 4
Dreier-Einfachkette 165
Dreierringe 3, 143, 165
Drei-H-Regel 21
Dreikomponentensystem 490
Dreischichtstruktur 169
Dreistoffsystem (Ab = Albit, An = Anorthit, Cr = Chromit, Di = Diopsit, Fo = Forsterit, Ks = Kalsilit, Lct = Leucit, Ne = Nephelin, Ol = Olivin, Or = Orthoklas/Kalifeldspat, Prp = Pyrop, Qz = Quarz)
 –, CaO–MgO–SiO$_2$ 465f
 –, CaO–SiO$_2$–CO$_2$ 476
 –, Cr–Ol–SiO$_2$ 325
 –, Di–An–Ab 286ff
 –, Di–Fo–SiO$_2$ 297ff
 –, Experiment 283
 –, Fo–Di–Prp 303
 –, Ne–Ks(Lct-)–SiO$_2$ 293ff
 –, Qz–Ab–An(–H$_2$O) 313ff, 317ff, **320**, 339, 421, 454
 –, Qz–Ab–Or(–H$_2$O) **313ff**, 319f, 339, 454
Druck 282f, **422f**, 465ff
 –, gerichteter 445
 –, hydrostatischer 345
 –, lithostatischer 422, 450
 –, Wirkung 422
Druckabschätzung, Reaktion 436
Druckentlastung 275, 485
 –, isothermale 503
Druck-Gradient 456
Drucklösung 387, **450f**
Druckspannung (Benioff-Zone) 528
Druck-Temperatur-Deformationspfad 485
Druck-Temperatur-Diagramm (siehe P-T-Diagramm)
Druck-Temperatur-Entwicklung 484
Druck-Temperatur-Pfad **484**
Druck-Temperatur-Zeit-Pfad 486
Drucktyp 497
Druckzwillinge, lamellare 118, 423, 451
D''-Schicht 533, 598
DSDP (Deep Sea Drilling Program) 437
Dumortierit 184
Düne 385
Dünensand, Korngrößenverteilung 386
Düngekalk 119
Düngemittel 39, 126, 134, 140, 199, 410, 414
 –, kalihaltige 199
 –, mineralische 117
Dunit 213, 218, **227**, 305, 307, 309, 524ff, 539, 558
 –, Häufigkeit 213
 –, lunarer 539
 –, Verwitterung 378
Dunit-Mittel 525
Dünnschliff 19f
 –, Auszählung 217
Durchdringungszwilling 131
Durchläufermineral 360

Durchlicht 19
–, Mikroskopie 19, 21
Durchmesser, aerodynamischer 49
Durchschlagsröhre, vulkanische 77, 188, 239, 250, **251f**, 524
Düsensteine 120
dwarf planet (engl., Zwergplanet) 580, 591
Dynamit 409
Dynamo, geomagnetischer 535
Dyskrasit 358

E

Eagle-Station-Trio, Pallasite 560
Ebene der SiO_2-Sättigung 302
Ebene der SiO_2-Untersättigung, kritische 235, 302
Echinoderme 401f
Echinoidea 45
E-Chondrit (siehe auch Chondrit) 555
Eckermannit-Ferroeckermanit **167**
Edelgas 559, 597, 623
–, primordiales 571
Edelgas-Geochemie 635
Edelgas-Konfiguration 12f
Edelmetall 39
 –, Erz 64
 –, Konzentration, geochemische 602
 –, Seife 65, **391**
Edelopal 41, **188f**
Edelopal-AG 188
Edelstein 39ff, 64, 108, 146, 148f, 152, 157f, 160, 165, 184ff, 196, 339
 –, dichroitischer 40
 –, Eigenschaften, physikalische 40
 –, Feuer 40
 –, Förderung 40
 –, natürlicher 40
 –, Provenienz 41
 –, Seife 65, **391**, 394
 –, Synthese 41
 –, synthetischer 32, 40f
Edelstein-Pegmatit 339
Edelsteinkunde (Gemmologie) 40
Edelstein-Minerale **39ff**
 –, Eigenschaft 40
 –, Farbe 40
 –, Lichtbrechung 40
 –, Lichteffekte 40
 –, Seltenheit 41
Edeltopas **152**
Edenit **168**
Edenit-Ferroedenit **167**
Edler Spinell **105**
Edukt (Ausgangsgestein) 419, 445
EETA 79001, Shergottit 559
Effusion, effusiv **243ff**
 –, submarine 245
Egeran 156
Eh-pH-Diagramm 380, 404f
Eh-Wert 404f
Eierschale 45
 –, vom Reptil 46
 –, vom Vogel 46
Eigendrehimpuls 629

Eigenfarbe 26, 28
Eigengravitation 567, 580, 591
 –, Zwergplanet 591
Eigenrotation 573, 592
Eigenschaft
 –, magnetische 18
 –, vektorielle 3
Einbettungsmittel 21
Eindruckhärte 16
Einheitsfläche 8
Einkieselung 45, 189
Einkristall 33
 –, Züchtung 42
Einkristall-Aufnahme 11
Einphasen-Einschluss 209
Einschließungstemperatur 210
Einschluss
 –, helizitischer 450
 –, magmatischer 208
 –, refraktärer 554, 556
 –, Silikatglas- 208
Einschlussfüllung 208
Einsprengling 36, 57
Einsprenglingsgeneration 284
Einsprenglingskristall 270
Einstoffsystem
 –, Al_2SiO_5 467ff
 –, H_2O 467ff
Eis 3, 282, 383, 542, 583, 586ff, 629, 632
 –, CH_4 587f, 590f
 –, CO 590
 –, CO_2 590f
 –, H_2O 282, 570f, 575, 634
 –, N_2- 590
 –, NH_3 591
Eisdecke 383
Eisen Fe 63f, **73**, 597
 –, Ausfällung **404**
 –, biogene 406
 –, Ausscheidungsfolge 405
 –, Bauwürdigkeitsgrenze 63
 –, Clarke 600ff
 –, Edelsteinfärbung 40
 –, Elektronegativität 597
 –, Elektronen-Konfiguration 19
 –, elementares 69
 –, Entstehung von ^{56}Fe 624f
 –, Flusstransport 405
 –, ged. (elementares) 73, 534f, 540ff, 596f, 637
 –, Stabilitätsfeld 479
 –, Eisen + Quarz-Fayalit-Puffer 480
 –, Gruppe 69
 –, im interstellaren Medium 631
 –, Ionenradius 600, 639
 –, Isotop, kurzlebiges ^{60}Fe 633
 –, kosmisches 73
 –, kosmochemische (solare) Häufigkeit 534, 625
 –, Lagerstätte, sedimentäre 385
 –, Legierung mit Sauerstoff 534
 –, Eigenschaft, magnetische 18
 –, metallisches, Mond 543
 –, Minerale, Stabilitätsbedingungen **404f**
 –, Ooid 405

 –, Schmelze, Viskosität 535
 –, Schmelzpunkt 561f
 –, Sediment 404
Eisenerz 64f, 106, 109, 114, 120, 176, 328, 377
 –, Clinton-Typ 65
 –, Lagerstätte, Bauwürdigkeitsgrenze 63
 –, Laterit- 345
 –, marin-sedimentäres 114, 405
 –, oolithisches 405
 –, Minette-Typ 65
 –, sedimentäres 65, 384, **406**
 –, terrestrisches 406f
 –, Verbrauch 63
 –, Vorkommen 331
Eisenerzgang, hydrothermaler 65
Eisenformation, gebänderte (banded iron formation, BIF) 65, **406f**, 481, 499
 –, Algoma-Typ 407
 –, Faziestyp 407
 –, Haupttyp 407
 –, Karbonatfazies 407
 –, Lagenwechsel 406
 –, Oxidfazies 407
 –, Silikatfazies 407
 –, Sulfidfazies 407
 –, Superior-Typ 407
Eisenglanz (siehe auch Hämatit) 103, **108f**
Eisenglimmer 109
Eisen-Hydroxid als Verwitterungsneubildung 374
Eisenkern, Größe bei Planeten 597
Eisenkies (siehe auch Pyrit) 91
Eisenkiesel 185
Eisenkristall 534
Eisenmetall-Erze 64
Eisenmeteorit 73, 547ff, 551, **561**, 581, 599
 –, Gefügetyp 561
 –, Gliederung 561
 –, strukturelle 563
 –, Gruppe, chemische 563
 –, Häufigkeit 551
 –, Mutterkörper 563
 –, Zusammensetzung 561
Eisenoxid 365
 –, Neubildung 374, 401
Eisenoxidhydrat 73, 92
Eisenoxid-Kupfer-Gold-Lagerstätten (engl. Iron Oxide Copper Gold deposits, IOCG) **365**, 458
Eisensau 596
Eisenspat (siehe auch Siderit) 65, **120**
Eisenstein 186, 401, **406ff**
 –, gebänderter 401, **406ff**
 –, phanerozoischer 406f
 –, Clinton-Typ 407
 –, Minette-Typ 407
Eisensulfid 543
 –, lunares 543
Eisenvitriol 90
Eisen/Wasserstoff-Verhältnis ([Fe/H]-Wert) 625
 –, in Sternen 625
Eiserner Hut 114, 379
Eisernes Kreuz (Durchkreuzungszwilling) 91

Eishülle 632, 637
Eiskruste, Jupiter-Monde Europa und Ganymed 586ff
Eislinie 634
Eismantel, Pluto 592
Eismond 586f, 589
Eisriese Ganymed, Jupiter-Mond 586
ejecta blanket (engl., siehe auch Auswurf-Decke) 545
Ekliptik 635
Eklogit 62, 151, 209, 436, **443**, 471, 485, 507f, 522f, 526ff, 531f
–, Bildung 507
–, Dichte 516, 523
–, Erdmantel 523f, 526f
–, Flüssigkeits-Einschlüsse 209
–, Fremdmodell 507
–, In-situ-Modell 508
–, Nebengemengteile 507
–, Segregat 524
–, Soliduskurve 320
–, Xenolith 510, 524
Eklogitfazies 496, **507**
–, Druckgrenze 508
–, Temperaturstabilität 508
–, Untergliederung 508
Ektekt 455
Eläolith 198, 234
Elbait (Turmalin), LCT-Familie 160, 340
Elektroakustik 187
Elektroindustrie, Elektrotechnik 90f, 157, 176
Elektroisolation 173
Elektrokeramik 110, 171
Elektrolytlösung 373
Elektron
–, Einfang 623
–, gepaartes 18
Elektronegativität 596f
–, Differenz 596
Elektronendichte 11
–, Verteilung 13
Elektronengas 596
Elektronenhülle 12f
Elektronenkonfiguration 12f, 596
Elektronenleitung 17
Elektronenmikroskop 33, 36, 282
Elektronenstrahlmikrosonde (EMS) 21, 29, 33, 464, 482, 603
Elektronenübergang 40
Elektronenwechsel 40
Elektronenwolke 13
Elektroofen 120, 124
Elektrum 72, 355
Element 4, 40, 69, 307, 313, 337ff, 464, **596ff**, 624ff
–, Abfangen 602
–, Anreicherung 64, 339, 595ff
–, atmophiles 596f
–, chalkophiles 596f
–, Charakter, geochemischer 596ff
–, chemisches 32f, **595ff**, 633
–, Clarke-Wert 600
–, dispergiertes 602
–, Eigenschaft 595

–, Elektronegativität 597
–, elementares 69
–, Feldstärke 597
 –, geringer (LFS-Element, Low Field Strength Element) 597f
 –, hoher (HFS-Element) 307, 597f
–, Fraktionierung 464, 595f
–, Gesamtverteilungskoeffizient 603
–, Gliederung, geochemische 596ff
–, Häufigkeit 625f
 –, kosmochemische 534
–, immobiles 608f
–, in Meteoriten 555
–, inkompatibles 304, 307, 527, 539, 595, 598, 609
 –, Anreicherung 539, 609
–, Ionenpotential 597
–, kompatibles 598
–, Konzentration, Chondrit-Mittelwert 607
–, leichtes 624ff
–, leicht-lösliches 608
–, lithophiles 596f
–, lithophiles, großioniges (LIL) 307, **597f**, 607
 –, Ionenpotential 597
–, mobiles 608
–, refraktäres 576
–, Seltenerd- 63, 110, 138, 331, 340, 597f, 605ff
–, seltenes 602
–, siderophiles 596f, 599, 635
–, Tarnen 602
–, toxisches 50
–, Verarmung 595f
–, Verteilung 595
–, volatiles (leichtflüchtiges) 576, 599
–, Wertigkeit 15, 602
Element, galvanisches 87
Ellipsoid 22f, 447f
–, dreiachsiges 22f
–, Rotations- 22
Elongation 26
–, Hauptzone 26
Elpidit 340
Eluvium 383
EM I, EM II (engl. Enriched Mantle I, II) 619, 621f
Email 102, 111, 126, 196
Emissionsbande 632
Emissions-Spektroskopie, thermische (TES) 578
EMS (Elektronenstrahlmikrosonde) 21, 29, 33, 464, 482, 603
Emulsion 279, 329
enantiomorph 10
enantiotrop 181
Enargit 6, 65, 85, **89**, 350, 356
Enderbit 442
Endoblastese 224
Endoprothese 43
Endoskelett 42, 46
Energie
–, elektrische 254
–, geothermische 254
–, Gezeitenkräfte 583

–, Gravitations- 583, 635f
–, Herkunft 421f
–, Kern- 359
–, kinetische 635
–, potentielle 635f
–, thermische, Herkunft 255, 421, 583, 635f
Energierohstoff 63
–, Prospektion 52
Enhydros 185
Enriched Mantle I, II (EM I, EM II) 619, 621f
–, ($^{87}Sr/^{86}Sr)_0$-Verhältnis 619
Enstatit **162f**, 296, 299, 444, 465f, 490, 504, 530, 540, 555ff, 631f
–, in Meteoriten 552
Enstatit-Achondrit 557
Enstatit-Chondrit (siehe auch Chondrit) 555, 557
Enstatit-Hypersthen 540
Entekt 455
Entfärben 177
Entfetten 177
Entgasung, Entgasungsprozess 571f
–, Mond 542
Entgasungsalter 555, 623
Entglasungsprodukt 216, 229, 232f
Enthalpie, freie H **466**, 468f
Enthalpiedifferenz ΔH 469f
Entlastungswelle 431
Entmischung 15, 34
–, antiperthitische 193
–, liquide 64, 276, 278, 323, 328ff
–, perthitische 193, 470
–, submikroskopische 33
Entmischungskurve 193
Entmischungslamelle 40
Entropie S 469f, 472f, 481
Entropiedifferenz ΔS 469ff
Entschwefelung 134
Entwässerungskurve 471ff
–, Druckabhängigkeit 473
Entwässerungsreaktion 314, 320, 345f, 418, 423, 427, 434f, 441, 443, 454, 456, **471f**, 478, 498ff
–, bei $P_{H2O} < P_{total}$ 475
–, bei $P_{H2O} = P_{total}$ 471
–, Clausius-Clapeyron'sche, Gleichung 472
–, Gleichgewichtskurve 471, 473f
–, Steigung 474
–, metamorphe 320
Entweichungsgeschwindigkeit 559
Entwicklung
–, geotektonische 624
–, magmatische 275
Eos-Familie (Asteroiden) 580
Eozän 550, 563
–, Impakt-Krater 563
Eozän-Oligozän-Grenze 550
Epidot 144, **154f**, 351, 390, 438ff, 457, 460, 498
–, ACF-Diagramm 500
–, Zonarbau 464
–, Eigenfarbe 27
–, Interferenzfarben 25

Epidot-Amphibolit-Fazies 496, **499**
 –, *ACF*-Diagramm 500
Epidot-Blauschiefer-Fazies 506, **507**
epigenetisch 64ff, 366
Epikontinentalmeer 403
Epitaxie 42
Epithel 48
Epizone 495
Epsomit 6, 254, 410, 413, 575
 –, Mars 575
Erbendorfkörper 521
Erbsenstein (siehe auch Pisolith) 121, 254
Erdachse 541
Erdalkali-Chlorid 411
Erdatmosphäre 43f, 247, 249, 265, 393, 401, 542, 548, 596, 598, 622, 630
 –, Aerosole 249
 –, CO_2-Gehalt 401
 –, Kreislauf, chemischer 249
Erdbeben 241, **516ff**
Erdbebenhäufigkeit 241
Erdbebenherd 517
Erdbebenstation 516
Erdbebenwelle 516
 –, Ausbreitung im Erdinnern 517
 –, Brennfleck 517
 –, Fortpflanzungsgeschwindigkeit 308, 517
 –, Geschwindigkeitsverteilung 518
   –, im Erdinnern 518
   –, im Inneren des Mondes 542f
 –, Laufzeitdifferenz 516
 –, Laufzeitkurve 517
 –, Merkur 570
 –, Schatten des Kerns 517
 –, Typ 516
Erde **567ff**, 596f, 629, 634ff
 –, Akkretionsgeschichte 636
 –, Alter 513, 620, 635f
 –, Atmosphäre, frühe 393
 –, Aufbau, seismischer 516, 518
 –, Bahnelemente 569
 –, Chemismus, früher 598
 –, Dichte 516, 543
 –, Eisenkern 597
 –, Entwicklung 595
 –, frühe 635
 –, Gesamtmasse 598
 –, Geschichte, frühe 622
 –, Gliederung 518
 –, Haupt-Wachstumsstadium 636
 –, Kernbildung 636f
 –, Magnetfeld 535
 –, Massenanteile 598
 –, Modell 517
 –, Nickeleisen-Kern 534
 –, Schalenbau 513, 515, 518
 –, Schalenmodell 517
 –, Zusammensetzung **598ff**
Erden, Seltene (siehe auch Seltenerd-Elemente)
 –, lunare 539
 –, Prospektion 52
Erdgas 56
 –, Lagerstätte 64
 –, Verbrauch 63

Erdinneres
 –, Bau 513, **515ff**
 –, Mineralogie 518ff
 –, Stoffbestand 513
Erdkern 515, 517f, **533ff**, 543, 598f, 613, 635f
 –, äußerer 518, 533, 613
   –, Dichte 534
   –, Elemente, leichte 598
   –, Liquidustemperatur 534
   –, S-Wellen-Geschwindigkeit 533
 –, Befund, geophysikalischer 533f
 –, FeS-Komponente 534f
 –, Gliederung 533
 –, Größe 597
 –, innerer 32, 518, 533
   –, Liquidustemperatur 534
   –, P-Wellen-Geschwindigkeit 533
 –, Parameter, physikalische 515
 –, Sauerstoff 534
 –, Schwefel 534f
 –, Silicium 534
 –, Temperatur 534
 –, Zusammensetzung **534f**, 598f
Erdkruste 55, 515, **518ff**, 619ff, 624
 –, Bereich, hypabyssischer 216
 –, Druck-Gradient 456
 –, duktile 456
 –, kontinentale 32, 455f, 486, 496, **520f**, 525, 527f, 595, 598, 601f, 605, 610, 616, 618f
   –, Aufbau 62
   –, Clarke-Werte 601
   –, Gliederung 520
   –, mittlere 456
   –, obere 456, **520f**, 601, 622
   –, Rb/Sr-Verhältnis 619
   –, spröde 456
   –, Tiefenprofil 520
 –, Mächtigkeit 519, 522
 –, Mineralhäufigkeit 37
 –, Mineralagerstätte 63
 –, Mineralvorkommen 35
 –, mittlere, duktile 456
 –, Orogengürtel, junger 522
 –, ozeanische 32, 258, 362, 436, 496, 507, 510, **519f**, 525, 527f, 595, 598, 601f, 608, 622
   –, Aufbau 62, 519
   –, Clarke-Werte 601
   –, Mächtigkeit 520
 –, Parameter, physikalische 515
 –, Sauerstoff 479
 –, untere 503, **520f**, 598, 601, 605, 620f
 –, verdickte 503
 –, Zusammensetzung 36, 61, 213, **600ff**
   –, Berechnung 600f
Erdmagnetfeld 44, 106, 535
Erdmantel 258, 276, 305, 455, 503, 510, 515, 518, **522ff**, 528, 598, 608, 610, 613, 616, 618ff, 635f
 –, Anatexis 522
 –, abgereicherter (Depleted Mantle DM) 622
 –, angereicherter (EM I, EM II) 621f
 –, Aufbau 515
 –, Aufschmelzen 308, 616

 –, Basalt-Magma **305ff**, 522
 –, Differentiation 635f
 –, Konvektionsstrom 520
 –, lithosphärischer 524, 526f
 –, Low-Velocity-Zone (engl., Zone erniedrigter Wellengeschwindigkeit) 308, 520, 522, 527
 –, chemische Heterogenität 526f
 –, mit hohem U/Pb-Verhältnis (HIMU) 622
 –, Modell, Mineral-Paragenesen 530
 –, oberer 305, 517f, **522ff**, 598, 605, 635
   –, Anisotropie, seismische 524
   –, Aufschmelzverhalten 307
   –, Eklogit 523
   –, Inhomogenität, chemische 526
   –, Peridotit 524
   –, Poisson-Zahl 524
   –, Pyrolit-Modell **307ff**, **524ff**
 –, Parameter, physikalische 515
 –, peridotitischer, partielles Schmelzen 275
 –, primitiver, S-Isotopie 612
 –, pyrolitischer 530
 –, Quellregion 609f
 –, Rb/Sr-Verhältnis 619
 –, Sauerstoff 479
 –, Schnitt 525
 –, subkontinentaler 527
 –, subozeanischer 527
 –, Tiefe 32
 –, unterer 518, 525, **531ff**, 598, 636
   –, Liquidustemperaturen 534
   –, Zusammensetzung 532
 –, Untergrenze, Temperatur 533
 –, Wärmeproduktion, radioaktive 275f
 –, Wärmezufuhr 275
 –, Zone erniedrigter Wellengeschwindigkeit 308, 520, 522, 527
 –, Zusammensetzung **522ff**, 598f
Erdmasse 567, 579, 583, 635ff
Erdmond (siehe auch Mond) 32, 313, 431, 513, **537ff**, 556f, 568f, 582, 584, 597, 635f
 –, Bahnelemente 569
 –, Eisenkern 597
Erdöl, Erdgas 56, 63, 130, 213, 396, 402, 414, 613f
 –, Lagerstätte 64
 –, Verbrauch 63
Erdölbohrung 229
Erdölindustrie 178
Erdölraffinerie 138
Erdtiefe, Dichte 518
Ereignis
 –, Krustenbildungs- 619
 –, thermisches 618
Erholung (recovery) 423, 451
Erionit, pathologischer 50
Eros (Asteroid) 580f
Erosionsdiskordanz (engl. disconformity) 60, 392
Errorchrone 618
Ersatz
 –, diadocher 602
 –, gekoppelter 32

Erstarrungsfront 278f
Erstarrungskruste, erste 278
Erstschmelze
  –, granitische 454
  –, kotektische 454
Eruption
  –, phreatomagmatische 249
    –, subglaziale 249
  –, plinianische 249
Eruptionssäule 247
  –, Gliederung 247
  –, konvektive 247
Eruptivgestein (siehe auch Magmatit) 215
Erythrin 94
Erz
  –, Anreicherungsfaktor 63
  –, Aufbereitung 63
  –, Definition 63
  –, disseminiertes 349
  –, Einteilung 64
  –, Prospektion 52, 354
  –, Red-Bed-Typ 394
  –, Verhüttung 63
Erzanschliff 28
Erzausscheidung 367
Erzbildung
  –, durch rezente Hydrothermal-Aktivität 360ff, 438
  –, Tiefsee, hydrothermale 360
Erzfalle 353
Erzgang 353f, 358
  –, Blei 356
  –, Hämatit-haltiger **359**
  –, hydrothermaler 65, 343, **353**
  –, Antimon-Quarz- 359
  –, Bismut-Kobalt-Nickel-Silber-Uran- 358f
  –, Blei-Silber-Zink- 356ff
  –, Definition 34
  –, Einteilung 34
  –, Gold- und Gold-Silber- 355
  –, Gold-Quarz-, orogener 354ff, 376
  –, Hämatit- 359
  –, Kupfer- 351f, 356
  –, nichtmetallischer 360
  –, Mächtigkeit 353
  –, Siderit-haltiger **359**
  –, Silber **356**
  –, sulfidischer 378
    –, Minerale 379
    –, Oxidationszone 378
    –, Zementationszone 380
  –, Zink **356**
  –, Zinn-Silber-Wismut- 357
Erzgenese, Zustandsparameter 344
Erzhügel auf dem Ozeanboden 362f
Erzköper
  –, geschlossener 324
  –, sulfidischer, Verwitterung 378f
Erzkristallisat 323
Erzlage 324
Erzlagerstätte 39, 63, 397, 602
  –, Bauwürdigkeit 602
  –, Bildungsmechanismus 323
  –, Definition 63

–, Einteilung, genetische 64
–, hydrothermale 64, **343ff**, 432, 614
–, in Schwarzschiefern 65, 355, 397
–, karbonatgebundene 366
–, metamorphe 66
–, orthomagmatische 64, **323f**
–, schichtgebundene 363
–, sedimentäre 65, 404ff
–, sedimentär-exhalative (Sedex) 365
–, submarin-vulkanogene 343
–, sulfidische 613ff
  –, hydrothermale Bildung 360
–, vulkanogen-massive (VMS) **363ff**
–, vulkanogen-sedimentäre 65, **360ff**
Erzmikroskopie 28
Erzmineral 39, 63
  –, Anreicherung 323
  –, Ausscheidungsfolge 345
  –, Opazität 13
  –, oxidisches 324
Erzmittel 354
Erzschmelze 323ff
  –, oxidische 64, 323
  –, sulfidische 64, 323
Erzschornstein 362f, 365, 614
  –, Zonierung 362
Erzzone 349, 364
Essexit (siehe auch Foidmonzogabbro) 218, **235**, 643
Essigsäure $C_2H_4O_2$ 613
Estrichgips 134
Eternit 176
Ethan C_2H_6 587, 592
Ethmolith 259
Eudyalit 340
euhedral (engl., siehe auch idiomorph) 446
Eukaryoten 43
Eukrit (Achondrit) 551, **557**, 581
  –, basaltischer, Alter 558
  –, Mutterkörper 557
Eurasische Platte 456
Europium Eu, Anomalie 606f
eutektische
  –, Temperatur **258ff**, 494
  –, Zusammensetzung 267, 543
eutektischer
  –, Punkt **257f**, 265, 273, 543
  –, System 257
Euxenit 340
euxinisch 406
Evaporit 100, 129, 131, 384, **410ff**, 575, 613
  –, kontinentaler **410f**
  –, mariner 66, **411ff**, 613
    –, Ausscheidungsfolge 412
    –, Bedeutung 414
    –, Diagenese 412
    –, Entstehung 412
    –, Kristallisation 412
    –, Metamorphose **413**
    –, Mineral 412
  –, metamorpher 509
  –, Mineral 410, 613
  –, Mars 575
  –, terrestrischer 410
Evaporit-Serie 401

Evaporit-Sulfat, S-Isotopie 615
excess siderophile problem 635
Exhalation
  –, Gas-, Dampf-, vulkanische 253
  –, submarin vulkanische 406
Exhalit 363
Eximer-Laser-System 211
Exkavationsphase 431
Exoskelett 42, 45
Exosphäre
  –, Atmosphären-gebunden 569
  –, Oberflächen-gebunden 542, 568f
  –, lunare 541
Experiment
  –, geophysikalisches, Mondoberfläche 537
  –, Hydrothermal- 281, 454
  –, Verhalten von Mafiten in basaltischen Magmen 295ff
  –, zur Bildung SiO_2-übersättigter und SiO_2-untersättigter Magmen 289ff
  –, zur Granitgenese **313ff**
  –, zur Kristallisationsabfolge basaltischer Magmen 283ff
Exploration 52, 63
Explosion
  –, kambrische 45f
  –, künstliche 516
  –, subglaziale phreatomagmatische 249
Explosivitäts-Index, vulkanischer (VEI) **247ff**
extrasolarer Planet 582f, 637

F

F (siehe Fluor)
fabric (engl., siehe auch Gefüge) 56
Fabulit 110
Facettenauge 45
Fahle 83
Fahlerz **96f**, 353
  –, Kristalltracht 97
  –, Silber 86
Fahlerzgruppe 356
Fahrzeugbau 138
Failed Rift 326
Falkenauge 40, 185
Fall, Meteorit 550
Fallgeschwindigkeit 429, 549, 630
Fallphänomen 548
Falte
  –, offene 432
  –, ptygmatische 453
Fältelung 448f
Fältelungsachse 438
Faltenachse 438, 441, 449
Faltengebirgs-Gürtel 456, 528
Faltentextur 453
Faltung 59, 447
  –, asymmetrische 449
  –, symmetrische 449
Faltungstektonik, Venus 572
FAN-Suite (Ferroan Anorthosite Suite) 538
  –, lunare 539
  –, Erdmond 538f, 544f

Farbe 33
 -, Anisotropie 40
 -, Edelstein 40
 -, Farbstoff 50, 88, 93, 106, 111, 125, 165, 171, 177, 200
Farbindex 631
Faserserpentin (siehe auch Chrysotil) 175
Faserzeolith 201f
Fassait 557
 -, in Meteoriten 552
Faujasit **204**
Faujasit-Käfig 201
Fayalit 14, 32, **145f**, 277, 296, 480f, 532, 555, 558
 -, in Meteoriten 552
 -, Schmelzpunkt 295
 -, System, Forsterit–Fayalit 295f
Fayalit-Komponente 555
Fayalit-Magnetit+Quarz-Puffer 480f
Fayence 177
Fazies
 -, metamorphe
  -, ACF-, A'KF-Diagramme 500
  -, Definition 489
  -, Übersicht 498
 -, sedimentäre 396
Faziesprinzip **495**
 -, Begründung 495
 -, Gleichgewicht, thermodynamisches 496
Faziesserie 497
 -, Hochdruck- 497, 505
 -, metamorphe 497
 -, P-T-Diagramm 496
 -, Mitteldruck- 497
 -, Niederdruck- 497
Fazieswechsel in Erzgängen
 -, lateraler 354
 -, vertikaler 354
FD (Flächendiagonale des Würfels) 7
$Fe(OH)_3$ 405
Fe^{2+}-Ion, Transport 406
Fe_2O_3 405f
 -, Stabilitätsfeld 405
Fe^{3+}-Oxid-Hydrosol 405
Fe_7C_3, Mars-Kern 578
Fe-Chlorit 481
$FeCl^+$ 365
$FeCl_3$ 253, 266
Fe-Cordierit 481
FeH, Mars-Kern 578
[Fe/H]-Wert 625
 -, Stern 625
Fe-Hydroxid 405f
 -, Eh-pH-Diagramm 405
Feinkeramik 171
Feinkies 384
Feinsand 384
Feinschluff 384
Feinstaub-Problematik 49
Feinstruktur 11
Feinton 384
Feld
 -, divariantes, trivariantes, quadrivariantes in Pseudoschnitten 482
 -, geothermisches 254, 432, 498

Feldspat 56f, 64, **189ff**, 389f, 447, 451
 -, Barium- 190
 -, Deformation 451
 -, Eigenfarbe 27
 -, Eigenschaften 193
 -, Element, inkompatibles 335
 -, Entmischungsvorgang 192
 -, Europium-Anreicherung 605
 -, in Meteoriten 552
 -, Kristallmorphologie 193
 -, Kristallstruktur 189ff
 -, Mischkristallbildung 191
 -, Ordnungs-Unordnungs-Vorgänge 15
 -, Phasenbeziehungen 189
 -, Strukturzustand 191
 -, Umwandlung in Topas 347
 -, Verformung 451
 -, Verwitterung 373, 374
Feldspatersatz 199
Feldspat-Familie **189ff**
Feldspat-Glas 558
Feldspatoide 190, **198ff**
 -, zur Gesteinsklassifikation 217
Feldspat-Pegmatit 339
Feldspat-System, Mischkristallbildung 189
Feldspatvertreter (siehe Feldspatoide) 198
Fels (Granofels) 441
Felsit 219, 351, 539
 -, lunarer 539
Felsnadel 246
Fe-Mg-Karpholith 506
Fe-Mg-Olivin 633
Femische Gruppe, CIPW-Norm **222**
Fe-Ni-Legierungen 547, **561ff**
Fe-Ni-Metall 631f
Fe,Ni-Schmelze 560
Fenitisierung 200, 457f
Fennoscandia 520
Fennoskandischer Schild, Migmatit 453
Fenstergefüge 399
Fensterquarz 185
Fe-Oxid-Cu-Au-Lagerstätten (engl. Iron Oxide Copper Gold deposits, IOCG) 365, 458
Ferberit 136
Fergusonit 340
Fermi-Kante 17
Ferricrete 376
ferrimagnetisch 19
Ferritspinell 105
Ferritschermakit 167
Ferroaktinolith **166**
Ferroan Anorthosite Suite (FAN-Suite) 538
 -, Erdmond 538
ferroan anorthosite (engl., siehe auch anorthositischer Gabbro) 538
Ferroanthophyllit **166**
Ferrobarroisit 167
Ferrobasalt 306
Ferrochrom 106
Ferroeckermanit 167
Ferroedenit **168**
Ferrogabbro 296
Ferrogedrit **166**
Ferroglaukophan 169

Ferroholmquistit **167**
Ferrohornblende **167**
Ferrohypersthen 162
Ferrokaersutit **167**
Ferrokarbonatit 237
Ferrokarpholith 421, 436
Ferromangan 112
Ferropargasit 168
Ferroplatin, ged. (elementares) **74**, 330
Ferrorichterit **167**, 457
Ferrosalit 162f
Ferrosilit 162
 -, in Meteoriten 552
Ferrotitan 109
Ferrotschermakit **168**
Ferrowinchit 167
Ferrozirkon 148
Ferrromagnetismus **19**, 106
ferruginous chert (engl., siehe auch Hornstein, eisenschüssiger) 363
Feruvit 160
FeS 405f
 -, Stabilitätsfeld 405
FeS_2 405f
 -, Stabilitätsfeld 405
Fe-Silikat 405f
 -, Eh-pH-Diagramm 405
 -, Stabilitätsfeld 405
Festeinschluss 208
Festgestein 57
Festkörper-Diffusion 562
Festkörperphysik 52
Festsubstanz, organische 56
FETI (High-Ti-Gruppe) 540
Fe-Ti-Oxid
 -, Erz 327
 -, Lagerstätte 327
  -, Anorthosit-Massive 328
  -, Layered Intrusions 327
  -, Typen 327
Feuer (Farbenspiel) 40
Feuerball 548, 550
feuerfest 53, 106, 120, 146, 148, 151, 171
Feuerfestindustrie 124, 187, 353
Feueropal 189
Feuerstein 186, 403
Fe-Zahl 313
 -, Granit 313
Fibrille 46
Fibrolith 150, 467
Fichtelit 32
Filterpressung 263, **277**, 315, 324
Filterstoff 376
Filtriermaterial 409
Fisch
 -, Biomineralisation 44
 -, Permineralisation, sekundäre 46
Fischer-Tropsch-Synthese 632
Fixstern 598
Fläche, tautozonale 8
Flächendiagonale des Würfels (FD) 7
Flächenlage, Kennzeichnung 8
Flächenstreifung 33
Fladenlava 243
Flädle (Glasbombe) 431

Flammenfotometrie 623
Flasergabbro 446, 507
Flasergneis 441
Flechte 373
Fleckschiefer **444**
Fließen, kataklastisches 428, 450
Fließfalte 453
Fließgefüge (Fluidaltextur) 59, 217, 563
Fließgeschwindigkeit 396
Fließgrenze 269, 451
Fließprozess 456
Flint 186, 403
Floatstone 400
Florencit 79
Flotationskumulat 278
Flugzeugbau 109, 157
Fluid **207ff**, **343ff**, 420, **423**, 491, 598, 608, 614
–, Dichte 344
–, Druck **423**, 450, 466, 475
–, Einschluss **207ff**
–, Erneuerung 345
–, erzbildendes, erzbringendes 211, 354
–, Film 450
–, Fluss 484, 616
  –, kanalisierter 455
–, Fugazität 423
–, H$_2$O-reiches, wässeriges 211, 457, 468
–, hochsalinares 365f, 396
–, hochtemperiertes 211
–, hydrothermales 367, 376, 458, 612
–, magmatisches 345, 612
–, metamorphes 345
–, niedrigsalinares 365
–, pH-Wert 344
–, Reservoir 345
–, Salinität 345
–, Sieden bei Druckentlastung 336, 344f
–, Spezies, Partialdruck 423
–, Subduktions-, Subduktions-bezogenes 211, 609
–, überkritisches 337, 343f, **423**, 456, 468
  –, Dichte 344
  –, Lösungsfähigkeit 343
  –, pH-Wert 344
–, wässeriges 348
fluid inclusion (engl., siehe auch Flüssigkeits-Einschluss) 207
fluid overpressure (engl., siehe auch Phase, fluide, Überdruck) 423
Fluidphase, intergranulare 452
Fluidsystem
–, offenes (unconfined) 345
–, kanalisiertes (confined) 345
–, -transport 345
–, Zirkulation 345, 393
Fluor F 64, 99, 101f, 252, 337, 344
–, -Metasomatose 457
–, Ionenradius 639
Fluorapatit 46, 139
Fluorchemie 102
Fluoreszenz 33
Fluorit (Flussspat) 7, 16, 34, 99, **101f**, 208, 210, 354, 365, 596
–, Anisotropie der Härte 16

–, Ausscheidung 344, 347
–, Brechungsindex 21
–, Flüssigkeits-Einschluss 208, 210
–, Härte 16
–, Kristallstruktur 102
–, Lagerstätte 331
  –, Bayan Obo (Innere Mongolei, Nordchina) 102
  –, Ganglagerstätte 65
  –, karbonat-gebundene 366
  –, Olympic-Dam 365
  –, schichtgebundene 360
–, Lichtbrechung 21
–, Spaltbarkeit 16
–, Würfel 101
Fluorit-Gang 360
Fluor-Metasomatose 426
Fluorphlogopit 173
Fluss, Bodenfracht 385
Fluss-System, verzweigtes 384
Flussdelta 384
Flüssigkeit (siehe auch Fluid) 56
–, Binghamsche 269
–, hydraulische 187
–, Newtonsche 269
Flüssigkeits-Einschlüsse **207ff**, 345, 348, 351, 480, 484
–, Bildungstemperatur 211
–, Druck-Temperatur-Zusammensetzung (P-T-X) 210
–, Form 208
–, Generation 208, 211
–, Homogenisierungstemperatur 211
–, in-situ-Analytik, quantitative 211
–, Isochore 484
–, primäre 208
–, pseudosekundäre 208
–, Reäquilibrierung 210
–, sekundäre 208
–, Tochterminerale 208
–, Untersuchung, mikrothermometrische 210
–, Volumen 208
–, wässerige 211
–, Wirtminerale 208
–, Zusammensetzung, chemische 211f
Flussmittel 102, 119, 126
Flussmittel-Verfahren 108f
Fluss-Perlmuschel 45
Flusssand, Korngrößenverteilung 386
Fluss-Säure 102
Fluss-Schotter 385
Fluss-Seife 391
Flussspat (siehe Fluorit) **101f**
Flutbasalt
–, Erdmond 540
–, kontinentaler 231, 244, 550, 607, 609f
  –, Ausdehnung 245
–, Mars 576
–, ozeanischer 306, 520
–, Plateau, ozeanisches 245, 520
flute cast (engl., siehe auch Strömungsmarke) 445
fluvioglaziale Ablagerung 395
Flux-Fusion-Methode 42

Flysch-Sediment 254
FMQ-Pufferkurve 481
Foid (siehe auch Feldspatoid) **198ff**
Foiddiorit 218f, 235
Foidgabbro 218f, 235
Foidit 218, 221, **237**, 458, 643
–, phonolithischer 218
–, tephritischer 218
Foidmonzodiorit 218f, **235**
Foidmonzogabbro 218f, **235**
Foidmonzosyenit 218f, 235
Foidolith 218, **235**, 457
Foidsyenit 218f, **234**
foliation 448
Foraminiferen (Kammerlinge) 44, 401f
–, Calcit 44
Förderkanal, zentraler 245
Förderprodukt, pyroklastisches 247
Förderung
–, effusive 215, **243**
–, explosive **246ff**
–, extrusive **246f**
fore reef (engl., siehe auch Vorriff) 403
Forellenstein (siehe auch Troktolith) 227
Foreset-Lage 392
Formationswasser 366
Formel, chemische, Schreibweise 67
Formenergie 446
Formregelung **448**, 450
Formveränderung, elastische 516f
Forschungsflugzeug NASA ER 2 632
Forsterit 14, 144f, **146**, 296ff, 302, 442, 490, 532, 631ff
–, in Meteoriten 552
–, Interferenzfarben 25
–, Schmelzpunkt 295
–, System
  –, Diopsid-Forsterit-SiO$_2$ 297ff
  –, Forsterit-Diopsid-Pyrop 303f
  –, Forsterit–Fayalit 295f
  –, Forsterit-SiO$_2$ 296f
Forsterit-Ziegel 146
Fossil, Bildungstemperatur 611
Fossilfundstätte 397
Fourier-Transformations-IR-Spektrometrie (FTIR) 253
Foyait 218, 234, 643
Fractionated and Unidentified Nuclear anomalies (FUN) 633
fracturing, hydraulic (engl., siehe auch Gesteinsverband, Zerrüttung) 344, 349
Fragmentierung 247
Fragmentierungsniveau 247
Fraktionierung 595
–, gravitative 291
–, konvektive 279
–, Olivin 278
Fraktionierungsfaktor α 611ff
Fraktionierungskurve 315
–, isobare 315
Fraktionierungsprozess 315, 634
Fraktionierungsvorgang, gravitativer 325
Framboid 397
Framesit 79
Framestone 400

framework silicates (engl., siehe auch Gerüstsilikate) **145**
Fraunhoferlinien 20, 624
Freibergit 71, 86, 355f
Freie Enthalpie G 451, **466ff**, 469
–, Differenz ΔG 469ff, 483
freie Radikale 49
Freigold 72, 355
Freiheitsgrad 465
–, Definition **282**
Fremdatom, Fremdion 18
–, in Quarz 183ff
Frequenz 20
Fressfeind 43
Friktionswärme 422, 428
Frittung 426
Front, metasomatische 458
Frostsprengung 282, **372**
Frostverwitterung **372**
Fruchtschiefer 424f, **444**, 450
Frühkristallisation 332
FTIR-Spektroskopie (Fourier-Transformations-IR-Spektroskopie) 253
Fuchsit 173
Fugazität 284, 299, **423**, 466, 475ff, 490
Fugazitätskoeffizient 423
Fulgurit 188
Fülleisen (siehe auch Plessit) 73, 561
Fullerene 75f, 550
Füllstoff, Füllmittel 120, 165, 171, 177, 376
Fumarole 253, 343, 613
–, borhaltige 254
–, Hochtemperatur- 253
–, Tieftemperatur- 253
Fumarolenprodukt 253
FUN (emgl. Fractionated and Unidentified Nuclear anomalies) 633
Fund, Meteorit 550
Furnier, spätes 635f
Fusulinen 44
Futtermittel 100

G

Gabbro 58, 61, 219, **225**, 228f, 504, 506, 517, 519, 538
–, ACF-, A'KF-Diagramm 491
–, anorthositischer 538, 542
–, Erdmond 538, 539
–, foidführender **219**
–, Gesteinsbenennung 218
–, Häufigkeit 213
–, Intrusion, schichtige, Lagerstättenbildung 324
–, Metamorphose 62
–, Mineralbestand 227
–, ozeanischer, metamorpher 437
–, Varietäten 227
–, Zusammensetzung, chemische 220
Gabbrodiorit **227**, 642
Gabbro-Gruppe 219
Gabbronorit 218, **227**, 539
–, alkalischer (Erdmond) 539
–, lunarer 539
–, Gesteinsbenennung 218

Gabbroporphyrit 219
Gadolinit 340
Gagarinit 340
Galaxie 624f
Galenit (Bleiglanz) 7, 14, 71, **85ff**, 352, 354, 356ff, 362ff, 366f, 457, 596
–, Kristallstruktur **86**, 100
–, silberreicher 355
–, Struktur 86
–, Toxizität 50
Gallium Ga, Erz 64
Galmei 121, 379
galvanisches Element 87
Galvanotechnik 85
Gammastrahlung 51
Gang 61, 231, 251, 259, 344
–, Antimon-Quarz-, telethermaler 359
–, Baryt 360
–, Fluorit 360
–, Gefüge 356
–, Gold-Quarz-, orogener **354**
–, granitischer 622
–, hydrothermaler 64, 343f, 348, **353ff**
    –, Bismut-Kobalt-Nickel-Silber-Uran- 358
    –, Blei-Silber-Zink- 356
    –, Gold- und Gold-Silber-, epithermaler 355
    –, Kupfererz-, mesothermaler 356f
    –, Siderit- und Hämatit- 359
    –, Zinn-Silber-Wismut- 357f
–, Kimberlit- 237, **251**, 525
–, magmatischer 61, 216, 456, 505
–, Kontaktmetamorphose 426
–, Quarz- 211, 360
–, sheeted complex 519
–, vulkanischer 215
Gangart 63, 353f, 356f
–, Mobilisierung 354
Gangformation 354
–, Schema 354
Ganggesteine 216f, **219f**
–, dunkle 217
–, leukokrate 219
Ganglagerstätte, nichtmetallische 65, 360
Gangquarz 185, 212, 348
–, Flüssigkeits-Einschluss 348
Gangrevier, westerzgebirgisches 358
Gangschwarm 259, 456
Gangstockwerk, oberes 358
Gangunterschied 23f
Gangverbesserung 356
Gangveredelung 358
Gangverschlechterung 356
Gangzug 354
Garbenschiefer **444**
Garnierit (siehe auch Népouit) **176**, 378
Gas 56, 268, 429, 630ff
–, interstellares 630
–, kosmisches 630
–, magmatisches 344
–, Trocknung 187
–, vulkanisches 215, 252, 266
Gasbohrung 130
Gasexhalation, vulkanische 253

Gasfreisetzung 271
Gashülle 635ff
Gaskollaps 637
Gaskondensat 632
Gasmoleküle 630
GASP-Barometer 483
Gasreinigung 176
Gasschubregion 247
Gasspezies 476ff
Gas-Staub-Hülle (Sterne) 630, 632
Gas-Staub-Scheibe 630, 632ff
–, protoplanetare 630, 634
–, turbulente 630, 634
Gas-Staub-Wolke 630
Gastransport 253, 276
Gasverlust 637
Gebänderte Eisenformation (banded iron formation, BIF) 65, **406ff**
Gebirgsbildung (Orogenese) 432, 456, 484f
–, Variscische 432
Gebirgsbildungsphase 432
Gebirgsbogen, magmatischer 306, 528
–, vom Andentyp 528
Gebrauchsmetall 63, 602f
Gedrit–Ferrogedrit-Reihe **166**
Gefrierpunktserniedrigung 211
Gefüge 52, **55f**, **384**, 417
–, Anisotropie 371
–, Anlagerungs- 59
–, dekussates (gekreuztes) 447
–, Erzgang 356
–, fibroblastisches 446
–, Fließ- 59
–, granoblastisches 446
–, helizitisches 446
–, hypidiomorph-körniges 224
–, idioblastisches 446
–, intersertales 216
–, lunares 539
–, kolloformes 344
–, Korona- 447
–, kristalloblastisches 445, **446**
–, Lagen- 59
–, lepidoblastisches 446
–, metamorphes, Kornverwachsung 447
–, nematoblastisches 446
–, ophitisches 289
–, Orientierung der Elemente 59
–, poikoblastisches 447
–, Polygonal- 447
–, porphyrisches 57, 216, 349
–, Regelung 59
–, richtungsloses („isotropes") 59
–, Schlieren- 59
–, Schollen- 59
–, sphärolitisches 59
–, subidioblastisches 446
–, subophitisches, lunares 539
–, tektonisches 59
–, Verteilung der Elemente 58
–, xenoblastisches 446
Gefügeanalyse
–, dreidimensionale 217
–, zweidimensionale 217
Gefügeanisotropie 371

Gefügeelement
 -, Formänderung 447
 -, Orientierung 59
 -, Rotation 447
 -, Translation 447
 -, Verteilung 58
Gefügekoordinaten 448
Gefügeregelung 59, 445, 447, **448**
 -, Typ 448
Gefügerelikt 419, **445**, 498, 506
GeH$_4$ 583
Gehlenit 144, **153**, 154, 631f
Geiger-Müller-Zählrohr 34
Gel 186, 376
 -, Alterung 185f
 -, Ausflockung 186
 -, Membran 186
Gel-Zustand 376
Gelbbleierz (siehe auch Wulfenit) 135
Gelberz 363f
Gelmagnesit 119
Gel
 -, Membran 185
 -, Zustand 358, 377, 379
Gelpyrit (siehe auch Pyrit, gelförmiger) 366
Gemme 187
Geobarometer, Geobarometrie **482**, 483f, 595
 -, Isoplethe 483
 -, Phengit- 484
Geochemie 52, 62f, 513, 515, **595**, 611
 -, Anwendungsgebiete 52
 -, Isotopen- 52
 -, Mars-Kruste 576, 578
 -, organische 52
Geochronologie 611, **615**, 616
 -, Isotope, radiogene 615
Geode 36, 183f, 254
Geophysical Laboratory der Carnegie Institution in Washington, D.C. (USA) 281
Geophysik 52f, 80, 250, 258, 275, 308, 509f, 515, **527ff**, 537, 598
Geotherm, geothermischer Gradient 307f, 432, 434ff, 438, 485f, 501, 505, 515, 522ff, 525, 537f, 635
 -, kontinentaler 308, 525f
 -, Modell- 635
 -, ozeanischer 308, 527, 537f
 -, unternormaler 531f
geothermische Energie 254
geothermisches Feld 432
 -, Kraftwerk 50, 255
Geothermometer, Geothermometrie **482**, 483f, 595, 611ff
 -, Isoplethe 483
Gephyrocapsa oceanica 44
Germanat 530
Germanit 352
Germanium Ge
 -, Eigenleitfähigkeit 18
 -, Entstehung 625
 -, Erz 64
 -, Halbleiter-Kristall 42

Gersdorffit 7
Gerüstbildner 402
Gerüstbinder 402
Gerüstsilikate 35, 143, **179ff**, 190
Gesamtdruck 472, 475, 490
Gesamterde, Sauerstoff-Isotopie 612
Gesamtgesteins-Datierung 616ff
Gesamtverteilungskoeffizient 603
Geschiebe, nordisches 452
Geschiebelehm 600
Geschiebemergel, Korngrößenverteilung 386
Geschwindigkeit, kosmische 429, 548
Gesetz der Winkelkonstanz 4
Gesteine 32, 55
 -, Al$_2$O$_3$-Sättigungsgrad 222
 -, alkali-untersättigte 557
 -, basaltische 557
   -, alkali-untersättigte 557
   -, Diskriminations-Diagramm 609
   -, Schockwellen-Metamorphose 557
   -, Soliduskurve 320
   -, Verwendung 233
 -, Bildungsbedingungen 56
 -, Bildungstemperatur 611
 -, Charakterisierung 55
 -, Chemismus 52
 -, Definition 55
 -, Eigenschaft, lithologische 450
 -, eklogitfazielle
   -, im Verband mit Blauschiefern 508
   -, im Verband mit Gneisen und Granuliten 508
   -, mit Ultrahochdruckparagenesen 509
 -, felsische, Lagerstättenbildung 324
 -, Gefüge 52, 55f, 216
 -, Geländeansprache 61
 -, Genese 52
 -, gleichkörnige 57
 -, granitische, Diskriminations-Diagramm 609
 -, Grundmasse (Matrix) 57
 -, Häufigkeit 213
 -, Heterogenität 55
 -, Heteromorphie 56, 222
 -, Isotopfraktionierung 611f
 -, kontaktmetamorphes 444
 -, Kreislauf 62
 -, Kristallisation 281
 -, Liquiduskurve 268
 -, magmatische (Magmatite) 61, **213ff**, 600, 611
   -, Gefüge **216f**
   -, Häufigkeit 61
   -, Klassifikation **216**, 217
   -, Korngrößeneinteilung 56
   -, Modalbestand 218
   -, Oxid-Gehalte 221
   -, Stellung, geologische 216
   -, Verbandsverhältnisse 216
   -, Zusammensetzung, chemische 600
 -, metamorphe (Metamorphite) 56ff, 61f, 175, 213, 367, **417ff**, 463, 600, 609
   -, Ausgangsmaterial 419
   -, Bildungsbedingungen 56

 -, Faltung 59
 -, Gefüge 438, 445
 -, Gefügeregelung 447
 -, Gleichgewichtsbeziehung 464
 -, Häufigkeit 61f
 -, Isotopfraktionierung 611
 -, Korngrößeneinteilung 56
 -, Kornverwachsung 446
 -, Mineralbestand 438
 -, Nomenklatur 438
 -, O-Isotopie 612
 -, Mineralbestand, Gefüge 463
 -, Mineralinhalt 56
 -, monomineralische 56
 -, nutzbare 63f
 -, Pauschalzusammensetzung 56
 -, plutonische (Plutonite, Tiefengesteine) 56, 61
 -, polymetamorphe 56, 417
 -, polymineralische 56, 418
 -, Porosität 58
 -, pyroklastische 215, **251**
 -, regionalmetamorphe 438
 -, Sediment- 62ff, 213, 600
 -, SiO$_2$-Sättigungsgrad 222
 -, Soliduskurve 268
 -, statistische Homogenität 58
 -, Stellung, geologische 216
 -, Struktur 56
 -, subvulkanische **216**, 219, 258
 -, Textur 57
 -, ultramafische **218ff**, 227, 233, 239, 275, 307, 324, 330f, 544
   -, Lagerstättenbildung 324f
   -, Mond 544
 -, ungleichkörnige 57
 -, Verbreitung 213
 -, vulkanische (Vulkanite) 33, 56ff, 61, 189, 221
   -, Klassifikation 221
   -, Opal 189
   -, Xenolithe 505
 -, Zusammensetzung 55f
Gesteinsabsonderung 59
Gesteinsbenennung 218
Gesteinsbeschreibung (Petrographie) 52
gesteinsbildende Prozesse 63f
Gesteinsbildung 61
 -, Druck 56
 -, Temperatur 56
 -, Zustandsbedingungen 56
Gesteinsbruchstück, -fragment 215, 247, 251, 389, 428, 541
 -, lunares 541
Gesteinschemismus, pauschaler 482
Gesteinsgefüge 31f, 216f, 423, 445ff, 504, 560
Gesteinsglas 56, 236f, 446, 454, 540
 -, lunares 541
Gesteinsklassifikation, -nomenklatur 56
 -, magmatische Gesteine **216ff**
 -, chemische 222
 -, CIPW-System 222
 -, geochemische 222
 -, metamorphe Gesteine **438ff**
 -, Sedimente, Sedimentgesteine **384ff**

Gesteinsmaterial
- –, Jupiter-Mond Ganymed 586
- –, Jupiter-Mond Kallisto 584, 587
- –, Merkur 569
- –, Riesen-Eisplaneten 583, 637
- –, Zwergplanet Pluto 592, 596
- –, silikatisches 637

Gesteinsmetamorphose (siehe auch Metamorphose) 61ff, 275, 346, 387, **417ff**, 421
- –, Abgrenzung 420

Gesteinstextur 59

Gesteinsverband 60
- –, Zerrüttung 344

Gesteinsverwitterung (siehe auch Verwitterung) 371ff, 549

Gewässer, Schadstoffe 52

Gewerbesalz 100

Geyserit 189

Geysir 189, **254f**, 585f
- –, kalter 586, 590
- –, Old Faithful (Yellowstone-Park) 254

Gezeitenkraft 543, 578, 580, 583ff, 587, 589ff, 630
- –, lunare 543

giant impact 544, 634ff

giant placer goldfield (engl., siehe auch Riesengoldseife) 391

Gibbs' free energy G (engl., siehe auch Enthalpie, freie) 466

Gibbs'sche Phasenregel **282**, 374, 421, **464ff**, 476f, 482, 493, 495

Gibbsit 103, **113**, 114, 374, 377
- –, Ausfällung 375
- –, Neubildung, Klimaabhängigkeit 375
- –, Struktur 113

Gibbs-Methode der differentiellen Thermodynamik 484

Gibeon (Eisenmeteorit, Meteoritenschauer) 549, 563

Gichtgas 596

„Giftbach" (Reichenstein, Schlesien) 50

Gipfel-Effusion 245

Gips 6, 62, 129, **131ff**, 254, 365, 410, 412f, 575
- –, Anisotropie 16
- –, Ausblühung 374
- –, gebrannter 134
- –, Hilfsplättchen 26
- –, in Achondriten 558
- –, Kristallisation 134
- –, Kristallstruktur 129
- –, Lagerstätte 66, 614
- –, Löslichkeit 373
- –, Mars 575
- –, Montmartre-Zwilling 132
- –, Riesenkristalle 133f
- –, Schwalbenschwanzzwilling 132

Gipsgestein 414

Gipshöhle 36, 132ff

Gips-Hut 414

Gipskristall, Wachs-Schmelzwulst 17

Gipsplättchen 26
- –, Gangunterschied 26

Gipsplatte 134

Gipsrose 132

Gipsstaub, Bioduraiblität 49

Gitterdefekt 423

Gitterkonstante 8, 10f

Gitterpunkt 3, 5
- –, Translation 5

Gitterregelung **448**, 450f

Glanz 1, 33, 40

Glanze 83

Glanzwinkel (Beugungswinkel) 11

Glas 136, 339
- –, Archäometrie 53
- –, basaltisches 578
- –, diaplektisches **430f**, 559
- –, Isotropie 3
- –, natürliches 55f
- –, reaktionsfähiges 498
- –, vulkanisches 33, 215

Glasasche 251

Glasbildung 426

Glasbombe 431

Glasbruch (Hyaloklastit) 244

Glasfaser, Glasfasertechnik 126, 148

Glas-Herstellung, -Industrie 95, 101, 119, 122, 136, 148, 171, 187

Glaskopf
- –, Brauner 114, 379
- –, Roter 108
- –, Schwarzer 111f

Glaskörper 431, 563f

Glaskügelchen 559

Glasmatrix 233

Glasopal (siehe auch Hyalit) **188f**

Glaspartikel 376

Glasperle, lunare 540

Glasscherbe 244

Glasschliere 563

Glasschwamm, Opal 45

Glasur 93, 109, 148, 196

Glaubersalz (siehe auch Mirabilit) 410

Glaukonit 385

Glaukophan 167, **169**, 421, 436, 496f, 506

Glaukophan-Ferroglaukophan 167, **169**

Glaukophangesteine 505ff

Glaukophanit **443**, 507f

Glaukophanschiefer **443**

Glaukophanschieferfazies (siehe auch Blauschieferfazies) 496, **505ff**

glaziale Ablagerung 395, 600

Gleichgewicht, Gleichgewichtszustand
- –, Austausch- 482ff, 613
- –, chemisches 624
- –, Einstellung **464ff**, 613
- –, hydrostatisches 567, 591
- –, invariantes 466
- –, isotopisches 612f, 618
- –, lokales 491
- –, metastabiles 467
- –, physikalisch-chemisches, Neueinstellung 418
- –, stabiles 467
- –, thermodynamisches 418, 421, 464, 467ff, 489, 495f, 505, 599
- –, Feststellung 464
- –, Neueinstellung 418
- –, univariantes 466f
- –, Verteilungs- 611, 635

Gleichgewichtsfläche 477

Gleichgewichtsgefüge 452

Gleichgewichtskonstante K 483, 611, 613

Gleichgewichtskristallisation 281, 300, 604

Gleichgewichtskurve 465, 468ff, 476, 507
- –, Berechnung 481
- –, Druckabhängigkeit 476
- –, Steigung 469, 472, 475
- –, univariante 282f, 466ff, 476ff, 480

Gleichgewichtsparagenese 463
- –, invariante 471
- –, univariante 471

Gleichgewichtsschmelzen **303**, 604

Gleichgewichtstemperatur 469

Gleichgewichtszustand, thermodynamischer 466

Gleichung, Clausius-Clapeyron'sche **284f**, 292, 308, 316f, **469**, 472, 475, 477, 483, 534

Gleitkomponente 10

Gleitspiegelebene 5, 10

Gleitung, laminare 447

Gletscher 249
- –, subglaziale phreatomagmatische Tätigkeit 249

Gletschereis 56, 249
- –, plinianische Eruption 249

Gliederfüßer, Calcit-Einkristall 45

Glimmer 6, 64, 145, 148, 170f, **172ff**, 373f, 389f, 428, 431, 441ff, 447, 449, 452
- –, Anteil an Erdkruste 36
- –, Häufigkeit 37
- –, inkompatibel Elemente 335
- –, Löslichkeit 373
- –, Schichtstruktur 170
- –, synthetische 339
- –, zur Gesteinsklassifikation 217

Glimmer-Gruppe **172ff**

Glimmer-Pegmatit 339

Glimmerschiefer 39, 367, 432, **441**, 499, 501, 508
- –, Kanada 367

Globigerina 44, 401

Globigerinenschlamm 44, 396

Glomar Challenger (Forschungsschiff) 437, 519

Glühbirne 136

Glutlawine 246f, **249**
- –, vulkanische 215

Glutwolke **249**
- –, vulkanische 215

Gneis 57f, 62, 108f, 354, 367, 432, **441**, 447, 508
- –, Bezeichnungen, regionale 441
- –, i. e. S. 441
- –, Kanada 367

Gneis-Gefüge 441

gneiss (engl., siehe auch Gneis) 441

GOE (engl. Great Oxidation Event, Großes Oxidations-Ereignis) 44, 393

Goethit 103, **114**, 115, 236f, 374, 377, 379, 404
- –, Neubildung, Klimaabhängigkeit 375

Gold Au 7, 69, **71f**, 339, 365, 602
- –, Amalgamierung 72
- –, Anreicherung, hydrothermale 363
- –, Arsen-Lagerstätte, toxische Abwässer 50

–, Bauwürdigkeitsgrenze 63
–, Clarke 602
–, Dominion Reef 393
–, Erz 64, 92, 379
   –, Abfolge, subvulkanische 355f
–, Förderung 72
–, ged. (elementares) 28, 69, **71f**, 93, 330, 354f, 391, 393
   –, Amalgamierung 72
   –, Ausscheidung 380
   –, Erzmineral 72, 92
   –, Nugget 72, 378
–, Gewinnung 72
–, Konzentrations-Clarke 602
–, Kristall
–, Lagerstätte, epithermale 355
–, Legierung 14
–, Lösung 391
–, Mischkristall 14
–, Mobilisierung 355
–, Nugget 72, 378
–, Reflexionsvermögen 72
–, Seife 65f, 72, 391
   –, fossile 391
   –, Witwatersrand 72
–, Transport 354
–, und Gold-Silber-Lagerstätten 72, 355f
   –, epithermale 355f
   –, subvulkanische 355, 460
–, unsichtbares 354
–, vererztes 355
Goldberyll 157
Gold-Event 393
Gold-Quarz-Gänge, orogene 354f
   –, Mineralinhalt 354
   –, Teufenbereich 354
Goldselenide 355
Gold-Silber-Legierung 14
Gold-Silber-Telluride 354
   –, Struktur 14
Goldtelluride 355
Goldtopas **184**
Gondit 408
Gondwana 259
Gorceixit 79
Goshenit 157
Gossan (engl., siehe auch Eiserner Hut) 379
   Goyacit 79
Grabenzone, intrakontinentale 237
graded bedding (engl., siehe auch Schichtung, gradierte) 385
Gradient
   –, chemischer 276
   –, geothermischer (siehe auch Geotherm) 307f, 354, 432, 434f, 436, 438, 485f, 497, 501, 505, 509f, 515, 522ff, 528, 610
      –, Archaikum 309, 331
      –, phanerozoischer 233
      –, proterozoischer 233
      –, stabiler 484
      –, subkontinentaler 80
      –, übernormaler 528
      –, unternormaler 531f
   –, Geschwindigkeit der Erdbebenwellen dv_P/dz, dv_S/dz 518, 530, 532f

GRAIL (Gravity Recovery and Interior Laboratory) 537
GRAIL-Barometer 483
grain boundary
   –, area reduction 451
   –, sliding 452, 464
Grainstone 400, 403
Granat 7, 39, 56f, 79, **148f**, 164, 208, 235, 239, 275, 303ff, 312, 321, 351, 390, 393f, 419f, 426ff, 433ff, 438ff, 446f, 452ff, 457, 464, 486ff, 491ff, 495, 499ff, 504, 507ff, 522ff, 530f, 578, 604ff, 619, 639ff
   –, ACF-, A′KF-Diagramm 491, 500
   –, Almandin-betonter, -reicher 480, 499ff, 504
   –, Andradit-reicher 499
   –, Asterismus 40
   –, böhmischer 149
   –, Chloritisierung 419
   –, Datierung 486f
   –, Dominion Reef 393
   –, Einbau von Y und Yb 607
   –, Flächenkombination 148
   –, Flüssigkeits-Einschlüsse 208
   –, Formelberechnung 640
   –, fragmentierter 449
   –, Großkristall 419
   –, Grossular-Andradit-(reicher) 351, 499f
   –, HREE-Anreicherung 605
   –, im Restit 453
   –, in Framesit 79
      –, Aufschmelzen 307
   –, Lichtbrechung 21
   –, Majorit 530f
   –, MnO-Gehalt 495
   –, Porphyroblast 419, 449f
      –, Wachstum 449
   –, Pyrop-Almandin-reicher 503
   –, Pyrop-reicher 307, 443, 526, 530
   –, Seltenerd-Elemente 606
   –, Spessartin-reicher 499
   –, Wachstum 449
      –, Dauer 619
      –, syntektonisches 449
   –, Zonarbau 464
Granat-Gesamtgesteins-Isochrone 619
Granat-Glaukophanit 440f, 507
Granat-Glimmerschiefer 449, 507
Granat-Granulit 523
Granat-Gruppe 7, 145, **148**
   –, Pyralspit-Reihe 148
   –, Ugrandit-Reihe 148
Granatit 531
Granatitschicht 531
Granat-Lherzolith 524ff, 607
   –, Aufschmelzen 307
   –, Xenolith 524
Granatperidotit **227**, 239, 446, 525
Granat-Pyrolit 526f
   –, Stabilitätsfeld 525, 527
Granat-Pyroxenit 524
Granat-Quarzit, Coesit-führender 509
Granatzone 433

Granit, Granitoid 36, 56ff, 61f, 196ff, 213, 215, 218f, **224f**, 234, 258ff, 275ff, **311ff**, 335ff, 346ff, 365, 418ff, 435ff, 441ff, 452ff, 458, 491, 503f, 520ff, 528, 600, 607ff, 612f, 617ff
   –, ACF-, A′KF-Diagramm 491
   –, aktiver Kontinentalränder 609f
   –, Albitisierung 458
   –, alkali-calcischer 313
   –, alkalischer 313
   –, A-Typ (anorogenic source rock) 313, 339, 458
      –, peralkaliner 340
   –, calcischer 313
   –, Dichte 516
   –, Diskrimination 610
   –, Einteilung 224
      –, genetische **312**
   –, Erdmond 540
   –, ferroan 313
   –, Gefüge 36, 224
      –, hypidiomorph-körniges 224
      –, porphyrartiges 224
   –, Häufigkeit 213
   –, Herkunft **311**
   –, Isotopen-Geochemie 312
   –, I-Typ (igneous source rocks) 312, 528
   –, kalkalkalischer 313
   –, Klassifikation, geochemische 312f
   –, Kristallisation 293
   –, lunarer 539
      –, ACF-Diagramm 491
   –, magmatischer Abkunft 316
   –, magnesian 313
   –, metaluminoser 312f
   –, Metamorphose 62
   –, Mineralbestand 224
   –, Modalbestand 224
   –, M-Typ (mantle source rock) 313
   –, O- und S-Isotopie 612
   –, pegmatitischer, Entstehung 337
   –, peralkaliner 312f, 340
   –, peraluminoser 312f
   –, Phasenbeziehungen 314
   –, posttektonischer 609
   –, Radon 51
   –, REE-Muster 607
   –, Soliduskurve 315ff, 320, 475
      –, H_2O-gesättigte 315ff
   –, Solidustemperatur 321
   –, S-Typ (sedimentary source rocks) **312**, 455
   –, syntektonischer 609f
      –, Kollisions- (syn-COLG) 312
   –, Verwitterungsbildung 376
   –, vulkanischer (Insel-)Bögen (engl. Volcanic Arc Granites, VAG) 609f
   –, Wollsack-Verwitterung 60
   –, Zusammensetzung 56
      –, chemische 220
Granitgenese 314
   –, Experimente **313**
Granitgneis 418, 441, 458
Granit-Intrusion 618
Granit-Lakkolith 520

Granit-Magma 276, 312, 456
 –, Aufstieg 276
 –, Ausgangsgesteine 312
 –, Bildung 275, 456
 –, Einteilung, genetische 312
Granitmassiv, westerzgebirgisches, Kontaktaureole 424
Granit-Pegmatit 160, 335, 338ff
 –, Hauptgemengteile 338
 –, Klassifikation, geochemische 340
 –, Turmalin 160
Granitpluton 58, 225, **259f**, 262, 425, 456f, 504, 520
 –, Bildung 318
 –, Harz 260
 –, Intrusionstiefe 318
 –, varistischer 259
Granitporphyr 219
Granitsystem
 –, natürliches 320
  –, metaaluminoses 320
  –, peraluminoses 320
 –, Phasenbeziehungen 313
 –, Solidustemperatur 320
Granodiorit 61, **224**, 226f, 458f, 520, 528, 601
 –, ACF-, A'KF-Diagramm 491
 –, Häufigkeit 213
 –, Metamorphose 62
 –, Mineralbestand 56, 224
 –, Phasenbeziehungen 314
 –, Soliduskurve 320
 –, Zusammensetzung, chemische 220
Granodioritpluton 520
Granodiorit-Porphyr 349
Granofels (Fels) **441**
Granophyr 216, **219**, 263, 296, 328f
Granulit 151, 432, 438f, **442**, 447, 466, 476, 508, 520f
 –, dunkler 62, 442
 –, heller 62, 442, 503
 –, Hochdruck- 502f
 –, i. e. S. 442
 –, Kyanit-führender 476
 –, mafischer 275
 –, Niederdruck- 503
Granulitfazies 496, **502ff**
 –, ACF-Diagramm 500
 –, Subfazies 503
Graphen 75
Graphit 7, 69, **75f**, 421, 464, 480, 525, 530, 561, 632f
 –, in Meteoriten 552, 557, 561
 –, Polymorphie 15
 –, Reflexionspleochroismus 28
 –, Schichtstruktur 14f, 75, 77
 –, Stabilität 80
Graphitquarzit 442
Graphitschiefer 367
Graptolithenschiefer 397
Gras, Opal 45
Gräte 46
Gratonit 6
Grau, 1. Ordnung 25f
Graupe 111

Grauwacke **389**, 390
 –, ACF-, A'KF-Diagramm 491
 –, feldspatarme 390
 –, feldspatreiche 390
 –, Metamorphose 62
 –, Mineralbestand 56
 –, unreine 390
Gravitation 567f, 589, 634ff
Gravitationsenergie, potentielle 635f
Gravitationskraft 574, 579f, 630, 634
Gravity Recovery 537
Great Oxidation Event (engl., Großes Oxidations-Ereignis, GOE) 44, 393
Greenalith 176
Greenockit 7
greenschist (engl., siehe auch Grünschiefer) 443
greenstone (engl., siehe auch Grünstein) 443
greenstone belt (engl., siehe auch Grünstein-Gürtel) 233, 331, 436
Greigit 92, 106
Greisen 211, 347f
 –, Bildung 347
Grenzflächenwelle 517
Griffelschiefer 438
GRIPS-Barometer 483
Grobkies 384
Grobsand 384
Grobschluff 384
Grobton 490
Großes Oxidations-Ereignis (Great Oxidation Event, GOE) 43f, 393
Großforaminiferen 44
Grossit 552
Grossular **148f**, 163, 351, 457, 483, 492f, 499f, 504, 507, 523, 530, 532
 –, ACF-Diagramm 491f, 500
Grossular-Andradit-Granat 351, 442ff, 457, 500
Grubenwasser, toxische Minerale 50
Grünalgen (*Chlorphyceen*) 44
 –, Aragonit 44
Grundgebirge 62, 113, 367, 458, 502
 –, kristallines 61f, 113, 367, 458
 –, mitteleuropäisches, Granitpluton 225
 –, präkambrisches 502
Grundgewebe 57, 446
Grundmasse (Matrix) 57, **216**, 541
 –, feinkristalline 230ff, 236f, 238f
 –, filzige 216
 –, glasige 57, 216, 220, 229f, 237, 541
 –, granulare 216
 –, hyaline 56, 216, 229, 233
 –, hypokristalline 216, 236f
 –, kryptokristalline 216
 –, Mond 541
Grundwasser 189, 247, 378f, 575
 –, Eruption, plinianische 249
 –, Fe-Gehalt 405
 –, Minerale, toxische 50
Grundwasserhorizont, -spiegel 189, 380, 575
Grüner Mainsandstein, Keuper 389
Grunerit 50, **167**, 420
Grünsandstein, Anröchter 389
Grünschiefer 39, 62, 175, **443**, 498, 520, 600

Grünschieferfazies 496, **498ff**
 –, ACF-Diagramm 500
 –, Temperaturgrenze, obere 499
 –, Phasenbeziehungen 498
 –, Subfazies 499
 –, Temperaturgrenze 499
Grünschieferzone, Erbendorfer 521
Grünschlick, hemipelagischer 396
Grünstein 231
Grünstein-Gürtel 233, 331, 436
 –, archaischer 355
Gruppensilikate 35, 143f, **153ff**
γ-Strahlung 50
Guano 140, **410**
 –, Lagerstätte 66, 410
Gwindel 185

H

H_2CO_3 (Kohlensäure) 400
H_2O (siehe Wasser)
H_2O-Eis (siehe Wassereis)
H_2O_2 (Wasserstoffperoxid) 586
H_2S (Schwefelwasserstoff) 252ff, 266, 345, 352, 571, 583
 –, vulkanisches, S-Isotopie 612
H_2SO_3 (schweflige Säure) 254
H_3BO_3 (Borsäure) 252, 254f, 266, 344
Habitus 4, 33
Hadean 455, **636**
Hafnium Hf 148, 339
 –, Erz 64
Hafnium-Wolfram-(^{182}Hf-^{182}W-)Alter, -Methode 622, 633f
Halbhydrat 133f
Halbleiter 17f, 41f, 76, 91, 95, 110, 187
 –, Bändermodell 17
 –, hochreine, Züchtung 42
 –, Zone, verbotene 17
Halbleiter-Kristall 41
Halbmetalle (siehe auch Metalloide) 75
halbmetallisch 27
Halbwertsbreite 398
Halbwertszeit 595, **615f**, 619ff, 633
Halden des Bergbaus 50
half life (engl., siehe auch Halbwertszeit) 615
Halit (Steinsalz) 7, 16, 99, **100**, 129, 131, 410, 412, 575, 585
 –, als Ionenkristall 13
 –, Anisotropie 16
 –, Ausblühung 374
 –, Bedeutung 414
 –, Brechungsindex 21
 –, Elektronendichte-Verteilung 12
 –, Härte 14
 –, Löslichkeit 373
 –, Mars 575
 –, Röntgen-Pulveraufnahme 12
 –, Spaltbarkeit 16
 –, Struktur 13f, 100
Halitit 412
Halloysit 172, **177**, 374
 –, Ausfällung 375
 –, Neubildung, Klimaabhängigkeit 375
 –, pathologischer 50

Halogene, Elektronegativität 596
Halogenid 35, 39, **99**
Halokinese 414
Hämatit 7, 65f, 103, 114, 222, 230f, 236f, 344, 352, 359f, 363ff, 388, 404, 457, 460, 464, 480, 575
 –, Anteil an Erdkruste 37
 –, Ausscheidung 365
 –, CIPW-Norm 222
 –, Eh-pH-Diagramm 405
 –, Habitus 108
 –, hydrothermaler 352, 359, 365
 –, in alpinen Klüften 360
 –, Kluftmineral, alpines 360
 –, Kristallstruktur 107
 –, Neubildung, Klimaabhängigkeit 375
 –, Sandstein 388
 –, Stabilitätsfeld 404f, 479
 –, Tracht 108
Hämatiterz, gebändertes 59, 406f
Hämatit-Erzgänge 359f
Hämatit-Magnetit-Puffer 480
Hämatitquarzit (BIF) 406
Hämatit-Sphäroide, Mars 575
Hämatit-Sphärolith 575
Haplogranit-System 313
Haplogranodiorit, -System, Phasenbeziehungen 313f
Harker-Diagramm 274, 277
Harmattan (Wind in NW-Afrika) 395
Harnisch-Fläche 449
Harnleiter 48
Harnsäure 48
Harpolith 259
Hartblei 91
Härte 3, 16, 41
 –, Anisotropie 16
Härtekurve 16
Härteskala 16
 –, Mohs'sche 16
Hartgips 134
Hartsalz 412
 –, anhydritisches 412
 –, kieseritisches 412f
Hartschiefer 428
Hartwerkstoff 110
Harzburgit **227**, 305, 307, 519, 526ff, 531
Hastingsit 168
Häufigkeitskurve, Korngrößen 386
Hauptbindungsart 12
Hauptbrechungsindex 23
Hauptdoppelbrechung 22
Haupteinsatz
 –, erster, primärer (P) 516
 –, zweiter, sekundärer (S) 516
Hauptelemente 220
Hauptgemengteile 56
Hauptreihe, Hauptsequenz der Sterne 630f
Hauptzone
 –, Charakter der 26
 –, negative 26
 –, positive 26
Hausmannit 359
Hauyn 190, **199**
 –, zur Gesteinsklassifikation 217

Hawaiit 237
H-Chondrit (siehe auch Olivin-Bronzit-Chondrit und Chondrit) 555
HCl (Chlorwasserstoff, Salzsäure) 266f, 571
HCN (Cyanwasserstoff, Blausäure) 587
HCNS (Rhodanwasserstoff) 252
[HCO_3]$^-$ (Hydrogenkarbonat) 337, 400f, 613
HDO (halbschweres Wasser) 571
He/H-Verhältnis 583
Hebelregel **291**, 562
Hebung, tektonische 515
Hebungsrate 487
Hectorit 177
Hedenbergit 162, **163**, 164, 444, 540
 –, in Meteoriten 552
HED-Gruppe der Achondrite 557
Heilerde 178
 –, Montmorillonit 178
Heilquelle 51
Heilsteine 51
Heißdampf 254f
Heiz-Kühl-Tisch 210
Helio-Seismologie 624
Heliotrop 186
Helium He 568, 571, 583, **624f**, 630, 632, 637
 –, Brennen 624f
 –, Entstehung von ^{3}He und ^{4}He **624f**, 630
 –, im Solarnebel 632
Hellglimmer 150, 398, 467
 –, Neubildung 347
 –, phengitischer 436
Helligkeit 20
 –, absolute 631
Hemimorphit (Kieselzinkerz) **6**, 121, 379
Henry'sches Gesetz **603**
Hercynit **105**, 481
Herdlösung 528
Hermann-Mauguin-System 5, 7
Hertzsprung-Russell-Diagramm 631
Hessonit **149**, 163
Heterogenit 377
Heulandit 190, 201, **203**, 254, 438, 498
 –, Entwässerungsreaktion 474
Hexaedrit 73, 561f
hexagonal **7**, 9
Hexahydrit 413, 586
HF (Fluorwasserstoff, Flusssäure) 252, 266f, 571
Hf-Fluorid 148
HFS-Elemente (siehe High Field Strength Elements)
^{182}Hf/^{182}W
 –, Isotopen-System 622
 –, Alter, -Methode 633f
Hibonit 552, 554, 631ff
Hiddenit **165**
High Field Strength Elements (HFS) (engl., Elemente hoher Feldstärke) 307, 597, 607
High Resolution Imaging Science Experiment (HiRISE) 574
High-Al-Basalt 275, 320
 –, Soliduskurve 320
High-Al-Olivin-Tholeiit 309
High-Ti-Gruppe (FETI) 540

Hilfslinse, Amici-Betrand'sche 26
Hilfsplättchen 26
 –, Gips 26
 –, Quarz 26
Himbeerspat **120**
HIMU (mantle with high U/Pb ratio) 622
HIPPARCOS (Astronomie-Satellit) 631
Hirayama-Familie (Asteroiden) 580
HiRISE (High Resolution Imaging Science Experiment) 574
Histamin 45
Hiten (Raumsonde) 542
Hoba-Meteorit 73, 430, **549**, 563
Hoch-Albit 191
Hoch-Bornit 84
Hoch-Cristobalit 181, 187
Hochdruck-(Hoch P/T)-Faziesserie 496f
Hochdruckautoklav 187, 267, 281, 509
Hochdruckexperiment 456, 472, 510, 518
Hochdruck-Faziesserie 497, 505
Hochdruckforschung 52
Hochdruckgestein 485
 –, Paragenese 436
Hochdruckgranulit 502f
Hochdruckgürtel 437
Hochdruck-Hochtemperaturexperiment 467, 481, 523, 533
Hochdruckmetamorphose 122, 154, 187, 434, **436**, 441, 443, 471, 484, 496, 509, 528
Hochdruckmineral 422, 558
Hochdruckpresse 467, 523, 530
Hochdruck-Stempel 42
Hochdruck-Transformation 528
Hochenergie-Ereignis 634
hochfeuerfest 120, 148, 151, 176
hochhydrothermale Bildungen 111, 135f, 139, **347ff**, 457, 459
Hochland, lunares 538, 541
Hochland-Gestein, lunares 540
Hochofenprozess 596
 –, technischer 596
Hochofenschlacke 596
Hoch-P/T-Serie 496
Hochquarz 7, 181f, **187**
 –, Existenzfeld 181
 –, Kristalltracht 182
 –, Polymorphie 15
 –, Struktur 180
 –, Transformation 15
 –, Umwandlung in Tiefquarz 15, 187
hochsalinar 43, 132, 346, 351, 365f, 397
Hoch-Sanidin 192, 195
Hoch-Spin-Bedingung 18
Hochtemperatur-Begrenzung 421
Hochtemperatur-Fumarole 253
Hochtemperatur-Metamorphose 426
Hochtemperatur-Ofen 281
Hochtemperatur-Peridotit 309
Hochtemperatur-Supraleiter 110
Hoch-Tridymit 181, 187
Hollandit 112
 –, -Struktur 558
Holmquistit-Ferroholmquistit 167
holokristallin 56, 216
hololeukokrat **217**, 227, 642f

holomelanokrat **217**, 227, 233, 642
Holothuroidea 45
Holzopal 189
Holz-Zinn 111, 358
Homogenisierung, nebulitische 453
Homogenisierungstemperatur 210
Homogenität 3
 –, chemische 32
 –, mechanische 32
 –, statistische 58
Honigblende 87
Horizontalbänderung 186
Hornblende **168f**, 226f, 301, 420, 430, 443, 455, 486f, 495, 499f, 502, 504, 605f, 642
 –, ACF-Diagramm 491, 500
 –, basaltische 168, 230ff
 –, Datierung 486f
 –, Dehydratationsschmelzen 320, 455
 –, gemeine 168
 –, im Restit 453
 –, Plagioklas-Gneis 441, 443, 455
 –, Seltenerd-Elemente 606
Hornblendefels 443
Hornblendegabbro 227
Hornblendegranit 224
Hornblende-Hornfels-Fazies 494, 497, **504**
 –, ACF-Diagramm 500
Hornblendeperidotit 227
Hornblendeschiefer 443
Hornblendit **218**
Hornfels 444, 447, 457, 464, 492
 –, Hornblende- 444
 –, i. e. S. 444
 –, Kalksilikat- 444
 –, metapelitischer 444, 494
 –, ultramafischer 444
Hornfelsfazies **504**
Hornfels-Klasse 504
 –, ACF-Diagramm 492
Hornstein 186, 404, 406
 –, eisenschüssiger 363f
Horsetail-Struktur 356
hot lahar (siehe auch Schlammstom, heißer) 249
Hot Spot 241f, 306, 326, **531**, **533**, 585, 602
 –, Ursache 531, 533
 –, Vulkanismus **242**, 533
Howardit (Achondrit) 551, **557**, 559
Howieit 420
HREE (schwere Seltenerd-Elemente) 598, 605ff
HS⁻ 404
HS⁻-Aktivität 405f
HS⁻-Ion 404f
Hubble-Weltraum-Teleskop 582ff, 589, 591f
Hübnerit **136**
Hügelstrukturen, karbonatische 401
Hülle, Pyrit-, Pyrit-arme in Porphyry-Copper-Vererzung 349
Huminsäure 373
Humussäure 391
Hut, Eiserner 114, 379
Hüttenindustrie 119
Huttenlocher-Verwachsung 198
Hüttenspat 102

hyalin 56
Hyalit (Opal-AN) **188f**
Hyalo-Andesit 229
Hyaloklastit (Glasbruch) **244**, 508
Hyalomylonit 428
Hyalo-Nephelinbasanit 236f
Hyalophan **190**
Hyazinth 148
Hybrid-Bindung 144
Hybrid-Material 178
Hybrid-Orbitale 13
Hydrargillit (siehe auch Gibbsit) 103, **113f**, 375
Hydratisierungsreaktion 419, 471
hydraulic fracturing (engl., siehe auch Zerbrechen, hydraulisches) 349, 423
Hydrocancrinit 200
Hydrogenkarbonat HCO_3^- 337, 401
Hydroglimmer 374
Hydroglimmer-Gruppe 172, **174**
Hydromuscovit (siehe auch Illit) 174
Hydrophan 189
hydrophob 171
Hydrosilikat 632
Hydrosphäre 611
Hydrothermal-Aktivität 360ff
 –, rezente 363
 –, schichtgebundene 365
 –, vulkanische 346
Hydrothermal-Autoklav 467, 523, 530
Hydrothermal-Experiment 267, 281, 453f, 472
Hydrothermal-Kaolin 376
Hydrothermal-Lagerstätten **343ff**, 346
 –, vulkanische 346
Hydrothermal-Synthese 42, 108f
 –, Quarz 187
Hydrothermal-System, aktives 614f
 –, S-Isotope 614f
Hydrotherme 64, 362
 –, tieftemperierte 359
Hydroxide 35, **103ff**, 113
Hydroxy-Feruvit **160**
Hydroxylapatit 46, 48, **139**
Hydroxylgruppe 113, 270
hypersalin 337, 357
Hypersolvus-Granit 293, 314
Hypersolvus-Syenit 293
Hypersthen 145, **161ff**, 222, 492, 557, 559
 –, ACF-Diagramm 492
 –, CIPW-Norm 222
Hypersthen-Chondrit (siehe auch Chondrit) 162
hypidiomorph 56
hypokristallin 56

I

IAB (engl. Island Arc Basalt, Inselbogen-Basalt)
 –, kalkalkaliner 607f
 –, K-reicher 607f
IAT (Island Arc Tholeiite, Inselbogen-Tholeiit) 306, 608f
Ichthiophalm 179

ICP, ICP-MS (induktiv gekoppelte Plasma-(Massen-)spektrometrie) 211, 621
Iddingsit 236ff
idiomorph 36, 56, 446
IDPs (engl. Interplanetary Dust Particles, interplanetarische Staubteilchen) 548, 632f
Igmerald 157
igneous layering (engl., siehe auch Schichtung, magmatische) 260
igneous rocks (engl., siehe auch Gesteine, magmatische) 215
Ignimbrit 177, 215, **249**, 252, 376
Ijolith 235, 237, 457, 643
Illit 172, **174**, 374f, 385
 –, Halbwertsbreite 398
 –, Neubildung 374
Illit-Kristallinität 174, 398, 421
Ilmenit 6, 64, 103, **109**, 163, 222, 323f, 327f, 393, 479f, 483, 490, 494, 530, 539, 541, 544, 557, 605
 –, Anteil an Erdkruste 37
 –, CIPW-Norm 222
 –, Erzlagerstätten 323
 –, Kristallstruktur 107
 –, lunarer 539, 544
 –, Néel-Punkt 19
 –, Seife 65, 391
 –, zur Gesteinsklassifikation 217
Ilmenit-Lamellen 106
Ilmenitsand 109
IMA (International Mineralogical Association) 162
Immersions-Methode 21
Immersions-Objektiv 28
Immersionsöl 28
Immobilisierung von radioaktivem Cäsium 112
Impakt 245, **429ff**, 539, 541, 545, 549f, 563, 572, 574ff, 578, 580, 586ff, 634ff
 –, Einwirkung 538
 –, Ereignis 541, 550, 554, 557ff
 –, Mond 541
 –, Experiment 542
 –, Mond 542
Impakt-Becken 574, 576
Impakt-Breccie 431, 541, 557, 559f
 –, lunare 541
 –, polymikte 541
Impakt-Krater, Meteoriten-Krater 429ff, 541, 544f, **549f**, 558, 563, 574ff, 580, 584, 586, 629, 635
Impakt-Metamorphose (siehe auch Schockwellen-Metamorphose) **429ff**
Impaktschmelz-Breccie 541
Impaktschmelz 541, 570, 572, 574
 –, Mars 574
Impakt-Strukturen, Meteoriten-Krater
 –, Erde 549f
 –, Acraman (Australien) 549
 –, Chicxulub (Halbinsel Yucatán, Mexico) 549
 –, Keurusselkä (Finnland), Alter 549
 –, Manicouagan (Quebec, Kanada) 549
 –, Nördlinger Ries (Deutschland) 427ff, 549, 564

Sachindex 671

-, Popigai (Sibirien) 549
-, Sudbury (Kanada) 549
-, Vredefort (Südafrika) 549
-, Erdmond 541
   -, Südpol-Aitken-Becken 538, 541, 549
-, Jupiter-Mond Europa, Pwyll 586
-, Jupiter-Mond Ganymed 586
-, Jupiter-Mond Kallisto
   -, Asgard 587
   -, Valhalla 549, 587
-, Mars 574f, 577
   -, Tooting-Krater 571
-, Marsmond Phobos, Stickney 578
-, Merkur 569
-, Saturn-Mond Mimas, Herschel 588
-, Venus 571f
Impaktor 560, 564
Implantat 43, 148
-, Zirkon 148
Imprägnation 344
-, hochhydrothermale 349
-, hydrothermale 64f, 343, **347**, 353
-, schichtige 394
-, subvulkanische 350
Imprägnationslagerstätte, hydrothermale **347**
Indexminerale, metamorphe 418, 433, 495
Indigolith **160**
Indikatrix
-, komplexe 27
-, optische 22f, 25
Indium In, Erz 64
Indizes
-, Bravais- 8
-, Miller'sche 7f
Indizierung, kristallographische 8
Indochinite 563
induktiv gekoppelte Plasmaspektroskopie (ICP) 222
Industrie 39
-, Bau-, Baustoff- 119, 124, 131, 134, 178, 187, 414
-, chemische 39, 119, 130f, 140, 410, 414
-, elektronische, Elektronik- 108f, 340
-, Email- 102
-, Erdöl- 178
-, Farben- 171
-, feinkeramische 102
-, feinmechanische 187
-, Feuerfest- 53, 124, 187, 353
-, Glas- 53, 101f, 122, 148, 171, 196
-, Hütten- 119
-, Keramik-, keramische 53, 102, 122, 148, 177, 187, 196, 199, 339, 376, 414
-, Lebensmittel- 414
-, metallurgische 39
-, optische 108f, 187
-, Papier- 171, 177, 376
-, pharmazeutische 177
-, Porzellan- 339, 414
-, Schleifmittel- 187
-, Stahl- 124, 171
-, Uhren- 187
-, Zellstoff- 81, 119
-, Zement- 53, 134, 414

Industrie-Diamant 42
Industrie-Mineral 339
-, Prospektion 52
Infiltrationskanal im Achat 185f
Infiltrations-Metasomatose 456f
Infrarot (IR) 95, 148, 253, 270, 570f, 584, 589, 630
Infrarot-Absorption 584
Infrarot-Bereich 630
Infrarot-Durchlässigkeit 148, 571
Infrarot-Reflektivität 584
Infrarot-Spektrum, Merkur 570
Infrarot-Strahlung 630
Inkohlung 421
inkompatibel (siehe auch Spurenelemente) 527, 598, **603**, 605ff
Innenreflexe 29
Inosilikate (siehe auch Kettensilikate und Doppelkettensilikate) 145, **160**
Insekten
-, Biomineralisation 44
-, Calcit-Einkristall 45
Insektizid 171, 177
Insel, ozeanische 245, 525, 528
-, Alkalibasalt 235, 306, 607
-, Erdkruste 520
Inselbogen 306, 527f
-, ensialischer 528
-, ensimatischer 528
-, intraozeanischer, ensimatischer 528
-, Kalkalkali-Basalt 609f
-, magmatischer 211, 528
Inselbogen-Basalt 612f
Inselbogen-Tholeiit 306, 609
-, MORB-normiertes Spurenelement-Muster 608
Inselsilikate 35, 143f, **145ff**
Instabilität, gravitative, Mond 544
Insubrische Linie 522
Interferenz
-, Kristalloptik 20, 23ff
-, Röntgenbeugung, Ordnung 11
Interferenzbild 26
-, konoskopisches 26f
Interferenz-Effekt 41
Interferenzfarbe 23, 25f, 28
-, anomale 25
-, Ordnung 25
-, übernormale 25
-, unternormale 25
Interferenzfleck 11
Interferenzmuster 25
Intergranularfilm 456
Interkumulusmineral 538
Interkumulusschmelze 277
International Mineralogical Association (IMA) 162
International Union of Geological Sciences (IUGS) 217
Internrelikt 446
interplanetarische Staubteilchen (Interplanetary Dust Particles, IDPs) 548, 632f
intersertal **216**, 539
Intersertalgefüge 231
Intraklasten 399

Intramikrit 399
Intraplatten-Basalt (engl. within plate basalt, WPB) 306, 607ff
-, kontinentaler 306, 607ff
-, ozeanischer 306
Intraplattenbereich, ozeanischer 528
Intraplatten-Granit (engl. within-plate granites, WPG) 609f
Intraplattenvulkan 273
Intraplattenvulkanismus 273, 306, 531
Intrasparit 399
Intrusion 215
-, Layered (schichtige) 59, 260f, **262f**, 269, 276, 278, 296, 300, 313, 324, 327ff
-, mafische **262**, 276, 324, 503f
-, magmatische 486, 504
-, plutonische 258f
-, Subduktions-bezogene 349
-, subvulkanische **258f**, 349
Intrusionsalter 328, 486, 616, 621f
Intrusionstemperatur 427
Intrusivkörper
-, Maximaltemperatur des Nebengesteins 427
-, plutonischer, Formen 259
-, subvulkanischer, Formen 259
Intrusivmasse, schichtige 227
Inuit 171
invarianter Punkt **282**, 287, 291, 465, 468
Inversion 5
Inversionszentrum 5
Invers-Spinell 105
Invertebrat 32, 401
-, Exoskelett 45
inverted pigeonite (engl., siehe auch Pigeonit-Augit-Entmischung) 298, 538
-, Augit-Entmischung 164
IOCG deposit (engl. Iron-Oxide-Copper-Gold deposit, IOCG-Lagerstätte) 365, 458
Ionenaustauscher 178f, 201
Ionenaustausch-Vermögen 112, 176f, 376
Ionenaustausch-Vorgang 140
Ionenbindung (heteropolare Bindung) **12f**, 16, 83, 103, 596
Ionenkomplex 385
Ionenkoordination **639**
Ionenkristall 13
Ionenladung 597f
Ionenleiter 148
-, Zirkon 148
Ionenleitung 17
Ionenpotential 597f
Ionenradius 13, 595, 597f, 600, 602, **639**
-, Übersicht 639
-, von Bor 125
-, von Kationen in Karbonaten 117
-, von Silicium 144
Ionensonde 603, 621
-, SHRIMP 486, 603, 615
ionisierende Bestrahlung 184
IR (siehe Infrarot)
Iridium Ir **74**
-, Anomalie 550
-, Erz 64

Iridosmium 74
Irisieren 41
ironstone, Phanerozoic (engl., siehe auch Eisenstein, phanerozoischer) 406f
Island Arc Tholeiites (engl., Inselbogen-Tholeiit, IAT) 306, 608f
Isländer Doppelspat 23f, 119
Isochore 210, 484
Isochromate 26
Isochrone **617ff**
Isograde 433, 491
Isogyre 26
Isolationskeramik 171
Isolationsmittel, -material 176, 409
Isolator 17, 110, 151
 –, Bändermodell 17
 –, Valenzband 17
 –, Zone, verbotene 17
Isoliermasse 120
Isolierstoff 165
Isoplethe 482f
Isostasie 528
Isotherme
 –, Dreistoffsystem 287, 294, 303, 314
 –, Plattenrand
  –, divergenter 497
  –, konvergenter 496
Isotop, Isotopen-
 –, Analytik, Analyse 148, 486, **610ff**, 615f, 621
  –, ortsauflösende 486, 611, 615, 621
 –, Anfangsverhältnis 617
 –, Austausch, Schließungstemperatur 616
 –, Definition 610
 –, Fraktionierung 611ff
  –, Temperaturabhängigkeit 611
 –, Geochemie 52, 312, 419, 539, 578, **610ff**, 621
 –, Geologie 611, 622
 –, Geothermometer 611
 –, kurzlebiges 585
 –, radiogenes 553, 585, 587, 595, 611, **615ff**, 624
 –, Reservoir 611, 619, 621
 –, stabiles 211, 595, **611ff**
  –, Verteilungsgleichgewichte 595
 –, System, radiogenes 553, 595, **615ff**, 621ff
  –, $^{182}Hf/^{182}W$ 622
  –, $^{26}Al/^{26}Mg$ 622
  –, $^{53}Mn/^{53}Cr$ 622
 –, Trennung 610
 –, Verhältnis 611, 617
 –, Bezugsstandard 611
 –, Zusammensetzung 632
isotrop 4
 –, optisch 20
Isotropie 3
Isotypie 14
Itabirit 106, 109, 406
I-Typ-Granit (igneous source rocks) 312
I-Typ-Plutonit 528
IUGS (International Union of Geological Sciences) 217
IUGS-Klassifikation **218ff**
IVCT (Metall-Metall-Ladungsübergänge) 40

Ivrea-Körper (sog. Vogelkopf), seismisches Profil 522

J

Jacupirangit 643
Jade 164
Jadeit 161f, **164**, 167ff, 286, 290, 302, 316f, 420, 436, 441, 443, 471, 483, 490, 496f, 506ff, 523, 526
Jadeitgneis 164, 441, 508
Jadeitit 164
Japaner-Gesetz, -Zwilling 182f
Jarosit, Mars 575
Jaspilit (BIF) 109, 186, 406
Jaspis **186**, 188, 406f
Jaspis-Gruppe 185f
 –, Varietäten 186
Javait 563
Jetstream 249
Johannesbrotbaum 78
Joides Resolution (Forschungsschiff) 519
Jotunit 442
Jura-Zeit 46

K

Kaersutit **167**
Kaersutit-Ferrokaersutit 167
Kainit 412ff
 –, Bildung 414
Kainit-Hut 414
Kakirit (siehe auch Reibungsbreccie) 428
Kalialaun 4, 254
 –, Wachstumsgeschwindigkeit 4
Kalidünger 101f, 199, 414
Kalifeldspat 34, 36, 56, **179**, 190ff, **195**ff, 222, 226f, 230f, 291, 419f, 460, 470ff, 475, 484, 490, 501f, 504, 539, 605, 617, 620
 –, $A'KF$-, AFM-Diagramm 493f, 500, 641
  –, Projektionspunkt 493f, 641
 –, $AKFM$-Tetraeder 493
 –, Al,Si-Ordnungsvorgänge 191
 –, Anteil an Erdkruste 36
 –, Bildung 291ff
 –, CIPW-Norm 222
 –, Entmischung, lamellare 192
 –, Entropie 473
 –, Hochtemperaturform 191, 195
 –, im Leukosom 453f
 –, in Achondriten 558
 –, in Carbonados 79
 –, in KREEP-Basalt (Erdmond) 538
 –, in Meteoriten 552
 –, im Rapakivi-Granit 224f, 276
 –, lunarer 539
 –, Molvolumen 473
 –, Schmelzen, inkongruentes 290f
 –, Strukturzustand 191
 –, System
  –, Albit–Kalifeldspat 292f
  –, Quarz–Albit–Kalifeldspat–H_2O 314ff
  –, Quarz–Albit–Anorthit–Kalifeldspat–H_2O 319f
 –, Tieftemperaturform 191, 195ff

Kalifeldspat-Zone (porpyry copper ores) 349
Kalifeldspatblastese 458
Kaliophilit 7, 222
Kalisalpeter (siehe auch Niter) 125, 410
Kalisalz 62f, 102, **414**
 –, als Rohstoff 63
 –, Lagerstätte 66
Kalium K 600f, 617, 622ff, 634, 639
 –, Clarke 600f
 –, Entstehung von ^{39}K 625
 –, Ionenradius 600, 639
 –, Isotope 622f
Kalium-Argon-Datierung **622ff**
Kalkabscheidung 44
Kalkalge 401ff
 –, eukaryotische, Biomineralbildner 44
Kalkalkali-Basalt 306, 608ff
 –, in Inselbögen, Spurenelement-Muster 608
Kalkalkali-Lamprophyr 220
Kalkalkali-Magmatit 223
Kalkalkali-Magma 496
Kalkalkali-Metall 597
Kalkalkali-Serie **223**, 274, 528
kalkalkaliner Inselbogen-Basalt, MORB-normiertes Spuremelement-Muster 608
Kalkarenit 399
Kalkbauxit 377
Kalk 394, 396, **400**, 431
 –, ACF-, $A'KF$-Diagramm 491
 –, allochthoner 400
 –, autochthoner 400
 –, mergeliger 397
Kalkglimmerschiefer 441, 490
Kalkkruste 44
Kalklutit 399
Kalkmergel 397f, 444, 504
Kalkmörtel 119
Kalkooid 389
Kalkphyllit 441, 507
Kalkrudit 399
Kalkschlamm 403
Kalkschwämme 45, 401
Kalksilikat-Fels 351, **443**, 490, 500
Kalksilikat-Gestein **443**, 455, 490, 500, 521
 –, Phasenbeziehungen 490
Kalksilikat-Gneis **443**, 500
Kalksilikat-System $CaO–MgO–SiO_2–CO_2–H_2O$ 478f
Kalksinter 119, 254, 345, 400, 403
Kalkspat (siehe auch Calcit) 118f
Kalkstein 62f, 351, 353, 366, 375, 377, 379, 389, 397f, **399ff**
 –, als Naturwerkstein 403
 –, als Rohstoff 63
 –, altpaläozoischer 353
 –, biospariticher 401
 –, C- und O-Isotopie 612
 –, der Unterkreide 132, 351
 –, des Ordoviziums 555
 –, Diagenese 403
 –, dolomitischer 399, 404
 –, Gefügeklassifikation 399f
 –, hochreiner, reiner 397, 499, 501

–, kambrischer 45
–, kieseliger 499
–, Klassifikation 399f
–, lithographischer 119
–, mariner 403
–, metamorpher 108f, 135, 420, 491
–, Metamorphose 63
–, oolithischer 389
–, unreiner 477
–, Verdrängung 65
–, Verwitterung 400
Kalkstein–Mergel–Ton-Reihe 397
Kalktuff 400, 403
Kalkturbidit 385, 403
Kalotten-Modell der Atombindung 13
Kalsilit 198, **293ff**
Kältewüste 395
Kamacit 69, **73**, 561
 –, Hexaeder 561ff
 –, in Meteoriten 552
Kamacitbalken 562
Kamacit-Taenit-Gemenge 561
Kamacit-Taenit-Verhältnis 561
kambrische Explosion 46
Kambrium, kambrisch 45f, 613
Kamee 187
Kammkies (siehe auch Markasit) 92
Kanadabalsam 21
Kant-Laplace'sche Theorie 630
Kanzerogenitäts-Index 50
Kaolin 177, **376**, 460
 –, autochthoner 376
 –, Hydrothermal- 376
 –, Lagerstätte 66, 376
 –, Residual- 376
 –, sedimentärer 376
Kaolinisierung 459f
Kaolinit 79, 114, 169, 172, **176f**, 355, 374ff, 389f, 398, 418, 460, 471f, 498
 –, Ausfällung 375
 –, in Carbonado 79
 –, Neubildung 373
   –, Klimaabhängigkeit 375
 –, Schichtstruktur 169f
 –, Zerfall 472
Kapillar-Riss 185f
Kappenquarz 185
Kaprubin 149
Karat, metrisches 78
Karbon 44, 46
Karbonate 35, 39, **117ff**, 208, 337, 410, 412, 452, 556, 596
 –, Anteil an Erdkruste 37
 –, Bildung, marine 401
 –, Flüssigkeits-Einschlüsse 208
 –, kieselige 500, 504
 –, Löslichkeit 373
 –, marine **401f**, 612f
 –, Struktur 117
 –, wasserfreie 117
 –, wasserhaltige 117
Karbonatabscheidung 399
Karbonatapatit **139**
Karbonat-Fluor-Apatit 410
Karbonat-Gang 331

Karbonatgesteine 385, 398, **399f**
 –, Ablagerungsmechanismus 399f
 –, des Lias 254
 –, Dolomit-Gehalt 399
 –, Einteilung **399**
 –, Gefügeklassifikation 399
 –, Korngrößenklassifikation 399
 –, metamorphe 432
 –, unreine, SiO_2-, Al_2O_3-haltiges 476ff
 –, Verdrängungslagerstätte 351
Karbonat-Hügel (engl. carbonate mound) 45
Karbonat-Hydroxyl-Apatit 410
Karbonatisierung 459
Karbonatisierungsreaktion 419
Karbonatit 61, 102, 119, 138f, 221, **237**, 331f, 457f, 572, 613
 –, Bildung 331
 –, Gang 332
 –, SEE 138
Karbonatit-Alkalimagmatit-Komplex 331
Karbonatit-Asche 279
Karbonatit-Magma 332
Karbonatit-Schmelze 79
Karbonat-Kohlenstoff 612f
 –, C-Isotopie 612f
Karbonat-Kompensationstiefe (engl. carbonate compensation depth, CCD) **400f**
Karbonat-Lösung 45
Karbonat-Magma, -Schmelze 61, 64, 189, 253
Karbonatphyllit 441
Karbonatplattform 403
Karbonat-Riff 403, 596
Karbonatsand 403f
Karbonatschlamm, pelagischer 403f
Karbonatsediment, -sedimentgestein 186, 366, **399ff**
 –, Bildungsbereich 403
 –, biochemisches **399**
 –, chemisches **399**
 –, Faziesausbildung 403
 –, Hornstein 186
 –, marines 401
 –, MVT-Lagerstätte 366
 –, terrestrisches, Bildung 403
Karbonat-Struktur **117ff**, 639
K-Ar-Datierung **622ff**
Karies 48
Karlsbader
 –, Gesetz, Zwilling 194
 –, Sprudelstein 254
Karpholith
 –, Fe-Mg- 506f
 –, Mg- 507
Karstbauxit 377
Kassiterit (Zinnstein) 6, 66, 103, **111**, 135, 347f, 351f, 358, 393, 457
 –, Ausscheidung 344, 347
 –, Dominion Reef 393
 –, Habitus 111
Kassiterit-Gang 347, 357
Kassiterit-Imprägnation 348
Kassiterit-Vererzung 459

Kataklase
 –, kataklastische Metamorphose 428
 –, Schockwellen-Metamorphose 430, 541
 –, lunare 541
Kataklasit **428**, 432
Kataklast 428
Katalysator 72, 74, 76, 79, 85, 93, 138, 229, 624, 632
Katazone 495
Kathodolumineszenz 622
Kationenaustausch
 –, Gleichgewicht 483
 –, Schließungstemperatur 484
Kationenaustauscher 178
Kationenbildner, Elektronegativität 596
Katzenauge, gewöhnliches 185
Katzenaugen-Effekt 40
Kautschuk 171
Kegelgang 252
Keiko-Erzzone 364
Keimbildung 133f
 –, Häufigkeit 133
Kelyphit 446f
Keramik 110f, 114, 148, 151, 339
 –, Archäometrie 53
 –, Silikat- 158
 –, ZrO_2-basierte 148
Keramikindustrie, keramische Industrie 102, 122, 148, 177, 187, 196, 199, 339, 376, 414
Keramikspat 102
Keratophyr 365, 460
 –, Zusammensetzung 460
Kern
 –, Asteroid, differenzierter 557, 559ff, 581, 634
 –, Erd- 517f, **533ff**, 561, 598f, 613, 635ff
 –, äußerer 517f, **533ff**
 –, innerer 517f, **533ff**
 –, erdähnlicher Planeten 561, 567, 570, 573, 578, 635
 –, erzarmer (porphyry copper ore) 349
 –, Gesteinsmaterial 637
 –, Jupiter-Monde 585ff
 –, Mars 578
 –, Marsmonde 579
 –, Merkur 570
 –, metallischer, Nickeleisen- 534ff, 567, 570, 573, 578, 581, 585f, 596f, 634ff
 –, Mond (Erdmond) 543f, 636
 –, Planetesimale 634
 –, Riesenplaneten 583f, 634, 637
 –, Venus 573
 –, von Sternen 624f, 630
Kernbildung 635f
Kernbrennstoff 63f
Kernexplosion, unterirdische 516
 –, Schockwellen-Metamorphose 431
Kernfusion 625
Kernit **126f**, 410f
 –, Struktur 126
Kern-Kern-Kollision 625
Kernkollaps, von Sternen 625
Kernkraftwerk 130
 –, natürliches 359

Kern-Mantel-Differentiation 599
Kern-Mantel-Grenze 517f, **533f**, 560, 562, 598
–, Tiefenlage 533
Kernreaktion, in Sternen 624
Kernreaktor 130, 359
–, natürlicher 112, 359
–, Neutronenadsorber 126
Kernschatten, Aufhellung 517, 533
Kerntemperatur von Sternen 624
Kersantit **220**
Kesseleinbruch 261, 313
Ketten-Kohlenwasserstoff 632f
Kettenreaktion, nukleare 112
Kettensilikate 35, 50, 143ff, **160ff**, 300, 447, 506
Keuper 389, 404
–, Grüner Mainsandstein 389
Kies 83, 388
–, als Rohstoff 63
Kiesabbrand 92
Kiese 83
Kieselalgen (Diatomeen) 44
Kieselgel 188
Kieselglas, (Lechatelierit)
–, künstliches (Quarzglas) 182, 187
–, natürliches (Lechatelierit) 33, 76, **188**, 431
–, in Tektiten 563
Kieselgur (siehe auch Diatomeenerde) 189, 409
Kieselholz 45, 185f, 189
Kieselkupfer (siehe auch Chrysokoll) 172, **177**
Kieselsäure 186, 188f, 361f, 375
–, amorphe 45
–, Solzustand 375
Kieselsäure-Lösung 185f
Kieselschiefer (siehe auch Lydit) 390, 409
Kieselschwamm 409
–, Opal 45
Kieselsinter 189, 254, 345
Kieselzinkerz (siehe auch Hemimorphit) 121
Kieserit 412ff, 575
–, Mars 575
–, Paragenese 414
Kieslager 92, 364
–, hochmetamorphes 366
Kiesstock 88
Kimberlit 76ff, 110, 173, 237, **239**, 251, 275, 309, 508, 510, 524ff
–, Diamant 76, 239, 525
–, Xenolithe
–, Eklogit- 510, 524
–, Granat-Lherzolith, -Pyroxenit 524
Kimberlit-Breccie 251, 524
–, frische (blue ground) 251, 524
–, verwitterte (yellow ground) 251, 524
Kimberlit-Diatrem 239, **251**, 524
Kimberlit-Magma 239, 309, 525
Kimberlit-Pipe 251
Kircher, Athanasius 513
Kirschsteinit 557
Kissenlava (siehe auch Pillowlava) 60, 231, **243f**, 361

Klassifikation, Einteilung, Nomenklatur
–, magmatische Gesteine 216ff
–, metamorphe Gesteine 438 ff
–, Sedimente, Sedimentgesteine 388ff
Klassifikationsdreieck, Magmatite 218ff, 224
Kleinbergbau 340
Kleinkörper, planetarische 567, 580f, 591
Kleinplanet 567, 596
Kleinskulptur 171
Kleinwinkelkorngrenze 451
Klima
–, feuchtes 373
–, feucht-tropisches 377
–, trockenes 373
Klimabedingungen 43
Klimarelevanz 249
Klimawandel 43
Klimazone **374f**
–, aride 374
–, arktische 375
–, feucht-gemäßigte 375
–, feucht-kühle 375
–, feucht-tropische 375
–, Verwitterungstypen **375**
Klingstein 235
Klinoamphibole 6, **166**
Klinochlor 172, **174f**
Klinoenstatit 161, **163**, 171, 633
Klinoenstatit–Klinoferrosilit-Reihe 161, **163**
Klinoholmquistit-Klino-Ferroholmquistit **167**
Klinohypersthen 161
Klinopyroxene 6, 56, 161, **163ff**, 223, 228f, 443f, 446f, 483, 502ff, 526, 540, 553, 555, 558f, 578, 605
–, Al-reiche, in Pyrolit 526
–, Chemismus 161
–, Cr-reiche, in Framesit 79
–, diopsidische 523, 530
–, Fraktionierung 605
–, in Achondriten 558f
–, in Chondriten 555
–, in Meteoriten 552
–, Nomenklatur 161
–, Seltenerd-Elemente 606
Klinopyroxenit 219
Klinotobermorit 6
Klinozoisit **154f**, 419, 498, 508
Klüfte, alpine **360**
Kluftmineral, alpines 360
Kluftsystem 65
Klüftung **57**, 60, 371
K-Metasomatose 458
KMF (künstliche Mineralfasern) 50
KMnFMASH-System 482
(K,Na)-Sanidin 189, **195**
Knickung 451
Knochen 32, 46
–, Bio-Apatit 46
Knochenbälkchen 46
Knochenerkrankungen 48
Knochensubstanz
–, kompakte (*Substantia corticalis*) 46
–, schwammartige (*Substantia spongiosa*) 46
Knochenzelle 48

Knotenschiefer 424f, **444**
Kobalt Co 93, 377f, 601, 605, 625
–, Clarke 601
–, Entstehung von ^{59}Co 625
–, Erz 64
–, Erzgang 358f
–, Fraktionierung 605
–, Laterit 378
–, Verwendung 93
Kobalt-(Mangan-)Hut 377
Kobaltarsenid 358
Kobaltblau 358
Kobaltblüte (siehe auch Erythrin) **94**
Kobaltglanz (siehe auch Cobaltin) 91, **93**
Kobaltminerale 358
Kobaltrücken 358
Kochstein 201
Kohäsion 3, 16
Kohle 613
Kohlendioxid
–, Reaktionen im Meerwasser 401
–, vulkanisches 252
Kohleneisenstein 407
Kohlengestein 384
Kohlensäure H_2CO_3 117, 373, 393
Kohlenstoff C 75, 78f, 556f, 578, 589, 591f, 595f, 601, 612f, 625, 639
–, Clarke 601
–, Entstehung von ^{12}C 624
–, Fraktionierung 613
–, Häufigkeit, solare 625
–, Hochdruck-Modifikation, kubische 78
–, Ionenradius 639
–, Isotop 556, 611, **613**
–, Fraktionierung 613
–, stabiles 612
–, Mars-Kern 578
–, organischer 79, 612f
–, *P-T*-Diagramm 80
–, sedimentärer 612
Kohlenstoff-Atom 12ff, 75ff, 87, 550
Kohlenstoff-Brennen 625
Kohlenstoff-Nanofasern 75
Kohlenwasserstoff 397, 587, 592, 632
–, Ketten- 630, 632f
–, Ring- 633
kohliger Chondrit 555
Kokardenerz 356
Kollagen 46, 139
–, Bio-Apatit 46
–, Faser 46
–, Mikrofibrille 46
–, Molekül 46
Kollaps
–, Gas- 637
–, gravitativer 572, 576, 630, 637
–, hydrodynamischer 637
–, Kern- 625
Kollision
–, Asteroiden 555, 579ff
–, Jupiter-Mond Io 585
–, Kontinent-Kontinent- 503, 528
–, Planetesimale, Protoplaneten 635
–, Quaoar-Mond Weymot 591
–, Uranus-Mond Miranda 589

Kollisionsgranit 312, 348, 609f
 –, posttektonischer (post-COLG) 609
 –, syntektonischer (syn-COLG) 312, 609f
Kollisionsorogen 354
Kollisionszone
 –, kontinentale 456
 –, Magmaförderung 273
kolloformes Gefüge 344
Kolloid 62, 182, 344, 374, 383f, 405
 –, eisenhaltiges 405
 –, suspendiertes 385
kolloidal 101, 138, 174, 176, 344f, 374, 405, 410
Komatiit **233**, 309, 331, 572, 584
Komatiit-Magma 309
Komet 541f, 548f, 550f, 567, **568**, 579, 581, 587, 591
 –, Impakt-Krater auf dem Mond 541
 –, Temple Tuttle 548
 –, Tschurjunov-Gerasimenko 579
 –, Wild 2 632
Kometenschweif 568, 632
Kompaktion 387, 398
kompatibel, siehe Spurenelemente 598, 603, 605
Komplex, metamorpher, P-T-Entwicklung 484
Komponente **282**, **465f**
 –, Anzahl 282
 –, chemische 33
 –, Definition 282
 –, im Sinne der Phasenregel **282**
 –, leichtflüchtige, volatile 252ff, 266, 269ff, 323, **335ff**, 337, 468, 471ff, 556, 585f, 629, 634
 –, vollständig mobile 490
Kompression 516
Kompressionsmodul K 431, **516**, 533
Kompressionsphase 431
Kompressionstektonik 573
Kondensat, metallisches 570
Kondensation von Solarmaterie 631f
Kondensator 339f
Kondensorlinse 26
Konglomerat 57, 62, 384, **387f**, 393
 –, Dominion Reef 393
 –, polymiktes 388
 –, Verrucano 254
Konglomerat-Gneis 445
Königsgelb 95
Konkordia 620ff
Konkretion
 –, diagenetische 186, **387f**, 404
 –, Hornstein 186
Konode(n) 285, 287f, 296, 324, 476f, 491f, 494, 501ff
 –, kreuzende 491
konoskopisch 26
Konstante, physikalische 516
Kontaktaureole, Kontakthof 216, 312, **424ff**, 497
 –, Ausdehnung 427f
 –, Barr-Andlau (Vogesen) 425
 –, Bergener Granitpluton 425

 –, Intrusivkomplex von Ballachulish (Schottland) 426
 –, Maximaltemperatur 427f
 –, Steinach (Oberpfalz) 470, 640f
 –, Temperaturverteilung **427f**
Kontaktmetamorphose 422, **424ff**
 –, an magmatischen Gängen 426ff
 –, periplutonische 426ff, 457
 –, Pluton 424
 –, regionale 433, 486
 –, Temperaturentwicklung
  –, räumliche 427
  –, zeitliche 428
Kontaktmetasomatose 351, 418, 456, **457**
 –, periplutonische 457
Kontamination 279, 610
Kontinent 432, 503, 519, 522, 526f
 –, stabiler 519
kontinentaler Flutbasalt 231, **244**, 607, 609
kontinentaler Intraplatten-Basalt (engl. within plate basalt, WPB)
 –, MORB-normiertes Spurenelement-Muster 608
 –, REE 607
Kontinentales Tiefbohrprogramm der Bundesrepublik Deutschland (KTB) 515, 521
Kontinentalrand 527
 –, aktiver 528
 –, passiver 520
Kontinentalschild (siehe Kraton) 239, 520, 524
Kontinentalverschiebung, Theorie 519
Kontinentbogen, magmatischer 211, 528
Konvektion 324, 329, 535, 560, 573, 625, 635
 –, laterale 278
Konvektionsstrom (Erdmantel) 520
Konvektionszelle 275, 278f
 –, hydrothermale 363
 –, in Magma 278
konvektive Fraktionierung 278
konvektiver Aufstieg 247, 278
Konverter 120
Konzentration 283, 603
Konzentrations-Clarke 602f
 –, Abhängigkeit vom Weltmarktpreis 602
Konzentrationsdreieck 609
 –, CaO–SiO_2–CO_2 477
 –, K_2–Mg–SO_4 413
 –, Quarz–Feldspat–Gesteinsbruchstücke 389f
 –, Quarz–Feldspat–Mafit 455
 –, Ti/100–Zr–Y 609
Konzentrationssee, abflussloser 411
Konzentrationsvariable 282f
Koodinationszahl 15f, 601
Koordinatensystem zur Beschreibung der Kristallstruktur 5
Koordinationspolyeder 14
Koordinationswechsel **15**, 180, 483, 523, 530
Koordinationszahl 15, 639
Kopernikus-Stadium (Mond) 545
Korallen (*Anthozoa*) 45, 401f
Korallen-Polypen, Kalkabscheidung 45

Korallenriff 44f
 –, Aufbau 403
 –, Bildung 402
Kordillere 411
Korn, klastisches, Rundungsgrad 386
Kornbindung **57**
Korndurchmesser 384
Kornerupin 503
Korngestalt **56**
Korngrenze 456
Korngrenzenwanderung 451
Korngröße 56, 384
 –, Häufigkeitskurve 386
Korngrößenbestimmung 384, 386
Korngrößeneinteilung **57**, 384
 –, DIN 4022 384
 –, Wentworth 384
Korngrößenverteilung 57, **386**
 –, Bestimmung 386
 –, Darstellung **386**
Kornklassierung 386
Kornkontakt 464
Kornpackung 387
Kornsummenkurve 386
Kornverteilungskurve 386
Kornverwachsung 446
Kornzusammensetzung 388
Koronagefüge 447, 503
Koronis-Familie (Asteroiden) 580
Körper
 –, homogener
  –, anisotroper 4
  –, isotroper 4
 –, kosmischer 541, 544
 –, planetarischer 553, **567ff**, 578ff, 587, 590f, 629, 635ff
  –, Altersdatierung 553
Korpuskular-Theorie 20
Korrosion 255
Korrosionsschutz 87f
Korund 7, 103, **107**, 192, 222, 442, 458, 464, 473, 490, 631ff
 –, CIPW-Norm 222
 –, Edelstein 40
 –, Einkristall 107
 –, Entropie 473
 –, Flächenkombination 107
 –, gemeiner 107
 –, Härte 41
 –, Kristallstruktur 107
 –, Lichtbrechung 40
 –, Molvolumen 473
 –, technischer 377
Korund-Chloritoid-Zone 433f
Korund-Isograde 433
Kosmetika 171
Kosmochemie 52
(K,P)-Hypothese 533
Kr (siehe Krypton)
Kraft, elektromagnetische 634
Kraftwerk
 –, geothermisches 50, 255
 –, nukleares 130
 –, natürliches 359
Kraftwirkungsgesetz 517

Krankheit, Schneeberger 51
Krater
 –, Impakt-, Meteoriten- **549f**
  –, Erde
   –, Barringer (Arizona) 549
   –, Chicxulub (Yucatán, Mexiko) 549
   –, Nördlinger Ries 429ff, 549, 564
   –, Siljan-Struktur (Schweden) 549
   –, Sudbury-Struktur (Ontario) 549
   –, Vredefort-Struktur (Südafrika) 549
  –, Erdmond 541
  –, Jupiter-Monde 586f
  –, Marsmond Phobos 578
  –, Planeten, erdähnliche 569, 571f, 574, 577
  –, Saturn-Mond Mimas 588
 –, vulkanischer, Vulkan- 248f, 252, 585
Kraterboden, Mond 541
Kraton 233, 239
 –, archaischer 486, 520, 524f
 –, präkambrischer 432
Kratonisierungsalter 616
KREEP-Basalt 545
 –, Erdmond 539f
KREEP-Komponente, lunare 539
Kreide 403
 –, Anröchter Grünsandstein 389
Kreidekalk 44, 186, 404
 –, Hornstein 186
Kreide-Tertiär-Grenze
 –, Impakt-Krater 563
 –, Wende 550, 563
Kreide-Zeit 44f
Kreislauf
 –, chemischer 249
 –, sedimentärer 62
Kreuzschichtung 385
Kristall
 –, Anisotropie 3
 –, antiferromagnetischer 19
 –, Atomanordnung 52
 –, Begriff 3
 –, Definition 3
 –, Deformation 449f
 –, Domäne 19
 –, Eigenfarbe 26
 –, Eigenschaften 3
 –, Einheitsfläche 8
 –, Feinbau, geometrischer 3
 –, Feinstruktur 11
 –, ferrimagnetischer 19
 –, halbmetallischer 27
 –, Homogenität 3
 –, Keimbildung 133f
 –, Leitfähigkeit, elektrische 17
 –, metallischer 27
 –, optische Eigenschaften siehe Kristalloptik 19ff
 –, paramagnetischer 19
 –, Polarisation 23
 –, Raumgruppen 11
 –, Stufenversetzungen 451
 –, Symmetrie 4, 11
 –, Translationsgruppen 9
 –, Wärmeleitfähigkeit 16
 –, Winkelkonstanz, Gesetz der 4
Kristallbrei 250, 258, 277f
Kristallchemie 12, **13ff**, 52
Kristalldruse 34ff, 183ff, 254
Kristallfamilie 9
Kristallfeld-Theorie 40
Kristallfläche 4
 –, Ausbildung 56
 –, Wachstumsgeschwindigkeit 4
Kristallform 5, 33
Kristallgestalt 8
Kristallhabitus 4, 34
Kristallinitätsgrad 56
Kristallisation 133f, 449
 –, fraktionierte **276ff**, 281, 293, 301, 306, 323ff, 331, 539f, 563, 595, 598, 603ff, 609f
 –, Mondbasalte 540
 –, magmatische 64
 –, posttektonische 449f
 –, prätektonische 449
 –, spätmagmatische 64
 –, syntektonische 449
Kristallisationsabfolge 268
Kristallisationsalter 616, 621f
 –, Bestimmung 616
Kristallisationsdifferentiation **276ff**, 300
 –, gravitative 277, 538
 –, Magma-Ozean, lunarer 538
Kristallisationsexperiment 267f
Kristallisationsfront 338
Kristallisationswärme 427
kristallisiert 33
Kristallkeller 36
Kristallklassen **5ff**
Kristallkumulat (siehe Kumulat) **277f**
Kristallmagnesit 119
Kristallmorphologie 4
kristalloblastisch 446ff
Kristallographie (Kristallkunde) 52
Kristalloptik **19ff**
 –, Achsenbild, konoskopisches 26f
 –, Auflichtmikroskopie **27ff**
 –, Auslöschungsschiefe 25
 –, Brechungsindex 21
 –, Doppelbrechung 21ff
 –, Durchlichtmikroskopie **21ff**
 –, Eigenfarbe 26f
 –, Indikatrix, optische 22f, 27f
 –, Interferenzfarben 23ff
 –, Kristalle, opake 19, **27ff**
  –, Absorptions-Koeffizient 27f
  –, optische Indikatrix 27f
  –, Reflexionsvermögen 28
  –, Schleifhärte 29
 –, Lichtbrechung 21ff
 –, optisch anisotrop **22ff**
 –, optisch einachsig, negativ, positiv 22, 26f
 –, optisch isotrop, 20f, 27
 –, optisch zweiachsiger, negativ, positiv 22ff, 26f
Kristallphysik **16ff**, 52
Kristallpolyeder 7
Kristallrasen 36
Kristallsand 45
Kristallstruktur 3, 7f
 –, Beschreibung 5
 –, Bestimmung 8, 10, 52
 –, Bindungskräfte 83
 –, Ordnungsprinzipien 12
 –, Translation 8
Kristallsystem **5ff**
 –, Achsen 5
 –, Achsenkreuz 8
 –, hexagonales 7
 –, kubisches 7
 –, monoklines 6
 –, (ortho-)rhombisches 6
 –, tetragonales 6
 –, trigonales 6
 –, triklines 6
Kristalltracht 4, 34
Kristallwachstum
 –, Anisotropie 4, 133f
 –, im tierischen Organismus 45
 –, überhastetes 338
Kristallziehverfahren 42
Kristallzüchtung **41f**, 53, 80, 102, 187, 338
 –, Gasphase 42
 –, Lösungen 42, 102
 –, Schmelze 41
kritische Temperatur T_c **282**, 336f, 344
kritische Zone (CZ) 326, 375
kritischer Druck P_c 210, **282**
kritischer Punkt 210, **282**, 336
Krokoit **134f**, 379
Krokydolith (siehe auch Amphibolasbest, verkieselter) 50, **169**, 185, 406
 –, Biodurabilität 169
Krokydolithasbest 50, 169, 176
 –, Verkieselung 41
Krokydolithnadeln 169
Kruste
 –, Asteroiden 581f
 –, Erd- **518ff**, 619
  –, kontinentale 436, 456, 486, 496, **520f**, 525ff, 595, 598, 601f, 605, 610, 616, 618ff
  –, ozeanische 363, 436, 496, **519f**, 525, 527ff, 595, 598, 601f, 608, 620, 622
 –, erdähnlicher Planeten 570ff, 635f
 –, Jupiter-Mond Io 585
 –, Mars 574, 576, 578
 –, Merkur 570
 –, Mond (Erdmond) 538ff
 –, Rheologie 456
 –, Uranus-Monde Ariel und Umbriel 589
 –, Venus 572f
Krustenbildung 572, 578, 581, 596, 619, 636
Krustenbildungsalter 616
Krustengestein, Krustenmaterial 306, 515, 576, 610, 620f
 –, Assimilation 280, 306
 –, Recycling 620f
Krustenkalk 403
Krusten-Mantel-Grenze
 –, Erde (Moho) 519, 522
 –, Mond 542f
Krustenmaterial (siehe Krustengestein)

Krustentyp 595
Krustenverdickung 485f, 522, 576
Kryolithschmelze 102
Kryometrie 211
Kryovulkan 586
kryptokristallin 36
Kryptomelan 112, 379
Krypton Kr 571, 574, 583
Kryptoperthit 193
K-Salpeter 411
KTB (Kontinentales Tiefbohrprogramm der Bundesrepublik Deutschland) 213, 515, 520f, 623
kubisch 7, 9
Kubooktaeder 85f
Kugelmühle 187
Kugelform, -gestalt
 –, Asteroiden 580
 –, Trans-Neptun-Objekte (TNO) 567, **591**
 –, Zwergplaneten 567, 591
Kugelpackung 12
 –, dichte 70
 –, dichteste 13
  –, hexagonal 14, **70**
  –, kubisch 14, **70**, 530
Kuiseb-Formation 445
Kumulat 277f, 539, 543, 557f, 576
 –, Bildung 324
 –, Magma-Ozean, lunarer 544
 –, Olivin-Pyroxen-reiches 306
 –, Plagioklas- 544
Kumulatgefüge 263, **278**, 324, 519, 538, 557f
Kumulus-Kristalle 277
Kunstfasern 414
Kunstgegenstand, kunstgewerblicher Gegenstand 166f, 187, 200, 276, 414
Kunststoff 171
Kunzit **165**
Kupfer Cu **70**, 339, 377, 552, **602**
 –, Aggregat 70
 –, als Rohstoff 63
 –, Clarke 602
 –, Edelsteinfärbung 40
 –, Erz 64, 84, 88f, 97, 125, 177, 328, 344, 348ff, 356f, 362ff, 378ff, 394, 615
  –, hydrothermales 344
  –, porphyrisches **349ff**, 612, 615
  –, Red-Bed-Typ 394, 612, 615
 –, Erzgang, mesothermaler 356f
 –, Zonierung 379
 –, Verwitterung 378ff
 –, ged. (elementares) **69ff**, 84, 285f, 350ff
  –, Imprägnation 350
  –, Stabilitätsfeld 380
 –, Gruppe 69
 –, Lagerstätten
  –, VMS 363ff
  –, orthomagmatische 328ff
  –, Porphyry Copper Ore 349f
  –, porphyrische Kupfererz- 88, 349
  –, Red-Bed-Typ 394
  –, Schwarzschiefer
 –, Oxidation, Oxidationszone 378f
 –, sedimentäres 380
 –, Zementationszone 378ff

Kupfer-Arsen-Verdrängungslagerstätten 352
Kupferglanz (siehe auch Chalkosin) **84**
Kupfergürtel
 –, Sambischer 398
 –, zentralafrikanischer 398
Kupferindig (siehe auch Covellin) **90**
Kupferkies (siehe auch Chalkopyrit) 64, 85, **88**
 –, Lagerstätte 328, 331
Kupferlasur (siehe auch Azurit) **124**
Kupferminerale
 –, Stabilitätsbeziehungen 380
 –, Verwitterung 380
Kupferpecherz 88, 379
Kupferschiefer 65, **398**
Kupferstein 596
Kupfersulfide 71, 90, 332, 362, 379f
Kuppenriff 402
Kuroko-Erzzone 364
Küstenkordillere 411
Kyanit (Disthen) 6, 16, 145, 149, **151**, 171, 208, 319f, 390, 418f, 423, 433ff, 438ff, 446, 465ff, 469, 475f, 482ff, 496ff, 501ff, 507ff
 –, ACF-, A′KF-Diagramm 491, 500
 –, Anisotropie 16
  –, Ritzhärte 151
 –, Flüssigkeits-Einschlüsse 208
 –, Stabilitätsfeld 465
 –, Stabilitätsgrenze 471
Kyanit-Isograde 434
Kyanit-Sillimanit-Übergangszone 435
Kyanit-Staurolith-Glimmerschiefer, P-T-Pseudoschnitt 482
Kyanit-Staurolith-Zone 435
Kyanitzone 433, 501

L

Labradorisieren 37, 41, 197f
Labradorit 37, 41, **196f**, 301, 504
Lack 106, 187
Lacunae 46
Lagenbau, rhythmischer 43, 263
Lagenerz 356
Lagengefüge 59
Lagergang 216, 231, 251, **252**, 262
 –, basaltischer, Kumulatgefüge 278
 –, Kimberlit 237, 251, 525
 –, magmatischer, Kontaktmetamorphose 426, 505
 –, subvulkanischer 259
 –, vulkanischer 215
Lagerstätten, Erz- und Mineral-
 –, Bauwürdigkeit 63, 602f
 –, Bildungsbedingungen 210
 –, Blei-Zink- 66
 –, Blei-Zink-Verdrängungs- (Mississippi-Valley-Typ, MVT) 366
 –, Buntmetall- 65
 –, epigenetische 64ff, 366
 –, epithermale 344
 –, Exploration 63
 –, Fe-Oxid-Cu-Au- (IOCG-) 365, 458
 –, Genese, genetische Gliederung 64, 323

 –, Gold-Pyrit-Verdrängungs- (Carlin-Typ) 352
 –, Hämatit, vulkanogene 365
 –, hydrothermale 64, **343ff**
  –, Bildung 343
  –, Klassifikation 344
  –, schichtgebundene 343
  –, Sedimentgesteins-gebundene 365f
  –, spätmagmatische 344
  –, Stockwerkhöhe 344
  –, Systematik 354
  –, Temperaturbereich 344
 –, Karbonat-gebundene Fluorit- 366
 –, katathermale 344
 –, magmagebundene 346
 –, Magnesit- 353
 –, Magnetit, vulkanogene 365
 –, Magnetit-Apatit- 332
 –, mesothermale 344, 352f, 356f
 –, metamorphe 66
 –, metasomatische 353
 –, Mississippi-Valley-Typ (MVT) 65, 366
 –, Molybdän 348f
 –, Nickelmagnetkies-Kupferkies 331
 –, Nickelmagnetkies-Kupferkies-PGE 328
 –, nutzbare (bauwürdige) 63
 –, orthomagmatische 64, **323ff**
 –, Prospektion 63
 –, Red-Bed-Typ 394
 –, Residual- 378
 –, Schwefel-Isotope 615
 –, sedimentäre 65, 385, 390ff, 397f, 405ff, 408, 410
 –, sedimentär-exhalative (siehe auch Sedex-Lagerstätten) 346, **365f**
  –, Blei-Zink-Erz- 65, 365f
 –, Seifen- 65, **390ff**
 –, Siderit- 353
 –, Skarnerz 66, **351**
 –, spätmagmatische 64, 344
 –, subaerische 343
 –, syngenetische 64ff, 323
 –, telethermale 346, 358f
 –, Verwitterungs- **376ff**
 –, vulkanogene 346, 363ff
  –, Oxiderz 365
  –, massive, Sulfiderz (siehe auch VMS-Lagerstätte) **363ff**
 –, vulkanogen-sedimentäre, **360ff**
  –, Quecksilber 364
 –, Wolfram **348**
 –, Zinnerz **347**
Lagerstättenbildung 64, 323
 –, durch fraktionierte Kristallisation **324ff**
 –, durch liquide Entmischung **328ff**
 –, durch Verwitterung 376ff
 –, hydrothermale 64, 323, 343ff
 –, magmatische 64
 –, sedimentäre 390ff, 397f, 406ff
Lagerstättenkunde 52, **213**
 –, angewandte 52
Lagerstättensystematik, genetische 64, **324**
Lagerstein 187
Lagerungsform 60
Lagerwerkstoff 111

Lagrange-Punkt 579
Lagune 402f
Lahar (Schlammstrom) **250**
LA-ICP-MS (Laserablations-ICP-MS) 212, 348, 486, 621f
Lakkolith **259**, 520
Lambdasonde 148
Lamellen, perthitische 193
Lamination 43
Lamproit **237**, 239, 525, 527
-, Diamantführung 239
Lamproit-Magma 525
Lamprophyre 216, **220**
-, Alkali- 220
-, Kalkalkali- 220
-, Klassifikation, mineralogische 220
Landwirtschaft 90
-, Einsatz von Quecksilber 90
Langbeinit 7
Längspluton 260
Lanthan La, Erz 64
Lanthaniden 598
-, Erz 64
Lapilli 251
Lapis lazuli 200
Laramische Orogenese 357
Large Igneous Province (engl., große magmatische Provinz, LIP) 245, 538
Large Ionic Lithophile Elements (engl., siehe auch Elemente, großionige lithophile, LIL-Elemente) 307, **597f**
Larnit 505
Larvikit 234, 643
Laser 108, 211, 486, 621
Laserablation 621
Laserablations-ICP-MS (LA-ICP-MS) 212, 348, 486, 621f
Laser-Altimeter-Karten, Mond 538
Laser-Kristall 41
Lasermikroanalyse 211
Lasermikrosonde 603
Laser-Retroreflektor 537
Lasurit **200**
Lateralsekretion 122, **346**, 358, 360
Laterit 114, **377f**
-, Fe-, Mn-, Co-reicher 377
-, Ni-, Co-reicher 378
-, Schwermetallanreicherung 378
Laterit-Bauxit 377
Laterit-Boden, Bildung 375
Laterit-Eisenerz 377
„Late Veneer" (engl., siehe „spätes Furnier") 635f
Latit **219**, 229, 237, 246
-, foidführender 219
lattice preferred orientation (engl., siehe auch Gitterregelung, Regelung nach der Kristallstruktur) 448
Laue-Aufnahme, -Diagramm, -Methode 11
Laufzeitdifferenz, -kurve (Erdbebenwellen) 516
Lauge
-, hochsalinare 365
-, hypersaline 337, 357
-, salzhaltige 337, 345

Laugentümpel 363, 365
-, geschichteter 363
Laumontit 190, 201, **203**, 432, 437, 473, 498
-, ACF-Diagramm 491
-, Druckstabilität 474
-, Entwässerungsreaktion 474
Laurelit 7
Laurentia 520
Laurit 330
Lava 181, 215, 231f, 241, **243ff**, **265ff**, 278, 286, 299, 306, 331, 349f, 360, 364, 460, 540, 545, 557f, 571ff, 576f, 585, 588
-, Aa- 243
-, Förderung 215, 241
-, effusive 215, 243f
-, extrusive 215, 246
-, Pahoehoe 243
-, silikatische 585
-, Temperaturmessungen 267
-, Viskosität 246, 268
Lavablock 251
Lavadecke 244
Lavadom 246, 572
Lavafetzen 247f
Lavafontäne 247, 540
Lavanadel 246
-, Montagne Pelée 246
Lavasee 245, 278, 585
-, Hawaii
-, Halemaumau 245, 267
-, Kilauea Iki 278
-, Jupiter-Mond Io 585
Lavastrom **243ff**, 252, 540, 557f
-, Länge 106, 243, 571ff, 576f
-, Erdmond 540
-, Mars 576f
-, Venus 571f
Lavatunnel 572
Lavavorhang 245
Lavavulkan 244, 252
Lavawurftätigkeit 248
Lawrencit 552, 561
Lawsonit **154**, 169, 420f, 436f, 441, 443, 474, 498, 506ff, 532
-, ACF-Diagramm 491
-, Stabilitätsgrenze 474, 508
Lawsonit-Blauschieferfazies **506f**
Layered Intrusion (engl., siehe auch Intrusion, schichtige) 59, 227, **260ff**, 296, 300, 313, 324, 326ff
-, Kumulatgefüge 263, 278
Layering, magmatisches 419
L-Chondrit (siehe auch Olivin-Hypersthen-Chondrit) 555
LCROSS (Lunar Crater Observation and Sensing Satellite) 537, 542
LCT-Familie (Pegmatite) 340
LD-Verfahren 120, 124
Lebererz 90
Lechatelierit (Kieselglas) 33, 181, **188**, 431, 76, 563
Leerstellen in der Kristallstruktur 158, 166, 451
-, Turmalin 159f
Legierung 13f, 74, 88, 106, 109, 111, 157, 534, 553

Legierungsmetall 75, 86, 90f, 93, 148
Leichtbauplatten 353
Leichtmetall 157, 174, 339
Leichtmetall-Erz 64
Leiter, metallischer 17
-, Bändermodell 17
-, Fermi-Kante 17
Leitfähigkeit
-, elekrische 3, 17
-, n-Leitung 17
-, p-Leitung 17
-, hydraulische 345
-, Wärme- 3, 16f, 77, 427, 436
Leitfossil 46
Leitungsband 17
Leonit 413
Lepidokrokit 103, 114, **115**
Lepidolith, LCT-Familie **172f**, 339f, 347
Lepidomelan 173
Lernschema, Magmatite 642
Letternmetall 91
Leuchtkraft 631
Leuchtstoff 138
Leuchtturm des Pazifik 241
Leucit 190, **199**, 222, 236ff, 290, 293
-, CIPW-Norm 222
-, Erhaltung, metastabile 293, 295
-, Fraktionierung 291
-, Löslichkeit 373
-, System Leucit–SiO_2 290f
-, zur Gesteinsklassifikation 217
Leucitbasalt 572
Leucitbasanit 223, 274, 643
Leucit-Nosean-Phonolith 236f
Leucitit **237**, 274, 643
-, tephritischer 238f
Leucitkristalle 278
Leucitphonolith 235, 291, 643
Leucittephrit 223, 274, 643
Leukogabbro 219
Leukogranit **147**, 456
leukokrat **217**, 224, 227, 234f
Leukosaphir **107**
Leukosom 453ff
LFS-Elemente (engl. Low Field Strength Elements (LFS), Elemente geringer Feldstärke) **597f**
Lherzolith 219, **227**, 305, 307, 309, 519, 526ff
Li-Amphibol **167**
Lias 46
Licht 20
-, Absorption 26
-, Amplitude 20, 26
-, elliptisch polarisiertes 28
-, Fortpflanzung
-, homogene 27
-, inhomogene 27
-, Frequenz 20
-, Gangunterschied 24
-, monochromatisches 21, 24, 211
-, Ordnung 25
-, polarisiertes **19ff**
-, weißes 20, 25
-, Wellenlänge 20

Sachindex

Lichtbrechung 3, **21ff**, 40
 –, Dispersion 21, 40
Lichtdurchgang
 –, Wellenfront 20
 –, Wellennormale 20
Lichtdurchlässigkeit 33
Lichtgeschwindigkeit 20
Lichtintensität 20
Lichtquanten-Theorie 20
Lichtstrahl 20
Liddicoatit **160**
Ligandenfeld-Stabilisierung 603
Li-Glimmer
 –, Ausscheidung 344
 –, Bildung 347
LIL-Elemente (großionige lithophile Elemente, engl. Large Ionic Lithophile Elements) 307, **597f**, 607
Limburgit 57, 236f
Limonit 73, 88, 92, **114f**, 378f
 –, Pseudomorphose 92
linear polarisiert 23f
lineare
 –, Achse (B-Achse) 438
 –, Polarisation 23
Lineation 449
Lingunit 558
Liniendefekt 451
Linksquarz 10, 182
Linneit 104
LIP (engl. Large Igneous Province, große magmatische Provinz) 245, 538
Liparit (siehe auch Rhyolith) 227, 229, 243
Liquation (siehe auch Entmischung, liquide) 328
Liquefied Cohesionless Particle Flow 396
Liquidusfläche **287**, 297, 303, 314, 324
Liquiduskurve 267f, **283ff**, 317, 336, 534, 635
Liquidustemperatur 268, 337, 635
Li-Salze, Li-Verbindungen 165, 174, 339
Lithiophorit 379
lithisch 389f
Lithium Li 64, 339, **624f**
 –, Entstehung von ^{7}Li 624
 –, Häufigkeit, solare 625
 –, Verwendung 339
Lithium-Pegmatit 339
Lithiumglimmer **173f**, 347
Lithiumpyroxen **162**
lithophil **596f**
Lithopon 88, 130
Lithosphäre 518, 525, **527**, 531, 567, 611
 –, ozeanische 508, 527
  –, metamorph überprägte 508
 –, obduzierte 363
 –, Schmelzanteil 533
 –, Tiefenprofil 519
 –, Schnitt 525
 –, verarmte 497
Lithosphärenplatte 242, 520, 522, **527ff**
 –, absinkende, abtauchende 436, 531
 –, kontinentale 520, 528
 –, ozeanische 520, 528f, 531
 –, Subduktion 436, 528f

Lithothamnium 44
Lizardit 172, **175f**, 441f, 443, 498
LKT (Low-K Tholeiite) 306
LL-Chondrit (siehe auch Amphoterit) 555
LMO (lunarer Magma-Ozean) 544
Lockergestein 57
Lockerprodukt, vulkanisches 63
Lodranit (Stein-Eisen-Meteorit) 551, 558f
Löllingit 91, **94**
Longitudinalwelle (siehe auch P-Welle) 516
Lonsdaleit **78**, 557
Loparit 331
Lopolith 260f, 328
Löslichkeit **269ff**, **336f**, 346, **373ff**, 387, 391, 399f, 409
 –, leichtlöslicher, volatiler Komponenten im Magma 252, **269ff**
 –, prograde 270, 336f, 346
 –, retrograde 270, 336f, 346
Löslichkeitsdifferenz Gips-Anhydrit 134
Löslichkeitsgleichgewicht 133f
Löslichkeitskurve 133f
Löss **395**, 564
Lösskindel 395
Lösslehm 395
Lösung
 –, hydrothermale 64, 164, 187, 189, 337, **343ff**, 353, 365f, 456
  –, alkalichloridreiche 344
  –, Herkunft 345
  –, Jadeit-gesättigte 164
  –, juvenile 345
  –, Konvektionszelle 346
  –, konzentrierte 344
  –, Metallquelle 346
  –, pH-Wert 344
  –, Redoxpotential 344f
  –, schwach dissoziierte 344
  –, Uran-führende 367
  –, Wärmequelle 346
  –, Zinn-führende 347
  –, Zusammensetzung 344
  –, Zustandsparameter 345
 –, Mineral-bildende 211
 –, primär-magmatische 363
 –, telethermale 358
 –, wässerige
  –, Kristallzüchtung 42
  –, Mineralabscheidung 64
Lösungsfähigkeit 343
 –, unterkritische 343f
 –, Zustandsbedingungen 343
Lösungsmetamorphose 413
Lösungsmittel 126
Lötzinn 91, 111
Low Field Strength Elements (LFS) (engl., Elemente geringer Feldstärke) **597f**
low-angle normal fault (engl., siehe auch Abschiebung, flache) 485
lower intercept (engl., siehe auch Schnittpunkt, unterer) 621
Low-K Tholeiite (LKT) 306
Low-Ti-Gruppe 540
Low-Velocity-Zone (LVZ) 308, **527f**
 –, krustale 520

LREE (leichte Seltenerd-Elemente) 576, 598, 603, 605ff
LREE-HREE-Fraktionierung 607
LRO (Lunar Reconnaissance Orbiter) 537, 542
Luft 56
Lunait (Mond-Meteorit) 541, **559**
Lunar Crater Observation and Sensing Satellite (LCROSS) 537
Lunar Prospektor 542, 544
Lunar Reconnaissance Orbiter (LRO) 537, 452
lunarer Magma-Ozean (LMO) 544
Lungenkrebs 49f
Lupenreinheit 41
LVZ (Low-Velocity-Zone) 308, **527f**
Lydit 409

M

Maar **250**
Madeiratopas 184
Mafit 217
 –, zur Gesteinsklassifikation 217
Magadiit 411
Magma 197ff, 208ff, **215f**, 249ff, **265ff**, **273ff**, 278, 295ff, 300ff, 323ff, 343ff, 419ff, 557, 603ff, 609
 –, Abkühlung 318
 –, alkalibasaltisches 505
 –, andesitisches 527
  –, Viskosität 269
 –, Aufstieg 456
 –, Ausscheidungsfolge 224
 –, Basalt-, basaltisches 275, **305ff**, 309, 527, 607
  –, Bildung 275, **305ff**, 636
  –, Differentiation 284
  –, Differentiationsverlauf 302
  –, Erdmond 540, 544f
  –, Kristallisationsabfolge 283
  –, Mafite 295ff
  –, planetarer Körper 636
  –, Typ 309
  –, Viskosität 269
 –, basisches, Kristallisation 324
 –, Bildung **273ff**, 309, 456
  –, Spurenelement-Fraktionierung 605
 –, Definition **265**
 –, Differentiation, Spurenelement-Fraktionierung 605
 –, Erstarrung 61
 –, Förderung, jährliche 273
 –, Fragmentierung 215, 247
 –, Gasgehalt 266
 –, Gasphase 252
 –, granitisches 311, 314ff, 319, 455f
  –, Aufstieg 318f
  –, Aufstiegspfade 318
  –, Bildung 275, 311
  –, Entwicklung, pegmatitische 336
  –, Fraktionierungsprozess 315
  –, H_2O-Sättigung 316, 321
  –, Kristallisationsverlauf 314
 –, heterogenes 215

Magma (*Fortsetzung*)
–, Intrusion 259
–, Karbonat-, karbonatisches 61, 64, 215, 279
–, Karbonatit- 332, 457
–, Komponente
  –, leichtflüchtige 64
  –, volatile 267
–, Konvektionszelle 278
–, Löslichkeit
  –, leichtflüchtiger Komponenten 269
  –, von Wasser 269
–, olivintholeiitisches 306
–, Oxid-, oxidisches 61, 64, 215, 279, 324f, 328, **330**
–, Pikrit- 278
–, pikritbasaltisches 306
–, Plattentektonik 527
–, primäres 274
–, Produktionsrate 636
–, rhyolithisches 253, 266, **269**, 276, 302, 321
  –, Viskosität 269
–, Silikat-, silikatisches 61, 64, 215, **265ff**, **273ff**, 279, 635
–, SiO$_2$-übersättigtes 289
–, SiO$_2$-untersättigtes 198ff, 289
–, Solidus-Temperatur 279
–, Sulfid-, sulfidisches 61, 64, 215, 279, 324, **328ff**
–, Temperatur 267
–, tholeiit-basaltisches (MORB) 528
–, tonalitisches 321, 455
–, ultrabasisches 306, 585
–, Ungleichgewicht mit Nebengestein 279
–, Verteilung, räumliche, zeitliche 636
–, Viskosität **268f**
–, Weiterentwicklung **273ff**
Magma-Fluid-Wechselwirkungen 610
Magma-Kammer 216
–, subvulkanische 306
Magma-Ozean 538, 544, 570, 635f
–, lunarer (LMO) 544
Magmasäule 247, 570
Magmaschicht 279, 329
Magmasee 329
magmatic stoping 261, 279
Magmatic Underplating 276, 321
Magmatismus 61, **215ff**, 633ff, 636
Magmatite 61, 213, **215ff**
–, Alkali- 223
–, basische, lunare 539
–, Chemismus 220ff
–, Clarke-Werte 601
–, hololeukokrate 217
–, holomelanokrate 218
–, IUGS-Klassifikation **217ff**
–, leukokrate 217
–, mafische, archaische 275
–, melanokrate 217
–, mesokrate 217
–, metamorphe **419f**, 609
–, Mineralbestand 219ff
–, Modalbestand 217ff

–, Petrographie **223ff**
–, SiO$_2$-übersättigte 289
–, SiO$_2$-untersättigte 289
–, subalkaline 223, **224**
  –, Lernschema 642
–, Systematik, mineralogische 217
–, ultramafische, Klassifikation 219
Magmatit-Assoziation, bimodale 279
Magmenaufstieg 422, 527, 540
Magmenbildung **273ff**, 307ff, 314, 455f, 486, 528, 606, 636
Magmenförderung 528
Magmenkammer 250, 254, **258**, 270, 277f, 456, 519, 575f
Magmenmischung 273, **276**, 306, 325
Magmenreservoir 258
Magmenschub 247, 250, 263
Magmentyp 293, 300, 540
  –, Mare-Basalte, lunare 540
Magnesio-/Ferrohornblende **168**
Magnesioarfvedsonit-Arfvedsonit **167**, 457
Magnesiofoitit **160**
Magnesiohastingsit-Hastingsit **167f**
Magnesiohornblende 438
Magnesiohornblende-Ferrohornblende **167**
Magnesiokatophorit 167
Magnesioriebeckit 167, **169**, 312
Magnesiotaramit 167
Magnesiowüstit 530f
Magnesit 65, 117, **119f**, 499f
  –, kaustischer 353
  –, spätiger 353
Magnesit-Lagerstätte 353
Magnesit-Stein 120
Magnesium Mg 64, 519, **600f**, 625, 631, 639
  –, Clarke 600f
  –, Entstehung von ^{24}Mg 625
  –, Haushalt 48
  –, im interstellaren Medium 631
  –, Ionenradius 600, 639
  –, Metall 120
Magneteisenerz (siehe auch Magnetit) 103, **105f**
Magnetfeld
  –, Erde 44, 106, 535
  –, Erdmond 544
  –, Gas-Staub-Wolke 630
  –, Jupiter 583
  –, Merkur 570
  –, Riesenplaneten 583
  –, Saturn 583
  –, Venus 573
magnetische Eigenschaften **18f**
magnetisches Moment **18f**, 105
Magnetisierung
  –, remanente 570
  –, thermoremanente 106
Magnetit 7, 39, 64f, 103, **105f**, 224, 232f, 236f, 278, 352, 365f, 393, 404, 420, 443f, 447, 452, 457, 466, 480, 483, 494, 508, 552, 556ff, 607
  –, Anteil an Erdkruste 37
  –, Biomineralisation 44, 106
  –, CIPW-Norm 222

–, Curie-Punkt 19
–, Dominion Reef 393
–, Ferrromagnetismus 19
–, Häufigkeit 37
–, in magnetotaktischen Bakterien 106
–, Lagerstätten 327f, 331, 365
–, Martit 105
–, Porphyroblasten 39
–, Seife 65, 391
–, Stabilitätsfeld 404f, 479
–, zur Gesteinsklassifikation 217
Magnetit-Apatit-Lagerstätten 332, 365
Magnetit-ged. (elementares) Eisen-Puffer 480
Magnetit-Wüstit-Puffer 480
Magnetkies (siehe auch Pyrrhotin) 85, 88, **89f**, 93
Magnetometer 537
Magneton, Bohr'sches 18, 105
Magnetosom 44
Magnetosphäre 585f
Mainsandstein
  –, Grüner 389, 404
  –, Roter 388
Majorit 530f, 555, 558
  –, in Meteoriten 552
  –, im Mars-Mantel 578
Makrofossil 445
Makromolekül, organisches 45, 556
Makroperthit 193
Malachit 84, 88, 117, **124f**, 177, 359, 378ff
  –, Stabilitätsfeld 380
  –, Züchtung 42
MALI (modifizierter Alkali-Kalk-Index) 313
Malm-Kalk 431
Mandel 36, 57f, 183, 186, 254
Mandelstein 524
  –, Melaphyr- 58, 233
Manebacher Gesetz, Zwilling 194
Mangan Mn 377, **600ff**, 625, 633, 639
  –, als Rohstoff 63
  –, Anreicherung 377
  –, Bauwürdigkeitsgrenze 63
  –, Clarke 600ff
  –, Edelsteinfärbung 40
  –, Entstehung von ^{55}Mn 625
  –, Erz 64, 112, 359, 362, 379
    –, karbonatisches 408
    –, oxidisches 359
    –, phanerozoisches 408
    –, präkambrisches 408
    –, sedimentäres 65, 408
  –, Ionenradius 600, 639
  –, Isotop, kurzlebiges ^{53}Mn 633
  –, Konzentrations-Clarke 602
  –, Lagerstätten, sedimentäre 385
  –, Sediment 404
Manganate 103
  –, mit Tunnelstruktur 112
Manganipiemontit **155**
Manganit **111f**, 359
Manganknollen 65, 112, 408f
Manganocalcit 408
Manganogel 379

Manganoxide 112, 166, 362, 420
Mangansilikate 420
Manganspat (siehe auch Rhodochrosit) **120**
Mangerit 442
Mantel
 –, Asteroiden 580
 –, Erd-, siehe auch Erdmantel 362, **522ff**
 –, Jupiter-Monde 585ff
 –, Mars 576, 578
 –, Merkur 570
 –, Mond (Erdmond) 542f
 –, Planeten, erdähnliche 570, 573, 576, 578, 635f
 –, Saturn-Mond Titan 588
 –, Silikat- 596, 635f
 –, Venus 573
Manteldiapir 308, 528
 –, Abkühlung 308
Mantelgestein 540
 –, fertiles 307
 –, lunares 540
Mantelkeil 609
Mantel-Lithosphäre 496, 527
 –, kontinentale 527
Mantelperidotit 486, **524ff**
 –, Schmelzen 306
  –, partielles 307
Mantel-Plume 241, 245, 275, 306, 393, 531, 533, 636
 –, Ursprung 533
Mantel-Prozess 576
Mantelquelle 606, 608, 619
 –, primitive 606
Mantelreservoir 619
Mantelschmelze, lunare 540
mantle with high U/Pb ratio (engl., HIMU) 622
marble (engl., siehe auch Marmor) 442
Mare 540
 –, Gestein 540
 –, Imbrium 545
 –, Nectaris 545
 –, Tranquillitatis 540
Mare-Basalt 540f, 545, 636
 –, Förderung 545
 –, Gruppen 540
 –, Quellregion 544
 –, Zusammensetzung 540
Mare-Basalt-Magma 545
Mare-Breccie (Mondmeteorit, Lunait) 541, 551, **559**
Margarit 172, **174**, 420, 434f
 –, ACF-Diagramm 491
Marialith 190, **200**
Marienglas 132
Markasit 46, 87, **91ff**, 353, 397, 405f
 –, Bildung 405
 –, Eh-pH-Diagramm 405
 –, Kristalltracht 93
Marmor 56, 63, 149, 418, **442**, 447, 499, 501, 507f, 521, 612f
 –, Statuen- 119
 –, technischer 119
 –, Verdrängung, metasomatische 65

Mars (Planet) 32, 547, 559, 567ff, **573ff**, 596f, 634ff
 –, Aktivität, vulkanische 576
 –, Atmosphäre 574
  –, Isotopen-Signatur 559
 –, Aufbau, innerer 578
 –, Auswurf-Decken 574
 –, Bahnelemente 569
 –, Eisenkern 597
 –, Epsomit 575
 –, Erforschung, astronomische 573
 –, Evaporit-Minerale 575
 –, Gesteine 557
 –, Gesteinsfragmente 55
 –, Gips 575
 –, Großeinheiten, stratigraphische 574
 –, Grundwasserspiegel 575
 –, Halit 575
 –, Hämatit-Sphäroide 575
 –, Hochland 574ff
 –, Impaktkrater 574
 –, Impaktschmelze 574
 –, Jarosit 575
 –, Kieserit 575
 –, Klima 574
 –, Krustenmächtigkeit 576, 578
 –, Mantel 578
 –, Metallkern 578, 597
 –, Meteorite 188, 547, 551, **558**, 576ff
  –, ALH 84001 578
  –, Dar al Gani 558
 –, Oberflächenformen 574
 –, Raumsonde 575
 –, Rover „Opportunity" 575
 –, Sandstein, äolischer 575
 –, Schildvulkane 575ff, 636
 –, Sedimentstrom 574
 –, Talsystem, verzweigtes 575
 –, Tektonik 576
 –, Terrain, chaotisches 575
 –, Tiefebene 574
 –, Vulkanismus, vulkanische Aktivität 576f
 –, Wasser 574
Mars Global Surveyor
Marsgesteine 558, **576ff**
Marskanäle 573
Marsmonde 578f, 634
Martit **105**
Martitisierung 331
Mascon (lunare Schwereanomalie) 542
MASH-System 510
Maskelynit **558f**
mass extinction (engl., siehe auch Massenausterbe-Ereignis 245, 581
Masse, keramische 177
Massenanziehung 630f
Massenausterbe-Ereignis 245, 550, 581
Massenrohstoffe 63
Massenspektrometer 610f, 617, 623
Massensuszeptibilität, magnetische 19
Massentransfer
 –, -Prozess 455
 –, -Reaktion 483
Massenverhältnis He/H 624

Material
 –, klastisches
  –, Ablagerung 385
  –, Transport 385
 –, kosmisches 635
 –, Transport 385
Materialwissenschaften 52
Materie
 –, interstellare 630ff, 634
 –, präsolare 633
 –, protoplanetare 633
Materieklumpen 630
Materietransport 630
Matrix 57, **216**, 399, 541
 –, Mond 541
 –, geschieferte 428
Matrixanteil 390
Mauerziegel 177
Maximaltemperatur 427
Maximum, verdecktes 290
mean weighted standard deviation (MSWD) (engl., siehe auch Standardabweichung, mittlere gewichtete) 617f
Medium
 –, optisch anisotropes 21
 –, optisch isotropes 21
Medizin, Anwendung
 –, Anhydrit- und Gipsgesteine 414
 –, Montmorillonit 178
 –, Quecksilber 90
medizinische Mineralogie 42, **48ff**
Medizintechnik 108f, 148
 –, Zirkon 148
Meeresboden, fossiler 401
Meeresspiegel 403
Meerwasser 43ff, 129, 131, 376, 622
 –, Ausscheidungsfolge 412
 –, Hauptbestandteile 411
 –, Karbonatbildung 400, **401f**
 –, Salzgehalt 411
 –, Isotop, stabiles (C, O, S) 612ff
 –, Sulfat 615
 –, übersättigtes 131
 –, Verwitterung 376
Megalith-Körper 531
Mehrphasen-Einschluss 209
Mehrstoffsystem **282**
 –, heterogenes 282
 –, homogenes 282
Meigen'sche Reaktion 121
Mejonit 190, **200**
 –, Sulfat- 200
Mela-Gabbro 219
Melanit 149
melanokrat 174, **217**, 220, 224f, 227, 231, 233ff
Melanosom **453ff**
Melaphyr 231, 642
Melaphyr-Mandelstein 58, 233
Melilith 6, 144, **153f**, 505, 554, 556
 –, in Meteoriten 552
Melilith-Basalt 154
Melilith-Leucitit 237
Melilith-Nephelinit 154, 237
Melilith-Reihe 153f

Melilithit 154, **218**
Melilith-Leucitit 237
Melilith-Nephelinit 154, 237
Mellit 32
Mensch, Bio-Apatit 46
Mergel 397f, 420, 443, 477, 482
–, ACF-, A'KF-Diagramm 491
–, Ton, mergeliger 397
Mergelkalk 397
Mergelton 397, 407
Merkur (Planet) 32, 557, **567ff**, 578, 581, 584, 596f, 634f
  –, Aufbau, innerer 570
  –, Bahnelemente 569
  –, Dehnungstektonik 570
  –, Eisenkern, Metallkern, Fe-reicher 570, 597
  –, Erforschung, astronomische 568f
  –, Exosphäre, Oberflächen-gebundene 568f
  –, Hochlandregion 569
  –, Kruste 570
  –, Magma-Ozean 570
  –, Oberflächenformen 569
  –, Reflexionsvermögen 570
  –, Ringgebirge 570
  –, Tiefebene 569
  –, Überschiebungs-Tektonik 569
  –, Wassereis 570
  –, Zwischenkrater-Ebene 569f
Merrillit 552
Merwinit 505
mesokrat **217**, 225, 234
Mesolith 7, **202**, 438
Mesoperthit 192f, 196, 438f, 442, 503
Mesosiderit 551, 559
Mesosom (auch Paläosom) 453
Mesozone 495
Messung 87
  –, astrophysikalische 516, 583
  –, geomagnetische 19
  –, kalorimetrische 469, 481
  –, kryometrische 211
  –, paläomagnetische 106
  –, seismische 515, 519, 541, 598
  –, Mond 541
Metaarkose 484
Metabasit **420**, 490, 494, 498ff, 502, 504
  –, Mg-reicher 498
Metabauxit **420**, 434, 490
Metagabbro 507, 623
Metagranit 419, 484
Metagranodiorit 507
Metagrauwacke 419, 610
Metall 13, 63, **69ff**, 554, 632, 635
  –, Archäometrie 53
  –, ged. (elementares) **69ff**, 554, 632
  –, flüssiges 635
  –, Kristallstruktur 70
  –, Legierungen **14**, 17, 71ff, 88, 106, 109, 111, 157, 282, 354f, 391, 534, 552f, 559ff, 578, 596, 631f
  –, nutzbares 39
  –, schmelzflüssiges
    –, Asteroiden 559ff, 580f

–, Erde, frühe 635
–, Erdkern, äußerer 331ff
–, Kerne der erdähnlichen Planeten 570, 573, 578
–, Mondkern, äußerer 543f
–, Quecksilber 33, 73
–, Wärmeleitfähigkeit 17
Metall-Arsenide 85
Metallbindung **13**
Metall-Bisulfid-Komplex 366
Metall-Chlorid-Komplex 366
Metall-Diapir 635
Metallerz als Rohstoff 63
Metallkern 557, 560, 570, 581, 585ff, 636
  –, Asteroiden 557, 559f, 561ff, 581
  –, Erde 533ff
  –, Erdmond 543f
  –, Jupitermonde Io, Europa, Ganymed 584ff
  –, Mars 578
  –, Merkur 570
  –, Venus 572
Metallkonzentrationen
  –, am Ozeanboden 408
  –, in ariden Schuttwannen 394
Metall-Metall-Ladungsübergänge (IVCT) 40
Metalloide, ged. (elementare) 69, **75**
metall-organischer Komplex 366
Metall-Oxide 14, 39, **103ff**
Metallphase 560, 596
Metallschmelze 560, 596, 635
Metall-Sulfide 14, 39, **83ff**, 95, 570
  –, komplexe 83, **95**
Metallverbindungen 63
metamikt 148, 155, 621
Metamorphite 59, 61ff, 213, 367, **417ff**
  –, archaische 367
  –, Fe-reiche 420
  –, Fossil-Relikt 445
  –, Häufigkeit 213
  –, Mn-reiche 420
  –, Nomenklatur **438ff**
  –, proterozoische 367
  –, Quarz-Feldspat-reiche **419**, 520
  –, ultramafische 443
Metamorphose, Gesteinsmetamorphose 62, 346, 354, 386f, 392, **417ff**, 452ff, 463, 472ff, 494ff, 557f, 595, 609, 616
  –, Abgrenzung 420f
  –, Ablauf, zeitlicher 486
  –, allochemische 418
  –, als geologischer Prozess **423ff**
  –, aufsteigende, Mineralparagenese 418
  –, Dauer 486
  –, Definition 417
  –, Druckmaximum 485
  –, dynamische 423
  –, Faktoren, auslösende **421ff**
  –, Gleichgewicht, thermodymisches 463
  –, hochgradige 417
  –, Höhepunkt 463
    –, Mineral, kritisches 433
  –, hydrothermale **432**, 474, 498
  –, Impakt- **429ff**

–, isochemische **418f**, 459, 609
–, kataklastische 422, **428f**
–, kinetische 423
–, Kontakt- **424ff**
–, niedriggradige 398, 498, 616
–, prograde 306, **418f**, 449, 453f, 471
–, Prozess, geologischer 423
–, P-T-Bedingungen 420f, 427f, 429ff, 432ff, **468ff**, 495ff, 595, 612f
  –, Geothermometrie, Geobarometrie 482ff
  –, Mineralreaktionen, metamorphe **468ff**, 612f
–, Netz, petrogenetisches 481f
–, Pseudoschnitt 482
–, Reaktionen mit H_2O und CO_2 477
–, P-T-Pfad 484ff
–, P-T-t-Pfad 486f
–, regionale 275, **434ff**
  –, in Orogenzonen **434ff**
  –, Ozeanboden- 437
  –, Versenkungs- **437**, 498
–, retrograde 210, **418f**, 443, 446f, 449, 471, 481ff
–, Schockwellen- **429ff**, 549f, 552
–, statische 423
–, Temperaturhöhepunkt 485
–, thermische 552, 632
–, Typ 423
Metamorphosealter 486f, 616, 618f, 621f
Metamorphoseereignis, Identifizierung 486f
Metamorphosegrad 495
  –, Indexminerale 495
Metamorphosepfad
  –, prograder 418ff, 442, 464, **482ff**
  –, retrograder 418ff, 446, **482ff**
Metamorphoseprozess, Ausdehnung 424
Metamorphosetemperatur, maximale 421
Metapelit 151, **419**, 434, 471f, 482, 493f, 498f, 501, 610
  –, Entwässerungsreaktionen 471
  –, in Amphibolitfazies 501f
  –, Staurolith-, Granat-führender 454
Metasediment 454
  –, in Blauschieferfazies 507
  –, in Eklogitfazies 508f
Metasomatose, metasomatisch 65f, 164, 200, 351ff, 418, **456ff**
  –, Alkali- **457**
  –, Diffusions- 456
  –, Infiltrations- 456
  –, Natrium- 458
metastabil 76, 181f, 189f, 193ff, **467ff**, 506
metastabiler Andalusit 468
Metatekt 453, 455
Metatexit 453ff
Metaturbidit 445
Meteor-Eisen 534
Meteorit
  –, ALHA 81005 559
  –, Allende (Chihuahua) 556
  –, Canyon Diablo 563
  –, Carancas 555
  –, Dar al Gani (Libyen) 558

–, Gibeon 563
–, Murchison 556
–, Neuschwanstein 550
–, Peekshill 550
–, Tscheljabinsk 548
–, Tunguska 548
–, Tuxtuac (Mexico) 553
–, Zagami (Nigeria) 559
Meteorite 32, 55, 73, 328f, 429, 534, 541, **547ff**, 567, 570, 576, 580f, 596, 598, 607, 611ff, 619, 634, 636
　–, Alter 547, 549, 553ff, 619
　–, Benennung 547
　–, Definition 547f
　–, Diamant 78
　–, Erde 548
　–, Fall, Definition 550
　–, Fund, Definition 550
　–, Gefüge 547
　–, Häufigkeit 550f
　–, Impakt, siehe Meteoriten-Einschlag **429ff**
　–, Isotope, stabile 612f
　–, Klassifikation 547, 552
　–, Mars- **558**
　–, Minerale 547, 552ff
　–, Mond- 541
　–, S-Isotope 613f
　–, Stein-Eisen- **559f**
　–, Suche 550
　–, Typen 551f
　–, unklassifizierte 551
　–, Zufallsfunde 551
Meteoriten-Bombardement 537, 545, 557, 569f, 574f, 591, 633
Meteoriten-Einschlag, -Impakt 279, **429ff**, 537ff, 541f, 545, **548ff**, 557f, 564, 569f, 571f, 574f, 577f, 584ff, 629, 635
　–, Exkavationsphase 431
　–, Gefahr 550
　–, Kompressionsphase 431
　–, Mond 541f
Meteoriten-Krater, Impakt-Krater 33, 188, 429ff, 541, 544, **548ff**, 558, 563, 569ff, 577f, 584ff, 629, 635
　–, Bildung 429ff, **548ff**
　–, Datierung 549
　–, Erde 549
　–, phanerozische 549
Meteoriten-Mutterkörper 78, 547, 552ff, 556ff, 562f, 581, 598, 632f
Meteoritenschauer 548f, 555
Meteoritenstreufeld 549
Meteoroid 548, 550
　–, Definition 548
　–, Geschwindigkeit 548
Methan CH_4 208ff, 252, 266, 354, 366, 476f, 541, 582, 587ff
　–, lunares 542
Methan-Eis 591
Methan-Hydrat 588
Methan-See 587
Methan-Stickstoff-Eis 587
Mg (siehe Magnesium)
Mg-(Silikat-)Perowskit 532ff, 558

Mg-Calcit 44
　–, intrazellulärer 44
Mg-Chloritoid 153, 510
$MgCl_2$-Lauge 120
Mg-Fe-Amphibole **166f**
(Mg,Fe)Ca-Pyroxene 301
Mg-Fe-Karpholith 614f
Mg-Fe-Mn-Amphibole **167**
(Mg,Fe)-Pyroxene **162f**, 301
$(Mg,Fe)_2SiO_4$-Phase 530
Mg-Karpholith 507
MgO 120
Mg-Perowskit 530, 532, 635
Mg-Silikat-Phase, dichte, H_2O-haltige (DHMS) 532
Mg-Staurolith 510
Mg-Suite, Erdmond 539
Mg-Tschermaks Molekül (MgTs) **163**, 307, 502, 507, 526, 530
mica schist (engl., siehe auch Glimmerschiefer) 441
Micromount 33
microstructure 56
Mid-Ocean Ridge Basalt (engl., mittelozeanischer Rückenbasalt, MORB) 231, 245, 276, **305f**, 361f, 528, 606ff, 612f, 619
　–, Isotope, stabile 612f
　–, $^{87}Sr/^{86}Sr$-Verhältnis 519, 576, 618f
Migmatisierung 455, 616
Migmatit 59, 61, 63, 276, 340, 367, 419, 433, 435, 437, 445, **452ff**, 456, 464, 476, 503, 520, 623
　–, Begriff 453
　–, Bildung 453
　　–, anatektische 454
　　–, Stoffbilanz 455
　–, diatektischer 452
　–, lagiger 454
　–, metatektischer 452
Mikrit 399
Mikrodiamant 78
Mikroflora 373
Mikrofossil 445
Mikrogranit 279, 328
Mikrohärte 16, 29
Mikroklin 6, 15, 189ff, 194, **195f**, 458
　–, Struktur 191
　–, Tief- 191f
　–, Verdrängung durch Albit 458
　–, Verzwillingung 195
　–, zur Gesteinsklassifikation 217
Mikroklin-Gitterung 192
Mikroklinperthit 36, 196, 339
mikrokristallin 36
Mikrolith **56**, 216, 229
Mikroorganismen 32
Mikroperthit 193, 195
Mikroporosität 112, 140
Mikroriss 371
Mikroskopie
　–, Auflicht- 19, **27ff**
　–, Durchlicht- 19, **21ff**
　–, Polarisations- **19ff**, 24
Mikrosonden-Analytik, -Analysen 211, 484, 492, 561f

Mikrotektit
　–, Kügelchen 563
　–, Streufeld 563
Mikrothermometrie 210
Milchopal (siehe auch Hydrophan) **189**
Milchquarz **185**
Milchstraße 568, 625
Miller'sche Indizes 7f
Millerit 7
Mimetit (Mimetesit) 137, **140**, 379
Mindestkonzentration 63
Minerale 32
　–, Abbau, retrograder 418
　–, amorphe 33
　–, anisotrope
　　–, Achsenbilder, konoskopische 26f
　　–, Auslöschungsschiefe 25
　　–, Doppelbrechung 21ff
　　–, Eigenfarbe 27
　　–, Lichtbrechung 21ff
　–, anorganische 32
　–, Anreicherung 39
　–, aufgewachsene 35
　–, Ausbildung, morphologische 33, 35
　–, Bestimmung 33
　–, Bildungsbedingungen 208
　–, Bildungstemperatur 611
　–, Bindungskräfte 83
　–, biogene 42, 119
　–, Chemismus 32
　　–, Endglieder 32
　–, Datierung 486, 616
　–, Definition 1, 32f
　–, dichroitische 27
　–, Eigenfarbe 27
　–, einachsige 26
　–, Einschluss 209
　–, Einteilung, chemische 35
　–, felsische 217
　–, femische 222
　–, Flüssigkeits-Einschlüsse 207ff
　–, frei aufgewachsene 35
　–, gesteinsbildende **34ff**, 217, 605, 632f
　–, H_2O-liefernde 320
　–, Häufigkeit 37, 56, 601
　–, Homogenität 32
　–, idiomorphe 36
　–, in interplanetaren und präsolaren Staubteilchen 632f
　–, Interkumulat- 538
　–, isotrope, Eigenfarbe 27
　–, Klasse 34
　–, Klassifikation 67
　–, Konkordia 620
　–, Korngestalt 56
　–, Kristallisation 281
　–, kristallisierte 33
　–, kritische 418
　–, kryptokristalline 36
　–, leicht lösliche 373
　–, Löslichkeit 373
　–, mafische 217
　–, metamorphe, Formenergie 446
　–, mikrokristalline 36
　–, Mixed-Layer- 374

Minerale (*Fortsetzung*)
　–, Neubildung, diagenetische 387
　–, nutzbare 39
　–, opake 28
　　–, zur Gesteinsklassifikation 217
　–, organische 32, 35
　–, pleochroitische 27
　–, radioaktive 50, 112
　–, Reaktionen 61f
　–, Rekristallisation 61f
　–, salische 222
　–, silikatische 567
　–, SiO_2 110, **179**
　　–, Kristallstrukturen 179
　–, Strahlenquelle 50
　–, synthetische 32
　–, Systematik, kristallchemische 34
　–, Toxizität 50
　–, Verhalten, physikalisches 83
　–, Vorkommen 35
　–, xenomorphe 36
　–, Zusammensetzung, chemische 33
　–, zweiachsige 26
Mineralaggregat 36, 55, 63
Mineralart 34
　–, Definition 34
Mineralbegriff 32
Mineralbestand 52, 417
　–, künstlicher (Norm) 217
　–, modaler 217f
Mineralbestimmung 33
　–, Bestimmungstafeln 33
Mineralbildung 371
　–, bei der Verwitterung 42, **373ff**
　–, biogene, Klima 42
　–, im Organismus 43
　–, im Solarnebel 631ff
　–, in Meteoriten-Mutterkörpern 552
　–, Mikroorganismen 43
　–, pathologische 48
　–, pflanzliche 45
　–, tierische 45
Mineralbruchstück, -fragment 428, 541
　–, lunares 541
Mineraldruse 57f, 353
Mineraleinschluss 34
Mineralfaser 50
　–, Kanzerogenitäts-Index 50
　–, künstliche (KMF) 50
　–, natürliche 50
　–, Staublunge 49
Mineralfazies, metamorphe 489, **495f**
　–, Definition 495
　–, Übersicht 498
Mineralformel, Berechnung 639
Mineralfragment, lunares 541
Mineralgang, hydrothermaler 65, 343, **353**
Mineral-Gesamtgesteins-Isochrone 618
Mineralgesellschaft 463
　–, stabile 418
Mineralgleichgewicht 495
　–, Einstellung 464
Mineralinhalt 56
Mineralklassifikation 34
Mineralkorn, selektive Lösung 387

Mineralkruste 254
Minerallagerstätte 39, 51, **63ff**, 323, 343ff, 366, 595
　–, Definition 63
　–, Einteilung, genetische 64
　–, hydrothermale 64, **343ff**
　–, in Karbonatit-Alkali-Magmatit-Komplexen 431f
　–, karbonat-gebundene 366
　–, metamorphe 66
　–, Pegmatite 339f
　–, sedimentäre 65
　–, Verwitterung 376ff
Mineralneubildung 387
Mineralogie 34
　–, allgemeine 52
　–, angewandte (technische) 52
　–, Anwendungsgebiete 53
　–, Definition 1
　–, Disziplinen 52
　–, Erdinneres 518
　–, medizinische 42f, 48
　–, spezielle 52, **67ff**
　　–, SiO_2-Minerale 182ff
　–, technische, Anwendungsgebiete 53
mineralogische Phasenregel 465
Mineraloid 33
Mineralparagenese 281, 345, 348, **354**, 356ff, 418, 421, 433ff, 465f, **489ff**, 495, 504, 506ff
　–, Ausscheidungsfolge, zonale 354
　–, Kristallisation 281
　–, mesothermale 356
　–, metamorphe, Darstellung **489ff**
　–, Rekurrenz 345
　–, Telescoping 345
Mineralphasen
　–, Bildungsenthalpie 481
　–, Elementverteilung 482
　–, Entropie 481
　–, inkompatible 464
　–, koexistierende 482ff, 595
　–, Molvolumen 481
　–, retrograde 419
　–, thermodynamische Daten, Größen 472f, 481
Mineralquelle 254
Mineralreaktionen, metamorphe **463ff**
　–, prograde 463, 489
　–, retrograde 463
　–, divariante 491
　–, Gleichgewichtskurve
　　–, Bestimmung, experimentelle **467ff**, 481
　　–, Berechnung, thermodynamische **469ff**, 481f
　–, divariante 491
　–, univariante 464, 468ff
　–, prograde 463, 489
　–, retrograde 463
　–, univariante 491
Mineralrelikt 419, 464
Mineralstaub
　–, pathologischer 48
　–, Biodurabilität 49
　–, Toxizität 48

Mineralstufe 36
Mineralsynthese 32, 41f
　–, biogene 45
Mineralsystematik 33
Mineralvarietäten 34
Mineralvorkommen 35
Mineralzonen 419, 433
　–, metamorphe **433ff**
　　–, Barrow-Typ **434ff**, 495
　　–, Buchan-Typ 434
Minette 114, 407
　–, Eisenerz **114**, 407
　–, Lamprophyr **220**
　–, Gemengteile 220
Miozän, Klima 376f
Mirabilit 372, 410
Mischbindung 12f, 83
Mischkristall 14, 32, 482f
　Entmischung 14
　　–, Alkalifeldspäte 192f, 292f
　　–, Nickeleisen Fe-Ni 561f
　　–, Pigeonit 164, 297f
　　–, Pentlandit in Pyrrhotin 330
　　–, Plagioklase 193
　–, Gold-Silber 14
　–, Mg-Fe- 482
　–, Zonarbau 464
Mischkristallbildung 14
Mischkristallreihe
　–, Albit-Anorthit 32, 192ff, 197f, 284f
　–, Albit-Kalifeldspat 192ff, 292ff
　–, Amphibol-Familie 166ff
　–, Calcit-Dolomit 122
　–, Diopsid-Hedenbergit 163f
　–, Eisen-Nickel 73, 561f
　–, Enstatit-Ferrosilit 162f
　–, Epidot-Gruppe 154f
　–, Feldspat-Familie 189ff
　–, Forsterit-Fayalit 32, 146, 297f
　–, Gehlenit-Åkermanit 153f
　–, Glimmer-Gruppe 172ff
　–, Granat-Gruppe 148f
　–, Hämatit-Ilmenit 109
　–, Klinozoisi-Epidot 154f
　–, Platinmetalle 74
　–, Pyroxen-Familie 161ff, 297ff
　–, Pyrrhotin-Pentlandit 85, 330
　–, Skapolith-Gruppe 200f
　–, Spinell-Gruppe 104ff
　–, Tremolit-Aktinolith 169
　–, Turmalin-Gruppe 158ff
Mischungslinie 325
Mischungslücke 123, 163, 166, 189f, 193, 292, 297f, 402, 541
Mischungsverhalten, nicht-ideales 603
misfit 175, 177
Mississippi-Valley-Typ (MVT) Lagerstätte 65, 366, **367**, 612, 615
Mittelalter, Archäologie 53
Mitteldruck-(Mittel-P/T)-Faziesserie **496f**, 501
Mitteldruckmetamorphose 80, **433f**, 496ff, 528
Mitteldruckparagenese, Barrow-Typ 434, 485

Mittelkies 384
mittelozeanischer Rücken 231, 241f, 245, 305f, 345f, 360ff, 432, 437, **519f**, 528, 614f
 –, Magmenförderung 273
Mittelozeanischer Rückenbasalt (MORB) **305f**, 361, 519, 528, 572, 606ff, 622
 –, Seltenerd-Elemente, REE 606f
 –, Spurenelemente 607ff
 –, stabile Isotope C, O, S 612
Mittelsand 384
Mittelschluff 384
Mittlerer Buntsandstein 59
Mixed-Layer-Tonminerale (Wechsellagerungs-Tonminerale) 178, 374, 498
^{53}Mn/^{53}Cr-Isotopen-System 622
Modalbestand **217**
Modell
 –, der pauschalen Stoffkonstanz 455
 –, Kalotten- 13
 –, petrologisches 281
 –, Pyrolit- 305, 525f
Modellalter 619f
Modell-Geotherm 635
Modellgips 134, 414
Modellierung, thermodynamische 211, 518, 583
Modell-Pyrolit 305, 525f
Modellreaktion 471, 530
Modellsystem (siehe auch System) 481f, 596
 –, Cu–H$_2$O–O$_2$–S–CO$_2$ 381
 –, experimentelles **281ff**
Moderator (Brennstäbe im Atomreaktor) 157
Modus 217
Moganit 181, 185, **187**
Moho (siehe Mohorovičić-Diskontinuität)
Mohorovičić-Diskontinuität (Moho) 275, **518ff**, **522ff**, 527
 –, petrographische 519
 –, seismische 519
 –, Tiefenlage 518
Mohs'sche Härteskala 16, 67, 76, 101, 107, 118, 132, 139, 151, 171, 183, 195
 –, Standardminerale 16
Moissanit 78, **80**, 430
 –, Synthese 42
Molasse 388
Moldavite 563f
Molekularquotient 639
Molekularsieb 200f
Molekülwolke, interstellare 542, 552
Molenbruch **317f**, 477ff, 481, 483, 614
Mollusken 401
Molvolumen ΔV **284**, 469ff, 481
Molybdän Mo 91, 339, 348
 –, Erz 64, 91
 –, Lagerstätten **348**
  –, porphyrische 348f
 –, Verwendung 91
Molybdänglanz (siehe auch Molybdänit) 65, **91**
Molybdänit 7, **91**, 348, 350, 352, 457
 –, Ausscheidung 344
 –, Reflexionspleochroismus 28
Molybdänstahl 91
Molybdate 35, 39, 129, **135**

Molzahl 490ff
Moment, magnetisches **18**, 105
Monalbit 192f, 197
Monazit 137, **138**, 331f, 340, 393, 457, 486f, 605, 620f
 –, Datierung 486f, 616, 620f
Monazit-Sand 138
Monchiquit **220**
Mond (Erdmond) 32, 313, 431, 513, **537ff**, 556f, 568f, 635ff
 –, Akali-Suite 539
 –, Aktivität, vulkanische 540f
 –, Albedo 538
 –, Alter, radiometrische 539, 544
 –, Anorthosit 538f, 542
 –, Apollo Lunar Surface Experiment Package (ALSEP) 537, 542
 –, Apollo-Missionen 537f
 –, Armalcolit 541
 –, Asthenosphäre 543
 –, Aufbau, innerer 542f
  –, Befund, seismischer 542
  –, Diskontinuitäten 542f
  –, Krusten-Mantel-Grenze 542f
 –, Bahnelemente 569
 –, Basalt-Magma 540
 –, Bewegungen, tektonische 543
 –, Breccien, anorthositische 538
 –, Chondrit, kohliger 542
 –, Cyanwasserstoff HCN 542
 –, Dichte 543, 569
 –, Differentiation, frühe 544
 –, Diskontinuitäten 542f
  –, seismische 544
 –, Dunit, refraktärer 543
 –, Dynamik, exogene 549
 –, Eisensulfid 543
 –, Entgasungs-Ereignis 542
 –, Entstehung 544, 636f
 –, Eratosthenes-Stadium 545
 –, Exosphäre 541f
  –, Oberflächen-gebundene 541
 –, Felsit 539
 –, Ferroan Anorthosite Suite (FAN-Suite) 538f, 544
 –, Gabbro, anorthositischer 542
 –, Gabbronorit 539
 –, Gefüge
  –, intersertales 539
  –, subophitisches 539
 –, Geschichte, geologische 544f
 –, Gestein, ultramafisches 544
 –, Gesteinsfragment 541
 –, Gesteinsglas 541
 –, Gesteinsprobe 55
 –, Gezeitenkraft 543
 –, Giant Impact 544, 634, 636f
 –, Glasperlen 540
 –, Granit 539
 –, Gravity Recovery and Interior Laboratory (GRAIL) 537
 –, H$_2$O-Eis 542
 –, Hochlandregionen 538, 541, 635
  –, Gesteine 538ff
  –, Impakt-Krater 541

 –, Ilmenit 539, 544
 –, Imbrium-Stadium 545
 –, Impakt-Breccie, polymikte 541
  –, Gesteinsglas 641
  –, Grundmasse, Matrix 541
  –, Mineralbruchstücke 541
 –, Impakt-Ereignisse 541
 –, Impakt-Experiment 542
 –, Impakt-Krater, -Struktur 541
 –, Impaktschmelz-Breccie 541
 –, Instabilität, gravitative 544
 –, Kalifeldspat 539
 –, Kataklase 541
 –, Kern 543f, 597
 –, Kopernikus-Stadium 545
 –, Kraterboden 541
 –, KREEP-Basalte, -Komponente 539
 –, Kristallisations-Differentiation 538
 –, Kruste 32, 544
 –, Krustenbildung 544
 –, Kumulat, mafisches 544
 –, Laser-Altimeter-Karte 538
 –, Laser-Retroreflektor 537
 –, Luna-Missionen 537
 –, Lunar Crater Observation and Sensing Satellite (LCROSS) 537, 542
 –, Lunar Prospector 537, 542ff
 –, Lunar Reconnaissance Orbiter (LRO) 537, 542
 –, Lunik-Missionen 537
 –, Magma-Ozean, lunarer 538, 544
 –, Magnetfeld 544
 –, Magnetometer 537
 –, Mantelgesteine 540
 –, Mantelschmelze 540
 –, Mare-Basalte 540, 542, 545, 636
  –, Abschreckungs-Gefüge 540
  –, AFC-Prozesse 540
  –, Assimilation von Hochland-Gesteinen 540
  –, Aufschmelzgrad 540
  –, Aufschmelzung, partielle 540
  –, Kristallisation, fraktionierte 540
  –, Lavafontänen 540
  –, Lavaströme 540
  –, Magmatyp 540
  –, Schmelztropfen 540
 –, Maria 538, 540f, 545
 –, Mascons 542
 –, Messung, seismische 541
 –, Meteoriten-Bombardement 545
 –, Meteoriten-Einschlag 542
 –, Meteoriten-Krater 431
 –, Methan CH$_4$ 542
 –, Mg-Suite 539
 –, Minerale der Mondgesteine 540f
 –, Multiring-Becken 541
 –, Nectaris-Stadium 545
 –, Netzwerk, seismisches 537, 542
 –, Neutronen-Spektroskopie 542
 –, Norit 539
 –, Oberfläche 540, 544
  –, Temperatur 541
 –, Oceanus Procellarum 538
 –, Olivin 544

Mond (Erdmond, *Fortsetzung*)
 –, Phosphat-Minerale 539
 –, Plagioklas 544
 –, Plagioklas-Kumulat 539, 544
 –, Plasma-Wolke, ionisierte 544
 –, Plutonite 539
 –, Polargebiete 541f
 –, Praenectaris-Stadium 545
 –, P-Wellen-Geschwindigkeit 542f
 –, Pyroxen 539, 544
 –, Pyroxen-Plagioklas-Kumulat 539
 –, Pyroxferroit 540
 –, Quarz-Monzodiorit 539
 –, Radar-Daten 542
 –, Ranger-Missionen 537
 –, Reflexionsvermögen 538
 –, Regolith 313, 431, **541f**, 545
 –, Restmagma 539
 –, Rhyolith 539
 –, Rückseite 538
 –, Schalenbau 537, 542ff
 –, Schichtsilikate 542
 –, Schockwellen 541
 –, Schockwellenmetamorphose 431
 –, Schwere-Anomalie 542
 –, Seismograph 537
 –, Seltene Erden 539
 –, Silikatschmelze 541
 –, SiO_2-Mineral 539
 –, Sm-Nd-Alter 544
 –, Stoßwellen 541
 –, Südpol-Aitken-Becken 541f
 –, S-Wellen, Geschwindigkeit 542
 –, Tiefbeben 537, 542f
 –, Topographie 538
 –, Tranquillityit 540
 –, Troktolith 539
 –, Ulvöspinell 544
 –, Umlaufbahn 541
 –, Wärmefluss-Sonde 537
 –, Wasserstoff 542
 –, Welle, seismische 537
 –, Zirkon 539
Mondachse 541
Mondbasalt 540f
 –, Alter 539f
Mondbeben 537, 542f
 –, flache 537, 542
Mondbeben-Wellen 542
Monde, galileische 584f
Mondgesteine 87, 90, 538ff, 607, 636
 –, älteste 636
 –, Minerale 90, 538, 540
Mondkern 543
Mondkrater 541
 –, Wasser 542
Mondkruste **538ff**
 –, Achondrit 539
 –, Albedo 538
 –, Alkali-Suite 538
 –, Alter 539f, 544
 –, anorthositische 544
 –, Auswurf-Decke 545
 –, Breccie, lunare 539
 –, der Hochlandregionen 539

 –, der Maria 540f
 –, Ferroan Anorthosit, noritischer 544
 –, Ferroan Anorthosit-Suite (FAN-Suite) 538f, 544f
 –, Geochemie 538f
 –, Gliederung 538
 –, H_2O 541
 –, High-Ti-Gruppe (FETI) 540
 –, Impakt-Breccie, polymikte 541
 –, Impaktschmelz-Breccie 541
 –, Isotopengeochemie 539
 –, Krater 541ff
   –, Impakt- 541, 544
   –, vulkanische 540
 –, KREEP-Basalt 539f
 –, Large Igneous Province (LIP) 538
 –, Low-Ti-Gruppe 540
 –, Mächtigkeit 542
 –, Mg-Suite 539
 –, Mondbreccie Kalahari 008 539
 –, Plutonite 538
 –, Regolith 537ff
 –, Riftzone 540
 –, Schuttströme 545
 –, Spalteneffusion 539
 –, Steinmeteorit 539
 –, subregolithische, Gesteine 542
 –, Very-Low-Ti-Gruppe 540
 –, Wrinkle Ridges 540
Mondlithosphäre, Aufbau 545
Mondmantel 542
 –, Aufschmelzung, partielle 541
 –, oberer, Dichte 543
 –, unterer, Zusammensetzung 543
Mond-Meteorite 541, 551, 559
Mondminerale 540f
Mondoberfläche 541
Mondstein **196**, 339
Monetit 410
monoklin 6, 9
monomineralisch 56
Mont-Blanc-Tunnel 515
Monticellit 239, 505
Montmartre-Zwilling 131
Montmorillonit 172, **177f**, 236f, 374, 385, 556
 –, Ausfällung 375
 –, Neubildung, Klimaabhängigkeit 375
 –, Umwandlung 385
Montmorillonit-Reihe 177
Monzodiorit **219**
 –, foidführender **219**
Monzogabbro **219**
 –, foidführender **219**
Monzogranit **224**
Monzonit 219, **234**, 643
 –, foidführender **219**
 –, Zusammensetzung, chemische 220
Moon Mineralogy Mapper 542
Moosachat 186
MORB (Mid Ocean Ridge Basalt, Mittelozeanischer Rückenbasalt) 231, 276, **305f**, 361f, 519, 528, 572, 606ff, 612f, 619, 622
 –, Chondrit-normiertes REE-Muster 607
 –, Chondrit-normiertes Spurenelement-Muster 607f

 –, Isotope, stabile 612f
 –, Quelle 609
 –, $^{87}Sr/^{86}Sr$-Verhältnis 619
 –, Zusammensetzung, mittlere 608
MORB-normiertes Spuremelement-Muster 608
Mordenit 432
Morganit (siehe auch Rosaberyll) **157**
Morion **184**
Mörtelgips **134**
Mörtelkränze 428
Mosaikbau bei Quarz 183
MRO (Mars Reconnaissance Orbiter), Context Camera (CTX) 574
M-Stern 631
MSWD-Wert (Mean Weighted Standard Deviation) 617f
M-Typ-Granit (mantle source rocks) 313
Mud Mount 403
Mudstone 400
Mugearit 237
Mukhinit 155
Mullit 151, 177, 471, 505
Multielement-Diagramm 607ff
Multiring-Becken, lunares 541
Multiring-Krater 329, 541
Münzmetall 72, 85
Murchison, Meteorit
 –, C- und H-Isotope 556
 –, Verbindungen, organische 556
Muschelkalk 401, 403f
 –, Biosparit 405
Muscheln 45, 401
 –, Karbonatgehäuse 45
Muscovit 56f, 145, **171ff**, 209, 219ff, 224, 312f, 319f, 338f, 347, 373f, 418f, 421, 425f, 433ff, 438f, 441f, 444, 455, 457, 460, 464, 473, 475f, 482, 484, 486, 491, 493ff, 498f, 501f, 504, 506, 617f, 622
 –, $A'KF$-Diagramm 491, 500
 –, Abbau 475
 –, AFM-Projektion 493f, 641
   –, Projektionspunkt 493, 641
 –, $AKFM$-Tetraeder 493
 –, Datierung 486f, 616ff, 622ff
 –, Dehydratationsschmelzen 320, 455, 476
 –, Entropie 473
 –, Löslichkeit 373
 –, Modifikation 172
 –, Molvolumen 473
 –, Schichtstruktur 171
 –, Stabilität 475f
Mutteratom, Mutternuklid 615f
Mutterisotop 623
Mutterkörper von Meteoriten 547, 552, 580, 632
 –, Abkühlungsrate 563
 –, Achondrite 557f
 –, Chondrite 554, 557
   –, kohlige 632
 –, Eisenmeteorite 563
 –, Eukrit 557
 –, Mars-Meteorite 558f
 –, Mond-Meteorite (Lunaite) 559
 –, Pallasite 560

Mutternuklid, radioaktives 615
Mutterplanet 584, 589, 591f
Mutterstern 637
MVT-Lagerstätte 366, **367**, 612
  –, Bildung 366
Mylonit, Mylonitisierung **428f**, 432
Myrmekit 447

N

n,p-Reaktion 623
N_2 (siehe auch Stickstoff) 211, 345, 571, 574, 582, 587, 590, 592, 632
  –, Eis 590
    –, Neptunmond Triton 590
    –, Pluto 592
Na-Amphibole 168f, 220, 223f, 234f, 312f, 436, 457f, 506, 642f
Na-Ca-Pyroxene 162
NaCl-Äquivalent 211, 346, 351f, 355, 365, 367
NaCl-Struktur 100
Nadeleisenerz (siehe auch Goethit) **114**, 377
Nadelzinn **111**, 358
Nagelfluh 388
Nakhlit (Mars-Meteorit) 551, **558f**, 576
Nakrit 177
Nama-Gruppe 60
Namaqua-Komplex 60
Nanodiamant 78
Nanoröhrchen 76
Na-Orthoklas **189**
Na-Pyroxen 162, **164**, 223f, 233f, 312f, 457, 507, 643
Na-Salpeter 411
Na-Sanidin **197**, 235f, 426, 458
NASA-Forschungssatellit 542
NASA-Orbiter 537
NASC (North American Shale Composite) 609
native copper (engl., siehe auch Kupfer, ged. (elementares)) 70
native gold (engl., siehe auch Gold, ged. (elementares)) 71
native silver (engl., siehe auch Silber, ged. (elementares)) 71
Natrium Na 414, **600f**, 625, 639
  –, Clarke 600f
  –, Entstehung von ^{23}Na 625
  –, Gewinnung 100
  –, Ionenradius 600, 639
  –, metallisches 414
Natriumformiat 45
Natrium-Metasomatose 164, **457f**, 460
Natroapophyllit **178**
Natrokarbonatit 239
Natrokarbonatit-Vulkan 239
Natrolith 190, 201, **202**, 238f, 254, 438
Natron 410
  –, Ausblühung 374
Natronlauge 414
Natronsalpeter (siehe auch Nitratin) **125**, 410
Naturgips 134

Naturstein, Naturwerkstein 117, 119, 371f, 389, 403
  –, als Rohstoff 63
  –, Archäometrie 53
  –, Kalk 403
  –, Verwitterung 371
Nautile (Tauchboot) 361
Ne (siehe auch Neon) 541, 571, 574, 583
NEAR (Near Earth Asteroid Rendezvous) 581
Nebel, protoplanetarer 633
Nebenelemente 220
Nebengemengteile (Akzessorien) 56, 217, 602
Nebengestein, Assimilation 279f, 603
Néel-Punkt 19
Neodym Nd **601**, 619ff
  –, Clarke 601, 619
  –, ε_{Nd}-Wert 620
  –, Erz 64
  –, Isotope 619ff
Neogen 563
  –, Impakt-Krater 563
Neon Ne, Entstehung von ^{20}Ne 625
Neon-Brennen 625
Neoproterozoikum 406, 487
Neosom 453
Nephelin 7, 190, **198ff**, 222, 236ff, 290, 302, 643
  –, CIPW-Norm 222
  –, System
    –, Nephelin–Kalsilit–SiO_2 293ff
    –, Nephelin–SiO_2 289f
  –, zur Gesteinsklassifikation **217f**
Nephelinbasanit 198, 223, 235f, **237ff**, 302, 643
Nephelinit 198, 218, **237ff**, 306, 524, 643
Nephelinsyenit 198ff, **234f**, 237, 340, 457, 643
  –, Kristallisationsabfolge 293
  –, Mineralbestand 234
Nephelinsyenit-Pegmatit 38, 200, **335**
Nephelintephrit 198, 223, **237**, 302, 643
Nephrit **167**
Népouit **176**, 378
Neptun
  –, Aufbau, innerer 582f
  –, Bahnelemente 569
  –, Eis 583
  –, Entdeckung 582
  –, Gesteinsmaterial 583
Neptun-Mond Triton 582, 588, **589f**, 592
Nernst'scher Verteilungskoeffizient **603f**
Nesosilikate (siehe auch Inselsilikate) **143ff**
Netz, petrogenetisches **481**, 484
Netzebenen 5, 7, 10
  –, Abstand 11
Netzwerk, seismisches, Erdmond 537
Netzwerkbildner 266
Netzwerkwandler 266
Neubildung, hydrothermale 432
Neumann'sche Linien 562
Neuschwanstein (Meteorit) 550
Neutrino, solarer 624
Neutronen 617ff
  –, Einfang 112, 623, 625, 633
  –, gepaartes 625
  –, schnelles 623
  –, Spektroskopie 542

Neutronenabsorber 126
Neutronenanlagerung 624f
Neutronendichte 625
Neutronenfluss 625
Neutronen-Spektroskopie, Mond 542
Newtonsche Flüssigkeit 269
NH_3 (Ammoniak) 252, 541, 582f, 587f, 632
Niccolit (siehe auch Nickelin) **89**
Nichteisenmetall-Erze 64
Nichterze 39, 63
Nichtleiter 110
Nichtmetalle 75
  –, elementare 69, **75ff**
Nichtmetall-Rohstoffe 63
Nickel Ni 534, 552, 560, **601f**, 605, 625
  –, als Rohstoff 63, 85
  –, Clarke 601f
  –, Entstehung von ^{58}Ni 625
  –, Erz, Lagerstätten 64, 85, 89f, 94, 176, 262, **328ff**, 358, 378
  –, Erzminerale 85, 89f, 94, 328, 358, 378
  –, Lagerstätten 85, 262, 328ff, 378
  –, metallisches
    –, im Erdkern 534
    –, in Meteoriten 554, 560f
Nickelarsenide 358
Nickelblüte (siehe auch Annabergit) **94**
Nickeleisen (Fe,Ni) 534, 553ff, 556f, **560ff**, 567, 585, 631f, 634
  –, Kern 534, 557, 581, 585
  –, kosmisches 73
Nickel-Hydrosilikat 176, 378
Nickelin 85, **89**
Nickel-Kobalt-Arsenid 358
Nickelmagnetkies 64, **90**, 323, 328
  –, Lagerstätten 323, **328ff**, 331
Nickel-Nickeloxid-Puffer 480
  –, Olivin-Fraktionierung 605
Nickel-reicher Laterit 378f
Nickel-Skutterudit 91, **94**
Nickelstahl 85
Nickeltalk 378
Nicol'sches Prisma 24
Nicols, gekreuzte 24
Niederdruck-Amphibolitfazies 504
Niederdruck-Fazieserie 496f, 502
Niederdruck-Gesteine, Buchan-Typ 486
Niederdruck-Granulit 503
Niederdruck-Grünschieferfazies 504
Niederdruck-Gürtel 437
Niederdruck-Metamorphose **433ff**, 496f
Niederschläge 373
Niedrig-P/T-Serie **496**
Niere, Schnitt 48
Nierenkanälchen 48
Nierensteine 48f
Niningerit 552, 554f
Niob Nb 339, 457
  –, Erz 64
Niobat-Tantalat-Pegmatit 340
Niter **125**, 410
Nitrate 35, 39, 117, **125**, 410
Nitratin **125**, 410
Nitride 632f

Nitrile 586, 592
Nitrophoska 140
Niveau
    –, metastabiles 466
    –, stabiles 466
n-Leitung 17
Noachium 574, 576
Nontronit 177
NO-Passat, Afrika 395
Nordmarkit 643
Norit 218f, **227**, 260, 278f, 324, 328, 538, 542, 642
    –, Gesteinsbenennung 218
    –, Intrusion, schichtige, Lagerstätten-bildung 324ff
    –, Mg-Suite, lunare 538f
Norm 217
    –, CIPW- 220, 222
normale Wasserstoffelektrode 380
Normal-Spinell **104f**
normiertes REE-Muster 609
normiertes Spurenelement-Muster 609
North American Shale Composite (NASC) 609
Nosean 190, **199**, 236f
    –, zur Gesteinsklassifikation 217
Noseanphonolith **235**, 643
Nugget 72, 74, 378, 391f
Nukleargraphit 75
Nukleosynthese
    –, primordale 624ff
    –, stellare 624f, 633
Nuklid **610**, 620
Nummuliten 44
NYF + LCT-Familie (Pegmatite) 340
NYF-Familie (Pegmatite) 340

O

O$_2$ (siehe auch Sauerstoff) 373, 380, 479ff
    –, Jupiter-Monde Europa und Ganymed 586
    –, Mars 574
    –, Merkur 568
    –, Partialdruck 392, 479
O$_3$ (siehe auch Ozon) 586
oberer Erdmantel (siehe auch Erdmantel) 305, 307ff, 518, 522ff
Oberer Muschelkalk 403
Oberer-See-Typus 350
Oberflächendefekt 49
Oberflächenenergie 451
Oberflächen-gebundene Exosphäre 568f
    –, Erdmond 541f
    –, Merkur 568f
Oberflächenkalk 403
Oberflächentemperatur
    –, Erdmond 541
    –, Jupiter-Monde 585ff
    –, Neptunmond Triton 589
    –, Planeten, erdähnliche 569, 571f, 574
    –, Pluto 592
    –, Riesenplaneten 582
    –, Saturnmond Titan 587
    –, Sterne 631

Oberflächenwasser 249, 377
    –, Eruption, plinianische 249
    –, Laterite, Kupfer-reiche 377
    –, Lösungen, hydrothermale 345
Oberkarbon 521
Oberkreide 521
Oberkruste (siehe auch Erdkruste)
    –, kontinentale 456, **520**
        –, Clarke-Wert 601
        –, Modell 520
        –, spröde 456
        –, Zusammensetzung 520
Oberschenkel-Knochen (Femur), Längsschnitt 46
oblat 448
Obsidian 33, 56, 215, **229**, 269
Obsidianstrom 243
Ocean Drilling Program (ODP) 437, 519
Ocean Floor Basalt (OFB) 306
Ocean Island Alkaline Basalt (OIA-Basalt) 306, 607f
Ocean Island Basalt (OIB) 607f
Ocean Island Tholeiite (engl., Tholeiit ozeanischer Inseln, OIT) 306, 608ff
Ockerfarbe, rote 109
ODP (Ocean Drilling Program) 437
OFB (Ocean Floor Basalt) 306
Öffnungsbewegung, tektonische 354
Offsets 328
OIA-Basalt (Ocean Island Alkaline Basalt) 306, 607f
OIB (Ocean Island Basalt) 607f
OIT (engl. Ocean Island Tholeiite, Tholeiit ozeanischer Inseln) 306, 608ff
Oktaederfläche 562
Oktaederschicht 153, 170f, 173, 175
Oktaedrit 561f
    –, Abkühlungsrate 562
    –, Feinuntergliederung 562
    –, plessitischer 562f
    –, Silikat-Einschlüsse 562
Öl 177, 268
    –, Bleichen von Speiseöl 177
    –, Erdölfalle, Salzdiapir 414
    –, Viskosität 268
    –, brennendes 269
Old Red, Sandstein 60f
Oldhamit 552, 554
Olenit **160**
Oligoklas 190, 193, **197f**, 220, 224, 234, 276, 300f, 338, 418, 433ff, 460
Ölimmersion 28f
Olivin 6, 33, 37, 56f, 144f, **146ff**, 222, 228f, 232f, 236f, 278, 295f, 300f, 390, 420, 440f, 443f, 447, 504, 519, 522ff, 530f, 538, 540, 544, 553, 557, 578, 605f, 642
    –, Aggregat, amöboides (AOA) 554, 633
    –, akkumuliert 269, 277, 560
    –, CIPW-Norm 222
    –, Endglieder 32, 146
    –, extrahiert 277
    –, Fraktionierung 278, 605
    –, Häufigkeit in der Erdkruste 37
    –, in Achondriten 558f
    –, in Chondriten 553ff

    –, in Meteoriten 552
    –, in Mondgesteinen 540
    –, in Stein-Eisen-Meteoriten 559ff
    –, Kristallisation 278
    –, Kumulat 544
    –, lunarer 539, 544
    –, Mischkristall 14
    –, Mischkristallreihe 146
    –, Seltenerd-Elemente 606
    –, Skelettkristalle 556
    –, Spurenelemente 603
    –, Struktur 125, 146
    –, zur Gesteinsklassifikation 217
Olivinbasalt 235, 266, 299, 309, 558
Olivin-Bronzit-Chondrit (siehe auch Chondrit) 555
Olivin-Chondrit (siehe auch Chondrit)
    –, gestreifter 553
    –, porphyrischer 556
Olivingabbro 218, **227**
Olivin-Hypersthen-Chondrit (siehe auch Chondrit) 555
Olivin-Klinopyroxenit 218, **219**
Olivinknolle 146, 307, 524
Olivinleucitit 237
Olivin-Nephelinit 237, 309f
Olivinnorit 218, **227**
    –, Mond-Meteorit (Lunait) 551
Olivin-Orthopyroxenit **219**
Olivin-Pyroxenit, Mondmantel 543
Olivintholeiit 229, **231ff**, 235, 268, 302, 306, 309
    –, Soliduskurve 320
Olivin-Websterit **219**
Ölschiefer 384, 397
Ommatidien 45
Omphacit 79, 161f, **164**, 209, 420, 436, 443, 471, 507ff, 522f
    –, Flüssigkeits-Einschlüsse 209
Onyx **186**
Ooid 112, 254, 376f, 399, **401**, 405, 407
Ooidgefüge 254
Oolith **401**, 403, 405, 407f
Oolitherz 407f
Oomikrit 401
Oosparit 401
opak **27**, 70, 83, 106, 108, 111, 217
Opakminerale 217, 232f, 238f, 558
Opal 32f, 181f, **188f**, 254, 301
    –, Biomineralisation 44
    –, Exoskelette 45
    –, gemeiner **188f**
    –, Härte 41
    –, pflanzlicher 45
    –, röntgenamorpher 188
    –, Typen 188
    –, Varietäten 189
    –, Züchtung 42
Opal-AG (Edelopal) 33, **188**
Opal-AN (Hyalit, Glasopal) 33, **188f**
Opalisieren 41, 188
Opal-Skelette 37
Ophicalcit 442
Ophiolith-Komplexe 258, 508, **519**, 524, 526

Ophiolith-Serie 363
ophitisch 220, 231, 289, 426, 446, 539
optisch, optische, optischer
 -, Achse 22
 -, Achsenebene 22f
 -, Achsenwinkel 23
 -, anisotrop 20
 -, Charakter 22ff, 26
 -, einachsig 22f, 26
 -, Indikatrix 22f, 25
 -, isotrop 21f
 -, negativ 23, 26f
 -, positiv 23, 26f
 -, zweiachsig 22f, 26ff, 40
Orbiculit 58f
Orbital, sp^3-Hybrid 13
Ordnung der Interferenz 11
Ordnungsprinzip 12
Ordnungs-Unordnungs-Vorgänge 15, **191f**, 195f
Ordnungszahl 598, 605ff, 610f, 624f
ORG (Ozeanrücken-Granitoid) 609f
organische Verbindungen 32, 391, 556, 581, 592, 632
Orgueil (Meteorit) 556
Orientierungsgefüge 59
Ornamentstein 169, 198, 225, 234
Orogen, Orogengürtel, Orogenzone 355, 360, **432ff**, 436, 486f, 497, 505, 519f, 527
 -, alpidisches 436
 -, Andentyp 520
  -, Wärmedom 435
 -, junger 487
 -, Golderze 355
 -, känozoisches 505
 -, mesozoisches 505
 -, paläozoisches 505
 -, phanerozoisches 432
 -, proterozoischer 505
 -, Regionalmetamorphose 432
 -, Spurenelement-Muster 608
Orogenese (Gebirgsbildung) 432, 453, 484
 -, Laramische 357
Orthit (siehe auch Allanit) **154**
ortho silicates (engl., siehe auch Inselsilikate) 143f
Orthoamphibol 6, 166
Orthoamphibolit **419**
Orthogneis 62, **419**, 441, 446, 454, 501, 600, 617ff
Orthoklas 6, 34, **189ff**, 193f, **195f**
 -, i. e. S. 192
 -, Verzwillingung 195
 -, zur Gesteinsklassifikation 217
Orthoklas-Perthit 442
Orthopyroxene 6, **161ff**, 228f, 299, 420, 440ff, 464, 483, 502ff, 522f, 526f, 538, 540, 558, 605f
 -, ACF-, A'KF-Diagramm 491f
 -, Chemismus 161
 -, in Meteoriten 552, 555ff
 -, lunare 539
 -, Nomenklatur 161
 -, Seltenerd-Elemente 606
 -, Verwachsung, zonare 299

Orthopyroxenit **219**
 -, Mars-Meteorit 551
orthorhombisch 6, 9
orthoskopisch 26
Osbornit 552
Osmiridium **74**
Osmium Os 74
 -, Erz 64
Osteoblast, Osteoblastese 46
Osteocyt 46
Osteon 46
Osteoporose 48
Ostwald'sche Stufenregel 189, 467
Osumilith 503
Oszillationsrippeln 384
Otavit 124
Ottrelith **153**, 420
overpressure, tectonic (engl., siehe auch Überdruck, tektonischer) 422
Oxalsäure $C_2H_2O_4$ 613
Oxid 35, **103**, 554, 633
 -, Anteil an Erdkruste 37
 -, Erzkörper 325
Oxidation 40, **378ff**
 -, Eisen 40, 43
 -, photokatalytische 112
 -, Sulfide 43
Oxidations-Reduktions-Reaktion 471, 479ff
Oxidationszone 121, 124f, 131, 134f, 140, 352, **378ff**
 -, Erzgang 378
 -, Minerale 379
oxidierend 73, 365, 373, 391, 559, 606
Oxid-Magma, -Schmelze 64, 279, 324f, 396, 404
 -, Bildung 325
 -, Lagerstättenbildung 328
Oxid-Oxid-Reaktion 480
Oxid-Silikat-Reaktion 480
Ozean 361f, 526f, 598
 -, Indischer 408
 -, Jupiter-Mond Europa 586
 -, Pazifischer 361, 408
 -, Saturn-Mond Titan 588
 -, SiO_2-Kreislauf 409
Ozeanboden-Basalt 245, 362, 460, 498
Ozeanboden-Metamorphose, regionale **437f**, 460, 474, 497f
Ozeanboden-Tholeiit 363
ozeanische Erdkruste 515, **519f**
Ozeanischer Insel-Tholeiit 306, 608f
Ozeanrücken-Granitoid (ORG) 609f
Ozeanwasser, O- und H-Isotopie 611
Ozon-Messgerät TOMS 253

P

Packstone 400, 403
Packungsdichte 179
Padparadscha **107**
Pahoehoe-Lava 243f
 -, Ätna 243
 -, Förderung
  -, submarine 243
 -, Hawaii 243

paired metamorphic belt (engl., Gürtel, metamorpher, paralleler) **437**
Palaeoscoleciden, Apatit 46
Palagonit 244, 252, 578
Palagonittuff 252
Paläoproterozoikum 406
Paläosom **453ff**
Paläozoikum, tieferes 521
Palladium Pd
 -, Erz 64
 -, kurzlebiges Isotop ^{107}Pd 633
Pallasite (Stein-Eisen-Meteorite) 551, 560
 -, Eagle-Station-Trio 560
 -, Hauptgruppe 560
 -, von Imilac (Chile) 560
 -, Zusammensetzung 560
Palygorskit 50
panidiomorph 56
Pantellerit 216
Papier, Papierindustrie 119, 130, 171, 177, 376, 414
Paragenese
 -, Berührungs- 464
 -, persistente 354
 -, Serie 495
Paragneis 63, 150, **419**, 441, 452, 501f
Paragonit 172, **173**, 421, 434, 441, 471f, 490, 498, 506ff
 -, Druckstabilität, obere 509
 -, Zerfall 472
Parahilgardit 6
Parallelgefüge
 -, lineares 449
 -, planares 448
Parallelschichtung 59
paramagnetisch 18, 106
Paramorphose 187, 189, 192
 -, Mikroklin nach Sanidin 192
 -, Orthoklas nach Sanidin 195
 -, Tief-Leucit nach Hoch-Leucit 199
 -, Tiefquarz nach Hochquarz 187
Parasitärvulkan 245
Parawollastonit **165**
Pargasit 168
Pargasit-Ferropargasit **167**
Parisit 331f, 457
Partialdruck 284, 299, **423**, 466, 472, 475
 -, P_{CO_2} 200, 400f, 479ff, 490, 503
 -, P_{H_2O} 423, 472ff, 500, 503
partielle Anatexis (siehe auch Anatexis) **453ff**
Partikelbewegung 429
Partikelgefüge 399
patch reef (engl., siehe auch Kuppenriff) 402
Pb-Isotope, radiogene 621f
Pb-Pb-Methode 328
^{207}Pb-^{206}Pb-Alter (siehe auch Blei-Blei-Alter) 557, **621**, 633
Pech, heißes, Viskosität 269
Pechblende (siehe auch Uranpechblende) 112, 367, 393
 -, Strahlung 50
Pechstein 56, 215, **229f**, 232f

Pegmatite 61, 64, 200, **216**, 219f, 258, 313, 320, 330, **335ff**, 458f
  –, Abkühlungszeit 338
  –, Auftreten 337
  –, Dampfphase 337
  –, Einteilung 339
  –, Gefüge, schriftgranitisches 338
  –, Genese 337
  –, LCT-Familie 340
  –, Liquidus-Temperatur 337
  –, NYF-Familie 340
  –, NYF + LCT-Familie 340
  –, Petrographie 337
  –, Riesenkristalle 339
  –, Rohstoffträger 339
  –, Soliduskurve 320
  –, Solidustemperatur 337
Pegmatit-Gänge 337f
Pegmatit-Minerale 38, 90f, 104, 107, 110, 136, 138f, 150, 152, 157, 160, 165, 173, 183f, 196ff, **335ff**
Pegmatit-Provinzen 339
Pegmatit-Quarz 183
Pegmatit-Schmelze
  –, Kristallisation, fraktionierte 337
  –, Viskosität 337
Pegmatit-Stock 337
Pegmatoide 340
Pelées Haar, Pelées Tränen 252
Pelite **384ff**, 388, 394ff
  –, Diagenese 387, **396**
  –, Einteilung, Klassifizierung **394ff**
  –, Graphit-führende 475
  –, Kompaktion 387
  –, metamorphe **419**, 425f, 433f, 438ff, 498f, 501f, 505ff
Pelletiermittel 177
Pelmikrit 399
Peloid 399
Pelsparit 399
Pentlandit 84f, 88, 90, 323, 328, 330f, 552
Peridot 146, 219
Peridotit 146, 149, 181, 187, 218f, **227ff**, 420, 443, 510, 519f, 522, 524, 526f, 642
  –, ACF-, A'KF-Diagramm 491
  –, Anatexis, partielle 305
  –, depleted 527
  –, Dichte 516, 524
  –, Gesteinsbenennung 219
  –, Häufigkeit 213
  –, metamorpher 437
  –, Mineralbestand 227
  –, ozeanischer 437
  –, Varietät 227
  –, verarmter 527
  –, Verwitterung 378
  –, Zusammensetzung, chemische 220
Peridotit-Gruppe 219
Peridotit-Mantel 524
Peridotit-Restit 527
Periglazialgebiet 395
Periklas 7, 465, 477f
Periklin 197
Periklin-Gesetz **194**, 196f, 224, 227
Peristerit-Lücke 193, 198

Perle, Aragonit 45
Perlit 229
Perlmutt 45
Perm 44f, 245, 550, 613
Permafrost, Mars 575
Permineralisation, sekundäre 45f
Perm-Trias-Grenze 245, 550
  –, Massenaussterbe-Ereignis 245
Permutit 201
Perowskit 3, 103, **109f**, 239, 530ff, 541, 552, 556ff, 598, 631f, 635
  –, Ca- 532
  –, künstlicher 110
  –, Mg- 532, 635
  –, Mg-Silikat- 558
  –, Struktur **109f**, 532
  –, synthetischer 110
Perowskit-Phase 532
Perthit **192f**, 292, 442, 457, 470
  –, zur Gesteinsklassifikation 217
Pestizide 177
Petalit, LCT-Familie 340
petrogenetic grid (engl., siehe auch Netz, petrogenetisches) 481
Petrographie
  –, Magmatite **223ff**
  –, Metamorphite **438ff**
  –, Sedimente und Sedimentgesteine **383ff**
Petrologie (Gesteinskunde) 52, **213ff**
  –, experimentelle 52, 513, 515
  –, technische 52
  –, theoretische 52
Petzit 354
Pfannensteine 171
Pfeilwürmer (*Chaetognathen*), Apatit 46
Pflanzen-Zellen, mineralische Einschlüsse 45
PGE (siehe Platin-Gruppen-Elemente) 597f
PGE-Sulfide, CK-Chondrite 556
P_{H_2O}-T-Diagramm 472
PH_3 (Phosphorwasserstoff, Monophosphan) 583
Phakolith (siehe auch Sichelstock) 259
Phanerozoikum, phanerozoisch 245, 549, 616f
Phänokrist **216**, 258
Phase 464, 466
  –, 10-Å- 532
  –, AlOOH 532
  –, Dampf- 282, 336f
  –, Definition (Phasenregel) **282, 464ff**
  –, Egg 532
  –, fluide 211, 282, 336, 343ff, 423, 464f, 468ff, 608
    –, Komponente, gelöste 344, 608
    –, Überdruck 423
  –, flüssige 282
  –, koexistierende 603
  –, kristalline 282, 464, 603
  –, metastabile 467
  –, polymorphe 467
    –, Potentialfläche 466
  –, Schmelz- 282, 464
Phasenbeziehungen, Darstellung 490
Phasengleichgewicht (siehe auch Gleichgewicht, thermodynamisches) **463ff**

Phasenregel
  –, Gibbs'sche **282**, 286, 421, **464ff**, 476f, 482, 491ff
  –, mineralogische 465
  –, Verletzung 466f
Phasenumwandlung, polymorphe
  –, Al_2SiO_5-Minerale 149f, 468ff
  –, Graphit–Diamant 77, 80, 510, 525
  –, $(Mg,Fe)_2SiO_4$-Phasen 530ff
  –, SiO_2-Minerale 15, 179ff, 430, 509
Phenakit 6
Phengit **173**, 440f, 506ff
  –, Geobarometer 484
  –, Isoplethen 484
Philippinit 563
Phillipsit 190, **203**
  –, Durchkreuzungszwilling 202
Phlogopit 145, 171f, **173**, 178, 192, 227, 233, 237, 308, 339, 420, 442, 457f, 465, 483f, 498, 503f, 605f
  –, Schichtstruktur 171
  –, Seltenerd-Elemente 606
Phlogopitschiefer 458f
Phönizier, Bergbau 347
Phonolith 61, 198ff, 203, 218, 220f, **235ff**, 246, 252, 274, 290f, 293, 295, 302
  –, i. e. S. 235
  –, Kristallisation 293
  –, tephritischer 218, 238f, 643
  –, Zusammensetzung, chemische 221
Phonolithbimsstein 235
Phonolithtuff 252
Phonotephrit **221**
Phosphate 35, 37, 39, 64, **137ff**, 337, 378, 557
  –, amorphe 410
  –, Anteil an Erdkruste 37
  –, Bedeutung 410
  –, Haushalt 48
  –, Lagerstätte, sedimentäre 385
  –, Rohstoff 63
Phosphat-Gesteine, sedimentäre 66, **410**
Phosphat-Minerale in KREEP-Basalt (Erdmond) 539
Phosphat-Pegmatit 340
Phosphor P 140, 184, 339, **600f**, 625
  –, Clarke 600f
  –, Entstehung von ^{31}P 625
  –, Ionenradius 600
Phosphorit 138, 140, **410**
  –, Lagerstätten 66, 140
Phosphorsäure 140
Photodissoziation 625
Photokatalyse, photokatalytisch 112, 140
Photosynthese 43, 401
  –, Algen 401
  –, oxygene 43
Phreatomagmatismus, phreatomagmatisch 239, 249
pH-Wert 362, **374**, 380f, 392, 400, 404f
Phycodenschichten 425
Phyllit 432, **438ff**, 444, 448, 472, 498f
Phyllonit 428
Phyllosilikate (siehe auch Schichtsilikate) 143, 145, **169ff**
Picotit **105f**

Picrobasalt 221
Piemontit **154f**
Piezoeffekt 18
Piezoelektrizität, piezoelektrisch 18, 110, 159, 182
Piezoquarz 187
Pigeonit 161f, **164**, 231, 297ff, 503, 505, 538ff, 557ff
–, Augit-Entmischung 164, 297ff, 539
–, in Meteoriten 552, 557ff
–, in Mondgesteinen 539
Pigmente 93, 95, 101, 106, 109, 111, 119, 150, 231, 409
Pikrit 218, **233**, 278, 306, 309f, 331, 642
–, Mineralbestand 233
–, tholeiitischer 309
Pikritbasalt 233, 642
Pikritmagma 278
Pillow 244
Pillowbasalt **244**, 437, 506, 508, 519
–, metamorpher 437
Pillowbreccie 244
Pillowlava 60, 231, **243f**, 361, 460, 519
–, spilitisierte 460
Pilze 373, 406
Pimelit (siehe auch Willemsit) 378
Pinakoid 5
Pinch-and-Swell-Struktur 353
Pinge 347f
Pinit 158
Pinitisierung 419
pinnacle reef (engl., siehe auch Säulenriff) 402
Pinnoit 6
pipe (engl., siehe auch Diatrem) 77, 239
Pipettieren 386
Pisolith (siehe auch Erbsenstein) 121, 254, 377
Pistazit **154f**
Pistill 187
Pitkrater 245, 278
placer (engl., siehe auch Seife) 391
Plagidacit **218**
Plagiogranit, ozeanischer 306
Plagioklas 6, 36f, 56f, 190, 192ff, **196ff**, **226ff**, 236f, 284ff, 299, 301f, 307, 336, 419f, 430, 438ff, 451, 458, 475, 490, 495, 500, 502ff, 523, 526, 538, 540, 605f, 642
–, Deformations-, Druckzwillinge 451
–, Einbau von Sr 605, 607
–, Endglieder 32
–, Gefüge, ophitisches 289
–, Habitus 197
–, Häufigkeit in der Erdkruste 37
–, Hochtemperatur-Optik 193
–, Hollandit-Struktur 558
–, im Leukosom 453ff
–, im Marsboden 578
–, in Achondriten 557f
–, in Chondriten 555
–, in Mesosideriten 559
–, in Mondgesteinen 552, 555
–, in Meteoriten 552, 555
–, Kristallisation 268
–, Kristallstruktur 192
–, Mischkristalle 14, 189f, 197f
–, Phasenübergang 192

–, Seltenerd-Elemente 606
–, Sericitisierung 419
–, Strukturzustand 189ff
–, Tieftemperatur-Optik 193
–, Verdrängung durch Albit 458
–, Zonarbau 285f, 464
–, zur Gesteinsklassifikation 217
–, Zwillinge 226f
–, Zwillingsbildung 197, 226f, 451
–, Zwillingsgesetze 194
Plagioklas-Einsprenglinge 229, 231, 286
Plagioklasglas (Maskelynit) 558
Plagioklas-Kumulate 277f, 325
–, Anorthosite der Mondkruste 539, 544
Plagioklas-Pyrolit, Stabilitätsfeld 525f
Plagioklas-Reihe 189, **197f**
Plagiostoma striatum 401
Planeten **567ff**, 629ff, 634
–, Bahnelemente 569, 629
–, Bildung 634
–, Dichten, mittlere 567, 569
–, Differenzierung 595
–, Drehimpulse 629
  –, Bahn- 629
  –, Eigen- 629
–, Entstehung 633ff
–, erdähnliche 32, 55, 543, 552f, 561, 567, **568ff**, 595f, 600, 629, 633ff, 637
  –, Differentiation 635
  –, Kern 543
–, extrasolare 582f, 637
–, Größe 567, 569
–, Krater (Impakt-, Meteoriten-) 570f, 629, 635
–, Lithosphäre 567
–, Masse 567, 569, 629
–, Riesen-, Riesen-Eis-, Gas- 567, **581ff**, 629, **637**
–, Rotationsachsen 629
–, Rotationsdauer 569
–, Satelliten 578ff, 581ff, 588ff, 629
–, Sauerstoff-Gehalt 597
–, Schalenbau 596
–, Umlaufbahnen 567f, 635
–, Umlaufzeiten 569
–, Zwerg- 567
planetarische Kleinkörper (siehe auch Asteroiden, Trans-Neptun-Objekte) 567, 591
–, Orcus 591
–, Quaoar 591
–, Sedna 591
–, Varuna 591
Planetenbahnen 629
Planeten-Embryonen 637
–, CB-Chondrite 556
Planeten-Kerne 637
Planetenradien 569, 629
Planetensystem, Sonnensystem 475, 513, 545ff, 549ff, 552, 556ff, **567ff**, 595, 598, 600, 622, **629ff**, 636
–, Alter 539, 544, 557, 634, **636**
–, Entwicklung 553, 633f
–, Geschichte, frühe 622
–, Impakt-Strukturen 549f

Planetesimale 579, 585, 591, 629, 632, **634f**
Planetoiden-Gürtel (siehe auch Asteroidengürtel) **579ff**
Plasma 186
Plasma-(Massen-)Spektrometrie, induktiv gekoppelte (ICP, ICP-MS) 211, 621
Plasmaschweif 568
Plasma-Wolke, ionisierte, Mond 544
Plateaualter 623f
Plateaubasalt 244, **306**, 572f
–, kontinentaler 306
–, ozeanischer 245, 306
Platin Pt 69, **74**, 391, 597f, 602, 625
–, Clarke 602
–, Entstehung 625
–, Erz 64
–, Erzlagerstätten 323, 326f, 391
–, ged. (elementares) 69, **74**, 330, 391
  –, Kristallformen 74
–, Gruppe 69, 74
–, Legierungen **74**, 327, 330, 391
–, Seifen 65, 74, 391
Platingruppen-Elemente (PGE) 64, **74**, 323f, 326f, 330, 391, 564, **597f**, 602
–, Lagerstätten 323, 326ff, 391
–, Legierungen **74**, 327, 330, 391
–, Os-reiche 393
–, Minerale 64, 74, 327, 330
–, Seifen 65, 74, 391
Platiniridium **74**
Platinlegierungen **74**
Platinmetalle 7, 64, **74**, 323f, 327, 547
–, Lagerstätten 262, 323
–, Mischkristalle 74
Platinseifen 74, 391
Platte, subduzierte 528
Plattengneis 441
Plattengrenze 527
–, konvergente 528
Plattenquarz 438f, 442, 448
Plattenrand
–, destruktiver 520, 528, 636
–, divergenter 241f, 306, 519, 528
–, Profil **497**
–, konstruktiver 519, 528, 636
–, konvergenter 241f, 505, 520, 528
–, Gold 355
–, Magmaförderung 273
–, Profil **496**
Plattentektonik 64, 242, 305, **306**, 312, 424, **527f**, 636
–, Modell 527
Plättung 448
Plättungsgefüge 262, 438f
Platznahme von Plutonen 260ff
–, syntektonische 262
Playa 411
p-Leitung 17
Pleochroismus, pleochroitisch **27**, 40, 148, 157f
–, Turmalin 27, 158
–, Hornblende 27
–, Minerale, opake (Reflexions-) 28
Pleonast **105**
Plessit **73**, **561f**

Pliozän 377
-, Klima 377
Plume
   -, Mantel-Plume 241, 245, 275, 306, 393, 531, 533, 572f, 576, 636
   -, Rauchwolke, Jupiter-Mond Io 585f
Pluton 216f, **259ff**, 306, 319, 456
   -, Alteration, spätmagmatische 349f
   -, Aufbau 260
   -, Bruchspuren 261
   -, Dachregion 347
   -, Fließspuren 261
   -, Interngefüge 260
   -, Kontaktmetamorphose 424
   -, Platznahme 260f
   -, Pull-Apart-Typ 262
Plutonismus 61, 64, **257ff**, 595, 636
Plutonite 36, 61, **215ff**, 257f, 311, 528, 538f
   -, Achondrite (Angrite) 557
   -, Alkali- **234f**
   -, Ausbildung, hypidiomorphe 217
   -, felsische, Soliduskurven 320
   -, granitische, Häufigkeitsverteilung 316
   -, Klassifikation 217
      -, IUGS- 218f
      -, mineralogische 217
   -, Klassifikationsdreieck 219
   -, lunare 539
   -, mafische 219
   -, Mikrofotos 226ff
   -, Mineralbestand, modaler 217
   -, Q–A–P–F-Doppeldreieck 218
   -, subalkaline **224**, 642
   -, ultramafische 219
   -, Zusammensetzung, chemische 220
Plutonit-Porphyre 216, **219**, 258
PO_4^{2-} (Phosphat) 337
podiform 326f
poikiloblastisch 446
Pointcounter 217
Poisson-Zahl σ **524**
Polarisation, lineare 23
Polarisations-Mikroskop 19, 24, 33
Polarisator 24, 26, 28
Polianit **111**
Poliermittel 75, 79f, 92, 114, 138
Polierrot 90, 109
Polierschiefer 409
Polierstein 187
Polybasit **86**, 356
Polygonalbögen 450
Polygonal-Gefüge 447
Polyhalit 412
Polymetamorphose 446
polymineralisch 56
Polymorphie **15**
Polysaccharid 44f
Polytypie **15**
Polyxen **74**
Poren, Porenraum 346, 371, 386f
Porenlösung, Porenwasser 186, 386f, 396, 405f, 458
Porfido rosso antico 229, 231
Porfido verde antico 229, 231

Porosität 58, 396, 398
   -, Reduzierung 421
Porphyrerze 348
porphyrisch 57
porphyrische Kupfererz-Lagerstätten (siehe Porphyry Copper Ores) **349ff**
porphyrische Molybdänerz-Lagerstätten 348
Porphyrit 229, 642
Porphyroblast 36, 39, 57, 419, 425, 438, 444, **446ff**
   -, Einschlüsse 464
   -, Internrelikte 446
Porphyroklast 428
Porphyry Copper Ores (engl., porphyrische Kupfererz-Lagerstätten) **349ff**, 432, 459f, 612, 615
   -, Gold 350
   -, Haupterzminerale 349
   -, Lage 350
   -, Schema 349
   -, S-Isotopie 612, 615
   -, Verwitterung 378
   -, Zonierung 350
Portlandzement 119, 397
Porzellan 126, 136, 151, 177, 196, 339, 414
   -, hochfeuerfestes 151
Porzellanerde 177
Porzellanindustrie 339, 414
Porzellanit 409
Posidonienschiefer 46, 397
Position, geotektonische 595, 607ff
Positronen-Emission 622
post-COLG (posttektonischer Kollisionsgranit) 609
Post-Perowskit 533
posttektonischer Kollisionsgranit (post-COLG) 609
Potentialfläche 466f
Potenzialtrog 468
Povondrait **160**
pp-Prozess 624
präbiotisch 556
Präkambrium 43
Prasem **185**
Prasiolith **184f**
Präzessions-Verfahren 11
Prehnit 351, 421, 437f, 498
   -, ACF-Diagramm 491
Prehnit-Pumpellyit-Fazies 496, **498**
   -, Minerale 498
PREMA (Prevalent Mantle Reservoir) 619, 621
pressure
   -, geostatic (engl., siehe auch Belastungsdruck) 422
   -, lithostatic (engl., siehe auch Druck, lithostatischer) 422
Prevalent Mantle Reservoir (PREMA) 619, 621
Priel 403
Primärblei 620
Primärstrahl 11
Prinzip der dichten Packung 12
Prinzip von de Fermat 517

Prisma, Nicol'sches 24
prolat 448
Proplyd (siehe protoplanetary disk) **630**
Propylitisierung 355, 459
Propylit-Zone 349
Prospektion 52
   -, geochemische 52
   -, Lagerstätten 63
Proteine 45f, 139, 177
Proterozoikum, proterozoisch 367, 401, 406, 563
   -, Impakt-Krater 563
   -, Karbonatgesteine 377
Protoenstatit 296f
Protoerde 636
Protokataklasit 428
Protolith 419
Protonen 583, 617ff, 623
   -, Emission 623
Proton-Proton-Kette 624
Protoplanet, protoplanetar 554, 630, 634f
protoplanetary disk (engl., siehe auch Gas-Staub-Scheibe, protoplanetare) **630**
Protosonne 630, 632, 634
Protostern 630
Proustit 7, **95f**, 355f
Proustit-Pyrargyrit 86, 356f
Provenienz von Edelsteinen 41
Provinz, magmatische 273f
Prozess
   -, α- 625
   -, AFC- 280, 306, 539, 606
   -, biogener 32
   -, biologischer 610f, 613
   -, Diagenese-, diagenetischer 406, 437
   -, endogener 595
   -, Erosions- 575
   -, exogener 595
   -, exothermer 602
   -, Fragmentierungs- 580
   -, Gebirgsbildung 456
   -, geologischer 423, 610f, 613, 636
      -, Reaktionskinetik 611
   -, gesteinsbildender 52, 61, **63f**, 213, 595
   -, Hochofen- 596
   -, Impakt- 78
   -, κ- 622
   -, Kollisions- 634
   -, krustenbildender 595
   -, magmatischer 61, 64, **215f**, 241ff, 257ff, 323ff, 608ff
      -, Modellierung 603
      -, Position, geotektonische 609f
      -, Spurenelement-Geochemie 603
      -, Spurenelement-Verhalten 605
   -, Massentransfer 455
   -, metamorpher 61f, **418ff**
   -, Metasomatose-, metasomatischer **457ff**, 607
   -, nuklearer 624
   -, petrologischer, petrogenetischer 313, 611
   -, physikalisch-chemischer 611
   -, plattentektonischer 595
   -, plutonischer **257ff**

–, postmagmatischer 608
–, pp- 624
–, r- (rapid) 625
–, Reduktions- 397
–, s- (slow) 625
–, sedimentärer 62, **383ff**
–, sedimentbildender 371
–, Skapolithisierungs- 457
–, tektonischer 55, 549
–, thermischer 634
–, thermonuklearer 624
–, vulkanischer 61, **241ff**, 549
Prozess-Beschleuniger 138
Psammite 384f, **388f**
    –, Bindemittel 388
    –, Einteilung 388f
    –, Klassifikation 389f
        –, geochemische 390
    –, Kornart 388
    –, Oberfläche 384
    –, Schwerminerale **390**
Psephite 384f, **388**
    –, Einteilung 388
    –, Einzugsgebiet 388
    –, monomikte 388
    –, polymikte 388
    –, Rundungsgrad 388
Pseudobrookit 541
Pseudoleucit 234, 295
pseudomorphe Verdrängung 200
Pseudomorphose 135, 169
    –, Cancrinit nach Nephelin oder Sodalith 200
    –, Chlorit nach Granat 450
    –, Hämatit nach Magnetit 105
    –, Pyrolusit nach Manganit 111
    –, Uralit, Hornblende nach Augit 168f
Pseudoschnitt 482, 484
pseudosection (engl., siehe auch Pseudoschnitt) 482
Pseudotachylit **428**, 446
Pseudowollastonit **165**
Psilomelan (siehe auch Romanèchit) 359, 408
P-T-Bedingungen (Druck-Temperatur-Bedingungen) **463ff**
P-T-Diagramme (Druck-Temperatur-Diagramme) 149, 181f, 210, 282f, 307f, 320, 434, **463ff**, 467f, 471, 473ff, 496, 503, 509, 523, 525
    –, Geobarometer 483
    –, Geothermometer 483
    –, Isochoren 210
    –, Mineralfazies, metamorphe 496
P-T-D-Pfad (Druck-Temperatur-Deformationspfad) 485
Pterokorallen 402
Pterophyten 445
P-T-Feld (Druck-Temperatur-Feld) 465, 471, 482
P-T-Pfad (Druck-Temperatur-Pfad)
    –, im Gegenuhrzeigersinn 486
    –, im Uhrzeigersinn 485
    –, prograder 464, 482, 484ff
    –, Rekonstruktion 484

–, retrograder 464, 482, 485ff
–, Typ 485
–, Verlauf 485
P-T-Pseudoschnitt (Druck-Temperatur-Pseudoschnitt) 482
P-T-t-Pfad (Druck-Temperatur-Zeitpfad) 486f, 616
P-T-X-Bedingungen, Metamorphose (Druck-Temperatur-Konzentrations-Bedingungen) 423, 477
P-T-X-Daten, Flüssigkeitseinschlüsse 210f
Puffersystem, Gleichgewichtskurve 479ff
Pulverdiffraktometrie **11**
Pulver-Verfahren 11
Pumpellyit 351, 421, 437, 498, 506
    –, *ACF*-Diagramm 491
Punkt
    –, eutektischer **283f**, 286ff, 290f, 294ff, 303
    –, invarianter **282f**, 465
    –, kritischer 210, 282
Punktanalyse, ortsauflösende 33
Punktdefekte 451
Punktreihe 5
Punktzählverfahren 217
pure shear (engl., siehe auch Scherung, reine) 448
P-Welle **516**, 527f, 533ff
    –, Geschwindigkeit **516**, 518ff, 522, 524, 527f, 533ff
    –, Mond 542f
    –, Laufzeit-Kurve 516
    –, Tiefenabhängigkeit 518
P-X$_{Fe}$-Schnitt, isothermer 482
Pyknit 151
Pyragogi 513
Pyralspit-Reihe **148f**
Pyramide 5
Pyrargyrit 7, **95f**, 355f
    –, Kristalltracht 95
Pyribolit **442**, 502
Pyriklasit **442**, 502, 523
Pyrit 7f, 32, 34, 46, 64, 87, **91ff**, 222, 328, 330f, 349f, 352f, 356, 361ff, 366f, 378, 393, 404f, 438, 447, 452, 457, 459, 597
    –, Abröstungsrückstand 92
    –, Bildung 405
    –, CIPW-Norm 222
    –, Eh-pH-Diagramm 405
    –, gelförmiger 366
    –, Goldeinlagerung 72, 355
    –, in Kupfererz 344
    –, Kristallstruktur 92
    –, Kristalltracht 91
    –, Limonit-Pseudomorphosen 92
    –, Oxidation 379
    –, S-Isotopie 612, 614
    –, Stabilitätsfeld 404f
Pyrithülle (in Pophyry Copper Ores) 349
Pyrochlor 331, 457
Pyroelektrizität **18**, 159
Pyroklastika 63, 215f, 237, **246ff**, 251f, 383, 545
    –, unverfestigte 251
pyroklastischer Strom 249f

pyroklastisches System 247
Pyroklastite 63, 215f, 237, 246f, **249ff**, 376, 383, 545, 576
    –, Fragmentierungsgrad *F* 247f
    –, unverfestigte 215
    –, Verbreitung, flächenhafte *D* 247f
    –, Verfestigung, sekundäre 252
Pyrolit **525ff**, 530, 532
    –, Aufschmelzen, partielles **307f**, 525, 527f
        –, H$_2$O-frei (trocken) 307f, 527
        –, H$_2$O-haltig 308ff, 527
    –, Aufschmelzgrad 307, 310
    –, Chemismus **525**, 599
    –, fertiler 527
    –, Granat- 526
    –, Mineralparagenesen **526**
    –, Plagioklas- 526
    –, Pyroxen- 526
    –, Solidus 307
        –, mit 0,1 Gew.-% H$_2$O 307, 528
        –, trockener 525
    –, Solidustemperatur 308
    –, Spinell- 307, 526
    –, theoretischer 307
    –, Zusammensetzung 525, 598
Pyrolitmantel 527
Pyrolit-Modell 305, 307, **524ff**
Pyrolusit 103, **111f**, 359, 379, 408
    –, Pseudomorphose nach Manganit 111
Pyrometamorphose 422, **426**, 476, 497, 505
Pyrometer, optisches 267
Pyromorphit 7, 137, **140**, 379
Pyrop, Pyrop-Granat 148f, 187, 394, 440ff, 447, 483, 486, 507ff, 526, 530
    –, System Forsterit–Diopsid–Pyrop 303
Pyrop-Almandin-Granat 483
Pyrop-Kristall 510
Pyrop-Quarzit 187, 509
Pyrop-Serpentinit 440f
Pyrophylacia 513
Pyrophyllit 14, 145, **170ff**, 355, 398, 421, 472, 499, 506
    –, *ACF*-, *A'KF*-Diagramm 491
    –, Polytypen 171
    –, Schichtstruktur 170
    –, Zirkon-Pfannenstein 171
Pyrophyllit-Talk-Gruppe **171f**
Pyropquarzit 187
Pyrotechnik 122, 174
Pyroxene 38, 57, 145, **160ff**, 208, 301, 307, 390, 519, 539f, 544, 552f, 578, 631f, 642
    –, Alkali- 117, **164f**
    –, Auslöschung, symmetrische 25
    –, Auslöschungsschiefe 25
    –, Ca- **163f**
    –, Datierung 616
    –, Endglieder 160ff
    –, Flüssigkeits-Einschlüsse 208
    –, Habitus 163
    –, Häufigkeit in der Erdkruste 36f
    –, im experimentellen Modellsystem 297ff, 320
    –, im Marsboden 578
    –, im Restit 453f

Pyroxene (Fortsetzung)
 –, in Achondriten 557f
 –, in Chondriten 553ff
 –, in präsolaren Staubteilchen 633
 –, jadeitischer 506
 –, Kristallisation 268, 300
 –, Kristallstruktur 160ff, 300
 –, Löslichkeit 374
 –, Mondgesteine 538ff, 544
 –, Mg-Fe- **162f**
 –, Mischkristallreihen **161ff**, 300
 –, Sm-Nd-Datierung 616
 –, Struktur 160
 –, Tracht 163
 –, zur Gesteinsklassifikation 217
Pyroxenchondren 553
 –, radial gestreifte 553
Pyroxen-Familie 145, **161ff**
Pyroxen-Granulit 163f, 442, 455, 503, 523
 –, basischer 502, 523
 –, felsischer 503
Pyroxenhornfels (sog. Beerbachit) 444
Pyroxen-Hornfelsfazies 496f, **504f**
Pyroxenit **218f**, 328, 420, 642
 –, Plagioklas-führender **219**
Pyroxenit-Gruppe 219
Pyroxenoide **165f**
Pyroxen-Olivin-Chondren (siehe auch Chondrit) 554f
Pyroxen-Plagioklas-Kumulat 539
 –, Anorthosite, lunare 539
Pyroxen-Pyrolit, Stabilitätsfeld 525f
Pyroxen-Trapez 161f
Pyroxen-Zerfall 268
Pyroxferroit 165, 540
Pyrrhotin 7, 64, 85, **89**, 323, 328ff, 352, 362, 366, 457, 555, 597
 –, Erzlagerstätten 323, 328ff

Q

Q–A–P–F-Doppeldreieck 218f, 229
QFM-Puffer 480
Quad **161f**
Quaderkalk 403ff
Quadrupol-Gerät 211
Quartilmaß 386
Quarz 3f, 32, 34f, 56f, 89, **179ff**, 208ff, 222, 226f, 230f, 301, 336, 344, 347ff, 354, 357, 379, 389, 418ff, 434ff, 438, 446, 450f, 471ff, 474ff, 482f, 490ff, 495, 498ff, 504ff, 509f, 523, 541, 596
 –, als Rohstoff 187
 –, Auslöschung, undulöse 423, 428, 449, 451
 –, Ausscheidung 344, 347
 –, CIPW-Norm 222
 –, Defektelektronenstellen 184
 –, Deformation, -verhalten 449ff
 –, Effekt, piezoelektrischer 18
 –, Eigenfarbe 27
 –, Element, inkompatibles 335
 –, enantiomorpher 10
 –, Farbzentren 183f
 –, Feinstaub 51
 –, Flüssigkeitseinschlüsse 185, 208ff
 –, Ganglagerstätte 65
 –, gedrehter (Gwindel) 185
 –, gemeiner, Varietäten 185
 –, Halbwertsbreite des $(10\bar{1}1)$-Reflexes 398
 –, Häufigkeit in der Erdkruste 36f
 –, Hilfsplättchen 26
 –, Hochdruckmodifikationen Coesit und Stishovit **180ff**, 187f, 420, 430f, 509f
 –, im Leukosom 453ff
 –, in Achondriten 557
 –, in Carbonados 79
 –, in Meteoriten 552, 557f
 –, in Mondgesteinen 539, 541
 –, in Pegmatiten 183
 –, Interferenzfarben 25
 –, Isochromaten im konoskopischen Achsenbild 26
 –, Korrosionsbuchten 230f
 –, Kristallverzerrungen 5, 182
 –, Lamellen- 183
 –, Leitfähigkeit, elektrische 17
 –, Löslichkeit, prograde 346
 –, Mosaikbau 183
 –, Neubildung 347
 –, Polymorphie 15
 –, Punktdefekte 184
 –, Röntgen-Pulverdiffraktogramm 12
 –, Struktur 15, 179f
 –, Synthese 42
 –, synthetischer 32, 182f
 –, Varietäten
   –, kryptokristalline 185
   –, mikrokristalline 185
 –, Verformung 451
 –, Verwachsungen mit Fremdmineralen 185
 –, Verzwillingungen, Zwillingsgesetze 182f
 –, Wärmeleitfähigkeit 17
 –, xenomorpher 36
 –, zur Gesteinsklassifikation 217
Quarz-Albit-Epidot-Biotit-Subfazies 499
Quarz-Albit-Epidot-Muscovit-Chlorit-Subfazies 499
Quarzandesit 218
Quarzarenit 390, 601
Quarzbasalt 218, **225ff**, 642
Quarzdihexaeder 182, 187
Quarzdiorit **226f**
Quarzgabbro 218, **227**, 279, 328
Quarzgang 211, **360**
Quarzglas
 –, (Lechatelierit) in Blitzröhren 187
 –, diaplektisches in Impaktkratern 430
Quarz-Glimmerschiefer 441f
Quarzit 56, 63, 418, **442**, 447, 455, 508
Quarz-Katzenauge 40, 185
 –, Chatoyieren 40
Quarzkeil 25
 –, Interferenzmuster 25
Quarzkorn
 –, Auslöschung 449
 –, Deformation 450
 –, Deformationslamellen 449
 –, detritisches 387
Quarzlatit 218
Quarz-Magnetit-Gleichgewicht, isotopisches 612
Quarz-Monzodiorit 218
 –, Mond-Hochländer 539
Quarz-Monzogabbro 218
Quarzmonzonit 218, 234, 320, 642
 –, Soliduskurve 320
Quarzolith 642
Quarzphyllit 441f
Quarzporphyr 229, 642
Quarzporphyrit 642
Quarzsand 389
Quarzsandstein 389, 418
 –, Metamorphose 63, 418
Quarz-Sole 360
Quarzstaub, Biodurabilität 49
Quarzsyenit 218, 293
 –, Kristallisationsabfolge 293
Quarztholeiit 229, 297, 302, 309
Quarztrachyt 218, 293
 –, Kristallisationsabfolge 293
Quarzuhr 187
Quecksilber Hg 33, 50, 52, 64f, 69, **73**, 90, 379
 –, Erze 64f, 90, 97, 364, 379
 –, Erzminerale 73, 90, 97, 364, 379
 –, ged. (elementares) 33, 50, 69, **73**, 364, 379
 –, Schmelzpunkt 33
 –, Gruppe 69
 –, Lagerstätten **364**
 –, Schmelzpunkt 33
 –, Toxizität 50
 –, Umweltschadstoff 52
Quellfähigkeit 177, 374, 376
Quellkuppe 246
Quelltuff 403
Querglimmer 450
Querpluton 260

R

Rabenglimmer 174
Radar-Daten 542
Radialgang 252, 259
Radioaktivität 33
Radiolarien 44, 189, 396, 409
Radiolarienschlamm 44, 396
Radiolarite 44, 189, 409
Radionuklide 276, 611, **615ff**
 –, Halbwertszeiten 615f
 –, Zerfallskonstanten 615f
Radio-Teleskop 571, 630
Radiowellen-Bereich 630
Radium Ra 51, 64, 112f, 359, 394
 –, Erz 64
Radium-Isotope 50f
Radium-Kiefer 51
Radiumsalze 359
Radon Rn 51
Radonbad 51
Raketentechnik 91, 136
Raketentreibstoff 126

Raman-Spektroskopie 211
Rammelsbergit 91, **94**, 358, 552
Rankinit 505
Raoult-Van t'Hoff'sches Gesetz 283
Rapakivi-Gefüge 224f, 276, 313
Rapakivi-Granit 224
Rare Earth Elements (engl., REE, siehe auch Seltenerd-Elemente, bzw. Lanthaniden) 598, **605ff**
 –, Verbindungen, industriell hergestellte 138
Raseneisenerz 114, 407
Raster-Elektronenmikroskop (REM) 33, 176, 188, 374, 386
Raubfische 402
Rauchgasgips (REA-Gips) 134
Rauchquarz 34, 36, 51, **183f**, 187, 208
Rauhaugit 237
Raumdiagonale des Würfels (RD) 7
Raumfahrt 109, 568
Raumgitter 3f
Raumgruppen 5, 10f, 14f, 75, 533
Raumproblem des Plutonismus 260
Raumsonden, Weltraum-Missionen, -Experimente 80, 513, 537ff, 568ff
 –, Apollo 537f, 542
 –, Apollo Lunar Surface Experiment Package (ALSEP) 537, 542
 –, BepiColombo 568
 –, CASSINI 571
 –, Cassini-Huygens 582, 587, 590
 –, Chandrayaan-1 537, 542
 –, Chang'e-1, -2 537
 –, Clementine 538, 542
 –, Deep Space 1 579
 –, ESA Smart-1 537
 –, Fobos (1, 2) 579
 –, Galileo 570f, 579ff, 584ff
 –, Gravity Recovery and Interior Laboratory (GRAIL) 537
 –, Hayabus 579
 –, High Resolution Imaging Science Experiment (HiRISE) 574
 –, Hiten 537, 542
 –, Huygens 587
 –, Kaguya 537
 –, Luna 537
 –, Lunar Crater Observation and Sensing Satellite (LCROSS) 537, 542
 –, Lunar Prospektor 537, 542ff
 –, Lunar Reconnaissance Orbiter (LRO) 537, 542
 –, Lunik 537
 –, Magellan 571
 –, Mariner (2) 571
 –, Mariner (4, 6f, 9) 573
 –, Mariner (5, 10) 568ff
 –, Mars (3) 574
 –, Mars Express 574
   –, Beagle 2 Landegerät 574
 –, Mars Global Surveyor 574ff, 578f
 –, Mars Pathfinder 574, 577f
 –, Mars Reconnaissance Orbiter (MRO) 574
   –, Context Camera (CTX) 574
 –, Marsrover Sojurner 574
 –, Mars Science Laboratory „Curiosity" 574
 –, Messenger 568
 –, NASA-Orbiter 537
 –, Near Earth Asteroid Rendezvous (NEAR) 581
 –, NEAR-Shoemaker 579
 –, New Horizons 592
 –, Opportunity 574ff
 –, Phoenix 574ff
 –, Pioneer (10, 11) 582, 587, 591
 –, Pioneer Venus (1, 2) 571
 –, Rosetta 579
 –, Spirit 574
 –, Stardust 579
 –, Ulysses 582
 –, Vega (1, 2) 571f
 –, Venera (5–16) 571f
 –, Viking 557, 559, 574
 –, Viking Lander 574
 –, Voyager (1, 2) 582ff, 586ff
Raumwellen 516
Rb-Sr-Datierung, -Methode **616ff**
R-C≡N (Nitrile), Jupiter-Mond Ganymed 586, 592
R-Chondrite (Rumuruti-Chondrite) 555
RD (Raumdiagonale des Würfels) 7
REA-Gips (Rauchgasgips) 134
Reaktion
 –, 3α- 624
 –, Dekarbonatisierungs- 418, 423, 434f, 471, **476f**
 –, divariante 491
 –, Entwässerungs- 418, 423, 434f, **471ff**, 498ff
 –, exotherme 267
 –, fotochemische 571, 587
 –, gleitende 490
 –, Hydratisierungs- 471
 –, irreversible 611
 –, kontinuierliche 490
 –, Meigen'sche 121
 –, metamorphe 418, **463ff**
 –, mit Beteiligung von H$_2$O und CO$_2$ 477ff
 –, multivariante 490
 –, nukleare, thermonukleare 112, 624
 –, ohne Beteiligung von H$_2$O und CO$_2$ 471
 –, Oxid- 480
 –, Oxidations-Reduktions- 471, **479ff**
 –, Oxid-Oxid- 479f
 –, Oxid-Silikat- 480f
 –, peritektische 291, 293
 –, topotaktische 506
Reaktionsgefüge 464
Reaktionskinetik 56, 611, 613
Reaktionskorona 464
Reaktionskurven 294f, 297ff
Reaktionspaare 299
Reaktionsprinzip von Bowen **299ff**
Reaktionspunkt **290f**, 295, 298
Reaktionssaum 298, 301, 446
Reaktionsschritte
 –, prograde 464
 –, retrograde 464
Reaktionsserien, -reihen nach Bowen **299ff**
 –, diskontinuierliche 299ff
 –, kontinuierliche 300f
Reaktionszonen, metasomatische 459
Reaktivität 49
Reaktor, thermonuklearer 624
Reaktormaterial 148
Reaktormetall 91
Reaktortechnik 88
Realbau-Phänomen 40
Realgar **94f**, 253
Reäquilibrierung 210
Rechtsquarz 10, 182
recovery (engl., siehe auch Erholung) 423, 451
Recycling von Krustenmaterial 620f
Red-Bed-Typ, Lagerstätten 368, **394**, 397, 612, 615
Redox-Falle 367
Redox-Front 368
Redoxpotential 344f, 347, 362, **380**, 404f, 408
Redoxreaktionen 479ff
Reduktion, reduzierend 73, 367, 373, 380ff, 398, 404, 480, 606f, 614f
 –, anorganische 615
 –, organische 612
 –, Prozess 397
REE (engl. Rare Earth Elements, Seltenerd-Elemente) 63, 110, 138, 331, 340, **598**, 605f, 619
 –, Fraktionierungen bei Magmen-Bildung und -Differentiation 605ff
 –, Absolut-Gehalte 606
 –, Verteilungskoeffizienten 605f
 –, Verbindungen, industriell hergest. 138
REE-Muster, Chondrit-normierte 606f
reef core (engl., siehe auch Riffkern) 403
Reflektor, seismischer 521
Reflexionsgesetz 517
Reflexionspleochrismus 28
Reflexionsspektrum 580f
Reflexionsvermögen 28f, 538
 –, Albedo **538**, 570f, 580, 584, 587ff
 –, Dispersion 28
Regionalmetamorphose 424, **432ff**, 436, 456, 474, 528, 618, 621
 –, in Orogenzonen **432ff**
   –, Hochdruck- und Ultrahochdruck- 436f, 496f
   –, Indexminerale 433 ff
   –, Isograden 433
   –, Mineralzonen 432f
   –, Nieder- und Mitteldruck- 433ff, 496ff, 505ff
   –, Paired metamorphic belts **437**
   –, regionale Ozeanboden-Metamorphose **437f**, 497
   –, regionale Versenkungsmetamorphose 437
Regolith 313, 431, 537, 539, **541f**, 545, 579
 –, lunarer 541f
Reibschale 187
Reibung
 –, magnetische 630
 –, tektonische 422
 –, turbulente 630

Reibungsbreccie **428**
-, tektonische 428
Reibungswärme 428, 548
Reicherz 377
Reihe
 -, kristalloblastische 446
 -, magmatische 223
Rekombinationsleuchten 548
Rekristallisation 427, **451**
 -, dynamische 451
 -, statische 451
Rekurrenz 345
Reliefunterschiede 21
Relikt, metastabiles 471
Reliktgefüge 444
REM (Raster-Elektronenmikroskop) 176, 188, 374, 386
Reptilien, Eierschalen 45
Residual-Lagerstätte 378
Residual-Kaolin 376
Residual-Ton **376**
Residuum 303f, 307, 319, 604, 606
Resister 455
Resonanz-Phänomen 590
Restdifferentiat 339
Restgestein (Restit) 275, 304f, **307ff**, 312, 321, 419, **452ff**, 503, 520, 527, 543, 558
 -, granulitisches 456
 -, refraktäres 543
Restit-Saum 455
Restlösung 64, 200, 345f, 419
 -, Erz- und Mineralabscheidung 64, 345f
 -, hydrothermale 64, 200, 345f
 -, magmatische 345f, 419
 -, spätmagmatische 64
Restmagmen, Mond 539
Restschmelze 64, 196, 200, 276ff, 296, 299ff, 314f, 325, 327, 335, 337, 339, 540, 544, 598, 603ff, 607
 -, Ausscheidung, kotektische 339
 -, Erz- und Mineralabscheidung 64
 -, H_2O-verarmte 337
 -, oxidische 327
 -, pegmatitische 200
 -, silikatische 335
 -, spätmagmatische 64
 -, wässerige 64
Restvalenz 14
Retikulit 252
retrograde, retrogrades
 -, Löslichkeit 270f, 336f, 346
 -, Metamorphose-Entwicklung 418
 -, Mineralbildung 418
 -, Sieden 336, 344ff
 -, Überprägung 210
Rezipient 560
Rhabarber (*Rheum rhabarbarum*), Kristallsand 45
Rheingold 391
Rhenium Re 91
 -, Erz 64
Rheologie 456
rheologisch kritischer Schmelzanteil **276**, 318, 456
Rhodanwasserstoff HCNS 252

Rhodium Rh, Erz 64
Rhodochrosit 117, 119, **120f**, 354ff, 408
Rhodonit 165, **166**
Rhombenfeldspat 194, 197
Rhombenporphyr 197
rhombisch 6, 9
rhomboedrisch 9
Rhyodacit **229**, 528, 642
Rhyolith 56f, 61, 186, 218, **227**, 230f, 246, 250, 253, 266, 274, 276, 279, 291, 293, 301f, 306, 316, 348, 355, 364, 376, 446, 498, 503, 508, 528, 539f, 612
 -, hyaliner 229
 -, Kristallisation 293
 -, Erdmond 539
 -, Metamorphose 62
 -, Mineralbestand 229
 -, O-Isotopie 612
 -, porphyrischer 364
 -, Verwitterung 376
 -, VMS-Vererzung 364
 -, Zusammensetzung, chemische 221, 250
Rhyolithglas 229, 270
Rhyolith-Magma, -Schmelze 253, 258, 271
Rhyolithtuff 252
rhythmic layering (engl., rhythmischer Lagenbau) 263
Richterit **167**, 457
Richterit-Ferrorichterit 167
Riebeckit **169**, 312, 457, 508
 -, Magnesio- 312
Riesen (Sterne) **631**, 633
 -, Blaue 631
 -, Rote 625, 631
Riesen-Eisplaneten **583**, 637
Riesen-Gasplaneten **582f**, 637
Riesengoldseife 391
Riesenkristalle 339
Riesenplaneten 567f, **581ff**, 637f
 -, Atmosphäre 582f
 -, Bau, innerer 582f
 -, Entstehung 637f
 -, Erforschung, astronomische 581
 -, extrasolare 582ff
   -, HD209458b 582f
 -, Gesteinsmaterial 583
 -, He/H-Verhältnis 583
 -, Kern 583, 637
 -, Satelliten 567f, 581f, **584ff**
 -, Wasserstoff 582f
   -, flüssiger 583
   -, metallischer 583
   -, Molekül 583
Riesglas 564
Ries-Meteorit 564
Riffe 43, **401**
Riffbewohner 402
Riffkalke 384, 399, 403
Riffkern 403
Riffplattform 403
Rifftypen 402
rift valley (engl., siehe auch Grabenzone, intrakontinentale) 237
Riftia pachyptila 361

Riftzone, Grabenzone
 -, intrakontinentale 237, 239, 241, 525
 -, kontinentnahe, hydrothermale Aktivität 365
 -, Planet Venus 573
rigidity (engl., siehe auch Schubmodul) 516
ring dike (engl., siehe auch Ringgang) 252
ring silicates (engl., siehe auch Ringsilikate) 144
Ringelerz 356
Ringgang **252**, 259
Ringkohlenwasserstoff 633
Ringkomplex 239, 313, 331
Ringsilikate 35, 143f, **156ff**
Ringstrukturen, silikatische 143f, 156
Ringsysteme 568, 589, **590f**, 629
 -, Jupiter 584, 591
 -, Neptun 591
 -, Saturn 590f
 -, Uranus 591
Ringwolke 249
Ringwoodit 530ff, 555, 558
 -, γ-$(Mg,Fe)_2[SiO_4]$-Phase 530, 558
 -, in Meteoriten 552
 -, Mars-Mantel 578
Rippel-Schrägschichtung 396
Ritzhärte **16**, 33
 -, Anisotropie **16**, 151
Roche-Grenze 589f
Rocky-Core-Modell 637
Rohdiamant 77f
Rohgips 134
Röhrenknochen, Aufbau 47
Rohrzucker 6
Rohstoffe 138
 -, kritische 138
 -, mineralische 53, 64
   -, Verbrauch 63
 -, natürliche 52
Rohstoff-Pyramide 63
Roll-Front-Typ (sedimentäre Uran-Lagerstätten) 368, **394**
Romanèchit **112**, 359, 379, 408
Romankalk 397
röntgenamorph 185f, 188, 374, 409
Röntgenbeugungsanalyse, -Verfahren 8, **11ff**, 33, 36, 174, 176, 182, 188, 192f, 282, 374, 394, 468ff
Röntgen-Einkristalldiffraktometer 33
Röntgen-Fluoreszenz-Spektroskopie 222, 577
Röntgenlicht
 -, monochromatisches 11
 -, weißes 11
Röntgen-Pulverdiffraktometrie (XRD) 11f, 174, 374, 468ff
Röntgen-Pulver-Einkristalldiffraktometer 33
Röntgenstrahl, Interferenzen 11
Röntgenstrahlung
 -, charakteristische 33
 -, Wellenlänge 10
Röntgentechnik 130
Rosaberyll **157**

Rosasit 124
Rosenbusch-Regel 224, 300
Rosenquarz 34, **184**, 339
 –, Asterismus 40
 –, Synthese 42
Rossmanit **160**
Rot 1. Ordnung 26
Rotalgen (*Rhodophyceen*) 44
Rotation
 –, von Gefügeelementen 447, 449
 –, von planetarischen Körpern 569, 629
Rotations-Ellipsoid 22
Rotbleierz (siehe auch Krokoit) **134**
Rote Fäule 398
Roteisenerz, Roteisenstein (siehe auch Hämatit) **108f**, 359
Rötel 108
Roter Glaskopf 108
Roter Mainsandstein 388f
Rote Riesen (Sterne) 552, 625, 631
Rote Zwerge (Sterne) 631
Rotgültigerz
 –, dunkles (siehe auch Pyrargyrit) **95**
 –, lichtes (siehe auch Proustit) **95**
Rotkupfererz (siehe auch Cuprit) 103f
Rotnickelkies (siehe auch Nickelin) 89
Rubellit **160**
Rubidium Rb 339, **601**, 605, 616ff
 –, Clarke 601
 –, Ersatz K → Rb 605, 617
 –, Isotope 616f
Rubidium-Strontium-Datierung **616ff**
Rubin 40ff, **107f**, 394
 –, Edelstein 40
 –, Farbe 40
 –, Lagerstätte 108f
 –, Seife 65
 –, Synthese 41f
   –, Hydrothermal- 42, 108
   –, Verneuil- 41f, 108
Rubinblende 87
Rubinglimmer (siehe auch Lepidokrokit) 103, **115**
Rubin-Laser 108
Rubin-Zoisit-Amphibolit 108f
Rücken
 –, mittelatlantischer, Tephrit 237
 –, mittelozeanische 65, 88, 112, 231, 241f, 245, 266, 276, 306ff, 432, 437, 460, 484, 496f, 519f, 525f, **528**, 573, 602, 606f, 609f, 614f
   –, Bougier-Anomalie 519
   –, Magmaförderung 273
   –, Spilit 460
   –, Vulkane 245
Rückenbasalt, mittelozeanischer (engl. Mid Ocean Ridge Basalt, MORB) 276, **306**, 519, 572, **606ff**, 610, 612f, 619, 622
Rückriff 403
Rückseite des Mondes 538
Rudisten-Muschel 402
Rudstone 400, 403
Rumuruti-Chondrit (siehe auch Chondrit) 555
Rundungsgrad 386

runitische Verwachsung 338f
Runzelschieferung 441
Runzelung 449
Ruschelzone 350
Ruß 49, 76
Rutheniridosmin 74
Ruthenium Ru 74
 –, Erz 64
Rutil 6, 103, **110f**, 114, 180, 390, 442f, 483, 490, 508, 541, 605
 –, Asterismus 40
 –, Datierung 486f
 –, Einkristall 111
 –, Struktur **110**, 181, 430, 530
 –, Synthese 41
Rutschstreifen 428, 449
Rutschung 403

S

S (siehe Schwefel)
Safflorit 91, **94**
Safflorit-Rammelsbergit 358
Salband 338, 354
salinarer Zyklus 413
Salinität 43, **211**, 344ff, 351f, 355f, 402, 411
salische Gruppe, CIPW-Norm **222**
Salit **162f**
Salpeter-Lagerstätten 411
Salpetersäure 73, 125, 411, 561
Salz 64
Salzaufwölbung 414
Salzausblühung 410, **411**
Salzbildung
 –, marine 411ff
 –, terrestrische 410f
Salzdiapire, Salzdome (siehe auch Salzstock) 261, 414
Salzgesteine (siehe auch Evaporit) 345, 384, 397, **410ff**, 420, 423
 –, marine 411ff
 –, Typen 412
 –, Metamorphose 413
 –, terrestrische 410f
Salzkrusten 410f
Salzlagerstätten 64, 383, 414
Salzmarsch 403
Salzminerale 410, 412, 586
 –, Ausscheidungsfolge 412f
 –, Löslichkeit 373
Salzpfannen 410f
Salzsäure 100, 414
Salzseen 410f
Salzsprengung **372**
Salzstöcke 414
Salzsümpfe 410f
Salztektonik **414**
Salzton, metamorpher 509
Salzwasser 401, 586
 –, Jupiter-Mond Europa 586
Samarium Sm 601, **619ff**
 –, Clarke 601, 619
 –, Erz 64
 –, Isotope 619ff
Samarium-Neodym-Datierung **619ff**

Samarskit 340
Sand 57, 59, 63, 110, 151, 188, 384ff, **388ff**
 –, als Rohstoff 63
 –, Zusammensetzung, chemische **389f**
Sandsteine 57, 59f, 62, 353, 371, 384f, **387ff**, 394, 396, 426, 575
 –, äolische 575
 –, Athabasca-Gruppe 367
 –, Bindemittel 388
 –, Devon 60
 –, Diagenese 387
 –, Eigenschaften, bautechnische 389
 –, gradierte 396
 –, kieselige 371
 –, Klassifikation 389f
 –, Kontaktmetamorphose 426
 –, metamorphe 419, 442
 –, Mineral-Neubildungen 387
 –, Porenraum 387
 –, Resistenz gegen Verwitterung 371, 389
 –, Rippel-Schrägschichtung 396
 –, tonige 371
   –, Verwitterung 371
   –, Mikrofoto 387
 –, Upper Old Red 60
 –, Verrucano (Larderello, Italien) 254
 –, Zusammensetzung, chemische 389f
Sandstrand 596
Sanduhrstruktur (siehe auch Sektorenbau) 163
Sandwüste 596
Sanidin 6, 37, 189ff, **195**, 217, 237, 505
 –, Hoch- 192, 195
 –, Tief- 195
 –, Umwandlung zu Mikroklin 192
 –, zur Gesteinsklassifikation 217
Sanidinit 458
Sanidinitfazies 496, **505**
Sanidin-Struktur 191
Saphir 107f, 394
 –, Edelstein 40
 –, Synthese
   –, Hydrothermal- 41f, 108
   –, Verneuil- 41f, 108
Saphirquarz **185**
Saponit **177**
Sapphirin 503
Sarder, Sardonyx **186**
Sassolin **125**, 254
Satelliten
 –, der Asteroiden 580
 –, der erdähnlichen Planeten 568, 578f, **581ff**, 629, 634f
 –, der Riesenplaneten 567f, 582, **584ff**, 629, 634f
 –, irreguläre, Uranus 589
Sättigungsgrad an SiO_2 222
Sättigungsgrenze 345
Saturn (Riesen-Gasplanet) 568f, **581ff**, 596, 637
 –, Bahnelemente 569
 –, Monde (Satelliten) 582, **587ff**, 634
Saturnringe 568, 582, **590f**
 –, Entdeckung 582, 590
Säuerling 254

Sauerstoff 15, 43, 144, 148, 363, 378, 393, 401, 479ff, 534, 586f, 595, 597, **599ff**, 611f, 625, 632f
    –, Atmosphäre, frühe 43, 393, 401, 406
    –, Brennen 625
    –, Clarke 600
    –, Entstehung von ^{16}O 625
    –, Fugazität 148, 393, **479ff**, 540
        –, Kontrolle 480
        –, Messung 148
    –, Fusionsreaktion 625
    –, Häufigkeit, solare 625
    –, im Erdkern 534
    –, im interstellaren Medium 631
    –, im Solarnebel 632
    –, Ionenradius 600, 639
    –, Isotope 559, **611f**, 632f
        –, Fraktionierung 612
        –, stabile 612
        –, Isotopen-Standard 611
    –, Partialdruck 392, 479
    –, Produktion 401
Sauerstoffkatastrophe 43
Sauerstoff-Konverter 120, 124
Sauerstoff-untersättigt 406
Sauerstoff-Zahl 639
Säugetiere, Biomineralisation 44
Säulenbasalt 243f
Säulenriff 402
Saumriff 402
Säure
    –, organische 373
    –, schweflige 586
Säurespat 102
Saussurit 155, 231
Saxothuringikum 521
Sb (siehe Antimon)
Schachtelhalm, Opal 45
Schädlings-Bekämpfung 81, 171
Schadstoff, anorganischer 52
Schadstoffdeponie 178
Schäfermonde (Saturnringe) 590
Schalen
    –, Atombau 12f
    –, Indikatrix, optische 27f
    –, Invertebraten 32, 45
    –, Mikroorganismen 32
Schalenbau
    –, Erde 518ff
    –, Erdmond 537, 542ff
    –, Planeten, erdähnliche 570, 573, 578
Schalenblende (siehe auch Wurtzit) **87f**, 366
Schalstein 460
Schamotteziegel 177
Schattenzone, Schatten des Kerns 517
Scheelit 6, 66, **135**, 348, 351f, 457
    –, Ausscheidung, hydrothermale 344
    –, Lagerstätte, stratiforme 366f
Scheinalter 621, 623
Schelfrand 403
Scherbenkobalt **75**, 358
Scherfläche 448
Scherung 447f, 516
    –, einfache 447f
    –, reine 447f

Scherungsmodul (Schubmodul) μ **516**
Scherwelle (siehe auch S-Welle) 516
Scherzone
    –, duktile 276, 353, 503
    –, extensionale 262
Schichtsilikate 14, 35, 50, 143, 145, **169ff**, 447, 542
    –, Kristallstrukturen 169ff
    –, kohliger Chondrit, Erdmond 542
    –, Polytypen 171
    –, Serpentin-ähnliche, kohlige Chondrite 556
    –, Verwitterung 373
Schichtung 59, 371, **384f**
    –, gradierte 385, 389, 396, 445
    –, magmatische 260, 277
    –, sedimentäre 419
Schichtvulkan (siehe auch Stratovulkan) 215
Schiefer **441**
    –, kristalline 432, 438
Schiefergefüge, Schieferungsgefüge 440f, 444
    –, verfaltetes 450
Schieferton 396
Schieferung 59, 371, 421, 438, 448
    –, erste, Verfaltung 449
    –, zweite 449
Schieferungsfläche (S-Fläche) 438, 441
Schildvulkan **245**, 572ff, 636
    –, Entstehung 245
    –, Hawaii-Typ 245
    –, Islandtyp 245
    –, Mars 575ff, 636
    –, Venus 572f
Schillereffekt 45
Schillpflaster 401
Schirmregion, Eruptionssäule 247
schistosity (engl., Schieferung) 448
Schlacke, vulkanische **215**
Schlackenführung, basische 124
Schlackenkegel 251
Schlackentuff 252
Schlamm 388, **396**
    –, biogener 396
Schlammgefüge 396
Schlammströme, vulkanische 249f
Schleifhärte 29
Schleifmittel, Schleifpulver 108, 187
Schlieren 59, 261, 279, 312, 326ff, 453
Schlierengefüge 59
Schließungstemperatur 210, **484**, 486f, **616ff**, 621, 623
Schlot 237, 246, **247**, 251ff, 361, 524
    –, offener 252f
Schlotbreccie 77, 239, **251**, 524
Schlotmagma des Vesuv 278
Schlotmündung 247
Schluff 384
Schmelzanteil 318, 528, 610, 635
    –, metallischer 635
    –, rheologisch kritischer **276**, 318, 456
Schmelzbeginn 268, 286, 421, 485, 604
Schmelzdiagramme **284ff**

Schmelze 4, 36, 41f, 61f, 215ff, 247, 265ff, 268, 429, 434ff, 453ff, 501ff, 603ff, 634
    –, alkalirhyolithische 289
    –, alkalitrachytische 289
    –, anatektische 421
    –, andesitische 606
    –, Anteil, leukokrater 418
    –, Ausgangszusammensetzung 283
    –, basaltische 73, 251, 278, 280, 302, 307, 328, 426, 544, 605f
    –, Farbe und Temperatur 237, 267
    –, granitische 313f, 320f, 336, 454, 503
        –, Eigenschaften, physikalische 313
        –, H_2O-Quelle 320
        –, Kristallisationsabfolge 314
        –, Löslichkeiten 313, 343
    –, H_2O-reiche 343
        –, Lösungsfähigkeit 343
    –, komagmatische 276
    –, Kristallisation 284
    –, magmatische 241, 605
        –, Struktur 266
        –, Zusammensetzung 266
    –, metallische 635
    –, Mischbarkeit 328
    –, rhyolithische 606
    –, schockinduzierte 431
    –, Seltenerd-Elemente 605
    –, silikatische 635
    –, tonalitische 421
    –, übersättigte 290f, 294, 296, 298f, 338
    –, unterkühlte 233, 338
Schmelzeinschluss 208, 270
Schmelzen
    –, fraktioniertes **303f**, 604
    –, Gleichgewichts- **303**, 318, 604, 606
    –, partielles 275, **307ff**, **453ff**, 603
Schmelz-Isotherme 16
Schmelzkörper, metallischer, Mutterkörper der Eisenmeteorite 563
Schmelz-Kristall-Aggregate, Entstehung der Chondren 634
Schmelzlösung 42
Schmelzminimum **292ff**, 314, 454
Schmelzphase 282, 337, 464, 603f, 607
    –, überkritische 337
Schmelzpunkterhöhung 284
Schmelztemperatur 321
Schmelztropfen, -tröpfchen 540, 563f, 634
    –, Erdmond 540
Schmelztropfverfahren nach Verneuil 41, 108
Schmelztuff 215, 252
Schmelzversuche 267f, 313
    –, an Basalt 268, 320
    –, an Granit 268, 313, 320
    –, an Metagrauwacken 320
    –, an Metapeliten 320
    –, an Pyrolit 309
Schmelzvorgang, Entropiedifferenz 284
Schmelzwärme, molare 284
Schmelzzusammensetzung 321
Schmiermittel, Schmierstoffe 76, 91, 171, 177, 187
Schmuck 187

Schmuckgegenstände 167
Schmucksteine 40, 121, 125, 157f, 165, 169, 184ff, 200
Schnecken, Karbonatgehäuse 45
Schneeball-Granat 449f
Schneeberger Krankheit 51
Schneedecke 383
Schneiderhöhn'sche Linie 29
Schnittpunkt der Diskordia
–, oberer 621
–, unterer 621
Schockadern 555, 559
Schockereignis 562
Schockschmelzung 545, 562
Schockwellen, Stoßwellen 249, **429ff**, 541, 549f, 572
–, Ausbreitung 430
–, Druck 429
–, gasdynamische 634
–, Erdmond 541
–, Temperatur 429
Schockwellenenergie 549
Schockwellen-Experiment 583
Schockwellenmetamorphose 78, 187f, **429ff**, 430, 509, 549f, 552, 555ff
–, Mars 558
Schollengefüge 59, 453
Schollenlava 243
Schörl **160**
Schornstein, mittelozeanischer Rücken 362f, 365, 614
Schotter 57, 227, 229, 233, 384f, **388**, 391, 411
–, Fluss- 385
–, glazialer 384
Schrägschichtung, schräggeschichtet 57, **59**, 385, 396, 403, 445, 575
Schraubenachse 5, 10, 135, 159, 180
–, enantiomorphe 10
Schraubenversetzung 451
Schreibersit 6, 541, 552, 560f
Schreinemakers-Methode 465
Schriftgranit 196, 219, 339
Schriftgranitisches Gefüge 338
Schubmodul μ **516f**, 528, 533f
Schubspannung 516
Schuchardit 378
Schutt 388
Schuttströme
–, vulkanische 250
–, Mond 545
Schuttwannen, aride (Red Beds) 394
–, Metallkonzentrationen 65, 394
Schutzkolloide 405
Schwalbenschwanzzwilling 131
Schwämme (*Porifera*) 45, 122, 189, 401f, 409
–, Skelettelemente (*Spiculae*) 45
Schwarze Raucher (siehe auch Black Smoker) 65, 87f, 345, **360ff**, 432, 438, 460
Schwarzer Glaskopf 111f
Schwarzerz 363f
Schwarzschiefer, Buntmetall-Lagerstätten 65, 397f

Schwefel S 32f, 69, **80ff**, 134, 215, 253, 266, 534, 570, 585, 595, 597, 599, **601**, 611ff, 625, 639
–, Clarke 601
–, elementarer 32f, 69, **80ff**, 254, 266, 570, 585, 613ff
–, Kristallstruktur 80f
–, Lagerstätte 349, 356, 366
–, Elementarzelle 80f
–, Entstehung von ^{32}S und ^{34}S 625
–, im Erdkern 534, 599
–, Ionenradius 639
–, Isotope 611, **613ff**
–, Fraktionierung 614
–, stabile 612
–, Isotopen-Standard 611
–, magmatischer 612, 615
–, Polymorphie 15
–, schmelzflüssiger 570, 585
Schwefelbakterien 81
Schwefeldampf, vulkanischer 215, 252, 266
Schwefelkies (siehe auch Pyrit) 91
Schwefel-Lava, Jupiter-Mond Io 585
Schwefelquelle 254
Schwefelsäure 81, 92, 131, 134, 373, 379
Schweißschlacke 251
Schweißschlackenbänke 251
Schweißschlackenkegel 251
Schweizer-Gesetz (auch Dauphinéer-Gesetz) 182
Schwelle, ozeanische 527
Schwerbeton 130
Schwereanomalie 519
schwere Seltenerd-Elemente (HREE) 576, 598, 605
Schwermetall
–, Konzentration, geochemische **602**
–, Seife 391
–, Toxizität 50, 177
Schwermetall-Kationen, Absorption 112
Schwermetall-Oxid 64
Schwermetall-Sulfide, Ausfällung 360
Schwerminerale 56, 79, 110f, 148, 153, 160, **390ff**, 486, 621
–, Seifen 65, 390ff
Schwerspat (siehe auch Baryt) 130
–, Ganglagerstätten 65, 360
Schwingquarz 3, 187
Sea-Floor Spreading 106, 245, 306, 520, **527f**
Seamount 245
Sechserringe 143
second boiling (engl., siehe auch Sieden, retrogrades) 344
Sedex-Lagerstätten (sedimentär-exhalative Lagerstätten) 365f, 612, 615
Sedimente, Sedimentgesteine 56, 59, 62, 150f, 213, **383ff**, 401, 419, 472, 510, 520, 527, 564, 600, 609f, 612
–, Ablagerung 62, 383
–, Ausfällung 62, 383
–, Bänderung 384
–, Bildung 383ff
–, biochemische, chemische 384, 396f, **399ff**, 403
–, biogene 43, 62, 396, **399ff**

–, Charakterisierung 609
–, Definition 371, 383
–, Diagenese 383, 386ff, 396, 398, 404
–, Diskriminations-Diagramme 610
–, Durchlässigkeit 387
–, eisenreiche, Gliederung 406
–, Gefüge **384f**
–, Häufigkeit 62, 213
–, Herkunft 56
–, Isotope, stabile 612ff
–, Isotopfraktionierung 611
–, kieselige 66, **409**
–, Ausscheidung 409
–, Diagenese 409
–, klastische 113, 367, 384, **385**, 388, 621
–, Benennung 384
–, Diagenese 386
–, Korngrößeneinteilung 57, 384
–, Korngrößenverteilung 386
–, Zusammensetzung 385
–, Kornpackung 387
–, Mars 575ff
–, metamorphe 150f, **419f**, 610
–, Mn-reiche 404
–, oberflächennahe 520
–, organische 375
–, organogene 384
–, pelitische 384, **394ff**, 419, 472
–, Porenraum 386
–, Reaktion mit Sauerstoff 401
–, rezent-marine, S-Isotopie 612
–, Schichtung 59, 384
–, Tiefsee 395
–, tonige, O-Isotopie 612
–, Ultrahochdruck-metamorphe 510
–, unverfestigte 520
–, verfestigte 520
Sedimentströme, Mars 574
sedimentär-exhalative Blei-Zink-Lagerstätten (Sedex) 65, 365f
Sedimentation, Sedimentationsprozesse 62, 252, 365, **383ff**, 595
–, magmatische 263
Sedimentationsbecken 345, 437, 610
SEE (siehe Seltenerd-Elemente, engl. Rare Earth Elements, REE)
Seeerz 114, 407
Seegurken (*Holothuroidea*), Calcit-Einkristalle 45
Seeigel (*Echinoidea*), Calcit-Einkristalle 45
Seekreide 403
Seelilien (*Crinoidea*), Calcit-Einkristalle 44f
Seesedimente 251
Seesterne (*Brisingidae*) 361
Seger-Kegel 252
Seifen 65, **390ff**
–, alluviale 391
–, äolische 391
–, Bauwürdigkeit 391
–, Columbit-Tantalit 340, 391
–, Diamant 77, **394**
–, Edelmetall **391**
–, Edelstein 108, 148, 152, 391, **394**
–, Einteilung 391

Seifen (*Fortsetzung*)
– , eluviale 391
– , fluviatile 390f
– , fossile 391ff
– , Gold 66, 72, **391**, 393
  – , fossile 391ff
– , Ilmenit 391
– , Kassiterit 391
– , litorale 391
– , Magnetit 391
– , marine 390
– , Platin 74, 391
– , Pyrop-Granat 394
– , Rubin 108, 394
– , Schwermetall 391
– , Uraninit 393
– , Zinn 111, 393
– , Zirkon 146
Seifen-Lagerstätten 65, 74, 108, 327, 340, **390ff**
Seifminerale 65, 106, 113, **391ff**
Seifertit 188, 558
Seillava, Vesuv 244
Seismik, Grundlagen **516**
seismische Reflektoren 517, 521
  – , H-Horizont (Larderello) 255
  – , K-Horizont (Larderello) 254
Seismographen 516, 537
  – , Erde 516
  – , Mond 537
Sektorenbau (siehe auch Sanduhrstruktur) 163, **236f**, 239, 425
Sektorfeld-Gerät, magnetisches 211
Sekundärionen-Massenspektrometrie (SIMS) 542
Selen Se 7, 80
Selenide 35, 71, 355
Selenit **132f**
Seltenerd-Elemente, Seltene Erden (SEE, engl. Rare Earth Elements, REE) 64, 110, 138, 148, 239, 312f, 331f, 339f, 378, 457, 539, 597f, **605ff**, 619
  – , Erzreserve 331
  – , in Graniten 312
  – , in Karbonatiten 331
  – , in Pegmatiten 335, 340
  – , Lagerstätten 331
  – , leichte (LREE) 576, 598, 603, 605
  – , Mondgesteine 539
  – , schwere (HREE) 576, 598, 605
  – , Verhalten, geochemisches **605ff**
  – , Verteilungskoeffizienten 605
Seltenerd-Minerale 138, 378
Seltenerd-Muster, Chondrit-normierte 606f
Senfgold 379
Sensitive High-Resolution Ion MicroProbe (SHRIMP) 486, 603, 615, 621
Sensoren 80
Sepiolith, pathologischer 50
Sericit 172f, 349, 441
Sericit-Zone (Porphyry Copper Ores) 349
Sericitisierung 419, 428, 459
Serie dei Laghi, Ivrea-Zone 521
Serie, magmatische 223, 273, **274**, 299, 309, 595, 609
  – , graphische Darstellung 274

Serpentin **175f**, 440f, 552, 556
  – , Asbest 50
  – , Schichtstruktur 169
    – , misfit (engl., Fehlanpassung) 175
Serpentin-Gruppe 172, 174, **175f**
Serpentin-Minerale **175f**, 420, 473, 498, 531
Serpentinisierung 227
  – , autometasomatische 459
Serpentinit 104, 165, 175f, 363, 378, 420, 423, 440f, **443f**, 458ff, 473, 498, 524
  – , Metamorphose, prograde 473
  – , Verwendung, technische 175, 443
  – , Verwitterung 378
Serpentinit-Breccie 443
S-Fläche 438, 448
shale (engl., siehe auch Silt- und Tonstein) 396
shatter cone (Strahlenkegel) 430f
sheet silicates (engl., siehe auch Schicht-silikate) 145
Sheeted-Dike-Komplex 363, 437, **519**
Shergottit (siehe Achondrite) 188, **558f**, 576f
  – , EETA 79001 559
  – , Shergotty, Alter 558
  – , Zagami, Alter 559
Shonkinit 234, 643
Shoshonit **306**, 350, 355, 609
SHRIMP (Sensitive High-Resolution Ion Microprobe) 486, 603, 615, 621
Si,Al-Verteilung in Feldspäten, geordnet/ungeordnet **189ff**, 197, 397
Si_3N_4 (Siliciumnitrid) 633
Sial 520
SiC (Siliciumcarbid, siehe auch Carborundum und Moissanit) 42, 78, **80**, 108, 187, 632f
  – , β- 633
Sichelstock 259
  – , Definition 259
Sickerzone 379
Siderit 65, 117, **120**, 353, 356f, 359, 404, 558
  – , Mn-haltiger 359
  – , Stabilitätsfeld 404f
Siderit-Erzgänge, hydrothermale 359
Siderit-Lagerstätten, metasomatische 353
siderophil 596f, 635
Siderophyllit **173**
Sieben 386
Siebener-Einfachkette 165
Siebsatz 384
Siedekurve 210, 282
Sieden, retrogrades 336, 344, 348f
SiF_4 (Siliciumfluorid) 266
Silber Ag 7, **71**, 86
  – , Ausfällung 380
  – , Clarke 602
  – , Erz 64, 85f, 96f, 379, 394
    – , Red-Bed-Typ 394
  – , Erzgänge 356ff
  – , Erzminerale, -minerale 71, 84ff, 96f
  – , edle 356ff
  – , komplexe 358
  – , ged. (elementares) 69, **71**, 84, 86, 355f, 358, 379f, 394

  – , Konzentrations-Clarke 602
  – , Kristall-Struktur 14
  – , Lagerstätten 71, 86, 391, 394
    – , epithermale 355
  – , Legierung 14
  – , Leitfähigkeit, elektrische 17
  – , Mischkristall 14
  – , Wärmeleitfähigkeit 17
Silberfahlerz 356
Silberglanz (siehe auch Argentit-Akanthit) 71, **84ff**, 355f, 358
Silber-Kobalt-Nickel-Wismut-Erz 358
Silberlocke 71, 358
Silberschwärze 84
Silberträger 356
Silcrete 376
Silex (siehe auch Hornstein) 186
siliciklastisch 385, 397
Silicium Si 144, 519f, 534, **599ff**, 625, 631, 639
  – , Al-Substitution 144
  – , Brennen 625
  – , Clarke 600f
  – , Eigenleitfähigkeit 18
  – , Entstehung von ^{28}Si 625
  – , Erz 64
  – , Halbleiter-Kristalle 42
  – , im Erdkern 534, 599ff
  – , im interstellaren Medium 631
  – , Ionenradius 600, 639
  – , Verwitterungslösungen 374
Siliciumcarbid (SiC, siehe auch Carborundum und Moissanit) 42, 78, **80**, 108, 187, 522f, 632f
  – , β- 633
Siliciumdioxid SiO_2 (siehe auch SiO_2 und Quarz)
Silicium-Einkristalle 42, 187
Silicium-Halbleiter 18, 187
Silifizierung 43, 349
Silikagel 187
Silikastein 187
Silikate 35, 39, 56, **143ff**, 530, 554, 587, 596, 632ff, 639
  – , amorphe 633
  – , Bauprinzipien 143
  – , Eigenschaften, kristallstrukturelle 67
  – , Gliederung 144f
  – , wasserhaltige 531f, 552, 587, 632
  – , in Meteoriten 552ff
    – , wasserhaltige 552
  – , Kristallisation, fraktionierte 325
  – , Kristallstrukturen **143ff**, 639
  – , Minerale 36f, **143ff**, 325
  – , Strukturprinzipien 143ff
  – , Systematik 144
  – , Verwitterung **373f**
Silikatanteil
  – , Jupiter-Monde 584, 588
  – , Neptun-Mond Triton 588
  – , Saturn-Monde 588
  – , Uranus-Monde 588
Silikatbauxit 377
  – , Konkretionen 377
Silikatbeton 187

Silikat-Einschlüsse in Oktaedriten 562
Silikatgesteine 591
 –, Hauptkomponenten 490
 –, Jupiter-Monde 584ff
 –, Kondensation von Solarnebel 632
 –, Quaoar 591
 –, Saturn-Mond Titan 587
 –, Verwitterungsbildungen **376**
Silikatglas-Einschlüsse 208
Silikatkeramik 158
Silikat-Kruste, Jupiter-Mond Io 585
Silikat-Laven, Jupiter-Mond Io 585f
Silikatmagma, Silikatschmelze 64, **266ff**, 279, 323
 –, Erdmond 541
 –, Entmischung, liquide 279, 328ff
 –, Jupiter-Mond Io 584
 –, Kristallisation **281ff**
 –, Kristallisationsverlauf **281ff**
 –, Kristallisations-Differentiation 276ff, 299ff, 324ff
 –, Struktur 266
Silikat-Mantel 585ff, 635f
 –, Jupiter-Mond Io 585
 –, Planet Venus 573
Silikatmarmor 442, 465, **500**
Silikatperowskit 110
 –, verglaster 558
Silikatschmelze (siehe auch Silikat-Magma) **266ff**
Silikatstrukturen 144
 –, Bauprinzipien 143
 –, Ionenradiien 639
Silikatsysteme, binäre, ternäre **283ff**
Silikon 187
Silikose 49
sill (engl., siehe auch Lagergang, vulkanischer) 215, 231, **251f**, 259, **262**, 427
Sillimanit 6, 145, **149ff**, 312, 321, 419, 433ff, 441f, 444f, 453f, 465ff, 469, 475ff, 483, 495ff, 499, 501ff
 –, ACF-, A'KF-Diagramm 491f, 500
 –, AFM-Projektion 493
 –, im Restit 453f
 –, Isograde
  –, erste 501
  –, zweite 502
 –, Stabilitätsfeld 465
 –, Stabilitätsgrenzen 471
 –, Synthese 468
 –, Zerfall 471
Sillimanitzone 433ff, 495
Silt **384**, 388f, 396
Siltstein 262, 388, 396, 398, 419, 441
 –, mesoproterozoischer (Antarktika) 262
 –, Wende Kreide/Jura (Colorado/Utah) 398
Silur 46, 60f, 397, 402
Sima 519
simple shear (engl., siehe auch Scherung, einfache) 448
SIMS (Sekundärionen-Massenspektrometrie) 542
SIN (Standard Igneous Norm) 223

Sinhalit 125
Sinter 254
Sintermagnesit 120, 353
SiO_2 (siehe auch Siliciumdioxid und Quarz) 15, 32f, 41, 44f, 145
 –, als Komponente 289
 –, amorphes 44, 49
 –, Ausscheidung 376
 –, Hochdruckmodifikation 430
 –, Löslichkeit 374f, 409
 –, Minerale 110, **179ff**, 539, 541
  –, Kristallstrukturen 179f
  –, Erdmond 539, 541
  –, Mineralogie 182
 –, Modifikationen 179
  –, Stabilitätsfelder 181
  –, Phasenbeziehungen 180f
  –, Staublunge 49
SiO_2-Diffusion 185f
SiO_2-Gel, Löslichkeit 374
SiO_2-Übersättigung 218, 223, 289ff
SiO_2-Untersättigung 218, 223, 289ff, 490
SiO_2-Zement 188
SiO_4- und $(Si,Al)O_4$-Tetraeder 129, **143ff**, 178f, 187, 199f, 202
Skala nach Wentworth 384
Skapolith 7, **200**, 331, 457
 –, ACF-Diagramm 491
Skapolith-Gruppe 6, **200**
Skapolithisierung 331, 457
Skarn, Skarnerz 93, 104, 106, 132, 135, 164, **351f**, 426, 443, **444**, 457
 –, Lagerstätten 66, 351f, 356, 444, 457
 –, Bildung 457
 –, Mineralbestand 351
 –, Typ 351f
Skelett-Kristalle (siehe auch Mikrolithen) 56, 338
 –, Wachstum 229, 338
Skolezit 6, 438
Skutterudit 7, 91, **94**
slab breakoff 528
slate (engl., siehe auch Tonschiefer) 396, **438**
slaty cleavage (engl., siehe auch Schieferung) 438
Smaragd 40f, 104, **157**, 379, 444, 458f, 461
 –, Edelstein 40
 –, Farbe 40
 –, Lagerstätten, Bildung 458
 –, Lichtbrechung 40
 –, synthetischer 32, 42, 157
Smectit (siehe auch Montmorillonit) 172, **177f**, 375
Smirgel 107, 174
Smirgelpapier 108
Smithsonit 117, **121**, 379
Sm-Nd-Alter, -Datierung, -Methode 539, 544, **619f**
 –, Mondgestein 539, 544
Smoker, Black 65, **360ff**
 –, Entstehung 362
 –, Lebensgemeinschaft 361
 –, Querschnitt 361
Smoker, White **360f**

SMOW (Standard Mean Ocean Water), H- und O-Isotopen-Standard 611
SNC-Achondrite **558f**, **576f**
 –, Zusammensetzung 559
Snellius'sches Brechungsgesetz 23
SO_2 (Schwefeldioxid) 252f, 266f, 571, 585ff, 613f
 –, Dampf 252, 585
 –, flüssiges 585
 –, Schnee 585
 –, vulkanisches 252f, 612
SO_3 (Schwefeltrioxid) 252, 266, 613
SO_4^{2-} (Sulfat-Anion) **129f**, 200f, 337
Soda (siehe auch Natron) 100, 410
Sodalith 7, 190, **199f**, 234, 643
 –, in Feniten 457
 –, zur Gesteinsklassifikation 217
Sodalithkäfig 143, 199, 204
Sodalithreihe 190, 199
Sodalithphonolith 235
Sodalithsyenit **234**, 643
Soffionen 254
 –, von Larderello 254
Sohlmarke 396
SOHO-Mission 624
Sol, hydrophiles (lyophiles) 375
Solarmaterie **631f**
 –, Kondensation 631
Solarnebel 552, 554, 556f, **630ff**, 634f, 637
 –, Blitze 634
 –, Chondrit 554
 –, Gaskomponente 635
 –, Zusammensetzung 631
Sole 344
Solfataren 253
solid inclusion (engl., siehe auch Festeinschluss) 208
solidification front (engl., siehe auch Erstarrungsfront) 278
solid-state diffusion creep (engl., siehe auch Diffusionskriechen im festen Zustand) 452
Soliduskurve
 –, Basalt 268
 –, Granit 267f, **315ff**, 420
 –, H_2O-gesättigte 453, 472
 –, im frühen Erdmantel 635
 –, in Zweistoffsystemen **285ff**
  –, Albit–Anorthit 285
  –, Albit–Kalifeldspat 292
  –, Fe–Ni 561f
  –, Forsterit–Fayalit 295
 –, Metamorphite 453
Solidustemperatur 268, 275, 278f, 306, 308, 316f, 319f, 337f, 454f, 635
 –, Erniedrigung 275
Solitärkristall 45
Solvus 193, 292, 561ff
Sol-Zustand 376
Sonne 567f, 629ff
 –, Masse 629
 –, Photosphäre 556
 –, Zentraltemperatur 624
 –, Zusammensetzung, chemische 534, 598, 625

Sonnenbrenner-Basalt 203
Sonnenstein (siehe auch Aventurinfeldspat) 197
Sonnenstrahlung 586, 590
Sonnensystem, Planetensystem 55, 78, 513, 538, 544, 547, 552ff, 557, **567ff**, 579ff, 584, 589ff, 595f, 598, 624, **629ff**, 636
– , Bildungsphase 547
– , Akkretionsphase, Akkretionsprozess 554, 591
Sonnenwind 540, 542, 568f, 587f
Sorelzement 120
Sorosilikate (siehe auch Gruppensilikate) 144, **153ff**
Sortierung, chemische, mechanische 385
Sövit 237
sp³-Hybrid-Bindung, -Orbitale **13**, 144, 266, 596
Spallation kosmischer Strahlung 625
Spaltbarkeit 14, **16**, 33, 45, 75, 118, 149, 160
Spalten, tektonische 353
Spalten-Effusionen 245
Spaltrisse 40
Spaltwinkel 25, 161
Spannung (siehe auch Stress) 422
Spannungsellipsoid 422
Spannungsreihe, elektrochemische 345, 380
Spannungsrisse 353
Sparit 399
Spateisenstein (siehe auch Siderit) **120**, 353, 359
spätes Furnier 635
Spätkristallisation 301
Spatmagnesit 119, 353
Speckstein (siehe auch Steatit) 171
Speerkies (siehe auch Markasit) **92**
Speicherkapazität für H₂O 532
Speisesalz 100
Speiskobalt (siehe auch Skutterudit) 91, **94**
Spektrallinien 20
Spektraltyp 631
Spektroskopie, spektroskopische Methoden 534, 582f, 624, 632
– , optische 624
– , teleskopische 583
Spekularit, BIF 406
Sperrylith 7, 330
Spessartin **148f**, 408, 493
Spessartin-Almandin-Granat 441
Spessartit **220**
Spezialgläser 174, 187
Spezialstahl 144, 220
– , Ti-haltiger 109
Sphalerit (Zinkblende) 7, 28, 50, **85ff**, 352, 354, 356ff, 361f, 365ff, 457, 552
– , Innenreflexe 29
– , Kristallstruktur 87
– , Kristalltracht 86
– , Piezoelektrizität 18
– , S-Isotopie 614
– , Toxizität 50
Sphärosiderit 120
Sphen **153**, 360
Sphenoid 5

spider diagram (spidergram) (engl., Spider-diagramm, siehe auch Multielement-Diagramm) 607f
Spiegelebene 5, 10
Spiegeleisen 112
Spiegelung 5
Spilit 460
Spilitisierung 365, 460
Spilosit 444, 458
Spin 18
– , antiparalleler 18
– , paralleler 19
Spinell 7, 41f, **103ff**, 228f, 305, 307, 442, 446f, 505, 522, 526ff, 541, 552, 554, 556f, 605, 630ff
– , Al- 631f
– , Aluminat- 105
– , Brechungsindex 21
– , Chromit- 105
– , Cr- 631f
– , Edler 105
– , Ferrit- 105
– , Fraktionierung 605
– , Invers- 105
– , Normal- 104
– , Synthese 41f
Spinellgesetz, -Verzwillingung 76, 88, 105
Spinell-Gruppe **103f**
Spinell-Lherzolith 228f, 307, 524, 607
Spinell-Peridotit 525
Spinell-Pyrolit 307f, 525ff
– , Stabilitätsfeld 525
Spinellstruktur 85, **104f**, 530f
– , Synthese-Produkte 105
Spinifexgefüge 233
Splitt als Rohstoff 63
Spodumen 162, **165**, 339f
– , LCT-Familie 340
Sporen 445
Sprengrisse 509f
Sprengstoffzusatz 409
Sprödbruch 451
Sprödglimmer-Gruppe **174**
Sprudelstein 122, 254
Spurenelemente 220, 527, 598, 601, **603ff**
– , Anreicherung 604
– , Definition 603
– , Edelsteinfärbung 40
– , Eigenschaften, kristallchemische 603
– , Gleichgewichtsschmelzen 604
– , immobile 608f
– , Indikatoren für magmatische Prozesse 609
– , inkompatible 527, 598, **603**, 605f, **607**
– , kompatible 598, 603, 605
– , in Mineralen 603
– , Henry'sches Gesetz 603
– , Nernst'scher Verteilungskoeffizient 503
– , mobile 608
– , Verarmung 604
– , Verhalten bei magmatischen Prozessen **605**
– , Verteilung auf Phasen 603
– , Verteilungskoeffizienten 603
Spurenelement-Fraktionierung **605**

Spurenelement-Geochemie **603**
Spurenelement-Konzentration 610
Spurenelementgehalte, Modellierung 604
Spurenelement-Muster
– , Chondrit-normierte 607
– , MORB-normierte 608
Spurrit 505
⁸⁷Sr-Wachstumskurve 618
Stabilitätsbedingungen metamorpher Paragenesen **463ff**
Stabilitätsdiagramm 380
Stabilitätsniveaus 467f
Stadium
– , hydrothermales 343f
– , Temperaturbereich 344
– , pegmatitisches **336**, 343
– , pneumatolytisches 344
Staffelbrüche 586
Stahlerzeugung, Stahlindustrie 120, 124, 171
Stahlveredler 64, 91, 93, 602
Stalagmiten, Stalaktiten 400
Stamm-Magma 263, 273f, **275ff**, 279, 302, 595
– , alkalibasaltisches 302
– , basaltisches 274
– , Bildung **275**
– , Fraktionierung 276
– , Veränderung 306
Standard Igneous Norm (SIN) 223
Standard Mean Ocean Water (SMOW), Isotopen-Standard 611
Standardabweichung, mittlere gewichtete (MSWD-Wert) 617f
Standardminerale
– , CIPW-Norm 222
– , Mikrohärte 16
Stannin (Zinnkies) 6, 66, 111, 352, 358
Stapelfolge 14
stardust (engl., Sternenstaub) 632
Statuenmarmor, statuario (ital., siehe auch Marmor) 119, 443
Staub 388
– , interplanetarer 542, 550
– , interstellarer 630
Staubaggregate 554, 633
Staubauswehungen 395
Staublunge 48
Staubpartikel 49
Staubschweif, Komet 568
Staubsedimente **395**, 577
– , äolische 395
– , fossile 395
Staubteilchen 32, 548, 630, **632ff**
– , circumstellare 632f
– , interplanetare 52, 548, 632f
– , interstellare 632f
– , präsolare 632f
– , stellare 632f
– , Zusammensetzung 633
Staukuppe 246
Staurolith 39, 56f, 145, **152f**, 390, 418f, 433ff, 438ff, 445ff, 454, 464, 480, 482f, 494, 499, 501f, 510
– , ACF-, A'KF-Diagramm 491, 500
– , AFM-Projektion 493
– , Durchkreuzungszwillinge 152

–, Großkristalle 419
–, Kristalle 152
–, Porphyroblasten 419
Staurolith-Glimmerschiefer 56, 418, 438f
–, Mineralbestand 56
Staurolithzone 433, 501
steady-state geotherm (engl., siehe auch Gradient, stabiler geothermischer) 484
Steatit (siehe auch Speckstein) **171**
Steine
  –, DIN 4022 384
  –, technisches Produkt 52
Stein-Eisen-Meteorite 73, 547, 551, **559f**, 581
  –, Häufigkeit 551
Steinhauerkrankheit 49
Steinkohle
  –, Lagerstätten 64
  –, Verbrauch 63
Steinmeteorite 539, 547, **549ff**, 553
  –, differenzierte (siehe auch Achondrite) **557ff**
  –, undifferenzierte (siehe auch Chondrite) 547, **553**, 557
Steins, Asteroid 579
Steinsalz (siehe auch Halit) 12f, 16, 62f, **100**, 410ff
  –, als Rohstoff 63, 414
  –, Lagerstätte 66
Sterne 624f, **630ff**
  –, blauweiße B- und A- 631
  –, [Fe/H]-Wert 625
  –, gelbe 631
  –, Hauptreihe, Hauptsequenz 630f
  –, massereiche 624f
  –, metallreiche 625
  –, Oberflächentemperatur 631
  –, primitive 625
  –, Riesen 631
  –, schwach rote M- 631
  –, T-Tauri- 630ff
  –, Überriesen 631
  –, Zentraltemperatur 624
  –, Zwerge 631
Sternatmosphären 624
Sternenstaub 632
Sternentstehung **630f**, 637
Sterninneres 624
Sternquarz 185
Sternrubin, Sternsaphir 40f, 107
  –, Asterismus 40
  –, Synthese 41
Sternschnuppen 548
  –, Schauer 548
Sternwind 631
Steuerquarz 18, 42, 187
Stibiopalladinit 330
Stibnit (siehe auch Antimonit, Antimonglanz) **90f**, 354
Stickstoff N 77, 411, 559, 571, 582, 587ff, 592, 597, 624
  –, Eis, Neptunmond Triton 590
  –, Entstehung von ^{14}N 624
Stilbit (siehe auch Desmin) 190, 201, **203**, 254, 498
  –, Durchkreuzungszwilling 202

Stilpnomelan 421, 454, 498f
Stishovit 6, 15, 49, 180ff, **187f**, 430, 530ff, 558
Stock 216, 259
  –, Definition 259
  –, magmatischer 216
  –, subvulkanischer 349
Stockscheider 348
Stockwerkerz 349f, 363
Stockwerkhöhe 344
Stockwerkvererzung 349, 365
stockwork ore (engl., siehe auch Stockwerkerz) 349f
Stoffaustausch, metasomatischer 351, 455f
Stoffkonstanz, pauschale 455
Stoffkreisläufe, Geochemie 595
Stofftransport, metasomatischer 457
Stoffwanderungen, metasomatische 351
Stoke'sches Gesetz **261**, 277, 325, 534
Störung
  –, dynamische 637
  –, gravitationale 579
Störungssystem, Uranus-Mond Miranda 589
Störungszonen, tektonische 65, 428
Stoß, inelastischer 634
Stoßfront 429
Stoßkuppe 246
Stoßwelle **429f**, 541
  –, lunare 541
Strahlen, Strahlung 20, 583, 630
  –, α- 50, 112, 619
  –, β- 50, 617, 624
  –, elektromagnetische 20
  –, γ- 50f, 184
  –, Höhen- 184
  –, ionisierende 50, 183f
  –, IR- 630
  –, kosmische 625, 633
  –, kurzwellige 630
  –, langwellige 630
  –, radioaktive 50f, 358, 621
  –, Röntgen- 11, 33
  –, Sonnen- 372, 586, 590
  –, Teilchen- 568
  –, UV- 185, 587, 630
Strahlengang im Mikroskop
  –, konoskopischer 26
  –, orthoskopischer 26
Strahlenkegel (Shatter Cone) 430
Strahlenkrater (Erdmond) 545
Strahlenmodell, Strahlenoptik 20
Strahlenquelle, natürliche 50
Strahlensysteme 569
Strahlstein (siehe auch Aktinolith) **167**
Strahlungserhitzung 634
Strahlungshaushalt, solarer, terrestrischer, Einfluss von Aerosolen 249
strain (engl., Verformung) 422, **447ff**
Strain-Ellipsoid 447f
Strain-Energie, Minimierung 451
Strainrate (Verformungsrate) 450, 572
Strand 391, 401
Strandseifen 391
stratiform **326f**, 365f
Stratosphäre 249, 632
  –, Aerosol 249

Stratovulkane 215, **252f**, 349
  –, Aufbau 252
Streckung 448
Stress (engl., Spannung) **422**, 428, 447, 450f
  –, differentieller 422, 428, 445, 447, 450
  –, mittlerer 422
Stress-Ellipsoid 422
Stressminerale 422
Streufelder 431, 548
  –, Meteorite 548f
  –, Tektite 431, 563
Streusalz 100, 414
Streuung, inelastische 211
Strich 33
Strichfarbe **29**
Stricklava 243f
Ströme, pyroklastische **249**
  –, Typen 249
Stromatolithen 43, **401f**
  –, Fressfeinde 43
Stromatoporen 402
strombolianische Tätigkeit 243, **248**, 251
Strömungsmarken 445
Strömungsregime 396
Strömungsrippeln 384
Stronalith 521
Strontianit 117, **122**
  –, Lagerstätten 331
Strontium Sr 122, 339, **601**, 605, 607, 617f
  –, Clarke 601, 617
  –, Ersatz Ca → Sr im Plagioklas 605, 607
  –, initiales ^{87}Sr 617
  –, initiales ^{87}Sr/^{86}Sr-Verhältnis 312f, 618
  –, Isotope **617ff**
  –, Metall 122
  –, radiogenes 618
structure (engl., siehe auch Textur) 57
Struktur
  –, Gesteine **56**
  –, Kristall- **8ff**
Strukturchemie 52
Strukturdefekte 19, 451
  –, Wandern 451
Struvit 48
Stuckgips 134
Stufenregel, Ostwald'sche 467
Stufenversetzungen 451
Stützgewebe 42
S-Typ-Granite (sedimentary source rocks) 312, 455
subaerisch 216
subalkaline rock suite (engl., siehe auch Magmatite, subalkaline) 223
Subarkose 390
Subduktion, Subduktionszonen 79, 122, 164, 169, 211, 229, 241f, 246, 250, 252f, 260, 266, 273, 340, 348f, 354, 422, 432, 434, 436f, 484ff, 496f, 505, 507, 524, **527ff**, 573, 608f
  –, interozeanische 528
  –, Jadeit 164
  –, Magmaförderung 273
  –, Typen 529
Subduktions-Fluide 211
Subduktions-Komponenten 609
Subduktions-Orogene 348

Subfazies 497
subgrain boundary (engl., siehe auch Kleinwinkelkorngrenze) 451
subhedral (engl., siehe auch subidiomorph) 446
subidiomorph **446**
Subkörner 423, 451
Subkornbildung 423
Subkornrotation 451
Sublayer 328f
Sublimation 42, 253
Sublimationskurve 282
Sublimationsprodukte 95, 100f, 253f 266
submarin 216, 241, 343
subophitisch 220, 324
Subsolidus-Bereich 193
Subsolvus-Granite, -Syenite 293
Substantia
 –, *corticalis* 46
 –, *spongiosa* 46
Substanz
 –, amorphe 632
 –, kohlige, Reflektivität 421
 –, kristalline 3
 –, optisch
  –, anisotrope 20
  –, isotrope 20
 –, organische 373, 394, 480
 –, paramagnetische 18
Substitution 144, 158, 178, 183, 495
 –, gekoppelte 14, 155, 163, 173, 193, 484, 502
 –, Tschermak- 166
subterminal 253
Subtraktions-Baufehler 90
Subtraktionsstellung 26
Subvulkan **258**
subvulkanische Gesteine, Subvulkanite 216, **219f**, 231, 235, 258f, 275, 346, 349f, 357, 460
Sudoit **174**, 506
Suevit **431**
Suevit-Glas 564
Sulfarsenide 83, 90f, **93**
Sulfate, Sulfat-Minerale 35, 39, **129ff**, 337, 410, 412, 556, 586f, 612, 615
 –, wasserfreie 129
 –, wasserhaltige 129
Sulfat-Aerosole 249
Sulfat-Düngemittel 414
Sulfat-Evaporite 131f
 –, kontinentale (terrestrische) 411f
 –, marine 412ff
 –, S-Isotopie 614
Sulfat-Mejonit 190, **200**
Sulfat-Reduktion 614f
 –, anorganische 366
 –, bakterielle (BSR) 366, **398**, 615
 –, nichtbakterielle 44, 614
 –, thermochemische (TSR) **398**
Sulfide 14, 35, 50, 71f, **83ff**, 88, 90ff, 94f, 103f, 111, 114, 130, 328, 330ff, 345f, 355, 359ff, 373, 378ff, 387, 394, 397, 407, 444, 543, 556f, 570, 596f, 612f, 615, 632, 634
 –, Erz, massives 65
 –, in Meteoriten 553f
 –, komplexe 83

 –, Lagerstätten
  –, vulkanogen-massive (siehe auch VMS-Lagerstätte) 346, **363ff**, 612, 615
  –, orthomagmatische 330
 –, Metall- **83ff**
 –, metallische 91
 –, S-Isotope 612ff
 –, Verwitterung **378ff**
Sulfidmagma, -schmelze 61, 64, 266, 279, **324**, 328f, 331f
 –, Lagerstättenbildung 328
 –, Elemente 328
Sulfid-Minerale 14, 32f, 39, 44, 50, 83ff, 351, 553f, 612ff
Sulfonsäure 556
Sulfosalze 83, **95ff**
Sulfostannat 358
Sumpferz 407
Supereruptionen 250, 258
 –, VEI 248, 250
supergiant deposits 397
Supernovae 78, 552, 625, 631, 633
Superplastizität 452
Super-Plumes 306
Supervulkane **250f**, 258
Supraleiter 76, 110, 148
Suspensionen
 –, glutheiße 249
 –, wasserreiche 396
Süßwasser 119, 399ff, 408ff, 613
 –, S-Isotope 612f
Süßwasser-Schlamm 612
Süßwasser-Molasse 376, 564
Suttroper Quarze 182
Suturen 183
S-Wellen 516, 518ff, 524, 527f, 530
 –, Geschwindigkeit 516, 518ff, 524, 527f, 530
 –, Mond 542
 –, Tiefenabhängigkeit 518
 –, Laufzeit-Kurven 516
Syenite 62, **219**, 234
 –, Alkalifeldspat- 219, **233**
 –, Foid- **218**, 235
 –, foidführende **219**
 –, Häufigkeit in der Erdkruste 213
 –, Kluftfüllung (Apophyllit) 179
 –, Nephelin- 38, 113, 148, 153, 198ff, **234f**, 237, 293, 340, 457, 643
Syenit-Pegmatite 335, 338
Syenogranite 224
Sylvin 99, **100f**, 373, 412ff
 –, Lagerstätte 66
 –, Löslichkeit 373
 –, Paragenesen 414
Sylvinit 101, 412
Symmetrie **4ff**, 11
 –, Definition 4
 –, trikline 4
Symmetrie-Elemente 4f
Symmetrie-Operationen 4f
Symmetrieprinzip 12
Symplektite 447, 464
Synchisit 457

syn-COLG (syn-collision granites, syn(tektonische)-Kollisions-Granite) 275, 312, 609f
syngenetisch 64ff, 323
SYNROC (synthetische Verbindung zur Immobilisierung von radioaktivem Cäsium) 112
syn(tektonische)-Kollisions-Granite (syn-collision granites, syn-COLG) 275, 312, 609f
synthetische Verbindung zur Immobilisierung von radioaktivem Cäsium (SYNROC) 112
System (Ab = Albit, An = Anorthit, Cpx = Klinopyroxen, Di = Diopsit, Fa= Fayalit, Fo = Forsterit, Jd = Jadeit, Ks = Kalsilit, Lct = Leucit, Ne = Nephelin, Ol = Olivin, Opx = Orthopyroxen, Or = Orthoklas/Kalifeldspat, Prp = Pyrop, Qz = Quarz)
 –, Ab-An 193, **284f**, 293
 –, Ab-An($-H_2O$) **284ff**, 293
 –, Ab-Or **292f**
 –, Ab-Or($-H_2O$) 191, 269, **292f**, 315, 503
 –, Ab-SiO_2-(H_2O) 314
 –, Al_2SiO_5 149, 435, **465**, 467
  –, G-T-Diagramm 467
  –, P-T-Diagramm **465**, 467ff
  –, Tripelpunkt 150, 434, **465**, 467ff, 471, 475, 496
 –, $CaCO_3$ 122
 –, $CaCO_3$-$CaMg[CO_3]_2$ 123
 –, Calcit + Phlogopit + Fo 465
 –, CaO-MgO-Al_2O_3-SiO_2-CO_2-H_2O (CMASCH) 482
 –, CaO-MgO-SiO_2 465f
 –, CaO-MgO-SiO_2-CO_2-H_2O 478
  –, T-X_{CO_2}-Diagramm 478
 –, CaO-SiO_2-CO_2 476
  –, Phasenbeziehungen 476
 –, Chromit-Ol-SiO_2 325
 –, Cpx-Ol-Ne-Qz 302
 –, Cpx-Opx-Pl-Qz 302
 –, Cpx-Pl-Ol-Ne 302
 –, Cu-H_2O-O_2-S-CO_2 380
 –, Di-Ab-An **286ff**
 –, Di-An 283f, 293
 –, Di-An-Ab **286ff**, 320
 –, Di-An($-H_2O$) **283f**, 293
 –, Di-Fo-SiO_2 **297ff**, 302
 –, eutektisches, Di-An 283
 –, Fe-FeO 534
 –, Fe-FeS 534
 –, Fe-Ni 561
 –, Fo-Di-Ne-Qz 302
 –, Fo-Di-Prp 303
 –, Fo-Fa **295f**
 –, Fo-SiO_2 **296**, 302
 –, Freiheitsgrade 282, 465
 –, Gesamtdruck 472
 –, geschlossenes 418, **465**, 618, 620
 –, Gibbs'sche Phasenregel **464ff**
 –, Gleichgewichtseinstellung 285
 –, Granit-H_2O 336
 –, Graphit-H_2O 75
 –, idealisiertes 465

-, invariantes 467
-, K_2O-FeO-MgO-Al_2O_3-SiO_2-H_2O (KFMASH) 482
    -, P_{H2O}-T-Diagramm 482
-, Lct-SiO_2 **290f**
-, Mehrstoff-, heterogenes **282ff**
-, metamorphes, fluide Phase 423
-, Mg_2SiO_4-Fe_2SiO_4 295f, 532
-, MgO-Al_2O_3-SiO_2-H_2O (MASH) 509
-, Na-K-Ca-Mg-SO_4-Cl-H_2O 413
-, Na-K-MgSO_4-Cl-H_2O 413
-, Ne-Ks-SiO_2 **293ff**
-, Ne-SiO_2 **289ff**
-, offenes **465**
-, Ol-SiO_2 325
-, Ol-Tholeiit-H_2O 268
-, Or-Ab 192
-, Or-Ab-(H_2O) 314
-, Or-Ab-An 190
-, Or-Ab-An-Qz-H_2O 313
-, Or-SiO_2-(H_2O) 314
-, Pl-Cpx-Opx-Ol 302
-, pyroklastisches 247
-, Qz-Ab 320
-, Qz-Ab-An-H_2O 313, 320, 454
-, Qz-Ab-(An)-Or-H_2O 313, 336f, 454
-, Qz-Ab-An-Or-H_2O 319f, 320, 454
-, Qz-Ab-Or 315, 321
-, Qz-Ab-Or-An-H_2O 313
-, Qz-Ab-Or-H_2O 313ff, 319ff, 339, 454
-, Qz-Ab-Or-H_2O-CO_2 317
-, Qz-An 320
-, Qz-Jd-Or-H_2O 315
-, Qz-Or-Ab(-An)-H_2O 336
-, Qz-Or-Ab-An-H_2O 337
-, Silikat (Gabbro)-Oxid-Sulfid 324
-, SiO_2 180
-, Tripelpunkt **282**, 291
    -, Al_2SiO_5 150, 434, **465**, 467ff, 471, 475, 496
    -, Forsterit-Diopsid-Pyrop 303
    -, Wasser 282
    -, Wasser H_2O 282
-, Zustandsvariable 282
Systematik der Gesteine **213**

T

Taaffeit 41
Tachylit (siehe auch Basaltglas) 428f
Taconit, BIF 406
Tactit 444
Taenit 69, 73, 552, **561f**
Tafelschiefer 438
TAG-Hügel (Mittelatlantischer Rücken) 363
Tagish Lake (Meteorit) 556
T-a_{H2O}-Kurve 317
Talk 14, 145, **170ff**, 174, 233, 378, 407, 420, 438, 443f, 458, 473, 478f, 484, 498f, 504, 509, 520, 579
    -, ACF-, A′KF-Diagramm 491, 500
    -, Schichtstruktur 170f
    -, Stabilitätsfeld 509
Talkschiefer 157, 171, **443f**, 458f
    -, Beryll, Smaragd 157, 458f

Talkum 171
Tansanit **155**
Tantal 339
    -, Erz 64
Tantalit 339f
    -, Columbit- 391
    -, Seife 65, 391
Taramit **167**
Tarnen **602**
TAS-Diagramm 222
Tätigkeit (explosiver Vulkanismus)
    -, hawaiianische 247
    -, plinianische 249
    -, strombolianische 248
tautozonal 8
Tawmawit **155**
technische Mineralogie 52
Teer-Magnesit-Ausmauerung 120
Teilchenbeschuss 569
Teilchen-Trajektorien, Strainellipsoid 448
Teilmagma 278f
    -, Aufstieg 278
    -, Fe-reiches 279
Teilschmelze, Teilschmelzung 63, 270, 454, 543, 609
Tektite 431, **563f**
    -, Streufelder 431, 563
    -, Alter 564
Tektosilikate (siehe auch Gerüstsilikate) 143, 145, **179ff**
Telescoping 345, **354**
television stone 127
Tellur Te 7
    -, Erz 64
    -, ged. 7
Telluride 35, 71, 354
Temperatur 282f
    -, eutektische 284ff
    -, Gesteinsmetamorphose 420ff, 426ff, 434ff, **465ff**, 482ff, 496ff, 618, 624
    -, kritische 282, 336f, 344
    -, Liquidus- 268, 337, 635
    -, magmatische **267ff**
    -, Nukleosynthese, stellare 624f, 633
    -, Oberflächen-
        -, Erdmond 541
        -, Jupiter-Monde 585ff
        -, Neptunmond Triton 589
        -, Planet, erdähnlicher 569f, 574
        -, Pluto 592
        -, Riesenplanet 582
        -, Saturnmond Titan 587
    -, Solidus- 268, 275, 278f, 306, 308, 316f, 319ff, 337f, 454f, 635
TEM (Transmissions-Elektronenmikroskop) 33, 195, 374
Temperaturbereich
    -, Metamorphose 520f
    -, Phase, hydrothermale 344
    -, Phase, pegmatitische 336
Temperatur-Zeit-Diagramm, -Pfad 487, 618, 624
Temperaturverwitterung 372
temperaturwechselbeständig 158
Tempestit 401

Tennantit 7, 50, **96**, 352, 356, 364, 398
    -, Toxizität 50
Tephra 215, **251**
Tephrit 218, 221, 223, 235, **237**
    -, phonolithischer **218**
Tephrophonolith **221**
Tertiär 44
TES (Thermische Emissions-Spektroskopie), -Analyse, -Spektrum 578
Tetraäthylblei 86
Tetraederschichten 145, **169f**, 173ff, 178, 374
Tetraedrit 7, **96f**, 363
tetragonal 6, 9
Tetrataenit 552
Teufenunterschied
    -, primärer 354, 356
    -, sekundärer 380
Textur 56f, 59
texture (engl., siehe auch Struktur) 56
T-f_{O2}-Diagramm **479**, 481
Thaler (Münzeinheit) 359
Themis-Familie, Asteroiden 580
Thenardit 372, 410
Theralith 218, **235**, 643
thermal aureole (engl., siehe auch Kontaktaureole) 424
Thermalabsatz 119
Thermalfeld 344
Thermalquelle, Thermalwasser, Therme 122, 132ff, 189, **254f**, 343, 345, 459
    -, Mineral-Ausscheidungen **254**, 343
thermische Barriere **290f**, 294f, 302
thermische Emissions-Spektroskopie (TES), -Analyse, -Spektrum 578
thermisches Tal **286**, 314
Thermodynamik 56, 464ff, 481ff, 495
Thermoelemente 267
Thermometamorphose 426
Thermometer, geologische, Geothermometer 123, 181, 482f
    -, Austausch-Gleichgewichte
        -, Isotope, stabile 611f
        -, Minerale, metamorphe 482f
    -, Calcit-Graphit 613
    -, Dolomit-Calcit 123
thermoremanent 106
Thiospinell 92, 106
Thixotropie 376
Tholeiit, Tholeiitbasalt 224, 229, **231**, 233, 237, 243, 266, 268, 274f, 297, 299, 301f, 306, 308f, 331, 363, 460, 528, 540, 608ff, 642
    -, Inselbogen- (IAT, siehe auch Island Arc Tholeiites) 306, 608f
    -, Low-K- 306
    -, magmatischer Gebirgs- und Inselbögen (VAT) 306
    -, Mineralbestand 229
    -, Ozeanboden- 266, 363
    -, ozeanischer 310, 460
    -, ozeanischer Inseln (OIT) 266, 306, 528, 608ff
    -, Quarz-normativer 302
    -, Varianten 229hz
tholeiitic magma series (engl., siehe auch Tholeiit-Serie) 224

tholeiitic rock suite (engl., siehe auch Tholeiit-Serie) 224
tholeiitischer Trend 274
Tholeiit-Lava, pikritische 331
Tholeiit-Serie 224, 274
Thomas-Prozess 124
Thomsonit 190, **202**
Thorianit 50, 339
  –, Strahlung 50
Thorium Th 63, 339, **601**, **620**, 625
  –, Clarke 601, 620
  –, Entstehung 625
  –, Erze 64
    –, Sicherheitsvorkehrungen 51
  –, ^{232}Th-Zerfall 620
Thoriumminerale 339
Thortveitit 35
Thulit 155
Thuringite (siehe auch Chamosite) **175**
TiCl$_4$, Titan(IV)chlorid 110
Tief-Albit 191, 197
Tiefbeben, lunare 542
Tiefbohrung 55, 177, 213, 245, **515**, 623
  –, Kola-Halbinsel (Russland) 213, **515**
  –, Kontinentale (KTB), Windischeschenbach, Oberpfalz 213, **515**, 521, 623
Tief-Bornit 84
Tief-Chalkosin 380
Tief-Cristobalit 6, **181**
Tief-Digenit 380
Tiefengesteine 36, 58, **215**, 257
Tiefengesteinskörper 61
Tiefenprofil 519
  –, Erdkruste
    –, kontinentale **520**
    –, ozeanische **519**
Tiefenstufen, Gesteinsmetamorphose 495
Tief-Leucit 6
Tief-Mikroklin 191f, **194f**, 197
Tiefquarz 7, **181ff**
  –, Brasilianer-Zwilling 182
  –, Dauphinéer-Zwilling 182
  –, Existenzfeld 181
  –, Japaner-Zwilling 182
  –, Kristallstruktur 179f
  –, Transformation in Hochquarz 15
  –, Umwandlung in Hochquarz 181
  –, Varietäten, makrokristalline 183
Tief-Sanidin 193, **195**
Tief-Schapbachit 356
Tiefsee, hydrothermale Erzbildung **360ff**, 614
Tiefseegraben 496, 527f
Tiefsee-Sedimente 174, 177, 396, 408, 519, 608
Tiefseeton, roter 174, **396**
Tief-Spin-Bedingung 18
Tieftemperatur-Albit 191
Tieftemperatur-Alteration, Meteorite 552
Tieftemperatur-Begrenzung der Metamorphose 398, **420**
Tieftemperatur-Fumarole 253
Tief-Tridymit **181**
Tiegelmaterial aus Zirkonia 148
Tiere, wirbellose 32, 45, 402

Tierfutter, Tierpflege 177
Tigerauge 40, 169, **185**, 406
TiN (Titannitrid) 110
Tincalconit 126
Titan Ti 18f, 40, 63f, **600ff**, 605ff, 625ff, 639
  –, als metallischer Rohstoff 63, 109
  –, Clarke 600ff
  –, Edelsteinfärbung 40
  –, Eigenschaften, magnetische 18
  –, Elektronen-Konfiguration 19
  –, Entstehung von ^{48}Ti 625
  –, Erze, Erzlagerstätten 64ff, 109ff, 262, 324, 327f, 377f, 391
  –, Fraktionierung 605
  –, Ionenradius 600ff, 639
Titanaugit 163, 236f, 540, 643
Titaneisenerz (siehe auch Ilmenit) 103, **109**
Titania Night Stone 111
Titanit 6, 145, **153**, 209, 217, 224f, 229, 234f, 237, 312, 340, 360, 438, 443, 446, 487, 490, 507f, 605
  –, Flächenkombinationen 153
  –, Flüssigkeits-Einschluss 209
  –, Kluftmineral, alpines 360
  –, Kristallisation 268
  –, zur Gesteinsklassifikation 217
Titanomagnetit 64, **106**, 323f, 327, 557f, 605
  –, Erzlagerstätte 323
Titanweiß 109
Titius-Bode-Regel 629
TNO (Trans-Neptun-Objekte) 567, **591**
Toba-Supereruption 250
Tochteratom, Tochterisotop 615f, 619
Tochterkristall, Tochtermineral **208**, 270
Tochterprodukt, stabiles 615
Todorokit 112, 379, 409
Tommotiiden, Apatit-Hartteile 46
Tomographie, seismische 533
TOMS (Total Ozon Mapping Spectrometer) 253
Tone 37, 66, 100, 109, 127, 131f, 174ff, 353, **373ff**, 384f, 387f, 390, 394ff, 410, 418ff, 426, 441ff, 448ff, 454, 498ff, 550
  –, *ACF*-, *A'KF*-Dreieck 491
  –, feuerfeste 177
  –, Lagerstätten 66
  –, mergelige 397
  –, Mineralbestand 56
  –, montmorillonitreiche 177
  –, pelagische 396
  –, Pseudomorphose nach Halit 100
  –, Schmelzexperimente 454
  –, Zusammensetzung, chemische 390
Tonalit 218, **225**, 262, 275, 301, 306, 311ff, 320f, 349, 419, 421, 433, 437, 441f, 453ff, 459, 528, 621f, 642
  –, Intrusionsalter 621
  –, Phasenbeziehungen 314
  –, Quarz-Plagioklas-reicher 306
  –, Soliduskurve 320
Tonalitgneis 621f
Tonalit-Granodiorit-Granit-Assoziation 301
Tonalit-Magma 275, 320
Tonalit-System 313

Toneisenstein **407**
Tonerde 102, 108, 177, 377
Tonmergel 398
Tonminerale 37, 56, 114, 174, **176ff**, 252, 373ff, 385, 387f, 394f, 397, 399, 472, 498, 578
  –, Bestimmung 374
  –, Diagenese 387
  –, Häufigkeit 29
  –, Neubildung 374, 376
  –, silikatische 376
  –, Wechsellagerungs- (Mixed-Layer-) 178
  –, Wechsellagerungsstruktur 178, 374, 498
Tonmineral-Gruppe **176f**
Tonschiefer 366, 396, 424, **438**, 444, 448, 472
  –, chemische Zusammensetzung 390
  –, kontaktmetamorph überprägte 425
Tonsteine 60ff, 151, 262, 320, 353, 388ff, **396ff**, 418ff, 437, 442, 444, 454, 492, 501, 524, 564, 609
  –, bituminöse 397
  –, karbonatische 397
  –, laminierte 396
  –, mesoproterozoische (Antarktika) 262
  –, metamorphe 419, 491
  –, Metamorphose 62
  –, silurische (Schottland) 33
  –, Wende Jura/Kreide (Colorado/Utah) 398
  –, Winkeldiskordanz 61
  –, Zusammensetzung, chemische 390
Topas 6, 8, 40f, 144f, **151f**, 174, 184, 339f, 344, 347f, 351, 426, 447, 457, 459, 532
  –, Achsenverhältnis 8
  –, Ausscheidung 344
  –, Edelstein 40
  –, Flächenkombination 151
  –, Härte 41
  –, Kristallstruktur 8, 152
  –, LCT-Familie 340
  –, Pegmatit 340
Topasbrockenfels 426
Topasgreisen 347
Topasierung, kontaktmetasomatische 426
Topas-OH 532
Topazolith 149
Top-Brekzie, Aa-Lavastrom 243
Total Ozon Mapping Spectrometer (TOMS) 253
Tracht 33
Trachyandesit 221, **229**, 274
  –, basaltischer 221, **229**, 231, 274
Trachybasalt 237
Trachydacit **221**
Trachyt 37, 61, 187, 218f, 221, **235**, 246f, 252, 269, 274, 279, 289ff, 293ff, 301, 643
  –, foidführender 219
Trachytlava 246
Trachytglas 235, 279
Trachyttuff 252
Trägerstoff, Trägermaterial 171, 177
Trägheitsmoment, Mars 578
Tranquillityit 540

Transformation 15, 181, 191f
 –, diffusive 191f
 –, displazive 15, 181, 191
 –, Fourier- 253
 –, Hochdruck- 530
 –, in erster Koordination 15
 –, in zweiter Koordination 15
 –, rekonstruktive 15
Transformations-Zwilling 194
Transistor 76, 187
Translation 8, 10, 191
 –, der Gitterpunkte 5
 –, Gefügeregelung 447
 –, Kristallstruktur 5
Translationsabstand 3
Translationsbetrag 10
Translationsgruppe 9
Translationsvektor 4, 10
Transmissions-Elektronenmikroskop (TEM) 33, 195, 374
Trans-Neptun-Objekte (TNO) 567, **591**
Transport, Sedimente 62, 383, **385**, 595f
 –, Angriff
  –, chemischer 385
  –, mechanischer 385
 –, Material, Rundung 385
 –, Veränderung, chemische 385
Transportbetrag, lateraler 456
Transportmittel 383
Transversalwelle (siehe auch S-Welle) 20, **516**
Trappbasalt 244
Trappgranulit 442
Travertin 403
Treibhaus-Effekt 392, 571, 574
Tremolit 50, 145, **166f**, 233, 239, 351, 420, 442ff, 457, 478, 498ff, 504
 –, *ACF*-Diagramm 491, 500
Tremolit-(Ferro-)Aktinolith 166, **167**, 239, 351, 457
Tremolit-Asbest 50, 167
Tremolit-Ferroaktinolith-Reihe 166
trench (engl., siehe auch Tiefseegraben) 437, 528
Trennscheibe 79
Trennung, von Kern und Mantel 596
Trias
 –, Conodonten 46
 –, Impakt-Krater 563
 –, KTB-Zielgebiet 521
Tridymit 15, 49, 179, 181, **187**, 289, 505, 541, 557
 –, Silikose 49
 –, Transformation in Hochquarz 15
trigonal **6**
triklin 4, **6**, 9
Trilobit
 –, Calcit-Einkristall 45
 –, Facettenauge 45
Trinkwasseraufbereitung 177
trioktaedrisch 170ff, 177f, 373f
Tripel 189, 409
Tripelhelix im Kollagen-Molekül 46f
Tripelpunkt 150, **282**, 291, 303, 315, 447, 465, 467f
 –, Berechnung 470

 –, Einstoffsystem H_2O 282
 –, in Gesteinsgefügen 447, 451
 –, in Phasendiagrammen 282
 –, System Al_2SiO_5 150, 434, **465**, 467ff, 471, 475, 496
 –, System Forsterit–Diopsid–Pyrop 303
Triphylin 340
Tritium-Analyse 253
 –, Absorptionsspektrum 590
 –, Eis (CH_4-, CO_2-, CO-, N_2-, H_2O-) 590
Troilit **90**, 534, 540f, 552f, 555, 557f, 561, 585, 597, 599, 611, 632
Trojaner, Asteroiden 579
Troktolith 218f, **227**, 538
 –, Mondgestein 538f
Trona 410
Trondhjemit **225**, 306, 528
Tropfstein 119
Trübeströme 389, **396**
 –, Auslösung 396
 –, Fließgeschwindigkeit 396
 –, Strömungs-Regime 396
Trübestrom-Ablagerung 385, 389
Trümmer-Carnallit 102
Tsavorit **149**
Tscheljabinsk (Meteorit) 548
Tschermakit **168**
Tschermakit-Ferro-/Ferritschermakit 167f
Tschermaks Molekül
 –, Ca- (CaTs) **163**, 307, 507, 526
 –, Mg- (MgTs) **163**, 307, 507, 526
Tschermak-Substitution **166**
TSR (thermochemische Sulfat-Reduktion) **398**
T-Tauri-Sterne **630f**
T-Tauri-Zustand 630
TTG-Suite **225**, 306, 528
Tuff, vulkanischer 57, 63, 177, **251f**, 363, 376, 460, 524
Tuffit 252
Tuffmatrix 244
Tuffring 250
Tuit 558
Tunnel, geologische Aufschlüsse 55, 515
Tunnelstrukturen 112
Turbidite 363, 385, 389, **396**, 403, 432
 –, Bouma-Zyklus 396
 –, Kalk- 385, 403
 –, Meta- 445
 –, metamorphe 432
turbidity currents (engl., siehe auch Trübeströme) 389, **396**
Turbinenschaufeln 255
Turmalin 7, 18, 27, 40, 144, 156, **158ff**, 219, 331, 338ff, 344, 347f, 351, 355, 390, 426, 442, 457ff
 –, Alkali- 159f
 –, Ausscheidung 344
 –, Bildung 347
 –, Ca- 159f
 –, dichroitischer 40
 –, Edelstein 40
 –, Eigenfarbe 27
 –, LCT-Familie 340
 –, Leerstellen- 159f
 –, Piezoelektrizität 18

 –, Pleochroismus 158
 –, Pyroelektrizität 18
Turmalinfels 457
Turmalingreisen 347, 459
Turmalinisierung, kontaktmetasomatische 424, 426, 457
Turmalin-Katzenauge, Chatoyieren 40
Turmalinsonne 158
Turmalinzange 158f
Tuxtuac (Chondrit) 553
T-*X*-Diagramme **283ff**
 –, System Granit–H_2O **336**
 –, isobare 283
T-X_{CO_2}-Diagramm **477ff**
 –, Gleichgewichtskurven, univariante 477
T-X_{Fe}-Schnitte, isobarer 482
T-X_{H_2O}-Kurven 317
Tyndall-Streuung 184

U

Überdruck, tektonischer 422
Übergang, elektronischer 40
Übergangselemente 18
 –, Edelsteinfärbung 40
Übergangsmetalle 598
Übergangszone 518, 525, **530ff**
 –, Charakter, chemischer 598
überkritischer Bereich 423
überkritisches Fluid 255, **282**, 337, 344, 418, 423, 456
Überprägung
 –, metamorphe 621
 –, metasomatische 365
Überriesen (Sterne) 631
Übersättigung, Gips 133f
Überschiebungen 353
 –, Granitintrusionen 262
 –, Metamorphose 428
übertage 55
Udoteaceen (Grünalgen) 44
UG1-, UG2-Chromitit, Bushveld (Südafrika) 327
Ugrandit-Reihe **148**
Uhr, isotopische 618
Uhren-Industrie 187
Ulexit **127**, 410f
Ulexit-Katzenauge 127
Ullmanit 7
Ultrahochdruck-Gesteine **436f**, 485f, 509
Ultrahochdruck-Metamorphose 78f, 164, 187, **436f**, 443, 471, 485f, 509f
Ultrahochdruck-Paragenese 486, 508, **509f**
Ultrahochtemperatur-Metamorphose 503
Ultrakataklasit 428
ultramafisch 74, 106, 217, **219f**, 227, 233, 239, 263, 275, 307, 324, 330f, 335, 364, 378, 443f, 457, 473, 515, 522, 540, 544, 576
ultramafische Gesteine, Plutonite, Ultramafitite **219f**
 –, IUGS-Klassifikation 219
 –, kontaktmetamorphe 504
 –, metamorphe **420**, 490, 500
  –, Entwässerungs-Reaktionen 473f
 –, Plagioklas-führende 219

Ultramarin 200
Ultrametamorphose 417, **453**
Ultramikroanalyse 211
Ultramylonit **428**
Ultraschall 187
Ulvöspinell 105f, 541, 544, 557
 -, Erdmond 541, 544
Umbildungszone, Verwitterung sulfidischer Erzkörper 379
Umkristallisation, isophase 499
Umlaufbahnen, Umlaufzeiten 567
 -, Erdmond 541, 567
 -, Planeten 567
Umwachsungssaum, detritischer Feldspat 387
Umwandlung (siehe auch Transformation)
 -, autometasomatische 459
 -, displazive 15
 -, enantiotrope 181
 -, polymorphe 468, 471
 -, rekonstruktive 15
Umwandlungstemperatur 181, 191f, 290
Umweltschutz 52, 87
Ungleichgewicht, thermodynamisches 491
Ungleichgewichtsgefüge 464
univariant 465
Universum 620, 624, 630
 -, Alter 620, 625
 -, Expansion 624
Unstetigkeit in 400 km Erdtiefe 528ff
Unstetigkeitsflächen im Erdinneren 517f
Unstimmigkeit, metrische, Serpentin-Gruppe 175
Unterabteilung 34
Unterkruste
 -, Aufschmelzen 276, 605
 -, kontinentale 502f, **520f**, 620ff
  -, Durchschnittszusammensetzung 601
 -, mafische 275
Unterkrusten-Tonalit 275, 455
Unterkühlung 193, 285, 338, 431
Untersättigung, Anhydrit 133f
Untersuchungen, mikrothermometrische 210
untertage 55
U-Pb-Alter **620f**
 -, diskordantes 621
 -, konkordantes 621
U-Pb-Datierungen 148, 245, 328, 487, 549, 557, 559, **620f**, 622
 -, Flutbasalte 245
 -, Meteoriten-Krater 549
 -, Methoden 112, 138, 148, 245, 328, **486f**, 549, **620f**
 -, ortsauflösende 621
upper intercept (engl., siehe auch Schnittpunkt, oberer) 621
Upper Old Red 61
Uralit **168**, 231
Uralitisierung 227
Uran U 50f, 63f, **112f**, 339, 365, **601f**, 620f, 625
 -, Clarke 601f, 620
 -, Entstehung 625
 -, Erze 50, 64, 113, 339, 358, 379
  -, Sicherheitsvorkehrungen 51
 -, Erzgänge **358**
 -, Erzminerale 112

 -, Gewinnung 113
 -, Isotope 112, 620f
 -, Lagerstätten
  -, Abscheidung, epigenetische 367
  -, Alligator-River-Distrikt (Nord-Territorium) 113
  -, Athabasca-Distrikt (Saskatchewan, Kanada) 113
  -, Diskordanz-gebundene 65, 367
  -, Olympic-Dam-Lagerstätte 365
  -, Red-Bed-Typ 394
  -, Roll-Front-Typ 368, 394
  -, Seifen- 393
 -, primordiales ^{235}U 620
 -, Verwendung 113
Uran-Bergbau 51, 359
Uranfarben 113
Uranglimmer 379
Uraninit (Uranpecherz, (Uran-)Pechblende) 7, 50, 103, **112f**, 339, 358f, 367, 393
 -, Lagerstätten 113, 365, 367, 393f
 -, Strahlung 50
Uran-Minerale 50, 101, 112f, 339, 358f, 367, 379
 -, sekundäre 359
Uran-Blei-, (U-Pb-)Alter **620f**
 -, diskordantes 621
 -, konkordantes 621
Uran-Blei-, (U-Pb-)Datierung, Methode 148, 245, 328, 487, 549, 557, 559, **620ff**
 -, Flutbasalte 245
 -, Meteoriten-Krater 549
 -, Methoden 112, 138, 148, 245, 328, **486f**, 549, **620f**
 -, ortsauflösende 621
Uran-Blei-, (U-Pb-)Konkordia-Diagramm 620
Uranpechblende (siehe auch Pechblende) 50, **112f**, 367, 393
Uranpecherz (siehe auch Uraninit) 7, 50, 103, **112f**, 339, 358f, 367, 393
Uran-Radium-Vanadium-Erz (Red-Bed-Typ) 394
Uran-Zerfall 620
Ureilit, Achondrit 551, 557
Urin 48
Urknall **623**, 631
Urmaterie 547, 553, 580, 598
UV-Fluoreszenz 352
UV-Korrelations-Spektrometer COSPEC 253
UV-Optik 102
UV-Strahlung 185, 587, 630
Uvit **160**
Uvöspinell 541
Uwarowit **148f**

V

VAG (engl. Volcanic Arc Granites, Granit vulkanischer Bögen) 275, 312, 609f
Valenzausgleich
 -, elektrostatischer 110, 144f, 157f, 170, 179, 596
 -, gekoppelter 14, 192
Valenzband **17f**

Valenzelektronen **13**
Valleriit 332
Vanadate 35, 39, 113, **137**, 140
Vanadinit 7, 137, **140**, 379
Vanadium V 40, 64, 141, 262, 327, 394, 605, 625
 -, Edelsteinfärbung 40
 -, Entstehung von ^{51}V 625
 -, Erze 64, 141, 262, 394
 -, Erzminerale 141, 394
 -, Fraktionierung 605
 -, Lagerstätten 262, 327, 394
Vanadoepidot 155
Van-der-Waals-Bindung, -Bindungsenergie, -Kräfte, -Restkräfte 14, 75, 81, 83, 91, 95, 113f, 129, 170, 175, 364
Varianz 465f
Variationsdiagramme, binäre, ternäre **274**, 390, 609f
 -, log SiO$_2$/Al$_2$O$_3$ vs. log Na$_2$O/K$_2$O 390
 -, Nb vs. Y 610
 -, Rb vs. (Y + Nb) 610
 -, V vs. Ti 610
Variscische Gebirgsbildung 312, 348, 366, 425, 453, 460
Varistikum 231
VAT (engl. Volcanic Arc Tholeiites, Granit magmatischer Gebirgs- und Inselbögen) 306, 609f
Vaterit 45, **121f**
 -, Exoskelett 45
Vaterit-Struktur 117
VEI (vulkanischer Explosivitäts-Index) **247ff**
Veneer, Late (engl., spätes Furnier) 635
Ventersdorp-Lava 524
Venus (Planet) 32, 513, 567ff, **570ff**, 580f, 596f, 629, 636
 -, Atmosphäre 571
 -, Aufbau, innerer 572
 -, Bahneigenschaften 569, 629
 -, Bahnelemente 569
 -, Bergländer 571
 -, Coronae 572f
 -, Entwicklung, geologische 571, 636
 -, Erforschung, astronomische 570f
 -, Kern, metallischer 573, 597
 -, Kern-Mantel-Grenze 573
 -, Klima 571
 -, Mantel 573
 -, Oberflächenformen 571
 -, Super-Treibhauseffekt 571
 -, Tektonik 572f, 636
 -, Tesserae 572f, 636
 -, Tiefebenen 571
 -, Vulkanismus 572f
Verband, geologischer 55, **60f**
 -, diskordanter 60f
 -, konkordanter 60
Verbandsverhältnisse, geologische 60
Verbiegung 423
Verbindung
 -, anorganische 32
 -, organische 556, 581, 587, 591f, 632
  -, abiotische 556
 -, Spinelltyp 103
 -, stöchiometrische 289

verbotene Zone (Bändermodell) 17
Verbrennungsgase, Entschwefelung 134
Verbundwerkstoffe 76
Verchromung 106
Verdampfung 431
 –, Impakt-Metamorphose 431, 563
 –, selektive 634
Verdelith **160**
Verdichtungswelle (siehe auch P-Welle) **516**
Verdrängung 344
 –, hydrothermale 64f, 86, 343, **351**ff
 –, hydrothermal-metasomatische 343
 –, pseudomorphe 200
Verdrängungslagerstätten, hydrothermale 65, 71, **351**ff, 359, 366
 –, Blei-Silber-Zink- 352
 –, Blei-Zink- (MVT) 65, 352, 366
 –, hydrothermale **351**ff
  –, Entstehung 351
 –, Kupfer-Arsen- 352
 –, mesothermale 352
 –, Mississippi-Valley-Typ (MVT) 65, 352, 366
Verdrängungsreaktionen, Diagenese 387
Verdunstungsrate 374
Vereisung, neoproterozoische 406
Vererzung
 –, granitgebundene 346
 –, hydrothermale 113
Vererzungszone, diffuse, porphyry copper ores 350
Verfestigung 383
 –, diagenetische 215, 376, 383
 –, sekundäre 252
Verformung **422**, 447
Verformungsachsen 448
Verformungsrate 450, 484, 616
Vergreisung 347
Verhalten
 –, magnetisches 33
 –, mechanisches 33
 –, Newtonsches 269
Verhüttung 50f, 63, 87, 109, 113, 120, 126, 377, 407
Verkarstung 400
Verkieselung 40, 175, 189, **360**, 459
 –, hydrothermale **360**, 459
Vermiculit 172, **178**, 239, 332, 374f, 378
 –, expandierter 178
 –, Neubildung, Klimaabhänigkeit 375
 –, Ni-haltiger 378
Vernadit **112**, 409
Verneuil-Verfahren **41**, 108, 111
Verpackungsmaterial 178
Verrucano 254
Versenkung 421
Versenkungsmetamorphose, regionale **437**, 498
Versenkungstiefe 422
Versetzung, Wandern 451
Versetzungsdichte 451
Versetzungsgleiten 451
Versetzungskriechen 451
Versteinerungsmittel 42

Verteilungsgefüge 58
Verteilungsgleichgewicht (siehe auch Austauschgleichgewicht)
 –, Geothermometrie, Geobarometrie 482ff, 595
 –, Isotope, stabile 595, **611**, 613
Verteilungskoeffizient **603**, 635
Verwachsungen
 –, schriftgranitische 338
 –, zonare 299
Verwachsungsgefüge, graphische, runitische 339
Verweildauer in der Erdkruste 616
Verwerfungen 353, 360, 428, 589f
Verwitterung, Gesteinsverwitterung 35, 60, 62, 177, 367, **371**ff, 375f, 383, 385, 392, 549, 595f
 –, Agentien 371
 –, allitische 376
 –, Ausgangsmaterial 371
 –, chemische **371**ff, 385, 596
 –, Definition 371
 –, Klimaabhängigkeit 375
 –, mechanische **371**ff, 375, 392, 596
 –, Prozesse **371**ff
 –, siallitische 376
 –, Silikate **373**f
 –, subaerische 371, 375f
 –, subaquatische 177, 371, 376, 385
 –, subtropische 375
 –, sulfidischer Erzkörper **378**
 –, tropische 375
Verwitterungseinflüsse 84, 132, 387
Verwitterungslösungen 134, **373**ff, 378ff, 385, 399, 403
 –, alkalische 376
 –, Al-Si-Verhältnis 375
 –, basische 381
 –, Eh-Wert 380f
 –, Löslichkeit
  –, von Al_2O_3 374f
  –, von Kieselsäure 374f
  –, von SiO_2 374
 –, Neutralpunkt 374f
 –, oxidierende 381
 –, pH-Wert 376, 380
 –, Redoxpotential 380
 –, reduzierende 381
 –, saure 376, 381
Verwitterungsneubildungen **374**f, 385, 394
 –, Klimazonen
  –, aride 374
  –, humide 374
Verwitterungsprodukte 371, 375f, 385
 –, allochthone 376
 –, autochthone 376
Verwitterungsprofil 380
Verwitterungsprozesse 50, 252, 371, 390, 394, 405
Verwitterungsreste **385**
Verwitterungsschäden 371
Verwitterungszone 373, 375
Very-Low-Ti-Gruppe (VLT), Mondgesteine 540
Verzinken 87

Vesuvian 6, 154, **156**, 351, 420, 442ff, 457, 504
 –, *ACF*-Diagramm 491
 –, Flächenkombinationen 156
Viellinge 92f, 110, 121, 202
Viererringe 3, **143**f, 178, 191, 199, 201ff
Vierkomponentensystem 490
Viking-Sonden 559, 574
viscous emulsion differentiation 279, 329
Visiergraupen 111, 347
Viskosität 182, 243, 250, 261, 265f, **268**ff, 276ff, 306, 313, 325, 337, 535, 588
 –, Messung 269
Viskositätsmodul 268f
 –, Definition **269**
 –, Druckabhängigkeit 269
Vitrinit 398, 421
Vizinalflächen, Turmalin 158
VMS-Lagerstätten, -Vererzungen 346, **363**ff, 380, 615
 –, Besshi-Typ 363
 –, Cu-Zn-Pyrit-Typ 364
 –, Kuroko-Typ 364, 615
 –, Magnetit-führende 365
 –, metamorph überprägte 364
 –, PGE-Gehalte 364
 –, Ural-Typ 364
 –, Zonierung 363
 –, Zypern-Typ 363, 615
Vögel
 –, Biomineralisation 44
 –, Eierschalen 45
Vogesit 220
Volcanic Arc Granites (VAG) 275, 312, 609f
Volcanic Arc Tholeiites (VAT) 306, 609f
Volumen 515
 –, Erdkruste, Erdmantel, Erdkern 515
 –, Expansion 509
Vorgeschichte 53
Vorläufermagma 216
Vorriff 403
Vorriff-Schutt 403
Vulkane 55, **241**ff, 456, 527
 –, aktive 215, **241**f, 584f
 –, Definition 241
 –, Magmaförderung
  –, kontinentale 273
  –, ozeanische 273
 –, ruhende 241f
 –, Tiefenfortsetzung 258
 –, Verteilung, globale **242**
Vulkanausbruch 247
 –, El Chichón (Mexiko) 249
 –, explosiver 246
 –, Fossa di Vulcano 249
 –, Krakatau (Indonesien) 249
 –, Laacher-See-Vulkan (Eifel) 249
 –, Monte Somma 249
 –, Mount Saint Helens (Washington) 249
 –, Nevado del Ruiz (Kolumbien) 250
 –, Pinatubo (Luzon-Halbinsel, Philippinen) 250
 –, Santorin (Kykladen) 249
 –, Typ 249
 –, Vesuv 249

vulkanischer Bogen 496
vulkanischer Explosivitäts-Index (VEI) 248
Vulkanismus 61, 64, 188, **241ff**, 527, 549, 595, 636
 –, aktiver 241, 584, 636
 –, Dampftätigkeit **252**ff
 –, explosiver 215, 239, **246**ff, 271, 306, 572
  –, Aschenfälle 248
  –, Intensität 247
  –, Opfer 246
  –, Ströme, pyroklastische 249
  –, Typ **247**
 –, Förderung
  –, effusive 215, **243**ff
  –, explosive 215, **246**ff
  –, extrusive 215, **246**
  –, gemischte 252
 –, Jupiter-Mond Io 584f
 –, Mars 575f
 –, Planeten 636
 –, plinianischer 249
 –, submariner 216, 231, **243ff**, 361, 406, 409, 460, 519
 –, Tätigkeit
  –, hawaiianische 247
  –, phreatomagmatische 249
  –, plinianische 249
  –, strombolianische 248
  –, subglaziale 249
 –, Venus 572f
Vulkanite, vulkanische Gesteine 33, 56ff, 61, 189, **216ff**, 258, 274, 454, 460, 524, 528, 642
 –, Abschreckungs-Gefüge
  –, Angrite (Asteroide-Achondrite) 557
  –, Erdmond 540
 –, Alkali- 235, 356, 436f, 643
 –, foidreiche 237
 –, Gesteinsserie 274
 –, hyaline 216, 222, 232f
 –, hypokristalline 216, 222, 236f
 –, IUGS-Klassifikation 218ff
 –, Klassifikation 217ff, 222
  –, chemische 221
  –, mineralogische 217
 –, Klassifikationsdreieck 219
 –, Mars 575
 –, Mikrofotos 230ff
 –, Mineralbestand, modaler 217
 –, Q-A-P-F-Doppeldreieck 218
 –, subalkaline **227**ff, 642
 –, Zusammensetzung, chemische 221

W

Wachstumsgeschwindigkeit **4**, 42, 133, 187, 191, 247
 –, Anisotropie 4
Wachstumszwillinge 194f
 –, Orthoklas 195
Wacke 389f
 –, lithische 389
wackestone (engl.) 400, 403
Wad 112

Wadsleyit 530, 532, 578
 –, β-$(Mg,Fe)_2SiO_4$-Phase 530, 578
 –, β-Phase 530
 –, Mars-Mantel 578
Währungsmetall Gold 72
Wairakit 432, 474, 498
 –, Entwässerungs-Reaktion 474
Walkerde 376
Wandfliesen 171
Wärmebeulen 435
Wärmedämmstoff 178
Wärmedome 435, 453
Wärmefluss 455f, 520
Wärmefluss-Sonde, Mond 537
Wärmeisolation 148, 173, 229
Wärmekapazität 427
Wärmeleitfähigkeit 3, **16**, 427
 –, Anisotropie 16
Wärmeleitzahl 16
Wärmeproduktion, radioaktive **275f**, 485, 503, 520, 602
Wärmequelle 635f
Wärmeschutz 178
Wärmetechnik 176
Wärmetransport
 –, advektiver 496f
 –, konduktiver 279, 318, 329, 612
 –, konvektiver 602
Wärmezufuhr **275f**, 455, 503
 –, advektive 486
 –, aus dem Erdmantel 276
 –, externe 275
Waschgold 72
Waschmittel 126, 410, 414
Wasser H_2O 33, 56, 471
 –, Aktivität **317**ff, 454f, 503
 –, als Verwitterungsagens 373
 –, Asteroiden 580
 –, Diffusions-Koeffizient 344
 –, Dissoziation 479f
 –, Einstoff-System **282**
 –, Erdmantel 430, 532
 –, flüssiges 282
 –, Flüssigkeitseinschlüsse **208**ff
 –, Fugazität 490
 –, Gas, vulkanisches 252, 266
 –, in Fluiden 211, 216ff, 336f, **344**ff, 477ff
  –, Diffusions-Koeffizient 344
  –, magmatische, O-Isotopie 612
  –, metamorphe, O-Isotopie 612
 –, Jupiter-Monde 584ff
 –, Löslichkeit
  –, in Magma 269ff
  –, in Silikatschmelzen 253, **269**f
 –, Löslichkeitsisobare, magmatische 270
 –, Mars 574f, **576**
 –, Mars-Mond Phobos 579
 –, Merkur 570
 –, meteorisches 345, 367f, 612
 –, molekulares 270
 –, Neptun-Mond Triton 590
 –, Partialdruck P_{H_2O} **423**, 471ff, 490, 500, 503
 –, Pluto-Mond Charon 592
 –, Riesenplaneten 582f

 –, Saturn-Monde 587f
 –, Sauerstoff-Isotope 612
 –, Stabilität 381, 479
 –, Überschussphase 472
 –, Uranus-Monde 589
 –, Venus 571ff
 –, Verhalten, anomales 282
wasserabweisend 171
Wasseraufbereitung, Wasserreinigung 177, 201, 376
Wasserdampf 145, 253, 266f, 282, 336, 575, 579, 632
 –, Kompressibilität 316, 473
 –, Molvolumen 473
 –, vulkanischer 252
Wasserdampfdruck, H_2O-Druck P_{H_2O} 199, 267f, 283ff, 291ff, 313ff, 320, 344, **423**, 454, 472ff, 502, 575, 579
Wassereis, H_2O-Eis 56, 282, 541f, 570, 575, 580, 584ff, 589f, 592, 634, 637
 –, Erdmond 542
 –, Jupiter-Monde 584, 586
 –, Mars 575
 –, Merkur 570
 –, Neptun-Mond Triton 590
 –, Pluto-Mond Charon 592
 –, Saturn-Mond Titan 587
 –, Uranus-Monde 589
Wasserkalk 397
Wasser-Molekül 188, 200f
Wasserstoff H, H_2 252, 266, 380, 479ff, 541, 556, 559, 569, 578, 583f, 586f, 611, 624f, 630ff, 637
 –, Clarke 600f
 –, Entstehung von ^1H 624f
 –, Erdmond 542
 –, flüssiger 583f
 –, Fugazität 480
 –, Gas, vulkanisches 252, 266
 –, Häufigkeit, solare 625
 –, im Solarnebel 632
 –, im Sterninnern 630
 –, Ionenradius 600
 –, Isotope 556, 611
 –, Isotopen-Standard 611
 –, Jupiter-Mond Ganymed 586
 –, Mars-Kern 578
 –, metallischer
  –, brauner Zwerg Gl225b 583
  –, extrasolarer Riesenplanet HD209458b 583
  –, Riesen-Gasplaneten Jupiter und Saturn 583
 –, molekularer
  –, brauner Zwerg Gl225b 583
  –, Riesenplaneten 583
 –, Riesenplaneten 583
 –, Solarnebel 631
Wasserstoff-Brennen 583, **624f**, 630f
Wasserstoff-Brückenbindung 114
Wasserstoff-Helium-Gemisch 637
Wasserstoffperoxid 586
Wasserwaage, geologische 186
Wattensedimente 396
Websterit **219**

Wechselfeld, elektrisches 18
Wechsellagerungs-Tonminerale **178**
Wechselwirkung, elektrostatische 596
Wechselwirkungsenergie 14
Wechselwirkungsprinzip 12
Weddelit 48
Wehrlit 219, **227**
Weinsäure, Piezoelektrizität 18
Weinschönung 177
Weißblech 111
Weißbleierz (siehe auch Cerussit) **122**
Weiße Zwerge (Sterne) 631
Weißkalk 397
Weißliegendes 398
Weißpigment 119
Weißschiefer 509
welded tuff (engl., siehe auch Ignimbrit) 252
Welkom-Formation (Witwatersrand-Supergruppe, Südafrika) ged. Gold 392
Welle
  –, außerordentliche 23, 28
  –, elektromagnetische 20
  –, linear polarisierte 28
  –, ordentliche 23, 28
  –, seismische **516ff**, 537
    –, Ausbreitung 517
    –, lunare 537
  –, zirkular polarisierte 28
Wellenbasis 403
Wellenfront 20f
Wellengeschwindigkeit 308, **516**
  –, seismische 308, **516ff**, 524
Wellenlänge 20
Wellenmodell 20
Wellennormale 20
Wellenoptik 20
Wellenstrahl
  –, Bahn 517
  –, Brechung 517
  –, Reflexion 517
Wellentheorie 20
Welterdölproduktion 414
Weltmarktpreis, Bauwürdigkeit von Lagerstätten 63, 602f
Weltraummissionen (siehe auch Raumsonden) 537
Wentworth-Skala **384**
Werkstoffe 39
  –, keramische 165
  –, silikatkeramische 158
Werkstoffkunde 52
Werkzeugstähle 93
Werra-Anhydrit, Werrafolge (Zechstein) 398
Wetzldorf-Einheit 521
Wetzschiefer (siehe auch Coticule) **442**
Whewellit 32, 48
White Smoker **360ff**
Whitlockit 410, 541, 552, 557f
WHO-Faser 50
Widia 136
Widmannstätten'sche Figuren 73, **561f**
Willemsit 378
Winchit 167

Wind 383, 395
  –, bipolarer, in T-Tauri-Sternen 630
Windungsachse 28
Winkeldiskordanz (engl. angular unconformity) **60f**
Winkelhalbierende 23
Winkelkonstanz, Gesetz 4
Winonait 558, 562
Winschit-Ferrowinchit **167**
Wirbel, heller 545
Wirbellose, wirbellose Tiere 32, 45, 402
Wirbeltiere, Entwicklung 46
Wirtkristall 32, 208
Wirtmineral 208
Wischnewit **200**
Wismut (siehe Bismut)
Wismut-AG 359
Witherit 117, **123**
  –, Toxizität 50
Within-Plate Basalts (engl., Intraplatten-Basalt, WPB) 607ff
Within-Plate Granites (engl., Intraplatten-Granit, WPG) 275, 313, 609f
Wolfram W 339, **348**
  –, Einkristall 136
  –, Erze 64, 135f
  –, Lagerstätten **348**
Wolframate 35, 39, 129, **135f**
Wolframgreisen 136
Wolframit 34, 65, **135**, 347f, 457
  –, Ausscheidung 344
  –, Erze 348
  –, Gänge 348
  –, Mischkristallreihe 136
Wolframkarbid 136
Wolframstahl 136
Wolkenkern 630
Wollastonit 50, 161, **165**, 222, 237, 351, 420, 427, 443f, 456, 465f, 476ff, 492, 500, 504f
  –, ACF-Diagramm 491, 500
  –, Bildung 476
  –, CIPW-Norm 222
  –, pathologischer 50
Wollastonitfasern 50
Wollastonit-Marmor 165
Wollsack-Formen bei Granit 60, 372
Wollsackverwitterung 60, 372
Wood-Metall 88
WPB (engl. Within-Plate Basalt, Intraplatten-Basalt) 306, 607ff
WPG (engl. Within-Plate Granite, Intraplatten-Granit) 275, 313, 609f
Wrinkle Ridges 540, 572
Wulfenit 6, **135**, 379
Würfel
  –, Flächendiagonale (FD) 7
  –, Raumdiagonale (RD) 7
Würfelzeolithe 201
Wurfschlacken 251
Wurtzit 7, 85, **87f**, 362, 366
  –, Struktur 88
Wüstenrosen 132
Wüstit 479f, 633
  –, Stabilitätsfeld 479
Wüstit-ged. Eisen-Puffer 480

X

Xe (siehe Xenon)
Xenokristen **216**, 258
Xenolithe 59, 188, **216**, 227, 261, 275, 309, 424, 426, 505, 508, 510, 515, 524f, 527, 578
xenomorph 36, 56, 446
Xenon Xe 57, 112, 571, 574, 583
  –, Entstehung 625
Xenon-Isotopie 112
Xenotim **137f**, 331, 340, 605
XRD (Röntgen-Pulverdiffraktometrie) 11f, 174, 374, 468ff
XRF (engl. X-ray Fluorescence Spectroscopie, siehe auch Röntgenfluoreszenz-Spektroskopie) 222

Y

YAG-Laser 42
yellow ground (siehe auch Kimberlit-Breccie, verwittert) 251, 524f
yield strength, yield stress (siehe auch Fließgrenze) 269, 451
Yttrium Y 340, 378, 457, 540, 605, 607f, 610, 641
  –, Fraktionierung 605
  –, Minerale 340
Yttrium-Aluminium-Granat, Synthese 42
Yttrofluorit **101**
Yttrotitanit 153

Z

Zagami (Mars-Meteorit) 559
Zähne
  –, Apatit 32
  –, Bio-Apatit 46
  –, Zement 46
Zahngold 72
Zahnschmelz 46, 48
Zahntechnik 74, 90
  –, Quecksilber 90
Zechstein
  –, Evaporite 413
  –, Kupferschiefer 65
Zechsteinbecken 398
Zechstein-Kalk, -Dolomit 353
Zechsteinmeer 398
Zehnerringe 203f
Zeitbegriff in der Geologie 60
Zellquarz 185
Zellstoff, -herstellung, -industrie 81, 119, 414
Zellsubstanz 48, 189
Zement 53, 119, 134, 188, 252, 353, 399, 414
  –, Asbest- 176
  –, der Zähne 46
  –, in klastischen Sedimenten 119
  –, Kieselgel- 188
  –, Poren- 252
  –, Portland- 119, 397
  –, SiO_2- 188
  –, Sorel- 120, 353
  –, Tonerde- 377
Zementation 379, 420
Zementationszone 71, 84f, 350, 378, **379ff**

Zementindustrie 53, 134, 414
Zementkalk 397
zentralafrikanischer Kupfergürtel 398
Zentralstern, Zentralgestirn 630
Zeolithe 6, 50, 145, 158, 179, **201f**, 204, 231, 234f, 239, 252, 254, 301, 351, 355, 358, 387, 410, 432, 437f, 459, 474, 496ff
 –, Bedeutung, technische 201
 –, Entwässerungsreaktionen 474
 –, Gleichgewichtskurven 474
 –, Kristallstrukturen 201
 –, Kristalltrachten 202
 –, pathologische 50
 –, synthetische 201, 410
Zeolith-Familie **201f**
Zeolith-Fazies 201, 497, **498f**
 –, Minerale 498
Zeolithisierung 459
Zeolithwasser 201
Zerbrechen, hydraulisches 423
Zerfall, Zerfallprozess, radioaktiver 112f, 147, 155, 276, 346, 611, **615ff**, 620, 622ff
 –, Allanit-Struktur 155
 –, β- 617, 624f
 –, inverser 624
 –, von U und Th 346, 620
Zerfallsenergie 617
Zerfallsgleichung **615ff**
Zerfallskonstanten 615f, 623
Zerfallsprodukt, Tochterprodukt, radioaktives 51, **615ff**
 –, von ^{26}Al 633, 635
 –, von ^{41}Ca 633
 –, von Radium 51
 –, von U und Th 112, 155, 620
Zerfallsrate 615
Zerfallsreaktion, radioaktive 422, 617, 622
Zerfallsreihe, radioaktive 77, 112, 486, 595, 602, **620**
Zerrkluft, alpine 360
Zerrüttungszone 364
Zersetzung
 –, hydrothermale 177
 –, thermische **431**
Zersetzungsprodukt, Opal 189
Ziegelerz 88, 104, 379
Ziegelsteine aus polykristallinem Zirkon 148
Ziegelton 177, 397
„Zigarre", System Ab-An 285
Zink Zn
 –, als metallischer Werkstoff 87f
 –, als Rohstoff 63
 –, Black Smoker 360ff
 –, Clarke 602
 –, Erze, Erzminerale 64, 87, 121, 352f, 356f, 360ff, 379
 –, Lagerstätten 86, 121, 352f, 360ff, 615
  –, Erzgänge 356f
  –, Kupferschiefer 389
  –, MVT 366f
 –, Oxidationszone 379
 –, Sedex 365f
 –, VMS 363f
 –, Transport 357
Zinkblende (siehe auch Sphalerit) 86, **87f**

Zinkit 7
Zinkspat (siehe auch Smithsonit) 121
Zinkweiß 88
Zinn Sn 339, **347**
 –, Erz 64, 111
 –, Lagerstätten 212, 347f, 357f, 393
  –, Entstehung 348
  –, Erzgänge 347, **357f**
  –, Imprägnationen **347f**
  –, Pegmatite 339f
  –, primäre 347
  –, Seifen 111, 393f
 –, Lösungen, hydrothermale 347f
Zinnbergbau 347
Zinngreisen 111, 136, 212, **347f**, 357
Zinngürtel
 –, bolivianischer 357f
 –, südostasiatischer 348
Zinnkies (siehe auch Stannin) 111, 358
Zinnober (siehe auch Cinnabarit) 7, 50, 73, **90**, 364
Zinnpegmatite 339f
Zinnproduktion 348
Zinnseifen 111, **393**
Zinnstein (siehe auch Kassiterit) 6, 65, 103, **111**, 135, 152, 174, 391
Zinnwaldit **172ff**, 339
Zinnzwitter 111, 347
Zirkon 6, 40, 56, 135, 138, 144f, **146ff**, 155, 171, 217, 224f, 229, 234f, 237, 250, 328, 390, 393, 447, 486, 539, 541, 557, 602f, 620f, 331f, 340
 –, Altersinformation 486
 –, Asterismus 40
 –, diskordanter 620f
 –, Datierung 486f, 620f
 –, Dominion Reef 393
 –, in Mondgesteinen 539, 541
 –, Isotopenanalyse 486, 621f
 –, ortsauflösende 621f
 –, konkordanter 621
 –, Kristallisationsalter 621f
 –, metamikter 621
 –, Schwermineral 390
 –, U-Pb-Datierungen 328, 486, 616, **620ff**
 –, zonarer 486, 621
 –, zur Gesteinsklassifikation 217
Zirkon-Seifen 147
Zirkon-Titan-Pegmatite 340
Zirkonia 148
Zirkonium Zr 64, 148, 339, 605
 –, Erze 64
Zirkonium-Niob-Legierungen 148
Zoisit 108, **155f**, 231, 319, 419f, 436, 443, 507f
 –, ACF-Diagramm 491
Zonarbau
 –, von Mineralen 32, 34, 101, 146ff, 159, 164, 226f, 229ff, 238f, 276, **285f**, 288, 296, 300, 337, 464, 484, 619, 621f
 –, alternierender (oszillierender) 285, 300, 621f
 –, inverser 315
 –, isotopischer 611, 622
 –, normaler 285
 –, oszillierender 285, 300, 622
 –, von Pegmatiten 337f

Zone
 –, erniedrigter Wellengeschwindigkeiten 308
 –, Kristallmorphologie **8**
 –, tektonisch mobile 241
 –, verbotene (elektrische Leitfähigkeit) 17
 –, von Erbendorf-Vohenstrauss (ZEV) 521
Zonengleichung 8
Zonengliederung, nach metamorphen Indexmineralen 433ff
Zonenreinigung 338
Zonenschmelzen 338
Zonenschmelz-Verfahren 42
Zonenwachstum 210
Zooxanthellen 45
Zr-Fluoride 148
Zr-Verbindungen 148
Zuckergewinnung, -technologie 119, 122
Zugspannung (Benioff-Zone) 528
Zündzusatz 409
Zusammensetzung
 –, eutektische 283
 –, von Gesteinen
  –, chemische 55f, 217ff, 312f, 390, 601
  –, mineralogische 55f, 220ff
Zussmanit 420
Zustand
 –, instabiler, metastabiler, stabiler **467f**
 –, metamikter 148, 155
 –, paramagnetischer 19
 –, Stabilität 468
Zustandsfeld, homogenes 210
Zustandsfunktionen 467
Zustandsparameter, externe 450
Zustandsvariable 56, **282**, 284, **465ff**, 480, 490, 603, 614f
Zweier-Einfachkette 165
Zweiglimmergranit **224**, 456
Zweiphasen-Einschlüsse 209ff
Zweiphasen-Systeme 247
Zweischichtstruktur 169, 175f
Zweistoffsysteme (siehe auch System) 283
 –, Experimente 283
Zwerge, Zwergsterne 583f, 631
 –, braune 583f
Zwergplaneten 567, 580f, **591**, 596
 –, Eigengravitation 591
 –, Eris 591
 –, Haumea 591
 –, Makemake 591
 –, Pluto 591f
 –, Quaoar 591
Zwillinge, Zwillingsbildung 33, 71, 76, 85f, 88, 91ff, 101, 104f, 107ff, 118, 121f, 124, 131f, 135, 151ff, 161, 163, 168, 172, 182f, 192ff, 197, 202ff, 226f, 229ff, 233, 237, 289, 347, 423, 430, 438, 442, 449, 451
 –, Aragonit (Drillinge) 121
 –, Augit 163
 –, Calcit 118, 442
 –, Cerussit (Drillinge) 122
 –, Chabasit 202

-, Chrysoberyll (Drillinge) 104
-, Feldspäte
 -, Albit **194**, 196f, 200, 226f
 -, Bavenoer 194f
 -, Karlsbader 194f
 -, Manebacher 194f
 -, Mikroklin 192
 -, Periklin 194, 196f, 200
-, Fluorit 101
-, Gips
 -, Montmatre 132
 -, Schwalbenschwanz 132
-, Hornblende 168
-, Kassiterit, „Visiergraupen" 111
-, Markasit 93
-, Phillipsit 202
-, Pyrit, „Eisernes Kreuz" 91
-, Quarz **182**f
 -, Brasilianer 182f
 -, Dauphineer 182
 -, Japaner 182f
 -, Schweizer 182
-, Sphalerit 86
-, Spinell 76, 88, 105
-, Staurolith 152
-, Stilbit 203f
Zwillingslamellen, Zwillingslamellierung 37, 40, 107f, 118, 153, 194, 196f, 224, 226ff, 289, 423, 442, 451, 562
 -, polysynthetische 37, 118, 153, 224, 442
Zwischengitterplätze 173, 183f, 451
Zwischenzone, Erdkern 533
Zwitter 347
 -, Altenberger Zwitterstock 347
Zwitterbänder 348
Zyklus, salinarer 413

Geographischer Index

A

Aachener Dom
 -, Dacit (*Porfido rosso antico*) 231
 -, Trachyandesit, basaltischer (*Porfido verde antico*) 231
Abitibi-Gürtel (Kanada), VMS-Lagerstätte 364
Acasta-Gneis-Komplex (NW-Kanada), ältestes Gestein der Erde 547
Aci Castello (Sizilien), Basaltpillows 244
Acraman (Australien), Impakt-Struktur 549
Adamello-Pluton (Ostalpen), Tonalit 225
Adirondack-Kristallin (New York, USA), Temperatur-Zeit-Entwicklung 487
Adrasta (Jupiter-Mond) 591
Afghanistan
 -, Edelstein-Pegmatit 339
 -, Edelstein-Seife 394
 -, Weißschiefer 509
Afrika
 -, Kimberlit 239
 -, Kimberlit-Diatrem 524
 -, Kimberlit-Pipe 251
 -, Silikatbauxit 377
Afrikanische Platte 242
Agrigento (Sizilien), Schwefel 81
Ägypten, Gold 355
Åheim (Norwegen)
 -, Granat-Lherzolith 527
 -, Peridotit 227
Aitik (Nordschweden)
 -, IOCG-Lagerstätte 365
 -, Kupfer-Gold 365
Akluilâc (Kanada), Diamant 77
Alaska (USA), Hochdruckgestein 436
Aldan-Hochland (Sibirien), Gold 355
Aleuten-Graben 242
Alexo-Mine (Ontario, Kanada), Nickelmagnetkies-Kupferkies 331
Algerien
 -, Evaporit 411
 -, Phosphor 410
 -, Salz 411
 -, Siderit 353
Allan Hills (Victorialand, Antarktis), Mondmeteorit ALHA 81005 559
Allard Lake (Quebec, Kanada), Ilmenit 328
Allende (Mexiko), Meteoriten-Streufeld 549, 556
Alligator-River-Distrikt (Australien), Uran 113, 368
Almadén (Spanien), Quecksilber 364
Alnö (Schweden) 200, 457
 -, Cancrinit 200
 -, Fenitisierung 457f
 -, Karbonatite 239
 -, Nephelinsyenit 200
Alpe Arami (Bellinzona, Tessin), Granat-Lherzolith 527
Alpen 528
 -, Granitpluton 225
 -, Helvetische Decken, Prehnit-Pumpellyit-Fazies 498
 -, Hochdruckgestein 436
 -, Kontinent-Kontinen-Kollision 528
 -, Spilit 460
 -, VMS-Lagerstätte, Besshi-Typ 364
Alpenvorland (nördliches), Mineralzone, metamorphe 434
Alte Mainbrücke (Würzburg) 403
Alte Universität Würzburg 388
Altenberg (Erzgebirge)
 -, Granitstock 348
 -, Pinge 347
 -, Zinn 347
 -, Zwitterbänder 348
Alto Ligonha (Mosambik), Columbit-Tantalit 340
Amalthea (Jupiter-Mond) 584
Amazonas-Rift (Brasilien), Blei-Zink (MVT-Lagerstätte) 366
Amazonis Planitia (Mars) 574ff
Ambler-Distrikt (Nord-Alaska), VMS-Lagerstätte, Kuroko-Typ 364
Anahí Mine (Bolivien), Citrin 184
Ancient Gneiss Complex (Swasiland) 621f
Anden 528
 -, Andesit 229
 -, argentinische, Kupfer 350
 -, bolivianische, Zinn 348
 -, Gold 350
 -, mittel-, südamerikanische, aktiver Kontinentalrand 528
 -, peruanische, Zinn 348
 -, Porpyry Copper 350
 -, südamerikanische, aktiver Kontinentalrand 528
Andrastea (Jupiter-Mond) 584
Angola 77
 -, Anorthosit 227
 -, Diamant 77
Angra dos Reis (Brasilien), Angrit 557
Annaberg (Erzgebirge), Blei, Zink 357
Anröchte (Nordrhein-Westfalen), Grünsandstein 389
Antamina (Peru)
 -, Kupfer-Zink 351
 -, Skarnerz 351
Antarktis
 -, Angrit 557
 -, Blaueis-Feld, Meteorit 550f, 556
 -, Rauer-Gruppe 503
Antarktische Platte 242
Aphrodite Terra (Venus) 570f
Appalachen (USA)
 -, Blauschieferfazies 505
 -, VMS-Lagerstätte, Kuroko-Typ 364
Apulische Mikroplatte 436
Arabische Platte 242
Ardara (Irland), Granitpluton 262
Ardnamurchan (Schottland), Kegelgänge, Ringgänge 252
Argentinien
 -, Angrit 557
 -, Gold 350
Argyle (Westaustralien), Diamant 77, 239
Ariel (Uranus-Mond) 588
Arizona (USA)
 -, Barringer-Krater 429, 549
 -, Bentonit 376
Arkansas (USA), Bergkristall 3
Arran (Schottland) 259
 -, Granitpluton 262
 -, Rhyolith 229
Arsia Mons (Schildvulkan, Mars) 576f
Ascension (Süd-Atlantik), Mantel-Plume 533
Ascraeus Mons (Schildvulkan, Mars) 576f
Asgard (Einschlagbecken, Jupiter-Mond Kallisto) 587
Ashanti (Ghana), Gold 355
Asteroiden, Asteroiden-Gürtel 567f, 579ff
Atacama-Wüste (Chile), Nitrat 411
Atbashy-Komplex (Kasachstan), Coesit 509
Athabasca-Becken, -Distrikt, -Gruppe (Saskatchewan, Kanada), Uran 113, 367
Äthiopien, Columbit-Tantalit 340

Atlantis-II-Tief (Rotes Meer), Sedex-Lagerstätte 365
Ätna (Sizilien) 241f, 252, 254, 265f, 513
 –, Ausbruch 243
 –, Dampftätigkeit 265
 –, Stratovulkan 252
Aue (Erzgebirge), Uranerz 358
Aue-Niederschlema (Erzgebirge)
 –, Uranbergbau 51
Aufhauen (Nördlinger Ries), Coesit 431
Austral-asiatischer Raum, Mikrotektit-Streufeld 563
Australien 72
 –, Diamant 77
 –, Gold 72
 –, Komatiit 233
 –, Lamproit 525
 –, Meteorit 550f
 –, Monazit 138
 –, Neufunde 550f
 –, Seltenerd-Elemente (SSE) 138
 –, Silikatbauxit 377
 –, Tektite 563f
 –, Versenkungsmetamorphose 437
 –, Woodruff-Thrust-Zone 429
Auvergne (Zentralfrankreich)
 –, Basanit 237
 –, Phonolith 235
 –, Tephrit 237
 –, Trachyt 235
Azoren
 –, Mantel-Plume 533
 –, Trachyt 235

B

Bad Brambach (Erzgebirge), Radonbad 51
Bad Ems (Rheinisches Schiefergebirge), Blei-Zink 357
Bad Grund (Harz), Blei-Zink-Erz 357
Bad Kreuznach (Nahe), Radonbad 51
Bad Schlema (Erzgebirge), Radonbad 51
Bad Lauterberg (Harz), Hämatit 359
Baden, Eisenstein 407
Bafq-Distrikt (Iran), Oxiderz 365
Bagagem (Brasilien), Perowskit 110
Baguio (Philippinen), Gold 356
Bahamabank (Karibik), Dolomit-Bildung 404
Baikalsee (Sibirien), Oxiderz 365
Bajo de la Alumbrera (Argentinien), Gold 350
Bakal (Russland), Siderit 353
Balchasch-See (Kasachstan)
 –, Aplitgranit 196
 –, Mikroklin 196
 –, Plagioklas 196
Ballachulish (Schottland)
 –, Intrusivkomplex 426
 –, Tonschiefer 438
Ballarat (Australien), Gold 355
Baltis Vallis (Lava-Tunnel, Venus) 572
Baltischer Schild, Sulfiderz 457
Bamble (Südnorwegen), Skapolithisierung 457

Banat (Rumänien), Siderit 353
Bancroft (Ontario, Kanada), Pegmatit 339
Bangka (Indonesien), Zinn 348
Banska Štiavnica (Schemnitz, Slowakisches Erzgebirge)
 –, Gold 356, 376
 –, Kaolin 376
Barberton (Südafrika)
 –, Alter 354
 –, Auswurf-Decke 563
 –, Gold 354
 –, Greenstone Belt
 –, Impakt-Krater 563
Barr-Andlau (Vogesen), Kontakthof 425
Barringer-Krater (Arizona) 429, 548f
Basal Reef (Witwatersrand, Südafrika), ged. (elementares) Gold 392f
Basin and Range Province (USA), Alkali(Olivin-)basalte 237
Bathurst in New Brunswick (Kanada), VMS-Lagerstätte, Zyperntyp 363
Bauersberg (Rhön) Olivinknolle 38
Bayan Obo (Innere Mongolei, Nordchina)
 –, Eisen 331f
 –, Fluorit 102, 331f, 367
 –, Niob 138, 331f
 –, Seltenerd-Elemente (SSE) 138, 331f
Bayerischer Wald
 –, Cordierit-Gneis 502
 –, Diorit 225
 –, Gabbro 227
 –, Granitpluton 225
 –, Kristallin, variscisches 434
 –, Migmatit 453
 –, Pegmatit 339
 –, Pfahl (Oberpfalz) 360
 –, Rauchquarz 184
Bayern, Bentonit 376
Bay-of-Islands (Neufundland, Kanada), Ophiolith-Komplex 519
Bendigo (Australien), Gold 355
Bengalen (Indien), Pegmatit 339
Benue-Trog (Nigeria), Blei-Zink (MVT-Lagerstätte) 366
Bergener Granitpluton (West-Erzgebirge) 425, 504
 –, Kontakthof 425
Bergisches Land, Blei-Zink 357
Berkreim-Sogndal (Norwegen), Layered Intrusion 263
Berlin, Olympiastadium 403
Bernic Lake (Manitoba, Kanada), Pegmatit 339
Besshi, Schikoku (Japan), VMS-Lagerstätte, Besshi-Typ 363
Betze Post (Nevada), Gold 353
Bieber (Spessart)
 –, Buchit 505
 –, Co-Ni-Bi-Gänge 358
 –, Siderit 353
 –, Spateisenstein 353
Big Hole Diamant-Mine (Kimberley, Südafrika) 524
Bihar-Orissa-Gebiet (Indien), Eisen (BIF, Superior-Typ) 407

Bilbao (Nordspanien), Siderit 353
Billiton (Indonesien), Zinn 348
Bingham (Utah)
 –, Gold 350
 –, Kupfer 350
Black Hills (South Dakota), Pegmatit 339f
Bleiberg-Kreuth (Kärnten), Blei-Zink (MVT-Lagerstätte) 366
Blind-River-Gebiet (Huron-See, Ontario)
 –, Gold-Seife, fossile 113, 393
 –, Uran 113
Boddington (Perth, West-Australien)
 –, Gold 350
 –, Residual-Lagerstätte 378
Bodenmais (Bayerischer Wald), Pegmatit 338
Böhmen, Tektite 563
Böhmerwald
 –, Granitpluton 225
 –, Migmatit 453
Böhmisches Mittelgebirge
 –, Basalt 38
 –, Foidmonzodiorit 235
 –, Foidmonzogabbro 235
 –, Granat-Seife 394
 –, Phonolith 235
 –, Tephrit 237
 –, Trachyt 235
Boliden (Schweden), Sulfid-Skarnerz 457
Bolivianischer Zinngürtel, Zinn-Silber-Wismut-Erzgänge 357
Bolivien
 –, Antimonit 359
 –, Mangan 408
Bor (Serbien), Kupfer 350
Bornholm (Dänemark), Granit-Verwitterung 372
Bosumtwi-Krater (Ghana)
 –, Impakt 564
 –, Tektite 564
Botswana
 –, Diamant 77
 –, Mond-Meteorit (Achondrit) 539
Boulder-Batholith (Montana), Kupfer 356
Brandberg-Batholith (Namibia) 259f
Brandholz-Goldkronach (Fichtelgebirge), Gold 355
Brasilien
 –, Achat 184f, 254
 –, Amethyst 184f
 –, Diamant 77
 –, Edelstein-Pegmatit 339
 –, Kaolin 376
 –, Monazit 138
 –, Pegmatit 339
 –, Rauchquarz 184
 –, Seltenerd-Elemente (SSE) 138
 –, Sodalith 200
Braubach (Rheinisches Schiefergebirge), Blei-Zink 357
Breisach (Oberrhein), Gold-Seife 391
Bristol (England), Coelestin 131
British Columbia (Kanada), Gold-Seife 391
Brocken-Granit, Harz 260

Broken Hill (Australien)
 –, Blei-Zink-Lagerstätte 66, 86
 –, Kieslager 366
 –, Sedex-Lagerstätte 366
Broken-Ridge-Plateau (Süd-Indik), submarine Flutbasalte 245
Brothers-Vulkan (Süd-Pazifik) 363
 –, Gold 363
Bündner Schiefer (Schweizer Alpen) 438
Burma (siehe Myanmar)
Bushveld-Komplex (Südafrika) 106, 263, 278, **326f**, 329f
 –, Chromitit-Bänder 326f
 –, Gabbro 227
 –, Layered Intrusion 263f, 300
 –, Merensky-Reef 329
 –, Platreef 330
 –, Schichtung, magmatische 278
 –, Titanomagnetit-Lage 327
 –, UG2-Chromitit-Horizont 327
Butte (Montana), Kupfer 350, 356

C

Cabeus (Impakt-Krater, Erdmond) 542
Cadia Hill (Australien), Gold 350
Cajamarca-Distrikt (Peru), Gold 350
Caloris-Becken (Impakt-Struktur, Merkur) 569f
Calypso (Saturn-Mond) 588
Campi Flegrei (bei Neapel, Italien)
 –, Fumarolentätigkeit 254
 –, Gefahrenpotential 253
 –, Trachyt 235
Cananea (Mexiko)
 –, Gold 350
 –, Kupfer 350
Canyon Diablo (Arizona), Eisenmeteorit (Oktaedrit) 549, 563, 611
Carajás (Brasilien), IOGC-Lagerstätte 365
Carancas (Titicaca-See, Peru), Meteorit (Chondrit) 550, 555
Carlin (Nevada), Gold 352
Carlsbad (New Mexico), Guano 410
Carrara (Italien), Marmor 119, 442f
Cassini'sche Teilung 582, 590
Castalia (Doppelasteroid) 580
Cave-in-Rock-Distrikt (Illinois und Kentucky, USA)
 –, Fluorit (MVT) 367
 –, MVT-Lagerstätte 367
Centre-Hill-Komplex (Kanada), magmatische Schichtung 277
Ceres (Asteroid) 567, 579f
 –, Eigengravitation 580
Cerro Colorado (Panama), Kupfer 350
Cerro de Mercado (Mexiko)
 –, Eisenerz 331
 –, Magnetit-Apatit 331, 365
Cerro de Potosi (bolivianischer Zinngürtel), Zinn, Silber 358
Cerro Matoso (Kolumbien), Nickel 378
Chagatay (Usbekistan), natürliche Kohlenstoff-Nanofasern 75
Chanaracillo (Chile), Proustit 96

Chanpo (Dachang, China), Sedex-Lagerstätte 366
Charon (Pluto-Mond) 568, 589, **591f**
Chassigny (Frankreich), Mars-Achondrit 559
Chatagay (Usbekistan), Karbonatit 75
Chibiny (Kola-Halbinsel, Russland), Magnetit-Apatit-SEE 332
Chicxulub-Struktur (Yucatán, Mexiko)
 –, Auswurf-Decke 563
 –, Impakt-Krater 549f
Chihuahua (Mexiko), Meteorit Allende 556
Chile
 –, Gold 350
 –, Nitrat 411
 –, Pallasit Imilac 560
 –, Proustit 96
China, VR
 –, Diamant-Synthese 79f
 –, Edelstein-Pegmatit 339
 –, Gold 72, 350, 355
 –, Jade 164
 –, Kunsthandwerk 165
 –, Monazit 138
 –, Wolfram 348
 –, Zinnseife 394
Chinkolobwe (Provinz Shaba, Republik Kongo/Zaire), Uran, Radium 359
Chryse Planitia (Hochland, Mars) 578
Chuquicamata (Chile), Gold, Kupfer 350
Cínovec (Zinnwald, Erzgebirge, Tschechien), Zinnerz 212, **347ff**
Clausthaler Gangrevier (Oberharz), Blei, Zink 357
Climax-Mine (Colorado), Molybdän 349
Clinton (Alabama), Eisen (BIF) 407
Cloncurry (Queensland, Australien), Gold 378
Cobalt (Ontario, Kanada), Silber, Kobalt 358
Cocos-Platte 242
Coeur d'Alene-Bezirk (Idaho), Blei-Silber-Zink 357
Colorado (USA)
 –, Amazonit 196
 –, Edelstein-Pegmatit 339
 –, Kupfer 398
Colorado-Plateau (USA), Uran 394
Columbia River (USA), Flutbasalt 245
Comstock Lode (Nevada)
 –, Gold 356
 –, Kaolin 376
Conakry (Guinea), Laterit-Eisenerz 377
Connecticut (USA), Edelstein-Pegmatite 339
Coolgardie (West-Australien), Gold 378
Cornwall (SW-England)
 –, Kaolin 376, 460
 –, Lagerstätte, magmagebundene 346
 –, Turmalinisierung 457
 –, Wolfram 348
 –, Zinnbergbau 347
 –, Zinnseife 394
Cortez (Nevada), Gold 353
Crater Lake (Kaskaden-Provinz, Oregon), kalkalkalische Vulkanit-Serie 274

Criffel (Schottland), Granitpluton 262
Cripple Creek (Colorado)
 –, Gold 356
 –, Kaolin 376
Cueva de los Cristales, Naica-Mine, Santo Domingo (Chihuahua, Mexiko)
 –, Gipshöhlen 132ff
 –, Riesenkristalle von Gips 133
Cuyuna-Range (Minnesota), Eisen (BIF, Superior-Typ) 407

D

Dabie Shan (China)
 –, Coesit 187, 437, 509
 –, Diamant 437, 510
Dactyl (Satellit des Asteroiden Ida) 580
Dakota (USA), Gold 355
Dalmatien, Kalkbauxit 377
Dalnegorsk, Primorskij Kraj (Ostsibirien)
 –, Galenit 86
 –, Pyrrhotin 89
Dalradian (schottische Kaledoniden), Zonengliederung, metamorphe 433
Damara-Gürtel (Namibia) 445
 –, Falte 432
 –, Gold-führendes Skarnerz 351
 –, Metaturbidit 445
 –, Migmatit 452
 –, Mineralzone, metamorphe 434
Dänemark, Evaporit 413
Dannemora (Adirondacks, New York), Zirkon 147
Dar al Gani (Libyen), Mars-Meteorit (Shergottit) 558
Davetsaub (Khomas-Hochland, Namibia), Migmatit 452
Deimos (Mars-Mond) 578f
Dekhan-Trapp (Indien)
 –, Lavadecke 245
 –, Silikatbauxit 377
Desaguadero (Titicaca-See, Peru), Meteorit Carancas 550
Deutschland, Kalisalz 414
Dinariden (Balkan), Ophiolith-Komplex 519
Dione (Saturn-Mond) 588
Djebel Dokhan (Ägyptische Ostwüste), Dacit (*Porfido rosso antico*) 229
Dominion Reef (nahe Johannesburg, Südafrika)
 –, Konglomerat 393
 –, Uran 393
Donezbecken, Quecksilber 364
Doniambo (Neukaledonien), Nickel 378
Doppelplanet Pluto-Charon **591f**
Dora-Maira-Massiv (Italienische Alpen)
 –, Coesit 187, 437, 509f
 –, Granat-Quarzit 509f
 –, Pyropquarzit 187
 –, Ultrahochdruckgestein 486
Dornot (Mongolei), Uran 113
Drachenfels (Siebengebirge)
 –, Lavadom (Quellkuppe) 246
 –, Trachyt 37, 235

Dreiser Weiher (Eifel), Peridotit 228f, 524
Dreislar (Sauerland), Baryt 360
Duluth (Minnesota)
—, Gabbro-Komplex, Fe-Ti-Oxid 327
—, Layered Intrusion 263
Dundas (Tasmanien), Krokoit 134
Duppauer Gebirge (Nordböhmen), Leucittephrit 237
Durango (Mexiko)
—, Eisenerzvorkommen 331
—, Magnetit-Apatit 331, 365
Dzierżoniów (Reichenbach, Schlesien), Granit 36

E

Eagle Station (Kentucky, USA), Pallasit 560
Eagle's Nest (Kalifornien), ged. Gold 72
Echassières (Frankreich), Pegmatit 339
Ecuador, VMS-Lagerstätten, Zyperntyp 363
Eger-Graben, Thermen 254
Ehrenfriedersdorf (Sächsisches Erzgebirge), Pegmatit 336f
Eifel
—, Alkali(Olivin-)basalt 237
—, Dreiser Weiher, Peridotit 228f, 524
—, Laacher See 235, 237, 249f, 458, 505
—, Maar 251
—, Spinell-Lherzolith-Xenolith 524
—, Tholeiitbasalt 231
El Indio (Chile), Gold 356
El Teniente (Chile), Kupfer, Molybdän 350
El Chichón (Mexiko), Plinianischer Ausbruch 249
Elba (Italien)
—, Edelstein-Pegmatit 339
—, Skarnerz 351
Elbtalzone (Sachsen), Monzonit 234
Elfenbeinküste (Westafrika), Tektite 563
Elgersburg (Thüringer Wald), Mangan 359
Elysium Planitia (Mars) 576
Elysium-Schwelle (Mars) 574, 576
Emperor (Fidschi-Inseln), Gold 356
Enceladus (Saturn-Mond) 588
Encke-Lücke (Saturn-Ringe) 590
England, Evaporite 413
Epupa-Komblex (Namibia)
—, Granulit, basischer 464
—, Ultrahoch-Temperatur-Metamorphose 503
Erbendorf (Oberpfalz)
—, Grünschiefer 39, 521
—, Magnetit 39
Eris (Zwergplanet) 591
Ernest Henry (Queensland, Australien), Gold 365
Eros (Asteroid) 580f
Erzberg (Steiermark), Siderit 353
Erzberg, Hüttenberger (Kärnten), Siderit 353
Erzgebirge
—, Baryt 360
—, Bergbau 347f
—, Blei-Silber-Zink 357
—, Coesit 187, 437, 509
—, Diamant 78, 437, 510
—, Eklogit 507f
—, Gold 356
—, Granitpluton 225
—, Hämatit 359
—, Pluton 260
—, Teufenunterschied 380
—, Wolfram 348
—, Zinnbergbau 347
—, Zinnseife 394
Esperito Santo (Brasilien), Chrysoberyll 104
Etendeka-Gebiet (Afrika)
—, Flutbasalt 245
—, Vulkanit 259
Etoscha-Pfanne (Namibia), Evaporit 411
Euganäen (Norditalien), Andesit, Rhyolith 229
Eurasische Platte 242, 437, 456
Europa (Jupiter-Mond) 582, 584f, **586**, 588
Explorer-Rücken (Pazifik), Massivsulfidhügel 362
Eyafjallajökull (Island), Vulkanausbruch 249

F

Fairbanks (Alaska)
—, Gold 355
—, Gold-Seife 391
Falun (Schweden), Sulfiderz 457
Farm Hoba-West (Namibia), Eisenmeteorit (Ataxit) 73, 430, 549, 563
Felbertal (Hohe Tauern, Österreich), Scheelit 366
Fen-Distrikt (Norwegen)
—, Hämatit 457
—, Karbonatite 237, 239
—, Niob 457
Fennoskandischer Schild, Migmatit 453
Fichtelgebirge
—, Gold 355
—, Pluton 225, 260
—, Radon 51
—, Rauchquarz 184
Finnland
—, Edelstein-Pegmatit 339
—, Kimberlit 239
Fischfluss-Canyon (Namibia), Diskordanz 60
Flamanville (NW-Frankreich), Granitpluton 262
Florida (USA)
—, Dolomit-Bildung 404
—, Monazit 138
—, Phosphor 410
—, Seltenerd-Elemente (SSE) 138
Fongen-Hyllingen (Norwegen), Layered Intrusion 263
Fort Benton (Wyoming), Bentonit 376
Franciscan Formation (Kalifornien)
—, Blauschieferfazies 505f
—, Hochdruckgestein 436
—, paired metamorphic belt 437
Franken, Minette-Erze 407
Frankreich (Ile de Groix), Blauschieferfazies 505
Französisches Zentralmassiv 359
—, Baryt 360
—, Fluorit 359
—, Uran 359
Freiberg (Erzgebirge), Blei, Zink 357
Fuchsgraben (Vorspessart), Staurolith-Glimmerschiefer 438f
Fürstenstein (Bayerischer Wald), Granodiorit 226f
Füssen (Bayerische Alpen), Meteorit Neuschwanstein 550

G

Gabun (Äquatorialafrika)
—, Mangan 408
—, Uran 112, 359
Galeras (Kolumbien)
—, Explosivitäts-Index (VEI) 248
—, Vulkan 248
Gamsberg (Südafrika), Blei-Zink (Sedex, Kieslager) 366
Gangrevier, westerzgebirgisches 358
Ganymed (Jupiter-Mond) 582, 584f, **586**, 588
Gemsbok-River-Formation (Damara-Orogen, Namibia), Falte 432
Geographos (Asteroid) 580
Geophysical Laboratory, Carnegie Institution, Washington, D.C. (USA) 281
Georgia (USA)
—, Kaolin 376
—, Tektite 563
Ghana
—, Gold 72, 355
—, Mangan 408
Gibeon (Namibia), Meteoriten-Streufeld 549, 563
Giftbach, Reichenstein (Złoty Stok), Schlesien 50
Gipul Catena (Kraterkette, Jupiter-Mond Kallisto) 587
Gizeh (bei Kairo, Ägypten), Nummulitenkalk 44
Glattbach (Vorspessart), Pegmatit 338
Glen Coe (Schottland), Rhyolith 57, 229
Gneismasse, Münchberger 508
Goldene Meile (Kalgoorlie, Westaustralien), Gold 355
Goldkronach (Fichtelgebirge), Antimonit 359
Goldküste (Ghana), Gold 355
Golf von Kalifornien, Sedex-Lagerstätte 365
Golf von Mexiko, Salzdiapir, Erdöl 414
Gondwana 260
Gorduno (Tessin, Schweiz), Granat-Peridotit 446
Goslar (Harz), Sedex-Lagerstätte 366
Gran Canaria, Moganit 187
Grängesberg (Schweden), Eisenerz 331
Granitmassiv, westerzgebirgisches, Kontaktaureole 424

Granulit-Gebirge, Sächsisches 503
Grasberg (Indonesien), Gold 350
Great Bear Lake (North-West Territories, Kanada), Bi-Co-Ni-Ag-U 359
Great Dyke (Simbabwe)
–, Chromit 326
–, Layered Intrusion 263
–, PGE-Lagerstätte 330
Great Tonalite Sill (Alaska/British Columbia) 262
Greenbushes-Pegmatit (West-Australien) 339
Greenvale (Queensland, Australien), Nickel 378
Griechenland
–, Kalkbauxit 377
–, Vourinos-Komplex 519
Grönland
–, Alkalifeldspat-Granit 234
–, Pegmatit 340
–, Tholeiitbasalt 231
Groote Eylandt (Nord-Australien), Mangan 408
Großer Ararat (Türkei), Olivintholeiit 232f
Großer Geysir (Island) 254
Grube Clara (Oberwolfach, Schwarzwald), Fluorit 360
Grube Himmelfürst-Fundgrube (bei Brand-Erbisdorf, Erzgebirge), Erzgang 354
Grube Wilhelmine, Sommerkahl (Spessart) 344
Grubenbezirk Holzappel–Bad Ems–Braubach, Blei-Zink-Gänge 357
Grunehogna-Nunatak (Dronning-Maud-Land, Antarktika), Diorit-Intrusion 262
Guaniamo (Venezuela), Diamant 77
Guayana
–, BIF, Algoma-Typ 407
–, Laterit-Eisenerz 377
Gunflint-Range (Ontario, Canada), Eisen (BIF, Superior-Typ) 407
Gürtelsterne des Orion 631

H

Habachtal (Hohe Tauern), Smaragd 459
Haemus Mons (Vulkan, Jupiter-Mond Io) 585
Hagendorf (Oberpfalz), Pegmatit 340
Hakone (Honshu, Japan), geothermisches Feld 432
Halemaumau (Hawaii)
–, Gase 266
–, Lavasee 245, 266f
–, Temperatur 267
–, Temperaturverteilung 267
Halle (Sachsen-Anhalt), Kaolin 376
Halsbrücke (bei Freiberg, Erzgebirge), Fluorit, Baryt 360
Hamelin Pool, Shark Bay (Westaustralien), Stromatolith 43
Hamersley Range (Westaustralien), Eisen (BIF, Superior-Typ) 407
Hardegsen-Formation 59
Harding-Pegmatit (New Mexico) 338

Harliberg (bei Vienenburg), Kalkstein, oolithischer 389
Hartkoppe (bei Sailauf, Spessart), Rhyolith 230f
Harz
–, Baryt 360
–, Bergbau 354f
–, Blei-Zink-Erzgänge 357
–, Dachschiefer 438
–, Fluorit 360
–, Gabbro 227
–, Granitpluton 225
–, Grauwacke 389
–, Peridotit 227
–, Spilit 460
Harzvorland, sedimentäre Eisenerze 407
Haslach (Schwarzwald) Sprengung 520
Haumea (Zwergplanet) 591
Hawaii (USA) 241
–, Alkali-(Olivin-)Basalte 237, 528, 608
–, Basalt 223
–, Erdkruste, ozeanische 520
–, Magma-Kammer 216
–, Mantel-Plume 533
–, seismische Unruhe vor Vulkanausbruch 523
–, Tholeiit(-basalt) 231, 237, 528
–, Vulkanismus, aktiver 243f
Hegau, Phonolith 235
Hekla-Vulkan (Island) 267
Helgoland, Sprengung 520
Hellas-Becken (Impakt-Becken, Mars) 547, 576
Helleniden (Griechenland)
–, Blauschieferfazies 506
–, externe 506
    –, Hochdruckgürtel 437
–, Ophiolith-Komplex 519
Henderson-Mine (Colorado), Molybdän 349
Herculaneum (Neapel), Aschenstrom 249
Herschel (Krater, Saturn-Mond Mimas) 588
Hesperium (Mars) 574
Himalaya
–, Anatexis, partielle 456
–, Bildung von Granit-Magmen 456
–, Coesit 509
–, Hebungsrate 487
–, Kontinent-Kontinent-Kollision 528
Hindukusch-Gebirge (Afghanistan), Weißschiefer 509
Hindukusch-Zone, Kontinent-Kontinent-Kollision 437
Hirschau-Schnaittenbach (Oberpfalz), Kaolin 376
Hlinik (Ungarn), Pechstein 232f
Hoangho (China), Löss 395
Hoba West-Farm (Grootfontein, Namibia), Eisenmeteorit 73, 430, 549, 563
Hofburg (Wien), Kronschatz des Deutschen Kaiserreiches 39
Hohe Tauern, Gold 355
Hohentwiel (Hegau), Quellkuppe 246
Holzappel–Bad Ems–Braubach, Blei-Zink 357

Holzmaden (Württemberg), Posidonienschiefer 397
Homestake Mine (Süd-Dakota), Gold 355
Howard's Pass (Kanada), Blei-Zink (Sedex, Kieslager) 366
Huelva-Distrikt (Südspanien), Kupfer (VMS-Lagerstätte, Kuroko-Typ) 364
Hunan (China), Antimonerz 359
Hunzatal (Kaschmir)
–, Kalkstein, metamorpher 108
–, Rubin, Saphir 109
Hüttenberger Erzberg (Kärnten), Siderit 353
Hyderabad (Indien), Citrin 184
Hygiea (Asteroid) 580
Hyperion (Saturn-Mond) 588

I

I. G. Farbenindustrie A. G. (Bitterfeld), Igmerald 157
Iberischer Pyrit-Gürtel, VMS-Lagerstätten, Kuroko-Typ 364
Iberisches Massiv, Kaolin 376
Idaho (USA), Kristalldruse 34
Idar-Oberstein (Nahe), Achat 254
Idrija (Krain, Slowenien), Quecksilber 90, 364
Iglesias (Sardinien), Blei-Zink-Verdrängungslagerstätte 352
Ile de Groix (Frankreich), Blauschieferfazies 505
Ilfeld (Harz), Mangan 359
Ilímaussaq (Grönland), Uraninit 113
Illinois (USA), Fluorit (MVT-Lagerstätte) 360, 367
Ilmenau (Thüringer Wald), Mangan 359
Imandra (Kola-Halbinsel, Russland)
–, Chromit 327
–, Layered Intrusion 327
Imilac (Chile), Pallasit 560
Indien
–, Citrin 184
–, Dekhan-Trapp Flutbasalt 245
–, Diamantvorkommen 77
–, Edelstein-Pegmatit 339
–, Monazit 138
–, Palni Range, Granulit 503
–, Seltenerd-Elemente (SSE) 138
–, Sodalith 200
Indische Platte 242, 437, 456
Indischer Ozean, Manganknollen 408
Indochina, Tektit 563
Indonesien
–, Gold 72
–, Laterit-Eisenerz 377
–, Ophiolith-Komplex 519
–, Silikatbauxit 377
–, VMS-Lagerstätte, Zyperntyp 363
–, Wolfram 348
Indonesisches Archipel, Zinn 348
Inn, Seifengold 391
Io (Jupiter-Mond) 582, **583ff**, 588
–, Differentiation 585
–, Haemus Mons (Vulkan) 585
–, Loki-Region, Lavasee 585

Irai (Rio Grande do Sul, Brasilien)
 –, Achat 184
 –, Amethyst 184
Irkutsk am Baikalsee (Sibirien), Eisen 365
Iron Mountain (Missouri), Eisenerz 331
Isar, Seifengold 391
Ischia (Italien), Trachyt 235
Isergebirge, Granitpluton 225
Ishtar Terra (Hochland, Venus) 571
Island
 –, Flutbasalt 245
 –, Geysir 254
 –, Plateaubasalt 245
 –, Rhyolith 229
 –, Tholeiitbasalt 231
Istrien, Kalkbauxit 377
Itabira (Brasilien), BIF 406
Italien
 –, Elba, Edelstein-Pegmatit 339
 –, Kalkbauxit 377
Italienische Alpen, Coesit 510
Iveland (Norwegen), Monazit 138
Ivrea Zone (Valle Strona, Südalpen)
 –, Amphibolitfazies 520
 –, Granulitfazies 520
 –, Karte, geologische 521
 –, Krustenprofil 520f
 –, Peridotit 227
Ivuna (Tansania), Meteoriten-Fall 556
Izalco (El Salvador), Vulkan „Leuchtturm des Pazifik" 241

J

Jabiluka (Northern Territory, Australien), Uran 368
Jachymov (St. Joachimsthal, Tschechien), Uran 51, 112, 358f
Jacobeni (Ostkarpathen, Rumänien), Mangan 408
Jagersfontein (Südafrika), Diamant 77f
Jakutien (Ostsibirien)
 –, Diamant 77
 –, Glimmerschiefer 39
Jangxi-Provinz (VR China), Zinn 348
Japan
 –, Blauschieferfazies 505
 –, Hochdruckgestein 436
 –, Inselbogen, ensialischer 528
 –, Jadeitit 164
 –, VMS-Lagerstätten, Zyperntyp 363
 –, Zeolith-Fazies 498
Japan-Graben 242
Java, Coesit 509
Jenissei (Sibirien), Gold-Seife 355, 391
Jilin (VR China), Meteoriten-Streufeld 549
Joe Wright Mountain (Arkansas), Eisenmeteorit (Oktaedrit) 73
Joplin (Missouri), Blei-Zink (MVT-Lagerstätte) 366
Juan-de-Fuca-Platte 242, 246
Jubilejnaja-Grube (Jakutien), Diamant 77f
Jugoslawien, Antimonit 359

Jupiter (Riesen-Gasplanet) 547, 567ff, 579ff, 596
 –, Bahnelemente 569
 –, Monde 584, 588, 591
  –, Mantel, Silikatmantel 584f
  –, Metallkern 584ff
  –, Silikatkruste 584f
Juttulhogget, Dronning Maud Land (Ostantarktika), magmatischen Gänge 61
Jwaneng (Botswana)
 –, Diamant 77f
 –, Framesit 79

K

Kaiserstuhl
 –, Basanit 237
 –, Foidmonzodiorit 235
 –, Foidmonzogabbro 235
 –, Leucitbasanit 237
 –, Leucittephrit 237
 –, Limburgit 57
 –, Phonolith 235
 –, Tephrit 237
Kalabrien (Süditalien)
 –, Blauschieferfazies 505
 –, Krustenprofil 520
Kalahari (Botswana), Achondrit Kalahari 008 539
Kalahari-Erzfeld (Südafrika), Mangan 408
Kaledoniden, Kupfer (VMS-Lagerstätten, Besshi-Typ) 364
Kalgoorlie (West-Australien), Gold 355
Kalifornien (USA)
 –, Blauschieferfazies 505f
 –, Borat 411
 –, Edelstein-Pegmatit 339
 –, Franciscan Formation 506
 –, Gold-Quarz-Gänge, orogene 355
 –, Gold-Seife 391
 –, Hochdruckgestein 436
 –, Jadeitit 164f
 –, Quecksilber 364
Kalkalpen, Blei-Zink (MVT-Lagerstätte) 366
Kalkutta (Indien), Charnockit 442
Kallisto (Jupiter-Mond) 550, 582, 584, **586**, 588
 –, Fraktionierung 587
 –, Impakt-Struktur 587
Kalmakyr (Usbekistan), Gold 350
Kambalda-Distrikt (Westaustralien), Nickelmagnetkies-Kupferkies 331
Kambodscha, Zirkon 148
Kanada
 –, Acasta-Gneis-Komplex 547
 –, Diamant 77
 –, Diatrem 524
 –, Gold 72
 –, Kalisalz 414
 –, Kimberlit 239
Kanadischer Schild
 –, Eisenformation, gebänderte (BIF) 481
 –, Gold 355
 –, Migmatit 453

Kanarische Inseln
 –, Basanit 237
 –, Mantel-Plume 533
 –, Phonolith 235
 –, Sahara-Staub 395
 –, Tephrit 237
 –, Trachyt 235
Kankan (Guinea) Diamant 77f
Kansas (USA), Blei-Zink (MVT-Lagerstätte) 366
Kaoko-Gürtel (Namibia)
 –, Kyanit-Zone 434, 482
 –, Mineralzone, metamorphe 434
Kap-Verde-Inseln, Staubeintrag 395
Kara Oba (Kasachstan), Kristalldruse 34
Karabugas-Bucht (Kaspisches Meer), Evaporit-Bildung 412
Karibik
 –, Dolomit-Bildung 404
 –, Jadeitit 164f
Karibische Platte 242
Karlsbad (Karlovy Vary, Tschechien) 254
 –, Kaolin 376
 –, Sprudelstein 254
 –, Thermen 254
Kärnten, Blei-Zink (MVT-Lagerstätte) 366
Karoo-Gebiet (Afrika)
 –, Dolerit 524
 –, Flutbasalt 245
 –, Sediment 259
 –, Tonstein 524
Karpaten
 –, Andesit 229
 –, Staublunge bei Bergleuten 49
 –, Gold- und Gold-Silber 356, 460
 –, Nephelinsyenit 235
 –, Rhyolith 229
 –, slowakische, Antimonit 359
Kaskaden-Gebirge (Nordamerika), aktiver Kontinentalrand 528
Kasseler Grund (Bieber, Spessart), Buchit 505
Katanga (Republik Kongo/Zaire)
 –, Kobalt 377
 –, Kupfer 377, 398
Katzenbuckel (Odenwald), Shonkinit 235
Keiko-Erzzone (Japan), Kupfer (VMS-Lagerstätte) 364
Keivy (Kola-Halbinsel, Russland), Staurolith 152
Kemmlitz (Sachsen), Kaolin 376
Kempirsai-Massiv (Ural), Chromit 327
Kenia
 –, Edelstein-Pegmatit 339
 –, Tsavorit 149
 –, Turmalin 160
Kenticha Mine (Äthiopien), Columbit-Tantalit 340
Kentucky (USA)
 –, Fluorit 360, 367
 –, MVT-Lagerstätte 367
Kerguelen-Plateau (Süd-Indik), submarine Flutbasalte 245
Kermadec-Graben (Süd-Pazifik) 363
 –, Gold 363
 –, Hydrothermal-Aktivität 363

Keurusselkä (Impakt-Krater, Finnland) 549
Keweenaw-Halbinsel (Lake Superior, Michigan), Kupfer 350
Key Lake (Athabasca-Distrikt, Kanada), Uran 366ff
Khetri-Komplex (Rajasthan, NW-Indien)
 –, Albitisierung 458
 –, Na-Metasomatose 458
Khomas-Hochland (Namibia), Metaturbidite 445
Kidd Creek (Timmins, Ontario), VMS-Lagerstätte 364
Kilauea (Hawaii) 241
 –, Explosivitäts-Index (VEI) 247f
 –, Gase 266
 –, Lavavulkan, aktiver 243ff, 266ff
 –, Pahoehoe-Laven 243
Kilauea Iki (Lavasee, Hawaii) 278
Kimberley (Südafrika), Diamant-Mine Big Hole 524
Kimberley-Region (Australien), Coccolithophoride 44
King Island, Skarnerz 351
Kings Mountain (North Carolina), Pegmatit 339
Kinnekulle (bei Lidköping, Mittelschweden), Chondrit 555
Kinzigtal (Schwarzwald), Blei-Zink 357
Kirchberg (Vogtland), Rauchquarz 184
Kirchbühl bei Erbendorf (Oberpfalz), ultramafischer Hornfels 444
Kirkland Lake (Kanada)
 –, Eisen (BIF, Algoma-Typ) 407
 –, Gold 355
Kiruna (Nord-Schweden)
 –, Eisenerz 331
 –, Magnetit-Apatit 331, 365
Kleine Antillen, intraozeanischer, ensialischer Inselbogen 528
Klondike (Yukon-Distrikt, Kanada), Gold 391
Knollengürtel (nördl. Pazifik), Manganknollen 409
Knossos (Kreta, Griechenland), basaltischer Trachyandesit (*Porfido verde antico*) 231
Kodaro-Udokan-Becken (Sibirien), Buntmetalle 398
Koehn Dry Lake (Kalifornien), Halit 100
Koffiefontein (Südafrika), Diamant 77f
Kokchetav-Komplex, -Massiv (Kasachstan)
 –, Coesit 509
 –, Diamant 437, 510
Kola-Halbinsel (Russland)
 –, Chromit 327
 –, Gold 355
 –, Karbonatit 239
 –, Layered Intrusion 327
 –, Magnetit-Apatit-SEE 332
 –, Nephelinsyenit 235
 –, Tiefbohrung 213, 515
 –, Vermiculit 178
Kolar-Distrikt (Mysore, Indien), Gold 355
Kolumbien
 –, Coltan-Seife 391
 –, Gold-Seife 391
 –, VMS-Lagerstätte, Zyperntyp 363

Komati River (Südafrika), Komatiit 233
Kombat (Namibia), Kupfer-Arsen 352
Kondjor (Ostsibirien)
 –, Ferroplatin 74
 –, PGE-Seife 74, 391
Kongo, Republik (Zaire)
 –, Diamant, Blutdiamant 77
 –, Edelstein-Pegmatit 339
 –, Zinn-Seife 394
Kongo-Kraton (Zentralafrika)
 –, Carbonados 79
 –, Migmatit 453
Kongsberg (Südnorwegen), Silber 358
Kopernikus-Krater (Erdmond) 545
Korea
 –, Wolfram 348
 –, Zinn 348
Korsika, Blauschieferfazies 505
Kosaka-Distrikt (Japan), Kupfer (VMS-Lagerstätte, Kuroko-Typ) 364
Kounrad (Kasachstan), Kupfer 350
Kovdor (Kola-Halbinsel, Russland), Magnetit-Apatit-SEE 332
Krafla (Island), geothermische Energie 255
Krakatau (Indonesien), explosiver Vulkanismus 246
Krasnojarsk (Sibirien), Pallasit 560
Kreml (Moskau), russische Reichskrone 39
Kreta (Griechenland)
 –, Aragonit-Marmor 507
 –, Blauschieferfazies 505ff
 –, Hochdruckgürtel 437
 –, Lawsonit-Blauschieferfazies 506
Krivoj Rog (Ukraine), Eisen (BIF, Superior-Typ) 407
Krokees (Peloponnes, Griechenland), Trachyandesit, basaltischer (*Porfido verde antico*) 229, 231
Kuba
 –, Chromit 327
 –, Laterit-Eisenerz 377
 –, VMS-Lagerstätten, Zyperntyp 363
Kuiper-Gürtel **567**, 591, 596, 632, 634
Kuke (Kalahari, Botswana), Achondrit Kalahari 008 539
Kunene-Intrusiv-Komplex (Süd-Angola, Nord-Namibia)
 –, Anorthosit 457, 504
 –, Fenitisierung 457
Kupfergürtel, zentralafrikanischer 398
Kuroko-Erzzone (Japan), Kupfer (VMS, Kurokotyp) 364
Kursk (Ukraine), Eisen (BIF, Superior-Typ) 407
Kykladen
 –, Hochdruckgesteine 437, 507f
 –, Mitteldruckgürtel 437

L

Laacher See (Ost-Eifel)
 –, Ausbruch, plinianischer 249f
 –, Basanit 237
 –, Foidit 237
 –, Leucitbasanit 237

 –, Leucittephrit 237, 505
 –, Phonolith 235
 –, Sanidinit 458, 505
Labrador-Trog (Kanada), Eisen (BIF, Superior-Typ) 407
Lac de Gras (Kanada), Diamant 77f
La Charme (Vogesen), Granat-Lherzolith 527
Lac Tio (Allard Lake, Kanada), Ilmenit 328
Lac-Saint-Jean Komplex (Quebec, Kanada), Anorthosit 227
Ladolam (Papua-Neuguinea), Gold 356
La Escondida (Chile), Gold 350
Lago Maggiore (Westalpen), seismisches Profil 522
Lahn-Dill-Gebiet (Hessen)
 –, Basalt, doleritischer 289
 –, Eisen 365
 –, Keratophyr 460
 –, Schalstein 460
 –, Spilit 460
L'Aigle (Paris), Meteoritenfall 560
Lake Magadi (Kenia), Magadiit 411
Lake Natron (Tansania), Evaporite 411
Lake Superior (Michigan), Kupfer 350
Lake-Superior-Provinz, Eisen (BIF, Superior-Typ) 407
Laki-Spalte (Island) 242
 –, Förderung, effusive 243
Landsberg (bei Obermoschel, Rheinpfalz), Quecksilber 364
Langesundfjord (Südnorwegen), Pegmatit 340
Lassen Peak (Kalifornien)
 –, Dacit-Lava 286
 –, Lavadom 246
Lau-Becken (Süd-West-Pazifik), Black Smoker 361
Laurentia 520
Laurion (Attika, Griechenland), Blei-Zink 352
Lausitzer Gebirge, Granitpluton 225
Leadville (Colorado), Blei-Zink 352
Lena (Sibirien), Goldseife 355, 391
Leoniden 548
Lepontinische Alpen, Wärmedom 437
Les Baux (Südfrankreich), Bauxit 376
„Leuchtturm des Pazifik" (Izalco, El Salvador) 241
Lherz (Pyrenäen), Peridotit 227
Liberia (Westafrika), Eisen (BIF, Algoma-Typ) 407
Lihir (Papua Neuguinea), Gold 356
Limberg (bei Sasbach, Kaiserstuhl), Limburgit 57, 236f
Limoges (französisches Zentralmassiv), Kaolin 376
Linares (Spanien), Silber 357
Lipari (Äolische Inseln), Rhyolith 229
Little Boulder Creek (Idaho), Skarnerz 352
Little-Three-Pegmatit (Kalifornien) 338
Ljubija (Bosnien-Herzegowina), Siderit 353, 359
Llallagua (bolivianische Anden), Zinn 357f
Löbauer Berg (Oberlausitz)
 –, Foidite 237
 –, Nephelinit 238f

Loki-Region (Jupiter-Mond Io), Lavasee 585
Long Valley (Kalifornien), Supervulkan 250f, 258
Longido (Tansania), Rubin-Zoisit-Amphibolit 108f
Lornex (Kanada), Kupfer 350
Lothringen, Minette-Erz 407
Louisiana (USA)
 –, Anhydrit-Gips, Sulfat-Reduktion 614
 –, Salzdiapir, Erdöl 414
Louvre (Paris), Krone Ludwigs XV. 39
Lovozero (Kola-Halbinsel, Russland), Magnetit-Apatit-SEE 332
Lubin (Polen), Kupferschiefer 398
Lukmanier-Gebiet (Schweiz), hochmetamorphe Lias-Kalke 445
Lüneburger Heide, Diatomeen 409
Lutetia (Asteroid) 579
Luxemburg, Minette-Erz 407
Lydenburg (Bushveld-Komplex, Südafrika), Chromit 326f
Lynn Lake (Manitoba, Kanada), Nickelmagnetkies-Kupferkies 331

M

Macmillan Pass (Kanada), Skarnerz 351f
Madagaskar
 –, Edelstein-Pegmatit 339
 –, Monazit 138
 –, Plagioklas 37
Magnitogorsk (Südural), Eisenerz 351
Mähren, Tektite 563
Maidan Pek (Serbien), Kupfer 350
Maine (USA), Pegmatite 339f
Makaopuhi (Hawaii), Lavasee 278
Makarikari-Salzpfanne (Botswana), Evaporit 411
Makbal-Komplex (Kasachstan), Coesit 509
Makemake (Zwergplanet) 591
Malaiische Halbinsel, Zinn 348
Malaysia
 –, Guano 410
 –, Monazit 138
 –, Seltenerd-Elemente (SSE) 138
 –, Zinn 348
Mali, Coesit 509
Mammoth Springs (Yellowstone-Park), Sinter-Terrassen 254
Manicouagan-Struktur (Impakt-Krater, Quebec, Kanada) 549
Mansfeld (Sachsen-Anhalt), Kupferschiefer 65, 398
Marbella (Spanien), Meteoriteneinschlag 550
Marburg an der Lahn, Eisenmeteorit 73
Maria (Erdmond) 538
 –, Mare Crisium 538, 541
 –, Mare Imbrium 538, 541, 545
 –, Mare Nectaris 538, 545
 –, Mare Orientale 538, 545
Marianen (intraozeanischer, ensialischer Inselbogen) 528
Marianen-Graben 242

Marico (West-Transvaal, Südafrika)
 –, Fluorit 367
 –, MVT-Lagerstätte 367
Marienberg (Erzgebirge), Blei-Zink 357
Märkerwald (Odenwald), Quarzdiorit 226f
Marktheidenfeld (Spessart), Buntsandstein 387
Marokko
 –, Baryt 130
 –, Cerussit 130
 –, Phosphor 410
 –, Vanadinit 140
Marquette-Range (Michigan), Eisen (BIF, Superior-Typ) 407
Mars (Planet) 567ff
 –, Amazonis Planitia 574ff
 –, Arsia Mons, Schildvulkan 576f
 –, Ascraeus Mons, Schildvulkan 576f
 –, Chryse Planitia 578
 –, Elysium Planitia 576
 –, Elysium-Schwelle 574
 –, Hellas-Becken 574, 576
 –, Olympus Mons, Schildvulkan 576ff
 –, Pavonis Mons, Schildvulkan 576f
 –, Tharsis-Schwelle 574ff
 –, Tooting-Krater 574
 –, Tyrrhena Patera 576
 –, Valles Marineris, Canyon-System 575f
Martinique, (Kleine Antillen), Vulkanausbruch 246
Massachusetts (USA), Tektite 563
Mathilde (Asteroid) 581
Mato Grosso (Brasilien), Citrin 184
Matsyutov-Komplex (Südural), Coesit 509
Mauna Kea (Schildvulkan, Hawaii) 245
Mauna Loa (Schildvulkan, Hawaii) 242, 245, 576f
Mauna Ulu (Parasitärvulkan, Hawaii) 245
Mawatwan (Südafrika), Mangan 408
Maxwell Mountains (Venus) 571
McArthur River (Athabasca-Distrikt, Kanada), Uran 368
McArthur River (Northern Territory, Australien), Blei-Zink (Sedex, Kieslager) 366
Meggen (Sauerland), Sedex-Lagerstätte 366
Meißen (Sachsen)
 –, Kaolin 376
 –, Monzonit 234
 –, Syenit-Granit-Pluton 262
Meißener Massiv, Monzonit 234
Menominie-Range (Michigan), Eisen (BIF, Superior-Typ) 407
Merapi (Java) 242
 –, Glutlawine 249
Merensky Reef (Bushveld-Komplex) 327, 329
 –, Nickel-Kupfer-PGE 329f
 –, Pegmatit, (ultra)mafischer 335
 –, Platinmetalle 327
Merkur (Planet) 567ff
 –, Angrit 557
 –, Caloris-Becken 569f
Meridiani Planum (Mars) 575
Mesabi-Range (Minnesota), Eisen (BIF, Superior-Typ) 407

Messel (Darmstadt, Hessen), Ölschiefer 397
Metis (Jupiter-Mond) 584, 591
Mexiko
 –, Antimonit 359
 –, Blei-Zink (VMS-Lagerstätte, Zyperntyp) 363
 –, Calcit 24
 –, Chondrit Tuctuac 549
 –, Fluorit 360
 –, Gips 133
 –, Gold 356
 –, MVT-Lagerstätte 367
 –, Uran 113
 –, VMS-Lagerstätte, Zyperntyp 363
Miask (Ural, Russland), Pegmatit 340
Mibladen (Marokko)
 –, Baryt 130
 –, Cerussit 130
 –, Vanadinit 140
Michipicoten-Distrikt (Ontario, Canada), Eisen (BIF, Superior-Typ) 407
Mighei (Ukraine), Chondrit 556
Milos (Kykladen), Rhyolith 229
Mimas (Saturn-Mond) 588, 590
Minas Gerais (Brasilien)
 –, Beryll 156
 –, Citrin 184
 –, Edelstein-Pegmatit 339
 –, Eisen (BIF, Superior-Typ) 407
 –, Kyanit 151
 –, Mangan 408
 –, Turmalin 159
Mingora (Pakistan)
 –, Smaragd 459
 –, Talkschiefer 459
Miranda (Uranus-Mond) 589f
Mir-Grube (Jakutien)
 –, Diamant 77f
 –, Framesit 77
Mississippi-Valley, Blei-Zink (MVT) 366
Missouri (USA), Blei-Zink (MVT) 366
Mittelatlantischer Rücken 242
 –, Massivsulfid 362
Mittelböhmen, Spilit 460
Mitteldeutschland, Evaporit 413
Mittelengland, Eisenstein 407
Mitteleuropa, Löss 395
Mittelindischer Rücken 242
Mittelozeanische Rücken 65, 242, 276, 306ff, 345, 362, 432f, 496f, 519f, 622
 –, Basalt 308, 622
 –, black smoker 65, 345
 –, Metamorphose 432f, 496f
Mittelschweden, Nephelinsyenit 235
Mittelwesten der USA, Löss 395
Mitterberg (Salzburg, Österreich), Kupfer 356
Mittweida (Sachsen), Konglomerat-Gneis 445
Mo i Rana, (Nordland, Norwegen), gebändertes Hämatiterz 59
Moa Bay (Kuba), Nickel 378
Mogán (Gran Canaria)
 –, Ignimbrit-Strom 187
 –, Moganit 187

Mogok (Myanmar)
–, Edelstein-Seife 394
–, Rubin 108f
Mohave-Wüste (Kalifornien), Bor 127
Moina (Tasmanien), Skarnerz 352
Moldau, Tektite (Moldavite) 563
Monastery (Südafrika), Diamant 77f
Mond (Erdmond) **537ff**, 567ff, 636f
–, Krater Cabeus 542
–, Lage der Maria 538
–, Mare Cridsium 538, 541
–, Mare Imbrium 541, 545
–, Mare Nectaris 538, 545
–, Mare Orientale 538, 545
–, Oceanus Procellarum 538, 556
–, Strahlenkrater Kopernikus 545
–, Südpol-Aitken-Becken 538, 541f, 549
Möng-Hsu (Myanmar), Korund 108f
Mono Lake (Kalifornien), Stromatolith 43
Mons Olympus (Schildvulkan, Mars) 245
Mons Porphyrites (Ägyptische Ostwüste), Dacit (*Porfido rosso antico*) 229, 231
Montagne Pelée (Martinique, Kleine Antillen)
–, Glutlawine 249
–, Lavanadel 246
–, Vulkanismus, explosiver 246
Montana (USA), Bentonit 376
Mont-Blanc-Tunnel 515
Monte Amiata (Italien), Quecksilber 364
Monte Mukrone (Sesia-Zone, Westalpen), Meta-Granodiorit in Eklogitfazies 508
Monte Rosa (Westalpen), seismisches Profil 522
Monte Somma-Vesuv (bei Neapel, Italien) 237
–, Eruption, plinianische 249
–, Leucitbasanit 237
–, Leucittephrit 237
Monte-Rosa-Decke (Westalpen), Gold-Quarz-Gänge 355
Montmartre (Paris), Gips 131
Montroc (Französisches Zentralmassiv), Fluorit 360
Monzonigebiet (Südtirol), Monzonit 234
Moosburg–Landshut–Mainburg (Bayern), Bentonit 376
Morenci (Arizona, USA), Kupfer 350
Morogoro (Tansania)
–, Korundgneis 192
–, Rubin 107f
Mosambik
–, Edelstein-Pegmatit 339
–, Turmalin 160
Mosambik-Gürtel 149
Mother Lode (Kalifornien), Gold-Quarz-Gang 346, 354f
Mount Bolshaya Varaka (Imandra, Kola-Halbinsel, Russland)
–, Chromit-Lagerstätte, stratiforme 327
–, Layered Intrusion 327
Mount Isa (Queensland, Australien), Blei-Zink (Sedex-Lagerstätte, Kieslager) 366
Mount Keith (Yilgarn-Kraton, Westaustralien), Nickel 331

Mount Rainier (Kaskaden-Gebirge, Washington), Andesit 230f
Mount Saint Helens (Washington)
–, Ausbruch, plinianischer 249
–, Explosivitäts-Index (VEI) 248
–, Lavadom (Staukuppe) 246
Mount Weld (Laverton, Westaustralien), Schwermetallanreicherung, lateritische 378
Mountain Pass (Kalifornien, USA)
–, Karbonatit 138, 331
–, Monazit 138
–, Seltenerd-Elemente (SSE) 138, 331
Mt. Isa (Queensland, Australien), Sedex-Lagerstätte 365
Mull (Schottland)
–, Mullit 151
–, Tholeiitbasalt 231
Münchberger Gneissmasse (Oberfranken)
–, Eklogit 507f
–, Flasergabbro 446
Münstertal (Schwarzwald), Blei-Zink 357
Murchison (Victoria, Australien), Meteorit 556
Murchison-Grünstein-Gürtel (Südafrika), VMS-Lagerstätten 364
Mursinka (Ural), Pegmatitgang 338
Muruntau (Tian-Shan-Orogen, West-Usbekistan), Gold 355
Muscox (Kanada), Layered Intrusion 261, 263
Mussa-Alpe (Piemont, Italien)
–, Diopsid 163
–, Grossular (Var. Hessonit) 163
Myanmar (Burma) 109, 148, 164f, 339, 348, 394
–, Edelstein-Pegmatit 109, 339
–, Edelstein-Seife 394
–, Jadeitit 164f
–, Rubin 109, 394
–, Zinn-Wolfram 348
–, Zirkon 148
Myn Aral (Balchasch-See, Kasachstan)
–, Aplitgranit 196
–, Mikroklin 196
–, Plagioklas 196

N

Naica (Mexiko)
–, Gipshöhlen 132ff
–, Skarnerz 351
Namibia
–, Anorthosit 227
–, Azurit 124
–, Columbit-Tantalit 339f
–, Cu-Minerale, sekundäre 124
–, Damara-Orogen 351, 432, 434
–, Diamant-Seife 77
–, Diskordanz 60
–, Edelstein-Pegmatit 339
–, Epupa-Komplex 503
–, Fischfluss-Canyon 60
–, Karbonatite 239
–, Kunene-Intrusiv-Komplex 504
–, Malachit 124
–, Migmatit 452
–, Sodalith 200
–, Turmalin 159
Namib-Wüste, Diamant-Seife 77, 394
Nasik (Indien)
–, Apophylith 202
–, Mesolith 202
Nauru (Pazifik), Guano 410
Navachab (Damara-Orogen, Namibia), Gold 351
Navan (Irland), Blei-Zink (Sedex-Lagerstätte) 366
Naxos (Griechenland)
–, Granodiorit 436
–, Kristallin 466
–, Migmatit 453
–, Zonenfolge, metamorphe 434f
Nazca-Platte 242
Neptun (Riesen-Eisplanet) 567ff, **582ff**, 596, 637
Nereid (Neptun-Mond) 590
Neu-England (USA), Edelstein-Pegmatit 339
Neufundland (Kanada)
–, Bay-of-Islands-Komplex 519
–, VMS-Lagerstätte, Zypentyp 363
Neu-Kaledonien
–, Blauschieferfazies 505
–, Chromit 327
–, Hochdruckgestein 436
Neuschwanstein, Meteorit 550
Neuseeland
–, Fumarole, $\delta^{13}C$ 254
–, Geysir 254
–, Gold-Seife 391
–, Peridotit 227
–, Versenkungsmetamorphose 437
–, Zeolith-Fazies 498
Neu-Süd-Wales (New South Wales, Australien)
–, Diamant 77
–, Zinn 348
Neuwieder Becken, Bims 251
Nevado del Ruiz (Kolumbien)
–, Explosivitäts-Index (VEI) 248
–, Lahar 249f
Neves Corvo (Portugal), Kupfer-Zink (VMS) 364
New Almaden (Kalifornien), Quecksilber 364
New Hampshire (USA)
–, Edelstein-Pegmatit 339
–, Kristallin, paläozoisches 434
–, Mineralzonen, metamorphe 434
New Idria (Kalifornien), Quecksilber 364
New Mexico (USA)
–, Blei-Zink (Sedex-Lagerstätte) 366
–, Guano 410
–, Pegmatit 339f
New South Wales (Australien), Diamant 77
New York, Meteoriteneinschlag 550
Newmont (Nevada), Gold 353
Nicaro (Kuba), Nickel 378

Nieder-Beerbach (Odenwald), Pyroxen-Hornfels 444
Niederlande, Evaporit 413
Niederschlema (Erzgebirge), Uran 51
Nigeria
–, Edelstein-Pegmatit 339
–, Turmalin 160
–, Zinnseife 394
Nikopol (Ukraine), Mangan 408
Nischnij Tagil (Ural), PGE-Chromit-Vererzung 327
–, PGE-Seife 391
Nix (Pluto-Mond) 592
Nopal (Mexico), Uraninit 113
Noranda-Gebiet (Quebec), Kupfer (VMS-Lagerstätten) 364
Nord Xinjiang (NW-China), Kupfer 350
Nord-Afrika, Nord-West-Afrika
–, Angrit 557
–, Sahara-Staub 395
Nordamerikanische Platte 242, 246
Nord-Atlantik, Staubeintrag 395
Nordböhmen, Foidite 237
Nord-China-Kraton 331f, 349f
–, Molybdän 350
–, Seltenerd-Elemente, Eisen, Fluorit 331
–, Xilamulun-Metallgürtel 349
Norddeutschland
–, Evaporit 413
–, Salzdiapir 414
Nördlinger Ries (siehe Ries, Nördlinger)
Nordmexiko
–, Fluorit 367
–, MVT-Lagerstätte 367
Nordportugal
–, Wolfram 348
–, Zinn 347
Nordsee
–, Evaporit 413
–, Kreidekalk 44
–, Salzdiapir 414
–, Wattensediment 396
Nord-Territorium (Australien), Uran 368
Nordwestspanien
–, Wolfram 348
–, Zinn-Lagerstätte 347
Norilsk (Jenissei, Sibirien)
–, PGE-Lagerstätte 330
–, Sulfiderz 328
North Xinjiang (China), Kupfer 350
Norwegen
–, Bauxit-Verhüttung 377
–, Coesit 437
–, Diamant 437
–, Eklogit 508
–, Geschiebelehm 600
–, Rogaland-Intrusion 503
–, westliche Gneisregion, Diamant 78
Novello Claims (Simbabwe) 104
–, Blackwall mit Alexandrit und Smaragd 104, 459
Nsuta (Ghana)
–, Mangan 408
–, Reicherz 377
Nysa (Asteroid) 581

O

Obere Monte-Rosa-Decke (Westalpen), Alter 354
Oberer See-Typus, Kupfer 350
Obermoschel (Rheinpfalz), Quecksilber 364
Oberon (Uranus-Mond) 588
Oberpfalz
–, Erbendorfer Grünschieferzone 521
–, Erbendorfkörper 521
–, Kontinentale Tiefbohrung (KTB) 213, 515, 520f
–, Magnetit 39
–, Pegmatit 339
–, Steinach-Aureole 470, 640f
–, Zone von Erbendorf-Vohenstrauss 521
Oberpfälzer Wald
–, Granitpluton 225
–, Pluton 260
Oberrhein-Graben, MVT-Lagerstätte Wiesloch 366
Oberschlesien (Südpolen), Blei-Zink (MVT-Lagerstätte) 366
Oceanus Procellarum (Mond) 538
–, Chondrit 556
Odenwald
–, Amphibolit 446
–, Baryt-Quarz 360
–, Diorit 225
–, Gabbro 227
–, ged. (elementares) Silber 358
–, Granitpluton 225
–, Peridotit 227
–, Pluton 260
Ohaki (Neuseeland), geothermische Energie 255
Ok Tedi (Papua Neuguinea), Gold-Kupfer 350
Okelobondo (Gabun, Westafrika), Uran 112, 359
Oklahoma (USA), Blei-Zink (MVT-Lagerstätten) 366
Oko-Erzzone (Japan), Kupfer (VMS-Lagerstätte, Kuroko-Typ) 364
Oktedi (Papua Neu-Guinea), Kupfer 350
Old Faithful (Yellowstone, Wyoming), Geysir, Kieselsinter 254
Oldoinyo Lengai (Tansania), Karbonatit 239
Oligozän-Becken, südukrainisches, Mangan 408
Olkusz (Polen), Schalenblende 87
Olympic Dam (Südaustralien)
–, Eisen-Kupfer-Silber 365
–, Gold 365
Olympus Mons (Schildvulkan, Mars) 576ff
Oman
–, Meteoriten-Neufunde 550f, 559
–, Peridotit 227
–, Semail-Komplex 519
Omaruru (Namibia), Turmalin 159
Onikobe (Honshu, Japan), geothermisches Feld 432
Ontario
–, Sodalith 200
–, Sudbury-Struktur 549
Ophir (vorgesch. Land, Ghana), Gold 355
Oranjemund (Namibia), Diamant-Seife 394
Orapa (Botswana)
–, Diamant 77f
–, Framesit 79
Orcus (Zwergplanet) 591
Orgueil (Frankreich), Chondrit 556
Orijärvi-Gebiet (Finnland), metamorphe Mineralparagenesen 495
Orion, Gürtelsterne 631
Orion-Nebel 630
Orissa (Indien), Mangan 408
Ornans (Frankreich), Chondrit 556
Orroroo (Südaustralien), Diamant 77f
Oruro (bolivianische Anden), Zinn-Silber-Wismut 357
Oslo-Gebiet (Norwegen)
–, Alkali(Olivin-)Basalt 237
–, Alkalifeldspat-Granit 234
–, Hornfels 464, 492
–, Nephelinsyenit 235
Oslo-Graben (Südnorwegen), Rhombenporphyr 197
Ostafrikanisches Grabensystem
–, Alkali(Olivin-)Basalt 237
–, Evaporit 411
–, Foidit 237
–, Karbonatit 239
Ostalpen (Österreich), Magnesit 353
Oster-Inseln, Mantel-Plume 533
Österreichisches Waldviertel, Granitpluton 225
Ostpazifischer Rücken 242
–, Black Smoker 360
–, S-Isotope 614
–, Vulkanismus 360
Ostsee, Kreidekalk 44
Osttransbaikalien, Gold 355
Otavi-Bergland (Namibia), Kupfer 352
Otong-Java-Plateau (West-Pazifik), submariner Flutbasalt 245
Ouro Preto (Brasilien), Hämatit 108
Outukumpu (Nordfinnland), Kupfer 364

P

Pakistan
–, Blei-Zink (Sedex-Lagerstätte) 366
–, Edelstein-Pegmatit 339
Palabora (Südafrika) (siehe Phalaborwa)
Palisade Sill (New York), Lagergang 259
Pallas (Asteroid) 580
Palni-Range (Südindien), Ultrahochtemperatur-Metamorphose 503
Panafrikanischer Kaokogürtel (Namibia), Kyanit-Staurolith-Glimmerschiefer 482
Panasqueira (Nordportugal), Wolfram 348
Panguna (Papua- Neuguinea), Kupfer 350
Papua-Neuguinea
–, Gold 350, 356
–, Kupfer 350
–, Ophiolith-Komplex 519

Paradox-Becken (Utah und Colorado, USA), Kupfer 398
Paraíba (Minas Gerais, Brasilien)
–, Edelstein-Pegmatit 339
–, Turmalin 160
Parana-Becken (Südamerika)
–, Flutbasalt 245
–, Schwermetallanreicherung, lateritische 378
Paros (Griechenland), Marmor 443
Pasto Bueno (Peru)
–, Pyrit 92
–, Rhodochrosit 120
Pavonis Mons (Mars), Schildvulkan 576f
Pazifik, Pazifischer Ozean, Manganknollen 408f
Pazifische Platte 242
Pea Ridge (Missouri), Eisenerz 331
Pedee-Formation (South Carolina), C-Isotopen-Standard PDB 611
Peloponnes
–, Hochdruckgürtel 437
–, Lawsonit-Blauschieferfazies 506f
Penninische Decken (Westalpen), Blauschieferfazies 505
Penokee-Gogebic-Range (Wisconsin-Michigan), Eisen (BIF, Superior-Typ) 407
Pentelikon-Gebirge (Griechenland), Marmor 443
Persischer Golf
–, Dolomit-Bildung 404
–, Erdöl 414
–, Salzdiapir 414
Peru
–, Gold 72
–, Nitrat 411
–, Pyrit 92
–, Rhodochrosit 120
–, Zinn 348
Petaca-Distrikt (New Mexico, USA), Pegmatit 339
Petsamo (Petchenga) (Karelien, Russland), Nickelmagnetkies-Kupferkies 331
Pfahl (Bayerischer Wald), Quarzgang 360
Phalaborwa (Palabora), Transvaal (Südafrika)
–, Apatit 139
–, Chalkopyrit 332
–, Karbonatit 140, 239
–, Monazit 140
–, Vermiculit 178
Philippinen
–, Chromit 327
–, Laterit-Eisenerz 377
–, VMS-Lagerstätten, Zyperntyp 363
Philippinen-Graben 528
Philippinische Platte 242
Phobos (Mars-Mond)
–, Gasausbrüche 578f
–, Krater Stickney 578
Phoebe (Saturn-Mond) 588
Piggs Peak (Swasiland), Tonalitgneis 622
Pikes Peak (Colorado), Amazonit 196
Pilbara-Distrikt (West-Australien)
–, BIF, Algoma-Typ 407
–, Fossilien, älteste 43

–, VMS-Lagerstätten 364
Pilsen (Tschechien), Kaolin 376
Pinatubo (Luzon, Philippinen) 242
–, Explosivitäts-Index (VEI) 248
–, Vulkanausbruch, Lahar 250
Pine Creek (Kalifornien), Skarnerz 351
Pine Point (Northwest Territory, Kanada), Blei-Zink (MVT-Lagerstätte) 366
Pioramulde (Camperio, Lukmanierstraße, Schweiz), Granat-Glimmerschiefer 449
PKT (Procellarum KREEP Terrane, Erdmond) 538
Platreef (Bushveld-Komplex), Nickel-Kupfer-PGE 330
Pluto (Zwergplanet) 567f, 582, 589, **591f**, 596, 607, 629
–, Bahnelemente 569
–, Dichte 567ff
Podsedice (Böhmisches Mittelgebirge), Granat 394
Poebene, Profil, seismisches 522
Polen
–, Evaporit 413
–, Kupfer 394
–, Kupferschiefer 65
Pompeji (Italien), Plinianischer Ausbruch 249
Poona (Indien)
–, Apophyllit 204
–, Stilbit 204
Popigai-Krater (Sibirien) 549
–, Kohlenstoff, kubische Hochdruck-Modifikation 78
–, Lonsdaleit 78
Porcupine-Distrikt (Ontario, Kanada), Gold 355
Porgera (Papua-Neuguinea), Gold 356
Portugal
–, Kupfer-Zink 364
–, Zinn-Wolfram 348f
Potosi (bolivianische Anden), Zinn-Silber-Wismut 357
Pozzuoli (bei Neapel), Solfatara 253
Predazzo (Südtirol), Monzonit 234
Premier-Mine bei Pretoria (Südafrika)
–, Diamant 78f
–, Framesit 79
Příbram (Böhmen), Blei-Zink 357
Primorye (Russland), PGE-führende Goldseifen 391
Protogin-Granit (Schweizer Zentralalpen) 428
Procellarum KREEP Terrane (PKT, Erdmond) 538
Proteus (Neptun-Mond) 590
Protogin-Granit (Schweizer Zentralalpen) 428
Psyche (Asteroid) 580
Pu'u O'o (Hawaii)
–, Lavafontäne 248
–, Parasitärvulkan 245
Pułtusk (Polen), Meteoriten-Streufeld 549
Puy de Dôme (Auvergne), Lavadom (Staukuppe) 246
Pwyll (Impakt-Krater, Jupiter-Mond Europa) 586
Pyrit-Gürtel, Iberischer, VMS-Lagerstätte 364

Q

Qaidam Shan (China), Diamant 78
Quaoar (Zwergplanet) 591
Quebec (Kanada), Anorthosit 227
Queensland (Australien)
–, Gold 365
–, Opal 188
Queternoq-Pluton (Südgrönland) 262

R

Radenthein (Kärnten), Magnesit 353
Ramberg-Granit (Ostharz) 260
Rammelsberg (Harz), Blei-Zink-Kupfer (Sedex-Lagerstätte) 366, 615
Ramona (San Diego County, Kalifornien), Spessartin 149
Ramsbeck (Sauerland), Blei-Zink-Gänge 357
Range Well (West-Australien), Chrom-Nickel 378
Rattlesnake-Mountain-Pluton (Kalifornien) 260
Rauer-Gruppe (Ostantarktis), Ultrahochtemperatur-Metamorphose 503
Rauschenberg (Bayern), Calcit 119
Recsk (Ungarn), Kupfer 350
Reichenbach (Dzierżoniów) (Polen), Granit 36
Reichenbach (Odenwald), Baryt-Quarz 360
Reichenstein (Złoty Stok, Schlesien)
–, Abwässer, toxische („Giftbach") 50
–, Gold-Arsen 50
Republik Kongo (Zaire)
–, Edelstein-Pegmatit 339
–, Kobalt 377
–, Mangan 377
Rhea (Saturn-Mond) 588
Rhein, Seifengold 391
Rheinisches Schiefergebirge
–, Baryt 360
–, Blei-Zink-Gänge 357
–, Dachschiefer 438
Rheinpfalz, Quecksilber 364
Rheintalgraben, Alkali(Olivin-)Basalte 237
Rhino Wash (Namibia), Offene Falte 432
Rhodopen (Griechenland), Coesit 509
Rhön
–, Basanit 237
–, Foidit 237
–, Phonolith 235
–, Silikatbauxit 377
–, Spinell-Lherzolith-Xenolith 524
–, Tholeiitbasalt 231
Richelsdorf (Nordhessen), Co-Ni-Bi-Gänge 358
Riddle (Oregon), Nickel 378
Rieden (Laacher-See-Gebiet, Eifel), Leucit-Nosean-Phonolith 236f
Ries, Nördlinger 78, 429ff, 549, 564, 574
–, Alter 429
–, Bunte Breccie 431
–, Coesit 430f
–, Diamant 430
–, Flädle (Glasbombe) 431

Ries, Nördlinger (*Fortsetzung*)
 –, Glas, diaplektisches 430
 –, Herkunft der Moldavite 564
 –, Impakt-Ereignis 429, **549**
 –, Impakt-Metamorphose 429ff
 –, Kohlenstoff, kubische Hochdruck-Modifikation 78
 –, Krater 429, 549
 –, Londsdaleit 78
 –, Moissanit 78
 –, Schockwellen-Metamorphose 429ff
 –, Stishovit 430
 –, Suevit 431
Riesengebirge, Granitpluton 225
Rio Tinto (Spanien)
 –, Gold 380
 –, VMS-Lagerstätte, Kuroko-Typ 364
Rivière blanche auf Martinique (Kleine Antillen), Glutlawinen 249, 250
Roccamonfina (Mittelitalien)
 –, Leucitbasanit 237
 –, Leucittephrit 237
Rocche Rosse (Lipari), Obsidianstrom 243
Rocky Mountains, Back-Arc, Gold 356
Rödberg (Fen-Gebiet, Norwegen), Metasomatose 457
Rogaland-Intrusion (Südnorwegen), Ultrahochtemperatur-Metamorphose 503
Röhrsdorf (Sächsisches Granulitgebirge), Granulit 438f
Rom, Santa Maria in Cosmedin, Fußboden-Mosaik 231
Ronda (Südspanien), Peridotit 227
Ronneburg (Thüringen), Uran 51
Rössing (Namibia), Uran 113
Rotes Meer, Erzbildung 365
Rottershausen (Unterfranken), Tempestit 401
Routivaara (Schweden), Ilmenit-Erz 328
Rudna (Polen), Kupferschiefer 398
Rügen, Insel
 –, Hornstein 186, 404
 –, Kreidekalk 44, 186, 404
Ruhlaer Kristallin-Komplex (Thüringer Wald), Pseudotachylit 429
Ruhrkarbon, Blei-Zink-Gänge 357
Rumänien
 –, Antimonit 359
 –, Gold 356
 –, Salzdiapir 414
Rumuruti (Kenya), Meteoritenschauer 555
Russland
 –, Diamant 77
 –, Diamant-Synthese 79f
 –, Edelstein-Pegmatit 339
 –, Gold 72, 355
 –, Kalisalz 414
 –, Pegmatit 339
Ryoke-Gürtel (Japan), paired metamorphic belt 437

S

Saar-Nahe-Becken, Melaphyr 233
Sachalin (Insel, Russland), PGE-Seifen 391
Sächsisches Erzgebirge, Rotgneis 446
Sächsisches Granulitgebirge, Granulite mit Eklogit-faziellen Relikten 503
Sahara
 –, Meteorit, Neufunde 550f, 559
 –, Salz 411
 –, Staub 395
Sailauf (Spessart)
 –, Achat 186
 –, Rhyolith 230f
Salzach, Seifengold 391
Salzgitter, Stahlwerk 407
Salzgitter-Distrikt (nördliches Harzvorland), Eisen 407
Sambia
 –, Edelstein-Pegmatit 339
 –, Weißschiefer 509
Samoa, Mantel-Plume 533
Samos (Griechenland)
 –, Epidot-Blauschieferfazis 507
 –, Granat-Glaukophanit 440f
 –, Metagabbro (Flasergabbro) 446, 507
San Manuel-Calamazoo (Arizona, USA), Kupfer 350
Sanbagawa-Gürtel (Japan), paired metamorphic belt 437
Sangdong (Korea), Skarnerz 351
San-Juan-Vulkan-Provinz (Colorado)
 –, Andesit 276
 –, Dacit 276
 –, Magmenmischung 276
San-Rafael-Gang (bolivianischer Zinngürtel, Peru), Zinn 358
Santa Maria in Cosmedin (Rom), porphyrischer Vulkanit 231
Santa Rita (New Mexico, USA), Kupfer (Porphyry Copper Ores) 350
Santorin (Kykladen) 249, 252, 437
 –, Ausbruch, plinianischer 249
 –, Stratovulkan 252
São Francisco (Brasilien) Diamant 77f
São-Francisco-Kraton (Brasilien), Carbonados 79
São Luiz (Brasilien), Diamant 77f
Sapas Mons (Venus), Schildvulkan 572
Sar Cheshmeh (Iran), Kupfer 350
Sarbai (Kasachstan), Skarnerz 352
Saturn, Riesen-Gasplanet 567ff, 581ff, 591f
Sauerland (Rheinisches Schiefergebirge), Adinolbildung 458
Savage River (Tasmanien), Eisenerzvorkommen 331, 365
Schacht Konrad (Salzgitter), Eisen, Endlagerung 407
Schauinsland (Schwarzwald), Blei-Zink 357
Schemnitz (Banska Štiavnica, Siebenbürgen), Gold, Kaolin 356
Schlaining (Burgenland, Österreich), Antimonit 359
Schlesien, Kupferschiefer 398
Schneckenstein (Vogtland), Topasbrockenfels 426
Schneeberg (Erzgebirge)
 –, Bergbau 359
 –, Silberbergbau 358
 –, Uranerz 50, 358

Schottland, Plateaubasalt 245
Schotts (Nordrand der Sahara), Evaporite 411
Schwäbische Alb, Eruptivschlot 251
Schwarzes Meer, anoxische Bedingungen 397
Schwarzwald
 –, Baryt 360
 –, Blei-Zink-Gänge 357
 –, Cordierit-Gneis 502
 –, Diorit 225
 –, Fluorit 101
 –, Gabbro 227
 –, Granit, Kalifeldspatisierung 458
 –, Granitpluton 225
 –, Migmatit 453
 –, Peridotit 227
 –, Zone, anatektische 453
Schweden
 –, Alkalifeldspat-Granit 234
 –, Flutbasalt 245
 –, Siljan-Struktur 549
Schweiz, Aktinolith 168
Schweizer Zentralalpen, Mineralzone, metamorphe 434
Scotia-Platte 242
Seabank Villa (Mull, Schottland) Mullit 151
Sedna (planetarischer Kleinkörper) 591
Sekkoko-Erzzone (Japan), Kupfer (VMS-Lagerstätte, Kuroko-Typ) 364
Semail-Ophiolith-Komplex (Oman) 519
Serra de Jacobina (Bahia, Brasilien), Gold-Seife, fossile 393
Serra de Monchique (Portugal), Nephelinsyenit 235
Serra Geral (Brasilien), Achat 186
Sesia-Zone (Westalpen), Eklogitfazies 508
Shark Bay (Westaustralien), Stromatolithe 43
Sheregesh (Sibirien), Skarnerz 352
Shinkolobwe (Republik Kongo/Zaire), Uran 359
Shuksan-Gürtel (Washington), Hochdruckgesteine 436
Sibirien
 –, Apatit 139
 –, Diamant 78f
 –, Flutbasalt 244f
 –, Galenit 84
 –, Gold 391
 –, Kimberlit 239, 251, 391
 –, Kupfer 398
 –, Oxiderz 365
 –, Platin 74
 –, Pyrrhotin 39, 89
 –, Diatrem 524
 –, Pipe 251
Sibirische Plattform, Gold 355
Sibirischer Trapp 244f
Siccar Point (Berwickshire, Schottland), Winkeldiskordanz 60f
Siebenbürgener Erzgebirge (Rumänien), Gold 356
Siegerland
 –, Bergbau 359
 –, Kupfer 356
 –, Spateisenstein-Gänge 359

Siena (Italien), Meteoritenfall 560
Sierra Morena (Spanien), Blei-Zink 357
Sierra Nevada (Kalifornien)
 –, Gold 352
 –, Kupfer (VMS-Lagerstätte, Kuroko-Typ) 364
 –, paired metamorphic belt 437
Sierra-Nevada-Batholith (Kalifornien) 260
Sifnos (Giechenland)
 –, Blauschiefer 437
 –, Eklogit 437, 508
 –, Glaukophanit 508
 –, Hochdruckmetamorphit 437
 –, Jadeitgneis 437, 508
Silvermines (Irland), Blei-Zink (Sedex-Lagerstätte) 366
Simbabwe
 –, BIF, Algoma-Typ 407
 –, Edelstein-Pegmatit 339
 –, Gold 355
 –, Nickelmagnetkies-Kupferkies 331
Sinai-Halbinsel (Ägypten)
 –, Dolerit-Sill 427
 –, Gangschwarm 259
Sizilien, Anhydrit-Gips, Sulfat-Reduktion 614
Skaergaard (Grönland)
 –, Gabbro 227
 –, Layered Intrusion 227, 261, **263**, 296
Skye (Schottland), Tholeiitbasalt 231
Sljudjanka (Sibirien), Apatit 139
Slowakei, Siderit 353
Slowakisches Erzgbirge, Gold 356
Snake-River (USA), Flutbasalt 245
Snap Lake (Kanada), Diamant 77f
Sokli (Finnland), Magnetit-Apatit 332
Solfatara bei Pozzuoli (Neapel), Solfataren-Tätigkeit 253
Somma-Vesuv (Italien)
 –, Assimilation von Karbonatgesteinen 280
 –, Stratovulkan 252
Sommerkahl (Spessart)
 –, Grube Wilhelmine 344
 –, Kupfersulfiderz 344
Soufrière (Westindien), Explosivitäts-Index (VEI) 248
South Carolina (USA)
 –, Kaolin 376
 –, Pedee-Formation, Isotopen-Standard 611
South Dakota (USA), Bentonit 376
Spanien, Sedex-Lagerstätte 366
Spessart
 –, Achat 186
 –, Baryt 360
 –, Buchit 505
 –, Diorit 225
 –, Goldbacher Gneis 446
 –, Pegmatit 339
 –, Siderit 353
 –, Spateisenstein 353
 –, Staurolith-Granat-führender Metapelit 454

Sri Lanka
 –, Pegmatit 339
 –, Rubin, Saphir 108f, 394
 –, Zirkon 148
St. Gotthard (Schweiz), Aktinolith 168
St. Andreasberg (Harz)
 –, Analcim 203
 –, Calcit 119
 –, Silber 358
St. Austell (Cornwall), Kaolin 376
St. Joachimsthal (Jachymov, Böhmen) 112
 –, Bergbau 359
 –, Radium 51, 112
 –, Radonbad 51
 –, Uran 358f
St. Pierre (Martinique), pyroklastischer Strom mit base surge 250
Staffa (Innere Hebriden, Schottland), Säulenbasalt 244
Stahlberg (Rheinpfalz), Quecksilber 364
Stannern (Stonařov, Mähren), Meteoriten-Streufeld 549
Steep-Rock-Distrikt (Ontario, Canada), Eisen (BIF, Superior-Typ) 407
Steinach (Oberpfalz), Kontaktaureole 470
 –, Biotit 641
 –, Granat 640
Steinheimer Becken (bei Heidenheim)
 –, Impakt-Metamorphose 431
 –, Shatter Cones im Malm-Kalk 431
Steinige Tunguska (Fluss, Sibirien), Meteoritenschauer 548f
Steyn Reef (Witwatersrand, Südafrika), ged. (elementares) Gold 393
Stickney Krater (Marsmond Phobos) 578
Stillwater (Montana)
 –, Fe-Ti-Oxid 327
 –, Gabbro 227
 –, Layered Intrusion 262
 –, PGE-Lagerstätte 330
Stonařov (Stannern, Mähren), Meteoriten-Streufeld 549
Straßberg-Neudorf (Ostharz), Blei-Zink 357
Strelsovsk (Russland), Uraninit 113
Stromboli (Äolische Inseln) 241, 513
 –, Dauertätigkeit, vulkanische 248
 –, Explosivitäts-Index (VEI) 248
 –, Lavawurftätigkeit 243, 248
Stronatal (Westalpen), seismisches Profil 522
Südafrika
 –, Diamant 77
 –, Gold 72, 113, 355, 391ff
 –, Komatiit 233
 –, Nickelmagnetkies-Kupferkies 331
 –, Vredefort-Struktur 549
Südamerika, Gold-Seife 391
Südamerikanische Platte 242
Südbrasilien, Achat 254
Sudbury (Kanada)
 –, Alter 549
 –, Gabbro 227
 –, Impakt-Krater 549, 563
 –, Layered Intrusion 263
 –, Nickel 328

Südengland
 –, Hornstein 186, 404
 –, Kreidekalk 44, 404
Sudeten
 –, Gabbro 227
 –, Kupfer 394
 –, Pluton 260
Südkorea, Blei-Zink (Sedex-Lagerstätten) 366
Südnorwegen
 –, Alkalifeldspat-Syenit 234
 –, Foidmonzodiorit 235
 –, Foidmonzogabbro 235
 –, Pegmatit 339
Südostasien, Zinnseife 394
Südostindischer Rücken 242
Südpol-Aitken-Becken (Erdmond) **541f**, 549
Südschweden
 –, Gabbro 228f
 –, Plateaubasalt 245
 –, Tholeiitbasalt 231
Südthailand, Pegmatit 339
Südwest-Wisconsin (USA), Kupfer (MVT-Lagerstätten) 366
Sukhoi Log a. d. Lena (Sibirien), Gold 355
Sulawesi (Indonesien)
 –, Coesit 509
 –, Diamant 78
Sullivan (Kanada), Blei-Zink (Sedex-Lagerstätte, Kieslager) 366
Su-Lu (China)
 –, Coesit 509
 –, Diamant 437, 510
Superior-Provinz (Ontario, Kanada), Gold 350
Surigao (Philippinen), Nickel 378
Surinam, Silikatbauxit 377
Süßwasser-Molasse, Bentonit 376
Svol Catena (Kraterkette, Jupiter-Mond Kallisto) 587
Swartbooisdrif (Namibia), Namibia Blue (tiefblauer Sodalith) 457
Sylacauga (Alabama, USA), Meteoriten-einschlag 550
Syros (Kykladen)
 –, Blauschiefer 337
 –, Eklogit 337
 –, Flasergabbro 446
 –, Hochdruckmetamorphit 437
 –, Jadeitit, Jadeitgneis 164f, 337

T

Taberg (Schweden), Ilmenit 328
TAG-Hügel (Mittelatlantischer Rücken), Massivsulfide 363
Tagish Lake (Yukon Territorium, NW-Kanada), Chondrit 556
Tahiti, Mantel-Plume 533
Talnakh (Jenissei, Sibirien), PGE-Lagerstätte 330
Tambora (Indonesien)
 –, Explosivitäts-Index (VEI) 248
 –, Vulkanismus, explosiver 246

Tampere (Finnland), Orbiculit 58
Tanco-Pegmatit, Bernic Lake (Manitoba) 339f
Tansania 149
 -, Edelstein-Pegmatit 339
 -, Rubin im Gneis 109
 -, Rubin-Zoisit-Amphibolit 109
 -, Tsavorit 149
 -, Turmalin 160
Tasman-Gürtel (Neuseeland), paired metamorphic belt 437
Tasmanien
 -, Kupfer (VMS-Lagerstätte, Kuroko-Typ) 364
 -, Tektit 563
Tauern-Fenster (Ostalpen)
 -, Blauschieferfazies 505
 -, Eklogit 508
 -, Zentralgneis 446
Taunus, Quarz 360
Taupo (Neuseeland), Supervulkan 242, 250
Taxco (Mexiko), Fluorit 360
Telemark-Serie (Süd-Norwegen), Alkali-Metasomatose 457
Tellnes (Südnorwegen), Ilmenit-Erz 328
Temagami (Ontario), BIF, Algoma-Typ 407
Tennessee (USA), Blei-Zink (MVT-Lagerstätte) 366
Tesserae (Venus) 572f, 636
Tethys (Saturn-Mond) 588
Texas
 -, Anhydrit-Gips, Sulfat-Reduktion 614
 -, Salzdiapir, Erdöl 414
 -, Tektit 563
Thailand
 -, Edelstein-Seife 109, 394
 -, Rubin, Saphir 108f, 394
 -, Wolfram 348
 -, Zinn 348
Tharsis-Schwelle (Mars) 576, 578
The Geysers (Kalifornien), geothermische Energie 255
Thebe (Jupiter-Mond) 584, 591
Theia (theor. Planet, Entstehung des Erdmondes) 636f
Theuma (Vogtland)
 -, Diabastuff 450
 -, Fruchtschiefer 425
Thüringen
 -, Eisenstein 407
 -, Tephrit 237
Thüringer Wald 225
 -, Baryt 360
 -, Fluorit 360
 -, Granitpluton 225
 -, Hämatit 359
 -, Ruhlaer Kristallin-Komplex 429
 -, Siderit 353
Thüringisches Schiefergebirge, Dachschiefer 438
Tian Shan (NW-China, West-Usbekistan)
 -, Eklogit 209
 -, Flüssigkeits-Einschlüsse 209
 -, Hochdruckgestein 436
Tibet-Plateau, Bildung von Granit-Magmen 456
Timmins (Ontario, Kanada)
 -, Gold 355
 -, Komatiit 233
 -, Nickel-Kupfer 331
Tincalayu (Argentinien), Kernit 127
Tissint (Marokko), Mars-Meteorit 558, 564
Titan (Saturn-Mond) **587f**
Titania (Uranus-Mond) 589f
Titicaca-See (Südperu), Meteorit Carancas 550, 555
Tittling (Bayerischen Wald), Granodiorit 458
Toba (Sumatra), Supervulkan, Explosivitäts-Index (VEI) 248, 250
Tokowoja (Ural)
 -, Alexandrit 104, 458
 -, Smaragd 104, 458f
Tonga-Graben 242, 528
Tooting-Krater (Impakt-Krater, Mars) 574
Toskana (Italien)
 -, Foidit 237
 -, Quecksilber 364
Toulouse (Frankreich), Orgueil (Meteorit) 556
Tower, London (britischer Kronschatz) 39
Transbaikalien (Russland)
 -, Edelstein-Pegmatit 339
 -, Gold 355
Transneptun (vermuteter Riesenplanet, Astronomiegeschichte) 582, 591
Transvaal (Südafrika)
 -, BIF, Algoma-Typ 407
 -, Fluorit (MVT) 367
 -, Gold-Seife, fossile 391
Trebbin (Potsdam), Meteoriteneinschlag 550
Trepča (Südostserbien), Blei-Zink-Verdrängungslagerstätte 352
Trieben (Steiermark), Magnesit 353
Tri-State-District (USA), Blei-Zink (MVT-Lagerstätte) 366
Triton (Neptun-Mond) 588, **589f**, 592
Trois-Seigneurs-Massiv, Pyrenäen 455
Troodos-Komplex (Zypern)
 -, Chromit 327
 -, Ophiolith 519
 -, Peridotit 227
 -, VMS-Lagerstätte, Zyperntyp 363
Tsavo-Nationalpark (Kenia), Tsavorit 149
Tschebarkul-See (Ural, Russland), Meteorit 548
Tschechien, Kupfer 394
Tscheljabinsk (Russland), Air-Burst 548f, 581
Tschiaturi (Kaukasus, Georgien), Mangan 408
Tschurjunov-Gerasimenko (Komet) 579
Tsumeb (Namibia)
 -, Azurit 124f
 -, Kupfer 379
 -, Kupfer-Arsen-Verdrängungslagerstätte 352
 -, Malachit 125
 -, Cu-Minerale, sekundäre 124f
 -, Verhüttung australischer Erze 50
Tunesien
 -, Phosphor 410
 -, Salz 411
 -, Siderit 353
Tungsten (Kanada), Skarnerz 351
Tunguska, Steinige (Fluss, Sibirien), Meteoritenschauer 548
Türkei
 -, Antimonit 359
 -, Borat 411
 -, Chromit 327
 -, Hochdruckgestein 436
 -, VMS-Lagerstätten, Zyperntyp 363
Tuxtuac (Mexiko), Chondrit 553
Tvedalen bei Larvik, Norwegen, Nephelinsyenit-Pegmatit 38
Twin Buttes (Arizona), Skarnerz 352
Tynagh (Irland), Blei-Zink (Sedex-Lagerstätte) 366
Tyrrhena Patera (Mars), Vulkan 576

U

Udachnaja-Grube (Jakutien), Diamant 77f
Ugab-Gebiet (Namibia) Offene Falte 432
Ukraine, Edelstein-Pegmatit 339
Uluguru-Gebirge (Tansania), Pegmatit 339
Umbriel (Uranus-Mond) 588f
Ungarn, Kalkbauxit 377
Ural (Russland)
 -, Chromit 327
 -, Edelstein-Pegmatit 339
 -, Kupfer 394
 -, Smaragd-Alexandrit 459
 -, VMS-Lagerstätten, Zyperntyp 363
Ural-Vorland (Russland), Kupfer (Red-Bed-Typ) 394
Uranium City (Saskatchewan, Kanada), Uran 367
Uranus (Riesen-Eisplanet) 567f, **581ff**, 591f, 596, 629, 634, 637
 -, Bahnelemente 569
 -, Monde **588f**, 634
Uruguay, Achat 254
USA
 -, Diamant-Synthese 79f
 -, Edelstein-Pegmatit 339
 -, Gold 72, 355f
 -, Monazit 138
 -, Vermiculit 178
Usagara-Gürtel (Tansania), Eklogit 436
Usbekistan
 -, Gold 72, 355
 -, Kohlenstoff-Nanofasern, natürliche 75
Uselginsk Ural (Russland), VMS-Lagerstätte mit Cu-Ag-Au-PGE 364

Geographischer Index

V

Vai-Lili-Hydrothermalgebiet (Valu-Fa-Rücken, Südwestpazifik), Black Smoker 361
Valhalla (Impakt-Struktur, Jupiter-Mond Kallisto) 549, 587
Valles Marineris (Canyon-System, Mars) 575f
Valley Copper (Kanada), Kupfer 350
Variscisches Gebirge, Hydrothermalgänge 356
Varkenskraal (Südafrika), Flüssigkeitseinschlüsse in Quarz 209
Varuna (Zwergplanet) 591
Varuträsk (Schweden), Pegmatit 340
Veitsch (Steiermark), Magnesit 353
Venetia (Südafrika)
 –, Diamant 77f
 –, Framesit 79
Ventersdorp (Südafrika), Lava 524
Venus (Planet)
 –, Aphrodite Terra 571
 –, Baltis Vallis (Lava-Tunnel) 572
 –, Ishtar Terra 571
 –, Sapas Mons (Schildvulkan) 572
Vermillion-Range (Minnesota)
 –, BIF, Algoma-Typ 407
 –, Eisen (BIF, Superior-Typ) 407
Vermont, paläozoisches Kristallin, metamorphe Mineralzonen 434
Verona Rupes (Canyon, Uranus-Mond Miranda) 589
Vesta (Asteroid, Eukrit-Mutterkörper) 557, 580
Vesuv (Italien) 156, 242, 252
 –, Assimilation von Karbonatgesteinen 280
 –, Differentiation, gravitative 278
 –, Leucitbasanit 237
 –, Leucitit 238f
 –, Leucitit, tephritischer 239
 –, Leucittephrit 237
 –, Schlotmagma 278
 –, Stratovulkan 252ff
 –, Vesuvian 156
 –, Vorläufervulkan (Monte Somma) 241
Viburnum (SE-Missouri), Blei-Zink (MVT-Lagerstätte) 366
Victoria (Australien) 556
 –, CM2-Chondrit Murchison 556
 –, Goldfeld 72
Vietnam, Edelstein-Pegmatit 339
Vigarano (Italien), Chondrit 556
Vihorlat-Gebirge (Ost-Slowakei), Gold 356
Vogelsberg
 –, Alkali(Olivin-)Basalt 237
 –, Basalteisenstein 377
 –, Foidit 237
 –, Silikatbauxit 377
 –, Tholeiitbasalt 231, 299
Vogesen
 –, Diorit 225
 –, Granitpluton 225
 –, Peridotit 227
Vogtland
 –, Baryt 360
 –, Fluorit 360
Vorspessart
 –, Diorit 225
 –, Goldbacher Orthogneis 446
 –, Grundgebirge, kristallines 618
 –, Haibacher Orthogneis, Isochronendiagramm 617
 –, Mikrofossilien 445
 –, Pegmatit 338
 –, Staurolith-Glimmerschiefer 438
Vourinos-Ophiolith-Komplex (Nordgriechenland) 519
Vredefort (Impakt-Krater, Südafrika) 549f
Vulcano (Äolische Inseln) 242
 –, Magma-Kammer 216

W

Wabana (Neufundland, Kanada), Eisenstein 407
Waiotapu (Neuseeland), Au-As-Lagerstätte 344
Wairaki (Neuseeland)
 –, Energie, geothermische 255
 –, Feld, geothermisches 432
Wakatipu-Gürtel (Neuseeland), paired metamorphic belt 437
Waldviertel, Österreich, Granodiorite 225
Weißhorn (Westalpen), seismisches Profil 522
Welkom (Witwatersrand, Südafrika), ged. (elementares) Gold 392
Wernecke Mountain (Yukon-Gebiet, Kanada), IOCG-Lagerstätte 365
Werragebiet, Baryt 360
Wertheim am Main, Sandstein 59
Westalpen
 –, Coesit 187
 –, Hochdruckmetamorphose 437
 –, Phase, lepontinische 437
 –, Profil, seismisches 522
 –, Weißschiefer 509
Westaustralien, Diamant 77
West-Driefontein-Goldmine (Südafrika) 392
Westerwald
 –, Alkali(Olivin-)Basalt 237
 –, Trachyt 235
Westerzgebirge
 –, Gangrevier, Bi-Co-Ni-Ag-U 358
 –, Bor-Fluor-Metasomatose 457
Westkanada, Bentonit 376
Westnorwegen
 –, Coesit 187, 509
 –, Diamant 510
 –, Eklogit 508ff
Wettringen (Mittelfranken), Rauchquarz mit Flüssigkeitseinschlüssen 208
Weymot (Quaoar-Mond) 591
Whin Sill (Nordengland), Lagergang 259
Wiesbaden (Hessen)
 –, Baryt-Pyrit 344
 –, Thermalfeld 344
Wiesloch bei Heidelberg, MVT-Lagerstätte 366
Wilson Terrane (Nord-Viktorialand, Antarktis), Migmatit 623
Windimurra (West-Australien), Layered Intrusion 262
Windischeschenbach (Oberpfalz, Bayern)
 –, Erdkrusten-Profil 521
 –, Kontinentales Tiefbohrprogramm der Bundesrepublik Deutschland (KTB) 213, 515, 520f, 623
 –, Metagabbro 623
Wisconsin (USA), Blei-Zink (MVT-Lagerstätten) 366
Wittichen (Schwarzwald), Silber 358f
Witwatersrand (Südafrika)
 –, Bergwerk, tiefstes 515
 –, Goldseife 66, 391f
 –, Konglomerat, goldführendes 392
 –, Uraninit 113, 393
Witwatersrand-Supergruppe, Schwerminerale 393
Wolkenburg (Siebengebirge), Staukuppe 246
Wölsendorf (Oberpfalz)
 –, Fluorit 101, 359f
 –, Uran 359
Woodruff-Thrust-Zone (Australien), Pseudotachylit 429
World Cottage (Yorkshire), Meteoritenfall 560
Württemberg, Minette-Erz 407
Würzburg
 –, Alte Mainbrücke 403f
 –, Alte Universität 388
 –, Naturwerkstein 388
Wyoming (Fort Benton, USA), Bentonit 376

X

Xilamulun-Metallgürtel (China), Molybdän 349

Y

Yamato-Berge (Antarktis), Lunait 559
Yanacocha (Peru), Gold 356
Yellowknife (Kanada), Gold 346, 355
Yellowstone-Nationalpark (Wyoming, USA)
 –, Feld, geothermisches 432
 –, Fumarole, $\delta^{13}C$ 254
 –, Geysir 254
 –, Supervulkan 250
Yilgarn-Block (West-Australien)
 –, Eisen (BIF, Algoma-Typ) 407
 –, Gold 350, 355
 –, Nickel 331
Ylämaa (Finnland), Rapakivi-Gefüge 225
Yucatán (Mexiko), Chicxulub-Krater 549

Yukon-Distrikt (NW-Territorium, Kanada)
 –, Gold 391
 –, IOCG-Lagerstätte 365
 –, Meteorit Tagish Lake 556
 –, Zinn 348

Z

Zagami (Nigeria), Mars-Meteorit (Shergottit) 559
Zentralafrikanischer Kupfergürtel 398
Zentralalpen, Protogin-Granit 428
Zermatt (Schweiz), Hochdruckgesteine 446
Zermatt-Saas-Fee (Alpen)
 –, Coesit 509
 –, Ophiolith-Komplex 508
Zettlitz (Böhmen), Kaolin 176
Zinninseln Bangka und Billiton (Indonesien) 348
Zinnwald (Cínovec, Erzgebirge, Tschechien)
 –, Gangquarz 348
 –, Zinnerz 212, 347ff
Złoty Stok (Reichenstein, Schlesien)
 –, Abwässer, toxische („Giftbach") 50
 –, Gold-Arsen 50
Zöblitz (Sächsisches Erzgebirge) Pyrop-Serpentinit 440f
Zone von Erbendorf-Vohenstrauss (ZEV), Krustenprofil 521
Zypern
 –, Kupfer (VMS-Lagerstätte) 363ff
 –, Troodos-Komplex 519

Printing and Binding: Stürtz GmbH, Würzburg